Handbook of Hydrogen Energy
氢能手册

中国可再生能源学会氢能专业委员会　组织编写

蒋利军　主编

化学工业出版社

·北京·

内容简介

《氢能手册》是在我国"碳达峰、碳中和"目标的背景下，为助力我国《氢能产业发展中长期规划（2021-2035年）》而策划和组织编写的。

《氢能手册》由我国最早成立的氢能全国组织——中国可再生能源学会氢能专业委员会组织编写。 在阐述氢能基础内容、氢能管理、氢安全技术的基础上，全景式描述了氢的制取，氢的储存、运输及加注，氢能应用等，共分四篇34章，全面描述了氢能各领域的关键材料、工艺、装备、系统和技术现状，重点介绍了目前已成熟应用或接近成熟的氢能技术，简要介绍了一些尚处于研究开发中的前沿技术。 附录汇集了氢能相关政策和标准。

《氢能手册》是我国首部氢能方面的工具书，既全面反映氢能技术现状和发展前景，又包括前沿技术内容，还对氢能全产业链的技术进行了技术经济分析。全书内容丰富，实用性和适用性强，可供氢能产业的工程技术人员、科研人员，政府管理人员和对氢能有兴趣的各界人士参考阅读，也可供高等院校新能源、化工、冶金、材料、环境等相关专业师生参考。

图书在版编目（CIP）数据

氢能手册 / 中国可再生能源学会氢能专业委员会组织编写；蒋利军主编. -- 北京：化学工业出版社，2024. 11. -- ISBN 978-7-122-45947-3

Ⅰ. TK91-62

中国国家版本馆 CIP 数据核字第 20248KA816 号

责任编辑：袁海燕 　　　　　　　文字编辑：范伟鑫　刘　璐　王文莉
责任校对：李雨函 　　　　　　　装帧设计：王晓宇

出版发行：化学工业出版社
　　　　　（北京市东城区青年湖南街 13 号　邮政编码 100011）
印　　装：涿州市般润文化传播有限公司
787mm×1092mm　1/16　印张 71¾　字数 1845 千字
2024 年 10 月北京第 1 版第 1 次印刷

购书咨询：010-64518888 　　　　　售后服务：010-64518899
网　　址：http://www.cip.com.cn
凡购买本书，如有缺损质量问题，本社销售中心负责调换。

定　价：398.00 元

《氢能手册》

主任编委单位

中国可再生能源学会氢能专业委员会

化学工业出版社有限公司

苏州青骐骥科技（集团）有限公司

北京伯肯节能科技股份有限公司

《氢能手册》

编委会

序言（一）

在"双碳"目标驱动下，氢能逐渐受到全社会的广泛关注。氢具有能质两用特性，不仅是高效的清洁燃料，也是重要的化工原料。发展氢能既可为解决工业、交通和建筑等行业深度脱碳难题提供新方案，又可为升级工业用氢新路线、驱动新质生产力发展贡献新思路，还可为解决新型电力系统面临的供需平衡、跨季度大规模储电和长距离输电等难题开辟新途径。

氢能发展包括制、储、运、加、用等多个环节，产业链长，技术复杂程度高，学科交叉广，应用场景多。目前还缺乏一部系统完整、兼具通识性和实用性的氢能读本。为促进氢能知识的社会普及推广，加快氢能产业的发展布局，中国可再生能源学会氢能专业委员会组织百余位氢能专家编写了这部《氢能手册》，编写专家均来自氢能科研或产业第一线，为从业人员及大众了解氢能提供了最新、最全面、最深入的视角。

作为我国首部氢能手册，本书全面介绍了氢能各环节的关键材料、装备、系统和技术现状，重点推介了目前已成熟应用或接近成熟的氢能技术，简要概述了尚处于研究开发中的前沿技术，将通识性的氢能知识与最新的科研成果和工程技术实践经验紧密融合，及时反映了氢能技术的进步和氢能产业的发展态势，具有很强的科学性、实用性、时效性和可读性。手册的出版不仅能作为氢能工作者的重要参考工具书，也将为全社会氢能知识的普及发挥重要作用。

中国科学院院士、南开大学副校长

2024 年 3 月 18 日

序言（二）

氢能来源丰富、绿色低碳、应用广泛，是我国未来能源体系的重要组成部分，也是用能终端实现绿色低碳转型的重要载体，以及战略性新兴产业和未来产业的重要发展方向。为促进氢能在全社会的普及推广，加快氢能产业发展，中国可再生能源学会氢能专业委员会组织百余位专家编写了这部《氢能手册》。

本书不仅全面介绍了氢能产业链各环节的关键材料、装备、系统和技术现状，简要介绍了氢能的产业政策、规范标准和氢安全基础知识，而且对主要的氢能技术进行了简要的技术经济分析，内容丰富，实用性强，为读者提供了一部全景式、可全面快速了解氢能知识的工具书，对氢能从业者和高等院校氢能科学与工程等相关专业师生都具有重要的参考价值。

本书主编蒋利军教授长期从事氢能技术研究，主持完成了 30 余项国家级氢能科研项目，是资深氢能专家。本书的其他作者分别从事氢制备、氢储运、氢加注、氢应用和氢安全研究，科研成果丰硕，实践经验丰富。本书不仅全面介绍了氢能基本知识，而且较为系统地反映了国内外氢能产业发展的最新成果，具有较高的学术水平和较强的可读性，其出版发行对推动我国氢能产业高质量发展具有重要意义。

中国工程院院士

浙江大学氢能研究院院长、教授

2024 年 3 月 18 日

前　言

2023 年夏天北京时而持续高温，酷暑难耐，时而大雨瓢泼，内涝成灾；东南沿海台风频发，周边国家地震不断，人类生存正面临着气候变化的极大挑战。俄乌冲突引发的全球能源供应紧张和起伏，给世界各国进一步敲响了能源安全的警钟。降低碳排放，控制气候变暖，摆脱地缘政治影响，保障能源安全，已成为世界各国加快能源转型的重要驱动力。

氢能是实现能源转型不可或缺的二次能源。氢能在构建以新能源为主体的现代能源体系中堪当大任，因为氢能作为优异的长周期大规模储能介质，可以大幅提高电网和分布式供能的稳定性，提高风光（风能、太阳能）利用率，促进可再生能源、资源的深度开发；氢能作为清洁燃料，可以部分弥补我国油气资源的不足，降低对进口油气的依赖，保证我国的能源安全；利用氢能的能质两用特性，可以大幅降低高排放工业行业的碳排放，再造工业新流程。

近几年在"双碳"目标的驱动下，我国氢能迎来了前所未有的发展新机遇。2022 年我国发布了氢能产业规划，配套政策呼之欲出；2023 年 4 月氢能产业发展部际协调机制工作会议又进一步提出了"拓展多元应用场景，逐步推动商业化发展"的要求；表明我国氢能产业已进入一个新阶段，以绿氢为源头，以降碳为主要目标，实现氢能在工业、交通、发电等行业多元化、商业化应用的新局面正在形成。

但是我们应该清醒地认识到，当前氢能产业尚处于发展初期，仍面临着产业创新能力偏弱、技术装备水平偏低、标准体系尚需完善、支撑产业发展的基础性制度滞后等诸多挑战，氢能产业健康有序发展之路依然漫长。还需要我们共同努力，破解氢能发展难题，实现氢能制备、储运和应用等关键环节的科技进步，以助力氢能产业的高质量发展。

氢能产业链包括制-储-输-用等环节，产业链长，涉及的学科多，应用范围广。当前的氢能读物多像珍珠一般散落于各处，缺乏一部系统完整的、兼具通识性和实用性的氢能读物。为便于社会各界人士集中、快速、全景式地获取氢能的产业政策、标准法规、安全规范、制-储-输-用关键技术和经济性分析等相关知识，促进氢能在全社会的普及推广，加快氢能产业的发展，中国可再生能源学会氢能专业委员会与化学工业出版社合作，以高等院校、科研院所的科研人员和身处产业一线的工程技术人员为骨干，组织百余位专家，历时 1 年多，编写了这部《氢能手册》。

手册面向从事氢能工作的政府官员、投资者、企业家、工程技术人员和关心氢能发展的各阶层人士，全面描述了氢能各领域的关键材料、装备、系统和技术现状，重点介绍了目前已成熟应用或接近成熟的氢能技术，简要介绍了一些尚处于研究开发中的前沿技术。为增加手册的可读性、实用性和时效性，编写过程中，特别重视将通识性的氢能知识与最新的科研成果和工程技术实践经验紧密结合，以及时反映氢能技术的进步和氢能产业的发展。

手册共分氢能概述、氢的制取、氢的储存运输及加注、氢能应用等4篇。

第一篇"氢能概述"，共5章，主要介绍了氢能沿革、氢能对实现"双碳"目标的支撑作用、氢能技术发展情况及经济性分析、氢能管理（氢能政策与法规、氢能标准）、氢能安全等内容，主编为赵吉诗研究员、王昌建教授和王刚正高工。

第二篇"氢的制取"，共9章，主要介绍了可再生能源制氢、化石能源制氢、工业副产氢、其他制氢技术和氢气安全生产等内容，主编为闫巍博士。

第三篇"氢的储存、运输及加注"，共6章，主要介绍了气态氢的储运、液氢的制备和储运、材料储氢、氢加注、氢的主要压力管路元件与氢的检测等内容，主编为徐焕恩研究员。

第四篇"氢能应用"，共14章，主要介绍了氢在各类燃料电池、内燃机、燃气轮机和氢冶金等方面的应用，主编为齐志刚博士和相艳教授。

附录中包括了氢能方面的规范和标准，主要由赵吉诗、王刚、高继轩、张璇编写。

手册最终由蒋利军正高工统稿。

手册在编写过程中得到了化学工业出版社的大力支持，特别是袁海燕编辑在编写各阶段都给予了编写组及时、认真细致的帮助和指导，氢能专业委员会秘书处的郝雷秘书长、王树茂正高工和王骊骊女士在手册编写的组织联络过程中发挥了重要作用。本手册是氢能专业委员会组织的百余位专家集体智慧的结晶，希望这一手册的出版，能为氢能知识的普及推广和氢能产业的健康发展贡献绵薄之力。

在编写过程中，我们力求叙述准确，理论和实践相结合，但由于水平有限，难免有不妥之处，恳请读者批评指正。

蒋利军

2023 年 11 月 10 日

目　录

第二篇　氢的制取 　　　　　　　　　　　　　　　　135

第四篇 氢能应用

第一篇

氢能概述

本篇主编：赵吉诗　王昌建　王　刚

《氢能手册》第一篇编写人员

第1章　邬佳益　张仲军　张鑫鑫　金子儿

第2章　龚　娟　金子儿　邬佳益　张仲军

第3章　金子儿　龚　娟　赵吉诗　邬佳益　张仲军　张鑫鑫

第4章　王　刚　赵吉诗　张仲军　龚　娟

第5章　王昌建　李　权

附录*　王　刚　陈文凤　曾　玥

*本篇的附录已整体移到手册末尾。

引　言

　　门捷列夫或许未曾预见，元素周期表的第一号元素——氢，如今在全球能源舞台上大放异彩。在全球应对气候变化面临艰巨挑战的背景下，大力发展可再生能源，广泛应用低碳能源、减少二氧化碳排放已成全球共识。氢因其可深度耦合可再生能源，且可通过将绿氢广泛应用于工业、建筑及交通等领域，从而加快全社会深度减碳脱碳，氢能成为全球能源低碳化发展的重要选择。日本、韩国、美国、德国、澳大利亚及中国等全球主要经济体纷纷出台了氢能发展战略，制定了氢能技术及产业发展规划，并在交通领域率先开展氢能技术商业化推广。截至 2023 年底，全球氢燃料电池车保有量已突破八万辆，累计加氢站建成数量达到千余座。据国际氢能委员会（Hydrogen Council）预测，到 2050 年，氢能有望贡献世界能源的 18%，助力减少 60 亿吨的二氧化碳排放，创造 2.5 万亿美元的产值，并为社会提供 3000 万个就业岗位。

　　在当前能源革命持续深化的时代背景下，发展氢能有利于推动新型电力系统构建、减少能源供给侧碳排放。2024 年，正值"四个革命、一个合作"能源安全新战略实施十周年，加速氢能的规模化发展不仅能为我国能源安全与低碳转型提供坚实保障，更有望通过氢能规划在全球气候治理下的能源转型中发挥关键作用，深化氢能领域的国际合作，为全球能源安全和绿色转型贡献中国智慧和中国方案。

　　受编委会邀请，本篇编写组结合自身研究以及对氢能的认识和理解，承担了《氢能手册》第一篇"氢能概述"的编撰任务。经过专家们深入研讨，本篇分为 5 章，旨在全面展示氢能相关科学概念与应用潜力，阐述其在现代社会经济发展中的重要地位。第 1 章详细介绍了氢元素的基本特性、氢能概念与分类，以及氢能产业的历史演变和发展脉络，以期让读者建立起对氢能的整体认知。第 2 章探讨了氢能在不同领域的应用场景和优势，包括交通领域的氢燃料电池汽车等，工业领域的氢冶金和绿氢化工等，建筑领域的用电、供暖等，以及电力领域的氢能发电和储能，等等。第 3 章分析了氢能在技术层面和经济层面的发展现状和前景，梳理了氢能在制备、储运、加注、应用等各环节的技术发展脉络。同时，也对氢能的经济性进行了评估，分析了氢能产业的投资潜力和市场前景。第 4 章介绍了国内外关于氢能的政策法规和标准体系，并对主要国家的政策进行了对比分析。第 5 章聚焦氢安全研究，介绍了氢安全的研究现状、风险评估方法、应急预警机制以及事故处置措施。同时，通过分析典型事故案例，提高读者对氢安全的认识和重视程度。

　　氢能作为未来持续发展的领域，需要持续深入研究。希望本篇能够为新能源领域投资人、氢能领域企业家和工程技术人员、相关专业师生提供较为全面且深入的内容，使其对氢能有一个更为完整、清晰的认识，助力氢能产业发展。在撰写过程中，编著者竭尽所能搜集了国内外最新的相关资料，并努力确保内容的准确性和清晰性。我们真诚地欢迎读者提出宝贵的批评和建议，以便不断改进和完善。

第 **1** 章

氢能沿革

1.1 氢的发现与用途

1.1.1 氢元素的发现

氢元素是已知化学元素中最简单，也是宇宙中已知的最丰富的元素。氢元素的发现可追溯到 16 世纪，瑞士知名医生帕拉切尔苏斯（Paracelsus, Philippus Aureolus, 1493—1541）将铁屑投到硫酸里得到一种会燃烧的气体（氢气）。进入 17 世纪后，多位科学家也先后制得并收集这种气体，也有部分科学家对其可燃性进行讨论，但大家普遍认为其与空气无差别，并未引起广泛重视[1]。

英国化学家和物理学家卡文迪什（Henry Cavendish, 1731—1810）是最早对氢气展开深入研究的科学家。1766 年，卡文迪什发表了论文《论人工空气》，介绍了针对"可燃空气"（氢气）的实验研究，他用金属铁、锌与酸反应并获得这种气体，当一定量的金属与足量的各种酸发生反应时，酸的种类和浓度都不会影响所产生的氢气量。卡文迪什初步探索了氢气的性质，如比空气质量轻 11 倍，不溶于水和碱，点火即燃且与空气混合点燃会发生爆炸等[1]。1781 年，发现氧气的英国化学家普利斯特里（J. Joseph Priestley, 1733—1804）将"可燃空气"与氧气混合在瓶中，发现其发生爆炸并有液体产生。同年，普利斯特里把这一发现告诉了卡文迪什，然后卡文迪什设计了更加精密的实验装置，用不同比例的"可燃空气"与普通空气混合进行实验，并断定所生成的液体是水。1784 年，卡文迪什将一定比例的氧气和"可燃空气"混合放在配有电火花的玻璃瓶中，用电火花引爆产生水，多次实验定量地确认 2.02:1 的体积比的氧气和"可燃空气"恰好完全反应生成水，卡文迪什在《关于空气的实验》一文中报道了这一实验结果[2]。法国化学家拉瓦锡（Antoine-Laurent de Lavoisier, 1743—1794）提出"氧化说"后，卡文迪什仍坚持"燃素学说"，认为"可燃空气"是燃素与水结合的化合物，因此他并没有正确认识到"可燃空气"是一种元素，更没有形成氢元素的概念[3]。

1783 年，拉瓦锡重复了卡文迪什的实验并用红热的枪筒分解了水，证明了水是由氧气和"可燃空气"以一定比例化合而形成的，且实验获得了纯净的氧气与"可燃空气"，他认为这种"可燃空气"是一种元素并非燃素。1787 年，拉瓦锡参与编著并发表了《化学命名法》（*Méthode de Nomenclature Chimique*），将过去一直被称作"可燃空气"的气体命名为"Hydrogen"（氢），意思是产生水的元素[4]。

1.1.2 氢的来源及应用

氢气在我们人类生活中的应用非常广泛，作为重要的化工原料气体，广泛应用于石油炼化、化学工业等领域，高纯氢是电子工业中常用的保护气。氢气同时也是一种来源广泛、可再生的能源载体，通过直接燃烧或者燃料电池技术，能够释放其能量，且在使用过程中零排放，被认为是人类社会发展的终极能源解决方案。目前，氢气制备主要有以下几种方式：化石能源制氢、工业含氢副产气提纯氢、可再生能源制氢以及生物质制氢等。据 2020 年全球中国化学会研究所发布的《全球氢源报告》统计，全球范围内约 97％的氢气（图 1-1）仍由煤炭、天然气（甲烷）、甲醇等化石能源制取，在得到氢气的同时伴随大量二氧化碳排放；其中天然气制氢占比 44％，甲醇/煤炭制氢约占 40％，煤炭制氢约占 13％；其他方式制氢约占 3％，其中仅约 0.3％的氢气由电解水制氢获得，其制备过程没有二氧化碳排放。

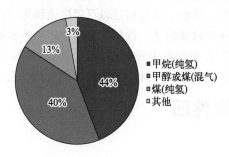

图 1-1　全球氢气生产来源占比

我国 2020 年氢气产能约为 $4.1×10^7$ t，产量约为 $3.342×10^7$ t。从中国氢气生产与消费-氢流图（图 1-2）中不难看出，现阶段我国氢气生产以化石能源制氢为主且占比高达 78％，工业含氢副产气提纯氢为辅且占比为 21％，电解水制氢规模较小，尤其是可再生能源制氢（绿氢）。从氢气终端消费来看，合成氨、合成甲醇等是氢能产业链下游最大消费领域，交通领域仍较少。在碳中和的背景下，预计 2060 年我国氢气需求量将超过 $1×10^8$ t（1 亿吨），

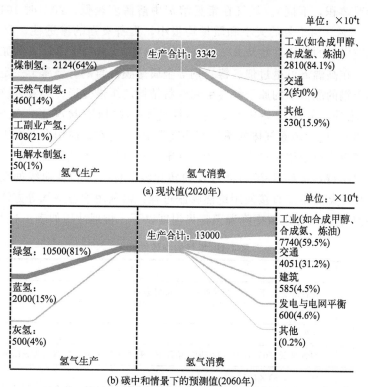

图 1-2　中国氢气生产与消费-氢流图 2020 年现状值以及 2060 年预测值[5]

在氢能供应结构中，绿氢将逐步占据主导地位，其比例有望达到 80%。在氢能终端消费中，各领域应用占比也会发生变化，其中交通领域占比可达 30%。

由此可见，当前在全球范围内，氢气仍主要作为化工原料气体，应用于石油炼化、合成氨-甲醇等工业领域，部分高纯氢作为保护气应用于电子行业。在全球应对气候变化背景下，世界主要经济体纷纷制定出台"碳达峰、碳中和"（"双碳"）目标，同时随着氢能"制-储-运-加"等供应链技术、燃料电池和掺氢/纯氢燃气轮机、内燃机等氢能应用技术发展成熟，为氢作为能源应用于交通、建筑及工业等领域提供了契机。我国积极推动实现"双碳"目标，提出要全面推进新型能源体系建设，其核心就是构建以可再生能源为主的新型电力系统，进而推动交通、工业和建筑等主要用能领域清洁化、低碳化发展。以电解水制氢技术为支撑，将可再生能源转换成绿氢，既能实现可再生能源消纳和储能，又能将绿氢应用于工业、建筑和交通领域，减量替代化石能源制氢，从而加快全社会主要各用能领域减碳、脱碳。

1.2　氢的物理化学性质

1.2.1　物理性质

氢元素的原子序数是 1，在所有元素中最轻、最小。氢原子核内只有一个质子，其同位素有质量数为 1 的氕（^1H）、质量数为 2 的氘（^2H）、质量数为 3 氚的（^3H）。氢主要以化合状态存在于水、石油、煤、天然气以及自然界各种生物组织中，其单质形态是氢气，无色、无味、无毒。氢的状态图如图 1-3 所示[6]，常温常压下，氢为气态；当温度降低到 −252.8℃（沸点）时，氢气变为液态；当温度降低到 −259.2℃，液态氢转化为固态。在标准状况下（温度为 0℃、压强为 101.325kPa），密度为 0.0899kg/m³（如未特别声明，本书中的体积均为标况体积，下同）。氢气在常见溶剂中溶解度较低，20℃时 101.325kPa 条件下，溶解度为 1.83%。由于氢的大小和质量均很小，具备极强的渗透性，容易在晶体内扩散，在不同的研究中氢的扩散系数从 $6.1 \times 10^{-5} \sim 6.8 \times 10^{-5} m^2/s$ 不等。例如，常温下可透过橡皮和乳胶管，在高温下可透过钯、镍、钢等金属薄膜。当钢材暴露于一定温度和压力的氢气中时，渗透于钢的晶格中的原子氢会引起钢材结构的缓慢变形，导致裂纹和脆化（俗称"氢脆"现象）。此外，氢气比热容大、导热性能好。在标准状况下，氢气的热导率为 0.1289W/(m·K)，比大多数气体的热导率均高出 10 倍左右，应用在能源工业中可作为冷却介质，例如大型发电机使用氢气作为转子冷却剂。与氮气、氧气等大多数气体相比，氢气所具有的另一个突出特点是焦耳-汤姆孙过程的转化温度低，其转换曲线如图 1-4 所示，因此氢气从常温开始冷却时不能直接使用绝热膨胀过程，需利用液态空气等方法冷却至转化温度以下，再利用焦耳-汤姆孙正效应降温至临界温度以下。物理性质如表 1-1 所示。

表 1-1　氢气的物理性质

性质	内容
密度	在标准状况下，氢气的密度是 0.0899kg/m³
熔点	−259.2℃
沸点	−252.8℃
溶解性	溶解度低，20℃时 101.325kPa 条件下，每 100mL 水中能溶解 1.83mL 氢气，表示为 1.83%
扩散性	$(6.1 \sim 6.8) \times 10^{-5} m^2/s$
热导率	在标准状况下，氢气的热导率为 0.1289W/(m·K)

续表

性质	内容
焦耳-汤姆孙系数	焦耳-汤姆孙效应是指气体在节流(压力降低)过程中温度随压强而变化的现象,变化率被定义为焦耳-汤姆孙系数 μ;当节流后升温,$\mu < 0$,称为焦耳-汤姆孙负效应;当节流前后温度不变时,$\mu = 0$,称为焦耳-汤姆孙零效应,对应最高温度为转化温度(204.8K,$-68.55℃$);当节流后降温,$\mu > 0$,称为焦耳-汤姆孙正效应,用于气体的冷却液化

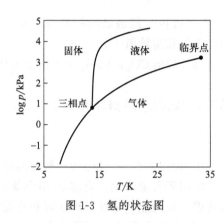

图 1-3　氢的状态图

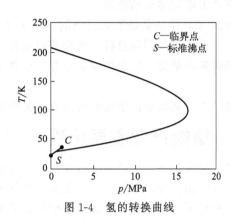

图 1-4　氢的转换曲线

1.2.2　化学性质

由于组成氢气的两个氢原子之间存在较强的共价键,氢气在常温下化学性质稳定,可归纳为以下几点。一是氢气具有较强的还原性。氢气常作为清洁的还原性气体广泛用于实验室载气、石油精炼、浮法玻璃、电子、食品等行业,且可与金属氧化物发生置换反应,工业上利用氢气作为还原剂进行氢冶金技术研发与应用。二是氢气具有可燃性。氢气与氧气反应时放出大量的热,氢氧焰可达 3000℃ 高温,可用于焊接或切割金属,同时还可用作高能燃料,如我国长征三号火箭使用液氢燃料作为动力推进剂。氢气爆炸范围较广,常温常压下氢气在空气中的爆炸范围为 4.0%～75%（体积分数,下同）,在氧气中为 4.5%～94%,但由于氢气扩散逃逸性强,在开放空间情况下安全可控。化学性质如表 1-2 所示。

表 1-2　氢气的化学性质

性质	内容
还原性	氢气可使部分金属氧化物还原为单质,例如冶金和工业催化剂中氧化铁、氧化镍、氧化铜的还原
可燃性	在点燃或加热的条件下,氢气容易与多种物质发生化学反应,放出热量 在空气中的爆炸浓度:4.0%～75%;在氧气中的爆炸浓度:4.5%～94%

1.3　氢能的概念与分类

1.3.1　氢能的概念

氢能的范畴包括两层含义:其一是通过燃烧或燃料电池技术,将氢的化学能转换成热能、电能等;其二是氢作为能源载体,储存消纳可再生能源,并用于工业、交通及建筑等主要用能领域,实现对煤炭、石油、天然气等化石能源的减量替代。

1.3.2 氢能的分类

根据氢气来源将其分为灰氢、蓝氢和绿氢。

灰氢：是指化石能源通过气化、重整、裂解等技术路径制取的氢气，且生产过程中并未对排放的二氧化碳进行捕集、封存和利用（CCUS）等处理。

蓝氢：是指在灰氢制备过程中经过碳捕集、封存和利用处理后获得的氢气。

绿氢：是指利用可再生能源电解水或光解水产生的氢气，生产过程中仅消耗水与风电、水电或者太阳能等清洁能源。

2020年，中国氢能联盟提出的《低碳氢、清洁氢与可再生能源氢的标准与评价》正式发布，其根据氢气制备过程中碳排放程度将氢分为低碳氢和清洁氢[7]。

低碳氢：是指单位氢气制备过程中碳排放量低于 $14.51 kgCO_2e/kgH_2$（下角 e 为当量）的氢气。

清洁氢：是指单位氢气制备过程中碳排放量低于 $4.9 kgCO_2e/kgH_2$ 的氢气。

1.4 氢能产业发展历程

氢气的发现到应用已有超过四百年的历史，随着19世纪末及20世纪初对氢气的理化特性研究及认识提升，氢气作为工业原料气体逐渐广泛应用于石油炼化、合成氨-甲醇等行业。随着全球应对气候变化、能源低碳化革命成为全球共识，氢的能源属性得到认可和重视，伴随燃料电池技术发展成熟，氢能率先在交通和建筑分布式供能领域得到示范应用。近几年来，新型电力系统建设加快，可再生能源装机容量快速提升，储能需求规模化增长，氢因其兼具能源载体和工业原料气体特性，成为连接可再生能源和传统工业（石油炼化、合成氨-甲醇及冶金等）的有效载体，利用可再生能源制得的绿氢减量、替代化石能源制氢，成为可再生能源消纳和储能的有效解决方案，同时也是传统工业领域深度减碳脱碳的技术路径。参见图1-5。

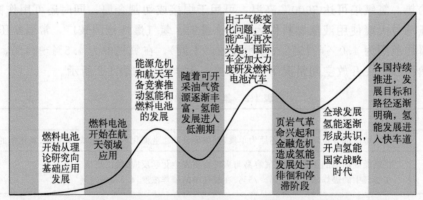

图 1-5 氢能产业发展进程

20世纪50年代，燃料电池开始从理论研究向基础应用发展。美国通用电气在1955年左右开始资助最初的质子交换膜燃料电池（PEMFC）的研究，采用磺化聚苯乙烯离子交换膜代替硫酸做电解质。1959年，英国工程师弗朗西斯·托马斯·培根（Francis Thomas Bacon）带领团队制造出功率5kW、采用液体氢氧化钾作为电解液的燃料电池系统。

20世纪60年代，出于载人航天对于大功率、高比功率与高比能量电池的迫切需求，燃料电池引起一些国家与军工部门的高度重视。美国国家航空航天局的阿波罗登月计划采用了氢氧燃料电池为太空船提供电力和饮用水，该燃料电池由美国联合技术公司（UTC Power）通过引进培根的专利后研制。美国通用电气持续 PEMFC 的研发，1965 年，双子星宇宙飞船采用了其 1kW PEMFC 作为辅助电源，同时为配合阿波罗登月计划，研发适合月球车的动力系统，在 1966 年推出了世界上的首款燃料电池汽车 Electrovan。

20 世纪 70～80 年代，能源危机和航天军备竞赛大大推动了氢能和燃料电池的发展。1970 年，John Bockris 在美国通用汽车公司技术研究中心的一次演讲中首次提出了"氢经济"的概念。1973 年日本成立"氢能源协会"，日本政府相继开启《月光计划》和《能源与环境领域综合技术开发计划》，出资支持氢能和燃料电池技术研发。1974 年，美国成立国际氢能协会（IAHE），1976 年美国斯坦福研究院开展了氢经济的可行性研究。20 世纪 70 年代初，杜邦公司发明出机械强度高、电化学性能好的 Nafion 膜，PEMFC 性能大幅提升，以美国为首的发达国家大力支持民用燃料电池的开发，磷酸燃料电池（PAFC）、碱性燃料电池（AFC）、熔融碳酸盐燃料电池（MCFC）、固体氧化物燃料电池（SOFC）等燃料电池技术受到关注，PAFC 开始应用于商业和工业生产，然而随着可开采油气资源逐渐丰富，20 世纪 80 年代氢能的发展进入了低潮期。

20 世纪 90 年代，全球应对气候变化行动提速，氢能因其零排放特性再次受到关注，各国陆续加大对氢能与燃料电池的研发投入，推动相关技术快速进步。美国克林顿政府相继出台了《1990 年氢研究、开发及示范法案》《氢能前景法案》等支持政策，日本政府于 1993 年开启"新阳光计划"继续支持氢能和燃料电池的发展。1993 年，加拿大巴拉德公司展示全球首辆以 PEMFC 为动力的公交车，引发了全球性燃料电池电动车的研究开发热潮，此后，奔驰汽车、宝马汽车、丰田汽车、本田汽车、现代汽车等全球大型车企纷纷在数年内推出多款燃料电池汽车。1999 年 5 月，全球第一座公共加氢站在慕尼黑机场投入使用。

21 世纪 00 年代，氢能和燃料电池产业发展处于徘徊阶段。21 世纪初，燃料电池汽车依然是各大车企开发的热点，丰田汽车在美国和日本推出了世界上第一个燃料电池混合动力汽车（FCHV）的租赁服务。2003 年，欧盟发布了"氢发展构想报告和行动计划"，计划在 4 年内投资 20 亿美元，规划到 2030 年使氢能源汽车的比例达到 15％，并于 2008 年成立了燃料电池与氢能联合行动组织（FCH JU），以支持欧洲氢能与燃料电池的研发、示范与推广应用。美国布什政府自 2001 年开始陆续发布了《国家能源政策报告》《美国向氢经济过渡的2030 年远景展望》等政策性报告，并提出《国家氢能发展路线图》，系统实施国家氢能计划，但随着页岩气革命兴起和金融危机，美国奥巴马政府对氢能与燃料电池的支持有所动摇，燃料电池汽车的研发也一度陷入沉寂。在 21 世纪的第一个十年，氢能和燃料电池技术取得一些发展成就，2008 年北京奥运会和 2010 年上海世博会分别有 3 辆氢燃料电池大巴和196 辆氢燃料电池车示范运行；美国 Bloom Energy 公司在 2008 年推出第一个商业化 100kWSOFC 产品被谷歌公司使用；日本政府从 2005 年开始，启动 ENE-FARM 计划，推动家庭用燃料电池发电系统的使用，并在 2009 年进行大规模商业化推广。

21 世纪 10 年代，全球发展氢能逐渐形成共识，氢能产业发展迎来迈向商业化最重要的阶段。在 2010—2015 年期间，氢燃料电池在某些特殊领域率先取得商业化，例如，从 2010 年开始美国普拉格的燃料电池叉车陆续应用于美国沃尔玛、可口可乐和西斯科等超市和食品批发的物流搬运领域。在汽车领域，现代汽车和丰田汽车分别在 2013 年和 2014 年推出了其首款量产氢燃料电池车（FCEV）现代汽车 ix35 FCEV 和 MIRAI 1.0，开启了燃料电池汽车商业化的元年。2014 年，日本通过了第四个战略能源计划，该计划明确指出要使用氢作为能源，并为氢气的生产、储存、运输和应用制定了战略路线图，时任首相安倍晋三公布"振兴日本战略"，提出到 2030 年将会有 530 万部家用燃料电池热电联供系统投入使用，约占日本家庭总数的 10%。2017 年年初，在瑞士达沃斯世界经济论坛成立了国际氢能委员会，这是世界上首个由全球相关企业首席执行官（CEO）就全球能源结构转型提出的推动氢能源技术的倡议。随着各国对减排脱碳、能源多元化、保障能源安全等的重视及氢能技术发展成熟度的提升，2017 年 12 月，日本成为首个发布氢能基本战略的国家，带动世界主要经济体陆续发布国家级氢能战略。

2020 年以来，各国持续推进，推动氢能发展进入快车道。2020 年，欧盟委员会发布《欧盟氢能战略》，计划未来十年内向氢能产业投入 5750 亿欧元（约合人民币 4.56 万亿元），德国、法国、英国等欧洲国家也相继宣布投入数十亿欧元发展氢能产业。2020 年，我国财政部等五部委发布《关于开展燃料电池汽车示范应用的通知》，并在 2021 年相继公布了京津冀、上海、广东、河北、郑州五大燃料电池汽车示范城市群。2021 年，国务院印发《2030年前碳达峰行动方案》，明确氢能成为实现碳达峰的重要手段之一，2022 年国家发改委、能源局正式发布《氢能产业发展中长期规划（2021—2035 年）》，标志着我国氢能顶层规划正式出台，氢能能源属性得到明确。2000 年以来氢能发展大事件参见表 1-3。

表 1-3　2000 年以来氢能发展大事件

年份	国家/地区	氢能发展大事件
2002	美国	美国发布《向氢经济过渡的 2030 年远景展望》报告
2003	欧盟①	欧盟发布《氢发展构想报告和行动计划》
2004	德国	德国成立"国家氢能与燃料电池组织（NOW）"
2005	日本	日本启动 ENE-FARM 计划
2006	欧盟、德国	欧盟发布《能源战略绿皮书》；德国 NOW 启动"国家创新计划（NIP）"推动实施氢能发展项目
2008	欧盟	欧盟成立燃料电池与氢能联合行动组织（FCH JU）
2010	中国	中国上海世博会 196 辆氢燃料电池车示范运行
2012	美国	美国加州发布《加州氢燃料电池路线图》
2013	美国、韩国	美国启动了"氢气美国（H₂ USA）"工程；韩国现代正式推出世界上第一辆量产版氢燃料电池车"ix35 FCEV"
2014	日本	日本发布《氢能及燃料电池战略路线图-氢能社会的加速投入》；丰田汽车上市销售第一代 FCEV 量产车型"MIRAI"
2015	欧盟	欧盟发布"H₂ME"倡议
2017	日本、全球	日本发布《氢能源基本战略》，提出建设"氢能社会"；国际氢能委员会在瑞士达沃斯世界经济论坛上成立
2018	欧盟、韩国	欧盟发布《氢动力汽车欧洲联合倡议项目（JIVE）》《加氢设施经济模型项目（MEHRLIN）》；韩国现代汽车的第二款量产氢燃料电池汽车 NEXO 上市

续表

年份	国家/地区	氢能发展大事件
2019	韩国、中国、日本、德国、欧盟、澳大利亚	韩国发布《氢能经济发展路线图》；中国《政府工作报告》中提出"推动充电、加氢等设施建设"，中国石化建成国内首座油氢合建站；日本丰田汽车"MIRAI"全球累计销量超万辆；德国蒂森克虏伯开启氢冶金时代；欧盟发布《清洁氢能欧洲伙伴计划》；澳大利亚发布《国家氢能战略》
2020	韩国、中国、欧盟、美国、俄罗斯、日本	韩国颁布全球首个《促进氢经济和氢安全管理法》，韩国现代汽车 NEXO 累计销量破万；中国发布《中华人民共和国能源法（征求意见稿）》，氢气纳入能源范畴，国家五部委发布《关于开展燃料电池汽车示范应用的通知》；欧盟发布《欧盟氢能战略》，德国、法国、西班牙、葡萄牙、芬兰等国推出国家氢能战略或氢能路线图；美国发布《氢能经济路线图》；俄罗斯发布《氢能行业发展规划》《2020—2024 年俄罗斯氢能发展路线图》；日本丰田汽车发布第二代"MIRAI"
2021	日本、中国、英国	日本首次实现全球远洋氢气运输，从文莱向日本运输了第一批氢气；中国发布《中华人民共和国国民经济和社会发展第十四个五年规划和 2035 年远景目标纲要》《2030 年前碳达峰行动方案》等政策，氢能成为重要部分，中国石油首座加氢站建设完成并投运；英国发布《国家氢能战略》
2022	中国、新加坡、美国、欧盟	中国发布《氢能产业发展中长期规划（2021—2035 年）》；新加坡发布《国家氢能战略》；美国发布《国家清洁氢战略与路线图》（草案）；西班牙、法国、葡萄牙三国启动欧盟（欧洲联盟）首条大型绿氢输送走廊计划

① 欧盟指欧盟委员会，余同。

参 考 文 献

[1]　赵匡华. 化学通史 [M]. 北京：高等教育出版社，1990.

[2]　[英] 柏廷顿 J R. 化学简史 [M]. 胡作玄，译. 桂林：广西师范大学出版社，2003.

[3]　《化学思想史》编写组. 化学思想史 [M]. 长沙：湖南教育出版社，1986：56-58.

[4]　徐炎章. 科学的假说 [M]. 北京：科学出版社，1998.

[5]　杜忠明，郑津洋，戴剑锋，等. 我国绿氢供应体系建设思考与建议 [J]. 中国工程科学，2022，24（6）：64-71.

[6]　[日] 氢能协会. 氢能技术 [M]. 宋永臣，译. 北京：科学出版社，2009.

[7]　中国氢能联盟. 低碳氢、清洁氢与可再生能源氢的标准与评价 [S]. 2020.

第 2 章

氢能对实现"双碳"目标的支撑作用

电能转换为氢能是可再生能源储能的重要技术选择,有利于构建新型电力系统、降低能源供给侧的碳排放。氢能使用过程零碳排放,且绿氢能广泛应用于交通、工业、建筑等主要耗能领域,减量、替代化石能源制氢,能有效支撑实现"双碳"目标。

2.1 交通领域

在道路交通领域,氢燃料电池汽车具有加注时间短、续航里程长、适用低温启动等优点,对比纯电动汽车,氢燃料电池汽车在中远程、中重型商用车领域应用前景广阔。结合绿氢生产,氢燃料电池汽车是推动我国道路交通领域碳减排的主要途径之一。随着 PEMFC、DMFC(直接甲醇燃料电池)等燃料电池技术发展成熟、氢能供应体系建设完善,氢能在交通领域的推广应用逐步提速。2014 年以来,日本丰田、韩国现代先后推出量产的燃料电池乘用车,开启了氢能在交通领域的商业化示范应用。截至 2022 年底,全球燃料电池汽车保有量约 6.6 万辆,主要分布在美国、日本、韩国和中国,其中美日韩以乘用车为主,已分别推广应用超 1.4 万辆、0.75 万辆和 2.7 万辆,中国以商用车为主,已累计推广超 1.2 万辆。2020 年 9 月,我国启动开展燃料电池汽车示范应用,遴选了京津冀、上海、广东、河北及郑州五个城市群率先探索燃料电池汽车规模化推广应用。根据全国各地陆续发布的规划目标,预计到"十四五"末,我国将累计推广应用燃料电池汽车超 10 万辆。据中国氢能联盟预测,到 2060 年,我国道路交通领域燃料电池车辆保有量有望达到 1100 万辆,氢气消费量将达到 3570 万吨,在 2020—2060 年期间通过在道路交通领域规模化推广应用氢能技术,有望累计实现碳减排量约 143 亿吨[1]。

燃料电池汽车示范推广,促进了技术进步和成本降低,带动航运和航空积极探索应用氢能技术。在航运领域,内河和沿海船运可通过氢燃料电池技术实现电气化,远洋船运可通过零碳氢气合成绿色甲醇、氨等新型替代燃料实现脱碳。据公开报道,德国、日本、法国、美国等发达国家都在开发氢动力船舶,我国也有采用 PEMFC 和 DMFC 等燃料电池技术的游艇、执法船等示范应用。湖北、辽宁、浙江嘉兴、浙江舟山、广东中山等地发布的氢能规划中明确提出计划推广一定数量的氢能船舶。在航空领域,以氢燃料发动机、氢燃料电池推进系统为动力的飞机正发展成为中短途航空飞行的重要脱碳路径,相关研究表明,直接使用氢燃料可将飞机排放气体对气候的影响降低 $50\%\sim75\%$,而使用氢燃料电池可将飞机排放气体对气候的影响降低 $75\%\sim90\%$[2]。目前全球已有多种机型正在开发和试验,其中空中客车公司宣布计划 2035 年之前投入使用氢能飞机。在无人机领域，我国已有燃料电池动力装置示范应用，在航空飞机上的研发与应用仍处于探索阶段。据中国氢能联盟预测，到 2060 年，我国航运、航空领域氢气消费量分别将达到 280 万吨、200 万吨，其间通过氢能在航运、航空等领域规模化应用有望推动实现碳减排量约 13 亿吨。

2.2　工业领域

当前工业是氢的主要应用领域，国际能源署（IEA）在 *The Future of Hydrogen* 中指出，氢在工业领域的四大用途分别是炼油（33％）、氨生产（27％）、甲醇生产（11％）和直接还原铁矿石生产钢铁（3％）。目前，上述工业行业所用氢气以灰氢为主，氢气制备过程中碳排放量大，在"双碳"背景下，炼油、合成氨、甲醇及钢铁行业减排减碳压力巨大，采用低碳清洁氢替代灰氢被认为是其减碳脱碳的重要抓手。国际氢能委员会（Hydrogen Council）、IEA 以及国际可再生能源署（IRENA）等国际机构均发布了氢能相关的研究报告，指出氢能（主要指绿氢）将在消纳可再生能源电力以及工业脱碳过程中起到积极的作用。

绿氢与工业行业融合发展是推动工业行业低碳发展的重要路径，已成为国内外的广泛共识。2021 年 12 月工业和信息化部印发《"十四五"工业绿色发展规划》中对氢能在工业领域的应用等提出了相应的部署，指出要明确工业降碳实施路径，加快氢能技术创新和基础设施建设，推动氢能多元化利用；提升清洁能源消费比重，鼓励氢能等替代能源在钢铁、水泥、化工等行业的应用；推广绿色低碳技术应用工程，推进绿氢炼化、二氧化碳耦合制甲醇等技术的推广应用。氢能在工业领域的应用现状及助力行业碳减排路径见表 2-1。

表 2-1　氢能在工业领域的应用现状及助力行业脱碳的途径

工业领域	用氢现状	绿氢替代途径
石化化工 （原料用氢）	炼油：炼化工序对氢气的需求量大（2020 年全球约为 3700 万吨），使用氢气可降低柴油的硫含量，同时可将重质渣油加氢炼化升级为价值更高的石油产品 合成氨：氢气是合成氨的重要原材料，全球每年约 3300 万吨的氢气用来合成氨，其中 70％的氨用作生产肥料的重要前体物 甲醇：全球每年约有 1300 万吨的氢用于生产甲醇，甲醇则被用于生产甲醛以及生产塑料和涂料等	存量替代：目前石化化工中用到的以化石能源制氢为主的氢气将逐渐被绿氢替代 增量供应：增量石化化工产能通过配套供应绿氢实现脱碳
发电 （燃料用氢）	目前燃料用氢（掺氢燃气轮机发电等）的应用在全球范围内较少	掺氢燃气轮机
钢铁 （原料用氢）	目前，钢铁行业是主要的二氧化碳排放源之一（约占全球二氧化碳排放量的 7％～9％），主要使用焦炭作为炼钢过程中的还原剂，并将焦炭用于炼铁和炼钢过程的各个热密集阶段，所有这些工序中的焦炭都可以被低碳清洁氢取代	氢冶金的主要技术路径包括高炉富氢冶炼、氢能直接还原炼铁以及氢能熔融还原冶炼等

化工原料绿氢替代方面，目前我国 80％以上的氢气主要用于合成氨、甲醇等化工原料的生产以及加氢炼化等工艺，绿氢＋化工是化工领域脱碳的主要路径之一。目前我国已在宁夏、新疆、内蒙古、吉林等地启动绿氢耦合煤化工以及炼化等示范项目，典型的项目有宝丰能源绿氢耦合煤化工项目、中国石化新疆库车绿氢＋炼化示范项目、中国石化鄂尔多斯风光融合绿氢化工示范项目以及"氢动吉林"相关的绿氢合成氨等项目。

掺氢燃气轮机发电方面，掺氢燃气发电技术及掺氢燃气轮机装备发展在全球尚处于起步阶段，是各国争相布局的战新产业前沿领域。掺氢燃气轮机发电具备安全可靠、供电连续以及调节性能强等优势，且可大幅减少发电过程的二氧化碳及其他污染物排放，是天然气发电领域重要的低碳发展技术路径。示范项目方面，国家电投在荆门已实现燃气轮机 15％掺氢燃烧改造和运行，我国首台国产 HA 级（空气冷却最高能效等级）重型燃机正式下线，并按照 10％（按体积计算）的氢气掺混比例运行，用于广东惠州大亚湾石化区综合能源站项目。

氢冶金方面，用原料氢气作为还原剂替代焦炭是钢铁产业和冶金行业低碳转型的重要路径和方向。2022 年 2 月，国家发改委、工信部、生态环境部联合发布《关于促进钢铁工业高质量发展的指导意见》，提出力争到 2025 年，氢冶金、低碳冶金等先进工艺技术取得突破进展，制定氢冶金行动方案，加快推进低碳冶炼技术研发应用。我国已启动氢冶金示范项目，河钢、建龙、八一钢铁等启动项目试点示范，鞍钢、宝钢、河钢、中晋冶金等企业均制定了氢冶金技术发展路线图，开展氢气直接还原技术的研发与项目布局。

中国氢能联盟对"双碳"情景下我国氢气需求量进行了预测[3]，指出在 2030 年碳达峰情景下，我国氢气的年需求量将达到 3700 万吨，在终端能源消费中占比约为 5％，可再生能源制氢产量约 500 万吨；在 2060 年碳中和情景下，我国氢气的年需求量将增至 1.3 亿吨左右，其中，可再生能源制氢产量约 1 亿吨，工业领域用氢约 7800 万吨，占氢气总需求量的 60％。工业领域用氢包括存量用氢以及未来作为工业原料和燃料的增量用氢，未来氢气将作为新工业原料，通过氢冶金、合成航空燃料、合成氨作为运输用燃料等方式在钢铁、航空、船运等难以脱碳行业中发挥重要作用，作为工业燃料将在钢铁、水泥中作为高品质热源。在碳中和情景下，我国工业用氢结构将从以灰氢为主转向以绿氢为主，有力支撑工业"双碳"目标的实现。据测算，到 2060 年，通过在我国工业领域规模化推广应用低碳清洁氢将推动实现碳减排量达 11.6 亿吨，约占当前我国年碳排放量的 11％。

2.3 建筑领域

氢能可以通过直接燃烧、发电、热电联产等多种形式为居民住宅或商业区建筑提供烹饪、照明、电器、供热等所需能量，减少煤炭、天然气等化石能源的用量，同时可结合建筑屋顶光伏制氢，降低建筑运营过程的碳排放。根据国际氢能委员会预计，至 2050 年，全球 10％的建筑供热，8％的建筑供能将由氢气提供，每年可减少 7 亿吨二氧化碳排放。另据中国氢能联盟预测，到 2060 年，我国氢能在建筑领域应用占比达到 4％，用量将超过 500 万吨。

在建筑领域可利用现有天然气管网，将大规模风电、光伏制造的绿氢按一定比例掺入，代替部分天然气用量，降低排放。根据 IEA Cross-cutting：Hydrogen 报告数据，在不考虑气源碳排放的情况下，向天然气中掺入 5％比例的氢气大约减少 2％的碳排放，如果将掺混比例提高到 20％将最多减少 7％的碳排放。在"碳中和"背景下，各国政府将天然气掺氢作为氢能主要应用场景之一进行探索和推广，国外在 2008 年开始已有关于天然气管道掺入绿氢比例的研究。近年来，荷兰、日本、英国、德国等国家均开展了相关示范项目，掺氢比例最高达到 20％。其中，英国 HyDeploy 示范项目 2020 年 1 月正式投入运营，通过向基尔大学现有的天然气网络注入高达 20％（按体积计）的氢气，为 100 户家庭和 30 座教学楼供气，掺氢比例为全欧洲最高。据 IEA 数据，全球已开展了近 40 个掺氢天然气管道输送系统应用示范项目，研究了天然气管道系统中掺入不同比例氢气后输送以及终端应用等的安全性，2020 年全球天然气掺氢的规模从 2013 年的 500 吨增加到 3500 吨，增长了 6 倍。

我国陆续出台了《"十四五"能源领域科技创新规划》《关于完善能源绿色低碳转型体制

机制和政策措施的意见》《氢能产业发展中长期规划（2021—2035 年）》等文件，提出开展掺氢天然气管道及输送关键设备安全可靠性、经济性、适应性和完整性评价，探索输气管道掺氢输送等高效输氢方式，开展掺氢天然气管道试点示范。近年来，在国电投、中石化、国家管网等央企努力下，天然气管网掺氢项目上取得了突破性的进展，其中，2019 年"朝阳可再生能源掺氢示范"项目投运，是国内首个天然气掺氢示范项目，也是首次尝试将电解水制得的氢气掺入天然气中，并将终端应用场景设置在厨房等民用领域示范，掺氢比例达到10%。2020 年 9 月，"天然气掺氢关键技术研发及应用示范"项目启动会在张家口市召开，该项目是河北省首个天然气掺氢示范项目，掺氢天然气最终将应用于张家口市的商用用户、民用用户和天然气掺氢（HCNG）汽车，未来预计每年可向张家口市区输送氢气 400 万立方米以上，每年减少 150 万立方米以上的天然气用量及 3000 吨以上的碳排放量，2023 年 2月，20 户居民已实现了天然气掺氢入户应用示范。

　　在建筑领域也可以通过燃料电池分布式供能实现冷热电联供，其具有效率高、噪声低、体积小、排放低等优势，适用于靠近用户的千瓦至兆瓦级的分布式发电系统，总能量利用效率可以达到 70%～95%，大大提升能源综合利用效率，降低碳排放。燃料既可以是天然气，充分兼容和利用现有公共设施，也可结合分布式光伏发电制氢打造零碳建筑。据咨询公司E4tech 的数据，从 2017 年到 2021 年全球固定式燃料电池累计出货容量超过 1.4GW，每年安装数量超过 5 万台，应用场景基本以分布式热电联供为主。其中，美国和韩国是占据了绝大多数大型固定式燃料电池热电联供系统，应用以工商业客户为主，作为数据中心或者办公大楼主体或备用电源；日本则是全球小型燃料电池热电联供系统推广最多的国家，应用以家用为主，截至 2022 年底，日本已安装超过 40 万套，并计划到 2030 年推广 530 万套，占日本家庭 10%。

　　我国《氢能产业发展中长期规划（2021—2035 年）》提出，因地制宜布局氢燃料电池分布式热电联供设施，推动在社区、园区、矿区、港口等区域内开展氢能源综合利用示范。科技部 2021 年 9 月发布国家重点研发计划"氢能技术"重点专项 2021 年度定向项目申报指南，拟在"氢进万家"综合示范技术方向启动 1 个定向项目，安排国拨经费 1.5 亿元，提出燃料电池热电联供入户企业办公区、覆盖建筑面积超过 5000 平方米，燃料电池热电联供氢气使用量不低于 1 万吨。2021 年 11 月，我国首个"氢进万家"智慧能源示范社区项目在佛山南海丹灶投运。社区一期工程依托现有城市气网开展混氢天然气示范，社区 5、6、7 号楼将安装 394 套家用燃料电池热电联供设备，社区 8 号楼将安装 4 套（440kW/套）商业燃料电池冷热电联供设备，总装机容量约 2MW，项目示范应用质子交换膜、固体氧化物和磷酸燃料电池多种技术路线，投产后将减少 45% 能源费和 50% 碳排放。二期项目将全部采用光伏制氢，不再使用城市燃气和电网，小区全部采用分布式供能，探索实现深度脱碳。

2.4　电力领域

　　我国作为全球最大的煤电国家，大力推动电力行业的能源转型以及绿色低碳发展有助于未来"双碳"目标的实现。在 2021 年 3 月 15 日的中央财经委员会第九次会议上，首次明确提出"构建以新能源为主体的新型电力系统"。新型电力系统是贯通清洁能源供给和需求的桥梁，也是释放电能绿色价值的有效途径。而氢能作为环境友好、灵活高效的清洁二次能源，与电能的融合发展对于新型电力系统的构建具有重要意义。

　　新型电力系统的本质特征是增加可再生能源装机容量和发电出力比重。2023 年 1 月 6日，国家能源局发布《新型电力系统发展蓝皮书（征求意见稿）》，其中指出，到 2030 年，推动新能源成为发电量增量主体，装机占比超过40%，发电量占比超过20%。至2045年，新能源成为系统装机主体电源。新型电力系统也面临诸多挑战：一是风光的波动性和随机性对电网的稳定性有一定的冲击，IEA曾分析过可再生能源波动性对电网的冲击，当间歇性可再生能源占比在25%～50%之间，在某些时刻可再生能源不可满足100%的电力需求，电网稳定性面临较大挑战；二是目前电力系统的调频和调峰的能力有限，如电化学储能等技术只能解决系统的短期调节问题，月度调节和季度调节还存在很大的障碍；三是电网的输送能力不足且风光输电成本较高。因我国能源资源与用电负荷错位分布，如果我国东部地区的用电绝大部分从三北地区远距离输送，按照80%的比例测算，送电规模将达到4万亿千瓦时，这就需要建设约100条特高压送电通道，且每条特高压不受电磁环网制约，全年满功率运行，这在现有技术条件下难以实现。

在加快构建新型电力系统的道路上，"源网荷储一体化"是重要的实施方案，2021年3月，国家发展改革委、国家能源局联合发布了《国家发展改革委 国家能源局关于推进电力源网荷储一体化和多能互补发展的指导意见》，指出源网荷储一体化和多能互补发展是实现电力系统高质量发展的客观需要，是提升可再生能源开发消纳水平的必然选择。事实上，"源网荷储一体化"不仅可以有效实现能源资源的最大化利用，更能全面提升电网系统的综合调节支撑能力。大规模、长周期的储能技术是实现"源网荷储一体化"的关键要素。

氢储能是大规模、长周期新型储能方式的一种，基本原理是将电能通过电解水得到氢气并储存或运输，当需要电能时将氢气通过燃料电池或其他方式转换为电能输送上网或直接驱动氢能终端应用。如图2-1所示，氢储能依托"电-氢-电"的转换特性，可实现将可再生能源转化为稳定电力馈入电网，提高电网可再生能源电力占比，降低电网碳排放量。

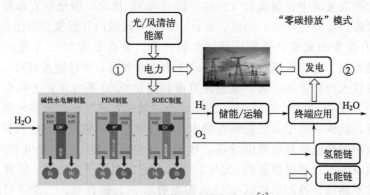

图2-1　氢储能的"零碳模式"[4]

与其他储能方式相比，氢储能具有以下几个方面的优势：一是氢储能在储能容量规模上，可实现亿千瓦时级的容量储存，其优势明显优于目前商业化的抽水蓄能和压缩空气储能等大规模储能技术；二是在规模储能经济性方面，储能系统的边际成本随着规模和时间的增加会逐渐下降，进而其总成本也将下降，固定式规模化储氢比电池储电的成本低一个数量级；三是在储存时间和空间维度上较为灵活，氢能既可以以固相的形式存储在储氢材料中，也可以以液、气相的形式存储在高压罐中，储存时间可长达数周；四是在运输方式多样化，氢储能可采用长管拖车、管道输氢、天然气掺氢和液氨等方式实现远距离、跨区域运输，充分解决电力消纳在时间和空间的错配问题；五是在地理环境与生态保护上，相较于抽水蓄能和压缩空气储能等大规模储能技术，氢储能不需要特定的地理条件且不会破坏生态环境。氢储能基于其多方面明显的优势，在新型电力系统"源网荷"中具有丰富的应用场景（如图 2-2 所示）。

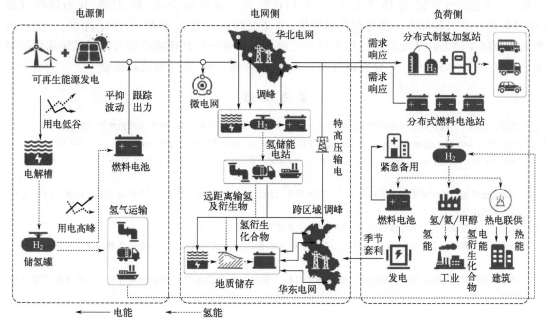

图 2-2　氢储能在新型电力系统"源网荷"的应用场景[5]

在电源侧，一是通过电解水制氢技术可以充分利用风光弃电从而解决可再生能源消纳的问题，国家能源局统计数据显示，2020 年我国弃水、弃风和弃光电量为 $3.01 \times 10^{10} \, kW \cdot h$、$1.66 \times 10^{10} \, kW \cdot h$ 和 $5.26 \times 10^{9} \, kW \cdot h$。制氢电耗按照 $5kW \cdot h/m^3$ 计算，理论上总弃电量可制取绿氢 $9.28 \times 10^5 \, t$；二是平滑风光发电波动，质子交换膜（PEM）电解技术的压力调控范围大，可适应 0~160% 的宽功率输入，实现对快速变化的可再生能源电力输入的响应；三是跟踪计划风光出力曲线，利用氢储能系统的大容量和相对快速响应的特点，对风光实际功率与计划出力间的差额进行补偿跟踪，可大幅度地缩小与计划出力曲线的偏差。

在电网侧，一是提供调峰辅助容量，还可充当"虚拟输电线路"缓解输配电系统阻塞的情况；二是通过调频（将供电频率维持在一定范围）和调峰（用电负荷高时快速发电，用电低谷时减小发电功率，俗称"削峰填谷"）来提高电网的稳定性。

在负荷侧，分布式氢燃料电池电站和分布式制氢加氢一体站可作为高弹性可调节负荷，可以快速响应不匹配电量；储能可以与分布式光伏配套使用，实现自发自用甚至进行高、低峰期的金融操作；还可作为应急备用电源，例如国内首台单电堆功率超过 120kW 氢燃料电池移动应急电源参与抗击广东省的"山竹"台风。

在绿色低碳发展大势驱动下，全国多个省市地区正积极规划布局风光氢储一体化项目，据中国氢能联盟不完全统计，截止到 2023 年 4 月，可再生能源制氢项目（含规划、建设、建成、运营）数量合计将近 364 项，制氢规模约 510 万吨/年，大部分为在建及规划项目，其中建成和运营的共计 37 项，主要分布在内蒙古、河北、宁夏、新疆等风光资源丰富地区。据报道，山东省 2022 年上半年 5 个独立储能示范项目投运后已累计减少弃风弃光电量 11156 万千瓦时，可满足 21 万户居民 1 个月的用电需求，相当于减少消费 3.47 万吨标准煤，减少二氧化碳排放 10.66 万吨、二氧化硫排放 0.37 万吨；折算每减少单位弃风弃光电，即向电网增加单位可再生能源电，可实现减少碳排放量 0.95 千克。若目前 364 项可再生氢项目全部建成并运营达产，通过燃料电池可发电约 820 万千瓦时/年（按照 50％的发电效率计算，1 千克氢气可发电 16 千瓦时），若均代替火电则可减少约 787 万吨/年的碳排放量［中国电网电力（各种电力混合后的平均值）1 千瓦时电的 CO_2 排放是 960g 左右］。结合可再生能源制氢潜力，从交通、民用燃气和工业 3 个领域分析其碳减排潜力，通过使用清洁氢能，我国 2030 年和 2060 年分别能够实现 6.16 亿吨和 7.67 亿吨的碳减排量[6]。

参 考 文 献

[1]　李婷，刘玮，王喆，等 . 开启绿色氢能新时代之匙：中国 2030 年"可再生氢 100"发展路线图［R］. 2022.

[2]　Fuel Cells and Hydrogen 2 Joint Undertaking（EU body or agency）. Hydrogen-powered aviation -A fact-based study of hydrogen technology, economics, and climate impact by 2050［R］. Publications Office, 2020. https：//data. europa. eu/doi/10. 2843/471510.

[3]　中国氢能联盟 . 中国氢能源及燃料电池产业发展报告（2020）——碳中和战略下的低碳清洁供氢体系［M］. 北京：人民日报出版社，2020.

[4]　赵晋斌 . 支撑新型电力系统建设的氢储能关键技术路线及思考［R］. 2020.

[5]　许传博，刘建国 . 氢储能在我国新型电力系统中的应用价值、挑战及展望［J］. 中国工程科学，2022，24（3）：89-99.

[6]　邱玥，周苏洋，顾伟，等 . "碳达峰，碳中和"目标下混氢天然气技术应用前景分析［J］. 中国电机工程学报，2022，42（4）：20.

第 **3** 章

氢能技术发展情况及经济性分析

3.1 氢能技术发展现状及前景

3.1.1 氢能制备技术

根据制氢过程消耗的原料或者能源划分，氢能制备技术主要分为可再生能源制氢、工业含氢副产气提纯氢和化石能源制氢。

3.1.1.1 可再生能源制氢

根据电解质的不同，电解水制氢技术可分为碱性（ALK）、质子交换膜（PEM）、阴离子交换膜（AEM）和固体氧化物电解池（SOEC）四大类。

我国 ALK 技术处于国际先进水平且具备成本优势，是目前产业化水平最高的技术路线，预计将是今后较长时间内大规模电解水制氢的主要技术路线。碱性电解水技术优点是成本低、设备寿命长，但制氢设备效率不高，也存在需要使用腐蚀性碱液、对电流波动响应速度慢、占地面积大等缺点。近两年，不少厂家开始研制并推出单机产氢量超过 $1000m^3/h$ 的碱性电解槽产品，中船重工 718 所 $2000m^3/h$ 型碱性电解水制氢设备已下线，具有完全自主知识产权，在电流密度、运行能耗、稳定性等方面处于行业领先水平。

PEM 电解水制氢方面，近几年来国内技术进步显著，项目落地速度加快，但与国际先进水平比较，在 PEM 单槽产能、寿命、电流密度、电解效率等性能方面有较大差距，整体仍处于跟跑阶段。依托燃料电池汽车示范应用工作的深入推进，双极板、质子交换膜、膜电极等核心零部件技术已经初步实现国产化，碳纸、催化剂及质子交换膜等关键基础材料等正在加速突破。

SOEC 电解水制氢是欧美的重点攻关方向，丹麦 Topsoe、美国 Bloom Energy、英国 Ceres Power、德国 Sunfire、瑞士 Sulzer Hexis、意大利 Solidpower、德国 Bosch Thermotechmology 等公司发展迅速，已经开始兆瓦（MW）级示范。其中德国已累计投放五万多套 Micro-CHP。国内在关键材料、电堆研发、高温电解制氢系统开发等方面取得一定进展，但电堆及系统关键材料方面有待突破，仍处于实验室和小型系统小规模示范验证阶段。

AEM 电解水制氢方面，德国 Enapter 已开发第四代 AEM 电解槽，国内相关研究机构和企业较少，仍处于研发完善阶段，缺乏成熟的非贵金属催化剂，目前面临电导率较低、催化活性弱、长期稳定性不佳等问题。但长远来看，AEM 因其兼具传统 ALK 成本低和 PEM 启动快、电流波动响应速度快等特点，是值得关注的方向。

3.1.1.2 工业含氢副产气提纯氢

工业含氢副产气提纯氢来源主要包括钢铁行业的焦炉煤气，氯碱行业的电解氯化钠水溶液副产气，丙烷脱氢（PDH）、乙烷脱氢等轻质烷烃脱氢副产气以及石油炼制行业的重整、石脑油裂解、乙苯脱氢、催化裂化干气等含氢副产气等。我国每年工业含氢副产气提纯氢规模在 900 万～1000 万吨之间。大规模提纯主要采用变压吸附（PSA）技术。通常情况下，只有原料气中氢气含量超过 50%，PSA 提纯才有经济性。PDH、乙烷脱氢、氯碱副产氢等副产氢气浓度较高，更具提纯价值。当前我国副产氢资源具备一定的成本优势，是氢能产业发展初期的优质氢源。以中国石化为代表的国内大型能源企业副产氢资源丰富，中国石化副产氢以炼化企业为主，首批布局 14 家炼化企业建设供氢中心，车用高纯氢生产线已投用。

（1）焦炉气副产氢

焦炉气（COG）是炼焦工业中的副产品，主要成分为氢气（含量 55%～60%）、甲烷（含量 23%～27%）和少量 CO、CO_2 等。通常每吨干煤可生产 300～350m^3 焦炉气，是副产氢的重要来源之一。目前炼焦厂主要采用 PSA 技术从焦炉煤气中分离获取高纯度氢气。大规模的焦炉气制氢则一般采取深冷分离与 PSA 相结合的方法来实现氢气分离。另外，金属膜分离技术的耗能更少且能够连续操作，有望得到应用。焦炉气分离出氢气后的主要组分为甲烷，可以将其进行提纯，结合天然气重整技术可进一步实现焦炉气中氢能资源的最大化提取。我国副产煤气可提供 811×10^4t/a 的氢产能，氢源占比为 20%。焦炉气直接分离氢气成本相对较低，应用发展的关键在于氢气提纯技术的发展水平和炼焦行业下游综合配套设施的健全程度。

（2）氯碱工业含氢副产气提纯氢

氯碱工业是最基本的化学工业之一。在氯碱工业中，通过电解饱和 NaCl 溶液的方法制取烧碱（一般指氢氧化钠）和氯气，同时得到副产品氢气，可通过 PSA 技术进行纯化分离。每制取 1t 烧碱便会产生大约 280m^3（质量约为 25kg）的副产氢气。氯碱产氢反应的化学原理和生产过程与电解水制氢类似，氢气纯度可达 98.5%，其中主要杂质为反应过程中混入的氯气、氧气、氯化氢、氮气以及水蒸气等，一般通过 PSA 技术进行纯化分离获得高纯度氢气。氯碱副产氢具有产品纯度高、原料丰富、技术成熟、减排效益高以及开发空间大等优势。

（3）丙烷脱氢副产氢

丙烷催化脱氢生产丙烯技术是指在高温催化条件下，丙烷分子上相邻两个 C 原子的 C—H 键发生断裂，脱除一个氢气分子得到丙烯的过程。该过程原料来源广泛、反应选择性高、产物易分离，副产气体中的氢气占比高、杂质含量少，具有重要的收集利用价值。丙烷脱氢工艺一般在循环流化床或固定床反应器中进行，只需配套相应的 PSA 或膜分离装置，即可得到高纯度氢气（含量大于等于 99.999%）。随着丙烷脱氢工艺的持续发展和成本的逐步降低，该技术将作为副产氢的重要技术路线。

3.1.1.3 化石能源制氢

（1）煤气化制氢

煤制氢作为成熟的制氢技术，是目前国内主要的氢气制备方法，广泛应用于化工、钢铁等行业。煤制氢主要工艺是将煤与氧气或蒸汽混合，在高温下转化为以 H_2 和 CO 为主的混合气，工艺流程包括煤制气、净化、变换和变压吸附等，具有原料成本低、装置规模大、技术成熟度高等优点，但是装置占地面积大、配套设施多、单位装置投资高、工艺流程较长、操作相对复杂，且碳排放量高、气体分离成本高。煤制氢需要大型的气化设备，制氢装置初投资较高，单位投资成本在 1 万～1.7 万元/($m^3 \cdot h$) 之间。煤制氢生产 1kg 氢气约排放 19kg 二氧化碳，未来可结合 CCUS 技术和设备控制碳排放量。

我国煤制氢技术和装备居世界领先水平，以"航天工程"和"兰石重装"为代表的企业致力于推动煤化工等能源装备的研发制造，"航天工程"研发出拥有完全独立自主知识产权的航天粉煤加压气化技术，打破国外技术垄断。西南化工研究设计院有限公司等成功研发大型煤制氢变压吸附装置，技术先进，且已投入运行。此外，我国探索推动煤炭超临界水气化制氢等煤炭清洁高效利用技术的研发，该技术提出了一种煤炭在超临界水中完全吸热-还原制氢的新气化原理，西安交通大学处于技术研发前沿。超临界水具有独特的理化性质，包括：密度远高于蒸汽，利于固体反应颗粒物的悬浮；比热容与热导率亦高于蒸汽，可强化反应体系内传热过程，利于维持反应器内均匀的温度场；黏度与表面张力小于液态水，而扩散系数较高，可强化反应体系内传质过程。相较于传统气化技术，超临界水可直接处理高含水量的湿物料，节约了干燥过程所需的能耗与时间，具有更好的经济性。此外，超临界水气化技术的物料适应性很强，对各种生物质、煤炭、石油焦及有机废固液均能实现清洁高效气化，有望成为能源利用转化领域的一项颠覆性技术。

据统计，我国氢气产量约 3300 万～3500 万吨，其中煤制氢产量占比超过 63%，综合考虑资源禀赋以及产业发展进程看，未来较长一段时间我国煤制氢产量占氢气总产量的比重仍将较高，煤制氢技术路线的选择对我国氢能产业的发展至关重要。未来，我国需要发展低碳清洁的煤制氢路线，主要包括煤炭超临界水气化制氢等煤炭清洁高效利用技术以及煤气化制氢＋CCS（碳捕集、封存）等技术。CCS 技术指将 CO_2 从工业排放源中分离后或直接加以利用或封存，以实现 CO_2 减排的工业过程。煤制氢＋CCS 技术改造的主要工艺流程包括：煤气化生成合成气；合成气经过水煤气变换后得到富氢；通过提纯工艺得到纯度较高的氢气和 CO_2；封存捕集所得的高浓度 CO_2。目前，国内外已经有在运行的煤气化＋CCS 项目。

（2）天然气制氢

天然气制氢主要包括天然气蒸汽重整制氢、裂解制氢、部分氧化制氢和自热重整制氢等，其中蒸汽重整制氢技术较为成熟且已实现工业化应用，裂解制氢、部分氧化制氢以及自热重整制氢处于研究探索阶段。天然气水蒸气重整工艺流程主要包括脱硫、转化、PSA 提纯等，目前工艺设计、关键设备、高温催化剂等技术都已完全国产化。与煤制氢相比，天然气制氢碳排放强度较低，规模灵活。

国外以美国 KBR、丹麦 Topsoe、德国 Linde、英国 ICI 等为代表的技术供应商，对轻烃类蒸汽转化技术进行了持续研究和改进，在工艺技术、能量回收、催化剂性能及转化炉型等方面获得了较大进展，推动技术日趋成熟，装置供氢可靠性、灵活性得到了大幅提高，生产成本和燃料消耗进一步降低。20 世纪 60 年代我国成功开发烃类蒸汽转化技术，目前在天然气制氢装置研发设计、施工建设方面的能力已接近世界先进水平，自主研发的催化剂性能指标已达到国际先进水平。

相比煤制氢，天然气制氢过程中碳排放量小，是清洁的化石能源制氢技术，随着天然气产-供-储-销产业链的完善、天然气开采技术的进步、储量巨大的页岩气等非常规天然气开发成本的不断降低，天然气制氢的技术经济优势越来越明显，该技术是美国等天然气储量丰富国家的主要制氢路线，为了进一步降低碳排放，天然气制氢耦合 CCS 是未来技术的发展趋势。除集中式天然气制氢技术外，当前橇装式天然气制氢技术及装备受到极大关注。小型橇装天然气制氢技术的发展对我国加氢基础设施建设具有重要意义，其借助橇装化、模块化的集装箱式设计，能够满足制加氢一体化站建设要求，且占地面积小，安装灵活，便于对已有加油站和加气站等实施快速改造。小型橇装天然气制氢装置在未来一定时期内具有较强的市场竞争力。但由于小型橇装天然气制氢并不简单是大型天然气制氢的小型化，需要在工艺流程、重整反应器、催化剂、系统集成与控制、纯化、热量平衡设计等方面进行创新研发，具有很大的技术挑战性，目前国内仅有为数不多的厂家掌握了该领域的核心技术，工业化应用数量不多，应加大力度支持提高产业化水平。主要制氢技术发展现状汇总见表 3-1。

表 3-1　主要制氢技术发展现状汇总

制氢方式	原料	技术路线	技术成熟度
煤制氢	煤炭	煤气化制氢	成熟
天然气制氢	天然气	天然气重整制氢	成熟
		天然气部分氧化制氢	开发阶段
		天然气自热重整制氢	开发阶段
		天然气催化裂解制氢	开发阶段
工业含氢副产气提纯氢	焦炉煤气、氯碱副产品等	通过 PSA 将氢气提纯	成熟
电解水制氢	水	ALK	成熟
		PEM	成熟
		SOEC	实验研发阶段
		AEM	实验研发阶段

3.1.2　氢能储运技术

通常情况下，根据储运过程氢气介质的物理状态，氢能储运技术分为压缩气态、低温液态、固态和有机液态等，分别应用于车（船/航空器）载储氢技术和转运等不同场景。采用不同的储运技术转运氢能，可采用公路、铁路、海运及管道等多种运输方式。

当前，高压气态储氢技术成熟度最高，是当前短距离小规模运输的主流技术，但其体积储氢密度较低，未来需要提高储氢压力，以满足提升经济性的要求。液态储氢密度高，核心技术与装备主要掌握在美、德、法、日等发达国家手中，技术比较成熟，但因氢气液化难度较大且能耗较高，目前主要用于航空航天领域，我国正加大力度支持开展液氢技术及装备自主研发，积极探索液氢在民用领域的示范应用，未来随着我国大规模氢液化技术取得突破，液氢将成为氢气大规模储存以及中等规模、中长距离氢气运输的重要方式。有机液态储氢和固态储氢在储氢密度、安全性等方面具有优势，但其技术成熟度相对较低，尚处于示范探索时期；同时，有机液态储氢在大规模远洋运输方面具有成本优势，有望成为未来氢气跨区域贸易的主要运输方式之一。当氢气需求稳定且达到一定规模时，管道输氢是最经济的氢能运输方式，利用现有天然气管道掺氢或新建纯氢管道输氢都是未来大规模长距离输氢的可行方案。此外，甲醇、液氨等载氢量较高且具备较为成熟的运输体系，也受到较多企业和研究者关注，相关示范项目正在逐步推进。随着氢能产业快速发展，未来氢气储运需求大幅增长，各种氢气储运技术也将获得较大提升，将支撑构建管道输氢、液氢储运、高压气氢长管拖车运输、固态和有机液态储运氢等多种储运氢方式互为补充的输运网络。

3.1.2.1　压缩气态储运技术

压缩气态储运氢是在氢气临界温度以上，通过增压设备对氢气加压后采用储氢瓶/罐等容器储存或运输，是目前应用最广泛的储运氢技术，该技术成熟度高、存储能耗低、设备可靠性高，在常温下就可通过减压阀调控氢气的释放，但其体积和质量储氢密度均较低、长途运输成本高。根据采用的材料和结构不同，压缩气态储氢容器主要分为纯钢制金属瓶（Ⅰ型）、钢制内胆纤维环向缠绕瓶（Ⅱ型）、铝内胆纤维全缠绕瓶（Ⅲ型）及塑料内胆纤维缠绕瓶（Ⅳ型）四个类型（如表 3-2）。其中，Ⅰ型瓶耐压不超过 30MPa；Ⅱ型、Ⅲ型瓶耐压可提高到 70MPa；Ⅳ型瓶内胆为高分子材料，全瓶身用纤维增强树脂复合材料包裹，只有瓶口处为金属，Ⅳ型比Ⅲ型瓶轻很多，储气压力相当。Ⅰ型、Ⅱ型瓶多应用于制氢站、加氢站等固定式储氢场所，以及作为长管拖车等移动运输工具的储氢容器；Ⅲ型、Ⅳ型瓶多应用于燃料电池汽车等氢能终端应用产品储氢系统。

储存压力是决定质量储氢密度和氢气储运成本的关键技术指标，但是氢气密度并不随着压力升高而线性增长，当储存压力高达 200MPa 时只能获得 $70kg/m^3$ 的氢气密度；压力高于 70MPa 后储量增加不大，且较高的存储压力和氢脆现象还会引发容器破裂、氢气泄漏问题，因此氢气储存压力一般设置为 35～70MPa。目前商业化应用的储氢容器最高储氢压力可达 100MPa，在车载氢系统主要分为 35MPa 和 70MPa 两个标准压力，在氢能运输环节，各个国家对道路运输压缩气体有不同的压力等级要求。

表 3-2　四种高压氢气容器的性能对比

类型	Ⅰ型	Ⅱ型	Ⅲ型	Ⅳ型
工作压力/MPa	17.5～20	26.3～30	30～70	70 以上
介质相容性	有氢脆、有腐蚀性	有氢脆、有腐蚀性	有氢脆、有腐蚀性	有氢脆、有腐蚀性
产品重容比/(kg/L)	0.90～1.3	0.60～0.95	0.35～1.00	0.35～1.00
使用寿命/年	15	15	15/20	15/20
储氢密度/(g/L)	14.28～17.23	14.28～17.23	40.4	48.8
成本	低	中等	最高	高
应用情况	加氢站等固定式使用		国内车载	国际车载

根据应用领域划分，高压气态储氢容器可分为加氢站用储氢容器、长管拖车储氢瓶组及车载储氢瓶组等。加氢站用储氢容器中，国内主要有储氢罐和瓶式容器组两种方式，其中储氢罐以钢带错绕式压力容器为主，瓶式容器组包括钢制高压瓶式容器组和铝内胆碳纤维全缠绕气瓶组等。目前加氢站内应用最多的是瓶式容器组，有 45MPa（用于 35MPa 加氢站）和 98MPa（用于 70MPa 加氢站）两种压力。相比于储氢罐，瓶式容器组具有多重优势（优缺点比较如表 3-3 所示）：单个容器的水容积较大（一般＞1000L，甚至达到 2000L）、容器数量较少，漏点较少，压力分级与容积组合容易，调峰能力强，节能效果好，适应场地能力强，可根据现场条件量身定做，批量化制造方便，制造及运行成本低，交期快，产品定检方便，检验费用低等。45MPa 加氢站用储氢瓶式容器组是加氢站氢气储运的最优解决方案，目前国内站用储氢容器基本实现国产化。随着 70MPa 加注压力需求的提高，企业正加快研发更高压力等级的产品，目前已有较多企业开发出 80～100MPa 的配套产品，并向更大容积和更大直径方向发展。

表 3-3   各类站用储氢容器优缺点比较

类型	钢带错绕式压力容器	钢制高压瓶式容器组	铝内胆碳纤维全缠绕气瓶组
优点	有相应标准;单个水容积大,可以达到7300L;临氢材料抗氢脆效果好;容器数量少,漏点少	单个水容积较大,可达到1000～2000L;容器数量较少,漏点较少;压力分级和容积组合容易,便于分级加注;批量化制造方便,成本低,定检方便	制造周期短;压力分级和容积组合容易;场地要求低
缺点	压力分级和容积组合不易;制造工艺复杂,周期长,成本高;场地要求高;定期检验困难	临氢材料及相关试制产品需要做氢环境下的试验验证	国内没有标准;单个容器水容积不到450L;容器数量多,漏点多;运维成本高

在长管拖车储运氢方面,美国、加拿大、日本等国家道路运输高压气态储氢压力等级已实现50MPa,单车运输氢气量达1000～1500kg。由于压力等级较高,国外长管拖车储氢容器多为Ⅲ型、Ⅳ型瓶,且逐步向复合材料储氢瓶方向发展。我国氢能产业尚处于初级发展阶段,受技术和制度等限制,道路运输长管拖车高压气态储氢压力仍为20MPa,单车装载量约350kg,装卸时间各需4～8小时,适合于短距离运输,技术及产品较为成熟。国内长管拖车用储氢瓶组的主流规格有四种,如表3-4所示。目前,国内企业正在加快开发30MPa及以上系列产品,部分企业已具备量产能力。30MPa压力长管拖车氢气装载量比20MPa压力下增加了64%,单位质量氢气运费大幅下降,且可配合加氢站用固定储氢瓶组,在顺序控制盘控制下作为低压瓶组使用。但从经济性角度分析,20MPa比30MPa长管拖车在运送效率上虽提高了1.6倍,但是拖车价格却提高了2.5倍。

表 3-4   国内主流规格管束集装箱参数表

气瓶类型	Ⅰ型金属 无缝瓶		Ⅱ型金属内胆纤维 环向缠绕气瓶	
工作压力/MPa	20	20	20	20
气瓶外径/mm	ϕ559	ϕ715	ϕ715	ϕ719
总水容积/L	24750	26460	33600	37440
氢气质量/kg	369	395	502	549
单车气瓶数量/只	11	7	8	9

车载储氢瓶主要包括Ⅲ型铝内胆碳纤维全缠绕储氢瓶和Ⅳ型塑料内胆碳纤维全缠绕储氢瓶。目前车载领域应用以35MPa产品居多,而乘用车则以70MPa产品为主。Ⅲ型气瓶主要材质有钢类和铝类,采用的是碳纤维或者是玻璃纤维全缠绕工艺,工作压力为30～70MPa,储氢密度40.4g/L,使用寿命约15年。目前国内35MPaⅢ型瓶技术已成熟,国内车载储氢系统大都采用35MPaⅢ型瓶。由于35MPaⅣ型瓶不具备明显优势,大部分企业研发方向主要集中于70MPaⅣ型瓶,该储氢瓶内胆为复合材料,采用碳纤维、玻璃纤维全缠绕工艺,国内已有70MPa车载Ⅳ型瓶的样品,并取得生产认证,多数企业采用合资,技术来源于国外。与美国、加拿大、日本等国已实现70MPaⅣ型瓶量产相比,国内尚未批量投入市场。

3.1.2.2 低温液氢储运技术

低温液态储氢是将氢气冷却至20.3K,使之液化后充装到绝热容器中的储存方式。液氢储运具有携氢密度大〔质量储氢密度大于10%(质量分数);液氢体积能量密度约是35MPa高压气氢的3倍,70MPa高压气氢的1.8倍〕,储运压力低(<1MPa),汽化纯度高,长距

离运输成本低（约是高压气态储氢的 1/5～1/8），设备体积小，以及使用安全性好等特点，在规模化储存和运输方面具有较大优势。

在氢液化技术方面，目前中小型规模液化设备通常采用氦循环技术，预冷后的氢气进一步被氦透平膨胀机产生的低温氦气换热降温，获得液氢，该循环工艺由于系统复杂、能耗较高，约 15～20kW·h/kg，一般用于产能小于 3t/d 的液氢工厂。大规模氢液化设备通常采用氢循环技术，通过氢透平膨胀机的等熵膨胀实现低温区降温液化，能耗约 6～10kW·h/kg，一般用于产能大于 5t/d 的液氢工厂。

美国、德国及法国的液氢技术与装备水平处于世界领先，我国近年来高度重视氢液化自主技术创新与液氢储存装备开发，已经取得一定突破。2022 年，国内首台全国产化氦透平制冷氢液化器投入运行，氢液化能力达 1000L/h，可连续运行 8000h，氦循环工作压力 4～20bar（1bar＝10^5Pa），透平转速达到 80000r/min，具备建设 10t/d 量级液化工厂的技术水平。液氢对储罐的绝热和密封性能具有较高要求，日本、美国、俄罗斯等国家技术领先，美国、俄罗斯分别研制成功了 3200m^3、1400m^3 的液氢球罐，我国已掌握了 300m^3 以下的液氢储罐制造技术。

全球目前已经有数十座液氢工厂，总液氢产能 485t/d，主要分布在美国、加拿大、日本等国家（如图 3-1），已形成完整的液氢制储运加产业链，且全球约 1/3 加氢站为液氢加氢站。美国本土液氢产能达 326t/d，居于全球首位，民用液氢占据主流，其中已有约 10％用于燃料电池汽车和叉车等，美国空气产品公司和普莱克斯（已与林德合并）两大集团垄断了美国 90％的液氢市场。日本液氢市场基本由岩谷气体占据，另外川崎重工在 2014 年成功自主开发了日本首套工业氢气液化装置，重点布局海外液氢供氢路线，川崎重工设计的世界首艘液氢运输船"Suiso Frontier"号已于 2022 年 2 月完成首次液氢长距离海上运输（澳大利亚维多利亚州至日本神户）验证试验。

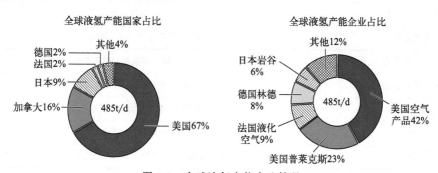

图 3-1　全球液氢产能占比情况

随着氢能产业的快速发展以及液氢储运技术的提升，近年来全球持续加大液氢生产规模（见表 3-5）。美国 2018 年后新建的液氢工厂，最小规模达到 30t/d，最大至 100t/d。美国 Plug Power 运营超过 100 座液氢加氢站和约 5 万辆燃料电池叉车，计划 2025 年液氢产能达到 500t/d。此外韩国正在全力推动氢能战略，30t/d 的大型液氢项目已开工建设，澳大利亚也正在打造液氢出口大国，根据日本新能源与工业技术发展机构（the New Energy and Industrial Technology Development Organization，NEDO）计划，2030 年左右将在澳大利亚实现 770t/d 的液化能力。中国已于 2020 年在内蒙古建成投产第一座民用液氢工厂，开启液氢在民用领域的应用。此外，中国首座大型商用液氢工厂——空气化工产品（浙江）有限公司海盐氢能源和工业气体综合项目正在建设中，投产后液氢日产量将达 30t。

表 3-5 2018 年后全球新建液氢工厂情况

国家	企业	安装地点,时间	产能/(t/d)
美国	林德	得州,2021 年投产	30
	空气化工	美国多处,2021 年初建设,2021 年投产 30t	90
	普拉格	美国多处,至 2025 年陆续建设投产	500
	法液空	加州内华达,2019 年初建设	30
德国	林德	洛伊纳(Leuna)	5
韩国	斗山重工	昌原,2022 年投产	5
	斗山重工	昌原,2021 年投产	0.5
	晓星 & 林德	蔚山,2021 年动工,2022 年投产	30
澳大利亚		维多利亚州,2022 年投产	10
中国	空气化工产品 (浙江)有限公司	浙江海盐,2023 年建成	30

3.1.2.3 固态氢储运技术

固态氢储运技术是利用氢气与储氢材料发生物理或化学变化,转化为固溶体或氢化物的形式,实现将氢气以固态储存、运输的技术,在使用时,通过物理或化学手段从储氢材料中释放出氢气。目前,固体储氢材料种类主要有有机金属框架(MOF)、金属氢化物(包括复杂金属氢化物和二元金属氢化物)、非金属氢化物、纳米碳材料等,特点详见表 3-6。

表 3-6 不同固态储氢材料的特点

储氢材料	特点
有机金属框架	体系可逆,操作温度低
金属氢化物	体系可逆,多含重金属元素,储氢容量低
复杂金属氢化物	局部可逆,储氢容量高,种类多样
二元金属氢化物	体系可逆,热力学性质差
非金属氢化物	储氢容量高,温度适宜,体系不可逆
纳米碳材料	操作温度低,储氢温度低
稀土合金	商业化程度高,不同材料放/吸氢性能各不相同

金属氢化物储氢是指采用氢气和金属或者合金形成氢化合物来储存氢气的技术。常用的储氢合金可分为:A_2B 型、AB 型、AB_5 型、AB_2 型与 $AB_{3.0\sim3.5}$ 型等。其中金属 A 一般为镁(Mg)、锆(Zr)、钛(Ti)、稀土元素(RE),金属 B 一般为 Fe、Co、Ni、Cr、Cu、Al 等。常温或加压条件下,氢气和金属或合金反应,而升温降压后,氢气又可以可逆释放。金属合金储氢能耗仅为液化储氢的 1/5,体积能量密度超过气态和液态储氢技术的 3 倍,因此极具应用潜力。但质量密度低、价格昂贵和材料易中毒等问题仍亟待突破。目前常用储氢合金有钛锰系、镧镍系、钛铁系、镁系等,表 3-7 列出典型储氢合金及其储氢性能,其中适合汽车使用的材料主要是钛锰系。主流金属储氢材料质量储氢率低于 3.8%(质量分数),质量储氢率大于 7%(质量分数)的储氢材料吸放氢温度偏高、循环性能较差等问题仍有待完善。

表 3-7　典型储氢合金及其储氢性能

储氢合金	质量储氢率(质量分数)/%	压力/MPa	温度/℃
LaNi$_5$	1.37	2.0	25
TiFe	1.89	5.0	30
ZrV$_2$	3.01	10^{-8}	50
TiMn$_2$	2.0	2.0	25
V-Ti-Cr	3.8	3.0	25
MgH$_2$	7.6	0.1	287

　　近几年来，我国在镁基氢化物、合金储氢材料及装备开发方面，取得较大进展。浙江大学硅材料国家重点实验室研究团队通过在 MgH$_2$ 添加 7%（质量分数，下同）Ti$_3$AlC$_2$ 的球磨粉末，使得脱氢起始温度降低到 205℃，在 340℃下脱氢能力达到 6.9%。南京工业大学材料科学与工程学院团队合成的 MgH$_2$-5%Ni$_3$Fe/rGO 合金在 373K 下能够达到 6% 的储氢能力。我国已成功研制出 500m^3 金属氢化物储氢罐，实现年产 3000t 储氢合金材料，其稀土储氢装置在 3MPa 压力下可实现 30g/L 的体积储氢密度，但成本较高。此外，我国固态储氢应用领域持续拓展，已在加氢站储氢、燃料电池车辆（大巴、冷藏车、卡车、叉车、两轮车等）、备用电源等领域开展示范应用。总体而言，我国固态储氢技术仍处于示范研究阶段，储运氢材料及装备生产技术已基本成熟，但示范应用扶持力度有待加强。

3.1.2.4　有机液态氢储运技术

　　有机液态储氢是利用烯烃或芳香烃等不饱和有机物作为储氢载体与氢气反应生成烷烃或环烷烃实现氢气的存储，并通过逆反应实现脱氢。该技术储存、运输及维护安全方便，可多次循环利用，储氢密度高，但成本较高、操作条件苛刻（脱氢温度高达 200~300℃），且存在副反应，影响氢气纯度及储氢载体。其应用原理可分为三个过程：一是加氢，氢气通过催化反应加到液态储氢载体中，在常温常压下稳定存储有机储氢化合物中；二是运输，加氢后的储氢液体（氢油）通过普通槽罐车运输到补给地后，加注到有机液体存储罐中；三是脱氢，在一定温度条件下储氢液体（氢油）发生催化脱氢反应，经气液分离后，氢气运送到车载储氢瓶等终端应用储氢系统，脱氢后的液态载体进行热量交换后回收进行循环利用。

　　储氢材料的选择方面，重点考虑的性能指标包括：①质量储氢和体积储氢性能高；②熔点合适，能使其常温下为稳定的液态；③成分稳定，沸点高，不易挥发；④脱氢过程中环链稳定度高，不污染氢气，释氢纯度高，脱氢容易；⑤储氢介质本身的成本低；⑥循环使用次数多；⑦低毒或无毒，环境友好等。烯烃、炔烃、芳烃等不饱和有机液体可作储氢材料，但从储氢过程的能耗、储氢量、储氢剂、物性等方面考虑，以芳烃特别是单环芳烃作储氢剂为佳。目前国内外研究较多的储氢介质包括苯、甲苯、萘、咔唑、乙基咔唑、二甲基吲哚等，其中苯、甲苯、萘是较早使用的储氢介质，表 3-8 是目前这几种典型有机液态储氢材料的特性。

表 3-8　典型有机液态储氢材料特性

储氢介质	储氢密度/(g/L)	理论储氢量(质量分数)/%	反应热/(kJ/mol)
苯	56	7.19	206
甲苯	47.4	6.18	204.8
萘	65.3	7.29	319.9

德国、日本等国家已实现有机液态储氢技术在跨区域运输、车载储存方面的规模化应用。德国 Hydrogenious Technologies（HT）致力于液态有机储氢技术的研发推广，在德国 Dormagen 化学园区建造世界上最大的有机液态储氢工厂，该工厂将采用二苄基甲苯作为液态储氢载体，并于 2023 年投产；2022 年获得日本东京电力、美国雪佛龙、淡马锡、兰亭资本等企业和机构注资 5000 万欧元。Hydrogenious 公司主要研究方向为二苄基甲苯，据称该介质具有不易燃不易爆性，目前已进展到应用示范阶段。2017 年，日本千代田化工建设公司在日本 NEDO 指导下，千代田、三菱商事、三井物产、日本邮船四家公司联合成立先进氢能源产业链开发协会（AHEAD），利用甲基环己烷储氢，于 2022 年初实现了有机液态储氢示范，从文莱海运至日本川崎，年供给规模达到 210 吨。

我国有机液态储氢技术仍处于技术开发及示范应用阶段，特别是作为大容量、跨区域储运方式更未实现示范突破，在车载等终端应用虽已实现储-供氢系统示范应用，但未能形成持续规模。2022 年，氢阳能源日产氢气 400kg 的撬装式氢油储供氢设备调试完成；中船 712 所自主研制的国内首套 120 千瓦级氢气催化燃烧供热的有机液体供氢装置完成安装调试，并实现与燃料电池系统匹配供氢。2023 年，全球首套常温常压有机液体储氢加注一体化装置在上海金山碳谷绿湾举行开车仪式；中氢源安有机液储氢助力北京纯氢供热示范项目在石景山区落地。以上项目的成功实施为我国有机液态储氢技术的发展提供了产业化示范。

3.1.2.5　其他储运技术

深冷高压储氢方式兼具高压气氢和液氢优点，储氢密度最高，同时蒸发率低，安全性介于低温液氢与高压气态氢之间；其缺点是重量大、成本高、材料要求高、技术成熟度低。目前处于研发验证阶段，国内外参与企业较少。此外，一些行业专家及化工企业提出通过甲醇、液氨等化学物作为氢气的储运介质，利用甲醇、液氨成熟的储运体系，实现氢气的跨区域、规模化储运。类似固态储氢、有机液态储氢技术，甲醇、液氨在储运过程中可实现常温常压，并且合成/裂解反应装置、运输罐车等装备技术成熟，但同时也增加了前后端合成/裂解的成本，变相提高了氢气的储运成本。对于可再生资源丰富地区，利用绿氢合成绿色甲醇、液氨，并以绿色甲醇、液氨为主营产品就地消纳或对外营销，或许是一种更有效更经济更低碳的应用方式。目前，兰州新区、鄂尔多斯等地已开展"液态阳光"（可再生能源制氢加二氧化碳合成甲醇）示范及中试项目，探索利用甲醇作为绿氢释放的产业化应用载体。福州长乐已建成全国首座"氨现场制氢加氢一体站"，相关业界专家学者也相继提出"氨-氢"绿色能源路线及液氨储运技术应用路径，实现以氨作为氢气储能载体的探索。

3.1.2.6　运输方式

氢气运输按照工具载体的不同，可分为公路（槽罐车）、铁路（列车）、海运（轮船）及管道四种方式，搭配不同的氢气储存状态进行运输或输送。当采用压缩气态氢运输时，若距离较长、运输量较大且稳定时，适宜采用管道输送；运输量小且用户分散时，适宜采用车辆运输。液氢适用于长距离输送，运输工具以车、船为主。固态氢、有机液态氢适用于长距离运输，是利用储氢材料将氢气储存后通过槽车或轮船进行运输。国外常见氢气运输为35MPa 及以上压缩气态氢长管拖车、低温液氢/有机液态氢槽罐车（轮船），以及纯氢/掺氢长输管道。我国目前氢气运输以压缩气态氢为主，一般用压力为 20MPa 的长管拖车运输，氢气管道主要应用于化工区且管径较小、距离较短，民用液氢运输及天然气管道掺氢处于示范阶段，尚未形成规模化应用，有机液态氢运输处于前期研究阶段。不同氢气运输方式的技术比较见表 3-9。

表 3-9　不同氢气运输方式的技术比较

储运氢方式	运输工具	压力/MPa	体积储氢密度 /(kg/m³)	质量储氢密度（质量分数）/%	能耗/(kW·h/kg)
气态储运	长管拖车	20	14.5	1.1	3.01
		30	—	—	3.15
	管道输送	1～4	3.2	—	0.2
液态储运	槽罐车/轮船	0.6	64	14	15
固态储运	槽罐车	常压	50	1.2	10～13.3
有机液态氢	槽罐车/轮船	常压	60	5～10	—

3.1.3　氢能加注技术

加氢站作为氢能供应和氢能应用的连接节点，技术发展与氢供应链和燃料电池电动汽车用氢需求息息相关。随着燃料电池汽车需求的增长，世界各国开始加快加氢基础设施的建设步伐。根据研究机构统计数据显示，截至 2022 年底，全球主要国家在营加氢站数量达到 814 座，其中亚洲地区（主要集中在中、日、韩三国）、欧洲和北美在营加氢站分别达到 455 座、254 座和 97 座。我国已建成加氢站 300 多座，其中在营 245 座（累计供氢能力达到 176800kg/d），加氢站数量位居全球第一。目前，基于燃料电池汽车细分市场布局及下游其他应用场景需求导向，全球加氢站技术形态主要有外供高压气氢 35MPa/70MPa 加氢站、液态储氢加氢站和固态储氢加氢站等路线。欧美日韩等先发国家针对燃料电池乘用车、物流车及液氢重卡应用均将外供高压气氢 70MPa 加注技术、液氢加注技术作为主流发展方向，并已实现商业化运行，其技术发展处于领先地位。我国加氢站技术开发起步较晚，由于我国重点发展燃料电池商用车，车载储氢方式大多为 35MPa 碳纤维缠绕Ⅲ型瓶，氢能供应以 20MPa 高压管束形式为主，当前已建成的加氢站大多数为外供高压气态氢的 35MPa 加氢站，占比高达 87%。受限于国内液氢制取、储运及利用市场规模等一系列问题，液氢储氢加氢站所需关键部件尚未有量产的成熟产品，装备国产化率低，其建站成本及运行维护成本较高，液氢加氢站项目推进较慢，"浙江平湖液氢油电综合功能服务站"是国内首座液氢加氢站。而固态金属储氢加氢站鉴于其使用寿命、热脱附及加注速度等尚存在技术问题，目前尚处于示范探索阶段，2023 年 3 月南方电网在广州南沙完成"小虎岛电氢智慧能源站"建设，为国内首个固态氢储能加氢站示范工程。在加氢站关键技术与装备方面，各国主要对高压气态加氢站、液氢加氢站技术进行了技术开发，通过高性能和可靠性的氢气压缩机、高压储氢容器、加氢机、液氢泵等核心设备及部件的国产化应用，来提高加氢站整体可靠性和降低氢气加注成本，加氢站配置如图 3-2 所示[1]。由于高压储氢容器在储运技术中已有介绍，本节仅介绍氢气压缩机、加氢机及液氢泵技术装备进展情况。

（1）氢气压缩机技术

氢气压缩机是通过改变气体的容积来完成气体的压缩和输送过程，作为加氢站内核心设备之一，承担着为氢气增压及调控的重要作用。目前国内加氢站常用的氢气压缩机主要有隔膜式压缩机、液驱式压缩机等传统机型，以及近年来国外新出现的离子式压缩机。每种压缩机有其各自密封性、效率、洁净度、可靠性、安全性等方面的优缺点，具体如表 3-10 所示。在加氢站的应用方面，隔膜压缩机和液驱压缩机是目前的主流机型，根据势银《中国加氢站产业发展蓝皮书 2022》报告数据，隔膜压缩机占据国内加氢站压缩机 66% 的市场份额，液驱压缩机占 32% 的份额。

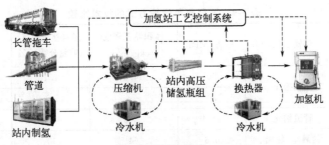

(a) 高压气氢加氢站

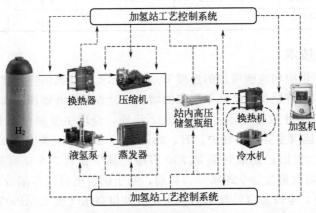

(b) 高压液氢加氢站

图 3-2　高压气氢加氢站和液氢加注工艺配置图

表 3-10　三种氢气压缩机性能特点对比

压缩机类型	优势	劣势
隔膜式压缩机	1)相对间隙很小,密封性好 2)氢气纯度高 3)单台气体增压量大 4)单级压缩比大 5)压缩过程散热良好 6)国内加氢站应用较多	1)不适用于频繁启停 2)单机排气量相对较小 3)排气压力加大时隔膜寿命缩短 4)进口设备费用较高
液驱式压缩机	1)单机排气量大 2)相同输出效率的情况下,运行频率低,使用寿命长 3)设计简单,易于维修和保养 4)同等功率状态下体积更小,效率更高 5)可以带频繁启停	1)密封性要求高,氢气易受污染 2)密封圈易损坏和老化,更换周期短,维护费用较高 3)活塞机构噪声较大 4)单级压缩比较低,单台增压量小
离子式压缩机	1)结构简单,零部件少,维护方便 2)能耗较低 3)压缩过程散热良好	1)制造标准与国内不同,引进复杂 2)价格高

① 隔膜式压缩机是由连杆推动活塞做往复运动,在活塞和气体之间由隔膜分离开,增加密封性的同时避免了压缩气体介质产生污染,并由于其技术成熟度高、工作效率高,因此被业界广泛看好其未来发展前景。但其缺点显著,频繁启停对隔膜式压缩机的寿命有较大的影响,且气体腔容积小,单机难以实现较大处理量。因此对于隔膜式压缩机而言,膜片材料、热处理工艺和限制膜片变形的膜腔是核心技术,重点是延长其膜片寿命和提高稳定性。

目前，国外技术成熟度相对较高，德国 Hofer、美国 PDC、美国 PPI、英国 Howden 等公司隔膜压缩机技术处于世界领先地位，尤其是美国 PDC 公司占据国内隔膜压缩机主要市场，该公司研发的隔膜式压缩机产品日进气量在 5～2500kg 范围，最大排出压力为 48.2～103.4MPa[2]，膜片寿命超 7000h。隔膜压缩机国产化面临的难题主要是本身隔膜材料在高压下的耐受度，以及隔膜本身的寿命，目前国内膜片寿命在没有异物污染的情况下可达到 3000～5000h，最大排气压力可达到 100MPa，功率范围为 20～90kW。

② 液驱式压缩机是靠往复运动的活塞来改变压缩腔内部容积，技术度较高，在工业压缩气体中得到广泛应用。由于在排量上有优势，同时有模块化设计、体积相对小、维修简单、密封件寿命长等特点，适用于中流量和高压力的加氢应用，近两年引起了越来越多的关注，处于上升发展态势。目前国外已经掌握核心技术，美国 Haskel 和 Hydro-Pac、德国 Hofer 和 Maximator 等公司在液驱活塞式压缩机研发领域具有世界领先水平。近十年来国内尖端材料工业和航空航天工业领域从欧洲引进的等静压系统中都配置有德国 Hofer 公司的 TKH 压缩机和隔膜压缩机；美国 Hydro-Pac 公司研发的液驱压缩机产品进气压力为 35MPa，排气压力为 85.9MPa，流量为 4820m³/h，技术成熟、流量大，可满足储运氢、加氢使用。液驱压缩机在国内发展起步较晚，尽管研制此类压缩机的厂家较少[3]，近几年国内在技术研发上已取得较大突破。其中，45MPa 液驱式压缩机的技术研发已日趋成熟，部分加氢站已开始应用自主开发的国产液驱式压缩机，其性能及稳定性已可与进口产品相媲美。90MPa 的液驱式压缩机处于技术攻关阶段，国产化进程正不断加快。

③ 离子式压缩机是由液驱系统驱动液压油推动固体活塞，进而驱使离子液压缩气体，从而实现压缩机的进气、压缩、排气、膨胀过程，其与隔膜式压缩机、液驱式压缩机相比，具有高压力大排量、压缩效率高能耗低、高温高压下安全可靠性好、频繁启停等优点，是未来加氢站氢气增压的主要解决方案之一。对于离子式压缩机而言，世界各国压缩机生产企业及研发机构尚处于试验推广阶段，国际上也并未形成统一的制式与标准[4]。近年来，德国 Linde 公司推出一款用于 90MPa 加氢站的离子液体压缩机，其性能优异，与一般活塞机相比压缩单位质量氢气能耗可降低 40%。由于成本较高，国内应用较少，正处于技术研发攻关阶段。

（2）加氢机

加氢机是为燃料电池汽车提供氢气加注服务，并进行计量结算的加注设备。加氢机的基本部件包括箱体、用户显示面板、加氢枪、加氢软管、拉断阀、流量计量、过滤器、节流保护、管道、阀门、管件等，主要分为 35MPa 和 70MPa 两种额定加注压力，根据加注车辆不同需要配置不同的加氢枪。美国、日本、欧洲等国家和地区在加氢站技术开发方面起步较早，90% 以上具备 70MPa 加氢能力，为达到快速充装需求，通常将氢气预冷至 −40℃ 进行加注。由于我国燃料电池汽车以"商用车先行"为发展原则，我国现有加氢站设计压力以 35MPa 加注为主，近期新建加氢站逐渐出现 35MPa/70MPa 并存的加注压力设计。其中，国内 35MPa 加氢机已实现国产化量产并投入商业化应用，其安全性能达到国际同类先进水平，兼容美国机动车工程师协会 SAE J2601 氢气加注协议标准。国内 70MPa 加氢机应用较少且基本依赖进口，目前尚处于样机试验阶段，技术指标与国外商业化运营的 70MPa 加氢机差距较大。在加氢装备零部件方面，加氢枪技术壁垒较高，国际上德国和日本在加氢枪技术开发方面处于世界领先，当前德国 WEH 公司、德国 Staubli（史陶比尔）公司和日本的日东公司等已推出成熟的系列化产品，可提供 25MPa、35MPa 和 70MPa 加氢枪产品。国内企业已实现 35MPa 加氢枪量产并具有一定成本优势，国外设备在 10 万～20 万元，国内仅需 6 万～7 万元。由于技术积累和验证不足，现阶段市场对于国产化装备接受度较低，更倾向于国外成熟产品。对于70MPa加氢枪产品，国内还没有自主研发的定型产品，基本依赖进口。此外，拉断阀、流量计量、高压软管、调压阀等部件与加氢枪情况类似，当前仍由美国、日本、欧洲等国家和地区垄断，我国还有待开发相关核心部件制造技术。

（3）液氢泵

液氢泵是液氢加氢站的核心设备，主要将来自低压储罐的液氢压缩至高压，高压液氢在换热器内蒸发后加注到车上，其作用相当于高压气氢加氢站中的氢气压缩机。由于液氢密度远大于高压气氢，液氢泵与氢气压缩机相比，在压缩能耗上有着显著优势。但液氢泵在压缩低温工质时面临着冷却、密封等技术难点，对材料和性能要求苛刻[5]。液氢泵主要有离心式和活塞式液氢泵两种形式。离心式液氢泵以大型液氢涡轮泵为主，转速相对较高，机械密封性和安全性问题难以解决，目前主要用于航天氢氧火箭发动机中氢燃料的输送，现逐步向工业和民用方向发展。活塞式液氢泵具有结构简单可靠，故障率低，转速不高，便于采用串联式机械密封以保证装置不泄漏，装置安全性高，且便于实现变流量运行等优点，因此活塞式液氢泵主要用于工业和民用液氢的输送与加注。目前国外以德国Linde公司为代表已成功研制了高压液氢活塞泵，可单级压缩，最大加注能力达到120kg/h，工作压力可达87.5MPa，流量为30g/s，单位能耗为0.6kW·h/kg[6]。国内高压液氢泵处于样机研制阶段，自主技术基础较为薄弱，进口依赖度高，仍需进一步加大开发力度。

3.1.4 氢能应用技术

近十年来，氢能应用技术加速迭代，装备制造水平不断提升，终端应用不断向产业化、规模化迈进，总体上氢能应用技术可以分为燃料电池利用技术和非燃料电池利用技术。

3.1.4.1 燃料电池利用技术

当前，燃料电池是氢能利用的最主要路径之一，其原理是将燃料的化学能直接转化为电能的化学装置，是继水电、火电、核能之后的新型发电技术。燃料电池通过电化学反应将燃料化学能中的吉布斯自由能转化为电能，不受卡诺循环效应的限制，效率高且发电过程中没有二氧化碳和有害物质产生，是理想的清洁低碳发电技术。此外，燃料电池没有机械传动部件，工作可靠，便于维护保养，且比传统发电机组安静，可广泛应用于交通运输领域和分布式热电冷三联供领域。燃料电池的分类见表3-11。

表3-11　燃料电池的分类

类型	碱性燃料电池	质子交换膜燃料电池	磷酸燃料电池	熔融碳酸盐燃料电池	固体氧化物燃料电池
简称	AFC	PEMFC	PAFC	MCFC	SOFC
电解质	氢氧化钾	质子交换膜	磷酸	熔融碳酸盐	氧化锆陶瓷
导电离子	OH^-	H^+	H^+	CO_3^{2-}	O^{2-}
燃料	氢气	氢气	氢气、天然气	氢气、天然气、沼气、合成气	氢气、天然气、沼气、合成气
氧化剂	纯氧	空气	空气	空气	空气
发电效率	45%～60%	40%～60%	35%～40%	45%～60%	50%～65%
工作温度	90～100℃	50～100℃	180～220℃	600～700℃	650～1000℃
应用领域	军事、航天领域	交通运输、分布式发电、便携式电源	分布式发电	大型分布式发电	大型分布式发电、便携式电源

在交通领域，燃料电池汽车（参见图 3-3）是最主流的应用方向。燃料电池汽车由燃料电池系统和电动机提供动力，燃料电池系统利用储氢罐中的氢气发电，并由蓄电池作为辅助一同驱动电动机，与纯电动车的驱动原理大致相同。但是燃料电池车的蓄电池容量要小得多，因为纯电动车的蓄电池用于储存驱动汽车所需的全部能量，而燃料电池车只需使用蓄电池来辅助稳定燃料电池的输出功率，在功率需求较低时吸收额外的电力，在功率需求大时释放电力。

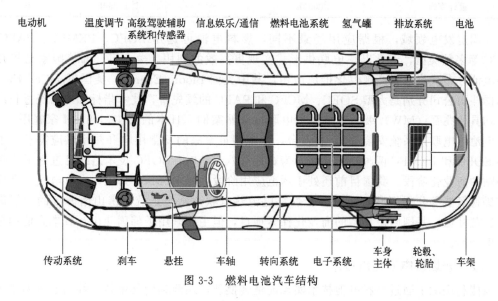

图 3-3　燃料电池汽车结构

截至 2022 年底，全球燃料电池汽车保有量超过 6.7 万辆，产业化进展相对较快，日本丰田、韩国现代等全球一流车企具备强大的正向开发能力，产品性能水平已基本符合商业化的需求。韩国现代汽车和日本丰田汽车分别在 2018 年和 2020 年实现量产燃料电池汽车的更新迭代，分别推出 NEXO 和 MIRAI2.0，其技术指标和性能大幅度提升，成本快速下降。得益于车用燃料电池技术的快速发展，进而也推动燃料电池在船舶、叉车、工程机械、轨道交通、飞行器等领域的多元化应用，PEMFC 因低温、快速启停的特点而成为首选的燃料电池类型。

近年来，我国通过引进吸收再转化、自主研发，推动燃料电池整车技术已经取得重大突破，已是全球燃料电池商用车示范应用规模最大的国家。目前，我国已基本掌握车用大功率氢燃料电池电堆生产、制造技术和大功率燃料电池系统集成技术，重塑能源、亿华通、捷氢科技、清能股份等主流企业（参见表 3-12）均已推出 120~130kW 及以上的氢燃料电池系统，系统体积功率密度超过 700W/kg，单堆额定功率达到 150kW 级别，电堆体积功率密度超过 4.0kW/L，并实现零下 30℃冷启动，电堆及系统核心关键技术指标紧跟国际先进水平，且开始推出 200kW 级别产品，与当前国际领先技术比较，仅有寿命和耐久性仍有待于验证。

表 3-12　几家企业车用氢燃料电池系统产品信息

企业	重塑能源	亿华通	捷氢科技	清能股份
型号	镜星十二	YHTG120	PROME P4H	VLII 120
系统功率	130kW	120kW	130kW	120kW

企业	重塑能源	亿华通	捷氢科技	清能股份
系统质量功率密度	702W/kg	700W/kg	722W/kg	505W/kg
电堆功率	—	—	163kW	150kW
电堆功率体积功率密度	4.4kW/L	—	4.2kW/L	4.4kW/L
冷启动温度	−30℃	−35℃	−30℃	−30℃
设计寿命	30000h	—	>15000h	—

在固定发电领域，根据应用场景不同，燃料电池可选用 SOFC、PEMFC、PAFC 和 MCFC 等多种类型，通常以热电联供形式实现更高效的利用。美、日、韩等国家已将开展燃料电池分布式热电联产规模化推广应用，其中美国 Bloom Energy、美国 FuelCell Energy 和韩国斗山公司分别是大型 SOFC、MCFC 和 PAFC 的领先者，技术指标和寿命经过长期验证，均具备兆瓦（MW）级燃料电池热电联供成熟案例。日本的 ENE-FARM 家庭用 700W 燃料电池热电联产系统安装超过 40 万台，基本满足家庭的日常用电和热水供应需求，主要包括 SOFC 和 PEMFC 两种技术路线，寿命超过八万小时，SOFC 技术路线已进入不依赖政府补贴的商业化阶段。我国目前还处于示范应用阶段，以 PEMFC 为主，东方电气、高成绿能、铧德氢能等公司都已经交付多套燃料电池热电联产示范系统，佛山南海区的"氢进万家"智慧社区，是国内最典型的商业化探索项目，但主要采用了韩国斗山、日本爱信和东芝的成熟产品。

3.1.4.2 非燃料电池利用技术

氢能利用除了通过燃料电池技术实现能量转换外，还能利用其燃料特性用于氢内燃机或富氢燃气轮机，在合成氨、甲醇、冶金及石油炼化等传统工业领域，利用绿氢减量替代化石能源制氢，也属于绿氢的能源化利用范畴。

自 20 世纪 70 年代以来，在全球范围内氢内燃机的研究已经有几十年的历史，近年来，随着氢能产业的快速发展，氢内燃机有望成为燃料电池技术之外交通领域应用的另一种技术路线，与氢燃料电池发动机比较，氢内燃机具备较低成本、对氢气纯度要求不高、可通过现有燃油发动机改造而来等优势。目前，德国宝马汽车、日本丰田汽车、美国福特汽车、美国康明斯等国际领先车企和发动机企业均已布局或推出氢内燃机产品，国内一汽解放、潍柴、玉柴、上汽集团旗下动力新科、东风商用车旗下龙擎动力、北汽集团等传统燃油发动机制造厂商相继推出氢内燃机产品，使其有望在短期内开启示范探索和验证。

在富氢燃气轮机领域，从 20 世纪 80～90 年代开始，多个国家和国际机构制定了氢燃气轮机和氢能相关研究计划，如今世界上富氢燃料燃气轮机已有较多的应用业绩，主要是合成气扩散燃烧模式的整体煤气化联合循环（IGCC）电厂系统。日本三菱日立、美国 GE 公司、德国西门子、日本川崎重工等较早布局的企业已经验证技术可行性。我国在该领域布局相对较晚，2021 年 12 月，国家电投在荆门绿动电厂的燃气轮机成功实现 15% 掺氢燃烧改造和运行，这是我国首次在重型燃机商业机组上实施掺氢燃烧改造试验和科研攻关。2022 年 10 月，该项目二期成功实现了 30% 掺氢燃烧改造和运行，实现了又一重大技术突破。

在工业领域，氢气作为传统工业原料利用已经非常成熟，但传统化工和冶金等都面临无法直接利用绿电实现深度脱碳，通过电转氢制得绿氢后，用以减量替代化石能源制氢有望成为传统工业领域实现大规模减碳脱碳的主要路径。沙特、智利、丹麦、澳大利亚等可再生能源丰富的国家，利用廉价的绿氢资源，积极推动绿氢合成氨项目，由于氨合成工艺成熟，且是氢的高密度载体，绿氨出口将是资源丰富的国家未来出口绿氢的主要方式之一。我国西北、东北等可再生能源丰富的地区，已陆续开展风光氢储一体化制绿氨或绿色甲醇示范项目。其中，2021 年 4 月，宁夏宝丰能源光伏发电制氢耦合煤化工成功投产；2021 年 11 月，中石化启动建设新疆库车绿氢炼化示范项目，建成后年产 2 万吨绿氢用于中石化塔河炼化，预计年减排二氧化碳 48.5 万吨。在氢冶金方面，氢气将取代焦炭作为还原剂和能量源炼铁，瑞典钢铁公司、蒂森克虏伯、德国迪林根和萨尔钢铁、萨尔茨吉特、安赛乐米塔尔、GFG 联盟等欧洲钢铁企业高度重视氢冶金技术发展，已在绿氢冶金研发方面取得一定进展，从富氢碳循环高炉到氢基竖炉，从低碳冶金到零碳冶金，相关试验研究和示范项目加速推进。我国宝武钢铁、河北钢铁、鞍山钢铁、酒泉钢铁等已纷纷启动立项和试验。2021 年 5 月，河钢集团启动建设全球首例 120 万吨规模的氢冶金示范工程；2022 年 2 月，宝武湛江钢铁零碳示范工厂百万吨级氢基竖炉正式开工，是国内首套集成氢气和焦炉煤气进行工业化生产的直接还原生产线；2022 年 7 月，宝武集团建设的全球首个工业级别富氢碳循环高炉点火投运。

3.2 氢能技术经济性分析

当前，氢能终端用氢成本偏高仍是制约氢能产业规模化发展的重要因素之一，降本增效是产业持续健康发展的核心。充分分析氢能产业链各环节的技术经济性，梳理清楚影响成本的主要因素，是探索降本路径的重要前提。本节对氢能产业链制-储运-加-用各环节技术经济性进行了测算分析，致力于为读者整体把握氢能产业链成本现状提供一定支撑。

3.2.1 氢能制备经济性分析

氢能制备经济性是影响终端用氢成本的重要因素，本小节对可再生能源制氢、副产氢提纯以及化石能源制氢等主要制氢技术路线的成本进行了测算分析，可再生能源电解水制氢成本偏高，但其绿色低碳属性带来的经济效益将通过逐步完善的市场化手段体现出来，副产氢成本最低，化石能源制氢相比可再生能源制氢成本优势仍较明显，在低碳发展的大背景下，耦合 CCUS 将是未来化石能源制氢发展的主要路径，随之成本也将显著增长。

3.2.1.1 电解水制氢成本测算

电解水制氢主要包括碱性电解槽、质子交换膜电解槽、阴离子交换膜电解槽和固体氧化物电解槽四种制氢路线。近年来，随着氢能产业的快速发展，清洁低碳氢源需求的增加，电解水制氢技术受到广泛关注。碱性电解水制氢技术方面，碱性电解槽及零部件相关企业数量快速增长，值得关注的是多家新能源领域装备企业扩展业务范围，布局碱性电解水装备制造业务，积极助推大型绿氢制备项目的开发建设。在此背景下碱性电解水技术迭代持续加快，装备制造向单体大功率、高效率、长寿命的方向发展，截至目前国内大型电解水制氢项目多采用此技术路线。质子交换膜电解水制氢技术是欧洲的主流电解水制氢技术，我国技术及装备仍处于跟跑阶段，质子交换膜电解水制氢与可再生发电耦合性能更好，响应时间短，被认为是更具潜力的电解水制氢技术。随着质子交换膜、气体扩散层、催化剂以及膜电极等关键材料以及核心零部件攻关突破，我国质子交换膜制氢技术发展取得显著成效，国产化水平显著提升，且已开展小规模示范应用。与国际领先水平比较，我国质子交换膜电解槽单槽功率较小，能效偏高，且装备寿命未经验证，仍有较大进步空间。阴离子交换膜电解槽和固体氧化物电解槽尚处于试验验证阶段，暂无成熟应用案例。基于以上分析，主要选取目前技术较为成熟的碱性电解槽以及质子交换膜电解槽制氢技术进行经济性测算（参见表 3-13）。

表 3-13　电解水制氢成本测算相关参数

种类	碱性电解槽	质子交换膜电解槽
制氢规模/(m³/h)	1000	1000
设备投资、土建	设备投资1000万元,土建210万元,折旧年限15年,残值率5%	设备投资5000万元,土建50万元,设备折旧年限15年,残值率5%
维修、运营费用	年维修费用21万元,运营管理费30万元	年维修费用5万元,运营管理费30万元
单位电耗/(kW·h/m³)	5.0	4.8
年运营时间/d	350	350

(1) 碱性电解水制氢技术

按照上述参数设定进行测算分析,单位制氢量电耗、固定资产折旧、人工、用地成本以及维保费用等是影响电解水制氢的主要因素,详见表 3-14。其中,用电成本是碱性电解水制氢技术成本的主要影响因素,随着电价升高,用电成本占比则随之增大,当制氢电价从 0.1 元/(kW·h) 上升到 0.5 元/(kW·h) 时,用电成本占比从 68.85% 增加到 91.70%,其次是固定资产等参数,其变化趋势则与用电成本相反。

表 3-14　碱性电解水制氢成本影响因素分析

成本构成占比	制氢电价/[元/(kW·h)]		
	0.1	0.3	0.5
单位制氢量用电成本/%	68.85	86.90	91.70
固定资产折旧/%	14.73	6.20	3.92
人工、土地成本/%	13.08	5.50	3.48
维保费用/%	3.30	1.39	0.88

综上,碱性电解水制氢成本变化趋势详见图 3-4。可以看出,在制氢规模以及设备投资等计算参数均相同的情况下,随着制氢电价的升高,制氢成本也将快速增长,当制氢电价小于等于 0.2 元/(kW·h) 时,电解水制氢成本与化石能源制氢成本相当,电解水制氢优势相对突出。当制氢电价大于 0.3 元/(kW·h) 时,制氢成本将超过 20 元/kg,加上氢气储运环节的成本,氢气供应总成本将进一步增高,不利于终端用氢场景的拓展。

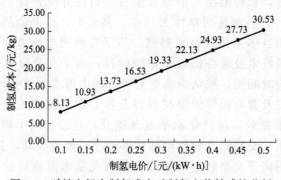

图 3-4　碱性电解水制氢成本对制氢电价敏感性分析

（2）质子交换膜电解水制氢技术

用电成本仍然是影响质子交换膜电解水制氢技术成本的主要因素（参见表 3-15），但相比碱性电解水制氢技术，占比明显降低，主要原因是当前质子交换膜电解槽等装备成熟度落后于碱性电解装备，设备固定投资高，抬高了固定资产折旧在总的制氢成本中的占比。当制氢电价从 0.1 元/（kW·h）上升到 0.5 元/（kW·h）时，用电成本占比从 47.61％增加到 81.96％，相应的固定资产折旧则从 37.80％降低到 13.02％。可以看出质子交换膜电解降本需从电价、技术攻关以及装备研发等方面综合发力。

表 3-15　质子交换膜电解水制氢成本影响因素分析

成本构成占比	制氢电价/[元/（kW·h）]		
	0.1	0.3	0.5
单位制氢量用电成本/%	47.61	73.17	81.96
固定资产折旧/%	37.80	19.36	13.02
人工、土地成本/%	8.95	4.59	3.08
维保费用/%	5.71	2.93	1.97

与碱性电解水制氢成本变化趋势相同，随着制氢电价的升高，质子交换膜电解水制氢成本也将快速增长，详见图 3-5。可以看出，在相同氢气生产规模的情况下，质子交换膜电解水制氢成本高于碱性电解水，相同制氢电价下制氢成本增加 3～4 元/kg。

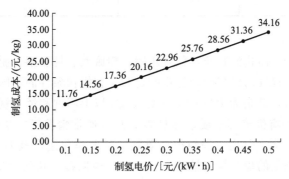

图 3-5　质子交换膜电解水制氢成本对制氢电价敏感性分析

3.2.1.2　工业含氢副产气提纯氢成本测算

工业含氢副产气提纯氢气是指现有工业在生产目标产品的过程中生成的氢气，目前主要形式有烧碱（氢氧化钠）行业副产氢气、钢铁高炉煤气可分离回收副产氢气、焦炭生产过程中的焦炉煤气可分离回收氢气、石化工业中的乙烯和丙烯生产装置可回收氢气。根据石油和化学工业规划院统计，我国高温焦化和中低温焦化（兰炭，又称半焦）副产煤气中的氢，产能为 811 万吨/年，占比 20.0％，甲醇制氢、烧碱电解副产氢、轻质烷烃制烯烃副产尾气含氢等，产能为 195.5 万吨/年，占比为 4.8％。可见我国拥有大量成本相对低廉且清洁的副产氢资源，是氢能产业发展初期氢气供应的主要路径之一。副产氢需提纯后方可供下游使用。氢气的提纯是从各种含氢气体中将杂质脱除而制取出满足工业所需氢气纯度的工艺技术。目前技术成熟且应用广泛的氢气提纯技术有深冷分离法、膜分离法和 PSA 法，三种提纯工艺的特点如表 3-16 所示。本文主要针对焦炉煤气、氯碱化工、丙烷脱氢等尾气进行副产氢提纯成本测算。

表 3-16   三种氢气提纯工艺特点梳理

项目	变压吸附	膜分离	深冷分离
规模/(m^3/h)	20～200000	100～10000	50000～200000
氢纯度(摩尔分数)/%	99～99.999	80～99	90～99
氢回收率/%	80～95	80～98	达到98
操作压力/MPa	1.0～6.0	2～15	1.0～8.0
原料中最小氢气(摩尔分数)/%	30	30	15
原料气的预处理	不预处理	预处理	预处理
原料气适应性	广泛	特定	特定
操作弹性/%	30～110	20～100	小
装置的可扩展性	容易	容易	很难
操作难易	简单	简单	较难
投资	中	低	高
运行成本	较低	低	高
适用场景	操作方便,启停速度快,适合对氢气纯度要去比较高的场景	适合对氢气纯度要求不高的场景	适合装置规模大,但对氢气纯度要求不高的场景

(1) 焦炉煤气制氢

焦炉煤气组分复杂,净化流程长,包含压缩、粗脱萘、精脱萘、脱硫、脱苯、增压、提氢、脱氧等步骤。焦炉煤气的组成随着炼焦配比和工艺操作条件的不同而变化,焦炉煤气的主要成分为 H_2 和 CH_4,其余为少量 CO、CO_2、C_2 以上不饱和烃、氧气、氮气,以及微量苯、焦油、萘、H_2S 和有机硫等杂质,详见表 3-17。通常情况下,焦炉气中的 H_2 含量在 55% 以上,可以通过净化、分离、提纯得到氢气。按照焦化生产技术水平,扣除燃料自用后,每吨焦炭可用于制氢的焦炉煤气量约为 $200m^3$,根据石油和化学工业研究院相关研究,我国每年可供综合利用的焦炉气量 900 亿立方米,制氢潜力巨大。

表 3-17   焦炉煤气的主要组分

成分	H_2	CH_4	CO	CO_2
占比	55%～67%	19%～27%	5%～8%	1.5%～3%

焦炉煤气制氢通常采用 PSA 技术。根据文献[7]可知,小规模的焦炉煤气制氢一般采用 PSA 技术,提取焦炉气中的 H_2,解吸气回收后做燃料再利用;大规模的焦炉煤气制氢通常结合使用深冷分离法和 PSA 法,先用深冷法分离出液化天然气(LNG),再经过变压吸附提取 H_2。通过 PSA 装置回收的氢含有微量的 O_2,经过脱氧、脱水处理后可得到 99.999% 的高纯 H_2。

以产氢量为 $800m^3/h$ 的焦炉煤气副产氢为例进行成本测算,技术路线主要是利用变压吸附技术将焦炉煤气中的氢气提纯到 99.99%,原料气由常压加压到 1.8MPa,解吸气用作燃料气。设备投资 1500 万元,折旧按 20 年计算,人工成本 19.2 万元,其他消耗定额和消耗量见表 3-18。

表 3-18　焦炉煤气制氢工程的消耗定额汇总表

序号	名称	规格	单位	消耗（产出）定额	备注
1	原料气	$H_2$58％	m^3	2157	
2	吸附剂、催化剂等		kg	2.87	
3	仪表空气	0.6MPa 环境	m^3	125	
4	氮气	0.6MPa 环境	m^3	2000	一次用量
5	电	380V	kW·h	550	压缩机、电加热器用电
6	电	380V/220V	kW·h	14.25	空调照明用电
7	工艺蒸汽	0.8MPa	kg	312.5	
8	采暖蒸汽	0.2～0.3MPa	kg	250	
9	解吸气	0.02MPa	m^3	—	

　　测算时并未计入原料气成本，且为不含税成本。通过分析测算结果可知，产氢量为 800m^3/h 的焦炉煤气提纯氢的成本为 5.35 元/kg，影响成本的主要因素包括电耗成本、设备投资以及吸附剂等原材料成本，其中，电耗成本占比最高为 47％，其次为设备投资成本 24.53％，详见图 3-6。结合作者测算及查阅文献可知，焦炉煤气成本通常为 0.3～0.8 元/m^3，叠加提纯后的综合成本为 9～14 元/kg。

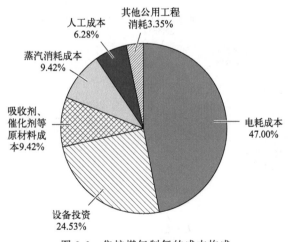

图 3-6　焦炉煤气制氢的成本构成

（2）氯碱化工制氢

　　我国氯碱副产氢气大多进行了综合利用，主要利用的方式是生产化学品，如氯乙烯、双氧水、盐酸等，但仍有部分氯碱副产氢气会直接排空。据统计，我国氯碱副产氢气的放空约为 $2 \times 10^9 m^3$/a，放空率约为 20％，造成了氢气资源的严重浪费。氯碱工业含氢副产气提纯氢净化回收成本低、环保性能好、产氢纯度高，纯化回收后具备广阔的下游应用空间。

　　本测算中氯碱化工制氢的工艺流程如下：原料气规模 5000m^3/h，其中氢气超过 90％，从 0.03MPa 加压到 0.9MPa 后先进入预处理塔，预处理塔脱除氯化物等微量杂质；之后进入 PSA 工段脱除 N_2，产品氢气由出口端输出，在吸附入口端通过逆放冲洗使吸附剂得到解吸；PSA 产品气进入脱氧、干燥、精制工序，在脱氧工序内，绝大部分 O_2 在催化剂作用下

被转化为 H_2O，之后再进入干燥工序，脱除水分，最终得到合格的高纯氢气产品。

本测算参数设定如下：设备投资 1000 万元，折旧按 20 年计算，人工成本 100 万元，其他消耗定额和消耗量表见表 3-19。

表 3-19 氯碱化工制氢工程的消耗定额汇总表（以 1000m³ 产品 H₂ 计）

序号	名称	单位	消耗（产出）定额	备注
1	原料气	m³	1256	
2	吸附剂	kg	0.153	
	净化剂	kg	0.062	
3	仪表空气	m³	15.1	
4	电	kW·h	135.2	按 0.4 元/(kW·h)计
5	循环冷却水	t	15.1	0.378 元/t
6	解吸气	m³	—	

测算时并未计入原料气成本，且为不含税成本。通过分析测算结果可知，原料气规模为 5000m³/h 的氯碱化工尾气提纯制氢的成本为 1.39 元/kg，影响成本的主要因素包括电耗成本、人工成本、吸收剂和净化剂成本、设备投资以及其它公用工程消耗成本，其中，电耗成本占比最高为 43.69%，详见图 3-7。结合作者测算及查阅文献可知，氯碱副产粗氢气成本通常为 0.8~1.3 元/m³，叠加提纯后的综合成本为 11~16 元/kg。

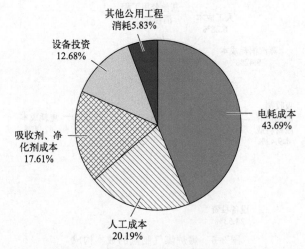

图 3-7 氯碱化工提纯制氢的成本构成

（3）丙烷脱氢制氢

我国丙烯总产能持续增长，预计"十四五"期间，我国丙烷脱氢项目的丙烯总产能将突破 1000 万吨每年，副产氢气将超过 40 万吨每年，资源优势逐渐显现。丙烷脱氢副产氢纯度高，提纯成本低，适宜用于燃料电池用氢，是未来副产氢利用的重要路径之一。

本测算中氯碱化工制氢的工艺流程如下：丙烷脱氢尾气经过气液分离器除去液态物质后，进入 PSA 单元得到纯度大于 99.99% 的产品氢气，解吸气去燃料气管网。整个生产过程消耗少量仪表空气和电量，生产成本和碳排放量都很低。

本测算参数设定如下：产氢规模为 8000m³/h，设备投资 2000 万元，折旧按 20 年计算，人工成本 128 万元，其他消耗定额和消耗量表见表 3-20。

表 3-20 丙烷副产氢提纯工程的消耗定额和消耗量表

(按 1000m³ 产品 H₂ 计,原料气压力 2.5MPa)

序号	名称	单位	消耗(产出)定额	消耗量		备注
				每小时	每年	
1	原料气	m³	1111.25	8890.0	7.1×10⁷	
2	吸附剂	kg	0.042	0.337	2696	
3	仪表空气	m³	12.50	100	8.0×10⁵	
4	空气	m³	—	700		间断使用
5	低压氮	m³	—	700		间断使用
6	中压氮	m³	—	1000		间断使用
7	电	kW·h	0.534	4.275	34200	仪表用电,按 0.4 元/(kW·h)计
8	电	kW·h	0.321	2.565	20520	不间断电源(UPS),按 0.4 元/(kW·h)计
9	解吸气	m³	111.22	—	—	

测算时并未计入原料气成本,且为不含税成本。通过分析测算结果可知,原料气规模为 8000m³/h 的丙烷副产气,脱氢提纯制氢的成本为 0.44 元/kg,影响成本的主要因素包括电耗成本、人工成本、吸附剂成本、设备投资以及公用工程消耗成本,其中,人工和设备投资占比较高,详见图 3-8。结合作者测算及查阅文献可知,丙烷脱氢原料气成本通常为 0.6~1.1 元/m³,叠加提纯后的综合成本为 8~14 元/kg。

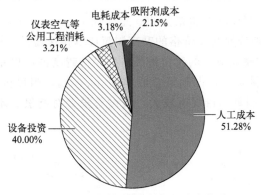

图 3-8 丙烷脱氢提纯制氢的成本构成

3.2.1.3 煤气化制氢成本测算

本水煤浆气化工艺是以纯氧和水煤浆为原料,采用气流床反应器,在加压非催化条件下进行部分氧化反应,生成以 CO、H₂ 为有效成分的粗合成气。从气化炉激冷室出来的粗合成气进入合成气洗涤塔,在底部洗掉细渣后,与从塔中部进入的循环灰水和塔上部加入的来自界区外的冷凝液逆流直接接触,除掉剩余的固体颗粒,离开洗涤塔的合成气中含尘量小于 1mg/m³。变换工艺主要是宽温耐硫变换,变换触媒以宽温耐硫变换触媒为主,经过两级变换,出口 CO 控制在 0.5% 以下。变换气注入甲醇后与净化气及 H₂S 浓缩塔的尾气换热,使变换气温度降低,经水分离罐分离出甲醇水溶液,干燥的变换气进入吸收塔下部,在吸收塔中吸收 H₂S、COS 及 CO₂,脱硫脱碳后的净化气送至后续的 PSA 工段。在多种专用吸附剂的选择吸附下,其中的杂质气体被吸附下来,未被吸附的氢气等作为最终产品从塔顶流出,纯度大于 99.99%，产品氢经压力调节系统稳压后出界区。

具体测算参数设定如下：

制氢规模 150000m³/h，年运行 8000h；设备投资（气体流化床反应器、洗涤塔、变换反应器、H_2S 浓缩塔、吸收塔、PSA 氢气提纯装置）合计 20 亿元，折旧年限按 10 年计算；人工成本 336 万元/年；不含土建成本，不含税。

原料和公用工程消耗见表 3-21。

表 3-21　原料和公用工程消耗汇总表

序号	项目	规格要求	单位	消耗指标	单位消耗(/1000m³)	使用情况	备注
1	煤	煤浆浓度(质量分数)60%	t/h	106	0.707	连续	原料
2	电	220V/380V/10kV,50Hz	kW·h	49218	328.12	连续	空分、照明、仪表、油泵、压缩机等用
3	循环水	表压 0.5MPa	t/h	10579	70.53	连续	压缩机用
4	脱盐水	表压 0.5MPa	t/h	301	2.07	连续	压缩机用
5	仪表风	表压 0.6MPa	m³/h	1350	9	连续	仪表用
6	氮气	表压 0.4MPa	m³/h	100	0.67	间断	开车置换用
7	蒸汽	表压 0.5MPa 300℃	t/h	−96	−0.64	连续	外输
8	蒸汽	表压 2.7MPa 220℃	t/h	−62	−0.413	连续	外输
9	新鲜水	表压 0.5MPa	t/h	10	0.067	连续	磨煤用

通过以上测算可知，当原料煤价格为 300 元/t 到 1000 元/t 时，煤气化制氢成本为 4.69 元/kg 到 10.24 元/kg，随着原料煤价格的升高制氢成本快速增长，详见图 3-9。煤作为最主要的消耗原料，其成本占制氢成本的比重最高，且煤价越高占比也相应增加，当煤价为 300 元/吨时，煤炭消耗（原料成本）占制氢总成本的 50.60%，当煤价增加到 1000 元/kg，其占比升高到 77.35%。煤制氢项目规模较大，其设备投资对制氢成本的影响仅次于原料煤，详见表 3-22。

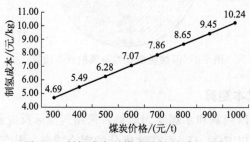

图 3-9　制氢成本对煤炭价格敏感性分析

表 3-22　煤气化制氢技术单位制氢成本构成

煤价/(元/t)	设备投资/%	人工成本/%	原料成本/%	公用工程成本/%
300	39.76	0.67	50.60	8.97
400	34.02	0.57	57.73	7.68
500	29.73	0.50	63.06	6.71
600	26.40	0.44	67.20	5.96

续表

煤价/(元/t)	设备投资/%	人工成本/%	原料成本/%	公用工程成本/%
700	23.74	0.40	70.50	5.36
800	21.57	0.36	73.20	4.87
900	19.76	0.33	75.45	4.46
1000	18.23	0.31	77.35	4.11

煤制氢成本低，但是碳排放高，综合考虑氢能产业进程以及我国的资源能源禀赋，煤制氢耦合二氧化碳捕集、封存和利用（CCUS）有望成为未来一定时期内的主要制氢技术路线之一。根据相关研究，煤制氢利用 CCUS 技术可以有效降低生产过程的碳排放量，减排比例可达到 90% 以上，但采用 CCUS 技术后，煤制氢成本将增加 10%～38%。

3.2.1.4　天然气制氢成本测算

与煤制氢相比，天然气制氢投资较低、二氧化碳排放量小、氢气产率高，是化石能源制氢理想的选择。天然气制氢技术路线主要包括天然气水蒸气（蒸汽）重整制氢、天然气部分氧化法制氢、天然气自热转化法制氢以及天然气裂解法制氢等。

天然气水蒸气重整制氢是目前采用最普遍的生产工艺，技术较为成熟，工业应用最多，在制氢工业中占有非常大的比例，其工艺流程大致相同，包含原料气预处理、蒸汽转化、CO 变换和 PSA 氢气提纯四大单元。在蒸汽转化制氢工艺中，天然气分为原料天然气和燃料天然气两部分，少部分天然气作为燃料，去转化炉燃烧器燃烧，为天然气蒸汽转化提供热量，大部分天然气作为原料，经加氢精脱硫使硫含量小于 $0.1\mu L/L$，然后与工艺蒸汽混合加热到约 500～600℃进入装填有镍系催化剂的转化管，经蒸汽转化反应生成主要含 H_2、CO 和 CO_2 的混合转化气，转化气经蒸汽发生器副产蒸汽得以降低到合适温度后进入变换炉，转化气中的 CO 再与残存的水蒸气反应变换为主要含 H_2、CO_2 的混合气，该混合气冷却降温后进入变压吸附单元可将氢气提纯得到氢气产品，氢气产品纯度根据不同用途通过调整变压吸附单元的设计和配置可控制在 99.0%～99.999%，氢气产品中的杂质含量也可得到有效控制，目前已达到 CO<$1\mu L/L$、CO_2<$1\mu L/L$ 的水平，通过设计优化和运行调整，可达到燃料电池用氢要求。变压吸附提氢后的解吸气进入转化炉作为燃料回收利用，未反应完的水蒸气冷凝液返回锅炉水系统重复使用，转化炉烟气热量回收后通过烟囱排向大气。

天然气部分氧化法制氢是甲烷与氧气先进行不完全氧化生成 CO 和 H_2，再进行 CO 变换、PSA 氢气提纯，目前还未实现工业化，面临的主要问题包括：廉价高纯氧气的来源、催化剂床层温度控制、催化材料反应稳定性、操作体系的安全性等。国内外正在研究一种陶瓷膜反应器，使空气分离制纯氧和部分氧化制氢同时进行，从而解决高纯廉价氧气的来源问题，并使能耗大幅降低，但目前膜的透氧量和热稳定性还未达到工业应用要求。

天然气自热转化法制氢是蒸汽转化法和部分氧化法结合而成的一种方法，反应体系含有天然气、水蒸气和氧气，化学反应过程更复杂，包括甲烷部分氧化反应、甲烷与水蒸气转化反应、CO 变换反应等。该方法反应器出口转化气温度高达近 1000℃，转化气中残存的 CH_4 含量可降低到 1.0% 以下，原料天然气的制氢效率较高；另外，该方法转化反应器的体积较小，转化设备投资相对较低，并可节省占地。但是自热转化制氢需要氧气分离装置，增加了设备投资，一定程度上制约了该技术的发展和应用。

在天然气开发利用的初期，利用天然气裂解生产炭黑也副产氢气，但由于天然气裂解所需的热量是通过加入空气与部分天然气燃烧而产生的，副产的氢气中还残留了大量的 N_2、CO 和 CO_2 等，一般只是返回蓄热燃烧室作为燃料回收利用。近年来，天然气催化裂解制氢受到了越来越多的重视，天然气在高温条件下催化分解为氢气和碳，天然气裂解所需的热量不由向反应物料中加入空气燃烧产生，反应过程不产生 CO、CO_2 等碳氧化物，也不需要变换反应，无 CO_2 排放，副产的氢气很纯，可用作化工原料或清洁燃料。该制氢方法流程短，氢气提纯简单，操作简便，投资较省，所以引起了业界的重视。天然气裂解制氢技术实现工业化应用的关键是催化剂寿命和副产碳的有效应用。

具体测算参数设定如下：

制氢规模 20000 m^3/h，年运行 8000h；设备投资（主要设备转化炉、反应器、冷换设备等）合计 1.4 亿元，折旧年限按 10 年计算；人工成本 128 万元/年；不含土建成本，不含税。

原料和公用工程消耗见表 3-23。

表 3-23　原料和公用工程消耗汇总表

序号	名称	单位	数量	备注
1	天然气	m^3/h	7791	连续，原料
		m^3/h	494	连续，燃料
2	循环水	t/h	69	连续
3	生活水	t/h	1	间断
4	脱盐水	t/h	19.6	连续
5	电（10000V）	$kW \cdot h$	1041	连续
	电（380V）	$kW \cdot h$	102	连续
	电（220V）	$kW \cdot h$	20	照明及仪表，连续
6	非净化压缩空气	m^3/h	300	间断
7	净化压缩空气	m^3/h	250	连续
8	3.5MPa 蒸汽（430℃）	t/h	−8.9	连续，外输
	1.0MPa 蒸汽	kg/h	355	连续
	1.0MPa 蒸汽	t/h	5	间断，消防及吹扫
9	氮气	m^3/h	300	间断（开工用气）

通过以上测算可知，当原料天然气价格为 2～5 元/m^3 时，天然气制氢成本为 11.08 元/kg 到 25.00 元/kg，随着原料天然气价格的升高制氢成本快速增长，详见图 3-10。天然气作为最主要的消耗原料，其成本占制氢成本的比重最高，且天然气价格越高占比也相应增加，当

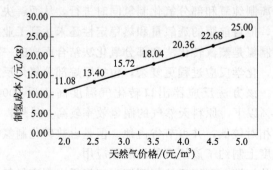

图 3-10　制氢成本对天然气价格敏感性分析

天然气为 2 元/m³ 时，天然气消耗占制氢总成本的 84%，当天然气价格增加到 5 元/m³ 时，其占比升高到 92.79%，天然气制氢成本对原料气价格非常敏感，稳定天然气价格是控制制氢成本的关键，详见图 3-11 和图 3-12。

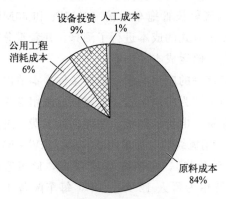

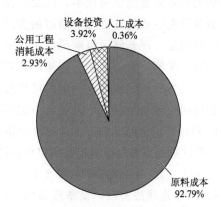

图 3-11　制氢成本对天然气价格敏感性分析　　　　图 3-12　制氢成本对天然气价格敏感性分析

（天然气价格 2 元/m³）　　　　　　　　　　　　（天然气价格 5 元/m³）

3.2.1.5　甲醇制氢成本测算

以采用甲醇水蒸气重整制氢路线为例，测算甲醇制氢成本。甲醇水蒸气重整制氢由于工艺简便，且原料易得、易储运，具有较强的竞争力。甲醇水蒸气重整制氢单元分为反应过程和变压吸附两部分。在反应部分，原料甲醇与水混合后，通过导热油将其加热汽化后，进入装有 $Cu/ZnO/Al_2O_3$ 催化剂的反应器中反应，甲醇的单程转化率可达 99% 以上，氢气的选择性高于 99.5%，获得氢气含量为 73%~74.5% 的转化气。对于生成的转化气，通过 PSA 技术分离提纯，得到纯净 H_2。供热单元采用导热油为热载体，为甲醇水蒸气重整提供热量；燃料根据装置所在地、规模、厂区规划不同有甲醇、天然气、煤、工业尾气、柴油及工业废油、高压蒸汽等。

具体测算参数设定如下：

制氢规模 4000m³/h，年运行 8000h；设备投资 1650 万元，折旧年限按 10 年计算；人工及设备维护成本合计 102 万元/年；土建成本 600 万元；制氢成本不含税。

通过以上测算可知，甲醇作为最主要的消耗原料，在制氢成本中占比最高。假定当甲醇价格在 2200~3000 元/t 区间波动时，对应制氢成本为 17.82~22.12 元/kg（见图 3-13），甲醇原料占制氢成本比重为 66.43%~72.96%，其次为公用工程消耗成本，占比为 29.66%~23.89%。

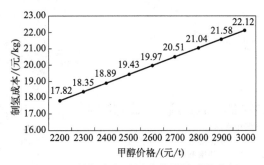

图 3-13　制氢成本对甲醇价格敏感性分析

3.2.2 氢能储运经济性分析

氢气的储存和运输成本是选择氢气储运方式的重要指标。对比分析不同储运方式的成本及其构成对降低氢能供应成本，以及选择不同应用场景下的最佳储运方式至关重要。佛山环境与能源研究院通过建立数学模型的方式，对高压气氢长管拖车运输（20MPa 和 30MPa）、低温液氢储运、固态储运氢等当前主要的几种氢储运方式的成本进行了测算，并着重分析了设备折旧、车辆运营、能耗、运输距离等因素对氢气储运成本的影响。

为了让各种储运成本有一定的可比性，需设定统一的应用场景和边界条件。本节以目前研究和应用较多的从制氢厂运至一定距离外的加氢站为应用场景，设定该地区用氢需求为 10t/d，通过车辆道路运输方式，相关设备投资维保费、电价、油价、油耗、人工费、过路费等边界条件数据参考当前的行业和市场行情。其中，用氢终端电价采用 0.65 元/(kW·h)，柴油价格为 7.1 元/L（参考广东省 2023 年 4 月份柴油价格），车辆按 10 年折旧，储氢容器等设备按 20 年直线法折旧，设备残值取 5%，人工费用为每人 12 万元/年，每车配备 4 名司机采取两班倒工作，假设车辆每年工作 330 天，平均行驶速度为 60km/h，车辆保险费为 1 万元/年，过路费为 0.6 元/km，维修保养费为 0.3 元/km。

此外，本节还构建了纯氢管道输氢成本测算模型，分析管道输运经济性情况。同时，通过国际能源署发布的相关研究报告，分析了氨和有机液态储运氢的成本。最后，比较高压气态、固态、低温液氢、管道输氢、氨、有机液态等储运方式的经济性，总结给出各种储运方式适宜的应用场景。

3.2.2.1 高压气氢长管拖车储运氢

高压气氢长管拖车储运氢成本主要由固定成本和可变成本两部分组成，其中固定成本包括车辆投资（折旧）成本、人工费用、车辆保险费，可变成本包括油费、过路费、维修保养费、压缩氢气耗电费用等，同时也与运输距离、单车运氢量密切相关。除了前文设定的共同边界条件，对于 20MPa 和 30MPa 长管拖车运氢成本测算模型，还有如下假设：20MPa 和 30MPa 长管拖车价格分别为 100 万元/台和 170 万元/台，单次有效运氢量分别为 270kg 和 600kg，拖车充卸氢气时长均为 5h，车辆百公里油耗为 32L。根据以上假设，对不同运输距离的长管拖车运氢成本进行了测算，结果详见图 3-14 和图 3-15。

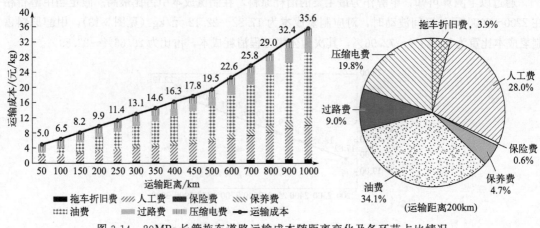

图 3-14　20MPa 长管拖车道路运输成本随距离变化及各环节占比情况

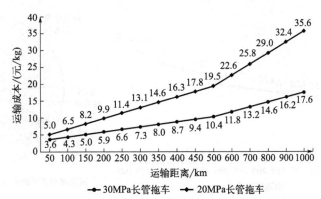

图 3-15 20/30MPa 长管拖车道路运输成本对比

在运输距离为 50～1000km，10t/d 用氢需求的情况下，20MPa 和 30MPa 长管拖车运输成本范围分别在 5.0～35.6 元/kg 和 3.6～17.6 元/kg。随着运输距离的增加，运输成本快速上升，特别是在 500km 的时候出现明显转折，直线上升；主要原因是在其成本构成中油费占比较大，且随着距离的增长增幅较大，在 20MPa 压力下，运距为 200km 时，油费占比达 34.1%，其次是人工费（占 28.0%）和气体压缩耗电费用（占 19.8%）。当压力从 20MPa 提高至 30MPa，氢气储运量和效率提高，成本可大幅下降（下降幅度在 28% 以上）。经模型测算对比，用氢需求大小的变化，对长管拖车运输成本影响不明显；根据行业反馈，储运成本尽可能控制 10 元/kg 以内，那么 20MPa 长管拖车经济运输半径应不超过 200km，30MPa 长管拖车经济运输半径可接近 500km。

3.2.2.2 低温液氢储运方式

低温液氢储运成本包括氢气液化成本和液氢运输费用两部分，其中氢液化装备投资和液化能耗均较高。本模型设定氢液化和运输规模为 10t/d，经咨询行业专家，氢液化工厂及充装设备投资约 3 亿～5 亿元，这里取中间值 4 亿元，工厂运营管理约需 10 人运营团队，维保费用约 100 万元/年。假设氢液化工厂建在电价优惠或可再生能源丰富地区，氢液化电价按 0.25 元/(kW·h) 计算，氢液化能耗按 12kW·h/kg 计算。液氢罐车价格为 300 万元/台，罐体维修费用为 1 万元/年，单车运输量为 4000kg，考虑 5% 的汽化损耗则到站有效运氢量为 3800kg，车辆百公里油耗相较长管拖车略高，取值 35L/100km，充卸氢气时长为 2h，人工、车辆保险、维修保养、过路费、柴油价格等费用与长管拖车取值相同。根据以上假设，对不同运输距离的液氢道路运输成本进行了测算，结果详见图 3-16。

在 10t/d 的氢液化规模和用氢需求下，氢液化电价按 0.25 元/(kW·h) 计算，运输距离在 50～1000km 范围变化时，液氢道路运输成本范围在 11.6～13.8 元/kg，上升趋势较缓，差距仅 2.2 元/kg，经济运输半径在 500km 以上。低温液氢储运成本对于运输距离变化的敏感性相对长管拖车要小得多，主要原因是在液氢道路运输成本构成中，液化及运输设备折旧成本占比最大（500km 时占比约 66%），其次为液化电费，占比约 24%。通过模型测算发现，当氢液化电费每提高 0.1 元/(kW·h)，液氢储运成本就会随之上升 1.2 元/kg，每千克氢气运输总成本增幅在 9% 左右；当用氢规模变大，液氢储运成本将同步下降，规模变小储运成本将上升，因此液氢储运更适合大规模、中长距离运输场景。随着技术迭代、电价优惠措施出台，以及未来氢液化规模的扩大，液氢储运成本下降空间较大。

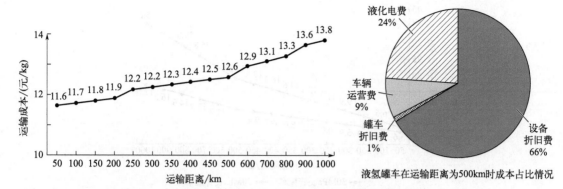

图 3-16　低温液氢道路运输成本随距离变化及各环节占比情况

3.2.2.3　固态氢储运方式

　　固态氢储运过程包括制氢厂充气至金属罐车、罐车运输和用户终端卸气至储氢罐三部分。其中，吸热放氢和将氢气压缩至用户所需压力环节能耗较高，也是成本的主要构成，其次是罐车运输环节油耗支出。由于制氢厂充气至金属罐车只需在低压下进行，该环节能耗成本较低可包含在制氢端。本模型采用技术相对成熟的镁基固态储氢材料，假设氢储运规模为 10t/d，根据行业内企业提供数据，充卸氢辅助设备投资 500 万元，固态储氢金属罐车为 340 万元，单次运氢量为 1000kg，百公里耗油量 45L，每辆车充卸氢气时长为 20h，放气和增压电耗为 16kW·h/kgH$_2$，氢气释放率按 95% 计算；储氢介质循环寿命超过 3000 次，按 10 年计算。其他边界条件与上述模型相同，根据以上假设测算出不同运距下固态储运氢的成本及其构成，结果如图 3-17 所示。

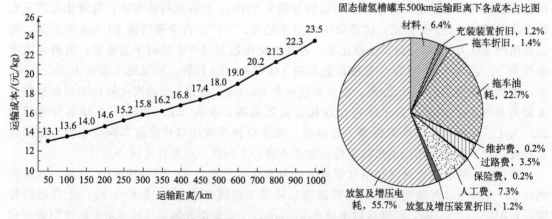

图 3-17　固态储氢技术道路运输成本随距离变化及各环节占比情况

　　在 10t/d 的用氢需求下，当运输距离在 50～1000km 范围变化时，固态储运氢成本范围为 13.1～23.5 元/kg，平均每增加 100km 运输成本随之增加约 1.1 元/kg，目前经济性不太好，可作为短距离小规模运氢场合的补充方式。在成本构成中，放氢及增压电耗所占比例最大，其次是运输油耗将随着运输距离增大而增大。经模型测算对比，若用氢需求变小，成本上升；但若用氢需求变大，成本无明显变化。

3.2.2.4　管道输氢方式

为分析管道输氢方式的经济性，研究人员构建了一个管径为 406mm，输氢能力为 177t/d，管道入口和出口压力分别为 4MPa 和 0.2MPa 的测算模型，具体经济性分析基础数据见表 3-24。本模型主要分析了距离、规模对输氢成本的影响，结果如图 3-18 所示。

表 3-24　管道输氢经济性分析模型基础数据

项目	数值	单位
运输规模	177	t/d
	6.37	万吨/年
管道投资	500	万元/km
管道维护管理费	8	%（占投资额百分比）
加压能耗	1.5	kW·h/kg
电价	0.65	元/(kW·h)
人员费用	12	万元/(人·a)
人员数量	每100km设置输气门站1个，每个门站需要10人，每10km额外需要2人维护	

当管道利用率为 100%，运输距离为 50～1000km 时，输氢成本范围在 1.2～5.8 元/kg。管道运输成本随管道运能利用率的下降而上升，当管道运能利用率低于 50% 时，成本快速增加，主要原因是在管道输氢成本构成中，管道折旧费占比较高（参见图 3-19）。从管道输氢成本对距离、规模的敏感性可以看出，未来随着氢能需求的扩大，构建"干线门站＋氢气分输"模式，通过输氢干线到达城市门站后，辅以高压气氢、低温液氢、固态储氢等多种储运方式将氢气分输进入市内用氢终端，有望实现氢能长距离、大规模低成本输送，为我国可再生能源制氢与储运氢结合，提供完整、合理的解决方案。

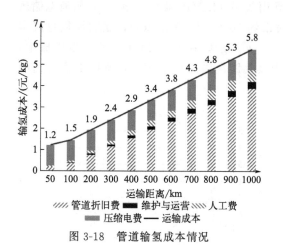

图 3-18　管道输氢成本情况

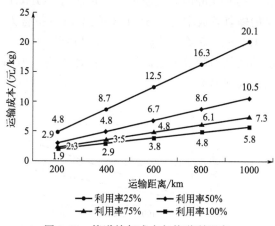

图 3-19　管道输氢成本与管道利用率、运输距离之间的关系

3.2.2.5　氨和有机液态氢储运方式

国际能源署在 2019 年发布的 *The Future of Hydrogen Seizing today's opportunities* 报告中提出，氨和有机液态氢储运（LOHC）是国际氢气贸易和远程氢气运输的最佳方式。根据 *The Future of Hydrogen Seizing today's opportunities* 数据（见图 3-20），在远距离

海运中，当运输距离为 1500km 时，LOHC 储运氢气的转化和运输成本为 0.6 美元/kgH₂，氨为 1.2 美元/kgH₂，液氢为 2 美元/kgH₂。氨和 LOHC 运输成本随着传输距离的增加而缓慢上升，其成本增幅比管道输氢成本增幅小得多。如图 3-21，在采用陆路运输的情况下，通过卡车配送 500km 的 LOHC 的成本为 0.8 美元/kgH₂，在用户终端提取和纯化氢气的成本为 2.1 美元/kgH₂，即总成本为 2.9 美元/kgH₂。相比之下，氨的总配送成本为 1.5 美元/kgH₂。如果终端用户直接使用氨，那么配送成本将更低，仅为 0.4 美元/kg。由此可见，未来氨作为能源进口直接利用的前景可期。

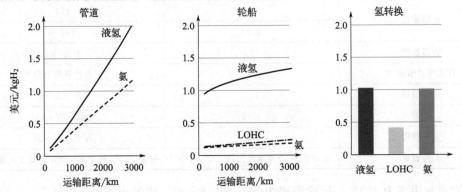

图 3-20　不同氢储运方式下运输和氢转化的成本

根据图 3-20 和图 3-21 并结合前文测算方法推算，采用陆路运输方式，终端脱氢按非集中处理方式计算，当运输距离在 50～1000km 时，从制氢厂（转换为 LOHC）到用氢端（LOHC 脱氢），有机液态储运氢的输氢总成本约 2.7～4.0 美元/kg（折合人民币约 18.3～27.2 元/kg），氨的输氢总成本约 2.3～2.9 美元/kg（折合人民币约 15.6～19.7 元/kg）。采用轮船海上运输方式，假设氢的转换和还原均在港口附近采用集中处理方式，当运输距离在 200～3000km 时，从制氢厂（转换为 LOHC）到用氢端（LOHC 集中脱氢），有机液态储运氢的输氢总成本约 1.5～1.6 美元/kg（折合人民币约 10.2～10.9 元/kg），氨的输氢总成本约 1.6～1.75 美元/kg（折合人民币约 10.9～11.9 元/kg）。在氨和 LOHC 的成本构成中，前端吸氢和后端脱氢提纯成本占比很高，但由于其远距离输送成本较低，所以更适合远距离、大规模运输场景。

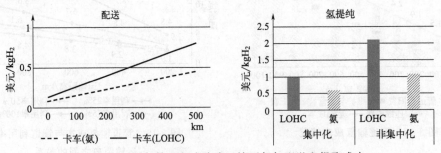

图 3-21　不同氢储运方式陆路运输下氢气配送和提取成本

3.2.2.6　小结

根据前文测算与分析，表 3-25 列出了当前主要的几种氢储运方式的经济性情况，结合模型测算和分析推算可得各种储运方式运氢成本的对比曲线（如图 3-22 所示）。

表 3-25　不同氢储运方式经济性情况

储运氢方式	用氢规模/(t/d)	50～1000km 成本/(元/kg)	适用场景
20MPa 长管拖车	10	5.0～35.6	200km 以内、小规模
30MPa 长管拖车	10	3.6～17.6	500km 以内、小规模
低温液氢槽罐车	10	11.6～13.8	500km 以上、中等规模
固态氢储运	10	13.1～23.5	短距离小规模的有效补充
液氨储运氢(陆路、非集中脱氢)	—	15.6～19.7	经济性较差
液氨储运氢(轮船、集中脱氢)	—	10.9～11.9 (200～3000km)	长距离、大规模、国际贸易
纯氢管道输氢	177	1.2～5.8	长距离、大规模
有机液态氢储运(陆路、非集中脱氢)	—	18.3～27.2	经济性较差
有机液态氢储运(轮船、集中脱氢)	—	10.2～10.9 (200～3000km)	长距离、大规模、国际贸易

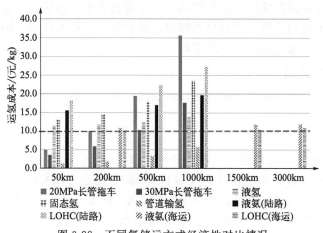

图 3-22　不同氢储运方式经济性对比情况

　　当前，氢气成本居高不下已经成为燃料电池汽车示范推广难的原因之一，降低氢气储运成本已迫在眉睫。同时，随着氢能规模化发展，我国以 20MPa 高压长管拖车为主要氢储运方式的劣势将更加突出，发展高效的多元化储运路径是大势所趋。根据本文测算和分析结果，将压力提高到 30MPa 的长管拖车单车有效运氢量将翻倍，经济运距也可达到 500km 左右，是目前最具备推广条件的储运方式。低温液氢槽车的运氢能力比长管拖车约提升一个数量级，适用于 500km 以上中长距离、中等规模场景，但其推广依赖于相关法规的出台和氢液化技术的提升和氢液化工厂的建设。图 3-22 显示，在所有的陆路运输场景中，管道输氢的成本最低，但是由于管道基础设施建设初投资较高，且管道利用率的高低对输氢成本影响很大，因此当用氢需求稳定且达到一定规模的情况下经济性较好。液氨和有机液态氢的道路运输场景尚不具备经济性，但是它们的优势在于常温常压储运，且储运装备技术较为成熟，在远距离、大规模尤其是采用轮船海运的场景下优势明显，或是未来氢能跨区域国家贸易的氢储运路径。

　　未来，随着政策法规的完善、氢能市场的成熟、储运技术和装备的突破与提升，能源用氢将形成"全国一盘棋"的供应体系，氢能供应方式将呈现集中式和分布式并重的发展趋势，氢能的储运也将形成针对不同应用规模、不同应用场景、不同运输距离的多种方式互为补充、融合发展的格局。

3.2.3　氢能加注经济性分析

当前在已运营的加氢站设备中，氢气压缩机、加氢枪、阀门管路等装备部件以进口产品为主，价格较高；其余卸气柱、储氢容器、加氢机、站控系统、冷却系统、电缆等设备主要采用国内企业产品（部分零部件如加氢枪等已由国内企业采购国外产品并组装到设备中），其中储氢容器价格较高。由于加氢站设备国产化率不高导致初始建设投资成本较高，较大程度提高了氢气加注成本。除了受前期建设投资成本影响以外，氢气加注成本也与后端运营管理（商业模式）、加氢负荷率有关。氢源的供应及经济性影响着加氢站商业模式的选择[8]。加氢站按照氢气来源不同，可分为外供氢加氢站和站内制氢加氢站两类。其中，外供氢加氢站内无制氢装置，氢气由制氢厂运输至加氢站，在加氢站压缩并输送至高压储氢罐内存储，通过加氢机加注到燃料电池车中使用。站内制氢加氢站即建有内制氢系统的加氢站，制取的氢气经过纯化、干燥后再进行压缩、存储和加注。

本节以广东省地区加氢站为案例，结合行业实际调研数据，对外供氢高压氢气加氢站、站内制氢加氢站两种建站模式的建设投资成本、年运营成本（包括人工管理成本、维护维修费用、用电成本、土地租赁等）进行分析探讨，并着重分析加氢负荷、用电价格（针对站内电解水制氢）等因素对氢气加注成本的影响。

3.2.3.1　外供氢加氢站成本分析

国内建设加氢站以外供氢加氢站为主，运营商业模式主要分为纯加氢站和油（气）氢合建站两种。

（1）纯加氢站

以日加氢能力为 1000kg 的纯加氢站为分析对象，主要设备配置如表 3-26 所示。按照现有的各部分投资水平，设备总造价［含安装设计-采购-建造（EPC）总承包］约 800 万元，土建、审批手续约 200 万元，项目总投资合计为 1000 万元（不含土地成本）。其中，氢气压缩机成本占比最高，约占 26%；其次土建、储氢容器、阀门管路成本分别约占 20%、18% 和 15%，具体如图 3-23 所示。

表 3-26　1000kg/d 外供氢加氢站的主要设备配置

设备名称	数量	备注	设备名称	数量	备注
卸气柱	2 台	—	置换吹扫系统	1 套	—
氢气压缩机	2 台	5～20MPa 进气,45MPa 排气,500m³/h@12.5MPa	制冷机组	4 套	2 套压缩机用,2 套加氢机用
储氢容器	1 套	45MPa 储氢瓶组,1m³,18 支	放散塔	1 套	—
			工艺管道、阀门	1 套	—
顺序控制盘	1 件	—	站控系统	1 套	—
加注系统	2 套	35MPa 加注压力,双枪双计量(TK16\TK25)	安全监控系统	1 套	—
			电缆及仪表	1 套	—

在不考虑加氢站财政补贴的情况下，按照 15 年折旧年限计算，设备残值率取 5%，折合每年静态初始投资约为 64.2 万元（设备安装调试、土建成本不考虑残值）。假设加氢站全

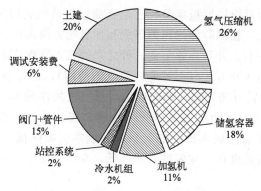

图 3-23　1000kg/d、35MPa 加氢站建设成本构成

年运营 350 天，综合加氢站的维护、人工管理、土地租赁等费用，加氢站年运营总成本超过 300 万元（不计购入氢气的费用）。其中，人工管理成本、设备折旧及摊销在加氢站运营成本构成中占比较大，分别约占年运营总成本的 43％ 和 21％，具体详见表 3-27。当纯加氢站运营负荷率为 40％、60％、80％、100％ 时，平均单位质量氢气加注成本呈下降趋势，分别约为 20.4、14.0、10.8、8.8 元/kg（图 3-24）。

表 3-27　外供氢纯加氢站运营成本构成

项目	运营成本/(万元/年)	备注
折旧及摊销	64.2	直线折旧法,按照 15 年折旧计算,设备残值率 5％;不考虑加氢站建设补贴
用电成本	37.5	平均电价 0.67 元/(kW·h),单位质量氢气综合电耗约为 1.6kW·h/kg
人工管理成本	132	12 万元/(人·a),按 11 人计算
设备维护成本	25	—
土地租赁	50	—
年运营总成本	308.7	—

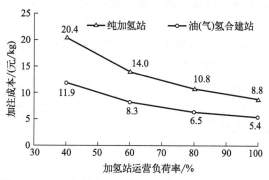

图 3-24　纯加氢站与油（气）氢合建站加注成本对比

（2）油氢（气）合建站

基于目前加氢站建设投资成本较高，加氢需求量相对较少，大多纯加氢站面临运营亏损的局面。同时，由于新建加氢站需要规划城市用地，但部分城市土地资源稀缺、投资成本较高，导致纯加氢站建设难以实现大规模推广。而现有的加油站、加气站在国内分布广泛，通过在原有基础设施之上配置加压加注及储罐等设备，不仅能够充分利用现有站场土地资源、缩短用地审批流程，并且具有节约人工管理成本的优势，可通过"以油（气）养氢"弥补加

氢经营亏损、有效降低项目投资回报风险，已是当前加氢站的关键突破口和重要发展模式。对比单一功能的纯加氢站，在同等加注压力等级和加氢能力的条件下，油（气）氢合建站土建成本可降至 100 万元左右，并且能够节约三分之二的人工管理成本和土地租赁费，合建站加氢部分年运营成本约为 189 万元（不计购入氢气的费用），详见表 3-28。当加氢运营负荷率分为 40%、60%、80%、100% 时，平均单位质量氢气加注成本分别为 11.9、8.3、6.5、5.4 元/kg，具体详见图 3-24。由此可见，采用合建站模式通过有效减少加氢站人工管理、土地租赁等运营成本，其加注成本比纯加氢站加注成本大幅降低 3.4~8.5 元/kg，同时其加注成本对加氢负荷的敏感度比纯加氢站有所降低，有利于加氢站运营灵活及获得更大的经济效益。

表 3-28 油（气）氢合建站运营成本构成

项目	运营成本/(万元/年)	备注
折旧及摊销	57.5	直线折旧法，按照 15 年折旧计算，设备残值率 5%；不考虑加氢站建设补贴
用电成本	37.5	平均电价 0.67 元/(kW·h)，单位质量氢气综合电耗约为 1.6kWh/kg
人工管理成本	44	与纯加氢站相比可节约三分之二的人员管理费用
设备维护成本	25	—
土地租赁	25	节省二分之一土地租赁费用
年运营总成本	189	—

3.2.3.2 制氢-加氢一体化站成本分析

从加氢站后端运营来看，氢源仍是部分地区难以解决的难题。一方面是当前制氢基地建设审批要求高，难以在本地落地规模化制氢项目；另一方面，不同渠道、不同制氢方式的氢气难以保持质量一致性。当前国内氢气储运采用 20MPa 长管拖车，运输效率较低，仅可满载 200~300kg 的氢气，运力受限；长管拖车经济性对运输距离较为敏感，并不适合长距离运输，难以保障外供氢加氢站氢源稳定性。从加氢站后端运营来看，现阶段氢气到站价格仍然普遍较高，占据加氢站氢气价格的 60% 以上，加上国家燃料电池汽车示范城市群政策规定氢气终端售价不高于 35 元/kg，尽管多地政府出台相应运营补贴，但短期内仍难以摆脱加氢负荷率低、运营成本高企、加氢站经营亏损的困境。目前，制氢-加氢一体化站逐渐进入市场化推广阶段，通过增加制氢设备投资成本，减少氢气运输环节，整体来看氢气终端加注成本比外供氢加氢站具有一定经济性优势。站内制氢主要包括甲醇制氢、天然气制氢和电解水制氢等方式，其中橇装天然气制氢、电解水制氢具有设备占地面积小、橇装化和高度集成的紧凑式设计的优势，在站内制氢加氢站应用较多。

（1）站内天然气制氢

以制氢规模为 500m³/h 的站内天然气制氢加氢一体化站（日加氢能力约 1000kg/d）建设为例，按照当前投资水平，项目建设总投资约为 2900 万元，因包含制氢设备和加氢设备，其投资成本明显高于外供氢加氢站。其中，天然气制氢设备投资约 1000 万元，占比 34%；加氢站关键设备投资 800 万元，占比 28%；土建、安装费用约 1100 万元，占比 38%。按照 15 年折旧年限计算，设备残值率取 5%，折合每年静态初始投资为 187.3 万元。针对天然气重整制氢技术工艺，生产 1m³ 氢气需要消耗 0.48m³ 天然气，按照天然气含税采购价格为 3.16 元/m³（广东地区 2023 年 3 月天然气采购价格均价）测算，综合加氢站的设备维护、运营管理、人工等费用，站内天然气制氢加氢一体化站年运营总成本超过1200万元。如表3-29所示，燃料及动力费是加氢站运营成本的主要影响因素，约占年运营总成本的56%，其中天然气原料价格是直接影响因素；此外，设备折旧及摊销、人工管理成本、设备维护成本较高，分别约占年运营总成本的15%、14%、11%。当加氢运营负荷率分为40%、60%、80%、100%时，平均单位质量氢气加注成本约为59.7、45.4、38.3、34.1元/kg。

表3-29 500m³/h站内天然气制氢加氢一体化站运营成本构成

项目	运营成本/(万元/年)	备注
设备折旧及摊销	187.3	直线折旧法，按照15年折旧计算，设备残值率5%；不考虑加氢站建设补贴
燃料及动力费	700.1	生产1m³氢气的天然气单耗为0.48m³，天然气含税采购价格按3.16元/m³计算；用电成本约60万元/年；制氢催化剂及化学品约3万元/年
人工管理成本	180	12万元/(人·年)，按15人计算
设备维护成本	140	—
土地租赁	70	—
年运营总成本	1277.4	—

（2）站内电解水制氢

碱性电解槽制氢、质子交换膜电解槽制氢（PEM）是目前站内电解水制氢相对成熟的技术路线，其中碱性电解水制氢设备已完全实现商业化，是当前出货量的主体，设备成本相对较低，市场调研报价为1500~2500元/kW；PEM电解槽制氢设备因零部件国产化及成本高昂等难题发展规模受限，目前单价造价仍然较高，市场调研报价为7000~12000元/kW。以下对相同制氢规模下碱性电解槽制氢、PEM电解槽制氢这两种不同技术路线的现场制氢加氢站的建设投资成本、年运营成本及加注使用成本进行分析。按照碱性电解槽2000元/kW、PEM电解槽10000元/kW设备成本测算，500m³/h碱性电解槽制氢、PEM电解槽制氢设备投资成本分别约为500万元、2500万元；此外，加氢站内关键设备投资约800万元，土建、安装费用投资约400万元，则站内碱性电解水制氢加氢站、PEM电解水制氢加氢站总投资建设成本分别为1700万元、3700万元。按照15年折旧年限计算，设备残值率取5%，折合每年静态初始投资分别为103.6万元、387.0万元。对于电解水制氢加氢站，电价是影响经济性的关键因素，若采用一般大工业电价0.65元/(kW·h)测算，年用电成本均超过1300万元，综合站内设备维护、运营管理、人工等费用，站内碱性、PEM电解水制氢加氢一体化站年运营总成本分别为1761.9万元、1814.2万元，具体如表3-30所示。根据上述设定条件，当加氢运营负荷率为100%时，碱性电解水制氢与PEM电解水制氢成本分别为47.0、48.4元/kg，在不同的运营负荷率下，两者成本差额大约2~5元/kg，详见图3-25。

表3-30 500m³/h站内电解水制氢加氢一体化站运营成本构成

电解水制氢方式	碱性电解槽 运营成本/(万元/年)	PEM电解槽 运营成本/(万元/年)	备注
折旧及摊销	102	228.7	直线折旧法，按照15年折旧年限计算，设备残值率5%；不考虑加氢站建设补贴

续表

电解水制氢方式	碱性电解槽	PEM 电解槽	备注
	运营成本/(万元/年)	运营成本/(万元/年)	
用电成本	1373.7	1321.5	包括制氢、压缩储氢、加氢用电；碱性电解水综合能耗约为 $5kW \cdot h/m^3$，PEM 电解槽综合能耗约为 $4.8kW \cdot h/m^3$
人工管理成本	180	144	12 万元/(人·年)；碱性电解需人工操作，按 15 人计算；PEM 电解自动化程度高，可无人值守，按 12 人计算
设备维护成本	35	50	碱性电解槽年维护费率按设备购置成本 2% 计算；PEM 电解槽按设备购置成本 1% 计算；其他设备维护成本与外供氢加氢站保持一致
土地租赁	70	70	—
年运营总成本	1760.7	1814.2	—

同时从图 3-25 可知，对于现场制氢加氢站，在相同供氢能力下（$500m^3/h$），电解水制氢的成本仍然高于天然气重整制氢，尚未显现经济优势。当加氢站满负荷（100%）运行时，电解水制氢成本比天然气制氢高 13~14 元/kg；随着加氢负荷率降低，每千克氢气成本设备折旧摊销和运营成本均有所增加，电解水制氢和天然气制氢成本差距逐步缩小，当加氢负荷率降至 40% 时，电解水制氢成本比天然气制氢约高 2.8~7.4 元/kg。因此，在现有电价水平下电解水制氢缺乏竞争力，其降本空间主要在于降低电价，通过技术突破和规模化生产降低电解槽投资成本，以及增加电解水制氢规模以摊销设备折旧和其他运营成本等。如随着下游市场用氢需求较大，站内电解水制氢规模扩大至 $1000m^3/h$ 时，相应制氢设备、压缩系统及储氢系统投资相应增大，按照上述边界条件测算，碱性电解槽制氢、PEM 电解槽制氢分别为 40.8 元/kg 及 43.2 元/kg。若同步对电解水制氢给予电价支持优惠政策，按照广东省可再生能源平均上网电价 0.453 元/($kW \cdot h$) 测算，碱性电解槽制氢、PEM 电解槽制氢成本分别为 31.9 元/kg 及 34.6 元/kg；若电解水制氢电价格执行蓄冷电价政策，按照广东省蓄冷谷电 0.175 元/($kW \cdot h$)（制氢时段为低谷时间 0~8 时）测算，碱性电解水制氢、PEM 电解水制氢成本分别为 27.4 元/kg 及 38.2 元/kg，与天然气制氢比较具有较好的成本竞争力。

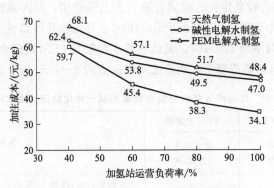

图 3-25　站内天然气制氢与电解水制氢成本对比

3.2.3.3　小结

　　加氢站是链接氢能上游供应和下游应用推广的重要节点，氢气终端价格与其商业模式有关，在相同商业模式下，主要取决于制氢、储运和加氢站运行负荷率等因素。由于不同地区能源结构存在较大差异，以及氢气来源、储运距离、下游应用市场规模等客观条件不同，各地区加氢站外购氢气成本差异性较大。本节选取广东省地区氢源到站价格 35～40 元/kg 为代表，结合上述外供氢加氢站加注环节成本、站内制氢加氢一体化站氢气成本数据，以单位质量氢气总成本为指标对加氢站氢气成本进行考量，具体详见表 3-31。

表 3-31　外供氢加氢站与站内制氢加氢站氢气总成本对比

加氢站负荷率		40%	60%	80%	100%
外供氢纯加氢站 /(元/kg)	氢气外购成本	35～40	35～40	35～40	35～40
	氢气加注成本	20.4	14.0	10.8	8.8
	氢气总成本	55.4～60.4	49～54	45.8～50.8	43.8～48.8
外供氢油(气) 氢合建站 /(元/kg)	氢气外购成本	35～40	35～40	35～40	35～40
	氢气加注成本	11.9	8.3	6.5	5.4
	氢气总成本	46.9～51.9	43.3～48.3	41.5～46.5	40.4～45.4
站内天然气制氢 加氢站/(元/kg)	氢气总成本	59.7	45.4	38.3	34.1
站内碱性槽制氢 加氢站/(元/kg)	氢气总成本 （大工业电价）	62.4	53.8	49.5	47.0
站内 PEM 槽制氢 加氢站/(元/kg)	氢气总成本 （大工业电价）	68.1	57.1	51.7	48.4

　　根据上述加氢站不同商业模式的经济性分析结果可知，加注能力（1000kg/d）相同的情况下，当加氢站运营负荷大于 60% 时，站内天然气制氢加氢站的氢气总成本比外供氢加氢站具有一定的成本优势。因此，在氢源供应受限的地区，分布式站内天然气制氢加氢站具有一定优势，一体化站模式不仅有利于降低氢气总成本，也有助于满足不同类型市场的用氢需求；若能获得低成本氢源稳定供应，外供氢源的合建站是加氢站优选的运营模式，通过最大化利用已有油气基础设施资源，可以有效降低单位质量氢气总成本，且运行负荷越低其竞争力会越显著；对于站内电解水制氢加氢站，以现有电价评估，其经济性较差，若能保持满负荷运营，其经济性与运营负荷低于 80% 的外供氢加氢站比较接近。

3.2.4　氢能应用经济性分析

　　当前，氢能应用仍以交通领域为主，并逐步向电力、建筑和化工等领域拓展。在氢能交通领域，燃料电池汽车能够较好地弥补纯电动汽车续航里程不足、充电时间较长、温度适应性较差等劣势，实现优势互补。截至 2022 年底，我国燃料电池汽车保有量超过 1.3 万辆且基本为商用车，燃料电池汽车已具备一定规模，技术成熟度逐渐提升、成本快速下降，但与传统燃油车和纯电动汽车比较，燃料电池汽车推广仍处于政策导入期，有赖于财政扶持政策持续，此外低成本、稳供应的氢能供应体系尚处于建设期，仍需要较长一段时间完善。但是，近几年的示范应用，基本明确了燃料电池汽车技术和产业发展路线，降本潜力巨大、路径明确，商业模式也逐渐清晰。

第一篇　氢能概述

3.2.4.1　燃料电池轻型冷藏车经济性

冷藏车是一种用来运输冷冻或保鲜货物的封闭式厢式运输车，为了保证货柜温度保持在一定范围，一般会装有制冷设备，因此冷藏车需要较高能耗，同时冷藏车这种场景对时效性要求比较高，通常要求货物在运输时能够在最短的时间内运送到目的地，对续航里程和能源补给时长都有较高要求。与纯电动汽车比较，燃料电池汽车的特点更契合冷藏车的技术要求。表3-32是某款搭载84kW燃料电池系统、配备30kW·h锂电池的燃料电池冷藏车，该车百公里氢耗为2.6kg，续航里程达到450km，其整体性能与燃油冷藏车相当。

表3-32　某款燃料电池4.5t冷藏车信息

整车吨位	4.5t	续航里程	450km
燃料电池系统功率	84kW	百公里氢耗	2.6kg
锂电池容量	30kW·h	使用年限	5年

表3-33比较了燃料电池汽车、纯电动车和传统燃油车三种技术路线，载重4.5t冷藏车的全生命周期成本，在测算过程中，数据来源于行业数据或依据部分地方政策予以假设。例如，燃料电池冷藏车的购置补贴参考北京城市群标准，平均加氢价格35元/kg。通过表3-33可以看出，现阶段燃料电池冷藏车在没有补贴的情况下每公里的全生命周期成本远远超过纯电和燃油冷藏车，经济性较差，即使在高昂的补贴情况下，燃料电池冷藏车经济性仍只与燃油冷藏车接近，与纯电有不少差距，但需要说明的是燃料电池冷藏车一些隐形优势并没有反映出来，比如货物的装载能力和出行效率相比纯电动车的提升。从各项成本构成中发现，现阶段燃料电池冷藏车（不含补贴）的整车价格超过纯电动车的两倍，是燃油车的四倍，导致购置摊销成本明显偏高，燃料电池系统维保成本较高导致运营成本偏高，此外35元/kg的氢气成本相比燃油已具备一定优势，但仍比纯电动车高出近一倍。因此燃料电池轻型冷藏车的竞争力相对较弱，未来在政策红利期还需要大幅度降低各方面成本提升燃料电池的经济性和可靠性，提升与传统燃油汽车的比较优势，接近或达到纯电动车的经济性水平，同时探索应用场景和商业模式。

表3-33　燃料电池、纯电、燃油4.5t冷藏车全生命周期成本对比

	项目	燃料电池4.5t冷藏车	纯电4.5t冷藏车	燃油4.5t冷藏车
购置摊销	购置成本/万元	63	27	16
	购置税/万元	0	0	1.5
	补贴/万元	38.4(参考北京城市群2023年补贴标准)	0	0
	5年后残值(按车价5%计算)/万元	3.15	1.35	0.8
	补贴前每公里购置摊销/元	2.39	1.0	0.67
	补贴后每公里购置摊销/元	0.86	1.0	0.67
运营成本	保险/(万元/年)	1	1	1
	维保/(万元/年)	3	0.2	0.5
	人工/(万元/年)	14.4	14.4	14.4
	每公里上路成本/元	3.68	3.12	3.18

续表

项目		燃料电池 4.5t 冷藏车	纯电 4.5t 冷藏车	燃油 4.5t 冷藏车
燃料成本	百公里燃料消耗 /[kg/(kW·h·L)]	2.6	40	16
	5 年平均燃料销售价格 /[元/(kg·kW·h·L)]	35	1.2	8
	每公里燃料成本/元	0.91	0.48	1.28
补贴前全生命周期成本/(元/km)		5.45	4.6	5.13
补贴后全生命周期成本/(元/km)		6.98	4.6	5.13

3.2.4.2　燃料电池重卡经济性

我国重卡保有量仅占汽车保有量的约 3%，但碳排放占比超过 40%，急需有效的减排手段。由于纯电动重卡耗电量大，续航里程不足，补能焦虑问题等突出，燃料电池重卡被认为是一种更有效的解决方案，同时燃料电池汽车的特点在重载和长途车型中更能发挥优势。表 3-34 是某款燃料电池重卡信息，该车搭载 120kW 燃料电池系统和 100kW·h 锂电池，续航里程 400km，在不同运营场景下百公里氢耗 8～12kg。

表 3-34　某款燃料电池 49t 重卡信息

整车吨位	49t	续航里程	400km
燃料电池系统功率	120kW	百公里氢耗	8～12kg
锂电池容量	100kW·h	使用年限	5 年

按照每年行驶 9 万公里，5 年使用年限，对比燃料电池、纯电和燃油 49t 重卡的全生命周期成本，如表 3-35。比较发现，重卡与轻型冷藏车的情况存在较大差别，若不考虑购置补贴，燃料电池重卡的经济性最差，若叠加购置补贴，其经济性与纯电动重卡基本持平，略高于燃油重卡（约高出 5%）。由此可见，在政策红利期，燃料电池重卡已具备一定的竞争力，如果能够获得低于 35 元/kg 的稳定氢气供应（国内已有部分地区氢气加注价格低于 25 元/kg），燃料电池汽车的经济性将优于燃油重卡和纯电动重卡。目前，宝武、河钢等钢铁企业在唐山、韶关等地开展燃料电池重卡示范应用，综合比较燃油重卡、纯电动重卡和燃料电池重卡的稳定性、氢耗等性能，预计随着燃料电池系统、氢气等产业链成本逐步降低，燃料电池重卡推广可能会率先在钢铁企业、矿山、港口码头等运力需求稳定、氢气供应便利的短倒重载领域取得突破。此外，在示范应用过程中发现，目前燃料电池重卡主流配置 120kW 的燃料电池系统不能完全满足 49t 重卡的动力需求，要进一步提高燃料电池系统功率。

表 3-35　燃料电池、纯电、燃油 49t 重卡全生命周期成本对比

项目		燃料电池 49t 重卡	纯电 49t 重卡	燃油 49t 重卡
购置摊销	购置成本/万元	120	75	35
	购置税/万元	0	0	3
	补贴/万元	100.8（参考北京城市群 2023 年补贴标准）	0	0
	5 年后残值（按车价 5%计算）/万元	6	3.75	1.75

续表

项目		燃料电池 49t 重卡	纯电 49t 重卡	燃油 49t 重卡
购置摊销	补贴前每公里购置摊销/元	2.53	1.58	0.81
	补贴后每公里购置摊销/元	0.29	1.58	0.81
上路成本	保险/(万元/年)	2	2	2
	维保/(万元/年)	3	1	1.5
	人工/(万元/年)	18	18	18
	每公里上路成本/元	2.56	2.33	2.39
燃料成本	百公里燃料消耗/[kg/(kW·h·L)]	10	200	35
	5 年平均燃料销售价格/[元/(kg·kW·h·L)]	35	1.2	8
	每公里燃料成本/元	3.5	2.4	2.8
补贴前全生命周期成本/(元/km)		8.59	6.31	6.0
补贴后全生命周期成本/(元/km)		6.35	6.31	6.0

参 考 文 献

[1] 熊亚林，许壮，王雪颖，等．我国加氢基础设施关键技术及发展趋势分析 [J]．储能科学与技术，2022，11 (10)：3991-3400.

[2] 刘玮，董斌琦，刘子龙，等．加氢站氢气压缩机技术装备开发进展 [J]．化工设备与管道，2021，12：246-250.

[3] 黄振辉，聂连升，王向丽，等．加氢站用隔膜压缩机和液驱活塞式压缩机的性能和应用分析 [J]．化工设备与管道，2022，59 (6)：79-82.

[4] 刘泽坤，郑刚，张倩，等．加氢站用离子压缩机及离子液体简述 [J]．化工设备与管道，2020，57 (6)：47-52.

[5] 韦炜，何志龙，邢子文，等．高压液氢泵研究进展 [J]．流体机械，2022，50 (6)：79-84.

[6] 赵运林，曹田田，张成晓，等．集中式制氢技术进展及成本分析 [J]．石油炼制与化工，2022，53 (10)：122-126.

[7] 刘思明，石乐．碳中和背景下工业副产氢气能源化利用前景浅析 [J]．中国煤炭，2021，47 (06)：53-56.

[8] 王业勤，杜雯雯，叶根银，等．制氢加氢"子母站"建设规划浅析 [J]．化工进展，2020，39 (S2)：121-127.

第 4 章

氢能管理

4.1 氢能政策与法规

4.1.1 国家层面的政策

4.1.1.1 国内政策梳理

截至 2023 年 3 月，国家层面涉及氢能与燃料电池汽车产业发展的政策制度已累计出台超过 110 项。"十二五"期间，我国已明确提出氢燃料电池汽车作为"三纵三横"新能源汽车技术创新路线的组成部分。随着国际氢能产业发展日趋热烈，2015 年以来，我国《中国制造 2025》《国家创新驱动发展战略纲要》《"十三五"国家科技创新规划》《"十三五"国家战略性新兴产业发展规划》《汽车产业中长期发展规划》《"十三五"交通领域科技创新专项规划》等重大政策中提出将氢能与燃料电池技术、氢能产业等内容纳入重点发展方向，并明确提出阶段发展目标，支持氢能产业发展。2019 年 3 月，我国首次将推动加氢站建设纳入《政府工作报告》，表明国家将氢能发展提升到日常工作的高度。2020 年 3 月，国家发改委、司法部印发《关于加快建立绿色生产和消费法规政策体系的意见》提出要在两年内对氢能立法。2020 年 4 月国家能源局发布《中华人民共和国能源法（征求意见稿）》，首次将"氢能"纳入，氢气能源属性正在明确。2020 年 9 月，我国正式宣布"中国二氧化碳排放力争于 2030 年前达到峰值，努力争取 2060 年前实现碳中和"的庄严承诺，为我国氢能产业发展再次按下加速键，国家相关部委随之开始密集出台涉及加快发展氢能的政策措施。2021 年 3 月《中华人民共和国国民经济和社会发展第十四个五年规划和 2035 年远景目标纲要》首次把氢能产业写入"五年规划"，提出谋划布局一批氢能产业，将推动我国氢能产业发展驶入快车道。2021 年 8 月和 12 月，五部门先后印发《关于启动燃料电池汽车示范应用工作的通知》《关于启动新一批燃料电池汽车示范应用工作的通知》，正式批复同意京津冀、上海、广东、河北、郑州城市群开展为期 4 年的燃料电池汽车示范应用，旨在以燃料电池汽车推广应用为突破点，围绕技术创新和产业链建设、车辆推广及运行使用、有效商业模式探索、政策制度环境建设、安全保障及应急机制等方面着力推动氢能与燃料电池汽车产业发展，形成规模效益，沉淀一批龙头企业。2023 年是五个城市群进入示范的第二年，累计示范推广车辆接近 4000 辆。至此，标志着我国氢能产业进入"以示范促应用，以应用促产业"的发展模式，将立足氢能资源、技术、产业实际，围绕创新链布局产业链，在交通运输、工业和建筑用能等多个方面开辟氢能多场景示范应用。参见图 4-1。

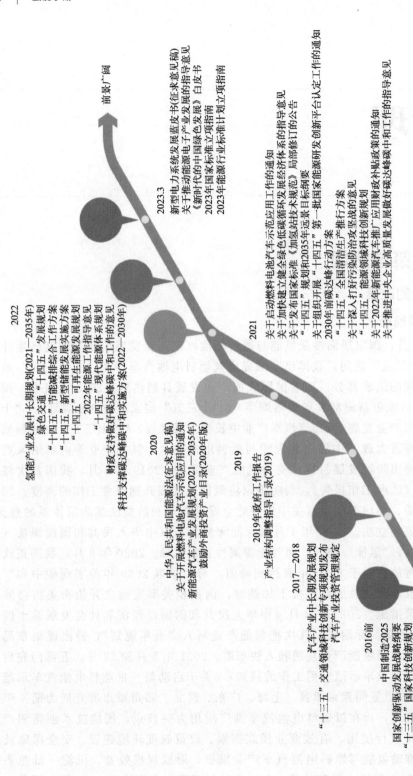

图 4-1 近年来国家支持氢能发展的部分政策梳理图

2016前
中国制造2025
国家创新驱动发展战略纲要
"十三五"国家科技创新规划
"十三五"国家战略性新兴产业发展规划

2017—2018
汽车产业中长期发展规划
"十三五"交通领域科技创新专项规划发布
汽车产业投资管理规定

2019
2019年政府工作报告
产业结构调整指导目录(2019)

2020
中华人民共和国能源法(征求意见稿)
关于开展燃料电池汽车示范应用的通知
新能源汽车产业发展规划(2021—2035年)
鼓励外商投资产业目录(2020年版)

2021
关于启动燃料电池汽车示范应用工作的通知
关于加快建立健全绿色低碳循环发展经济体系的指导意见
关于发布国家标准《加氢站技术规范》局部修订的公告
"十四五"规划和2035年远景目标纲要
"十四五"组织开展《第一批国家能源研发创新平台认定工作的通知
2030年前碳达峰行动方案
"十四五"全国清洁生产推行方案
关于深入打好污染防治攻坚战的意见
"十四五"能源领域科技创新规划
关于2022年新能源汽车推广应用财政补贴政策的通知
关于推进中央企业高质量发展做好碳达峰碳中和工作的指导意见

2022
氢能产业发展中长期规划(2021—2035年)
绿色交通"十四五"发展规划
"十四五"节能减排综合工作方案
"十四五"新型储能发展实施方案
2022年能源工作指导意见
"十四五"现代能源体系规划
财政支持做好碳达峰碳中和工作的意见
科技支撑碳达峰碳中和实施方案(2022—2030年)

2023.3
新型电力系统发展蓝皮书(征求意见稿)
关于推动能源电子产业发展的指导意见
《新时代的中国绿色发展》白皮书
2023年国家标准立项指南
2023年能源行业标准计划立项指南

前景广阔

2022 年 3 月，国家发展改革委和国家能源局联合印发《氢能产业发展中长期规划（2021—2035 年）》（以下简称《规划》），明确了氢的能源属性，是未来国家能源体系的组成部分，充分发挥氢能清洁低碳特点，推动交通、工业等用能终端和高耗能、高排放行业绿色低碳转型。同时，明确氢能是战略性新兴产业的重点方向，是构建绿色低碳产业体系、打造产业转型升级的新增长点。提出了氢能产业发展各阶段目标：到 2025 年，基本掌握核心技术和制造工艺，燃料电池车辆保有量约 5 万辆，部署建设一批加氢站，可再生能源制氢量达到 10 万～20 万吨/年，实现二氧化碳减排 100 万～200 万吨/年。到 2030 年，形成较为完备的氢能产业技术创新体系、清洁能源制氢及供应体系，有力支撑碳达峰目标实现。到 2035 年，形成氢能多元应用生态，可再生能源制氢在终端能源消费中的比例明显提升。

国家对氢能发展工作进行的系统谋划和总体部署，是长远的顶层设计。《规划》在氢能发展政策体系中发挥统领作用，是"1＋N"中的"1"。"N"是有关部门和单位将根据《规划》部署在氢能规范管理、氢能基础设施建设运营管理、关键核心技术装备创新、氢能产业多元应用试点示范、国家标准体系建设等方面制定相应的行动方案、支撑措施或者保障政策，同时与能源、工业、节能、储能、交通运输、生态环境、科技创新等领域的发展政策融合。这一系列文件将构建起目标明确、分工合理、措施有力、衔接有序的氢能产业"1＋N"政策体系（参见图 4-2）。加快构建"1＋N"政策体系，国家发展改革委建立氢能产业发展部际协调机制，协调解决氢能发展重大问题。

国家级"双碳"顶层设计和《规划》发布后，氢能产业的战略定位、发展氢能产业的战略意义被广泛认同和达成共识。产业支持和政策引导方向从以交通领域为主，逐渐向交通、工业、储能和电力等多领域拓展；产业环节也从以氢能终端推广为主，逐渐向氢能制-储-运-加、氢能部件装备、氢能创新平台等全产业链覆盖，推动大氢能概念逐步形成。国家相关部委在工业、节能、交通、储能等领域的"十四五"规划中也提出氢能与之相辅相成、互促互助的发展目标路径及实施方案。但是"1＋N"政策体系中，在氢能规范管理、氢能基础设施建设运营管理、关键核心技术装备创新、氢能产业多元应用试点示范、国家标准体系建设等方面，仍未见制定专项的行动方案、支撑措施或者保障政策。在未来，为促进我国氢能产业健康持续发展，需在产业发展、基础建设、科技创新、推广应用、标准规范、财政资金、招商引资、企业发展、人才引进等重点领域制定有关专项政策。贯彻落实我国政府"积极有序发展光能源、硅能源、氢能源、可再生能源""要加快发展有规模有效益的风能、太阳能、生物质能、地热能、海洋能、氢能等新能源"的要求，为我国氢能产业发展持续完善顶层设计。部分国家氢能政策明细详见附录附表一。

4.1.1.2　与国际政策比较与分析

在全球应对气候变化的进程中，实现能源体系的清洁化、低碳化发展是关键。氢能由于具备来源广泛、清洁及安全性可控等特性，且能有效链接化石能源和可再生能源，备受关注，世界主要经济体相继制定氢能产业发展计划，投入巨额资金，积极推动先进氢能技术研发和产业化，抢占国际氢能产业竞争领域的制高点。2017 年以来，全球至少有 29 个国家或地区出台国家层级的氢能政策或发展路线图，从顶层设计上谋划国家/地区氢能整体发展，世界主要经济体都将氢能视为未来经济高质量发展的关键能源，使其面临前所未有的发展机遇（图 4-3）。

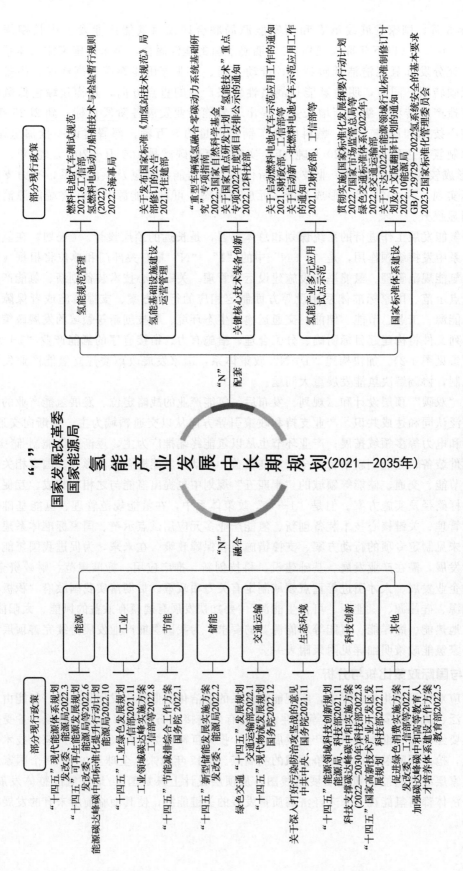

图 4-2 氢能产业 "1+N" 政策体系（完善中）示意图

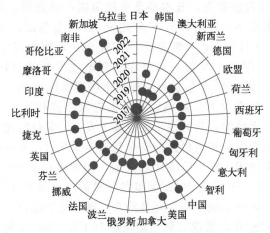

图 4-3　2017 年以来各国（组织）出台国家级氢能政策/路线图时间分布图

① 欧洲地区早有多项关于氢能的发展计划和项目在进行，2020 年欧盟委员会发布了《欧盟氢能战略》和《欧盟能源系统整合策略》两份战略文件，勾勒出了欧洲长期发展氢能的战略蓝图，给出了清洁氢能转化为可行的解决方案，提出了三个阶段的氢能发展目标。在第一阶段，即 2020—2024 年，欧盟将安装至少 6GW 的可再生氢能电解槽，并生产多达 100 万吨的可再生氢能；在第二阶段，即 2025—2030 年，欧盟安装至少 40GW 的可再生氢能电解槽，以及生产多达 1000 万吨的可再生氢能；在第三阶段，即 2030—2050 年，可再生氢能技术应成熟并大规模部署，可以覆盖所有难以脱碳的领域。《欧洲氢能战略》概述了欧洲未来三十年全面的投资计划，主要以风电和光伏等可再生能源制取绿氢为重点鼓励和发展方向，包括制氢、储氢、运氢的全产业链以及现有天然气基础设施、碳捕集和封存技术等投资，预计总投资超过 4500 亿欧元。

欧洲多个国家制定并实施氢能战略，以德国为先，荷兰、西班牙、葡萄牙、匈牙利、意大利、波兰、法国、挪威、芬兰、英国、捷克、比利时等 13 个国家纷纷出台氢能发展战略或路线图。到 2030 年法国、德国、荷兰、葡萄牙、西班牙、意大利等六国的绿氢产能合计将达到 25.5～27.0GW，约占欧盟 2030 年整体目标的 63.8%～67.5%。2020 年，俄罗斯联邦能源部公布本国第一份从《氢能发展路线图》，提出 2024 年前在俄境内建立一个完全由传统能源企业主导的、涉及上下游的氢能产业链。

② 北美洲地区以美国和加拿大为主，重点推进基于可再生能源或核能的低碳（蓝）氢和电解生产枢纽的建设，应用场景计划包括现有灰氢的转换、工业流程、公路运输和电网平衡。美国早期已经在不同领域出台各项政策措施推进氢能发展，《国家清洁氢能战略和路线图》以及《氢能攻关计划》的目标指出到 2050 年清洁氢能将贡献约 10% 的碳减排量，到 2030 年、2040 年和 2050 年美国清洁氢需求将分别达到 1000 万、2000 万和 5000 万吨/年。加拿大的氢能战略目标是到 2050 年实现清洁供应的全球领导地位，且氢在终端能源中的占比达到 30%，其发展战略表明到 2030 年有可能实现 400 万吨/年的清洁氢生产。

③ 南美洲地区已有智利、哥伦比亚、乌拉圭等国家出台氢能顶层设计，智利和哥伦比亚以清洁氢能生产为目标，成为全球氢出口中心，其中智利的目标是到 2025 年拥有 5GW 的电解槽产能，到 2030 年达到 25GW。哥伦比亚的目标是到 2030 年安装 1.3GW 的电解槽容量和 5 万吨/年的蓝氢。乌拉圭以可再生资源制氢为导向，到 2030 年，乌拉圭西部地区生产每千克氢的生产成本可能为 1.2～1.4 美元，东部地区为 1.3～1.5 美元，到 2040 年氢能年产量可能将达到 100 万吨，需配备 20GW 的可再生能源发电设施和 10GW 电解槽。

④ 亚洲地区日韩两国发展领先，日本高度重视氢能产业发展，明确提出将建设氢能社会，并将其纳入国家发展战略，计划到 2025 年建设 320 个加氢站，制氢成本在 2030 年降至 30 日元/m^3，未来实现 20 日元/m^3，氢能产量实现 300 万吨的目标。2019 年，韩国发布《氢能经济发展路线图》，明确了制氢、加氢和燃料电池发展的目标，计划氢气的需求量 2030 年将达到 526 万吨，到 2040 年氢燃料电池车市场规模达到 620 万辆，用于发电的氢燃料电池容量达 15GW。2020 年 2 月，韩国颁布《促进氢经济和氢安全管理法》是全球首个促进氢经济和氢安全的管理法案，目的在于促进基于安全的氢经济建设，系统、有效地促进韩国氢工业的发展，为氢能供应和氢设施的安全管理提供支持，促进国民经济的发展。印度政府公布国家氢能政策路线图，第一阶段计划显示，印度将在 2030 年前达成可再生能源制氢产能 500 万吨/年的目标。中国在 2022 年印发《氢能产业发展中长期规划（2021—2035 年）》，计划到 2025 年，燃料电池车辆保有量约 5 万辆，部署建设一批加氢站，可再生能源制氢量达到 10 万~20 万吨/年，实现二氧化碳减排 100 万~200 万吨/年。到 2030 年，形成较为完备的氢能产业技术创新体系、清洁能源制氢及供应体系，有力支撑碳达峰目标实现。到 2035 年，形成氢能多元应用生态，可再生能源制氢在终端能源消费中的比例明显提升。

⑤ 大洋洲地区以澳大利亚、新西兰为主，自 2016 年以来，澳大利亚政府先后与日本、韩国开展氢能供应示范项目，澳大利亚国家氢能战略确定了 15 大发展目标，57 项具体行动，意在将澳大利亚打造为亚洲三大氢能出口基地之一。新西兰政府发布《新西兰氢能发展愿景》，旨在把新西兰建设成为一个强大的低碳经济社会，通过政府政策推动，使新西兰从整个能源系统脱碳化进程中受益。

⑥ 非洲地区对于氢能发展也十分重视，其中南非和摩洛哥走在前列，南非在 2021 年公布了非洲首个国家氢社会路线图，目标包括建立绿氢和绿氨出口市场、强化绿色和智能电网建设、加速重型运输和能源密集型产业脱碳、打造氢产品和燃料电池组件制造本地化、提升氢气在南非能源结构的地位。

从各国发展氢能的驱动力（参见表 4-1）来看，主要涉及三大方面：降低碳排放，保障能源安全和实现经济增长。同时各国根据自身国情与特点，在目标设定上也各有侧重。欧洲各国将氢能视为深度脱碳实现清洁能源转型的重要载体，除交通外，不断扩大清洁氢能在工业、建筑等领域应用，加快碳减排。日本发展氢能的主要驱动力是实现能源多元化供应，保障能源安全。韩国则在能源安全低碳发展的基础上，计划将氢能打造为继显示器、半导体之后第三大具备全球战略竞争优势的产业，通过燃料电池技术全球输出以推动经济增长。澳大利亚、俄罗斯、沙特等传统能源出口国，期望通过氢能出口打造新的经济增长点，以实现经济增长。美国视氢能为战略储备技术，通过持续的技术研发和集中化打造加州的燃料电池示范应用，保持竞争力。我国明确氢能的能源定位，通过开展区域氢能终端应用示范，聚焦技术创新，构建完整产业链。

表 4-1　全球部分国家氢能发展驱动力梳理[1]

项目	深度脱碳	经济增长	能源安全
代表国家	德国、法国、英国、荷兰	韩国、澳大利亚、俄罗斯	日本
模式特点	结合可再生能源制氢进行多场景示范应用，以能源结构清洁化转型、产业脱碳为核心目的	拥有先进核心技术或氢源优势，通过技术出口或者氢资源出口，以打造新经济增长极为目标，打造氢能产业集群	开展国际间氢资源供应链与贸易，国内进行发电等综合示范应用，替代石油、煤炭等化石资源
发展概况	应对气候变化为主，快速推进项目示范	培育经济增长点	保障能源安全与技术优势

　　我国在 2022 年 3 月出台《氢能产业发展中长期规划（2021—2035 年）》，为助力实现碳达峰、碳中和目标，深入推进能源生产和消费革命，构建清洁低碳、安全高效的能源体系，促进氢能产业高质量发展，提供了顶层指引，明确了氢能的战略定位、总体要求，提出了构建氢能创新体系、推进氢能基础设施建设、推进氢能多元化示范应用、完善政策和制度保障体系、组织实施等多方面具体任务，我国氢能发展规划很好地诠释了全球氢能主要发展特点。①氢能定位均衡全面，从"未来国家能源体系的重要组成部分、用能终端实现绿色低碳转型的重要载体和战略性新兴产业重点发展方向"3 个角度定位氢能，体现了深度脱碳、能源安全新战略以及培育经济增长点的深度考量。②紧扣实现碳达峰、碳中和目标，确定了氢能清洁低碳发展原则：重点发展可再生能源制氢，严格控制化石能源制氢，强调近期对于低成本工业含氢副产气提纯氢的利用。规划到 2025 年，可再生能源制氢成为新增氢能消费的重要组成部分；2030 年，形成较为完备的清洁能源制氢及应用体系；2035 年，可再生能源制氢在终端能源消费中的比重明显提升，对能源转型发展起到重要支撑作用。③多元示范。近年来，全国很多地方掀起了氢能产业发展热潮，各地氢能产业规划大多把发展方向落在了氢能交通方面。文件从战略定位、基本原则、任务部署等方面明确了氢能多元化应用方向与有序推进交通领域示范应用、积极开展储能领域示范应用（探索培育"风光水电＋氢储能"一体化应用新模式）、合理布局发电领域多元应用以及逐步探索工业领域替代应用，探索开展可再生能源制氢在合成氨、甲醇、炼化、煤制油气等行业替代化石能源的示范，促进高耗能行业低碳绿色发展。

　　世界主要国家氢能战略/路线见表 4-2。

表 4-2　世界主要国家氢能战略/路线图[2]

区域	国家/地区	战略/路线图	重点发展领域	发展目标
亚洲	中国	《氢能产业发展中长期规划（2021—2035 年）》	围绕氢能制、储、输、用各关键环节，以及氢安全和公共服务等，构建氢能产业创新体系；推动氢能基础设施建设；稳步推进氢能示范应用；完善政策和制度保障体系	到 2025 年，基本掌握核心技术和制造工艺，燃料电池车辆保有量约 5 万辆，部署建设一批加氢站，可再生能源制氢量达到 10 万～20 万吨/年，实现二氧化碳减排 100 万～200 万吨/年；到 2030 年，形成较为完备的氢能产业技术创新体系、清洁能源制氢及供应体系，有力支撑碳达峰目标实现；到 2035 年，形成氢能多元应用生态，可再生能源制氢在终端能源消费中的比例明显提升
	日本	《氢/燃料电池战略路线图》	着眼于三大技术领域：燃料电池技术领域、氢供应链领域和电解技术领域，确定将包括车载用燃料电池、定置用燃料电池、大规模制氢、水制氢等 10 个项目作为优先领域	第一阶段：从当前到 2025 年，快速扩大氢能使用范围；第二阶段：2020 年中期至 2030 年底，全面引入氢发电，建立大规模氢能供应系统；第三阶段：从 2040 年开始，建立零碳的供氢系统
	韩国	《氢能经济发展路线图》	重点在氢燃料电池汽车，加氢站，氢能发电，氢气生产、存储和运输，安全监管等方面采取措施	2040 年：累计生产 620 万辆氢燃料电池汽车，建成 1200 座加氢站；普及发电用、家庭用和建筑用氢燃料电池装置；使氢气年供应量达到 526 万吨，每千克价格降至 3000 韩元
北美洲	美国	《美国氢经济路线图》	2020～2022 年，实现氢能在小型乘用车、叉车、分布式电源、家用热电联碳捕集等领域应用	2030 年：氢需求量将突破 1700 万吨，在美国道路上有 530 万辆氢燃料电池汽车，在物料搬运中有 30 万辆氢燃料电池汽车，在全球范围内有 5600 个加氢站

区域	国家/地区	战略/路线图	重点发展领域	发展目标
	荷兰	《国家氢能战略》	从港口工业的大量副产氢着手,连接输气管网等基建,形成规模化输氢网络	2025年:将完成50个加氢站,15000辆氢燃料电池汽车和3000辆氢燃料电池重卡车;2030年:30000辆氢燃料电池汽车,电解槽容量达3~4GW
	德国	《国家氢能战略》	确立绿氢的优先地位;主要应用于船运、航空、重型货物运输、钢铁和化工行业;德国大部分的绿氢需求将通过进口得以满足	2030年:将国内的绿氢产能提高至5GW,到2040年前则进一步提高至10GW
	欧盟	《欧盟氢能战略》	将绿氢作为欧盟未来发展的重点	2020~2024年:支持在欧盟范围内建成6GW的绿氢产能,将绿氢年产量提升至100万吨 2025~2030年:使氢能成为欧盟能源体系内一个重要组成部分,并在欧盟范围内建成近40GW的绿氢产能,将绿氢年产量进一步提升至1000万吨 2030~2050年:使得绿氢技术完全成熟,并将大规模用于难以通过电气化实现零碳排放的领域
	欧盟	《欧洲2×40GW绿氢行动计划》	促进欧盟范围内的氢能产业发展,以支持绿氢生产	2030年:安装超过80GW的电解水制氢系统,满足本地及出口需求,同时努力推动碳排放量降低
欧洲	俄罗斯	《氢能发展路线图》	规划氢能产业上下游,将完全由传统能源企业主导,并通过天然气管网掺氢改造现有天然气管道以建立管网的方式向欧盟出口氢气	2024年:在俄罗斯境内建立一个全面涉及上下游的氢能产业链
	法国	《法国发展无碳氢能的国家战略》	未来十年投入70亿欧元发展绿氢,促进工业和交通等部门脱碳,助力法国打造更具竞争力的低碳经济	2030年:新建6.5GW的电解制氢装置;发展氢能交通,尤其是用于重型车辆,减少600万吨二氧化碳排放;通过发展氢能直接或间接创造5万~15万个就业岗位
	葡萄牙	《国家氢能战略》	开发绿氢项目:加快运输、水泥、冶金、化工、采矿等行业的低碳转型,并建设联合实验室以开展绿氢技术研发	2030年:安装2.1GW的电解槽;投入约70亿欧元开发绿色制氢项目
	西班牙	《国家氢能路线图》	计划将其中25%的绿氢用于工业领域包括推动氢燃料公交车、轻型及重型交通工具发展,同时也将开发两条商业用途的氢燃料火车线路,在其国内前五大机场以及交通枢纽安装氢动力机械,并将建设至少100座加氢站	2030年:安装40GW的电解槽;25%的工业氢将来自可再生能源;至少有150辆氢能公交车,5000辆轻型、重型汽车及2条氢能动力火车线路
	意大利	《国家氢能战略初步指南》	帮助经济脱碳,提高可再生能源产量,实现长期气候目标	2030年:氢气将占意大利最终能源需求的2%,并有助于消减二氧化碳的排放;2050年:比例可能会达到20%

续表

区域	国家/地区	战略/路线图	重点发展领域	发展目标
大洋洲	澳大利亚	《国家氢能战略》	战略确定 57 项联合行动涉及相关的出口、运输、工业使用、天然气网络、电力系统等方面,以及诸如安全、技术和环境影响等跨领域发展的氢能问题	2030 年:澳大利亚将进入亚洲氢能市场的前三名,成为有国际影响力的氢能出口国
非洲	南非	《绿色氢商业化战略》	建立绿色氢和氨出口市场,绿色和增强型电力网络,重型运输的脱碳,能源密集型产业的脱碳,氢产品和燃料电池组件的本地制造,提升氢气在南非能源系统的占比	到 2040 年,电解槽产能将至少达到 15GW,到 2030 年,将生产约 50 万吨氢气,每年将创造至少 2 万个工作岗位,到 2050 年,对 GDP 的贡献至少为 50 亿美元
南美洲	智利	《国家绿色氢能战略》	发展绿氢产业,助推智利 2040 年前转变为"绿氢强国"	到 2025 年开发 5GW 的电解制氢产能,到 2030 年生产地球上最便宜的绿色氢,到 2040 年成为全球前三大绿色氢出口国之一

当前,全球都在积极发布氢能战略,抢抓氢能机遇,但也存在一定区别,主要表现在以下几个方面。①发展目的不同。欧、美、日、韩等已实现碳达峰的发达国家或地区,其首要目的是通过氢能实现深度脱碳,此外各自还有不同诉求。美国一贯重视技术创新,强化技术领先地位;欧洲、日本和韩国等国家或地区为将氢作为储能载体,推动可再生能源产业发展,提高能源保障供给能力;中东、北非和南美的可再生能源资源丰富的国家则借此机会开发可再生能源,实现清洁能源出口;以我国为主要代表的发展中国家,国家可持续发展面临能源消费和碳排放增长的双重压力,在"双碳"背景下,加快发展氢能是实现能源低碳转型和保障能源安全的重要抓手。②发展定位不同。欧、美、日、韩等,氢能发展较早,其补贴扶持、技术研发、市场推广、标准法规等体系较为完善,全链条技术和装备较为领先,产业规划目标比较宏大,强调氢能对减排和对经济及社会的贡献,而我国氢能产业发展较晚,顶层规划强调确立氢能能源定位和在终端领域低碳转型中的作用,阶段性发展目标以引导为主,量化目标比较保守。③发展侧重不同。美国侧重于氢能产业链先进技术的研发及本土低成本清洁氢的供应和应用体系的建设,欧洲侧重通过本土绿氢和海外供氢体系的建立来替代传统能源在交通、建筑和工业等多元化领域的应用,日本侧重于海外供氢路线及氢能社会的建设,韩国侧重于氢能车辆、氢能发电等市场和技术的领先地位,而我国氢能路线更侧重于全产业链体系创新和多元化应用示范。综上所述,欧、美、日、韩等氢能发展领先国家的氢能战略是通过十几年甚至几十年来的产业发展来不断调整和更新完善的结果,我国现阶段虽已出台顶层规划,但政策体系完整度有待提高,因此需尽快完善政策体系,在技术研发、金融支持、市场机制配套、标准体系建设、应用推广等方面加强顶层引导。

4.1.1.3　国内氢能产业与太阳能光伏产业政策比较与分析

光伏产业是推动我国能源变革的重要引擎,也是新能源的重要组成部分。自我国国民经济"九五"计划至"十四五"规划,国家对光伏行业的支持政策经历了从"积极发展"到"重点发展"再到"大力提升"的变化。

"九五"计划(1996—2000 年)至"十五"计划(2001—2005 年)时期,国家层面仅从宏观角度提出积极发展新能源,但未具体提及光伏等新能源;从"十一五"(2006—2010 年)时期开始,明确提及太阳能光伏发电建设,"十二五"(2011—2015 年)至"十三五"(2016—2020 年)期间,光伏产业被列入战略性新兴产业,并重点规划推动能源结构优化升级路径。到"十四五"(2021—2025 年)时期,根据《中华人民共和国国民经济和社会发展第十四个五年规划和 2035 年远景目标纲要》,构建现代能源体系,大力提升光伏发电规模成为"十四五"时期的重要任务。

2013—2022 年,国家层面出台的太阳能光伏相关政策共 252 项,其中专项政策有 121 项,非专项政策有 131 项,具体见图 4-4。我国光伏行业历经高低起伏,在 2013—2014 年发展迅猛,2018 年始迎来另一个发展高峰,多个政策密集发布,专项政策涵盖产业发展、电价调整、光伏补贴、光伏扶贫、分布式管理、清洁能源消纳、可再生能源配额制等多方面,此外,在储能、碳达峰行动、绿色发展、科技发展、能源发展、乡村振兴、西部地区发展、城乡建设等多个领域均提及光伏产业,具体见表 4-3。

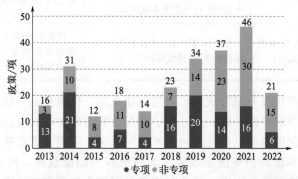

图 4-4　中国太阳能光伏产业 2013—2022 年相关政策统计

表 4-3　2013—2022 年中国太阳能光伏产业重要专项政策列表

序号	年份	发布部门	政策名称
1	2013	国务院	《关于促进光伏产业健康发展的若干意见》
2	2013	财政部、国家税务总局	《关于光伏发电增值税政策的通知》
3	2013	工信部	《光伏制造行业规范公告管理暂行办法》
4	2013	国家能源局	《光伏发电运营监管暂行办法》
5	2014	国家能源局、国务院扶贫办(现国家乡村振兴局)	《关于印发实施光伏扶贫工程工作方案的通知》
6	2014	工信部	《关于进一步优化光伏企业兼并重组市场环境的意见》
7	2015	国家能源局、工信部	《关于促进先进光伏技术产品应用和产业升级的意见》
8	2016	国家发改委	《关于调整光伏发电陆上风电标杆上网电价的通知》
9	2016	国家能源局	《太阳能发展"十三五"规划》
10	2017	国家能源局、工信部、国家认监委	《关于提高主要光伏产品技术指标并加强监管工作的通知》
11	2017	国土资源部、国务院扶贫办、国家能源局	《关于支持光伏扶贫和规范光伏发电产业用地的意见》
12	2018	国家能源局	《关于加快推进风电、光伏发电平价上网有关工作的通知》
13	2019	国家发改委、国家能源局	《关于积极推进风电、光伏发电无补贴平价上网有关工作的通知》
14	2019	国家发改委	《关于完善光伏发电上网电价机制有关问题的通知》
15	2019	国家能源局	《关于 2019 年风电、光伏发电项目建设有关事项的通知》
16	2019	国家发改委、国家能源局	《关于公布 2019 年第一批风电、光伏发电平价上网项目的通知》

续表

序号	年份	发布部门	政策名称
17	2019	国家能源局	《关于公布 2019 年光伏发电项目国家补贴竞价结果的通知》
18	2020	国家能源局	《关于 2020 年风电、光伏发电项目建设有关事项的通知》
19	2020	国家发改委	《关于 2020 年光伏发电上网电价政策有关事项的通知》
20	2020	国家能源局	《关于公布 2020 年光伏发电项目国家补贴竞价结果的通知》
21	2021	工信部	《光伏制造行业规范条件(2021 年本)》
22	2021	国家发改委、财政部、央行、银保监会、国家能源局	《关于引导加大金融支持力度　促进风电和光伏发电等行业健康有序发展的通知》
23	2021	工信部、住建部	《关于开展第二批智能光伏试点示范的通知》
24	2022	工信部等多部门	《智能光伏产业创新发展行动计划(2021—2025 年)》
25	2022	国家发改委价格司	《关于 2022 年新建风电、光伏发电项目延续平价上网政策的函》
26	2022	国家能源局	《户用光伏建设运行指南(2022 年版)》
27	2022	工信部办公厅、市场总局办公厅、国家能源局综合司	《关于促进光伏产业链供应链协同发展的通知》
28	2022	国家发展改革委办公厅、国家能源局综合司	《关于促进光伏产业链健康发展有关事项的通知》
29	2022	国家能源局	《光伏电站开发建设管理办法》

　　我国氢能产业发展趋势与光伏产业类似，通过梳理和对比光伏和氢能政策(具体见图 4-5)，可总结几点经验以供借鉴。①目前氢能产业正处于发展瓶颈期和资源整合阶段，相当于十年前的光伏产业，产业链条各个环节技术发展水平参差不齐、产能布局不协调，部分技术门槛低的环节或领域产能过剩导致供大于求，同时产品市场竞争力不足，基础设施建设总体滞后导致市场开拓较为艰难。2013 年，光伏产业政策密集发布，价格补贴及税收优惠等政策引导作用凸显，为光伏产业营造了良好的政策环境，为产业从发展瓶颈期过渡到高速发展期奠定了基础。目前，我国氢能产业政策也进入了一个新阶段，随着国家顶层设计出台，国家部委和地方政府陆续出台多项行业政策，推动在交通、储能和工业等领域开展试点示范。在氢能产业政策体系建设提速期，光伏行业发展珠玉在前，可供借鉴。②经过十多年高速发展，光伏产业政策与时俱进、适时调整优化，保持了很好的延续性。随着市场发展规

图 4-5　2013—2022 氢能产业与光伏产业政策数量对比图

模扩大，这些产业政策引导提高行业准入门槛，逐步淘汰落后产能，促进产业高质量发展，同时在 2018 年后对光伏发电补贴逐渐退坡，并转向绿色金融支持，助力光伏产业朝着健康、可持续发展，氢能产业政策体系设计时，要充分吸收光伏政策随着技术进步、成本降低及规模提升等要素变化而转变的经验教训，推动氢能产业逐步由政策驱动向市场驱动转变。③在"双碳"目标下，光伏政策继续支持提升光伏发电规模，提升消纳能力，实现平价上网，同时逐渐增强在多能互补、风光氢储、源网荷储等方向的支持力度，随着光伏与氢能产业交叉的显著增强，凸显氢能在相关配套政策的缺失，因此未来氢能政策应在中长期规划的基础上加大与光伏政策的协同力度，完善"1＋N"政策。

4.1.2　地方政策

2022 年 3 月，国家发改委、能源局印发《"十四五"现代能源体系规划》《氢能产业发展中长期规划（2021—2035 年）》，规划到 2025 年，国内燃料电池车辆保有量达到 5 万辆，行业总产值达到 1 万亿元，可再生能源制氢量达到 10 万～20 万吨/年。随着国家政策持续明朗，我国氢能产业发展不断升温，各地方政府为抢占国内氢能产业发展高地，纷纷将氢能产业作为推动地方新能源产业发展及传统产业转型升级的重要抓手。截至 2023 年 3 月，全国已有超过 50 个地方政府陆续出台氢能产业发展专项规划、实施方案、行动计划等指导政策，加氢站建设运营管理办法、加氢站及燃料电池车辆补贴政策等制度创新与扶持政策也陆续出台。北京、河北、四川、山东、内蒙古等省市区出台了专项氢能整体产业发展政策，广东、重庆、浙江、河南等省市出台了氢燃料汽车细分领域专项政策，其余大部分地区已将发展氢能与燃料电池汽车产业纳入"十四五"规划的重点任务中，多维度完善氢能产业发展的政策体系，加快产业布局，推动产业快速发展。目前，我国氢能产业逐步形成以北京、天津和河北为代表的京津冀地区，以上海、江苏、浙江为代表的长三角地区，以广州、佛山为代表的珠三角地区以及以川渝、湖北为代表的川渝鄂地区等四大主要区域，产业集聚效应凸显。

4.1.2.1　京津冀地区

京津冀地区具有核心城市集中、技术实力雄厚、应用场景丰富和邻近地区氢能资源丰富等特点。该区域以北京、天津、张家口、保定、唐山等城市为重点，借助打造绿色冬奥会历史机遇，促进区域氢能产业一体化发展，致力打造中国北方氢能产业示范基地。京津冀地区也是国内最早开展氢能与燃料电池产业研发和示范应用的地区之一，三地产业与经济结构互补性强，以"加强京津冀协同发展"为共识、以打造氢能制、储、运、加、用的全产业链布局为目标，分别推出了氢能产业规划方案及一系列支持政策。

（1）规划政策

① 北京。北京作为首批示范城市群牵头城市，已发布多项"十四五"专项规划，从减碳、能源、交通、电力、生态、城市管理等多个方面鼓励氢能发展，并配套制定了具体的示范方案、行动计划等，在科技创新、财政支持、标准规范、管理运营等方面制定了具体措施，先后出台《北京市氢燃料电池汽车产业发展规划（2020—2025 年)》（以下简称《规划》）和《北京市氢能产业发展实施方案（2021—2025 年）》等顶层规划，其中《规划》指出到 2025 年，培育 10～15 家具有国际影响力的产业链龙头企业，建成 3～4 家国际一流的产业研发创新平台，京津冀区域累计实现氢能产业链产业规模 1000 亿元以上，力争完成 74 座加氢站建设，燃料电池汽车累计推广量突破 1 万辆，分布式发电系统装机规模 10MW 以上。2022 年 1 月，北京市审议通过了《"氢动未来"氢能综合示范方案》（以下简称《方

案》），《方案》围绕国家需求布局"多元绿氢制备、液氢产业体系、绿氨中间路线、新型发电技术、氢能动力系统、冶金工程应用、创新特色园区"七大重点领域 28 个重点方向示范应用。2022 年 4 月，北京市出台了《北京市"十四五"时期能源发展规划》，提出拓展存量加油站综合能源供应及服务能力，试点建设"油气氢电服"综合能源示范站，推动建设京津冀燃料电池汽车货运示范专线，计划到 2025 年，实现氢燃料电池牵引车和载货车替换约4400 辆燃油车；同月，《北京市氢燃料电池汽车车用加氢站运营管理暂行办法（征求意见稿）》（以下简称《暂行办法》）公开征求意见，《暂行办法》明确了政府管理职能和违规处理方式，适用于北京行政区域内加氢站经营许可管理、企业服务约束等经营行为。

② 天津。天津市作为京津冀区域的重要一极，承担着"一基地三区"的功能定位和推进京津冀协同发展等重大国家战略任务，先后发布了《天津市氢能产业发展行动方案（2020—2022 年）》和《天津市能源发展"十四五"规划》，目标为累计推广物流车、叉车、公交车等氢燃料电池车辆 900 辆以上，滨海新区建设至少 5 座加氢站，到 2025 年，基本构建技术、产业、应用融合发展的氢能产业生态圈。2022 年 12 月，天津市财政局印发了《天津市财政支持做好碳达峰碳中和工作的实施意见》（以下简称《意见》），《意见》提出支持构建清洁低碳安全高效的能源体系，支持打造氢能产业发展高地，有序推进加氢站等基础设施建设，支持高校、科研院所、科技型企业攻克可再生能源制氢、氢能冶炼等关键核心技术。

③ 河北。河北省除与京津冀燃料电池汽车示范应用城市群协同发展外，由张家口市牵头联合 13 个城市组成河北省燃料电池汽车示范城市群，在京津冀协同发展战略基础上加强协同创新合作，探索氢能产业高质量发展路径。2019 年，河北省组织 10 个部门共同出台了《河北省推进氢能产业发展实施意见》，2020 年，河北省发改委发布《河北省氢能产业链集群化发展三年行动计划（2020—2022 年）》，2021 年，河北省能源局发布《河北省氢能产业发展"十四五"规划》，目标到 2025 年，培育国内先进的企业 10～15 家，累计建成 100 座加氢站，燃料电池汽车规模达到 1 万辆，实现规模化示范，氢能产业链年产值达到 500 亿元。

（2）示范及推广应用

① 北京。北京积极发挥技术研发能力优势，大力支持示范应用。2022 年 4 月，北京市经信局发布了《关于开展 2021—2022 年度北京市燃料电池汽车示范应用项目申报的通知》，明确燃料电池汽车示范应用项目主要采取"应用场景示范＋'示范应用联合体'申报"方式实施；奖励分为车辆推广奖励、车辆运营奖励、加氢站建设和运营补贴、关键零部件创新奖励四大部分。2022 年 3 月，北京市经信局发布了《北京市重点新材料首批次应用示范指导目录（2021 年版）》，对燃料电池全氟质子膜、储氢气瓶用碳纤维复合材料、氢能源燃料电池板等 7 类材料的指标进行了规范，对其性能提出要求。《北京市氢燃料电池汽车车用加氢站建设管理暂行办法》公开征求意见后，北京市城市管理委员会采纳了一些意见，加氢站规划、建设、验收及档案管理等各方面要求将得以明确。此外，北京市牵头申报的京津冀燃料电池汽车示范城市群于 2021 年 8 月正式获国家首批示范城市群，在示范期内，北京市延庆区、天津市滨海新区、河北省唐山市和保定市建设成为冬奥会、港区、钢铁工业、建材四大特色园区；示范期末将建立"技术自主创新、产业持续发展、区域一体化"的产业生态，构建燃料电池汽车关键零部件及装备制造产业集群。京津冀地区除拥有 2022 北京冬（残）奥会大规模氢能示范应用经验外，各有侧重开展试点示范，强调"加强京津冀协同发展"。北京市技术攻关能力强，车辆推广应用多，示范支持力度大，已初步形成北部以昌平"能源谷"建设为核心，辐射海淀、延庆、怀柔的氢能产业关键技术研发和科技创新示范区，南部依托大

兴、融合房山、经济开发区的氢能高端装备制造与应用示范区，各城区主要支持政策如表 4-4
所示。

表 4-4   京津冀地区氢能领域试点示范相关政策汇总

序号	地区	发布时间	政策名称	政策内容
1	大兴区	2022 年 4 月	《大兴区促进氢能产业发展暂行办法(2022 年修订版)》	该办法包括人才引进、创新平台建设、车辆推广应用等支持内容和标准等共十条,明确了大兴区对于国家燃料电池汽车示范城市群的配套奖励
2		2022 年 10 月	《大兴区氢能产业发展行动计划(2022—2025 年)》	到 2025 年,大兴区氢能相关企业数量达 200 家,培育 4~6 家上市企业,氢能产业链产业规模累计达到 200 亿元,燃料电池汽车推广数量不低于 3000 辆,建成至少 10 座加氢站,推广分布式热电联供系统装机规模累计达到 5MW 等
3		2022 年 12 月	《大兴区促进产业高质量发展的指导意见》	提出建立可动态调整的"1＋N"产业政策体系,其中培育类政策包括氢能、航天、科创、知识产权等方面
4	经济开发区	2022 年 10 月	《关于促进氢能产业高质量发展的若干措施》	将通过支持创新生态营造、产业集群培育、示范应用推广三个方向 20 条具体支持政策措施,释放对经济开发区氢能产业培育与高质量发展的支持,以增强经济开发区氢能产业核心竞争力
5	通州区	2022 年 4 月	《北京城市副中心(通州区)"十四五"时期基础设施建设发展、城市治理、生态环境、新型城镇化示范区建设重点专项规划的通知》	《通知》提出,要积极发展太阳能、风电、氢能等清洁能源,探索氢能利用、智慧化供热、冷热电三联供、储能、多能耦合应用场景,试点示范氢能应用
6	延庆区	2022 年 8 月	《2022 年北京市延庆区交通综合治理方案》	方案中提出要加大绿色出行碳普惠激励力度,拓展激励项目,倡导绿色出行,置换 212 辆氢能源车投入公交运营
7		2021 年 12 月	《延庆区"十四五"时期延庆园发展规划(2021—2025)》	到 2025 年,氢能产业园基本建成,初步形成集制氢、储氢、加氢、输氢、用氢等功能为一体的氢能源产业集群式园区
8	房山区	2022 年 6 月	《房山区统筹疫情防控和稳定经济增长实施方案》	方案中提出,落实《北京市促进"专精特新"中小企业高质量发展的若干措施》等政策,出台精准管用的智能应急装备、氢能等重点产业专项政策,积极吸引独角兽、"隐形冠军"和专精特新企业,以及产业链强链补链项目落地
9		2021 年 6 月	《房山区氢能产业发展规划(2021—2030)》	2030 年前,累计示范推广燃料电池汽车 2000 辆左右,建成加氢站 30 座,培育 10~15 家氢能与燃料电池企业,产业核心环节重点企业达到 100 家,力争实现氢能与燃料电池产业链规模达到 100 亿元,减少碳排放 50 万吨
10	昌平区	2021 年 10 月	《昌平区氢能产业创新发展行动计划(2021—2025 年)》	2025 年前,引进、培育 5~8 家具有国际影响力的产业链龙头企业,孵化 3 家以上氢能领域上市企业,实现产业链收入突破 300 亿元,建成加氢站 10~15 座,实现燃料电池车辆累计推广 1200 辆以上,分布式热电联产系统装机规模累计达到 5 兆瓦

② 天津。天津市工业含氢副产气提纯氢资源丰富，物流运输场景丰富，燃料电池电堆等关键零部件与核心材料攻关能力强，对此，天津市以天津港保税区等区域为重点承接载体，发挥工业含氢副产气提纯氢资源、可再生发电资源及物流运输厂家丰富等特点开展推广应用，建设氢能示范产业园，同时成立天津港保税区氢能产业促进联盟推动产业发展，打造氢能应用示范中心。《天津市氢能产业发展行动方案（2020—2022年）》《天津市氢能示范产业园实施方案》《天津港保税区关于扶持氢能产业发展若干政策》及《天津市碳达峰实施方案》等氢能发展政策以氢燃料电池叉车领域为突破口，积极推动新能源重型货运车辆和城市货运配送车辆，打造氢燃料电池车辆推广应用试点示范区，有序推进加氢站等基础设施建设，支持高校、科研院所、科技型企业攻克可再生能源制氢、氢能冶炼等关键核心技术，深度融入京津冀协同发展大局，推动氢能产业集聚发展，同时，鼓励钢化联产，探索开展氢冶金、二氧化碳捕集利用一体化等试点，加强可再生能源、绿色制造、碳捕集封存等技术对钢铁、石化化工、建材等传统产业绿色低碳转型升级的支撑。

③ 河北。河北省以雄安地区为核心、张家口为先导，构建"一区、一核、两带"产业格局，充分发挥地区风电、光伏可再生资源丰富的优势，大力推动绿氢制备工程建设，打造国内规模和技术领先的绿氢基地。2021年11月，河北省出台了《河北省战略性新兴产业发展"十四五"规划》（以下简称《规划》），《规划》提出强化氢燃料电池电堆材料等关键技术创新，加快高效制氢、纯化、储运和加氢等技术装备及基础设施建设，推进工业含氢副产气提纯氢及可再生能源制氢技术、储氢、燃料电池等产业化及示范应用，扩大氢能应用场景，推动可再生能源电解水制氢规模化发展，促进有条件的地区开展氢燃料电池汽车商业化示范运行。张家口已建立了较完善的氢能产业发展政策规划体系，氢能应用场景丰富，已出台了《氢能张家口建设规划（2019—2035年）》《氢能张家口建设三年行动计划（2019—2021年）》《张家口市支持氢能产业发展的十条措施》《张家口市加氢、制氢企业投资项目核准和备案实施意见》《张家口市氢能产业安全监督和管理办法》《张家口市加氢站管理办法》以及《张家口市"十四五"氢能产业发展实施方案》等一系列政策，并将氢能产业作为张家口"十四五"规划重点，目标到2025年，氢能及相关产业累计产值达到310亿元。保定市先后出台了《保定市氢燃料电池汽车产业发展三年行动方案（2020—2022年）》及《保定市氢能产业发展"十四五"规划》，目标到2025年，建成加氢站（或油氢电综合能源站）10座以上，累计推广燃料电池车辆1330辆，到2035年，燃料电池车辆保有量达到1万辆以上，分布式发电系统、备用电源、热电联供系统装机容量达到500MW，加氢站（或油氢电综合能源站）50座以上，建设10个"氢能智慧生活社区"，打造一个"零碳产业园区"。唐山市2021年发布了《唐山市氢能产业发展规划（2021—2025）》，目标到2025年，可再生能源制氢厂达到4个以上，电解水制氢总功率＞480MW，制氢能力达到30000吨/年，建成加氢站30座以上，氢燃料电池汽车运营数量达到3000辆以上，其中氢能重卡不少于2000辆。

4.1.2.2　长三角地区

长三角地区经济发达，技术创新能力强大，整车和装备制造基础雄厚，港口物流集中，是我国氢能产业发展最早、产业链基础最好、燃料电池汽车示范推广应用最多的地区之一，也是我国氢能政策配套最早和最完善的地区之一。以上海为龙头的长三角地区站位较高，视野超前，积极跟随全球氢能发展步伐，抢抓氢能发展先机，以上海为牵头的燃料电池汽车城市群将充分发挥龙头和纽带作用，推动长三角氢走廊建设，打造全国领先的氢能发展高地。

（1）规划政策

①上海。上海市在2017年9月率先发布了全国首个地方性氢能规划，明确了近期、中

期、长期三个阶段的发展目标。2020 年 11 月，上海市出台《上海市燃料电池汽车产业创新发展实施计划》（以下简称《实施计划》），明确了上海市燃料电池汽车产业未来三年的发展目标和主要任务。根据《实施计划》，上海将聚焦培育"一环""六带"的氢燃料电池汽车产业创新生态，沿"外环"一个环形区域布局燃料电池汽车产业链，重点建设嘉定、临港新片区、青浦、金山、浦东、宝山六个氢燃料电池汽车产业聚集地带。到 2023 年，上海氢燃料电池汽车产业发展实现"百站、千亿、万辆"的总体目标。规划加氢站接近 100 座并建成运行 30 座，形成产值规模近 1000 亿元，推广氢燃料电池汽车突破 1 万辆，产业水平继续保持全国领先。上海下属的青浦、嘉定和临港新片区分别发布了《上海市青浦区氢能及燃料电池产业发展规划》《嘉定区加快推动氢能与燃料电池汽车产业发展的行动方案（2021—2025）》《中国（上海）自由贸易试验区临港新片区氢燃料电池汽车产业发展"十四五"规划（2021—2025）》等规划文件。

② 江苏。江苏省在 2019 年 8 月发布了《江苏省氢燃料电池汽车产业发展行动规划》（以下简称《规划》），《规划》指出到 2025 年，基本建立完整的氢燃料电池汽车产业体系，力争全省整车产量突破 1 万辆，建设加氢站 50 座以上，基本形成布局合理的加氢网络，产业整体技术水平与国际同步，成为我国氢燃料电池汽车发展的重要创新策源地。2021 年 11 月，江苏省发布《江苏省"十四五"新能源汽车产业发展规划》，"十四五"期间，江苏将建成商业加氢站 100 座。苏州、南通、无锡、扬州等地级市分别发布了《苏州市氢能产业发展指导意见》《如皋市扶持氢能产业发展实施意见》《无锡市氢能及燃料电池汽车产业发展指导意见》《扬州市氢燃料电池汽车产业行动计划》。苏州下辖的张家港市、常熟市、昆山市分别出台了《张家港市氢能产业发展三年行动计划（2018—2020）》《张家港市氢能产业发展规划》《常熟市氢燃料电池汽车产业发展规划》《昆山市氢能产业发展规划（2020—2025）》等政策规划文件。

③ 浙江。浙江省在 2019 年 8 月发布了《浙江省加快培育氢能产业发展的指导意见》（以下简称《意见》），《意见》提出到 2022 年，氢燃料电池在公交、物流、船舶、储能、用户侧热电联供等领域推广应用形成一定规模，累计推广氢燃料电池汽车 1000 辆以上，在现有加油（气）站以及规划建设的综合供能服务站内布局建设加氢站，力争建成加氢站 30 座以上，试点区域氢气供应网络初步建成。2021 年 11 月，浙江省发布《浙江省加快培育氢燃料电池汽车产业发展实施方案》（以下简称《方案》），《方案》提出到 2025 年，在公交、港口、城际物流等领域推广应用氢燃料电池汽车接近 5000 辆，规划建设加氢站接近 50 座。宁波、嘉兴、舟山、金华等地级市分别发布了《宁波加快氢能产业发展的指导意见》《嘉兴市氢能产业发展规划（2021—2035 年）》《舟山市加快氢能产业发展的实施意见》《金华市加快氢能产业发展的实施意见》等政策规划文件。

（2）示范及推广应用

① 上海。上海市推进"商乘并举，双轮驱动"整车推广路径，重点示范燃料电池货车，加快推广燃料电池乘用车和客车。围绕嘉定电动汽车示范区、青浦国家物流枢纽、浦东和虹桥机场、金山化工、临港新片区及洋山港、宝山宝钢工业园等区域，开展重型运输、物流货运、网约租赁、公交通勤、市政环卫等应用场景示范。2021 年 11 月，上海市六部委联合发布了《关于支持本市燃料电池汽车产业发展若干政策》（以下简称《若干政策》）。《若干政策》共八条，涉及支持整车应用、支持关键零部件发展等六部分政策安排。2025 年年底前，对纳入国家相关奖励目录的燃料电池汽车在本市开展示范应用，且车辆配套使用的燃料电池系统、电堆、膜电极、双极板等核心部件，符合本市综合评价指标要求，本市给予相关车辆

生产厂商资金奖励,其中,相关车辆取得国家综合评定奖励积分的,本市按照每 1 积分 20 万元给予奖励,由统筹资金安排 15 万元,燃料电池系统生产企业所在区安排 5 万元。国家奖励资金退出后,统筹资金可以按照原有标准继续对符合条件的燃料电池汽车在本市示范应用给予奖励,燃料电池系统生产企业所在区按照原有比例给予配套奖励。2021 年 12 月,上海市发布《关于开展 2021 年度上海市燃料电池汽车示范应用项目申报工作的通知》,2021 年上海市采用"示范应用联合体"申报的方式支持 13 项任务,共推广示范 1000 辆燃料电池汽车。

② 江苏。江苏省"十四五"期间,将依托南京、徐州、苏州、南通、盐城、扬州等重点城市开展氢燃料电池汽车新技术、新车型、新模式的示范应用,重点推动市内氢燃料电池公交车运营,城市间氢燃料电池汽车物流配送,省际中重型氢燃料电池汽车商用车产业化应用,支持氢燃料电池叉车等作业工具在物流园、工业园区等场景应用。2022 年 11 月,江苏省南通市工信局发布《南通市氢能与燃料电池汽车产业发展指导意见(2022—2025 年)》(以下简称《意见》),《意见》指出到 2025 年,氢能相关产业链总产值规模突破 200 亿元,打造成为长三角地区重要的燃料电池及关键零部件产业集聚区以及绿氢制备及氢能装备产业发展高地,累计推广氢车 200 辆以上,氢能示范应用领域持续扩大,打造 3~5 个具备特色的氢能示范应用特色场景,推动氢能在热电联供、备用电源、分布式发电等领域形成大规模示范,力争建成运营加氢站 5 座以上。2023 年 2 月,南京市工信局发布了《南京市加快发展储能与氢能产业行动计划(2023—2025 年)》(以下简称《行动计划》),《行动计划》提出着力打造包括储能产业上游原材料和基础设备部件生产、中游技术系统集成、下游市场应用及回收再利用在内的完整储能产业链架构,加速培育发展"制氢(以工业含氢副产气提纯氢为主)-储氢(以储氢罐形式为主)-运氢(以低温液氢、高压气氢运输为主)-加氢(以加氢站为主)-用氢(以燃料电池汽车为主)"产业链,构建江北-江宁-溧水三大储能产业集聚区,全力打造应用场景示范。

③ 浙江。浙江省将产业布局和应用场景有机结合,建设氢示范线路,打造具有浙江特色的"环杭州湾"和"义甬舟"两条"氢走廊",重点提出要全力推动省级示范区(点)建设,其中省级示范区包括宁波、嘉兴、绍兴、金华和舟山,省级示范点包括嘉善县和长兴县。浙江嘉兴市作为上海燃料电池汽车示范城市群的成员,2021 年 12 月发布《关于开展嘉兴市燃料电池汽车示范应用项目申报的通知》,2021 年度共推广 100 辆燃料电池重卡和物流车。2021 年 11 月,浙江省发改委发布《加快培育氢燃料电池汽车产业发展实施方案》(以下简称《方案》),《方案》指出到 2025 年,氢燃料电池汽车产业生态基本形成,打造一批竞争力强的优势龙头企业,氢燃料电池相关基础材料、关键零部件等核心技术攻关取得积极进展,达到国内先进水平;政策法规体系逐步健全,重点区域产业化应用取得明显成果,在公交、港口、城际物流等领域推广应用氢燃料电池汽车接近 5000 辆,规划建设加氢站接近 50 座。2023 年 3 月,浙江省发改委发布了《关于促进浙江省新能源高质量发展的实施意见(征求意见稿)》(以下简称《意见稿》),《意见稿》中提到加快氢能推广应用,加强氢源供应保障,完善全省加氢站布局,推动氢能公交、重卡、环卫、物流、港口、船舶等场景应用,鼓励利用现有加油(气)、充电以及综合供能服务站等场址实施加氢站改扩建工程,高水平打造"环杭州湾""义甬舟"氢走廊,推动"氢能＋可再生能源"综合示范应用,探索深远海风电制氢技术发展,高标准培育"制储运加用"绿氢全产业链,到 2027 年,全省建成加氢站 70 座以上。

4.1.2.3　粤港澳大湾区

粤港澳大湾区涵盖珠三角和港澳，是我国综合实力最强、开放程度最高、经济最具活力的区域之一。氢能作为粤港澳大湾区的战略性新兴产业，经过多年的耕耘与发展，在产业链构建、创新能力提升、氢源发展路径、推广应用规模等方面均已处于全国领先地位。粤港澳大湾区依托广东燃料电池汽车示范城市群，粤港澳三地优势互补、开放融合，氢能产业市场和集群优势日益显著，推动大湾区加快建设世界级城市群的步伐。此外，粤港澳大湾区依托香港、澳门作为自由开放经济体和广东作为改革开放排头兵的优势，在"碳达峰、碳中和"目标指引下，广东省作为大湾区氢能产业发展核心，截至2022年1月，先后出台了54项政策，在加氢站建设及运营管理、制氢项目用地管理、氢气运输管理、安全监管等制约产业发展的关键环节，开展一系列开创性的政策探索，政策体系日趋完善，逐步形成广州、佛山环大湾区核心区等燃料电池产业集群，确保了氢能产业的健康发展。

（1）规划政策

① 广州。广州市2020年发布了《广州市氢能产业发展规划（2019—2030）》，将广州市定位为我国南部地区氢能枢纽、大湾区氢能研发设计中心、装备制造中心、检验检测中心、市场运营中心、国际交流中心，目标到2025年，培育氢能及燃料电池相关企业100家，建设绿色氢能电综合调峰电站4座，建成加氢站不少于50座，实现产值预计600亿元以上；到2030年，建设绿色氢能电综合调峰电站不低于10座，建成加氢站100座以上，实现产值预计2000亿元以上。2022年8月，广州市南沙区人民政府发布《南沙区氢能产业扶持办法》（征求意见稿）（以下简称《办法》），《办法》通过聚焦氢能产业发展的关键环节和重大问题，在氢能基础设施建设运营管理、关键核心技术装备创新、氢能产业多元应用试点示范等方面，为南沙氢能产业高质量发展提供新动能和强支撑。2022年8月，广州市黄埔区发展和改革局发布了《关于组织开展2022年（第二批）区促进氢能产业发展办法兑现工作的通知》（以下简称《通知》），《通知》对申报主体在行业协会扶持、氢能产业园运营补贴、氢能产业园引进企业奖励、办公（生产）用房租金补贴等申报事项进行了公告。2022年9月，《广州市氢能基础设施发展规划（2021—2030年）》（以下简称《规划》），《规划》到2025年，累计建成制氢站3座以上、加氢站50座以上，满足6000辆以上氢燃料电池车运行用氢需求；到2030年，累计建成制氢站5座以上、加氢站100座以上，满足氢燃料电池车商业化运营需求。

② 佛山。佛山市作为广东省城市群的牵头城市，近年来，各级各有关部门积极协作，相继出台了市区两级氢能产业规划、加氢站建设运营管理办法、推广应用财政补贴方案等政策文件20余项，为产业发展营造了良好的产业环境（参见表4-5）。2018年12月，《佛山市氢能源产业发展规划（2018—2030）》（以下简称《规划》）出台，《规划》计划分4个阶段推进氢能发展，目标到2025年，氢能源及相关产业累计产值达到500亿元，培育氢能及燃料电池企业超过100家、龙头企业6家、投资总规模达到300亿元，加氢站达到43座；到2030年，实现氢能源及相关产业累计产值1000亿元，形成具有国际竞争力的氢能源产业集群。2019年11月，佛山市高明区经济和科技促进局印发《佛山市高明区氢能源产业发展规划（2019年—2030年）》（以下简称《发展规划》），《发展规划》提出到2025年，引进培育10家以上氢能源产业龙头企业，产值达80亿元，到2030年，引进培育20家以上氢能源产业龙头企业，产值达300亿元。2022年4月，佛山市南海区人民政府正式印发《佛山市南海区推进氢能产业发展三年行动计划（2022—2025年）》（以下简称《计划》），《计划》指出

到 2025 年,产业政策和制度保障方面,制约产业发展的制度性障碍和政策性瓶颈逐步破除,氢气制、储、运、加等环节政策进一步创新,产业创新可持续能力得到提升。

表 4-5 近年来佛山市氢能源产业部分重点政策汇总

序号	发布时间	政策名称	政策内容
1	2022 年 8 月	《广佛全域同城化"十四五"发展规划》	推动实现能耗"双控"向碳排放总量和强度"双控"转变;深入推进低碳试点工作,强化温室气体排放控制;大力发展太阳能、氢能等可再生能源和新能源,推进天然气等清洁低碳能源推广应用,加速交通领域清洁燃料替代
2	2022 年 6 月	《佛山市教育发展"十四五"规划》	紧密围绕佛山市、南海区半导体、微电子(集成电路)、通信工程、人工智能、显示、氢能等六大支柱产业开展人才培养、科学研究、学科建设、科研成果转化和高水平师资队伍建设,努力打造成新工科人才培养特区、体制机制改革试验区、科研成果转化先行区、产学研合作示范区
3	2022 年 6 月	《佛山市"无废城市"建设试点实施方案》	佛山高新区管委会、佛山中德工业服务区(三龙湾)管委会、市教育局、科技局、工信局、财政局、人力资源社会和保障局持续推进国家技术标准创新基地(氢能)建设
4	2022 年 5 月	《佛山市科学技术发展"十四五"规划》	重点发展高效氢能制备技术、高密度储氢技术、综合能源供给站技术、高性能电池技术、高效传动系统技术、高效电控系统技术、整车轻量化技术、车用燃料电池技术、智能化自动驾驶技术及汽车电机、压缩机、微电机技术等
5	2020 年 12 月	《佛山市加快推进农业机械化和农机装备产业转型升级实施方案》	促进天劲新能源汽车电池、爱德曼氢燃料电池、广东探索氢燃料电池、广东泰极动力膜电极等项目建设,推动南海区"仙湖氢谷"、高明区中车四方氢能有轨电车制造基地等产业基地建设
6	2020 年 8 月	《佛山高新技术产业开发区践行新发展理念促进高质量发展三年行动方案(2021—2023 年)》	充分发挥先进能源科学与技术广东省实验室佛山分中心等平台研发优势,大力开展氢燃料电池及其核心材料技术、氢能制-储-运-加技术等氢能关键技术创新研究,加快推进"四泵四器"及氢能装备等核心部件国产化

③ 其他地区。深圳市 2021 年发布《深圳市氢能产业发展规划(2021—2025 年)》(以下简称《规划》),《规划》提出到 2025 年,形成较为完备的氢能产业发展生态体系,建成氢能产业技术策源地、先进制造集聚高地、多场景应用示范基地,实现氢能商业化应用,氢能产业规模达到 500 亿元;到 2035 年,氢能产业规模达到 2000 亿元。此外,东莞、云浮、茂名等重点城市也分别制定了《东莞市新能源产业发展行动计划(2022—2025 年)》《云浮市能源发展"十四五"规划》和《茂名市氢能产业发展规划》等专项规划与政策。香港 2021 年出台《香港气候行动蓝图 2050》提出了"零碳排放·绿色宜居·持续发展"的愿景,目标包括到 2035 年不再使用燃煤发电,增加可再生能源占比至 7.5%～10%,氢能将在其目标实现过程中发挥着关键作用。

(2)示范及推广应用

① 广州。广州重点建设黄埔氢能产业创新核心区、南沙氢能产业枢纽、番禺乘用车制造及分布式发电研发基地、从化商用车生产基地和白云专用车生产基地,打造"一核、一枢纽、三基地"产业布局,出台了《广州市黄埔区广州开发区促进氢能产业发展办法》及实施细则,明确对投资落户、研发机构认定、行业协会、产业园、加氢站建设运营等一系列扶持政策。根据《广州市氢能基础设施发展规划(2021—2030 年)》,"十四五"阶段(2021—

2025 年）规划目标为新建制氢站 1 座，累计建成制氢站 3 座以上，累计建成加氢站 50 座以上，形成 3.5 万千克/天（1.3 万吨/年）燃料电池用氢氢气制氢能力，形成不低于 4.0 万千克/天加氢能力（1.5 万吨/年），可以满足 6000 辆以上氢燃料电池车运行用氢需求。2022 年 12 月，广州市印发《广州市燃料电池汽车示范应用工作方案（2022—2025 年）》（以下简称《方案》），《方案》明确到 2025 年，广州全市推广应用不少于 2500 辆燃料电池汽车，力争全市燃料电池汽车产业规模超过 100 亿元，培育不少于 5 家在产业链核心零部件领域排名全国前五的头部企业，打造覆盖全产业链、技术先进的燃料电池汽车核心零部件和整车研发制造基地。

② 佛山。佛山市将氢能作为新兴产业的重要支柱，成立由市长带队、各级部门一把手为成员的氢能产业发展领导小组，推动落实氢能产业发展，从"规划-机制-措施"三个层次，在招商引资、车辆推广、加氢站建设及运营，以及创新能力建设和人才引进等方面均出台了针对性政策措施，形成较为健全的氢能产业政策体系，其以住建部门作为加氢站行业主管部门，打通了加氢站行政审批流程和管理路径等经验做法在全国多个地方得到推广，为降低氢气使用成本，不断探索建站模式多元化，已建设成国内首座加油加氢合建站（南海西樵中石化樟坑站）、国内首座有轨电车加氢站（高明有轨电车配套站）和国内首个站内天然气制氢加氢一体站（南庄制氢加氢一体站）。南海区与市级政策高度衔接，推出了加氢站建设运营及氢能源车辆运行扶持办法，与国家、省、市补贴配合，极大提升了地区对产业链企业的吸引力。在示范应用方面，2019 年底，佛山市成功入选第二批城市绿色货运配送示范工程创建城市，对此，研究出台了《佛山市新能源城市配送货车运营扶持资金管理办法》，对符合条件的燃料电池车辆给予补贴运营及奖励，进一步鼓励示范应用燃料电池车辆。此外，佛山市还拥有仙湖氢谷、现代氢能有轨电车修造基地、泰极动力膜电极及配件生产基地和一汽解放南方新能源基地四大氢能产业基地，依托产业基地打造一批氢能研发及标准化平台，致力于将佛山建设成我国氢能技术先行地、氢能产业集聚地和氢能社会示范区。

③ 其他地区。深圳市在 2017 年新能源汽车推广应用财政支持政策中即明确了对燃料电池汽车的支持政策，在后续氢能产业规划中进一步明确了财政专项资金及燃料电池汽车购置补贴标准。2022 年 12 月，深圳市人民政府发布的《深圳市促进绿色低碳产业高质量发展的若干措施》（以下简称《措施》），《措施》明确支持氢能示范应用，鼓励开展天然气掺氢发电、城镇燃气管网掺氢等领域的研究和技术应用，支持氢气制备、储运、燃料电池关键材料及零部件、系统集成、氢能应用等技术成果转化与产业化。珠海、中山等城市也对燃料电池汽车购置给予了不同程度的财政补贴支持。香港在"碳中和"目标指引下制定了未来 20 年内投放约 2400 亿港元推行各项减少碳排放措施的计划，受政策吸引，目前香港开始着手以先行示范方式打造香港首辆氢燃料电池双层巴士示范应用以及首个制氢加氢一体化加氢站示范项目。另一方面，香港金融业发达，2022 年港交所推出特殊目的收购公司（SPAC）规则，有望为氢能企业上市融资提供更多机会。澳门发挥国际化优势连续多年举办国际清洁能源论坛，搭建氢能产业国际合作桥梁，此外，澳门发挥科研优势，与横琴合作开展材料及氢内燃机研发等深度合作。

4.1.2.4　川渝鄂地区

随着燃料电池汽车示范应用城市群的发展，除京津冀、长三角和珠三角地区外，川渝鄂地区发展氢能产业势头强劲，该地区绿色可再生资源丰富，产业基础良好，虽然尚未进入燃料电池汽车示范城市群名单，但该地区高度重视氢能产业发展，以成都、重庆、武汉为核心枢纽城市，串联节点城市，形成一条氢能创新、应用、供应的走廊，打造立足成渝、辐射西部的氢能及燃料电池产业创新高地、应用广地、可再生绿色氢源供应基地。

（1）政策规划

① 川渝。川渝地区自 2019 年以来，出台了 20 余项与氢能相关的政策，涵盖产业规划、财政支持、电解水制氢支持、加氢站安全管理等，较为全面地支持燃料电池汽车发展（参见表 4-6）。2020 年 9 月，四川省经信厅正式印发《四川省氢能产业发展规划（2021—2025年）》，强调要抢抓成渝地区双城经济圈建设重大机遇，与重庆深化互补合作，共同打造成渝氢走廊。2021 年 12 月，《中共四川省委关于以实现碳达峰碳中和目标为引领推动绿色低碳优势产业高质量发展的决定》正式印发，其中提到将支持成都打造"绿氢之都"。在成都市产业建圈强链工作领导小组第一次会议上，成都提出要聚焦绿色氢能等"新赛道"，开展重点项目靶向引育，加快推动一批高能级项目落地发展，着力在"新赛道"打造竞争新优势。2021 年 12 月，四川省和重庆市同时在成都、九龙坡区、内江三地举行"成渝氢走廊"启动仪式，"成渝氢走廊"战略正式启动。2022 年 2 月发布的《成渝地区双城经济圈碳达峰碳中和联合行动方案》提出：打造绿色低碳制造业集群，以成都—内江—重庆发展轴为重点，共同打造"成渝氢走廊"共同突破关键技术、提升产品性能、扩大示范运营、构建安全标准体系，优化川渝地区氢能及燃料电池汽车产业链。2022 年 5 月，《成都市新能源汽车产业发展规划（2022—2025）（征求意见稿）》发布，明确到 2025 年，建设各类加氢站 30 座，力争新增推广氢燃料电池汽车 5000 辆，实现氢燃料电池客车百公里氢耗小于 5.5kg，车载电堆寿命、电堆体积功率密度、低温启动等核心技术达到国内先进水平。2022 年 6 月，成都发布《2022 年氢能产业高质量发展项目申报工作的通知》，对氢气存储企业、氢气运输、加氢站建设等 15 类氢能项目进行补贴，其中氢气存储企业最高补 5200 万元，氢气运输补1.5 元/kg，加氢站建设最高补 1000 万元。

表 4-6　近年来川渝地区氢能源产业部分重点政策汇总

序号	发布时间	政策名称	政策内容
1	2023 年 3 月	《重庆市九龙坡区支持氢能产业发展政策措施(试行)》	建设国内领先的氢能产业集聚区和特色产业集群，围绕制氢、运氢、储氢、加氢以及氢燃料电池全产业链，大力引进和培育氢能生产企业
2	2022 年 11 月	《关于推进四川省氢能及燃料电池汽车产业高质量发展的指导意见(征求意见稿)》	到 2030 年，氢能及燃料电池汽车产业发展初具规模，氢气制-储-运-加及燃料电池等核心技术实现自主突破；培育国内领先企业 30 家，覆盖制氢、储氢、运氢、加氢以及燃料电池汽车等领域，产业总产值力争达到 1000 亿元，燃料电池汽车应用规模达8000 辆，建成多种类型加氢站 80 座
3	2022 年 9 月	《重庆市推进智能网联新能源汽车基础设施建设及服务行动计划(2022—2025 年)》	加快氢能网络建设，稳步推进制氢、储氢、运氢、加氢等设施设备建设，持续推进成渝氢走廊建设，支持氢能源行业企业联合相关物流企业，不断提升成渝城际氢燃料电池物流车示范运营规模
4	2022 年 8 月	《推动川渝能源绿色低碳高质量发展协同行动方案》	培育和壮大氢能、新型储能等能源新技术新业态
5	2022 年 7 月	《关于做好新能源与智能汽车相关政策奖励申报工作的通知》	支持氢燃料电池汽车示范奖励；支持有条件的市(州)重点在公共交通、物流等领域开展氢燃料电池汽车示范
6	2022 年 7 月	《攀枝花市燃料电池汽车加氢站建设运营管理办法(试行)》	加氢站经营企业应取得燃气经营许可证，有经专业培训并考核合格的人员，有符合国家标准的氢气气源，有符合《氢能车辆加氢设施安全管理规程》相关要求的企业安全管理制度、安全操作规程、安全生产责任制度、风险管理体系、应急抢修人员和设备，以及事故应急预案，有符合要求的加氢站

序号	发布时间	政策名称	政策内容
7	2022 年 6 月	《攀枝花市氢能产业示范城市发展规划(2021—2030 年)》	"打造一个氢能研发高地、一个氢能供给高地、一个氢能产业制造基地,拓展交通、发电、冶金、化工四大应用场景"为主要内容的"1114"氢能发展战略,加快推动氢能全要素全产业链发展,力争到 2030 年氢能产业产值达到 300 亿元,全面建成氢能产业示范城市
8	2022 年 6 月	《重庆市能源发展"十四五"规划(2021—2025 年)》	强调建设成渝氢走廊,开展氢能示范应用等要点,开展氢能利用研究,以先行先试带动推广应用,加快"油气电氢"综合能源站建设,车用综合能源站达到 100 座
9	2022 年 6 月	《成都市"十四五"综合交通运输和物流业发展规划》	探索推动氢燃料电池车辆示范应用,完善充电桩、配套电网、加氢站、加气站等基础设施布局,打造成渝"氢走廊""电走廊"
10	2022 年 5 月	攀枝花市《关于支持氢能产业高质量发展的若干政策措施(征求意见稿)》	拟从制氢产业、氢能储运产业、加氢站建设运营、燃料电池及关键零部件及整车制造、氢燃料电池汽车推广使用、氢能产业示范应用、优质企业落户、配套企业落户、氢能人才引进、氢能技术及产品研发、氢能科普基地建设、金融扶持等 12 个方面对攀枝花氢能产业提供扶持政策
11	2022 年 3 月	《四川省"十四五"能源发展规划》	以氢能、新型储能为重点,着力推动新兴能源技术装备发展;对接国家氢能规划,着眼抢占未来产业发展先机,统筹氢能产业布局,推动氢能技术在制备、储运、加注、应用等环节取得突破性进展。支持成都、攀枝花、自贡等氢能示范项目建设,探索氢燃料电池多场景应用
12	2022 年 1 月	《成都市能源结构调整行动方案(2021—2025 年)》	支持可再生能源和氢能发展利用,加快建设"绿氢之都",统筹推进"制-储-输-用"全链条发展,引进电解水制氢龙头企业,市区两级联动给予 0.15～0.2 元/(kW·h)的电费支持;加快加氢站规划建设,最高给予 1500 万元建设运营补助
13	2021 年 8 月	《重庆市制造业高质量发展"十四五"规划(2021—2025 年)》	提出了重庆市制造业高质量发展的战略重点,将新一代新能源及智能网联汽车、高端装备、新材料等六大重点产业方向纳入
14	2021 年 11 月	《重庆市支持氢燃料电池汽车推广应用政策措施(2021—2023 年)》	自 2021 年 1 月 1 日起,对纳入全市整体规划并建成运行的前 10 座加氢站,按建设实际投资(不含土地成本)30%的比例对加氢站投资主体进行补贴,单站补贴金额最高不超过 300 万元

② 湖北。湖北省作为工业大省和能源大省,高度重视氢能及相关产业发展,陆续出台了多项措施,支持氢能产业发展,其氢能源产业主要包括制氢、储氢、运氢、加氢、燃料电池及整车构成的燃料电池汽车产业和燃料供给产业链,其中,燃料电池汽车是湖北省高质量发展重点产业之一,同时,在支持氢能源技术的产业化方面,武汉市以龙头企业作为核心发起人,联合金融、风投和产业资本,分期设立总规模为 200 亿元的氢能产业发展基金。2022 年 5 月,湖北省人民政府印发《湖北省能源发展"十四五"规划》(以下简称《规划》),《规划》在建设智慧融合能源科技创新体系、建设现代高效能源治理体系和数字能源工程 3 大板块中提出,积极探索氢能开发利用,培育壮大氢能源企业等新兴市场主体,推动氢燃料电池与交通、建筑领域跨界融合,探索推广新型商业模式。2022 年 11 月,湖北省出台《支持氢能产业发展的若干措施》(以下简称《措施》),强化支持氢能产业发展有力有效政策供给,《措施》紧紧围绕湖北省氢能产业发展规划及发展战略,以明确的工作抓手和切实的具体措施,打造氢能全产业链生态,全面推进氢能强省建设。作为国家中心城市和湖北经济发展的

"主引擎"，武汉市 2020 年出台实施《武汉市氢能产业突破发展行动方案》，要求培育 5 至 10 家制氢（氢源）、氢储运重点企业，建成 15 座以上加氢站，打造沿三环线、四环线加氢走廊，燃料电池汽车示范运营规模不低于 3000 辆，力争通过 3 年时间打造国内氢能产业创新研发、生产制造、示范应用引领区，为把武汉建设成为世界一流的氢能产业基地打下坚实基础。2022 年 9 月，武汉提出 16 条支持氢能产业发展的政策，加快打造"中国氢都"，此次支持氢能发展 16 条政策提出，到 2025 年，电堆最大额定功率达到 150kW，寿命超过 20000 小时，膜电极铂载量低于 0.2g/kW，全产业链年营业收入达到 500 亿元，规模以上企业达到 100 家，市内燃料电池汽车推广量达到 3000 辆，建成加氢站 35 座以上。

（2）示范及推广应用

① 川渝。川渝是全国最大的水电开发基地，还有大量风电、光伏资源待开发，绿氢潜力巨大，工业含氢副产气提纯氢、天然气裂解制氢等补充氢源丰富。通过可再生能源电解水制备绿氢是氢能产业发展的终极方向。成渝水电可开发量居全国首位，有利于开展水电制氢验证。在成渝示范，有利于探索以水电消纳为基础的绿氢发展路径。汽车是川渝两地重要的支柱型产业，两地现有汽车整车企业 45 家，汽车零部件企业达 1600 多家，年产值超过 6000 亿元，2021 年两地汽车产量全国占比超过 10%，市场潜力巨大。截至 2022 年上半年，该区域已累计投入运营氢燃料电池汽车 530 辆，建成加氢站 15 座，将继续围绕成渝"氢走廊"，连接天府新机场、成德眉资环线、重庆国际物流枢纽园等支线，计划到 2025 年分批投入约 1000 辆氢燃料电池汽车，并配套建设 20 座加氢站。在"双碳"目标指引下，加速转型中的两地整车产业互补性非常强，各具优势。成都提出聚焦绿色氢能等"新赛道"，打造"绿氢之都"，装载着东方电气氢燃料电池发动机系统的公交车已经在成都市郫都区、龙泉驿区投入运营，平均氢耗在同等级别车辆里为全国最低。成渝"氢走廊"的建设正加速聚集产业链上下游企业，加快氢能供给、装备制造、应用场景建设等发展。重庆九龙坡区作为"氢走廊"起点之一，正在聚力打造"西部氢谷"，目前已集聚德国博世、庆铃汽车、国鸿氢能等头部企业，涵盖氢能源商用整车及燃料电池 8 大关键核心产品，形成了较为完整的氢燃料电池汽车配套体系。重庆涪陵区正以氢燃料电池关键零部件，储氢装备为重点，依托现有产业基础，围绕制氢、提纯、储存、运输、加氢站建设、加注、氢燃料电池、氢能汽车等产业环节，不断完善氢能产业链条。目前，川渝地区聚集了 200 余家企业和科研院所，初步形成了覆盖燃料电池系统、检测认证、燃料电池整车等主要环节的完整产业集群，并实现产业化应用。

② 湖北。为抢抓氢能产业发展机遇，武汉将氢能视为氢能"965"产业体系中新兴产业发展方向之一，制定了《武汉市氢能产业"十四五"规划》（以下简称《规划》），《规划》提出"打造中国氢能枢纽城市"，实施氢能产业"一核一都两翼"空间布局，将青山区确定为"氢都"。在产业布局上，武汉市以青山区、武汉经开区为重点，建设氢能产业和燃料电池汽车产业集群，青山区布局氢能源产业集群，武汉经开区布局燃料电池汽车产业集群。2022 年以来，我国氢燃料电池汽车正驶入发展的快车道，2021 年 7 月，武汉成立氢能产业促进会，大会秘书处落户在青山区。2021 年 9 月，湖北省武汉市发布《武汉市推动降碳及发展低碳产业工作方案》（以下简称《方案》），《方案》明确，重点推动氢能示范应用，加快加氢站、氢气储运中心、氢气管道等基础设施建设，以码头港口、物流枢纽、高速公路以及现有和新建加油站、加气站为依托，规划布局建设一批加氢站，满足燃料电池汽车的氢气需求。武汉作为我国知名的"车都"，目前已拥有雄韬股份、东风汽车、武汉众宇、大洋电机等一批代表国内氢燃料电池技术先进水平的企业。2022 年 9 月，湖北省发展和改革委员会发文，

明确以武汉众宇动力系统科技有限公司为依托，建设湖北省在燃料电池领域的第一个省级工程研究中心——众宇氢燃料电池电堆工程研究中心，致力于氢燃料电池核心零部件、电堆及系统的研发和生产。此外，2022 年，融通汽车集团落户武汉，首期投资 15 亿元，建设以氢能源燃料电池生产基地和氢能源汽车运营配套产业，以短短 4 个月时间在武汉打造了 5 大氢能源汽车示范基地，首批投资 3500 万元的氢能源通勤车已正式交付，标志着首个氢能源示范基地成功落地。

4.1.2.5 地方层面产业政策、示范及推广应用分析

产业政策方面，据不完全统计，截至 2023 年 3 月，全国各地方已累计出台相关氢能政策超过 500 项，其中，氢能产业规划、实施方案、指导意见及行动计划等方向性政策约 400 项，基础设施建设及推广应用补贴、产业专项奖补等扶持类政策约 80 项，加氢站建设与运营管理办法、产业发展领导小组等制度机制约 20 项（参见图 4-6）。北京、上海和佛山这三类政策均已发布，是我国发展氢能产业政策体系制定较为完善的城市，以上三个城市在产值目标、加氢站建设以及燃料电池车推广数量方面都走在全国前列。其余大部分省市都是政府统筹规划，根据自身区域优势规划先行，把发展氢能提升到产业战略布局的高度，方向性政策内容基本与国家规划保持一致，从氢能制-储-运-加-用等多环节分阶段构建氢能产业链条，部分只着重于年度布局产业化项目、氢能基础设施建设、氢能应用示范推广等具体计划；扶持类政策主要围绕项目落地、技术创新、成果转化、企业壮大、人才引育、平台建设、加氢站建设运营、车辆推广应用、金融服务等范畴制定资金奖补政策或优惠措施；加氢站建设管理办法主要明确加氢站行业主管部门及相关部门具体职责，并针对建站流程及运营安全管理提出具体规定；产业发展领导小组机制多以市长或区长任组长组建，主要建立辖市区助推产业发展的工作机制，及时协调解决具体问题与瓶颈。在地方政策的配套支持下，有效保障企业及项目落地，通过抢先布局已经完成了初期的产业培育，产业链雏形已现，推动我国氢能产业发展取得阶段性成效。但同时也存在各地氢能产业规划的目标时间参差不齐，省级与地级市规划缺乏统一性和联动性，部分地区氢能产业发展现状与目标差距过大等问题。部分地方氢能政策明细详见附录附表二。

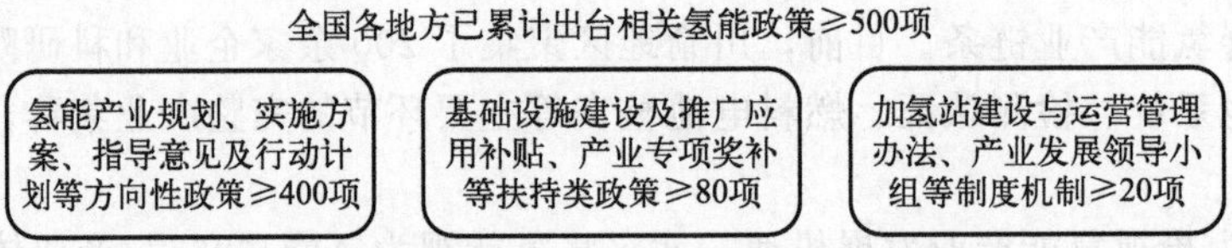

全国各地方已累计出台相关氢能政策≥500项

氢能产业规划、实施方案、指导意见及行动计划等方向性政策≥400项	基础设施建设及推广应用补贴、产业专项奖补等扶持类政策≥80项	加氢站建设与运营管理办法、产业发展领导小组等制度机制≥20项

图 4-6　全国各地方已出台相关氢能政策汇总

示范应用方面，从各区域发展情况来看，总体分布呈现东多西少的分布格局，而且主要集中在东南部沿海地区，其氢能产业发展较早，氢能产业示范区集聚态势显现，但中西部地区近两年来发展势头强劲且速度较快，在氢能资源、技术、人才等方面都较为突出。不同区域在发展氢能技术路径的选择上有所不同，如以北京等为代表的京津冀地区依托清华大学等研究机构的技术研发和人才优势，以燃料电池电堆及关键零部件研发为主，借助冬奥会的契机，共计投入使用 816 辆氢燃料电池汽车作为主运力开展示范运营服务，张家口已投运氢燃料电池公交车 444 辆，首批氢能源公交车已完成载客量超 8070 万人次、运行超 2700 万公里，该地区已成为我国氢燃料电池公交车运行数量最多、最稳定的区域之一；以上海等为代表的长三角地区依托实力雄厚的氢燃料电池产业链相关企业在项目及技术研发方面的优势，以发展燃料电池车辆研发及示范应用为主，该区域把氢能及燃料电池产业作为战略性新兴产

业培育打造，产业链已覆盖氢气制-储-运、加氢站、核心零部件、整车制造等环节，且该区域产业链制氢、储运氢环节的企业较多，产业基础较好；以佛山等为代表的珠三角地区氢能产业商业化优势凸显，以氢能终端示范应用及加氢网络基础设施建设为主，该区域作为我国改革开放的排头兵，在机制体制、核心技术、商业模式等方面进行一系列创新，为国内其他地区发展氢能产业提供良好借鉴；以武汉等为代表的川渝鄂地区凭借其可再生能源资源禀赋的优势，以燃料电池系统及车辆示范为主，氢能与燃料电池产业成为该区域转型升级的重要抓手，借助当前传统汽车产业转型升级的契机，持续优化该区域氢能与燃料电池产业链的建设。

4.1.3　氢能法规

目前我国尚未出台氢能领域针对性的法律法规，只在 2020 年 4 月国家能源局发布的《中华人民共和国能源法（征求意见稿）》中明确将氢能纳入能源范畴。氢气属于危险化学品，因此，危险化学品/危险货物适用的相关法规同样适用于氢能的生产、储存、运输等，详见表 4-7。

表 4-7　危险化学品生产、运输、使用等相关法规的梳理

分类	出台日期	法规名称
危险化学品分类	2012-05-11	《危险货物品名表》（GB 12268—2012）
	2015-05-01	《危险化学品目录（2015 版）》
危险化学品生产	2005-09-01	《中华人民共和国工业产品生产许可证管理条例》
	2014-08-01	《中华人民共和国工业产品生产许可证管理条例实施办法》
	2018-12-01	《市场监管总局关于公布工业产品生产许可证实施通则及实施细则的公告》
	2013-12-07	《危险化学品安全管理条例（2013 修订）》
	2014-07-29	《安全生产许可证条例（2014 修订）》
	2015-07-01	《危险化学品生产企业安全生产许可证实施办法（2015 修正）》
	2020-12-07	住房和城乡建设部办公厅《工业气体制备通用规范（征求意见稿）》
	2021-06-10	《中华人民共和国安全生产法（2021 修正）》
危险化学品操作	2020-08-25	《特种作业目录（征求意见稿）》
	2010-07-01	《特种作业人员安全技术培训考核管理规定》
危险化学品储存及包装	2005-09-01	《中华人民共和国工业产品生产许可证管理条例》
	2018-12-01	《市场监管总局关于公布工业产品生产许可证实施通则及实施细则的公告》
	2009-05-01	《特种设备安全监察条例（2009 修订）》
	2014-01-01	《中华人民共和国特种设备安全法》
危险货物道路运输	2019-11-28	《道路危险货物运输管理规定（2019 修正）》
危险化学品使用与经营	2013-12-07	《危险化学品安全管理条例（2013 修订）》
	2015-07-01	《危险化学品经营许可证管理办法（2015 修正）》
	2013-12-07	《危险化学品安全管理条例（2013 修订）》
	2015-07-01	《危险化学品安全使用许可证实施办法（2015 修正）》

尽管氢的能源属性已经明确，但是由于相关法律法规的缺失，能源用氢仍然只能按照危险化学品进行管理，氢能在生产、储存、运输、加注和使用等环节受到诸多限制。例如，在氢气制取方面，目前制氢项目必须建在化工园区，制氢加氢一体化站项目因缺乏上位法支撑

而审批难、建设受阻；在氢气运输方面同样缺乏相应的法律支撑，只能按易燃易爆危险品管理等。这些因素已经制约了氢能产业的规模化发展。未来需针对氢作为能源利用时需具备的便于各种规模生产、大规模储运需求和多点分散利用等特点，研究制定具有针对性的法律法规，指引和规范行业安全高效、积极有序发展。一方面，氢气的管理可以参照天然气管理模式，将氢气纳入燃气进行管理，燃气安全方面的通用法律法规均可相应适用于氢气生产、储存、运输加注及应用等环节，同时相应增加保障氢气安全的针对性条款。另一方面，针对氢气物理化学性质及安全性特点，制定专门的氢能管理条例保障氢气从生产到使用各环节安全监管均有法可依。

4.2　氢能标准

以氢能开发利用为主的氢能产业，在逐渐走向全球化的过程中，离不开氢能技术标准的支持。因此，世界各国都十分重视氢能技术标准化工作，并根据自身氢能技术的发展和技术特点，建立相应的氢能技术标准体系，这使得全球氢能技术的经济和社会效益都得到了极大促进。

4.2.1　国际氢能技术标准

全球各国公认的两大国际标准化组织主要有：国际标准化组织（International Organization for Standardization，ISO）和国际电工委员会（International Electrotechnical Commission，IEC）。

ISO 在氢能领域相关的标准化技术委员会主要包括：ISO/TC 197 氢能技术（Hydrogen Technologies）、ISO/TC 22 道路车辆（Road Vehicles）、ISO/TC 26 铜与铜合金（Copper and Copper Alloys）、ISO/TC 58 气瓶（Gas Cylinders）、ISO/TC 2/SC 4 紧固件表面涂层（Fasteners/Surface Coatings）、ISO/TC 17/SC 7 钢的测试方法（Steel/Methods of Testing）、ISO/TC 156 金属与合金腐蚀（Corrosion of Metals and Alloys）、ISO/TC 220 低温容器标准化技术委员会（Cryogenic Vessels）等。其中 ISO/TC 197（国内对口的标委会是 SAC/TC 309）是国际标准化组织中主要负责氢能领域技术标准研制的组织，主要负责氢燃料质量、加氢站、氢制备、氢安全等方面的国际标准化工作。截至目前，ISO/TC 197 已经发布 32 项氢能技术标准（见附录附表三）[3]。

IEC 成立了燃料电池技术标准化委员会（IEC/TC 105，Fuel Cell Technologies，国内对口的标委会是 SAC/TC 342），主要负责所有类型燃料电池及其应用相关的国际标准研究与制定，包括碱性燃料电池、磷酸燃料电池、熔融碳酸盐燃料电池、固体氧化物燃料电池等，及其相关的零部件和系统。IEC/TC 105 已发布 37 项燃料电池方面技术标准（见附录附表四）[4]，主要围绕燃料电池术语、燃料电池模块以及不同类型燃料电池（固定式燃料电池、便携式燃料电池、微型燃料电池）的安全性、相关试验及测试方法等方面标准。

世界很多国家和地区都在积极发展氢能，尤为代表的有美国、日本、欧洲，下面对这些国家和地区的标准化情况进行简单介绍。

4.2.1.1　美国氢能技术标准

美国国家标准学会（American National Standards Institute，ANSI）协调美国国家标准制定。美国材料试验协会（American Society for Testing and Material，ASTM）、汽车工程师学会（Society of Automotive Engineering，SAE）、压缩气体学会（Compressed Gas Association，CGA）、美国消防协会（National Fire Protection Association，NFPA）等机构

或组织也都参与了美国氢能标准的编制工作。附录附表五列出了美国制定的部分氢能技术标准。

4.2.1.2 日本氢能技术标准

日本十分重视氢能应用技术的开发，相较于美国，在氢能燃料电池乘用车和燃料电池热电联供固定站商业化运作方面更为成功。日本工业标准委员会（Japanese Industrial Standards Committee，JISC）是负责日本全国性标准化的管理机构，隶属于通产省工业技术院，协调并主导日本工业标准（JIS）的制定。JISC 围绕金属储氢和燃料电池技术发布了 34 项标准，附录附表六列出了日本制定的部分氢能技术标准。

4.2.1.3 欧盟氢能技术标准

欧洲电工技术标准化委员会（European Committee for Electro-technical Standardization，CENELEC），主要负责欧洲电工技术领域的标准化工作。欧洲标准学会（European Committee for Standardization，CEN），主要负责其他领域标准化工作。CENELEC、CEN 和它们的联合机构 CEN/CENELEC 是欧洲主要的标准制定机构，并在氢能领域成立了相关标准化技术委员会：CEN/TC 268 低温容器和特殊氢气技术应用（Cryogenic Vessels and Specific Hydrogen Technologies Applications）、CEN/TC 23 移动式气瓶（Transportable Gas Cylinders）、CEN/TC 234 气体基础设施（Gas Infrastructure）、CEN/CLC/JTC 6 能源系统中的氢（Hydrogen in Energy Systems）、CEN/CLC/JTC 17 燃料电池热电联供应用（Fuel Cell Gas Appliances with Combined Heat and Power）、CLC/SR 105 燃料电池技术（Fuel Cell Technologies）等。

德国标准化协会（German Institute For Standardization，DIN），是经过德国国家政府批准授权后而制定本国国家标准的工作机构，并且代表德国参与欧盟及国际标准的制定工作。其负责氢能领域标准制修订的技术委员会包括：NA 032-03-06 AA 氢能技术（Hydrogen Technology）、NA 021-00-09 AA 管子（Tubes）、NA 016-00-03 AA 移动式气瓶和装置（Transportable Gas Cylinders and Equipment）、NA 062-01-76 AA 化学涂层和电化学涂层（Chemical and Electrochemical Coatings）、NA 131-02-05 AA 金属材料（Metallic Materials）、NA 067-00-06 AA 紧固件表面涂层（Surfacecoatings of Fasteners）、NA 062-01-77 AA 腐蚀测试（Corrosion Testing）、NA 066-02 FBR 铜业部门督查委员会（Steering Committee of the Section Copper）和 DKE/K 384 燃烧室（Brennstoffzellen）等，附录附表七列出了德国制定的部分氢能技术标准。另外，还有部分其他国家的标准见附录附表八。

通过分析国际和国外氢能技术标准清单，可以看出目前氢能的应用技术方面标准相对较多，主要集中在氢能应用端如燃料电池技术标准。而在基础通用、氢安全、制氢、储氢、运氢、加氢、用氢等方面，因涉及相关技术领域多，标准相对分散，针对性相对不足，不利于氢能产业的推广与发展。目前，世界各国正积极开展相关领域技术标准的研制，弥补短板，使之与氢能产业配套更完善、针对性更强。

4.2.2 我国氢能标准化政策及组织

4.2.2.1 相关政策

我国非常看重氢能技术标准的制定与实施。在标准化方面，根据国务院印发的《深化标准化工作改革方案》，政府主导制定的标准分为 4 类，分别是强制性国家标准、推荐性国家标准、推荐性行业标准和推荐性地方标准；市场自主制定的标准分为团体标准和企业标准。

政府主导制定的标准侧重于保基本，市场自主制定的标准侧重于提高竞争力。政策方面，仅2022 年以来，政府相关部门发布多项政策，指导氢能技术标准化建设以促进氢能产业的快速有序发展：

➤2022 年 1 月 20 日，国家能源局综合司印发《2022 年能源行业标准计划立项指南》，氢能列为 2022 年能源行业标准计划立项重点方向。

➤2022 年 3 月 24 日，国家发展改革委、国家能源局联合印发《氢能产业发展中长期规划（2021—2035 年）》指出：建立健全氢能政策体系，建立完善氢能产业标准体系，加强全链条安全监管。

➤2022 年 4 月 12 日，国务院安全生产委员会关于印发《"十四五"国家安全生产规划》的通知，加快氢能等新兴领域安全生产标准制修订，推动建立政府主导和社会各方参与制定安全生产标准的新模式。

➤2022 年 10 月 9 日，国家能源局关于印发《能源碳达峰碳中和标准化提升行动计划》的通知，其中指出：进一步推动氢能产业发展标准化管理，加快完善氢能标准顶层设计和标准体系。开展氢制备、氢储存、氢输运、氢加注、氢能多元化应用等技术标准研制，支撑氢能"制-储-输-用"全产业链发展。

➤2023 年 3 月 8 日国家能源局综合司关于印发《2023 年能源行业标准计划立项指南》的通知，文件指出，要做好能源行业标准计划立项工作，其中，氢能领域包括基础与安全、氢制备、氢储存和输运、氢加注、氢能应用和其他方面的规划。

4.2.2.2 标准化组织

（1）国家标准

氢能具有技术复杂、领域交叉、产业链长等特点，涉及的标准化委员会多。与氢能技术最为直接相关的全国标准化技术委员会有以下四个。

① 氢能标准化技术委员会（SAC/TC 309），由中国标准化研究院筹建，国家标准化管理委员会进行业务指导，秘书处所在单位为中国标准化研究院，该委员会主要负责开展氢能技术标准研制工作；截至 2024 年 8 月，共发布了 42 项标准，现行有效 34 项。

② 全国燃料电池及液流电池标准技术委员会（SAC/TC 342），由中国机械工业联合会筹建，中国电器工业协会进行业务指导，秘书处所在单位为机械工业北京电工技术经济研究所，该委员会负责专业范围为燃料电池及液流电池的术语、性能、通用要求及试验方法等；截至 2024 年 8 月，共发布了 64 项标准，现行有效 49 项。

③ 全国汽车标准化技术委员会电动车辆分技术委员会（SAC/TC 114/SC 27），由工业和信息化部筹建及进行业务指导，秘书处所在单位为中国汽车技术研究中心有限公司，该委员会负责全国电动车辆等专业领域标准化工作；截至 2024 年 8 月，SAC/TC 114 共发布了 900 项标准，现行有效 574 项。其中，针对燃料电池电动汽车进行特殊要求的标准有 24 项，现行有效 17 项。

④ 全国气瓶标准化技术委员会车用高压燃料气瓶分技术委员会（SAC/TC 31/SC 8），由全国气瓶标准化技术委员会筹建，国家标准化管理委员会进行业务指导，秘书处所在单位为浙江大学/浙江金盾压力容器有限公司，该委员会主要负责专业范围为车用压缩天然气瓶及车用高压氢气瓶等复合材料气瓶。截至 2024 年 8 月，SAC/TC 31 共发布了 153 项标准，现行有效 80 项。其中，对氢气瓶有特殊要求的有 5 项。

另外，住房和城乡建设部在加氢站的设计和建设方面、全国安全生产标准化技术委员会化学品安全分会（SAC/TC 288/SC3）在危化品管理方面、全国锅炉压力容器标准化技术委员会（SAC/TC 262）及其多个分委会在承压设备方面、全国钢标准化技术委员会（SAC/TC 183）及其多个分委会在输氢钢管方面，以及一些防爆、有色金属、非金属的标委会也都发布了很多氢能方面的国家级标准。参见附录附表九。

（2）行业标准

根据国家统计局《2017 国民经济行业分类注释》（按第 1 号修改单修订）规定，在全部行业分类中，氢能从制氢、储氢、输氢、运氢、用氢等涉及多个行业。在能源、电力、有色金属、气象、机械、化工、稀土、黑色冶金、石油天然气、电子、汽车等 19 个行业都对其发布了相关行业标准。参见附录附表十。

（3）地方标准

在国家相关部门启动氢能标准建设的同时，各地也立足自身的氢能产业规划和所在地氢能企业实际情况发布了多个地方标准。同时，各地纷纷成立相应的标准化技术委员会，建立配套的标准技术体系指导区域氢能产业的发展。目前，国内已成立的主要地方氢能标准化技术委员会。参见附录附表十一。

① 广东省氢能标准化技术委员会。根据《广东省市场监督管理局专业标准化技术委员会管理办法》（粤市监规字〔2019〕4 号）规定，广东省氢能标准化技术委员会主要负责全省氢能标准化相关技术工作。技术委员会要严格按照《中华人民共和国标准化法》《广东省标准化条例》等法律法规和《广东省市场监督管理局专业标准化技术委员会管理办法》的规定开展相关活动，切实发挥好标准化技术支撑作用。

② 厦门市氢能标准化技术委员会。该标委会秘书处设立在嘉庚创新实验室，全面推进实施标准化战略，建立健全覆盖经济社会发展各领域，与现代化国际化城市相匹配的城市标准体系，发挥标准化在推进治理体系和治理能力现代化中的基础性、战略性和引领性作用。

③ 北京市氢能质量标准化技术委员会。秘书处设在北京市产品质量监督检验研究院，开展北京市氢能质量领域的标准化工作，分析氢能产业发展中与质量相关的标准需求，研究出台北京市及京津冀氢能产业链中急需的氢能质量标准，高标准引领建立完善氢能产业标准体系，推进氢能产业规范健康发展，抢占氢能产业全国制高点、获取国际话语权。

④ 河北省燃料电池标准化技术委员会。该委员会秘书处设立在特嗨氢能检测（保定）有限公司，该氢能检测分公司于 2018 年建成。公司以氢能测试标准为基础，建立了燃料电池膜电极、燃料电池电堆、储氢瓶和零部件等燃料电池产品测试体系。河北省作为燃料电池汽车示范应用城市群之一，将推广各类型燃料电池汽车的应用场景。同时，结合河北省相对复杂的地理气候应用环境（河北省兼具高原、山地、平原三大地貌单元，其气候条件具有北部的低温、空气干燥、高原地理气候特点及南部的暖温带气候特点，区域气候差异的影响对燃料电池汽车及系统配件的性能要求不同），河北省燃料电池标准化技术委员会主要建立满足不同应用场景下车辆的应用技术规范，配套相应的技术、安全标准规范，建立完善的检验检测认证、质量安全监管、标准规范体系。

（4）团体标准

由中华人民共和国第十二届全国人民代表大会常务委员会第三十次会议于 2017 年 11 月 4 日修订通过，自 2018 年 1 月 1 日起施行的《中华人民共和国标准化法》首次明确了团体标准的地位，并指出"国家鼓励学会、协会、商会、联合会、产业技术联盟等社会团体协调相关市场主体共同制定满足市场和创新需要的团体标准"；2021 年 10 月 10 日，中共中央、国务院印发的《国家标准化发展纲要》中，提出"大力发展团体标准，实施团体标准培优计划，推进团体标准应用示范，充分发挥技术优势企业作用，引导社会团体制定原创性、高质量标准。"团体标准迎来了快速发展期。我国氢能领域的团体标准制定也非常活跃。现已发布过氢能相关标准的团体组织达 60 多个。参见附录附表十二。

4.2.3 我国氢能标准现状及分析

4.2.3.1 我国氢能标准体系整体情况

一个领域标准体系的确立，不但能够充分反映该领域标准的整体情况，发现差距与不足，指导该领域标准制修订的方向，而且是标准化工作系统性、科学性、先进性、协调性、兼容性、预见性、可扩展性的体现。氢能产业链涵盖新能源、新材料、装备制造，涉及化工、电力、交通、储能、冶金、医疗等行业，编制标准体系需要协调众多相关标准化技术委员会，其复杂性、困难程度都很高。在多方努力并借鉴国内外相关经验下，我国基本形成了涵盖基础与通用、氢安全、氢制备、氢储存、氢输运、氢加注、氢应用等领域，涉及装备和产品设计、制造、检测、使用、回收，以及工程设计、建设、运营、维护等多方面的氢能产业链标准体系（图 4-7）。

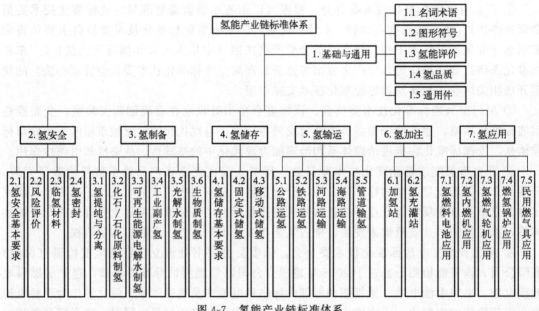

图 4-7 氢能产业链标准体系

我国非常重视标准化工作，无论是政府主导的国家标准、行业标准、地方标准，还是市场主导的团体标准和企业标准，都包涵了氢能相关标准。截至 2024 年 8 月，国内已发布氢能领域的国家标准 236 项（图 4-8）、行业标准 101 项、地方标准 51 项、团体标准 368 项，主要涉及氢能的基础与通用、氢安全、氢制备、氢储存、氢输运、氢加注、氢应用等板块的技术要求、试验方法、检验规范等。已基本形成以国家标准为基本要求、行业标准为提升、地方标准和团体标准为补充的、呈现立体化格局的标准化体系。

在已发布的国家标准中，大部分标准发布日期较长，发布时间超过 5 年的标准占比达 70％以上，部分标准缺少先进性（参见图 4-9）。与此相比，近几年国际氢能技术及产业化快速进步，氢能标准也在实践中不断修改完善，我国需要在系统研究氢能技术和借鉴国外先进标准的基础上不断修改完善我国氢能标准体系。

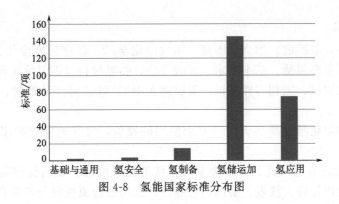

图 4-8　氢能国家标准分布图

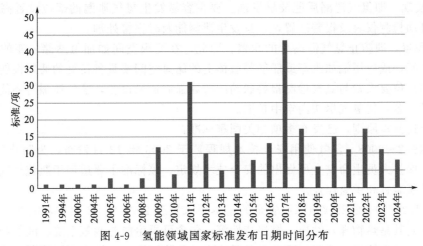

图 4-9　氢能领域国家标准发布日期时间分布

4.2.3.2　基础与通用

基础与通用主要包括：氢能相关名词术语、图形符号、氢气品质（氢气品质要求、检测等）、氢能评价（环境影响评价、经济性评价、能耗和能效评价等）、通用件（阀门、压力表、传感器、流量计、阻火器、泄压阀、氢气报警器等）等方面的标准。

名词术语方面，国标已发布包括 GB/T 24499—2009《氢气、氢能与氢能系统术语》、GB/T 28816—2020《燃料电池　术语》、GB/T 24548—2009《燃料电池电动汽车　术语》等标准；氢气品质相关标准发布了 GB/T 3634.1—2006《氢气　第 1 部分　工业氢》、GB/T 3634.2—2011《氢气　第 2 部分：纯氢、高纯氢和超纯氢》、GB/T 37244—2018《质子交换膜燃料电池汽车用燃料　氢气》等标准；氢能评价方面也已发布 GB 32311—2015《水电解制氢系统能效限定值及能效等级》、GB/T 26916—2011《小型氢能综合能源系统性能评价方法》等能效类标准。

在氢能图形符号、氢能评价（能效评价、碳足迹）、氢品质及氢气报警器、泄压阀、阻火器等通用件方面的标准还严重缺失。

氢气品质要求方面，涉及氢气质量控制方法以及氢气质量保证计划，如在线监测和现场取样检测，制氢厂和加氢站必须具备这两种方式的质量控制体系。目前加氢站加注压力有35MPa 和 70MPa，针对如此高的压力，且考虑到氢气本身的特性，需要有相应的准确且安全的采样方法。

同时，氢能作为减碳的重要手段之一，在全生命周期碳计算方面的标准还没有国标的发布，这将大大影响减碳工作的进程。

4.2.3.3　氢安全

氢的分子量小，易扩散，燃烧范围宽，属危险化学品。制定氢安全相关标准尤为重要，氢安全标准子体系主要包括：基本要求、风险评估、临氢材料（临氢承压设备用金属材料和非金属材料、氢脆测试、氢相容性测试、氢脆防护等）、氢密封（动密封、静密封）和泄漏等方面的各级标准。

鉴于氢气的物理化学性质和天然气安全使用的经验，氢气的安全利用应遵守三个基本原则。

① 不泄漏，即防止氢气尤其是压缩氢气系统的氢气泄漏。要确保储氢瓶、阀门、安全阀、管件、接头及连接件、仪表、垫圈的可靠性，选用的金属材料与氢要有良好的相容性。

② 早发现，即氢气泄漏后能及早发现。要在容易发生氢气泄漏的部位设置高灵敏度的氢气浓度自动检测仪表及报警装置，一旦发生泄漏能及时报警处理。

③ 不积累，即防止氢气泄漏后的积聚。因此，在受限空间如加氢站储氢瓶的储存间和氢气压缩机间，或应用端如汽车或船舶等载体上的储氢空间要具备良好的通风性能，易发生氢气泄漏的部位要设置与氢气检测报警联动的防爆强制通风设备，氢气泄漏时要能够迅速启动强制通风设备，使氢气尽快向空中扩散。

遵照上述基本原则，已发布多项相关国家标准：

➢ GB 4962—2008《氢气使用安全技术规程》于 2008 年 12 月发布，为防止发生火灾、爆炸事故、保护人员生命安全所做出的安全技术规定，该标准主要适用于瓶装氢气为气源的供氢站、供氢装置和供氢作业。

➢ GB/T 29729—2022《氢系统安全的基本要求》于 2022 年 12 发布，标准详细介绍了氢的物理（尤其是热物理）性质、燃烧特性等，包含可再生能源制氢系统、液氢和氢浆储存系统、氢气输送系统等。该项标准针对氢系统中的危险因素，分类介绍了泄漏和渗漏、与燃烧、压力、温度有关的危险因素、与固态储氢有关的危险因素、生理危害等。同时，从基本原则、设计风险控制、氢设施要求、检测要求、火灾和爆炸风险控制、操作要求、突发事件等方面规定氢系统风险控制的相关要求。

➢ GB 30871—2022《危险化学品企业特殊作业安全规范》于 2022 年 3 月发布；作为国家强制性标准，GB 30871—2022 正文全文为强制性条款，加强了标准的执行效力。标准聚焦动火、受限空间等事故多发作业类型，基于特殊作业风险管控，修改增加了特殊作业基本要求及动火、受限空间有关条款内容，进一步强调了危险化学品企业在特殊作业风险辨识、安全措施交底、安全措施落实与检查确认、安全作业票的办理等方面应行使的主体责任。标准重点修改或调整了特级动火作业范围、盲板抽堵作业"一盲板一作业票"的要求，强化了特殊作业逐级审批和作业监护的要求，提出了特级动火需采集视频图像、进入受限空间作业需连续检测气体浓度等具体要求。

➢ GB/T 23606—2009《铜氢脆检验方法》、GB/T 34542《氢气储存输送系统》系列标准、GB/T 19349—2012《金属和其它无机覆盖层　为减少氢脆危险的钢铁预处理》等临氢材料标准。

从安全标准体系来看，氢能安全标准体系仍待完善。需要从氢气泄漏检测、临氢部件如储氢瓶、阀门、管件、接头，加氢系统的关键组件等的密封性、可靠性及储氢装置配套防爆通风设施方面继续着手推进，利用互联网、大数据、人工智能等手段加强氢气检测与预警防控，形成相应的检测监控标准流程；建立燃料电池部件到整车的氢、电、机械结构以及极端情况下的涉及安全应用的标准化要求，形成完善的应用安全标准体系。

4.2.3.4　氢制备

制氢主要包括：氢分离与提纯（变压吸附提纯、变温吸附提纯、膜分离等）、化石原料制氢（煤制氢、天然气制氢、重油制氢、甲醇制氢、氨分解制氢等）、可再生能源水电解制氢（碱性水电解制氢、聚合物水电解制氢、固体氧化物水电解制氢、固体聚合物阴离子交换膜水电解制氢等）、工业含氢副产气提纯氢（焦炭副产氢、氯碱副产氢、丙烷脱氢副产氢等）、光分解水制氢、生物质制氢（生物质发酵制氢、生物质气化制氢等）。

氢分离与提纯方面，我国已发布 GB/T 19773—2005《变压吸附提纯氢系统技术要求》、GB/T 29412—2012《变压吸附提纯氢用吸附器》、GB/T 34540—2017《甲醇转化变压吸附制氢系统技术要求》等。在提纯系统的安全要求和提纯用部件方面的标准较少。

化石原料制氢属传统行业，相对应的国标和行业标准较全面。

可再生能源水电解制氢，是近来研究较多，并被大家公认的较好的制氢方式。其涉及系统的规划、设计、规格书、设备选型、系统集成、测试、验收及运维等全生命周期各环节，标准相对匮乏，需要建立系统及设施的布局规划、环境要求、系统危害识别及风险评估，安全技术要求与保护性等措施。此外，此环节还涉及氢燃料取样方法、氢气检测项目及检测方法、标准物质以及标准样品的稀释装置等方面的规范。已发布的标准 GB/T 37563—2019《压力型水电解制氢系统安全要求》、GB/T 37562—2019《压力型水电解制氢系统技术条件》、GB/T 29411—2012《水电解氢氧发生器技术要求》、GB/T 19774—2005《水电解制氢系统技术要求》等还不能支撑起可再生能源水电解制氢产业的发展。

① 标准体系尚未建立，标准制定严重落后，难以满足产业发展需求。按照全球装机量约 100GW 的时间节点进行横向对比，2009 年全球风电累计装机量达到 158GW，2013 年全球光伏累计装机量达到 110.4GW。2009 年时，风力发电相关 IEC 标准已有 15 项以上、国家标准 30 项以上、行业标准 40 项以上。2013 年时，光伏发电相关国家标准和行业标准已有 30 项以上。这表明一个 100GW 装机规模的能源领域新兴产业可能需要至少几十项标准支撑，需涵盖技术条件、设计规范、安全要求、测试与评价方法、运维验收规范等各个方面。而现阶段国际国内现有的电解水制氢领域技术标准数量是难以支撑绿色氢能行业快速、高质量规范发展的，亟须立足产业现阶段发展需求，进一步健全完善水电解制氢标准体系。

② 现行标准完整性、先进性、适用性不足，需进一步修订完善。现行标准制定时水电解制氢系统主要用于火电厂的氢冷发电机组或者半导体工厂等的高纯氢气生产，规模一般在 $100m^3/h$，且是在稳态电源输入条件下工作。而现在水电解制氢系统更多的应用场景是间歇性、波动性的可再生能源转化消纳，单机规模将逐步放大至 $1000 \sim 3000m^3/h$（约 $5 \sim 15MW$）以上，碱性水电解制氢工厂规模更是在 100MW 甚至 GW 级。现行标准的部分技术要求和测量方法已不适应新场景的应用需要，亟需进一步修订完善。

③ 现行的水电解制氢标准均属于单机装备层面，其他层面标准均缺失。水电解制氢在原理上是燃料电池的电化学反应逆过程，其技术层次与燃料电池类似，从微观到宏观可以分为：材料、电解槽及部件、整机装备、系统工程，这些层面的标准较少。

a. 材料：燃料电池材料层面已制定了电催化剂、膜电极、双极板、碳纸的测试方法，对应的，水电解制氢的材料层面也可制定隔膜、电极等核心材料的测试方法。近期，随着供应链向上游发展，国内已逐步出现电解槽材料的专业供应商，需要制定相关材料性能测试标准，为下游提供可检测、能批量化、具有高一致性的产品质量体系。

b. 电解槽及部件：水电解制氢装备最重要的主体部件是电解槽，相关标准还处于空白阶段，这主要是因为现在的业务模式是整机装备均由电解槽供应商供货，大部分供应商并不单独出售电解槽部件。而随着水电解制氢工厂规模增大并逐步与现有能源、化工、冶金工厂的用氢规模匹配，整机装备和系统工程的设计、施工安装、安全防护、运维管理、应急管理等都将与现有大型工业标准体系融合。该工作涉及范围广、专业众多，是无法由电解槽供应商单独完成并承担相应主体责任的。未来即将出现电解槽、整流器、气液分离、纯化等部件由不同供应商供货，装备或系统工程由设计院设计的模式，电解槽也将和燃料电池电堆一样，成为一种单独的产品存在。因此，现阶段制定针对电解槽本体的技术条件和测试方法是十分必要和紧迫的，这对电制氢系统后续的模块化设计和规模化放大至关重要。此外，水电解制氢系统还包括变压器、整流器、泵、阀门管件、气液分离、纯化、仪表等多种部件，其中大多为较成熟的通用设备和仪表仪器。随着技术发展，也会逐渐出现新的变压整流、纯化工艺、计量仪表等新部件、新技术，可根据产业实际需要开展相应的标准制定工作。

　　c. 整机装备：如前文所述，现有标准均为单电解槽的装备层面，但由于应用场景不同，标准的部分条款已不适用新场景，需开展完善修订工作。参考燃料电池，可能未来还需要制定型式试验、水质要求、电源要求、泄漏测试、工况适应性测试等方面的标准。未来的大型电制氢工厂内的装备会呈现几十台电解槽集群运行的形式，纯水制取、气液分离、氢气纯化等辅助设施会多槽并用设计；为降低能耗，还会增加储热环节等等。诸如此类的新型集群装备设计将结合现场工程需要陆续问世，相应标准制定工作也需紧跟其后开展。

　　d. 系统工程：不同的工程由于风光电源条件不同、下游氢及氢的衍生物产品不同，其系统设计很可能完全不一样，因此需要对电制氢工程进行整体的技术要求和综合评价。技术方面，需要制定并网接入标准或者风电光伏电气接入标准，还需要对整个制氢工程进行安全风险评价、能效水效评价、碳排放核算等综合评价标准。此外，作为一种新型的能源工程，参考风电光伏工程，还需要设计规范、安装施工规范、验收规范、运行维护规范等工程规范，以支撑水电解制氢工程的安全、快速和高质量发展。

4.2.3.5　氢储存、氢输运

　　根据应用场景不同，氢储存主要包括：固定式储氢和移动式储氢。固定式储氢又可分为制氢站用固定式储氢容器、加氢站用固定式储氢容器、储能用固定式储氢容器以及氢应用端固定式储氢容器或瓶。移动式储氢可分为运输用移动式储氢容器和氢应用端移动式储氢容器或瓶。

　　氢输运根据不同的运氢方式分为：公路运输、铁路运输、江河运输、海运运输和管道输运。根据氢的状态又分为：气态氢输运、液态氢输运、固态储氢输运等。气态氢输运又可分为纯氢输运和天然气掺氢输运。

　　氢输运与氢储存存在重叠性，如输运中的储氢容器等。

　　由于氢气在工业上早有应用，气瓶和管道也发展多年，因此在氢储存和氢输运方面的标准相对较多。这些标准主要包括：全国氢能标准化技术委员会（SAC/TC 309）制定了一系列氢气储存输送的通用要求、金属材料与氢气相容性的试验方法、储氢装置安全试验方法、液氢储存和运输、生产系统技术规范、车用液氢技术要求及液氢加注接口、金属氢化物储氢技术要求等；全国气瓶标准化技术委员会（SAC/TC 31）对气态储氢瓶、材料、阀门、搬运、装卸、使用、标志等；全国锅炉压力容器标准化技术委员会及其各分委会（SAC/TC 262）制定的一系列涉氢承压设备及其系统基于风险的检验实施导则、压力管道的设计、制作及检验的相关规范，管道缺陷检测及修复规则，压力容器的设计、制造、检验及检测规则；全国金属与非金属覆盖层标准化技术委员会（SAC/TC57）、全国钢标准化技术委员会

钢板钢带分会（SAC/TC 183/SC6）、全国有色金属标准化技术委员会重金属分会（SAC/TC 243/SC2）、全国钢标准化技术委员会钢管分会（TC183/SC1）等标委会制定的关于临氢材料、氢脆检测、输氢管道等的要求标准。

虽然氢储存、氢输运方面标准相对较多，但在一些方面还需加强。如：氢储存方面，如氢膨胀机、氢液化系统用换热器、固定式多层钢质储氢容器、固定式液氢球罐、固态储氢运输车等等专用设备上的标准还有待加强，固态储氢标准还需进一步完善；氢输运方面，液氢在公路、铁路、海运等运输方式上的要求、管道输氢系统的检测要求都需补齐相关标准。

4.2.3.6 氢加注

氢加注主要包括加氢站、氢充灌站等方面。加氢站包括加氢站的工程设计和建设、卸气柱、加氢站用动设备（如压缩机）、加氢站用固定式储氢容器、加氢机（加氢软管、加注协议、加氢枪等）、站控系统等。

目前国家标准已从加氢站的整体设计、技术要求、阀门、加注连接装置、加氢设施安全、储氢装置安全及加氢站整体安全不同层面加以规范。全国氢能标准化技术委员会（SAC/TC 309）针对加氢站氢气阀门、加氢机、加氢设施的安全运行加氢连接装置制定了相应规范，同时也对加氢站整体、储氢装置、加氢设施安全方面做出相应要求。住房和城乡建设部在建筑设计、防火、防雷、电力装置等方面的标准规范也成为加氢站设计的重要参考标准。

整体来看，目前国内已建立的加氢站相关标准主要集中在加氢站的设计、技术要求及安全要求方面，但对加氢站的运营管理要求相对缺乏。关于加氢站的运营管理方面，目前主要有部分地方标准及团体标准做出了相应要求，如山东省地标 DB37/T 4073—2020《车用加氢站运营管理规范》，规范了加氢站基本的安全、人员、设备运营管理要求，但是未能详细地说明加氢站运营相关要求。T/GERS 0004—2021《加氢站运营管理规范》，未规范加氢站内主要设备的相应管理要求，安全技术规范和巡检检查频次，未明确人员管理培训内容和培训要求，未能描述安全连锁结构。基于现实考虑，加氢站运营管理标准更应充分参考现有地标及团标规范，细化各项相关要求，建立健全安全生产责任制管理规定，打造安全、高效的加氢站运营体系。如应进一步体现供氢设备年度检查和报废处置相关要求，明确落实巡检人员安全岗位职责和工作内容，完善气体运输人员和车辆的相关要求，并对加氢站运行检查和联动报警检查明确相关要求。在人员管理中除人员上岗资质要求外，加强运行人员安全教育培训和安全档案建立，并明确安全应急演练的内容和频次，完善加氢站安全管理体系的建立，从人员资质、安全管理、教育培训、绩效考核等多环节，加强加氢站人员素质能力提升，保证加氢站安全稳定运行。在设备管理中，对站内增压机、储罐、管道阀门、加氢装置等，以及相应安全技术附件，明确安装位置和技术参数，加入相对应的规范化管理要求，以及巡检要求，作为加氢站运营指导性意见。在风险评估及预防中，应结合北方地区低温气候特征等因素对排空和设备设施的影响，制定相应对策，强化安全预防能力。

4.2.3.7 氢应用

氢能在交通、通信、发电、农业、船舶、航天航空、冶金、医疗等领域都有应用。按照氢被应用的方式可以分为：燃料电池、氢内燃机（氢内燃机、掺氢内燃机）、氢燃气轮机、氢气锅炉、民用燃气具、石油化工（合成氨、合成甲醇、石油精炼）、钢铁冶炼、电子工业、食品工业、浮法玻璃、医疗等领域。燃料电池应用包括：燃料电池电堆及部件、燃料电池发电系统、氢能交通工具（道路车辆、非道路车辆、有轨电车等）、电力和储能系统、飞行器、水下探测器等。氢气锅炉应用包括供热用氢气锅炉、供热用掺氢锅炉、发电用燃氢锅炉、发电用燃掺氢天然气锅炉等。

在氢应用端，随着燃料电池在各类汽车上的应用得到验证及推广，氢能在交通领域的应用得到肯定，相应标准也相对较多。但在其他应用场景配套技术标准相对供给不足，在工业及能源领域如氢冶金、固定式发电等方面、建筑领域如微型热电联供、氢医疗方面的标准都非常少。同时，因交通领域主要使用的是质子交换膜燃料电池（PEMFC），所以标准相对较多，方兴未艾的固体氧化物燃料电池（SOFC）产品虽已在全球多地进行了示范运营，但其标准并不多。其他门类的燃料电池，如碱性燃料电池（AFC）、磷酸燃料电池（PAFC）、熔融碳酸盐燃料电池（MCFC）基本无标准可依。

燃料电池的应用推广还需要进一步完善配套相应的技术、安全标准规范，建立完善的检验检测认证、质量安全监管、标准规范体系；氢燃料电池系统部件、整车性能评价、车辆应用规范等方面的布局仍有不足；需要建立满足不同应用场景下各种交通工具的应用标准，如燃料电池叉车、矿山机械、有轨电车、货船等。

目前我国固体氧化物燃料电池产业还处于起步阶段，随着"双碳"目标和政策的推进，SOFC产业也迎来了前所未有的发展机遇，但是SOFC现阶段在国内仍存在产业链不完整、部分环节技术成熟度低、企业参与不多、成本高、实际运行少、规模应用示范缺乏等问题。在标准方面，由于实际运行产品和示范少，已有标准更多用于支撑技术研发过程中的设计和测试，如膜、单电池、电堆的技术导则和技术指标的测试方法，尚缺乏产品标准、规范标准等。并且，由于SOFC/SOEC的规模化应用场景整个产业仍在摸索中、尚未明晰，各个企业的技术路线各有特点、难以统一，为避免出现标准限制产业发展的状况，在标准制定中暂时只能落脚于一些普适性的设计要求和测试方法，难以深入并细化。未来，SOFC标准制定还需紧跟产业发展，及时、准确地制定出适合中国SOFC产业发展阶段需要的标准和规范。

4.2.4　总结及建议

产业发展，标准先行。从数量上看，我国氢能相关标准并不少，但随着氢能产业快速发展，面向碳达峰、碳中和实施和能源绿色低碳转型的新需求，氢能产业发展面临的标准挑战依然存在。结合我国氢能产业发展现状和趋势，对我国的氢能标准化发展提出以下建议。

（1）加快建立有力支撑和引领氢能产业快速发展的标准体系

标准体系是编制标准、修订规划和计划的依据。应坚持产业发展需求导向，紧密跟踪氢能产业链技术进步和未来发展趋势，加快建立、健全氢能标准顶层设计和标准体系，形成氢能"制-储-运-加-用"全产业链的标准体系框架和体系表。抓紧完善氢制备、氢气品质、加氢站、掺氢管道、燃料电池、氢能安全等领域的急需标准，重点围绕可再生能源制氢、绿氢认证、电氢耦合、燃料电池及系统等领域增加标准的有效供给和预研工作，实现产业链相关环节标准全覆盖。

（2）多层级标准同行，协同有序推动氢能标准化

随着市场监管总局对强制性国家标准审批更加严格，各主管单位对推荐性国家标准、行业标准和地方标准的管理更加规范，需更加注重各标准之间的衔接协调。同时调动社会团体和企业研究制定团体标准和企业标准的积极性，充分发挥其技术优势和创新性，提高市场自主制定标准的比例，推动形成国家标准、行业标准、地方标准、团体标准、企业标准有机衔接的立体化氢能标准体系。

（3）勇于创新，积极开展氢能国际标准制定工作

当前，我国在可再生能源制氢、加氢站、氢化工、燃料电池汽车领域的应用规模与示范

已处于国际领先水平，某些技术应用已进入"无人区"，应在国际标准空白的领域，勇于创新，积极布局国际标准，抢占标准话语权。

（4）建立健全氢能质量基础设施体系

目前已有氢能标准的实施应用效果一般，除燃料电池电堆以外的其他氢能环节尚缺乏规范的检验检测、合格评定以及认证体系，难以规范氢能项目的审批、建设、验收和运营等工作。因此，亟需完善建立健全氢能产业的检测、计量、合格评定、认证等国家质量基础设施（NQI）体系，为全行业的高质量、规范化发展提供支撑。

参 考 文 献

[1]　万燕鸣，熊亚林，王雪颖 . 全球主要国家氢能发展战略分析 [J]. 储能科学与技术，2022，11（10）：3401-3410.

[2]　杨智，刘丽红，李江，等 . 氢能源产业技术标准化发展现况 [J]. 船舶工程，2020，42（S1）：39-49.

[3]　杨燕梅，李汶颖，李航，等 . 电解水制氢标准体系研究与需求分析 [J]. 中国电机工程学报，2023：1-6.

[4]　刘洪生，段炼，杨燕梅，等 . 标准化助力氢能产业发展 [J]. 中国标准化，2018（15）：46-52.

第 **5** 章

氢能安全

5.1　氢安全研究现状

随着化石燃料的消耗增加，其存量逐渐减少。因此，人们正在积极寻找一种不依赖于传统化石能源且来源丰富的能源载体。氢气具有环保、清洁、来源广泛、燃烧热值高等优点，因此氢能被视为传统能源最具潜力的替代者。

由于氢气具有点火能低、燃烧极限宽、扩散性高与氢脆等理化性质，在氢气制、存、储、运环节易发生氢气泄漏、燃烧、爆炸等事故，制约了氢能快速发展。为了在氢能产业化中取得竞争优势，很多国家都集资设立相应机构进行氢安全研究。比如日本供氢及氢应用技术协会（HySUT）、美国圣地亚哥国家实验室（SNL）、欧盟燃料电池和氢气联合协会（FCH2-JU）等。国际上成立了氢安全协会（IA-Hysafe），该协会每两年举办一次国际氢安全会议（ICHS），旨在为全球领域的氢能源安全研究提供一个开放交流平台，积极推动氢安全发展。此外，国际氢能协会（IAHE）创办了氢能源领域第一本杂志 *International Journal of Hydrogen Energy*，用于发表氢能源制、储、运、用和氢安全标准化等各个领域的成果[1]。

正是由于化石能源枯竭与全球温室效应压力，全球各国高度关注氢能产业的发展，表 5-1 列举了美国、欧洲、日本、韩国与中国等主要制、储、运、用氢能国家与地区的氢能源研究现状。其中美国、德国、日本、韩国等发达国家已将氢能源上升为国家战略能源。中国最早于 20 世纪 60 年代初，开始研究液氢作为火箭燃料和氢氧燃料电池。此外中国制定了一系列氢能源发展规划，以加速推动氢能的安全利用。

表 5-1　主要国家与地区氢能研究现状汇总

序号	国家或地区	研究现状
1	美国	①美国在氢能源领域起步早，在质子交换膜燃料电池、燃料电池系统和车载储氢等多个领域具有领先优势，并申请了大量专利 ②美国及各州政府均开展了氢能源应用示范，提出了"氢经济"概念，并成立国际氢能组织，将氢能上升到国家战略层面
2	欧洲	欧盟具有其自身较为完善的天然气基础设施，通过改建为氢能源输运提供了支持；此外欧洲的风力和光伏发电也长期为绿氢开发提供支撑
3	日本 韩国	①日本、韩国在燃料电池商业化应用上具有领先优势，着重发展家庭用热电联供系统、燃料电池以及整车 ②试点城市有日本的北九州氢能社区
4	中国	①氢能产业链重点是加强储运和加氢发展，但整体技术仍落后于国际先进水平 ②中国央企纷纷布局氢能产业，如中广核集团布局核电制氢与氢储能发电

氢能在燃料电池车辆、船舶、发电、储能方面具有广泛应用，并可作为天然气的掺混和燃料，在工业和民用燃气领域应用。近年来，我国政府正在采取措施来支持氢能产业的发展，如发布氢产业规划或政策。但是，在关键零部件和整车集成等方面，国内还有很大的改进空间。因此，许多车企和研究机构正在加紧氢燃料电池汽车技术的研究和推进，包括建设新的研发中心。考虑到氢能和燃料电池汽车产业的安全问题，必须引起足够重视。近年来，美日韩以及挪威等国家相继发生氢能安全事故。这些事故引起了人们对氢能安全利用技术研究的广泛关注，并且也让人们开始担忧氢能和燃料电池汽车产业的健康发展。实际上，氢安全问题是一个贯穿氢气从制备到储运再到加注应用等多个环节的重要问题。在氢气制备过程中，应采取严格的工艺流程和安全控制。储运过程中，要确保氢气密封和防止泄漏。加注环节则需要具备专业的加注设备和技术，并加强加注站的管理。在应用终端，要进行严格的安全监测和管理，保证人员和设备的安全。因此，在氢能产业健康发展方面，氢安全是首要保证。只有通过持续的科学研究和技术创新，加强对氢能产业的安全管理和风险防范，才能让氢能真正可持续、安全地应用于各个领域。本节将从氢能制-储-运-加-用过程存在的安全失效方式、机制和分类进行阐述，对国际国内氢安全研究现状进行概述，为今后的各环节提供设计思路及解决方案。

5.1.1　氢制备安全

中国已经具有相当规模的氢气生产和应用能力。根据估计，中国年产纯度 ≥99% 的氢气约为 700 亿立方米（约合 600 万吨）。氢气主要来源于各种含氢排放气体、煤制合成气、天然气转化气、甲醇转化气等，水电解法所获得的氢气占比较少。

5.1.1.1　水电解制氢安全

水电解制氢是利用电流分解水分子来制备高纯度氢气。水电解制氢核心设备主要包括碱性、质子交换膜和固体氧化物电解槽。其中，碱性电解槽效率高、寿命长、投资成本较低，已经得到商业化广泛应用；质子交换膜电解槽操作压力低、占地面积小、具有更广的负载范围和灵活性，但成本较高。固体氧化物电解槽因为需要较高的操作温度还处于示范运行阶段。碱性槽电解水制氢工艺流程见图 5-1。系统包括水电解槽、气液分离器、冷却器、洗涤器、氢分析仪等组成。水电解制氢安全可以分为水电解制氢过程安全和水电解制氢系统安全。电解水制氢过程中系统的单元设备，均有可能泄漏，并发生易燃易爆、有腐蚀性、带压等危险事故，而危险事故主要集中在氢气压缩收集过程。

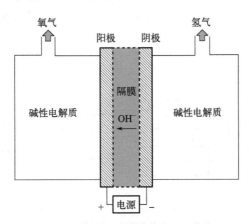

图 5-1　碱性槽电解水制氢工艺流程简图

我国已成为主要的大型水电解设备生产国家，其中碱性水电解和质子交换膜电解制氢设备的单台最大产量分别约为 $3000m^3/h$ 和 $500m^3/h$。然而制氢过程中会产生氢气和氧气等危险化学品，需要对生产工艺、制造和操作流程进行研究和规范，以提高制氢安全性。氢气易燃易爆，主要危害在于与助燃物混合后达到极限点时引发的爆炸，导致冲击波、热辐射和碎片等。此外，制氢过程中还存在腐蚀、窒息、碱液烧伤、机械伤害和触电等危险情况，见表5-2。

表5-2　氢气收集过程中可能引发的安全事故以及可采取的安全防范措施

序号	原因分析	危险情况	采取措施
1	氢压机未接地	静电火花引燃氢气	必须接地
2	使用前未吹扫置换或置换不充分	氢气纯度不够	拆除仪表进行充分置换
3	入气管吹扫前未设过滤器，有杂质	摩擦静电引燃氢气	加设过滤器
4	压缩机安全泄放口前未装设阻火器	外部货源引燃内部氢气	装设阻火器
5	氢气腐蚀	氢气泄漏	工作压力大于2MPa时设漏气回收、充氮保护及设注油点等有效防漏措施，调节冷却水加入钼、铌防止钢内氢与碳化物反应
6	氢压机进气管压力过低	吸压管负压，不慎吸入空气，引发安全事故，且出口压力波动、制氢装置不能正常运行	氢气压缩机前设氢气缓冲罐

5.1.1.2　重整制氢安全

蒸汽重整制备氢气仍然是主要的制氢方法，约占50%，代表性的研究机构有 Dais Analytic Corporation 和 Argonne National Laboratory 等[2]。虽然在中国，燃料电池及重整器的研究还不够发达，但中国科学院大连化学物理所的科学家们已经研制出了一些代表性成果。其中包括5kW级别的甲醇自热重整器和1kW级别的汽油自热重整器。

系统包括反应主体，氢气压缩、储存及充装等单元。反应主体主要包括脱硫器、重整反应器、一氧化碳水汽变换反应器与净化器组、燃烧加热器、换热器、燃料储罐与空压机等。蒸汽重整制氢简易流程如图5-2所示。重整制氢过程中除了会面临高温及略微高压的操作环境外，还会涉及可燃性气体（氢气、天然气）、有毒气体（一氧化碳），设备的维护与操作流程的规范。

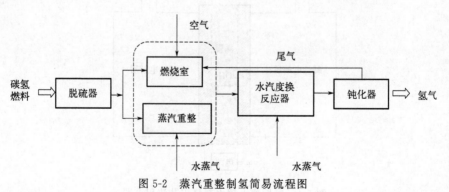

图 5-2　蒸汽重整制氢简易流程图

　　重整器反应温度、反应过程中压力、静电等，都有可能成为引起安全事故的原因。因此，重整制氢系统内部须按照相关规范设置相应的检测装置，严格控制系统温度、压力以及进料流速，同时须设置静电消除器，并定期检修维护设备，在保证氢气纯度的同时更可避免事故发生。重整制氢[3]是在高温下把化石燃料和水蒸气的混合物转化成含有一氧化碳、二氧化碳等的富氢气体。常见重整制氢安全事故见表 5-3。

表 5-3　常见重整制氢安全事故

序号	安全事故	原因分析	后果	安全措施
1	天然气制氢重整器压力过高	①燃料气/空气进料量大 ②脱硫效率低 ③外部着火 ④天然气进料温度高 ⑤天然气进料压力过高 ⑥重整器出料管道堵塞 ⑦催化剂过量,反应失控	①导致反应失控,转化效率低 ②超压严重导致爆炸 ③重整器薄弱环节脆落,内部重整气体外泄,人员中毒,遇火源时燃烧或爆炸	①天然气入口端设置流量变送器并控制流量阀门 ②紧急情况下,对燃料气放空处理 ③重整器设置温度指示联锁高报警 ④重整器设置压力指示高、低报警 ⑤出料管线上设置压力传感器并与原料进料管线上的压力差联锁,并设置压力差高报警 ⑥重整器内设置压力传感器并控制引风机管线阀门以控制重整器压力
2	天然气制氢重整器温度过高	①燃料气/空气进料量大 ②脱硫效率低 ③外部着火 ④天然气进料压力过高 ⑤催化剂活性低,反应速度慢	①导致反应失控,转化效率低 ②超压严重导致爆炸 ③重整器薄弱环节脆落,内部重整气体外泄,人员中毒,遇火源时燃烧或爆炸 ④重整器管道积碳而局部超温烧坏管道,转化效率低	①重整器出口端设置气体含量分析传感器并联锁空气预热器进料管上的阀门 ②紧急情况下,对变压吸附尾气排空处理 ③自动开启固定消防灭火系统 ④蒸汽管道中设置流量变送器并控制流量阀门
3	进料部分	燃料气/空气进料量大	影响转换效率,能源消耗过多	①天然气入口端设置流量变送器并控制流量阀门 ②紧急情况下,对燃料气放空处理 ③蒸汽管道中设置流量变送器并控制流量阀门,并设置流量联锁低报警 ④紧急情况下,对变压吸附尾气排空处理 ⑤天然气进料与蒸汽进料管道皆设置流量变送器并控制流量阀门
4	静电	①天然气进料管道内天然气流速过快 ②进入装置区内的人体带静电 ③混合气体中的混合气体流速过快 ④变压吸附尾气流速过快	产生火花,遇到天然气/氢气与空气混合物产生爆炸或燃烧	①天然气管道设置流速控制阀门 ②含可燃性气体管道、变压吸附尾气管道设置阻火器 ③含可燃性气体管道、变压吸附尾气管道设置放空管,且放空管上设置阻火器 ④混合气体管道设置流速控制阀门
5	天然气制氢重整器温度过低	①蒸汽进料温度过低,或进料量过大 ②天然气进料温度低 ③外部环境温度低 ④催化剂过量,导致吸热反应的重整制氢反应剧烈	转换效率低	①蒸汽管道上设置温度传感器及温度显示仪 ②重整器设置温度指示联锁高报警 ③水路管道上设置流量变送器元件 ④提供重整器反应温度的燃烧炉设置燃烧指示报警

5.1.2　氢储存安全

如何实现高效、安全可靠、低成本的氢储运技术是氢能大规模应用的瓶颈,其中氢储运安全是氢能市场化应用的重中之重。高压气态储氢、液态储氢和固态材料储氢[4]是氢能源储运的三种主要方式。现有的气、液及固态氢储运的方式,虽都各有优势,但同时存在不足,其综合性能都有待提高。固态储氢具有体积储氢密度高与安全性好等优点,但质量储氢密度较低,限制了其在氢燃料电池汽车上的应用。随着储氢材料性能的不断提高,固态储氢的综合性能仍有一定的提升空间。低温液态储运虽能带来较高的储能密度,但氢液化耗能较大,同时液氢在储输过程中的蒸发汽化问题会带来安全性隐患,因此,液氢在氢能燃料电池领域的应用目前受到很大限制。高压气态储运方式目前相对比较成熟,应用也最为广泛,是现阶段氢能实现产业化过程中主要的储运方式。

氢气储存安全是氢能工业化的关键,同时也制约着氢能发展。目前,气态、液态和固态三种储氢方式中高压气态和低温液态技术较为成熟。高压气态成本低、能耗低、充放速度快,并已商用于车载储氢。例如,丰田 Mirai 的 3 层结构储氢瓶采用高压气态储氢技术,昆腾和丁泰克等厂商也有类似设计的高压储氢瓶。鉴于高压气态储氢技术的成熟和商业化应用,很可能成为船舶首选的储氢方式。

加氢站是氢气存储的一个重要场所,其主要分为高压气氢站和液氢站。液氢站主要建设在美国和日本,约占全球 30%。中国加氢站大部分是高压气氢站。固定式加氢站是常见的加氢站,主要包括加氢岛、储氢设备、氢气压缩机与制氢设备等。然而,加注压力较高的氢气输运管道材质含碳量较高,容易引起氢脆现象导致安全事故。加氢站加注过程中存在失误行为容易导致氢泄漏,泄漏氢气扩散受储氢气罐布置影响。因此,加氢站建设需要严格控制储氢设施的安全间距。高压气态储氢泄漏后,高压氢气射流易引起自燃并引发喷射火甚至爆炸,对人员安全与财产安全形成巨大威胁。对液氢而言,泄漏会形成低温场,轻易导致设施损坏、运输车辆轮胎断裂和人员冻伤,且会形成可燃气云,引起安全事故。因此,研究加氢站泄漏问题极为重要。

5.1.3　氢运输安全

5.1.3.1　氢气管束车安全

氢气储运压力容器包括固定式压力储罐和车载轻质高压储氢气瓶。固定式压力储罐依据结构不同又可分为无缝压缩氢气储罐[5]和全多层高压氢气储罐[6],车载轻质高压氢气瓶依据储氢方式的不同分为普通高压气瓶和低温高压复合气瓶。液氢运输和储存需要高度的专业化技术支持和装备。全球液氢储运装备企业主要集中在像美国 Gardner 和德国 Linde 等领先企业,它们已经具备了较高的液氢容器设计、制造工艺等核心技术和经验,液氢运输车如图 5-3。中国在军事领域的液氢技术已经有了很重要的进展,但是由于民用领域的液氢储运技术壁垒较高,在这方面与美国、欧洲和日本相比仍有差距。尽管如此,航天领域上液氢的发展为中国缩小差距提供了契机。

液氢储运容器的主要失效模式是夹层真空度丧失与液体泄漏导致液氢大量排放,有冻伤、窒息和燃烧爆炸等风险。加氢站、制氢站或电厂内多采用固定式高压氢气储存,其特点是压力高、重量不受限制与使用固定,一般采用大容量的钢制压力容器。固定储氢容器储氢量大,一旦发生泄漏、燃烧与爆炸等事故,往往产生较大的灾害。

图 5-3　液氢运输车实物图

5.1.3.2　氢气管道运输安全

氢气管道包括长距离高压输送管道和短距离低压配送管道。在管材选择、设计方法、铺设要求三方面对氢气管道安全进行了介绍。管材选择方面，由于氢脆、低温性能转变和超低温性能转变的考虑，氢气长输管道通常会优先选择低钢级钢管。设计方法方面，氢气管道直管段设计公式 $P=2(St/D)FETH_f$。式中，P 为设计压力，MPa，设计压力一般为最大工作压力的 $1.05 \sim 1.10$ 倍；S 为最小屈服强度，MPa；t 为公称壁厚，mm；D 为公称直径，mm；F 为设计系数；E 为轴向接头系数；T 为温度折减系数；H_f 为材料性能系数。

铺设要求方面，规定地下管线主管道埋深不得低于 914.4mm，管线与其他地下结构设施的间隙不得少于 457.2mm，不同地质条件下的地下管线埋深要求如下。

位置区域	正常开挖地段	石方地段	农田地段
最小埋深/mm	914.4	609.6	1219.2

为防止第三方对埋地管道造成人为损坏，可采取以下方法：①使用物理屏障或标记，如管道上方铺设混凝土或钢板、管道两侧垂直铺设混凝土板且延伸至地面以上、采用抗破坏较强的涂层材料和在管道所在位置设置标记；②增大埋地深度或增大管道壁厚；③管道铺设方向尽可能与道路、铁路等路线平行或垂直。

5.1.4　氢使用安全

5.1.4.1　加氢站安全

加氢站是提供氢气或掺氢燃料加注服务的场所，作为一种新兴的能源基础设施，其安全性是政府和公众非常关心的问题，而安全设计和合理的选址及布置是加氢站安全的首要前提。中国目前已建成的加氢站主要为高压气氢站。固定式加氢站设施包括加氢岛、氢气压缩机、储氢设备、操作站及制氢设备。加氢站具有加注频繁的特点，是氢能使用安全重点监测场所。加氢站加注环节间的失误极易导致氢泄漏，且泄漏的氢气容易积聚在顶棚，形成大规模可燃气云，一旦有点火源存在，则可能发生爆炸等安全事故。氢泄漏是加氢站发生事故的主要原因之一。

随着氢能源发展，中国加氢站的建设数量将逐步增加，其安全问题更应该受到重视。加氢站的氢气泄漏是难以避免的，此外加氢站内点火源较多，如静电火花、电气设备故障或雷击等，加氢站具有较大泄漏爆炸危险性。定期开展加氢站消防安全评估，提供基础消防设施，是降低加氢站火灾爆炸事故发生的有效措施。设计阶段考虑有效安全距离与运行过程中开展定期安全评估，并制定合理的操作准则可以提供加氢站本质安全。加氢站安全距离示意图，见图 5-4。

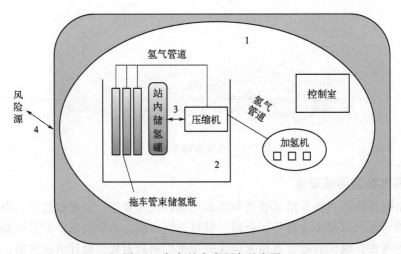

图 5-4　加氢站安全距离示意图

1—限制距离；2—清空距离；3—装置布置距离；4—防护距离

截至 2021 年底，我国累计建成加氢站 255 座，数量位居全球第一[7]。然而随着越来越多的加氢站投产和使用，与之而来的氢能安全问题日趋严峻。加氢站的设计应严格遵循五层安全防范设计理念。

第一层：确保加氢站内氢气不泄漏。而要想实现氢气不泄漏，就要求加氢站工艺系统与设备本身的设计合理安全。

第二层：若加氢站内设备泄漏可及时检测到，预防进一步泄漏扩散。这需要加氢站设计严格的安防控制，设置可燃气体检测报警系统及紧急切断系统等。

第三层：加氢站即使发生泄漏，也不产生积聚。这要求加氢站内的建筑/构筑物设计合理，加氢站内尽量不留氢气易集聚死角。易发生氢气泄漏的房间均应设置机械通风系统，并与氢气检测报警系统连锁控制。

第四层：杜绝点火源。加氢站需建立严禁烟火的制度，相关氢气设备采用防爆设计，所有氢气的设备管道及其附件均采用静电防护措施。

第五层：万一发生火灾也不会对周围产生影响或影响小。这需要相应的安全缓解措施来实现。如设计防爆墙、采用合理的防火间距、配备相应的消防设施等。

五层安全防范设计理念的关系为层次递进，即：首先保证加氢站尽量不发生氢气泄漏事故；一旦发生泄漏事故，加氢站内安防系统也能检测到，防止氢气进一步泄漏扩散；若没有及时制止氢气泄漏，也要求氢气不能集聚，可以快速逃逸，而不产生可燃气云；即使有可燃气云产生，也要严格杜绝点火源，防止从泄漏事故升级为火灾事故；万一存在点火源发生火灾，也要尽量把影响降至最低。

5.1.4.2　氢燃料电池汽车安全

燃料电池汽车是氢能源使用的重要载体，为保障其安全性国内外制定了许多标准和规范，其中超过 65% 的内容与安全性有关。主要涉及车载氢系统的安全，包括高压供氢系统和燃料电池发电系统等。为保证车载氢系统的安全，各企业主要从材料选择、氢泄漏监测、静电防护、防爆和阻燃等方面进行控制和预防。

其一，优化车载用氢输送安全。采用高质量管路系统与附件材料，提升监测元件可靠性和灵敏性，优化监测报警和应急处理系统。

其二，优化燃料电池系统安全。燃料电池堆存在氢气与空气集聚现象，进而引发安全问题，因此燃料电池系统应高度重视气密性要求。GB/T 36288—2018 规定了氢燃料电池车电堆在氢气、电气与机械结构等方面的安全要求。

其三，优化车辆载氢运行安全。提高车辆行驶过程中供氢系统的质量，包括优化供氢系统的位置和进行充分的振动或碰撞试验以防止氢气泄漏等意外安全问题。

5.1.4.3　氢燃料电池船舶安全

燃料电池动力船舶因其清洁、高效的特点成为绿色航运发展热点。氢能源船舶动力来源于质子交换膜燃料电池，其工作温度为 60～80℃，具有启动速度快、寿命长和零污染等特点，适用于船舶动力。美国、欧盟、日本等先进国家和地区较早开展船用氢燃料电池推进技术研究，取得领先优势，并实现了示范和应用。同样，氢安全也是制约氢能源船舶发展的因素之一。船舶一旦发生氢安全事故，后果更加严重且救援难度大。因此，氢安全问题是燃料电池动力船舶商业化应用前必须解决的问题。

氢能源船舶安全，应更加关注管路与元器件安全。氢动力系统的管路与元器件需要使用与氢适应性较好的材料，以保证其安全性。为了防止产生电火花引起事故，材料选择上要求防爆、防静电、阻燃与防盐雾等特性。

此外，氢能源船舶应关注碰撞安全。受其使用特点决定，燃料电池船舶经常会发生碰撞，因此要求船舶具备碰撞防护措施。一方面要求关键零部件具备一定的刚度，另一方面通过整体布局、固定设施等进一步提高整体防碰撞性能。氢能源船舶可以借鉴氢能源客车的防碰撞设计，氢能源客车的燃料电池与储氢瓶放置在车体顶部，动力电池设置在地板下方，通过分隔布置大大降低了车体重心达到提供稳定性的目的。针对储氢系统，通过固定支架集成储氢瓶组、阀体和高压管路，并采用钢带辅助支撑，这样设计有效避免碰撞时瓶组位移过大而造成氢气泄漏。

5.2　氢风险评估

氢风险评估分为定性风险评估与定量风险评估，两种评估方式在数据收集、事件分析、结果解释和呈现方面存在明显的差异。定性评估是一种基于经验和理论推理的评估方式，侧重于对现象的深入理解和描述，关注现象的内涵和过程。然而，定性评估主观性较强，缺乏客观的标准和证据。而定量评估是一种基于数据和统计方法的评估方式，通常通过客观、精确的数据用来描述、解释和预测现象。

5.2.1　定性风险评估方法

常用的氢定性风险评估方法包括矩阵法风险评估（RAM）、预先危险分析（PHA）、危险与可操作性分析（HAZOP）、失效模式和后果分析（FMEA）、保护层分析（LOPA）。

5.2.1.1　矩阵法风险评估

矩阵法风险评估是一种常用的定性风险评估方法，它将风险的严重程度和概率综合考虑，通过建立风险矩阵和分类风险来确定风险的优先级。具体评估流程包括确定评估对象、明确评估指标、建立风险矩阵、评估风险、分类风险和制订应对策略六个部分。

（1）确定评估对象

在进行矩阵法风险评估之前，首先需要确定评估对象，分析场景内部布局和设备，假定设备类型、人员数量等初始条件。

（2）明确评估指标

评估指标是用来衡量风险的严重程度和概率的指标。常用的评估指标包括风险影响程度和发生概率，根据实际情况，两者可分为不同级别，例如：高、中、低。

（3）建立风险矩阵

根据评估指标，建立一个二维矩阵，横轴表示风险影响程度，纵轴表示风险发生概率。

（4）评估风险

根据评估对象和评估指标，确定该风险的影响程度和发生概率，在风险矩阵中找到对应的位置，确定该风险的优先级。

（5）分类风险

根据风险的优先级，将风险分为不同的类别，例如高优先级、中优先级和低优先级，可以根据实际情况设定不同的分类标准。

（6）制订应对策略

根据风险的分类和优先级，针对不同优先级的风险，应制订降低风险的发生概率或减轻风险的影响程度的应对策略。

5.2.1.2　预先危险性分析

预先危险性分析（PHA）是一种定性分析评价系统内危险因素和危险程度的方法，在每项生产活动之前，对系统存在危险类别、出现条件、事故后果等进行概略地分析。具体评估流程包括危险源辨识、确定事故类型、制订分析表、确定危害等级和制订预防对策与安全措施。

（1）危险源辨识

通过经验判断、技术诊断、事故数据分析、资料查询等方法，找出在一定条件下能够导致事故发生的潜在因素。

（2）确定事故类型

根据氢安全事故资料数据、经验教训，分析可能的事故类型。针对露天停车场、加氢站等开放空间场景，事故类型主要有喷射火和爆炸；针对隧道、制氢间等受限空间场景，事故类型主要有喷射火、爆炸和缺氧窒息。

（3）制订分析表

针对已确定的危险因素，制订预先危险性分析表。

（4）确定危害等级

确定危险、有害因素的危害等级，按危害等级排定次序，通常把危险因素划分为 4 级：Ⅰ级，安全的；Ⅱ级，临界的；Ⅲ级，危险的；Ⅳ级，灾难的。

（5）制订预防对策与安全措施

根据事故的危险等级，制订相应安全预防与事故应对措施，确保通风系统和消防装置能够正常运作。

5.2.1.3　危险与可操作性分析

危害与可操作性分析（HAZOP）以关键词为引导，分析讨论生产过程中工艺参数可能出现的偏差、偏差出现的原因和可能导致的后果，以及这些偏差对整个系统的影响，有针对性地提出必要的对策措施。具体评估流程包括定义所要分析的系统及所需关注的问题、定义并分析 HAZOP 节点、建立可信的偏差、建立 HAZOP 工作表、根据结果进行决策。

（1）定义所要分析的系统及所需关注的问题

定义危险和可操作性分析所要分析的系统或活动，确定分析对象的功能、范围。需要关注安全问题、环境问题、经济问题等，还需要考虑可接受的风险限度。

（2）定义并分析 HAZOP 节点

节点是指工艺过程或设备中可能发生危险或潜在操作问题的位置或条件。定义节点需要从输入、处理和输出三个方面考虑，确定故障模式和原因，分析可能造成的影响和危险。

（3）建立可信的偏差

有两种方式识别偏差：参数方法和设计意图方法。参数方法讨论节点设计意图，选择相关流程参数，将引导词与参数结合，创造偏差。设计意图方法是团队领导从设计意图中提炼出关键的外在特征和参数，创造潜在的偏差。

（4）建立 HAZOP 工作表

建立一份 HAZOP 工作表，包括各种可能的危险和操作问题，应具体明确，避免歧义。

（5）根据结果进行决策

根据 HAZOP 分析的结果，确定被分析系统的风险可接受性和风险贡献率最高的组成部分或步骤，提出具体的和切实可行的改进建议。

5.2.1.4　失效模式和后果分析

失效模式和后果分析（FMEA）是在工程设计阶段和实际运营阶段，对场景内的工序、环节、设备逐一进行分析，找出所有潜在的失效模式，并分析其可能的后果，从而对风险较大的设施、环节定期进行有侧重点的检查，预先采取必要的措施。具体评估流程包括确定评估对象和范围、列出潜在的失效模式及影响、评估失效概率和严重程度、确定失效原因并制订改进措施。

（1）确定评估对象和范围

确定评估场景内的内部布局、工艺流程、设备类型及数量等基本情况，明确分析的具体目标。

（2）列出潜在的失效模式及影响

参考失效数据、文献资料、经验教训，列出所有潜在的失效模式，评估每种失效模式产生的后果及影响。

（3）评估失效概率和严重程度

根据历史数据、专家判断或文献资料，评估每种失效模式的概率和严重程度。使用 SOD（严重度、发生度、探测度）等级对失效模式进行评分和排序。

（4）确定失效原因并制订改进措施

分析失效模式发生的原因，针对高风险失效模式，制订相应的改进措施。

5.2.1.5　保护层分析

保护层分析（LOPA）是在定性危害分析的基础上，通常使用初始事件频率、后果严重程度和独立保护层失效频率的数量级大小来近似表征事故场景的风险，其主要目的是确定是否有足够的保护层使风险满足企业的风险标准[8]。具体评估流程包括筛选事故场景、选择事故场景、确定初始事件及频率、识别独立保护层、计算事故场景频率、评估风险并做出决策。

（1）筛选事故场景

通常需要在定性危害评估信息中筛选出高风险的、复杂的、后果严重的事故场景。

（2）选择事故场景

LOPA 的分析对象一次只能选择一条事故场景，且该事故场景应满足以下基本要求：应是单一的"原因-后果"对偶的事故场景；当同一个初始事件导致不同的后果时，或多种初始事件导致同一后果时，应视为多个事故场景；该事故场景中存在使能条件或条件修正时，应将其包含在场景中。

（3）确定初始事件及频率

确定初始事件，一般分为三种类型：设备失效、人员因素和外部事件。在确定初始事件时，应遵循以下原则：（a）宜对后果的原因进行审查，确保该原因为后果的有效初始事件；（b）应将每个原因细分为具体的失效事件，如"冷却失效"可细分为冷却剂泵故障、电力故障或控制回路失效；（c）找出人员失误的原因（如培训不完善、设备的不完善测试和维护等）。

（4）识别独立保护层

识别现有的安全措施是否满足独立保护层的要求是 LOPA 的核心内容。独立保护层具备以下七个特性：独立性、功能性、完整性、可靠性、可维护性、安全许可保护性、变更管理。

（5）计算事故场景频率

事故场景发生频率的计算公式如下：

$$f_i^C = f_i^l \times \prod_i^J \mathrm{PFD}_{ij} = f_i^l \times \mathrm{PFD}_{i1} \times \mathrm{PFD}_{i2} \times \cdots \times \mathrm{PFD}_{ij} \qquad (5\text{-}1)$$

式中，f_i^C 是初始事件 i 的后果 C 的年发生频率；f_i^l 是初始事件 i 的年发生频率；PFD_{ij} 是初始事件 i 中第 j 个阻止后果 C 的独立保护层的失效概率。

（6）评估风险并做出决策

风险决策的目的是使风险水平满足"尽可能低且合理可行"的原则或满足企业可容忍的风险水平。通常可通过计算风险与可容许风险对比、专家判断和成本-效益分析进行基本风险判断。

5.2.2 定量风险评估方法

氢和其他替代燃料的风险评估模型（HyRAM＋）[9] 是目前常用的氢风险评估软件，集成了氢技术风险相关的最佳可用模型和数据。HyRAM＋评估框架主要分为两大部分：一是定量风险评估模型，可用于计算风险指标，通常用于评估多场景风险，如致命事故率、平均个人风险、潜在生命损失值等；二是物理模型，可用来计算与氢、甲烷、丙烷和混合物相关的多种物理效应，包括：未点燃羽流、火焰温度、射流火焰辐射热流和延迟点火产生的超压等。HyRAM＋为氢安全领域的定量风险评估提供了一种实用、有效的方法，具体评估流程见图 5-5。同时，HyRAM＋是一款开源软件，不仅可在其源代码基础上改编，还支持多种类型的分析，包括规范和标准开发、安全基础开发、设施安全规划等。

5.2.2.1 场景模型

当制-储-运-用氢设备发生氢气泄漏时，及时探测到氢气泄漏，并应急切断，不会导致氢气泄漏发生危险事故；若氢气持续泄漏扩散并立即点火，大尺度喷射火表面将产生热辐射；若氢气聚集并延迟点火，爆燃或爆轰均会产生冲击波；若氢气聚集未点火，氧气浓度下降，则易致使人员缺氧窒息。对于氢气泄漏扩散可以用事件序列图来描述，如图 5-6 所示[10]。具体计算如下[10]：

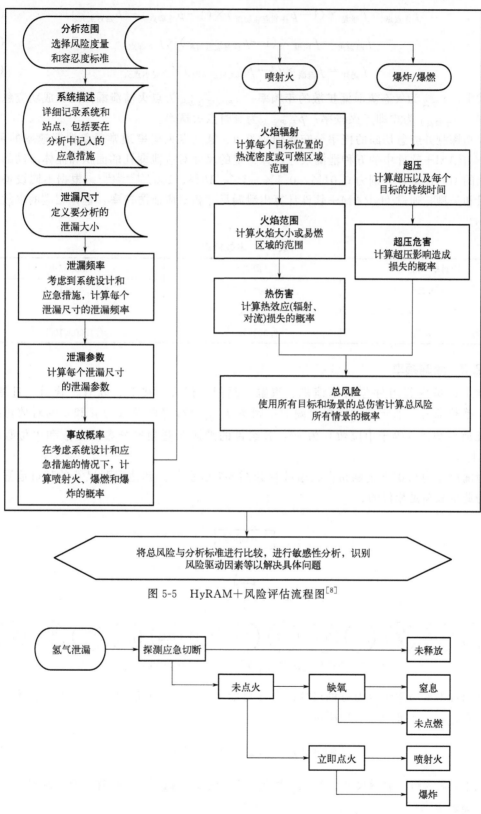

图 5-5　HyRAM＋风险评估流程图[8]

图 5-6　气态氢泄漏事件后果图[10]

$$f_{未点燃} = f_{泄漏} \times (1 - p_{探测应急切断}) \times (1 - p_{立即点火} - p_{延迟点火}) \tag{5-2}$$

$$f_{喷射火} = f_{泄漏} \times (1 - p_{探测应急切断}) \times p_{立即点火} \tag{5-3}$$

$$f_{爆炸} = f_{泄漏} \times (1 - p_{探测应急切断}) \times p_{延迟点火} \tag{5-4}$$

式中，$f_{泄漏}$ 为气态氢泄漏扩散的年频率；$p_{探测应急切断}$ 为点火前泄漏探测和成功应急切断的概率；$p_{立即点火}$ 为立即点火概率；$p_{延迟点火}$ 为延时点火概率。

成功探测并应急切断的概率分布均值为 0.9。氢气点火概率通常是氢泄漏速率的函数。沿用 HyRAM＋软件中的五种泄漏尺寸，即给定的尺寸对应泄漏孔的面积和流体流动的总面积之间的不同比率，分别为 0.01％、0.1％、1％、10％、100％[9,11,12]。根据不同设备的部件数量和类型，通过 HyRAM＋软件计算出泄漏尺寸相对应泄漏速率，选择相应的事故概率（表 5-4）。

表 5-4　事故概率

泄漏率/(kg/s)	立即点火	延迟点火
<0.125	8.00×10^{-3}	4.00×10^{-3}
0.125~6.25	5.30×10^{-2}	2.70×10^{-2}
>6.25	2.30×10^{-1}	1.20×10^{-1}

5.2.2.2　泄漏频率

常用设备内部组件包括压缩机、汽缸、阀门、仪表、接头、软管、管道、过滤器、法兰、换热器等。假定部件随机泄漏的年频率 $f_{泄漏}$ 分布遵循参数为 μ 和 σ 的对数正态分布，几何平均值（等于中位数）为 e^{μ}，各组件的默认泄漏频率分布的参数和中位数见文献[10]。

泄漏尺寸为 0.01％的随机泄漏事故树如图 5-7 所示[9]。其他泄漏尺寸的随机泄漏的故障树与此事故树是相似的。

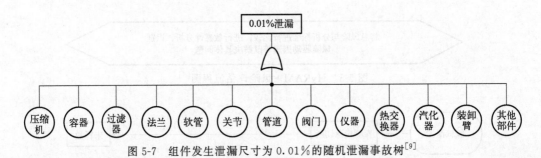

图 5-7　组件发生泄漏尺寸为 0.01％的随机泄漏事故树[9]

将组件泄漏频率组合为每种尺寸的总体泄漏频率。每个泄漏尺寸为 k 的年度随机泄漏频率（$f_{随机泄漏,k}$）如式(5-5)所示。

$$f_{随机泄漏,i,k} = \sum_{i} N_{部件_i} \times f_{泄漏,i,k} \tag{5-5}$$

式中，k 为组件泄漏尺寸；$N_{部件_i}$ 为每类部件数；$f_{泄漏,i,k}$ 为组件 i 的泄漏尺寸；k 的平均泄漏频率[11]。

5.2.2.3 后果模型

（1）射流火焰模型

① 射流火焰控制方程 高压氢气泄漏将在泄漏出口处产生欠膨胀气流，并在出口外很短一段距离内形成复杂的激波结构，气流将经历膨胀加速并迅速降温的过程，使得马赫盘前方的气流核心区的温度远低于环境空气的温度，而压力远低于环境大气压力。因此，低压泄漏射流积分模型不能直接适用于高压氢气泄漏情况，而需要使用合理的简化模型来将复杂的欠膨胀射流简化为一个低压泄漏问题，即为积分模型提供一个"等效"的入口条件[13]。

Birch 等[14]引入了"伪直径"（pseudo-diameter）的概念来分析 $2 \sim 70 \mathrm{bar}$（$1 \mathrm{bar} = 10^5 \mathrm{Pa}$）的高压天然气泄漏过程中沿射流中心线的浓度衰减问题。虚喷管模型如图5-8所示，其中 d_{ps} 表示伪直径，3个不同的气体状态分别为储罐内的滞止状态（LEVEL 0）、实际喷嘴出口处的声速流动状态（LEVEL 1）和虚喷管出口处的状态（LEVEL 2）。

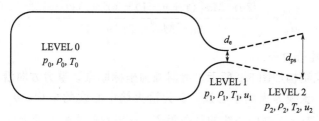

图 5-8 虚喷管模型示意图

Yüceil 和 Ötügen[15]仅假设在虚喷管出口处气流的压力等于环境大气的压力，而不对气流的温度和速度作假设，因此在模型中需要确定三个未知量，即虚喷管出口处的速度、温度和直径，三者的关系如式(5-6)所示。

$$\frac{u_2}{u_1} = 1 + p_\infty \frac{\dfrac{p_1}{p_\infty} - 1}{\rho_1 u_1^2} \tag{5-6}$$

式中，p_∞ 为环境大气的压力。

根据马赫数（Ma_1）的定义有：

$$\rho_1 u_1^2 = \rho_1 c_1^2 Ma_1^2 = \rho_1 \gamma \frac{p_1}{\rho_1} Ma_1^2 = \gamma Ma_1^2 n p_\infty \tag{5-7}$$

式中，$n = p_1/p_\infty$；c_1 表示当地声速；γ 为泄漏气体的比热比。

将式(5-7)代入式(5-6)可得：

$$\frac{u_2}{u_1} = 1 + \frac{n-1}{\gamma n Ma_1^2} \tag{5-8}$$

为了确定虚喷管出口处的气流温度，根据绝热膨胀的能量守恒方程有：

$$\frac{T_2}{T_1} = 1 + \frac{u_1^2}{2c_p T_1} \left[1 - \left(\frac{u_2}{u_1} \right)^2 \right] \tag{5-9}$$

式中，c_p 为射流气体的定压比热容。计算公式为：

$$c_p = \frac{\gamma R}{M_{\mathrm{gas}}(\gamma - 1)} \tag{5-10}$$

将式(5-10) 代入式(5-9) 并整理得：

$$\frac{T_2}{T_1} = 1 + \frac{\gamma - 1}{2} Ma_1^2 \left[1 - \left(\frac{u_2}{u_1} \right)^2 \right] \tag{5-11}$$

利用压力假设和理想气体状态方程，可以计算得到虚喷管出口处的气流密度为：

$$\frac{\rho_2}{\rho_1} = \frac{2n\gamma^2 Ma_1^2}{2n\gamma^2 Ma_1^2(\gamma + n - 1) - (\gamma - 1)(n - 1)^2} \tag{5-12}$$

结合式(5-12)、式(5-8) 可得：

$$\frac{d_{\mathrm{ps}}}{d_{\mathrm{e}}} = \sqrt{\frac{2n\gamma^2 Ma_1^2(\gamma + n - 1) - (\gamma - 1)(n - 1)^2}{2n\gamma^2 Ma_1^2 + 2\gamma(n - 1)}} \tag{5-13}$$

式中，d_{e} 为虚喷管口径。

典型的射流火焰结构如图 5-9 所示，泄漏源为坐标原点，重力方向沿 z 轴竖直向下。S_0 为氢气点燃的位置，虚线为火焰中心线，S 为沿火焰中心线的坐标，θ_0 表示火焰中心线与水平方向的夹角，r 表示火焰中心线的径向距离，φ 表示射流横切面上的方位角[16]。

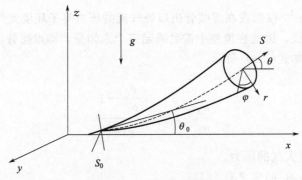

图 5-9　射流火焰示意图

由于氢气的储存压力较高，火焰为充分发展的湍流火焰，真实情况较为复杂，为便于计算做出以下假设。

a. 射流火焰在扩散过程中仅受重力作用，不考虑环境风速的影响。

b. 计算组分系数时仅考虑氢气和水蒸气两种组分。

c. 火焰流动视为沿射流中心线方向的准一维流动，径向速度始终为 0。

d. 火焰形状呈平头圆锥状，忽略泄漏口至 S_0 段，火焰在泄漏口点燃。

积分形式的射流火焰控制方程如式(5-14) 所示：

$$\frac{\partial}{\partial S} \int_0^{2\pi} \int_0^{\infty} \rho u r \, \mathrm{d}r \, \mathrm{d}\varphi = \rho_{\mathrm{S}} (E_{\mathrm{mom}} + E_{\mathrm{buoy}}) \tag{5-14}$$

式中，ρ 为沿射流中心线方向的局部时均密度；u 为沿射流中心线方向的时均速度；ρ_{S} 为周围环境空气密度；E_{mom} 和 E_{buoy} 分别表示动量卷吸率和浮升力卷吸率。

x 方向动量方程：

$$\frac{\partial}{\partial S}\int_0^{2\pi}\int_0^{\infty}\rho u^2\cos\theta r\,\mathrm{d}r\,\mathrm{d}\varphi=0 \tag{5-15}$$

z 方向动量方程：

$$\frac{\partial}{\partial S}\int_0^{2\pi}\int_0^{\infty}\rho u^2\sin\theta r\,\mathrm{d}r\,\mathrm{d}\varphi+\int_0^{2\pi}\int_0^{\infty}(\rho-\rho_S)gr\,\mathrm{d}r\,\mathrm{d}\varphi=0 \tag{5-16}$$

火焰中心线坐标方程：

$$\frac{\mathrm{d}x}{\mathrm{d}S}=\cos\theta \tag{5-17}$$

$$\frac{\mathrm{d}z}{\mathrm{d}S}=\sin\theta \tag{5-18}$$

组分方程：

$$\frac{\partial}{\partial S}\int_0^{2\pi}\int_0^{\infty}\rho ufr\,\mathrm{d}r\,\mathrm{d}\varphi=0 \tag{5-19}$$

式中，f 为组分混合系数。沿火焰中心线径向的速度和混合系数具有高度自相似性，近似服从高斯分布，即：

$$f(r)=f_{\mathrm{cl}}\mathrm{e}^{-\left(\frac{r}{\lambda_f B}\right)^2} \tag{5-20}$$

$$u(r)=u_{\mathrm{cl}}\mathrm{e}^{-\left(\frac{r}{\lambda_u B}\right)^2} \tag{5-21}$$

式中，u_{cl} 和 f_{cl} 分别表示火焰中心线处的时均速度和时均混合系数；B 为特征宽度；λ_f 和 λ_u 为经验系数，此处均取 1.24。

② 射流火焰热辐射模型　本文采用加权多点源模型计算射流火焰辐射热流密度[17]。定点的辐射热流密度可表示为：

$$q=\pi S_{\mathrm{rad}}\frac{F_{\mathrm{view}}}{A_{\mathrm{flame}}} \tag{5-22}$$

式中，S_{rad} 为火焰的总辐射功率；A_{flame} 为射流火焰表面积；F_{view} 为定点观测系数。

加权多点源模型[17]中，观测系数和点热源权重存在以下关系：

$$\frac{\tau F_{\mathrm{view}}}{A_{\mathrm{flame}}}=\sum_{i=1}^{N}\frac{w_i\cos\beta_i}{4\pi R_i^2}\tau_i \tag{5-23}$$

式中，w_i 表示第 i 个点热源所占的权重；R_i 和 β_i 分别表示点热源和观测点之间的距离和角度。对于 N 个点的加权多点源模型[16]，各点热源的权重满足以下关系：

$$\left.\begin{array}{ll} w_j=jw_1 & j=1,\ldots,n \\[2mm] w_j=\left[n-\dfrac{(n-1)}{(N-(n+1))}\cdot(j-(n+1))\right]w_1 & j=n+1,\ldots,N \\[2mm] \displaystyle\sum_{j=1}^{N}w_j=1 & \end{array}\right\} \tag{5-24}$$

（2）爆炸

① 开放空间内超压计算　BST 法[18]通过选择爆炸强度曲线，根据爆炸源与目标的距离确定爆炸荷载。未点燃的射流/羽流内的燃料可燃质量 m_{flam} 首先通过沿射流/羽流坐标的整个长度对可燃性极限内的射流/羽流的质量分数和密度的体积积分来实现，如式（5-25）所示：

$$m_{flam} = \int_{S=0}^{S=\infty} \left(\int_{rY=Y_{UFL}}^{rY=Y_{LFL}} \rho Y 2\pi r \, dr \right) dS \tag{5-25}$$

式中，Y 为质量分数；Y_{LFL}，Y_{UFL} 分别为燃烧下限、燃烧上限时的质量分数；r 为燃烧半径；S 为整个射流/羽流的流线坐标。

未点燃的可燃混合物内的能量 E_{flam} 与可燃质量有关，通过式（5-26）获得：

$$E_{flam} = k_{reflection} m_{flam} \Delta H_c \tag{5-26}$$

式中，$k_{reflection}$ 是地面反射系数，假定为 2；ΔH_c 是燃烧热。R^*_{BST} 为无量纲距离与能量 E_{flam} 是相关的，可以通过式（5-27）来进行确定：

$$R^*_{BST} = \frac{R}{(E_{flam}/P_{ambient})^{1/3}} \tag{5-27}$$

无量纲超压和比冲与无量纲距离是相关的。其中，无量纲超压 P^* 定义为峰值超压 P_S 和环境压力 $P_{ambient}$ 之比：

$$P^* = \frac{P_S}{P_{ambient}} \tag{5-28}$$

比冲 I 通过可燃气体能量 E_{flam}，环境压力 $P_{ambient}$ 和空气声速（340m/s）进行无量纲化：

$$I^*_{BST} = \frac{I_{air}}{(E_{flam} P^2_{ambient})^{1/3}} \tag{5-29}$$

基于马赫数的火焰速度，无量纲超压和比冲如图 5-10 所示。

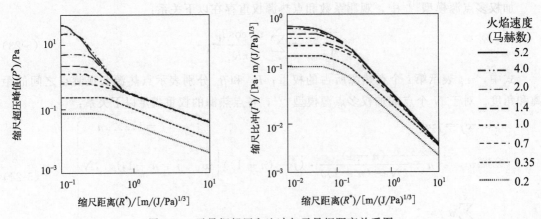

图 5-10　无量纲超压和比冲与无量纲距离关系图

② 受限空间内超压计算　目前，有些研究人员利用氢气或其他轻质气体注入受限空间的方式来研究氢气在封闭空间内的扩散机制，从而更好地确立数值模拟的模型[19]。对于封闭空间的氢气聚集可以利用"Filling box"模型来描述。该模型示意图如图 5-11 所示，假设氢气射流形成的氢气-空气混合物层均匀分布在空间的顶部并逐渐向下扩散，在这种扩散模式下达到爆炸极限的时间非常短。

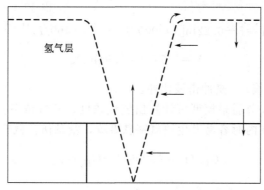

图 5-11　"Filling box"扩散模式示意图

其超压计算公式为：

$$\Delta p = p_0 \left\{ \left[\left(\frac{V_T + V_{C_n H_{2n+2}}}{V_T} \right) \left(\frac{V_T + V_{stoich}(\sigma - 1)}{V_T} \right) \right]^\gamma - 1 \right\} \quad (5-30)$$

式中，p_0 为初始压力；V_T 为封闭空间的总体积；$V_{C_n H_{2n+2}}$ 为纯燃料释放并膨胀后的体积；V_{stoich} 为化学计量混合物的燃料体积；σ 为化学计量燃料-空气混合物的膨胀比；γ 为空气的比热比。

5.2.2.4　伤害概率模型

根据 5.2.2.3 节人员位置处的辐射热流密度、超压值和氢气浓度，结合 Eisenberg 热辐射伤害模型[20]、TNO 结构倒塌超压伤害[21] 或 Eisenberg-肺损伤超压伤害模型[22] 和窒息伤害模型[23]，可得出每个人员的死亡概率值。

概率模型用于确定某一暴露的伤害或死亡概率。该概率模型是一种预测因子的线性组合，这种预测因子建立了与正常分布相关的逆累积分布函数模型。死亡的概率计算是在概率模型 Y 建立的值的基础上评估正态累积分布函数 ϕ[10,24]。下面讨论热和超压效应的不同概率模型。

$$p_{伤害} = F(Y/\mu = 5, \sigma = 1) = \phi(Y - 5) \quad (5-31)$$

式中，μ 和 σ 为正态分布的两个参数，分别为均值和标准差。

热辐射引起的伤害水平是热通量强度和暴露持续时间的函数。辐射热通量的危害通常用热剂量单位来表示，热剂量单位综合体现了热通量强度和暴露时间，如式（5-32）所示[10,24]。计算热辐射的伤害概率模型选用 Eisenberg 模型[20]，基于广岛和长崎核爆炸紫外辐射数据获得，如式（5-33）所示[20]。

$$V = I^{(4/3)} \times t \quad (5-32)$$

$$Y = -38.48 + 2.56 \times \ln V \quad (5-33)$$

式中，I 为热辐射通量；t 为暴露时间。

目前国际上有几个概率模型可以预测爆炸超压导致的伤害。这些模型一般区分压力的直接效应和间接效应。压力的显著增加会导致敏感器官损伤，如肺、耳朵等。间接效应包括由超压产生的碎片、结构的坍塌和热辐射（蒸气云爆炸产生的火球热辐射）。在结构中的人相比肺损伤更可能死于设施坍塌。为此，通常采用 TNO 概率模型分析结构倒塌[21]，如式(5-34)所示。受限空间中发生爆炸，选用 Eisenberg-肺损伤模型[22]，如式(5-35)所示。

$$Y = 5 - 0.22\ln\left[(40000/P_S)^{7.4} + (460/i)^{11.3}\right] \tag{5-34}$$

$$Y = -77.1 + 6.91\ln P_S \tag{5-35}$$

式中，P_S 是超压峰值；i 是冲击波比冲。

此外，根据 5.2.2.3 节后果模型可计算出氢气浓度、氧气浓度如式(5-36) 所示。而当人员处于高浓度氢气范围内时容易发生缺氧窒息事故，窒息伤害概率如式(5-37) 所示[22]。

$$C_{O_2}(t) = 0.209[1 - C_{H_2}(t)] \tag{5-36}$$

$$P_{O_2} = \int_0^t \frac{1}{\exp[8.13 - 0.54(20.9 - C_{O_2}(t))]} dt \tag{5-37}$$

式中，t 为暴露的时间；C_{O_2} 为氧气的浓度，C_{H_2} 为氢气浓度。

5.2.2.5　风险度量

致命事故率（fatal accident rate，FAR） 和平均个人风险（average individual risk，AIR）是常用的表示评估对象死亡风险的指标。致命事故率和平均个人风险是潜在生命损失值（potential loss of life，PLL）的函数。潜在生命损失值表示每年死亡人数的期望值[9,10]，可表达为：

$$PLL = \sum_n (f_n \times c_n) \tag{5-38}$$

式中，n 为可能场景数；f_n 为事故场景 n 发生的频率；c_n 为事故场景 n 的死亡人数期望值。

FAR 是每 1 亿小时暴露时间对应死亡人数的期望值。则 FAR[10,11] 为：

$$FAR = \frac{PLL \times 10^8}{\text{暴露时间}} = \frac{PLL \times 10^8}{N_{pop} \times 8760} \tag{5-39}$$

式中，N_{pop} 为评估对象中人员的平均数。

平均个人风险表示每个暴露个体的平均死亡人数[10,11]，可表达为：

$$AIR = H \times FAR \times 10^{-8} \tag{5-40}$$

式中，H 为评估对象中人员所花费的年平均时间（如全职工作者年平均时间为 2000h）。

评估结果中常用的三种风险度量是否在可接受风险水平之内要看是否符合公众人员、使用者、工作人员可接受的风险水平标准[25]。

a. 位于设施外的公众（第三方）人员：个人可接受风险水平是死亡人数每年低于 10^{-5}；

b. 客户（乙方）使用该设施的人员：可接受风险水平每年低于 10^{-4}；

c. 设施操作人员（甲方）人员：可接受风险水平每年低于 10^{-4}。

5.3　氢安全应急预警

5.3.1　氢气安全监测与预警原理

氢气有许多独特的特性[26]，其中最显著的是易燃易爆性。当氢气的浓度在约 4%～75% 之间，极容易引发爆炸，因此，在氢气的制备、储存、运输、注入和使用过程中，存在着泄漏、燃烧和爆炸的潜在风险。因为氢气泄漏而发生的安全事故发生过数次，所以为了减少氢能应用中的安全风险，必须采取适当的预防措施，并对氢气进行实时监测。氢气传感器已经是氢能源应用中的必不可少的部件之一。氢气传感器具有成本低、尺寸小、响应快等优点，可检测氢气并产生与氢气浓度成正比的电信号。美国能源部针对其设置了严格的性能参数指标，包括工作温度、浓度范围、气体环境、响应时间、使用寿命和市场价格。未来需提高其稳定性、选择性和灵敏度。

氢气传感器的种类：长期以来，科研人员都在为研制出高性能、低成本的氢气传感器这一目标不懈努力，也研制了很多传感器产品。这些传感器产品根据工作原理不同，主要分为热传导型、电化学型、光学型、电阻型、催化燃烧型等类型。

① 热传导型传感器，为扩散进气型，根据气体的导热性，其导热芯上的热阻会随着被测气体的浓度而变化，导致导热芯上敏感电阻的电阻值发生变化。其输出稳定，漂移小，不会发生化学反应或材料变化。

② 电化学氢气传感器，通过氢气和传感电极之间的电化学反应来检测氢气的浓度，从而引起电能的变化。有电流型和电压型传感器，其中电压型传感器容易小型化，但电压型传感器的响应信号与氢气浓度呈对数关系，因此，当气体浓度较高时，其检测精度较低。

③ 光学氢气传感器，使用光学传感技术，通过光学变化检测氢气浓度[27]。氢气传感器有三种主要类型：光纤氢气传感器、声表面波氢气传感器和光声氢气传感器。光纤氢气传感器具有安全、耐腐蚀、适合远程传感和抗电磁干扰的优点。

④ 电阻式氢气传感器，利用氢气敏感材料的电阻变化来检测氢气浓度，大致分为半导体金属氧化物和非半导体类型[28]。

⑤ 催化燃烧式氢气传感器，通常使用催化燃烧技术来检测氢气浓度[29]。用测定氢与氧在传感器表面上的催化反应放出的热进行氢浓度的检测。这是通过使用一个敏感元件、一个校准元件和一个固定的电阻来形成一个检测氢气浓度变化的桥来实现的。随着铂金线圈释放出更多的热量，电阻上升，导致检测信号的电压与气体浓度成比例变化。它可用于检测包括氢气在内的可燃气体。催化式氢气传感器分为两种类型：催化元件型和热电型。

5.3.2　氢气安全监测与预警场景

5.3.2.1　氢气制备安全监测与预警

氢气的制取流程繁多，相关设施复杂。此外，还需要对制取得到的氢气进行多种状态之间的转化。如果相互连接的管道、储氢设备等的安全监测及预警管理不到位，很容易发生氢气的泄漏，后果不堪设想[30]。同时，由于工厂内的环境温度比较高，很容易引起爆燃、爆炸事故。

目前，煤、天然气等化石能源重整制氢工艺，在安全监控与预警中，由于缺乏可利用的有效样本，导致在实际生产中出现大量的异常工况。这个条件会造成很多假警报和延迟警报，如图 5-12 所示。在氢制备的基础设施上需要增强早期安全监测预警能力，以应对可能的突发事件。对于在操作方面需要频繁调节且与异常工况多项耦合互扰的挑战，需要智能检测装置能够拥有实时分析、集中研判的能力，同时进行风险评估和相应的预警措施。

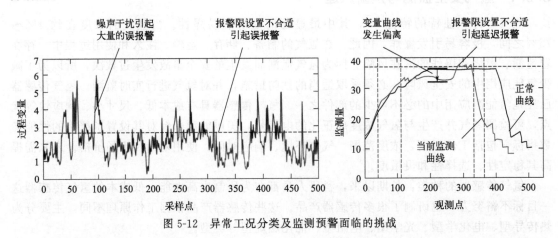

图 5-12　异常工况分类及监测预警面临的挑战

新能源（如风电、太阳能、水电、潮汐能等）具有强随机、不稳定、高波动等特性，而电解水制氢技术需要稳定的电能质量[31]。如果功率波动太频繁，这势必会影响相关设备的使用寿命并且会导致制取的氢气纯度和质量不达标。因此，研发高效、精确、低成本、高度智能化的氢能生产装置，实现氢能生产过程的实时监控、诊断及动态寿命预报，具有十分重要的意义。图 5-13 显示了对环境中有害气体进行智能化探测和实时监视的装置原理，以及对制氢装置进行故障探测的技术和智能化装置原理。

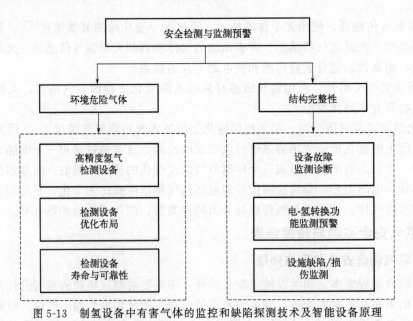

图 5-13　制氢设备中有害气体的监控和缺陷探测技术及智能设备原理

5.3.2.2　氢气存储安全监测与预警

要实现氢能的有效利用，最重要的是氢能的存储和运输，这也是制约氢能向大规模进一步发展的重要因素。氢能的储存方式主要有：压缩或液化的纯氢储存、储氢合金（金属氢化物）储存、地下储氢以及与天然气和其他燃料气体混合后的管道运输和储存[32]。

储氢设备的腐蚀及氢脆、疲劳、漏氢等问题，会造成设备的局部塑性下降，裂纹扩展速率加快，严重时会降低设备的使用寿命，造成氢气泄漏。目前，针对该问题的研究仍存在较大的困难，主要涉及泄漏口尺寸、沿程障碍物、氢气浓度梯度等因素对漏失扩散的影响。因此有必要深入开展多个泄漏过程中射流间的交互作用及影响规律等方面的研究。

氢气一旦在密闭空间中泄漏后，很容易积聚并形成易燃易爆的氢气云团。氢气具有较宽的燃烧范围和很低的点火能量。如果氢气泄漏后被立即点燃，就会形成喷射火焰，称为氢喷射火。因此，氢的分布式存储非常需要各个环节耦合监测技术、远程自动实时监测和安全分析技术进一步发展。此外，氢储存形式多样，大多环境条件较为恶劣，这使得储氢的安全运行和及时预警难以得到有效保障。因此，形成一套智能的"采集—传输—集成—决策—预警"氢储存的安全信息集成技术十分重要，如图 5-14 所示。

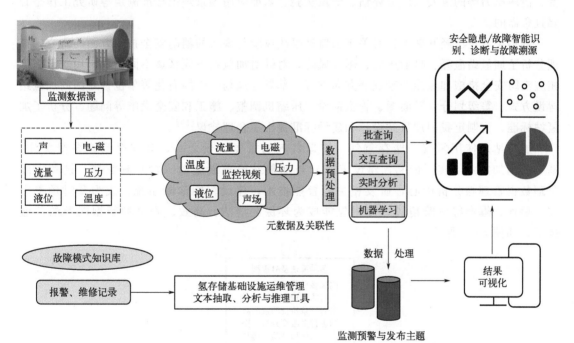

图 5-14　氢存储智能安全信息"采集—传输—集成—决策—预警"一体化技术架构

5.3.2.3　氢气运输安全监测与预警

国际上的氢气运输方式主要有长距离拖车气体运输、液氢罐车运输和气体管道长途运输。在长途拖车气态输运和液氢罐车运输过程中，突发事件可能会随时发生，这是因为周边交通的状况以及人员的操作都是多变的。之前已有的智能检测监控技术主要在构建远程车辆监控设备和低水平的数据统计分析。目前，对新型交通失效行为、人为违规操作等安全隐患，缺乏对其进行智能预警、实时追踪的研究。

在输气管道的施工过程中，由于氢气的氢脆效应明显，加强对掺氢天然气管道的焊缝和无损检测的管理显得尤为重要。而对于在穿越高速公路、街道时，在套管内增设排气管等危险控制技术与装备，则需要进一步的研究。在输送过程中，应强化对管线泄漏的实时在线监测，并对其进行预警、应急处置。

在氢能源运输基础设施的安全探测、监控与预警方面所遇到的关键问题[33]：现有的监控系统缺乏逻辑分析能力，只是机械地记录信号；过度依赖案例分析，智能化程度不够；设备安全性覆盖区域不足，高危地区人员操作不便。

5.3.2.4   氢气应用基础设施安全监测与预警

在封闭空间中，氢气的燃烧速度极为迅速，比其他常用燃料气体快数倍[34]。因此在封闭停车场发生缓慢的氢气泄漏，比其他燃料更容易发生喷射火灾/爆燃甚至爆轰。中国制定的汽车氢能安全法规、条例在科学研究方面和完整性方面还有待进一步完善和优化改进。目前，中国燃料电池汽车（FCEV）相关标准的制定由国家标准化委员会设立的几个技术标准委员会负责，主要涵盖车辆标准、燃油系统、基础设施、通用基础等。这些已制定的标准缺乏足够的实验数据作为理论支撑和安全技术研究工作作为必要支持。因此，基于我国氢能应用场景的特点，及时开展针对氢能在不同使用场景、不同工况下，比如泄漏孔径、泄漏位置、泄漏压力等的氢安全风险评估、缩尺实验、氢能应用场景规范标准制定等研究工作是必要且急需的。

各相关单位已经开展了针对关于加氢站事故风险与现有的消防安全技术方面的研究，梳理分析了加氢站泄漏、喷射火灾、爆炸风险，对针对加氢站不同区域不同储氢、用氢设施的相应消防安全措施和氢能未来发展方向进行了部署与规划。中国石化等单位针对国内加氢站建设方式、等级划分、平面图、管道铺设、压缩机调整、施工和安全设施等问题，分析了加氢站标准，为制定我国加氢站设计和建设标准提出了合理建议[35]。

加氢站是使用氢气、储存氢气、转运氢气的重要场景之一，其安全问题备受关注。基于我国加氢站的实际情况，建设 FCEV 与加氢站设备设施监（检）测数据、设备运维管理数据管理与分析中心，研发相关的智能技术，建设智能诊断系统，成为及时预警火灾、爆炸、爆燃等危险情景，使得氢能成为环保、清洁、高效、安全的新型能源的关键技术，如图 5-15 所示。

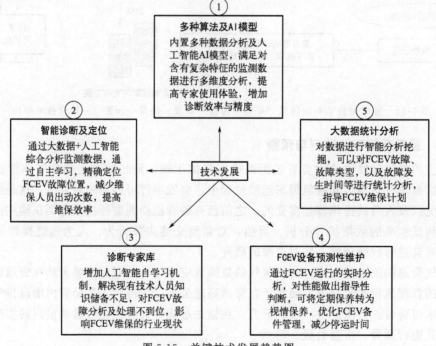

图 5-15   关键技术发展趋势图

5.4 氢应急装备与系统

为保证加氢站安全，在系统设计时，需要考虑氢气泄漏安全应急装备系统。此章节列出的部分规范是消防方面的规范，涉及加氢站的规范目前并不详细。常见的安全应急装备系统包括以下几类。

5.4.1 通风系统

良好的通风系统是避免气体泄漏后积聚的重要因素。加氢站加氢机处于室外环境中，可采用自然通风。

加氢站站区内有爆炸危险的房间，若通风不良，当氢气等可燃气体设备、管道不慎或事故发生泄漏时，将会逐渐积聚，一旦浓度达到爆炸极限范围并遇火，就会立即引起着火燃烧和爆炸事故。

氢气为比空气轻的可燃气体，所以在建筑物顶部、高处设排风口、天窗等，靠自然风力或温差作用进行通风换气，使可燃气体浓度不易达到着火燃烧、爆炸极限，因此自然通风是安全防爆的有效措施之一。

事故排风装置可针对氢气等可燃气体设备、管道因故发生较大量的气体泄漏事故或自然通风设施失灵时，有爆炸危险的房间内由于可燃气体泄漏达到气体浓度报警装置规定的报警浓度时，报警并自动启动事故通风装置排除泄漏的可燃气体，确保这些场所的安全运行。如图 5-16 是简易的排风装置示意图，由于氢气泄漏聚集于房顶，所以氢浓度传感器安装在房顶，用于监测房间内氢气浓度。

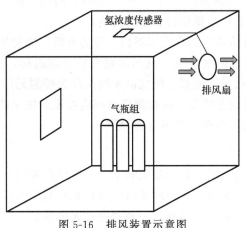

图 5-16 排风装置示意图

《加氢站技术规范》（2021 版）（GB 50516—2010）规定如下。

① 加氢站内有爆炸危险的房间自然通风换气次数不得少于 5 次/h；事故排风换气次数不得少于 15 次/h，并应与空气中氢气浓度报警装置连锁。

② 有爆炸危险的房间，事故排风风机的选型，应符合现行国家标准《爆炸危险环境电力装置设计规范》（GB 50058—2014）的有关规定。

5.4.2 自动喷水灭火系统

自动喷水灭火系统是当今世界上公认的最为有效的自动灭火系统之一，是应用最广泛、用量最大的自动灭火系统。国内外应用实践证明，该系统具有安全可靠、经济实用、灭火成功率高等优点。

自动喷水灭火系统由洒水喷头、报警阀组、水流报警装置（水流指示器或压力开关）等组件，以及管道、供水设施等组成，能在发生火灾时喷水的自动灭火系统，如图 5-17 所示。

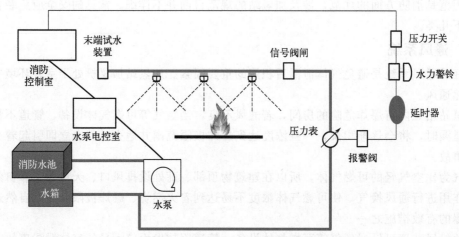

图 5-17　自动喷水系统装置示意图

自动喷水灭火系统的原理主要是系统通过一定的探测器，如火灾探测器、浓度传感器、烟雾报警器等，或者人工报警触发，自动启动。水泵开始工作，将水输送至喷头，喷出的水将火源控制在一定范围内，同时对火焰及周围空气、物体进行降温，起到灭火的作用。

《自动喷水灭火系统设计规范》（GB 50084—2017）的规定如下。

自动喷水灭火系统的设计原则应符合下列规定：

① 闭式洒水喷头或启动系统的火灾探测器，应能有效探测初期火灾；

② 湿式系统、干式系统应在开放一只洒水喷头后自动启动，预作用系统、雨淋系统和水幕系统应根据其类型由火灾探测器、闭式洒水喷头作为探测元件，报警后自动启动；

③ 作用面积内开放的洒水喷头，应在规定时间内按设计选定的喷水强度持续喷水；

④ 喷头洒水时，应均匀分布，且不应受阻挡。

5.4.3　喷雾系统

水喷雾灭火系统是在自动喷水灭火系统的基础上发展起来的，主要用于火灾蔓延快且适合用水但自动喷水灭火系统又难以保护的场所。该系统是利用水雾喷头在一定水压下将水流分解成细小水雾滴进行灭火或防护冷却的一种固定式灭火系统。

水喷雾灭火系统由水源、供水设备、管道、雨淋报警阀（或电动控制阀、气动控制阀）、过滤器和水雾喷头等组成，向保护对象喷射水雾进行灭火或防护冷却的系统。其中重要参数包括以下几种。

供给强度：系统在单位时间内向单位保护面积喷洒的水量；

响应时间：自启动系统供水设施起，至系统中最不利点水雾喷头喷出水雾的时间；

有效射程：喷头水平喷洒时，水雾达到的最高点与喷口所在垂直于喷头轴心线平面的水平距离。

《水喷雾灭火系统技术规范》（GB 50219—2014）的规定如下。

① 喷雾系统中针对可燃气体生产、输送、装卸设施防护冷却的要求为供给强度不小于 9L/(min·m²)，持续供给时间不小于 6h，响应时间不大于 120s；

② 水雾喷头的工作压力,当用于灭火时不应小于 0.35MPa;当用于防护冷却时不应小于 0.2MPa;

③ 水雾喷头与保护对象之间的距离不得大于水雾喷头的有效射程。

5.4.4　消防给水系统

水作为火灾扑救过程中的主要灭火剂,其供应量的多少直接影响着灭火的成效。消防给水是水灭火系统的心脏,只有心脏安全可靠,水灭火系统才能可靠。如图 5-18 是消防给水系统装置示意图。

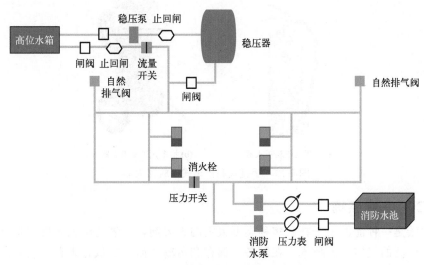

图 5-18　消防给水系统装置示意图

《加氢站技术规范》(2021 版)(GB 50516—2010)规定:加氢站应设置消火栓消防给水系统。消火栓消防给水系统应符合现行国家标准《建筑设计防火规范》(2018 年版)(GB 50016—2014)和《消防给水及消火栓系统技术规范》(GB 50974—2014)的有关规定。

① 建筑室外消火栓的数量应根据室外消火栓设计流量和保护半径经计算确定,保护半径不应大于 150.0m。

② 一级加氢站室外消火栓设计流量不应小于 25L/s,并应采用两路消防供水,二级、三级加氢站室外消火栓设计流量不应小于 15L/s,且消火栓的连续给水时间不应小于 1h。利用城市消防管道时,储氢容器与室外消火栓的距离宜小于 60m。

③ 室外消火栓宜沿建筑周围均匀布置,且不宜集中布置在建筑一侧;建筑消防扑救面一侧的室外消火栓数量不宜少于 2 个。

④ 室外消防给水引入管当设有倒流防止器。

5.4.5　干粉灭火系统

干粉灭火剂可用于扑救灭火前可切断气源的气体火灾。干粉灭火剂的主要灭火机理是阻断燃烧链式反应,即化学抑制作用。同时,干粉灭火剂的基料在火焰的高温作用下将会发生一系列的分解反应,这些反应都是吸热反应,可吸收火焰的部分热量。而这些分解反应产生的一些非活性气体如二氧化碳、水蒸气等,对燃烧的氧浓度也具稀释作用。

《加氢站技术规范》(2021 年版)(GB 50516—2010)规定:加氢站灭灾器材的配置,应符合现行国家标准《建筑灭火器配置设计规范》(GB 50140—2005)的有关规定,并应符合下列规定。

① 每 2 台加氢机应至少配置 1 只 8kg 手提式干粉灭火器（图 5-19）或 2 只 4kg 手提式干粉灭火器；加氢机不足 2 台应按 2 台计算。

② 氢气压缩机间应按建筑面积每 50m² 配置 1 只 8kg 手提式干粉灭火器，总数不得少于 2 只；1 台撬装式氢气压缩机组应按建筑面积 50m² 折合计算配置手提式干粉灭火器。

(a) 手提式干粉灭火器　　　　(b) 推车式干粉灭火器

图 5-19　手提式和推车式干粉灭火器

5.4.6　CO₂ 灭火系统

二氧化碳是一种能够用于扑救多种类型火灾的灭火剂，二氧化碳灭火技术是目前消防领域应用最为广泛的气体灭火技术。在制备、储存和运输方面，二氧化碳有极大的优势。它的灭火作用主要是相对地减少空气中的氧气含量，降低燃烧物的温度，通过窒息的方式阻断火焰燃烧进程。需要注意的是，二氧化碳浓度过高同样会导致人员的窒息，因此使用二氧化碳灭火技术之前，场内人员需要撤离疏散。

二氧化碳灭火系统按应用方式可分为全淹没灭火系统和局部应用灭火系统。全淹没灭火系统应用于扑救封闭空间内的火灾；局部应用灭火系统应用于扑救不需封闭空间条件的具体保护对象的非深位火灾。

《二氧化碳灭火剂》（GB 4396—2005）的规定如下。

二氧化碳灭火剂的质量指标：纯度（体积分数）≥99.5%，水含量（质量分数）≤0.015%，醇类含量（以乙醇计）≤30mg/L，总硫化物含量≤5.0mg/kg。

5.4.7　惰性气体系统

惰性气体灭火技术是目前消防领域应用较为广泛的气体灭火技术，其环保性良好。主要原理与二氧化碳灭火原理相似，通过降低起火区域和周围气体环境中氧气浓度，从而达到抑制火灾的效果。

惰性气体灭火剂是由氮气、氩气以及二氧化碳按一定质量比混合而成的灭火剂：

IG-01 表示单独由氩气组成的气体灭火剂；

IG-100 表示单独由氮气组成的气体灭火剂；

IG-55 表示由氩气和氮气按一定质量比混合而成的灭火剂；

IG-541 表示由氩气、氮气和二氧化碳按一定质量比混合而成的灭火剂。

如图 5-20 所示，惰性气体灭火系统需要先触发启动气体系统，然后触发灭火剂储存系统，用于向防护区输送惰性气体灭火。

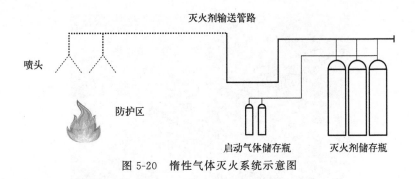

图 5-20　惰性气体灭火系统示意图

《气体灭火系统设计规范》（GB 50370—2005）的规定如下。

① IG-541 混合气体灭火系统的灭火设计浓度不应小于灭火浓度的 1.3 倍，惰化设计浓度不应小于惰化浓度的 1.1 倍。

② 当 IG-541 混合气体灭火剂喷放至设计用量的 95％时，其喷放时间不应大于 60s，且不应小于 48s。

《加氢站消防系统技术规程》（T/CECS 1108—2022）规定：加氢站内有爆炸危险的封闭空间宜设置惰化防爆系统，应符合《惰化防爆指南》（GB/T 37241—2018）的有关规定，且符合下列规定：

① 惰化防爆系统宜优先选用气氛惰化系统；

② 惰化方法宜选用置换惰化方法；

③ 惰化系统应由惰性气体供给装置、氧浓度探测器、监测控制组件和供气管道组成；

④ 氢气探测报警系统三级报警时，紧急切断系统启动并同时联动启动惰化防爆系统。

5.5　典型氢安全事故概述

5.5.1　美国加州埃默里维尔加氢站事故

5.5.1.1　事故经过

2012 年 5 月 4 日上午 7 点 45 分左右，加利福尼亚州埃默里维尔加氢站的一个压力释放阀门发生故障，如图 5-21。导致在一分钟内释放了约 30kg 的氢气。快速释放的氢气与通风管中的空气混合，随后被点燃发生了爆炸，很多当地人听到了巨大的"轰隆"声。爆炸完之后，泄漏的氢气产生了喷射火焰，从排放系统的出口处喷出。出口的喷射火焰撞击到加氢站的顶棚上，导致顶棚上的油漆和灰尘燃烧起来产生了黄色火焰和烟雾。一段时间后火焰熄灭了。阀门故障后，立即通过电话和火警拉动站联系了紧急服务。接到报警之后埃默里维尔警察局随后做出判断，说这可能是一起氢气事故。加氢站员工启动了氢气站的紧急停止装置，关闭了位于整个系统关键的几个阀门，避免了该站所有氢气的排放。事故发生上午运输大楼人员开始疏散，林德系统分别报告了"高压""中压"和"低压"气态氢气级联存储系统的低压警报。这些低压警报表明，大部分气体已经从系统中排出，剩余的氢气被隔离到压缩、液体罐和互连工艺管道。但得到确认，通风口起火并没有对气体或液体容器造成冲击。事故情况已经稳定之后关闭了泄漏的通风管的隔离阀。

5.5.1.2　事故分析

经过调查得出事故是由一个泄压阀发生故障所导致的。固定式储存系统管道规范中泄压

图 5-21　加利福尼亚州埃默里维尔加氢站

阀的设计是为了在存储系统中发生超压情况时释放气体。所使用的阀门类型是弹簧定位泄压阀，其在许多压缩气体应用中很常见。根据事故调查的结果没有发现系统在此次事件之前或期间超过了任何压力限制。所以说对故障阀门部件的评估结果与是否超压不是阀门故障的原因。桑迪亚美国国家实验室对故障阀门进行了分析。分析的结论是，不合适的材料以及生产过程的偏差导致了阀门的故障。此次事故为氢气系统部件的选择提供了建议和指导。此外，对氢气系统的安全审查必须评估所有部件中使用的材料；特别是安全关键部件，以确保该部件满足设计压力和应用的服务环境。喷嘴组件所选择的材料不建议将高强度钢用于接触氢气的部件。

在该事件中，事故指挥部对所提供的信息作出了适当的反应。远程监控系统在释放开始大约 15 分钟后就可以获得有关储气系统状态的信息。但是后来加氢站和林德公司在事件中的反应偏离了应急程序，没有及时向事故指挥部提供有关加氢站设备和流程状况的额外信息，没有能够以更精细的方式调整反应。火灾报警人员在当天上午对火灾报警系统进行维修时，没有与消防部门联系就关闭了系统，火灾报警系统没有发挥作用。这违反了应急与操作程序，所以缺乏关于系统状态的及时信息报告，导致了事故的发展。

系统设计也导致了事故的升级。氢气系统中通风口的位置与附近的天棚材料，以及整个气体储存通过一个点释放都存在隐患。泄压阀系统的设计是为每个储存容器或管道提供压力释放。当超压时，压力释放被引导到专门设计的通风管道排出。氢气的点火能量很低，这意味着它很容易由于静电或颗粒物的摩擦被点燃或着火。而且通风系统的位置没有充分地高于附近的顶棚。

5.5.1.3　事故处理建议与指导

①　设计专门为氢气服务的设备构件，如减压阀等部件；

②　制订与所有责任方有关的沟通方案，在具体问题上，建立流程责任或"所有权"，以便更好地集中信息流，确保第一反应人能够容易地识别流程的所有者；

③　对指定在氢气站工作的主要人员进行专业培训和演习；

④　评估和实施与顶棚和设备有关的氢气系统，确保防风口充分高于和远离易损设备；

⑤　评估和实施火灾检测系统的改变，以识别系统中的氢气火焰。

5.5.1.4　应急处置措施

用专门为氢气服务而设计的装置更换泄压阀。

① 拆卸含有 440C 不锈钢的阀门。选择具有适当材料的减压阀。316 型奥氏体不锈钢就是一种合适的材料,广泛应用于气态氢系统。

② 应该对整个系统的组件中使用的材料进行分析。

更新有关所有责任方的沟通计划。特别是建立流程责任或"所有权",以更好地集中信息流。确保流程所有者很容易被急救人员识别出来,并且不承担其他行政应急响应职责,以充分支持事件指挥官和技术支持之间的联络。

① 适当地添加信息系统,以向事件指挥官提供可靠的系统信息;

② 确保指定的应急响应人员可访问关键数据;

③ 根据时间轴分析更新培训文档;

④ 指定响应氢站的关键人员进行进修培训和"桌面演练"或类似的演习,纳入持续改进原则,从一个特定的氢团队规则发展到标准的工作职能内接受的文化规范;

⑤ 评估和实施有关顶棚和其他设备的通风系统,确保泄风口、通风出口足够靠上,远离受损设备。如果无法重新安置通风口,请考虑替代建筑材料(天棚上的油漆);

⑥ 利用机会隔离存储系统的子集,评估和实施过程系统的改进;

⑦ 评估并实施对火灾探测系统的变更,以识别系统上的氢气火焰;

⑧ 为那些提供安全关键设备的公司改进分包商和分包供应商的资格鉴定流程。

5.5.2　福岛核电站氢气爆炸事故

5.5.2.1　事故经过

2011 年 3 月 11 日,日本福岛第一核电站遭受海啸袭击,导致应急柴油发电机停止运转,设备受损或丢失,全站停电[36]。由于核燃料衰变热未得到冷却,1～3 号机的燃料组件包壳熔化,产生大量氢气,引起多次爆炸。此次异常事故泄漏了大量放射性物质,迫使日本政府撤离周围 10 万人口,并设置避难、限制和返回困难三个区域。虽然福岛核电站已于 2020 年 3 月完成排放等准备工作,但部分地区仍处于避难指示状态。

5.5.2.2　事故分析

1 号机在地震发生后,海啸又袭击了核电站,并淹没了紧急电池,使隔离冷凝器无法工作,见图 5-22。仪表、电动阀门也同时失去了电源。另一方面,1 号机的燃料棒由于冷却水蒸发引起的水位下降而完全暴露在空气中,开始了堆芯熔毁。启动的柴油驱动泵也在第二天停止运行,所有燃料在第二天融毁。随后检测到 1 号机堆芯压力异常上升,安全壳的压力达到了设计强度的 1.5 倍。大臣海江田万里在知道有各种风险,如放射性物质向大气中大量泄漏,或者用于防止氢气爆炸的氮气泄漏的情况下,仍然下达了实施排气泄压的命令。之后 1 号机组反应堆厂房发生氢气爆炸。氢气爆炸中飞出的碎片不仅造成了人员受伤,而且还使得 2 号机水泵电缆铺设作业功亏一篑。另外,爆炸时喷出的气体使 2 号机的机壳脱落,反应堆厂房内部暴露在外。

3 号机的堆芯熔毁使大部分燃料已穿过压力容器底部而落入安全壳。反应堆厂房的操作台上方,发生了与 1 号机组一样的氢气爆炸。燃料池附近立刻燃起了大火,黑烟滚滚上升。大量的砖瓦被抛向数百米高空,造成 7 人受伤,抢险作业也遭中断。

4 号机突然发生爆炸,并伴有强烈的震动,4 号机反应堆厂房出现了破损。4 号机处于定期检查中,因此堆芯没有装载核燃料,但由于 3 号机与 4 号机共用一个排气筒,因此推测 3 号机泄漏的氢气通过连接排气筒的管道进入 4 号机,从而发生了爆炸。由于当时厂房失去了电源,切换阀门的动作停止,氢气才得以从 3 号机泄漏入 4 号机。像 1、2、3、4 号机这

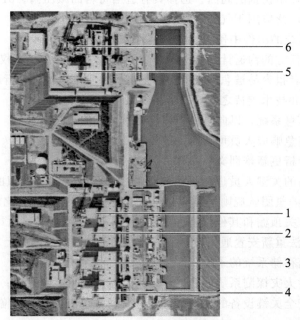

图 5-22　各反应堆的配置图

样相邻的反应堆厂房之间共用排气筒的设计也被指出存在问题。氢气爆炸导致 4 号机的乏燃料池暴露在外，人们担心乏燃料失去冷却水而过热，但实际上冷却水还剩余很多，乏燃料仍淹没在水下。

事故之后对反应堆内部进行透视，发现 1 号机内核燃料全部熔融，落入压力容器底部，并有一部分烧穿压力容器进入安全壳底部。2 号机的燃料中大部分落入压力容器底部。而 3 号机核燃料则落入安全壳内。

5.5.2.3　事故处理建议与指导

① 在评估自然灾害对日本国家核电站的危害时需保守，历史数据无法全面描述极端情况下的风险，预测不确定性大。观察期短，需要重视自然风险的不确定性；

② 需定期重新评估核电站的安全，考虑知识进步、实施必要的纠正和弥补措施；

③ 操作经验计划需包括国内外经验，确定的安全改进需迅速实施，使用操作经验需定期独立评估；

④ 在事故中，基本工厂安全参数需通过仪器和控制系统监测保持可操作性，促进工厂运作；

⑤ 需要提供强大和可靠的冷却系统，能够在设计基础和超出设计基础的条件下发挥作用，以消除残余热量；

⑥ 有必要确保对超出设计基础的事故具有可靠的封闭功能，以防止放射性物质向环境大量释放；

⑦ 需要进行全面的概率性和确定性的安全分析，以确认工厂有能力承受适用的超出设计基础的事故，并对工厂设计的稳健性提供高度的信心；

⑧ 培训、练习和演习需要包括假定的严重事故条件，以确保操作人员尽可能地做好准备，需要包括模拟使用实际的设备，这些设备将被部署在严重事故的管理中。

5.5.3　加州圣克拉拉市氢气爆炸和火灾事故

5.5.3.1　事故经过

2019 年 6 月，事件发生在美国加利福尼亚州圣克拉拉市[37]的一家空气产品和化学品公司的氢气拖车转运设施中（图 5-23）。该设施负责将储罐中的液态氢加压加温到环境温度变成气态氢并转移到拖车上的高压组件中，然后运往各个零售的加氢站。拖车分为单模块拖车和双模块拖车，每个单模块拖车上装有 25 个碳纤维气瓶，气瓶之间通过软管相互连接并装有隔离阀。每个气瓶两端都装有泄压装置（PRD）。PRD 包括一个爆破片，爆破压力（表压）为（9500±500）psi（1psi＝6894.757Pa），爆破片前面有一块易熔金属合金，在 100℃下熔化。在启动爆破片前需要足够的温度熔化前面的易熔金属。双模块拖车就是装有两个单模块的拖车。

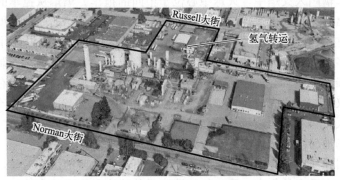

图 5-23　空气产品设施

2019 年 6 月 1 日突然发生了一起重大的氢气泄漏事件，随后立即发生了爆炸和火灾。事件发生在一辆双模块拖车正在装货的时候。在氢气泄漏之前，公司的两名司机在拖车装货台上一起工作，一名司机是培训师，另一名司机是实习生。氢气已经装满大约 95％，这时实习生突然发现氢气管道阀门出现了泄漏并向培训师汇报。培训师让实习生立即停止对模块的填充。然而实习生虽然停止了对两个模块的填充，但是没有将模块与充气系统的管道和控制装置断开，拖车仍然连接在填充柱上。随后培训师尝试修复泄漏的阀门，在此期间他拆下了一段管道。在他修复阀门的时候发现缺少一些零件，便指示实习生关闭充气系统的氢气供应。但是实习生误解了指示，无意中启动了拖车的填充程序，这就打开了拖车上的所有阀门。模块中的氢气从拆卸的管道中泄漏，持续了大概三秒钟，在模块内和拖车周围产生大量的氢气-空气混合气体。混合气体被不明火源点燃导致了爆炸，随后是喷射火。之后培训师按下紧急停止装置，阀门关闭。但是爆炸超压和短时的喷射火导致了 PRD 的启动和损坏，引起了额外的氢气泄漏，从而进一步升级了火灾，导致了机动车燃油和轮胎的燃烧，使得事件更加复杂化。事故造成了该公司现场的四名工作人员中有两人受到轻微伤害。事发拖车中的前部模块遭受了广泛的、不可修复的损害，附近的车辆也受到了不同程度的损坏，多个气瓶和 PRD 损坏，爆炸波对周围建筑造成了轻微破坏。事件发生后，氢气交付的暂停导致了旧金山湾区 11 个加氢站中的 9 个中断或关闭长达四个月。

5.5.3.2　事故分析

最初的泄漏：最初的氢气泄漏是由于氢气隔离阀上的 O 形环破裂或锥体和螺纹接头泄漏造成的。未经授权的修理：拖车司机对泄漏阀门的修理是没有经过授权的，没有按照标准的修理程序对供氢管道进行适当的隔离。沟通问题：培训师让实习生停止氢气供应，实习生却误解了其意思，并无意间打开了阀门，导致氢气从断开的管道喷出。氢气爆炸：氢气爆炸是由于释放到拖车舱里的氢气与空气混合以及不明火源点燃造成的。舱壁阻碍了氢气的自由扩散，开放的舱顶没有足够的泄压口。氢气喷射火：源自断开的管道的氢气喷射火燃烧了几秒钟，直到紧急停止装置被启动，管道阀门关闭。其他的氢气火灾是由启动或损坏的 PRD 引起的。

5.5.3.3 事故处理建议与指导

加强对公司员工的培训和再培训，改进拖车的填充程序。在设施附近应设有灭火系统，能够在火灾发生初期将其控制，需要对气瓶的 PRD 进行优化和改进。

5.5.3.4 事故应急措施

圣克拉拉消防部门于 4：33 收到报警。4：38 两个消防小队赶到现场。消防员到达现场时发现三辆运氢车辆陷入火焰中，火球中心位于中间的拖车。黑烟从拖车的柴油油箱和轮胎冒出。地面有漏出的柴油在燃烧。应急人员首先与空气产品公司的人员取得联系，确认所有人员安全并且没有受伤。随后消防员划出 500m 的隔离区域并设置围栏，并呼叫更多支援。

消防员先用多条水龙熄灭氢气火焰和给储氢罐降温，在氢气火焰被控制住后再用泡沫熄灭拖车上参与的柴油火焰。空气产品公司的人员配合消防部门，关闭了所有氢气管路，并通过可燃气体探测仪监控场地内的氢气浓度。在火焰完全熄灭且确认场地氢气浓度很低之后，空气产品公司的人员再将场地液氢储罐和液氢卡车的储罐降压。至当晚 10：00 消防设备撤离，但是对事故场地保持消防观察直至 6 月 4 日的 11：49。

空气产品公司和圣克拉拉消防局有效地处置了事故发生时的困难局面，成功控制了事故的发展而没有造成严重人员伤害。圣克拉拉消防局的响应是迅速且有效的。一个可能的改进是迅速地大量冲水，但这需要空气产品公司在现场安装自动喷水系统。

5.5.4 挪威加氢站爆炸事故

5.5.4.1 事故经过

爆炸发生在周一下午 5 点 30 分左右，地点位于奥斯陆郊区桑维卡的加氢站[38]（图 5-24）。由于爆炸时加氢站处于无人状态，这一事故并未造成人员直接伤亡，只有附近车辆上的两个人由于气囊打开而轻微受伤并送医院观察。

图 5-24 挪威加氢站

事故爆炸发生及其应急响应的时间线：17：30 爆炸发生，17：37 场地应急响应负责人到达现场，17：40 设备商 Nel 收到事故发生的信息，17：41 E18 和 E16 两条公路关闭，

17：47 建立 500 米封闭区域，19：28 机器人对现场降温；20：14 E18 开通；20：14 消防部门确认大火得到控制。

相关部门在收到事故发生的报告后的一级响应：成立危机管理团队并与加氢站团队协调，应急响应服务的技术支持，通知客户，建议暂时关闭十座采用同样产品系列的加氢站，相关部门的技术专家连夜从丹麦飞往挪威事故现场与管理机构密切合作。雇佣安全咨询机构，同时委托第三方机构协助，建立与客户、供应商、汽车厂商、商业伙伴和其他利益相关方密切沟通的窗口，向市场更新事故信息开始计划短期和长期的改正措施。

5.5.4.2　事故分析

Nel、Gexcon 与当局政府对高压储氢单元进行了场外检查，以确保高压存储单元的完整性。经检查，发现导致氢气泄漏的根本原因是高压存储单元中氢气罐的特定插头装配错误。这导致了氢气泄漏，形成了点燃的氢气与空气混合物。

整个氢气泄漏的过程分为：初始状况，绿色螺栓装配扭力足够，蓝色螺栓装配扭力不足；红色密封失效，一开始红色密封区域出现微小泄漏，微小的泄漏逐渐侵蚀红色密封并导致泄漏扩大，泄漏逐渐增大直至超过泄放孔的容量，导致蓝色密封内部区域的压力增加；瓶盖被内部压力顶起，蓝色密封失效；螺栓的拉力不足导致瓶盖被顶起，蓝色密封立即失效，氢气以不可控的方式泄漏。

5.5.4.3　事故处理建议与指导

由于加氢站是普通人都可能接触到的危险场地，这一事故有着全球性的影响。至今还有很多人拿来质疑氢气的安全性，并以此作为否定氢能未来前景的一个重要依据。但是从安全专业人员的角度，这一事故不但不应该降低人类对于氢能安全的信心，反而可以认识到通过逐步改进的安全技术和完善的安全管理体系，氢能的安全性是可以得到保障的。合理设计合规运营的加氢站并不比加油站和天然气加气站危险。

对于设备厂家的技术整改措施：检查欧洲范围内所有已投运的高压储罐；更新高压储罐的装配工艺，引入更高的安全标准（航空级）；改进泄漏检测；完善点火源控制措施（场地相关）。

5.5.5　韩国储氢罐爆炸

5.5.5.1　事故经过

在韩国江原道江陵市科技园区一家生产显示器设备陶瓷零部件的工厂发生氢气罐爆炸事故，多人受伤，见图 5-25。据报道，工人正在对一个容量为 400L 的氢气罐进行测试，意外地导致爆炸。当地消防部门出动 150 余人进行救援，连夜进行 7 次搜查，在确认没有被埋者之后，认定此次事故共导致工厂 3 栋楼的破损和附近一处建筑倒塌，钢筋严重弯曲。爆炸声传播范围达到 8km，附近的商店也损毁。据悉，氢气罐的残骸从事故地点飞至距离 300m 远的地方。

5.5.5.2　事故分析

事故调查指出，储氢罐爆炸是氢气罐安全装置未启动、容器焊接不良、氢注入不好引起的。爆炸引起火柱，但并未引发火灾。原因在于氢比空气轻 14 倍，在空气中迅速扩散，周围没有易燃物，因此未引起火灾。

该机构有三个容积为 $400m^3$ 的储氢罐，罐体厚度约为 1.5cm。消防部门认为爆炸发生在安装在厂房侧墙上的一个储氢罐，爆炸时该罐碎屑扩散到 100m 外。由于爆炸，该机构的太阳能电池板被剥落，邻近工厂的玻璃窗被打破。爆炸声很大，以至于可以在爆炸点外10km 处听到。

图 5-25 韩国储氢罐爆炸

5.5.6 沈阳氢气喷射火事故

5.5.6.1 事故经过

2021 年 8 月 4 日，位于沈阳经济技术开发区一企业内的氢气罐车软管破裂爆燃，指挥中心立即调派灭火救援力量赶赴现场处置，起火的是一家特种企业，现场共停放了两台氢气罐车。事发后附近居民立刻展开疏散，火势得到有效控制，见图 5-26。

图 5-26 事故发生现场

5.5.6.2 事故分析

事故发生的原因是氢气罐车软管破裂，导致氢气泄漏引发爆燃，造成氢气喷射火。氢气无色无味，比空气轻，并且其爆炸具有很强的破坏力，高温高压部位泄漏出来就直接点燃形成氢气喷射火，如果发生在生产区域，哪怕只是微量的氢气泄漏爆炸，也会破坏物料存储或反应的容器、管道、设备，会引爆或引燃更多的易燃易爆物料，造成人身伤害和财产损失。

5.5.6.3　事故处理建议与指导

氢气的安全利用遵守三个基本原则。首先，避免氢气泄漏，特别是压缩氢气系统的氢气。为此需确保储氢瓶、阀门、安全阀、管件、接头及连接件、仪表、垫圈等在材料的选择和设计等方面有可靠性，选择金属材料需与氢相容性良好。其次，应及时检测氢气泄漏。在易泄漏的部位，应设置高灵敏度的氢气浓度自动检测仪表及报警装置，尽早发现泄漏并采取相应措施。最后，防止氢气泄漏后产生积聚。在封闭空间，如氢气压缩机间及储氢瓶储藏间，须具备良好的通风性能。在易泄漏的部位，需设置与氢气检测报警联动的防爆强制通风设备，在氢气泄漏时迅速启动强制通风设备，使氢气尽快扩散到空气中。

参 考 文 献

[1]　银华强.高温堆甲烷蒸汽重整制氢系统的研究 [D].北京：清华大学，2006.

[2]　吴涛涛，张会生.重整制氢技术及其研究进展 [J].能源技术，2006，(04)：161-167.

[3]　冯是全，胡以怀，金浩.燃料重整制氢技术研究进展 [J].华侨大学学报：自然科学版，2016，37 (4)：6-10.

[4]　倪萌.氢存储技术 [J].可再生能源，2005，(1)：35-37.

[5]　王洪海.CNG 加气站无缝瓶式容器的安全设计 [J].化工设备与管道，1999，(06)：22-29.

[6]　郑津洋，魏春华，楼桦东，等.多功能全多层高压氢气储罐 [J].压力容器，2005，22 (12)：25-28，47.

[7]　张岩，林汉辰、权威数字：全球加氢站 659 座，中国居首位 [EB/OL].2022.http：//www.heic.org.cn/newshow. asp？id=377.

[8]　蒋国祥.SIL 评估在 MCP 催化装置上的应用 [J].科学与财富，2019000 (030)：373-376.

[9]　Katrina G，Ethan H. HyRAM：A methodology and toolkit for quantitative risk assessment of hydrogen systems [J].International Journal of Hydrogen Energy，2017，42 (11)：7485-7493.

[10]　Ehrhart B，Ethan H，Katrina G. Hydrogen risk assessment models (HyRAM) version 3.0 technical reference manual [R].Sandia National Laboratories，2020，SAND-2020-10600.

[11]　Katrina G，Ethan H，John T R. Methodology for assessing the safety of hydrogen systems：HyRAM 1.0 technical reference manual [R].Sandia National Laboratories，2015，SAND2015-10216.

[12]　Katrina G，Andrei V T. A toolkit for integrated deterministic and probabilistic assessment for hydrogen infrastructure [R]. Sandia National Laboratories，2014，SAND2014-2266C.

[13]　李雪芳.储氢系统意外氢气泄漏和扩散研究 [D].北京：清华大学，2015.

[14]　Birch A D，Brown D R，Dodson M G，et al. The structure and concentration decay of high pressure jets of natural gas [J].Combustion Science and Technology，1984，36：249-261.

[15]　Kemal B. Yüceil M，Ötügen V. Scaling parameters for underexpanded supersonic jets [J].Physics of Fluids，2002，14：4206-4215.

[16]　Ekoto I W，Ruggles A J，Creitz L W，et al. Updated jet flame radiation modeling with buoyancy corrections [J]. International Journal of Hydrogen Energy，2014，39：20570-20577.

[17]　Hankinson G，Lowesmith B J. A consideration of methods of determining the radiative characteristics of jet fires [J].Combustion and Flame，2012，159：1165-1177.

[18]　John Wiley&Sons Ltd. Guidelines for vapor cloud explosion，pressure vessel burst，BLEVE，and flash fire hazards [R].Center for Chemical Process Safety，2010.

[19]　Bauwens C R，Dorofeev S B. CFD modeling and consequence analysis of an accidental hydrogen release in a large scale facility [J].International Journal of Hydrogen Energy，2014，39：20447-20454.

[20]　Eisenberg N A，Lynch C J，Breeding R. Vulnerability model：A simulation system for assessing damage resulting from marine spils [R].Coast Guard，1975，SA/A-015 245.

[21]　Methods for the determination of possible damage [R].CPR 16E，The Netherlands Organization of Applied Scientific Research (TNO)，1992.

[22]　Center for Chemical Process Safety. Guidelines for chemical process quantitative risk analysis [M].Hoboken：

Wiley-AIChE，1999.

[23] David A. Purser，Jamie L. McAllister. Assessment of hazards to occupants from smoke，toxic gases，and heat ［M］// SFPE handbook of fire protection engineering. Berlin：Springer，2016.

[24] Katrina G，Jeffrey L C，Harris A P. Early-stage quantitative risk assessment to support development of codes and standard requirements for indoor fueling of hydrogen vehicles ［R］. Sandia National Laboratories，2012，SAND2012-10150.

[25] Rodionov A，Wilkening H，Moretto P. Risk assessment of hydrogen explosion for private car with hydrogen-driven engine ［J］. International Journal of Hydrogen Energy，2011，36（3）：2398-2406.

[26] 郑津洋，刘自亮，花争立，等. 氢安全研究现状及面临的挑战 ［J］. 安全与环境学报，2020，20（01）：106-115.

[27] 母坤，童杏林，胡畔，等. 氢气传感器的技术现状及发展势 ［J］. 激光杂志，2016，37（05）：1-5.

[28] 赵鹏，谢平. 电阻型氢气传感器专利技术综述 ［J］. 中国科技信息，2020（19）：28-29.

[29] 刘西锋，董汉鹏，夏善红. 纳米氧化锡修饰的微催化燃烧式氢气传感器的研制 ［J］. 化学学报，2013，71（04）：657-662.

[30] 王艳辉，吴迪镛，迟建. 氢能及制氢的应用技术现状及发展趋势 ［J］. 化工进展，2001，20（1）：3.

[31] 杨帆，沈海仁，郑传祥. 氢安全保障报警研究 ［J］. 化工装备技术，2010（1）：5.

[32] Cao X Y，Zhou Y Q，Wang Z R，et al. Experimental research on hydrogen/air explosionin hibition by the ultrafine water mist ［J］. International Journal of Hydrogen Energy，2022，47（56）：23898-23908.

[33] 张来斌，胡瑾秋，张曦月，等. 氢能制—储—运安全与应急保障技术现状与发展趋势 ［J］. 石油科学通报，2021，6（02）：167-180.

[34] Yang Z K，Zhao K，Song X Z，et al. Effects of mesh aluminium alloys and propane addition on the explosion-suppression characteristics of hydrogen-air mixture ［J］. International Journal of Hydrogen Energy，2021，46（70）：34998-35013.

[35] 程文姬，赵磊，郗航，等. "十四五"规划下氢能政策与电解水制氢研究 ［J］. 热力发电，2022，51（11）：181-188.

[36] Tokyo Electric Power Ccompany. Report on the investigation and study of unconfirmed/unclear matters in the Fukushima nuclear accident，progress Rep. No. 2 ［R］. 2014.

[37] Hydrogen Safety Panel. Report on June 2019 hydrogen explosion and fire incident in Santa Clara，California ［R］. 2021，PNNL-31015-1.

[38] Anon. Hydrogen explosion/detonation in an ammonia plant ［J］. Loss Prevention Bulletin，1986，078：11-14.

第二篇

氢 的 制 取

本篇主编：闫 巍

《氢能手册》第二篇编写人员

第6章　余智勇　许　卫　隋　升　王振华　邹业成　黄　方
　　　　屠恒勇　官万兵　张　旸　王金意　任志博

第7章　闫　巍　万燕鸣　王　广

第8章　刘茂昌

第9章　张志萍　李亚猛

第10章　张　平

第11章　闫　巍　余智勇　王　广

第12章　王业勤　叶根银　高　进　任永强　樊　强

第13章　李龙辉　余智勇

第14章　许　卫　王　广

引　言

　　氢虽然在自然界中含量丰富，但大都是以化合物的形态存在，其得到过程通常都需要经过一次能源的转化。氢能全产业链中仅从氢的转换路径来说，就包括制氢、储氢、运输、加氢、用氢等多个环节，每个环节中又能再细分涉及更具体的内容。其中，制氢不仅是氢气的源头，更是对整个产业链的绿色化、低碳化有重要影响的关键点。目前，常见的制氢手段主要分为以下几类。

　　可再生能源制氢：可再生能源包含风能、太阳能、生物质能等，利用可再生能源制氢是一种绿色环保，符合可持续发展战略目标的技术。将可再生能源产生的电能，结合电解水制氢技术（如碱性电解水制氢、质子交换膜电解水制氢、固体氧化物电解水制氢及阴离子交换膜电解水制氢）转换为氢能，可以有效地解决这些难以并网的电能，其制备的氢气将有效缓解各行各业对传统能源的依赖。利用太阳光作为动力，用半导体催化剂将水分解成氢气（光解水制氢），将太阳能直接转换为化学能，以清洁的方式产生氢，没有温室气体排放，被认为是解决与化石燃料有关的过度利用和负面环境影响问题的一种潜在解决方案。生物质能是目前最主要的可再生能源之一，将生物质通过生物和化学的方法转化为氢气（生物质制氢），不仅可以有"生物质产品"的物质产生，还可以参与资源的节约和循环利用。

　　化石能源制氢：利用化石燃料来生产氢气是目前最成熟的制氢手段，主要包括天然气热裂解、重油的气化以及重整、天然气的催化分解、煤气化等。利用化石能源制氢会产生大量的碳排放，因此，这种类型的氢也被称为"灰氢"。借助于碳捕集与封存技术（CCS），可以有效降低该制氢方式的碳排放量，将"灰氢"转化为"蓝氢"，以实现未来能源的可持续发展。

　　工业副产物制氢：工业含氢尾气主要包括氯碱副产气、焦炉煤气、炼厂干气等，这些尾气一般用于回炉助燃或化工生产等用途，利用率低、有较高比例的富余。这些工业副产尾气通过提纯工艺处理，有望成为高纯氢气的重要来源。

　　其他制氢技术：热化学循环制氢通过将水加热到足够高的温度（可与高温核反应堆温度水平匹配），经过一系列化学反应，将水分解成氢气和氧气，然后将产生的氢气从平衡混合物中分离出来。最理想的途径是与太阳能结合，成为最低廉的制氢工艺。氨（NH_3）是一种很有潜力的氢气（17.7%）载体，可以轻松克服与储存和运输相关的缺点，且在一定温度下，能够催化裂解成氢气和氮气。氨分解制氢具有产氢量高、安全性好、流程简单、价格低廉、相关技术成熟等优点，有良好的应用前景。

第**6**章

可再生能源制氢

6.1 碱性电解水制氢

6.1.1 基本原理[1-4]

水电解是一种在直流电的作用下将水分解成氢气、氧气的电化学过程。纯水是无法直接电解的，因为水的电离常数很低且电阻较高。碱性电解水使用强碱溶液作为电解质以提供足够的氢氧根离子（OH⁻），从而把电极间的电阻降至最低，当施加一定电压后，直流电流会流到电极上，在每个电极上都发生了各自的半电池电化学反应。其原理如图 6-1 所示：

在正极上的反应： $2OH^- \longrightarrow H_2O + \frac{1}{2}O_2\uparrow + 2e^-$

在负极上的反应： $2H_2O + 2e^- \longrightarrow H_2\uparrow + 2OH^-$

总反应： $H_2O \longrightarrow H_2\uparrow + \frac{1}{2}O_2\uparrow$

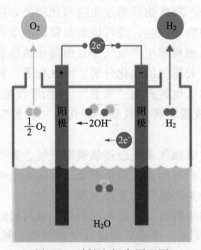

图 6-1 碱性电解水原理图

此反应的速率与流经电极间的电流是成正比例的。如果在密闭空间，在正、负极上产生的氧气、氢气会聚集在电解质上方，形成爆炸性气体，可直接用于气焊、气割，这种设计的电解池被称为氢氧发生器。如果需要单独使用半电解池产生的氢气或氧气，就要在正、负极之间设置隔膜，防止产生的氢气、氧气混合。碱性电解槽使用的隔膜为多孔膜，氢氧根离子应很容易穿过此隔膜由负极迁移至正极。

电解水的过程使得该技术可以利用可再生能源产生的电力，制取氢气和氧气而没有二氧化碳排放，这与化石原料制取氢气过程具有巨大的区别。近年来，为实现《巴黎协定》的目标，国内外对清洁氢气有了更多的需求。然而，电解水并不是一项新技术，其已有200多年的历史，碱性电解水技术发展历史见表6-1。

第二篇 氢的制取

表 6-1　碱性电解水技术发展历史

序号	碱性电解水技术发展历史
1	1800 年左右，Paets van Troostwijk 和 Deimann 演示了用静电发生器分解水
2	1800 年，Volta 创造的第一个强大的电池，也就是伏打柱，才有可能以一种有针对性的方式使用电解
3	1820 年，法拉第在他 1834 年发表的科学著作中，首次提到了电解水的原理
4	1900 年，施密特发明了第一台工业电解槽。仅仅两年后，就有 400 台电解设备投入使用；由于对氨的高需求，电解在 1920 年至 1930 年间蓬勃发展；在加拿大和挪威建立了装机容量为 100MW 的工厂，主要使用水力发电作为动力源
5	1924 年，Noeggenrath 获得了第一台压力电解槽的专利，其压力可达 100bar($1bar=10^5$Pa)
6	1925 年，雷尼的发现对电解技术的进一步发展具有重要意义；他检测了电极中催化剂的活性，并使用了细粒镍；通过将金属镍和硅结合起来，然后用氢氧化钠浸出硅，它能够创造一个巨大的活性催化剂表面
7	1927 年，一项专利描述了铝作为硅的替代品，镍基电极仍然是碱性电解（AEL）的基本催化剂
8	1939 年，单个电解槽的产氢速率首次达到 $10000m^3/h$
9	1948 年 E. A. Zdansky 推出了第一台高压工业电解槽；由于系统的效率受工作温度的强烈影响，抗腐蚀材料被开发出来，并于 1950 年在 120℃ 的 AEL 环境中成功地进行了测试
10	1951 年，Lurgi 使用了 Lonza 的技术，并首次设计了 30bar 的压力电解槽（StatOilHydro）
11	1957 年，在 Winsel 和 Justi 于 1954 年提交了他们的雷尼（Raney）镍专利后，Raney 镍在 1957 年被认可用于碱性电解槽（AEL） Raney 镍被一种据说可以提高导电性和机械稳定性的金属基体包围着；新的 Raney 镍催化剂降低了过电压，并将工作温度降低到 80℃
12	1967 年，Costa 和 Grimes 提出了电极排列的零间隙几何结构，目的是通过减小两个电极之间的距离来降低电池电阻

6.1.1.1　电解定律

在电解过程中，任何物质数量的变化符合法拉第定律：电解时，在电极上析出物质的数量，与通过溶液的电流强度和通电时间成正比，即与通过溶液的电量成正比。公式为：

$$m = K_e It$$

式中 m 为化学反应生成物的质量，g；K_e 为比例系数，即电化当量，$K_e = \dfrac{M}{nF}$；M 为物质的摩尔质量，g/mol；n 为电极反应中电子得失的数目；F 为法拉第常数，1mol 电子所携带的电量 $F=96500$C/mol$=26.8$A·h/mol；I 为电流强度，A；t 为通电时间，h。

当相同的电量通过不同的电解质溶液时，各种溶液在两极上析出物质量与它的电化当量成正比。电化当量的数值等于化学当量 e（即 M/n）被法拉第常数除所得的商，即

$$m = K_e It = \frac{e}{F} It$$

因此在阴极析出 1mol 的氢所需电量为：

$$It = \frac{mF}{e} = \frac{2 \times 26.8}{1} = 53.6 (\text{A} \cdot \text{h})$$

6.1.1.2 电解电压

水分解的标准摩尔焓 $\Delta_r H$ 是将 1mol 水分子分解为 0.5mol 氧和 1mol 氢所需的总能量。这种能量的一部分对应于反应发生所需的热能；增加提供给系统的热能可以减少水分解反应所需的电能。热力学关系：

$$\Delta_r H = \Delta_r G - T \Delta_r S$$

$\Delta_r G$ 表示水分解的摩尔吉布斯能量，$\Delta_r S$ 表示水分解反应的摩尔熵。

吉布斯自由能代表水分解反应发生所需最小电能，$T\Delta_r S$ 代表水分解所需的最小热量。电能（$\Delta_r G$）将由外部电源提供，热能（$T\Delta_r S$）将由工作温度条件提供。由此可以定义两个电解电压，第一个表示吉布斯能量，是热力学电压（U_{Rev}），也称为可逆电压；第二个电压是焓电压（U_{Therm}），通常称为水分解反应的热中性电压。第二个电压代表反应发生所需的全局能量。水分解反应的可逆和热中性电压计算：

$$U_{Rev} = \frac{\Delta_r G}{nF}$$

$$U_{Therm} = \frac{\Delta_r H}{nF}$$

式中，F 是法拉第常数（96500C/mol）；n 是交换的电子数（$n=2$）。$\Delta_r G$ 和 $\Delta_r H$ 的值取决于系统的压力和温度。在标准条件下（$T = 298K$ 和 $P = 10^5 Pa$），水处于液相状态，而氧和氢处于气相状态。在这种情况下，标准能量值为

$$\Delta_r G^{\ominus} = 237.22 \ \frac{\text{kJ}}{\text{mol}} \longrightarrow U_{Rev} = \frac{\Delta_r G^{\ominus}}{nF} \approx 1.23V$$

$$\Delta_r H^{\ominus} = 285.8 \ \frac{\text{kJ}}{\text{mol}} \longrightarrow U_{Therm} = \frac{\Delta_r H^{\ominus}}{nF} \approx 1.48V$$

可以定义补充电压（$U_{Ent} = 0.25V$），该电压由熵变 $\Delta_r S$[163.15J/(mol·K)] 得出，即发生反应所需的热量。它对应于施加到电解池以启动水分解反应的可逆电压的最小过电压。

6.1.2　制氢装置

6.1.2.1　系统组成

典型的成套碱性电解水制氢装置如图 6-2 所示，包括电解槽、气液分离系统、加水补碱系统、控制系统、整流系统和纯水制备系统等几部分。

（1）电解槽

电解槽由端压板、极板、电极、隔膜、密封垫等零部件组成（图 6-3）。

① 极板和极框。极板是碱性电解槽的支撑组件，其作用是支撑电极和隔膜以及导电。国内极板材质一般采用铸铁金属板、镍板或不锈钢金属板，加工方式为：经机加工冲压成乳突结构，再与极框焊接后镀镍而成。其中，镍是非消耗性电极，在碱液里不易被腐蚀。

乳突结构有支撑电极和隔膜的作用，电解液可以在乳突与隔膜布形成的流道中流动，同时乳突还有导电的作用。

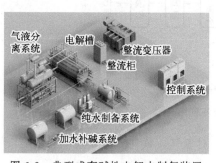

图 6-2 典型成套碱性电解水制氢装置

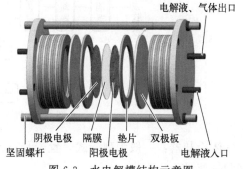

图 6-3 水电解槽结构示意图

极框上分布有气道孔和液道孔，与主极板焊接的部分被称为舌板，极框最外侧为密封线区，其余为隔膜和密封垫的重合区。极框整个宽度为密封线宽度、流道区域宽度、隔膜和密封线重合区域宽度、舌板宽度。

② 隔膜。碱性电解槽在电解过程中，阳极产生氧气，阴极产生氢气，隔膜的作用是防止氢气与氧气的混合。

适用于碱性电解槽的隔膜应具备以下要求：

a. 保证氢气和氧气分子不能通过隔膜，但允许电解液离子通过；

b. 能够耐高浓度碱液的腐蚀；

c. 具有较好的机械强度，能够长时间承受电解液和生成气体的冲击，隔膜结构不被破坏；

d. 为了降低电能损耗，隔膜必须要有较小的面电阻，因此隔膜孔隙率要尽可能高；

e. 在电解温度和碱液条件下隔膜能够保持化学稳定；

f. 原料易得、无毒、无污染，废弃物易处理。

用于碱性电解槽的隔膜最早使用石棉隔膜，目前主流使用的是聚苯硫醚（PPS）隔膜，高性能隔膜采用的是 PPS 涂覆无机层的复合膜，另外科研院所研发的重点隔膜还有聚四氟乙烯树脂改性石棉隔膜、聚醚醚酮纤维隔膜、聚砜纤维隔膜等。

③ 电极。碱性电解槽的电极，是电化学反应发生的场所，也是决定电解槽制氢效率的关键。目前国内大型碱性电解槽使用的电极，大多是镍基的，如纯镍网、泡沫镍或者以纯镍网或泡沫镍为基底喷涂高活性催化剂。

（2）气液处理系统

气液处理系统安装在附属设备框架内，包括：氢、氧分离器；碱液过滤器；碱液冷却器；碱液循环泵；氢、氧气体冷却器；氢气、氧气捕滴器；相关仪表及阀门。电解槽出来的氢气、氧气及电解液在氢、氧分离器内进行分离，分离后的氢气经冷却、捕滴后输送给后续系统，分离后的氧气经冷却、捕滴后输送给后续系统或放空，分离后的碱液在泵的作用下重新返回电解槽进行电解。电解过程中部分电能会转化成热能使电解槽的温度不断升高，为了控制电解槽内的温度，则需要通过碱液冷却器将碱液中的热量带走（图 6-4）。

分离器：氢、氧侧各配置一个，电解槽出来的氢气、氧气夹带碱液，在分离器中进行气液分离；氢、氧分离器底部有连通管，当氢、氧出口端发生压力差时，分离器内液位相应变化，可在一定程度上维持电解槽内氢、氧两侧压力平衡；分离器上装有液位计，可观察电解槽液位。

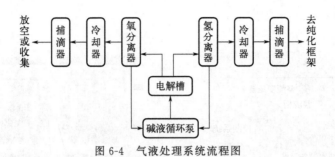

图 6-4 气液处理系统流程图

气体冷却器：一般为列管式，置于分离器出口，对氢气、氧气冷却降温，控制出口气体温度和带液量。

气体捕滴器：置于气体冷却器出口，其内设置捕滴网，对氢气、氧气进行捕滴，进一步降低出口气体带液量。

循环泵：提供动能，进行电解液循环，平衡电解小室内碱液浓度差，加速电解槽内氢气与氧气的析出，带出水电解热量，为保证在较高压力、较高温度、碱溶液中安全工作且要求零泄漏，现一般采用屏蔽电泵。

碱液冷却器：多采用列管式或内置盘管，通过冷却水换热，控制电解槽工作温度。

碱液过滤器：装置于碱液循环管路中，过滤电解液中的机械杂质。

（3）加水补碱系统

加水补碱系统由补水泵、配碱泵、原料水箱、碱液箱及相关阀门构成。原料水箱的作用是盛装原料水，碱液箱的作用是配制并盛装碱液。开启配碱泵，则碱液箱内的水开始循环，逐渐将固体碱加入碱液箱中，直到碱液比例达到要求，则电解液配制完成。切换相应阀门，利用配碱泵将碱液注入制氢装置。当制氢装置停车检修时，可使用配碱泵将装置内的碱液抽回到碱液箱中。随着系统的运行，制氢装置内的原料水不断消耗，需要通过补水泵补充装置内的原料水。补水泵一般采用柱塞泵或隔膜计量泵。

（4）控制系统

仪表与控制系统：包括现场显示仪表、变送仪表、可编程控制器、安全栅、触摸屏、电磁阀、气动球阀、辅助电器等。除现场仪表外，其他多安装在程控柜和低压配电柜内。控制系统对电解装置的运行工艺参数进行设定、程序自动控制、显示、报警、联锁、记录。其中气体纯度分析仪表一般配置氢中氧和氧中氢百分含量分析仪，用以在线检测电解槽产出氢气与氧气的纯度。

（5）整流系统

整流系统由整流变压器、整流柜等组成。整流变压器与整流柜将高压交流电转换为与电解槽相匹配的直流电压和电流，通过电缆或铜排输送给电解槽。

整流变压器属特种变压器，其作用是将 $10kV/380V$ 交流电变换为与电解装置的整流柜相匹配的交流电输出给整流柜，经过整流输出直流电，接至电解槽的正极输电排，保证电解所需要的电力。负极由整流变压器直接引出，接至电解槽的负极输电排。整流变压器具有温升报警、联锁、瓦斯报警、联锁等保护功能。

整流柜一般具有稳压、稳流两种运行方式。其调压范围为电解槽额定电压的 $0.6 \sim 1.05$ 倍。额定直流电流为电解槽额定工作电流的 1.1 倍。整流系统的谐波须符合相关国标的规定。

（6）纯水制备系统

《水电解制氢系统技术要求》GB/T 19774 中对电解用原料水的电导率和其中的离子有一定要求，这就需要纯水制备系统对自来水进行处理后作为原料水使用。

6.1.2.2　工艺流程

电解槽的每个电解小室又分为阳极室和阴极室。通电前，在电解槽中充满了电解液。通电后，阴极产生的氢气和电解液进入氢分离器，在重力的作用下进行气液分离，分离出的氢气经气体冷却器冷却，再经捕滴器将游离水去除，送至纯化或直接外供。阳极产生的氧气和电解液进入氧分离器，在重力的作用下进行气液分离，分离出的氧气经气体冷却器和捕滴器外供或放空。分离器中经气液分离后的碱液，经碱液过滤器过滤、除去碱液中的固体杂质，然后再经冷却器冷却返回电解槽继续进行电解。

以上工艺中的碱液循环方式可分为强制循环和自然循环两类。自然循环是利用系统中液位的高低差和碱液的温差来实现的；强制循环是通过碱液循环泵提供动力实现的，其碱液循环量根据工艺需要可调。强制循环过程又可分为三种流程。

（1）混合式流程

如图 6-5 所示，氢、氧分离器的电解液在分离器下部连通混合后经碱液循环泵、碱液过滤器和冷却器，同时送到电解槽的阴极室和阳极室内，完成电解液的循环。目前绝大多数电解水制氢设备都采用这种循环方式。

（2）分立式流程

如图 6-6 所示，氢分离器的电解液由氢侧碱液循环泵抽出，经氢侧碱液过滤器和冷却器，回到电解槽阴极室，完成氢侧电解液的循环。氧分离器的电解液由氧侧碱液循环泵抽出，经氧侧碱液过滤器和冷却器，回到电解槽阳极侧，完成氧侧电解液的循环。分立式流程特点是：在电解过程中含氢电解液和含氧电解液分离，含氢电解液单独经过独自过滤和冷却过程泵回电解槽的氢侧小室，含氧电解液单独经过独立的过滤和冷却过程泵回电解槽的氧侧小室，形成含氢电解液和含氧电解液各自独立的氢侧循环和氧侧循环过程。优点是：产出气体纯度高，在同样情况下，氢气纯度会优于混合式流程 0.1%，氧气纯度会优于混合式流程 0.2%～0.3%；电解液循环速度快，电解槽内温度梯度小，直流能耗略低。缺点是流程较复杂，设备成本高。电解设备也可设计为分混式循环流程，既可以采用分立式循环，也可以选用混合式循环流程。在需要时可单独使用一侧循环泵完成电解液混合输送循环。因循环泵为双组设置，可一用一备，增强了设备运行的安全可靠性。

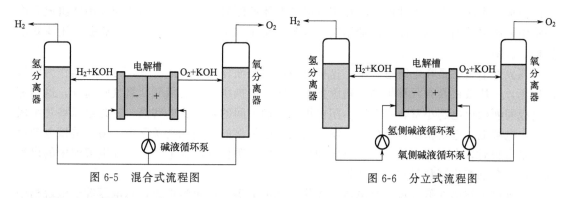

图 6-5　混合式流程图　　　　　　图 6-6　分立式流程图

（3）单循环流程

如图 6-7 所示，单循环流程制氢设备没有氢分离器，氢气由电解槽出来后直接进入下一工序。氧分离器的电解液由氧侧碱液循环泵抽出，经氧侧碱液过滤器和冷却器，回到电解槽阳极室（阴极室无碱液），由阳极室出来的碱液在氧分离器中进行气液分离。

6.1.2.3　主要设备

（1）电解槽

电解槽按电极性质可以分为单极性电解槽和双极性电解槽两大类，按运行压力可以分成常压下或压力下操作两种。

单极性电解槽是箱式的，按电极形式又可分为简单平板电极和复杂电极二种，大部分单极性箱式电解槽都属于后一种。

双极性电解装置的电解槽可以是箱式的，也可以是压滤式的，箱式电解装置一般在常压下运行，压滤式电解装置可以在常压亦可以在压力下运行。

① 单极性电解槽。单极性电解槽几乎都是箱式的，见图 6-8，电解槽中的阳极和阴极被平行直立，交错地配置，所有阳极并列联结在一起与电源正极连接，所有阴极并列联结在一起与电源负极连接。这种连接形式，每一个单独的电极只带一种极性，或者是阳极或者是阴极。相邻的一对阳极、阴极以及它们中间的隔膜、电解液、密闭绝缘垫片组成一个电解池，电解槽由一个或多个电解池组成。电解时，在阴极和阳极上分别产生氢气和氧气，气体经电解池上的出气孔导出，分别汇集到氢气和氧气总管。单极性电解槽在大电流、低电压下操作，总电流等于各个电解池电流的总和，总电压等于电解池电压。这种电解槽设备体积大，效率低，导线接点多，造成电能损失也大，目前在工业生产上已很少使用这种装置。

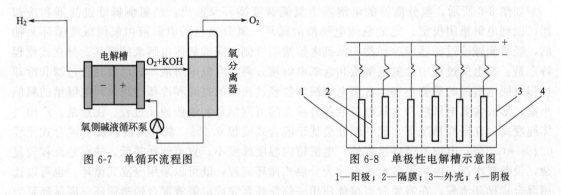

图 6-7　单循环流程图

图 6-8　单极性电解槽示意图
1—阳极；2—隔膜；3—外壳；4—阴极

② 双极性电解槽。双极性电解槽大多为压滤式。电解槽的一端是单阳极板，另一端是单阴极板，中间若干双极性电极板和用以隔离气体的隔膜、密封绝缘垫片交替串联组成，电解槽中有许多并列的电解池，两端用端板压紧，呈压滤机型。图 6-9 为常压双极性压滤式电解槽示意图。

双极性电极就是在电解过程中，这种电极的一个面作为阳极产生氧，另一个面作为阴极产生氢，一块极板具有两种极性。隔膜把相邻两个电极所产生的氢气、氧气隔离开，这相邻两电极间便构成电解小室。一对阴、阳电极和它们中间的隔膜、电解液、密封绝缘垫片组成为一个电解池，电解槽由若干电解池串联组成。电解槽的一端接电源正极，另一端接电源负极。水电解时，在直流电作用下，氢气和氧气分别在阴极和阳极上产生，经电解池中的出气孔导出，分别汇集到氢气和氧气总管。

双极性电解槽在低电流、高电压下操作，总电流等于电解池电流，总电压等于电解槽中所有电解池电压的总和。

③ 压力型双极性电解槽。压力型双极性电解槽结构特征主要表现在以下几个方面：

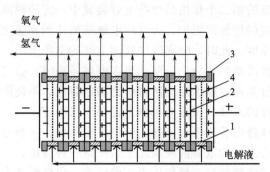

图 6-9　常压双极性压滤式电解槽示意图
1—隔膜框；2—双极性电极；3—绝缘垫；4—隔膜

a. 主极板一般压制为双面乳突状，与电极框焊接一体；

b. 双极性主极板两面各压接阴、阳副电极，副电极多采用镍网或泡沫镍；

c. 隔膜被两个极框夹在中间，并被绝缘垫压紧形成氢氧两侧气体隔离；

d. 氢、氧气道与电解液通道是内置式的；

e. 电解槽多为串并联组成，电解槽由左右半槽合并而成，中间电极接直流电源正极，两端电极接电源负极。

压力型双极性电解槽结构紧凑、效率高、槽体密闭好、工作可靠、生产的氢气与氧气纯度高、电耗低、维护简单、不需要经常修理，在国内外被广泛地应用。这种电解槽设计在低压和中压下运行，装置运行为程序自动控制。

压力型双极性电解槽的外形一般有方形和圆形两种。组装于电解槽中的电解池数量，不宜太多，电解池数量增加时槽体长度相应增加，可能造成电解液在各个电解池分布不均，影响电解液循环；同时还会造成组装时夹紧的困难，易发生泄漏；电解池数量增加时电解槽的总电压亦增大，不利于安全生产。

电解槽的每个小室由阳极板框、阳极板、阳极、隔膜、垫片、阴极、阴极板、阴极板框组成。多个电解小室组成一台电解槽。图 6-10 为压力型双极性电解槽小室组成示意图。

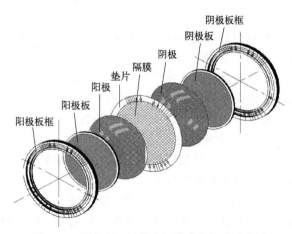

图 6-10　压力型双极性电解槽小室组成示意图

（2）气液分离器

从电解槽排出的氢、氧气体中夹带有大量的电解液。气体分离器的作用之一是充分地分离电解液和气体；分离器的第二个作用是维持电解装置中一定的碱液容量。水电解时，电解液中的含气量随工作电流的增加而增加，含气的电解液的体积亦随之增大，使分离器中的电解液液位上升至一定的高度。此时，分离器中液面上部的空间大小，应满足在最大工作电流条件下仍能使气体和电解液得到充分的分离。当水电解停止时，分离器中的电解液液位将下降至某一位置。此时，分离器应能保证电解槽中充满电解液。不使隔膜外露于气体中。工业碱性水电解装置中分离器的尺寸及位置应根据上述要求来确定。

电解槽的氢、氧气体排出管接至分离器上的位置有两种：一是浸没在分离器中的电解液液面之下；另一种是在分离器的电解液液面之上。按第一种接法，当分离器中的氢、氧压力差变化时，电解槽中隔膜两侧的氢、氧气压力不受影响，仍然维持平衡。

分离器的外形一般是圆筒形，可以立放，亦可以卧放。但无论怎样设置，分离器中的电解液液面必须高于电解槽。分离器上部空间中的气液分离一般是利用电解液的自然沉降作用来实现。沉降式分离器的计算在一般化工书籍中有介绍。

分离器通常采用碳钢镀镍或不锈钢材质，有立式和卧式分离器不同结构，卧式分离器见图 6-11。

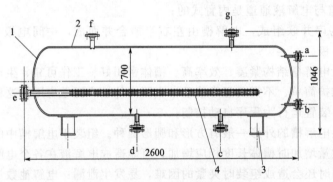

图 6-11　卧式分离器（单位：mm）

1—封头；2—筒体；3—支脚；4—多孔管；
a、b—液位计口；c—碱液出口；d—平衡口；e—H₂(O₂)/碱液进口；f—回流口；g—H₂(O₂) 出口

（3）纯化

在水电解过程中，特别是在氢与氧两侧压力不平衡的情况下，隔膜不能完全阻隔氢气和氧气相互渗透；电解液是不断循环的，在分离器里，氢气、氧气和电解液很难达到完全分离，混合循环工艺会进一步导致氢、氧气体少量混合，所以水电解法制得的氢气里，含有杂质氧。又由于制氢过程是气液共存的，所以氢气中还存在相应温度和压力下的饱和水。

对于主要杂质仅有氧和水的电解氢气，采用催化脱氧-吸附干燥法的纯化设备，纯化后的氢气含氧量可达 $1\mu L/L$ 以内，含水量也可达 $1\mu L/L$ 以内。

催化脱氧就是在催化剂作用下，使氢气和存在于组分中的氧气发生化学反应而生产水，从而达到去除杂质氧的目的。催化脱氧反应式为：

$$2H_2 + O_2 \longrightarrow 2H_2O + Q(\text{热量})$$

脱氧一般使用钯催化剂。并且为了保证催化效果，脱氧器一般采用内加热方式。

吸附干燥过程属于物理吸附，吸附质分子与吸附剂之间没有化学作用，而是范德华引力作用的吸附过程。当气体与多孔的面体吸附剂接触时，因固体表面分子与内部分子不同，具有剩余的表面自由力场或表面引力场，使气相中可被吸附的一种或多种组分分子碰撞到固体表面，即被吸附。在吸附的同时，如同液体蒸发一样，被吸附的分子由于本身的热运动和外

界气态分子的碰撞，有一部分又离开表面返回气相中。随着吸附于固体表面的分子数量的增加，吸附表面逐渐被覆盖，以至失去吸附能力，即达到吸附平衡。从宏观来看吸附作用已不存在，但从微观来看吸附作用仍然存在，只不过这时被吸附的分子数量同离开表面的分子数量相等。

干燥器结构见图 6-12。

氢气纯化系统吸附剂通常采用加热再生方式。吸附剂在常温下进行吸附，当吸附达到饱和后，加热吸附剂，使被吸附的水分脱附出来，再使其降温冷却。再生过程分为加热和冷却两个阶段。加热吸附剂的方法可采用电加热，通过热气流加热并带走水汽。压力型氢气纯化装置基本采用原料氢气或干燥氢气作为再生气。也可采用氮气作加热再生气，但增加了置换环节。

多年以来，再生气排放或回收是个老大难问题。再生气排放，不论再生气用的是氢气或是氮气都是很大的损失。早期的氢气站多设计为再生氢气回收再利用，需要设计配置湿式储气柜和增压压缩机和其他配套设备，压缩机还需一用一备，这就对氢气站的建设、运行、保养维修增加了成本。三干燥塔型氢气纯化装置的开发应用，很好地解决了再生气处理问题。

三干燥塔型氢气纯化装置介绍如下。

① 基本原理描述。氢气纯化装置采用催化反应脱除氢气中的氧气杂质，变温吸附法脱除氢气中的水分，纯化后的氢气可直接供燃料电池使用。

催化除氧的原理是在催化剂作用下，使混合在氢气中的杂质氧与氢反应，生成水除去。水分子具有很强的极性，含有水分的氢气通过分子筛床层时，其中的水分被分子筛

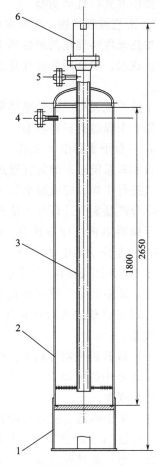

图 6-12　干燥器（单位：mm）
1—支座；2—筒体；3—加热管保护套；
4—氢气出口；5—氢气入口；
6—防爆帽

吸附，氢气被干燥。分子筛吸附水达到饱和后，必须进行再生才能继续使用。本装置采用加热方式再生分子筛，当分子筛床层温度升高到一定温度时，分子筛吸附的水分逐步解吸，吸附水脱吸完成后，干燥器加热再生状态结束，随后进入吹冷和自冷状态，当分子筛达到常温后，此干燥器进入待机状态。

② 主要技术指标。工作压力：1.6MPa；

原料气：电解水制取的氢气，纯度≥99.8%，含湿量≤4g/m³ H_2；

净化后氢气纯度：≥99.999%，其中 O_2≤1μL/L，H_2O≤2μL/L；

工作温度：脱氧器约 110℃，干燥器常温；

吸附剂：13X 分子筛（ϕ3mm）；

再生气：产品氢气；

再生方式：电加热；

再生温度：300℃；

再生时间：加热 8 小时，吹冷 2 小时，自冷 14 小时；

切换周期：24 小时，运行周期 72 小时；

操作方式：自动切换。

③ 工艺流程描述。电解水装置制取的氢气经过阀门、流量计，流入脱氧器。脱氧器利用电加热元件将催化剂加热到110℃以便加速脱氧反应，在催化剂的作用下氧气杂质与氢气反应生成水。脱氧后的氢气及水蒸气进入冷凝器，水蒸气冷凝为液滴被除去，氢气进入干燥系统。

干燥系统设有三台干燥器和与其对应的冷却器，切换周期为24小时，运行周期为72小时，每个干燥器有三种状态。

a. 三台干燥器中A工作、B再生、C吸附再生气（图6-13）。

自脱氧系统过来的氢气通过冷却器进入干燥器A，此塔内的分子筛吸附氢气中的水分，对氢气进行干燥。完成脱水的大部分产品气经过滤器进入后续系统。同时，干燥器B需要使用部分产品氢气进行分子筛再生。

干燥器B再生加热状态：部分产品氢气被干燥器B中的电加热元件加热，并流过分子筛，带走分子筛中的水分。夹带着水蒸气的氢气进入冷却器，随着温度的降低，氢气中的水不断析出凝结，冷凝水通过冷却器的底部自动阀门定时排出。冷却后的氢气入干燥器C，其中的分子筛吸附此部分氢气中的水分，使再生用氢气再次成为露点合格的产品氢气，经过滤器进入后续系统。此过程大约持续8小时，具体时长可根据现场实际情况进行调整。

干燥器B再生吹冷状态：吹冷状态与上一状态的流程完全相同，唯一的区别在于此时的干燥器B中的电加热元件停止加热。此过程持续大约2小时，具体时长可根据现场实际情况进行调整。

接下来干燥器B进入自冷状态，此状态氢气纯化装置系统框图见图6-14。自冷状态时，通过干燥器A吸附完毕的产品氢气直接经过滤器进入后续系统，干燥系统的其他阀门全部为关闭状态。此过程持续大约14小时，具体时长可根据现场实际情况进行调整。

至此，一个切换周期结束，干燥器A内的分子筛吸附饱和，需要对干燥器A进行再生。

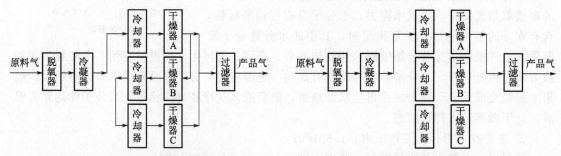

图6-13　氢气纯化装置系统框图
干燥器A—工作；干燥器B—再生；
干燥器C—吸附再生气状态

图6-14　自冷状态氢气纯化装置系统框图
干燥器A—工作；干燥器B—自冷状态

b. 三台干燥器中A再生、B吸附再生气、C工作，此过程持续24小时。

c. 三台干燥器中A吸附再生气、B工作、C再生，此过程持续24小时。

至此，一个运行周期72小时完成。

干燥系统按照以上顺序循环往复运行。

氢气纯化装置及其工艺设计选择事项：

① 催化剂、吸附剂的选择应可充分满足用气单位设备对氢气的纯度要求。以选定的催化剂、吸附剂的性能参数确定纯化设备及运行参数和工艺程序设计。

② 虽然催化剂的使用说明为常温工作，但脱氧器还是应设计为加热形式，用以将原料氢气加温到 100℃，其目的是防止气体中可能携带的游离水附着在催化剂表面，影响催化脱氧反应的正常进行，保证生产运行安全可靠。

③ 吸附剂的再生方式应根据气体流量、产品气纯度、再生气的来源、能量消耗等情况，进行必要的技术、经济比较后确定。

④ 如采用电加热方式，其电热器的设计、制造以及电源接线应符合防爆安全规范要求。

⑤ 脱氧塔、干燥塔必须符合压力容器规范的设计与使用要求，配置安全阀、压力表等安全附件并按期检验。

⑥ 氢气纯化设备的容器、管路连接及其附件的选用和处理对气体的纯度有一定影响，特别是纯度较高时更为明显。如设备有泄漏点或设备制造过程洁净处理没有做好，都会造成产品氢气杂质含量增加，从而影响气体纯度。

⑦ 气体纯度的检测：产品氢气的质量是要通过对纯化后的氢气中杂质进行检测分析来确认的，有时由于检测分析得不及时，或分析仪器的准确度不高，未能发现纯化装置的异常及故障情况，造成氢气纯化效果下降以至失效，为此，氢气纯化装置应配置有在线连续分析的微量氧分析仪和露点仪。

6.1.3　控制系统及仪表

6.1.3.1　控制系统类型

（1）气动控制系统

早期的水电解控制系统采用气动控制方式，变送器和调节器采用气动单元组合仪表；报警和联锁部分采用继电器。由于一次仪表和二次仪表折线距离不超过 50 米，气动管线较短，所以响应速度可以满足控制要求。价格便宜，没有防爆问题，安全性好。后来气动控制系统的报警和联锁部分也采用了可编程序控制器。

（2）电Ⅲ型控制系统

变送器和调节器采用电Ⅲ型仪表，仪表间的联络信号为 4～20mA。由于使用本质安全型仪表，所以安全上没有问题。精度一般为 0.5%，比气动仪表要高，气动仪表为 1%。

（3）PLC 控制系统

PLC 是可编程序控制器的英文缩写。它是计算机家族中的一员，是为工业控制应用而设计制造的。早期的可编程控制器主要用来代替继电器实现逻辑控制。随着技术的发展，这种装置的功能已经大大超过了逻辑控制的范围。它连续检测输入设备（如开关、变送器等）的状态，根据用户的程序控制输出设备（如泵、调节阀等）。修改控制逻辑时不需增加硬件和重新接线。为现在应用最多的控制系统，一般变送器仍采用电Ⅲ型变送器，而调节系统和报警联锁系统由 PLC 完成。人机接口采用工业控制计算机或触摸屏。

对于制氢设备的控制系统，电厂氢站的要求是比较高的。5～10m³/h 制氢和干燥一体化设备，一般采用 PLC 控制，所有现场变送器选用进口或合资品牌，PLC 控制系统中央处理器（CPU）冗余、电源冗余、通信冗余。一键开车，即按下开车按钮，设备自动充氮置换、升温、升压、气体纯度合格后，自动向储罐充氢。两个 CPU 各有自己的以太网模板，有不同的互联网协议（IP）地址，通过交换机、光纤将参数传输到几百米，甚至上千米外的集控室。

(4) DCS

DCS 为分布式控制系统的英文缩写，主要应用在控制规模很大的系统。DCS 应用制氢行业较少，用户主要集中在石化行业和电厂。石化厂一般都有 DCS，在制氢设备的控制上，有的厂家仅要求制氢设备带一次仪表，所有信号进入用户的 DCS，而设备的控制由制氢设备厂家提出控制要求，提供逻辑图。由设备制造厂和 DCS 编程人员共同完成设备的调试工作。对于电厂，发电机组的控制都是由 DCS 完成的，而氢站是电厂的辅助系统，一般用 PLC 进行控制，也有要求用单独 DCS 控制的。

(5) 现场总线控制系统

现场总线 (field bus) 是以单个分散的、数字化、智能化的测量和控制设备作为网络节点，用总线相连接，实现相互交换信息，共同完成自动控制功能的网络与控制系统。传统的现场级自动化监控系统采用一对一所谓 I/O 接线方式，传输的是 4～20mA 或 24V DC 信号。现场总线使用一根通信电缆，将所有具有统一的通信协议通信接口的现场设备连接，在设备层传递的不再是 I/O(4～20mA/24V DC) 信号，而是基于现场总线的数字化通信，由数字化通信网络构成现场级自动化监控系统。现场总线系统有它自己的优势，但在电解水制氢领域还未大规模使用。

6.1.3.2　控制原理及要求

(1) 被调参数的选择

被调参数的选择是自动控制系统设计的核心部分，它直接影响调节质量，是装置稳定运行的保证。结合多年的压力电解槽开发实践，确定如下被调参数：槽压调节、循环碱温调节、氢氧分离器液位调节系统。

① 槽压调节系统。操作压力是装置的主要被调参数，必须设置调节系统，使其维持在恒定值。选用氧气压力为被调参数，氧气流量为调节参数，采用压力变送器，调节器和气动薄膜调节阀构成单回路调节系统。变送器取压点设在氧分离器顶部，调节阀安装在氧气出口管道上。调节器为比例、积分、微分式（正作用），调节阀为气开式。槽压调节系统框图见图 6-15。

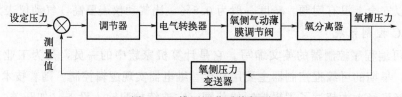

图 6-15　槽压调节系统框图

② 循环碱温调节系统。电解槽温度也是装置的一个重要参数。实践证明，在气体产量，环境温度和碱液循环量固定的情况下，槽温和循环碱温有一个恒定的差值，因此可以利用调节循环碱温来达到调节槽温的目的。

温度变送器安装在循环碱液管道上，其输出信号送到调节器，调节器输出控制安装在冷却水管道上的调节阀，调节器为比例、积分式（反作用），调节阀为气闭式。循环碱温调节系统框图见图 6-16。

③ 氢分离器液位调节系统。在电解过程中，原料水不断消耗，使氢氧分离器液位不断

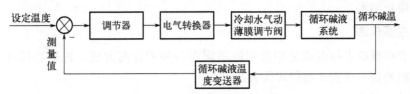

图 6-16 循环碱温调节系统框图

下降，因此需要通过补水泵补充原料水，而使液位维持在适当的高度。本系统是一个双位调节系统，氢分离器液位由差压变送器测量，并通过联锁电路控制补水泵的开停，从而使液位维持在一定的范围内。氢分离器液位调节系统框图见图 6-17。

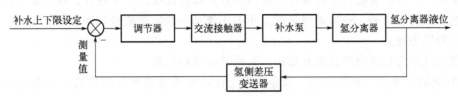

图 6-17 氢分离器液位调节系统框图

④ 氧分离器液位调节系统。本系统的任务是控制分离器液位，使氧分离器液位与氢分离器液位高度相同。氧分离器液位由差压变送器测量。差压变送器、调节器和调节阀（安装在氢气出口管道上）组成单回路调节系统。调节器采用外给定，以氢液位变送器的输出信号作为调节阀的外给定信号，调节器为比例、积分、微分式（正作用），调节阀为气开式。氧分离器液位调节系统框图如图 6-18 所示。

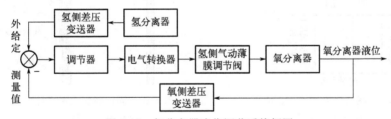

图 6-18 氧分离器液位调节系统框图

（2）检测系统

氢槽温、氧槽温、循环碱温、氢气纯度、氧气纯度等参数在控制柜上进行显示；操作压力、氢液位、氧液位等参数除在控制柜设有显示仪表外，在现场还直接进行显示。氢气温、氧气温、氢侧碱液循环量、氧侧碱液循环量等参数均为现场直接显示。

（3）声光报警系统

电解槽工作压力上限，氧槽温超高，氢氧液位上、下限，氢氧侧碱液循环量下限，气源压力下限，氢气纯度下限，氧纯度下限等参数均设有声光报警。

（4）联锁系统

槽压超高，氧槽温超高，氢、氧碱液循环量下限直接处于联锁状态，而氢液位上、下限，氧液位上、下限在装置开始运行时处于联锁消除状态，在装置正常运行后处于联锁状态，均直接联锁整流柜。

槽压超高，氢、氧液位上、下限，氧槽温超高，氢、氧碱液循环量下限，整流柜故障均联锁补水泵停止加水。

6.1.3.3 主要仪表

检测仪表根据技术特点或适用范围的不同有各种的分类方法。按是否具有远传功能分类，可分为就地显示仪表、远传式仪表。

（1）就地显示仪表

安装在被测对象和被控对象附近的仪表，且没有变送器，没有远传信号。水电解制氢设备主要使用：压力表、双金属温度计、磁翻板液位计。

① 压力表。在工程上，被测压力通常有绝对压力、表压和负压（真空度）之分，三者关系如图 6-19 所示。

在生产中，常需要把压力控制在一定范围内，以保证生产正常进行。这就需采用带有报警或控制触点的压力表。将普通弹簧管式压力表增加一些附加装置，即成为此类压力表，如电接点信号压力表。

测量氧气压力时仪表严禁沾有油脂，否则将有爆炸危险。

② 双金属温度计。如图 6-20，双金属温度计，是将绕成螺纹旋形的热双金属片作为感温器件，并把它装在保护套管内，其中一端固定，称为固定端，另一端连接在一根细轴上，称为自由端。在自由端线轴上装有指针。当温度发生变化时，感温器件的自由端随之发生转动，带动细轴上的指针产生角度变化，在标度盘上指示对应的温度。

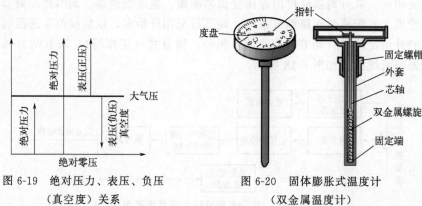

图 6-19 绝对压力、表压、负压　　　　图 6-20 固体膨胀式温度计
　　　　（真空度）关系　　　　　　　　　　　　（双金属温度计）

③ 磁翻板液位计。磁翻板液位计（也称为磁性浮子液位计）根据浮力原理和磁性耦合作用研制而成，如图 6-21。当被测容器中的液位升降时，液位计本体管中的磁性浮子也随之升降，浮子内的永久磁钢通过磁耦合传递到磁翻柱指示器，驱动红、白翻柱翻转 180°，当液位上升时翻柱由白色转变为红色，当液位下降时翻柱由红色转变为白色，指示器的红白交界处为容器内部液位的实际高度，从而实现液位清晰的指示。

（2）远传式仪表

安装在现场，能够将现场信号以电或者气的形式从现场变送远传至控制室的仪表，比如一体化的压力变送器等。水电解制氢设备主要使用：流量计、温度变送器、压力（差压）变送器。

① 流量计。水电解制氢设备主要使用：浮子流量计和质量流量计。

浮子流量计测量主体由一根自下向上扩大的垂直锥形管和一只可以沿锥形管轴向上下自由移动的浮子组成，如图 6-22 所示。流体由锥形管的下端进入，经过浮子与锥形管间的环

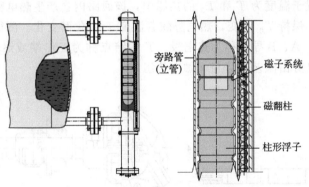

图 6-21　磁翻板液位计

隙，从上端流出。如果作用于浮子的上升力大于浸没在介质中浮子的重力，浮子便上升，浮子最大直径与锥形管内壁形成的环隙面积随之增大，介质的流速下降，作用于浮子的上升力就逐渐减小，直到上升力等于浸在介质中浮子的重力时，浮子便稳定在某一高度，读出相应的刻度，便可得知流量值。

浮子流量计因为其结构上的特点决定了它只能安装在垂直流动的管子上使用，而流体介质的流向应该是自下而上的，即从锥形管下端进入，经浮子和锥形管壁之间的环形截面，从上端流出去。

质量流量测量仪表通常可分为两大类：间接式质量流量计和直接式质量流量计。

间接式质量流量计采用密度或温度、压力补偿的办法，在测量体积流量的同时，测量流体的密度或流体的温度、压力值，再通过运算求得质量流量。现在带有微处理器的流量传感器均可实现这一功能，这种仪表又称为推导式质量流量计。

直接式质量流量计的输出信号直接反映质量流量，其测量不受流体的温度、压力、密度变化的影响。目前得到较多应用的直接式质量流量计是科里奥利质量流量计（图 6-23），此外还有热式质量流量计和冲量式质量流量计等。

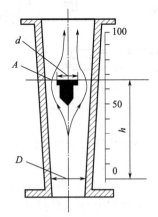

图 6-22　浮子流量计测量原理（单位：mm）

图 6-23　科里奥利质量流量计

② 温度变送器。水电解制氢设备主要使用：热电阻和热电偶变送器。

a. 热电偶。热电偶主要由热电极、绝缘套管、保护管、接线盒等组成，如图 6-24。其工作原理如图 6-25 所示，两种不同材料（自由电子密度不同）的导体或半导体连成闭合回路，两个接点分别置于温度为 T 和 T_0 的热源中，该回路内会产生热电势。热电势的大小反映两个接点温度差，保持 T_0 不变，热电势随着温度 T 变化而变化。测得热电势的值，即可知道温度 T 的大小。A、B 导体称为热电极。T 端结点称为工作端或热端；T_0 端结点称为冷端或自由端。热电势由温差电势与接触电势组成。

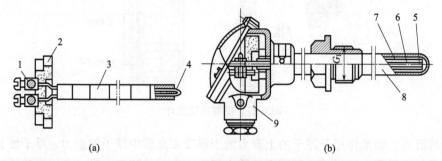

图 6-24　普通型装配式热电偶结构示意图

1—接线柱；2—接线座；3—绝缘套管；4—热电极；5—测量端；

6—热电极；7—绝缘套管；8—保护管；9—接线盒

b. 热电阻。热电阻传感器是利用导体或半导体的电阻值随温度变化而变化的原理进行测温的。其中，铂热电阻的特点是精度高、稳定性好、性能可靠，所以在温度传感器中得到了广泛应用。

普通热电阻的基本结构外形与热电偶相似，主要由电阻体、内引线、绝缘套管、保护套管等几部分组成（图 6-26）。从热电阻测温原理可知，被测温度的变化是直接通过热电阻阻值的变化来测量的，因此，热电阻体的引出线等各种导线电阻的变化会给温度测量带来影响。为消除引线电阻的影响一般采用三线制或四线制。

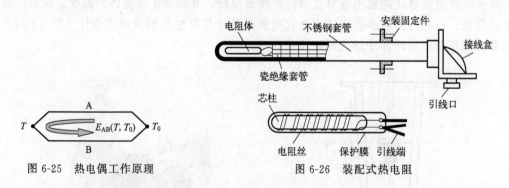

图 6-25　热电偶工作原理　　　　　图 6-26　装配式热电阻

隔爆型热电阻通过特殊结构的接线盒，把其外壳内部爆炸性混合气体因受到火花或电弧等影响而发生的爆炸局限在接线盒内，不会引起生产现场爆炸。

c. 温度变送器。随着电子技术的发展，温度检测元件热电偶、热电阻等的检测信号电压或电阻，通过转换、放大、冷端补偿、线性化等信号调理电路，直接转换成 $4 \sim 20\mathrm{mA}$ 或/和 $1 \sim 5\mathrm{V}$ 的统一标准信号输出，即温度（温差）变送器。

所谓一体化温度变送器，就是将变送器模块安装在测温元件接线盒或专业接线盒内的一种温度变送器。变送器模块与测温元件形成一个整体，可以直接安装在被测工艺设备上，输出统一标准信号。这种变送器具有结构简单、节省引线、输出信号大、抗干扰能力强、线性好、显示仪表简单、固体模块抗震防潮、有反接保护和限流保护、工作可靠等优点。

d. 压力（差压）变送器。压力变送器主要由测压元件传感器、模块电路、显示表头、表壳和过程连接件等组成。它能将接收的气体、液体等压力信号转变成标准的电流电压信号，以供给指示报警仪、记录仪、调节器等二次仪表进行测量、指示和过程调节。压力变送器根据测压范围可分成一般压力变送器（0.001～20MPa）和微差压变送器（0～30kPa）两种。

6.1.3.4　执行器

执行器是自动控制系统的必要组成部分。在过程控制系统中，执行器接收控制器的指令信号，经执行机构将其转换为相应的角位移或直线位移，以实现过程的自动控制。

按所用能源形式的不同，执行器分为电动、气动和液动三类。

电动执行器具有快速、便于集中控制等优点，但结构复杂，防火防爆性能不好。液动执行器是利用液压原理推动执行机构，它的推力大，适用于负荷较大的场合，但其辅助设备大而笨重。这两种执行器在化工生产中用得较少。

气动执行器由气动执行机构和控制调节机构两部分组成。气动执行机构又分为薄膜式和活塞式两种，它们都是以压缩空气为能源，具有控制性能好、结构简单、动作可靠、维修方便、防火防爆和价廉等优点。当采用电动仪表或计算机控制时，只要将电信号经电气转换器或电气阀门定位器转换成气信号即可。所以，在化工生产中普遍使用的是气动执行器。

为了满足生产过程中安全操作的需要，执行器有正、反作用两种方式。当输入信号增大时，执行器的流通截面积增大，即流过执行器的流量增大，称为正作用，亦称气开式；当输入信号增大时，流过执行器的流量减小，称为反作用，亦称气关式。

6.1.4　电解能耗及气体纯度的影响因素

6.1.4.1　电解质选择及电解液浓度的确定

（1）水电解过程中添加电解质的选择

纯净的蒸馏水电阻率是 $1\times10^6\sim2\times10^6\,\Omega\cdot cm$，而去离子水的电阻率可高达 $2\times10^7\,\Omega\cdot cm$ 或更高，纯水的电阻是如此之高，不宜于直接电解，否则电解槽中的水将被加热，直到沸腾。而在水中加入适量的酸或苛性碱，这样的水中将有大量的氢离子、酸根离子或钾钠离子、氢氧根离子，则水将有很强的导电能力，在直流电的作用下，离子出现定向运动，而在不溶解的电极上则出现水的电解，阳极析出氧气，阴极析出氢气。

虽然酸和苛性碱都可作为水电解导电的电解质，但在一般情况下多采用苛性碱而不使用酸，这主要是因为酸对电解设备，特别是对电解槽中的电极和隔膜腐蚀性极强，电解槽难于实现长期稳定运行，若采用耐腐贵金属，又将加大制造成本。而苛性碱对钢材制造的电解设备稳定性好，其腐蚀性比酸弱得多，特别是在极框、极板上镀镍之后能很好地解决碱对电解槽工件的腐蚀，同时又能降低电极的超电位，降低电解电耗，所以目前工业上一般都采用氢氧化钾或氢氧化钠作为水电解制氢装置的电解质。

（2）氢氧化钾、氢氧化钠的选择

选择水电解槽电解质，应考虑其水溶液具有低的电阻率，对电解槽工件低的腐蚀性能，市售价格低廉等因素，现就氢氧化钾、氢氧化钠作为水电解槽电解质比较如下。

① 电阻率。不同的电解液具有不同的电阻率，从 80℃ 不同浓度 NaOH 和 KOH 的电阻率可以看出（图 6-27），在 80℃ 温度下，在 20%～40% 浓度范围内，NaOH 电阻率要比 KOH 电阻率高 20%～50%，即用 NaOH 做电解质的电解槽其实际分解电压中的电解液电

压降比用 KOH 做电解质的电解槽其实际分解电压中的电解液电压降高 20%～50%。即用 KOH 做电解质比 NaOH 做电解质省电。

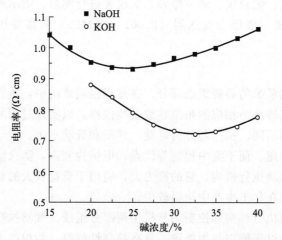

图 6-27　80℃下不同浓度 KOH、NaOH 的电阻率

② 腐蚀性。根据有关资料，对 NaOH 水溶液与 KOH 水溶液其腐蚀性做比较，如表 6-2 所示。

表 6-2　NaOH 水溶液与 KOH 水溶液对材料的腐蚀性

材料种类	介质材料	浓度/%	温度/℃								
			25	50	80	100	120	200	250	315	370
碳钢	NaOH	<30	▽	◇	◇	◇*		×*			
		30～40	▽	◇	◇	0*		×*			
		50～60	◇	◇	×	×		×*			
		80	◇	×	×	×		×*			
		90			×	×					
		100	◇		×						×*
	KOH	<50	◇	◇	◇	◇		0真空			
		60～80	◇	×	×	×					
		90									
		100	◇								×*
铬18镍9	NaOH	<50	▽	0	0	×		×*			
		70	◇	◇	◇	×		×*			
		80	◇	◇	◇	×		×*			
		100	◇	◇	◇	◇				0	×
	KOH	<50	◇	◇	◇	◇					
		50	◇	◇	◇	×		×			
		60～70	◇	◇	◇	0	0				
		80	◇			×		×			
		100	▽					×			

金属的耐腐蚀性等级符号	腐蚀率/(mm/a)
▽:优良	<0.05
◇:良好	0.05～0.5
0:可用,但腐蚀较重	0.5～1.5
×:不适用,腐蚀严重	>1.5
*:可能产生应力腐蚀、破裂	

由表 6-2 可以看出,对于碳钢钢材或铬 18 镍 9 不锈钢材,有些情况下氢氧化钾和氢氧化钠腐蚀性相近,有些情况下氢氧化钾的腐蚀性比氢氧化钠腐蚀性强。

③ 市售价格比较。市售的氢氧化钠和氢氧化钾近十年来价格多有波动。其价格主要取决于纯度等级、药品来源、包装的方法等。纯度等级(工业纯、化学纯、分析纯)不同价格差别很大,纯度每提高一个等级其价格要增加 30% 甚至更高。一般进口产品比国产的同类产品贵约 20%。瓶装(500g)一般要比桶装(25～300kg)产品贵 15%～20%。

作为水电解制氢装置其电解质一般都选用化学纯的苛性碱。如果从设备使用寿命、电解质价格考虑可选择氢氧化钠,如果从节省单位气体电耗考虑可选择氢氧化钾。因为目前我国电价较高,多数单位采用化学纯氢氧化钾作为水电解制氢装置电解质。

(3) 碱液浓度的确定

① 碱液浓度选择的主要意义。碱液浓度的高低不但关系到单位气体电耗,还关系到产品气氢气、氧气的纯度,在保证气体纯度情况下,确定有低能耗的适宜的碱液浓度是有重要意义的。由于气体"夹带",管路、阀件、设备渗漏等原因引起碱液浓度降低,因而还需确定水电解制氢装置运行所允许的最低碱液浓度。

② 碱液浓度与小室电压关系。图 6-28 表示电解小室电压与碱液浓度的关系,当槽温 85℃ 条件下,随着氢氧化钠浓度的提高,小室电压值有一个马鞍形的变化。碱液浓度在 19%～23% 时,小室电压最低,约 2.05V。当槽温 90℃ 条件下,小室电压与氢氧化钠浓度的这种马鞍形变化规律同样存在,所不同的是氢氧化钠浓度 20%～26% 时小室电压最低为 2.0V。

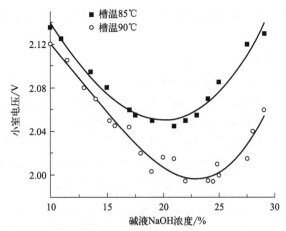

图 6-28　小室电压与电解液(NaOH)浓度(%)的关系

电解时,电解液被上升的气泡充满,而减少了电解液的自由空间,加大了电解液电阻。如当含气率为 35% 时电阻比没有气泡的电解液内的电阻增加一倍。

电解液的电压降与电解液的电阻率成正比，电解液的电阻率随着溶液浓度增加而下降，但当电阻率低到某一个最小值后，则溶液的电阻率随着浓度增加而上升，在80℃时25％NaOH溶液电阻率最小。

③ 碱液浓度与气体纯度关系

碱液浓度与氧气纯度有密切关系见图6-29，NaOH浓度在10％～27％范围内均能得到98.5％以上的氧气，且在23％～26％范围内氧气纯度有个峰值，达99.4％以上，如果碱液浓度再进一步增加，氧气纯度将大幅度下降。

碱液浓度与氢气纯度的关系见图6-30，氢气纯度随NaOH浓度增加略有提高。

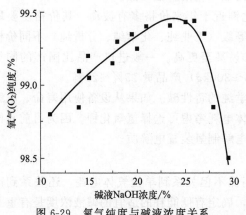
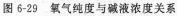
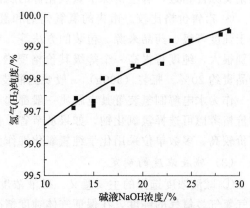

图 6-29　氧气纯度与碱液浓度关系　　　　图 6-30　氢气纯度与碱液浓度关系

KOH作电解质也存在类似规律，所不同的是其最佳浓度约为30％。

6.1.4.2　操作压力对能耗及气体纯度的影响

（1）电解槽操作压力高低与单位氢气电耗和气体纯度的关系

特别是新建的水电解制氢站，设备操作压力关系到整个生产流程的确定，设备的投资和正常生产期间的生产成本。根据化学平衡的理论，水电解工艺在一定压力范围内是体积增加的反应，故而在一个密封的容器内电解水时，析出的气体的压力将不断增高，理论计算表明这种压力可以达28.4MPa。

（2）操作压力的高低与电压的关系

图6-31表示了在电流340A、操作温度80℃、碱液循环量400L/h、碱液浓度NaOH21％时，HDQ8/3.3电解槽测试情况，对于同一台装置相同操作条件下的两次测试，不同时间内测试的电压是在一定范围内波动的，其电压波动的规律是在低操作压力下电压相差无几，随操作压力增加这种槽电压变化越来越大，总电压可以在0～0.8V范围内，即小室平均电压在0.03V范围内变化，这显然是电极表面状态随时间而变化的结果。

现将理论分解电压随操作压力变化而变化的绝对值计算结果列于表6-3。

表 6-3　理论分解电压随操作压力的关系

操作压力/(kgf/cm²)[①]		30	25	20	15	10	5	3.3
槽总电压 变化值/V	第一次试验	0.0	0.1	0.2	0.4	0.6	0.8	2.1
	第二次试验	0.1	0.1	0.2	0.2	0.3	0.5	1.4

① $1kgf/cm^2 = 98066.5Pa$。

由上表描绘的曲线见图 6-31。

操作压力增加值一样时电极表面状态的不同所引起的槽总电压相应的增加值也相差很大。小室电压与操作压力的关系见图 6-32。

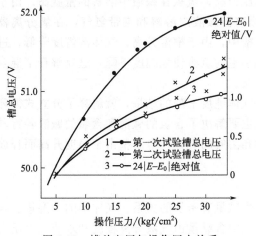

图 6-31　槽总电压与操作压力关系

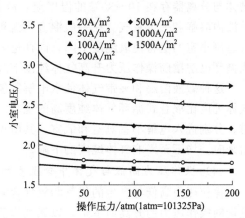

图 6-32　小室电压与操作压力的关系

当电流密度在 $1500A/m^2$ 时操作压力由 1atm 升至 40atm 所观察的电压减少最明显，约 0.33V，而当压力从 40atm 提高到 200atm 时，则降低了 0.07V。据分析，此种关系，是在正负两极板距离较大的 Tedewell 单极筒式电解槽可能出现的现象，这种电解槽结构决定了电解液含气率大小将对槽电压高低有很大影响，正负极板之间距离大，电极间的电解液容积大，而该容积所夹带的气泡随操作压力升高体积减小，电解液中的电阻降低，槽总电压下降。采用 Lurgi 结构的电解槽，乳突状主极板将正负极板紧紧压在隔膜布的两边，电解小室正负极间距离小，气泡容积小，操作压力增加对电极间电解液的影响比单极筒式小得多。

（3）操作压力高低与气体纯度的关系

水电解制氢装置操作压力的大小与气体纯度的关系见图 6-33。

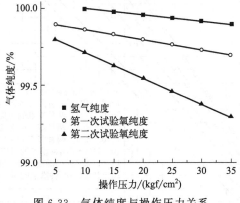

图 6-33　气体纯度与操作压力关系

由图 6-33 可知，气体纯度随操作压力的增加，气体纯度下降，这可以解释为随操作压力的提高，碱液内溶解的氢氧气体量增加且与碱液难以分离。这从碱液过滤器中放出碱液可明显地感觉到：不同操作压力碱液澄清（即气泡溢出）快慢差甚大，低压时从过滤器放出的碱液3～4min气泡即可释放完毕；随操作压力提高，这种气泡释放完毕的时间逐步增长，在30kgf/cm² 操作压力下，碱液澄清的时间将30min在以上。根据亨利定律，气体在液体中的所溶解的重量和液体上的压力成正比，操作压力高，氢氧在碱液中溶解的量就高。由于槽体与分离器存在10～30℃的温度差，故在氢分离器碱液内溶解和夹带氢气，在氧分离器碱液内溶解和夹带氧气。在一般混合式流程电解槽中，由于槽温升高，气体溶解度降低，进入氧侧小室的氢将使氧纯度下降，同样进入氢侧小室的氧将使氢纯度下降，这就解释了混合式循环电解槽随操作压力升高气体纯度下降的现象。

这种碱液溶解和夹带气体使水电解制氢设备气体纯度下降的结果，就解释了分立式循环气体纯度比混合式循环气体纯度高的现象，因它主要解决了含氢的碱液和含氧的碱液各行其道，分别进入电解小室氢室和氧室，其所夹带的和溶解的气体在电解槽由于温度升高而释放出来时，均不至影响气体纯度的下降。

（4）操作压力高低与气体中含湿量的关系

操作压力高低与产生的氢气和氧气含湿量、含碱量有密切的关系。气体中的含湿量、含碱量随操作压力的升高而下降，以氧气为例，氧气中含碱量由气液分离程度和水蒸气分压大小来决定。气液分离程度与气体流速有关，当分离器管道已定，操作温度一定的情况下，随压力的增加气体的体积流速降低，气体"夹带"液体现象减少，气液分离越来越好。水蒸气分压与系统压力有关，操作压力升高，水蒸气分压相对降低，气体中水蒸气含量减少，即气体随压力增高水蒸气中碱含量也相应下降。

含湿量随压力的增加而下降可以从图6-34中定量说明。

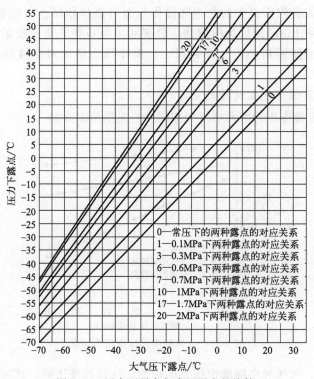

图6-34　压力下露点与常压露点的换算

（5）采用压力电解槽的意义

① 作为水电解制氢设备，主要考核的技术关键是如何降低能耗，从而降低氢气生产成本，提高操作压力的结果，降低碱液含气率同时，将提高碱液的沸点，即可以通过提高操作压力而提高操作温度，而提高操作温度将提高电解液的导电率，降低电解液的欧姆降，从而降低能耗。

② 压力电解槽在发展起来后，基本上全面占领了水电解制氢设备的市场取代了常压电解槽，根本原因还在于：

a. 某些特定生产工艺要求，制氢部门的使用情况，绝大多数用户均是在压力情况下使用氢气，如某些化工厂的加氢工序，在 0.4～2.5MPa 运行，使用常压电解槽时必须在流程中配备常压湿式储罐和氢压机，这一方面是建厂投资大，另一方面，氢压机可靠性差，反复维修工作量大，这样势必增加生产中的工作量和产品成本。压力电解槽可以取代常压湿式储罐和氢压机。

b. 为了氢气的存贮：对于某些用氢部门，生产工艺中要求短时间内一次性用氢量大，而正常生产中用氢量少，故生产中采用大量氢的存贮，而对于存贮来说，压力下干式贮罐的存贮比常压的湿式气柜存贮，一次性投资大幅下降，另外安全性提高。压力下存贮用压力水电解槽直接就可以实现，即使由于使用场所为高压、超高压需要通过压缩机压缩来实现时，由于压缩机是有压状态，也将减少压缩机级数，体积小，能耗也低。

6.1.4.3　操作温度对能耗及气体纯度的影响

① 槽温指电解槽的操作温度，是电解工艺中主要技术参数之一。槽温高低与能耗大小，腐蚀作用的轻重，气体中水蒸气、碱雾滴的含量多少都有极大关系。

② 槽温对槽总电压的影响是极为明显的，见图 6-35。槽总电压随槽温的升高而降低，当槽温高于 75℃ 时，槽总电压随槽温增高呈直线下降。当其他因素不变时，可以用外推法求出，当槽温升至 115～120℃ 时，小室平均电压将下降到 1.80V 以下。而当槽温低于 75℃ 时，槽总电压将随槽温降低急剧增加。

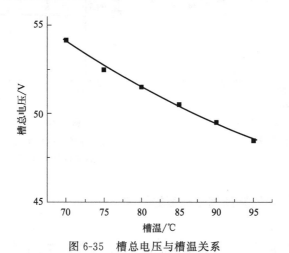

图 6-35　槽总电压与槽温关系

试验条件：电流 340A，操作压力 33kgf/cm²；碱液循环量 400L/h；碱液浓度 NaOH 21%

超电压 η 是由于离子放电过程中某一阶段的缓慢性而引起的，温度升高能加速这一过程，即随温度的升高，氢超电压 η_k 和氧超电压 η_a 都下降，见表 6-4、表 6-5。

表 6-4 在 16%NaOH 溶液中氢的超电压 单位：V

电极材料	电流密度/(A/m²),18℃				电流密度/(A/m²),80℃			
	100	600	1000	2000	100	600	1000	2000
电镀含硫镍	0.11	0.16	0.19	0.21	0.02	0.08	0.10	—
喷砂加工的镍钢	0.21	0.31	0.36	0.40	0.11	0.18	0.23	—
压延的镍钢	0.37	0.47	0.61	0.66	0.30	0.43	0.47	—

表 6-5 在 16%NaOH 溶液中氧的超电压 单位：V

电极材料	电流密度/(A/m²),18℃				电流密度/(A/m²),80℃			
	100	600	1000	2000	100	600	1000	2000
电镀含硫镍	0.32	0.36	0.386	0.42	0.18	0.22	0.24	0.266
喷砂加工的镍钢	0.21	0.40	0.44	0.48	0.25	0.276	0.29	0.31
压延的镍钢	0.37	0.77	0.82	0.86	0.31	0.35	0.40	0.43

电解液的电阻率见图 6-36，电解液电阻率随温度升高而降低，这样槽温升高将引起电解液电压的下降。

浓差极化是电解过程中在电极表面及溶液中离子浓度不均而引起的，温度的提高，有利离子的扩散，减弱浓差极化。

槽温的变化与气体纯度无关，见图 6-37，当槽温在 70~95℃变化时，氧气纯度 99.4%~99.5%，氢气纯度 99.9%~99.95%。这是因为槽温的变化与影响气体纯度诸因素无必然联系。

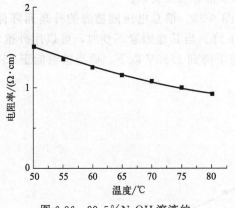

图 6-36 22.5%NaOH 溶液的
电阻率与温度关系

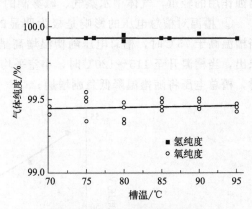

图 6-37 气体纯度与槽温关系

试验条件：电流 340A，操作压力 33kgf/cm²；
碱液循环量 400L/h，碱液浓度 NaOH 21%

6.1.4.4 碱液循环量对能耗及气体纯度的影响

（1）碱液循环的目的

① 带走电极反应区的热量，维持电解槽在一定的操作温度下连续稳定运行；

② 带走电极反应产物——氢气、氧气；

③ 增加电极反应区的"搅拌"作用，减少电解液的浓差极化电压；

④ 将原料水带进电极反应区，以补充电极反应所耗的原料水。

（2）电解液循环量表示方法

① 重量法：即单位时间内，循环碱液的重量，kg/h；

② 体积法：即单位时间内，循环碱液的体积，m³/h，L/h；

③ 碱液循环次数/h＝$\dfrac{\text{碱液体积循环量（m}^3\text{/h）}}{\text{槽体碱液容积（m}^3\text{）}}$

（3）混合式碱液循环

① 混合式碱液循环流程：即电解槽电解小室阳极室电解的氧气和电解液，借助于碱液循环泵的扬程，由氧出气孔流出，在氧气道环汇合之后，流入氧分离器，在此氧气依靠重力与碱液进行分离，进入氧分离器的气相，碱液进入氧分离器的液相。同样电解槽小室阴极室电解的氢气和电解液，借助于碱液循环泵的扬程，由氢出气孔流出，在氢气道环汇合之后，碱液进入氢分离器，在此氢气依靠重力与碱液进行分离，进入氢分离器的气相，碱液进入氢分离器的液相。

氢氧分离器内的碱液依靠下部连通管相通，本连通管在电解槽运行中主要起均压作用和碱液相混的作用。经氢氧分离器连通管混合后的碱液流过碱液过滤器，碱液冷却器，再通过电解槽液道环各进液孔分配到各电解小室的阳极室、阴极室，参加下一步的电极反应。

② 碱液循环量与小室电压关系。碱液循环量与小室电压有一定关系，这种关系主要反映在循环量比较低时小室电压偏高，见图 6-38，新配电解液循环量由 12L/h 下降到 6L/h，小室电压由原来的 2.25V 升至 2.27V 以下。在电解液内加入添加剂 0.2% V_2O_5 之后，这种影响仍然存在，碱液循环量由 12L/h 下降到 6L/h，小室电压由原来的 2.04V 增加为 2.05V。

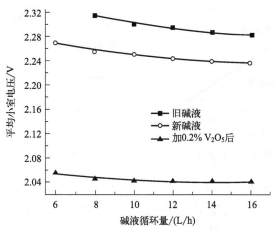

图 6-38　小室电压与碱液循环量的关系

试验情况表明，碱液循环量也与含气率有关，循环量增大，有利于电解过程中产生的气泡更快地从电极区排至槽外，这就降低了电极区电解液的含气率，从而降低了电解液的电阻，使小室电压下降。

循环量提高，表示"搅拌"作用增大，这样有利于减少浓差极化电压，使小室电压下降。

小室电压下降的第三个原因，是循环量增大，为保持槽温不变，就要提高进槽的循环碱温，使电解槽小室上下温度平均值提高，这样电解液的电导率提高，槽电压下降，见表 6-6。

表 6-6　槽电压与碱液循环量的关系

碱液种类	循环量 /(L/h)	槽温/℃		碱温/℃		冷却器 碱温/℃	槽总 电压/V
		O₂	H₂	O₂	H₂		
旧碱液	400	85.0	84.5	72.0	70.0	51.5	55.8
	800	85.0	85.0	77.0	75.0	57.0	55.0
新碱液	400	85.0	80.5	72.0	69.0	52.0	54.5
	800	85.0	82.0	77.0	74.0	60.0	53.8
加 2‰ V₂O₅	300	85.0	80.5	68.0	68.0	—	49.3
	600	85.0	81.5	75.5	73.5	—	49.1

③ 碱液循环量与气体纯度的关系。碱液循环量的变化对氧气纯度有显著的影响，如图 6-39 表示某设备不同碱液循环量条件下，氧气纯度随碱液循环量增加而几乎呈直线下降的趋势。不论是运行一年后的旧碱液，还是新配的碱液，还是增加 V₂O₅ 添加剂的新碱液，这种趋势都一样。

碱液循环量的变化对氢气纯度也有一定的影响，见图 6-40，这种影响主要表现在碱液循环量低于 10L/h，随碱液循环量的增加，氢气纯度略有下降，当碱液循环量高于 10L/h 时，随碱液循环量的增加，氢气纯度下降就不明显了。

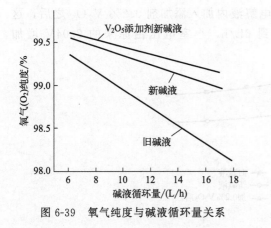

图 6-39　氧气纯度与碱液循环量关系　　　　图 6-40　氢气纯度与碱液循环量关系

④ 从提高气体纯度的角度出发，对于混合式循环电解槽降低碱液循环量是有利的，但碱液循环量过低，将使各小室温度不易控制，各小室电压不均，槽总电压增加，冷却水耗量增加，提高了单位氢气的电能消耗。

在保证气体纯度的前提下，为了尽可能降低能耗，对于混合式循环电解槽，碱液在槽内每小时循环 2~3 次是适宜的。

（4）分立式碱液循环方式

所谓分立式碱液循环就是氢分离器碱液与氧分离器碱液彼此不相混合，各自分别经过过滤器碱液冷却器后，氢分离碱液进入电解槽的阴极室，即夹带的氢和溶解的氢与新生的氢相混合后再进入氢分离器，而氧分离器碱液进入电解槽阳极室，即夹带的氧和溶解的氧与新生的氧相混合后再进入氧分离器，大大提高了压力水电解制氢装置所产生气体的纯度。在同样情况下，氢气纯度会优于混合式流程 0.1%，氧气纯度会优于混合式流程 0.2%~0.3%。

因为分立式循环方式解决了碱液机械夹带气体和溶解气体降低水电解制取氢气和氧气纯

度的技术问题。因此，可以通过加大碱液循环量办法，提高进入电解槽循环碱液的温度从而降低小室电压，实践证明分立式碱液循环方式直流电耗比混合式直流电耗节省 2％。

6.1.4.5　电流对能耗及气体纯度的影响

① 根据法拉第定律可知，电流和气体产量成正比。电流试验目的是考核电流变化时，电压、气体纯度的变化。

② 槽总电压与总电流关系见图 6-41。在试验条件范围内，槽总电压随总电流增加而增加并且接近正比关系。

随着电流的增加，隔膜、电极，接触点的欧姆降都相应增加。

电流增大时，离子氧化还原的速度变得比离子扩散的速度快，即电极附近液层中氧化还原的离子浓度降低，浓差极化电压增加。

③ 图 6-42 表示了气体纯度与总电流的关系，由图中看出，氧纯度随电流增加而增加，氢气纯度随电流增加也略有增加，但不如氧纯度增加明显。

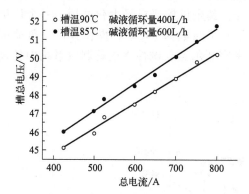

图 6-41　槽总电压与总电流的关系

试验条件：操作压力 33kgf/cm² 碱液浓度 NaOH 21.4％

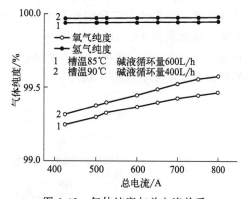

图 6-42　气体纯度与总电流关系

试验条件：操作压力 33kgf/cm² 碱液浓度 NaOH 21.4％

在电流试验中，槽压一定，碱液循环量和碱液浓度都一定，电流增大，产氧量增加，则氢气占的比例随电流增大而减少，则氧气纯度显得提高了。

氢气纯度随电流增加而增大的数值并不明显，这是因为氢气纯度本来就很高。

图中 90℃条件下气体纯度高于 85℃槽温的气体纯度，并不是因为槽温的提高而增加了气体的纯度，而是 90℃条件试验循环量为 400L/h，85℃条件试验循环量为 600L/h，循环量下降结果反而使氢氧纯度相应都提高了。

总之，槽总电压随电流的增加而增加，在操作条件范围内与电流增加成正比。氧气纯度也随电流增加而增加，氢气纯度随电流增加也略有增加，但不明显。

6.1.5　市场应用

水电解制取的氢气特点是杂质较少，氢气纯度较高。粗氢纯度通常可以达到 99.8％～99.9％，根据不同行业需要，还可以进一步进行纯化。

（1）22MW 制氢系统用于多晶硅行业

2018 年天津市大陆制氢设备有限公司向特变电工新疆新特晶体硅高科技有限公司提供了 4400m³/h 碱性水电解制氢系统，共 22MW，用于多晶硅生产。其中包括 2 套 1000m³/h 和 4 套 600m³/h 碱性水电解制氢装置以及 2 套 1000m³/h 和 2 套 1200m³/h 氢气纯化装置。

该系统至今仍稳定运行。其中 $1000m^3/h$ 碱性水电解制氢装置主要技术参数见表 6-7。

表 6-7 $1000m^3/h$ 碱性水电解制氢装置主要技术参数

技术指标	FDQ-1000/1.6	技术指标	FDQ-1000/1.6
氢气产量/(m^3/h)	1000	氧气纯度/%	99.2
氧气产量/(m^3/h)	500	直流电流/A	15000
运行温度/℃	90±5	直流电压/V	302
运行压力/MPa	1.6	直流单位能耗 /$(kW \cdot h/m^3 H_2)$	4.5
氢气纯度/%	99.9		

（2）中石化新疆库车项目

该项目采用多套碱性水电解制氢装备并联的操作方案，单套碱性水电解制氢装备的制氢能力为 $1000m^3/h$，整个项目的总制氢能力目标为 $52000m^3/h$。每 8 台碱性电解槽集中布置在同一个厂房内，每 4 台碱性电解槽共用 1 套气液分离设施，每 8 台碱性电解槽共用 1 套氢气纯化装置，单套纯化装置的处理能力为 $8000m^3/h$；其余设施要求最大化共用。一个厂房的实际占地面积为 $46.5m \times 43.0m = 1999.5m^2$，年开工时数为 8400h；操作弹性（负荷范围）为 30%～110%。该项目有 3 个供应商，其中考克利尔竞立碱性水电解制氢系统中各设备的平面布置图如下（图 6-43）。

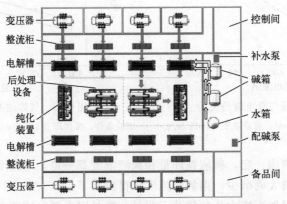

图 6-43   碱性水电解制系统中各设备的平面布置图

该碱性水电解制氢系统的主要技术参数为：

①碱性水电解制氢系统的综合能耗小于等于 $47.8kW \cdot h/kg\ H_2$，电流密度大于等于 $2500A/m^2$；②电解槽的压力为 1.80MPa，成套设施的边界压力为 1.55MPa；③单台电解槽的产氢量为 $1000m^3/h$，氧气产量为 $500m^3/h$；④产品氢气纯度为 99.9%，纯化设施出氢气的纯度为 99.999%，氧气含量小于 $1\mu L/L$，氮气含量小于 $5\mu L/L$，氢气露点温度小于等于 $-70℃$；⑤氧气纯度大于等于 98.5%；⑥电解槽工作温度不大于 95℃；⑦操作弹性（负荷范围）为 20%～110%；⑧电解槽寿命大于 30 年，其他部件寿命不低于 25 年；⑨环境温度为 20℃时，设备冷启动时间（从零负荷到满负荷运行的时间）小于 20min；热启动时间小于 3min；设备从零负荷到满负荷运行的制氢时间低于 1min。

（3）日本 FH2R 项目

FH2R 项目自 2018 年 7 月在日本南江（Namie）启动，2020 年 2 月底完成 10MW 级制氢装置建设并试运营，是当时世界上最大的光伏制氢装置。

FH2R项目配备20MW的光伏发电系统以及10MW的碱水电解槽装置，每小时可产生高达1200m³（标准状况）的氢气（额定功率运行）。项目占地220000m²，其中光伏电场占地180000m²，研发以及制氢设施占地40000m²。FH2R产生的氢气将为固定式氢燃料电池系统以及燃料电池汽车和公共汽车等提供动力。

FH2R项目一方面根据下游市场供需预测系统开展生产和存储，同时亦可通过调节氢气生产单元来满足电网控制系统的调节需求。测试阶段最重要的挑战是使用氢能管理系统来实现氢的生产和存储以及电网供需动态平衡的最佳组合，从而无需使用蓄电池。为了应对这一挑战，测试确定最佳的运行控制技术，该技术使用各自具有不同运行周期的设备单元将电网需求响应与氢气供求响应相结合。

6.2 质子交换膜电解水制氢

6.2.1 PEM电解水概述

6.2.1.1 PEM电解水的历史

最初在20世纪50年代，为了再生太空和潜艇中的生命支持介质（如氧气、水、二氧化碳），美国通用电气公司开发了质子交换膜电解水（PEMWE），也称聚合物电解质膜电解水（PEMWE）技术。采用相对较薄的固体离子交换膜代替碱性水溶液电解质，在很大程度上克服了碱性电解水（AWE）系统所面临的三个挑战，即电流密度低、在低负荷下运行的能力有限，以及无法在高压下运行，实现了更高的电流密度、更高的压力和间歇操作。在2019年以前，PEM水电解槽系统的大部分运行在$50\sim200$kW规模。直到最近才部署了MW级的大型系统，如2021年Nel与Iberdrola合作部署了一个20MW的PEMWE系统，该系统将用于生产绿色肥料，它是世界上已安装的最大PEMWE系统之一。

PEM水电解池是零间隙池，即电极直接夹在膜上，或者涂覆在膜上。反应气体（H_2和O_2）在催化层的后部析出，而不是在极间间隙中析出。这种紧凑的设计允许高电流密度（在数A/cm^2范围内）操作。图6-44显示了PEMWE电解槽的原理示意，其基本单元通常由钛或涂层不锈钢制成的两个端板界定，厚度通常为$5\sim7$mm。带有催化剂涂层的膜（CCM），也常称膜电极（MEA），包括聚合物电解质膜（PEM），该电解质膜提供选择性控制：提供两种电极之间的电子绝缘而质子导通，且将所产生氢气与氧气分开。MEA是发生电化学反应的场所，是PEMWE的核心部件。MEA夹在阳极多孔传输层（PTL_a）和阴极多孔传输层（PTL_c）两个多孔传输层（PTL）之间，与导电、导热板的双极板（BPP）一起，为电池两极之间的阳极催化剂层和阴极催化剂层（CL_a和CL_c）提供了水和气体产物传输途径和电子传导。阳极催化剂层也称阳极，或氧电极，相应地，阴极催化剂层也称阴极，或氢电极。BPP上有流动通道，以确保通过PTL的水流动均匀，且便于排除产生的气体产物。

通常，液态水从阳极引入电池。在电解过程中，水通过PTL_a到达CL_a，被氧化成质子、电子和氧气，发生析氧反应（OER），或称水氧化反应（WOR）。所产生的氧气通过PTL_a排出，并沿双极板流道排出电解器。质子产自于CL_a，并通过膜传输到CL_c，在氢的析出反应（HER）过程中被还原成氢分子。在电解质膜中，质子随大量水分子从阳极输送到阴极，这一过程被称为电渗拖曳。该水通量的大小取决于电解过程中使用的质子传导聚合物的类型、温度、压力和电流密度。产生的氢气随后被输送通过PTL_c，并从电池中排出。在实际PEMWE设计中，经常采用水同时通过阳极和阴极进入电池，以帮助排热和保持温

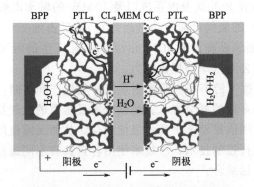

图 6-44　PEMWE 电解槽的原理示意图

[由涂有阴极催化剂层（CL$_c$）和阳极催化剂层（CL$_a$）的膜（MEM）组成，夹在两个多孔传输层
（阴极 PTL$_c$，阳极 PTL$_a$）和双极板（BPP）之间]

度恒定，随排出气体循环，并控制电池温度。气态反应产物 H$_2$ 和 O$_2$ 需要去湿，并且捕获的水再循环到水入口。

水电解反应：

阳极反应　　$2H_2O \longrightarrow O_2 \uparrow + 4H^+ + 4e^-$

阴极反应　　$4H^+ + 4e^- \longrightarrow 2H_2 \uparrow$

总的电解反应　　$2H_2O \longrightarrow O_2 \uparrow + 2H_2 \uparrow$

6.2.1.2　PEM 电解水技术发展趋势

受到世界上大力发展低碳能源和实施碳减排行动激励，PEMWE 前景十分看好，但前提是必须大幅度降低成本，并进一步提高寿命，特别是需要关注铱资源稀缺性。为了实现 2030 年制氢成本目标<1 欧元/kg，新一代 PEM 电解水系统必须实现更好的动态性能（快速启动、快速响应、更宽的负载和温度范围），以提供更好的电网平衡服务，从而解决与电网相连时的间歇性可再生能源急剧增加的问题。能够开发几十兆瓦级产氢能力的大规模工业应用。通过模块化设计和灵活放大，可以最大限度地降低了大规模工业生产的投资成本。借助于设备效率和可用性高的优化设计，降低制氢成本。更高电解压力，如>100bar，降低压缩机成本，提高系统效率。动态工作范围为 4~6A/cm^2，过载能力为 1.5 倍。

6.2.2　PEM 电解水关键材料

6.2.2.1　PEM 电解水阳极催化剂

（1）阳极催化剂

OER 是一个复杂的四电子转移反应。在酸性介质条件下，建立在催化循环、连续的质子和电子转移基础上，两种已被广泛接受的 OER 机理，分别是吸附质演化机理（AEM）和晶格氧参与机理（LOM）。在催化剂固体表面上四电子 OER 过程由一组单电子反应组成，这被称为吸附质演化机理，如图 6-45(a) 所示。生成吸附的氢过氧化物 $^*OOH$ 是这一过程中的一个步骤，该物种含有 -1 氧化态的氧。对于铂族金属（PGM）氧化物，许多小组已经报道了晶格氧化物离子参与 OER，IrO$_2$ 和 RuO$_2$ 等材料研究证实了晶格氧化物和水之间的水交换，这被称为晶格氧参与机理，如图 6-45(b) 所示。有研究表明，可能会同时发生 AEM 和 LOM 两种机理，这在一定程度上取决于用作催化剂的表面化学性质。

OER 电催化剂工作在酸性和高氧化电位下，对它产生了很高的要求：①催化剂应为良

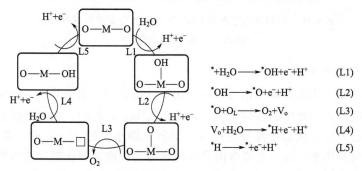

$$^*+H_2O \longrightarrow {}^*OH+e^-+H^+ \qquad (A1)$$

$$^*OH \longrightarrow {}^*O+e^-+H^+ \qquad (A2)$$

$$^*O+H_2O \longrightarrow {}^*OOH+e^-+H^+ \qquad (A3)$$

$$^*OOH \longrightarrow O_2+{}^*+e^-+H^+ \qquad (A4)$$

(a) OER的AEM(其中：*代表表面吸附物种，M是表面金属位点)

$$^*+H_2O \longrightarrow {}^*OH+e^-+H^+ \qquad (L1)$$

$$^*OH \longrightarrow {}^*O+e^-+H^+ \qquad (L2)$$

$$^*O+O_L \longrightarrow O_2+V_o \qquad (L3)$$

$$V_o+H_2O \longrightarrow {}^*H+e^-+H^+ \qquad (L4)$$

$$^*H \longrightarrow {}^*+e^-+H^+ \qquad (L5)$$

(b) OER的LOM(其中：*表示表面吸附物种，M是表面金属位点，V_o是空白氧化物位点)

图 6-45　OER 的 AEM 与 LOM 机理

好的导电体，并对电催化剂表面的氧中间体（如过氧化氢和超氧物中间体）具有中等的吸附能，对这些氧中间体的结合能不太强或太弱；②具有一个良好的氧化还原（失去或获得电子的能力）中心，这对于一个电催化剂是至关重要的，也还要有催化反应所需的高活性位点；③电催化剂必须具有耐电解质酸性腐蚀的能力，特别是在高阳极电位下无相变，或者相变相稳定且不会溶解在电解质中，这一点非常重要。基于这些标准制定关键策略，才能设计出良好的 OER 电催化剂。

有多类 OER 催化剂在研究开发中，如贵金属基纳米材料（Pt、Ru、Ir 等）、合金材料（IrPd、AuIr、RuCu、IrCoNi 等）或金属间化合物（Al_2Pt）、贵金属基氧化物（RuO_x、IrO_x、$NiIr@IrO_x$、$IrWO_x$ 等）、壳核结构（IrO_2 包覆的 TiO_2 核壳微粒 $IrO_2@TiO_2$）、硫属化合物（$RuTe_2$、$IrSe_2$ 等）、硼化物（RuB_2）、焦绿石（$A_2B_2O_7$）、钙钛矿（ABO_3）和金属基单原子材料（Ru-N-C），以及非贵金属催化剂（Ni_2Ta、MoS_2、WC、$CoMnO_x$、$NiFePbO_x$、$CoFePbO_x$、$Ni_{0.5}Mn_{0.5}Sb_{1.7}O_x$、$CN_x d$ 等）。

好的 OER 催化剂应该是过电位低（良好的 OER 催化活性），同时金属溶解速率也低，才能保持长期催化活性稳定性。如图 6-46 所示，在酸性介质中，用作 OER 催化剂的单金属氧化物在活性和稳定性之间存在相反的关系，活性最高的氧化物（Os≫Ru＞Ir＞Pt≫Au）呈现出高达数量级差别的溶解速率，即其稳定性最低（Au≫Pt＞Ir＞Ru≫Os）。综合比较，Ir 在 OER 活性与稳定性方面达到较好平衡。

目前，贵金属基 IrO_2 和 RuO_2 催化剂是酸性溶液中 OER 最好的催化剂，开发的大多数 OER 催化剂都是基于贵金属材料，如 $IrRuO_x$、$WIrO_x$、PtNi、和 IrTe 等。由于 Ir 昂贵的成本和稀缺性（年产仅几万吨），需要制定开发战略，以减少阳极中 Ir 基 OER 催化剂的贵金属含量，增加 Ir 利用率，并实现更高的 OER 活性。

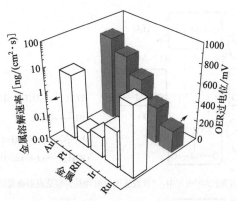

图 6-46 不同金属电极的 OER 过电位和金属溶解速率性能

（5mA/cm² 电流密度条件下）

（2）阳极催化剂的制备工艺

图 6-47 给出酸性 OER 用铱催化剂的各种化学合成路线。各种湿化学合成 IrO_2 催化剂方法中，包括采用封盖剂稳定的铱纳米颗粒，或不使用封盖剂的。在封盖剂存在下的胶体合成，成了一种流行方法，来制备高分散度（＞50%，即小于约 2nm）的、单分散近球形纳米颗粒以增加金属利用率，或者形成各向异性纳米结构以增加催化剂层孔隙率或促进某些晶体面形成。最近有人报道了通过机械化学方法制备的掺有铱单原子的氧化钴（$Ir-Co_3O_4$），在 300mV 的过电位下，$Ir-Co_3O_4$ 的标准化质量活度和转换频率都可以达到比商用 IrO_2 高两个数量级的水平。

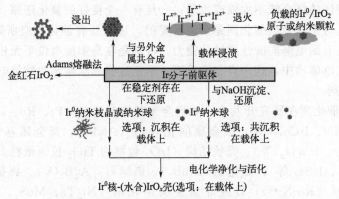

图 6-47 酸性 OER 用铱催化剂的化学合成路线

虽然各种复杂的方法能够制备优异催化剂纳米结构和性能，但是好用的方法一定是具有实用性、安全性、易用性和可扩展性，并且必须尽可能少地使用资源，产生尽可能少的浪费。这可能制约了使用表面活性剂辅助的湿催化剂合成路线。因此，时至今日由 R. Adams 和 R. L. Shriner 很久以前提出的、产生的稳定的金红石型 Ir 的 Adams 熔融法（或其他热方法），仍然受到关注和并不断获得改进。

典型的 Adams 熔融法：通过将金属氯化物前驱体与 $NaNO_3$ 在空气中高温熔融，用来制备各种贵金属氧化物。工业上采用 Adams 熔融法生产无载体 IrO_2 催化剂，将预定量的 H_2IrCl_6 溶解在异丙醇中，直到金属浓度达到 3.5×10^{-2} mol/L，并磁力搅拌 1.5 小时；向该溶液中加入细磨 NaNO$_3$，进一步搅拌 30 分钟；然后将混合物置于预热的烘箱（80℃）中 30 分钟以蒸发异丙醇；然后将干燥的催化剂前体/盐混合物在预热炉中反应；然后冷却所得金属氧化物并用超纯水洗涤以除去未反应的 NaNO$_3$；最后一步是在 100℃ 的烘箱中干燥金属氧化物。产生 IrO$_2$ 催化剂通常包含小的、无定形的 IrO$_2$ 纳米颗粒聚集体。Adams 熔融法的溶解和熔融两步反应如下：

$$H_2IrCl_6 + 6NaNO_3 \longrightarrow 6NaCl + Ir(NO_3)_4 + 2HNO_3$$
$$Ir(NO_3)_4 \longrightarrow IrO_2 + 4NO_2 + O_2$$

改进的 Adams 熔融法基于 Ir 前驱体在氧气气氛中的热分解，因而不再需要添加硝酸盐氧化剂。将 IrCl$_3$ 盐酸溶液加入到柠檬酸-乙二醇溶液中的混合，然后升高到 90℃ 温度下搅拌。在此条件下，发生聚合以形成金属聚合物前驱体。在接下一步中，金属聚合物前驱体在 400℃ 下在氧气气氛中煅烧，分解产生 IrO$_x$：

$$2IrCl_3 + 2O_2 \longrightarrow 2IrO_2 + 3Cl_2$$

（3）阳极催化剂的核心技术指标

电催化剂的活性可以分成宏观活性和本征活性。宏观活性是通过几何活性（也称比活性），或质量活性来描述的。本征活性需要基于表面活性位点的特定活性、转换频率（TOF）来评估 OER 催化剂的内在性能，以给出机理见解。

转换频率是单位时间内单个活性位点的转化数，其数值衡量的是一个催化剂催化反应的速率，代表了催化剂的本征活性。问题是难以准确确定和定量催化活性位点，特别是多相催化剂：①在催化过程中可能发生活性位点的转变（团聚或再分散）；②每个活性位点所处的化学环境不同，其催化活性可能存在明显差异。TOF 的意义在于：①可为理论和实践提供有用的信息，如在同一条件下测试暴露不同晶面的催化剂或者包含不同尺寸的金属簇的 TOF 值，筛选出催化活性高的晶面或金属簇最佳尺寸；②TOF 值可用于评估新催化剂的发展潜力。

旋转圆盘电极（RDE）是用于分析电催化剂的一种常见的表征技术。

非原位的催化剂活性测量是在电化学测量系统中完成的。简单地讲，就是催化剂电化学表征在旋转圆盘电极半电池中完成，该半电池配备有催化剂涂覆的金工作电极、金线或金网对电极和可逆氢（RHE）参比电极。然后，使用调制速度旋转器高速旋转工作电极，进行电化学测量。最后，在一定条件下比较动力学析氧活性。质量活性按工作电极上的 Ir 质量进行处理，而比活性按 Ir 的电化学表面积处理。根据与汞单层脱附相关的电荷，利用汞欠电位沉积评估 Ir 的电化学表面积（ECA）。表 6-8 给出了在 1.55V 相对于 RHE 条件下，三种 Ir 催化剂（Ir，Tanaka Kikinzoku Kogyo；Ir，Johnson Matthey；Ir 氧化物，Alfa Aesar）的 ECA、OER 质量活性和 OER 比活性结果。此外，也有采用对应于 10mA/cm^2 电流密度的过电位值，用于比较不同催化剂之间的活性。

表 6-8　三种 Ir 催化剂的 ECA、OER 质量活性和 OER 比活性结果

催化剂	电化学面积 ECA/(m^2/gIr)	质量活性 $I_m^{1.55V}$/(A/gIr)	比活性 $I_S^{1.55V}$/(μA/cm^{2}Ir)
Ir(TKK)	85.2	689	809
Ir(JM)	27.8	372	1337
IrO$_2$(AA)	28.8	185	643

欧盟 FCH 2 JU 项目"新极端下的下一代 PEM 电解槽"从 2018 年 2 月 1 日开始，项目

周期 36 个月，定义了一组最基本测试协议，以评估阳极、阴极电催化剂指标和性能。协议主要涉及相关物理化学性质、电化学性质、电化学表面积和电催化剂衰减等方面的表征。该催化剂测试协议除了通常物理化学性质的非原位测试外，其他测试内容或是原位，或是原位与非原位相结合。选择原位表征主要基于以下几方面。

① 阳极和阴极催化剂的原位电化学评估是避免液体电解质干扰和影响的首选程序，这可能会导致催化剂溶浸、阴离子吸附等。原位催化剂评估提供了有关有效催化活性和催化剂-离聚物界面的信息。

② 电化学活性催化剂表面积可以原位或非原位测定。在所有实验室可复制的条件下，学术界通常首选的方法是提供催化剂内在性质的信息。然而，使用该方法，在实际操作条件下无法评估催化剂的性能，并且原位方法不能用作诊断工具。原位方法优先用于电池诊断，通过监测电化学活性表面积的减少来了解催化剂活性降解，例如在高电流密度或高温下长时间操作之后。使用循环伏安法（CV）原位测定聚合物电解质膜水电解槽中电极的电化学活性表面积（ECSA）具有特殊的意义，它可以研究原位催化剂利用率以及使用不同离聚物时的离聚物-催化剂界面。

③ 通过在耐久性或加速应力试验试验后确定过电位和表面积的变化，可以在 MEA 研究期间原位评估催化剂降解。根据上述方法的电极极化和表面积测量是提供催化剂降解信息的重要诊断工具。

表 6-9 是该协议提出的高电流密度下 PEM 电解电催化剂测量参数、频次，以及参数范围。

表 6-9　高电流密度下 PEM 电解电催化剂的评估

序号	内容	测量参数	频次	目标
1	物理化学性质	阴极平均晶粒尺寸/颗粒尺寸(Pt)		$<3nm$
2		阳极平均晶粒尺寸/颗粒尺寸($IrRuO_x$)		$<10nm$
3		电化学活性表面积[阴极(Pt)]		$>50\sim80m^2/g$
4		表面积（阳极）		$>100m^2/g$
5	电化学性质	析氧过电位	在耐久性或应力测试前后测量电极极化	在 $4A/cm^2$ 下，$<200mV$ 相对于热中性电位无 IR，贵金属载量 $<0.35mg/cm^2$
6		析氢过电位	在耐久性或应力测试前后测量电极极化	$<50mV$ 相对于 RHE 无 IR，Pt 载量 $<0.05mg/cm^2$
7	电化学活性表面积	使用驱动模式操作的原位阳极电化学活性表面积[①]	在耐久性或压力测试前后测量 CV	$>100mC/cm^2$，$20mV/s$ 扫描速率，$0.4\sim1.4V$ 相对于 RHE 范围内
8		使用 DHE 模式操作的原位阴极电化学活性表面积[②]	在耐久性或压力测试前后测量 CV	$>50m^2/g$
9	电催化剂降解评估	耐久性试验期间阳极和阴极电化学活性表面积的原位变化	进行 2000 小时耐久性试验，测定试验前后 CV	电化学面积减少 $<5\%$

序号	内容	测量参数	频次	目标
10	电催化剂降解评估	耐久性试验期间阳极和阴极过电位的原位变化	进行 2000 小时耐久性试验，测定试验前后在 $4A/cm^2$ 下的过电位	过电位增加<5%
11		非原位:阳极成分的变化	进行 2000 小时耐久性试验，测定试验前后在 $4A/cm^2$ 下的 Ir/Ru 比率	

① 在驱动模式下，Pt/C 阴极用作参考电极和对电极，而 Ir-Ru 氧化物阳极是工作（和感应）电极。

② DHE 模式采用动态氢电极（DHE）用作参比电极；DHE（独立电路）基于两个小块 Pt/C 和 IrO_2 电极，它们在相向方向接触膜（与主电极的相同膜），不与主电极电接触，但它们通过聚四氟乙烯（PTFE）肋通道暴露在与主电极相同的气流或水流中。形成 DHE 的两个小块 Pt/C 和 IrO_2 电极产生非常小的电流极化；单独电路中由 Pt/C 制成的小负极称为 DHE，用作参考电极。

（4）国外厂家及发展趋势

铱/氧化铱是最常用的、具有长期稳定性的 OER 催化剂。表 6-10 给出了常见商用铱基催化剂生产厂家及其产品技术指标。

表 6-10　部分商用铱基催化剂技术指标

序号	产品/规格	生产厂家	颗粒尺寸（根据 TEM）/nm	相成分及结晶尺寸（根据 XRD）/nm	BET 比表面积/(m^2/g)
1	Ir 黑/(Ir-black,99.8% Ir)	Alfa Aesar	4.1 ± 2.1	Ir/3.74 ± 0.10	14
2	Ir 氧化物/(IrO_2,99%Ir)	Alfa Aesar	6.5 ± 5.3	Ir/>1,非晶	30
3	TiO_2 负载 Ir 氧化物/(IrO_2/TiO_2,73.35%Ir)	Umicore	7.2 ± 6.3	IrO_2/3.1 ± 0.2	30
4	Ir 氧化物/(IrO_2,99.9%Ir)	Sigma Aldrich	20~600	IrO_2/>100	2
5	H2-EL-Ir(高活性、稳定)	Heraeus	—	3	60
6	H2-EL-85IrO(高活性、高稳定)	Heraeus	2~4		175~195
7	H2-EL-xxIrO-S(极高活性)	Heraeus	2.5~3.5	部分非晶	20~70
8	H2-EL-xxIrRu(极高活性)	Heraeus	2.5~3.5	部分非晶	120~200
9	Ir 黑≥93.0%(质量分数)Ir	Johnson Matthey			25~40

阳极 Ir 催化剂仍面临严峻考验。由于至今还没有寻找到具有足够导电性，并在质子传导膜施加的腐蚀性很强的酸性环境中保持稳定性的催化剂载体，因此目前大多使用的是无载体 Ir 催化剂或低导电载体上负载 Ir 催化剂，这导致催化剂负载量非常高，一般 PEMWE 需要>0.5g Ir/kW 的数量级。将 PEMWE 阳极的 Ir 用量减少 50 倍，即铱的利用率需要提高到 0.01g Ir/kW，是 PEMWE 技术在全球范围发挥作用的关键目标。为此，需要从两个不同的研究方向应对这一挑战：①开发新的 OER 催化剂替代 Ir，该催化剂具有更好的本征活性和相当的稳定性，这可以通过寻找酸稳定的混合金属氧化物、碳化物、硫化物、氮化物或惰性金属等替代物实现；②更好地利用 Ir 等催化剂材料，这可以通过发现新的稳定催化剂，且导电的载体材料，例如过渡金属氮化物等。

6.2.2.2 PEM 电解水阴极催化剂

(1) 阴极催化剂

早在 1789 年就发现了析氢反应（HER），它仅由两个连续的质子-电子转移过程组成，没有副反应。析氢反应是在电极表面上产生气态氢的多步骤过程，也是研究得最透彻的电化学过程。

在酸性溶液中的两种电极表面析氢反应机理，即 Volmer-Heyrovsky 机理和 Volmer-Tafel 机理。析氢反应大概包括以下 2 个步骤：

① 首先发生氢离子在电极表面的电化学吸附，这一步被称为 Volmer 或放电反应，

$$H^+ + M + e^- \Longrightarrow MH^*$$

② 随后，可能通过两种不同的反应途径生成氢气。

在第一种可能性中，第二个电子向被吸附的氢原子转移与另一个质子从溶液中的转移相耦合，从而析出氢气，即通过电化学脱附反应（Volmer-Heyrovsky 机理），

$$MH^* + H^+ + e^- \Longrightarrow M + H_2$$

在另一种可能性中，两个被吸附的氢原子在电极表面结合生成氢气，这一点已在铂催化剂上所证实，即化学脱附反应（Volmer-Tafel 机理），

$$2MH^* \Longrightarrow 2M + H_2$$

HER 在铂电极上具有超快动力学，即使使用旋转圆盘电极装置，法拉第电流也常常受到 HER 过程中产生 H_2 的质量传输限制。在酸性条件下，传统上 PEMWE 阴极普遍采用 Pt 基催化剂。在 PEMWE 阴极 Pt 催化剂上，析氢反应速率比阳极 Ir 析氧反应要高出两个数量级。正是由于常用的 Pt 催化剂具有快速析氢反应动力学，即使 Pt 催化剂载量从 0.3 降至 $0.025mg/cm^2$，也不会对性能产生任何影响。除了 Pt 和 Pt 族金属以外，一些非贵金属也有很好的 HER 催化活性，相比较而言阴极催化剂选择空间较大。为了进一步降低其他碳载电催化剂的成本，特别是那些仅由地球丰富材料和低成本组成的催化剂，如 Ni-C、Mo_2C/CNT、Ni_2P/CNT、共掺杂 FeS_2/CNT、WO_2/C 纳米线和包覆在 N 掺杂石墨烯中的 CoFe 纳米合金等，已被广泛研究作为潜在的替代 HER 铂电催化剂，即无 Pt 催化剂。无 Pt 的 HER 催化剂，特别是基于 3D 过渡金属（TM）的 Fe、Co、Ni 等电催化剂具有良好的氢活化吉布斯自由能变化值 ΔG，在析氢催化剂应用上备受关注。通过引入 S、N、B、C 和 P 等非金属元素，可以显著改善过渡金属较低的电催化活性、稳定性和耐用性等性能。然而，这些铂替代品远未到达与铂相同的稳定性水平，并且非 PGM 材料会面临快速氧化、低电导率和催化剂浸出等问题。

(2) 阴极催化剂的制备工艺

负载铂催化剂的制备工艺主要是化学法，包括浸渍还原法、胶体法及其改进的技术等。

浸渍还原法是制备热化学反应金属催化剂的常用方法。先将碳载体用水或乙醇或异丙醇及其混合物组成的溶剂进行润湿，加入氯铂酸水/有机溶液，混合均匀，调节 pH，控制温度，滴加过量的还原剂，将铂阴离子还原成金属，沉积在载体上。该法存在两个不足：①影响因素多，导致不同批次质量一致性控制难度大；②制备高铂负载量催化剂时，铂颗粒分散均匀性变差。

胶体法可弥补上述浸渍还原法的缺陷，因为胶体的制备和铂负载可以分两步进行，可有效地控制铂催化剂颗粒的粒径，粒度保持较窄范围内。胶体法的制备流程是：在选定的溶剂中，先将氯铂酸还原制备成金属胶体，然后转移到碳载体上；或者先将氯铂酸转化为氧化铂

胶体，然后转移到碳载体上并还原，得到催化剂产品。有机溶胶法则是从胶体法发展而来。

微乳液法制备 Pt/C 催化剂时，还原反应在微乳液中油包水型的微胶束中进行，类似一个微反应器。该法工艺比较简单、操作条件温和、产品粒度可控并均匀。

（3）阴极催化剂的核心技术指标

阴极催化剂的核心技术指标与前述阳极情况类似，包括原位和非原位的活性指标。

阴极催化剂活性与阳极相差数量级的差别。根据 Peng 等分析了基于铂族金属的酸性 HER 电催化剂最新发展，这些催化剂在 $10mA/cm^2$ 下的过电位在 $2\sim69mV$ 之间，其中 Pt/C 催化剂为 6.9mV。而同样条件下，阳极过电位在几百毫伏之内。

阴极催化剂活性原位评估及预期目标（指标）见表 6-9。

6.2.2.3　PEM 电解水用电解质膜

（1）质子交换膜当前的挑战

质子交换膜在 PEM 电解槽中起关键的质子传输和阻隔阴阳极气体的作用，是 PEM 电解槽的核心关键材料，高性能、长寿命质子交换膜是 PEM 电解水制氢产业发展的基础。基于 PEM 电解水制氢工作原理及装置运行条件，质子交换膜应具有以下性能：

① 优异的热稳定性、化学稳定性和电化学稳定性，防止主链和功能基团在活性物质的氧化还原及酸性作用下发生降解；

② 在水合状态下和较宽的温度范围内具有优异的质子传导能力，只允许氢质子高效通过；

③ 在高压差操作条件下具有优异的气体阻隔性能；

④ 优异的力学性能和尺寸稳定性。

质子交换膜是 PEM 制氢、氢燃料电池的核心关键材料，主要分为全氟、部分氟化、非氟化三大类磺酸型质子交换膜；其中全氟磺酸质子交换膜具有较高的质子传导率、较强的机械性能、优异的化学稳定性和使用寿命等特点，被广泛应用于 PEM 电解水制氢领域，目前商业化的全氟磺酸质子交换膜主要有科慕（Chemours）公司的 Nafion 系列膜（如 Nafion®115，117 和 212）、3M 公司的 3M 膜、日本 Asahi Chemical 公司的 Aciplex 膜、Asahi Glass 公司的 Flemion 膜和比利时 Solvay 公司的 Aquivion 膜、中国东岳的 DME 系列膜。其中 Chemours 研发生产的 Nafion 系列全氟质子交换膜是当前 PEM 电解水制氢行业应用最广泛的，市场占有率超过 90%。

Nafion 系列全氟质子交换膜为非增强的均质膜，在工作条件下极高的尺寸变化率（超过 30%）使其具有比较差的机械稳定性，影响使用寿命；同时低交换容量（0.9mmol/g）和高的厚度（$183\sim254\mu m$）使其具有很高的阻抗，在运行电流密度越来越高的工况条件下，能量利用率较低。目前商业化的质子交换膜一般采用的全氟磺酸树脂的分子量较低，使其致密性较差，在电解过程中会产生严重的氢氧气体交叉现象，尤其在高压 PEM 电解水制氢（产氢压力≥20MPa）领域，这种现象更加突出，存在较大的安全隐患，难以满足技术应用要求。因此，如何实现在薄的质子交换膜厚度下，实现质子交换膜的高强度性能和高电导率性能，成功应用于高压及超高压电解水制氢领域将成为质子交换膜新的当前挑战。

（2）质子交换膜的发展趋势

目前，在 PEM 电解水制氢领域应用最多的是均质的全氟质子交换膜，如 Nafion117，其厚度一般在 $100\mu m$ 以上，全氟质子交换膜在工作条件下往往由于吸水溶胀导致膜的机械强度降低，影响使用寿命，因此为保证质子交换膜在电解过程中的安全性，厚度一般大于

$100\mu m$。厚度过大必然会导致质子交换膜的电导率降低，运行电压升高，对电解不利。因此，为提高质子交换膜的电导率最有效的方法就是提高成膜树脂的离子交换容量。提高膜的厚度对电解过程的不利影响显而易见，因此，随着技术的发展，质子交换膜的厚度也必然将朝着厚度减薄的方向发展。改善膜机械强度的方法主要有化学增强和物理增强，化学增强可通过侧链或端链交联对聚合物结构进行改性来实现，而物理增强依赖于掺入各种形式（膨体PTFE、纳米纤维、有机金属颗粒等）机械稳定的聚合物或无机支撑材料。因此复合型的质子交换膜也将在 PEM 电解水领域得到推广应用。PEM 电解水制氢中的气体渗透是致命问题，一旦气体穿透，氢气与氧气反应释放出大量热量，这将破坏质子交换膜和整个电堆。针对这些问题，有研究提出，通过在催化剂和质子交换膜之间使用含有 Pt 纳米颗粒的中间层，从阴极侧向阳极侧渗透的氢气可以与氧气重新结合，可以显著降低氢气的渗透。2022 年公布的美国 DOE 制氢项目，科慕公司承担了超薄低透气性、耐高压复合质子交换膜，其以低等效质量（EW）值的全氟磺酸树脂为原料，通过复合增强技术提高了质子交换膜的力学性能，通过引入 Pt/Co 等添加剂可使质子交换膜的氢气渗透降低为同等厚度的 1/10，表现出优异的高质子传导率、高耐压和超低透气性。因此，随着 PEM 电解技术的发展，特别是高压和超高压电解水制氢的突破，未来 PEM 电解水制氢膜的优化方向仍然集中在提高机械强度、降低成本、保证高的质子电导率和低氢气渗透率等方面。

（3）质子交换膜的类型

目前质子交换膜的主要类型有非氟质子交换膜、部分氟化质子交换膜、全氟质子交换膜、有机/无机复合质子交换膜。

1）非氟质子交换膜 非氟质子交换膜主要有磺化非氟聚合物膜（如聚芳醚酮磺酸膜）、含氧酸掺杂聚合物膜［如聚苯并咪唑/磷酸体系］等。

① 聚苯并咪唑。聚苯并咪唑（PBI）（图 6-48）是一类高热稳定性材料。PBI 与酸配位（掺杂）或经磺酸烃基接枝后使材料具有一定的质子传导能力。因此 PBI 的质子电导率与浸渍酸种类、浓度、浸渍时间有关。Yan 等[5]在 PBI 膜中引入以磺酸为端基的柔性侧链构建了良好的微相分离结构，使得膜的面积比电阻为 $0.51\Omega \cdot cm^2$，接近 Nafion 212（$0.41\Omega \cdot cm^2$）。Tang 等[6]在 PBI 中接枝了一种季铵侧链，当接枝率达到 48％时，膜在 30℃下的质子传导率达到 10mS/cm。

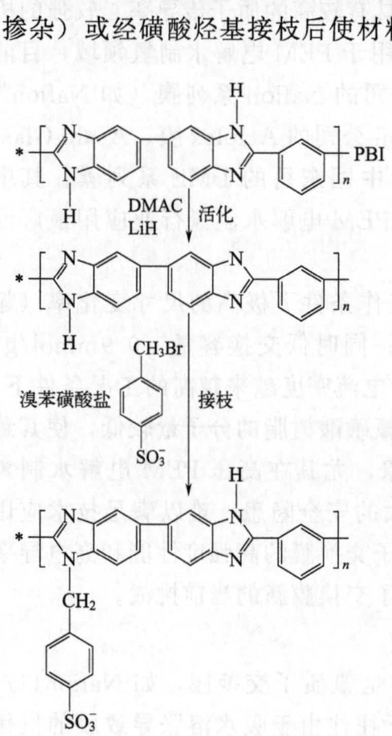

通过掺杂无机材料可以改善 PBI 膜的吸水性、干湿变形性、抗氧化性等。二氧化硅、二氧化钛、二氧化铈等亲水材料可以提高膜的吸水能力，进而提高质子电导率。Mukherjee 等[7]利用 SiO_2 纳米填料改善 PBI 膜的电导率和力学性能，180℃下，1％SiO_2 掺杂复合膜电导率高达 0.21S/cm；玻璃纤维、碳纤维等增强材料可以提高 PBI 膜的力学性能、抗氧化性能和干湿变形性。Sun 等[8]通过热压法制备了由聚［4,4′（二苯醚）-5,5′-联苯并咪唑］（oPBI）、磺苯基磷酸铁（FeSPP）和玻璃纤维（GF）组成的复合高温质子交换膜，GF 具有良好的热稳定性和机械稳定性，复合膜的热稳定性优于有机磺酸或磷酸盐掺杂的 oPBI 膜。相较于 oPBI/FeSPP 膜，

图 6-48 PBI 结构式

oPBI/FeSPP/GF 复合膜拉伸强度增加一倍，溶胀减少 50％，并一定程度上提高了氧化稳定性。磺化石墨烯、磺化碳纳米管等高质子电导率导体可以提高 PBI 膜的化学稳定性、力学性能和质子电导率。

　　离子液体代替水提供质子传输通道，可以实现在高温干燥条件质子传输。Wang 等[9] 选择离子液体 1-己基-3-甲基咪唑三氟甲基磺酸盐（HMI-Tf）作为质子载体和增塑剂与 PBI 复合，提高了质子交换膜电导率，在 250℃无水条件下电导率为 16mS/cm，但离子液体的加入减小了膜的拉伸强度和热稳定性。Mishra[10] 利用离子液体修饰的介孔硅材料的掺杂进一步提高质子电导率，150℃时为 67mS/cm，接近室温 Nafion 值。

　　② 聚醚醚酮。聚醚醚酮（PEEK）具有较高的热水解稳定性（图 6-49），主要是通过浓硫酸进行磺化，其磺化度由反应时间和温度控制，磺化 PEEK 膜的质子电导率与磺化度、温度、环境湿度以及热历史有关。磺化 PEEK 膜价格相对低廉，并有较高的稳定性，但其质子传导率不及 Nafion 膜，且易在高温下过度膨胀或溶解。通过加入无机填料或其他聚合物形成 SPEEK 复合膜可以进一步改善质子交换膜性能。Kim 等[11] 在部分氟化聚芳醚砜共聚醚醚酮中加入磺化碳纳米管（SCNT），SCNT 填料的加入提高了膜的吸水率和质子导电性，磺酸基团体积增加同时增强了膜的热性能和力学性能。在 120℃，20％相对湿度下，获得了 10.1mS/cm 的质子电导率，比原始膜（3.9mS/cm）提高 1.6 倍。Gong 等[12] 将无机质子导体磷酸硼（BPO_4）功能化的碳纳米管（CNT）掺入 SPEEK 中制备 SPEEK/BPO_4@CNT 复合膜。BPO_4 纳米粒子均匀地粘附在 CNT 上，从而不仅降低了短路的风险，还可以在复合膜中制造新的质子传导路径。测试结果表明，复合膜的热稳定性、拉伸性能和尺寸稳定性均有显著提高。与纯 SPEEK 相比，SPEEK/BPO_4@CNT 的质子电导率在 20℃和 80℃时分别提高了 45％和 150％。Waribam 等[13] 将高电导率的二维 Mxene 材料与 Cu_2O 复合填充在 SPEEK 聚合物中溶液浇铸成膜，在 30℃时质子电导率为 0.0105S/cm，其电解效率优于原始 SPEEK 膜，具有较好的化学稳定性和机械强度。

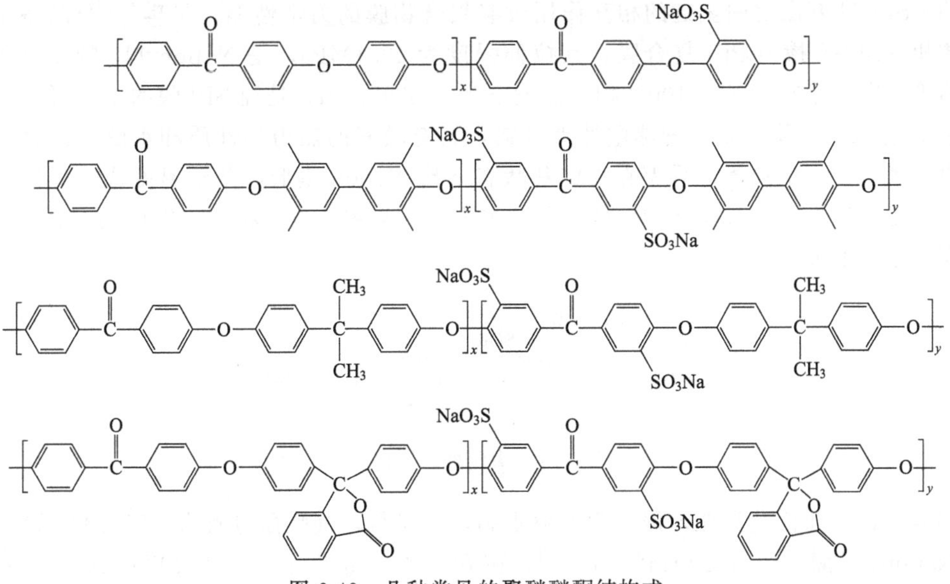

图 6-49　几种常见的聚醚醚酮结构式

　　③ 磺化聚酰亚胺。聚酰亚胺（PI）是一类耐高温有机材料（图 6-50），具有良好的力学性

能，很高的氧化稳定性以及较低的气体渗透率，在潮湿条件下，磺化聚酰亚胺膜的透氢性比 Nafion 小 1～2 个数量级：在 80℃和 95% 的相对湿度条件下，磺化聚酰亚胺膜和 Nafion 膜的氢渗透率分别为 $4.0 \times 10^{-6} \, cm^3(STD)/(cm^2 \cdot s)$ 和 $1.5 \times 10^{-4} \, cm^3(STD)/(cm^2 \cdot s)$ [14]。

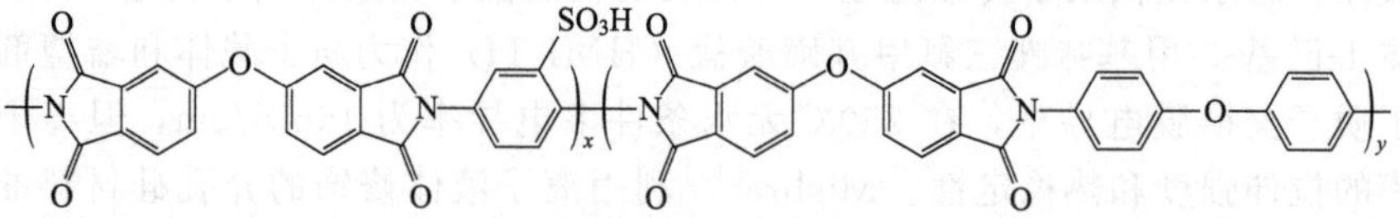

图 6-50　聚酰亚胺结构式

尽管磺化聚酰亚胺有着许多优势，但它的耐水解性很差，极易在酸性条件下发生降解，膜的质子电导率较低从而难以应用在质子交换膜领域。通过研究发现，萘二酰型聚酰亚胺等六元环聚酰亚胺，其稳定性较五元环类更好，同时由于酰胺键具有吸电子性，磺酸基团在酸酐环上的磺化聚酰亚胺的质子传导能力和水解稳定性要优于磺酸基团接在分子链其他位置上的磺化聚酰亚胺，所以近几年来更多的研究目光投向了六元环磺化聚酰亚胺。

此外，聚合物链的交联也可以提高质子交换膜的耐水解稳定性和燃料电池耐久性。仇心声团队[15]通过 2,2'-双(4-磺基苯氧基)联苯二胺、2-(4-氨基苯基)-5-氨基苯并咪唑和 1,4,5,8-萘四甲酸二酐单体的聚合制备了离子型交联 SPI 质子交换膜，相较于共价交联 SPI 和 Nafion 212 膜，离子型交联 SPI 膜具有优异的力学性能和耐水解稳定性，在高离子交换容量和高湿度下具有和 Nafion 212 相当的质子传导性能。但离子交联型 SPI 的电导率受湿度影响显著，随着相对湿度从 100% 降低到 70%，质子电导率降低 84%。Zhang 等[16]合成了含三甲氧基硅基的柔性烷基侧链的可交联磺化聚酰亚胺。交联膜在含水条件下表现出高的质子电导率和拉伸强度，膜内的交联网络可以有效地提高膜的力学性能。与原始膜相比，交联膜的氧化和水解稳定性显著提高，这归因于 Si—O—Si 交联网络保护了膜以免自由基和水分子被攻击。含有丰富羟基、羧基的无定形木质素掺杂在 PBI 中，通过—OH、—COOH 和聚合物中的—SO_3H 基团之间氢键的相互作用改善聚合物膜的力学性能。张琪等[17]制备了木质素磺酸盐（SLS）掺杂 PBI 复合膜，其拉伸强度为 49.1MPa，是 Nafion 117 的 1.8 倍，复合膜的质子电导率在 90℃、100% 相对湿度下为 0.329S/cm，是纯 SPI 膜的 1.59 倍。

④ 磺化聚砜。聚砜是一种热塑性聚合物，具有较好的热力学性质和水解稳定性，磺化聚砜膜（图 6-51）的质子电导率在水饱和状态下比 Nafion 膜低，并随温度或磺化度升高而增大。磺化聚砜主要有酸掺杂和接枝共聚两种方式，与掺杂方式相比，接枝共聚制备的质子交换膜稳定性要强。

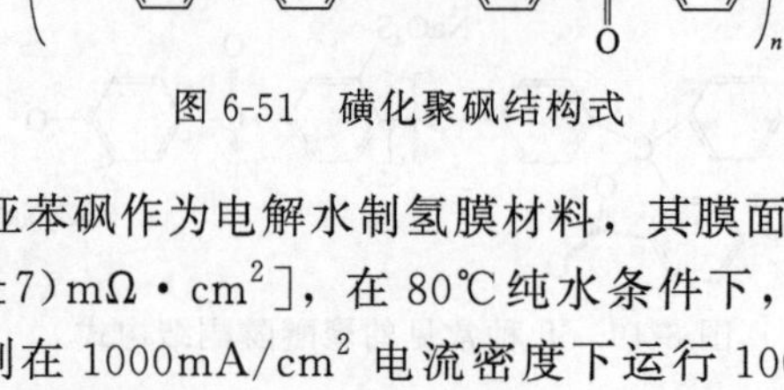

图 6-51　磺化聚砜结构式

Klose 等[18]将磺化聚亚苯砜作为电解水制氢膜材料，其膜面电阻为 $(57 \pm 4) \, m\Omega \cdot cm^2$，低于 Nafion115 膜 $[(161 \pm 7) \, m\Omega \cdot cm^2]$，在 80℃纯水条件下，获得 4976mA/$cm^2$@1.9V 优异的电化学性能，并顺利在 1000mA/cm^2 电流密度下运行 100h。Park 等[19]通过将带有磺酸基团的单体缩聚得到磺化度为 50% 的聚芳醚砜（SPAES50），30℃和 90℃时电导率分别为 112.3mS/cm 和 330.1mS/cm，远高出 Nafion211(70.0mS/cm 和 135.6mS/cm)，并且

具有较低的氢气渗透率，$20\mu m$ 厚度的 SPAES50 膜的氢气渗透与 $125\mu m$ 的 Nafion115 类似。在 $90℃$，$1.6V$ 时电流密度达到 $1069mA/cm^2$，电解水性能优于 Nafion212。Han 等[20]通过磺化单体和非磺化单体合成了两种磺化的聚砜质子交换膜（无规和嵌段 BPSH）。无规共聚物 50% 磺化取代度的 BPSH50 膜具有高的 IEC（$1.86mmol/g$）和比 Nafion212 更高的电解水性能，其在 $80℃$，$1.9V$ 时的 PEMWE 电流密度为 $5.3A/cm^2$，优于 Nafion212（$4.8A/cm^2$）。并在 $80℃$ 和 100% 相对湿度（RH）时，BPSH 膜的氢渗透性（$20\sim45bar$）比 PFSA 膜（Nafion115）低得多。但湿态下 BPSH 膜韧性较差，化学降解速率高于 Nafion212，非氟质子交换膜的耐久性问题需进一步改善。

⑤ 聚喹啉。聚喹啉（PQ）是芳杂环高分子材料，具有出色的热稳定性、高机械强度、耐水解性、良好的溶解性能。聚喹啉体系一般是将磷酸等无机酸掺杂在聚合物中，掺杂后的 PQ 复合膜较掺杂前的膜具有更高的质子电导率。除此之外，还有聚磷腈、聚硅胺和聚砜等材料（图 6-52）。

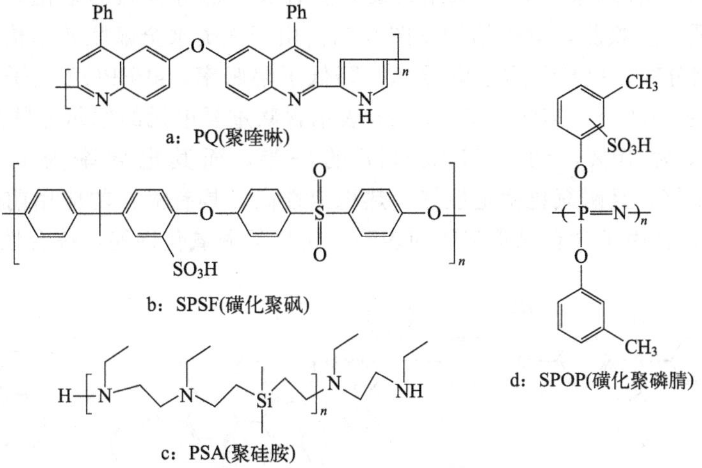

图 6-52　聚喹啉、聚磷腈、聚砜及聚硅胺结构式

2）部分氟化质子交换膜　部分氟化质子交换膜是指聚合物分子链中部分氢原子被氟原子取代。与全氟聚合物相比，部分含氟质子交换膜具有低氟含量、低成本、高温度下的高质子导电性，分子可设计性强、力学性能好及低甲醇渗透率等优势。部分氟化质子交换膜最早被制备出来的是聚三氟苯乙烯磺酸膜，但是该膜的耐久性仍然较差，无法满足长时间工作的任务需要。部分氟化质子交换膜具有代表性的产品是加拿大 Ballard 公司设计开发的 BAM3G 质子交换膜，针对聚三氟苯乙烯磺酸膜存在的诸多缺点，通过改进结构设计和制备方式，制备出了具备较高性能的 BAM3G 磺化膜如图 6-53 所示。由于聚苯乙烯嵌段与其他嵌段不相容，它的共聚物具有诱导微相分离的能力。因此，有选择性磺化的聚苯乙烯嵌段可以通过局部离子基团的高度聚集来形成相互连接的离子传导通道。另一方面，由于主链的全氟原子对 C—C 骨架的保护作用以及吸电子取代基团，特别是氟原子对苯环钝化作用，有利于聚合物抵抗电化学氧化的环境。因此，该类膜具有较好的质子电导率和化学稳定性。

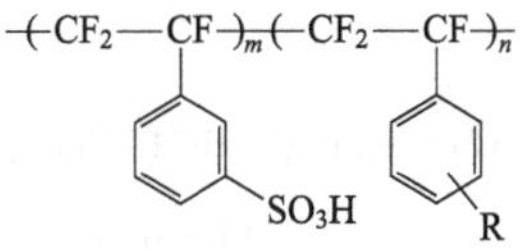

图 6-53　BAM3G 磺化膜化学结构式

宫飞祥等[21]在双蝶烯型聚芳醚砜主链上引入氟原子以增加聚芳醚砜疏水性主链与刚性亲水性磺化侧链间差异，通过调节其微相分离结构，提高了该材料在高温以及低湿度条件下

的质子导电率，得到在较低磺化度下具有较高热稳定性、优良的力学性能、尺寸稳定性及高温低湿度条件下较高的质子传导率的 SPES-x-PPD（10F）膜［交换容量（IEC）= 1.82mmol/g］，在 94％相对湿度（RH）下的质子传导率为 0.213S/cm，是相同条件下 Nafion117 的 2 倍；在 34％RH 下的质子传导率为 2.25×10^{-3} S/cm，与相同条件下的 Nafion117 接近。聚合物主链中大量 F 原子的引入对聚合物的相分离结构具有显著的改善作用。F 原子的引入有助于聚合物抗氧化性能的提高。

　　清华大学谢晓峰课题组[22]通过双酚芴和十氟噁二唑为共聚单体，制备了部分含氟的聚芴醚噁二唑质子交换膜，研究发现含氟的官能基团能够增强膜的力学稳定性和化学稳定性。所制备的质子交换膜具有较好的综合性能，其吸水率、IEC 及质子传导率都较大，力学性能良好，将其用于直接甲醇燃料电池单电池时，30℃下质子电导率为 58mS/cm，70℃下达到了 137mS/cm，甲醇渗透率是 Nafion117 膜的 1/2。在 100℃时，单电池的功率达到 85mW/cm^2。

　　上海交通大学肖谷雨课题组[23]采用共聚方法合成了部分含氟的磺化聚二氮杂萘酮醚氧膦（sPEPOF）质子交换膜，分子结构见图 6-54。由于强疏水全氟联苯结构促进了聚合物膜的亲水/疏水微相分离，提高了质子电导率，降低了溶胀率，sPEPOF 质子交换膜表现出优良的综合性能。在 80℃下，sPEPOF-25（25 表示含氟重复单元的摩尔分数为 25％）质子交换膜的溶胀率仅为 10％，约为 Nafion117 的一半，而其电导率为 0.099S/cm，约为 Nafion117 的 1.2 倍，且耐氧化稳定性好，热稳定性高，具有潜在的应用前景该膜具有高电导率和低溶胀率，且由于含有氧膦基团而表现出优异的耐氧化性能，综合性能优良。

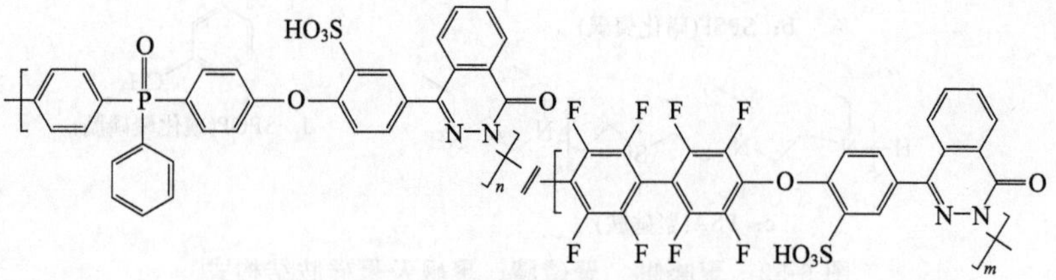

图 6-54　sPEPOF 质子交换膜化学结构

　　化学接枝法是部分氟化质子交换膜常用的制备方法。聚偏氟乙烯（PVDF）是部分氟化质子交换膜常用的材料，因为 PVDF 本身具有较好的强度和化学耐久性，而且与全氟聚合物相比更容易合成和成膜，成本也较低。Wang 等[24]在聚偏氟乙烯材料上通过辐射接枝聚苯乙烯磺酸制备了（PVDF-g-PSSA）膜。将苯乙烯磺酸钠（SSS）接枝到 PVDF 粉末上，通过浇铸成膜后进行溶剂蒸发的处理同时使 PVDF 熔融并填充到形成的孔中得到复合膜，所制备的质子交换膜性能受苯乙烯磺酸钠接枝率的影响，当接枝率为 35％时，质子交换膜的质子传导率较高，约为 70mS/cm（图 6-55）。

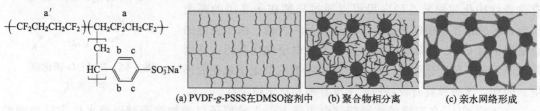

(a) PVDF-g-PSSS在DMSO溶剂中　　(b) 聚合物相分离　　(c) 亲水网络形成

图 6-55　PVDF-g-PSSA 在 DMSO 溶剂中相分离形成的通道

尽管部分氟化的质子交换膜在价格和性能上具有一定优势，但是这类膜的使用寿命还是很难与全氟质子交换膜相媲美。

3）全氟磺酸质子交换膜　全氟质子交换膜的主要原材料是全氟磺酸聚合物，它是由四氟乙烯（TFE）和全氟磺酰烯醚单体（磺酸）通过自由基聚合制备而成，其主链为聚四氟乙烯结构，由于 C—C 键被 F 原子紧密包裹而使其具有超级稳定的特性；侧链是具有亲水磺酸基团为端基的全氟乙烯基醚的结构，为水合化质子提供传输通道，因此根据侧支链结构的不同可分为长支链型和短支链型的全氟磺酸质子交换膜。长支链型全氟磺酸树脂烯醚单体比短支链型全氟磺酸树脂烯醚单体拥有更多的 C、F、O 原子单元。短支链型全氟磺酸树脂离子交换容量更高，导致质子交换膜吸水溶胀率更大，吸水率更高，机械强度变低。长支链型全氟磺酸树脂离子交换容量适中，同时成膜后分子间的作用力更强，膜的机械强度更大，因此更适用于 PEMWE 制氢领域，目前在 PEMWE 制氢领域应用最多的是长支链型全氟磺酸质子交换膜，如 Nafion 膜。

目前，全氟磺酸树脂聚合主要采用溶液聚合的方法（图 6-56），通常采用惰性全氟碳溶剂作为反应介质，在高压下通入四氟乙烯单体，使四氟乙烯单体逐渐溶于氟碳溶剂中，加入引发剂后与溶剂中的氟醚单体进行自由基共聚，随着聚合反应的进行，分子量逐渐增长，最终得到全氟磺酸树脂聚合物。与传统的本体聚合相比，溶液聚合反应条件温和，聚合速率可控性强，形成的全氟磺酸树脂分子量高，由于反应是在溶剂体系中进行，有利于反应过程传热控制，可避免由于反应过快导致传热受阻引起聚合体系爆聚，反应安全可靠。

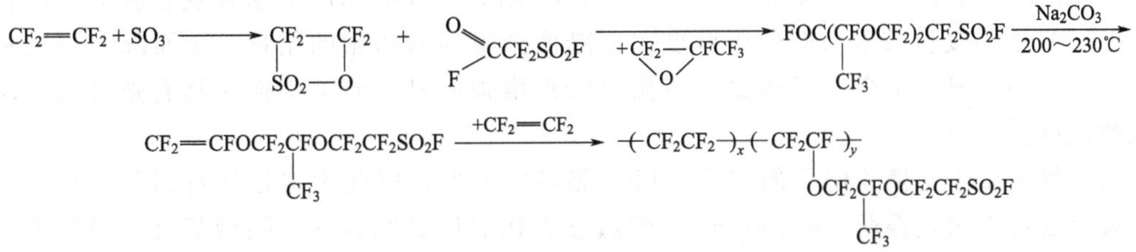

$$CF_2\!=\!CF_2 + SO_3 \longrightarrow \underset{SO_2-O}{\overset{CF_2-CF_2}{|\quad\quad|}} + \underset{F}{\overset{O}{\big\|}}CCF_2SO_2F \xrightarrow{+CF_2-CFCF_3 \atop \underset{O}{\diagdown\,\diagup}} FOC(CFOCF_2)_2CF_2SO_2F \xrightarrow[200\sim230^\circ C]{Na_2CO_3}$$

$$CF_2\!=\!CFOCF_2\underset{CF_3}{\overset{|}{CF}}OCF_2CF_2SO_2F \xrightarrow{+CF_2=CF_2} \left(CF_2CF_2\right)_x\left(CF_2CF\right)_y \quad OCF_2\underset{CF_3}{\overset{|}{CF}}OCF_2CF_2SO_2F$$

图 6-56　全氟磺酸树脂合成路线图

全氟质子交换膜的主要厂家及质子交换膜的特点：

① 长支链的全氟质子交换膜，主要以科慕公司 Nafion 系列和 Gore 公司的 Select 系列膜为代表，包括中国东岳的 DMR 与 DME 系列膜、3M 公司的 3M 膜、日本 Asahi Chemical 公司的 Aciplex 膜、Asahi Glass 公司的 Flemion 膜和比利时 Solvay 公司的 A9uivion 膜，尤其 Nafion 系列膜在 PEM 电解水制氢领域占据 95％以上（图 6-57）。

② 短支链的全氟质子交换膜，以 Solvay 公司的 Hyflon 和陶氏化学的 XUS-B204 膜为代表，其主要特点是具有高的质子传导率、结晶度和玻璃化转变温度，但目前的制备过程较为复杂，尚未完全实现产业化生产，主要应用于高温燃料电池领域，在 PEM 电解水制氢领域未见有使用。

随着应用场景对功率密度和耐久性的提升，质子交换膜向超薄、高质子传导率方向发展成为必然趋势，因此，所选用的全氟磺酸树脂的交换容量逐渐提升，这会导致质子交换膜吸水溶胀增加，尺寸稳定性、机械强度和耐久性恶化；此外，随着应用温度的提升，质子交换膜的耐热性有待改善。因此，基于上述问题，质子交换膜的改性研究成为研究和应用推广的关键。

① 多孔聚四氟乙烯增强复合质子交换膜。多孔 PTFE 膜与离子聚合物复合可以制备成

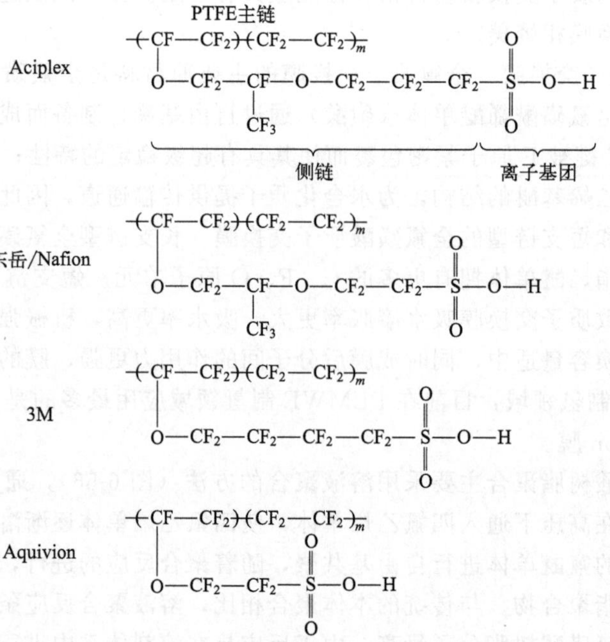

图 6-57 长支链的全氟质子交换膜分子结构图

机械增强的质子交换膜。开发多孔 PTFE 与全氟磺酸 Nafion 树脂的增强复合膜的目的在于利用 PTFE 增强复合技术来减薄膜厚度，以降低全氟磺酸树脂的用量，从而降低膜材料成本。与均质的全氟质子交换膜相比，多孔 PTFE 增强的复合质子交换膜具有强度高、溶胀率低的优点。

由于复合质子交换膜使用的多孔 PTFE 膜厚度较薄，以此为增强材料制备的复合质子交换膜厚度可以做到很薄（≤100μm）。但通过多孔 PTFE 制备的增强型复合质子交换膜电阻较大，电导率低，因此在厚度较薄的同时，往往还需要增大全氟磺酸树脂的离子交换容量。该类型增强复合膜的技术难点在于如何将全氟磺酸树脂均匀地浸渍到多孔 PTFE 膜内，形成致密性良好的复合膜。

1985 年，首次将对膨胀拉伸聚四氟乙烯增强 Nafion 复合膜（Nafion/PTFE）的离子电导率进行了研究，随后美国通用汽车公司又对复合质子交换膜的水传递现象和构效关系进行了系统性研究，此后又有诸多的研究学者对复合质子交换膜的质子传导机理、成膜方式和工艺以及如何提升质子交换膜的关键性能等进行了大量的研究。目前戈尔（Groe）公司的 Gore-Select 系列为代表。美国戈尔公司结合其膨胀拉伸的 Gore-Tex(PTFE) 材料的技术优势将全氟磺酸（PFSA）树脂与多孔 PTFE 进行复合，采用多次涂刷和高温迅速挥发溶剂的方法得到增强型复合全氟质子交换膜，即 Gore-Select 膜。通过系统评价该复合膜具有良好的机械强度，吸水能力也十分接近 Nafion 膜，这表明这种复合工艺在很大程度上只对膜的物理性质有所改变而没有过多改变其化学性质，为进一步提高质子交换膜的关键性能，GORE 公司近年来也开发了厚度更薄的适合于燃料电池用的复合型质子交换膜。

除多孔 PTFE 增强的复合质子交换膜外，德国 Fumatech 公司以聚醚醚酮（PEEK）为增强材料复合到全氟磺酸树脂中，形成了 PEEK 纤维增强的质子交换膜。

近年来，国产质子交换膜也得到了突飞猛进的发展，山东东岳未来氢能材料股份有限公司的 DMR 系列膜也是以多孔 PTFE 膜为增强材料制备的复合型质子交换膜。公司第一代增强膜 DMR100 厚度在 $15\mu m$，国产质子交换膜的性能已与进口膜基本相当，甚至在某些关键指标更优，现已广泛应用于燃料电池领域，目前，针对 PEM 电解水制氢用全氟质子交换膜，东岳氢能也进行布局，开发了厚度在 $80\mu m$ 的复合质子交换膜，该产品拥有更高的机械强度、质子传导率和更低的氢气渗透率。

② 聚四氟乙烯纤维增强复合质子交换膜。聚四氟乙烯纤维增强复合质子交换膜就是将聚四氟乙烯（PTFE）与全氟磺酸树脂通过特定工艺融合在一起，形成有机的整体。PTFE 纤维增强复合质子交换膜的技术难点在于如何将纤维状 PTFE 在离子聚合物基底中的均匀分散。

聚四氟乙烯纤维增强复合质子交换膜最典型的代表就是日本的 Asahi Glass 公司研发出的 PTFE 纤维增强的全氟磺酸膜。该增强复合膜较纯全氟磺酸膜（Flemion 膜）具有更高的力学性能和较好平整性。PTFE 纤维在全氟磺酸树脂基底的含量较低，为 $2\%\sim5\%$（以质量分数计），PTFE 纤维增强的全氟磺酸膜的机械性质相关的性质（如弹性模量、撕裂强度、蠕变等）较非增强的纯全氟磺酸膜高，而其他性质（如氢气渗透率、吸水率、燃料电池性能等）方面两者相近。通过改变 PTFE 纤维的含量、长度、直径等参数，可以优化 PTFE 纤维增强全氟磺酸膜的力学性能。

Tao 等[25]通过简便的途径制备了一种新型的超支化聚酰胺-胺（HP）改性聚四氟乙烯（PTFE）增强的高温质子交换膜（PEM）（图 6-58）。引入可降低磷酸（PA）增塑作用的多孔 PTFE 来平衡复合膜的质子传导率和机械强度。结果显示，掺杂 29% HP 的 PA 掺杂 PTFE 增强复合膜在 160℃不加湿条件下表现出 $0.154S/cm$ 的高质子电导率和优异的 $22MPa$ 断裂拉伸应力，这比 PA 掺杂的原始 PVP-PVC 复合膜要好得多。单个 H_2/O_2 燃料电池表明，通过使用 PA 掺杂的 PTFE 增强复合膜作为电解质，在 180℃下达到了 $43mW/cm^2$ 的峰值功率密度。

图 6-58　PTFE/PP-xHP 复合膜的制备示意图

4）有机/无机复合质子交换膜　近年来，研究人员通过在聚合物中引入无机组分制备有机/无机纳米复合质子交换膜对质子交换膜进行改性做了大量的研究。复合膜兼备了有机聚合物和无机组分的优点，一方面有机组分使质子交换膜具有很好的柔韧性，另一方面无机组分又具有良好的热性能、化学稳定性和力学性能。

① 亲水性无机粒子改性。SiO_2、TiO_2、ZrO_2 等无机纳米粒子，具有良好的亲水、耐溶剂和耐高温等特性，可有效地抑制膜的溶胀性，提高质子交换膜的耐热性能和高温质子传导率。然而这些无机纳米粒子与全氟磺酸树脂的有机-无机本征特性的差异，使得二者具有很差的相容性，很难在实际产品中进行应用。因此，改善相容性成为该方向的研究热点。Yuan 等[26]通过引入氟烷基修饰的 SiO_2 纳米粒子，为提高 Nafion 质子交换膜的电池性能提供了一种新的途径。得益于 SiO_2 纳米颗粒的两亲性表面特性，形成的纳米质子交换复合膜在 80℃下表现出极大的单电池性能提升：输出功率相对于 Nafion 参比提高了 34%，最大输出功率高达 $579.6mW/cm^2$（图 6-59）。

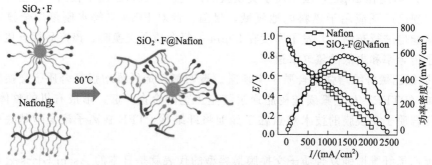

图 6-59 SiO₂ 纳米质子交换复合膜结构图

② MOF 材料改性。近年来金属有机骨架（MOF）材料的研究兴起，将 MOF 材料应用于质子交换膜领域也是方兴未艾。MOF 是以含有金属或金属簇的中心原子和刚性的有机分子作为配体，形成的二维片层或三维框架结构（图 6-60）。通过适当地调控金属粒子与有机配体的比例，可以设计出种类各异、空间构型也不同的 MOF。而 MOF 具有的拓扑结构赋予了它本身独特的特点，即能够拥有巨大的比表面积，而结构内的金属中心点和有机配体之间形成了强化学键，在某种程度上能够增强 MOF 材料的化学和热稳定性。

姜忠义团队[27]通过真空辅助浸渍法将含有 6 个磷酸基的植酸包埋在 MIL101 空腔中获得的 phytic@MIL-101 引入 Nafion 基体中，制备了 Nafion/phytic@MIL101 复合 PEMs。MIL101 是由硝酸铬与 1,4-苯二甲酸反应制备的三维介孔 MOF，具有较高的热稳定性、化学稳定性和溶剂稳定性（图 6-61）。结果表明，在 10.5% RH 条件下，不含植酸的 Nafion/@MIL101-12 的电导率低于原 Nafion，说明低湿度条件下 Nafion/phytic@MIL101 的高电导率可归因于植酸独特的质子转移能力以及与 MIL-101 的良好匹配，复合膜的力学性能和抗膨胀性能得到了提高。

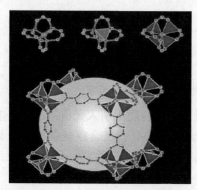

图 6-60 MOF 结构示意图

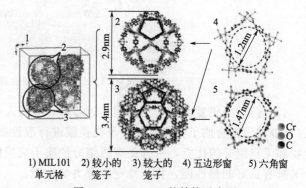

1) MIL101 单元格 2) 较小的笼子 3) 较大的笼子 4) 五边形窗 5) 六角窗

图 6-61 MIL-101 的结构示意图

然而，MOF 材料在全氟质子交换膜应用过程中还存在着较多问题，现有的 MOF 材料在稳定性和耐久性方面难以满足使用要求；此外，MOF 材料本身可能会引入一些有害物，容易引起膜电极 Pt 催化剂中毒失效，同时 MOF 质子交换膜还面临机械强度、气体渗透和制备复杂等问题，距离商业化应用还有很大差距。

③ 石墨烯改性。石墨烯在近几年的火热程度已经远远超出了人们的预想，这是因为石墨烯十分优异的性能。石墨烯是富勒烯的一种，从化学组成上来讲石墨烯可以被看作是一些多环芳香烃除掉氢原子之后形成的网络结构，其中碳原子采取 sp^2 杂化方式，形成平面的二

维结构。氧化石墨烯的结构决定了其具有非常多的优势（图 6-62）：a. 具有超高电子迁移率，直接使得石墨烯具有优异的电学性能；b. 石墨烯本身具有密度小，强度大的优点，其拉伸强度为普通钢材的近 10 倍，并且它的抗弯强度为普通钢材的 13 倍；c. 石墨烯具有良好的热导性能，其热导率也是十分高的；不仅如此，石墨烯还具有较好的光学性能。

因此，将氧化石墨烯应用到质子交换膜领域，可有效提高质子交换膜的电导率和耐热性能以及拉伸强度性能。Sandstrm 等[28] 使用由具有片层结构的自组装薄片组成的氧化石墨烯（GO）基膜在促进质子交换膜（PEM）中质子传输的同时，同时分离反应物。在低温和中等湿度条件下的膜电极组装性能表明，与参考膜相比，两种官能团都有助于减少 H_2 交叉（图 6-63）。氟基团增强的水解稳定性，有助于防止恒电位实验后的结构降解，磺酸增强了质子传导率稳定性。

④ 碳纳米管改性。碳纳米管（CNT）指的是一类一维的管状碳素材料，其主要由呈六边形排列的 sp^2 杂化碳原子构成单层或多层的同轴圆管。CNT 最早由日本电子公司（NEC）的饭岛澄男博士在 1991 年发现。CNT 具有优异的电性能、热性能、力学性能和抗氧化稳定性能，且其还具有比表面积大和长径比大（径向尺寸为纳米级，轴向尺寸为微米级至米级）的优点。因而自从 CNT 被发现以来，其 CNT/聚合物复合材料领域得到了广泛应用。碳纳米管增强聚合物的复合物以及碳纳米管增强 Nafion 的复合物已经被应用在电极、生物传感器等方面。

Choi 等[29] 将碳纳米管增强 Nafion 复合质子交换膜（CNT/Nafion）应用在燃料电池中。实验表明含有 1%（以质量分数计）碳纳米管的 CNT/Nafion 复合膜机械强度是纯 Nafion 膜的近 2 倍。在相同厚度（50μm）的基础上，CNT/Nafion 增强复合膜的燃料电池性能与纯的 Nafion 膜的相接近。但是，由于碳纳米管的电子导电性，在燃料电池用质子交换膜中加入碳纳米管，可能会造成电子短路问题。采用制备多层复合膜的方法来隔离电子通路，即将纯 Nafion 树脂（质子导体，非电子导体）喷涂在 CNT/Nafion 增强复合膜的两侧，同时又在碳纳米管上担载 Pt 催化剂，既实现了隔离电子通路，又实现质子交换膜的自增湿功能。通过该膜层结构的设计，消除了质子交换膜的电子通路的可能性，同时碳纳米管的加入也增强了质子交换膜的力学性能。

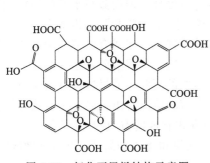

图 6-62　氧化石墨烯结构示意图

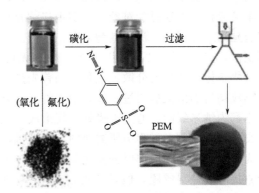

图 6-63　氧化石墨烯制备质子交换膜流程示意图

增强的质子交换膜可以减薄厚度，充分降低表面电阻值、提高质子交换膜的电化学性能。尽管对于增强型的质子交换膜，由于其引入了非质子导体的增强材料组分（多孔 PTFE、PTFE 纤维或碳纳米管等），该复合膜的质子电导率要降低，但是通过减薄膜厚度能够降低膜的面电阻，可以弥补低的质子电导率带来电池性能的损失。

第二篇　氢的制取

（4）质子交换膜的制备工艺

① 传统制备工艺。质子交换膜的制备工艺直接影响膜的结构和性能，目前制膜工艺主要有两种：熔融成膜法和溶液成膜法。熔融成膜法也叫熔融挤出法，是最早用于制备 PFSA 质子交换膜的方法。制备过程是将树脂熔融后通过挤出流延或压延成膜，经过转型处理后得到最终产品。此工艺优点是制备的薄膜厚度均匀、性能较好、生产效率高，适合用于批量化生产厚膜，且生产过程中无需使用溶剂，环境友好。如市面上的 Nafion 115、Nafion 117 膜以及中国东岳的 DME 系列膜均是通过熔融挤出的方式制备的。熔融挤出法最大问题在于使用的原料必须为酰氟型的全氟磺酸树脂，待挤出成膜后再经过后处理的工艺将其转化成具有质子传导功能的全氟质子交换膜，因此熔融挤出法制备过程烦琐，工艺控制复杂，设备投资大。

溶液成膜法是目前研究和商业化产品采用的主流方法。其大致制备过为：将成膜聚合物和助剂等溶解在溶剂中后进行浇铸或流延，最后经过干燥脱除溶剂后成膜。溶液成膜法适用于绝大多数树脂体系，易实现杂化改性和微观结构设计，还可用于制备超薄膜，因此备受关注。溶液成膜法可进一步细分为溶液浇铸法、溶液流延法和溶胶-凝胶法。溶液浇铸法是直接将聚合物溶液浇铸在平整模具中，在一定的温度下使溶剂挥发后成膜。这种方法简单易行，主要用于实验室基础研究和商业化前期配方及工艺优化。溶液流延法是溶液浇铸法的延伸，可用于大批量连续化生产，因此目前市售的轻薄型的质子交换膜多采用溶液流延法（如 Gore-Select 膜、Nafion212 膜等）。有研究学者用同样的溶液流延法制备了 Nafion 膜和 SPEEK 膜用来探索微观的相分离形态和传递的扩散特性。分别观察 TEM 图发现 SPEEK 膜的相分离形态较差呈现孤立簇状形态，而 Nafion 膜依然是具备连续的质子传输通道，又通过分子动力学（MD）模拟探索了不同水合水平下的 Nafion 膜和 SPEEK 膜的相应亲水簇的形态，结果显示低水合水平下 SPEEK 膜的亲水通道比 Nafion 小得多，因此 SPEEK 膜 H_2O 和 H_3O^+ 迁移率也要低得多。有研究学者利用溶剂流延法制备了磺化度为 65% 的 SPEEK 和锆酸钡（$BaZrO_3$）基聚合物纳米复合膜。测试结果得到在 90℃ 下，添加 6%（以质量分数计）$BaZrO_3$ 填料可显著提高该复合膜的质子电导率，数据为 0.312S/cm，电池环境下测得最大功率和电流密度为 183mW/cm² 和 280mA/cm²。

溶液流延法可通过卷对卷工艺实现连续化生产，易于批量化制备。相比于熔融挤出法，溶液流延法工序更长、流程较为复杂、溶剂需要进行回收处理，但优势在于产品性能更佳且膜厚更薄。溶胶-凝胶法通常用于制备有机-无机复合膜，利用溶胶-凝胶过程来实现无机填料在聚合物基体中的均匀分散。这种方法首先是将无机前驱体溶于水或有机溶剂中，待无机前驱体形成均匀的溶液后通过一些诸如水解和缩合这样的反应，形成溶胶，这种溶胶的离子粒径基本都为纳米级的，通过干燥处理就形成了我们所需要的凝胶。通过这种方法制备复合型质子交换膜，在制备过程中所需要的温度较低，并且在溶胶阶段各组分以分子形式分散，混合更为均匀，杂化膜内部组分能达到纳米级通过这种方式制成的有机-无机复合膜性能一般优于直接溶液共混成膜，但是它也存在一些缺点，有机相和无机相属于不同的相似性的物质，在膜中它们容易发生分离，所以较为均质膜并不容易得，无法实现薄膜的大批量连续化生产，目前尚未用于商业化产品的生产。

② 新型纳米纤维结构质子交换膜制备工艺。传统制备工艺普遍存在着制备工艺繁杂、材料和设备成本高和能耗大等缺点，随着近些年纳米材料的蓬勃兴起而被越来越多的人认识到，因纳米纤维本身具有高比表面积、良好的力学性能和极强的与其他物质互相渗透的能力等优势。研究者也开始通过纳米复合的方法，以全氟磺酸树脂或磺化聚合物等能作为质子传

递等材料为基础，发展纳米复合聚合物质子交换膜，为质子交换膜的发展和推广提供了更多的可能。

③ 溶液喷射纺丝技术制备质子交换膜。溶液喷射纺丝技术是近几年来新兴的一种制备纳米纤维的技术。制备纤维的原理是利用高速气流对溶液产生的牵伸力，溶液细流在被气流拉伸的同时伴随发生溶剂蒸发、细流固化等过程而形成纳米纤维。其特点是工艺简单易操、生产效率高等。有研究学者利用溶液喷射纺丝技术制备了聚丙烯腈纳米纤维，随后以此进行处理后得到碳纳米纤维（CNF）和活性碳纳米纤维（ACNF）毡，浸入 SPEEK 溶液中制备得到了一种致密的复合质子交换膜，通过一系列测试的结果表明将 CNF 和 ACNF 引入复合膜可显著改善力学性能和质子传导性。溶液喷射纺丝技术由于生产效率较高，可进行工业化制备纳米纤维，在多个领域均可进行大范围应用，将成为制备纳米纤维的一种重要方法。

④ 溶液静电纺丝技术制备质子交换膜。静电纺丝是指高聚物溶液在高压静电场中，利用液态流体表面积累的静电荷间的相互排斥力，在静电场拉伸力作用下，经过溶液固化及溶剂挥发所形成纳米尺度长丝的技术。典型的静电纺丝装置一般由三部分组成：高压电源、喷射装置及收集装置。静电纺丝由美国人 Formala 在 1934 年提出并申请专利，经过几十年的发展，利用静电纺丝技术制备的各种无机、有机聚合物及复合纳米纤维已经广泛应用于膜技术增强材料心、纺织品、生物医学和光学传感器等方面。静电纺丝的优势在于电场力驱使聚合物中带电基团发生定向移动聚集，构成较长的远程质子传输通道。有研究学者利用静电纺丝制备了全氟磺酸离聚物/聚（N-乙烯基吡咯烷酮）（PFSA/PVP）纤维膜，实验结果表明纳米纤维结构有很高的比表面积，可以暴露出更多的官能团，因而用在质子交换膜中更有利于质子的传输。溶液静电纺丝技术工艺简单，可以通过调节电压和推进泵的推进速率来控制静电纺丝制备的纳米纤维直径，还能将其他化合物与聚合物进行共混纺丝，来实现多功能纳米纤维材料的制备。

（5）质子交换膜的核心技术指标

① 质子传导率。质子传导率是指质子交换膜传导质子的能力，单位为 S/cm；质子传导率越高，质子交换膜的性能越好。质子交换膜的质子传导率可分为面内质子传导率和法向质子传导率。对于非增强的均质膜来说，基于膜内各向同性，面内质子传导率和法向质子传导率基本一致；对于复合增强的质子交换膜来说，由于其膜内各向异性，使得面内质子传导率和法向质子传导率存在较大差异。

② 离子交换容量。离子交换容量是指每克氢型干膜与外界溶液中相应离子进行等量交换的毫摩尔数单位，与树脂的当量质量每摩尔离子交换基团所对应的干树脂质量互为倒数。离子交换容量是决定离子膜性能的重要参数。离子交换容量大的质子交换膜其质子传导性能好，由于膜的亲水性较好，含水率相应也较大，使电解质溶液进入膜内，膜的选择性有所下降。反之，离子交换容量低的膜，虽然电阻较高，但其选择性也较好。离子交换容量越大，膜的吸水率越高，膜的机械强度就会相应的降低，因此，要选择合适的离子交换容量，并不是越大越好。

③ 含水率。含水率是指每克干膜中含有的水量。含水率高的膜比较柔软，但机械强度差。影响膜的含水率的因素有以下几点：a. 离子交换容量，交换容量越大，膜的含水率也越高；b. 成膜聚合物的分子量大小。随组成膜的聚合物的分子量的增加，膜的含水率降低，当分子量达到 20 万以上时，质子交换膜的含水率基本不再发生变化。c. 离子交换基团的类型，磺酸型质子交换膜的含水率要高于羧酸型质子交换膜的含水率。

④ 力学性能。质子交换膜应用到 PEM 电解水制氢装备中，要经受水的流动冲击和电解

产生的气体冲击波动，因此质子交换膜要能在全湿的状态下承受一定的应力冲击。目前使用的质子交换膜主要有均质型和增强型质子交换膜。相对于增强型质子交换膜，均质型质子交换膜在吸水后会变得非常柔软，强度急剧降低，抗撕裂性能较差。而增强型质子交换膜一般溶胀性较小，由于有增强材料的支撑，吸水后的质子交换膜也具有较高的机械强度和优异的抗撕裂性能。

⑤ 尺寸变化率。尺寸变化率反映了质子交换膜在吸水后的稳定性，尺寸变化率越小，质子交换膜吸水后变化越小，质子交换膜越稳定，反之越不稳定。在 PEM 电解槽中，质子交换膜的尺寸变化率越小越好。影响质子交换膜的尺寸变化率因素有以下几个方面：a. 离子交换容量，离子交换容量越大，质子交换膜的吸水率越高，膜的尺寸变化率也就越大；b. 使用温度，电解槽温度越大，膜的尺寸变化率越大；c. 质子交换膜的类型，一般来说均质型的质子交换膜尺寸变化率要高于增强型的质子交换膜尺寸变化率。

⑥ 化学稳定性。为保证电池的高效运行，其各部件都需要具备很高的化学稳定性，特别是对于 PEM 水电解制氢膜，因为在 PEM 电解槽中，质子交换膜始终处于电化学腐蚀状态，所施加在质子交换膜两侧的电压要远高于燃料电池膜两端产生的电压，因此对质子交换膜的化学稳定性提出了很高的要求。因此，在质子交换膜的导电率和力学性能满足的基础上，还需对其化学稳定性进行进一步的测试，并观察测试前后其关键性能是否发生变化。

质子交换膜的关键技术指标汇总如下（表 6-11）。

表 6-11 质子交换膜技术指标汇总

项目	指标范围	项目	指标范围
厚度/μm	≥80	尺寸变化率/%	≤25
离子交换容量/(meq/g)	≥0.9	拉伸强度/MPa	≥20
质子传导率/(mS/cm)	≥100	弹性模量/MPa	≥150

（6）国内外厂家及应用推广

国内外厂家及应用推广见表 6-12 与表 6-13。

表 6-12 国外从事厂家及应用推广

序号	厂家名称	相关研究内容	相关研究成果
1	美国科慕公司	1. PEM 水电解制氢膜用全氟磺酸树脂 2. PEM 水电解制氢用离子交换膜	Nafion 系列膜
2	德国 FUMA TECH 公司	PEM 水电解制氢用短侧链 PFSA 和长侧链 PFSA 质子交换膜的制备	Fumapem 系列膜
3	日本旭硝子公司	长支链全氟磺酸树脂 复合增强膜	Aciplex 膜
4	日本旭化成公司	长支链全氟磺酸树脂 复合增强膜	Flemion 膜
5	瑞士 Solvay 公司	短支链全氟磺酸树脂 复合增强膜	Aquivion 系列膜

表 6-13　国内从事厂家及应用推广

序号	厂家名称	相关研究内容	相关研究成果
1	山东东岳未来氢能材料股份有限公司	全氟磺酸树脂研究与产业化全氟离子膜的研发与产业化	DME670 系列、DMR100 系列、DMV850 系列全氟质子交换膜产品系列
2	浙江汉丞科技有限公司	增强型全氟磺酸质子交换膜产品研发生产	Hyproof® 增强型全氟磺酸质子交换膜
3	苏州科润新材料股份有限公司	离子膜制备技术开发与生产	NEPEM® 全氟复合离子膜系列
4	深圳市通用氢能科技有限公司	增强型全氟磺酸质子交换膜产品研发生产	短支链全氟磺酸树脂制备的 ePTFE 增强型 PEM
5	武汉绿动科技有限公司	质子交换膜材料研发与生产	增强型全氟质子交换膜

6.2.3　PEM 电解水部件与电堆

6.2.3.1　PEM 膜电极

膜电极组件（MEA）由催化剂涂覆膜（CCM）和扩散层（GDL）组成。其中，CCM 由阳极（OER）催化剂、阴极（HER）催化剂和质子交换膜（PEM）组成（图 6-64）[30]。

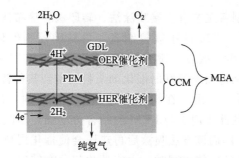

图 6-64　MEA 与 CCM 示意图

（1）催化剂涂覆膜的基本要求

CCM 作为 PEMWE 的核心部分，很大程度上决定了其电解水性能。CCM 通常需要具备如下特性，如良好的质子传导率、低透气性、良好的亲水性、低膨胀率、优异的化学和机械稳定性、低成本和高耐久性[31,32]。

（2）代表性膜与催化剂

PEM 方面，杜邦公司制造的 Nafion 系列全氟磺酸（PFSA）膜具有代表性[33]。Nafion 117、115 和 112 是该系列中常用的膜，不同的数字代表不同的厚度，对电解槽的整体性能有很大影响，比如厚度越薄，电阻越小[34,35]，但是会带来气体渗透性增加、氢气纯度降低、机械强度和耐久性降低以及潜在的安全隐患等[36]。

催化剂方面，经长期研究和应用发现，将粉体电催化剂采用超声喷涂、涂布法等技术直接或间接负载于质子交换膜表面后用于制备面积较大的膜电极，更有利于工业生产和应用，因此，粉体电催化剂材料具有更好的应用前景。Ir 基和 Pt 基催化剂是目前阳极和阴极催化层中最具代表性的催化剂。高比表面积、非晶结构等有利于提高贵金属的利用率、增大电化学活性催化面积、提高催化剂本征活性等，使得 CCM 拥有更加优异的性能，然而其耐久性差的特点限制了整个 CCM 寿命。增大催化剂尺寸、提高催化剂结晶度等可以降低贵金属的表面能，减少贵金属的溶解，提高稳定性，但这会减少催化剂中贵金属的总有效催化面积，从而降低 CCM 性能[37,38]。

（3）催化剂涂覆膜制备工艺

基于质子膜和催化剂的 CCM 制备工艺是构建电解槽的重要部分。目前 MEA 的制备方式通常包括两种：一种是将催化层直接涂覆到质子交换膜上形成 CCM，然后将 CCM 与 GDL 粘合在一起制备成 MEA；另一种是将催化剂浆料直接涂覆在气体扩散层上制备成气体扩散电极，再与质子交换膜结合[39]（图 6-65）。前者使得催化剂和质子膜之间具有更好的接触，可以降低界面阻抗，提高质子传导率和耐久性，同时能够克服气体扩散层电极制备方法中存在的催化层与质子交换膜之间的界面阻抗大，以及催化剂颗粒堵塞气体扩散层孔道等问题，现阶段被广泛应用。

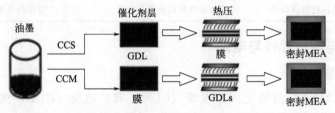

图 6-65　MEA 的两种制备方法示意图

催化剂涂覆膜的常用制备工艺有直接喷涂法、转印法和涂布法，直接喷涂法如超声喷涂（图 6-66）适用于实验室中 CCM 的小规模制备，可精确控制催化剂涂层量，可靠且可重复[40]，通常将催化剂经超声分散后，喷涂在 PEM 的表面，溶剂挥发后，催化剂层与 PEM 形成良好的结合。转印法是将预先配好的催化剂浆料制备到某种转印介质上，经过干燥后将其催化剂层再转印到 PEM 上。由于在转印前已经去除了溶剂，相对于直接喷涂法，PEM 不会出现溶胀的现象，而且催化剂层与 PEM 的结合力增强，因此转印法被认为是更适合商业生产 CCM 的一种方法，然而该方法喷涂后再热压会使催化层更为紧实，降低了催化剂层的孔隙率，进而影响 CCM 的性能。同时，由于催化剂层在转印介质上涂覆的不均匀性，以及催化剂层中含有黏结剂，尽管转印介质表面十分光滑，但也使得在热压时 PEM 与转印介质边上的催化剂由于受力不均匀而不能完全转印到膜上，从而降低了催化剂的转印率，增加了 CCM 制作成本。

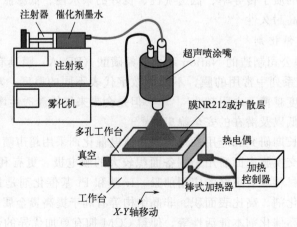

图 6-66　实验室超声喷涂法示意图

相较于直接喷涂法和转印法，涂布法更适用于量产，常用的方法有打印法和卷对卷涂布法。打印法是通过可平面移动的喷头，依靠喷头喷将催化剂浆料喷射到 PEM 的表面，干燥后形成 CCM，这种成型的方式尽管易于喷射出不同催化剂层的形状，但生产的效率低，难以满足卷对卷的 CCM 的生产。卷对卷涂布法是将催化剂浆料从一条窄缝挤出，通过质子交换膜和喷头间的相对移动完成对 PEM 表面催化剂层的涂布，这种涂布方式可以实现连续涂布，提高了生产效率并降低了成本。Park 等[41]探讨了在 PEM 直接涂覆阳极催化剂层的卷对卷工艺。通过调控催化剂油墨配方、油墨膜相互作用和涂层质量，他们对工艺进行了深度优化。催化剂油墨是氧化铱和 Nafion 分散在水和醇介质中的混合物。通过改变醇的类型（甲醇、乙醇、丙醇）和水醇比，调控它们对膜溶胀、分散质量和可涂覆性的影响。同时，他们制备小规模涂层样品以研究涂层均匀性和不规则性的原因，并选择了两种水/1-丙醇比例（90∶10 和 75∶25）。与标准实验室超声喷涂方法相比，卷对卷工艺将催化剂层生产能力提高了 500 倍以上。从该过程获得的 CCM 作为单电解槽膜电极组件进行测试。它们在 $2A/cm^2$ 的电流密度下实现了 1.91V 的单槽电压，这与喷涂法得到的 CCM 相当（图 6-67）。此外，该涂覆方法需要处理条件（例如干燥温度）进行优化，以达到更好性能[42]。

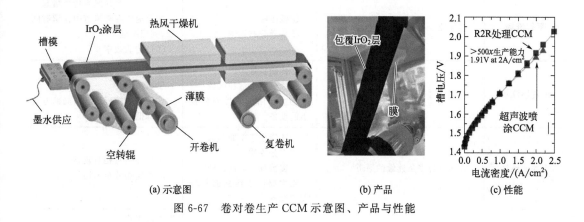

(a) 示意图   (b) 产品   (c) 性能

图 6-67 卷对卷生产 CCM 示意图、产品与性能

第二篇 氢的制取

6.2.3.2 PEM 电解水辅助材料

（1）PEM 电解水制氢双极板

1）双极板的基本要求   双极板（BPP）是 PEMWE 的关键部件之一，其功能包括分隔电堆中的单电解槽、分隔阳极产生的氧气与阴极产生的氢气、通过流道将反应物（水）分布到扩散层并将生成物（氢气和氧气）汇聚到管道出口，此外，BPP 还起到支撑膜电极组件（MEA）、传递电子以完成回路、传导热量调控电解槽温度的作用，BPP 的安装位置如图 6-68 所示。通常，双极板需要具备如下特性：①足够的强度；②表面要有流场通道；③具备导电和集电的功能（良导体）；④较低的透气性；⑤化学和电化学耐腐蚀性；⑥良好的导热性和较低的热膨胀系数；⑦低成本[43-46]。

2）双极板的流场   双极板的流场设计有助于实现流体压降与流速的优化，确保水的均匀供给，并有效排出生成的气体，使电堆具有高压运行能力和高电流密度[47,48]。PEM 电解的流场模式可分为多类：针状流场、平行流场、单蛇形流场、多蛇形流场、交指形流场和级联流场。不同类型流场的对比（特征、优点、缺点）如表 6-14 所示，常见的流场设计如图 6-69 所示。

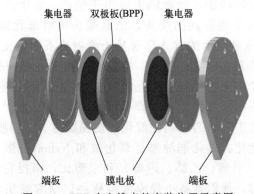

图 6-68   BPP 在电堆中的安装位置示意图

表 6-14   不同类型流场的对比[49,50]

流场类型	流场特征	优点	缺点
针状流场	经过极板突出的针形成凹槽,流体从中流过	①低压降 ②高流速传质	①反应物分布不均匀 ②电流密度分布不均匀
平行流场	流体流经平行通道	①低压降 ②传质分布均匀	①通道中容易发生传质堵塞 ②反应物在直流道中存留时间短,利用率低 ③低传质效率
单蛇形流场	流体流过单条连续的通道	①传质良好 ②覆盖整个活性区域 ③主要用于活性面积较小的设备	①反应物分布不均匀 ②高压降 ③弯管中的积水导致局部电流密度降低
多蛇形流场	流体流过多条连续的通道	①压降小于单蛇形通道 ②充分传质 ③覆盖整个活性区域 ④主要用于活性面积较大的设备	①压降仍然相对较高 ②反应物分布不均匀
交指形流场	入口通道的反应气体抵达流道尽头后强制通过相邻的气体扩散层进入出口通道	①传质良好 ②提高性能 ③均匀气体分布	①高压降 ②长期运行可能对 GDL 造成损害 ③未广泛使用
级联流场	由数个平行排列的槽构成,流向每个槽的水将分流,流向槽边缘	均匀的流速和压降	①反应物渗透程度不同 ②高压降

3）基体材料与涂层材料 由于具有高导电性，石墨在 PEM 燃料电池（PEMFC）的 BPP 中得到广泛应用。然而，在 PEMWE 中，石墨 BPP 存在一些问题，如机械强度差、高腐蚀率等。同时，在 PEMWE 的阳极中，碳腐蚀会降低 BPP 的厚度，导致组件之间的接触电阻增加。此外，由于碳表面的氧化，碳基 BPP 的疏水性会降低，这些都会导致 BPP 的性能衰减，从而影响使用寿命。为了解决这些问题，BPP 通常采用金属基材料（如钛和涂层不锈钢等）。和碳材料相比，金属基材料的流场加工相对容易，断裂风险低，从而降低了生产成本。此外，金属基材料通常是良好的电导体和热导体，具有高机械强度和高化学稳定性。然而，随着使用时间的增长，它们在恶劣的操作环境下易受腐蚀，导致不可逆的破坏，在表面形成纵裂纹或针孔状缺陷，图 6-70 显示了 PEM 电解槽内最容易受到腐蚀的区域[51]。

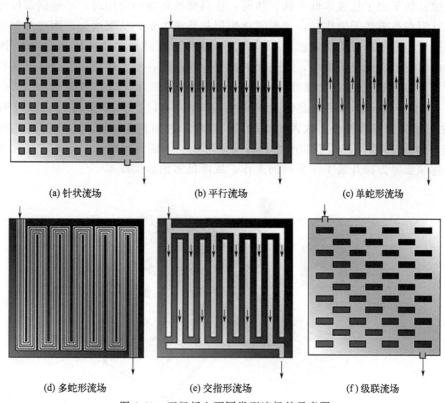

(a) 针状流场　　　　(b) 平行流场　　　　(c) 单蛇形流场

(d) 多蛇形流场　　　　(e) 交指形流场　　　　(f) 级联流场

图 6-69　双极板上不同类型流场的示意图

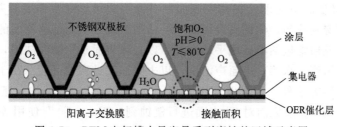

图 6-70　PEM 电解槽内最容易受到腐蚀的区域示意图

　　BPP 采用的常见金属材料包括钛、不锈钢等，钛是目前为止最适合作为 BPP 的金属之一，具有高机械强度、耐腐蚀性、低渗透性、低电阻率以及轻量化等优势[52]。然而，在长时间运行后，在钛表面容易形成氧化物钝化层，从而增加 BPP 和集电器之间的电阻，这种情况在电解槽的阳极侧尤为明显。为了解决这个问题，研究者开发了涂层方法来保护钛板。通常，在钛板表面进行贵金属涂层，以满足 BPP 在高压和氧化环境中的应用要求。例如，Yang 等使用镀金钛作为 BPP，他们采用 $1\mu m$ 金涂层，以抑制钛基板表面钝化层的形成，并观察到由于组件之间的接触电阻降低，电解槽的性能有所改善。然而，贵金属涂层相当昂贵，尤其是在应用于大型电解槽时，这不利于大规模商业使用。因此，可以通过改进涂层组分或制备工艺来减少涂层材料中贵金属的用量，以降低 BPP 成本。

　　降低 BPP 成本的另一种方法是找到合适的钛基替代材料。相对于钛材料成本高，不锈钢成本较低，是 PEMWE 中 BPP 最常用的材料之一。不锈钢由不同百分比的铬和镍以及其他合金元素组成，有奥氏体、铁素体和马氏体等不同类型[53]。其中，奥氏体钢具有高铬含量，防腐蚀、易于加工且成本低于钛。然而，在高酸性环境中使用时，不锈钢部件可能会快速腐蚀，且当在高电势下操作时，表面氧化物层将持续生长，从而增加表面电接触电阻。此外，腐蚀释放的离子也可能渗入膜中并导致膜电极中毒，从而导致性能退化[54]。因此，不锈钢基材也需要涂层以延长寿命，所选择的涂层介质必须在酸性环境中具有良好的稳定性和导电性[55]。Yang 等[56]通过选择性激光熔化（SLM）印刷方法制造不锈钢板，然后在表面电镀 Au，BPP 表现出优异的耐腐蚀性和导电性（图 6-71）；Gago 等通过真空等离子喷涂（VPS）在不锈钢基材上制备了致密的钛涂层，然后通过物理气相沉积（PVD）磁控溅射沉积 Pt，进一步对 Ti 涂层进行表面改性，有效地防止了不锈钢板腐蚀。此外，研究者在氮化物涂层和铌涂层等方面开展了一系列的工作，以降低表面涂层成本[57]。

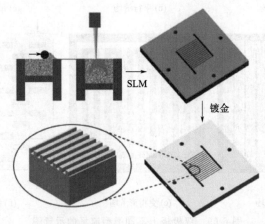

图 6-71　选择性激光熔化（SLM）制备 BPP 并在表面镀金

4）涂层前双极板的预处理　在基底表面制备涂层之前，通常需要对基底进行预处理，去除表面的微观和宏观缺陷，保证其表面处于合适的状态，从而增强涂层的附着力。不锈钢型基材的预处理步骤通常包括喷砂或手动抛光，以去除表面氧化物和缺陷，如毛刺等，并在混合溶剂（乙醇、丙酮、水等）中超声清洗，以去除加工过程中可能存在于表面上的化学残留物或油脂。除上述方法外，还可以使用等离子体刻蚀（或溅射清洗）基底表面进行预处理。Gago 等在沉积 Pt 涂层之前对 Ti 表面进行氩蚀刻；Wang 等[57]使用等离子体刻蚀基底表面，以顺利涂层 NbN；Jannat 等[58]采用 60 分钟的溅射清洗来去除表面氧化物，以获得优异的涂层附着力，防止预处理得不足可能导致的涂层材料分层。

（2）PEM 电解水制氢气体扩散层

气体扩散层相关数据如图 6-72 所示。

① 气体扩散层的基本要求。作为液相和气相共同参与的非均相反应，PEM 电解水对传质（氢气、氧气、水等）有着很高的要求。气体扩散层位于催化层和双极板之间［图 6-72(a)］，起到水、气的再分配作用，对传质有重要影响，同时负责电子的传输从而形成导电回路，是 PEMWE 的主要组成部分之一[59]。GDL 的基本要求如下[60-62]：

a. 具有良好的抗腐蚀性：由于阳极过电位很高、存在高浓度氧气，且电解水过程中持续产生质子导致阳极形成高酸性环境，因此 GDL 必须耐腐蚀。

b. 具有良好的导电能力：GDL 需要传导电子，因此它们必须具有良好的导电性和低电阻率。

c. 具有良好的机械支撑能力：GDL 需要为催化层提供机械支撑。

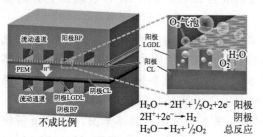

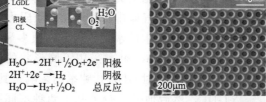

$$H_2O \longrightarrow 2H^+ + \tfrac{1}{2}O_2 + 2e^- \quad 阳极$$
$$2H^+ + 2e^- \longrightarrow H_2 \quad 阴极$$
$$H_2O \longrightarrow H_2 + \tfrac{1}{2}O_2 \quad 总反应$$

(a) 扩散层结构示意图

(c) 多孔和传统Ti毡GDL的SEM对比

(b) Ir修饰扩散层的电解水性能优化

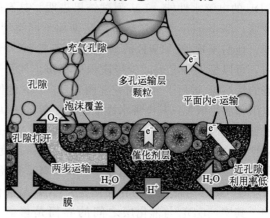

(d) PEMWE阳极处GDL和CL界面处的传输现象

图 6-72　扩散层结构示意图、Ir 修饰扩散层的电解水性能优化、
多孔和传统 Ti 毡 GDL 的扫描电子显微镜（SEM）图像对比与
PEMWE 阳极处 GDL 和 CL 界面处的传输现象

② GDL 材料选择。作为集流体，GDL 需要收集和传导电子，导电性是其最重要的参数之一。其中，材料本身及其特性（包括结构和厚度等）对 GDL 的导电性有着重要影响，尤其是 GDL 的材料本身将直接影响其电导率，进而影响电解槽的性能。在 PEM 燃料电池（PEMFC）中，碳材料如碳毡、碳布和碳纤维纸等，常用于制备 GDL，这是因为碳具有高耐腐蚀性、高导电性、易于制造各种孔隙结构、低成本等[63-65]。然而，PEMWE 阳极的电位高于 1.8V，远大于碳的腐蚀电位（0.207V），当碳在 PEMWE 用作 GDL 材料时，容易被阳极的高电位腐蚀[66]。因此，PEMWE 的 GDL 更多采用金属材料，其中，钛具有良好的抗腐蚀性，并且容易形成各种类型的多孔结构。因此，钛网、钛毡、泡沫钛、钛烧结粉末等在 PEMWE 的 GDL 中得到了广泛应用。基于此，为进一步提升其性能，科研工作者在开发钛基新型 GDL 材料或 GDL 制备技术方向进行了大量的研究[67,68]。

Liu 等[69]采用溅射法在商用钛基 GDL 上涂覆了 20～150nm 厚的铱层，以优化 PEMWE 的性能；研究发现，GDL 表面的铱层降低了 $60m\Omega/cm^2$ 的接触电阻，在 $2A/cm^2$ 时降低了 81mV 的电解槽过电位，显著改善了 PEMWE 的性能［图 6-72(b)］。Mo 等[70]应用电子束熔化（EBM）方法低成本制造钛 GDL，在这项研究中，钛粉作为原料，铺成 $50\mu m$ 厚的层，并被电子束熔化；结果表明，与传统 GDL 相比，本研究中的 GDL 实现了 8％的性能和效率提高，有效地降低了表面电阻（传统 GDL 为 $0.47\Omega/cm^2$，EBM GDL 为 $0.36\Omega/cm^2$）。此外，他们还发现电子束熔化方法可以用低成本控制 GDL 的孔径、孔形状和孔分布等。Chen 等[71]采用 TiC 作为 GDL，通过测试物理化学性质和电化学稳定性，应用 TiC GDL 与应用商业 GDL 的装置初始性能相同，经过 60 小时的耐久性试验，TiC GDL 表现出更好的稳定性。

③ GDL 孔结构调控。目前，GDL 的优化主要集中在孔结构的调控上[72,73]。GDL 的孔结构对流体的输送有着重要影响，小孔阻碍气体排出并增加传质阻力，而大孔可以促进气体排出，但会降低电子传输效率并减少催化层中的水量，因此，很多研究集中于 GDL 的孔结构优化，以实现良好的电解水性能。Grigoriev 等[72]采用不同形状的钛粉末，Hwang 等[74]采用不同尺寸的钛纤维，来研究钛原始材料对 GDL 孔隙率的影响；具体来说，Hwang 等使用不同类型的钛纤维来生产 Ti-GDL，然后他们比较了基于两种不同孔隙率（50％和 75％）GDL 的电解水性能，I-V 测试结果表明，具有较低孔隙率（50％）的 Ti-GDL 表现出更好的性能；Grigoriev 等通过热烧结法使用不同类型钛粉末制备了多种 Ti-GDL；通过优化颗粒粒度，他们发现 PEMWE 的最佳孔隙率在 35％至 40％之间，最佳孔径在 12 至 13μm 的范围内，可以最大程度地减少传质损失和防止气孔阻塞。Kang 等[75]对具有直通孔和清晰孔隙形态的钛 GDL 进行了全面研究［图 6-72(c)］，他们发现超薄且易于调控的钛基 GDL 显著降低了电阻和活化损失，其电解水性能远优于传统的钛毡材料，其中，孔径为 400μm，孔隙率为 0.7 的钛 GDL 在 80℃和 1.66V 条件下达到了 2A/cm^2 的最佳性能；同时，他们发现孔隙度比孔径对性能的影响更大。此外，他们使用高速微尺度可视化系统实现了对电化学反应进行直接可视化观测，发现气泡仅在孔边缘产生，解释了孔径和孔隙率对 PEMWE 性能的影响。

④ GDL 与催化层的界面调控。GDL 与催化层的界面调控对电解装置性能有着重要的影响。其中，GDL 与催化层之间的界面是影响电解槽高频电阻（HFR）的关键因素之一。GDL 结构性质，如孔径、孔隙率和材料选择等，都会影响 GDL 与催化层之间的界面。Suermann 等[76]和 Schuler 等[77]发现 GDL 和催化剂层之间的界面会影响 HFR 和传质。Lopata 等[78]详细地研究了 GDL/催化剂层界面对质量和电荷传输现象的影响。他们发现界面中发生了四个主要的传输过程［图 6-72(d)］：a. 水从 GDL 的孔隙传输到催化剂层中的反应位点，b. 电子从催化剂层的反应位点通过催化剂材料传输到 GDL 的边界，c. 质子从催化剂层中的反应位点向膜的传输，以及 d. 氧从催化剂层的反应位点到 GDL 孔的传输。在研究中，他们改变了 MEA 上的催化剂负载量，以探究 GDL 与催化层的界面对电解水性能的影响。他们发现，在催化剂负载量较低时，界面性质和电解水性能之间的相关性很强，而在催化剂负载量较高时，界面性质对电解水性能几乎不产生影响。

6.2.3.3　PEM 制氢电解槽

（1）单电解槽设计

PEMWE 电堆是整个电解系统的核心部件，由多个单电解槽组成（图 6-73）。水从外部供给，经过双极板的流道输送到膜电极组件（MEA），在催化层上发生电解反应，生成氧气和氢气分别从不同的通道输送到电解槽外。单电解槽的结构会影响其传质过程，进而影响到单电解槽电压，这在高电流密度的时候影响尤为显著，因此，如何设计并优化单电解槽结构，在目前电解槽高电流密度的发展趋势下尤为重要。

传统的 PEM 单电解槽根据双极板是否含有流道而分为有流道型电解槽和无流道型电解槽。但是，现有技术中没有能够将两

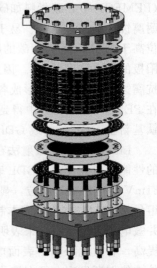

图 6-73　电堆与单电解槽
结构示意图

种形式电解槽结合为一体的结构。基于此，曹朋飞等[79]发明了一种 PEM 单电解槽结构，包括双极板、阳极组件、极框结构和阴极组件；极框结构中部为中空区域，且极框结构的截面尺寸与双极板匹配；双极板的边缘区域具有双极板主流道，双极板主流道用于反应物和产物的进出；极框结构具有极框主流道，极框主流道通过分支通道与双极板的传质区域连通以向传质区域内传输反应物。该研究中的单电解槽结构具有常规的两种电解小室结构的特征，结合了两种常规结构的优势，在相同的电流密度下，使得单电解槽电压更低。

在单电解槽的组装时，钛网在未压合前边缘结构是比较疏松的，在组装过程中，钛网很容易产生移位，影响电解槽的组装，同时，当钛网产生移位后，密封片在压合时也不能有效地压合，会影响单电解槽的密封性能，进而影响电解寿命及电解效率。基于此，张晓晋等[80]设计了一种利于组装的层叠式电解槽，通过在塑胶中框的容置槽边缘上壁设置多个弹性围挡，这些弹性围挡在容置槽边缘上壁组成一个包围圈，当碳纸和钛毡完全占据容置槽后，弹性围挡组成的包围圈也可以限制住装在最外层的钛网，避免钛网在组装过程中移位，为电解槽的组装提供便利；并在电解槽的压合过程中，使得密封片在压合时能够有效地被压合在塑胶中框上。并且，在每一弹性围挡的下部设有供弹性围挡发生变形的避让空间，这样，在压合过程中，弹性围挡在外部压合力的作用下，能够被压合在避让空间内，避免了弹性围挡影响密封片的压合效果（图 6-74）。

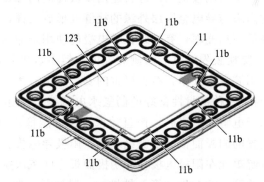

图 6-74　阴极钛网和塑胶中框上部的配合示意图
11b—弹性围挡；11—塑胶中框；123—阴极钛网

（2）封装技术

PEM 制氢水电解槽气体气压为高压（＞2MPa）对密封材料有非常高的要求，现有材料满足要求的种类较少，且价格昂贵，制约水电解槽的成本和商业应用范围。PEM 制氢设备中在密封结构及密封材料的成本上居高不下，限制了此技术的工业化推广。

程旌德等[81]发明了一种增强密封的质子交换膜电解水制氢单元结构，包括阳极侧密封件、阴极侧密封件、阴极气体扩散层和质子膜；所述阳极侧密封件包括金属隔板、阳极金属网、阳极侧密封垫片、阳极边框；所述阴极侧密封件包括金属隔板、阴极侧密封垫片、阴极边框；所述质子膜夹设于所述阳极边框和阴极边框之间；所述阳极边框两侧表面、阴极边框两侧表面均设有多圈环形的密封凸棱。通过两个边框上的四侧密封凸棱结构显著增强了 PEM 水电解工装的密封质量，其中阴极边框密封凸棱与 CCM 接触并通过阳极边框密封凸棱支撑，从而形成阴极侧（氢气）的密封；在压紧状态下阳极侧密封凸棱和阳极侧密封垫片接触并通过阳极侧金属隔板支持，阳极边框密封凸棱与 CCM 接触并通过阴极边框密封凸棱支撑，从而形成阳极侧（氧气和电解水）的密封，通过双侧边框结构上的改进显著降低了在密封材料上的成本，有力地推动了 PEM 水电解领域的工业化发展。

现有电解槽阳极进水孔处的流道水流速度较快，高速水流容易对膜电极上的局部贵金属涂层产生冲击，影响电解槽的正常工作。同时，现有技术中在用的电解槽阴极框和阳极框叠放对接后，通过两层电极框上密封凸纹压住密封膜，在长时间使用之后，由于氧环境、水流、气流冲刷等的影响经常会造成进、出水孔或者氢气孔处的密封膜老化、破损，堵塞流道，影响设备的正常运行。此外，市场上正在用的电极框由于结构本身和装配精度等多个方面因素的影响，装配后在高压氢气压力作用下，会对膜电极和阳极框及导电金属层施加了极大的力，特别是导电金属的边缘和阳极密封框的内缘接缝处，因为接缝的存在会对膜电极产生切割力，长时间使用一旦造成阳极框内缘处的膜电极破裂，极易出现氢氧混合，存在爆炸风险。刘志敏等[82]发明了一种高压电解槽用的阳极框及其配套的阴极框，其中在阳极框的进水孔的水流道中设置错位排列的分流柱，可有效降低进水的瞬时速度，使水流均匀分布，减轻对膜电极的局部冲击；阳极框的水流道上设置水道盖板将水流道遮住，密封膜设置后直接压在盖板上，不会与水流道接触，减少冲击，避免破碎堵塞水流道；阳极框和阴极框的内、外缘的环状密封凸纹对接后能够互相啮合，提高对阴极、阳极框之间的密封膜的紧固效果，提高密封性；同时二者还分别设计了带定位销和定位孔的定位环，使二者叠放对接得更加准确。另外，阴极框的内径小于阳极框的内径，也即阴极框的宽度要大于阳极框，在二者外径相同的基础上，二者对接后阴极框的内缘会超出阳极框的内缘，形成支撑平台，对二者之间的膜电极在阳极框的内缘与导电金属层外缘的接缝处形成支撑，避免高压氢气因接缝对膜电极造成的剪切力，降低破损概率，有效延长膜电极的使用寿命（图6-75）。

PEM电解槽采用质子交换膜隔绝电极两侧的气体，但多数电解槽存在气体易渗透的问题，导致产生的气体在阴阳腔室内互串，存在严重的安全隐患。为了克服现有技术中存在的缺点和不足，林杰[83]发明了一种密封性良好的制氢水电解槽，所述电解槽的装配简单、密封圈好且结构稳定，应用于电解水产氢时，产氢效率高、性能稳定且安全性高，具体来说，电堆包括由下至上依次设置的阳极面板、阳极绝缘板、阳极导电板、阳极电极板、多个电解单元和阴极面板，多个电解单元在阳极电极板和阴极面板之间依次叠设，每个所述电解单元均包括由下至上依次设置的第一密封件、第一扩散层、膜组件、第二扩散层和第二密封件，相邻的两个电解单元之间设置有隔离电极板，所述隔离电极板位于相邻的第一密封件和第二密封件之间。

（3）电堆集成

电堆是PEMWE材料、技术性能与集成技术水平的综合体现，随着功率规模的提升，尤其是兆瓦级以上电堆，装配与集成的一致性、可靠性、三传一反高效性等制造工程难度大幅提高，是综合性的系统工程，也是各研发机构的最核心技术之一。山东赛克赛斯氢能源有限公司通过精准定位、逐层有序堆栈、整体增压、紧固保压等方案，结合短堆评估、大型电堆验证以及大功率电堆"三传一反"快响一致性的整体设计与分段构造，确保兆瓦级单堆装配一致性与可靠性，攻克大型电堆内大面积单池内部机械应力均衡与可靠封装的技术难题，实现兆瓦级PEMWE电堆高效集成，2020年9月在国内率先组装出稳定工作的兆瓦级单堆（0.78MW，科技部专项中期），2022年4月与中车集团合作的双堆组合额定功率为1MW的PEMWE耦合光伏制氢系统已成功运行，额定产氢速率260m^3/h，电解电堆最大制氢功率达1.4MW，最大氢出口压力3.8MPa，实现了15%～140%的宽功率调节（图6-76）此外，中国科学院大连化物所报道了4台55m^3/h产量的电解槽堆集成的兆瓦级PEMWE制氢系统顺利通过工程验收，并交付国网安徽省电力有限公司投入运行。

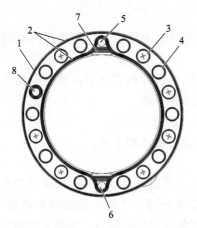

图 6-75　高压电解槽用阳极框的正面结构示意图

1—阳极框；2—V 型密封凸纹；3—定位环；4—螺栓穿孔；
5—进水孔；6—出水孔；7—水道盖板；8—过氢孔

图 6-76　大功率 PEMWE 电堆

6.2.4　PEM 电解水系统

　　作为电解系统的核心部件，只有在辅助模块的附加组件及其子系统的帮助下，PEM 电堆才可以正常工作。PEM 电解系统的基本布局如图 6-77 所示，该布局没有通用标准，图中包含了该系统的所有附加组件和子系统。它与碱性电解系统相似，但由于没有碱液作为液体电解质，因此不需要进行气体纯化除碱。

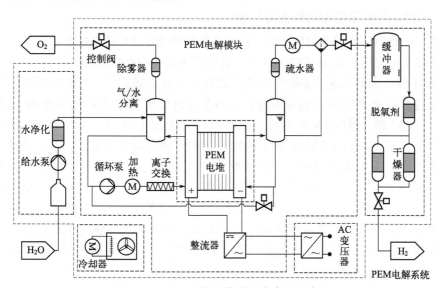

图 6-77　PEM 电解系统的基本布局示意图

　　尽管电解水系统在布局上不尽相同，但其子系统的组成和功能大都一致。如图 6-77 所示。

　　① PEM 电堆作为发生化学反应的核心部件，水在直流电流的帮助下分解成氢气和氧气。

　　② 整流器将输入的交流电转换为直流电。

　　③ 阳极侧由循环泵、热交换器、离子交换器、气体/水分离器、除雾器和控制阀组成：

a. 将水供应到阳极。

b. 在大多数情况下，气液两相强制分流后的水足以给电堆供水，但是循环泵仍然是必要的，以确保电堆的冷却。

c. 离子交换器用于去除重金属阳离子，如铁、铬和镍等的阳离子，这些阳离子可能来自外围的辅助部件（BoP）或来自电堆中金属部件的腐蚀产物。

d. 气/水分离器位于电堆上方，分离来自电堆出口的氧气和水。

e. 随后，气体流过除雾器（聚结过滤器），氧气流中的水留下来。

f. 除雾器后的控制阀用于调节氧气侧的压力。

在大多数情况下，循环泵不应用于阴极侧。但是，通过电渗阻力从阳极输送到阴极的水需要与氢气分离，并在阴极侧收集。为此，阴极处需要安装一个较小的带除雾器的气/水分离器。随后，在控制阀之前放置热交换器和冷凝水收集器以降低露点。根据液位控制，水通过排水阀输回阳极。

根据应用需要，系统可包含其他辅助子系统：

① 根据应用场景的水质，需要一个净水系统，防止系统结垢和电堆老化。

② 大多数 PEM 电解模块都有用于水和气体降温的冷却单元。

③ 通常，在控制阀之后安装一个缓冲罐作为氢气的储气罐，以保证下游应用的恒定氢气流量。

④ 氢气净化装置，以将气体净化至应用要求的纯度等级。

6.2.5　PEM 电解水装备与应用

6.2.5.1　PEM 制氢设备国内外主要厂家

过去数年，欧盟、美国等地区与国家的企业纷纷推出了 PEM 水电解制氢产品，促进了应用推广和规模化应用，从公开的资料看，这些厂家的 PEMWE 制氢系统的功率从 10kW 到数十 MW 不等，大型系统以多堆组合的方式为主（表 6-15）[84]。如康明斯在加拿大运行了全球最大的 20MW PEMWE 制氢设备；普顿公司销售了大量功率 250kW 的 PEMWE 产品；西门子报道了耦合风电 6MW 规模、年产 200t 绿氢的 PEMWE 工程示范。此外，国外更加重视在加氢站内建设 PEM 电解水装置，分布式制氢就地供应。目前，随着我国风、光、水等可再生能源的快速发展，预计电解水制氢技术与应用将进入稳步上升期。我国 PEM 水电解制氢技术正在经历从实验室研发向市场化、规模化应用的阶段变化，逐步开展示范工程建设，中国科学院长春应化所、大连化物所、上海高研院、山东赛克赛斯氢能源等较早开展 PEMWE 研究，水平不断进步，总体来说，我国在产能规模和设备制造与控制水平上与国外相比差距还很明显，尤其是 PEM 设备制造使用的膜电极关键材料依赖进口，需要加大材料攻关，并实现国产化[85]。

表 6-15　国外主要 PEM 水电解厂家的产品与参数

厂家 （所属国家）	产品系列	产氢速率 /(m³/h)	单堆额定 功率/MW	产氢最大 气压/bar	产氢耗电量 /(kW·h/m³)	电解效率 /%	负载调控 范围/%
Giner Inc. (US)	Allagash	400	2	40	5	60	—
Hydrogenics (CA)	HyLYZER-3000	300	1.5	30	(5~5.4)	(56~60)	1~100
Siemens(DE)	SILYZER 200	225	1.25	35	(5.1~5.4)	(56~69)	0~160

续表

厂家 (所属国家)	产品系列	产氢速率 /(m³/h)	单堆额定 功率/MW	产氢最大 气压/bar	产氢耗电量 /(kW·h/m³)	电解效率 /%	负载调控 范围/%
ITM Power(GB)	—	127	0.7	20～80	(5.5)	(54)	
Proton OnSite (US)	M400	50	0.25	30	5	60	0～100
AREVA H2Gen (FR)	E120	30	0.13	35	4.4	68	10～150
H-TEC(DE)	ELS450	14.1	0.06	30/50	4.5	67	
Treadwell Corp. (US)	—	10.2	—	76	—	—	
Angstrom Advanced(US)	HGH170000	10	0.06	4	(5.8)	(52)	
Kobelco Eco Solutions(JP)	SH/SL60D	10	0.06	4～8	(5.5～6.5)	(46～55)	0～100
Sylatech(DE)	HE 32	2	0.01	30	4.9	61	
GreenHydrogen (DK)	HyProvide P1	1	0.01	50	(5.5)	(55)	

第二篇　氢的制取

6.2.5.2　PEM 制氢设备的市场应用

氢气在现代工业的推广应用，成为控制温室气体排放、减缓全球温度上升的有效途径之一[86]。PEM 电解水技术近年来产业化发展迅速，由于 PEM 电解槽运行更加灵活、更适合可再生能源的波动性，随着可再生能源装机容量的不断提升，基于可再生能源制取绿氢，将成为碳减排和碳中和的重要途径，其应用领域主要包括天然气掺氢、与 CO_2 合成甲醇、钢铁冶炼、绿色炼化、绿色化工、交通能源等[87]。

甲醇是重要的大宗化工原料，目前甲醇生产主要通过 CO 与氢气进行费-托合成反应，随着 CO_2 与氢气反应制甲醇技术的发展，有望代替传统甲醇合成路径，并实现碳中和，具有重要意义。2019 年中国钢铁耗煤量约为 0.7Gt，若其中 10% 由氢气实现铁直接还原，将产生巨大氢气需求，按照每吨煤排放 CO_2 约 2.6t 计算，则可以减排 CO_2 达 0.18Gt。中国石油化工股份有限公司每年产氢量约 3.5Mt，主要用于石油炼制过程，如果用绿氢替代，每年可以减少 35Mt 的 CO_2 排放。合成氨及己内酰胺等化工过程，每年消耗大量由传统化石能源制备的氢气，若用绿氢替代，将成为碳达峰、碳中和的主要贡献者。作为燃料电池汽车的燃料，氢气的能源属性逐渐显现。虽然目前中国燃料电池汽车保有量和用氢量都还很低，但是随着未来燃料电池汽车的增长，氢能需求将大幅上升[87]。

6.3　固体氧化物电解水制氢

6.3.1　固体氧化物电解池概述

6.3.1.1　SOEC 技术优点

电解电池的电解水产氢和氧过程既可在低温下采用液态水进行，也可在高温下采用水蒸气进行。基于固体氧化物电池（SOC）的高温电解电池可用于电解水产氢，提供了大规模基于可再生能源绿色制氢的途径[88-90]。相比于低温电解电池（碱性和质子交换膜电解电池）

而言，固体氧化物电解电池（SOEC）在 700~900℃ 的高温下制氢，无论从反应动力学还是从反应热力学的角度看都是有利的。这项技术的主要优点是蒸汽的分解比液态水需要的能量更少，当温度升高时，分解水分子所需的一部分电能可以被热能所代替，所需的热能可由外部热源供给，如工业废热和先进核能提供的热，这部分热源呈现较低的价格（通常与电力相比），同时也可与下游化学反应器进行热集成，例如甲醇、二甲醚、合成燃料或氨的生产。因此，用热能替代电力需求可提高效率并有助于提高能源利用率和降低制氢成本。另外，在固体氧化物电池中进行高温电解具有低的过电位损失，反应物更容易活化，使用廉价的过渡金属催化剂作为电极材料，使得系统成本较低。目前，考虑到系统程度的损耗，固体氧化物电解电池的效率可达 76%~81%，而碱性和质子交换膜电解电池的效率分别为 51%~60% 和 40%~60%[91]。

固体氧化物电解池工作在高的电流密度下，可产生大量的高纯氢。固体氧化物电解池还具有水和二氧化碳共电解产合成气的突出优点，合成气在化工方面的应用已经相当成熟，最常见的是直接用来合成甲烷、甲醇、二甲醚，还可以通过费-托合成过程生产油品和化学品，所生产的燃料可以直接用作产品或燃料燃烧，以及用于燃料电池发电。当基于可再生能源的电能多余时，SOEC 工作模式可将多余的电能高效地转化为氢气或碳氢燃料，而当有电能需求时，则固体氧化物燃料电池（SOFC）工作模式可将氢气或碳氢燃料高效地转化为电能，氢气或碳氢燃料的大规模储存明显比电容易，因此 SOC 与可再生能源相结合提供了一种高效的储能途径，可以解决可再生能源的大规模和长期性储能问题。因此，这类技术在未来能源战略中具有巨大的潜力。

6.3.1.2　SOEC 技术发展历史

1899 年，Nernst[92] 发现 Y_2O_3 稳定的 ZrO_2（YSZ）具有较高的氧离子迁移率和较低的激活能，此后 YSZ 被广泛应用于高温固态电化学领域。1968 年，美国 GE 公司首先报道了采用 ZrO_2 基电解质的 SOEC 进行高温水蒸气电解制氢的实验研究，电解池采用的是管式构型[93,94]。德国的 Döenitz 等[95] 也在 20 世纪 80 年代初开展了管式 SOEC 电堆高温蒸汽电解制氢实验，电解池组含有 1000 个管式单体，最大产氢速率可以达到 0.6m³/h。

尽管 SOEC 的研究自 20 世纪 60 年代末就已经开始，但由于随后的化石燃料价格偏低，SOEC 制氢技术的发展一度陷于停滞。直到近年来，随着世界各国对全球温室效应和气候变暖问题的关注，高温 SOEC 制氢技术才重新受到广泛关注和重视。2003 年，美国爱达荷国家实验室和 Ceramatec 公司重新启动了 SOEC 蒸汽电解制氢研究，作为美国下一代核电站计划的主要组成部分。根据他们模拟第四代反应堆提供的高温进行的实验，核能高温蒸汽电解制氢的效率可以达到 45%~52%[96]。2007 年，爱达荷国家实验室建成了一台 15kW 的高温蒸汽电解制氢一体化台架，并实现了峰值产氢速率 2.0m³/h 的运行验证[97]；2018 年底，初步完成 25kW 的台架搭建，并计划开展 250kW 的制氢系统设计工作[98]。

从电解池单体层面来看，电解水的初始性能在过去 15 年内提升了约 2.5 倍，面积比电阻（ASR）从 0.71Ω·cm² 降低至 0.27Ω·cm²；耐久性也得到了极大提升，衰减率从 40%/1000h 降至 0.4%/1000h ［图 6-78（a）］。从电解池堆层面来看，SOEC 的长周期测试不断增多，衰减率已降低至 1%/1000h 以下 ［图 6-78（b）］。冷热循环稳定性也得到了验证，陶瓷基支撑的 SOEC 可经受 150 次冷/热循环，金属基 SOEC 冷/热循环测试可超过 2500 次。动态电力输出下的工况研究表明，SOEC 可以在几毫秒内从 0 负载上升至 80% 负载而不损害电池性能，每 5 分钟改变一次电流大小的工况下也可稳定运行 1200h ［图 6-78（c）］。

基于电解池单体与电堆方面的进展，SOEC 技术已基本成熟，堆的规模化应用已经不存在技术上的根本性障碍。但随着运行时间的延长，电堆性能依然会迅速下降，稳定性高、耐久性好的耐衰减电池材料是制约 SOEC 技术大规模推广的重要因素之一[100,101]。

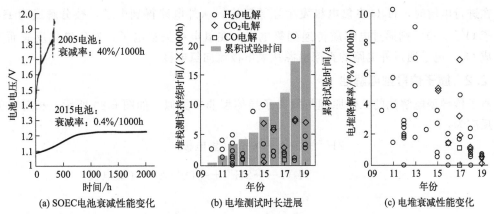

(a) SOEC电池衰减性能变化　　(b) 电堆测试时长进展　　(c) 电堆衰减性能变化

图 6-78　SOEC 电池衰减性能变化、电堆测试时长进展及衰减性能变化

6.3.2　固体氧化物电解水制氢基本原理

6.3.2.1　氧离子传导型电解池

固体氧化物电池可以可逆地实现电解电池和燃料电池功能，固体氧化物电解电池（SOEC）将电能直接转变成化学能，而固体氧化物燃料电池（SOFC）则将燃料中的化学能直接转变成电能和热能。鉴于氢气或化学品燃料可以作为有效储存能量的载体，固体氧化物电池可以作为储能器件。

SOEC 的工作原理如图 6-79 所示，其单电池由电解质、氢电极和氧电极组成。在 SOEC 中特定电催化剂和直流电流的参与下，水分子（H_2O）的电解反应分解成氢气（H_2）和氧气（O_2）。

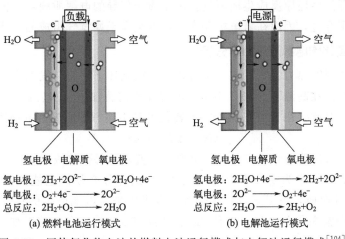

(a) 燃料电池运行模式　　　　(b) 电解池运行模式

图 6-79　固体氧化物电池的燃料电池运行模式与电解池运行模式[104]

$$H_2O \longrightarrow H_2 + \frac{1}{2}O_2$$

相对应的两个半反应为：

$$H_2O+2e^- \longrightarrow H_2+O^{2-} \text{（氢电极）}$$

$$O^{2-} \longrightarrow \frac{1}{2}O_2+2e^- \text{（氧电极）}$$

在进行电解时，H_2O 在氢电极发生还原反应，从外电路得到电子，被分解成为 H_2 和氧离子 O^{2-}。O^{2-} 则通过电解质传递到氧电极，在氧电极失去电子，发生氧化反应而重新结合成 O_2，电子通过外电路的直流电源从氧电极流向氢电极。

6.3.2.2 质子传导型电解池

质子传导型电解池的工作原理与氧离子导体型非常类似。如图 6-80 所示，相对应的两个半反应为：

$$2H^+ + 2e^- \longrightarrow H_2 \text{（氢电极）}$$

$$H_2O \longrightarrow 2H^+ + \frac{1}{2}O_2 + 2e^- \text{（氧电极）}$$

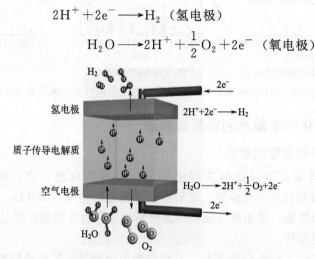

图 6-80 质子传导型电解池工作示意图[105]

水被送入氧电极，在直流电的作用下分解成氧气和质子。质子通过致密的电解质层迁移到氢电极侧，随即发生还原反应生成氢气。由于质子传导的电解质膜对气体分子是不可渗透的，仅允许氢离子穿过，因而在氢电极侧产生仅由纯净干燥氢气组成的产物。

6.3.2.3 固体氧化物电解池热力学分析

人们可以通过研究热力学来确定一个过程在一定条件下是否自发发生，并预测维持该过程所需的最小能量。在高温下 SOEC 中发生电解反应需施加电压/电流，这意味着电解反应需要热能和电能。对此，在 SOEC 中的能量转化可基于热力学原理进行描述：

$$\Delta H = \Delta G + T\Delta S$$

ΔH 为水或二氧化碳电解反应的摩尔焓变，其值表示每摩尔该反应发生所需要吸收的能量，电解反应的最大功率为吉布斯自由能变 ΔG，这部分必须以电能形式提供，另一部分 $T\Delta S$ 以热量的形式吸收，可以来自外部热源，也可以来自电池产生的焦耳热。电解水或电解二氧化碳反应所需总能量 ΔH、电能 ΔG、热能 $T\Delta S$ 与温度的关系如图 6-81 所示[106]，曲线根据查表所得的 H_2O、H_2、O_2 热力学属性计算得到。如图 6-81 所示，随着温度的升高，反应所需的理论最低电能 ΔG 降低，以热能形式吸收的能量 $T\Delta S$ 就增多，其本质原因在于电解反应是吸热反应，因而在热力学层面高温有利于该反应的正向进行。热能相对于电能是低品位能源，而电解水的大部分成本来自用电，因此在高温下工作的 SOEC 电解水相比于低温电解技术，具有高效率、低成本等优势。另外，从反应动力学角度而言，高温降低了电池的内阻并使电极反应活性得到提高。

电解水反应所需的电能是能斯特电位的函数，可表示为：

$$\Delta G = nFE$$

式中，n 为反应转移的电子数；F 为法拉第常数；E 为能斯特电位。当电池产生的焦耳热与反应所需的热能达到平衡时，电池的电压被定义为热中性电压，电解水反应在 800℃ 时的热中性电压为 1.286V（图 6-82）。当电池工作条件使电压低于这一数值时，电解反应是吸热的，电解电池需从外部获得热量。

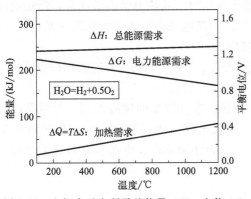

图 6-81　电解水反应所需总能量 ΔH、电能 ΔG、热能 $T\Delta S$ 与温度的关系

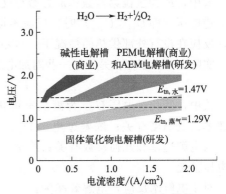

图 6-82　不同类型的水电解槽的典型极化曲线范围

在电池电路连接的有电流条件下，电池产生欧姆极化、活化极化和浓差极化，电池极化表示电压损失，与通过电池的电流成正比，并与电池工作温度相关。每种极化具有对应的电阻，这些电阻的总和即电池的 ASR：

$$\text{ASR} = R_s + R_p$$

式中，R_s 表示欧姆电阻；R_p 表示极化电阻，其包含了活化极化和浓差极化。欧姆极化损耗由电荷运动的电阻产生，包括离子通过电解质传导、电子通过电极传导，以及电池部件之间的接触电阻（主要来自电极和连接体间的接触电阻），主要来自电解质的离子传导电阻，其值远远高于电极材料的电子传导电阻。活化极化是由克服电化学反应速率控制步骤能垒引起过电位，氧电极和氢电极的电化学反应由若干步骤组成，包括吸附、表面扩散、解离、电荷转移（主要是离子转移）、复合和脱附。许多这些步骤都是受热活化的，因此活化极化取决于许多因素，包括材料性能、显微结构、温度和气氛等。

浓差极化是由扩散极化和转化极化所组成，氢电极在电解工作模式下的扩散极化和转化极化高于在燃料电池工作模式下的值，在 SOEC 中转化极化构成了浓差极化的主要部分[107]。转化极化是指在活性电极的气体成分变化，在电解模式下主要方式在氢电极，在三相界面的气体成分与体相中的成分存在很大差别。理论分析表明，当反应物与产物的摩尔比为 1 时转化极化最低，而比值偏离 1 都引起转化极化变大。扩散极化由气体在电极的空隙中所受到的阻力所产生，这在两个电极都会发生，但在电解模式下主要发生在氢电极。在氢电极，H_2O 通过电极的空隙扩散至三相界面，产生的 H_2 则从三相界面向外扩散。在氧电极，氧离子在三相界面复合形成氧，这些氧气通过电极的空隙向外扩散。气体在电极空隙中的扩散取决于多组分气体的扩散系数和电极的显微结构。如果孔径非常小，则克努森

（Knudsen）扩散、表面扩散、吸附/脱附效应也会引起浓差极化。

6.3.2.4 SOEC 电解水制氢效率

SOEC 电解水制氢是一个吸热反应，ΔH、ΔG 以及 $T\Delta S$ 都为正。假定所有通过电池的电子都参与反应，ΔH、ΔG 可以用反应过程相应的可逆电压 U_{rev} 和热中性电压 U_{th} 表示：

$$U_{rev} = \frac{\Delta G}{nF}$$

$$U_{th} = \frac{\Delta H}{nF}$$

式中，F 为法拉第常数；n 为参与反应的电子摩尔数。从热力学的角度讲，当端电压小于可逆电压（即 $U_{el} < U_{rev}$）时，反应不可能发生。当端电压小于热中性电压（即 $U_{el} < U_{th}$）时，反应在没有外部供热的情况下，也不可能发生。

实际上，由于存在另外的一些附加电压，端电压 U_{el} 一般明显高于可逆电压 U_{rev}[108,109]：

$$U_{el} = U_{rev} + U_{act} + U_{conc} + U_{ohm}$$

式中，活化过电压 U_{act} 为满足电极化学动力学需求所需要的额外电压，与活化能、电解速率以及温度有关；浓差过电压 U_{conc} 体现了多孔电极内的扩散阻力引起气体浓度的损失，与电解速率和几何参数有关；欧姆过电压 U_{ohm} 为连接体以及电极和电解质的电阻引起的电压损耗。

对于电解水反应，电解效率为：

$$\eta = \frac{\Delta H}{nFU_{el}} = \frac{U_{th}}{U_{el}}$$

式中，nFU_{el} 为反应过程输入的电能。

对于低温电解（工作温度 80℃ 左右的碱性电解或固体聚合物电解），U_{el} 通常为 U_{th} 的 1.2～1.8 倍，电解装置向外部放热，电解效率较低，为 55%～83%。对于高温电解，由于电解反应的热力学和化学动力学特性都有所改善，以及电解质欧姆电阻的下降，U_{act} 与 U_{ohm} 显著减小。高温 SOEC 的端电压 U_{el} 比常温电解技术的端电压要小得多，而 U_{th} 基本保持不变，从而带来效率的大幅提升。实际上，对于工作于 700～1000℃ 的高温 SOEC，在某些工作区段反应吸热大于供电电流产生的焦耳热，端电压 U_{el} 甚至比热中性电压 U_{th} 还低。

需要说明的是，当 $U_{el} < U_{th}$ 时，$\eta > 1$。这主要是由于电化学中习惯用反应的焓变与输入电能的比率来评价反应效率。系统制氢效率实际上为焓变与输入总能量的比率。输入总能量包含电能 Q_E 与热能 Q_H 两部分。

$$\eta = \frac{\Delta H}{Q_E + Q_H}$$

$$Q_E = nFU_{el} = nFU_{rev} + nF(U_{act} + U_{conc} + U_{ohm}) = Q_{EG} + Q_{EH} = \Delta G + Q_{EH}$$

式中，Q_{EG} 为输入电能中转变为吉布斯自由能的部分；Q_{EH} 为输入电能中转变为焦耳热的部分。输入的热能 Q_H 与电焦耳热 Q_{EH} 中，一部分被反应吸收，另一部分则为制氢系统损耗的能量，主要包含气体由于高温所带走的一部分热量，以及装置向环境辐射散热等等。

由于输入的电能也是来自一次能源的转化，假设发电效率为 η_e，则 η 变为：

$$\eta = \frac{\Delta H}{\dfrac{\Delta H}{\eta_e} + Q_H}$$

上述公式只适合理想状态下的制氢效率简单计算，实际效率的计算需要考虑各种因素。清华大学核研究院对不同运行条件下与高温气冷堆耦合的 SOEC 电解制氢效率进行了系统分析，构建了制氢效率的一维和二维模型，并对影响制氢效率的不同因素进行了敏感性分析（图 6-83[110]）。结果表明，随着工作温度、发电效率、电解效率及热效率的提高，与高温气冷堆耦合的 SOEC 制氢系统效率由 500℃ 的 34％ 提高至 1000℃ 的 59％。由于实际 SOEC 制氢系统的运行温度一般为 700～900℃，其效率为 45％～55％，远高于常规碱性电解制氢效率（约 27％）[111]。

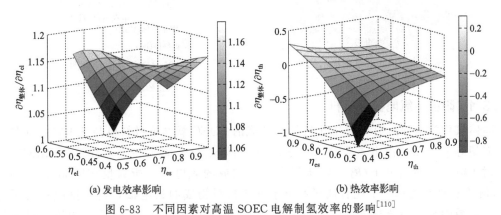

(a) 发电效率影响　　　　　　　　　　　(b) 热效率影响

图 6-83　不同因素对高温 SOEC 电解制氢效率的影响[110]

6.3.3　固体氧化物电解池关键材料

在过去的二十年里，国际上大量的研究集中在理解和优化 SOFC 材料方面，鉴于 SOC 可实现燃料电池与电解电池的可逆运行，因此 SOFC 相关的材料可直接应用于 SOEC，但对于 SOEC 而言，电池最佳的材料和显微结构与 SOFC 不一定相同。SOEC 单电池一般也是由三个部件构成（图 6-84）：①致密的离子导体电解质；②多孔的氢电极；③多孔的氧电极。单电池也需组装成电池堆以提高输出能力，对此电池堆的部件还包括连接板和密封件。

氢电极的主要功能在于提供水电解反应的场所，而氧电极上则发生析氧反应。由于 SOEC 部件全为固相，反应物和产物均为气相，因此电极结构需要优化以满足一系列的要求。电极需具有足够孔隙率的大催化活性表面积，以改善气体传输并降低扩散阻力，实现气体的有效传输，从而使得反应物能够快速地传输至反应位置并参与反应，同时反应产物能及时从电池中传输出来。电极反应属于电化学反应，这些反应包括一系列的体和表面过程，其中的一个或数个过程是决定反应速率的控制步骤，电极的离子导电相、电子导电相及气相的相互作用决定了其性能。对此，电极必须具有高离子导电性、高电子导电性，从而产生极低的电阻。电极反应发生在这三相共存界面，这一界面被称为三相界面（图 6-85）。而对于具有混合离子-电子导电性的电极材料而言，电极反应则限于固体-气相的两相界面。电极中三相界面越长则其性能越高，因此三相界面的优化是设计高性能和可靠电极的关键。电极与电解质和连接体必须具有良好的化学相容性，以避免在电极制备和工作中相互间的反应发生而形成高电阻的反应产物；对反应物中的杂质需具有高的容忍性，避免杂质中毒而使电池性能退化。在高温下相应的气氛中具有高的物理化学稳定性，不发生分相和相变，以及外形尺寸的稳定。电极同时与其他电池部件的热膨胀系数相匹配，以免出现开裂、变形和脱落现象。

图 6-84 SOEC 单电池的结构

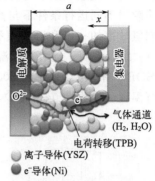

图 6-85 三相界面示意图[112]

6.3.3.1 阳极（氧电极）材料

固体氧化物电池具有可逆工作特性，常规的 SOEC 氧电极材料也与 SOFC 一样是基于钙钛矿型等氧化物，由电子导体、电子/离子导体或混合离子和电子导体（MIEC）所组成。对于电子导体或电子/离子导体复合材料构成的氧电极，析氧反应限制在气相-氧电极-电解质三相界面；对于混合离子和电子导体材料构成的氧电极，析氧反应扩展至电化学活性区域中整个混合导体材料的气相-氧电极两相界面[113]，基于混合导体材料的氧电极也呈现高的反应动力学。在 SOEC 工作模式下对于这些氧化物材料具有特殊的要求，一方面这些材料必须在高氧分压下稳定，另一方面对于通过电解质传导的氧离子具有析氧的高催化活性。大多数氧电极是基于 ABO_3 钙钛矿结构的混合导电氧化物，其中 A 位为稀土元素和部分取代的碱土金属元素，B 位为 Fe、Co、Ni、Mn、Cr 和 Cu 等过渡金属元素。钙钛矿氧化物的氧析出催化反应活性和 B 位阴离子表面的 e_g 轨道填充存在一定关系，OER 反应的活性峰值处具有高共价性的过渡金属-氧键（图 6-86）[114]。通过在 A、B位掺杂不变价的低价阳离子，晶体中产生大量的氧空位，形成氧离子传递路径，显著促进了材料体内氧离子传导。

$LaMnO_3$ 是本征 p 型导体，电子电导率通过由 Sr 或 Ca 离子取代 La 离子得到提高，其中 Sr 离子取代所形成的钙钛矿结构氧化物在 SOEC 氧电极的氧化气氛中具有高的电导率和稳定性。$La_{1-x}Sr_xMnO_{3-\delta}$（LSM）和固体电解质材料（通常为 YSZ）的复合材料是一种研究最多的氧电极，LSM 是一种电子导体，氧离子氧化成氧分子的电化学反应仅在氧电极-电解质-氧气的三相界面进行，而添加 YSZ 等的离子相形成复合材料可以扩展电极反应的界面。混合离子和电子导体材料如 $La_{1-x}Sr_xCo_{1-y}Fe_yO_{3-\delta}$（LSCF）和 $La_{1-x}Sr_xCoO_{3-\delta}$（LSC）也应用于 SOEC 氧电极，在 750℃ 以上工作时这些氧电极和电解质会发生反应而形成高阻抗的 $SrZrO_3$，对此在两者之间需要加入反应阻挡层以避免反应，阻挡层材料一般采用 Sm^{3+} 和 Gd^{3+} 掺杂的 CeO_2 电解质。

图 6-87 显示了三种氧电极材料的极化性能[115]，LSM-YSZ 复合材料显现较低的性能，混合导电氧化物 LSCF-CGO 和 LSC-CGO 在两种运行模式下的性能均优于 LSM-YSZ 复合材料，虽然在 SOFC 工作模式下 LSC-CGO 氧电极的性能高于 LSCF-CGO，但这两种混合导电氧化物电极在 SOEC 工作模式下的性能类似。对此，这两种混合导电氧化物电极广泛地应用于 SOEC。

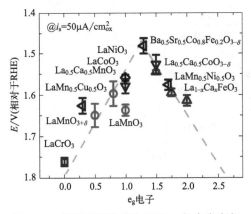

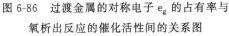

图 6-86　过渡金属的对称电子 e_g 的占有率与氧析出反应的催化活性间的关系图

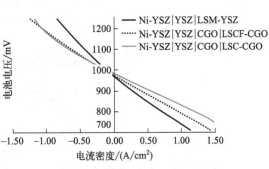

图 6-87　平板型 Ni-YSZ 基电池的极化性能（800℃）

Ruddlesden-Popper 型类钙钛矿结构氧化物（R-P）是另一类 SOEC 氧电极材料，其通式为 $A_2BO_{4+\delta}$，其中 A 为稀土或碱土金属元素，B 为过渡金属元素，其结构可以看作是 ABO_3 型钙钛矿结构和 AO 型岩盐结构在 c 轴方向上交替叠加构成的，其特征在于氧处于结构中的间隙位置，这种间隙氧带有负电荷，能够通过 B 位过渡金属离子的价态变化达到平衡，使整个材料显现电中性。由于高的间隙氧浓度，因此该类材料具有较高的氧扩散系数和表面交换系数，这种特性有助于提高氧电极析氧的催化活性，使得氧离子从界面上快速传导出去，从而降低界面的氧分压并消除分层。$Ln_2NiO_{4+\delta}$（Ln＝La，Nd 或 Pr）属此结构类型，具有高的电子和氧离子导电性，以及高的氧表面交换系数。另外，在较宽的氧分压范围内这一系列氧化物结构中氧含量易变化，即在极化条件下氧原子可以很容易地进入晶格或释放。$La_2NiO_{4+\delta}$ 的热膨胀系数为 $13.0 \times 10^{-6} K^{-1}$，与常用电解质材料 YSZ 和 CGO 的热膨胀系数非常接近，确保了与电解质的热膨胀匹配性。$Ln_2NiO_{4+\delta}$ 材料显现出与常用电解质不同的化学相容性[116-118]，$La_2NiO_{4+\delta}$ 和 $Pr_2NiO_{4+\delta}$ 在高温下易与 YSZ 电解质发生反应，而 $Nd_2NiO_{4+\delta}$ 在高温下与 YSZ 电解质具有高的化学稳定性。因此，为了提高电池的电化学性能，在氧电极和 YSZ 电解质之间插入反应阻挡层，以限制 $Ln_2NiO_{4+\delta}$ 与 YSZ 电解质间的化学反应。图 6-88 显示了 $Ln_2NiO_{4+\delta}$ 氧电极材料的极化性能并与 $La_{0.6}Sr_{0.4}Fe_{0.8}Co_{0.2}O_{3-\delta}$（LSFC）进行比较[119]，这些氧电极与 YSZ 电解质间的阻挡层采用 CGO 或 YDC，$La_2NiO_{4+\delta}$ 和 $Nd_2NiO_{4+\delta}$ 的极化电阻呈相同数量级，在 800℃ 时约为 $0.1\Omega \cdot cm^2$。相比而言，LSFC 和 $Pr_2NiO_{4+\delta}$ 呈现低的极化电阻，在以 CGO 为阻挡层时，$Pr_2NiO_{4+\delta}$ 的极化电阻低于 LSFC 的值。这一性能提高归因于 $Ln_2NiO_{4+\delta}$（Ln＝La，Nd 或 Pr）氧化物良好的混合导电特性，这些氧电极的电化学性能可以通过优化微观结构和电极/电解质界面得到进一步提高。

双钙钛矿结构氧化物的通式为 $AA'B_2O_{5+\delta}$，其中 A 为稀土金属元素，A′ 为钡或锶，B 为过渡金属元素。顾名思义，其最小结构单元为普通钙钛矿最小结构单元两倍的一类 A 位元素有序化的材料，其中稀土离子和钡或锶离子以有序化的形式占据着 A 位的晶格位置，这种特殊的离子排列方式降低了氧结合强度，提供有序的离子扩散通道，从而有效地提高了氧的体相扩散能力。在测试的各种材料中，双钙钛矿 $PrBa_{0.5}Sr_{0.5}Co_{1.5}Fe_{0.5}O_{5+\delta}$（PBSCF50）是研发迄今最具活性的 SOEC 氧电极材料[120]。基于 LSGM 电解质、$PrBaMn_2O_{5+\delta}$ 燃料电极和 PBSCF50 氧电极的 SOEC 单电池，其在 1.3V 和 800℃ 的工作条件下电解电流密度达

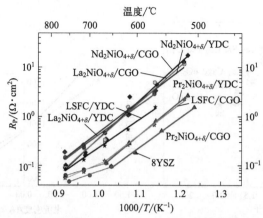

图 6-88 基于 CGO 或 YDC 阻挡层的 $Ln_2NiO_{4+\delta}$ 与 LSFC 氧电极极化电阻与温度的关系

$1.31A/cm^2$，该电池在 $0.25A/cm^2$ 和 700℃时稳定运行超过 600 小时，显现出高的产氢稳定性。这一结果表明，双钙钛矿氧化物具有较高的氧表面交换系数和体扩散系数，其作为 SOEC 氧电极具有很大的潜力。

6.3.3.2 阴极（氢电极）材料

固体氧化物电池具有可逆工作特性，常规的 SOEC 氢电极材料与 SOFC 一样采用 Ni 基陶瓷金属，即 Ni 分别和电解质材料如 YSZ、SSZ、CGO 和 CSO 等形成复合材料。图 6-89 展示了 SOC 可逆工作的伏安特性（IV）曲线，这些电池从燃料电池工作模式转变至电解电池工作模式都呈连续性，表明电池可在燃料电池-电解电池工作模式下可逆运行[121]。

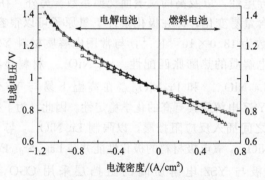

图 6-89 SOC 可逆工作的 IV 曲线（850℃）

由于 Ni 具有良好的化学稳定性、很高的电子电导率、极好的电催化活性和与电池其他部件很好的相容性，同时 Ni 的价格也相对较低，因此 Ni 在多孔 Ni/YSZ 陶瓷金属氢电极中起着电子导电和有效催化作用。而陶瓷金属中的离子导电电解质材料 YSZ 提供了从电解质进入电极的氧离子通道，从而有效地扩展了三相界面，YSZ 陶瓷起着降低氢电极热膨胀系数和避免 Ni 颗粒长大的作用，同时 Ni/YSZ 陶瓷金属氢电极也改善了与电解质的接合，图 6-90 显示了典型多孔 Ni/YSZ 陶瓷金属氢电极的显微结构和元素分布[122]。

Ni/YSZ 氢电极由两层组成：①支撑体层由粗颗粒的 Ni/YSZ 所构成；②与 YSZ 电解质薄膜形成界面的功能层由细颗粒的 Ni/YSZ 所构成。Ni/YSZ 氢电极中具有催化活性和电子导电的 Ni 及离子导电的 YSZ 提高了电极反应动力学，而其孔结构（约 30%孔隙率）确保了气体的快速扩散。

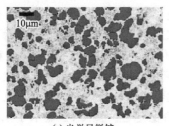
(a) 光学显微镜

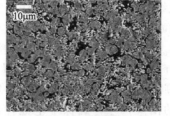
(b) 扫描电镜

图 6-90　Ni/YSZ 氢电极的光学显微镜图像及扫描电镜图像

Gd 或 Sm 掺杂氧化铈（CGO 或 SDC）具有电子-离子混合导电性而扩展了电化学反应场所，因此这些氧化物也被视为重要的氢电极材料[123]。在 SOEC 实际应用中，电解质支撑的电池显现出较高的长期运行、氧化还原循环和冷热循环稳定性，Ni/CGO 主要应用于此类结构性电池的氢电极。在 800℃ 温度和 1.3V 电解电压下，可获得 $-0.6A/cm^2$ 的电流密度，这对于电解质支撑单电池而言是非常好的性能（图 6-91）[124]。采用优化氢电极是电解质支撑 SOEC 单电池性能提高的重要途径，Ni/CGO 取代传统的 Ni/YSZ 较大地提高了电解质支撑 SOEC 单电池性能和稳定性，因此 Ni/CGO 广泛地应用于电解质支撑的 SOEC 电池[125]。

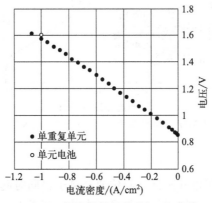

图 6-91　Ni/CGO 作为燃料极的电解 IV 曲线（800℃）

Ni 基陶瓷金属氢电极在实际应用中还存在着诸多问题，其中包括碳沉积、硫中毒、低氧化-还原循环稳定性和颗粒长大等。另外，在 SOEC 工作条件下，氢电极材料处于宽广的氧分压范围气氛中，其中 Ni 会快速发生氧化而形成 NiO，从而失去电催化功能，对此在系统中需循环作为安全气体的还原气体 H_2/CO，然而采用安全气体增加了 SOEC 电池堆的复杂性，在实际应用中是既不经济也不实用。

为了克服镍基金属陶瓷的使用问题，人们广泛研究了钙钛矿型氧化物在氢电极中的应用。相对于金属陶瓷复合物 Ni/YSZ，单相的氧化物陶瓷通常在氧化还原循环中通常可以保持性质稳定。钙钛矿型氧化物的 A 位和 B 位离子可以由相近半径的离子进行不等价取代，实现电子和离子导电性的调控，同时这些氧化物与常规的 SOEC 部件具有良好的热相容性和化学相容性，对各种杂质具有较高的容忍性，并且具有适当的尺寸和结构稳定性，因此被认为是一种很有前途的氢电极材料。在 A 位或 B 位掺杂的 $SrTiO_3$ 材料在高温（如 1400℃）下还原后表现出高导电性，同时具有氧化还原稳定性、抗碳沉积和对硫的容忍性，但这种材料的应用限制在于缺乏电催化活性，这就需要在这些材料中加入额外的电催化剂，实现其实际的应用。对此，在氧化物电极材料表面沉积纳米金属颗粒呈现出提高 H_2O 电解活性的有效性，可以通过纳米金属颗粒原位脱溶法来实现[126]。对此，在高温空气中合成条件下采用 Ni 或 Fe 对 A 位缺陷的 $La_{0.4}Sr_{0.4}TiO_3$ 进行 B 位掺杂分别得到固溶体 $La_{0.4}Sr_{0.4}Ti_{0.94}Fe_{0.06}O_{2.97}$ 和 $La_{0.4}Sr_{0.4}Ti_{0.94}Ni_{0.06}O_{2.94}$，这些氧化物在高温还原气氛下失去稳定性，从而引起 Ni 或 Fe 从材料结构中析出，在稳定的钙钛矿氧化物表面沉积为纳米级颗粒，这些纳米级 Ni 或 Fe 颗粒具有高的电催化活性，同时颗粒在氧化物表面分布均匀，从而避免了在长期电池工作条件下颗粒的团聚产生，确保了电池性能的稳定性。图 6-92 显示了 $La_{0.4}Sr_{0.4}TiO_3$ 和 $La_{0.4}Sr_{0.4}Ti_{0.94}Ni_{0.06}O_3$ 为氢电极的高温蒸汽电解电池性能比较[127]，与母体材料相比，在图中观察到的 B 位掺杂成分的蒸汽电解活化势垒降低，可归因于电催化活性金属纳米颗粒 Ni 的脱溶和更高的氧空位浓度。同时，显微结构表明脱溶出的金属纳米颗粒 Ni 与基体结合紧密，分散均匀以避免颗粒团聚。因此，在工作条件下能脱溶掺杂金属的钙钛矿氧化物设计是提高 SOEC 阴极性能的有效方法。

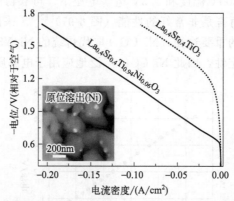

图 6-92　$La_{0.4}Sr_{0.4}TiO_3$ 母体和原位脱溶 Ni 的 $La_{0.4}Sr_{0.4}Ti_{0.94}Ni_{0.06}O_3$ 电解性能比较（900℃）

6.3.3.3　电解质材料

电解质的主要作用是在阴极和阳极之间传递氧离子，同时起到分离两极的氧化性气体和还原性气体的作用。因此，对电解质材料除了要求其在高温下的稳定性，还要求其具有较高的离子电导率和足够低的电子电导率，结构致密，氧化还原稳定性好。相对于氢电极和氧电极，电解模式和电池模式的改变对固体氧化物电解质的影响不大。SOEC 电解质材料大多采用氧离子导体，最常用的是 YSZ。其他常用的电解质材料还有 ScSZ、SDC、GDC 等。高温下一般采用 ZrO_2 基电解质，CeO_2 基电解质则用于中低温。对于 ZrO_2 基电解质，掺杂 Sc_2O_3 后具有较 YSZ 更高的导电率和较好的力学性能，值得进一步研究[128]。此外 Sc_2O_3-YSZ 和 Al_2O_3 复合体系的研究也很受关注[129]。稀土或碱土金属掺杂的 CeO_2 基电解质材料是另一类研究较多的电解质材料。但是该类材料在高温条件下会产生电子电导，适用的温度范围一般在 800℃ 以下，可以应用于中低温 SOEC。其他的电解质材料还有 Bi_2O_3、$LaGaO_3$ 基材料[130]，但由于在高温下稳定性较差，离实际应用还有较大距离。相对于电极材料，电解质的电导率一般较高，因此电解质薄膜化以降低电池的欧姆损耗一直是人们关注的研究热点[131]。除了氧离子电解质，氢离子或多离子传导材料也可用作 SOEC 的电解质（图 6-93）[132]，如采用以 SDC-碳酸盐复合材料为电解质，在 O^{2-} 传导模式和 H^+ 传导模式下电解池都具有较好的性能[133]，模型分析结果表明采用多离子传导电解质 SOEC 可以提高单位体积电解池的效率，显示出该材料体系作为电解质在 SOEC 中的良好应用前景[134]。

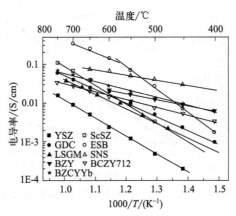

图 6-93　部分电解质材料的离子电导率与温度的关系

6.3.3.4　其他材料

单体电池片功率有限，为了提高电解功率增大产氢量，需要使用连接体材料将单电池组合成电堆来使用。连接体材料连接着相邻的单电池，并起到输送阴极、阳极气体和电子的作用。连接体材料需要在高温下保持良好的导电导热性、化学稳定性，以及合适的热膨胀系数。

传统的连接体材料是 $LaCrO_3$（LCO），在工作环境下具有良好的电子导电性，但在材料加工强度、导热性等方面存在问题，成本较高。目前围绕其进行的研究主要是烧结致密性问题、烧结温度问题和尺寸稳定性问题。通过在 A 位或者 B 位进行掺杂，可以提升 $LaCrO_3$ 的某些性能，已经有人对此进行了总结[135]。在提升机械强度方面，Ca 和 Sr 掺杂的效果好于 Mg 掺杂，而且 Sr 掺杂 LCO 一般比 Ca 掺杂的 LCO 效果好；在调整热膨胀系数方面，在同样的掺杂水平上，Sr 掺杂的 LCO 比 Ca 掺杂的 LCO 热膨胀系数更大一些，更接近 YSZ 的热膨胀系数；在电导率方面，Ca 掺杂的 LCO 比 Sr 掺杂的 LCO 电导率高一些，而且都高于未掺杂的 LCO。为了解决连接体材料中 Cr 挥发的问题，可以在金属连接体表面制备导电保护层，目前基于 SOEC 模式研究较多的有钙钛矿类涂层、尖晶石类涂层和氮化物涂层等[136]。由于在电解模式下运行时，工作温度更高、工作气体中水蒸气含量高、操作电压高，对连接体材料也提出了更高的要求，需要对原有材料在电解模式下应用进行验证和研究。尖晶石结构氧化物致密性良好，抗氧化性能好，热膨胀系数合适，也是 SOEC 金属连接体涂层的候选材料。如在铁素体合金 K41（Fe-18Cr）表面加尖晶石结构的 $MnCo_{1.9}Fe_{0.1}O_4$ 涂层，经过 3500h 高温运行测试后，能有效保持接触电阻稳定，说明其能有效抗氧化[137]。经工艺流程参数优化后，$MnCu_{0.5}Co_{1.5}O_4$ 尖晶石涂层能有效抗氧化（图 6-94），且电化学性能良好，在 750℃下的 ASR 值为 $8.04m\Omega \cdot cm^2$[138]。

在高温固体氧化物电堆中也需要应用大量的密封材料，主要起到隔离空气和燃料气体的作用，对电解池来说也尤为关键。电堆在高温环境下运行，密封材料需要在高温下保持热力学稳定性和化学稳定性，且热膨胀系数（CTE）与其他组件匹配，密封材料还需要有一定的机械性能。目前研究的密封材料主要包括硬密封材料和可压缩密封材料。电解过程中，H_2 作为目的产物，具有分子体积小，高温下易扩散的特点。在电解模式下，密封材料被暴露在 750～850℃的高温中。在燃料电池模式中，密封材料被暴露在氧电极的氧化性气氛中和燃料电极含有 H_2、CO、CO_2 和 H_2O 复杂气氛中。如果材料的长期氧化还原稳定性没有

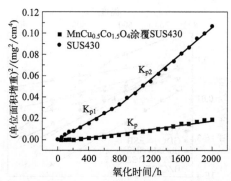

图 6-94　$MnCu_{0.5}Co_{1.5}O_4$ 涂覆前后的 430 合金氧化增重曲线

太大变化，应用于电池模式的密封材料也可以应用于电解模式。然而，由于电解模式中，阴极入口处混合气体中含有一定量的 H_2（防止 Ni 被氧化成 NiO），电解池阴极气体中 H_2 含量高于电池的阳极，这个不同可能影响材料的氧化还原稳定性、化学腐蚀过程以及离子的相互扩散，因此还是需要研究适合 SOEC 系统的密封材料。

玻璃和玻璃陶瓷密封材料是目前研究最多的材料，属于硬密封材料，依靠自身内部的流动来达到密封目的，维持自身机械完整性和强度。硬性密封材料在多次热力学循环的条件下工作时，容易发生应力积累导致开裂。通过组成调控[139]、开发低软化温度材料[140]或自修复材料[141]可以减小组件之间应力，增强密封效果，但都难以彻底解决热循环中玻璃脆性大导致的开裂密封失效问题。

可压缩密封材料在外在压力下会发生一定的形变，从而其他组件更加贴合，因此可压缩密封材料的 CTE 范围更广。金属具有一定的延展性，可以做金属压缩密封材料。为了保持稳定性，应选择不易被氧化的 Au 和 Ag[142]。但这些金属材料抗热震性能较差，会出现沿晶界开裂现象导致气体泄漏率增加[143]，且密封材料中溶解的空气与还原气氛会反应生成水[144]，导致密封材料失效。白云母 $[KAl_2(AlSi_3O_{10})(F,OH)_2]$ 和金云母 $[KMg_3(AlSi_3O_{10})(F,OH)_2]$ 近年来也被用作可压缩密封材料。在云母材料表面涂上 Ag 材料的薄膜后，热力学循环过程中，漏气率先增加后趋于稳定。向云母材料中掺杂玻璃粉可以制成云母基复合密封材料，软化堵塞云母内部的间隙，获得更好的密封性能（图 6-95）[145]。

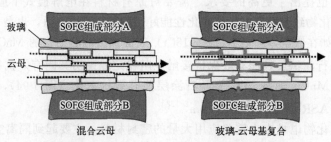

图 6-95　玻璃-云母基复合密封材料效果示意图

6.3.4　固体氧化物电解池的性能衰减

固体氧化物电解电池一般采用应用于固体氧化物燃料电池的部件材料，从而基于同一材料的系统可以可逆运行，即同一系统既可以实现固体氧化物燃料电池（SOFC）功能又可以实现固体氧化物电解电池（SOEC）功能的发电和储能系统[146,147]，可以成为有效和低成本的能源转换和储存方法。SOEC 技术的商业突破不仅需要高的初始性能，而且需要在大范围的操作条件（温度、气体成分、电流密度等）下具有长期稳定性。根据经济分析，在最高可能的电流密度（燃料产率）下，在热中性电位附近至少需要 5 年的运行寿命[148,149]。一系列研究表明，基于 SOEC 的高温水电解制氢技术在实际应用方面面临着若干技术挑战。与 SOFC 相比，SOEC 电池堆在运行条件下显现出高的性能衰减，衰减相关问题是限制 SOEC 达到长期运行经济可行性目标的主要因素之一，这也是电解制氢高的氢气价格主要来源之一[150]。在过去三十年中，SOFC 材料和制造工艺取得了重大的技术进步，SOFC 电池堆的衰减率已降至 0.5%/1000h[151-153]。然而，在实际工作条件下测试的 SOEC 电池堆的衰减率仍然过高，为 2%/1000h 到 5%/1000h 之间[154,155]。

虽然 SOEC 是 SOFC 的逆反应，但其反应动力学，特别是性能衰减机理有着很大的不同，从而 SOC 系统在电解模式下显示出与在燃料电池模式下部分不同的性能衰减现象。这些随时间变化的不同衰减类型取决于所使用的材料、它们的微观结构、材料组合、成分和工作条件。原则上，性能衰减的原因可分为内部原因和外部原因。内因既与材料本身有关，又取决于材料间的组合和微观结构；外部原因通常与应用的温度、时间、外加电流、所用气体、水/二氧化碳转化率和气体污染物有关。由于电池性能衰减的发生有着不同的原因，因此将性能衰减分为三种主要类型：化学/电化学衰减、热应力引起的结构退化和机械故障[156]，也可以分为致命性问题（一旦发生就会造成严重影响）和非致命性问题（刚发生时影响不严重，但长久发生会产生致命性影响）。表 6-16 总结 SOEC 在长时间的运行中产生的部分问题。对此，国内外对 SOEC 电池部件的性能衰减进行了广泛而深入的研究，下面介绍部分报道的衰减原因。

第二篇 氢的制取

表 6-16　SOEC 寿命衰减的因素

机理	原因	改进方法
金属连接造成的铬中毒	工作温度较高	使用防护涂层； 使用陶瓷互连(成本较高)
相变,相的形成(反应,隔离层)	工作温度较高	降低工作温度(例如使用更活跃的电极) 优化层的加工工艺 使用更稳定的材料 使用阻挡层
粒子粗化,Ni 迁移,结构变化	工作温度较高 燃料电极中蒸汽含量较高	降低工作温度(例如使用更活跃的电极) 优化粒度分布 优化接口
杂质的积累、分离、反应	燃料含有杂质 原材料含有杂质	清除燃料中的杂质(例如硫) 避免含有杂质的辅助组件 研究耐受性更好的电极
机械故障,变形,破裂,分层	热膨胀系数不同 梯度(例如温度梯度)的影响	更好地匹配材料的热膨胀系数 研究更加灵活,更加坚固的电池 优化电堆设计,避免产生大梯度

6.3.4.1　电解质的衰减

应用于 SOFC 的电解质在 SOEC 模式下的运行条件显著不同，由于水电解产生大量的氧和氢，一方面在氧电极侧处于很高的氧分压和氧化学势，另一方面在氢电极侧则处于强还原气氛下，因此电解质处于很大的氧分压梯度状态下，其在 SOEC 模式下显现出特有的衰减现象。阳极支撑 SOFC 单电池以 SOEC 模式在电流密度为 $1A/cm^2$ 条件下运行了 9000 小时，运行后电池的电压增加约 40mV/kh，即电压衰减率为 3.8%/kh[157]。与初始的电池显微结构相比，最明显的变化出现在电解质层（图 6-96），在不同晶体取向的 YSZ 电解质颗粒表面呈现不同的结构，其中有尺寸为 5～50nm 矩形、六角形和五边形孔洞形成，当这些孔洞变大并相互结合则形成不规则结构 [图 6-96(c)]。YSZ 电解质表面结构的变化一方面降低了颗粒间的接触面积而引起欧姆电阻的增大，另一方面则失去机械稳定性而导致断裂强度的降低。电解质在以 SOEC 模式运行过程中的这一显微结构变化不仅引起了电池电化学性能的衰减，而且显著地降低了电池的机械强度，这对于电池的寿命产生负面影响，特别是在热循环和工作条件突然变化的情况下。

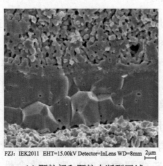
(a) 颗粒间和颗粒内断裂区域

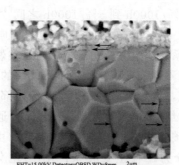
(b) 背散射模式下的同一区域
[更清晰地显示水平结构的孔(箭头)]

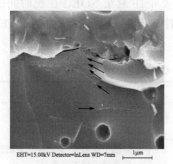
(c) CGO/YSZ的界面

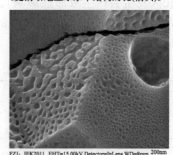
(d) 呈现断裂晶界的8YSZ晶粒表面

图 6-96　YSZ 电解质层断裂表面的显微结构

如前所述，10% Sc_2O_3-1% CeO_2-89% ZrO_2（10Sc1CeSZ，以摩尔分数计）逐渐在中温 SOEC 中得到应用，由于电解质在氢电极侧处于强还原气氛下，因此 10Sc1CeSZ 中的 Ce^{4+} 会发生还原而导致电解质电导率的降低。以 10Sc1CeSZ 电解质为支撑体的单电池在电解电压分别低于 1.8V 和高于 2V 下运行时，研究发现前者无性能衰减发生，而后者的性能则随着时间不断地衰减[158]。晶体结构和显微结构分析表明 10Sc1CeSZ 电解质在较高的电解电压下发生结构变化，导致立方和 β-菱形两相混合物的形成。其成因在于 Ce^{4+} 的还原，显微拉曼光谱分析证实了 Ce^{3+} 的存在，电解质的还原首先出现在靠近 Ni-YSZ 氢电极的区域，然后逐渐沿着电解质的厚度方向进行，但在靠近 LSM-YSZ 氧电极的 $20\mu m$ 区域内未发生相变。

6.3.4.2　氢电极的衰减

在 SOEC 工作模式下燃料电极处于高浓度的水蒸气气氛中，对于常规的 Ni 基金属陶瓷电极，如 Ni-YSZ 与 Ni-GDC 而言，高的水蒸气浓度对其结构稳定性产生严重的影响。Ni-YSZ 金属陶瓷的显微结构变化被认为在 SOEC 整体性能衰减方面起着重要的作用，金属陶瓷显微结构的形态变化与在高温工作条件下时产生的镍颗粒粗化有关，Ni 颗粒长大导致了 Ni-YSZ 金属陶瓷中三相边界长度密度的降低,即氢电极性能的衰减。对此,氢电极功能层结构的三维重构技术被用于考察微观结构演化过程[159],从 Ni-YSZ 金属陶瓷功能层的同步辐射 X 射线纳米全息层析进行三维重构,在此基础上计算得微观结构参数。图 6-97 显示了三个电池 Ni-YSZ 金属陶瓷功能层显微结构的三维重构,其中一个电池未长期运行作为参考,另外两个电池分别在不同的电流密度下运行 1000h。从此三维重构的显微结构来看,YSZ 相的体积分数和比表面积在电池的长期运行前后都未发生变化,这表明 YSZ 骨架的结构形貌不受电池运行的影响,因为事实上在 800℃ 温度下 YSZ 陶瓷的烧结是不可能发生的。相比 YSZ 骨架的结构形貌,Ni 和孔隙的比表面积在电池长期运行后显著下降,其下降幅度与电流密度成正比,这一结果表明 Ni 颗粒粗化导致了其比表面积的下降。结果表明,在 800℃ 温度下电流密度分别为 $0.5A/cm^2$ 和 $0.8A/cm^2$ 条件下运行 1000h 后,Ni 的平均粒径从参比电池的 $1.562\mu m$ 分别增加到 $2.688\mu m$ 和 $3.266\mu m$,这对应于三相界面(TPB)长度密度从参比电池的 $10.49\mu m^{-2}$ 分别减小至 $7.14\mu m^{-2}$ 和 $6.18\mu m^{-2}$,这一 Ni-YSZ 氢电极的显微结构变化导致 SOEC 电池电压 3%/1000h 的增加。Ni 颗粒团聚是常见的 Ni 基 SOEC 电池燃料电极衰减原因,由于这些显微结构变化降低了燃料电极电化学性能以及催化表面活性,抑制进一步的电化学反应,因此导致不可逆的电池性能衰减。

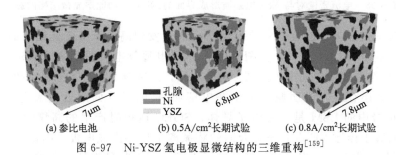

孔隙　　　
Ni　　　　　
YSZ

(a) 参比电池　　　　(b) 0.5A/cm² 长期试验　　　　(c) 0.8A/cm² 长期试验

图 6-97　Ni-YSZ 氢电极显微结构的三维重构[159]

固体氧化物电池系统在电解电池工作模式下还呈现与燃料电池工作模式不同的衰减现象,其中之一即为氢电极 Ni-YSZ 中 Ni 的迁移,这在燃料电池工作模式下从未出现过。Ni 在 SOEC 工作温度下具有高的迁移率,研究发现电池在低于 900℃ 的温度下长期运行过程中 Ni 不断地从功能层向支撑层迁移[160],图 6-98 显示了电流密度对与 YSZ 电解质形成界面的 Ni-YSZ 功能层显微结构的影响。电池在开路电压(OCV)条件下运行后的 Ni-YSZ 功能层显微结构与参考电池相似,但随着电流密度的提高,靠近电解质的功能层区域 Ni 含量逐渐降低。在电流密度为 $0.5A/cm^2$ 时,Ni 缺乏现象仅在某些区域明显,然而电流密度为 $1.0A/cm^2$ 和 $1.5A/cm^2$ 时,Ni 缺乏现象在离整个电解质/氢电极界面的 $1\sim2\mu m$ 的长度范围内发生。SOEC 中的镍迁移导致渗滤镍的损失和燃料电极功能层活性区孔隙率的增加,这导致燃料电极功能层三相密度的显著降低,从而影响电池的电化学性能。从研究结果来看,Ni-YSZ 氢电极功能层中 Ni 背离 YSZ 电解质的迁移被视为 SOEC 性能退化的主要来源,进而形成了 SOEC 系统商业化的一个重要障碍。

6.3.4.3　氧电极的衰减

在 SOEC 工作模式下氧电极产生纯氧,在氧电极/电解质界面存在高的氧分压,这对氧电极的稳定性产生重要影响。LSM-YSZ 复合材料是常规的 SOEC 氧电极材料,对于其在 SOEC 工作模式下的稳定性已开展了大量的研究。基于钪稳定氧化锆电解质支撑 SOEC 单电池组装的电池堆在常电压下运行 2000 多小时,此电池堆最初产生 1250L/h 的氢气(标准状

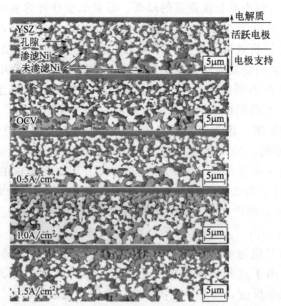

图 6-98   电流密度对与 YSZ 电解质形成界面的 Ni-YSZ 功能层显微结构的影响

态），但运行期间的总体性能衰减率约为 46%，研究发现高电流密度区域的部分 LSM-YSZ 氧电极脱落是重要的原因之一[161]。图 6-99 显示了电池氧电极脱落区域的显微结构，能谱仪（EDS）分析结果表明中间深色区域 1 为电解质，而区域 2 包括了电解质和氧电极，其中薄的一层氧电极还存在，说明脱落发生在电解质/氧电极界面附近的氧电极内部。由于 LSM-YSZ 氧电极中的 LSM 是一种电子导体，SOEC 运行时产生的高氧通量导致 YSZ 和 LSM 之间的氧离子传导不匹配，不能及时地将氧离子传导出氧电极，因此 YSZ/LSM 界面处不断地有氧气产生，持续集聚的氧气导致压力增大而引起界面裂缝形成。LSM-YSZ 氧电极的脱落对于 SOEC 电池堆的稳定运行造成了很大的破坏作用，从而引起 SOEC 电池堆性能的快速衰减。

图 6-99   2000 小时运行后电池氧电极脱落区域的显微结构图
区域 1—电解质；区域 2—电解质＋氧电极

LSCF 也是 SOEC 常用的氧电极材料，因其具有混合离子电子传导（MIEC）性能，与 LSM-YSZ 复合材料相比具有较好的性能和稳定性。基于 LSCF 氧电极的 SOEC 电池在 780℃和 1A/cm² 电流密度下运行了 9000 小时，电池电压在整个运行期间的衰减为 3.8%

(40mV)/1000h[162]。电池运行后的 LSCF 显微结构分析发现[70]，LSCF 结构呈现不均匀性［如图 6-100(a) 所示］，在亚微米范围内出现组分化学计量涨落，X 射线衍射分析揭示了 Co_3O_4 相和各种钙钛矿组分相的存在。除了 LSCF 组分的变化，在整个氧电极中其颗粒形貌也发生了变化，在靠近集电极的外表面 LSCF 具有纳米级圆形颗粒表面结构，而位于中心及靠近电解质区域的 LSFC 颗粒呈现更多的结晶面和锐边。为了避免 YSZ 电解质和 LSCF 氧电极之间的反应，在两者之间通过丝网印刷技术沉积 CGO 扩散阻挡层，但所沉积的 CGO 层不完全致密，在 LSCF 氧电极的制备条件下难以避免 $SrZrO_3$ 的形成，在 SOEC 电池运行9000 小时过程中，挥发性的 Sr 不断地迁移通过 CGO 孔隙，与从 YSZ 扩散过来的 Zr 反应生成 $SrZrO_3$ ［如图 6-100(b) 所示］[163]，从而引起电池性能的不断衰减。

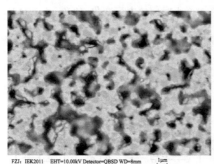 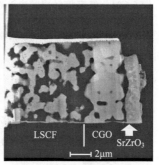

(a) LSCF氧电极的表面显微结构　　　　(b) CGO空隙中SrZrO₃形成

图 6-100　LSCF 氧电极的表面显微结构与 CGO 空隙中 $SrZrO_3$ 的形成

6.3.4.4　电解池结构优化设计

传统 SOEC 长期运行过程中，氧电极和电解质界面处容易发生脱层，氧电极活性下降，造成 SOEC 性能急剧衰减。这主要由两方面原因造成：一方面是由于氧气在氧电极-电解质界面产生，在大电流长期运行下，界面处容易形成局部氧分压过高，破坏界面结构；另一方面是由于氧电极与电解质材料热膨胀系数在高温下不匹配，长时间运行中易脱层。通过制备工艺优化实现电解质/氧电极的结构一体化是解决其界面脱层的有效方式。例如，通过冷冻干燥法制备电解质/氧电极一体化的具有微通道结构的 YSZ 支撑体骨架，并采用浸渗法将氧电极活性材料 LSC 负载在微孔道内壁，获得出高催化活性的复合氧电极，在800℃时极化阻抗为 $0.0094\Omega\cdot cm^2$，施加 $2A/cm^2$ 的大电流进行电解测试6h，极化阻抗基本不变，验证了新型氧电极良好的稳定性[164]。在电解质/氧电极界面处增加接触层是另一种解决脱层问题的重要手段，例如在氧电极和电解质之间增加了一层 $Ce_{0.43}Zr_{0.43}Gd_{0.1}Y_{0.04}O_{2-\delta}$ 作为接触层，SOEC 在 800℃运行 100h 后欧姆阻抗仅增加了约 $0.02\Omega\cdot cm^2$，相比于无接触层的SOEC，其性能衰减速率明显降低（图 6-101）[165]。

6.3.5　固体氧化物电解堆及系统

6.3.5.1　固体氧化物电解系统概述

利用可再生能源的氢气储存和供给系统，包括"制氢系统"和"氢蓄电系统"。由于使用可再生能源发电易受天气影响，要将其大量引入电力系统，并作为主要电力来源之一加以利用，需要强化输出稳定系统和电力系统，同时还需要加入蓄电系统，以应对输出变动和供需调整。在利用氢能进行蓄电、发电的氢蓄电系统中，当可再生能源的输出发生变动而产生剩余电力时，利用该剩余电力进行水电解制造且储存氢气，并在需要时通过燃料电池发电

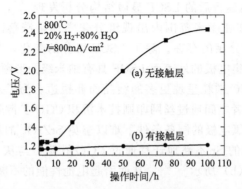

图 6-101 具有接触层的电池在 100 小时内的电压变化（800mA/cm²）

（图 6-102）。此系统不受抽水蓄能发电的场地限制，蓄电量也不依赖于活性物质的储量，适合大规模、长时间蓄电。

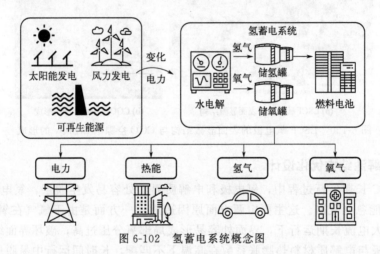

图 6-102 氢蓄电系统概念图

水蒸气电解系统主要由 SOEC 模块、热交换器、鼓风机、蒸发器、压缩机和高压罐构成（图 6-103）[166]。目前可以明确，SOEC 制氢系统成本（总体）主要由 SOEC 系统

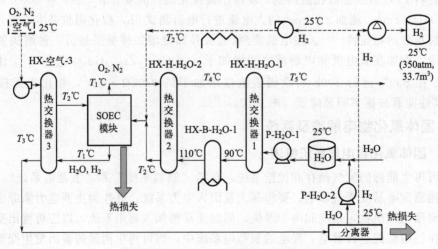

图 6-103 水蒸气电解系统结构模式图

（SOEC 模块和附带设备的总和）、压缩机、高压罐和逆变器构成（图 6-104）[167]。对于当前技术中的压缩机和高压罐，可通过将目前加氢站使用的圆柱形高压罐改为低压球形储罐来降低储存压力（350atm→30atm），进而降低整个系统的成本。

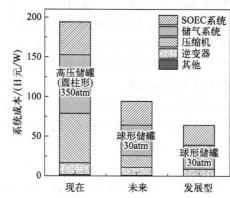

图 6-104 SOEC 水蒸气电解系统成本结构

6.3.5.2 国外研究单位及研究进展

1973 年和 1979 年两次石油危机的连续爆发[168,169]引发了全球对未来能源的恐慌和思考，并纷纷出台了应对石油短缺的能源新政策，"氢经济"（hydrogen economy）的构想正是在这一时期被科学家提出的[170,171]。欧、美、日等发达国家从 20 世纪 80 年代开始就着手制定计划并实施，于是引发了全球对 SOEC 高温电解水制氢技术的研发热潮。

（1）欧洲

20 世纪 70 年代末 80 年代初，德国 Drnier 公司最先开始了利用 SOEC 高温电解水制氢的项目研究（HOT ELLY），最终研制出由 10 个长 10mm、直径 13mm 的管状电解池组成的电池堆，电池构成为 Ni-YSZ/YSZ/LSM，在 1000℃的高温下获得 6.8L/h 的产氢率（标准状况），随后又用 1000 支管式单电解池分 10 个模块组装成实验电堆，并用该堆获得最大产氢率 $0.6m^3/h$[172-175]。但由于电解池长时间运行稳定性不好，抗热循环能力差，再加上制作、运行成本较高等原因，Drnier 公司最终放弃了利用 SOEC 高温电解水的进一步试验，转为 SOFC 方向继续研究。

进入 21 世纪，平板 SOFC 技术的快速发展重新突显出高温电解水制氢的潜在经济效益，将成熟的平板 SOFC 技术和关键材料直接应用于平板 SOEC 电解水制氢成为这一时期的研究热点。该技术路线在 2002 年被欧盟委员会第 6 期科研架构计划资助，开展了名为"Highly efficient, High temperature, Hydrogen Production by Water Electrolysis"（HI2H2）的项目[176]，参与者有：欧洲能源研究所（EIFER）、丹麦技术大学（DTU）Risø 国家实验室、瑞士联邦材料科学与技术研究所（EMPA）以及德国宇航中心（DLR）。研究结果表明：将成熟的 SOFC 技术直接应用于 SOEC，电解池性能表现要优于当时文献报道的数据（Risø 国家实验室）。单电池电压 1.48V 时，电流密度高达 $3.6A/cm^2$，该数据打破了当时的记录[177]。EIFER 对高温电解中温度、效率等参数进行了优化计算，以做好热量回收提高能源利用率，模型由电解器模型与电站辅助设施（BoP）模型耦合而成。结果表明，电解功率约占系统功率的 80%，BoP 电加热约占 15%，压缩功率约占 5%，随着电解器的负荷增大，电解器单元的效率逐渐降低，若采用外部热源可大大提高系统效率[178]。

在 HI2H2 项目取得突出成果的基础上，2007 年欧盟委员会第 7 期科研架构计划进一步资助了高效、可靠的新型固体氧化物电解池制氢项目（RELHY），目标在于开发新型、低成本的材料，改进制造工艺，为下一代基于 SOEC 技术的高效持久电池堆做准备。项目成员获得扩充，包括：德国卡尔斯鲁厄大学、丹麦托普索燃料电池公司、荷兰能源研究中心（ECN）、法国原子能和替代能源委员会（CEA）、法国 Helion 公司、EIFER、DTU、英国帝国理工学院（IC）等。RELHY 在 2011 年结项时基本达到预期设定目标，单电解池的衰减性能平均要优于电池堆，在 $1A/cm^2$ 的电流密度下（电压小于 1.5V），最好的单电解池的衰减性能已达到 1%/1000h 的目标，电池堆的衰减也在 5%/1000h 以内[179]。CEA 以提高电堆耐久性和循环能力，降低价格为目标进行了一系列实验。根据优化提高最大产氢率和效率、提高电堆的紧凑性、尽量减小电堆的质量的设计，但不降低电堆的坚固性，研发出了易于工业生产的低重量的电堆[180]。经过 3 片电池片的运行实验检验了低重量电堆的性能和耐久性，发现其 1.2～1.3V 电压下电流密度约−1.0A/cm²，衰减速率约为 2%/1000h～3%/1000h。

　　该项目研发以丹麦技术大学 Risø 国家实验室（Risø DTU）的研究成果最具代表性。Risø 采用平板型电堆（单电池尺寸 5cm×5cm，有效面积 4cm×4cm，图 6-105）同时在 SOFC 和 SOEC 两个模式下运行，结果发现 SOEC 模式下电池单位面积电阻稍高，在 $0.50A/cm^2$ 的电流密度下，电堆共运行 1165h，衰减率为 12%/1000h，电池单位面积电阻从运行前的 $0.24\Omega \cdot cm^2$ 升高到运行后的 $0.64\Omega \cdot cm^2$[181]。实验结束发现氢电极和连接体接触面受到严重腐蚀，可能是导致电池性能衰减的重要原因之一。后采用托普索燃料电池公司设计组装的六片堆进行测试（单电池尺寸 12cm×12cm，有效面积 9.6cm×9.6cm），共运行 835h，氢气产率可达 $60.2mL/(cm^2 \cdot h)$。每个电堆单元性能表现不一，衰减性能最好的能分别达到 0.2mV/1000h 及−15mV/1000h（电池性能反而改善）[182]。另外，由荷兰 ECN 研制的电解质支撑 SOEC，由托普索燃料电池公司组装成电堆并进行了 4000h 的电解试验，电压衰减率为 4.6%/1000h[183]。

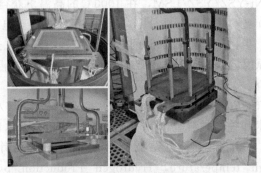

图 6-105　单循环电堆单元照片

　　RELHY 项目极大地推动了欧洲乃至全球 SOEC 的研发进展。2014 年，第 8 期科研架构计划（即"地平线 2020 计划"，Horizon 2020）对 SOEC 技术应用继续予以大力资助，共支持了多个相关项目："高温固体氧化物电解池新型电极材料及衰减机理的研究"（SElySOs，2015-11—2019-11）[184]，"用于储存高效可再生能源的高效共电解电池"（Eco，2016-05—2019-04）[185]，以及"可逆高温电解池工业制氢研究"（GrInHy，2016-03—2019-02）[186]等。其中，SElySOs 项目重点目标是优化电极组成及结构、研究高温下（700～900℃）的衰减机制并提升电池长期运行的稳定性；GrInHy 项目将设计最小容量为 70kW 的电堆，总电效率达到 68%以上，到 2018 年完成 10000h 电堆运行，到 2019 年完成 7000h 系统运行测试；Eco 项目则由 SOEC 技术领域的领跑者 Risø 牵头，项目重点发展适用于 H_2O/CO_2 共电解的新结构 SOEC，降低电池运行的温度，以追求电池的低成本、高性能、高效率以及高稳定性，预定电解池堆整体衰减性能要控制在 1%/1000h 以内。目前，Risø 的电解池在 $1A/cm^2$ 的电流密度下，衰减性能已经降到 0.4%/1000h[187,188]；EIFER 的电解池在 $1A/cm^2$ 电流密度下，电解池运行 3600h，电解池衰减率达到 1.7%/1000h；EIFER 的最新研究结果显示，有效面积 $45cm^2$ 电解质支撑的单片电解池（Ni-GDC/GDC/6Sc1CeSZ/GDC-LSCF）稳定运行了 23000h，前 20000h 衰减率仅为 0.57%/1000h（图 6-106）。

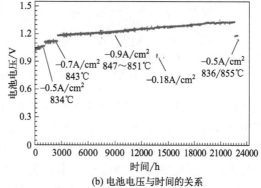

(a) 带有接触格栅的陶瓷外壳块 (b) 电池电压与时间的关系

图 6-106　23000 小时 SOEC 操作后，带有接触格栅的陶瓷外壳块的照片和长期 SOEC 试验中电池电压与时间的关系

德国 Jülich 研究中心对 SOFC 的材料研发和应用进行了多年的研究，近年来基于此进行了 SOEC 相关的研究（SElySOs 项目），探究将 SOFC 的材料应用于电解模式的性能[189]。2012 年，Jülich 实现了 SOEC 模式 9000h 长期运行试验[190]，电堆在 780℃ 下稳定运行，整体衰减速率仅为 3.8%/1000h。2012 年，Jülich 使用平板式电堆进行 8100h 的可逆电堆长期运行实验，在 SOFC 模式下稳定运行 4000h，平均电压衰减约 0.6%/1000h，ASR 增加约 3.5%/1000h；在 SOEC 模式下稳定运行 2000h($-0.3A/cm^2$)，没有观察到电压的衰减，进一步提高电解电流后（$-0.875A/cm^2$）又稳定运行 1000h，电压衰减率是 1.5%/1000h；随后进行了共电解实验，电压衰减比水蒸气电解模式下要高[191]。

（2）美国

为了应对能源危机，美国在 20 世纪 70 年代就专门成立了国际氢能组织（IAHE），并于 1974 年在迈阿密召开了第一次国际会议，会议提出"氢能系统"概念[192]，即利用清洁能源（核能、太阳能、风能等）的剩余能量电解水制氢，再将能源载体氢应用于发电、交通、工业等各个领域。在这一概念的导向下，对高温电解水制氢的研发起初多与先进核反应堆的应用研究相耦合。从 20 世纪 70 年代开始，美国能源部（DOE）统筹协调多个部门同步开展多种渠道制氢项目的研究，有力地推动了美国早期 SOEC 技术的发展。

20 世纪 60 年代末，美国西屋电气公司（WEC）率先研制出管式 SOFC，并初步研究了高温固体氧化物电解池的热力学和动力学过程及材料组成（图 6-107）。20 世纪 80 年代，西屋电气公司凭借其丰富的研发经验开始尝试将 SOFC 逆运行应用于高温电解水制氢，最终报道了在 1000℃ 下运行的管式电解池堆的 ASR 为 $0.6Ω·cm^2$，产氢速率可达 $17.6m^3/h$[193]。同期，隶属于美国能源部的布鲁克海文国家实验室（Brookhaven National Laboratory，BNL）也曾尝试利用核聚变反应高温电解水制取氢气，以研究其商业应用前景[194]。受限于高温固体氧化物电池关键材料发展的瓶颈，20世纪80年代美国对SOEC的短期集中性的研发结果均不理想，其他制氢途径也未能从技术和成本上获得突破，再加上阿以战争结束，全球油价下跌，这导致美国大幅减少了对氢能项目的投资，WEC与BNL由于成本和技术等问题，均终止研究。

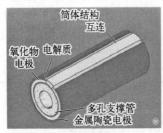
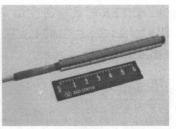

(a) 管式SOFC示意图　　　　　　　(b) 测试照片

图 6-107　美国西屋电气公司的管式 SOFC 示意图及测试照片

直到20世纪末，人们对化石能源使用造成环境和气候问题的日益关注，迫使政府重新审视能源结构的可持续性。2002年，美国能源部发布"国家氢能发展路线图"[185]。该路线图指出，虽然高温电解水制氢在成本和效率上当时不具备优势，但具有分布灵活、清洁、副产物有价值等优点，因此SOEC高温电解水制氢技术也确立为一条重要的氢能发展路线。2003年，美国政府投资17亿美元开始实施"氢、燃料电池及基础设施技术开发计划"[196]。

在政府的支持下，美国能源部下属的爱达荷国家实验室（INL）开始研究基于第4代核反应堆的高温电解水制氢试验，并提出了"共电解"的概念[197]。同时，INL与其他研究单位展开密切合作，主要有美国的Ceramatec公司[198]、美国麻省理工先进核能系统研究中心[199]、材料与系统研究公司（MSRI）[200]、美国宇航局格伦研究中心、法国圣戈班集团等。

INL研究大致可以分为三个阶段。①2004年，INL首次报道了单电池片的制氢结果，模拟第四代反应堆提供的高温进行SOEC电解制氢的实验，其制氢的效率可以达到45%～52%。此后，INL制备了电池堆进行长期运行试验，时间超过1000h，制氢速率可达0.16m³/h[201]。②2009年，INL集成了一个试验整合堆（3个模块、12个堆、共720片单体电解池、有效面积达46080cm²），在功耗18kW的条件下，总产氢率能够连续17h维持在高达5.7m³/h的水平[202]。该实验进行了1080h，但观察到严重的衰减，因此2010年和2011年的研究主要集中在降低性能衰减的问题上。③2011年，INL通过对电极修饰等手段将电解池的性能衰减速率降低到8.2%/1000h，寿命则相应提高到了2583h，这意味着电解池性能逐步向商业化要求靠近[203]。2012年，INL首先对几个百瓦量级的SOEC电堆进行了长达1000h的稳定运行试验，性能衰减速率最小可达3.2%/1000h，大大优于之前的21%/1000h[204]。随后进行的4kW高温电解系统可在750℃持续运行920h，没有大的性能衰减（图6-108）[205]。

（3）日本

日本原子力研究所（JAERI，现已被合并为JAEA）对高温电解水的研究也起步于20世纪80年代，早期同样采用成熟的管状SOEC尝试应用于高温电解水制氢，亦从事过高温电解超重水制备核原料氚方面的研究。JAERI利用12个管状电解池组成的小电堆，在850℃获得6.8L/h的产氢率（标准状态，下同），温度升高到950℃时产率提高到7.6L/h。JAERI也同时采用了平板式固体氧化物电解池做电解制氢实验研究[206]。但总体上说，无论

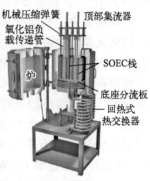

机械压缩弹簧
顶部集流器
氧化铝负
载传递管
SOEC栈
炉
底座分流板
回热式
热交换器

(a) 爱达荷国家实验室与Ceramatec公司合作的电堆　　　(b) 爱达荷国家实验室与MSRI公司合作的电堆

图 6-108　爱达荷国家实验室与 Ceramatec 公司、MSRI 公司合作的电堆实物图与示意图

是管式还是平板式，由于当时一些关键部件的发展还不够成熟，制氢效果始终达不到理想的状态，基于成本考虑，该研究于本世纪初宣布终止，合并后的 JAEA 把制氢路线研究的重点定位在碘硫循环制氢工艺上[207]。2005 年，日本东芝有限公司接力，开始着手发展 SOEC 高温电解水制氢技术。基于高温密封相对容易的考虑，选择了管式 SOEC 为研究对象，设计出由 15 根管组成的电堆（有效面积 $75cm^2$），在 800℃ 下获得最高制氢产率为 130L/h（图 6-109）[208]。

图 6-109　东芝有限公司的测试设备

除了上述主要科研单位和企业之外，国外还有很多其他的科研部门或高校从事 SOEC 的研究工作，这些工作目前多处于基础研究阶段，比如美国哥伦比亚大学[209,210]、美国霍华德大学[211]、日本九州大学[212]、韩国科学技术研究院[213]、韩国电气研究院[214]、韩国电力公司[215]等。

6.3.5.3　国内研究单位及研究进展

20 世纪 70 年代末，两次石油危机对刚刚打开国门的中国冲击很小，而煤炭的大规模开采也在一定程度上解决了国内对能源的大部分需求，因此，改革开放初期的中国对于能源危机的认识并不深刻。随着工业（尤其是汽车行业）的飞速发展，中国对进口能源的依赖程度越来越高，能源安全问题迫在眉睫。因此，从第九个五年计划（1996—2000）（以下简称"九五"）开始，国家从政策上逐渐加大了对核能、风能、氢能等新能源研究的支持力度。其中，与氢能和燃料电池相关的项目，"九五"期间约有 3000 万元人民币的资助，"十五"（2001—2005）投资接近 1 亿元，"十一五"（2006—2010）约 3300 万元，"十二五"（2011—2015）约 1 亿 7000 万元[216]。2014 年，国务院印发了《国家能源战略行动计划（2014—

2020年）》[217]，提出要积极发展天然气、核电、可再生能源等清洁能源，降低煤炭消费比重，推动能源生产和消费革命。最早参与氢能相关项目的研究单位以高校为主［如清华大学、同济大学、中国矿业大学（北京）等］，而且项目多瞄准车用氢燃料电池方向。受国情制约，国内对于 SOEC 应用于高温电解水制氢的研究起步较晚。

中国科学院宁波材料技术与工程研究所（NIMTE）燃料电池研发团队前期主攻 SOFC 电堆研究，在电池堆的关键技术上进行了大量研究，在电堆的密封技术和界面接触领域取得了突破[218-220]，并在此基础上先后成立"宁波索福人能源技术有限公司（SOFCMAN）[221]"与"浙江氢邦科技有限公司（H2-BANK）[222]"（图 6-110）。研发的标准 30 单元电堆在 750℃时运行功率达到 750W，衰减速率不超过 2%/1000h；标准 60 单元电堆在 750℃时运行功率＞1.5kW，衰减速率＜2%/1000h。2011 年起利用 SOEC 电堆进行高温电解水制氢实验，30 单元电堆在 800℃时产氢速率（标准状态）为 94.1L/h[223]。之后，NIMTE 创新性地尝试了在高温下进行海水电解制氢的研究，在未使用任何贵金属催化剂的情况下获得了最高 72.47% 的能量转化效率。长期实验后电池的内部结构、成分和性能均未发生明显变化，具有良好的长期稳定性及抗波动性，展现出间歇性能源电解的优势[224,225]。

(a) 宁波索福人能源技术 有限公司的单电池　(b) 宁波索福人能源技术 有限公司的电堆　(c) 浙江氢邦科技有限 公司的单电池　(d) 浙江氢邦科技有限 公司的电堆

图 6-110　宁波材料所孵化的宁波索福人能源技术有限公司与 浙江氢邦科技有限公司的单电池及电堆产品

中国科学院上海硅酸盐研究所能量转换材料重点实验室近年来也研发了应用于中高温固体氧化物电池的新材料和新技术。在电堆技术方面，上海硅酸盐研究所自主设计开发了 1kW 级和 5kW 级的 SOFC 电池堆测试平台并进行了电堆性能测试[226]，并对电极支撑的管式固体氧化物电解池进行结构优化[227]。

清华大学核能与新能源技术研究院（INET）从 2005 年开始将高温固体氧化物电解制氢技术与先进的核反应堆耦合，并制定了相关的研究计划，开拓了核能的新的应用领域，实现核能与氢能的和谐发展[228]。2009 年初步完成了 7cm×7cm 平板单体 SOEC 电池的制备、单体 SOEC 制氢测试平台和高温下材料电化学评价系统研制[229]。2011 年，2 片电堆（单片有效面积 9cm×9cm）实验产氢率可达 5.6L/h 以上，2014 年将其组装成 10 片电堆（电池片面积 10cm×10cm），高效连续稳定运行 115h，稳定产氢 60h，产氢率（标准状态）105L/h，测试系统运行正常、过程控制稳定[230-232]。

中国矿业大学（北京）燃料电池研究中心从 2000 年开始开展 SOFC 相关研究，具体涉及致密电解质材料、多孔阴极材料、金属陶瓷阳极材料、耐热合金材料、玻璃陶瓷密封纳米粉体制备、陶瓷封接材料等研究工作。近年来也开始着手 SOEC 电解水和共电解研究。近期的研究结果表明，相比 SOFC 运行模式，SOEC 由于在外界电压驱动下运行，氧电极侧电解质界面处会产生大量氧聚集，更容易导致氧电极在电解质层上分离脱落，而具有 P 型半导体导电性质的钙钛矿材料具有更高的稳定性，更适合应用于 SOEC 氧电极[233,234]。

6.3.6　经济竞争力分析

2014 年加拿大安大略科技大学对几种核能制氢的方法进行了综合成本预算和比较[235]，采用了国际原子能机构（IAEA）研发的氢经济性评价程序（HEEP）。HEEP 的数据库中综合考虑了各种核能制氢的能量来源，在成本计算中包括了资本成本、燃料、退役、耗材、热能电能消耗，以及氢的储藏与运输等各方面成本都包括在内，获得的结论如下：①含有 6 个 600MW 单元的高温气冷堆耦合进行核能制氢可以使制氢成本降低到 3.41 加元/kg；②将氢气的储存和运输的成本加入考虑后得出的制氢成本比单独考虑制氢得到的成本高出了 20%～55%；③使用金属氢化物的方式储氢的成本比液化储存的成本高 30% 左右，比压缩气体储的方式高 50% 左右；④采用压缩气体管道运输的方式比使用车辆运输的方式便宜 30%～45%。当距离增加时，管道运输成本的增加比车辆运输要少，因此在运输距离＞300km 时，使用管道运输更为合适；⑤单元数量、反应堆的热效率和电效率、制氢装置的类型、储氢方法对氢气的总成本有重要的影响。

Risø 实验室对电解制氢技术的价格进行了计算并进行了经济竞争力分析，结果表明，如果高温电解要进入商业应用领域，就必须与其他生产氢、CO 或合成气的技术进行价格的竞争。合成气可以经催化反应生成合成碳氢燃料，但是只有合成燃料比化石燃料便宜，或者由于对可再生能源的政治推动而享受免税，才能引起人们的兴趣。如果把环境费用和 CO_2 税包括在内，可再生燃料的价格才与化石燃料可比。值得一提的是，耗电占到最终的制氢价格的 80% 以上，因此低温电解和高温电解制氢和合成燃料的价格强烈依赖于电价[236]。换句话说，与燃料电池系统相比，电解系统的投资费用对制氢价格的影响不那么明显。

高温电解制氢的成本相对于低温碱性电解制氢具有一定的竞争力。以电价为 1.4～3.7 欧元/(kW·h) 进行计算，低温碱性电解的制氢价格为 1.6～5 欧元/kg，高温电解制氢的价格是 1.1～1.8 欧元/kg。使用美国 DOE 的"氢计划"所发展的 Hydrogen Analysis(H2A) 经济分析法对核电制氢厂进行了详细的经济研究和敏感分析，如果电价为 2.4 欧元/(kW·h)，制氢价格为 2.6 欧元/kg。这些价格估算的结果低于或非常接近 DOE 以 2005 年为参考年提出的 1.6～2.5 欧元/kg 的目标，以及后来以 2007 为参考年提出的 1.6～3.3 欧元/kg 的目标。必须指出的是，计算使用的是低电价，如果使用更现实的电价 8～10 欧元/(kW·h)（欧洲 2012 年的平均电价，不包括税，但包括送变电和其他服务的费用），则制氢价为大约 4～6 欧元/kg，高于 DOE 提出的目标值。

高温电解制氢的成本与天然气重整制氢的方法相比还不具有竞争性。利用甲烷的蒸汽重整制氢接近理论热力学效率，因此其制氢价格大约 1～1.3 欧元/kg，电解水制氢的价格将是天然气蒸汽重整的价格的 2～3 倍[237]。天然气蒸汽重整制氢厂的投资费用随规模的增大而大幅减少，如果将制氢规模从 $100m^3/h$ 扩大到 $1000m^3/h$，氢价会降低五分之四。生产规模小的电解厂也可以竞争，因为生产费用随与电价无关的生产规模的扩大而线性增加。总结来看，对制氢价格生产价格的估算表明：价格强烈依赖于电价（电力消耗的费用占了最终的制氢价格的 80%），投资费用（电堆/系统费用）不大重要。根据对电价的依赖程度和按照目前的电价估算，高温电解还不能与天然气的蒸汽重整制氢的价格竞争。

CEA 对高温电解制氢的竞争性进行了分析计算，热源和关键参数对实现低价生产有重要的影响[151]。将 SOEC 系统与钠冷快堆、先进压水堆、生物质、生活垃圾四种热源耦合，可以得到不同温度、压力的蒸汽，并对制氢过程中的投资结构进行了分析（图 6-111）。在能耗分析中，电解过程中所需的电力是能耗的主要部分，在投资费用分析中，主要是电解器的投资和更换费用。在计算过程中还要将电解器、热交换器、电加热器、泵和压缩机等的投资费用、安装费用和贴现值纳入考虑范围。用自适应随机搜索的方法进行了氢生产费用的优化，与不同热源耦合的优化结果为均能得到 3MPa 及以上，纯度在 99.7% 以上的氢气，如表 6-17 所示。

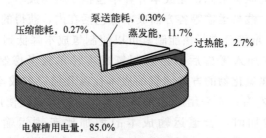

泵送能耗，0.30%
压缩能耗，0.27%　蒸发能，11.7%
过热能，2.7%

电解槽用电量，85.0%

图 6-111　高温电解过程中的能耗组成[151]

表 6-17　与不同热源耦合制氢的关键参数比较[238]

项目	钠快速核反应堆 SRF	欧洲加压核反应堆 EPR-Ⅱ	生物质	生活垃圾
蒸汽温度/K	484	503	623	713
蒸汽压力/MPa	2.0	3.0	2.0	4.0
热能成本/[欧元/(MW·h)]	15.6	12.8	16.5	21.5
电池入口温度/K	1076.9	1077.5	1077.7	1082.3
电能成本/[欧元/(MW·h)]	40	40	40	40
氢气纯度(体积分数)/%	99.78	99.85	99.89	99.88
出口氢气压力/MPa	3.0	3.0	3.0	4.0
制氢成本/(欧元/kg)	1.93	1.87	1.83	2.09

在制氢价格上，与 EPR 和生物质耦合具有明显的优势，分别为 1.87 欧元/kg 和 1.83 欧元/kg。在生产规模上，参考了小型工业规模的合成氨工厂，由于电解器投资占到总设备花费 90% 以上，工厂规模增大不能有效地降低制氢价格规模，投资几乎与规模成正比。由此可以得出结论，热源对制氢价格的影响是有限的。改变电解池性能和运行参数，使电解池向放热模式转变，可以有效地降低价格，然而可能会缩短设备寿命，带来制氢价格大幅提高。高温电解制氢实现工业化的第一步，应努力使电解池寿命达到 3 年，以及使电解池投资的目标值达到 170 美元/kW。

6.3.7　技术展望及挑战

目前，随着环境压力和能源危机加剧，构建清洁、可持续的能源系统已经是当务之急。高温电解技术具有能量利用效率高、规模弹性、应用灵活等优点，是非常有前景的能源转化和储存技术。人类发现水电解现象（1834 年）迄今已有 190 年了，水电解逆过程利用技术（氢燃料电池）早已得到实际应用，而正过程高温电解水技术却几经波折，迟迟不前。尤其是从 20 世纪 80 年代以来，从管式电池到平板式电池，每一次 SOEC 的研发热潮总是得益于 SOFC 技术的突破。近些年来，受限于高温密封材料等瓶颈的制约，SOFC 有向中低温化方向发展的明显趋势。但是如果 SOEC 也朝中低温化方向发展就失去了技术上的优势（提升工业废热利用率，降低高品位电能利用率），再加上一些发展成熟的离子导体电解质材料（如 YSZ）必须在高温下才能呈现出较高的离子电导率，这些都注定了 SOEC 只有在高温下才有它的实际应用价值和空间，这也是 SOEC 技术研发之所以迟迟不前的重要原因。因此，未来 SOEC 的研发还面临着诸多挑战，需要攻克的方向概括如下：

① 关键材料。包括电极材料、电解质材料等。一切现存的 SOEC 技术发展瓶颈归根结底都是材料问题，因此开发新的电池替代材料或者改性现有的电池材料依然是该领域最重要的研究方向。这些材料需要在较高的温度环境长期运行下（$700 \sim 1000 ℃$）仍然保持足够的性能稳定性、持久高效的催化活性。尤其是适用于 H_2O/CO_2 共电解的关键电解池新材料的研发是目前国际重点关注的方向。

② 电堆技术。如何把高效稳定的单电解池组装成电堆而继续保持其持久高效的制氢性能是这一方向的研究重心。比如合理的气体流场、集流体设计，也包括一些高性能关键材料如密封材料以及连接体材料的研发。

③ 衰减机理。很多电池材料在电解池刚刚运行时都能表现出较好的综合性能，但是在高温、高湿、还原气氛、氧化气氛等特殊 SOEC 工作环境下，这些材料往往很快就会老化，导致电解池制氢效率随着运行时间的延长迅速下降。材料都有老化现象，只不过快慢有别。如何降低材料的老化速率，如何降低整体电池的衰减速率，这些都需要研究电池的衰减机理。导致电解池性能衰减的原因通常是多方面的，有可能主要是氧电极材料的性能退化，有可能是氢电极材料、电解质材料，甚至可能跟输入的气体纯度（包括水蒸气纯度、载气纯度等）有关。一般情况下，衰减是不同的电池部件性能退化的协同结果，但是搞清楚电池性能衰减的关键的控速部件对于提升电池整体性能具有最直接有效的意义。

④ 效率提升。更高的效率可以使用更少的电能获得更多的氢气，进而降低制氢成本。DOE2020 年制定的电堆总能量效率目标是 78%（$3A/cm^2$，电解电压上限 1.6V）[239]。

⑤ 成本控制。衡量 SOEC 技术能否走向商业化不在于 SOEC 本身的性能做到多好，而在于其成本是否在可承受的范围内。因此，在 SOEC 技术应用的研发过程中，设法提高电池效率和耐久性的同时，需要时刻关注材料以及系统研制的成本是否能被市场接受。

尽管 SOEC 技术发展还没有足够成熟，但是 SOEC 拥有能源转换效率高、对环境无污染、可结合核能等清洁能源、能实现 H_2O/CO_2 共电解制取 H_2/CO 混合气等优点，对于未来"氢经济"构想的实现必将发挥不可替代的作用。此外，由于可再生能源，像风能、太阳能、水能有很大的波动性，且受地域的限制，在传输上遇到很大困扰，利用固体氧化物电解池技术同时也为可再生能源的能源转化和储存提供了重要的途径，是未来新型能源网络中不可或缺的重要组成。

6.4　阴离子交换膜电解水制氢

6.4.1　基本原理

阴离子交换膜（AEM）电解水是在传统碱性电解水和 PEM 电解水基础上发展起来的新型电解水制氢技术。如图 6-112 所示，AEM 电解水制氢原理与传统碱性电解水制氢类似，阳极发生析氧反应，阴极发生析氢反应，电极的催化层通过降低氧/氢过电位来提高系统效率；扩散层为电解质转移和生成气体释放提供通道，同时在电解池内部起到结构支撑作用；由阴离子交换膜进行氢氧根的传导，同时隔绝阴阳极阻断氢气和氧气产物的混合；碱液或纯水用作电解液，以促进离子转移。

AEM 电解水采用固态电解质，同时保留了碱性反应体系，因此具有以下优势：①可以

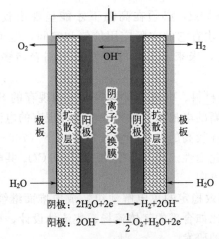

$$阴极：2H_2O+2e^- \longrightarrow H_2+2OH^-$$
$$阳极：2OH^- \longrightarrow \frac{1}{2}O_2+H_2O+2e^-$$

图 6-112　AEM 电解水制氢示意图

采用使用与传统碱性电解水相近的 Ni、Co、Fe 等非贵金属催化剂和极板，避免了贵金属 Ir、Pt 催化剂和纯钛极板的使用，有利于大幅降低电解槽成本；②可以采用纯水或低浓度的碱性溶液作为电解液，摆脱了对浓碱液的依赖，提升了技术的环境友好度；③与 PEM 类似的高导电性和薄型阴离子交换膜，配合基于膜电极的零极距设计，能够大幅提升电解槽电流密度，减小电解槽的尺寸和重量；④基于碳氢化合物的阴离子交换膜避免了全氟结构和磺化流程，以常规烯烃、芳烃作为原材料使得阴离子交换膜比全氟化质子交换膜制造成本更低。根据国际可再生能源机构（IRENA）报道[240]，AEM 电解水制氢技术在基础研究领域已经取得部分进展，相关性能指标与 PEM 电解水接近，但整体技术成熟仍处于 2～3 级的较低水平。未来，AEM 电解水制氢技术在电流密度、气体纯度、响应特性、安全性等方面有望与 PEM 电解水制氢技术相媲美，而在成本方面与碱性电解水制氢技术相媲美（表 6-18）。

表 6-18　AEM 电解水制氢关键技术指标及发展趋势

指标	2020 年	2050 年目标	攻关方向
额定电流密度/(A/cm²)	0.2～2	＞2	膜、电催化剂
电压范围/(限值,V)	1.4～2.0	＜2	电催化剂
运行温度/℃	40～60	80	膜、电催化剂
单元压力/bar	＜35	＞70	膜
负荷范围/%	5～100	5～200	膜
氢气纯度/%	99.9～99.999	＞99.9999	膜
电压效率/(低热值,%)	52～67	＞75	电催化剂
电耗率/(电堆,kW·h/kg)	51.5～66	＜42	电催化剂/膜
电耗率/(系统,kW·h/kg)	57～69	＜45	附属设备
寿命/(电堆,h)	＞5000	＞100000	膜/电解质
电堆单元规模	2.5kW	2MW	膜电极
电极面积/cm²	＜300	300	膜电极
冷启动/(至常规负荷,min)	＜20	＜5	系统设计
资本成本/(电解槽,美元/kW),最小 1MW	—	＜100	膜电极
资本成本/(系统,美元/kW),最小 10MW	—	＜200	附属设备

6.4.2　AEM 电解水关键材料

6.4.2.1　阴离子交换膜

（1）阴离子交换膜的设计与制备

阴离子交换膜（AEM）是一种只传导阴离子的半透膜，是 AEM 水电解的核心部件，起到传导 OH⁻、同时阻隔气体和电子在电极间直接传递的作用。阴离子交换膜主要由聚合物骨架和阳离子基团两部分组成，其中聚合物骨架是 AEM 的根基，其可以维持膜的整体结构，决定了 AEM 的机械强度；阳离子基团是连接在聚合物骨架上的功能基团，其主要起到传导 OH⁻ 的作用，决定了 AEM 的离子传导特性以及吸水率和溶胀率等多项性质。

理想的阴离子交换膜应具有较高的离子电导性，同时保持一定的尺寸和化学稳定性。其中，阴离子交换膜的离子传输过程是通过主链结构中正电荷官能团与溶液中阴离子之间的静电相互作用实现的，根据离子传导机制不同可以分为载体传导机制和 Grotthuss 传导机制两类，载体传导机制与电解质溶液中的离子传导机制一致，通过阴离子在膜的亲水区域上解离和自由运动来实现；而 Grotthuss 传导机制则是利用 OH⁻ 与 H_2O 分子形成氢键网络进行跳跃传导，由于 OH⁻ 需要与四个或更多的水分子结合形成稳定的 $OH^-(H_2O)_4$，与水合质子相比结构扰动更加困难，导致在水中 OH⁻ 的迁移速率低于 H^+，因此 AEM 的离子电导率通常较低[241]。AEM 离子电导率的提升通常是通过提高离子交换容量（IEC）来实现，但同时会引起吸水率以及溶胀率的增加，从而降低 AEM 的力学性能与尺寸稳定性；同时，较高浓度的离子交换基团也会降低 AEM 的碱稳定性，造成 AEM 性能的衰减。因此，AEM 材料的高离子电导率和高稳定性通常难以兼得，这是制约 AEM 电解水产业化应用的关键技术障碍，而这一技术障碍的突破需要从骨架和阳离子的结构设计以及微相分离结构的改善两个角度来实现。

聚合物骨架结构主要影响 AEM 的力学性能以及化学稳定性等方面。目前 AEM 中常见的骨架结构如图 6-113 所示，包括：聚芳醚类聚合物，如聚芳醚酮（PAEK）、聚芳醚砜（PSF）、聚苯醚（PPO）；聚烯烃类聚合物，如聚苯乙烯（PS）、聚烯烃（PE）、苯乙烯-乙烯-丁烯-苯乙烯嵌段共聚物（SEBS）；聚芳基类聚合物，如聚芳基哌啶（PAP）、聚联苯（PP）、聚苯（DA-PP）、聚芳基咪唑（PBI）、聚芴烷（PFP）等。聚芳醚类 AEM 的制备主要通过将阳离子基团接枝到聚芳醚骨架上来实现，其具有制备工艺简单、来源广泛、成膜性与柔韧性好等优势，在 AEM 发展之初受到广泛关注。但由于该类 AEM 结构中的醚键易于受到 OH⁻ 的进攻而发生降解，导致其碱稳定性较差，这限制了该类 AEM 向产业化发展，因此需要开发无醚键的全碳基聚合物骨架结构，以提高 AEM 的耐碱性。聚烯烃类聚合物是一种常见的全碳基聚合物骨架，将其侧链修饰阳离子基团后可以用于制备 AEM，具有工艺简单、成本较低且性能优异的特点。尽管与聚芳醚类 AEM 相比，聚烯烃类 AEM 在耐碱性方面有所提升，但是其在引入阳离子基团时通常会形成苄胺结构，该结构在碱性条件下容易发生 S_N2 反应，导致阳离子基团降解；同时聚烯烃类 AEM 的机械强度较差，这同样限制了其向产业化发展。聚芳基类聚合物结构刚性大，因此其制成的 AEM 具有优异的机械强度和尺寸稳定性；同时利用超酸催化反应制备的聚芳基哌啶型 AEM 还具有高离子电导率和高化学稳定性的特点，具有很好的应用前景。

AEM 结构中使用的阳离子基团主要包括季铵阳离子、咪唑阳离子、季鏻阳离子、叔锍阳离子及有机-金属阳离子等（图 6-114）。其中，季铵阳离子具有制备简单、反应活性与离

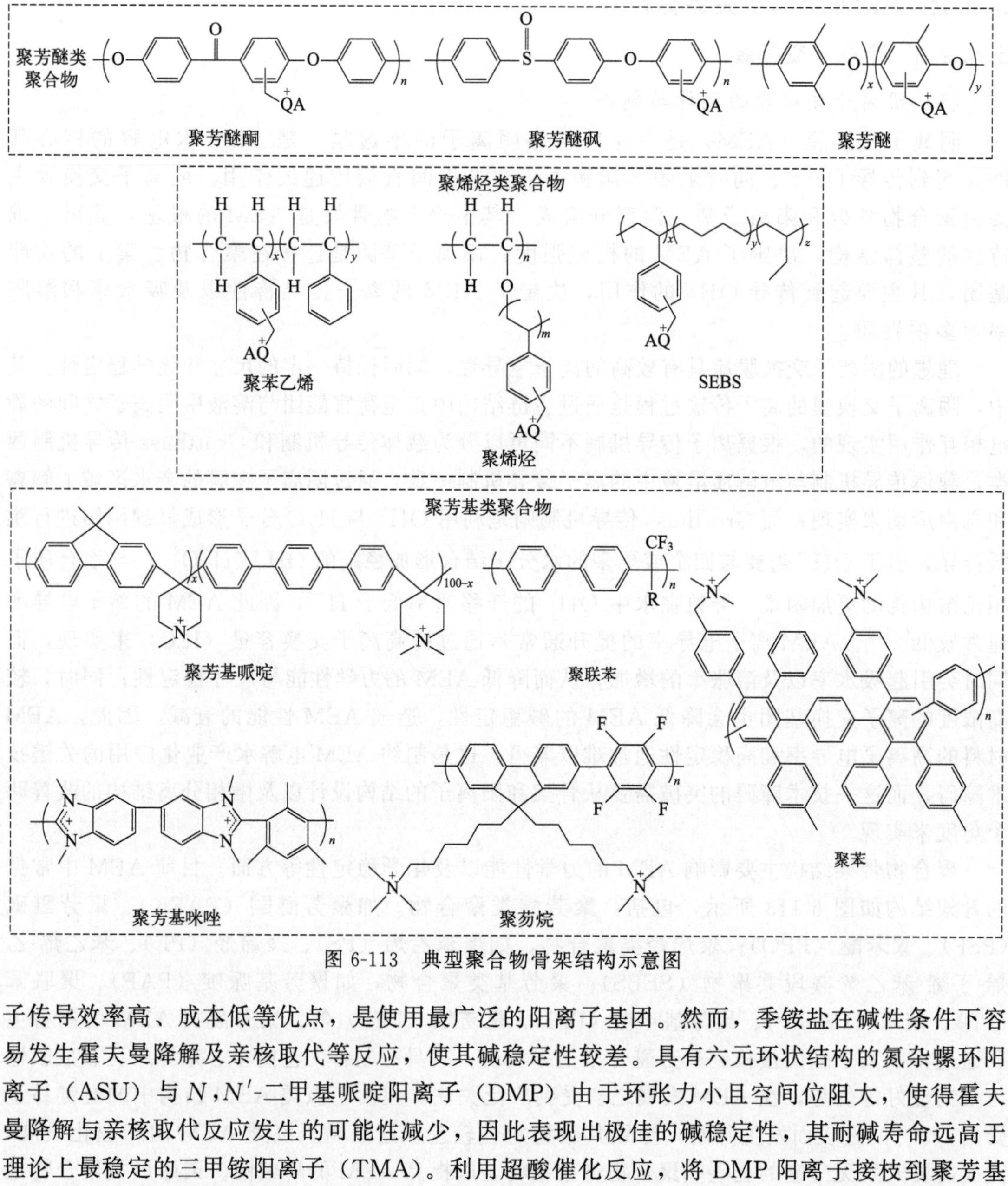

图 6-113 典型聚合物骨架结构示意图

子传导效率高、成本低等优点，是使用最广泛的阳离子基团。然而，季铵盐在碱性条件下容易发生霍夫曼降解及亲核取代等反应，使其碱稳定性较差。具有六元环状结构的氮杂螺环阳离子（ASU）与 N,N'-二甲基哌啶阳离子（DMP）由于环张力小且空间位阻大，使得霍夫曼降解与亲核取代反应发生的可能性减少，因此表现出极佳的碱稳定性，其耐碱寿命远高于理论上最稳定的三甲铵阳离子（TMA）。利用超酸催化反应，将 DMP 阳离子接枝到聚芳基主链上，可以实现该类阳离子在 AEM 上的应用。

美国特拉华大学严玉山研究团队[242]使用哌啶酮、三氟苯乙酮和联苯（二联苯和对三联苯）为原料，利用超酸催化反应制备了不同嵌段交替的聚芳基哌啶聚合物（PAP）。通过控制单体的加入量可以调节嵌段之间的比例，从而控制 AEM 的 IEC 及其他各项性能，同时保留了哌啶阳离子高耐碱性的特点。该材料制备的 AEM 表现出高 OH‾ 传导性（95℃下达到193mS/cm）、高化学稳定性（100℃下 1mol/L KOH 溶液浸泡 2000h，IEC 值仅下降 3%）、高机械强度（拉伸强度 67MPa，拉升断裂率 117%）以及良好的溶解性，使其具有广阔的应用前景。韩国 Young Moo Lee 研究团队[243]同样利用超酸催化制备了一系列聚（芴-芳基哌啶）聚合物，其中聚（芴-对三联苯哌啶）AEM 在 98℃时 OH‾ 传导率可以达到 208mS/cm，H_2 渗

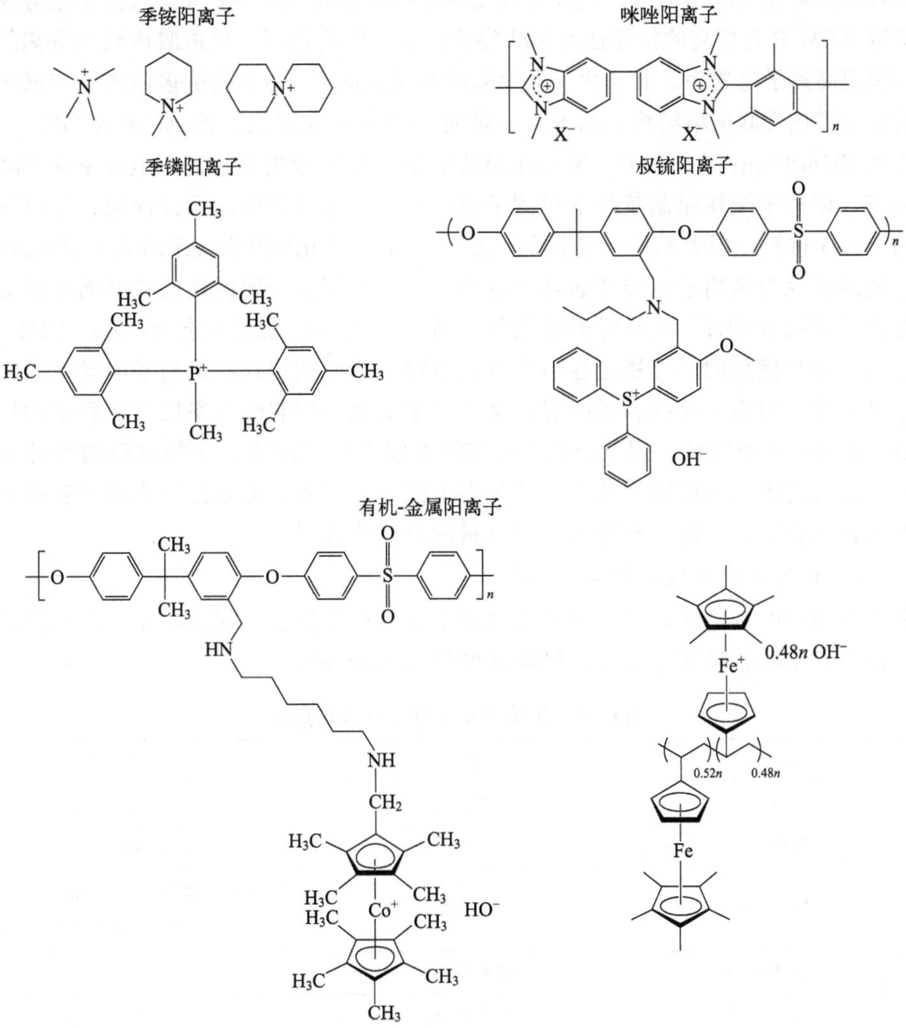

图 6-114　典型阳离子基团结构示意图

透率低，同时该膜具有优异的力学性能（抗拉强度 84.5MPa）和碱稳定性（80℃下在 1mol/L NaOH 溶液中可以稳定存在 2000h）；应用于 AEM 电解水测试中，使用在 1mol/L KOH 电解液，80℃和 2.0V 电压条件下电流密度可以达到 7.68A/cm^2，这一性能甚至超过了目前最先进的质子交换膜电解池（2.0V 下电流密度 6A/cm^2）。

　　除了对聚合物主链结构和阳离子基团进行设计外，AEM 性能优化还可以通过远程接枝阳离子、接枝多阳离子以及构建交联网络结构等策略来实现。阳离子远程接枝可以避免常规接枝方法中阳离子基团以苄胺结构形式存在导致碱稳定性较差的缺点，该类聚合物结构具有优异的碱稳定性；同时其在膜内还可以促进微相分离结构的形成，从而进一步提高 AEM 的离子电导率。采用多阳离子接枝的方法同样可以促进微相分离，使得 AEM 具有较高的离子电导率；同时由于其具有较少的聚合物骨架改性位点，从而减少了 OH$^-$ 对骨架结构进攻，该类 AEM 表现出优异的碱稳定性。

　　通过构建交联网络结构同样可以提升 AEM 的性能，其中交联剂通过化学键与聚合物主链相连接，可以降低 AEM 的溶胀率、并提升其机械稳定性和碱稳定性。当交联剂中含有多个阳离子基团时，其柔性交联结构可以克服传统交联结构引起的膜脆性变大以及离子电导率降低等缺点，使得 AEM 具有更高的拉伸强度和断裂伸长率，同时还可以促进膜内微相分离结构的形成，进一步提高离子电导率。北京化工大学朱红教授团队[244]通过长链多阳离子交联剂接枝到聚联苯哌啶上形成交联网络结构，制备了一系列 PBP-xQ4 交联膜，该 AEM 的 OH⁻ 离子电导率最高超过 155mS/cm；在 2mol/L NaOH 溶液中浸泡 1800 小时后，离子电导率仅下降 8.2%。

　　近年来，阴离子交换膜制备技术得到了快速发展，通过结构的设计优化，可以制备得到高性能的 AEM 材料，但要获得综合性能优良、具备产业化应用的 AEM 材料仍面临着巨大挑战：①高耐碱性与高离子电导率通常难以兼得，由于阳离子耐碱性的提升通常需要通过增加位阻等方式来减少 OH⁻ 对阳离子基团的进攻，但同时容易造成传导 OH⁻ 的能力下降；②高离子电导率与优良的尺寸稳定性通常难以兼得，想要获得较高的离子电导率通常需要提高离子交换容量，但离子交换容量的提高又不可避免地会引起吸水率以及溶胀率的增加，从而降低 AEM 的尺寸稳定性，限制 AEM 在实际电解水中的应用；③膜材料的设计和制备还需要综合考虑材料体系的成膜性及溶解性等多个因素。因此，需要开展大量实验研究探索材料体系和优化制膜工艺，进而推进关键膜材料的产业化进程。

　　（2）阴离子交换膜的核心技术指标

　　阴离子交换膜的本体性能评价对于其电解水应用至关重要，其核心技术指标包括离子传导特性、化学稳定性、尺寸稳定性、机械强度等（表 6-19）。

表 6-19　阴离子交换膜核心技术指标

技术指标		测试方法	攻关目标
离子交换容量		滴定法	≥2meq/g
离子电导率		电阻测量法	≥50mS/cm（室温）①
化学稳定性	碱稳定性	加速老化法	阳离子降解≤5%（1mol/L NaOH 中 80℃下浸泡 5000h）②
	热稳定性	热重分析法	—
尺寸稳定性	水吸收率	尺寸测量法	<10%（室温）①
	溶胀率	尺寸测量法	纵向≤1%① 横向≤4%①
机械强度	抗拉强度	拉力试验法	>15MPa①
	断裂伸长率	拉力试验法	>100%①

① 欧洲地平线计划 CHANNEL 项目。
② 国家重点研发计划"可再生能源与氢能技术"重点专项。

　　离子传导特性包括离子交换容量和离子电导率，是阴离子交换膜性能评价中最重要的技术指标，它表示 AEM 内部传输离子的能力，直接影响电解池的性能。离子交换容量与阳离子基团的电荷密度密切相关，阳离子基团数量增加，离子交换容量会随之增加，同时阴离子交换膜的亲水性区域比例提高，有利于提升载体传导机制和 Grotthuss 传导机制的效率，从而提高离子电导率。另一方面，离子电导率除了与离子交换容量有关外，还与 AEM 的微相分离结构相关。通常，小的离子团簇分散在疏水基质中；通过引入适当的疏水结构，可以促进离子团簇聚集，形成相互连接的、宽的离子通道，从而有助于离子的快速传输；但当离子团簇的过度组装时，AEM 中会出现较大的含水区域，反而会限制离子的传输[245]。

化学稳定性是另一个对于 AEM 实际应用非常重要的技术指标。由于 AEM 电解水的工作环境通常是在较高温度的碱溶液中，因此其中的阴离子交换膜材料必须对碱溶液具有良好的稳定性，这样才能保证电解池的平稳运行。由于阳离子基团的存在，AEM 在碱溶液中容易受到 OH⁻ 的亲核进攻发生亲核取代反应和 Hoffmann 消除反应，导致 AEM 发生降解，离子电导率降低。因此，设计合成具有高化学稳定性的 AEM 体系非常重要，目前聚芳基哌啶聚合物体系是一种兼具高离子电导率和高化学稳定性的 AEM 体系，具有一定的应用前景。

除了离子传导特性和化学稳定性外，尺寸稳定性、机械强度以及氢气渗透率等技术指标对于实际电解水应用同样十分重要。其中，尺寸稳定性主要包括吸水率和溶胀率，当 AEM 的吸水率和溶胀率较高时，在实际电解水过程中体积膨胀较大，在有催化剂涂覆的情况下，会导致 AEM 与催化剂层的分层；而在停机期间，AEM 会失去水分并收缩，导致产生机械应力。这些都会影响 AEM 电解池的平稳运行。机械强度主要包括抗拉强度、杨氏模量和断裂伸长率，良好的机械强度可以保证在实际电解水过程中 AEM 不会破损，从而保证 AEM 电解池的高效运行。氢气渗透率对于电解水制氢的安全性至关重要，较低的氢气渗透率可以避免阴极产生的氢气渗透到阳极，从而提高了实际应用的安全性。由于氢气爆炸范围下限值为 4%，因此想要保证电解水系统的安全运行，阳极 O_2 中 H_2 的浓度需控制在 2% 以下，可以通过适当增大 AEM 的厚度来满足实际电解水过程中对氢气渗透率的要求。

在实际电解水过程中，最理想的操作模式是压差电解操作，即在阴极保持较高压力，提高氢气输出压力并减小氢气流中的含水量，降低氢气压缩和干燥的成本；而在阳极保持较低压力，降低纯氧的氧化电位。但是这种操作模式对 AEM 的机械强度和氢气渗透率提出了更高的要求。近期，欧盟"地平线 2020"项目[246]中提出了一系列阴离子交换膜的目标性能数值，该目标性能参数并非是一个广泛认可的数值，但仍可以将其作为阴离子交换膜性能评价的参考数值。

AEM 材料的离子电导率与化学稳定性、力学性能等性能指标是决定其是否具备商业化应用前景的关键。现阶段已有的研究工作中，对 AEM 性能的评价方法和条件不尽相同，既难以全面反映 AEM 的本体特性，又难以将指标进行横向对比；特别是对 AEM 碱稳定性的评估中，使用的碱液浓度、温度以及测试时间没有统一标准，造成评估方法耗时长、误差大，难以合理评估 AEM 材料的使用寿命，对后续的应用研究造成极大障碍。因此，亟需建立能够被普遍接受的测试评价技术体系，用以筛选出性能最佳的 AEM 材料，使 AEM 材料的设计和制备更有效率。

从应用层面考虑，碱性电解水制氢具有高温、强碱和气液传质等特点，这对 AEM 的推广应用提出了严苛的要求。由于 AEM 材料的本体性能直接影响电流密度、制氢能耗、动态响应时间等电解制氢核心指标，因此，标准、全面的应用研究既是指导膜材料开发的依据，也是技术产业化的关键环节。

（3）国内外厂家及发展趋势

阴离子交换膜是 AEM 电解槽的核心组成部分，在反应过程中发挥着离子交换、电荷输运等重要功能，直接影响 AEM 电解水制氢性能。因此，高效、稳定的阴离子交换膜是 AEM 电解水制氢实现商业化的关键。在此背景下，国外已有多家厂商进行了膜材料的开发，部分产品在市场进行公开发售（表 6-20）。

表 6-20　国外主要商业化阴离子交换膜及其主要特性[7]

公司	代表产品	国别	厚度 /μm	离子交换容量 /(meq/g)	离子电导率 /(mS/cm)	面内电阻 /(Ω·cm²)
Fumatech	Fumasep FAA-3-50	德国	50	1.85	40	<2.5
Dioxide Materials	Sustaionin X37-50	美国	50	1.1	80	0.045
Versogen	Piperion-20	美国	20	2.35	150	—
Ionomr	Aemion™	加拿大	25~50	1.45~2.5	15~80	0.063~0.067
Orion	TM1	美国	30	2.19	60	—
Tokuyama	A201	日本	28	1.8	42	—

德国 Fumatech 公司以 FAA3 聚合物为基础开发了多种型号的阴离子交换膜。从化学组成看，FAA3 是一种多芳香族聚合物，主链上有醚键与季铵基团，成膜后可形成具有阴离子交换能力的薄膜，通过轻微的交联可进一步提升阴离子交换膜的韧性[7]。部分 FAA3 型阴离子交换膜在制备过程中引入了聚乙烯（polyethylene，PE）、聚酮（polyketides，PK）等增强材料，尽管膜的性能有所下降，但机械强度和稳定性明显提升。

美国 Dioxide Materials 公司基于经典的聚（4-乙烯基苄基氯化物-co-苯乙烯）化学结构开发了 Sustainion® 37 系列阴离子交换膜[7]。因为 Sustainion® 37 膜具有较低的面电阻和良好的稳定性，在实验研究中作为标准样品被广泛应用。最新研究表明[247]，装配 Sustainion® 37 膜的 AEM 电解池可在 $1A/cm^2$ 的电流密度下连续运行 10000h，衰减速率仅为 $1\mu V/h$，初步满足了商业化推广需求。另外，在成膜过程中适量加入聚四氟乙烯（PTFE）可获得机械强度更佳的 Sustainion® Grade T 阴离子交换膜，可在带压条件下使用，但相比于单纯的 Sustainion® 阴离子交换膜，Grade T 系列阴离子交换膜的电化学性能会有小幅降低。

美国 Versogen 公司使用功能化的聚（芳基哌啶）树脂材料制造了 PiperION 系列阴离子交换膜[3]，得益于聚（芳基哌啶）树脂材料特性，PiperION 阴离子交换膜表现出了优异的离子传导性和化学稳定性，可在酸性或腐蚀性的环境中工作。因此，PiperION 阴离子交换膜不仅应用于 AEM 电解水制氢反应，也在多种碱性燃料电池、氨燃料电池、CO_2 电还原等电化学技术中表现出优异的性能。但是，由于缺少增强材料，PiperION 阴离子交换膜的机械强度有限，在具体应用中也有一定的局限性。

加拿大 Ionomr 公司根据西蒙弗雷泽大学 Holdcroft 小组对甲基化聚苯并咪唑（PBI）的研究结果开发了 Aemion™ 系列阴离子交换膜[248]。根据 Holdcroft 的研究结果，Aemion™ 阴离子交换膜的单体以 PBI 为基础，通过在主体分子 2-苯基的两个正位引入甲基以增加该位置的空间位阻，提高了 OH^- 进攻咪唑唑鎓分子 C2 位置的难度，避免了 PBI 结构的降解，大幅提升了 Aemion™ 阴离子交换膜的碱稳定性。除修饰 PBI 主体分子外，Aemion™ 阴离子交换膜的制作过程还采用了交联技术，进一步提升了成膜稳定性。

美国 Orion Polymer 公司推出了极高耐久性的 TM1 系列阴离子交换膜，该膜是由伦斯勒理工学院 Chulsung Bae 小组开发的[249]。为了制备高耐久性的阴离子交换膜，TM1 系列膜弃用了不稳定的芳香醚基团，而是以 7-溴-三氟庚酮为基础，合成了由亚甲基连接的刚性芳香族结构，得到了弹性和溶解度更优的聚合物链，便于后续成膜。因此，从生产角度看，TM1 膜的合成相对简单便于工业化生产放大。美国国家可再生能源实验室在 2019 年对来自 10 多个组织的 50 多个阴离子交换膜的碱性稳定性进行了测试[250]，确认了 TM1 系列阴离子交换膜具有极高的碱稳定性，在 80℃ 的工作温度下，30μm 厚度的 TM1 阴离子交换膜可在 1mol/L KOH 流动电解质中稳定工作 1000h 以上且无明显衰减。此外,以 TM1 阴离子交换膜为基础,Orion Polymer 公司后续先后推出了 AMX 和 CMX 系列阴离子交换膜,进一步提升阴离子交换膜的电化学性能和耐久性。

日本 Tokuyuma 以带有季铵基团的碳氢化合物为主体结构开发了 A201 阴离子交换膜。A201 阴离子交换膜拥有密集的离子通道网络结构,因此在离子传导性方面具有优势。根据公开信息[251],典型的 A201 阴离子交换膜的厚度为 28μm,离子交换容量与电导率分别为 1.8meq/g 和 42mS/cm。

目前,开发高效、稳定的阴离子交换膜已成为推进 AEM 电解水制氢行业商业化应用的重要一环。国内外商业化阴离子交换膜的开发应用已经取得了一定进展,但在阴离子交换膜的离子电导率、阴离子交换容量、膜机械强度、(碱)稳定性等方面仍有较大的提升空间。另外,添加增强材料是提升阴离子交换膜机械强度的有效方法,但也会造成性能的下降,因此找到兼顾阴离子交换膜多种性能的优化方法也十分重要。总的来说,以商业化为目标,当前阴离子交换膜的开发在结构组成、技术路线等方面仍有很大的发展空间,需要重点提升阴离子交换膜的离子电导率和耐久性。

6.4.2.2　AEM 电解水电催化剂

(1) 粉末电催化剂

HER 和 OER 动力学均高度地依赖于所使用的电催化剂,其中 HER 虽然是一个相对快速的反应且所需要的电位较低,但碱性条件下的 HER 动力学相比酸性条件更为缓慢,特别是对于非贵金属催化剂而言。与碱性电解水的阴极材料体系类似,镍基化合物是 AEM 中常用的阴极非贵金属析氢催化剂。Wu 等[252]将商业纳米镍粉直接作为 AEM 的阴极催化剂 ($2mg/cm^2$),在电压 1.8V 下单电池的电流密度为 $0.3A/cm^2$。为提升催化活性,将 Ni 与其他金属进行合金化是常用的策略,其中 Ni-Mo 合金是目前性能较优的非贵金属 HER 催化剂。Faid 等[253]使用硼氢化钠作为还原剂在液相中合成了高比表面积的无定形 NiMo 纳米片,从而可以暴露出更多的活性位点。当 $Ni_{0.9}Mo_{0.1}/X72$ 作为 AEM 阴极催化剂时,在 50℃以及 1mol/L KOH 作为电解液的测试条件下,达到 $1A/cm^2$ 的电位为 1.9V,仅比 Pt/C 高 0.1V,表明非贵金属 NiMo 合金能够具有与贵金属催化剂相近的析氢性能。构建三元合金具有更强的性能可调性并有望实现更高的催化剂活性,由于碱性溶液中的 HER 交换电流密度与金属表面上计算出的氢结合能(HBE)呈现"火山峰"式的关联,因而基于理论计算的材料设计可以简化多元催化剂的开发流程。此外,Patil 等[254]发现 NiMo 合金的催化活性不仅受 HER 动力学的限制,而且还受纳米合金颗粒界面上薄氧化层产生的电阻率的限制。实验结果显示,将 NiMo 合金在氢气中退火或与炭黑混合进行热退火均可以有效消除表面的金属氧化层,从而显著提升析氢活性。此外,催化剂可以通过与碳材料复合(如碳黑、碳纳米管、石墨烯等)实现 HER 催化剂性能的增强[255]。支撑和锚定催化剂的碳载体提供了一个高效的电子传输途径并减缓了催化剂的物理分层和溶解。在此基础上,优化载体性质(如比表面积、导电性和微纳孔结构等)也可以为提升催化活性带来新的契机。

对于水分解的另一个半反应,在碱性条件下的 OER 涉及多步电子和氢氧根的转移及消耗,上述动力学缓慢的过程被认为是水分解的限速步骤。因此,开发高效的阳极催化剂增强反应物/中间产物的吸附以及膜电极至催化剂表面的电子迁移是必要的。基于过渡金属元素的合金、氧化物、氢氧化物和磷化物等材料是常见的 AEM 析氧催化剂,其中镍铁层状双氢氧化物(LDH)的催化活性较高,甚至能够表现出优于传统 IrO_x 的析氧性能。Koshikawa

等[256]利用乙酰丙酮作为螯合剂在液相中合成了粒径小于 10nm 的 NiFe-LDH，其在 1mol/L KOH 溶液中达到 10mA/cm² 的过电位仅为 247mV，性能优于 IrO$_x$（281mV）。而在 AEM 电池测试中，使用超细 NiFe-LDH 作为阳极催化剂的膜电极（MEA）同样表现出优越的性能，在 80℃和电压 1.59V 的工况下，电流密度为 1.0A/cm² 且转换效率达到了 74.7%。由于相似的碱性反应体系，在过渡金属 LDH 的开发中，研究者通常基于碱性电解质的三电极体系评价 AEM 的析氧催化剂性能。然而，由于膜电极上的催化剂层性质与碱水电解所用的金属电极不同，导致两者在催化剂设计思路上存在差异。Xu 等[257]制备了一系列过渡金属氧化物/氢氧化物，其中 NiFe-LDH 表现出最优的碱性电解水性能，然而将其作为 MEA 的阳极催化剂进行 AEM 单电池测试时却表现出最差的性能。相比之下，具有较高电导率的 NiCo 基催化剂具有较优的 MEA 性能。因此，干燥状态下的催化剂电导率同样是衡量 AEM 析氧催化剂的重要指标，特别是在导电碳无法有效应用在 MEA 催化剂层构筑的情况下，通过调控催化剂的电子结构以提高电导率是十分必要的。Burke 等[258]的研究表明，虽然 FeO$_x$H$_y$ 的析氧活性很差，但当 Fe 存在于导电的 NiO$_x$H$_y$ 或 CoO$_x$H$_y$ 结构中时却可以观察到非常高的活性。这种现象归因于铁活性位点间的"电子连接"，因而催化剂在 OER 中的电导率会对活性造成显著影响。因此，NiFe-LDH 较差的导电性限制了其作为阳极催化剂的潜力，这通常可以通过与导电碳材料复合来解决。然而，使用碳材料作为载体会降低在 AEM 运行工况下的阳极催化剂稳定性。为解决上述问题，Jeon 等[259]制备了具有高导电性和亲水性的单层 NiFe-LDH（M-NiFe-LDH），并表现出相比传统块体 NiFe-LDH 更优的 AEM 性能和稳定性。研究表明，M-NiFe-LDH 在 OER 中可以形成更多的 NiOOH 相，因而更高的导电性和催化剂活性。由于多数过渡金属氧/氢氧化物的电导率普遍低于金属相氧化物 IrO$_x$，因此对于 AEM 的非贵金属阳极催化剂而言，除关注其本征催化活性之外，通过优化材料电子结构促进电流向催化活性点位的传导是构建高效 MEA 时需要考虑的重要因素。此外，开发高导电性、高比表面积和耐阳极腐蚀的载体来实现类似碳材料的增强效果同样是优化 OER 催化性能的有效途径之一。

除材料本身性质外，粉体催化剂在 AEM 电解槽中表现出的性能还与 MEA 上催化剂层（CL）性质高度相关。CL 既可以通过催化剂涂覆膜（CCM）构建，也可以通过催化剂涂覆衬底（CCS）的方式负载在多孔传输层（PTL）。CCS 通过将催化剂负载在多孔基底上提升了 CL 的电子传导，这在一定程度上可以弥补过渡金属氧化物导电性差的固有缺点；而 CCM 改善了 CL 与膜界面的接触，从而提高了 CL 整体的离子电导率并且降低了界面接触电阻。因此，两种涂覆方式在强化催化剂性能上具有各自的优势，而由于 AEM 单电池的性能很大程度上还取决于操作温度、催化剂类型和电解质，所以 CCS 和 CCM 的选择需要根据催化剂性质具体分析。

（2）自支撑电催化剂

如上所述，目前已经开发出多种性能出色的粉体催化剂，并在 AEM 组件中得到了广泛的应用。然而当催化剂处于粉末状态，高电流密度运行工况下电极表面剧烈排出的气泡会导致活性中心的脱落，如果将其应用于实际工业生产，则会导致催化材料的频繁更换。因此从经济效益和应用的角度来看，开发具有高电流密度的自支撑催化剂尤为重要。不同于将粉末催化剂物理喷涂在集流体上，自支撑催化剂通常将活性材料原位生长在导电基底（如泡沫镍、不锈钢等）上，基底对催化剂的锚定有效地提升了其长期力学稳定性，并保证了两者之间的高效电子转移。同时，三维自支撑空间结构与电解液润湿接触角小，从而便于气泡的及时排出。此外，自支撑催化剂可以不添加离聚物作为黏合剂，从而避免了其对活性位点暴露和气泡扩散的抑制效果。因而相比粉体催化剂，自支撑催化剂更适用于高电流密度和长工作时间的 AEM 系统。

自支撑电催化剂通常通过水热法、电沉积方法、化学气相沉积法以及化学溶液法等工序简单的方法制备，而所制备的材料可以直接作为 PTL，从而进一步显著降低电极的制造成本。Chen 等[260]使用泡沫镍作为基底，通过在 NH_3/H_2 混合气氛中退火的方式合成了含氨基的 NiMo 催化剂（NiMo-NH_3/NH_2），其达到 $500mA/cm^2$ 析氢电流密度的过电位仅为 107mV。而作为 AEM 的阴极催化剂时，在 1mol/L KOH 电解液中达到 $1.0A/cm^2$ 的电压为 1.57V 且能量转化效率高达 75%。Wang 等[261]采用大气等离子喷涂的方法，将 NiAlMo 喷涂在不锈钢梯度多孔框架（GPMF）上作为析氢/析氧双功能催化剂。负载 NiAlMo 电极的 AEM 电解槽在 2.086V 下的电流密度为 $2A/cm^2$，与工业兆瓦级的 PEM 电解槽性能相当。因而，相比粉末催化剂制备过程中的复杂工序以及在纳米颗粒高通量制备中遇到的"放大效应"，自支撑催化剂可以通过简易调变工艺条件实现性能的提升，并在单批次大量制备中具有良好的性能一致性，且整体的材料制备周期较短。

不同于 PEM 电解水的强酸性阳极反应环境，多数金属氧化物、氢氧化物和羟基氧化物可以在 AEM 阳极的碱性环境中稳定存在，因而廉价的过渡金属基自支撑载体则不会在 OER 中降解。Park 等[262]通过水热法将纳米结构的 $CuCo_2O_4$ 直接生在泡沫镍上，从而在不添加黏合剂的情况下实现了超高量的催化剂负载（$23mg/cm^2$），并且电极上的催化剂在测试中没有出现明显开裂。而在 AEM 单电池测试中，在电压 1.8V 下的电流密度达到了达到 $1mA/cm^2$，并在更高电压（>1.8V）下表现出了高于商业 IrO_2 的电流密度。Lee 等[263]报道了商业泡沫镍可以在 Fe^{3+} 溶液中通过液相腐蚀的方式直接转化为具有高催化活性和稳定性的 NiFe 电极。将所制备的 $Ni_{0.75}Fe_{2.25}O_4$ 和 Pt/C 分别作为 AEM 的阳极和阴极催化剂时，在电压 1.9V 下的电流密度达到 $2A/cm^2$，高于已有报道的 AEM 电解槽性能，且在电极制备的经济性和可扩展性上具有显著优势。此外，自支撑催化剂可以通过分步的制备步骤构建有序的分层异质结，从而实现不同材料间的协同催化效果。Wen 等[264]在泡沫镍上依次采用硫改性腐蚀和电沉积的方式制备了 NiFe LDH/NiS 肖特基异质结纳米片阵列。富孔隙的 NiS 纳米片有助于电解质渗透和气泡转移，保证电解质在高电流密度下的快速充电和气泡演化。除此之外，由 NiS 和 NiFe LDH 之间肖特基界面引起的电荷转移也有利于增强其固有的 OER 活性。除了优化载体表面活性组分的性质之外，通过建模与设计研究支撑结构对电子传输和传质的影响并进行了相关的实验验证，同样是自支撑催化剂开发中的重要方向，并与建立在 AEM 实际"气-固-液"传质条件的 PTL 设计高度耦合[265]。这种基于多相催化、多相流、传热等多学科交叉的研发思路有望将催化剂的开发与应用真正上升到"自下而上"的理性设计层面，并且可以为自支撑载体上催化剂的低载量或特定位点负载提供指导。

值得注意的是，除了从优化催化剂材料性质的角度去提升活性与稳定性之外，为了解决催化剂在长时间尺度下不可避免的失活，还需要开发低成本、高效率的催化剂再生方法，使失活电催化剂恢复原有的催化活性。特别是随着可再生能源制氢的发展逐渐进入成熟阶段，早期电解槽设备逐渐接近甚至超过服役年限的背景下，对催化剂的离线再生甚至是工况下的原位再生技术对电解水工业的发展具有重要意义。对于自支撑催化剂而言，可以通过简单的后处理工序进行再生，而对于物理涂覆在阴离子交换膜或者 PTL 上的粉体催化剂而言则难以做到这一点。到目前为止，有关 AEM 催化剂再生的研究尚未得到有效开展，而再生活性位点与原有材料之间的催化构效关系在未来也值得深入研究。

6.4.3 AEM 电解水系统部件与电解槽

6.4.3.1 AEM 制氢膜电极

AEM 电解水制氢电解池与 PEM 电解水制氢电解池类似，主要包含阴离子交换膜、催化剂层、扩散层、双极板等部件。在该系统中，阴离子交换膜、催化剂层以及扩散层共同组成膜电极（MEA），为多相物质传输、离子交换、电化学反应等关键步骤提供了场景，决定了电解池的性能和寿命。因此，膜电极是 AEM 电解水制氢系统的核心部件，同时也决定着系统商业化应用的成本。AEM 制氢膜电极的性能不仅取决于阴离子交换膜与催化剂的本征活性，也受制于膜电极的制备工艺，即阴离子交换膜、催化剂层和扩散层三者的结合方式。因此，提升 AEM 制氢膜电极性能不仅要从催化剂、阴离子交换膜的角度进行优化，也需要考虑 AEM 电解水系统的工作环境，从膜电极的尺度出发进行优化，以实现电解水系统高效稳定运行的目标。

目前 AEM 制氢膜电极的制备工艺主要分为两种，即催化剂涂布基底（CCS）和催化剂涂布膜（CCM）两种方法[266]，二者的主要区别在于催化剂的涂布基底。CCS 法需先将催化剂涂布于扩散层后再与阴离子交换膜结合，而 CCM 法则直接将催化剂涂布于阴离子交换膜上。流程方面，CCS 法需先通过丝网印刷、涂覆、喷涂和流延等方式将催化剂涂覆于扩散层表面，以浸渍或涂覆方式在催化剂层表面涂覆离聚物并充分干燥后，在阴阳两极电极之间夹入阴离子交换膜热压成型。CCM 方法则以转印或喷涂的方法将催化剂直接涂布于阴离子交换膜表面，无需热压过程即可实现催化剂层与阴离子交换膜的接触。对比以上两种制备工艺，CCS 法虽然操作简单但工艺流程相对复杂，即使加入热压流程也无法保证催化层与质子交换膜结合度，也易对韧性较差的阴离子交换膜造成形变和损坏。另外，由于扩散层的三维结构，涂布过程中所需催化剂浆料较多，易造成浪费，且催化过程中催化剂颗粒可能进入到气体扩散层孔隙中堵塞扩散层孔隙，影响气体的传输，造成膜电极性能的下降。相比之下，CCM 法中催化剂与阴离子交换膜直接接触，显著降低了喷涂过程中催化剂浆料用量，提升了催化剂和阴离子交换膜的接触，但喷涂过程中阴离子交换膜易因直接接触溶剂发生溶胀、皱缩，需使用特殊夹具固定。除制备方法外，AEM 制氢膜电极制备流程中，催化剂浆料的浓度、溶剂类型和比例、离聚物/催化剂比例、喷涂工艺等诸多因素均对膜电极的质量和性能有明显影响。近年来，以质子交换膜为核心的燃料电池膜电极制备技术得到了快速发展，国内外相继有规划生产线建成并投入生产，但是基于阴离子交换膜和非贵金属催化剂体系的膜电极制备技术和制备工艺仍需要系统研究。

Vincent 等[267]以 A201、FAA3 和 FAA3-PP-75 阴离子交换膜为基底，分别以 Ni/(CeO$_2$-La$_2$O$_3$)/C 和 CuCoO$_x$ 作为阴阳极催化剂，使用 CCS 方法制备了 AEM 制氢膜电极，其中阴阳两极催化剂的负载量分别为 7.4 和 30mg/cm^2。使用纯水作为电解液时，A201 和 FAA3 阴离子交换膜为基底的 MEA 表现出相近的性能，电流密度为 500mA/cm^2 时对应电位为 2V 左右，长时间测试的衰减速率为 2.37mV/h。Hnat 等[268]使用 NiFe$_2$O$_4$ 和 NiCo$_2$O$_4$ 作为阴阳两极催化剂，以 Ni 泡沫作为扩散层，分别使用 CCS 和 CCM 法制备了 MEA 用于 AEM 电解水制氢。当催化剂负载量小于 10mg/cm^2 时，CCM 法制备的 MEA 明显拥有更低的电阻，但当催化剂负载量为 10mg/cm^2 时，CCM 法制备的 MEA 表面催化层厚度过大，促使其工作电阻明显上升甚至高于同负载量下 CCS 法制备的 MEA，说明了合理的催化剂负载量对 MEA 的性能至关重要。Park 等[269]的研究也对比了 CCS 和 CCM 方式制备的 MEA 在 AEM 电解水制氢中的性能。在 1.9V 的槽电压下，CCM 法制备的 MEA 可实现 630mA/cm^2 的电流密度，远高于同等条件下 CCS 法制备的 MEA 的电流密度（390mA/cm^2），具有一定的应用潜力。另外，未经过热压处理的 CCS 法制备的 MEA 只能达到 100mA/cm^2 的电流密度，证明了热压处理在 CCS 法中是必不可少的流程，催化剂层与阴离子交换膜的接触对 MEA 的工作性能至关重要。

总体来讲，AEM 制氢膜电极的性能受多种因素影响，除阴离子交换膜、催化剂、气体扩散层等基础材料的自身特性，还需要考虑以上核心组件之间的结合方式、电解过程中的环境条件等因素。由于 AEM 制氢膜电极决定了电解槽的工作性能，因此掌握膜电极设计方法和制备工艺，实现关键技术环节的自主可控十分重要。未来需要从材料角度提升膜电极的基础性能，重点推进新型阴离子交换膜和非贵金属催化剂体系的膜电极制备技术和制备工艺。与此同时，文献中报道的阴离子交换膜主要应用于碱性燃料电池，在电解水制氢体系中的应用研究不足；尽管燃料电池和电解水互为逆过程，但两者的反应特性和运行环境存在本质差异。在电解水过程中，以阴离子交换膜为核心的膜电极浸泡在流动电解液中发生电化学反应；除了高温、强碱会影响膜材料的稳定性，特有的流体冲刷和阳极强氧化环境也会导致膜电极制氢性能的衰减，甚至直接决定电解槽的使用寿命。因此需要在膜材料开发的基础上制备膜电极、装配微型电解池、构建配套测试系统，对新型阴离子交换膜的电解水制氢性能进行系统评价，整体推进 AEM 电解制氢技术的产业化进程。

6.4.3.2　AEM 制氢电解槽

AEM 电解槽是电解制氢过程的核心设备，其表现为电催化剂、膜、电极反应和膜电极组装等各项技术的集合体。尽管催化剂和膜材料在基于理化分析和实验室尺度的评估中具有优异性能，但由于传质损失、电化学阻力等原因，在制造 MEA 或进行组件组装时，电解槽的性能往往低于预期水平[270]。因此，电解槽的设计组装与 AEM 电解水制氢技术的产业化应用前景是高度关联的。

相比于对单一组件性能的优化，电解槽性能的提升往往更依赖于各组件和工作条件选择上的折中。因而在 AEMWE 电解槽的开发中，研究者往往首先基于简易单电解池进行开发设计，对基本组件的实际工作特性进行评估，验证催化剂或 AEM 的开发策略在商业电解池中的适用性，以及优选组件或工况参数等。来自 Acta 公司的 Pavel 等[271]在 2014 年就采用 9.6cm^2 的 AEM 电解池开展了商业非贵金属催化剂的适用性研究；当以 Ni/（CeO$_2$-La$_2$O$_3$）/C 和 CuCoO$_x$ 分别作为阴极和阳极催化剂，阴/阳极负载量分别为 36 和 7.4mg/cm^2 并以 1% K$_2$CO$_3$ 溶液（以质量分数计）作为电解质时，AEM 电解槽在 1.89V 下的电流密度为 470mA/cm^2。研究表明，虽然使用 1mol/L KOH 作为电解质时的单电池电位更低，但同样会导致 AEM 寿命的下降；而使用 K$_2$CO$_3$ 和 KHCO$_3$ 溶液会导致反应动力学速率和离子电导率的降低，但是可以提高 AEM 和电解槽的稳定性。Zignani 等[272]使用非贵金属 NiMo/KB 和 NiFe 作为阴/阳极催化剂并通过 CCS 法分别喷涂在微孔碳纸（Sigracet 39BC）和镍毡（NV Bekaert SA）上，并选择商业 Fumatech 阴离子交换膜 FAA3-50$^®$ 组建有效面积为 100cm^2 的电解池。在 1mol/L KOH 电解液再循环的测试条件下，单电池电压为 1.7～1.8V 时的电流密度达到了 1A/cm^2，同时在 2000h 测试达到稳态后的效率接近 80%。此外，单电池性能在以 0.5mol/L KOH 作为电解质时仍能表现出较优的性能，但当 KOH 浓度降低至 0.1mol/L 或者纯水时则会导致极化电阻的大幅增加，表明电解液中的 OH$^-$ 浓度对电解槽性能存在较强的关联。

美国研究团队在美国能源部的支持下也在持续开展 AEM 电解槽相关研究，基于 Nel 公司成熟的电解槽装配和测试体系，Parrondo 等[273]在 $28cm^2$ 压差式电解池测试实验中发现电解池在长期运行过程中的性能损失主要来源于膜材料/离聚物的化学降解，而短期性能损失主要归因于二氧化碳入侵系统所导致的碳酸盐沉积。Gardner 等[274]基于同样的电解池配置，测试了 $LiCoO_2$ 阳极催化剂的性能，并在无人看管操作的条件下进行了稳定性测试。结果显示，在 $400mA/cm^2$ 电流密度并运行 1000h 的条件下，$LiCoO_2$ 不会失效且所需要的过电势比贵金属催化剂 IrO_x 更低。Motz 等[275]系统研究了聚合物电解质的化学结构和物理性质对 AEM 电解池性能和耐久性的影响，并强调了需要综合考虑 AEM 的机械强度、模量并结合 OH^- 电导率来确定电解槽的寿命；强化膜或聚（苯）AEM 有望满足电导率和力学性能目标，并允许在电解槽中使用相对较薄的 AEM。

除了单电池系统外，近年来堆叠结构的 AEMWE 电解槽的设计与性能评估逐渐受到了研究者的关注。Jang 等[276]成功开发了由被刻蚀的铜-钴氧化物（eCCO）阳极、Pt/C 阴极和聚咔唑基阴离子交换膜（QPC-TMA）组成的低成本电解槽，其 MEA 的制备采用了 CCS 的方式。该电堆由 3 个电解池组成，总有效面积达到了 $190.9cm^2$，产氢量为 40.4L/h。在 45℃、0.1mol/L KOH 溶液中稳定运行 2000h 的衰减率为 8.5mV/kh 且能量转换效率保持在 75.6%，在已报道的基于非铂族金属阳极和非商业膜的 AEMWE 电堆中具有最高的性能和稳定性。当基于单电池进行堆叠结构组装时，还应该考虑电解质的流动行为对系统的影响。Park 等[277]同样采用 CCS 分别将 NiCoO-NiCo/C 和 CuCoO 负载在碳布和泡沫镍基底上作为阴极和阳极的 PTL，并结合了商业 AEM（X37-50 Grade T）组建 MEA。除了进行单电解池性能测试外，作者首次报道了由五个电解池组成的 AEMWE 电解槽的测试性能，其中每个电解池具有 $64cm^2$ 的有效活性面积。在 9.25V 电堆测试电压（单室电压 1.85V）下的电流密度为 $740.23mA/cm^2$，并且可以在 $440mA/cm^2$ 的电流密度下持续 150h 且能量转化效率为 69%。值得注意的是，堆叠系统在 1.85V 下的电流密度高于单电池系统（$504mA/cm^2$），这归于堆叠结构中层流和湍流组合的电解质进料产生了有益流体动力学行为。

Enapter 公司[278]推出了全球首个 AEM 电解制氢模块，其最新发布的 EL 4.0 模块每天可产 1.0785kg 的氢气（折合 $0.5m^3/h$），而出口压力达到了 35bar 且氢气纯度为99.9%；美国能源部 2021 年的问卷调查结果显示[279]，Enapter 公司电解槽包含约 23 个小室，使用非贵金属催化剂，活性面积为 $125cm^2$；使用 1mol/L KOH 作为电解液时，恒电流运行衰减速率为 5mV/1000h，寿命达到 30000h。目前 Enapter 公司将纯水电解过程中提升膜的传导性和耐久性作为研发重点，以期达到与 PEM 电解槽相媲美的电流密度和衰减速率。

综上所述，现有研究已对 AEMWE 单电解池组件中的催化剂和 AEM 进行了较为深入探索，但还存在着 MEA 有效面积较小的缺点，同时在使用非贵金属基催化剂时的电解槽性能仍然有待进一步改善。此外，虽然与 AWE 同为碱性电解质体系，但 AEMWE 组件中"气-液-固"三相催化/流动界面的基础研究较 AWE 而言仍然欠缺，因而无法对电极槽内电解质和气体的流动管理提供有效指导。而相较于 PEM 电解槽来讲，在大面积膜电极制备和多层电堆组装上亟需改进。因此，除了对工作特性进行有效结合外，AEMWE 还需更好地借鉴 AWE 和 PEMWE 在大功率电堆组装上的技术积累，以便更快地推进其商业化过程以及更好地适配可再生能源制氢的容量要求。

6.4.4 AEM 制氢系统

6.4.4.1 AEM 电解水系统设计

AEM 电解槽可以视作一类特殊的碱性水电解槽，采用阴离子交换膜代替传统的石棉布、PPS 布、有机无机复合膜等隔膜材料，其余的双极板、电极等结构保持不变。因此，成套 AEM 电解水制氢系统也可以沿用传统设计方案，采用均压式设计来保持阴、阳极两侧电解液的平衡。由电解槽内部产生的氢气/氧气和碱液混合物从阴/阳极两侧流出进入气液分离器，在重力作用下进行气液分离；分离出的氢气/氧气进一步洗涤、冷却和气水分离，减少气体中的含碱量和含水量，最终经氢气/氧气调节阀排出，进入气体纯化工段进行催化脱氧/氢和干燥；气液分离器分离出的碱液经过滤和降温，由循环泵重新充入电解槽，形成闭环的保证连续运行。具有致密结构的阴离子交换膜既能够提供 OH^- 的传输通道，又能够有效阻隔氢气、氧气扩膜互串混合，提高对膜两侧压差波动的耐受性；制氢系统无需进行大幅改造即可提升耐波动性，与风电、光伏等间歇、不连续电源的耦合度得到提升。采用上述传统的制氢系统设计能够实现与现有碱性水电解制氢装备制造工艺和产业链的有效兼容，实现快速的产业化推广，但 AEM 电解水的部分技术特点无法在系统中得到充分发挥。

AEM 电解水属于固体聚合物电解质电解水的一个分支，可以采用和 PEM 电解水相似的制氢系统设计理念。由于使用致密膜和膜电极结构设计，制氢系统仅需保留阳极单侧循环电解液，甚至进行阴阳极差压操作。Enapter 公司公开资料显示[278]，其商业化的 $0.5m^3/h$ AEM 制氢模块采用了与 PEM 电解水相似的系统设计（图 6-115）。由电解槽阳极产生的氧气和纯水混合物从阳极两侧流出进入气液分离器，在重力作用下进行气液分离；分离出纯水经过滤和降温，由循环泵重新充入电解槽，形成闭环的保证连续运行；阴极产生的氢气纯度较高，经过简单的干燥处理即可作为产品气输出；运行过程中仅需氢侧工作保持高压状态来减轻下游氢气压缩环节的负担，氧侧可以保持常压状态进行差压式制氢。选择上述制氢系统设计意味着 AEM 电解槽需要摒弃传统碱性水电解槽的结构设计和制造工艺，采用以膜电极为核心的 PEM 电解槽技术路线。目前商用 PEM 电解槽通常使用厚度较大的 Nafion117 质子交换膜，为高压差下的氢气氧气互串提供可靠的物理屏障，然而厚膜存在离子电导率低的问题，权衡膜材料的离子传导性与阻气性能是差压式电解制氢需要突破的核心问题之一。差压式电解槽内部膜电极两侧承受不均衡的压力，需要对膜电极、催化层、气体扩散层等关键部件进行更深入的设计优化。

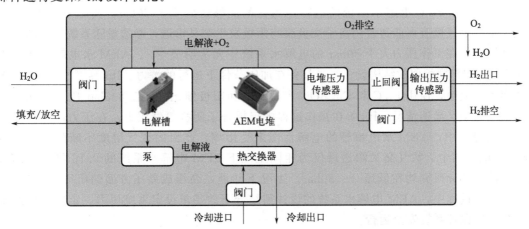

图 6-115 Enapter 公司 AEM 制氢模块工艺示意图

由于 AEM 电解水制氢技术整体处于基础研发阶段，在加压和高压工况下的电解槽运行特性尚不明确，电解槽及附属设备的设计制造、组装集成均未形成成熟的产业链条，采用何种制氢系统设计需要根据技术和产业的发展逐步确认，同时系统总体的设计理念也需要不断完善升级，采用三维实体设计方法优化制氢系统内各单元设备与管路步骤，提高系统集成化程度，实现制氢能力可线性、模块化扩展。

6.4.4.2　AEM 电解水系统操作特性

对于 AEM 电解水系统，无论是实验室级别的小型系统，还是多片堆叠商业化系统，其实际工作性能均受制于操作环境，包括操作电压/电流密度、操作温度、系统压力、电解质、动态输入等。

在 AEM 电解水系统中，操作电压和电流密度反映了系统的能量利用效率和氢气产量。通常来讲，电流密度越高，系统的水分离效率也随之上升。然而，受制于传质过程，过高的电流密度会导致电极表面的气泡会急速增多，增加实际工况下电解系统所需的操作电位，甚至由于气体分布不均形成热点，造成催化剂的衰退，对系统造成负面影响。因此，实际操作电流密度应始终低于临界电流密度（j_{crt}），即质量传输损失和气体饱和限制下的系统所能达到的电流密度。参考已发表的文献[280]，多数 AEM 电解槽将单槽电流密度保持在 $100\sim500\mathrm{mA/cm^2}$ 的范围内。除控制操作电压和电流密度外，也可以通过如优化 MEA 结构和极板流道的特性、调整电解液流速、施加涂层、添加表面活性剂等方式优化气泡排出过程[6-10]，提升电解系统的产氢速率，实现合理的电力利用效率。

操作温度对 AEM 电解水系统的性能表现有着重要的影响。AEM 电解操作系统的运行温度通常设定在 $50\sim80℃$ 的温度范围。对于电解水反应而言，提升反应温度可以显著降低反应动力学能，提升反应动力学过程，加速电化学反应过程中的电子和质量传输，降低实现目标电流密度的所需的操作电压。Park 等探究了温度对 AEM 电解槽性能的影响。在工作电压设定为在 1.9V 的情况下，电解槽的电流密度随温度增加而显著提升，电阻明显下降。但是，受限于阴离子交换膜的材料特性，升温往往加速了阴离子交换膜的衰减，导致 AEM 电解系统稳定性下降。因此，在实际运行 AEM 电解系统时，需充分考虑阴离子交换膜的稳定性，设定合理的操作温度实现系统性能与稳定性的平衡。

电解水系统在运行期间会持续产生气体，利用这一特性，可以通过对产生的氢气进行加压，便于后续的储存和利用。通过对催化剂、膜材料、密封垫圈、气体扩散层和双极板等部件定制加工后，PEM 电解水系统的运行压力区间能够达到 $10\sim30\mathrm{bar}$。实际带压工况下，阴极产生的氢气极有可能透过阴离子交换膜与阳极发生交叉渗透，渗透量随系统压力的提升而线性增加，在工作压力大于 30bar 的电解水系统中尤为明显[281]。AEM 水电解槽如采用与 PEM 水电解槽相似的结构设计，也具备在加压条件下运行的潜力。Ito 等[282]以 A201 作为阴离子交换膜，使用 Pt/C 和 $CuCoO_x$ 作为阴极和阳极催化剂，在 8.5bar 压力工况下研究了氢气的交叉渗透情况。Ito 等在操作过程中仅提升了阴极氢气压力，在压力逐步提升至8.5bar 的过程中，AEM 水电解槽的电解性能未受影响，产出的氢气湿度不断降低。在该 AEM 水电解槽中，氢气交叉渗透量仅为相同工况下 PEM 电解水系统的 0.16 倍。总体来讲，当前大部分研究均在低压（<30bar）工况下开展，高压或差压方面的研究相对较少。在实际生产过程中，AEM 电解水系统的设计需结合下游需求设定系统压力，定制化生产系统配件，以保证系统安全运行。

在 AEM 电解水系统中，电解质为反应提供了原料，起到传质的作用，决定了反应体系

中可用的 OH^- 浓度，影响着催化剂的选用和产出氢气的相对湿度，是系统的工作条件与性能的先决条件。当前 AEM 电解水系统中常用的电解质可分为 3 类：强碱性的氢氧化钾（KOH）溶液，中性或弱碱性的碳酸（氢）盐（K_2CO_3、$KHCO_3$ 等）溶液以及纯水（H_2O）。大多数研究性报告首选强碱性的 KOH 溶液作为电解液进行研究，浓度一般选用 $30\%\sim40\%$（以质量分数计，下同）、1mol/L、0.5mol/L 或 0.1mol/L。强碱性的 KOH 溶液可以为反应系统提供充分的 OH^-，显著提升反应体系的电导率，增强反应过程的电子传输过程，促进反应的进行，大幅提升反应体系的工作电流密度，以实现较高的产氢速率。虽然 KOH 溶液有着独特的优势，但在使用过程中也存在着一定的问题。在碱性环境中，碱度的上升会导致阴离子交换膜受到 OH^- 亲核进攻发生降解的概率显著提升，降低了电解槽运行的长期稳定性。碱度的下降则会导致催化剂层内 OH^- 的传递效率降低，KOH 溶液的浓度从 5% 下降到 0.5% 时，溶液电导率将会从 0.178S/cm 降低至 0.05S/cm[283]，导致电解槽工作性能的衰减。同时，碱性电解液易造成反应系统管道的腐蚀，需要使用定制化的材料，提升了 AEM 水电解系统的制造和维护成本。

碳酸（氢）盐溶液通常被用作碱性溶液的替代品，其特点在于：①溶液 pH 介于中性和弱碱性（$pH\leqslant12$）之间；②具有一定的缓冲能力；③电导率低于碱性溶液，但高于纯水。对于 pH 均为 12 的 0.01mol/L KOH 溶液和 0.72mol/L K_2CO_3 溶液，其工作电阻分别为 $0.3\sim0.4\Omega/cm^2$ 和 $0.1\sim0.2\Omega/cm^2$[284]，因此为了降低电解液的电阻，通常会增加 K_2CO_3 溶液的浓度。Ito 等[282]验证了高浓度的碳酸盐溶液作电解质的可行性，即相同条件下 10% 的 K_2CO_3 溶液比 10mmol/L 的 KOH 溶液具有更高的活性。使用碳酸（氢）盐溶液作为电解质的优势在于：①避免催化剂表面 pH 的剧烈变化，保证体系运行的稳定性；②避免电解液碱度过大造成系统部件的腐蚀，降低电解系统的制造成本。但是使用碳酸（氢）盐溶液作为电解质也会带来新的问题，即系统长时间运行会导致碳酸盐析出，在阴离子交换膜、催化剂层或电解槽管路中发生沉积造成堵塞，影响系统运行的稳定性。

从成本上考虑，纯水是最为理想的电解质，使用纯水可以明显削减 AEM 电解水系统的制造成本。但是，相比碱性溶液，纯水作电解质时，系统离子电导率低、实际工况下电阻高、阴离子交换膜稳定性较差[285]，导致了系统工作电压偏高，长时间运行稳定性差。AEM 电解水系统运行时，少量 CO_2 会溶解在电解质中，而 CO_2 浓度的增加会导致 AEM 电解水系统工作电压升高。相比碱性电解质系统，纯水电解质系统对 CO_2 的消解能力较差，因此加剧了电解体系的不稳定性。已有部分研究者报道了使用纯水的 AEM 水电解体系，但仍缺乏实际的商业化应用。但从长期考量，纯水体系的 AEM 电解水系统仍有很大的发展空间，也是 AEM 水电解体系长期发展的必然选择。

Ito 等[284]的工作系统研究了不同电解质对 AEM 电解水系统的影响。在该研究中，选用 A201 作为阴离子交换膜，分别以 Pt 和 $CuCoO_x$ 作为阴、阳极催化剂，先后以去离子水、稀 K_2CO_3 和 KOH 溶液作为电解质进行研究。相同外加电压下，纯水体系中 AEM 电解槽的电流密度远低于其余两种电解质体系的电流密度，2.2V 的槽电压对应的电流密度仅为 $100mA/cm^2$。同时，稀 K_2CO_3（0.1%，以质量分数计，下同）和 KOH 体系电解槽电阻相对较小（$<0.5\Omega/cm^2$），纯水体系的电解槽电阻值非常高（$>1.4\Omega/cm^2$）且不稳定，意味着在 AEM 水电解体系中纯水并不是最优选的电解质。对于 K_2CO_3 溶液，当浓度从 1.0% 增加到 10% 时，AEM 水电解体系的性能也随之升高，并在槽电压为 1.91V 时达到了 $1A/cm^2$ 的电流密度。同时，相比 10mmol/L KOH 溶液，以 10% K_2CO_3 溶液为电解质的 AEM 电解槽性能更优且实现稳定运行的时间更短。因此，在选择实际 AEM 水电解体系中的电解质时，需要充分考察各种电解质的工作特性，以实现系统的最优选择。

Cho 等[286]研究了单阳极 KOH 通液在 AEM 电解水体系中的可行性，可在 1.8V 的槽电压下实现约 $1.1A/cm^2$ 的电流密度，并保持长时间的稳定。在反应过程中，来自阳极的 H_2O 首先转移到阴极进行析氢反应，随后生成的 OH^- 返回到阳极进行析氧反应。在该情况下，阴极界面将保持相对中性，有利于催化剂的稳定。单阳极通液的另外一个优点是可产出低湿度的高纯度氢气。但是，单阳极通液模式受限于 AEM 水电解体系中水转移速度，影响了其在高电流密度下的稳定工作。

挑选合适的电解质体系对 AEM 水电解系统的高效稳定尤为重要。现阶段实际生产过程中需结合生产需求、经济成本分析、能源供应等多方面情况，合理选择适用于体系的电解质。但从长期分析，选用纯水作为电解质的 AEM 水电解体系在经济性极具优势，是未来发展的重要方向。

实际生产建设中，AEM 电解水系统的电力供应通常来自风电、光伏等可再生能源发电，以实现零碳制氢的目标。风电和光伏发电受制于环境因素，具有明显的间歇性，因此 AEM 电解水系统的动态响应性能十分重要。具体到 AEM 水电解体系中，已有部分研究者使用小型电解槽分析了 AEM 水电解制氢的动态启停特性，研究了部分因素对系统性能和稳定性的影响。Carbone 等[287]使用 FAA3-50 阴离子交换膜、$NiMn_2O_4$ 和 Pt/C 催化剂为核心材料搭建了 AEM 水电解槽进行系统研究。使用循环电位扫描的方法进行 AEM 水电解体系加速耐久测试，模拟处理过剩电量的并网电解制氢装置的实际工况。实验结果表明，1000 小时循环电位扫描测试前后的极化曲线（50℃）基本相似，加速耐久性实验中的电位衰减基本上是由质量传输限制引起的，并且是可恢复损失。

Motealleh 等[247]采用长周期稳态运行和多次动态循环相结合的测试方法，详细考察了 AEM 电解池的衰减特性。以 Sustainion® 阴离子交换膜为基础制备了 MEA，装配电解池后在 $1A/cm^2$ 的工作电流密度下保持了 10000h 以上稳定运行工作，小室电压衰减速率仅为 $0.7\mu V/h$；进一步将电解池在 100～12000mA（对应电流密度为 $2.4A/cm^2$）的电流区间进行 11000 次循环，小室电压在苛刻的动态测试条件下的衰减速率为 $0.15\mu V/$圈。研究人员使用 $5cm^2$ 的小型电解槽进行了长时间稳态和动态测试，初步验证了 AEM 水电解制氢技术的商业推广潜力；但此类研究并不能完全替代实际工况下的动态响应与稳定性测试。

Zignani 等[272]基于 NiMo/KB 阴极、NiFe 氧化物阳极和 FAA3-50 阴离子交换膜搭建了小型 AEM 水电解槽，分析比对了电解槽在静态操作和动态启停方面的表现。他们使用恒电流模式评估了 AEM 水电解槽的长期稳定性，考察了 2000h 内的 AEM 电解槽在 $1A/cm^2$ 的操作电流密度下的运行情况。在耐久性测试中，研究者进行了数次启动和关闭操作，并连续监控电解槽工作性能的变化。从测试看，槽电压在运行的前几个小时迅速抬升，这通常是由质量传递导致的可恢复性性能损失；经过最初阶段（约 100h）之后，槽电压开始持续下降，说明电解槽效率持续升高。在随后的多次启停过程中，均检测出了部分可逆的损失，可能来源于气体扩散受限或系统内的碳化现象。这一研究结果表明，系统内部的传质过程对动态启停前后槽电压的变化有明显作用，设计合理的方案解决气体传质和电解液输送对 AEM 水电解体系尤为重要。

Khatae 等[288]以 Aemion™ 阴离子交换膜为研究对象，对 AEM 电解水系统的启停特性进行了研究。他们以恒电流法进行了耐久性测试，设置 6 次启停，记录起始和结束的槽电压。在前 24h 内，槽电压的衰减速率持续增加，随后保持稳定并开始下降。通过对照实验，研究人员发现这一特性源自每次停机-重启间隔内对电解质的混合作用，因为没有混合电解质的 AEM 电解水系统的槽电压将持续并在 50h 达到极限（2.4V）。研究者还考察了水在阴阳两极的渗透作用导致的电解质浓度变化带来的影响。通过理论模拟和实验比对，发现电解水系统在不重新混合电解质的情况下运行，几乎整个阴极上的电解质将在五次启停后转移到阳极上，从而导致唐南（Donnan）电势和/或扩散电位对膜电位的贡献显著增强，诱导外加过电位产生，导致槽电压单调上升。因此，在 AEM 电解水系统长时间运行过程中，动态启停中对电解质的处理也十分重要。

6.4.5 设备的商业化进展和应用进展

6.4.5.1 AEM 制氢设备国内外主要研发机构

为了抢占 AEM 电解水制氢技术的制高点，推动技术的规模化应用，实现高效率低成本规模化制氢，世界各国高度重视相关技术的研发。2019 年美国能源部（DOE）正式推出 $H_2@Scale$ 规划[279]，大幅提高了对不同电解制氢材料与技术类研发项目的支持力度；2020 年，在 $H_2@Scale$ 规划中支持 PEM 电解水、固体氧化物电解水和 AEM 电解水关键材料和电解槽组件开发。在 AEM 电解水制氢领域设置 4 个研发项目：长寿命、低成本碱性阴离子交换膜和离聚物开发；高效非贵金属析氢、析氧电催化剂开发；新型 AEM 电解体系设计开发；长寿命、低成本 AEM 电解槽工程化开发。美国国家可再生能源实验室、Nel 公司、洛斯阿拉莫斯国家实验室、东北大学等相继投入到技术攻关中，推动基础材料和核心部件的研发。

在"地平线欧洲"（Horizon Europe）研发框架计划内，欧洲燃料电池和氢能联合组织支持了大量的制氢技术研发项目：在 2010 年左右集中开展了碱性电解槽的技术研发，重点突破了高效镍电极和新一代隔膜材料技术，同时开展电转氢相关技术示范；近年来逐渐将支持重点转向 PEM 电解水制氢技术，推动大规模 PEM 电解水制氢装置的集成、应用，同时将制氢与冶金、石化等领域结合。AEM 电解水制氢技术集合了 PEM 电解水制氢技术的灵活性和碱性电解水制氢技术的低成本，近年来也是欧洲支持的重点方向。在欧洲地平线计划支持的 CHANNEL 研究项目[289]中，明确要求通过阴离子交换膜、离聚物、电催化剂研发，实现单电解池小室电压达到 1.85 $V@1A/cm^2@50℃$，开发 2kW 的电解槽（产氢速度约为 $0.4m^3/h$），完成 500kW 级制氢系统概念设计。包括电解槽开发商 Enapter、能源公司壳牌、德国于利希研究中心、挪威科技工业研究所在内的企业和研究机构将合作设计、搭建并测试 AEM 电解系统。

我国在科技部重点研发计划氢能专项中将阴离子交换膜作为碱性膜燃料电池核心材料设置研发课题，2018 年在"基于低成本材料体系的新型燃料电池研究"课题中提出开发碱性离子交换膜，2020 年专门设置"碱性离子交换膜制备技术及应用"课题研发高性能碱性聚电解质膜连续制备工艺，2021 年设置"低成本长寿命碱性膜燃料电池电堆研制"进行基于碱性离子交换膜的燃料电池电堆研发。清华大学、武汉大学、中国科学技术大学、北京化工大学、中国科学院大连化学物理研究所等科研院所在专项支持下开展了大量的基础研究工作，在膜材料和碱性燃料电池方向取得了系列成果。然而，作为碱性离子交换膜的重要应用场景，AEM 电解水制氢投入相对不足，研究滞后于国际水平。

Enapter 公司在小型电解制氢模块推广的基础上，宣布向市场投放 1MW AEM 多核阴离子交换膜制氢系统；通过将 440 个 AEM 电解槽模块组成一套系统，可日产氢气 450kg（折合 $210m^3/h$），同时具有成本低、灵活性高的优点，能够在一定程度上满足绿氢产业对大规模制氢装备的需求。但相关装备的实际应用效果、经济性等尚未见报道。

6.4.5.2　AEM 制氢设备的市场应用前景

碱性水电解制氢技术已实现了国产化和大型化，得益于低制造成本，目前占据了大部分水电解制氢市场份额；但是电流密度处于 $200\sim500mA/cm^2$ 的偏低水平，在能耗、动态响应方面也存在提升空间，特别是耗时数个小时的冷启动过程导致其难以应对可再生能源的间歇性。PEM 水电解制氢设备已经初步商品化，电流密度超过 $1A/cm^2$，电解槽具有较高的集成度；由于具备良好的动态响应特性，能够实现分钟级启动和秒级响应，更适合与间歇、波动性可再生能源发电耦合；但由于高设备成本，难以大规模推广应用。在大规模可再生能源电解制氢的应用上，碱性电解槽与 PEM 电解槽都会因自身的缺陷而被限制，已商业化的水电解制氢设备尚不能完全满足氢能产业的发展需求。受限于高温操作限制和技术成熟度较低，固态氧化物水电解技术难以应用于可再生能源制氢。融合碱性和 PEM 水电解各自优势，采用碱性阴离子交换膜替代酸性质子交换膜作为固体电解质的 AEM 水电解制氢技术一跃成为国内外研发的新方向。

AEM 电解槽采用固态电解质，解决了传统碱性电解槽动态响应能力差的问题，同时保留了碱性非贵金属反应体系，制造成本显著低于 PEM 电解槽。未来突破高稳定性阴离子交换膜和高活性非贵金属催化剂等关键材料障碍，工业规模的放大则可沿用已有的成熟技术，有望显著降低电解槽成本，占据电解制氢设备市场的主导地位，为可再生能源电解制氢产业带来突破性变革。

参 考 文 献

[1]　电子工业部第十设计研究院 . 氢气生产与纯化 [M]. 哈尔滨：黑龙江科学技术出版社，1983.

[2]　毛宗强，毛志明 . 氢气生产及热化学利用 [M]. 北京：化学工业出版社，2015.

[3]　Coutanceau C，Stève B，Audichon T . Hydrogen production from water electrolysis-sciencedirect [J]. Hydrogen Electrochemical Production，2018：17-62.

[4]　中华人民共和国国家质量监督检验检疫总局，中国国家标准化管理委员会 . 水电解制氢系统技术要求：GB/T 19774—2005 [S]. 北京：中国质量标准出版传媒有限公司，2005.

[5]　Yan X，Dong Z，Di M，et al. A highly proton-conductive and vanadium-rejected long-side-chain sulfonated polybenzimidazole membrane for redox flow battery [J]. Journal of Membrane Science，2019，596：117616.

[6]　Tang W，Yang Y，Liu X，et al. Long side-chain quaternary ammonium group functionalized polybenzimidazole based anion exchange membranes and their applications [J]. Electrochimica Acta，2021（13）：138919.

[7]　Mukherjee N，Das A，Dhara M，et al. Surface initiated RAFT polymerization to synthesize N-heterocyclic block copolymer grafted silica nanofillers for improving PEM properties [J]. Polymer，2021，236：124315.

[8]　Sun P，Li Z，Lei J，et al. Construction of proton channels and reinforcement of physicochemical properties of oPBI/FeSPP/GF high temperature PEM via building hydrogen bonding network [J]. International Journal of Hydrogen Energy，2017，42（21）：14572-14582.

[9]　Wang T W，Hsu L C. Enhanced high-temperature polymer electrolyte membrane for fuel cells based on polybenzimidazole and ionic liquids [J]. Electrochimica Acta，2011，56（7）：2842-2846.

[10]　Mishra A K，Kim N H，Lee J H. Effects of ionic liquid-functionalized mesoporous silica on the proton conductivity of acid-doped poly（2,5-benzimidazole）composite membranes for high-temperature fuel cells [J]. Journal of Membrane Science，2014，449：136-145.

[11]　Kim A R，Gabunada J C，Yoo D J. Amelioration in physicochemical properties and single cell performance of sulfonated poly（ether ether ketone）block copolymer composite membrane using sulfonated carbon nanotubes for intermediate humidity fuel cells [J]. International Journal of Energy Research，2019，43（7）：2974-2989.

[12]　Gong C，Zheng X，Liu H，et al. A new strategy for designing high-performance sulfonated poly（ether ether ketone）polymer electrolyte membranes using inorganic proton conductor-functionalized carbon nanotubes [J].

Journal of Power Sources，2016，325：453-464.

[13] Waribam P，Jaiyen K，Samart C，et al. MXene-copper oxide/sulfonated polyether ether ketone as a hybrid composite proton exchange membrane in electrochemical water electrolysis [J]. Catalysis Today，2022，407：96-106.

[14] Asano N，Aoki M，Suzuki S，et al. Aliphatic/aromatic polyimide ionomers as a proton conductive membrane for fuel cell applications [J]. Journal of the American Chemical Society，2006，128 (5)：1762-1769.

[15] 仇心声，吴芹，史大昕，等. 离子型交联磺化聚酰亚胺质子交换膜的制备及高温燃料电池性能 [J]. 高等学校化工学报，2022，43 (8)：20220140.

[16] Zhang B，Ni J，Xiang X，et al. Synthesis and properties of reprocessable sulfonated polyimides cross-linked via acid stimulation for use as proton exchange membranes [J]. Journal of Power Sources，2017，337：110-117.

[17] 张琪，张弛，钟璟，等. 磺化聚酰亚胺/木质素磺酸钠质子交换复合膜的制备与表征 [J]. 化工新型材料，2022，50 (1)：99-107.

[18] Klose C，Saatkamp T，Münchinger A，et al. All hydrocarbon MEA for PEM water electrolysis combining low hydrogen crossover and high efficiency [J]. Advanced Energy Materials，2020：1903995.

[19] Park J E，Kim J，Han J，et al. High-performance proton-exchange membrane water electrolysis using a sulfonated poly (arylene ether sulfone) membrane and ionomer [J]. Journal of Membrane Science，2020，620 (9)：118871.

[20] Han S Y，Yu D M，Mo Y H，et al. Ion exchange capacity controlled biphenol-based sulfonated poly (arylene ether sulfone) for polymer electrolyte membrane water electrolyzers：Comparison of random and multi-block copolymers [J]. Journal of Membrane Science，2021，634：119370.

[21] 宫飞祥，齐永红，薛群翔. 含氟磺化双三蝶烯型聚芳醚砜质子交换膜的制备及性能 [J]. 高等学校化学学报，2014，35 (2)：433-439.

[22] 费哲君，Jung M，张雪飞，等. 含氟聚芴醚噁唑质子交换膜的性能 [J]. 化工学报，2015，66 (2)：445-449.

[23] 付志男，谈云龙，肖谷雨，等. 含全氟联苯结构的磺化聚二氮杂萘酮醚氧膦质子交换膜的制备与性能 [J]. 高等学校化学学报，2021，42 (8)：2635-2642.

[24] Wang Y C，Peng J，Li J Q，et al. PVDF based ion exchange membrane prepared by radiation grafting of ethyl styrenesulfonate and sequent hydrolysis [J]. Radiation Physics and Chemistry，2017，130：252-258.

[25] Tao P，Dai Y，Chen S，et al. Hyperbranched polyamidoamine modified high temperature proton exchange membranes based on PTFE reinforced blended polymers [J]. Journal of Membrane Science，2020，604：118004.

[26] Yuan D，Liu Z，Tay S W，et al. An amphiphilic-like fluoroalkyl modified SiO_2 nanoparticle @ Nafion proton exchange membrane with excellent fuel cell performance [J]. Chemical Communications，2013，49 (83)：9639-9641.

[27] Li Z，He G，Zhang B，et al. Enhanced proton conductivity of Nafion hybrid membrane under different humidities by incorporating metal-organic frameworks with high phytic acid loading. [J]. Acs Applied Materials & Interfaces，2014，6 (12)：9799-9807.

[28] Sandstrm R，Annamalai A，Boulanger N，et al. Evaluation of fluorine and sulfonic acid co-functionalized graphene oxide membranes in hydrogen proton exchange membrane fuel cell conditions [J]. Sustainable Energy & Fuels，2019，3 (7)：1790-1798.

[29] Choi Y，Kim Y，Park S G，et al. Effect of the carbon nanotube type on the thermoelectric properties of CNT/Nafion nanocomposites [J]. Organic Electronics，2011，12 (12)：2120-2125.

[30] Higashi S，Beniya A. Ultralight conductive IrO_2 nanostructured textile enables highly efficient hydrogen and oxygen evolution reaction：Importance of catalyst layer sheet resistance [J]. Applied Catalysis B：Environmental，2023，321：122030.

[31] Al Munsur AZ，Goo B-H，Kim Y，et al. Nafion-based proton-exchange membranes built on cross-linked semi-interpenetrating polymer networks between poly (acrylic acid) and poly (vinyl alcohol) [J]. ACS Applied Materials & Interfaces，2021，13 (24)：28188.

[32] Park JE，Kim J，Han J et al. High-performance proton-exchange membrane water electrolysis using a sulfonated poly (arylene ether sulfone) membrane and ionomer [J]. Journal of Membrane Science，2021，620：118871.

[33] Klose C，Saatkamp T，Münchinger A，et al. All-hydrocarbon MEA for PEM water electrolysis combining low hydrogen crossover and high efficiency [J]. Advanced Energy Materials. 2020，10 (14)：1903995.

[34] Mauritz K A，Moore R B. State of understanding of Nafion [J]. Chemical Reviews，2004，104 (10)：4535.

［35］ Ma L，Sui S，Zhai Y. Investigations on high performance proton exchange membrane water electrolyzer［J］. International Journal of Hydrogen Energy，2009，34（2）：678.

［36］ Zhang K，Liang X，Wang L，et al. Status and perspectives of key materials for PEM electrolyzer［J］. Nano Research Energy，2022，1（3）：e9120032.

［37］ Pushkarev A S，Pushkareva I V，Bessarabov D G. Supported Ir-based oxygen evolution catalysts for polymer electrolyte membrane water electrolysis：A minireview［J］. Energy & Fuels，2022，36（13）：6613.

［38］ Gan L，Heggen M，O'Malley R，et al. Understanding and controlling nanoporosity formation for improving the stability of bimetallic fuel cell catalysts［J］. Nano Letters. 2013，13（3）：1131.

［39］ Lim B H，Majlan E H，Tajuddin A，et al. Comparison of catalyst-coated membranes and catalyst-coated substrate for PEMFC membrane electrode assembly：A review［J］. Chinese Journal of Chemical Engineering，2021，33：1.

［40］ Zainoodin A，Tsujiguchi T，Masdar M，et al. Performance of a direct formic acid fuel cell fabricated by ultrasonic spraying［J］. International Journal of Hydrogen Energy，2018，43（12）：6413.

［41］ Park J，Kang Z，Bender G，et al. Roll-to-roll production of catalyst coated membranes for low-temperature electrolyzers［J］. Journal of Power Sources，2020，479：228819.

［42］ Mauger S A，Neyerlin K，Yang-Neyerlin A C，et al. Gravure coating for roll-to-roll manufacturing of proton-exchange-membrane fuel cell catalyst layers［J］. Journal of The Electrochemical Society，2018，165（11）：F1012.

［43］ Teuku H，Alshami I，Goh J，et al. Review on bipolar plates for low-temperature polymer electrolyte membrane water electrolyzer［J］. International Journal of Energy Research，2021，45（15）：20583.

［44］ Shiva Kumar S，Himabindu V. Hydrogen production by PEM water electrolysis - A review［J］. Materials Science for Energy Technologies，2019，2（3）：442.

［45］ Carmo M，Fritz D L，Mergel J，et al. A comprehensive review on PEM water electrolysis［J］. International Journal of Hydrogen Energy，2013，38（12）：4901.

［46］ Zhang K，Liang X，Wang L，et al. Status and perspectives of key materials for PEM electrolyzer［J］. Nano Research Energy，2022，1：e9120032.

［47］ Bajpai P，Dash V. Hybrid renewable energy systems for power generation in stand-alone applications：A review［J］. Renewable and Sustainable Energy Reviews，2012，16（5）：2926.

［48］ Manso A P，Marzo F F，Barranco J，et al. Influence of geometric parameters of the flow fields on the performance of a PEM fuel cell. A review［J］. International Journal of Hydrogen Energy，2012，37（20）：15256.

［49］ Kahraman H，Orhan M F. Flow field bipolar plates in a proton exchange membrane fuel cell：Analysis & modeling ［J］. Energy Conversion and Management，2017，133：363.

［50］ Lim B H，Majlan E H，Daud W R W，et al. Effects of flow field design on water management and reactant distribution in PEMFC：A review［J］. Ionics，2016，22（3）：301.

［51］ Jung H-Y，Huang S-Y，Ganesan P，et al. Performance of gold-coated titanium bipolar plates in unitized regenerative fuel cell operation［J］. Journal of Power Sources，2009，194（2）：972.

［52］ Gago A S，Ansar S A，Saruhan B，et al. Protective coatings on stainless steel bipolar plates for proton exchange membrane（PEM）electrolysers［J］. Journal of Power Sources，2016，307：815.

［53］ Andersen P J. Stainless steels［J］. Biomaterials Science，2020：249.

［54］ Papadias D D，Ahluwalia R K，Thomson J K，et al. Degradation of SS316L bipolar plates in simulated fuel cell environment：Corrosion rate，barrier film formation kinetics and contact resistance［J］. Journal of Power Sources，2015，273：1237.

［55］ Nikiforov A V，Petrushina I M，Christensen E，et al. Corrosion behaviour of construction materials for high temperature steam electrolysers［J］. International Journal of Hydrogen Energy，2011，36（1）：111.

［56］ Yang G，Yu S，Mo J，et al. Bipolar plate development with additive manufacturing and protective coating for durable and high-efficiency hydrogen production［J］. Journal of Power Sources，2018，396：590.

［57］ Wang L，Sun J C，Sun J，et al. Niobium nitride modified AISI 304 stainless steel bipolar plate for proton exchange membrane fuel cell［J］. Journal of Power Sources，2012，199：195.

［58］ Jannat S，Rashtchi H，Atapour M，et al. Preparation and performance of nanometric Ti/TiN multi-layer physical vapor deposited coating on 316L stainless steel as bipolar plate for proton exchange membrane fuel cells［J］. Journal of Power Sources，2019，435：226818.

[59]　Kang Z，Mo J，Yang G，et al. Investigation of thin/well-tunable liquid/gas diffusion layers exhibiting superior multifunctional performance in low-temperature electrolytic water splitting [J]. Energy & Environmental Science，2017，10 (1)：166.

[60]　Mo J，Kang Z，Yang G，et al. Thin liquid/gas diffusion layers for high-efficiency hydrogen production from water splitting [J]. Applied Energy，2016，177：817.

[61]　Hoeh M A，Arlt T，Manke I，et al. In operando synchrotron X-ray radiography studies of polymer electrolyte membrane water electrolyzers [J]. Electrochemistry Communications，2015，55：55.

[62]　Nie J，Chen Y. Numerical modeling of three-dimensional two-phase gas-liquid flow in the flow field plate of a PEM electrolysis cell [J]. International Journal of Hydrogen Energy，2010，35 (8)：3183.

[63]　Escribano S，Blachot J-F，Ethève J，et al. Characterization of PEMFCs gas diffusion layers properties [J]. Journal of Power Sources，2006，156 (1)：8.

[64]　Cindrella L，Kannan A M，Lin J F，et al. Gas diffusion layer for proton exchange membrane fuel cells—A review [J]. Journal of Power Sources，2009，194 (1)：146.

[65]　Lee F C，Ismail M S，Ingham D B，et al. Alternative architectures and materials for PEMFC gas diffusion layers：A review and outlook [J]. Renewable and Sustainable Energy Reviews，2022，166：112640.

[66]　Zhang K，Liang X，Wang L，et al. Status and perspectives of key materials for PEM electrolyzer [J]. Nano Research Energy，2022，1：e9120032.

[67]　Mayyas A T，Ruth M F，Pivovar B S，et al. Manufacturing cost analysis for proton exchange membrane water electrolyzers [R] . 2019.

[68]　Zhang F-Y，Advani S G，Prasad A K. Performance of a metallic gas diffusion layer for PEM fuel cells [J]. Journal of Power Sources，2008，176 (1)：293.

[69]　Liu C，Carmo M，Bender G，et al. Performance enhancement of PEM electrolyzers through iridium-coated titanium porous transport layers [J]. Electrochemistry Communications，2018，97：96.

[70]　Mo J，Dehoff R R，Peter W H，et al. Additive manufacturing of liquid/gas diffusion layers for low-cost and high-efficiency hydrogen production [J]. International Journal of Hydrogen Energy，2016，41 (4)：3128.

[71]　Chen G，Zhang H，Zhong H，et al. Gas diffusion layer with titanium carbide for a unitized regenerative fuel cell [J]. Electrochimica Acta，2010，55 (28)：8801.

[72]　Grigoriev S A，Millet P，Volobuev S A，et al. Optimization of porous current collectors for PEM water electrolysers [J]. International Journal of Hydrogen Energy，2009，34 (11)：4968.

[73]　Ito H，Maeda T，Nakano A，et al. Influence of pore structural properties of current collectors on the performance of proton exchange membrane electrolyzer [J]. Electrochimica Acta，2013，100：242.

[74]　Hwang C M，Ishida M，Ito H，et al. Influence of properties of gas diffusion layers on the performance of polymer electrolyte-based unitized reversible fuel cells [J]. International Journal of Hydrogen Energy，2011，36 (2)：1740.

[75]　Kang Z，Yu S，Yang G，et al. Performance improvement of proton exchange membrane electrolyzer cells by introducing in-plane transport enhancement layers [J]. Electrochimica Acta，2019，316：43.

[76]　Suermann M，Takanohashi K，Lamibrac A，et al. Influence of operating conditions and material properties on the mass transport losses of polymer electrolyte water electrolysis [J]. Journal of The Electrochemical Society，2017，164 (9)：F973.

[77]　Schuler T，Schmidt T J，Büchi F N. Polymer electrolyte water electrolysis：Correlating performance and porous transport layer structure：Part Ⅱ. Electrochemical performance analysis [J]. Journal of The Electrochemical Society，2019，166 (10)：F555.

[78]　Lopata J，Kang Z，Young J，et al. Effects of the transport/catalyst layer interface and catalyst loading on mass and charge transport phenomena in polymer electrolyte membrane water electrolysis devices [J]. Journal of The Electrochemical Society，2020，167 (6)：064507.

[79]　曹朋飞，杨大伟，柏槐基，等. 一种 PEM 电解槽电解小室结构：CN202211192413.5 [P]. 2022-09-28.

[80]　张晓晋. 利于组装的层叠式电解槽：CN202222559798.6 [P]. 2022-09-27.

[81]　程旌德，徐一凡，王彰，等. 一种增强密封的质子交换膜电解水制氢单元结构：CN202211299050.5 [P]. 2022-10-24.

[82]　刘志敏，丁孝涛，苏峰，等. 一种高压电解槽用的阳极框及其配套的阴极框：CN202221712318 [P]. 2022-09-20.

第一篇　氢的制取

［83］ 林杰，陈星宏，周宇星. 一种密封性好的制氢水电解槽：CN202221796236［P］. 2022-07-12.

［84］ 俞红梅，邵志刚，侯明，等. 电解水制氢技术研究进展与发展建议［J］. 中国工程科学，2021，23（2）：146.

［85］ 米万良，荣峻峰. 质子交换膜（PEM）电解水制氢技术进展及应用前景［J］. 石油炼制与化工，2021，52（10）：78.

［86］ Buttler A，Spliethoff H. Current status of water electrolysis for energy storage，grid balancing and sector coupling via power-to-gas and power-to-liquids：A review［J］. Renewable and Sustainable Energy Reviews，2018，82：2440.

［87］ 杜泽学，慕旭宏. 水电解技术发展及在绿氢生产中的应用［J］. 石油炼制与化工，2021，52（2）：102.

［88］ Vanja S，Christoph H. Chapter 7 -High temperature electrochemical production of hydrogen［M］//Current trends and future developments on（bio-）membranes：Membrane systems for hydrogen production. Amsterdam：Elsevier，2020：203-227.

［89］ Styring P. Carbon dioxide utilisation：Closing the carbon cycle［M］. Amsterdam：Elsevier，2014：183-209.

［90］ Godula-Jopek A. Hydrogen production：By electrolysis［M］. New York：John Wiley & Sons，2015：191-272.

［91］ Jaromír H，Martin P，Karel B. Chapter 5 -Hydrogen production by electrolysis［M］//Current trends and future developments on（bio-）membranes. new perspectives on hydrogen production，separation，and utilization. Amsterdam：Elsevier 2020：203-227.

［92］ Heraeus W C. Über die elektrolytische leitung fester körper bei sehr hohen temperaturen［J］. Zeitschrift für Elektrochemie，1899，6（2）：41-43.

［93］ Spacil H S，Tedmon C S. Electrochemical dissociation of water vapor in solid oxide electrolyte cells：Ⅰ. Thermodynamics and cell characteristics［J］. Journal of the Electrochemical Society，1969，116（12）：1618.

［94］ Spacil H S，Tedmon C S. Electrochemical dissociation of water vapor in solid oxide electrolyte cells：Ⅱ. Materials，fabrication，and properties［J］. Journal of The Electrochemical Society，1969，116（12）：1627.

［95］ Dönitz W，Erdle E. High-temperature electrolysis of water vapor—status of development and perspectives for application［J］. International Journal of Hydrogen Energy，1985，10（5）：291-295.

［96］ St Herring J，Lessing P，O'Brien J E，et al. Hydrogen production through high-temperature electrolysis in a solid oxide cell［C］//Nuclear Production of Hydrogen. 2004.

［97］ Stoots C M，O'Brien J E，Herring J S，et al. Idaho National Laboratory experimental research in high temperature electrolysis for hydrogen and syngas production［C］//High Temperature Reactor Technology. 2008，48555：497-508.

［98］ Hydrogen Production DOE Hydrogen Program［Z］.

［99］ R. Küngas，Solid oxide electrolysis stack tests 2010-2019［DS］.

［100］ Hauch A，Brodersen K，Chen M，et al. A decade of solid oxide electrolysis improvements at DTU energy［J］. ECS Transactions，2017，75（42）：3.

［101］ Hauch A，Küngas R，Blennow P，et al. Recent advances in solid oxide cell technology for electrolysis［J］. Science，2020，370（6513）：eaba6118.

［102］ Posdziech O，Schwarze K，Brabandt J. Efficient hydrogen production for industry and electricity storage via high-temperature electrolysis［J］. International Journal of Hydrogen Energy，2019，44（35）：19089-19101.

［103］ Mogensen M B，Chen M，Frandsen H L，et al. Reversible solid-oxide cells for clean and sustainable energy［J］. Clean Energy，2019，3（3）：175-201.

［104］ Jiang S P. Challenges in the development of reversible solid oxide cell technologies：A mini review［J］. Asia-Pacific Journal of Chemical Engineering，2016，11（3）：386-391.

［105］ Bi L，Boulfrad S，Traversa E. Steam electrolysis by solid oxide electrolysis cells（SOECs）with proton-conducting oxides［J］. Chemical Society Reviews，2014，43（24）：8255-8270.

［106］ Zheng Y，Wang J，Yu B，et al. A review of high temperature co-electrolysis of H_2O and CO_2 to produce sustainable fuels using solid oxide electrolysis cells（SOECs）：Advanced materials and technology［J］. Chemical Society Reviews，2017，46（5）：1427-1463.

［107］ Chen M，Høgh J V T，Nielsen J U，et al. High temperature Co-electrolysis of steam and CO_2 in an SOC stack：Performance and durability［J］. Fuel Cells，2013，13（4）：638-645.

［108］ Brisse A，Schefold J，Zahid M. High temperature water electrolysis in solid oxide cells［J］. International Journal of

Hydrogen Energy, 2008, 33 (20): 5375-5382.

[109] Kazempoor P, Braun R J. Model validation and performance analysis of regenerative solid oxide cells: Electrolytic operation [J]. International Journal of Hydrogen Energy, 2014, 39 (6): 2669-2684.

[110] Liu M Y, Yu B, Xu J M, et al. Two-dimensional simulation and critical efficiency analysis of high-temperature steam electrolysis system for hydrogen production [J]. Journal of Power Sources, 2008, 183 (2): 708-712.

[111] Lei L, Zhang J, Yuan Z, et al. Progress report on proton conducting solid oxide electrolysis cells [J]. Advanced Functional Materials, 2019, 29 (37): 1903805.

[112] Pecho O M, Mai A, Münch B, et al. 3D microstructure effects in Ni-YSZ anodes: Influence of TPB lengths on the electrochemical performance [J]. Materials, 2015, 8 (10): 7129-7144.

[113] Backhaus-Ricoult M, Adib K, Clair T S, et al. In-situ study of operating SOFC LSM/YSZ cathodes under polarization by photoelectron microscopy [J]. Solid State Ionics, 2008, 179 (21/26): 891-895.

[114] Suntivich J, May K J, Gasteiger H A, et al. A perovskite oxide optimized for oxygen evolution catalysis from molecular orbital principles [J]. Science, 2011, 334 (6061): 1383-1385.

[115] Ebbesen S D, Jensen S H, Hauch A, et al. High temperature electrolysis in alkaline cells, solid proton conducting cells, and solid oxide cells [J]. Chemical Reviews, 2014, 114 (21): 10697-10734.

[116] Mauvy F, Bassat J M, Boehm E, et al. Oxygen electrode reaction on $Nd_2NiO_{4+\delta}$ cathode materials: Impedance spectroscopy study [J]. Solid State Ionics, 2003, 158 (1/2): 17-28.

[117] Hernández A M, Mogni L, Caneiro A. $La_2NiO_{4+\delta}$ as cathode for SOFC: Reactivity study with YSZ and CGO electrolytes [J]. International Journal of Hydrogen Energy, 2010, 35 (11): 6031-6036.

[118] Philippeau B, Mauvy F, Mazataud C, et al. Comparative study of electrochemical properties of mixed conducting $Ln_2NiO_{4+\delta}$ (Ln=La, Pr and Nd) and $La_{0.6}Sr_{0.4}Fe_{0.8}Co_{0.2}O_{3-\delta}$ as SOFC cathodes associated to $Ce_{0.9}Gd_{0.1}O_{2-\delta}$, $La_{0.8}Sr_{0.2}Ga_{0.8}Mg_{0.2}O_{3-\delta}$ and $La_9Sr_1Si_6O_{26.5}$ electrolytes [J]. Solid State Ionics, 2013, 249: 17-25.

[119] Ogier T, Mauvy F, Bassat J M, et al. Overstoichiometric oxides $Ln_2NiO_{4+\delta}$ (Ln = La, Pr or Nd) as oxygen anodic electrodes for solid oxide electrolysis application [J]. International Journal of Hydrogen Energy, 2015, 40 (46): 15885-15892.

[120] Jun A, Kim J, Shin J, et al. Achieving high efficiency and eliminating degradation in solid oxide electrochemical cells using high oxygen-capacity perovskite [J]. Angewandte Chemie International Edition, 2016, 55 (40): 12512-12515.

[121] Hauch A, Jensen S H, Ramousse S, et al. Performance and durability of solid oxide electrolysis cells [J]. Journal of the Electrochemical Society, 2006, 153 (9): A1741.

[122] Lee J H, Moon H, Lee H W, et al. Quantitative analysis of microstructure and its related electrical property of SOFC anode, Ni-YSZ cermet [J]. Solid State Ionics, 2002, 148 (1/2): 15-26.

[123] Eguchi K, Setoguchi T, Inoue T, et al. Electrical properties of ceria-based oxides and their application to solid oxide fuel cells [J]. Solid State Ionics, 1992, 52 (1/3): 165-172.

[124] Mougin J, Chatroux A, Couturier K, et al. High temperature steam electrolysis stack with enhanced performance and durability [J]. Energy Procedia, 2012, 29: 445-454.

[125] Schefold J, Brisse A, Poepke H. 23000 h steam electrolysis with an electrolyte supported solid oxide cell [J]. International Journal of Hydrogen Energy, 2017, 42 (19): 13415-13426.

[126] Irvine J T S, Neagu D, Verbraeken M C, et al. Evolution of the electrochemical interface in high-temperature fuel cells and electrolysers [J]. Nature Energy, 2016, 1 (1): 1-13.

[127] Tsekouras G, Neagu D, Irvine J T S. Step-change in high temperature steam electrolysis performance of perovskite oxide cathodes with exsolution of B-site dopants [J]. Energy & Environmental Science, 2013, 6 (1): 256-266.

[128] Yamamoto O, Arati Y, Takeda Y, et al. Electrical conductivity of stabilized zirconia with ytterbia and scandia [J]. Solid State Ionics, 1995, 79: 137-142.

[129] Mizutani Y, Tamura M, Kawai M, et al. Development of high-performance electrolyte in SOFC [J]. Solid State Ionics, 1994, 72: 271-275.

[130] Haile S M. Fuel cell materials and components [J]. Acta Materialia, 2003, 51 (19): 5981-6000.

[131] Will J, Mitterdorfer A, Kleinlogel C, et al. Fabrication of thin electrolytes for second-generation solid oxide fuel cells [J]. Solid State Ionics, 2000, 131 (1/2): 79-96.

[132] Shi H，Su C，Ran R，et al. Electrolyte materials for intermediate-temperature solid oxide fuel cells [J]. Progress in Natural Science：Materials International，2020，30 (6)：764-774.

[133] Zhu B，Albinsson I，Andersson C，et al. Electrolysis studies based on ceria-based composites [J]. Electrochemistry Communications，2006，8 (3)：495-498.

[134] Demin A，Gorbova E，Tsiakaras P. High temperature electrolyzer based on solid oxide co-ionic electrolyte：A theoretical model [J]. Journal of Power Sources，2007，171 (1)：205-211.

[135] Fergus J W. Lanthanum chromite-based materials for solid oxide fuel cell interconnects [J]. Solid State Ionics，2004，171 (1/2)：1-15.

[136] 吴小芳，张文强，于波，等. 固体氧化物燃料电池/电解池金属连接体涂层研究进展 [J]. 稀有金属材料与工程，2015，44 (6)：1555-1560.

[137] Santacreu P O，Girardon P，Zahid M，et al. On potential application of coated ferritic stainless steel grades K41X and K44X in SOFC/HTE interconnects [J]. ECS Transactions，2011，35 (1)：2481.

[138] Xiao J，Zhang W，Xiong C，et al. Oxidation behavior of Cu-doped $MnCo_2O_4$ spinel coating on ferritic stainless steels for solid oxide fuel cell interconnects [J]. International Journal of Hydrogen Energy，2016，41 (22)：9611-9618.

[139] Lin C K，Huang L H，Chiang L K，et al. Thermal stress analysis of planar solid oxide fuel cell stacks：Effects of sealing design [J]. Journal of Power Sources，2009，192 (2)：515-524.

[140] Singh R N. Sealing technology for solid oxide fuel cells (SOFC) [J]. International Journal of Applied Ceramic Technology，2007，4 (2)：134-144.

[141] Nielsen K A，Solvang M，Nielsen S B L，et al. Glass composite seals for SOFC application [J]. Journal of the European Ceramic Society，2007，27 (2/3)：1817-1822.

[142] Duquette J，Petric A. Silver wire seal design for planar solid oxide fuel cell stack [J]. Journal of Power Sources，2004，137 (1)：71-75.

[143] Chou Y S，Stevenson J W. Novel silver/mica multilayer compressive seals for solid-oxide fuel cells：The effect of thermal cycling and material degradation on leak behavior [J]. Journal of Materials Research，2003，18 (9)：2243-2250.

[144] Singh P，Yang Z，Viswanathan V，et al. Observations on the structural degradation of silver during simultaneous exposure to oxidizing and reducing environments [J]. Journal of Materials Engineering and Performance，2004，13 (3)：287-294.

[145] Chou Y S，Stevenson J W，Singh P. Thermal cycle stability of a novel glass-mica composite seal for solid oxide fuel cells：Effect of glass volume fraction and stresses [J]. Journal of Power Sources，2005，152：168-174.

[146] Venkataraman V，Pérez-Fortes M，Wang L，et al. Reversible solid oxide systems for energy and chemical applications-Review & perspectives [J]. Journal of Energy Storage，2019，24：100782.

[147] Wendel C H，Braun R J. Design and techno-economic analysis of high efficiency reversible solid oxide cell systems for distributed energy storage [J]. Applied Energy，2016，172：118-131.

[148] Hauch A，Jensen S H，Bilde-Sørensen J B，et al. Silica segregation in the Ni/YSZ electrode [J]. Journal of the Electrochemical Society，2007，154 (7)：A619.

[149] Sun X，Chen M，Liu Y L，et al. Life time performance characterization of solid oxide electrolysis cells for hydrogen production [J]. ECS Transactions，2015，68 (1)：3359.

[150] Turner J A. Sustainable hydrogen production [J]. Science，2004，305 (5686)：972-974.

[151] Chen K. Materials degradation of solid oxide electrolysis cells [J]. Journal of The Electrochemical Society，2016，163 (11)：F3070.

[152] Menzler N H，Sebold D，Guillon O. Post-test characterization of a solid oxide fuel cell stack operated for more than 30000 hours：The cell [J]. Journal of Power Sources，2018，374：69-76.

[153] Blum L，De Haart L G J，Malzbender J，et al. Anode-supported solid oxide fuel cell achieves 70000 hours of continuous operation [J]. Energy Technology，2016，4 (8)：939-942.

[154] Fang Q，Blum L，Menzler N H，et al. Solid oxide electrolyzer stack with 20000 h of operation [J]. ECS Transactions，2017，78 (1)：2885.

[155] Frey C E，Fang Q，Sebold D，et al. A detailed post mortem analysis of solid oxide electrolyzer cells after long-term

stack operation [J]. Journal of The Electrochemical Society，2018，165（5）：F357.

[156] Moçoteguy P，Brisse A. A review and comprehensive analysis of degradation mechanisms of solid oxide electrolysis cells [J]. International Journal of Hydrogen Energy，2013，38（36）：15887-15902.

[157] Tietz F，Sebold D，Brisse A，et al. Degradation phenomena in a solid oxide electrolysis cell after 9000 h of operation [J]. Journal of Power Sources，2013，223：129-135.

[158] Laguna-Bercero M A，Orera V M. Micro-spectroscopic study of the degradation of scandia and ceria stabilized zirconia electrolytes in solid oxide electrolysis cells [J]. International Journal of Hydrogen Energy，2011，36（20）：13051-13058.

[159] Lay-Grindler E，Laurencin J，Villanova J，et al. Degradation study by 3D reconstruction of a nickel-yttria stabilized zirconia cathode after high temperature steam electrolysis operation [J]. Journal of Power Sources，2014，269：927-936.

[160] Hoerlein M P，Riegraf M，Costa R，et al. A parameter study of solid oxide electrolysis cell degradation：Microstructural changes of the fuel electrode [J]. Electrochimica Acta，2018，276：162-175.

[161] Mawdsley J R，Carter J D，Kropf A J，et al. Post-test evaluation of oxygen electrodes from solid oxide electrolysis stacks [J]. International Journal of Hydrogen Energy，2009，34（9）：4198-4207.

[162] Schefold J，Brisse A，Tietz F. Nine thousand hours of operation of a solid oxide cell in steam electrolysis mode [J]. Journal of The Electrochemical Society，2011，159（2）：A137.

[163] The D，Grieshammer S，Schroeder M，et al. Microstructural comparison of solid oxide electrolyser cells operated for 6100 h and 9000 h [J]. Journal of Power Sources，2015，275：901-911.

[164] Wu T，Zhang W，Li Y，et al. Micro-/nanohoneycomb solid oxide electrolysis cell anodes with ultralarge current tolerance [J]. Advanced Energy Materials，2018，8（33）：1802203.

[165] Kim S J，Kim K J，Choi G M. Effect of $Ce_{0.43}Zr_{0.43}Gd_{0.1}Y_{0.04}O_{2-\delta}$ contact layer on stability of interface between GDC interlayer and YSZ electrolyte in solid oxide electrolysis cell [J]. Journal of Power Sources，2015，284：617-622.

[166] 科学技术振兴机构低碳社会战略中心. 固体氧化物燃料电池系统-水蒸气电解的应用和技术开发课题，关于制定低碳社会政策的提案书 [Z]. 2017，4：1-13.

[167] 科学技术振兴机构低碳社会战略中心. 制氢技术中燃料电池（SOFC PEFC）的作用-固体氧化物燃料电池系统，关于制定低碳社会政策的提案书 [Z]，2018，5：1-10.

[168] Akins J E. The oil crisis：This time the wolf is here [J]. Foreign Affairs，1973，51（3）：462-490.

[169] Hartgen D T，Neveu A J. The 1979 Energy Crisis：Who Conserved How Much？ [R]. Transportation Research Board Special Report，1980（191）.

[170] Bockris J O M. A hydrogen economy [J]. Science，1972，176（4041）：1323.

[171] Barreto L，Makihira A，Riahi K. The hydrogen economy in the 21st century：A sustainable development scenario [J]. International Journal of Hydrogen Energy，2003，28（3）：267-284.

[172] Doenitz W，Schmidberger R，Steinheil E，et al. Hydrogen production by high temperature electrolysis of water vapour [J]. International Journal of Hydrogen Energy，1980，5（1）：55-63.

[173] Doenitz W，Schmidberger R. Concepts and design for scaling up high temperature water vapour electrolysis [J]. International Journal of Hydrogen Energy，1982，7（4）：321-330.

[174] Dönitz W，Erdle E，Schaumm R，et al. Recent advances in the development of high-temperature electrolysis technology in Germany [J]. Adv Hydrog Energy，1988，6：65-73.

[175] Dönitz W，Dietrich G，Erdle E，et al. Electrochemical high temperature technology for hydrogen production or direct electricity generation [J]. International Journal of Hydrogen Energy，1988，13（5）：283-287.

[176] Zahid M，Brisse A，Hauch A，et al. Highly efficient high temperature hydrogen production by water electrolysis（Hi2H2）[C] //2008 Fuel Cell Seminar&Exposition. 2008：RDP42a-3.

[177] Hi2H2. Highly efficient，high temperature，hydrogen production by water electrolysis [Z/OL]. http：//www. hi2h2. com/.

[178] Petipas F，Brisse A，Bouallou C. Model-based behaviour of a high temperature electrolyser system operated at various loads [J]. Journal of Power Sources，2013，239：584-595.

[179] European Commission. Relhy，final report summary -RELHY（Innovative solid oxide electrolyser stacks for efficient and reliable hydrogen production）[R/OL]. https：//cordis. europa. eu/project/id/213009/reporting/.

［180］ Mougin J，Mansuy A，Chatroux A，et al. Enhanced performance and durability of a high temperature steam electrolysis stack ［J］. Fuel Cells，2013，13（4）：623-630.

［181］ Lefebvre-Joud F，Brisse A，Bowen J，et al. Durability and effciency of high temperature steam electrolysis as studied in the RelHy project ［C］//18th World Hydrogen Energy Conference 2010. 2010.

［182］ Ebbesen S D，Høgh J，Nielsen K A，et al. Durable SOC stacks for production of hydrogen and synthesis gas by high temperature electrolysis ［J］. International Journal of Hydrogen Energy，2011，36（13）：7363-7373.

［183］ Relhy. Innovative solid oxide electrolyser stacks for efficient and reliable hydrogen production ［R］.

［184］ FORTH/ICE-HT. Development of new electrode materials and understanding of degradation mechanisms on solid oxide high temperature electrolysis cells ［Z/OL］. http：//selysos. iceht. forth. gr/index. php/.

［185］ DTU. Efficient Co-electrolyser for efficient renewable energy storage ［Z/OL］. http：//www. eco-soec-project. eu/.

［186］ GrlnHy. Green industrial hydrogen via reversible high-temperature electrolysis ［Z/OL］. http：//www. green-industrial-hydrogen. com/home/.

［187］ Hauch A，Brodersen K，Chen M，et al. Ni/YSZ electrodes structures optimized for increased electrolysis performance and durability ［J］. Solid State Ionics，2016，293：27-36.

［188］ Hauch A，Brodersen K，Chen M，et al. A decade of improvements for solid oxide electrolysis cells. long-term degradation rate from 40%/Kh to 0. 4% Kh ［C］//ECS Meeting Abstracts. Bristol：IOP Publishing，2016 （39）：2861.

［189］ Blum L，De Haart L G J B，Malzbender J，et al. Recent results in Jülich solid oxide fuel cell technology development ［J］. Journal of Power Sources，2013，241：477-485.

［190］ Schefold J，Brisse A，Tietz F. Nine thousand hours of operation of a solid oxide cell in steam electrolysis mode ［J］. Journal of The Electrochemical Society，2011，159（2）：A137.

［191］ Fang Q，Packbier U，Blum L. Long-term tests of a Jülich planar short stack with reversible solid oxide cells in both fuel cell and electrolysis modes ［J］. International Journal of Hydrogen Energy，2013，38（11）：4281-4290.

［192］ IAHE. Establishment of IAHE and quarter century of hydrogen movement：Quarter century of hydrogen movement 1974-2000 ［Z］.

［193］ Maskalick N J. High temperature electrolysis cell performance characterization ［J］. International Journal of Hydrogen Energy，1986，11（9）：563-570.

［194］ Metz P D. Development of the Brookhaven National Laboratory integrated test bed for advanced hydrogen technology ［R］. Brookhaven National Lab，Upton，NY（USA），1983.

［195］ National Hydrogen Energy Roadmap Workshop. National hydrogen energy roadmap ［R］.

［196］ Milliken J. Hydrogen，fuel cells and infrastructure technologies program：Multiyear research，development and demonstration plan ［R］. National Renewable Energy Lab.（NREL），Golden，CO（United States），2007.

［197］ Stoots C M. High-temperature co-electrolysis of H_2O and CO_2 for syngas production ［C］//2006 Fuel Cell Seminar，Hawaii. Hawaii：Scitech Connect，2006.

［198］ Ceramatec. Technology ［Z］.

［199］ Sharma V I，Yildiz B. Degradation mechanism in $La_{0.8}Sr_{0.2}CoO_3$ as contact layer on the solid oxide electrolysis cell anode ［J］. Journal of the Electrochemical Society，2010，157（3）：B441.

［200］ MSRI. Hydrogen production electrolyzer technology ［Z］.

［201］ O'Brien J E，Stoots C M，Herring J S，et al. Performance measurements of solid-oxide electrolysis cells for hydrogen production ［J］. Journal of Fuel Cell Science and Technology，2005，2：156.

［202］ Stoots C，O'Brien J，Hartvigsen J. Results of recent high temperature coelectrolysis studies at the Idaho National Laboratory ［J］. International Journal of Hydrogen Energy，2009，34（9）：4208-4215.

［203］ Sohal M S，O'Brien J E，Stoots C M，et al. Critical causes of degradation in integrated laboratory scale cells during high temperature electrolysis ［R］. Idaho National Lab.（INL），Idaho Falls，ID（United States），2009.

［204］ Zhang X，O'Brien J E，O'Brien R C，et al. Improved durability of SOEC stacks for high temperature electrolysis ［J］. International Journal of Hydrogen Energy，2013，38（1）：20-28.

［205］ Zhang X，O'Brien J E，Tao G，et al. Experimental design，operation，and results of a 4 kW high temperature steam electrolysis experiment ［J］. Journal of Power Sources，2015，297：90-97.

［206］ Hino R，Haga K，Aita H，et al. 38. R&D on hydrogen production by high-temperature electrolysis of steam ［J］.

Nuclear Engineering and Design，2004，233（1/3）：363-375.

[207]　Terada A，Iwatsuki J，Ishikura S，et al. Development of hydrogen production technology by thermochemical water splitting IS process pilot test plan [J]. Journal of Nuclear Science and Technology，2007，44（3）：477-482.

[208]　Fujiwara S，Kasai S，Yamauchi H，et al. Hydrogen production by high temperature electrolysis with nuclear reactor [J]. Progress in Nuclear Energy，2008，50（2/6）：422-426.

[209]　Yang C，Jin C，Chen F. Performances of micro-tubular solid oxide cell with novel asymmetric porous hydrogen electrode [J]. Electrochimica Acta，2010，56（1）：80-84.

[210]　Liu Q，Yang C，Dong X，et al. Perovskite $Sr_2Fe_{1.5}Mo_{0.5}O_{6-\delta}$ as electrode materials for symmetrical solid oxide electrolysis cells [J]. International Journal of Hydrogen Energy，2010，35（19）：10039-10044.

[211]　Gopalan S，Mosleh M，Hartvigsen J J，et al. Analysis of self-sustaining recuperative solid oxide electrolysis systems [J]. Journal of Power Sources，2008，185（2）：1328-1333.

[212]　Eguchi K，Hatagishi T，Arai H. Power generation and steam electrolysis characteristics of an electrochemical cell with a zirconia-or ceria-based electrolyte [J]. Solid State Ionics，1996，86：1245-1249.

[213]　Kim J，Ji H I，Dasari H P，et al. Degradation mechanism of electrolyte and air electrode in solid oxide electrolysis cells operating at high polarization [J]. International Journal of Hydrogen Energy，2013，38（3）：1225-1235.

[214]　Yoo J，Woo S K，Yu J H，et al. $La_{0.8}Sr_{0.2}MnO_3$ and（$Mn_{1.5}Co_{1.5}$）O_4 double layer coated by electrophoretic deposition on Crofer22 APU for SOEC interconnect applications [J]. International Journal of Hydrogen Energy，2009，34（3）：1542-1547.

[215]　Koh J H，Yoon D J，Oh C H. Simple electrolyzer model development for high-temperature electrolysis system analysis using solid oxide electrolysis cell [J]. Journal of Nuclear Science and Technology，2010，47（7）：599-607.

[216]　中国氢能源网. 2012 中国燃料电池和氢能报告 [R]. 2012-03-29.

[217]　国务院办公厅. 能源发展战略行动计划（2014-2020 年）[R/OL]. 2014-06-07. http：//www. gov. cn/gongbao/content/2014/content_2781468. htm.

[218]　Wu W，Guan W，Wang W. Contribution of properties of composite cathode and cathode/electrolyte interface to cell performance in a planar solid oxide fuel cell stack [J]. Journal of Power Sources，2015，279：540-548.

[219]　Wang G，Guan W，Miao F，et al. Factors of cathode current-collecting layer affecting cell performance inside solid oxide fuel cell stacks [J]. International Journal of Hydrogen Energy，2014，39（31）：17836-17844.

[220]　Guan W，Wang W G. Electrochemical performance of planar solid oxide fuel cell (SOFC) stacks：From repeat unit to module [J]. Energy Technology，2014，2（8）：692-697.

[221]　宁波索福人能源技术有限公司 [EB/OL].[2023-12-24]. https：//www. sofc. com. cn/.

[222]　浙江氢邦科技有限公司 [BE/OL].[2023-12-24]. http：//www. h2-bank. com/.

[223]　中国科学院宁波材料所. 宁波材料所 SOEC 高温电解水制氢取得重要进展 [EB/OL].[2023-12-24]，http：//www. nimte. ac. cn/news/progress/201404/t20140430_4104563. html.

[224]　Liu Z，Han B，Lu Z，et al. Efficiency and stability of hydrogen production from seawater using solid oxide electrolysis cells [J]. Applied Energy，2021，300：117439.

[225]　Liu Z，Han B，Zhao Y，et al. Reversible cycling performance of a flat-tube solid oxide cell for seawater electrolysis [J]. Energy Conversion and Management，2022，258：115543.

[226]　陈建颖，曾凡蓉，王绍荣，等. 固体氧化物燃料电池关键材料及电池堆技术 [J]. 化学进展，2011，23（02）：463-469.

[227]　Shao L，Wang S，Qian J，et al. Optimization of the electrode-supported tubular solid oxide cells for application on fuel cell and steam electrolysis [J]. International Journal of Hydrogen Energy，2013，38（11）：4272-4280.

[228]　Yu B，Zhang W Q，Chen J，et al. Advance in highly efficient hydrogen production by high temperature steam electrolysis [J]. Science in China Series B：Chemistry，2008，51（4）：289-304.

[229]　Yu B，Zhang W Q，Xu J M，et al. Status and research of highly efficient hydrogen production through high temperature steam electrolysis at INET [J]. International Journal of Hydrogen Energy，2010，35（7）：2829-2835.

[230]　张文强，于波，陈靖，等. 高温固体氧化物电解制氢技术 [J]. 化学进展，2008，20（5）：778.

[231]　葛奔，艾德生，林旭平，等. 固体氧化物电解池技术应用研究进展 [J]. 科技导报，2017，35（8）：37-46.

[232] 赵晨欢，张文强，于波，等. 固体氧化物电解池 [J]. 化学进展，2016，28 (8)：1265-1288.

[233] Wang Y，Yang Z，Han M，et al. Optimization of $Sm_{0.5}Sr_{0.5}CoO_{3-\delta}$-infiltrated YSZ electrodes for solid oxide fuel cell/electrolysis cell [J]. RSC Advances，2016，6 (113)：112253-112259.

[234] Yang Z，Jin C，Yang C，et al. $Ba_{0.9}Co_{0.5}Fe_{0.4}Nb_{0.1}O_{3-\delta}$ as novel oxygen electrode for solid oxide electrolysis cells [J]. International Journal of Hydrogen Energy，2011，36 (18)：11572-11577.

[235] El-Emam R S，Ozcan H，Dincer I. Comparative cost evaluation of nuclear hydrogen production methods with the Hydrogen Economy Evaluation Program (HEEP) [J]. International Journal of Hydrogen Energy，2015，40 (34)：11168-11177.

[236] Ni M，Leung M K H，Leung D Y C. Energy and exergy analysis of hydrogen production by solid oxide steam electrolyzer plant [J]. International Journal of Hydrogen Energy 2007，32 (18)：4648-4660.

[237] T-raissi A，Block D L. Hydrogen：Automotive fuel of the future [J]. IEEE Power and Energy Magazine，2004，2 (6)：40-45.

[238] Rivera-Tinoco R，Mansilla C，Bouallou C. Competitiveness of hydrogen production by High Temperature Electrolysis：Impact of the heat source and identification of key parameters to achieve low production costs [J]. Energy conversion and Management，2010，51 (12)：2623-2634.

[239] DOE. DOE technical targets for hydrogen production from electrolysis [EB/OL]. [2023-12-24]. https：//energy. gov/eere/fuelcells/doe-technical-targets-hydrogen-production-electrolysis/.

[240] Agency I R E. Green hydrogen cost reduction：Scaling up electrolysers to meet the 1.5℃ climate goal [R]. In International Renewable Energy Agency Abu Dhabi，United Arab Emirates：2020.

[241] Huang J. Yu Z，Tang J，et al. A review on anion exchange membranes for fuel cells：Anion-exchange polyelectrolytes and synthesis strategies [J]. International Journal of Hydrogen Energy，2022，47 (65)：27800-27820.

[242] Wang J，Zhao Y，Setzler B P，et al. Poly (aryl piperidinium) membranes and ionomers for hydroxide exchange membrane fuel cells [J]. Nature Energy，2019，4 (5)：392-398.

[243] Chen N，Wang H H，Kim S P，et al. Poly (fluorenyl aryl piperidinium) membranes and ionomers for anion exchange membrane fuel cells [J]. Nature Communications，2021，12 (1)：1-12.

[244] Chen N，Lu C，Li Y，et al. Tunable multi-cations-crosslinked poly (arylene piperidinium)-based alkaline membranes with high ion conductivity and durability [J]. Journal of Membrane Science，2019，588：117120.

[245] Pan J，Chen C，Li Y，et al. Constructing ionic highway in alkaline polymer electrolytes [J]. Energy Environ Sci，2014，7 (1)：354-360.

[246] Henkensmeier D，Najibah M，Harms C，et al. Overview：State-of-the art commercial membranes for anion exchange membrane water electrolysis [J]. Journal of Electrochemical Energy Conversion and Storage，2021，18 (2)：024001.

[247] Motealleh B，Liu Z，Masel R I，et al. Next-generation anion exchange membrane water electrolyzers operating for commercially relevant lifetimes [J]. International Journal of Hydrogen Energy，2021，46 (5)：3379-3386.

[248] Gangrade A S，Cassegrain S，Ghosh P C，et al. Permselectivity of ionene-based，Aemion® anion exchange membranes [J]. Journal of Membrane Science，2022，641：119917.

[249] Lee W-H，Park E J，Han J，et al. Poly (terphenylene) anion exchange membranes：The effect of backbone structure on morphology and membrane property [J]. ACS Macro Letter，2017，6 (5)：566-570.

[250] Meek K M，Antunes C M，Strasser D，et al. High-throughput anion exchange membrane characterization at NREL [J]. ECS Transactions，2019，92 (8)：723.

[251] Duan Q，Ge S，Wang C -Y. Water uptake，ionic conductivity and swelling properties of anion-exchange membrane [J]. Journal of Power Sources，2013，243：773-778.

[252] Wu X，Scott K. A polymethacrylate-based quaternary ammonium OH^- ionomer binder for non-precious metal alkaline anion exchange membrane water electrolysers [J]. Journal of Power Sources，2012，214：124-129.

[253] Faid A，Oyarce Barnett A，Seland F，et al. Highly active nickel-based catalyst for hydrogen evolution in anion exchange membrane electrolysis [J]. Catalysts，2018，8 (12)：614.

[254] Patil R B，Mantri A，House S D，et al. Enhancing the performance of Ni-Mo alkaline hydrogen evolution electrocatalysts with carbon supports [J]. ACS Applied Energy Materials，2019，2 (4)：2524-2533.

[255] Abbasi R，Setzler B P，Lin S，et al. A roadmap to low-cost hydrogen with hydroxide exchange membrane

electrolyzers [J]. Adv Mater, 2019, 31 (31): e1805876.

[256] Koshikawa H, Murase H, Hayashi T, et al. Single nanometer-sized NiFe-layered double hydroxides as anode catalyst in anion exchange membrane water electrolysis cell with energy conversion efficiency of 74.7% at 1.0A · cm^{-2} [J]. ACS Catalysis, 2020, 10 (3): 1886-1893.

[257] Xu D, Stevens M B, Cosby M R, et al. Earth-abundant oxygen electrocatalysts for alkaline anion-exchange-membrane water electrolysis: Effects of catalyst conductivity and comparison with performance in three-electrode cells [J]. ACS Catalysis, 2018, 9 (1): 7-15.

[258] Burke M S, Zou S, Enman L J, et al. Revised oxygen evolution reaction activity trends for first-row transition-metal (Oxy) hydroxides in alkaline media [J]. J Phys Chem Lett, 2015, 6 (18): 3737-3742.

[259] Jeon S S, Lim J, Kang P W, et al. Design principles of NiFe-layered double hydroxide anode catalysts for anion exchange membrane water electrolyzers [J]. ACS Appl Mater Interfaces, 2021, 13 (31): 37179-37186.

[260] Chen P, Hu X. High-efficiency anion exchange membrane water electrolysis employing non-noble metal catalysts [J]. Advanced Energy Materials, 2020, 10 (39) 2002285.

[261] Wang L, Weissbach T, Reissner R, et al. High performance anion exchange membrane electrolysis using plasma-sprayed, non-precious-metal electrodes [J]. ACS Applied Energy Materials, 2019, 2 (11): 7903-7912.

[262] Park Y S, Jang M J, Jeong J, et al. Hierarchical chestnut-burr like structure of copper cobalt oxide electrocatalyst directly grown on Ni foam for anion exchange membrane water electrolysis [J]. ACS Sustainable Chemistry & Engineering, 2020, 8 (6): 2344-2349.

[263] Lee J, Jung H, Park Y S, et al. Corrosion-engineered bimetallic oxide electrode as anode for high-efficiency anion exchange membrane water electrolyzer [J]. Chemical Engineering Journal, 2021, 420: 127670.

[264] Wen Q, Yang K, Huang D, et al. Schottky heterojunction nanosheet array achieving high-current-density oxygen evolution for industrial water splitting electrolyzers [J]. Advanced Energy Materials, 2021, 11 (46): 2102353.

[265] Razmjooei F, Morawietz T, Taghizadeh E, et al. Increasing the performance of an anion-exchange membrane electrolyzer operating in pure water with a nickel-based microporous layer [J]. Joule, 2021, 5 (7): 1776-1799.

[266] Xu Q, Zhang L, Zhang J, et al. Anion exchange membrane water electrolyzer: Electrode design, lab-scaled testing system and performance evaluation [J]. Energy Chem, 2022, 4 (5): 100087.

[267] Vincent I, Kruger A, Bessarabov D. Development of efficient membrane electrode assembly for low cost hydrogen production by anion exchange membrane electrolysis [J]. International Journal of Hydrogen Energy, 2017, 42 (16): 10752-10761.

[268] Hnát J, Plevova M, Tufa, R A, et al. Development and testing of a novel catalyst-coated membrane with platinum-free catalysts for alkaline water electrolysis [J]. International Journal of Hydrogen Energy, 2019, 44 (33): 17493-17504.

[269] Park J E, Kang S Y, Oh S-H, et al. High-performance anion-exchange membrane water electrolysis [J]. Electrochimica Acta, 2019, 295: 99-106.

[270] Lee S A, Kim J, Kwon K C, et al. Anion exchange membrane water electrolysis for sustainable large-scale hydrogen production [J]. Carbon Neutralization, 2022, 1 (1): 26-48.

[271] Pavel C C, Cecconi F, Emiliani C, et al. Highly efficient platinum group metal free based membrane-electrode assembly for anion exchange membrane water electrolysis [J]. Angewandte Chemie International Edition, 2014, 53 (5): 1378-1381.

[272] Zignani S C, Faro M L, Carbone A, et al. Performance and stability of a critical raw materials-free anion exchange membrane electrolysis cell [J]. Electrochimica Acta, 2022, 413: 140078.

[273] Parrondo J, Arges C G, Niedzwiecki M, et al. Degradation of anion exchange membranes used for hydrogen production by ultrapure water electrolysis [J]. Rsc Advances, 2014, 4 (19): 9875-9879.

[274] Gardner G, Al-Sharab J, Danilovic N, et al. Structural basis for differing electrocatalytic water oxidation by the cubic, layered and spinel forms of lithium cobalt oxides [J]. Energy & Environmental Science, 2016, 9 (1): 184-192.

[275] Motz A R, Li D, Keane A, et al. Performance and durability of anion exchange membrane water electrolyzers using down-selected polymer electrolytes [J]. Journal of Materials Chemistry A, 2021, 9 (39): 22670-22683.

[276] Jang M J, Yang S H, Park M G, et al. Efficient and durable anion exchange membrane water electrolysis for a

第二篇 氢的制取

commercially available electrolyzer stack using alkaline electrolyte [J]. ACS Energy Letters, 2022, 7 (8): 2576-2583.

[277] Park Y S, Jeong J, Noh Y, et al. Commercial anion exchange membrane water electrolyzer stack through non-precious metal electrocatalysts [J]. Applied Catalysis B: Environmental, 2021, 292: 120170.

[278] Enapter [EB/OL]. [2023-12-24]. www. enapter. com.

[279] 美国能源部氢计划 [EB/OL]. [2023-12-24] www. hydrogen. energy. gov.

[280] Li C, Baek J-B. The promise of hydrogen production from alkaline anion exchange membrane electrolyzers [J]. Nano Energy, 2021, 87: 106162.

[281] Schalenbach M, Tjarks G, Carmo M, et al. Acidic or alkaline? Towards a new perspective on the efficiency of water electrolysis [J]. Journal of The Electrochemical Society, 2016, 163 (11): F3197.

[282] Ito H, Kawaguchi N, Someya S, et al. Pressurized operation of anion exchange membrane water electrolysis [J]. Electrochimica Acta, 2019, 297: 188-196.

[283] Bock C, MacDougall B. Novel method for the estimation of The electroactive Pt area [J]. Journal of The Electrochemical Society. 2003, 150 (8): E377.

[284] Ito H, Kawaguchi N, Someya S, et al. Experimental investigation of electrolytic solution for anion exchange membrane water electrolysis [J]. International Journal of Hydrogen Energy, 2018, 43 (36): 17030-17039.

[285] Liu J, Kang Z, Li D, et al. Elucidating the role of hydroxide electrolyte on anion-exchange-membrane water electrolyzer performance [J]. Journal of The Electrochemical Society, 2021, 168 (5): 054522.

[286] Cho M K, Park H -Y, Lee H J, et al. Alkaline anion exchange membrane water electrolysis: Effects of electrolyte feed method and electrode binder content [J]. Journal of Power Sources, 2018, 382: 22-29.

[287] Carbone A, Zignani S C, Gatto, I, et al. Assessment of the FAA3-50 polymer electrolyte in combination with a $NiMn_2O_4$ anode catalyst for anion exchange membrane water electrolysis [J]. International Journal of Hydrogen Energy, 2020, 45 (16): 9285-9292.

[288] Khataee A, Shirole A, Jannasch P, et al. Anion exchange membrane water electrolysis using Aemion™ membranes and nickel electrodes [J]. Journal of Materials Chemistry A, 2022, 10 (30): 16061-16070.

[289] Development of the most cost-efficient hydrogen production uint based on anion exchange membrane electrolysis [EB/OL]. [2023-12-24], www. sintef. no/projectweb/channel-fch/.

第 7 章

其他电解水制氢

7.1 电解海水制氢

海水是世界上最为丰富的资源，也是通过电解水制氢的理想资源。海水资源相对于淡水资源几乎可被认为是无限的资源，并且世界上的沿海干旱地区有充足的太阳能发电和风力发电的潜力。利用海岸线附近的弃风、弃光资源产生可再生的电力直接驱动海水裂解制氢，不仅能产出可再生的清洁能源氢气，缓解能源危机；还能有效地节约淡水资源，缓解水资源的危机，对促进社会全面可持续发展具有重大意义[1]。

7.1.1 电解海水制氢概述

与淡水不同，海水的成分非常复杂，涉及的化学物质及元素有 92 种。不同地区的海水中含盐量不一样，且组分也有差异，无机盐含量大约占 3.5%（质量分数），其中 Na^+、Mg^{2+}、Ca^{2+}、K^+、Cl^-、SO_4^{2-} 等离子占据了海水总盐含量的 99% 以上[2]。

海水的电解与纯净水类似，但是电解海水更为复杂，如图 7-1 所示。在电解海水过程中，对于阴极上的析氢反应（HER），随着电解电流的增加，即使海水中的碳酸盐能起到一定的缓冲作用，也很难阻止阴极附近的局部 pH 值升高[4]。与纯净水不同，海水中存在各种

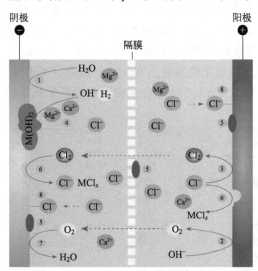

图 7-1　电解海水过程中性能下降的原因[3]

1—析氢 HER；2—析氧 OER；3—析氯；4—表面堵塞；5—沉积和吸附；

6—腐蚀；7—竞争性氧还原；8—活性位点中毒

可溶性阳离子，电极表面局部 pH 值的急剧增加，可能会导致 $Ca(OH)_2$ 和 $Mg(OH)_2$ 的生成并堵塞阴极的活性位点[5]。此外，细菌/微生物和小颗粒可能腐蚀和毒害电极，严重影响电极在海水中的稳定性[6]。对于阳极上的析氧反应（OER），电解海水最大的问题是海水中含有大量的阴离子。根据海水中各阴离子的标准氧化还原电势判断，海水中 Cl^- 或者 Br^- 的氧化可能与水氧化反应进行竞争。但是由于 Br^- 在海水中的含量仅为 0.00087mol/L，几乎可以忽略不计，海水中 Cl^- 的浓度高达 0.5～0.6mol/L。因此在海水的电解过程中 Cl^- 的氧化反应（chlorine evolution reaction，ClER）易与水氧化反应竞争[7]。

7.1.2 电解海水析氢催化剂

由于电解海水具有诸多优势，越来越多的人致力于电解海水的研究，但电解海水析氢的过程中由于海水中杂质的存在，导致其法拉第效率低、运行稳定性差、活性位点堵塞和催化腐蚀等问题，为避免这些问题应该合理地设计用于电解海水的 HER 电催化剂。

7.1.2.1 合金催化剂

到目前为止，Pt 由于其高导电性、低阻抗、Pt—H 键的中等强度和 HER 的快速动力学，成为 HER 的最佳铂族金属（PGM）催化剂，但是 Pt 基电极存在高成本和稳定性差（即使是微量的 Cl^- 也可能导致 Pt 的显著溶解）等问题，阻碍了其在工业化上的大规模应用[8]。为了解决上述问题，目前研究工作将贵金属合金化来减少贵金属的使用量。Zheng[9] 等开发了一种简单的循环伏安沉积法，制备了一种钛负载的 PtM（M=Fe,Co,Ni,Pd）合金电极。此外，还专门测定了 $PtNi_x$ 合金催化剂的活性并探究了 Pt 和 Ni 的化学计量比对催化剂活性的影响。Li[10] 等利用过渡金属制备了 PtRu 合金，用电沉积技术制备了 Pt-Ru-M（M=Cr,Fe,Co,Ni,Mo）催化剂，并进行了全面的表征和评价。在上述研究中，电沉积法制备贵金属和过渡金属合金具有显著的催化活性和长期稳定性。Song 等[11] 报道了 Ni、Fe 合金材料用于电解海水的研究，在 90℃ 的模拟碱性海水溶液（0.5mol/L NaCl＋1mol/L KOH）中，Ni-Fe-C 合金电极 HER 具有最佳的活性。但是该材料与 Pt 等对比，仍有一定的差距。Golgovici 等[12] 以电镀的方式制备了多种 NiMo 合金纳米结构材料，并用于电解海水析氢的研究。在真实的电解海水液中研究了所制备镀层的电催化活性，其极化曲线如图 7-2 所示，17%（质量分数）Mo 材料效果较好。测定的 Tafel 斜率表明，电沉积 NiMo 合金镀层遵循 Volmer 反应步骤控制的 HER 机理。此外，Sarno[13] 报道石墨烯负载 NiRuIr 合金材料在海水中的析氢反应稳定性良好。Wang[14] 采用等离子体技术合成了难熔高熵合金纳米复合材料，其研究表明 TiNbTaCrMo 合金在海水中析氢效果较好。

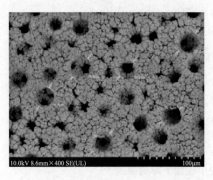
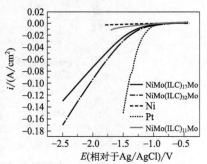

图 7-2　Ni-Mo 型合金材料微观结构及其海水中的析氢性能测试[12]

7.1.2.2　磷化物催化剂

磷化物在海水中的电化学报道较多。Yan 等[15]报道了在泡沫 Ni 上生长 Co/Fe，再磷化制备而得 NiCoFeP@NiCoP/NF 复合材料。该材料 pH 耐受性较好，可作为 pH 值通用型电催化剂，其对模拟海水具有较高的电催化性能。该催化剂在碱性、酸性和中性水溶液中的过电位分别为 77mV、136mV 和 184mV。其在模拟海水中也具有较好的稳定性（超过 10h）和 90.5% 的法拉第效率。Ma 等[16]报道了对 CoMoP 在 C 材料上负载的催化剂效果，其试验和理论研究表明，载体材料能够有效改善 CoMoP@C 催化活性材料的表面电子情况，有助于改善过渡态的能量。由于该文中的 CoMoP 是提前制备的，只是分散负载于 N—C 材料上，这更能说明载体对催化活性材料的影响。此外，在真实的海水中，CoMoP@C 催化性能稳定，法拉第效率高达 92.5%，而 20%Pt/C 的 HER 活性则在 4h 后显著降低。CoMoP@C 的稳定性应归因于中心晶核上 H 的低自由能和外层 N 掺杂 C 壳层的多重作用（特别是强的 H^+ 吸收行为）。此外，NiFeP[17]、Ni_2P-Fe_2P[18]、Fe_2P[19] 作为双功能催化剂都被报道用于海水的析氢和析氧反应的研究。Fe 掺杂的 Co_2P[20]、CoP 纳米阵列[21]也被用于宽 pH 范围电解质的析氢反应研究。

除了 Co、Ni 磷化物以外，Xie 等[22]的报道围绕 MoP 的 HER 催化活性研究而展开，其报道了 MoP_2/MoP 双活性纳米结构催化剂材料的制备。如图 7-3，MoP_2/MoP 在 1mol/L PBS 的活性与商品化 Pt/C 催化剂材料接近。测试了其在海水中的稳定性，其稳定性保持较 Pt/C 有明显优势。

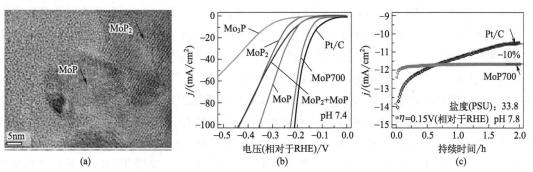

图 7-3　MoP_2/MoP 纳米材料的微观形貌（a）、在 1mol/L PBS 中的 HER 活性测试（b）和在海水中的稳定性测试（c）[22]

7.1.2.3　氮化物催化剂

金属氮化物，特别是氮化镍是近年来较受关注的 HER 材料。Jin 等[23]报道制备了封装在碳壳中的氮化镍催化剂（Ni-SN@C），该催化剂在碱性海水中的 HER 性能达到 $\eta_{10} = 23mV$ 的效果，优于 Pt/C 催化剂。Zang 等[24]报道了原子分散的 Ni 镶嵌于 g-C_3N_4 中形成 Ni 配位化合物（Ni-N_3），其被用于碱性淡水和碱性海水的电解析氢反应，η_{10} 分别为 102mV 和 139mV。除了镍的氮化物以外，钼的氮化物也被用于电解海水析氢反应研究。Miao[25] 将 MoN 封装于 BN 掺杂的碳纳米管中，提高了其在复杂环境中抗结块和抗中毒能力。相对于酸性、碱性和磷酸盐中性缓冲液，该材料在中性天然海水中，性能与 Pt/C 最接近，同时 16h 测试的恒电压稳定性良好。在 Jin[26] 的报道中，采用了 2D-Mo_5N_6 催化剂，其在天然海水中的 HER 极化曲线优于 Pt/C 催化剂。此外，其恒电压电解测试 100h 仍几乎能保持 100%，而 Pt/C 只能保持 5%。

7.1.2.4 硫化物催化剂

Xie 等[27]报道了在 V_2C 上负载 VS_2 纳米片而制备的 $VS_2@V_2C$ 在电解水析氢中的应用。如图 7-4 所示，该催化剂在 1mol/L KOH 溶液中的 HER 活性超过了 Pt/C 的活性。催化剂在海水中进行了 200h 的稳定性测试未见明显衰减。采用 30cm×30cm 太阳能电池进行了模拟实际条件下的电解测试，其法拉第效率达到了 99.2%。DFT 计算认为其优良的电解催化效果是由于两种材料相互协同增强催化而实现的。

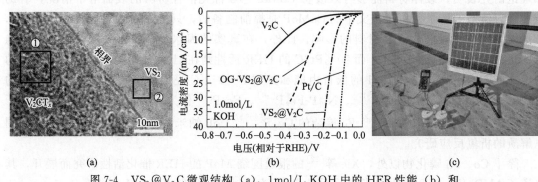

图 7-4 $VS_2@V_2C$ 微观结构 (a)、1mol/L KOH 中的 HER 性能 (b) 和
太阳能发电电解海水中的试验 (c)[27]

Zhao 等[28]报道过用 Co 掺杂 VS_2 纳米片用于模拟海水中的 HER 研究，其 $\eta_{10} = 576mV$。Co 的加入不仅可以降低其析氢过电位，还能明显增强 VS_2 纳米片在恒电压稳定性测试中的性能。MoS_2 是另一种较为常用的硫化物 HER 材料。Cheng 等[29]采用超声混合主导方法制备了球-壳型 $MoS_2@CoO$ 复合催化剂，该材料用于宽 pH 值范围内的测试表明其适应性能良好。可用于天然水中的 OER 和 HER。Li 等[30]的三明治 $Ni_3S_2@Ni$ 泡沫（NMN-NF）催化剂通过堆叠 Ni_3S_2 涂层作为顶部和底部保护层（氯化物防腐），并将 MoS_2 作为夹层，其在碱性海水中的析氢反应稳定性得到明显提升。Huang 等[31]制备的 3D 碳纤维支撑的掺铁 MoS_2 纳米电极阵列能够在缓冲海水中实现 10mA/cm² 的电流密度时、过电位只有 119mV 的良好效果。铼（Re）也被用于电解制氢研究，少层 Td-ReS_2 异质结纳米材料在各种海水中的 HER 反应表明[32]，催化材料在不同海水中的效率不同。理论计算和实验表明，阳离子空位有利于 H⁺ 的吸附，因为 H⁺ 的吸附能最低。纳米片在较宽的盐度范围内可提供超过 12h 的稳定性能。这种有效的海水制氢策略可以推广到其他二维材料中，实现海水高效产氢。此外，铜的硫化物[33]等在海水 HER 中也有一些报道。

7.1.2.5 其他催化剂

金属硒化物：Zhao[34]报道了硒化钴为活性组分的电解海水催化材料。通过控制 Co/Se 质量比来控制 Co 物种的电荷状态和催化剂的电催化性能。机理研究表明，高 Co 荷电状态有利于制备的硒化钴电催化剂的析氧反应性能，低 Co 电荷状态有利于析氢反应活性。该电极材料可用于析氢和析氧反应，在 1.8V 下，海水全电解的电流密度达到 10^3 mA/cm²，比相同电压下的传统金属基海水电解槽电流密度高出 3 倍。实验结果表明，硒化钴电极的电催化性能明显高于 Ni/Ir-C 和 Ni/Pt-C 电极。

金属氢氧化物：Yang 等[35]合成了 $Ni(OH)_2/NiMoS$ 异质结材料。研究表明，在中性、碱性和海水中，HER 性能主要由 $Ni(OH)_2$ 和 NiMoS 之间的协同界面行为决定，而在酸性溶液中,其性能来自非晶态 NiMoS。说明了氢氧化物对中性及碱性电解液的作用。

金属氧化物:Yang 等[36]报道了镍掺杂钼氧化物的固有 HER 活性可通过热处理诱导的相转变技术得以提高。其中 Ni-MoO$_3$ 的 $\eta_{10}=818mV$,而 Ni-MoO$_2$ 的 $\eta_{10}=412mV$,具有显著的提升作用。这个材料可以用于 Mg/海水电池中。Wu 等[37]采用掺入 Ru 的超低非晶态钴基氧化物(Ru-CoO$_x$/NF)为材料组装的电解槽,在电解碱性水和海水时,2.20V 和 2.62V 的超低电压下实现了 1000mA/cm^2 的电流密度制氢,优于商用 Pt/C 和 RuO$_2$ 催化剂组合。Debnath[38]制备的尖晶石氧化物 CoFe$_2$O$_4$ 在析氢和析氧反应中均表现出了较好的性能。特别是其析氢性能在 88mA/cm^2 的高电流密度下运行 50h 都很稳定。分析表明,其在恒电流运行后,缺陷 O 的数量从 46% 增加到 62%,反而提高了在碱性介质中析氢的活性,其用于电解碱性海水情况也表现良好。

金属硼化物:Zhang 等[39]使用 Ti@NiB 材料模拟海水的 HER,其 $\eta_{10}=149mV$,同时展示出了一定的 OER 催化活性。对其测试的 20mA/cm^2、40h 时的水电解稳定性良好。Li 等[40]报道了以酚醛树脂为碳源的、包裹的 Ni$_x$B/B$_4$C 材料在碱性海水中表现出较好的催化析氢效果。

金属碳化物:Liu 等[41]报道的 AuPdPt-WC/C 纳米复合催化剂在模拟海水溶液中的稳定性优于市售 Pt/C 催化剂。Liu 等[42]报道的 N、P 共掺杂碳纳米纤维上负载 Mo$_2$C/MoP 杂化材料,在海水中发生 HER 时 $\eta_{10}=346mV$,掺杂材料的效果均优于单独使用 Mo$_2$C 或 MoP。

除了上述这些不同类型的材料以外,采用特殊制备的 Pt 材料[43]、改性 IrO$_2$[44]材料也是提高海水析氢和全电解水性能的重要手段。

7.1.3 电解海水析氧催化剂

7.1.3.1 电解海水中阳极面临的问题

(1)析氯反应和析氧反应的竞争

电解水制氢中,阳极的 OER 反应由于在反应过程中需要生成多种中间产物以及涉及多个电子的转移[45,46],造成 OER 反应在反应动力学上的表现比较迟缓。海水中的 Cl$^-$ 浓度为 0.5~0.6mol/L,是海水中含量最多的离子并且 Cl$^-$ 的氧化反应所需要的理论电势与水氧化的理论电势非常接近。虽然 OER 反应相对于析氯反应(ClER)在热力学上有一定的优势,但是 OER 反应是一个复杂多步四电子的反应,需要较高的电压来驱动反应的进行;ClER 反应是一个快速二电子的反应,相比 OER 反应有更快的反应动力学优势[47],因此 ClER 反应易在电解海水的阳极与 OER 反应发生竞争。在不同的 pH 条件下,OER 与 ClER 的反应路径也有所不同。如表 7-1 所示,在酸性电解液中,OER 反应中 H$_2$O 在阳极失去电子生成氧气和质子,ClER 反应中 Cl$^-$ 失去电子生成 Cl$_2$;碱性电解液中,OER 反应中 OH$^-$ 失去电子生成水和氧气,ClER 反应中 Cl$^-$ 则结合 OH$^-$ 失去电子生成 ClO$^-$ 和 H$_2$O。标准大气压下(25℃),水的理论分解电压为 1.23V,而酸性条件(pH 接近 0)下 Cl$^-$ 氧化生成氯气所需要的理论电势(相对于标准氢电极)仅为 1.36V;碱性条件下 Cl$^-$ 氧化生成 ClO$^-$ 所需要的理论电势为 $E_0=1.72V-0.059\times pH$,OER 反应和 ClER 反应理论电压最大差值约为 0.49V[48]。相差极小的理论反应电势以及 ClER 在反应动力学上的优势,表明在电解海水的阳极 ClER 反应很容易和 OER 反应竞争,生成有毒有害的副产物危害财产安全。

第二篇 氢的制取

表 7-1 不同电解质条件下析氯和析氧反应的反应机理

酸性	OER	$2H_2O \longrightarrow 4H^+ + O_2 + 4e^-$
	ClER	$2Cl^- \longrightarrow Cl_2 + 2e^-$
碱性	OER	$4OH^- \longrightarrow 2H_2O + O_2 + 4e^-$
	ClER	$Cl^- + 2OH^- \longrightarrow ClO^- + H_2O + 2e^-$

（2）海水中阳极催化剂使用寿命不足

海水复杂的成分能直接影响催化剂在电解海水中的使用寿命。对于电解海水的阳极，除了催化剂容易在反应过程中被氧化腐蚀，Cl^- 的毒化腐蚀作用也是催化剂循环稳定性降低的重要原因。Cl^- 对于金属基催化剂的毒化腐蚀主要有以下三个步骤[49]：

① 金属通过表面极化的作用吸附 Cl^-，再失去一个电子形成金属-氯吸附态的活性物质（$M + Cl^- \longrightarrow MCl_{ads} + e^-$）；

② 吸附态的金属-氯活性物质进一步与 Cl^- 结合（$MCl_{ads} + Cl^- \longrightarrow MCl_x^-$）；

③ MCl_x^- 与 OH^- 结合并转化生成金属的氢氧化物 $[MCl_x^- + OH^- \longrightarrow M(OH)_x + Cl^-]$。

因此，在电解海水过程中阳极催化剂容易被 Cl^- 毒化，改变催化剂的理化性质以及降低催化剂的反应活性和使用寿命。并且由于 Cl^- 氧化和水氧化所需要的理论电势在碱性的条件下有着最大的差值 490mV，表明碱性电解液是实现选择性析氧、抑制析氯反应的最佳反应介质。而海水中存在着一定量的 Ca^{2+}、Mg^{2+} 等离子，它们的溶度积常数都非常小，当 pH 值大于 9.5 时则会生成氢氧化物的不溶物。这些生成的氢氧化物会吸附在催化剂的表面阻碍电解液与催化剂充分接触和生成气体的快速释放，造成大量活性位点被占用，从而降低催化剂的催化活性和催化效率。此外，海水中微生物的存在也会影响阳极催化剂的使用寿命。因此，开发出在海水体系下稳定工作的阳极催化剂对于电解海水产氢有着重大意义。

7.1.3.2 电解海水阳极催化剂的设计依据

（1）碱性设计准则

析氯反应（ClER）与析氧反应（OER）是电解海水中阳极的竞争反应，合适的操作条件对于海水中阳极选择性析氧、抑制析氯反应非常重要，得到了研究者的广泛关注。Peter Strasser 等在 2016 年以 NiFe LDH 粉末作为阳极催化剂，在 0.1mol/L KOH（pH=13）、0.1mol/L KOH+0.5mol/L NaCl、硼酸缓冲溶液（pH≈9.2）以及含 0.5mol/L NaCl 的硼酸缓冲溶液（pH≈9.2）四种电解液中探究了 OER 和 ClER 反应的电化学行为，并提出了基于动力学和热力学电解海水阳极催化剂的设计准则[48]。如图 7-5（a）所示，Cl^- 的电化学氧化反应会随着温度、电势、pH 等因素变化而变化。当温度固定在 25℃、pH<3 时，Cl^- 的氧化的主要产物是 Cl_2，在低 pH、高电势时也会有少量的 HClO 生成；当 pH 值在 3～7.5 之间时，HClO 是 Cl^- 氧化的产物；当 pH>7.5 时，Cl^- 氧化的产物主要是 ClO^-。此外由图 7-5（b）可以看出，Cl^- 氧化所需要的理论电势始终高于 OER 反应所需要的理论电势。在酸性条件下，Cl^- 的氧化所需要的理论电势和 OER 反应所需的电势相差较小（小于 350mV），较小的电势差值导致海水的阳极选择性电解可操作的电压范围变窄。在这样的电压范围下能达到的 OER 反应的电流密度非常低，即使是高析氧活性的商业化贵金属催化剂 RuO_2 也难达到 $10mA/cm^2$ 的电流密度[50-53]。在酸性条件下，电解海水选择性析氧很难达到满足实际生产的工业级电流密度。而当 pH 值大于 7.5 时，析氯反应和析氧反应所需的理论电势差稳定在 490mV 左右，这也是两个反应所需理论电势之间的最大差值。碱性条件下海水的阳极选择性电解有最大可操作的电压范围，因此碱性电解液是实现海水阳极选择性电解的最佳电解质。当 pH 值大于 7.5 时，在 490mV 内的过电势下，电解海水的阳极可以100% 选择性发生 OER 反应，这便是碱性设计原则。在碱性条件 490mV 内的过电势下，将OER 反应电流密度做到工业级（$400 \sim 1000 mA/cm^2$），对实现海水阳极选择性裂解有重大意义。

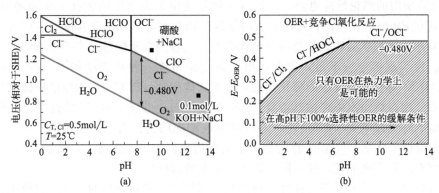

(a)　　　　　　　　　　　(b)

图 7-5　含 Cl^- 电解质的 Pourbaix 图（a）和催化剂在不同 pH 值且含 Cl^- 电解质中 100% 选择性析氧理论允许最大的过电位[48]（b）

基于碱性设计原则，在 490mV 的过电势下 OER 反应电流满足工业生产的需求，这对催化剂的 OER 反应活性提出了非常高的要求。镍铁基的催化剂在不含 Cl^- 的 1mol/L KOH 电解液中对于 OER 反应的催化活性十分优异[54,55]，展现出在电解海水中作为阳极催化剂的巨大应用潜力。如图 7-6(a)，Erwin Reisner 等利用化学浴的方法一步合成了 FeO_x 的纳米粒子[56]。FeO_x 纳米粒子催化剂在碱性模拟海水（0.1mol/L KOH＋0.6mol/L NaCl）电解液中达到 $10mA/cm^2$ 的电流密度所需的过电势为 400mV［图 7-6(b)］，实现了无贵金属的催化剂直接裂解海水，对于海水裂解制氢具有重大意义。

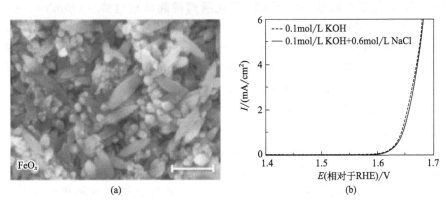

(a)　　　　　　　　　　　(b)

图 7-6　FeO_x 的扫描电镜照片（a）及 FeO_x 纳米粒子在 0.1mol/L KOH 电解液以及

0.1mol/L KOH＋0.6mol/L NaCl 的碱性模拟海水电解液中的析氧性能极化曲线[56]（b）

Liu 和 Qiao 等发现过渡金属铁氰化物中，CN^- 配体作为桥接基团连接相邻的两种不同金属形成立方骨架能结合两种不同金属的优势，提高催化剂在 OER 反应中的催化性能[57]。作者以铁氰化铁和铁氰化钴作为模型催化剂，通过 DFT 分别计算两种催化剂中不同金属作为催化反应活性位点在 OER 和 ClER 反应中吉布斯自由能。结果发现铁氰化铁中处于不同位置的两种铁离子对于 OER 反应需要的理论过电势为 0.61～0.85V；而铁氰化钴中钴离子和铁离子对于 OER 反应需要的理论过电势为 0.46～0.67V，铁氰化铁和铁氰化钴对于 OER 反应所需的理论反应过电势范围为 0.46～0.85V［图 7-7(a)～(c)］。作者也同样计算上述两种催化剂对于 ClER 反应所需要的理论反应过电势范围为 1.12～1.28V［图 7-7(d)～(f)］。显然，对于这种桥联的铁氰化物催化剂来说，OER 反应所需的理论反应电势明显低于 ClER 反应所需的理论反应电势，以铁氰化物作为电解海水阳极催化剂更容易发生 OER 反应而不是 ClER 反应。因此，过渡金属的铁氰化物在理论上非常适合作为电解海水的阳极催化剂。但是由于块状的铁氰化物的导电性很差，缓慢的电子转移速率严重制约了其催化反应的效率。为了改善这一不足，作者提出的策略是构建一种核壳结构催化剂（MHCM-z-BCC），MHCM 薄壳具有良好的催化活性，而碱式碳酸钴（BCC）作为导电核提供快速的电荷转移能力。在自然海水中评估其析氧性能，$10mA/cm^2$ 仅需 350mV 的过电势，远低于析氯反应所需的理论过电势（490mV）。在缓冲溶液调配的自然海水（pH≈8）中将 MHCM-z-BCC 作为阳极催化剂，NiMoS 作为阴极催化剂组成两电极电解海水，能稳定运行 100h 以上且无任何 Cl_2 副产物生成，展现良好的析氧反应的选择性。

为了实现更大电流密度下选择性电解海水，满足工业实际应用的需求，科研工作者对于电解海水制氢中能在大电流密度下选择性析氧的阳极催化剂开展了相关的研究。Sun 等在 2019 年成功制备出 $NF-NiS_x-NiFe-OH$ 复合电极，在碱性模拟海水（1mol/L KOH＋0.5mol/L NaCl）和碱性天然海水中均可在工业级电流密度下（400～1000mA·cm^{-2}）高效选择性析氧且能稳定工作超过 1000h[58]。制备示意图如图 7-8(a) 所示，以泡沫镍为基底、硫粉为硫源，通过水热的方法将泡沫镍表面硫化处理生成硫化镍层，再在硫化镍表面沉积上镍铁氢氧化物，最终成功制备出 $NF-NiS_x-NiFe-OH$ 的复合电极。硫化镍层的厚度为 1～2μm［图 7-8(c)］，镍铁氢氧化物层的厚度约为 200nm［图 7-8(d)］。在碱性模拟海水和碱性海水中，$NF-NiS_x-NiFe-OH$ 的复合电极展现了极优异的析氧反应活性。$400mA/cm^2$ 工业级电流密度下所需过电势仅约为 0.3V，$1500mA/cm^2$ 的超大电流密度下所需的过电势也仅为 380mV，远低于在碱性条件下 Cl^- 氧化所需的起始过电势（490mV）。在 $400mA/cm^2$、$800mA/cm^2$、$1000mA/cm^2$ 的工业级电流密度下均能稳定工作 1000h 以上，析氧反应的法拉第效率始终接近 100％。将制备的 $NF-NiS_x-NiFe-OH$ 的复合电极作为阳极催化剂，$Ni-NiO-Cr_2O_3$ 作为阴极催化剂组成两电极在 80℃、6mol/L KOH＋1.5mol/L NaCl 的高碱、高盐浓度等苛刻的工业生产条件下，仅需 1.72V 的槽压即可在 $400mA/cm^2$ 的大电流密度下稳定工作 1000h 以上且无 Cl^- 氧化产物的生成，在电解海水中展现良好的析氧反应选择性和运行的稳定性。

引入杂原子能有效调控材料的电子结构，进而提高催化剂的电化学活性。过渡金属的氮化物、磷化物、硫化物等在电解水制氢中的应用非常广泛，但是用作电解海水制氢的催化剂却少有报道。2019 年，Ren 等报道了一种由过渡金属氮化物组成的核壳结构的催化剂（图 7-9）。首先通过水热的方法在泡沫镍表面生长镍钼氧化物的纳米棒，将制备的镍钼氧化物在硝酸镍、硝酸铁的溶液中通过共沉淀的方法在镍钼氧化物表面生长镍铁的氢氧化物层，再将得到的材料在氨气的气氛下进行退火处理，成功制备了 NiMoN@NiFeN 核壳结构的催化剂[59]。NiMoN@NiFeN 在电解海水中展现了优异的析氧性能，碱性海水中仅需 227mV、337mV 的低过电势即可达到 $100mA/cm^2$、$500mA/cm^2$ 的工业级电流密度，远低于析氯反应所需的理论反应过电势（490mV）且析氧反应的法拉第效率始终接近 100％。将 NiMoN 催化剂作为电解的阴极也展现出较高的析氢反应活性，仅需 84mV、180mV 的过电势即可

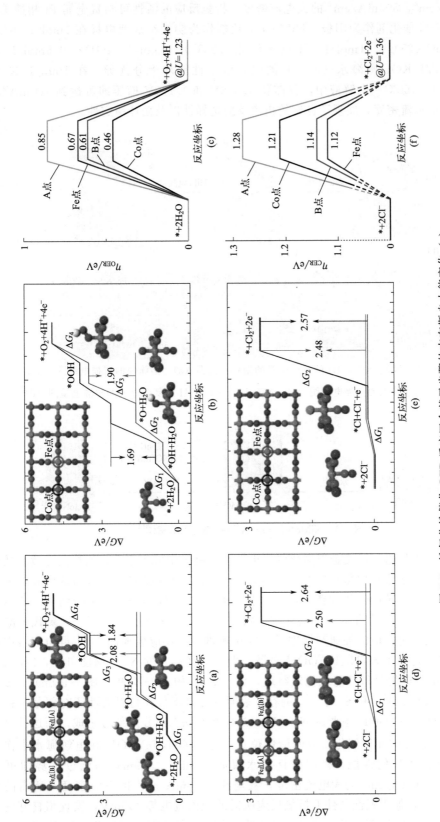

图 7-7　铁氧化铁催化 OER 反应四个基元步骤的吉布斯自由能变化（a）；
铁氧化钴催化 OER 反应四个基元步骤的吉布斯自由能变化（b）；不同反应活性位对于 OER 反应需要的吉布斯自由能（c）；
铁氰化铁催化 CIER 反应四个基元步骤的吉布斯自由能变化（d）；铁氰化钴催化 CIER 反应四个基元步骤的吉布斯自由能变化（e）；
不同反应活性位对于 CIER 需要的吉布斯自由能[57]（f）

第二篇　氢的制取

达到 $100mA/cm^2$、$500mA/cm^2$ 的大电流密度,析氢反应的活性可与贵金属 Pt 相媲美。将 NiMoN@NiFeN 催化剂作为阳极,NiMoN 催化剂作为阴极组成两电极在 1mol/L KOH + 0.5mol/L NaCl(25℃)、1mol/L KOH + 海水 (25℃)、1mol/L KOH + 0.5mol/L NaCl (60℃)、1mol/L KOH + 海水 (60℃) 的电解液中性能均十分优异。在 1mol/L KOH + 0.5mol/L NaCl(60℃) 电解液中,仅需要 1.608V 和 1.709V 槽压即可达到 $100mA/cm^2$、$500mA/cm^2$ 的电流密度,展现了良好的析氧反应选择性以及循环稳定性。

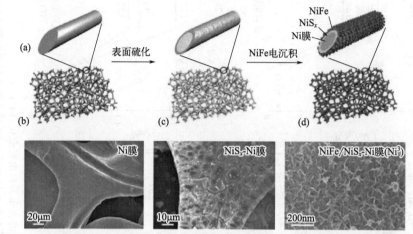

图 7-8　NF-NiS$_x$-NiFe-OH 的复合电极的制备示意图 (a)、泡沫镍的扫描电镜图 (b)、硫化处理后的泡沫镍的扫描电镜图 (c)、NF-NiS$_x$-NiFe-OH 的复合电极的扫描电镜图 (d)[58]

图 7-9　NiMoN@NiFeN 的制备流程示意图[59]

　　Ren 课题组在报道了过渡金属氮化物在电解海水制氢中应用之后,通过向过渡金属中引入硫元素在电解海水中也取得良好的应用效果[60]。作者首先以泡沫镍作为基底和镍源、硝酸铁作为铁源、硫代硫酸钠作为硫源在室温下直接反应,仅需 5min 即可得到多孔硫掺杂镍铁羟基氧化物电极。Fe^{3+} 直接刻蚀泡沫镍($2Fe^{3+} + Ni \longrightarrow 2Fe^{2+} + Ni^{2+}$),硫代硫酸钠不仅作为硫源,还作为反应的加速剂促进反应的快速进行。反应生成的 Fe^{2+} 再与溶液中的溶解氧反应,最终得到了 S-(Ni,Fe)OOH 电极。由图 7-10(a) 的 XRD 谱图可知,S-(Ni,Fe) OOH 主要是由氢氧化镍和羟基氧化铁组成,对于 S 2p 的 XPS 分析 [图 7-10(b)],S 元素主要的存在形式是 SO_4^{2-} 和 S^{2-},S^{2-} 的存在表明 S 元素不仅在材料表面还有部分 S 被引入晶格之中。S-(Ni,Fe)OOH 主要由 $Ni(OH)_2$ 晶体和非晶态组分两部分组成,而这种晶体和非晶态之间的晶界是 OER 催化反应的活性位点[61]。S-(Ni,Fe)OOH 在电解海水中作为阳极催化剂展现出优异的性能,模拟碱性海水仅需 278mV、339mV 的低过电势即可达到 $100mA/cm^2$、$500mA/cm^2$ 的大电流密度,甚至在 $1000mA/cm^2$ 的电流密度下所需的过电势也仅为 378mV,低于碱性条件下析氯反应所需的理论过电势 490mV,展现出良好的析氧反应选择性。由于 Fe^{3+} 直接原位刻蚀泡沫镍生成的整体催化剂 S-(Ni,Fe)OOH 相比于在泡沫镍基底上生长的催化剂，原位刻蚀生长的 S-(Ni,Fe)OOH 有更强的机械稳定性。因此，在电解海水制氢中作为阳极催化剂在 $500mA/cm^2$ 的超大电流密度下能稳定工作超过 100h 且电压变化不到 50mV，展现出良好的抗腐蚀能力和运行的稳定性。

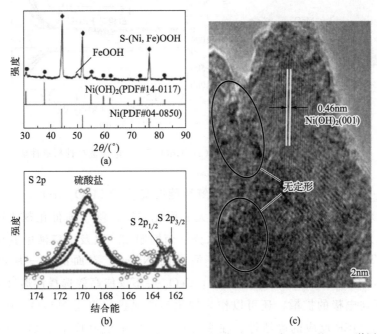

图 7-10 S-(Ni,Fe)OOH 的 XRD 图（a）、S-(Ni,Fe)OOH 中 S 2p 的 XPS 谱图（b）、
S-(Ni,Fe)OOH 的 HRTEM 照片[60]（c）

（2）设置 Cl⁻阻断层

ClER 反应和 OER 反应的理论反应电势最大差值仅为 490mV。为了打破低电压窗口的限制，可以在催化剂表面设置阻断层阻断 Cl⁻和催化剂接触，从而抑制析氯反应。MnO_x 作为 Cl⁻阻断层在含 Cl⁻电解液中的应用最为广泛，最早应用于 DSA 阳极表面作为 Cl⁻的阻断层，在含氯电解质取得了 99% 的析氧反应选择性。随后 γ-MnO_2 作为阻断层在含氯电解质中的应用在不同的电解条件下得到系统的研究：Mn-W[62]、MnMo[63-65]、Mn-Mo-W[66-68]、Mn-Mo-Fe[67,69]、Mn-Mo-S[70,71] 等材料在含氯电解液（0.5mol/L NaCl）中作为阳极催化剂，析氧反应的效率均能够达到 90% 以上。Marc T. M. Koper 等通过在玻碳支撑的氧化铱电极表面沉积上 MnO_2 层 [图 7-11（a）]。在酸性条件下（pH ≈ 0.9）的含氯（30mmol/L）电解液里增强了 OER 反应的选择性，将 ClER 反应的活性由 86% 降到了 7% [图 7-11（b）][72]。氧化铱电极是对于 ClER 反应和 OER 反应都具有高活性的催化剂，MnO_x 层的引入成功地阻碍了 Cl⁻向氧化铱电极表面扩散，而水分子却可以选择性透过 MnO_x 层到达氧化铱电极表面继续进行 OER 反应，并且 MnO_x 层在低电势下并不参与 OER 反应，仅作为 Cl⁻的阻断层阻碍 Cl⁻向电极表面扩散以此来抑制 ClER 反应，提高 OER 反应选择性。

但是 MnO_x 在电压大于 1.6V（相对于标准氢电极）时具有一定的 OER 反应的活性，在更高的电势下也可能成为 ClER 反应的活性位点[73]。并且在酸性条件下，MnO_x 阻断层容易被 H^+ 腐蚀从而破坏催化剂的结构。此外，MnO_x 层的存在也会使水分子向催化剂的

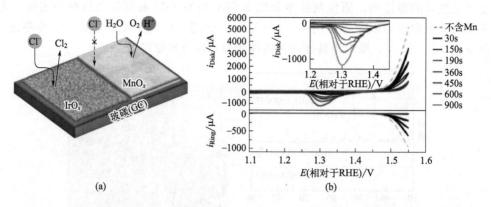

(a)　　　　　　　　　　　　　　(b)

图 7-11　MnO_x-IrO_x 电极的结构示意图 （a）、MnO_x-IrO_x 电极选择性析氧性能图[72] （b）

表面扩散受到一定的限制，IrO_x 电极的析氧性能明显优于 MnO_x-IrO_x。一系列的负面作用使 MnO_x 作为 Cl^- 阻断层的策略还有很大的优化空间。除了向催化剂表面沉积 Cl^- 阻断层之外，CeO_x 层也可以选择性地透过水分子而抑制 Cl^- 以及电解液中其他离子向电极表面扩散。K. Takanabe 等通过向高 OER 活性的 $NiFeO_x$ 表面沉积一层厚度为 $100\sim$ $200nm$ 的 CeO_2 层[74]，如图 7-12（a） 所示，CeO_2 层不仅能高效选择性透过水和氧气抑制 Cl^- 和其他离子向电极的扩散，还可以作为催化剂的保护层阻止 $NiFeO_x$ 中 Fe^{3+} 的脱出，保持催化剂对于 OER 反应的高活性。在 $20mA/cm^2$ 的电流密度下 $CeO_x/NiFeO_x$ 的稳定性远优于 $NiFeO_x$[图 7-12（b）]，表明 CeO_2 层对于提高催化剂在含氯电解质中的稳定性有重要作用。

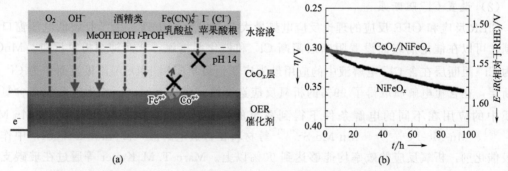

(a)　　　　　　　　　　　　　　(b)

图 7-12　通过沉积CeO_x 在 OER 催化剂上获得的改进的稳定性和选择性 （a） 和
$20mA/cm^2$ 的电流密度下催化剂的稳定性[74] （b）

在 IrO_x 催化剂表面覆盖一层阳离子交换膜 （Nafion） 也可以阻止 Cl^- 向 IrO_x 催化剂表面扩散，在 $0.5mol/L$ $NaCl(pH\approx8.3)$ 的溶液中能高效选择性地发生析氧反应[75]。相比于 MnO_x 层和 CeO_x 层，阳离子交换膜由于其对于 OER 反应以及 ClER 的反应惰性，可以排除阳离子交换膜层发生 OER 以及 ClER 反应。

（3） 构筑 OER 反应活性位和优化反应条件

通过优化催化剂与 OER 反应中间体化学成键设计 OER 反应的活性位点，也能够选择性地进行 OER 反应、抑制 ClER 反应。然而在大部分催化剂中，OER 反应和 ClER 反应有着相同的反应活性位点[73]。Jan Rossmeisl 等对金红石系列氧化物的 110 晶面理论计算的结果表明：该晶面对于 Cl 的吸附能和对 O 的吸附能之间存在线性的尺度效应，且 ClER 相比于 OER 需要更低的理论电势[76]。H. Over 等发现 RuO_2 的 110 晶面上，ClER 的动力学火山图比 OER 反应更平坦。作者认为这是由于 ClER 反应的中间产物数量明显少于 OER 反应的中间产物[77]，ClER 反应和 OER 反应的火山图顶端非常接近，结合线性尺度效应表明在 RuO_2 的 110 晶面上选择性地发生 OER 反应、抑制 ClER 是非常困难的。因此，必须构建新的反应活性位点来打破 OER 和 ClER 之间的线性尺度效应来增强 OER 反应的选择性。Ru 基材料对 OER 和 ClER 均具有高反应活性，且 Ru 基材料更多地被作为 ClER 反应催化剂[78-82]。V. Petrykin 等通过向 RuO_2 的晶体结构中掺入 Zn 物种构筑了新的催化活性位点 Ru-Zn-O，引起了 Zn^{2+} 附近的局部原子重排并优化了局部电子的结构，从而抑制了 OER 反应速控步骤 OOH 的形成[83]。Zn 的掺杂提高了对 OER 反应的活性以及在酸性含氯电解质中 OER 反应的选择性。

钴基材料在中性电解海水中表现优异，在海水选择性电解中得到广泛的关注。在含有磷酸盐和 Co 盐电解质中通过电沉积制备 CoPi 催化剂，作为阳极在含 0.5mol/L NaCl 的磷酸盐缓冲溶液（pH≈7）、0.5mol/L NaCl（pH≈7）电解液中进行电解。发现在 483mV 过电势下，含 0.5mol/L NaCl 的磷酸盐缓冲溶液电解液中电流密度仅比 0.5mol/L NaCl 电解液中的电流密度高 $0.9mA/cm^2$。并且经过 16h 的长时间测试，仅有 2.4% 的电荷参与了 Cl^- 氧化的反应[84]。Yang 等通过将 CoFe LDH 负载在 Ti 基底上，在 pH=8、盐浓度约为 3.5% 的模拟海水中 OER 反应的法拉第效率高达 94%，恒电压电解 8h 仅有 0.06% 的电荷参与 Cl^- 氧化的反应。并且海水中多种离子之间存在协同效应，进一步提高 OER 反应的活性，这是由于多种离子共存于电解液中有利于反应过程中电子的转移[85]。Qiao 等通过调控 Co 和 Se 的比例合成了不同钴硒比例的硒化钴催化剂。以 CoSe-1 为阳极、CoSe-4 为阴极，在磷酸盐缓冲溶液的模拟海水电解液中（pH≈7.09），海水裂解性能明显优于自然海水[34]。

7.1.4 海水制氢示范应用

海水制氢可分为海水直接制氢和海水间接制氢两种不同的技术路线。目前国内外海水制氢示范项目中，大多采用将海水淡化电解制氢的间接制氢路线，海水直接制氢还处于试验阶段。从进展来看，大多数海水制氢项目都是小规模试点，处于拟建或在建阶段。

早在 2019 年，国外企业就开始启动海水制氢项目。荷兰海王星能源公司 2019 年参与建立了全球首个海上绿氢试点项目 PosHYdon，该项目由海上风力涡轮机产生的电力为制氢装置提供动力，将海水转化为软化水，然后通过电解装置电解为氢气和氧气。项目已于 2021 年 7 月开始生产氢气，每天最多可产生 500kg 的绿色氢气。

2020 年初，海上风电＋制氢 Gigastack 项目 2020 获得英国政府 750 万英镑的财政补贴，由世界最大的海上风电开发商 Orsted 运营；2020 年 12 月，西门子歌美飒在丹麦启动了全球首个以"孤岛模式"运行的风电制氢试点项目 Brande Hydrogen，并于 2021 年 1 月开始运行。

2022 年，英国政府向环境资源管理公司（ERM）提供了 860 万英镑的资金，用于 ERM Dolpyn 浮式海风制氢项目，2023 年期间开发了在海上浮动海洋环境中从海水中生产电解氢的系统，并计划在 2025 年之前开发商业规模的示范系统；2022 年 9 月，法国氢技术公司 Lhyfe 启动了其 Sealhyfe 海上制氢平台项目，该平台同时结合了太阳能、风能和波浪能，通过电解海水以获得可再生的绿色氢气。

2022年以来，国内企业正加快在海水制氢领域的布局。11月15日，图灵科创高效海水/碱水电解制氢设备及创新能源利用解决方案首次亮相。其自研的镍基锰化合物电极能够在海水中稳定高效工作，消除目前电解槽行业对纯水的高度依赖，大幅提高制氢设备的环境普适性。11月30日，明阳集团东方CZ9海上风电场示范项目动工，这是海南首个海洋能源立体开发示范项目，将建设成面向无补贴时代"海上风电＋海洋牧场＋海水制氢"立体化海洋能源创新开发示范项目。

2023年1月28日，大连市普兰店区海水制氢产业一体化示范项目正式开工。该项目于2023年10月1日正式建成投产，形成年发电量1.37亿千瓦时绿电和年产2000t的新能源绿氢产能，并在未来三年计划累计投资约30亿元，逐步形成500MW新能源发电、10000t绿氢的产业规模。

2022年11月30日，中国工程院院士谢和平与他指导的四川大学、深圳大学博士生团队在 Nature 上发表论文，以物理力学与电化学相结合的全新思路，建立了相变迁移驱动的海水无淡化原位直接电解制氢全新原理与技术（图7-13）。该技术彻底隔绝了海水离子，实现了无淡化过程、无副反应、无额外能耗的高效海水原位直接电解制氢，即在海水里原位直接电解制氢。据悉，海水无淡化原位直接电解制氢技术未来有望与海上可再生能源相结合，构建无淡化、无额外催化剂工程、无海水输运、无污染处理的海水原位直接电解制氢工厂。12月16日，东方电气股份有限公司、东方电气（福建）创新研究院有限公司与四川大学/深圳大学谢和平院士团队在深圳签署"海水无淡化原位直接电解制氢原创技术中试和产业化推广应用"的四方合作协议，将分三步走战略推动海水直接电解制氢技术走向产业化。

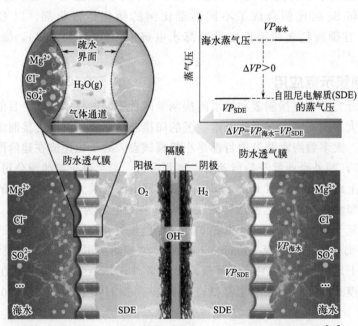

图7-13 相变迁移驱动的海水无淡化原位直接电解制氢原理[86]

面向未来，随着海水制氢产业链在制氢、储氢、运氢等各个环节的不断完善，海水制氢有望为相关产业带来广阔的发展空间，带动海工装备、电解槽、海洋清洁能源、海上交通等多个领域的发展，产生巨大的经济效益。

7.2　电解废水制氢

电解水制氢是目前最具潜力的可再生能源转换制氢技术，但缺陷是能耗较高。经研究，电解易氧化物质如甲醇、甘油、乙醇、尿素、联氨等的水溶液能够有效降低氢气的产生耗能。在以上物质中，尿素以其水溶性高、挥发性低、能量密度理想和含氢量高等优势成为有效降低制氢能耗的首选辅助还原剂[87-91]。

尿素是一种应用广泛的物质，同时，在生产生活过程中每天都会大量产生。因此，电解尿素或含尿素的废水不仅能够用于制氢产能，还能够实现污染物的处理以减轻环境污染问题（图 7-14）。

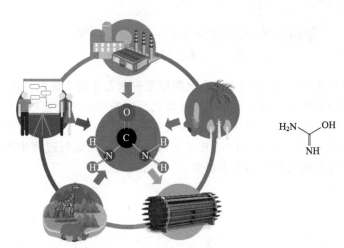

图 7-14　基于尿素的能量转换技术图

7.2.1　尿素电解氧化反应和产氢原理[92-94]

与电解水的情况类似，电解尿素也是通过在电解液中施加电流，在阴极侧发生析氢反应（HER）产生 H_2。电解尿素与电解水的主要区别是在水溶液电解质中加入尿素，因此在阳极一侧发生的反应是尿素氧化反应（UOR）而不是析氧反应（OER）。

尿素电解装置如图 7-15 所示，在碱性介质中，尿素电解的反应式分别为：

阳极反应：$CO(NH_2)_2 + 6OH^- \longrightarrow CO_2 + 5H_2O + N_2 + 6e^-$

$$E_{anode} = -0.46V（相对于 RHE）$$

阴极反应：$6H_2O + 6e^- \longrightarrow 6OH^- + 3H_2$

$$E_{cathode} = -0.83V（相对于 RHE）$$

总反应：$CO(NH_2)_2 + H_2O \longrightarrow CO_2 + N_2 + 3H_2$

$$E_{cell} = 0.37V（相对于 RHE）$$

尿素电解的阳极反应为 UOR，与电解水的阳极反应 OER 相比，它具有更低的反应能垒，能够在更低的电位下发生反应，因此节能效果优于电解水。但从 UOR 的反应式中不难发现，它是复杂的六电子转移过程，缓慢的动力学限制了 UOR 的性能[95-98]。

7.2.2　尿素废水 UOR 和 HER 催化剂概述

电解尿素废水阳极氧化反应（UOR）和阴极析氢反应（HER）过程中，需要克服一定的超电势，如图 7-16 所示，因为有这样的超电势存在，含尿素电解槽的电化学 UOR/HER 过程在低电位下反应缓慢，甚至无法反应，从而需要输入大量的电能，因此在实际生产中，

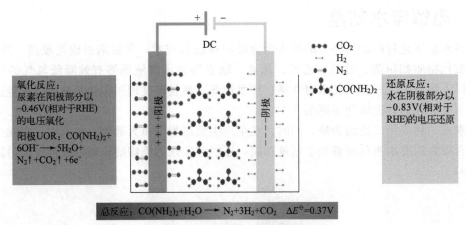

图 7-15 尿素电解池装置图

很难实现中大规模应用[99]。催化剂在整个电解尿素废水乃至整个制氢行业中都是研究重点，也是解决目前问题的关键点，高效催化剂对于降低反应的能垒和反应的超电势，提高电能转化为化学能的效率，降低电解含尿素废水制氢成本都至关重要[100]。只有简化电解系统并降低其应用成本，降低电解槽 HER 和 UOR 工艺的电催化剂在运行过程中的超电势，才能更好地发挥电解尿素废水制氢潜在的应用价值。

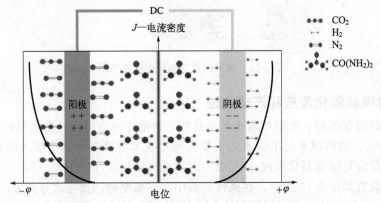

图 7-16 尿素废水电解槽的热力学和动力学

目前，尿素电解氧化还原催化剂可大致分为贵金属催化剂和非贵金属催化剂。

7.2.2.1 贵金属催化剂

Pt 及其合金用于阴极 HER，Ir/Ru 氧化物用于阳极 OER 和 UOR，这是最有效的电催化剂[101-103]，一些研究还将 Pt/C、IrO$_2$ 和 RuO$_2$ 作为其他催化剂活性的参比基准[104,105]。许多实验证明，贵金属具有非常好的反应动力学，贵金属纳米结构在电催化过程中显示出明显的优势[106]。贵金属纳米级材料具有大的表面积和尺寸依赖的量子限制效应，其催化性能将得到有效改善[107]。

为了降低成本，提高贵金属催化剂的活性，使贵金属的使用最小化并增强其催化性能，出现了多组分催化剂。由于单个 Pt 原子和 Pt 纳米团簇之间的协同作用，所获得的催化剂会表现出优异的 HER 活性[108]。另外在温和条件下，超薄 Pd 纳米材料上制备铜-铂双位点的新型单原子合金电催化剂（Pd/Cu-Pt NRs）。Pd/Cu-Pt NRs 表现出的显著的 HER 催化活性可与商业铂/碳（Pt/C）催化剂相提并论[109]。另外还有一种全电解水双功能催化剂，封装在金属有机骨架的氮掺杂多孔碳中的 Co@Ir 核壳纳米粒子，该催化剂在阳极的催化性能甚至优于基准材料 IrO_2，在阴极表现出的耐久性甚至超过基准材料 Pt/C，表现出优越的双功能催化活性[110]。经过很多努力，贵金属催化剂有了很大的发展，贵金属、贵金属合金、贵金属化合物、贵金属纳米结构在催化活性方面表现非常优秀，但其资源严重稀缺，成本较高，仍然很大程度上限制了它们在电极材料方面的应用。因此，寻求来源广泛和低成本的非贵金属催化剂，通过合理的设计来提升其稳定性和催化性能，从而代替贵金属催化剂是目前研究者们一直研究的重点和方向。

7.2.2.2 非贵金属催化剂

非贵金属催化剂通常指不含贵金属的过渡金属基材料或者非金属催化剂，其中常见的过渡金属材料包括镍（Ni）、铁（Fe）、钴（Co）、钼（Mo）等及其合金、磷化物、硫化物、氢氧化物、氧化物及其各种衍生物。而一些非金属催化剂常常包括碳基、氮基以及它们互相组合的一些非金属材料，相比较下，碳材料的应用最为广泛。

为了保证催化剂活性，众多方法中原位生长法是一种比较流行的方法，就是让催化剂直接附着在基底上，作为电极使用。该方法避免了使用黏结剂和导电剂，同时能够保证活性位点具有良好的催化活性，促进了质量和电子的转移[111,112]。例如利用泡沫镍（NF）或碳纤维布（CC）作为底物来固定催化剂，或利用多金属反应的协同效应来改善暴露的催化活性位点，都是有效的方法。泡沫镍具有大孔形态、高机械强度和良好导电性的三维骨架，为其在尿素电解系统中作为传统玻碳电极的有效替代品提供了很大的机会[113]。近年来，关于直接在导电基底上生成过渡金属材料和非金属材料催化剂的研究，已经有很大进展。

过渡金属硫化物（TMSs）目前在电化学领域因为其独特电子特性和结构受到广泛的关注和研究。Ni、Fe、Co、Mo 的硫化物研究不管是在电解水析氢还是在超级电容器和电化学传感器领域都有着广泛的研究[114-117]。二硫化钼（MoS_2）是常见的电解水析氢材料之一，并且成本低，容易实现。MoS_2 在弱范德华力的作用下具有分层结构，并且对分层边缘处的氢具有很高的化学吸附能力[118,119]。因此，将 MoS_2 与其他过渡金属化合物结合，进一步提高了电催化剂的催化活性。

层状双氢氧化物（LDHs）由于其二维层状纳米片结构，具有较大的表面积和化学多功能性，在碱性溶液中表现出良好的催化活性和稳定性[120]。LDHs 片材上的金属原子可提供大量暴露的活性位点，尤其是，特殊的阴离子交换性能和 LDHs 的易分层性使 LDHs 的纳米结构组装更容易[121-123]。过渡金属氢氧化物的较低电子电导率可以通过在导电基底（如泡沫镍）上设计合成二维纳米片阵列来改善，三维基底和二维纳米片结构提供了较好的导电性和较高的电化学活性表面积以及良好的机械强度，从而优化过渡金属催化剂在电解过程中的催化活性。以泡沫镍为基底，原位插入 NiFe-LDH，可以提供用于离子传输和气体扩散的通道，电荷转移阻力明显降低，优化后的 NiO@NiFe LDH/NF 复合材料在高电流密度下在 50h 内表现出出色的长期稳定性，同时在电解水析氢中表现出良好的催化活性[124]。另外，在过渡金属中，Ni、Fe 和 Co 基催化剂用作水分解的活性催化剂。与单金属或双金属相比，三金属基催化剂显示出更优越的催化活性[125]。

过渡金属磷化物（TMPs）因其类似于氢化酶的催化机理和高导电性而备受关注，并表现出优异的催化活性[126,127]。据报道，各种 Ni 基催化剂可以作为 UOR 的高活性催化剂，如：其氧化物、氢氧化物、磷化物和硫化物[128,129]。同时由于 Co 的协同作用，将 Co 掺入 Ni 基催化剂中形成 NiCoM（M＝O，S，P）三元复合材料，不仅可以提高金属间的电荷转移速率掺杂剂和主体金属原子，还优化了电子结构，从而降低了催化过程中的动能壁垒[130,131]。

开放的 3D 架构结构实现了 1D 纳米线结构优势的整合，可以简化电子/离子传输并暴露出更易接近的电活性位点以进行反应。同时，碳布的 3D 微孔结构，高电导率和柔韧性好，不仅适合在整个表面积上装载活性材料，还促进了电解液的浸入和气体产物的快速消散。利用结构和组成的协同效应，获得的 NiCoP/CC 催化剂表现出对 HER 的出色电催化性能。当组装成全电解尿素电解池同时用作 HER 和 UOR 的双功能催化剂时，相比全电解水，达到相同电流密度所需要的电压低得多，这为未来节能高效制氢催化剂提供了方向[132]。

非金属催化剂一般是由碳材料组成，以碳材料（如石墨烯和碳海绵）为基础，其他金属类催化剂附着在其表面上，并且因多孔结构和较大的活性物质，能达到更加优秀的高导电率电催化效果，具有较高的活性，可以促进尿素电解的电荷转移速率，增加 HER 速率[133,134]。

在 3D 泡沫镍上负载碳包覆的镍铁纳米颗粒（CE-NiFe/NF），氮掺杂的球形碳壳的有序介孔结构的形成防止了催化剂核的结构破坏，并使电解质向空心碳球迁移和扩散，可以快速运输电子、电解质和气体产物。与裸露的 NF 相比，CE-NiFe 纳米粒子可降低阳极尿素电解和阴极制氢中的起始电位并增加电流密度。CE-NiFe/NF 电极在尿素氧化方面有着卓越的电催化能力，适合尿素废水的净化处理、电解制氢和燃料电池等多种应用[135]。

7.2.2.3　镍基催化剂的研究与发展

尿素是可以在酸性、中性和碱性介质中氧化的，然而，反应产物和吸附的量是由电解质的 pH 值决定，镍基催化剂比自身腐蚀速率高，不能直接用于酸性介质中，同时也要看电解质组成元素，例如 NaCl 的中性电解质因为 Cl⁻ 的存在而被氧化，而在碱性条件下，镍基催化剂具有良好的反应动力学以及可忽略不计的腐蚀速率[136-138]。

镍基催化剂可有效地用于碱性电解质中。单一的镍催化剂对尿素的催化作用有限，将 Ni 与其他金属（Co、Fe、Cr、Mn、Cu 等）或非金属（C、N、O、S、P 等）合金化，使其具有高导电性或高比表面积的载体、特殊形貌等，可提高镍基催化剂的 UOR 活性。首先了解尿素在碱性介质中的电化学氧化机理，才能制备出高效的 UOR 催化剂[139]。

镍基催化剂在电催化方面已经有了一定的发展，过渡金属镍基氧（氢氧）化物、硫化物、磷化物、碳化物等均具有不同程度的 UOR 催化活性[140]，为了提高镍基催化剂对于尿素氧化的活性，人们采取不同的合成策略对其进行改性，期望进一步提高镍基催化剂的 UOR 催化活性以及稳定性。

（1）单金属镍基化合物

磷（P）是一种具有大量价电子的非金属，能与许多金属元素反应形成金属磷化物，而且磷也是自然界常用的高储量的非金属元素。与金属相比，过渡金属磷化物具有更高的电导率、热导率和化学稳定性[141]。此外，镍基磷化物的制备方法也较为简单。在 1mol/L KOH 和 0.5mol/L 尿素电解质中，Ni_2P 催化剂的电池电压为 1.35V 时即可达到 $50mA/cm^2$，在 8h 的运行中电池电压提高了 2.3%。

过渡金属硫化物（TMSs）由于出色的催化性能和低成本，在 UOR 中得到广泛的研究。TMSs 中 S 原子由于其高电负性可以从过渡金属中掠夺电子，还可以充当稳定反应中间体的活性位[142,143]。在 1.0mol/L KOH 和 0.33mol/L 尿素电解质中，由于 NiS 比 Ni(OH)$_2$ 具有更低的起始电位、更大的电流响应、更快的尿素氧化动力学、更低的电荷转移电阻和更高的尿素扩散系数，从而提高了对 UOR 的催化性能。

金属氮化物由于其固有的优异的导电性和稳定性，已被证明是有前途的小分子电催化剂，这得益于氮的未配对电子增加了电子导电性，N 和金属原子之间共价键的存在，从而产生了类似金属的特征[144-146]，氮化物在 UOR 中也具有优异的电催化活性。催化剂在 1.0mol/L KOH 和 0.33mol/L 尿素条件下仅需 1.35V 的电势即可达到 10mA/cm^2 的电流密度。同时该催化剂还可作为双功能催化剂，组成的双电极尿素电解池仅需 1.44V 的电池电压就能驱动 10mA/cm^2 的电流密度。

（2）镍基合金阳极催化剂

在镍基催化剂中额外加入其他金属元素（如 Fe、Co、Mo、Cr、Mn 等），通过双金属或多金属协同效应增强镍基催化剂的 UOR 催化活性，在化学活性、稳定性和抗中毒能力方面比他们的单质都有所提高，促进了催化反应的发生。

电化学氧化尿素的 Ni 和 Mo 复合双金属多孔纳米棒（NiMoO$_4$），在 1mol/L KOH 和 0.5mol/L 尿素电解质中，样品 NF/NiMoO-Ar 具有更加优异的 UOR 催化活性，仅需 1.42V（相对于 RHE）的电位就能达到 100mA/cm^2 的电流密度，同时具有良好的长期稳定性。这可能是由于 NF/NiMoO-Ar 中含有更丰富的 Ni^{2+}，这些 Ni^{2+} 在 UOR 过程中被氧化为 Ni^{3+}，而 Ni^{3+} 被证明是水和尿素氧化的有效活性位点[147]。此外，Mo^{6+} 的存在会影响周围 Ni 原子的电子结构，使其更容易从二价被氧化到三价。另外，在 HER 测试中，NF/NiMoO-H$_2$ 表现出极佳的 HER 活性，在 11mV 和 53mV 时就能达到 10mA/cm^2 和 100mA/cm^2 的电流密度。NF/NiMoO-H$_2$ 在 HER 中的催化优势可以通过 Ni 和 NiO 的协同作用来解释，其中 Ni^{2+} 是水分解的活性位点，而 Ni 元素有利于吸附氢的稳定。H$_2$ 处理后样品中 Mo^{6+} 被还原到 Mo^{3+} 和 Mo^{4+}，低价态的 Mo 更有利于 H$_2$ 的解吸。以 NF/NiMoO-Ar 和 NF/NiMoO-H$_2$ 为阴阳极构建的整体尿素电解池，达到 10mA/cm^2 的电流密度时只需 1.38V 的低电压。此外，除双金属掺杂外，多金属掺杂也能在尿素电解中提供良好的催化性能。

通过电沉积法在泡沫镍（NF）上生长了非晶态多孔二维 NiFeCo LDH/NF 纳米片，在整体尿素电解池中只需 1.49V 即可达到 10mA/cm^2 的电流密度。实验结果表明，二维取向的多孔约束、无定形性质以及协同效应使得制备的 2D NiFeCo LDH/NF 电极具有良好的整体尿素电解催化性能。

此外，金属与非金属共掺杂同样也被证明是一种能有效提升镍基催化剂 UOR 活性的方法。在碳布（NiCoP/CC）上原位垂直生长带刺叶状 NiCoP/CC，开发了用于 UOR 和 HER 的高效双功能电催化剂。在 FeNi$_3$ 泡沫上合成了微量 Fe 掺杂的 Ni$_3$S$_2$ 三维纳米棒阵列催化剂（Fe-Ni$_3$S$_2$@FeNi$_3$），该催化剂在酸性、碱性、中性条件下均具有良好的 UOR 催化活性。尤其是在碱性条件下，只需 1.40V 就能达到 10mA/cm^2 的电流密度。用 MoP 和 NiCo-LDH 在泡沫镍基底上合成复合材料 MoP@NiCo-LDH，该材料为双功能复合催化剂，以此构建的双电极电解池（MoP@NiCo-LDH/NF-20MoP@NiCo-LDH/NF-20）达到 100mA/cm^2 电流密度时的电池电压仅为 1.405V。

除直接合成金属催化剂外，金属有机骨架（MOFs）衍生的催化剂在尿素电解中的应用也多有报道。MOFs 是一种由金属阳离子中心和桥接配体组成的晶体多孔材料。由于其高比表面积、可调节的孔径和可定制的电子结构等优势，MOFs 及其衍生物已被广泛应用于各种环境和能源方面的催化[148-150]。特别是超薄二维 MOF 纳米片，其表面暴露了大量的金属原子，这些具有更多悬挂键的配位不饱和金属位点是电催化的理想材料[151]。由于金属离子的可替代性，不仅能合成单金属 MOFs，还可以制备出双金属和多金属 MOFs 材料。此外，以 MOFs 为前驱体或模板进行后处理，比如氧化、碳化、硫化、磷化等均可以得到具有良好催化活性的 MOFs 衍生物催化剂[152-154]。

近年来，MOF 材料在 UOR 领域中也有了长足的发展。比如以 ZIF-67 为前驱体衍生的空心多面体框架，其中掺杂了另一种过渡金属元素（Ni、Mn 和 Fe）。在所有制备的催化剂中，Ni 掺杂的 CoP(Ni-CoP/HPFs) 具有最佳的催化性能，在 1.0mol/L KOH 和 0.5mol/L 尿素电解质中只需 1.43V 的电池电压就可达到 $10mA/cm^2$，且具有优异的稳定性。该催化剂的优异性能部分归功于其具有多孔中空结构的 MOF 前驱体，这对反应物和中间体的吸附和扩散具有重要作用。主要原因则是 Ni 的掺杂改变了 CoP 晶格的电子结构，使得 d 带中心从费米能级（-1.72eV）降低到更低的 -1.77eV，从而具有良好的催化性能[155]。

目前制备高效 UOR 催化剂的研究与电解水有一些共同的设计理念和合成策略。镍基材料是 UOR 催化剂的重要组成部分，其优点在很大程度上依赖于其转化为 NiO 和 NiOOH 作为 UOR 催化活性位点的能力。此外，其他金属元素的掺杂是基于调节 Ni 活性位点的电子结构来促进镍基催化剂的协同效应。多孔衬底（如泡沫镍）的使用则是由于它具有发达的多孔结构和均匀分散的活性位点，是提高镍基催化剂性能的另一个有效途径。另外，通过设计与调控催化剂形态和电子结构来修饰催化活性位点，也是有效提高镍基催化剂 UOR 活性的重要手段之一。

7.3 电解煤浆液制氢

电解煤浆液制氢是碳辅助电解水制氢的一种，碳辅助电解水制氢常见的碳源为煤炭、活性炭、石墨、天然气等。其中，煤炭辅助电解水制氢研究最早，研究最为成熟，也被称为电解煤浆制氢。电解煤浆液制氢早在 20 世纪 30 年代便被研究者提出，可作为煤利用的一种新的方法。电解煤浆液制氢过程能耗低，其理论电解电压为 0.21V，明显低于水电解的 1.23V；生产过程清洁无污染，煤中 S、N 等经电解后会转化为相应的酸留在电解液中而不排入大气；阴极制得的 H_2 纯度高，无需进一步提纯；阳极产生的纯净 CO_2 副产物，可以直接利用或出于碳减排目的的封存处理。电解煤浆液既可以得到纯净的氢气作为氢能源，又对煤进行了净化，这正是一个高效的煤制氢方法，同样也是一种清洁的煤利用方法。

电解煤浆液制氢技术虽然优势显著，但目前依然存在很多问题：一方面电解煤浆液制氢的反应机理尚不明确，暂无统一定论，从而限制了该技术的深入研究；另一方面，电解煤浆液制氢反应速率过低，远低于传统电解制氢反应速率，从而限制了该技术的推广应用。

7.3.1 电解煤浆液制氢机理

1979 年，Coughlin 等[156]首次提出在酸性电解质中进行电解煤浆液制氢。研究表明，0.7~1V 电压范围内电解煤浆液，阴极得到高纯的氢气，阳极得到的气体主要为二氧化碳以及少量的一氧化碳。阳极反应主要是煤颗粒与阳极电极碰撞氧化，其电解反应式如下所示。

阳极：
$$C + 2H_2O \longrightarrow CO_2 + 4H^+ + 4e^-$$

阴极：
$$4H^+ + 4e^- \longrightarrow 2H_2$$

总反应：
$$C + 2H_2O \longrightarrow CO_2 + 2H_2$$

通常，在酸性电解质中，氢气在阴极产生，煤浆液则在电化学电池的阳极上氧化。与传统的电解水制氢相比，碳在阳极上氧化成 CO_2，而不是进行析氧反应，氢气在阴极产生，且杂质较少。水分解的理论电压为 1.23V，制氢能耗为 237.2kJ/mol。而对于煤浆液制氢，理论的分解电压和能量消耗分别仅为 0.21V 和 40.2kJ/mol。考虑到反应过电位和欧姆电压降，水的初始分解电压通常高于 0.45V[157]。因此，从热动力学分析所需的理论电压和能耗上看，煤浆液远比传统的电解水制氢能耗更低（图 7-17）。

电解煤浆液制氢理论能耗低，但由芳香团簇组成的煤的复杂结构及煤中的杂质，使得煤浆液电解的研究具有很大的难度。目前，许多研究者试图通过研究电解水制氢的反应动力学来解释电解煤浆液的机理[158-160]。但这些方法仍存在一定的局限性，不能将煤的电解氧化简化为单质碳氧化过程。由于未考虑煤体结构对电解的影响，该反应过程不能完全代表煤浆液电解。总之，许多研究表明，煤浆液电解是一个间接过程，是由电解水产生的氧化介质 Fe^{3+}、$HClO$ 和 OH^- 影响的[161]。事实上，当煤颗粒与阳极碰撞时，煤可能直接在电极表面被氧化。然而，无论是间接氧化还是直接氧化，反应介质的物质都可能在煤浆液电解过程中发挥重要作用（图 7-18）。

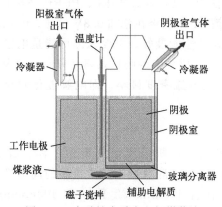

图 7-17　在酸性介质中电解煤浆液制氢电解池示意图[156]

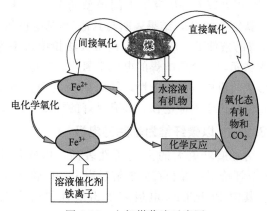

图 7-18　电解煤浆液示意图

因此，部分研究指出煤浆液电解中的 Fe^{3+} 对煤颗粒有着重要的氧化作用。Fe^{2+} 被氧化为 Fe^{3+}，煤被 Fe^{3+} 氧化。同时，Fe^{3+} 被还原为 Fe^{2+}。氢气在阴极由质子还原产生。其反应过程如下。

溶液中：
$$4Fe^{3+} + C + 2H_2O \longrightarrow 4Fe^{2+} + CO_2 + 4H^+$$

阳极：
$$Fe^{2+} \longrightarrow Fe^{3+} + e^-$$

阴极：
$$2H^+ + 2e^- \longrightarrow H_2$$

总反应：
$$C + 2H_2O \longrightarrow CO_2 + H_2$$

事实上，煤浆液电解阳极是一个复杂的过程。一方面，煤的结构非常复杂，有机物和无机物的化学反应不仅发生在溶液中，也发生在电极表面[162]。另一方面，水电解在阳极上的反应也是复杂的过程。电解液和电极材料在很大程度上决定了电解过程中氧化自由基的形成。煤浆液电解的间接氧化过程是煤颗粒被电解水产生的氧化剂氧化。具体来说，煤颗粒被电解产生的氧化物质氧化，如 Fe^{3+}、Cl_2 和 H_2O_2。但是，当电解产生的 ·OH 作为氧化剂时，煤颗粒的氧化必须发生在阳极表面，因为·OH 无法离开阳极。煤浆液电解的直接氧化过程是煤颗粒和水在氧化成 CO_2 的同时向电极释放电子。相应的化学式：

间接： $$C + 2HO \cdot \longrightarrow CO_2 + 2H^+ + 2e^-$$

直接： $$C + 2H_2O \longrightarrow CO_2 + 4H^+ + 4e^-$$

电解氧化反应性很大程度上取决于煤的原始活性。然而，煤浆液电解的直接反应和间接反应机理尚不清晰，存在争议，仍需进一步探究。

7.3.2 电解煤浆液制氢的高活性电极

虽然煤浆液电解制氢具有很大的应用前景，但实际应用如何提高反应速率仍是急需攻克的难题。因此，开发高活性、低成本、长寿命的新型煤电解催化剂是推广该技术的关键。目前，针对电极的研究主要集中在以下几个方面。

7.3.2.1 Pt 电极及 Pt 合金电极

Pt 是一种传统贵金属电极，具有良好的电催化性能。作为阳极时会存在反应面积小、易 CO 中毒等缺点。在 Pt 电极表面镀一层铂黑以增大反应面积或镀其他贵金属用以增强其抗 CO 中毒的能力。纯 Pt 在电解煤浆制氢的研究中通常被用来作为阴极。尤其，现阶段很多研究学者尝试在 Pt 基催化剂中添加过渡金属来提高催化剂活性同时降低成本。Patil 等[163]用电镀方法研究了不同类型的 Pt 基电极，包括 Pt、Pt-Ru、Pt-Rh、Pt-Rr、Pt-Ir 和镀在钛箔上的 Pt，结果表明与其他 Pt 基电极相比，镀 Pt-Ir 电极在施加 0.8V 电压、0.12g/mL 煤的条件下，产生 CO_2 的最大法拉第效率为 24%，性能最好。主要原因可能是电极中加入铱元素也会影响煤的电化学氧化，在电极表面形成一层稳定的膜且该膜具有比纯铂表面所形成的膜更好的导电性。同时研究发现，Pt-Rh 电极电流密度最小，即电解催化效果最差，但相比于其他电极，其有良好的抗 CO 中毒作用。

7.3.2.2 以碳纤维为基底的电极

为了追求更大的反应活性表面，以碳纤维为基底的电极备受研究者的关注。Sathe 等[164]评价了在煤和石墨电解过程中，以碳纤维（CFs）为基底负载不同贵金属的高活性电极。其中 Pt-Ir/CFs 电极表现出最佳的反应性能，在含 100mmol/L Fe^{2+} 和 100mmol/L Fe^{3+}、1.0mol/L H_2SO_4 的 0.2g/mL 煤-石墨混合物中，CO^2 法拉第效率达到 27.8%。此外，Ping 等[165]采用 H_2 热处理法制备了碳纤维负载铂钴电催化剂（Pt-Co/CFs），并将其应用于煤电氧化制氢。结果表明，钴的引入提高了 Pt-Co/CFs 对煤电解的电催化活性和长期稳定性。PtCo/CFs(1∶1) 催化剂的催化活性优于 PtCo/CFs(7∶3) 和 PtCo/CFs(3∶7)。Pt-Co 双金属电催化剂具有较强的催化活性，其原因是金属合金化和表面电子修饰的协同作用。

7.3.2.3 Ti 基高活性催化电极

钛具有较好的导电性、较高的机械强度和较小的密度，并且便于加工成形，小巧质轻。钛作为基体时，电极的使用寿命较长，并且经长时间使用后，性能仍十分稳定。钛上镀铂电极由于比多晶铂具有更大的比表面积、电催化活性好而得到广泛的应用。Yin 等[166]采用蚀刻法制备 Ti/TiO_2-Pt 和 Ti/TiO_2-PtRu 电极，研究发现，与 Ti/TiO_2-Pt 和纯 Pt 电极相比，Ti/TiO_2-Pt-Ru(1∶2) 电极对煤电化学氧化的催化活性更显著，阳极煤电氧化产生微量 CO，阴极产生氢气。Cheng 等[167]对钛片进行了特殊预处理，通过高温热处理制备 Ti/Pt-Fe 电极，结果表明，制备的电极表面呈层状结构和峰形，形成高催化性能的 Ti/Pt-Fe 合金电极，与同面积的铂和 Ti/TiO_2 以及 Pt-Ru 电极相比，Ti/Pt-Fe 极大提高了电极的电催化活性。此外，Wang 等[168]用 NiO 和/或 Co_3O_4 修饰 TiO_2/Pt 电极，在煤电氧化的碱性溶液中进行 I-t 实验，发现在 $1.2V/h$ 的条件下，TiO_2/Pt 电极的平均电流提高了 $16.2mA$。Yin[169]团队进一步研究了 Ti/IrO_2 电极热分解耦合各种氧化还原催化剂，在 12g/mL 煤浆、100mmol/L Fe^{3+}、1.0mol/L H_2SO_4，75℃下得出最佳的电流密度约 $11mA/cm^2$。

7.3.3 电解煤浆液制氢的影响因素

7.3.3.1 电解电压和温度的影响

若电解煤浆液制氢体系中没有铁离子存在，通过电解将煤氧化需要很大的电压，并且煤十分难被氧化。而在铁离子存在的情况下，煤在较低的电压下就可以反应，并且生成氢气的量和电流密度随着槽电压的增加而增加。当电压从 1.0V 增加到 2.0V 的时候生成氢气的量增加了 1.5 倍，同样的结果电流密度也增加了 1.5 倍，并且在较低电压时电流密度随电压的改变影响不大，当电压增加到 0.7V 时，电流发生了很明显的变化，由此可以判断出煤发生了剧烈的氧化反应[170]。

根据动力学相关机理，温度的升高能够降低反应活化能，提高反应速率。根据 Coughlin 和 Farooque[156]的研究，生成氢气的量随着温度的升高而增加，并且指出高温（200～600℃）有利于煤中的有机物的氧化，但由于高温反应过程过于复杂并且难以控制，所以后续的实验多选择在较低温度下（40～100℃）进行。在含铁离子的电解体系中，升高温度能够有效提高 Fe^{2+} 向 Fe^{3+} 的转化速度，对 Fe^{2+} 与 Fe^{3+} 之间的氧化还原反应有重要的影响。这主要是由于温度升高加快了电解质溶液中 Fe^{2+} 的扩散速度。然而这种影响比较局限，仅限于 100℃以下，在 100℃时 Fe^{2+} 转化率达到最大。Xin[170]等研究结果表明，温度能够很大程度地影响煤的电解产氢效率，其实验数据表明在 40℃时煤的转化率仅为 0.02%，而温度升高到 108℃时转化率达到了 3.21%。同时电流密度也相应地提高到 $32mA/cm^2$。因此，提高温度和提高槽电压是提升煤浆液电解氧化制氢效率的有效方法，另一方面升高温度可以减少活化能，并且可以提高氧化反应的反应速率[172]。此外，温度对煤粉在硫酸体系中的溶解性及电解液的电导率也有一定的影响[173]。

7.3.3.2 电解质的选择

电解质的选择可以解决电解体系中的传质与供氢的问题，所以对于煤电化学氧化制氢的过程是十分重要的。多数电解煤浆液制氢的实验选择使用无机酸作为电解质，例如硫酸、盐酸、高氯酸等[174,175]。公旭中等[176]通过实验得出酸性条件下电解煤浆液的槽电压要比电解酸溶液的槽电压低，并且其电压会随着电解煤浆液的煤阶升高而升高。印仁和等[177]在实验过程中选择硫酸作为电解质，发现电流密度会随着硫酸的浓度增加而增加，这也充分证明了酸性电解质对于煤浆液的电解反应有很大的促进作用。在酸性电解液中，可以为电解煤浆液过程提供更多的氢离子，从而促使反应向生成氢气的方向偏移，使生成氢气的效率提高。并且在酸性介质中更有利于二价铁离子的存在，增加二价铁离子与电极表面的碰撞概率，从而生成更多的三价铁离子与煤颗粒进行反应。

也有很多实验选择在碱性体系下进行，这是因为在碱性体系下煤具有较高液化率，可以在氧化过程中生成大量的腐殖酸作为附加产物，并且金属氧化物改性电极具有更高的催化活性[178]。

对于电解质的选择，需要根据实验中的其他条件与对反应产物的期望值判断，酸性、碱性与有机溶剂电解质在电解煤浆液过程中均有很好的效果，均可以在阴极得到纯净的氢气。

7.3.3.3 煤的预处理对煤浆液电解的影响

煤的预处理可以打破煤的网状结构，扩大煤表面的孔隙结构，增加被困在网络结构中的小分子有机物的流动性。在进行实验前通常会对煤进行粉碎处理，这样可以大大减小煤的粒径，从而达到扩大其表面孔隙面积的目的。印仁和等[177]在其实验中讨论了煤粒径对煤浆液电解制氢的影响，他通过对原煤处理，并对处理后的煤样进行观察得到，煤球磨处理时间越长，煤颗粒的平均粒径越小，比表面积越大。微波预处理可以影响煤的组成、孔隙结构、煤阶、官能团以及煤的燃烧特性。通过超声波对煤样进行预处理，可以强化固液传质，还可以巩固煤浆液的稳定性。Kuznetsov 等[179]利用电子束对煤样进行了预处理，发现电子束可以影响煤的加氢活性，并且在预处理过程中得到可溶性小分子产品。Yangawa 等[180]研究了 Xe 灯对煤的预处理，发现在 Xe 灯的照射下，苯对低阶煤的萃取率大幅提高。这些辐照方法当中，γ 射线照射时能量最强并且投射能力最好，可以使已经结块的煤变成更小的煤颗粒，同时释放出较小的分子，过程中伴随有水和过氧化氢的加入，有助于煤结构中的大分子的化学键断裂，并且有助于小分子的形成。许多研究者指出，对煤的预处理除了对其物理粉碎、微波处理之外，还可以通过溶剂溶解进行洗煤。Aboushabana 等[181]在实验中指出酸消解和过氧化氢对煤预处理可以提高电解煤浆液氢气的产量。这种方法可以改性煤表面的含氧官能团并且可以增加煤的表面积，提高煤表面对于化学与电化学反应的可访问性。其他有机溶剂也可以用于洗煤，例如在四氢呋喃、甲苯、吡啶、N-甲基吡咯烷酮和其他混合有机烃类溶剂的作用下，煤网状结构中的非共价键可以被破坏和释放，使煤由原来的大分子稳定结构转变成相对分子较小的易氧化结构，从而使电解过程中煤被氧化的反应更加容易进行[182-184]。

7.3.4 电解煤浆液制氢工艺

研究表明，Fe^{3+}/Fe^{2+} 对于煤浆的电解制氢反应的作用是十分明显的，上海交通大学隋升团队[185]开发了 Fe^{3+} 辅助电解煤浆制氢工艺。该工艺包括两个步骤：铁离子（Ⅲ）在水热反应器中、120～160℃的温度下氧化煤浆和铁离子（Ⅱ）在电化学电池中电氧化制氢。该技术采用固-液两步反应代替固-固两步反应，解决了传统煤浆电解工艺的技术问题。这种间接氧化过程在室温下产生的电流密度为 $120mA/cm^2$，电压为 1V，远高于常规工艺（图 7-19）。

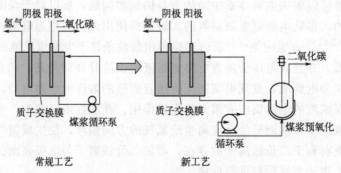

图 7-19 常规工艺和新工艺示意图

本工艺采用的铂黑电极通过电沉积法制备，电化学反应池由聚四氟乙烯制成，阳极室和阴极室通过 Nafion 1135 质子交换膜分开。阴极室溶液为 $1mol/L\ H_2SO_4$，阳极为热液反应器中被铁离子氧化的煤浆。在整个过程中保持 1V 的恒定电压。工艺分两步进行。第一步，将煤浆在水热反应器中加热，在 120～160℃的温度范围内被 Fe^{3+} 氧化 3h。水热反应器由不锈钢制成，反应器的容积为 350mL，反应器内允许的最高温度为 180℃。第二步是将产生的溶液泵入电化学电池的阳极室，然后在恒定电压 1V 下电解以收集纯氢。溶液中的铁离子可以重复使用，增加碰撞频率和煤颗粒与阳极之间的接触面积加速了这一过程。

参 考 文 献

[1]　王辉. 碳耦合镍铁基电极的制备及海水电解性能研究 [D]. 大连：大连理工大学，2021.

[2]　Millero F J，Feistel R，Wright D G，et al. The composition of standard seawater and the definition of the reference-composition salinity scale [J]. Deep Sea Research Part Ⅰ：Oceanorgraphic Research Papers，2008，55 (1)：50-72.

[3]　Zheng W，Lee L Y S，Wong K Y. Improving the performance stability of direct seawater electrolysis：from catalyst design to electrode engineering [J]. Nanoscale，2021，13 (36)：15177-15187.

[4]　Bolar S，Shit S，Murmu N C，et al. Progress in theoretical and experimental investigation on seawater electrolysis：opportunities and challenges [J]. Sustainable Energy & Fuels，2021，5.

[5]　Wu L，Yu L，Mcelhenny B，et al. Rational design of core-shell-structured CoP @ FeOOH for efficient seawater electrolysis [J]. Applied Catalysis B：Environmental，2021，294：120256.

[6]　Logan B E，Shi L，Rossi R. Enabling the use of seawater for hydrogen gas production in water electrolyzers [J]. Joule，2021，5 (4)：760-762.

[7]　Tong W，Forster M，Dionigi F，et al. Electrolysis of low-grade and saline surface water [J]. Nature Energy，2020，5 (5)：367-377.

[8]　Geiger S，Cherevko S，Mayrhofer K J J. Dissolution of platinum in presence of chloride traces [J]. Electrochimica Acta，2015，179：24-31.

[9]　Wang M，Wang Z，Gong X，et al. The intensification technologies to water electrolysis for hydrogen production-A review [J]. Renewable and Sustainable Energy Reviews，2014，29：573-588.

[10]　Li Y，Lin S，Peng S，et al. Modification of $ZnS_{1-x-0.5y}O_x(OH)_y$-ZnO phptocatalyst with NiS for enhanced visible-light-driven hydrogen generation from seawater [J]. International Journal of Hydrogen Energy，2013，38 (36)：15976-15984.

[11]　Song L J，Meng H M. Electrodeposition of nanocrystalline nickel alloys and their hydrogen evolution in seawater [J]. Acta Physico-Chimica Sinica，2010，26 (9)：2375-2380.

[12]　Golgovici，Florentina，Pumnea，et al. Ni-Mo alloy nanostructures as cathodic materials for hydrogen evolution reaction during seawater electrolysis [J]. Chemicke Zvesti，2018，72 (8)：1889-1903.

[13]　Sarno M，Ponticorvo E，Scarpa D. Active and stable graphene supporting trimetallic alloy-based electrocatalyst for hydrogen evolution by seawater splitting [J]. Electrochemistry Communications，2020，111：106647.

[14]　Wang X，Peng Q，Zhang X，et al. Carbonaceous-assisted confinement synthesis of refractory high-entropy alloy nanocomposites and their application for seawater electrolysis [J]. Journal of Colloid and Interface Science，2022，607：1580-1588.

[15]　Yan G，Tan H，Wang Y，et al. Amorphous quaternary alloy phosphide hierarchical nanoarrays with pagoda-like structure grown on Ni foam as pH-universal electrocatalyst for hydrogen evolution reaction [J]. Applied Surface Science，2019，489：519-527.

[16]　Ma Y Y，Wu C X，Feng X J，et al. Highly efficient hydrogen evolution from seawater by a low-cost and stable CoMoP@C electrocatalyst superior to Pt/C [J]. Energy & Environmental Science，2017，10 (3)：788-798.

[17]　Liu J，Liu X，Shi H，et al. Breaking the scaling relations of oxygen evolution reaction on amorphous NiFeP nanostructures with enhanced activity for overall seawater splitting [J]. Applied Catalysis B：Environmental，2022，302：120862.

[18]　Wu L，Yu L，Zhang F，et al. Heterogeneous bimetallic phosphide Ni_2P-Fe_2P as an efficient bifunctional catalyst for water/seawater splitting [J]. Advanced Functional Materials，2021，31 (1)：2006484.

[19]　Wang S，Yang P，Sun X，et al. Synthesis of 3D heterostructure Co-doped Fe_2P electrocatalyst for overall seawater electrolysis [J]. Applied Catalysis B：Environmental，2021，297：120386.

[20]　Lin Y，Sun K，Chen X，et al. High-precision regulation synthesis of Fe-doped Co_2P nanorod bundles as efficient

第二篇　氢的制取

electrocatalysts for hydrogen evolution in all-pH range and seawater [J]. Journal of Energy Chemistry, 2021, 55: 92-101.

[21] Wu J, Han N, Ning S, et al. Single-atom tungsten-doped CoP nanoarrays as a high-efficiency pH-universal catalyst for hydrogen evolution reaction [J]. ACS Sustainable Chemistry & Engineering, 2020, 8 (39): 14825-14832.

[22] Xie X, Song M, Wang L, et al. Electrocatalytic hydrogen evolution in neutral pH solutions: dual phase synergy [J]. ACS Catalysis, 2019.

[23] Jin H, Wang X, Tang C, et al. Stable and highly efficient hydrogen evolution from seawater enabled by an unsaturated nickel surface nitride [J]. Advanced Materials, 2021, 33 (13): 2007508.

[24] Zang W, Sun T, Yang T, et al. Efficient hydrogen evolution of oxidized Ni-N$_3$ defective sites for alkaline freshwater and seawater electrolysis [J]. Advanced Materials, 2021, 33 (8): 2003846.

[25] Miao J, Lang Z, Zhang X, et al. Polyoxometalate-derived hexagonal molybdenum nitrides (MXenes) supported by boron, nitrogen codoped carbon nanotubes for efficient electrochemical hydrogen evolution from seawater [J]. Advanced Functional Materials, 2019, 29 (8): 1805893.

[26] Ye C, Jin H, Shan J, et al. A Mo$_5$N$_6$ electrocatalyst for efficient Na$_2$S electrodeposition in room-temperature sodium-sulfur batteries [J]. Nature Communications, 2021, 12: 7195.

[27] Xie Z, Wang W, Ding D, et al. Accelerating hydrogen evolution at neutral pH by destabilization of water with a conducting oxophilic metal oxide [J]. Journal of Materials Chemistry A, 2020, 8 (24): 12169-12176.

[28] Zhao M, Yang M, Huang W, et al. Synergism on electronic structures and active edges of metallic vanadium disulfide nanosheets via Co doping for efficient hydrogen evolution reaction in seawater [J]. ChemCatChem, 2021, 13 (9): 2138-2144.

[29] Cheng P, Yuan C, Zhou Q, et al. Core-shell MoS$_2$@CoO electrocatalyst for water splitting in neural and alkaline solutions [J]. The Journal of Physical Chemistry C, 2019, 123 (10): 5833-5839.

[30] Li Y, Wu X, Wang J, et al. Sandwich structured Ni$_3$S$_2$-MoS$_2$-Ni$_3$S$_2$@Ni foam electrode as a stable bifunctional electrocatalyst for highly sustained overall seawater splitting [J]. Electrochimica Acta, 2021, 390: 138833.

[31] Huang W, Zhou D, Qi G, et al. Fe-doped MoS$_2$ nanosheets array for high current-density seawater electrolysis [J]. Nanotechnology, 2021, 32 (41): 415403.

[32] Zhou G, Guo Z, Shan Y, et al. High-efficiency hydrogen evolution from seawater using hetero-structured T/Td phase ReS$_2$ nanosheets with cationic vacancies [J]. Nano Energy, 2019, 55: 42-48.

[33] Zhang B, Xu W, Liu S, et al. Enhanced interface interaction in Cu$_2$S@Ni core shell nanorod arrays as hydrogen evolution reaction electrode for alkaline seawater electrolysis [J]. Journal of Power Sources, 2021, 506: 230235.

[34] Zhao Y, Jin B, Zheng Y, et al. Charge state manipulation of cobalt selenide catalyst for overall seawater electrolysis [J]. Advanced Energy Materials, 2018, 8 (29): 1801926.

[35] Yang C, Zhou L, Yan T, et al. Synergistic mechanism of Ni(OH)$_2$/NiMoS heterostructure electrocatalyst with crystalline/amorphous interfaces for efficient hydrogen evolution over all pH ranges [J]. Journal of Colloid and Interface Science, 2022, 606: 1004-1013.

[36] Yang T, Xu Y, Lv H, et al. Triggering the intrinsic catalytic activity of Ni-doped molybdenum oxides via phase engineering for hydrogen evolution and application in Mg/seawater batteries [J]. ACS Sustainable Chemistry & Engineering, 2021, 9 (38): 13106-13113.

[37] Wu D, Chen D, Zhu J, et al. Ultralow Ru incorporated amorphous cobalt-based oxides for high-current-density overall water splitting in alkaline and seawater media [J]. Small, 2021, 17 (39): 2102777.

[38] Debnath B, Parvin S, Dixit H, et al. Oxygen-defect-rich cobalt ferrite nanoparticles for practical water electrolysis with high activity and durability [J]. ChemSusChem, 2020, 13 (15): 3875-3886.

[39] Zhang Y, Fu C, Fan J, et al. Preparation of Ti@NiB electrode via electroless plating toward high-efficient alkaline simulated seawater splitting [J]. Journal of Electroanalytical Chemistry, 2021, 901: 115761.

[40] Li J, Wang Y, Gao H, et al. Nickel boride/boron carbide particles embedded in boron-doped phenolic resin-derived carbon coating on nickel foam for oxygen evolution catalysis in water and seawater splitting [J]. ChemSusChem, 2021, 14 (24): 5499-5507.

[41]　Liu X, Nie M, Nie C, et al. The properties of hydrogen evolution of AuPdPt WC/C nano composite catalyst in simulated seawater solution [J]. Materials research innovations, 2018, 22 (4): 183-186.

[42]　Liu T, Liu H, Wu X, et al. Molybdenum carbide/phosphide hybrid nanoparticles embedded P, N co-doped carbon nanofibers for highly efficient hydrogen production in acidic, alkaline solution and seawater [J]. Electrochimica Acta, 2018, 281: 710-716.

[43]　Xiu L, Pei W, Zhou S, et al. Multilevel hollow MXene tailored low-pt catalyst for efficient hydrogen evolution in full-pH range and seawater [J]. Advanced Functional Materials, 2020, 30 (47): 1910028.

[44]　Li L, Wang B, Zhang G, et al. Electrochemically modifying the electronic structure of IrO_2 nanoparticles for overall electrochemical water splitting with extensive adaptability [J]. Advanced Energy Materials, 2020, 10 (30): 2001600.

[45]　Su H Y, Gorlin Y, Man I C, et al. Identifying active surface phases for metal oxide electrocatalysts: a study of manganese oxide bi-functional catalysts for oxygen reduction and water oxidation catalysis [J]. Physical Chemistry Chemical Physics: PCCP, 2012, 14 (40): 14010-14022.

[46]　Hong W T, Risch M, Stoerzinger K A, et al. Toward the rational design of non-precious transition metal oxides for oxygen electrocatalysis [J]. Energy&Environmental Science, 2015, 8 (5): 1404-1427.

[47]　Trasatti S. Electrocatalysis in the anodic evolution of oxygen and chlorine [J]. Electrochimica Acta, 1984, 29: 1503-1508.

[48]　Dionigi F, Reier T, Pawolek Z, et al. Design criteria, operating conditions, and nickel-iron hydroxide catalyst materials for selective seawater electrolysis [J]. ChemSusChem, 2016, 9 (9): 962-972.

[49]　Sharma S K. Green corrosion chemistry and engineering: opportunities and challenges [M]. New York: Wiley, 2011.

[50]　Nong H N, Oh H S, Reier T, et al. Oxide-supported $IrNiO_x$ core-shell particles as efficient, cost-effective, and stable catalysts for electrochemical water splitting [J]. Angewandte Chemie International Edition, 2015, 54 (10): 2975-2979.

[51]　Oh H S, Nong H N, Reier T, et al. Oxide-supported Ir nanodendrites with high activity and durability for the oxygen evolution reaction in acid PEM water electrolyzers [J]. Chemical Science, 2015, 6 (6): 3321-3328.

[52]　Reier T, Oezaslan M, Strasser P. Electrocatalytic oxygen evolution reaction (OER) on Ru, Ir, and Pt catalysts: A comparative study of nanoparticles and bulk materials [J]. ACS Catalysis, 2012, 2 (8): 1765-1772.

[53]　Reier T, Teschner D, Lunkenbein T, et al. Electrocatalytic oxygen evolution on iridium oxide: uncovering catalyst-substrate interactions and active iridium oxide species [J]. Journal of the Electrochemical Society, 2014, 161 (9): F876-F882.

[54]　McCrory C C, Jung S, Ferrer I M, et al. Benchmarking hydrogen evolving reaction and oxygen evolving reaction electrocatalysts for solar water splitting devices [J]. Journal of the American Chemical Society, 2015, 137 (13): 4347-4357.

[55]　Gong M, Li Y, Wang H, et al. An advanced Ni-Fe layered double hydroxide electrocatalyst for water oxidation [J]. Journal of the American Chemical Society, 2013, 135 (23): 8452-8455.

[56]　Martindale B C M, Reisner E. Bi-functional iron-only electrodes for efficient water splitting with enhanced stability through in situ electrochemical regeneration [J]. Advanced Energy Materials, 2016, 6 (6): 1502095.

[57]　Hsu S H, Miao J, Zhang L, et al. An earth-abundant catalyst-based seawater photoelectrolysis system with 17.9% solar-to-hydrogen efficiency [J]. Advanced Materials, 2018, 30 (18): e1707261.

[58]　Kuang Y, Kenney M J, Meng Y, et al. Solar-driven, highly sustained splitting of seawater into hydrogen and oxygen fuels [J]. Proceedings of the National Academy of Sciences, 2019, 116 (14): 6624-6629.

[59]　Yu L, Zhu Q, Song S, et al. Non-noble metal-nitride based electrocatalysts for high-performance alkaline seawater electrolysis [J]. Nature Communications, 2019, 10 (1): 5106.

[60]　Yu L, Wu L B, Mcelhenny B, et al. Ultrafast room-temperature synthesis of porous S-doped NiFe (oxy) hydroxide electrodes for oxygen evolution catalysis in seawater splitting-EES [J]. Energy & Environmental Science, 2017: 1-3.

[61]　Xu H, Fei B, Cai G, et al. Boronization-induced ultrathin 2D nanosheets with abundant crystalline-amorphous phase boundary supported on nickel foam toward efficient water splitting [J]. Advanced Energy Materials, 2019, 10

(3)：1902714.

[62] Izumiya K，Akiyama E，Habazaki H，et al. Anodically deposited manganese oxide and manganese-tungsten oxide electrodes for oxygen evolution from seawater [J]. Electrochimica Acta，1998，43：3303-3312.

[63] Fujimura K，Iaumyia K，Kawashima A，et al. Anodically deposited manganese-molybdenum oxide anodes with high selectivity for evolving oxygen in electrolysis of seawater [J]. Journal of Applied Electrochemistry，1999，29：765-771.

[64] Fujimura K，Matsui T，Izumiya K，et al. Oxygen evolution on manganese-molybdenum oxide anodes in seawater electrolysis [J]. Materials Science and Engineering A，1999，267：254-259.

[65] Fujimura. K，Matsui T，Habazaki H，et al. Durability of manganese-molybdenum oxide anodes for oxygen evolution in seawater electrolysis [J]. Electrochimica Acta，2000，45：2297-2303.

[66] Kumagai N，Asami K，Hashimoto K，et al. New nanocrystalline manganese-molybdenum-tin oxdie anodes for oxygen evolution in seawater electrolysis [J]. ECS Transactions，2006，1 (4)：491-497.

[67] Meguro S，Kumagai N，Asami K，et al. Anodically deposited Mn-Mo-W oxide anodes for oxygen evolution in seawater electrolysis [J]. Materials Transactions，2003，44 (10)：2114-2123.

[68] El-Moneim A A. Mn-Mo-W-oxide anodes for oxygen evolution during seawater electrolysis for hydrogen production：Effect of repeated anodic deposition [J]. International Journal of Hydrogen Energy，2011，36 (21)：13398-13406.

[69] Ghany N A A，Kumagai N，Meguro S，et al. Oxygen evolution anodes composed of anodically deposited Mn-Mo-Fe oxides for seawater electrolysis [J]. Electrochimica Acta，2002，48：21-28.

[70] Kato Z，Bhattarai J，Kumagai N，et al. Durability enhancement and degradation of oxygen evolution anodes in seawater electrolysis for hydrogen production [J]. Applied Surface Science，2011，257 (19)：8230-8236.

[71] Kato Z，Sato M，Sasaki Y，et al. Electrochemical characterization of degradation of oxygen evolution anode for seawater electrolysis [J]. Electrochimica Acta，2014，116：152-157.

[72] Vos J G，Wezendonk T A，Jeremiasse A W，et al. MnO_x/IrO_x as selective oxygen evolution electrocatalyst in acidic chloride solution [J]. Journal of the American Chemical Society，2018，140 (32)：10270-10281.

[73] Trasatti S. Electrocatalysis in the anodic evolution of oxygen and chlorine [J]. Electrochimica Acta，1984，29：1509-1512.

[74] Obata K，Takanabe K. Permselective CeO_x coating to improve the stability of oxygen evolution electrocatalysts [J]. Angewandte Chemie International Edition，2018，57：1616-1620.

[75] Balaji R，Kannan B S，Lakshmi J，et al. An alternative approach to selective sea water oxidation for hydrogen production [J]. Electrochemistry Communications，2009，11 (8)：1700-1702.

[76] Hansen H A，Man I C，Studt F，et al. Electrochemical chlorine evolution at rutile oxide (110) surfaces [J]. Physical Chemistry Chemical Physics：PCCP，2010，12 (1)：283 -290.

[77] Exner K S，Anton J，Jacob T，et al. Controlling selectivity in the chlorine evolution reaction over RuO_2-based catalysts [J]. Angewandte Chemie International Edition，2014，126：11212-11215.

[78] Karlsson R K，Cornell A. Selectivity between oxygen and chlorine evolution in the chlor-alkali and chlorate processes [J]. Chemical Reviews，2016，116 (5)：2982-3028.

[79] Zeradjanin A R，Menzel N，Schuhmann W，et al. On the faradaic selectivity and the role of surface inhomogeneity during the chlorine evolution reaction on ternary Ti-Ru-Ir mixed metal oxide electrocatalysts [J]. Physical Chemistry Chemical Physics：PCCP，2014，16 (27)：13741-13747.

[80] Macounová K，Makarova M，Jirkovský J，et al. Parallel oxygen and chlorine evolution on $Ru_{1-x}Ni_xO_{2-y}$ nanostructured electrodes [J]. Electrochimica Acta，2008，53 (21)：6126-6134.

[81] Kishor K，Saha S，Parashtekar A，et al. Increasing chlorine selectivity through weakening of oxygen adsorbates at surface in Cu doped RuO_2 during seawater electrolysis [J]. Journal of The Electrochemical Society，2018，165 (15)：J3276-J3280.

[82] Arikawa T，Murakami A Y，Takasu Y. Simultaneous determination of chlorine and oxygen evolving at RuO_2/Ti and RuO_2-TiO_2/Ti anodes by differential electrochemical mass spectroscopy [J]. Journal of Applied Electrochemistry，1998，28：511-516.

[83] Petrykin V，Macounova K，Shlyakhtin O A，et al. Tailoring the selectivity for electrocatalytic oxygen evolution on ruthenium oxides by zinc substitution [J]. Angewandte Chemie International Edition，2010，49（28）：4813-4815.

[84] Surendranath Y，Dinca M，Nocera G D，et al. Electrolyte-dependent electrosynthesis and activity of cobalt-based water oxidation catalysts [J]. Journal of the American Chemical Society，2009，131：2615-2620.

[85] Cheng F，Feng X，Chen X，et al. Synergistic action of Co-Fe layered double hydroxide electrocatalyst and multiple ions of sea salt for efficient seawater oxidation at near-neutral pH [J]. Electrochimica Acta，2017，251：336-343.

[86] Xie H P，Zhao Z Y，Liu T，et al. A membrane-based seawater electrolyser for hydrogen generation [J]. Nature，2022，612：673-678.

[87] 李旭. 有机废水生物制氢技术基础研究 [D]. 昆明：昆明理工大学，2005.

[88] Lan R，Tao S，Irvine J T S. A direct urea fuel cell-power from fertiliser and waste [J]. Energy Environ Sci，2010，3：438-441.

[89] Li C，Liu Y，Zhuo Z，et al. Local charge distribution engineered by schottky heterojunctions toward urea electrolysis [J]. Adv Energy Mater，2018，8：1801775.

[90] Zou S，He Z，Enhancing wastewater reuse by forward osmosis with self-diluted commercial fertilizers as draw solutes [J]. Water Res，2016，99：235-243.

[91] Ishii S K L，Boyer T H. Life cycle comparison of centralized wastewater treatment and urine source separation with struvite precipitation：Focus on urinenutrient management [J]. Water Res，2015，79：88-103.

[92] Isaka Y，Kato S，Hong D，et al. Bottom-up and top-down methods to improve catalytic reactivity for photocatalytic production of hydrogen peroxide using a Ru-complex and water oxidation catalysts [J]. J Mater Chem A，2015，3：12404-12412.

[93] Hu S，Feng C，Wang S，et al. Ni_3N/NF as bifunctional catalysts for both hydrogen generation and urea decomposition [J]. ACS Appl Mater Interfaces，2019，11：13168-13175.

[94] Guo X，Kong R M，Zhang X，et al. $Ni(OH)_2$ nanopaticles embedded in conductive microrod array：An efficient and durable electrocatalyst for alkaline oxygen evolution reaction [J]. ACS Catal，2018，8：651-655.

[95] Symes M D，Cronin L. Decoupling hydrogen and oxygen evolution during electrolytic water splitting using an electron-coupled-proton buffer [J]. Nat Chem，2013，5：403-409.

[96] Zhu K，Zhu X，Yang W. Application of in situ techniques for the characterization of NiFe-Based oxygen evolution reaction（OER）electrocatalysts [J]. Angew Chem Int Ed Engl，2019，58：1252-1265.

[97] Zhang T，Zhu Y，Lee J Y. Unconventional noble metal-free catalysts for oxygen evolution in aqueous systems [J]. J Mater Chem A，2018，6：8147-8158.

[98] Anantharaj S，Ede S R，Sakthikumar K，et al. Recent trends and perspectives in electrochemical water splitting with an emphasis on sulfide，selenide and shoshphide catalysts of Fe，Co and Ni：A review [J]. ACS Catal，2016，6：8069-8097.

[99] Di J，Yan C，Handoko A D，et al. Ultrathin two-dimensional materials for photo-and electrocatalytic hydrogen evolution [J]. Materials Today，2018，21（7）：749-770.

[100] Suen N T，Hung S F，Quan Q，et al. Electrocatalysis for the oxygen evolution reaction：recent development and future perspectives [J]. Chemical Society Reviews，2017，46（2）：337-365.

[101] Zhang Z，Wang Q，Zhao C，et al. One-step hydrothermal synthesis of 3D petal-like$Co_9S_8/RGO/Ni_3S_2$composite on nickel foam for high-performance supercapacitors [J]. ACS applied materials & interfaces，2015，7（8）：4861-4868.

[102] Zou X，Zhang Y. Noble metal-free hydrogen evolution catalysts for water splitting [J]. Chemical Society Reviews，2015，44（15）：5148-5180.

[103] Mahmood J，Li F，Jung S M，et al. An efficient and pH-universal ruthenium-based catalyst for the hydrogen evolution reaction [J]. Nature nanotechnology，2017，12（5）：441.

[104] Chao T，Hu Y，Hong X，et al. Design of noble metal electrocatalysts on an atomic level [J]. ChemElectroChem，2019，6（2）：289-303.

[105] Kulkarni A，Siahrostami S，Patel A，et al. Understanding catalytic activity trends in the oxygen reduction reaction

[J]. Chemical Reviews, 2018, 118 (5): 2302-2312.

[106] Yang F, Deng D, Pan X, et al. Understanding nano effects in catalysis [J]. National Science Review, 2015, 2 (2): 183-201.

[107] Hong X, Tan C, Chen J, et al. Synthesis, properties and applications of one-and two-dimensional gold nanostructures [J]. Nano Research, 2015, 8 (1): 40-55.

[108] Tiwari J N, Sultan S, Kim D Y, et al. Multicomponent electrocatalyst with ultralow Pt loading and high hydrogen evolution activity [J]. Nature Energy, 2018, 3 (9): 773-782.

[109] Chao T, Luo X, Li Y D, et al. Atomically dispersed copper-platinum dual sites alloyed with palladium nanorings catalyze the hydrogen evolution reaction [J]. Angewandte Chemie, 2017, 129 (50): 16263-16267.

[110] Li D, Zong Z, Wang X F, et al. Total water splitting catalyzed by Co@Ir core-shell nanoparticles encapsulated in nitrogen-doped porous carbon derived from metal-organic frameworks [J]. ACS Sustainable Chemistry & Engineering, 2018, 6 (4): 5105-5114.

[111] Zhu W, Zhang R, Qu F, et al. Design and application of foams for electrocatalysis [J]. ChemCatChem, 2017, 9 (10): 1721-1743.

[112] Li Y, Wang H, Wang R, et al. 3D self-supported Fe O P film on nickel foam as a highly active bifunctional electrocatalyst for urea-assisted overall water splitting [J]. Materials Research Bulletin, 2018, 100: 72-75.

[113] Sha L, Ye K, Wang G, et al. Rational design of Ni Co$_2$S$_4$ nanowire arrays on nickle foam as highly efficient and durable electrocatalysts toward urea electrooxidation [J]. Chemical Engineering Journal, 2019, 359: 1652-1658.

[114] Chhowalla M, Shin H S, Eda G, et al. The chemistry of two-dimensional layered transition metal dichalcogenide nanosheets [J]. Nature chemistry, 2013, 5 (4): 263.

[115] Wang H, Feng H, Li J. Graphene and graphene-like layered transition metal dichalcogenides in energy conversion and storage [J]. Small, 2014, 10 (11): 2165-2181.

[116] Pumera M, Loo A H. Layered transition-metal dichalcogenides (MoS$_2$ and WS$_2$) for sensing and biosensing [J]. TrAC Trends in Analytical Chemistry, 2014, 61: 49-53.

[117] Benck J D, Hellstern T R, Kibsgaard J, et al. Catalyzing the hydrogen evolution reaction (HER) with molybdenum sulfide nanomaterials [J]. ACS Catalysis, 2014, 4 (11): 3957-3971.

[118] Zhang N, Lei J, Xie J, et al. MoS$_2$/Ni$_3$S$_2$ nanorod arrays well-aligned on Ni foam: a 3D hierarchical efficient bifunctional catalytic electrode for overall water splitting [J]. RSC Advances, 2017, 7 (73): 46286-46296.

[119] Lu W, Song Y, Dou M, et al. Self-supported Ni$_3$S$_2$@ MoS$_2$ core/shell nanorod arrays via decoration with CoS as a highly active and efficient electrocatalyst for hydrogen evolution and oxygen evolution reactions [J]. International Journal of Hydrogen Energy, 2018, 43 (18): 8794-8804.

[120] Babar P, Lokhande A, Shin H H, et al. Cobalt iron hydroxide as a precious metal-free bifunctional electrocatalyst for efficient overall water splitting [J]. Small, 2018, 14 (7): 1702568.

[121] Wang H, Zhou T, Li P, et al. Self-supported hierarchical nanostructured NiFe-LDH and Cu$_3$P weaving mesh electrodes for efficient water splitting [J]. ACS Sustainable Chemistry & Engineering, 2018, 6 (1): 380-388.

[122] Wu Z, Zou Z, Huang J, et al. NiFe$_2$O$_4$ nanoparticles/NiFe layered double-hydroxide nanosheet heterostructure array for efficient overall water splitting at large current densities [J]. ACS Applied Materials & Interfaces, 2018, 10 (31): 26283-26292.

[123] Liang H, Gandi A N, Xia C, et al. Amorphous NiFe-OH/NiFeP electrocatalyst fabricated at low temperature for water oxidation applications [J]. ACS Energy Letters, 2017, 2 (5): 1035-1042.

[124] Sirisomboonchai S, Li S, Yoshida A, et al. Fabrication of NiO microflake@NiFe-LDH nanosheet heterostructure electrocatalysts for oxygen evolution reaction [J]. ACS Sustainable Chemistry & Engineering, 2018, 7 (2): 2327-2334.

[125] Wang A L, Xu H, Li G R. NiCoFe layered triple hydroxides with porous structures ashigh-performance electrocatalysts for overall water splitting [J]. ACS Energy Letters, 2016, 1 (2): 445-453.

[126] Nadeema A, Dhavale V M, Kurungot S. NiZn double hydroxide nanosheet-anchored nitrogen-doped graphene enriched with the γ-NiOOH phase as an activity modulated water oxidation electrocatalyst [J]. Nanoscale, 2017, 9

(34)：12590-12600.

[127] Diaz-Morales O, Ledezma-Yanez I, Koper M T, et al. Guidelines for the rational design of Ni-based double hydroxide electrocatalysts for the oxygen evolution reaction [J]. ACS Catalysis, 2015, 5 (9): 5380-5387.

[128] Wu F, Ou G, Wang Y, et al. Defective $NiFe_2O_4$ nanoparticles for efficient urea electro-oxidation [J]. Chemistry-AnAsian Journal, 2019, 14 (16): 2796-2801.

[129] Jia Q, Wang X, Wei S, et al. Porous flower-like Mo-doped NiS heterostructure as highly efficient and robust electrocatalyst for overall water splitting [J]. Applied Surface Science, 2019, 484: 1052-1060.

[130] Wang C, Jiang J, Ding T, et al. Monodisperse ternary NiCoP nanostructures as a bifunctional electrocatalyst for both hydrogen and oxygen evolution reactions with excellent performance [J]. Advanced Materials Interfaces, 2016, 3 (4): 1500454.

[131] Sha L, Ye K, Wang G, et al. Hierarchical $NiCo_2O_4$ nanowire array supported on Ni foam for efficient urea electrooxidation in alkaline medium [J]. Journal of Power Sources, 2019, 412: 265-271.

[132] Sha L, Yin J, Ye K, et al. The construction of self-supported thorny leaf-like nickel-cobalt bimetal phosphides as efficient bifunctional electrocatalysts for urea electrolysis [J]. Journal of Materials Chemistry A, 2019, 7 (15): 9078-9085.

[133] Nguyen N S, Das G, Yoon H H. Nickel/cobalt oxide-decorated 3D graphene nanocomposite electrode for enhanced electrochemical detection of urea [J]. Biosensors and Bioelectronics, 2016, 77: 372-377.

[134] Ye K, Zhang D, Guo F, et al. Highly porous nickel@carbon sponge as a novel type of three-dimensional anode with low cost for high catalytic performance of urea electro-oxidation in alkaline medium [J]. Journal of Power Sources, 2015, 283: 408-415.

[135] Wu M S, Jao C Y, Chuang F Y, et al. Carbon-encapsulated nickel-iron nanoparticles supported on nickel foam as a catalyst electrode for urea electrolysis [J]. Electrochimica Acta, 2017, 227: 210-216

[136] 卫丹丹. 镍基催化剂的制备及其在尿素电化学氧化反应中的应用 [D]. 芜湖：安徽师范大学, 2021. DOI：10.26920/d.cnki.gansu.2021.000217.

[137] Spendelow J S, Wieckowski A. Electrocatalysis of oxygen reduction and small alcohol oxidation in alkaline media [J]. Phys Chem Chem Phys, 2007, 9: 2654-2675.

[138] Zheng H T, Li Y, Chen S, et al. Effect of support on the activity of Pd electrocatalyst for ethanol oxidation [J]. J Power Sources, 2006, 163: 371-375.

[139] Medway S L, Lucas C A, Kowal A, et al. In situ studies of the oxidation of nickel electrodes in alkaline solution [J]. J Electroanal Chem, 2006, 587: 172-181.

[140] Xie J, Liu W, Zhang X, et al. Constructing hierarchical wire-on-sheet nanoarrays in phase-regulated cerium-doped nickel hydroxide for promoted urea electro-oxidation [J]. ACS Materials Lett, 2019, 1: 103-110.

[141] Xiao X, Huang D, Fu Y, et al. Engineering NiS/Ni_2P heterostructures for efficient electrocatalytic water splitting [J]. ACS Appl Mater Interfaces, 2018, 10: 4689-4696.

[142] Joo J, Kim T, Lee J, et al. Morphology-controlled metal sulfides and phosphides for electrochemical water splitting [J]. Adv Mater, 2019, 31: 1806682.

[143] Staszak-Jirkovsk'y J, Malliakas C D, Lopes P P, et al. Design of active and stable $Co-Mo-S_x$ chalcogels as pH-universal catalysts for the hydrogen evolution reaction [J]. Nat Mater, 2016, 15: 197-203.

[144] Xu S M, Zhu Q C, Harris M, et al. Toward lower overpotential through improved electron transport property: Hierarchically porous CoN nanorods prepared by nitridation for lithium-oxygen batteries [J]. Nano Lett, 2016, 16: 5902-5908.

[145] Yin J, Li Y, Lv F, et al. NiO/CoN porous nanowires as efficient bifunctional catalysts for Zn-Air batteries [J]. ACS Nano, 2017, 11: 2275-2283.

[146] Chen P, Xu K, Tong Y, et al. Cobalt nitrides as a class of metallic electrocatalysts for the oxygen evolution reaction [J]. Inorg Chem Front, 2016, 3: 236-242.

[147] Yu Z Y, Lang C C, Gao M R, et al. Ni-Mo-O nanorod-derived composite catalysts for efficient alkaline water-to-hydrogen conversion via urea electrolysis [J]. Energy Environ Sci, 2018, 11: 1890-1897.

[148] Eddaoudi M, Kim J, Rosi N, et al. Systematic design of pore size and functionality in isoreticular MOFs and their application in methane storage [J]. Science, 2002, 295: 469-472.

[149] Zhu B, Liang Z, Xia D, et al. Metal-organic frameworks and their derivatives for metal-air batteries [J]. Energy Storage Mater, 2019, 23: 757-771.

[150] Liu M, Mu Y F, Yao S, et al. Photosensitizing single-site metal-organic framework enabling visible-light-driven CO_2 reduction for syngas production [J]. Appl Catal B, 2019, 245: 496-501.

[151] Zhao S, Wang Y, Dong J, et al. Ultrathin metal-organic framework nanosheets for electrocatalytic oxygen evolution [J]. Nat Energy, 2016, 1: 16184.

[152] Xu N, Zhang Y, Zhang T, et al. Efficient quantum dots anchored nanocomposite for highly active ORR/OER electrocatalyst of advanced metal-air batteries [J] . Nano Energy, 2019, 57: 176-185.

[153] Gopi S, Perumal S, Al Olayan E M, et al. 2D Trimetal-organic framework derived metal carbon hybrid catalyst for urea electro-oxidation and 4-nitrophenol reduction [J]. Chemosphere, 2021, 267: 129243.

[154] Xu H, Ye K, Zhu K, et al. Efficient bifunctional catalysts synthesized from three-dimensional Ni/Fe bimetallic organic frameworks for overall urea electrolysis [J]. Dalton Trans, 2020, 49: 5646-5652.

[155] Pan Y, Sun K, Lin Y, et al. Electronic structure and d-band center control engineering over M-doped CoP (M = Ni, Mn, Fe) hollow polyhedron frames for boosting hydrogen production [J]. Nano Energy, 2019, 56: 411-419.

[156] Coughlin R W, Farooque. Hydrogen production from coal, water and electrons [J]. Nature, 1979, 279 (5711): 301-303.

[157] Coughlin R W, Farooque M. Consideration of electrodes and electrolytes for electrochemical gasification of coal by anodic oxidation [J]. Journal of Applied Electrochemistry, 1980, 10 (6): 729-740.

[158] Zhong S T, Zhao W, Sheng C, et al. Mechanism for removal of organic sulfur from guiding subbituminous coal by electrolysis [J]. Energy & Fuels, 2011, 25 (8): 3687-3692.

[159] Jin X, Botte G G. Understanding the kinetics of coal electrolysis at intermediate temperatures [J]. Journal of Power Sources, 2010, 195 (15): 4935-4942.

[160] Dengxin L, Jinsheng G, Guangxi Y. Catalytic oxidation and kinetics of oxidation of coal-derived pyrite by electrolysis [J]. Fuel Processing Technology, 2003, 82 (1): 75-85.

[161] Gong X, Wang M, Wang Z, et al. Roles of inherent mineral matters for lignite water slurry electrolysis in H_2SO_4 system [J]. Energy Conversion and Management, 2013, 75: 431-437.

[162] Okada G, Guruswamy V, Bockris J M. On the electrolysis of coal slurries [J]. Journal of the Electrochemical Society, 1981, 128 (10): 2097.

[163] Patil P, De Abreu Y, Botte G G. Electrooxidation of coal slurries on different electrode materials [J]. Journal of Power Sources, 2006, 158 (1): 368-377.

[164] Sathe N, Botte G G. Assessment of coal and graphite electrolysis on carbon fiber electrodes [J]. Journal of Power Sources, 2006, 161 (1): 513-523.

[165] Yu P, Peng R, Jiang H, et al. Carbon fiber supported Pt-Co electrocatalyst for coal electrolysis for hydrogen production [J]. Journal of The Electrochemical Society, 2019, 166 (13): E395-E400.

[166] Yin R, Ji X, Zhang L, et al. Multilayer Nano Ti/ TiO_2-Pt Electrode for Coal-Hydrogen Production [J]. Journal of the Electrochemical Society, 2007, 154 (12): D637.

[167] Cheng D H, Hong L M, Lue S Y, et al. Preparation of the Ti/Pt-Fe anode catalyst and its catalytic activity for electro-oxidation of slurry [J]. Acta Chimica Sinica, 2008, 66.

[168] Wang C, Zhao Y, Zhou W, et al. Electro-oxidation of coal on NiO and/or Co_3O_4 modified TiO_2/Pt electrodes [J]. Electrochimica Acta, 2011, 56 (18): 6299-6304.

[169] Yin H, Zhang Q, Zhou Y, et al. Electrochemical behavior of catechol, resorcinol and hydroquinone at graphene-chitosan composite film modified glassy carbon electrode and theirsimultaneous determination in water samples [J]. Electrochimica Acta, 2011, 56 (6): 2748-2753.

[170] Hesenov A, Meryemolu B, Iten O J F, et al. Electrolysis of coal slurries to produce hydrogen gas: Effects of different factors on hydrogen yield [J]. Fuel and Energy Abstracts, 2011, 36 (19): 12249-12258.

［171］ Xin J，Botte G G. Understanding the kinetics of coal electrolysis at intermediate temperatures ［J］. Journal of Power Sources，2010，195 (15)：4935-4942.

［172］ Zhao Y，Lu S，Wang H，et al. Electrocatalytic oxidation of coal on Ti-supported metal oxides coupled with liquid catalysts for H_2 production ［J］. Electrochimica Acta，2010，55 (1)：46-51.

［173］ 贾杰，隋升，朱新坚，等. 煤浆电解制氢的动力学研究 ［J］. 燃料化学学报，2013，41 (2)：5.

［174］ Ahn S，Tatarchuk B J，Kerby M C，et al. Selective electrochemical oxidation of coal in aqueous alkaline electrolyte ［J］. Journal of The Electrochemical Society，1995，142 (142)：782-787.

［175］ Pomfret A，Gibson C，Bartle K D，et al. On a possible role for electrochemical oxidation in coal liquefaction ［J］. Fuel Processing Technology，1985，10 (3)：239-247.

［176］ Gong X Z，Wang M Y，Liu Y，et al. Variation with time of cell voltage for coal slurry electrolysis in sulfuric acid ［J］. Energy Oxford，2014，65 (1)：233-239.

［177］ 印仁和，张磊，姬学彬，等. 电解煤浆制取氢气的工艺研究 ［J］. 2007 (6)：27-30.

［178］ Tao Y，Lv S，Wei Z，et al. Catalytic effect of $K_3Fe (CN)_6$ on hydrogen production from coal electro-oxidation ［J］. Chinese Journal of Chemistry，2012，83 (none) .

［179］ Kuznetsov L I，Obukhov Y V，Kuksanov P N. Studies on the effect of irradiation by accelerated electrons on the hydrogenation reactivity of brown coal ［J］，Fuel，2001，80 (15)：2203-2206.

［180］ Yanagawa A，Anazawa I J F. Effects of photo-irradiation on coals ［J］. Fuel，1989，68 (5)：668-670.

［181］ Aboushabana M，Tacconi N D，Rajeshwar K J. Chemical pre-treatment of coal and carbon black：implications for electrolytic hydrogen generation and electrochemical/thermal reactivity ［J］. Journal of the Electrochemical Society，2012，159 (6)：B695.

［182］ Guo B，Zhou W，Liu S，et al. Effect of γ-ray irradiation on the structure and electrochemical liquefaction of Shenhua coal ［J］. Fuel，2015，143：236-243.

［183］ Sangon S，Ratanavaraha S，Ngamprasertsith S，et al. Coal liquefaction using supercritical toluene-tetralin mixture in a semi-continuous reactor -ScienceDirect ［J］. Fuel Processing Technology，2006，87 (3)：201-207.

［184］ Gao H，Nomura M，Murata S J E，et al. Statistical distribution characteristics of pyridine transport in coal particles and a series of new phenomenological models for overshoot and nonovershoot solvent swelling of coal particles ［J］. Energy & Fuels，1999，13 (2)：518-528.

［185］ Niyi Olukayode. A novel chemical-electrochemical hydrogen production from coal slurry by a two-step process：oxidation of coal by ferric ions and electroreduction of hydrogen ions ［J］. ACS Omega，2022，7，9：7865-7873.

第8章

光解水制氢

8.1 概述及基本概念

光催化是催化化学和光化学的交叉领域。光化学又是化学的一个分支，涉及紫外光、可见光和红外光照射下引发的化学反应。光催化是"光催化反应"的一个概念，其必要因素是光催化剂、光吸收以及由此引发的化学变化三部分。光催化剂在光催化反应中起到关键作用，它在吸收光后能够使得反应物质发生化学变化，激发态的光催化剂能够循环多次地与反应物作用生成中间物质，并通过这种作用保证自身在反应前后不变。

光催化分解水制氢利用光催化剂在太阳能作用下将水分解为绿色、高热值的氢气，被称为是替代化石能源的重要技术。自1972年，日本科学家Fujishima发现TiO_2电极在氙灯的辐照条件下可以将水分解为H_2，光催化制氢材料成为了研究热点。目前，虽然光催化分解水制氢易于操作，但距离规模化生产仍然很远。主要是有以下两个原因：①光催化性能稳定的催化剂，禁带宽度相对较大，光吸收范围小，无法充分利用可见光；②光催化剂受光激发后，产生的光生电子-空穴对容易复合，导致光催化效率低。

8.2 反应类型和基本原理、过程及反应热动力学

8.2.1 反应类型

光催化制氢反应类型按反应液组分不同分为光催化半反应制氢和光催化全分解水制氢。

（1）光催化半反应制氢

光催化半反应制氢是指向反应液中加入牺牲剂的反应体系，牺牲剂可以消耗空穴，而电子将水还原为氢气。目前，多数光催化分解水体系为半反应，研究较多的光催化剂主要有CdS、$Cd_{0.5}Zn_{0.5}S$、g-C_3N_4[1]。在光催化半反应制氢体系中，牺牲剂为主要核心组成部分之一，其主要作用有：可以与光生空穴反应，抑制电子-空穴对的复合；空穴的存在可能会对光催化剂具有腐蚀作用，牺牲剂可起抑制作用[2]。目前，牺牲剂主要分为无机和有机牺牲剂两类。无机牺牲剂主要为无机离子，研究较多的有SO_3^{2-}/S^{2-}、IO_3^-/I^-、Fe^{2+}/Fe^{3+}等[3-6]。其中，S^{2-}和SO_3^{2-}是光催化半反应制氢中应用较为广泛的无机牺牲剂。有机牺牲剂通常具有较强的还原性而易被空穴氧化，起到抑制电子-空穴对复合的作用，常见的有机牺牲剂主要有醇类、有机胺和乳酸等。其中，研究最多的为甲醇。

（2）光催化全分解水制氢

各种类型光催化剂被相继开发，但由于受热力学或动力学因素限制，能同时产氢和产氧的光催化剂不多，大部分的反应体系为半反应制氢。虽然仅能进行半反应产氢或产氧的催化

材料在研究光催化机理方面具有重要作用，其开发也是必要的，但牺牲剂的消耗大大增加了产氢成本。因此，作为光催化制氢的另一体系——光催化完全分解水一直是化学中的"圣杯"，寻找完全分解水（特别是可见光下）高效光催化剂一直是研究热点和难点。在热力学方面，完全分解水光催化剂能带需同时满足导带电位较 H_2/H_2O 电位更负，且价带电位较 O_2/H_2O 电位更正；在动力学方面，与产氢半反应不同的是，氧气的生成具有较高的过电势，产氧往往成为控制因素，因此，完全分解水时，需要更多地关注降低析氧过电势。单一体系在紫外光下完全分解水的材料主要包括含 d_0（如 Ti^{4+}、Ta^{5+}）和 d_{10}（如 In^{3+}、Ga^{3+}）结构的金属氧化物及其含氧酸盐，其中，Ni/NiO_x 负载的 La 掺杂 $NaTaO_3$ 的量子效率高达 56%[7]；能响应可见光全分解水的光催化剂（＞420nm）有 GaN∶ZnO 固溶体[8,9]。

8.2.2 基本原理、过程

根据能带理论，半导体中被价电子充满的能带叫作价带；价带中的电子在受到光电注入或热激发时会有一部分跃过禁带到更高能量的空带，这种电子未充满的能带就叫作导带，中间的空能级为禁带。当入射光子能量不小于半导体禁带宽度 E_g 时，价带上的电子跃迁到导带上，价带上相应地产生空穴，形成了光生电子-空穴对，称光生载流子。光生电子、空穴分别具备强还原性与强氧化性，能还原或氧化材料表面的电子受体或吸附物质。然而，光生载流子在向材料表面迁移的过程中，可能重新复合，或被表面晶格缺陷捕获，最终只有部分载流子到达材料表面并与吸附在粒子表面的物质发生氧化还原反应，这是许多光催化材料的反应量子效率不高的主要原因。

对于光催化制氢而言，就是以太阳能为光源，光催化剂吸收太阳能产生光生电子和空穴，从而在催化剂表面进行某种特定的氧化反应或者还原反应。图 8-1 为光催化分解水制氢基本原理示意图。在太阳光辐照条件下，光催化剂参与光催化反应主要涉及以下三个方面：半导体对光的吸收，光生电子-空穴对的产生、分离和迁移，光生电子和空穴在催化剂表面参与氧化还原反应，具体如下所示：

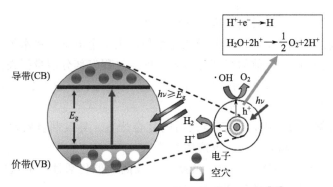

图 8-1 光催化分解水制氢基本原理示意图[10]

（1）光生电子-空穴对的产生

当使用的入射光的能量大于或者等于半导体光催化剂的禁带宽度时，半导体材料中被束缚的电子得到足够的能量从而受到激发，电子从半导体的价带位置跃迁至导带位置成为激发态，与此同时在半导体的价带上拥有了光生空穴，导体的导带和价带上分别产生电子和空穴。这些光生载流子能够分别在导带和价带的能级间自由运动。

（2）光生电子和空穴的迁移及复合

光催化反应一般是表面反应，半导体受入射光激发产生光生电荷之后，光生电子和空穴会在此过程中分离、迁移至催化剂表面，从而参与氧化还原反应。然而，在光生电荷转移的过程中一部分光生电子和空穴在纳秒级别的时间内在半导体的体相内以及表面发生了复合，例如以光或者热的形式释放出去。

（3）表面氧化还原反应

迁移至催化剂表面的具有还原能力的电子和具有氧化能力的空穴分别在催化剂表面参与还原反应和氧化反应。对于光降解反应而言，光生电子-空穴与催化剂表面上吸附的分子（O_2、OH^-、H_2O）发生氧化反应或还原反应，生成·O_2、·OH、H_2O_2等具有强氧化能力的活性自由基或活性氧，进一步参与有机污染物的降解；对于光催化分解水制氢而言，位于导带的光激发电子和位于价带的光生空穴可以直接与水反应分别生成氢气和氧气。

8.2.3　反应热动力学

从热力学的角度上来讲，水的化学性质十分稳定。在标准状态条件下，水分解成 H_2 和 O_2 分子是一个吉布斯自由能增加的反应过程，需要 237.2kJ/mol 的标准自由能变化，必须要有外加能量才能促使这个反应朝着正反应方向进行。

从热力学的角度来看，必须满足以下几个条件：

① 在电解水的过程中，一分子的水电解成氢气和氧气需要 1.23eV 的能量，同理，光解水也至少需要提供 1.23eV 的能量。

② 可进行光催化分解水的半导体需要具有合适的能带隙宽度，要求其禁带宽度必须大于 1.8eV，对于有可见光吸收能力的半导体，根据关系式：$\lambda_g = 1240/E_g$，其禁带宽度还要小于 3.1eV。

③ 半导体的导带位置要比 H^+/H_2 的还原电位更负，价带位置要比水的氧化电位更正。因此，具有全分解水的光催化剂必须氧化半反应电位 $E_{ox} > 1.23eV$，还原半反应电位 $E_{red} < 0eV$。

从动力学的角度来看，需要满足以下几个条件：

① 在光催化剂的作用下，2 个水分子在连续释放出 4 个电子，将水氧化成氧气，这是一步反应和四电子转移机制。目前的光催化体系，反应过程有部分能量损失。

② 在光催化分解水制备氢气的过程中，是一步反应过程，这是因为氧中间自由基的还原电位太负（−2.1V），所以不会发生。

③ 在光催化分解水过程中，电子-空穴对的复合严重，导致制氢效率较低。这与很多因素有关，比如光照条件、晶体结构、反应体系等。

④ 很多光催化材料在使用过程中，虽然具有较高的催化活性，但这些光催化剂在反应过程中会发生光腐蚀，导致光催化剂的稳定性变差。

8.3　性能影响因素及效率评价

8.3.1　性能影响因素

光催化分解水是一个涉及到多相且复杂的反应过程，其光催化活性和催化转化效率受多种因素影响。其中，催化剂的能带结构、粒径尺寸、比表面积、晶型结构、光照强度、温度、牺牲剂、pH 等都可能对其光催化性能产生影响。

（1）光催化剂的本征特性、禁带宽度与能级位置

催化剂的本征性质对光催化活性起着决定性作用，可分为以下几方面。催化剂的本征吸收。当入射光子能量大于或等于光催化剂的禁带宽度时，价带上的电子吸收能量跃迁到导带上，参与反应界面的光催化过程。禁带宽度反映了本征吸收所需要的最小能量，其宽度越大代表光激发所需能量越高，有效光吸收向短波长方向移动，降低了太阳光的利用效率。反之，禁带宽度越小，光激发所需能量越低，有效光吸收向长波长方向移动，提高了对太阳光的利效率。半导体材料的价带-导带位置决定了光生电子-空穴对的氧化还原能力的大小。对于同一种材料来说，改变其禁带宽度的大小会改变其价带、导带的位置。例如，对于 N 掺杂 TiO_2 材料，将 N 原子掺杂到 TiO_2 晶格中，可减小其禁带宽度，增加对可见光的吸收[11]。图 8-2 为几种常见半导体相对于真空能级、标准氢电极（E_{NHE}）的能带位置及其禁带宽度大小。

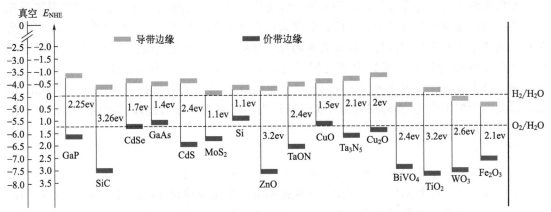

图 8-2　几种常见半导体的能带位置及其禁带宽度大小[12]

（2）光催化剂的粒径尺寸及比表面积

半导体光催化剂的粒径尺寸与比表面积对光催化性能具有重要影响。一方面，光催化剂的粒径越小，比表面积也就越大，反应活性位点越多；另一方面，粒径尺寸越小，光生电荷从催化剂体相内迁移至表面的时间越短，有利于提高光生电荷的分离效率，提高光催化性能[13]。例如，通过高温 H_2 处理块状氮化碳制备脱层的氮化碳纳米片，并同时在处理过程中引入缺陷。由于脱层，缺陷的存在和相关的带隙变化之间的协同作用，纳米结构材料可显著增强的光催化活性[14]。Meng 等通过以双氰胺为 C_3N_4 前驱体和 KIT-6 为模板，通过硬模板方法制备具有 3D 多孔结构的介孔石墨碳氮化物（$g\text{-}C_3N_4$），研究其在模拟条件下优异的光催化析氢活性。结果表明，制备的材料具有 $g\text{-}C_3N_4$ 晶体结构、有序介孔和 3D 多孔结构和高比表面积。UV-Vis 和光致发光（PL）光谱表明，催化剂的吸收边缘轻微蓝移，电子-空穴对的复合受到显著抑制。$g\text{-}C_3N_4$-KIT-6 在太阳模拟辐照下的光催化析氢活性远高于具有二维介孔结构的块状无孔 $g\text{-}C_3N_4$。实验过程中，科学研究者们通过模板、超声、热氧化法等方法来获得具有较大比表面积的 $g\text{-}C_3N_4$，从而提高其光催化活性[15,16]。

（3）光催化剂的晶相结构

光催化剂的组分构成、形貌等不同将会直接导致表面结构和光电结构等性质上产生显著差异，从而引起光催化剂在催化性能上的不同。光催化剂通常是通过水热反应合成，反应过程伴随着高温、高压等条件。因此，物质的晶体结构会随之发生改变。催化剂的晶相结构对

催化活性的影响主要有以下几方面。①晶型。众所周知，晶型结构对催化剂的催化活性的影响极其重要。以典型的 TiO_2 光催化剂为例，常见的晶型结构有三种：锐钛型、金红石型和板钛矿型[17]。三种类型的 TiO_2 的物理化学性质上差异很大。例如，锐钛型和板钛矿类型 TiO_2 的禁带宽度为 3.2eV 左右，而金红石型则为 3.0eV；金红石型的化学性质较其他两种晶型稳定，但其光催化活性较低；锐钛矿型晶格中缺陷较多，光催化活性相对较高；而板钛矿型稳定性较其他两种晶型差，当温度高于 650℃ 时会转化为金红石型[18,19]。②晶格缺陷。构成材料的原子排列方式受到晶体形成条件、原子热运动等条件的影响，会导致材料出现晶格缺陷。③晶面。光生电子-空穴对只有迁移到材料表面才会与水分子发生反应，因此，晶体暴露的晶面对光催化性能具有重要影响。通常情况下，晶体具有不同的晶面，每个晶面的几何和电子结构也不同，从而导致其具有不同的物理化学性质[20,21]。

（4）光强

光催化的终极目标是有效地利用太阳光作为反应光源。光催化分解水制氢最终要实现光催化剂在太阳光条件下分解水。目前，研究人员主要采用的是实验室模拟光源。实验室较为常见的光源主要有汞灯和氙灯。提高光源的光照强度可为光催化反应提供更多的能量，达到提高光催化性能的目的。汞灯主要是用于模拟紫外光，可分为中高压汞灯（主要光波长 384nm）和低压汞灯（主要光波长 254nm）。而氙灯的光谱范围可扩宽到 200～2500nm 范围，以模拟太阳光[22]。实验室光源可实现紫外光、可见光、带通波段光或模拟太阳光的光照条件，满足不同实验需求。

（5）温度

温度是影响化学反应速率的重要因素。对大多数化学反应来说，温度升高，反应速率增快。只有极少数反应是例外的。温度对反应速率的影响主要体现在温度对反应速率系数的影响上，通常温度升高，反应速率常数增大，反应速率加快。因此，对光催化反应而言，升高反应体系的温度，可提高光催化反应的脱附和吸附效率，进而提高材料的光催化性能[23]。升高温度不仅可以提高反应体系的脱附或吸附速率，还可为电子从价带跃迁到更高能级提供更多能量，从而促进氧化、还原反应的发生。例如，Liu 等[24]设计了一套光热化学反应测试装置，可以测试实验温度变量，同时保持其他影响因素不变，用立式显微镜分析了光热化学协同催化水分解过程中的颗粒簇分布。结果表明，H_2 的生成速率随反应温度而变化，光热化学协同催化水分解工艺的最佳温度为 55℃。当在最佳反应条件下操作时，可以达到 11.934mmol/(h·g) 的产氢速率。

（6）牺牲剂

牺牲剂对光催化性能具有极其重要的影响。通过向反应体系中加入牺牲剂，可显著提高光催化反应效率，常见的牺牲剂有如甲醇、甘油、三乙醇胺等。向反应体系中加入催化剂后，牺牲剂可以与光生空穴反应，促进电子-空穴对的分离，从而提高光催化效率。不同牺牲剂对光催化的影响不同。同时，牺牲剂的浓度对光催化性能也有影响，优化适宜的牺牲剂浓度对光催化反应非常重要[25,26]。

（7）液相光催化反应中 pH 值影响

反应体系的 pH 大小不但对光催化剂稳定性有一定影响，而且对光催化反应活性也具有重要影响。首先，反应体系的 pH 值直接代表了体系中 H^+ 与 OH^- 的浓度。在光催化分解水制氢体系中，H^+ 的浓度非常重要，通常酸性条件有助于提高光解水制氢性能。但是，对于光解水制氢反应体系，并不一定是 H^+ 浓度越高，pH 值越小，其产氢性能越好。Lin

等[27]以 $Pt/TiO_{2-x}N_x$ 为模型光催化剂，以甲醇为牺牲剂，研究了不同 pH 条件下的光催化产氢性能。实验结果表明，当反应体系的 pH 值为 6.3 时，光催化产氢性能最优。这是由于向反应体系中加入甲醇牺牲剂后，牺牲剂消耗空穴是反应的决速步骤，当溶液 pH=6.3 时，TiO_2 表面呈电中性，甲醇分子更容易吸附到催化剂表面参与光催化反应。因此，针对不同的反应体系，探索最佳 pH 条件是十分必要的。

8.3.2 效率评价

在评估光催化分解水产氢性能时，有三个重要的指标，即量子效率、能量转换效率和稳定性。量子效率（QY）是光催化体系中一个重要的、被认可的评价光催化活性的指标，可以分为总量子效率（IQY）和表观量子效率（AQY）。总的量子效率和表观量子效率可以用以下方程式定义：

$$总量子效率(\%)=\frac{反应的电子数}{吸收的光子数}\times100\%$$

$$表观量子效率(\%)=\frac{反应的电子数}{激发的光子数}\times100\%=\frac{2\times产氢的分子数}{激发的光子数}\times100\%$$

表观量子效率通常比总量子效率小，这是因为激发的光子数通常大于吸收的光子。除了量子效率外，太阳能转换效率也可以用来评价太阳能到氢能的转化效率。

$$太阳能转换效率(\%)=\frac{产氢的输出能量}{太阳能}\times100\%$$

稳定性对光催化剂的使用非常重要，通过选择合适的体系可以有效地避免光化学腐蚀。为了评估光催化剂在催化反应时的稳定性，一种方法是在给定条件下，连续光照，观察反应过程中产生气体速率；另一种方法是循环测试法，即在催化反应进行一段时间后，停止光照，然后恢复催化体系至初始状态，再次进行光催化反应，观察其稳定性的变化。

8.4 催化剂的分类及改性

8.4.1 催化剂的分类

到目前为止，科研工作者已经开发出了成百上千种半导光催化剂。实现了紫外光、可见光、红外光辐照条件下的光催化分解水制氢。各种分解水半导体光催化剂的元素组成在元素周期表中显示，如图 8-3 所示[28]。按照其元素组成可以分为：单质光催化剂、金属氧化物光催化剂、金属硫化物光催化剂、金属硒化物光催化剂、金属有机框架化合物光催化剂以及聚合物光催化剂。

（1）单质光催化剂

C、P、S 等元素由于具有适中的禁带宽度和能带位置，作为单质光催化剂被广泛应用光催化分解水[29]。研究表明，通过元素掺杂可以拓宽碳材料的禁带宽度，从而实现导体向半导体的转变。例如，通过将碳材料制备成碳量子点，可在紫外-可见光的辐照条件下实现 $423.7\mu mol/(h\cdot g)$ 的分解纯水产氢速率[30]。磷有三种同素异形体，除了白磷不具有光催化活性外，黑磷和红磷均可以作为分解水产氢光催化剂。但是，由于电子-空穴对复合严重，黑磷（BP）和红磷的光催化效率很低。2017 年，杨上峰课题组通过简便的机械球磨法制备了黑磷纳米片。在不使用任何贵金属助催化剂的情况下，BP 纳米片在可见光条件下可实现 $512\mu mol/(h\cdot g)$ 的产氢速率，并首次从实验上证明了其在可见光下具有光催化产氢活

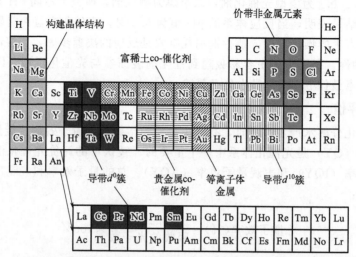

图 8-3 光催化分解水催化剂的元素组成图

性[31]。在 S 的同素异形体中，正交晶系的 S_8 单质被认为是在常温常压条件下最稳定的单质。Cheng 等[32]发现与传统的复合光催化剂相比，环八硫 S_8 的 α-S 晶体是一种可见光活性元素光催化剂。α-S 晶体不仅能产生·OH 自由基，还能在紫外-可见光和可见光照射下实现光催化分解水。但是由于 α-S 晶体的粒径大且亲水性差，获得的绝对活性较低，仍然需要进一步提高其光活性（图 8-4）。

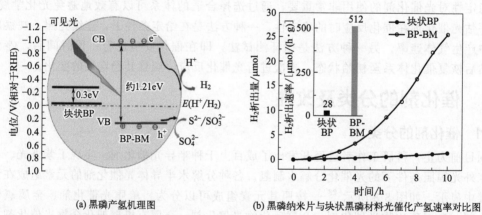

(a) 黑磷产氢机理图   (b) 黑磷纳米片与块状黑磷材料光催化产氢速率对比图

图 8-4 黑磷产氢机理图以及黑磷纳米片（BP-BM）和块状黑磷材料光催化产氢速率对比图

（2）金属氧化物光催化剂

常见的金属氧化物光催化剂主要由过渡金属元素与氧元素组成，如 TiO_2、ZnO、Cu_2O 和 Fe_2O_3。按照其光吸收范围，金属氧化物光催化剂可以分为禁带宽度大于 3.0eV 的紫外光活性的光催化剂和禁带宽度小于 3.0eV 的紫外-可见光活性的光催化剂。对紫外光响应的光催化材料，只能吸收紫外光，仅占太阳光谱的 5%，这极大地限制了其应用。因此，对紫外光响应的典型光催化材料有 TiO_2 和 ZnO，可通过对其改性，增加对可见光的光吸收。可以通过调控价带导带位置，或引入杂质能级，从而实现禁带宽度的缩小，提高 TiO_2 和 ZnO 半导体可见光利用率。例如，Du 等[33]利用不同的气体氛围对 TiO_2 进行煅烧，成功制备了不同浓度 O 空位的 TiO_2。研究发现，随着 O 空位浓度的逐渐增大，TiO_2 的导带位从

$-0.86eV$ 下移至 $0.25eV$，而价带顶位置不变，从而增大了其在可见光范围内的吸收，极大提高了 TiO_2 的光催化活性（图 8-5）。

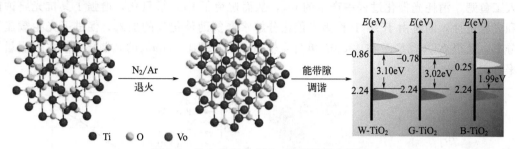

图 8-5　O 空位调控 TiO_2 禁带宽度示意图

（3）金属硫化物光催化剂

对于可见光响应型半导体材料（如 Cu_2O 和 Fe_2O_3），尽管其具有可见光吸收，但是由于其易被氧化，稳定性较差，同时光生载流子复合严重，限制了其应用。由于 Cu^+ 和 Fe^{2+} 容易被氧化成 Cu^{2+} 和 Fe^{3+}，因此可以通过将具有强氧化性的空穴迁移到光催化剂表面，避免光腐蚀。一方面不仅促进了电子-空穴对的分离，另一方面也提高了光催化剂的稳定性。例如，Grela 等[34]通过溶剂热策略合成了覆盖有二氧化钛纳米颗粒的八面体氧化亚铜。研究结果表明异质结中光生羟基自由基的检测与纯 Cu_2O 的结果存在差异，被认为是 TiO_2 保护 Cu_2O 免受光腐蚀的证据。Cu_2O 上的氧化性强的空位被消耗掉，实现了电子-空穴对的分离，同时避免了光腐蚀，使得 Cu_2O/TiO_2 异质结表现出优异的光催化活性和良好的光稳定性。图 8-6 为常见氧化物半导体的能带结构示意图[35]。

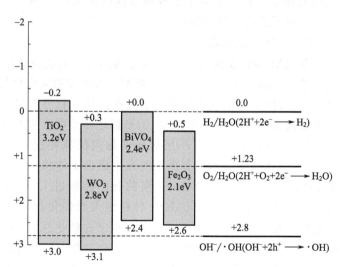

图 8-6　常见氧化物半导体的能带结构示意图

在金属硫化物光催化剂中，过渡金属 d 轨道组成导带，由 S 3p 轨道组成价带。由于 S 元素电负性比 O 元素小，因此相对于金属氧化物，金属硫化物具有更宽的光吸收范围。但是由于 S^{2-} 容易发生光腐蚀，导致金属硫化物光稳定性较差。目前，研究较多的金属硫化物有 ZnS、CdS 和 MoS_2 等。其中，虽然 ZnS 能够被用于光催化分解水制氢，但其禁带宽度（3.66eV）决定了其只能吸收紫外光。通过与宽光谱吸收的金属硫化物可形成固溶体，可以有效地拓展 ZnS 光吸收范围，从而达到提升其光催化性能的目的。当前金属硫化物的研究主要集中在提高其抗光腐蚀性和稳定性。例如，Lu 等[36]通过在 CdS 光催化反应体系中加入人工鱼鳃，消耗光催化过程中产生的 O_2，从而避免了 CdS 被氧化，增强了其抗光腐蚀能力和光稳定性。同时由于 Ni_2P 作为光催化分解水产氢助催化剂的加入，促进了光生载流子的分离，使得 $Ni_2P@CdS$ 在 430nm 单色光辐照下，实现了 3.89％的光催化全解水表观量子效率（图 8-7）。

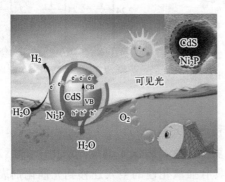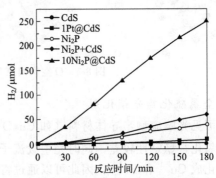

图 8-7　人工鱼鳃协助下的 $10Ni_2P@CdS$ 光催化机理示意图及产氢性能对比图

（4）硒化物半导体

常用于光催化制氢的硒化物光催化剂主要为硒化镉。与 CdS 相比，它的能隙更小，可以扩宽可见光光吸收范围。为了提高光催化剂的活性，通常使用 CdSe 量子点用作光敏单元。2012 年，Osterloh 等[37]制备了 CdSe 量子点，研究结果表明，CdSe 量子点具有光催化活性，且光催化产氢性能在很大程度上受量子限域效应的影响：CdSe 量子点的粒径越小，量子点的导带电位越负，量子点的产氢性能越高。

（5）金属有机框架化合物光催化剂

金属有机框架化合物（MOF）是由金属离子或金属团簇和有机配体通过自组装形成的具有周期性网络结构的多孔晶体框架材料，是一种典型的有机无机杂化材料。研究表明，相比于传统的无机光催化剂，MOF 光催化剂具有如下优点：均一和可调的孔结构、大比表面积、大量配位不饱和的金属活性位点等。在 MOF 的光催化体系中，从有机配体激发的光生电子只需要转移至临近的金属团簇上，而不用从光催化剂的体相迁移至表相，这意味着 MOF 光催化剂相比于传统的无机半导体具有更低的光生载流子体相复合。同时，高密度的金属团簇为催化反应提供了大量的活性位点，丰富的孔结构促进了反应物的传质与扩散。2009 年，Kataoka 等[38]以 $[Ru_2(p\text{-}BDC)_2]_n$ MOF 材料作为光催化剂，$Ru(bpy)_3^{2+}$ 为光敏剂，MV^{2+} 为电子传递剂，首次在可见光辐照条件下实现了光催化分解水制氢。但是由于电子-空穴对复合严重，导致其光催化活性较差。因此，目前主要通过引入助催化剂、构建异质结等策略，对 MOF 材料进行改进，以提高其光吸收、光生载流子的分离，从而达到提高 MOF 光催化活性的目的。

（6）聚合物半导体

聚合物半导体是具有半导体性质的聚合物，禁带宽度由 π 电子轨道的共轭程度决定的，通常在 1.5～3.0eV 之间，吸光范围可以扩展到近红外光。2009 年，王心晨首次报道了完美的石墨相氮化碳（$g\text{-}C_3N_4$）（图 8-8）作为聚合物半导体光催化材料可应用于光催化分解水[39]。$g\text{-}C_3N_4$ 不含金属，原材料来源广泛，价格相对低廉，而光催化产氢性能可媲美无机半导体材料，完美的 g-C₃N₄ 禁带宽度为 $2.7eV$[40]。一方面，从能带结构的角度分析，它可以用于全分解水反应，但是反应速率较低。另一方面，产氢半反应的研究则取得了长足的进步。王心晨课题组利用熔融法，将预热的三聚氰胺与盐熔融法结合起来用作原料合成了一种结晶的氮化碳，通过在模拟自然光的反应体系中添加磷酸盐，制氢的表观量子产率（AQY）在 405nm 处达到了 50.7%。这项研究的结果表明，结晶共价有机框架在太阳能应用中具有广阔的前景[41]。

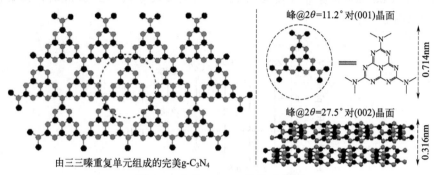

由三三嗪重复单元组成的完美g-C₃N₄

图 8-8　完美 g-C₃N₄ 结构示意图

8.4.2　催化剂的改性

对于半导体光催化剂而言，其光催化活性由光吸收、光生载流子分离和光生载流子表面反应利用效率共同决定。目前，提高光催化剂活性主要受限于严重的体相和反应界面光生载流子的复合。此外，半导体的光催化活性还取决于光催化反应热力学和动力学等因素。光催化的热力学和动力学往往由其电子结构以及材料的物理化学性质共同决定。因此，为了获得高效、稳定、对可见光响应的光催化剂，可以从以下几个方面对光催化剂的光生载流子分离、表面反应、反应热力学和动力学进行调控：能带结构调控、形貌调控、元素掺杂、助催化剂的选择和异质结的构筑。

（1）光催化剂的能带结构调控

对于半导体光催化剂而言，调控能带结构不仅可以拓宽半导体光催化剂对可见光的吸收范围，也可以调控其氧化还原电位，从而增强其氧化还原能力，为光催化反应提供驱动力。目前，对半导体光催化剂的能带结构调控主要是通过将杂原子或空位缺陷结构引入半导体的本征结构中。例如，Zou 等[42]通过改变硫化钠的用量，制备具有不同锌空位数量的缺陷ZnS 作为催化剂，研究了可见光照射下空位对光催化制氢活性的影响。研究发现，锌空位在改变 ZnS 的电子结构方面表现出显著作用，锌空位可以提高价带（VB）的位置，削弱空穴的氧化能力，从而保护具有锌空位的 ZnS 免受光腐蚀。电化学和光电化学实验还表明，随着 ZnS 中 Zn 空位的引入，电荷分离和电子转移更加有效。虽然引入缺陷可以调节半导体能带结构，但缺陷在光催化反应中的作用依然是没有被完全理解。缺陷的位置、密度等因素依然需要更加深入地研究。因此，需要开发出新的表征手段加深对缺陷的理解。同时，半导体光催化剂的缺陷可控合成仍然是亟待解决的问题。

（2）催化剂形貌的调控

通过催化剂形貌调控可以提升光解水性能，主要有以下两个方面原因：第一，将催化剂纳米化，获得比表面积大的纳米催化剂，增加催化剂表面上的活性反应位点；第二，通过改变反应条件，制备不同形貌的催化剂，暴露不同的晶面，半导体的不同晶面的催化活性不同，可能会对催化剂的催化作用起到决定性的作用。因此科研工作者也在努力通过开发催化剂的活性晶面来提升催化剂催化效率。

随着纳米离子尺寸越来越小，材料的比表面积越来越大，其电子键态与内部粒子不同，同时表面的活性位点增加。此外，当其尺寸减小到纳米级时，会显示出"量子限域效应"，这主要由于量子限域效应会使其带隙变宽，从而提升了纳米半导体自身的氧化和还原的能力。随着纳米粒子尺寸的减小，其禁带宽度增加，会表现出吸收光谱蓝移现象。例如，通过水热合成的正常 CdS 晶体的禁带宽度为 2.4eV，而当其尺寸减小到 5nm 时，其禁带宽度变为 3.3eV[43]（图 8-9）。

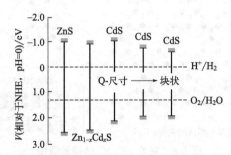

图 8-9　不同尺寸的 ZnS，$Zn_{1-x}Cd_xS$ 和 CdS 晶体禁带宽度

通过改变合成工艺条件，制备介孔催化材料也是近年来研究人员的热点研究方向。介孔结构材料通常具有较高的比表面积和较多的催化反应活性位点，同时，介孔材料具有很好的吸脱附能力，可用于光催化分解水制氢。例如，Janek 等[44]采用溶胶凝胶法制备了具有介孔结构的 TiO_2 纳米晶，研究发现介孔结构的 TiO_2 纳米晶的催化性能是纳米颗粒状 TiO_2 的 10 倍。Ta_3N_5 是一种典型的光解水催化剂，Domen 课题组通过在 NH_3 氛围下于 1073K 进行氮化，制备了具有晶体薄壁结构的有序介孔 Ta_3N_5 材料，其比表面积，孔径和壁厚分别约为 $100m^2/g$，4nm 和 2nm。在入射光大于 420nm 的可见光照射下，介孔 Ta_3N_5 的光催化活性是常规纳米颗粒 Ta_3N_5 的三倍，同时具有较高的催化稳定性[45]。通过改变材料的形貌来调控晶面也是提升其催化性能的重要手段。比较典型的例子是 TiO_2 催化剂，目前研究较多的是暴露（111）晶面的八面体结构，（001）晶面纳米片结构和暴露（100）晶面的纳米棒结构[46]。

（3）元素掺杂

半导体的元素掺杂按照掺杂元素的种类可以分为金属离子掺杂和非金属离子掺杂。金属离子掺杂的作用机理是在半导体的导带和价带之间产生新的杂质能级，减小禁带宽度，增强可见光响应，即使宽带半导体间接转变成窄带半导体。而非金属离子掺杂的作用机理是半导体的原有晶格内掺杂进非金属离子后，没有产生新的杂质能级，而是原有的半导体禁带上移，使其禁带宽度减小，增强可见光响应，提升可见光的利用效率，增加可见光催化活性。常见的金属离子掺杂半导体有 TiO_2、ZnO、ZnS、$SrTiO_3$、$La_2Ti_2O_7$ 等，掺杂金属有 Fe^{3+}、Co^{2+}、Ni^{2+}、Cu^{2+}、Cr^{2+} 等（图 8-10）。常见的非金属掺杂元素主要有 N、C、S、B、F 等。非金属掺杂改变原有半导体能带如图 8-11 所示[47]。掺杂非金属元素后，半导体的禁带位置会向负电位方向移动，导致掺杂后的半导体禁带宽度减小，可使从宽带的半导体变为窄带半导体。

（4）助催化剂的修饰

助催化剂在光催化分解水制氢过程中发挥着重要作用，其作用机理可分为以下几个方

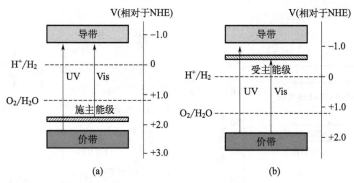

图 8-10　金属离子掺杂形成新的能级图（UV：紫外光；Vis：可见光）

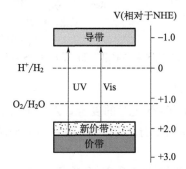

图 8-11　非金属掺杂形成新的禁带能带图

面：①改变反应路径，降低还原氧化反应的活化能；②抑制电子-空穴对的复合；③抑制光腐蚀，提高光催化剂的稳定性。助催化剂的不同应用方式也会影响光催化剂的催化性能，包括助催化剂的量、颗粒大小、负载方式等。当负载量较低时，助催化剂可以促进电子-空穴对的分离与迁移，同时降低产氢的过电势。随着负载量的增加，产氢速率会达到最大值，负载量继续增加时，助催化剂会产生副作用：影响光吸收，覆盖活性位点，增加电子-空穴对的表面复合。助催化剂可分为产氢端助催化剂和产氧端助催化剂。常见的产氢端助催化剂有 Pt，产氧端助催化剂有 RuO_x、IrO_x 和 PbS 等。近年来，科研人员开发了多种非贵金属催化剂，如 MoS_2、$Ni(OH)_2$、CoO_x、CoP、NiS_x 等。为进一步提高催化性能，科研人员又开发了双助催化剂，从产氢和产氧两方面加快光生载流子的分离和表面催化反应，因而具有更高的效率。中国科学院大连化学物理研究所李灿课题组利用 Pt 和 PdS 的双助催化剂修饰 CdS，实验结果表明，在可见光照射下，在存在牺牲试剂的情况下，Pt-PdS/CdS 复合催化剂，在 420nm 单色光下的量子效率高达 93%，并且在光催化反应条件下非常稳定[48]。CdS 是非常重要的可见光光催化材料之一，用于光催化分解水产生氢。然而，由于其严重的光腐蚀，CdS 光催化剂不可避免地会被其光生空穴氧化形成 S，从而导致光催化性能明显下降。余家国等[49]制备了双助催化剂改性的 Ti(Ⅳ)-Ni(Ⅱ)/CdS 光催化剂，不仅可以显著改善的光催化活性和稳定性，而且还可以保持 CdS 表面结构优异的光诱导稳定性。Ti(Ⅳ)-Ni(Ⅱ)助催化剂的协同作用，即非晶态 Ti(Ⅳ) 作为空穴助催化剂，可以快速捕获 CdS 表面的光生空穴，从而导减弱光腐蚀，而无定形的 Ni(Ⅱ) 作为电子助催化剂，可快速转移光生电子，促进产氢过程。与传统的贵金属助催化剂（如 Pt 和 RuO_2）相比，目前的无定形 Ti(Ⅳ) 和 Ni(Ⅱ) 助催化剂显然是低成本，无毒且含量丰富，可广泛应用于设计和开发高效的光催化材料（图 8-12）。

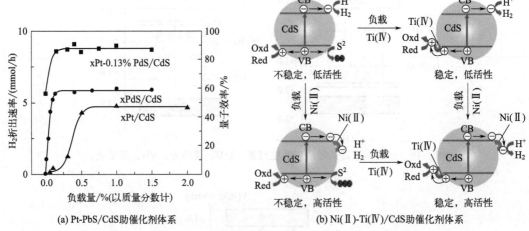

(a) Pt-PbS/CdS助催化剂体系　　(b) Ni(Ⅱ)-Ti(Ⅳ)/CdS助催化剂体系

图 8-12　Pt-PbS/CdS 和 Ni(Ⅱ)-Ti(Ⅳ)/CdS 双助催化剂体系

（5）光催化剂异质结的构筑

构建异质结可以抑制光生电子-空穴对的复合，对提升光催化性能具有重要作用。按照异质结的组成分类，可以将异质结划分为半导体-半导体异质结、半导体-金属异质结、半导体-碳基异质结及多元异质结。

例如，Ji 等[50]采用一步溶剂热法在 ZnIn$_2$S$_4$（ZIS）表面生长超薄 g-C$_3$N$_4$（UCN）纳米片和 NiS 纳米颗粒，构建了具有高速电荷转移通道的三元 NiS/ZnIn$_2$S$_4$/超薄 g-C$_3$N$_4$ 复合光催化剂，其最佳产氢速率高达 5.02mmol/(g·h)，是原始 ZnIn$_2$S$_4$ 的 5.23 倍。420nm 处的表观量子效率高达 30.5%。复合光催化剂的光催化性能的提高可归因于 ZIS 和 UCN 之间的Ⅰ型异质结。此外，NiS 助催化剂可以有效地促进光致电荷分离和迁移。该工作也为异质结复合材料三元助催化剂的设计和合成提供了参考，用于绿色能源转换。Li 等[51]通过简单的机械研磨技术制备了超薄 2D/2D C$_3$N$_4$/MoS$_2$（U-CN/MoS$_2$）异质结光催化剂。研究结果表明，超薄的 MoS$_2$ 纳米片（U-MoS$_2$）可以与超薄的 C$_3$N$_4$（U-CN）形成异质结，并且其固有的晶体结构保持稳定。进一步的光催化性能测试表明，U-CN/MoS$_2$ 异质结光催化活性显著提高。Yan 等[52]采用原位水热法合成了的 3DOM-H$_x$W$_3$/Pt/CdS Z 型异质结。在复合光催化剂中，三维有序大孔（3DOM）结构提供了大量的活性位点，Z 型异质结主动诱导电子迁移，从而实现了高效的电荷分离。所制备的样品在 420nm 的表观量子效率高达为58.80%，其产氢速率是纯 CdS 的 13.5 倍。

8.5　反应器及示范系统

8.5.1　反应器

光催化反应器作为光催化反应的主体设备，很大程度上决定了光催化反应的效率。光催化反应器的优点有结构简单，操作方便。催化剂以两种形式存在于反应器中：一是光催化剂颗粒分散于整个反应器系统中；二是光催化剂固定在载体上。据此可将相应的反应器形式称为悬浮型和负载型（固载型）。

在悬浮型光催化体系中，催化剂以悬浮态分散在反应液中，但催化剂在溶液中容易凝聚且回收困难。光催化剂以负载的形式固定在载体上，这样虽然可以避免催化剂的分离和回收过程，但仅部分催化剂的面积与液相接触，活性降低。催化剂制备或选择载体要考虑多种因素影响，尽量满足以下条件：①吸光性能强；②催化剂粒径小，比表面积大；③不易中毒，能保持催化剂的高活性；④载体与催化剂结合牢固，抗冲击、耐腐蚀。负载型催化剂所使用的载体要求透光性好，与催化剂结合牢固，易于分散，不影响传质等。图 8-13 为实验室负载型催化剂的制备流程图及光催化反应器。

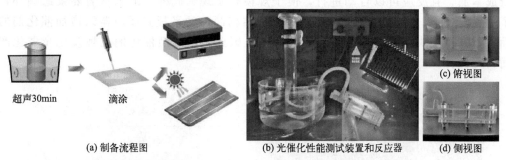

图 8-13　负载型催化剂的制备流程图、光催化性能测试装置和放入
负载型催化剂的光催化反应器、俯视图及侧视图

8.5.2　示范系统

目前光催化分解水制氢研究大多采用室内模拟光源及单元反应器，对光催化制氢过程的物理、化学机制进行了深入研究，但绝大多数研究局限于催化剂表面和体相光激诱发的物理、化学变化及谱学响应特性，缺乏从工程科学角度对太阳能到氢能转化全过程及系统的能量流与物质流的规律、对连续反应体系内多尺度多相流能质传输集储转化机理和方法等的深入系统研究。因此，构建室外高效的规模化制氢示范系统非常必要，对工业化光催化分解水制氢具有重要意义。

对于粉末悬浮型光催化产氢反应体系，为了保证反应时粉末催化剂的悬浮状态，需要额外的能量输入提供搅拌或使反应液循环流动。采用自然循环的流体其流动强度很难与强制泵送循环相比；若需使催化剂悬浮，就要解决三个问题：一是要有隔夜启动，隔夜之后，催化剂发生重力沉降，会附着在管壁上；二是要维持稳定，由于外在的不稳定性因素，如太阳光辐射强度、大气温度、风速等，都会影响反应内部尤其是催化剂悬浮的稳定性；三是气液固需三相分离，由于催化剂颗粒的高比表面特性，在运行过程中，尤其是渐变过程，催化剂颗粒会团聚或分散，难以保持长期的统一性，因此维持催化剂的流化床形式，就变得极为困难。图 8-14 为西安交通大学团队设计的悬浮体系光催化制氢反应模拟测试装置示意图，该装置从集成化、功能模块化及系统规模化角度考虑，结合能源材料及其作用特性（光催化剂及光催化制氢反应），研究设计光解水制氢的系统部件，进而构建新型的可再生能源系统，实现高效低成本的直接太阳能-氢能转换利用。

该测试装置的模拟光源辐照面积达 $2.0m^2$，辐射功率密度调节范围为 $600\sim1200W/m^2$。光催化制氢反应模拟测试装置，由两套反应装置构成，其中中央储液塔高度为 4.5m，聚光器倾角 $45°$（$\pm15°$可调），可低精度自动跟踪（室内装置不利用此功能）；可监测反应溶液特性，如溶液酸碱性、溶氧、氢浓度、反应溶液进出口温度、催化剂悬浮特性等；同时测量环境温度、大气压力、反应气压、静压等。系统由 Pyrex 反应管路（单根长度 $2.3\sim2.5m$）、气体脉冲扰动控制、中央溶液塔（提供较高的位差，气液固分离及换热热量控制），及分配、汇集管路等基本硬件组成；另由辐照、流量、温度、反应液浓度等检测及控制系统等相辅助，可较大幅度改善系统的光接收特性及反应介质循环特性。

对于粉末悬浮的光催化产氢反应体系，需要额外的能量输入提供搅拌或使反应液循环流动，运行成本高，难以大规模推广利用。此外，反应后颗粒光催化剂的回收与重复利用困难，造成催化剂的浪费。采用负载型光催化剂进行固定相光催化产氢，反应运行时不需要泵送强制反应液循环使催化剂在反应区保持悬浮状态，避免了额外的能量输入，运行成本低，且反应可以自动进行，便于规模化实现。此外，由于不需要泵送循环，降低了装置复杂性。如图 8-15 所示，通过采用结构简单的平板光反应器以增加催化剂的采光面积，并以模块化设计思想搭建组装系统。因此，负载型催化剂在规模化光催化产氢方面具有优势。

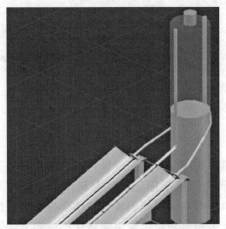

图 8-14　光催化制氢反应模拟示意图

图 8-15　复合抛物面聚光器（CPC）悬浮体系光催化示范系统

负载型催化剂将粉末催化剂固定在载体材料上，即采用固定相运行方式，催化剂的分布特性与分布位置基本不变，而入射光的分布随时间会发生变化，主要是由于太阳高度角和入射角不同导致的太阳光入射方向不同，要使催化剂充分利用入射光能，需要两者充分接触，需要考虑因采光面积与反应器倾角不同所引起的光学吸收效率不同。采用非跟踪模式，倾角为 26°，南北向布置。图 8-16 为西安交通大学团队自主设计的负载型光催化剂制氢体系示范系统航拍照片。

图 8-16　负载型光催化剂制氢体系示范系统航拍照片

参 考 文 献

[1] 房文健，上官文峰. 太阳能光催化制氢反应体系及其材料研究进展 [J]. 工业催化，2016，12（24）：1-7.

[2] Liu H，Yuan J，Shang W. Photochemical reduction and oxidation of water including sacrificial reagents and Pt/TiO$_2$ catalyst [J]. Energy&Fuels，2006，20（6）：2289-2292.

[3] Yan H，Yang J，Ma G，et al. Visible-light-driven hydrogen production with extremely high quantum efficiency on Pt-PdS/CdS photocatalyst [J]. Journal of Catalysis，2009，266（2）：165-168.

[4] Abe R，Sayama K，Arakawa H. Significant influence of solvent on hydrogen production from aqueous I$_3^-$/I$^-$ redox solution using dye-sensitized Pt/TiO$_2$ photocatalyst under visible light irradiation [J]. Chemical Physics Letters，2003，379（3）：230-235.

[5] Kozlova E，Korobkina T，Vorontsov A，et al. Enhancement of the O$_2$ or H$_2$ photoproduction rate in a Ce^{3+}/Ce^{4+}-TiO$_2$ system by the TiO$_2$ surface and structure modification [J]. Applied Catalysis A：General，2009，367（1）：130-137.

[6] Sasaki Y，Iwase A，Kato H，et al. The effect of co-catalyst for Z-scheme photocatalysis systems with an Fe^{3+}/Fe^{2+} electron mediator on overall water splitting under visible light irradiation [J]. Journal of Catalysis，2008，259（1）：133-137.

[7] Kudo A，Niishiro R，Iwase A，et al. Effects of doping of metal cations on morphology，activity，and visible light response of photocatalysts [J]. Chemical Physics，2007，339（1）：104-110.

[8] Maeda K，Teramura K，Lu D，et al. Photocatalyst releasing hydrogen from water [J]. Nature，2006，440（7082）：295.

[9] Maeda K，Takata T，Hara M，et al. GaN：ZnO solid solution as a photocatalyst for visible-light-driven overall water splitting [J]. Journal of the American Chemical Society，2005，127（23）：8286-8287.

[10] Jing D，Guo L，Zhao L，et al. Efficient solar hydrogen production by photocatalytic water splitting：From fundamental study to pilot demonstration [J]. International Journal of Hydrogen Energy，2010，35（13）：7087-7097.

[11] Wang J，Tafen N，Lewis J，et al. Origin of photocatalytic activity of nitrogen-doped TiO$_2$ nanobelts [J]. Journal of the American Chemical Society，2009，131（34）：12290-12297.

[12] Tamirat A，Rick J，Dubale A，et al. Using hematite for photo-electrochemical water splitting：A review of current process and challenges [J]. Nanoscale Horizons，2016，1（4）：243-267.

[13] Zhang Z，Wang C，Zakaria R，et al. Role of particle size in nanocrystalline TiO$_2$-based photocatalysts [J]. The Journal of Physical Chemistry B，1998，102：10871-10878.

[14] Li X，Haetley G，Ward A，et al. Hydrogenated defects in graphitic carbon nitride nanosheets for improved photocatalytic hydrogen evolution [J]. The Journal of Physical Chemistry C，2015，119（27）：14938-14946.

[15] Meng Y，Gu D，Zhang F，et al. A family of highly ordered mesoporous polymer resin and carbon structures for improved photocatalytic hydrogen evolution [J]. Chemistry of Materials，2006，18（18）：4447-4464.

[16] Lin Q Y，Li L，Liang S，et al. Efficient synthesis of monolayer carbon nitride 2D nanosheet with tunable concentration and enhance visible-light photocatalytic activities [J]. Applied Catalysis B：Environmental，2015，163：135-142.

[17] Ong W，Tan L，Chai S，et al. Facet-dependent photocatalytic properties of TiO$_2$-based composites for energy conversion and environmental remediation [J]. Chem Sus Chem，2014，7（3）：690-719.

[18] Chen X，Liu L，Huang F. Black titanium dioxide (TiO$_2$) nanomaterials [J]. Chemical Society Reviews，2015，44（7）：1861-1885.

[19] Chen X，Li C，Gratzel M，et al. Nano-materials for renewable energy production and storage [J]. Chemical Society Reviews，2012，41（23）：7909-7937.

[20] Zhang X，Wang X B，Wang L W，et al. Synthesis of a highly efficient BiOCl single-crystal nano-disk photocatalyst with exposing {001} facets [J]. ACS Applied Materials&Interfaces，2014，6（10）：7766-7772.

[21] Liu X，Yu J G，Jaroniec M. Anatase TiO$_2$ with dominant high energy {001} facets：Synthesis，properties，and applications [J]. Chemistry of Materials，2011，23（18）：4085-4093.

[22] Gueymard C. The sun's total and spectral irradiance for solar energy applications and solar radiation models [J]. Solar Energy，2004，76（4）：423-453.

［23］ Ahmad H，Kamarudin S，Minggu L，et al. Hydrogen from photo-catalytic water splitting process：A review ［J］. Renewable and Sustainable Energy Review，2015，43：599-610.

［24］ Huaxu L，Fuqiang W，Ziming C，et al. Analyzing the effects of reaction temperature on photo-thermo chemical synergetic catalytic water splitting under full-spectrum solar irradiation：An experimental and thermo-dynamic investigation ［J］. International Journal of Hydrogen Energy，2017，42 （17）：12133-12142.

［25］ Mendez J，Lopez C，Melian E，et al. Production of hydrogen by water photo-splitting over commercial and synthesized Au/TiO$_2$ catalysts ［J］. Applied Catalysis B：Environmental，2014，147 （4），39-52.

［26］ Police A，Basavaraju S，Valluri D，et al. CaFe$_2$O$_4$ sensitized hierarchical TiO$_2$ photo composite for hydrogen production under solar light irradiation ［J］. Chemical Engineering Journal，2014，247 （1）：52-60.

［27］ Lin W，Yang W，Huang I，et al. Hydrogen production from methanol/water photocatalytic decomposition using Pt/TiO$_{2-x}$N$_x$ catalyst ［J］. Energy Fuels，2009，23 （4）：2192-2196.

［28］ Li X，Yu J，Low J，et al. Engineering heterogeneous semiconductors for solar water splitting ［J］. Journal of Materials Chemistry A，2015，3 （6）：2485-2534.

［29］ Zhou L，Zhang H，Sun H，et al. Recent advances in non-metal modification of graphitic carbon nitride for photocatalysis：A historic review ［J］. Catalysis Science & Technology，2016，6 （19）：7002-7023.

［30］ Hu S，Tian R，Dong Y，et al. Modulation and effects of surface groups on Photo-luminescence and photocatalytic activity of carbon dots ［J］. Nanoscale，2013，5 （23）：11665-11671.

［31］ Zhu X，Zhang T，Sun Z，et al. Black phosphorus revisited：A missing metal-free elemental photocatalyst for visible light hydrogen evolution ［J］. Advanced Material，2017，29 （17）：1605776.

［32］ Liu G，Niu P，Yin L，et al. α-sulfur crystals as a visible-light-active photocatalyst ［J］. Journal of the American Chemical Society，2012，134 （22）：9070-9073.

［33］ Bi X，Du G，Abul K，et al. Tuning oxygen vacancy content in TiO$_2$ nanoparticles to enhance the photocatalytic performance ［J］. Chemical Engineering Science，2021，234：116440.

［34］ Aguirre M，Zhou R，Eugene A，et al. Cu$_2$O/TiO$_2$ heterostructures for CO$_2$ reduction through a direct Z-scheme：Protecting Cu$_2$O from photocorrosion ［J］. Applied Catalysis B：Environmental，2017，217：485-493.

［35］ Lianos P. Review of recent trends in photo-electrocatalytic conversion of solar energy to electricity and hydrogen ［J］. Applied Catalysis B：Environmental，2017，210：235-254.

［36］ Zhen W L，Ning X F，Yang B J，et al. The enhancement of CdS photocatalytic activity for water splitting via anti-photocorrosion by coating Ni$_2$P shell and removing nascent formed oxygen with artificial gill ［J］. Applied Catalysis B：Environmental，2018，221：243-257.

［37］ Home M，Townsed T，Osterloh F，Quantum confinement controlled photocatalytic water splitting by suspended CdSe nanocrystals ［J］. Chemical Communications，2012，48 （3）：371-373.

［38］ Kataoka Y，Sato K，Miyazaki Y，et al. Photocatalytic hydrogen production from water using porous material ［Ru$_2$（p-BDC)$_2$］$_n$ ［J］. Energy & Environmental Science，2009，2 （4）：397-400.

［39］ Wang X，Maeda K，Thomas A，et al. A metal-free polymeric photocatalyst for hydrogen production from water under visible light ［J］. Nature Materials，2009，8 （1）：76.

［40］ Chetia T，Ansari M，Qureshi M. Graphitic carbon nitride as a photovoltaic booster in quantum dot sensitized solar cells：A synergistic approach for enhanced charge separation and injection ［J］. Journal of Materials Chemistry A，2016，4 （15）：5528-5541.

［41］ Lin L，Ou H，Zhang Y，et al. Tri-s-triazine-based crystalline graphitic carbon nitrides for highly efficient hydrogen evolution photocatalysis ［J］. ACS Catalysis，2016，6 （6）：3921-3931.

［42］ Hao X，Wang Y，Zhou J，et al. Zinc vacancy-promoted photocatalytic activity and photostability of ZnS for efficient visible-light-driven hydrogen evolution ［J］. Applied Catalysis B：Environmental，2018，221：302-311.

［43］ Yu J，Zhang J，Jaroniec M. Preparation and enhanced visible-light photocatalytic H$_2$ production activity of CdS quantum dots-sensitized Zn$_{1-x}$Cd$_x$S solid solution ［J］. Green Chemistry，2010，12：1644-1614.

［44］ Hartmann P，Lee D，Smarsly B，et al. Mesoporous TiO$_2$：Comparison of classical sol-gel and nanoparticle based photoelectrodes for the water splitting reaction ［J］. ACS Nano，2010，4：3147-3154.

［45］ Hisatomi T，Otani M，Nakajima K，et al. Preparation of crystallized mesoporous Ta$_2$N$_5$ assisted by chemical vapor deposition of tetramethyl orthosilicate ［J］. Chemistry of Materials，2010，22：3854-3861.

[46]　Jiang Z, Lv X, Jiang D, et al. Natural leaves-assisted synthesis of nitrogen-doped, carbon-rich nanodots-sensitized, Ag-loaded anatase TiO$_2$ square nanosheets with dominant {001} facets and their enhanced catalytic applications [J]. Journal of Materials Chemistry A, 2013, 1: 14963-14972.

[47]　Chen X, Shen S, Guo L, et al. Semiconductor-based photocatalytic hydrogen generation [J]. Chemical Reviews, 2010, 100: 6053-6570.

[48]　Yan H, Yang J. Ma G, et al. Visible light driven hydrogen production with extremely high quantum efficiency on Pt-PdS/CdS photocatalyst [J]. Journal of Catalysis, 2009, 266 (2): 165-168.

[49]　Yu H, Huang X, Wang P, et al. Enhanced photoinduced-stability and photocatalytic activity of CdS by dual amorphous cocatalysts: Synergistic effect of Ti (Ⅳ)-hole cocatalyst and Ni (Ⅱ)-electron cocatalyst [J]. The Journal of Physical Chemistry C, 2016, 120 (7): 3722-3730.

[50]　Ji X, Guo R, Tang J, et al. Fabrication of a ternary NiS/ZnIn$_2$S$_4$/g-C$_3$N$_4$ photocatalyst with dual charge transfer channels towards efficient H$_2$ evolution [J]. Journal of Colloid and Interface Science, 2022, 618: 300-310.

[51]　Li W, Wang L, Zhang Q, et al. Fabrication of an ultrathin 2D/2D C$_3$N$_4$/MoS$_2$ heterojunction photocatalyst with enhanced photocatalytic performance [J]. Journal of Alloys and Compounds, 2019, 808: 151681.

[52]　Yan X, Xu B, Yang X, et al. Through hydrogen spillover to fabricate novel 3DOM-HxWO$_3$/Pt/CdS Z scheme heterojunctions for enhanced photocatalytic hydrogen evolution [J]. Applied Catalysis B: Environmental, 2019, 256: 117812.

第二篇　氢的制取

第9章

生物质制氢

9.1 基本原理

生物质制氢技术主要分为两种类型，即生物法和化学法。其中生物法利用微生物代谢把生物质中的碳水化合物转化为氢气，如暗发酵生物制氢、光发酵生物制氢和暗光联合生物制氢等技术；化学法是以生物质为原料利用热物理化学方法制取氢气，如生物质热裂解制氢、气化制氢及超临界转化制氢等。

9.1.1 暗发酵生物制氢基本原理

暗发酵生物制氢指暗发酵细菌在厌氧的条件利用自身的代谢活动把有机物进行分解释放出氢气，整个过程不需要外界提供光照[1-3]。目前研究的暗发酵细菌有梭菌属、类芽孢菌属、肠杆菌属、巨型球菌属、互养球菌属、醋弧菌属、线性弧菌属、粗微球菌属、拟杆菌属、嗜热盐丝菌属、嗜热产氢菌属、毛螺菌属、嗜热厌氧菌属、粪球菌属等，按照发酵过程是否需要氧气，可以把这些细菌分为严格厌氧菌（*Caldicellulosiruptor saccharolyticus*，*Rumen bacteria*、*Ruminococcus* 等）和兼性厌氧菌（*Escherichia coli*，*Enterobacter* 等）。氢酶是暗发酵产氢的核心部分，根据氢酶的催化性质可以分为三种类型：一种是电子供体由甲基紫精提供进行催化产氢的氢酶，一种是在甲基蓝作用下吸氢的吸氢酶，另一种为可催化也可吸氢的酶双向氢酶。虽然产氢酶的种类很多，但是可以分为三种直接与产氢相关催化体系，第一种为丙酮酸脱氢酶系，又称为 PFL，催化反应过程（图 9-1）；

$$CH_3COCOOH + HSCoA + 2Fd(ox) \longrightarrow CH_3COSCoA + CO_2 + 2Fd(red) + \frac{1}{2}H_2$$

第二种为甲酸裂解酶系，又称为 PFOR 途径，整个过程可以分为三步，最后由甲酸在甲酸氢化酶的作用下生成氢气。

第一步：　　　$CH_3COCOOH + HSCoA \longrightarrow CH_3COSCoA + HCOOH$

第二步：　　　$CH_3COSCoA + H_2O \longrightarrow CH_3COOH + HSCoA$

第三步：　　　　　　　$HCOOH \longrightarrow H_2 + CO_2$

第三种为 NADH＋H$^+$ 氧化产氢酶系[4]，因为该过程是通过再氧化 NADH 实现产氢，所以又称为 NADH 再氧化途径。在这个过程中细胞的还原力首先从葡萄糖的糖酵解过程获得，在此过程生成的丙酮酸在 NADH 的作用下使呼吸作用产生 CO_2 并形成甲酸和琥珀酸等，最后反应剩余的 NADH 在氢化酶的作用下产生氢气。

暗发酵产氢按照代谢途径可以分为乙醇型发酵、丙酸型发酵、丁酸型发酵、乙酸型发酵以及混合发酵途径，单发酵途径主要是一些纯菌种的产氢途径，但是有些纯菌种在一些环境

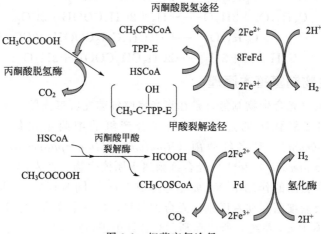

图 9-1　细菌产氢途径

下也会进行混合型发酵，产氢途径主要依靠产氢代谢中氢酶的传递途径来实现的。暗发酵产氢代谢途径如图 9-2 所示，在以乙酸为代谢途径时，理论上 1mol 的葡萄糖完全降解可以释放 4mol 的氢气，在以丁酸为最终的代谢产物时，理论上 1mol 的葡萄糖完全降解可以释放 2mol 的氢气，但是目前获得的实际值要低于理论上的数值，因为有机物的能量一部分转移到氢气，一部分被细菌利用进行生长代谢，同时在菌种发酵的过程中，仍存在着其他的发酵途径影响着能量流向氢气的代谢活动，同时得到的小分子酸也不能作为碳源被暗发酵菌利用进行产氢，最终残留在发酵液中。另外一些外界条件也会影响产氢量使其实际值低于理论值，如温度、酸碱度、水力停留时间（HRT）以及氢分压等。Mars 等[5] 采用细菌 *Caldicellulosiruptor saccharolyticus* DSM 8903 进行序批式暗发酵产氢，反应温度为 70℃，初始 pH 为 6.9，最大产氢量为 3.4mol H_2/mol 葡萄糖。Kumar 等[6] 采用 *Enterobacter cloacae* IIT-BT08 为菌种进行序批式产氢，反应温度为 36℃，初始 pH 为 6，最大产氢量为 2.2mol H_2/mol 葡萄糖，Mandal 等[7] 采用 *Enterobacter cloacae* DM 11 为产氢菌进行连续产氢，当温度为 37℃，初始 pH 为 6 时，最大产氢量为 3.9mol H_2/mol 葡萄糖。

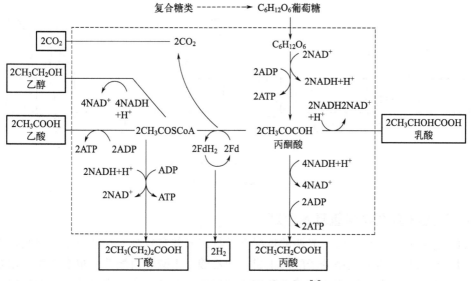

图 9-2　不同发酵产氢类型代谢[8]

乙醇途径： $C_6H_{12}O_6 \longrightarrow 2C_2H_5OH + 2CO_2$

乙酸途径： $C_6H_{12}O_6 + 2H_2O \longrightarrow 4H_2 + 2CH_3COOH + 2CO_2$

丁酸途径： $C_6H_{12}O_6 \longrightarrow CH_3CH_2CH_2COOH + 2CO_2 + 2H_2$

丙酸途径： $C_6H_{12}O_6 + 2H_2 \longrightarrow 2CH_3CH_2COOH + 2H_2O$

9.1.2 光发酵生物制氢基本原理

光发酵生物制氢（光合生物制氢）是在指光发酵细菌在厌氧光照的条件下吸收光能把有机物转化成氢气和二氧化碳的过程。目前光合产氢的细菌主要集中在：深红红螺菌（*Rhodospirillum rubrum*）、球形红微菌（*Rhodomicrobium sphaeroides*）、粪红假单胞菌（*Rhodospeudomonas faecalis*）等[9]。光合细菌属于原核生物，在发酵产氢的过程中关键酶主要为固氮酶，在固氮酶的作用下 N_2 被催化形成 NH_3，同时释放出 H_2。在产氢系统上，光合细菌与绿藻以及蓝细菌存在着区别，光合细菌只存在一个光合系统 PS1，而绿藻和蓝藻除了 PS1 系统，还有 PS11 系统，所以在利用光合细菌进行产氢时，不会产生氧气，只有氢气和少量的二氧化碳，整个代谢过程中酶的活性不存在氧的抑制，同时代谢活动所需的腺苷三磷酸（ATP）来自光合磷酸化，保证了固氮酶所需的能量充足，所以光合细菌生物制氢具有底物转化效率高的特点[10]。固氮酶主要由两部分组成：①固氮酶复合物；②还原酶亚基[11]。还原酶亚基是一种由 nifH 基因控制着 Fe-S 的蛋白酶，分子量约为 65kDa，主要负责把电子供体的电子传输给固氮酶复合物，它是一种 α2β2 的四聚体，由 nifK 和 nifD 基因编码，分子量约为 230kDa[12,13]，固氮酶在催化还原 N_2 成 NH_3 同时释放出 H_2。氢酶也是光合细菌光发酵制氢过程中一种重要的酶，根据氢酶中心金属原子的不同可以分为不含金属的氢酶、Fe 氢酶、Ni_2Fe 氢酶和 NiFe(Se) 氢酶[14]，Fe 氢酶具有较强的特异性[15]，按照氢酶的特性可以分为放氢酶和吸氢酶。光合细菌产氢代谢是在固氮过程完成的，在整个过程中需要消耗大量的 ATP，当底物能量供应不足时，吸氢酶会把氢气催化成质子和电子为固氮酶提供所需的电子以及能量。光合细菌光发酵产氢机理如图 9-3 所示：

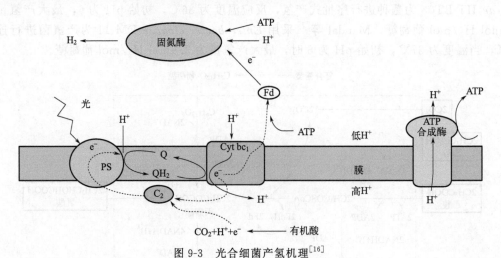

图 9-3 光合细菌产氢机理[16]

9.1.3 暗光联合生物制氢基本原理

暗发酵生物产氢可以在没有光照的情况下进行产氢并有较高的产氢速率，但是在暗发酵的产氢过程中会伴随着一些小分子酸的生成，如乙酸、丁酸和丙酸等，也会产生一定浓度的乙醇，而这些挥发性脂肪酸不能被暗发酵细菌利用产生氢气，造成大量的有机物残留在暗发酵尾液中导致产氢过程能量转化效率低，在以丁酸为代谢产物时，1mol 的葡萄糖理论产氢量为 2mol H_2，产物为乙酸时，1mol 葡萄糖理论产氢量为 4mol H_2。而在实际上由于菌种的生长代谢和未知的代谢途径都会消耗底物，所以实际的产氢量要低于理论的产氢量。残留在暗发酵尾液中的有机酸若得不到有效的处理不仅造成资源的浪费也会对环境产生污染。而光合细菌在厌氧光照的条件下可以以小分子酸为碳源进行产氢代谢，小分子酸在光合细菌的产氢系统中会被转化成氢气和二氧化碳，两种发酵方式相结合下，理论上 1mol 的葡萄糖可产生 12mol H_2。暗光联合产氢路线图如图 9-4 所示，两种发酵方式的联合可以显著地提高底物的转化效率并降低尾液的残留对环境的污染，目前对暗光联合生物制氢的研究主要集中在暗光联合两步法产氢和暗光联合一步法产氢（暗发酵菌和光发酵菌共培养）。

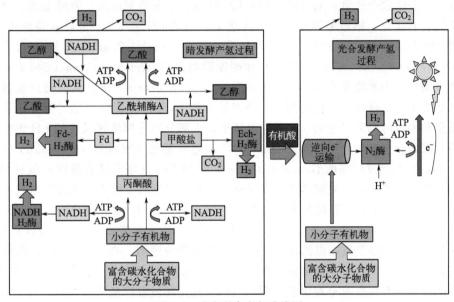

图 9-4　暗光联合产氢路线图

　　暗光联合两步法产氢即产氢过程分两步进行，首先进行暗发酵产氢，暗发酵产氢结束后的液体经过处理再进行光合生物制氢。但是暗发酵尾液的成分比较复杂，不仅含有小分子酸，也会残留一些暗发酵菌以及代谢抑制物，需要进行一定的处理才能被光合细菌高效利用。Liu 等[17]探究稀释比、接种比和光照时间对暗发酵菌丁酸梭菌和光合细菌两步法联合产氢的影响，结果发现通过对暗发酵尾液进行稀释可以降低残留的小分子酸的浓度，使其满足光合细菌代谢需求，同时稀释可以降低产氢抑制物的浓度。通过添加不同类型的糖对暗发酵尾液的性质进行调节来提高暗发酵尾液在光合产氢过程中产氢的潜力，通过控制糖的添加量可以促进光合细菌的生长，交替添加葡萄糖和乳糖显著提高了光合阶段的产氢量以及产氢速率，最高产氢速率达到 208.40mmol H_2/(L·d)。Azbar 等[18]以奶酪生产废水为底物进行暗光两步法产氢，对比分析了稀释比以及 L-苹果酸的添加对两步法产氢的影响，结果显示在暗发酵尾液稀释比为 0.2，50%（体积分数）苹果酸和 50% 的暗发酵尾液下获得最高的产氢量为 349mLH_2/g COD，在不同的产氢工艺条件下，两阶段的产氢量在 2～10mol H_2/mol 乳糖。Seifert 等[19]以生产口香糖残渣为底物进行两步法生物制氢，采用厌氧消化污泥进行暗发酵产氢，$R.\ sphaeroides$ 为光合产氢菌，在暗发酵产氢阶段，底物浓度为 60g/L 和接种量为 20% 时获得最高的产氢量，0.36L/L 培养基，暗发酵结束后的液体中含有一定浓度的木糖、乙酸、丙酸、丁酸和乳酸等，残留的氨根离子的浓度为 480mg/L，稀释 8 倍后的暗发酵尾液在光合产氢阶段的产氢性能较好，达到 0.8L H_2/L 稀释后的液体，两阶段的产气量达到 6.7L H_2/L 底物。暗光两步法生物制氢相关研究比较多，过渡阶段是两步法产氢关键阶段，不同的衔接工艺对总产氢效果有着显著的影响，同时不同的底物类型、发酵方式及菌种也会对两阶段产氢量产生影响。

暗光联合一步法产氢也称为暗发酵菌与光合产氢菌共培养发酵产氢，在产氢的过程中同时加入暗发酵细菌和光合产氢细菌，两个反应在同一个反应器中进行，和两步法制氢相比，减少了暗发酵尾液的预处理阶段，暗发酵过程小分子酸一边被生成一边被光合细菌进行代谢产氢。张全国等[20]采用暗发酵细菌产气肠杆菌（AS1.489）和光合细菌 HAU-M1 为共培养产氢菌进行一步法联合产氢，对发酵中的初始 pH 值、底物质量浓度、发酵温度、光照强度进行了正交实验优化，结果显示最佳产氢工艺为：初始 pH 值 6.5、底物质量浓度 35g/L、光照强度 3500lx、发酵温度 30℃，累计产氢量达到 332.6mL。Zagrodnik 等[21]以光合细菌 *R. sphaeroides* O.U.001（ATCC 49419）和暗发酵细菌 *C. acetobutylicum* DSM 792 为暗光一步法产氢菌种，玉米淀粉为底物，在有机负荷为 1.5g/(L·d) 下，共发酵产氢量获得最大，为 3.23L H_2/L 培养基。在暗光一步法产氢工艺中，pH 是影响产氢的重要因素，因为暗发酵细菌和光发酵细菌最佳的 pH 存在着区别，大部分暗发酵细菌最佳的 pH 偏酸性，而光合细菌比较适合中性的环境。Zagrodnik 等[22]通过控制光合细菌 *R. sphaeroides* O.U.001（ATCC 49419）和暗发酵细菌 *C. acetobutylicum* DSM 792 共培养联合发酵产氢过程 pH 的稳定实现产氢量的最大化，发酵体系 pH 维持在 6 时，只有暗发酵细菌进行产氢代谢，当发酵体系的 pH 稳定在 7 时，获得最大产氢量，达到 6.22mol H_2/mol 葡萄糖。Xie 等[23]把固定后的光合细菌 *Rhodopseudomonas faecalis* RLD-53 和暗发酵菌 *Ethanoligenens harbinense* B49 进行共培养一步法产氢，以浓度为 6g/L 的葡萄糖为底物，在 pH 为 7.5，获得最高的产氢量，为 3.10mol H_2/mol 葡萄糖。有机负荷是影响共培养一步法产氢的一个重要因素，在研究不同淀粉的有机负荷率对厌氧污泥和粪球红菌共发酵产氢的影响时，暗发酵菌种和光合产氢菌的初始菌种比例设置为 1:2，有机负荷为 80.4mg/h 时，获得最高的产氢量 201mL/g 淀粉。在一步法共培养发酵产氢的过程中，暗发酵菌和光合产氢菌的比例对发酵体系的稳定有着重要的关系，暗发酵菌过多会导致小分子酸的形成速率高于光合细菌的消耗速率，造成 pH 下降，最终导致产氢量的降低。Cai 等[24]在分析暗发酵细菌和光合产氢细菌的比例对产氢的影响时，结果显示共培养的产氢量高于单独发酵产氢，在暗发酵细菌和光合细菌的比例为 1:10 时，获得最高的产氢量为 1694mL/L。

在理论上暗光联合生物制氢能够把 1mol 葡萄糖转化 12mol 氢气，但是相应的菌种还没有被报道，因为在产氢过程中部分有机质被微生物的生长代谢利用，同时还存在一些未知的代谢途径对底物进行消耗。暗光联合一步法产氢减少了反应器的运行数量，降低了仪器运行维护成本，但是菌种生长环境的差异限制了发酵过程的底物的利用，暗发酵细菌偏好高温和低 pH 的环境[25,26]，而光合细菌大部分偏好中温和中性 pH 的环境[27,28]，同时暗发酵过程中会产生一定浓度的氨根离子，而氨根离子对光合细菌的固氮酶活性会产生抑制作用，造成发酵液中有机物利用不彻底，高浓度的有机物残留在发酵尾液中。高的产氢速率是产氢发酵的一个重要参考指标，但是在以生物质秸秆粉为底物进行暗光联合一步法发酵产氢，较高的产氢速率使大量的秸秆粉出现悬浮，甚至在发酵装置上面出现结壳现象，阻碍了光线的传输，造成光合细菌得不到充足的光电子，光合磷酸化产生的 ATP 能量不足[29,30]，导致光合细菌产氢代谢缓慢，光合细菌消耗小分子酸的速率低于暗发酵菌产生的小分子酸生成的速率，小分子酸逐渐在发酵液中累积[31]，当浓度超过一定范围，小分子酸浓度会抑制光合产氢代谢的进行，最终导致整个过程底物能量转移到氢气的量较少，大量的有机物仍残留在发酵液中，增加了后期尾液处理工序的难度。

在暗光联合两步法生物制氢的过程中，把暗发酵产氢阶段过渡到光合产氢阶段的衔接阶段称为过渡态。在联合的过程中暗发酵阶段产氢的同时伴随着小分子酸逐渐累积，造成发酵液中的 pH 逐渐下降，当低于一定的数值，会抑制产氢代谢的进行，大量的有机物得不到有效的降解，造成底物转化率低。当以暗发酵尾液进行光合产氢时，发酵液中除了小分子酸外，还有一定浓度的氨根离子以及其他产氢抑制物（糠醛等），当尾液中的氨根离子浓度和小分子酸的浓度超过光合细菌发酵最佳浓度的范围，光合细菌的产氢代谢活动就会被抑制，所以需要对发酵液进行一定的预处理来降低发酵液中的氨根离子和小分子酸的浓度[28]，从而使光合细菌能够较好地适应发酵环境。产氢培养基的加入为微生物代谢活性提供了微量元素和适宜的环境[32]，如培养基中的蛋白胨为微生物生长提供氮源，磷酸盐为细胞的合成提供磷元素，氯化钠的加入在维护细胞内外的渗透压时起着重要的作用。但是发酵结束后仍有部分试剂残留，如氯化钠只有少部分参与细胞内的代谢活动，大量残留在发酵结束后的尾液中，若从一个阶段过渡到另一个阶段时，继续加入相应的试剂可能引起发酵液的浓度高于微生物的胞内浓度，造成胞内外产生压力差，微生物会消耗大量的能量来维持胞内外压力平衡，造成能量的流失，过渡阶段的培养基的优化是一个非常重要的过程。在自然情况下，光合细菌的絮凝性比较差，对外界环境的缓冲能力低，目前采用细胞固定技术，如琼脂包埋、膜固定等技术可以加强细胞的凝聚性[23]，提高微生物对环境的缓冲能力，但是固定后的细胞透光性比较差，阻碍了光线的传输，造成部分微生物接受到的光电子不足，最终导致产氢代谢不旺盛，所以增强微生物的絮凝性是提高暗光联合过程中产氢量的必要条件。目前暗光联合产氢主要集采用纯菌种为接种物，与纯菌种相比混合菌群有着较强的协同共生能力，对环境和工艺要求低，简化了操作过程。

9.1.4 生物质热裂解制氢基本原理

生物质热裂解制氢技术生物质在反应器中完全缺氧或只提供有限氧的条件下，热分解制取氢气的工艺[33]。生物质热裂解制氢分为两步：第一步，通过生物质热裂解生成气、液、固三种产物；第二步，将气体以及液体产物经过蒸汽重整以及水气置换反应转化成氢气。生物质热解是指将生物质燃料在 $0.1 \sim 0.5 MPa$ 并隔绝空气的情况下加热到 $650 \sim 800 K$，将生物质转化成为液体油、固体以及气体（H_2，CO，CO_2 及 CH_4 等）[34]。其中，生物质热裂解产生的液体油是蒸汽重整过程的主要原料。根据反应温度和加热速度的不同，生物质热裂解工艺可分为慢速、常规（传统）、快速和闪速热裂解，也有人把生物质气化划分为极闪速热裂解[35]。通常，生物油可以分为快速热裂解工艺产生的一次生物油和通过常规热裂解及气化工艺产生的二次油，两者在一些方面存在着重要的差异，后者使得生物质的结构本性在简单分子生产过程中丢失，并且由于实验方法的限制，严重限制了它们的产量、特性及应用，而快速热裂解则提供了高产量高品质的液体产物[36]，快速热裂解一般需要遵循三个基本原则：高升温速率，约为 500℃的中等反应温度，短气相停留时间[33]。同时催化剂的使用能加快生物质热解速率，降低焦炭产量，提高产物质量。催化剂通常选用镍基催化剂、沸石、Na_2CO_3、$CaCO_3$ 以及一些金属氧化物（如 Al_2O_3，SiO_2 等）[37]。其主要反应式如下：

生物油蒸汽重整： 生物油 $+ H_2O \longrightarrow CO + H_2$

CH_4 和其他烃类蒸汽重整： $CH_4 + H_2O \longrightarrow CO + 3H_2$

水气置换反应：$$CO + H_2O \longrightarrow CO_2 + H_2$$

生物质主要是由纤维素、半纤维素和木质素组成。其中，纤维素是 D-葡萄糖通过糖苷键形成的高分子聚合物，半纤维素是一种多糖共聚物[38]，当热裂解温度高于 500℃，纤维素和半纤维素裂解形成气体和少量炭。木质素是一类复杂的有机聚合物，它受热分解的速度较慢，主要会形成炭[39]。

纤维素受热后，聚合度下降，并发生裂解反应，这个过程一般可分为 4 个阶段。

第 1 阶段：25～150℃，纤维素通过物理吸附而得到游离态水开始脱除；

第 2 阶段：150～240℃，纤维素结构中某些葡萄糖基发生脱水，可形成活性纤维素结构；

第 3 阶段：240～400℃，纤维素中的糖苷键开始断裂，一些 C—O 和 C—C 键也开始断裂，并生成一些新的产物和低分子量化合物；

第 4 阶段：400℃以上，纤维素中析出挥发分后剩余的固体残余部分进行芳环化，逐渐开始形成石墨结构，而由纤维素石墨化后形成的石墨，可用来制备耐高温的石墨纤维材料。

纤维素在传统的热裂解（缺氧或无氧下加热至 275～450℃）条件下，除了生成各种气态产物和液态产物外，还会得到生物炭，而从各种生物质原料中获得的炭组成基本相同，约含碳 82%、氢 4%、氧 14%。

木质素在隔绝空气高温的条件下，裂解后可得到木炭、焦油、木醋酸和气体产物。各种产品的得率取决于木质素的化学组成、反应终止温度、加热速度和设备结构等。

9.1.5 生物质气化制氢基本原理

生物质气化制氢技术是在有限氧的条件下将生物质加热到很高的温度（1000K 以上），得到气体、液体和固体产物。与生物质热解相比，生物质气化是在有氧气的环境下进行的，而得到的产物也是以气体产物为主，然后通过蒸汽重整以及水气置换反应最终得到氢气[40]。

生物质 + 热 + 蒸气 $\longrightarrow H_2 + CO + CH_4 + CO_2 +$ 碳氢化合物 + 生物炭

生物质气化过程中的气化剂包括空气、氧气、水蒸气以及空气水蒸气的混合气。大量实验证明，在气化介质中添加适量的水蒸气可以提高氢气的产量[41]，气化过程中生物质燃料的合适的适度低于 35%。在生物质气化过程中容易产生焦油，严重影响气化气品质，选取合适的反应器可以有效的脱除焦油。上吸式气化炉产气最肮脏，焦油含量量级为 $100g/m^3$；下吸式气化炉产气最清洁，焦油量量级为 $1g/m^3$；流化床气化炉产气中等，焦油含量量级为 $10g/m^3$。生物质气化制氢装置一般选取循环流化床或鼓泡流化床，同时添加镍基催化剂或者白云石等焦油裂解催化剂，可以大大降低焦油的裂解温度（750～900℃）[42]，为了延长催化剂寿命，一般在不同的反应器中分别进行生物质气化反应与气化气催化重整。

生物质气化过程主要分为 4 个反应阶段：生物质干燥、生物质热解、焦油二次分解、固定碳非均相气化反应和产物气二次均相反应[43]。在干燥阶段，生物质吸收热量后温度升高，水分蒸发。生物质热解阶段生成不凝性气体、大分子的碳氢化合物和焦炭，不凝性气体主要包括小分子的 CO、CO_2、H_2、CH_4、C_2H_6，大分子的碳氢化合物主要是单环到 5 环的芳香族化合物，其在产物气温度降低时凝结为液态的焦油。第三阶段一般发生在温度较高区域，焦油在高温下发生裂解，在有水蒸气的情况下焦油会与水蒸气发生反应产生小分子气体包括 CO、H_2、CH_4、C_2H_6 等。第四阶段为部分焦炭在有氧环境中燃烧产生热量。同时焦炭与水蒸气反应产生氢气。氢气的来源主要是生物质热解过程中产生的氢气和水蒸气的还原反应产生的氢气。

9.1.6 生物质超临界气化制氢基本原理

生物质超临界气化制氢技术最早由美国 Model 在 1978 年提出，把生物质原料与水混合后加热加压，当其超过临界条件（374℃，22MPa）时，生物质会在几分钟时间内以很高的效率迅速分解成为小分子的烃类或者气体，可以达到 100％的生物质气化率[44]。研究表明整个过程包括高温分解、异构化、脱水、裂化、浓缩、水解、蒸汽重整、甲烷化、水气转化等一系列的反应过程[45]。其主要反应如式所示。以纤维素为代表的有机废弃物的超临界水气化体系的温度、压力、有机物的组成和反应器的类型对产气量和气体组成具有一定的影响。在超临界条件下，以生物质中的纤维素首先水解成葡萄糖和果糖等，然后发生水解反应，解聚和降解成短链的有机酸和醛类，以制得气体，同时也有糠醛和苯酚类化合物生成，它们一部分降解成有机酸和醛类，另一部分生成焦炭等高分子产物为反应的沉渣。超临界水中的生物质气化过程主要的影响因素是催化剂、反应物、反应条件、过程参数及反应器类型[46]。

蒸汽重整反应：$\quad CH_nO_m+(1-m)H_2O \longrightarrow (n/2+1-m)H_2+CO$

水气变换反应：$\quad CO+H_2O \longrightarrow H_2+CO_2$

甲烷化反应：$\quad CO+3H_2 \longrightarrow CH_4+H_2O$

甲烷化反应：$\quad CO_2+4H_2 \longrightarrow CH_4+2H_2O$

与其他热化学制氢相比，生物质超临界气化制氢有着以下特点：干/湿生物质都可以进料、无需耗能压缩生成的气体、可实现二氧化碳的分离、气化率可达 100％。

9.2 关键技术及理论

9.2.1 原料预处理关键技术

生物质含有 40％～50％的纤维素，20％～30％的半纤维素以及 15％～20％的木质素[47]，类型不同以及生长环境的不同会造成其结构和性质的差异。秸秆类生物质分子结构如图 9-5 所示。

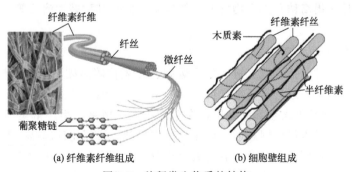

(a) 纤维素纤维组成　　　　　　(b) 细胞壁组成

图 9-5　秸秆类生物质的结构

纤维素是植物细胞壁的重要组成部分，是由葡萄糖单元组成的直链大分子多糖物质，是地球上含量最丰富的多糖[48]。其分子内和分子间氢键的强结合力，纤维素排列规则，聚集形成结晶区或类似结晶状态的微纤丝，使得其性能很稳定，常温下不溶于多种常见溶液，如水、稀酸等。半纤维素由几种不等量糖单元组成的共聚物，主要组成为戊糖、木糖、阿拉伯糖、葡萄糖等，呈短链、支链形态，包裹在微纤丝结构外。其中农作物秸秆与软木等相比，含有较多的五碳糖组分。半纤维素聚合度低，水解比纤维素容易，其水解产物包括木糖和阿拉伯糖这两种五碳糖，以及三种六碳糖，葡萄糖、半乳糖和甘露糖。木质素是纤维素类生物质中主要的非碳水化合物组分[49]，无定形芳香化合物，其结构极复杂，呈现各向异性的三维网络空间，与纤维素和半纤维紧密相连，是植物内部起支撑作用的骨架结构，具有一定的抗生物降解性能，不能被酶解，是纤维素周围的保护层。木质素能量密度高，可以用来发电、制热或当固体肥料，是有价值的水解副产物。

（1）物理法预处理技术

物理法包括粉碎预处理、挤压成型、微波处理及冻干处理[50]。粉碎一般被认为是预处理的第一步，旨在减小生物质颗粒尺寸，增加比表面积与孔隙度，而且还会降低原料的聚合度，有去结晶化作用。挤压成型是热物理处理法，原材料在搅拌、加热、剪切应力等作用下，内部的物理化学结构发生了改变。微波处理是通过微波辐射带来的直接内部热辐射，破坏纤维素外部的硅化表面积内部的微观分子结构，去除木质素，提高水解效率。冷冻法则是通过冷冻预处理破坏纤维素的分子结构，达到提高水解效率的目的[51]。物理法通常与其他预处理方法相结合，能达到很好的预处理效果。但物理法也有其弊端，无论是粉碎，挤压成型，还是微波处理与冷冻法，物理法预处理都耗能较高，增加了预处理成本，因此，需要寻找更合理高效的预处理方法。利用球磨预处理方法粉碎秸秆，其葡萄糖和木糖的产量均高于湿盘铣的方法，Ayla Sant'Ana da Silva 通过对甘蔗渣水解效率进行研究[50]，发现球磨法的产糖量约是湿盘铣法的两倍。利用球磨法对秸秆进行预处理，通过工艺优化，能显著提高单位能耗的酶解产糖量[52]。

（2）化学法预处理

化学法预处理是利用酸、碱、有机溶剂、离子液等化学物质对原料进行预处理，打破各组分间的氢键连接，破坏木质素结构，增加可及度[53]。臭氧分解法是利用臭氧作为氧化剂打破木质素和半纤维素对纤维素的包裹，加速纤维素的降解[54]。同时，臭氧通过打破木质素的结构，将可溶解的乙酸、甲酸等组分释放出来，大大提高了降解率，利用臭氧预处理后的麦秸秆进行酶解实验，水解效率比未处理麦秸秆高出 3 倍，达 88.6%[55]。化学法预处理法操作简单，能显著提高秸秆类生物质的分解效果，但是其酸碱性溶液等的排出仍会对环境造成危害。

（3）物理化学法预处理

物理化学法预处理包括自发水解、蒸汽爆破、二氧化碳爆破、氨纤维爆裂、湿法氧化、热液法等方法。自动水解过程是纤维素在水介质中在一定温度范围内（150～230℃）进行的自动水解过程[56]，半纤维素会部分溶出，在溶液中发生解聚，生产低聚糖和单糖。木质素未发生显著变化，纤维素仍以固态形式存在。蒸汽爆破、二氧化碳爆破、氨纤维爆裂等方法是在高压饱和状态下，蒸汽、氨及二氧化碳等小分子物质分散到秸秆类生物质的各孔隙中，随后在短时间内系统然减压，使原料爆裂，在迅速减压爆裂过程中，由于高温及高压，生物质结构遭到破坏，半纤维素发生水解、木质素发生转化，纤维素的结晶区增加，提高了酶等物质的可及度。爆破法预处理处理效率高、能够实现序批式和连续式两种处理方式，但是由于爆破过程会形成抑制酶解发酵的副产物，所以仍需进一步的研究。湿法氧化法是以氧气或者空气为催化剂，在温度 120℃以上，压力在 0.5～2.0MPa 之间，生物质原料在水中进行的反应[57]。湿法氧化过程中半纤维素首先发生水解氧化反应，产生有机酸，木质素又在前期产生的有机酸的作用下发生降解，最终实现了半纤维素和木质素的有效降解。不过，该方法同样会产生呋喃、羟甲基糠醛等抑制物。热液法是指将生物质放置于高温高压水溶液中

15min，不需要添加其他化学试剂或催化剂。热液方法不像气爆等方法需要瞬时的降解，高压环境只是为了维持高温下的液态水状态。这种方法已经广泛运用于多种农作物秸秆，如玉米芯、甘蔗渣、玉米秆、麦秸秆等，据报道其分解效率达 80％以上，半纤维素也能有效降解[58]。

（4）生物法预处理

生物法预处理与物理化学方法不同，不需要化学试剂的添加，是一个环境友好型预处理方法。通过微生物等的生物作用，使生物质内的木质素和半纤维素得到降解，破坏了其对纤维素组分的包裹，提高了秸秆类生物质的生物转化效率，常用的微生物种类包括褐霉、白腐菌、软腐菌等[59]。生物法预处理过程中，颗粒尺寸、含水量、预处理时间和温度都会对分解率产生影响，因此其稳定适宜的环境非常必要，不同的微生物类型也有不同的降解效果。尽管生物法预处理耗能少、环境友好、不需要化学添加的绿色预处理方法，但是由于其处理周期长、反应装置占地大、微生物生长控制耗时长、降解效率不高等限制性因素的存在，其产业化应用仍受到限制[60]。

9.2.2　生物发酵制氢关键技术

（1）高效产氢菌的选育

产氢微生物是生物制氢过程氢气的生产者，按照广义的分类可把微生物分为需要光照的光合产氢微生物和不需要光照的暗发酵产氢微生物；以发酵过程是否需要氧气可分为严格厌氧菌和兼性厌氧菌[2]；以发酵温度可将产氢微生物分为中温发酵产氢菌（25～40℃）、嗜热产氢菌（40～65℃）、极端产氢菌（65～80℃）和超嗜热产氢菌（＞80℃）[61]；以发酵 pH 可将产氢微生物分为酸性菌（pH=1～5.5）、中性菌（pH=5.5～8.0）和碱性菌（pH=8.5～11.5）。目前主要按照广义的分类对产氢微生物进行研究，即光合产氢微生物和暗发酵产氢微生物，这两类产氢微生物主要从污泥、畜禽粪便、污水等地方富集得到。采用热预处理技术富集产氢微生物是比较常用的方法，温度是影响微生物生存的重要因素，高温通常会破坏细胞壁和膜溶解细胞成分导致微生物蛋白变质，而产孢制氢菌具有较高的耐热性，热处理能较好地杀死混合培养基中非产孢产甲氢菌，热处理已应用于不同的接种源包括各种污泥、堆肥和有机废物等，处理温度范围为 65℃至 121℃，持续时间为 10 分钟至 10 小时。酸碱处理菌源进行富集产氢微生物是通过调解培养基的酸碱度来改变细胞膜上的电子，进而影响微生物酶的活性和养分的吸收，一些非产氢菌如产甲烷菌有着较窄的 pH 适应范围，用酸性培养基富集产氢菌过程中 pH 维持在 2 到 4，持续时间在 30 分钟和 24 小时之间，最常用的是 pH 维持在 3，富集时间为 24 小时。对于碱预处理富集，pH 维持在 10 到 12，持续时间在 30 分钟和 24 小时之间，最常用的富集状态时 pH 维持在 10，持续时间为 24h。化学试剂抑制法产氢菌富集是一种利用化学试剂如溴乙磺酸（BESA）、氯仿、碘丙烷和脂肪酸等抑制非产氢菌代谢过程关键酶的活性进而达到产氢菌的富集。

随着研究人员对产氢微生物的研究发现在自然中富集的产氢菌一些未知的代谢途径阻碍了氢气的生成，但通过化学试剂（1-甲基-3-硝基-1-亚硝基胍、亚硝酸、5-溴尿嘧啶等）结合紫外线诱变处理后会得到产氢效率较高的突变体，诱变育种也是一种富集高效产氢菌的方法。随着基因技术的发展，一些学者对自然界富集产氢微生物的基因片段进行了部分敲除和链接来培育出高效的产氢菌，该技术的本质是通过调整基因的表达来提高产氢过程所需酶的活性。

目前富集得到产氢菌种，暗发酵产氢菌主要是严格厌氧菌（*Caldicellulosiruptor*

saccharolyticus，*Rumen bacteria*、*Ruminococcus* 等）和兼性厌氧菌（*Escherichia coli*，*Enterobacter* 等），而光合产氢菌主要是一些紫色非硫细菌，其因含有不同类型的类胡萝卜素，细胞培养液呈紫色、红色、橙褐色、黄褐色，目前常用作制氢的主要有红螺菌属（*Rhodospirillum*）、红假单胞菌属（*Rhodopseudomonas*）和红微菌属（*Rhodomicrobium*）等。

（2）发酵工艺优化

维持产氢微生物在最佳的生存环境是提高其产氢量和发酵系统的能量转化率的关键条件，影响生物制氢的工艺条件主要分为：温度、pH、底物浓度、光照强度（光合产氢菌）、碳氮比、水力滞留期、氧化还原电位、反应器结构等。

温度：微生物的生长繁殖代谢和产物生成代谢是在胞内酶的催化作用下完成的，胞内酶对温度有着较强的敏感性。由于环境的热平衡的关系，温度也会对微生物细胞膜的通透性产生影响，进而影响营养物质在细胞内外的交换，同时温度也会对微生物的代谢途径产生影响。在生物学范围每升高10℃，微生物的生长速率会增加1倍[62]。温度在一定程度上促进细胞内酶活性，加快微生物的代谢，产物的生成会提前，所以在一定温度范围内升高环境温度，暗发酵产氢速率会加快。但是温度过高会导致酶活失活，加快细胞衰老，使产氢周期变短。不同类型的微生物对温度的要求范围不一样，可以分为中温（25～40℃）、高温（40～65℃）、极端高温（65～80℃）和超高温（大于85℃）。

pH：微生物生长对环境的pH有着不同的要求，根据pH不同可将微生物分为酸性菌（pH=1～5.5）、中性菌（pH=5.5～8.0）和碱性菌（pH=8.5～11.5）。对产氢微生物来说，pH在其产氢代谢中扮演着重要的角色，它不仅影响代谢途径，还会影响产氢酶的活性、产氢速率以及混合菌种中的主导细菌。产氢最佳pH主要依赖于底物类型和菌种的组成。

底物浓度：底物浓度直接表征了反应器内可供产氢微生物使用的底物量。低于最优底物浓度会导致产氢细菌供氧不足，从而导致氢气浓度较低、产氢速率较慢、微生物量较低等问题，甚至将没有氢气产生。当底物浓度高于最优值时，产氢微生物又会产生大量的挥发性脂肪酸和乙醇等有害物质，从而导致产氢速率的下降。

光照强度：对光合产氢微生物来说光照是不可缺少的因素，因为光合细菌只有在光照的情况下才能进行产氢代谢，光照强度直接影响光合产氢过程中固氮酶的活性，在无光照的条件下，固氮酶没有活性，即使有着充足的ATP供应；在光照的条件下，细菌可以发生一些光生化反应生成固氮催化所需的低电位还原剂；另外发现在黑暗中休眠的细胞中存在少量的固氮酶，从暗培养分离出来休眠细胞在光照的条件下有着较高的固氮酶活性，连续光照的条件下光合细菌的固氮酶活性低于间歇照射光合细菌的固氮酶活性。光照的强度决定了传输光电子的数目多少，不同的光合细菌对光电子的接受情况存在着差别。过强的光照强度会使90%的光电子不能被捕捉到，而以热或荧光的形式损失掉。

碳氮比：微生物在发酵过程中需要不断地从外界获取营养物质来合成自身需要的物质，保证自身的生长和繁殖。依据营养元素在微生物生长以及代谢起的作用不同，可以分为碳源、氮源、无机盐、水分、能源、生长因子等[61]。微生物的构成可以表示成 $C_5H_7O_2N$[63]，可以计算得出碳和氮分别占有细胞干重的50%和14%。碳源是微生物提供微生物生长代谢所需要的能量，氮源是微生物体内蛋白质、核酸以及酶的重要原料。碳氮的平衡是影响微生物正常代谢产氢的因子，在厌氧发酵系统中，碳的比例较高，造成细胞合成物不足，影响微生物的代谢的活性，氮的比例较高，会使细胞主要进行生长代谢，少部分的能量用来产氢代谢[30]，所以合适的碳氮比例是保证产氢稳定性、底物高转化效率的必要条件。

HRT：水力滞留期（HRT）是发酵有机物在反应器中停留的时间，它是影响反应器产氢速率和运行性能的重要参数，在传统的连续产氢反应器中，保持底物浓度不变缩短。HRT 是一种来建立稳定的生物生存环境的有效措施[64]。在连续产氢的反应器运行中，通过缩短 HRT 可以提高产氢速率，但是当 HRT 过低时，产氢速率会出现下降，较短的水力滞留期有着较强的冲刷强度。虽然短的水力滞留期能提供充足的营养物质，但是产氢功能菌容易被从反应器冲刷出去，产氢菌含量降低，相应的产氢速率也出现下降，同时短的 HRT 也会造成底物转化效率低，较短的 HRT 缩短了菌种和底物的接触时间，使底物不能得到充分利用，造成大量的流失。长的 HRT 有着较高的底物转化效率，但是营养物质的供应不充足造成产氢率较低[65]。

（3）反应器

生物制氢过程中生化反应器结构会影响制氢多相流内部的搅拌方式，搅拌方式会影响反应液的传质特性，进而影响产氢过程中产氢细菌的生长、代谢产氢以及底物转化效率。目前，根据结构形式制氢装置主要分为板式、管式、箱式和柱式等，根据光源布置形式光发酵装置可分为内置光源和外置光源等两种。

9.2.3　生物质热化学制氢关键技术

（1）温度

生物质热化学制氢中温度是非常重要的影响因素，直接关系着气体产物的成分及含量[66]。在生物质热裂解制氢过程中，分别进行一级快速热解反应和二级快速热解反应，其中一级反应是在隔绝氧气的条件下进行的，低温时（小于 250℃），主要产物是 CO_2、CO、H_2O 及焦炭；温度升高至 400℃ 时，发生解聚、缩聚、重聚、裂化、侧链、支链反应，生成 CO_2、CO、H_2O、H_2、CH_4、焦炭及焦油等；温度继续升高至 700℃ 以上并且保留足够长时间，出现二次反应，即焦油裂解为氢、轻烃及炭等产物。

超临界水气化制氢过程，受温度影响比较剧烈，生物质超临界气化制氢的操作温度可分为低温区（350~500℃）和高温区（500~800℃），在低温区，CH_4、CO 产量较多，H_2 产量较少，因为主要发生甲烷化反应，随着温度升高，当达到高温区，水气变换反应和重整反应就会增强，温度继续升高，水气变换反应将占主导，H_2 产量增加，CH_4、CO 产量较少，一般温度低于 500℃ 主要是富甲烷气体，高于 500℃ 主要是富氢气的气体。对生物质超临界气化制氢来说原料在高温中停留时间也会影响气体组分和比例，在以造纸废液为底物时，在 375~650℃ 和 5~120s 间，温度越高、停留时间越长，气体产量、总的碳转化率和能量转化率就越高。

（2）水蒸气含量

气化介质的类型与分布是影响气化过程的重要因素之一[34]。目前主要采用的气化介质为空气与水蒸气的混合气体。因此生物质气化过程中的水蒸气包括两部分：一部分是生物质本身所含水分和反应生成水分，另一部分则是气化剂中的水蒸气。从理论上来说，在同等温度和相同生物质反应条件下，水蒸气含量越高，产氢率越高。然而产生高温水蒸气需要消耗大量能量，因此实际应用中水蒸气含量不宜太高，尤其是对自供热反应器中靠自身氧化来提供热量的生物质气化制氢来说，产生水蒸气需要大量生物质被氧化以提供足够热量，这样就会降低产气品质。另外产生水蒸气还可能造成反应温度下降，产氢能力也会因此下降。因此实际生产中应保证既有足够的水蒸气参与反应，反应区域也能有足够高的反应温度，即要确定最佳的生物质、水蒸气和氧气之间的比例，以得到较高的产氢率。

（3）催化剂

生物质热理解制氢也称为生物质快速热裂解制氢。二级热解制氢过程中，由于焦油难以气化，需要在反应器中加入白云石和 Ni 基催化剂，并需要一定的水、氧气和高温。此外，Y 分子筛催化剂、K_2CO_3、$NaCO_3$、$CaCO_3$ 及其他的金属氧化物催化剂如 Al_2O_3、SiO_2、ZrO_2、TiO_2、Cr_2O_3 等是常用的催化剂[67]。

在生物质气化制氢反应过程中催化剂可起到两方面的作用：一方面催化剂的存在可有效降低气化反应活化能，使反应能在较低的温度下进行；另一方面会促进气化产物如 CO、CH_4、焦炭等进一步反应生成氢气，从而提高总体的产氢率。合适的催化剂可提高生物质气化率并最终提高生物质产氢率。目前用于生物质热裂解制氢的催化剂主要是镍基催化剂、沸石、K_2CO_3、Na_2CO_3、$CaCO_3$ 以及各种金属氧化物（如 Al_2O_3、SiO_2、ZrO_2）[33]，在生物质气化制氢过程中，应用较多的催化剂是矿物盐类催化剂和金属及其金属氧化物，具体的应用方法是在生物中混合见金属盐类或镍基金属矿物，在气化制氢过程中，床料可采用具有催化效果的矿物质如白云石。需注意的问题是由于催化剂用量大，要求其必须价廉易得。此外，在产物的催化重整反应中，铂基催化剂和铷基催化剂等能提高产氢率，因此可将催化剂布置在气化器出口，或使产物气再通过一个填充了催化剂的重整器，产物气通过催化剂层时可促使放热反应在较低温度下也能反应，增加氢气产量。同时，合适的催化剂还能有效降低生物质气化过程中产生的焦油量。

（4）压力

压力的影响主要是针对生物质超临界水气化制氢过程，在临界点附近气化效果明显，远离临界点效果不明显，压力对制氢过程的影响与超临界水的性质密切相关，随着压力的提高，超临界水的密度、介电常数、离子积就会增大，从而增强离子反应，抑制自由基反应，压力的适宜范围为 22～30MPa[68]。

9.3 过程强化措施

9.3.1 外源添加物调控

9.3.1.1 生物厌氧发酵制氢

（1）金属离子的添加

金属离子是微生物生长、繁殖和完成各种代谢活动的必不可少的无机营养物质，它在微生物细胞的构成、酶的组成（镍氢酶、铁氧化还原酶等）、酶的活性（氢酶、固氮酶等的活性）以及微生物细胞的渗透压等多方面起着重要的功能作用[69]。对微生物来说金属离子可分为两类：一种是大量元素，浓度范围在 10^{-4}～10^{-3}mol/L，如钾、镁、钙、硫、磷、钠和铁等盐参与细胞结构组成，并与能量转移、细胞透性调节功能有关，微生物对它们的需求量较大；一种是微量元素，所需浓度在 10^{-8}～10^{-6}mol/L 的元素，如钨、铜、锌、钼、镍和钴等盐，一般是酶的辅因子，需求量不大。而其中铁元素是介于微量元素和大量元素之间[70]。这种分类依赖于人的主观意识和浓度的相对性，也有按照金属的原子序数进行分类。

金属离子在微生物的生化反应中辅助代谢活动的进行，适量金属离子的添加可以提高产氢微生物的活性进而提高发酵系统的运行效率。不同类型的金属离子暗发酵有着不同的影响。

光合细菌的光合放氢是在光合磷酸化提供能量和有机物降解提供还原力条件下由固氮酶

催化完成。在此过程中，铁起着举足轻重的作用，因为与光合放氢有关的电子传递载体（铁氧化还原蛋白、细胞色素、铁醌）、固氮酶（铁钼蛋白和铁蛋白）、氢酶（NiFe 氢酶、Fe 氢酶）等都需要铁的参与。生物制氢过程中一些酶的结构如图 9-6，图 9-7 所示[71]。不同价态的铁离子生物厌氧发酵的促进作用有着差别，在以产氢微生物 *Rhodospirillum rubrum* S1 进行实验时，Fe^{2+} 在促进微生物生长和固氮酶的活性方面高于 Fe^{3+}。

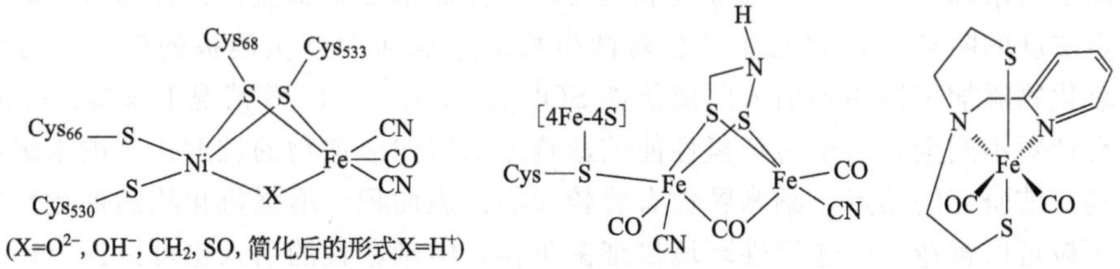

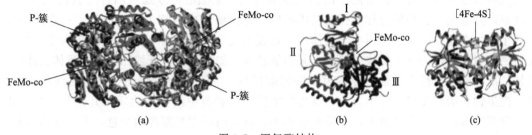

图 9-6　[NiFe] 氢酶结构，[FeFe] 氢酶结构以及 [Fe] 氢酶结构

图 9-7　固氮酶结构

钼被认为是光合细菌中固氮酶的辅因子之一，特别是在钼-固氮酶中。在生物制氢系统中添加钼有望影响固氮酶活性，从而提高光发酵过程中的生物制氢率。添加钼离子后，光合产氢微生物 *R. capsulatus* DSM1710 的产氢量从 15mmol H_2/L 底物增加到 64mmolH_2/L 底物。镍是组成光合细菌 [NiFe]-氢酶、CO 脱氢酶的重要活性基团。镍的促进作用和抑制作用取决于它的含量和产氢微生物的种类。有研究报道添加镍可以降低发酵环境的氧化还原电位，促进产氢代谢的进行。镁离子是对微生物的新陈代谢和生长中不可缺少的，在光合产氢微生物中，镁离子是一些光合色素如叶绿素结构中的一部分，因此添加镁离子是可以促进产氢微生物的代谢活动，当添加镁离子的浓度从 5mmol/L 增加到 15mmol/L 时，*R. sphaeroides* MDC6521 的产氢量从 3.62mmol/L 增加到 8.05mmol/L。根据生物制氢理论和微生物营养学，在一定浓度下对产氢细菌产氢能力有促进作用的金属主要有铁、镍和镁等[72]。但对不同光合细菌来说，各自的作用显著性有一定的差别。在以光合产氢菌 *Rhodobacter sphaeroides* DSM 158 进行产氢实验中，添加钼离子的产氢效果高于添加铁离子的效果。

不同的细菌对金属元素的浓度有着不同的需求，在 0.1mmol/L Fe^{3+} 环境下，*Rhodobacter sphaeroides* O.U.001. 能够快速地生长，并在此状态下，获得最高的产氢量远远高于未添加的实验组。在以 *Rhodopseudomonas faecalis* RLD-53 为产氢菌种时，最佳的产氢效果在添加 80μmol/L Fe^{2+} 获得，相对于未添加组，产氢量提高了 16%。而对 *Rhodobacter capsulatus* DSM1710 来说，在 0.1mmol/L Fe^{3+} 环境下表现出较好的产氢效果，产氢量提高了 26.7%。在分析 $CoCl_2$ 对产氢菌 R3 sp.nov. 产氢性能的影响时，在

$CoCl_2$ 的浓度为 0.05mg/L 时，累计产氢量达到最大值，继续升高 $CoCl_2$ 添加的浓度，当升到 0.50mg/L 时，氢气的产量以及浓度出现快速下降，在 R3 sp. nov. 的产氢过程中添加 Fe^0 和 Fe^{3+} 促进了氢气的产率，其性能高于其他金属离子的添加（Cu^{2+}，Co^{3+} 和 Fe^{2+}），当反应器中添加少量的 Zn^{2+} 可以促进 R3 sp. nov. 的产氢性能，因为 Zn^{2+} 是脱氢酶、脱羧酶、肽酶以及多种碱性磷酸酶等的辅因子。

金属离子的来源：一方面来自金属氧化物，一方面来自金属盐，但在加入金属盐的同时会引入一定浓度的阴离子，而阴离子会对微生物的产氢活性产生消极的影响，与金属盐相比，金属氧化物添加可以在不引入阴离子如 SO_4^{2-}、NO_3^-、Cl^- 等情况下来提供金属元素。

目前在针对不同金属离子对产氢性能的影响逐渐转向添加物的粒度化，纳米级的金属离子的研究是目前研究的热点，纳米颗粒有着较大的比表面积，增强氢化酶的催化性能，同时部分纳米颗粒可以营造一个还原性环境供细菌生存，纳米颗粒的引入也可以调节产氢类型的转化。

（2）氨基酸的添加

氨基酸是构成细菌营养所需蛋白质的基本物质。氨基酸可以通过耦合的氧化-还原反应被降解以产生氢，这些反应称斯提柯兰氏反应，它为细胞内的相关反应提供了一定的能量。一些中间体在还原反应中充当电子受体。在斯提柯兰氏反应中，一个氨基酸作为电子供体，而另一个氨基酸作为电子受体。然而，某些氨基酸，如亮氨酸，既能作为电子受体又能作为供体。斯提柯兰氏反应是最简单的氨基酸发酵反应，它可以为发酵细菌细胞提供所需的能量。微生物在厌氧发酵过程中对培养条件很敏感。培养基中的营养物质对其生长至关重要。氮是发酵过程的重要限制因子，在发酵过程中，氨基酸可充当氮源的角色，不仅细胞内各物质的代谢需要其参与，而且还可以将细胞内的渗透压调节至细胞适所适应的范围，同时消除发酵反应产生乙醇带来的毒性。在厌氧发酵过程，氮主要以尿素、蛋白质和氨基酸的形式加入，各种微生物通过嘌呤、嘧啶碱和细胞外蛋白酶对蛋白质降解得到的氨基酸进行发酵。所以在生物发酵制氢的过程中添加氨基酸可以促进产氢代谢的进行。常用的氨基酸有蛋氨酸、丙氨酸、组氨酸、半胱氨酸、赖氨酸以及其同分异构体等。目前半胱氨酸的同分异构体 L-半胱氨酸在生物制氢系统中应用得比较多，因为 L-半胱氨酸是一种天然并含有一个巯基（—SH）的氨基酸（图 9-8），它可以促进含有二硫键蛋白的生成，而含有二硫键的蛋白是胞外聚合物的重要组成部分，而胞外聚合物可以使微生物在静电作用和疏水作用下形成聚集

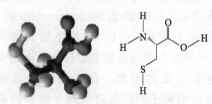

图 9-8 L-半胱氨酸的结构

体，使微生物团聚在一起，形成微生物群体，增强微生物的絮凝进而提高微生物对外界环境的抵抗能力，同时也可以降低发酵液的氧化还原电位[73]。在混合光合细菌 HAU-M1 生长过程中添加 300mg/L 的 L-半胱氨酸在提高生物絮凝的基础上也促进了微生物的生长，产氢量提高了 13%[74]。对光合细菌 *Rhodopseudomonas faecalis* RLD-53 的最佳适合浓度为 1000mg/L[75]，所以氨基酸的最佳添加量因菌种的差异而不同。

（3）生物炭的添加

生物质在缺氧或无氧的条件下经高温热解产生的一类孔隙率高、比表面积大且富含多种官能团和小分子有机物的物质称为生物炭。研究表明生物炭较大的孔隙率，能够为厌氧系统中关键酶提供附着位点，增加酶与发酵底物之间的接触机会。另外，生物炭表面含有羧基、酚羟基、酸酐以及持久性自由基（PFR）等多种基团，能够促进微生物种间的直接电子传

递，提高微生物的代谢活力，同时催化产生羟基自由基（HO·），从而促进有机污染物的降解。生物炭对于生物制氢效果的提升作用主要体现在提高系统的缓冲性能、增强微生物载体作用、强化电子转移等途径。

（4）其他添加剂

维生素是生物体在生命周期内代谢所需的必需营养物质之一，需求量很小。对细菌来说，维生素的使用是通过防止细菌恶化来保持其长期存在的必要条件。没有维生素的存在，细菌就会开始变弱，菌落就会开始失去细菌的特性。维生素有助于防止细菌恶化，并刺激菌种的恢复。因此，在光发酵底物中添加维生素有望通过强化细菌系统来提高生物产氢率。

pH 值对细菌的生长代谢影响很大，因为细菌产氢离不开酶的参与，但是酶本质是蛋白质，只有在一定的 pH 值范围内保持活性，所以适当的缓冲强度对于细菌产氢具有重要作用。常用的缓冲体系一般为磷酸盐缓冲体系和碳酸盐缓冲体系，以作为营养和缓冲能力的补充，来提高发酵体系产氢能力。

9.3.1.2 生物质热化学制氢

强化生物质热化学制氢过程的技术主要集中在催化剂的制备上。在生物质热解制氢过程中，添加一定量的碱金属可以增加分解速率，增加气体和焦炭产量并减少焦油生成，常用的方法是在原料进行热解之前用含碱金属离子的溶液浸渍，增加原料中钾的含量。可以用朗缪尔-欣谢尔伍德关系来描述这些金属在生物质热解初期的催化作用。该模型指出碱金属不仅通过螯合物和醚基团而催化生物质热解，而且在生物质热解期间，金属离子从盐粒子扩散到螯合物产生新的活性位点。Ab initio（DFT）模型中可能的螯合物结构模型表明，钾离子和钠离子与羟基或者纤维素结构中的醚键形成多重相互作用。与金属结合的螯合物在环中的 C6 位可以与四个氧原子有相互作用。而螯合物 C2 位上的金属离子只能与 2 个氧相互作用。传统的碱金属催化剂虽然可以促进生物质气化，但是存在难以回收、设备易结垢和堵塞的问题。为解决这些问题，可以将金属催化剂作为外源金属催化剂的有效载体，如添加一些 Ni 基催化剂、镍基金属催化剂以及一些钙基材料等[36]。

通过添加钙基材料吸收 CO_2 强化生物质气化制氢技术，其流程如图 9-9 所示，该技术利用石灰石、白云石等钙基材料的煅烧产物 CaO 作为吸收剂，原位捕集生物质水蒸气气化产生的 CO_2，从而强化制氢过程；生成的 $CaCO_3$ 与未气化的生物质焦炭被输送至煅烧反应器中，$CaCO_3$ 在高温下分解为 CaO 与 CO_2；再生 CaO 被送回气化反应器进行循环利用[66]，因此通过钙基材料的碳酸化/煅烧反应实现了循环强化生物质气化制氢。该技术具有以下优势：利用自然界储量丰富的石灰石、白云石等天然矿物或固体废弃物如电石渣、钢渣等作为前驱体，钙基材料的来源广泛且成本低廉；在获得含有较高浓度 H_2 合成气的同时进行 CO_2 捕集，实现了碳负排放。

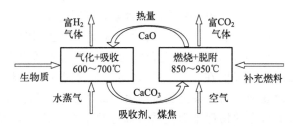

图 9-9 强化生物质气化制氢流程图

$$C_n H_m O_p + (2n-p)H_2O + nCaO \longrightarrow nCaCO_3 + \left(\frac{m}{2}+2n-p\right)H_2$$

$$CaCO_3 \longrightarrow CaO + CO_2$$

在生物质超临界制氢强化过程中，其主要技术集中在对催化剂的制备上，常用的催化剂是镍基催化剂，通过不同载体来负载镍基催化剂可以提高其在超临界水气化过程中的催化剂性能，进而提高产氢量，载体材料可以选取活性炭 MgO、ZnO、Al_2O_3、ZrO_2 等。

9.3.2　光热质传输调控

9.3.2.1　光传输调控

生物发酵制氢反应器的传递特性主要包括其光热质传输特性。在利用生物质粉进行产氢的过程中，固液比较大时，有利于微生物的传质和传热过程的进行，但是由于反应料液本身黏度、浊度及均匀性等影响因素的存在，使其对温度的变化十分敏感，也对光照强度及分布传输特性影响较大。生物质多相流的流动特性、光能及热能的传递、传质等特性都直接影响其生物产氢过程。光的传输主要是在光合生物制氢反应器中，光生化反应器内的光能传输和分布非常复杂，主要分为三部分：一部分光能透过反应器壁面进入反应器内，被光合细菌捕获，经过一系列复杂的传递和转化用于光合细菌的新陈代谢，产生氢气和合成细胞内物质；另一部分光能被反应液吸收转化为热能，并在反应液内积累；其余部分散射流失。光能以辐射能形式参与生化反应，光能传输对光合细菌生长、新陈代谢、光能转化效率和产氢能力等都有显著影响，提高光生化反应器内部的传光效率成为其规模化应用的瓶颈之一。

影响光能传输的因素主要有光照强度、光周期、细胞密度、反应器结构等。光照强度必须满足光合细菌进行光合作用的需要，否则就会影响光合作用效率，细菌量及活性都会减弱。光照强度越高，光能在反应液中的穿透能力越强，但是光照强度太强，也有可能超出光合细菌所能忍受的光强极限，降低光能利用率[76]。在不适宜光周期下，光合细菌的生长代谢也会受影响，甚至加速其衰亡。细胞密度越强，对光能的遮蔽作用越强，光强在反应液内会迅速衰减，普通太阳光在反应器内只能穿透几厘米深的培养液，无法深入到内部，这也就造成了光生化反应器中普遍存在的光源分布不均、内部缺乏光照的问题。不同的光生化反应器结构（如管式、开放式、平板式等）以及反应器制作材料（如塑料、玻璃、有机玻璃或其他透明材料），也会影响其传光性能，并对光源的分布起到至关重要的作用。

为加强光能转化效率，维持合适的细胞浓度，营造高效生化反应进行的环境，合适的光照强度和光波长、光源的均匀分布以及反应过程中的搅拌等，都很重要。搅拌等使光合细菌在光照区域有所停留，在生长代谢过程中短时间曝光，营造明暗交替环境[77]。

9.3.2.2　热传输调控

生物制氢反应器的传热特性直接影响反应液的温度。大多数生化反应对温度变化都很敏感，且温度又是产氢细菌生长代谢的主要限制性因素，同时还对反应液中的组分扩散、基质转化、生化反应的进行等都有影响[78]。反应器内区域部分或全部温度偏高或偏低都可能会导致菌体活性的较低，甚至会导致死亡。光合细菌生长代谢的适宜温度是 30～40℃ 之间，暗发酵产氢微生物代谢适宜的温度在 40～50℃ 之间。对封闭式生物制氢反应器来说，温度很容易随着反应的进行而逐渐升高，甚至超过细菌的最适温度区间。生物制氢反应器内热量传递的因素主要有反应液自身的物理化学性质（如导热系数、比热容等）、多相流反应液的流变特性（如黏度、流态、浓度分布等）、外界空间环境的变化（如光照强度、反应器所处室温等）、生化反应器结构及传热机理等。所以控制发酵体系的传热系数、流体的流变特性及发酵环境等措施是稳定生物制氢反应器恒温使其高效运行的保障。

9.3.2.3　质传输调控

生物制氢反应器是典型的多相流反应体系，存在明显共存的气液固三相。对生物制氢反应器传质特性的研究，主要是指对反应器不同结构及操作方式引起的生物制氢多相流流体的流动特性变化以及制氢系统多相流反应液自身的流变特性对制氢过程中有机物组分质量传输性能及细菌通过生化反应降解有机物的产氢特性的研究。影响传质的主要因素有：操作条件（包括温度、压力、搅拌速率等）、反应液理化性质（反应液的黏度、组成，反应液流动状态，生化反应类型、产物抑制等）和反应器的结构（反应器的不同类型、反应器各部分的设计规格、反应器的搅拌等设计工艺等）[79]。生化反应器内部由于细菌的新陈代谢所产生的 H_2 和 CO_2 以气泡的形式存在于反应液中及顶层空间中，反应液中溶解氢的浓度直接影响光合细菌的代谢及生化、酶解反应的进行，即"氢分压"影响传质效率。氢分压增加，产氢活动受到抑制，传质效率降低，因此，降低反应液中的溶解氢浓度会促进气液之间的传输，提高发酵制氢的产氢量。为了有效促进气体的逸出，产物必须及时排出，以减小顶空压力及氢分压对细菌生长及产氢过程的抑制。

由于生物制氢反应器内部的多相流流变特性与反应器结构和尺寸密切相关，因此，不同结构和尺寸的生物制氢反应器，固相的浓度分布、液相的理化性质等都不相同。温度和压力会影响反应液的理化性质以及细菌的生物活性，进而影响反应器的传质能力。反应液的黏度、密度、表明张力、溶质的扩散系数以及生化反应产物的性质等都对传质系数有影响。一般来说搅拌都会提高传质效率，因为其能打破反应过程产生的气泡，使反应液充分混合，维持细菌的悬浮状态，增加其与反应液的接触。但生化反应产热与搅拌产热等伴随着发酵过程的进行，热量积累不利于生化反应进行，需散出以保持较佳的反应温度。搅拌工艺的添加还要注意合理的搅拌速率，因为过快可能会破坏光合细菌结构并产生大量泡沫，限制传质能力。

9.4　装备与示范

9.4.1　常见的生物质制氢装置

9.4.1.1　生物发酵制氢反应装置

生化反应器是指能够应用于光合微生物及其他具有光合能力的组织或细胞培养，生化催化反应进行的一类装置[80]。光生化反应器的研究始于 20 世纪 40 年代，当时主要是为了大量培养微藻，用以探讨其作为未来实用蛋白和燃料等资源的可行性。20 世纪 50 年代起，许多不同结构特征和流动形式的实验室及中试规模的光生化反应器得以研究，渐渐发展为常见的生物发酵制氢反应装置。性能优良的光生化反应器需要有严密的结构、良好的液体混合性能、高光热质传输速率，以及适宜的检测控制装置[81]。生化反应器有多种分类，如图 9-10 所示。

许多学者对生化反应器内部光辐射强度、结构特征和搅拌工艺等进行了研究，提出间歇光源更有利于提高光合作用效率，搅拌工艺的添加更有利于反应器内部传质过程的强化。搅拌、挡板和通气等设计的作用都是为了延长反应液的路径，增加接触比表面积，增加传质传热效率。机械搅拌式生化反应器酸碱度和温度等都容易控制，且可实现大规模生产应用，然而由于机械搅拌会增加电能等的消耗，且会使发酵罐内的结构复杂化，不易清洗和维持无杂菌环境，而且会破坏丝状菌等，损坏细胞结构，因此在某些细胞培养和生化反应过程不易采

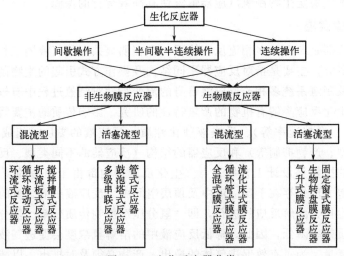

图 9-10　生化反应器分类

用。挡板式生化反应器中挡板能改变反应液的流动方向，增加流场，并改横向（轴向）流动为纵向（径向）流动，促进液体翻动搅拌。挡板式生化反应器增加了挡板这一附件，工艺简单，而且不会有额外能量消耗。板式反应器具有较高的比表面积，这有利于提高光合效率进而有利于光合产氢的进行。

通常，板式反应器是垂直的，并且光源可以从一侧照射到反应器表面上。而在实际生产中，户外板式反应器可能是垂直面向太阳倾斜放置的，这样有利于获得最佳的太阳光辐射。板式反应器操作灵活，可以实现批次模式和实现连续模式。板式反应器还需要研究的问题是规模化生产过程中的扩增问题、反应器的控制问题、产氢细菌在反应器壁面上的聚集问题等（图 9-11、图 9-12）。

图 9-11　双室平板光合生物制氢反应器[82]

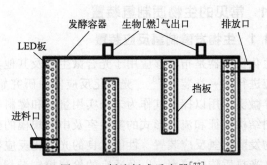

图 9-12　折流板式反应器[77]

通气等设计思路是通过向反应液内部通入空气，使之在反应液内均匀分散并起到搅拌的作用，增加反应液内部的传热传质效率。气体搅拌式生化反应器（图 9-13）结构简单、易于操作，消耗功率较小，与机械搅拌相比大幅降低了对细胞的剪切作用力。而且因为无传动部件，反应器设计过程中易于密封和创造无菌环境。但是由于整个反应周期通气量较大，空气灭菌环节需要严格控制，且对于一些要求厌氧环境操作的生化反应不宜采用该种方法。对于黏度较大的反应液，通气设计无法大幅提高其传递系数。

针对一些黏度较大的发酵体系，可以采用机械搅拌来增加发酵体系的流动特性，这种依靠机械搅拌运行的生物制氢反应器称为机械搅拌生物制氢反应器（图 9-14）。

固定床和流化床式生化反应器作为不同于搅拌式、气升式等结构的反应器，它们更适宜应用到以固定化酶或细胞为催化剂的生化反应器以及一些固态发酵反应等。固定床式生物制氢反应器（图 9-15）可实现生物催化剂的连续或者重复使用，提高了单位催化剂下的生产效率，且具有较高的反应速率和转化率，结构简单，易于规模扩大。但是流速慢、温度和酸碱度不易控制，且底物和产物存在轴向浓度分布，易产生阻塞现象。目前固定化床生化反应器已在催化剂的选择性分离、固定化酵母发酵产乙醇、工农业废水的生物处理领域得到了应用。

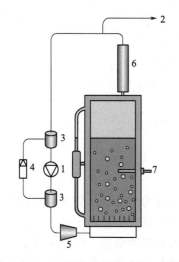

图 9-13　气动搅拌式平板光反应器[83]
1—膜式气泵；2—收集产气的气囊；3—2 个 1-1 压力容器；4—压力阀；5—质量流量控制器；6—冷凝器；7—pH/氧化还原电极

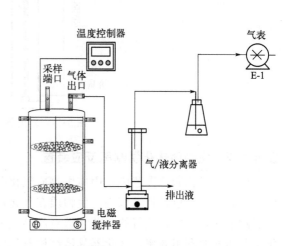

图 9-14　机械搅拌生物制氢反应器[84]

流化床式生物制氢反应器（图 9-16）是固定化颗粒在流体中保持悬浮状态下进行生化催化反应的装置，流体可以使液体、气体或气液并存。流化床式反应器具有较好的混合能力及传热传质性能，操作简单，易于控制环境工艺参数，不易发生堵塞，但是其最佳操作范围较窄。

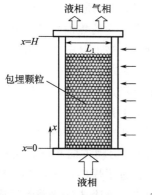

图 9-15　固定床式生物制氢反应器[85]

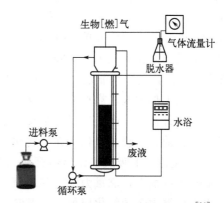

图 9-16　流化床式生物制氢反应器[86]

膜生物制氢反应器（图 9-17）是一种将生物膜分离技术与生物膜反应器组合在一起，进行固态发酵反应或生物废气等处理的新型反应器。气相和液相回路被渗透膜阻隔成两部分，既解决了液相传质过程中的阻力问题，也避免了生物膜的堵塞问题。生物膜反应器设备投资较低，操作简单，但是反应液需要经过预处理，反应器内部难清洗，反应液的流动状态不易控制。

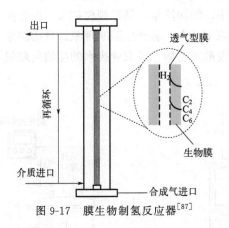

图 9-17　膜生物制氢反应器[87]

9.4.1.2　生物质热化学制氢反应装置

生物质气化制氢工艺中，固体生物质气化时所用设备称为气化器。它是生物质气化系统中的核心设备，也是技术核心。生物质在气化器内进行气化反应，生成可燃气体。气化器反应器的形式，结构，运行的工艺参数对产品气体质量有着直接的影响，同时也决定着整个气化工艺的能源利用效率，气化器具体结构有很大不同，但是总的来说分为固定床和流化床两大类，而固定床气化器和流化床气化器又都有多种形式[88]。

（1）固定床气化器

固定床气化器中气化反应在一个相对静止的床层中进行，依次完成干燥、热解、氧化和还原过程，将生物质原料转变成可燃气体。它的特征是有一个容纳原料的炉膛和一个承托反应料层的炉排。它具有结构简单紧凑、设计和制造简便、易于操作、气体焦油含量少、热效率相对比较高等优点，但是也有物料容易搭桥和内部运行难以控制等缺点。总体来说，根据固定床气化器内气体的流动方向，固定床气化器又可以分为上吸式气化器、下吸式气化器、横吸式气化器和开心式气化器四种，这里主要对前两种气化器进行评述（图 9-18）。

① 上吸式气化器　上吸式气化炉可适应于含水率较高的生物质气化，当含水率达 40% 时，仍能正常工作，而且结构简单，操作可行性强，但可燃气中的焦油含量较高，连续加料有一定困难，并且当湿物料从顶部下降时，物料中的部分水分被上升的热气流带走，使产品气 H_2 的含量减少。其主要特征是气流方向与下移物料的运动方向是逆向的，又称为逆流式气化器。生物质从上部加入，靠重力向下移动，自上而下要经过干燥层，裂解层，还原层和氧化层。空气从下部进入，向上经过各个反应层，燃气从上部排出[89]。由于产气温度较低，焦油含量较高，目前，上吸式气化炉在生物质催化气化制氢研究中应用较少。

② 下吸式气化器　下吸式气化器特征是气体与生物质的运动方向相同，又称顺流式气化器。生物质从上部加入，靠重力向下移动至底部，依次经过干燥层，热解层，氧化层和还原层。空气在气化器中部的氧化层加入，燃气从还原层导出。下吸式气化器各反应区的温度如下：还原区的温度为 700～900℃，氧化区温度达 1000～1200℃，热分解区温度为 500～

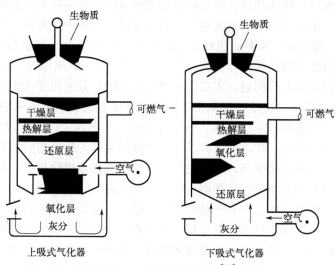

图 9-18　固定床气化器[91]

700℃，而干燥区温度为 300℃左右[90]。下吸式气化炉在连续进料、氢气和焦油含量方面有优势，但是气化效率低，对物料要求比较高，同时也不易操作。

（2）流化床气化器

　　流化床气化器气化的发展比固定床气化器晚许多。在流化床气化器中，一般采用惰性热介质（如沙子等）作为流化介质来增加传热效率，也可采用非惰性材料（石灰或催化剂）促进气化反应。在从流化床气化器下部吹入的气化剂作用下，生物质颗粒、流化介质和气化剂充分接触，受热均匀，在器内呈"沸腾"状态。气化反应速率快，气化效率高，器内温度高而稳定，适于连续大规模生产，因此现在备受重视。循环流化床气化炉具有颗粒物料均匀、流化速度高、反应温度均匀、传热传质速度快以及含碳物料不断循环等优点，因而相对其他气化炉来说，无论是在产品气中氢气含量方面还是操作性方面，都是一种较理想的气化制氢形式。按气化器结构和气化过程，流化床气化器可分为：鼓泡床气化器 ［图 9-19(a)］、循环流化床气化器 ［图 9-19(b)］、双流化床气化器 （图 9-20） 等三种类型。

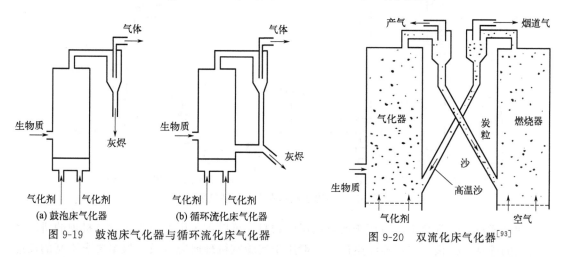

图 9-19　鼓泡床气化器与循环流化床气化器　　　　图 9-20　双流化床气化器[93]

　　① 鼓泡床气化器　单反应器流化床气化器也就是鼓泡流化床气化器，它是最基本和最简单的流化床气化器。

　　在鼓泡床气化器中，气化剂从位于气化器底部的气体分布板吹入，在流化床上同生物质原料进行气化反应，生成的燃料气直接由气化器出口送入气体净化系统，气化器的反应温度一般为800℃左右。鼓泡床气化器的流化速度比较小，比较适合于颗粒较大的生物质原料，同时需要向反应床内加入热载体，即流化介质（如：砂子）。鼓泡床气化器存在着飞灰和夹带炭颗粒严重、运行耗费大等问题，不适合小型气化系统，只适用于大中型气化系统[92]。

　　② 循环流化床气化器　在循环流化床气化器运行中，生物质原料被从高温流化床的一侧加入，先后发生快速热解，生成气体、半焦和焦油，半焦与CO_2和从流化床底部加入的气化剂进行一系列变换反应，焦油则在高温环境下继续裂解，未反应完的炭粒在出口处被分离出来，经循环管送入流化床底部，与从底部进入的空气发生燃烧反应，放出热量，为整个气化过程提供热。与鼓泡流化床气化器的主要区别是：在气化器的出口处设有旋风分离器或袋式分离器，将燃气携带的炭粒和砂子分离出来，返回气化器中再次参加气化反应。循环流化床气化器是唯一在恒温床上反应的气化器，气化强度比较高，适宜大规模工业化生产，同时产生的气体质量稳定，焦油含量少，系统效率高。但是入料需要预处理，产气中灰分需要净化处理，循环流化床中流态化特性的描述，颗粒的分离方法，具体实现循环的工艺等问题都需要进一步探索，所以循环流化床的研究仍是当前的重要课题。

　　③ 双流化床气化器　双流化床气化器（图9-20）由一级反应器（气化器）和二级反应器（燃烧器）两部分组成。在气化器中，生物质原料发生热解气化反应，生成的燃气在高温下进行气固分离后进入后续净化系统，而分离后的炭粒则作为原料经料腿送入燃烧器中。在燃烧器中，炭粒进行氧化燃烧反应，使床层温度升高，经过加温的高温惰性流化介质，通过料腿返回到气化器，从而保证气化器内热分解气化的热源和床料浓度，双流化床气化器碳转化率也较高。它是鼓泡床气化器和循环流化床气化器的结合，将燃烧和气化过程分开，两床之间靠热载体进行传热，所以控制好热载体的循环速度和加热温度是双流化床系统最关键的技术。

　　生物质超临界水气化制氢装置有多种，可以分为间歇式反应装置和连续式反应装置两大类（图9-21）。

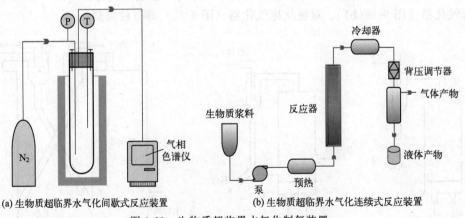

(a) 生物质超临界水气化间歇式反应装置　　(b) 生物质超临界水气化连续式反应装置

图9-21　生物质超临界水气化制氢装置

　　间歇式反应装置简单，适用于所有的反应物料，可以用于生物质气化制氢机理的研究和催化剂的筛选，但很难实现连续生产，一般用于实验室机理研究以及对数据要求不高的反应动力学研究中。而连续式反应系统在研究气化过程的动力学特性、气化制氢特性方面应用广泛。

9.4.2　生物质制氢系统示范

9.4.2.1　生物发酵制氢示范

河南农业大学张全国教授及其团队建立了连续流暗/光多模式生物制氢试验装置（有效体积为 $11m^3$）主要包括 8 部分：①暗发酵反应器（$3×1m^3$），②光发酵反应器（$8×1m^3$），③$3m^3$ 的进料箱，④光合细菌培养罐，⑤电脑控制总台，⑥太阳能加热器及保温箱，⑦太阳光自动器及导入光纤，⑧光伏发电板及蓄电池等[94]。

反应室（♯1-♯11）是标准容器，易于组装、拆卸、维护和扩建。为了监测诸如 pH 值、氧化还原电位、氢含量、温度和液位等产氢试验参数，每个反应室都安装有在线传感器（图 9-22）。

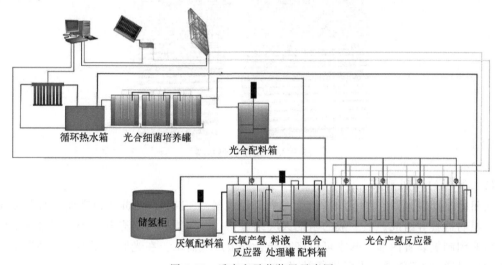

图 9-22　反应室示范装置示意图

采用蠕动泵（WS600-3B 蠕动泵，保定思诺流体科技有限公司）将培养基连续泵入♯1 号反应室。太阳能热水器与热水箱之间的水循环是由一个泵驱动的（PUN-600EH，威乐水泵系统有限公司），总扬程为 25m。在太阳能加热系统由于缺乏太阳光而无法工作时，使用家用中央空调辅助电暖器（DFS-H，镇江市东方节能设备有限公司）对热水箱中的水进行加热。为了给生物制氢装置加热，热水箱中的热水通过泵（PH-101EH，威乐水泵系统有限公司）泵入每个反应室的内部隔热层，总扬程为 5m。

装置利用太阳光照明系统作为主要照明系统，当太阳光照不足的时候，利用 LED 系统作为辅助光源。制氢装置采用光伏发电装置为连续流暗/光多模式生物制氢装置提供动力。光伏发电子系统包括光伏接线盒（PV-GZX156B，宁波光之星光伏科技有限公司），正弦波逆变器（TCHD-C300，北京同创互达科技有限公司）和电池。光伏电源获得的能量储存在电池中（6-CQW-200MF，骆驼集团股份有限公司），额定容量为 200A·h，12V。

（1）装置的保温系统

自动控制中心、太阳能集热器、热水管道、热水箱、循环泵和辅助能源加热泵等共同组成了太阳能保温系统。

太阳能保温自动控制中心面板上可以显示太阳能集热管温度和热水箱温度，并且集热器/热水箱循环泵工作状态、加热器/热水箱循环泵工作状态和制氢装置/热水箱循环泵工作状态等信息在自动控制面板上也能一目了然。

通过太阳能保温单元示意图可以看出，太阳能集热器呈现矩形排列，这样的排列方式适用于大面积的装置，安装简单，易于维修，转化效率高。

在光照强度较好的情况下，太阳能热水器（图9-23）能够将吸收的太阳能转化为热水存储在水中，循环水将热能带到制氢装置的保温层，并与制氢装置内反应液实现热量交换，从而保障制氢装置得到特定的温度。

图 9-23　太阳能热水器

（2）装置的照明系统

太阳能自动聚光器（图9-24）由太阳光纤导入器（Sfl-i24，江苏圣福来能源有限公司）、光纤和照明器具等组成。在一般的晴朗天气条件下，太阳能通过聚光器、光导纤维和照明器具被传输到制氢装置内部，基本可以满足光合细菌产氢需求。在光照强度不够的情况下，试验装置可以通过 LED 辅助光源进行补光。

光伏发电板、风力发电机、蓄电池和连接线等共同组成了太阳能光伏发电单元。太阳能光伏发电用于支持制氢装置的动力用电，包括自动控制中心、气体在线检测仪、搅拌泵、进料泵、循环泵、光发酵反应室 LED 辅助照明等的用电。太阳能光伏发电板如图 9-25 所示。

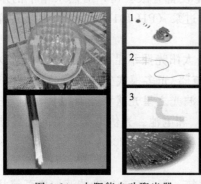

图 9-24　太阳能自动聚光器

图 9-25　太阳能光伏发电板

（3）自动控制系统

自动控制单元（图9-26）主要包括自动控制中心（Kingview 6.55，北京亚控科技发展有限公司）、气体在线分析仪（Gasboard-9022，武汉四方光电科技有限公司）、EC301 工业

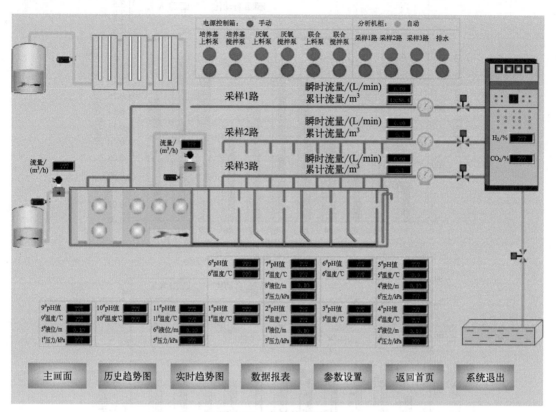

图 9-26 自动控制单元

pH 计（武汉易控特科技有限公司）、EC301 工业氧化还原电位在线分析仪（ORP）计（武汉易控特科技有限公司）、EC301 工业温度计（武汉易控特科技有限公司）、EC603 静压式液位变送器（武汉易控特科技有限公司）等组成。

图 9-27 为气体在线分析仪实物图，气体在线分析仪可以实时检测制氢装置产生气体的氢气和二氧化碳浓度，在柜体的下方也会同时显示 3 个暗发酵反应室和 8 个光发酵反应室的温度和 pH 值数据。

系统的运行：

暗发酵和光发酵试验的水力滞留时间设置为 24h，葡萄糖浓度为 10g/L。数据每 24h 记录一次，取 7 次数据的平均值作为试验数据。规模化产氢过程中的自动化检测误差分析以人工测定数据为基准进行对比（图 9-28）。

图 9-27 气体在线分析仪

该系统利用太阳光作为主要能源来满足保温和照明的需求。当底物浓度为 10g/L、水力滞留时间为 24h 时，规模化暗光联合生物制氢装置暗发酵产氢速率为 40.45mol/(m^3·d)，光发酵产氢速率为 104.7mol/(m^3·d)。产气速率、氢气含量、pH 值、氧化还原电位、温度、液位等参数的自动检测值与人工测量值相比较，最小相对平均偏差为 0.02%～4.04%。该自动化系统对连续流暗光多模式生物制氢是稳定可行的。

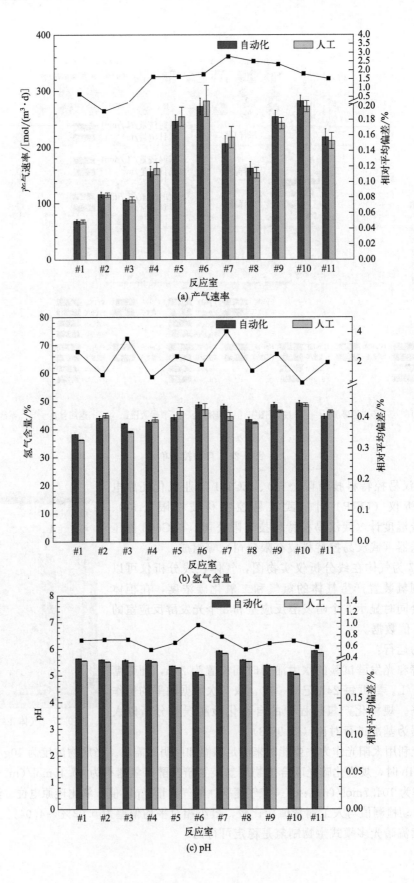

(a) 产气速率

(b) 氢气含量

(c) pH

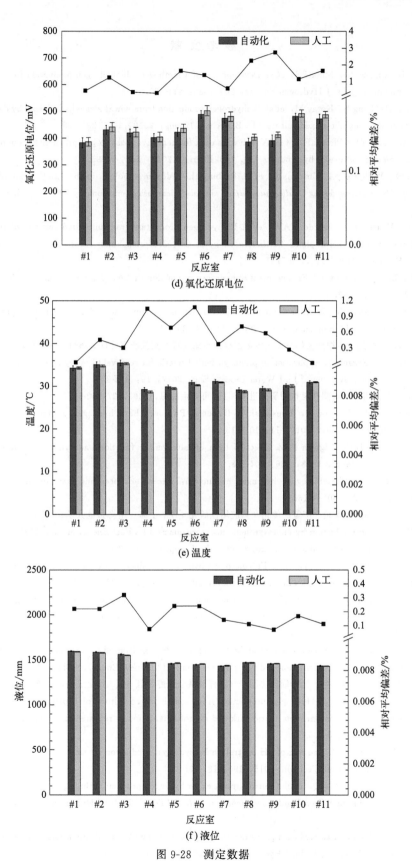

(d) 氧化还原电位

(e) 温度

(f) 液位

图 9-28 测定数据

参 考 文 献

［1］　Nasirian N，Almassi M，Minaei S，et al. Development of a method for biohydrogen production from wheat straw by dark fermentation ［J］. Int J Hydrogen Energy，2011，36：411-420.

［2］　Kongjan P，O-Thong S，Kotay M，et al. Biohydrogen production from wheat straw hydrolysate by dark fermentation using extreme thermophilic mixed culture ［J］. Biotechnol Bioeng，2010，105：899-908.

［3］　Ghimire A，Frunzo L，Pirozzi F，et al. A review on dark fermentative biohydrogen production from organic biomass：Process parameters and use of by-products ［J］. Appl Energy，2015，144：73-95.

［4］　Kostesha N，Willquist K，Emneus J，et al. Probing the redox metabolism in the strictly anaerobic，extremely thermophilic，hydrogen-producing *Caldicellulosiruptor saccharolyticus* using amperometry ［J］. Extremophiles，2011，15：77-87.

［5］　Mars A E，Veuskens T，Budde MAW，et al. Biohydrogen production from untreated and hydrolyzed potato steam peels by the extreme thermophiles *Caldicellulosiruptor saccharolyticus* and *Thermotoga neapolitana* ［J］. Int J Hydrogen Energy，2010，35：7730-7737.

［6］　Kumar N，Das D. Erratum to " Enhancement of hydrogen production by *Enterobacter cloacae* IIT-BT 08" ［J］. Process Biochem 2000，35：9592.

［7］　Mandal B，Nath K，Das D. Improvement of biohydrogen production under decreased partial pressure of H_2 by Enterobacter cloacae ［J］. Biotechnol Lett，2006，28：831-835.

［8］　荆艳艳. 超微秸秆光合生物产氢体系多相流数值模拟与流变特性实验研究 ［D］. 郑州：河南农业大学，2011.

［9］　Talaiekhozani A，Rezania S. Application of photosynthetic bacteria for removal of heavy metals，macro-pollutants and dye from wastewater：A review ［J］. J Water Process Eng，2017，19：312-321.

［10］　光合细菌光合作用及固氮酶产氢作用研究进展 ［J］. 可再生能源，2009，27：52-57.

［11］　Allakhverdiev S I，Thavasi V，Kreslavski V D，et al. Photosynthetic hydrogen production ［J］. J Photochem Photobiol C Photochem Rev，2010，11：101-113.

［12］　Meyer J，Kelley B C，Vignais P M. Effect of light on nitrogenase function and synthesis in *Rhodopseudomonas capsulata* ［J］. J Bacteriol，1978，136：201-208.

［13］　Eroglu E，Melis A. Photobiological hydrogen production：Recent advances and state of the art ［J］. Bioresour Technol，2011，102：8403-8413.

［14］　李鑫. $NaHSO_3$ 提高微藻光合产氢的优化及其应用性研究 ［D］. 上海：上海师范大学，2013.

［15］　Miura Y. Hydrogen production by photosynthetic microorganisms ［J］. Fuel Energy Abstr，1996，37：186.

［16］　Benemann J R. Hydrogen production by microalgae ［J］. J Appl Phycol，2000，12：291-300.

［17］　Liu B F，Ren N Q，Xie G J，et al. Enhanced bio-hydrogen production by the combination of dark-and photo-fermentation in batch culture ［J］. Bioresour Technol，2010，101：5325-5329.

［18］　Azbar N，Cetinkaya Dokgoz F T. The effect of dilution and L-malic acid addition on bio-hydrogen production with *Rhodopseudomonas palustris* from effluent of an acidogenic anaerobic reactor ［J］. Int J Hydrogen Energy，2010，35：5028-5033.

［19］　Seifert K，Zagrodnik R，Stodolny M，et al. Biohydrogen production from chewing gum manufacturing residue in a two-step process of dark fermentation and photofermentation ［J］. Renew Energy，2018，122：526-532.

［20］　张全国，张甜，张志萍，等. 光合细菌协同产气肠杆菌联合发酵制氢 ［J］. 农业工程，2017，33：243-249.

［21］　Zagrodnik R，Łaniecki M. Hydrogen production from starch by co-culture of *Clostridium acetobutylicum* and *Rhodobacter sphaeroides* in one step hybrid dark-and photofermentation in repeated fed-batch reactor ［J］. Bioresour Technol，2017，224：298-306.

［22］　Zagrodnik R，Laniecki M. The role of pH control on biohydrogen production by single stage hybrid dark-and photo-fermentation ［J］. Bioresour Technol，2015，194：187-195.

［23］　Xie G J，Feng L B，Ren N Q，et al. Control strategies for hydrogen production through co-culture of *Ethanoligenens harbinense* B49 and immobilized *Rhodopseudomonas faecalis* RLD-53 ［J］. Int J Hydrogen Energy，2010，35：1929-1935.

［24］　Cai J，Guan Y，Jia T，et al. Hydrogen production from high slat medium by co-culture of *Rhodovulum sulfidophilum* and dark fermentative microflora ［J］. Int J Hydrogen Energy，2018，43：10959-10966.

[25] 吴梦佳. 污泥混合菌种暗发酵与光发酵联合制氢 [D]. 天津：天津大学，2014.

[26] Özgür E, Mars A E, Peksel B, et al. Biohydrogen production from beet molasses by sequential dark and photofermentation [J]. Int J Hydrogen Energy, 2010, 35：511-517.

[27] Cheng J, Xia A, Liu Y, et al. Combination of dark-and photo-fermentation to improve hydrogen production from *Arthrospira platensis* wet biomass with ammonium removal by zeolite [J]. Int J Hydrogen Energy, 2012, 37：13330-13337.

[28] Ding J, Liu B F, Ren N Q, et al. Hydrogen production from glucose by co-culture of *Clostridium Butyricum* and immobilized *Rhodopseudomonas faecalis* RLD-53 [J]. Int J Hydrogen Energy, 2009, 34：3647-3652.

[29] Phlips E, Mitsui A. Role of light intensity and temperature in the regulation of hydrogen photoproduction by marine cyanobacterium *Oscillatoria* sp. strain Miami BG7 [J]. Appl Environ Microbiol, 1983, 45：1212-1220.

[30] Kumar D, Kumar H D. Effect of monochromatic lights on nitrogen fixation and hydrogen evolution in the isolated heterocysts of *Anabaena* sp. strain CA [J]. Int J Hydrogen Energy, 1991, 16：397-401.

[31] Sağır E, Yucel M, Hallenbeck P C. Demonstration and optimization of sequential microaerobic dark-and photo-fermentation biohydrogen production by immobilized *Rhodobacter capsulatus* JP91 [J]. Bioresour Technol, 2018, 250：43-52.

[32] Ozmihci S, Kargi F. Bio-hydrogen production by photo-fermentation of dark fermentation effluent with intermittent feeding and effluent removal [J]. Int J Hydrogen Energy, 2010, 35：6674-6680.

[33] Vuppaladadiyam A K, Vuppaladadiyam S S V, Awasthi A, et al. Biomass pyrolysis：A review on recent advancements and green hydrogen production [J]. Bioresour Technol, 2022, 364：128087.

[34] Blanquet E, Williams P T. Biomass pyrolysis coupled with non-thermal plasma/catalysis for hydrogen production：Influence of biomass components and catalyst properties [J]. J Anal Appl Pyrolysis, 2021, 159：105325.

[35] Zhang Z X, Li K, Ma S W, et al. Fast pyrolysis of biomass catalyzed by magnetic solid base catalyst in a hydrogen atmosphere for selective production of phenol [J]. Ind Crops Prod, 2019, 137：495-500.

[36] Zou R, Wang C, Qian M, et al. Catalytic co-pyrolysis of solid wastes (low-density polyethylene and lignocellulosic biomass) over microwave assisted biochar for bio-oil upgrading and hydrogen production [J]. J Clean Prod, 2022；374，133971.

[37] Yang S, Chen L, Sun L, et al. Novel Ni-Al nanosheet catalyst with homogeneously embedded nickel nanoparticles for hydrogen-rich syngas production from biomass pyrolysis [J]. Int J Hydrogen Energy, 2021, 46：1762-1776.

[38] Mishra K, Singh S S, Kumar S A, et al. Recent update on gasification and pyrolysis processes of lignocellulosic and algal biomass for hydrogen production [J]. Fuel, 2023, 332：126169.

[39] Ostadi M, Bromberg L, Cohn D R, et al. Flexible methanol production process using biomass/municipal solid waste and hydrogen produced by electrolysis and natural gas pyrolysis [J]. Fuel, 2023, 334：126697.

[40] Lin Y H, Chang A C C. The effect of biomass feeding location on rice husk gasification for hydrogen production [J]. Int J Hydrogen Energy, 2022, 47：40582-40589.

[41] Kaydouh M-N, Hassan N El. Thermodynamic simulation of the co-gasification of biomass and plastic waste for hydrogen-rich syngas production [J]. Results Eng, 2022, 16：100771.

[42] Antolini D, Piazzi S, Menin L, et al. High hydrogen content syngas for biofuels production from biomass air gasification：Experimental evaluation of a char-catalyzed steam reforming unit [J]. Int J Hydrogen Energy, 2022, 47：27421-27436.

[43] Guo J X, Tan X, Zhu K, et al. Integrated management of mixed biomass for hydrogen production from gasification [J]. Chem Eng Res Des, 2022, 179：41-55.

[44] Kang K, Azargohar R, Dalai A K, et al. Hydrogen production from lignin, cellulose and waste biomass via supercritical water gasification：Catalyst activity and process optimization study [J]. Energy Convers Manag, 2016, 117：528-537.

[45] Nanda S, Gong M, Hunter H N, et al. An assessment of pinecone gasification in subcritical, near-critical and supercritical water [J]. Fuel Process Technology, 2017, 168 (15)：84-96.

[46] Mohamadi-Baghmolaei M, Zahedizadeh P, Hajizadeh A, et al. Hydrogen production through catalytic supercritical water gasification：Energy and char formation assessment [J]. Energy Convers Manag, 2022, 268：115922.

[47] Li P, Yang C, Jiang Z, et al. Lignocellulose pretreatment by deep eutectic solvents and related technologies：A review [J]. J Bioresour Bioprod, 2023, 8 (1)：33-44.

第
二
篇

氢
的
制
取

［48］ Zhang Y，Ding Z，Shahadat H M，et al. Recent advances in lignocellulosic and algal biomass pretreatment and its biorefinery approaches for biochemicals and bioenergy conversion ［J］. Bioresour Technol，2023，367：128281.

［49］ Xu H，Peng J，Kong Y，et al. Key process parameters for deep eutectic solvents pretreatment of lignocellulosic biomass materials：A review ［J］. Bioresour Technol，2020，310：123416.

［50］ Da Silva A S A，Inoue H，Endo T，et al. Milling pretreatment of sugarcane bagasse and straw for enzymatic hydrolysis and ethanol fermentation ［J］. Bioresour Technol，2010，101：7402-7409.

［51］ Zhang Z，Fan X，Li Y，et al. Photo-fermentative biohydrogen production from corncob treated by microwave irradiation ［J］. Bioresour Technol，2021，340：125460.

［52］ Fan X，Li Y，Luo Z，et al. Surfactant assisted microwave irradiation pretreatment of corncob：Effect on hydrogen production capacity，energy consumption and physiochemical structure ［J］. Bioresour Technol，2022，357：127302.

［53］ Hu J，Zuo Y，Guo B，et al. Enhanced hydrogen production from sludge anaerobic fermentation by combined freezing and calcium hypochlorite pretreatment ［J］. Sci Total Environ，2022，858：160134.

［54］ Hodaei M，Ghasemi S，Khosravi A，et al. Effect of the ozonation pretreatment on biogas production from waste activated sludge of tehran wastewater treatment plant ［J］. Biomass and Bioenergy，2021，152：106198.

［55］ García-Cubero M T，González-Benito G，Indacoechea I，et al. Effect of ozonolysis pretreatment on enzymatic digestibility of wheat and rye straw ［J］. Bioresour Technol，2009，100：1608-1613.

［56］ Espirito Santo M C，Kane A O，Pellegrini V O A，et al. Leaves from four different sugarcane varieties as potential renewable feedstocks for second-generation ethanol production：Pretreatments，chemical composition，physical structure，and enzymatic hydrolysis yields ［J］. Biocatal Agric Biotechnol，2022，45：102485.

［57］ Banerjee S，Sen R，Pandey R A，et al. Evaluation of wet air oxidation as a pretreatment strategy for bioethanol production from rice husk and process optimization ［J］. Biomass and Bioenergy，2009，33：1680-1686.

［58］ Mosier N，Hendrickson R，Ho N，et al. Optimization of pH controlled liquid hot water pretreatment of corn stover ［J］. Bioresour Technol，2005，96：1986-1993.

［59］ Basak B，Jeon B H，Kim T H，et al. Dark fermentative hydrogen production from pretreated lignocellulosic biomass：Effects of inhibitory byproducts and recent trends in mitigation strategies ［J］. Renew Sustain Energy Rev，2020，133：110338.

［60］ Wu Z，Peng K，Zhang Y，et al. Lignocellulose dissociation with biological pretreatment towards the biochemical platform：A review ［J］. Mater Today Bio，2022，16：100445.

［61］ Del Pilar Anzola-Rojas M，Da Fonseca S G，Da Silva C C，et al. The use of the carbon/nitrogen ratio and specific organic loading rate as tools for improving biohydrogen production in fixed-bed reactors ［J］. Biotechnol Reports，2015，5：46-54.

［62］ Qiu C，Yuan P，Sun L，et al. Effect of fermentation temperature on hydrogen production from xylose and the succession of hydrogen-producing microflora ［J］. J Chem Technol Biotechnol，2017，92：1990-1997.

［63］ Rughoonundun H，Mohee R，Holtzapple M T. Influence of carbon-to-nitrogen ratio on the mixed-acid fermentation of wastewater sludge and pretreated bagasse ［J］. Bioresour Technol，2012，112：91-97.

［64］ Lu C，Wang Y，Lee D-J，et al. Biohydrogen production in pilot-scale fermenter：Effects of hydraulic retention time and substrate concentration ［J］. J Clean Prod，2019，229：751-760.

［65］ Silva-Illanes F，Tapia-Venegas E，Schiappacasse M C，et al. Impact of hydraulic retention time（HRT）and pH on dark fermentative hydrogen production from glycerol ［J］. Energy，2017，141：358-367.

［66］ Faki E，Üzden ŞT，Seçer A，et al. Hydrogen production from low temperature supercritical water Co-Gasification of low rank lignites with biomass ［J］. Int J Hydrogen Energy，2022，47：7682-7692.

［67］ Lu Y，Jin H，Zhang R. Evaluation of stability and catalytic activity of Ni catalysts for hydrogen production by biomass gasification in supercritical water ［J］. Carbon Resour Convers，2019，2：95-101.

［68］ Sharma K. Carbohydrate-to-hydrogen production technologies：A mini-review ［J］. Renew Sustain Energy Rev，2019，105：138-143.

［69］ Budiman P M，Wu T Y. Role of chemicals addition in affecting biohydrogen production through photofermentation ［J］. Energy Convers Manag，2018，165：509-527.

［70］ Zhao X，Xing D，Liu B，et al. The effects of metal ions and L-cysteine on hyd A gene expression and hydrogen production by $Clostridium\ beijerinckii$ RZF-1108 ［J］. Int J Hydrogen Energy，2012，37：13711-13717.

［71］ Elreedy A，Fujii M，Koyame M，et al. Enhanced fermentative hydrogen production from industrial wastewater using mixed culture bacteria incorporated with iron, nickel, and zinc-based nanoparticles [J]. Water Res, 2019, 151: 349-361.

[72] Srikanth S, Mohan S V. Regulatory function of divalent cations in controlling the acidogenic biohydrogen production process [J]. RSC Adv, 2012, 2: 6576-6589.

[73] Xie G J, Liu B F, Xing D F, et al. Photo-fermentative bacteria aggregation triggered by L-cysteine during hydrogen production [J]. Biotechnol Biofuels, 2013, 6: 1-14.

[74] Li Y, Zhang Z, Lee D J, et al. Role of L-cysteine and iron oxide nanoparticle in affecting hydrogen yield potential and electronic distribution in biohydrogen production from dark fermentation effluents by photo-fermentation [J]. J Clean Prod, 2020, 276: 123193.

[75] Xie G J, Liu B F, Wen H Q, et al. Bioflocculation of photo-fermentative bacteria induced by calcium ion for enhancing hydrogen production [J]. Int J Hydrogen Energy, 2013, 38: 7780-7788.

[76] Ren N Q, Liu B F, Ding J, et al. Hydrogen production with R. faecalis RLD-53 isolated from freshwater pond sludge [J]. Bioresour Technol, 2009, 100: 484-487.

[77] Zhang Z, Wang Y, Hu J, et al. Influence of mixing method and hydraulic retention time on hydrogen production through photo-fermentation with mixed strains [J]. Int J Hydrogen Energy 2015; 40: 6521-6529.

[78] Wang L, Du X, Xu L, et al. Numerical simulation of biomass gasification process and distribution mode in two-stage entrained flow gasifier [J]. Renew Energy, 2020.

[79] Zhang Z, Zhou X, Hu J, et al. Photo-bioreactor structure and light-heat-mass transfer properties in photo-fermentative bio-hydrogen production system: A mini review [J]. Int J Hydrogen Energy, 2017, 42: 12143-12152.

[80] Krishna D, Kalamdhad A S. Pre-treatment and anaerobic digestion of food waste for high rate methane production -A review [J]. J Environ Chem Eng, 2014, 2: 1821-1830.

[81] Chen C Y, Liu C H, Lo Y C, et al. Perspectives on cultivation strategies and photobioreactor designs for photo-fermentative hydrogen production [J]. Bioresour Technol, 2011, 102: 8484-8492.

[82] Tamburic B, Zemichael F W, Crudge P, et al. Design of a novel flat-plate photobioreactor system for green algal hydrogen production [J]. Int J Hydrogen Energy, 2011, 36: 6578-6591.

[83] Hoekema S, Bijmans M, Janssen M, et al. A pneumatically agitated flat-panel photobioreactor with gas re-circulation: Anaerobic photoheterotrophic cultivation of a purple non-sulfur bacterium [J]. Int J Hydrogen Energy, 2002, 27: 1331-1338.

[84] Sivagurunathan P, Sen B, Lin C Y. High-rate fermentative hydrogen production from beverage wastewater [J]. Appl Energy, 2015, 147: 1-9.

[85] Nasr M, Tawfik A, Ookawara S, et al. Continuous biohydrogen production from starch wastewater via sequential dark-photo fermentation with emphasize on maghemite nanoparticles [J]. J Ind Eng Chem, 2015, 21: 500-506.

[86] de Amorim E L C, Sader L T, Silva E L. Effect of substrate concentration on dark fermentation hydrogen production using an anaerobic fluidized bed reactor [J]. Appl Biochem Biotechnol, 2012, 166: 1248-1263.

[87] Cai J L, Wang G C. Hydrogen production from glucose by a mutant strain of Rhodovulum sulfidophilum P5 in single-stage photofermentation [J]. Int J Hydrogen Energy, 2014, 39: 20979-20986.

[88] Wang B, Li X, Dai Y, et al. Thermodynamic analysis of an epitrochoidal rotary reactor for solar hydrogen production via a water-splitting thermochemical cycle using nonstoichiometric ceria [J]. Energy Convers Manag, 2022, 268: 115968.

[89] Zhang S, He S, Gao N, et al. Hydrogen production from autothermal CO_2 gasification of cellulose in a fixed-bed reactor: Influence of thermal compensation from CaO carbonation [J]. Int J Hydrogen Energy, 2022, 7: 1-8.

[90] Kumar P, Subbarao P M V, Kala L D, et al. Experimental assessment of producer gas generation using agricultural and forestry residues in a fixed bed downdraft gasifier [J]. Chem Eng J Adv, 2023, 13: 100431.

[91] Tezer O, Karabag N, Ozturk M U, et al. Comparison of green waste gasification performance in updraft and downdraft fixed bed gasifiers [J]. Int J Hydrogen Energy, 2022, 47: 31864-31876.

[92] Nam H, Wang S, Sanjeev K C, et al. Enriched hydrogen production over air and air-steam fluidized bed gasification in a bubbling fluidized bed reactor with CaO: Effects of biomass and bed material catalyst [J]. Energy Convers Manag, 2020, 225: 113408.

[93] Gai H, Yang P, Zhang Q, et al. Dual-dense gas-solid circulating fluidized bed reactor [J]. Fuel, 2022, 337: 126872.

[94] Zhang Q, Zhang Z, Wang Y, et al. Sequential dark and photo fermentation hydrogen production from hydrolyzed corn stover: A pilot test using $11m^3$ reactor [J]. Bioresour Technol, 2018, 253: 382-386.

第**10**章

热化学循环分解水制氢

10.1 热化学循环原理及评价

10.1.1 热化学循环原理

水是氢气制备最重要的原料来源。最简单的热化学分解水过程就是将水加热到足够高的温度，然后将产生的氢气从平衡混合物中分离出来。在标准状态下（25℃、1atm）水分解反应的热化学性质变化如下：

$$H_2O(l) \longrightarrow H_2(g) + \frac{1}{2}O_2(g)$$

$$\Delta H = 285.84 \text{kJ/mol}; \quad \Delta G = 237.19 \text{kJ/mol}; \quad \Delta S = 0.163 \text{kJ/(mol·K)}$$

熵变是 ΔG 的温度导数的负值，且值很小。图 10-1 给出了水分解的热力学参数随温度变化及常压下水分解体系中分子组成随温度的变化。由计算可知，直到温度上升到 4700K 左右时，反应的 Gibbs 自由能变才能为零[1]；Kogan 等研究表明，在温度高于 2500K 时，水的分解才比较明显[2]，而在此条件下的材料和分离问题都很难解决。因此，水的直接分解在工程上基本是不可行的。

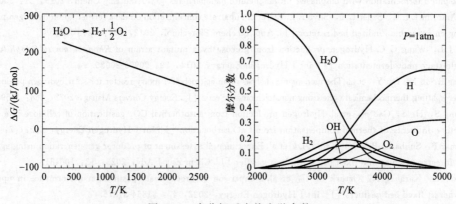

图 10-1　水分解反应热力学参数

Funk 和 Reinstrom 等于 1964 年最早提出了利用热化学循环过程分解水制氢的概念[3]。引入新的在过程中循环使用的反应物种（X），将水分解反应分成几个不同的反应，并组成一个如下所示的循环过程：

$$H_2O + X \longrightarrow XO + H_2(g)$$

$$XO \longrightarrow X + \frac{1}{2}O_2(g)$$

其净结果是水分解产生氢气和氧气：

$$H_2O \longrightarrow H_2(g) + \frac{1}{2}O_2(g)$$

各步反应的熵变、焓变和 Gibbs 自由能变化的加和等于水直接分解反应的相应值；而每步反应有可能在相对较低的温度下进行。在整个过程中只消耗水，其他物质在体系中循环，这样就可以达到热分解水制氢的目的。

10.1.2　热化学循环制氢效率[4]

热化学循环过程的效率是评价其性能最重要的指标之一。用图 10-2 示意水的分解过程中热量和参数变化（C，浓度；V，体积），对过程效率进行讨论。

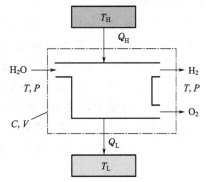

图 10-2　在操作温度 T_H 和 T_L 之间热分解水示意图

假设在水分解为氢气和氧气的过程中输入高温热 Q_H，输入低温热 Q_L，根据热力学第一定律有：

$$Q_H - Q_L = \Delta H_R$$

根据热力学第二定律有：

$$\Delta S_R \geqslant \frac{Q_H}{T_H} - \frac{Q_L}{T_L}$$

式中，ΔH_R 和 ΔS_R 分别为反应过程的焓变和熵变。

制氢过程的热氢转换效率可定义为工作流体的净焓变（或制得的氢所含的能量）与加入到系统中的高温热之比：

$$\eta_T = \frac{\Delta H_R}{Q_H}$$

结合第一和第二定律，则有：

$$\eta_{T_{max}} = \frac{1 - \dfrac{T_L}{T_H}}{1 - \dfrac{T_L \Delta S_R}{\Delta H_R}}$$

由于水分解反应可看作氢气燃烧生成水的逆过程，因此其焓变即等于氢气的高位热值（HHV）：

$$\Delta H_{\mathrm{R}} = \mathrm{HHV}$$

再假设图 10-2 中的 T 和 P 即代表标准条件，$T_{\mathrm{L}} = T_0$，则有：

$$\Delta H_{\mathrm{R}} - T_{\mathrm{L}} \Delta S_{\mathrm{R}} = -\Delta G^0_{f_{\mathrm{H_2O}}}$$

因此效率可以表示为：

$$\eta_T = \left(1 - \frac{T_{\mathrm{L}}}{T_{\mathrm{H}}}\right)\left(\frac{HHV}{-\Delta G^0_{f_{\mathrm{H_2O}}}}\right) = \left(1 - \frac{T_{\mathrm{L}}}{T_{\mathrm{H}}}\right)\left(\frac{1}{0.83}\right)$$

由上式可见，对于热化学循环制氢过程，输入高温热温度越高、输出低温热温度越低，则制氢过程效率越高。

10.1.3 热化学循环过程评价与筛选

热化学循环分解水的研究始于 20 世纪 60 年代末，70—80 年代发表了大量的文献[5]，提出了许多循环。研究过程一般先通过热力学计算和理论可行性论证来寻找合适的化学反应，其次用实验证实反应的可行性并对动力学过程进行评价。此外对于过程中的关键反应步骤，需要材料验证实验，最后进行经济性评价。由于热化学循环种类繁多，美国和欧洲分别提出了对其优劣进行评价的准则和指标，包括制氢效率、化学反应步骤数量、各步反应转化率、分离过程、副反应、热利用、涉及元素与化合物的毒性、元素在地壳中的丰度、可用性、物质的流动性、是否涉及昂贵材料、成本、研发强度等。表 10-1 给出了美国和欧洲提出的热化学循环评价指标。

表 10-1 热化学循环制氢过程的评价指标

美国提出的理想热化学循环应具有的特征	欧洲 Ispra 项目提出的评价指标
过程高效且成本有优势	热效率
化学反应步骤最少	化学反应转化率
循环过程中分离步骤少	副反应
涉及元素在地壳、海洋或大气中的丰度高	涉及的元素和化合物的毒性
尽量少用到昂贵的材料	涉及化学物质的成本及可用性
固态物流尽可能少	材料分离
具有高的输入温度	腐蚀问题
经过中等或大规模验证	材料处理
多个机构和作者进行过大量研究,发表了很多论文	过程最高温度 传热问题

在上述指标中，研发阶段最重要的是制氢效率；它代表了过程的能耗，也和制氢成本密切相关，其高低是一个热化学循环是否有价值的前提。由于化石燃料发电再电解制氢过程的总体效率约为 26%～35%，所以制氢效率大于 35% 是热化学循环制氢技术具备优势的起码条件。但在从实验室研发向中试、商业化生产迈进过程中，经济性指标体现出越来越重要的价值，需要全面分析、综合考虑。

10.2　热化学循环体系

按照涉及元素和物料，热化学循环制氢体系可分为氧化物体系、含硫体系和卤化物体系。

10.2.1　氧化物体系[6,7]

氧化物体系是利用较活泼的金属与其氧化物之间的互相转换或者不同价态的金属氧化物之间进行氧化还原反应的两步循环：一是高价氧化物（MO_{ox}）在高温下分解成低价氧化物（MO_{red}），放出氧气；二是 MO_{red} 被水蒸气氧化成 MO_{ox} 并放出氢气，这两步反应的焓变相反。

$$MO_{red}(M) + H_2O \longrightarrow MO_{ox} + H_2(g)$$
$$MO_{ox} \longrightarrow MO_{red}(M) + \frac{1}{2}O_2(g)$$

研究的整比金属氧化物（或天然氧化物）包括 Fe_3O_4/Fe_2O_3、Zn/ZnO、$Mn(\text{Ⅲ})/Mn$（Ⅱ）等体系，因为整比氧化物分解反应温度高，一般都在 $1400℃$ 以上甚至更高，所以对热源、材料、设备、系统等都提出了很高的要求。相比而言，化学计量不确定的非整比氧化物因其分解温度较低，有可能用在较温和的条件下分解水制氢。Kuhn，Ehrensberge 等研究了 Fe_3O_4 中部分 Fe 被 Co、Mn 或 Mg 等取代后形成的 $(Fe_{1-x}Mn_x)_{1-y}O$ 固体材料的对还原温度的影响。Kojma 等验证了太阳能用在 1000K 左右经两步反应分解水制氢的可能，在温度＞1173K 时形成阳离子过剩的（Ni、Mn）Fe 氧化物（或铁酸盐），在温度＜1073K 下分解水；但水分解反应仅由铁酸盐不饱和氧引起，因此单位物质对应的氢气产量较低。

金属氧化物经热化学循环分解水制氢时，氧化物的分解反应能较快进行所需温度较高，所以一般考虑与高温太阳能热源耦合，期望实现太阳能光热分解水制氢。这一类循环的显著优点在于过程步骤比较简单，氢气和氧气在不同步骤生成，因此不存在高温气体分离问题。但由于过程温度高，工程材料选择及物料输送方面都有很大难度。另外在高低温转换、物料输运等过程实现连续操作较为困难，热量损失较多，导致热效率较低。

10.2.2　含硫体系[8,9]

含硫体系研究的循环主要有 4 个：碘硫循环；H_2SO_4-H_2S 循环；硫酸-甲醇循环以及硫酸盐循环。含硫体系是研究最广泛的一类热化学循环，基本都以硫酸吸热分解反应作为吸收高温热能的反应；研究最广泛的是碘硫（也称硫碘）循环。

碘硫循环由美国通用原子（GA）公司于 1970 年发明，因此又被称为 GA 流程。

碘硫循环由如下 3 个化学反应组成：

① Bunsen 反应：$SO_2 + I_2 + 2H_2O \longrightarrow H_2SO_4 + 2HI$

② 硫酸分解反应：$H_2SO_4 \longrightarrow SO_2 + 1/2O_2 + H_2O$

③ 氢碘酸分解反应：$2HI \Longleftrightarrow H_2 + I_2$

三个反应的净反应为水分解：$H_2O \longrightarrow H_2 + 1/2O_2$

虽然碘硫循环过程原理比较简单，但在实际过程进行时由于反应热力学、动力学、分离特性等多方面的限制，要真正实现循环闭合及连续运行，还需要多个分离单元。

图 10-3 给出了一个典型的碘硫循环流程的组成单元。

按照涉及的三个反应，可将碘硫循环流程分为三个单元。在 Bunsen 单元中，来自其他两个单元的碘、SO_2 与加入的水反应，生成硫酸和氢碘酸。GA 早期的研究发现，在过量碘

第二篇　氢的制取

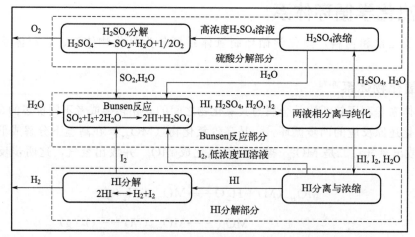

图 10-3　碘硫热化学循环制氢过程示意图

存在的条件下，HI 和 H_2SO_4 由于溶剂化作用以及碘在这两种酸中溶解度的显著差异的作用下可以自发分离成两个互不相溶的液相，从而实现分离。这一特征被认为是碘硫循环的一个显著优势，也是后来得到广泛重视和研究的重要原因之一。分离后的两相分别进入硫酸单元和氢碘酸单元。在硫酸分解单元，含有微量 HI 和 I_2 的硫酸通过 Bunsen 逆反应除去杂质，进一步浓缩到较高的浓度，然后经硫酸浓缩、分解及 SO_3 催化分解后生成 SO_2、O_2 和 H_2O；O_2 作为产物移出循环体系，SO_2 和 H_2O 则返回 Bunsen 反应部分继续作为产物参与反应。在氢碘酸分解单元，含有微量硫酸的 HI_x 相（即 $HI+I_2+H_2O$）也同样先通过 Bunsen 逆反应除去杂质，经浓缩，HI 从 HI_x 中分离，HI 催化分解生成 H_2 和 I_2；H_2 作为产物移出循环，而 I_2 返回 Bunsen 部分继续参与反应。由此形成闭合循环。

碘硫循环的闭合连续稳定运行及实现过程高效制氢依赖于各单元的精密配合及诸多关键基础和工艺问题的解决。

在 Bunsen 单元，循环过程返回的物料组成对产物相平衡和两相分离有重要影响。对反应物组成、温度、I_2 在 HI 中的溶解等因素对相平衡和相态的影响进行了系统研究，以期在反应后得到双水相，避免形成均相或者析出固体碘，影响流程连续运行。

在 HI 单元，由于 HI 和水可形成伪共沸（pseudo-azeotropic）体系（HI∶$H_2O=1∶5$），常规的精馏方法难以得到高浓的 HI 溶液或 HI 气体，大部分 HI 溶液需要回流，导致热负荷增加，热效率降低。研究者们提出了多种打破伪共沸的方法，包括磷酸萃取、反应精馏、电解渗析等。此外，由于 HI 分解反应速率慢、平衡转化率低，研究者们对高性能催化剂进行了大量研究，并提出用膜分离等方法提高平衡转化率。

由于碘硫循环具有制氢效率高、全过程为流态运行、最高反应温度 850℃ 等特点，被认为是最适合与高温核反应堆相匹配的热化学循环制氢流程，在美国、日本、法国、韩国、中国等国家的研究机构都进行了大量基础研究，并建成了实验室规模的集成台架系统进行整体过程验证。鉴于其在核能制氢领域的应用潜力，本文后续将对其进行专节介绍。

10.2.3　卤化物体系[10,11]

卤化物体系主要用到 Cl、Br、I 等的化合物，主要是金属卤化物。其中氢气的生成反应可以表示为：

$$3MeX_2 + 4H_2O \longrightarrow Me_3O_4 + 6HX + H_2$$

式中，Me 可以为 Mn 和 Fe；X 可以为 Cl，Br 和 I。

本体系中最著名的循环为日本东京大学发明的绝热 UT-3 循环，金属选用 Ca，卤素选用 Br。循环过程包括 4 个化学反应步骤：

$$CaBr_2 + H_2O \longrightarrow CaO + 2HBr$$

$$CaO + Br_2 \longrightarrow CaBr_2 + \frac{1}{2}O_2$$

$$Fe_3O_4 + 8HBr \longrightarrow 3FeBr_2 + 4H_2O + Br_2$$

$$3FeBr_2 + 4H_2O \longrightarrow Fe_3O_4 + 6HBr + H_2$$

美国 Argonne 国家实验室早期也对该过程进行了研究和发展，并称之为"Calcium-Bromine"循环，或"Ca-Br 循环"，以与最初的 UT-3 循环相区别。其主要特点是用电解法或"冷"等离子体法使 HBr 分解生成 H_2 和单质 Br_2，过程条件为约 100℃；气相；$\Delta GT = +114.20kJ/mol$。

$$2HBr \xrightarrow{电解} H_2 + Br_2$$

$$2HBr + "冷"等离子体 \longrightarrow H_2 + Br_2$$

UT-3 循环中所需的材料要在 750℃ 下抗 HBr 腐蚀，研究了该反应的材料，发现 Fe-20Cr 合金具有很强的耐腐蚀效果，镍基合金 C-22 在 HBr 中也有优良的抗腐蚀性能。UT-3 循环的预期热效率为 35%～40%，如果同时发电，总体效率可以提高 10%；过程热力学非常有利；两步关键反应都为气-固反应，显著简化了产物与反应物的分离；整个过程中所用的元素都廉价易得，没有用到贵金属。过程只涉及固态和气态的反应物与产物，分离问题较少。但由于过程涉及固液反应，固体物料输送问题不宜解决；另外后来研究发现，CaO 和 $CaBr_2$ 在反应过程中可能发生不可逆的晶型转变，造成有效物料的损失。近年来相关的研究报道已很少。

10.3 典型混合循环体系

混合循环过程是指热化学过程与电解反应的联合过程。混合过程为低温电解反应提供了可能性，而引入电解反应则可使流程简化。选择混合过程的重要的准则包括电解步骤的电解电压、可实现性以及效率。研究的混合循环主要包括混合硫（HyS）循环和铜氯（Cu-Cl）循环。

10.3.1 混合硫循环[12-14]

HyS 循环利用 SO_2 去极化电解分解水过程产生硫酸和氢，利用高温热分解硫酸产生 SO_2 再用于电解反应组成循环，所需热和电可由太阳能（或核能）以热和电的方式提供，从而实现大规模无 CO_2 排放制氢。

SO_2 去极化电解（SDE）反应：$SO_2 + 2H_2O \longrightarrow H_2SO_4 + H_2$，80～120℃

硫酸热分解反应：$H_2SO_4 \longleftarrow\longrightarrow H_2O + SO_2 + \frac{1}{2}O_2$，－850℃

其中 SDE 的半电池反应为：

阳极：$2H_2O(l) + SO_2(aq) = H_2SO_4(aq) + 2H^+ + 2e^-$

阴极：$2H^+ + 2e^- = H_2(g)$

总反应：$2H_2O(l) + SO_2(aq) = H_2SO_4(aq) + H_2(g)$

阳极反应标准电池电势 $E^{\ominus} = -0.158V$（25℃），显著低于水电解可逆电动势（－1.229V）。

因此 SDE 可大幅降低水电解电压，实际条件下所需电能可降低 70%。HyS 循环分解水与常规电解水相比，所需的能量大部分以热的形式供给，而无需经过热电转换，因此可以显著提高制氢效率。

　　HyS 循环中的硫酸分解过程与碘硫循环完全相同，因此相关研发主要集中于 SDE 过程，其核心是构建高性能、长寿命电解池并实现高效电解。1980 年以来开发了不同材料和结构的电解池；近年来随着质子交换膜（PEM）燃料电池技术快速发展，SDE 过程也借鉴了相关成果和技术；以 PEM 为隔离材料、膜电解组件（MEA）为主的电解池成为 SDE 的主导形式。其基本结构和电解反应如图 10-4 所示。

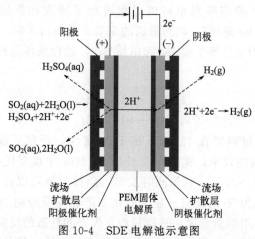

图 10-4　SDE 电解池示意图

　　美国萨凡纳河国家实验室（SRNL）和南卡大学对 HyS 循环进行了大量研发，经优化后的电解池可在 0.7V 电压下操作，电流密度达到 500mA/cm^2。法国、日本、韩国以及欧洲的研究机构都开展了相关研究。国内清华大学开发了 SDE 电解池并成功验证了去极化电解过程。目前 SDE 的性能和理论目标仍有较大差距，关键问题包括：①SO_2 在阳极催化剂表面的氧化动力学受多种因素影响；②SO_2 跨膜扩散到阴极后还原成 S 沉积在阴极表面，造成催化剂中毒；③SDE 能耗与硫酸分解能耗的影响因素相互作用；④Pt/C 催化剂寿命/价格不能满足要求。

　　尽管如此，由于 HyS 循环的效率远高于常规电解，过程简单，又可避免纯高温热过程带来的材料和工程问题，受到太阳能高温分解水制氢研究者的关注。此外，利用 SDE 循环可将从煤燃烧、石油精炼等过程中回收的 SO_2 转化成终端产品硫酸和氢气，具有良好的环境和经济效益。

10.3.2　Cu-Cl 循环[15]

　　Cu-Cl 循环是另一类得到广泛研究的混合循环制氢工艺，利用铜和氯的化合物作为过程循环物质达到水分解制氢的目的，相关研究主要在加拿大开展，并与美国、欧洲开展了合作研究。

　　Cu-Cl 循环有三种实现方式，分别包含三步、四步和五步反应。目前典型的 Cu-Cl 循环为四步组成：

步骤	反应	温度范围/℃
电解	$2CuCl(aq) + 2HCl(aq) \Longrightarrow 2CuCl_2(aq) + H_2(g)$	约 100
分离	$CuCl_2(aq) \Longrightarrow CuCl_2(s)$	<100

续表

步骤	反应	温度范围/℃
水解	$2CuCl_2(s) + H_2O(g) \Longrightarrow Cu_2OCl_2(s) + 2HCl(g)$	350~400
分解	$Cu_2OCl_2(s) \Longrightarrow 2CuCl + 1/2O_2$	550

Cu-Cl 循环过程最高温度约 550℃，可以用加拿大研发的、冷却剂出口温度在 500~600℃的超临界水堆作为热源，利用热-电联合实现水分解；预期实现制氢效率为 43%，要显著高于反应堆发电-电解水制氢过程。

图 10-5 示意了 Cu-Cl 循环的主要反应组成及热回收单元。

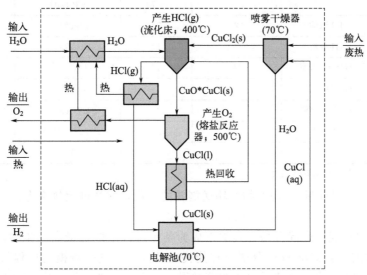

图 10-5　循环示意图

10.4　碘硫循环

碘硫循环在制氢效率、高温热利用、过程放大等方面具有优势，被认为是最适合与高温核反应堆或太阳能耦合、实现大规模无碳制氢的流程之一。本节对碘硫（IS）循环的效率、流程模拟、催化剂、实验室规模集成系统等进行介绍。

10.4.1　碘硫循环的效率分析[16]

IS 循环制氢过程效率可用下式定义：

$$\eta_{th} = \frac{\Delta H^0_{H_2O}(T_a)}{Q + W/\eta_r}$$

式中，$\Delta H^0_{H_2O}(T_a) = 286kJ/mol$，为在标准状况下水的生成热，即氢的高热值；$Q$ 和 W 分别为所需热和功；η_r 为转换系统效率，在计算中取 $\eta_r = 0.5$，对应于目前高温堆发电的效率。

对每一步反应的反应热、功与焓、熵及 Gibbs 自由能之间的关系满足：

$$Q \leqslant T\Delta S; W \geqslant \Delta H - T\Delta S = \Delta G; W + Q = \Delta H$$

按照 Goldstein 的假设，每步反应所需的热可以用下式计算：

$$若 \Delta H - \Delta G > 0, Q = \frac{\Delta G}{\eta_r} + (\Delta H - \Delta G)$$

$$\text{若 } \Delta H - \Delta G < 0, Q = \frac{\Delta G}{\eta_r}$$

根据化学反应和单元操作热力学数据，可估算碘硫循环制氢效率并找出能耗最高的步骤。

表 10-2 列出了碘硫循环各单元过程的热力学数据。

表 10-2　IS 循环各步热力学函数与总热量

单元	过程	ΔH /(kJ/mol)	ΔG /(kJ/mol)	1molH$_2$ 所需热量/kJ	所占比例 /%
Bunse 反应		−93	−72	−93(120℃)	
HI 部分	HI 浓缩	122	77	199(℃)[①]	34.6
	HI 分解	−24	12	24(350℃)	4.2
硫酸部分	H$_2$SO$_4$ 浓缩	58	40	98(℃)[①]	17.1
	H$_2$SO$_4$ 蒸发			58(340℃)	10.1
	H$_2$SO$_4$ 分解		0	94.3(400℃)	16.3
	SO$_3$ 分解	97.6	4.5	102(850℃)	17.7
总计				539	100

① 此过程非恒温，故未标明具体温度。

在不考虑过程废热回收利用及物料输送消耗的能量，估算过程效率为：

$$\eta_T = 286/539 \times 100\% = 53.1\%$$

由于 HI 与水形成恒沸混合物，其浓缩成为整个过程中能耗最高的步骤，达到 34.6%。此外，硫酸的浓缩、分解及 SO$_3$ 分解过程能耗也较高。要进一步提高过程效率，必须开发新技术降低关键过程能耗，尤其是 HI 浓缩过程。如果将制氢过程优化并考虑高温反应堆工艺热综合利用（如氢电热联产），则过程热效率有望达到甚至超过 60%。

10.4.2　碘硫循环过程模拟与流程分析[17,18]

虽然碘硫循环原理简单，但除了化学反应外，还有多个分离过程。除反应器和各设备的单独操作运行外，需要三个单元各个物流耦合以实现循环闭合。另外，由于多个物流需要循环运行，流程设计、优化及评价非常重要，因此需要开发有效的模拟工具用于流程和操作参数优化、能耗计算和效率评估等。硫酸浓缩、分解等单元可以用商用模拟工具如 Aspen plus 进行模拟，但 HI 单元由于涉及的物种包括 I$^-$，I$_2$，HI 和 HI$_x$ 等，物理化学性质特殊且数据相对缺乏。电解-电渗析（EED）过程操作模式特殊，Bunsen 单元中反应产物分离、相态控制等需要开发单元模型以实现过程控制与稳定运行。

Bunsen 反应产物的可能相态有三种：均匀液相、双液相、液-液-固三相。单元模拟的主要目的为反应产物相态预测以及在双液相状态下相组成的计算。Bunsen 体系中包括四个组分：HI，I$_2$，H$_2$O，和 H$_2$SO$_4$。判断相态的前提是用合适的方面进行四组分体系状态的表达。研究提出了用四面体相图表达四组分体系（图 10-6），以及通过体系组成四面体相图中的位置判断已知组成的 HI/I$_2$/H$_2$SO$_4$/H$_2$O 混合物相态的方法，并将其开发为计算程序，由此来指导并控制组成以保证 Bunsen 反应产物为需要的双液相。

在形成双液相的条件下计算两相组成是实现整个流程稳态模拟的重要内容，提出了用三组方程计算两相组成的方法，分别为质量平衡方程、归一化方程及相平衡方程，如表 10-3 所示。

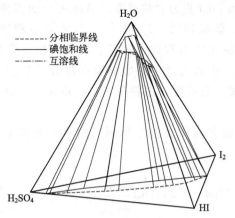

图 10-6　$HI-I_2-H_2SO_4-H_2O$ 溶液相态表示及分相范围

表 10-3　Bunsen 产物组成计算模型

方程类型	方程
质量平衡方程	$$X_{HI}=R^{HI} \times x_{HI}^{HI}+R^{sa} \times x_{HI}^{sa}$$ $$X_{I_2}=R^{HI} \times x_{I_2}^{HI}+R^{sa} \times x_{I_2}^{sa}$$ $$X_{H_2O}=R^{HI} \times x_{H_2O}^{HI}+R^{sa} \times x_{H_2O}^{sa}$$ $$X_{H_2SO_4}=R^{HI} \times x_{H_2SO_4}^{HI}+R^{sa} \times x_{H_2SO_4}^{sa}$$
归一化方程	$$x_{HI}^{HI}+x_{I_2}^{HI}+x_{H_2SO_4}^{HI}+x_{H_2O}^{HI}=1$$ $$x_{HI}^{sa}+x_{I_2}^{sa}+x_{H_2SO_4}^{sa}+x_{H_2O}^{sa}=1$$
相平衡方程	$$\ln\left(\frac{x_{HI}^{sa}}{x_{H_2O}^{sa}}\right)=a_1\left(\ln\frac{1}{x_{I_2}^{HI}}\right)^2+b_1\left(\ln\frac{1}{x_{I_2}^{HI}}\right)+c_1$$ $$\ln\left(\frac{x_{I_2}^{sa}}{x_{H_2O}^{sa}}\right)=a_2\left(\ln\frac{1}{x_{I_2}^{HI}}\right)^2+b_2\left(\ln\frac{1}{x_{I_2}^{HI}}\right)+c_2$$ $$\ln\left(\frac{x_{H_2SO_4}^{HI}}{x_{I_2}^{HI}}\right)=a_3\left(\ln\frac{1}{x_{I_2}^{HI}}\right)^2+b_3\left(\ln\frac{1}{x_{I_2}^{HI}}\right)+c_3$$ $$x_{HI}^{HI}+x_{H_2SO_4}^{HI}=a_4\left(x_{HI}^{sa}+x_{H_2SO_4}^{sa}\right)^2+b_4\left(x_{HI}^{sa}+x_{H_2SO_4}^{sa}\right)+c_4$$

　　利用相态判断模型，可以在已知输入 Bunsen 反应物料组成的情况下判断产物相态组成，并控制形成双水相的反应条件。利用产物组成计算模型，可以计算形成的硫酸相和氢碘酸相的组成；此组成即为输入硫酸单元和氢碘酸单元的初始条件。

　　HI 单元的主要操作包括 HI_x 相纯化、EED、HI_x 精馏以及 HI 分解。HI_x 相包含 HI、I_2、H_2O，相平衡与物理化学性质非常复杂，I_2-H_2O 混合物在温度低于和高于 385.3K 时分别呈现液-固平衡和液-液平衡，$HI-H_2O$ 则在 0.1MPa 压力下形成 HI 摩尔分数约为 0.155 的共沸体系；$HI-I_2-H_2O$ 三元体系表现出伪共沸行为，在高 HI 摩尔分数时由于 $HI-H_2O$ 二元体系存在混溶区还会呈现液-液平衡。此外在溶液体系中复杂的离子化与解离作用导致 HI_x 呈现出强烈的非理想热力学性质。由于涉及物种复杂的热力学特性，使 HI_x 精馏模拟非常困难。基于实验数据和 OLI 热力学数据库对 Aspen 中的部分关键参数进行了修订,包括扩展 Antoine 方程系数、偶极常数、I_3^- 热容、HI 水合方程平衡常数、组分临界性质、摩尔体积、NRTL 方程的相互作用常数、分子、离子间相互作用常数等;在此基础上对 HI_x 精馏单元进行了模拟,并利用发表的实验数据进行了验证。利用模型进行了精馏柱的操作参数如 HI 摩尔分数、塔板数、进料位置、操作压力、进料组成等对过程能耗的灵敏度分析。

EED 模拟基于质量平衡方程和实验数据回归的经验方程进行,其操作电压经验方程如下:

$$E = 0.5204 - 0.2661\ln\left(\frac{x_{I_2,mn}^{ca}}{x_{I_2,mn}^{an}}\right) + 0.3567\ln\left(\frac{x_{HI,mn}^{ca}}{x_{HI,mn}^{an}}\right)$$

利用该模型和程序可计算进出 EED 的物料组成、操作电压以及能耗。

利用 Aspen Plus 结合 OLI 进行模拟可实现 HI 分解和硫酸单元的模拟,结合上述单元模型,可实现全流程模拟,进而进行碘硫循环流程优化。流程模拟软件可用于计算和评价每个单元操作的能耗。计算结果表明,碘硫循环各单元能耗从高到低依次为:HI 精馏,HI 分解,HI_x 纯化,硫酸精馏,硫酸分解,硫酸纯化。HI 部分的高能耗主要归因于 HI 分解的低转化率(约 20%@450℃),大部分未分解的 HI 在 HI 板块内部多次重复循环,增加了系统能耗。

为提高过程效率,开发了膜分离氢气、利用 Co 沉淀分离 I_2 等手段,提高 HI 分解转化率,降低分解过程能耗。此外,通过合理设计热交换网络、热泵等有效利用余热,有望进一步提高过程效率。

10.4.3 循环过程的材料研究与选择[19]

碘硫循环中涉及的物料如碘、氢碘酸、SO_2、SO_3、硫酸等都具有强腐蚀性,在循环运行过程中,除了 Bunsen 反应板块外,氢碘酸分解板块和硫酸分解板块都是高温环境,因此系统部件的结构材料的耐腐蚀性是碘硫循环实现工业应用必须解决的一个重大关键问题。同时,由于部分反应需要在较高温度和压力下进行,结构材料需要有满足要求的承压性能;还需要具有较好的传热性能和加工制造性能。

碘硫循环过程物料状态包括液相和气相,使用条件概括如下:

① 硫酸体系气相:SO_3,SO_2,O_2,水蒸气,泡点到 850℃;

② 氢碘酸体系气相:HI,I_2,H_2,H_2O,泡点到 500℃;

③ 硫酸体系液相:硫酸相(含少量 HI 酸和碘),室温到泡点;

④ 氢碘酸体系液相:HI_x 相(含少量硫酸),室温到泡点。

IS 循环的腐蚀环境十分复杂,既有溶液中的湿腐蚀,又有露点以上的干腐蚀。其中,H_2SO_4 和 HI 的气化分解都是高温强腐蚀过程。按照腐蚀介质的状态,可将 IS 循环腐蚀环境分为液相和气相两部分,各部分工艺条件和腐蚀机理各不相同,液相环境腐蚀性比气相更强;但另一方面,气相条件下材料要求更高的耐热性能。SO_3 分解所需热量由高温加压的氦气提供,因此还需要能耐受高温蠕变。此外,在气态相和液相所需的材料都要考虑氢脆。

国内外对碘硫循环过程可能的候选材料进行了大量研究,重点针对不同材料在各种条件下的耐腐蚀性能进行了评价。在评价基础上选定的碘硫循环各部分设备的候选材料列于表 10-4。

表 10-4　硫酸部分主要设备、介质环境及材料选择

单元	设备	介质组成		温度/℃	核心材料
Bunsen 单元		H_2SO_4（质量分数）/%	HI 占硫酸的摩尔分数/%		
	物料混合器	47	5	80~120	SS400＋搪瓷内衬
	Bunsen 反应器	47	5	80~120	SS400＋搪瓷内衬
	两相分离器	47	5	120	SS400＋搪瓷内衬
硫酸单元		H_2SO_4（质量分数）/%	HI 占硫酸的摩尔分数/%		
	硫酸纯化器	47	2~3	50~120	SS400＋搪瓷内衬
	稀硫酸储罐	55	0	50~130	SS400＋搪瓷内衬
	硫酸浓缩器	55~95	0	沸点	Ta 管, SiC
	硫酸分解器	98(SO_3＋H_2O)	0	600~830	SiC, Alloy33
HI 单元		HI/(mol/L) I_2/(mol/L)	H_2SO_4 占 HI 的摩尔分数/%		
	HI_x 纯化器	4 5.6	5	120~160	SS400＋搪瓷内衬, 填充材料: SiC
	电解渗析器	4 5.6	0	40~80	容器: SS400＋搪瓷内衬; 膜片: 全氟磺酸树脂（Nafion）膜
	HI_x 浓缩器柱	4 5.6	0	115~200	Hasterlloy C
	HI_x 浓缩器釜	4 5.6	0	115~200	Mat21
	HI 分解器	7 0	0	200~450	Hasterlloy C

目前碘硫循环涉及主要设备的材料国内均已有供应，后续研发将对严苛环境中材料的使用寿命进行综合评价，并通过对工艺和设备结构的进一步优化，减少高成本材料的使用，以提高碘硫循环制氢的经济性。

10.4.4　碘硫循环实验室规模集成系统[20]

对碘硫循环设备的研发报道较少，目前尚未有可在高温气体加热的热源供应条件下的原型设备报道。但对于实验室规模集成系统的研发，已有大量研发工作。由于碘硫循环自身的特性非常适合于与高温核反应堆耦合，所以相关研发工作大都在涉核背景的研究机构开展，并在核能相关项目的支持下进行。

美国通用原子（GA）公司最先提出碘硫循环并进行了大量基础研究。进入 21 世纪后美国重新重视并开展核能制氢研究，在出台的一系列氢能发展计划，如国家氢能技术路线图、氢燃料计划、核氢启动计划以及下一代核电站计划（NGNP）中都包含核能制氢相关内容。研发集中在由先进核系统驱动的高温水分解技术及相关基础科学研究，包括碘硫循环、混合硫循环和高温电解。美国 GA 公司、桑迪亚国家实验室和法国原子能委员会合作进行，在

2009 年建成了工程材料制造的实验室规模集成台架并进行了实验。如图 10-7 所示。

图 10-7   美国和法国合作建立的板块式碘硫循环台架

日本对高温气冷堆和核能制氢的研究非常活跃，20 世纪 80 年代至今在日本原子力机构（JAEA）一直在进行高温气冷堆和碘硫循环制氢的研究。开发的 30MW 高温气冷试验堆（HTTR）反应堆出口温度在 2004 年提高到 950℃，重点应用领域为核能制氢和氦气透平。JAEA 先后建成了碘硫循环原理验证台架和实验室规模台架，实现了过程连续运行。之后一直在开展碘硫循环的过程工程研究，主要进行材料和组件开发，建立用工程材料制造的组件和单元回路，考察设备的可制造性和在苛刻环境中的性能，并研究提高过程效率的强化技术；同时进行了过程的动态模拟、核氢安全等多方面研究。后续计划利用 HTTR 对核氢技术进行示范，同时 JAEA 还在进行多功能商用高温堆示范设计，用于制氢、发电和海水淡化。此外进行了核氢炼钢的应用可行性研究。图 10-8 给出了日本 JAEA 用实验室材料和工程材料建成的两个实验室规模集成台架。

图 10-8   日本建成的碘硫循环台架

韩国提出了核氢研发和示范项目，最终目标是在 2030 年以后实现核氢技术商业化。从 2004 年起韩国开始执行核氢开发与示范计划，确定了利用高温气冷堆进行经济、高效制氢的技术路线，完成了商用核能制氢厂的前期概念设计。核氢工艺主要选择碘硫循环。相关研究由韩国原子能研究院负责，多家研究机构参与。目前在研发采用工程材料的反应器，建立了产氢率 50L/h（标准状态下）的回路，正在进行闭合循环实验。装置如图 10-9 所示。

加拿大天然资源委员会制定的第四代国家计划中要发展超临界水堆，其用途之一是实现制氢。制氢工艺主要选择可与超临界水堆（SCWR）最高出口温度相匹配的中温热化学铜-氯循环，也正在研究对碘硫循环进行改进以适应 SCWR 的较低出口温度。目前研发重点为铜氯循环，由安大略理工大学负责，加拿大国家核实验室（CNL）、美国阿贡国家实验室等机构参与。此外，CNL 也在开展高温蒸汽电解制氢（HTSE）的模型以及电解的初步工作。

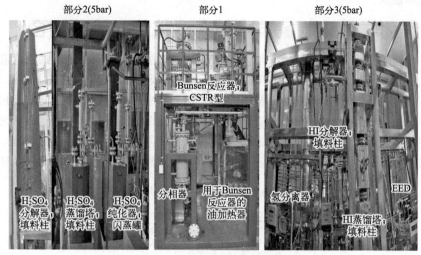

部分2(5bar)　　　　　部分1　　　　　　部分3(5bar)

Bunsen 反应器；
CSTR型

HI分解器；
填料柱

H₂SO₄
分解器；
填料柱

H₂SO₄
蒸馏塔；
填料柱

H₂SO₄
纯化器；
闪蒸罐

分相器

用于Bunsen
反应器的
油加热器

氢分离器

EED

HI蒸馏塔；
填料柱

图 10-9　韩国碘硫循环台架

我国核能制氢的起步于"十一五"初期，对核能制氢的两种主要工艺——碘硫热化学循环分解水制氢和高温蒸汽电解制氢进行了基础研究，建成了两种工艺的原理验证设施并进行了初步运行试验，验证了工艺可行性[21]。

"十二五"期间，国家科技重大专项"大型先进压水堆与高温气冷堆核电站"中设置了前瞻性研究课题——高温堆制氢工艺关键技术并在"高温气冷堆重大专项总体实施方案"中提出开展氦气透平直接循环发电及高温堆制氢等技术研究，为发展第四代核电技术奠定基础。主要目标是掌握碘硫循环和高温蒸汽电解的工艺关键技术，建成集成实验室规模碘硫循环台架，实现闭合连续运行；同时建成高温电解设施并进行电解实验。

清华大学核研院对碘硫循环的化学反应和分离过程进行了系统研究，建立了碘硫循环全流程模拟模型，开发了过程稳态模拟软件，并经过实验验证了可靠性。该软件可用于进行碘硫循环流程设计优化与效率评估。建成了产氢能力 100L/h（标准状态下）的集成实验室规模台架，提出了关于系统开停车、稳态运行、典型故障排除等多方面的运行策略，并成功实现了计划的产氢率 60L/h（标准状态下）、60h 连续稳定运行，证实了碘硫循环制氢技术的工艺可靠性，如图 10-10 所示。

图 10-10　清华大学建成的集成实验室规模碘硫循环台架

近年来，清华大学对高温堆制氢关键设备进行了研发，开发了对应产氢量率 m³/h 量级、用高温氦气加热的氢碘酸分解设备和硫酸分解设备，并研发了混合硫循环需要的二氧化硫去极化电解设施。

10.5 热化学循环制氢技术与高温核能系统的耦合

制氢系统与反应堆的耦合在设计理念、安全及操作方面会产生一些新的考虑和需求。首先，为有效利用反应堆的热，制氢厂与反应堆不能相距太远，以免热损过大降低整体效率。其次，为不改变核系统的安全特性，需要保证制氢系统的任何潜在风险都能被反应堆安全分析所涵盖；为此需要实现核设施和制氢设施热传递方面的物理隔离，以确保两者之间的相对独立。这些要求对不同的制氢工艺都是统一的。针对不同的制氢工艺，在耦合技术方面还有特殊考虑和要求。图 10-11 为高温反应堆与热化学碘硫循环制氢厂耦合的概念示意图。

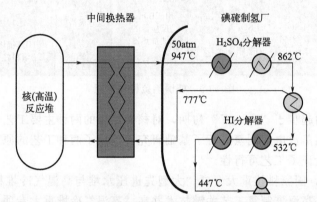

图 10-11 高温反应堆与热化学碘硫循环制氢厂耦合的概念示意图

以高温气冷堆为例，核反应产生的热利用氦气带出，供给制氢系统。通过含有中间换热器（IHX）的换热回路（简称为二回路）供给。反应堆出来的高温氦气在 IHX 中将热传给二回路中的氦气，降低温度后返回反应堆继续加热。二回路的高温氦气依次通过并把热量传递给硫酸分解器、氢碘酸分解器、蒸发器之后，在 IHX 中继续取热循环。通过这种方式，实现利用反应堆的热分解水制氢的目的。

具体的设计方案取决于反应堆类型、能量转换系统及制氢技术。高温气冷堆出口温度可达 950℃，高温工艺热的梯级利用可实现产氢、发电、供热多重功能，在总热利用效率、经济性、应用场景等方面都将具有明显优势。

参 考 文 献

[1] Funk J E. Thermochemical hydrogen production: Past and present [J]. Int J Hydrogen Energy, 2001, 26 (3): 185-190.

[2] Kogan A. Direct solar thermal splitting of water and onsite separation of the products Ⅰ. Theoretical evaluation of hydrogen yield [J]. Int J Hydrogen Energy, 1997, 22 (5): 481-486.

[3] Funk J E, Reinstrom R M. Energy requirements in the production of hydrogen from water [J]. Industrial and Engineering Chemistry Process Design and Development, 1966, 5 (3): 336-342.

[4] Besenbruch G E, Brown L C, Funk J E, et al. High efficiency production of hydrogen fuels using nuclear power [R]. Paris: First information exchange meeting, 2000: 205-218.

[5] 张平, 于波, 陈靖, 等. 热化学循环分解水研究进展 [J]. 化学进展, 2005, 17 (4): 643-650.

[6] Kogan A. Direct solar thermal splitting of water and onsiteseparation of the products— Ⅱ. Experimental feasibility study [J]. Int J Hydrogen Energy, 1998, 23 (2): 89-98.

[7] 张磊, 张平, 王建晨. 金属氧化物热化学循环分解水制氢热力学基础及研究进展 [J]. 太阳能学报, 2006, 127 (12): 1263-1269.

[8]　IAEA. Hydrogen as an energy carrier and its production by nuclear power [R]. 1999：325-332.

[9]　Norman G H，Besencruch L C，Brown L C，et al. Thermochemical water-splitting cycle，bench-scale investigations and process engineering. Final report for the period February 1977 through December 31，1981：GA-A16713 [R]. 1982.

[10]　Sakurai M，Bilgen E，Tsutsumi A，et al. Solar UT-3 thermochemical cycle for hydrogen production [J]. Solar Energy，1996，57 (1)：51-58.

[11]　Doctor R D，David C W，Mendelsohn M H. STAR-H_2：A calcium-bromine hydrogen cycle using nuclear reactor heat [C] // American Institute of Chemical Engineers. New Orleans：Spring National Meeting，2002.

[12]　Gorensek M B，Corgnale C，Summers W A. Development of the hybrid sulfur cycle for use with concentrated solar heat. Ⅰ. Conceptual design [J]. Int J Hydrogen Energy，2017，42：20939-20954.

[13]　Ratlamwala T H，Dincer I，Naterer G F. Energy and exergy analyses of integrated hybrid sulfur isobutane system for hydrogen production [J]. Int J Hydrogen Energy，2012，37：18050-18060.

[14]　Ding X F，Chen S Z，Xiao P，et al. Study on electrochemical impedance spectroscopy and cell voltage composition of a PEM SO_2-depolarized electrolyzer using graphite felt as diffusion layer [J]. Electrochem Acta，2022，426：140837-140847.

[15]　Aida F，Dincer I，Naterer G. Review and evaluation of clean hydrogen production by the copper-chlorine thermochemical cycle [J]. Journal of Cleaner Production，2020，276 (10)：123833.

[16]　张平，徐景明. 核能制氢的效率分析 [J]. 科技导报，2006，24 (6)：18-22.

[17]　Guo H F，Zhang P，Chen S Z，et al. Review of thermodynamic properties of the components in HI decomposition section of the iodine-sulfur process [J]. Int J Hydrogen Energy，2011 (36)：9505-9513.

[18]　Guo HF，Zhang P，Lan SR，et al. Study on the phase separation characteristics of HI-I_2-H_2SO_4-H_2O mixture at 20℃ [J]. Fluid Phase Equilibria，2012，324：33-40.

[19]　Yan X L，Hino R. Nuclear hydrogen production handbook [M]. 1st ed. Calabasas：CRC Press，2011.

[20]　张平，徐景明，石磊，等. 中国高温气冷堆制氢发展战略研究 [J]. 中国工程科学，2019，21 (1)：20-28.

[21]　Zhang P，Wang L J，Chen S Z，et al. Progress of nuclear hydrogen production through the iodine-sulfur process in China [J]. Renewable and Sustainable Energy Reviews，2018，81：1802-1812.

第**11**章

氨分解制氢

在氢能利用的环节中，随着光伏、风电等可再生能源发电规模的持续扩大，以及国家对加氢站的扶持，最上游的制氢和下游的加氢应用都取得了有效的进展，但在中游的氢气储运环节仍然存在痛点。氢气易燃易爆的特性，使得其储存条件苛刻，在目前主流的液化运输过程中，需要将温度降低到−253℃才能将氢气液化，这意味着需要大量的额外能耗。相比之下，氨气的液化温度只需要−33℃，能耗需求大幅减少，能更容易实现安全、低成本的储运。随着半导体工业、冶金工业，新能源储氢用氢等行业的发展，氨分解反应受到越来越多的科研工作者的关注。氨分解反应可以通过控制氨气的空速或催化剂的用量很好地控制产氢的量，不同的行业对产氢的量有着不同的要求。通过氨分解反应后的产物 N_2 可以用来做保护气体；氨分解反应因具备的此特点广泛应用于精细化工、浮法玻璃、医药等领域。近十年来氨分解制氢引起了燃料电池的科研工作者们的注意。

氨气，是一种无机化合物，化学式为 NH_3，氨具有高储氢密度（其分子组成中的氢质量分数为 17.6%）、运输便利、无碳等优点，在室温（298K）和较低压力（1~2MPa）下就能实现液化储运，与甲醇储氢（12.5%，质量分数）、金属储氢等途径相比具有很大潜力，无疑是一种可靠的化学储氢介质。尽管氨具有一定毒性，但在安全浓度水平（25cm^3 NH_3/m^3 空气）之下，即可检测到氨的气味。氨的燃爆范围相对较窄（16%~25%），远小于 H_2 的燃爆范围（4%~75%），因此泄漏后几乎不存在可燃风险[1]。与其他现有制氢工艺相比较，氨分解制氢具有产氢量高、安全性好、流程简单、价格低廉、相关技术成熟等优点，有良好的应用前景。

目前，已报道的氨分解途径主要有多相催化法、氨电解法以及等离子体法等。其中多相催化法多用于氨分解制氢应用方面，其他方法则更多用于研究氨分解原理方面。

11.1 多相催化法氨分解制氢

11.1.1 多相催化法氨分解制氢原理

11.1.1.1 氨催化分解过程的基元反应

氨分解是合成氨的逆反应，氨分解反应包括氨的吸附、吸附氨的解离以及分解产物的解吸[2]。其反应方程式为：

$$NH_3 \rightleftharpoons \frac{1}{2}N_2 + \frac{3}{2}H_2 \quad \Delta H_{(298K)} = 46.19kJ/mol$$

首先，氨分子（NH_3）吸附在催化剂活性位点（*）上，形成吸附态的氨分子（NH_3^*），即：

$$NH_3 + {}^* \longrightarrow NH_3^*$$

其次，吸附态的氨分子逐步脱氢，最终解离成吸附态的氮原子和氢原子，即：

$$NH_3^* + {}^* \longrightarrow NH_2^* + H^*$$

$$NH_2^* + {}^* \longrightarrow + NH^* + H^*$$

$$NH^* + {}^* \longrightarrow N^* + H^*$$

最后，吸附态的氮原子和氢原子经历结合、解离，最终脱附分别形成氮分子和氢分子，即：

$$2N^* \longrightarrow N_2 + 2^*$$

$$2H^* \longrightarrow H_2 + 2^*$$

11.1.1.2　反应热力学

氨分解制氢平衡体系仅涉及 NH_3、N_2、和 H_2 三种物质，由于反应吸热且为体积增大的反应，所以高温、低压的条件有利于氨分解反应的进行。根据氨分解反应的热力学常数可以计算，常压条件不同温度的氨分解平衡转化率，结果如图 11-1 所示。

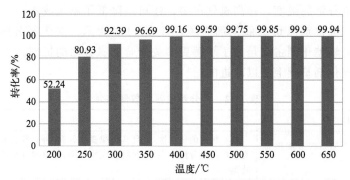

图 11-1　常压下不同温度时的氨分解平衡转化率

可以看出，反应温度在 300℃以上，理论的氨气热解效率可到 90％以上，特别地，当反应在 400℃条件时，氨气几乎被完全分解成氢气和氮气。因此，在理想的条件下，不需要提供太高的温度就可以实现氨气的分解，给低温条件氨分解制氢提供理论依据。

11.1.1.3　反应动力学

在动力学上，尽管近年来的研究结果表明在不同温度范围内的氨分解反应受不同的动力学机理控制，但目前广泛接受的反应机理认为氨气的分解和氮原子的脱附是 2 个主要的控制步骤，不同条件下两者的主导地位有所区别[3,4]。

氨分解反应动力学方程可以描述为：

$$r(NH_3) = k p^a (NH_3) p^b (H_2) p^c (N_2)$$

有学者研究，氮气、氢气和氨气压力变化对反应的影响，显示氮气分压的变化对反应基本无影响，进而将动力学方程表达为：

$$r(NH_3) = k p^a (NH_3) p^b (H_2)$$

式中，a 为正；b 为负。

表 11-1 为氨气进料空速对分解反应中氨转化率和反应速率的影响[5]。

表 11-1　不同氨气空速下氢的转化率和反应速率

$v/(10^3 h^{-1})$	$C_{NH_3}/\%$	$r/[L/(g \cdot h)]$	$v/(10^3 h^{-1})$	$C_{NH_3}/\%$	$r/[L/(g \cdot h)]$
1	98.02	50.14	3	92.37	231.7
2	95.15	95.61	4	90.00	449.6

由表 11-1 可知，虽然转化率随着氨气空速的增加有下降的趋势，但是氨气总的分解反应速率是明显增加的，这和文献中氨气分压对反应速率的提高是有利的一致。

11.1.2　多相催化法氨分解制氢催化剂

虽然从热力学平衡的角度，在 450℃ 的低温条件下氨气就能接近完全转化。但是，在实际反应的活化能需要在 180kJ/mol 以上才能让氨气分解，如此高的活化能让此过程并不像理论上那么容易。在常压且不使用催化剂条件下，800℃ 时也只有不到 5% 的氨分解。因此，若要通过氨分解来制取氢气，有以下两种途径：一是提高反应的温度，二是在反应中加入催化剂。通过提高温度来提高氨分解效率并不是一个可取的选择，因为高温的反应条件不仅会加大反应装置的负荷，高温操作还会增加安全的风险，并且还很可能达不到目标转化率。所以目前提高氨气转化率的主流做法是加入催化剂，优点在于可以降低反应所需的活化能，从而降低氨气完全分解的温度，提高氢气产率，还可以降低了制氢成本。

现有的氨分解催化剂以负载催化剂为主，如表 11-2 所示，关于氨分解催化剂的研究，起初人们研究氨分解催化剂主要是为了了解更多关于合成氨方面的机理，大部分氨分解催化剂都是在氨合成催化剂基础上加以改进的。

表 11-2　氨分解主要负载催化剂

类型	特点
以 Ru 为代表的贵金属负载型催化剂（Ir、Pt 等）[6,7]	具有较高的比活性，但是其负载量比较高、催化剂的表面碱性较大时才具有较好的氨分解效果，因而制氢成本较高，并且对反应器的耐腐蚀能力要求苛刻
以 Fe、Ni 为代表的过渡金属及其合金催化剂[8-10]等	Fe 催化剂价格低廉，但是催化活性要远低于 Ru、Ni；而 Ni 的储量丰富、价格低廉，氨分解活性仅次于 Ru，被认为是替代贵金属 Ru 的最佳选择，具有成本低、易于制备、稳定性好等优点，因此也最具应用前景
碳化合物、氮化物催化剂[11,12]等	碳化物和氮化物催化剂的催化活性较低，催化氨分解反应温度较高，催化性能有待于改善

（1）活性组分

传统的合成氨用 Fe 基催化剂引起了很多人注意，一些人指出在氨的催化分解反应中，Fe 基催化剂的活性组分是不稳定的 FeN_x[13]，FeN_x 活性中心分解生成氮气，但它容易受 O_2、H_2O 等影响而中毒失活，而且在该催化剂上的氨分解的温度高达 800~1000℃，反应温度较高。最近十几年，氨催化分解用催化剂的研究的重心放在了 Ru 基催化剂上，众多研究表明，Ru 基催化剂是氨催化分解用催化剂中催化活性最为突出的一个。Ba-Ru 和 Cs-Ru 催化剂相比于传统的 Fe 基催化剂有更高的活性。因此，Ru 基催化剂逐步取代了 Fe 基催化剂，在氨分解工业中有很大的发展潜力。

氨分解反应的尺寸效应指活性组分的晶粒尺寸对其催化活性有着决定性影响的现象。宏观上就表现为反应速率对活性组分的晶粒尺寸敏感，这主要是因为：控制总包反应速率的某一个或几个基元步骤主要发生在一组按照特殊规律排布的活性金属原子上，而组成这种特殊结构的原子数目在总原子数中所占的比例又随着晶粒平均尺寸的变化而变化。

目前，氨催化分解用催化剂的活性组分以 Fe，Ni，Pt，Ir，Pd 和 Rh 为主。虽然 Ru 是其中催化活性最高的活性组分,但是它的高成本限制了其在工业上的广泛使用,而廉价的 Ni 基催化剂却值得关注,它的催化活性仅次于 Ru,Ir 和 Rh,与贵金属相比 Ni 更具有工业应用的前景。

（2）载体

载体作为固体催化剂的特有组分,主要作为沉积催化剂的骨架,通常采用具有足够机械强度的多孔性物质。使用载体的目的是为增加催化剂比表面积从而提高活性组分的分散度。近年来随着对催化现象研究的深入,发现载体还具有增强催化剂的机械强度、导热性和热稳定性,保证催化剂具有一定的形状,甚至提供活性中心或起到助催化剂的作用。催化剂的活性、选择性、传递性和稳定性是反应的关键,而催化剂的载体是反应性能的关键参数,其孔结构、比表面等将对反应物及产物能量和质量的传递起着非常重要的作用,而且载体有可能和催化剂活性组分间发生化学作用,从而改善催化剂性能。目前,所使用的载体主要有 Al_2O_3、MgO、TiO_2、CNT(碳纳米管)、AC(活性炭)、SiO_2、分子筛等。

（3）助剂

碱金属、碱土金属和贵金属是已知的合成氨催化剂的有效助剂,同样它们也被应用于氨催化分解用催化剂体系中。在各种助剂的研究过程中,发现 K、Ba 和 Cs 都是氨催化分解催化剂的最理想助剂,碱金属 K 和 Cs 是电子助剂,助剂 Ba 则起电子助剂和结构助剂双重作用。三者催化性能的高低会随活性组分的不同而产生一定的差异。

因此,催化剂的组分、助剂的电子效应和载体性质对催化剂的氨分解反应的活性都有非常重要的影响。设计高效稳定的催化剂需要综合考虑各个方面的因素,这样才能得到稳定高效的氨分解制氢装置。

11.1.3　氨分解制氢工艺

氨分解制氢工艺包括氨分解反应以及变压吸附提纯氢气两部分。如图 11-2 所示,在两塔式变压吸附纯化氨分解制氢装置中,液氨经预热器蒸发成气氨,然后在一定温度下,通过填充有催化剂的氨分解炉,氨气即被分解成含氢气 75%,含氮气 25% 的氢氮混合气。分解温度在 650~800℃,分解率可达 99% 以上,分解后的高温混合气经冷却至常温,进入变压吸附系统。分解后的高温混合气先由塔 1 底部进入塔内,在塔顶得到纯度较高的氮气和氢气,同时塔 2 在大气压下降压解吸。部分产品气进入缓冲罐,直到等压为止。继而两塔交换操作,塔 2 吸附,塔 1 解吸,交替工作和再生,以保证连续生产。根据需要,通过变压吸附可分离得到高纯氢气与高纯氮气。

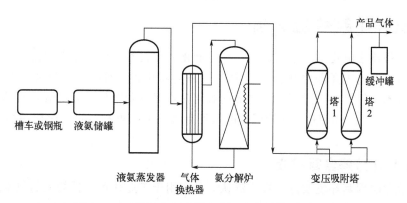

图 11-2　两塔式变压吸附纯化氨分解制氢装置流程

11.1.4 氨分解制氢主要装置

在氨分解制氢工艺中最重要的设备是氨热裂解反应堆。常见的氨热裂解反应堆包括：适用于固定生产和大型工厂的填充床反应堆，小型反应堆包括微通道、膜反应器等。国内外一般使用的氨分解装置为承压式分解反应器（图 11-3）。

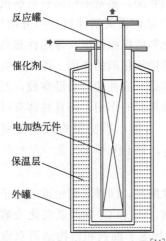

图 11-3　承压式氨分解反应器[14]

如图 11-3 所示，承压式氨分解反应器由外罐、保温层、电加热元件、催化剂和反应罐组成。反应罐是一个内、外壁有通道相同的直立罐，反应罐的外壁绕有电热元件，反应罐内装有镍基催化剂。当氨气氛通过分解炉时，先经反应罐外壁的电热元件加热，再由反应罐底部进入装有催化剂的反应罐内。由于气体的流通阻力很小，反应罐内、外壁的气压压力几乎相等，从而使罐壁处于内、外气压相平衡的状态，罐壁两边压力相互抵消，使反应罐处于不承压的状态下工作。根据加热带的位置，氨分解反应器可分为外热式和内热式。外热式的分解炉，加热带在反应部分的外面，内热式的则与之相反。两种形式的分解炉对比发现，内热式具有残液量少和较外热式节省电量 25% 左右的优点。此外，还可利用钯膜与氨分解集成制氢：一种是将氨分解制氢与钯膜氢分离原位集成，即采用膜反应器模式；另一种则是将氨分解制氢与钯膜氢分离非原位集成，即氨分解器-膜分离器模式[15]。

催化氨分解的反应器也被广泛关注。虽然催化剂可以改善反应的动力学，但是优化反应器和相关设备可以缓解传热和传质阻力。由于现有的固定床反应器无法满足规定的重量、体积和启动时间等技术指标，美国能源部并没有将氨用于车载储氢。此外，反应器的尺寸和重量限制了 NH_3 分解制氢技术在便携式燃料电池中的广泛应用。催化膜反应器已被用于氧化铝负载的 Ru 基和 Ni 基催化剂。然而，对于氮化物、酰胺/亚胺或氮化物-亚胺复合催化剂，这种反应器还没有使用过。除反应器类型外，氨的流量和局部压力、反应器尺寸、压降、温度梯度、吹扫气等对催化剂的整体性能起着重要的作用。尽管一些催化膜反应器在 450℃ 具有显著的性能，但它们没有使用最好的催化剂进行优化。对于其他的微反应器，在 600℃ 时氨的转化率可以达到 99%，同样，这些反应器的性能也没有得到优化，因此，低温现场制氢中催化氨分解技术的发展需要更加全面，可将活性最好的催化剂与催化膜反应器结合，研究其低温下的氨分解活性，实现 100% 的氨转化[16]。

11.2　电催化氨分解制氢

近年来，得益于电化学技术的发展，氨电催化氧化技术被更多学者关注。目前国际上针对分解氨的研究，仍主要围绕热分解或催化裂解氨来开展，而电化学分解氨的研究相对较少。电化学技术分解氨的研究可分为电催化氧化含氨溶液和电化学分解液氨两部分。氨电解的理论能耗为 $2.79kJ/molH_2$，在较低的电压下有望成为一种利用可再生能源生产高纯氢气的替代方案。

11.2.1　电催化分解含氨溶液

电化学氧化法因其环境友好，被广泛认为是应用于工业化可能性最大的技术之一，近年来得到极大关注。相比于其他处理方法，其具有不可比拟的优越性，如能量效率高、反应条件温和、常温常压下即可进行，且设备及操作比较简单、成本较低，很少或不产生二次污染等，可应用于污水净化，垃圾滤液、印染废水等的处理。通过电催化氧化方法处理含氨废水可有效分解氨，在较低过电位条件下，氨在碱性溶液中被氧化为氮气，水被还原为氢气，不产生温室气体 CO_x 和其他有害气体。

电催化氧化含氨碱性溶液，氨在阳极发生氧化反应生成氮气，水在阴极发生还原反应生成氢气，其过程反应式可如下表示：

阳极：$2NH_3 + 6OH^- \longrightarrow N_2 + 6H_2O + 6e^-$　　E（相对于 SHE）$= -0.77V$

阴极：$6H_2O + 6e^- \longrightarrow 3H_2 + 6OH^-$　　E（相对于 SHE）$= -0.83V$

总反应：$2NH_3 \longrightarrow N_2 + 3H_2$　　$E = 0.06V$

关于碱性介质中氨催化氧化的机理，学者们提出了多种机理模型。目前被广泛接受且认为较为合理的氨催化氧化机理是 1970 年 Gerischer 和 Mauerer 提出的氨分子吸附及脱氨理论[17]，内容如下：

$$NH_3(aq) \longrightarrow NH_{3ads}$$

$$NH_{3ads} + OH^- \longrightarrow NH_{2ads} + H_2O + e^-$$

$$NH_{2ads} + OH^- \longrightarrow NH_{ads} + H_2O + e^-$$

$$NH_{xads} + NH_{yads} \longrightarrow N_2H_{(x+y)ads}$$

$$N_2H_{(x+y)ads} + (x+y)OH^- \longrightarrow N_2 + (x+y)H_2O + (x+y)e^-$$

$$NH_{ads} + OH^- \longrightarrow N_{ads} + H_2O + e^-$$

式中，x、y 为 1 或 2；下标 ads 表吸附。

该理论认为 NH_3 连续脱 H 形成 NH_{ads}，然后由 NH_{xads} 和 NH_{yads} 氧化形成 N_2 且 NH_{xads} 形成量少且形成速率慢，但其能够强力吸附于电极表面，长时间会抑制电极的催化，阻碍 N_2 的生成。

11.2.2　电催化分解液氨

前人的工作有效地利用含氨溶液来制备氨气，并显示出应用电化学技术分解氨是一种非常有潜力的制氢方式。但电催化氧化含氨碱性溶液体系存在硝酸盐等副产物的生成等问题，且该体系中产生的氨均来源于溶液中的水分子，并没有发挥出氨的高含氨密度优势。为了发挥氨高体积、高质量含氨密度以及低成本的优势，开展电解无水无氧液态氨制备氨气的研究引起了学者的关注。

液氨电解比氨水电解更具吸引力，原因是液氨的能量密度是饱和氨水溶液的 3 倍，且不存在碱性环境导致的腐蚀性，有利于运输和存储，在电催化氨氧化反应（AOR）过程中不会产生氮氧化物这种副产物。作为一个整体的反应，液氨被电化学分解生成氨气和氮气。图 11-4 为电解液氨单元示意图。

为了实现高能量密度的氨电解，研究人员使用碱金属酰胺、铵盐及各种有机溶剂作为电解质来研究液氨电解的机理。从动力学来看，液氨体系下的 AOR 机理与氨水体系中的机理不同，这取决于体系所使用的非水电解质类型。类似于 H_2O 分子在溶液中能够电离出 OH^- 和 H^+ 一样，NH_3 分子在液氨体系中也能解离为 NH_4^+ 和 NH_2^-，液氨电解也可以通过以下两个途径开展[1]。

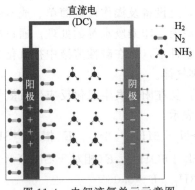

图 11-4　电解液氨单元示意图

电解质为金属酰胺时：

阳极：$6NH_2^- \longrightarrow N_2 + 4NH_3 + 6e^-$

阴极：$6NH_3 + 6e^- \longrightarrow 3H_2 + 6NH_2^-$

电解质为铵盐时：

阳极：$8NH_3 \longrightarrow N_2 + 6NH_4^+ + 6e^-$

阴极：$6NH_4^+ + 6e^- \longrightarrow 3H_2 + 6NH_3$

以碱金属酰胺（$LiNH_2$、$NaNH_2$ 和 KNH_2）作为电解质直接电解液氨，氨在阴极上还原生成 H_2，酰胺离子在阳极被氧化为 N_2。以 NH_4Cl 为电解质进行液氨电解，铵根离子在阴极还原生成 H_2，氨在阳极氧化成 N_2。

11.2.3　电催化分解氨催化剂

随着人们对环境意识的不断提高以及氨的广泛应用，氨的电催化氧化研究备受关注，其中电催化氧化氨催化剂材料的研究对氨电催化氧化领域的进展起决定作用。铂族元素及复合金属催化剂研究最多，也最受重视，另外，对于金属催化剂（单金属和复合金属催化剂）、金属-氧化物催化剂的研究也都积极开展着。

11.2.3.1　单金属催化剂

学者 McKee[18] 等研究了 Ir 电极，发现了 Ir 对氨的催化氧化具有明显的活性，随后 Pignet[19] 等研究了 Pt、Pd、Ru 作为 NH_3 氧化的催化剂，不同金属的活性不同，并且同一金属的晶面间距不同，氧化电流密度也会不同。Papapoiymerou[20] 等发现 Ir 分解化的速率较 Pt、Pd、Ru 等金属都快。De Vooys[21] 等的研究在 Pt、Pd、Ru、Rh、Ir、Au、Ag 及 Cu 等金属元素中仅有 Pt、Ir 对氨选择性氧化成氮的反应具有稳态活性。

11.2.3.2　复合金属催化剂

Yao[22] 等研究了 Ni 及 Ni-Pt 合金对氨氧化的电催化性能，发现纯 Ni 电极对 NH_3 无响应，而 Ni-Pt 合金对氨的氧化性却能与纯 Pt 电极相当。Pt 与 Ir 及 Rh 之间有着很好的协同作用，将 Ir 或 Ru 加入 Pt 形成合金后，可增强电极对氨的催化活性，说明金属之间产生很好的协同作用；而 Pt-Ni 及 Pt-Cu 复合电极与纯 Pt 电极相比，其催化活性要明显减弱，相同 Pt 负载量下 Pt-Rh 复合电极的催化效果较纯 Pt 电极要高，分析这是因为 Rh 会使吸附于电极表面的氨氧根离子发生脱附，从而增加了电极表面的有效活性位点，进而提高了其对氨的催化氧化活性。

11.2.3.3 金属-氧化物催化剂

金属氧化物 IrO_2、RuO_2 或两者的混合物均能对氨的氧化有好的催化作用。比较 Pt、Ir 等负载的 TiO_2、SnO_2 等催化剂电极对电催化氧化氨的性能，发现 Ir 负载的 TiO_2 催化剂的选择性和灵敏性最好。

11.2.3.4 催化剂底基材料

众多学者为降低贵金属用量及提高电极的催化活性，围绕电极的制备进行了更深入的研究。相比于纯贵金属电极，负载型催化剂电极能显著降低贵金属用量而得到广泛关注。负载型电极主要包括基底电极及催化剂负载两部分。已报道的基底材料包括有：碳材料（碳纤维、碳纸，玻璃碳等）、非贵金属材料（Ni、Ti 等），贵金属（Pt）。通过电沉积的方式在碳纤维基底电极表面包裹 Pt 薄膜，较纯 Pt 电极其对氨的催化氧化活性有大幅提高，且电极经过长时间使用后仍能保持较高的催化活性，在较低氨浓度时以碳纤维作为基底电极对氨的催化氧化活性较泡沫辖镍要好。用化学性质稳定、比表面积高的碳纸及碳纤维作为基底电极材料，可明显增加沉积贵金属的有效表面积进而降低贵金属的担载量。电催化氧化氨体系中催化剂的负载的主要方式有：热分解法、电化学沉积法及化学还原法等方法。

11.3 低温等离子体法氨分解制氢

早在 20 世纪 30 年代，就出现了采用低温等离子体法分解氨气的研究，但是主要目的是研究氨分解的机理和用氨气分解制得具有高附加值的产品肼，并不是用于制氢。直到氨气被视为一种可靠的非碳基氢源，低温等离子体分解氨气才用于制氢。较早的氨分解制氢的研究中，原料气都添加了大量的稀有气体 Ar 或者 He 以促进氨分解，这很大程度上限制了其实用性。王丽等以氨气为原料气，将介质阻挡放电等离子体和廉价金属催化剂耦合（等离子体催化），开展了等离子体催化氨分解原位制氢研究，成功利用介质阻挡放电等离子体提高了非贵金属催化剂的低温催化活性，获得显著协同效应，研究等离子体和催化剂耦合的协同效应本质，发现等离子体能够显著促进氨分解反应的产物脱附和反应物吸附，对反应工艺条件和等离子体环境下的能耗进行了研究，为氨气原位制氢打下基础，也为其他研究工作提供借鉴。等离子体催化体系则结合了等离子体和传统催化的优势，在化学品合成、材料制备及能源环境科学方面展现出巨大的潜能。

11.4 氨分解制氢应用

对于燃料电池而言，氨气完全分解只会产生氮气和氢气，分解气中不会含有 CO_x 等会引起燃料电池铂电极中毒的副产物，可以大大延长燃料电池的使用寿命。如果在生产中再配备合适的氮气和氢气分离、纯化装置，则可以生产纯度高达到 99.999% 的氢气，能满足大部分的用氢场合的要求。因此，用氨气作为燃料电池的氢气供应源，方便加氢站的建立，也方便携带氢源，从而为燃料电池汽车的研究与发展提供原料保障。在电子玻璃冶金工业中，将氨分解成氢气和氮气，用作钢和有色金属热处理过程中的保护气，可以用于高合金钢和磁钢的光亮退火及钎焊，铸件和粉末冶金制品的光亮淬火。

氨分解制氢在工业上更多的是用于浮法玻璃生产，在浮法玻璃生产过程中，熔化的锡液在空气中极易氧化为氧化亚锡和氧化锡，这些锡的化合物粘在玻璃表面，既污染了玻璃，又增加了锡耗。所以需要将锡槽密封，并连续稳定地送入高纯度氮氢混合气体，以维持槽内正压，保护锡液不被氧化。氢气是一种还原性气体，它可以迅速同氧气反应。使锡的氧化物还原。目前，浮法玻璃生产中主要利用水电解和氨分解制取氢气。具体项目研究氨分解还可为焦炉煤气和石油炼厂气尾气中氨气的脱除提供借鉴，不可否认的是，氨作为氢源用于质子交换膜燃料电池也曾引起人们的担忧。担忧之一是氨气泄漏可能会引发中毒，但它的刺激性气味恰好使之可以在安全的范围内就能被检测到，极大地降低了使用过程中的风险。担忧之二是氨气的合成过程本身就耗能很高，再考虑到氨分解耗能，可能会得不偿失。需要强调的是，合成氨技术经过两个世纪的发展已经非常成熟，能量利用率高，而且氨合成消耗的能量很大一部分成为了氨的化学能。

而目前，氨的主要制备方式本身就是氢气和氮气反应合成，全球年产量约 2 亿吨，80% 左右用于化肥行业，工艺成熟，成本低廉。不过值得注意的是，对于氨在清洁能源中的利用，首要的并不是直接燃烧，而是作为储氢介质，辅助氢能源。氨气的制备依靠氢气和氮气，这也是氨气作为储氢介质的基本过程：在获得氢气之后，将其与氮气反应合成为氨气，随后将氨气液化，运输到目的地后，再将氨分解为氢气利用。

目前，澳大利亚已经实现了这一过程，其利用自身光伏和天然气资源丰富的优势，将电解水制取的绿氢和天然气制取的蓝氢液化成氨，运输到日本、韩国等主要需求地。日本和韩国一直都是氢能源的大力支持者，丰田、现代的氢燃料汽车技术全球领先，如今他们也都率先布局氨能。2021 年 10 月份，日本政府公布了《第六版能源战略计划》，首次将氢能和氨能的燃烧纳入国家能源战略计划中，明确提出优先推广氢、氨混烧的发电技术，2050 年要实现 100% 氨气和氢气的燃烧发电。在 2021 年 11 月，韩国能源部也公布了氨能和氢能的高温燃烧计划，目标是推动氢、氨与天然气、煤混合燃烧发电，计划 2030 年氨能发电要占全国发电量 3.6%，2050 年要实现完全零碳氨燃料发电达到 21.5%，氢能发电 13.8%。

参 考 文 献

[1] 王中华，郑淞生，姚育栋，等. 电催化分解氨制氢研究进展 [J]. 化工学报，2022，73（03）：1008-1021.

[2] 关静莹，张欢欢，苏子恺，等. 氨分解制氢镍基催化剂研究进展 [J]. 化工进展，2022，41（12）：6319-6337.

[3] 苏玉蕾，王少波，宋刚祥. NH_3 分解制氢催化剂研究进展 [J]. 舰船防化，2010（3）：10-16.

[4] 段学志，周静红，钱刚，等. Ru/CNFs 催化剂催化氨分解制氢（英文）[J]. 催化学报，2010，31（8）：979-986.

[5] Zhang J, Xu H Y, Li W Z. Kinetic study of NH_3 decomposition over Ni nanoparticles: The role of La promoter, structure sensitivity and compensation effect [J]. Applied Catalysis A: General, 2005, 296 (2): 257-267.

[6] Yin S F, Xu B Q, Wang S J, et al. Nanosized Ru on high-surface-area superbasic ZrO_2-KOH for efficient generation of hydrogen via ammonia decomposition [J]. Applied Catalysis A: General, 2006, 301 (2): 202-210.

[7] Chen W H, Ermanoski I, Madey T E. Decomposition of ammonia and hydrogen on Ir surfaces: Structure sensitivity and nanometer-scale size effects. [J]. Journal of the American Chemical Society, 2005, 127 (14): 5014-5015.

[8] 阳卫军，陶能烨，刘丰良，等. 活性炭负载 Fe，Ni 催化氨分解的研究 [J]. 湖南大学学报（自然科学版），2006（05）：100-104.

[9] 王红. 新型微纤结构化 Ni 基复合催化剂的氨分解制氢 [D]. 上海：华东师范大学，2007.

[10] Ryszard J K. Study on the properties of iron-cobalt alumina supported catalyst for ammonia [J]. Journal of Chemical Technology & Biotechnology, 1994, 59 (1): 73-81.

[11] Liang C H, Li W Z, Wei Z B, et al. Catalytic decomposition of ammonia over nitrided MoN_x/α-Al_2O_3 and $NiMoN_y/\alpha$-Al_2O_3 catalysts [J]. Industrial & Engineering Chemistry Research, 2000, 39 (10): 3694-3697.

[12] Soerijanto H, Rödel C, Wild U, et al. Zirconium oxynitride catalysts for ammonia decomposition [J]. Zeitschrift für anorganische und allgemeine Chemie, 2006, 632 (12/13): 2157.

[13] Ohtsuka Y, Xu C B, Kong D P, et al. Decomposition of ammonia with iron and calcium catalysts supported on coal chars [J]. Fuel, 2003, 83 (6) 685-692.

[14] 吕藩初，董定. 承压式氨分解器及其应用前景 [J]. 上海金属，1994（06）：28-31.

[15] 张建. 氨分解制氢与钯膜分离氢的研究 [D]. 大连：中国科学院研究生院（大连化学物理研究所），2006.

[16]　吴素芳. 氢能与制氢技术 [M]. 杭州：浙江大学出版社 . 2014：129-131.

[17]　Gerischer H，Mauerer A. Untersuchungen zur anodischen oxidation von ammoniak an platin-elektroden [J]. Journal of Electroanalytical Chemistry and Interfacial Electrochemistry，1970，25（3）：421-433.

[18]　McKee D W，Scarpellino A J，Danzig I F，et al. Improved electrocatalysts for ammonia fuel cell anodes [J]. Journal of The Electrochemical Society，1969，116（5）：562.

[19]　Pignet T，Schmidt L D. Kinetics of NH_3 oxidation on Pt，Rh，and Pd [J]. Journal of Catalysis，1975，40（2）：212-225.

[20]　Papapolymerou G，Bontozoglou V. Decomposition of NH_3 on Pd and Ir comparison with Pt and Rh [J]. Journal of Molecular Catalysis A：Chemical，1997，120（1/3）：165-171.

[21]　de Vooys A C A，Koper M T M，van Santen R A，et al. The role of adsorbates in the electrochemical oxidation of ammonia on noble and transition metal electrodes [J]. Journal of Electroanalytical Chemistry，2001，506（2）：127-137.

[22]　Yao K，Cheng Y F. Electrodeposited Ni-Pt binary alloys as electrocatalysts for oxidation of ammonia [J]. Journal of Power Sources，2007，173（1）：96-101.

第**12**章

化石能源制氢

12.1 煤气化制氢

12.1.1 基本原理

煤气化是指煤或焦炭、半焦等固体燃料在高温常压或加压条件下与气化剂反应，转化为气体产物和少量残渣的过程。煤气化装置通过纯氧或者空气与煤的燃烧反应作为热量来源，同时通入水蒸气和二氧化碳作为气化剂参与煤气化反应。某些气化装置也会使用水煤浆，这样做可以更容易地将原料喷入高压反应器中。今天，大型煤气化装置生产的合成气主要用于发电或者下游化学合成过程的原料。煤制取的氢气可以用于合成氨或者直接作为清洁的氢燃料。另外，煤制合成气还可以进一步处理转化为液体燃料，如汽油、柴油或者甲醇。煤炭气化产生的天然气冷却液化后也可以作为燃料。当煤进入反应室后，首先吸收环境热量并脱水。对于一些含水量较高的煤或者水煤浆来说，脱水对整体气化过程有较大影响。一方面，水的相变过程吸收了大量热量降低了炉膛温度。另一方面，水蒸气是气化剂，会影响最终合成气的组成。

经过脱水过程后的煤进一步受热，一些不稳定结构将分解释放气体和焦油等挥发性物质，煤中的一部分碳元素和氢元素将转移到挥发的气体和焦油（tar）中，煤本身则形成焦炭（char）。

通常来说，煤热解过程按照温度区间可以大致分为脱气、热分解、热缩聚三个阶段。脱气一般发生在 300℃ 以下，主要是孔隙中 CO_2、CH_4、N_2 等气体溢出，不涉及化学变化。当温度超过 320℃，煤中有机大分子中存在的一些不稳定碳-碳键，碳和氧、硫、氮之间的化学键将断裂。热解过程开始时可能形成一些不稳定的中间化合物，随后继续分解重新结合成化学结构更加稳定的气体或者液体小分子，以气体或者焦油的形式从煤中溢出。

热解气中一般含有 H_2O、CO、CO_2 和一些气态烃，焦油的组成则更为复杂。在 600～1000℃ 阶段煤中析出的主要是热解气，焦油较少。煤中有机大分子发生缩聚反应，内部形成数量更多、排列紧凑的芳香核结构，原煤逐渐形成焦炭。释放的挥发分与周围氧气接触会发生燃烧反应形成完全或者不完全燃烧产物。脱水、脱挥发分过程后，剩下的焦炭和气相将进一步发生氧化还原反应转化为合成气。

煤气化设备中一般通入纯氧或者空气，焦炭与其反应生成一氧化碳或者二氧化碳：

$$C + \frac{1}{2}O_2 \longrightarrow CO \qquad \Delta H = -110.65 \text{kJ/mol}$$

$$C + O_2 \longrightarrow CO_2 \qquad \Delta H = -393.98 \text{kJ/mol}$$

其他气相组分也会和氧气发生燃烧反应：

$$CO + \frac{1}{2}O_2 \longrightarrow CO_2 \qquad \Delta H = -283.33 kJ/mol$$

$$H_2 + \frac{1}{2}O_2 \longrightarrow H_2O \qquad \Delta H = -242.16 kJ/mol$$

$$CH_2 + \frac{1}{2}O_2 \longrightarrow CO + H_2 \qquad \Delta H = -35.72 kJ/mol$$

除了燃烧反应，焦炭与还原剂的反应也同样重要：

$$C + H_2O \longrightarrow CO + H_2 \qquad \Delta H = +131.46 kJ/mol$$

$$C + CO_2 \longrightarrow 2CO \qquad \Delta H = +172.67 kJ/mol$$

$$C + 2H_2 \longrightarrow CH_4 \qquad \Delta H = -74.94 kJ/mol$$

此外还包括水-气转换反应（water-gas shift reaction）和甲烷重整反应（steam-methane reforming reaction），在一些操作温度较高的气化炉中，该反应可以自发进行。

$$CO + H_2O \longrightarrow CO_2 + H_2 \qquad \Delta H = -41.21 kJ/mol$$

$$CH_4 + H_2O \longrightarrow CO + 3H_2 \qquad \Delta H = +206.2 kJ/mol$$

在上述反应中，完全燃烧反应会释放大量热，但产物不能继续燃烧，没有利用价值。焦炭和水蒸气、二氧化碳的气化反应是吸热反应，产物是所需的组分。所以为了使合成气的热值达到最高，需要尽可能提高气化反应的程度。由于气化反应并不是自发的，需要依靠燃烧反应放热提供足够高温的反应环境。对于气化炉的设计来说，入口氧气、水蒸气和煤粉的比例是非常重要的。首先需要保证氧气和水蒸气的入口流量足够将煤粉完全气化。可以看到，和氧气相关的反应几乎都是放热反应，与水蒸气相关的反应都是吸热反应。如果氧气的量过多，燃烧反应的比例会更多，从而使出口合成气的热值降低。实际操作中一般通过调整水蒸气和氧气的质量比例来调整出口温度和合成气组分。对于不同种类的气化炉，需要根据实际情况找到一个合适的（氧+水）/煤比和氧/水比[1]。

煤气化制氢的实质是在煤的气化反应后继续进行上述的水-气转换反应，也叫变换反应。气化炉产生的合成气中 CO 与外加的水蒸气在变换催化剂的作用下，转化为 CO_2 和 H_2。然后通过脱碳和脱硫技术将 CO_2 捕集下来，粗 H_2 经过纯化后作为产品储存或工业原料。其流程简图见图 12-1。

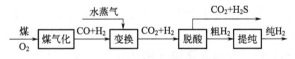

图 12-1　煤气化制氢流程简图

煤气化制氢是目前成本最低的制氢技术，成本低于 10 元/kg，但除了考虑经济成本外，也要考虑氢源的环境效益。煤气化过程中，每生产 1kg 的氢气，会排放 2.2kg 的二氧化碳。二氧化碳封存（CCS）技术是解决大量二氧化碳排放的有效途径，若采用"煤气化＋CCS"技术收集并封存产出的 CO_2，制氢总体成本可能有较大上涨，最高能达到 16 元/kg。随着 CO_2 捕集技术的不断成熟，清洁煤气化制氢成本有望降低。

12.1.2　煤气化制氢技术

12.1.2.1　煤气化技术

煤气化技术是煤炭洁净化利用的重要途径之一，也是现代煤化工项目的龙头技术。煤气化是以进入气化炉的煤为气化原料，以空气、氧气、二氧化碳或水蒸气为气化剂，在气化炉内一定的温度、压力等条件下进行反应，生产以一氧化碳、氢气为主要成分的煤气的工艺过程。近年来，煤炭气化技术得到了的长足的发展和应用[2]，在实现煤炭资源的高效洁净利用的同时，还有效降低了对环境的污染。煤气化技术按照煤在气化炉内运动方式的不同，一般分为固定床、流化床和气流床等形式[3,4]（图12-2）。

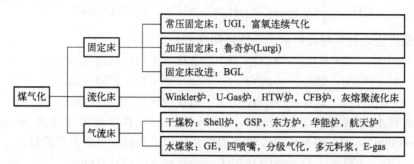

图 12-2 煤气化技术分类

UGI—以美国联合气体改进公司（United gas improvement com.）命名的煤气化炉；BGL—英国天然气和德国鲁奇公司开发的气化技术（British Gas/Lurgi）；GSP—黑水泵气化技术（gas schwarze pump）

固定床（移动床）煤气化技术采用气体与煤逆流接触模式，反应温度为 600～1300℃，煤依次通过干燥、热解、气化、燃烧等区域。从煤气生产的角度来看，具有热效率高的优点，尤其是间歇式固定床煤气化不需要纯氧，用水蒸气和空气造气就可得到不含氮气的合成气。然而，出口气中高含量的焦油和酚类使后序的处理变得相当复杂且费用高昂；处理能力相对较低，煤灰中残炭含量高（10%～30%），且必须使用低黏结性的块煤。其炉型主要有干法排灰的单段炉（GEGas、鲁奇、MERC 等）、干法排灰的两段炉（ATC/Wellman、FW-stoic、鲁尔-100）、液态排渣固定床气化炉（BGL、GFETC）[5]。

流化床粉煤气化技术是粉煤、氧气和水蒸气在流化床内气化过程中物料混合均匀、温度均一，进料粒径小于 6mm，可连续造气的一种粉煤气化技术。气化炉在高温（800～1100℃）下操作，可使碳转化率达到 95%，有效气体（CO＋H$_2$）成分达到 90%以上。其优点是直接用价格低廉的各种粉煤作原料，煤气生产能力适中，气化效率高，环境污染小，设备投资较高，煤气生产成本低；缺点是飞灰量大且残炭含量高（20%～30%），煤灰中残炭含量较高（5%～15%，即"上吐下泻"难题），一次性投资大，固定投资费用高，大部分企业，特别是中小企业难以承受，限制了流化床煤气化技术在国内的进一步发展。主要炉型有温克勒气化（Winkler）炉、高温温克勒气化（HTW）炉、U-Gas 炉、西屋流化床气化、中国科学研究院山西煤化所灰熔聚流化床等。

气流床气化有干法进料（干煤粉）和湿法进料（水煤浆）两种形式。180 多年的煤气化技术发展史，特别是近十多年来的大容量整体煤气化联合循环（IGCC）电厂示范与商业化运行证明，与固定床、流化床气化相比，气流床气化具有较大的煤种与粒度适应性和更优良的技术性能，是煤基大容量、高效洁净、运行可靠的燃气制备装置的首选技术。之所以如此，源于其技术原理，气流床气化采用 1300～1700℃的气化温度，液态排渣，共同特点是加压（3～6.5MPa）、高温、细粒度。但在煤处理、进料形态与方式、实际混合、炉壳内衬、排渣、余热回收等技术单元上气流床气化对策迥异，从而形成了不同风格的技术流派。气流床湿法进料采用耐火材料内衬，为保证其使用寿命，要求操作温度不能超过 1400℃。而干法进料气化由于采用水冷壁结构，因而有原料适应性广、冷煤气效率高、碳转化率高、比氧耗低等特点，气化温度可达 1800℃ 以上[6-8]。属于湿法进料的气化技术有美国的 GE-Texaco、ConocoPhillips E-Gas（原 Destec，现被康菲公司收购）和华东理工大学四喷嘴对置式水煤浆气化等；属于干法进料气流床气化的炉型有：K-T 炉、Texaco 炉、壳牌（Shell）炉、PRENFLO、GSP 和中国华能集团清洁能源技术研究院（原西安热工研究院，简称 CERI）的两段式气化炉（华能炉）等。

12.1.2.2 变换技术

一氧化碳的变换是指合成气借助于催化剂的作用，在一定温度下，与水蒸气反应，一氧化碳生成二氧化碳和氢气的过程。通过变换反应将合成气中的一氧化碳，转化为 CO_2 和氢气。

一氧化碳变换反应是在催化剂存在的条件下进行的，是一个典型的气固相催化反应。变换过程为含有 C、H、O 三种元素的 CO 和 H_2O 共存的系统，在 CO 变换的催化反应过程中，主要反应如下：

$$CO + H_2O \longrightarrow CO_2 + H_2$$

此外，在某种条件下会发生 CO 分解等其他副反应，分别如下：

$$2CO \longrightarrow C + CO_2$$
$$2CO + 2H_2 \longrightarrow CH_4 + CO_2$$
$$CO + 3H_2 \longrightarrow CH_4 + H_2O$$
$$CO_2 + 4H_2 \longrightarrow CH_4 + 2H_2O$$

一氧化碳变换作用是将煤气化产生的合成气中一氧化碳变换成氢气和二氧化碳调节气体成分满足后部工序的要求。CO 变换技术依据变换催化剂的发展而发展，变换催化剂的性能决定了变换流程及其先进性。根据目前大中型合成氨以及煤制氢的变换工艺在整个净化工艺中的配置情况来看，变换使用的催化剂和热回收方式是关键。

采用 Fe-Cr 系催化剂的变换工艺，操作温度在 320～500℃，称为中、高温变换工艺。其操作温度较高，原料气经变换后 CO 的平衡浓度高。Fe-Cr 系变换催化剂的抗硫能力差，适用于总硫含量低于 80×10^{-6} 的气体，但蒸汽消耗较高，有最低水汽比要求。

采用 Cu-Zn 系催化剂的变换工艺，操作温度在 200～280℃，称为低温变换工艺。这种工艺通常串联在中、高温换工艺之后，将 3% 左右的 CO 降低到 0.3% 左右。Cu-Zn 系变换催化剂的抗硫能力更差，适用于硫低于 0.1×10^{-6} 的气体，因此，必须要求原料气先脱硫再变换。

铁铬系催化剂的用量大约为钴钼系耐硫催化剂 1.5 倍。铁铬系催化剂国内生产厂家较多，使用寿命为 1～2 年，而钴钼系催化剂国内主要为齐鲁石化公研究院的 QCS 系列，价格比国外的 K8211 便宜，现在已成功地应用于渭河大化的合成氨装置中。但由于 Co_2Mo 系催化剂易受污染和中毒，微孔易被堵塞，设计时考虑在变换炉前增加 1 个预变换炉，这样可以起到脱尘和除砷等有害物质的作用，以保护变换炉内的催化剂。

采用 Co-Mo 系催化剂的变换工艺，操作温度在 200～500℃，称为宽温耐硫变换工艺。其操作温区较宽，特别适合于高浓度 CO 变换且不易超温。Co-Mo 系变换催化剂的抗硫能力极强，对硫无上限要求。变换的能耗取决于催化剂所要求的水汽比和操作温度。在上述 3 种变换工艺中，耐硫宽温变换工艺在这两方面均为最低，具有能耗低的优势。耐硫宽温变换催化剂的活性组分是 Co-Mo 的硫化物，特别适合于处理较高 H_2S 浓度的气体，因此，在煤气化装置中，由于 H_2S 含量较高，一般 CO 变换均采用耐硫变换工艺。

在整个变换流程的组织方面，由于铁铬系催化剂的变换段数多，导致换热设备多，整个工艺流程复杂，操作较困难。钴钼系催化剂的变换工艺流程较简单，但由于在高硫下运行，设备的选材方面要根据实际情况认真考虑。

在能量利用方面，非耐硫变换工艺中由于粗煤气在脱硫时需要冷却，脱硫气进入 CO 变换之前又需加热，变换气进入脱碳时又需冷却，这样，粗合成气冷而复热会产生损失，不利于能量的有效利用。

因此，钴钼系耐硫变换在催化剂的利用率、变换段数、操作、能量的综合利用等方面具有一定的优势，而且能克服由于先脱硫造成的"冷热病"[9]。

12.1.2.3 脱酸技术

煤气化装置产出的粗合成气中除含有 CO、H_2、CO_2 外，还含有少量的 COS、H_2S、CH_4、N_2 等杂质气体，合成气经过全变换或部分变换后，CO_2 含量增加，要获得较高浓度的氢气，需要把变换气中的 CO_2 和 H_2S 等酸性气除去，也称为酸性气脱除技术。煤化工常用的脱酸气技术有：以甲基二乙醇胺（MDEA）为代表的化学吸收法、以聚乙二醇二甲醚（国内商品代号为 NHD，国外商品代号为 Selexol）和低温甲醇洗为代表的物理吸收法以及比较前沿的膜分离法。

化学吸收法即利用特定吸收剂在一定条件下与 CO_2 反应，生成的富液经加热解吸出高纯度的 CO_2，从而得到目标物，是利用吸收剂中的活性组分与 CO_2 的分离方法。与物理吸收不同，化学吸直接反应形成新的化学键，其作用力远大于物理法的分子间作用力。因此，化学吸收相比物理吸收速率更快、容量更大。通常，化学吸收剂可以分为两种：①无机碱性溶液，包括氨水、碳酸钠、氢氧化钠、碳酸钾等无机溶液；②有机碱性溶液，主要以醇胺、离子液体、多相吸收液为代表。在以上无机溶液中，氨水来源广泛，吸收速率快，并可副产碳氨用于工农业生产，但氨水挥发性大、难循环使用以及腐蚀性强，这些又限制了其大规模应用；碳酸钠、氢氧化钠、碳酸钾等碱性无机溶液由于富液再生困难、能耗大、易产生新的固废以及综合成本高也限制了其工业大规模应用，特别在电力生产、冶金领域尾气中 CO_2 排放量大、浓度高，该类吸收剂难以满足要求[8]。

物理吸收法是利用不同条件下 CO_2 在吸收剂中的溶解性差异来实现分离的。通常，降温增压有利于气体吸收，升温减压有利于气体解吸。该工艺能耗低、吸收剂再生简单，但较高 CO_2 的溶解性和选择性对吸收剂又有较高的要求，且溶剂本身还应成本低、沸点高、毒性低、腐蚀性小、性能稳定、回收率高，否则难以适用于工业生产。因此，针对不同的混合气体系，难点在于寻找性能优良的吸收剂，也制约了物理吸收法的发展。目前，用于 CO_2 吸收的物理方法有低温甲醇法、乙醇二甲醚法、加压水洗法、Selexol 法等[8,10]。

低温甲醇洗（Rectisol）净化工艺是在操作温度低于水的冰点时利用甲醇作为净化吸收剂的一种物理酸气净化系统。净化合成气总硫（H_2S 与 COS）低于 0.1×10^{-6}（体积分数），根据应用要求，可将 CO_2 物质的量浓度调整到百分之几，或百万分之几（体积分数）。气体去最终合成工艺（氨、甲醇、羰基合成醇、费-托法合成烃类等）之前，无需采取上游 COS 水解工艺或使气体通过另外的硫防护层，脱硫和脱碳可在一个塔内分段完成。与其他工艺相比，除了合成气硫浓度极低外，该工艺的主要优点是采用价廉易得的甲醇作为溶剂，工艺配置极灵活，动力消耗低。但由于其操作温度低，冷量消耗和设备（须采用低温钢）投资很高。

碳酸丙烯酯（PC）法是典型的物理吸收。该法具有流程简单、易操作、溶液再生不必加热及能耗低于化学法等优点，存在的主要问题是：1.6MPa 压力下，脱碳后气体中 CO_2

设计指标 $1\%\sim1.5\%$，实际操作指标常压 $1.2\%\sim2.7\%$；净化气中氧含量高，约 0.2%，有的装置高达 0.5%；变换气中 H_2S 进入脱碳系统，生成的硫黄易使贫液水冷器和吸收塔产生硫堵，造成贫液温度高，净化气 CO_2 指标高；溶液消耗高，一般每吨氨溶液消耗达 $1\sim2kg$，因此，碳丙法目前基本已经不被采用。

胺法脱碳（MDEA，N-甲基二乙醇胺）工艺的吸收液为无腐蚀的 N-甲基二乙醇胺。该溶剂吸收 CO_2 能力强，在较低压力下也能保持净化气中 CO_2 分压在 0.2%，为保持系统的稳定生产创造了条件。但由于该法为化学吸收，溶剂再生时需用蒸汽加热，每吨氨蒸汽消耗为 $1.7\sim2.0t$。

NHD 脱碳净化技术是我国开发的新型物理吸收法，NHD 溶剂为聚乙二醇二甲醚，是新一代的物理溶剂，它具有如下特点：溶剂对 CO_2、H_2S、COS 等酸性气体的吸收能力强，$0℃$ 时溶剂吸收 CO_2 能力为碳酸丙烯酯的 2 倍；溶剂不氧化、不降解，有良好的化学稳定性和热稳定性；溶剂的蒸气压极低，挥发损耗少；溶剂无毒、无臭味、无腐蚀性，且有部分溶解硫的能力，因此不像碳酸丙烯酯那样容易堵塞。NHD 法主要缺点和局限性是：吸收温度低，需采用冷冻降温，吸收温度一般在 $-10\sim+10℃$ 范围，需设置闪蒸气压缩机将吸收的有效气体返回系统，减少有效气体的损失；对溶剂含水量要求严格，需设置溶剂脱水系统；溶剂昂贵，一次性投料费用高；脱硫和脱碳须设置独立的吸收和再生系统；对有机硫吸收能力较差，须设置有机硫水解和精脱硫装置[11]。

12.1.2.4　提纯技术

采用不同方法制得的含氢原料气中氢气纯度普遍较低，为满足特定应用对氢气纯度和杂质含量的要求，还需经提纯处理。从粗氢气体中去除杂质得到 5N 以上（$\geqslant99.999\%$）纯度的氢气大致可分为三个处理过程：第一步是对粗氢进行预处理，去除对后续分离过程有害的特定污染物，使其转化为易于分离的物质，传统的物理或化学吸收法、化学反应法是实现这一目的的有效方法；第二步是去除主要杂质和次要杂质，得到一个可接受的纯氢水平（5N 及以下），常用的分离方法有变压吸附（PSA）分离、低温分离、聚合物膜分离等；第三步是采用低温吸附、钯膜分离等方法进一步提纯氢气到要求的指标（5N 以上）。表 12-1 总结了从富氢气体中提纯氢气的方法（PSA、低温分离、聚合物膜分离）。目前工业上大多采用 PSA 法提纯氢气至 99% 以上[12]。

表 12-1　粗氢气体常用提纯方法

项目	变压吸附	低温分离	聚合物膜分离
原料氢最小体积分数/%	$40\sim50$	15	30
原料是否预处理	可不预处理	需预处理	需预处理
操作压力/MPa	$0.5\sim6.0$	$1.0\sim8.0$	$3.0\sim15.0$
回收率/%	$60\sim99$	$95\sim98$	$85\sim98$
分离后氢气体积分数/%	$95\sim99.999$	$90\sim99$	$80\sim99$
脱除杂质	各种杂质	各种杂质,可分离出多种产品	各种杂质
适用规模(折合标准状况)/(m³/h)	$1\sim300000$	$5000\sim100000$	$100\sim10000$
能耗	低	较高	低

PSA 分离在规模化、能耗、操作难易程度、投资等方面都具有较大综合优势。PSA 分离技术的基本原理是基于在不同压力下，吸附剂对不同气体的选择性吸附能力不同，利用压

力的周期性变化进行吸附和解吸，从而实现气体的分离和提纯。根据原料气中不同杂质种类，吸附剂可选取分子筛、活性炭、活性氧化铝等。PSA法具有灵活性高、技术成熟、装置可靠等优势。近年来，PSA分离技术逐渐完善，通过增加均压次数，可降低能量消耗；采用抽真空工艺，氢气的回收率可提高到95%～97%；采用多床层多种吸附剂装填的方式，省去了某些气源的预处理或后处理的工序；采用快速变压吸附（RPSA），可实现小规模集成撬装；可通过与变温吸附、膜分离、低温分离等技术的结合，实现复杂多样的分离任务[12]。

低温（深冷）分离法是利用原料气中不同组分的相对挥发度的差异来实现氢气的分离和提纯。与甲烷和其他轻烃相比，氢具有较高的相对挥发度。随着温度的降低，碳氢化合物、二氧化碳、一氧化碳、氮气等气体先于氢气凝结分离出来。该工艺通常用于氢烃的分离。深冷分离法的成本高，对不同原料成分处理的灵活性差，有时需要补充制冷，被认为不如PSA分离或聚合物膜分离工艺可靠且还需对原料进行预处理，通常适用于含氢量比较低且需要回收分离多种产品的提纯处理，例如重整氢[12]。

聚合物膜分离法基本原理是根据不同气体在聚合物薄膜上的渗透速率的差异而实现分离的目标。目前最常见的聚合物膜有醋酸纤维（CA）、聚砜（PSF）、聚醚砜（PES）、聚酰亚胺（PI）、聚醚酰亚胺（PEI）等聚合物膜分离装置具有操作简单、能耗低、占地面积小、连续运行等独特优势。由于膜组件在冷凝液的存在下分离效果变差，因此聚合物膜分离技术不适合直接处理饱和的气体原料[12]。

12.1.2.5　CO_2 捕集封存（CCS）技术

（1）富氧燃烧法

富氧燃烧技术由 Horne 和 Steinburg 于1981年提出，又称 O_2/CO_2 燃烧技术或空气分离/烟气再循环技术。该技术在燃烧系统中使用 O_2/CO_2 混合气体，把 CO_2 体积分数提升至95%，再经压缩、脱水后可用管道输送及储存。采用这种燃烧方式还能大幅度减少 SO_x 和 NO_x 的排放，实现污染物的一体化协同脱除。富氧燃烧的技术优势在于：高热量利用率，低污染物如 SO_2、NO_x 以及烟气排放量，高的 CO_2 回收率，容易与脱硫、脱碳及颗粒分离系统集成等。

（2）正在开发的 CO_2 捕集技术

除了上面介绍的应用于化工行业的成熟技术外，还有一些新的 CO_2 捕集技术正在开发中，如化学链燃烧法、化学固定法、离子液体法、固体胺法、电化学法、金属骨架法、生物回收法等。

① 化学链燃烧法。化学链燃烧（chemical—looping combustion，CLC）基本原理是将传统的燃料与空气直接接触的燃烧借助于氧载体的作用而分解为2个气固反应，燃料与空气无需接触，由氧载体将空气中的氧传递到燃料中。系统由氧化反应器、还原反应器和载氧剂组成。金属氧化物（M_yO_x）首先在还原反应器内进行还原反应，燃料与 M_yO_x 中的氧反应生成 CO_2 和 H_2O，M_yO_x 还原成 M_yO_{x-1}；然后，M_yO_{x-1} 被送至氧化反应器，被空气中的氧气氧化，完成氧载体的再生。化学链燃烧的研究主要集中在高效载氧体研究、反应机理研究、反应器优化设计、过程分析模拟及有效控制、与其他系统的耦合等方面。

② 化学固定法。化学固定法主要可分以碳酸盐化合物形式进行 CO_2 固定处理及利用海水碱度提高处理固定 CO_2 两类。前者利用某些组成中含有氧化镁、氧化钙成分之矿石与 CO_2 进行化学反应形成碳酸镁和碳酸钙盐类 CO_2。后者以添加碳酸钠方式来提高海水碱度，

进而提高 CO_2 被吸收溶解于海水中的吸收量。化学固定法中还有另一种工艺如美国的 ZECA 系统、日本的 HyPr-RING 系统等。其主要脱碳思路是反应器中利用煤与 H_2O 在高温、高压下反应生成 H_2 和 CO_2，生成的 CO_2 在 CaO 存在的情况下生成 $CaCO_3$，由此获得纯度很高的 H_2。

③ 离子液体法。室温离子液体（ionic liquids，IL）是由有机阳离子和有机或无机阴离子构成的、在室温或室温附近温度下呈液态的盐类，简称离子液体，其特点是在室温附近很大的温度范围内呈液态，具有无蒸气压、良好的热稳定性以及阴阳离子可设计性等优势。研究表明：二氧化碳可以大量溶解在离子液体中，离子液体溶解二氧化碳后体积膨胀率很小等。目前该技术仍处于研究阶段，主要集中在吸收理论、功能化离子液体研究等方面。

④ 固体胺法。固体胺法就是以胺类改性后的多孔介质为吸附剂对 CO_2 进行捕集分离的一种方法，是目前国内外热门研究方向之一。目前该方法仍处于探索研究阶段，研究的热点包括吸附选择性及吸附容量的提高、动力学和热力学参数研究、吸附脱附模型的建立以及工业环境的应用等。

12.1.3 煤气化制氢的工艺流程

对于煤气化制氢工艺流程而言，根据实际需求的不同，其整体工艺大同小异，但是各个分系统的工艺差别较大。前端气化的工艺不同，会导致后续的变换及脱酸工艺不同。以气流床为例，根据煤种的特点，可选的气化工艺有水煤浆气化和干煤粉气化；变换系统根据目标产品的要求，可以为全变换或部分变换，根据催化剂的不同，可采用耐硫变换或非耐硫变换，根据换热方式的不同，可选用等温变换或绝热变换；脱酸系统则根据需求，可采用先脱硫再脱碳，先脱碳再脱硫，或是硫碳共脱。

12.1.3.1 煤气化工艺

煤气化主流的工艺以气流床为发展方向，已工业化的具有代表性的气流床气化技术主要有：以 Texaco 为代表的水煤浆气流床气化技术，和以 Shell 为代表的干煤粉气流床气化技术。与水煤浆气化技术相比，干煤粉气化具有煤种适应性广、比煤耗和比氧耗低、煤气有效气含量高、碳转化率和冷煤气效率高等优点，是目前研究的热点之一。以 Shell 为代表的干煤粉加压气化工艺流程可以简述如下：来自磨煤和干燥系统的合格煤粉（粒度和水分满足一定要求）进入煤粉加压输送系统，利用高压的 N_2 或 CO_2 将煤粉输送至气化炉内，煤粉与气化剂（O_2 和水蒸气）在炉内强烈混合并进行燃烧和气化反应，炉膛温度可以达到 $1500 \sim 1600℃$，且煤气中不含焦油等高碳氢化合物。气化炉的液态排渣在除渣系统中激冷、破碎、收集后排出。粗煤气在进入煤气冷却器之前，利用循环的冷煤气进行激冷，使高温煤气中夹带的熔融态灰渣凝固，以免其黏结在煤气冷却器的受热面上而影响其换热性能。激冷后的煤气经煤气冷却器冷却、除尘和湿洗系统净化后，进入下游工艺系统[2,13]。

典型的干煤粉气化流程详见图 12-3。

典型的水煤浆气化流程如图 12-4 所示。原料煤首先与助溶剂（如石灰石）、添加剂等经磨煤工序、进而与一定量的水混合制得质量分数为 $65\% \sim 70\%$、具备一定颗粒分布的水煤浆。水煤浆在经过过滤等处理后由煤浆泵加压输送至气化炉顶的喷嘴，在 $1300 \sim 1400℃$ 的反应温度下，与空分深冷所制得的氧气反应制得粗煤气。粗煤气在炉底的激冷室中降温并分离出固体残渣，随后在锅炉中进一步降温，固体残渣进入渣锁斗定期排出。冷煤气进入洗涤塔冷却除尘，处理后的粗煤气输送至净化和水煤气变换单元。洗涤塔底的灰水经处理后一部分回流洗涤塔用作洗涤水，一部分作为废水排出[5]。

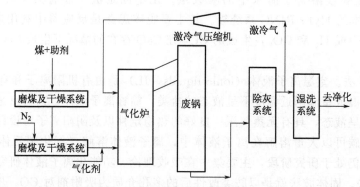

图 12-3 典型干煤粉气化流程示意图

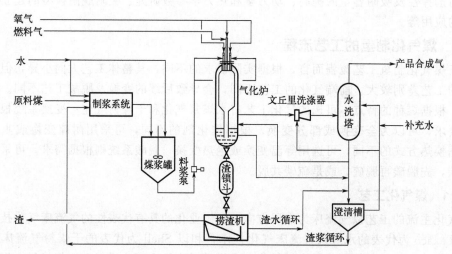

图 12-4 典型水煤浆气化流程示意图

12.1.3.2 变换工艺

由于采用的原料、生产条件及产品的不同，所以选用的催化剂和变换工艺也不尽相同。国内变换工艺大体有以下四种，分别是中变工艺、中串低工艺、中低低工艺及全低变工艺。每种工艺路线都有各自的特点和适用场景。从移热方式上来分，可分为绝热变换和等温变换。

典型的绝热变换工艺如图 12-5 所示。来自煤气化装置的合成气，经过分离器、过滤器分离冷凝液、过滤吸附重金属等有害物质后，分为三路，第一路进入合成气预热器，被一段变换炉出口的高温变换气预热，再进入蒸汽混合器与中压过热蒸汽混合调节水气比后，进入一段变换炉进行变换反应。从一段变换炉出来的变换气再进入合成气预热器预热，与来自合成气过滤器的第二路合成气及中压过热蒸汽混合后，在一段淬冷过滤器中喷水降温增湿降温，进入二段变换炉进行第二次变换反应。从二段变换炉出来的变换气与来自合成气过滤器的第三路合成气及中压蒸汽混合后，在二段淬冷过滤器中喷水降温增湿，进入三段变换炉进行第三次变换反应，将剩余的 CO 变换完全。从三段变换炉出来的变换气经预热锅炉给水、脱盐水回收热量，分离冷凝液、冷却降温后，进入水洗塔，加入锅炉水将氨、粉尘、HCN等杂质洗掉，被送至低温甲醇洗工序脱碳。

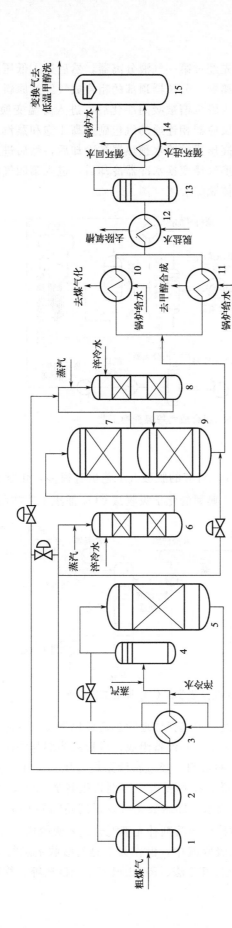

图 12-5　典型的绝热变换工艺

1—粗煤气分离器；2—粗煤气过滤器；3—粗煤气预热器；4—蒸汽混合器；5—第一变换炉；6—第一淬冷过滤器；7—第二变换炉上段；8—第二淬冷过滤器；9—第二变换炉下段；10—锅炉给水预热器；11—锅炉给水预热器；12—脱盐水预热器；13—第一变换分离器；14—第一变换气冷气器；15—变换气水洗塔

来自粉煤气化单元的粗合成气首先经过第一气液分离器，然后进入低压蒸汽发生器，副产低压饱和蒸汽后，进入第二气液分离器，分离器顶部的粗合成气经过原料气加热器与等温变换反应器出口的变换气换热后，进入脱毒槽被吸附净化后，进入等温变换反应器进行 CO 变换反应，在这一过程中与等温变换反应器相连通的汽包副产高压饱和蒸汽。等温变换反应器出口的变换气经过原料气加热器和高压锅炉给水预热器被冷却后，然后进入脱盐水预热器和第三气液分离器，分离器顶部的变换气经变换水冷器冷却后，进入第四气液分离器进行气液分离，顶部变换气送至下游酸性气体脱除装置（图 12-6）。

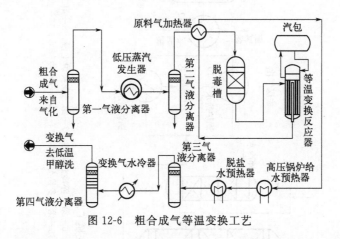

图 12-6　粗合成气等温变换工艺

12.1.3.3　脱酸工艺

目前脱除 CO_2 和 H_2S 的技术很多，对应的脱酸气工艺也有很多，化学吸收法捕集工艺需要结合吸收剂的性能特点进行设计，典型的化学吸收法 CO_2 捕集工艺如图 12-7 所示。

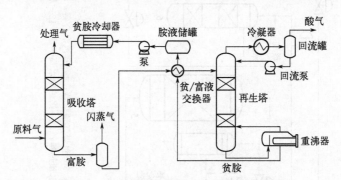

图 12-7　典型化学吸收法 CO_2 捕集工艺流程

化学吸收法是使用液相溶液，从气相中选择性地除去通过化学反应容易溶于吸收液成分的方法。工艺主要由吸收塔和解吸塔 2 个核心设备组成，塔顶的溶剂与塔底的烟气在吸收塔相互接触并发生反应，得到富集 CO_2 的溶剂，经过富液泵提升压力，在换热器中与来自解吸塔的贫液经过换热升温后进入解吸塔；在解吸塔中溶剂再生释放 CO_2，经过塔顶的冷凝器降温后得到高纯度 CO_2，烟气经过脱水、加压液化可以得到超临界 CO_2，溶剂再生后得到的 CO_2 贫液经过换热降温后再经过冷却与溶剂补充液混合进入吸收塔[14]。

物理吸收法主要是将 CO_2 溶解在吸收液中，但作为不是与吸收剂进行化学反应的吸收过程的具体的物理吸收方法，有水洗法、PC 法、Rectisol 及 NHD 法等。物理吸收法通过改变温度和吸收液间压力达到吸收 CO_2 和解吸的目的，溶剂在减压后释放 CO_2（不需要加热）。解吸后的溶液循环使用。物理吸收法的最大优点是能耗低。物理吸收法适用于高 CO_2 分压、净化度要求不太高的情况，再生吸收时通常不需要加热，仅用降压或气提便可实现。总体上，该方法工艺简单，操作压力高，但是 CO_2 回收率较低，工艺流程见图 12-8。

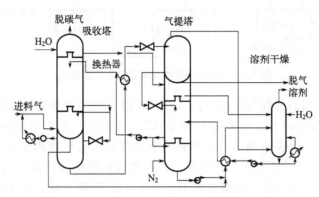

图 12-8　典型物理吸收法 CO_2 捕集工艺流程

膜分离法是利用由几个聚合材料构成的膜对不同气体的透过率不同来分离气体的方法。该方法的基本原理取决于 CO_2 气体和薄膜材料之间的化学或物理操作。通过快速溶解 CO_2 薄膜使膜侧 CO_2 浓度降低，成为在膜的相反侧浓缩的状态。膜分离技术的核心是膜，膜的性能主要取决于膜材料和成膜技术。优质膜材料应具有较大的气体渗透系数和较高的选择性。既具有高分离性能还具有良好的化学稳定性、物理稳定性、耐微生物侵蚀和抗氧化等性能。这些性能都取决于膜材料的化学性质、组成和结构。

12.1.3.4　提纯工艺

氢气提纯常用的方法有变压吸附分离、低温分离、聚合物膜分离等，其中大型工业化以 PSA 为主，变压吸附法在工业上通常使用的吸附剂是固相，吸附质是气相，同时采用固定床结构与两个或更多的吸附床系统，从而可以保证吸附剂能交替进行的吸附与再生，因此能持续进行分离过程。变压吸附法主要由以下三个基本过程组成：一是在相对较高的吸附压力条件下，吸附床在通入混合气体后，易被吸附剂吸附的组分被选择性吸附，而不易吸附的杂质组分则从流气床口流出；二是吸附剂通过抽真空、降压、置换冲洗盒等方法使吸附剂解吸，然后再生；三是解吸剂通过不易吸附的杂质组分使吸附床加压，从而达到吸附压力值，以便进行下一次吸附。变压吸附法具有低能耗、产品纯度高且可灵活调节、工艺流程简单并可实现多种气体的分离、自动化程度高、操作简单、吸附剂使用周期长、装置可靠性高的优点，最大的缺点是产品回收率低，一般只有 75% 左右。目前变压吸附的研究方向包括优化纯化流程、变压吸附与选择性扩散膜联用，主要是围绕提高氢气回收效率展开的。

常见的 5 塔 PSA 工艺流程，即：装置的 5 个吸附塔中由吸附、连续多次均压降压、顺放、逆放、冲洗、连续多次均压升压和产品气升压等步骤组成。

12.1.3.5　二氧化碳捕集的工艺流程

（1）PSA 脱除或提纯 CO_2 技术

PSA 脱除或提纯 CO_2 技术较适合 CO_2 含量在 20%～60% 之间的气体，CO_2 提取率大于 75%。由于具有操作较简单、维修容易、自动化程度高、操作费用低、也不会带来新的污染源等优点，PSA 脱除或提纯 CO_2 的应用越来越广泛。下面介绍了两段法变压吸附技术的应用情况，该装置 2004 年建成，现处理变换气量 65000m³/h，图 12-9 为工艺流程框图。

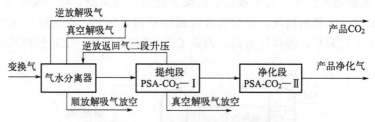

图 12-9　PSA 两段脱碳装置工艺流程框图

该装置提纯段采用的流程为 20-6-11-V，即 20 塔 6 塔同时吸附 11 次均压抽真空流程。原料气量 65000～85000m³/h，压力 1.8～2.0MPa，温度低于 40℃的变换气由变送工段送入提纯段，经气水分离器除去游离水分后再进入吸附塔组中处于吸附步骤的 6 台塔，脱除约 90％的 CO_2；其余在中间气中进入净化段。在提纯段解吸后获得含量大于 98％的 CO_2 气体，用于尿素合成。净化段采用的流程为 15-7-6-V，即 15 塔 7 塔同时吸附 6 次均压抽真空流程。中间气进入净化吸附塔脱除剩余的约 10％ CO_2，得到压力约 1.85MPa，CO_2 含量≤ 0.5％的脱碳气。该装置的 H_2 回收率平均为 98.86％，CO_2 回收率平均为 73.90％，N_2 回收率为平均为 95.02％，CO 回收率平均为 93.84％。

（2）低温分离法

低温分离法比较典型的工艺是美国 Koch Process（KPS）公司的 Ryan Holmes 三塔和四塔工艺，整个流程包括乙烷回收、甲烷脱除、添加剂回收和 CO_2 回收。KPS 公司的四塔方案主要包括乙烷回收塔、CO_2 回收塔、甲烷脱除塔和添加剂回收塔，如图 12-10 所示。气体首先进入乙烷回收塔，从塔顶出来的含 CO_2 气体经过加压、冷却后进入新增的 CO_2 回收塔。该塔不采用添加剂，塔底得到的 CO_2 中不含甲烷，可用泵加压后直接进行回注。从塔顶出来的甲烷气体中 CO_2 含量为 15％～30％，进入脱甲烷塔，从塔顶得到产品气。

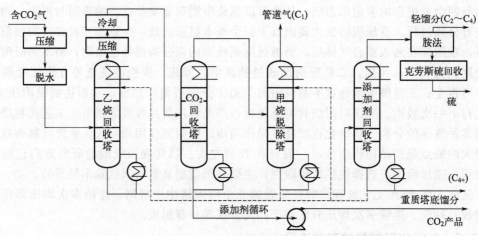

图 12-10　Ryan Holmes 的四塔回收 CO_2 工艺流程图

（3）富氧燃烧法

富氧燃法（图 12-11）是将锅炉尾部排出的部分烟气经再循环系统送至炉前，与空气分离器（空分系统、膜分离氧气制备等系统）制取的 O_2（体积分数在 95％以上）按一定比例

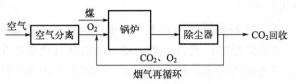

图 12-11　富氧燃烧示意流程图

混合后，携带燃料经燃烧器送入炉膛，在炉内燃烧。该方法用空气分离获得的 O_2 和部分锅炉排气构成的混合气体代替空气作为燃烧时的氧化剂，烟气中 CO_2 含量大于 70%，其余为水。70%～75% 的烟气循环再使用，其余经干燥脱水后可得含量为 95% 的 CO_2，压缩后回收利用。

12.1.4　煤气化制氢的主要设备

12.1.4.1　煤气化设备

煤气化工艺中最核心的设备是气化炉，根据煤的性质和对煤气的不同要求有多种气化技术，相应的气化设备也有很多种。从技术流派来分有固定床气化炉、流化床气化炉、气流床煤气化炉。而气流床粉煤气化由于其适用煤种广泛、出口有效气含量高、能耗少和水耗少等优点，整体性能上优于其他气化技术而逐渐被广泛应用。最具代表的粉煤气化炉有壳牌气化炉、GPS 气化炉、两段式干粉加压气化炉、航天炉等。

（1）壳牌气化炉

壳牌（Shell）干煤粉加压气化炉的气化流程是原料煤混合助溶剂经磨煤机磨制成 100%＜0.1mm 的煤粉后，再经热风干燥，再由低压载气 N_2（或者 CO_2）吹至加料斗，再经高压载气 N_2（或者 CO_2）送至气化炉喷嘴；高压氧气和过热蒸汽的混合气体送入喷嘴；煤粉、氧气和蒸汽在气化炉充分混合，在高温高压的条件下发生复杂的物理与化学变化，生成有效气体（CO＋H_2）大于 85% 的高温煤气送后序工段。Shell 气化炉的操作温度在 1400～1600℃ 之间，操作的压力在 3.0～4.0MPa 之间，适应于褐煤、烟煤、无烟煤、石油焦及高熔点的煤，多喷嘴上行制气下行排渣使得混合程度在炉体内部得到强化，增大了运行负荷的可调性；水冷壁冷却，降低了氧煤耗，碳转化率高达 99%[15]。

Shell 气化炉分为水冷壁式的炉膛和压力壳体，气化炉内件包括气化段、渣池、激冷段三个部分，它们由气化段圆筒水冷壁、气化段锥顶、气化段锥底、渣池锥顶、渣池热筒壁、喷水环、渣斗、激冷管、喷嘴冷却锥、吹风管、正常冷激器和高速冷激器等多个部件组成。但是其独特结构构造使得其结构十分复杂、设备庞大、维修困难、系统控制要求很高、投资大。目前，Shell 气化炉炉型有三种：上行废热锅炉型，上行激冷炉型和下行激冷炉型，如图 12-12 所示。

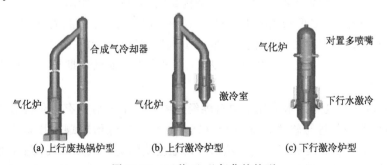

(a) 上行废热锅炉型　　(b) 上行激冷炉型　　(c) 下行激冷炉型

图 12-12　三种 Shell 气化炉炉型

（2）GPS 干煤粉气化炉

GSP 干煤粉气化技术的流程是煤经加热干燥后磨成煤粉，再通过 N_2 密相输送经喷嘴喷与氧气和水蒸气在进入气化炉后进行混合，经过复杂的物理与化学变化过程后，渣水进入渣水处理系统分成粗渣、细渣和排污水，粗合成气经过热回收生成低压蒸汽，再经酸性气体脱出过程后成为较干净的合成气。

GSP 气化炉是在 1400～1700℃、2.5～4.0MP 下进行操作的，通过单喷嘴下行制气，底部排渣；通过中压蒸汽调节炉体的温度，使温度处在合适的范围。褐煤、烟煤、次烟煤、石焦油及焦油等都适合用 GSP 气化炉进行气化。它具有氧煤耗低、炭转化率高的特点，但是炉子在粉煤传送方面问题较大，结构较复杂投资也较大[15]。结构如图 12-13（a）所示。

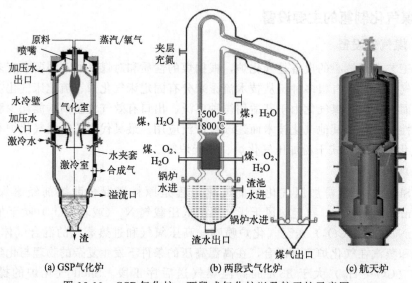

图 12-13　GSP 气化炉、两段式气化炉以及航天炉示意图

（3）两段式（干粉加压）气化炉

该气化炉结构分为内外两层，外层是一个直立的圆筒，内层是炉膛。炉膛是采用水冷壁结构，炉膛分为上下炉膛两段，下炉膛与第一级喷嘴与出渣口相连，上炉膛与第二级喷嘴和煤气出口相连。气化流程是煤经过干燥后经磨机制成干煤粉，经过载气 N_2 运至第一、第二级喷嘴，在第一级喷嘴处与氧气、水蒸气混合喷入下端炉膛，经高温反应后炉渣经出渣口排出，反应后气体继续上行进入上炉膛，在上炉膛内与来自第二级喷嘴的煤粉和蒸汽混合后继续发生二次反应，反应后的气体经过煤气出口进入激冷罐进行激冷，激冷液排出，剩余气体进入洗涤塔进行净化得到较干净的合成气。结构如图 12-13（b）所示。

两段式气化炉的特点是两级喷嘴干粉进煤（第一级喷入的煤粉量占总煤量的 80％～85％，喷入量占总煤量的 15％～20％），温度在 1300～1600℃之间，压力在 3.0～5.0MPa 之间，液态排渣、炭转化率 99％以上，有效气体 90％以上，维护量少、运转周期长、无需备炉[15]。

（4）航天炉

航天炉（HT-L）气化技术流程是原料煤经过磨煤、干燥后储存在低压粉煤储罐，然后用 N_2 或者 CO_2 为载气进行输送，通过粉煤锁斗加压、粉煤给料罐加压输送，将粉煤输送到气化炉烧嘴。干煤粉、纯氧气、过热蒸汽一同通过烧嘴进入气化炉气化室，瞬间完成了挥发分的挥发、燃烧，煤的裂解，气相均匀反应，气固相的反应等一系列的物理过程和化学过程。粗合成气和熔融态的灰渣一同出气化室通过激冷环、下降管被激冷水激冷冷却后，进入激冷室水浴洗涤、冷却，然后合成气经过文丘里洗涤器增湿、洗涤，进入洗涤塔进一步降温、洗涤的粗合成气送到变换、净化工段，灰渣经过排渣口进入排渣系统[15]。结构如图 12-13(c) 所示。

航天炉的技术特点是干煤粉进料，N_2 或 CO_2 做载气，水冷壁，液态排渣，对煤种适应范围宽，缩短了开、停车时间，提高了升降负荷的速度，安装有摄像头提高安全性和便捷性。与 GSP 气化炉相比有很多相似之处，但是我国的自主专利费用较低。与 Shell 气化炉相比，没有气体激冷，没有设置压缩机，没有复杂的换热系统，与水煤浆气化炉相比，不用考虑喷嘴寿命和耐火砖侵蚀问题[15]。

12.1.4.2 变换设备

变换反应为可逆放热反应，传统的变换技术一般采用多个绝热变换反应器串联，以达到所需要的变换深度。随着煤气化技术的不断发展，干煤粉激冷流程气化技术得到了广泛的应用，该类气化技术所产粗煤气具有水含量高、CO 含量高"双高"的特点，如果直接进入变换炉进行反应，催化剂床层温度高达 500℃以上，严重影响催化剂的使用寿命和系统的安全运行。变换设备作为变换反应的关键设备，从换热方式上来分可分为绝热变换炉和等温变换炉两种炉型。

绝热变换反应器是绝热变换技术的核心设备，传统的炉型以轴向反应器为主，如图 12-14 所示。多段绝热变换炉通常设置两段或三段绝热反应段，两段式中变炉壳体是用钢板制成的圆筒，内部以钢板隔成上、下两段。上段装两层催化剂，下段装一层催化剂。催化剂靠支架支承，支架上铺箅子板、钢丝网及耐火球，然后装填催化剂，上部再装一层耐火球。在催化床层内设有热电偶。炉体内壁砌有耐热混凝土衬里，以降低炉壁温度和减少热损失。炉体上配置有人孔与卸催化剂口。

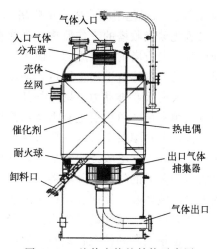

图 12-14 绝热变换炉结构示意图

等温变换反应器是等温变换技术的核心设备，根据流体在反应器中的流动方式，可以分为轴向反应器和径向反应器。径向反应器具有阻力降小、处理能力大的优点，目前实现工业化应用的等温变换反应器主要为径向反应器。等温变换炉在炉内催化剂床层设置换热单元，采用水作为移热介质，通过副产蒸汽的方式移走反应热，维持变换反应在较低温度下进行，防止催化剂床层超温，同时使变换反应尽可能接近最佳温度曲线进行。

根据反应器内移热单元的形式，等温变换反应器又可分为列管式、套管式、绕管式等类型[16]，如图 12-15 所示。

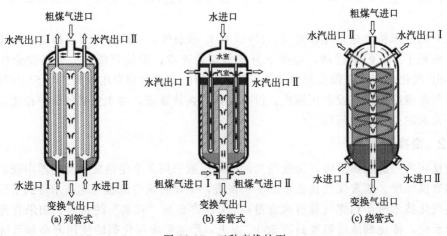

图 12-15　三种变换炉型

虽然等温变换技术和传统绝热变换技术相比有诸多优势，但也存在一些不足之处。等温变换炉结构复杂，操作不当容易造成内件损坏，影响系统稳定运行，并且其查漏检修困难，若开停车期间等温变换炉内件发生内漏，则会严重影响了催化剂的使用寿命及系统的安全运行。另外，等温变换炉只能副产中压饱和蒸汽，在变换系统内部无法对副产蒸汽进行过热，如果中压饱和蒸汽无合适用户，需要额外设置蒸汽过热炉过热蒸汽。因此，等温变换技术应进一步提高反应器可靠性及热量利用效率。

12.1.4.3　脱酸设备

脱酸工艺中的关键设备主要涉及二氧化碳吸收塔、解吸塔、再生塔，如图 12-16 所示。

图 12-16　脱酸工艺
三种关键设备

二氧化碳吸收塔的工作原理：吸收充分，使液体吸收剂与气体充分接触。吸收塔的吸收原理一般采用逆流操作，即液体在塔内自上而下流动，气体自下而上通过，逆流吸收可以使吸收更完善，并能获得较大的吸收推动力。塔体外部的气体进入塔体后，经气体分布器进入填料层，填料层上有来自从液体分布盘或喷淋管分布下的喷淋液体，并在填料上形成一层液膜，气体流经填料空隙时，与填料液膜接触并进行吸收或中和反应，气体继续向上行走，经过几次经吸收或中和后的气体经除雾器收集后，经出风口排出塔外。液膜上的液体经液体收集器回收至指定地点。

一般来讲，二氧化碳吸收塔的直径非常大，可达到十几米，因此其耗能也很大。和传统板式吸收塔相比，苏尔寿公司生产的规整填料 Mellapak 和 Mellapak Plus 在吸收塔中的应用减小了填料塔直径尺寸，因而节省了设备材质、占用空间费用。不仅如此，填料吸收塔具有更低的压降，在装置的运行中能量消耗更低。因此填料塔在二氧化碳捕集技术的应用不仅降低固定设备投资，而且节约了生产操作费用[17-18]。

CO_2 解吸塔的工作原理是加温或减压将溶解在吸收剂中的 CO_2 解吸出来。再生塔外加再沸器将吸收剂富液加热解吸出 CO_2，富液再生成贫液继续循环回用。CO_2 解吸塔和再生塔的形式多为填料塔，塔身是一直立式圆筒，底部装有填料支承板，填料以乱堆或整砌的方式放置在支承板上。填料的上方安装填料压板，以防被上升气流吹动。液体从塔顶经液体分布器喷淋到填料上，并沿填料表面流下。气体从塔底送入，经气体分布装置（小直径塔一般不设气体分布装置）分布后，与液体呈逆流连续通过填料层的空隙，在填料表面上，气液两相密切接触进行传质。填料塔属于连续接触式气液传质设备两相组成沿塔高连续变化，在正常操作状态下，气相为连续相，液相为分散相。

12.1.4.4 提纯设备

变压吸附塔是变压吸附装置的核心提纯设备。其包括设有进气管和排料口的塔体，所述的塔体内腔底部通过设置不锈钢网隔板使塔体内腔底部构成缓冲空腔。变压吸附塔，结构简单，进气管设置成 L 形结构，塔体顶部设置气流分布器，塔体底部设置不锈钢网隔板，使吸附塔底部构成缓冲空腔。采用上述结构后当压缩空气从进气管进入塔体时，在缓冲空腔中既产生扩散使气流均布的作用，又具有降速以增加与吸附剂的接触时间的作用，还具有使吸附塔底部吸附剂防潮的作用。

12.1.4.5 二氧化碳捕集的主要设备

净化工段的设备选型方案有两种，方案一：直接将原料气加压至 5.0MPa(G)，再经过净化、液化、精馏制得液态 CO_2 产品。方案二：先将原料气加压至约 1.45MPa（G），经过净化后再返回压缩单元加压至 5.0MPa（表压），再分别通过液化、精馏单元制得液态 CO_2 产品。由于原料气中的主要成分是 CO_2 和 N_2，还有微量的 CH_4、H_2O、CH_3OH 和 H_2S 等，变温变压吸附只能将原料体中的微量组分 H_2O、CH_3OH 和 H_2S 等分离出去，这些微量组分的流量相对原料气的流量来说微乎其微，可以不用考虑，所以可以认为上述两种方案的吨二氧化碳公用工程能耗相同，其主要区别在于投资方面、占地大小等。不论方案一还是方案二，变压变温吸附均采用普通碳钢设备，方案二的净设备投资稍低，但方案二原料气压缩机设计较复杂，投资较高，所以总的设备投资差别不大；由于方案一流程简单、易于操作且占地面积小，所以本项目选择方案一。

由于需要的冷冻量较小，冷冻工段的设备采用常用的螺杆式氨压缩机，并用冷却水将氨冷却至 40℃液化，并在氨冷器的入口减压至 0.052MPa 制冷。

精馏工段的精馏塔是捕集系统的核心设备。考虑到生产食品级二氧化碳，该塔采用了 16MnDR 复合 06Cr18Ni11Ti 材料，在塔顶与塔釜分别设置换热器用于回收冷量和再沸提纯。在塔的中部及上部采用两层规整填料用于气液传质传热。

（1）二氧化碳捕集的典型案例

① 装置概况。CCS 装置是国家能源集团发展低碳化能源技术的战略需求，依托煤制油公司建立的我国首个 10 万吨每年级的 CCS（盐水层封存）实验装置的示范装置。装置将煤制氢装置低温甲醇洗工序排放的 CO_2 尾气或天然气制氢装置脱碳再生 CO_2 废气，经 CCS 装置提纯液化，加压注入到盐水层。

装置建设规模为：10 万吨每年（首期）。

装置年操作日 310 天，7440 小时每年。

② 设计特点。原料通过管道输送至二氧化碳捕集单元，经过压缩、净化、液化、精馏等工序生产出合格液体二氧化碳（如图 12-17）。本单元包含压缩净化、冷冻、精馏以及公用工程四个工段。该捕集系统具有：工艺简单、操作方便、自动化程度高、能耗低等特点。

③ 流程概述。

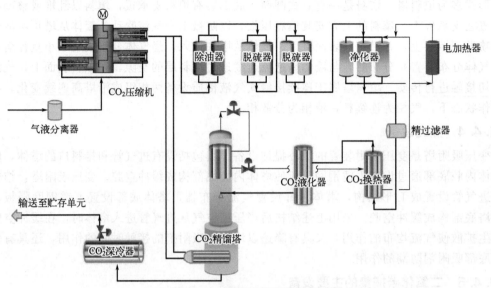

图 12-17 捕集系统流程示意

a. 净化工段。从煤制氢装置低温甲醇洗单元来的 25℃、0.005MPa（表压）富二氧化碳尾气，经管道输送至压缩机入口分液过滤器，进行分液过滤，经三级压缩，通过调节阀调节压缩机出口压力至 5.0MPa（第三级出口约 152℃，原料气体部分热量作为精馏塔塔釜热源，换热后约 80℃ 原料气返回与高温原料气混合，混合后原料气经三级循环冷却器冷却到 40℃）。通过压缩机出口油液分离器进行气液分离，分离后的气相物质至除油器（当原料气不合格或后工序未开车时通过压缩机出口放空管线放空）。气体由下而上通过除油器，通过吸附剂脱除原料气中可能带有的油气，使油脂含量≤1μL/L；其中除油器两台可串联操作，也可以并联操作。除油后的原料气依次从顶部进入脱硫器Ⅰ、脱硫器Ⅱ，依次通过吸附剂脱除原料气中有机硫和无机硫等，使总硫≤0.1μL/L；脱硫器Ⅰ和脱硫器Ⅱ各自两台可串联操作，也可以并联操作（但脱硫Ⅰ、脱硫Ⅱ不可并联）。脱硫后原料气体从底部进入净化器。依次通过吸附剂脱除原料气中含有的 CH_3OH 等碳烃杂质和水分，达到净化的目的，送至下一工序。

b. 冷冻工段。来自界外的液氨通过管线进入贮氨器，液位控制在 90% 左右。贮氨器中的液氨，在压力作用下，通过管线进入二氧化碳液化器、二氧化碳深冷器，液位分别控制在 40%，35%，进入经济器。在经济器中一小部分液氨气化，将冷量传递给余下的液氨，气化后的氨进入氨压机；绝大部分液氨在经过热量交换吸收小部分液氨气化的冷量后，降低一定的温度，然后分成两路：一路进入二氧化碳液化器，由液位计控制二氧化碳换热器的液位，液氨闪蒸，吸收净化工段过来的二氧化碳原料气的热量，气氨从顶部逸出，进入氨液分离器；另一路从管线进入二氧化碳深冷器，与氨液分离器底部分离来的液氨一起对二氧化碳深冷器中液体二氧化碳进行深冷，通过液位计控制液位，液氨闪蒸后吸收精馏工段来的液体二氧化碳热量，气氨从二氧化碳深冷器顶部逸出，闪蒸挥发的气氨与来自二氧化碳液化器的气氨一起进入氨液分离器。在氨液分离器气液分离，气相从氨液分离器顶部经吸气过滤器进入氨压缩机，与经济器气化的小部分氨混合后一起进压缩机压缩后进入油分离器，分离出来的油进入油路系统，分离出来的气氨从上部进入高效卧式冷凝器经过循环水降温到 35℃，变成液氨，进入贮氨器储存。

c. 精馏工段。从净化工段来的 4.85MPa、40℃ CO_2 气体，经过精细过滤器过滤掉固体杂质，进入到二氧化碳换热器与精馏塔顶部出来的闪蒸气换热，预冷至 30℃，然后进入二氧化碳液化器进行换热，温度降至 $-8 \sim -10$℃，气态的 CO_2 被液化。液化后的二氧化碳进入精馏塔。

液体 CO_2 从精馏塔中部进入，通过分配盘后闪蒸，闪蒸后的液相沿塔体向下与塔釜上来的气相传质、换热；闪蒸后的气相沿塔体向上运动，传质、换热。塔顶换热器出来的闪蒸气含 H_2、CO、N_2、CH_4 等杂质，经压力传感器减压至 $0.8 \sim 1.6$MPa，温度降至 -42℃，再回到塔顶换热器壳程，与精馏塔内部上升的不凝性气体换热，使塔顶温度保持在 -10℃左右，换热后的闪蒸气经二次减压至 0.1MPa，然后进入二氧化碳换热器与净化工段来的原料气二氧化碳换热，被回收冷量后进入净化工段作为再生气，其压力由压力传感器控制调节。

精馏塔塔釜的 13℃，4.8MPa 液体 CO_2 由液位计控制，进入二氧化碳深冷器与壳程中的液氨进行换热，通过控制液氨的挥发速度将液体 CO_2 温度降至 -20℃左右，送出界区。

12.2 甲醇制氢

甲醇制氢是在适应中国国情条件下发展的，并在国内中小规模制氢中占据主导地位的制氢技术。氢气作为众多企业生产的原料或中间产品原料，亟需一种原料易得、生产成本低的制氢技术。但由于 20 世纪末期我国还未建立完整的天然气供配体系，只有在大型的化工基地或油气田附近才拥有充沛的天然气原料，采用天然气制氢。而大量的中小型工业企业主要采取水电解制氢技术，在电力紧缺年代，氢气生产成本成为限制企业发展的关键。西南化工研究设计院于 1993 年 7 月在广州金珠江化学有限公司开发国内首套 600m^3/h 甲醇制氢，开创了国内甲醇制氢技术的先河[19]。1996 年开始亚联氢能在西南化工研究设计院的基础上对工艺流程进行了优化与创新，在沿海地区迅速取代高耗能的水电解制氢技术，为中小型企业提供了一种原料易得、廉价的制氢方式。截至目前，在中小型制氢装置数量中，甲醇制氢装置套数仍然占主导地位。

12.2.1 甲醇制氢技术基本原理

工业普遍使用的甲醇制氢方式有两种：一种为甲醇水蒸气重整，该方法是采用甲醇与水蒸气发生重整反应主要生成 H_2、CO_2，及少量的 CO、CH_4，反应出来的干气中氢气含量达到 74% 以上，CO_2 含量约 24%，CO 含量约 1%；另外一种为甲醇直接裂解，该方法为甲醇在无水条件下直接裂解为 H_2、CO 及副产品 CO_2、CH_4 的过程，反应出干气中 H_2：CO 比例接近 2:1[20,21]，该种方式主要用于生产 CO 并副产 H_2 或者生产 H_2 与 CO 的合成气直接用于下游生产。

针对甲醇裂解制氢或甲醇水蒸气重整制氢的反应机理，学术界进行长期的探索[22-27]，在前期普遍认为甲醇制氢的机理为：甲醇先发生直接裂解反应，然后生成的 CO 与水蒸气发生水气变换反应，化学反应方程式如下：

$$CH_3OH \rule[0.5ex]{1.5em}{0.4pt} CO + 2H_2 \qquad +90.7kJ/mol$$
$$CO + H_2O \rule[0.5ex]{1.5em}{0.4pt} CO_2 + H_2 \qquad -41.2kJ/mol$$

但许多研究发现在试验及实际生产过程中，检测出的重整气中 CO 含量要低于热力学平衡中 CO 含量；因此学者们提出甲醇水蒸气先反应生成 CO_2，然后再发生逆水气变换反应，化学反应方程式如下：

$$CH_3OH + H_2O \Longrightarrow CO_2 + 3H_2 \qquad +49.5kJ/mol$$
$$CO_2 + H_2 \Longrightarrow CO + H_2O \qquad +41.2kJ/mol$$

该种理论普遍被接受,随着研究的进一步深入,甲醇制氢反应过程的中间产物、甲醛、甲酸甲酯、甲酸等被发现,科学家对反应机理进行深入的探讨。张磊等通过利用原位傅里叶变换红外光谱技术对甲醇制氢反应机理进行了研究[28],系统地阐述了甲醇直接裂解制氢与甲醇水蒸气变换制氢机理(图12-18和图12-19)。甲醇在催化剂表面脱氢生成甲氧基,甲氧基进一步转化为甲酸甲酯,在无水蒸气条件及较高温条件下,甲酸甲酯直接分解为CO及H_2;在有水条件下,甲酸甲酯与载体的氧形成甲酸,甲酸再分解成CO_2及H_2,两者反应机理图如下所示。在实际工程项目中,普遍使用的是铜系催化剂,在甲醇直接裂解反应中,为延长催化剂的使用寿命,反应温度一般在300℃以下,甲酸甲酯未反应完全,因此甲醇直接裂解反应出口的反应气体中含有甲酸甲酯较为明显;同时由于工艺管道设备若存在铁离子,会与反应生成的CO形成羟基铁,而羟基铁是诱导费-托反应发生的催化剂,因此在进行甲醇直接裂解反应系统中,原料管道及反应管普遍采用不锈钢材质。而甲醇水蒸气重整反应,由于水蒸气的加入,产物一般不含有甲酸甲酯,个别厂家催化剂存在未反应的甲酸。

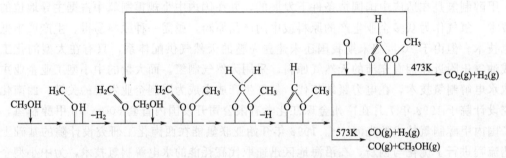

图 12-18 $CuO/ZnO/CeO_2/ZrO_2$ 催化剂上甲醇直接裂解反应机理图

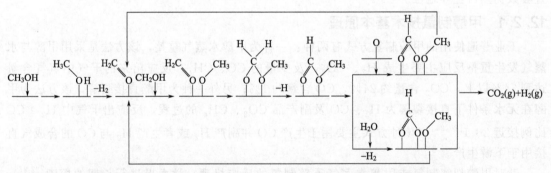

图 12-19 $CuO/ZnO/CeO_2/ZrO_2$ 催化剂上甲醇水蒸气重整反应机理图

12.2.2 甲醇制氢催化剂

甲醇重整制氢的催化剂分为两类:一种为廉价金属催化剂,主要为铜系催化剂(如 $CuO/ZnO/Al_2O_3$,$CuO/ZnO/ZrO_2$ 等体系)及不含铜催化剂(如 Zn-Cr 等);一种为贵金属催化剂,典型代表是 Pd/ZnO 催化剂。对于工业装置,铜基催化剂的低温重整活性好,价格低廉,在工业装置上被广泛使用。而贵金属催化剂,因其高空速及耐温性,已经成为未来高度集成式甲醇制氢装置研究使用催化剂的重点。

　　铜基催化剂具有优良的催化性能，最初被用于甲醇合成反应催化剂，在研究甲醇重整制氢时最早也是尝试使用 Cu 基催化剂。实践证明，Cu 基催化剂在甲醇重整反应中低温活性好，转化率高。在目前的工业装置中基本采用的是 CuO/ZnO 二元催化剂或 CuO/ZnO/Al_2O_3 三元催化剂体系。

　　学者通过傅里叶红外光谱技术对催化剂进行表征表明，催化剂中 Cu 在反应过程中对甲醇的吸附以及将甲醇转化为甲基氧化合物起关键作用，而 Zn 有利于甲基氧化物转化为甲酸盐，最后甲酸盐转化为碳酸盐，进而分解成 CO_2 和氢气。所以，Cu 和 Zn 对甲醇重整反应都起到了促进性作用。CuO/ZnO 催化剂的催化活性虽然好，但是在高温条件下容易出现烧结问题，利用 Al_2O_3 作为载体可以提高催化剂耐温抗烧结性能，因此形成了典型的 CuO/ZnO/Al_2O_3 三元催化剂体系。

12.2.3　甲醇制氢的工艺流程

12.2.3.1　甲醇制氢的工艺条件的选择

　　甲醇水蒸气重整反应是一个体积扩大的强吸热反应，低压有利于转化率的提高，反应需要外界提供大量热，操作条件的选择对整个制氢系统的平衡组成和热效率有很大的影响，工业装置需要综合用氢需求及氢气提纯对压力的需求，选择适当的工艺操作条件，对提高氢气产量，降低生产过程中的能耗具有重要意义。

　　① 操作压力：根据甲醇制氢的反应方程式，低压力有利于反应的进行，但采用变压吸附方式的氢气纯化需要一定的工作压力，同时用户端有一定的需求。因此选择合适的操作压力对反应较为关键，基于吉布斯（Gibbs）自由能最小理论可知随着压力的升高，甲醇重整反应理论转化率而降低，在 0～3MPa（表压）以内是较为合适的操作空间。因此根据下游氢气纯化技术及客户需求以及设备成本进行综合考虑。对于小型制氢装置，选择低压进行，对于化工加氢领域后端加氢压力在 2.0MPa（表压）以上，为减少中间增压过程，制氢的操作压力会大于后端加氢压力。

　　② 操作温度：甲醇水蒸气重整反应是强吸热反应，热力学平衡角度高温有利于化学反应的进行，但是在高温条件下，系统的能耗会提高，同时转化气中 CO 含量会急剧升高，还会发生新的甲烷化反应。目前工业广泛使用的催化剂为 Cu/Zn/Al 三元催化剂，反应温度普遍在 240～280℃之间；亚联 ALCA 高铜系列催化剂初期使用导热油温度可以在 240℃，反应中心温度在 225℃，转化气出口 CO 含量控制在 0.6%（干基）以下。低铜系列催化剂，初期使用温度在 250℃，转化气出口 CO 含量在 1%左右（干基）；高铜系列催化剂有利于提高甲醇的转化率。因此对于大型的工业甲醇制氢装置，希望降低反应温度，以降低系统能耗，而对于新能源系统的紧凑型制氢装置希望采用高活性，高的反应温度以提高系统传热及催化剂反应活性，达到高度紧凑型的制氢装置。

　　③ 水醇比：甲醇水蒸气重整反应理论水醇比为 1∶1（摩尔比），工业装置中为提高甲醇的转化率及降低 CO 的含量，普遍的水醇比控制在 1.5∶1（摩尔比）。反应冷却水经过冷却分离后继续返回原料入口继续进行循环使用。

　　④ 催化剂空速：所谓空速是指单位反应体积所能处理的反应混合物的体积流量。由于反应过程中，气体混合物体积流量随操作状态而改变，某些反应的总摩尔数也有变化，因此在甲醇重整反应中经常采用的空速有两种：a. 液空速，即进反应的原料液（甲醇水溶液）与催化剂体积的比例；b. 气空速，反应产物（干基）标准工况体积流量与催化剂体积的比例。空速的倒数称为接触时间，在操作条件不变的情况下，空速越快，则反应

气体在催化剂表面的接触时间越短。因此在较高压力下，空速比低压下取值较高。根据 HG/T 5529—2019《甲醇制氢催化剂》：催化剂出厂活性气空速应大于 $800h^{-1}$，而工程设计过程中，由于考虑催化剂在整个催化剂更换生命周期内稳定，一般设计取值在 $650\sim 750h^{-1}$ 左右。

12.2.3.2 典型甲醇制氢工艺流程

典型的甲醇制氢工艺主要包括三个单元：①甲醇转化单元；②氢气提纯单元；③供热单元。工业甲醇制氢装置普遍采用导热油加热方式，针对已有导热油系统的用户，用户可将导热油供热单元与已有系统共用。

① 甲醇转化单元：典型工艺流程如图 12-20 所示：原料甲醇、脱盐水通过增压泵进入装置内，脱盐水需要经过泵增压进入洗涤塔对转化气进行洗涤，将转化气中未反应的甲醇吸收循环使用；洗涤后的洗涤液与原料甲醇进行配比得到合适水醇比的原料液，再经过泵增压至设计工作压力进入原料预热器，该换热器利用转化出口的高温气体加热原料液，同时降低转化气温度。预热后的原料进入汽化过热器、在汽化过热器中原料汽化并过热；此处加热介质采用的是导热油或中压蒸汽，加热后的原料气进入转化器，原料气在催化剂作用下发生转化反应，生成富氢转化气，此处的加热介质为导热油。出转化塔的转化气进入原料预热器降温后进入冷却气进一步降温至 40℃ 以下进入洗涤塔，在洗涤塔中通过脱盐水洗涤回收未反应的甲醇后进入氢气纯化单元。

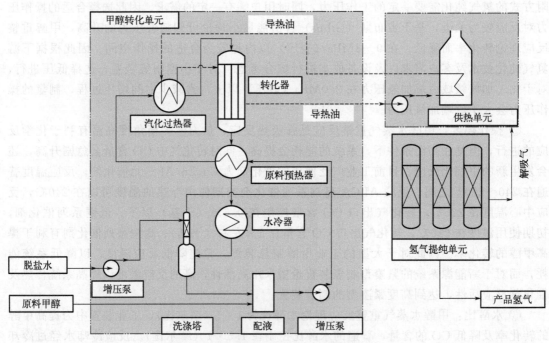

图 12-20 典型的甲醇水蒸气重整制氢工艺

② 氢气提纯单元：主要采用的是化学吸收法及变压吸附工艺，转化气经过降温除水后进入氢气提纯单元，根据客户对需求不同，选择不同的纯化工艺。a. CO_2 捕集＋变压吸附氢气提纯：CO_2 捕集采用的有变压吸附物理方法和化学吸收法；变压吸附 CO_2 捕集采用对 CO_2 有选择性吸附的吸附剂对转化气中 CO_2 进行吸附然后在低压下通过真空解吸方式进行

回收，回收的 CO_2 浓度在 90％左右；化学吸收法采用的是 MDEA 等化学吸收剂通过吸收塔对转化气中的 CO_2 进行化学反应吸收形成富液，再经过再生工艺将富液中的 CO_2 进行再生出得到 98％以上的 CO_2 气体；再生后的液体形成贫液经增压后会吸收塔循环使用。采用 CO_2 捕集的工艺后的富 CO_2 气体再经过 CO_2 液化工艺可以得到食品级 CO_2；b. 氢气变压吸附提纯，通过 CO_2 捕集后的转化气，氢气含量已经达到 90％以上，再经过变压吸附物理方式获得不同纯度的氢气，变压吸附的解吸气可以送至导热油单元或用户的燃烧气管网作为燃料回收使用；对于对氢气要求不高用户可以直接使用或通过甲烷化工艺将气体中对下游有害的 CO_2 及 CO 转化后再利用。

③ 供热单元：工业使用的甲醇制氢催化剂采用的是低温铜系催化剂，对温度有非常高的控制要求，普遍使用的是导热油为加热介质；导热油通过导热油循环泵增压进入导热油加热器加热后进入转化单元，在转化单元中需要外界加热主要有：原料汽化过热、转化反应。加热后的导热油再进入供热单元循环使用。供热的热源加热方式主要有：a. 采用可燃原料燃烧加热，燃料有采用甲醇、天然气、变压吸附解吸气、其他可利用热值的气体；b. 高温蒸汽，利用高温蒸汽潜热进行加热导热油；c. 电加热，采用电加热换热器将电能直接转为热能。从节能降本角度，工厂经常会采用多种热源综合使用，提高热综合利用效率及降低供热成本，例如：工厂富余蒸汽加热＋变压吸附解吸气燃烧加热联合供热的方式，充分利用变压吸附解吸气的热值，剩下不够的由富余蒸汽提供，有利于节省导热油系统的燃料工艺。

12.2.4　甲醇制氢关键设备

（1）甲醇转化反应器

甲醇转化反应器普遍采用的是固定床列管式反应器，反应器管程填充转化催化剂，壳程为加热介质。典型的甲醇转化反应器如图 12-21 所示。

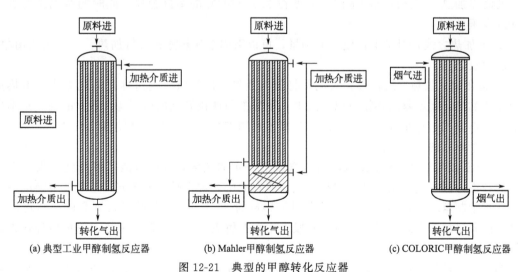

(a) 典型工业甲醇制氢反应器　　(b) Mahler甲醇制氢反应器　　(c) COLORIC甲醇制氢反应器

图 12-21　典型的甲醇转化反应器

典型列管式固定床甲醇转化反应器设计过程中应注意以下事项：

根据催化剂的特性设置反应管的直径，对于高空速催化剂选择直径较小的列管，低空速催化剂选择直径较大的列管；通常反应管内径在 20～40mm 之间；为避免管壁效应，催化剂颗粒当量直径应在反应管内径的 1/6～1/8 之间较好。

大型的转化器顶部应设置气流分布器，催化剂顶部宜铺设一层氧化铝瓷球，防止气流对催化剂的冲刷，以及非正常工况下，原料液带水对催化剂结构产生影响。

转化器折流板设置应充分考虑转化器加热介质的流动性，减少换热死区形成。

采用导热油加热方式的在壳程的顶部及底部应设置排油口及排气口。

德国公司 Mahler 在固定床列管转化器的基础上在下端增加了一部分，该部分采用的是蛇管换热管，换热管内走导热油，壳程堆放催化剂，换热蛇管的作用主要是启动过程中给催化剂预热。而正常运行过程中，大部分的反应在上部分列管内完成，下部分采用大量的催化剂有利于提高甲醇的转化率以及降低 CO 的含量，低温条件下有利于水气变换的进行，降低 CO 的含量。

Coloric 公司采用的是烟气循环加热转化的方式，由于烟气的传热系数较小，因此该反应器在列管外壁进行强化传热，以提高传热效率；但是为了优化传热，反应器高度较高，一般在 10m 以上。

日本住友公司在小型的甲醇制氢上采用油浴方式，将列管式反应器直接置于油箱内，原料加热汽化，甲醇转化反应以及催化氧化加热、电加热、导热油循环都置于油浴箱内。整体占地较小。

（2）供热设备

工业使用的甲醇重整制氢采用的是铜系催化剂，最佳使用温度在 230～280℃，工业上普遍采用的是机热载体（导热油）加热方式及转化反应加热。而加热导热油的方式多种多样，可根据业主现场的情况进行选择。常见的方式有：

① 采用明火加热炉方式，燃料可以是天然气、甲醇、液化石油气（LPG）等多种原料，同时将氢气提纯的解吸气作为燃料，为导热油加热，可以降低系统的能耗。

② 蒸汽加热方式，对于工厂有富余蒸汽的场景，可以采用蒸汽加热；但蒸汽需要利用蒸汽的潜热加热，因此以饱和蒸汽压温度在 280～300℃ 的蒸汽为佳，此时的蒸汽压力应在 9MPa（表压）以上。

③ 电加热方式，对于电价便宜的场景，可以采用电加热方式进行加热，工艺较为简单，但是能耗较高。

④ 催化氧化加热方式，催化氧化是将氢气提纯后的解吸气通过催化氧化方式放出热量为导热油加热，而不够的热量可以通过加入甲醇参与催化氧化加热实现。最大的优点是不采用明火加热方式，在布置上无需考虑与制氢装置的安全间距，可以将导热油加热与甲醇制氢布置在一个单元内，节约占地。

⑤ 联合加热方式，制氢阶段的解吸气具有一定的热值，因此节能阶段角度解吸气需要充分的利用，同时利用工厂富余的蒸汽或者便宜的电力进行联合加热方式是目前节能的一种方式。对于制氢装置，解吸气可以提供制氢热量的 30%～70% 的热量，剩余的热量可以采用蒸汽或者电加热方式提供。在启动阶段由于没有解吸气，这个阶段采用蒸汽或电加热方式提供热量。

热量回收换热器：甲醇制氢系统的热量回收主要涉及转化气的热量回收及进变压吸附前的冷凝换热，普遍采用的为列管式换热器、螺旋板式换热器、板式换热器。在系统压力大于 2.0MPa（表压）操作压力下，不建议采用板式换热器，容易出现泄漏，增加现场的检修工作量。

洗涤塔：甲醇制氢系统中为尽可能地回收未反应的甲醇，在进 PSA 装置前设置洗涤塔，洗涤塔的作用是通过脱盐水吸收转化气中的甲醇，吸收甲醇的脱盐水回到配液系统与原料甲醇混合后通过泵增加重新进入反应系统。由于甲醇的循环使用，虽然单程转化率不是很高，但是系统甲醇的转化率可以接近100％；同时若在低单程转化率条件下系统运行，由于大量的未反应甲醇及脱盐水的循环，原料经历升温—降温的循环，系统的能耗增加，不利于节能。

变压吸附工艺：变压吸附技术主要依靠压力变化来达到吸附及再生，所以再生速度极快且能耗较低，过程简单及相关实际操作稳定，对某些含有各类杂质的混合型气体能够将杂质一次性脱出，最终获得高纯度产品。经过甲醇转化及净化后的转化气条件如表12-2所示，部分厂家催化剂会产生微量的甲烷副产物产生。

表 12-2　甲醇转化及净化后的转化气条件

<table>
<tr><th colspan="2">项目</th><th>数值</th></tr>
<tr><td rowspan="6">组分</td><td>H_2/％（摩尔分数，下同）</td><td>73～74</td></tr>
<tr><td>CO/％</td><td>0.5～1.5</td></tr>
<tr><td>CO_2/％</td><td>23～24.5</td></tr>
<tr><td>CH_4O/％</td><td>0.02～0.08</td></tr>
<tr><td>H_2O/％</td><td>饱和</td></tr>
<tr><td>CH_4/％</td><td>0～1</td></tr>
<tr><td colspan="2">温度/℃</td><td>20～40</td></tr>
<tr><td colspan="2">压力/MPa（表压）</td><td>0.6～3.2</td></tr>
</table>

根据混合气体各组分性质，甲醇制氢变压吸附塔选用活性氧化铝、PSA 活性炭和分子筛作为装置吸附剂，分段置于 PSA 吸附塔内，构成完整的 PSA 吸附系统。活性氧化铝装在吸附塔底部，主要用于脱水，是一种对微量水深度干燥用的吸附剂，吸水率≥45％。PSA 活性炭装在吸附塔中部，基于其具有很多毛细孔结构，所以具有很优异的吸附能力，活性炭对一般气体的吸附顺序为：$H_2 < N_2 < CO < CH_4 < CO_2 <$烃类。装置活性炭中主要用于脱除原料气中的二甲醚、甲醇和 CO_2，其中 CO_2 静态吸附容量≥44mL/g。分子筛装在吸附塔顶部，分子筛对一般气体的吸附顺序为：$H_2 < N_2 < CH_4 < CO < CO_2 <$烃类。装置中分子筛主要用于脱除原料气中的 CH_4、CO 和 CO_2，其中 CO 静态吸附容量≥28mL/g。

早期的甲醇转化制氢操作压力较低，反应压力在 1.0～1.2MPa（表压），产品氢气压力在 0.9～1.1MPa（表压）。后续氢气需求的压力越来越高，为与后续工段进行匹配减少装置的能耗与投资；操作压力逐渐提高，目前最高的甲醇制氢操作压力已经提高至 3.0MPa（表压）。同时与燃料电池联用在线供氢的制氢系统，由于氢气需求量较低，便于系统安全，操作压力普遍控制在 1.0MPa（表压）以下，此时普遍采用的 3 塔一次均压工艺。采用 3 塔工艺，设备数量最低，工艺简单，便于集成；但是由于只采用一次均压，氢气收率相对较低。

对于中小型甲醇制氢普遍采用的 4～8 塔一段变压吸附工艺；均匀次数在 2～5 次均压，操作压力越高需要更多的均压次数，理论上每增加一次均压，系统收率可以增加 2％～5％；但是增加了均压次数，在均压过程会造成杂质气体吸附前沿向塔顶延伸，造成产品气超标，同时均压次数过大，吸附塔直径体积也会增加。只有在较高的操作压力条件下增加均压次数才能提高收率的最大化。

对于大型甲醇制氢项目，提高氢气的收率及单位甲醇的氢气产出变得至关重要，例如对于 5 万立方米每小时的甲醇制氢项目，标准每立方米氢气甲醇消耗降低 0.01kg，每年原料甲醇成本可节约 900 万（年开工时间 330 天，甲醇价格 2300 元/t）；同时大型甲醇制氢需要考虑碳捕捉工艺，实现绿色化生产。大型甲醇制氢氢气纯化方案设计中，主要采用两段工艺，一段去进行脱碳，去除原料气中的二氧化碳、水分、甲醇等，采用技术有变压吸附脱碳或湿法脱碳，如图 12-22(a) 所示：采用湿法脱碳，CO_2 浓度浓缩至 99% 以上，便于下游的 CO_2 液化工艺，但是脱碳过程中需要热量进行再生，而甲醇制氢过程副产蒸汽，需要借助外来蒸汽。采用两段变压吸附工艺纯化方案，一段变压吸附脱出的解吸气中 CO_2 浓度一般在 85%～92% 左右，需要再进行一次浓缩工艺以达到 CO_2 液化的工艺。一段变压吸附的目的是脱出原料中大部分的 CO_2，选择对二氧化碳选择性好，吸附能力强的硅胶、活性炭等吸附剂；第二段的目的是提氢，进入第二段气体中 H_2 纯度已经达到 90% 以上，原料中 CO_2 浓度已经很低，除了对 CO_2 进一步去除外活性炭，主要采用对 CO 吸附性能强的分子筛吸附剂。通常为了提升氢气的总收率，将二段变压吸附的解吸气增压至甲醇转化入口或一段变压吸附入口进一步提高氢气的收率，一般氢气收率可以达到 96% 以上 [图 12-22(b)]。每吨甲醇氢气产量可以达到 2000m³ 以上。

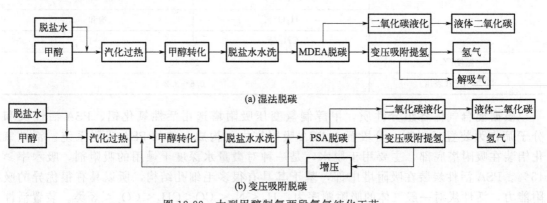

(a) 湿法脱碳

(b) 变压吸附脱碳

图 12-22　大型甲醇制氢两段氢气纯化工艺

12.3　天然气制氢

　　天然气是存在于地下岩石储集层中以烃为主体的混合气体的统称，天然气主要成分为烷烃，其中甲烷占绝大多数，另有少量的乙烷、丙烷和丁烷，此外一般有硫化氢、二氧化碳、氮和水汽和少量一氧化碳及微量的稀有气体，如氦和氩等。天然气从地下开采出来后需要通过脱水，脱硫、脱重烃后满足标准 GB 17820《天然气》[29]（表 12-3）的气体方可进入市场。天然气在送到最终用户之前，为便于泄漏检测，通常加入硫醇、四氢噻吩等来等臭味剂。另近年来以煤为原料的天然气及可再生能源沼气制生物质天然气作为我国天然气气源的强有力支持，工艺生产的天然气因原料气组分复杂而做出了特殊的规定，GB/T 33445《煤制合成天然气》[30]（表 12-4）适用于以煤为原料制取的合成天然气，包括以焦炉煤气、兰炭尾气、炼钢高炉煤气等经过甲烷化工序处理后制取的合成天然气。GB/T 41328《生物天然气》[31]（表 12-5）适用于沼气、生物质热解气、垃圾填埋气等含甲烷原料经净化或甲烷化工艺后生产的天然气。通过标准规定，统一了国内天然气品质标准，便于天然气的推广与应用，除特殊的油气田伴生气直接作为原料制氢外，其他都满足 GB 17820 标准，因此本章节按照 GB 17820 标准气体组分要求介绍天然气制氢技术。

表 12-3　GB 17820《天然气》中的质量要求

项目		一类	二类
高位发热量[①②]/(MJ/m³)	≥	34.00	31.40
总硫(以 S 计)[①]/(mg/m³)	≤	20.00	100.00
硫化氢[①]/(mg/m³)	≤	6.00	20.00
二氧化碳含量(摩尔分数)/%	≤	3.00	4.00

① 本标准中使用的标准参比条件：101.325kPa，20℃。

② 高位发热以干基计。

表 12-4　煤制合成天然气技术指标

项目		一类	二类
高位发热量[①]/(MJ/m³)	≥	34.0	31.4
氢(H_2)含量(摩尔分数)/%	≤	3.0	供需商定
二氧化碳(CO_2)含量(摩尔分数)/%	≤	3.0	供需商定
硫化氢(H_2S)含量/(mg/m³)	≤	1.0	
一氧化碳(CO)含量(摩尔分数)/%	≤	0.10	
氧(O_2)含量(摩尔分数)/%	≤	0.10	

① 本标准中气体体积的标准参比条件是 101.325kPa，20℃。

表 12-5　生物天然气技术要求

项目	一类	二类
高位发热量[①]/(MJ/m³)	≥34	≥31.4
甲烷(CH_4)含量(摩尔分数)/%	≥96	≥85
氢气(H_2)含量(摩尔分数)/%	≤3.5	≤10
二氧化碳(CO_2)含量(摩尔分数)/%	≤$3.0×10^{-2}$	
硫化氢(H_2S)含量/(mg/m³)	≤5	≤15
总硫(以硫计)含量/(mg/m³)	≤6	≤20
氧气(O_2)含量(摩尔分数)/%	≤0.5	
一氧化碳(CO)含量(摩尔分数)/%	≤0.15	
氨气(NH_3)含量(摩尔分数)	≤$50×10^{-6}$	
汞(Hg)含量/(mg/m³)	≤0.05	
硅氧烷类含量[②]/(mg/m³)	≤10	
总氯(以氯计)含量[④]/(mg/m³)	≤10	
固体颗粒物含量[③]/(mg/m³)	≤1	
水露点/℃	在交接点压力下，水露点应比输送条件下最低环境温度低5℃	
二噁英类含量、胺含量、焦油含量	供需双方商定	

① 本文件中使用的标准参比条件是 101.325kPa，20℃，高位发热量以干基计。

② 以垃圾填埋气或热解工艺生产的生物天然气测定硅氧烷含量。

③ 生物天然气中的固体颗粒物含量应以不影响输送和使用为前提。

④ 以热解工艺生产的生物天然气测定二噁英类、焦油、总氯（以氯计）的含量。

12.3.1 基本原理

天然气中 CH_4 含量一般在 85% 以上，含有少量的 C_2H_6、C_3H_8、C_4H_{10} 等重烃，以及 CO_2、N_2、Ar、He 等杂质气体。采用天然气制氢主要涉及两个单元：造气单元及氢气纯化单元。

（1）造气单元

造气单元主要是将天然气通过化学反应方式将天然气中有效组分转变成富氢气体的过程；造气单元采用的主要工艺有[32]：天然气水蒸气重整反应、部分氧化重整反应、自热重整反应等。

众多工艺中，天然气水蒸气重整反应是采用最多且技术最成熟的工艺，该反应是天然气中的烃类物质与水蒸气在催化剂作用下发生重整反应生成 CO、CO_2、H_2 等气体，这一过程为强吸热反应，高温有利于反应的进行；根据热力学平衡，低压有利于化学反应向生成物方向进行。在大规模的工业装置中，为节约装置成本，主要采用高温高压反应模式。

化学方程式	反应热 $-\Delta H^{\ominus}_{298}/(kJ/mol)$	序号
$CH_4 + H_2O \Longrightarrow CO + 3H_2$	-206	R1
$CH_4 + 2H_2O \Longrightarrow CO_2 + 4H_2$	-165	R2
$CH_4 + CO_2 \Longrightarrow 2CO + 2H_2$	-247	R3
$CO + H_2O \Longrightarrow CO_2 + H_2$	41	R4
$C_nH_m + nH_2O \Longrightarrow nCO + (n+0.5m)H_2$	<0	R5

部分氧化重整反应（CPOX 或者 POX）是天然气与 O_2 发生部分氧化反应生成 CO 与 H_2，该反应为放热反应，反应过程不需要热源，同时还可以对外提供热源。由于 CO 含量加大，一般在加氢站后端还需加入蒸汽进行高温变换与低温变换反应；单个 CH_4 产生的 H_2 比水蒸气重整反应要少 1mol 的 H_2，即 H_2 的产率不及水蒸气重整。目前部分氧化重整技术主要应用于生成合成氨及合成甲醇的合成气技术。

化学方程式	反应热 $-\Delta H^{\ominus}_{298}/(kJ/mol)$	序号
$CH_4 + 0.5O_2 \Longrightarrow CO + 2H_2$	36	R6
$CH_4 + O_2 \Longrightarrow CO + H_2 + H_2O$	278	R7
$CH_4 + 1.5O_2 \Longrightarrow CO + 2H_2O$	519	R8
$CH_4 + 2O_2 \Longrightarrow CO_2 + 2H_2O$	802	R9
$CO + H_2O \Longrightarrow CO_2 + H_2$	41	R4

通过 R1～R9 调节 CH_4、O_2 及 H_2O 的进料量可以实现系统的热平衡，自热重整反应（ATR）根据这一原理将水蒸气重整反应与部分氧化反应耦合的反应，利用部分氧化反应的热量提供给水蒸气重整反应，整个系统中无需外部供热；但是由于反应过程复杂，该技术目前也没有实际工程应用案例。

　　根据工艺不同，转化气内的 CO 含量是不同的。在下游工段中，需要降低 CO 含量，普遍采用的是一氧化碳变换工艺（R4）。根据使用温度不同，变换反应分为：①中高温变换反应，反应温度为 280～500℃，通常采用铁铬系催化剂，活性组分为 Fe_3O_4，反应出口 CO 含量在 1%～4%（干基）左右；②低温变换反应，反应温度为 200～250℃，通常采用铜系催化剂，反应出口 CO 含量在 0.3%～1%（干基）左右。目前为简化流程，制氢装置采用的是中高温变换反应，反应后合成气中 CO 含量在 1%（干基）以上。

　　（2）氢气纯化单元

　　由造气产生的富氢转化气需要通过纯化获得纯净的产品氢气，通常天然气制氢纯化的方法有物理纯化和化学纯化方法。物理纯化主要有变压吸附及膜分离法，化学纯化为溶液吸收法。

　　变压吸附工艺，通过吸附床层在一定压力（低中压或高压）下进行吸附，在低压（常压或负压）解吸再生，形成吸附与再生的循环分离工艺。由于变压吸附基于物理吸附的循环工艺，其中吸附剂的热导率较小，且吸附循环周期短（一般数分钟或更短）、吸附热来不及散失而保存在床层中，有利于强吸附质的解吸；若循环过程中吸附剂床层温度变化不大，且温度变化的影响相对较小时，可以视为等温下的等温吸附[33]。天然气制氢变压吸附时间一般在 120～400s 以内，一般可以按等温吸附进行考虑。

　　膜分离技术分为有机膜分离以及金属钯膜分离。有机膜分离是 20 世纪 50 年代逐渐发展起来的一种新的分离方法。膜分离过程以膜为分离限制媒介，以化学位的差（压力差、浓度差）为推动力，利用不同物质的传质速率的差别来达到两组分或多组分体系的分离、富集或者提纯的过程[34]。金属钯膜分离技术是利用金属钯对氢气有独特的溶解性和扩散能力（溶解扩散机理）[35]，具有极高的选择性，对氢极易渗透，但对其他气体基本上是不可渗透的。这一特殊的性质才使得钯膜能够对氢气进行分离提纯。利用钯膜分离的特殊性质可以将钯膜与转化反应器耦合形成膜反应器，由于热力学平衡被打破，因此反应过程中会不断将反应产物中的氢气从反应侧移走，从而提高了反应的转化率，最终在钯膜反应器中实现反应与分离的一体化[36]，但这些还处于实验或中试阶段并没有大量应用。

　　化学溶液吸收法，在溶剂吸收技术中，将吸收过程所用的溶剂称为吸收剂，混合气中能显著被吸收的组分称为溶质，不能被吸收或微量吸收的组分成为惰性组分；完成吸收操作后，含有较高溶质浓度的吸收剂称为富液[37]；通常情况下，除了以制取液相产品为目的吸收操作外，吸收剂都需要重复使用，需要对富液进行解吸处理，将溶质从富液中分离出来，得到可以重复使用的吸收剂，也称贫液，这一过程称之为吸收剂的解吸或再生过程。气体吸收过程的实质是溶质从气相到液相的质量传递过程，而吸收剂的解吸过程则是溶质从液相到气体的质量传递过程，因此物质传递现象的基本理论和气液间的相平衡理论是吸收过程和解吸过程的基本理论。

12.3.2　天然气制氢工艺选择

　　目前采用天然气直接制氢最为成熟普遍的方法是天然气水蒸气重整法，我国自 20 世纪 60 年代开始引进制氢装置应用于合成氨系统，由于初期的转化炉管材质及热回收技术及变压吸附技术不成熟，系统的转化反应温度低、能耗高、环境污染较大；随着技术的进步，转化管材质由最初的 HK40（25Cr20Ni）提升到 HP 系列改性合金（25Cr35Ni-Nb）系列合金，转化温度得以提高，从而降低了原料的单耗及运行成本，变压吸附技术的发展促使氢气纯化变压吸附方向发展。针对不同规模的天然气制氢，流程有一定的区别。

12.3.2.1　大型天然气制氢工艺流程

大型天然气制氢装置基本在 1 万立方米每小时以上规模，主要是应用于炼油等大型用氢企业，满足氢气高可靠性、高灵活性、低成本、低消耗的要求。工艺主要特点有：

（1）转化＋预转化工艺流程

转化＋预转化工艺是在转化工艺基础上增加一个绝热床的预转化反应器，最早主要处理原料气中的重烃转化为 H_2、CH_4、CO、CO_2 和水蒸气的混合物过程，由于采用预转化，系统能效显著降低，目前在大型天然气制氢工艺中普遍采用。采用预转化工艺具有以下特点：

① 预转化能够将原料气中的重烃转化为 H_2、CH_4、CO、CO_2 及 H_2O 等，C_2 以上组分含量降低，进转化反应气体的温度可以由 $520\sim560℃$ 提升到 $600\sim650℃$，回收了烟道气的热量，降低转化炉燃料的消耗，可降低对外蒸汽输出。

② 预转化装置能处理总反应的 $10\%\sim20\%$ 的负荷，可以减少转化管的数量，降低投资约 $15\%\sim20\%$。

③ 预转化在较低温区下操作，在较低温度下重烃不易析碳及结焦，可以避免因为水碳比控制不慎造成转化催化剂析碳与结焦，延长转化催化剂的寿命。

④ 预转化催化剂位于转化催化剂前端，对原料中的有毒物质、硫、氯等有净化作用，延长转化催化剂的寿命。

（2）高转化温度

由于上游设有预转化，通过预转化后的气体再经过烟道可以直接预热至 $600\sim650℃$，转化反应管顶部催化剂的转化效率提高，同时回收了转化烟道入口的高温气体热量，有利于降低系统能耗。随着冶金技术的发展，转化管材料的性能提高，目前反应转化管出口温度在 $860℃$ 以上，国外达到 $910℃$；根据热力学平衡，转化管出口温度每升高 $10℃$，转化气残余甲烷含量降低 0.8%。因此转化效率提高。

（3）低水碳比

天然气水蒸气重整受热力学平衡限制，通常采用高于理论水碳比的进气来降低转化管出口残余甲烷的含量，但过量蒸汽的循环造成了系统的能耗偏高。对于大型天然气制氢系统：采用转化＋预转化工艺，系统积炭与结焦概率大大降低；采用提高转化管出口温度提高甲烷转化率；采用抗积炭催化剂等技术，大型的天然气制氢系统水碳比可以控制在 $2.7\sim3.5$ 之间，对于侧烧炉水碳比可以控制在 $1.8\sim2.5$ 之间。

（4）高空速

大型天然气制氢系统转化管内碳空速可高达 $1400h^{-1}$，因此转化管数量及催化剂装填量偏小。

（5）低碳排放

近年来，温室气体效应促使二氧化碳的排放备受关注，天然气是由以甲烷为主的碳类化合物组成，以天然气水蒸气重整制氢为例，每千克 H_2 大约排放 CO_2：$9\sim13kg$；若采用 CO_2 回收技术 CO_2 排放量可以下降至 $4kg$ 以下。大型的天然气采用 CO_2 回收技术非常必要的。目前大型天然气制氢二氧化碳回收主要在合成气中 CO_2 的回收，采用的技术为湿法脱碳（MDEA）法，将合成气中的 CO_2 用溶剂的方式吸收后再经过再生过程以获得 99% 以上的 CO_2，再经过液化技术获得高纯度液态 CO_2，脱碳后的合成气再经过变压吸附得到产品氢气。

12.3.2.2　中小型天然气制氢工艺流程

近 20 年，随着我国天然气推广与普及，大量的化工、医药、金属冶炼等企业开始使用清洁的天然气能源。中小型的天然气制氢技术适应时代的发展需求，对大规模的天然气制氢工艺流程进行了改进与创新，形成许多独具特色的制氢技术路线。针对不同规模的制氢存在一定的技术特点，本节分为两大类进行介绍。

（1）300～3000m³/h 的圆桶炉制氢工艺技术

针对小型的天然气制氢，要求工艺简单，占地小，设备投资低。因此在 300～3000m³/h 的天然气制氢技术方面采用的圆桶炉制氢工艺技术，该种技术的主要特点为：

① 核心转化炉采用圆桶炉：圆桶转化炉蒸汽重整制氢技术是针对小型天然气制氢开发的转化炉炉型，该种炉型的特点在于，转化炉中心为火焰烧嘴，转化管绕烧嘴进行布置；一般采用火焰流向与原料反应的流向一致，可以减少转化管的局部高温。受转化炉直径及火焰辐射面积限制，转化炉炉管布置数量一般不超过 20 根，同时由于转化炉管单面受火焰辐射，转化管的实际辐射强度要低于方箱式转化炉，因此圆桶转化炉的制氢能力一般在 3000m³/h 以下。由于采用单烧嘴，简化了负责的燃烧系统，炉体尺寸及重量较方箱炉都有了较大的优化，相比同等规模炉型，单位氢气转化炉的造价有很大的降低。因此 3000m³/h 以下的转化炉在国内普遍使用。

② 针对小规模的制氢，在脱硫工段脱硫剂使用量相对较小，脱硫可采用单塔脱硫方式，脱硫剂的设计量按 3 年更换进行设计，简化了传统的串并联的结构，简化了操作及降低了投资成本。

③ 小型转化废锅与汽包一体化，将转化废锅与汽包一体化可以节约占地以及空间布置，优化工艺。

④ 采用单一中温变换或控温变换模式，降低变换出口温度，降低中变气体 CO 浓度，提高氢气产率，中变后分水由多级分水改为有单级分水，简化流程。

⑤ 烟道换热，有效地利用烟道热量是降低能效的关键，根据不同工艺及用户要求，常用采用副产蒸汽，提高助燃空气温度，增加换热式转化等方式提高热量利用效率降低系统能效。

（2）3000～10000m³/h 的顶烧方箱炉工艺

3000～10000m³/h 以上的制氢装置，无法采用圆通炉结构，转化炉结构由大型天然气制氢转化炉缩小简化而来，典型结构采用方箱炉结构，2 排转化管，3 排烧嘴，简化转化炉顶及底部的布局，优化方箱炉内燃烧火焰的流场。工艺系统主要特点：

① 对无大量 C_{2+} 的天然气，采用非预转化工艺，脱硫天然气与蒸汽混合后直接进入转化管；转化出口温度在 750～830℃，操作更加灵活；

② 反应水碳比控制在 3.5 左右，系统富余蒸汽对外输送；

③ 采用二段式空气预热方式减少燃料气的消耗；

④ CO 变换反应一般采用一段式中温变换，简化工艺流程；

⑤ 氢气提纯根据客户需求，对于有二氧化碳回收需求的，采用一段真空解吸脱碳＋二段提氢工艺，或者湿法脱碳＋二段变压吸附工艺。对于无脱碳要求的直接采用一段式变压吸附工艺。

12.3.2.3　小型橇装式天然气制氢工艺

近年来由于生产技术的成熟及氢能事业的发展，市场上急需一种小型的可以橇装的天然气制氢技术，也形成了研究的热点。小型橇装式天然气制氢的主要特点在：

① 装置集成化高，通常会将多个功能集成在一个模块内，简化现场安装工作；例如将转化辐射段与对流段集成在一个炉体内，整体实现整体运输，现场无需再进行拼接。

② 对外部的需求低，传统的天然气制氢启动过程中需要外部提供蒸汽，正常生产过程中需要对外输出蒸汽，装置启动过程中需要采用 N_2 循环升温等缺点。小型橇装式天然气制氢使用场景许多在非化工场景，用户无法提供足量的蒸汽、N_2 等保障。小型橇装式天然气制氢装置通过工艺优化减少对外部的需求。

③ 智能化启停与控制：小型橇装式天然气制氢装置采用智能控制逻辑，优化装置开停操作，实现一键启停、智能诊断与干预等功能。

12.3.3 天然气制氢原料净化技术

天然气制氢的原料主要为天然气以及水蒸气，天然气进入反应之前需要进行净化去除对催化剂有毒性或对催化剂活性有影响的杂质组分，通用的指标为总硫小于 $0.1\mu L/L$，$Cl<0.1\mu L/L$。天然气重整采用的原料水为脱盐水，脱盐水的水质需满足标准 GB/T 1576 中采用锅外水的要求。

12.3.3.1 原料天然气的净化

目前由于天然气开采技术的进步，市政管网中的天然气热值较为稳定，国家标准已经对杂质气体进行相关规定。因此目前天然气制氢净化主要考虑对硫组分的处理，市政管网中的硫主要来自两个部分，一部分为天然气本身所带的硫，一部分为城市天然气门站加注的臭味剂（四氢噻吩）；四氢噻吩为难分解的大分子有机物，需要采用加氢转化方式进行脱出。

对于原料气中含有有机硫部分净化脱硫分两步进行：原料气中有机硫化物的加氢转化反应，硫化氢的脱除。在一定温度、压力下，原料气先预热到 $360\sim380℃$ 上后通过钴钼催化剂，在催化剂的作用下，有机硫加氢反应转化成无机硫。

其主要反应为：

$$RSH+H_2 \xrightarrow{\text{钴钼加氢催化剂}} H_2S+RH \qquad C_4H_8S+2H_2 \xrightarrow{\text{钴钼加氢催化剂}} H_2S+C_4H_{10}$$

第二步是原料气经过有机硫转化后，再通过氧化锌脱硫剂，在氧化锌脱硫剂作用下将原料气中的 H_2S 脱至 $0.1\mu L/L$ 以下，以满足蒸汽转化催化剂对硫的要求。

$$ZnO+H_2S \Longrightarrow ZnS+H_2O$$

由于钴钼加氢催化剂在原料无充分硫含量条件下存在反硫化现象，因此当原料气中无有机硫条件可采用氧化锌脱硫剂或氧化锌＋氧化锰脱硫剂结合方式。

根据原料气中硫含量不同以及用户对氢气生产稳定性的要求不同，脱硫工艺可以设计为：加氢转化串联两塔氧化锌脱硫；加氢转化串联单塔氧化锌脱硫；加氢转化与氧化锌脱硫共用一塔或者单独氧化锌脱硫。由于天然气生产技术的进步，原料中总硫控制在 $20mg/m^3$ 以内，同时目前装置普遍大修年限延长至 3 年；目前中小型天然气制氢装置根据规模不同普遍采用加氢转化串联单塔氧化锌脱硫或加氢转化与氧化锌脱硫共用一塔形式。

12.3.3.2 天然气制氢反应过程及转化炉

天然气中的烃类物质与水蒸气在催化剂作用下发生重整反应生成 CO、CO_2、H_2 等气体，这一过程为强吸热反应，高温有利于反应的进行；根据热力学平衡，低压有利于化学反应向生成物方向进行。而低压会增加设备体积及成本，因此工程上主要采用高温高压反应模式。

目前天然气组分相对单一，含总烃相对较少；在催化剂选择过程中要考虑原料不同根据催化剂厂家参数合理选择实用性催化剂，通常工业化的天然气蒸汽转化催化剂均以金属镍为活性组分。在转化管上段催化剂多添加钾碱为抗积炭助剂防止催化剂积炭。转化管下段催化剂采用高温预烧载体，浸渍法加入活性组分。

目前转化炉普遍使用的为方形转化炉、圆形转化炉。

方形转化炉根据炉形主要分为顶烧式及侧烧式转化炉，主要特点如表 12-6 所示。

表 12-6　顶烧式及侧烧式转化炉特点

类比项	顶烧式	侧烧式
传热方式	燃烧器顶部安装，火焰自上而下，与转化反应流向相同，并流传热	燃烧器侧面安装，附墙燃烧，墙面辐射传热；烟气与转化气流向相反的错流传热；传热效率理论上比顶烧式好
燃烧器数量	只是顶部安装，燃烧器数量少	两侧面安装，燃烧数量多
转化炉热量分布调整	顶部燃烧，与反应同向，高温火焰区为转化反应初期提供大量热；但对反应轴向传热无调整功能	侧面沿纵向布置多层烧嘴，可以根据不同反应段对热量需求不同调整烧嘴供热符合，转化管利用效率更高
炉管寿命	顶烧炉因温度可调性差，转化管温度分布不一致，限制转化管材质的整体使用	侧烧炉可以精准控制转化管纵向不同区域的温度，转化管热辐射强度高，转化管温度均一性好，转化管使用寿命较长
操作情况	烧嘴集中在顶部，操作空间较小	侧面多烧嘴，操作空间较大；但是多烧嘴启动及调控均一性较为复杂

圆形转化炉：圆形转化炉主要特点是转化管中心布置单一烧嘴，沿烧嘴 360°布置制转化管；传热形式类似于顶烧式转化炉。主要代表有同向式圆顶转化炉；该转化炉火焰方向与转化气流向相同，转化炉热量分布操作调整类似于顶烧式转化炉；根据燃烧器安装的位置不同可以分为顶烧式与底烧式。国内转化炉基本采用的是顶烧式转化炉；美国 Hydro-Chem 采用的是底烧式转化炉。

12.3.3.3　CO 变换反应

天然气水蒸气重整出转化管的一氧化碳浓度受反应温度及水碳比影响，反应温度越高，转化气中 CO 含量越高，水碳比越高 CO 含量越低。对于大型的天然气制氢装置为降低系统能耗，转化管出口温度在 830℃以上，水碳比在 2.8；转化气中 CO 含量较高，经过废热回收后进入变换反应；对于采用单级变换的情况，CO 在变换反应中的含量控制在 1%～3%，对于中温变换串低温变换 CO 含量可以降低至 0.5% 以下，可以有效地提高氢气的收率；但是为了节约投资简化工艺，除大型天然气制氢外基本采用单级中温变换实现 CO 的初级脱除。

变换反应器通常采用绝热固定床式结构，反应器内设置温度测温点，在催化剂使用初期，催化剂呈现氧化态，催化剂还原要关注反应内温升，防止催化剂在还原阶段飞温。

12.3.3.4　氢气纯化

对于工业化的天然气制氢氢气纯化基本分为三种方式：①一段变压吸附提纯；②二段变

压吸附提纯；③湿法脱碳＋变压吸附提纯氢气。对于小型天然气制氢基本采用的是一段变压吸附提纯方式；5000m³/h以上的天然气制氢系统可以根据现场实际需求采用二段变压吸附提纯或湿法脱碳＋变压吸附提纯氢气方式。三种方式的对比如表12-7所示：

表 12-7　天然气制氢氢气纯化三种方式对比

项目	一段变压吸附	二段变压吸附	湿法脱碳＋变压吸附
产品氢气纯度	99％～99.9995％	99％～99.9995％	99％～99.9995％
原理	一段常压解吸（真空解吸）	一段真空解吸＋一段常压解吸（低纯度可采用真空解吸）	MDEA脱碳＋一段常压解吸（低纯度可采用真空解吸）
工艺流程	简单	相对复杂	复杂
氢气收率	75％～85％（摩尔分数）（常压解吸） 80％～90％（摩尔分数）（真空解吸）	88％～92％（真空＋常压） 90％～94％（真空＋常压）	90％～95％
解吸气CO₂浓度	55％～70％（摩尔分数）	85％～92％（摩尔分数）	＞98％（摩尔分数）
投资	低	中	高
适合规模	中小型	中大型	中大型

12.3.4　天然气制氢典型案例

12.3.4.1　天然气制氢＋MDEA脱碳＋PSA工艺

天然气制氢在转化工段得到的富氢气体，通过采用化学吸收-变压吸附耦合工艺提氢，既可以进一步提高氢气回收率，又可以实现二氧化碳减排，具有显著的社会及经济效益。用于天然气转化＋化学吸收-变压吸附流程如图12-23所示：从界区到制氢装置的天然气通过压缩机增压至一定的工作压力，后进入天然气脱硫，将天然气中的有机硫与无机硫脱除至$0.1\mu L/L$以下；再与蒸汽混合进入转化炉内，转化炉出口残余甲烷在1％～5％（干基），一氧化碳在9％～13％，二氧化碳在7％～10％之间；再经过废热锅炉产生蒸汽后进入变换反应，通过变换反应CO减低至1％～3％，CO_2增加至20％左右；温度降低在30～50℃，进入MDEA吸收塔，二氧化碳被吸收剂吸收，再经过再生塔，二氧化碳获得解吸，得到98％以上的二氧化碳气体；出吸收塔的气体进入变压吸附进行氢气提纯获得99％以上的氢气。MDEA解吸的二氧化碳进入二氧化碳液化装置，经过纯化与深冷液化获得高纯度的二氧化碳产品。

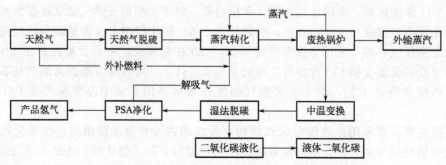

图 12-23　天然气转化＋化学吸收-变压吸附流程

12.3.4.2　生物沼气制天然气+PSA 制氢工艺

生物沼气是通过生物厌氧发酵方式生产的富甲烷气体，一般沼气内主要含有甲烷、二氧化碳，以及少量的氮气与硫化氢等杂质气体。生物沼气是我国天然气的有力补充。通过净化可以获得满足国标的天然气。采用生物沼气生产生物天然气，然后采用生物天然气再生产氢气。

小型规模沼气制氢：对于小规模的沼气发生厂可以直接采用沼气重整生产氢气（<500m³/h），如图 12-24(a) 所示，沼气出沼气池后经过增压脱硫，H_2S 需脱除至 $0.1\mu L/L$ 以下，直接进入蒸汽转化装置，在装置中发生甲烷与二氧化碳及水蒸气重整反应，生成富氢气体，然后气体经过中温变换后采用一段变压吸附获取产品氢气；由于原料气中二氧化碳在重整前没有去除，因此对整个系统蒸汽转化及换热与变换及 PSA 氢气提纯比传统的天然气重整都较为复杂；但是该工艺简化了原料预处理与脱碳工艺，总体上节约了成本，在小型制氢装置上可以采用。

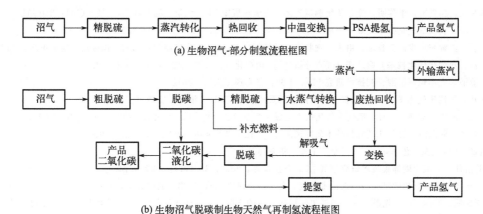

(a) 生物沼气-部分制氢流程框图

(b) 生物沼气脱碳制生物天然气再制氢流程框图

图 12-24　生物沼气制氢工艺流程框图

大规模的沼气制氢：如图 12-24(b) 所示，生物沼气需要经过初脱硫，脱除原料中的硫化氢，再经过脱碳工艺，可采用 PSA 脱碳/湿法脱碳/有机膜分离脱碳工艺，脱除沼气中大量的二氧化碳，获得类似于天然气组分的产品，再经过水蒸气重整，变换脱碳及 PSA 提氢获得产品氢气。两次脱碳后的二氧化碳通过液化获得产品液体二氧化碳。该流程采用可再生资源获得的沼气生产纯氢同时对二氧化碳进行碳捕捉获得产品二氧化碳，整体系统不仅获得了绿色的氢气，同时实现了负碳排放。

12.3.4.3　1000kg/d 站内天然气制氢加氢一体化工艺

目前氢能源蓬勃发展，氢燃料发电技术实现突破，氢原料的供应成为限制氢能在交通领域推广的瓶颈。从整个氢能供应的生命周期观察，氢能属于二次能源，氢气原料的价格由生产氢能的一次能源价格加中间存储运等环节因素决定。因此在没有突破氢气存储运"卡脖子"技术条件下，采用站内天然气制氢加氢是实现降低氢源成本促进氢能发展的有效途径之一。

佛山南庄制加氢一体站依托原有压缩天然气（CNG）站及高压门站：利用高压天然气管网未加臭的天然气直接进入天然气制氢系统，无需增加额外的天然气压缩机及有机硫加氢转化脱除工艺；同时制氢系统优化了蒸汽系统，采用即热式蒸汽发生器，蒸汽自平衡，无需对外输送蒸汽。产品氢气由两级压缩构成，一级压缩增压至 20MPa（表压）可以对外充装氢气，二级压缩至 45MPa（表压），为站内提供高压氢气系统。系统装置布置紧凑实现橇装化安装与运输。系统工艺图如图 12-25 所示。

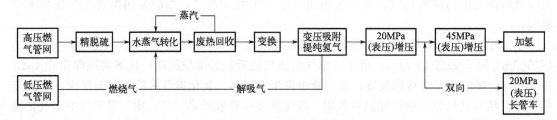

图 12-25　天然气制氢加氢一体化工艺图

参 考 文 献

[1]　李非凡，薛贺来，李黎明，等．传统制氢工艺的发展与展望 [J]．化学工程与装备，2022（04）：210-212.

[2]　王利峰．我国煤气化技术发展与展望 [J]．洁净煤技术，2022，28（02）：115-121.

[3]　解强，姜耀东．煤制氢技术：由来、现状、前景及新技术 [C] //中国澳门：第六届国际清洁能源论坛．2017.

[4]　杨益．典型煤气化技术介绍及选择要点分析 [J]．山西化工，2022，42（05）：21-22，28.

[5]　肖珍平．大型煤制甲醇工艺技术研究 [D]．上海：华东理工大学，2012.

[6]　许凡．气流床气化飞灰/聚氨酯复合材料的制备及性能研究 [D]．淮南：安徽理工大学，2021.

[7]　王欢，范飞，李鹏飞，等．现代煤气化技术进展及产业现状分析 [J]．煤化工，2021，49（04）：52-56.

[8]　李建华，周念南．二氧化碳捕集技术研究进展 [J]．化工设计通讯，2022，48（12）：92-94，159.

[9]　黄斌．CO 变换工艺 Aspen 模拟 [D]．上海：华东理工大学，2016.

[10]　陈浩佳．二氧化碳捕集技术研究进展 [J]．清洗世界，2022，38（11）：69-71，74.

[11]　王珺瑶．燃烧后化学吸收法脱碳技术能效研究与综合评价 [D]．天津：天津大学，2019.

[12]　李佩佩，翟燕萍，王先鹏，等．浅谈氢气提纯方法的选取 [J]．天然气化工（C1 化学与化工），2020，45（03）：115-119.

[13]　张能，乔二浪，鲁得鹏，等．煤气化技术应用现状及发展趋势 [J]．化工设计通讯，2022，48（07）：1-3.

[14]　杨正山．钢铁高炉煤气的二氧化碳捕集技术研究 [D]．北京：华北电力大学，2019.

[15]　王乐深．煤气化炉的数值模拟 [D]．贵阳：贵州大学，2017.

[16]　王照成，刘庆亮，李繁荣，等．等温变换技术及其工业化应用进展 [J]．煤化工，2020，48（06）：12-15，19.

[17]　李金明．新型规整填料的开发及其流体力学行为的研究 [D]．天津：天津大学，2016.

[18]　肖楠林，叶一鸣，胡小飞，等．常用氢气纯化方法的比较 [J]．产业与科技论坛，2018，17（17）：66-69.

[19]　刘京林，孙党莉．甲醇蒸汽转化制氢和二氧化碳技术 [J]．化肥设计，2005（01）：36-37.

[20]　Agrell J，Birgersson H，Boutonnet M．Steam reforming of methanol over a Cu/ZnO/Al₂O₃ catalyst：A kinetic analysis and strategies for suppression of CO formation [J]．Journal of Power Sources，2002，106（1/2）：249-257.

[21]　李永峰，林维明，余林．甲醇水蒸气重整制氢 CuZn（Zr）AlO 催化剂的研究 [J]．天然气化工，2004，29（5）：17-20.

[22]　Pour V，Barton J，Benda A．ChemInform abstract：Kinetics of catalyzed reaction of methanol with water vapour [J]．Chemischer Informationsdienst，1975，6（52）．

[23]　Jiang C J，Trimm D L，Wainwright M S，et al．Kinetic study of steam reforming of methanol over copper-based catalysts [J]．Applied Catalysis A：General，1993，93（2）：245-255.

[24]　Peppley B A，Amphlett J C，Kearns L M，et al．Methanol-steam reforming on Cu/ZnO/Al₂O₃．Part 1：The reaction network [J]．Applied Catalysis A：General，1999，179（1/2）：21-29.

[25]　Peppley B A，Amphlett J C，Kearns L M，et al．Methanol-steam reforming on Cu/ZnO/Al₂O₃ catalysts．Part 2．A comprehensive kinetic model [J]．Applied Catalysis A：General，1999，179（1/2）：31-49.

[26]　Breen J P，Ross J R H．Methanol reforming for fuel-cell applications：Development of zirconia-containing Cu-Zn-Al

catalysts［J］. Catalysis Today，1999，51（3/4）：521-533.

［27］　Shishido T，Yamamoto Y，Morioka H，et al. Production of hydrogen from methanol over Cu/ZnO and Cu/ZnO/Al$_2$O$_3$ catalysts prepared by homogeneous precipitation：Steam reforming and oxidative steam reforming［J］. Journal of Molecular Catalysis A：Chemical，2007，268（1/2）：185-194.

［28］　张磊，潘立卫，倪长军，等. CuO/ZnO/CeO$_2$/ZrO$_2$ 催化剂上甲醇水蒸气重整制氢反应机理研究［J］. 大连理工大学学报，2014，54（1）：7.

［29］　中国石油天然气股份有限公司西南油气田分公司天然气研究院，中国石油化工股份有限公司油田勘探开发事业部，中海石油气电集团有限责任公司，等. 天然气：GB 17820—2018［S］. 北京：中国标准出版社，2018.

［30］　西南化工研究设计院有限公司，中海石油气电集团有限责任公司，新疆庆华能源集团有限公司，等. 煤制合成天然气：GB/T 33445—2023［S］. 北京：中国标准出版社，2023.

［31］　西南化工研究设计院有限公司、山西国新气体能源研究院有限公司、中国测试技术研究院，等. 生物天然气：GB/T 43128—2022［S］. 北京：中国标准出版社，2022.

［32］　郝树仁，董世达. 烃类转化制氢工艺技术［M］. 北京：石油工业出版社，2009.

［33］　陈健. 吸附分离工艺与工程［M］. 北京：科学出版社，2022.

［34］　刘茉娥. 膜分离技术［M］. 北京：化学工业出版社，1998：1-4.

［35］　Koros W J，Ma Y H，Shimidzu T. Terminology for membranes and membrane processes（IUPAC Recommendation 1996）［J］. Pure and Applied Chemistry，1996，68（7）：1479-1489.

［36］　朱琳琳，桂建舟，鲁辉. 钯膜及其在涉氢反应中的应用研究进展［J］. 工业催化，2012，20（10）：8-13.

［37］　朱世勇. 环境与工业气体净化技术［M］. 北京：化学工业出版社，2001：2-13.

第二篇　氢的制取

第13章

工业副产氢

工业副产氢就是将富含氢气的工业尾气（包括氯碱工业副产气、焦炉煤气等）作为原料，回收提纯制氢。

① 氯碱副产制氢是氯碱厂以食盐水为原料，采用离子膜电解槽，生产出烧碱、氯气以及副产品氢气。该工艺具备能耗低、投资少、产品纯度高、无污染等优势。

② 焦炉煤气则是经过原料埋缩、净化分离等多道工序，理论上国内焦炉煤气制取氢气空间最大，但焦化企业循环利用系统通常较为完善。大部分焦化气已实现充分利用，实际可提纯并对外供应的供氢气量有限。

短期来看，工业副产制氢是氢气制取的最佳途径之一，在成本和减排方面有显著优势，在氢能产业尚处于发展的初期阶段，适于规模化推广发展。但从中长期看，工业副产氢多为设备循环利用，且供给量相对整体需求量而言较少，另外由于"碳中和"，未来氯碱及焦炉装置新增产能受限，供给端很难有大幅度的提升，外销应用于其他行业的比例较少。

13.1 氯碱行业副产物制氢

13.1.1 概述

氯碱厂以食盐水（NaCl）为原料，采用离子膜或石棉隔膜电解槽生产烧碱（NaOH）和氯气（Cl_2），同时可得到副产品氢气，隔膜制烧碱在中国国内已基本淘汰[1]。离子膜电解制烧碱主要是将二次精制后的精盐水进行直流电解，生产制得 32% 的烧碱以及氯气和氢气[2]。以盐水工序的一次盐水为生产原料，经过螯合树脂吸附其中的钙镁等离子，制成二次盐水，然后送往离子膜电解槽，二次盐水在直流电的作用下进行电解，生成氯气、氢气、32% 的烧碱。32% 的碱液被送往粒碱装置及成品罐区；氯气、氢气送往氯氢工序；淡盐水经过脱除游离氯后送至盐水工序进行配水（图 13-1）。

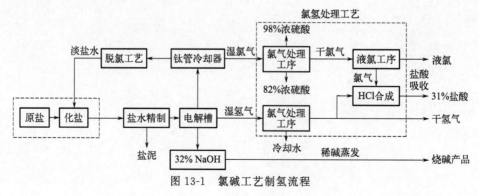

图 13-1　氯碱工艺制氢流程

来自电解槽的氢气首先进行水洗除碱，通过氢气泵初步加压后输送至活塞压缩机，再加压至 1.7MPa 后输送到净化工序，经脱氯、脱氧、TSA 脱水、脱氨、脱硫后，再次输送回压缩工序的隔膜压缩机加压至最高 20MPa，通过充装工序的充装柱充入管束式集装箱内供客户使用。

13.1.2　基本原理

13.1.2.1　离子膜电解原理

电解槽的阳极室与阴极室用离子交换膜隔开，精盐水进入阳极室，阴极室则加入碱液和纯水。通电时，在电场的作用下，溶液中各组分解离，根据同性相斥、异性相吸原理，阳极室内盐水解离出的 Na^+ 被阴极吸引，使 Na^+ 向阴极室一侧迁移，同时膜外阳极液中的 Na^+ 不断进入膜内补充，从而形成 Na^+ 的传输和迁移。Na^+ 进入离子交换膜后，与膜内 Na^+ 交换，由此透过膜，进入阴极室。而阳极室内的 Cl^- 以及阴极室中的 OH^- 靠近膜时，由于和膜内固定离子即 SO_3^- 与 COO^- 带有相同性质的电荷，所以产生强烈的排斥作用，因此不能透过离子膜。阴极室中 H_2O 解离后的 H^+ 吸电子能力比 Na^+ 强，因此氢在阴极上得到电子，生成氢气，由于 H_2O 中 H^+ 得到电子破坏了水的电离平衡，形成氢氧根 OH^-，OH^- 与阳极室迁移过来的 Na^+ 结合生成 NaOH。而在阳极室内，由于 Cl^- 的放电能力强，所以由 Cl^- 在阳极上放电并产生氯气。

13.1.2.2　电化学反应

在离子交换膜电槽中发生下列电化学反应，从而消耗掉二次盐水，生产出烧碱。

在阳极室内，氯化钠在盐溶液中电离，反应式如下：

$$NaCl \longrightarrow Na^+ + Cl^-$$

阳极反应的基本原理是阴离子 Cl^- 被氧化生成 Cl_2

$$2Cl^- \longrightarrow Cl_2 + 2e^-$$

阳极室的阳离子 Na^+ 随着水透过离子交换膜迁移到阴极室。

水在阴极室内被电离，反应式如下：

$$2H_2O + 2e^- \longrightarrow H_2 + 2OH^-$$

阴极反应的基本原理是阳离子 H^+ 被还原为 H_2，并产生 OH^-。

阳离子 Na^+ 与 OH^- 结合生成 NaOH

$$Na^+ + OH^- \longrightarrow NaOH$$

整个电化学反应概括如下：

$$2NaCl + 2H_2O \longrightarrow 2NaOH + Cl_2 + H_2$$

13.1.2.3　电解定义

（1）电解定律

电解过程中，电极上生成的量与通过电解液的电流强度、运行时间、电解槽数量成正比。

其计算公式为：

$$W = KInt$$

式中，W 为电极上生成物的质量，g；K 为电化学当量，g/(A·h)，NaOH：1.492；

Cl_2：1.323；H_2：0.0376；I 为电解槽运行电流，A；n 为电解槽单元槽数，个；t 为运行时间，h。

（2）电能电耗

电解过程需要大量的电能，其理论消耗的计算公式为：

$$W = 1000v/(K\eta)$$

式中，W 为每吨 100％的烧碱所消耗的电能，$kW \cdot h$；v 为槽电压，V；K 为电化学当量，$g/(A \cdot h)$；η 为效率，％。

（3）槽电压

离子膜电解槽的槽电压可用下式表示：

$$V = V_0 + V_M + \eta_阴 + \eta_阳 + IR_液 + IR_金$$

式中，V 为槽电压，V；V_0 为理论分解电压，V；V_M 为离子膜电压降，V；$\eta_阳$ 为阳极过电压，V；$\eta_阴$ 为阴极过电压，V；$IR_液$ 为溶液中的欧姆电压降，V；$IR_金$ 为金属导体中的欧姆电压降，V。

理论分解电压是一定的，其计算过程如下：

分解 1mol NaCl，生成 1mol NaOH，反应中游离能变化为 211.3kJ/mol。

$$NaCl + H_2O \longrightarrow 1/2H_2 + 1/2Cl_2 + NaOH；\Delta F = 211.3kJ/mol$$

相当于此游离能变化的理论分解电压由下式求出：

$$V_0 = 211.3/F = 211.3/96.59 = 2.19V$$

式中，$F = 96480C/mol$ 电子 $= 96.59kJ/(V \cdot mol)$。

槽电压构成中的其他几项，均受各种操作条件与膜结构的影响，影响槽电压的主要因素有：

①膜自身结构；②电流密度；③NaOH 浓度；④两极间距；⑤阴、阳极液循环量；⑥温度；⑦盐水中杂质；⑧槽结构，特别是阴、阳极活性涂层；⑨开停车次数；⑩电解槽压力和压差；⑪阳极液 pH 值；⑫阳极液 NaCl 浓度。

运行离子膜槽电压和电流密度的关系是非线性的，原因是槽电压的某些部分，特别是阴极过电压，不是随电流密度直线上升。但当电流密度超过 $1kA/m^2$ 时，运行槽电压和电流密度的关系是线性的：

$$U_槽 = U_0 + kI(V)$$

式中，U_0 不是理论分解电压，U_0 和 k 取决于不同的电槽参数和电解条件。对于伍德复极槽，$U_0 = 2.42V$，$k = 0.145V \cdot m^2/kA$

槽电压随电解液浓度和温度不同而变化，在 $5kA/m^2$ 时：①浓度每增加 1％，槽电压增加大约 33mV；②电槽温度每增加 1℃，槽电压下降 16mV。

槽电压的测量应参照以下运行条件：

① 阴极液出口浓度：32％NaOH；

② 电解液温度 90℃；

③ 电流密度：$5kA/m^2$。

（4）烧碱电流效率

$$C_E(\%) = M_{NaOH(100\%)} \times 1000 \times 100(\%)/(I \times 1.4923 \times N \times 24)$$

式中，$M_{NaOH(100\%)}$ 为 24h 烧碱平均产量，由在线烧碱的流量和密度记录仪测量，t/a；

I 为电解 24h 平均负荷，kA；1.4923 为烧碱的电化学当量，g/(A·h)；N 为单台电解槽单元槽数量，个。

13.1.3 关键技术及工艺流程

13.1.3.1 离子膜电解单元（表 13-1）

表 13-1 离子膜电解单元控制项目

序号	控制项目	单位	正常工况控制范围	指标分类	偏离正常工况的后果	纠正或防止偏离正常工况的步骤
1	进槽盐水 Ca^{2+}、Mg^{2+} 含量	10^{-9}	≤20	A	槽电压升高，电流效率下降	每天检验一次精盐水，控制精盐水中钙、镁离子含量 $<1000\times10^{-9}$ 超精盐水中钙、镁离子含量 $>20\times10^{-9}$ 时，螯合树脂塔进行倍量再生
2	进塔盐水 pH	—	9~10	B	螯合树脂吸附能力下降，使钙镁离子含量升高	设置有进塔盐水 pH 在线监测，严格监控进塔盐水 pH，每班取样分析；出现进塔盐水 pH 超标，立即通知盐水工序进行调整
3	槽温	℃	82~88	B	高于 90℃ 时，离子膜起泡，涂层钝化；低于 82℃ 时交流电耗升高，低于 65℃ 时电流效率下降	进槽盐水和进槽碱液均设有温度检测，通过温度自控调节达到指标范围及时切换蒸汽和循环水进行电解循环液温度调节
4	氯氢压差	kPa	−1~4	B	影响离子膜使用寿命	氯氢压差设自动控制，偏离较大时电槽跳停查找造成压差偏离正常值的原因并及时消除
5	进塔盐水温度	℃	60±5	C	螯合树脂吸附能力下降，使盐水中钙镁离子含量升高	进塔盐水温度设自控调节及时调整一次盐水换热器的盐水出口温度
6	阳极液 pH	—	2.5~6.0	C	电流效率下降或离子膜穿孔	设有 pH 在线监测；pH 低于 2 时联锁单槽加酸阀门关闭根据出料 pH 检测情况及时调整电槽加酸流量
7	氯气总管压力	kPa	根据负荷和工艺调整	C	影响离子膜使用寿命	设有氯气压力自控调节；压力过高时，氯气去事故氯吸收阀门开启根据负荷情况及时调整氯气压力
8	仪表风压力	kPa	400~800	C	影响自控阀运行	设有仪表风压力报警及时通知调度调节

注：A、B、C 管控类别依次降低。

（1）盐水二次精制工序

盐水二次精制工序包括一套螯合树脂吸附单元、精盐水缓冲罐及其附属设备。其生产过程主要包括以下两个过程。

① 正常生产过程。经微孔膜过滤后的一次盐水被送往螯合树脂塔前，先与电解生产出的氯气进行预热，预热到约 60℃ 后进入树脂塔。一次盐水进氯气与盐水换热器，换热器前有一流量控制阀，可在 DCS 上控制进入树脂塔的盐水流量。树脂塔为两塔串联运行，其中首塔可除去盐水中的大部分 Ca^{2+}、Mg^{2+} 等金属离子，末塔作为安全塔以确保盐水中的各离子含量在指标以内。

A 塔开始再生时，B 塔单独运行且开始计时，A 塔再生时间约 8h30min，再生结束后，A 塔作为末塔串入系统；B 塔从开始计时运行 30h 后，操作人员手动将 B 塔插入再生步骤，B 塔开始进行再生，此时 A 塔开始单独运行且开始计时，再生周期为 30h。如此两塔反复循环进行再生和运行。

② 再生过程。再生时，先将塔内盐水排出，用纯水置换树脂塔内残留的盐水并冲洗破碎树脂。然后向塔内充入盐水，之后从树脂塔底部充入纯水进行反洗，反洗的目的是除去破碎的树脂，疏松树脂床层，返洗结束后将塔内液体排出，注入经配比后的 7% 的盐酸，将吸附了金属离子的树脂置换成“氢型”树脂。随后，再补充纯水置换塔内酸性溶液；之后向塔内注入经配比后的 4% 的碱液，将“氢型”树脂转化为“钠型”树脂。然后再用纯水置换塔内碱液，并冲走因反复膨胀和收缩而破碎的树脂。

整个螯合树脂吸附单元操作全部由 PLC 或 DCS 自动控制，并可将现场仪表阀状态信号反馈至 DCS 系统进行监控。

从螯合树脂吸附单元出来的二次盐水被送往精盐水缓冲罐，然后用泵打入精盐水高位槽，送往各离子膜电槽中。

（2）电解工序

① 工艺流程叙述。从二次精制来的精盐水进入淡盐水冷却器与脱氯淡盐水进行热交换后，再进入精盐水加热器进行二次加热后进入精盐水高位槽。高位槽内精盐水始终保持溢流状态。然后精盐水通过精盐水进料总管，分别进入单槽盐水进料总管，经过流量调节阀和流量计后，与电解槽下的四条支管相连，再通过单元槽进料软管向单元槽供应精盐水。

从阴极液泵来的 32% 烧碱通过阴极液换热器调节烧碱温度，进入阴极液高位槽。高位槽内阴极液始终保持溢流状态。流出的阴极液浓度根据电流负荷调整纯水的加入量，碱液和纯水混合均匀后进入每台电解槽阴极液进料总管，通过流量调节阀和流量计后，与电解槽下的四条支管相连，再通过单元槽进料软管向单元槽供应阴极液。

为了单独给每台电解槽供料，另外有单槽精盐水加热器和单槽阴极液换热器，在各自流量计的上游与精盐水进料总管和阴极液进料总管相连，以便进行单台电解槽的开车和停车。

从各单元槽溢流出的阳极液和氯气混合物汇流入单槽阳极液总管，在一垂直总管内进行气液分离，氯气进入氯气总管，然后给一次盐水预热，之后氯气再去氯气处理系统，阳极液进入阳极液循环系统。

从各单元槽溢流出的阴极液和氢气混合物汇流入单槽阴极液总管，在一垂直总管内进行气液分离，氢气经氢气总管去氢气处理系统，阴极液进入氢气分离器进一步进行气液分离，氢气进入总管，阴极液进入阴极液循环系统。

② 食品添加剂液体氢氧化钠工艺流程叙述。食品添加剂液体氢氧化钠的生产工艺流程跟工业级液体烧碱的生产流程类似，工业级液体烧碱从电解槽出来后进入阴极液罐，然后由

阴极液泵直接输送至粒碱装置或成品碱罐区,而食品级液体氢氧化钠由电解槽出来后进入阴极液罐,然后再由阴极液泵输送至食品添加剂液体氢氧化钠储罐。大型烧碱装置可以将部分装置分离出一部分,单独按照食品添加剂液体氢氧化钠的生产要求进行单独管控,食品级烧碱较工业级烧碱附加值更高,发挥装置的综合盈利能力。

（3）淡盐水脱氯工序

来自电解工序的淡盐水被送入脱氯塔脱除游离氯。出槽淡盐水 pH 值为 2.5~5,大部分淡盐水去脱氯塔,约 8% 的淡盐水与 18% 盐酸混合后去氯酸盐反应槽,在蒸汽的搅动下进行氯酸盐分解,从分解槽流出的淡盐水靠重力作用经阳极液酸化罐流回阳极液罐。由于部分次氯酸钠已与盐酸反应分解,盐水中含有大量的游离氯。盐水由脱氯塔顶部喷淋而下,真空泵将塔内总压抽到 -55~-75kPa,盐水中分解析出的氯气从塔顶溢出,汇总到氯气总管,送往氯处理工序。

经过真空法脱除游离氯后,在脱氯塔的出口处的盐水中还含有一定量的游离氯,采用化学方法进一步脱除。在送出界区前,需添加 32% 的氢氧化钠,调节盐水的 pH 值为 2~12,然后再通过添加一定量的亚硫酸钠（Na_2SO_3）溶液,除去盐水中残留的游离氯。

各工序产生的氯水全部回到阳极液罐,与阳极液混合后送往脱氯工序进行脱氯处理。真空泵一般分为干式泵和湿式泵,脱氯工序采用的真空泵为湿式泵。泵的转动部分为主轴和叶轮,其两侧依靠滚珠轴承来支撑,轴封采用机械密封,密封水采用纯水和工艺水（氯水）。叶轮对泵壳而言是偏心安装的,启动前先向泵内加入密封水,叶轮转动后,密封水在泵壳内转动,形成水环,由于具有偏心距,水环将叶板端封住而使叶板间隔成许多不同容积的小室。旋转第一个半周时,这些小室的容积逐渐增大,室内气体压力降低,外部气体从进气孔隙进入小室而被吸入;旋转第二个半周时,小室的容积逐渐变小,被吸入气体压力升高,当大于外部压力时,气体则通过空隙排出。泵内液体相当于往复式压缩机的活塞运行进行气体的吸入与排出。叶轮每转动一周,吸气一次,排气一次,属单级单作用水环泵。

13.1.3.2　压缩工序（表 13-2）

表 13-2　压缩工序控制项目

序号	指标内容	单位	正常工况控制范围	指标分类	偏离正常工况的后果	防止偏离正常工况的步骤	纠正偏离正常工况的步骤
1	活塞压缩机进气压力	kPa	60~85	B	①进气压力低导致输送能力降低,15kPa 活塞压缩机跳停 ②进气压力高导致排气压力过高,安全阀起跳,压缩机超压运行;≥90kPa 压缩机跳停	氯碱装置控制氢气输送压力在范围内	通过氯碱装置调节氢气输送压力
2	活塞压缩机最终排气压力	MPa	1.5~1.7	C	≥1.8MPa 时压缩机跳停	①保证进气压力在指标范围内 ②确保出口阀门开启正常,回流阀投用正常	①调节进气压力 ②及时调节压缩机回流阀开度
3	活塞压缩机各级排气温度	℃	≤110	C	①≥135℃压缩机跳停 ②影响后续工序,增加冷量负荷	及时调节各级冷却器的循环水量,严格控制机前氢气温度	调大冷却器循环水流量

序号	指标内容	单位	正常工况控制范围	指标分类	偏离正常工况的后果	防止偏离正常工况的步骤	纠正偏离正常工况的步骤
4	活塞压缩机冷却水压力	MPa	＞0.1	C	循环水压力过低时导致冷却器冷量不足,排气温度升高	公用工程控制循环水压力在范围内	①通知公用工程提高循环水压力 ②开大循环水阀门
5	活塞压缩机润滑油压力	MPa	0.4～0.6	C	油压低导致压缩机各部位润滑油量不足,降低工作效率,加速轴承等部件磨损,甚至损坏,增加氢气泄漏危险	①严格控制油压在指标范围内 ②确保油泵工作正常 ③按时检查更换油过滤器滤芯	①油泵故障,停压缩机检修 ②停机清理油过滤器
6	活塞压缩机润滑油温度	℃	10～70	C	油温过高,轴承温度升高;润滑油的黏度下降,引起局部油膜破坏,润滑失效,降低轴承的承载能力 油温过低,油的黏度增加,使油膜润滑摩擦力增大,轴承耗功率增加,油膜变厚,产生因油膜振动引起的机器振动	通过电加热器和油冷却器控制油温	①油温过低时,可启动油加热器,关闭或调小冷却水流量 ②油温过高时,可以开大冷却水量
7	活塞压缩机振动	mm/s	＜12	C	①振动过大可导致管道发生破裂、破坏气阀,极大地缩减压缩机及相关零部件的使用寿命和使用安全 ②＞18时跳停	①确保压缩机装配质量 ②随时对松动部件进行紧固 ③维修车间确保压缩机维护检修质量	立即停机检修
8	隔膜压缩机进气压力	MPa	1.5～1.7	B	①进气压力偏低,明显降低压缩机效率,排气量不达标 ②≤1.3或≥1.8时压缩机跳停	①及时调节活塞压缩机回流阀门 ②及时检查清理净化过滤器	①调节活塞压缩机回流阀 ②检查清理净化过滤器
9	隔膜压缩机排气压力	MPa	一级＜7.3;二级＜20	B	①偏低排气量不达标 ②偏高导致安全阀起跳,严重时损坏膜片,高于21.5MPa时连锁停机	①严格控制进气压力 ②确保安全阀有效 ③提前联系管束式集装箱,保证充装连续性	①偏低时提高进气压力 ②偏高时减小进气压力或开大回流阀减少充装量
10	隔膜压缩机油压	MPa	一级6.5～8.5;二级20～26	C	①油压偏低,达不到排气压力 ②油压偏高,易导致排气压力过高,且易损坏膜片	确保调压阀工作正常,设定压力在指标范围内,阀杆在竖直位置	①调压阀故障,停机检修 ②膜片损坏,停机更换膜片
11	隔膜压缩机润滑油压力	MPa	0.4～0.6	C	油压低导致压缩机各部位润滑油量不足,降低工作效率,加速轴承等部件磨损,甚至损坏,增加氢气泄漏危险	①严格控制油压在指标范围内 ②确保油泵工作正常 ③按时检查更换油过滤器滤芯	①油泵故障,立即停压缩机检修 ②停机清理、更换油过滤器
12	隔膜压缩机排气温度	℃	一级＜150;二级＜150;最终＜40	C	①达到连锁数值160,压缩机跳停 ②影响氢气充装	及时调节各级冷却器的循环水量,严格控制机前温度	调大冷却器循环水流量

续表

序号	指标内容	单位	正常工况控制范围	指标分类	偏离正常工况的后果	防止偏离正常工况的步骤	纠正偏离正常工况的步骤
13	隔膜压缩机润滑油温度	℃	10~50	C	油温过高,轴承温度升高;润滑油的黏度下降,引起局部油膜破坏,润滑失效,降低轴承的承载能力 油温过低,油的黏度增加,使油膜润滑摩擦力增大,轴承耗功率增加,油膜变厚,产生因油膜振动引起的机器振动	通过电加热器和油冷却器控制油温	①油温过低时,可启动油加热器,关闭或调小冷却水流量 ②油温过高时,可以开大冷却水量

自氯碱离子膜电解槽出口 80kPa 的氢气,经活塞压缩机压缩,升压至 1.5~1.7MPa 后,输送至净化工序;净化完成后,经隔膜压缩机进一步压缩,送至充装工序,最高升压至 20MPa(表压)。

13.1.3.3 净化工序 (表 13-3)

表 13-3　净化工序控制项目

序号	指标内容	单位	正常工况控制范围	指标分类	偏离正常工况的后果	防止偏离正常工况的步骤	纠正偏离正常工况的步骤
1	净化进气压力	MPa	1.5~1.7	C	①净化系统超压导致设备变形、泄漏 ②净化效果差	①控制活塞压缩机出口压力在正常范围 ②控制隔膜压缩机抽气量与活塞机达到平衡	①通过压缩工序调节活塞机出口压力 ②紧急情况时通知压缩工序停止压缩
2	氢气进脱氧塔温度	℃	80~120	C	脱氧效果不理想	确保蒸汽加热器正常工作,将氢气加热到 80~120℃	调节蒸汽加热器蒸汽量
3	氢气出脱氧塔温度	℃	80~120	B	高于 150℃ 时说明氢气中氧含量过高,脱氧反应过于剧烈,有爆炸风险	确保原料气含氧小于 0.01%	确认氯碱原料气达标,若含氧大于 0.01%,进行停车操作
4	氢气出脱氧冷却器温度	℃	<40	B	①高于 60℃ 时说明氢气中氧含量过高,脱氧反应过于剧烈,有爆炸风险 ②脱氧冷却器冷却效果太差,氢气温度过高影响 TSA 吸附效果	①确保原料气含氧小于 0.01% ②控制脱氧冷却器循环水量,将氢气温度冷却到≤40℃	①确认氯碱原料气达标,若含氧大于 0.01%,进行停车操作 ②调节脱氧冷却器循环水量
5	产品氢气温度	℃	<40	C	温度偏高时,影响隔膜压缩机工作效率	确保产品氢气冷却器工作正常	①检查脱氧冷却器、脱水冷却器循环水量是否正常,故障则停车检修 ②检查 TSA 时序是否正常,故障则停车检修

由压缩工序而来的 1.5~1.7MPa 氢气,进入脱氯塔脱氯,然后进入脱氧塔,通过催化反应脱除氢气中的氧气,脱氧后经脱氧冷却器冷却至≤40℃,经脱氧气液分离器后进入等压变温吸附系统(TSA)脱水 (图 13-2)。

第二篇 氢的制取

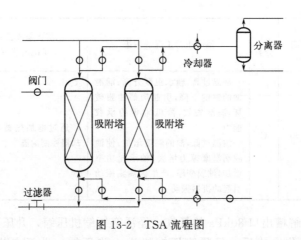

图 13-2　TSA 流程图

TSA 系统由干燥塔、预干燥塔、氢气电加热器、脱水冷却器、脱水气液分离器和四通球阀构成。氢气进干燥塔前分为两股：一部分原料气直接进入干燥塔吸附后离开 TSA 去后续工序，一部分作为再生气使用。

1 台干燥塔任意时刻始终处于吸附（干燥）步骤，另 1 台干燥塔处于再生（加热或冷却）步骤，2 台干燥塔压力始终相同。再生气先经预干燥塔除去水分，进入氢气电加热器并升温至 150~200℃后，用于干燥塔的加热再生。

任一干燥塔处于冷却阶段时，再生气选择进入该塔，起到冷却作用后，带出的热量用于预干燥塔的再生。

再生气经脱水冷却器冷却后，水分在脱水气液分离器排出，氢气再返回至原料气中。经干燥后氢气含 H_2O 量 $<5\times10^{-6}$。

脱水干燥后氢气经过脱氨塔脱氨，出口含氨量 $<0.1\times10^{-6}$；脱氨后经过脱硫塔脱硫，出口总硫含量：$<4\times10^{-9}$；脱硫后氢气送入氢气缓冲罐缓冲后，经精密过滤器过滤后输送至隔膜压缩机入口。

13.1.3.4　充装工序（表 13-4）

表 13-4　充装工序控制项目

指标内容	单位	正常工况控制范围	指标分类	偏离正常工况的后果	防止偏离正常工况的步骤	纠正偏离正常工况的步骤
氢气充装压力	MPa	<20	A	①充装压力过低，车辆未充满②充装压力过高，管束式集装箱超装，同时易发生容器、管道、软管超压损坏爆破，对人员造成伤害，同时氢气泄漏易发生爆炸事故	控制充装压力在指标范围内	偏低时：①继续充装，延长充装时间②提高隔膜机油缸油压、隔膜压缩机进气压力至 1.5~1.7MPa偏高时：停止充装，进行切车操作。关闭管束式集装箱阀门，若超压，则给管束式集装箱泄压

净化后的氢气经隔膜压缩机压缩后，经管道输送至充装位，通过高压软管充装入管束式集装箱中，最高加压至 22MPa。

13.2 焦炉煤气制氢

13.2.1 概述

焦炉煤气是焦炭生产过程中煤炭经高温干馏出来的气体产物。焦炉煤气主要含 CH_4、H_2、CO 及 CO_2 等气体组分，还有少量的高沸点组分，如苯、甲苯、二甲苯、萘、噻吩、焦油雾、硫化物等[3]。粗焦炉煤气组成复杂，主要影响因素有炼焦用煤、炼焦温度和二次热解作用等[4]。各厂焦炉煤气的组成有一定差别，经过净化处理后其成分和含量见表 13-5。

表 13-5 焦炉煤气成分及含量

常量组分	H_2	CH_4	CO	CO_2	N_2	O_2	C_nH_m
含量/%	54~59	24~28	5.5~7	1~3	3~5	0.3~0.7	2~3
微量组分	苯	萘	氨	焦油	H_2S	COS	其他
含量/(mg/m³)	1500~4000	50~100	30~50	20~50	50~100	50~200	微量

焦炉煤气热值较高，约为 $16746kJ/m^3$，传统的利用方式就是经过简单净化处理后用作气体燃料。焦炉煤气主要用于以下四个方面[5]：一是焦化企业在炼焦、化学产品回收、净化工艺流程中将焦炉煤气作为加热燃料；二是钢铁联合企业在炼钢、烧结、轧钢等过程中将焦炉煤气用作燃料；三是焦化企业用焦炉煤气作为蒸汽轮机、燃气轮机、内燃机发电用燃料；四是将焦炉煤气接入城市燃气管网作为民用燃气。

焦炉煤气中含有丰富的氢气，体积比约占 55%，当焦炉煤气用作工业和民用燃料时，宝贵的氢气资源被当作燃料燃烧。另一方面，轧钢、化工合成生产又需高纯度氢气作为冷轧钢板保护气及化工基本原料。工业生产制取氢气的方法包括热化学法制氢、副产氢回收和水电解制氢等。其中热化学法制氢是指以煤、天然气、甲醇、生物质等为原料，经过气化、裂解或者部分氧化等热化学反应，再经过净化、一氧化碳变换、提纯等系列生产过程获得一定纯度的氢气。热化学法制氢，普遍生产流程长，碳排放较高，污染物处理难度大。因此，回收焦炭生产过程副产焦炉煤气中的氢气，既能够提高煤炭资源综合利用效率和炼焦企业经济效益，又可降低污染物排放、保护环境。

13.2.2 基本原理

焦炉煤气经初冷、焦油捕集、脱萘、脱硫、氨洗、终冷后的冷煤气[6]压力接近常压，为了满足变压吸附方法（PSA）分离提纯氢气和下游用户的需要，通常在压缩工序将焦炉煤气从 5~10kPa（表压）压力加压至 0.8~1.6MPa（表压），再进入变压吸附单元提纯氢气。PSA 利用吸附剂对不同气体组分的吸附特性差异以及在高压下吸附杂质组分、低压下解吸的原理，实现氢气的分离提纯。依据产品氢气规模和吸附剂再生方法不同，焦炉煤气 PSA 提纯氢气工艺分为冲洗再生(PSA)工艺和抽真空再生(VPSA)工艺。

13.2.2.1 冲洗再生工艺

变压吸附工艺流程通常包含以下几个步骤：

① 吸附步骤（A）：焦炉煤气在循环的最高压力下进入吸附床，除氢气以外的杂质组分被吸附在吸附剂上，氢气作为产品输出，部分产品氢气返回用于其他床层的最终升压。吸附步骤进行到吸附前沿离产品出口端还有一段距离时便停止了，使产品出口端附近还保留一段未被利用的吸附剂，供顺向放压时吸附前沿推进之用。

②　压力均衡降步骤（ED）：简称均压降，完成了吸附步骤的床层顺向放压，将排放气引入另一个已完成再生而处于压力均衡升步骤的床层，使两床的出口端相连通，均压结束时两床的压力大致相等，起到回收已完成吸附的床层中的产品气和利用压缩能的作用，可以提高产品氢气的回收率。在均压降步骤中吸附前沿向产品出口端推进但杂质组分尚未穿透，因此均压降步骤的排放气基本上为纯的产品气。

③　顺向放压步骤（PP）：简称顺放，完成了 n 次均压降步骤而处于较高中间压力的床层顺向放压，这部分排放气用于对处于再生步骤的床层进行冲洗再生。此时吸附前沿进一步向产品出口端推进，步骤结束时吸附前沿正好达到吸附床的出口处，因而排放气中产品组分浓度仍接近于产品气。

④　逆向放压步骤（D）：简称逆放，顺向放压结束后，床层内的残余气体逆着原料气流动的方向排出床层，床层内的压力放压到循环的最低压力，通常为接近大气压力。在这个步骤中吸附剂吸附的杂质组分部分解吸并排出床层，而且产品出口端附近的死空间中余留的产品组分浓度较高的气体，在逆向流动中对床层起到冲洗的作用，使进料端附近的杂质组分在这个步骤中排出床层。

⑤　冲洗步骤（P）：床层在循环的最低压力下由另一个正进行顺放步骤的床层的排放气对床层进行逆流冲洗。在冲洗过程中使杂质组分的分压降低而从吸附剂上进一步解吸并被冲洗出床层，并把吸附前沿推回进料端，因此冲洗结束时吸附剂的再生就基本完成了。逆放和冲洗步骤所排出的气体统称为解吸气。

⑥　压力均衡升步骤（ER）：简称均压升，已完成再生但处于循环最低压力的床层必须充压到吸附压力才能进行下一步的吸附操作，其充压先是采用另一个正进行均压降步骤的床层的排放气进行充压，使两床的出口端相互连通，床层的压力从循环的最低压力升压到一个中间压力。逆向充压可以将吸附前沿进一步推回进料端而保证产品端比较干净。

⑦　最终充压步骤（FR）：简称为终充，在完成 n 次均压升之后，需要将床层升压到吸附压力之后床层才能再次投入吸附。终充可以采用焦炉煤气顺向充压或者采用产品气逆向充压，也可以从床层两端同时用原料气和产品气。

床层在最终充压步骤后已完成一个循环操作，并准备好进行下一步循环的吸附操作。逆放和冲洗步骤所排出的解吸气作为前面焦炉煤气净化工序的再生气。

13.2.2.2　抽真空再生工艺

抽真空再生工艺流程含有以下步骤：

吸附步骤（A）、压力均衡降步骤（ED）、逆向放压步骤（D）、抽真空步骤（V）、压力均衡升步骤（ER）、最终充压步骤（FR）。

与冲洗再生变压吸附流程相比，没有顺放（PP）和冲洗（P）步骤，在逆向放压步骤（D）之后增加了抽真空步骤（V）。抽真空步骤的作用是：当床层通过逆向放压降至常压之后通过真空泵对吸附床层进行抽真空，进一步降低杂质在床层上的分压，使杂质得到充分解吸，床层再生更彻底。

抽真空再生工艺流程可以通过吸附塔分组采用不同的真空泵组合负责抽真空的不同阶段，这样可以延长抽真空再生时间，同时可以更好地发挥每台真空泵的效率。

抽真空再生工艺流程根据装置规模大小和吸附剂再生效果的要求不同可以选择配置一台或多台真空泵。常用的真空泵有往复式真空泵和水环式真空泵两种。由于逆放和抽真空步骤所排出的解吸气需要作为前面焦炉煤气净化工序的再生气，再生气要求不能携带液态水，所以当解吸气气量较小时通常采用无油往复式真空泵，而当解吸气气量较大时可采用无油往复式真空泵和水环式真空泵组合的方式；往复式真空泵所抽出的解吸气与逆放气混合后作为前面焦炉煤气净化工序的再生气。抽真空再生的变压吸附工艺可在焦炉煤气压缩后压力较低或者焦炉煤气处理规模较大时使用，这样可以得到较高的氢气收率。

13.2.3　焦炉煤气制氢的工艺流程

焦炉煤气的组成十分复杂，其主要组成为 H_2、CH_4、N_2、O_2、CO、CO_2，还有微量的高沸点组分，如苯、萘、焦油等。经过简单预处理后的焦炉煤气压力接近常压，需要加压才能供后续 PSA 分离。PSA 的吸附剂如直接吸附这些高沸点、大分子组分后，在常温下很难将它们有效解吸，从而会使吸附剂失活。因此，焦炉煤气在进 PSA 装置之前，必须利用变温吸附方法将这些组分预先脱除[7]。另外，焦炉煤气中的氧，其物理吸附性能很弱，通过变压吸附控制产品气中的氧含量，会使得氢气的质量和回收率受到较大的影响。为此，不在 PSA 系统中刻意脱除氧，而在其后用催化脱氧，氢氧反应生成的水再经过干燥脱除，使产品氢气能获得满意的纯度和回收率。

焦炉煤气通过加压、净化、吸附分离提纯、脱氧干燥工序获得氢气的常规工艺路线，见图 13-3。该工艺路线适合焦炉煤气原料充足、对高纯度氢气有需求的企业。

图 13-3　常规焦炉煤气 PSA 制氢技术工艺路线

13.2.4　焦炉煤气制氢的主要设备

根据焦炉煤气变压吸附提纯氢气的工艺流程、氢气纯度和氢气产量不同，需要配备不同尺寸、数量以及工作参数的设备。各工序主要设备要求如下：

压缩工序：焦炉气在 5～6kPa、30℃经压缩机加压到 0.6～1.8MPa，本工序可使用螺杆压缩机、往复压缩机等。

脱萘工序：本工序主要由 3 台脱萘器构成，2 台同时进料，另 1 台再生。

除油工序：本工序主要由 4 台除油器构成，2 台同时进料，另 2 台再生。

PSA 提氢工序：本工序主要由 8～10 台吸附器构成。抽真空再生工艺需要配备真空泵，常用的真空泵有往复式真空泵、罗茨真空泵、液环式真空泵或螺杆真空泵等。PSA 工序所用程控阀按结构类型主要分为截止阀、蝶阀、球阀三个大类。

脱氧干燥工序：本工序主要由脱氧反应器、预干燥器和干燥器组成。在启动脱氧反应时，需要脱氧加热器将气体加热，待正常运行时脱氧器内氢气和氧气反应生成水放出的热量可维持系统温度。干燥脱水采用 3 台变温吸附干燥塔。

污水收集工序：脱萘器底部出来的再生废液进入 2 台并联操作的污水罐进行分离，也可以送入焦化厂污水处理系统集中处理。

某焦炉煤气 PSA 提纯氢气装置的主要设备见表 13-6。

表 13-6　某焦炉煤气 PSA 提纯氢气装置的主要设备

序号	设备名称	规格	数量/台	工作压力/MPa	温度/℃
焦炉煤气压缩及预处理					
1	原料气缓冲罐	$V=20m^3$	1	0.04	0～40
2	焦炉煤气压缩机	≥1900m³/h	1	进口压力：常压，排气压力≥1.8MPa	0～80

续表

序号	设备名称	规格	数量/台	工作压力/MPa	温度/℃
			焦炉煤气压缩及预处理		
3	脱萘器	$V=6m^3$	3	1.8	0～400
4	除油器	$V=5m^3$	4	1.8	0～170
			PSA 提氢		
1	PSA 吸附器	$V_g=4m^3$	6	1.7	0～40
2	半产品气缓冲罐	$V=15m^3$	1	1.7	0～40
3	解吸气缓冲罐	$V=20m^3$	2	0.2	0～40
			脱氧干燥		
1	脱氧反应器	$V=0.3m^3$	1	1.7	0～200
2	干燥器	$V=0.5m^3$	2	1.7	0～300
3	预干燥器	$V=0.3m^3$	1	1.7	0～200

13.2.5　应用实例

根据青海盐湖镁业有限公司金属镁一体化项目建设实际需要，在 4×60 万吨/年焦化项目装置内建设的一套焦炉煤气变压吸附制氢装置。依焦炉和煤气净化装置实际生产需要，送往焦炉煤气变压吸附制氢装置的焦炉煤气量按 70000m³/h 计（图 13-4）。炼焦生产的焦炉煤气经煤气净化后送往煤气变压吸附制氢装置制取氢气，氢气送甲醇、PVC 装置用作原料，制氢后解吸气送往焦炉用于焦炉加热，其余剩余的焦炉煤气一并送往燃气加压站，满足其对燃料气流量及热值的要求。本装置工艺简单、操作方便、产品纯度高、能耗低、成本低，是金属镁一体化项目实现循环经济、减少排放的一个重要装置。

图 13-4　青海盐湖镁业有限公司 2×70000m³/h 焦炉煤气制氢项目

本装置流程分为压缩工序、粗脱萘工序、精脱萘工序、PSA 提氢工序、污水收集工序。

① 压缩工序：焦炉气在 5～6kPa、30℃经压缩机加压到 0.8MPa。本工序由 3 台螺杆机构成，无备机，采用喷水降温工艺。

② 粗脱萘工序：由 3 台脱萘器构成，2 台同时进料，另 1 台再生。该工序主要是将绝大部分的焦油、萘及部分硫脱除。压力为 0.8MPa 的焦炉气由下而上进入粗脱萘器，萘含量小于 50mg/m³ 后进入后工序，直到吸附剂完全吸附饱和后切除再生。再生时采用经电加热器加热至 400℃ 左右的过热蒸汽对脱萘器进行再生。加热再生后 300℃ 左右的热吸附剂先用 170℃ 以下的蒸汽吹，再用常温逆放气进行冷吹降温到 40℃ 左右，冷吹气经冷却器降温到 85～90℃ 管送到解吸气混合罐。

③ 精脱萘工序：由 4 台脱萘器构成，2 台同时进料，另 2 台再生。该工序主要是将绝大部分的萘、硫、苯、氨脱除。压力为 0.8MPa 的焦炉气由下而上进入精脱萘器，萘含量小于 1mg/m³ 后进入后工序，直到吸附剂完全吸附饱和后切除再生。再生时采用经再生气加热器加热后约 170℃ 的 PSA 逆放气对脱萘器进行再生。再用常温逆放气进行冷吹降温到 40℃ 左右，再生气经冷却器降温到 85～90℃ 管送到解吸气混合罐。

④ PSA 提氢工序：由 10 台吸附器构成。当焦炉煤气气量较大，而用氢量较少时，为节约电耗，降低氢收率，采用冲洗再生工艺流程；当要求较高收率时则采用抽真空再生工艺流程。

采用抽真空再生工艺流程时，每台吸附器在不同时间依次经历吸附、第一级压力均衡降、第二级压力均衡降、第三级压力均衡降、逆放、抽真空、第三级压力均衡升、第二级压力均衡升、第一级压力均衡升、最终升压。

采用冲洗再生工艺流程时，每台吸附器在不同时间依次经历吸附、第一级压力均衡降、顺放、逆放、冲洗、第一级压力均衡升、最终升压。

产品氢气通过计量后直接送出界区。在逆放前期压力较高阶段的气体进入解吸气缓冲罐，经过调节阀稳压后，送到脱萘系统作再生气。抽真空前期采用干泵抽出来的气体经冷却器降温到 40℃ 左右，进入抽真空缓冲罐稳压后，可以经加热至 170℃ 去再生脱萘塔，也可以冷却后去冷吹脱萘塔，如果不需要此部分气体则经冷却后送出界区即可。水环泵抽出的气体直接进入 3 台并联操作的解吸气混合罐。

⑤ 污水收集工序：粗脱萘器底部出来的再生废液进入 2 台并联操作的污水罐进行分离。分离气体进入洗涤塔，洗涤降温后进入除臭器，除臭后排放到大气。分离的液体通过污水泵，一部分经 2 台并联操作的冷却器冷到 40℃ 左右打到洗涤塔洗涤降温，另一部分打到界区外的污水处理系统。

参 考 文 献

[1] 刘国祯．现代氯碱技术［M］．北京：化学工业出版社，2018.
[2] 程殿彬，陈伯森．离子膜法制碱生产技术［M］．北京：化学工业出版社，2010.
[3] 陈健．吸附分离工艺与工程［M］．北京：科学出版社，2022，7：43，166，176-177，403-404.
[4] 郭树才．煤化工工艺学［M］．北京：化学工业出版社，1992：86-87.
[5] 李志强，王华，李孔斋．焦炉煤气制氢技术研究进展［J］．洁净煤技术，2023，29（04）：31-48.
[6] 贺永德．现代煤化工技术手册（第二版）［M］．北京：化学工业出版社，2010，12：828-829.
[7] 胡云涛，胥中平，陈勇，等．焦炉煤气变压吸附制氢工艺优化应用实践［J］．冶金动力，2022（3）：71-75.

第14章

氢气生产安全

14.1 氢的危险来源

氢能系统的应用与发展中，最让人关心的问题就是氢的安全问题。氢气是易燃易爆气体，和氟、氯、氧、一氧化碳以及空气混合均有爆炸的危险。若短时间内大量泄漏，遇明火、静电或处置不慎打出火星就会导致着火或爆炸事故的发生。在氢气的生产和使用过程中，存在大量不安全因素，只有安全地生产和使用氢气，并采取正确的防范和应急措施才能防止事故的发生或扩大。在氢气的生产过程中，氢的安全性主要与两方面有关：①氢气本身特有的危险品质；②氢气生产系统的结构、材料。相关数据库报道，氢气制取和提纯环节事故案例共12例，其中设备失效5例，密封失效4例，这两种失效导致了75%的事故，如图14-1所示。其中有9例发展为火灾或爆炸[1]。

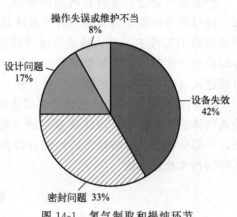

图 14-1 氢气制取和提纯环节
安全事故统计分类[1]

14.1.1 氢的固有危险特性

氢的某些固有特性是跟氢的安全性密切相关的，表14-1中列出了跟安全有关的氢的各种固有理化特性，可以分析出氢的内在危险品质。表14-2列出了氢气与其他常见气体的热物理性质比较。

表 14-1 氢气的理化特性

理化参数	常温氢气	理化参数	常温氢气
标准沸点/K	20.3	体积膨胀系数/K^{-1}	0.00333
临界压力/MPa	1.29	空气中自燃温度/K	858
密度/(g/cm^3)	0.0000852	空气中火焰温度/K	2321
与空气密度比	0.06953	空气中的燃烧速度(标准状态下)/(cm/s)	270~325
空气中可燃极限(体积分数)/%	4~75	最小点火能(空气中含30%氢)/mJ	0.019
氧气中可燃极限(体积分数)/%	4~96	最小点火能(氢气中含30%氧)/mJ	0.006

理化参数	常温氢气	理化参数	常温氢气
氢-空气燃烧火焰速度/(m/s)	2.4	最大燃烧速度/(m/s)	2.7（43%氢气-空气）
空气中爆震极限(体积分数)/%	18.3～59		
氢气中爆震极限(体积分数)/%	15～90	最大爆炸速度/(m/s)	2100（58.9%氢气-空气）
热扩散性/(m²/h)	0.52		
声速/(m/s)	1309		

表 14-2　氢气与其他常见气体的热物理性质比较

气体	20℃,100kPa 下的密度/(kg/m^3)	20℃,100kPa 下的黏度/(μPa·s)	在空气中的扩散系数/(cm^2/s)	低热值/(mJ/kg)
H_2	0.0827	8.814	0.61	119.93
He	0.1640	19.609	0.57	—
N_2	1.1496	17.637	0.20	—
CH_4	0.6594	11.023	0.16	50.02

氢具有如下特点。

（1）氢的易燃特性

氢的分子量小、密度小、扩散系数大，故在管道、阀门、容器中容易泄漏。容易与空气或氧气相混合，形成预混的可燃气体混合物。

氢在空气，特别是在氧气中，着火及爆炸范围非常宽广。而且，点火所需的能量很小。在空气中只有 0.02mJ，这比碳氢燃料跟对应氧化剂的点火能量小得多，非常微弱的静电火花也可以点燃氢气，而且有很强的穿透能力。正是这些原因，它才很容易和空气或氧气混合燃烧或爆炸。

氢的燃烧热高，火焰传播速度快。正常燃烧情况下，火焰的层流传播速度约为 0.3m/s。但在爆震条件下，其火焰速度可高达每秒几千米之多。因此，当氢与空气的可燃混合物遇到强烈的火源，如明火、爆炸物或爆震管等时容易酿成燃烧剧烈的火灾。表 14-3 是氢气与其他常见燃料在 25℃、101.3kPa 下的燃烧特性比较。在常温、常压干燥空气中，氢气燃烧的下限浓度为 4%，和其他可燃气体无太大差别，但是上限浓度为 75%，与甲烷的 17% 以及丙烷的 10.9% 相比要大很多。如果在氧气中，其范围是 4.1%～94%，那么几乎任何比例的混合都可以燃烧。这意味着如果提供容易燃烧的条件，燃烧范围会进一步加宽。

表 14-3　氢气与其他常见燃料的燃烧特性比较

燃料	下可燃极限/%	化学计量比混合物浓度/%	上可燃极限/%	最小点火能量/mJ	自燃温度/K	层流燃烧速度/(cm/s)
氢气(H_2)	4.0	29.5	75.0	0.02	858	270
甲醇(CH_3OH)	6.0	12.3	36.5	0.174	658	48
甲烷(CH_4)	5.3	9.5	17.0	0.274	810	37
丙烷(C_3H_8)	1.7	4.0	10.9	0.240	723	47
辛烷(C_8H_{18})	1.0	1.9	6.0	0.240	488	30

（2）氢脆的危害性

氢的化学活泼性与渗透能力使它能与多种金属发生反应造成金属组织的脆化，即所谓氢脆。温度越高、氢分压越大、应变速率越大，金属的氢脆越严重。氢对金属的脆化作用一般可分为三种：

① 环境氢脆，当金属或合金处于高压氢的环境中时，会产生塑性变形，造成表面裂纹的增加，丧失金属的延展能力以及降低它的断裂应力。

② 内部氢脆，氢渗透到金属内部的晶格并为它所吸收时，会引起金属内部的氢脆。造成内部氢脆的原因可能是局部区域氢的浓度很高，而该区域的额外残余应力又很大，或者结构材料有尖锐的缺口、裂纹或受到过高的应力，致使氢容易扩散到金属内部并为其晶格所吸收，氢的这种破坏往往是渐变的，在不知不觉下慢慢地发生。

③ 反应氢脆，当金属吸氢而氢与基体金属或某种合金或杂质成分起反应时，会构成脆的金属氢化物并降低金属的延展性。高强度钢和镍基合金在高压的氢环境中较易脆化。许多延展性好的低强度钢和铁基合金也发现有严重的脆化现象。

目前用在氢气系统中比较多的是奥氏体不锈钢以及铝合金钢。图 14-2 是各种奥氏体不锈钢在氢气环境下使用时相对颈缩的温度变化，SUS316L、SUS316NG 和 SUS310S 受氢气环境的影响比较小。此外如图 14-3 所示，各种不锈钢中，含镍成分高的不锈钢受氢气的影响小。

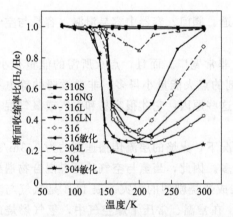

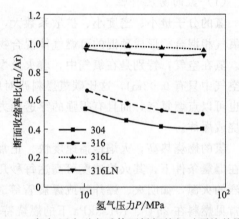

图 14-2 氢气对奥氏体不锈钢的相对颈缩的影响   图 14-3 氢气压力对奥氏体不锈钢的相对颈缩的影响

（3）氢的扩散性

如果发生泄漏，氢气就会迅速扩散。与汽油、丙烷和天然气相比，氢气具有更大的浮力（快速上升）和更大的扩散性（横向移动）。由表 14-2 可以看出氢的密度仅为空气的 7%，而天然气（甲烷）的密度是空气的 55%。所以即使在没有风或不通风的情况下，它们也会向上升，而且氢气会上升得更快一些。氢的扩散系数是天然气（甲烷）的 3.8 倍，这么高的扩散系数表明，在发生泄漏的情况下，氢在空气中可以向各个方向快速扩散，迅速降低浓度。在室外，氢的快速扩散对安全是有利的，虽然氢的燃烧范围很宽，但由于氢气很轻，扩散很快，氢气的泄漏很少出现非常严重的情况。在室内，氢的扩散可能有利也可能有害。如果泄漏很小，氢气会快速与空气混合，保持在着火下限之下；如果泄漏很大，氢气也会快速扩散，使得混合气很容易达到着火点，不利于安全。

氢气分子非常小，扩散速度快，很容易穿透很小的缝隙和薄膜，而且无味无色不易被人察觉。根据美国的事故统计，工厂里事故大多是由于氢气的泄漏或人为失误放氢。

（4）氢的窒息性

氢虽是无色、无臭、无味和无毒的气体，但它对人有窒息作用，空气中的正常含氧量（21%）受氢气的稀释而大大降低。当空气中含氧量被氢稀释到 12%～14% 时，人的脉搏加速、呼吸困难；含氧量降到 10%～12% 时，嘴唇发紫，知觉失灵；含氧量降低到 8%～10% 时，神志不清，脸色苍白；人体如在含氧 6%～8% 环境中只要逗留 8min 就会死亡。

14.1.2　氢生产系统的结构设计和材料匹配

系统的结构设计与材料选择上的失误也会影响氢能系统的安全运行。例如：管道、容器设计应力的不当，系统零部件在制造、装配过程中的裂纹与残余应力；过度的热胀和冷缩。系统部件不对称的尺寸变化；选用材料的不合理；氢脆或者在使用金属氢化物时，由金属老化等造成内部材料挤压而引起的破裂；材料热处理得不好、材料焊接工艺不良以及在氢作用的环境下材料的不适当匹配等等。

14.1.2.1　结构设计基本要求

氢生产系统在结构设计时应满足失效-安全设计和自动安全控制。其中失效-安全设计建议设置安全泄放装置、阻火器等安全附件进行保障。自动安全控制包括远程实时检测；自动控制压力、流速等运行参数；当检测到氢泄漏时，设备可自动关闭截止阀、关停设备、开启通风装置等，并能全天候检测系统各种故障并及时报警。

同时，制氢装置因其反应条件及产品氢气具有易燃易爆的特性，属于临氢装置，根据中华人民共和国应急管理部颁布通知要求[2]，氢气的生产装置和运行区域必须定期开展HAZOP 分析。目的在于通过安全评估科学手段识别、分级和定性可能造成人员伤害或财产损失的风险，并制定相应安全防护措施，以实现水电解制氢装置设计及运行的本质安全。

14.1.2.2　合理选材

金属材料长期在氢环境下工作，会出现性能劣化的现象，严重威胁氢生产系统的服役安全。为避免或减少材料对氢生产系统安全性的影响，在氢生产系统的材料设计与选型时应遵循如下原则。

① 材料的相容性。包括材料与氢气、相邻材料和使用环境的相容性。

氢环境下使用的金属材料要求与氢具有良好的相容性，需进行氢与材料之间的相容性试验，主要包括高应变速率拉伸试验、断裂韧度试验、疲劳裂纹扩展试验、疲劳寿命试验、圆片试验等[3]。

金属材料与氢气环境相容性试验应符合 GB/T 34542.2 等标准的规定。

氢脆敏感度试验应符合 GB/T 34542.3 的规定。

材料需要考虑系统中温度或压力的变化引起的材料尺寸或形状变化，以确保系统的密封性能以及各部件的稳定工作。

氢生产系统所用到的金属材料应满足强度要求，并具有良好的塑性、韧性和可制造性，且其韧脆转变温度应低于系统的工作温度。

氢生产系统所用到的非金属材料需要具备良好的抗氢渗透性能。

② 材料的毒性。

③ 材料的失效模式等。

氢环境常用的金属材料和非金属材料参见 GB/T 29729—2022。同时为降低金属材料的氢脆敏感性，应采取以下措施：

a. 将材料硬度和强度控制在适当的水平；
b. 降低残余应力；
c. 避免或减少材料冷塑性变形；
d. 避免承受交变载荷的部件发生疲劳破坏；
e. 使用奥氏体不锈钢、铝合金等氢脆敏感性低的材料[4]。

14.2 电解水制氢安全

水电解制氢系统可分为常压型和压力型，其主体设备为水电解槽。水电解槽由若干个电解池组成，每个电解池由电极、隔膜和电解质溶液等构成，由此构成各种形状和规格的水电解制氢系统。水电解制氢系统结构由制氢装置的工作压力、氢（氧）气的用途、气体纯度及其允许杂质含量等因素确定。水电解制氢系统框图见图14-4。

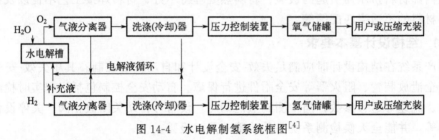

图 14-4 水电解制氢系统框图[4]

14.2.1 制氢系统危险和有害因素

制氢系统主要危险化学品及单元设备危险和有害因素见表14-4。电解水制氢系统中面临的有害因素可能造成两方面的危害：一是氢气的泄漏；二是火灾或爆炸。其中氢气泄漏主要通过多孔材料（如隔膜、质子交换膜等）、装配面或密封面等途径溢出。氢气泄漏后会迅速扩散，导致泄漏污染区不断扩大，且扩散过程肉眼不可见。系统火灾或爆炸风险主要来源于系统中氢气与空气或氧气混合达到可燃或爆炸极限，并存在有效点燃源。

表 14-4 制氢系统单元设备危险和有害因素[5]

单元设备	介质	危险和有害因素
水电解槽	氢气、氧气、碱液/纯水	泄漏时易燃易爆、窒息、助燃、灼烫、触电
氢分离器	氢气、碱液/纯水	泄漏时易燃易爆、窒息、灼烫
氧分离器	氧气、碱液/纯水	泄漏时助燃、灼烫
碱液过滤器、冷却器	碱液/纯水	灼烫
氢气冷却器	氢气	泄漏时易燃易爆、窒息、灼烫
氧气冷却器	氧气	泄漏时助燃、灼烫
循环泵	碱液/纯水	灼烫、触电、机械伤害
电解液制备及贮存装置	碱液/纯水	灼烫
氢气纯化器脱氧塔、干燥塔	氢气	泄漏时易燃易爆、窒息、灼烫、触电
氢气储罐	氢气	泄漏时易燃易爆、窒息
直流电源、自控装置	—	触电

14.2.2　安全设计

2019 年颁布实施的《压力型水电解制氢系统安全要求》[5]和 2022 年征求意见稿《氢系统安全的基本要求》[4]，针对电解水系统的安全设计、操作、安装和执行等各环节进行了规范，将促进我国水电解制氢系统的技术研发和应用，助力氢能产业的发展。工业化的电解水制氢装置的操作压力一般为 0.8～3MPa，电解槽操作温度为 80～90℃，制氢纯度高于99.7%，制氧纯度高于 99.6%。鉴于水电解制氢装置特定反应条件，以及产品易燃易爆的特性，水电解槽和终端氢气处理系统成为整个水制氢系统中较为危险的两个重点控制单元。因此在水电解安全系统设计中，主要考虑以下方面。

14.2.2.1　水电解槽

水电解槽的性能参数、结构应以降低单位氢气电能消耗、减少制造成本、延长使用寿命为基本要求。应合理选择水电解槽的结构型式、电解小室及其电极、隔膜的构造、涂层和材质。控制水电解槽组装过程，以消除泄漏风险。水电解槽的安装应采用单端固定方式。PEM 水电解槽中的质子交换膜应具有足够化学稳定性和质子交换能力，一般要求膜材料致密不透气，厚度为 150～250μm。

水电解槽的电镀零部件的质量、检查应符合如下要求：

① 镀件的镀层表面不得有鼓泡、起皮、局部无镀层和划伤等严重缺陷。镀层表面质量应进行 100% 检验。

② 镀件的镀层厚度、结合强度及孔隙率的检验抽样和抽样方法按照 GB/T 2829 的规定。镀件可以采用相同工艺同时电镀的试件进行试验[6]。

14.2.2.2　压力容器

制氢系统的压力容器主要用于气液分离、冷却、加热和储存。压力容器的材料、设计、制造、检验和验收应符合 TSG 21、GB/T 150、GB/T 151 的规定。压力容器的材质选择，应充分考虑容器氢侧和氧侧不同的使用要求和运行状态。

在寒冷和严寒地区，室外含湿气罐底部应根据具体情况采取相应防冻措施。

14.2.2.3　氢气纯化器

氢气纯化器应采取绝热措施。氢气纯化器入口宜设置流量检测仪表。氢气纯化过程的温度控制和阀门切换等操作宜采用自动控制装置控制。

14.2.2.4　压力泄放装置

安全阀应选用全封闭式，经校准合格铅封后方可使用。安全阀应靠近被保护设备垂直安装，其位置应便于检查和维修。

14.2.2.5　管路及附件要求

① 制氢系统管路及附件的设计、安装应符合 GB/T 19774 的相关规定。

② 制氢系统应设置氮气吹扫置换接口。所有吹扫置换接口前应配置切断阀、止回阀。

③ 氢气管道与其他管道共架或分层敷设时，宜布置在外侧上层。

④ 氢气/氧气管道的支、吊架应采用不燃材料制作。

⑤ 氢气/氧气管道安装后，应进行强度试验、气密性试验和泄漏量试验，此类试验应按GB 50177、GB 50030 的规定进行。

⑥ 泄量试验合格的氢气/氧气管道的吹扫应符合 GB 50177、GB 50030 的相关规定。使用氮气吹扫时，应采取防止人员窒息的措施。

第二篇　氢的制取

⑦ 氢气/氧气放空管应在避雷保护范围之内，并应有防止雨雪侵入和杂物堵塞的措施。

14.2.2.6　电气设备及配线

（1）直流电源的配置

水电解系统的水电解槽应与直流电源一对一方式独立配置。直流电源应设有自动调压和自动稳流功能，并具备直流过流、交流缺相等联锁保护功能。制氢系统采用的整流器在选型和使用中，需要注意以下两个要点：额定直流电压应大于水电解槽的最大工作电压，调压范围可在 0.6～1.05 倍范围；额定直流电源不应小于水电解槽的最大工作电流，建议选在水电解槽最大工作电流的 1.1 倍[6]。

氢气生产环节的电气设施应按 GB 50177 的规定分为 1 区和 2 区。爆炸危险区域内的电气设备防爆等级应为 Ⅱ 类 C 级 T1 组，并符合 GB/T 3836.1 和 GB/T 34542.1 的要求。

（2）电气接地

水电解制氢系统应在安装管路前进行接地电阻检查。对两端分别接入直流电源正负极的水电解槽，其对地电阻不小于 1MΩ。

氢气设备、管道的法兰、阀门连接处应采用铜制连接线跨接，跨接电阻应小于 0.03Ω。电气装置的接地，应设单独接地干线，不得采用串接方式。

14.2.3　操作要求

针对可能出现的不安全因素进行防范，规范制氢系统操作要求，表 14-5 列出了可能出现的不安全因素及防范措施[4,5]。

表 14-5　水电解制氢系统中部分不安全因素和防范措施

安全事故	原因分析	危险情况	防范措施
氢氧混合	(1)密封等配件气密性不够出现氢气泄漏 (2)气液处理装置中的液位控制系统异常 (3)氢气泄漏检测装置故障或机械通风系统故障 (4)使用前，管道内气体置换不充分 (5)电解槽正负极接反 (6)氢、氧气体压力差过大 (7)氢脆导致管道或设备损坏，造成氢气泄漏 (8)氢气纯度不够	氢氧混合达到一定浓度遇火源易发生火灾或爆炸	(1)设备开车前要将管道内气体置换充分 (2)首次开车前认真测量正负极性 (3)试车时检测各小室极间电压，保证进液、出气畅通 (4)严格控制氢、氧系统压力 (5)提高氢气泄漏检测装置灵敏度并定期检查 (6)注意检测设备各连接处的气密性 (7)对易产生氢积聚的密闭空间实行强制通风
存在静电或电火花	(1)电气系统中存在漏电、短路、接触电阻过大等产生电弧或火花 (2)过量氧气的氢气进入脱氧塔，复合脱氧塔温度过高 (3)防雨、防雷措施不完善，造成设备短路而损坏 (4)电动机发热系统温度升高 (5)工作人员衣服、走路、各种摩擦产生的静电	易发展为点火源	(1)设备开车前认真测量槽体的各部位绝缘 (2)当需要紧急泄压时一定要平稳缓慢，防止气流过快产生静电火花 (3)作业人员严格穿戴防静电服饰 (4)设备周围严禁一切烟火 (5)采用适当的接地方法，以防雷击、闪电放电 (6)控制内燃机和排气烟囱等所排废气的温度

根据氢气的易燃特性和易发生火灾或爆炸的危险属性，水电解制氢系统严禁一切烟火及可能产生烟火的活动。表 14-6 列举各种需要隔离的火源。

表 14-6　各种需要隔离的火源

热点火源	电点火源
各种明火	电气短路
可爆炸的药物	电火花或电弧
管道、容器破裂所产生的冲波	金属断裂(如钢丝绳等)
容器爆炸的碎片	静电(包括两相流)
焊接火炬或火星	静电(固体质点)
高速射流携带的能量	电灯
震荡火源(流动系统中重复出现的冲波)	设备运行或开关操作时产生的电火花
机械撞击与振动	
拉伸断裂	
各种烟火(严禁现场吸烟、携带火柴等)	

14.3　化石能源制氢安全

化石能源制氢，主要包括天然气、煤、甲醇等作为原料转化成含有二氧化碳、一氧化碳以及微量未反应的化石燃料的富氢气体。化石能源制氢简易流程如图 14-5 所示[7]。大规模化石能源制氢最常用的燃料来源是天然气（甲烷），碳排放低、经济性好。以下主要以天然气制氢为例进行介绍。

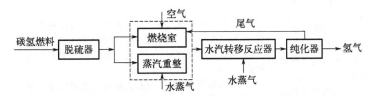

图 14-5　化石能源制氢简易流程图

14.3.1　物料危险特性

天然气制氢是将甲烷和水蒸气按一定比例混合，以约 30bar（1bar=$1×10^5$Pa）的压力通入催化重整器，反应温度为 700～800℃。

在天然气制氢系统中，生产中的原料、产品及副产品相当大一部分为易燃、易爆物质，很多物料在生产过程中处于高温、高压环节中。表 14-7 是天然气制氢系统主要组分及危险特性。

表 14-7　天然气制氢系统主要组分及危险特性

主要组分	引燃温度/℃	火灾危险性分类	危险特性
H_2	400	甲	泄漏时易燃易爆
CH_4	538	甲	泄漏时易燃易爆
H_2S	260	甲	泄漏时易燃易爆有毒
CO	610	乙	泄漏时易燃易爆有毒

从表14-7可以分析，天然气制氢有如下特点：

① 原料及产物主要为易燃易爆的烃类物质和氢气，且操作温度高、压力大。若超温、超压、处理不当，将会使反应器及其附件发生开裂、损坏，导致气体泄漏，遇点火源引发火灾、爆炸等安全事故；

② 反应后存在无机硫，存在设备腐蚀的隐患。若遇到气体泄漏或操作失误，造成可燃气体溢出，遇明火会导致火灾、爆炸等安全事故；

③ 硫化氢的存在，使得在脱硫反应器和管道内部表面生成一层FeS，若检修操作不当，遇空气可能发生自燃而引起火灾事故；

④ CO和甲烷的毒性。当CO浓度达到一定值时，会发生头晕、呕吐甚至窒息。当甲烷浓度过高时，空气中氧含量明显降低，当甲烷含量达到25%～30%时也会出现头晕、乏力、心跳加速等病态反应。

14.3.2 不安全因素及防范措施

重整制氢过程中可能引发的安全事故情况以及可采取的防范措施见表14-8。通过表14-8可以发现：重整器反应温度过高或过低，反应过程中压力过高，静电产生与否等，都会引发安全事故。因此重整制氢系统内部须按照相关规范设置相应的检测装置，严格控制系统温度、压力以及进料流速，同时须设置静电消除器，并定期检修维护设备，在保证氢气纯度的同时更可避免事故发生[8]。

表 14-8 化石能源制氢过程的不安全因素汇总[8]

序号	安全事故	原因分析	后果	安全措施	建议措施
1	天然气制氢重整器压力过高	（1）燃料气/空气进料量大 （2）脱硫效率低 （3）外部着火 （4）天然气进料温度高 （5）天然气进料压力过高 （6）重整器出料管道堵塞 （7）催化剂过量，反应失控	（1）导致反应失控，转化效率低 （2）超压严重导致爆炸 （3）重整器薄弱环节脆弱，内部重整气体外泄，人员中毒，遇火源时燃烧或爆炸	（1）天然气入口端设置流量变送器并控制流量阀门 （2）紧急情况下,对燃料气放空处理 （3）重整器设置温度指示联锁高报警 （4）重整器设置压力指示高、低报警 （5）出料管线上设置压力传感器并与原料进料管线上的压力差联锁,设置压力差高报警	（1）现场设置有毒气体报警仪 （2）催化剂装填容器仅装适量的催化剂,防止过量
2	天然气制氢重整温度过高	（1）燃料气/空气进料量大 （2）脱硫效率低 （3）外部着火 （4）天然气进料压力过高 （5）催化剂活性低,反应速率慢	（1）导致反应失控,转化效率低 （2）超压严重导致爆炸 （3）重整器薄弱环节脆弱,内部重整气体外泄,人员中毒,遇火源时燃烧或爆炸 （4）重整器管道积炭而局部超温烧坏管道,转化效率低,超压严重导致爆炸	（6）重整器内设置压力传感器并控制引风机管线阀门以控制重整器压力 （7）重整器出口端设置气体含量分析传感器并联锁空气预热器进料管上的阀门 （8）紧急情况下,对变压吸附尾气排空处理 （9）自动开启固定消防灭火系统 （10）蒸汽管道中设置流量变送器并控制流量阀门	现场设置有毒气体报警仪

续表

序号	安全事故	原因分析	后果	安全措施	建议措施
3	进料组分错误	燃料气/空气进料量大	影响转换效率,能源消耗过多	(1)天然气入口端设置流量变送器并控制流量阀门 (2)紧急情况下,对燃料气放空处理 (3)蒸汽管道中设置流量变送器并控制流量阀门,并设置流量联锁报警 (4)紧急情况下,对变压吸附尾气排空处理 (5)天然气进料与蒸汽进料管道皆设置流量变送器并控制流量阀门	
4	静电	(1)天然气进料管道内流速过快 (2)进入装置区内的人体带静电 (3)混合气体中的混合气体流速过快 (4)变压吸附尾气流速过快	产生火花,遇天然气/氢气/与空气混合物产生爆炸或燃烧	(1)天然气管道设置流速控制阀门 (2)含可燃性气体管道、变压吸附尾气管道设置阻火器 (3)含可燃性气体管道、变压吸附尾气管道设置放空管,且放空管上设置阻火器 (4)混合气体管道设置流速控制阀门	(1)进入装置区内的人员须穿防静电服 (2)装置区内设置静电消除器
5	天然气制氢重整器温度过低	(1)蒸汽进料温度过低,或进料量过大 (2)天然气进料温度低 (3)外部环境温度低 (4)催化剂过量,导致吸热反应的重整制氢反应剧烈	转换效率低	(1)蒸汽管道上设置温度传感器及温度显示仪 (2)重整器设置温度指示联锁高报警 (3)水路管道上设置流量变送器元件 (4)提供重整器反应温度的燃烧炉设置燃烧指示报警	

14.4　氢气提纯安全

氢气提纯主要涉及两个方面:一是将水电解制氢和化石能源制氢方式得到的氢气通过提纯工艺对氢气里面的杂质进行调控;二是针对工业副产物制氢工艺,将氯碱工业副产气、煤化工焦炉煤气等尾气经过氢气提纯工艺制备得到商用氢气。变压吸附提纯技术(PSA)是工业上最常用的气体分离和氢气提纯技术,利用吸附剂(多孔固体物质)在相同压力下易吸附高沸点组分、高压下被吸附组分吸附量增加、低压解吸的特性来实现杂质分离,具有能耗低、流程简单、产品气纯度高和安全可靠等优点。图 14-6 为变压吸附提纯工艺流程图。

经过水电解制氢和化石能源制氢所得到的氢气进入 PSA 的氢气提纯系统中所面临的危险因素和防范因素同 14.2 节和 14.3 节所述。本节主要介绍氯碱工业副产氢和焦炉煤气副产

图 14-6　变压吸附提纯工艺流程图

氢进行 PSA 工艺提纯的安全。

14.4.1　原料气的危险特性

14.4.1.1　氯碱尾气

氯碱行业副产物制氢是以工业盐为原料，电解氯化钠等盐水生产烧碱、纯碱、氯气、PVC 等工业产品的行业。富含氢气的氯碱尾气主要以氯酸钠尾气及 PVC 尾气为主。

其中氯酸钠尾气氢气含量高，原料气处理关键在于脱氧脱氯和 PSA 分离纯化，工艺流程图如图 14-7 所示。PVC 尾气中含有氯乙烯（C_2H_3Cl）和乙炔（C_2H_2）等高附加值组分，为了资源利用及保护，常采用净化＋两段 PSA 法，实现氯乙烯等的富集利用及氢气的提纯，工艺流程图如图 14-8 所示。

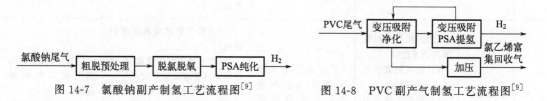

图 14-7　氯酸钠副产制氢工艺流程图[9]　　图 14-8　PVC 副产气制氢工艺流程图[9]

两种尾气组成相差较大，主要组分及危险特性如表 14-9 所示。从表 14-9 可以分析出，氯碱尾气含氢量大，尤其氯酸钠尾气，含量高达 92%，燃烧速度快，属于易燃易爆气体，一旦造成泄漏，与空气混合极易形成爆炸性混合气体，遇火源、静电火花或高热有发生燃烧爆炸的危险。

表 14-9　氯碱尾气主要组分及危险特性

主要组分	浓度		危险属性
	氯酸钠尾气	氯乙烯尾气	
H_2	92%	50%～70%	泄漏时易燃易爆、窒息
N_2	—	8%～15%	泄漏时易窒息
O_2	5%	—	泄漏时有助燃性，与氢、甲烷等一定比例混合易爆炸
C_2H_3Cl	—	8%～25%	泄漏时可燃易爆炸、窒息
C_2H_2	—	5%～15%	泄漏时易燃易爆、窒息
Cl_2	10～30mg/m^3	—	泄漏时有助燃性，与氢、甲烷、乙炔等一定比例混合易爆炸

14.4.1.2　焦炉煤气

焦炉煤气是钢铁行业或其他工厂煤炭碳化过程中重要的副产物，以焦炉煤气为原料气，采用干法脱硫、变温吸附法脱萘精制焦炉煤气、变压吸附法制取氢气。2017 年黑色冶金行业颁布实施了焦炉煤气制氢站安全运行规范 YB/T 4594—2017，针对焦炉煤气精制、变压吸附提纯、储存等环节进行了规范。

焦炉煤气组分复杂，含有较多易燃易爆气体，表 14-10 是焦炉煤气的组分及危险特性。从表中可分析出，焦炉煤气具有如下特点：

① 焦炉煤气含氢量大，高达 55%～60%，燃烧速度快；

② 组分复杂，若在封闭系统内泄漏，易发生窒息；

③ 当焦炉煤气与空气混合到一定比例（5%～30%）时，可形成爆炸性气体，遇火就爆炸。

表 14-10　焦炉煤气的组分及危险特性

原料气组分	原料气浓度	危险属性
H_2	55%~60%	泄漏时易燃易爆、窒息
CH_4	23%~27%	泄漏时易燃易爆、窒息
CO	5%~8%	泄漏时易燃易爆、窒息
CO_2	<2%	泄漏时易窒息
H_2S 等微量杂质	<3%	泄漏时易燃易爆、窒息

14.4.2　安全规范

由于氯碱尾气或焦炉煤气中氢气浓度高，具有易燃易爆易窒息的危险特性，在 PSA 氢气提纯的工艺中，应特别注意做好原料气及氢气的防泄漏措施，以及控制防爆发生的条件。

（1）原料气指标控制

由于 PSA 的原料气来源于工厂排放的氯碱尾气或焦炉煤气，故气体输送压力较低，为 $0.015~0.02MPa^{[10]}$，且原料气生产车间与 PSA 氢气提纯车间有一定距离要求，造成原料气输送距离较长，因此建议在原料气进入 PSA 氢气提纯车间前进行如下设置：

① 监测氧含量。在压缩机进口前的原料气管路上设置在线氧分析仪，实时监测原料气中氧含量，并设置含氧高联锁停车。保证氧含量一旦超标，可以实现仪器立刻联锁停车，保障安全；

② 监测进气压力。在压缩机进口设置进气压力低联锁停车，以免进气压力低而吸入空气；

③ 设置紧急切断阀。在压缩机进口管路上设置紧急切断阀，以备在发生紧急情况时，快速切断原料气的供应；

④ 设置紧急排放阀。在压缩机进口管路上设置紧急排放阀，以降低压缩机突然停车对原料气供应管道所带来的压力波动。

（2）程控阀门故障造成气体泄漏

由于 PSA 单元为高压临氢装置，装置氢气体积分数可达 99.92%，变压吸附时依靠不同作用的程控阀门的开、关而实现的连续运行。程控阀门是实现 PSA 单元正常运转、可靠工作的关键设备。一套 PSA 系统，需要的程控阀门数量多。图 14-9 是气动程控阀门的阀体结构[11]。程控阀门在经过长时间运行中，频繁切换出现的阀位检测故障报警、活塞卡涩、漏气都是常见的故障，但在 PSA 氢气提纯应用中气体泄漏将影响整个系统的正常运行，甚至可能发生安全事故。因此程控阀虽小，在 PSA 系统中最容易被忽视也最不应该被忽视。

程控阀门故障原因通常如下：

① 动作频繁，最频繁的操作次数可能会达到每年 60 万次以上[12]，高频次的运行不可避免会对阀芯以及阀杆造成损伤，可能会存在大量的氢气泄漏点；

② 阀门安装调试不到位，使得阀杆长期受到外力作用，产生变形；

③ 吸附剂粉化，粉尘被气流带至阀门密封圈处，引起

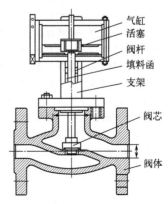

气缸
活塞
阀杆
填料函
支架

阀芯

阀体

图 14-9　气动程控阀门的阀体结构

阀门内漏；

④ 使用前管道内杂质吹扫不彻底，残留杂质会对阀门密封面产生冲击，引起阀门性能下降；

安全措施：

① 在 PSA 单元及周边一定范围内，适度增加可燃气体报警器，有利于及时发现泄漏情况并报警；

② 定期使用便携式氢气检测仪检查阀门填料，及时发现填料损坏、泄漏的隐患，并采取处理措施；

③ 控制塔内空速，减少吸附剂粉化；

④ 定期检修，减少内漏的概率；

⑤ 设置吸附塔超压报警，准确确定阀门运行情况；

⑥ PSA 系统运行前，若气动控制阀门，则检查仪表空气是否达到要求的压力，若压力不够将不能保证阀门可靠动作；若液压程序控制阀门，检查液压压力是否满足设计要求。

（3）控制点火源，设置防爆措施

① PAS 系统中的真空泵应配置防爆型电动机，电力装置设计应符合 GB 50058 的规定；

② PSA 系统所处场所各部分的爆炸危险区域的范围及等级的划分，应符合 GB 50177 和 GB 50058 的规定；

③ 严禁一切烟火，禁止一切可能产生烟火的活动；机动车辆若必须进入区域内，则驾驶员须佩戴防火罩；

④ 系统运行前，置换气进行吹扫，采用的置换气氧体积含量应小于 0.5%，且不含其他可燃或氧化性气体；

⑤ 原料气中的氢气体积含量应大于 25%；

⑥ PSA 系统原料气入口处应设静电球，系统周围应设静电球、避雷针等；

⑦ 工作人员应穿戴符合规定的防静电服；

⑧ 当感应到一定浓度氢气时，系统应具备自动强制通风条件。

参 考 文 献

[1] 丁莉丽. 车用氢能产业链安全事故分析及防范探讨 [J]. 安全、健康和环境，2021，21（9）：4.
[2] 危险化学品安全监督管理司.《化工园区安全风险排查治理导则（试行）》和《危险化学品企业安全风险隐患排查治理导则》（应急〔2019〕78号）[Z]. 北京：中华人民共和国应急管理部，2019.
[3] 郑津洋，刘自亮，花争立，等. 氢安全研究现状及面临的挑战 [J]. 安全与环境学报，2020，20（1）：10.
[4] GB/T 29729—2022. 氢系统安全的基本要求 [S]. 2022.
[5] GB/T 37563—2019. 压力型水电解制氢系统安全要求 [S]. 2019.
[6] GB/T 37562—2019. 压力型水电解制氢系统技术条件 [S]. 2020.
[7] 冯是全，胡以怀，金浩. 燃料重整制氢技术研究进展 [J]. 华侨大学学报：自然科学版，2016，37（4）：6.
[8] 毛宗强. 氢安全 [M]. 北京：化学工业出版社，2020.
[9] 陈健，姬存民，卜令兵. 碳中和背景下工业副产气制氢技术研究与应用 [J]. 化工进展，2022（003）：041.
[10] 沐春干. 氯碱厂副产氢回收过程的安全技术 [J]. 低温与特气，2002（04）：38-39.
[11] 孙震. 变压吸附单元程控阀应用探讨 [J]. 石油化工自动化，2021，57（4）：4.
[12] 张少军. 变压吸附制氢工艺的影响因素及常见问题分析 [J]. 石化技术，2020，27（7）：2.

第三篇

氢的储存、运输及加注

本篇主编：徐焕恩

副 主 编：高继轩　张　伟

《氢能手册》第三篇编写人员

第15章　高继轩　张　璇　徐焕恩

第16章

16.1　马　凯　顾超华　彭文珠　张睿明　胡江川

16.2　张　国　屠　硕　徐　鹏　刘熙林　贺志国　袁卓伟　马春花　吉增香　匡　欢
　　　李　明　高　石　刘　洋　张明俊　张　璇　徐子介　杨亚飞　徐焕恩

16.3　李　伟　游世莹　孙　磊　张锡恒　袁卓伟　马春花　吉增香　赵宝龙　贾春莉
　　　蒋　敏

16.4　刘　伟　鲁仰辉　孙　晨　李　鑫　常雪伦

第17章　谢秀娟　杨少柒　胡忠军　伍继浩　毛长钧　高　洁
　　　　杨　坤　李　央　陆江峰　吕　翠

第18章　郭秀梅　杨　明　程寒松　李志念　武媛方　董　媛

第19章

19.1　张　伟　刘熙林　冯海云　田立庆　王　亮　徐　莉　卢　丹　高　峰

19.2　熊联友　谢秀娟

19.3　王海江　于　洋　韩武林　刘天扬　王向丽　张　伟

19.4-19.5　黄　彬　何广利　韩武林　谢　添

第20章　张新丰　翟建明　王海江　曹世华　徐子介　杨亚飞　张　璇

附录*　高继轩　张　璇

*本篇的附录已整体移到手册末尾。

引　言

　　当今，随着石油、天然气、煤等不可再生资源消耗量的日益增加，全球气候变暖趋势加剧，世界多数工业化国家都提出了降碳的目标，中国政府也根据本国发展实际，提出 2030 年碳达峰，2060 年碳中和的"双碳"目标。为此，迫切需要一种不依赖于化石燃料且来源丰富的新的含能体。氢具有重量轻、导热性好、发热值理想、燃烧性能好、利用形式多等特点，更因其来源丰富，燃烧除生成水和少量氮化氢外不产生诸如二氧化碳、二氧化硫等温室气体，绿色低碳环保，不依赖化石能源等诸多优点，被国际社会誉为 21 世纪最具发展潜力的清洁能源。

　　氢能产业链整体可分为氢的制取、氢的储运、氢能应用三大环节。全球目前氢的产能约 1 亿吨，大部分是灰氢，主要作为工业原料使用，作为能源用途的氢气占比仍然较低，但发展迅速，预计 2035 年全球能源用氢将超过工业用氢。目前最大的制氢工厂在加拿大，用页岩气制氢，日产 1000 吨；最大的绿氢工厂在沙特，日产 650 吨；中国石化在新疆库车建设的绿氢工厂日产量为 60 吨。

　　作为技术发展最成熟和常用的存储方式，气态氢多以高压状态储存，本篇第 16 章分别对固定式储氢和交通运载工具储氢的场景、特点，储氢设备及容器的设计、失效、材料、测试、维护等方面进行了综合介绍；阐述了气态氢地面转运设备和容器的规格、材料、设计、型式试验内容，以及地面运输管束式集装箱的部件、参数、安全附件、检验、管理、应急处理等内容；针对大规模长距离的管道运输，从纯氢管道和掺氢天然气管道的标准体系、输送工艺、关键技术、安全管理等方面做了详尽说明。第 17 章针对氢气液化、液氢储存、运输及液氢安全四个方面系统阐述液氢的制备与储运。近年来液氢行业发展迅速，随着液氢产业链逐渐完善，技术的成熟与推广应用，将有助于实现清洁能源转型和可持续发展目标。作为氢能储存的重要分支，第 18 章从材料、装置、制备、标准、应用等角度，着重介绍了固态储氢技术和有机液体储氢技术。

　　氢的加注是连接氢能制、储、运、用以及装备制造的重要环节。第 19 章包含气态和液态加氢站两个方面，展示了加氢站的分类、关键设备、技术路线、加氢站的建设及管理，并对气态压缩机、气态加氢机、气态加氢站控制系统做了详细介绍。第 20 章针对氢气储运系统中重要的组成部分——管路元件进行介绍，包括其组成、材料、管道阀门及分类、连接件形式、元件选型规则、参数测量、失效与泄漏检测等方面内容。

　　本篇以气态储氢、液态储氢、固态储氢等为主线，涵盖氢储存、运输、加注、应用等诸多内容。从理论和实践角度出发，力求系统阐述氢能产业链中"储-运-加"各个重要环节。通过本篇的内容，使读者对氢的储运、加注等关键技术和发展有较为全面的了解，并能对氢能的未来技术方向和挑战产生思考。氢能产业链长且复杂，涉及范围较广，本篇有遗漏及未详述之处，请各位指正。

第**15**章

概述

氢能作为可再生能源，科技创新和产业发展持续得到青睐，各国都将氢能作为战略性能源来发展。大力推广新能源汽车是我国实现"双碳"目标的重要战略举措，燃料电池汽车作为新能源汽车的重要组成部分，近年来也取得了长足的进步。据统计，截至 2022 年底，我国燃料电池汽车保有量为 1.2 万余辆，累计建成加氢站 350 余座。

人类对氢能的探索和应用可追溯到 16 世纪（见图 15-1）。

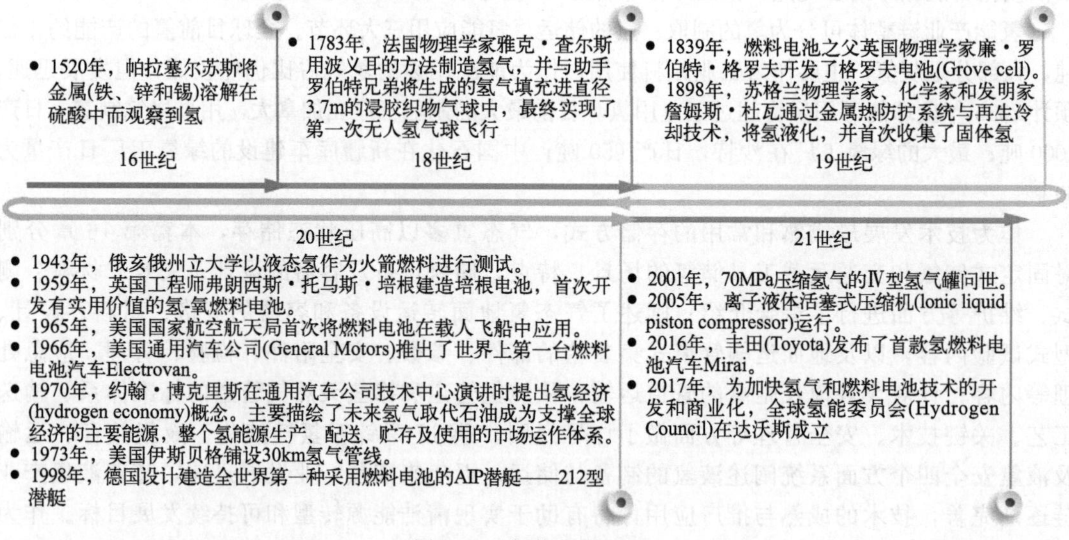

- 1520年，帕拉塞尔苏斯将金属(铁、锌和锡)溶解在硫酸中而观察到氢

16世纪

- 1783年，法国物理学家雅克·查尔斯用波义耳的方法制造氢气，并与助手罗伯特兄弟生成的氢气填充进直径3.7m的浸胶织物气球中，最终实现了第一次无人氢气球飞行

18世纪

- 1839年，燃料电池之父英国物理学家廉·罗伯特·格罗夫开发了格罗夫电池(Grove cell)
- 1898年，苏格兰物理学家、化学家和发明家詹姆斯·杜瓦通过金属热防护系统与再生冷却技术，将氢液化，并首次收集了固体氢

19世纪

20世纪

- 1943年，俄亥俄州立大学以液态氢作为火箭燃料进行测试。
- 1959年，英国工程师弗朗西斯·托马斯·培根建造培根电池，首次开发有实用价值的氢-氧燃料电池。
- 1965年，美国国家航空航天局首次将燃料电池在载人飞船中应用。
- 1966年，美国通用汽车公司(General Motors)推出了世界上第一台燃料电池汽车Electrovan。
- 1970年，约翰·博克里斯在通用汽车公司技术中心演讲时提出氢经济(hydrogen economy)概念。主要描绘了未来氢气取代石油成为支撑全球经济的主要能源，整个氢能源生产、配送、贮存及使用的市场运作体系。
- 1973年，美国伊斯贝格铺设30km氢气管线。
- 1998年，德国设计建造全世界第一种采用燃料电池的AIP潜艇——212型潜艇

21世纪

- 2001年，70MPa压缩氢气的Ⅳ型氢气罐问世。
- 2005年，离子液体活塞式压缩机(Ionic liquid piston compressor)运行。
- 2016年，丰田(Toyota)发布了首款氢燃料电池汽车Mirai。
- 2017年，为加快氢气和燃料电池技术的开发和商业化，全球氢能委员会(Hydrogen Council)在达沃斯成立

图 15-1　氢能发展历程

我国燃料电池研究始于 1958 年，20 世纪 70 年代在航天事业的推动下快速发展。"九五"至"十五"期间，有关燃料电池技术的研究被列入"科技攻关""863""973"等多项国家计划。国内氢能发展大事件见图 15-2 所示。

中国是世界上第一产氢大国，用氢大国。据国际能源署（IEA）*Global Hydrogen Review* 2021 报告和中国《氢能产业发展中长期规划（2021—2035 年）》的数据，全球年产氢气 9000 万吨左右，其中我国氢气的年产量为 3300 万吨（达到工业氢气质量标准的约 1200 万吨）[1]，可为氢能产业化发展初期阶段提供低成本氢气供给。

2019 年《政府工作报告》提出"推动充电、加氢等设施建设。"氢能首次被写入《政府工作报告》。随后，工信部、国务院、发改委等多部门陆续发布支持、规范氢能产业的发展政策。从 2019 年至 2022 年 6 月，近 30 项相关顶层文件推动，催化氢能市场提速，见

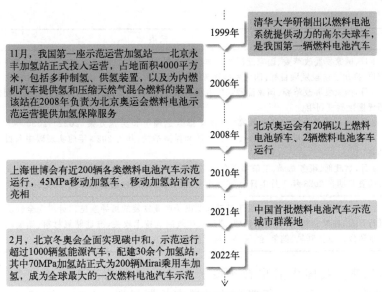

图 15-2　国内氢能发展大事件

表 15-1 所示。国家《氢能产业发展中长期规划（2021—2035 年）》、《新能源汽车产业发展规划》（2021—2035 年）及"关于开展燃料电池汽车示范应用的通知"的出台都表明氢能和燃料电池汽车即将进入快速发展期。

第三篇　氢的储存、运输及加注

表 15-1　氢能源政策

年份	政策
2019 年	3 月，国务院发布《2019 政府工作报告》，提出稳定汽车消费，继续执行新能源汽车购置优惠政策，推动充电、加氢等设施建设
2020 年	4 月，财政部等多部委发布《关于完善新能源汽车推广应用财政补贴政策的通知》，将当前对燃料电池汽车的购置补贴，调整为选择有基础、有积极性、有特色的城市或区域，重点围绕关键零部件的技术攻关和产业化应用开展示范，中央财政将采取"以奖代补"方式对示范城市给予奖励。争取通过 4 年左右时间，建立氢能和燃料电池汽车产业链，关键核心技术取得突破。 9 月，财政部等多部委发布《关于开展燃料电池汽车示范应用的通知》，将对燃料电池汽车的购置补贴政策，调整为燃料电池汽车示范应用支持政策，对符合条件的城市群开展燃料电池汽车关键核心技术产业化攻关和示范应用给予奖励。 11 月，国务院发布《新能源汽车产业发展规划（2021—2035 年）》，提出提高氢燃料制、储、运经济性。因地制宜开展工业副产氢及再生能源制氢技术应用，加快推进先进适用储氢材料产业化，推进加氢基础设施建设。 12 月，国务院发布《新时代的中国能源发展白皮书》，提出加速发展绿氢制取、储运和应用等氢能产业链技术装备，促进氢能燃料电池技术链、氢燃料电池汽车产业链发展
2021 年	2 月，科技部发布《关于对"十四五"国家重点研发计划"氢能技术"等 18 个重点专项 2021 年度项目申报指南征求意见的通知》，围绕氢能绿色制取与规模转存体系、氢能安全存储与快速输配体系、氢能便捷改质与高效动力系统及"氢进万家"综合示范 4 个技术方向，启动 19 个指南任务。 10 月，国务院发布《2030 年前碳达峰行动方案》，探索开展氢冶金；积极扩大电力、氢能、天然气、先进生物液体燃料等新能源、清洁能源在交通运输领域应用，推动城市公共服务车辆电动化替代，推广电力、氢燃料、液化天然气动力重型货运车辆。有序推进充电桩、配套电网、加注（气）站、加氢站等基础设施建设，提升城市公共交通基础设施水平。加快氢能技术研发和示范应用，探索在工业、交通运输、建筑等领域规模化应用。 12 月，工信部发布《"十四五"工业绿色发展规划》，提出加快氢能技术创新和基础设施建设，推动氢能多元利用。提升清洁能源消费比重。鼓励氢能、生物燃料、垃圾衍生燃料等替代能源在钢铁、水泥、化工等行业的应用

年份	政策
2022 年	3 月,国家发展改革委、国家能源局发布《氢能产业发展中长期规划(2021—2035 年)》,围绕氢能三大定位,提出三阶段发展目标,四大发展任务。 6 月,国家发展改革委、国家能源局等九部门联合发布《"十四五"可再生能源发展规划》,推动可再生能源规模化制氢利用。 8 月,科技部等九部门联合发布《科技支撑碳达峰碳中和实施方案(2022—2030 年)》,统筹提出支持 2030 年前实现碳达峰目标的科技创新行动和保障举措,并为 2030 年前实现碳中和目标做好技术研发储备。 9 月,财政部、税务总局、工信部联合发布的《关于延续新能源汽车免征车辆购置税政策的公告》,明确对购置日期在 2023 年 1 月 1 日至 2023 年 12 月 31 日期间内的新能源汽车,免征车辆购置税
2023 年	1 月,工信部等六部委发布《关于推动能源电子产业发展的指导意见》,针对安全经济的新型储能电池进行开发,在氢储能/燃料电池领域,要加快高效制氢技术攻关,推进储氢材料、储氢容器和车载储氢系统等研发。支持制氢、储氢、燃氢等系统集成技术开发及应用

自 2021 年以来,我国先后出台《关于启动燃料电池汽车示范应用工作的通知》《2030 年前碳达峰行动方案》《氢能产业发展中长期规划(2021—2035 年)》等政策规划;加氢站作为连接氢能产业上下游发展的关键一环,从 2016 年至今总体建站速度不减。2022 年中国加氢站建成总数超过 340 座,从各省市加氢站数量来看,广东、山东建站数领跑全国,示范城市占比五成。截至 2022 年底,中国加氢站建设已覆盖除青海、西藏以外的所有省、自治区、直辖市,总体呈现围绕京津冀地区、长三角地区、珠三角地区的聚集性分布。

2021 年底,五部委先后批复京津冀、上海、广东、河南、河北五大燃料电池汽车示范城市群,各城市群建站规划提上日程。从城市分布情况来看,2021 年示范城市新建站数占 45%;2022 年示范城市新建站数占 51%。浙江、湖北、四川等未列入示范城市群的地区也纷纷出台氢能产业规划,建站速度与示范地区保持"齐头并进"。

加氢站日加注量逐年提升,1000kg/d 或成主流配置。新增站设计加注能力持续提升,平均加注能力从 2017 年以前的 425kg/d 增长到 2022 年的 800kg/d,总体向 1000kg/d 及以上加注能力趋势发展。

加氢站加注目前压力以 35MPa 站为主,70MPa 站由于受投资和技术的限制,发展仍然缓慢。截至 2022 年底,我国建成支持 70MPa 加注加氢站共 26 座。其原因主要是受制于国产 70MPa 站用氢气压缩机竞争力较弱,总体建站成本及设备要求大幅高于 35MPa 站;同时,目前国内氢燃料车仍以 35MPa 车载储氢瓶为主,70MPa 的 IV 型气瓶技术尚待完善,短期内市场需求尚未形成。

合建站新建比例近五成,已成主流。从加氢站新建站类型来看,油氢合建站、油氢气电合建站等综合能源站新建比例逐年提升,目前合建站、综合能源站、加油加气站扩增加氢设备已成为加氢站的主流建站模式,广东、河南、河北、山东等多地出台的氢能政策重点鼓励新建合建站,同时配套相关的建站补贴。合建站模式简化了部分前期建站审批流程,降低了平均建站成本及运营成本,在目前中国燃油车、锂电池车、氢燃料电池车等共存的情形下,合建站既满足综合能源供给又帮助推动了氢能燃料电池产业逐步市场化。目前中国氢能燃料电池产业正处于起步阶段,众多独立加氢站面临建站成本高、氢气价格贵等经济性难题,短期内难以解决。

氢气储运环节是高效利用氢能的关键,是影响氢能向大规模方向发展的重要环节。

15.1　氢的储存

氢的储存是将易燃、易爆、易泄漏的氢以稳定形式储存。在确保安全前提下，储氢技术的发展重点是降低储氢成本，提高储氢容量及易取用性。

15.1.1　氢的储存形式

氢气的储存主要有高压气态储氢、低温液态储氢、固态储氢和有机液体储氢。

15.1.1.1　高压气态储氢

高压气态储氢技术是指将氢气压缩到一定的压力下，以高密度气态形式储存到一个耐高压的容器或气瓶里，是最普通和最直接的储存方式[2]。根据结构形式的不同，高压储氢气瓶分为纯钢制金属瓶（Ⅰ型）、钢制内胆纤维环向缠绕瓶（Ⅱ型）、金属内胆纤维全缠绕瓶（Ⅲ型）和塑料内胆纤维全缠绕瓶（Ⅳ型）以及无内胆纤维缠绕瓶（Ⅴ型）5 种。高压气态储氢能耗低、易脱氢、工作条件较宽、成本低，是目前发展最成熟、最常用的储氢技术[2]，缺陷是体积储氢密度低且储存过程中存在易泄漏、燃烧爆炸的安全隐患。在确保安全的前提下，高压气态储氢还需向轻量化、高压化、低成本化、不断提升体积储氢密度的方向发展。

高压气态储氢容器根据应用领域及使用要求不同，可主要分为加氢站用大型固定式高压储氢容器、交通工具用车载高压储氢气瓶、用于运输氢气的移动式高压储氢容器等。

（1）固定式高压储氢容器

固定式高压储氢容器在加氢站、制氢工厂和储氢蓄能、蓄电等场景得到广泛应用，其中在汽车加氢站中的应用目前尤为普遍。固定式高压储氢容器包括单层钢制储氢容器，多层钢制储氢容器和纤维缠绕复合材料储氢容器。钢制压力容器使用的合金钢材料在高压工况下可能产生氢脆等损伤，导致塑性降低、疲劳裂纹扩展速率加快、耐久性下降。容器压力波动频繁且范围大，具有低周疲劳破坏危险。且鉴于其应用场景多布置在城市道路旁，人流、车流密集，一旦发生失效爆炸，危害严重。

我国最常用的单层钢制储氢容器是旋压成形的瓶式（Ⅰ型）储氢压力容器，其优点是制造效率高，制造成本比多层钢制和纤维缠绕复合材料储氢容器都低，缺点是容器壁厚过大易导致热处理淬透性差，热处理均匀性不好，制造工艺技术难度大[3]。目前，我国、美国、韩国都有 100MPa 单层钢制储氢瓶式容器推出市场。

多层钢制储氢高压容器主要有钢带错绕式储氢压力容器、层板包扎式储氢高压容器。其中层板包扎式容器轴向承载能力比钢带错绕式容器更强。多层钢制储氢高压容器有效容积大、抗氢脆性能好，制造成本比纤维缠绕容器低，但制造工艺复杂，焊缝较多，热处理要求高、生产周期长、效率低，存在轴向爆破风险。目前国内部分加氢站中应用较多的国产 100MPa 级储氢容器主要为钢带错绕式容器。国内某公司生产的 100MPa 多层包扎储氢容器占据一定市场，在国际上未见该类容器报道[3]。

纤维缠绕复合材料储氢压力容器主要包括Ⅱ型、Ⅲ型和Ⅳ型。Ⅱ型金属内胆纤维环向缠绕储氢容器较单层钢制储氢容器降低了内胆的厚度，从而克服了热处理困难，但生产效率降低、成本提高。Ⅲ型金属内胆纤维全缠绕储氢容器和Ⅳ型塑料内胆纤维全缠绕储氢容器优点是储氢密度大，抗氢性能好，但成本偏高，单个容器容积受限。国内，Ⅲ型储氢容器产品目前仅在少数加氢站有过示范应用，Ⅱ型和Ⅳ型储氢容器未见应用报道。但国外有采用Ⅱ型和Ⅳ型储氢容器的应用案例[3]。

本手册 16.1 节固定式储氢主要介绍了各类固定式储氢的失效模式及预防、临氢材料、固定式储氢设备以及系统等。

（2）车载高压储氢气瓶

交通工具包括车载、船载、机载等。在氢供应环节，作为目前产业化推广最多的氢供应系统储存方式，高压储氢有能耗较低、制造简单、充装快速等优点。由于氢燃料电池汽车在氢能产业中应用最为广泛，车载高压储氢气瓶应用较为成熟。

车载高压储氢气瓶分为金属气瓶（Ⅰ型）、金属内胆纤维环向缠绕气瓶（Ⅱ型）、金属内胆纤维全缠绕气瓶（Ⅲ型）、非金属内胆纤维全缠绕气瓶（Ⅳ型）。Ⅰ型、Ⅱ型瓶储氢密度较低难以满足车载要求，相较之，以铝合金/塑料作为内胆，外层用碳纤维进行缠绕的Ⅲ型瓶和Ⅳ型瓶，凭借体积储氢密度提高，整体重量减轻、安全性能提高的优势，成为车载储氢气瓶的技术主流，得到广泛应用。

国外氢燃料电池汽车使用 70MPa 碳纤维缠绕Ⅳ型瓶历史较长，与之相比，我国车载气瓶大多为 35MPa 铝内胆碳纤维缠绕Ⅲ型瓶，国产 70MPa 铝内胆碳纤维缠绕Ⅲ型车载瓶也有少量应用。我国已有气瓶企业推出 70MPa 塑料内胆碳纤维缠绕Ⅳ型车载气瓶，我国Ⅳ型储氢瓶处于试制试用阶段。

本手册 16.2.1 小节主要介绍氢供应系统中最主要的储存载体——气瓶，包括气瓶分类、现状、相关标准、设计开发和制造工艺流程、检验检定、气瓶安全等方面的内容。16.2.2 节主要介绍高压气态氢储存供应系统的设计原则、功能组成、应用、安装检测和维护等方面。

（3）移动式高压储氢容器

移动式高压储氢容器主要用于将氢气从产地运输到使用地或加氢站。上装部分与专用半挂车底盘永久性连接，称为长管拖车，须按照工信部《道路机动车辆生产企业及产品公告》关于车辆生产企业及产品市场准入管理的要求获批车辆公告，配以专用的牵引车头，用于运输高压氢气。上装部分与专用半挂车底盘非永久性连接，可分为管束式集装箱以及气瓶集装箱，此种产品须取得移动式压力容器独立的许可证书和监督检验证书。由于道路路况的复杂性，移动式高压储氢容器对安全性的要求较高。目前国内移动式储氢最高压力等级为 30MPa，国外已经超过 50MPa。

现阶段，我国用于移动式氢气运输大容积气瓶主要以 20MPa 的纯钢制Ⅰ型瓶和少量Ⅱ型瓶为主，单车运氢量约为 380kg。2012 年，以Ⅱ型瓶为主体的 20MPa 玻璃纤维缠绕长管拖车问世，单车运输氢气约 458kg。2016 年，国内 20MPa 的碳纤维缠绕Ⅲ型气瓶长管拖车出厂，单车运输氢气约 500kg。2020 年，国内某企业 30MPa 的碳纤维环向缠绕气瓶长管拖车试制完成，其运输车单车运输氢气 625kg 左右。国外则采用 45MPa 纤维全缠绕高压氢瓶长管拖车运氢，单车运氢可提至 700kg[4]。在移动式高压储氢容器的储氢密度方面，我国与国际先进水平还有一定差距。

本手册 16.3 节主要介绍了氢的地面转运设备的分类以及各类设备的结构、特点等。

15.1.1.2　低温液态储氢

低温液态储氢即将氢气冷却到 −253℃ 进行液化，然后将其储存在低温绝热容器中。液氢的理论体积密度为 $70.8kg/m^3$，是气态时的 845 倍，因此相比高压气态储氢，低温液态储氢在单位储氢量上具有很大的优势[5]。液化储氢具有热值高、体积储氢密度大、占用空间体积较小等优点，可降低氢气运输成本，且同时满足质量储氢密度及体积储氢密度的要求。但液氢易挥发，不便长期低温储存，挥发过程中存在增压的安全隐患，在密闭空间存放有燃烧爆炸风险。液氢沸点为 20.268K，其液化消耗能量较大，氢液化所需能量为液化氢燃烧放热额的 15%～30%。且液氢汽化潜热小，稍有热量从外界渗入容器，即可快速沸腾而导致损失，这就对储罐材料的绝热性能有着极高的要求[6,7]。

国内氢液化装备方面，2022 年 12 月底，中国首个国产、民用、合规液氢产业化示范项目，位于安徽阜阳的国产化 1.5t/d 液氢工厂完成调试，生产出产品纯度达到 99.9999%（6N 级）的液氢。其产出的液氢除服务于氢燃料电池汽车加氢站外，还主要用于低温研究、航空航天需求、液氢储运研究及相关设备的研发等。其 6N 级液氢纯度也可满足光纤、半导体和集成电路等产业需求。目前，工厂总产液氢已超 10t。

2022 年 11 月 14 日，我国嘉兴首座大型商用液氢工厂的 110kV 空氢变电站竣工投产，液氢工厂已于 2023 年底建成，投产后日产量近 30t。目前，山东淄博、内蒙古乌兰察布的 10TPD 液氢工厂也在建设中。山东淄博液氢工厂已于 2023 年底投产试车。乌兰察布绿氢工厂计划建设 5000m³/h 电解水制氢设备、10TPD 的液氢装置，并配套 2 座综合能源站及下游配套应用。项目建成后将推进水电解制氢、液氢储运、加氢站成套设备等领域的技术研发及产业化推广。

我国上游氢气资源及制氢工厂与下游氢能需求及应用市场存在地域差别，需建立经济安全的储运方式，以突破供需错配的距离限制，提高氢气储运的便捷性。美国、日本已在氢气储运中广泛使用液氢，目前美国应用液氢储氢模式的加氢站占 1/3。液氢超 35% 用于电子、冶金等行业，10% 左右用于燃料电池汽车加氢站，用于航空航天和科研试验不超过 20%，液氢民用占据主流市场。国内液氢仅在航天工程领域中成功使用，比如用作航空运载火箭的燃料或低温推进剂，液氢制氢装置、低温储罐也仅在航天发射领域使用。目前在民用氢能领域我国液氢技术正在快速发展，不久的将来，液氢储运会成为我国氢能利用的主要方式之一。

液氢储存分为地面和车载液氢储存。液氢储罐作为地面液氢储存设备，是液氢工厂和液氢加氢站的核心设备之一。常用地面固定式液氢储罐为球形和圆柱形。伴随航天工业的发展，我国已研制出各类型号的液氢储罐，已完全具备液氢储罐生产能力，并在大量工业实践的基础上，制定了液氢储罐的行业标准。储罐的绝热和无损储存时间是液氢储存的主要问题，我国现有生产技术可以保证液氢的蒸发率，但储罐重量较大。未来研发方向在进一步改进绝热层制作工艺、提高绝热效果的基础上，采用新材料、复合材料以减少储罐的体积和重量[8]。车载液氢储存同样对低温气瓶有较高的绝热要求。车载液氢气瓶除具有储存液氢的功能外，同时还具备将液氢汽化，为车辆提供氢气的功能，并且由于道路运输的复杂性，还需考虑抗振动、抗冲击等安全问题。低温液态储氢气瓶已在研发应用于商用车、重卡等车载系统中，但目前国内未发布车载液氢储氢气瓶的设计和制造标准。车载液氢储存气瓶制造厂家仍处于产品研制阶段。关于液氢储存相关具体内容详见 17.2 节。

15.1.1.3　固态储氢

固态储氢是以金属氢化物、化学氢化物或纳米材料等作为储氢载体，通过化学吸附和物理吸附的方式实现氢的存储。固态储氢具有体积储氢密度高、不需高压容器、可得到高纯度氢、安全性好、灵活性强等优势，但金属氢化物储氢材料的技术有待成熟，并且储氢金属组成储氢系统后，对吸放氢温度及速度、吸放氢循环等控制有较高要求，如何优化储氢材料性能及储氢系统的控制管理是研发重点，另外固态储氢放氢过程中的能耗问题也一直被普遍关注。目前已有利用太阳能或者工业上余热代替电能为反应过程提供热量的技术应用，可降低能耗。

　　近年来，固态储氢引发行业的持续关注。国内外固态储氢技术在分布式发电中都得到示范应用。国外，除示范应用于风电制氢规模储氢外，在燃料电池潜艇中也有商业应用。国内，陆续有以固态储氢为能源供应的大巴车、卡车、冷藏车、叉车、备用电源等问世。2019年7月，全球首辆装配有低压合金储氢系统的公交车在辽宁葫芦岛亮相，同期，葫芦岛兴城经济开发区的全球首座低压加氢站完成建设，正式投入推广示范。2021年4月，国内企业成功研制出全球首台固态储氢燃料电池冷藏车（4.5T）。2022年4月，国内某企业发布全球首款固态金属储氢技术与工业叉车相结合的实质性应用产品——一款搭载固态金属储氢燃料电池叉车；同月，位于河南新乡高新区的镁合金高密度储氢技术产业化项目的全球首条生产线建成投产测试。目前已知全球最大的氢储能发电项目——张家口200MW/800MW·h氢储能项目，已于2023年底前投入运行，项目涉及了可再生能源发电及削峰电能进行电解水制氢技术、金属固态储氢技术和燃料电池发电技术。另外，轻量化小型固态储氢发展势头良好，以固态储氢为能源供应的电动自行车在深圳市、常州市等多地开展场景试验，但自行车储氢气瓶开发应用的公共安全性尚未解决。固态储氢应用在燃料电池汽车上优势十分明显，但技术突破尚需时日。

　　整体来看，固态储氢处于研发示范、产线计划及建设的早期阶段，广阔的应用场景和市场空间有待突破。本手册18.2节，详细介绍了关于固态储氢技术的相关信息。

15.1.1.4　有机液体储氢

　　有机液体储氢利用不饱和有机物与氢气进行可逆加氢和脱氢反应，实现氢的储存。有机液体储氢量大、储氢密度高、储氢过程可逆、加氢后形成的液体有机氢化物性能稳定，安全性高。加氢过程为放热反应，脱氢过程为吸热反应，加氢反应过程中释放出的热量可以回收作为脱氢反应中所需的热量，从而有效地减少热量损失，使整个循环系统的热效率提高。有机液体储氢，储存方式与石油产品相似。氢载体可以利用现有的设备进行储存和运输，适合于长距离氢能的输送。但有机液体储氢存在脱氢反应温度较高、脱氢效率较低，加氢和脱氢反应过程均要使用催化剂，而催化剂活性不够稳定，易被中间产物毒化等问题，且加氢和脱氢反应设备较为复杂，操作费用较高。

　　2022年2月，国内首套120kW级氢气催化燃烧供热的有机液体供氢装置完成安装调试，并实现与燃料电池系统匹配供氢；2023年2月，基于有机液体储运氢技术的首个纯氢供热示范项目在北京市石景山区已全面落成。国内已有燃料电池客车车载储氢示范应用案例。

　　本手册18.3节，详细介绍了关于有机液体储氢技术的相关信息。

15.1.2　各类储存主要特点

　　各类储氢方式特点对比如表15-2所示。

表15-2　各类储氢方式特点对比

性能	高压气态储氢	低温液态储氢	材料储氢	
			固态材料储氢	有机液体储氢
体积储氢密度/(g/L)	25~40	约70.8	约110	约60
质量储氢密度/%	约5.7[①]	约7.6	约7.6[②]	5.5~7.2

续表

性能	高压气态储氢	低温液态储氢	材料储氢	
			固态材料储氢	有机液体储氢
安全性	高压安全隐患大，存在泄漏和爆破风险	无需高压容器，安全性好	压力低、安全性好	压力低、安全性好
能耗	压缩耗能大	液化过程耗能大	放氢过程能耗大	脱氢催化剂、设备成本高
储氢成本	低	高	高	高
氢气纯度	高	高	放氢纯度高	稍低
温度要求	常温操作	对绝热容器要求苛刻	吸放氢有温度要求	脱氢温度高
其他特点	优点：操作方便、充放氢速度快 缺点：储存容器体积大	优点：加注时间短 缺点：易挥发、不能长期储存	优点：灵活性强 缺点：部分材料循环稳定性差	优点：储运、维护保养安全方便，可多次循环使用 缺点：操作条件苛刻、有可能发生副反应
技术成熟度	技术成熟，国内储氢密度较国外低	国外约70%使用液氢运输，国内低温容器正在试制阶段	尚在技术提升阶段	大多处于研发试验阶段
主要应用领域	交通领域，是目前车用储氢主要采取的方法	国内主要用于航空航天领域，氢能领域应用处于起步阶段，液氢工厂正在建设	已在分布式发电、风电制氢、规模储氢上得到示范应用	可用于大规模储能、工业用氢、移动交通领域，可利用传统石油输送管道及加油站等基础设施进行运输和加注

① 丰田 Mirai 两个 Ⅳ 型瓶 （60L 和 62L） 共 122L，储氢约 5kg。
② MgH_2。

15.2 氢的运输

在使用中需要将氢从存储地运送分配到加氢站。按照输送时存储氢的方式不同，氢的运输方式可分为气态储运、液态储运、固态储运和有机液体储运。气态和液态储运是将氢气加压或液化后再利用交通工具运输，是主流的运氢方式。基于运输过程的能量效率、氢的运输量、运输过程氢的损耗和运输里程等因素综合考虑，选择适合的运输方式。

15.2.1 氢的运输形式

15.2.1.1 气态储运

气态储运可分为地面运输和管道运输。

地面运输采用移动式高压储氢容器已在 15.1.1.1 高压气态储氢部分进行了简要介绍，在此不做赘述。我国长管拖车运输设备技术成熟，规范较为完善，国内加氢站目前多采用这种方式运输，但长管拖车在大规模、大容量、长距离输送时，气体压力偏低，成本较高，整体落后于国际先进水平。本手册 16.3 节主要介绍了氢的地面运输中，氢储运容器的组成、分类、应用特点、发展情况，并详细介绍了各类高压氢储运容器。

管道运输是实现氢气大规模、长距离输送的重要方式，其具有输氢量大、能耗低的优点，但是前期建造投资较大。我国氢能供应主要在西北、内蒙古地区等可再生资源丰富的地区，随着能源结构调整和氢能的广泛应用，管道跨域运输的优势更为明显。据统计，目前全球氢气管道总长度约 5000km，超过 50％位于美国，主要用于向炼化厂和化工厂输送氢气。氢气专输管道单位长度投资约是天然气管道的 3 倍，预计路由获得批准难度也比天然气管道更大[9]。在天然气中掺入一定比例的氢气以组成掺氢天然气，可在一定程度上降低管道建设成本。掺氢天然气可主要用于工业或民用燃气，但因管道安全和气质变化对用户影响等因素的限制，掺入氢气的比例受到限制[9]。本手册 16.4 节详细介绍了纯氢管道运输、掺氢天然气管道运输的发展，材料相容性评价、安全性和技术措施等。第 20 章介绍了包括加氢站系统中氢气输送管道（或管路）、氢气长输管道、氢气工业管道、氢气分配管线等氢气输送管道主要压力元件与氢的检测。

15.2.1.2 液态储运

液氢的公路运输主要有液氢槽车、液氢罐式集装箱，另外液态氢也有采用铁路、船舶以及管道运输的方式。液态输运适合远距离、大容量输送。

液氢槽罐车利用低温液态储氢技术将液氢储存于槽罐车内运输。受移动式运输工具的尺寸限制，液氢运输储罐常采用卧式圆柱形，具有满足运输速度要求的抗冲击强度。据报道，目前常用的商用槽罐车容量约为 65m³，可装运 4000kg 氢气，约为高压气态运输方式的 10 倍，可以大幅降低运输成本。液氢罐式集装箱与液化天然气罐式集装箱类似，可实现液氢工厂到液氢用户的直接储供，减少液氢转注过程的蒸发损失，且运输方式灵活。

目前我国氢气运输成本约占氢气总成本的三分之一，是影响氢气市场价格的重要因素。采用液氢运输可减少运送频次，提高加氢站单站供应能力，日本、美国将液氢运输作为加氢站运氢的主要方式之一，超过气态长管拖车运输。我国的液氢工厂受技术发展所限，还没有大规模应用于民用领域，但很多企业已着手开发建设液氢工厂，相应配套的液氢储罐产品也已开发成功，液氢罐车开发也在紧锣密鼓进行中。随着氢能领域液氢技术的发展，有望进一步推进民用液氢全产业链商业化运营的进程。

氢气在铁路和轮船上的运输，与公路运输类似，使用低温液氢储存容器，目前仅国外少量应用，我国航天领域也有使用深冷铁路罐车运输液氢的先例。深冷铁路槽车输气量大，长距离运输经济，储气装置常采用水平放置的圆筒形深冷槽罐，存贮液氢容量可达 100～200m³。据报道，美国国家航空航天局（NASA）的大型液氢驳船中低温绝热罐的液氢储存容量可达 1000m³ 左右。另外，日本川崎重工、韩国现代重工在大型液氢运输船的研发技术方面较为突出。大型液氢海上运输比陆地铁路或公路运输更经济安全。

液氢管道一般只适用于短距离输送，国外主要用于厂区内运输，在航天火箭发射场内也有应用，国内尚未有公开文献报道应用案例。

低温液态储运的设备投资和液化能耗较高，国内尚未产业化，但已经有多家企业进入该领域，发展速度较快。本手册 17.3 节主要介绍了液氢运输的相关信息。

15.2.1.3 固态储运

金属氢化物存储的固态氢可通过驳船、大型槽车等多种交通工具运输。固氢储运兼具高体积密度、运输场景多样、低压安全、经济等优点，是氢储运强有力的技术储备，但大规模、长距离固态储运项目受制于低质量密度、放氢效率低、储氢合金成本高、重量大等弊端，另外，开发新型储氢材料以提高性能也有待进一步攻关完善。

15.2.1.4　有机液体储运

有机氢化物在储运过程中，与汽柴油一样，在常温常压下以液态形式存在，可以利用现有汽柴油输送管道和加油站等基础设施，也可利用多种交通工具进行运输，储运过程安全、高效，使得氢能规模利用的成本大幅降低。日本利用甲基环己烷储氢，于2020年实现了全球首次远洋氢运输，于2022年初实现了有机液体储氢示范，从文莱海运至日本川崎，年供给规模将达到210t。

目前有机液体储运由于成本和技术问题尚未实现大规模商业化应用。

15.2.2　各类运输形式主要特点

各类主要运输方式特点如表15-3所示。

表 15-3　氢气主要运输方式特点

方式	气态储运		液态储运	固态储运	有机液体储运
运输工具	长管拖车	管道	槽罐车	金属罐车	槽罐车
压力/MPa	20	4	0.6	0.4~10	常压
脱氢温度/℃	—	—	—	室温~350	180~310
运输温度/℃	常温	常温	−252	常温	常温
氢载量	260~460kg/车	310~8900kg/h	360~4300kg/车	300~400	2000
制备能耗/(kW·h/kg)	2	0.2	12~17	放热	放热
经济距离/km	≤200	≥500	200~1000	≤150	≥200
适用特点	技术成熟，规模小，运输距离短，成本对距离敏感	一次性投资大，运氢效率高，适合长距离大量运输	液化能耗及成本高，适合大规模中远距离运输	运输容易，运输能量密度低，技术难度大	吸氢、脱氢处理使获得的氢气纯度较低
应用情况	用于商业化运输	国外小规模发展阶段，国内未普及	国外应用广泛，国内仅用于航天及军事领域	尚处于研发及试验阶段	尚未实现大规模商业化应用

注：体积储氢密度和质量储氢密度均以储氢装置计算。

随着我国氢能市场的不断渗入，氢能储运按照"低压到高压""气态到多相态"发展。气态储运工艺及设备相对简单，在我国氢能发展前期，氢气用量及运输半径较小，采用气态储运成本较低，性价比高，应用较为广泛，然而其储能密度低，适用于短距离运输。当氢能市场发展至中期时，氢气需求量及半径逐步提升，可选用液氢槽车或船舶等适宜长距离运输的模式。氢能产业长期发展，需要高密度、高安全的运输方式，届时氢能管网建设完备，同时固态、有机液体储运技术储备成熟，将大大提高储氢密度，实现更安全、更便利和更低成本的氢气运输[10]。

15.3　氢的加注

加氢站是指给以氢能为燃料的汽车的储氢瓶充装氢燃料的专门场所。加氢站是氢能产业链枢纽，是介于氢能源储运与氢燃料电池汽车终端应用之间的集成式示范地。

据统计，截至2022年底，全球共有近1000座加氢站投入运营，分布在37个国家和地区。欧洲、亚洲、北美是加氢站建设的主要地区。欧洲超40%的加氢站位于德国，约17%位于法国，其次是英国和荷兰。北美约有近百座加氢站投运，大多数位于美国的加利福尼亚

第三篇　氢的储存、运输及加注

州，占比 70%。据统计，截至 2022 年底，国内共建成投运加氢站 358 座。根据《节能与新能源汽车技术路线图 2.0》相关规划，到 2025 年，我国加氢站的建设目标为至少 1000 座，到 2030~2035 年加氢站的建设目标为至少 5000 座。

15.3.1 氢的加注形式

加氢站的氢气来源分外供和内制。站内制氢技术包括天然气重整制氢、电解水制氢、可再生能源制氢等，前两者发展较为成熟。其中，天然气重整制氢设备安装方便、自动化程度较高，可依托现有油气基础设施建设发展，是欧洲、美国主要采用的站内制氢方式，也是目前应用最广泛的方式。站内制氢初期建设投资高、工艺技术复杂、占地大，受危化品安全监管法律法规限制，现阶段在国内推广有一定难度，国外已有应用[11]。站外制氢加氢站主要采用长管拖车、液氢槽车、氢气管道等多种方式，将站外集式制氢基地制备的氢运输至加氢站，气态氢经压缩机压缩输送存储在高压储氢瓶内，由加氢机加注到氢能源燃料电池汽车中使用，液态氢在站内汽化后加注或加注到车载液氢气瓶后在车载系统中汽化。加氢站有固定式、撬装式、移动式。

按站内氢气储存形态可分为气氢加氢站、液氢加氢站、固态储氢装置加氢站、有机液体储氢装置加氢站。

15.3.1.1 气氢加氢站

高压气氢加氢站建设成本低，占全球加氢站的近 70%，是目前国内应用最广泛的加氢站。高压气态加氢站压力规格分为 35MPa 和 70MPa。全球建成加氢站中 70MPa 高压气态加氢站和液氢加氢站占比较高，主要集中在美国、日本等国家。中国和欧洲现有加氢站以 35MPa 外供高压气态加氢站为主。

2019 年 7 月，国内首座油氢合建站——佛山樟坑油氢合建站正式建成。2021 年 7 月，国内首个站内天然气制氢加氢一体站——佛山南庄制氢加氢加气一体化站启动试运行，站内天然气制氢能力为 500m³/h，电解水制氢能力为 50m³/h，日制氢加氢能力达到 1100kg。

2021 年 5 月，全球规模最大的加氢站落地北京大兴国际氢能示范区。2022 年 2 月北京冬奥会举办期间，共计有 8 座均具备 70MPa 加注能力的加氢站投入使用。其中，在冬（残）奥会期间，中国石油金龙加氢站单日平均加注车辆 93 辆，单日最大加注车辆 158 辆；单日平均加氢量 1139kg，单日最大加氢量 1947kg，据可检索到的公开数据，中国石油金龙加氢站是目前全球范围内 70MPa 连续加注能力最大的加氢站。

本手册 19.1 节主要就气态加氢站的概述、分类、工艺及设施、建设、运营管理、发展等做了详细介绍。对于气态加氢站中重要组成气态压缩机、气态加氢机、站控系统分别在 19.3~19.4 节进行了阐述。

15.3.1.2 液氢加氢站

液氢加氢站分为储存型和加注型。液氢储氢加氢站由液氢储罐、低温液氢泵、高压液氢汽化器及高压氢气缓冲罐、加氢机和站控系统等关键模块组成。

液氢泵能效远高于氢压缩机，是液氢加氢站降本增效的核心设备。此前主要用于航天氢氧火箭发动机的氢燃料输送，以大型涡轮泵为主。小型往复式（活塞式）液氢泵具有结构简单、故障率低、转速低、便于密封、安全可靠等优点，主要用于工业和民用液氢的输送与加注。液氢泵国外技术相对成熟，林德公司和美国空气产品公司的产品处于领先水平。国内企业液氢泵的国产化研制仍处在起步阶段，仍需依赖进口。

全球约 1/3 以上的加氢站为液氢加氢站，多分布在日本、美国及法国。国内液氢加氢站刚刚起步，处于规划阶段。本手册 19.2 节主要就液氢加氢站的发展、技术路线、关键设备、站控系统等做了详细介绍。

15.3.1.3　固态储氢装置加氢站

相对于高压气态加氢站，固态储氢装置加氢站工艺设备简单，由于车载金属储氢容器工作压力低于 5MPa，加氢站内储氢容器压力降低，无需氢压缩机增压和高压储氢瓶组设备，从而提高储氢效率，选址受周围环境影响小，节省用地面积。同时，省去建站费用占比较大的压缩机和储氢容器设备，且固态储运环节单次运氢量大，单位运输成本低，因此其在运行成本上也占有一定优势。但固态储氢装置加氢站受到储氢材料使用寿命有限、加注速度慢以及固态储氢单件设施制造成本高的制约[12]，提高氢气加气压力需供给大量热源，压力越高，热源需求越大，对加气站电力设施要求也高，大规模应用尚未普及。

2022 年底，国内多家高校和企业联合开发出了加氢站用高安全固态储供氢系统，可分别对 20MPa、35MPa 和 70MPa 车供氢。

15.3.1.4　有机液体储氢装置加氢站

有机液体储氢材料性质与汽油相似，可利用现有石化产品储运方式，在加油站基础设施上进行改造，从而降低成本。有机液体储氢装置加氢站氢气只在设备运转时在管路中以高压形式输送，无需安装高压储氢瓶，安全性好。目前有机液体储氢装置加氢站技术成熟度较低，且还处于从实验室向工业化生产过渡阶段。

2022 年 11 月，国内某企业日产氢气 400kg 的撬装式氢油储供氢设备调试成功；2023 年 1 月，全球首套常温常压有机液体储氢加注一体化装置在上海金山碳谷绿湾举行开车仪式。

15.3.2　各类加注主要特点

各类加注主要特点如表 15-4 所示。

表 15-4　氢气加注主要特点

加注方式	优点	缺点
气氢加氢站	技术成熟，标准完善	储氢密度低、占地面积大，成本高，储氢压力高，存在安全隐患
液氢加氢站	占地以及建设投资相对较小，储运效率高、运输成本低、单位投资少、氢气纯度高、站内能耗少以及兼容性强	加氢站中需要添加额外的储氢瓶和冷却系统保证加氢站的正常运行
固态储氢装置加氢站	不用安装压缩机高压储氢容器，占地小，安全性高，运行成本低	在使用寿命、设施造价、热脱附及加注速度、电力容量等方面尚存在瓶颈问题
有机液体储氢装置加氢站	不用安装高压储氢容器，可有效解决氢气长距离运输和长时间大规模储存难题，在经济性、安全性、稳定性等方面优势明显	技术成熟度较低，处于从实验室向工业化生产过渡阶段

15.4　未来挑战与机遇

15.4.1　氢的储存、运输及加注当前面临的问题

15.4.1.1　氢安全

氢气无色、无臭、无味，泄漏往往不易察觉，若在受限空间内泄漏，则易形成氢气的积聚。氢气爆炸极限范围广、点火能量低、扩散系数大且易对材料力学性能产生劣化影响，在

制、储、运、用过程中均具有潜在的泄漏和爆炸危险，因此氢安全是氢能应用和大规模商业化推广的重要前提之一，并在世界范围内引起了广泛的关注[13]。

氢气品质是保证氢能利用各环节关键技术装备的寿命、能效、避免设备故障的重要方面，也是氢安全问题的重要环节。随着我国氢能步入商业化应用阶段，氢气全周期品质保障技术方面的研究和技术储备的重要性逐渐凸显。

15.4.1.2　成本

储运方面，储氢密度、安全性和储氢成本之间的平衡关系有待解决。技术成熟的长管拖车气态储运成本对距离敏感，短途运输经济性较高；低温液态运输技术成熟，目前成本消耗主要在设备投资大、液化能耗高等方面；纯氢管道运输成本主要集中在前期建设，适合氢能发展的中长期远途运输[14]。

加注方面，统计数据显示，我国建设一座日加氢能力 500kg、加注压力为 35MPa 气态加氢站，其投资成本（不含土地费用）约为传统加油站的 3 倍，且建设时间长，审批复杂。加氢站设备成本占总成本 80％以上，目前压缩机、加氢枪、流量计、安全阀等核心零部件设备依赖进口，也成为加注成本居高不下的主要原因。随着规模化加油/加氢/加气站合建站的推广及关键零部件国产化推进，加氢站单位加注成本有望下降[14]。

15.4.1.3　标准体系

现行氢能标准体系包括氢能基础和管理、液氢、氢质量、氢安全、氢工程建设、氢制备与提纯、氢储运与加注、氢能应用及氢设施设备相关检测，根据国家标准全文公开系统统计，截至目前，我国氢能领域已发布国家和行业相关标准百余项，虽基本涵盖氢能全产业链，但还不能完全满足氢能产业上中下游各个环节的实际需求，关于氢品质、储运、加氢站和安全标准内容较少，难以满足国际技术通则以系统为实验对象的要求[15]，提升标准整体技术水平和质量尤为重要。同时，存在各地标准不统一，管理归属不统一，氢能相关环节的规划、安全、标准、项目核准等没有明确主管部门的问题。

15.4.1.4　氢能技术

氢能产业制、储、运、加注和燃料电池制造等全产业链各环节关键核心技术与国际先进水平差距较大[16]。固态储氢材料主要依托贵金属和重要催化剂来合成制备，目前国内大部分创新技术仍处于实验室阶段，无法应用到规模化工业制造；国内关于气态储氢基础材料、生产工艺、加氢设备关键器件等缺少核心专利技术，液态储氢、运输和加氢的核心技术仍掌握在国外企业手中，无法解决长时间、高安全性、低成本的"储、运、加"难题，难以形成大规模商业化运作、日常化应用[17]。

加注方面，我国加氢站多处于 35MPa 压力的技术水平，核心设备如氢压缩机、加氢机等主要依赖进口，距离国产化还有较远距离。

15.4.2　未来主要发展方向与机遇

氢能技术是近年来被广泛关注的战略性新兴能源技术。预计到 2060 年，我国公路运输的氢能需求量将达到 3500 万吨，可以减排二氧化碳 4 亿吨。

我国氢能目前仍然处于发展初期，面临产业创新能力不强、技术装备水平不高、氢能的定位与顶层设计相对滞后、地区层面存在产业同质化苗头、支撑产业发展的基础性制度滞后等诸多挑战。

储运方面：高压气态储运技术成熟、基础设施依赖度小，预计未来仍是我国氢能储运主要方式。深冷液氢罐车运输可实现大规模、常态化、低成本的氢气长途运输，是未来的发展方向。天然气管道掺氢技术可降低纯氢管道初期建设成本，开展掺氢天然气管道、纯氢管道等试点示范，是未来氢气储运体系的重要组成部分。有机液体存储和固态储氢基本无需压力容器，运输便捷，处于示范阶段，未来将逐步构建高密度、轻量化、低成本、多元化的氢能储运体系。

用氢方面：据有关市场机构统计，我国已建成加氢站，以 35MPa 气态加氢站为主，70MPa 高压气态加氢站占比小，液氢加氢站、制氢加氢一体站建设和运营经验不足。未来，随着氢能产业不断发展，加氢站需求量将快速增长。加氢站的覆盖程度和供氢有效范围不足是当前制约燃料电池汽车使用的关键限制因素之一，而由于目前燃料电池汽车数量相对有限，从提升土地资源利用率、加氢站的经济效益角度考虑，预计未来加氢站将由"纯氢站"向"油氢共建站""气氢共建站""油气氢电综合能源站"转变。依托国内液氢储运技术的发展，国内液氢加氢站存在巨大发展潜能，有望向国际看齐。

参 考 文 献

[1] 邹才能，李建明，张茜，等．氢能工业现状、技术进展、挑战及前景 [J]．天然气工业，2022，42（4）：1-20.

[2] 许传博，刘建国．氢储能在我国新型电力系统中的应用价值、挑战及展望 [J]．中国工程科学，2022，24（3）：89-99.

[3] 段志祥，黄强华，薄柯，等．我国固定式储氢压力容器发展现状综述 [J]．中国特种设备安全，2022，38（4）：5-10.

[4] 于海泉．高压气态储氢技术的现状和研究进展 [J]．设备监理，2021（2）：1-4.

[5] 王昊成，杨敬瑶，董学强，等．氢液化与低温高压储氢技术发展现状 [J]．洁净技术，2023，29（3）：102-113.

[6] 韩利，李琦，冷国云，等．氢能储存技术最新进展 [J]．化工进展，2022，S01：108-117.

[7] 杨晓阳，李士军．液氢贮存、运输的现状 [J]．液氢贮存、运输的现状，2022，20（4）：40-47.

[8] 陈良，周楷森，赖天伟，等．液氢为核心的氢燃料供应链 [J]．低温与超导，2020，48（11）：1-7.

[9] 单彤文．制氢、储运和加注全产业链氢气成本分析 [J]．天然气化工——C1 化学与化工，2020，45：85-96.

[10] 徐硕，余碧莹．中国氢能技术发展现状与未来展望 [J]．北京理工大学学报（社会科学版），2021，23（06）：1-12.

[11] 朱琴君，朱俊宗．国内液氢加氢站的发展与前景 [J]．煤气与热力，2020，40（7）：15-19.

[12] 卢胤龙，柳星宇，钟怡．固态金属储氢技术在加氢站领域的应用及展望 [J]．上海煤气，2022，4：12-15.

[13] 郑津洋，张俊峰，陈霖新．氢安全研究现状及面临的挑战 [J]．安全与环境学报，2020，20（1）：106-115.

[14] 袁理．产业链经济性测算与降本展望 [R/OL]．东吴证券，2022-05-08.

[15] 景春梅，闫旭．我国氢能产业发展态势及建议 [J]．全球化，2019（03）：82-92＋135-136.

[16] Zhang X Q. The development trend of and suggestions for China's hydrogen energy industry [J]. Engineering, 2021, 7 (6)：719-721.

[17] 郑洪洋，汪嵩．国内氢能产业专利发展态势及路径分析研究 [J]．中国发明与专利，2021，18（08）：61-68.

第三篇 氢的储存、运输及加注

第 **16** 章

气态氢的储运

16.1 固定式储氢

16.1.1 概述

16.1.1.1 应用场景

固定式储氢主要用于加氢站、制氢站、氢储能等场景，目前在加氢站中的应用尤为广泛。加氢站是为氢燃料电池汽车、氢气内燃机汽车等的储氢装置充装氢燃料的场所，主要由供氢系统、压缩系统、储存系统、加注系统和站控系统等组成，其中储存系统主要采用固定式储氢方式，供氢系统提供的低压氢气首先需通过压缩机加压存入固定式储氢设备中，加氢时储氢设备中的高压氢气再经加氢机充入氢燃料电池汽车车载气瓶中。随着以可再生能源基地氢-电耦合系统为代表的氢储能的快速发展，固定式储氢的应用场景将不断扩充，大规模、长周期、高比能的固定式储氢设备逐渐成为建设重点。

16.1.1.2 储氢特点

固定式储氢具有以下特点。

（1）压缩氢气压力高，材料具有氢环境氢脆风险

35MPa 加氢站内储氢容器的设计压力通常为 41～50MPa，70MPa 加氢站内储氢容器的设计压力通常为 82～103MPa。长期在高压氢环境下服役，储氢容器材料可能会产生高压氢环境氢脆，出现塑性损减、疲劳裂纹扩展速率加快、韧度降低等材料性能劣化现象，对设备的服役安全产生严重威胁。

（2）压力波动频繁，储氢容器具有疲劳失效风险

固定式储氢容器的疲劳工况普遍较为突出，例如，加氢站用储氢容器在设计寿命期限内的压力波动次数可达 10^5 次，压力波动范围通常为 20%～80%的设计压力，在疲劳载荷和高压氢气的共同作用下，储氢容器有疲劳失效风险。

（3）氢气储量大，失效危害严重

固定式储氢容器的储氢量通常较大，例如，根据 GB 50516—2010《加氢站技术规范（2021 年版）》[1]，一级、二级、三级加氢站单台储氢容器的最大氢气容量分别为 2000kg、1500kg、800kg，由于氢气易漏易燃易爆，且加氢站选址一般靠近人流密集、车流量较大的道路，一旦发生泄漏爆炸，产生的冲击波、碎片、高温危害将会严重危及人民生命和财产安全。

16.1.1.3　失效模式

固定式储氢设备的服役性能受到材料、环境、应力及制造等诸多因素的综合影响，其失效模式众多且失效机制复杂，以加氢站用固定式储氢容器为例，其失效模式主要包括塑性垮塌、脆性断裂、疲劳、局部过度应变和泄漏等[2]。

（1）塑性垮塌

是指在单调加载下储氢容器因过量总体塑性变形而不能继续承载导致的破坏。加氢站用储氢容器的压力源是压缩机，其设计压力通常取压缩机的最高排气压力，容器因物理超压发生塑性垮塌的可能性不大，但因置换不当等，有可能引起化学爆炸，导致容器失效。

（2）脆性断裂

是指容器未经明显的塑性变形而发生的断裂。高压氢气会降低金属材料的断裂韧度，这有可能导致储氢容器内部在制造或使用过程中产生的缺陷发生快速扩展，最终引起储氢容器的脆性断裂。

（3）疲劳

是指在循环载荷作用下，储氢容器在应力集中部位产生局部的永久损伤，并在一定压力波动次数后形成裂纹或裂纹进一步扩展至完全断裂。由于高压氢气会加快材料的疲劳裂纹扩展速率并降低材料断裂韧度，导致容器的疲劳寿命降低，因此疲劳是储氢容器的主导失效模式。

（4）局部过度应变

是指在储氢容器结构不连续处因材料延性耗尽产生裂纹或撕裂。

（5）泄漏

高压氢气同样会使得非金属材料的性能发生劣化，可能导致密封结构的性能改变，引起储氢容器泄漏。

16.1.1.4　失效预防

为了防止发生失效，国内外对固定式储氢容器制定了相关的技术要求或标准，主要包括 ASME BPVC Ⅷ-3 KD-10[3]、JPEC-TD-0003[4]、T/CATSI 05003[5] 等。

（1）美国 ASME BPVC Ⅷ-3 KD-10

2007 年，美国机械工程师学会制定了针对储氢容器的专项技术要求 ASME BPVC Ⅷ-3 KD-10 *Special Requirement for Vessels in Hydrogen Service*。该标准的适用范围包括：氢气分压大于 41MPa 或材料抗拉强度大于 945MPa 且氢气分压大于 5.2MPa 的无缝容器；氢气分压大于 17MPa 或者材料抗拉强度大于 620MPa 且氢气分压大于 5.2MPa 的焊接容器。该标准重点关注储氢容器的疲劳性能，要求在高压氢环境下测量材料的氢致开裂（HIC）应力强度因子门槛值和疲劳裂纹扩展速率，并基于断裂力学方法对储氢容器进行疲劳评定。

（2）日本 JPEC-TD-0003

2017 年，日本颁布 JPEC-TD-0003《加氢站用低合金钢制储氢容器专项技术要求》，用以预防储氢容器失效并指导制造单位获得 KHK 特别许可。该要求的适用范围为工作压力超过 40MPa、工作温度不低于 −30℃ 且不高于 200℃、设计压力不超过氢气环境中材料试验压力的非焊接低合金钢制容器。该标准重点关注材料与氢相容性以及储氢容器的强度、寿命和失效模式，并从材料、设计、制造和检验等方面提出了技术要求。

（3）中国 T/CATSI 05003

2020 年，我国首次颁布了固定式储氢容器相关标准 T/CATSI 05003《加氢站储氢压力容器专项技术要求》。该标准适用于设计压力大于 41MPa、设计温度不低于 −40℃且不高于 85℃的储氢容器，包括铬钼钢储氢容器和奥氏体不锈钢衬里储氢容器。该标准对储氢容器的材料、设计、制造及使用管理提出了专项技术要求：在材料方面，该标准关注材料与氢相容性，对临氢铬钼钢和奥氏体不锈钢的化学成分、临氢力学性能等提出了技术要求；在设计方面，该标准采用基于失效模式的设计理念，对储氢容器五种失效模式对应的评定方法进行了规定；在制造方面，对储氢容器的性能检验等进行了规定；在使用管理方面，对储氢容器的操作参数监测及定期检验等进行了规定。以 T/CATSI 05003 为基础，我国编制了《加氢站用储氢压力容器》（GB/T 44457—2024）国家标准。

16.1.2 临氢材料

固定式储氢容器的临氢材料目前主要包括铬钼钢和奥氏体不锈钢，这两类临氢材料长期在高压氢环境下服役可能会出现因高压氢环境氢脆引起的力学性能劣化现象，对储氢容器的安全运行造成极大的威胁。

16.1.2.1 环境氢脆

如图 16-1 所示，高压氢环境下材料氢致损伤的发生主要包含了以下过程：环境中的氢分子迁移至金属表面并和金属表面发生碰撞从而发生物理吸附；被吸附的氢分子分解为吸着在外表面的原子氢，即化学吸附；被外表面吸附的原子氢溶解进入材料内表面并在去吸附后成为金属内部的溶解氢，溶解的氢原子一部分位于晶格中，另一部分位于位错、碳化物以及晶界等氢陷阱中；在应力诱导等作用下氢原子发生扩散并在三轴应力较大的裂纹尖端等位置聚集，进而使材料的性能产生劣化。

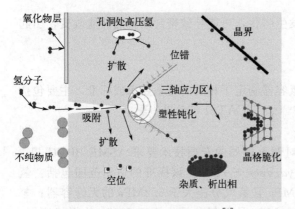

图 16-1 环境氢进入金属示意图[6]

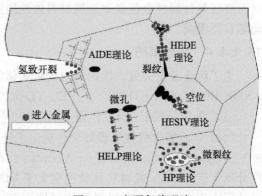

图 16-2 主要氢脆理论

对于材料的氢致损伤机理，人们已提出了诸多理论，包括氢压理论（hydrogen pressure，HP）、氢促进解离也叫弱键理论（hydrogen-enhanced decohesion，HEDE）、氢促进局部塑性变形理论（hydrogen-enhanced localized plasticity，HELP）、氢吸附诱导位错发射理论（adsorption-induced dislocation emission，AIDE）、氢增强应变诱导空位理论（hydrogen-enhanced strain-induced vacancy，HESIV）等，如图 16-2 所示。HP 理论认为氢原子会进入材料内部的微裂纹等空腔内并产生氢压，随着氢的不断进入，氢压不断增加，当氢压超过临界值时产生氢压裂纹。HEDE 理论认为氢原子会降低金属原子间的结合力，当结合力降至裂尖最大正应力时，裂纹前端原子对将被拉断，导致裂纹形核乃至材料脆断。HELP 理论认为氢原子会改变位错周围应力场，降低位错与障碍物之间的相互作用能，增强位错的发射和运动，促进局部塑性变形，导致裂纹形核及材料滞后开裂。AIDE 理论与 HELP 理论均认为氢原子会促进位错发射和运动，不同的是 AIDE 理论认为这是由吸附于表面/亚表面的氢引起的，而 HELP 理论认为这是由溶质氢引起的。HESIV 理论认为溶质氢原子降低了空位形成能，增强应变诱导空位的形成，同时产生稳定的空位-氢配合物，与位错相互作用，进而促进微孔聚集和裂纹扩展。以上理论虽能解释部分氢脆现象，但尚没有一种理论能解释全部氢脆现象，目前通常认为材料的氢脆是由多种机制协同作用的结果。

16.1.2.2　性能测试

材料临氢性能测试是保障临氢装备服役安全的重要手段，测试方式主要采用氢环境下的原位力学性能测试，该方式可模拟储氢容器的环境氢脆过程，与材料服役性能具有氢浓度相似、力学相似以及环境相似性。材料临氢性能测试方法主要包括氢脆敏感度试验、慢应变速率拉伸试验、疲劳裂纹扩展速率试验、氢致开裂应力强度因子门槛值试验以及疲劳试验，针对不同方法，国内外已制定了较为完整的测试标准，我国的测试标准为 GB/T 34542.2—2018《氢气储存输送系统　第 2 部分：金属材料与氢环境相容性试验方法》[7] 和 GB/T 34542.3—2018《氢气储存输送系统　第 3 部分：金属材料氢脆敏感度试验方法》[8]，如表 16-1 所示。氢脆敏感度试验主要用于定性判断材料的氢脆性能，根据 GB/T 34542.3，当氢脆敏感度系数小于或等于 1 时材料对氢脆不敏感，当大于或等于 2 时氢脆严重不能用于制造临氢零部件，而在 1～2 之间则说明在氢环境下长期使用时可能发生氢脆，此时对于临氢材料的选择需要进一步通过其他定量试验方法进行分析[8]。其余四种试验主要用于临氢零部件的设计计算，其中氢致开裂应力强度因子门槛值试验可根据不同标准采用不同的方法，例如 ISO 11114-4 采用了载荷递增法和恒位移法[9]，ASME BPVC Ⅷ-3 KD-10 采用了恒位移法[3]，GB/T 34542.2[7] 和 ANSI/CSA CHMC 1 采用了增位移法[10]。

表 16-1　材料临氢性能测试方法

试验名称	方法概述	测试标准	主要用途
氢脆敏感度试验	分别在高压氢气和氦气环境下对圆片试样进行爆破试验，以两种环境下的爆破压力之比作为氢脆敏感度系数，评定材料的氢脆敏感度	ISO 11114-4 GB/T 34542.3	材料初步筛选及评价
氢致开裂应力强度因子门槛值试验	在高压氢环境下，对 CT 或 WOL 等试样进行单调加载，获得材料的氢致开裂应力强度因子门槛值。该试验可根据不同标准采用不同的方法	ISO 11114-4 ASME BPVC Ⅷ-3 KD-10 ANSI/CSA CHMC 1 GB/T 34542.2	材料筛选及零部件设计计算
慢应变速率拉伸试验	在高压氢环境下，对光滑圆棒试样或带缺口试样进行拉伸试验，获得材料的屈服强度、抗拉强度、断后伸长率、断面收缩率等力学性能	ANSI/CSA CHMC 1 GB/T 34542.2	材料筛选及零部件设计计算
疲劳裂纹扩展速率试验	在高压氢环境下，对 CT 试样循环加载，获得材料的疲劳裂纹扩展速率 da/dN 与应力强度因子范围 ΔK 的关系曲线	ASME BPVC Ⅷ-3 KD-10 ANSI/CSA CHMC 1 GB/T 34542.2	零部件疲劳裂纹扩展计算
疲劳寿命试验	在高压氢环境下，对光滑圆棒试样或带缺口试样循环加载，获得材料的应力/应变-寿命曲线	ANSI/CSA CHMC 1 GB/T 34542.2	零部件疲劳计算

氢环境原位性能测试对于测试设备的要求较高，目前美国 NIST、日本神户制钢、英国 TWI 等国外机构已研制出高压氢环境材料力学性能测试装置，浙江大学研发了我国首台 140MPa 高压氢环境材料力学性能测试装置，该设备的最高试验压力为 140MPa，试验温度

范围为 $-60\sim100℃$，试验频率为 $0.001\sim20Hz$，动态加载能力为 $\pm100kN$，试验功能包括慢应变速率拉伸试验、疲劳裂纹扩展速率试验、氢致开裂应力强度因子门槛值试验以及疲劳试验。

16.1.2.3 临氢性能

（1）铬钼钢

铬钼钢具有良好的淬透性和抗高温回火脆性能力，在较高的应力水平下仍具有良好的塑性和韧性，且综合性能良好，常被用于制造加氢站用旋压无缝储氢容器。目前，针对氢能承压设备用铬钼钢，日本常用材料牌号为 SCM 435 和 SNCM 439，美国为 SA 372 Gr. J，我国常用为 4130X。

铬钼钢在高压氢环境下的力学性能存在明显劣化。氢脆敏感度试验表明，铬钼钢的氢脆敏感度系数为 $1.7\sim1.9$，其长期在氢气环境中使用有可能发生氢脆。慢应变速率拉伸试验表明，高压氢气对铬钼钢在颈缩之前的拉伸性能几乎没有影响，但对颈缩后的性能影响显著，主要表现为断面收缩率和断后伸长率的降低，氢环境下材料断口呈现明显的脆性断裂特征，韧窝大量消失，出现大量二次裂纹，断裂模式由微孔聚集断裂转变为准解理断裂，如图 16-3 所示。疲劳裂纹扩展速率和断裂韧度试验表明，高压氢气可使铬钼钢的疲劳裂纹扩展显著加快、断裂韧度显著降低，例如：相比于空气环境下，4130X 在 92MPa 高压氢气中的疲劳裂纹扩展速率加快 $30\sim50$ 倍[11]，在 45MPa 和 70MPa 高压氢气中的断裂韧度分别降低 58.4% 和 74.4%[12]。

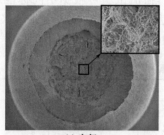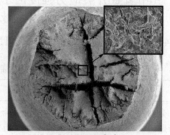

(a) 空气   (b) 100MPa氢气

图 16-3 空气和氢气环境下的拉伸试样断面形貌对比

铬钼钢的临氢性能受到化学成分、力学性能等因素的综合影响，例如硫、磷等元素在钢中易形成夹杂或偏聚，能够提高材料的氢脆敏感性；抗拉强度越高，铬钼钢的氢脆敏感性越高，因此在进行储氢容器选材时应当对材料的化学成分和力学性能进行限制。对于加氢站储氢容器用铬钼钢，对其化学成分通常要求碳含量不大于 0.35%、磷含量不大于 0.015%、硫含量不大于 0.008%；对其力学性能通常要求抗拉强度不超过 880MPa，屈强比不超过 0.86，断面收缩率不小于 20%，$-40℃$ 下 3 个试样冲击吸收能量平均值不小于 47J（允许 1 个试样冲击吸收能量小于 47J，但不小于 38J），侧膨胀值不小于 0.53mm[5]。同时为了进一步确保临氢性能，还应保障材料在氢气和空气中的抗拉强度之比、最大总延伸率之比不小于 0.9。

（2）奥氏体不锈钢

相比于铬钼钢，奥氏体不锈钢的氢扩散系数较低，氢溶解度较高，总体上具有较好的抗氢脆性能。此外，奥氏体不锈钢还具有良好的可加工性、焊接性及耐腐蚀性，因此被广泛应用于制造多层储氢容器的内衬，临氢环境常用的奥氏体不锈钢牌号包括 S30408 和 S31603。

不同类型奥氏体不锈钢的氢脆性能差异较大：对于亚稳态奥氏体不锈钢，其层错能较低，在室温变形过程中容易产生应变诱导马氏体相变，而马氏体作为氢扩散的快速通道，会加剧裂纹尖端三轴应力区氢的偏聚，促进材料的氢脆[13]，因此虽然高压氢气对该类材料的强度影响有限，但可使断面收缩率降低到 60％以上[14]；对于稳态奥氏体不锈钢，其具有较高的层错能和抗马氏体相变能力，氢脆敏感性也相对较低，因此其在高压氢环境下的应用更为广泛。需要注意的是，临氢用奥氏体不锈钢通常需要通过焊接进行连接，由于焊接接头的组织极为复杂，其氢致损伤机制也更为复杂，且临氢性能还与焊接工艺、焊接参数等因素有关，目前相关试验数据和机制研究还需进一步开展。

　　奥氏体不锈钢的临氢性能受到化学成分，尤其是镍（Ni）含量和镍当量的显著影响。研究表明当镍含量大于 12％、镍当量不小于 28.5％时[15]，奥氏体不锈钢具有良好且稳定的抗氢脆性能（如图 16-4 所示），该类材料目前已在国内外临氢环境获得了广泛应用，因此在进行储氢容器选材时应满足以上关于镍含量和镍当量的要求。同时，为了进一步确保临氢性能，还应保证材料在氢气和空气中的断面收缩率之比不小于 0.9[5]。镍当量通常采用以下公式进行计算：

$$E_{Ni} = w(Ni) + 12.6 w(C) + 1.05 w(Mn) + 0.65 w(Cr) + 0.98 w(Mo) + 0.35 w(Si)$$

　　式中，E_{Ni} 为奥氏体不锈钢材料的镍当量；$w(Ni)$ 为镍元素质量分数；$w(C)$ 为碳元素质量分数；$w(Mn)$ 为锰元素质量分数；$w(Cr)$ 为铬元素质量分数；$w(Mo)$ 为钼元素质量分数；$w(Si)$ 为硅元素质量分数。

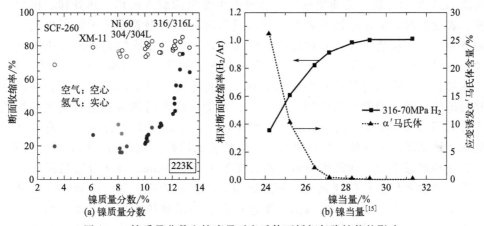

图 16-4　镍质量分数和镍当量对奥氏体不锈钢氢脆性能的影响

16.1.3　储氢设备

　　根据结构不同，固定式储氢设备包括单层钢制储氢压力容器、多层钢制储氢压力容器和纤维缠绕复合材料储氢压力容器。

16.1.3.1　单层钢制储氢压力容器

　　常用的单层钢制储氢容器包括旋压无缝储氢容器、储氢井、整体锻造式储氢容器、氢气球罐等，其中旋压无缝储氢容器的应用最为广泛。

　　（1）旋压无缝储氢容器

　　旋压无缝储氢容器由无缝钢管经旋压收口而成，其结构如图 16-5 所示，该类容器具有结构简单、生产周期短、可批量生产等优点，设计压力通常不超过 50MPa，常用外径规格为 485mm 和 559mm，单台容器水容积通常不超过 1000L，常以图 16-6 所示的容器组形式被用于 35MPa 加氢站中。

第三篇　氢的储存、运输及加注

图 16-5 旋压无缝储氢容器结构

图 16-6 加氢站用旋压无缝储氢容器组

旋压无缝储氢容器的设计主要依据 T/CATSI 05003《加氢站储氢压力容器专项技术要求》进行，需要基于材料在高压氢环境下的力学性能数据，对容器的塑性垮塌、脆性断裂、局部过度应变、疲劳以及泄漏等 5 种失效模式进行评定，其中塑性垮塌和局部过度应变主要基于应力分类或弹塑性分析法通过有限元计算进行评定；疲劳评定可采用疲劳裂纹扩展分析法、疲劳设计曲线法和疲劳试验法，但由于铬钼钢在高压氢环境下的疲劳设计曲线缺失以及疲劳试验的成本和难度较高，目前主要采用基于断裂力学的疲劳裂纹扩展分析法；泄漏失效目前主要采用能够模拟储氢容器使用工况的试验法进行评定，常用的做法是设计容器密封部位的模拟工装，对其在高压氢环境下根据服役条件进行静置、压力循环等试验，检测容器的泄漏情况。

如图 16-7 所示，旋压无缝储氢容器的制造主要包括旋压成形、热处理、机加工、水压试验、表面处理、无损检测等环节。旋压成形时将无缝钢管定位于旋压机上，通过加热炉对待加工一端加热使其具有良好的塑性流动性，加热完成的钢管随旋压机以一定速度转动，同时利用旋压轮在设定路径上的运动对无缝钢管端部加压，使之发生塑性变形，并最终成形。旋压收口过程中不得添加金属，不得采用补焊方法进行缺陷补修，且应保证容器端部的形状，端部与筒体应光滑过渡。对旋压成形后的容器进行调质热处理，淬火介质可采用油或水基淬火剂，不能直接使用水。通常每批筒体会带一只或多只试环同炉热处理，该试环用于热处理后材料力学性能检验的取样，试环的材料炉号、公称直径、壁厚、热处理状态等都应与筒体相同，且长度不小于 610mm。在热处理后需对材料进行性能检验，检验项目包括拉伸试验、硬度试验、冲击试验等，通过检验确保材料力学性能沿壁厚以及环向的一致性。机加工主要包括对瓶口形状的粗加工以及对瓶口螺纹的精加工。容器在精加工后需要进行水压试验，水压试验后需进行内表面的抛丸处理，以改善容器内表面的光洁度。容器在出厂前需进行无损检测，检测方法包括超声检测和磁粉检测，其中超声检测主要针对表面或近表面处的缺陷，也可以检测埋藏裂纹，而磁粉检测主要针对外表面缺陷。

图 16-7 旋压无缝储氢容器主要制造流程

虽然旋压无缝储氢容器已有广泛应用，但该类容器的容积受到压力限制，主要以容器组的形式使用（目前最多达 21 台），容器之间需通过高压管道连接，造成潜在的泄漏点增加。同时，该类容器的材料氢脆较为严重，氢加速材料疲劳裂纹扩展及氢致断裂韧度降低使得基于疲劳裂纹扩展计算获得的容器计算疲劳寿命较低，降低了容器的产品竞争力。

（2）其他单层钢质储氢容器

除了旋压无缝储氢容器以外，其他单层储氢压力容器还包括储气井、整体锻造式储氢容器以及球罐等。

储气井之前主要用于 CNG 站、LCNG 站中储存压缩天然气，随着 GB 50156《汽车加油加气加氢站技术标准》[1] 的制定，该类设备也被纳入加氢站储氢装备的范畴。氢气储气井的储氢压力通常不超过 25MPa，其具有储量大、占地面积小、事故地面冲击波辐射范围小等优点。然而，储气井的端盖通常采用螺纹法兰连接结构，对于密封要求极高的高压储氢场景的适用性需要进行深入研究，且储气井的临氢材料为 N80-Q 和 P110 钢等，该类材料与高压氢气的相容性尚缺乏数据，同时内表面的清洁以及螺纹连接部位的脱脂等问题也是氢气储气井需要解决的关键问题。整体锻造式储氢容器的设计压力可达到 140MPa，但由于其材料利用率较低、制造工艺较复杂、储氢量较小等缺点，在我国的氢能商业场景应用中较少，主要用作氢能装备测试系统的环境箱等。氢气球罐适用于大规模储氢场景，目前国内建造的氢气球罐数量较少，主要采用 Q345R 和 Q370R 制造，设计压力通常不大于 2MPa，随着氢-电耦合可再生能源电解制氢产业的发展，氢气球罐的大规模发展迎来机遇期，相比于传统球罐，该类球罐具有储量大、周期长、疲劳工况突出等特点，目前国家已启动重点研发计划项目，面向球罐等大规模储氢装备从材料、设计、制造、检验等方面开展研究工作。

16.1.3.2　多层钢制储氢压力容器

多层钢质储氢压力容器主要由内衬和外层结构组成，其中内衬主要用于隔离压缩氢气，外层结构则主要用于承压。相比于旋压无缝储氢容器等单层钢质储氢容器，多层钢制储氢容器的储氢压力更高，容积也更大，不但被用于 35MPa 加氢站，而且被广泛用于储氢压力更高的 70MPa 加氢站中，且由于临氢材料采用抗氢脆性能良好的奥氏体不锈钢，因此有利于防止氢脆引起的失效。多层钢制储氢压力容器主要包括钢带错绕式全多层储氢高压容器和层板包扎式储氢高压容器。

（1）钢带错绕式全多层储氢高压容器

钢带错绕式全多层储氢高压容器是由浙江大学设计研发的一类多层钢质储氢压力容器。该类容器在临氢材料氢脆数据库、临氢性能设计方法、内衬焊接技术、无损检测技术以及全覆盖氢气泄漏在线监测技术等方面突破了一系列关键技术难题，实现了固定式储氢容器的高参数和高安全设计制造，目前 50MPa 钢带错绕式全多层储氢高压容器的容积已达到 7.3m³，98MPa 容器的容积已达到 1m³，储氢能力居世界先进水平。同时，通过制定标准 GB/T 26466《固定式高压储氢用钢带错绕式容器》[16] 以及 T/ZJASE 001《固定式高压储氢用钢带错绕式容器定期检验与评定》[17]，并与浙江巨化装备制造有限公司合作，实现了该类容器的系列化和规模化设计制造，相关产品已应用于国内 30 多座加氢站中，并成功实现为北京冬奥会燃料电池汽车供氢。

钢带错绕式全多层储氢高压容器的结构主要由钢带错绕筒体、双层半球形封头、加强箍和接口座等组成，钢带错绕筒体由内筒、钢带层和保护壳组成，在钢带错绕筒体的外保护壳上部和两端的外层封头上开有检漏孔，如图 16-8 所示。

钢带错绕式全多层储氢高压容器依据标准 GB/T 26466 和 T/CATSI 05003 设计制造，其制造流程如图 16-9 所示。内筒通常由复合钢板卷焊而成，与氢气接触部分为 S31603 奥氏体不锈钢，钢带层由宽 80～160mm、厚度 4～8mm 的热轧扁平钢带以相对于容器环向 15°～30°倾角逐层交错进行多层多根预应力缠绕而成，外保护壳以包扎方式焊接在钢带层外

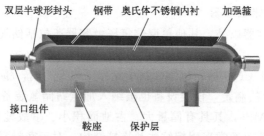

图 16-8 钢带错绕式储氢压力容器基本结构

图 16-9 钢带错绕式全多层储氢高压容器主要制造流程

面。双层半球形封头由厚度相近的内外层钢板经冲压成型，即使内层发生泄漏，外半球形封头也能继续承压。内筒在钢带缠绕预应力作用下产生压缩残余应力，可以部分甚至全部抵消工作压力引起的拉伸应力，使得内筒处于低应力水平，同时钢带层不但能够有效地阻止内筒上裂纹的扩展，其本身也具备较好的力学性能和加工性能，这些优势保证了钢带错绕式全多层储氢高压容器的失效模式为"只漏不爆"，使得该类容器即使在较高的设计压力下依然安全可靠，实现了高参数和高安全的统一。

钢带错绕式全多层储氢高压容器可进行健康状态的在线诊断，这主要是由容器的双层封头结构和带有外保护壳的绕带结构决定的。在线诊断系统的具体实施方法为：将检漏孔连接氢气泄漏收集接管，同时在接管附近设置氢气传感器，实时监测氢气浓度，传感器与信号显示和报警仪连接。当发生氢气泄漏时，泄漏的氢气通过接管进入主管道并通过放空管安全排放，氢气传感器将实时探测氢气的浓度变化，当氢气浓度达到设定的报警值时，信号显示和报警仪将显示大致的泄漏位置并报警。与钢带错绕式全多层储氢高压容器相比，单层旋压无缝储氢容器由于成组使用，其安全状态的在线监测较为困难，这是由于一组容器之间通过管路连接，管路连接的复杂程度随着容器数量的增加而增加，当发生氢气泄漏时，即使泄漏部位设置有氢气传感器，也难以直接判定是哪一台容器发生了泄漏。

（2）层板包扎式储氢高压容器

层板包扎式储氢高压容器的设计压力也主要为 50MPa 和 98MPa。层板包扎式储氢高压容器最早由中油辽河工程有限公司设计、开原维科容器有限责任公司制造，目前兰石重装、东方锅炉也已研制出相关产品，并用于加氢站等场景，国外尚无关于该类容器的报道。

层板包扎式储氢高压容器的设计制造主要依据 TSG 21《固定式压力容器安全技术监察规程》[18]和 JB 4732《钢制压力容器——分析设计标准》[19]。与钢带错绕式全多层储氢高压容器类似，层板包扎式储氢高压容器的临氢材料也主要采用抗氢脆性能良好的奥氏体不锈钢 S31603，但其结构主要由单层或双层半球形封头和多层包扎筒体构成。在进行筒体制造时，通过专用装置将层板逐层、同心地包扎在内筒上（图 16-10 所示），纵焊缝的焊接收缩力会使得层板和内筒、层板与层板之间相互贴紧，并产生一定的预紧力，该预紧力可有效地改善工作载荷下圆筒的应力分布，同时层板间隙能够阻止缺陷和裂纹向厚度方向扩展的能力，减小了脆性破坏的可能性。筒节由内筒和多层层板两部分组成，层板与内筒及层板间的环焊缝相互错开，避免了深环焊缝，每个层板上开有安全孔，其作用在于可使层间空隙中的气体在工作时因温度升高而排出，且在内筒出现泄漏时，氢气可通过小孔排出至安全区域，联合氢气传感器和报警仪，即可对容器的实时状态进行监测。

图 16-10　层板包扎式储氢高压容器筒体结构示意图

尽管多层钢质储氢压力容器在储氢压力、容积等方面具有明显的优势，但与旋压无缝储氢容器等单层容器相比，该类容器的制造周期较长。

16.1.3.3　纤维缠绕复合材料储氢压力容器

纤维缠绕复合材料储氢压力容器主要包括金属内胆纤维环向缠绕储氢容器（Ⅱ型储氢容器，图 16-11 所示）、金属内胆纤维全缠绕储氢容器（Ⅲ型储氢容器，图 16-12 所示）和塑料内胆纤维全缠绕储氢容器（Ⅳ型储氢容器）。

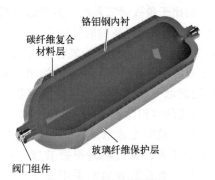

图 16-11　Ⅱ型储氢容器

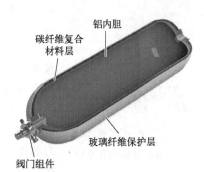

图 16-12　Ⅲ型储氢容器

Ⅱ型储氢容器采用碳纤维、玻璃纤维等对单层旋压无缝储氢容器环向缠绕而成，因此其临氢材料主要也为铬钼钢。相比于单层旋压无缝储氢容器，Ⅱ型容器可通过纤维层的厚度以及自紧工艺等调控内胆的应力水平，使得即使在较高的储氢压力下容器内胆的应力水平依然满足强度要求，同时内胆厚度不会发生较大幅度的增加，因此其能够突破单层旋压无缝储氢容器设计压力增加所引起的容器制造困难的瓶颈。此外，Ⅱ型容器保留了单层旋压无缝储氢容器结构简单、可批量生产等优点，因此能够较好地适应未来加氢站等固定式储氢场景的商业化和规模化发展，但较之于单层旋压无缝储氢容器，Ⅱ型储氢容器的成本增加、生产效率降低。目前，我国Ⅱ型容器尚缺乏成熟的设计方法和标准，国内市场上也尚无相关产品，一些企业正在研发设计压力达到 98MPa 的Ⅱ型容器。国外已有Ⅱ型储氢容器的应用案例，美国 FIBA 公司已生产超过 400 台设计压力达到 100MPa 的Ⅱ型储氢容器。

Ⅲ型和Ⅳ型储氢容器均为纤维全缠绕容器，区别在于Ⅲ型储氢容器的内胆材料常选用 316L 奥氏体不锈钢、6061 铝合金等金属，而Ⅳ型储氢容器的内胆材料为塑料。相比于Ⅱ型储氢容器，Ⅲ型和Ⅳ型储氢容器的抗氢脆性能好、质量轻、储氢密度高。相比于Ⅲ型储氢容器，Ⅳ型储氢容器的疲劳寿命更高。然而，纤维全缠绕容器的制造成本较高、单个容器的容积受限，这限制了该类容器在固定式储氢场景中的应用。这是由于对于固定式储氢场景，轻量化并不是储氢容器的最主要追求，反而低成本是更为重要的目标。据统计，加氢站中储氢装置的成本占整个建站成本的 15％ 左右，因此降低成本的需求相较于轻量化更为迫切。和 Ⅱ 型储氢容器一样，Ⅲ 型和 Ⅳ 型储氢容器尚缺乏设计方法和标准，国内只有大连同新加氢站使用过钢内胆全缠绕的 Ⅲ 型储氢容器，其设计压力为 92MPa，工作压力为 87.5MPa，由石家庄安瑞科气体机械有限公司研制，Ⅳ 型储氢容器的应用尚未有相关资料。

在固定式储氢容器的使用管理方面，加氢站用储氢容器需配备操作参数记录装置，对容器压力、温度和压力波动范围超过设计压力 20％ 的压力波动次数进行实时监测和自动记录。容器在投入使用后 1 年内进行首次定期检验，以后的检测周期由检验机构根据其安全状况等级确定，安全状况等级为 1 级至 3 级的一般每 3 年检验一次。

16.1.4 储氢系统

由于单台储氢容器的储氢量有限，在加氢站等场景中通常采用容器组的形式储存氢气

图 16-13 加氢站分级储存系统

（如图 16-13），储氢系统除了包含若干储氢容器外，还包含连接管路以及安全设施等。

加氢站内储氢容器的压力通常采用分级设置，首先利用较低级容器向车载储氢容器充氢，当压力达到平衡后采用较高级容器充氢[20]。相比于单级储氢系统，多级储氢系统具有较快的储氢容器压力恢复率和更高的取气率[21,22]。取气率是储氢容器可供加注的最大氢气质量与储氢容器内氢气初始质量的比值[23]，该参数可用于评价储氢系统的使用效率。除了压力分级，储氢系统的取气率还与各级容器的容积有关，三级储氢容器组通常采用的容积比为 4∶3∶2 和 2∶2∶1[23]。

储氢系统通常需设置安全泄放装置、氢气放空管、压力和温度测量及显示仪表、氢气泄漏报警装置、吹扫置换接口等安全设施。安全泄放装置通常采用安全阀，其作用是保证系统的压力始终不高于系统的最大允许工作压力，其整定压力不得超过储氢容器的设计压力，通常铅直安装在便于观察和检修的排放管路上且靠近被保护容器的位置。氢气放空管用于将储氢系统中的氢气排放至外界，放空管通常应设置切断阀和取样口。吹扫置换接口用于通过氮气或其他惰性气体对储氢系统进行置换，确保储存氢气的纯度满足要求。

储氢系统的氢气储量大，一旦系统失效，可能会影响到周围其他设备的安全运行。因此有必要控制储氢系统与其他设备的防火间距。对于加氢站储氢系统，标准 GB 50516—2010 规定站内储氢容器与站内典型设施的防火间距如表 16-2 所示。

表 16-2　储氢容器与站内典型设施的防火间距[1]　　　　　　　　单位：m

设施名称		制氢间	可燃气体压缩机间	可燃气体调压阀组间	加氢机	站房	其他建筑物	道路	站区围墙
储氢容器	一级站	15.0	9.0	5.0	10.0	10.0	12.0	5.0	5.0
	二级站	10.0	9.0	5.0	8.0	8.0	12.0	4.0	5.0
	三级站	8.0	9.0	5.0	6.0	8.0	12.0	3.0	5.0

在储氢系统外围设置隔离设施能够有效控制和降低事故风险与后果。从事故预警的角度

看，储氢系统封闭程度提高，环境风险的影响减弱，氢气泄漏监测将更加灵敏可靠。隔离设施将近地面可燃氢限制在储氢系统内，避免扩散至其他区域，降低了与点火源相接触引发爆炸以及二次爆炸的风险，即使储氢系统内存在点火源，爆炸影响范围也相对有限。因此，当储氢容器与其他设备相邻布置且防火间距不能满足要求时，应采用防火设施隔开。

16.2　交通运载工具的氢储存

16.2.1　交通运载工具的氢储存——气瓶

16.2.1.1　气瓶概述

气瓶属于压力容器，依据《特种设备安全监察条例》（2003 年 3 月 11 日中华人民共和国国务院令第 373 号公布，根据 2009 年 1 月 24 日《国务院关于修改〈特种设备安全监察条例〉的决定》修订），气瓶这一类压力容器的含义为：盛装公称工作压力大于或者等于 0.2MPa（表压，下同），且压力与容积的乘积大于或者等于 1.0MPa·L 的气体、液化气体和标准沸点等于或者低于 60℃液体的气瓶。国家市场监督管理总局颁布的 TSG 23—2021《气瓶安全技术规程》中，气瓶的适用范围为环境温度-40～60℃、公称容积 0.4～3000L、公称工作压力 0.2～70MPa 并且压力与容积的乘积大于或者等于 1.0MPa·L，盛装压缩气体、高（低）压液化气体、低温液化气体、溶解气体、吸附气体、混合气体以及标准沸点等于或者低于 60℃的液体的无缝气瓶、焊接气瓶、低温绝热气瓶、纤维缠绕气瓶、内部装有填料的气瓶以及气瓶集束装置。

对压力容器的安全要求，通常对气瓶也是适用的。但由于气瓶在使用方面有它的特殊性，如可移动、介质种类多等，气瓶除遵守压力容器的基本安全要求外，还有一些自身的特殊要求。

16.2.1.2　气瓶的分类及国内外应用现状

按气瓶结构型式划分为：

① Ⅰ型瓶：金属气瓶；

② Ⅱ型瓶：金属内胆纤维环向缠绕气瓶；

③ Ⅲ型瓶：金属内胆纤维全缠绕气瓶；

④ Ⅳ型瓶：非金属内胆纤维全缠绕气瓶。

Ⅰ型瓶是目前四类气瓶中重量最大、成本最低、工艺最简单的。Ⅰ型瓶广泛应用于对重量要求不敏感的场景。国内气体运输、工业用气瓶、医用气瓶、燃气气瓶、消防灭火用气瓶、水下呼吸用气瓶以及加氢站、充装站的气体存储大部分使用的是Ⅰ型瓶。

Ⅱ型瓶由金属内胆、纤维、树脂等组成，外层纤维通常为玻璃纤维，Ⅱ型瓶只对金属内胆的直筒段部分进行缠绕增强，减小金属内胆的壁厚，从而降低气瓶重量。Ⅱ型瓶通常用在对重量有一定要求，但对成本又比较敏感的场景上，如 CNG 公交车、出租车等。

Ⅲ型瓶由金属内胆、纤维、树脂等组成，金属内胆材质通常为铝合金，缠绕层纤维有碳纤维和玻璃纤维。Ⅲ型瓶采用环向缠绕及螺旋缠绕的方式对金属内胆进行缠绕增强，包括直筒段部分和封头部分。相对于Ⅱ型瓶，Ⅲ型瓶质量更轻、承压性能更好，适用于氢燃料电池电动汽车等场景，目前氢燃料电池电动汽车上Ⅲ型瓶的压力等级为 35MPa 和 70MPa 两种，国内 35MPa 的Ⅲ型瓶已实现量产。

Ⅳ型瓶由非金属内胆、金属胆嘴（铝合金）、纤维、树脂等组成，主要应用于氢燃料车等移动场景。氢燃料电池电动汽车上的Ⅳ型瓶同样包括 35MPa 和 70MPa 两种压力等级。目前国外已投入商业化批量应用，如日本丰田的 Mirai 与韩国现代的 Nexo 均采用了 Ⅳ 型瓶，但国内技术仍有欠缺，尚未达到量产条件。

16.2.1.3　国内外标准情况

目前国内氢气瓶主要有以下标准：

GB/T 35544—2017《车用压缩氢气铝内胆碳纤维全缠绕气瓶》

GB/T 42536—2023《车用高压储氢气瓶组合阀门》

GB/T 42610—2023《高压氢气瓶塑料内胆和氢气相容性试验方法》

GB/T 42612—2023《车用压缩氢气塑料内胆碳纤维全缠绕气瓶》

GB/T 42626—2023《车用压缩氢气纤维全缠绕气瓶定期检验与评定》

DB 21/T 3637—2022《车用压缩氢气铝内胆碳纤维全缠绕气瓶定期检验与评定》

DB 31/T 1282—2021《车用气瓶氢气充装安全技术条件》

T/CATSI 02008—2022《车用压缩氢气铝内胆碳纤维全缠绕气瓶定期检验与评定》

T/CATSI 02016—2022《集装用压缩氢气铝内胆碳纤维全缠绕气瓶》

T/CCGA 40007—2021《车用压缩氢气塑料内胆碳纤维全缠绕气瓶安全使用技术规范》

T/CATSI 02007—2020《车用压缩氢气塑料内胆碳纤维全缠绕气瓶》

T/GDASE 0017—2020《车用压缩氢气铝内胆　碳纤维全缠绕气瓶定期检验与评定》

T/ZJASE 017—2022《车用压缩氢气铝内胆碳纤维全缠绕气瓶工业计算机层析成像（CT）检测方法》

以上标准涉及气瓶设计、生产技术要求、定检、充装、检测、使用规范等。

目前国内车用氢气瓶的设计、生产主要依据 GB/T 35544—2017《车用压缩氢气铝内胆碳纤维全缠绕气瓶》与 TSG 23—2021《气瓶安全技术规程》。氢气瓶定检国标正在制定中，氢气瓶的定期检验目前通常依据各地地方标准、各生产企业企标及团体标准。

世界各国车用氢气瓶标准制定的进展情况各不相同，主要的标准体系包括国际标准化组织、欧盟标准、美国标准等。标准从最开始的车用氢气瓶标准逐渐转向燃料电池电动汽车标准和车载供氢系统标准，并在标准中对车用氢气瓶提出相关的要求。针对燃料电池电动汽车工况的复杂性和降成本的需求，新颁布的标准中，部分标准逐渐采用顺序试验替代惯常的单项试验。顺序试验的概念最早由 GTR 提出，经过多年的努力逐步被大家接受。目前各国有效的标准中，针对公称工作压力为 70MPa 的车用氢气瓶，均采用顺序试验（参见表 16-3）。

表 16-3　国际标准情况

序号	国际标准名称	适用范围
1	ISO/TS 15869《气态氢　氢气混合气　陆地车辆燃料容器》	适用于四种结构形式的气瓶，包括制造方法、设计确认试验及批试验、型式试验及附录
2	ISO 19881:2018《气态氢　陆地车辆燃料容器》	适用于公称工作压力不大于 70MPa，且容积不大于 1000L 的车用压缩氢气瓶，主要包括材料、设计、制造、标识、生产试验
3	SAE J2579—2023《氢能汽车燃料系统》	适用于道路车辆中氢存储和系统的设计鉴定（性能验证）
4	日本标准 JIGA-T-S:2004《氢动力汽车高压储氢气瓶》	适用于金属内胆车用纤维缠绕高压氢气瓶和塑料内胆车用纤维缠绕高压氢气瓶。包括制造方法、设计确认试验及批试验、型式试验
5	欧盟法规 EC 79/2009 和 EU 406/2010《氢动力汽车型式认证》	（已于 2020 年废止，废止前的气瓶可继续按此法规执行）分别给出了压缩氢储存系统、液氢储存系统中气瓶、瓶阀、泄压装置、调压阀、连接管路、加注口等部件和系统的型式认证顺序试验要求和安装要求

续表

序号	国际标准名称	适用范围
6	Regulation No. 134 Uniform provisions concerning the approval of motor vehicles and their components with regard to the safety-related performance of hydrogen-fuelled vehicles(HFCV)	适用于公称工作压力不大于 70MPa 的车用压缩氢气瓶,主要包括材料、设计、制造、标识、生产试验及附录
7	Global technical regulation No. 13 Global technical regulation on hydrogen and fuel cell vehicles	适用于公称工作压力不大于 70MPa 的车用压缩氢气瓶,主要包括材料、设计、制造、标识、生产试验

16. 2. 1. 4　设计开发流程

以纤维缠绕气瓶设计开发为例,设计开发流程图如图 16-14 所示。

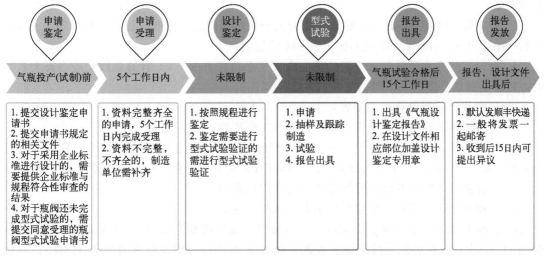

图 16-14　气瓶设计流程图

（1）材料要求

氢气气瓶材料应当采用具有成熟使用经验并列入 TSG 23—2021《气瓶安全技术规程》中协调标准的材料;材料的强度、冲击韧性、化学成分、弹性模量以及高分子材料的聚合量和密度等技术指标,应当满足协调标准的要求;采用未列入气瓶国家标准的材料,应当经过市场监管总局核准的型式试验机构的型式试验验证,并且按照 TSG 23—2021《气瓶安全技术规程》进行新材料技术评审。

铝合金气瓶瓶体以及铝合金内胆用材料,应当具有良好的抗晶间腐蚀性能和抗应力腐蚀性能;铝合金材料中铅和铋的含量均不得大于 0.003%;其他杂质元素的单项含量不得大于 0.05%,总含量不得大于 0.15%;

盛装氢气或者其他致脆性介质的钢质气瓶用材料,应当控制材料的实际抗拉强度不大于 880MPa;实际屈强比（屈服强度/抗拉强度的比值,下同）不大于 0.90 时,允许材料的实际抗拉强度不大于 950MPa;

盛装可燃气体的纤维缠绕气瓶内胆采用非金属材料的,应当按照 TSG 23—2021《气瓶安全技术规程》的要求进行技术评审;

第三篇　氢的储存、运输及加注

纤维缠绕气瓶的缠绕材料应当选用玻璃纤维、碳纤维或者芳纶纤维，承载层应当采用单一纤维环向缠绕或者全缠绕。

无缝气瓶用的钢管或者铝合金铸锭，须按照 GB/T 5777《无缝和焊接（埋弧焊除外）钢管纵向和/或横向缺欠的全圆周自动超声检测》、GB/T 6519《变形铝、镁合金产品超声波检验方法》等的规定进行无损检测，合格级别应当满足气瓶产品标准的要求。

（2）设计要求

① 铝合金内胆设计应当符合以下要求：

a. 铝合金内胆端部应采用凸形结构；

b. 铝合金内胆端部应采用渐变厚度设计，筒体与端部应圆滑过渡；

c. 铝合金内胆最小设计壁厚应通过应力分析验证；

d. 气瓶瓶口应开在气瓶端部，且应与铝内胆同轴；

e. 瓶口的外径和厚度应满足瓶阀装配时的扭矩要求。必要时，瓶口可采用增强结构，如钢套等；

f. 瓶口螺纹应采用直螺纹，螺纹长度应大于气瓶阀门螺纹的有效长度，且应符合 GB/T 192、GB/T 196、GB/T 197 或 GB/T 20668 的规定；

g. 瓶口螺纹在水压试验压力下的切应力安全系数应不小于 4，计算螺纹切应力安全系数时，铝合金剪切强度取 0.6 倍的材料抗拉强度保证值。

② 气瓶设计应当符合以下要求：

a. 气瓶水压试验压力应不低于 1.5 倍公称工作压力；

b. 气瓶外表面可以采用适当的保护层进行防护。如果保护层作为设计的一部分，应符合 GB/T 35544—2017《车用压缩氢气铝内胆碳纤维全缠绕气瓶》中规定的要求；

c. 气瓶使用条件中不包括因外力等引起的附加载荷；

d. 气瓶疲劳失效表现为裂纹扩展引起的未爆先漏；

e. 公称工作压力小于等于 35MPa，气瓶疲劳寿命不得低于 15 年，疲劳试验循环次数不少于 11000 次，气瓶的最小爆破安全系数不得低于 2.25；公称工作压力大于 35MPa，气瓶疲劳寿命不得低于 10 年，疲劳试验循环次数不少于 7500 次，气瓶的最小爆破安全系数不得低于 2。

③ 气瓶设计方法可以采用规则设计方法或者分析设计方法，也可以采用试验验证方法。气瓶制造单位应当根据气瓶使用要求和设计条件，综合考虑所有相关因素、失效模式和安全裕量等进行设计，以保证气瓶具有足够的强度、刚度、抗疲劳性和耐腐蚀性。

盛装压缩气体气瓶的公称工作压力，是指在基准温度（一般为 20℃）下的气瓶内气体达到完全均匀状态时的限定（充）压力，一般选用正整数系列。盛装氢气介质的气瓶公称工作压力通常按以下压力优先选取：15MPa、20MPa、25MPa、30MPa、35MPa、50MPa、70MPa。

气瓶设计压力一般为气瓶的耐压试验压力。压缩氢气铝合金碳纤维全缠绕气瓶的耐压试验压力为 1.5 倍公称工作压力。

④ 气瓶设计文件至少要包括设计任务书、设计计算书、设计说明书、设计图样、有限元应力分析报告（采用分析设计方法时）和使用说明书等。

设计任务书应当包括任务来源、任务要求、设计依据的法规、标准和用户提供的有关标准、技术参数、产品用途以及使用范围、主要技术参数、产品结构型式的概述、设计文件种类、设计单位、完成时间等内容。

设计计算书包括以下内容：

　　a. 设计计算的目的、依据、计算参数、设计结构、材料的选取、热处理要求（无缝气瓶）；

　　b. 设计壁厚计算、刚度计算（必要时）、容积计算、重量计算；

　　c. 最大充装量计算；

　　d. 最小爆破压力计算，安全泄放量计算（必要时）、内胆强度计算、缠绕层计算；

　　e. 有限元应力分析计算（必要时）以及产品标准要求的其他计算等。

设计说明书内容包括设计依据、设计参数、结构、材料的选择、设计计算说明、结构说明、气瓶附件的选择、主要生产工艺要求、检验要求等。

使用说明书内容包括产品简介、设计标准、结构和性能、产品使用指南（气体性质、充装、运输、储存、定期检验、颜色标志以及需要用户遵守的安全基本要求等）。

设计图样包括设计总图、主要零部件图等。设计总图主要包括以下内容：

　　a. 气瓶名称、分类，设计、制造所依据的主要法规、产品标准；

　　b. 工作条件，包括公称工作压力、工作温度、介质特性（毒性和爆炸危害程度等）；

　　c. 设计条件，包括设计温度、设计压力；

　　d. 瓶体主要材料牌号和材料标准；

　　e. 主要特性参数，包括公称容积、重量、名义厚度、几何尺寸、充装系数等；

　　f. 气瓶设计使用年限；

　　g. 特殊制造要求；

　　h. 热处理要求；

　　i. 无损检测要求；

　　j. 耐压试验和气密性试验要求；

　　k. 阀门以及其他安全附件规格和订购特殊要求；

　　l. 气瓶标志位置以及内容；

　　m. 包装、运输等要求。

采用分析设计方法时，应提供有限元应力分析报告，分析计算选用的软件应当是成熟的商品化通用或者专用工程计算软件，并且满足计算的需要。有限元应力分析报告包括以下内容：

　　a. 所用分析软件的说明；

　　b. 结构尺寸等；

　　c. 计算模型，包括计算区域、单元类型、材料参数（复合气瓶应当包括内胆、复合层材料参数）、网格划分、载荷条件，复合气瓶还应当包括零压力、公称工作压力、耐压试验压力、自紧压力、设计最小爆破压力、位移边界条件；

　　d. 计算过程，复合气瓶有限元应力分析，应当包括载荷的施加过程和使用的计算方法；

　　e. 计算结果，包括在载荷下计算区域内的应力情况（包括彩色应力等值线图）；

　　f. 计算分析，包括对计算结果的分析、数据整理、计算结果评定以及结论。

（3）设计文件鉴定

气瓶设计文件鉴定，是指对气瓶设计的安全性能是否符合有关法规以及相关标准进行的符合性审查；制造单位新设计或者设计变更的气瓶（含气瓶集束装置）以及进口气瓶，均应当进行设计文件鉴定，通过后方可用于制造。

气瓶设计文件鉴定由气瓶型式试验机构（以下简称鉴定机构）承担；鉴定机构和鉴定人

员应当符合有关安全技术规范的要求,并且按照其规定开展鉴定工作。

鉴定机构应当对制造单位提交的设计任务书、设计计算书、设计说明书、设计图样、有限元应力分析报告(采用分析设计方法时)、使用说明书等设计文件是否满足本规程以及相关标准的要求,进行符合性审查。

设计文件鉴定程序包括申请、受理、鉴定、出具鉴定报告等。

(4) 型式试验

型式试验工作程序,包括申请、受理、技术资料审查、抽样、试验、出具型式试验报告和证书等;

申请型式试验时,应当向型式试验机构提交以下资料:

①《型式试验申请书》;

② 产品标准;

③ 技术资料,包括设计文件和制造技术资料,设计文件包括图纸、设计计算书、设计说明书,制造技术资料包括原材料质量证明书(复印件),以及生产过程的质量检查记录等资料;气瓶上配置气瓶阀门的,申请气瓶型式试验时还应当提供气瓶阀门的型式试验报告。型式试验项目见表 16-4。

表 16-4　型式试验项目表

序号	试验项目	备注	序号	试验项目	备注
1	壁厚		12	缠绕层层间剪切试验	
2	制造公差		13	缠绕层拉伸试验	
3	内外表面		14	缠绕层外观	
4	瓶口螺纹		15	水压试验	
5	拉伸试验		16	气密性试验	
6	金相试验	铝内胆	17	水压爆破试验	
7	瓶口螺纹		18	常温压力循环试验	
8	拉伸试验		19	常温压力循环试验	
9	冷弯试验或压扁试验		20	火烧试验	气瓶
10	硬度试验		21	极限温度压力循环试验	
11	无损检测		22	加速应力破裂试验	
			23	裂纹容限试验	
	—		24	环境试验	
			25	跌落试验	
			26	氢气循环试验	
			27	枪击试验	

16.2.1.5　制造工艺流程

以纤维缠绕气瓶制造为例,通常气瓶产品制造为分批进行,分批应当符合以下规定:

纤维缠绕气瓶金属内胆分批,按照同一设计、同一炉罐号材料、同一制造工艺、同一热处理工艺规程、连续制造的产品,为一批;

纤维缠绕气瓶分批,按照同一规格、同一设计、同一制造工艺、同一复合材料型号、连续制造的产品,为一批。

气瓶批量是指每批气瓶产品在制造过程中所限定的最大数量。纤维缠绕气瓶的批量应为200 只气瓶（不包括破坏性检验用瓶）为一批。

Ⅲ型气瓶通常可分为以下两种制造工艺。

（1）T 型气瓶工艺

T 型气瓶工艺设备主要有拉深机、旋压碾薄机、旋压收口机、热处理炉、瓶口螺纹专机、无损检测机、缠绕机、固化烘箱、水压试验机、爆破试验机、疲劳试验机和气密试验机。

T 型气瓶工艺流程图如图 16-15 所示。

工艺流程为：铝板通过拉深机拉深为铝筒，经过旋压碾薄、旋压收口旋压成型，采用热处理炉进行固溶和时效处理，经瓶口螺纹专机和车床对内胆螺纹和封头进行加工，加工后的铝内胆经无损检测机进行检测，检测合格的铝内胆经缠绕机缠绕后，进行固化处理，形成气瓶。

气瓶经自紧、耐压试验后，按批随机抽取批量试验气瓶进行疲劳、爆破试验，其余气瓶经瓶阀装配后进行气密性测试。

（2）S 型气瓶工艺

S 型气瓶工艺设备主要有旋压碾薄机、旋压收口机、热处理炉、瓶口螺纹专机、车床、无损检测、缠绕机、固化试验箱、水压试验机、爆破试验机、疲劳试验机和气密试验机。

S 型气瓶工艺流程图如图 16-16 所示。

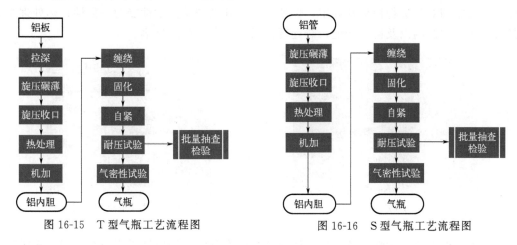

图 16-15　T 型气瓶工艺流程图　　　　图 16-16　S 型气瓶工艺流程图

工艺流程为铝管/铝板通过旋压碾薄、旋压收口初步成型，通过热处理炉进行固溶和时效处理后，经瓶口螺纹专机和车床对内胆螺纹和封头进行加工，加工后的铝内胆经缠绕机缠绕后，进行固化处理，形成气瓶。

气瓶经自紧、耐压试验后，按批随机抽取批量试验气瓶进行疲劳、爆破试验，其余气瓶经瓶阀装配后进行气密性测试。

（3）纤维缠绕气瓶金属内胆应符合无缝气瓶要求

要求如下：

① 采用钢坯制造的冲拔瓶的冲拔、拉伸、收口等工艺，采用无缝钢管制造的管制瓶的收底、收口（参见图 16-17、图 16-18）等热加工成形过程，应当进行工艺评定，并且制定相应的工艺文件；

图 16-17　旋压收口机

图 16-18　旋压收口成型

② 瓶体的底部形状、几何尺寸应当符合设计图样的要求，并且能够通过相应标准规定的压力循环试验验证；

③ 管制瓶在收底成形过程中，不得添加金属，不得进行焊接；底部内表面不应当存在肉眼可见的裂纹、夹杂、未熔合等缺陷，工艺无法确保瓶底完全熔合时，应当逐只进行底部气密性试验。

铝合金无缝气瓶热处理，应当采用热处理炉进行固溶和时效处理（参见图 16-19、图 16-20），瓶体加热过程中不允许有过烧现象，不同炉处理的同批产品力学性能及其允许偏差应当符合相关标准和设计文件的规定；

热处理炉有效加热区的温度分布及其允许的温差范围，应当与所处理产品的性能要求相适应，并且定期对其进行检测和评定，保证一次性处理产品力学性能的一致性；热处理炉应当具有温度自动控制以及记录功能，热处理记录应当存入产品档案。

图 16-19　固溶炉

图 16-20　井式退火炉（时效）

热处理后的铝合金无缝气瓶，应当逐只进行硬度测定，测定结果应当符合相关气瓶产品标准的要求。其中，中小容积无缝气瓶硬度应当采用在线自动检测设备进行检测。

铝合金无缝气瓶的无损检测，应当采用在线自动超声检测设备，其检测部位、方法等要求应当符合气瓶设计文件的规定。在线超声自动检测设备，至少具备内表面纵向、横向，外表面纵向、横向以及壁厚测定功能；所采用的超声人工缺陷样管，应当符合相关标准的规定。

（4）纤维缠绕及固化（参见图 16-21、图 16-22）

① 纤维的缠绕线型（包括纤维缠绕角度、带宽、预紧力、缠绕层数等参数）应当进行工艺评定，并且制定相应的工艺文件；

② 纤维缠绕应当在适当的温、湿度条件下进行，环境温度范围为 10～35℃，并且相对湿度不大于 80%；

③ 气瓶的固化，应当进行固化工艺评定，并且按照相关产品标准的要求制定固化工艺规程；

④ 制造单位应当保证气瓶固化炉内有效加热区域温度分布的均匀性，并且定期对其进行检测和评定，固化炉应当具有时间、温度自动记录以及控制功能；

⑤ 气瓶的固化温度和时间，不得影响内胆的性能。

图 16-21　气瓶缠绕机

图 16-22　步入式高温试验箱（固化试验箱）

（5）气瓶试验（参见图 16-23、图 16-24）

① 气瓶耐压试验的方法可以采用水压试验或者气压试验，并且符合 GB/T 9251《气瓶水压试验方法》等相关标准和设计文件的规定；

图 16-23　气瓶外测法水压试验机

图 16-24　气瓶疲劳试验机

② 气瓶耐压试验后残余变形率的测定方法应当选用外测法测定残余变形率；

③ 采用外测法进行气瓶耐压试验测定气瓶残余变形率时，试验前应当使用标准瓶对水压试验系统校验，校验的程序和结果应当符合 GB/T 35015《气瓶外测法水压试验用标准瓶的标定方法》的规定；

④ 盛装有毒、易燃、助燃、腐蚀性介质的气瓶，安装瓶阀后应当按照 GB/T 12137《气瓶气密性试验方法》的要求进行气密性试验。

⑤ 气瓶的耐压试验装置，应当能够自动识读每只试验气瓶的电子识读标志，实时自动记录气瓶瓶号、实际试验压力、保压时间以及试验结果，记录应当存入气瓶产品档案并上传至承担特种设备监督检验工作的特种设备检验机构（以下简称监检机构）；

⑥ 水压爆破试验装置应当具有自动采集、记录试验数据，以及自动绘制压力-进水量曲线的功能；

⑦ 压力循环试验设备应当具备连续进行压力循环的功能；应当能够调节和控制循环压力、频率、保压时间，并且能自动实时显示、记录和保存压力循环波形、压力循环次数、最大循环频率，以及每次压力循环的实际循环压力上、下限值以及对应的时间等数据。

Ⅳ型瓶制造工艺如下。

Ⅳ型瓶塑料内胆成型工艺有注塑成型、滚塑成型、吹塑成型、挤塑成型等多工种工艺路线，不同的路线主要基于所选原材料特性、气瓶容积和存储介质等多方面因素考虑。国内外气瓶制造商多采用注塑＋焊接成型、滚塑成型工艺。

（1）注塑＋焊接成型工艺

注塑＋焊接成型工艺气瓶工艺设备主要有注塑机、焊接设备、无损检测设备、缠绕机、固化炉、水压试验机、爆破试验机、疲劳试验机和气密试验机。

工艺流程图如图16-25所示。

工艺流程为塑料粒子通过注塑机成型为塑料筒，两端安装瓶阀座后经过焊接形成塑料内胆，加工后的塑料内胆经无损检测机进行检测，检测合格的塑料内胆经缠绕机缠绕后，进行固化处理，形成气瓶。

气瓶经耐压试验后，按批随机抽取批量试验气瓶进行疲劳、爆破试验，其余气瓶经瓶阀装配后进行气密性测试。

（2）滚塑成型工艺

滚塑成型工艺设备主要有滚塑机、瓶口加工专机、缠绕机、固化炉、水压试验机、爆破试验机、疲劳试验机和气密试验机。

滚塑成型工艺流程图如图16-26所示。

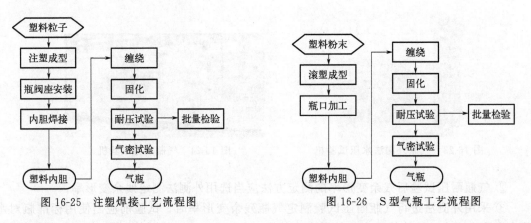

图16-25　注塑焊接工艺流程图　　　　图16-26　S型气瓶工艺流程图

工艺流程为塑料粉末通过滚塑与瓶阀座一体成型内胆，经瓶口加工专机对瓶口进行加工，加工后的塑料内胆经缠绕机缠绕后，进行固化处理，形成气瓶。

气瓶经自紧、耐压试验后，按批随机抽取批量试验气瓶进行疲劳、爆破试验，其余气瓶经瓶阀装配后进行气密性测试。

（3）纤维缠绕气瓶非金属内胆应符合无缝气瓶要求

要求如下：

① 采用塑料原材料进行滚塑/注塑＋焊接等工艺，应当进行工艺评定，并且制定相应的工艺文件；

② 瓶体形状、几何尺寸应当符合设计图样的要求，并且能够通过相应标准规定的压力循环试验验证；

③ 塑料内胆在滚塑/注塑焊接过程中，需要逐只进行无损检测，逐只进行气密性试验。参见图16-27、图16-28。

图 16-27　注塑机

图 16-28　滚塑机

　　注塑＋焊接成型气瓶的无损检测，应当采用可视化超声等无损检测方法，其检测部位、方法等要求应当符合气瓶设计文件的规定。其中，团体标准 T/CATSI 02007—2020《车用压缩氢气塑料内胆碳纤维全缠绕气瓶》附录 E 气瓶塑料内胆焊接接头可视化超声相控阵检测与质量分级方法，规定了适用于激光焊接、红外线焊接方法形成内径 250～630mm、壁厚 4～8mm 的气瓶塑料内胆。

　　气瓶文件资料存档：

　　a. 气瓶设计鉴定文件资料、型式试验报告、各种工艺评定报告、工艺文件等技术资料，应当作为存档资料长期保存；

　　b. 气瓶材料质量证明书，材料复验报告，焊接、热处理、无损检测、耐压试验等制造和检验过程的各种质量记录和报告，产品批量质量证明书，产品监督检验证书等，应当作为产品档案按照规定期限妥善保存；

　　气瓶产品档案可以采用电子或者纸质资料的方式保存，保存期限应当不少于气瓶设计使用年限。

　　气瓶出厂时，制造单位应当逐只出具产品质量合格证和按批出具产品批量质量证明书。产品质量合格证和产品批量质量证明书的内容，应当符合相关产品标准的要求，并且应当由制造单位检验责任工程师签字或者盖章。其中，产品质量合格证应当注明气瓶和气瓶阀门的制造单位名称以及制造许可证编号。

　　制造单位的气瓶产品数据信息公示平台（以下简称制造信息平台）应当具有与充装单位充装信息追溯平台（以下简称充装信息平台）以及行业或地方监管系统实现对接的数据交换接口。气瓶制造信息平台追溯信息记录和凭证保存期限应当不少于气瓶的设计使用年限。

16.2.1.6　设计、使用过程中的安全考虑

　　气瓶属于可移动的压力容器，使用范围极其广泛，而且，所装介质多为易燃、易爆、有毒、腐蚀性气体，一旦发生爆炸，不但其碎片和气体瞬间还原产生的冲击波伤害人员、摧毁房屋和设备，还会由于气体的扩散而引起空间着火、爆炸和中毒，导致灾难性事故的发生，给经济发展和人民生命财产带来严重损失，对社会安定造成巨大影响。

　　按照国际通用定义，"产品丧失其规定功能的现象称为失效"。气瓶的失效经常是多方面原因造成的。失效的主要来源包括设计、选材、制造工艺（特别是热加工工艺，例如，热冲孔、热收口、热处理等）、检查、试验、质量控制、使用条件、气体充装、贮存状态等，但又都是由于气瓶的强度（包括机械强度、抗化学腐蚀强度等）因素与应力（包括机械应力、残余应力等）因素和环境（介质和温度等）因素不相适应。气瓶的失效是经常发生的，某些失效还往往带来生命财产方面的巨大损失。气瓶的失效总是从气瓶上最不适应的部位开始，

第三篇　氢的储存、运输及加注

而且，气瓶失效的残体上，必然保留着失效过程的迹象。所以，对气瓶失效模式的分析，对于气瓶定检项目的制定、检验方法的研究、合格标准的确立，都是有着积极的推动作用。

（1）纤维缠绕气瓶失效常见几种模式

① 疲劳断裂失效

气瓶的反复充装，其实质是对气瓶的一种交变载荷。气瓶疲劳断裂交变载荷的最大值，一般小于气瓶主体材料的屈服应力，这就决定了气瓶的疲劳断裂是不会出现明显的塑性变形的。气瓶的疲劳断裂过程，包括裂纹的萌生、扩展和最终瞬时断裂三个阶段。因此，气瓶的疲劳断裂是其交变载荷循环作用的结果。

疲劳断裂失效是气瓶在反复交变载荷的作用下出现的金属疲劳破坏。一类是通常所说的疲劳，是在应力较低、交变频率较高的情况下发生的；另一类是低周疲劳，是在应力较高（一般接近或高于材料的屈服极限）而应力交变频率较低的情况下发生的。介质的作用，可大大加速裂纹的扩展速率，形成腐蚀疲劳断裂。

疲劳断裂失效的主要特征是：

a. 断口附近，宏观上没有塑性变形的痕迹。一般表现为低应力破坏。

b. 疲劳断裂是损伤的积累。为此，疲劳断裂的过程，一般时间较长。气瓶上的裂纹生成及其裂纹长度、裂纹数量的增加是和气瓶承压时间成正比的。

c. 疲劳裂纹的扩展，造成瓶壁有效厚度的减小，当达到某一临界尺寸时，剩余的瓶壁截面承受不住气瓶内压所施加的载荷时，气瓶将突然爆炸。所以，在气瓶的疲劳断口上，可以看到疲劳扩展区和瞬断区。疲劳断裂一般为穿晶断裂。

d. 宏观断口较完整，呈瓷状或贝壳状，有疲劳弧线、疲劳台阶、疲劳源等。微观上裂纹一般没有分支且裂纹尖端较钝，微观断口有疲劳条纹等。

疲劳断裂过程可分为裂纹形核和裂纹扩展两个阶段。裂纹扩展可分为疲劳扩展区和瞬断区。瞬断区是裂纹扩展到一定程度后，由于材料的受力截面减小，当材料应力达到其强度极限时发生快速韧性断裂的区域。

导致疲劳断裂失效的主要原因有如下几种：

a. 循环交变载荷，如气瓶的反复充装。

b. 由于结构不合理、缺陷造成的局部应力集中。

② 冲击变形失效

野蛮装卸气瓶以及对气瓶进行撞击、摔碰、跌落等所形成的动载，对于金属部分，会对气瓶局部产生很高的应力应变值。这种应力应变值比起由大小相等的静载所产生的应力应变值要高出很多倍。冲击断裂失效的主要特征是使受动载作用的气瓶分裂成多块碎片。这是因为冲击载荷很容易引起气瓶的脆性断裂。

但如果冲击对气瓶所产生的是弹性变形或塑性变形超过了允许的限度，这种失效称作冲击变形失效，如果气瓶承受反复的冲击载荷引起疲劳裂纹的萌生和扩散而产生的失效，称作冲击疲劳失效。当然，气瓶的失效是复杂的。有时，以上的失效模式会使气瓶形成各种复合的失效模式。如腐蚀疲劳失效就是腐蚀与疲劳的复合失效模式。腐蚀会加速疲劳裂纹的萌生与扩展，而疲劳也会加速腐蚀的过程。两者交替作用，互相促进，是一种更加危险的失效形式。

（2）在用气瓶失效的原因

在用气瓶存在以下几个方面的失效原因：

① 先天不足（即设计、制造时留下的缺陷）的气瓶还在运行。

② 由于气瓶在运行中的冲撞、磕碰、摔跌而后天产生的影响气瓶安全使用的缺陷潜伏

着事故的隐患。

③ 由于频繁、反复地充气而产生的交变载荷的作用，有可能产生疲劳裂纹或使瓶体中已经存在的缺陷有了发展。

④ 由于介质对气瓶材质的腐蚀，瓶壁在逐渐减薄，或由于应力腐蚀的作用而使气瓶材料性能发生劣化。

⑤ 由于气瓶结构不合理，选材不当或焊接质量低劣以及检验上的漏检或误判，气瓶的焊缝、热影响区以及局部应力过大区域存在着的裂纹有了新的扩展。

⑥ 由于气瓶壁厚过薄或温升压力的影响以及气体超装的作用。气瓶处于超载运行，因而产生了较大的塑性变形。

⑦ 定期检验流于形式或根本就没有进行过定检而造成超期服役或终身服役的现象仍然存在。

气瓶存在以上问题，如不及时发现和消除，任其发展下去，气瓶必然会以各种失效模式出现，导致气瓶事故的发生。因此，对在用气瓶进行定期检验与评定，进而对判废气瓶进行失效分析，是预防气瓶事故发生、保证气瓶安全使用的重要手段。特别是面临着我国在用气瓶运行的严峻状况，气瓶的定期检验与分析评定工作，有着极为重要的现实意义，这已为国内外定期检验的实践所证实。

其次，对在用气瓶进行定期检验和分析评定，也是提高国内气瓶设计与制造水平的一项有效措施。因为经检验、分析与评定，受检气瓶无论是合格还是判废，都可以视为气瓶是在标准条件下所做科学试验的结果，通过定期检验、分析与评定，可以掌握气瓶真实的质量特性，可以反映气瓶在设计、制造中的薄弱环节，进而在技术和管理上采取对策，以便在更大范围内，努力做到延缓或防止气瓶各种失效模式的发生。

此外，对在用气瓶进行定期检验，也会给社会带来很大经济效益。这种效益的获得，不单单是通过定期检验、科学地估价气瓶的使用寿命，防止气瓶灾难性事故的发生，从而保证人民生命财产的要求，而且科学技术是生产力，检验手段的提高、气瓶质量特性的反馈也会使气瓶设计制造单位的技术水平得到提高，并将促使整个气瓶行业的进步。这种技术上进步而带动的经济上的效益，往往是难以估计的。

（3）车载储氢气瓶常见缺陷

① 铝合金内胆常见的缺陷

铝合金内胆常见的缺陷主要有裂纹、鼓疱、夹层、表面损伤和腐蚀造成的壁厚减薄、热损伤与材料硬度下降等。

除了与钢质无缝气瓶常见的缺陷之外，铝合金无缝气瓶以晶间腐蚀最为常见，晶间腐蚀是由于金属材料的晶界发生成分或组织偏析，造成晶界的耐蚀性远低于晶粒内部，因此材料在腐蚀介质的作用下，在晶界发生选择性腐蚀，并逐渐深入金属内部，减弱了晶粒间的相互结合力，使金属脆化。

材料硬度下降是铝合金时效的强度变化问题，原因如下：铝合金中加入的其他金属元素，例如 Cu、Mg、Si 等会在合金中形成第二相组织。经过人们的大量实践，这些组织颗粒在合金中越细小，分布越弥散，越会导致铝合金强度升高，因此，铝合金都使用固溶＋时效的热处理工艺，如图 16-29 所示，保证材料强度达到一定水平。

其原理是通过高温将第二相溶解，然后再高于室温或室温下弥散第二相析出。室温下的时效称为"自然时效"，又称"冷时效"，高于室温的时效称为"人工时效"，又称"温时效"，如图 16-30 所示。

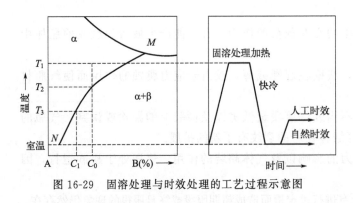

图 16-29　固溶处理与时效处理的工艺过程示意图

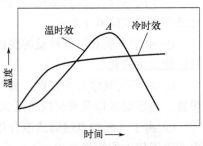

图 16-30　冷时效和温时效
过程硬度变化示意图

人工时效的材料强度变化曲线是一个单峰曲线。当强度达到最大之后，开始下降，并伴随着塑性降低，因此在工艺中应严格控制不能产生过时效的情况。但实际执行工艺中会发生如下问题：

a. 热处理工艺中并未过时效，也就是说，时效的时间未超过 A 点。但热处理后的工件还有后续的工艺过程涉及"温度"效应。如烤漆工艺、部分需要加热的表面氧化工艺、缠绕固化工艺，甚至某些检测过程。

b. 产品出厂后，长期置于高于室温的环境中，特别是当产品本身已经过时效处理（强度出厂时是合格的），强度也会发生下降。

过时效概念：在一定温度下，随时效时间延长，合金强度、硬度逐渐增高。至一定时间，其强度、硬度达到最大值（峰值）。时效时间再延长，则其强度、硬度反而下降，即所谓的"过时效"。

② 复合气瓶常见的缺陷

复合气瓶分为疲劳失效和使用中的损伤造成的失效。前者是复合气瓶的内部原因造成的，后者是复合气瓶的外部原因造成的。

单向连续纤维增强的复合材料在纤维方向上有很好的抗疲劳性，这是因为在单向复合材料中载荷主要靠纤维传递，而纤维通常有良好的抗疲劳性能。在实际承力结构中，通常应用的是复合材料层合板。由于各个铺层方向不同，沿外载荷方向一些铺层会比另外一些铺层显得薄弱，在比层板最终断裂早得多的时候，这些薄弱铺层中就显现了损伤的迹象。

对复合材料来说，材料内部的损伤通常远远早于能观察到宏观或特性的变化。复合材料在交变载荷作用下，呈现出非常复杂的破坏机理，可以发生遍及整个构件的四种疲劳损伤：基体开裂、分层、界面脱胶和纤维断裂。这些损伤形式可能单独地发生，也可能联合出现。仅当内部损伤累积到一定程度时，才能观察到内部损伤对宏观性能的影响，导致复合材料疲劳强度和疲劳刚度的下降。

复合材料疲劳损伤扩展是多种损伤累积的过程。多种损伤及其组合，使复合材料的疲劳损伤扩展往往缺乏规律性，完全不像大多数金属材料那样能观察到明显的单一主裂纹扩展，复合材料在疲劳破坏发生之前，疲劳损伤已有了相当大的扩展，仅当内部损伤累积到一定程度时，才能观察到内部损伤对材料宏观性能的影响。

a. 基体开裂。基体开裂是指在面内载荷作用下，层合板单向纤维间基体产生的平行于纤维方向的裂纹，如图 16-31 所示。基体开裂一般不会使复合气瓶承压能力下降，但会使复合气瓶抗变形能力下降。如何判定复合气瓶失效，目前还没有统一的标准。

b. 分层。分层是指层间应力引起的层间分离形式的损伤，是纤维层之间的分离、纤维本身的分离或缠绕层与金属内胆外表面之间的分离，表现为发白的斑痕、表层下有中空的迹象等，它是复合材料层合板特有的损伤形式，如图 16-32 所示。疲劳载荷作用下，特别是拉-压疲劳载荷下，极易出现分层损伤。分层起始的应力水平值比静力载荷时的值低，并且发生在疲劳寿命的初期。除了层间拉伸应力外，横向裂纹和层间剪切开裂等破坏机理，对疲劳分层的起始和扩展也有重要的影响。冲击也是引起分层的主要原因。

图 16-31 基体开裂

图 16-32 分层

c. 界面脱胶。界面脱胶是指纤维与基体结合面分离的损伤形式。在断裂过程中，由于裂纹平行于纤维扩展（脱胶裂纹），故纤维会与基体部分分离。这时在纤维和基体之间的黏附作用遭到破坏。如果复合材料的纤维强而界面弱，就会发生这类纤维脱胶现象，脱胶裂纹可在纤维-基体界面上扩展或是在邻近的基体中扩展，这要取决于它们的相对强度，在这两种情况下都可以形成新的表面。

d. 纤维断裂。当裂纹只能在垂直于纤维方向扩展时，最终将发生纤维断裂，复合材料层合板也就完全破坏了，纤维断裂发生在应变达到其断裂应变极限值的时候，如图 16-33 所示。其机理是由于纤维本身存在缺陷/损伤，形成应力集中而引起的纤维断裂。纤维断裂是轴向载荷作用下，复合材料破坏的主要损伤形式。需要指出的是，有时以上几种失效方式是一种或几种同时出现，一般两种以上失效同时出现时，应判定气瓶失效。

e. 内胆失效。内胆由于各种原因产生泄漏，或者由于塑性变形过大产生失效，这时即使纤维层完好，介质也会沿着纤维层渗漏出去，应该立即采取措施。一般内胆均采用塑、韧性较好的材料，承受的应力不大，强度不足的失效不太可能出现，疲劳失效的可能性比较大，如图 16-34 所示。

图 16-33 纤维断裂

图 16-34 内胆失效

（4）复合气瓶使用中的损伤造成的失效

复合气瓶在使用过程中，由于外物的冲击、锐物的割划（如图 16-35 所示）、接触化学物质和火焰烧灼等，都可能造成复合气瓶的失效。

a. 冲击损伤。对于复合气瓶结构安全威胁最大的是冲击损伤。冲击损伤是由于跌落、钝物击打或操作失误致使带压的复合气瓶飞出撞击其他物体而造成的缠绕层的断裂、分层或划伤以及金属内胆变形等，如图 16-36 所示。冲击损伤造成的分层一般呈圆形、发白的斑痕，像是表面下有一个气泡或空气空间。各层间的分层，沿厚度方向呈喇叭状分布，冲击表面最小，背面最大。

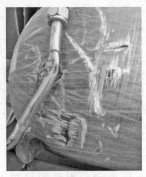
图 16-35　划伤

图 16-36　冲击损伤

b. 磨损和割伤。磨损是复合气瓶表面与其他粗糙物体反复摩擦而引起的一种表面损伤。表现为复合气瓶表面粗糙以及保护层或缠绕层厚度减少等。划伤是复合气瓶由于锐性物体割、划而产生的损伤。

c. 结构损伤。结构损伤是一个包含全面严重损伤的术语。这种损伤是最严重的损伤，它可能引起内胆和复合体的毁坏，表现为复合气瓶的原始结构发生改变。如复合气瓶圆弧面或筒体出现凹进、凸出的现象，内部检查显示金属内胆变形，与气瓶阀连接部分显现出扭曲变形等。

图 16-37　热损伤

d. 热损伤或火焰损伤。复合气瓶受到热作用或火焰烧灼造成的损伤。复合层、标签、油漆或瓶阀上的塑料部件的褪色、烧焦、烧损可证明气瓶受到热损伤（如图 16-37 所示）或火焰损伤。

e. 化学品腐蚀损伤。缠绕层受到能引起材料分解或破坏的化学品的作用产生的腐蚀损伤，应检查复合气瓶的外表面是否有化学品腐蚀的痕迹。

（5）瓶用螺纹缺陷

瓶用螺纹缺陷包括如下类型：

a. 裂纹和裂纹性缺陷。

b. 不完整螺纹指牙底完整，但牙顶不完整的螺纹（牙顶和牙底都完整的叫完整螺纹）。

c. 倒牙牙型位置发生倾斜的一种螺纹缺陷。

d. 平牙牙顶高小于牙底高的一种螺纹缺陷。

e. 牙双线在螺纹的牙型顶部出现环形条沟状缺陷的螺纹。

f. 牙底平在螺纹底径处，牙底高小于牙顶高的一种螺纹缺陷。

g. 牙尖由于牙型角误差大于其公差规定，而使牙型角小于 55°的现象。

h. 牙阔牙型角大于 55°的一种现象。

i. 螺纹表面上的明显跳动波纹指螺纹表面粗糙度超过规定值的螺纹缺陷。

具有上述缺陷的螺纹，如果漏检而强行装配瓶阀，其旋合是可能的，此外，螺纹的配合要受到关联要素参数的影响，在螺纹旋合中关联参数互为补偿。例如，由于螺距、倾斜角和牙型角制造误差的存在，将限制瓶阀的中径加工，并以减少中径的误差，来补偿螺距和牙型角所引起的作用中径的增大；而对于瓶口螺纹的加工，则以加大它的制造中径来补偿螺距，倾斜角和牙型角误差所引起作用中径的减少。因此，不注意用宏观方法去检验螺纹的各种缺陷，而单纯使用量规去检验螺纹，会造成被检螺纹的中径、螺距、倾斜角和牙型中的某单项误差超差，有时仍能误判为合格，此时牙面上的负荷只能集中在被接触点所在的一条螺距线上。这种牙面上负荷分布不均的现象，很容易引起瓶阀飞出事故的发生。

16.2.1.7　定期检验

（1）检验机构

定期检验机构应根据气瓶制造单位提供的有关安全使用和检验要求等文件资料，制定检验作业指导文件，并对检验人员进行专业培训。

（2）定检检验工具和装置（不仅限于这些）

a. 防爆灯：用于检查气瓶内外表面及其附件表面，电压应不超过 12V，且满足 GB 4962 中防爆等级 Ⅱ 类、C 级、T1 组要求；

b. 检验镜以及具有存储功能的高清晰度彩色内窥镜：用于检查由安装造成部分被遮住的气瓶表面和气瓶内表面（包括颈部内表面）；

c. 力矩扳手等专用工具：用于气瓶、瓶阀或 TPRD 端塞的拆卸和安装；

d. 深度规：用于测定划伤、凹陷和磨损等损伤深度；

e. 长度测量工具（包括直尺、直角尺和卷尺）：用于测定损伤长度；

f. 衡器：用于测定气瓶的重量和容积；

g. 水压试验装置：用于气瓶水压试验；

h. 气密性试验装置：用于气瓶气密性试验；

i. 氢气放空/回收装置：用于氢气的排放或回收；

j. 清洁装置：用于气瓶内外表面污垢、腐蚀产物和沾染物等的清洁；

k. 便携式氢气检测仪：用于检测氢气浓度；

l. 螺纹量规和丝锥：用于瓶口螺纹的检查和修复。

（3）定检周期

气瓶的定期检验周期应符合 TSG 23 的有关规定。在使用过程中，如遇到下列情况，应提前进行检验：

a. 气瓶或车辆发生火灾；

b. 气瓶因其他原因暴露于过热环境；

c. 气瓶受到冲击或安装期间发生跌落；

d. 车辆遭受碰撞；

e. 确信气瓶已受到某种方式的损伤；

f. 气瓶内氢气压力异常下降；

第三篇　氢的储存、运输及加注

g. 使用中出现异常的尖锐响声；

h. 用户反映使用中出现异常的味道；

i. 检验人员认为有必要提前检验的。

注：气瓶在加压和卸压时，复合材料一些轻微的噪声是常见和正常的。

库存或停用时间超过一个检验周期的气瓶，启用前应进行检验。

（4）定检项目

气瓶定期检验项目包括外观检查、内部检查、瓶口螺纹检查、水压试验、瓶阀检查与装配、气密性试验。

对首次检验的气瓶，检验机构应根据气瓶的使用状况以及气瓶和撬装系统外观检查和氢泄漏检测结果确定是否进行拆卸检验。若经外观检查和氢泄漏检测未发现下述情况的，可不拆卸气瓶完成检验：

a. 气瓶外表面有可见损伤；

b. 撬装框架、固定支架和紧固带损坏、变形或松动；

c. 紧固带与气瓶接触部位有磨损；

d. 气瓶、瓶阀及连接管路有损坏或泄漏；

e. 车辆运行过程中出现异常情况导致气瓶安全状况无法判定的。

若出现上述情况或需更换瓶阀的，则应将气瓶拆卸后，进行全部项目检验。对公称工作压力小于等于 35MPa 的气瓶，第二次、第四次及之后的检验时应对气瓶进行全部项目检验，第三次检验可采用同首次检验相同的方式。对公称工作压力大于 35MPa 的气瓶，第二次及之后的检验应对气瓶进行全部项目的检验。

（5）定检流程

a. 资料查阅和记录；

b. 气瓶拆卸前检查和瓶内介质处理；

c. 气瓶、瓶阀拆卸与表面清理；

d. 外观检查与评定；

e. 内部检查与评定；

f. 瓶口螺纹检查与评定；

g. 水压试验；

h. 内部干燥；

i. 瓶阀检查与装配；

j. 气密性试验；

k. 检验后的工作。

（6）气瓶外观损伤类型

目视检查是确定气瓶外观损伤的主要方式。损伤的类型包括：腐蚀、划伤、擦伤、凿伤、磨损、纤维暴露、凹陷、凸起、纤维断裂、材料损失、分层、龟裂、气瓶表面褪色（积碳、炭化、化学品侵蚀等）、暴露于热环境的痕迹、冲击、表面材料的劣化等。

（7）气瓶外表面损伤检查与评定

根据损伤的程度，将损伤分为一级损伤、二级损伤和三级损伤。一级损伤不要求修复，可继续使用；二级损伤可修复或咨询制造厂处理建议或判废；三级损伤不能修复，气瓶应判废。气瓶外表面损伤发现的损伤应按照表 16-5 进行检查与评定。

表 16-5　气瓶外表面损伤检查与评定

损伤类型	损伤描述	损伤描述			备注
		一级损伤	二级损伤	三级损伤	
划伤、擦伤、凿伤	由尖锐物体接触或进入气瓶表面而导致的损伤	深度＜0.25mm，无碳纤维暴露、割断和分离的现象	深度≥0.25mm 且无碳纤维暴露、割断和分离的现象，可根据制造厂的要求进行修复	深度达到碳纤维层使碳纤维暴露、割断或分离	如果气瓶的碳纤维没有割断或分离，是可以修复的
磨损	因刮、磨或振动导致材料发生摩擦而引起的损伤	深度＜0.25mm，无碳纤维暴露、割断和分离的现象	深度≥0.25mm 且无碳纤维暴露、割断和分离的现象，可根据制造厂的要求进行修复	深度达到碳纤维层使碳纤维暴露、割断或分离	如果气瓶的碳纤维没有割断或分离，是可以修复的
应力腐蚀裂纹	材料在应力的作用下，与化学物质接触，纤维可能发生开裂或断裂	无垂直于纤维的裂纹或裂纹群	—	有垂直于纤维的裂纹或裂纹群	
龟裂	树脂纹状开裂	沿纤维方向的开裂宽度＜2.0mm，且开裂处无异物	—	沿纤维方向的开裂宽度＞2.0mm 或开裂处有异物	
化学腐蚀	气瓶受到能引起材料分解或破坏的化学品的作用	能清洗掉、没有残留物或影响，并且能够确认该化学品对瓶体材料没有损害	—	缠绕层永久变色、有斑点、起泡、软化、树脂脱落、纤维松散或断裂；确认化学品对气瓶材料有影响或不能确认材料是否已受影响	
烧伤和过热损伤	因火烧或过热引起的损伤	没有或能清洗掉	—	确认气瓶受到了过热或者火烧。缠绕层出现如下现象之一：①缠绕层烧焦、脱色、熏黑、炭化；②树脂材料缺损或是缠绕层纤维松散；③玻璃纤维保护层和标签因被火烧，变色或变黑	
老化	太阳紫外光线的影响	失去少量的光泽	只气瓶表面受影响而对纤维材料无影响，可以修复或咨询制造厂处理建议	纤维松散、断裂；树脂粉化	
冲击损伤	气瓶受到冲击，在树脂上出现"霜状"状态和"击碎"状态	损伤区面积＜1cm²，并且没有其他的损伤	损伤不明显，表面有永久变形、凹陷但内壁无损伤；表面有划伤等缺陷，可以修复或咨询制造厂处理建议	霜状/损伤区域面积＞1cm²，缠绕层材料分层、裂纹无法修复或深度达碳纤维层；内胆永久变形	

（8）气瓶内表面损伤检查与评定

应逐只用内窥镜对气瓶内部进行检查，发现有以下缺陷的，应判废：

a. 内表面有裂纹；

b. 内部有明显划痕等缺陷；

c. 内部有腐蚀；

d. 内胆出现向内凸起等永久变形。

（9）瓶口螺纹检查与评定

目测或用低倍放大镜逐只检查螺纹以及瓶口密封圈接触面有无裂纹、变形、腐蚀或其他机械损伤。

对公称工作压力小于等于 35MPa 的气瓶，瓶口螺纹不应有裂纹性缺陷，但允许瓶口螺纹有不影响使用的轻微损伤，即允许有不超过 2 牙的缺口，且缺口长度不超过圆周的 1/6，缺口深度不超过牙高的 1/3。

对公称工作压力小于等于 35MPa 的气瓶，瓶口螺纹的轻度腐蚀、磨损或其他损伤可用符合 GB/T 3464.1 或相应标准的丝锥进行修复，修复后用符合 GB/T 3934 标准或相应标准的量规检查，检查结果不符合要求时，该气瓶应判废。

对公称工作压力大于 35MPa 的气瓶，瓶口螺纹发现有裂纹性缺陷或损伤的，该气瓶应判废。

瓶口密封圈接触面发现有裂纹性缺陷或损伤的，该气瓶应判废。

（10）水压试验

应逐只按照 GB/T 9251 进行外测法水压试验。试验压力为水压试验压力，保压时间应不少于 2min。

水压试验时，缠绕层缺陷扩展、瓶体出现渗漏、明显变形或保压期间压力有回降现象（非因试验装置或瓶口泄漏引起）的气瓶应判废。同时应测定弹性膨胀量和容积残余变形率。弹性膨胀量超过 REE（气瓶上标记有 REE 时）或容积残余变形率超过 5%（气瓶上没有标记 REE 时）的气瓶应判废。

水压试验过程中，当压力升至试验压力的 90% 以上时，如无法继续进行试验，再次试验时应将试验压力提高 0.7MPa，但只能重试一次，此时气瓶容积残余变形率的计算，应按照提高后的压力进行计算。

（11）气密性试验

水压试验合格后，对公称工作压力小于等于 35MPa 的气瓶，应逐只按照 GB/T 12137 规定采用氮气进行气密性试验，试验压力为气瓶公称工作压力，保压至少 1min，瓶体、瓶阀/TPRD 端塞及其与瓶体连接处均不应泄漏。

对公称工作压力大于 35MPa 的气瓶，应逐只按照 T/CATSI 02010 规定进行气密性试验，试验压力为气瓶公称工作压力，氢气泄漏率应不大于 6mL/(h·L)。

气密性试验过程中瓶体出现泄漏的气瓶应判废；瓶阀/TPRD 端塞及其与瓶体连接处出现泄漏时，应查明泄漏原因，若是由于瓶阀/TPRD 端塞损坏引起的泄漏，应更换新的瓶阀/TPRD 端塞重新进行气密性试验。

对公称工作压力大于 35MPa 的气瓶，氢气泄漏率大于 6mL/(h·L)的气瓶应判废。

试验后，应至少充放三次压力为 0.1～0.2MPa 的纯净氮气进行吹扫，吹扫用氮气中氧气的体积浓度不应超过 0.5%。吹扫后气瓶充入 0.1～0.2MPa 的纯净氮气进行保护。

16.2.1.8　合法使用需具备的条件

气瓶的使用单位一般是指充装单位，车用气瓶、非重复充装气瓶、呼吸器用气瓶的使用单位是产权单位。

使用单位主要义务如下：

① 建立并且有效实施特种设备安全管理制度和高耗能特种设备节能管理制度，以及操作规程；

② 采购、使用取得许可生产（含设计、制造、安装、改造、修理，下同），并且经检验合格的特种设备，不得采购超过设计使用年限的特种设备，禁止使用国家明令淘汰和已经报废的特种设备；

③ 设置特种设备安全管理机构，配备相应的安全管理人员和作业人员，建立人员管理台账，开展安全与节能培训教育，保存人员培训记录；

④ 办理使用登记，领取《特种设备使用登记证》（以下简称使用登记证），设备注销时交回使用登记证；

⑤ 建立特种设备台账及技术档案；

⑥ 对特种设备作业人员作业情况进行检查，及时纠正违章作业行为；

⑦ 对在用特种设备进行经常性维护保养和定期自行检查，及时排查和消除事故隐患，对在用特种设备的安全附件、安全保护装置及其附属仪器仪表进行定期校验（检定、校准，下同）、检修，及时提出定期检验和能效测试申请，接受定期检验和能效测试，并且做好相关配合工作；

⑧ 制定特种设备事故应急专项预案，定期进行应急演练；发生事故及时上报并配合事故调查处理等；

⑨ 保证特种设备安全、节能等必要的投入；

⑩ 法律、法规规定的其他义务。

使用单位应当接受特种设备安全监管部门依法实施的监督检查。

车用气瓶应当在投入使用前，向产权单位所在地的登记机关申请办理使用登记，车用气瓶以车为单位进行使用登记。

16.2.1.9　车载氢气瓶发展趋势

氢能产业的发展给气瓶行业带来新的发展机遇，一方面，氢能储运设备是氢能利用的重要基础设施，是促进氢能产业发展的必要支撑。另一方面，氢能产业发展将推动临氢、超高压、超低温以及纤维缠绕复合材料、多层包扎结构设备的设计制造、检验检测、风险评估等方面技术的发展和进步，也推动压力容器产业向高端、清洁、环保、高效方向的转型升级。但氢能产业的快速发展也对压力容器技术要求提出了更高的挑战，目前一系列关键技术有待突破。

（1）Ⅴ型瓶简介

Ⅴ型瓶为无内衬全纤维缠绕气瓶，由金属封头/胆嘴、碳纤维、树脂组成。在加工过程中，通常由热塑性树脂或水溶性材料制成芯模，连接金属封头后，再进行纤维缠绕。气瓶成型后，通过加热或加水对芯模进行脱模，制成最终气瓶。

（2）各型气瓶比较

高压储氢气瓶是压缩氢广泛使用的关键技术，随着应用端的应用需求不断提高，轻质高压是高压储氢气瓶发展的不懈追求。目前高压储氢容器正在逐渐由全金属气瓶（Ⅰ型瓶）向无内衬纤维全缠绕气瓶（Ⅴ型瓶）发展。

通过表 16-6 和图 16-38 分析，19L 3000PSI 的各类气瓶，重量逐步降低。随着氢能行业的不断发展，对单位质量储氢密度要求不断提高，要求成本降低，对气瓶也提出更高的要求，如提升压力等级、减轻重量。

表 16-6　各型气瓶对比

序号	类别	优点	缺点
1	Ⅰ型瓶	易加工,设计简单,价格低廉,可靠性高	金属强度有限,密度高,重量大,单位质量储氢密度低
2	Ⅱ型瓶	重量较Ⅰ型瓶有所降低,价格适中	金属强度有限,密度高,单位质量储氢密度低
3	Ⅲ型瓶	重量较Ⅰ型瓶大幅降低	价格较高,有一定的制造难度,单位质量储氢密度较Ⅱ型瓶有所提高
4	Ⅳ型瓶	重量较Ⅲ型瓶进一步降低	价格较高,制造难度高,单位质量储氢密度进一步增加
5	Ⅴ型瓶	重量较Ⅳ型瓶进一步降低	价格较高,制造难度高,目前气瓶承压较Ⅲ型瓶、Ⅳ型瓶低

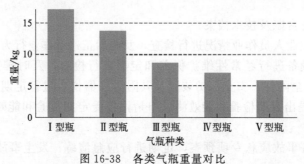

图 16-38　各类气瓶重量对比

16.2.2　交通运载工具的氢储存——供应

16.2.2.1　氢系统简述

（1）氢供应系统的发展和典型应用

燃料电池在交通领域的应用可以追溯到半个世纪前，氢供应系统作为燃料电池的能源供应系统也有多方向和多领域的研发和应用。

按照储氢技术分类，主要有高压储氢、液态储氢、金属氢化物储氢、活性炭低温吸附储氢、纳米碳管储氢、有机液体储氢等。其中，高压储氢具有制造简单、能耗少、充装快等优点，是产业化推广最多的氢供应系统储存方式。高压储氢的储存压力又分为 35MPa 和 70MPa 两种类型。车用气瓶有四个类型：Ⅰ型（全金属气瓶）、Ⅱ型（金属内胆纤维环向缠绕气瓶）、Ⅲ型（金属内胆纤维全缠绕气瓶）及Ⅳ型（非金属内胆纤维全缠绕气瓶，如图 16-39 所示）。

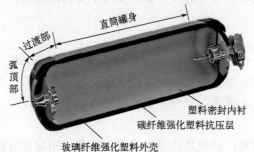

图 16-39　Ⅳ型瓶结构示意图[24]

按运载工具分类：道路车辆（轻型车、客车、卡车，如图 16-40、图 16-41 所示），船舶（如图 16-42 所示）、飞行器（如图 16-43 所示）、轨道车辆（如图 16-44 所示）等多种运载工具都有应用。其中，道路车辆应用最广，其他类型应用也有不同程度的研发。

图 16-40　燃料电池客车

图 16-41　丰田 Mirai 燃料电池汽车

图 16-42　"三峡氢舟 1 号"公务船

图 16-43　氢动力无人机

图 16-44　中车四方公司氢能有轨电车

（2）氢供应系统相关法规

通过长期的发展，氢供应系统相关标准在不断完善，主要包括高压气态储氢、低温液态储氢等不同技术的技术规范、制造装备、测评方法及装备、安全要求等，此外还包括储氢系统相关部件的标准。

主要执行的标准有：ECE R134、GTR13、SAE 系列等国际标准和现行的国家标准（简称国标）及团体标准（简称团标）。表 16-7 为常用的氢供应系统执行标准。

表 16-7　燃料电池供氢系统标准统计表

序号	标准级别	标准编号	标准名称
1	国标	GB 18384—2020	电动汽车安全要求
2	国标	GB/T 26779—2021	燃料电池电动汽车加氢口

续表

序号	标准级别	标准编号	标准名称
3	国标	GB 38032—2020	电动客车安全要求
4	国标	GB 4962—2008	氢气使用安全技术规程
5	国标	GB/T 29729—2022	氢系统安全的基本要求
6	国标	GB/T 3634.1—2006	氢气 第1部分 工业氢
7	国标	GB/T 3634.2—2011	氢气 第2部分:纯氢、高纯氢和超纯氢
8	国标	GB/T 34872—2017	质子交换膜燃料电池供氢系统技术要求
9	国标	GB/T 30718—2014	压缩氢气车辆加注连接装置
10	国标	GB/T 34425—2023	燃料电池电动汽车加氢枪
11	国标	GB/T 31138—2022	加氢枪
12	国标	GB/T 26990—2023	燃料电池电动汽车 车载氢系统技术条件
13	国标	GB/T 35544—2017	车用压缩氢气铝内胆碳纤维全缠绕气瓶
14	团标	T/CATSI 02008—2022	车用压缩氢气铝内胆碳纤维全缠绕气瓶定期检验与评定
15	团标	T/CATSI 02007—2020	车用压缩氢气塑料内胆碳纤维全缠绕气瓶
16	团标	T/CCGA 40009—2021	车载液氢系统安全技术规范
17	团标	T/CCGA 40008—2021	车载氢系统安全技术规范
18	团标	T/CCGA 40007—2021	车用压缩氢气塑料内胆碳纤维全缠绕气瓶安全使用技术规范
19	团标	T/CAAMTB 21—2020	燃料电池电动汽车车载供氢系统振动试验技术要求
20	团标	T/CMES 16003—2021	车用高压储氢系统氢气压力循环测试与泄漏/渗透测试方法
21	团标	T/ZSA 103—2021	燃料电池商用车 车载氢系统 技术要求
22	团标	T/CATSI 02010—2022	气瓶气密性氦泄漏检测方法
23	国标	GB 7258—2017	机动车运行安全技术条件
24		中国船级社	《船舶应用燃料电池发电装置指南 2022》
25		中国海事局	《氢燃料电池动力船舶技术与检验暂行规则 2022》
26		中国船级社	《船舶应用替代燃料指南 2017》
27		中国船级社	《船舶应用天然气燃料规范 2017》
28		中国船级社	《钢质海船入级规范 2018》
29		国际海事组织(IMO)	《使用气体或其他低闪点燃料船舶国际安全规则》
30		SAE J2578	通用燃料电池车辆安全性用推荐实施规程
31		ECE R134	氢能和燃料电池车辆
32		GTR 13	氢能及燃料电池车辆 全球 统一汽车技术法规
33		SAEJ 2601—2016	气态氢动力车辆(轻型、重型客车、卡车)加注协议

16.2.2.2　氢系统设计[24]

（1）氢系统的设计原则

① 安全第一原则。在进行氢系统设计时，严格遵循"安全第一"的原则。凡是不能满足安全需要的设计方案均不能进行实施，避免因成本忽略安全。安全性须满足国家或国际相关安全标准的要求，所遵循的具体安全标准可以由设计方和用户协商确定。

② 失效安全原则。在进行氢系统设计时，必须保证即使在某一零部件失效时，也不会导致更加严重的后果。换言之，当系统单一零部件出现故障时，系统是安全的。

③ 最简化原则。在进行氢系统设计时，在满足安全需求和使用需求的前提下，系统应尽可能简化，避免冗余。冗余不仅会导致成本的增加，而且会增加系统的故障率，因为每一个零部件都是一个可能的故障点。

④ 区域布置原则。在进行氢系统安装时，应将系统零部件尽可能集中布置，并根据压力等级进行分区域布置。

⑤ 氢电隔离原则。在进行氢系统安装时，应将氢系统与电气系统进行有效隔离。隔离措施可以是系统的物理隔离，也可以是可能产生火花的零部件自身的隔离，例如防爆电器。

根据储氢供氢系统的设计要求与设计原则，需要从以下几个方面着手：

a. 高压存储，中压或低压供给。

b. 合理划分功能区，防止可能出现的氢气泄漏和堆积，力争做到人与氢分离，电与氢分离。

c. 合理划分压力等级，做到压力的区域化管理。

d. 多层次、全方位的自动连锁保护。

e. 系统的轻量化。

f. 环境适应性设计等。

（2）一般安全特性

系统设计的总体目标是，零部件故障不应对任何人或车辆构成安全风险。对氢储存和供应系统的要求旨在尽量减少车辆故障的可能性。

必要情况下建议对氢系统进行风险评估，如故障模式和影响分析（FMEA），以识别和管理故障模式。

① 氢供应系统自动关闭。应该提供一种自动手段来防止由于关闭功能的单点故障而产生的不必要的氢气供应或泄漏。关闭功能可以通过自动截止阀或过流量关断阀来实现。如果在车辆上安装了多个氢供应系统，应根据需要提供自动关闭，以隔离每个氢供应系统。

② 氢供应系统手动关闭。在车辆维护中储存系统上应提供手动关闭功能。这一功能可通过人工控制优先截止阀或使用手动截止阀来实现。

③ 超压保护。由于系统故障和外部性的原因，系统应该有足够的保护以防止出现过大的压力。

④ 超温保护。燃料系统的设计应考虑超温保护，以防止有火源情况下系统温度过高而产生的意外事故。

⑤ 系统监测。系统监测应包括与关键功能和安全有关的任何模式，如过压、过热和意外泄漏等。

第三篇　氢的储存、运输及加注

（3）使用工况

① 压力。高压车载储氢工作压力为 35MPa 和 70MPa。

② 温度。材料和部件温度使用范围为－40～＋85℃（－40～185℉），除非汽车制造商另有规定。一些材料和部件可能会暴露在超出上述极限和极端的操作温度下。应该识别并考虑作为设计过程的一部分。

③ 氢气品质要求。车载燃料电池氢燃料成分应符合国家相关标准或有关规定，如 GB/T 34872《质子交换膜燃料电池供氢系统技术要求》，也可参考相应的国际标准，如 SAE J2719《燃料电池汽车氢气质量要求》、ISO 14687-2：2012《氢燃料 产品规格 第 2 部分：道路车辆用质子交换膜（PEM）燃料电池的应用》，同时也应考虑潜在的系统污染物或杂质，这些污染物由系统制造商根据可能影响安全的零部件操作来确定。

④ 使用环境的适应性。安装在车辆上的系统应该能够承受汽车制造商规定的各种环境适应性要求，如冲击载荷、振动、温度和腐蚀等。

（4）材料选择

① 兼容性。材料应与工艺燃料相容，包括预期的添加剂、生产和排放的污染物。具体地说，应当避免由于材料在预期的工作温度和压力下暴露于氢环境而引起的脆化以及由于氢引起的降解。

② 热载荷。材料的使用应符合以上所规定的环境和操作温度范围。材料的热氧化、弹性变形、塑性变形、蠕变和抗干热应考虑到关于材料的力学完整性或密封性能。此外，含有可燃或活性液体的材料在燃料供应被切断后不应传播火焰。

（5）系统选用基本要求

① 一般要求。满足氢储存、氢供应、氢测量和氢安全要求条件下保证系统最简单化。

② 压力要求。确定系统压力使用范围，包括储存压力及给燃料电池的供应压力。

③ 流量要求。确定系统给燃料电池供应流量要求。

④ 寿命要求。使用寿命要求应满足整车对零部件的要求。

⑤ 温度要求

a. 材料温度。在氢部件中所用材料的正常工作温度范围应为－40～＋85℃，除非：

• 汽车制造商规定温度低于－40℃；

• 氢部件既位于内燃机舱内，又直接暴露在内燃机的工作温度范围内，则其温度范围应为－40～＋120℃。

b. 气体温度。在正常条件（包括加注和燃料放空）下，平均气体温度应为－40～＋85℃，除非车辆制造商规定温度低于－40℃。

（6）氢系统部件选用

各部件应符合设计基本要求及 GB/T 26990《燃料电池电动汽车 车载氢系统技术条件》等国家标准的规定，合格的单个部件按相关规定批准或贴上标签并列明服务；按相关规定和标准正确地集成到系统和车辆。

① 管道、软管及配件。管道和软管应该能够满足 GB/T 26990《燃料电池电动汽车 车载氢系统技术条件》中规定的最小弯曲半径要求，并按照实际使用中预期的连接方式进行。

a. 非金属管道。应特别考虑操作温度、防止机械损伤和静电积聚。

b. 软管。气体燃料软管应符合标准或同等标准的适用要求。

c. 连接件及配件。配件国标要求。当用于输送气体燃料时，连接件和相关配件应符合 ANSI/ASME B31。应注意确保在选择和鉴定过程中适当地考虑和处理与运输有关的问题，如振动和循环寿命。

d. 管路。储氢、供氢管路材质应选用不锈钢管，符合 GB 4962《氢气使用安全技术规程》。也可参考 ANSI/ASME B31.1 和 ANSI/ASME B31.3。

② 截止阀。截止阀包括自动截止阀和手动截止阀。自动截止阀一般是常闭状态，即断电时关闭。

③ 过流关断阀和过流量关断阀。过流关断阀和过流量关断阀应设置在储氢系统中，在管路断裂或系统出现故障情况下限制气体过量排放。

④ 超温压力释放阀（TPRD）。TPRD 可用于保护材料免受因过温降解而引起的压力冲击。TPRD 应策略性地定位（例如，安装在与其保护的设备相同的隔间中），以便为设备提供保护。

16.2.2.3 系统功能及组成[24]

（1）系统功能

车载高压氢系统的主要功能包括：氢储存、氢供应、测量控制及安全保障。如图 16-45 所示。

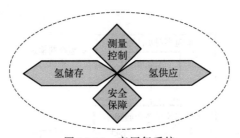

图 16-45 高压氢系统

① 氢储存系统功能：高压储氢、储氢隔离。
② 氢供应系统功能：加氢、过滤、减压。
③ 测量控制功能：压力测量、温度测量、氢气泄漏测量、自动截止、温度红外通信。
④ 安全保障功能：压力释放、流量控制、截止。

（2）系统组成及主要零部件（如图 16-46 所示）

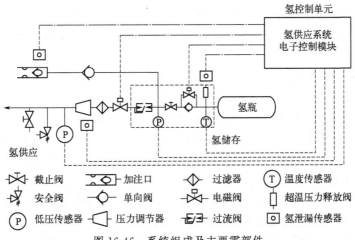

图 16-46 系统组成及主要零部件

　　① 氢储存系统一般由高压氢瓶、超温压力释放装置（TPRD）及瓶阀组成。

　　② 氢供应系统一般由加氢口（可选配红外通信接口）、单向阀、过滤器、过流关断阀、截止阀（自动或手动）、减压阀、安全阀等组成。

16.2.2.4　氢系统的应用

　　（1）道路车辆、轨道车辆及飞行器氢供应系统

　　虽然道路车辆、轨道车辆及飞行器的 HFCV（氢燃料电池车辆）可能在系统和硬件/软件构成的细节上有所不同，但主要由以下部分组成：

　　① 氢燃料加注系统；加氢口、高压管路等；

　　② 氢气储存系统；储氢容器、阀门［包括温度驱动安全泄压装置（TPRD）、单向阀、手动/自动截止阀等，引用 GB/T 35544—2017《车用压缩氢气铝内胆碳纤维全缠绕气瓶》附录 B］；

　　③ 氢燃料输送系统；压力调节器、压力释放阀等；

　　④ 燃料电池系统；

　　⑤ 电驱动和电力管理系统。

　　其中 HFCV 关键子系统——氢系统（图 16-47）包括氢燃料加注系统、氢气储存系统和氢燃料输送系统。

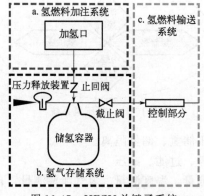

图 16-47　HFCV 关键子系统

　　在加氢过程中，氢气通过加氢口给车辆加氢，然后流向氢气储存系统，在氢气储存系统中加注和存储的可以是压缩氢气，也可以是液化氢。当车辆启动时，氢气从氢气储存系统中释放出来。减压阀以及氢气输送系统内的其他设备可以降低氢气压力，为燃料电池提供适当的压力水平。

　　图 16-48 展示了典型氢燃料电池汽车主要系统中关键部件的典型布局，显示了配置压缩氢气储存系统的燃料电池驱动的氢燃料车的一种典型的部件布置。

　　a. 氢燃料加注系统：根据车辆中储氢系统的类型，可以在加氢站加注液化氢或压缩气态氢。目前，车辆压缩氢气加注是一种最常见的加注形式，在加氢过程中通过将氢气加压至1.25NWP 给车辆加注，以对加注时绝热压缩过程中产生的瞬态加热进行一定程度的补偿。不管是气氢还是液氢，车辆都是通过加氢机上的一个特殊设备即加氢枪，连接到车身上的加氢口，形成一个封闭的系统将氢气输送至车辆中。当不与加氢枪连接时，加氢口上的单向阀（或者其他装备）可以防止氢气从车辆中泄漏出来。

　　b. 氢气储存系统：储氢系统的组成零部件，包括储氢容器保持压力所需的各种压力控

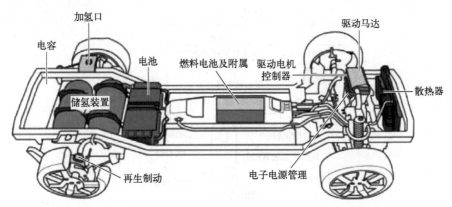

图 16-48　氢燃料电池汽车主要系统中关键部件的典型布局

制部件。储氢系统的主要功能是在加氢时接收、储存氢气，并在车辆需要的时候释放给燃料电池系统，以供汽车发电。目前，最常用的储氢方法是压缩气体形式。氢也可以储存为液体（在低温条件下）。

图 16-49 是一个典型的压缩氢气储存系统的部件。该系统包括储氢瓶以及其他所有规定压力边界的控制零部件，这些零部件防止氢气从该系统逃逸。

以下零部件是压缩氢气储存系统的一部分。

储氢瓶存储压缩氢气，是根据需要存储的氢气量以及车辆的物理承载力，储存系统可能包含多个储氢瓶。氢燃料单位体积的能量密度较低，氢气通常以 35MPa 或 70MPa 的额定工作压力（NWP）储存，最大的燃料加注压力为 1.25NWP（分别

图 16-49　典型的压缩氢气储存系统

为 43.8MPa 或 87.5MPa）。在一般的快充加注模式下，储氢瓶内的压力可能会比额定工作压力上升，这是因为气体绝热压缩会导致容器内温度上升，当容器内的温度冷却后，压力就降低了。

c. 氢燃料供应系统：氢燃料供应系统在适当的压力和温度条件下，将氢气从储氢系统中传输到驱动系统，以供燃料电池运行。此过程通过一系列的控制阀、压力调节器、过滤器、管道和热交换器完成。氢燃料供应系统应将氢气从氢气储存系统降压至燃料电池所需要的压力水平。以 70MPa 额定工作压力压缩储氢系统为例，如果将高达 87.5MPa 的压力减至燃料电池系统入口需要的小于 1.5MPa 的压力，需要多个阶段的压力调节，以实现对下游零部件精确稳定的控制，尤其是在压力调节阀失效的情况下。当检测到下游管路过压时，氢气供应系统的过压保护可以通过泄压阀释放氢气或者通过隔离氢气的供应（关闭氢气储存系统的自动截止阀）来实现。

对于供氢系统而言，就是实现整车运行的用氢要求，实现对整个氢气管路中气体流量、压力的控制和安全预警。主要实现 3 大方面的功能，包括氢气供应、用氢安全和系统通信。

根据车载氢系统标准的定义：从氢气加注口至燃料电池进口，与氢气加注、存储、输送、供给和控制有关的装置。如图 16-50 所示。

氢气供应：主要通过气瓶阀门（集成式的高压电磁阀、手动截止阀、温度传感器等）、减压阀来控制，输出低压氢气。在恒定或相对稳定的供氢压力下，保证氢气供应流量满足燃料电池工作需求。

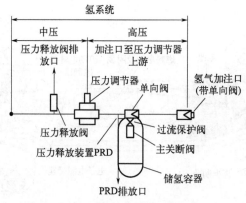

图 16-50　车载氢系统

用氢安全：对氢气气体压力水平、密封状况、工作环境温度进行安全报警，实现符合安全用氢的使用流程要求，制定安全控制策略。在安全用氢时，主要考虑气密性要求、超温泄压、过流保护等安全问题。安全报警类别见表 16-8 所示。

表 16-8　安全报警类别表

序号	报警信号类别	级别	目的	处理措施
1	气密性监测报警	高	警示有气体泄漏	停机、声光报警等
2	流量监测报警	中	警示进堆压力过大	停机、关闭氢气通道
3	压力变化监测报警	低	管路异常情况报警	查明原因

系统通信：在氢气供应系统中，将各传感器中获取的温度、压力、流量、氢气浓度等信息按照整车通信协议进行发送。控制器或控制部分根据控制策略生成一系列特殊的信号，发送到各个供应节点，根据约定的对应关系实现执行机构（阀门）的动作。

（2）船用储供氢系统

船用储供氢系统应满足船级社相关规范和产品检验指南的有关要求。

① 工作原理。当前船用储供氢系统多采用高压气态储氢的方式，将外部输入的高压（35/70MPa）氢气储存于高压氢气容器内。当船舶采用氢气运行时，高压氢气容器连通至外部供氢管路，高压氢气通过供氢管路降至燃料电池要求的压力，并输送至燃料电池系统。

② 结构和组成。氢燃料电池船舶的储供氢系统按照功能一般由加注系统、储氢系统、供氢系统、吹扫系统、排空系统、监测与控制系统等组成。各系统在功能上有区分，在实物组成上有重叠。

a. 加注系统是指加氢口到瓶口组合阀之间的管阀件，用于船岸氢气加注。

b. 储氢系统是指储氢瓶、瓶组固定支架、瓶口组合阀、瓶上的安全泄放装置，用于储存船舶氢燃料。

c. 供氢系统是指瓶口组合阀到燃料电池接口之间的管阀件，用于给燃料电池供给氢燃料。

d. 吹扫系统是指从氮气瓶（或制氮机等惰化装置）出口到排空管路之间的所有管阀件，用于惰化处理涉氢管路。

e. 排空系统是指储供氢系统中安全阀、瓶口或瓶尾泄放装置接出的连接大气的管阀件，用于向大气排出储供氢系统中无用且涉及安全的氢气。

f. 监测与控制系统是由氢气传感器、压力传感器、主控制器、监控屏、报警器和紧急切断装置（ESD）等组成，并与船舶上的灭火系统相连，可监测整个储供氢系统压力、氢气浓度等安全参数，并进行报警及处理动作，实现氢气泄漏实时监测、事故预防及减小事故危害的功能，如图 16-51 所示。

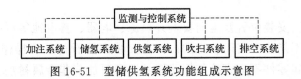

图 16-51　型储供氢系统功能组成示意图

③ 安全设计与要求。船用储供氢系统应满足船级社相关规范和产品检验指南的有关要求。设计时应进行考虑船舶对冗余的要求，保证系统可靠性。应有一定的防撞能力。气罐支架和管道固定要有足够的强度，防止船舶停靠或碰撞时出现过大的结构位移或者管道变形、断裂，造成氢气泄漏。

储气瓶、阀和管道的选型应为耐高温、耐高压和抗腐蚀的型号，材质上与氢有良好的相容性。

涉氢管路的连接应尽可能采用全焊透型式，对防止燃料泄漏扩散的安全措施进行防护。

④ 船岸通信系统功能。船岸通信设备用于船上储供氢系统与岸上加注站或移动加氢车等设备的数据交互可实现以下功能：

船岸双方需要有相关加注数据的交互，以满足氢气加注的需求；

船岸双方需要有故障信号的传递，以保障加注过程中的稳定性与安全性。

⑤ 船岸通信系统要求。船岸通信双方应充分考虑通信距离、现场环境（如氢气环境）等因素，采用稳定、安全的通信方式及物理接口形式；船岸通信双方需要统一物理接口、通信协议；船岸通信双方应从安全角度出发，具有检测通信异常功能且能在通信异常时立即切断相关联的操作。

16.2.2.5　氢系统的安装、检测和维护

（1）工程安装要求

车载氢系统应满足 GB/T 24549《燃料电池电动汽车　安全要求》、GB/T 26990《燃料电池电动汽车　车载氢系统技术条件》的规定，确保车载氢系统安装后，在正常使用条件下，能安全、可靠地运行。

氢系统中的储氢瓶与固定装置间应有防护垫，防止固定装置磨损瓶体，并严禁损伤储氢瓶的缠绕层。储氢瓶及附件的安装位置，应距车辆的边缘至少有 100mm 的距离，否则，应增加保护措施。

① 当储氢瓶布置在车架下方时，储氢瓶下方应采取有效防护措施，应有效避免驱动轮造成的异物飞溅撞击储氢容器，且储氢瓶及其附件不允许布置在客车前轴之前。

② 当储氢瓶底置设计时，储氢瓶舱体的两侧舱门上应有格栅，保证正常通风。储氢瓶舱体与乘客舱应保证有效的隔离，防止泄漏的氢气进入乘客舱，与氢系统无关的电气线路和气体管路接头应尽量避开储氢瓶舱室。

③ 当储氢瓶安装在车辆的外露空间时，应采取有效的防护措施。

储氢瓶的压力释放装置或者储氢瓶的第一级压力调节装置的出口不应直接对着乘客舱、车轮，且不应从车辆前端排出，或水平从车辆的侧面、后面排出，从其他压力释放系统排出

的氢气不应对准暴露的电器接头、电器开关或电源。

储氢瓶和管路一般不应装在乘客舱、行李舱或其他通风不良的地方，但如果不可避免要安装在行李舱或其他通风不良的地方，应设计通风管路或其他措施，将可能泄漏的氢气及时排出。管路接头不得通过和安装在载人车厢内，不得安装在高热源、易磨损或易受冲击的位置。

氢系统管路、接头安装位置及走向要避开热源、电器、蓄电池等可能产生电弧或火花的地方，尤其管路接头不能位于密闭的空间内，应安装在能看得见或操作者易于操作的位置。支撑和固定管路的金属零件不应直接与管路接触，需要加装非金属衬垫。

加氢口不应位于乘客舱、行李舱或其他通风不良的地方。加氢口应具有能够防止尘土、液体和污染物等进入的防尘盖，防尘盖旁应注明加氢口的最大加注压力。

（2）置换、气密检测

氢气管路强度试验、气密性试验和泄漏量试验是检验安装最终质量的重要手段。一般管路强度试验以液压进行，考虑到液压试验后，水分去除很困难，易使管道内壁产生腐蚀，影响安全运行。为此，压力大于等于 3MPa 的管路，为了安全，采用水压强度试验。

气密性检测按照现行国家标准规定的气密性试验压力进行，即 1.15～1.25P。试验介质采用氢气、氦气或者其他惰性的混合物（应包含 5％的氢气或者 10％的氦气），或者其他已被证明可检测的含量。气密性试验压力为设计压力，试验开始后逐渐升压，达到规定压力后保持 30min，检查所有连接处。

气体（氢气、氮气）置换：气体置换分为氢气置换和氮气置换。氢系统在首次加氢前必须将气瓶内的低压氮气置换为氢气；在气瓶维护或维修前，必须将氢气置换为氮气。气体置换安全要求如下：

① 操作人员在放氢气作业前，应设置警示标示或隔离带，要触摸静电释放器，将身体静电导除。

② 管路内空气应采用氮气或其他无腐蚀、无毒害性的惰性气体作为隔离介质。

③ 置换过程中管路内流速不应大于 15m/s。

④ 置换过程中混合气体应排放在安全区域内。

⑤ 放气现场安全区域内禁止携带手机、打火机、非防爆对讲机、火柴等火源火种和易产生静电的物品入内。

⑥ 放空区内不允许有烟火、静电火花产生。

⑦ 放气现场严禁穿易产生静电的服装及带铁钉的鞋进入。

⑧ 放气现场安全区域内使用的工具应为防爆工具。

⑨ 放气过程中，应关闭车辆的电源及门窗，同时打开车厢内顶部所有天窗。

⑩ 放气过程中，除指定的放气操作人员外，其他人员一律不得入内。

⑪ 车辆放完氢气后，需对车辆四周、舱体和车厢内部进行检测，确保无余气后，方可驶离。

⑫ 放气作业区域，仅用于放气作业，其他作业活动严禁在此区域内进行。

⑬ 雷雨天气禁止放气作业。

⑭ 置换管路末端应配置气体含量检测设备，氧或氢的含量应至少连续 2 次分析合格，当含氧量的体积分数不大于 0.5％，含氢量的体积分数不大于 0.4％时，即可认为置换合格。

（3）维护、保养要求

根据 GB/T 24549《燃料电池电动汽车　安全要求》、GB/T 27876《压缩天然气汽车维护技术规范》和 GB/T 18344《汽车维护、检测、诊断技术规范》，主要涉及以下过程：

① 氮气置换，氢气置换程序（过程）；

② 日常维护：主要涉及出车前、行车中和收车后的检查，以清洁、补给和安全性能检视为中心。

③ 一级维护：除日常维护作业外，以紧固为作业中心内容，并检查有关检测氢浓度传感器等安全部件的维护作业，包含紧固性检查、气密性检查、排放性能检查、标识检查等；

④ 二级维护：除一级维护作业外，以检查、调整减压阀压力释放装置（PRV）、安全阀、手动排空阀、泄放装置（TPRD）等安全部件，并检查调整释放系统相关为主的维护作业，减少压力释放系统放气时的潜在危险。

（4）车辆维保要求

① 汽车进入维修车间前，须首先开启室内的氢安全报警系统。

② 汽车驶入停车场所之前，须检查车载氢系统及安全装置，确保其工作正常，且无泄漏、无故障发生。

③ 车载氢系统发生泄漏的汽车，必须排除故障或将氢系统内的压力排至不大于 0.05MPa，才能进入停车场或维修车间。

④ 不应在停车场和维修车间内对汽车进行下一步操作。

⑤ 停车场和维修车间中的安全报警系统发出危险警报时，应立即关闭车辆系统、切断电源，在场工作人员按《应急预案》进行相关的处理。

（5）作业安全

① 维护作业应在符合安全防护要求的专用车间内进行，车间应通风良好，顶部不应有可能形成气体积聚的死角，可能泄漏的场所应明示防明火、防静电的标志。

② 维护作业前，应先进行装置的密封性检查，如有泄漏应先排除故障，确认系统密封良好后再进行维护作业。

③ 维护作业中应先进行涉及氢系统使用的检查、维护等作业，然后关闭储气瓶的截止阀并使管路内的气体排尽，再进行维护作业。

④ 当需要进行切割等明火的作业时，应安全拆除气瓶并放入专用库房妥善保管；或在符合安全防护要求的专用场地将系统（包括储气瓶）卸压，严禁带压作业。

⑤ 如需在气瓶附近打磨或切割，应先将其拆掉或有效隔离。应由具备认可资质的单位、人员从事气瓶维护与检测，严禁在气瓶上进行挖补、焊割等作业。

16.3　氢的地面运输

16.3.1　概述

氢能储运是氢能体系中不可缺少的环节，高压储运是氢能储运的主要方式，高压氢气储运移动式压力容器（以下简称高压氢储运容器）作为地面运输氢能储运装备，在氢能行业中发挥重要作用。高压氢储运容器在中国只有二十余年发展历史，但由于重视程度高、科技投入大、应用范围广、经验积累多，且充分借鉴和吸收了国外的先进技术，中国高压氢储运容器部分产品已达国际先进水平[25]。

16.3.1.1　设备分类

作为地面运输的高压氢储运容器主要由大容积气瓶及附件，管路、阀门系统，安全附件及仪表，以及固定装置等组成的上装部分，并与两轴或三轴半挂车等行走机构连接组成。其中，大容积气瓶用于高压氢气存储，是高压氢储运容器中的核心部件。按上装部分与行走机构连接方式不同，高压氢储运容器主要分为长管拖车、管束式集装箱以及气瓶集装箱等 3 种结构类型。

① 固定装置采用捆绑带等和行走机构永久性连接，称为长管拖车，如图 16-52，单只气瓶容积介于 1000～42000L 之间。

图 16-52　长管拖车

② 固定装置采用框架等结构和行走机构非永久连接，如单只气瓶容积介于 1000～42000L 之间，称为管束式集装箱；如图 16-53 所示，单只气瓶容积介于 150～1000L 之间，且总容积小于 3000L，则称为气瓶集装箱，如图 16-54 所示。

图 16-53　管束式集装箱

图 16-54　气瓶集装箱

按高压氢储运容器中大容积气瓶结构类型，可分为Ⅰ型、Ⅱ型、Ⅲ型、Ⅳ型等 4 种类型[26,27]。

① Ⅰ型气瓶高压氢储运容器，采用通过旋压工艺生产的钢质无缝气瓶。

② Ⅱ型气瓶高压氢储运容器，采用通过浸渍树脂的纤维在金属内胆筒体进行环向缠绕、固化等工艺生产的金属内胆环向缠绕气瓶。

③ Ⅲ型气瓶高压氢储运容器，采用通过浸渍树脂的纤维在金属内胆沿环向和径向缠绕、固化等工艺生产的金属内胆全缠绕气瓶。

④ Ⅳ型气瓶高压氢储运容器，采用通过浸渍树脂的纤维在塑料内胆沿环向和径向缠绕、固化等工艺生产的塑料内胆全缠绕气瓶。

16.3.1.2　应用特点

（1）公路运输有要求

根据 GB 1589—2016《汽车、挂车及汽车列车外廓尺寸、轴荷及质量限值》中要求，公路运输长管拖车上装部分加半挂车等行走机构，总质量不超过 35t，如采用三轴半挂车等行走机构，总质量不超过 40t。管束式集装箱框架长度不超过 12192mm，宽度不超过 2438mm。因此，如提高高压氢储运容器单次氢气储运量，需提高气瓶压力等级或采用Ⅱ型、Ⅲ型、Ⅳ型等复合材料气瓶减轻自身重量。

（2）路况复杂

使用工况复杂多变高压氢储运容器长期承受高压、临氢、充放氢疲劳等工况，在道路运输中还要承受不同路况的振动载荷，交通事故、物体碰撞等外力冲击载荷等造成的损伤，复合材料气瓶还受到紫外线损伤、化学侵蚀等。因此，高压氢储运容器工作环境复杂多变，风险等级难以控制。

（3）泄漏危险

相对于压缩天然气（CNG）等其他气体介质，氢气分子较小，更易泄漏，因此氢气储运装备密封性能要求高于其他气体介质储运装备。氢气爆炸极限为 $4.0\%\sim75.6\%$（体积分数），爆炸极限较宽，且引爆能量低，爆炸能量高。单台高压氢储运容器容积最大可达 $37.8m^3$，如发生氢泄漏引发氢燃爆，失效后远高于 CNG 等气体介质储运容器。

（4）上装部分与行走机构使用寿命不匹配

根据 TSG 23—2021《气瓶安全技术规程》规定，大容积钢质无缝气瓶的设计使用年限为 20 年，复合材料气瓶设计使用年限为 15 年。而根据《机动车强制报废标准规定》，危险品运输半挂车报废年限为 10 年，半挂车达到 10 年使用年限后，交通运输部门要求长管拖车上装部分同行走机构一同报废，而管束式集装箱、气瓶集装箱可只报废行走机构，更换行走机构后，其上装部分可继续使用。造成长管拖车类型高压氢储运容器在达到设计使用年限之前，需随行走机构一同报废。

16.3.1.3　国内外发展的基本情况

（1）国外发展基本情况

20 世纪 50 年代前，欧美主要采用单只气瓶或小型氢气集装格进行氢气运输。气瓶采用 DOT 3AA 标准设计、制造，公称工作压力一般为 16.6MPa 或 20MPa，最高可达 40MPa[28]，单瓶容积一般为 50L。20 世纪 50 年代，为实现大规模氢气运输，美国率先将多只大容积钢质无缝气瓶组装成长管拖车，气瓶直径为 559mm，长度约为 13.2m，单台长管拖车容积可达 $22.0m^3$，公称工作压力也为 16.6MPa、20MPa 共 2 个等级。针对该类型产品，美国颁布了美国联邦法 CFR178.37《3AA 和 3AAX 钢质无缝气瓶的规定》[29]。1999 年，国际气瓶标准化委员会颁布了 ISO 11120—1999《气瓶——水容积 150～3000L 的可重复使用的无缝钢质气瓶的设计、结构与试验》[30]，以上 2 个标准被包括中国在内的多个国家参照。随着氢能产业发展，进一步提高氢气运输效率，复合材料气瓶被大规模应用。欧美市场主要开发两类产品：一类是由 150～450L 复合材料气瓶组装的气瓶集装箱，另一类是由 450L 以上复合材料气瓶组成的管束式集装箱[31]。

20 世纪 80 年代，美国压缩气体协会（CGA）颁布了《FRP-1 全缠绕复合材料气瓶基本要求》[32]和《FRP-2 环缠绕复合材料气瓶基本要求》[33]等标准，并被美国交通运输部（DOT）采纳。1999 年，国际气瓶标准化委员会颁布了 ISO 11119-1～3《复合材料气瓶设计、制造和试验》[34]等标准，规定了最大公称容积为 450L 复合材料气瓶设计、制造方法，并将复合材料气瓶组成气瓶集装箱。欧洲开发的气瓶集装箱，单台最大充氢量可达到 900kg。21 世纪初，日本 Kawasaki Hea 等公司研发了工作压力 35MPa、45MPa 的Ⅲ型气瓶集装箱[35]，单瓶公称容积为 150～300L。在 450L 以上大容积复合材料气瓶方面，国际气瓶标准化委员会颁布了 ISO 11515—2013《公称水容积 450～3000L 大容积复合气瓶设计、制造和试验》[36]。2018 年，美国 Hexagon Lincoln 公司向美国交通运输部申请批复了免除令 DOT-SP14951[37]，成功开发公称工作压力在 25MPa，直径为 1070mm，长度为 11.7m，单瓶容积达到 12000L 的 Ⅳ 型气瓶[38]，用于管束式集装箱生产。

（2）国内发展基本情况

1999 年，上海化工机械一厂利用美国 CP Industries 公司生产的大容积钢质无缝气瓶，组装制造出中国第一辆长管拖车，突破长管拖车组装技术。2002 年，石家庄安瑞科气体机械有限公司率先开发公称直径 559mm 的大容积钢质无缝气瓶，实现了长管拖车和管束式集装箱的量产。2012 年，邯郸新兴能源装备有限公司开发了公称直径 720mm 大容积钢质无缝气瓶，单台容器容积达到 25.4m³，大幅提高了运输效率，使得中国大容积钢质无缝气瓶制造水平达到国际先进。2016 年，在总结中国十几年设计、制造经验的基础上，颁布了 GB/T 33145—2016《大容积钢质无缝气瓶》。此外，2019 年中国先后颁布 NB/T 10354—2019《长管拖车》、NB/T 10355—2019《管束式集装箱》等设计制造标准，进一步规范了产品设计制造。

为实现长管拖车运行安全，中国于 2008 年颁布 TSG《压力容器定期检验规则》附件 4 "长管拖车、管束式集装箱定期检验专项要求"，为 Ⅰ 型气瓶长管拖车和管束式集装箱的定期检验提供技术法规依据，中国特种设备检测研究院先后在全国各地建设 19 座长管拖车、管束式集装箱检验站，解决了长管拖车就近检验、维修等难题，生产制造依据检验数据，进一步提升产品质量。此外，2019 年还颁布了 NB/T 10619—2021《长管拖车、管束式集装箱定期检验与评定》，对 Ⅰ 型气瓶长管拖车、管束式集装箱定期检验做出了进一步要求。

16.3.2　钢制高压瓶式容器

我国自 20 世纪 80 年代开始，陆续从美国、日本等进口大容积钢制无缝气瓶，用于天然气、氦气、氢气等压缩气体，这些进口的大容积钢制无缝气瓶均按照美国交通运输部 DOT-3AAX 或 3T 规范设计制造。随着人们对清洁燃料的需求日益增加，推动了国内研发大容器钢制无缝气瓶的发展。

本手册的第 16.2 节已经对气瓶的基本情况做了介绍，并详细地介绍了车用气瓶，本节所介绍的是用于管束式集装箱的大容积气瓶。

16.3.2.1　气瓶规格

国标 GB/T 33145—2023《大容积钢制无缝气瓶》适用于在正常环境温度 −40～＋60℃ 下使用、公称工作压力为 10～30MPa、公称水容积大于 150～3000L，可重复充装压缩气体或者液化气体的移动式钢瓶。

目前常用的大容积钢制无缝气瓶的公称工作压力在基准温度时为 20MPa。单个气瓶的容积一般为 500～2600L。气瓶长度一般在 5m 以上，最长可达 12.19m（40 英尺），其直径一般为 559mm。

常见的大容积钢质无缝气瓶（如图 16-55 所示）包括瓶体、前端塞、后端塞和密封圈。其中，瓶体是筒状、前后两端半球形缩口，瓶体两端设有内螺纹和外螺纹，前端塞、后端塞分别通过内螺纹固定于瓶体的前后端，所述密封圈设在瓶体的两端侧面上；所述前端塞、后端塞上设有排污系统。

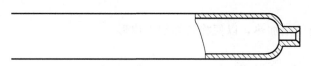

图 16-55　大容积钢制无缝气瓶（两头结构相同）

16.3.2.2　材料

大容积钢制无缝气瓶采用大直径铬钼钢材料的无缝钢管制造，在国际上该种气瓶也多采用铬钼钢制造。铬钼钢具有优良的综合力学性能，其最大优点是在高强度水平上仍能保持良好的塑性和足够的韧性，甚至在 -40℃条件下还具有出色的韧性。这种轻量化、安全经济的铬钼钢气瓶已在欧美及各国广泛使用。用于氢气、天然气所用的制造大容积钢制无缝气瓶材料的主要牌号是 4130X，其化学成分见表 16-9。

表 16-9　4130X 化学成分

化学成分	C	Mn	Si	P	S	Cr	Mo
4130X	0.25～0.35	0.40～0.90	0.15～0.35	≤0.020	≤0.010	0.80～1.10	0.15～0.25

16.3.2.3　设计与制造

根据《气瓶安全技术规程》等法规要求，气瓶设计实行设计文件鉴定制度。气瓶设计文件应当经国家市场监督管理总局特种设备安全监察机构核准的检测检验机构鉴定，方可用于制造。

无缝氢气瓶的产品图样设计应包括设计压力、设计温度、钢瓶体积、钢瓶长度、钢瓶直径和壁厚，瓶肩、过渡段及端部成型尺寸、瓶端螺纹形式和尺寸等都应有明确的要求，而且应确保工艺上能够实现。产品图样上应对钢瓶使用的材料牌号、材料化学成分、材料调质热处理后的力学性能要求做出明确规定，还应对钢瓶的热处理方式、无损检测方法、比例和合格指标，水压试验方法和试验压力，内外壁处理方式、合格标准和级别以及刚热处理后的硬度指标做出规定。

大容积钢制无缝气瓶按批组织生产，为保证气瓶质量，确保可追溯性，每只气瓶都有独立且不可重复的编码，并带有"工序检查单"，对钢管进厂检验完工入库全过程进行控制。当工序工作完成后，操作者自检合格后提交检查员检查，未经检验合格的，不得转入下道工序。

大容积钢制无缝气瓶主要制造工艺如下。

（1）钢管检查

由于无缝气瓶是轧制或锻制产品，制造过程中钢管内，外表面难免会存在缺陷。气瓶的质量取决于钢管质量，自钢管下料前，先沿钢管长度进行 100% 的超声波检测，以检查轴向和环向缺陷，其合格标准是缺陷深度不得超过壁厚的 5%，以确保钢管最小壁厚满足图样和工艺要求。

（2）钢管内壁磨光

钢管轧制或锻造过程中，内表面存在氧化皮及表面缺陷，采用砂轮磨削清除内壁缺陷（如夹层、裂纹、褶皱等），使内壁露出金属光泽。

（3）钢管下料

采用机械方法或火焰切割将钢管切割成所要求的尺寸。

（4）管端加热

采用火焰或电将管端加热，以便将管端加工成形。

（5）端部成型

采用滚轮过刮板式旋压机或模锻设备，将加热好的管端旋压或锻压成所需要的形状和尺寸。

（6）热处理

将成形后的气瓶进行热处理，以获得所需的力学性能。热处理方法为"淬火＋回火"。为检验气瓶热处理后的力学性能是否满足标准或图样的要求，应将试验环与气瓶同炉进行热处理。同一批次气瓶应带一个试验环，试验环的长度至少 610mm。试验环应与其所代表的同批气瓶具有相同的公称直径和设计壁厚、采用同一炉罐号钢、同炉热处理，试验环两端应封闭以与气瓶热处理状态一致。

（7）硬度检测

采用便携式布氏硬度仪对热处理后的气瓶进行硬度检测。沿气瓶长度方向的两端和中间部位至少选取 3 个截面，截面间距不超过 3m，每个截面沿圆周每隔 90°测一点，其硬度值应符合设计图案的规定，同一环向截面外表面的硬度值偏差不大于 300HB。

（8）力学性能试验及金相检测

自试验环上切取试样，进行拉伸取样、冲击试验、压扁试验及金相检测。

（9）外表面抛丸除锈

对检测合格的气瓶外表面进行抛丸除锈，以便进行探伤。

（10）磁粉检测

检查气瓶有无因淬火不当而产生的表面裂纹。

（11）瓶口螺纹

采用数控螺纹加工机床加工瓶端螺纹，以便装配连接时所需的附件。采用螺纹规检测螺纹加工质量。

（12）外侧法水压试验

采用水套法测定气瓶的重量、容积和容积残存变形率。气瓶试验压力为 5/3 倍的公称工作压力，在试验压力下至少保压 30s，以保证气瓶充分膨胀。保压期间不产生泄漏，并且以容积残存变形率不超过 10％为合格。

（13）超声波检测及壁厚

对气瓶进行 100％超声检测，以无超过气瓶最小壁厚 5％的缺陷存在为合格。对气瓶直段进行 100％超声测厚，所测得的最小壁厚值不得小于图样规定的最小设计厚度。

（14）内表面喷砂及清理

先进行内表面喷砂，之后用高压水清洗，再热风吹干，以获得清洁、干燥、光滑的内表面。

（15）内壁检测

采用内窥摄像系统及反光镜对气瓶及瓶肩内壁进行检测，确保内壁清洁、干燥、光滑。

（16）气密性试验

对气瓶进行气密性试验，试验压力为气瓶的公称工作压力。

（17）外表面喷砂、打钢印、喷漆

（18）充氮保护

气瓶出厂前，内部充以 0.2～0.3MPa 的氮气。

16.3.2.4 有限元分析简介

有限元法（finite element method，FEM）是以力学理论为基础，是力学、数学和计算机科学相结合的产物。有限元分析（finite element analysis，FEA）是具有更广泛意义的计算机辅助工程（computer aided engineering，CAE）的重要组成部分。CAE 是计算力学、计算数学、结构动力学、数学仿真技术、工程管理学与计算机技术相结合，所形成的一种综合性、知识密集信息产品。CAE 的核心技术即为有限元技术与虚拟样机的运动、动力学仿真技术。可以对工程和产品的运行性能与安全可靠性进行分析，对其运行状态进行模拟，及早地发现设计中的缺陷，并证实未来工程和产品功能和性能的可见性和可靠性。

有限元法是一种有效解决复杂工程问题近似解的数值计算方法，它根据变分原理来求解问题。有限元法的基本思路可以归纳为：将连续系统分割成有限个分区或单元，对每个单元提出一个近似解，再将所有单元按标准方法组合成一个与原有系统近似的系统。

从理论上讲，所有的物理结构均为非线性的，而线性分析只是一种近似方法。结构的非线性问题是指结构的刚度随其变形而改变。在线性分析的过程中，结构的刚度矩阵在分析过程中必须进行多次的组集、求逆，这使得非线性分析求解比线性分析的计算代价要大很多。随着计算机的发展，一些专业的有限元软件采用非线性的分析方法可以解决这个计算问题，常用的有限元分析软件可见表 16-10。

表 16-10 常用的有限元软件

序号	软件名称	简介	序号	软件名称	简介
1	MSC/Nastran	结构分析软件	4	ANSYS	通用结构分析软件
2	MSC/Dytran	动力学分析软件	5	ANINA	非线性分析软件
3	MSC/Marc	非线性分析软件	6	ABAQUS	非线性分析软件

一般有限元分析软件通常包括前处理模块、计算模块、后处理模块。前处理模块用来进行模型建立、材料设置及网格划分工作；计算分析模块是软件的核心，用户在此部分确定问题的求解类型以及提交计算；后处理模块用于计算结果的分析，在计算机模块工作完成后，根据需要对结果进行个性的可视化处理。

简单来说，有限元基本分析过程可以归纳为以下几个步骤。

① 将连续体分割成有限大小的区域，这些小区域即为有限单元，单元之间以节点相连。

② 选择节点的物理量（如位移、温度）作为未知量，对每一单元假设一个简单的连续位移函数（插值函数）来近似模拟其位移分布规律，将单元内任一点的物理量用节点物理量表述。

③ 利用有限单元法的不同解法，如根据虚功原理建立每个单元的平衡方程，即建立各单元节点力和节点位移之间的关系，形成单元性质的矩阵方程。

④ 将各个单元再组装成原来的整体区域，建立整个物体的平衡方程组，形成整体刚度矩阵。

⑤ 引入边界条件即约束处理，求解出节点上的未知量。其他参数，如应力应变等依次求解。

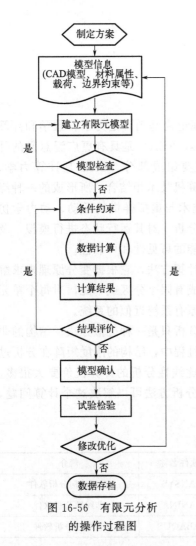

图 16-56　有限元分析
的操作过程图

无论哪个软件，对哪个产品和部件进行有限元分析，其基本过程均类似。有限元分析的操作过程如图 16-56 所示。首先需要制定方案，按照有限元分析的要求输入必要的数据信息，并建立一个模型；按照各种因素的约束条件进行计算，对计算结果评价分析后确认模型；还要通过各种试验、检验手段进行验证；这样反复地操作，对其进行修改优化直至使其达到所需的标准，并将所有过程数据存档保留。

有限元模型和产品的三维数模是有区别的。产品的三维数模多是按照制造工艺要求绘制的。而有限元分析中所涉及的几何模型是按照实际结构的几何造型特征，按照其物理力学特性，建立符合有限元模型要求的几何图形。几何建模中的"共点、共线、共面"建模原则就是按照有限元模型的要求将整个几何图形构成一个连续体。

正确地建立有限元模型是关键。有限元建模过程是一个用合理的力学模型模拟一个实际结构的过程，这种建模能力来源于力学知识、专业基础和实践经验。有限元分析的技巧来源于对工程实际问题的力学性能和单元属性的认识能力。而这种技巧是在实践中反复试算、修改，在评价中不断积累的。有限元分析计算离不开理论分析和实验验证这两个方面。理论分析可有效地揭示结构受力变形的机理，而实验验证则是检验理论分析和数值计算的根本手段。

从建模、理论分析、实践验证等多方面可以说明，有限元分析技术和软件的使用是专业人员所做的工作，需要经过一定的专业理论基础、学习和训练才能掌握，并通过长期的经验积累才能运用自如。有限元分析已经作为制造行业中数字化设计的一项核心技术，对于非专业的人员可以根据个人能力去了解，在此不做详细的讲解。

16.3.3　大容积纤维缠绕高压气瓶

目前大容积纤维缠绕高压气瓶在管束式集装箱中得到广泛的应用，随着制造技术的不断进步，可以研发出制造性能更好、更安全、成本更低的大容积纤维缠绕高压气瓶以满足市场需求。大容积钢质内胆碳纤维全缠绕高压气瓶的研制关键技术包括钢质内胆的旋压成形、内胆热处理、碳纤维全缠绕固化等工艺技术。

为获得良好的力学性能及需要的金相组织，气瓶内胆需进行热处理，需经多次热处理试验，建立成熟的热处理工艺评定。这部分工艺与钢制无缝气瓶相似，不再阐述。

气瓶的纤维缠绕成型工艺是将浸过树脂胶液的连续无捻纤维按照一定规律、施加一定的张力缠绕到气瓶内胆上，经固化获得。前述内容已经对金属内胆缠绕气瓶的基本情况做了介绍。本节所介绍的用于管束式集装箱的大容积金属内胆缠绕气瓶，其工艺方法类似，不再重复说明。

16.3.4　型式试验

在《中华人民共和国特种设备安全法》《特种设备安全监察条例》《气瓶安全技术规程》等法律法规中，要求对气瓶进行型式试验。国家市场监督管理总局颁布了《气瓶型式试验规则》TSG R7002—2009，在《气瓶安全技术规程》(TSG 23—2021)中对气瓶型式试验项目和气瓶阀门型式试验项目做了说明。

16.3.4.1　适用对象

在国内使用的气瓶（含进口气瓶）中制造单位新设计或者设计变更的气瓶和气瓶阀门均应当进行型式试验，未通过型式试验的气瓶不得出厂。气瓶配置的气瓶阀门应当先进行气瓶阀门型式试验，通过后方可装配到气瓶上进行气瓶的型式试验。气瓶集束装置所装配的气瓶及安全附件、管路、阀门，也应当按照相关安全技术规范和标准的规定进行型式试验，气瓶集束装置型式试验不包括集束框架的强度、刚度系列试验。

16.3.4.2　工作程序

型式试验工作程序包括申请、受理、技术资料审核、抽样、试验、出具型式试验报告和证书等。

申请气瓶型式试验的气瓶制造单位应持有相应特种设备（气瓶）制造许可证。制造单位应当在完成气瓶试制后，向试验机构申请进行型式试验，所申请的产品级别应当与许可或者受理产品级别一致。

制造单位申请型式试验时，向型式试验机构提供以下资料：

① 型式试验申请书；

② 产品标准；

③ 技术资料。

技术资料包括设计文件和制造技术资料，设计文件包括图纸、设计计算书、设计说明书，制造技术资料包括原材料质量证明书，以及生产过程的质量监察记录等资料；原材料气瓶上配置气瓶阀门的，申请气瓶型式试验时还应当提供气瓶阀门的型式试验报告。

16.3.4.3　试验项目

一般型式试验项目包括瓶体材料力学性能试验（拉伸试验、弯曲试验、冲击试验）、硬度试验、金相实验、表面无损检测、压扁试验、底部解剖检查、瓶体壁厚测量、瓶口内螺纹检查、疲劳试验、水压试验、水压爆破试验、气密性试验等。在《气瓶安全技术规程》(TSG 23—2021)中对气瓶型式试验项目和气瓶阀门型式试验项目做了说明，见表 16-11、表 16-12。

表 16-11　气瓶的通用型式试验项目

分类	试验项目	无缝气瓶	焊接气瓶	纤维缠绕气瓶	低温绝热气瓶
通用项目	瓶体金属材料化学成分检验	√	√	√	√
	瓶体金属材料力学性能试验	√	√	√	√
	瓶体金属材料硫化物应力腐蚀试验	√	—	√	—
	水压爆破试验	√	√	√	
	常温压力循环试验	√	—	√	—

表 16-12   气瓶阀门的通用型式试验项目

分类	试验项目	无缝气瓶	焊接气瓶	纤维缠绕气瓶	低温绝热气瓶
通用项目	瓶体金属材料化学成分检验	√	√	√	√
	瓶体金属材料力学性能试验	√	√	√	√
	瓶体金属材料硫化物应力腐蚀试验	√	—	—	—
	水压爆破试验	√	√	√	—
	常温压力循环试验	√	—	√	—

16.3.4.4   试验结果判定

试验过程中，试验机构按照试验机构质量保证体系的规定，及时对各项试验进行记录。试验结束后，试验机构及时汇总试验数据，按照规定时间出具试验报告。试验报告的试验结论判定原则如下：

合格：指样瓶全部型式试验项目符合规定要求。

不合格：指样瓶存在任一项目型式试验项目不符合规定要求。

16.3.4.5   重新型式试验

（1）有下列情况之一的，气瓶应当重新进行全部或者部分项目的型式试验

① 按同一工艺制造的同一品种气瓶，制造中断 12 个月，重新制造的；

② 改变冷热加工、焊接、热处理、缠绕、内胆制造等主要制造工艺的；

③ 改变纤维、树脂生产单位、牌号的；

④ 相关产品标准有明确规定或者修订后提出新要求的；

⑤ 实施产品召回的；

⑥ 监督抽查时检验不合格的。

（2）有下列情况之一的，气瓶阀门应当重新进行型式试验

① 产品材料、结构型式、工艺、生产流水线等方面有重大变更影响其安全性能的；

② 相关产品标准有明确规定或者修订后提出新要求的；

③ 监督抽查时检验不合格的；

④ 实施产品召回的；

⑤ 每年监督检验提出要求的。

16.3.5   管束式集装箱

氢能作为一种新型的清洁能源已开始使用，由于氢能源是二次能源，需要在化工园区及科技园区具有一定规模的工厂进行生产，而生产出来的氢气不宜长时间就地储存，需及时地送往加氢站等用户群体使用。加氢站根据需要分布在城乡等不同的区域，地点分散且与制氢厂之间存在一定的距离，需要中短途的氢能运输方式。管束式集装箱是一种成熟的地面公路运输方式，在压缩天然气（CNG）方面已经使用多年，运输方式过程可靠、效率高、运输量可控、方便安全，为此，氢气的地面运输一般也采用管束式集装箱。

管束式集装箱是仅用于公路运输压缩氢气的特种设备，将承装氢气的气瓶牢固地安装在集装箱的框架内，并配备相应的辅助设备。生产管束式集装箱的企业可以制定符合本企业的产品的设计、制造、检验等企业标准，并接受 TSG R0005《移动式压力容器安全技术监察规程》的监察。为了运输过程安全，运输氢气的管束式集装箱的气瓶压力控制在 20MPa。管束式集装箱与半挂车连接前应保证半挂车状态良好，管束式集装箱与半挂车就位后，应及

时将四个转锁手柄旋转 90°，将管束式集装箱锁固到位。并连接驻车声光报警装置。如图 16-57 和图 16-58 所示。

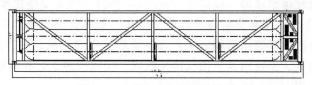

图 16-57　管束式集装箱外形图

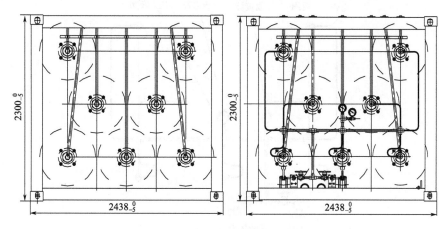

图 16-58　管束式集装箱的前仓和操作仓

管束式集装箱使用后，应进行定期检验以保证车辆的安全使用，对于到期未经检验合格的管束式集装箱不得使用。目前中国特种设备检测研究院作为管束式集装箱所用气瓶的国家主要检测机构，在全国建立了 10 家检测服务站，为用户开展年度检验和定期检验，改造和维修服务。另外氢气运输属危险货物运输，应遵循危险货物运输的相关法规、规章、标准的要求。

16.3.5.1　采用钢制高压瓶式容器的管束式集装箱

（1）箱体结构

钢制气瓶管束式集装箱主要由框架、大容积无缝钢瓶、前仓、操作仓四部分组成，大容积无缝钢瓶两端均有内外螺纹，两端外螺纹与安装法兰用螺纹连接，将安装法兰用螺栓固定在框架两端的前后支撑板上；瓶口内螺纹安装螺塞，在螺塞上连接管件，后端设有进出气管路、排污管路、温度计、压力表、快装接头以及安全泄放装置等构成操作仓。管束式集装箱单独使用并固定放置时，应保证 4 个角件底平面在同一水平面上，放置的平面应具有足够强度。

（2）主要部件

① 大容积无缝钢瓶。大容积无缝钢瓶是专为运输高压气体的钢制无缝气瓶。该气瓶按制造单位的企业标准进行设计、制造和检验，并接受 TSG 23—2021《气瓶安全技术规程》的监察。

钢瓶一般采用优质铬钼钢无缝钢管，材料 4130X 符合美国 DOT49 CFR § 178.37 "3AA 和 3AAX 无缝瓶规范"以及 DOT SP8009 的要求。制造前对材料进行进厂复验，严格限制有害元素含量，确保硫、磷含量低于标准规定。

钢瓶两端经热旋压成型，调制热处理后获得优良的力学性能，经过严格的检验，确保每只钢瓶都符合标准的要求。每炉热处理时随炉携带试验环，用以验证每只钢瓶达到力学性能，并进行疲劳试验和爆破试验，应满足 TSG 23—2021《气瓶安全技术规程》的要求。

② 操作仓。操作仓安装有管路系统以便于操作。基本管路系统由安全泄放管路、气体进出管路组成。安全泄放管路由后端安全泄放装置和排空管组成；气体进出管路由分瓶阀、弯管、汇总管、压力表、主控阀及进出气接头组成。实际按照工艺和操作要求，在此基础上有所添减或变动。如图 16-59 所示。

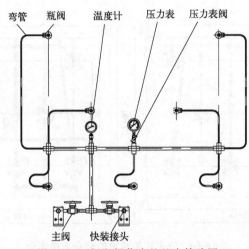

图 16-59　钢瓶操作仓的基本管路图

③ 框架。框架严格按照集装箱标准 40 英尺设计，可以通过四个角件与集装箱半挂车底盘的锁具进行连接固定。

（3）成型产品及参数

中国各地制造钢制高压瓶式容器的管束式集装箱的企业投入市场的产品很多，气瓶数量和容积等依据厂商制造标准制定，其实物外观与图 16-53 管束式集装箱类似，典型的管束式集装箱参数见表 16-13。

表 16-13　典型的钢质气瓶氢气管束式集装箱基本技术参数

序号	项目	基本参数	序号	项目	基本参数
1	总容积/m³	约 26	5	空箱质量/kg	约 33900
2	气瓶数量/支	7	6	额定质量/kg	约 34300
3	瓶体材料	4130X	7	充装介质体积/m³	约 4600
4	最大允许充装量/kg	约 410	8	箱体尺寸(长×宽×高)/mm	约 12190×2430×2300

16.3.5.2　采用纤维缠绕复合材料气瓶的管束式集装箱

（1）箱体结构

缠绕瓶束式集装箱由多只大容积钢内胆环向缠绕气瓶组成容器主体，气瓶由瓶体两端的支撑板固定在框架中构成缠绕瓶管束式集装箱，框架四角采用 ISO 集装箱标准角件，符合 ISO 40 英尺标准集装箱的连接尺寸。管束式集装箱后端设有进出气管路、压力表、快装接头及安全装置等构成操作仓。管束式集装箱单独使用并固定放置时，4 个角件底面为承载面；当放置在自备标准集装箱半挂车底盘上作为运输装备使用时，应当注意使管束式集装箱四个角件和底部横梁成为载荷传递区。

（2）主要部件

缠绕瓶管束式集装箱仅限公路运输，此型式的集装箱与半挂车底盘组成一体使用，不得装在其他车辆上。

① 大容积钢内胆环向缠绕气瓶。大容积钢内胆环向缠绕气瓶是专为运输高压氢气的缠绕无缝气瓶。气瓶的设计、制造和检验要接受 TSG 23—2021《气瓶安全技术规程》的监察。

② 缠绕瓶管束式集装箱操作仓。操作仓设置在缠绕瓶管束式集装箱后部，安装有管路系统。基本管路系统由进出气体管路组成。气体进出管路由分瓶球阀、弯管、汇总管、压力表、主控阀及快装接头组成。实际按照工艺和操作要求，在此基础上有所添减或变动。如图 16-60 所示。

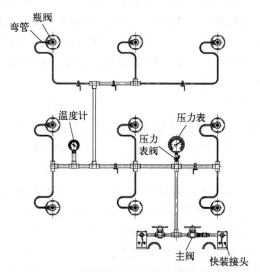

图 16-60　缠绕瓶操作仓的基本管路系统

③ 安全仓。安全仓设置在管束式集装箱后部，由安全泄放装置和排空管组成。

④ 缠绕瓶管束式集装箱框架。框架严格按照 ISO 40 英尺集装箱标准尺寸设计，可以方便地与集装箱半挂车行走连接。

（3）成型产品及参数

中国各地制造纤维缠绕气瓶式容器的管束式集装箱的企业投入市场的产品很多，气瓶数量和容积等依据厂商制造标准制定，其实物外观与图 16-54 气瓶集装箱类似，典型的基本参数见表 16-14。

表 16-14　碳纤维缠绕气瓶氢气管束式集装箱基本技术参数

序号	项目	基本参数	序号	项目	基本参数
1	总容积/m³	约 37	5	空箱质量/kg	约 27500
2	气瓶数量/支	9	6	额定质量/kg	约 28000
3	瓶体材料	4130X＋碳纤维	7	充装介质体积/m³	约 6600
4	最大允许充装量/kg	约 560	8	箱体尺寸(长×宽×高)/mm	约 12190×2430×2520

16.3.5.3 安全附件

对于复合材料高压储氢气瓶的安全附件设置在国际上仍存在较大争议。Ⅰ型和Ⅱ型大容积气瓶安全泄放装置主要采用爆破片或易熔合金＋爆破片组合式结构[15]，但Ⅲ型、Ⅳ型复合材料气瓶在火灾情况下，压力上升极为缓慢，因此中、小容积Ⅲ型、Ⅳ型气瓶主要采用易熔合金或玻璃泡等温度敏感型安全泄放装置[16]。但对长度为3.0~12.0m的大容积复合材料气瓶，如发生局部火烧，当火源距离安全泄放装置较远时，温度敏感型安全泄放装置也难以动作。大容积复合材料气瓶组装成长管拖车、管束式集装箱时，设计者应考虑系统整体的火灾防护性能。

当前市场上主要以Ⅰ型和Ⅱ型大容积气瓶组装成管束式集装箱，这种移动式压力容器储运时的工艺参数（如温度、压力、液面等）需要通过测量仪表来显示，实现稳定工艺参数和维持正常化储运也需要控制各参数，遇到超压时也需迅速卸压以保证移动式压力容器安全运行。因而安全附件是移动式压力容器设备保障安全运行必不可少的装置。移动式压力容器用安全附件主要包括压力泄放装置（如安全阀、爆破片安全装置）、紧急切断装置、压力测量装置、液位测量装置、温度测量装置、阻火器、导静电装置等。同时装卸阀门和装卸软管也是压力容器得以安全和经济储运所必需的构成部分。如果这些附件及仪表不齐全或不灵敏，就会直接影响移动式压力容器的安全运行。

（1）压力表

在压力容器上的压力表是为了测量容器内介质的压力。操作人员根据压力表所指示的压力进行判断操作，并将压力控制在允许范围内。移动式压力容器罐体至少装设一个压力测量装置，用以显示罐体内的压力范围，压力容器未安装压力表或压力表损坏的不允许运行。为了观察压力值是否超过正常运行范围，可以根据容器的最高允许压力在压力表的刻度盘上画出警戒红线。

① 分类。常用的压力表有液柱式、弹性元件式、活塞式和电量式四大类。目前，单弹簧管式压力表已广泛用于压力容器中。这种压力表具有结构坚固、不易泄漏、准确度较高、安装使用方便、测量范围较宽、价格低廉的优点。

单弹簧管式压力表是利用弹簧弯管在内压力作用下变形的原理制成的，根据其变形量的传递机构可分为扇形齿轮式和杠杆式两种。带有扇形齿轮转动机构的单弹簧管压力表的结构如图16-61所示。

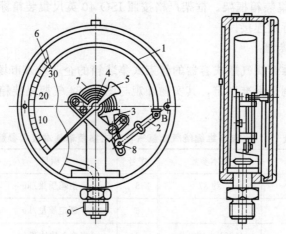

图 16-61　带扇形齿轮的单弹簧管压力表结构

1—弹簧管；2—拉杆；3—扇形齿轮；4—中心齿轮；5—指针；

6—面板；7—游丝；8—调整螺钉；9—接头；B—自由端

② 压力表的选用

a. 装在压力容器上的压力表其量程应与容器的工作压力相适应。压力表的最大量程最好为容器工作压力的 2 倍，最小不能小于 1.5 倍，最大不能大于 3 倍。从压力表的寿命与维护方面考虑，压力表的使用压力范围不应超过刻度极限的 70%，在波动压力下不应超过 60%。

b. 压力表的精确度是以压力表的允许误差占表盘刻度极限值的百分数来表示的，例如精确度为 1.6 级的压力表，其允许误差为表盘刻度极限值的 1.6%，精确度级别一般标在表盘上。所以选用压力表应根据容器的压力等级和实际工作需要确定精确度。

c. 压力表的表盘直径选择应方便操作人员清楚准确地查看压力指示值，移动式压力容器的压力表表盘直径不能太小，不应小于 100mm。

d. 压力表所用的材质不能与压力容器内的介质发生物理化学反应，同时应参考被测介质的温度高低、大小、脏污程度、易燃易爆等情况。

e. 移动式压力容器的压力表有抗振动要求，压力表应符合 JB/T 6804《抗震压力表》的规定，并满足振动和腐蚀的要求。

③ 压力表的维护。移动式压力容器在储运中，应加强对压力表的检查维护。做好以下几点：

a. 在用的压力表应是检验合格的且在有效期内的，否则不能使用。

b. 压力表应保持洁净，表盘上的玻璃要明亮清晰，使表盘内指针指示的压力值能清晰易见，表盘玻璃破碎或表盘刻度模糊不清的压力表应停止使用并更换。

c. 要经常观察压力表指针的转动与波动是否正常，检查连接管上的阀门是否处于全开状态。

d. 发现压力表有泄漏或压力表指针松动应停止使用并更换。

e. 压力表必须定期校验，校验完毕后应有校验合格证、检验报告，并加以铅封。校验周期为六个月。

（2）爆破片

爆破片装置主要是由一块很薄的膜片和一副夹盘组成，夹盘用埋头螺钉将膜片夹紧，然后装在容器的接口管法兰上。爆破片又称防爆膜、防爆片，是一种断裂型的泄压装置，它利用膜片的断裂来泄压，泄压后的爆破片不能再继续使用，压力容器也被迫停止运行。一般爆破片可单独安装，也可以安全阀和爆破片组合作为泄压装置。

爆破片与易熔合金串联配合时。爆破片 60℃ 设计爆破压力为气瓶水压试验压力，对于公称工作压力 20MPa 的气瓶爆破片 60℃ 时设计爆破压力为 33.4MPa；易熔合金装置的动作温度设定为 102.5℃。

① 爆破片装置的安全技术要求

a. 爆破片应选用持有国家市场监督管理局颁发的制造许可证的单位生产的合格产品。

b. 爆破片的选用必须符合所属压力容器的设计需要，应选择压力容器厂家所要求的技术参数。

c. 对易燃介质或毒性介质的压力容器应在爆破片的排出口装设导管，将排放出的介质安全处理，不得直接排入大气。

d. 爆破片的安装必须注意安装方向。

e. 对于超过设计爆破压力而未爆破的爆破片应立即更换；在苛刻条件下使用的爆破片装置应每年更换，一般爆破片装置应在 2～3 年内更换。

第三篇　氢的储存、运输及加注

f. 爆破片在使用期间不需要特殊维护，但需要定期检查爆破片、夹持器及泄放管道。

② 全启式弹簧安全阀与爆破片串联组合安全泄放装置的要求。由于爆破片的自身特点，在一般情况下应优先选用爆破片作为泄压装置。当爆破片与安全阀组合成泄压装置时，应符合以下要求。

a. 安全阀与爆破片串联组合安全泄放装置应与罐体气相相通，且设置在容器上方，容器内部介质在超压排放时应直接通向大气，排放口方向朝上，以防排放的气体冲击容器和操作人员。

b. 组合装置的总排放能力应当大于或者等于容器需要的最小安全泄放量，容器安全泄放量的设计计算按照引用标准进行。采用安全阀与爆破片串联组合装置时，安全阀的排放能力应当按照安全阀单独作用时的排放能力乘以修正系数 0.90。

c. 爆破片的爆破压力应高于安全阀的开启压力，且不应超过安全阀开启压力的 10%。

d. 爆破片可与安全阀串联组合，且在非泄放状态下与介质接触的是爆破片。

e. 组合装置中爆破片面积应大于安全阀喉径截面积。

（3）安全阀

安全阀是一种超压防护装置，它是移动式压力容器应用最为普遍的重要安全附件之一。安全阀的功能是当压力容器内的压力超过某一规定值时，就自动开启迅速排放容器内部的过压气体，并发出声响警告操作人员采取降压措施。当压力降到允许值时，安全阀又自动关闭，使压力容器内压力始终低于允许范围的上限，不致因超压而酿成爆炸事故。

① 优缺点。安全阀的优点是只排出压力容器内高于规定值的部分压力，当压力容器内的压力降到允许值时则自动关闭，使压力容器和安全阀重新工作，从而不会使压力容器因超压必须把全部介质排出而造成浪费和生产中断。安全阀的结构特点使其安装和调整比较容易。

安全阀的缺点是密封性较差，即使是比较好的安全阀在正常的工作压力作用下，也难免会轻微地泄漏，由于弹簧等惯性作用，闸门的开启有滞后现象，因而泄压反应较慢；当介质不洁净时，闸芯和阀座会粘连，使安全阀达到开启压力而打不开或使安全阀不严密，没达到开启压力就已泄漏。

同时，安全阀对压力容器的介质有选择性，它适用于比较洁净的介质如空气、水蒸气、天然气等，单独设置安全阀不宜用于有毒性的介质，更不适用于有可能发生剧烈化学反应而使容器压力急剧升高的介质。

② 工作原理。安全阀主要由三部分组成：阀座、阀瓣和加载机构。阀瓣通常连带有阀杆紧扣在阀座上。阀瓣上面是加载机构，用来调节载荷的大小。安全阀通过作用在阀瓣上的两个力的不平衡作用，使其启闭以达到自动控制压力容器超压的目的。

当压力容器内的压力在规定的工作压力范围之内时，容器内介质作用于阀瓣上的压力小于加载机构施加在它上面的力，两者之差构成阀瓣与阀座之间的密封力，使阀瓣紧压着阀座，容器内介质无法排出。

当容器内压力超过规定的工作压力并达到安全阀的开启压力时，介质作用于阀瓣的力大于加载机构加在它上面的力，于是阀瓣离开阀座安全阀开启，容器内介质通过阀座排出。

③ 分类和结构。安全阀按加载机构的型式可分为杠杆式、净重式和弹簧式。由于移动式压力容器的储运使用特点，宜使用弹簧式的安全阀。按照阀瓣的开启高度不同可分为全启式和微启式，移动式压力容器的安全阀一般选用内置全启式弹簧安全阀，安全阀的排气方向应在容器的上方。

　　a. 弹簧式安全阀。弹簧式安全阀是弹簧式加载机构加载的安全阀，它利用弹簧被压缩的弹力来平衡作用在阀瓣上的力，通过调整螺母来调整安全阀的开启（整定）压力。

　　弹簧式安全阀主要由阀体、阀芯、阀座、弹簧、弹簧压盖、调节螺钉、销子、外罩、提升手柄等构件组成，弹簧式安全阀是利用弹簧被压缩后的弹力来平衡气体作用在阀芯上的力。

　　当气体在阀芯上的力超过弹簧的弹力，弹簧被进一步压缩，阀芯被抬起离开阀座，安全阀开启排气泄压；当气体作用在阀芯上的力小于弹簧的弹力时，阀芯紧压在阀座上，安全阀处于关闭状态。其开启压力的大小可通过调节弹簧的松紧度来实现。将调节螺钉拧紧，弹簧被压缩量增大，作用在阀芯上的弹力也增大，安全阀开启压力逐渐增高；反之，则降低。

　　b. 全启式安全阀。安全阀开启时阀瓣开启高度 $h \geqslant d/4$（d 为流道最小直径）。阀瓣开启高度是指使其帘面积（阀瓣升起时，在其密封面之间形成的圆柱或圆锥形通道面积）大于或等于流道面积（阀进口端到密封面间流道的最小截面积）。为增加阀瓣的开启高度，应装设上、下调节圈。装在阀瓣外面的上调节圈和阀座上的下调节圈在密封面周围形成一个很窄的缝隙，当开启高度不大时，气流两次冲击阀瓣，使它继续升高，开启高度增大后，上调节圈又迫使气流方向转弯向下，反作用力使阀瓣进一步开启。这种形式的安全阀灵敏度较高，调节圈位置很难调节适当，外形与结构如图 16-62 所示。近年来制造的全启式安全阀普遍采用反冲盘的结构，与阀瓣活动连接。

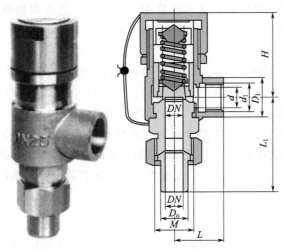

图 16-62　内置全启式组合弹簧安全阀

　　④ 主要性能参数

　　a. 公称压力。安全阀的公称压力与容器的工作压力应相匹配。公称压力用 "PN" 表示，例如 PN16。

　　b. 开启高度。开启高度是指安全阀开启时，阀芯离开阀座的最大高度。全启式安全阀的开启高度 h 为阀座喉径 d 的 1/4 以上，即 $h \geqslant d/4$。

　　c. 安全阀的排放量。安全阀的排放量一般都标记在它的铭牌上，要求排放量不小于容器的安全泄放量。

　　d. 整定压力。安全阀阀瓣在运行条件下开始升起时的进口压力。当移动式压力容器安全泄放装置单独采用安全阀时，安全阀的整定压力应当为罐体设计压力的 1.05～1.10 倍，额定排放压力不得大于罐体设计压力的 1.20 倍，回座压力不得小于整定压力的 0.90 倍。

e. 排放压力。阀瓣达到规定开启高度时的进口压力。

f. 额定排放压力。标准规定的排放压力上限值。

g. 回座压力。排放后阀瓣重新与阀体接触，即开启高度为零时的进口静压力。

h. 密封压力。密封试验时的进口压力，在该压力下测量通过阀瓣与阀座密封面间的泄漏率。

⑤ 选用要求

a. 安全阀的制造单位必须是取得相应类别制造许可证的单位。产品应符合相应产品标准的规定，且出厂应有合格证和技术文件。

b. 安全阀上应有铭牌，铭牌上应标明主要技术参数，例如排放量、开启压力等。

c. 安全阀的选用应根据容器的工艺条件和工作介质的特性，从容器的安全泄放量、介质的物理化学性质以及工作压力范围等方面考虑。

d. 安全阀的排放量必须不小于容器的安全泄放量，能保证容器在超压时，安全阀能及时开启，把介质排出避免罐体容器内压力继续升高。

e. 移动式压力容器可选用全启式安全阀或者全启式安全阀与爆破片的组合使用。

f. 安全阀应符合 GB/T 12241—2021《安全阀一般要求》等法规要求。

g. 新安全阀校验合格后才能安装使用。

⑥ 整定压力的设置

a. 当移动容器罐体安全泄放装置单独采用安全阀时，安全阀的整定压力应当为容器设计压力的 1.05～1.10 倍，额定排放压力不得大于容器设计压力的 1.2 倍，回座压力不得小于整定压力的 0.90 倍。

b. 当采用安全阀与爆破片串联组合装置作为容器安全泄放装置时，安全阀的整定压力、额定排放压力、回座压力按照前述 a 的要求确定，爆破片的最小爆破压力应当大于安全阀的整定压力，但其最大爆破压力不得大于安全阀整定压力的 1.10 倍。

c. 当采用安全阀与爆破片并联组合装置或者爆破片装置为辅助安全泄放装置时，安全阀的整定压力、额定排放压力、回座压力按照前述 a 的要求确定，爆破片的最小爆破压力应当大于安全阀的整定压力，但其设计爆破压力不得大于容器设计压力的 1.2 倍，最大爆破压力不得大于容器的耐压试验压力。

16.3.5.4　定期检验

按照《移动式压力容器安全技术监察规程》《压力容器定期检验规则》(TSG R7001) 附件 D "长管拖车、管束式集装箱定期检验专项要求"的规定，管束式集装箱应按规定进行定期检验。由国家市场监督管理总局核准的中国特种设备检测研究院在国内设立的检测服务站实施长管束式集装箱的定期检验。在特种设备目录分类中，长管拖车划分在 C2 类制造许可证范围内、管束式集装箱划分在 C3 类制造许可证范围内。出厂技术资料和检验报告使用单位应长期保存，检验前需提供给检验机构。

（1）检验流程及检验周期

长管拖车或管束式集装箱检验的主要流程包括钢瓶拆卸、气瓶检验、部件检验（安全附件检查、间门检查、管路检查）、框架检查、钢瓶清洗和蒸煮、抛丸除漆、钢瓶和框架宏观检查、超声检测和测厚、磁粉检测、瓶口螺纹超声检测、瓶口渗透检测、水压试验、阀门检验、管路水压试验、管路渗透检测、气密性试验等工作。在所有检验工作完成后，完成检验记录和报告，将检验中的工作内容和发现的异常情况进行记录、存档。

长管拖车或管束式集装箱的定期检验周期一般在新车出厂第三年进行即首次检验，若检验过程中未发现问题则一般下次检验周期不超过 5 年，其他依据检验实际结果的评定等级确定检测周期。

如有下列情形之一的长管拖车或管束式集装箱，应当提前进行定期检验：

a. 发现有严重腐蚀、损伤或者对其安全使用有怀疑的；

b. 天然气中腐蚀成分含量超过相应标准规定的；

c. 发生交通、火灾等事故，对安全使用有影响的；

d. 年度检查发现问题，而且影响安全使用的。

（2）检验方法

定期检验主要包括拆卸检验、不拆卸检验两种方法，两种方法均需要将移动式压力容器送至检验服务站进行。拆卸检验方法主要包括必要的准备工作、资料审查、宏观检查、气瓶外表面磁粉检测、气瓶直管段超声波测厚和检测、气瓶瓶口渗透检测、气瓶水压试验、管路水压试验、阀门密封性试验、安全附件检查、导静电带电阻测量、整车气密性试验等等。不拆卸检验方法在气瓶不拆离拖车主体的情况下，主要采用声发射检测方法对气瓶实施检验检测，其他附件的检验与拆卸检验方法无区别。

长管拖车或管束式集装箱制造出厂和检验完成后时，瓶内充有 0.05～0.1MPa 的氮气，首次充装氢气前，使用者应按照工艺要求对氮气进行置换。

（3）检验结果评定

对于长管拖车或管束式集装箱的全面检验，一般情况下应进行拆卸检验，拆卸检验能够彻底地对每一个零部件进行检测和安全情况检查，利用检测手段测定其设备的基本情况和安全等级，最终综合评定后出具检测报告。

评定的主要设备及零部件有气瓶、气瓶端塞、管路和阀门、安全附件、气瓶固定装置。其中气瓶要对裂纹和机械接触损伤、腐蚀、鼓包、凹陷、火焰损伤的情况进行评定。检验结束后需进行整车气密性试验，整车气密性试验泄漏的不得继续使用。

检验结论按照以下要求分为符合要求和不符合要求。

① 符合要求，各项检验结果未发现影响安全使用的缺陷（情况），或者维修确认影响安全使用的缺陷（情况）已消除，检验结论为符合要求，可以继续使用。

② 不符合要求，检验发现存在影响安全使用的缺陷（情况）时，并且缺陷（情况）未消除，检验结果为不符合要求，不得继续使用。

检验结论为符合要求的，应当按照相应规定，确定下次定期检验日期。

（4）检验案例-管路角焊缝穿透裂纹渗透检测[39]

某气体公司一台在用管束式集装箱，设计压力为 20MPa，设计温度为 -40～93℃，介质为氢气。

该设备于 2005 年投用，首次检验正常，在第二次全面检验中，进行气密试验时发现操作仓内某瓶端口与汇管连接管角焊缝泄漏。管路材料为不锈钢，在进行角焊缝渗透检测时，并未发现角焊缝上有裂纹。对管路部分进行整体耐压试验后，发现该瓶端口与汇管连接管角焊缝处有水渗漏，在确定渗漏点后，通过渗透检测检出该裂纹。裂纹位置如图 16-63 所示。

经初步分析，该管路制造中角焊缝内部存在埋藏缺陷，在制造过程中未被检出，致使该管路流入使用环节。因此，对于盛装易燃易爆气体介质的管束式集装箱，气密性试验非常必要。在本次检验中对于渗透检测和水压试验难以发现的缺陷，通过气密性试验进行了有效排

图 16-63　裂纹位置

查。操作仓是操作人员经常进行充装、泄压等操作的位置，此管路缺陷的发现，排除了管路突发泄漏导致人身安全的隐患。

16.3.5.5　管理与使用

管束式集装箱的高压气瓶属于移动式压力容器，属于特种设备的管理范畴。应严格地按照国家制定的有关安全生产的法律、法规执行。移动压力容器的使用、运输等单位应有管理机构和专职人员。建立移动式压力容器的管理制度、操作规程等管理文件。专职的人员包括技术人员、安全人员、操作人员、运输人员等，且安全人员、操作人员应持有特种设备作业人员证书。专职人员应做好移动压力容器的技术档案、日常检查与使用、过程运输、应急处理等工作。制定事故救援预案并且组织演练，组织开展移动式压力容器作业人员的教育培训。移动压力容器的运输、使用等单位应建立信息化管理系统，以便实时地掌握移动式压力容器的运行数据。

现在常用管束式集装箱的气瓶压力为 20MPa，已积累了管理和使用的经验。为了满足未来大规模氢能储运和加氢站商业化运行的需求，30MPa 将成为主流，更大容积、更高压力达 52MPa 的储运容器将投入在市场上，也必然在运行中产生技术问题和安全管理问题，因此有待完善高压储氢容器法规体系和技术支持来保证其运行安全。

（1）技术档案

《中华人民共和国特种设备安全法》《移动式压力容器安全技术监察规程》中规定，特种设备使用单位应当建立特种设备安全技术档案。移动式压力容器的管理人员和操作人员应全面掌握设备的技术状况及其运行状态。完整的技术档案是合理使用移动式压力容器的主要依据，是移动式压力容器安全使用的基本条件。技术档案的主要内容为：

a.《使用登记证》及电子记录卡。

b.《特种设备使用登记表》。

c. 移动式压力容器设计制造技术文件和资料。

d. 移动式压力容器定期检验报告以及有关检验的技术文件和资料。

e. 移动式压力容器维修和改造的方案、设计图样、材料质量证明书、施工质量检验技术文件等。

f. 移动式压力容器的日常检查记录、定期检查记录、年度检验报告等。

g. 安全附件的更换、检验记录等。

h. 有关事故记录资料和处理报告。

（2）操作规程

移动式压力容器的充装、使用、运输单位应制定符合本单位并满足特种设备安全的操作规程，应有以下主要内容：

a. 移动式压力容器的操作工艺参数，包括工作压力、工作温度范围、最大允许充装量等。

b. 移动式压力容器的岗位操作方法，包括充装、检查操作程序和注意事项等。

c. 移动式压力容器运行中应当重点检查的项目和部位，运行中可能出现的异常现象和防止措施、紧急情况的处置和报告程序。

d. 运输过程路线定位跟踪。

（3）日常与定期检查

移动式压力容器的充装、使用、运输等单位应制定符合国家特种设备相关管理法规要求的日常，定期检查管理制度，落实检查的各项内容，并做好各项检查记录。移动式压力容器的每次出车前、停车后和装卸前后应做检查，使用单位的安全管理人员每月至少进行一次对移动式压力容器的检查。对于检查出来的问题应予以重视，影响安全使用的应立即停用并进行处理，对于存在安全隐患的应制定计划限期进行整改，对于需要检验检测的应尽快实施。应有以下主要内容：

a. 瓶体涂层及漆色是否完好、有无脱落等。

b. 瓶体外部的标志是否清晰。

c. 相关的操作阀门是否置于闭止状态。

d. 安全附件是否完好。

e. 装卸附件是否完好。

f. 紧固件的连接是否牢固可靠、是否有松动现象。

g. 瓶体内压力、温度是否异常及有无明显的波动。

h. 瓶体接口密封有无泄漏。

i. 随车配备的应急处理器材、防护用品及专用工具、备品备件是否齐全、是否完好有效。

j. 瓶体与底盘（底架或者框架）的连接紧固装置是否完好、牢固。

（4）运输作业

公路危险货物运输过程中，除按照有关规定配备具有驾驶人员、押运人员资格的随车人员外，还需配备具有移动式压力容器操作资格的特种设备作业人员，对运输全过程进行监护。运输过程中，任何操作阀门必须置于闭止状态。随车除携带有关部门颁发的各种证书外，还应当携带以下文件和资料：

a.《使用登记证》及电子记录卡。

b.《特种设备作业人员证》和有关管理部门的从业资格证。

c. 液面计指示值与液体容积对照表（或者压力与储量对照表）。

d. 移动式压力容器装卸记录。

e. 事故应急专项预案。

16.3.5.6　异常现象与应急处理

管束式集装箱的使用、运输等单位应建立本公司的应急预案及应急处置方法，组织职工学习，定期进行应急预案演练，严格按照操作规程作业杜绝违章作业，加强各项检查，防止各项事故的发生。若在运输过程突发交通事故，操作人员或者押运人员检查中发现压力容器损坏、车板故障等情况，应当立即按照应急预案、现场应急处置方法进行处理，及时向所属公司应急指挥部报告，防止事故的扩大和人身伤亡。

（1）一般异常情况

a. 瓶体工作压力、工作温度超过规定值，采取措施仍然不能得到有效控制。

b. 瓶体主要受压元件发生裂缝、鼓包、变形、泄漏等危及安全的现象。

c. 安全附件失灵、损坏等不能起到安全保护的情况。

d. 管路、紧固件损坏，难以保证安全运行。

e. 发生火灾等直接威胁到移动式压力容器安全运行。

f. 充装量超过核准的最大允许充装量。

g. 移动式压力容器的行走部分及其与罐体连接部位的零部件等发生损坏、变形等危及安全运行的其他异常情况。

（2）介质泄漏状况下的处置措施

运输过程突发交通事故及设备长期使用出现疲劳损坏，导致压力容器或管路附属设备发生不同程度的泄漏，按照泄漏量程度可分为微量、少量、大量。从安全角度讲，只要有泄漏就存在危险，首先应控制着火源的产生，尽快找到泄漏点并消除泄漏，防止因泄漏引发着火或爆炸事故。

① 微量泄漏。微量泄漏指人员感官无法直接发现的泄漏，一般是通过检漏液或可燃气体检测仪发现。这种情况下应尽快将气体运达目的地后卸载再进行维修，在维修前应保证车辆处于通风场所，并避免接触明火。

② 少量泄漏。少量泄漏指靠人员感官可以直接听到、触到的泄漏。通常可以听到明显的漏气噪声并可用肢体直接感触到明显的气体冲刷。这时应立即停止正常操作，检查泄漏部位，关闭钢瓶根部阀门，对泄漏部位进行维修。关闭球阀时，操作人员应着防静电服装，佩戴正压式呼吸器，持防爆工具进行操作。

③ 大量涌出。大量涌出指人员可直接听到刺耳的气流噪声，同时可见气体高速喷出。通常发生在安全泄放装置意外爆破、管道破裂的情况下。这时应迅速向当地消防等部门报警，隔离现场，管制交通，疏散附近居民，切断附近区域电力供应，排查附近火源。进入现场或警戒区的人员，必须佩戴呼吸器及各种防护器具，穿密封式防静电服，有气体燃烧时应组织喷雾水枪，对钢瓶实施降温。

（3）着火或爆炸事故的处理[40]

因可燃气体泄漏而引起火灾或爆炸发生时，通常都将以着火的方式延续下去。因此，对于着火或爆炸所采取的措施应能制止火势扩大（或发生二次爆炸）直至把火扑灭。这就要求在发生着火或爆炸事故之后，一方面要选用正确的灭火方法，有效地组织灭火尽快将它扑灭；另一方面对未着火的相邻储存容器进行冷却，以免它们受热辐射的作用，其容器压力升高而破坏，放出更多的易燃易爆介质使火势加大。同时也应尽快消除泄漏，对于不同的情况，采取不同的措施。

① 起初火灾或火势很小的阶段，一般都能较快地被扑灭。此时应全力将火扑灭，并将泄漏现象消除，通常可使用现场设置的灭火器去灭火。值得注意的是：灭火人员是否镇静，能否正确地使用灭火器是非常重要的。手提式灭火器最大的喷射时间只有 10～20s，推车式的也仅有 30s 左右。所以在灭火时，应在有效距离之内，对准火焰再进行喷射。另外，由于火势初期很小时比较容易发现泄漏部位，应及时予以消除。

② 若火势已经扩大，不可能在短时间扑灭，就不宜急于单纯地去灭火。此时，应首先将着火范围加以控制，不使火区蔓延扩大，并对邻近储存容器进行有效的冷却，防止其容器压力升高而发生破坏，使火势稳定下来。然后要准确地判明起火部位，迅速采取消除泄漏的

措施，尽快消除泄漏或降低泄漏速度，进一步控制住火势以致扑灭。消除泄漏的方法是切断气源和堵漏两种方法。

在此种情况下，泄漏的严重程度和能否立即消除，是决定灭火措施的关键。若泄漏能较快地被消除，可以将灭火和消除泄漏同时进行，或先灭火后堵漏。若泄漏不能短时间消除，是否立即将火扑灭就值得考虑了。如果很快将火扑灭，大量泄漏仍在继续，随时都有复燃的危险，再进行消除着火源，设置警戒区域等措施，实际上并没有真正解决问题。因此，若能控制住火势使其稳定燃烧，就可暂不灭火，而将泄漏出来的易燃易爆介质全部烧掉为好。这样，主要精力放在消除易燃易爆介质的泄漏上，而将被控制住的稳定燃烧火焰当作一个"火炬"使用，为消除泄漏争取时间。

综上所述，紧急情况下处理的关键是消除泄漏，而是否立即将火扑灭，则需根据具体情况来决定。让火着下去不一定不好，但火只要不灭，就要放出热量，就可能扩大火势，就是一个威胁，这就要看是否有控制住火势的能力和使未着火容器不产生超压的冷却能力。通常都是争取尽快将火扑灭，只有在特定情况下，才可考虑不立即将火全灭掉。

（4）潜在危险及应对方法

a. 火灾引起的持续高温。车辆置于火灾现场环境无法移出时，由于长时间的火焰辐射会使气瓶温度持续上升导致气瓶压力升高，当钢瓶内压力达到设计爆破压力时，设置在钢瓶两端的安全泄放装置会动作卸压，防止压力持续升高引起气瓶爆炸，但泄放出的可燃气体会加剧火势。这时不应扑灭燃烧的气体，而应任其燃烧，直至燃尽。

b. 车辆因交通事故造成天然气泄漏。公路运输不可避免地有发生交通事故的可能，交通事故虽然不会引起气瓶爆炸，但剧烈的后部追尾或侧翻可能导致管路损坏引起天然气泄漏，泄漏的气体与空气混合达到爆炸极限，遇明火后会发生爆炸，因此，一旦天然气泄漏，应急处理人员应佩戴自给式呼吸器，穿防静电消防服，尽可能关闭分瓶阀，无法关闭时，应警戒现场，严禁无关人员和车辆进入，迅速撤离泄漏区人员至上风处，禁绝火种，喷雾状水稀释，并隔离现场至气体散尽。

c. 泄漏的氢气除可能导致爆炸外，人员置于大量氢气环境中，可造成呼吸困难甚至会引起窒息。直接接触正在泄漏的液态氢气可能会引起冻伤。

d. 腐蚀导致的提前失效。充装质量不符合要求的氢气，如含有超标的硫化物、氮气等会对钢瓶产生腐蚀，因此必须充装符合标准的氢气，并按有关规定，做好年度和定期检验，按照检验结论确定下一使用周期。

16.3.5.7　产品使用标准

（1）26m³ 集装管束使用标准

TSG R0005—2011《移动式压力容器安全技术监察规程》及其修改单

TSG 23—2021《气瓶安全技术规程》

NB/T 10355—2019《管束式集装箱》

（2）37.55m³、37.8m³ 管束式集装箱使用标准

TSG R0005—2011《移动式压力容器安全技术监察规程》及其修改单

TSG 23—2021《气瓶安全技术规程》

企业标准 Q/SHJ31—2021《管束式集装箱》

企业标准 Q/SHJ27.1-20《大容积钢质内胆环向缠绕气瓶》

（3）行走机构使用标准

GB 1589—2016《汽车、挂车及汽车列车外廓尺寸、轴荷及质量限值》

GB 7258—2017《机动车运行安全技术条件》

GB/T 23336—2022《半挂车通用技术条件》

JT/T 1285—2020 危险货物道路运输营运车辆安全技术条件

16.4　管道运输

16.4.1　概述

当前世界氢能技术创新十分活跃，氢气绿色制取、高效储运进展显著，氢能产业正在积极探索商业化发展方向。氢能储运作为制氢与用氢之间的纽带和桥梁，对氢能产业链的高质量发展至关重要。随着氢能应用市场不断扩大，氢能储运基础设施的供氢保障问题将成为制约产业规模化发展的重要因素。氢能运输主要包括气态储运、液氢储运、有机液体载体储运、固态载体储运等方式。长管拖车运氢适合短距离运输，如加氢站氢气储运，管道输送适合中长距离高效场景，液氢运输技术要求高，尚未大规模应用，有机液体载体储运（LOHC）指的是通过氢气与有机介质发生化学反应，将氢能储存起来，并可以实现一定的运输和能量释放，目前处于示范阶段。如图 16-64 所示，同等运输距离和运输规模下，管道输氢成本远低于高压长管拖车等其他运输方式，且随距离、运量的增加经济性更加明显，体现出了较大的成本优势，被认为是最经济、最节能的大规模长距离输送氢气的方式。

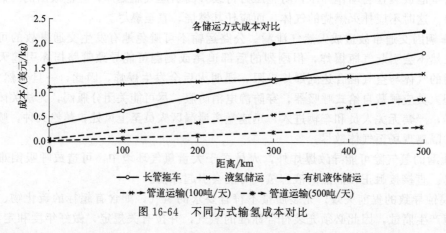

图 16-64　不同方式输氢成本对比

氢能管道分为纯氢管道和掺氢天然气管道两种运输形式，是突破氢能产业规模化发展瓶颈的重要方式。同时，液氨、甲醇和液态有机氢化物作为氢能的衍生载体也可以采用管道运输。液态有机氢化物是近年发展起来的新型管道输氢技术，其常温下为液态，使用普通油气管线即可完成长距离输送。液氨需要保持在 −33℃ 以下，输氨管道需要较严格的热绝缘。

16.4.2　纯氢管道运输

目前纯氢管道运输包括气态输氢和液态输氢。由于液氢目前主要用在火箭发射场内，一般为极短距离运输，民用领域尚未大规模应用，本章不做讨论，重点介绍气态纯氢管网输送，流程参照图 16-65。

氢气管道运输历史可以追溯到 80 多年前，1939 年德国修建了一条长约 208km、管径 254mm、运行压力 2MPa 的氢气运输管道，氢气输送量达 9000kg/h。截至目前，全球范围内氢气输送管道总里程已超过 5000km，90％以上分布在欧美地区，基本由法液空、空气产品、普莱克斯和林德等四大公司建设。未来，欧美日韩等发达国家都规划建设了氢能高速公

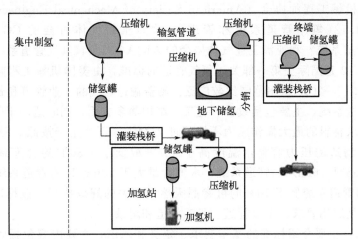

图 16-65　气态氢储运系统流程

路。西法葡三国启动欧盟首条海陆绿氢管道 455km 管道。德国传输系统 FNB gas 提出在德国全国范围内建设总长度达 5900km 的输氢管道。韩国天然气公司计划在 2030 年投资 40 亿美元建设氢能基础设施，包括全长 700km 的管道。与此同时，美国、英国、挪威、加拿大等发达国家均规划建设了氢能高速公路。

中国氢管道总里程约 400km，尚处于起步阶段。最早的一条氢气管道金陵-扬子氢气管道于 2008 年建成，是国内目前已建管径最大、压力最高、输量最高的氢气管道。该工程线路全长 25km，管径为 D508mm，管材为 L245NS 无缝钢管，设计压力 4.0MPa，最大输量可达到 $23.45 \times 10^8 \text{m}^3/\text{a}$。2023 年 4 月 10 日，中国石化"西氢东送"输氢管道示范工程被纳入《石油天然气"全国一张网"建设实施方案》，我国首个纯氢长输管道项目正式启动，这是我国最长距离的输氢管道，标志着中国氢气长距离输送管道进入新阶段。按照现在公布规划的氢气管道建设项目，规划总长度预计将超过 1500km。输氢管道建设迈入快速发展期。中国部分已建纯氢管道项目见表 16-15。

表 16-15　中国部分已建纯氢管道项目

序号	项目	时间及状态	长度	年输氢量	建设单位
1	济源-洛阳输氢管道	2015 年 8 月建成	25km	10.04 万吨	中国石油天然气管道工程有限公司
2	巴陵-长岭输氢管道	2014 年建成	42km	4.42 万吨	巴陵石化
3	金陵-扬子氢气管道	2008 年建成	32km	4 万吨	金陵石化
4	玉门油田水电厂氢气输送管道	2022 年 8 月建成	5.5km	0.7 万吨	中国石油天然气管道工程有限公司
5	宝钢无取向硅钢产品结构优化标段三项目输氢管道	2022 年 11 月建成	3.97km	0.504 万吨	上海宝冶冶金工程有限公司

16.4.2.1　纯氢管道相关标准体系

（1）国外纯氢管道技术标准

国际上氢气长输管道技术相对成熟，对应的设计标准规范研究较为全面，通用性较高的标准主要为美国机械工程师协会（American Society of Mechanical Engineers，ASME）编制的 ASME B31.12《氢用管道系统和管道》、欧洲压缩气体协会的 CGA G-5.6—2005 (R2013)《氢气管道系统》和亚洲工业气体协会的 AIGA 033/14《氢气管道系统》。

ASME B31.12 是国际上第一部关于氢气管道的标准，由美国机械工程师协会发布，最新版 ASME B31.12—2019 适用范围比较广泛，涵盖输送氢气的工业管道和长输管道。适用于氢气管道及配送系统，主要包括设计、施工、维护等多方面，同时适用于气态氢和液态氢的输送。一般要求材料的最大操作压力不能超过 21MPa。不适用于按照 ASME 锅炉和压力容器准则设计和制造的压力容器，温度高于 450℉或低于−80℉的管道系统、压力超过 3000psi（1psi＝6894.76Pa）的管道系统、水汽含量大于 20mg/L 的管道系统以及氢的体积分数小于 10％的管道系统低于 10％的可参照天然气相关的规范执行。该标准主要内容由 4 部分组成，分别是通用要求、工业管道、长输管道和附录。

① 通用要求：主要介绍标准的基本要求、定义和术语，主要内容包括管道材料、焊接与热处理、检测与检验、操作与维护。管道材料主要包括碳钢、低合金钢、中合金钢、不锈钢、镍基合金、铝合金和钛合金等。对于氢气长输管道，管道材料基本全部选择碳钢，管道材料性能及制造标准为 API Spec 5L。焊接与热处理部分主要对焊接与热处理的方法、步骤及检验合格标准进行了详细介绍；检测与检验部分主要介绍了检测与检验方法、要求；最后一部分提出了操作与维护的各种注意事项，包括常规操作、维护、泄漏检查、维修等。

② 工业管道：主要针对的是氢气的工业应用领域，包括炼化、加油站、化工、发电等。工业管道系统部分的主要内容有管道组件的承压设计、管道组件的工作要求、管道柔性分析、检测与检验。

a. 管道组件的承压设计。介绍了管道组件的设计压力、设计温度的确定方法，并重点介绍了管道各组件的设计标准和管道的应力分析、壁厚计算、开孔补强等的方法和注意事项，同时给出了动载荷作用下管道组件设计的注意事项。管道组件包括直管、弯管、支管、封盖、法兰和管坯等。

b. 管道组件的工作要求。明确提出了各管道组件的工作要求，涉及的组件包括阀门、螺栓连接和内螺纹孔、焊接接头、法兰接头、膨胀节、丝扣接头、钎焊接头及特殊接头等。标准指出应综合考虑管道材料、接头紧密度、机械强度、工作压力、工作温度和外部载荷等因素来选取合适的管道接头。

c. 管道柔性分析。重点对管道柔性分析过程进行了阐述，包括热膨胀数据的获得、弹性模量与泊松比的确定、许用应力的确定、位移应力的计算方法、合成弯曲应力的计算方法等，并简要介绍了增加管道柔性的方法。

d. 检测与检验。主要介绍了无损检测、液压试验和气压试验。该部分无损检测的要求与总则相符，并针对不同受压情况与焊缝种类给出了具体的无损检测要求。另外，标准对液压试验与气压试验的试验步骤与要求做了详细介绍，并明确给出了试验压力的确定方法。

③ 长输管道：主要针对管材选择、管道设计、管道敷设与测试等方面提出了要求，重点介绍了管材性能指标要求、管道线路地区等级划分标准、管材壁厚计算及设计系数选取、管件设计与计算、阀室设置、管道敷设检验、管道焊接与检验、管道清管试压干燥等建设周期要求。

④ 附录：对标准的前三部分的补充说明。附录的内容包括强制性目录 9 个、非强制性目录 6 个。主要包括地上氢气管道设备设计、ASME 引用标准、管道需用应力和质量因数等。

CGAG-5.6—2005 是欧洲工业气体协会（EIGA）/CGA 国际协调标准，适用于输送纯氢和氢混合物的金属输配管道系统。它仅限于温度范围在−40～175℃之间的气体产品；总压力从 1MPa 到 21MPa，该标准还规定了对纯度至少为 99.995％超高纯度氢气管道的特殊要求。

AIGA033/06—2006 与 CGAG-5.6—2005 内容基本一致，两者适用于氢气及氢气混合物的输送和配送系统，但不适用于氢气摩尔分数大于 10％，或氢气摩尔分数小于 10％且 CO 含量大于 $200×10^{-6}$ 的管道系统。

同时，临氢材料试验方法国际标准包括：①ISO 11114-4：2017《移动气瓶-气瓶及瓶阀材料与盛装气体的相容性　第 4 部分：选择抗氢脆钢的试验方法》；②ASME B&PVC Ⅷ.3—2019 ARTICLE KD10《氢服役用容器的特殊要求》；③ANSI/CSA CHMC 1—2014《用于评估压缩氢应用中材料相容性的试验方法金属》；④ASTM G 142—1998（2016）《测定高压、高温或者两者条件下含氢环境中金属脆化敏感性的标准试验方法》；⑤ASTM G 129—2021《用于缓慢应变速率测试以评估金属材料对环境辅助开裂的敏感性的标准做法》；⑥ASTM F 1459—2006（2017）《测定金属材料对氢气氢脆（HGE）敏感度的试验方法》。

（2）国内纯氢管道技术标准

与国际标准相比，我国纯氢气管道标准编制工作起步较晚，体系尚不完善，更缺少氢气长输管道相关的标准。随着氢能经济的快速到来，标准已难以满足各方面需要，相关科研机构和行业组织正在加快制定相关标准。目前，氢气管道相关的标准规范主要有：GB 50177—2005《氢气站设计规范》、GB 4962—2008《氢气使用安全技术规程》、GB/T 34542《氢气储存输送系统》系列等。其中，GB 50177—2005《氢气站设计规范》适用于氢气站、供氢站及厂区内部的氢气管道设计；GB 4962—2008《氢气使用安全技术规程》适用于气态氢生产后的地面作业场所。这两项标准均不适用于氢气长输管道。GB/T 34542《氢气储存输送系统》适用于工作压力不大于 140MPa，环境温度不低于−40℃且不高于 65℃的氢气储存系统、氢气输送系统、氢气压缩系统、氢气充装系统及其组合系统，该标准共包含 8 个部分。第 1 部分：通用要求；第 2 部分：金属材料与氢环境相容性试验方法；第 3 部分：金属材料氢脆敏感度试验方法；第 4 部分：氢气储存系统技术要求；第 5 部分：氢气输送系统技术要求；第 6 部分：氢气压缩系统技术要求；第 7 部分：氢气充装系统技术要求；第 8 部分：防火防爆技术要求。其中，第 1 到第 3 部分已经正式实施，第 4 到第 8 部分还在起草中。目前，由于国内没有专门针对氢气长输管道的标准规范。2022 年国家能源局下发《2022 年能源领域行业标准制修订计划》，中国石油管道设计院申报的行业标准《输氢管道工程设计规范》正式通过立项审批，成为中国首个氢气长输管道工程设计方面的行业标准。中国石化完成企业标准《氢气输送管道工程技术规范》编制，规范涵盖了输氢管道工程的设计、施工及投产环节，填补了国内在该领域标准的空白。同时多项标准制定工作正在开展，《氢气输送工业管道技术规程》和《城镇民用氢气输配系统工程技术规程》等国家标准也在实施中。

16.4.2.2　纯氢管道输送关键技术

在纯氢管道输送领域，金属/非金属管材开发评价、管输系统安全运行、工艺方案及标准体系等方面仍存在诸多关键技术亟待突破。中国工程院郑津洋院士曾指出氢能管道运输主要存在三个方面的难关：一是关键技术，包括低成本、高强度的抗氢脆材料、高性能的氢能管道的设计制造技术；二是相关装备国产化，如大流量的压缩机，流量计、阀门、仪表等；三是国家标准，氢能管道的设计、建造、运行、维护等各个方面的标准需全面填补。

16.4.2.2.1　材料适应性

（1）金属管道材料

在高压气态输送过程中，氢会逐步侵入并渗透钢材，对金属材料造成氢损伤，破坏金属材料的强度、塑性、韧性等力学性能。疲劳作用导致管道内部缺陷发生稳定扩展，当稳定扩展至临界值时，缺陷便开始失稳扩展，导致管道发生起裂，如图16-66所示。裂纹将会沿着与最大主应力垂直的方向向两侧扩展，发生脆性断裂和韧性断裂。主要失效形式包括氢脆、氢鼓泡、脱碳（氢腐蚀）等形态。氢脆是由于氢原子进入金属内部，在位错和微小间隙处聚集而达到过饱和状态，使位错不能运动，阻止滑移进行，降低钢材晶粒间的原子结合力，造成钢材的延伸率和断面收缩率降低，强度也出现变化。氢鼓泡是氢原子进入金属的间隙、夹层处，并在其中复合成分子氢，产生较高的压力而使夹层鼓起。脱碳也称氢腐蚀，是氢原子渗入钢内部，与钢中不稳定的碳化物发生反应生成甲烷，使钢脱碳，导致管材机械强度受到永久性破坏。

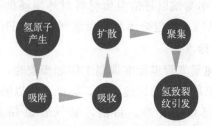

图16-66　输氢管道氢致开裂发生过程示意图

管线钢微观组织是影响氢脆敏感性的关键性内部因素。晶粒类型/成分/大小/取向均对氢脆行为有直接影响。针状铁素体/多边铁素体普遍被认为具有较高的抗氢脆能力，但并非绝对，如X100中虽铁素体含量较多，但受其强度影响，氢脆敏感性仍保持较高水平；带状铁素体/珠光体通常被认为是有害组织，Chan等发现随着碳含量的增加，铁素体/珠光体界面增多，可作为氢的强捕获位点会使氢扩散系数降低，HIC敏感性增大。贝氏体组织的HIC敏感性与其形态及分布相关，板条贝氏体组织的氢捕获效率较高，材料的HIC敏感性也相对较大。而通过淬火＋回火后的均匀粒状贝氏体组织则展现了较好的抗HIC性能。总体来说，均匀分布的珠光体比带状珠光体组织和贝氏体组织有更好的抗HIC性能。马氏体等作为非平衡组织含有较多的晶界和位错缺陷，引发氢脆的概率远高于其他组织。由于H原子在马氏体相中扩散系数比铁素体中低$10^2 \sim 10^3$倍，加之具有大组织应力特征，所以极易产生HIC现象。奥氏体组织的氢脆敏感性最低，这是由于氢在奥氏体中溶解度高，且氢原子在奥氏体中的扩散速率相较于马氏体慢$3 \sim 4$个数量级。除了材料微观组织因素外，钢强度等级、环境温度、管输压力、氢气含量、外部载荷等都是导致氢脆发生的影响因素。

一般来讲，运行压力越高，材料强度越高，氢脆现象就越明显。Nanninga和Hardie等研究表明，不同管道钢的氢脆敏感性随着强度的增加而增大。Andrew也指出相较于X52钢，X100钢疲劳裂纹扩展速率和随着氢气压力的增加而增大的现象更加明显。Komatsuzaki等指出当碳钢屈服强度由500MPa升至1400MPa后，氢致断裂的应力阈值显著降低，最大降幅甚至达到70%。Bae等在10MPa氢气环境中对X70钢进行了拉伸性能、断裂韧性和疲劳裂纹扩展性能测试，发现材料缺口抗拉伸强度明显降低，疲劳裂纹扩展速率比空气中同等条件下高近10倍。Slifka、Drexler等分别对比研究了空气和不同压力（5.5MPa、34MPa）

氢气环境下，X52、X70 和 X100 管线钢在低频循环应力下的疲劳特性。研究发现，这三种管线钢的表现基本类似，在氢环境下的疲劳裂纹增长速率比在空气中的增长速率快，说明高强度管线钢不宜直接在高压富氢环境中使用。钢管强度是管材选取的重要依据，但并非绝对的。同时，C、Mn、S、P、Cr 等元素，在炼钢或轧钢过程中容易形成偏析或夹杂，会增强氢脆敏感性，特别是钢中 S 和 P 元素的质量分数应严格注意。

焊接对于输氢管道系统的完整性至关重要。由于焊缝处冷却速率不均匀，可能存在马氏体等敏感组织，同时焊接过程中可能会出现元素偏析、带状组织等，易引起氢致失效。根据 EIGA 的相关研究，焊缝区域硬度一般比母材要高，更容易发生氢脆。可以说，整条管线中最薄弱的环节是焊接接头区域。受焊接不均匀加热的影响，焊接接头处还存在明显的残余应力，以及可能出现的焊接缺陷，这些都会严重影响到氢脆敏感性。因此，焊接接头区域的氢致脆化问题对于进行高压临氢管道安全设计以及将来的安全运行来说显得非常重要。

在目前纯氢长输管道应用较多的材料为低合金钢、碳钢。氢气工业管道和管道组件明确禁止使用灰铸铁、可锻铸铁、球墨铸铁和其他铸铁材料。ASME B31.12—2019 中限定了 API SPEC 5L 中的钢管可用类型，同样禁止使用炉焊管，推荐采用 API SPEC 5L PSL2 级 X42、X52，且规定必须考虑氢脆、低温性能转变、超低温性能转变等问题。欧洲 CGAG-5.6 规范将长输氢管道首选钢级限制在 X52 钢级，当然也可以选用更高钢级，但前提是必须开展室温氢环境下材料应力强度因子门槛值 K_{th} 的测试试验，以满足与氢环境相容性要求。加拿大监察机构建议输送纯氢气的钢材须满足低强度要求，最高等级为 X65；达到抗酸性介质标准（主要针对合金化和加工过程），且微观组织均匀，偏析可控。最大程度保持低 Mn、痕量 S（$<10\times10^{-6}$）、低 C 和低淬硬性。氢气管道钢还可选择 Al-Fe 合金，其中的 Al 起到阻止氢扩散进入钢材内部的屏障作用。此外还有可变硬度管道，即较硬的材料在内部，较软的材料在外部，如有氢扩散进入内部钢中，则可快速扩散至外部逸出。

氢气长输管道优先选择无缝钢（SMLS）管，在满足性能及安全的条件下亦可选直缝埋弧焊（SAWL）管和高频电阻焊（HFW）管，不建议选螺旋缝埋弧焊（SAWH）管。主要原因是 SAWH 管成型卷曲过程中会产生弯曲应力、扭曲应力及焊接残余应力等，其分布和量值大小变化较大，且不易消除。此外，SAWH 管焊缝长度相比 SAWL 管长，增加了产生裂纹、气孔、夹渣、焊偏等焊接缺陷的概率。残余应力及焊接缺陷是引发氢致失效的根源。选用 X52 以下的 SMLS 管时，组织以铁素体和珠光体为主，会产生一定的珠光体条带，采用形变正火态，消除带状组织后，更利于抗 HIC 性能提高；选用 X52 及以上的 SMLS 管时，热处理采用淬火＋回火态，消除淬火产生的马氏体等组织，对细小弥散的球状碳化物组织有利；选用 SAWL 或 HFW 管时，钢级不要超过 X60。欧洲的氢管道输送压力保持在 2～10MPa，大多采用无缝钢管，管径为 0.3～1.0m，管材主要为 X42、X52、X56 等低强度管线钢。

据统计，国内已运行的纯氢工业管道材质主要包括 L245 和 20♯钢，目前尚无在运行的长输氢管道。我国某 4 千万吨炼化一体化项目拟建一条从鱼山岛至镇海的海底输氢管道，管径 DN450，长度约为 45km，海底管道沿程水深 0～50m，海底管道的设计压力为 6MPa，温度为 38℃，氢气纯度为 99.9％，氢气年输送量为 12 万吨，海底管道设计寿命为 25 年。选材时，综合考虑了输氢管道的氢致失效机理及海底管道安装的强度需求，选用 API Spec 5L 的 X42 和 X52（PSL2 等级优先）低强度无缝钢管，采用淬火＋回火的热处理工艺，同时，针对一些对氢脆影响因素进行控制，如合金元素含量、碳当量、管材硬度和非金属夹杂物含量等。

解决氢脆问题还需从根本上改善管材微观组织结构。通过优化热处理工艺和处理参数，避免出现马氏体等氢敏感性微观组织。可通过加入 Al、Ti、Nb、V 等元素，生成弥散析出的碳氢化物以细化奥氏体晶粒，提高强度的同时还可改善韧性。中国科学院金属研究所在目前合金抗氢的基础上发现了添加 Sc 元素和 Zr 元素的抗脆性合金，其具有较高的综合力学性能，表现在：①高强度和再结晶温度，冷加工状态下的 Al-6Mg-0.2Sc-0.15Zr 合金屈服强度可以达到 450MPa，相较于 Al-6Mg 合金提升压力约为 50MPa；②焊接性能的提升，当焊接系数＞0.8 时，通过焊后的退火处理能够继续提升；③良好的抗应力腐蚀性能，采用恒载荷法对 Al-6Mg-0.2Sc-0.15Zr 和 Al-6Mg 两种合金在实验条件为 95％屈服应力的载荷情况下的应力寿命基本能维持在 100h 以上。该类高强度抗氢脆输氢板材与现有纯氢输送管道相比，可高效抑制氢脆速度，降低管道氢失效风险。

通过优化焊接工艺、匹配合适焊材，可改善焊缝及热影响区组织，提高抗氢脆能力，减少焊接缺陷造成的氢富集影响，有效降低应力腐蚀开裂的问题。此外，依靠内涂层防止氢损伤/氢脆也十分关键，使用涂层沉积的表面功能化是最有效的渗透屏障。陶瓷材料具有低渗透性和良好的热力学性能。目前主流的防氢渗透涂层材料主要为陶瓷类，包括 Cr_2O_3、Al_2O_3、Er_2O_3、ZrO_2、TiN 和 TiC、Si_3N_4 和 SiC 以及 $Al-Al_2O_3$、$Al_2O_3-TiO_2$ 等复合涂层。

国内外已经开展了 4130 铬钼低合金钢、300 系列奥氏体不锈钢、6061 铝合金、API Spec 5L 标准 X42～X80 管线钢等材料的高压氢环境相容性试验。浙江大学建立了我国首个国产金属材料与高压氢环境相容性数据库。首钢、宝武钢、宝鸡钢管等企业开发的纯氢输送用高频（HFW）焊管已通过第三方理化性能及高压纯氢环境适应性评价，且高压纯氢环境适用性评价结果优于同钢级的无缝管产品，在长输氢管道材料研发方面取得长足进步。

（2）非金属管道材料

当前，全球范围内氢气管输仍然以钢质管道为主。随着管道材料研发工作的推进，输氢管道复合材料相关研究也已颇有成果。从经济性、可靠性和安全性角度出发，美国橡树岭国家实验室（Oak Ridge National Laboratory，ORNL）和萨凡纳河国家实验室（Savannah River National Laboratory，SRNL）开展了高压氢环境下纤维增强聚合物（FRP）材料的力学性能研究；美国能源部燃料电池技术工作组（Fuel Cell Technologies Office，FCTO）开展了纤维增强复合（fiber reinforced polymer 或 fiber reinforced plastic，FRP）材料的标准化工作。FRP 材料由增强纤维材料，如玻璃纤维、碳纤维、芳纶纤维等，与基体材料经过缠绕、模压或拉挤等成型工艺而形成的复合材料。根据增强材料的不同，常见的纤维增强复合材料分为玻璃纤维增强复合（GFRP）材料、碳纤维增强复合（CFRP）材料以及芳纶纤维增强复合（AFRP）材料。FRP 输氢管道的基本结构包含：a. 内部防氢渗透的高压输氢管道 HDPE；b. 输氢管外保护层；c. 保护层外的过渡层；d. 多层玻璃或者碳纤维复合层；e. 外部抗压层；f. 外部保护层。每层都具有独特的功能，层与层之间有机的相互作用使输氢管道具备超常的性能。FRP 输氢管道的安装成本比钢低约 20％。2016 年，ASMEB31.12 将 FRP 材料纳入标准，规定其最大服役压力不超过 17MPa。

除了 FRP 管道技术以外，加拿大横加管道有限公司（Trans Canada Pipelines Limited，TCPL）还开发了一种复合增强管道（composite reinforced line pipe，CRLP）。这种 CRLP 材料包含了高性能复合材料和薄壁、高强低合金（HSLA，X42-X80）钢管。钢材和增强复合材料一起构建了一种价廉的混合体，可以取代高强度的全钢输氢管道。大规模输氢用复合管道（外径＞1.5m，承压＞14MPa）的总价比全钢管道低 3％～8％。尽管钢内衬没有避免氢脆问题，但是由于其壁厚小，应力降低，氢致开裂的倾向也会更低。

　　德国赢创公司为氢气应用提供一种新的高性能聚合物 VESTAMID®NRG PA12。即尼龙，又叫聚十二内酰胺，是一种长碳链尼龙，其优秀的化学稳定性和力学性能使 PA12 用于氢气相关应用更游刃有余，如图 16-67 所示。

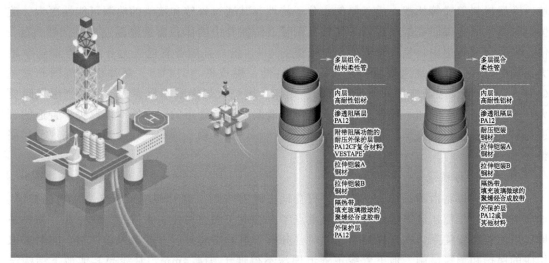

图 16-67　高分子量 PA12 材料

　　纯氢管道的材料不仅考虑使用性能，同时要考虑经济性，PE 等复合材料相较于钢材有成本优势。因此，国际上已对 PE 管道进行相关研究和使用。中国在复合材料领域也已经开展相应工作，以凌云股份和东宏股份为代表的企业开始研发 PE 管道在纯氢输送领域的应用。凌云股份已经开始和部分客户共同研究采用 PE 管进行输氢，证实了 PE 管道输氢在理论上具备可行性。东宏股份拟投资年产 7.4 万吨高性能复合管道扩能项目、新型柔性管道（PE 管道）研发及产业化项目，以推进输氢管道产业化，并联合浙江大学氢能研究院等单位共同对用于氢能输送的新型柔性复合管道展开深度合作。

16.4.2.2.2　氢气压缩技术

　　单位体积能量密度低和小分子量两个因素给氢气的压缩带来了极大的挑战。目前压缩方式主要包括离心式、往复式和隔膜式三种。离心压缩是成本最低的天然气压缩方法，但是用于压缩氢就变得非常困难，因为氢分子质量太小。采用离心压缩法压缩天然气需要 4~5 次，而压缩相同能量的氢气则需要 60 次。因此，输氢前压缩氢气需要消耗比压缩天然气大得多的功率和能量。同时，氢压缩机中采用普通的润滑剂给燃料电池带来的污染问题也无法接受。往复式压缩技术成熟，可输出高压氢气。与往复式相比，隔膜式压缩可保证整个压缩过程无污染、无氢气泄漏，可达到 700bar 高压输出。我国隔膜式氢气压缩机目前还处于产品技术研发及部分产品实际应用验证的阶段，对于高压及超高压隔膜式压缩机的技术积累还很少。表现在关键零部件的设计制造能力不足，具体关键的核心部件材料缸体及膜片材料仍依靠进口。美国 PDC 已掌握具有三层金属隔膜结构的氢气压缩机制造技术。目前研究人员正在开发更加可靠、更低成本和更高效率的免压缩技术，该技术是以高压氢电解槽（出口氢压10MP）为基础的。

　　对于高压氢输送管线，压缩是一个非常关键的环节，与压缩机或氢源连接的管段必须设置具有足够容量的压力调节设备，以保证其工作压力不得大于最大许用操作压力，相关设备主要包括泄压阀、监测调节器、限压调节器、自动截止阀等。

16.4.2.3 纯氢管道安全性管理

氢安全问题出现在制储运用等各个环节。总体来看，氢安全事故原因包括密封失效、设备失效、操作设计问题、运输事故等。氢能管道系统运行面临着氢分子小易泄漏、强振动环境、金属材料氢脆等挑战。由于氢气小分子特性，其通过管壁和接头的泄漏可能性更大。美国燃气技术研究院研究结果表明，氢气在钢管或铸铁管中的体积渗透泄漏速率是天然气的 3 倍。在非金属管道中，氢气渗漏速率是甲烷的 4～5 倍，且随着管道压力升高，渗漏速率增大。同时氢气具有燃烧速度快、点火能低等特性，燃点低（574℃）、爆炸极限范围非常宽（4%～75.6%）、起爆能量低，且氢气无色无味、燃烧火焰肉眼不易察觉，泄漏燃爆风险更大，输氢管道安全问题不容忽视。为了避免氢泄漏，输氢管道的安全性不仅取决于合适的管道材料、设备、焊接技术、密封件、阀门和管件，还要依赖合理的设计、工程实施规范和完整性管理。

（1）选址与埋设

在氢气管道路由的选择上，除了要符合地方政府规划、避开环境敏感点、文物保护区、地质灾害区、压覆矿区等区域外，还要重点考虑管道与周边村庄、乡镇、工矿企业、易燃易爆场所相对位置关系，在选择路由的同时要分析管道的高后果区并开展风险评估，同时采取相应的保护和预警措施。地下管线主管道埋深不得低于 914.4mm，管线与其他地下结构设施的间距不得少于 457.2mm，不同地质条件下的地下管线埋深要求如表 16-16 所示。

表 16-16　地下输氢管线埋深要求

位置区域	正常开挖地段	石方地段	农田地段
最小埋深/mm	914.4	609.6	1219.2

为防止第三方对埋地管线造成人为损坏，可采取以下方法：①使用物理屏障或标记，如管道上方铺设混凝土或钢板、管道两侧垂直铺设混凝土板且延伸至地面以上、采用抗破坏较强的涂层材料和在管道所在位置设置标记；②增大埋地深度或增大管道壁厚；③管道铺设方向尽可能与道路、铁路等路线平行或垂直。

（2）氢管道检测

管道裂纹的内检测本身就是管道行业面临的一个难题。由于氢气自身性质更加特殊，内检测过程需要解决检测器与氢环境的相容性及运行速度控制等问题，目前国际上尚不具备针对输氢管道成熟的内检测技术条件。裂纹无损检测手段主要包括磁粉检测、渗透探伤和超声检测，其中超声检测能够检测到管道内部使用磁粉及测厚都不能检测到的氢损伤缺陷，能够对缺陷进行定位、定量及定性，并能够达到一定的精度。金属磁记忆检测技术通过检测金属内部的应力集中区域，能够初步筛查管道氢损伤易发区，可用于输氢管道氢损伤的早期检测与定位预判。

（3）管道泄漏

针对氢气管输涉及的氢气泄漏、风险评估、完整性管理等方面，国内外研究主要集中于氢气泄漏扩散规律、燃烧爆炸机理与后果预测、风险评估模型与工具开发等方面，但由于氢气管道输送运行历史较短，数据相对有限。为解决运行与安全数据缺乏问题，美国国家能源局积极开展安全评价模型和工具的开发等研究工作，为建立国家安全、规范和标准奠定基础。美国国家实验室 SNL 开展了氢气泄放、点火及燃烧行为与物理模型、定量风险评价模

型等研究开发工作。氢气管道运行与维修维护等完整性管理相关要求也被纳入 ASME B31
12 标准中。

我国在输氢管道方面的风险评价与管控技术体系还不完备,尚未形成统一的风险评判标准。在氢气泄漏与扩散、燃烧与爆炸、风险评价等方面虽新开展了一些研究工作,但形式多以理论分析和数值模拟为主。浙江大学通过数值模拟分析不同泄漏位置、环境温度、风速对高压储氢罐泄漏扩散的影响。中石油管道局利用 DNV PHAST 软件对不同程度的管道泄漏事故进行模拟分析,确定天然气及氢气管道泄漏后的扩散状态及影响范围,得出燃烧爆炸事故对周围的热辐射影响距离。国内学者在氢气或混氢埋地管道泄漏后果方面开展了模拟分析,同时结合天然气管道和氢气管道相关标准和运行经验,形成了一系列安全风险防范措施。

氢气泄漏探测器和报警器将发挥至关重要的作用,如图 16-68 所示。由于氢无色无味,加臭方面要选择合适的气味掺入氢管线中以便监测氢气泄漏。在输氢管线和储氢容器中植入氢监测传感器,使用并进一步提高其机械完整性,是预防外部破坏和机械故障的基本保障。美国 H_2 Clipper 公司 2022 年获得的专利 Pipe-within-a-Pipe(管中管技术),其工作原理是基于氢气使用额定压力高达 2500psi 的内管。氢管道位于直径稍大的安全管道内。在氢气管的外表面和安全管的内表面之间,有惰性气体自由流动的空间,相关传感器不断收集有关惰性气体变化的数据。因为氢气是小分子,可能会有微量氢气渗入氢气管壁。管中管技术中,任何氢分子都会被监测,泄漏的氢分子被惰性气体吸收并立即被扫出系统。此外,如果连续监测传感器检测到比正常情况更多的氢气,输气系统将自动关闭,直到问题得到解决并确认安全,才会重新开启。

图 16-68　便携式氢泄漏探测仪

针对氢气泄漏问题,全球各大公司也正在开发氢气泄漏探测传感器,并探索光纤传感器用于氢气输送管道机械损伤和大规模泄漏的应用途径。基于拉曼光谱的微纳光纤氢气泄漏检测技术,具有本质无源、高灵敏、快响应等特点,能够解决现有大部分技术存在的与可燃气体串扰、灵敏度低、响应速率慢、有毒性、存在暗火等问题,可有效提升输氢管道、加氢站等涉氢场景痕量氢气实时检测技术能力和水平。

(4)运行与维护

氢气管道启用前需要按照相关操作要求严格执行。投入运行前、长期停用前后、检修动火作业前,均要进行氮气置换。根据其服役的氢气纯度采用相应纯度等级的氮气进行置换。

对于已停用的氢气工业管道进行重新启用前，需要对管道做好重新启用前的操作检查和缺陷修复。

氢气工业管道维护作业前，应确保管道静电接地良好，关闭阴极保护整流器；应设置安全护栏和警戒线，并张贴安全标志，禁止非操作人员入内；存在有危险量的氢气放空前，应移除潜在的点火源，并匹配相应强度的灭火器材；禁止在有氢气泄漏的可能性空间内吸烟、明火作业、安装可产生火花的装置或使用可产生火花的工具；禁止在爆炸危险区域内采用非防爆型工具进行维护操作。

氢气输送工业管道系统检修过程中，应切断相应的电源、气源，并用盲板隔断与尚在运行的设备、管道和容器的联系。制定重新运行工业管道的程序，包括但不限于：管道系统的维护计划、维修程序和危险状态紧急预案；管道系统的腐蚀控制、检修与修复，并提出记录要求；管道系统阀门的运行维护并提出记录要求；管道系统的缺陷修复与检测，并提出记录要求。氢气工业管道检修后，均应进行压力试验、气密性试验、泄漏量试验，并符合相关规定。

氢气工业管道运行期间，应定期对其进行泄漏探检，检漏频率应根据管道系统运行压力、已经运行年限、地区、等级及既往发生输送氢气的泄漏事故频次确定，但泄漏调查间隔不得超过 3 个月；泄漏探检的范围应根据氢气管道服务区域的特性、建筑物密度、管道已服役年限、管道系统条件、工作压力以及管道所处的地质条件（如地表断层、沉降、洪水）确定；当氢气管道系统受外力影响（如地震或爆破引起的应力）后，应进行一次探测；运行单位确定检测要求后应按计划要求进行定期检测，以确保管道安全运行；主要商业区的氢气管道系统应使用氢气探测仪进行漏点检测。检测范围包括管道周侧公用设施检修孔、路面、人行道裂缝等处可能存在氢气聚集的区域。

对管道进行切割或焊接前，利用携带型氢气报警器彻底检查周边区域是否存在可燃氢混合物。若发现氢可燃混合物，应清除或利用惰性气体对管道进行置换。在整个焊接或切割过程中，应持续监测空气中氢气的浓度；若对氢气工业管道进行带气焊接，要控制管道内氢气压力，确保焊接管道处于微正压状态，并应采取措施防止氢气回流；对可能存在氢气、空气混合气的管线进行维护维修时，使氢气含量达到标准后，再进行切割和焊接作业。

总之，虽然我国已在纯氢管道增压输送、安全泄放、管材评价、焊接安装和安全防护等方面初步形成了核心技术体系。但无论是在管材选择、输送工艺优化，还是在安全风险管理、泄漏检测、完整性管理等安全保障措施方面均需要结合氢气物理化学性质及燃烧爆炸特征，还需要进一步开展相关技术研究或优化升级，突破关键核心技术，发展氢管道智能监测和应急修复等保障技术，建立输送风险定量评估、安全性和可靠性评价方法；促进氢环境下管道材料、压缩机、计量设备、调压设备、阀门等关键装备及密封材料等核心装备实现国产化。

16.4.3 掺氢天然气管道运输

将氢气以一定的比例掺入天然气中，利用现有的天然气管道或管网进行输送，被认为是经济快捷的氢气规模化输送方式，它不仅可以解决碳减排问题，而且可以大幅度避免新建管道的大规模一次性成本投入。天然气掺氢管输已被多个国家列入氢能产业规划，将天然气管道掺氢输送改造视为打破氢能运输瓶颈、促进氢能经济发展的重要举措。掺氢天然气管道输送及相关技术线路如图 16-69 所示。

据有关统计，目前全球已开展近 40 个掺氢天然气管道输送系统应用示范项目，国外掺氢管道项目概况如表 16-17 所示。欧洲基于"NaturalHy"天然气管网掺氢研究成果，开展

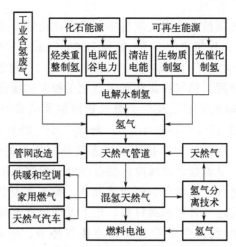

图 16-69   掺氢天然气管道输送及相关技术线路

了多处掺氢示范项目，掺氢比例为 2%～20%。英国依托 HyDeploy 示范项目，向基尔大学专用天然气管网和英国北部天然气管网注入 20% 比例的氢气，为 100 户家庭和 30 栋教学楼提供掺氢天然气。荷兰、德国、法国、意大利等国家也在积极推进天然气管道掺氢输送技术研究与探索，均基于天然气管网掺氢输送试验研究在局部区域开展了天然气掺氢管输小范围示范应用。加拿大、美国和西欧地区的应用显示，将 3%～5% 氢气混合到天然气中，对锅炉和煤气灶等最终使用设备几乎没有影响。荷兰 Ameland 地区 14 栋楼宇的燃气中混入 20% 的氢气，截至目前尚未发现安全问题。

表 16-17   国外掺氢管道项目概况

国家或地区	年份	项目/公司	掺氢比例	项目意义
欧盟	2004—2009	NaturalHy	<50%	该示范项目联合 15 家天然气企业开展了天然气管道掺氢的潜在影响研究,成为掺氢管道运输实验里程碑项目
英国	2015	HyDeploy	20%	首个将氢气掺入天然气供应系统的项目
荷兰	2008—2011	Ameland VG2	20%	该项目第一次长时间测试了天然气掺氢的家用性能
德国	2020	DVGW	20%	提高掺氢比例的示范性项目
法国	2014	GRHYD	20%	天然气掺可再生氢,供居民使用
意大利	2019	SNAM 燃气公司	5%	—

近年来，我国在氢能全产业链发展推动下，也在积极开展天然气掺氢技术研究。中国天然气管道掺氢示范项目起步较晚，目前多个掺氢输送和应用示范项目正在积极实施推进，具有代表性的有以下几种。

朝阳天然气掺氢示范项目：2019 年 10 月，国家电投集团公司 2019 年重点项目——朝阳可再生能源掺氢示范项目第一阶段工程圆满完工。该项目是中国首个电解水制氢天然气掺氢项目，利用燕山湖发电公司现有 $10m^3/h$ 碱液电解制氢站新建氢气充装系统，氢气经压缩瓶储存后通过集装箱式货车运至掺氢地点。截至 2023 年 5 月，该项目三年试验结束，国家电投依托大量的试验数据，牵头编制了团体标准"天然气掺氢混气站技术规程"征求意

第三篇 氢的储存、运输及加注

见稿。

陕宁干线掺氢项目：该项目在陕煤线进行掺氢可行性论证，是中国主干线首次掺氢可行性论证。该线路全长 97km，掺氢比例 5%，管径 D323.9mm，管材 L360Q 无缝钢管，钢管等级 X65，设计压力 4MPa，一期计划输量 4.2 万吨/年，二期规划 11.7 万吨/年。

宁夏输氢管道及燃气管网天然气掺氢降碳示范化工程中试项目：国内首个燃气管网掺氢试验平台，包括 7.4km 的输氢主管线及一个燃气管网掺氢试验平台。管径 D219.1mm，设计压力 4.5MPa，试验流量 1200～3000m³/h，测试 3%～25% 掺氢比例下管材（20♯、L360、L450 等）、流量计、阀门、检测仪表、可燃气体探测器的适应性，验证现有燃气管网密封材料、焊缝适应性、氢脆概率及风险评估等问题。旨在验证并解决燃气管道在不同掺氢比例下，现有管材，流量计，过滤器，阀门等设备，检测仪表以及可燃气体探测器的适应性问题，还可验证解决现有燃气管网密封材料、地上及埋地管道焊缝适应性问题，以及氢脆产生的概率与风险评估等问题。主要是实现管道掺氢环节、输送环节和用户环节全流程验证。

2019 年以来，在国家电投、中石化、国家管网等央企共同推动下，我国在天然气管网掺氢项目领域在社会认知、技术积累、行业标准、示范项目和发展规划等方面取得了实质进展，带动了全国部分省市将天然气掺氢项目列入产业规划。2021—2023 年，科技部连续发布关于"十四五"国家重点研发计划"氢能技术"重点专项，计划到 2025 年实现中国氢能技术研发水平进入国际先进行列，同时加速中国天然气掺氢管道建设。目前国内首条掺入绿氢的高压长距离输送天然气管道包头—临河输气管道工程已开工建设，设计掺氢比例 10%，材质为 X52M，干线管径 457mm，全长 258km，管道设计压力 6.3MPa，最大输气量每年达 12 亿立方米。

16.4.3.1　天然气掺氢输送工艺

天然气掺氢产业链包括混氢、掺氢天然气储运，按照应用场景可分为向天然气长输管道、城市燃气管网掺混一定比例氢气来分别实现天然气掺氢输送。表 16-18 给出了常温常压下氢气和甲烷的主要性质对比。氢气具有密度小、爆炸区间范围宽、最小点火能量低、火焰温度高、扩散系数大等特点。因此，掺氢天然气和常规天然气的物性、燃爆特性必然存在差异，具体差异大小取决于掺氢比。

表 16-18　氢气与甲烷的主要性质对比表

性质	氢气(H₂)	甲烷(CH₄)	性质	氢气(H₂)	甲烷(CH₄)
分子量	2.016	16.043	动力黏度(0℃)/($\times 10^6$kg・s/m²)	0.852	1.06
气体常数/[J/(kg・K)]	4.125	518	向空气的扩散系数(0℃)/($\times 10^4$m²/s)	0.611	0.196
密度(15℃)/(kg/m³)	0.0852	0.6801	最低着火温度/℃	400	540
低热值/(MJ/m³)	10.23	34.04	最小点火能/($\times 10^{-8}$kJ)	1.51	29.01
高热值/(MJ/m³)	12.09	37.77	爆炸极限/%	18.2～58.9	5.7～14
运动黏度/($\times 10^6$m²/s)	93	14.5			

掺氢天然气管道输送主要包括掺氢环节、输送环节和用户环节（图 16-70）。

天然气掺氢操作可在长输管线工程的首站、分输站或末站进行加注，也可以在下游城镇燃气输配气系统中加注。输气管道界区划分如图 16-71 所示。

目前常用的掺氢工艺是流量随动式混氢工艺，将高压气瓶组中氢气经过节流后降压至天然气输送压力，然后进入流量随动式混气装置与天然气进行混合，混合均匀后输至下游管

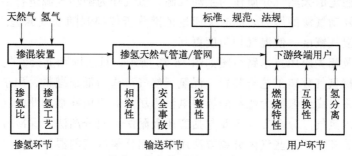

图 16-70　掺氢天然气管道输送关键环节示意图

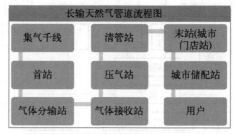

图 16-71　输气管道界区划分

道，如图 16-72 所示。

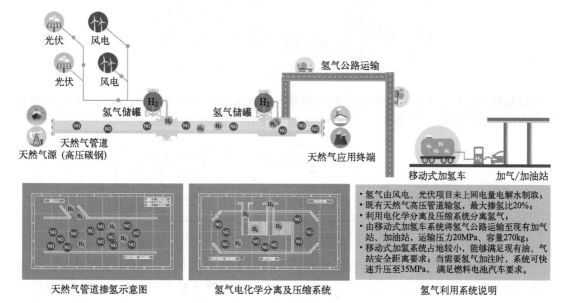

图 16-72　长输管道站场掺氢工艺示意图

　　掺氢装置设备包括混气撬、反应设备、压缩设备、冷换设备、掺氢高压分离器、掺氢高压换热器等。在掺氢反应前应根据掺氢工艺的需要确定合适的反应器数量并进行配置，反应器内设置三个床层，并在床层间设置喷射盘和再分配盘。

　　流量随动式混气撬主要由氢气管路系统、天然气管路系统、流量监测、压力调节阀、随动流量混合器、色谱分析仪、紧急切断阀、压力检测和燃气报警检测设施等组成。该设备以流量、压力相对稳定的天然气介质作为主动气源，氢气作为随动气源进行混合，通过主动气源的压力来控制随动气源的压力，同时又通过色谱分析仪控制随动气源进入混合器的流量，可以有效地控制混气精度，使混气均匀度更高。

　　天然气掺氢及相关应用技术路线图如图 16-73 所示，目前国际上天然气长输管道掺氢运输流程尚未增加掺氢气分离工艺与装置。混氢天然气可作为低碳燃料，用于直接燃烧获得热能或产生电能。将以高纯氢气为燃料的燃料电池为场景的应用终端，此时就需要在混合气体中分离较高纯度的氢气。分离方法主要包括变压吸附法、膜分离法、深冷分离法、储氢合金分离法和电化学分离法。这些气体分离方法用于分离低氢浓度的混氢天然气还有待验证，目前针对混氢天然气的氢气分离技术的研究仍较少。

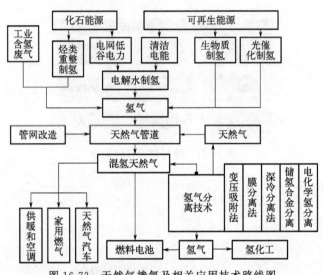

图 16-73　天然气掺氢及相关应用技术路线图

　　城镇燃气门站工艺为将长输管道输入的燃气输入用户终端进行使用，对城镇燃气管网掺氢应在门站阶段进行，城镇燃气门站掺氢工艺示意图如图 16-74 所示。

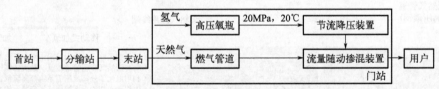

图 16-74　城镇燃气门站掺氢工艺示意图

　　采用掺氢装置与天然气长输管道相同，仅掺氢的环节不同，长输管道在首站、分输站或末站掺氢，城市燃气管网在门站掺氢。天然气长输管道输送至门站后与来自高压气瓶组的氢气均节流降压至同一压力等级后进入流量随动式混气撬进行混合，混合后输至下游用户。

　　产业链的下游环节主要是终端多元应用生态，包括居民用户、商业用户、工业用户等终端用户，既可直接使用掺氢天然气，也可将掺氢天然气进行提氢分离后再分别使用。民用领域可将掺氢天然气直接应用于燃气灶、燃气热水器、燃气壁挂炉、小型锅炉等；工业领域可将掺氢天然气应用于工业锅炉、燃气轮机、燃气内燃机、工业窑炉、工业燃烧器等。掺氢天然气在交通领域也具备良好的应用前景，如使用掺氢天然气燃料可有效提高天然气发动机的热效率并降低污染物排放。

16.4.3.2　天然气掺氢比范围

管道掺氢输送由于安全性、经济性、可行性等影响因素比较复杂，掺氢比范围的确定受管材相容性、管道完整性、设备匹配性及下游用户适应性等多方面因素影响，所以目前暂未形成统一标准，不同国家对掺氢比上限的规定也不尽相同。

芬兰、瑞士、奥地利、西班牙等欧洲国家规定天然气管道中掺氢比上限分别为 1%、2%、4%、5%。澳大利亚可再生能源署指出，掺氢比小于 10% 时不会对天然气管道、设备及法规等产生明显影响。德国规定天然气管网的掺氢比上限为 2%（个别情况 10%），但德国 Avacon 计划未来将其运营的天然气管网掺氢比上限提高到 20%。法国规定天然气管网的掺氢比上限为 6%，但从 2030 年起部分天然气运营商将尝试 20% 的掺氢比。英国法律规定天然气管网中掺氢比上限为 0.1%（按质量分数计），目前英国 HyDeploy 示范项目已成功向在役天然气管网中掺入 20% 的氢气。美国国家能源局只进行了定性描述，在现有管道和终端设备改造较小的情况下，掺混浓度较低的氢气是可行的，而掺混浓度更高的氢气会增加输送系统的风险且需要对设备进行调整。各国对天然气掺氢比例上限的要求如表 16-19 所示。

表 16-19　各国对天然气掺氢比例上限的要求

国家	对天然气掺氢比例上限的要求/%	备注	国家	对天然气掺氢比例上限的要求/%	备注
德国	2	体积分数	日本	0.1	质量分数
法国	6	体积分数	比利时	0.1	质量分数
奥地利	4	体积分数	英国	0.1	质量分数
瑞士	2	体积分数	西班牙	5	体积分数
芬兰	1	体积分数			

同样，我国相关规定和技术标准中并未明确规定天然气长输管道和城市燃气管网中的掺氢比上限。在 GB 17820—2018《天然气》中对天然气质量做了高位发热量要求，GB 55009—2021《燃气工程项目规范》对燃气质量的热值和组分要求了燃气互换性，但并未对具体氢气含量给出明确限制。掺氢比确定的主要困难在于掺氢比受管道输送系统和终端用户等多个因素共同制约，例如管材材质、燃气互换性、燃爆安全性等。

氢气的体积能量密度（低热值）大约只有天然气的 1/3，在相同的工况下，掺氢会降低天然气管道输送气体的体积能量含量，导致终端用户天然气需求量上升。同时，天然气掺氢输送对管材的适应性有特定要求，也会对压缩机、调压器、储气库、储罐、阀门等关键设备性能产生潜在影响。

对于终端用户，掺氢后天然气的密度、热值、燃烧特性等发生改变，而燃气灶具、燃气发动机、锅炉及燃气轮机等燃烧设备由于各自燃烧性能的不同，对可接受的掺氢比范围也不同，需充分考虑掺氢后的燃气互换性及掺氢对燃烧性能的影响。相关学者采用不同的燃气互换性判别方法对掺氢天然气的燃烧特性和掺氢比上限进行了研究，结果表明，在满足 12T 天然气特性指标的范围内，随着掺氢比的增加，掺氢天然气的华白数逐渐下降、燃烧势逐渐升高，燃烧的一次空气系数逐渐增大、热负荷逐渐下降、热效率逐渐升高，但燃气的火焰传播速度急剧增大，燃具回火的风险增加，并容易造成燃烧不稳定。国内外多位学者研究表明，燃气互换性及燃具要求的合理掺氢比上限为 20%～27%。

　　此外，国内西安交通大学、清华大学等在燃气发动机方面的研究表明，天然气掺氢后会对发动机的热效率、排放特性、循环变动、稀燃极限等产生一系列影响，掺氢比较低时无需改造发动机，但当掺氢比超过一定值后，需对发动机进行改造。Ball 等研究表明燃气发动机对掺氢比的适应范围为 2%～5%，掺氢浓度过高时发动机会发生爆震等现象，燃气轮机对掺氢比的适用范围也低于 5%，但经调整和改造后对掺氢比的适用范围可提高到 5%～10%。日本三菱日立动力系统有限公司对采用掺氢天然气作为燃料的大型燃气轮机进行了燃烧实验测试，结果表明使用 30% 氢燃料混合物时必须对燃烧器进行升级改造，现有燃气轮机的控制系统和密封条件无法适应高浓度的氢气环境。

　　各国开展的掺氢比研究和天然气掺氢对管道输送系统及终端用户燃烧设备等影响的研究，示范项目实际运行的结果表明，利用天然气管网输送低掺氢比天然气，原有管网的适应性较好；输送高掺氢比天然气，则需要更新（或改造）原有管材及设备，升级安全防控与应急技术体系。因此，未来应进一步查明掺氢比对在役天然气管道、设备和下游终端用户可能产生的各种影响。综合考虑安全性和经济性等因素前提下，明确不同制约条件下的掺氢比，制订掺氢天然气管道输送掺氢比的确定准则非常必要。

16.4.3.3　掺氢管道系统相容性评价

　　在天然气掺氢后，管道本体、焊缝、压缩机、流量计、调压器、阀门等均暴露在高压富氢环境中，发生氢脆、氢腐蚀等氢损伤的风险有所加大，将对天然气管道的运行工况、设备性能、安全维护带来较大改变。对于终端用户，燃气器具、燃气轮机、锅炉、工业窑炉等燃烧设备因各自燃烧性能的不同而对掺氢天然气的适应程度不尽相同，需要考虑掺氢后的燃气互换性以及掺氢对燃烧特性的影响，开展掺氢天然气与管材及终端设备的相容性分析。

　　（1）管材相容性

　　在当前的天然气管网中掺氢会对长输管道、城市输配管道及管道配套产生影响。长距输送干线管道输送压力较高，强度等级相应较高，如 X65、X70、X80、X100 等。

　　在氢气管道输送关键技术中，管材评价是开展天然气管道掺氢输送相容性评价的关键。除了管道面临的土壤腐蚀、应力腐蚀和酸性气体腐蚀传统威胁之外，由于气体氢含量显著增加，管线钢在临氢环境中可能发生性能劣化甚至失效。管道中的氢分子与钢材表面碰撞并吸附于钢材表面，随后裂解以原子形式渗入钢材，使管线钢发生氢脆、氢致开裂、氢鼓泡等氢损伤现象。通常，氢脆将导致材料韧性、塑性、疲劳强度显著下降，并使材料的断裂行为从韧性断裂转变为脆性断裂，加剧管道失效的突发性。在材料内部扩散的氢原子可能被氢陷阱捕获，造成氢原子局部富集，在应力作用下使裂纹形核、扩展并最终导致氢致开裂，如图 16-75 所示。此外，被氢陷阱捕获的氢原子可能复合形成氢分子，氢分子在缺陷处不断聚集，产生局部超压，使材料产生氢鼓泡并最终失效。管线钢的氢脆可能引发重大安全事故。在掺氢天然气工况下，总压与氢分压均有可能影响材料的氢脆敏感性。通常，总压越高，在材料表面分解的氢原子越有可能渗入材料内部，促使材料发生氢脆。另一方面，由于国内外管线钢的冶炼、制造水平不同，国外开展的氢脆研究难以真实反映国内管线钢的氢脆行为。

　　研究表明，即使在室温或管输压力较低的条件下，氢气也会影响材料的力学性能和断裂机制，为保证掺氢管输的安全性，开展高压富氢环境中掺氢天然气与管材的相容性分析十分必要。该项工作的关键是针对管道的当前状态，确定材料典型力学性能与掺氢比和输送压力等之间的相互影响关系，分析不同掺氢比条件下管材能否适应或需要采取的

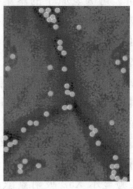

图 16-75　氢致开裂示意图

相应措施。本章节的材料相容性研究主要针对掺氢天然气主干输送管道，主要包括微观和宏观两方面内容。

　　一是从微观角度揭示发生氢脆和氢损伤的内在机理。采用第一性原理、分子动力学方法结合扫描电镜、透射电镜等仪器研究富氢环境下管材发生破坏的机理或观察材料的微观组织结构变化。从微观角度对高压富氢环境下管材内部晶格结构变化进行研究，是分析氢脆及氢损伤的有效方法。实际的金属材料晶格排列并不是非常整齐的，往往存在晶格缺陷，氢原子和晶格缺陷具有强烈的相互作用，从而影响材料的力学性能。在高压氢环境（300 K、70MPa）下，高能晶界的内聚能降低约 25%。WASIM 等认为，氢原子所导致的微裂纹、孔洞以及鼓泡会使得金属基体原子结合能减小，从而不均匀地降低显微硬度。张磊采用分子动力学方法探究了氢原子对 α-Fe 裂纹扩展的影响，发现氢原子进入铁中会引起晶格畸变，使得 α-Fe 更容易产生位错成核，导致 α-Fe 的屈服应力下降；当氢原子大量吸附在裂纹表面时，会促进裂纹扩展。付雷对氢致裂纹扩展的分子模拟研究发现，加氢后铁的断裂韧性值降低，裂纹开裂扩展的临界条件减小。除氢原子之外，氢分子可以在金属内部形成，也可能引发氢致失效。氢原子进入金属后，在扩散过程中被不可逆氢陷阱（例如金属原子空穴）捕获，会产生局部聚集，并复合产生氢分子。由于氢分子无法在金属内部扩散，其含量会随着时间增加而增加，最终会产生高达数十万标准大气压的局部超压，导致金属产生氢鼓泡并失效。

　　由于进行原子尺度实验的困难性，具有更高分辨率的技术在氢的研究上就显得特别迫切，这包括原子力显微镜、低能电子衍射技术等。正因为实验工作的困难，模拟计算正在氢致失效研究领域越来越得到关注，如 DFT 为氢致失效机理的论证提供了有力手段。由于针对各种典型微观结构对氢渗透和失效过程的定量化研究较为匮乏，故可以通过 FEM 来模拟管线钢中氢原子的分布。但目前大部分 FEM 模型的建立都是基于渗氢实验获得的参数，虽然修正了应力、位错等各种因素的影响，但各种微观组织结构和应力/氢之间的交互作用还缺乏详细了解。此前曾有使用显微结构重构的方法，通过 FEM 表征双相组织中的氢渗透行为，为管线钢中的氢渗透研究提供了新的思路。

　　二是从宏观角度开展材料典型力学性能的实验模拟和测试，包括慢拉伸试验、疲劳特性、断裂韧性和裂纹扩展实验，这些实验可以得到氢环境下材料的力学性能参数，为氢环境服役下管道的设计及运行提供依据。现场服役数十年的天然气管道，其管体不可避免地存在各种表面缺陷，如腐蚀、凹痕、擦划等。这些缺陷如果能够通过各种类别的缺陷评估标准，则管道无需进行维修即可继续运行。然而，这些缺陷对于渗透进入管线钢的氢原子而言，则是典型的氢陷阱。可为氢原子的聚集提供场所，导致管道发生氢脆的概率增大。研究还发现当氢气分压仅为 1.7MPa 时，17％的掺氢比下管材的疲劳裂纹扩展速率仍可增加一到两个数量级。氢对管道力学性能的影响主要受天然气组分、掺氢比、管道工况（压力、温度）、管道强度水平、材料微观组织以及管道运行历史等影响。目前普遍认为管线钢强度等级越高，氢脆倾向越大。X80～X100 等高强钢热轧工艺所产生的硬化是导致氢脆的主要原因。超高强马氏体时效钢（T250，$\sigma_s = 1720$MPa）在湿度≥30％的空气中就能发生 HIC，这是由于 Fe 与 H_2O 反应会生成氢原子。一般将抗拉强度 1000MPa 作为发生氢致延迟断裂的强度门槛。所以，掺氢或输氢管道优先选择低钢级，ASME B31.12 推荐 X42、X52。但管材强度并非影响氢脆敏感性的唯一指标，有学者发现在相同氢分压下 X52 的氢脆敏感性反而高于 X80，氢渗透实验显示 X52 吸附氢浓度高于 X80，氢扩散系数低于 X80 钢，导致 X52 内的氢原子浓度更高。分子动力学模拟结果表明，X52 内部氢原子浓度更高是其氢脆敏感性高于 X80 钢的原因。

长距输送管道中的高压气体经过减压站处理后进入配送管道网络，以较低压力输送到终端使用设备。相比主干长输管道而言，配送管道种类多样，包括钢管、PE 管、铸铁管、不锈钢管、铝塑复合管、橡胶软管等。钢管通常强度较低，如 API5LA、API5LB、X42 和 X46，常用材质为 L 系列，主要有 L360、L415、L450、L485。除钢制管材外，还采用少量钢骨架聚乙烯复合管、PE80、PE100 管材、聚氯乙烯（PVC）及其他弹性材料。同时，压力较低（输气压力等级划分中 4 个压力等级低于 1MPa），只有高压燃气管道压力为 1.6～4.0MPa。对于低强度钢而言，在运行压力较低的城市输配管网中发生氢损伤的风险相对较低。掺氢天然气与城市输配管网的相容性一般考虑较少。

非金属材料方面。英国 HyDeploy 项目研究了 20％氢气对含管道系统的高分子材料以及氢气对管道的连接与修复技术的影响。实验研究数据认为掺氢不会对金属管道（包含钢以及铜等多种材料）的力学性能产生过大影响。浙江大学研究表明，在 5MPa 氢气体积分数为 30％的掺氢天然气环境中，聚乙烯的平均抗拉强度和断后伸长率与其在天然气环境中的相比变化不大，但其平均抗拉强度比增加了 4.18％，平均断后伸长率增加了 2.82％。GTI 对管道中常用的除 ABS 之外的弹性非金属材料的研究结果表明，氢对聚乙烯等材料的影响较小，材料在氢环境中长期服役性能并不会出现退化的现象，其微观组织结构也未发生显著变化，很少或没有氢气（或其他任何非极性气体）会与聚乙烯管道发生相互作用。此外，大部分的弹性体材料也与氢有良好的相容性。而且暂无迹象表明 ABS 材料会受到氢气的影响，同时这种材料在管网系统中的用量较少。

虽然目前已针对掺氢管道相容性开展了较多研究，但目前高压富氢环境下材料典型力学性能试验模拟环境与真实掺氢天然气存在一定差异，未考虑 H_2S、CO、CO_2 等组分的协同影响。加强在典型管线钢材料在掺氢天然气条件下的力学性能基础数据库建设方面的研究，找到不同掺氢比下管材及其焊缝的典型材料力学性能劣化规律至关重要。

（2）设备相容性

整个天然气管网系统中，除管道外，还包括掺氢对调压、控制设备以及用户终端等产生的影响。

① 控制仪表。GTI 的研究结果显示，氢气的添加还会对管道中控制仪表的精度产生一定的影响，具体的偏差会随仪表的制造水准不同而有所差异。总体而言，掺氢比超过 5％的计量仪表保持完全精度需要做改造。大多数仪表在掺氢浓度低于 50％时，其不确定度在 4％以内。HyDeploy 项目对仪表的准确度进行了研究，其发现 CO 的检测系统受氢气的影响较

大，需要进行一定的补偿。

② 调压设备。氢气的添加还会对调压站中一些设备产生影响，一般掺氢量到 10% 有对压缩机的影响，要改造压缩机，调压站主要有两种类型的压缩机：活塞式压缩机和离心式压缩机。对于活塞式压缩机，工作气体影响较小。而离心式压缩机影响较大，使用氢需要压缩的体积是使用天然气的 3 倍。掺入的氢气比例相对较低，对压缩机性能要求相对较低，但是氢气的掺入对离心式压缩机的性能要求会提高。要获得相同的压力比，压缩氢时需要的旋转速度要比压缩天然气的旋转速度高 1.74 倍。压缩氢的旋转速度会受到材料强度以及压缩机性能的限制，当氢气通过现有的管道基础设施输送时会存在潜在风险。阀门的密封面上需要考虑氢气小分子渗透，防止氢气泄漏，总体结构变化不大。

③ 终端设备。输配管网相连的下游用户设备设施通常适用于天然气介质。城市燃气曾是一氧化碳和氢气的合成气，后来才逐渐更换为天然气。但天然气与氢气物性差异较大。天然气掺氢后会对管道及配套设备设施的安全运行及下游用户带来影响，需要评估影响并确定合理、安全的掺氢比例范围。家用燃气具对燃气的适应性有两个主要指标，即华白数和层流燃烧速度。计算表明，掺入 10% 氢气时，这两个评价指标都在燃气的可互换区间内。对于 12T 基准天然气，依据中国标准 GB/T 13611—2018《城镇燃气分类和基本特性》通过华白数和燃烧势计算出满足燃气互换性要求的天然气极限掺氢比例为 23%。此外随着掺氢比例的升高，家用炊具、燃气热水器和燃气采暖热水炉的烟气 CO 和 NO_x 排放值均在标准容许范围内，且排放烟气的 CO 分数随掺入氢气的增加呈降低趋势，家用燃气具对掺氢比例 20% 以下的掺氢天然气适应性良好。国家电投集团依托朝阳天然气掺氢示范管道，建立了模拟厨房使用场景以评价燃气具的使用性能。初步研究结果表明，掺氢 20% 时灶具的热效率下降了 8.85%，氮氧化物浓度基本维持在 4.4×10^{-6}，碳氧化物浓度由 50×10^{-6} 降低至 29×10^{-6}；掺氢 20% 时燃气热水器的热效率由 93.13% 降低至 92.58%，氮氧化物同样基本维持在 21×10^{-6}，碳氧化物浓度由 35×10^{-6} 降低至 28×10^{-6}。

目前用户终端掺氢适应性研究主要集中于其在不改造且保证性能与安全前提下的掺氢比例耐受范围，但是不同应用场景、不同性能、不同厂家等用户终端的可掺氢比例范围暂未形成定论，仍需进一步对多种代表性用户终端进行掺氢适应性研究。

16.4.3.4　掺氢管道安全性管理

由于氢与天然气存在物性、燃烧特性、爆炸极限等特性的显著区别。随着掺氢比增加，泄漏、燃爆风险相应增加，掺氢输送安全问题必须足够重视。材料相容性在上一节已讨论过，本节重点讨论泄漏与积聚、燃烧与爆炸、完整性管理、风险评估等。

（1）自然渗漏与积聚

管道输送过程中掺氢天然气的泄漏是一种连续泄漏，通常会产生气体积聚的现象。泄漏可以分两种情况：一种是渗漏，主要发生在管道壁面和接触密封处，渗漏速度较慢；另一种是意外情况下的泄漏，主要是由自然灾害及操作问题等引起的泄漏，泄漏速度较快。

正常工况下，渗漏主要发生在配送管网，且以非金属材料中渗透的渗漏为主。渗漏气体的大部分是通过管道壁面渗透。由于氢分子体积更小，相对于甲烷，氢在管道中不存在扩散潜伏期，所以渗漏问题需要重视。氢气的渗漏速率一般比甲烷快 4～5 倍，且随着管道压力的增加，氢气和甲烷渗漏的速率都会增加。接触密封处也是气体渗漏敏感部位。天然气配送系统大多使用弹性体材料密封，对氢气的渗漏速率更高。管道中绝大多数非金属材料对氢气的渗漏速率可在美国燃气协会（AGA）、欧洲工业气体协会（EIGA）

及国际能源署（IEA）等提供的数据中查询。天然橡胶和丁苯橡胶对氢的密封能力相对于其他弹性体材料较差，其渗漏速率分别是在 HDPE 中的 26 倍和 21 倍。在钢和球磨铸铁中的渗漏主要是通过螺纹或机械接头。美国燃气技术研究院（Gas Technology Institute，GTI）开展渗漏测试表明，接头处氢的体积渗漏速率比天然气高 3 倍。理论计算表明，掺氢 20％天然气管道系统中，气体渗漏损失几乎是系统只输送天然气时的 2 倍。荷兰供气管网数据显示，在掺氢 17％后，每年渗漏损失的总量预计可达 26000m³，约占输送氢气总量的 0.0005％。

（2）意外泄漏与扩散

意外情况下气体泄漏速度较快，且由于管道的操作压力及泄漏口大小等的不同，泄漏情况较为复杂。掺氢天然气泄漏后的气体积聚行为在本质上类似天然气，它受到泄漏速率、泄漏位置及泄漏空间的状况等因素的影响。研究在民用房屋内掺氢天然气的泄漏积聚行为结果表明：同样的泄漏压力下，掺氢会增加气体的泄漏速率；相对于天然气，50％掺氢比例的气体只产生略高的气体积聚浓度，但当掺氢比大于 50％时，气体积聚浓度会显著增加，尤其是掺氢比超过 70％时。泄漏存在浓度分层现象；但在泄漏停止后，随着时间的延长，分层现象会减弱。针对研究情况均未发现氢气与天然气的分离现象。然而，所研究的情况针对的泄漏速率较低，主要是针对民居房内的气体泄漏，对配送干线管道的泄漏则缺少研究，而该问题亦会导致严重的危险。此外，尚缺少对掺氢天然气意外泄漏后障碍物、空间拥堵程度对气体浓度分布影响的研究。

由于实际测试中的泄漏多发生在管道接头处，与接头处的垫片材料相关性较强，因此在进行管道接头处垫片材料选择上需要慎重考虑，并进行内壁检测，增加后期运维次数。同时为检测泄漏氢气和氢气火焰，宜在易发生燃气泄漏和积聚的位置综合考虑精度、灵敏度、可靠性、可维护性、检测范围、响应时间等因素，选用安装氢气检测报警仪和氢火焰检测报警仪，检测管道内气体流动情况。Hafsi 等针对环状管网，采用动态模拟研究掺氢对管内气体流速的影响，并将因管内气体压力引起的周向应力与管材许用应力相比较。王鲁庆等实验研究了圆管内障碍物对氢气-空气和氢气-甲烷-空气爆炸冲击波的影响，结果表明障碍物越密集，对爆炸冲击波的削弱程度越明显。赵永志等研究表明，掺氢后火焰传播速度急剧增加，可能导致剧烈的燃爆，但燃爆规律在不同的空间形式（开放空间、部分受限空间、完全受限空间）和不同掺氢比时表现不同。Elaoud 等将阀门启闭作为产生瞬态扰动的原因，针对单个管段与管网建立数学模型进行了动态模拟。上述研究的结果均表明，掺氢后管内气体流速增大，产生的瞬态压力振荡更高，足以造成管道脆化，且振荡幅度与混合气体中的氢气量成正比。除掺氢过程中的瞬态影响之外，氢气的加入还会增加稳态时的气体压降。吴嫱利用 Pipeline Studio 水力仿真模拟软件对某实际案例进行稳态模拟，结果表明掺氢比例越大节点压力下降幅度越大。

（3）燃烧与爆炸

掺入的氢气增加了火焰速度，进而可能导致剧烈的燃烧甚至发生爆炸。危险发生的形式主要有完全受限空间、部分受限空间和开放空间的燃烧爆炸和管道快速泄漏产生的高速喷射火焰。

① 完全受限空间。可燃气体在完全受限空间中积聚后容易发生爆炸，产生大的超压，带来巨大危险。在完全受限空间中掺氢天然气的爆炸形态受到诸多因素影响。只有当掺氢比例高于 50％时，掺入的氢气对最大升压速率和层流燃烧速率的提高才是明显的。在 5L、64m³ 空间中的模拟结果表明爆炸产生的最高压力随着氢的加入出现略微减少，升压速率、

燃烧火焰速度均随着氢在燃料中比例的增加而不断提高。在 90°弯管中试验表明弯管位置是管道风险最大的部分，氢的加入使气体具有更高的爆炸可能性。

② 部分受限空间。一些爆燃发生在开有通风口的部分受限空间。Q. Ma 等数值模拟了部分受限空间内不同比例掺氢天然气爆炸问题。相比于完全受限空间，爆燃的压力会有很大降低，升压速率会小很多，而火焰速度则会有所提高。随着氢的加入，最高压力、升压速率与燃烧速率均会提高。通风增加了危险距离，诱发二次火伤害，但减低了冲击波的危险。B. J. Lowesmith 等研究表明：掺入 20％氢未显著增加爆炸危险，掺入 50％氢会导致超压增加，从而导致风险和损伤的程度加大，而增加空间拥堵程度会增加最高压力和升压速率，增加危险程度。模拟研究表明当掺氢浓度超过 45％时，存在爆燃转变为爆轰的危险。

③ 开放空间。开放空间的燃烧爆炸试验研究表明：低于 25％比例氢的混合气体对最大超压的影响很小，甚至会低于甲烷单独所产生的超压。B. J. Lowesmith 等研究表明：当初始火焰速度较低时，掺氢小于 30％时的行为类似于甲烷。当氢的比例超过 40％或更高时，会产生较大超压和爆燃爆轰转变（DDT）风险；而在初始火焰速度较高的情况下，当含有 20％的氢时就会产生明显的超压，在 20％以上时，就存在 DDT 风险。可见，增加初始火焰速度会增加掺氢带来的危险。

针对掺氢天然气泄漏发生高速喷射火焰的试验研究表明：掺氢天然气（掺氢比例 24％，6MPa）高速燃烧的辐射场与天然气总体上区别较小，相比于天然气，掺氢天然气的火焰较短，对于被吞没物体的热载荷较高。而掺氢天然气降压更快，总体能量也较少，因而，当操作在同一压力时，与天然气相比，风险降低。B. J. Lowesmith 和 G. Hankinson 试验研究了地下管道断裂的掺氢天然气（掺氢比例 22％，7MPa）喷射火焰特性，结果表明掺入氢气并未导致危险增加。E. Studer 等进行了试验和数值研究，验证了建立的模型预测掺氢天然气喷射火焰的可行性，通过此模型可预测管道喷射火的火焰长度、爆燃速度和辐射通量。

以上对于泄爆的研究均是通过预先混合气体进行，不能完全反映真实气体的泄漏、扩散及混合等行为。而氢气的掺入会使点火能量降低、泄漏速率加快、可燃范围增大，增加危险。在高速喷射火研究方面，对于障碍物与喷射火焰的相互作用尚未被研究。开展这些研究对安全距离的确认和危险预防控制极为重要。

（4）完整性管理

管道的安全运行离不开完整性管理。现有的完整性管理基于输送天然气管道的操作条件。加入氢气会改变管道的使用环境、影响裂纹扩展速率和现有缺陷引起的失效模式。因此，完整性管理准则也将发生变化。

临界裂纹尺寸、初始允许裂纹尺寸可以通过给定的设计寿命，基于相应环境下裂纹扩展速率进行计算。NaturalHy 研究表明：氢会对初试允许裂纹尺寸产生明显影响。而该影响与掺氢比例及管道压力等有关，尚需基础的相容性数据。

检测方式，NaturalHy 研究了现有的检测工具用于掺氢天然气输送管道中的缺陷检测的能力。改善后的管道检测工具可以用来检测输送掺氢天然气的管道缺陷。而检测的时间间隔由不同的掺氢浓度、载荷、管道的几何结构、基于中期检测的缺陷和失效可能性的计算结果确定。研究表明掺入的氢气使检测间隔缩短，特别是对于高浓度的氢气。

修复方式，NaturalHy 对 Clock Spring 修复、金属套管和堆焊 3 种目前应用的修复程序进行了研究，以确定其是否可以用于氢气服务下的管道修复，研究结果显示可行。

现有管理措施经过完善后可以用于掺氢天然气完整性管理，这为掺氢天然气的管道输送提供了有力的支撑。NaturalHy 项目研发了一套工具用以进行完整性管理，此外，该项目开发了一套用于评估不同完整性管理情况下管道失效可能性的软件。然而，现有文献中尚无掺氢比例对缺陷检测效果和修复效果的具体影响程度的研究成果，尚待进一步研究。

16.4.4 小结与展望

氢能管道输送是一个复杂的系统工程，既要考虑技术可行性，还受安全性和经济性等因素制约。利用现有天然气管道掺氢运输是近年来研究热点，可快速解决运输问题。建设专用纯氢管道，则是输氢管道建设的"终极形态"。为此，建议未来应加强以下方面的研究。

（1）纯氢管道方面

伴随氢产业链成本下降和应用场景大规模展开，开发 10MPa 以上的管网输送技术显得尤为重要，这也需要从材料适用性、氢气泄漏的在线监测、氢气的安全高效压缩等多方面开发新的配套技术。当然不论采用哪种输氢技术，合理利用地方优势资源都是首要考虑的因素。总之，要全面统筹推进氢能产业标准体系谋划布局，加快构建完善氢气管输标准，加强标准实施与监督，借鉴国际通用的输氢管道相关标准规范，结合我国相关标准规范框架，融合氢能产业链技术及管理要求，加快编制输氢管道/微网设计建设、运行管理规范，为标准化建设和规范化运营提供支撑。

（2）掺氢天然气方面

建立典型管线钢材料关键力学性能数据库，从机制上综合分析掺氢天然气与现役管道及设备的相容性。明确掺氢比对现役管道、关键输送设备、下游终端用户以及整个输送系统的影响，加强掺氢天然气管道输送相应配套设施设备、输送工艺、掺混氢工艺、氢分离工艺等技术研究。制定掺氢天然气管道输送技术相关标准规范和安全运行技术体系，出台相应法律法规和政策支持，利用示范项目为掺氢天然气管道输送技术研究提供实际应用验证，为大规模开展掺氢项目做好准备。

（3）安全方面

要明确掺氢比对管道的安全影响，发展掺氢天然气管道泄漏在线智能监测技术和应急修复技术，建立不同掺氢比天然气管道输送风险定量评估、安全性和可靠性评价方法，揭示不同掺氢比下天然气管输的风险性、安全性和可靠性的变化规律，开展考虑掺氢影响的天然气管道输送全生命周期完整性评价和智能管理。揭示不同掺氢比下天然气管道及关键设施设备泄漏、积聚、燃烧和爆炸等安全事故特征和演化规律。在借鉴国外泄漏燃烧等研究成果的基础上，充分考虑掺氢引起的泄漏速率加快、可燃范围增大及燃烧速率加快等影响，全面研究掺氢天然气的泄漏与燃烧爆炸问题，弥补现有研究中的不足，为氢管道安全管理工作提供依据。

参 考 文 献

[1] GB 50516. 加氢站技术规范（2021年版）[S]. 2010.

[2] 郑津洋，马凯，周伟明，等. 加氢站用高压储氢容器 [J]. 压力容器，2018，35（09）：35-42.

[3] ASME BPVC. Ⅷ. 3 Article KD-10. Special requirements for vessels in hydrogen service [S]. 2021.

[4] JPEC-TD-0003. 加氢站用低合金钢制储氢容器专项技术要求 [S]. 2017.

[5] T/CATSI 05003. 加氢站储氢压力容器专项技术要求 [S]. 2020.

[6] Zhang L，Wen M，Li Z Y，et al. Materials safety for hydrogen gas embrittlement of metals in high-pressure hydrogen storage for fuel cell vehicles [C]. Asme Pressure Vessels & Piping Conference，Toronto，2012.

[7] GB/T 34542. 2. 氢气储存输送系统 第2部分：金属材料与氢环境相容性试验方法 [S]. 2018.

[8] GB/T 34542. 3. 氢气储存输送系统 第3部分：金属材料氢脆敏感度试验方法 [S]. 2018.

[9] ISO 11114-4. Transportable gas cylinders-compatibility of cylinder and valve materials with gas contents [S]. 2017.

[10] ANSI/CSA CHMC 1. Test methods for evaluating material compatibility in compressed hydrogen applications-metals

[S]. 2014.

[11] Hua Z，Zhang X，Zheng J，et al. Hydrogen-enhanced fatigue life analysis of Cr-Mo steel high-pressure vessels [J]. International Journal of Hydrogen Energy，2017，42（16）：12005-12014.

[12] Ma K，Zheng J，Hua Z，et al. Hydrogen assisted fatigue life of Cr-Mo steel pressure vessel with coplanar cracks based on fatigue crack growth analysis [J]. International Journal of Hydrogen Energy，2020，45（38）：20132-20141.

[13] Zhang R，Lu C，Ma K，et al. Modeling of hydrogen distribution at the fatigue crack tip of austenitic stainless steels in internal and external hydrogen tests [J]. International Journal of Hydrogen Energy，2024（54）：780-790.

[14] Marchi C S，Somerday B P. Technical reference for hydrogen compatibility of materials [R]. Sandia National Laboratories，2012.

[15] Imade M，Zhang L，Wen M，et al. Internal reversible hydrogen embrittlement and hydrogen gas embrittlement of austenitic stainless steels based on type 316 [C]. Proceedings of the ASME 2009 Pressure Vessels and Piping Division Conference，Prague，Czech Republic，2009.

[16] GB/T 26466. 固定式高压储氢用钢带错绕式容器 [S]. 2011.

[17] T/ZJASE 001. 固定式高压储氢用钢带错绕式容器定期检验与评定 [S]. 2019.

[18] TSG 21. 固定式压力容器安全技术监察规程 [S]. 2016.

[19] JB 4732. 钢制压力容器——分析设计标准 [S]. 1995.

[20] Yehong Y，Chen L，Sheng Y，et al. Optimization on volume ratio of three-stage cascade storage system in hydrogen refueling stations [J]. International Journal of Hydrogen Energy，2022，47（27）：13430-13441.

[21] 李磊. 加氢站高压氢系统工艺参数研究 [D]. 杭州：浙江大学，2007.

[22] Routhuizen E，Merida W，Rokni M，et al. Optimization of hydrogen vehicle refueling via dynamic simulation [J]. International Journal of Hydrogen Energy，2013，38（11）：4221-4231.

[23] 冯慧聪，周伟，马建新. 加氢站高压储氢瓶分级方法 [J]. 太阳能学报，2010，31（03）：401-406.

[24] 孙逢春，章桐，李骏，等. 电动汽车工程手册·第三卷：燃料电动汽车设计 [M]. 北京：机械工业出版社，2019，11：125-129.

[25] 李桐，金明哲，骆辉，等。我国长管拖车技术发展综述 [J]. 中国特种设备安全，2020，36（12）：31-37.

[26] Ramin M，Katrina M G. Hydrogen storage and delivery：Review of state of art technologies and risk and reliability [J]. International Journal of Hydrogen Energy，2019，44（23）：12254-12269.

[27] Barthelemy H，Webe M. Hydrogen storage：Recent improvements and industrial perspectives [J]. International Journal of Hydrogen Energy，2017，42（11）：7254-7262.

[28] Rawls G B，Adams T，Newhouse M L. Gaseous hydrogen embrittlement of material in energy technologies [J]. Cambridge Woodhead Publishing，2012.

[29] 49CFR Part 178. 37. Specifications for 3AA and 3AAX seamless steel cylinders，US Code of federal regulations [S].

[30] ISO 11120：1999. Gas cylinder-refillable seamless steel tube of water capacity between 150 L and 3000 L-Design，construction and testing [S].

[31] Mair G W，Thomas S，Schalau B，et al. Safety criteria for the transport in permanently mounted composite pressure vessels [L]. International Journal of Hydrogen Energy，2021，46（23）：12577-12593.

[32] DOT FRP1—1987. Standard basic requirement for fiber reinforcement plastic composite cylinder [S].

[33] DOT FRP2—1987. Standard basic requirement for fiber reinforced plastic composite cylinder [S].

[34] ISO 11119-1,2,3. Gas cylinders of composite construction-specification and test methods [S].

[35] Azuma M，Oimatsu K，Oyama S，et al. Safety design of compressed hydrogen trailers with composite cylinders [J]. International Journal of Hydrogen Energy，2014，39（35）：20420-20425.

[36] ISO 11515：2013. Gas cylinder-Refillable composite reinforced tubes of water capacity between 450 L and 3000 L-Design，construction and testing [S].

[37] DOT-SP 14951—2017 [R]. U. S. Department of Transportion.

[38] Baldwin D. Development of high pressure hydrogen storage tank for storage and gaseous truck delivery [R]. Hexagon Lincoln，2017.

[39] 王纪兵. 压力容器检验检测（第二版）[M]. 北京：化学工业出版社，2016：446-447.

[40] 张武平，杨永信，张勤，等. 移动式压力容器安全管理与操作技术 [M]. 北京：机械工业出版社，2015：370-371.

第三篇 氢的储存、运输及加注

第**17**章

液态氢的制备与储运

17.1 氢气液化

17.1.1 氢气液化概述

考虑到我国风电、光伏等可再生能源制氢工厂多在西北等偏远地区，而能源需求重点区域在东南沿海地区，液态储氢是体积储氢密度和质量储氢密度均较高的储氢方式，液氢运输是仅次于管道运输的最经济的运氢方式。此外液态储氢及运输也是未来液氢加氢站储存及供给的主要方式。规模化氢液化是实现未来我国大规模氢能利用的重要途径之一。

液态氢（LH_2），俗称液氢，是由氢气经由降温而得到的液体。液态氢须要保存在非常低的温度下（大约为 20.268K，−252.8℃）。液态氢的密度大约为 70.8kg/m³（在 20K 下），密度很小。由于氢分子内两个原子核自旋转的方向不同，存在正仲氢（即正氢、仲氢，下同）两种状态。正氢（orthohydrogen，o-H_2）的原子核自旋方向相同，仲氢（parahydrogen，p-H_2）的原子核自旋方向相反。两种形式的氢浓度比例基本上随温度变化，而与压力没有多大关系。图 17-1 列出了不同温度下平衡状态的氢（称为平衡氢，e-H_2）中仲氢浓度。

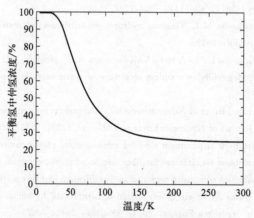

图 17-1 平衡氢中仲氢浓度随温度变化关系

在通常温度时，平衡氢是含 75% 正氢和 25% 仲氢的混合物，称为正常氢（或标准氢），用 n-H_2 表示。高于常温时，正仲态平衡的组成不变；低于常温时，正仲态平衡的组成将发生变化。正仲氢转化是一种放热反应。因此，即使在理想的绝热容器内存储的液态正常氢也会发生汽化，存储损失较大。为减少存储损失，通常在液氢生产过程中采用催化剂加速正仲氢转化。

由于氢是以正仲两种状态共存，故氢的物性要视其正仲态组成而定。在标准状态下，正常氢的沸点是 20.39K，平衡氢的沸点是 20.28K。正氢和仲氢的许多物理性质稍有不同，尤其是密度、汽化热、热导率及声速等。然而，这些差别是较小的，工程计算中可以忽略不计。

氢气要实现液化，只有当其温度降低到其临界温度以下才能液化。氢气的临界温度（33.19K）远比环境温度低，要使其液化，必须采用人工制冷的方法。氢气液化循环由一系列必要的热力过程组成，其作用在于使气态氢冷却到所需的低温，并补偿系统的冷损，以获得液氢。

氢气转化温度低，汽化潜热小，是一种较难液化的气体，其液化的理论最小功在所有气体中是最高的。此外，氢是一种易燃易爆的气体；在液氢温度下，除氦以外，所有杂质气体均已冻结，可能阻塞液化系统通道。因此，对原料氢必须进行严格纯化。

1898 年英国杜瓦首先利用负压液空预冷的一次节流循环实现氢气液化。此后数十年，液氢的应用一直局限于在实验室作为低温冷源。20 世纪 50 年代，随着宇航技术发展的需要，液氢生产逐步从实验室规模发展到工业规模。目前，我国航天领域在用的氢气液化装置主要位于西昌、文昌等航天发射场，总产能约为 5.5t/d（TPD）。近五年，随着氢能产业的发展需求日益旺盛，国内民用氢液化产业发展迅猛，国家及相关省部委持续资助我国氢液化技术和装备国产化，在 2020 年和 2021 年科技部分别启动"可再生能源与氢能技术"重点专项"液氢制取、储运与加注关键装备及安全性研究"项目和"氢能技术"重点专项"氢气液化装置氢膨胀机研制"项目，旨在攻关氢液化核心关键技术，并实现工业级氢气液化装备国产化。中国科学院理化技术研究所（以下简称"中国科学院理化所"）作为项目牵头单位和项目负责人单位，突破国外技术封锁，已掌握了低温气体轴承氢/氦透平膨胀机、氦螺杆压缩机、低温换热器、系统集成与调控等关键技术，为大规模国产氢液化奠定了基础。

在国产化氢气液化装备方面，2020 年 3 月，北京中科富海低温科技有限公司（以下简称"中科富海"）位于安徽阜阳的国产化 1.5TPD 液氢工厂开工建设，并于 2022 年 12 月底完成调试生产出液氢，预期氢气纯化装置可年产高纯氢气（折合标态）9760000m³，液氢可达年产（折合标态）3240000m³ 的生产能力。2020 年 4 月 25 日，基于中国航天科技集团六院 101 所（以下简称"101 所"）0.5TPD 氢气液化装置转为民用，由鸿达兴业投资在内蒙古乌海完成调试。2021 年 9 月，101 所研制完成基于氦膨胀制冷循环的 2.3TPD 氢气液化系统。2022 年 1 月，中科富海完成出口加拿大国产化 1.5TPD 氢气液化装置的交付，该装置是国内首套氢气液化装置出口产品，打破了以往液氢技术及装备被国外"卡脖子"的格局。2022 年 8 月 25 日，中国石油管道工程有限公司启动乌海液氢制储运加一体化示范工程设计工作，预计该示范工程将建成 5TPD 的氢气液化装置。2022 年 11 月，空气化工产品（浙江）有限公司（AP）海盐氢能源和工业气体综合项目一期工程 110kV 变电站竣工投产，30TPD 液氢工厂目前进展顺利，主体设备均在国内制造，预计 AP 的液氢工厂将于 2024 年底建成，投产后日产量将达 30 吨。2022 年 11 月，江苏国富氢能技术装备股份有限公司在山东淄博、乌兰察布市察右中旗分别建设的 10TPD 液氢工厂项目启动。在 2020 年，科技部"可再生能源与氢能技术"重点专项部署的全国产化基于氢制冷循环的 5TPD 液氢工厂由中科富海和中国科学院理化所共同研制完成，预计 2024 年底建成投产。2024 年 3 月，中国科学院理化所研制的基于氦制冷循环的 5TPD 氢气液化装置通过测试验收，在满负荷运行条件下，氢气液化率 3070.2L/h（约 5.17 吨/天），液氢产品的仲氢含量 98.66%，液化系统能效比 12.98kW·h/kg 液氢（含液氮损耗），实现了大型氢气液化装置全国产化，总体性能达到国际先进水平。中国科学院理化所和中科富海共同研制的基于氢制冷氢液化循环的氢气液化装置已于 2024 年 6 月开展调试。目前国内液氢工厂建设处于起步阶段，规模在不断扩大，总体发展势头强劲。

17.1.2 氢气液化工艺流程

按照理想可逆卡诺循环，将标准氢从常压常温冷却到正常沸点，所需的最小功为 1.71kW·h/kg。如果把标准液氢转化为仲态液氢，则移除转化热所需的最小功为 0.63kW·h/kg。按照制冷方式的不同，主要的氢液化循环有：J-T 节流液化循环、氮制冷氢液化循环和氢制冷氢液化循环。

17.1.2.1 J-T 节流液化循环

由于氢气在大气压下的转化温度为 204.6K，低于 80K 节流才有明显的制冷效应。实际上，只有压力高达 10~15MPa，温度降至 50~70K 时进行节流，才能以较理想的液化率获得液氢。因此，节流循环一般需要借助外冷源降温比如液氮预冷。J-T（焦耳-汤姆孙）节流液化循环结构简单，运转可靠，但是节流膨胀过程带来了较大的不可逆损失，比功耗大，一般应用于中、小型氢气液化装置。当生产液态仲氢时，若正常氢在液氢槽中一次催化转化，则必须考虑释放的转化热引起液化量的减少。常见的有一次节流循环、二次节流循环。

一次节流循环流程图如图 17-2 所示。在环境温度下等温压缩后的气体经 HEX1、液氮槽 V1、换热器 HEX3，再经过节流膨胀效应，使得部分气体被液化，流入液氢储罐 V2，未液化的气体返流复热回压缩机 C1。

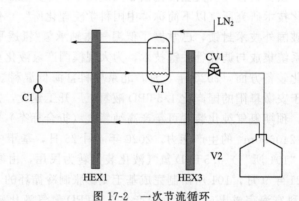

图 17-2　一次节流循环

由于循环的单位制冷量随压差的增大而增加，为了节省能耗，在循环中保持较大压差、小压力比是有利的。为此，提出了具有中间压力的二次节流循环，其流程图如图 17-3 所示。高压气体经过换热器 HEX1、液氮槽 V1、换热器 HEX3，一部分节流至中间压力进入容器

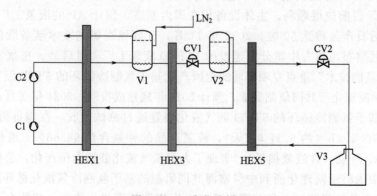

图 17-3　二次节流循环

V2，然后依次经过 HEX3、HEX1 复温回到高压压缩机 C1 的入口。另外一部分的氢经换热器 HEX5 进一步冷却后，再次节流进入液氢储罐 V3。

17.1.2.2 氦制冷氢液化循环

氦制冷氢液化循环是利用氦制冷机冷凝氢气，通常应用于中、大型氢气液化装置的流程。此种循环能耗比节流循环大大降低，且氦气冷却路与原料氢气路相对独立，更加安全且方便控制。氦制冷氢液化循环通常采用带有液氮预冷和透平膨胀机的克劳德（Claude）制冷循环或者科林斯循环（Collins）及原料氢气的节流膨胀获得液氢。为了防止正仲氢转化所造成的生成热蒸发液氢储罐内的液氢，需要在制冷机不同温度区域增加正仲氢催化剂进行正仲氢转化。

典型的氦气制冷氢液化的流程图如图 17-4 所示，其氢气液化装置的工作过程如下。

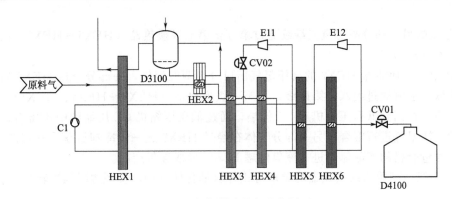

图 17-4 氦气制冷的氢液化循环

氦气制冷循环路：

① 压缩机 C1 排出的高压氦气进入冷箱；

② 进入冷箱的高压氦气经过换热器 HEX1 被返流冷氦气及预冷用的液氮 LN_2 冷却到一定温度后进入三级换热器 HEX3，降至更低温度，之后分成两股流，其中一部分进入透平膨胀回路进行绝热膨胀制冷，出口的低温低压氦气与 HEX5 出口的低压氦气汇合后进入第四级换热器 HEX4 低压侧入口，并依次逆流通过第三及第一级换热器（HEX3、HEX1），回收冷量后出冷箱，再回到压缩机 C1 吸气端进行再次循环；

③ 分流的另一部分高压氦气继续通过第五至第六级换热器（HEX5、HEX6）被回流的低温低压氦气冷却，之后进入二级透平膨胀机 E12 进行绝热膨胀制冷，出口的低温低压的氦气回到六级换热器 HEX6 低压侧入口，并依次逆流通过第五至第三及第一级换热器（HEX5～HEX3、HEX1），回收冷量后出冷箱，再回到压缩机 C1 吸气端进行再次循环。

原料气的冷却及液化过程如下：

① 原料氢气（正常氢）经过一级和二级换热器（HEX1）被返流冷氦气及预冷用的液氮 LN_2 冷却到一定温度后进入液氮浸泡的正仲氢转化器 HEX2 内进行等温正仲氢转化，同时将反应热通过液氮带走；

② HEX2 出口的氢气随后进入 HEX3～HEX6 被返流冷氦气进一步冷却，同时在换热器内均设置有正仲氢转化器，氢气在上述转化器内降温的同时也进行正仲氢转化过程，此时的正仲氢转化是连续转化；

③ 从 HEX6 出来的低温氢气经过节流阀 CV01 节流后获得液氢，进入液氢储罐，形成仲氢的浓度超过 95% 液氢产品。

17.1.2.3　氢制冷氢液化循环

对于大型、超大型氢气液化装置，一般采用带有氢膨胀机的液化循环方式。为了防止膨胀机中产生液体带来麻烦，工业中一般是等焓膨胀跟等熵膨胀的 Claude/Collins 组合循环。典型的氢膨胀制冷液化流程图如图 17-5，其工作过程如下：

① 高压压缩机 CH 排出的高压氢气进入冷箱；

② 进入冷箱的高压氢气经过一级换热器 HEX1，被返流冷氢气及预冷用的饱和氮气冷却到一定温度后进入二级换热器 HEX2，被液氮潜热进一步冷却，随后进入四级换热器 HEX4 降至更低温度，之后分成两股流，其中一部分进入透平降温的膨胀回路进行绝热膨胀制冷，变成低温中压的氢气回到第七级换热器 HEX7 中压侧入口，并依次逆流通过第六至第一级换热器（HEX6～HEX1），回收冷量后出冷箱，再回到高压压缩机 CH 吸气端进行再次循环；

③ 分流的另一部分高压氢气继续通过第五至第七级换热器（HEX5～HEX7）被回流的低温低压氢气冷却。

④ 在第七级换热器 HEX7 的高压氢气出口分为两股流体，一部分经过 HEX8 后节流到低压，并依次逆流通过第八至第四级，及第一级换热器（HEX8～HEX4、HEX1），回收冷量后出冷箱，再回到低压压缩机 CL 吸气端，通过低压压缩机 CL 压缩到中压压力，并与透平回气的中压氢气进行混合；另一部分气体在经过 HEX8 进一步冷却后获得一定的过冷度，生成仲氢含量合格的产品氢，进入液氢储罐 D4200 形成液氢产品。

⑤ 其中第三到第八级换热器均填埋有正仲氢催化转化剂，实现边降温边转化。

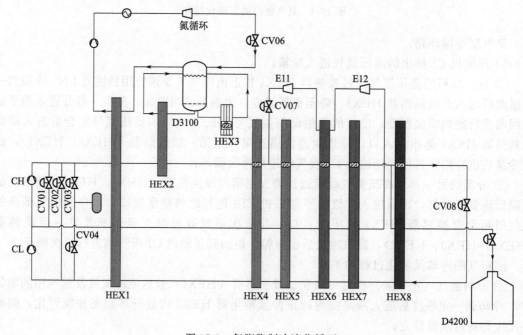

图 17-5　氢膨胀制冷液化循环

17.1.3　氢气液化装置

大型氢气液化装置主要由压缩机、低温换热器及高真空冷箱、正仲氢催化转化器、透平膨胀机、液氢储槽等关键设备组成。下面对大型氢气液化装置的关键设备详细介绍。

17.1.3.1 压缩机

压缩机作为氢气液化系统的核心部件之一，对整个系统运行的可靠性起到决定性作用，对压缩机的安全性和可靠性要求非常严苛。压缩机组要求采用完全自动化控制，控制精度与控制方案十分精准。

按照大型氢液化流程形式不同，应用在氢气液化装置中，根据制冷工质的不同分为氢气压缩机和氦气压缩机两种。

（1）氢气压缩机

常用氢气压缩机结构形式主要有隔膜、活塞、螺杆与离心几种形式，具体采用哪种结构形式需要根据氢气液化装置的氢气循环流量和工作的压比范围进行选择。

隔膜压缩机具有密封性好和气体纯度高的特点，依靠隔膜在气缸中做往复运动来压缩和输送气体，采用由液力驱动的金属隔膜，排气量仅有 $100m^3/h$，在氢气液化装置的应用不多。

活塞压缩机具有压缩效率高、排量大和排气压力高的特点，主要应用在大型液氢工厂。工作原理为：在电机驱动下，曲轴带动活塞连杆及活塞在气缸内往复式运动，气体在活塞压缩后通过排气阀排出。通常活塞氢气压缩机每运行 3~6 个月就要切换备机，对压缩机进行维护或检修。其中重点检查气阀。根据氢液化循环，排气压力只涉及低压压缩机（排气压力为 0.3~1MPa）和中压压缩机（排气压力为 1~10MPa）。

活塞氢气压缩机的外观和核心部件结构如图 17-6、图 17-7 所示。

图 17-6 活塞氢气压缩机外观（沈鼓集团）

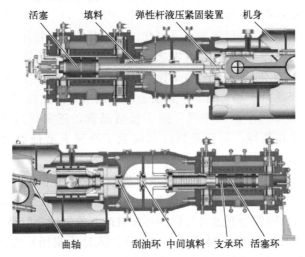

图 17-7 活塞压缩机的核心部件结构

第三篇 氢的储存、运输及加注

离心压缩机利用气体受旋转所产生的离心力的作用和扩压器内的气体动压的转化来提高压力，在超大流量的氢气压缩场景中具有重要应用前景。

在活塞压缩机和离心氢气压缩机中，不同于常规空压机的关键技术在于采用干气密封技术，干气密封技术是一种新型的非接触式轴封。其结构与普通机械密封类似。但主要区别在于，干气密封其中的一个密封环上面加工有均匀分布的浅槽。运转时进入浅槽中的气体受到压缩，在密封环之间形成局部的高压区，使密封面开启，从而能在非接触状态下运行实现密封[1]。干气密封技术使用气封液或气封气思路替代喷油螺杆压缩机液封气或液封液，具有泄漏量小、寿命长、维护费用低、密封驱动功率消耗小等优点，更适用于高速高压差下的大型离心压缩机的轴封。压缩机示例见图 17-8。

图 17-8　英国豪顿的氢气离心压缩机示例

（2）氦气压缩机

对于采用"氦制冷-氢液化循环"的大型氢气液化装置，氦气喷油螺杆压缩机是主要的应用形式。螺杆压缩机属于容积型回转式压缩机，利用旋转的两个转子的啮合移动被吸入的气体，同时减小容积，压力升高。转子与机壳之间有小的间隙，这种作用具有互不接触的特征。两转子在机壳的两端用轴承支撑。轴承和工作腔之间有挡油环和轴封装置。两转子能以一定小的间隙而互不接触地旋转。转子与机壳间也有间隙。转子具有足够的刚度，把吸排气形成的压力差所产生的挠度和传递功率所产生的转矩减到最小。

国外的氦气螺杆压缩机通常是在空气螺杆压缩机的基础上通过特殊的改造设计制成。如目前氦制冷领域广泛采用的氦气螺杆压缩机就是德国凯撒（KAESER）公司在系列空气螺杆压缩机基础上改造而成的，并已形成了系列化产品，其喷油螺杆压缩机的单级压比可高达15：1。其他掌握氦气喷油式螺杆压缩机技术的公司还包括美国寿力公司（SULLAIR CORP）、德国艾珍（AERZEN）、英国的豪顿（HOWDEN）、日本的前川（MYCOM）等。这些公司的一些定型产品由于和 Linde 等低温公司的技术排他性协议，不对中国用户单独出口。即使允许独立出口到中国的产品，除了价格昂贵，还实行最终用户的限制，禁止使用在航天、核能等应用领域。这严重制约和限制了我国大型低温技术及其相关应用领域的发展。

我国 2016 年以前在氦气螺杆压缩机方面没有成熟的产品提供，主要由于氦气螺杆压缩机的研制难度大，由于对氦气物性认知的限制，生产厂家不具备研发攻关能力。虽然早在1997 年大型环模装置 KM6 曾经有过氦气螺杆压缩机改制的先例，但是效率、轴封和油分问题都没有解决。2003 年武汉新世界制冷公司（现已并入冰山集团）为中国科学院等离子所EAST 项目改制了氦气螺杆压缩机，但经常出现抱轴等严重故障，性能也不稳定。在国家重大科研装备研制项目"大型低温制冷设备研制"任务下，中国科学院理化所联合无锡锡压、烟台冰轮、福建雪人、开山、武汉新世界（大连冰山）等国内企业开展了系列氦气压缩机的研制工作，开发出适用于小分子量气体工质的新型线核心技术。整机效率达到国际先进或国际领先水平，拥有了高性能氦/氢气螺杆压缩机的完全自主知识产权，形成了压比 4∶1～215∶1、单级流量 200～20000m³/h 的系列氦气喷油螺杆压缩机产品，并在大型国产氢气液化装置中得到成功应用，如图 17-9 所示。

图 17-9　用于 5t/d 氢气液化装置的国产螺杆压缩机组（福建雪人）

17.1.3.2　低温冷箱（含低温换热器、透平膨胀机等）

低温冷箱是一种采用高真空绝热的真空容器，可有效降低辐射传热，主要功能是容纳所有低温部件，主要包括低温阀门、管线、低温换热器、透平膨胀机、正仲氢催化转化器等。

（1）透平膨胀机

透平膨胀机是氢气液化装置的心脏，是通过气体膨胀对外输出功以产生冷量的设备，膨胀机技术可直接反映氢气液化装置的技术水平。按照流程形式不同，应用在氢气液化装置中的透平膨胀机包括氢透平膨胀机和氦透平膨胀机两种，但两种膨胀机结构相似。

根据对外膨胀做功的基本原理，膨胀机可分为活塞膨胀机和透平膨胀机。膨胀机中气体初压与膨胀后的终压之比称为膨胀比。活塞膨胀机主要用于中高压、小流量，即膨胀比为 5∶1～40∶1，气体流量为 50～2000m³/h 的场合。透平膨胀机主要应用于低中压和流量较大的场合，特别是膨胀比小于 5、膨胀气体量超过 1500m³/h 时。氢气液化装置中，活塞膨胀机由于零部件较多和容易磨损而逐渐为透平膨胀机替代。

与活塞膨胀机相比，透平膨胀机是一种高速旋转的机械，利用工质速度变化实现能量转换，将高速动能转化为膨胀功输出，实现出口工质内能（温度）的降低，具有外形尺寸小、质量轻、气量大、性能稳定等优点，膨胀过程更接近于等熵（绝热）过程，绝热效率较高。20 世纪 60 年代以来，透平膨胀机逐渐在空分制冷及天然气液化等装置中广泛应用。如图 17-10 所示，氢气液化装置常用的一种向心径-轴流反动式透平膨胀机的结构示意图[2]，主要包括：工作轮、制动风机、密封套、气体轴承、外筒体、轴承套、转子及密封气接头和轴承气接头等组成。

荷兰物理学家海克·卡末林·昂内斯首先提出使用透平膨胀机使氢气液化，但受限于当时技术水平，这种理念在当时仅仅是一个概念。透平膨胀机真正在氢气液化装置实现应用是在 20 世纪 70 年代才得以实现[3]。目前，国际上可从事氢透平膨胀机研制开发的企业主要有美国普莱克斯公司（Praxair）、空气产品公司（Air Products）、瑞士林德（Linde），法国液化空气集团（Air Liquide）和捷克 Ateko 等。这些国际领先的气体公司，氢透平膨胀机研

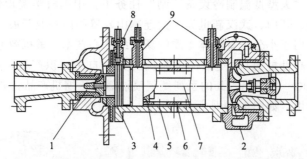

图 17-10　气体轴承透平膨胀机结构示意图

1—工作轮；2—制动风机；3—密封套；4—气体轴承；5—外筒体；
6—轴承套；7—转子；8—密封气接头；9—轴承气接头

究工作开展较早，技术成熟，有系列化的成熟产品。

我国从事低温氢透平膨胀机的研究起步较晚。1981 年，由航空工业部 609 所研制的氢透平膨胀机在吨级液氢装置上进行实验。该透平膨胀机采用气体轴承入口压力 0.5MPa，出口压力 0.15MPa，转速 85000～87000r/min，流量 2700m³/h，绝热效率为 0.6～0.68。1983 年 10 月在航空工业部 609 所召开国内第一台氢透平膨胀机技术鉴定会，氢透平膨胀机研制成功，为我国深冷领域填补了一项空白，并在径向轴承中首先采用氢气静压轴承（止推采用氮气）；膨胀机操作方便、适应性强。2015 年 7 月杭州杭氧膨胀机有限公司为山东某石化企业设计了一台用于化工领域的氢透平膨胀机，这台工业氢透平膨胀机采用增压制动，转速可达 48100r/min，进出口温差为 20.7K。

2019 年北京市科委启动了氢透平研究课题，同年中国科学院启动了重点部署项目，在这两个课题的支持下，中科富海和中国科学院理化所分别突破了磁浮氢透平膨胀机和气浮氢透平膨胀机的核心关键技术，都完成了用于 5t/d 级氢气液化装置的透平膨胀机的样机研制，膨胀机转速达到设计指标，并通过了专家验收；随后的 2021 年，科技部启动了国家重点研发计划"氢气液化装置氢膨胀机研制"项目，在该项目的支持下，中国科学院理化所开展了用于 10 吨/天级氢气液化装置透平膨胀机的研制，目前已完成了样机研制，项目还将对样机开展千次启停测试和万小时免维护运行测试。

（2）低温换热器

板翅式低温换热器是氢气液化装置中的关键设备之一[4,5]，具有体积小、重量轻和效率高等优点。由于热端温差最低可以达到 0.5K，可以充分利用制冷系统中的低温回气冷量，减少大温差造成的不可逆损失，提高了低温制冷系统的效率。

板翅式换热器属于间壁式换热器，传热机理上的特点是具有扩展的二次翅片传热面，结构如图 17-11 所示[6]。由于采用了特殊结构的翅片，低温工质在通道中形成强烈的湍动，使传热边界层不断被破坏，从而有效地降低了热阻，提高了传热效率。单位体积的传热面积（也叫传热面积率）能达到 1200～5600m²/m³。但是由于工质流道狭小，容易因杂质气体在低温下凝固引起堵塞而增大压力损失，因此对于液化系统需要增加一套净化杂质气体的内纯化系统。

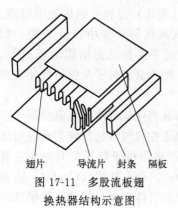

翅片　导流片　封条　隔板

图 17-11　多股流板翅
换热器结构示意图

世界上液氢温区以下的低温设备主要由法国液化空气公司和瑞士林德公司生产，所选用的氦气低温换热器主要是法国诺顿公司和美国查特公司等生产的板翅式换热器，室温下的集合泄漏率达到 1.0×10^{-10} Pa·m^3/s 以下。而我国空分冷箱内的板翅式低温换热器的泄漏指标只能达到 1.0×10^{-6} Pa·m^3/s。通过对钎焊工艺改进，中国科学院理化所与杭州中泰公司联合研制生产出国内第一台泄漏率达到 1.0×10^{-10} Pa·m^3/s 以下的氦气低温换热器。

低温换热器处于真空绝热的冷箱内，泄漏指标比空分冷箱换热器提高 3 个数量级以上，因此需要特殊的钎焊工艺。真空钎焊工艺已被世界各国的板翅式换热器生产厂家所广泛采用。目前世界上真空钎焊设备的主要供应商是英国康萨克（CONSARC）公司、日本真空技术株式会社和美国益普生（IPSEN）公司。真空钎焊是在指真空条件下，对构件进行加热，在一定的温度和时间范围内熔化钎料，在毛细力作用下与母材充分浸润、扩散，是实现焊接的一种方法。真空钎焊对换热器的结构设计、装配质量，铝合金复合板化学成分、钎料层厚度和钎焊工艺等的要求甚为严格，否则易出现翅片弯曲倒伏、钎缝不连续、虚焊、熔蚀，直至泄漏等质量缺陷[7,8]。在真空绝热冷箱内的低温换热器中，泄漏是最主要的质量缺陷，因为高真空绝热的允许泄漏率要求低于 1.0×10^{-10} Pa·m^3/s。

目前我国杭州中泰、苏州三川、杭氧集团等换热器厂已解决了大型氦气氢气板翅式换热器的生产工艺问题，可提供系列化产品。

（3）正仲氢催化转化器

正仲氢催化转化技术是氢液化核心技术之一。由于冷战时期美苏对氢液化技术的急剧增长等，关于正仲氢转化的研究主要集中在 20 世纪 60~80 年代[9-17]。近年来，随着深空探测技术、超导技术和大科学工程研究的发展需要，正仲氢催化反应技术得到了更加广泛的应用。我国在 20 世纪 60 年代由大连化物所研制正仲氢低温转换催化剂的任务，研制成功了正仲氢转化催化剂，并应用到氢气液化装置。在氢气液化装置和超导等液氢系统仍然主要采取 $Fe(OH)_3$，作为正仲氢转化的主要催化剂。关于新型高效催化剂及其转化机制的理论和实验研究仍在不断地深入。

在一定条件下，正氢可以转化为仲氢，简称氢的 O-P 态转化。氢的正-仲态转化是一放热反应，转化过程放出的热量和转化时的温度有关，随温度升高而迅速减小，在 30K 以下的低温时几乎保持恒定，约 706kJ/kg。这一转化热大于液氢的汽化潜热 447kJ/kg，使得液氢难以贮存，所以必须在氢液化的同时加催化剂促使它转化。自然条件下正仲态转化的速率十分缓慢，达到平衡常需要数月甚至数年的时间。因此在低温工程上采用特定催化剂实现正仲氢快速转化。低温催化转化一般认为是一种磁性机理，磁性催化剂的非均匀磁场使氢分子中原子核自旋取向改变。如活性炭、氧化铁等顺磁性分子对正氢和仲氢的转化反应有催化作用。

正仲氢催化转化器，一般有绝热型、等温型和连续型三种类型。绝热型反应器不用外部冷源冷却，过程较简单，转化过程中产生的转化热，靠升高反应气流的温度被带走。等温型反应器是装填有催化剂的较细的通道，外面用液氮或液氢冷却以保持等温反应过程。连续型反应器又称恒推动力反应器，实际上是一个装有催化剂的换热器。原料氢与冷气流进行热交换而被冷却，正仲氢随着原料气的不断冷却连续地进行转化反应，而使其保持接近平衡的仲氢浓度。以中国散裂中子源（CSNS）液氢冷箱内的正仲氢转换反应器为例，转化热靠升高液氢温度被带走。

为实现正仲氢的转化，首先要确定选择合适的催化剂。根据相关研究经验，效能最好的催化剂是铬镍催化剂和氢氧化铁，常用催化剂的粒度为 0.7~2.0mm。催化剂使用前必须活化。其中，铬镍催化剂的活化，将反应器和催化剂一起加热到 150℃并用氢气吹除。氢氧化

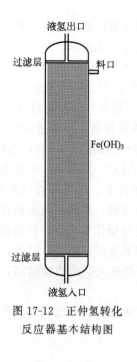

液氢出口

过滤层 料口

Fe(OH)₃

过滤层

液氢入口

图 17-12 正仲氢转化
反应器基本结构图

铁催化剂的活化是将它在反应器中加热到 130℃ 同时抽到真空，经过 24h，然后用室温氢气代替其真空。活化后的铬镍催化剂是一种自燃物，也就是说不允许空气中的氧与之接触，如果发生这种情形，则它将会燃烧并不可逆地中毒。考虑到氢气液化装置的工作特点，氢气液化装置的反应器中使用氢氧化铁催化剂，虽然效能低些，但是当和空气接触之后经活化仍能恢复其活性。某些杂质容易引起催化剂中毒而丧失活性，例如甲烷、一氧化碳或乙烯能引起催化剂的暂时中毒。而氯气、氯化氢和硫化氢等则可引起催化剂永久中毒。正仲氢催化转化反应器的结构一般选用圆筒形，如图 17-12 所示，关于结构对转换性能的影响，尚未有实验验证。具体转化反应器的结构和催化剂量的计算参考上海化工研究院的实验[13]。

（4）液氢温区高真空冷箱

氢气液化装置的低温部件几乎完全安装在高真空绝热的冷箱之内，通过高低压常温气体管道连接压缩机，通过低温传输管线连接预冷使用的液氮和存储液氢的储槽。冷箱内主要包括透平膨胀机、各级换热器、内吸附器、正仲氢转换器、低温阀门和杜瓦管低温接头等主要部件，与氦制冷机及液化器结构类似[18]，如图 17-13 所示。

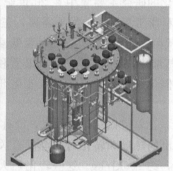

(a) 冷箱外观示意图　　　　(b) 冷箱内部示意图
图 17-13 冷箱示意图

液氢真空冷箱一般依据液化规模完成关键低温部件设计选型后开展设计制造。一般分为立式冷箱和卧式冷箱。中小规模液化器采用立式冷箱，大规模液化器采用卧式冷箱。

以立式冷箱为例，其设计过程中需要考虑以下几个方面的问题。

冷箱上的平盖法兰承受了所有部件的重量，并通过冷箱壳体传递至底面，需要考虑常温下液氢冷箱平盖法兰和壳体的结构强度。在液氢温区，冷箱内的部件均会产生一定的收缩量，从而形成应力集中。因而，需要考虑在低温下部件收缩产生的应力是否达到材料的屈服强度。另外，换热器、正仲氢转换器、加热器和压力缓冲器等部件的重力作用对液氢冷箱的应力的影响也需要校核。液氢冷箱在工作的过程中，其内部属于液氢温区。冷箱整体漏热量的大小需要考虑。

基于以上几点问题，在液氢冷箱初步布局设计完成后，需要进行结构强度、应力校核及整体漏热计算。其主要内容包括如下几个方面：

① 液氢冷箱平盖法兰结构强度和应力校核计算。

② 液氢冷箱壳体结构强度和应力校核计算。

③ 液氢冷箱内部部件吊装结构拉杆结构强度和应力校核计算。

④ 液氢冷箱内管线和主要部件在低温下的结构强度和应力校核计算。

⑤ 液氢冷箱总体漏热校核计算。

17.1.3.3　阀门及安全附件

氢气液化装置主要由氢气源、氢或氦气压缩机、精密除油系统、真空冷箱、液氢储槽、室温管线等组成。真空冷箱内又包括透平膨胀机、低温换热器、低温阀、内纯化器、低温传输管线等。只有压缩机和透平膨胀机属于运动设备，而氢气液化装置的运行，主要涉及低温部件的膨胀机和低温阀门的调节问题。室温管线一般采用 304 或 316LH 不锈钢管道，要求完全脱脂处理。室温管线附件包括管道过滤器、金属软管等全部采用 304 或 316LH 不锈钢。管道及附件均需要进行处理与检验，包括清洗、吹除、试压、检漏等。常温阀门包括球阀、安全阀、减压阀、背压阀、止回阀、仪表阀、针阀等。到货后按要求进行检验。

低温阀门，工作温度极低。在设计这类阀门时，除了应遵循一般阀门的设计标准外，还有一些特殊的要求。我国液氢低温阀门标准暂时缺乏，低温阀门设计标准仅有 GB/T 24925—2019《低温阀门　技术条件》。其他国际先进工业标准有 ISO 28921-1—2013《工业阀门——低温应用隔离阀　第 1 部分　设计制造和生产测试》、EN 1171—2016《工业阀门-铸铁闸阀》，在一些先进工业国际标准中，虽然没有专门的低温阀技术条件，但在各类阀门标准中有低温阀门设计的要求参数。波纹管设计和填料函计算、气动调节结构与常温工业阀门基本一致。低温阀门研制难点在于材料选择和低温测试、热设计、气动机构。

一般要求低温调节阀的调节性能：可调比 $R \geqslant 10$；冷损要求：漏热率 $\leqslant 1W$。低温调节阀研制主要包括结构设计及各部件设计、材料选择、流量系数及其计算、口径的选择、阀芯型面设计、气动执行机构选择（包括定位器）、热沉的设计、热分析及校核等。低温阀门的材料，要求具有良好的力学性能，即一定的冲击韧性和相对延伸率；符合低温介质防爆性的相容条件；阀芯表面要求具有良好的耐磨性、表面硬度（阀头和阀座），零件表面氮化和采用硬质合金。

液氢输液管采用双层同轴管结构，外管为室温，内管为液氢，内外管之间为真空绝热，并包扎多层绝热材料降低辐射传热。液氢管路绝热材料的包扎层数为 30~40 层，常使用定宽铝薄膜和纤维无纺布 5 层复合使用，以增加层梯度，有效拦截辐射、减少漏热、便于抽空；绝热材料最外层选用定宽镀铝涤纶薄膜单层包扎。内外管之间的力学支撑应以满足力学需要和降低导热损失为原则，在液氢管线上常使用的绝热支撑材料为玻璃纤维 G10，G 代表玻璃纤维，10 代表玻璃纤维含量。所使用的 G10 材料不能有油污以及裂纹、夹气泡等缺陷。绝热支撑件结构如图 17-14 所示。

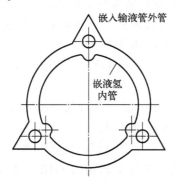

图 17-14　液氢输液管内部绝热支撑结构示意图

在真空低温管道中，阀门与外部管道的连接方式有法兰和焊接两种连接方式。相对于液氢管道来说，为了降低漏热主要选用了真空法兰的连接方式，该种方式的优点就在于其阀门更换方便，拆卸阀门不破坏管道的真空。但是低温状态时，真空法兰的漏热会对运行中管道系统的安全性造成很大威胁。而采用直接焊接连接，由于不存在液氢的外泄，则不存在这种潜在危险。而为了实现阀门维修时不破坏管道真空的要求，在对阀门进行结构设计时设计了阀盖组件直接从阀体中整体抽出来的结构形式，而阀门的外壳及内阀体与管道连为一体。该结构为阀门的维修提供了更大方便。而阀门真空腔与管道真空腔形成一体的结构，更有利于阀门真空腔真空度的维持，并提高了阀门的真空使用寿命。

17.1.3.4 智能控制与安全监测

大型氢气液化装置采用完全无人值守的全自动化运行模式，整个系统（包括系统启动）都是全自动运行的，在正常运行过程中也不需要值班人员操作。操作人员只负责日常检查和检验。监控、报警和自动互锁功能将由控制系统控制。

氢气液化装置的压缩机和冷箱通常分离安装，制冷机冷箱和压缩机附近分别安装本地控制机柜，由 Profibus 总线连接。流程控制的硬件包括低温系统主控制柜、油分离系统的次级机柜以及冷箱的次级机柜。PLC 与低温系统的监控电脑相连。也能通过网络或者与控制电话线相连的调制解调器实现远程监控。

控制系统架构如图 17-15 所示。

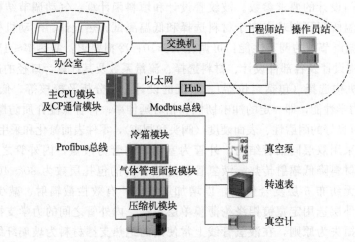

图 17-15　氢气液化装置控制架构图

电脑按 PID 图（工艺和仪表图）模拟显示过程，包括检测过程的全部信息，如压力、温度、阀门状态、报警等。PLC 可实现低温系统的自动控制操作。因此，在预调试后，启动、正常运行、停机这些自动程序，都可由 PLC 负责实现。操作员可以从监控电脑监控系统运行情况，并通过专门的动态视图来调整和监控工艺参数。控制界面的设计以控制过程清晰、操作便捷为原则。

为了确保氢气液化装置的连续安全运行和液氢产品质量，需要对氢液化工艺各关键质量控制点的氢进行分析化验，严格控制氢品质。

通常液氢制备过程的关键质量控制点包括：氢气气源、低温吸附器出口、液氢的质量。液氢作为火箭推进剂使用时，质量指标要求符合 GJB 71A《液体火箭发动机用液氢规范》要求，包括氧（含氩）含量、氮含量、水含量、总碳（甲烷、一氧化碳、二氧化碳三者含量之和）含量。

　　氢气液化装置运行过程中，需要密切关注氢中微量杂质含量水平。氢中杂质氧含量检测可使用气相色谱法或微量氧分析仪进行检测，由于微量氧分析仪与气相色谱法相比，操作和维护都较为简单，且更能实时反应流动气体的实时氧含量，因此被广泛应用于气体中氧含量的在线分析检测。其中燃料电池式与赫兹电池式的微量氧分析仪应用较为广泛。

　　氢气液化装置需要采用杂质含量在线分析系统，以满足实时、可靠、自动化等要求，通过使用 PLC 监控相应的电磁阀控制开启和关闭，从而实现监测接管的切换，随时可以远程读取任何监控点的分析数据。杂质含量氧分析仪输出 4～20mA 标准信号，接入氢液化生产线总控制系统，并设置报警线，保证氢气液化装置可靠、稳定、安全地运行。

17.1.4　液氢工厂

17.1.4.1　总体设计与原则

　　对于液氢工厂，一般包括以下几个单元：氢气制备和提纯区、液氢生产装置区、液氢储存区、公用工程区、变配电系统、分析化验室、控制室、安全排放系统、消防系统、办公区等。若是采用其他形式的高纯氢气，比如管输高纯氢气或长管拖车高纯氢气，则没有氢气制备单元和氢气提纯单元。液氢工厂需要用的公用工程主要包括仪表气、冷却水、氮气、预冷介质比如液氮等。涉及的危险介质除了易燃易爆的氢气，还有容易引起窒息风险的氮气和氦气。若采用混合工质制冷方式提供预冷，则可能还需要设计其他易燃易爆的烃类，比如甲烷、乙烯、丙烷、戊烷等。各类易燃易爆介质的相关设备，都应符合国家规范的设计要求和防火间距要求。

　　液氢工厂的设计要满足以下要求：液氢工厂各个装置单元区的布置应严格遵守防火、防爆等安全规范、标准；氢气生产装置及氢气液化装置应尽量采用露天或半敞开的布置形式（GB 50177—2005《氢气站设计规范》），若选择室内布置，相应的厂房必须设置强制通风设施。通风次数满足相应规范要求（NFPA 2）；安全监控系统和消防设施按照氢气和液氢的特殊性进行布置和设计；氢气或液氢的排放系统设计应满足相应规范（GB/T 40061）的要求，尤其是液氢和低温氢气，必须复温后到 90K 后再进行排放或燃烧。

　　液氢工厂设计需要具有相关资质的设计单位完成。

17.1.4.2　氢气液化装置

　　实际应用的氢气液化装置主要分为含液氮预冷的氦循环制冷的氢气液化装置和含液氮预冷的氢膨胀制冷的氢气液化装置。

　　（1）含液氮预冷的氦循环制冷的氢气液化装置

　　基本构成包括以下几部分：循环气源系统、液化冷箱、液氢储存系统、控制系统、公用设施。其结构图如图 17-16 所示。

　　① 循环气源系统。主要包括：氦气压缩机、油分离和气体管理、氦气缓冲罐。

　　a. 氦气压缩机。压缩机作为氢气液化系统的核心部件之一，是系统运行动力之源。详细介绍见上节。

　　b. 油分离和气体管理系统。来自压缩机组件中的压缩氦仍然含有少量油。氦气中的油以气溶胶及蒸气两种形式存在，气溶胶产生于快速压缩阶段，这个阶段可以产生非常细微的油。气溶胶的平均尺寸为 1μm(0.001mm)。氦-油界面非常大，油蒸气能与氦气充分混合，需要通过油分离进行较彻底的分离，将油分离组件出口的油含量减少到 10×10^{-9}（质量浓度）。

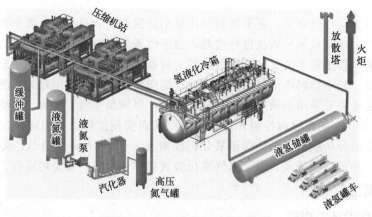

图 17-16 氢气液化装置基本构成

气体管理的作用是将系统的高压和低压稳定在要求的范围。它与油分离可以集成在一个撬块上，也可分别成撬。气体管理系统由 3～4 个调节阀实现气体管理。分别是大旁通阀（可能有）、小旁通阀、加载阀和卸载阀。旁通阀连接在压缩机高压（HP）排气管路和低压（LP）吸气管路之间，用于控制低压。一般压缩机若是采用变频方式控制流量，只需要一台旁通阀。加载阀和卸载阀用于控制高压，加载阀连接在缓冲罐和低压 LP 吸气管路之间，用于升高高压的压力值。卸载阀连接在缓冲罐和高压 HP 排气管路之间，用于降低高压的压力值。

c. 氦气缓冲罐。氦气缓冲罐是与气体管理系统的控制组件配合在一起使用，用来使氦制冷循环在不同温度下维持较稳定的循环压力。

② 液化冷箱。冷箱为真空绝热冷箱，包含多级换热器、氦透平膨胀机、正仲氢转化器、液氮气液分离罐、低温吸附器、低温阀门、仪表元器件等部件。冷箱可以采用卧式的或立式的，与氢气液化装置的规模有关。详见上节。

③ 液氢储存系统。包括液氢储罐、冷箱到液氢储罐的真空双壁输液管。液氢储罐在后续部分单独详细介绍。这里不再赘述。

④ 控制系统。包括控制系统硬件、软件、组态及远程控制等。设计采用并结合控制技术、计算机技术、仪表检测技术和网络通信技术的集成化体系结构，对生产过程提供自动控制、生产操作、监视、数据管理等功能，并且保证系统具有良好的开放性、灵活性、可扩充性和可修改性。能够适应设备、控制算法及控制系统组件配置的变化，以达到保护用户的投资，提高客户满意度的目的。

⑤ 公用设施。包括液氮储罐、仪表空气系统、冷却水系统。仪表空气系统、冷却水系统共用液氢工厂的水电气公辅系统，这里不再赘述。液氮罐主要用于为液氮预冷提供液氮。液氮罐要求能提供远程的温度和压力显示，便于及时提醒进行液氮的补充。液氮输送管线宜用绝热性能良好的真空双臂绝热管道，尽量减少液氮输送管线的冷量损失。

（2）含液氮预冷的氢循环制冷的氢气液化系统

氢循环制冷的氢气液化系统在原料气侧与氦循环制冷的氢气液化系统相似，主要区别是循环制冷剂采用氢气，采用的压缩机多为无油往复压缩机，压缩机所有电气、仪表及自控阀门需要符合氢气的爆炸危险区域的防爆要求。因此，这里只介绍无油往复氢气压缩机。

压缩机采用对称平衡型往复式布置，根据现场占地面积要求，可以用单层布置或双层布置。气缸一般为双作用，气缸采用水平布置，每级气缸进排气口按上进、下出布置。

氢气液化装置所用的氢气压缩机需要严格限制压缩机出口氢气的杂质含量，尤其是可能进入工艺气系统的机组润滑油和密封用氮气。气缸和填料函按无油润滑设计，无油润滑操作。按照 API 618 的要求，氢气压缩机气缸出口法兰处的气体实际排出温度≤135℃。

17.1.4.3　水电气公辅系统

液氢生产装置的公辅系统主要包括冷却水系统、电气系统、供气系统等。

（1）冷却水系统

氢液化工厂的冷却水用户主要是压缩机和透平膨胀机，消耗量主要与压缩机负荷和氢气液化装置的能力有关，其中压缩机工艺气冷却水需求量最大，一般远大于压缩机润滑油冷却水用量和透平膨胀机冷却水用量。冷却水供水温度一般要求不超过 30℃，水质要求符合国家工业冷却水规范。

当装置所在地区水资源较为紧张且工厂占地面积允许时，压缩机的工艺气冷却器可采用空冷器。同时压缩机润滑油冷却和透平膨胀机的冷却可采用密闭循环的制冷机提供冷却水，可以大大降低水资源的消耗量。

（2）电气系统

供电内容包括各套生产单元及其他辅助生产设施（变配电室、控制室等）。设计范围为界区内各装置单元及其辅助设施的供电、配电、照明、防雷、接地系统等设计，不包括供电外线等其他界区以外的电气设计。

液氢工厂的电气用户主要包括压缩机、电加热器、真空泵系统、控制系统等，另外还包括各种弱电用户、分析检测仪表等。

（3）供气系统

供气系统包括仪表风和惰性气体吹扫气。

仪表气可以用仪表空气也可以用氮气，由每个项目的具体情况而定。仪表供气质量要求无油，不含有毒及腐蚀性气体。进入装置界区的气源压力正常为 0.6MPaG，最低不少于 0.4MPaG，备用时间为 30min。

由于氢气属于易燃易爆介质，装置首次调试和检维修后需要用惰性气体置换空气，检维修前要求先用惰性气体置换常温氢气或低温氢气。液氢储罐区也建议设置惰性气体吹扫站，一旦发生液氢泄漏，就要进行惰性气体的吹扫和保护，迅速降低空气中的氢气浓度。一般常温氢气装置及管线的置换建议采用氮气，但液氮温区以下的装置和管线建议储备氦气供气系统，防止采用氮气吹扫时，氮气被低温冻住。

其他的气体用户，比如压缩机的电机吹扫系统，可以采用氮气或仪表风。

17.1.4.4　燃排与消防系统

（1）废气排放系统

液氢工厂的尾气排放系统主要包括首次调试时置换气的排放、异常情况下安全设施的排放、不合格产品尾气的排放等，排放的介质包括常温氢气、低温氢气或液氢、含氮氢气。按照国家规范，低于 1.6MPa 和超过 4.0MPa 的氢气不宜排放到同一个总管中，因此宜根据工厂的实际情况设置多个排放系统，其中低于 90K 的低温氢气及液氢应当复温后再排放。含氮氢气由于含有氮气，不宜与低温氢气或液氢同时排放，应当与复温后的氢气或常温氢气一起排放。

（2）废水排放系统

排水系统划分为：生产污水排水系统、生活污水排水系统、初期污染雨水排水系统、雨水排水系统。

（3）消防系统

氢液化工厂的消防系统应满足以下需要：

① 稳定的高压消防水管网，液氢生产装置区和液氢罐区按照同一时间内最多发生 1 处火灾考虑，消防用水量宜不少于 1 处火灾 3h 的最大用水量。

② 装置内和罐区及辅助单元设手提和推车式干粉灭火器，电控楼设二氧化碳灭火器。

③ 设置火灾和可燃气体报警系统。火灾自动报警系统采用集中报警系统。在装置控制室内设通用型区域火灾自动报警控制器一台，装置内主要出入口设置手动报警按钮。装置控制室等与消防有关并经常有人值班的场所设 119 火灾报警外线电话。当火灾报警控制器接收到报警信号并经值班人员确认后，由值班人员通知有关人员切除与消防无关的用电负荷。火灾报警控制器配有可充电备用电池组，当交流电源停电时自动切换为备用电池组供电。

④ 消防道路的要求。各功能区、装置之间设环形通道，并与厂外道路相连，保证消防车与厂外企业、道路距离满足《石油化工企业设计防火标准》要求。厂内总图布置按《石油化工企业设计防火标准》要求确定建构筑物间的防火距离，符合防火及通风、采光有关规定。

⑤ 建构筑物安全防火要求。按《建筑设计防火规范》的要求设置建构筑物的安全出口和安全通道。塔架平台按《石油化工企业设计防火标准》（GB 50160—2008）设置安全出口和安全通道。主要通道设置疏散指示灯。安全出口有指示标志。不同生产类别的建构筑物按规范进行防火分区。所有建筑耐火等级均不小于二级。建筑物内设置合理的泄压方式和足够的泄压面积。罐区设防火堤，防火堤高度按《石油化工企业设计防火标准》要求。装饰材料用阻燃型材料或不易燃材料使火灾不易发生，即使发生也不易迅速蔓延。

⑥ 设备布置要求。生产装置采用露天框架结构，泵站采用泵棚形式，防止火灾爆炸，危险气体聚集，发生火灾爆炸危险，在厂区较高的建构筑物上设置风向标。

17.1.4.5 厂控与安全监测系统

（1）全厂控制系统

氢气液化装置的生产过程高压、低温条件苛刻，控制要求高。为满足生产控制要求，提高产品质量，降低能耗及确保安全生产，装置可配置一套分散型控制系统（DCS），对装置进行集中监视、控制和操作。同时可配置一套安全仪表系统（SIS）用于装置的安全联锁和停车保护，以便在危险可能出现时及时停车，避免事故的发生。

DCS 系统设有操作站、控制站、工程师站和网络设备等，并且配有报表打印机和报警打印机。

SIS 系统由控制器、操作站、工程师站和辅助操作台组成。辅助操作台用于设置硬接线开关、按钮及报警指示灯等。

就地控制只是一些供操作人员在日常巡查时选择开关手动阀、启动/停止电动设备及控制一些非关键仪表等。

（2）安全监控系统

在装置界区内设有足够数量的可燃/有毒气体检测器，氢气检测报警，控制室内设有可燃气体报警系统（GDS），报警信号引入可燃/有毒气体报警系统进行报警显示。GDS 的系统设置原则为：可燃/有毒气体检测报警 GDS 系统应单独设置，与 DCS 系统分开设置，并采用安全仪表系统，系统配置要求同 SIS 系统一致。

17.2　液氢储存

17.2.1　地面液氢储存

17.2.1.1　地面液氢储存概述

液氢贮罐是液氢工厂和液氢加氢站的核心设备之一，中国汽车工程学会年会在 2016 年发布的《节能与新能源汽车技术路线图》中提到：至 2025 年中国将建成超过 300 座加氢站（目前建成数量已经超过这个目标），至 2030 年加氢站数量更将超过 1000 座。参照国外高压氢与液氢加氢站的比例，按其中 1/3 为液氢加氢站，需要大量液氢贮罐。从国家氢能战略考虑，我国可再生能源资源丰富，氢能将成为我国能源结构的重要组成部分。而液氢是氢能利用特别是运输最经济的方式之一。

目前在美国、日本、欧洲，液氢贮罐已广泛应用于加氢站、液氢工厂等场景。但液氢在国内的应用主要集中在航天领域，民用领域尚属于起步阶段，目前张家港中集圣达因、查特深冷（常州）、国富氢能等几家国内知名压力容器厂家纷纷启动了固定式液氢容器的研发工作。

17.2.1.2　液氢储存容器设计与制造标准

液氢容器与充装液氮、液氧、液氩等固定式真空绝热深冷压力容器相比较，有很多共性，但也有大量的不同点，由于液氢具备扩散能力强、易汽化、易燃易爆，标准沸点为 −253℃，远低于常见深冷介质等特性。液氢储存设备在材料、设计、制造、试验方法、检验规则等方面与液氮、液氧、液氩等常见冷冻液化气体容器有差异。有必要针对这些特殊的理化性质和危险特性制定特殊要求，以确保液氢容器产品的安全和性能。

氢能产业的高速发展下，民用液氢贮罐、罐车和罐箱、气瓶等液氢装备国产化迫在眉睫，我国前几年也制定了一些氢能方面的标准，其中对液氢装备有一些大体的规定，详见表 17-1，但多数都是偏重液氢系统安全方面的基本规定，由于专业限制，无法涉及特种设备，包括固定式液氢容器、移动式液氢容器、气瓶、压力管道的选材、设计、制造、检验、试验的技术细节。全国锅炉压力容器标准化技术委员会低温分技术委员会和移动分技术委员会、全国气瓶标准化技术委员会、全国阀门标准化技术委员会、中国技术监督情报协会危化品储运装备技术与信息化工作委员会也正在积极开展液氢装备方面国家标准、行业标准、团体标准的制修订工作。例如，《液氢生产系统技术规范》《氢能汽车用燃料　液氢》《液氢贮存和运输技术要求》三个新标准在 2021 年 5 月发布，并于 11 月 1 日起正式实施；《固定式真空绝热液氢压力容器专项技术要求》在 2021 年 12 月 1 日发布，12 月 15 日起正式实施；《移动式真空绝热液氢压力容器专项技术要求》在 2023 年 1 月 18 日发布，同日起正式实施。

表 17-1　国内涉氢储运特种设备相关规范和标准清单（液氢）

序号	标准编号	标准名称	备注
1	TSG 21—2016	《固定式压力容器安全技术监察规程》	安全技术规范
2	TSG R0005—2011	《移动式压力容器安全技术监察规程》	安全技术规范

续表

序号	标准编号	标准名称	备注
3	GB/T 40045—2021	《氢能汽车用燃料 液氢》	国家标准
4	GB/T 40060—2021	《液氢贮存和运输技术要求》	国家标准
5	GB/T 40061—2021	《液氢生产系统技术规范》	国家标准
6	GB/T 24499—2009	《氢气、氢能与氢能系统术语》	国家标准
7	GB/T 29729—2022	《氢系统安全的基本要求》	国家标准
8	GB 50016—2014	《建筑设计防火规范(2018 年版)》	国家标准
9	GB 50516—2010	《加氢站技术规范(2021 年版)》	国家标准
10	T/CATSI 05006—2021	《固定式真空绝热液氢压力容器专项技术要求》	团体标准
11	T/CATSI 05007—2023	《移动式真空绝热液氢压力容器专项技术要求》	团体标准
12	T/CGMA 0405—2022	《氢用低温阀门 通用试验方法》	团体标准
13	T/CGMA 0407—2022	《氢用低温阀门 通用技术规范》	团体标准

17.2.1.3 液氢储存容器关键部件

从液氢的理化性能来看,液氢沸点低,容易汽化,需要液氢容器具有极好的绝热性能,才能满足液氢储存的需求。液氢储存容器由罐体、外部管路、支座组合而成,罐体一般采用双层金属壳的结构,内容器、外壳主体分别由圆形筒体和两端的椭圆形封头套合而成,在内容器外表面缠绕绝热材料,外壳与内容器夹层空间进行抽真空,内容器与外壳之间采用夹层支撑结构进行固定。图 17-17 和图 17-18 是液氢容器典型结构示意图。

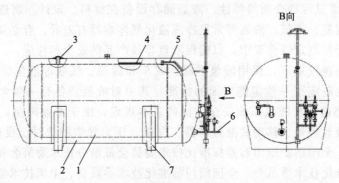

图 17-17 卧式液氢容器典型结构示意图

1—内容器;2—外壳;3—夹层支撑;4—绝热材料;5—夹层管路;6—外部管路;7—鞍式支座

17.2.1.4 阀门及安全附件

(1) 仪表和装卸附件

液氢容器的阀门有紧急切断阀、单向阀、手动截止阀、安全阀、三通阀等,包括真空阀门和非真空阀门。真空阀门应采取相应的绝热措施,自带夹套,保证阀门漏热最小。因氢分子很小,极易从许多材料和部件中逸散出去,所以选用的仪表及阀门等部件都必须具备极小的泄漏率。

(2) 安全附件

液氢容器的安全附件包括:内容器超压泄放装置、外壳防爆装置、管路安全阀、紧急切

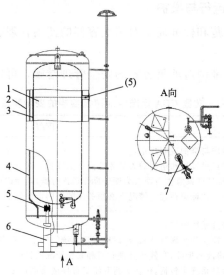

图 17-18　立式液氢容器典型结构示意图

1—内容器；2—外壳；3—绝热材料；4—夹层管路；
5—夹层支撑；6—支座；7—外部管路

断装置及导静电接地装置等。

（3）超压泄放装置

内容器超压泄放装置包括全启式安全阀、爆破片装置及组合泄放装置。组合泄放装置包括全启式安全阀与全启式安全阀的组合、全启式安全阀与爆破片装置的组合。图 17-19～图 17-21 是固定液氢团标中规定的三种超压泄放装置的典型示意图。

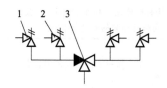

图 17-19　安全阀与安全阀
组合设置示意

1,2—全启式
安全阀；3—三通切换阀

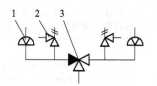

图 17-20　安全阀与爆破片
装置组合设置示意

1—爆破片装置；2—全启式
安全阀；3—三通切换阀

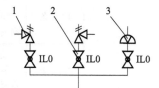

图 17-21　带隔离阀的安全阀
与爆破片组合设置示意

1—全启式安全阀；2—带互锁功能
的隔离阀；3—爆破片装置

（4）外壳防爆装置

为防止内容器泄漏，导致夹层的真空破坏带来的超压，外壳应设置防爆装置。其设计与布置应充分考虑液氢的低温影响，尽量避免其动作时空气进入夹层空间。

（5）紧急切断装置

紧急切断装置由紧急切断阀、远程控制系统以及易熔塞或等效装置组成。在遭遇火灾或充装、排液过程中发生意外泄漏时，紧急切断装置应能通过远程控制自动关闭。因空气或氮气的液化温度高于氢气，接触到液氢存在被液化的风险，因此当紧急切断装置采用气动控制系统时，应采取措施，使得控制用气管远离冷源，保证控制用气不被液化。

第三篇　氢的储存、运输及加注

17.2.1.5 液氢储存容器运行与维护

国内现行的安全技术规范和标准尚未对液氢容器的使用管理、定期检验等方面进行详细规定。

表 17-2 是美国 CGA 标准中对液氢容器的安全管理措施，可以作为参考。

表 17-2 美国 CGA 标准中对液氢容器的安全管理措施

标准	章节	内容
CGA H-5	12.1 条	操作与维护说明规定： 仅经过授权和培训的人员才能操作氢装置。对于与安装相关的任何操作故障或紧急情况，均须联系氢供应商。为便于操作员进行操作，储罐或系统的供应商应使用色码或通过其他方式标识在紧急情况下必须关闭的阀门操作轮上
	12.2 条	管理系统规定： 须建立并实现管理系统，以确保氢系统的安全运行和符合设计以及安全有效地执行维护、修改和拆除，有效地处理时间和紧急情况的目标。 管理系统应包括：包含运行和维护程序的书面计划、书面工作许可证制度、更改过程的书面管理和书面的操作员培训和资格认证程序
	12.3 条	一般安全规定： 在氢系统上开展工作时，使用 PPE，包括阻燃服；进行维护和/或修理时，签发工作许可证；在具有有效隔离的情况下进行维护和/或修理；在进行任何焊接或切割之前，进行适当的吹扫和惰化处理；进行焊接和/或切割时，请指派一名消防员并适用区域监控；在维护和/或修理期间，安装临时接地。 必须编制应急程序，以处理火灾或可能发生的任何其他危险事件。可用于指定应急程序的准则有：发出警报、获取帮助和应急服务、在适当且安全时隔离氢源、使所有人员从危险区域撤离并封闭危险区域、提醒当局注意蒸汽云可能造成的危险以及立即通知气体供应商
	12.4 条	人员规定： 操作人员须通过操作和应急程序方面的培训。人员须有权使用操作手册和所有 SDS。须向所有人员告知任何异常操作条件，并所有人员可访问所有相关的安全信息
	12.5 条	关机、维修和启动规定： 氢系统的关闭、修理、启动和维护通常需要危险工作许可证。参与工作的人员须具有一定资格，并知悉与氢相关的异常操作条件和待执行的任务
	12.6 条	维护和检查规定： 须由供应系统所有者的合格代表每年执行一次维护。维护须包括检查物理损坏、密封性、地面系统完整性、通风系统运行情况、设备标识、警告标志、操作员信息和培训记录、计划维护和重新测试记录、警报操作情况以及与安全相关的其他功能。 须正式记录计划的维护和重新测试活动，并且须保存至少 3 年

17.2.2 车载液氢储存气瓶

17.2.2.1 车载液氢储存概述

车载液氢储存对气瓶的绝热要求非常高，为了减少氢气蒸发损失，气瓶需做成真空绝热的双层不锈钢形式，两壁之间除保持高真空外，还放置纤维纸和薄铝箔以减少热传递和辐射。该技术储氢密度大，对用于移动的燃料电池而言，具有非常好的应用前景。目前低温液态储氢气瓶已经用于车载供气系统，美国通用公司 2000 年初已在轿车上应用了液态储氢气瓶，质量储氢密度已达 5.1%，体积储氢密度更是达到了 $36.6kg/m^3$。

由此可见，液态储氢在车用气瓶上具有自重轻、储氢密度大的优点，能满足车辆的长期续航需求，在重卡等长距离运输场景中优势尤为明显。

2021 年世界智能网联汽车大会开幕当天，福田欧曼氢能重卡亮相。该车型标载 49t，搭载了大容量液氢系统，单次注氢满足实际工况续航 1000km 以上，满足未来中重型中长途干线运输需求，有效拓展了氢能重卡的应用场景。

2022 年 9 月 19 日，德国汉诺威国际交通运输博览会上，奔驰重卡带来了奔驰 GenH$_2$ Truck 系列车型。该车型燃料用液态氢替代了气态氢，同等体积下拥有更高的能量密度，可以缩小燃料储存模块，降低整车重量。

17.2.2.2　车载液氢储存容器设计与制造标准

近年来，国家相关主管机构陆续批准发布了 GB/T 40045—2021《氢能汽车用燃料　液氢》、GB/T 40061—2021《液氢生产系统技术规范》、GB/T 40060—2021《液氢贮存和运输技术要求》、T/CCGA 40009—2021 等多项液氢方面的标准，对液氢生产系统的安全、车载供气系统的设计使用提出了一些规范要求，但并未发布车载液氢储存容器的设计和制造标准。目前车载液氢储存容器制造厂家更多的仍处于产品研制阶段。

17.2.2.3　车载液氢储存容器关键部件

车载液氢储存容器关键部件有：液氢瓶阀和仪表、绝热材料、非金属支撑材料、自增压系统、气化调压系统、安全泄放系统等。

17.2.2.4　试验与测试

参照目前 LNG 车用气瓶的法规和标准要求，液氢车用气瓶低温性能测试应包含：静态蒸发率试验、维持时间试验、冷态真空度测试、振动试验、自动限充功能试验、跌落试验、火烧试验等。

除了对气瓶成品的检测要求，针对液氢车用瓶所使用的原材料也应该进行液氢工况下的力学性能测试，以确保液氢车用瓶整体的安全可靠性。

17.2.2.5　车载液氢储存气瓶运行与维护

车载液氢气瓶使用单位应根据安全管理实际工作需要，建立健全并有效实施安全管理制度：

① 特种设备安全管理人员、作业人员岗位职责以及培训制度；

② 气瓶建档、使用登记、定期检验和维护保养制度；

③ 气瓶安全技术档案（含电子文档）保管制度；

④ 气瓶以及气瓶阀门采购、储存、检查和报废、更换等管理制度；

⑤ 气瓶隐患排查治理及报废气瓶去功能化处理制度；

⑥ 气瓶事故报告和处理制度；

⑦ 应急演练和应急救援制度；

⑧ 接受安全监督的管理制度。

使用单位应当按照气瓶出厂资料、维护保养说明，对气瓶进行经常性检查、维护保养。检查、维护保养一般包括以下内容：

① 检查规定的气瓶标志、外观完好情况、定期检验有效期是否符合安全技术规范及其相关标准的规定；

② 检查气瓶附件是否齐全、有无损坏，是否超出设计使用年限或者检验有效期；

③ 检查气瓶是否出现变形、异常响声、明显外观损伤等情况；

④ 检查气体压力显示是否出现异常情况。

17.3 液氢运输

17.3.1 液氢罐车运输

17.3.1.1 液氢罐车运输概述

液氢罐车作为液氢介质的专用运输工具，具有容积大、储量多、单次运输成本低等特点，相较于真空管道输送及液氢杜瓦储存，具有明显的经济优势，是目前国际上主要的液氢长途运输方式之一。一辆标准的 $50m^3$ 液氢罐车运氢能力，相当于 8 辆长管拖车运氢量。因此在超过 400km 的长距离运氢中，液氢罐车具有不可比拟的优势。

我国现有的液氢罐车主要用于航空航天以及相关试验，车辆按军事装备进行管理，由于军事装备属于特殊用途，本文所描述的液氢罐车特指民用产品。国内民用液氢市场尚处于探索阶段，液氢罐车是打通"运"氢环节的"卡脖子"问题，国内多家企业正积极开展相关研发工作。2023 年 1 月 18 日，由中国技术监督情报协会组织编制的 T/CATSI 05007—2023《移动式真空绝热液氢压力容器专项技术要求》（简称"专项要求"）正式发布，自此民用移动式液氢压力容器有了较为专业的参照文献。企业可根据专项要求编制企业标准，并进行液氢罐车的试制工作，完成相关型式试验及产品公告后，便可正式投放市场。2023 年 12 月 29日，在国家重点研发计划"可再生能源与氢能技术"重点专项"液氢制取、储运与加注关键装备及安全性研究"项目支持下，国内首台民用 $40m^3$ 液氢罐车在张家港研制成功并举行产品发布会。文献规定民用液氢罐车几何容积一般在 $15\sim50m^3$ 之间，设计压力在 $1\sim1.2MPa$之间。根据底盘型式一般分为整车和半挂车两种，主要结构见图 17-22 和图 17-23 所示。

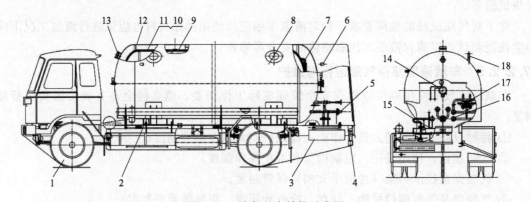

图 17-22 液氢整车结构示意图

1—定型底盘；2—支座；3—增压器；4—操作箱；5—装卸附件；6—照明系统；7—内部管路；
8—夹层支撑；9—吸附剂；10—绝热材料；11—内容器；12—外壳；13—外壳防爆装置；
14—仪表；15—外部管路；16—运输压力控制阀；17—内容器超压泄放装置；18—排气系统

17.3.1.2 液氢罐车设计与制造标准

现行国家标准及行业标准并未针对液氢罐车发布专项规定，液氢罐车属于 TSG R0005《移动式压力容器安全技术监察规程》（简称《移容规》）中 1.7 条规定的"三新"产品，应进行技术评审，通过后方可生产。为避免理解偏差，《移容规》第 3 号修改单将 3.10.8 条修改为"依据企业标准进行设计，并且充装液氢、液氦介质的移动式压力容器，还应当按照本规程 1.7 的规定进行技术评审"。第 3 号修改单明确了移动式液氢压力容器须进行"三新"评

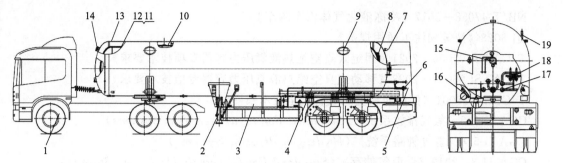

图 17-23　液氢半挂车结构示意图

1—牵引车；2—支座；3—增压器；4—行走机构；5—操作箱；6—装卸附件；7—照明系统；8—内部管路；
9—夹层支撑；10—吸附剂；11—绝热材料；12—内容器；13—外壳；14—外壳防爆装置；15—仪表；
16—外部管路；17—运输压力控制阀；18—内容器超压泄放装置；19—排气系统

审。因此液氢罐车作为承压设备，不仅需满足常规压力容器的所有规定，同时还需考虑其特殊性，制定更加合理的安全保障措施。

　　液氢罐车的设计制造过程可参考的国内外标准较多，本文仅列举部分主要标准。其中，注明日期的标准，仅该日期对应的版本暂被认可，其余则以最新版本（包括所有的修改单）作为参考依据。

　　GB/T 150—2011 压力容器（所有部分）

　　GB/T 2653《焊接接头弯曲试验方法》

　　GB 7258《机动车运行安全技术条件》

　　GB/T 11567《汽车及挂车侧面和后下部防护要求》

　　GB/T 14976《流体输送用不锈钢无缝钢管》

　　GB/T 18443.1～4《真空绝热深冷设备性能试验方法》系列

　　GB/T 20801.3—2020《压力管道规范　工业管道　第 3 部分：设计和计算》

　　GB/T 20801.4《压力管道规范　工业管道　第 4 部分：制作与安装》

　　GB/T 20801.5《压力管道规范　工业管道　第 5 部分：检验与试验》

　　GB 21668《危险货物运输车辆结构要求》

　　GB/T 25774.1《焊接材料的检验　第 1 部分：钢、镍及镍合金熔敷金属力学性能试样的制备及检验》

　　GB/T 31480《深冷容器用高真空多层绝热材料》

　　GB/T 31481《深冷容器用材料与气体的相容性判定导则》

　　GB/T 40060《液氢贮存和运输技术要求》

　　GJB 2645《液氢贮存运输要求》

　　JB/T 12665《真空绝热低温管》

　　JB 4732—1995《钢制压力容器——分析设计标准》

　　JB/T 6896《空气分离设备表面清洁度》

　　NB/T 10558《压力容器涂敷与运输包装》

　　NB/T 47010《承压设备用不锈钢和耐热钢锻件》

　　NB/T 47014《承压设备焊接工艺评定》

　　NB/T 47016《承压设备产品焊接试件的力学性能检验》

　　NB/T 47018《承压设备用焊接材料订货技术条件》

NB/T 47058—2017《冷冻液化气体汽车罐车》

QJ 3028《液氢加注车通用规范》

T/CATSI 05006—2021《固定式真空绝热液氢压力容器专项技术要求》

T/CATSI 05007—2023《移动式真空绝热液氢压力容器专项技术要求》

T/CCGA 20001《低温波纹金属软管安全技术条件》

CGA G-5.5《氢气排放系统》(*Standard For Hydrogen Vent Systems*)

CGA G-5.6《氢气管路系统》(*Hydrogen Pipeline Systems*)

CGA H-3—2019《低温氢储存》(*Standard For Cryogenic Hydrogen Storage*)

CGA S-1.2《压力泄放装置标准 第 2 部分 移动式压缩气体存储容器》(*Pressure Relief Device Standards—Part 2—Portable Containers For Compressed Gases*)

TSG R0005 《移动式压力容器安全技术监察规程》(含第 1、2、3 号修改单)

17.3.1.3　液氢罐车关键部件

液氢罐车主要由底盘、罐体、管路系统、操纵箱、气控系统、电控系统等部分组成，其中罐体作为承载液氢介质的主要部分，属于移动式压力容器设备，其设计、制造、检验、验收均需按《移容规》进行管理，也是液氢罐车的核心部件。

罐体主要由内容器、外壳、真空腔及夹层管路、支撑结构、绝热单元和吸附剂组成，部分罐体还可能设置有液氮容器、冷屏以及盘管等。

内容器是指用来直接承载液氢介质，设置于外壳内，用绝热层包覆的圆柱形容器。内容器由于直接接触液氢介质，设计中需重点考虑材料的相容性及管路布局的合理性。内容器通常会在内部设置相应的导温装置及防烫装置，以防止内容器产生过大的温度分层，同时降低运输过程对罐壁的冲击载荷。

外壳主要用来将内容器包裹，形成密闭空间，建立真空环境。外壳主要承载外压，因此其承载力与材料无关，仅与其结构型式有关。外壳设计厚度应不小于 6mm，可以是碳钢或不锈钢。为降低外壳重量可考虑在内侧或外侧设置加强圈。

支撑结构是设置于内容器与外壳之间的关键部件，其作为罐体的主要固体导热构件，设计时除应考虑漏热外，还需考虑其承载能力，因此一般应进行有限元分析设计。支撑结构一般采用玻璃钢支撑、金属支撑或两种材料的组合型式。

绝热单元包覆于内容器外表面，主要用来减少罐体表面辐射散热。绝热单元设置方式及反射屏布置直接决定罐体的保温性能，选择合适的材料及排布组合是获得低漏热的关键。

吸附剂作为维持夹层真空的辅助措施，在罐体的长期稳定运行中非常关键，常用的低温吸附剂有 5A、13X 等分子筛，活化后根据计算量进行装填。低温吸附剂常用氧化钯、银分子筛等用于吸收夹层内氢气。吸附剂需符合 GB/T 31481 规定，液氢介质夹层不宜使用可燃的活性炭作为吸附剂。

罐车的底盘、管路系统等其他部件也需根据液氢介质的特殊性进行适应性设计及改造，以满足液氢的储运需求，具体措施参照 GB 7258 对危化品车辆特殊规定及 GB/T 20801.3、CGA G-5.5 和 CGA G-5.6 中管路系统要求。

根据 GB 7258 规定，车辆最大尺寸不得超过 GB 1589 外廓尺寸。因此在罐体设计过程中，在考虑整体安全的情况下，还需充分考虑移动式液氢容器的尺寸要求，优化设计结构，形成可靠的产品。在外形尺寸一定的前提下，想要提高承载量则需挤压夹层间隙，过小的夹层不利于绝热单元的设置，造成罐体保温效果较差，无法满足运输需求。

17.3.1.4　阀门及安全附件

阀门及安全附件作为液氢罐车的重要组成部分，主要用来实现加注、卸液、增压、溢流、压力液位显示以及罐体的安全泄放。早期国内的阀门仪表及安全附件等均采用进口较为成熟的产品。随着我国航天发射任务的增多以及长征 5 号大运载火箭的研制，大口径液氢阀门及安全附件需求逐渐增多，但鉴于国内液氢应用较少，并未形成切实可行的阀门仪表质量评测体系。近年来，随着氢能产业的迅速发展，液氢阀门仪表以及安全附件的指导性规范需求日益强烈。因此，国家标准化委员会组织行业专家起草《液氢阀门　通用规范》指导国内液氢阀门研制，目前标准征求意见稿已完成。同时为了适应国内液氢的快速发展，全国阀门标准化技术委员会以及通用机械、航空航天等协会组织多家知名阀门厂家编制《氢用低温阀门　通用技术规范》和《氢用低温阀门　通用试验方法》团体标准解决国标发布前的标准缺失现状，同时国家阀门检测中心也建立相关试验台为液氢阀门型式试验提供相关保障。

对于压力表、液位计、温度计等仪器仪表，考虑氢气分子较小，极易泄漏，T/CATSI 05007 团体标准中对此也做出了明确规定。

17.3.1.5　性能测试

液氢罐车的低温性能试验主要是指内容器的冷冲击及罐车的冷充试验。内容器在冷冲击试验时，除进液口和排气口以外的其余管路管口全部封闭，向罐体内充入一定量的液氮，使内容器和管路被液氮充分浸渍并自然挥发，直至恢复常温，之后进行内容器耐压试验和氦质谱检漏。液氢罐车的冷充试验通常采用液氮作为试验介质，其充装量不得超过内容器支撑结构允许的载荷，且应使容器与液氮接触部位能够充分冷却。充液完成后应至少静置 48h。介质充装及静置期内应注意观察支撑结构连接处、外部管路等各处有无漏冷、结霜、明显变形、断裂等情况。罐体外壳表面任意相邻区域内温差不应超过 5℃，但管路穿出外壳处以及太阳直射处除外。

液氢罐车及罐箱的型式试验应由市场监管总局核准的压力容器型式试验机构进行，并出具型式试验报告和证书。型式试验项目要求一般按表 17-3 的规定。

表 17-3　逐台检验和型式试验的项目

检验项目	逐台检验	罐车型式试验	罐箱型式试验
几何尺寸检测	★	—	—
外观检查	★	—	—
附件检查	★	—	—
耐压试验	★	—	—
气密性试验	★	—	—
冷冲击试验	▲	—	—
清洁度测量	▲	—	—
内容器几何容积检测	★	—	—
封结真空度测量	★	★	★
漏气速率测量	★	★	★
漏放气速率测量	★	★	★
冷充试验	▲	★	★
维持时间测试	—	★	★
空箱(车)质量检测	▲	★	★

续表

检验项目	逐台检验	罐车型式试验	罐箱型式试验
道路行驶和制动性能检查	▲	—	—
堆码试验	—	—	★
吊顶试验	—	—	★
吊底试验	—	—	★
外部纵向栓固试验	—	—	★
内部纵向栓固试验	—	—	★
内部横向栓固试验	—	—	★
横向刚性试验	—	—	★
纵向刚性试验	—	—	★
载荷传递区试验(可选择项)	—	—	★
步道试验(可选择项)	—	—	★
扶梯试验(可选择项)	—	—	★
碰撞试验	—	—	★
其他检验	★	—	★

注：有"★"标记的项目为需检验或试验的项目；

有"▲"标记的项目为由供需双方协商确定的项目；

有"—"标记的项目为无需进行检验和试验的项目。

17.3.1.6 环境适应性测试

液氢罐车的环境适应性测试目前暂无具体的国家标准，测试的重点在于车辆的运行安全性和稳定性，一般按汽车道路测试通用规则进行评测，同时需考虑 GJB 2645、QJ 3028 和 GB/T 40060 对液氢运输车的特殊要求。

17.3.1.7 液氢罐车运行与维护

（1）使用注意事项

① 液氢罐车主要用于运输液氢（LH_2）介质，其密度仅为 $70kg/m^3$，为减少漏热量，局部结构承载能力有限，不得充装其他易燃易爆介质。

② 液氢罐车长期停放的位置需设有氢气浓度监测仪进行监测及静电释放装置，车辆停驶时需保证接地。

③ 高浓度氢气会使人窒息，因此对封闭储存的液氢罐车区域应使用吸风系统或通风系统避免氢气聚集。

④ 氢气在空气中仅需 0.019mJ 的能量即可被点燃，因此操作人员禁止穿合成纤维（尼龙等）衣服进行操作，应穿防静电的衣服、鞋子，并进行人体静电释放。

⑤ 系统管路上的安全阀应定期校验，每年至少校验一次，操作前需检查安全阀是否处于校验期内。压力表也应定期校验，每半年一次，平时注意其工作情况，发现异常情况时及时检查或更换。

⑥ 罐车抽真空阀（含真空规管）以及外壳保险器是夹层真空补抽、夹层真空检测和夹层安全防护的专用设备，未经专业人员许可，不得擅自拆装、焊接、扳动。罐车真空规管为精密设备，不适宜频繁操作。

⑦ 再次使用新罐车或检修后首次加注前必须进行气体（气体为罐车的工作介质）置换

和预冷处理。

⑧ 所有操作工具须为防爆专用工具。

（2）操作注意事项

① 由于液氢的温度极低，其液体或蒸气会致人严重冻伤，故作业时不得裸手触碰气、液相管，以防止冻伤。

② 要取下设备系统的零部件或松开管路接头之前，应以安全的方法把容器中的低温液体和气体排尽或确保其根阀已切断。工作人员在取下零部件或松开管路接头时，必须佩戴防护手套和护眼罩。

③ 装卸液氢时应注意不要使其飞溅或溢出，凡是有可能接触到液体、冷管道、冷设备和冷气体的身体部位均应加以保护。手臂应使用易脱下的长袖手套保护。裤脚应包在靴子的外面或盖到鞋子的上面，以避免溅落的液体冻伤皮肤。

④ 罐车加液时，必须密切关注罐内压力及液位计示值，避免超压及充装过量。

⑤ 启运前应根据运输距离合理设定运输压力控制阀动作压力，运输过程中及时记录罐体压力。

⑥ 卸车时需确保金属软管吹扫完全后再进行导液。

（3）常见故障及处理方法

常见故障及处理方法如表 17-4 和表 17-5 所示。

第三篇　氢的储存、运输及加注

表 17-4　一般故障列表

故障名称	可能出现的原因	分析判断	解决方法
罐车压力低或不能维持供液	管道泄漏	①管道表面结霜程度明显不同于其他部位 ②能听到漏气声	维修管道
	液位低	液位计或液位变送器显示液位低	补装液体
	安全阀泄漏或爆破片已爆	放空口有气体喷出	重新校验安全阀或更换爆破片
	压力表指示值不真实或故障	与变送器示数和管路压力表对比	维修或更换压力表
	用液量大	液位计显示液位下降较快,其它容器液位上升较快	改用外接增压
	压力表指示值不真实或故障	与变送器示数和管路压力表对比	维修或更换压力表
	充装过满	①查看液位计或变送器数值与液位对照表对比 ②打开溢流阀观察是否有液体流出	尽快排液或对内容器放空
	保温性能不佳	罐体局部结霜	补抽真空
安全阀频繁开启	安全阀故障	阀芯漏气或有杂质	重新校验安全阀或更换
	安全阀整定压力错误	安全阀低于设定值就开启	重新校验安全阀或更换
爆破片爆破	罐体超压	安全阀先开启仍不能使罐体压力下降	更换爆破片
	疲劳损坏或腐蚀	空气腐蚀	更换爆破片
夹层真空度低	真空规管测量不真实	检查真空测量仪是否工作正常,检查真空规管是否已坏	与设备厂家联系
	内容器或外壳泄漏	夹层真空已破坏	与设备厂家联系,并尽快排空罐体
	夹层材料放气过大	真空测量值大	补抽真空

续表

故障名称	可能出现的原因	分析判断	解决方法
日蒸发率 过高	夹层真空度差	测量罐体真空度	补抽真空
	罐体局部有冒汗结霜现象	真空度不足或局部短路	与设备厂家联系,补抽真空

表 17-5 严重故障列表

故障名称	人员采取的动作
安全阀件损坏/故障	
罐体、管路变形	停止设备的所有工作,直到故障完全处理完毕
保温腔内的真空被破坏	
压力表损坏	

17.3.2 液氢罐式集装箱运输

17.3.2.1 液氢罐式集装箱运输概述

液氢罐式集装箱（简称为液氢罐箱）与液氢罐车类似，不同点在于罐体结构置于集装箱框架中，无底盘或行走机构。液氢罐箱可进行多式联运，不仅可以海上运输和公路运输，也可用于加氢站或汽化站固定罐，实现"一罐到底"的运输模式，减少转注可能造成的泄漏危险及液氢损耗。同时罐箱一般要求堆码、吊顶、吊底、栓固、刚性试验等，在罐箱框架的保护下，公路运输中即使出现追尾及侧翻事故，也不会出现罐体严重破损和泄漏，大大提升罐体的安全性。当然，也正是由于尺寸的限制和框架的加装，相较于液氢罐车，单台液氢罐箱的装载量较少，同等充装量下，罐箱比罐车更重。参与多式联运的罐箱一般为 1AA 型 40 英尺（1 英尺＝30.48 厘米）标准罐箱，几何容积 40m³ 左右，设计压力 1～1.2MPa 之间。仅参与公路运输不堆码的液氢罐箱最大可设计为 1EE 型 45 英尺标准罐箱，几何容积 45m³ 左右，设计压力同参与多式联运的罐箱一致。

17.3.2.2 液氢罐式集装箱设计与制造标准

液氢罐箱设计制造所涉及的标准与液氢罐车类似，由于其可能参与多式联运。因此，除满足液氢罐车所涉及的标准外，还需参考以下标准：

GB/T 1413《系列 1 集装箱　分类、尺寸和额定质量》

GB/T 16563《系列 1 集装箱　技术要求和试验方法　液体、气体及加压干散货罐式集装箱》

GB/T 1835《系列 1 集装箱　角件技术要求》

GB/T 1836《集装箱　代码、识别和标记》

NB/T 47059—2017《冷冻液化气体罐式集装箱》

《集装箱检验规范》中国船级社

《国际集装箱安全公约》及其修正案

《1972 年集装箱关务公约》及其修正案

《国际海运危险货物规则》IMDG

《集装箱法定检验技术规则》

17.3.2.3 液氢罐式集装箱关键部件

液氢罐箱主要由罐体、管路系统、集装箱框架、气控系统、电控系统等部分构成。其中罐体作为承载液氢介质的主要部分，属于移动式压力容器设备，其设计、制造、检验、验收需按《移容规》进行管理，集装箱框架按《集装箱检验规范》进行设计、制造、检验及验收。

液氢罐箱罐体部分与液氢罐车总体一致，仅在设计中需考虑各管路部件不得超出集装箱框架尺寸范围，设计更为紧凑。同时对于参与联运的罐箱需考虑货船运动方向的不确定性，计算与运动方向垂直的水平方向载荷时，需按 2 倍加速度校核。防波板设置方向也应进行适应性调整。

液氢罐箱的框架包括角柱及角件，其结构形式和连接方式需满足 NB/T 47059 中 6.5、6.6 条要求。

17.3.2.4　阀门及安全附件

液氢罐箱的阀门及安全附件要求与液氢罐车一致。液氢罐箱由于结构紧凑，可能参与联运，因此阀门仪表需固定牢固，同时注意防止盐雾腐蚀。液氢罐箱设置电气系统时，除应防爆外还需考虑自身供电。

17.3.2.5　性能测试

液氢罐箱低温性能试验与液氢罐车一致。型式试验方面较液氢罐车更为严格，试验方法按 GB/T 16563 执行。

17.3.2.6　环境适应性测试

液氢罐箱环境适应性主要是指罐箱的型式试验。

17.3.2.7　液氢罐式集装箱运行与维护

（1）液氢罐箱使用要求

液氢罐箱使用及操作注意事项与液氢罐车基本一致，使用单位均需要按 TSG 08《特种设备使用管理规则》以及《移容规》的规定，设置安全管理机构、配备特种设备安全管理人员和作业人员，办理使用登记，建立移动式压力容器台账以及安全技术档案，制定并执行各项安全管理制度和操作规程，进行经常性维护保养和定期自行检查，按时申报定期检验等。

液氢罐箱使用单位应当按照《特种设备使用管理规则》等安全技术规范以及移动式压力容器产品使用说明书和技术文件的规定，制定液氢罐式集装箱使用操作规程。操作规程至少应当包括以下内容：

① 运行参数，如工作压力范围、工作温度范围、充装介质、罐体最大允许充装量等；

② 操作程序和方法，以及安全注意事项等；

③ 运行中经常性维护保养需要重点检查的项目和部位、可能出现的异常现象和防护措施、紧急情况的处置和报告程序，以及记录要求等；

④ 介质的安全防护和安全操作要求。

（2）液氢罐箱经常性维护保养

使用单位应当建立液氢罐箱经常性维护保养制度，并且根据产品使用说明书的要求和使用单位维护保养制度的规定，对液氢罐箱罐体以及管路、安全附件、仪表和装卸附件等进行经常性维护保养，对发现的问题以及异常情况及时进行处理，并且做好记录存档，保证在用液氢罐箱始终处于正常安全使用状态。

（3）液氢罐箱定期自行检查

液氢罐箱的定期自行检查，包括自行月度检查、年度检查以及定期检验。

① 月度检查。月度检查由使用单位的安全管理人员，根据液氢罐箱的结构特点和使用状况，组织相关人员进行，每月至少一次，并且记录检查情况；当年度检查与月度检查时间重合时，可不再进行月度检查。

月度检查项目至少包括以下内容：

a. 外观检查，重点检查罐体外表面涂层是否脱落、标志标识是否清晰完整；

b. 运行参数检查，重点检查罐体内的压力、温度等参数显示是否异常；

c. 密封状态检查，重点检查各个连接密封面密封状态是否完好，是否有泄漏痕迹等；

d. 安全附件、仪表和装卸附件检查，重点检查超压泄放装置、紧急切断装置、仪表和装卸附件等是否完好无损、功能是否有效；

e. 罐体连接部位检查，重点检查罐体与框架、支撑装置等的连接紧固装置是否牢固、可靠，有无松动现象，连接螺栓等是否有锈蚀、损坏等；

f. 绝热层或隔热层检查，重点检查真空绝热罐体外表面是否有结露结霜、隔热层结构罐体外表面保护层是否完好无损，管路系统管路、管件以及管路附件等连接是否完好可靠；

g. 铭牌检查，重点检查移动式压力容器的产品铭牌、电子铭牌标记是否清晰以及电子铭牌读取是否正常。

② 年度检查。使用单位每年对所使用的罐式集装箱至少进行 1 次年度检查，年度检查工作完成后，应当进行罐式集装箱的使用安全状况分析，并且对年度检查中发现的隐患及时消除。

年度检查工作可以由使用单位安全管理人员组织经过专业培训的作业人员进行，也可以委托具有相应资质的特种设备检验机构进行。

年度检查其项目至少包括安全管理情况检查、运行状况检查和年度检查结论以及报告。

③ 定期检验。使用单位应当在定期检验有效期届满的 1 个月前，向特种设备检验机构提出定期检验申请，并且做好与定期检验相关的准备工作。

17.4 液氢安全

17.4.1 液氢安全风险及失效机制

液氢介质特性见表 17-6。

表 17-6 液氢介质特性表

介质	爆炸危险性	毒性介质危险性	沸点/℃	爆炸极限（下限）/%	爆炸极限（上限）/%
LH$_2$	1	0	−253	4	75.6
LN$_2$	—	—	−196	—	—

由于液氢的沸点为−253℃，所以可能液化空气中的氧气，氧气的过分积聚会形成"富氧空气"（空气中含氧量 23% 以上）。在富氧空气中，可燃物质会剧烈燃烧并可能引起爆炸，某些被认为在空气中不燃烧的物质也可能迅速燃烧。因此在装卸或使用液氢的场合，严禁明火，否则可能因"富氧空气"导致严重的人身伤害。

液氢汽化产生的氢气与空气混合达到爆炸范围后，仅需极小的能量即可点燃爆炸。

液氢属于低温液体，对人体皮肤会造成低温烧伤的危害。同时，低温下会导致碳钢、塑料、橡胶等材料变得易脆，引起其性能下降。

低温会导致金属的延展性丧失和脆化。在深低温下，钢材在突然冲击或弯曲的情况下存在破裂风险。为确保材料低温性能，通常选用镍氮含量高的奥氏体不锈钢。

在钢铁等金属的冶炼和加工阶段，很容易发生氢元素进入金属内部的问题。它们在金属局部富集，导致金属的脆性变大，性能下降，以至于无法满足后续工程对于材料的质量要求，这就是氢致损伤。此外，金属在氢液化及储运环节使用过程，氢同样会侵入其内部；在外载的作用下，氢致损伤不断加深，会发生脆断的问题。

因此，在液氢领域，材料在选用之前需充分考虑低温及富氢环境对材料性能的影响，考虑足够余量。

17.4.2　液氢生产、储运过程中的安全技术规范

鉴于氢气的特殊危险性，液氢装置设计时已考虑安全联锁系统和安全泄放装置，生产过程中应严格遵循相应技术规范及场内的安全操作规范。

（1）如果发生泄漏

① 向氢气液化装置的所有员工发出警报。

② 大的氢气泄漏可通过漏气声音发现。这种泄漏很容易着火，且肉眼几乎看不到氢气的火焰。注意氢气液化装置各个部件的结霜现象，异常出现的结霜或严重的结霜都有可能是因为冷介质泄漏。

③ 离开危险区域（如果是贮气罐或贮气罐拖车泄漏，撤离到离开泄漏点 10m 之外），并划定安全区的周边。

④ 可通过仔细观察热流引起的空气扰动来确定火焰，或借助特殊的紫外、红外摄像头来观察。

⑤ 确定漏气点和漏气来源之后，在漏气源上游靠近漏气点处切断氢气源。

⑥ 如果氢气源不能被切断：

a. 泄漏已经引起着火：不要试图扑灭火焰，而要在危险区域之外向火焰周围物体喷洒防止着火区蔓延的灭火剂。

b. 泄漏还没有引起着火：迅速离开危险区域而不要试图采取任何措施。

c. 可能危及周边设施，立即报警通知有关方面（消防队、当地主管部门等）。

（2）氢与氧化剂混合的危险

① 杜绝一切能使氢与氧化剂混合的机会，采用对管道充气、惰化、抽空、排放、分析等方法隔离可能产生混合的回路。

② 防止在氢设备发生氢与空气的混合。特别在可能发生氢与空气混合的危险时，如设备使用前（启动前设备内部是空气）或者更换气体时以及进行维护等操作时，必须每次都对设备进行吹扫。

③ 用惰性气体（氮气或氩气）进行吹扫，也可采用抽真空的方法（就像处理从用户返回的开口气瓶一样）；不能使用 CO_2，因为 CO_2 可能携带静电。

④ 用压缩机压缩氢气时，要在压缩机入口和出口处检测氢气中氧的含量。

（3）消除着火的危险

① 在危险区域内要消除点火源：

a. 禁止吸烟、禁止产生火花、禁用明火和手机。

b. 张贴这些规章制度。

② 在危险区域要避免电接触放电：

a. 建筑物要接地，接地电阻应小于 25Ω；要定期检查以确保整个设施都接地良好（多重措施）。

b. 气罐组和气瓶拖车要接地。

c. 所用的电气设备必须都对氢气是安全的（即防爆型或本征安全的）。如某些设备（例如分析仪）不能满足这一要求，则必须安装能连续吹扫氮气的装置并且把气体排出到室外。

d. 所有要带入危险区域的便携式电气设备（即便携式灯具，手电筒等）都必须是满足所述安全电器的要求。例如收音机等就禁止带入。

e. 要使用对氢气安全的防爆照明灯具。如果危险区域只局限在一个封闭室内，其照明可以用玻璃隔离的外部灯具提供。

f. 叉车必须是防爆型的，或者是使用柴油发动机装有无火花排气管的叉车。

g. 如果维修需要临时断电，维修后重新通电时需多加小心。

（4）特殊的氢气设备

易爆环境中的操作必须使用防火花的工具。使用常规工具只有在用惰性气体吹扫净化整个空间后才能进行，并且由合格人员在得到允许后进行操作。

（5）着装

① 穿天然布料的内衣、外着由不可燃材料芳香族聚酰亚胺耐高温纤维和聚酰胺合成纤维制成的工作服。

② 穿安全的不带金属鞋掌的鞋，并穿羊毛袜或者棉袜。

（6）培训，操作步骤和安全规则

① 必须提供书面的操作步骤和安全规则，并将其张贴在工作场所。强烈建议穿着防静电工作服。

② 告知员工与氢气相关的安全事项。就发生事故时应采取的操作和措施对员工进行培训，并且定期重温这些培训内容。

③ 特别要注意：

a. 在危险区域内进行操作之前，建议使用刚完成功能检查的便携式气体可爆性测定仪进行检测。

b. 在氢装置上进行机械操作时，建议先对系统进行吹扫；建议由两个人一起操作。

c. 对缓冲罐充气之前，建议使缓冲罐与气源的气瓶组达到等电位。

d. 建议缓慢开启气瓶阀门。

e. 建议采取适当措施（灭鼠药、封闭入口、充填管道等）灭鼠和防鼠。

（7）装置进氢气前的准备

① 根据 PID 图对系统的管道连接进行检查，确认氢气管线接口连接正确、管道材料规格符合标准、管道试压和吹扫报告，以及管道内部清洁度符合要求。

② 根据电控接线图和防爆要求，确认电控柜接线正确、无遗漏、接线方式符合要求。

③ 针对氢气系统的安全阀进行专项检查，确认安全参数与设计参数一致、进行校验认证，安全阀出口接入氢气排放管中。

④ 电控系统检查，完成工控机及 PLC 的控制软件安装、电控系统接线检查和通电、控制系统打点测试、阀门初始化和开度-行程检查、仪表量程校验等工作。

⑤ 确认使用氢气的区域内的可燃气体报警器、氢气检测器、火警报警器及相关的连锁信号工作正常。

⑥ 按照冷箱调试方案的要求，利用高纯氮气完成氢气系统的保压和检漏试验，确保氢气系统无泄漏点。

⑦ 按照冷箱调试方案的要求，利用高纯氮气完成氢气系统气体置换，氢气系统内露点不超过－50℃。

（8）装置进氢气

氢气进入装置前需做好前期准备工作，同时需提前和上游确认，确保上游具备提供氢气的条件。装置使用氢气包括氢气系统气体置换、氢气液化和液氢储罐降温三个阶段。

（9）氢透平膨胀机特殊设计

采用氢透平膨胀机制冷的氢气液化装置应考虑透平氢气泄漏的检测措施和防止氢气外漏的措施，比如增加相应的温度检测和二级密封气。

（10）应急消防措施

由于氢气的液化温度接近 20K，大部分常用惰性气体已经固化，但是大量低温液氢的泄漏有可能形成液空，造成在泄漏点形成富氧的环境。因此，氢液化冷箱和液氢罐箱附近宜设置氦气钢瓶，当发生介质泄漏时，采用氦气喷洒可以快速稀释氢浓度并有助于氢气的扩散，同时在该时间段内迅速采取应急措施，包括按下急停按钮、相连系统切断、人员疏散、危险情况上报等等。

17.4.3　液氢储运过程中的安全技术规范

液氢运输的安全主要需考虑以下方面。

（1）适宜的临氢材料选择及焊接要求

对于长期处于超低温工况下的液氢容器，需要考虑其低温韧性，以及与氢介质的兼容性，否则内容器开裂导致液氢大量泄漏，从而导致严重的危害。CGA H-3—2019《低温氢储存》中 7.1 条规定：不推荐采用铝作为内筒体材料，9％镍因其弱延展性也不宜使用。储运液氢用的容器材料推荐采用低含碳量的奥氏体不锈钢材料。

GB/T 150 系列中将设计温度低于－196℃的奥氏体不锈钢容器定义为低温容器，并对低温冲击提出额外要求。临氢材料化学成分中 Fe-Ni 比例、稀有元素的施加、Ni 当量与 Cr 当量控制、化学元素相互作用对 Ms 点的影响、奥氏体的层错能、稳定系数、材料基本力学性能、低温冲击功等都会对材料的性能造成影响。国内太钢已发布专门用于液氢介质的 TAS31608-LH 材料企业标准，但尚无足够的产品应用经验验证其可靠性。还需与容器研制企业合作，进行工程化应用研究，积累经验，确保原材料性能稳定。

承压设备临氢材料焊接前根据材料类型、焊接设备、工艺技术开展相关试验，开展焊接工艺评定，并在－269℃下进行低温冲击试验，确保焊缝在超低温状态下力学性能满足使用要求。其中焊材焊剂的研发、焊接方法的选择、焊接参数的调整都需要试验研究，通过数据比对与经验积累，以保证焊缝低温力学性能。

（2）准确的设计参数选定

作为低温压力容器，参数的合理选择与整体结构的正确设计是基础，也是至关重要的，既要保证设备的安全使用，又要保证设备的保温性能。否则将有可能导致液氢容器静态蒸发率过高使介质经常排放，损耗过大。容器设计压力的上限取值应低于液氢的临界压力，额定充满率为 0.9，最大充满率为 0.95。在支撑结构设计上，要充分考虑低温冷收缩带来的位移对内容器的影响。

（3）合理的 PID 设计

低温压力容器的流程和管路设计对设备的使用是至关重要的，一个好的流程将保证设备满足客户的正常使用需求，而管路设计是否合理则直接影响容器的使用性能。错误的流程将存在使用隐患。美国 CGA H-3—2013《低温储存》附录 B 和 CGA H-4—2013《氢燃料技术相关术语》表 2 对于液氢储罐都有专门的流程介绍。另外 CGA H-3—2013《低温氢储存》中 9.1 条要求：所有夹层管路应采用奥氏体不锈钢无缝管路，夹层中所有管件连接采用对接焊，内外筒体间所有管路应具备充分的柔度承受热胀冷缩引发的变动，在夹层空间中不得使用法兰接头、螺纹接头、波形膨胀接头或金属软管。也就是说，液氢容器管路设计时对于夹层管路应充分考虑容器充液后管线的热胀冷缩，外部管路则应该按真空绝热管路和非真空绝热管分别进行设计。

（4）必要的安全附件及超压泄放装置设置

液氢容器实际运行时由于种种原因可能发生失控或受到外界因素干扰，从而造成容器超压或超温，为保证容器安全和使其可靠地工作，容器上必须设置超压泄放装置。氢气和空气混合物的点火能量很低，另外液态氢转变成气态氢会导致体积膨胀约 845 倍，因此超压泄放装置的正确选择显得尤为重要。

液氢介质的安全泄放计算国内标准并未规定，国外标准中 ISO 21013-3 以及 CGA S-1.2 中有关于氢气排放计算的方法。同时美国关于液氢池火燃烧影响有专门的研究成果，液氢罐箱的安全泄放需参考国外标准并结合国内要求进行计算。

根据 NB/T 47058—2017《冷冻液化气体汽车罐车》和 NB/T 47059—2017《冷冻液化气体罐式集装箱》中对于内容器超压卸放装置的要求：内容器应至少设置两组相互独立的超压卸放装置。每组超压卸放装置应设置一个全启式弹簧安全阀作为主卸放装置，且并联一个全启式弹簧安全阀或爆破片作为辅助卸放装置。一旦爆破片出现爆破现象，氢气会大量泄漏，氢气和空气的混合物点火能量很低，爆破片的失效有氢气自燃的风险、移动式液氢容器爆破片的更换将是个大问题，因此移动式液氢容器上应选用两组安全阀并联的配置。

氢气超压排放管应垂直设计，其强度应能承受 1.0MPa 的内压，以承受如雷电引发燃烧产生的爆燃或爆炸。管口应设防空气倒流和雨雪侵入以及防凝结物和外来物堵塞的装置，并采取有效的静电消除措施。排放管口不能使氢气燃烧的辐射热和喷射火焰冲击到人或设备结构从而发生人员伤害或设备性能损伤。

液氢超压泄放系统不适合设置阻火器。从 NFPA-2 规范及 CGA-5.5 氢气排气系统以及 ASME 压力容器规范等多个国外、国际标准来看，氢气排气系统都不允许安装阻火器。安装阻火器会增加排气管道的阻力，对安全泄放阀造成回压，从而可能引发严重的安全问题。

（5）良好的绝热保温工艺

液氢容器的绝热性能是判断其质量并确保其安全可靠使用的最主要指标之一，而衡量绝热性能的最重要的参数是静态蒸发率和维持时间。静态蒸发率过高则维持时间短，损耗大。

在罐体主体结构、真空度指标都满足设计要求的前提下，在初始充满率为 90％ 的前提下，当安全阀达到开启压力，同时罐内液体容积达到最大充满率 95％ 的情况下，高真空多层绝热的 40ft（1ft＝0.3048m）液氢罐箱在液氢蒸发率 0.73％/d 时的维持时间可达 12 天，降低充满率可以达到 15～20 天的维持时间，完全可以满足国内公路物流运输的周期要求。

而当移动容器水路运输时，由于运输距离远，运输周期比较长，则需要考虑高真空多屏绝热方式，它的绝热性能更加优越，热容量小、质量轻、热平衡快，但结构比较复杂，成本也更高。带金属屏和气冷屏的高真空多屏绝热可以满足 20 天以上维持时间的要求。如果再增加液氮冷屏的话，高真空多屏绝热的静态蒸发率可以做到多层绝热的 0.5 倍以下，维持时间可以提高到 35 天以上，可以实现海上长途运输。

（6）可靠的阀门仪表选型

阀门应在全开和全闭工作状态下经气密性试验合格。真空阀门进行氦质谱检漏试验时，要求其外部泄漏率优于 $1 \times 10^{-9} \mathrm{Pa} \cdot \mathrm{m}^3/\mathrm{s}$，内部泄漏率优于 $1 \times 10^{-7} \mathrm{Pa} \cdot \mathrm{m}^3/\mathrm{s}$。

（7）全面的样车（样箱）型式试验

液氢罐箱暂无可参考的型式试验标准，需专门制定合理的型式试验方法和跑车试验方案，便于充分验证产品的可行性，取得相应运行许可。

① 开展低温性能试验。在液氢罐箱研制各环节重点关注低温核心指标验证，通过内容器的液氮冲击试验，保证液氢罐箱的低温耐受性；通过液氦介质充装试验，利用液氦的超低温特性对罐体的整体绝热效果进行评估，验证技术可靠性。

② 完成液氢型式试验。约请具有国家低温容器性能试验资质的第三方专业机构对液氢罐箱进行真实介质测试，按照国家有关安全及监管规范的要求开展全面的产品定型试验，将研制过程材料、性能试验材料、液氢型式试验报告等提交鉴定机构及中国船级社审核确认，申领公路及道路运输许可。

（8）规范的使用操作及运行维护

由于液氢的临界压力只有 1.3MPa 左右，因此当饱和压力超过 0.5MPa 时，液氢的汽化潜热开始明显减小，饱和气体密度显著增加，这时候液氢容器气相空间的升压速度会大幅度提高并很快逼近其安全泄放压力，而大量氢气的瞬间快速泄放极易引发氢气燃烧。液氢容器设计最高工作压力的提升并不能有效延长安全不排放的维持时间。因此，当液氢储运容器压力超过 0.5MPa 时，应通过手动排空的方式释放压力，以提高液氢储运安全性。

根据液氢槽罐的功能及用途，液氢槽罐主要有充装、运输、卸载、返程四种工况。

液氢的充装主要指在液氢工厂储罐向液氢槽罐进行充液。

运输过程是液氢槽罐的核心用途，运输前需根据预期的运输时间设定好运输压力控制阀，并在运输过程中实时监控罐体压力变化，确保罐体安全。

液氢的卸载主要指液氢槽罐向液氢使用场所、加氢站、汽化站固定液氢贮罐卸液。与液氢的充装类似，其安全注意事项基本一致。

液氢槽罐的返程工况是有别于常规低温槽罐的关键，液氢槽罐返程时，需在罐内留存一定量的液氢，防止罐体复温，由于低温介质较少，罐体压力上升较快。为此槽罐设置相应的运输压力控制阀，以保证罐体返程安全。

参 考 文 献

[1]　徐祥发. 机械密封手册 [M]. 南京：东南大学出版社，1998.

[2]　张祉祜，石秉三. 制冷及低温技术 [M]. 北京：机械工业出版社，1981.

[3]　Aasadnia, Majid, Mehrpooya, et al. Large-scale liquid hydrogen production methods and approaches：A review [J]. Applied Energy，2018.

第三篇　氢的储存、运输及加注

[4]　陈长青,沈裕浩.低温换热器 [M].北京:机械工业出版社,1993.

[5]　王汉松.板翅式换热器 [M].北京:化学工业出版社,1984.

[6]　Wang Z,Li Y Z. Layer pattern thermal design and optimization for multistream plate-fin heat exchangers-A review [J]. Renewable and Sustainable Energy Reviews,2016,53:500-514.

[7]　孙荣滨,马英义,王国军.铝合金板式换热器真空钎焊泄漏原因分析 [J].轻合金加工技术,2009,37(3):47-50.

[8]　粟祜.真空钎焊 [M].北京:国防工业出版社,1984.

[9]　谢炳炎.新型正-仲氢转换催化剂的研究 [Z].中国科学院大连化学物理研究所,1965.

[10]　田馨华,杨国栋.在含水氧化铁催化剂上正-仲氢低温催化转换之研究 [Z].中国科学院大连化学物理研究所,1963.

[11]　阎守胜,陆果.低温物理实验的原理与方法 [M].北京:科学出版社,1985.

[12]　John T,Stanislaw C. Hydrogen-deuterium equilibration and ortho-parahydrogen conversion on molecular sieves [J]. Journal of Physical Chemistry,1967,71(10):3208-3217.

[13]　化工第四设计院.深冷手册(下册)[M].北京:燃料化学工业出版社,1979.

[14]　P. A. 布亚诺夫,A. r. 泽里道维奇,Io. K. 毕里扁柯,等.获得仲氢的液化器与正-仲氢转化催化剂 [J].深冷技术,1962.

[15]　YH-8 型氢液化器改装生产仲态氢液的简介 [J].深冷技术,1967,Z(1):58-62.

[16]　Dino W A,Kasai H,Muhida R,et al. Design and control of dynamical quantum processes in ortho —para H_2 conversion on surfaces [J]. ICIUS,2007:24-25.

[17]　Scott R B. Technology and USeS of Liquid Hydrogen [M]. 1964.

[18]　徐鹏.40L/h 氢液化器冷箱系统研制及其内纯化器研究 [D].北京,中国科学院文献情报中心,2014.

第**18**章

材料储氢

18.1 概述

储氢材料是利用氢气与储氢材料之间发生物理或者化学变化，转化为固溶体或者氢化物的形式来进行氢气储存的一种储氢方式。1866 年，苏格兰科学家 T. Gramn 就发现金属 Pd 可以大量吸氢。1968 年，荷兰飞利浦公司的科学家在对 $SmCo_5$ 磁性合金进行氢处理时发现该合金能大量吸氢[1]。在此基础上，1969 年，他们又发现了 $LaNi_5$ 合金具有很好的储氢性能[2]，其在温和条件下可逆储氢密度为 1.4％（质量分数，下同）。同一时期，美国布鲁克海文国家实验室的科学家们发现了 Mg_2Ni 储氢合金[3]。这些发现掀起了以合金为主的储氢材料研究热潮。此后，TiFe、TiMn、TiCr、V 基固溶体等一系列储氢合金相继被发现。储氢材料最大的优势是体积储氢密度大，并且具有操作容易、运输方便、安全等特点，是一种最具发展潜力的储氢方式。储氢材料主要分为固态（金属、非金属）储氢材料以及有机液体储氢材料两大类。在金属储氢材料中，氢以金属键与金属结合。主要包括以 $LaNi_5$ 合金为代表的 AB_5 型合金，以 $TiCr_2$、$TiMn_2$ 合金为代表的 AB_2 型，以 $LaMg_2Ni_9$ 合金为代表的 AB_3 型，以 TiFe 合金为代表的 AB 型以及 V 基固溶体、Mg 基储氢合金等，还包括以 $NaAlH_4$ 为代表的配位氢化物和以 Li_3N-H、NH_3BH_3 为代表的化学氢化物，共计 8 大类主要金属储氢材料体系。在非金属储氢材料中，氢以分子状态吸附在材料表面进行储氢，主要包括碳纳米管、介孔材料、金属有机框架（MOFS）材料等。有机液体储氢材料是借助某些烯烃、炔烃或芳香烃等储氢剂和氢气的可逆反应来实现加氢和脱氢。各类储氢材料在储氢容量、储放氢条件、安全性、循环寿命等方面各具特色，近年来取得了较大的研究进展。

18.2 固态储氢技术

18.2.1 固态储氢材料

材料储氢是以储氢材料为基体，通过物理或化学的方式储存氢气，其储氢能力通常用一定温度和压力下的质量储氢密度或体积储氢密度评估。

性能优异的储氢材料需具备以下特点：

① 高的质量储氢密度和体积储氢密度；

② 适宜的吸放氢压力；

③ 快的吸放氢速率；

④ 良好的抗杂质气体毒化性能；

⑤ 优异的循环稳定性。

图 18-1 为不同储氢方式的质量储氢密度和体积储氢密度，可见材料储氢相比气态储氢具有显著的体积储氢密度优势，并具有储氢压力低的特点[4]。根据氢气储存状态的区别，储氢材料主要分为固态储氢与有机液体储氢，其中固态储氢材料主要包括化学吸附类和物理吸附类储氢材料。

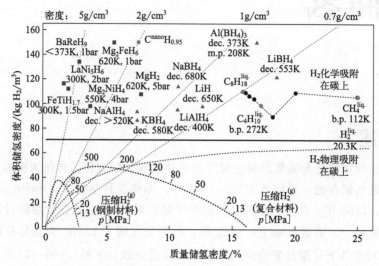

图 18-1 不同储氢方式的质量储氢密度和体积储氢密度[4]

18.2.1.1 化学吸附类储氢材料

化学吸附类储氢材料是利用氢与材料之间的化学作用，以原子或离子形式与其他元素结合形成氢化物，主要包含金属氢化物、配位氢化物及相关衍生物等。氢与储氢材料的化学吸附反应为多相反应过程，主要由下列基础反应组成：

① H_2 分子传质与表面吸附；

② 吸附的氢分子在基体催化作用下解离成氢原子；

③ 氢原子在固溶相 α 相的扩散；

④ 固溶相 α 相转变为氢化物 β 相；

⑤ 氢在 β 相中扩散。

伴随着相变反应会有热量的吸收和释放，通常吸氢过程放热，放氢过程吸热。

化学吸附类储氢材料吸放氢性能主要通过吸放氢化学反应的热力学（吸放氢压力-成分-温度曲线，PCT）和动力学（吸放氢量随时间的变化曲线）来表征。图 18-2(a) 为储氢材料

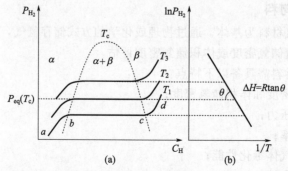

图 18-2 化学吸附类储氢材料吸放氢 PCT 曲线（a）及 van't Hoff 曲线（b）[5]

典型 PCT 曲线示意图，三条等温线分别表示三个温度下压力与组成的关系，图 18-2(b) 为对应的热力学 van't Hoff 关系曲线，由该关系可以获得氢化物生成和分解焓变，焓变的大小反映了氢化物的稳定性强弱。

(1) 金属储氢

① AB_5 型储氢材料。AB_5 型储氢材料以 $LaNi_5$ 稀土储氢合金为代表，是目前发展较为成熟的金属储氢材料体系之一。$LaNi_5$ 合金呈 $CaCu_5$ 型结构，在室温下（25℃）的放氢平衡压力约 0.18MPa，理论储氢量 1.5%，不同温度下的吸放氢 PCT 曲线如图 18-3 所示，具有易活化、吸放氢条件温和、抗毒化性能好等特点，目前主要在 MH-Ni 电池、氢同位素处理等方面应用，在氢气储运方面的应用以日本东芝 H_2One 热电联供系统应用最为典型，我国目前已建成稀土储氢材料年产千吨的生产线。但较低的质量储氢密度和相对高的成本限制了稀土储氢合金的推广应用，通过 A 侧 Ce、Mm 和 B 侧 Co、Mn、Al 等元素替代可有效调控稀土合金的储氢性能、降低合金成本[6-9]。此外，基于稀土 AB_5 合金逐渐发展出了 AB_3、A_2B_7 以及超晶格结构的储氢材料，近年来成为镍氢电池负极材料和高容量稀土储氢材料的研究重点。

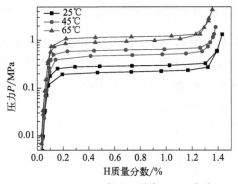

图 18-3 $LaNi_5$ 合金吸放氢 PCT 曲线

② AB 型储氢材料。AB 型储氢材料的典型代表为 TiFe 合金，1974 年由美国 Brookhaven 国立实验室首次合成，其结构为 CsCl 型，TiFe 合金室温最大储氢量可达 1.86%，该体系合金资源丰富、价格低廉，尤其适合大规模储氢，德国氢燃料电池 AIP 潜艇采用的 TiFe 合金储氢罐，已实现规模应用[10]。但 TiFe 合金存在活化困难、易受杂质气体毒化的问题，通过 Mn、Zr 等元素替代部分 Fe 可明显改善合金的活化性能[11,12]。此外，使用酸碱盐溶液对合金表面进行处理和机械合金化制备合金也可改善其活化性能[13]。

③ AB_2 型储氢材料。AB_2 型储氢材料为具有 Laves 相结构的 TiM_2 和 ZrM_2 合金，其中 M 一般为 V、Cr、Mn 和 Ni 等元素，如 $TiCr_2$ 系、$TiMn_2$ 系合金。AB_2 型合金的储氢容量可以达 2.0% 以上，具有吸/放氢速率快、滞后小、循环性能好等优点[14]。国内目前已实现对 $TiMn_2$ 系储氢合金的规模化制备，并已在燃料电池客车、物流车及规模储能等场景实现应用。相较于 $LaNi_5$、TiFe 储氢合金，$TiMn_2$ 系储氢合金具有更高的容量和成本优势，是现阶段极具应用推广前景的储氢材料体系。使用 V 取代部分 Mn 有助于改善活化性能，提高吸氢能力，降低放氢平台压力，通过 Fe、V 两种元素同时取代合金中的部分 Mn 元素时不仅降低了合金的滞后效应，而且大大提高了合金的储氢容量[15,16]。

④ BCC 固溶体储氢材料。固溶体储氢材料是指以钒为基体的储氢合金，呈体心立方结构（BCC 结构），其最大储氢容量可达 3.8%，因金属钒吸氢过程中存在两种氢化物相，其结构转变示意图如图 18-4 所示，对应两个吸放氢平台，室温下可逆储氢量约 2.3%[17]，是

目前常温型高容量储氢材料的研究热点之一。钒基固溶体储氢合金以 V-Ti-Mn 系、V-Ti-Fe 系、V-Ti-Cr 系为主要代表，目前仍存在成本高、循环稳定性差的问题。国内外相关单位开展了 BCC 固溶体储氢材料的系统性研究[18,19]，以廉价的工业钒铁合金代替金属钒是有效地降低材料成本的方法，对材料吸放氢循环衰减机理进行深入解析并提出其延寿策略是现阶段固溶体储氢材料的重要研究方向之一。

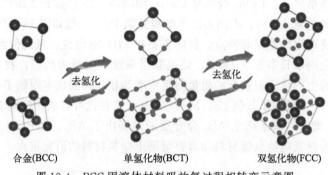

图 18-4　BCC 固溶体材料吸放氢过程相转变示意图

⑤ 镁基储氢材料。镁基储氢材料是以 MgH_2 为基础发展而来的镁基合金类或复合储氢材料，其理论储氢容量达 7.6%，远高于目前已经规模化应用的 AB_5 型、AB_2 型和 AB 型储氢合金[20]。虽然该体系合金具有价格低廉、储氢量大等优点，但接近 300℃ 的吸放氢温度和较差的动力学性能限制了其实际应用。通过合金化、纳米化、催化剂添加和多相复合等方法可实现镁基储氢材料热力学和动力学性能的调控，表 18-1 列出了镁基储氢材料的典型改性手段。

表 18-1　镁基储氢材料典型改性方法

措施	材料	合成方法	$\Delta H/(\text{kJ/molH}_2)$	储氢容量 （质量分数）/%	参考文献
合金化	Mg_2NiH_4	机械合金化	64	3.6	[21]
	Mg-Cu-H	感应熔炼	67.5	2.6	[22]
	$(Mg_{0.68}Ca_{0.32})Ni_2$	氢等离子体熔炼	37	1.4	[23]
纳米化	$MgLi_{4.6}Napth_{0.5}$	电化学还原	63.5	3.4	[24]
	MgH_2-0.1TiH_2	机械球磨	68	6	[25]
	La_2Mg_{17}-$LaNi_5$	机械球磨	53.23	4.9	[26]
	Mg 纳米线	气相沉积法	53.23	7.6	[27]
	MgH_2 纳米颗粒	化学还原		6.7	[28]
	MgH_2@CMK-3	溶液浸渍法	65.3		[29]
亚稳定相	γ-MgH_2(1.99%)	机械球磨	45.03	5	[30]
	γ-MgH_2(29.6%)	电化学合成	57.7	3.5	[31]
改变反 应途径	MgH_2-Si	机械球磨	41	5	[32]
	MgH_2-Al	机械合金化	68	4.4	[33]

（2）配位氢化物储氢

配位氢化物储氢材料主要是指碱金属或碱土金属和ⅢA、ⅤA 的 B、Al、N 等与氢形成的复合氢化物。B、Al、N 等原子与氢通过共价键形成阴离子配位基团，配位基团与碱金属或碱土金属阳离子分别形成金属硼氢化物、金属铝氢化物、金属氨基化物等[34]。配位氢化物由轻元素和氢结合形成，具有极高的理论储氢容量。

① 硼氢化物储氢材料。轻金属硼氢化物如 $LiBH_4$、$NaBH_4$ 和 $Mg(BH_4)_2$ 等的理论储氢量分别为 18.5%、10.7% 和 14.9%，均超过 10%。但该体系材料的热力学性能稳定，动力学反应缓慢。目前，针对硼氢化物改性研究主要集中在催化剂改性、金属氢化物改性、络合氢化物和纳米多孔修饰等方面。经 20% 石墨烯催化剂掺杂后，$LiBH_4$ 的脱氢焓可由 74kJ/mol H_2 降低至约 40kJ/mol H_2[35]，有效降低了其反应激活能。

② 金属氨基化合物储氢材料。金属氨基化合物是一类由氨基粒子或亚氨基粒子与金属阳离子形成的化合物，Li-N-H($LiNH_2$-LiH)体系是首个被报道的二元金属氨基化合物-金属氢化物的储氢体系，氮化锂（Li_3N）可以可逆地吸收/释放约 10.4% 的 H_2[36]。但是其总反应吸脱氢焓变较高，温和条件下只有第二步吸脱氢反应发生，其可逆储氢量约为 6.5%。除 Li-N-H 体系外，$Mg(NH_2)_2$-MgH_2、$CaNH$-CaH_2 等也具有类似的吸放氢性能。$Mg(NH_2)_2$-2LiH/$2LiNH_2$-MgH_2(Li-Mg-N-H)可以可逆地吸收 5.6% 的氢气，其理论放氢温度可降至 100℃ 以内[37]，但该体系放氢能垒较高，往往需要在 200℃ 以上才能达到较快的吸放氢速率。研究发现，对 Li-Mg-N-H 体系动力学改性最为有效的方法是引入添加剂。按照添加剂的种类又可以分为碱金属（KH、RbH 和 CsH）、硼氢化物 [$LiBH_4$、$Mg(BH_4)_2$ 和 $Ca(BH_4)_2$] 以及过渡金属盐及其他物质。除此之外纳米化也是改善 Li-Mg-N-H 体系储氢性能的方法之一。

③ 铝氢化物储氢材料。铝氢化物是以（AlH_4）$^-$ 基团为配位体的氢化物，常见的铝氢化物有 $NaAlH_4$、$LiAlH_4$ 和 $Mg(AlH_4)_2$ 等。铝氢化物的分解温度较高，且可逆性和动力学性能较差，这限制了其作为储氢材料的应用。通过向 $NaAlH_4$ 中添加 Ti 基催化剂，有助于改善其放氢动力学，使得吸放氢反应可在较温和的条件下可逆进行[38]。在 $NaAlH_4$ 中添加 K_2TiF_6 作为催化剂前驱体，可使材料在 75～175℃ 温度范围内放氢，最终放氢温度较纯 $NaAlH_4$ 降低了 110℃，放氢量达 4.4%[39]。

近年来，化学吸附类储氢材料在学术界和工业界备受关注，为获得兼具高质量和体积储氢密度的储氢材料，基于 Na、Mg、B、C、N 等轻质元素的高容量储氢材料是目前的主要研发方向。重点解决材料吸放氢温度高、速率慢、循环稳定性差的问题，是轻质高容量储氢材料实际应用的首要前提。

18.2.1.2 物理吸附类储氢材料

物理吸附储氢是固态储氢材料中较为重要的分支，其作用机制主要是依靠较大的比表面积和孔道，使氢气分子吸附在材料表面及孔道中，达到储氢的目的，主要包括碳基材料、氮化硼纳米材料、金属有机框架及有机聚合物网络等，如图 18-5。物理吸附剂类储氢材料通常具有储氢质量密度高、循环使用寿命长、成本低、吸放氢动力学较快等优点，但是由于物理吸附结合力较弱，达到可观的吸放氢量通常需要低温下（<273K）操作，体积储氢密度相对金属氢化物较小，且纳米管等材料的特殊结构难以实现规模制备。

（1）碳基材料

碳基材料对气体具有很强的吸附能力，因而可用作储氢介质。主要包括活性炭（AC）、碳纤维（CF）和碳纳米管（CNT）等。该类材料主要利用在中低温（77～273K）、中高压（1～10MPa）下的超高比表面积来吸附储氢。近年来，二维结构石墨烯的性能研究为储氢材料提供了新的思路，石墨烯具有更大的比表面积，相比之下理论吸氢位点增多，其储氢质量密度达 2.8%～5.9% 不等。碳材料的二维结构石墨烯与其一维结构碳纳米管相比储氢质量

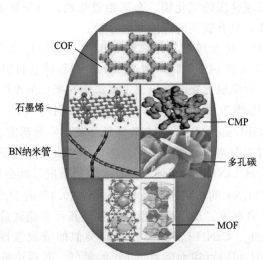

图 18-5　用于储氢的几种典型纳米结构[40]

密度有了一定提高，但是由于 C—C 键属于非极性共价键的本质，使其操作条件目前也无法满足实际应用的需求，为此研究者们将研究重点转向类似石墨烯二维结构的其他极性材料上。

（2）金属-有机框架材料

金属-有机框架材料（MOFs）是一类有机-无机杂化材料，由有机配体和无机金属单元构建而成，这类材料结合了无机物晶体性、纯度、孔隙率以及有机材料可控的结构特点，可提供有序孔道用来储存分子体积较小的气体。采用分层组装的方法合成的一种比表面积达 $5109m^2/g$ 的 MOF 材料（PCN-68），在 77K、5MPa 的条件下可吸氢 7.32%[41]。为了进一步提升其储氢能力并改善操作对低温条件的依赖，掺杂轻质金属的研究引起了较大关注，但制备的材料储氢容量均较低。

总的来说，尽管已有较多对高储氢质量密度的 MOF 材料的研究，但是其吸氢操作温度低是其实际应用关键限制因素，需从理论和实验两个方面寻求提高其氢气吸附熵的方法，以使其有望成为综合性能优异的物理吸附储氢材料。

（3）沸石类材料

沸石类材料是一种水合硅铝酸盐，其骨架结构形成的微孔可以筛分小于或者等于孔径的分子，因此沸石也被称为分子筛。沸石类材料作为储氢介质的储氢量并不高，储氢机理也不够清晰，但其成本低廉，因此受到一些学者的关注。

吸附储氢技术因具有高安全性、可逆性的特点，是氢气规模化、商业化高效利用的重要研究方向，但因其吸氢温度低等问题使其在应用推广上具有很大的局限性。为了突破技术瓶颈，吸附储氢技术的主要研究方向包括：①通过元素掺杂、催化剂添加、结构优化等方法提升材料质量储氢密度、改善吸放氢温度，向高容量、常温常压储运发展；②与其他氢气储运方法建立复合储氢体系，包括化学吸附储氢、高压储氢、有机液体储氢等；③突破材料规模化制备生产关键技术，降低储氢材料成本。

18.2.1.3　固态储氢材料制备

固态储氢材料的制备主要采用真空熔炼、球磨、化学合成等手段，其中储氢合金的制备多采用熔炼、球磨等物理方法，配位氢化物多采用水热法、溶剂热法等。

目前工业上制备储氢合金最常用的方法是感应熔炼法与等离子体电弧熔炼法，二者均具有可以批量生产、成本低等优点。

（1）感应熔炼法

感应熔炼法是储氢合金生产中广泛应用的熔炼方式，与其他冶金方法相比，感应熔炼加热温度范围宽，既可以熔化高熔点的金属，也可以熔化低熔点的金属。感应线圈产生的交变磁场对坩埚中的金属液具有电磁搅拌作用，使熔池温度和成分均匀。在真空条件下熔炼合金时，还可以有效蒸馏掉饱和蒸气压比熔炼本体高的杂质元素，从而达到提纯材料的目的。通常实验室级储氢材料制备采用高频感应悬浮熔炼方法，该方法熔炼时金属熔体受到高频磁感应力作用而脱离坩埚呈悬浮状态，具有无坩埚污染、电磁搅拌成分均匀准确、熔炼温度高等特点，高频感应熔炼示意图如图 18-6 所示。中频感应熔炼法是储氢合金规模制备的常规方法，国内目前已形成储氢材料年产千吨级以上中频感应熔炼制备能力，为固态储氢材料的规模应用推广奠定了基础。

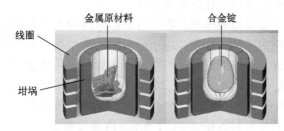

图 18-6　高频感应悬浮熔炼示意图

（2）电弧熔炼法

电弧熔炼法是利用电能在电极与电极或电极与被熔炼物料之间产生电弧来熔炼金属的电热冶金方法，故又分为自耗电弧熔炼法和非自耗电弧熔炼法。图 18-7 为真空非自耗电弧熔炼原理示意图，其电极主要采用钨等高熔点材料制成，弧区温度最高可达 5000K，尤其适合实验室级钒基、锆基等高熔点储氢合金制备。电弧熔炼往往需要水冷铜坩埚作为熔池，在合金熔炼过程中与坩埚直接接触的部分难以完全熔融，因此该方法制备的合金相比感应熔炼法制备的合金均匀性偏低，通过反复多次熔炼和磁力搅拌的方法可提升电弧熔炼的均匀性。

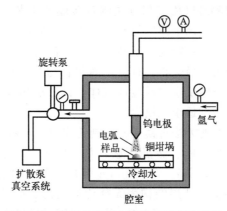

图 18-7　真空非自耗电弧熔炼原理示意图

（3）球磨法

球磨法是指金属或合金粉末在高能球磨机中通过粉末颗粒与磨球长时间激烈的冲击、

碰撞，使粉末颗粒反复产生冷焊、断裂，导致粉末颗粒中原子扩散，从而获得合金化粉末的一种粉末制备技术。球磨机可以分为普通球磨机和高能球磨机两类，常用的高能球磨机有搅拌式、行星式和振动式三种。搅拌式高能球磨机通过搅拌器搅动研磨介质产生冲击、摩擦和剪切作用，使物料粉碎。行星式高能球磨机在旋转盘的圆周上装有几个随转盘公转又做高速自转的球磨罐，球磨罐内的磨球在惯性力的作用下，对物料形成很大的高频冲击和摩擦，进行快速细磨。振动式高能球磨机利用研磨介质在做高频振动的筒体内对物料进行冲击、摩擦、剪切等作用而使物料粉碎。在储氢材料的制备中，常用的球磨装置为行星式高能球磨机。

球磨法是自上而下的纳米材料合成技术，在机械球磨过程中产生的强作用力被施加于材料，使得被球磨的材料分散成具有良好纳米尺寸的颗粒或聚集体。机械球磨的时间通常较短。尽管时间较短，但依然能够破坏材料表面的化学钝化层（如表面氧化物等），使材料暴露出具有良好化学活性的新表面。此外，球磨还会增加材料的比表面积，产生大量缺陷，增加在气相、化学溶剂或电解液中的化学反应活性。

金属粉体或金属与非金属的粉体混合物经过足够长时间的球磨后，会导致粉体在固态过程中形成合金，因而被称为机械合金化。由于合金相结构中原子发生重排，通常需要经过较长时间的球磨，在合金成分和球磨时间适当时，发生机械非晶化过程。通过机械球磨法成功制备了对 MgH_2 催化效果最佳的 $LaNi_{4.5}Mn_{0.5}$ 亚微粒，此 $LaNi_{4.5}Mn_{0.5}$ 亚微粒改性的 MgH_2 在 175℃下开始释放氢，比普通的 MgH_2 释放氢的温度低约 150℃。完全脱氢的样品在室温下会吸收氢气，此复合材料在 300℃下 6min 内便可解吸 6.6%（质量分数）的 H_2，在 150℃的条件下 10min 内便可吸收 4.1%（质量分数）的 H_2[42]。

采用机械球磨法制备的稀土储氢材料所得产品动力学与热力学性能均有所提高，但是制备过程时间较长，导致能耗较高，且所得产品的颗粒粒度分布不均，在一定程度上限制了机械球磨在储氢材料制备中的发展。

（4）气相反应法

气相反应法是直接利用气体或者通过各种手段将物质变成气体，使之在气体状态下发生物理变化或化学反应，最后在冷却过程中凝聚长大形成粉体的方法。由气相生成储氢材料粉体的方法主要有两种：一是系统中不发生化学反应的物理气相沉积（PVD）法，二是化学气相沉积（CVD）法。采用物理气相沉积方法制备薄膜的工艺主要有：蒸发镀膜、溅射镀膜和离子镀等。溅射镀膜广泛应用于储氢材料的制备，其中磁控溅射是较为常用的一种溅射方法。化学气相沉积法通常包括一定温度下的热分解、合成或其他化学反应，多数采用高挥发性金属卤化物、羰基化合物、烃化物、有机金属化合物等原料，有时还涉及使用氧、氢、氨、甲烷等一系列进行氧化还原反应的反应性气体。该法所用设备简单，反应条件易控制，产物纯度高，粒径分布窄，特别适于规模生产。

研究发现，通过磁控溅射的方法将镁基材料制备成薄膜，对提高材料的储氢性能和研究储氢机理十分有利。近年来，对于储氢薄膜，如 Mg-Ni 合金薄膜的研究也日益增多。Ouyang 等[43]采用磁控溅射法制备了 MgNi/Pd 多层薄膜，通过 XRD 及 SEM 分析得到 MgNi 层为非晶和纳米晶结构，Pd 层结构为无择优取向的良好结晶，该结构的薄膜在室温下的吸氢量达到 4.6%，放氢量为 3.4%。Qu 等[44]研究了磁控溅射法制备的 Mg 薄膜的吸/放氢性能，该薄膜有 Pd 层覆盖在外表面，采用模拟近似法研究了薄膜在空气中的吸/放氢动力学性质，用电化学测试法得到薄膜在室温下的氢扩散系数和活化能，分别为 $65 \times 10^{-15} cm^2/s$ 和 67kJ/mol。

（5）水热合成法

水热合成法是指在高压密闭反应容器中，以水为溶剂，在温度为 100～1000℃、压力为 1MPa～1GPa 的亚临界或超临界条件下，通过化学反应合成目标产物的方法。由于处于亚临界和超临界水热条件，反应物活性高，因此反应条件温和，反应温度较低。水热合成法所制备的样品具有其他方法所不具备的优点，例如相纯度高、结晶度高、粒度均匀、分散性好等。通过改变反应温度、反应时间或在反应过程中添加表面活性剂可实现对产物形貌的调控，因此，水热合成法常用于制备不同形貌微纳米材料，如图 18-8 所示。由于水热反应的均相成核及非均相成核机理与固相反应的扩散机制不同，因而可以制备其他方法无法制备的材料。不过水热法合成也存在一些缺点，如反应周期长、不可视、无法制备与水发生反应或

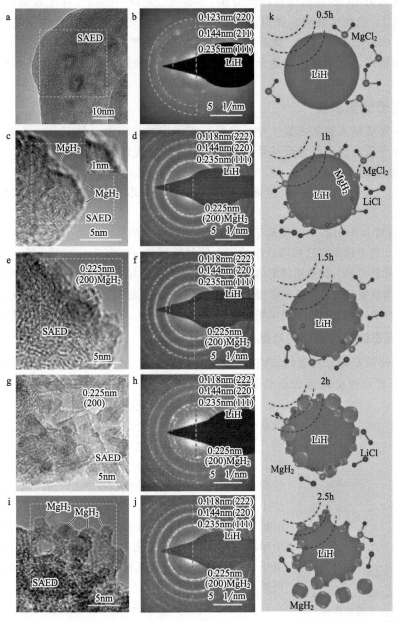

第三篇 氢的储存、运输及加注

图 18-8 不同超声持续时间合成产物高分辨电镜图及液固复分解反应示意图[28]

遇水分解的化合物。纳米结构的 MgH_2 被认为是改善其热、动力学性能的有效途径，以二丁基镁为前驱体，并通过超声驱动的液相固相复分解的手段，在没有支架材料的情况下，获得了粒径为 4~5nm 的超细 MgH_2 纳米颗粒。由于热力学不稳定和动力学能垒的降低，该材料在 30℃下测得的可逆储氢容量为 6.7%，且在 150℃下的 50 个循环内表现出稳定且快速的吸放氢循环性能，与块状 MgH_2 相比有显著改善[28]。

18.2.1.4　固态储氢材料标准

目前已实施发布的储氢材料相关国家标准有 2 项，GB/T 33291—2016《氢化物可逆吸放氢压力-组成-等温线（P-C-T）测试方法》[45]规定了测试温度在 77~873K、压力在 0~7MPa 范围内具有可逆吸放氢特性的金属氢化物、络合氢化物、化学氢化物和物理吸附储氢材料的吸放氢压力-组成-等温线的测试方法。GB/T 29918—2023《稀土系储氢合金压力-组成等温线（PCI）的测试方法》适用于稀土系储氢合金的压力-组成等温线测试，测试条件为25~70℃，0.001~10MPa[46]。此外，也有部分行业标准发布并推荐实施[47]。随着固态储氢材料的应用推广，标准体系的健全完善受到重视，多项储氢材料相关产品和检测标准已列入制定计划。

18.2.2　固态储氢装置

储氢材料需装填入储氢装置中方可实现其实际应用。作为一种安全、高效的储氢方法，以储氢材料为介质的储氢装置日益受到重视。固态储氢装置具有诸多优点：

① 体积储氢密度高；

② 具有氢气纯化功能，氢气经储氢材料解吸，可获取大于 99.9999%（6N）的超高纯氢，特别适合于燃料电池使用；

③ 放氢温度和压力适中，提高了储氢系统的应用安全性，降低了能耗。

迄今为止，趋于成熟且已获得应用的固态储氢装置，一般由 AB_5 型稀土系、AB 型钛铁系、AB_2 型钛锰系和钛铬系、钛钒系固溶体和镁系储氢材料等装填而成。由于储氢材料在吸氢时会放出大量热量，而放氢时又需要从外部吸收热量，故装填储氢材料的金属氢化物储氢装置，其结构应能保证热交换快速有效进行，确保储氢装置的吸放氢性能。换热介质一般是空气或水。

18.2.2.1　固态储氢装置结构与类型

金属氢化物固态储氢装置的结构多种多样，下列几种是较为常见的结构类型。

（1）简单圆柱形金属氢化物储氢罐

图 18-9　简单圆柱体形
金属氢化物储氢罐

简单圆柱形金属氢化物储氢罐通常采用旋压铝瓶和不锈钢瓶作为外罐，将储氢合金装填入其中。储氢合金装填过程中，通常需添加一定比例（约 5%）的导热材料如铝屑、铜屑、石墨等，增强储氢合金床体内的换热能力。这类储氢罐结构简单，但一般为空冷型，换热能力有限，单体储氢容量较小，一般在 $1m^3$ 以内，主要应用于对氢气流量要求较小的场合，如氢原子钟、便携式氢源、小型燃料电池车辆等。简单圆柱体形的金属氢化物储氢罐如图 18-9 所示。根据供氢压力的不同需求，储氢材料可选择 AB_5、AB_2 和 AB 等不同类型的储氢合金。

（2）外置翅片空气换热金属氢化物储氢装置

对于空冷型固态储氢装置，为了增强圆柱形固态储氢罐的热交换能力，在圆柱形储氢罐的外部设置热交换翅片，其结构如图 18-10 所示，该装置将 3 个圆柱形金属氢化物储氢罐并联在一起，外壁设置若干翅片，由一个阀门进行控制[48,49]。中国有研科技集团有限公司和浙江大学均已开发此类金属氢化物储氢装置。图 18-11 是外置翅片换热的储氢量 500L 的金属氢化物储氢装置，外置翅片大幅增加了装置的换热面积，提高了换热性能。该储氢装置在室温、空气自然对流换热条件下，连续放氢速率可稳定在 2L/min 以上。此外，若能将风冷型质子交换膜燃料电池工作时产生的热风导入储氢装置，充分利用燃料电池的废热，可进一步提高储氢装置的放氢性能，有利于提高系统综合能效。

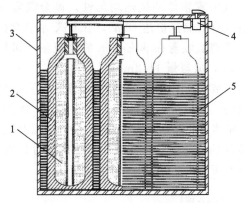

图 18-10　外置翅片空气换热金属
氢化物储氢装置示意图[48,49]

1—储氢合金；2—储氢罐；3—装置
外壳；4—阀门；5—换热翅片

图 18-11　外置翅片空气换热型金属
氢化物储氢装置

（3）内部换热型金属氢化物储氢装置

内部换热型金属氢化物储氢装置通过内置换热水管实现热量的快速导入和导出[50]，图 18-12 为日本开发的一种内换热固态储氢装置，该储氢器为卧式圆筒形，采用内部换热形式，换热面积为 $21.5m^2$，换热介质为水。该储氢装置的储氢量约 $80m^3$，有效储氢量为 $70m^3$，在 2.5MPa 氢压下，充氢时间为 1.5h。这类储氢装置换热强度大，充放氢速度快，在 2.5MPa 下的平均充氢速率可达 800L/min 以上。但这种储氢装置的储氢合金床体结构复杂，难以实现床体的均匀一致制备。且由于换热装置直接与储氢合金床体接触，不可拆卸和修复，一旦换热结构出现破损等情况，整套储氢装置将随之报废。

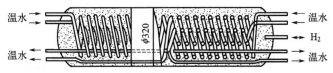

图 18-12　内部换热型金属氢化物储氢装置

图 18-13 为一种环流型的内换热固态储氢装置[51]，采用环流型换热的方式，其散热管内外圈的螺旋管布置有效增大了散热面积，且罐内换热更加均匀，并通过导气管的结构和布置，使氢气与储氢合金材料接触均匀，有效保证吸氢反应放热均匀，提高了热管理效率，从而解决了现有储氢罐热管理效果不佳的问题。

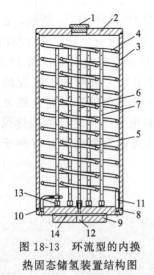

图 18-13 环流型的内换
热固态储氢装置结构图

1—密封阀帽；2—端盖；3—罐壁；4—第一螺旋管束；
5—第二螺旋管束；6—第一导气管；7—第二导气管；
8—法兰盖；9—密封盖；10—换热输出管；11—换热
输入管；12—氢气进出口；13—螺栓；14—密封间隙

（4）外置换热型金属氢化物储氢装置

图 18-14 为一种外置循环换热型金属氢化物储氢装置[52]，该储氢装置采用卧式圆筒形，共分两层，最外层为换热层，换热层内设置了环形导流结构，其结构如图 18-15 所示，环形导流结构不仅增大了储氢装置的换热面积，而且增加了换热介质在换热层内的流程，进一步提高换热效率，此外导流结构还可保证换热介质的均匀流动，有效保证储氢装置整体的换热均匀性。该金属氢化物储氢装置有效储氢量达 $12m^3$，在 65℃水热交换条件下，该储氢装置在 50L/min 放氢流量下可持续 3h 44min，放氢量 $11.2m^3$。

采用该结构的储氢装置，储氢合金床体可制成模块化结构，大幅提高床体的均匀一致性，此外，储氢合金床体与换热结构有效隔离，换热结构的泄漏、变形等不会对储氢合金床体产生破坏性影响，有效提高了储氢装置的使用安全性。

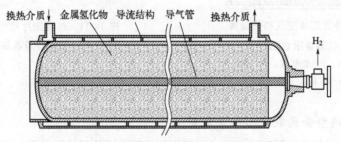

图 18-14 外置换热型金属氢化物储氢装置[52]

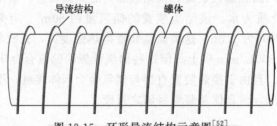

图 18-15 环形导流结构示意图[52]

（5）固态储氢床体换热性能提升

除内置和外置换热结构外，为了进一步提升储氢材料的热交换性能，实现对氢气的快速吸收和释放，科学家们又对储氢材料床体进行了结构优化设计，如进一步增加储氢材料与导热介质的接触面积、通过内外交替冷却、加热模式实现快速的吸氢和放氢等。

图 18-16 为一种储氢罐内装配铝箔或泡沫铝压制叠加成蜂巢式换热结构的储氢装置[53]，换热结构呈蜂巢式，其空隙内装填储氢合金粉。这种特殊的结构设计使得储氢罐内的储氢合金粉与换热结构都足够多，且两者能够充分接触，从而有利于反应热的快速有效传导，故可有效提高储氢装置的整体导热性能，是一种安全、成本低、使用寿命长的储氢装置结构设计

技术。

　　为了进一步加快固态储氢装置对吸氢和放氢的响应速度，开发出了一种具有内外复合换热结构的低压固态储氢装置[54]，如图 18-17 所示。该储氢装置的储氢罐底端面上设有至少一个连通储氢罐内腔的充气快接口和多个向储氢罐内腔中延伸的管状结构；管状结构上端封闭，下端开口并连通储氢罐外部；加热棒从管状结构的开口端插入管状结构内部。储氢罐外部设置水冷外壳，水冷外壳中设计沿轴向蜿蜒延伸的水冷流道。储氢罐放氢时，通过多个加热棒的同时加热实现对储氢罐的快速升温，从而保证放氢速率。而储氢罐充氢时，则通过外部水冷换热实现对热量的快速导出。该固态储氢装置换热面积大，能够均匀快速地使储氢合金加热或冷却，避免局部高温引起的储氢合金老化、失效；当加热棒发生故障时，只需更换加热棒，无需更换整个储氢装置，可有效降低成本。

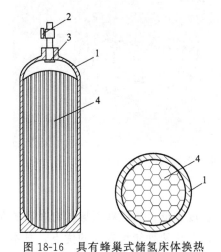

图 18-16　具有蜂巢式储氢床体换热
结构的固态储氢装置[53]
1—简体；2—阀门；3—过滤片；4—蜂巢式结构

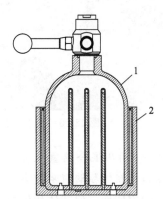

图 18-17　具有内外复合换热结构的
低压固态储氢装置[54]
1—储氢罐；2—温控部件

（6）模块化储氢装置

　　固态储氢装置可通过模块化的设计，满足不同储氢容量、场地尺寸等对固态储氢装置的需求。图 18-18 为一种模块化金属氢化物储氢装置，其有效储氢量为 44m^3。该储氢装置由 4 个储氢罐组成，所采用的储氢材料是 AB$_2$ 型储氢合金，每个储氢罐采用外部热交换方式。该储氢装置具有优异的放氢性能，在 60℃ 水换热条件下，以 75L/min 流量放氢，可持续放氢 578min，最大放氢速率达 300L/min。这类储氢装置结构简便，灵活。可根据实际应用需求，通过不同储氢罐单体的科学组合，定制出不同储氢容量和速率的装置。图 18-19 为开发出的适用于规模储氢的 1000m^3 固态储氢装置，该装置由四个固态储氢模块组成，每个模块储氢容量 250m^3。

　　除上述常见的结构类型外，根据实际应用场景对氢源尺寸和形状的要求不同，逐渐发展出了多种多样复杂结构的固态储氢装置，如为了满足燃料电池大巴车整体结构设计要求，根据大巴车底盘尺寸设计开发了与底盘集成的固态储氢装置，如图 18-20 所示，这与电动大巴车将动力电池置于底盘结构类似。同时，将固态储氢装置与燃料电池系统集成于一体，利用燃料电池余热放氢，可吸收 30% 余热，成为系统外部换热器，不需另外配备换热系统，有效减少了系统换热能耗，提高了系统的整体能效。

图 18-18　模块化金属氢化物储氢装置

图 18-19　规模储能用固态储氢装置

图 18-20　基于固态储氢的燃料电池客车及其底盘集成照片

（7）固态/高压混合储氢装置

固态储氢材料体积储氢密度高，但质量储氢密度较低；高压储氢罐具有较高的质量储氢密度及快速响应特性，但其体积储氢密度较低。结合这两种储氢方式的优点，日本 Takeichi 等[55]提出了混合储氢罐（hybrid hydrogen storage vessel）的概念。图 18-21 从质量储氢密度和体积储氢密度的角度总结了几种储氢方式的特点。从图中可以看出，固态/高压混合储氢技术表现出较好的综合储氢量。图 18-22 为日本研制的固态/高压混合储氢罐的结构示意图[56]，该储氢罐的容积为 180L，充氢压力为 35MPa，装填 $Ti_{1.1}CrMn$ 储氢合金，储氢量达 7.3kg，相当于同规格 35MPa 高压气瓶储氢量的 2.5 倍，是同规格 70MPa 高压气瓶储氢量的 1.7 倍。但是，该混合储氢罐的重量达 420kg，质量储氢密度只有 1.74%，尽管与金属氢化物储氢装置（质量储氢密度一般在 1.2%以内）相比有了较大的提高，但仍难以满足车

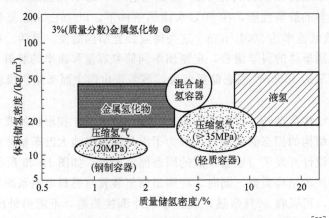

图 18-21　几种储氢方式的质量储氢密度和体积储氢密度概要[55]

载系统的储氢装置质量储氢密度的要求。此外，为解决现有成熟的固态储氢装置质量储氢密度低的问题，将高密度固态储氢技术与高压气态储氢技术相结合的氢气储存压缩一体化技术成为国内外关注的另一热点，采用此技术可实现氢气的常温低压储存和升温高压压缩。挪威采用基于稀土基和钛基储氢材料的两级固态储氢系统将氢气增压至 20MPa，并已应用在 HyNor Lillestrøm 加氢站。

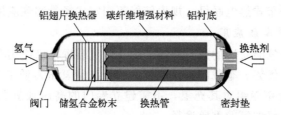

图 18-22　金属氢化物固态/高压混合储氢罐示意图[56]

在国家"十二五""863"计划项目的支持下，我国研制出加氢站用 45MPa 级固态/高压混合储氢装置[57]，如图 18-23 所示。其在室温下的储氢容量达 288.5m³，比同规格纯高压储氢罐提高 74.8%。该装置对外供氢速率可达 $10\sim15\text{m}^3/\text{s}$，对 35MPa 以上压力的放氢量达 172m³，是同规格纯高压罐的 5.3 倍。此外，我国还开发出加氢站用 90MPa 级固态/高压混合储氢系统，并实现在加氢站的示范。

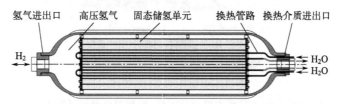

图 18-23　45MPa 级固态/高压混合储氢装置结构图[57]

18.2.2.2　固态储氢装置安全失效模式

固态储氢装置安全失效模式主要包括氢气的泄漏、储氢床体膨胀引发的装置变形甚至破裂、过滤片失效导致的粉尘进入用氢系统、热传导性能下降导致的储供氢速率降低等。安全失效模式说明如表 18-2 所示。

表 18-2　固态储氢装置安全失效模式

序号	模式	说明
1	氢气泄漏	固态储氢装置外密封失效，如固态储氢装置的进出气阀门、储氢罐焊缝、压力释放装置（PRD）等
2	储氢装置变形破裂	固态储氢装置外罐失效，主要由于储氢材料床体装填不均匀，储氢床体吸氢膨胀导致的作用于储氢装置外罐的局部应力集中，引发储氢装置外罐变形甚至破裂
3	过滤片失效	用于过滤储氢材料粉尘的过滤片失效，容易引发储氢合金粉体进入供氢管路或用氢系统，导致管路污染或用氢系统工作性能下降
4	储供氢速率降低	固态储氢装置储氢速率和供氢速率降低，主要由固态储氢装置内部换热结构换热效率下降、固态储氢材料被杂质气体污染导致
5	储氢量降低	固态储氢装置储氢量降低，主要由储氢材料床体坍塌引发的部分储氢材料无法吸氢或固态储氢材料被杂质气体污染导致

18.2.2.3　固态储氢装置应用

基于储氢材料的固态储氢装置具有储氢压力低，安全性好，使用寿命长；储氢密度大，系统体积小，结构紧凑；充氢压力低，充氢便捷；放氢纯度高、有利于保障燃料电池的工作效率和使用寿命；在极端条件下（火烧或爆炸）的稳定性好等特点，被认为是极具应用推广前景的储氢技术。随着国内外氢能技术的快速发展，固态储氢装置已在燃料电池客车、物流车、叉车等移动式和分布式热电联供、规模储能等固定式场景实现应用。

（1）固态储氢装置车载应用

燃料电池车是目前氢能发展的重点方向，固态储氢装置也已应用在多种类型燃料电池车上，并表现出其独特的优势。车载固态储氢技术的最高储氢压力低于 5MPa，可方便地利用 20MPa 长管拖车、普通钢瓶组对其充氢，不需建立专门的高压加氢站，是解决燃料电池车安全高效车载储氢及便捷加氢的重要途径。

日本于 1996 年将 TiMn 系合金储氢装置用于燃料电池汽车，该汽车使用 100kg TiMn 系储氢材料，储氢容量为 2kg，单次充氢可行驶 250km。2001 年，采用同样的储氢方式，又成功用于新型燃料电池汽车"FCHV-3"（图 18-24），其续驶里程 300km，最高车速 150km/h[58]。

图 18-24　日本丰田"FCHV-3"燃料电池电动汽车

早在 2008 年，我国就将 10m³ 固态储氢装置成功应用于军用燃料电池通信车。自 2018 年以来，又开发出基于固态储氢装置的燃料电池客车、冷链物流车、叉车等，如图 18-25 所示。通过固态储氢装置与燃料电池系统的氢热耦合设计，有效利用燃料电池余热为固态储氢装置提供放氢所需的热量，实现了系统综合能效的提升。由于现阶段发展成熟的固态储氢装置普遍存在自重较大的不足，需要一定配重的燃料电池叉车成为固态储氢装置最适合的应用场景之一，且由于叉车长期工作于物流仓库的密闭空间，对储氢的安全性要求较高，同时在工业园区建立专用加氢站难度较大，固态储氢的低压加氢和储氢为解决这些难题提供了很好的解决方案。南非的 HySA 项目成功研发出基于金属氢化物储氢装置的燃料电池叉车，该叉车 12~15min 即可充满氢，可连续运行 7h 以上。我国开发的基于固态储氢装置的燃料电池叉车，装置储氢容量 2.24kg，与 18kW 燃料电池匹配，可在 0~5℃低温启动，可

图 18-25　基于固态储氢装置的燃料电池车辆

连续运行超 10h。

（2）固态储氢装置舰船应用

迄今为止，固态储氢装置最为成功的应用是以燃料电池为辅助动力的潜艇应用。1988年，德国 HDW 造船厂建造了质子交换燃料电池为辅助动力的 U212 型潜艇并试航成功[59]，其供氢系统为固态储氢系统。图 18-26 为德国 U212 燃料电池潜艇外舱开启时的照片，固态储氢系统位于其压力舱外部。U212 型潜艇共搭载 24 个储氢系统，装填 TiFe 储氢材料，储氢系统以环绕方式布置在后段耐压壳体外部两侧，单体储氢系统直径 490mm，长5300mm，重约 4.2t，可储存 63kg 左右的氢气。如今，德国已生产包括 U214 在内的 30余艘燃料电池潜艇，并出口到韩国、意大利、希腊等多个国家。

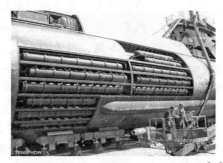

图 18-26　德国 U212 燃料电池 AIP 潜艇[59]

（3）固态储氢装置分布式储能应用

分布式发电和规模储能是储氢装置固定式应用的典型代表，由于固定式应用对储氢装置重量要求不高，但对占地面积及长储安全性提出了更高的要求。基于储氢合金的安全高密度储氢特性，固态储氢装置成为较为理想的储氢方式。日本开发出基于低压固态，储氢装置的 H_2One 热电联供系统[60]，低压储氢装置内部装填稀土系储氢合金单套系统总储氢容量 $1000m^3$，体积储氢密度约 $38kgH_2/m^3$，与 62kW 光伏和 54kW 燃料电池集成后，实现了24h 不间断地热电联供，已在日本国内医院、旅馆、铁路站台及紧急避难场所等多个场景得到应用，如图 18-27 所示，该技术也可为一些难以接入电网的地区和场景如孤岛及其他偏远

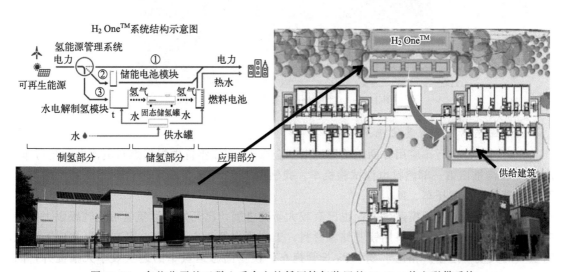

图 18-27　东芝公司基于稀土系合金的低压储氢装置的 H_2One 热电联供系统

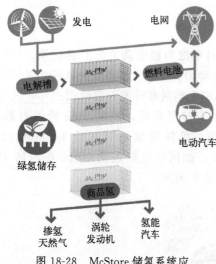

图 18-28 McStore 储氢系统应用于规模储能系统示意图

地区稳定供能。2012 年，德国将基于镁基储氢材料的 McStore 储氢系统应用于固定式储能领域，系统总储氢量为 100kg，目前已在意大利的 INGRID 示范项目中用于电力调节，如图 18-28 所示，并在德国、中国和北美地区实现销售。我国已实现 40m³ 固态储氢系统与 5kW 燃料电池系统成功耦合为通信基站供电，电堆持续运行超 16h。

（4）固态储氢装置加氢站应用

加氢站是连接上游氢气和下游燃料电池汽车用户的纽带，完善的加氢站基础设施是支撑燃料电池汽车产业大规模发展的基础。为弥补高压加氢站建站成本高、占地面积大等缺点，将具有高体积储氢密度的固态储氢技术应用于加氢站中，可有效提高加氢站氢气加注能力，降低氢气储存压力，提高安全性，同时有效降低建站成本。固态储氢技术不仅可应用于高压加氢站中，实现对氢气的静态压缩，还可直接用于建设低压加氢站，为低压储氢燃料电池汽车提供高效安全的氢气加注。2022 年底，在国家重点研发计划的支持下，我国成功开发出了加氢站用高安全固态储供氢系统，该系统不依赖于机械式氢压缩机，实现低压储存、高压供氢，提高系统的安全性，并可与加氢站现有分级加注技术兼容，分别对 20MPa、35MPa 和 70MPa 车供氢，并与可再生能源制氢压力匹配，可直接将可再生能源电解水制得的氢气进行储存；并采用水换热介质，在 80℃ 以内，实现对不同压力等级车辆的快速加氢，避免采用高温可燃的导热油等换热介质，提高系统能效和安全性。该系统已实现在低压固态储氢加氢站的示范运行（图 18-29）。

图 18-29 加氢站用高安全固态储供氢系统

（5）固态储氢装置其他应用

在燃料电池自行车应用方面，美国琼斯基金会于 1998 年首先提出燃料电池电动自行车。2000 年台湾推出第一部燃料电池试验机车。我国也于 2021 年推出了多台套基于稀土储氢合金罐的燃料电池摩托车、助力车。

固态储氢装置在规模运氢方面也已有较大研究进展，已开发出运氢量可达吨级以上的镁基固态运氢车，该运氢车采用镁基储氢材料，工作压力低于 1.2MPa，可在常温常压下实现对氢气的大规模运输。相比于 20MPa 长管拖车，镁基固态运氢车的运氢效率大幅提升，同时，常压常温的储存状态使得运氢安全性也显著提升。

18.2.2.4 固态储氢装置标准

目前，关于固态储氢装置的标准较少，国际上仅 ISO 16111《移动式金属氧化物可逆储放氢系统》(*Transportable gas storage devices—Hydrogen absorbed in reversible metal hydride*)[61] 1 项标准，该标准于 2008 年首次发布，定义了移动式储氢装置的材料、设计、制造和检测应用要求，主要涉及内容积不超过 150L、最大温升压力不超过 25MPa 的金属氢化物储氢装置。2018 年，该标准发布修订版，增加了碳纤维全缠绕压力容器、金属和非金属材料氢相容性等标准要求，并对术语、定义、试验方法等细节进行修改，使其更为准确。该标准重点关注储氢系统应用的安全性能，规定了系列的检测方法及要求，如跌落试验、冲击试验、耐火试验、爆破试验等，缺乏对金属氢化物储氢系统充放氢等工作性能的试验和评价要求。

2016 年，我国制定了《燃料电池备用电源用金属氢化物储氢系统》GB/T 33292 国家标准[62]。该标准规定了燃料电池备用电源用金属氢化物储氢系统的术语和定义、命名、技术要求、试验与检测、标志及包装等，适用于工作压力不超过 4MPa，工作环境温度不低于 −40℃且不高于 45℃的燃料电池备用电源用金属氢化物储氢系统。与 ISO 16111 相比，GB/T 33292 增加了对金属氢化物储氢装置充氢和放氢性能测试的试验方法和评价要求。2017 年，又制定了《小型燃料电池车用低压储氢装置安全试验方法》(GB/T 34544—2017) 国家标准[63]，该标准规定了小型燃料电池车用低压储氢装置安全的试验条件和试验方法，适用于内容积不大于 3L、最高温升压力不大于 25MPa、工作温度不低于 −40℃且不高于 65℃的小型燃料电池车用低压储氢装置。2021 年，上海市节能协会、中国节能协会联合批准发布了《镁基氢化物固态储运氢系统技术要求》团体标准[64]，该标准规定了镁基氢化物固态储运氢系统的一般要求、充/放氢技术要求、维护与检查要求、运输基本要求，适用于最高运输压力不超过 0.1MPa，储运环境温度不低于 −40℃且不高于 65℃，可逆充/放氢且充/放氢压力不高于储运容器公称工作压力的镁基氢化物固态储运氢系统。

18.3 有机液体储氢技术

18.3.1 有机液体储氢材料

有机液体储氢材料主要包括传统有机液体储氢材料和新型有机液体储氢材料。传统的有机液体储氢分子主要是具有芳香性的苯-环己烷、甲苯-甲基环己烷、萘-十氢萘、二苄基甲苯-全氢化二苄基甲苯体系[65-69]。此类传统有机液体储氢分子可通过改变取代基数目、桥连方式等改变有机化合物性质，目前仍然存在脱氢过程所需温度高且易发生裂解、歧化等副反应，导致生成的氢气纯度降低等问题。新型有机液体储氢材料主要是含杂原子（O、N、S）的稠环芳香分子，其中 N-杂环体系如喹啉及其衍生物、吲哚及其衍生物、咔唑及其衍生物等是研究最多的有机液体储氢材料。而含 O 或 S 等其他元素的杂环在有机液体储氢应用中非常少见，这主要是加氢/脱氢选择性或催化剂毒化的问题导致的。新型有机液体储氢材料稳定性好、不可燃、质量储氢密度高（5%～8%），同时具有较理想的熔点和沸点。然而，由于其分子结构复杂，加脱氢过程中易发生碳环断裂、歧化反应、异构化等副反应，因此提高催化剂活性及对目标产物的选择性是研究的重点。

（1）传统有机液体储氢材料——芳香烃体系

不饱和的烯烃、炔烃以及芳香烃都可以用来化学储氢，但从稳定性和运输性来看，芳烃-环烷烃是比较合适的有机液体储氢候选材料。芳烃-环烷烃材料在室温下是液体，来源广泛且便于长途运输。目前研究最多的芳香烃体系有苯-环己烷、甲苯-甲基环己烷、萘-十氢萘

第三篇 氢的储存、运输及加注

和二苄基甲苯-全氢化二苄基甲苯四类。

苯-环己烷（C_6H_6-C_6H_{12}）作为早期的有机液体储氢材料，理论质量储氢量高达 7.2%，且具有较高的熔沸点，便于运输。研究表明，苯的催化加氢过程涉及氢原子与烃分子间的化学反应，是通过 Langmuir-Hinshel-wood-Hougen-Watson 机理发生加氢反应，该现象主要发生于铂基、钯基[70]、镍基[71-73]催化剂催化苯加氢过程中。环己烷的催化脱氢反应主要是选择性催化烷烃中的 C—H 键和 C—C 键断裂产生 H_2，过渡金属 d 轨道的价电子具有不同的排布方式，促使过渡金属复合物具有多重自旋度，由此达到降低 C—H 和 C—C 键断裂过程中的反应能垒的作用。苯-环己烷储氢体系（CHE）虽然储氢能力较强，但环己烷的沸点低（81℃）、易燃，反应产物苯为剧毒性化合物，而且环己烷脱氢温度较高，需要稳定的催化剂，使得 CHE 难以在实际中得到应用[74-77]。

甲苯-甲基环己烷（H_0MET-H_6MET）理论储氢量为 6.18%，甲基的 C—H 键与苯环产生超共轭作用，增加了苯环的电子云密度，使之更容易被亲电试剂进攻，因此，甲苯的加氢相对苯而言更容易一些。目前，甲苯加氢的研究已经十分成熟，日本和德国已在商业化应用进程中。日本千代田公司已经实现了甲苯-甲基环己烷储氢体系的商业化应用，在 2020 年实现了全球首次远洋氢运输。

萘-十氢化萘（H_0NAP-H_{10}NAP）理论储氢量为 7.3%，萘是由 10 个碳原子形成的 2 个并联双环的结构。萘的键长是长短交替出现的，即萘的 π 电子云和键长不像苯那样完全平均化，但整个 π 电子体系贯穿到 10 个碳原子的环系，这种结构导致萘比苯更难加氢。萘催化加氢催化剂仍以贵金属 Ru、Pt、Pd、Rh 为主，但越来越多的研究聚焦于 Ni、Co、Fe 非贵金属催化剂。

二苄基甲苯-全氢化二苄基甲苯（H_0DBT-H_{18}DBT）在 70～380℃范围内被当作商业导热油使用，具有低成本、低毒性、高稳定性优点。H_0DBT 理论储氢量为 6.2%，H_0DBT 向 H_{12}DBT 转化的过程中加氢焓为 -65.4kJ/mol。H_0DBT-H_{18}DBT 作为储氢材料在德国已进入商业化试验阶段。

上述传统有机液体储氢材料的共同缺点是脱氢温度远远高于车载燃料电池的工作温度（见表 18-3），不利于氢能的实际应用。因此，寻找新型有机液体储氢分子迫在眉睫。

表 18-3 传统有机液体储氢分子信息一览表[78,79]

储氢分子	结构式	全氢化产物	全氢化产物结构式	储氢量/%	沸点/℃	脱氢温度/℃	熔点/℃
苯	C_6H_6	环己烷	C_6H_{12}	7.2	80.1/81.7	300～320	5.5/6.5
甲苯	C_6H_8	甲基环己烷	C_7H_{14}	6.2	111/101	300～350	$-95/-127$
萘	$C_{10}H_8$	十氢萘	$C_{10}H_{18}$	7.3	218/185	320～340	80/-43
二苄基甲苯	$C_{21}H_{20}$	十八氢二苄基甲苯	$C_{21}H_{38}$	6.2	390/354	260～310	$-39/-45$

注：表中沸点、熔点两列中，"/"前表示储氢分子的相关数据，"/"后表示相关储氢分子全氢化产物的相关数据。

（2）新型有机液体储氢材料——杂环体系

美国 Air Products 公司通过理论计算首次提出向芳香烃化合物中引入杂原子可以降低储氢化合物的脱氢反应热，从而实现降低脱氢反应温度的目的[80-85]。研究表明，引入原子的种类（N、O、S 等）、数目以及芳香稠杂环数目等因素均会影响储氢介质的脱氢温度。值得注意的是，向碳环化合物的五元环或六元环中引入 N 原子，脱氢反应热降低明显，促使其更适合作为储氢载体。近几年，以咔唑及其衍生物、喹啉及其衍生物和吲哚及其衍生物为代表的新型有机液体储氢分子受到了广泛关注。

咔唑系列化合物的典型代表是 N-乙基咔唑（NECZ）和 N-丙基咔唑（NPCZ），NECZ 的质量储存密度和体积储存密度分别为 5.8％和 55g/L，而 NPCZ 的质量储存密度为 5.4％。NECZ 和 NPCZ 均可在 150℃、7MPa 的条件下实现完全加氢，在 180℃下实现 100％脱氢且释氢纯度可达 99.99％。咔唑类材料加脱氢性能优良，但是自身熔点普遍偏高，未来一方面可通过调整烷基长度、位置和个数等调控分子熔点，另一方面也可根据低共熔原理，将咔唑类材料混合复配获得熔点较低的低共熔储氢材料体系。

喹啉作为新型有机液体储氢材料的代表，其储氢量为 7.19％，熔点较低为 -15.6℃。目前，对于喹啉的报道常见于催化加氢脱氮方面。Hu 等[86]利用 Pd 纳米颗粒高度分散的催化剂，催化 H_2 与喹啉氮杂环反应进行加氢。但喹啉系列化合物的脱氢研究报道十分少，很难实现 100％转换，一般为 8-甲基喹啉、6-甲基喹啉、2-甲基喹啉。要实现喹啉系列化合物的高效脱氢，需寻求更高效的催化剂。

吲哚是庞大的稠杂环芳香化合物之一，其加氢主要分为两步进行：吲哚→二氢化吲哚→全氢化吲哚[87]。Philipp 等[88]对吲哚、二氢吲哚和八氢吲哚在 Pt(111) 上的脱氢历程做了详细的研究，发现三分子的 N—H 键在 270K 以上发生脱质子化反应，伴随着二氢吲哚和八氢吲哚通过吲哚中间体脱氢。对于八氢吲哚，存在一个副反应，即在 170K 和 450K 之间产生少量 π-烯丙基物种。第二步是脱质子化为吲哚类物质，在 500K 时，吲哚类物质在催化剂表面保持稳定。吲哚类材料相较于咔唑类材料熔点显著降低，大部分分子在室温下为稳定液体，分子氢化热低，在较低的脱氢温度下可实现快速释氢。但是吲哚类材料往往沸点偏低，易于挥发，因此吲哚类材料需要低温密封保存。

总而言之，有机液体储氢技术是解决安全高效运输氢气的关键，其瓶颈在于解决两方面的内容：①合成适宜的有机液体储氢载体；②制备高效的加氢-脱氢催化剂。而新型有机液体储氢材料具备储氢量高、储运便捷、加氢/脱氢动力学较快等优势。但如何制备出高活性、高选择性、高稳定性的催化剂是实现有机液体储氢材料低温脱氢的关键，也是新型有机液体储氢体系大规模应用的前提。

18.3.2　有机液体储氢装置

有机液体储氢技术工作原理可分为三个过程：储氢、运氢和脱氢。其中运氢主要通过普通槽罐车或者管道运输，而储氢及脱氢过程需通过特定的装置完成。

18.3.2.1　储氢装置

储氢装置基本工作原理是将预分布后的有机液体储氢材料（储油）与氢气一起导入装有催化剂的反应器中，在催化剂的作用下，氢气与储油发生加氢反应，如图 18-30 所示。

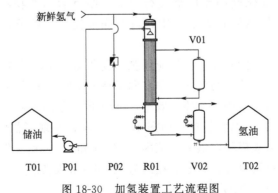

图 18-30　加氢装置工艺流程图

该反应为放热反应，放出的热量由热水以副产蒸汽的方式移走。我国目前已经成功开发出了 150L/d～30t/d 不同规模储氢装置，如图 18-31 所示，并应用于储能、环保等领域。德国 Hydrogenious 公司研究的最新基于二苄基甲苯的 DEMO 示范储氢容量可达 $1m^3$ 有机液体，储氢载体可存储 $700m^3$ 氢气，如图 18-32，该储氢装置使用固体催化剂进行放热反应，反应压力为 15～30bar，反应温度为 200～250℃，能耗约为 10kW·h/kg H_2。

图 18-31　150L/d～30t/d 储氢装置

图 18-32　德国 Hydrogenious 公司储氢装置

18.3.2.2　脱氢装置

脱氢装置工艺原理是油泵将氢化液体有机储氢载体（氢油）抽送到热交换器进行升温，然后进入填装脱氢催化剂的反应器进行脱氢，脱氢后的产物经过换热器冷却后，通过分离系统，分离后的储油回收到油箱中，进行循环使用，而分离后的高纯度氢气输出供客户使用。

脱氢反应器是一个气液固三相催化反应系统，复杂程度高，系统在释放大量氢气时需要持续快速吸收热量，良好的传热与传质效率有利于整个反应系统的能量利用与管理。脱氢反应器的结构直接影响脱氢过程的热质传递效率，进而影响整个脱氢装置的性能。我国已自主搭建了首台 $220m^3$/h 撬装式脱氢装置，如图 18-33 所示，实现了供氢系统压力、温度、流量等实时调节，实现了大规模稳定供氢。德国 Hydrogenious 公司开发的脱氢装置如图 18-34 所示，该脱氢装置采用撬块设计，脱氢能耗约为 11kW·h/kgH_2，脱氢压力 2～3bar，脱氢温度 250～300℃，产生氢气纯度超过 99.9%。

图 18-33　220m³/h 脱氢装置

图 18-34　德国 Hydrogenious 公司脱氢装置

18.3.3　加注装置

氢油加注站（图 18-35）基本工作过程是将氢油通过管道或者槽罐车输送至加注站为用户端直接加注，并同时将储油回收。整个过程不易燃、不易爆，无高压风险，并且该加氢站占地面积小，与现有石油基础设施匹配度高。我国已开发出撬装式加注装置，并已成功应用于全球最大的以有机液体储氢技术为基础的氢能全产业链示范项目（占地 20000m²），该加注站 10m³ 储罐可储存约 600kg 可用氢。

图 18-35　氢油加注站

18.3.4　有机液体储氢技术应用

有机液体储氢材料能量储存体积密度大，且不受地域限制，可以使用现有的液体输运架构（运油船、输油管道及加油站等）进行运输，所以不仅能在规模化储能领域发挥重要作用，而且可用于可再生能源发电系统解决不稳定电能（风力、太阳能、潮汐能等产电能力不连续）的并网问题。目前在云南，已经有示范成功的有机液体储氢技术氢电耦合储能项目。

该项目利用废弃水电电解水制氢，通过有机液体储氢技术，将制取的氢气以氢油的形式在常温常压下安全高效储存，一部分反馈给电网以提高上网电能品质，另一部分作为能源载体通过罐车或管道方式全液态便捷输运至用户端产氢供氢。该模式适用于大规模的氢储能项目，与高山蓄水、压缩空气等常规储能方式相比具有明显储能密度优势。有机液体储氢技术除了应用于大规模电网储能，还可以应用于资源的回收与利用领域。2021 年，在北京房山建成了全球最大的以有机液体储氢技术为基础的氢能全产业链示范基地，该项目通过在高温下将城市垃圾气化，产生氢气并经催化加氢产生氢油，氢油可供氢燃料电池大巴、物流车以及氢燃料电池分布式热电联供装备使用。

（1）国内应用情况

在移动交通领域，目前已实现了有机液体储氢技术在车载供氢方面的应用（图 18-36），研制出全球首台常温常压储氢·氢能汽车工程样车"泰歌号"，该车油箱可储存氢油 200kg（有效储氢量约 10kg），为 30kW 燃料电池动力系统供氢，续航里程可达 150km。除此之外，大规模供氢系统还可应用于给工业用户供氢或者给高压加氢站站内供氢，常温常压有机液体储氢加注一体化应用示范项目已成功在上海开车运行，该项目采用 220m³/h 供氢系统，能够为高压加氢站提供安全稳定的氢源。

图 18-36　有机液体储氢技术国内应用

（2）国外应用情况

德国 Hydrogenious 公司联合现代汽车、保时捷等积极布局有机液体储氢技术在移动交通领域应用，该公司还与 Østensjø Rederi 公司和 Edda Wind 公司开展了"Ship-aH₂oy"项目，利用有机液体储氢技术为船舶提供动力，规模为兆瓦级，整个过程零排放。在大规模储运氢方面，日本采用甲基环己烷（MCH）在文莱制得氢气，然后通过海运方式运输到日本的炼油厂，年供给规模可达到 210t，这一里程碑证明了在全球范围内以 MCH 的形式对氢气进行长期储存和运输的可行性。同时，国外也在布局有机液体储氢技术在大规模储能方面的应用，2021 年，日本最大的发电公司 JERA 投资德国 Hydrogenious 有机液体储氢技术，推动有机液体储氢技术在大规模储能方面的应用。

18.3.5　有机液体储氢标准

目前，关于有机液体储氢技术的国家标准尚未制定，国际上也同样处于空白状态。我国正积极推进有机液体储氢技术相关标准的制定工作。2020 年，中国电力企业联合会发布了《电力储能用有机液体氢储存系统》（T/CEC 372—2020），该标准规定了电力储能用有机液体氢储存装置的基本结构、功能、性能、试验等要求，适用于采用有机液体作为介质储存氢气的固定式储氢装置。2020 年，中国产学研合作促进会发布《氢化液体有机储氢载体储氢密

度测量方法　排水法》(T/CAB 1038—2020) 团体标准，该标准规定了基于排水法原理测量氢化液体有机储氢载体储氢密度的一种方法，适用于氢化液体有机储氢载体的储氢密度测量，是第一个在行业内广泛使用的标准。

参 考 文 献

［1］ Zijlstra H, Westendorp F F. Influence of hydrogen on the magnetic properties of SmCo$_5$ [J]. Solid State Communications, 1969, 7 (12): 857-859.

［2］ Van Vuncht J H N, Kuijpers F A. Reversible room-temperature absorption of large quantities of hydrogen by intermetalic compounds [J]. Philips Res Reports, 1970, 25: 133.

［3］ Reilly J J, Wiswall R H. Reaction of hydrogen with alloys of magnesium and nickel and the formation of Mg$_2$NiH$_4$ [J]. Inorganic Chemistry, 1968, 7 (11): 2254-2256.

［4］ Züttel A. Materials for hydrogen storage [J]. Materials Today, 2003, 6 (9): 24-33.

［5］ Dornheim M. Thermodynamics of metal hydrides: tailoring reaction enthalpies of hydrogen storage materials [M]. Thermodynamics-Interaction Studies-Solids, Liquids and Gases, 2011.

［6］ Lartigue C, Percheron-Guégan A, Achard J C, et al. Thermodynamic and structural properties of LaNi$_{5-x}$Mn$_x$ compounds and their related hydrides [J]. Journal of the Less Common Metals, 1980, 75 (1): 23-29.

［7］ Balasubramaniam R, Mungole M N, Rai K N. Hydriding properties of MmNi$_5$ system with aluminium, manganese and tin substitutions [J]. Journal of Alloys and Compounds, 1993, 196 (1-2): 63-70.

［8］ Odysseos M, De Rango P, Christodoulou C N, et al. The effect of compositional changes on the structural and hydrogen storage properties of (La-Ce)Ni$_5$ type intermetallics towards compounds suitable for metal hydride hydrogen compression [J]. Journal of Alloys and Compounds, 2013, 580: S268-S270.

［9］ Chartouni D, Meli F, Züttel A, et al. The influence of cobalt on the electrochemical cycling stability of LaNi$_5$-based hydride forming alloys [J]. Journal of Alloys and Compounds, 1996, 241 (1-2): 160-166.

［10］ Reilly J J, Wiswall R H. Formation and properties of iron titanium hydride [J]. Inorganic Chemistry, 1974, 13 (1): 218-222.

［11］ Lee S M, Perng T P. Effect of the second phase on the initiation of hydrogenation of TiFe$_{1-x}$M$_x$ (M=Cr, Mn) alloys [J]. International Journal of Hydrogen Energy, 1994, 19 (3): 259-263.

［12］ Gosselin C, Huot J. Hydrogenation properties of TiFe doped with zirconium [J]. Materials, 2015, 8 (11): 7864-7872.

［13］ Berdonosova E A, Klyamkin S N, Zadorozhnyy V Y, et al. Calorimetric study of peculiar hydrogenation behavior of nanocrystalline TiFe [J]. Journal of Alloys and Compounds, 2016, 688: 1181-1185.

［14］ Shaltiel D, Jacob I, Davidov D. Hydrogen absorption and desorption properties of AB$_2$ laves-phase pseudobinary compounds [J]. Journal of the Less-Common Metals, 1977, 53 (1): 117-131.

［15］ Yu X, Xia B, Wu Z, et al. Phase structure and hydrogen sorption performance of Ti-Mn-based alloys [J]. Materials Science and Engineering: A, 2004, 373 (1-2): 303-308.

［16］ 吴铸, 黄太仲, 黄铁生, 等. TiMn$_2$ 储氢合金中部分 Mn 被取代后储氢性能的改善 [J]. 稀有金属, 2003, 27 (01): 116-118.

［17］ Reilly J J, Wiswall R H. Higher hydrides of vanadium and niobium [J]. Inorganic Chemistry, 1970, 9 (7): 1678-1682.

［18］ 武媛方. 合金化对 V-Fe 系合金储氢性能的影响 [D]. 北京: 北京有色金属研究总院, 2015.

［19］ 严义刚. V-Ti-Cr-Fe 贮氢合金的结构与吸放氢行为研究 [D]. 成都: 四川大学, 2007.

［20］ Abe J O, Ajenifuja E, Popoola O M. Hydrogen energy, economy and storage: review and recommendation [J]. International Journal of Hydrogen Energy, 2019, 44 (29): 15072-15086.

［21］ Zaluska A, Zaluski L, Ström Olsen J O. Nanocrystalline magnesium for hydrogen storage [J]. Journal of Alloys and Compounds, 1999, 288 (1-2): 217-225.

［22］ Calizzi M, Venturi F, Ponthieu M, et al. Gas-phase synthesis of Mg-Ti nanoparticles for solid-state hydrogen storage [J]. Physical Chemistry Chemical Physics, 2015, 18 (1): 141-148.

[23] Puszkiel J A, Larochette P A, Gennari F C. Hydrogen storage properties of $Mg_x Fe$ (x: 2, 3 and 15) compounds produced by reactive ball milling [J]. Journal of Power Sources, 2009, 186 (1): 185-193.

[24] Gross K J, Spatz P, Zuettel A, et al. ChemInform abstract: mechanically milled Mg composites for hydrogen storage. The transition to a steady state composition [J]. Journal of Alloys and Compounds, 1996, 240 (1-2): 206-213.

[25] Gross K J, Spatz P, A Züttel, et al. Mechanically milled Mg composites for hydrogen storage the transition to a steady state composition [J]. Journal of Alloys and Compounds, 1996, 240 (1-2): 206-213.

[26] Palade P, Sartori S, Maddalena A, et al. Hydrogen storage in Mg-Ni-Fe compounds prepared by melt spinning and ball milling [J]. Journal of Alloys and Compounds, 2006, 415 (1-2): 170-176.

[27] Ren C, Fang Z Z, Zhou C, et al. Hydrogen storage properties of magnesium hydride with V-Based additives [J]. Journal of Physical Chemistry C, 2014, 118 (38): 21778-21784.

[28] Zhang X, Liu Y F, Ren Z H, et al. Realizing 6.7 wt% reversible storage of hydrogen at ambient temperature with non-confined ultrafine magnesium hydrides [J]. Energy and Environmental Science, 2021, 14 (4): 2302-2313.

[29] Kalinicheka S, Rontzsch L, Kieback B. Structural and hydrogen storage properties of melt-spun Mg-Ni-Y alloys [J]. International Journal of Hydrogen Energy, 2009, 34: 7749-7755.

[30] Skripnyuk V M, Rabkin E, Estrin Y, et al. Improving hydrogen storage properties of magnesium based alloys by equal channel angular pressing [J]. International Journal of Hydrogen Energy, 2009, 34 (15): 6320-6324.

[31] Wang P, Wang A M, Zhang H F, et al. Hydrogenation characteristics of $Mg-TiO_2$ (rutile) composite [J]. Journal of Alloys and Compounds, 2000, 313 (1-2): 218-223.

[32] Vajo J J. Altering hydrogen storage properties by hydride destabilization through alloy formation: LiH and MgH_2 destabilized with Si [J]. The Journal of Physical Chemistry B, 2004, 108 (37): 13977-13983.

[33] Bouaricha S, Dodelet J P, Guay D, et al. Hydriding behavior of Mg-Al and leached Mg-Al compounds prepared by high-energy ball-milling [J]. Journal of Alloys and Compounds, 2000, 297 (1-2): 282-293.

[34] Orimo S, Nakamori Y, Eliseo J R, et al. Complex Hydrides for Hydrogen Storage [J]. Chemical Reviews, 2007, 107 (10): 4111-4132.

[35] Xu J, Meng R, Cao J, et al. Enhanced dehydrogenation and rehydrogenation properties of $LiBH_4$ catalyzed by graphene [J]. International Journal of Hydrogen Energy, 2013, 38 (6): 2796-2803.

[36] Chen P, Xiong Z, Luo J, et al. Interaction of hydrogen with metal nitrides and imides [J]. Nature, Nature Publishing Group, 2002, 420 (6913): 302-304.

[37] Liu Y F, Liang C, Wei Z, et al. Hydrogen storage reaction over a ternary imide $Li_2 Mg_2 N_3 H_3$ [J]. Physical Chemistry Chemical Physics, 2010, 12 (13): 3108-3111.

[38] Bogdanović B, Schwickardi M. Ti-doped alkali metal aluminium hydrides as potential novel reversible hydrogen storage materials [J]. Journal of Alloys and Compounds, 1997, 253: 1-9.

[39] Liu Y F, Liang C, Zhou H, et al. A novel catalyst precursor $K_2 TiF_6$ with remarkable synergetic effects of K, Ti and F together on reversible hydrogen storage of $NaAlH_4$ [J]. Chemical Communications, 2011, 47 (6): 1740-1742.

[40] Yu X, Tang Z, Sun D, et al. Recent advances and remaining challenges of nanostructured materials for hydrogen storage applications [J]. Progress in Materials Science, 2017, 88: 1-48.

[41] Barman S. Design, synthesis and postsynthetic modification of metal-organic materials for hydrogenstorage and chemosensing [D]. University of Zurich, 2012.

[42] Zhang L, Lu X, Ji L, et al. Catalytic effect of facile synthesized $TiH_{1.971}$ nanoparticles on the hydrogen storage properties of MgH_2 [J]. Nanomaterials (Basel), 2019, 9 (10): 1370.

[43] Ouyang L Z, Wang H, Chung C Y, et al. MgNi/Pd multilayer hydrogen storage thin films prepared by dc magnetron sputtering [J]. Journal of Alloys and Compounds, 2006, 422 (1-2): 58-61.

[44] Qu J, Wang Y, Xie L, et al. Superior hydrogen absorption and desorption behavior of Mg thin films [J]. Journal of Power Sources, 2009, 186 (2): 515-520.

[45] GB/T 33291—2016. 氢化物可逆吸放氢压力-组成-等温线 (P-C-T) 测试方法.

[46] GB/T 29918—2023. 稀土系储氢合金压力-组成等温线（PCI）的测试方法.

[47] XB/T 622.7—2017. 稀土系贮氢合金化学分析方法 第 7 部分：铅、镉量的测定.

[48] 蒋利军，郑强，苑鹏，等. 金属氢化物储氢装置及其制作方法. CN1609499A [P]. 2003-10-23.

[49] 詹锋，蒋利军，郑强，等. 金属氢化物储氢装置. CN2861702Y [P]. 2005-10-8.

[50] 胡子龙. 贮氢材料 [M]. 北京：北京工业大学出版社，2003：397-398.

[51] 原建光，周少雄，武英，等. 一种环流型换热的固态储氢罐. CN114636091A [P]. 2022-04-19.

[52] 叶建华，李志念，郭秀梅，等. 一种带有外换热结构的储氢系统. CN103883874B [P]. 2012-12-25.

[53] 王英，肖方明，唐仁衡，等. 一种金属氢化物固态储氢装置. CN202048351U [P]. 2010-12-213.

[54] 孙继胜，宁景霞，乔军杰，等. 低压固态储氢装置. CN214948174U [P]. 2021-06-29.

[55] Takeichi N, Senoh H, Yokota T, et al. "Hybrid hydrogen storage vessel", a novel high-pressure hydrogen storage vessel combined with hydrogen storage material [J]. International Journal of Hydrogen Energy, 2003, 28：1121-1129.

[56] Mori D, Haraikawa N, Kobayashi N, et al. Hydrogen storage materials for fuel cell vehicles high-pressure MH system [J]. Journal of Japan Institute of Metals, 2005, 69 (3)：308-311.

[57] 叶建华，郭秀梅，李志念，等. 一种固态高压混合储氢罐. CN105715943A [P]. 2014-12-03.

[58] 孙大林. 车载储氢技术的发展与挑战 [J]. 自然杂志，2011, 33 (11)：13-18.

[59] 吴飞，周蕾，皮湛恩. 绽放异彩的燃料电池 AIP 系统——国外常规牵头燃料电池 AIP 系统的应用现状 [J]. 船电技术，2014, 34 (8)：1-4.

[60] Jbvc A, Jra B, Jb I, et al. Application of hydrides in hydrogen storage and compression：chievements, outlook dperspectives [J]. International Journal of Hydrogen Energy, 2019, 44 (15)：7780-7808.

[61] ISO 16111. Transportable gas storage devices-Hydrogen absorbed in reversible metal hydride [S].

[62] GB/T 33292—2016. 燃料电池备用电源用金属氢化物储氢系统 [S]. 2017.

[63] GB/T 34544—2017. 小型燃料电池车用低压储氢装置安全试验方法 [S]. 2018.

[64] T/SHJNXH0008—2021, T/CECA-G 0148—2021. 镁基氢化物固态储运氢系统技术要求 [S].

[65] Sinigaglia T, Lewiski F, Santos Martins M E, et al. Production, storage, fuel stations of hydrogen and its utilization in automotive applications-a review [J]. International Journal of Hydrogen Energy, 2017, 42 (39)：24597-24611.

[66] Preuster P, Papp C, Wasserscheid P. Liquid organic hydrogen carriers (LOHCs)：toward a hydrogen-free hydrogen economy [J]. Accounts of Chemical Research, 2017, 50 (1)：74-85.

[67] Makaryan I A, Sedov I V. Hydrogenation/dehydrogenation catalysts for hydrogen storage systems based on liquid organic carriers [J]. Petroleum Chemistry, 2021, 61 (9)：977-988.

[68] Niermann M, Beckendorff A, Kaltschmitt M, et al. Liquid organic hydrogen carrier (LOHC)-Assessment based on chemical and economic properties [J]. International Journal of Hydrogen Energy, 2019, 44 (13)：6631-6654.

[69] Kwak Y, Kirk J, Moon S, et al. Hydrogen production from homocyclic liquid organic hydrogen carriers (LOHCs)：Benchmarking studies and energy-economic analyses [J]. Energy Conversion and Management, 2021, 239：114-124.

[70] Chou P, Vannice M A. ChemInform abstract：Benzene hydrogenation over supported and unsupported palladium. Part 2. Reaction model [J]. Chem Cat Chem, 1987, 18 (52).

[71] Keane M A, Patterson P M. The role of hydrogen partial pressure in the gas-phase hydrogenation of aromatics over supported nickel [J]. Industrial and Engineering Chemistry Research, 1999, 38 (4)：1295-1305.

[72] Franco H A, Phillips M J. Gas phase hydrogenation of benzene on supported nickel catalyst [J]. Journal of Catalysis, 1980, 63 (2)：346-354.

[73] Mittendorfer F, Hafner J. Hydrogenation of benzene on Ni(111) A DFT study [J]. Journal of Physical Chemistry B, 2002, 106 (51)：13299-13305.

[74] Yu J F, Ge Q J, Fang W, et al. Influences of calcination temperature on the efficiency of CaO promotion over CaO modified Pt/gamma-Al$_2$O$_3$ catalyst [J]. Applied Catalysis A：general, 2011, 395 (1-2)：114-119.

[75] Ichikawa F M. Efficient evolution of hydrogen from liquid cycloalkanes over Pt-containing catalysts supported on

active carbons under "wet-dry multiphase conditions" [J]. Applied Catalysis A: General, 2002, 233 (1-2): 91-102.

[76] Kariya N, Fukuoka A, Utagawa T, et al. Efficient hydrogen production using cyclohexane and decalin by pulse-spray mode reactor with Pt catalysts [J]. Applied Catalysis A: General, 2003, 247 (2): 247-259.

[77] Shukla A A, Gosavi P V, Pande J V, et al. Efficient hydrogen supply through catalytic dehydrogenation of methylcyclohexane over Pt/metal oxide catalysts [J]. International Journal of Hydrogen Energy, 2010, 35 (9): 4020-4026.

[78] Hodoshima S, Arai H, Takaiwa S, et al. Catalytic decalin dehydrogenation/naphthalene hydrogenation pair as a hydrogen source for fuel-cell vehicle [J]. International Journal of Hydrogen Energy, 2003, 28 (11): 1255-1262.

[79] Afolabi O O D. An investigation into human biowaste management using microwave hydrothermal carbonization for sustainable sanitation [D]. Loughborough University, 2015.

[80] US 20040223907. Hydrogen storage reversible hydrogenated of pi-conjugated substrates [P]. 2004.

[81] US 20080260630. Autothermal hydrogen storage and delivery systems [P]. 2008.

[82] US 7351395. Hydrogen storage reversible hydrogenated of π-conjugated substrates [P]. 2008.

[83] US 7101530. Hydrogen storage reversible hydrogenated of π-conjugated substrates [P]. 2006.

[84] WO 2005000457A2. Hydrogen storage reversible hydrogenated of π-conjugated substrates [P]. 2005.

[85] US 20050002857. Hydrogen storage reversible hydrogenated of π-conjugated substrates [P]. 2005.

[86] Hu X, Chen Y Q, Huang B B, et al. Pd-supported N/S-codoped graphene-like carbons boost quinoline hydrogenation activity [J]. ACS Sustainable Chemistry and Engineering, 2019, 7 (13): 11369-11376.

[87] Konnova M E, Li S, Bsmann A, et al. Thermochemical properties and dehydrogenation thermodynamics of indole derivates [J]. Industrial and Engineering Chemistry Research, 2020, 59 (46): 20539-20550.

[88] Bachmann P, Schwarz M, Steinhauer J, et al. Dehydrogenation of the liquid organic hydrogen carrier system indole/indoline/octahydroindole on Pt(111) [J]. The Journal of Physical Chemistry, C. Nanomaterials and Interfaces, 2018, 122 (8): 4470-4479.

第19章

氢加注

19.1 气态加氢站

19.1.1 加氢站概述

加氢站是为氢燃料电池汽车或氢气内燃机汽车或氢气天然气混合燃料汽车等的储氢瓶充装氢燃料的专门场所。加氢站区按照工艺功能区域划分为五部分：卸氢区、设备装置区、储氢装置区、加注区及办公区。

① 卸氢区：氢气长管拖车。

② 设备装置区：氢气压缩机组、冷水（冻）机组、仪表风及氮气吹扫系统。

③ 储氢装置区：45MPa、90MPa储氢容器。

④ 加注区：35MPa、70MPa加氢机。

⑤ 办公区：配电系统、站控系统、监测系统。

加氢站主要由供氢系统、压缩系统、储氢系统、售氢系统、控制系统、辅助系统（仪表驱动、吹扫、排空系统等）等组成。燃料电池汽车使用氢气为燃料，主要通过加氢站为其提供氢气加注服务，如图 19-1、图 19-2 所示。加氢站布局如图 19-3 所示。

图 19-1 加氢站（一）

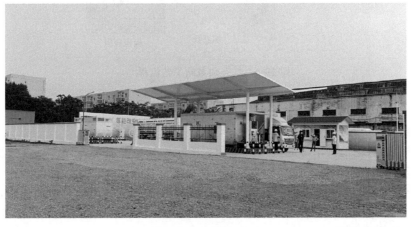

图 19-2 加氢站（二）

图 19-3 加氢站布局

19.1.2 加氢站的分类

按布局方式分为固定站、撬装站；按建设内容分为加氢站、加氢合建站；按供氢方式分为管束车供氢、管道供氢、站内供氢；按储氢方式分为气态储氢、液态储氢、金属储氢、有机液储氢。

19.1.3 加氢工艺及设施

氢气长管拖车将氢气运至加氢站，停泊在卸氢区域。氢气通过卸氢柱进入增压系统的压缩机。氢气压缩后通过换热器冷却后输出。经增压系统增压后的气体去往顺序控制盘，经顺序控制盘分配后分三路至高、中、低压储氢瓶组系统，然后通过加氢机给燃料电池车辆加氢。流程如图 19-4 所示。

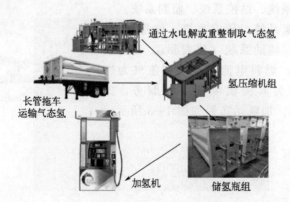

通过水电解或重整制取气态氢

氢压缩机组

长管拖车
运输气态氢

加氢机

储氢瓶组

图 19-4 气态加氢站工艺流程[1]

19.1.3.1 计量及卸车设施

（1）加氢站进站氢气质量应符合的规定[2-4]

① 用于氢燃料电池汽车等的氢气质量和检验规则，应符合现行国家标准《质子交换膜燃料电池汽车用燃料　氢气》GB/T 37244 的有关规定。

② 用于氢气内燃机汽车或氢气天然气混合燃料汽车的氢气质量和检验规则，应符合现行国家标准《氢气　第 1 部分　工业氢》GB/T 3634.1 和《车用压缩氢气天然气混合燃气》GB/T 34537 的有关规定。

（2）加氢站出站氢气的质量应按用户要求确定，并不应低于下列要求[2-4]

① 用于氢燃料电池汽车等的氢气，应符合现行国家标准《质子交换膜燃料电池汽车用燃料 氢气》GB/T 37244 等的规定。

② 用于氢气内燃机汽车或氢气天然气混合燃料汽车的氢气，应符合现行国家标准《氢气 第 1 部分 工业氢》GB/T 3634.1 和《车用压缩氢气天然气混合燃气》GB/T 34537 的有关规定。

（3）加氢站的进站氢气的计量应符合的规定

① 当采用氢气长管拖车、氢气管束式集装箱运输氢气时，可按氢气储气瓶结构容积和起始与终止压力、温度及压缩因子进行计算。

② 当采用氢气管道输送氢气时，宜采用质量流量计计量。

③ 加氢站的进站氢气计量装置的最大允许误差应为±1.5%。

（4）混合燃料中的进站天然气质量、计量等要求

应符合现行国家标准《车用压缩天然气》(GB 18047) 和《汽车加油加气加氢站技术标准》(GB 50156) 的有关规定。氢气和天然气混合燃料汽车的燃料比例，应根据混合燃料汽车发动机的要求确定。

（5）卸车设施

① 当采用运输车辆卸气时，站内应设有固定的卸气作业车位并应有明确标识。停车位数量不宜超过 2 个，停车位应配备限位装置。

② 卸气柱与氢气运输车辆相连的管道上应设置拉断阀并宜设置防甩脱装置，拉断阀应满足下列要求：

a. 拉断阀分离拉力为 600～900N。

b. 拉断阀在超过限值的外力作用下可断开为两部分，各部分端口应能自动封闭。

c. 拉断阀在外力作用自动分成的两部分可重新连接并能正常使用。

d. 卸气管道上应设置能阻止粒度大于 $10\mu m$ 的固体杂质通过的过滤器。

e. 卸气柱应设置泄放阀、紧急切断阀、就地和远传压力测量仪表。

19.1.3.2 增压设施

① 采用氢气管道、氢气长管拖车、氢气管束式集装箱供应氢气的压力不能满足站内储存压力需要时，站内应设增压用氢气压缩机。氢气压缩机不应影响氢气质量。

② 氢气压缩机的选型和台数应根据氢气供应方式、压力、氢气加注要求，以及储氢容器工作参数等因素确定。加氢站宜设置备用氢气压缩机。

③ 自产氢气采用压缩机增压后进行高压储存时，氢气进入氢气压缩机前应设缓冲罐。

④ 氢气压缩机安全保护装置的设置应符合下列规定[5]：

a. 压缩机进、出口与第一个切断阀之间应设安全阀，安全阀应选用全启式安全阀。

b. 压缩机进口应设置压力高、低限报警系统，出口应设置压力高高限、温度高高限停机联锁系统。

c. 润滑油系统应设油压高、低及油温高的报警装置，以及油压过低的停机联锁系统。

d. 压缩机的冷却水系统应设温度、压力或流量的报警和停机联锁系统。

e. 压缩机进、出口管路应设置置换吹扫口。

f. 采用膜式压缩机时，应设膜片破裂报警和停机联锁系统。

g. 压缩机内自动控制阀门应设置阀位状态故障报警。

h. 当采用皮带传动时，应采用防静电措施。

i. 氢气压缩机各级冷却器、气水分离器和氢气管道等排出的冷凝水，均应经各自的专用疏水装置汇集到冷凝水排放装置，然后排至室外。

j. 氢气压缩机的运行管理宜采用可编程逻辑控制装置（PLC）控制。

⑤ 氢气压缩机卸载排气宜回流至压缩机前的管路或缓冲罐。

⑥ 增压设施用管道、阀门、仪表等，在设计选用时应考虑氢脆的影响。

⑦ 氢气压缩机的布置应符合下列规定：

a. 设在压缩机间的氢气压缩机宜单排布置，且与墙壁之间的距离不应小于 1.0m，主要通道宽度不应小于 1.5m。

b. 当采用撬装式氢气压缩机时，在非敞开的箱柜内应设置自然排气、氢气浓度报警、火焰报警、事故排风及其联锁装置等安全设施。

c. 氢气压缩机的控制盘、仪表控制盘等，宜设在专用控制柜或相邻的控制室内。

⑧ 氢气压缩机的选择。根据氢气供应方式、压力、氢气加注要求以及储氢容器工作参数等因素可选择不同结构型式的氢气压缩机，氢气压缩机主要有隔膜式、气（液）驱式、离子液及往复活塞式等。

19.1.3.3 氢气储存设施

① 氢气储存设施可选用储氢容器或储气井。单个储氢容器的水容积不应大于 $5m^3$；固定式储氢压力容器应满足压力、温度、储氢量、寿命、使用环境等因素的要求，并有足够的安全裕量，以满足安全使用要求。

② 加氢设施内的高压氢气储存系统的工作压力应根据氢燃料汽车车载储氢气瓶的充氢压力确定。当充氢压力为 35MPa 时，固定氢气储存系统的工作压力不宜大于 45MPa；当充氢压力为 70MPa 时，固定氢气储存系统的工作压力不宜大于 90MPa。

③ 固定式储氢容器和储气井的设计、制造应符合《固定式压力容器安全技术监察规程》TSG 21 和相关标准的规定。工作压力大于 25MPa 的储氢井，或工作压力大于 41MPa 且没有设计制造国家标准的其他储氢容器，应经工程试验或其他实际应用证明技术成熟，并应经设计单位书面确认。

④ 储氢容器的工作温度不应低于 $-40℃$ 且不应高于 85℃。

⑤ 储氢容器应满足未爆先漏的要求。

⑥ 氢气储存设施的选材应根据材料的化学成分、力学性能、微观组织，使用条件的压力、温度、氢气品质，应力水平和制造工艺的旋压、热处理、焊接等因素综合确定对氢脆的影响。

⑦ 氢气储存设施设计中应对容器各种可能的失效模式进行判断，材料选择和结构设计应满足避免发生脆性断裂失效模式的要求。应对氢气储存设施的塑性垮塌、局部过度应变、泄漏和疲劳断裂等失效模式进行评定。

⑧ 氢气储存设施的设计单位应出具风险评估报告，风险评估报告至少应包括下列内容：

a. 氢气储存设施在运输、安装和使用过程中可能出现的所有失效模式，针对这些失效模式，在设计和制造过程中已经采取的控制措施以及用户在使用、维修、改造过程中应采取的控制措施。

b. 氢气储存设施失效可能带来的危害性后果，提出现场使用时有效监测储氢容器的措施，如定期超声检测、在线监测、设置氢气泄漏报警装置等。

c. 提出一旦氢气储存设施发生介质泄漏、燃烧和爆炸时应该采取的措施，便于用户制订合适的应急预案。

d. 提出氢气储存设施定期检验计划及检验内容。

⑨ 加氢设施应结合服务车辆和储氢系统的取气效率，对高压储氢系统工作压力按 2～3 级设置，各级储氢设备容量应按各级储气压力、充氢压力和充装氢气量等因素确定。

⑩ 储氢容器、氢气储气井的控制系统应自动记录压力波动范围超过 20% 设计压力的工作压力波动次数。

⑪ 固定式储氢压力容器使用单位应使用取得生产许可并经检验合格的固定式储氢压力容器，并应制定操作规程，建立相应的安全生产管理制度。

⑫ 氢气储存压力容器使用管理应符合现行国家标准《加氢站用储氢装置安全技术要求》GB/T 34583 的有关规定。

⑬ 瓶式氢气储存压力容器组应固定在独立支架上，宜卧式存放。同组容器之间净距不宜小于 0.03m，瓶式氢气储存压力容器组之间的距离不宜小于 1.50m。

⑭ 固定式储氢容器应设置下列安全附件：

a. 应设置安全阀和放空管道，安全阀前后应分别设 1 个全通径切断阀，并应设置为铅封开或锁开；当拆卸安全阀时，有不影响其他储氢容器和管道放空的措施，则安全阀前后可不设切断阀。安全阀应设安全阀副线，副线上应设置可现场手动和远程控制操作的紧急放空阀门。

b. 应设置压力测量仪表，并应分别在控制室和现场指示压力。应在控制室设置超压报警和低压报警装置。

c. 应设置带记录功能的氢气泄漏报警装置和视频监测装置。

d. 应设置氮气吹扫置换接口，氮气纯度不应低于 99.2%。

19.1.3.4 加注设施

① 加氢机应设置在室外或通风良好的箱柜内。

② 加氢机应具有充装、计量和控制功能，并应符合下列规定：

a. 加氢机额定或公称工作压力应为 35MPa 或 70MPa，最大工作压力应为 1.25 倍的额定工作压力。

b. 氢气加注流量应符合现行国家标准《加氢机》（GB/T 31138）的有关规定。

c. 加氢机应设置安全泄压装置，安全阀应选用全启式安全阀，安全阀的整定压力不应大于车载储氢瓶的最大允许工作压力或设计压力。

d. 加氢机计量宜采用质量流量计，计量精度不宜低于 1.5 级，最小分度值宜为 10g。

e. 加氢机应设置能实现控制及联锁保护功能的自动控制系统，当单独设置可编程逻辑控制器时，信号应通过通信方式与位于控制室的加氢设施控制系统进行往来，联锁信号应通过硬线与加氢设施控制系统进行往来。

f. 加氢机进气管道上应设置自动切断阀，当达到车载储氢容器的充装压力高限值时，自动切断阀联锁关闭。

g. 加氢机在现场及控制室或值班室均应设置紧急停车按钮，当出现紧急情况时，可按下该按钮，关闭进气阀门。

h. 加氢机的箱柜内部氢气易积聚处应设置氢气检测器，当氢气含量（体积分数）达到 0.4% 时，应在氢气报警系统内高报警；当氢气含量（体积分数）达到 1% 时，应在氢气报警系统内高高报警，同时向加氢设施控制系统发出联锁停机信号，由加氢设施控制系统发出停止加氢机及关闭进气管道自动切断阀的联锁信号。

i. 额定工作压力不同的加氢机,其加氢枪的加注口应采用不同的结构形式。

j. 加氢机应设置脱枪保护装置,发生脱枪事故时应能阻止氢气泄漏。

k. 额定工作压力为70MPa的加氢机应设置可与车载储氢瓶组相连接的符合相应标准的通信接口,在加注过程中应将车载储氢瓶的温度、压力信号输入加氢机,当通信中断或者有超温或超压情况发生时,加氢机应能自动停止加注氢气作业。

③ 加氢机的加气软管应设置拉断阀。拉断阀应能够在 400~600N 的轴向载荷作用下断开连接,分离后两端应自行密闭。

④ 加气软管及软管接头应选用具有抗腐蚀性能的材料。

⑤ 向氢燃料汽车车载储氢瓶加注氢气时,应对输送至储氢瓶的氢气进行冷却,但加注温度不应低于−40℃。冷却设备的冷媒管道应设置压力检测及安全泄放装置,并应能在管道发生泄漏事故、高压氢气进入冷媒管道时,立即自动停止加氢作业和系统运行。

⑥ 向氢燃料汽车车载储氢瓶加注氢气时,车载储氢瓶内氢气温度不应超过85℃,充装率不应超过 100%,且不宜小于 95%。

⑦ 测量加氢机压力变送器,压力取源应位于加氢机拉断阀的上游,并宜靠近加氢机软管拉断阀,压力取源与分离装置之间的长度不应大于 1m。当测量的初始压力小于 2MPa 或大于相应压力等级时,加氢设施应能在 5s 内终止燃料加注作业。

⑧ 加氢机充装氢气流量不应大于 7.2kg/min,加氢机加注结束时,加注率宜为95%~100%。

19.1.3.5　管道及其组成件

① 氢气管道材质应具有与氢良好相容的特性。设计压力大于或等于 20MPa 的氢气管道应采用 316/316L 双牌号钢或经实验验证的具有良好的氢相容性的材料。316/316L 双牌号钢常温机械性能应满足两个牌号中机械性能的较高值,化学成分应满足 L 级的要求,且镍(Ni)含量不应小于 12%,许用应力应按 316 号钢选取。

② 加氢设施内所有氢气管道、阀门、管件的设计压力不应小于最大工作压力的 1.1 倍,且不得低于安全阀的整定压力。

③ 氢气管道的连接应符合下列规定:

a. 外径小于或等于 25.4mm,且设计压力大于或等于 20MPa 的高压氢气管道应采用卡套连接。

b. 氢气管道与设备的连接,根据需要宜采用卡套连接或螺纹连接,螺纹连接处应采用聚四氟乙烯薄膜作为填料。

c. 由于振动、压力脉动及温度变化等可能产生交变荷载的部位,不宜采用螺纹连接。

d. 设计压力小于 20MPa 的氢气管道的连接可采用焊接或法兰连接。

e. 除非经过泄漏试验验证,否则螺纹连接不宜用于设计压力大于 48MPa 的系统。

f. 外螺纹组成件的壁厚不应小于 Sch106,对小于 DN15 的外螺纹组成件,螺纹部分的最小壁厚应满足其受到的应力小于管道屈服应力 50% 的要求。

④ 氢气放空管的设置应符合下列规定:

a. 不同压力级别系统的放空管宜分别引至放空总管,并宜以向上 45℃角接入放空总管,放空总管公称直径不宜小于 DN80。

b. 放空总管应垂直向上,管口应高出设备平台及以管口为中心半径 12m 范围内的建筑物顶或平台 2m,且应高出所在地面 5m。

c. 自放空设备至放空总管出口，放空管道的压力降不宜大于 0.1MPa。

d. 氢气放空排气装置的设置应保证氢气安全排放，放空管道的设计压力不应小于 1.6MPa。

e. 放空总管应采取防止雨水积聚和杂物堵塞的措施，宜在放空总管底部设置排水管及阀门。

⑤ 氢气管道宜地上布置在管墩或管架上。氢气管道不应敷设在未充沙的封闭管沟内。在与加油站共同作业的作业区内，氢气管道不应采用明沟敷设。氢气管道埋地敷设时，管顶距地面不应小于 0.7m。冰冻地区宜敷设在冰冻线以下。

⑥ 站内氢气管道明沟敷设时，应符合下列规定：

a. 明沟顶部宜设置格栅板或通气盖板。

b. 管道支架、格栅板应采用不燃材料制作。

c. 当明沟设置盖板时，应保持沟内通风良好，并不得有积聚氢气的空间。

⑦ 氢气管道布置应满足柔性要求，管道宜采用自然补偿。

⑧ 氢气管道宜在流量计、调节阀等易产生振动的设备附近设置固定点。

⑨ 氢气管道的设计除应符合本节的规定外，尚应符合现行国家标准《工业金属管道设计规范（2008 年版）》GB 50316 和《压力管道规范 工业管道》GB/T 20801 系列标准的有关规定。

19.1.3.6 工艺系统的安全防护

① 在以管道输送供应氢气的进站管道上，应设置可手动操作的紧急切断阀，其位置应在发生事故时便于及时切断气源的地方。

② 储氢容器、氢气储气井与加氢机之间的总管上应设主切断阀和通过加氢设施控制系统操作的紧急切断阀、吹扫放空装置。每个储氢容器、氢气储气井出口应设切断阀。

③ 储氢容器、氢气储气井进气总管上应设安全阀及紧急放空管、就地和远传压力测量仪表。远传压力仪表应有超压报警功能。

④ 储氢容器、氢气储气井应设置可现场手动和远程开启的紧急放空阀门及放空管道。

⑤ 储氢容器、氢气储气井和各级管道应设置安全阀。安全阀的设置应符合《固定式压力容器安全技术监察规程》TSG 21 的有关规定。安全阀的整定压力不应大于管道和设备的设计压力。

⑥ 氢气系统和设备均应设置氮气吹扫装置，所有氮气吹扫口前应配置切断阀、止回阀。吹扫氮气的纯度不得低于 99.5%。

⑦ 储氢区、长管拖车或管束式集装箱卸载区、氢气增压区应设置火灾报警探测器。探测器宜选用热成像类型，火灾场景的设备表面覆盖率不应小于 85%。

⑧ 氢气压缩机应按 19.1.3.2(4) 相关规定设置报警系统。

⑨ 加氢设施的氢气压缩机间或撬装式氢气压缩机组、储氢容器、制氢间等易积聚、泄漏氢气的场所，均应设置空气中氢浓度超限报警装置。空气中氢气含量（体积分数）达到 0.4% 时应报警，达到 1% 时自动控制系统应能联锁启动相应的事故排风机，达到 1.6% 时应启动紧急切断系统。可燃气体检测器的设置、选用和安装，应符合现行国家标准《石油化工可燃气体和有毒气体检测报警设计标准》GB/T 50493 的有关规定。

⑩ 加氢设施应设置手动（人工）启动的紧急切断系统，在事故状态下，可手动关停压缩机、液氢增压泵和加氢机，同时关闭氢气管道上的紧急切断阀[6]。

⑪ 加氢设施邻近行车道的地上氢气设备应设防撞柱（栏）。

第三篇 氢的储存、运输及加注

⑫ 储氢容器、氢气储气井的出口管道上宜设置过流防止阀或采取其他防过流措施。

⑬ 氢气长管拖车或管束式集装箱卸气端不宜朝向办公区、加氢岛和邻近的站外建筑物。不可避免时，氢气长管拖车或管束式集装箱卸气端与办公区、加氢岛、邻近的站外建筑物之间应设厚度不小于 0.2m 的钢筋混凝土实体墙隔墙，高度应高于氢气长管拖车或管束式集装箱的高度 1m 及以上，长度不应小于车宽两端各加 1m 及以上。该实体墙隔墙可作为站区围墙的一部分。

⑭ 设置有储氢容器、氢气储气井、氢气压缩机、液氢储罐、液氢汽化器的区域应设实体墙或栅栏与公众可进入区域隔离。实体墙或栅栏与加氢设施设备之间的距离不应小于 0.8m。应使用不燃材料制作实体墙或栅栏，高度不应小于 2m。

⑮ 站内固定储氢容器、氢气储气井、氢气压缩机与加氢区、加油站地上工艺设备区、加气站工艺设备区、站房、辅助设施之间应设置不小于 0.2m 厚的钢筋混凝土实体防护墙或厚度不小于 6mm 且支持牢固的钢板，高度应高于储氢容器顶部和氢气压缩机顶部 0.5m，且不应低于 2.2m；宽度不应小于储氢容器、氢气储气井、氢气压缩机长度或宽度方向两侧各延伸 1m。

⑯ 氢气压缩机间或箱柜应有泄压结构，并应符合现行国家标准《建筑设计防火规范》(2018 年版) GB 50016 的有关规定。

⑰ 工艺管道不应穿过或跨越站房等与其无直接关系的建（构）筑物；与管沟、电缆沟和排水沟相交叉时，应采取相应的防护措施。

⑱ 氢气管道系统应设置防止高压管道系统的气体窜入低压管道系统造成超压的止回阀或控制阀。止回阀或控制阀的设置位置如下：

① 卸气柱与压缩机之间。

② 压缩机出口。

③ 储氢容器、氢气储气井进气管和出气管。

④ 氢气预冷器与加氢机之间。

⑤ 氢气集气格出口。

⑥ 各氮气吹扫管线与工艺管线连接处。

⑦ 其他有高压管道系统的气体窜入低压管道系统危险的位置。

19.1.3.7　站控系统

站控系统主要由上位机、主控 PLC、安全监控系统组成，上位机实时采集、存储整站的运行数据，主控 PLC 完成整站运行控制包括卸车、压缩控制、顺序充装控制、加氢控制、放散、待机以及异常情况下自动切断控制、紧急停车等。安全监控系统对整站系统进行实时安全监测。控制系统如图 19-5 所示。

系统监控采用分布、分级的控制方式，分散控制、集中管理，整个加氢站的系统监控由两级计算机组成。前置机（下位机）负责实时数据的采集功能；管理机（上位机）用于完成数据信号接收处理、显示、记录、控制和数据上传。在控制室集中显示加氢站内所有检测仪表、阀门状态、可燃气体检测等信号的监测，以及对阀门实现自动控制。系统监控可监视、控制整个加氢站运行的全过程，计算所需的技术参数，自动绘制参数的实时和历史趋势曲线。对站区采集的数据包括卸气系统、增压系统、储氢系统、可燃气体检测系统、火焰探测系统、视频监控系统及加气系统等所有数据。

加氢站系统监控实现了加氢站运行的自动控制，同时现场操作人员通过计算机显示可实时、在线了解站区内工艺运行情况，保障系统安全、可靠运行，同时完成加氢量的采集。

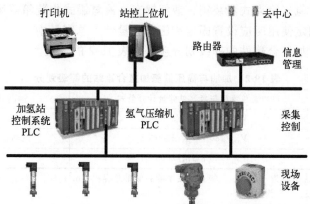

图 19-5　加氢站控制系统

19.1.3.8　辅助系统

（1）冷水（冻）机组

为压缩机、加氢机配套的冷水（冻）机组应满足压缩机、加氢机安全使用要求。冷却系统冷量需要有一定设计冗余，充分考虑管道的冷量损失。

机组自带成套控制系统，机组安全保护装置至少包含以下功能：水泵连锁保护、漏电保护、缺相与错相保护、过欠压保护、系统高低压与安全阀保护、缺水保护等。

机组控制系统配置通信接口，可将设备运行状态信号，设备故障状态信号，进、出口温度信号等运行参数远传。

设备若布置于防爆区，设备及电气仪表的防爆等级须满足相应的防爆等级要求。

（2）氮气系统

氮气系统由氮气集装格、汇流排、减压阀、过滤器、压力表、压力传感器等组成，主要为加氢站的仪表风、吹扫及置换提供气源。

氮气集装格由多个标准氮气钢瓶组成，经汇流排、过滤器后进入减压阀，经减压阀减压至 0.6～0.8MPa 接入氮气总管。用于氮气吹扫、置换及仪表通风。同时氮气符合 HG/T 20510—2014《仪表供气设计规范》。

氮气系统的压力信号需实时采集、监测，异常状况需及时预警；管路材质为 S30408 及以上。

19.1.4　加氢站建设

19.1.4.1　等级划分

加氢站的等级划分，应符合表 19-1 的规定。

表 19-1　加氢站的等级划分[7]

等级	储氢罐容量/kg	
	总容量 G	单罐容量
一级	$5000 \leqslant G \leqslant 8000$	$\leqslant 2000$
二级	$3000 < G < 5000$	$\leqslant 1500$
三级	$G \leqslant 3000$	$\leqslant 800$

注：液氢罐的单罐容量不受本表中单罐容器的限制。

第三篇　氢的储存、运输及加注

　　氢气长管拖车、氢气管束式集装箱、液氢罐车、液氢罐式集装箱等运输氢的车辆作为加氢站内储氢设施，固定使用时应设置固定措施，容量计入总容量中。

　　加油与高压储氢加氢合建站的等级划分应符合表 19-2 的规定。

表 19-2　加油与高压储氢加氢合建站的等级划分

合建站等级	油罐总容积与氢气总储量计算公式	油品储罐单罐容积/m³
一级	$V_{O1}/240+G_{H1}/8000 \leqslant 1$	$\leqslant 50$
二级	$V_{O2}/180+G_{H2}/4000 \leqslant 1$	汽油罐$\leqslant 30$，柴油罐$\leqslant 50$
三级	$V_{O3}/120+G_{H3}/2000 \leqslant 1$	$\leqslant 30$

　　注：1. V_{O1}、V_{O2}、V_{O3} 分别为一、二、三级合建站中油品储罐总容积，m³；G_{H1}、G_{H2}、G_{H3} 分别为一、二、三级合建站中氢气的总储量，kg。"/" 为除号。

　　2. 柴油罐容积可折半计入油罐总容积。

　　3. 储氢总量包含作为站内储氢容器使用的氢气长管拖车或管束式集装箱储氢量。

　　4. 氢气储量计算基于 20℃ 温度和储氢容器的额定工作压力。

　　CNG 加气与高压储氢或液氢储氢加氢合建站的等级划分，应符合表 19-3 的规定。

表 19-3　CNG 加气与高压储氢或液氢储氢加氢合建站的等级划分

合建站等级	高压储氢加氢设施 储氢总量 G/kg	液氢储氢加氢设施		常规 CNG 加气站储气设施总容积/m³	CNG 加气子站储气设施总容积/m³
		液氢储罐总容积 V/m³	配套储氢容器、氢气储气井总容积/m³		
一级	$2000 < G \leqslant 4000$	$60 < V \leqslant 120$	$\leqslant 15$	$\leqslant 24$	固定储气设施总容积 $\leqslant 12(18)$，可停放 1 辆 CNG 长管拖车；当无固定储气设施时，可停放 2 辆 CNG 长管拖车
二级	$1000 < G \leqslant 2000$	$30 < V \leqslant 60$	$\leqslant 12$	$\leqslant 24$	
三级	$G \leqslant 1000$	$V \leqslant 30$	$\leqslant 9$	$\leqslant 12$	固定储气设施总容积 $\leqslant 9(18)$，可停放 1 辆 CNG 长管拖车

　　注：1. 表中括号内数字为 CNG 储气设施采用储气井的总容积。

　　2. 储氢总量包含作为站内储氢容器使用的氢气长管拖车或管束式集装箱储氢量。

　　3. 氢气储量计算基于 20℃ 温度和储氢容器的额定工作压力。

　　4. V 为液氢储罐总容积。

　　LNG 加气与高压储氢或液氢储氢加氢合建站的等级划分，应符合表 19-4 的规定。

表 19-4　LNG 加气与高压储氢或液氢储氢加氢合建站的等级划分

合建站等级	LNG 加气与高压储氢加氢合建站 LNG 储罐总容积与氢气总储量计算公式	LNG 加气与液氢储氢加氢合建站	
		LNG 储罐与液氢储罐总容积计算公式	配套储氢容器、氢气储气井总容积/m³
一级	$V_{LNG1}/180+G_{H1}/8000 \leqslant 1$	$V_{LNG1}/180+V_{H1}/180 \leqslant 1$	$\leqslant 15$
二级	$V_{LNG2}/120+G_{H2}/4000 \leqslant 1$	$V_{LNG2}/120+V_{H2}/120 \leqslant 1$	$\leqslant 12$
三级	$V_{LNG3}/60+G_{H3}/2000 \leqslant 1$	$V_{LNG3}/60+V_{H3}/60 \leqslant 1$	$\leqslant 9$

　　注：1. V_{LNG1}、V_{LNG2}、V_{LNG3} 分别为一、二、三级合建站中 LNG 储罐的总容积，m³；G_{H1}、G_{H2}、G_{H3} 分别为一、二、三级合建站中氢气的总储量，kg；V_{H1}、V_{H2}、V_{H3} 分别为一、二、三级合建站中液氢储罐总容积，m³。"/" 为除号。

　　2. 表中 LNG 加气站包括 L-CNG 加气站、LNG/L-CNG 加气站，LNG 储罐和液氢储罐单罐容积应$\leqslant 60$m³。

　　3. 储氢总量包含作为站内储氢容器使用的氢气长管拖车或管束式集装箱储氢量。

加油、CNG 加气与高压储氢或液氢储氢加氢合建站的等级划分，应符合表 19-5 的规定。

表 19-5 加油、CNG 加气与高压储氢或液氢储氢加氢合建站的等级划分

合建站等级	油罐总容积与氢气总储量计算公式	油罐与液氢储罐总容积计算公式	CNG 加气站储气容器总容积/m³	
			常规加气站	加气子站
一级	$V_{O1}/240 + G_{H1}/8000 \leqslant 0.67$	$V_{O2}/240 + V_{H1}/180 \leqslant 0.67$	$\leqslant 24$	固定储气设施总容积 $\leqslant$ 12(18)，可停放 1 辆 CNG 长管拖车；当无固定储气设施时，可停放 2 辆 CNG 长管拖车
二级	$V_{O2}/180 + G_{H2}/4000 \leqslant 0.67$	$V_{O2}/180 + V_{H2}/120 \leqslant 0.67$	$\leqslant 12$	固定储气设施总容积 $\leqslant$ 9(18)，可停放 1 辆 CNG 长管拖车

注：1. V_{O1}、V_{O2} 分别为一、二级合建站中油品储罐总容积，m³；G_{H1}、G_{H2} 分别为一、二级合建站中氢气的总储量，kg；V_{H1}、V_{H2} 分别为一、二级合建站中液氢储罐总容积，m³。"/"为除号。

2. 柴油罐容积可折半计入油罐总容积。汽油罐单罐容积应 $\leqslant$ 30m³，柴油罐单罐容积应 $\leqslant$ 50m³。

3. 括号内数字为 CNG 储气设施采用储气井的总容积。

4. 液氢储罐配套储氢容器、氢气储气井总容积应 $\leqslant$ 12m³。

5. 储氢总量包含作为站内储氢容器使用的氢气长管拖车或管束式集装箱储氢量。

加油、LNG 加气与高压储氢或液氢储氢加氢合建站的等级划分，应符合表 19-6 的规定。

表 19-6 加油、LNG 加气与高压储氢或液氢储氢加氢合建站的等级划分

合建站等级	油罐和 LNG 储罐总容积、氢气总储量计算公式	油罐、LNG 储罐和液氢储罐总容积计算公式
一级	$V_{O1}/240 + V_{LNG1}/180 + G_{H1}/8000 \leqslant 1$	$V_{O1}/240 + V_{LNG1}/180 + V_{H1}/180 \leqslant 1$
二级	$V_{O2}/180 + V_{LNG2}/120 + G_{H2}/4000 \leqslant 1$	$V_{O2}/180 + V_{LNG2}/120 + V_{H2}/120 \leqslant 1$

注：1. V_{O1}、V_{O2} 分别为一、二级合建站中油品储罐总容积，m³；V_{LNG1}、V_{LNG2} 分别为一、二级合建站中 LNG 储罐的总容积，m³；G_{H1}、G_{H2} 分别为一、二级合建站中氢气的总储量，kg；V_{H1}、V_{H2} 分别为一、二级合建站中液氢储罐总容积，m³。"/"为除号。

2. 柴油罐容积可折半计入油罐总容积。汽油罐单罐容积应 $\leqslant$ 30m³，柴油罐单罐容积应 $\leqslant$ 50m³，LNG 储罐和液氢储罐单罐容积应 $\leqslant$ 60m³。

3. LNG 加气站包括 L-CNG 加气站、LNG/L-CNG 加气站。

4. 配套储氢容器、氢气储气井总容积，CNG 储气设施总容积应 $\leqslant$ 12m³。

5. 储氢总量包含作为站内储氢容器使用的氢气长管拖车或管束式集装箱储氢量。

19.1.4.2 站址选择

① 加氢站及汽车加油加气加氢站的站址选择，应符合城镇规划、环境保护和节约能源、消防安全的要求，并应设置在交通便利、用户使用方便的地点。

② 在城市中心区不应建设一级加氢站及汽车加油加气加氢站。

③ 城市建成区内的加氢站及汽车加油加气加氢站宜靠近城市道路，但不宜选在城市干道的交叉路口附近。

④ 架空电力线路不应跨越加氢站及汽车加油加气加氢站的作业区。

架空通信线路不应跨越加氢站、汽车加油加气加氢站中加氢设施的作业区。

⑤ 与加氢站、汽车加油加气加氢站无关的可燃介质管道不应穿越加氢站、汽车加油加

气加氢站用地范围。

加氢站的氢气工艺设施与站外建筑物、构筑物的防火距离，不应小于表 19-7 的规定。

表 19-7　加氢站的氢气工艺设施与站外建筑物、构筑物的防火距离　　　单位：m

项目名称		储氢容器			氢气压缩机(间)、加氢机	放空管口
		一级	二级	三级		
重要公共建筑		50	50	50	35	50
明火或散发火花地点		40	35	30	20	30
民用建筑物保护类别	一类保护物	35	30	25	20	25
	二类保护物	30	25	20	14	20
	三类保护物	30	25	20	12	20
生产厂房、库房耐火等级	一、二级	25	20	15	12	25
	三级	30	25	20	14	
	四级	35	30	25	16	
甲类物品仓库,甲、乙、丙类液体储罐,可燃材料堆场		35	30	25	18	25
室外变电站		35	30	25	18	30
铁路		25	25	25	22	30
架空通信线		不应跨越,且不得小于杆高的 1 倍				
架空电力线路		不应跨越,且不得小于杆高的 1.5 倍				

注：1. 加氢站的撬装工艺设施与站外建筑物、构筑物的防火距离，应按本表相应设施的防火间距确定。

2. 加氢站的工艺设施与郊区公路的防火距离应按城市道路确定；高速公路、Ⅰ级和Ⅱ级公路应按城市快速路、主干路确定；Ⅲ级和Ⅳ级公路应按城市次干路、支路确定。

3. 氢气长管拖车、管束式集装箱固定车位与站外建筑物、构筑物的防火距离，应按本表储氢容器的防火距离确定。

4. 铁路以中心线计，城市道路以相邻路侧计。

加氢合建站中的氢气工艺设备与站外建（构）筑物的安全间距，不应小于表 19-8 的规定。

表 19-8　氢合建站中的氢气工艺设备与站外建（构）筑物的安全间距　　　单位：m

项目名称		储氢容器(液氢储罐)			放空管口	氢气储气井、氢气压缩机、加氢机、氢气卸气柱、氢气冷却器、液氢卸车点
		一级站	二级站	三级站		
重要公共建筑物		50(50)	50(50)	50(50)	35	35
明火或散发火花地点		40(35)	35(30)	30(25)	30	20
民用建筑物保护类别	一类保护物	35(30)	30(25)	25(20)	25	20
	二类保护物	30(25)	25(20)	20(16)	20	14
	三类保护物	30(18)	25(16)	20(14)	20	12
甲、乙类物品生产厂房、库房和甲、乙类液体储罐		35(35)	30(30)	25(25)	25	18
丙、丁、戊类物品生产厂房、库房和丙类液体储罐以及单罐容积不大于 50m³ 的埋地甲、乙类液体储罐		25(25)	20(20)	15(15)	15	12

项目名称	储氢容器（液氢储罐）			放空管口	氢气储气井、氢气压缩机、加氢机、氢气卸气柱、氢气冷却器、液氢卸车点
	一级站	二级站	三级站		
室外变电站	35(35)	30(30)	25(25)	25	18
铁路、地上城市轨道线路	25(25)	25(25)	25(25)	25	22
城市快速路、主干路和高速公路、一级公路、二级公路	15(12)	15(10)	18(8)	15	6
城市次干路、支路和三级公路、四级公路	10(10)	10(8)	10(8)	10	5
架空通信线路	1.0H				0.75H
架空电力线路　无绝缘层	1.5H				1.0H
架空电力线路　有绝缘层	1.0H				1.0H

注：1. 加氢设施的橇装工艺设备与站外建（构）筑物的防火距离，应按本表相应设备的防火间距确定。

2. 氢气长管拖车、管束式集装箱与站外建（构）筑物的防火距离，应按本表储氢容器的防火距离确定。

3. 表中一级站、二级站、三级站包括合建站的级别。

4. 当表中的氢气工艺设备与站外建（构）筑物之间设置有符合本标准相关规定的实体防护墙时，相应安全间距（对重要公共建筑物除外）不应低于本表规定的安全间距的 50%，且不应小于 8m，氢气储气井、氢气压缩机间（箱）、加氢机、液氢卸车点与城市道路的安全间距不应小于 5m。

5. 表中氢气设备工作压力大于 45MPa 时，氢气设备与站外建（构）筑物（不含架空通信线路和架空电力线路）的安全间距应按本表安全间距增加不低于 20%。

6. 液氢工艺设备与明火或散发火花地点的距离小于 35m 时，两者之间应设置高度不低于 2.2m 的实体墙。

7. 表中括号内数字为液氢储罐与站外建（构）筑物的安全间距。

8. H 为架空通信线路和架空电力线路的杆高或塔高。

19.1.4.3　平面布置

① 加氢站站内设施之间的防火距离，不应小于表 19-9 的规定。

② 加氢站的围墙设置应符合下列规定：

a. 加氢站的工艺设施与站外建筑物、构筑物之间的距离小于或等于表 19-9 的防火间距的 1.5 倍，且小于或等于 25m 时，相邻一侧应设置高度不低于 2.5m 的不燃烧实体围墙。

b. 加氢站的工艺设施与站外建筑物、构筑物之间的距离大于表 19-9 中的防火间距的 1.5 倍，且大于 25m 时，相邻一侧可设置非实体围墙。

c. 面向进、出口道路的一侧宜开放或部分设置非实体围墙。

③ 加氢站的车辆入口和出口应分开设置。

④ 加氢站站区内的道路设置应符合下列规定：

a. 单车道宽度不应小于 4m，双车道宽度不应小于 6m。

b. 站内的道路转弯半径应按行驶车型确定，且不宜小于 9m，道路坡度不应大于 6%。汽车停车位处可不设坡度。

c. 站内各个区域之间应有完整、贯通的人员通道，通道宽度不宜小于 1.5m。

⑤ 加氢岛应高出停车场的地坪，且宜为 0.15~0.20m，其宽度不应小于 1.20m。

⑥ 加氢站内的氢气长管拖车、氢气管束式集装箱的布置应符合下列规定：

a. 氢气长管拖车、氢气管束式集装箱停放车位的设置，其数量应根据加氢站规模、站内制氢装置生产氢气能力和氢气长管拖车、氢气管束式集装箱的规格以及周转时间等因素确定；

b. 氢气长管拖车、氢气管束式集装箱当作储氢容器使用时，固定停放车位与站内设施之间的防火间距应按表 19-9 中储氢容器的防火间距确定；

表 19-9　加氢站站内设施的防火间距

单位：m

设施名称	储氢容器			制氢间	氢气放空管管口	氢气压缩机间	氢气调压阀组间	加氢机	站房	消防泵房和消防水池取水口	其他建筑物、构筑物	燃气(油)热火炉间、燃气厨房	变配电间	道路	站区围墙
	一级	二级	三级												
储氢容器 一级	—	—	—	15.0	—	9.0	5.0	10.0	10.0	30.0	12.0	14.0	12.0	5.0	5.0
储氢容器 二级	—	—	—	10.0	—	9.0	5.0	8.0	8.0	20.0	12.0	12.0	10.0	4.0	5.0
储氢容器 三级	—	—	—	8.0	—	9.0	5.0	6.0	8.0	20.0	12.0	12.0	9.0	3.0	5.0
制氢间	—	—	—	—	—	9.0	9.0	4.0	15.0	15.0	15.0	14.0	12.0	5.0	3.0
氢气放空管管口	—	—	—	—	—	6.0	—	6.0	5.0	6.0	10.0	14.0	6.0	4.0	5.0
氢气压缩机间	—	—	—	—	—	—	4.0	4.0	5.0	8.0	10.0	12.0	6.0	2.0	2.0
氢气调压阀组间	—	—	—	—	—	—	—	6.0	5.0	8.0	10.0	12.0	6.0	2.0	2.0
加氢机	—	—	—	—	—	—	—	—	5.0	6.0	8.0	12.0	6.0	—	—
站房	—	—	—	—	—	—	—	—	—	—	6.0	—	—	—	—
消防泵房和消防水池取水口	—	—	—	—	—	—	—	—	—	—	6.0	—	—	—	—
其他建筑物、构筑物	—	—	—	—	—	—	—	—	—	—	—	5.0	—	—	—
燃气(油)热火炉间、燃气厨房	—	—	—	—	—	—	—	—	—	—	—	—	5.0	—	—
变配电间	—	—	—	—	—	—	—	—	—	—	—	—	—	—	—
道路	—	—	—	—	—	—	—	—	—	—	—	—	—	—	—
站区围墙	—	—	—	—	—	—	—	—	—	—	—	—	—	—	—

注：1. 加氢机与非实体围墙的防火间距不应小于 5m。

2. 橇装工艺设备与站内其他设施的防火间距，应按本表制氢设施或相应设备的防火间距确定。其他建筑物、构筑物的起算点应为门窗。

3. 站房、变配电间指根据需要及设置的汽车洗车房、润滑油储存及加注间、小商品便利店、厕所房等。

加氢合建站站内设施的防火间距不应小于表 19-10 的规定。

表 19-10　加氢合建站内设备的防火间距

单位：m

设备名称	储氢容器	氢气储气井	液氢储罐	氢气放空管管口	氢气压缩机	加氢机	氢气冷却器	液氢柱塞泵	液氢汽化器	液氢卸车点	氢气卸气柱	消防泵和取水口
储氢容器	—	2	4	—	—	6	—	—	3	6	—	10
氢气储气井	2	1	4	—	—	4	—	4	3	4	—	10
液氢储罐	4	4	2	—	4	4	—	—	—	2	—	15
氢气放空管管口	—	—	—	—	6	6	—	6	3	3	6	15
氢气压缩机	—	—	4	6	—	4	—	—	6	3	—	15
氢气卸气柱	6	4	4	6	4	—	—	6	5	6	6	6
氢气冷却器	6	—	4	—	—	—	4	—	—	—	—	6
埋地汽油油罐	3	3	10	6	9	6	6	6	5	6	6	6
埋地柴油油罐	3	3	5	3	5	3	3	3	3	3	3	10
油罐通气管管口	6	4	8	6	9	6	6	8	5	8	6	5
加油机	6	4	6	6	9	4	4	6	6	6	4	10
油品卸车点	8	6	8	6	6	4	4	6	5	6	4	10
CNG 储气设备	5	4	8	—	3	6	6	6	3	6	6	15
CNG 压缩机	9	6	6	6	9	4	4	6	6	3	4	15
CNG、LNG 加气机	8	6	8	6	4	4	4	6	5	6	4	6
LNG 储罐泵	8	6	8	—	9	10	10	8	6	8	10	15
LNG 卸车点	8	6	8	6	6	6	6	8	3	8	4	15
CNG、LNG 放空管	8	6	8	—	9	8	8	8	6	8	8	15
站房	8	6	6	5	5	5	5	6	8	8	5	—
自用燃煤锅炉房和燃煤厨房	25	25	35	15	25	18	18	25	25	25	18	12
自用有燃气（油）设备的房间	14	14	20	14	12	12	12	8	8	12	12	6
站区围墙	4.5	4.5	7.5	4.5	4.5	4.5	4.5	7.5	7.5	7.5	4.5	—

注：1. 消防水罐埋地设置和消防泵设置在地下时，其与站内其他设施的防火间距不应低于本表中相应防火间距的 50%。

2. 作为站内储氢设施使用的氢气管拖车或管束式集装箱储氢容器设备，应布置在非防爆危险区域之外。

3. 压缩机冷却水机组、加氢机冷冻水机组等非防爆电器设备，应布置在爆炸危险区域之外。

4. 表中柴油加油机与其他设施的防火间距不应低于本表中相应防火间距的 70%，且不应小于 4m。

5. 表中设备露天布置或放置在非开敞的建筑物内或罐柜内时，起算点应为设备外缘；表中设备设置在半开敞的室内或罐柜内时，起算点应为该类设备所在建筑物的门窗等洞口。

6. 表中"—"表示无防火间距要求。

c. 氢气长管拖车、氢气管束式集装箱的卸气端应设耐火极限不低于 4.0h 的防火墙，防火墙高度不得低于氢气长管拖车、氢气管束式集装箱的高度，长度不应小于（0.5＋0.5×车位数）×车位宽度；

d. 氢气长管拖车、氢气管束式集装箱的卸气端的防火墙可作为站区围墙的一部分。

⑦ 液氢罐车、液氢罐式集装箱作为固定式储氢压力容器使用时，液氢罐车、液氢罐式集装箱车位的布置应符合下列规定：

a. 液氢罐车、液氢罐式集装箱应露天布置；

b. 液氢罐车、液氢罐式集装箱固定停放车位与站内设施之间的防火间距应按表 19-9 中储氢容器的防火间距确定。

⑧ 液氢增压泵与液氢储存压力容器之间布局宜按工艺要求确定。

⑨ 氢气长管拖车、氢气管束式集装箱车位与压缩机之间不应设置道路。氢气长管拖车、氢气管束式集装箱车位与相邻道路之间应设有安全防火措施。

19.1.5 加氢站运营管理

19.1.5.1 基本要求

（1）资质

① 加氢站投入运行前应按规定完成相关的资质证明和安全评价报告，经过消防审验和防雷检测等相关方面的安全验收合格，依法取得氢气经营许可证和气瓶充装许可证后方可运行。

② 加氢站运营单位应建立质量管理体系和职业健康安全管理体系，并在日常运营过程中，严格执行管理程序的内容，确保站点运行安全。

（2）安全管理组织架构

① 加氢站运营单位应建立安全生产责任制，应有安全运行管理机构，明确各级安全责任人的组织结构图，应详细地确定各部门及各岗位的安全职责，符合安全生产标准化要求。

② 加氢站运营单位每班应有安全管理员在岗，负责监督检查安全措施的落实，纠正违章行为。

③ 加氢站运营单位应制定质量安全管理手册，包括加氢站基本情况、安全管理基本制度、消防管理规定、站点安全管理规定、设备安全管理制度、设备维护保养检查制度、其他管理制度、安全技术操作规程、加氢站应急事故处置预案及加氢站事故、事件管理规定等。其中，安全管理基本制度中应包含安全生产教育和培训制度、安全生产检查制度、安全风险分级管控制度、生产安全事故隐患排查治理制度、劳动防护用品配备和管理制度、生产安全事故报告和处理制度、其他保障安全生产的规章制度。

（3）经营服务管理要求

加氢站运营单位应落实对用户的氢气品质、安全服务责任；公示运营企业名称、运营时间、服务范围、业务流程、服务项目、收费标准、服务受理和投诉电话等内容，并设置 24h 有人值守的服务电话，为用户提供加氢业务咨询、投诉报修等服务。

19.1.5.2 人员管理

（1）安全教育

① 加氢站运营单位应制定安全教育培训管理制度，安全教育的内容和学时安排应按照安全教育培训管理制度的有关内容执行，并做好安全教育记录。

② 加氢站运营单位工作人员应接受必要的安全生产知识教育培训，熟悉有关的安全生产规章制度、安全操作规程，掌握本岗位的安全操作技能。

③ 加氢站运营单位应督促工作人员严格执行本单位的安全生产规章制度和安全操作规程，并熟知作业场所和工作岗位存在的危险因素、防范措施以及事故应急措施，定期进行应急演练。

（2）技术培训

① 加氢站管理及操作人员应经过专业技术培训，取得相关部门颁发的上岗证书，并确保证书持续有效。

② 涉及加氢设施运行的操作人员，应持有效操作证书方可上岗操作，严禁无证上岗。

（3）考核

加氢站运营单位应定期对工作人员进行设备工艺、操作流程、消防安全、应急处置等方面的知识及实际操作进行检查考核并保留相关记录。考核不合格的工作人员，经培训合格后方可上岗。

19.1.5.3　设备管理

（1）一般要求

① 加氢站应遵照 GB 50156《汽车加油加气站设计与施工规范》规定，结合加氢站特点，对主要设备及氢气管道系统的日常运行维护保养、应急维修、停运、复运、更换、报废、备品备件管理等提出安全管理规定，制定设备安全操作规程。

② 加氢站特种设备（如压力容器、压力管道及附件等）的使用、维修、更换等，应符合国家关于特种设备安全管理相关的法律法规和安全技术规范。

③ 加氢站计量器具、监测仪器或设备应具备有效标定检验证明方能使用。加氢站内有爆炸危险房间或区域，应遵照 GB 50516《汽车加油加气站设计与施工规范》相关规定确定设防等级。在有爆炸危险房间或区域内的电器设备，应符合 GB 50058《爆炸危险环境电力装置设计规范》的有关规定。

（2）运行使用

① 设备操作人员应接受有关设备使用培训，熟知设备的使用操作要求和流程，并严格按照设备操作规程进行操作。设备操作人员应确认所使用的设备功能正常、状态良好，不应使用存在安全隐患的设备。

② 氢气压缩机间或氢气压缩机、加氢区、卸气区等易聚集泄漏氢气的场所，均应设置空气中氢气浓度超限报警装置和火焰探测装置，验收文件和日常检测文件应进行档案存档。

③ 涉氢设备、管道、容器，在投入运行前、检修动火作业前或长期停用后再次启用，均应使用氮气进行吹扫置换，分析含氧量不超过 0.5% 后再进行作业，吹扫置换记录应进行档案存档。

④ 加氢机在加氢过程中，因故停电或紧急停机时，应停止氢气加注并关闭自动切断阀。同时，应完整保留所有数据，并能在恢复供电后重新显示。

⑤ 加氢机不应通过反复启动和停止加注的循环方式来控制氢气流动。加氢机在主加注期间（含泄漏检查、氢源切换等操作）将气体流量减小到低于最大流量 10% 的情况不应超过 5 次。

⑥ 在出现紧急情况按下紧急停机按钮时，加氢机应关闭阀门，在 3s 内停止，并向加氢

第三篇　氢的储存、运输及加注

站内控制系统发出停机信号，直到确认恢复安全状况后，由经过培训的操作员对其进行手动重置。

（3）维修维护及保养

① 加氢站应根据维护保养手册及计划，对加氢站的设备进行维护、保养和定期检查，及时发现、消除安全隐患，确保设备的状态良好，日常维护保养记录应进行档案存档。

② 设备维修人员应接受有关设备使用和维护的培训，熟知设备的使用操作、维护保养、故障排除等的要求和流程，并严格按照设备维修规程进行维修，确保维修后的设备功能正常、状态良好。

③ 加氢站进行危险作业前，应对操作人员开展培训，并留存培训日志。

（4）检验

① 加氢站应按照规定的检验周期对卸气柱、氢气压缩机、储氢容器等相关设备，记录相关检验信息并保留结果文件。

② 加氢站应按照规定的检验周期对压力表、传感器、安全附件、氢气浓度超限报警装置、火焰探测装置等进行检验，记录相关检验信息并保留结果文件。

③ 加氢站应按照规定的检验周期对电气防爆防雷防护用品、防护服、防静电服/鞋、便携式氢气检测器/报警仪、防静电绝缘胶垫（配电间内）等进行检验，记录相关检验信息并保留结果文件。

（5）报废

加氢站应及时登记报废设备信息，并严格按照相关规定进行报废处理。

19.1.5.4　氢气质量管理

（1）氢气品质

加氢站用于质子交换膜燃料电池汽车的氢气质量应符合 GB/T 37244《质子交换膜燃料电池汽车用燃料　氢气》的质量要求。加氢站外购氢气生产单位，应具备氢气生产或销售许可资质，提供产品质量合格证明及移动式压力容器充装记录文件，并定期提供具备相应资质的第三方检测报告。

（2）加氢站氢气质量管理

加氢站应建立相应的氢气品质管理体系，对外购氢气品质进行检验，首次开机、更换气源、停产检修后要检测氢气品质，氢气品质检测记录应进行档案存档。

19.1.6　加氢站发展

氢能作为一种清洁、高效、可持续的二次能源，是构建未来以可再生能源为主的多元能源结构的重要载体，其开发和利用技术也成为了新一轮世界能源技术变革的重要方向。随着中国燃料电池汽车示范应用城市群的落地，加氢站作为产业的重要基础设施，各地方政府纷纷出台关于氢能产业规划的政策，推动加氢站等基础设施建设，支持燃料电池汽车的推广运行。加氢站的发展主要基于以下几方面。

（1）技术路径

从技术路径来看，国内已经建成加氢站，加注压力以 35MPa 为主、70MPa 为辅，而且国内的加氢站主要为高压气态加氢站。相较于国外 70MPa 高压气态加氢站、液氢加氢站为主的情形，国内加氢站在加注压力、能力上还有较大发展空间。

（2）建站形式

国内在营加氢站中主要以站外制氢加氢站为主，站内制氢加氢站处于起步阶段，直到

2021 年国内首个站内天然气制氢加氢一体站才落地广东佛山。随着制氢技术、制氢装备的成熟，国内站内制氢加氢一体站比例将快速上升，有望通过减少储运环节进一步降低终端氢气使用的综合成本。

自 2019 年国内第一座油氢合建站投运并成为加氢站主要建设力量以来，国内新建加氢站中合建站比例逐年增加。加氢、加油、加气及充电的综合能源供应站成为加氢站发展的主流趋势。

19.2　液氢加氢站

19.2.1　液氢储氢型加氢站概述

由于液氢密度较高，在相同的加氢量下，液氢储氢加氢站的单位投资低于高压气氢加氢站，具有一定的成本优势。截至 2023 年底，全球在营加氢站超过 930 座，同比增长12.2%，主要集中在以我国为首的东亚地区，共有在营加氢站 650 座。从数量来看全球已建加氢站中有 100 多座为液氢加氢站，其中绝大多数在美国，其次是日本。从技术维度来看，液氢装备制造核心技术基本被国外垄断，德国林德、美国 ACD 和法国 Cryostar 等国外公司已纷纷布局高压液氢增压技术研发，所研制的液氢增压泵、活塞泵等已有部分业绩；以林德公司开发的潜液式液氢泵增压技术加氢站为代表，实现液氢高效增压，已在世界主要燃料电池推广国家地区的加氢站得到应用。美国 ACD 公司、法国 Cryostar 公司开发的卧式管道活塞泵，已成为 Plug Power、AP 和法液空等公司所建设的液氢储存加氢站中的核心装备。

相较之下，中国在液氢加氢站的建设上起步较晚，2021 年底全国首座液氢油电综合功能服务站才在浙江正式启用。中国在液氢站方面的技术研发与攻关还有待加强。当前，国内数个厂家，包括国有企业、民营企业及研究机构都提出了以液氢储氢型加氢站作为发展方向。中国加氢站数量居全球首位，具有区域集中性的特点，但主要是高压气氢加氢站。科技部分别在 2020 年和 2022 年先后启动"可再生能源与氢能技术"重点专项"液氢制取、储运与加注关键装备及安全性研究"项目以及"氢能技术"重点专项"液氢加氢站关键装备研制与安全性研究"项目，同济大学、中国科学院理化技术研究所和中科富海低温科技有限公司分别开展了液氢增压泵研制以及液氢加氢站的示范等，为我国液氢储存加氢站的深化研究和应用推广奠定了基础。

19.2.2　液氢储氢型加氢站技术路线

液氢加氢站分为液氢储氢型加氢站和液氢加注型加氢站。液氢储氢型加氢站是指加氢站内以液氢的方式进行储存，加注前在站内加压，复温成高压常温氢气，进行加注；液氢加注型加氢站是指直接给车辆加注液氢，在车载系统中进行汽化。

液氢加注型加氢站的难点在于整个加注系统的低温绝热，以及加注设备的研发。

液氢储氢型加氢站按照工艺又可以采用"先增压后汽化"或"先汽化后增压"的方式。

在未突破高压液氢增压技术前，液氢储氢型加氢站通常采用如图 19-6 所示的"先汽化后增压"工艺。该工艺将在液氢工厂液化的液氢利用液氢槽车运输至液氢储氢型加氢站，将液氢储存于站内的液氢储罐中，然后利用汽化器将液氢汽化成常温氢气，再利用气体压缩机将氢气压缩至超过 40MPa，然后储存在高压储氢瓶组，再从储氢瓶组中取气加注到有加氢需求的燃料电池车内。

随着高压液氢增压泵的研制成功，液氢储氢型加氢站开始采用如图 19-7 所示的"先增

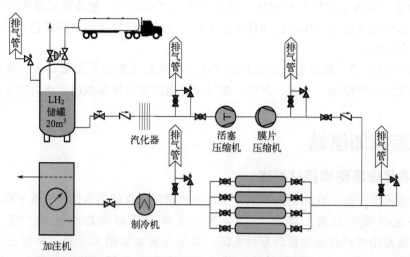

图 19-6   液氢储氢型加氢站（先汽化后增压）

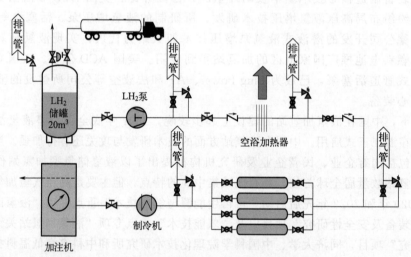

图 19-7   液氢储氢型加氢站（先增压后汽化）

压后汽化"的工艺路线。利用高压液氢泵将液氢增压到超过 40MPa，成为超临界高压低温氢，高压低温氢在高压汽化器中升温至常温，存入高压储氢瓶组，再从储氢瓶组中取气加注到有加氢需求的燃料电池车内。由于液氢泵的压缩能耗要远低于气体压缩能耗，且液氢泵增压后高压氢气仍然是约 −220℃ 的低温超临界氢，没有气体压缩机压缩过程中必须的冷却需求，更加安全，因此"先增压后汽化"相较于"先汽化后增压"，前者具有更加广泛的运用前景，已经成为液氢储氢型加氢站的先进工艺路线。

19.2.3   液氢储氢型加氢站关键设备

液氢储氢加氢站的主要设备有：液氢储罐、低温管线及接头、低温泵、汽化器、阀门面板、高压氢气缓冲罐、与加氢机的连接管道、加氢机。

（1）液氢储罐

液氢储氢型加氢站中的液氢储罐可以集成在撬块内，也可以是一个独立的立式或卧式容器。液氢储罐配有专门的低温接头，便于从液氢罐车往液氢储罐加注液氢。详细细节见前述

"17.2 液氢储存"部分内容。

（2）低温泵

安装在液氢储氢加氢站中的低温泵用于将液体增压至高压，输送到汽化器。该泵基本采用往复增压方式，依据出口压力要求不同，可分为 40MPa 级别及 90MPa 级别的液氢增压泵。目前，国际上林德公司、ACD 公司、Cryostar 公司等已开发出商业化。尤其是林德的 90MPa 液氢增压泵技术已经比较成熟。图 19-8 为林德的 90MPa 两级液氢活塞增压泵[8]，其泵体浸没在液氢杜瓦中。目前国内公司如湖州三井、杭州新亚、杭州台联、中国科学院理化所等机构也在开展液氢增压泵研制。

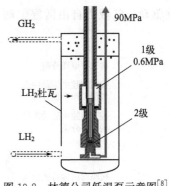

图 19-8　林德公司低温泵示意图[8]

（3）汽化器

液氢储氢加氢站中的高压汽化器，目的是将高压低温氢气从 −220℃ 复温到 −30℃ 左右，再储存在高压储氢瓶组或缓冲罐中。

（4）阀门面板、高压氢气缓冲罐、与加氢机的连接管道、加氢机

汽化后形成的高压气氢按照需求对用户车辆进行气氢加注。高压气氢的阀门面板、高压氢气缓冲罐、与加氢机的连接管道、加氢机等设备与目前在用的气氢加氢站中加氢机类似，这里不再赘述。

（5）液氢加注机

针对有直接加注液氢需求的站点，液氢加注机也是一个关键的设备。目前国内外关于液氢加注设备仍处于研发试验状态，还需开发出成熟产品才能满足建站需求。

19.2.4　站控系统

站控系统是以计算机为基础，可以对加氢站现场的各运行设备进行监视和控制，以实现数据采集、设备控制、测量、参数调节以及各类信号报警等各项功能。

《加氢站站控系统技术要求》（T/CSTE 0078—2020）标准规定了加氢站站控系统的总体架构、功能要求、系统主要技术指标及要求和系统建设与验收。

19.3　气态压缩机

19.3.1　概述

压缩机是用于压缩气体以提高气体压力的机械，按工作原理划分，压缩机有容积式压缩机和动力式压缩机两大类，容积式压缩机的特点是具有容积可发生周期变化的工作腔，动力式压缩机的特点是具有使气体获得流动速度的叶轮；按排气压力划分，15kPa 以下的称为通风机，15kPa～0.2MPa 的称为鼓风机，0.2～1.0MPa 的称为低压压缩机，1.0～10MPa 的称为中压压缩机，10～100MPa 的称为高压压缩机，100MPa 以上的称为超高压压缩机；按压缩级数划分，可分为单级压缩机、两级压缩机和多级压缩机；按容积流量划分，$1m^3/min$ 以下的属于微型压缩机、$1～10m^3/min$ 的称为小型压缩机，$10～100m^3/min$ 的称为中型压缩机，超过 $100m^3/min$ 的称为大型压缩机；按工作腔中运动件或气流工作特征可分为往复式、回转式、离心式、轴流式、旋涡式和喷射式；按工作腔中运动件结构特征可分为活塞式、柱塞式、隔膜式、滚动活塞式、滑片式、液环式、三角转子式、涡旋式、罗茨式、双螺杆式、单螺杆式；按驱动结构特征分类有曲轴连杆驱动、曲柄滑块驱动、斜盘驱动、直线电

磁驱动、气液力自由活塞驱动（图 19-9）。

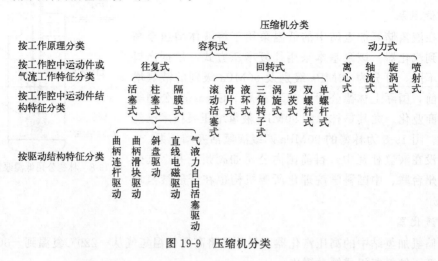

图 19-9　压缩机分类

燃料电池汽车对氢气纯度要求很高，润滑油会造成污染，对氢气的增压均采用无油润滑压缩机。

目前氢气压缩机按类型可分为隔膜式压缩机、气（液）驱动式压缩机、离子液压缩机。

隔膜式压缩机是靠隔膜在气缸中做往复运动来压缩和输送气体的往复压缩机。隔膜沿周边由两个限制板夹紧并组成气缸，隔膜由液压驱动在气缸内往复运动，从而实现对气体的压缩和输送。优点是它的气腔不需要任何润滑，从而保证了氢气的纯度。

气（液）驱动式压缩机靠压缩空气、氮气或液体来驱动给氢气增压的设备，原理是大活塞推动小活塞往复运动实现增压，随着压力的出口端压力的上升，大活塞和小活塞的两端的力趋于平衡，故压缩机运动频率下降、流量变小，当出口端的压力是压缩机的增压比时，两端力值平衡，增压泵这时停止工作，流量为 0，一旦一端气压下降，压缩机会自动工作，补齐压力，具有自动保压、补压功能。

离子液压缩机是新研发产品，应用成熟度不如隔膜式压缩机，且成本较高，功耗偏大。隔膜式压缩机应用成熟度较高，且国内已投产的加氢站运行良好。

19.3.2　隔膜式压缩机

19.3.2.1　隔膜式压缩机概述

隔膜式压缩机属于特种容积式压缩机，利用膜片在膜腔中的变形压缩气体，也称作膜式压缩机。从驱动方式上看，隔膜式压缩机由曲柄连杆直接或间接驱动膜片变形，因此属于往复式压缩机。如图 19-10 所示，隔膜式压缩机的缸头部分由缸盖、膜片和配油盘组成，膜片置于缸盖和配油盘之间，边缘由缸盖和配油盘夹紧固定，中间部分与缸盖的膜腔曲面组成的封闭空间称为膜腔，缸盖上分布有进气阀和排气阀。压缩机运行时膜片发生往复变形改变膜腔容积从而实现吸气—压缩—排气过程。

在隔膜式压缩机中，由于膜片变形时不与膜腔发生摩擦，不需要润滑，且膜片将气体与其他介质完全分隔，气体压缩在完全密封的膜腔中完成，因此密封性能好，气体不会受到其他介质的污染，可以用于强腐蚀性、放射性、有毒、易燃易爆、稀有，以及纯度高达99.999％的气体增压。

按照膜片的类型，隔膜式压缩机可以分成非金属隔膜式和金属隔膜式两种，非金属隔膜式压缩机的膜片使用橡胶或有弹性的塑料等材料，连杆头部直接作用于膜片使其变形，适用于将气体增压至 1.6MPa 以下的压力。金属隔膜式压缩机采用薄钢片作为膜片，一般通过曲柄连杆柱塞驱动液压油再推动膜片变形，能够实现较大压缩比，从而可将气体压缩至极高压力，图 19-10 即为金属隔膜式压缩机的典型结构。目前非金属隔膜式压缩机的应用较少，世界范围内大部分隔膜式压缩机制造商的产品均为金属隔膜式压缩机，同时我国生产的隔膜式压缩机也多采用金属膜片，因此本节重点介绍金属隔膜式压缩机，下文中如未特别指出，所述隔膜式压缩机均特指金属隔膜式压缩机。

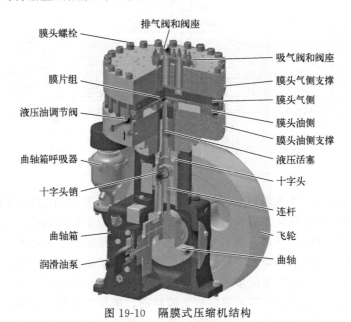

图 19-10　隔膜式压缩机结构

隔膜式压缩机的膜片变形后能够紧贴缸盖膜腔曲面，相对余隙容积只有 2%～4%；在隔膜式压缩机中，膜腔的作用与活塞压缩机的气缸类似，但膜腔的散热面积相对大得多，气体在压缩过程中散热条件好，同时压缩产生的热量还能够通过金属膜片传至液压油从而进一步降低气体温度，使得气体的压缩过程近似于等温压缩，因此单级可达到的压缩比高于传统的活塞式压缩机。

氢能领域中，22MPa 排气压力的隔膜式压缩机被大量用于制氢站的氢气增压充装，45MPa 排气压力的隔膜式压缩机则被广泛用于加氢站的氢气增压储存和加注。氢气充装和加氢站增压也是目前隔膜式压缩机的主要增量市场。

19.3.2.2　隔膜式压缩机结构

典型的隔膜式压缩机如图 19-10 所示，主要包含飞轮、传动轴（或皮带轮）、曲轴、连杆、柱塞（或活塞）、缸盖、膜片、配油盘、缸体等，活塞由电机通过曲轴、连杆驱动，带动液压油作用于膜片，为此还需要配置液压系统，包括液压缸和补油泵等补液装置。缸盖、缸体、膜片、进排气阀、补油泵，以及随动阀/泄压阀、液压油温度控制回路等液压调节机构组成了隔膜式压缩机的工作腔部分；飞轮、传动轴（或皮带轮）、曲轴、连杆、柱塞（或活塞）构成了隔膜式压缩机的传动部分；曲轴箱、气路油路及水路等管路系统、底座等构成了隔膜式压缩机的机身部分。

隔膜式压缩机中，被压缩气体存在于膜片和缸盖构成的膜腔中，液压油存在于膜片、液压缸内腔和柱塞端部构成的油腔中，配油盘安装于液压缸中，其上布置有导油孔，用于引导液压油使其在膜片表面的压力尽可能均匀分布，同时配油盘也能起到对膜片向下变形的限制作用，缸盖则对膜片向上变形起限制作用，并在中心设置有排气阀，周围同时设置进气阀，进气阀数量通常为1~3个，与中心距离通常约为膜腔半径的0.6倍。安装膜片时，膜片四周边缘处与缸盖和配油盘接触，并受到螺栓的紧固作用。金属膜片通常采用三层结构，分别为油侧膜片、中间层膜片和气侧膜片（参见图19-11）。

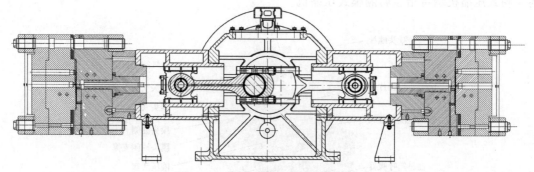

图 19-11　隔膜式压缩机主机结构图

　　柱塞做往复运动时，液压油会不可避免地通过柱塞与缸套之间的配合间隙发生内泄漏，油腔中液压油的减少会导致柱塞有效行程减小，使得膜片的变形量减小，无法与缸盖膜腔面完全贴合。随着运行时间的增加，液压油越来越少，致使压缩机余隙容积不断增大，吸气量持续减少，导致压缩效率不断降低，最终造成压缩机失去工作能力。一般在压缩机曲轴端部装有凸轮，曲轴每旋转一周就会同步带动凸轮驱动补油柱塞泵向液压缸中补充液压油。为保证液压缸中有足量的液压油驱使膜片紧贴缸盖膜腔面，通常将每次补充的油量调节至略大于泄漏的油量。随着柱塞泵的工作，膜片油侧的液压油量逐渐增多，这会导致膜片在柱塞未达到上止点时便与缸盖膜腔面贴合，增大膜片油侧压力，降低膜片寿命，为防止膜片两侧压差过大导致膜片破裂，通常在压缩机各级设置有随动阀（或溢流阀）等油气压差调节装置保证油气压差处于合理范围。

　　除了上述结构，一台完整的隔膜式压缩机还需要有润滑系统、冷却系统等。另外，还必须配备自动控制系统用于控制设备启停并保障设备安全运行，包含膜片破裂报警、气压监测、油压监测、温度监测等模块。膜片破裂报警模块传感器设置于中间层膜片处，当油侧或气侧膜片破裂时将气压或油压引出至压力传感器，压力、温度监测功能通过在相应管道处设置压力/温度传感器实现。

　　图 19-12 为用于70MPa加氢站的二级氢气隔膜式压缩机，其进气压力5~20MPa，排气压力90MPa，排气量300m³/h（进气压力为12.5MPa时）。

　　该压缩机为对动式结构，一、二级缸分别位于曲轴箱两侧，缸头特别配置超级螺栓进行紧固，使得缸头部分易于拆装维护。每级设置排气阀和进气阀各一个。飞轮由电机通过皮带轮传动，曲柄连杆机构连接柱塞带动液压油，柱塞与缸套之间采用间隙密封。配油盘与缸体为一体化设计，配油盘型腔面上布置孔状通道，用于引导液压油，改善油压分布。每一级采用独立的柱塞泵进行补油，柱塞泵由曲轴端部的偏心轮驱动，液压油存储于曲轴箱中，并设置有呼吸器保证曲轴箱内压力与大气压一致。各级缸头位置设置有随动阀控制油气压差。两级均设置有油冷却器，采用水冷方式对液压油进行冷却。曲轴箱内设置有液压油加热装置，以保证隔膜式压缩机可在低温环境下正常启动。

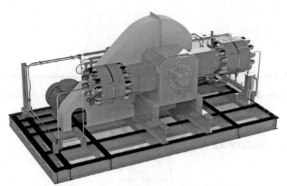

图 19-12　隔膜式压缩机外观图

19.3.2.3　隔膜式压缩机工作原理

以隔膜式压缩机的一个膨胀—吸气—压缩—排气工作循环为例，当柱塞达到上止点时，液压油压力达到最大值，膜片紧贴缸盖膜腔面，处于上极限位置；随着柱塞下行，液压油下行，同时油压减小，在油气压差作用下，膜片即跟随液压油运动，膜腔容积逐渐增大，余隙中残留的气体开始发生膨胀，气体压力降低，当气体压力低于进气管道中的压力时，进气阀打开，气体开始被吸入膜腔，开始吸气过程；随着柱塞持续下行直至下止点，膜片至平衡位置之后又继续发生向下变形直至到达下极限位置，膜腔容积达到最大，吸气过程结束；此后柱塞开始向上运动并推动液压油使油压增大，膜片由下极限位置向平衡位置回弹并继续向上变形，膜腔容积减小，气体被压缩，当膜腔内气体压力达到排气压力时，排气阀打开排气，直至膜片被液压油推动再次紧贴缸盖型腔曲面，排气过程结束，至此在膜腔内完成一个工作循环（参见图 19-13～图 19-15）。

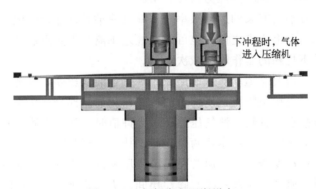

下冲程时，气体进入压缩机

图 19-13　气侧容积逐渐增大

需注意的是，膜腔曲面与配油盘型腔曲面通常是对称的，但压缩机工作过程中，膜片始终不与配油盘型腔面贴合，这是为了防止膜片在两侧压差的作用下，在配油盘导油孔处发生变形而产生较大附加应力，导致膜片损坏，压力越高这一现象越明显。在隔膜式压缩机工作过程中，为使排气时膜片紧贴缸盖膜腔曲面，尽可能多地将压缩气体排出，保证压缩效率，液压油压力需适当大于气体压力。

设定的排放液体压力 $p_{d,1}$ 与压缩机排气压力、排气阀开启压差、膜片变形所需压差等有关。

$$p_{d,1}=p_d+\Delta p_v+\Delta p_{隔膜}+\Delta p_e \tag{19-1}$$

式中，p_d 为排气压力，MPa；Δp_v 为排气阀开启所需压差，MPa；$\Delta p_{隔膜}$ 为膜片达到

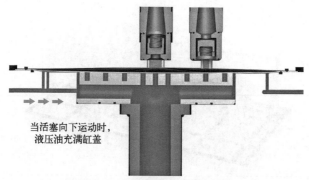

当活塞向下运动时，
液压油充满缸盖

图 19-14　气缸吸气过程完成

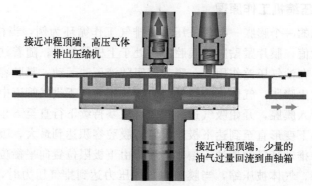

接近冲程顶端，高压气体
排出压缩机

接近冲程顶端，少量的
油气过量回流到曲轴箱

图 19-15　气缸排气过程完成

最大变形所需压差，MPa；Δp_e 为压力余度，MPa。

　　压缩机工作时，补油柱塞泵的运动频率与压缩机曲轴转速保持一致，向油腔补油。补油的时间点可以在柱塞达到上止点之前，也可以在柱塞刚离开下止点后某一点或将要达到下止点之前，这三种方式下柱塞的工作压力依次降低。

　　气体压缩过程中，需要靠随动阀（或溢流阀）调节油气压差，以随动阀为例，随动阀内设有膜片，其气侧部分连接至隔膜式压缩机的排气口，油侧部分连接至油腔内，分别监测气压和油压，溢油口连接至曲轴箱，油气压差超过允许值时，随动阀膜片被顶起，液压油从溢油口经回油通路排入曲轴箱内，将膜片两侧压差维持在合理范围内。

　　为防止出现故障造成安全事故，通常在隔膜式压缩机工作过程中对其参数进行监测，并反馈至自动控制系统。监测的参数一般有膜片层间压力、各级进/排气压力/温度、液压油温度、液压油压力、轴瓦温度、冷却水进/排水温度等。通过监测膜片层间压力可以避免在膜片出现破裂后氢气受到污染；通过监测进气压力可以判断进气通道是否出现堵塞、气阀阀片发生破坏变形等问题；通过监测排气压力和油压可以发现随动阀或补油泵故障；通过监测进气温度可以在吸入气体温度异常或吸气阀卡滞的故障发生之初避免工况进一步恶化；通过监测排气温度和冷却水温分别可以降低排气阀卡滞故障和冷却系统异常给设备运行带来的风险。

19.3.2.4　关键部件设计方法

　　随着加氢站用隔膜式压缩机的大量使用，我国加快在该领域的标准制定工作，制定了多项标准，如行业标准《加氢站用隔膜氢气压缩机》(JB/T 14965—2024)详细规定了加氢站用隔膜式压缩机的工况参数、操作运行要求、性能试验方法，以及不同驱动电机额定功率下，压缩机在 45MPa 和 90MPa 条件下应当达到的机组比功率、公称容积流量等性能指标，此外还规定了膜片、气阀、随动阀（或溢流阀）等易损件的更换周期，噪声、震动烈度、清洁度等考核要求。

关键部件的设计关系到隔膜式压缩机是否满足现行标准的要求，设计过程中需要重点关注排气量、膜片应力水平、缸盖膜腔型线的设计，遵循大容积、膜片应力均布的原则，型腔曲面尽量与变形后膜片相贴合，一般选用下列单指数函数作为型腔曲线：

$$w = W_0 \frac{1}{z-1}[2\rho^{z+1} - (z+1)\rho^2 + (z-1)] \tag{19-2}$$

型腔容积为

$$V = \frac{\pi}{2}R^2 W_0 \frac{z+1}{z+3} \tag{19-3}$$

式中，W_0 为型腔最大挠度，m；R 为型腔半径，m；z 为挠度指数。

膜片在吸气过程中的下移最大挠度 W_0' 通常在 $(0.7 \sim 0.9)W_0$，若排气过程和吸气过程中膜片变形遵循同样的曲线函数，则膜片的行程容积为

$$V_h = \frac{\pi R^2}{2}[(0.7 \sim 0.9) + 1]W_0 \frac{z+1}{z+3} \tag{19-4}$$

当厚度为 h 的膜片变形最大挠度为 W_0 时，需要两侧压差满足如下条件

$$\Delta p_{隔膜} = \frac{\left(\dfrac{A_1 W_0}{1-\mu^2 h} + A_3 \dfrac{W_0^3}{h^3}\right)Eh^4}{R^4} \tag{19-5}$$

$$A_1 = \frac{2}{3z}(z+1)(z+3)$$

$$A_3 = \frac{1}{3} \times \frac{z+1}{(2z+1)(z+2)(z+3)(z+5)} \times \frac{(14z^3+129z^2+329z+234) - \mu(2z^3+39z^2+167z+174)}{1-\mu}$$

式中，E 为膜片弹性模量，MPa；μ 为泊松比。

膜片在中心处和边缘处的最大正应力分别为

$$\sigma_{c,max} = \frac{EW_0^2\left(\beta + \alpha \dfrac{h}{W_0}\right)}{R^2} \leqslant [\sigma_c] \tag{19-6}$$

$$\sigma_{r,max} = \frac{EW_0^2\left(\beta_r + \alpha_r \dfrac{h}{W_0}\right)}{R^2} \leqslant [\sigma_r] \tag{19-7}$$

式中，$[\sigma_c]$ 为膜片中心处许用应力，MPa；$[\sigma_r]$ 为膜片边缘处许用应力，MPa；α、α_r、β、β_r 为与挠度指数相关的常数。

在阀孔位置，膜片在油气压差作用下会产生局部弯曲应力

$$\sigma_0 = \Delta p_{油-气}\left[0.67\left(\frac{R_孔}{h}\right)^2 + 1\right] \tag{19-8}$$

式中，σ_0 为局部弯曲应力，MPa；$\Delta p_{油-气}$ 为气体达到排气压力时的油气压差，MPa；$R_孔$ 为阀孔半径，m；h 为膜片厚度，m。

阀孔阵列的单个孔径为

$$R_\text{孔} = 0.722h\sqrt{\frac{[\sigma_\text{c}]}{\Delta p_\text{油-气}}-10} \tag{19-9}$$

阀孔数量可按气体流速得出，第一级为 25～30m/s，第二级为 12～20m/s，特殊情况下，进气孔流速可为 30～40m/s，排气孔流速可为 50～60m/s。

19.3.3　气（液）驱动式压缩机

19.3.3.1　气（液）驱动式压缩机概述

英文 hydraulically driven hydrogen compressor 国内通常翻译术语全称为液驱氢气压缩机、电动液驱无油活塞式氢气压缩机、液驱活塞氢气压缩机、液压往复式氢气压缩机，简称液驱氢气压缩机、液驱氢气压缩泵系统。hydrogen booster 翻译为氢气增压泵、氢气增压器，是压缩机系统内的核心部件。其可将氢气压缩增至最高压力 120MPa 输出。

气（液）驱动式增压泵是利用大面积活塞端的低压流体介质驱动（驱动介质为气体或液压油）而在小面积活塞端产生的高压气体（压缩气体）。它是无油活塞式压缩机，属于往复式压缩机。增压泵可以实现无油润滑，且结构紧凑、重量轻，因此能够更加灵活、有效地输送高压高纯气体。

气体增压泵可将诸如氮气和氩气等气体压缩增至最高压力 269MPa 输出；液驱气体增压泵可将诸如氮气和氩气等气体压缩增至最高压力 690MPa 输出；若使用特殊的密封材质，则可将氧气压缩增至最高压力 34.5MPa 输出，它还可以压缩如下气体（见表 19-11）。

表 19-11　气体增压泵压缩气体

氮气(N_2)	氦气(He)	医院呼吸气体(N_2+O_2)	一氧化二氮(N_2O)
氖气(Ne)	氩气(Ar)	二氧化碳(CO_2)	六氟化硫气体(SF_6)
氢气(H_2)	甲烷(CH_4)	一氧化碳(CO)	空气
乙烯(C_2H_4)	重氢(D_2)	液化石油天然气(LPG)	
天然气(CH_4)——常含有大部分 CO_2 和 N_2			
氧气(O_2)——最高安全工作压力为 34.5MPa			

19.3.3.2　气驱式压缩机

（1）结构和原理

① 工作原理。该类型气动增压泵属于往复活塞式增压设备，通常采用空气（或氮气）驱动，对高洁净气体进行增压。其原理参考图 19-16。

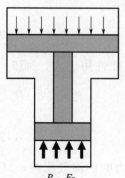

F_A 和 F_B 的比值 F_PR 称为增压泵的面积比、放大比，见式（19-10）。

$$F_\text{PR}=\frac{F_A}{F_B} \tag{19-10}$$

所以输出压力 P_o 见式（19-11）

$$P_o=\frac{F_A}{F_B}P_a \tag{19-11}$$

P_a、F_A

P_o、F_B

图 19-16　气体增压泵工作原理图

式中，F_A 为驱动缸面积；F_B 为输出端面积；P_a 为驱动空气压力。

　　增压泵在工作原理类似一个杠杆，活塞杆两端的活塞面积不同，将驱动气体通入与大活塞相连的腔，通过交替使用吸入和排出气体的两个控制阀，活塞可以往复运动。在活塞往复运动过程中，根据受力平衡，小活塞端产生高压气体。

　　气动气体增压泵的种类：

　　a. AG 系列——单级增压、单活塞型式，简称单作用单级型式，适用于增压比和气体排量小的应用（见图 19-17）。

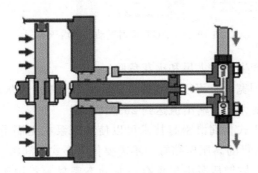

图 19-17　AG 系列气动气体增压泵

　　输出压力 P_o：

$$P_o = P_a \times F_{PR} \tag{19-12}$$

　　b. AGD 系列——单级增压、双活塞并联型式，简称双作用单级型式，适用于增压比小、排量大的应用（见图 19-18）。

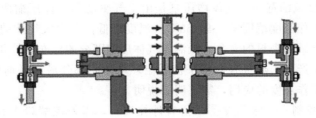

图 19-18　AGD 系列气动气体增压泵

　　输出压力 P_o：

$$P_o = P_a \times F_{PR} + P_s \tag{19-13}$$

　　式中，P_s 为压缩气进气压力。

　　c. AGT 系列——两级增压、双活塞串联型式，简称双作用两级型式，适用于增压比大、排量小的应用（见图 19-19）。

　　输出压力 P_o：

$$P_o = P_a \times F_{PRmaxj} + P_s \times (F_{PRmaxj} \div F_{PRmin}) \tag{19-14}$$

　　式中，F_{PRmaxj} 为大放大比；F_{PRmin} 为小放大比。

　　在三个基本型式的基础上，还可以通过增加驱动活塞头的数目到二个或三个、扩大压缩气缸直径的方式得到扩展型号，使设备最终可以满足任意增压比和排量的应用。为获得更大的气体流量，还可以将两台或多台增压泵作为一套装置并联运行；在需要输出压力高而供气压力低的应用场合，可以将几台气体增压泵串联运行。

　　气动气体增压泵的特点：

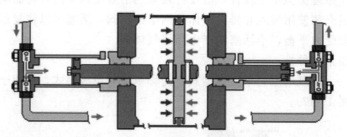

图 19-19　AGT 系列气动气体增压泵

a. 气体驱动——无产生热、火星和火花危险。

b. 许用入口压力范围宽——可以任意调节驱动频率和输出流量及进气口压力。

c. 输出压力高——最大压力输出值达到 269MPa。

d. 自润滑设备——干式自润滑密封技术可以使增压泵在无润滑的条件下工作。在使用非金属轴承和磨损补偿密封的高压压缩缸中不需要任何形式的润滑。

e. 密封性能好——气体增压泵中包含有三套动态密封装置用于将气体压缩缸与空气驱动缸分离。渗透出的气体被排到外部。这种设计可以保证被压缩气体不被驱动气体污染，也保证了高压力输出能力。

f. 自冷却——气体增压泵充分利用驱动气体在膨胀做功后温度显著降低的特点，将排出的低温驱动气体作为冷却介质通入气动增压泵自带的热交换器，用来冷却高压输出气体和增压泵的缸套。

g. 许用工作温度范围宽——气体增压泵是由空气驱动和气体压缩两部分构成。标准空气驱动部分的可靠工作温度范围是 $-4\sim65℃$。温度过低，会增大气体的泄漏量，降低工作效率；温度过高，会减少密封的寿命。低温对气体压缩部分的标准零件和密封的工作几乎没有影响。压缩过程中产生的热量有助于平衡低温环境。此部分最高平均可用温度为 115℃。对于超出标准范围工作温度的应用，需要明确说明。

h. 易实现自动控制——增压设备预留有外控端口，当外控端口中有控制气体通入时，增压设备才有正常工作的可能。因此，利用外控端口配合控制元件，可以轻松实现增压设备在任何预定压力下自动停机。设备在停机期间无能耗、不产生热量。

i. 易维护——无需额外的润滑与冷却环节，密封件寿命长，产品易维护。可以连续停/开，无限制，无不利影响。

② 结构。气体增压泵是纯无油润滑增压方式，可以增压高洁净、高纯气体（见图 19-20）。

气体增压泵的干式密封技术确保在无润滑的条件下工作，在使用非金属轴承和磨损补偿密封的高压增压腔中不需要任何形式的润滑。气体增压泵中有三套动态密封装置用于将气体压缩缸与空气驱动缸之间密封隔离（见图 19-20），由动态密封磨损渗透出的气体只能被排入周围环境，进而保证被压缩气体不被驱动气体污染，同时也确保高压力输出能力。

以气体增压泵为核心集成的增压机系统以空气驱动后的压缩空气作为冷媒，因其剧烈膨胀做功和节流制冷，将这些冷媒导入压缩缸夹套进行冷却（图 19-21 冷却气通入压缩缸内图），这样就保证了最终输出的气体温度都不会过高。

"无油"气体增压泵为气体驱动、无油润滑的往复活塞式气体增压泵，空气驱动活塞在设备内置的两位四通气动换向阀（循环阀）的控制下自由往复运动，该阀由空气换向系统交替加压和减压。驱动活塞与增压气体活塞直接相连，压缩气体活塞在无需润滑的条件下往复运动，对压缩介质不会产生任何污染。驱动缸排出的空气被用来冷却压缩缸缸套和级间管路。某些型号利用消声器排出的低温空气直接对压缩缸冷却（没有冷却夹套的优势），因此这些型号消声器的位置不应随意变动。对于带冷却夹套型号的消声器，考虑到噪声或配置方便可以更改其位置（见图 19-21）。

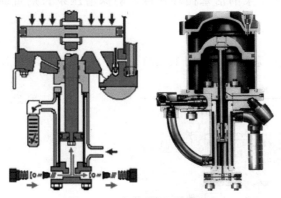
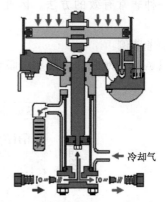

冷却气

图 19-20　气体增压泵结构图　　　　　　　　图 19-21　冷却气通入压缩缸内图

驱动缸结构包括一个或多个驱动活塞组合件、一个循环控制阀和两个换向阀（一个安装在阀的上端盖，另一个在下端盖）、一条驱动气体流通管线用来将驱动气体由阀的一个端盖引导至另一个端盖、一条导向管连接两个串联的换向阀。驱动控制阀上既没有弹簧，也没有制动元件，当换向阀交替在换向活塞内侧的大面积端面上交替加压和泄压时，循环阀便开始往复运动了。控制阀、换向阀和驱动气缸在装配时均使用空气驱动润滑脂润滑，高循环工况下维护时应用该润滑脂对控制阀和换向阀进行再润滑。只有成分与硬度合适、耐摩擦的 O 形圈密封件才可被用在空气驱动缸。

压缩缸须注意不应使用任何润滑剂，此部分为无油润滑设备，所使用的密封件与换向件均选用摩擦非常小的材质。压缩缸的密封件使用寿命还取决于被压缩气体的清洁程度，因此在气体入口端宜配置高精度过滤器。如果增压气体湿度较大，则需要做前级除水净化处理，确保初始的露点要足够低，以防止在增压泵出口压力下达到饱和状态。如果压缩气体含油量超标，则必须做前级除油净化处理。当增压泵使用一段时间后，因压缩缸密封件属于干式摩擦自润滑方式，增压缸内会有微粒会进入气体输出管线中，如对气体颗粒度有高标准指标要求时，应在气体管线末端配置高精度过滤器。

压缩比是气体输出压力与输入压力之比（计算时使用绝对压力）。气体压缩缸在设计上有最小的压缩行程末端冗余死区容积，当活塞处于吸气（返回）行程时，冗余死区容积中的高压气体膨胀，导致压缩缸中新吸入的气体量减少，所以随着进、出口压缩比的增高，设备的容积效率显著降低。气体增压泵在实验室进行测试结果显示：在理想情况下，有些型号的增压泵最高压缩比可达 40：1，但是在工业应用中，增压比（每级）不高于 10：1，以保证最好的应用效果。压缩比过高不会损坏气体增压泵，只会使流量和效率过低，这种情况只适用于小容积增压，如压力表传感器气密测试应用等。

气体压缩缸的有效冷却方式至关重要，因为增压泵动态密封件、导向件和静态密封件的工作寿命依赖于适当的操作温度。气体增压泵用驱动缸排出的废气冷却压缩缸缸套（双级结构中还作为级间冷却器使用）。在往复工作中，驱动气体因膨胀做功明显降温，因此做功排出的驱动气是很有效的冷却介质。理论上，对于大多数气体，当压缩比超过 3：1 后，压缩过程中升温后会超过密封件的许可温度。但事实上，当活塞在低速往复运动过程中，气体压缩所产生的热量由被冷却的压缩缸缸套和其他金属部件散发，使这些元件工作在许用温度范围之内。实验室测试显示当设备的压缩比介于 5：1 到 10：1 之间时，压缩过程产生的热量最多，温升最高。这就说明了在活塞循环速度很高的工况下，采用做功后的驱动空气进行冷却是一种非常有效的方法。因此采取控制增压泵的活塞循环速度，确保增压泵长期可靠工作。

参考范例：

以 A 两级增压、双活塞串联型式气体增压泵为例（见图 19-22）。

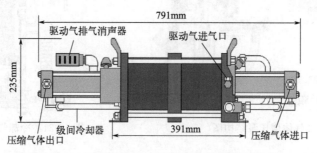

图 19-22　两级增压、双活塞串联型式气体增压泵

a. 空气驱动缸（见图 19-23）。

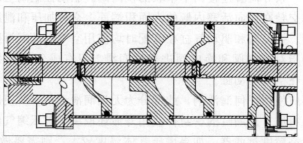

图 19-23　空气驱动缸的内部结构图（多个驱动活塞结构）

b. 空气驱动缸的换向针结构（见图 19-24）。

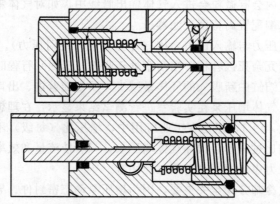

图 19-24　空气驱动缸的换向针结构（换向针及其弹簧等组成）

c. 工作原理。驱动缸中是压缩空气驱动的大活塞，压缩缸中是高压压缩气体的小活塞，

大小活塞之间由活塞杆连接成一体，使得空气驱动大活塞作主动双向往返运动时，能够同步带动高压小活塞往复运动实现压缩。大小活塞的面积决定压缩机的压缩比。空气驱动缸的往复换向是通过换向针机构来实现的。

　　d. 死区容积。死区容积是指不能排出气体，但压缩机运行时又必须使其处于受压状态的那部分容积。例如内孔、接管或阀的横截面均构成死区容积。由于死区容积的存在，尽管高压活塞完成全部冲程，但也不能排出所有气体（见图 19-25）。

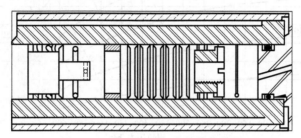

图 19-25　高压压缩缸内部结构简图

　　e. 气体冷却结构。压缩冲程完成，从空气驱动缸做功后排放的空气被引入高压压缩缸端外侧，通过排放空气来实现对高压压缩缸体的冷却作用。对于图中所示的两级压缩缸结构，一级压缩缸和二级压缩缸之间的冷却套管也被通入压缩空气进行冷却（见图 19-26）。

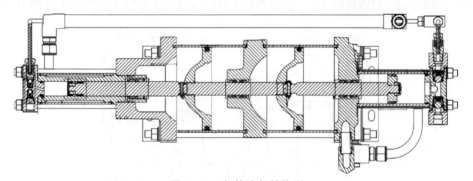

图 19-26　气体冷却结构图

　　f. 驱动气压力、耗量与输出压力、排量曲线（见图 19-27）。Q_A 为驱动气耗量，m^3/min；P_a 驱动气压力最大值为 1.03MPa(10.3bar)；P_s 为压缩气体进气压力。

　　(2) 气驱式压缩机系统组成

　　气动气体增压泵系统，通常简称气体增压泵系统、气动气体增压机。

　　从功能的角度，系统可以划分为驱动部分、控制部分、压缩部分三部分。

　　压缩部分主要由气体增压泵、输入输出管线、级间缓冲器、过滤器、安全阀、开关阀门和压力表构成，其功能是完成气体的输入、增压和输出工作。这部分工作是否顺利主要依赖于驱动部分和控制部分的工作情况。

　　驱动部分主要由空气过滤器、调压阀、开关阀门、空气流量调节阀（通常简称调速阀）和驱动气体传输管线构成。其功能是为增压泵的正常工作提供驱动源。

　　控制部分主要由气动开关、调压阀和控制气体输送管线构成，它决定着控制气体的通与断，控制整体系统的工作。此部分通过气动开关来感知系统气体输入压力、输出压力和各增压设备的级间输出压力。当压力达到设定值时，气动开关动作切断系统或某一部分的控制气体传输线路，没有了控制气体，系统或相应增压设备便不再工作。气动开

第三篇　氢的储存、运输及加注

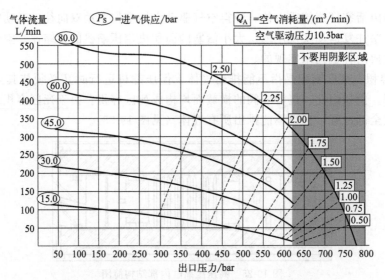

图 19-27　驱动气压力、耗量与输出压力、排量曲线

关控制是一种简单方便的机械控制方式，当用户需要电气控制方式，可以配置压力开关、电磁阀等电气部件。

如图 19-28 所示，以两级增压、双活塞串联型式气体增压泵为例（见图 19-28～图 19-31）。

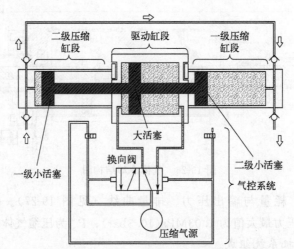

图 19-28　两级增压、双活塞串联型式气体增压泵系统构成原理

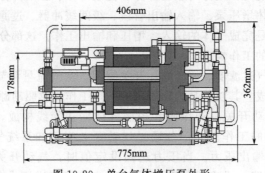

图 19-29　单台气体增压泵外形

图 19-30　单台气体增压泵系统照片

图 19-31　多台气体增压泵在增压机系统内的布置

参考范例见表 19-12。

表 19-12　单台气动气体增压泵系统组成清单

序号	名称	数量	功能
1	气体增压泵	1	单级单作用型式,在不大于1MPa的驱动空气(或其他气体)作用下,能将低压的氮气、氢气等气体增压到所需的高压
2	输入气体过滤器	1	对被增压气体在增压前进行过滤
3	输入压力表	1	显示被增压输入气体压力
4	驱动调压阀	1	将输入的驱动空气减压到0.7MPa,用于气体增压泵的驱动
5	驱动气安全阀	1	万一驱动调压阀4输出压力爬升,该安全阀开启泄压,防止下游超压,设定开启压力1.1MPa
6	调速阀	1	调节驱动气体的输入流量,从而调节增压泵循环速度
7	停机压力开关	1	该压力开关为机械式压力开关,当输出压力达到设定压力时,压力开关会控制气体增压泵系统自动停机
8	输出压力表	1	显示被增压输出气体压力
9a	截止阀	1	用于输出气体的开关阀
9b	泄压阀	1	用于输出管路的泄压
10	单向阀	1	保证系统输出的气体单向流动
11	高压安全阀	1	万一输出压力超过该阀,可以开启泄压,能够对设备和人员起到保护作用,出厂设置压力

序号	名称	数量	功能
12	驱动气体压力表	1	显示气体增压泵驱动气体压力
13	缓冲罐	1	用于储存增压后的高压气体
14	冷却器	1	利用排出的低温驱动气体对输出气体降温
15	减压阀	1	将高压气体减压到需要的压力,供输出使用
16	减压压力表	1	显示减压阀15的减压压力
17	过滤器	1	对输出气体进行过滤,过滤精度 $1\mu m$

常见故障表见表 19-13。

表 19-13　常见故障表

故障表现	可能原因	解决方法
当驱动气体压力不低于 0.5MPa 时,驱动部分不工作或不循环	供气管路堵塞或供气量不足 空气循环阀堵塞 两个气动控制杆太短 排放口结冰 消声器堵塞	检查气体供应管道和空气调压阀 拆卸空气循环阀,并使用允许溶剂进行清洗 更换为长度更为适合的气动控制杆 驱动气体水含量较高,改用更好的干燥设备 将消声器拆卸下来清洗
在负载情况下,驱动部分不工作,并在换向排气口有连续气体排出	换向针的弹簧破坏或不适合 换向针末端 O 形圈不适合或失去作用	置换弹簧 置换 O 形圈
驱动部分不工作 消声器泄漏空气	驱动气体流量不足 空气循环阀芯的密封收缩或损坏	提高驱动气体流量 首先检测空气循环阀芯的密封,如果损坏,更换并组装重新测试;如果没有损坏,检查驱动部分密封
驱动部分工作,但气体没有增压	气体压缩部分的单向阀密封或高压部分损坏	检查单向阀及高压端

19.3.3.3　液驱式压缩机

（1）结构和原理

① 工作原理。该类型液驱增压泵属于无油往复活塞式增压设备,采用液压驱动,对高洁净气体进行增压。

该类型压缩机的核心是一个液压驱动的增压泵。增压泵通常由液压缸(动力缸)和两个增压缸组成。最常见的布置是在中间有一个液压缸,在液压缸的两侧平衡对称各有一个增压缸。工作中,作用于液压活塞上的液压力由作用于气体活塞上的气体压力平衡。当液压缸活塞往复运动时,气体被压缩,从一个增压缸同时充满另一个增压缸,完成压缩增压。增强泵设计灵活,可有多种设计,最常见的是双增压缸,并联单级增压输出或串联两级增压输出。单增压缸配置常应用于小排量设计(见图 19-32)。

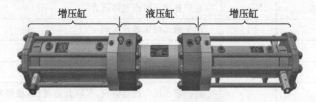

图 19-32　液驱式增压泵

a. 单级增压泵原理

单级增压泵通常用于有较高的进气压力的工况。单级机型的压缩比通常工作在 6∶1 以内（注：单级增压设计被限制在 8∶1，见图 19-33）。

图 19-33　单级增压泵原理

b. 两级增压泵原理

压缩比超过 6∶1 时，采用两级增压，其工作原理与单级增压相似，其主要的区别在于第二级增压缸的直径比第一级增压缸要小。级间冷却气体能力和效果决定了整体的压缩比（见图 19-34、图 19-35）。

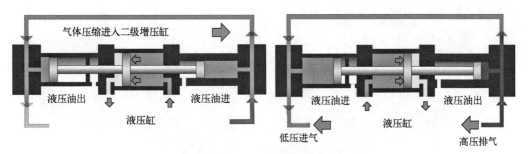

图 19-34　两级增压原理

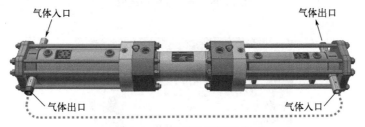

图 19-35　两级增压泵原理

② 增压泵结构见图 19-36、图 19-37。

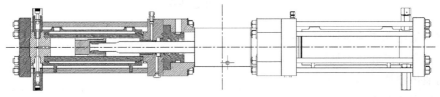

图 19-36　增压泵结构（一）

a. 增压缸结构组成及外观见图 19-38、图 19-39。

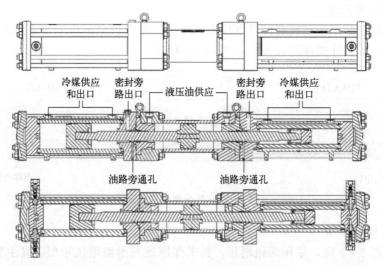

图 19-37　增压泵结构（二）

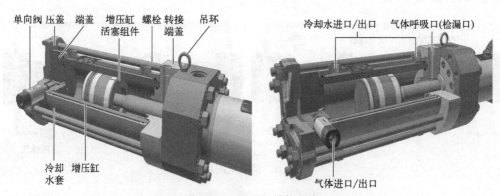

图 19-38　增压缸结构组成

图 19-39　增压缸外观

　　b. 液压缸结构组成见图 19-40。

　　c. 活塞限位接近开关见图 19-41。

　　d. 漏油传感器见图 19-42。

　　③ 增压泵工艺特点

　　a. 增压过程。增压泵采用液压油驱动液压油缸体内活塞，从而实现驱动气体增压缸活塞来回往复运动，实现气体吸气、压缩和排气的工艺过程。

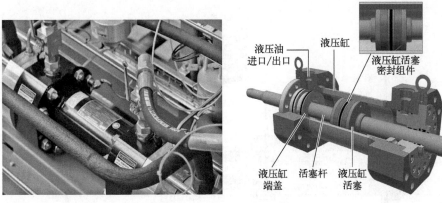

图 19-40　液压缸结构组成

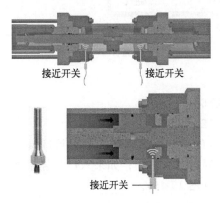

图 19-41　活塞限位接近开关结构

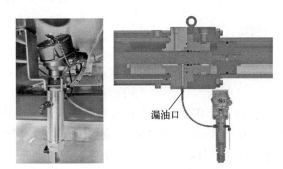

图 19-42　漏油传感器

b. 活塞左移见图 19-43。

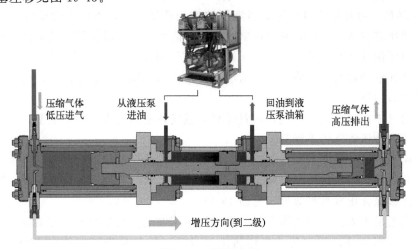

图 19-43　活塞左移

c. 活塞右移见图 19-44。

④ 低冲程数。液驱增压泵以增压缸活塞低速往复运动（低线速度）、长行程的优势促进压缩气体和缸体及元件的充分冷却，确保不超温不过热。低冲程数设计保证了增压泵元件及密封组件的可靠性与长寿命周期。

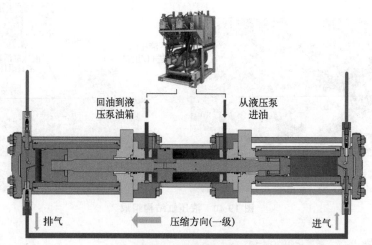

回油到液
压泵油箱

从液压泵
进油

排气　　　　　压缩方向(一级)　　　　　进气

图 19-44　活塞右移

例如：

活塞循环速度

$$10 次/min(CPM)=3s 一冲程/6s 一往复$$

$$5 次/min(CPM)=6s 一冲程/12s 一往复$$

⑤ 冷却。需要配置冷却水管，将冷却液引入压缩缸的冷却水套，对缸体进行冷却；常用冷却液是水和乙二醇的混合液；所有冷却水管需要保温以减少热损；如果入口气体温度超过压缩机允许最高温度，则需要对入口气体进行预冷（见图 19-45）。

温度参数参考值：

最低液压油温为 15℃，最佳液压油温为 40℃，最高液压油温不应高于 80℃；

进口气体温度为 0~37℃，最高出口气体温度不应高于 180℃。

⑥ 氢气品质。液压缸组件通过高压液压油推动活塞运动，进而使增压缸的气体实现压缩增压。在增压缸（气体活塞）和液压缸之间设置隔离段，将液压段和气体段隔离开，阻止压缩气体和液压油的所有交叉污染。液压缸组件位于泵中部，两侧活塞杆都包含多道密封，使液压油隔离在液压缸范围之内。第一道液压密封，第二道密封、刮油环，可以有效阻止液压油导致的泄漏污染。

增压缸的气体段位于泵的两端，内置带有多道气体密封组件的往复活塞。独特的气体密封结构设计可保持压缩气体不泄漏。

气液隔离段也具有气液密封，包括活塞杆密封，是确保液压油远离压缩气体的最后一道屏障。这些密封和气体密封一样也属于易损件，会随着时间磨损，但只要定期正确维护更换和保养，就能够保证正常密封效果（见图 19-46）。

液驱增压泵采用无油润滑气体密封技术以保持压缩气体的洁净度，液驱氢气压缩机都是专门针对氢气压缩加注过程中防止气体污染而设计，氢气品质可以符合 ISO 14687、SAE J2719、GB/T 37244 标准要求。

（2）液驱式压缩机系统组成

① 压缩机特点

a. 由于液驱氢气压缩机采用液驱氢气增压泵增压方式，液压油驱动液压缸活塞进而传导驱动气体增压缸活塞来回往复运动，实现气体吸气、压缩和排气的工艺过程（见图 19-47）。

图 19-45　冷却管路

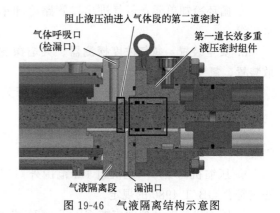

图 19-46　气液隔离结构示意图

图 19-47　液驱氢气压缩机

(排气量 1000m³/h，排气压力 45MPa/90MPa，双增压泵配置)

b. 气体增压缸活塞密封组件是一种干式耐磨密封材料，无油润滑，确保压缩氢气品质免受污染。增压缸和液压油缸之间的特殊密封填料和结构设计，确保了气体不会泄漏到油缸侧，而同时液压油也不会泄漏到气缸侧。并设计有气体泄漏实时监控和液压油泄漏实时监控，保证气体无污染压缩。

c. 增压输出压力的能力除取决于进气压力外，还与气缸直径和液压油驱动的活塞往复频率直接相关。压力的能力可以通过自动调节活塞往复频率实现在 5%～100% 的调节。频繁启动，低循环长寿命可靠运行（经过验证），可智能启停和控温，保证进出口气体温度并降低压缩能耗。

d. 液驱增压泵可以频繁启动，低循环长寿命可靠运行。

e. 由于压缩机没有曲轴箱体，液压缸由一个液压泵单元提供动力，所以结构简单，占用空间小；增压泵采用直线平衡型布置和活塞 O 形圈密封组件方式，使得维护工作简单方便快捷。

f. 增压缸体等与氢气接触部位采用具有良好氢相容性耐氢脆材质，临氢材料应符合 GB 50516—2010《加氢站技术规范》(2021 年版) 中 6.5、6.6.1 和 6.6.2 的规定。

② 压缩机组成

a. 主机压缩单元：液驱氢气增压泵、进出口阀门、过滤器、管路及接头等。

b. 液压动力单元：液压动力泵、液压油箱、液压油加热装置、液压阀门、过滤装置、管路等。

c. 循环冷却单元：氢气进出口管路冷却单元、压缩缸冷却单元、液压油冷却单元、冷水机组。

d. 安全装置：氢气浓度探测器、火焰探测器、自然排放及强风系统，安全阀、集散放散装置、氮气置换系统。

e. 仪表控制系统：温度、压力、流量开关或传感器、防爆控制柜等。

③ 通用技术要求

a. 压缩机电器设备及仪表应符合 GB/T 3836.1 及 GB 50058 的要求，防爆等级为 Exd Ⅱ CT4。

b. 压缩机的噪声（距机组 1m 范围外）声功率级应符合国家标准法规要求，其测量方法应符合 GB/T 4980 的规定。

c. 压缩机的振动烈度应按 GB/T 7777 或 ISO 20816 的规定进行测量。

d. 主要易损件及零部件寿命参考表见表 19-14。

表 19-14   液驱氢气压缩机主要易损件及零部件寿命

零件分类	零件名称	寿命值/h	
		45MPa	90MPa
主要易损件	气阀	4000	3000
主要零部件	活塞(气活塞用)	3500	2500
	活塞环/油封环(油活塞用)	6000	4000
	密封圈(气缸端盖用)	8000	6000
	密封圈(油缸用)	8000	6000
	气缸组件、油缸组件	25000	15000

液驱氢气压缩机整体安装图片如图 19-48。

图 19-48   液驱氢气压缩机整体安装图片（撬装箱体内）

19.3.4　离子液压缩机

离子液压缩机压缩过程中使用离子液体对压缩机进行冷却，将压缩热传递到位于每一个压缩机下游的换热器的冷却水系统中。通过压缩机外部和内部冷却，几乎可实现等温压缩。其主要构成部件包括：若干个用于压缩氢气的气缸、一个多头高压液体泵、液体换向与管路系统、离子液分离回收装置。其核心技术特征在于使用了一种具有特殊物理化学性质的液体（离子液）充注到气缸中，并在液压活塞驱动下进行气体的压缩，离子液由高压液体泵驱动进入气缸并循环使用。离子液压缩机如图 19-49 所示。功能如图 19-50 所示。

图 19-49　离子液压缩机

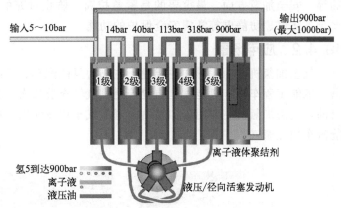

输入5～10bar　　14bar 40bar 113bar 318bar 900bar　　输出900bar（最大1000bar）

1级　2级　3级　4级　5级

离子液体聚结剂

氢5到达900bar
离子液
液压油

液压/径向活塞发动机

图 19-50　离子液压缩机 90MPa-IC90 功能

19.3.5　气态压缩机发展应用

随着氢能产业的发展，制氢加氢设施建设明显提速，对于氢气压缩机的需求日益强劲。出于对安全性和可靠性的高要求，以往加氢站建设中通常指定使用进口氢气压缩机品牌，进口氢气压缩机在国内加氢站氢气增压设备中的占比曾一度在 70% 以上，导致加氢站建站成本居高不下。

近年来，随着国产压缩机技术水平的提高，国内厂商已逐渐具备压缩机的设计和制造能力，有效降低设备的成本，但一些关键的管阀件仍需依赖进口，因此未来还要进一步提高压缩机的国产化率，同时提高国产压缩机的安全性和可靠性，建立健全状态监测系统和故障诊断方法，以全面降低设备价格和使用维护成本。

此外，加氢站对加氢压力的需求正在从 35MPa 向 70MPa 过渡，同时，随着氢能商用车的推广普及，加氢站对加氢量的需求逐渐提升，在此前提下，隔膜式压缩机正在向着 90MPa 的高排气压力和大流量的方向发展，由此带来的安全性和可靠性问题也是未来需要解决的难点。

19.4　气态加氢机

19.4.1　概述

气态加氢机是燃料电池汽车加注氢燃料的核心设备，加氢机上配备有加氢枪、压力传感器、温度传感器、计量装置、加注控制装置、安全装置、软管等，外观如图 19-51 所示，通常包含计价显示屏、操作显示屏、计费系统、按钮、指示灯和蜂鸣器、加氢枪等，若机-车实现通信功能，则加氢枪还需要配备红外数据接收模块。

气态加氢机目前主要有 35MPa 和 70MPa 两种，基本功能需要做到安全加氢和精确计量，即在保障对车载储氢瓶进行安全加注氢气的同时，要准确显示加氢量、金

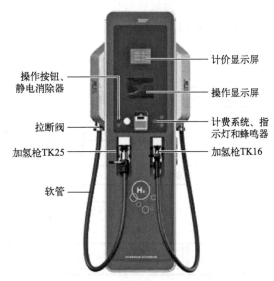

操作按钮、静电消除器

拉断阀

加氢枪TK25

软管

计价显示屏

操作显示屏

计费系统、指示灯和蜂鸣器

加氢枪TK16

图 19-51　气态加氢机外观示意图

额等。安全加氢方面，最重要的是紧急拉断、防止过充的压力-温度补偿系统，此外，还需要具备防雷、防静电等常规安全保护的功能。

19.4.2 应用场景

气态加氢机作为一种加注装置，主要为氢能汽车、氢能船舶、氢能有轨电车、氢能飞行器、氢能工程车辆、氢能发电装置等提供氢气充装服务，广泛应用于交通领域和工业领域。目前，气态加氢机主要用于加氢站内氢能汽车加注使用，如图 19-52 所示，气态加氢机为氢能汽车加注氢气。

图 19-52　气态加氢机的应用场景

19.4.3 加氢机配置

加氢机的典型系统组成和工作流程如图 19-53 所示：氢气从气源接口进入加氢机进气管路，依次经过气体过滤器、进气阀、质量流量计、流量调节装置、换热器（可选）、拉断阀、加氢软管、加氢枪后通过加氢口充入储氢气瓶。加氢机的控制系统自动控制加氢过程，并与加氢站站控系统、加氢通信接口（可选）等实现通信。从配置上分，可分为单枪单计量、双枪单计量和双枪双计量。

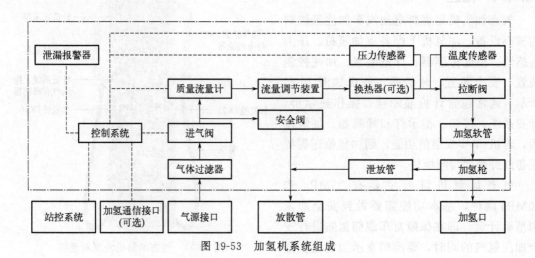

图 19-53　加氢机系统组成

19.4.4 核心零部件介绍

气态加氢机的核心零部件包含加氢枪、拉断阀、质量流量计、调压阀和换热器。

19.4.4.1 加氢枪

加氢枪是安装在加氢机软管末端，用于连接加氢机与车辆的加注接口。加氢枪接口形式及尺寸应具有与 GB/T 26779—2021《燃料电池电动汽车加氢口》中 5.1.1 尺寸要求的加氢口的匹配性，加氢枪的设计应确保其只能与工作压力等级相同或更高的加氢口连接使用，避免与更低工作压力的加氢口相连；加氢枪与氢接触的材料应与氢兼容，在设计的使用寿命期限内，不会发生氢脆现象；加氢枪的性能需满足 GB/T 34425—2017《燃料电池电动汽车加氢枪》规定的各种性能要求。如图 19-54 所示，加氢机在结构上通常包含 4 个主要部分：连接口、操作杆、本体和手柄。

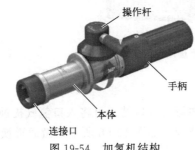

图 19-54 加氢机结构

19.4.4.2 拉断阀

如图 19-55 所示，拉断阀主要由连接内部管路、断开处、引导套、软管连接口组成，当发生汽车加注过程中或加注后忘记拔枪直接驶离的情况，加氢枪与加氢机会在拉断阀处断开，断开处会立即自密封防止意外发生。拉断阀垂直安装在加氢机上，拉断阀上的引导套将软管上的拉力转换为垂直方向，当拉力值超过设定值后，拉断阀在中部位置脱开，两端的自密封结构将气密封在各自的管道内。

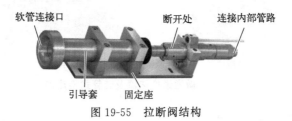

图 19-55 拉断阀结构

19.4.4.3 质量流量计

质量流量计由变送器和传感器两部分组成，如图 19-56 所示，在加氢机中起到计量作用，其测量原理基于科里奥利运动定律。变送器和传感器连接后，测量电路检测传感器的信号时间差，然后通过质量流量校准系数计算出质量流量值。变送器是一个基于高性能微处理器的电子部件，该变送器与传感器连接，形成一个完整的质量流量测量系统。变送器使流管产生谐振，根据谐振产生的感应电流信号直接在线测量过程介质的质量流量、温度、密度等参数。流量计应安装牢固并固定在支撑架上，安装区域内无明显振动源，环境温度应在 $-40 \sim +55$℃ 范围内，应有有效的防雨、防水措施。

第三篇　氢的储存、运输及加注

19.4.4.4　调压阀

调压阀用于控制加氢机输出压力维持在稳定的压力范围内，它由调压器和电子压力控制器组成，如图 19-57 所示，调压器与氢气直接接触，实现气体的调压，电子压力控制器是基于微处理器的 PID（比例-积分-微分）控制器，在与调压器一起使用时可为宽广范围应用提供精确算法压力闭环控制，且具有卓越的精度和响应时间。

电子压力
控制器

调压器

(a) 传感器　　　　　(b) 变送器
图 19-56　质量流量计结构

图 19-57　调压阀结构

19.4.4.5　换热器

加氢机预冷换热器安装在加氢机入口处，可将入口氢气提前冷却至−10℃，目前主要的换热器有微通道结构和套管式结构，如图 19-58 所示，微通道换热器相较于套管换热器，具有外形尺寸小、结构紧凑、换热效率高等优点。

(a) 微通道　　　　　　　　　(b) 套管式
图 19-58　微通道换热器及套管式换热器

19.4.4.6　主要元器件选型要求

元器件的选型应综合考虑其压力、力量、材质和精度，确保满足加氢机的使用要求，具体如表 19-15 所示。

表 19-15　主要元器件选型要求

名称	压力	流量	材质	精度	品牌
加氢枪	耐压大于 35MPa 或 70MPa，且预留安全 1.5 的系数	≤7.2kg/min	316L 或其他抗氢脆耐腐蚀的材质	—	WEH、Walther 等
流量计				≤±1.5%	Rheonik 等
调压阀				—	TESCOM 等

19.4.4.7 流量计检定要求

流量计的检定应由具备相应检定资质的第三方机构参照 GB/T 31138—2022《加氢机》、NIMTT(CM)013—2018《压缩氢气加气机》和加氢机的测试方案，对加氢机的计量精度进行检定，并出具相应的检定报告，如图 19-59 所示。

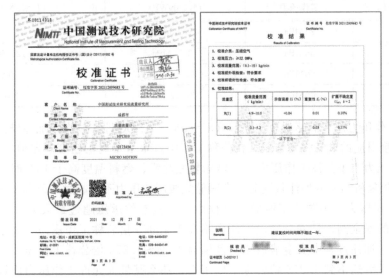

图 19-59　流量计第三方检定报告

19.4.5　加注标准及通用要求

19.4.5.1　国外标准

国外美国汽车工程师学会 SAE（Society of Automotive Engineers）为加快燃料电池汽车的普及进程以及加氢基础设施的建设，于 2014 年 7 月颁布了《轻型汽车气态氢加注协议》（SAE J2601），该标准对 2010 年 SAE 发布的第一版 SAE J2601 进行了更新，使用的数值模拟模型已经被世界范围内的加氢站的加注实验所验证，替代了原有的 TIR J601 及其他非 ANSI 标准制定的加注方案、汽车企业的企业规范和 CEP 与 CaFCP 氢气加注协议。由此，SAE J2601 凭借其在仿真和实际测试中表现出的准确性，成为全球范围内氢气加注的标准。

SAE J2601 适用于 35MPa 和 70MPa 的Ⅲ型和Ⅳ型车用氢气瓶，可以满足对容积为 49.7～248.6L 的储氢系统在 3min 内加注 95%～100% 额定充装量的要求。按照加氢机与车用储氢系统是否能实现通信功能分别制定了预冷温度为 -40℃、-30℃、-20℃ 三个等级的加注方案。其中加氢机与车用储氢系统的通信要求必须满足 SAE J2799—2019《加氢站与车用储氢系统间通信的硬件和软件要求》的规定。SAE J2601 与 SAE J2799 两个标准一起促进燃料电池汽车与加氢站技术参数标准化，并进一步加速氢能与燃料电池汽车的市场化进程。

此外，SAE 除了对轻型汽车气态氢的加注制定了标准，还对重型汽车与工业用车辆等制定了气态氢加注协议，SAE J2601-2（TIR）规定了《重型汽车气态氢加注协议》，SAE J2601-3（TIR）规定了《工业用车辆气态氢加注协议》。

19.4.5.2　国内标准

国内目前参考的仅有《氢燃料电池车辆用加注规范第一部分：通用要求》（T/CECA-G 0002.1—2018），其主要内容如下。

（1）压力等级

加氢机给氢燃料电池汽车加注过程中涉及的压力等级如表 19-16 所示。

表 19-16　氢气加注相关的压力等级

氢气工作 压力等级（HSL）	15℃下公称 工作压力	最大加注压力 （1.25NWP）	最大允许工作压力 （1.375NWP）
H25	25MPa	31.25MPa	34.375MPa
H35	35MPa	43.75MPa	48.125MPa
H50	50MPa	62.5MPa	68.75MPa
H70	70MPa	87.5MPa	96.25MPa

① 公称工作压力。车辆储氢瓶注满（SOC=100%，SOC 即加注率，加注结束后，储氢气瓶内压力和温度对应的氢气密度与氢气在公称工作压力和 15℃时的密度的比值）、其燃料温度低于 15℃时，压力小于公称工作压力。车辆储氢瓶注满、燃料温度高于 15℃时，压力大于公称工作压力。加氢机给车辆加注氢气时，车辆储氢瓶起始压力不应超过其公称工作压力。

② 安全设定压力。为防止车辆加注过程中加氢机部件承压超过最大允许工作压力，应采用装有弹簧的安全阀，且安全阀设定压力不高于 1.375 倍公称工作压力。对于安全阀正常工作的加氢机，加注过程中安全泄放压力范围为 1.25～1.375 倍公称工作压力。如果加氢机中有部件承压等级达不到 1.375 倍公称工作压力，那么其最大允许工作压力应设定为加氢机部件中额定压力最低的值，安全设定压力应做出相应调整。

（2）温度范围

温度范围的要求如下。环境温度的范围：−40～50℃；加注过程输送的氢气温度应不低于 −40℃；车载氢系统内氢气温度不高于 85℃。加注速度不宜过快，防止储氢瓶内的氢气温度超过 85℃。

（3）气体密度

图 19-60 和图 19-61 分别为 35MPa 储氢瓶和 70MPa 储氢瓶加注时，气体密度和车辆储氢瓶压力、温度之间的关系。点线表示的是在允许的温度范围 −40～85℃ 之间氢气密度恒定。这是车载氢系统对应的公称工作压力的最大加注密度，此时加注率（SOC）为 100%。点线下方区域为车辆储氢瓶加注未满的情况，点线上方区域是车辆储氢瓶加注过量的情况。如果加氢结束时，车辆储氢瓶的压力和温度处于点线上方三角形区域内，储氢瓶为过量加注状态。对于已知压力等级的车载氢系统，在对应其压力等级的图表中任取一点，读取压力和温度数值，通过标准中推荐的计算方法可以得到对应工况下的气体密度。对于部分公称工作压力，在 15℃下加注率达到 100% 时的氢气密度如下：压力 25MPa、温度 15℃下，氢气密

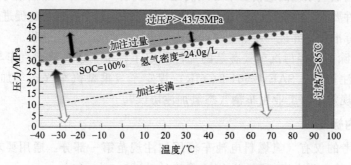

图 19-60　35MPa 车载氢系统气体密度图

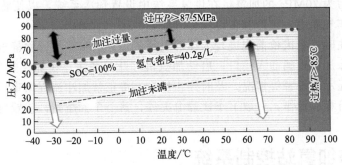

图 19-61　70MPa 车载氢系统气体密度图

度为 18.1g/L；压力 35MPa、温度 15℃下，氢气密度为 24.0g/L；压力 50MPa、温度 15℃下，氢气密度为 31.6g/L；压力 70MPa、温度 15℃下，氢气密度为 40.2g/L。

（4）控制方式

加注过程有多种控制方式，主要是采用固定孔板控制，加注压力达到公称工作压力或达到目标压力；采用可调节孔板控制，加注压力达到目标压力。

加氢机加注过程应采用可调节孔板控制，加氢机应设有自动切断阀，以在加注结束或发生紧急情况时，停止加注过程；自动切断阀还可用于测试系统气密泄漏测试。加氢机应安装压力传感器，监测加注过程中加氢软管的压力。

加氢机的标准加注过程由初次检漏、车载储氢系统初始压力测量、体积测量、主加注过程、加注过程中检漏等组成。不应采用定金额、定质量加氢方式。

（5）通信系统（如有）

如有通信系统，加氢枪需额外配置防爆红外通信功能，在加氢启动时，加氢机获得车载气瓶的温度及压力信号等气瓶信息，以保证在充装过程中的信息数据读取，若通信中断，应及时地中断氢气加注。

19.4.6　加注过程安全要求

为保障氢气加注过程的安全，国际标准 ISO 15869 和美国汽车工程学会标准 SAE J2601 均对车载高压储氢系统（compressed hydrogen storage system，CHSS）定义了不超温和不超压的双重安全加注边界要求，如图 19-62 所示。气态氢加注过程中，CHSS 的工作温度不能超过 85℃，最大气体流速低于 60g/s。对于 35MPa 和 70MPa 的车载储氢瓶，压力分别不能超过 43.8MPa 和 87.5MPa。

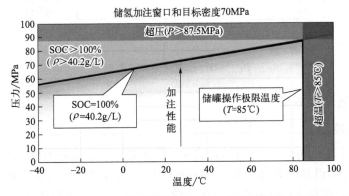

图 19-62　J2601 协议规定的 70MPa 加注的边界条件

额定工作压力为 70MPa 的加氢机在供氢系统中设置预冷系统，以便将氢气冷却至预定温度后充装到汽车气瓶中，预冷温度范围为 −40~0℃。

加氢机在加注时，在拔枪前先进行人体静电释放，并给车辆放置除静电夹，取下被加注气瓶的瓶帽，确保加枪正确插入接口；启动加氢机，开始加注，在加注过程观察加注状态，发现过程不对或显示值报警等情况，及时停止加注；待正常加注流程结束后，根据加氢机的提示拔枪，可进行相应操作，并取下车辆静电夹等，盖上车辆瓶帽，放置好加氢枪，完成整个加注流程。

19.5　气态加氢站控制系统

19.5.1　站控系统的组成

气态加氢站站控系统的设备组成一般包括长管拖车、卸气柱、顺序控制盘、隔膜压缩机撬、高压储氢瓶组、氮气瓶组、加氢机、冷水机组及配套换热器、高压管道阀门以及配套的控制系统。数量上长管拖车、压缩机、冷水机组一般是一用一备，高压储氢瓶组一般分低、中、高三组，具体如图 19-63 所示。

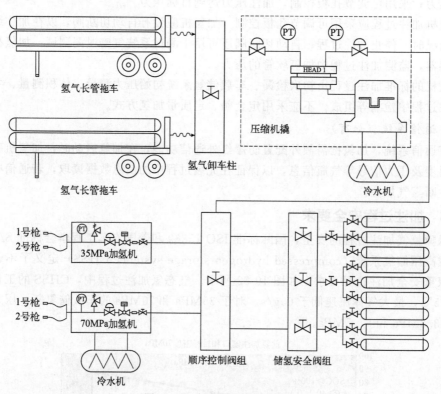

图 19-63　加氢站站控系统图

19.5.2　站控各功能控制

19.5.2.1　充装控制

加氢站充装流程图如图 19-64 所示，启动站控系统后，在设备无故障的情况下，系统自动选择高于长管拖车返回压力且较低的长管拖车给压缩机供气。比如两辆长管拖车分别为 10MPa 和 15MPa，都高于长管拖车返回压力设置值 5MPa，系统会选择 10MPa 长管拖车给

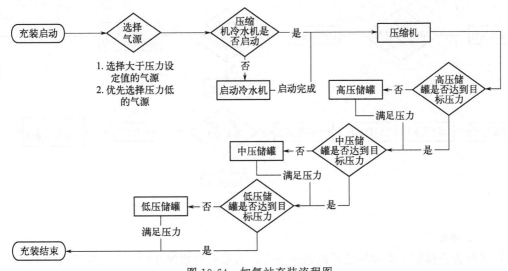

图 19-64 加氢站充装流程图

压缩机供气；如果两辆长管拖车分别为 4.5MPa 和 15MPa，长管拖车返回压力设置值 5MPa，系统会选择 15MPa 长管拖车给压缩机供气。

压缩机为一用一备，在压缩机停止状态下，可对压缩机进行切换。启动压缩机前，系统会自动启动相应的冷水机，判定冷水机启动后，冷水机旁路阀关闭，打开相应阀门后，系统会启动已选择的压缩机对罐体进行充装作业，系统会根据算法对 1♯ 储罐目标压力、2♯ 储罐目标压力和 3♯ 储罐目标压力做出判断，对没有达到目标压力且压力最高的储罐先进行补气，为防止系统连续工作和在进行充气切换罐时对压缩机造成冲击，在补气时按照从高到低原则。为了避免由于系统在气温下降时压力会有所降低，避免系统频繁启动，控制压力精度设置在 1MPa，当压缩机把储罐充装到目标压力超过 45MPa 后，系统不会对此罐充装，当压力在 44~45MPa 变化时，系统认为达到目标压力，不对此罐充装。

19.5.2.2 加注控制

加氢站储氢系统通常由一定数量的储氢瓶组成，采用分级加注可以提高氢气利用率，降低加氢站功耗。分级取气即将加氢站的储氢瓶按照压力等级分成低压、中压和高压三级储氢瓶组。通过程序设计，在加注时加氢机将按从低压到高压的顺序依次从储氢瓶组中取气。

加氢机的温升控制策略中，选用如氢气预冷及合理的加注控制策略。氢气预冷技术：在 70MPa 加注中，H_2 气源为常温，快速加注使温度快速增加并且气瓶温度远大于 85℃，如果采用自然降温，则需要较长的加注时间，这样就无法满足快速加注的需求，因此采用 H_2 预冷方式，在 H_2 加注之前启动制冷，使 H_2 气源的温度保持在 -40℃ 左右后进行 H_2 加注，这样就大大缩短了加注时间。温升控制加注技术：即使采取了对气源预冷的处理，并不能完全保证在大流量的工况下气瓶内的温度始终维持在安全限值以内，所以在追寻温度控制和加注速度最优化的加注中，仍需通过加注控制流量或气瓶内的压力上升速率的加注方式对气瓶温度加以控制。基于上述考虑，为控制 H_2 的温升、提高加注效率和安全性，可以在加注前对 H_2 进行预冷降温处理并控制 H_2 加注的流量或压力上升速率，从而保证 H_2 在加注过程中的温度不超过气瓶规定的使用温度。

加注的过程采用调压控制，工作过程控制的关键因素有：初始压力脉冲加注确定储氢瓶的体积、主加注过程的压力升高、加注过程中的氢气泄漏检测。具体流程如图 19-65 所示。

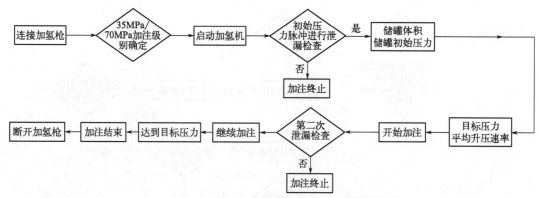

图 19-65　加氢机加注流程图

（1）连接脉冲

加氢软管会保留上次加注之后的残余压力，当重新开始加注时，会在软管内产生一个连接脉冲。

（2）通信系统（如有）

通信系统必须能识别出连接脉冲和初始脉冲。工作状态下，通信系统具有识别储氢瓶压力等级、瓶体容积、起始温度的能力，而且必须能在加注过程出现异常时停止加注。

（3）初始压力脉冲加注

用初始压力脉冲加注进行初始泄漏检测，验证加氢软管、拉断阀、加氢枪及车辆连接的气密性。如有通信系统，应在此过程中确定车辆储氢瓶压力等级、容积、起始温度等。

（4）初始泄漏检测

车辆与加氢机相连，应检查其气密性。加氢机加注少量氢气到车载储氢瓶，然后停止，监测加氢软管压力，5s 后查看压力下降情况。如果检测出压力迅速下降，这表明系统存在故障，加氢机应停止加注过程。初始泄漏检查结束时的压力作为加氢起始压力。

注：加注停止时氢气流速应小于 1g/s，加氢过程中加注停止的次数应小于 10 次。

（5）目标压力及加注速率的计算

主加注过程开始前，应计算目标压力和加注速率。根据实际环境温度和储罐初始压力，对照 SAE J2601 内相应目标压力和加注速率表格，确定此次加注过程的目标压力及加注速率，具体如表 19-17 所示。

表 19-17　目标压力和加注速率表

H35-T20 不带通信的 A 型储罐		平均压力上升率 /(MPa/min)	目标压力 P_{target}/MPa								
			储罐初始压力 P_0/MPa								
			0.5	2	5	10	15	20	30	35	＞35
环境温度 T_{amb}/℃	＞50	不加注	不加注	不加注	不加注	不加注	不加注	不加注	不加注	不加注	不加注
	50	＜1	不加注	不加注	不加注	不加注	不加注	不加注	不加注	不加注	不加注
	45	2.3	40.6	40.4	40.2	39.7	39.3	38.8	37.6	36.7	不加注
	40	3.6	40.6	40.4	40.2	39.8	39.4	38.9	37.8	36.7	不加注
	35	3.9	40.5	40.4	40.2	39.8	39.4	39.0	37.8	36.7	不加注
	30	5.0	40.1	40.0	39.8	39.4	38.9	38.5	37.1	35.9	不加注

续表

H35-T20 不带通信的 A 型储罐	平均压力上升率 /(MPa/min)	目标压力 P_{target}/MPa								
		储罐初始压力 P_0/MPa								
		0.5	2	5	10	15	20	30	35	>35
环境温度 T_{amb} /℃　25	6.2	39.8	39.7	39.4	39.0	38.5	38.0	36.4	不加注	不加注
20	7.6	39.5	39.4	39.1	38.6	38.1	37.4	35.7	不加注	不加注
10	10.2	38.9	38.7	38.4	37.8	37.1	36.4	34.2	不加注	不加注
0	15.3	38.6	38.4	38.0	37.2	36.3	35.3	32.5	不加注	不加注
−10	16.9	38.0	37.7	37.2	36.2	35.2	34.0	30.8	不加注	不加注
−20	18.6	37.3	37.0	36.4	35.2	34.0	32.6	不加注	不加注	不加注
−30	20.3	36.7	36.3	35.6	34.2	32.8	31.2	不加注	不加注	不加注
−40	22.1	36.9	36.5	35.7	34.3	32.8	31.2	不加注	不加注	不加注
<−40	不加注	不加注	不加注	不加注	不加注	不加注	不加注	不加注	不加注	不加注

（6）加注过程泄漏检测（35MPa）

35MPa 加氢机加注过程中，加氢软管压力达到 30MPa 时，应进行泄漏检测，如果测得压力迅速下降，加氢机应停止加氢。具体如图 19-66 所示。

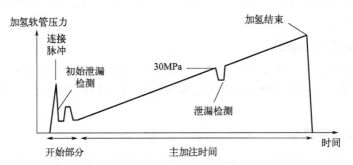

图 19-66　35MPa 加注泄漏检测曲线

（7）加注过程泄漏检测（70MPa）

70MPa 加氢机加注过程中，加氢软管压力达到 30MPa、60MPa 时，应分别进行泄漏检测，如果测得压力迅速下降，加氢机应停止加氢。具体如图 19-67 所示。

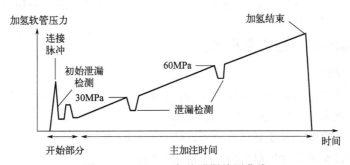

图 19-67　70MPa 加注泄漏检测曲线

（8）主加注过程中的泄漏检测

气态加氢机在主加注过程中探测到泄漏，加氢机应停止加注，并且显示检测到泄漏。

（9）紧急停止

加氢机应设置紧急停止开关，按下开关则加注过程会停止。加氢机应与加氢站紧急停止系统连接，允许利用急停开关远程操控终止氢气加注。

（10）结束加注

当加氢软管压力达到目标压力后，结束加注过程。

（11）数据记录

加氢机应显示加注总量和加注软管压力，还应记录每次加注的数据，包括下列几项：日期及时间、起始压力、结束压力等。

19.5.3　监控数据要求

监控系统能够实时监控整个加氢站的运行状况，通过文字颜色变化及闪烁报警等多种形式，动态模拟出设备的运行情况。重要设备及报警信息设有历史查询及打印功能，可以随时查看站控、加氢机、压缩机、冷水机等设备信息。

19.5.3.1　站控系统主画面

用于加氢站设备状态显示及控制，画面中可查看的信息主要有：仪表示数、阀门及设备状态。点击阀门、设备及按钮可以进行控制；阀门显示绿色表示打开状态，显示红色表示关闭状态；设备显示绿色表示运行状态，显示红色表示停止状态，显示黄色表示故障状态。示例如图 19-68～图 19-71 所示。

19.5.3.2　各设备监控画面

压缩机、气态加氢机、冷水机组需要有单独的监控画面，画面中可查看设备状态、报警信息、仪表数据等，并根据报警信息到设备侧排除故障，排除故障后再回到监控画面进行复位确认。

19.5.3.3　安防监控画面

安防监视画面用于氢泄漏和火焰检测。发生报警时，站控系统自动停止，设备不能启动。画面中可查看的信息主要有：氢泄漏量、火焰监测值及报警信息；当有氢气泄漏时相应的图标变为红色，正常时为绿色；当有监测到火焰时相应的图标变为红色，正常时为绿色。

19.5.3.4　数据查询画面

数据查询画面用于站控、气态加氢机、压缩机、火气系统及加注数据查询导出，可以根据时间查询出期间发生的所有信息。

19.5.4　气态加氢站站控安全要求

19.5.4.1　安全依据

《石油化工可燃气体和有毒气体检测报警设计标准》GB/T 50493—2019

《加氢站安全技术规范》GB/T 34584—2017

《自动化仪表工程施工及质量验收规范》GB 50093—2013

《石油化工仪表安装设计规范》SH/T 3104—2013

《石油化工仪表工程施工技术规程》SH/T 3521—2013

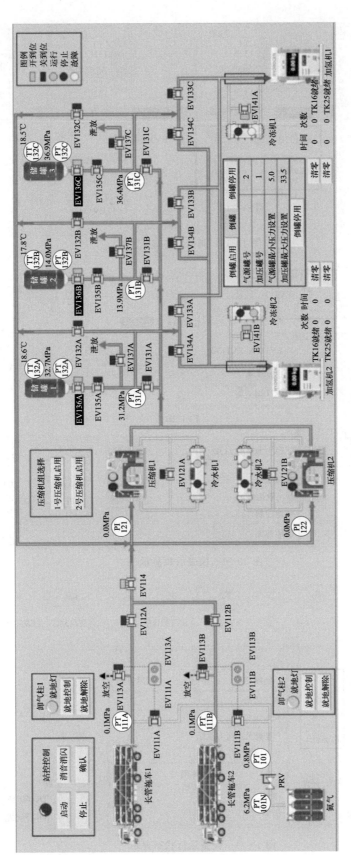

图 19-68　站控系统主画面

第三篇　氢的储存、运输及加注

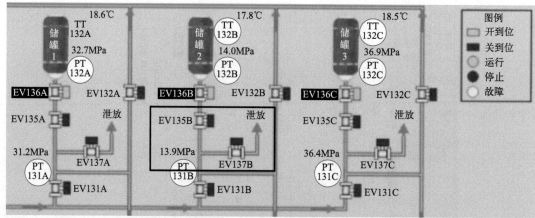

图 19-69　阀门状态显示

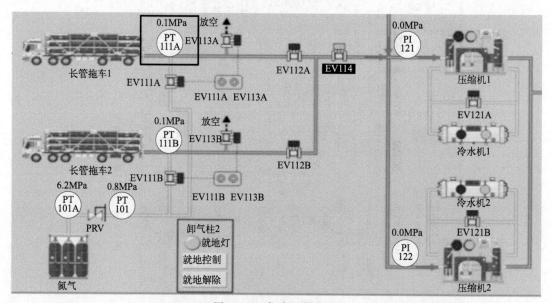

图 19-70　仪表示数显示

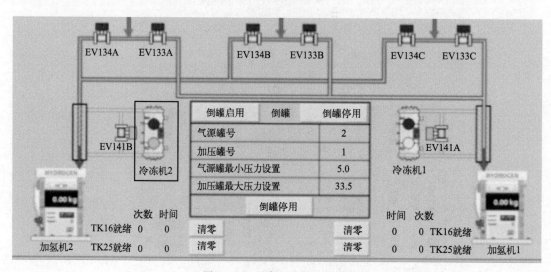

图 19-71　设备运行状态显示

《石油化工控制室设计规范》SH/T 3006—2012

《石油化工自动化仪表选型设计规范》SH/T 3005—2016

《石油化工仪表供电设计规范》SH/T 3082—2019

《石油化工仪表接地设计规范》SH/T 3081—2019

《石油化工仪表管道线路设计规范》SH/T 3019—2016

《石油化工仪表供气设计规范》SH/T 3020—2013

《火灾自动报警系统设计规范》GB 50116—2013

《加氢站技术规范(2021 年版)》GB 50516—2010

《氢气站设计规范》GB 50177—2005

19.5.4.2　设备安全

设备安全分两个部分，设备的停止功能和报警停机。当按下停止按钮后，设备会停止工艺过程。当有报警时，设备会自动停止工艺过程，并发出报警。

19.5.4.3　消防控制

火灾探测器：加氢站在储氢罐、控制阀组、氢气压缩机、加氢机上部、卸气柱等区域都会安装火灾探测器，便于及时发现氢气火情，安装的位置以火灾探测器不应因光照原因而功能受限为准。此外，火灾探测器应具备通信和联网功能，可向火灾报警控制器传递火警、故障等信息，并能联网监控。

氢气泄漏探测器：加氢站在可能存在氢气聚集区域会设置排气孔，并配置氢气泄漏探测器，进行联动事故排放，防止氢气达到爆炸浓度。

19.5.4.4　管理安全

系统的操作要求具备指定权限，只能在权限范围内操作相对应的监控画面，监控系统运行中只能有一个用户登录，系统设置有值班员、管理员、安全员、工程师 4 类用户。具体权限如下：

值班员权限：查看所有画面信息；

历史运行数据查询；

事故报警的消音、确认及查询；

站控运行、设备启停、阀门控制（泄放阀除外）。

管理员权限：查看所有画面信息；

历史运行数据查询；

事故报警的消音、确认及查询；

站控运行、设备启停、阀门控制（泄放阀除外）；

参数设置（储罐泄放阀开启压力除外）。

安全员权限：查看所有画面信息；

历史运行数据查询；

事故报警的消音、确认及查询；

泄放阀控制；

储罐泄放阀开启压力参数设置。

工程师权限：厂家设备维护使用。

19.5.4.5 失效模式

当气态加氢站内出现关键设备报警、出现火灾报警、关键部位出现氢气泄漏情况或站内触发 ESD 紧急停机等情况时，加氢站站控系统应能在事故状态下迅速中止充装、加注过程，切断工艺设备的电源和关闭重要的管道阀门，并执行相应的连锁动作，且触发整站声光报警。此外站控系统自动记录站内报警信息，并将报警内容进行自动打印。

参 考 文 献

[1] Nick Barilo，Suzanne Loosen. Hydrogen fuel cells and fuel cell electric vehicles：emerging application and safety management [J]. Green Transportation Summit & Expo, 2018.

[2] GB/T 37244—2018 质子交换膜燃料电池汽车用燃料　氢气[S]. 2018.

[3] GB/T 3634.1—2006 氢气　第 1 部分　工业氢[S]. 2006.

[4] GB/T 34537—2017 车用压缩氢气天然气混合燃气[S]. 2017.

[5] GB 50177—2005 氢气站设计规范[S]. 2005.

[6] GB/T 34584—2017 加氢站安全技术规范[S]. 2017.

[7] GB 50516—2010 加氢站技术规范(2021 版)［S]. 2021.

[8] Petitpas G，Aceves S M . Liquid hydrogen pump performance and durability testing through repeated cryogenic vessel filling to 700 bar [J]. International Journal of Hydrogen Energy，2018，43（39）：18403-18420.

第**20**章

氢的主要压力管路元件
与氢的检测

20.1 氢气管道元件概述

在氢气储运系统中，管道元件与安全附件对实现氢气输送的控制、压力调节、安全预防等起到关键作用，氢气储运系统包含有大量的管道元件、安全附件等。本章所指的氢气管道主要包括加氢站系统中氢气输送管道（或管路）、氢气工业管道、氢气分配管线等。

在管道元件的分类中，管道元件可以被分为管道组成件与管道支承件[1]。

20.1.1 管道组成件

管道组成件主要指被用于连接或者装配成承载压力且密闭的管道系统的元件，如管子、管件、法兰、密封件、紧固件、阀门、安全保护装置及诸如膨胀节、挠性接头、耐压软管、过滤器（如 Y 型、T 型等）、管路中的节流装置（如孔板）和分离器等。

输送氢气的管道管子可包括无缝钢管、焊接钢管、复合管、非金属材料管等；氢气管道元件可包括非焊接管件（无缝管件）、焊接管件（有缝管件）、锻制管件、复合管件及非金属管件等。

20.1.2 管道支承件

管道支承件主要为管道系统中起到支撑、连接等作用的部件，包括吊杆、弹簧支吊架、斜拉杆、平衡锤、松紧螺栓、支撑杆、链条、导轨、鞍座、底座、滚柱、拖座、滑动支座、吊耳、管吊、卡环、管夹、U 形夹和夹板等。本手册中所指的管道元件，主要指承载压力且密闭的氢气输送管道系统中的元件。

作为以一定温度、压力操作的氢气储运系统，部分管道元件及安全附件按照管径和压力，应该纳入《特种设备目录》[2]中的压力管道进行管理，压力管道元件包括直径大于等于50cm 且压力大于等于 0.1MPa 的压力管道管子、管件、阀门、法兰补偿器等。

在特种设备目录中，压力管道管子分为金属管子和非金属管子。压力管道阀门分为金属阀门、非金属阀门与特种阀门，根据阀门结构及功能的分类可见后续章节介绍；压力管道法兰可分为钢制锻造法兰、非金属法兰，密封件可分为金属密封件、非金属密封件，特种元件包括防腐管道元件及元件组合装置。

20.1.3 管道安全附件

管道安全附件包括安全阀、紧急切断阀与气瓶阀门。在氢气储运系统中，压力容器分为固定式储氢容器、瓶式储氢容器、长管拖车、气瓶等。压力容器的安全附件包括直接连接在压力容器上的安全阀、爆破片装置、易熔塞、紧急切断装置和安全连锁装置；气瓶的安全附件包括气瓶阀门（含组合阀件，简称瓶阀）、安全阀、爆破片装置、易熔合金塞、紧急装置玻璃泡等[3]。上述安全附件可在储氢压力容器、储氢气瓶设备或氢气管道系统存在超压、泄漏等安全隐患时及时泄压、截断，以降低事故发生概率或减小事故危害，这些安全附件可以单独装在设备或系统中，也可以以组合形式安装。爆破片装置与安全阀、爆破片-易熔合金塞等组合结构，应当符合压力容器、气瓶等产品标准的相关要求。串联在组合结构中的爆破片在动作时不允许产生碎片，对于易燃易爆的氢气介质，储氢压力容器应当在安全阀或者爆破片的排出口装设导管，将排放介质引至安全地点；可装设导管高出建筑物房顶至少2m，并远离火源、静电聚集区域。

氢气压力管道元件及安全附件，均属于特种设备，需满足特种设备安全技术规范的相关要求。如安全阀、爆破片及紧急切断装置等部件的制造均应持有相应的特种设备制造许可；需要型式试验的部件，应经国家市场监管总局核准的型式试验机构进行试验并取得型式试验证书。

20.2 氢气管道元件用材料

20.2.1 材料的氢脆性及测试评价

氢脆是材料在高压氢气作用下会发生韧性降低、抗开裂能力下降等现象的脆化行为，尤其在50MPa以上压力时更难以控制。材料氢脆是氢气储运系统的主要安全问题之一，压力容器、气瓶等相关安全技术要求也提到应考虑材料的力学性能、物理性能、工艺性能和与介质的相容性[4]。

在各种国内外材料与氢的相容性评价测试方法中，国外已有较成熟的、系统的针对氢气储运系统的材料氢脆评价试验方法，如ISO 11114-4：2017提出了圆片氢脆试验、断裂力学试验及带裂纹缺陷试样的抗氢脆试验方法的要求[5]，美国标准ASTM F1459-06介绍了材料氢脆敏感度的评价方法[6]，ASTM G142—2004提出了在高压、高温或高温高压氢气环境中拉伸性能的评价方法[7]，ASTM F519—2018[8]、ASTM E1681-03[9]也提出了在存在氢介质作用时的材料氢脆评价方法。国内针对氢气储运系统中材料与氢相容性测试方法的研究尚处于起步阶段，GB/T 34542.2—2018[10]、GBT 34542.3—2018[11]专门针对氢气储存输送系统提出了材料氢脆测试评价方法。其他相关材料氢脆测试方法中，GB/T 24185—2009[12]提出了利用逐级加力方法测试钢中氢脆临界值的方法，该方法可适用于环境氢脆与内部氢脆的测试；GB/T 23606—2009[13]介绍了在氢气氛中对铜加热后的氢脆性能测试；GB/T 8650—2015[14]针对管线钢与压力容器用钢的氢致开裂，提出了以H_2S水溶液腐蚀环境的试验方法，其相应试验方法也可在高压纯氢环境中参考开展。但国内对密封材料、非金属材料与氢的相容性测试评价研究中尚存在不足，需开展临氢测试装置、测试方法、评价准则等方向的研究。

材料氢脆问题是氢气储运系统中普遍存在的安全问题，与材料（化学成分、力学性能、微观组织等）、使用条件（压力、温度等）、应力水平和制造工艺密切相关。随着氢能产业发展，氢气管子、管件、阀门等部件用材料的氢脆性能评价方法发展也会越来越成熟。

在氢气管道压力元件、阀门、密封件等部件的材料氢脆测试中，应注重以下方面：一是材料在高压氢气作用时的韧性降低，如材料断面收缩率、断后伸长率、氢脆敏感度等性能指标的测试评价；二是存在裂纹缺陷材料在高压临氢作用下的抗氢致开裂能力的降低，如断裂韧度、裂纹扩展速率等性能指标的测试评价；三是在临氢环境中相应材料冷热加工、热处理及焊接等位置的材料临氢性能的测试评价；四是针对管阀件密封材料、输氢软管等非金属材料的临氢测试评价。

20.2.2　氢气压力管道部件用材料

根据 TSG D0001—2009《压力管道安全技术监察规程——工业管道》中的要求[1]，管道组成件的材料应当在设计时考虑其特定使用条件和介质，金属材料的延伸率应不低于 14%，材料在最低使用温度下具备足够的抗脆断能力；由于特殊原因必须使用延伸率低于 14% 的金属材料时，应采取必要的防护措施。用于焊接的碳钢、低合金钢的含碳量应当小于或者等于 0.30%。氢气储运系统中采用的管道组成件，除需满足上述条件外，还应满足相应加氢站、储氢容器、储氢气瓶等产品及系统的安全技术要求。

加氢站内氢气管道的工作压力高且范围较宽，可达 20~100MPa，工作温度为 -40~80℃。目前国内加氢站用氢气管道材料主要采用奥氏体不锈钢的高压无缝钢管，使用经验相对丰富。GB 50156—2021[15] 提出设计压力大于等于 20MPa 的氢气管道应采用 316/316L 双牌号钢或经试验验证的具有良好氢相容性的材料，镍（Ni）含量不应小于 12%，许用应力应按 316 号钢选取。太原钢铁公司已经研制出镍（Ni）含量不小于 12% 氢气专用 316/316L 钢。GB 50516—2010（2021 版）[16] 提出加氢站氢气管道的材料宜选用 S31603 或其他已试验证实具有良好氢相容性的材料，并对奥氏体不锈钢的镍含量与镍当量做了具体要求：镍含量应大于 12%，镍当量不应小于 28.5%。镍当量计算公式如下：

$$Ni_{eq} = w(Ni) + 12.6w(C) + 1.05w(Mn) + 0.65w(Cr) + 0.98w(Mo) + 0.35w(Si)$$

$$(20-1)$$

式中，w 指对应元素的质量分数，%。

除满足上述要求外，加氢站等管道系统还应符合现行国家标准 GB/T 14976《流体输送用不锈钢无缝钢管》[17] 的相关规定。

加气软管及软管接头应选用具有抗腐蚀性能的材料。

20.2.3　氢气阀门与法兰用材料

阀门材料应综合考虑耐腐蚀性、耐磨性、耐老化性、导电性、冲击强度、耐热性、耐低温冲击性能、耐紫外线照射性能及抗氢脆性能。金属材料和非金属材料都应具有良好的氢相容性，其疲劳性能、耐久极限和蠕变强度在阀门设计寿命内应能满足设计文件的要求；非金属材料密封件的使用温度范围应满足 -40~80℃ 的要求，其拉伸强度和断后伸长率的测定应参考 GB/T 528—2009[18] 执行，并满足设计文件的要求。

根据 GB 50177—2005[19] 中的要求，氢气管道阀门宜采用球阀、截止阀等，其材料根据设计压力不同可选择铸钢、合金钢及不锈钢等。阀门密封面与阀体直接连接时，密封面材料可选择与阀体一致的材料，阀门密封填料一般应采用聚四氟乙烯等材料。阀门材料的选择可见表 20-1 所示。氢气法兰的垫片可根据法兰压力范围、密封面形式选择非金属材料、金属材料等，具体选择见表 20-2 所示。

表 20-1　氢气阀门材料

设计压力/MPa	材料
<0.1	阀体采用铸钢 密封面采用合金钢或与阀体一致
0.1~2.5	阀杆采用碳钢 阀体采用铸钢 密封面均采用合金或与阀体一致
>2.5	阀体、阀杆、密封面均采用不锈钢

表 20-2　氢气管道法兰、垫片

设计压力/MPa	法兰密封面型式	垫片
<2.5	突面式	聚四氟乙烯板
2.5~10.0	凹凸式或榫槽式	金属缠绕式垫片
>10.0	凹凸式或梯形槽	二号硬钢纸板、退火紫铜板

在行业标准 JB/T 11484—2013[20] 的要求中，提出阀门壳体材料在使用温度区域内应符合抗氢和抗硫腐蚀的要求，不宜使用马氏体不锈钢和沉淀硬化不锈钢。对工作温度小于 204℃ 的阀门壳体，推荐选用低碳、低硫、低磷的优质碳素钢，并给出了锻件与铸材的材料推荐牌号，锻件推荐为 ASTM A105，铸材推荐为 ASTM A216 WCB、WCC。并提出了对硫（S）、磷（P）、碳含量及碳当量的要求，其中 S，P 含量不大于 0.02%，碳含量不大于 0.23%，碳当量 [CE] 不大于 0.43%，对焊接连接阀门需选用 WCB 和 WCC 材料。碳当量计算公式可参考下式计算：

$$[CE] = w(C) + w(Mn)/6 + [w(Cr) + w(Mo) + w(V)]/5 + [w(Ni) + w(Cu)]/15$$

$$(20-2)$$

式中，$w(C)$ 为碳含量质量分数；$w(Mn)$ 为锰含量质量分数；$w(Cr)$ 为铬含量质量分数；$w(Mo)$ 为钼含量质量分数；$w(V)$ 为钒含量质量分数；$w(Ni)$ 为镍含量质量分数；$w(Cu)$ 为铜含量质量分数。

JB/T 11484—2013[20] 对阀门中的填料推荐采用纯石墨（纯碳含量不小于 98%）材料，还需符合 JB/T 6617—2016[21] 的要求，填料为不锈钢丝或其他耐蚀合金丝交叉编织的石墨环及成型柔性石墨压环，预成形石墨环的密度应在 1120~1440kg/m³ 范围内。所有填料应含有缓蚀剂，填料可滤性氯化物的含量不大于 100μg/g，且不得含有黏结剂、润滑剂或其他添加剂。

20.3　氢气管道阀门

20.3.1　氢气管道阀门及分类

阀门是用来控制管道内介质的、具有可动机构的机械产品的总体，阀门可按照结构、驱动方式、温度、压力等条件进行分类。氢气阀门作为阀门中针对氢气介质的一种，同样拥有上述功能与分类（图 20-1）。

按照结构分类，阀门可包括闸阀、截止阀、节流阀、球阀、蝶阀、隔膜阀、止回阀、安全阀、减压阀、调节阀（控制阀）等；

按驱动方式分类可包括手动阀门、电动阀门、液动或气动阀门；

按压力分类可包括低压阀门（公称压力不大于 PN16 的各种阀门）、中压阀门［公称压力为 PN16~PN100（不含 PN16）的各种阀门］、高压阀门［公称压力为 PN100~PN1000（不含 PN100）的各种阀门］、超高压阀门（公称压力大于 PN1000 的各种阀门）；

按温度分类可包括高温阀门、中温阀门、常温阀门、低温阀门、超低温阀门；

按制造材料分类可包括金属阀门、非金属阀门、特种阀门等；

按用途分类还可分为管道阀门、容器阀门、气瓶阀门等，有些阀门可以通用在不同的场所。

在氢气储运及管道（管路）系统中，常见的阀门包括单向阀、溢流阀、调节阀、拉断阀、手动阀、安全阀、截止阀等（表 20-3）。压力管道阀门和气瓶阀门在生产制造过程中应

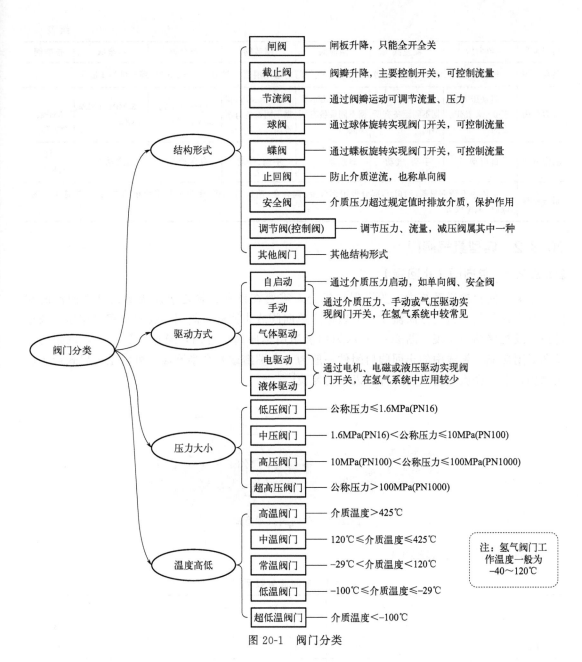

图 20-1　阀门分类

进行型式试验。氢气阀门在服役过程中一般应进行维护保养、检查泄漏情况。阀门的维护保养应每年至少开展一次，由经过培训的工作人员按照操作手册开展，并应准备好精确的系统路线图。

表 20-3　氢气储运系统中的典型阀门

阀门种类	单向阀	截止阀	溢流阀	调节阀	安全阀	组合阀	拉断阀
适用场景/设备	加氢站,加氢机,氢气长管拖车,输氢管道	加氢站,加氢机,氢气长管拖车,输氢管道	加氢站,输氢管道	加氢站,加氢机,输氢管道	储氢气瓶,氢气长管拖车,输氢管道	储氢容器,储氢气瓶,氢气长管拖车	加氢站,加氢机

续表

阀门种类	单向阀	截止阀	溢流阀	调节阀	安全阀	组合阀	拉断阀
温度范围	根据加氢站、储氢气瓶使用方式不同，氢气阀门的适用温度一般为-40～120℃，部分可达160℃						
压力范围	启动压力介于0～0.2MPa之间	0～70MPa，根据不同设备有所不同	0～70MPa，根据不同设备有所不同	0～70MPa，根据不同设备有所不同	10～70MPa、100MPa等	35MPa、50MPa、70MPa	35MPa、70MPa
动作方式	自启动	手动、气动	自启动	手动、气动	自启动	自启动	拉断自启动
制造材料	主体为不锈钢材料(316L)，部分采用铝合金、铜合金、哈氏合金等；密封材料多为聚四氟乙烯、腈基丁二烯橡胶、氟橡胶等						

20.3.2 典型氢气阀门

20.3.2.1 单向阀（止回阀）

在氢气储存输运系统中，为了保证安全，需要在设备、管道中设置防止氢气回流的阀门，只允许氢气沿特定方向流动，可以称为单向阀或止回阀。阀门的反向自密封作用一般通过弹簧或机械结构实现。图 20-2 所示为加氢站用单向阀示意图，通过弹簧作用实现阀门的反向封闭功能。管线中的止回阀启闭件一般为一个圆瓣或两个半圆瓣，可以是旋启式或轴流式结构，在无介质流动时启闭件可以自动复位[22]。

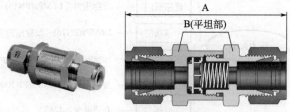

图 20-2　单向阀及示意图

单向阀参数示例如表 20-4。

表 20-4　单向阀参数示例

阀门型号	接头方式与尺寸		流量系数 C_v	开启压力范围 /MPa	尺寸/mm	
					A	B
CHSS-FL4-H2	6D系列双卡套接头	1/4'	0.67	0.006～0.034	61.7	17.5
CHSS-FL4-1-H2		1/4'	0.67	0～0.021	61.7	17.5
CHSS-FL6-2-H2		3/8'	1.80	0～0.028	69.9	25.4
CHSS-FL6-3-H2		3/8'	1.80	0.049～0.11	69.9	25.4
CHSS-FL8-4-H2		1/4'	1.80	0.14～0.21	75.2	25.4

注：1. 本表中最大工作压力41.4MPa；工作温度-40～120℃；阀体材料316SS；密封材料为三元乙丙橡胶。

2. 其他工作压力包括103.4MPa、137.9MPa等，相应连接方式及尺寸均会产生变化。

20.3.2.2 溢流阀

溢流阀（图 20-3、表 20-5）是控制氢气流量的阀门，当压力或流量达到设定值时，阀门会自动关闭或限制流量，当超流量现象不存在时，阀门会自动复位。溢流阀可以分为内部溢流阀、外部溢流阀、关闭型溢流阀与流量限制型溢流阀，内部溢流阀主要安装在储氢容器（气瓶）或气瓶阀门的内部，外部溢流阀安装在储氢容器（气瓶）的外部，关闭型溢流阀在关闭状态时会阻断氢气流动，流量限制型溢流阀在激活时主要限制流量的大小。

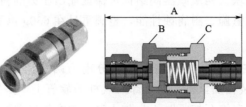

图 20-3　溢流阀及示意图

表 20-5　溢流阀参数示例

阀门型号	接头方式与尺寸		流量系数 Cv	内通径/mm	尺寸/mm		
					A	B	C
EVSS-FL4-4-H2	6D 系列双卡套接头	1/4′	0.5	4.8	61.7	17.5	17.5
EVSS-FL6-6-H2		3/8′	1.1	6.4	69.9	25.4	25.4
EVss-ML6-8-H2		12mm	1.1	9.5	75.2	25.4	25.4

注：最大工作压力 41.4MPa；工作温度−40～121℃；阀体材料 316SS；密封材料为三元乙丙橡胶。

20.3.2.3　调节阀

调节阀又名控制阀，调节阀能够根据调节部位信号，自动控制阀门的开度，从而达到介质流量和压力的调节。氢气系统中的调节阀需要适应阀前与阀后高压差工况对阀芯阀座的冲刷，调节阀可分为气驱调节阀、电子调节阀与压力调节器（通过设定固定值或气体驱动）。

减压阀（表 20-6）也属于调节阀的一种，是通过阀瓣的节流，将进口压力降至某一需要的出口压力，并能在进口压力及流量变动时，利用介质本身能量保持出口压力基本不变的阀门。减压阀可分为直接作用式减压阀、先导式减压阀、薄膜式减压阀、活塞式减压阀、波纹管减压阀等，其中直接作用式减压阀利用出口压力变化直接控制阀瓣运动；先导式减压阀由主阀和导阀组成，主阀出口压力的变化通过导阀放大控制主阀阀瓣动作；薄膜式减压阀通过采用膜片作敏感元件来带动阀瓣运动以实现减压；活塞式减压阀采用活塞作敏感元件来带动阀瓣运动实现减压；波纹管减压阀采用波纹管作敏感元件来带动阀瓣运动实现减压。

表 20-6　国产 70MPa 减压阀技术参数

项目	参数	项目	参数
适用介质	H_2	出口压力稳定性	±10%
额定工作压力	70MPa	泄漏率	<10mL/h
工作环境温度	−40～＋85℃	流量系数 Cv	≥0.3(入口压力 2MPa)
入口压力	1～87.5MPa	压力循环次数	≥15000 次(最高入口压力下)
设定出口压力	0.8～2.0MPa		

氢气减压阀的性能指标包括其调压性、流量性与振动性。调压性能需保证其在给定的调压范围内实现出口压力在最大值与最小值之间的连续调整，不会产生卡阻和异常振动。流量性为出口流量发生变化时，减压阀不发生异常动作，直接作用式减压阀的出口压力负偏差值应不大于出口压力的 20%，先导式减压阀出口压力负偏差值不大于出口压力的 10%。振动

性为当进口压力变化时减压阀不会发生异常振动，直接作用式减压阀的出口压力偏差值应不大于出口压力的10％；先导式减压阀的出口压力偏差值不大于出口压力的5％[23]。

国产70MPa氢气减压阀采用了同轴多级减压技术，内部集成高压分流器、两级减压模块、单向阀、卸荷阀等模块。两级减压阀结构可保证输出压力的精度和稳定性。减压阀采用高强度新型材料，具有耐氢脆、耐腐蚀性能，整阀重量在650g以下。

20.3.2.4 拉断阀

拉断阀（表20-7）在一定外力作用下可被分离为两节，分离后具有自密封功能的阀门[16]。该装置一般应安装在加氢机、加（卸）气柱的软管上，是防止软管被拉断而发生泄漏事故的专用保护装置。在汽车加氢时，为防止汽车因意外启动而拉断加氢软管或拉倒加氢机引起氢气泄漏事故，设置拉断装置使软管与加注装置或加注枪之间的氢气被切断。拉断阀要求的拉断载荷一般为68kg左右，拉断作用力范围为400～900N，因不同生产厂家产品不同而有所不同。

表 20-7 拉断阀技术参数

项目	参数	项目	参数
工作压力	20MPa、35MPa、70MPa	阀体材料	不锈钢、铝合金、黄铜
直径	1/4'、3/8'、1/2'	拉断力	300～600N
过滤精度	10～40μm	工作温度	−40～85℃

20.3.2.5 截止阀（切断阀）

截止阀（图20-4、表20-8）也可称为切断阀，是主要起到切断、节流与调节的阀门。截止阀的密封是通过对阀杆施加扭矩，阀杆在轴向方向上向阀瓣施加压力，使阀瓣密封面与阀座密封面紧密贴合，阻止介质沿密封面之间的缝隙泄漏。截止阀根据通道形式可以分为直通式截止阀、直流式截止阀、角式截止阀、柱塞式截止阀等。

图 20-4 氢气截止阀

表 20-8 氢气截止阀

型号	用途	压力	尺寸	连接方式	材料
一般性	氢气生产（电解水、电气系统）	低压应用	DN100	螺纹、法兰	316 不锈钢 1.4571/AISI316Ti
HFKH500	氢气运输车、氢气集装格、加氢机	50MPa	DN8(3/8')、DN13(1/2')、DN25(1')	螺纹、法兰	316 不锈钢 1.4571/AISI316Ti
HFKH650	氢气运输车、氢气集装格、加氢机	65MPa	DN8(3/8')、DN13(1/2')、DN25(1')	螺纹、法兰	316 不锈钢 1.4571/AISI316Ti
HFKH1000	加氢机	103.4MPa	DN8(3/8')、DN13(1/2')	螺纹、法兰	316 不锈钢 1.4571/AISI316Ti

在氢气储存输运系统中，截止阀也可分为系统正常运行用截止阀和系统检修停止运行用截止阀。截止阀在氢气储运系统中的位置非常多见，如系统总管路、储氢压力容器出口、储氢压力容器与氢气增压机或加氢机之间、氢气增压机与加氢机之间、旁支管路、电解水制氢装置出气管与氢气总管之间、氧气出气管与氧气总管之间等，均需要安装截止阀，可用于系统开关、流量大小的调节，也可便于在紧急情况发生时关闭阀门。

工作温度：$-40\sim85℃$；

操作方式：手动、自动（气动、电动或液压驱动）；

连接方式：DIN ISO 228 母螺纹、ANSI B1.20.1 NPT 母螺纹、SAE J514/ISO/DIS11926-1 母螺纹等。

20.3.2.6　安全阀

安全阀是指当管道或设备内介质压力超过规定值时，启闭件（阀瓣）自动开启排放介质；低于规定值时，启闭件（阀瓣）自动关闭，是对管道或设备起保护作用的阀门。安全阀属于特种设备。安全阀根据结构形式不同可以分为弹簧式安全阀（利用压缩弹簧的力来平衡介质对阀瓣的作用力并使其密封的安全阀）、杠杆式安全阀（利用杠杆作用力来平衡介质对阀瓣的作用力并使其密封的安全阀）、先导式安全阀（依靠从导阀排出介质来驱动和控制主阀的安全阀）、全启式安全阀（阀瓣开启高度等于或大于阀座喉径 1/4 的安全阀）、微启式安全阀（阀瓣开启高度为阀座喉径的 $1/40\sim1/20$ 的安全阀）、波纹管平衡式安全阀（利用波纹管平衡背压的作用，以保持开启压力稳定的安全阀）、双联弹簧式安全阀（将两个弹簧式安全阀并联，具有同一进口的安全阀组）、直接载荷式安全阀（一种仅靠直接的机械加载装置如重锤、杠杆加重锤或弹簧来克服由阀瓣下介质压力所产生作用力的安全阀）、带动力辅助装置的安全阀、带补充载荷的安全阀、真空安全阀、敞开式安全阀等。

在操作安全阀时，需要明确安全阀的几个参数的术语，如整定压力是指安全阀在运行条件下开始开启的预定压力，在该压力下，在规定的运行条件下由介质压力产生的使阀门开启的力同使阀瓣保持在阀座上的力相互平衡；超过压力是指超过安全阀整定压力的压力增量，通常用整定压力的百分数表示；回座压力是安全阀排放后阀瓣重新与阀座接触，即开启高度变为零时的压力；启闭压差是整定压力同回座压力之差，以整定压力的百分数或以压力单位表示；排放压力是整定压力加超过压力的总和；排放背压是由于介质流经安全阀及排放系统而在阀出口处形成的压力；附加背压是安全阀即将动作前在其出口处存在的静压力，是由其他压力源在排放系统中引起的。上述参数是进行安全阀选型的关键参数，需根据氢气储运系统的总容量、压力、流量、氢气压缩机流量等综合需要选择合适的安全阀。

安全阀的整定压力一般不大于储氢压力容器、储氢气瓶的设计压力，设计图样或者铭牌上标注有最高允许工作压力的，也可以采用最高允许工作压力确定安全阀的整定压力。安全阀的排放能力，应当大于或者等于压力容器的安全泄放量。排放能力和安全泄放量计算可参考 TSG 23—2021[3]、GB/T 150.1—2011[24]、GB/T 12241—2021[25]，必要时还应当进行试验验证。

20.3.2.7　组合阀

组合阀主要是通过几种阀门组合而成的保障氢气储运系统安全控制及操作的阀门，可用于控制气路开关、限制流量、安全泄放等，一般常见于高压储氢气瓶，高压储氢气瓶中的组合阀门可由电磁阀、手动阀、温度超压泄放装置（TPRD）、温度传感器、压力传感器、限流阀等组成，目前在市场上流行的组合阀门工程工作压力分为 35MPa 与 70MPa。

组合阀门的性能测试可包括压力循环试验、PRD 加速寿命试验、温度循环试验、耐蚀性试验、车辆环境试验、跌落抗振性试验、泄漏试验、PRD 动作试验、流量试验等，具体测试技术要求可参考 GTR 13[26]。

图 20-5 所示为国外进口的组合阀，包括单进/出口端口、电磁阀电控、手动安全阀、隔离自动阀（故障或维护时）、与罐体相连的泄放阀（以旁路释放多余流量，由手动阀和电磁阀组成）、热压力泄放装置（防止罐体因火灾而爆炸的减压装置）、两个 $10\mu m$ 滤芯、罐体连接装置、充装单向阀、温度传感器、超流量阀（限流器）等组成。

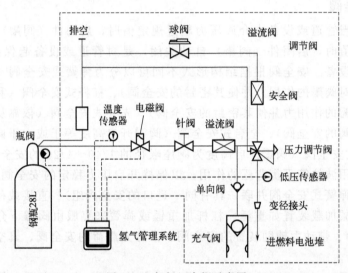

图 20-5　氢气组合阀示意图

国内企业也已经开始国产组合阀（图 20-6、表 20-9）的自主研制，可以兼容 35MPa、70MP、Ⅲ 型瓶和 Ⅳ 型瓶高压设计，阀体采用高强度铝合金材料，电磁阀内置在阀体内部，可保护电磁阀不受外界环境和碰撞影响。组合阀集成有温度传感器、应急泄放阀、手动截止阀、电磁阀、TPRD、过流阀、过滤器等，组合阀内部采用模块化设计，方便维修和部件更换。

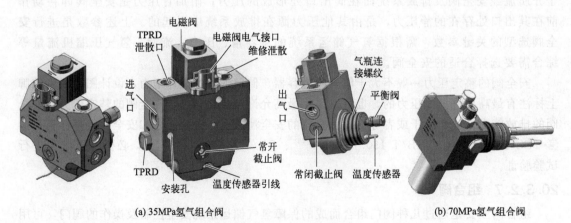

(a) 35MPa氢气组合阀　　　　　　　　　　　　　　　　　　(b) 70MPa氢气组合阀

图 20-6　国产氢气组合阀

表 20-9　国产氢气组合阀参数

项目	参数		项目	参数
			应用介质	H_2
	应用介质	H_2		
	额定工作压力	35MPa	额定工作压力	70MPa
35MPa 氢气 组合阀	阀体材料	Al6061-T6	最大允许工作压力	87.5MPa
	最大允许工作压力	43.75MPa	电磁阀工作电压	DC24V 启动，维持电压 9V
	电磁阀工作电压	DC24V	70MPa 氢气 组合阀　环境温度	$-40\sim85$℃
	环境温度	$-40\sim85$℃	TPRD 激活温度	110℃±5℃
	过滤精度	20μm	泄漏率	≤10mL/h(H_2)
	泄漏率	≤10mL/h(H_2)	温度传感器	TC 型热敏电阻 ($-55\sim+165$℃)
	瓶口螺纹	2-12UN-2A		

20.3.2.8　瓶尾阀

瓶尾阀是应用于 35MPa 压力等级氢燃料电池汽车供氢系统，安装于需要瓶尾保护功能的气瓶中（图 20-7）；该阀件内置感温热敏玻璃球，在达到额定温度时，阀门迅速打开并开始泄压，从而起到保护整个系统的作用。

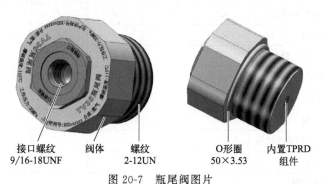

接口螺纹　阀体　螺纹　　　　　O形圈　　内置TPRD
9/16-18UNF　　　2-12UN　　50×3.53　　组件

图 20-7　瓶尾阀图片

瓶尾阀的主要性能包括：①大流量排放，针对 200L、35MPa 的氢气，可以在 300s 内泄放至 1MPa；②性能稳定，采用热敏玻璃球技术，可以长期耐压，且密封可靠；③采用径向密封技术，密封更可靠。

20.3.2.9　减压阀

减压阀是应用于 35MPa 以上压力等级氢燃料电池汽车供氢系统中，把来源于气瓶的高压氢气减压为低压氢气，稳定提供到燃料电池电堆中，并在燃料电池停止工作期间保持可靠的锁闭功能，是车载氢系统的关键功能模块之一。

图 20-8 是双级机械式减压阀，输出压力稳定，锁闭可靠。集成卸压安全阀，简化系统

图 20-8　双级机械减压阀

结构，提高产品安全性。

20.3.3 氢气管道阀门性能测试

20.3.3.1 氢气阀门性能测试一般要求

储氢压力容器、储氢瓶式容器、气瓶、加氢机、氢气管道用阀门应按照相应的产品标准所要求的型式试验项目、试验方法及要求开展。阀门型式试验的目的是验证阀门在氢气环境中的服役性能，以满足氢气储运系统的相应安全技术要求。在氢能储运系统中，常见的氢气阀门包括单向阀、溢流阀、调节阀、拉断阀、截止阀、安全阀等。阀门的性能测试项目可分为通用试验项目与指定试验项目，通用试验项目也称为一般性试验，为所有氢气阀门均需开展的性能测试，指定试验项目是指针对特定阀门所开展的性能测试项目。表 20-10 列出了常见氢气阀门所需开展的性能测试试验项目。其中开展试验项目 1～4 需使用同一阀门按照顺序进行测试，即测试完极限温度压力循环试验后，若阀门通过试验则继续依次开展泄漏试验、故障压力循环试验、耐压试验；试验项目 5～7 采用同型号同批次阀门开展相关试验即可。

表 20-10 典型氢气阀门所需开展的性能测试试验项目

序号	项目	单向阀	溢流阀	调节阀	拉断阀	手动阀	截止阀	安全阀
1	极限温度压力循环试验	√	√	√	√	√	√	√
2	泄漏试验	√	√	√	√	√	√	√
3	故障压力循环试验	√	√	√	√	√	√	√
4	耐压性试验	√	√	√	√	√	√	√
5	扭矩试验	√	√	√	√	√	√	√
6	弯曲试验	√	√	√	√	√	√	√
7	非金属密封件氢气相容性试验	√	√	√	√	√	√	√
8	预冷氢气暴露试验				√		√	
9	启闭循环试验			√		√	√	
10	动作试验		√					√
11	最大流量关闭试验						√	
12	压力脉冲循环实验		√					
13	冲击试验				√			
14	轴向分离拉力试验				√			
15	跌落试验				√			
16	扭转循环试验						√	
17	最大流量关闭试验						√	

阀门的一般性试验包括极限温度压力循环试验、泄漏试验、故障压力循环试验、耐压性试验、扭矩试验、弯曲试验及非金属材料密封件相容性试验。试验时，阀门的试验压力均按照其最大允许工作压力开展试验，试验温度应在 (20±5)℃ 的室温下进行。对于加氢枪阀门，试验应在 −40℃(+0℃，−3℃) 和 85℃(+3℃，−0℃) 下进行。如有特殊要求，可按要求开展高温和低温性能的试验。

在试验介质选择上，氢气压力循环试验、泄漏试验、故障压力循环试验、预冷氢气暴露试验的介质均需为氢气，用于静水压强度试验的液体可以为水或油，用于其他试验的可以选择氦气、氮气或干燥空气。

本手册主要针对阀门的一般性试验进行了简要介绍，与具体阀门相关的特性试验可参考 GTR 13[26]、ISO 19880-3：2018[27]、GB/T 35544—2017[28] 中的具体要求。

20.3.3.2　极限温度压力循环试验

极限温度压力循环试验即测试阀门在极限服役温度（低温−40℃，高温 85℃）条件下的密封或强度性能，需依次开展室温循环、高温循环、低温循环试验。试验时，封堵阀门出气口，将阀门进气口与气源连接，试验时的频率不超过 10 次/min，试验时的下限压力不超过 0.05P，上限压力在 P～1.03P 之间，P 为阀门的公称工作压力。室温循环即在室温条件下连续进行 100000 次循环，随后开展高温循环试验，在不低于 85℃（+3℃，−0℃）的试验温度下连续进行 1000 次循环，最后开展低温循环试验，在不高于−40℃（+0℃，−3℃）温度下连续进行 1000 次循环。在整个试验过程中，阀门密封件应在 16000 次压力循环后更换。当阀门经过 102000 次压力循环后未发生泄漏或破裂，该阀门通过试验。

20.3.3.3　泄漏试验

阀门泄漏试验分为外漏试验与内漏试验。实验前需利用氮气吹扫待试验阀门，并以 0.3P 的压力将其密封。对于外漏与内漏测试，均需开展高温和低温条件下的性能测试，高温试验温度为 85℃（+3℃，−0℃），低温试验温度为−40℃（+0℃，−3℃），应试验前将阀门在规定的温度下至少静置 1h。

开展外部泄漏试验时，将阀门出气口封堵，将进气口与气源连接，分别在高温、低温条件下以不低于阀门公称工作压力 P 的条件下保压 1min，以无气泡产生或泄漏率低于 10cm³/h 为合格。

开展内漏试验时，用管路连接阀门出气口，并将阀门进气口与气源连接。调节阀门，使其处于关闭状态，分别在高温、低温条件下充至不同试验压力，保压 1min，以无气泡产生或泄漏率低于 10cm³/h 为合格。试验时的低压试验压力为不高于 0.025P，高压试验压力为不低于 P，其中 P 为阀门的公称工作压力。

20.3.3.4　故障压力循环试验

阀门的故障压力循环试验是为了保证阀门在故障条件下也能承受一定的压力。试验通常在室温下进行，封堵阀门出气口，将阀门进气口与气源连接，以不超过 10 次/min 的试验频率进行充氢 10 次，最小试验压力为 0.05P～1.1P，最大试验压力为不小于 1.1P，经过 10 次压力循环后再按照泄漏试验测试阀门是否会发生泄漏。阀门在故障压力试验过程中未发生泄漏或破裂，且泄漏试验合格为通过试验测试。

20.3.3.5　耐压性试验

耐压性试验分为耐压试验与静水压强度试验。首先进行耐压试验测试，封堵阀门出气口，将阀门进气口与压力源连接，打开阀门，在室温下对阀门进气口缓慢施加至 1.5P（+2/0MPa）的液压，并保压 10min，阀门在耐压试验过程中不得发生泄漏或破裂。随后进行静水压强度试验，在室温下继续加液压至 2.4P（+2/0MPa），并保压 1min，阀门在静水压强度试验过程中，不得发生泄漏或破裂。

20.3.3.6　扭矩试验

扭矩试验是指利用卡具固定阀门，用力矩扳手或其他可设定扭矩的装置对阀门施加 1.5 倍设计最大扭矩，施加至少 15min，然后释放扭矩，并按要求开展泄漏试验测试。以阀门未发生变形、破裂，且泄漏试验合格为试验通过。

20.3.3.7　弯曲试验

弯曲试验是验证阀门在承受一定弯曲作用力情况下的密封性能，首先将阀门安装在试验装置上。将阀门进气口与气源连接，进气口管路长度不小于300mm，阀门出气口应与刚性支撑连接，支撑面距离阀门出气口不小于25mm，安装完毕后检查阀门的连接密封性，若存在泄漏应重新进行安装。随后关闭阀门，在阀门入口处冲入氢气至0.05P，然后在距离阀门进气口300mm处施加一定载荷，载荷的施加根据管路外径确认，参见表20-11。施加载荷15min后在不移除载荷情况下进行泄漏试验检测，试验结束后卸除载荷，按照水平轴旋转阀门90°后再次开展试验，最终在阀门的四个相互垂直方向上各测试一次，阀门的打开与关闭开展3次。随后拆下阀门再次进行泄漏试验测试，以阀门未发生变形、破裂与泄漏为合格。

表 20-11　弯曲试验载荷施加

管路外径/mm	重量/kg	管路外径/mm	重量/kg
3.18	0.9	12.7	4.5
6.95	1.6	19.1	8.2
9.53	2.3	25.4	14.5

20.3.3.8　非金属密封件氢气相容性试验

非金属材料如树脂、橡胶等，在与高压氢气接触并受到短时间内快速降压影响时容易发生胀大，当压力快速下降时，非金属材料内部会产生鼓泡。为了评价非金属材料的胀大与鼓泡，需开展非金属材料的氢相容性测试。封堵阀门出气口，将阀门进气口与气源连接，在室温条件下充入氢气至公称工作压力P，并保持压力70h。随后在1s内降压至大气压力。然后对阀门进行泄漏试验测试，以阀门未发生泄漏为合格。

20.4　氢气管道连接件

20.4.1　氢气管道连接方式

由于氢气的易燃、易爆、易泄漏的特性，为防止氢气泄漏诱发着火、爆炸等安全事故，氢气管道的连接一般选择具有优良的承压能力、密封性好且施工、维修方便的方式。

在氢气长输管道及站场相关的氢气管道中，其连接方式包括焊接连接、法兰连接等，一般推荐焊接连接，在与增压机及站场其他设备相连接的地方可采用法兰连接。纯氢管道线路工程管道对接接头、站场工艺管道对接和角接接头，国内尚无针对输氢管道建造的相关技术标准，国外标准 ASME B31.12[29]对储氢管线的建造提出了较详细的材料、焊接、维护运行等技术要求。

国内外加氢站中的高压氢气管道的连接，可采用焊接连接方式，也可选择高压不锈钢管及其配套卡套接头连接，并由专业安装单位进行施工安装。加氢站氢气管道的连接，宜采用经氢相容性评定合格的焊接接头或卡套接头，氢气管道与设备、阀门的连接，可采用法兰或螺纹连接等，螺纹连接处可用聚四氟乙烯薄膜作为填料。对设计压力小于20MPa的氢气管道的连接可采用焊接或法兰连接。当采用螺纹连接时，需注意避开存在振动、压力脉动及温度变化的部位，这些位置易产生疲劳交变载荷，导致螺纹连接松动产生氢气泄漏，且螺纹连接不宜在设计压力大于48MPa的系统中使用。高压管道用卡套连接方式主要有螺纹卡套和双卡套两种，GB 50156—2021[15]中提到对外径小于等于25.4mm、设计压力大于等于 20MPa 的高压氢气管道应采用卡套连接。ANSI/API SPEC 6A[30] 提出压力为 35～100MPa 的管道连接一般采用高压螺纹卡套密封方式，低于 35MPa 的可采用双卡套密封方式。

20.4.2　氢气管道焊接

20.4.2.1　输氢管线及站场管道焊接

作为氢气长输管道及站场相关的氢气管道，其工程焊接的质量至关重要，一般包括纯氢管道线路工程管道对接接头、站场工艺管道对接和角接接头焊条电弧焊、钨极氩弧焊、熔化极（实芯/药芯/金属粉芯）气保护电弧焊，以及上述焊接方法相互组合的焊接。在焊接施工过程中，对焊接接头需开展环焊缝横向拉伸性能、夏比冲击韧性、硬度、刻槽锤断、弯曲试验、宏观金相试验等性能测试。需要注意的是上述材料性能与管道建造所选的材料密切相关。国外已有氢气长输管道标准提出 X52 钢级及以下材料适用于输氢管道建设。ASME B31.12[29] 对碳钢与低合金钢公称最小抗拉强度低于 448MPa 的材料，其全尺寸冲击吸收能的要求为三个试样平均值 18J，单个试样最小值 16J；强度介于 448～517MPa 之间的，其全尺寸冲击吸收能的要求为三个试样平均值 20J，单个试样最小值 16J；强度介于 517～656MPa 之间的，其全尺寸冲击吸收能的要求为三个试样平均值 27J，单个试样最小值 20J。随着材料加工制造技术的提高，该技术指标稍显偏低，在今后科技研发与标准制修订的工作中，对环焊缝的冲击吸收能要求可以做出适当提升。

对焊接接头还应开展氢气相容性试验，氢气相容性试验方法可包括慢应变速率拉伸试验、氢致开裂试验、断裂韧度试验、裂纹扩展速率试验等，相关试验方法参考 GB/T 34542.2[10]、GB/T 34542.3[11]、ASME BPV VIII-KD 10[31] 中的相关要求。

20.4.2.2　加氢站氢气管道焊接

加氢站氢气管道焊接包括碳钢与低合金钢管或管件的对接接头、角接接头和承插接头位置，使用的焊接方法包括焊条电弧焊、埋弧焊、熔化极及非熔化极气体保护电弧焊、药芯焊丝电弧焊、等离子弧焊、气焊或其组合。焊接完成后还应进行相应的无损检测，如射线检测、磁粉检测、渗透检测和超声检测等[32]。

目前国内尚无专门针对加氢站用输氢管道的焊接技术要求，所有钢管的焊接工艺需经过评定后方能使用，一般通过对焊接方法、焊接材料、焊接参数等进行选择和调整的一系列工艺试验，以获得标准规定焊接质量的正确工艺。在进行焊接工艺评定试验时，GB/T 31032—2014[32] 指出对直径小于等于 33.4mm 的管子，可用全尺寸拉伸试样代替刻槽锤断及弯曲试验。

焊接接头的冲击试验应在焊接工艺评定中进行。每种焊接工艺（WPQ）、每种焊接材料型号、每种焊剂均要进行一组冲击试验（三个为一组）。试样的热处理状态应保持与完工管道相同（包括热处理温度、保温时间、冷却速度）。在进行冲击试样取样时，试样横贯焊缝的缺口应位于焊缝金属并垂直于接头表面，试样的一个表面应尽可能接近接头表面；热影响区的取样需保证缺口根部及其后的断口尽可能多地位于焊接接头的热影响区。GB 50156—2021[15] 对低温用管道及焊接提出的冲击性能要求为：开展冲击试验时所用的标准冲击试样应为 10mm×10mm×55mm 夏比缺口冲击样品，若尺寸不满足要求，也可采用厚度为 7.5mm、5.0mm、2.5mm 的小尺寸试样或尽可能宽的小尺寸试样，小尺寸试样的缺口宽度不宜小于材料厚度的 80%。对于无法加工小试样的管材，可以免除低温冲击试验。对钢管母材及焊缝金属的试验温度及冲击吸收能标准见表 20-12 所示。

第三篇　氢的储存、运输及加注

表 20-12　冲击试验的吸收能量和侧向膨胀量合格标准 （母材、焊缝金属）

试样规格 /mm	最低使用温度 /℃	冲击试验温度 /℃	冲击吸收能量 /J	侧向膨胀量 /mm
10×10×55	<-196	-196	≥70	≥0.76
7.5×10×55	<-196	-196	≥52.5	≥0.76
5×10×55	<-196	-196	≥35	≥0.76
2.5×10×55	<-196	-196	≥17.5	≥0.76

20.4.3　氢气管道连接件

20.4.3.1　氢气管道锥螺纹卡套连接

氢气管道的卡套连接管应采用 316L/316 无缝钢管、棒材或锻材加工，其中材料的镍含量应大于等于 12%。卡套管接头应采用机械抓紧双卡套接头或高压锥面螺纹接头。通用双卡套接头的后卡套和高压双卡套接头的前、后卡套均应进行硬化处理，且延展性应与硬化处理前保持一致。

机械抓紧双卡套接头一般需进行权威机构认证，按相关标准要求进行型式试验，包括外泄漏试验、耐腐蚀试验、疲劳试验、液压循环试验、抗振动试验、静水压力试验等，其他型式试验可按照相关标准进行。卡套管接头的额定压力值需大于等于其相连接的卡套管的额定压力。

外泄漏试验的试验介质一般为氦气或氢气，每次试验保压 3min，以泄漏无气泡或泄漏率小于或等于 10cm³/h（标准状态下）为合格。试验时需分别开展室温、-40℃、85℃条件下的外泄漏试验，室温与-40℃下的试验压力分别为低压 0.02P、高压 P，85℃条件下的试验压力为低压 0.02P、高压 1.25P，其中 P 为设计压力。

开展耐腐蚀试验时，试验样品应在连接状态下经 144h 盐雾试验后，进行外泄漏试验检测是否有泄漏发生。

卡套的疲劳试验为将所有试验接头重复拆装 25 次后，进行外泄漏试验检查是否发生泄漏。

液压循环试验应在 0.2MPa～1.25P 压力间进行，循环试验 150000 次后应无永久变形，且以外泄漏试验不发生泄漏为合格，其中 P 为设计压力。

卡套的抗振动试验可分两种方法。一是进行共振试验来验证抗振性能，将振动组装件加压至工作压力，两端在密封条件下以 1.5 倍重力加速度及 10～500Hz 的正弦频率扫描 10min，以确定最剧烈的共振频率。沿着卡套接头的三个正交轴分别施加最剧烈共振频率 30min 后进行外观检查与外泄漏试验，其中组装件不应显示任何疲劳或部件损坏，外泄漏试验不应发生泄漏。二是进行偏心电机驱动的旋转挠曲试验来验证抗振性，在给定弯曲应力下，达到应力增强系数 $i=1.3$ 的预期循环次数为合格，应力增强系数 i 按有关标准的规定确定。

静水压力试验的试验压力为 4P，在试验压力下保持 1min 后应无泄漏和破裂，其中 P 为设计压力。

高压锥面螺纹接头应进行外泄漏试验和静水压力试验。其中外泄漏试验一般采用氦气进行，试验压力为 1.25P，保压 10min 后监控卡套是否有泄漏，1min 内应无气泡产生。静水压力试验的试验压力为 2P，保压 1min 后应无泄漏和破裂。高压锥面螺纹接头应根据设计工况的需要确定是否配置抗振环，抗振环的高压锥面螺纹接头应进行抗振性试验。其中 P 为设计压力。

20.4.3.2　法兰连接

法兰类型包括板式平焊法兰、带颈平焊法兰、带颈对焊法兰、整体法兰、承插焊法兰、螺纹法兰、对焊环松套法兰、法兰盖和衬里法兰盖。法兰式管接头按照法兰压板的形式分为对开或整体法兰式管接头、方形法兰式管接头两种。

在输氢管道法兰选择时应考虑以下因素：使用条件，如外部载荷、弯矩和保温；法兰额定压力值、类型、材料、密封面和密封面光洁度；接头的接口设计；安装条件，如法兰密封面的配合状况，安装前的螺栓排列与垫片放置，螺栓的紧固方法与装配程序等。

氢气管道用法兰、螺栓及垫片材料应与氢气介质有良好的相容性，法兰的设计与选型可参考 GB/T 150.3—2011[33]、GB/T 34635—2017[34] 进行，并应符合氢气管道设计安装的相应技术条件要求。针对输氢管道的法兰设计及相关要求可参考 ASME B31.12[29] 中的相关要求进行。

对法兰的性能试验包括泄漏试验、耐压试验、爆破试验、循环脉冲试验等，试验一般在 15～80℃ 的条件下进行，当用于氢气管道时可将试验温度拓宽至 $-40～85℃$。

20.5　氢气压力管道元件选型规则

20.5.1　氢气管件选择

氢气管件主要为加氢站系统及氢气储存输运系统中的管件连接件等，长输氢气管道不在本节介绍范围之内。对于氢气管件的选型，应考虑加氢站、储氢容器的容量、压力、流速等要求，选择合适的耐压等级、管径及管材。加氢站氢气管道一般为无缝钢管，其连接应采用焊接方式连接。与设备、阀门连接的管道，可采用法兰或锥管螺纹连接，螺纹连接处应采用聚四氟乙烯薄膜作为填料。碳素钢管中氢气流速应按表 20-13 选取[19]，不锈钢管设计压力为 0.1～3.0MPa 时，其最大流速可为 25m/s。

表 20-13　碳素钢中氢气流速选择

设计压力/MPa	最大流速/(m/s)	设计压力/MPa	最大流速/(m/s)
>3.0	10	<0.1	按允许压力降确定
0.1～3.0	15		

安装完成的氢气管道应开展强度试验、气密性试验、泄漏量试验等性能测试，根据设计压力 P 不同，选择不同的测试压力，见表 20-14 所示。试验时介质中不应含油，以空气或氮气做强度试验时，应在达到试验压力后保压 5min，以无变形、无泄漏为合格，试验时应制定安全措施；以水做强度试验时，应在试验压力下保持 10min，以无变形、无泄漏为合格。气密性试验达到规定试验压力后，保压 10min，然后降至设计压力，对焊缝及连接部位进行泄漏检查，以无泄漏为合格。泄漏量试验时间为 24h，泄漏率以平均每小时小于 0.5% 为合格。

当氢气管道需穿过墙壁或楼板时，应敷设在套管内，套管内管段不应有焊缝，管道与套管件应采用不燃材料填塞。为了防止管道泄漏后的氢聚集，当氢气管道与其他管道共同敷设或分层布置时，氢气管道应敷设在外侧并在上层。氢气放空管应设置阻火器，氢气放空管的管口应高出该区域建筑物最高点 2m 距离，并应有防雨雪侵入与防杂物堵塞的措施。

表 20-14 氢气管道的测试

管道设计压力 P/MPa	强度试验		气密性试验		泄漏量试验	
	试验介质	试验压力/MPa	试验介质	试验压力/MPa	试验介质	试验压力/MPa
<0.1	空气或氮气	0.1	空气或氮气	1.05P	空气或氮气	1.0P
0.1~3.0		1.15P		1.05P		1.0P
>3.0	水	1.5P		1.05P		1.0P

20.5.2 氢气阀门与安全保护装置选择

氢气阀门选型，首先需了解阀门的工作温度范围、公称工作压力、流量系数等参数。阀门在公称工作压力下的最低温度和最高温度为阀门的工作温度范围，由阀门制造商给定。阀门的公称压力为阀门在工作温度范围内允许的工作压力。流量系数可分为 Kv 与 Cv，Kv 指在规定条件下，在两端压差为 0.1MPa 时，温度为 5~40℃的水在给定行程下流经阀门的流量数，单位为 t/h 或 m³/h；Cv 为在规定条件下，阀的两端压差为 6.894kPa 时，温度为 15.56℃的水，某给定行程时流经阀门以 gal/min 为单位的流量数。（注：1gal/min ＝ 0.227125m³/h，$Cv＝1.167Kv$。）[20]

在进行选型时，阀门的功能、规格、型号应根据具体加氢站规模、加氢过程的控制要求确定，必要时需选用自动控制阀门以实现分阶段加氢需求。

20.5.2.1 储氢容器安全保护装置

储氢容器切断阀的设置可实现分阶段加氢，便于单个储氢容器的维护、检修；主管切断阀可将储氢系统与加氢机分开进行维修和安全紧急切断、分割，若加氢站内发生火灾或其他事故，可通过切断阀切断加氢站进站氢气源，及时查明和处理事故；设置吹扫放空装置，可对氢气管路进行氮气、氢气的置换吹扫，保证检修时的安全；加氢切断阀的设置可便于进行加氢操作。加氢站内储氢容器与加氢枪之间的阀门设置如图 20-9 所示。

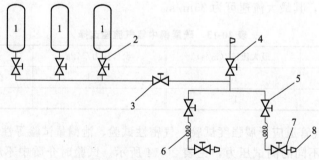

图 20-9 加氢站内储氢容器与加氢枪之间的阀门设置示意图
1—储氢容器或储氢瓶式容器组；2—储氢容器切断阀；3—主管路切断阀；4—吹扫放空装置；
5—紧急切断阀；6—加氢软管；7—加氢切断阀；8—加氢枪

氢气站、供氢站的储氢压力容器、储氢瓶式容器组等装置，应设有安全阀，安全阀前后分别设 1 个全通径切断阀，并设置为铅封开或锁开。若拆卸安全阀时可保证其他储氢容器和管道的放空措施，安全阀前后可不设切断阀。安全阀应设安全阀副线，副线上设置可现场手动和远程控制操作的紧急放空阀门。安全阀的整定压力不得超过容器的设计压力，排放能力不小于对应氢气压缩机的最大排气量。储氢容器、储氢瓶式容器组或氢气储气井与加氢枪之间，应设置切断阀、氢气主管切断阀、吹扫防空装置、紧急切断阀、加氢软管和加氢切断阀。储氢容器应设置氢气回流阀，可使氢气回流至氢气压缩机前管路或氢气缓冲罐。储氢容器、氢气储气井等固定储氢装置需设置现场手动和远程开启的紧急放空阀门及放空管道，放空管应设置 2 个切断阀和取样口，并保证放空管接至室外安全处。

20.5.2.2　氢气压缩机的安全保护装置

加氢站用氢气压缩机的安全保护装置选择应符合以下原则：在压缩机进、出口与第一个切断阀之间，应设置安全阀[15]，安全阀应选用全启式安全阀，压缩机内的自动控制阀门应设置阀位状态故障报警[16]；使用压缩机对氢气增压并充装至氢气储存压力容器时，氢气储存压力容器安全泄压装置的泄放量不应小于压缩机的最大排气量[19]。

20.5.2.3　加氢机的安全保护装置

加氢站用加氢机应设置安全泄压装置或相应的安全措施，安全阀应选用全启式安全阀，安全阀整定压力不应高于 1.375 倍额定工作压力，加氢机进气管道上应设置自动切断阀，当达到车载储氢容器的充装压力高限值时，自动切断阀联锁关闭，以保证安全。氢气加氢机的加氢软管应设置拉断阀，其中加氢软管及软管接头应选用具有抗腐蚀性能的材料，加氢软管上的拉断阀在 400～600N 的轴向载荷作用下可断开连接，分离后两端应自行封闭，拉断阀在外力作用下自动分成的两部分可重新连接并能正常使用。

20.5.2.4　氢气管道的安全保护装置

氢气管道应设置适用于高压氢气介质的安全阀，安全阀的整定压力不应大于氢气管道的设计压力。以管道供氢的加氢站氢气进气总管上需设置紧急切断阀，紧急切断阀的安装位置应便于发生事故时及时切断氢气源。储氢容器、氢气储气井与加氢机之间的总管路上应设安全阀，可在发生超压时保证氢气的安全泄放。

为防止高压管道系统的气体窜入低压管道系统造成超压，氢气管道系统中应设置止回阀或控制阀。氢气管道系统中需安装止回阀与控制阀的位置包括：卸气柱与压缩机之间；压缩机出口；储氢容器、氢气储气井进气管和出气管；氢气预冷器与加氢机之间；氮气集气格出口；各氮气吹扫管线与工艺管线连接处；其他有高压管道系统的气体窜入低压管道系统危险的位置。

为了保证利用长管拖车供氢的加氢站操作安全，卸气柱与氢气运输车辆相连的管道上应设置拉断阀并宜设置防甩脱装置，拉断阀在 600～900N 分离拉力下可断开为两部分，各部分端口能自动封闭。卸气柱需设置泄放阀、紧急切断阀等安全装置，在发生紧急情况时可迅速排放氢气或截断氢气输入。

氢气储运系统及相应设备均应设置氮气吹扫装置，所有氮气吹扫口前应配置切断阀、止回阀。

20.6　氢气管道参数测量

20.6.1　气体压力测量

用于压力测量的仪表种类繁多，常见的有：液柱式压力计、弹性式压力计和膜式压力计。

20.6.1.1　液柱式压力计

液柱式压力计是以液体静力学原理为基础，用液柱重力来平衡被测压力的仪表，一般采用水银、水或酒精作为工作液。

常见的液柱式压力计有 U 形压力计、单管压力计和倾斜微压计。一般被用于测量低压、负压或压力差。

（1）U形压力计

在一支弯成"U"形的玻璃管里注入工作介质到管的一半高度左右。测压时将U形管的一端与被测气体管道或容器相通，另一端与大气相通，由U形管两端液柱之差就可求出被测压力（表压）的数值。

（2）单管压力计

将U形计一侧的管子截面放大，改换成大直径的金属杯，保留另一侧玻璃管。使用时将被测压力P与金属杯相通，玻璃管与大气相通，只需进行一次读数便可测得压力P。

（3）倾斜微压计

将单管压力计的测量管倾斜放置，使它能测量较小的压力，就称为倾斜微压计。

20.6.1.2 弹性式压力计

液柱式压力计，拥有耐压低、易破碎、读数不便、不能远传和自动记录的缺点，使其应用受到一定的限制。

弹性式压力计是以弹性元件受压后产生弹性变形的原理制成的测压仪表。这种仪表拥有测压范围宽、结构简单、牢固可靠、造价低廉、读数容易及精确度高等优点，因而得到广泛应用。

20.6.1.3 膜式压力计

膜式压力计可以用来测量气体的压力和负压。根据弹性元件的不同，膜式压力计可分为膜片式压力计和膜盒式压力计两种。

（1）膜片式压力计

膜片式压力计的弹性元件为波纹金属片。它的作用原理是被测介质通过连接管进入膜室内，通过压力迫使膜片产生位移，再经拉杆传至指针，最后在刻度盘上指示出压力值。

（2）膜盒式压力计

膜盒式压力计的弹性元件为锡磷青铜制成的波纹膜盒。被测介质进入膜盒，迫使膜盒扩张产生位移，进而测得压力的大小。

20.6.2 气体温度测量

温度传感器是利用物质的各种物理性质随温度变化的规律将温度转换为电量的传感器。温度传感器是温度测量仪表的核心部分，品种繁多。按测量方式可分为接触式和非接触式两类，按照传感器材料及电子元件特性分为热电阻和热电偶两类。

设计中最常用的温度传感器（图20-10）有：热电偶传感器、热敏电阻传感器、铂电阻传感器（RTD）和集成温度传感器。

(a) 热电偶　　　(b) NTC热敏电阻　　　(c) PT100铂电阻　　(d) LM75A集成温度传感器

图 20-10　常用温度传感器示意图

（1）热电偶传感器

热电偶测温的基本原理是两种不同成分的材质导体组成闭合回路，当两端存在温度梯度时，回路中就会有电流通过，此时两端之间就存在电动势——热电动势，由该原理可知热电偶的一个优势是其无需外部供电。

另外，热电偶还有测温范围宽、价格便宜、适应各种大气环境等优点，但其缺点是测量精度不高，故在高精度的测量和应用中不宜使用热电偶。热电偶两种不同成分的材料连接是标准的，根据采用材料不同可分为 K 型热电偶、S 型热电偶、E 型热电偶、N 型热电偶、J 型热电偶等。

（2）热敏电阻传感器

热敏电阻是一种敏感元件，热敏电阻的电阻值会随着温度的变化而改变。按照温度系数不同分为正温度系数热敏电阻和负温度系数热敏电阻。正温度系数热敏电阻在温度越高时电阻值越大，负温度系数热敏电阻则在温度越高时电阻值越低，它们同属于半导体器件，并被广泛应用于各种电子元器件中。热敏电阻通常在有限的温度范围内（通常是$-90\sim130℃$）可实现较高的精度。

（3）铂电阻传感器

铂电阻，又称为铂热电阻，它的阻值会随着温度的升高有规律地匀速变大。铂电阻可分为 PT100 和 PT1000 等系列产品，PT100 表示它在 0℃ 时阻值为 100Ω，PT1000 即表示它在 0℃ 时阻值为 1000Ω。铂电阻具有抗振动、稳定性好、准确度高、耐高压等优点，被广泛应用于医疗、电机、工业、温度计算、卫星、气象、阻值计算等领域的高精温度设备中。

（4）集成温度传感器

集成温度传感器是将温度传感器集成在一个可完成温度测量及信号输出功能的专用集成芯片上。集成温度传感器的主要特点是功能单一（仅测量温度）、测温误差小、价格低、响应速度快、传输距离远、体积小、微功耗等，不需要进行非线性校准，外围电路简单，适合远距离测温、控测。集成温度传感器按输出信号类型可分为模拟集成温度传感器（LM35）和数字集成温度传感器（DS18b20）两种。

20. 6. 3　氢气流量测量

氢气的流量测量在燃料电池的研发、试验、测试和生产中具有重要的作用。氢气的测量多采用层流流量计。层流流量计作为一个测试装置，通过左右两侧的卡套接头安装在整个系统管路中。层流流量计的气体流通部件通常采用 316L 不锈钢材质。

20. 6. 3. 1　氢气流量测量原理

（1）热式原理

利用流体流过外热源加热的管道时产生的温度场变化来测量流体质量流量。利用加热流体时流体温度上升某一值所需的加热量与流体质量之间的关系来测量和控制流体的质量流量。

（2）层流压差原理

层流流量计是由层流元件和差压传感器组成的一种特殊的差压式流量计（如图 20-11 所示），是通过测量传感器两端的差压来测量流量的仪表。它的一大优点是流量计送出的差压信号 ΔP 与体积流量 Q_v 成正比，且结构简单。这一优点是由于层流流量计内运动流体的流态处于层流运动状态这种特殊流态。必须注意，层流流量计必须在内部运动流体处于层流运动状态这种特殊流态时才能达到预期的测量效果，这也是层流流量计设计制造的一项关键难点。

层流流量计一般具有整流模块 ［如图 20-11(a) 所示］。整流模块的作用是将湍流、过渡流等不规则流动状态转化为层流运动状态。这样通过压差传感器测量层流元件两端的压差就能得到与体积流量成正比的压差信号。也就是说，通过压差信号可以计算体积流量。更加

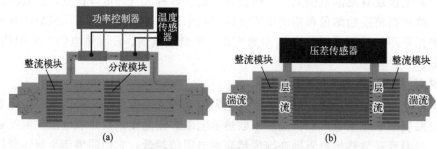

图 20-11　层流流量计示意图

专业的原理描述是层流气体的进、出口两端有两根引压管，引压管连通至两个压力测试孔，通过压力测试孔之间的一个压差传感器，获得两个孔的压差。通过压差能获得层流状态下气体的流速，从而得出气体流量。压差和气体的流量趋近于线性相关（该现象遵守哈根泊肃叶定律）。

20.6.3.2　层流式流量计的优势

层流原理比热式原理的流量计精度更高。层流是通过压差来实现的，影响精度的因素在于压力传感器的分辨率，影响热式原理的因素则在于温度传感系数。由于压力传感器的分辨率和精度越来越高，所以以层流原理比热式原理的流量计精度更高。

层流原理比热式原理响应速度更快，由于压力波速为声速（340m/s），压差信号的传播时间一般小于1ms，而热式原理需要将温度调整恒定到指定温度值，时间相对较长。

层流原理比热式原理工作范围更广。压差信号不受温度影响，工作范围能到－50～115℃，而热式原理的工作范围通常比较小。

层流原理比热式原理可靠性和稳定性更好。在管径恒定情况下，层流原理只受压差影响，不受其他参数影响，这保证了层流产品的可靠性和稳定性。而热式原理受环境温度、介质温度以及加热过程的影响。

20.6.3.3　氢气流量测量的要求

氢气流量测量时，氢气应尽可能地洁净，纯度应不小于99.999％；若氢气中含有杂质或水汽，应在层流流量计前方增加过滤装置，以纯化氢气，提高测量的准确度。氢气的压力应小于层流流量计的额定压力，一般应小于10个大气压，以防止流量计的损坏。

层流流量计首先需进行权威机构认证，由国家计量科学研究院按照气体层流流量传感器型式评价大纲进行型式试验，包括但不限于示值误差试验、重复性试验、环境适应性试验、电磁兼容性试验等。层流流量计在使用前，应由国家/省级计量科学研究院或第三方具有资质的单位对其进行校准后方可使用。

20.7　氢气管路失效与泄漏检测

20.7.1　管道失效常见原因

20.7.1.1　氢脆致开裂

管道在高压氢气环境中的安全与可靠性绕不开管线钢的氢脆现象。金属氢脆最重要的失效模式是氢致开裂（hydrogen-induced cracking，HIC）[7]。当氢原子进入金属并发生局部富集时，使得该处的氢原子浓度超过某一临界值，在外加应力（甚至无外加应力）作用下，引发裂纹并扩展，导致金属断裂。氢致开裂可以发生在金属表面，也可以发生在金属内部。由于裂纹扩展速率快，氢致开裂往往在被发现之前就引起了金属结构的断裂，因此其危害性极大。

20.7.1.2 管道接口应力开裂

由于短管材料中本来存在的缺陷，氢气进出口管路结构容易引发弯头与短接接触，使局部应力集中，最终导致管件应力开裂。

20.7.1.3 材料腐蚀失效

在不清洁的氢气运输管道内，物料的主要成分除了氢气之外，还含有少量轻烃硫化氢、水分等杂质。氢中氯、硫等元素含量偏高，往往会使得流体在管道下游混合形成局部滞流低温区，使液相水在底部沉积。混合气体中氯硫化物溶解、水解形成腐蚀性酸性溶液，造成管壁的局部腐蚀减薄，腐蚀严重部位进而导致穿孔。

20.7.1.4 焊缝开焊

焊接过程中形成的焊缝是由焊条和母材两者经过电流高温熔化后形成的。此过程中，焊条和母材在高温下由固体变成液体是热胀，冷却变成固体是收缩，热胀冷缩自然会使焊接结构产生应力。焊缝的品质受到应力、拘束力、刚性、化学成分、焊缝预留的间隙、电流、焊道、母材清洁度等诸多因素的影响。使用过程中，还有很多类似的因素都可能会造成焊缝开裂。

20.7.1.5 接头密封失效

接头密封失效包括阀门、法兰、垫片等位置的密封结构失效。许多传统的卡套管接头仅在狭窄的表面上形成一条接触线密封。这种密封对于低压氢气管道（＜5MPa）已经足够，但是对于压力稍高的场合，氢气活泼的物化性质就会对其造成危害。更好的氢气容纳密封设计包含两条跨越较长密封表面的接触线，一条沿卡套管，另一条沿接头。这些接触面应略微倾斜，以提供更好的应力水平，并保持足够的密封。特定样式的双卡套接头可以实现这种密封完整性。

对于线密封接头来说，振动也会具有挑战性。精密的内部密封结构会在振动环境的影响下被破坏，导致密封失效。

20.7.2 氢气检测一般方法

燃烧法：将氢气燃烧后，观察火焰颜色为淡蓝色，并在上方倒置一个烧杯，观察杯壁内部是否有水珠生成，有则为氢气。

还原法：在试管中加少许黑色 CuO（氧化铜），加热时通入氢气，氧化铜会变为紫红色金属。燃烧后将废气通入无水硫酸铜，如果晶体变蓝，则可以判定为氢气。

燃爆法：将氢气收集在试管中，用拇指堵住试管口。管口向下靠近酒精灯火焰，松开拇指，此时会听到爆鸣声。纯净的氢气则会听到轻微响声。

20.7.3 氢气泄漏的浓度传感器

氢传感器具有选择性好、灵敏度高、响应速度快、能耗低、稳定性好、制作工艺简单而且价格低廉等优点[35-39]。按氢泄漏探测原理不同，可分为电化学型、半导体型、催化型、混合技术型、热电型及光学等种类。

20.7.3.1 电化学型氢气传感器

电化学型氢气传感器根据原理上的差异，可以被分成两类：电流型与电势型。

　　电流型传感器有 3 个电极：传感电极、对电极和参考电极。氢气、氧气分别在传感电极和对电极上发生氧化、还原反应，传感器的信号是这两个电极之间的电流；两电极之间是液态或固态电解质，用以传递离子。参考电极用以保持传感电极上的热力势恒定。此外还有一个稳压器，用来维持恒定电压。

　　电势型与电流型在结构上相似，不同之处在于电势型传感器工作在零电流状态下，测量的是传感电极和参考电极之间的电势差。电极材料常使用贵金属（如钯或铂）。与电流型传感器不同，电势型传感器的信号大小与其体积和结构几乎无关，因而易于小型化；前者的响应与氢气浓度呈线性关系，而后者则与氢气浓度呈对数关系。

20.7.3.2　半导体型传感器

　　半导体型传感器分为电阻型半导体氢气传感器和非电阻型氢气浓度传感器。

　　电阻型半导体氢气传感器常以金属氧化物作为氢敏材料，故又称金属氧化物半导体氢气传感器。金属氧化物膜通常被置于两个电极之间的绝缘衬底材料上。其工作原理是：氧气在金属半导体表面形成氧离子，与吸附的氢气反应，引起载流子浓度变化，从而改变了传感元件的电阻率，检测电阻变化量即可检测氢气浓度[40,41]。

　　非电阻型氢气浓度传感器主要分为肖特基二极管型和场效应管型。肖特基二极管型氢气传感器的原理是在半导体上沉积一层非常薄的金属形成"肖特基结"，氢气接触到肖特基结时被吸附在具有催化性能的金属表面，并被快速催化分解为氢原子，氢原子经过金属晶格间隙，扩散至金属半导体界面，将一定偏置电压施加在传感器上；由于氢原子的存在，半导体二极管特征曲线发生漂移。因而当二极管在恒定偏置电流下工作时，传感器可通过检测电压的变化来检测氢气浓度。

20.7.3.3　热电型氢气传感器

　　热电型氢气传感器的原理是塞贝克效应，即在导体和半导体的两个不同温度点之间会产生温差电动势。在含氢环境中，氢气在催化金属作用下与氧气反应生成水并放热，导致沉积有催化金属的部分温度高，无催化金属的部分温度低，它们之间的温差被转换为温差电势，以电信号的形式输出，从而实现对氢气的检测。

20.7.3.4　光学型氢气传感器

　　固态氢气传感器使用的都是电信号，一个共同的弊端就是可能产生电火花，这对于氢气体积分数较高的环境存在极大的安全隐患。而光学传感器使用的是光信号，所以适用于易爆炸的危险环境。根据工作原理的不同，光学型氢气传感器主要分为以下 3 类：光纤类、声表面波类和光声类。

　　（1）光纤类氢气传感器

　　光纤类传感器的原理是利用氢敏材料与氢气反应后会引起光纤物理性质改变，导致光纤中传输光的光学特性变化的特性，来测得氢气浓度。氢敏材料大多采用金属钯（Pd）及其合金，它们对氢气具有良好的选择性。光纤类氢气传感器包括微透镜型、干涉型、消逝场型和光纤布拉格光栅型。

　　微透镜型光纤氢气传感器是通过光纤端面的钯膜吸附氢气后光学特性的改变导致的光谱变化，分析得到氢气浓度；干涉型光纤氢气传感器是根据氢环境中钯膜膨胀导致的光信号的相位变化，由干涉仪测量相位的变化量得到氢气浓度；消逝场型光纤氢气传感器是通过测量光强的变化量测得氢气浓度[42,43]；光纤布拉格光栅型[44]通过测量氢和钯膜反应使钯膜膨胀导致的光栅反射光中心波长的变化量来测得氢气浓度。

（2）声表面波类氢气传感器

声表面波是一种沿弹性机体表面传播的声波。其振幅随压电基体材料深度的增大按指数规律衰减[45]。该类传感器一般以金属钯为材料，构成具有选择性的氢敏感膜。声表面波在氢敏感膜吸附氢气前后的光学特性会发生改变，通过测量频率的变化量，可以检测氢气浓度。

（3）光声类氢气传感器

光声类氢气传感器的原理基于气体的光声效应。气体的光声效应可以分为两个阶段：①光的吸收：待测气体吸收特定波长的调制光后处于激发态；②声的产生：吸收光能后的气体分子以无辐射弛豫过程将光能转化为分子的平均动能，使气体分子加热，气体温度以与调制光相同的频率被调制，导致气体压强周期性的变化，从而在光声池中激发出相应的声波[46]。

20.7.3.5 各类传感器的比较

表 20-15 结合以上所述各种传感器的原理，列出了各类传感器的优缺点。

表 20-15 氢泄漏传感器对比

传感器类别/子类别		被测变量	优点	缺点
电化学	电流型	电流	分辨率可达 100×10^{-6}；低功耗；抵抗传感器中毒；不需加热传感元件；可在高温环境工作	工作温度范围窄；寿命短；需定期标定；对 CO 的横向敏感性不高；成本高
	电势型	电动势		
半导体	（金属氧化物）电阻型	电阻	敏感度高；响应迅速；工作温度范围宽；成本低；功耗适中	选择性差；对温、湿度敏感性高；需在含氧环境中工作
	非电阻型（肖特基二极管型）	电流/电压/电容	小型化；成本低；可大规模生产	易偏移，持续使用需要标定
热电型		热电压	可在室温下工作；低功耗	响应时间长；对温度波动敏感性高；需在至少含氧 5%～10% 的环境中工作
光学	光纤类（微透镜型）	薄膜反射率	制作工艺简单；成本较低 / 抗电磁干扰；体积小；耐腐蚀；灵敏度和测量精度高；实时响应	常用于单点测量；复用能力有限
	光纤类（FBG 型）	光栅波长	稳定性高；易于实现多路复用	钯膜易起泡脱落，寿命有限，且信号解调难度较高
	光纤类（干涉型）	相位	精度高；重复性好；误差小	测量精度易受环境温度影响；需要进行温度补偿提高测量精度
	光纤类（消逝场型）	光强	可实现灵敏度和响应时间的独立优化；适用于远距离传感与在线测量	对制作工艺的要求较高；目前主要处于实验室研究阶段
	声表面波类	频率	测量精度高；可在室温下工作；可在无氧环境下工作	高温下不稳定；易受温湿度扰动；敏感膜易受腐蚀；寿命短；成本较高
	光声类	频率	灵敏度高；响应速度快	受光声池及温度影响大

20.7.4 氢泄漏浓度传感器的选用案例

汽车工业对传感器的要求是大批量可生产，成本低，精度一般；又由于与安全相关，要求响应速度快，对环境适应性强；除此之外，由于探测环境的气体组分相对稳定，所以选择性要求不高。因此金属氧化物电阻型半导体氢传感器最适合于汽车使用。

在车载氢泄漏探测应用中，燃料电池汽车涉氢位置、密闭空间区域及探测点布置如图 20-12 所示。

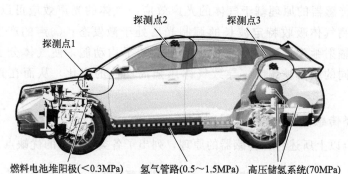

图 20-12 东风某型燃料电池汽车氢泄漏探测点布置

其中，高压储氢系统（70MPa）布置在后舱，经两级减压后中压（0.5～1.5MPa）氢气管路沿底盘地板下往前走到燃料电池氢气供应子系统；该子系统位于前舱，电堆布置在底盘地板下。上述氢管道通过位置均有可能检测到泄漏氢气，并且在可能的乘员舱、行李舱及发动机前舱聚集。

选用半导体型氢浓度传感器，探测范围 $0～40000×10^{-6}$，精度为 10%，启动响应时间60s。氢气探测点分别布置在：①乘员舱顶部；②行李舱顶部；③发动机前舱。

20.7.5 手持氢泄漏探测设备

手持便携式氢气探测器是一种将氢浓度传感器、信号处理电路、采样电路以及显示、预警功能进行集成，可以用手持的方式进行移动式氢气泄漏探测的设备。在有氢气存在的环境中，建议对很低浓度的氢气都有检测能力。

常用的手持氢气泄漏探测设备有德国德尔格 X-am5000，优斯特 UST 的 Hydrogen-power 以及美国 H2SCAN 的 HY-ALERTA500 手持式氢气泄漏探测仪，如图 20-13 所示。氢气检测仪有复合式气体检测仪及氢气专一性检测仪之分，具体选择哪种氢气传感器，需结合实际的应用场景、氢气浓度和精度需求而定，上述 3 种手持式探测器性能对比如表 20-16 所示。

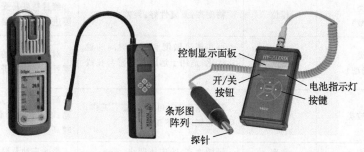

图 20-13 德国德尔塔 X-am5000、德国 UST 优斯特以及美国
H2SCAN 的 HY-ALERTA500 手持式氢气泄漏探测仪

表 20-16　手持式氢气探测器性能

探测仪型号	X-am 5000	Hydrogen-power	HY-ALERTA500
产地及厂家	德国德尔格	德国优斯特	美国 H2SCAN
是否专用	可探测多种混合成分	氢气专一性	氢气专一性
尺寸/mm	147×129×31	190×40×28	173×86×36
重量/g	220	320	975
适用温度/℃	−20～+50	−20～+50	0～45
相对湿度	10%～95%	10%～95%	10%～95%
测量精度/×10⁻⁶	±5%FS	10	15
报警	光、声、振动报警	光、声报警	
全负荷工作时间 T4/h	＞12	＞4	＞4
防护等级	IP67	IP67	IP64

　　如果手持式检测仪不能满足现场检测要求，还可以使用氢气检测管，同时安装高精度氢气气体传感器及其他气体传感器，进而同时检测多种气体；也可以配置外置电动采样泵，即使需要进入密闭空间，也能在进入之前通过采样泵的采样软管，采样分析密闭空间里的氢气和其他气体的浓度，从而保护人员在密闭空间里的安全。

第三篇　氢的储存、运输及加注

参 考 文 献

[1]　TSG D0001—2009. 压力管道安全技术监察规程——工业管道 [S].

[2]　国家市场监督管理总局. 特种设备目录 [EB].

[3]　TSG 23—2021. 气瓶安全技术规程 [S].

[4]　TSG 21—2016. 固定式压力容器安全技术监察规程 [S].

[5]　ISO 11114-4：2005. Transportable gas cylinders-compatibility of cylinder and valve materials with gas contents-part 4：test methods for selecting metallic materials resistance to hydrogen embrittlement [S]. 2005.

[6]　F1459-06（reapproved 2012）. Standard Test method for Determination of the susceptibility of metallic materials to hydrogen gas embrittlement（HGE）（reapproved 2012）[S].

[7]　ASTM G142—2004（Reapproved 2011）. Standard test method for determination of susceptibility of metals to embrittlement in hydrogen containing environments at high pressure，high temperature，or both [S].

[8]　ASTM F519—2018. Standard test method for mechanical hydrogen embrittlement evaluation of plating processes and service environment [S].

[9]　ASTM E1681-03（Reapproved 2008）. Standard test method for determining threshold stress intensity factor for environment-assisted cracking of metallic materials [S].

[10]　GB/T 34542.2—2018. 氢气储存输送系统 第 2 部分：金属材料与压缩氢环境相容性试验方法 [S].

[11]　GB/T 34542.3—2018. 氢气储存输送系统 第 3 部分：金属材料氢脆敏感性试验方法 [S].

[12]　GB/T 24185—2009. 逐级加力法测定钢中氢脆临界值试验方法 [S]. 中华人民共和国国家质量监督检验检疫总局，中国国家标准化管理委员会. 2009.

[13]　GB/T 23606—2009. 铜氢脆检验方法 [S]. 中华人民共和国国家质量监督检验检疫总局，中国国家标准化管理委员会. 2009.

[14]　GB/T 8650—2015. 管线钢和压力容器钢抗氢致开裂评定方法 [S]，中华人民共和国国家质量监督检验检疫总局，中国国家标准化管理委员会. 2015.

[15]　GB 50156—2021. 汽车加油加气加氢站技术标准 [S].

[16]　GB 50516—2010. 加氢站技术规范 2021 年版 [S].

[17]　GB/T 14976. 流体输送用不锈钢无缝钢管 [S].

[18]　GB/T 528—2009. 硫化橡胶或热塑性橡胶　拉伸应力应变性能的测定 [S].

[19] GB 50177—2005. 氢气站设计规范 [S].

[20] JB/T 11484—2013. 高压加氢装置用阀门 技术规范 [S].

[21] JB/T 6617—2016. 柔性石墨填料环技术条件 [S].

[22] GB/T 19672—2021. 管线阀门 技术条件 [S].

[23] GB/T 12244—2006. 减压阀 一般要求 [S].

[24] GB/T 150.1—2011. 压力容器 第1部分 通用要求 [S].

[25] GB/T 12241—2021. 安全阀 一般要求 [S].

[26] UN GTR NO. 13. Global Technical Regulation Concerning the Hydrogen and Fuel Cell Vehicles [S/OL]. https：// unece. org/fileadmin/DAM/trans/main/wp29/wp29wgs/wp29gen/wp29registry/ECE-TRANS-180a13e. pdf.

[27] ISO 19880-3：2018 Gaseous hydrogen—Fuelling stations—Part 3：Valves [S].

[28] GB/T 35544—2017. 车用压缩氢气铝内胆碳纤维全缠绕气瓶 [S].

[29] ASME B31. 12. Hydrogen piping and pipelines [S].

[30] ANSI/API SPEC 6A. Specification for wellhead and Christmas tress equipment [S].

[31] ASME Ⅷ-3 Article kd-10. special requirements for vessels in hydrogen service [S]. 2017.

[32] GB/T 31032—2014. 钢质管道焊接及验收 [S].

[33] GB 150. 3—2011. 压力容器 第3部分：设计 [S].

[34] GB/T 34635—2017. 法兰式管接头 [S].

[35] Schlapbach L，Zuttel A. Hydrogen-storage materials forMobile applications [J]. Nature，2001 (414)：353-358.

[36] Katsukia，Fukuik. H$_2$ selective gas sensor based on SnO$_2$ [J]. Sensors and Actuators B，1998 (52)：30-37.

[37] Ippolito S J，Kandasamy S，Kalantarzadeh K，et al. Hydrogesensing characteristics of WO$_3$ thin film conductometric sensors Activeated by Pt and Au catalysts [J]. Sensors and Actuators B，2005 (108)：154-158.

[38] FieldsL L，Zheng J P，Cheng Y，et al. Room-temperature low power hydrogen sensor based on a single tin dioxide nanobelt [J]. Apply Physics Letters，2006 (88)：263102.

[39] Shukla S，Seal S，Ludwig L，et al. Nano crystalline indium oxide doped tin oxide thin film as low temperature hydrogen sensor [J]. Sensors and Actuators B，2004 (97)：256-265.

[40] Kohl D. Function and applications of gas sensors [J] . Journal of Physics (D)：Applied Physics，2001，34 (19)：R125-R149.

[41] Barsan N，Weimar U. Conduction model of metal oxide gas sensors [J]. Journal of Electroceramics，2001，7 (3)：143-167.

[42] 庄须页，吴一辉，王淑荣，等. 基于微加工工艺的光纤消逝场传感器及其长度特性研究 [J]. 物理学报，2009，58 (4)：2501-2506.

[43] Wu Y H，Deng X H，Li F，et al. Less-modeoptic fiber evanescent wave absorbing sensor：Parameter designfor high sensitivity liquid detection [J]. Sensors and Actuators B：Chemical，2007，122 (7)：127-133.

[44] 陈吉安，张晓晶，武湛君，等. 探测氢气泄漏的布拉格光栅型传感器 [J]. 光学技术，2005，31 (5)：688-688.

[45] 周俊静，殷晨波，涂善东，等. SAW 氢传感器的研究进展 [J] . 传感器与微系统，2007 (3)：1-3.

[46] 母坤，童杏林，胡畔，等. 氢气传感器的技术现状及发展趋势 [J]. 激光杂志，2016，37 (5)：1-5.

第四篇

氢能应用

本篇主编：齐志刚　　相　艳

《氢能手册》第四篇编写人员

第21章　武俊伟　张丽琴　梁富源

第22章　齐志刚

第23章　邹亮亮　邵　孟　邹业成

第24章　马天才　董　辉

第25章　王绍荣　陈烁烁　陈　婷

第26章　相　艳　张　劲　郭志斌

第27章　谢　宇　江文涌　葛创新　黄波增　任仁捷

第28章　王素力　夏章讯　张晓明　孙公权

第29章　程　健　胡若兰

第30章　范　晶　袁　斌

第31章　孙柏刚

第32章　熊泓宇*　熊　健*　葛　冰　谢岳生　刁训刚　陈　江　陈　坚　孙睿潇
　　　　王　娟　史进渊

第33章　马凡华　王金华　段　浩

第34章　韩　伟　王海风　卢立金

说明：每章第一署名人为本章主编和统稿人。

*为第32章共同主编与统稿人。

引 言

作为新的能源载体，氢气的应用非常广泛，可以用来发电、产热、制冷和金属冶炼等。

燃料电池是利用氢气发电的最佳方式，它高效、环保、安静、安全、可靠，是目前氢气利用的主要关注点。燃料电池是把反应物中的化学能直接转化为电能和热能的电化学装置，根据其所用电解质，可以分为质子交换膜燃料电池、碱性燃料电池、磷酸燃料电池、熔融盐燃料电池和固体氧化物燃料电池五类，它们的工作温度从质子交换膜燃料电池的几十摄氏度到固体氧化物燃料电池的接近 1000℃，每类燃料电池都有其最佳的应用场景与环境。

氢气是所有燃料电池的最佳燃料，可以在燃料电池的阳极快速反应，反应过电位低。当原燃料不是氢气时，可以通过重整反应把原燃料如天然气或甲醇转换成富氢气体，供燃料电池使用。有些液体燃料如甲醇可以在燃料电池阳极直接被氧化，无需转换为富氢气体，这类燃料电池被称为直接甲醇燃料电池。

燃料电池的发电功率可以从小到毫瓦级至大到兆瓦级，应用领域涵盖从水下到外太空，包括动力电源、固定式发电、移动式发电、便携式电源、备用电源等。

氢气也可通过熟知的燃烧加以利用，如用在氢内燃机和氢燃气轮机等热机中，也可以掺杂在天然气中，提高天然气的燃烧效率，同时，也可以应用在金属冶炼过程中，大幅降低 CO_2 的排放量。

本篇共 14 章，分别由相关领域的专家和学者主笔，对氢气利用的现状、挑战和预期进行了比较详尽的阐述。不足之处，欢迎广大读者批评指正。

第**21**章

燃料电池概述

21.1 什么是燃料电池

能源作为保障国家经济快速发展、人类社会稳定进步的物质基础，一直受到世界各国的极大关注。随着现代社会的快速发展，常用的化石能源如石油、煤炭、天然气已经越来越难以满足人类对于能源的需求。而目前出现的新能源技术如太阳能、风能、核能等仍然存在各自的问题。作为世界上最大的能源生产国和消费国，尽管我国的能源事业自发展战略行动计划以来已经取得了快速的发展，但截止到目前，我国的能源事业仍面临着诸如能源利用率低下导致的化石能源过度消耗，大量温室气体、污染气体排放造成全国雾霾现象加剧等挑战，这严重影响了我国的可持续发展路线和人民对美好生活愿景的追求[1]。随着近年来技术的不断进步，太阳能、氢能等清洁可再生能源技术愈渐成熟，新能源市场变得愈发重要。因此，提高能源转化效率、降低污染物排放、发展新能源与绿色可循环的可再生能源，成为我国实现经济、社会、生态全面协调可持续发展的必经之路[2]。

燃料电池作为一项备受关注的新能源技术，是一种通过电化学反应将氢气、化石燃料（煤、石油、天然气等）、生物质燃料或其它碳氢化合物燃料（乙醇、丙烷、丁烷等）中的化学能不经燃烧直接转换为电能的发电系统；燃料电池在工作过程中，燃料和空气分别在不同腔室反应，不受卡诺循环的限制，使燃料的利用率得到了大幅度的提升，能量转换效率最高可达83%，即使考虑到装置系统中可能存在的其他能耗，燃料电池的转换效率也可以达到45%～65%，为内燃机的2～3倍。此外，与热机过程相比，燃料电池使用化石燃料时产生的CO_2可以减少40%左右，能够在很大程度上减少温室气体的排放。同时，由于燃料电池系统中通常只存在很少的运动组件，这可以将运行过程中的噪声减小到很低的水平。所有这一切都使得燃料电池被视作一种很有发展前途的能源动力装置[3]。

作为一种能量转化装置，燃料单体电池由正负两个电极（即燃料极和氧化极）以及电解质组成。由于燃料电池只是将燃料中的化学能转化为电能，本身并不包含活性物质，也不会因此限制其容量，实际工作中只要燃料和氧化剂能够持续不断输入，并能够将反应物及时排出，放电反应就能够连续进行。在燃料电池的正负极中只发生燃料的催化反应以及氧化剂的还原反应[4]。如果考虑以氢气作为燃料，氧气作为氧化剂时燃料电池的反应原理可由下式表示：

负极：
$$H_2 + 2OH^- \longrightarrow 2H_2O + 2e^-$$

正极： $1/2O_2 + H_2O + 2e^- \longrightarrow 2OH^-$

整个反应： $H_2 + 1/2O_2 \Longrightarrow H_2O$

在实际工作过程中，燃料电池的工作电压并不是一成不变的，而是会随着电流密度的增加而出现不同速率的下降，这种工作电压偏离理论电压的现象称为极化。随着电流密度的变化，燃料电池工作电压的变化如图 21-1 所示。

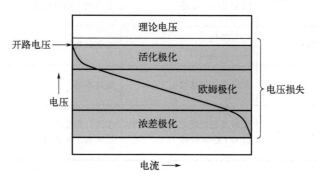

图 21-1　燃料电池电流电压曲线

燃料电池工作过程中的极化现象主要包括：活化极化、欧姆极化、浓差极化。燃料电池电动势与极化造成的电压损失存在以下关系：

$$V = E - \eta_{act} - \eta_{conc} - \eta_{ohm} \tag{21-1}$$

式中，E 为理论电动势；η_{act} 为活化极化；η_{conc} 为浓差极化；η_{ohm} 为欧姆极化。

在反应的初期，由于燃料气体在阳极以及氧化剂在阴极发生的催化反应需要克服一定的能量势垒及活化能，燃料电池电压会出现快速的下降，称为活化极化。

随着反应的进行，燃料电池电压和电流呈现线性变化规律，电压随电流密度增大而降低，这部分电压损失称为欧姆极化。欧姆极化主要来源于电解质和电极材料本身、电解质与电极之间的界面电阻及外电路导线电阻，它主要是由离子和电子在电解质和电极内部的传输过程中遇到阻碍导致的，与材料本身的电导率有关。

最后阶段出现的电压损失称为浓差极化。在燃料电池测试的最后阶段，气体在多孔电极中的扩散速率已经达到了恒定值，参与反应的气体不能及时到达电极表面的活性位点，而反应生成的气体又不能及时地离开电极表面，从而影响了电极反应的进行，导致电压快速下降。在给定的电流密度下，气相物质穿过多孔电极所遇到的阻力，称为浓差极化 η_{conc}，浓差极化主要受电极孔隙率、电极厚度、反应气体以及生成气体的性质、扩散速率等因素影响。

21.2　燃料电池分类

燃料电池可以根据所用电解质的不同分为质子交换膜燃料电池（proton exchange membrane fuel cell，PEMFC）、固体氧化物燃料电池（solid oxide fuel cell，SOFC）、碱性燃料电池（alkaline fuel cell，AFC）、磷酸燃料电池（phosphoric acid fuel cell，PAFC）和熔融碳酸盐燃料电池（molten carbonate fuel cell，MCFC）。其中质子交换膜燃料电池和固体氧化物燃料电池是目前最有可能实现广泛商业化应用的两种燃料电池[5]。表 21-1 为目前各种燃料电池技术的特点。

表 21-1 各种燃料电池技术的特点

燃料电池类型	运行温度/℃	主要优势	主要劣势	应用领域
质子交换膜 燃料电池 (PEMFC)	50~100	①启动快 ②工作温度低 ③可进行频繁启停	对 CO 敏感	①交通 ②便携式电源
固体氧化物 燃料电池 (SOFC)	650~1000	①较高的能量效率 ②对 CO 不敏感	①运行温度高 ②不利于频繁启停	①大型分布式发电 ②便携式电源
碱性燃料电池 (AFC)	90~100	①启动快 ②工作温度低	需要纯氧气作为反应气	①航天 ②军事
磷酸燃料电池 (PAFC)	150~200	能承受一定浓度的 CO	电效率低	分布式发电
熔融碳酸盐燃 料电池 (MCFC)	600~700	①较高的能量效率 ②对 CO 不敏感	①运行温度高 ②不利于频繁启停	大型分布式发电

21.2.1 质子交换膜燃料电池

PEMFC 的基本原理如下，燃料如氢气在阳极催化剂的作用下发生氧化反应生成氢离子和电子，氢离子通过质子交换膜传递到阴极侧，与氧化剂发生还原反应并生成水构成完整的化学反应，产生的电子则通过双极板经由外电路最终传导至阴极侧形成电流回路[6]。

早在 1839 年，Grove 就以铂黑为催化剂，使传统的水电解过程进行逆反应发电并点亮了伦敦演讲厅的照明灯，从而发明了燃料电池。在 1955 年，格鲁布提出可以用离子交换膜作为燃料电池的电解质。20 世纪 60 年代，GE 公司为美国海军研制了小型的 PEMFC，后来又把 PEMFC 用于美国航天局 Gemini 宇宙飞船的辅助电源。该 PEMFC 采用聚苯乙烯磺酸膜作为电解质，在实际的运行中发生了燃料电池污染和氧气渗透问题。尽管采用全氟磺酸膜可以使这一问题得到缓解，但 PEMFC 仍然在美国航天飞机电源的竞标中输给了 AFC 型燃料电池。这也导致了 PEMFC 的研究在随后相当长的时间内基本处于停滞状态。20 世纪 80年代初，加拿大国防部注意到 PEMFC 启停速度较快，可以作为移动电源使用，所以于1984 年斥资支持 Ballard 公司对 PEMFC 展开研究，经过国外研究者的努力研究证明，采用厚度为 50~150μm 的全氟磺酸膜可以使得燃料电池内阻显著降低，从而成倍提高燃料电池性能，而 Pt/C 催化剂的使用也可以在一定程度上降低使用纯铂催化剂而带来的高昂成本；同时将全氟磺酸树脂加入催化层中可以在其内建立起质子传递通道，扩展了电极反应的三相区界面，实现了电极的立体化；热压膜电极三合一组件，大幅减小了膜电极的接触电阻。目前，PEMFC 的整体技术已相对较为成熟。1997 年，Ballard 公司在以前小型 PEMFC 汽车的基础上推出了功率为 260kW(650V、400A) 的大型巴士，该巴士速度从 0 到 50km/h 的加速时间为 19s，最大速度为 95km/h，所储存的 H_2 可供行驶 400km。2003 年，该公司建造的以 300kW 功率的 PEMFC 为动力源的潜水艇可以达到 8 节的巡航速度。2006 年 8 月至今，韩国现代汽车公司的 H_2 燃料电池车的实验运行里程已达到 70 万 km。2008 年 6 月，丰田公司的"TOYOTA FCHV-adv"汽车在日本取得了"型式认证"，同年，该公司推出了世界第一款能大规模生产的 PEMFC 车"FCX Clarity"，并在随后的三年里共生产了 3200 台这种汽车。上海市人民政府在 2010 年世界博览会（简称世博会）期间共部署了 10 个加氢站、100 辆燃料电池大巴和 1000 辆燃料电池汽车。

现有的 PEMFC 可以分为氢氧质子交换膜燃料电池和碳质化合物质子交换膜燃料电池两类，其中 H_2/O_2 型 PEMFC 是目前研究最为充分，也是技术最为成熟的质子交换膜燃料电池，习惯上，PEMFC 也专指 H_2/O_2 型燃料电池。H_2/O_2 型 PEMFC 具有较高的功率密度（可达 $2.0W/cm^{2[7]}$），远远超过了其他类型的燃料电池。虽然各种 H_2/O_2 型 PEMFC 汽车和固定电站早已试运行，但目前该类燃料电池仍存在一些缺点，使其尚不能进入规模化的商业应用。这些缺点主要有：

① 所用的质子交换膜、催化剂价格昂贵；

② 电池性能的稳定性不理想；

③ 水热管理系统复杂；

④ H_2 的存储效率低下。

由于成本的限制，H_2/O_2 型 PEMFC 只在特殊的应用领域具有竞争力。要想取代目前普遍应用的内燃机，PEMFC 除了要进一步提高功率密度外，还需要具有与内燃机相当甚至更低的成本。虽然 PEMFC 以 H_2 为燃料时性能最佳，但 H_2 需要消耗其它的能量来制取，且 H_2 的体积能量密度小，存储效率很低。一般认为，PEMFC 能运行 5000h 以上且燃料电池性能没有明显的下降时才能在实际中使用，但现在的电池材料难以满足上述的要求。此外，以加氢站取代加油站，也需要大量的前期资本投入。因此在 H_2/O_2 型 PEMFC 的大规模商业化应用之前，还有一系列的问题亟待解决。

除了以 H_2 为燃料外，质子交换膜燃料电池还可以以碳质化合物如甲醇、甲酸、甲醚、乙醇等为燃料直接液体进料。在各种碳质化合物燃料中，甲醇因具有较高的电化学活性而成为研究的热点，该类燃料电池被称为直接甲醇燃料电池（direct methanol fuel cell，DMFC）。

直接甲醇燃料电池的研究基本上与 H_2/O_2 型 PEMFC 同时起步，但由于研究中使用的电解质通常为酸性或碱性的液体，从而导致燃料电池性能不佳。而到了 20 世纪 90 年代，受 H_2/O_2 型 PEMFC 的鼓舞和启发，直接甲醇燃料电池开始采用固态的全氟磺酸膜为电解质，形成了现在的 DMFC，燃料电池性能得到了极大的提高。DMFC 与 H_2/O_2 型 PEMFC 的电堆结构基本一样，差别主要在于 DMFC 的阳极采用的不是 Pt/C 催化剂，而是对甲醇催化活性较高的 Pt-Ru/C 催化剂。实际工作时，甲醇水溶液进入电堆的阳极催化层，在 Pt-Ru/C 催化剂的催化作用下分解为 CO_2、电子和 H^+。CO_2 经扩散层反向扩散至流道排出，H^+ 通过质子交换膜的传输与阴极的 O_2 和从外电路传导至阴极的电子发生反应产生水。与 H_2/O_2 型 PEMFC 相比，DMFC 的显著优点在于使用的燃料为廉价易得、储运方便的液体甲醇，且水热管理简单，辅助配件少。因此 DMFC 体积小、质量轻，当作便携式电源用于手机、笔记本等非常合适。然而目前 DMFC 仍有两个问题难以解决：一是目前常用的催化材料活性较低从而造成燃料电池的功率密度偏小；二是燃料电池运行时，甲醇容易随水透过膜扩散至阴极，毒化阴极催化剂并与 O_2 直接发生反应形成混合电路。

PEMFC 单电池的基本组件如图 21-2 所示，主要包括端板、膜电极（membrane electrodes assembly，MEA）和密封垫等。膜电极作为燃料电池的核心部件主要由质子交换膜以及涂覆在两侧的催化层、扩散层热压而成[8]。

质子交换膜是一种质子导电的固态高分子聚合物，因此也被称为聚合物电解质膜，质子交换膜燃料电池也被称为聚合物电解质膜燃料电池（polymer electrolyte membrane fuel cell，PEMFC）。质子交换膜能传递 H^+ 但对电子绝缘，因此在工作时质子交换膜通水隔绝了燃料与氧化剂的接触以及阴阳极之间的电子通路。在燃料电池的内阻中，质子交换膜的电

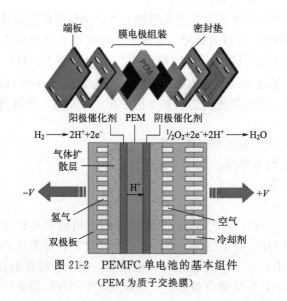

图 21-2　PEMFC 单电池的基本组件
（PEM 为质子交换膜）

阻占相当大的比重[9]，所以膜的性能在一定程度上直接决定了燃料电池的性能。一张好的质子交换膜需要满足以下条件[10]：

① 高质子传导能力；

② 低燃料透过性；

③ 较高的热稳定性和电化学稳定性；

④ 在水合和无水条件下均有较好的力学性能和尺寸、形貌稳定性；

⑤ 容易制成膜电极；

⑥ 成本低。

目前无论是氢氧燃料电池还是直接醇类燃料电池，所用的质子交换膜多为全氟磺酸膜。具有代表性的有 DuPont 公司的 Nafion 膜、Dow 化学公司的 Dow 膜、Asahi Chemical 公司的 Aciplex 膜、Asahi Glass 公司的 Flemion 膜、氯工程公司的 C 膜等[11]。

催化层是燃料电池进行电极半反应的场所，由催化剂（阳极催化剂一般为 Pt/C 催化剂或 Pt-Ru/C 催化剂，阴极催化剂一般为 Pt/C 催化剂）、电解质（一般为 Nafion 膜）和孔隙组成。其中，碳载体上的催化剂颗粒提供反应活性位点，并同载体一起传导电子，覆盖在催化剂表面的电解质传递质子，碳载催化剂和电解质形成的复杂网状结构中的孔隙则可以传递反应气体和水。在催化层中，只有满足"三相区"（催化剂、电解质和反应气体接触处）条件，催化反应才能发生[12,13]。同时，催化层中的催化剂和电解质需要满足一定的比例。电子导体相所占比例较大时，就不能形成连续的质子传递通道，质子导体相所占比例较大时，不仅气体和水的传递通道会被堵塞，气体（尤其是氧气）穿过电解质接触到催化剂的阻力也会增大[14]。因此，理想的催化层既要有足够多满足"三相区"的反应活性位点，又要有足够小的电子、质子和反应物质传递阻力。目前，催化层方面的研究可以分为两大类：一是电催化剂及其载体材料的研究；二是催化层结构的改善。

扩散层一般为炭纸或炭布，在燃料电池中起着支撑催化层和膜以保持电极结构，并均匀分布反应气体的作用。因炭纸和炭布稀疏多孔，在用于燃料电池时还要在其上覆盖一层由碳粉和聚四氟乙烯烧结而成的整平层（即微孔层），以防止催化剂颗粒陷入扩散层的孔隙中而不能发挥作用，造成催化剂的浪费。一般来说，理想的扩散层需满足以下条件：

① 电子电导率高，传热好；

② 耐腐蚀；

③ 具有一定的机械强度，以支撑催化剂和膜；

④ 合适的孔隙率和孔径分布，以分布反应气体并排除生成的水。

目前，常用的扩散层主要有 Toray 公司的 TGP-H 系列、Tenax 公司的 TCC 系列、Sigracet 公司的 GDL 系列、Freudenberg 公司的 C 系列、E-TEK 公司的 LT 系列和 Ballard 公司的一些产品。在燃料电池中，双极板（bipolar plate）起分隔氧化剂与还原剂、引导氧化剂或还原剂在燃料电池内部电极表面流动、为冷却介质提供流道和集流等作用。另外，双极板还是支撑燃料电堆的"骨架"。

目前，双极板的主要研究方向包括：①设计合理的流道（包括流道样式、流道截面形状以及流道尺寸），使反应物尽量均匀地进入扩散层，几种典型的流道样式见图 21-3；②开发新的流场板材料，提高流场板的电化学稳定性，降低流场板的质量和成本。

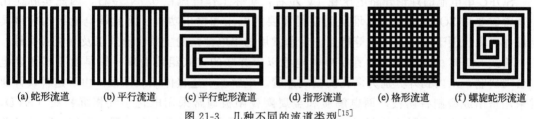

(a) 蛇形流道　　(b) 平行流道　　(c) 平行蛇形流道　　(d) 指形流道　　(e) 格形流道　　(f) 螺旋蛇形流道

图 21-3　几种不同的流道类型[15]

21.2.2　固体氧化物燃料电池

和一般燃料电池一样，SOFC 也是一种把反应物的化学能直接转化为电能的电化学装置，只不过工作温度较高，一般在 $800\sim1000℃$。它也是由阳极、阴极及两极之间的电解质组成的。在阳极一侧持续通入燃料气，例如 H_2、CH_4、煤气等，具有催化作用的阳极表面吸附燃料气体（例如 H_2），并通过阳极的多孔结构扩散到阳极与电解质的界面。在阴极一侧持续通入氧气或空气，具有多孔结构的阴极表面吸附氧气，由于阴极本身的催化作用，使得 O_2 得到电子变为 O^{2-}，在化学势的作用下 O^{2-} 进入起电解质作用的固体氧离子导体中，由于浓度梯度引起扩散，最终到达固体电解质与阳极的界面并与燃料气体发生反应，失去的电子通过外电路回到阴极。其电化学反应过程如图 21-4 所示。

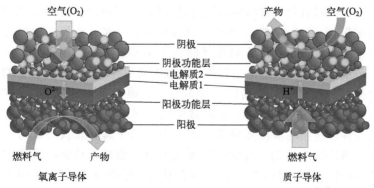

空气(O_2)　　　　产物　　空气(O_2)

阴极
阴极功能层
电解质2
电解质1
阳极功能层
阳极

O^{2-}　　　　　　　　H^+

燃料气　　产物　　　　燃料气

氧离子导体　　　　　　质子导体

图 21-4　固体氧化物燃料电池电化学反应过程示意图[16]

SOFC 采用了陶瓷材料作电解质、阴极和阳极，具有全固态结构，除具有一般燃料电池系统的特点外，同时它的燃料无需是纯氢，可以采用其他可燃气体；另外 SOFC 不必使用贵金属催化剂。陶瓷电解质要求高温运行（600～1000℃），加快了反应进程，还可以实现多种碳氢燃料气体的内部还原，简化了设备；同时系统产生的高温、清洁高质量热气适于热电联产，能量利用率高达 80％左右，因此 SOFC 是一种清洁高效的能源系统。

固体氧化物燃料电池单电池是由致密的电解质和多孔电极所组成的、具有三明治结构的能量转化装置。致密的电解质层具有隔离电极、传导氧离子或质子的作用；多孔的电极则是传输气体和电流，是燃料气和空气发生电化学催化反应的场所。

固体氧化物燃料电池有诸多优点：①由于电堆为全固态的结构，避免了使用液态电解质所带来的腐蚀和电解液泄漏等问题；②不用铂等贵金属作为催化剂从而大大减少了燃料电池成本；③SOFC 高质量的余热可以用于热电联供，从而提高余热利用率，总的发电效率可以达到 80％以上；④燃料的适用范围广，SOFC 适用于所有可以燃烧的燃料，不仅可以使用 H_2、CO 为燃料，而且可以直接以天然气、煤气和其他碳氢化合物作为原料[17,18]。

SOFC 单电池的理论开路电压在 1V 左右，实际工作电压在 0.7V 左右，因此实际应用中通常需要将 SOFC 组装成电堆从而获得需要的电压和输出功率，因此单电池结构应该具有性能可靠、便于放大及维修等特点。目前常用的单电池结构主要有管式以及平板式两种。

管式 SOFC 由一段封闭的管状单体电池以串并联的方式组装而成，最早由美国西屋电气公司研制，从内到外分别为多孔阴极支撑管、电解质、连接体以及阳极。由于这种设计通常采用挤出成型制备阴极，而电解质和金属陶瓷阳极通常采用电化学气相沉积法（EVD）依次制备。挤出成型制备的阴极机械强度较高，使得管式 SOFC 结构更加稳定；同时各单电池之间相互独立，当一个单电池损坏时，只需切断该单电池的氧化气体通道即可，不会影响整个电堆的工作。管式 SOFC 高机械强度、高抗热冲击性能、简化的密封技术以及高模块化集成性能的特点使其更加适合建设大容量电站。但由于管式设计集流路径较长，其性能尤其是在低温时的性能较差；同时，EVD 制备工艺较为昂贵也是一个不可忽视的问题。

与管式结构相比，平板式结构具有电堆结构简单、制备方便以及成本低廉等优点；同时由于电流流向与电堆垂直，流经的路径较短且电流收集均匀，所以其欧姆电阻比管式 SOFC 低，电堆输出功率密度也较高。平板式 SOFC 单电池的阳极、阴极电解质均为平板层状结构，单电池之间通过连接体串联组成电堆，气体需通过连接体进入氧化气室与还原气室，因此需在连接体材料的两侧设计导气沟槽，空气和燃料气分别通过对应阴极和阳极侧连接体的导气通道进入相应气室，随后扩散到电极表面。为了确保氧化气与燃料气在燃料电池工作过程中保持隔离状态，同时氧化气室与还原气室可以保持一定的气体压力，需使用耐高温密封材料将连接体与阳极/电解质/阴极（PEN）结构密封在一起。平板式结构的主要难点在于高温密封技术，但是当 SOFC 的工作温度降低到 600～800℃后，可以降低对密封材料的要求，从而在很大程度上提高燃料电池运行的稳定性和可靠性，并大大降低燃料电池系统的制造和运行成本。早期平板式 SOFC 通常采用流延、轧膜以及干压等方法制备电解质支撑，其厚度一般为 0.1～0.5mm。阴极和阳极通常使用丝网印刷或浸渍的方法涂敷在电解质两侧，最后烧结成一体。然而电解质支撑平板式 SOFC 由于具有较大的欧姆电阻所以限制了功率的提高。为了解决这个问题，目前的平板式 SOFC 通常采用电极支撑结构，考虑到目前常用阴极的烧结温度与电解质烧结温度相差较大，阳极支撑型平板 SOFC 已成为研究重点。

SOFC 阴极中主要发生氧还原反应，主要包括对氧气分子的吸附、催化分解、离子/电子传导等基本反应过程，阴极对燃料电池性能有着很大的影响。一般来说，阴极不仅需要具备较高的电导率、对氧分子的催化还原活性，还应该具有稳定多孔的结构以便于气体扩散；

同时，为了保证高温下运行的稳定性，阴极还需要具备与电解质以及燃料电池其他组分相匹配的热膨胀系数以及化学兼容性。

早期以掺杂 $LaMnO_3$ 为代表的钙钛矿结构氧化物被广泛用作 SOFC 的阴极材料。通过在 A 位掺杂 Ca 或 Sr 替代 La 可以生成 Mn^{4+}，从而得到 p 型导电的 $La_{1-x}Sr(Ca)_xMnO_{3-\delta}$（LSM/LCM），在很大程度上提高了材料的电子电导率，并具有一定的氧还原催化活性，且与氧化钇稳定氧化锆（yttria-stabilized zirconia，YSZ）电解质的热膨胀系数相匹配。但由于 LSM 等阴极材料中氧空位的浓度较低，因此氧离子导电性较差，通常需要与 YSZ 等氧离子导体复合以用于 SOFC 阴极。由于氧还原过程同时包括了离子和电子的传导，因此，一般认为在 LSM-YSZ 复合阴极中，氧还原反应只能发生在气相/离子传导相/电子传导相的三相界面（triple phase boundary，TPB）。鉴于此，LSM 复合阴极的性能受到了 TPB 长度的很大限制。通过采用纳米粉体、降低烧结温度以及浸渍纳米阴极等方法可以在一定程度上提高 LSM-YSZ 复合阴极氧还原反应的催化活性。尽管 LSM 基阴极材料在高温运行时较为稳定，但其在中低温下的性能较差，因此一般用于比较高的温度（≥800℃）。钙钛矿结构氧化物中的电荷传导能力主要由 B 位金属决定，采用 Co、Fe、Ni 等过渡金属替代 LSM 中 B 位的 Mn 元素后，由于氧空位浓度的增加以及高温下过渡金属的变价现象，可以获得同时具有较高离子和电子电导率的混合电导氧化物材料，尤其适合用作中低温 SOFC 的阴极材料。$(La,Sr)CoO_3$（LSC）氧化物材料具有非常高的氧空位浓度，其氧扩散能力非常高，且在高温下电子电导率高达 1000～3000S/cm，达到了某些金属的电导率。但是由于 Co 含量较多导致 LSC 的热膨胀系数较大，在高温运行以及热循环过程中容易发生脱落；此外，LSC 非常容易在阴极制备过程中与 YSZ 等电解质发生反应，而且在高温运行过程中 Sr、Co 元素也极易发生扩散。采用 Fe 来替代 LSC 中的部分 Co 元素可以在一定程度上降低材料的热膨胀系数，提高材料稳定性。$La_{0.6}Sr_{0.4}Co_{0.2}Fe_{0.8}O_{3-\delta}$（LSCF）是目前优化出的最适宜在中温阶段商业化应用的阴极材料之一。与 LSM 阴极材料相比，LSCF 具备更高的氧离子传导速率以及更快的氧还原动力学系数，但是在长期运行过程中还是表现出了一定的性能衰减，主要是由于其化学和结构稳定性的问题[19]。

在 SOFC 阳极侧，燃料与通过电解质从阴极侧传导过来的氧离子发生反应，生成相应产物，并释放出电子，电子通过外电路回到阴极侧，形成电流。基于此，SOFC 的阳极材料需要具备如下性能：在高温及还原性气氛（氢气或碳氢燃料等）下的稳定性，混合离子/电子导电能力，对燃料的催化能力（对燃料的吸附、荷电转移、催化氧化）等。与阴极相同，阳极也需要具备一定的多孔结构供燃料气和反应产物输运和扩散。

NiO-YSZ 金属陶瓷阳极是目前技术最成熟、应用最广泛的阳极材料，由电子传导相的金属 Ni 和氧离子传导相 YSZ 复合而成。Ni 基金属陶瓷复合阳极在高温和还原性气氛下具有非常高的稳定性，与 YSZ 等电解质的热膨胀匹配性也较好，保证了阳极在高温和长期运行过程中的稳定性。一般采用氧化镍与电解质材料复合的方法制备阳极，在氢气等还原性燃料气氛中运行时，阳极中的 NiO 会被还原为金属 Ni。在还原过程中由于体积减小，从而在阳极内部产生更多孔隙，增加了阳极的比表面积、可供燃料反应的 TPB 长度，使得燃料气以及反应产物的输运和扩散变得更加容易。一般电解质支撑的燃料电池中，电解质厚度约为 180～300μm，阴极和阳极厚度约为 20～50μm，由于电解质较厚，其产生的较大的欧姆电阻限制了 SOFC 的输出功率。Ni 基金属陶瓷阳极的烧结性较好，可以与 YSZ 电解质在高温下共烧结，得到阳极支撑的单电池。在阳极支撑单电池中，由于采用了较厚的阳极作为机械支撑体，可以大幅度降低电解质厚度（5～50μm），减小单电池欧姆电阻，提高单电池的输出功率密度。目前几乎所有的商业化运行 SOFC 发电系统以及示范运行系统均采用了 Ni 基金属陶瓷复合阳极[20]。

固体氧化物燃料电池中燃料的电化学反应被电解质分为两个半反应，以离子传导电解质为例，即阳极侧燃料的氧化反应和阴极侧氧化剂（主要是 O_2）的还原反应。SOFC 工作过程中，O_2 在阴极侧被还原成为 O^{2-}，通过电解质传导至阳极侧与燃料发生反应，燃料中失去的电子则通过外电路传导至阴极。因此，电解质必须是致密的结构，保证阳极和阴极侧的气体不会发生相互扩散，而且需要具有较高的氧离子电导率和较低的电子电导率。此外，电解质材料还需要在高温氧化气氛以及还原气氛下均保持较高的稳定性。

氧化锆基电解质在很宽的氧分压和温度范围内都具有良好的化学和机械稳定性，因此常被用作 SOFC 电解质材料。在不同的氧化锆基电解质中，氧化钇稳定氧化锆（YSZ）是 SOFC 目前最常用的一种氧离子传导电解质材料，也是目前为止在性能、稳定性、生产成本等方面最适宜商业化应用的电解质材料。尽管 YSZ 在氧化和还原气氛中的稳定性非常高，但其氧离子电导率一般，以 YSZ 电解质为机械支撑的燃料电池欧姆电阻较大，燃料电池性能较差，往往需要在很高的温度（如 850~1000℃）下运行。Sc_2O_3 稳定的 ZrO_2（SSZ）相比于 YSZ 具有更高的离子电导率，但是生产成本过高。通过降低电解质厚度或采用电极支撑（如阳极支撑，YSZ 厚度 5~50μm）可以在很大程度上降低燃料电池的欧姆电阻，提高燃料电池输出功率。然而，YSZ 与很多高活性阴、阳极钙钛矿材料的化学兼容性较差，在高温制备以及长期运行过程中容易发生反应。掺杂氧化铈（如摩尔分数 10%~20% 的 Gd_2O_3 或 Sm_2O_3 掺杂 CeO_2、GDC 或 SDC）在低温下（约 600℃）的离子电导率较高，且与现有电极材料的化学兼容性均很好。但氧化铈基电解质在高温和还原性气氛中，由于 Ce^{4+} 容易被还原成 Ce^{3+}，使得电解质内部发生电子传导，导致燃料电池开路电压明显下降，长时间使用还容易导致电解质内部产生微裂纹。而且，氧化铈基电解质材料的烧结致密化温度较高，一般在 1400~1600℃。采用添加助烧剂的方法可以明显降低氧化铈基电解质的致密化温度，如在 GDC 中添加摩尔分数 5% 的 Li_2O 可以将烧结致密化温度从 1400℃ 以上降低到 900℃。但添加助烧剂后的电解质对电极性能以及燃料电池长期稳定性的影响还不清晰。目前氧化铈基电解质材料多与 YSZ 等电解质组成双电解质层，或作为隔离层以防止在高温制备和长期运行过程中电极材料与电解质之间发生反应[21]。

21.2.3 碱性燃料电池

在实际使用中，往往采用空气作为氧化剂，碱性燃料电池（AFC）会受 CO_2 毒化而大大降低效率和使用寿命，因此，人们认为 AFC 不适合作为汽车动力，并将研究重点转向了质子交换膜燃料电池（PEMFC），只有少数机构还在对 AFC 进行研究。比如使用循环电解质、氨作为氢源和开发先进电极制备技术可以在一定程度缓解 CO_2 毒化问题，使得 AFC 仍具有一定的发展潜力。

AFC 具有较高的效率（50%~55%）和较低的价格（400~600 美元/kW），其他类型燃料电池效率分别为：PEMFC，40%~50%；PAFC，30%~40%；MCFC，50%~60%；SOFC，45%~60%。由于 MCFC 和 SOFC 工作在高温条件下，启动时间较长，不适合用于汽车动力。AFC、PEMFC 都工作在较低的温度下，启动时间较短，可考虑用于交通运输领域。PEMFC 被视为最有潜力用于交通的燃料电池技术，但目前价钱仍然很昂贵；AFC 用于交通运输具有一定的发展和应用前景。AFC 的缺点是：使用具有腐蚀性的液态电解质，具有一定的危险性和容易造成环境污染，此外，为解决 CO_2 毒化所采用的一些方法，如使用循环电解液，吸收

CO_2 等都增加了系统的复杂性，相比之下，PEMFC 则操作简单，结构也更简单[22]。

21.2.4　磷酸燃料电池

磷酸燃料电池是以浓磷酸为电解质，以贵金属催化的气体扩散电极为正、负极的中温型燃料电池。磷酸燃料电池的工作温度比 PEMFC 和 AFC 的工作温度要稍高一些，大致的工作范围为 150～210℃。磷酸燃料电池具有多种优点，一方面，磷酸燃料是以浓磷酸作为电解质，挥发度低，同时以碳材料作为骨架，所以性能稳定、成本低廉；另一方面，磷酸燃料种类多样，如氢气、甲醇、天然气、煤气，这些燃料的来源众多，获取资源成本低，而且最终反应物中无毒害物质，也不需要 CO_2 的处理设备，所以具有清洁安全无噪声的特点。单体磷酸燃料电池的结构如图 21-5 所示：

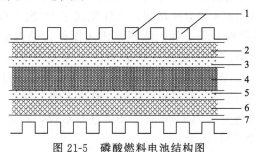

图 21-5　磷酸燃料电池结构图

1—气体通道；2,6—多孔质支持层；3,5—多孔质催化剂层；4—磷酸电解质层；7—集流体

磷酸燃料电池的反应原理是：燃料气体或者其他媒介添加水蒸气后送入改质器，改质器中的反应温度可达 800℃，发生如下反应：

$$C_xH_y + xH_2O \longrightarrow xCO + (x+y/2)H_2$$

从而把燃料转化成 H_2、CO 和水蒸气的混合物；同时 CO 和水进入移位反应器中，并经催化剂催化进一步转化成 H_2 和 CO_2。最后，这些经过处理的燃料气体进入负极的燃料堆，同时将空气中的氧输送到燃料堆的正极进行化学反应，接触催化剂迅速产生电能和热能[13]。

21.2.5　熔融碳酸盐燃料电池

MCFC 工作温度高（873～923K），无需贵金属做催化剂，并且可以与燃气轮机结合组成混合发电系统，具有排放污染少、发电效率高等优点，其发电效率可达 45%～48%，经优化后可达 60%，耦合热电联供系统后综合效率可达 80% 以上，在热电联产、分布式发电等领域具有广阔的应用前景。

MCFC 的结构主要包括阴极、阳极、电解质以及隔膜，其中阳极一般采用 Ni-Al、Ni-Cr 作为催化剂，阴极采用锂化的 $NiO(Li_xNi_{1-x}O)$ 作为催化剂，电解质为熔融碳酸盐（Li_2CO_3、Na_2CO_3、K_2CO_3），隔膜采用多孔 $LiAlO_2$ 膜。工作时，在阴极通入空气和 CO_2，发生电化学反应 $O_2 + 2CO_2 + 4e^- \Longrightarrow 2CO_3^{2-}$，产生碳酸根离子；碳酸根离子穿过电解质，到达阳极；在阳极氢离子与碳酸根离子发生电化学反应 $2H^+ + CO_3^{2-} \Longrightarrow H_2O + CO_2$，生成 H_2O 和 CO_2，与此同时，电子从阳极通过外电路到达阴极，并对外做电功。

熔融碳酸盐燃料电池能够利用煤制合成气、天然气、沼气等燃料，通过电化学反应将燃料的化学能转化为电能，满足不同应用场合的电力需求，实现火力发电的近零排放，是未来高效洁净火力发电的发展方向之一，在分布式发电和固定式发电领域具有广阔的应用前景。通过建立热电联产系统和混合发电系统可以提高 MCFC 的发电效率，其中 MCFC 的底层循环系统是当前混合发电系统发展的主流方向。此外，由于 MCFC 具有富集 CO_2 的作用，其与传统火电机组相结合能够在保持高发电效率的同时实现 CO_2 从火电厂尾气中有效分离，目前示范系统的 CO_2 捕集率可达 77%[23]。

21.3 应用领域

21.3.1 航天领域

早在 20 世纪 60 年代，燃料电池就成功地应用于航天技术，这种轻质、高效的动力源一直是美国航天技术的首选。以燃料电池为动力的 Gemini 宇宙飞船 1965 年研制成功，采用的是聚苯乙烯磺酸膜，完成了 8 天的飞行。由于这种聚苯乙烯磺酸膜稳定性较差，后来 Apollo 宇宙飞船采用了碱性电解质燃料电池，从此开启了燃料电池航天应用的新纪元。在 Apollo 宇宙飞船 1966 年至 1978 年服役期间，总计完成了 18 次飞行任务，累计运行超过了 10000h，表现出良好的可靠性与安全性。除了宇宙飞船外，燃料电池在航天飞机上的应用是航天史上又一成功的范例。美国航天飞机载有 3 个额定功率为 12kW 的碱性燃料电池（图 21-6），每个电堆包含 96 节单电池，输出电压为 28V，效率超过 70%，单个电堆可以独立工作，确保航天飞机安全返航，采用的是液氢、液氧系统，燃料电池产生的水可以供航天员饮用。从 1981 年首次飞行直至 2011 年航天飞机宣布退役，在这 30 年里燃料电池累计运行了 101000h，可靠性达到 99% 以上。

图 21-6 航天飞机用燃料电池

21.3.2 潜艇方向

燃料电池作为潜艇不依赖空气推进（air-independent propulsion，AIP）技术动力源，从 2002 年第一艘燃料电池 AIP 潜艇下水至今已经有 6 艘在役，还有一些 FC-AIP 潜艇在建造中。2009 年 10 月意大利军方订购的 2 艘改进型 FC-AIP 潜艇开始建造，潜艇水面排水量为 1450 吨，总长为 56m，最大直径为 7m，额定船员 24 名，水下最大航速为 20 节，计划在 2015~2016 年开始服役。FC-AIP 潜艇具有续航时间长、安静、隐蔽性好等优点，通常柴油机驱动的潜艇水下一次潜航时间仅为 2 天，而 FC-AIP 潜艇一次潜航时间可达 3 周。这种潜艇用燃料电池（图 21-7）

图 21-7 潜艇用燃料电池模块

是由西门子公司制造，采用镀金金属双极板。212 型艇装载了额定功率为 34kW 的燃料电池模块，214 型艇装载了 120kW 燃料电池模块，额定工况下效率接近 60％。

21.3.3　新能源汽车

随着汽车保有量的增加，传统燃油内燃机汽车造成的环境污染日益加剧，同时，也面临着对石油的依存度日益增加的严重问题。燃料电池作为汽车动力源是解决因汽车而产生的环境、能源问题的可行方案之一，近 20 年来得到各国政府、汽车企业、研究机构的普遍重视。燃料电池汽车（参见图 21-8）示范在国内外兴起，下面是一些典型事例。

图 21-8　燃料电池乘用车

2017 年，德国 Mercedes-Benz 推出 GLC F-CELL 插电式 SUV。

2018 年，日本本田推出 CLARITY FUEL CELL，相比前代的产品，整体电堆体积减小了 33％，燃料电池输出总功率达到 103kW。

2019 年，韩国现代推出第二代 NEXO，该车配备的燃料电池包含 440 节单电池，输出功率达到 135kW，相比上一代产品 iX-35，这一代的产品的轻量化设计十分成功。

2020 年，日本丰田推出第二代 Mirai，峰值功率为 128kW，相比上一代产品有不错的进步。

而在中国，除了荣威 950Fuel Cell 家用轿车，市面上的燃料电池车主要包括中大型客车、重型卡车、牵引车等商用车，该状况是多种因素造成的。

2017 年，厦门金龙推出 XMQ6127AGFCEV 公交车，配备 68.5kW 的燃料电池发动机，采用了多能源耦合能量分配控制的先进技术。

2018 年，宇通客车推出了 F10 燃料电池客车。该车可搭载不同的燃料电池发动机，有 63kW、65kW、80kW 三种型号可选，同时配备 240kW 的电机和 105.27kW·h 的动力电池。

2021 年，北汽福田推出一款名为智蓝的燃料电池重卡，该重卡采用了最为先进的液氢储存技术，大大提升了燃料电池车的续航里程。

中国重汽推出一款名为黄河的燃料电池重卡，该车搭载了潍柴动力最新研发的 WEF160 燃料电池发动机，功率达到了 60kW。同时该车配备了额定功率 240kW 的电机和 123kW·h 的动力电池包。

21.3.4　分布式发电站

污染重、能效低一直是困扰火力发电的核心问题，燃料电池作为低碳、减排的清洁发电技术，受到国内外的普遍重视。燃料电池电站不同于燃料电池汽车，没有频繁启停问题，因此可以采用以下 4 种燃料电池技术，分别是磷酸燃料电池、质子交换膜燃料电池、固体氧化物燃料电池和熔融碳酸盐燃料电池。

PEMFC 电站的代表性开发商是 Ballard 公司，主要开发 250kW～1MW 的示范电站，目前示范数量还不多，国内华南理工大学也进行了 300kW PEMFC 电站的示范。质子交换膜燃料电池用于固定电站与用于燃料电池汽车相比，由于工况相对缓和，不需要像燃料电池汽车那样频繁变载，避免了动态工况引起的燃料电池材料衰减，相对延长了寿命。但是，成本问题还是 PEMFC 电站商业化面临的主要问题。另外，由于 PEMFC 的操作温度在 80～90℃之间，故其热品质比较低，热量回收效率不高，影响整体燃料利用率。再有，为了防止 PEMFC 燃料电池中毒，燃料需要净化，会增加一部分成本。高温质子交换膜燃料电池（H-PEMFC）操作温度可以达到 150～200℃，一定程度上可以缓解上述问题。

Siemens Westinghouse 公司开发了了固体氧化物燃料电池电站（参见图 21-9），以阴极作支撑的管式 SOFC 机械强度高，热循环性能好，易于组装与管理。西门子-西屋公司已建成多台大型 100～250kW 分散电站进行试验运行，其中以天然气为燃料的 100kW SOFC 系统总计运行 20000h，220kW SOFC 与燃气轮机联合发电系统效率可达到 60％～70％。但现有的技术如电化学气相沉积和多次高温烧结等导致阴极支撑型 SOFC 成本过高、难以推广。借助廉价的湿化学法、等离子喷涂等技术替代电化学气相沉积制备电解质薄膜，并运用改进烧结工艺、减少烧结次数等手段，有望达到大幅度降低阴极支撑管型 SOFC 成本的目的。

图 21-9　固体氧化物燃料电池电站

21.3.5　备用电源与家庭电源

与现有的柴油发电机比较，燃料电池作为不间断备用电源，具有高密度、高效率、长待时及环境友好等特点，可以为电信、银行等重要部门或偏远地区提供环保型电源。家庭与一些公共场所大多采用 1～5kW 小型热电联供装置，家庭电源通常以天然气为燃料，这样可以兼容现有的公共设施，提供电网以外的电，废热可以以热水的形式利用，备用电源也可采用甲醇液体燃料。在燃料电池电源产品研发方面，日本的 Ebara-Ballard 公司 1kW 家庭型燃料电池电源，其产品已经在 700 多个场所试验，并建立了年产 4000 台的生产基地；美国 Idatech 公司研制的 5kW UPS 已于 2008 年拿到印度 ACME 集团 30000 台的订单；美国

(a) 5kW备用电源(Plug Power)　　　(b) 2kW备用电源(Relion)

图 21-10　燃料电池备用电源

Plug Power 公司已实现近千台的 5kW 电源 ［图 21-10(a)］ 的销售，主要用于通信、军事等方面；Relion 与 Altergy 公司也开拓了燃料电池备用电源市场 ［图 21-10(b)］。我国也已研制了 10kW 的供电系统，以家庭用电为示范，已经运行了 2500h。

参 考 文 献

[1]　仙存妮. 固体氧化物燃料电池技术发展概述及应用分析 ［J］. 电器工业，2019（03）：70-74.

[2]　韩敏芳. 固体氧化物燃料电池（SOFC）技术进展和产业前景 ［J］. 民主与科学，2017（05）：25-26.

[3]　Cao T，Huang K，Shi Y，et al. Recent advances in high-temperature carbon-air fuel cells ［J］. Energy & Environmental Science，2017，10（2）：460-490.

[4]　Steele B C H. Running on natural gas ［J］. Nature，1999，400（6745）：619-621.

[5]　孙克宁. 固体氧化物燃料电池 ［M］. 北京：科学出版社，2019：18.

[6]　Yi P，Zhang D，Qiu D，et al. Carbon-based coatings for metallic bipolar plates used in proton exchange membrane fuel cells ［J］. International Journal of Hydrogen Energy，2019，44（13）：6813-6843.

[7]　Liu C Y，Sung C C. A review of the performance and analysis of proton exchange membrane fuel cell membrane electrode assemblies ［J］. Journal of Power Sources，2012，220：348-353.

[8]　Banerjee S，Curtin D E. Nafion® perfluorinated membranes in fuel cells ［J］. Journal of Fluorine Chemistry，2004，125（8）：1211-1216.

[9]　O'Hayre R，et al. 燃料电池基础 ［M］. 王晓红，黄宏，译. 北京：电子工业出版社，2007.

[10]　Zhang H，Shen P K. Recent development of polymer electrolyte membranes for fuel cells ［J］. Chemical Reviews，2012，112（5）：2780-2832.

[11]　Beattie P D，Orfino F P，Basura V I，et al. Ionic conductivity of proton exchange membranes ［J］. Journal of Electroanalytical Chemistry，2001，503（1-2）：45-56.

[12]　O'Hayre R，Barnett D M，Prinz F B. The triple phase boundary：a mathematical model and experimental investigations for fuel cells ［J］. Journal of the Electrochemical Society，2005，152（2）：A439.

[13]　汪嘉澍，潘国顺，郭丹. 质子交换膜燃料电池膜电极组催化层结构 ［J］. 化学进展，2012（10）：1906.

[14]　Hussain M M，Song D，Liu Z S，et al. Modeling an ordered nanostructured cathode catalyst layer for proton exchange membrane fuel cells ［J］. Journal of Power Sources，2011，196（10）：4533-4544.

[15]　Arvay A，French J，Wang J C，et al. Nature inspired flow field designs for proton exchange membrane fuel cell ［J］. International Journal of Hydrogen Energy，2013，38（9）：3717-3726.

[16]　F. Liang，J. Yang，Y. Zhao，Y. Zhou，Z. Yan，J. He，Q. Yuan，J. Wu，P. Liu，Z. Zhong，M. Han，A review of thin film electrolytes fabricated by physical vapor deposition for solid oxide fuel cells ［J］. International Journal of hydrogen energy，2022，47（87）：36926-36952.

[17]　Gao Z，Mogni L V，Miller E C，et al. A perspective on low-temperature solid oxide fuel cells ［J］. Energy & Environmental Science，2016，9（5）：1602-1644.

[18]　Fan L，Zhu B，Su P C，et al. Nanomaterials and technologies for low temperature solid oxide fuel cells：Recent advances，challenges and opportunities ［J］. Nano Energy，2018，45：148-176.

[19]　Jiang S P. Development of lanthanum strontium cobalt ferrite perovskite electrodes of solid oxide fuel cells——A review ［J］. International of Journal Hydrogen Energy 2019；44：7448-7493.

[20]　Cho S，Fowler D E，Miller E C，et al. Fe-substituted $SrTiO_{3-\delta}$-$Ce_{0.9}Gd_{0.1}O_2$ composite anodes for solid oxide fuel cells ［J］. Energy & Environmental Science，2013，6；1850.

[21]　Zhang Y，Knibbe R，Sunarso J，et al. Recent progress on advanced materials for solid-oxide fuel cells operating below 500℃ ［J］. Advanced Materials，2017；29.

[22]　Ormerod R M. Solid oxide fuel cells ［J］. Chemical Society Reviews，2003，32：17-28.

[23]　别康. 熔融碳酸盐直接煤/碳燃料电池电化学性能研究 ［D］. 武汉：华中科技大学，2019.

第 **22** 章
热力学与动力学

22.1 热力学

燃料电池是把反应物中的化学能直接转化为电能和热能的电化学装置[1-4]。在质子交换膜燃料电池的阳极，具有还原特性的物质，即燃料如氢气，被氧化生成质子和电子，见反应式（22-1）；在燃料电池的阴极，具有氧化特性的物质，如空气中的氧气，与质子和电子结合被还原生成水，见反应式（22-2）；整个电化学反应就是氢气与氧气生成水的过程，见反应式（22-3）。氢气的氧化反应（HOR）及氧气的还原反应（ORR）是两个单独的半反应，分别发生在阳极及阴极，氢气和氧气没有直接的接触。

$$阳极反应：\qquad H_2 \Longrightarrow 2H^+ + 2e^- \tag{22-1}$$

$$阴极反应：\qquad 0.5O_2 + 2H^+ + 2e^- \Longrightarrow H_2O \tag{22-2}$$

$$整个反应：\qquad H_2 + 0.5O_2 \Longrightarrow H_2O \tag{22-3}$$

整个反应过程遵循能量及其转换的热力学规律，在反应（22-3）中，氢气和氧气生成水的化学能变化等于该反应所产生的电能与热能的总和：

$$化学能变化＝电能＋热能 \tag{22-4}$$

根据热力学定律，一个反应的热焓变化 ΔH 与其吉布斯自由能变化 ΔG 及熵变 ΔS 有式（22-5）所示的关系：

$$\Delta H = \Delta G + T\Delta S \tag{22-5}$$

式中，ΔH 为热焓变化，J 或 kJ；ΔG 为吉布斯自由能变化，J 或 kJ；ΔS 为熵变，J/K 或 kJ/K；T 为热力学温度，K。

热焓变化就是化学能变化；根据吉布斯自由能的定义，它是指一个过程的总能量变化中能做除膨胀功以外的其它有用功的那部分能量。对比式（22-4）与式（22-5）可以看出，ΔG 是反应（22-3）能做电功的那部分能量，$T\Delta S$ 是反应（22-3）能做膨胀功的那部分能量，对于燃料电池这种定容反应过程，$T\Delta S$ 就是反应（22-3）所产生的热能。

22.1.1 生成焓与生成吉布斯自由能

一种物质在生成过程中焓的变化叫作该物质的生成焓，$\Delta_f H$；一种物质在生成过程中吉布斯自由能的变化叫作该物质的生成吉布斯自由能，$\Delta_f G$。在 298K 和 1bar（1bar＝10^5Pa）的标准状态下，且假设水是以气态的方式存在，反应（22-3）所对应的生成焓 $\Delta_f H^{\ominus}$ 及生成吉布斯自由能 $\Delta_f G^{\ominus}$ 分别是：

$$\Delta_f H^{\ominus} = \Delta_f H^{\ominus}_{H_2O} - (\Delta_f H^{\ominus}_{H_2} + 0.5\Delta_f H^{\ominus}_{O_2})$$

$$= -241.8 - (0+0.5 \times 0)$$
$$= -241.8 (\text{kJ/mol})$$
$$\Delta_f G^{\ominus} = \Delta_f G^{\ominus}_{H_2O} - (\Delta_f G^{\ominus}_{H_2} + 0.5\Delta_f G^{\ominus}_{O_2})$$
$$= -228.6 - (0+0.5 \times 0)$$
$$= -228.6 (\text{kJ/mol})$$

式中，下标 f 代表"生成"；上标 $\ominus$ 代表 1bar 气压的标准状态。

如果水是以液态的方式存在，反应(22-3) 所对应的生成焓及生成吉布斯自由能分别是 -285.8kJ/mol 及 -237.1kJ/mol。生成物为气态水与为液态水时的热焓有 44kJ/mol 的不同（在 298K 温度下），对应的是气态水冷凝时放出的热量，或液态水蒸发时吸收的热量。

22.1.2　热力学电效率

因为 $\Delta_f H$ 是一个过程总的能量变化，而 $\Delta_f G$ 是这个过程总的能量变化中能做有用功的那部分能量，在燃料电池中就是能做电功的那部分能量，那么，该过程的热力学电效率 η_e 就是两者的比值，见式(22-6)：

$$\eta_e = \Delta_f G / \Delta_f H \tag{22-6}$$

在 298K 和 1bar 的标准状态下，对于反应(22-3)，当水是气态时，其热力学电效率是：

$$\eta_e^{\ominus} = \Delta_f G^{\ominus}_{气} / \Delta_f H^{\ominus}_{气} = -228.6/-241.8 = 94.5\%$$

在 298K 和 1bar 的标准状态下，对于反应(22-3)，当水是液态时，其热力学电效率是：

$$\eta_e^{\ominus} = \Delta_f G^{\ominus}_{液} / \Delta_f H^{\ominus}_{液} = -237.1/-285.8 = 83\%$$

生成气态水及液态水的热焓值分别被称为高热焓值（HHV）及低热焓值（LHV），在计算燃料电池的电效率时一般采用低热焓值。

22.1.3　理论电压

根据定义，电功是电量与电压的乘积，见式(22-7)：

$$W = QE \tag{22-7}$$

1 摩尔电子所对应的电量被称为法拉第常数，表示符号为 F，约等于 96485 库仑每摩尔。对于反应(22-3)，每个氢分子产生 2 个电子，每摩尔氢分子对应的电量就是 $2F$。同时，$\Delta_f G$ 对应的就是反应(22-3) 所能做的功，在燃料电池中为电功 W，所以：

$$\Delta_f G = W = -2FE \quad 或 \quad \Delta_f G^{\ominus} = -2FE^{\ominus} \tag{22-8}$$

式(22-8) 中在 $2FE$ 前加一个负号是因为对于自发反应，$\Delta_f G$（及 $\Delta_f H$）被定义为负值，而电压 E 被定义为正值。

简单变化一下式(22-8) 就得到电压的公式(22-9)，这就是一个反应的理论电压。

理论电压：
$$E = -\Delta_f G / (2F) \tag{22-9}$$

在 298K 和 1bar 的标准状态下，对于反应(22-3)，当水是气态时，其理论电压是：

$$E^{\ominus} = -\Delta_f G^{\ominus} / (2F) = 228.6 \times 1000 / (2 \times 96485) = 1.18(\text{V})$$

在 298K 和 1bar 的标准状态下，对于反应(22-3)，当水是液态时，其理论电压是：

$$E^{\ominus} = -\Delta_f G^{\ominus} / (2F) = 237.1 \times 1000 / (2 \times 96485) = 1.23(\text{V})$$

如果在式(22-9) 中用 $\Delta_f H$ 代替 $\Delta_f G$ 来计算电压，就相当于假设所有热焓都能用来做电功这一情况下所能产生的电压，我们暂且把其称为"热焓电压"。

热焓电压：
$$E_H = -\Delta_f H / (2F) \tag{22-10}$$

在 298K 和 1bar 的标准状态下，对于反应(22-3)，当水是气态时，其热焓电压是：

$$E_H^{\ominus} = -\Delta_f H^{\ominus} / (2F) = 241.8 \times 1000 / (2 \times 96485) = 1.25(\text{V})$$

第四篇　氢能应用

在 298K 和 1bar 的标准状态下，对于反应(22-3)，当水是液态时，其热熔电压是：

$$E_{\mathrm{H}}^{\ominus}=-\Delta_{\mathrm{f}}H^{\ominus}/(2F)=285.8\times1000/(2\times96485)=1.48(\mathrm{V})$$

在不同温度下，一个反应的 $\Delta_{\mathrm{f}}G^{\ominus}$ 及 $\Delta_{\mathrm{f}}H^{\ominus}$ 是不同的，所以，当一个燃料电池在不同温度下工作时，其热力学电效率、理论电压、热熔电压是不同的。表 22-1 给出了在不同温度、气体分压为 1bar 时，反应(22-3)生成气态水时的 $\Delta_{\mathrm{f}}H^{\ominus}$、$\Delta_{\mathrm{f}}G^{\ominus}$、热力学电效率、理论电压和热熔电压。

表 22-1　在不同温度、气体分压 1bar 情况下氢氧燃料电池生成

气态水时的 $\Delta_{\mathrm{f}}H^{\ominus}$、$\Delta_{\mathrm{f}}G^{\ominus}$ 热力学电效率、理论电压和热熔电压

$T/{}^{\circ}\!\mathrm{C}$	$\Delta_{\mathrm{f}}H^{\ominus}$ /(kJ/mol)	$\Delta_{\mathrm{f}}G^{\ominus}$ /(kJ/mol)	热力学电效率/%	理论电压 $E^{\ominus}$/V	热熔电压 $E_{\mathrm{H}}^{\ominus}$/V
25	−241.8	−228.6	94.5	1.18	1.25
27	−241.8	−228.5	94.5	1.18	1.25
127	−242.8	−223.9	92.2	1.16	1.26
227	−243.8	−219.1	89.9	1.14	1.26
327	−244.8	−214.0	87.4	1.11	1.27
427	−245.6	−208.8	85.0	1.08	1.27
527	−246.4	−203.5	82.6	1.05	1.28
627	−247.2	−198.1	80.1	1.03	1.28
727	−247.8	−192.6	77.7	1.00	1.28
827	−248.4	−187.1	75.3	0.97	1.29
927	−248.9	−181.5	72.9	0.94	1.29
1027	−249.4	−175.5	70.5	0.91	1.29
1127	−249.8	−170.1	68.1	0.88	1.29
1227	−250.1	−164.4	65.7	0.85	1.30

从表 22-1 可见，以氢气和氧气为燃料的燃料电池的热力学电效率及理论电压随着反应温度的上升而下降；热熔随温度的上升略有增加，而吉布斯自由能随温度的上升下降较多。

在温度低于 100℃ 时，水汽的分压达不到 1bar，所以，表 22-1 中 100℃ 以下的数据偏离实际情况。如在 27℃ 时，水的饱和蒸气压为 0.035bar，在该条件下，反应(22-3) 的 $\Delta_{\mathrm{f}}H^{\ominus}$ 和 $\Delta_{\mathrm{f}}G^{\ominus}$ 分别为 −241.8kJ/mol 和 −236.8kJ/mol，所以热力学电效率和理论电压分别为 97.9% 和 1.23V。

从表 22-1 可以看出，在 100℃ 以下，热力学电效率及理论电压在不同温度时的差距应该不大，因此，对于氢氧质子交换膜燃料电池，虽然其实际运行温度一般在 55~85℃ 区间，但可以把 1.23V 作为其理论电压。

由于理论电压和热熔电压是分别用吉布斯自由能和热熔通过同样的公式计算出来的，两者的比值和吉布斯自由能与热熔的比值相等，都是热力学电效率。

22.1.4　电效率和热效率

由于各种电压损失的存在，一个燃料电池在工作中的实际电压 E 低于其理论电压 $E^{\ominus}$，它的电压电效率是实际电压与热焓电压的比值，其余部分是热效率：

$$\eta_{\mathrm{e}} = E/E_{\mathrm{H}}^{\ominus} \tag{22-11}$$

$$\eta_{\mathrm{h}} = 1 - E/E_{\mathrm{H}}^{\ominus} = (E_{\mathrm{H}}^{\ominus} - E)/E_{\mathrm{H}}^{\ominus} \tag{22-12}$$

如果在实际运行过程中有一部分氢气被浪费掉了，如通过尾气排放到了大气中而没被利用产生电能和热能，那么在上述电效率或热效率公式中需要乘以氢气的利用率 $\mu_{\mathrm{H_2}}$ 来进行修正。如一个燃料电池的工作电压是 0.65V，氢气的利用率是 95%，那么该燃料电池的电压电效率和热效率分别是：

$$\eta_{\mathrm{e}} = \mu_{\mathrm{H_2}} E/E_{\mathrm{H}}^{\ominus} = 0.95 \times 0.65/1.25 = 49.4\%$$

$$\eta_{\mathrm{h}} = \mu_{\mathrm{H_2}} \times (E_{\mathrm{H}}^{\ominus} - E)/E_{\mathrm{H}}^{\ominus} = 0.95 \times (1.25 - 0.65)/1.25 = 45.6\%$$

电和热的总效率是 95%。

在一个燃料电池系统中，除了电堆还有一些核心辅助部件（BOP），如空压机、氢气循环泵、水泵、风扇、散热器、DC-DC 变换器、传感器、阀、电子元器件等，这些耗电部件降低了燃料电池系统的净电效率，其中空压机占系统内部耗电的 80% 左右。假如这些部件耗电占电堆所发电的 15%，那么整个燃料电池系统的净电效率需要用 85% 乘以上述电压电效率，如在上述电压电效率为 49.4% 的情况下，整个燃料电池系统的净电效率就是 42%。

22.1.5　能斯特方程

在同一温度下，一个反应的热力学平衡电位与反应物及产物的活度相关，电位与活度的关系遵循能斯特方程（Nernst equation）。对于反应(22-3)，能斯特方程见式(22-13)：

$$E = E^{\ominus} + [RT/(2F)] \times \ln(a_{\mathrm{H_2}} a_{\mathrm{O_2}}^{0.5}/a_{\mathrm{H_2O}}) \tag{22-13}$$

式中，E 为热力学平衡电位，V；$E^{\ominus}$ 为反应物与产物的活度都是 1 时的热力学平衡电位，V；R 为摩尔气体常数 [8.31J/(K·mol)或 0.0831L·bar/(K·mol)]；T 为热力学温度，K；F 为法拉第常数，96485C/mol；$a_{\mathrm{H_2}}$ 为氢气的活度；$a_{\mathrm{O_2}}$ 为氧气的活度；$a_{\mathrm{H_2O}}$ 为水的活度。

氢气和氧气在燃料电池的运行温度下都是气体，水也大部分以气态的方式存在，同时，它们的压力都不会超过几个大气压（atm，1atm=101325Pa），所以，三者可以被当成理想气体来处理，每个组分的活度就是它们的分压：

$$a_{\mathrm{H_2}} = P_{\mathrm{H_2}}/P^{\ominus} \tag{22-14}$$

$$a_{\mathrm{O_2}} = P_{\mathrm{O_2}}/P^{\ominus} \tag{22-15}$$

$$a_{\mathrm{H_2O}} = P_{\mathrm{H_2O}}/P^{\ominus} \tag{22-16}$$

式中，$P_{\mathrm{H_2}}$ 为氢气分压，bar；$P_{\mathrm{O_2}}$ 为氧气分压，bar；$P_{\mathrm{H_2O}}$ 为水蒸气分压，bar；$P^{\ominus}$ 为标准压力，1bar。

由于标准压力 $P^{\ominus}$ 等于 1bar，把式(22-14)、(22-15) 和 (22-16) 代入式(22-13) 就得到式(22-17)：

$$E = E^{\ominus} + [RT/(2F)] \times \ln(P_{\mathrm{H_2}} P_{\mathrm{O_2}}^{0.5}/P_{\mathrm{H_2O}}) \tag{22-17}$$

在式(22-17) 中，各物质的分压单位为 bar。

从式(22-17) 中可以看出，反应物的分压越高、生成物的分压越低，反应的热力学平衡电位越高。假设一个固体氧化物燃料电池的运行温度为 1100K、氢气和氧气的分压都是 3bar，水蒸气的分压是 1bar，那么该反应的电位将是 1.05V，比标准压力下的电位 0.97V

提高了 0.08V，即 80mV。

$$E = 0.97 + [8.31 \times 1100/(2 \times 96485)] \times \ln(3 \times 3^{0.5}/1) = 1.05V$$

同理，在表 22-1 所示 1bar 条件下，27℃时理论电压是 1.18V，但在这个温度，水蒸气的分压只能达到 0.035bar，所以，在该条件下的电压是：

$$E = 1.184 + [8.31 \times 300/(2 \times 96485)] \times \ln(1 \times 1^{0.5}/0.035) = 1.23V$$

这与前面根据该条件下反应(22-3) 的 $\Delta_f G^{\ominus}$ 为 -236.8kJ/mol 并通过式(22-9) 所计算出的电压一致。

22.2　动力学

反应(22-3) 虽然是一个自发性反应，即这个反应对外界释放能量，但这个反应在什么条件下能够发生以及反应进行的速度，取决于反应动力学。

22.2.1　活化过电位

反应(22-3) 进行的速度取决于反应(22-1) 和反应(22-2) 进行的速度，且由较慢的那个反应所决定。反应的快慢取决于反应进行时必须克服的势垒，势垒越高，反应越慢，同时克服势垒所需要的能量越多。

反应(22-2) 是氧气的还原反应(ORR)，它进行的速度远低于反应(22-1)，即远低于氢气的氧化反应(HOR)，所以，反应(22-2) 决定了反应(22-3) 的速度。反应(22-2) 的电流密度 j 与为克服势垒所带来的电压下降 ΔE_A 之间遵循塔费尔方程（Tafel equation）：

$$\Delta E_A = a + b\lg j \tag{22-18}$$

ΔE_A 被称为活化过电位（activation overpotential），也即为了推动反应(22-2) 的进行而损耗的电压。

塔费尔方程最初是个经验公式，a 和 b 可通过试验获得。但后来发现，塔费尔方程实际上是巴特勒-福尔默方程（Butler-Volmer equation）的一个简化形式：

$$\begin{aligned}
\Delta E_A &= [RT/(\alpha n_r F)] \times \ln j^{\ominus} - [RT/(\alpha n_r F)] \times \ln j \\
&= [2.3RT/(\alpha n_r F)] \times \lg j^{\ominus} - [2.3RT/(\alpha n_r F)] \times \lg j \\
&= [2.3RT/(\alpha n_r F)] \times \lg(j/j^{\ominus}) \\
&= [RT/(\alpha n_r F)] \times \ln(j/j^{\ominus})
\end{aligned} \tag{22-19}$$

式中，ΔE_A 为活化过电位，V；R 为摩尔气体常数 [8.31J/(K·mol) 或 0.0831L·bar/(K·mol)]；T 为热力学温度，K；α 为电荷转移系数；n_r 为决定反应速度那个步骤所涉及的电子数；F 为法拉第常数，96485C/mol；$j^{\ominus}$ 为交换电流密度，A/cm^2；j 为反应电流密度，A/cm^2。

对于反应(22-2)，虽然每个 O_2 分子的还原包含 4 个电子的转移，但这个反应是分若干步完成的，其中反应速度最慢的那个步骤仅涉及 1 个电子的转移，所以，对于反应(22-2)，n_r 等于 1。对于反应(22-1)，1 个 H_2 分子吸附在 Pt 表面变成 2 个 H 原子似乎是决定反应速率的那一步，所以，该反应的 n_r 等于 2。

交换电流密度 $j^{\ominus}$ 是一个电极上没有净电流流过而处于热力学平衡状态时正向反应或反向反应的电流密度。对于反应(22-1)，正向反应是 H_2 失去电子而生成 H^+ 和 e^-，反向反应是 H^+ 与 e^- 结合生成 H_2，当电极处于热力学平衡状态时，这个正向反应及反向反应都在进行，电流密度都是 $j^{\ominus}$，只是两者的速率相等，净反应是零，净反应电流密度也是零。这时在电极上进行的正向反应或反向反应所对应的电流密度就是交换电流密度 $j^{\ominus}$。

对于交换电流密度较大的正向反应及反向反应，外界给予较小的能量就能把反应推离平衡状态，在电极上产生净电流，损失的活化过电位相对较小。在质子交换膜燃料电池中，在每平方厘米的 Pt 催化剂表面上，反应(22-1) 交换电流密度的量级处于 $0.1\sim1\text{mA/cm}^2$，而反应(22-2) 的交换电流密度的量级处于 $0.1\sim1\mu\text{A/cm}^2$，两者有 1000 倍左右的差别，所以，反应(22-2) 的活化过电位要远高于反应(22-1) 的活化过电位。

电荷转移系数 α 代表为克服势垒而使反应进行所损耗的能量中有多大一部分是用来提升这个电化学过程的反应速度的，可以通过试验获得。以 ΔE_A 为纵坐标、$\lg j$ 为横坐标作图得到一条直线，该线的斜率是 $2.3RT/(\alpha n_r F)$，进而得到 α。大量的试验数据表明，反应(22-1) 的 α 等于 0.5，而反应(22-2) 的 α 与反应环境有关，介于 $0.1\sim0.7$ 之间，大家一般采用 0.5。

式(22-19) 成立的一个条件是 ΔE_A 足够大，一般要求其大于 $116\text{mV}/n_r$。在质子交换膜燃料电池中，反应(22-2) 满足这个条件，其 ΔE_A 与 $\lg j$ 呈线性关系，但反应(22-1) 的活化过电位较低，不满足这个条件，其 ΔE_A 与 j 呈线性关系，见式(22-20)。

$$\Delta E_A = -[RT/(n_r F j^{\ominus})] \times j \tag{22-20}$$

22.2.2 开路电压

当一个燃料电池处于开路时，没有电子流过外电路，净输出电流为零，这时的电压按理应该是热力学平衡电压，但在实际情况中，开路电压低于甚至远低于热力学平衡电压，这是因为此时电极上有净反应发生，相当于有电流产生（虽然在外电路中并没有净电流），进而导致电极电压偏离了其热力学平衡电压。

引起这一偏离的主要原因是反应物通过电解质扩散到另外一侧的电极表面发生了反应。如氢气通过质子交换膜从燃料电池的阳极扩散到阴极，H_2 到达阴极后被氧化成 H^+ 和 e^-，H^+ 和 e^- 随后与 O_2 反应生成水，相当于反应(22-1) 和反应(22-2) 同时在阴极上进行，从而导致阴极的电极电位下降。反应(22-2) 的交换电流密度很小，导致阴极电压下降显著。表 22-2 列出了通过电解质从阳极扩散到阴极不同氢气量的情况下，即不同渗氢电流密度情况下，由反应(22-2) 导致的开路电压变化情况。

表 22-2 不同渗氢电流密度下的开路电压

电极表面电流密度 $j_{电极}/(\text{mA/cm}^2)$	Pt 表面电流密度 $j_{Pt}/(\mu\text{A/cm}^2)$	$j_{Pt}/j_{Pt}^{\ominus}$	$(RT/\alpha n_r F)\ln(j_{Pt}/j_{Pt}^{\ominus})/V$	开路电压 E/V
0	0	0	—	1.23
0.5	1	2	0.04	1.19
1	2	4	0.08	1.15
2	4	8	0.12	1.11
3	6	12	0.15	1.08
4	8	16	0.17	1.06
5	10	20	0.18	1.05
6	12	24	0.19	1.04
7	14	28	0.20	1.03
8	16	32	0.21	1.02
9	18	36	0.21	1.02
10	20	40	0.22	1.01
20	40	80	0.26	0.97

第四篇 氢能应用

在表 22-2 中，电极表面电流密度 $j_{电极}$ 是按电极的几何面积给出的渗氢电流密度，Pt 表面电流密度 j_{Pt} 是按电极中 Pt 催化剂的总表面积给出的电流密度，在该例中，假设 Pt 催化剂的总表面积是电极几何面积的 500 倍，ORR 交换电流密度 $j_{Pt}^{\ominus}$ 取值 $0.5\mu A/cm^2$，理论电压取值 $1.23V$，温度 $75℃$。

图 22-1 更加直观地表示出了开路电压下降值及其实际电极电压随电极表面电流密度（也即渗氢电流密度）的变化情况。可以看出，在电流密度越小的区间，两者的变化越显著。换句话说，很小的渗氢电流密度就可以导致两者的明显变化。

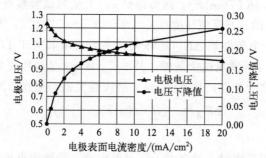

图 22-1　开路电压下降值及其实际电极电压随电极表面电流密度的变化情况

在燃料电池使用的初始阶段，一般要求膜电极的渗氢电流密度不超过 $2mA/cm^2$，对应的开路电压为 $1.11V$，比理论电压 $1.23V$ 低 $120mV$。可见，电极表面电流可以导致燃料电池开路电压大幅下降。

在实际情况中，开路电压一般略低于 $1.0V$，相当于 $10\sim20mA/cm^2$ 电极表面电流密度带来的电压下降，但实际测试的初始渗氢电流密度没有这么大，额外的电压下降值是因为在电极表面还有其它反应发生，如催化剂载体 C 材料在阴极的腐蚀氧化：

$$C + xH_2O \Longrightarrow CO_x + 2xH^+ + 2xe^-　　　　　　　　(22-21)$$

上述反应的低标准还原电位在 $0.21V$，而在阴极上的反应(22-2)的理论电位在 $1.23V$，远高于 $0.21V$，所以，上述反应的正向反应速率大于其反向反应速率，有净反应发生，从而进一步降低了反应(22-2)的电极电位。

开路电压的下降实际上是活化过电位的一部分。在氢燃料电池实际运行时，由于电流密度远大于几 mA/cm^2 量级的渗氢电流密度，后者对电压的影响可以忽略。但在直接甲醇燃料电池中，由于甲醇的渗氢电流在百 mA/cm^2 量级，它对电压的影响就非常显著。

22.2.3　欧姆过电位

当电流流过一个电阻时，会产生电压降，即电阻过电位（resistance overpotential），电压下降的数值遵循欧姆定律，是电流与电阻或电流密度与面电阻的乘积：

$$\Delta E_R = IR = jr_面　　　　　　　　　　　　　　(22-22)$$

式中，ΔE_R 为欧姆过电位，V；I 为电流，A；j 为电流密度，A/cm^2；R 为电阻，Ω；$r_面$ 为面电阻，$\Omega \cdot cm^2$。

在燃料电池中，电阻来源于离子电阻和电子电阻，总电阻是两者之和。离子电阻包括离子在电解质中的传导电阻、离子通过电解质与催化层界面时的传导电阻以及离子在催化层中的传导电阻；电子电阻包括电子在极板中、气体扩散层中、微孔扩散层中、催化层中的传导电阻，以及电子在通过催化层与微孔扩散层界面、微孔扩散层与气体扩散层界面、气体扩散层与极板界面时的传导电阻。

为了降低欧姆电阻，需要降低上述材料的本体电阻以及它们之间的接触电阻。目前降低离子电阻的主要手段是降低高分子电解质的当量重量（equivalent weight）及电解质膜的厚度。当量重量是每摩尔—SO_3H 所对应的电解质的质量（g）。质子交换膜燃料电池所用电解质膜厚度曾经高达 $175\mu m$，而现在降到了 $50\mu m$ 以下，车用燃料电池甚至降到了 $10\mu m$ 以下。但低的当量重量和薄的膜会降低膜的机械强度及寿命。对于全氟磺酸质子交换树脂，其当量重量一般在 $800g/mol$ 以上。

控制电子电阻的方法主要是采用电导率高的极板及气体扩散层本体材料，以及降低极板与气体扩散层之间的接触电阻，如金属板表面镀层材料既要有好的耐腐蚀性、高的导电性，还要与气体扩散层之间的接触电阻小。

目前对于质子交换膜燃料电池来说，总的面电阻可以有效地控制在 $50m\Omega\cdot cm^2$ 左右。在 $2A/cm^2$ 的电流密度下，由于电阻造成的电压损失在 $100mV$ 左右。

22.2.4　浓差过电位

在燃料电池中，反应物需要扩散通过多孔的气体扩散层才能到达催化层，然后在催化剂的作用下进行反应，如反应（22-1）和反应（22-2）。由于反应物在催化层的消耗，其在催化层中的浓度，更准确来说它在催化剂表面的浓度 c_s 小于该反应物在极板流道中的浓度 c_{bulk}，两者之间的浓度差（对气体来说等同于压力差）驱使反应物从气体扩散层靠近流道的一侧向催化层扩散。反应物在单位时间内通过单位横截面积的扩散量 J 遵循菲克第一定律（Fick's first law），见式（22-23），而反应物在单位时间内通过单位横截面积的扩散量 J 与电荷的乘积就是电流密度 j，见式（22-24）：

$$J = -D\,dc/dx = -D(c_{bulk}-c_s)/L \tag{22-23}$$
$$j = nFJ = -nFD\,dc/dx = -nFD(c_{bulk}-c_s)/L \tag{22-24}$$

式中，J 为反应物在单位时间内通过单位横截面积的扩散量，$mol/(s\cdot cm^2)$；j 为电流密度，A/cm^2；D 为反应物扩散系数，cm^2/s；dc/dx 为反应物浓度梯度，mol/cm^4；c_{bulk} 为流道中反应物浓度，mol/cm^3；c_s 为催化层中反应物浓度，mol/cm^3；L 为反应物扩散距离，cm；n 为每个反应物分子在电化学反应中所涉及的电子数；F 为法拉第常数，$96485C/mol$。

当到达催化剂表面的反应物立刻反应掉时，催化剂表面的反应物浓度 c_s 为零，这时反应物浓度梯度最大，电流密度达到极限值 j_{lim}：

$$j_{lim} = -nFDc_{bulk}/L \tag{22-25}$$

用式（22-24）除以式（22-25），并经过简单变换，得到式（22-26）和式（22-27）：

$$j = j_{lim}(1-c_s/c_{bulk}) \tag{22-26}$$
$$c_s = c_{bulk}(1-j/j_{lim}) \tag{22-27}$$

式（22-27）给出了一个燃料电池运行在不同电流密度时催化剂表面反应物的浓度，根据能斯特方程，参考式（22-17），由于氢气或氧气的浓差而带来的电压变化分别为：

$$\Delta E_{M,H_2} = [RT/(2F)]\times\ln(1-j/j_{lim}) \tag{22-28}$$
$$\Delta E_{M,O_2} = [RT/(4F)]\times\ln(1-j/j_{lim}) \tag{22-29}$$

从式（22-28）和（22-29）可以看出，电流密度越接近极限电流密度，由于氢气或氧气的传质过程而带来的浓差极化或浓差过电位（concentration overpotential）越大。假设极限电流密度为 $2.1A/cm^2$，燃料电池运行的温度为 $75℃$，根据式（22-28）和式（22-29），图 22-2 给出了在不同电流密度下，由于氢气或氧气的浓差极化而导致的过电位。

从图 22-2 中可以看出，在同样计量比情况下，氢气的浓差极化带来的过电位是氧气的 2

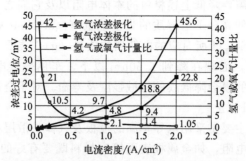

图 22-2　不同电流密度下由氢气或氧气的浓差极化而导致的过电位

倍；如在计量比为 1.4 或 2.1 倍的情况下，氢气/氧气的浓差极化过电位为 18.8mV/9.4mV 或 9.7mV/4.8mV。为了减少氢气的浪费，氢气的计量比多设置在比 1 略大一点，在 1.05 倍计量比的情况下，氢气的浓差过电位高达 45.6mV。为了降低氢气的浓差过电位，通过氢气循环泵或引射器实现氢气的循环是很有必要的。

22.2.5　实际电压

由于活化极化、欧姆极化和浓差极化，一个燃料电池的实际输出电压是其理论电压 $E^{\ominus}$ 减去活化过电位 ΔE_A、欧姆过电位 ΔE_R 和浓差过电位 ΔE_M 后的值，见式(22-30)：

$$E = E^{\ominus} - \Delta E_A - \Delta E_R - \Delta E_M$$
$$= E^{\ominus} - [RT/(\alpha_{ORR}n_{r,ORR}F)] \times \ln(j/j_{ORR}^{\ominus}) - [RT/(\alpha_{HOR}n_{r,HOR}Fj_{HOR}^{\ominus})] \times j - jr_{面} - [RT/(2F)] \times \ln(1-j/j_{lim}) - [RT/(4F)] \times \ln(1-j/j_{lim}) \tag{22-30}$$

式中，E 为实际电压，V；$E^{\ominus}$ 为理论电压，V；ΔE_A 为活化过电位，V；ΔE_R 为欧姆过电位，V；ΔE_M 为浓差过电位，V；R 为摩尔气体常数 [8.31J/(K·mol)或 0.0831L·bar/(K·mol)]；T 为热力学温度，K；α_{ORR} 为 ORR 电荷转移系数，0.5；α_{HOR} 为 HOR 电荷转移系数，0.5；$n_{r,ORR}$ 为决定 ORR 反应速度那个步骤所涉及的电子数，1；$n_{r,HOR}$ 为决定 HOR 反应速度那个步骤所涉及的电子数，2；$j_{ORR}^{\ominus}$ 为 ORR 交换电流密度，A/cm²；$j_{HOR}^{\ominus}$ 为 HOR 交换电流密度，A/cm²；j 为反应电流密度，A/cm²；j_{lim} 为极限电流密度，A/cm²；F 为法拉第常数，96485C/mol；$r_{面}$ 为面电阻，Ω·cm²。这里所述 j 和 j_{lim} 是基于催化层中催化剂（如 Pt）的总表面积计算而得的电流密度。

其中，$[RT/(\alpha_{ORR}n_{r,ORR}F)] \times \ln(j/j_{ORR}^{\ominus})$ 是由于氧气还原反应导致的活化过电位，$[RT/(\alpha_{HOR}n_{r,HOR}Fj_{HOR}^{\ominus})] \times j$ 是由于氢气氧化反应导致的活化过电位，$jr_{面}$ 是由于电阻导致的欧姆过电位，$[RT/(2F)] \times \ln(1-j/j_{lim})$ 是由于氢气传质导致的浓差过电位，$[RT/(4F)] \times \ln(1-j/j_{lim})$ 是由于氧气传质导致的浓差过电位。

假设 $j_{ORR}^{\ominus} = 1\mu A/cm^2$，$j_{HOR}^{\ominus} = 0.5mA/cm^2$，$r_{面} = 50m\Omega·cm^2$，$j/j_{lim} = 0.5$，$E^{\ominus} = 1.23V$，$\alpha_{ORR} = \alpha_{HOR} = 0.5$，催化层中催化剂的表面积是电极几何面积的 500 倍，反应温度是 75℃，图 22-3 示意了各种过电位及燃料电池的实际电压。

从图 22-3 中可以明显看出，氢氧质子交换膜燃料电池的过电位主要由氧气的还原反应（ORR）决定，其导致的电极电压快速下降，在小电流密度区间尤其显著，其后变得平缓一些。氢气氧化反应（HOR）过电位及欧姆过电位比 ORR 过电位小很多，且与电流密度呈线性关系。由传质导致的浓差过电位相对最小，这是理想状态下的结果。而在质子交换膜燃料电池实际运行中，由于难以彻底避免液态水在催化层、微孔层及气体扩散层中的存在，实际的浓差过电位会高一些。

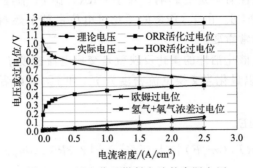

图 22-3　过电位及燃料电池的实际电压

图 22-4 是一个由 60 片单电池组成的金属板电堆的实际测试结果，测试条件是：氢气计量比为 1.2，通过氢气循环泵进行氢气循环，空气计量比为 2.5，氢气在电堆入口处绝对压力为 2.5bar，空气在电堆入口处绝对压力为 2.5bar，空气相对湿度为 60%，氢气不加湿，冷却液在电堆入口处温度为 72℃，冷却液在电堆出口处温度为 80℃。在不对外输出净电流的开路状态下，其开路电压为 0.97V 左右，比 1.23V 的热力学平衡电压低 260mV，这主要是由通过质子交换膜的电极表面电流及阴极材料如催化剂载体 C 的腐蚀氧化引起的（见第 22 章 2.2 节）。在电流密度 0.2、0.5、1.4、2.0 和 2.4A/cm² 时，平均单片电压分别达到 0.86、0.81、0.70、0.63 和 0.58V。在电流密度大于约 0.4A/cm² 后，电压随电流密度增加而下降的趋势基本是一条直线。在电流密度为 2.0 和 2.4A/cm² 时，平均单片膜电极功率密度分别达到 1.27 和 1.39W/cm²。

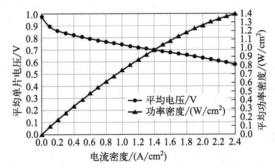

图 22-4　一个由 60 片单电池组成的金属板电堆的实际
测试结果（新研氢能源科技有限公司提供）

22.3　影响性能因素

燃料电池的性能或发电效率是由其本身和运行条件决定的，前者是内因，后者是外因，两者都很重要。提高燃料电池的性能的根本就是要有效降低活化过电位、欧姆过电位和浓差过电位，以及 BOP 的电耗。

22.3.1　电堆及其材料与部件

22.3.1.1　催化剂活性

催化剂活性是影响燃料电池性能的最主要因素[5-10]。对于质子交换膜燃料电池，不论是对氢气的氧化还是对氧气的还原，单质材料中 Pt 是最好的催化剂，其中 Pt 颗粒的大小、形貌、晶面都对其催化活性有一定的影响。对于 ORR，比 Pt 活性更高的催化剂是其合金，如 PtCo、PtNi、PtFe、PtPd。由于 ORR 的活化过电位占整个燃料电池电压下降的主要部分，提高催化剂的活性非常重要。

催化剂对一个反应的催化活性的量化反映就是交换电流密度 $j^\ominus$，在同一工作电流密度 j 下，通过式(22-19) 可以量化当交换电流密度为 $j_1^\ominus$ 和 $j_2^\ominus$ 时两者造成的活化过电位 ΔE_1 和 ΔE_2 的差别。

$$\begin{aligned}\Delta E &= \Delta E_1 - \Delta E_2 \\ &= -[2.3RT/(\alpha n_r F)] \times \lg(j/j_1^\ominus) + [2.3RT/(\alpha n_r F)] \times \lg(j/j_2^\ominus) \\ &= [2.3RT/(\alpha n_r F)] \times \lg(j_2^\ominus/j_1^\ominus) \end{aligned} \tag{22-31}$$

简单变化一下式(22-31)，得到式(22-32)：

$$j_2^\ominus/j_1^\ominus = 10^{[\Delta E \alpha n_r F/(2.3RT)]} \tag{22-32}$$

表 22-3 列出了不同 ΔE 时 $j_2^\ominus$ 与 $j_1^\ominus$ 的比值，也即 $j_2^\ominus$ 所代表的催化剂活性与 $j_1^\ominus$ 所代表的催化剂活性的比值（运行温度 75℃）。

从表 22-3 中可以看出，当催化剂的活性提升到 1.4 倍时，活化过电位降低 20mV，当催化剂的活性提升到 2 倍时，活化过电位降低 40mV，当催化剂的活性提升到 5.3 倍时，活化过电位降低 100mV，而当催化剂的活性提升到 65.1 倍时，活化过电位降低 250mV。

表 22-3　不同 ΔE 时 $j_2^\ominus$ 与 $j_1^\ominus$ 的比值

ΔE/mV	$j_2^\ominus/j_1^\ominus$	ΔE/mV	$j_2^\ominus/j_1^\ominus$
5	1.1	80	3.8
10	1.2	100	5.3
20	1.4	150	12.2
40	2.0	200	28.2
60	2.7	250	65.1

22.3.1.2　催化剂用量

对于同一种催化剂，增加催化剂的用量就相当于增加了催化剂的总表面积，对应电极单位几何面积在催化剂表面上的电流密度 j 就相应变小，也即 $j/j^\ominus$ 在变小，根据式(22-19)，活化过电位 ΔE_A 随之下降。从另一个角度来讲，由于 j 变小而导致 $j/j^\ominus$ 变小与假设 j 不变而相应地增加 $j^\ominus$ 的结果是一样的。通过表 22-3 可以知道，如果催化剂的用量增加 20%，活化过电位可以降低 10mV，如果催化剂的用量增加 40%，活化过电位可以降低 20mV，如果催化剂的用量增加 1 倍，活化过电位可以降低 40mV，如果催化剂的用量增加 4.3 倍，活化过电位可以降低 100mV。

当然，催化剂用量的增加是有限度的。增加催化剂用量会增加燃料电池的成本，因为起催化作用的贵金属如 Pt 是很贵的；也会增加催化层的厚度，导致浓差过电位和欧姆过电位的增加。为了保证增加催化剂用量时不增加催化层的厚度，可以采用高 Pt 担载量的催化剂，如用 60%Pt/C 代替 20%Pt/C。

22.3.1.3　催化层

除催化剂外，催化层中的其它组分及催化层的结构对性能也有明显影响。对于质子交换膜燃料电池，催化层的组分主要是催化剂（如 Pt/C）和质子传导树脂（如全氟磺酸树脂），质子传导树脂把催化剂黏结在一起形成催化层，同时提供质子传导通道。质子传导树脂与催化剂的比例是个重要因素：比例过低，催化层中质子传导能力低，增加欧姆过电位，同时，增加催化剂周围缺乏质子传导树脂的风险，导致催化剂-树脂-反应物三相界面的减少，降低催化剂利用率，增加活化过电位；比例过高，减弱催化剂颗粒之间的电连接，增加欧姆过电位，同时，如果电子传导被阻断，被阻断区域的催化剂也不能参与反应，导致催化剂的利用率降低，增加活化过电位，再次，催化层的排水能力变差，容易导致水淹，增加浓差过电位。最佳比例需要通过实验确定，树脂与催化剂的质量比一般在 20%～30%之间。

催化层是三维立体多孔结构，其孔隙率、孔隙大小与分布、孔隙的亲疏水性对其性能影响很大。好的催化层结构能够让氢气或空气比较顺利地进入，同时让产物水比较顺利地排出。

22.3.1.4　质子交换树脂

在质子交换膜燃料电池中，质子交换树脂是用来传导质子的材料，一则作为质子交换膜把阴极和阳极隔开，同时把质子从阳极传导到阴极，二则用在催化层中传导质子，同时作为黏结剂把催化剂颗粒黏结在一起从而形成电极。质子交换容量越高，质子的电导率越大，越有利于降低欧姆过电位。但随着质子交换容量的增加，质子交换膜的溶胀率会增加、机械强度会下降，降低质子交换膜的寿命。目前所用全氟磺酸质子交换膜的当量重量不低于 800g/mol，也即含有 1mol 磺酸基团的树脂的质量不低于 800g。质子交换容量与当量重量成反比关系。

为了增加质子交换膜的机械强度并降低其溶胀度，常用多孔膨体聚四氟乙烯（ePTFE）作为支撑骨架，用质子交换树脂材料把 ePTFE 包覆在所制备的质子交换膜的中间。通过这种方法，质子交换膜的厚度甚至可以控制在 $10\mu m$ 之内。

22.3.1.5　微孔扩散层

微孔扩散层被首次应用于质子交换膜燃料电池后就引起业界的极大反响[11]，因为它可以大幅提高燃料电池的性能，现在已经成为膜电极（MEA）中一个不可或缺的部分。它是由 PTFE 和炭粉组成的一个三维立体多孔结构，位于催化层与基底层如炭纸之间，可以制备在炭纸上也可以制备在催化层上。微孔扩散层可以有效调节反应物和产物的传质过程，也可以调节质子交换膜燃料电池阴极产生的水在阴极与阳极之间的分配，进而有效降低浓差过电位。微孔扩散层的亲疏水性由聚四氟乙烯（PTFE）的占比决定，占比越大，其疏水性越强；PTFE 与炭粉的质量比一般在 30：70 左右，微孔扩散层的厚度在 $20\mu m$ 左右；最佳 PTFE 与炭粉的质量比、炭粉的种类及微孔扩散层的厚度需要结合燃料电池运行条件通过试验来确定。

在有微孔扩散层存在的情况下，不同炭纸对燃料电池性能的影响程度下降，有利于用易于生产的较低成本的炭纸代替生产成本较高的炭纸。

22.3.1.6　基底层和气体扩散层

最常用的基底层是炭纸，位于膜电极的两侧，对膜电极起支撑作用，同时能够传递反应物、产物、电子和热。目前常用的气体扩散层是炭纸，由碳纤维和黏结剂组成，黏结剂在高温处理过程中会发生碳化。初始炭纸的孔隙率可达 90%左右，这些孔隙是传输反应物和产物的通道。炭纸在使用前需要用 PTFE 进行处理，以提高它的疏水性，使反应产生的水能够从催化层及微孔扩散层中排出，处理后炭纸上 PTFE 的质量分数一般在 20％左右，孔隙率在 70％左右。带有微孔扩散层的基底层叫作气体扩散层。

膜电极是通过炭纸与极板相接触的，所以，炭纸需要有比较好的机械强度，不轻易被极板上的楞压坏。炭纸的电阻随其厚度被压缩而减小。在初始压缩阶段，电阻下降很显著，但在压强超过约 0.6MPa 后（这一数值与炭纸的强度有关），电阻下降的幅度趋于平缓。一种炭纸的面电阻与压强的变化情况见图 22-5。

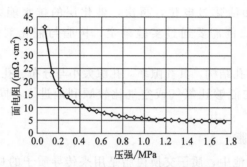

图 22-5　一种炭纸的面电阻与压强的变化情况

目前商业化炭纸的厚度从 100 多微米到 200 多微米不等，薄的炭纸缩短了反应物及产物的传输距离，有利于降低浓差过电位。同时，薄炭纸的面电阻较小，有利于降低欧姆过电位。

22. 3. 1. 7　极板

与膜电极一样，极板也是电堆中的一个核心部件，它有支撑膜电极、分配反应物及产物、导电和导热的多重功能。为了降低极板的电阻，极板材料需要有高的电导率，如不低于 100S/cm；为了有效传热以避免局部过热，极板同时要有好的导热性能。对于质子交换膜燃料电池，制作极板的材料有碳/石墨和金属两种材料。金属板的表面需要进行处理（如镀层）以提高其抗腐蚀性能，镀层材料主要有贵金属（如金）、金属化合物（如碳化物及氮化物）和碳三种，金属板材料主要包括不锈钢 316L 和钛。如果没有镀层材料的保护，金属板会在燃料电池中腐蚀，尤其是在质子交换膜燃料电池的阴极侧，因为该侧有高 1V 左右的电压且处于氧化性和高湿度的氛围中。金属板腐蚀一则会使极板穿孔，导致冷却液与氢气或空气互串；二则表面形成不导电的氧化物层，大幅增加电阻；三则腐蚀后产生的金属离子可能会进入膜电极，置换质子交换膜或催化层中质子交换树脂中的氢离子，导致质子电导率的下降和三相界面的减少。

图 22-6 是一个极板的结构示意图，主要包括反应区、导流区和共用腔室区。反应区与膜电极的催化区域相对应，电化学反应发生在膜电极的这个区域；导流区是把流体导入和导出反应区；共用腔室区是把流体导入和导出极板。这三个区域的设计决定流体在燃料电池中的流动和分配情况，对膜电极及其电堆的性能和寿命有极大的影响。

极板的一个核心特征是其上有多条精细的流道用来传输流体，如氢气、空气和冷却液，流道之间由楞隔开，流道和楞的宽度一般在 0.5~1.0mm 之间，流道的深度在 0.3~1.0mm 之间。为了有效控制流体在流道中的压力降，流道的深度需要尽量与流体的流量相匹配，流量越大，流道应该越深。如用氢气和空气作为反应物时，氢气和空气的计量比一般分别控制在略大于 1 和 2，由于空气中只有 21％的氧气，这样氢气和空气的流量比在 1∶5 左右，即空气的流量是氢气流量的 5 倍，在这种情况下，如果氢气流道和空气流道的深度是一样的，

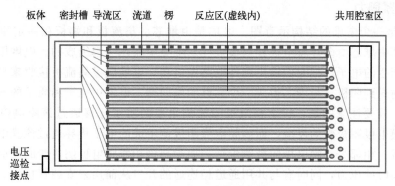

图 22-6　一个极板的结构示意图

也即如果氢气流道和空气流道的横截面积及长度是一样的，那么空气的压力降将比氢气的压力降大很多倍。

一种流体从其入口共用腔室经过导流区和反应区后流入出口共用腔室，流体在反应区的流动多为直行（或波浪形）或蛇形。直行流道在反应区从其入口到出口的距离最短，引起的压力降最小，但其需要借助于导流区才能实现。蛇形流道在反应区从其入口到出口的距离最长，但其不需要借助于导流区就能实现，有利于提高反应区占极板整个面积的比例，进而提高极板单位面积的发电功率，但蛇形流道导致压力降大幅增加，且液态水容易在流道拐弯处流动不畅，阻碍流道中氢气或空气的流动，引起电极水淹。

对于液体冷却的质子交换膜燃料电池，极板上有三对共用腔室，分别对应氢气、空气和冷却液的进与出。极板上的共用腔室与膜电极上的共用腔室相对应，在由多片单电池组成的电堆中，这些共用腔室形成共用通道，使流体流入和流出电堆。电堆中单电池的片数越多，所述共用通道越长，流体从第一片单电池流到最后一片单电池的压力降越大。为此，每对共用腔室横截面积的大小需要和该流体的流量相匹配，以降低该流体在共用通道中的压力降。由于空气的流量远大于氢气的流量，对应空气的共用腔室的横截面积需要远大于对应氢气的共用腔室的横截面积。

一个电堆中单电池的片数越多，片与片之间的性能差异越趋于增大，目前一个质子交换膜燃料电池的电堆中单电池的片数大多需控制在 500 片之内。

一种流体通过入口共用通道流入电堆后，分配到电堆中的每一片单电池后，从出口共用通道流出电堆。如果该流体流入和流出电堆的位置处于电堆的同一个侧面，该流体相当于在电堆中走了一个"U"字形 ［图 22-7(a)］；如果该流体流入和流出电堆的位置处于电堆相对的两个侧面，该流体相当于在电堆中走了一个"Z"字形 ［图 22-7(b)］。U 字形流动和 Z 字形流动可能会导致电堆的性能不同，需要进行试验验证。

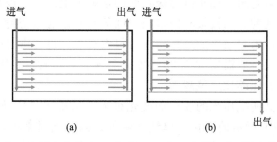

图 22-7　流体在电堆中 U 字形（a）和 Z 字形（b）流动示意图

22.3.1.8　紧固力

图 22-8 是一个电堆的结构示意图。电堆是由堆芯、集流板和端板在一定压力下组成的一个整体；其中堆芯由多片膜电极和双极板反复堆叠串联在一起组成的。电堆阳极集流板收集电堆阳极产生的电子，把它们输出到外电路做电功，电堆阴极集流板接收来自外电路的电子，把它们输送到阴极，与堆芯形成一个完整的电回路。电堆中电子和质子的迁移过程示意图见图 22-9，需要注意的是，一个膜电极阳极侧生成的质子迁移通过该膜电极的质子交换膜而参与该膜电极阴极侧的反应，而该膜电极阳极侧生成的电子传导通过该膜电极阳极侧的炭纸、双极板、相邻另一膜电极阴极侧炭纸，而参与该相邻膜电极阴极侧的反应。端板用来承担电堆紧固时的压力，同时有与共用通道相连通的开口从而用来安装管接头。

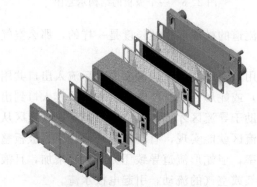

图 22-8　电堆的结构示意图

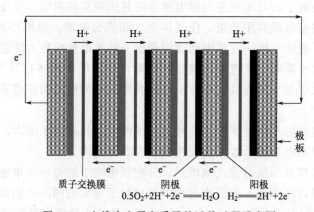

图 22-9　电堆中电子和质子的迁移过程示意图

电堆需要紧固是为了使相应部件如膜电极与极板之间实现密封以避免流体外漏，同时减小电堆中部件之间的接触电阻，如炭纸与极板间的接触电阻。膜电极与极板之间的密封是通过密封圈或密封胶来实现的，阴极板和阳极板之间的密封是通过密封圈、黏结或焊接的方式实现的。采用密封圈时，密封效果的好坏与密封材料有关，也与密封圈在电堆中被压缩的比例有关。密封圈的压缩比一般需要大于 20% 才能实现有效密封，且需要考虑电堆中氢气和空气的压力，压力越高，压缩比应该越大。

炭纸的本体电阻随其所受压强的改变而变化很大（见图 22-5），同时，炭纸与极板间的接触电阻有类似于图 22-5 所示的变化。单纯从降低这两个电阻来讲，电堆的紧固压力越大越好。但是，过高的压力可能会给炭纸带来机械损伤，如极板上的楞或其它凸起部位受压嵌入炭纸中，同时，极板可能被压裂（如石墨极板）或压变形（如金属极板）。为此，电堆紧固力需要基于密封、电阻和机械强度等方面进行综合考虑，一般在 1.5MPa 左右，但最佳值需要通过试验验证。

22.3.2　核心辅助部件

一个燃料电池发电系统（见图 22-10）包括由电堆及核心辅助部件（BOP）组成的若干模块或子系统。BOP 主要包括空压机（或鼓风机、风扇）、氢气循环装置、水泵、散热器和 DC-DC 变压器，它们对燃料电池的性能也有重要影响。

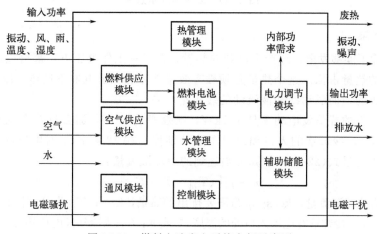

图 22-10　燃料电池发电系统方框示意图

22.3.2.1　空压机

空压机（或鼓风机、风扇）为燃料电池提供反应所需的空气，其所能提供的空气流量及压缩比需要和燃料电池系统的设计相匹配，一个空压机的最大供气量应该满足电堆峰值功率时的需求，不能因为空压机的供气能力不足而影响电堆的发电能力。在进行空压机选型时，可以在空气计量比为 2 时对空压机的最大供气量进行估算。同时还需考虑空压机的最小供气量，以避免在燃料电池小功率输出时空压机出现"喘振"现象，在设计燃料电池的运行工况时，也需要考虑避免空压机出现喘振，即把空气的流量始终控制在空压机的喘振区之外。为避免有机物对空气的污染进而污染膜电极，最好采用无油、空气轴承空压机。

燃料电池寄生负载中的 80% 左右被空压机消耗，降低空压机的能耗是个重要课题，方法之一是把空压机和膨胀机联用，膨胀机可以利用从电堆出来的空气尾气中的一部分动能来降低空压机的能耗，或通过膨胀机把空气尾气中的一部分动能转化为电能，补偿一些寄生电耗。空压机和膨胀机联用可以提高燃料电池系统电效率 5% 左右。

22.3.2.2　氢气循环装置

为了提高氢气的利用率，氢气的计量比一般会设置在比 1 略大一点，如 1.05，但在这么低的计量比下，氢气的浓差过电位会比较显著（见图 22-2），同时可能会造成氢气流道的末端部位出现欠氢现象，导致该部位膜电极性能衰减加速，还有可能由于氢气在电堆中多个单电池之间的分配不均而导致个别单电池的氢气计量比小于 1，那么这个单电池性能就会快速衰减。

为了降低上述风险，采用氢气循环泵或引射器对氢气进行循环是个良好的选择。假如循环的氢气量能够达到燃料电池所消耗气量的 50%，那么在燃料电池的阳极流场中总的氢气量就相当于氢气的计量比为 1.5，见图 22-11，其中图中数字代表氢气计量比。这样，在不额外浪费氢气的情况下，氢气的计量比被提高到了 1.5 倍。

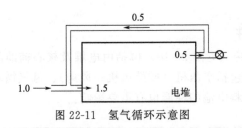

图 22-11　氢气循环示意图

22.3.2.3　水泵

燃料电池除了能够发电，还产生可观的热量，在任一工作电压下，都可以通过式（22-12）计算电堆产生的热量占比。这个热量必须被有效排出才能保证电堆不过热，冷却液就是为了这个目的而设置的，而驱动冷却液流动的装置是水泵。

假如一个电堆的峰值发电功率是 100kW，电效率是 50%，那么热效率也是 50%，即该电堆产热 100kJ/s，冷却液的入口和出口温度分别控制在 72 和 80℃时电堆的性能较好且能稳定运行，可以通过式（22-33）估算必须达到的冷却液流量：

$$m = q/[(T_出 - T_入)C_p] \tag{22-33}$$

式中，m 为冷却液流量，kg/s；q 为需要排出的热量，kJ/s；$T_出$ 为冷却液在电堆出口处的温度，℃或 K；$T_入$ 为冷却液在电堆入口处的温度，℃或 K；C_p 为冷却液的比热容，kJ/(kg·K)。

如果冷却液是水，其比热容是 4.2kJ/（kg·K），根据式（22-33）计算得到其流量是 3kg/s，也即 180kg/min。

对于这一案例，在进行水泵选型时，其流量必须达到 180kg/min 才能保证电堆在峰值功率运行时不过热；同时，还需考虑水泵的泵头压力，该压力需要能够克服冷却液进、出电堆时的压力降，以及在冷却液流路中其它部分的压力降，如散热器和管路。

22.3.2.4　散热器

从电堆出来的冷却液是通过散热器进行降温的，散热器上有风扇，把流经散热器管路中冷却液的一部分热量带走。对上述案例，流入散热器的冷却液温度是 80℃，即冷却液流出电堆时的温度，流出散热器时它的温度需要降到 72℃，即冷却液流进电堆时的温度，假设冷却液在散热器中的平均温度是 76℃，环境温度是 30℃，空气比热容是 1.0kJ/（kg·K），空气的密度是 1.13kg/m³，采用式（22-33）可以计算出风扇需要提供的风量：

$$m = q/(\Delta T C_p) = 100/[(76-30) \times 1.0] = 2.17kg/s = 1.92m^3/s = 115m^3/min$$

对于这一案例，在进行散热器选型时，散热器上风扇必须在 1 分钟内能够交换空气 115m³。当环境温度高于 30℃时，ΔT 变小，所需交换的空气量增加。由于质子交换膜燃料电池的运行温度较低，与环境温度的温差相对较小，散热有一定的挑战。

22.3.2.5　DC-DC 变压器

燃料电池发出的直流电的电压与电堆中单电池的片数有关，并随其运行时平均单片电压点而波动，为此，需要通过一个电力调整装置如 DC-DC 变压器把电堆的输出电压调整到负载所能接受的电压范围。DC-DC 变压器有升压类型、降压类型和升降压类型，它除了要满足电压变换的需求，还要与电堆的输出功率相匹配。燃料电池用 DC-DC 变压器日臻成熟，电压变换过程中带来的功率损耗已降到了电堆功率的 2%~5%。

燃料电池系统中还有一些低压电子器件，它们所需的电力通过其它 DC-DC 变压器来实现。

如果负载需要的是交流电，还需要一个 DC-AC 变换器把电堆发出的直流电变换成交流电。

22.3.3　运行条件

除电堆及其材料和部件以及系统中的 BOP 外，运行条件对燃料电池的性能也有显著影响，运行条件主要包括反应气压力、计量比、相对湿度、运行温度以及杂质。

22.3.3.1　反应气压力

氢气和氧气的压力越高，燃料电池的电压越高，电压的变化可以通过能斯特方程（22-13）进行计算。如在第 22 章 1.5 节一个示例中，假如一个固体氧化物燃料电池的运行温度为 1100K、氢气和氧气的分压都是 3bar，水蒸气的分压是 1bar，那么反应的电位将是 1.05V，比标准压力下的电位 0.97V 提高了 0.08V，即 80mV。查阅表 22-3，80mV 的电压上升相当于催化剂的活性增加了 2.8 倍，可见，增加反应气的压力是提高燃料电池性能的有效手段之一。

较高的反应气压力同时有助于排出流道中可能存在的液态水，降低传质阻力和避免水淹，有利于降低浓差过电位。

为了提高电堆的体积功率密度，车用燃料电池一般都采用较高的反应气压力，如 2.5bar 左右的绝对压力，但由于空压机是高耗能设备，整个燃料电池系统的净电输出功率及电效率并不会提高。

22.3.3.2　反应气计量比

增加反应气的计量比有助于降低浓差过电位，见式（22-28）和式（22-29），并可避免氢气或空气的局部欠气现象发生。为了提高氢气的利用率，可以通过循环泵或引射器实现氢气在阳极侧的循环，提高氢气在反应区的计量比而不增加从氢气源输入电堆的氢气计量比。最佳空气计量比可实现电堆中的水平衡，既不过低而导致水淹，又不过高而导致膜电极过干。最佳空气计量比与电堆运行条件有关，如冷却液进出电堆的温差、空气的相对湿度、电流密度，也与电堆的本征特性有关，如电极的亲疏水性、流场的结构，需要通过实验确定。比较好的情况是最佳空气计量比能够比较低，如在 2.0 左右。

22.3.3.3　反应气相对湿度

氢氧反应产生的水完全可以满足保持膜电极处于良好湿度，但由于水的分布不均匀，并不是所有位置的膜电极都能获得良好的加湿。如果使用未加湿空气，在极板上从空气入口到出口，湿度会逐渐增加，因为反应产生的水从入口到出口会逐渐累积，致使入口处膜电极过干，而出口处膜电极可能被水淹。为了减缓水的这种分布不均状态，进入电堆的空气一般需要进行一定的加湿，同时，使氢气和空气以相对的方向流动。在质子交换膜燃料电池中氢气侧虽然不产生水，但空气侧产生的水可以通过质子交换膜扩散到氢气侧，而且质子交换膜两侧水的浓度差越大，扩散过去的水越多。当氢气与空气相对流动时，氢气的入口处对应的是空气侧的出口处，从空气侧扩散到氢气侧的水越多，氢气侧的湿度提高越多。随着氢气从其入口流向其出口，水会随着氢气流动，湿度会逐渐增加，有利于膜电极的加湿。这样，通过采取氢气和空气以相对方向流动的方式，燃料电池产生的水被尽可能均匀地分布到整个膜电极的各处。

理想情况是在氢气和空气都不加湿的情况下，燃料电池性能和寿命达到最佳。对于质子交换膜燃料电池，目前还达不到这个理想状态，空气仍需加湿到 50% 左右的相对湿度。这个级别的相对湿度可以通过采用管式加湿器来实现。管式加湿器中有很多内径在 mm 级别的细管，细管的管壁由质子交换树脂材料制备，外界空气流过细管的内部，电堆排出的空气尾气流过细管的外部，空气尾气中的水分扩散通过细管的管壁而被细管内部的空气带走，实现对细管内部空气的加湿，然后进入电堆。

22.3.3.4　运行温度

温度越高，反应速度越快，交换电流密度越大，活化过电位越小。对于质子交换膜燃料电池，主要有两个因素制约其最高运行温度。一个因素是水的沸点，常压下水在 100℃ 就沸腾了，导致质子交换膜及催化层中质子交换树脂失去大部分水分而难以传导质子，燃料电池不能正常工作。为了提高质子交换膜燃料电池的运行温度，需要提高反应气压力，进而提高水的沸点，同时在质子交换膜及催化层中加入一些能够保水的材料。目前在氢气和空气的绝对压力为 3bar 时，质子交换膜燃料电池可以在接近 90℃ 运行。另一个因素是全氟磺酸树脂的玻璃化温度较低，在 130℃ 左右，且在低于这个温度时，质子交换膜的机械强度就开始变差，给寿命带来明显影响。

22.3.3.5　杂质

由于质子交换膜燃料电池的运行温度相对较低，杂质如硫化物（如 H_2S、SO_2）、CO、NO_x 和挥发性有机物等对其性能有严重影响[12]。这些杂质吸附在催化剂表面，大幅减小了用来催化氢气氧化或氧气还原的催化剂表面积，相当于在有效催化剂表面上的电流密度 j 大幅提升，导致活化过电位的显著上升，见式(22-19)。

阳极侧的主要杂质是 CO 和硫化物，来源于原燃料（如天然气）及其重整过程。CO 对催化剂表面的毒化是个可逆过程，在较高的电压下（如 0.8V），它可以被氧化成 CO_2 而从催化剂表面脱附，见式(22-34)：

$$Pt\text{-}CO + Pt\text{-}OH \Longrightarrow 2Pt + CO_2 + H^+ + e^- \tag{22-34}$$

为了降低 CO 脱附反应的电位，在有 CO 存在的情况下，一般用 PtRu 作为阳极催化剂，因为 Ru 在约 0.2V 就可以形成 Ru-OH，通过式(22-35) 的反应从而使 CO 从催化剂表面脱附。为了降低在 CO 存在下 HOR 的活化过电位，一般要求氢气中 CO 的含量小于 10×10^{-6}（体积分数）。

$$Pt\text{-}CO + Ru\text{-}OH \Longrightarrow Pt + Ru + CO_2 + H^+ + e^- \tag{22-35}$$

硫化物的毒化作用比 CO 强很多，一般要求氢气中 H_2S 的含量低于 1×10^{-9}（体积分数）。H_2S 吸附在催化剂表面会形成单质 S，占据在催化剂表面的 S 难以去除，基本是个不可逆过程，随着时间的推移，能够催化 HOR 的催化剂表面越来越小，导致显著的活化过电位。在原燃料（如天然气）重整之前，需要先通过一个脱硫装置，把其中的硫化物去除。

阴极侧主要可能的杂质包括 NO_x、SO_2 和挥发性有机物，它们吸附在催化剂表面增加 ORR 的活化过电位。所以，在空气进入电堆之前需要通过一个过滤器，尽量去除这些杂质及粉尘颗粒。

金属离子对质子交换膜燃料电池来讲也是杂质，它们会取代质子交换膜或质子交换树脂中的氢离子而导致欧姆过电位及活化过电位的增加。除来源于空气外，金属离子也来源于极板、炭纸等燃料电池系统内部的材料和部件，这些进入膜电极中的金属离子是很难去除的，所以，极板和炭纸中的可溶出金属含量是个很重要的指标。

22.4　寿命

影响燃料电池寿命的因素主要包括燃料电池系统本身、运行条件和控制策略。

22.4.1　燃料电池系统

燃料电池系统中所有部件的寿命都会影响系统的寿命,电堆中主要有膜电极、极板和密封组件,BOP 主要有空压机、氢气循环装置、水泵、散热器和 DC-DC 变压器。

22.4.1.1　膜电极

膜电极涉及催化剂、质子交换膜和炭纸。

Pt 虽然是惰性很高的贵金属,但它在阴极也会发生变化,如被氧化生成 PtO 和 Pt^{2+}:

$$Pt + H_2O \Longrightarrow PtO + 2H^+ + 2e^- \qquad E^\ominus = 0.98V \tag{22-36}$$

$$Pt \Longrightarrow Pt^{2+} + 2e^- \qquad E^\ominus = 1.22V \tag{22-37}$$

PtO 对 ORR 的催化能力小于 Pt,导致 ORR 活化过电位的增加。Pt^{2+} 会在催化层中迁移,一部分迁移到质子交换膜中被从阳极扩散过来的氢气还原生成 Pt,这一部分 Pt 失去了在阴极催化 ORR 的可能性;另一部分 Pt^{2+} 在阴极催化层中变回 Pt,但其中一部分沉积在非三相界面区域,也不能对 ORR 进行催化。上述过程导致阴极催化层中处于三相界面的 Pt 的量越来越少,增加氧气还原的活化过电位。同时,催化层中 Pt 颗粒有相互融合变大的趋势,也导致 Pt 的总表面积下降。

由于温度或湿度的变化,质子交换膜会在溶胀和收缩的反复拉扯下受到机械损伤。同时伴随燃料电池反应,一些自由基如·OH 或·OOH 会产生,它们能够攻击质子交换膜,导致其分子链化学降解,降低膜的机械强度和致密度。

炭纸的疏水性可能会随着燃料电池的运行而逐步下降,一是因为碳材料本身的慢慢氧化,二是因为 PTFE 的逐渐脱落,导致炭纸的排水能力下降,增加浓差过电位。

22.4.1.2　极板

石墨板在使用过程中可能会由于振动或压力失衡而发生局部破裂,也有可能因黏结剂分布不均而导致黏结不良的位置脱碳、穿孔。金属板在使用过程中可能由于局部腐蚀而导致穿孔,也有可能因防腐镀层逐渐失效而增加电阻。

22.4.1.3　密封组件

使用密封圈是实现极板与膜电极之间密封的常用方法,密封圈的老化是其失效的主要原因。老化之一是密封圈慢慢失去弹性,尤其是在低温环境中;老化之二是其逐渐变性,如硅氟橡胶在阴极侧的氧化性氛围中的粉末化。

22.4.1.4　BOP

空压机、氢气循环装置、水泵、散热器和 DC-DC 变压器等主要 BOP 的突然失效,不仅导致燃料电池系统不能正常运行,还有可能损坏电堆。如水泵失效后冷却液在电堆中就处于静止状态,电堆产生的热无法有效排出,电堆温度就会快速上升,损坏膜电极;如果温度上升导致冷却液大幅气化,冷却液腔室中的压强急剧增加,还会损毁极板。如果散热器失效,即使冷却液一直在电堆中流动,也会因冷却液温度的过高而导致上述损坏。除可靠性外,空压机最好是无油类型的,以避免因自身的原因导致供给电堆的空气中含有油污。

燃料电池的监控系统应该能够实时监控各个部件的工作状态并能进行快速响应。

22.4.2　运行条件和控制策略

水管理是质子交换膜燃料电池的关键，膜电极过干或过湿都会降低其寿命。通过在线监测膜电极的含水量并根据其情况而相应调节燃料电池的运行条件是个复杂但有效的办法，被调节的运行条件包括反应气计量比、反应气相对湿度、冷却液流量、冷却液进出口温差等。在没有在线监测条件的情况下，可以根据燃料电池性能的变化情况而判断膜电极是过干还是过湿，把这种判断逻辑写入控制软件中，系统据此自动采取相应的调节措施。

欠氢是影响燃料电池寿命的致命因素。当氢气计量比低于 1 时，阳极侧的其它物质就不得不参与反应，如果这个补充电子的物质是催化层中的水还好，但如果是催化层材料，催化层可在瞬间被氧化掉。

欠氢有可能发生在燃料电池的加载过程中，功率的增加可在毫秒级时间内完成，但氢气的传输要慢得多，导致短时间内欠氢。为了避免这种情况的发生，应该在功率增加前先上调氢气量。欠氢也有可能在氢气计量比比较低或水淹严重的情况下发生在膜电极的局部。

高电压是另一个影响燃料电池寿命的致命因素。在高电压下，催化层的腐蚀加剧。开路电压是高电压的一种[13]，在燃料电池开机、关机和放置过程中出现，应该通过使用阻性负载、保护气吹扫等方式尽量避免开路电压的出现或缩短其出现的时长。另一种影响更大的高电压是在阳极侧出现氢气/空气界面的时候，这一界面的形成可以致使与阳极侧空气部位相对应的阴极侧局部电压达到 1.6V 左右，严重毁坏阴极侧该部位的催化层[14]。氢气/空气界面在两种情况下可以形成，一是关机后，二是开机时。关机后如果不采取任何措施，电堆的阳极腔室和阴极腔室会分别保留有氢气和空气，两者可以慢慢扩散过质子交换膜后到达对方区域，相互反应生成水，这样，两个腔室中的气压会逐渐低于 1atm （1atm＝10^5Pa），形成一定的真空度，位于环境中的空气就有可能通过极板与膜电极之间的密封圈扩散进入阳极腔室，进入的空气与阳极腔室中剩余的氢气形成氢气/空气界面。放置的时间足够长的话，电堆的阳极腔室会被空气充满，在开机过程中当氢气通入阳极腔室时，也会与腔室中的空气形成氢气/空气界面。

零摄氏度以下低温储存及冷启动也是影响燃料电池寿命的一个主要因素[15]。燃料电池阴极和阳极中的水可能会结冰，体积增加，对质子交换膜、催化层、炭纸等造成机械损伤。为了降低这一风险，燃料电池停机后一般需要对阳极及阴极腔室进行吹扫，排出其中的大部分液态水，这样，即使在低温放置时也仍然可能会有一部分水结冰，但电极中有足够的空间容纳形成的冰，可降低由于冰的形成而对膜电极的机械损伤。零摄氏度以下低温冷启动，尤其是无外部辅助热源情况下的冷启动，需要在短时间内在电堆中产生大量的热以便把电堆的温度尽快提升到零摄氏度以上，这个过程中如果产生冰也有可能损坏膜电极。

好的控制策略需要解决水管理、欠氢、高电压、结冰和冷启动问题。

参 考 文 献

[1]　衣宝廉，俞红梅，侯中军. 氢燃料电池 [M]. 北京：化学工业出版社，2021：1-26.

[2]　Qi Z. Proton exchange membrane fuel cells [M]. New York：CRC Press，2014：1-113.

[3]　Larminie J，Dicks A. Fuel cell systems explained [M]. Chichester：John Wiley & Sons，2003：25-66.

[4]　O'Hayre，Cha S K，Colella W，et al. Fuel cell fundamentals [M]. Hoboken：John Wiley & Sons，2006：23-168.

［5］ Qi Z，Kaufman A. Low Pt loading high performance cathodes for PEM fuel cells ［J］. J Power Sources，2003，113：37-43.

［6］ Xu Z，Qi Z，Kaufman A. Advanced fuel cell catalysts：sulfonation of carbon-supported catalysts using 2-aminoethanesulfonic acid ［J］. Electrochem. Solid-State Lett，2003，6：A171-A173.

［7］ Xu Z，Qi Z，Kaufman A. Superior catalysts for proton exchange membrane fuel cells-sulfonation of carbon-supported catalysts using sulfate salts ［J］. Electrochem Solid-State Lett，2005，8：A313-A315.

［8］ Xu Z，Qi Z，Kaufman A. High performance carbon-supported catalysts for fuel cells via phosphonation ［J］. J Chem Soc，Chem Commun，2003：878-879.

［9］ Xu Z，Qi Z，Kaufman A. Hydrophobization of carbon-supported catalysts with 2,3,4,5,6-pentafluorophenyl moieties for fuel cells ［J］. Electrochem Solid-State Lett，2005，8：A492-A494.

［10］ Qi Z，Pickup P G. High performance conducting polymer supported oxygen reduction catalysts ［J］. Chem Commun，1998：2299-2300.

［11］ Qi Z，Kaufman A. Improvement of water management by a microporous sublayer for PEM fuel cells ［J］. J Power Sources，2002，109：38-46.

［12］ Qi Z，Kaufman A. CO-tolerance of low Pt/Ru loading anodes for PEM fuel cells ［J］. J Power Sources，2003，113：115-123.

［13］ Qi Z，Buelte S. Effect of open circuit voltage on performance and degradation of high temperature PBI-H_3PO_4 fuel cells ［J］. J Power Sources，2006，161：1126-1132.

［14］ Tang H，Qi Z，Ramani M，et al. PEM fuel cell cathode carbon corrosion due to the formation of air/fuel boundary at the anode ［J］. J Power Sources，2006，158：1306-1312.

［15］ Guo Q，Qi Z. Effect of freeze-thaw cycles on the properties and performance of membrane-electrode assemblies ［J］. J Power Sources，2006，160：1269-1274.

第四篇 氢能应用

第**23**章

测试方法

23.1 材料与部件

23.1.1 催化剂测试方法

目前产业化主要使用的催化剂是碳载铂基纳米金属颗粒，其成分比例、晶体类型、粒径大小及组成分布对催化剂的活性与稳定性都有直接影响。测试通常采用催化剂粉末，通过X射线衍射仪、电感耦合等离子体发射光谱、透射电子显微镜、X射线光电子能谱、元素分析仪等对其元素种类、含量、晶型、颗粒分布、粒径大小等做出详细的分析，本节列举较为常见的几种分析方法。

23.1.1.1 X射线衍射仪（XRD）

X射线粉末衍射仪是分析催化剂晶体结构和估算粒子大小的有力手段之一，对于Pt/C和铂基合金催化剂而言，衍射角2θ于$20°\sim90°$范围内，5个衍射峰分别对应催化剂的（111）、（200）、（220）、（311）和（222）晶面。由铂基催化剂的XRD图谱中（220）晶面所对应的衍射峰位置（2θ），依下式计算得到其晶格常数（nm）：

$$\alpha_{fcc} = \frac{\sqrt{2}\lambda}{\sin\theta_{max}} \tag{23-1}$$

由于（220）晶面衍射峰受到碳载体和其它晶面衍射峰的影响较小，因此由（220）晶面衍射峰的半峰宽，根据Scherrer（谢乐）公式估算出纳米粒子的大小：

$$R = \frac{0.92\lambda}{B_{2\theta}\cos\theta_{max}} \tag{23-2}$$

式中，λ为入射X射线的波长，nm；θ_{max}为X射线对（220）晶面的入射角，rad；α_{fcc}为对应于（220）晶面的晶格常数，nm；R为依据（220）晶面参数得到的粒子半径，nm；$B_{2\theta}$为半峰宽，rad。

假定纳米颗粒为球形，已知由XRD估算的粒径，可得到催化剂颗粒的理论比表面积：

$$S_{XRD} = \frac{6000}{r\rho} \tag{23-3}$$

式中，r为催化剂的平均晶粒大小，nm；ρ为催化剂的密度，Pt：$21.4\mathrm{g/cm^3}$；S_{XRD}为颗粒的理论比表面积，$\mathrm{m^2/g}$。

23.1.1.2 催化剂电化学性能测试

催化剂电化学性能测试采用三电极体系，旋转圆盘电极作为工作电极，工作电极的材料有多种，为避免铂的影响，通常材料为玻碳。玻碳电极的直径一般有3mm和5mm，普通的玻碳电极使用温度不高于 30℃，旋转速度不高于 3000r/min。选用具有更大面积的玻碳片作为对电极。通常在电化学测试中使用的参比电极包括可逆氢电极（RHE）、银/氯化银电极（Ag/AgCl）、饱和甘汞电极（SCE）、汞/氧化汞电极（Hg/HgO）和汞/硫酸汞电极（MSE）。

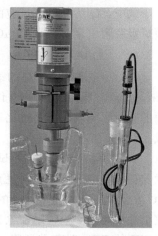

图 23-1 是一个测试系统的实景图，测试选用五口电解池，使用盐桥连接参比电极和电化学测试电解池。

在旋转圆盘电极测试中，电极的成膜质量和成膜均匀性将极大地影响催化剂的电催化性能。通常，催化剂薄膜的干燥方式有两种：一种是静态干燥，即将分散好的催化剂浆料滴在旋转圆盘电极表面后，在空气或惰性气氛中静止状态下烘干，从而在旋转圆盘电极表面得到一层均匀的薄膜；另一种是旋转干燥，即将分散好的催化剂浆料滴在电极表面，然后使电极在一定的旋转速度下进行干燥，从而得到均匀的催化剂薄膜，该方

图 23-1　电化学测试三电极
体系装置实景图

法所制备的催化剂薄膜均匀性及一致性较好，推荐在对比催化剂性能中使用。

23.1.1.3　催化剂的电化学性能评价

（1）循环伏安法

循环伏安法（cyclic voltammetry，CV）是最常用于研究催化剂电化学性能的方法之一。通过循环伏安法可以得到电位-电流曲线，根据曲线的形状可以判断反应机理，评价催化剂活性强弱。

电解质溶液为 0.1mol/L 的 HClO₄ 溶液，测试前向溶液中通入高纯氮气（约 0.5h）以除去溶解氧。为了尽可能地降低金属的氧化对催化剂电化学性能的影响，CV 扫描的电位上限设为 1V。图 23-2 曲线可分为三个部分：氢的吸脱附区（0.05～0.31V）、双电层区（0.31～0.60V）以及表面金属氧化物的形成和还原区域（＞0.60V）。CV 曲线中氢脱附区的面积所对应的电量 Q 通过积分可以计算得到。由式(23-4) 可计算得到催化剂基于氢的吸脱附的电化学活性比表面积 $ECSA_H$（单位为 m^2/g）。

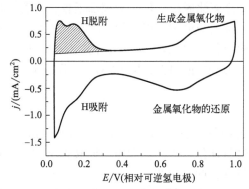

图 23-2　商业化 Pt/C 催化剂在 0.1mol/L HClO₄
溶液中的循环伏安曲线，扫描速度为 50mV/s

$$ECSA_H = \frac{10^2 Q}{mC} \tag{23-4}$$

式中，Q 为氢脱附反应的电量，μC；m 为电极表面金属的质量，μg；C 为 Pt 或 Pd 表面氢吸脱附电量常数，$210\mu C/cm^2$；$ECSA_H$ 为催化剂电化学活性比表面积，m^2/g。

（2）CO 脱附伏安法

CO 可在 Pt 催化剂的表面发生单层分子吸附，因此可通过 CO 脱附伏安法（CO-stripping）得到催化剂的电化学活性面积。此外，由于催化表面原子结构对 CO 在催化剂表面的吸附影响较大，通过比较 CO_{ad} 氧化峰的相对位置和形状，可以获得催化剂表面原子组成及结构等相关信息。

CO 脱附伏安法具体测试方法为：首先将电极在无溶解氧的 0.1mol HClO$_4$ 溶液中循环伏安扫描 20～30 圈，得到稳定的 CV 曲线。之后，向溶液中匀速地通高纯 CO 约 0.5h，使 CO 在催化剂表面发生充分的单分子层吸附。紧接着向溶液中匀速地通入高纯氮气约 0.5h，完全除尽溶液中未吸附在电极表面的 CO；最后进行 CV 扫描，扫描速度为 20mV/s，催化剂表面的 CO_{ad} 被氧化脱附，获得的 CO 溶出伏安曲线如图 23-3 所示。

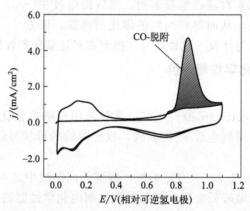

图 23-3　商业化 Pt/C 催化剂在 0.1mol/L HClO$_4$
溶液的 CO 溶出伏安曲线，扫描速度为 20mV/s

在第一圈扫描时，由于催化剂表面吸附有饱和单层的 CO 分子，故在低电位处不会有氢脱附峰；当扫描电压到达 CO 起始氧化电位时，会出现 CO 的氧化峰；之后从高电位往低电位扫描时，由于 CO 已经完全氧化脱附，催化剂表面活性位点再次出现，此时氢的吸附特征出现。由 CO 氧化的起始电位及峰电位可以得知 CO 在催化剂表面吸附强弱的相关信息。另外，通过积分 CO 氧化峰的面积，由式（23-4）可计算出基于 CO 吸脱附的电化学活性比表面积，记为 $ECSA_{CO}$，单位为 m^2/g，此时式（23-4）中 C 为 Pt 表面 CO 脱附电量常数，其值为 $420\mu C/cm^2$。

（3）线性伏安曲线[1]

通过旋转圆盘电极进行线性扫描（linear sweep voltammetry，LSV）测试，可以对催化剂的氧还原电催化能力进行评价。此外，利用不同转速下的极限扩散电流，可以得到所测催化剂上氧还原过程中参与反应的电子数。

在氧气饱和的 0.1mol/L HClO$_4$ 溶液中进行 LSV 测试，扫描速度为 10mV/s，电极旋转速度为 1600r/min。氧还原极化曲线一般由动力学区、动力学和扩散混合区以及扩散区组成。一般可以通过所得氧还原极化曲线中半波电位和极化电位的大小对催化剂催化氧还原反应的活性进行评价，也可以通过计算催化剂在 0.90V（动力学区）下的面积比活性（SA）和质量比活性（MA）来评价其氧还原性能。

$$SA = \frac{10^{-1}I_k}{m\,ECSA_{CO}} \tag{23-5}$$

式中，SA 为催化剂的面积比活性，mA/cm^2；I_k 为某电位下的氧还原动力学电流，μA；m 为电极表面催化剂（金属）的质量，μg；$ECSA_{CO}$ 为基于 CO 吸脱附的催化剂电化学活性比表面积，m^2/g。

$$MA = \frac{I_k}{m} \tag{23-6}$$

式中，MA 为催化剂的质量比活性，mA/mg；I_k 为某电位下的氧还原动力学电流，μA；m 为电极表面催化剂的质量，μg。

此外，在转速分别为 400r/min、900r/min、1600r/min、2000r/min 时测试催化剂的氧还原极化曲线。根据 Koutecky-Levich 方程 ［（式 23-7）和式（23-8）］，可以得到 I^{-1} 和 $\omega^{-1/2}$ 的关系曲线，由 Koutecky-Levich 曲线的斜率（$1/B$）可以得到催化剂上的氧还原过程中参与反应的电子数 n。

$$\frac{1}{I} = \frac{1}{I_k} + \frac{1}{B\omega^{1/2}} \tag{23-7}$$

式中，I 为实验得到的电流密度，A/m^2；I_k 为动力学电流密度，A/m^2；ω 为圆盘电极的转速，r/s；B 为 Koutecky-Levich 曲线的斜率。

$$B = 0.62nFD_{O_2}^{2/3}\nu^{-1/6}C_{O_2} \tag{23-8}$$

式中，D_{O_2} 为电解质溶液氧气扩散系数，$1.93\times10^{-5}cm^2/s$；ν 为电解质溶液的黏度，$8.93\times10^{-3}cm^2/s$；C_{O_2} 为 $HClO_4$ 溶液中溶解的氧浓度，$1.18\times10^{-6}mol/s$；F 为法拉第常数，96500C/mol。

23.1.2　质子交换膜测试方法[2]

质子交换膜起到质子传导作用，目前普遍使用的是具有增强层的全氟磺酸膜，主要的厂家有科慕化学、戈尔、东岳氢能、苏州科润等，最薄的膜厚度达到 $8\mu m$ 左右，通常使用的膜厚度为 $15\mu m$。下面对膜的质子电导率、溶胀率、透气性的测试方法进行说明。

23.1.2.1　质子电导率

将质子膜样品固定在电导率测量池中，并用扭矩扳手以 3N·m 的扭矩将螺栓拧紧。然后将电导率测试装置置于恒温恒湿测试腔中，设定温度、湿度等测试条件。等待测试腔达到所设定的温度、湿度并稳定 30min 后，在频率范围 $1\times10^6\sim2\times10^6\,Hz$、扰动电压 10mV 条件下用电化学阻抗测试仪测得样品的阻抗谱图。表 23-1 给出了一些常规测试条件。

表 23-1　质子交换膜电导率测试条件

温度	相对湿度 RH	温度	相对湿度 RH
	$30\%\pm5\%$		$30\%\pm5\%$
$23℃\pm2℃$	$50\%\pm5\%$	$80℃\pm2℃$	$50\%\pm5\%$
	$95\%\pm5\%$		$95\%\pm5\%$

在测得的阻抗谱图中，从谱线的高频部分与实轴的交点读取样品的阻抗值 R，根据公式（23-9）计算出样品的面内质子电导率。

$$\sigma = a/(R\times b\times d) \tag{23-9}$$

式中，σ 为样品的面内质子电导率，S/cm；a 为两电极间距离，cm；R 为样品的测量阻抗，Ω；b 为膜的宽度，cm；d 为样品的厚度，cm。

23.1.2.2 溶胀率

质子交换膜在潮湿情况下容易溶胀，其溶胀率的具体测试方法为：在特定温度（例如 $23℃±2℃$）、相对湿度为 $50\%±5\%$ 的恒温恒湿条件下，用卡尺测量样品的初始长度 L_0，用测厚仪测量样品的厚度 d_0。将样品放入温度 $80℃±2℃$ 的恒温水浴中，保持时间至少为 2h。将样品从恒温水浴中取出，平铺于测量平台上，并测量其长度 L_1，用测厚仪测量其 Z 轴方向的尺寸 d_1。

根据横向试样和纵向试样的长度数据，由公式(23-10) 计算样品的横向变化率：

$$\Delta L = (L_1 - L_0)/L_0 \times 100\% \tag{23-10}$$

式中，ΔL 为横（纵）向线性的变化率；L_1 为样品在恒温水浴浸泡后的尺寸，μm；L_0 为样品的初始尺寸，μm。

根据试样厚度数据，由公式(23-11) 计算样品的 Z 轴尺寸变化率：

$$\Delta d = (d_1 - d_0)/d_0 \times 100\% \tag{23-11}$$

式中，Δd 为 Z 轴的线性的变化率；d_1 为样品在恒温水浴浸泡后的厚度尺寸，μm；d_0 为样品的初始厚度尺寸，μm。

23.1.2.3 透气量

将压差法气体渗透仪的高压室和低压室分离，把真空油脂均匀涂抹在低压室试验台测试标志线之外的区域。将一片按照要求裁切好的中速定性滤纸放置于低压室试验台中央空穴的正上方。将准备好的样品分别平整贴附于涂有油脂的低压室试验台上，确保样品与油脂接触区域无气泡产生。将高压室与低压室紧密闭合，开启水浴循环，温度控制装置设定为 23℃。开启气体渗透仪电源开关，打开仪器计算机操作软件，运用安全气体（氮气或其他惰性气体）进行置换，时间不低于 600s。安全气体置换结束后，切换阀门，通入高纯氢气，同时开启真空泵，高压室和低压室同时抽空脱气至 10Pa 以下。关闭隔断阀，打开试验气瓶和气源开关向高压室充试验气体，高压室的气体压力应在 1.0×10^5 Pa 范围内。压力过高时，应开启隔断阀排出。脱气结束后，仪器自动关闭高、低压室排气阀，开始透气试验。剔除试验开始的非线性渗透阶段，记录低压室的压力变化值 ΔP 和试验时间 t。继续试验直到在相同的时间间隔内的低压室压力变化保持恒定，达到稳定透过。至少取 3 个连续时间间隔的压差值，求其算术平均值，以此计算该试样的气体透过率及气体透过系数。

① 气体透过率 Q_g 用公式(23-12) 计算：

$$Q_g = \frac{\Delta P}{\Delta t} \times \frac{V}{S} \times \frac{T_0}{P_0 T} \times \frac{24}{(P_1 - P_2)} \tag{23-12}$$

式中，Q_g 为试样的气体透过率，$cm^3/(m^2 \cdot d \cdot Pa)$；$\dfrac{\Delta P}{\Delta t}$ 为稳定透过时，单位时间内低压室气体压力变化的算术平均值，Pa/h；V 为低压室体积，cm^3；S 为试样的渗透面积，m^2；T 为试验温度，K；P_1、P_2 为试样两侧的压差，Pa；T_0、P_0 为标准状态下的温度（273.15K）和压力（1.013×10^5 Pa）。

② 气体透过系数 p_g 用公式(23-13) 计算：

$$p_g = \frac{\Delta P}{\Delta t} \times \frac{V}{S} \times \frac{T_0}{P_0 T} \times \frac{D}{(P_1 - P_2)} = 1.1574 \times Q_g \times D \tag{23-13}$$

式中，p_g 为试样的气体透过系数，$cm^3 \cdot cm/(cm^2 \cdot s \cdot Pa)$；$\dfrac{\Delta P}{\Delta t}$ 为稳定透过时，单位时

间内低压室气体压力变化的算术平均值，Pa/s；T 为试验温度，K；D 为试样的厚度，cm。

23.1.3　微孔层测试方法[3]

微孔层是在碳纤维表面涂布一层含有憎水性的导电碳粉涂层，贴合在催化层的两边，对于微孔层的技术指标主要是厚度、孔隙率、憎水性等。

23.1.3.1　孔隙率测试

孔隙率测试方法采用密度法，将正庚烷和二溴乙烷配成一定体积分数的混合液，注入具塞量筒内。将样品纤维剪碎，并用玛瑙研钵碾压粉碎至长度小于 2mm，放入具塞量筒内的混合液中，用玻璃棒搅拌，使纤维分散在混合液中，盖上磨口塞，将其放入 25℃±1℃ 的恒温水浴里，具塞量筒的塞及颈部要露出水面。观察混合液，若纤维在混合液内上浮或下沉，则相应需要加入正庚烷或二溴乙烷，以调节混合液密度，直至纤维在混合液内均匀悬浮。将混合液静置 4h 后，若纤维仍均匀分布于混合液内，用密度计测量该温度下混合液的密度，即纤维的密度值（ρ_{CF}）。

$$\varepsilon = \left[1 - \frac{M}{\rho_{CF} L_{cp} W_{cp} \overline{d}}\right] \times 100\% \tag{23-14}$$

式中，ε 为样品的孔隙率；M 为样品的质量，g；ρ_{CF} 为碳纤维的密度，g/cm^3；L_{cp} 为样品的长度，cm；W_{cp} 为样品的宽度，cm；$\overline{d}$ 为样品的平均厚度，cm。

23.1.3.2　电阻测试

（a）平面电阻测试

利用长度测量仪测量样品的长度和宽度。按照前面方法测量样品的平均厚度 $\overline{d}$。测量前先校准四探针电阻率测试仪的零点。将样品放置在仪器的测量台上，将测试仪的测量头轻轻放下，使探针接触到样品表面。分别在样品靠近边缘和中心的至少 5 个不同部位进行测量，并记录测量值。根据样品的形状及厚度，查取相应的校正系数，计算出电阻平面方向的电阻率。按照下面公式计算平面电阻率：

$$\rho_{in} = \frac{\sum_{i=1}^{n}(\rho_i \times G \times D)}{n} \tag{23-15}$$

式中，ρ_{in} 为样品平面方向的电阻率，mΩ·cm；ρ_i 为不同部位电阻率测量值，mΩ·cm；G 为样品厚度校正系数；D 为样品形状校正系数；n 为测试的数据点数。

注：G 和 D 的取值一般可从仪器使用说明附表中查到。

（b）垂直方向电阻率测试

按照前面方法测量样品的平均厚度 $\overline{d}$。将样品装在两个测量电极之间。测量电极为金电极或镀金的铜电极。压强每增加 0.05MPa，用低电阻测试仪测量两电极之间的电阻值，不同压强下的电阻值记录为 R_m。直到当前测得的电阻值与前一电阻测试值的变化率不大于 5% 时，则认为达到电阻的最小值，停止测试。推荐测量压强范围为 0.05～4.0MPa。

注：样品放置在两块电极之间，在电极两侧施加一定的压强，通过记录不同压强下的电流和电压值，得到不同施加压强下的电阻值。电极采用金电极或镀金金属，样品不能伸到电极之外。按照下面公式计算垂直方向的电阻率：

$$\rho_t = \frac{R_m S - 2R_c}{\overline{d}} \tag{23-16}$$

式中，ρ_t 为样品垂直方向的电阻率，$m\Omega \cdot cm$；R_m 为仪器的测量值，即样品垂直方向电阻、铜电极本体电阻和两个样品与电极间的接触电阻的总和，$m\Omega$；S 为样品与两个电极之间的接触面积，cm^2；R_c 为两个铜电极本体电阻、样品与两个电极间的接触电阻总和，$m\Omega \cdot cm^2$。

以 3 个样品为一组，计算出平均值作为试验结果。

23.1.4　双极板测试[4]

双极板是燃料电池构成的主要部件之一，它起到分隔开阴极和阳极的作用，并且分配阴极和阳极反应所需氧气和氢气，同时具备收集电流、传导电流、通过双极板上的流场对燃料电池进行热管理、支撑膜电极的作用，最重要的是它可以将多个单块电池串联形成完整的电池堆。目前双极板材料有石墨板、金属板、复合双极板等，其厚度约为 0.8~3mm。考察双极板的耐腐蚀能力、均一性、有无缺陷点等。

23.1.4.1　腐蚀电流密度

双极板为了防止被腐蚀，通常在表面会镀一层耐腐蚀、强导电的镀层（例如金、金属氮化物、碳化合物或碳材料）。然而镀层容易在边缘或者角上产生微孔、不均匀的镀层等缺陷，这些缺陷点往往是双极板最开始产生损坏的地方。对镀层的均匀度及覆盖度检测的方法之一就是腐蚀电流密度的测试。

双极板的腐蚀电流测试一般采用电化学方法，使用电化学恒电位仪，在三电极体系中测试，待测试的样品为工作电极，铂片或铂丝为对电极，电解质溶液为含有 $5 \times 10^{-6} mol$ 氟离子的 $0.5 mol/L$ H_2SO_4 溶液，对样品进行线性伏安扫描，扫描速率为稳态扫描速度（例如 1~5mV/s），电位的扫描范围为 $-0.2 \sim 1.2V$（相对于可逆氢电极）在测试过程中需要通惰性气体进行排空处理，所使用的温度是 80℃。对所测得的极化曲线进行塔费尔拟合，塔费尔直线的交点即为所测样品的电流。按式(23-17)计算：

$$I_{corr} = I/S \tag{23-17}$$

式中，I_{corr} 为腐蚀电流密度，$\mu A/cm^2$；I 为腐蚀电流，μA；S 为试样的有效测试面积，cm^2。

23.1.4.2　双极板气密性

将样品夹在两块均具有气体进口和出口的不锈钢夹具之间，使两侧形成气室，组装假电池。堵住电池阴极的入口、出口以及阳极的出口，向阳极的入口通入一定压力的测试气体（如 H_2、空气或 O_2）。待气体流量稳定后，将电池完全浸没于水中，使用目测法，检查水中是否有气泡冒出，并根据气泡冒出的部位来判断假电池是否密封较好，是否有外漏。注：推荐测试气体压力≤1MPa。将没有外漏的假电池安装在试验装置上。室温下分别在气室的两侧通入氧气或氢气和惰性气体，使气室两侧保持一定的压力差。压力通过两侧精密压力表来控制。在室温和一定的压力差下稳定至少 2h，将惰性气体的出口通入气相色谱仪测量被测气体的浓度，并记录色谱图。

用式(23-18)计算双极板单位时间、单位面积的气体透过率：

$$C = q/S \tag{23-18}$$

式中，C 为双极板单位时间、单位面积的气体透过率，$cm^3/(cm^2 \cdot s)$；q 为单位时间的气体渗透量，cm^3/s；S 为渗透池的有效测试面积，cm^2。

测试不同压力差（ΔP）下的透气率，绘制 ΔP 与透气率的关系曲线。

23.1.5　膜电极测试

23.1.5.1　极化曲线测试

极化曲线测试一般采用恒电位法或恒电流法，应尽可能使测试体系接近稳态，其中电位控制的方法有两种，分别为静态法和慢扫描法。静态法是将输出电压恒定在某一数值，待电流稳定后记录电流值，然后继续下一个电压点的测试，以此获得整个极化曲线。慢扫描法是控制电极电势以较慢的速度连续改变，并测量对应电流下的瞬时电流。

极化曲线测试结果反映了膜电极在整个电流密度区域的发电性能，极化曲线的形状及变化规律同时受膜电极材料及测试条件影响，膜电极材料如质子交换膜、气体扩散层、催化层、微孔层、双极板等，测试条件如流量、温度、压力、湿度等。燃料电池温度对极化曲线影响如图 23-4[5] 所示。

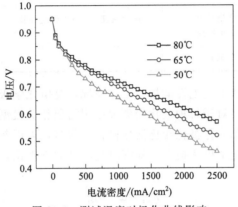

图 23-4　测试温度对极化曲线影响

由于测试条件影响差别较大，燃料电池在不同条件下的极化曲线没有横向对比性。为了更好地对比燃料电池实际性能之间的差异，排除测试方法及测试条件带来的干扰，测试方法标准相继被提出，其中针对膜电极测试相关的标准如美国 DOE 规定的燃料电池组件耐久测试规程、日本 FCCJ 发布的 *Cell evaluation and Analysis Protocol Guideline*：*Electrocatalyst*，*Support*，*Membrane and MEA* 及国标《质子交换膜燃料电池　第5部分：膜电极测试方法》(GB/T 20042.5—2009)，上述标准中关于极化曲线的具体测试条件对比如表 23-2 所列[6]。不仅规定了膜电极极化曲线测试条件，如温度、气体流量、测试压力等信息，而且对活化过程的测试条件也做了明确规定。

表 23-2　不同标准极化曲线测试方法对比

项目	国标	DOE	FCCJ
活化	电池温度 75℃ H_2/空气：RH 100% St H_2：1.2 St 空气：2.5 出口背压 100kPa 电流密度≥500mA/cm^2 运行时间≥4h	电池温度 80℃ H_2/空气：RH 100% St H_2：1.5 St 空气：1.8 出口背压 50kPa 电流密度 600mA/cm^2 运行时间 20min	电池温度 80℃ H_2/空气：RH 88%/42% St H_2：1.4 St 空气：2.5 出口背压 0kPa 电流密度 1000mA/cm^2 运行时间 $\Delta V \leqslant 2$mV/h
压力	常压/出口背压 200kPa	出口背压 50kPa	常压

项目	国标	DOE	FCCJ
燃料	H_2,St H_2:1.2 RH 100%	H_2,St H_2:1.5 RH 100%	H_2,St H_2:1.4 RH 88%
氧化剂	空气,St 空气:2.5 RH 100%	空气,St 空气:1.8 RH 100%	空气,St 空气:2.5 RH 42%
电池温度	75℃	80℃	80℃
电流方式	电流密度每增加 50~100mA/cm² 恒电流放电 15min	电流密度每增加 200mA/cm² 恒电流放电 3min	25、50、75、100mA/cm² 恒电流放电 5min 200、400、600、800、 1000、1200mA/cm² 恒电流放电 10min
终止条件	当电池工作电压低 于 0.2V 终止加载	电流密度 2A/cm² 终止加载	
重复次数	至少 3 次,每次间隔 0.5h 以上		

极化曲线测试结果反映了电池性能损失汇总情况,是电化学极化、浓差极化、欧姆极化这三种极化损失的叠加,而对于每种极化损失大小则需要相关模型帮助进行计算。例如,在低电流密度下,欧姆极化和浓差极化相比活化极化小得多,可以忽略不计,通过塔费尔方程对极化曲线拟合来估计电化学极化损失,根据电化学动力学理论,过电位与电流关系应符合塔费尔公式(23-19)。

$$\eta_{act} = a + b\lg i \tag{23-19}$$

式中,η_{act} 为活化过电位;$a = \left(-\dfrac{2.303RT}{\alpha nF}\right)\lg i_0$;$b = \dfrac{2.303RT}{\alpha nF}$。

针对极化曲线已有许多经验方程被提出,见表 23-3 所示。经验方程中对于电极电化学过电位用 $-b\lg i_0 + b\lg i$ 项表示,符合塔费尔定律,反映了电极动力学相关参数。欧姆过电位用 R_i 表示,此时假设电路中的欧姆电阻不随电流变化而改变,电压损失遵循欧姆定律。浓差过电位表达没有统一形式,需要考虑原料和产物在膜电极中不同尺寸的多孔通道中扩散和对流的合理的建模,根据不同的模型简化得出对应的模型表达形式。每一种经验方程都具有特定的应用范围。

表 23-3　一些极化曲线经验模型

时间	关系式	适用范围
1988,Srinivasan[7]	$V_{cell} = E + b\lg i_0 - b\lg i - R_i$	低-中电流密度
1995,Kim[8]	$V_{cell} = E + b\lg i_0 - b\lg i - R_i - m\exp(\varepsilon i)$	低-中-高电流密度
1999,Squadrito[9]	$V_{cell} = E + b\lg i_0 - b\lg i - R_i - \alpha i^k \ln(1 - yi)$	低-中-高电流密度,α 调整高电流区曲线形状
2002,Pisani[10]	$V_{cell} = E + b\lg i_0 - f\lg i - R_i + t\ln\left[1 - \dfrac{i}{i_L}S^{-\mu(1-i/i_L)}\right]$	低-中-高电流密度,考虑水淹
1998,Lee[11]	$V_{cell} = E + b\lg i_0 - b\lg i - R_i - m\exp(\varepsilon i) - z\lg\dfrac{p}{p_{O_2}}$	低-中-高电流密度,考虑测试压力

23.1.5.2　电化学阻抗谱分析及等效电路

　　燃料电池内部发生的反应过程可以用电路元件建模，通过电阻和电容等电路元件来描述电化学反应动力学、欧姆传输过程及物质传质过程。将测量得到的阻抗谱数据与合理设计的等效电路模型进行拟合，就可以提取电池内部相关过程的信息。但鉴于电池内部过程的复杂性，设计能够准确描述内部过程的等效电路目前仍非常具有挑战性。一般合理等效电路设计都是基于对电池内部各过程深入了解基础上进行适当的简化，用电阻（R）、电容（C）和电感（L）等电路元件逐个实现电池内部过程等价描述，然后再把响应过程进行串联及并联得到整个等效电路模型，电化学体系的等效电路与由电学元件组成的电工学电路是不同的，等效电路的许多元件的参数都是随着电极电势的改变而改变的。在燃料电池简化中，电池内部欧姆内阻可以等效为纯电阻，电化学反应的等效电路表示则相对复杂，根据界面电化学反应特征，极化的电极界面处发生的是电子转移和双电层电容的充放电，因此界面反应可以简化为电阻和电容的并联组合电路模型，又称 RC 模型，对应的奈奎斯特（Nyquist）曲线如图 23-5 所示。

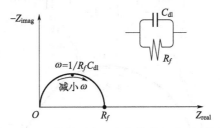

图 23-5　电化学反应对应的等效电路及阻抗图

　　在 Nyquist 图中阻抗表现为特征半圆响应，半圆左边的点对应高频率下的阻抗数据。在极高频率时，等效电路中电容起短路作用，此时整体阻抗为零，阻抗图中表现为半圆在高频下与横轴的交点。阻抗谱图中从半圆左边到半圆右边，对应频率逐渐降低。在低频时，等效电路中电容起断路作用，此时有效阻抗等于电阻的阻抗，在阻抗谱中就对应于半圆在实轴上两个交点之间的距离，大小为 R_f，其数值反映电子转移阻力的大小。中频下，模型的阻抗响应同时存在电阻和电容元件特性，电容 C_{dl} 值可以通过公式 $\omega_{max} = \dfrac{1}{C_{dl}R_f}$ 计算得出，ω_{max} 就是阻抗谱中半圆最高点对应的角频率。燃料电池运行时的内部扩散过程根据不同的理解同样可以用不同的阻抗元素来描述，如 Warburg 阻抗、Nernst 阻抗、球形扩散阻抗等，以 Warburg 阻抗为例，常用 Z_W 表示，根据电池内物质传输过程，一般认为 Z_W 由电阻部分 R_W 和电容部分串联组成。燃料电池中常见的电路元件如表 23-4 所列。

表 23-4　电池内部过程及其简化等效电路

电池内部过程	对应等效电路	符号意义
欧姆传输	Rohm	Rohm，欧姆电阻
电化学反应	C_{dl}　　R_f	C_{dl}，电极双电层电容； R_f，法拉第电阻

电池内部过程	对应等效电路	符号意义
物质传质	Z_W	Z_W，Warburg 阻抗

一个简单的燃料电池等效电路及其生成的 Nyquist 图如图 23-6 所示。从图中可以看出该模型的阻抗响应是如何由每个电路元件的阻抗行为的组合形成的。高频下半圆在实轴的截距对应燃料电池模型中的欧姆内阻 R_Ω，左侧小的半圆回路对应阳极活化动力学的 RC 模型，半圆直径为阳极法拉第阻抗，对应等效电路中 R_{f_A}，靠右侧的较大回路对应阴极活化动力学的 RC 模型，响应半圆直径为阴极法拉第阻抗，对应等效电路中的 R_{f_C}。低频时的对角线是由 Warburg 阻抗模拟的物质输运引起的，等效电路中对应的传质阻抗为 Z_W。

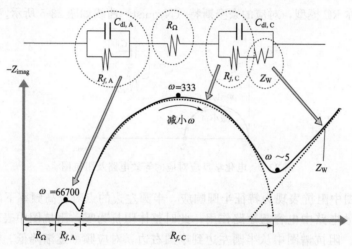

图 23-6　燃料电池交流阻抗图及对应的等效电路图

23.2　电堆与系统

燃料电池的可靠性、耐久性和成本是影响其商业化应用的关键因素。电堆在生产加工装配过程中存在的精度误差会引起单体性能差异，而这种不均匀性导致电堆在运行过程中产生劣化。国际电工委员会（IEC）、美国汽车工程协会（SAE）、欧洲 FCH JU303445（Stack-Test Master Document-TM 2.00）、日本工业标准协会（JIS）等都针对燃料电池的性能提出了同意的测试方案。我国的燃料电池测试标准由全国燃料电池和液流电池标准化委员会制定，现已制定了 GB/T 24549—2020《燃料电池电动汽车安全要求》、GB/T 24554—2022《燃料电池发动机性能试验方法》、GB/T 26990—2023《燃料电池电动汽车　车载系统技术条件》、GB/T 38914—2020《车用质子交换膜燃料电池堆使用寿命测试评价方法》等相关标准。

23.2.1　燃料电池电堆测试方案

23.2.1.1　安全性测试

根据 GB/T 24554—2022 中所要求的，将燃料电池测试平台与电堆相连通，关闭氢气管路的出气阀门，并将氢气端管路通入氮气（N_2），使得 N_2 充满氢气管路系统内部，保持氢气管路系统内部压力在 50kPa，直到压力传感器示数没有变化，关闭阳极端气体的进气阀门，保持此状态 20min。

在确认氢气端管路气密性良好后，关闭氢气端管路的进气阀门、出气阀门以及空气端管路上的出气阀门，用氮气充满空气管路系统内部，压力设定为 50kPa，待系统内部压力稳定后，关闭空气进气阀门，保持 20min。

23.2.1.2　性能测试

（1）开路电压

在开路状态下的端电压为开路电压，在一定的燃料和空气的流速下，测试燃料电池电堆的开路电压，在开路电压下运行 1min 后关闭空气，使每个单电池电压降到 0.1V 以下，测试电堆两端的电势，即电堆开路电压。

（2）极化曲线

极化曲线是评价电堆性能的重要参数，是表示电堆电压与电流关系的曲线。电压的损失主要包括高电流下的极化损失、中间电流下的欧姆损失和低电流密度下的质量传输损失。

测试条件为常温（15℃）、常压（101kPa）、相对湿度为 60% 的空气。并且从最低电流密度到最大电流密度均匀取得测试点，在每个测试点持续稳定运行 5min，保持稳态。逐渐增加电流密度，记录每个电流密度下的电压值。

（3）额定和峰值功率

测试参考 GB/T 24549—2020，在无人工干预下，按照加载方式进行加载，加载到额定功率下稳定运行 1min。同样在热机状态下，加载到峰值功率，运行 10min，测试电堆额定功率随时间的变化。

（4）动态响应

燃料电池的动态工况代表工作因素的不同，燃料电池的发电性能会根据负载的设定值来做出响应的变化。经常设置电流阶跃信号，会对燃料电池关键部件材料造成不可逆的损伤，从而削弱燃料电池的发电性能，缩短燃料电池的使用寿命。考察了燃料电池电堆的动态加载响应以及承受加载冲击的能力。测试过程中，设置阳极端氢气流速和阴极空气流速以保证阳极端进入燃料电池的氢气能够充分反应，设置冷却水流量和温度使燃料电池电堆的工作温度保持在 60℃，背压设置在 0kPa，试验模式为定电流模式。在该模式下，通过燃料电池电堆测试台对燃料电池电堆发出动态阶跃工作指令，改变燃料电池输出电流值，选取一定功率范围（如额定功率的 10%～90%）内的响应时间作为评价燃料电池电堆的动态响应指标。

（5）耐久性测试

车用燃料电池电堆应具有 5000～20000h 的寿命。提高电堆的耐久性对其取代传统内燃机具有重要意义。部件老化是影响燃料电池电堆寿命的主要因素，一般通过控制操作条件来加速电堆寿命的测试。根据实际运行中的路况制定耐久性测试的工况条件（包括启动、暖机、反复变载、停机过程），使燃料电池电堆在每个工况下运行 1h，每天运行 8h，连续累计完成测试 1000h，每隔 1h 测试极化曲线，参照《车用质子交换膜燃料电池堆使用寿命测试评价方法》（GB/T 38914—2020）[12]。

23.2.2　燃料电池系统测试方案

基于现阶段燃料电池系统的管理逻辑和配件技术水平，燃料电池系统还会出现自身通信问题，如上位机发送的指令无法被辅助系统接收；辅助系统故障，水泵、风扇无法正常工作；动态响应过程中拉载速率过快导致系统保护停机；气密性不足；电堆体积、质量、功率密度等数值不匹配等问题。

23.2.2.1　安全测试

（1）气密性测试

燃料电池系统的气密性测试分为内漏和外漏测试。内漏测试是将燃料电池系统充满惰性气体（一般为氮气），压力设定为50kPa。压力稳定后，关闭系统中的氢气端进气阀门，保持20min，记录测试过程中的压力下降值。外漏测试是将燃料电池系统的排氢阀门关闭、排气口封闭，将燃料电池系统和阴极流道中充满惰性气体，两侧压力都设定为正常工作压力，关闭两侧进气阀门，保持20min，记录测试过程中的压力下降值。

（2）绝缘电阻测试

使燃料电池系统的冷却泵处于运转状态，系统处于热机状态。使用绝缘耐压表，500V下分别进行阳极和阴极的绝缘电阻测试。

（3）紧急停机

在测试的过程中仅仅切断氢气的供应，并不关闭辅助系统电源的供应，一般情况下燃料电池系统可进行信号的自我回馈以保证系统的正常运行。考察燃料电池在特殊情况下系统的工作性能，在不低于50%的额定功率下进行紧急断气，5min后重新启动。

23.2.2.2　性能测试

（1）启动测试

启动测试包括冷机启动和热机启动。燃料电池发动机（冷却液加注完成）在规定的温度和湿度条件下保温足够长的时间以保证燃料电池发动机内部温度和环境温度相同，静置时间至少为12h（若需要零下温度冷启动测试，可选配环境仓）。按照制造厂规定的启动操作步骤启动燃料电池发动机；燃料电池发动机启动后，在怠速状态下持续稳定运行10min。记录冷启动时间、燃料电池发动机系统电压。

热机启动：按照制造厂的使用规定，使燃料电池发动机工作在一定功率下，同时检测燃料电池堆冷却液的出口温度，一旦燃料电池堆冷却液的出口温度达到正常工作温度，即认为燃料电池发动机达到热机状态。试验前燃料电池发动机处于热机状态。按照制造厂规定的启动操作步骤启动燃料电池发动机；燃料电池发动机启动后，在怠速状态下持续稳定运行10min。记录热启动时间、燃料电池发动机系统电压。

（2）额定和峰值功率测试

额定功率测试：试验前燃料电池发动机处于热机状态。按照制造厂规定的启动操作步骤启动燃料电池发动机；测试平台按照规定的加载方法进行加载，加载到额定功率后持续稳定运行60min。记录燃料电池发动机系统的电压、电流、氢气的消耗量及辅助系统的电压、电流等数据。以60min运行功率的平均值作为燃料电池发动机的额定功率测量值（以kW为单位），额定功率测量值小数点后取2位有效数字（四舍五入），额定功率标称值为额定功率测量值的整数部分。按照GB/T 24554—2022第8条规定的方法测量燃料电池系统（发动机）额定输出功率。在测试过程中测试对象额定输出功率波动应在标称值的±5%范围以内。

峰值功率测试：试验前燃料电池发动机处于热机状态。试验过程自动进行，无人工干预。测试台架按照规定的加载方法进行加载，加载到额定功率后在该功率点至少稳定运行10min；然后按照平台规定的加载方式加载到设定的峰值功率，在该功率点持续稳定运行设定的时间（根据产品技术要求确定），到达设定的时间后按照所设计规定的卸载方式进行卸载。记录峰值功率运行的时间、燃料电池发动机系统的电压、电流、氢气的消耗量、辅助系统的电压、电流等数据。

（3）动态响应测试

试验前燃料电池发动机处于热机状态，待热机结束后，回到怠速（或燃料电池发动机最低功率点）状态运行 10s。按照规定的加载方式加载到动态响应的起始功率点，在该功率点至少稳定运行 1min。测试平台向燃料电池发动机发送动态阶跃工作指令，同时测试平台按照规定的加载方式加载，直至达到动态阶跃的截止点，燃料电池发动机在该功率点至少持续稳定运行 10min。记录动态阶跃响应时间内的燃料电池发动机系统的电压、电流、氢气的消耗量、辅助系统的电压、电流等数据。

（4）稳态特性测试

试验前燃料电池发动机处于热机状态，在燃料电池发动机工作范围内均匀选择至少 10个工况点。热机过程结束后，回到怠速状态运行 10s。按照厂商规定的方法加载到预先确定的工况点，在每个工况点至少持续稳定运行 3min。记录燃料电池发动机系统的电压、电流、氢气的消耗量、辅助系统的电压、电流等数据。

23.3 测试设备

目前关于燃料电池的测试主要有以下几种类型：单电池测试平台、电堆测试平台、燃料电池发动机系统测试平台。单电池测试平台主要用于进行基础研究，如关键材料（催化剂、质子交换膜、炭纸等）与核心器件（膜电极、双极板）的性能与可靠性耐久性研究等；电堆测试平台进行燃料电池性能与匹配性研究[13]；发动机系统测试平台能够对电堆系统的各种特性进行测试，并模拟各种车用工况。

23.3.1 单电池测试设备

由于三电极体系电化学测试条件（半电池）和燃料电池（全电池）实际工况的明显差异，所以三电极体系测试结果无法全面反映各关键材料应用的真实性能，为满足真实评价各关键材料性能及应用机制的要求，需要制备成膜电极进行单电池测试。

23.3.1.1 燃料电池单电池测试平台组成

燃料电池单电池测试平台主要由供应控制系统、气体加湿系统、温控系统、性能测试与控制系统和安全系统组成，单电池测试平台设备组成见图 23-7。

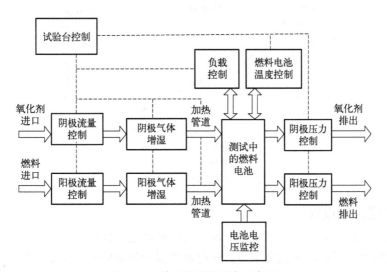

图 23-7 单电池测试平台示意图

（1）供应控制系统

供应控制系统采用多截止阀、减压阀及压力表的设计方式来控制氢气/空气的气体输送的开停与压力控制。同时，针对单电池的测量特性与需求，选用高精度的质量流量控制器实现气体流量的精准测量与闭环控制，提高供应控制系统的准确性。

（2）气体加湿系统

为满足单电池测试时对入口气体不停加湿情况的需求，设计可调节湿度的气体加湿系统，通过鼓泡加湿方式，实现气体的加湿控制。在加湿过程中，提高气体和液体传质的接触面积和传质效果，以达到更好的加湿目的。

（3）温控系统

为了使单电池保持恒温且使沿着流场板和通过电池方向的温度分布均匀，提供加热或冷却的温控装置。基于在线闭环控温逻辑设计气体加热系统以及测试单电池上的加热组件，实现温度的精准测量显示与控制。同时采取气体输送管路保温设计，保持加湿后气体的温度防止水蒸气冷凝在气体管路中。

（4）性能测试与控制系统

直流电子负载系统通过以太网与测控系统通信，采集处理测试时的电流、电压电信号，在恒电压、恒电流和恒电阻等不同模式下进行各类测试。

（5）安全系统

安全报警系统包括氢气泄漏报警、高/低电池电压、压强和温度，可实现测试过程中各安全监控参数的闭环控制和系统紧急制动，对阳极和阴极管路进行氮气吹扫，保障测试安全。

23.3.1.2 燃料电池单电池测试台架测试

目前市面上可选的单电池测试设备厂家较多，例如上海群羿、大连锐格、宁波拜特、中极氢创、江苏氢导等，参考 GB/T 28817—2022 聚合物电解质燃料电池单电池测试方法。以江苏氢导的 LHFST100 燃料电池单电池测试台为例介绍。

在稳态条件下，设备可以实现单电池测试中温度的精度控制，参见图 23-8。

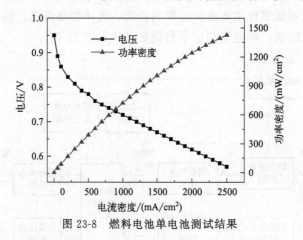

图 23-8　燃料电池单电池测试结果

23.3.2　电堆测试设备

随着燃料电池应用需求不断扩展，电堆作为燃料电池系统的核心部件，其性能是燃料电池系统的决定因素，而电堆测试台架是检测电堆性能和质量的有力保障。开发燃料电池电堆的标准化、集成化的在线检测技术及测试设备为电堆批量化生产提供有力的保障[14]。

23.3.2.1　电堆测试台组成及控制原理

燃料电池电堆测试台架相比单电池更为复杂，由氢气单元、空气单元、氮气单元、加湿系统冷却水循环单元、自动补水系统、二次冷却水系统、直流电子负载系统、安全检测报警系统、上位机及控制系统等部件组成，见图 23-9。

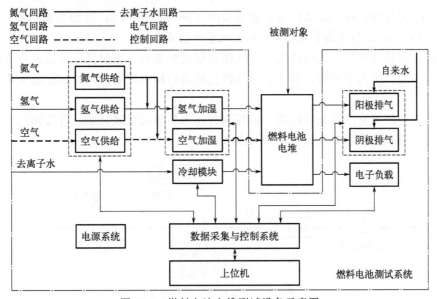

图 23-9　燃料电池电堆测试设备示意图

（1）氢气、空气单元

为满足燃料电池电堆测试需求，需为电堆提供满足温度、压力和湿度等条件的阳极氢气和阴极空气。氢气/空气单元主要由氢气/空气前后处理系统、氢气/空气流量和压力控制系统、氢气/空气增湿系统等多部分组成，见图 23-10。

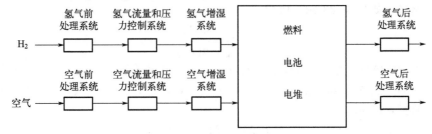

图 23-10　氢气单元和空气单元组成

（2）气体流量压力控制系统

氢气流量的计算，如公式（23-20）所示：

$$V_{H_2} = 22.42 \times 60 \frac{I}{2F} \times n \times \lambda_{H_2} \tag{23-20}$$

空气流量的计算，如公式（23-21）所示：

$$V_{空气} = 22.42 \times 60 \frac{I}{4F} \div 21\% \times n \times \lambda_{空气} \tag{23-21}$$

式中，V_{H_2} 为氢气流量，slpm[1]；$V_{空气}$ 为空气流量，slpm；F 为法拉第常数，C/mol；I 为电池电流，A；n 为电池节数；λ_{H_2} 为氢气化学计量比；$\lambda_{空气}$ 为空气化学计量比。

基于哈根-泊肃叶定律，其方程表示为：

$$Q = k\left(\frac{\Delta P D^4}{\mu L}\right) \tag{23-22}$$

式中，Q 为流量，m^3/s；ΔP 为沿管道长度下降的压力，Pa；D 为管道直径，m；μ 为流体黏度，Pa·s；L 为管道长度，m；k 为计量单位系数。

在温度、管径等参数一定的情况下，气体式层流状态时，通过获取层流元件两端的压差信号，通过温度、压力等参数的修正，对气体流量进行精准控制，以达到控制反应气体流量的目的。

气体压力控制体系由自动背压阀、减压阀和压力传感器组成，通过背压阀门和压力传感器来实现电堆前和电堆后的压力控制，见图 23-11。

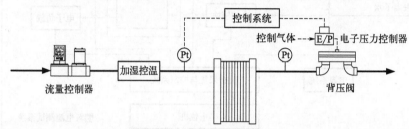

图 23-11   流量压力控制原理

（3）气体加湿系统

质子交换膜需要水维持质子电导率，氢气和空气在进入电池之前通常都会增湿。因此对于电堆测试台需要对进堆气体进行准确的湿度测量与控制。气体的增湿主要通过膜增湿器的水汽加湿实现，通过控制增湿水温及气体出增湿器露点实现湿度的精准控制。以最大用气量和气体最大含湿量计算最大增湿所需水量。

气体含湿量，如公式(23-23) 所示：

$$d = \frac{m_v}{m_g} = \frac{n_v M_v}{n_g M_g} \tag{23-23}$$

式中，d 为气体含湿量，g/kg(干空气)；m_v 为水蒸气质量，g；n_v 为水蒸气物质的量，mol；M_v 为水蒸气摩尔质量，g/mol；m_g 为干气质量，kg；n_g 为干气物质的量，mol；M_g 为干气摩尔质量，g/mol。

由分压定律可得 $\qquad d = \frac{p_v M_v}{p_g M_g} = \frac{M_v}{M_g} \times \frac{p_v}{p - p_v} \tag{23-24}$

式中，p 为气体总压力，Pa；p_v 为水蒸气分压，Pa；p_g 为干气分压，Pa。

电堆测试台的气体加湿（参见图 23-12）系统基于数学模型和 PID 反馈控制的干湿混合露点/湿度控制方式，采用鼓泡和喷淋等多组合加湿设计方式，实现测试台的反应气湿度的精准调控。

（4）冷却水循环单元

在电堆运行过程中会产生大量的热，其热量排出的方式有循环冷却散热、反应气体散

---

[1]   slpm 是标准升每分钟，在常温常压下，1 标准升=1 升。

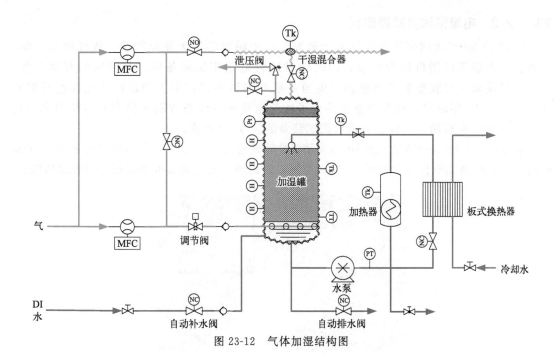

图 23-12 气体加湿结构图

热、电堆对外辐射散热等多种方式[15]，其中主要的散热方式为循环冷却散热。

冷却散热通常介质为水，其循环单元由离心泵、水箱、换热器、比例调节阀、温度传感器、压力传感器等组成。水量与电堆的散热功率以及水进出电堆的温差有关，可由公式（23-25）计算冷却水量。

$$V_{H_2O} = \frac{P \times 60 \times 1000}{\rho_{H_2O} \times C_{H_2O}^{I} \times \Delta T}$$ (23-25)

式中，ρ_{H_2O} 为水的密度，kg/m^3；$C_{H_2O}^{I}$ 为水的比热容，$J/(kg \cdot ℃)$；ΔT 为冷却水进出电堆的温差，℃；P 为电堆的散热功率，kW/s；V_{H_2O} 为冷却水量，m^3。

（5）直流电子负载系统

直流电子负载系统用于燃料电池电堆的电流以及功率的测试和电堆产生能量的消耗测量。电子负载系统通过以太网与测控系统通信，通过测控系统软件设置功率、电流、电压以及工作模式，读取电压电流数据。

（6）上位机及控制系统

上位机及控制系统是整个测试设备的核心，其主要组成包括上位机系统和可编程逻辑控制器（PLC）系统。上位机系统通过多串口接口板分别与电子负载、PLC 控制系统、质量流量传感器、温控器、背压阀等进行通信控制连接。通过上位机软件界面可实现电堆测试的数据采集、运行状态显示、测试数据显示、测试数据存储以及测试数据智能化判定等多种操作。

（7）安全报警系统

安全报警系统包括氢气泄漏报警、超温、超压、欠压、电子负载不稳等，可实现电堆测试过程中各安全监控参数的闭环控制和系统紧急制动，保障操作人员和测试用燃料电池电堆的安全。

23.3.2.2 电堆测试台发展现状

20 世纪 90 年代国内开展燃料电池研究，以中国科学院大连化物所、武汉理工大学、上海交通大学等科研机构为代表，同时针对燃料电池测试装备也进行研究和开发工作，但其研究成果主要服务于实验室燃料电池系统的测试需求，不能满足产业化快速发展的要求。自 2015 年以来，众多企业关注到了燃料电池测试设备方面的技术和市场需求，进行了相应的产业布局，目前已有成套测试装备的企业 20 余家。

参考 GB/T 24554—2022《燃料电池发动机性能试验方法》，以江苏氢导研发的 LHFST300K 燃料电池电堆测试平台（参见图 23-13）为例，介绍燃料电池测试准备需具备的测试功能。

图 23-13　LHFST300K 燃料电池电堆测试平台

① 气密性测试：测试台及电堆的气密性测试。可使用氮气对测试台进行保压测试；可使用氮气对电堆进行三腔保压测试，具有压差保护控制。

② 恒电流、恒电压、恒功率测试：电子负载支持恒电流、恒电压、恒功率模式，可通过上位机设定测试模式，执行相应测试。

③ 气体流量和压力控制：用户可通过上位机软件自行定义进堆的氢气/空气/氮气流量及进堆气体压力；可通过上位机自动设定吹扫流量和吹扫时长，包含待机自动吹扫、急停自动吹扫。

④ 气体露点/湿度控制：用户可通过上位机软件自行定义进堆的氢气/空气/氮气露点或湿度。

⑤ 气体温度控制：用户可通过上位机软件自行定义进堆的氢气/空气/氮气温度。

⑥ 尾排气体处理：可对尾排气体进行气水分离处理，并可根据液位自动排水，同时空气尾排线路设置氢浓度监测，做安全保护。可根据需要选配尾排气体冷却设备。

⑦ 电堆热管理：用户可通过上位机软件自行定义进堆的冷却液流量、温度、压力，可实时监测冷却液电导率，具备自动补水、排水，水腔吹扫功能。

⑧ 单体电压监控分析：测试过程中实时对各节单体电压进行测量并进行一致性分析，当出现单体电压过低时触发自动保护。

⑨ 阳极循环：预留氢循环接口，可将阳极电堆出口氢气进行循环，循环线路具备气体加热防冷凝功能。

⑩ 实时监控和异常报警：设备各零部件的实时监测和控制，安全防护系统可在测试过程中及时对异常情况发出报警，并根据不同故障等级做出对应的处理措施。

⑪ 上位机软件：具有数据下发、采集、显示、保存、报警提示及数据分析功能。

23.3.2.3 燃料电池电堆测试平台测试

本节以江苏氢导开发的 LHFST300K 燃料电池电堆测试平台为例，对 120kW 燃料电池电堆进行测试来验证测试台架的可行性和动态可控性。

测试台架对流量、压力、气体湿度等参数实现动态和闭环控制。

该平台的测试极化曲线及功率曲线如图 23-14 所示，根据测试结果可完成燃料电池电堆的测试工作。设备的空气质量流量能够随系统的输出功率变化做出及时反馈响应，从而改变测试系统的空气供给量。测试台架的热管理系统良好，燃料电池入口/出口冷却水的温度随时间变化差值较小，响应及时，有助于提高燃料电池的使用寿命，同时有利于系统的节能减排，提高热量的综合利用率，参见图 23-15、图 23-16。

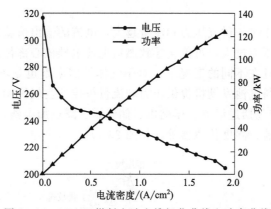

图 23-14　120kW 燃料电池电堆极化曲线和功率曲线

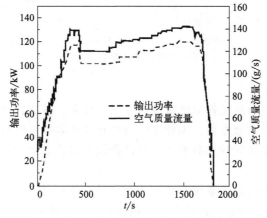

图 23-15　燃料电池输出功率/空气质量流量随时间变化响应图

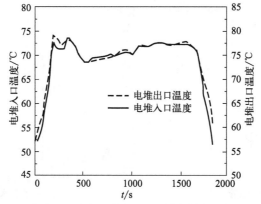

图 23-16　燃料电池入口/出口冷却水温度随时间变化响应图

23.3.3 系统测试设备

燃料电池发动机是指能将氢燃料的化学能通过燃料电池系统、DC/D 变换器、驱动电极机器控制系统等直接转换为机械能对外做功的系统。燃料电池系统测试设备的设计目的是给燃料电池发动机提供测试平台，实现对燃料电池发动机装车前的性能测试和综合评定，得到与整车相匹配的各项性能参数。

燃料电池系统测试台包括供气系统、电子负载、散热系统、上位机及控制系统、安全报警系统等。

(1) 供气系统

燃料电池发动机工作时，供气压力和流量越大，电流的输出值就越大，发动机的功率也随之增大，但若是供气压力过大，可能会导致燃料电池电堆核心部件膜电极中的质子交换膜因负荷过大而受损。并且在不同的工况下，对于气体的需求量也是不同的[16]。因此，燃料电池测试系统需要为燃料电池发动机提供压力和流量可控的空气源和氢气源。

空气/氢气供气系统包括过滤器、压缩机、储气罐、露点加湿器、流量调节阀、流量计、压力传感器、温度传感器、湿度传感器等，见图 23-17。

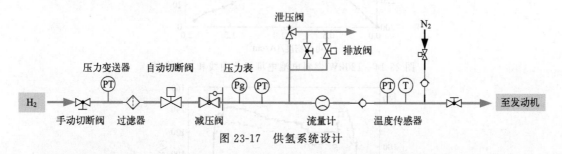

图 23-17　供氢系统设计

(2) 散热系统

为了使电堆能够在最佳的工作温度范围内安全、稳定、高效、持续运行，需要将燃料电池工作时产生的热量及时有效发散，因此需要设计有效的散热系统与之配合。由于静态的燃料电池发动机测试系统与实际的车载系统在通风条件上差异很大，因此对系统测试设备的散热能力提出更高的要求。

燃料电池系统测试台的散热系统包括主冷系统和辅冷系统。

主冷系统（图 23-18）为系统提供充足的散热，保证电堆在合适的温度下测试运行，需

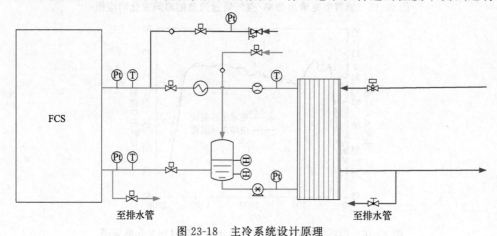

图 23-18　主冷系统设计原理

要具备温度、流量和压力的测量与控制功能。同时为了提高设备的可靠性和便捷性等，还需具备快速补水、电导率监测及控制、水路吹扫等功能。主要由换热板、水泵、调节阀、各类传感器等组成。

测试平台的辅冷系统是对 DC/DC、空压机控制器等电子部件进行冷却散热，保证燃料电池系统的辅助零部件工作在合适的温度范围内。辅冷系统采用单级冷却循环回路散热，与辅助零部件连接的散热回路采用两换热板并联形式，针对被测系统的功率等级进行切换，从而兼容大小功率的测试。为保证控温效果，采用分段自适应 PID 控制，保证全温度范围内控温的准确性和稳定性。

（3）电子负载

燃料电池系统测试台采用回馈式直流电子负载（图 23-19），其核心电路由 PWM 双向整流电路和 DC/DC 两部分构成，可以将燃料电池发动机或燃料电池 DC/DC 系统实验中的能量回馈电网，实现能量循环利用。

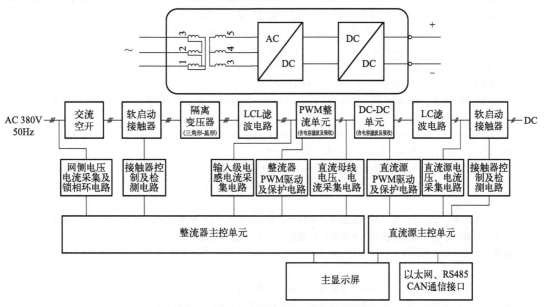

图 23-19　回馈式直流电子负载设计原理框图

电子负载的参数由 PLC 通过 CAN 通信进行控制，同时，电子负载的急停及外部急停信号输入点由 PLC 进行控制。当需要模拟不同的测试工况时，逻辑 PLC 收到上位机发出的指令并对电子负载进行启动、变载、停机等一系列对应的动作操作[17]。当测试系统检测到严重的一级报警时，如电堆严重超温、单体电压严重过低[18]等，可通过外部急停信号迅速切断电子负载，保证被测系统的安全。

（4）上位机及控制系统

上位机及控制系统是整个测试设备的核心，其主要组成包括上位机系统和 PLC 控制系统。上位机系统通过多串口接口板分别与电子负载、PLC 控制系统、质量流量传感器、温控器、背压阀等进行通信控制连接。通过上位机软件界面可实现燃料电池电堆测试的数据采集、运行状态显示、测试数据显示、测试数据存储以及测试数据智能化判定等多种操作。

（5）安全报警系统

安全报警系统包括氢气泄漏报警及超温、超压、欠压、电子负载不稳报警，实现电堆测试过程各安全监控参数的闭环控制和系统紧急制动，保障操作人员和测试用燃料电池电堆安全。

参 考 文 献

[1] 沈培康．电化学氧还原的理论基础和应用技术［M］．南宁：广西科学技术出版社，2018．

[2] GB/T 20042.3—2022 质子交换膜燃料电池 第3部分：质子交换膜测试方法．

[3] GB/T 20042.7—2014 质子交换膜燃料电池 第7部分：炭纸特性测试方法．

[4] GB/T 20042.6—2011 质子交换膜燃料电池 第6部分：双极板特性测试方法．

[5] Santarelli M G, Torchio M F. Experimental analysis of the effects of the operating variables on the performance of a single PEMFC [J]. Energy Convers Manag, 2007, 48 (1): 40-51.

[6] 赵鑫，郭建强，王晓兵．燃料电池膜电极性能测试方法比对［J］．中国标准化，2022（17）：233-237．

[7] Srinivasan S, Ticianelli E A, Derouin C R, et al. Advances in solid polymer electrolyte fuel cell technology with low platinum loading electrodes [J]. J Power Sources, 1988, 22 (3-4): 359-375.

[8] Kim J, Lee S, Srinivasan S, et al. Modeling of Proton Exchange Membrane Fuel Cell Performance with an Empirical Equation [J]. J Electrochem Soc, 1995, 142 (8): 2670-2674.

[9] Squadrito G, Maggio G, Passalacqua E, et al. Empirical equation for polymer electrolyte fuel cell (PEFC) behaviour [J]. J Appl Electrochem, 1999, 29 (12): 1449-1455.

[10] Pisani L, Murgia G, Valentini M, et al. A new semi-empirical approach to performance curves of polymer electrolyte fuel cells [J]. J Power Sources, 2002, 108 (1): 192-203.

[11] Lee J H, Lalk T R, Appleby A J. Modeling electrochemical performance in large scale proton exchange membrane fuel cell stacks [J]. J Power Sources, 1998 (2): 258-268.

[12] 王建建，胡辰树．我国氢燃料电池专用车发展现状与趋势分析［J］．专用汽车，2021，39（4）：51-55．

[13] 袁永先，吴波，刘长振，等．质子交换膜燃料电池发电系统设计［J］．小型内燃机与车辆技术，2021，50（2）：55-61．

[14] 邵孟，朱新坚，曹弘飞，等．燃料电池测试试验台的设计与研究［J］．电源技术，2017，41（7）：994-995，1000．

[15] 刘波，赵锋，李骁．质子交换膜燃料电池热管理技术的进展［J］．电池，2018，48（3）：202-205．

[16] 彭赟，彭飞，刘志祥，等．基于PLC和LabVIEW的燃料电池测试系统技术［J］．电源技术，2016，40（3）：575-579．

[17] 汪浩．一种燃料电池测试系统的电子负载设计［D］．成都：电子科技大学，2007：2-3．

[18] 吴曦．质子交换膜燃料电池测试系统设计及单电池建模［D］．上海：上海交通大学，2010：9-17．

第 24 章

质子交换膜燃料电池

24.1 材料与部件

采用质子传导聚合物薄膜作为电解质的燃料电池称为质子交换膜燃料电池（proton exchange membrane fuel cell，PEMFC），具有电流密度高、工作温度低、启动与变载响应速度快等优点，现阶段主要用于交通运输、热电联供、备用及便携式发电等领域。质子交换膜燃料电池可根据其冷却方式分为水冷式与空冷式燃料电池。此外，直接使用甲醇或其水溶液作为燃料的质子交换膜燃料电池称为直接甲醇燃料电池。本章主要对以氢为燃料的质子交换膜燃料电池进行介绍，且前 4 节的内容主要是以现阶段车用领域主流的水冷式质子交换膜燃料电池为对象。

质子交换膜燃料电池是对该类型燃料电池的统称，在空间尺度上主要可分为单电池、电堆与燃料电池系统。本节主要从上述空间尺度进行分别说明。

24.1.1 单电池

单电池是燃料电池的基本单元，由一组膜电极组件及相应的单极板或双极板组成[1]。

（1）膜电极

膜电极是膜电极组件（membrane electrode assembly，MEA）的简称，由质子交换膜（proton exchange membrane，PEM）和分别置于其两侧的催化剂层及气体扩散层（gas diffusion layer，GDL）构成。质子交换膜两侧的电极分别是阳极催化层（anode catalyst layer，ACL）和阴极催化层（cathode catalyst layer，CCL）。膜电极是质子交换膜燃料电池的核心部件，是发生氧化还原反应的场所，是形成电荷转移和产生电能的源头，因此膜电极性能通常是衡量质子交换膜燃料电池性能的核心技术指标。

① 质子交换膜[2]。质子交换膜是离子交换膜的一种，通常采用离子聚合物制成。由于其在燃料电池中的主要功能是实现质子快速传导，又称为质子导电膜。质子交换膜在燃料电池中起到电解质的作用，不仅提供了质子的传输通道，而且还起到阻隔阳极燃料和阴极氧化物的作用，其性能好坏直接决定 PEM 燃料电池的性能和使用寿命。

全氟磺酸膜由于具有优异的化学稳定性和热稳定性，成为现阶段广泛使用的产品，其化学结构包括由具有疏水性的聚四氟乙烯聚合物链骨架和通过共价键附着在之上具有亲水性的磺酸基团构成。上述结构中，磺酸根与质子结合形成的磺酸基团通过质子溶剂（H_2O）可解离出能自由移动的水合质子。每个磺酸根侧链周围大约可聚集 20 个水分子，形成含水区域。当这些含水区域相互连通时，可形成贯穿质子交换膜的质子传输通道，从而实现质子的快速传导。质子交换膜中必须含有一定量的水才能具有较好的质子传导能力，因此，PEM

燃料电池的工作温度通常被限制在水的沸点之下，并且其性能和反应物的湿度具有密切的关系。

② 催化层。催化层是含有催化剂的薄层，位于质子交换膜和扩散层中间，构成多孔电极。

对于一个燃料电池反应，其实际过程发生在催化层中。催化层通常由一种多孔碳载体担载的铂或其合金与质子传导材料混合在一起组成[3]。催化剂的比表面积是一个重要属性，常利用细小的 Pt 颗粒分布在载体上以取得大的比表面积。为了促进反应，催化剂颗粒必须和质子导体及电子导体同时接触。此外，必须有通道以利于反应物到达催化剂区域，同时也利于反应产物离开。反应物、催化剂以及电解质的接触界面被称为三相界面。为了得到合适的反应速率，多孔电极中催化剂的有效面积要比电极的几何面积高出多倍。为了降低传质阻力，催化层的厚度一般很薄。

③ 气体扩散层。气体扩散层位于催化剂层和双极板之间，为氢气、氧气通入膜电极以及产物水排出膜电极提供通路。虽然气体扩散层并不参与电化学反应，但它承担了燃料电池中的气体传质、电子传导、机械支撑以及改善水管理特性等工作，是膜电极中的关键部件。

为满足上述功能，现阶段气体扩散层主要为双层结构，包括支撑层和微孔层。支撑层要求具有良好的力学性能，以保证在较高压力下的机械稳定性，并且需要有良好的导电性来形成电子通路，同时需具有合理的孔径分布来提供良好的传质通路。微孔层的作用主要体现在优化物质传输方面，实现水和气体的优化分配，以及降低支撑层和催化层间的接触电阻等。支撑层主要包括碳纤维纸、碳纤维布和石墨纸。微孔层主要是将碳粉和疏水剂构成的浆料涂覆在支撑层上烧结后得到[4]。

气体扩散层典型的孔隙率介于 70%～80%。除孔隙率外，气体扩散层的电导率、可压缩性和亲疏水性也是衡量其性能优劣的重要指标。

(2) 极板

对于单电池，在膜电极两侧各装配一个单极板，可以看作一个双极板的两半。极板一般具有如下功能：将燃料电池串联实现电气连接、隔离相邻单电池中的气体、为电池组提供结构支撑以及传导热量。

双极板一般由两个极板组成，其中一个极板直接接触膜电极的阳极，被称为阳极板；另一个单极板直接接触膜电极的阴极，被称为阴极板。现阶段双极板主要包括石墨双极板、金属双极板以及金属/石墨复合双极板。

在燃料电池的工作环境中，石墨具有好的耐腐蚀性、高化学稳定性，使得高密度石墨成为制造双极板的良好材料。但加工工艺较为复杂，成本偏高，且在流道的壁厚小于 0.3mm 时容易在装配压强不均匀或大流体压差的情况下出现局部裂缝。

基于 316L 不锈钢、钛合金、铁素体不锈钢等材料的金属双极板也是重要发展方向。在这些材料中，不锈钢材料具有较高的机械强度和优良的体相电导与热导，该类型双极板可使燃料电池获得高体积比功率，且批量生产成本低。因不锈钢材料发生腐蚀时，镍、铬、铁等组分溶出，金属离子污染膜电极，显著增加燃料电池的欧姆阻抗和电荷转移阻抗，从而影响燃料电池的耐久性；为此，金属板表面需要增加抗腐蚀涂层。

此外，热塑性石墨复合材料、热固性石墨复合材料及金属基复合材料双极板也是目前双极板材料的选择及方向。

24.1.2　电堆

电堆是发生电化学反应的场所，是燃料电池系统（或称为燃料电池发动机）的核心部件。由于单电池输出的电压较低，为获得高电压和高功率，通常将多个单电池串联组成电堆[5]。电堆主要由端板、绝缘板、集流板、双极板、膜电极、紧固件、密封件等组成，下面对各部分做简要介绍。由于前面已介绍膜电极及双极板，此处不再赘述。

（1）端板

端板是电堆的结构件，主要作用是压紧电堆内部的膜电极和双极板、支撑电堆的结构、提供流体的进出口，因此足够的强度与刚度是端板最重要的特性。足够的强度可以保证在组装力作用下端板不发生破坏，足够的刚度则可以使得端板变形小，从而均匀地将组装力传递到双极板和膜电极上。

（2）集流板

集流板是将电堆的电能输送到外部负载的部件。电堆的输出电流较大，一般采用电导率较高的金属材料（如铜、铝合金、钛合金等）作为集流板的基材并在其表面制备一定厚度的银或金的耐腐蚀导电涂层。集流板将电堆的电流汇集在一起，位于电堆的阴极侧和阳极侧，分别称为阴极集流板和阳极集流板。

（3）紧固件

电堆结构的稳定性通过外部的捆扎带或紧固螺栓所施加的组装力来保持。紧固件的作用是维持电堆各组件之间的组装力。为了维持组装力的稳定以及补偿密封件的压缩永久变形，某些设计中端板与绝缘板之间添加有弹性元件。电堆紧固则包括螺杆紧固、捆扎带紧固、封装一体式紧固三种。

（4）密封件

密封件主要作用是保证电堆内部的气体和液体正常、安全地流动，一般为硫化橡胶或热塑性橡胶材料。

（5）绝缘板

有些电堆设计中有绝缘板这一独立零件，有些燃料电池电堆设计中将端板和绝缘板进行集成。

目前车载燃料电池堆中集流板为带电零件，其工作电压为 200～400V。为了保证电安全，端板不允许携带高压，需要端板外表绝缘，或者使用绝缘板这一零件将集流板和端板进行电隔离。为了提高功率密度，在保证绝缘距离（或绝缘电阻）的前提下应最大限度地减少绝缘板厚度及重量。

除电堆部件外，还需考虑电堆的密封与封装，主要分为两种类型，一种是常见的弹性体压缩密封，另一种是黏结密封[6]。现阶段针对燃料电池堆内部单电池之间的密封主要采用的是弹性体压缩密封。黏结密封主要采用树脂胶黏剂将密封材料和极板进行黏结。无论哪种密封类型，密封区的设计都要与密封件的结构、膜电极的结构相互配合。

24.1.3　燃料电池系统

氢燃料电池系统（fuel cell system，FCS）是一种能将氢气与氧气通过电化学反应直接转化为电能的装置，在作为车用动力源时，又称为氢燃料电池发动机。其组成除燃料电池堆外还包括燃料电池辅助系统，在外接氢源的条件下可以正常工作。典型燃料电池系统原理见图 24-1。辅助系统包括空气供应子系统、氢气供应子系统、水热管理子系统、电气子系统、控制系统等。在现有国家标准中，未明确定义高压电气子系统是否属于燃料电池系统，以制造商和使用方约定为准。因此在高压电气领域应用时，需要明确标注是否包括高压电气子系统，尤其是 DC/DC 变换器。需要注意的是，不同子系统间并不是完全独立的，如空气子系统中的空压机所用电机和控制器需要热管理子系统进行降温以提供更好的性能。此外对于不同的氢燃料电池系统，其子系统内部的部件也会有所区别，本节将介绍辅助系统及作用。

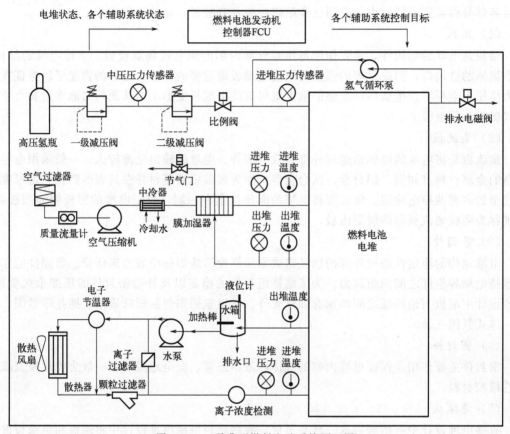

图 24-1 一种典型燃料电池系统原理图

（1）空气供应子系统

空气供应子系统一方面保证燃料电池发动机正常工作所需的氧气，另一方面可以将反应过程中产生的部分热量和水分带出燃料电池堆。空气供应子系统中的部件包含空气过滤器、空气流量计、空压机、中冷器、膜加湿器、背压阀及传感器等。空气过滤器保证进入燃料电池堆阴极参与反应的气体洁净，可以滤去空气中对燃料电池堆耐久性损伤严重的碳化物、硫化物等杂质。空压机向燃料电池堆提供高压气体，并与背压阀共同作用，实现空气流量和压力的控制。中冷器位于空压机下游，对经空压机压缩后的高温气体进行降温，避免气体温度过高对后端的膜加湿器和燃料电池堆造成损伤。膜加湿器是空气系统的湿度调节装置，通过燃料电池堆排放出的高湿尾气对进入燃料电池堆的空气进行加湿，增强燃料电池堆内质子交换膜的含水量，改善发动机的输出特性。空气流量计、温度传感器、湿度传感器、压力传感器采集的信号作为发动机系统监测和控制的输入信号。

（2）氢气供应子系统

氢气供应子系统为燃料电池发动机提供合适的阳极工作气体。氢气供应子系统包含储氢罐、减压阀、电磁阀、比例阀、安全阀、水分离器、排水阀、尾排阀、氢气循环装置和传感器等。储氢罐为高压储氢装置，目前常用的有 35MPa 和 70MPa 两种规格。储氢罐内的高压氢气一般需要经过减压阀两级减压才能达到燃料电池堆所需的工作压力。安全阀作为保护装置，避免故障发生时过高压力的氢气进入燃料电池堆，造成燃料电池堆的损伤。电磁阀是氢气供应通断控制执行器，比例阀是氢气流量、压力的控制装置。水分离器、排水阀、尾排阀和氢气循环装置实现氢气路的水气分离、排水和排氢，保证系统中氢气的纯度，防止阳极侧水淹的发生。常用氢气循环装置包括氢气引射器和氢气循环泵。氢气路传感器采集的信号同样作为发动机系统监测和控制的输入信号。

（3）水热管理子系统

水热管理子系统为燃料电池堆和辅助系统提供合适的温度环境。水热管理子系统包含水泵、风扇、散热器、颗粒过滤器、离子过滤器、离子浓度传感器、PTC、节温器/电子三通阀和传感器等。燃料电池发动机中的热源主要包括燃料电池堆、空压机、空压机控制器和DC/DC。燃料电池发动机水热管理子系统所用冷却液通常为去离子水，但为满足发动机在0℃以下环境的使用需求，冷却液一般采用去离子水与乙二醇的混合液。水泵为水热管理子系统提供一定流量和压力的冷却液。风扇和散热器实现冷却液与环境空气的热交换。颗粒过滤器防止有颗粒杂质进入燃料电池堆，阻塞电堆内部的冷却流道。离子过滤器用于维持水热管理子系统中冷却液的离子浓度在较低的水平，用离子浓度传感器进行实时监测。PTC 作为加热装置，是水热管理子系统小循环的主要零部件；小循环的作用一方面是在冷机启动过程中加快系统的温升速率，尽快到达燃料电池堆的理想工作温度，另一方面是在零下环境冷启动过程中辅助电堆升温，保证冷启动的成功。节温器/电子三通阀则作为大小循环切换的执行器。温度与压力传感器采集的信号同样作为发动机系统监测和控制的输入信号。

（4）电气子系统

燃料电池的电气子系统分为高压电气子系统和低压电气子系统。

高压电气子系统主要包括 DC/DC 以及 DC/AC 两部分，DC/DC 是将燃料电池的直流电压转换为稳定、特定的直流电压输出，并为燃料电池系统中的高压部件（空压机、氢气循环泵等）提供高压直流电；DC/AC 则可以将母线上的直流电压转换成三相或单相交流电，实现反馈网络或满足交流电机、家用电器的使用。

低压电气子系统主要包括传感器、执行器、控制器三部分，用于监测燃料电池系统运行状况以及运行条件，驱动阀门等部件调节并控制反应物的参数，控制传感器与执行器之间的相互作用，使燃料电池保持在一个稳定、特定的条件下运行。

（5）控制子系统

质子交换膜燃料电池系统输出的高效稳定性会受到系统控制的直接影响。燃料电池系统组成结构复杂，包含多个子系统，如空气子系统、氢气子系统、热管理子系统等，其中空气、氢气供给系统中还包括湿度管理子模块。根据燃料电池各个子系统的功能，燃料电池控制子系统相应地集成了包括燃料电池进气控制、湿度控制、温度调节，以及出口排气控制功能。同时为了监控整个系统的运行状态，集成了故障诊断和报警模块。在这些模块的协同控制作用下，才能够维持燃料电池正常工作，保障系统具有稳定的功率输出。

24.2　性能与寿命

实际应用中，燃料电池系统与传统发动机类似，也有动力性、经济性、耐久性、安全性等传统指标。此外，针对燃料电池的运行特点，还会对发动机系统的动态响应特性、功率品质、环境适应性等方面提出额外的要求。本节将对燃料电池系统的性能及指标进行介绍。在介绍各性能指标前，将首先对燃料电池的能量流向进行介绍，以便于对功率、效率有更明确的认识。在通入富余的反应气体后，燃料电池堆内部发生电化学反应，产生的能量由电能、冷却液携带的热能、反应气体携带的热能以及散失热能四部分组成，其中反应气体携带的热能以及散失热能较少，一般忽略不计。冷却液携带的热能可通过冷却系统消耗或通过换热系统回收。电堆产生的功率称为燃料电池堆的输出功率，这部分功率需要满足辅助系统（空压机、氢气循环泵、水泵）运行所消耗的功率，剩余的功率经过 DC/DC 转换后输出到负载。如果系统边界中并不包含 DC/DC，将电堆的输出功率减去辅助系统消耗的功率即燃料电池系统净输出功率。

24.2.1　燃料电池性能指标

（1）动力性

动力性是指燃料电池系统为外界做功的能力，主要体现为额定净输出功率、过载功率及过载功率持续时间、体积比功率、质量比功率。

① 额定净输出功率。《燃料电池电动汽车　术语》（GB/T 24548—2009）[7] 中规定，"额定功率，即制造厂规定的燃料电池堆在特定工况条件下能持续工作的功率"。《燃料电池汽车测试规范》中，对"持续工作"提出更明确的要求："在额定功率下，需持续稳定运行 60min，在此期间输出功率应始终处于 60min 平均功率的 97%～103% 之间，单电池平均电压应不低于 0.6V。"具体计算方法为：

$$P_{\text{FCE}} = U_{\text{stk}} \times I_{\text{stk}} - P_{\text{AUX}} \tag{24-1}$$

式中，P_{FCE} 为系统输出功率，W 或 kW；U_{stk} 为电堆输出电压，V 或 kV；I_{stk} 为电堆输出电流，A；P_{AUX} 为辅助系统功耗，W 或 kW。

② 过载功率及过载功率持续时间。过载功率反映了燃料电池系统的后备输出能力。《燃料电池电动汽车　术语》（GB/T 24548—2009）中规定，"过载功率，即制造厂规定的燃料电池系统在特定工况条件下、在规定时间内工作可输出的最大净输出功率"。在标准中并未对"规定时间"提出需求，一般以产品技术要求来确定。根据 GB/T 24554—2022《燃料电池发动机性能试验方法》[8]，在进行过载功率测试时，需要首先加载到额定功率，持续稳定运行 10min，而后再加载到设定的过载功率。

③ 质量比功率与体积比功率。出于对燃料电池发电系统轻量化、集成化的发展要求，提出了质量比功率与体积比功率两个指标，质量比功率反映了燃料电池系统轻量化设计水平，体积比功率反映燃料电池系统设计的空间紧凑程度。《燃料电池发动机性能试验方法》（GB/T 24554—2022）规定燃料电池发动机质量指燃料电池模块、空气供应系统、氢气供应系统、水热管理系统、控制系统和其它部件。其中辅助散热组件、散热器总成、水箱、冷却液及加湿用水、尾排管路、外接散热器连接的冷却管路和外接高压电缆可不计入质量测量范围。燃料电池系统质量比功率 MSP_{FCE}、体积比功率 VSP_{FCE} 计算方法为：

$$\text{MSP}_{\text{FCE}} = \frac{P_{\text{FCE}}}{m_{\text{FCE}}} \tag{24-2}$$

$$\text{VSP}_{\text{FCE}} = \frac{P_{\text{FCE}}}{V_{\text{FCE}}} \tag{24-3}$$

式中，MSP_{FCE} 为系统质量比功率，kW/kg；VSP_{FCE} 为系统体积比功率，L/kg；P_{FCE} 为系统额定功率，kW；m_{FCE} 为系统质量，kg；V_{FCE} 为系统体积，L。

（2）经济性

经济性是指燃料电池发动机在满足其他方面要求的前提下，尽可能少地消耗能源和成本的特性。经济性指标对于提高燃料电池汽车续航里程、降低燃料电池发动机和燃料电池汽车的成本并促进其商业化具有重要意义。经济性主要指标包括：额定功率下的电堆效率、发动机效率、氢气利用率及单位功率成本等。

① 额定功率下的燃料电池堆效率。额定功率下的发动机效率是指在额定功率输出时，动力系统净输出与进入燃料电池堆的燃料热值之比。氢气有高低两种热值，高热值指氢气和氧气反应生成液态水时的焓变，低热值指反应生成气态水蒸气时的焓变。考虑到燃料电池实际工作状态，主要以低热值（LHV）进行计算。《燃料电池发动机性能试验方法》（GB/T 24554—2022）中规定，燃料电池堆的效率计算方法为：

$$\eta_{stk}=\frac{P_{stk}\times 1000}{m_{H_2}LHV_{H_2}}\times 100\%$$ (24-4)

式中，η_{stk} 为燃料电池堆效率；P_{stk} 为燃料电池堆输出功率，kW；m_{H_2} 为氢气流量，g/s；LHV_{H_2} 为氢气低热值，1.2×10^5 kJ/kg。

在部分情况下，氢气流量数据难以获得，因此会用燃料电池的电压效率近似代替。电压效率指实际工作电压与燃料电池的热力学可逆电压的比值，即

$$\varepsilon_{电压}=\frac{V/n}{E}$$ (24-5)

式中，$\varepsilon_{电压}$ 为燃料电池电压效率，%；V 为燃料电池输出电压，V；n 为电堆片数；E 为燃料电池热力学可逆电压，取 1.23V。

由于燃料电池的工作电压依赖于电流，因此，随着电流的增加，电压效率会逐渐减小。电压效率由于方便计算，常用于动力系统的前期设计以及电堆选型。

② 额定功率下的发动机效率。额定功率下的发动机效率是指在额定功率输出时，动力系统净输出与进入燃料电池堆的燃料热值之比，该指标为最常用的衡量经济性的指标。与燃料电池电堆效率类似，计算方法为：

$$\eta_{PCE}=\frac{P_{PCE}\times 1000}{m_{H_2}LHV_{H_2}}\times 100\%$$ (24-6)

式中，η_{PCE} 为燃料电池系统效率；P_{stk} 为燃料电池动力系统净输出功率，kW；m_{H_2} 为氢气流量，g/s；LHV_{H_2} 为氢气低热值，1.2×10^5 kJ/kg。

与燃料电池电堆效率不同，随着电流的增加，发动机效率呈现先增加后减少的趋势。

③ 氢气利用率。氢气利用率是燃料电池系统在正常工作条件下，由燃料电池堆通过电化学反应转换为水的氢气占总共所加注氢气的质量分数。氢气利用率通常在 93%～97% 之间，主要是由阳极排放造成的。提高氢气利用率有利于提高燃料经济性。注意，尽管上述介绍到电堆的效率与电压效率的区别主要在于考虑氢气利用率以及氢气的化学计量比与否，但并不意味着电堆效率与电压效率的比值就是氢气利用率。氢气利用率的计算方法为：

$$\varepsilon_{fuel}=\frac{N\times I_{st}/2F}{m_{H_2}}$$ (24-7)

式中，ε_{fuel} 为氢气利用率，%；N 为电堆片数；I_{st} 为电堆电流，A；F 为法拉第常数。

（3）动态响应特性

动态响应特性是指燃料电池系统在非稳态工况下的快速响应能力。燃料电池汽车工况复

杂多变，功率需求变化较大，要求燃料电池系统有好的动态响应特性以及实时满足整车动力需求。动态响应特性的指标包括：启动时间及10％～90％额定功率响应时间等。

① 启动时间。启动时间考察燃料电池系统在冷机（室温下保温12h）以及热机（冷却液出口温度到达正常工作温度）的状态下从发送启动指令到怠速状态下之间的时间。

② 10％～90％额定功率响应时间。在进行动态响应测试时，需要在起始功率点先运行1min，然后发送动态阶跃工作指令，在截止点运行10min。之后发送降载指令，并在截止点再运行10min。该测试主要考察动力系统加降载的速度以及辅助系统，尤其是热管理系统的响应能力。

（4）环境适应性

环境适应性是指燃料电池发动机适应周围环境的能力，主要反映了燃料电池发动机在不同环境条件下能否按预期要求可靠工作的特性。在设计燃料电池发动机时，必须考虑环境适应性指标，以保证燃料电池汽车能够在各种环境下正常行驶。常见的适应性指标包括：最低启动温度、工作环境温度范围、工作海拔范围、存储温度范围等。以燃料电池的冷启动性能为例，指标包括启动温度以及启动时间两方面，其中启动时间定义为系统输出功率达到额定功率50％时所用的时间。

（5）可靠性

可靠性是指燃料电池发动机在规定条件下和规定时间内完成规定功能的能力，主要反映了燃料电池发动机能否持续稳定正确工作的特性。燃料电池发动机的可靠性在很大程度上决定了燃料电池汽车整车的可靠性。这里主要参考传统发动机的可靠性评价指标。考虑到燃料电池发动机自身的特点，选定平均首次故障时间、平均故障间隔时间和平均修复时间三个指标来衡量。

（6）安全性

安全性是指燃料电池系统能够安全工作，避免对人、设备或自身造成伤害的能力。由于涉及可燃气体氢气和各种电气设备，要求燃料电池系统能够在不发生事故的前提下正常工作，不对人或财产造成伤害或损失。

① 氢安全。燃料电池动力系统的氢安全性主要针对氢气释放以及泄漏方面。由于在运行过程中，阳极需要定时排氢，以及时排出阳极侧内的液态水和阳极累积的杂质气体。排出的氢气一般与空气尾排气混合稀释后由尾排管排出。排出的氢气浓度要求低于爆炸极限，一般要求小于2％ LFL（LFL，低可燃极限，即氢气可以在空气中燃烧的最低体积浓度值，一般为4％）。《燃料电池电动汽车　安全要求》（GB/T 24549—2020）[9]中规定，在进行正常操作（包括启动和停机）时，任意连续3s内的平均氢气体积浓度应不超过4％，且瞬时氢气体积浓度不超过8％。

② 电气安全

出于安全的考虑，燃料电池汽车高压母线与车架之间应该是绝缘的。但由于燃料电池系统中冷却液需流经高电势的电堆正极侧集流板，在这个过程中高压电会通过冷却液传导到外部，因此高压母线与车架之间存在漏电流，该漏电流对应的电阻值称为绝缘电阻。若绝缘电阻过小，高电势将存在于车架与底盘之间，容易出现触电事故。为保证驾驶员与乘客的安全，《燃料电池发动机性能试验方法》（GB/T 24554—2022）和《电动汽车安全要求》（GB 18384—2020）中规定，在燃料电池发动机处于热机状态下，燃料电池堆正极和负极对地的绝缘电阻阻值应大于系统最大工作电压乘以100Ω。

24.2.2　燃料电池耐久性

　　燃料电池耐久性与燃料电池的寿命密切相关，是现阶段制约其商业化的关键因素之一。为促进燃料电池的大规模商业化，需进一步提高燃料电池的耐久性。当燃料电池动力系统额定状态下功率输出衰减到原来的 90% 时，认为其寿命终结。现阶段固定式燃料电池动力系统的寿命通常大于 10000h，但对于复杂工况下，尤其是乘用车用的燃料电池动力系统，平均寿命约为 5000h。这是由于在实际运行过程中，会出现加减速引起的负载变化以及频繁的启停，造成耐久性下降。因此在燃料电池车辆的实际运行过程中，应该通过能量调度管理尽量避免燃料电池的极端工况，以此来提升燃料电池动力系统的耐久性。

　　目前，燃料电池系统的耐久性试验方法尚未形成统一标准。同时，燃料电池系统的部件种类和数量较多，且各零部件的评价指标不同，因此很难通过某种耐久工况对所有部件进行寿命考核。故在制定燃料电池系统耐久试验方法时，仍以考察燃料电池堆的寿命为主，如《车用质子交换膜燃料电池堆使用寿命测试评价方法》（GB/T 38914—2020）[10]。

　　燃料电池堆的耐久性测试方法主要分成两种：稳态法和动态法。稳态法是指在恒定的电流密度（或电压）下运行燃料电池，记录电压或电流随时间的变化。该方法测试时间较长，一般需要上万小时，测试费用昂贵。因此现阶段主要采用衰减率（单位为 $\mu V/h$）进行描述，以较短时间内的衰减速度来估算寿命。但燃料电池的衰减率并不是固定不变的，即使工作条件一样，衰减率也会随着时间逐渐发生变化，因此用哪部分数据作为计算依据显得十分重要。此外，稳态法得到的数据并不包含启停、变载等工况，并不能用来表征实际使用条件下的燃料电池堆的耐久性。

　　基于以上不足，动态法测试成为主流。《车用质子交换膜燃料电池堆使用寿命测试评价方法》（GB/T 38914—2020）采用等效替代的方法，测量燃料电池堆经过启停、加载、变载、额定、怠速不同工况循环时的衰减率，并以此作为基准，根据工况谱参数每小时包括的各工况数，计算燃料电池堆性能衰减率 A。

$$A = V_1' n_1 + V_2' n_2 + \frac{U_1'}{60} t_1 + \frac{U_2'}{60} t_2 \tag{24-8}$$

　　式中，A 为燃料电池堆性能衰减率，V/h；V_1' 为启停循环的电压衰减率，V/次；V_2' 为变载循环的电压衰减率，V/次；n_1 为每小时启停次数；n_2 为每小时变载次数；U_1' 为怠速工况燃料电池堆电压衰减率，V/h；U_2' 为额定工况燃料电池堆电压衰减率，V/h；t_1 为每小时中怠速工况运行时间，min；t_2 为每小时中额定工况运行时间，min。

　　常用工况谱有 IEC 标准耐久性测试工况、DOE 耐久性测试工况、HYZEM 耐久性测试工况、同济大学耐久性测试工况、清华大学耐久性测试工况等。但每种工况测试开始时，燃料电池的健康状态（state of health，SOH）并不是一致的，因此与实际耐久情况也存在一定偏差。此外，还有制定特定的工况谱进行试验，考核试验结束后电堆衰减率的方法。每种方法各有利弊，目前都不能达到综合评价的目的。

　　迄今为止，已有很多针对 PEMFC 的性能衰减及寿命测试研究，包括稳态测试和动态测试，由于工况的复杂性、实验的随机性以及堆本身结构和性能参数的不同，所以测试的衰减率结论有很大差异，但是这些实验数据仍然具有参考价值。影响燃料电池发动机寿命的关键因素大致包括空气质量、低电流密度下的催化剂层降解和电压衰减、燃料电池的缺气、不当的水管理带来的不可逆损伤等，此外众多实验结果表明变载、启停、怠速和高负荷都对燃料电池寿命有很大影响[11]，然而频繁的变载工况在所有车用工况中对燃料电池寿命的影响所占的比例最大。突然的变载会导致水管理难度的增加和反应气体供应不足，最终导致电堆的性能衰减和寿命缩短[12]，变载问题归根结底是电堆内部反应气体和生成水的传输问题。

延长燃料电池寿命一直是业界的挑战，一方面氢能燃料电池属于新兴行业，相比于锂电池，在运行的燃料电池数量有限，行业缺乏长久运行的数据；另一方面，燃料电池的寿命问题表现形式是宏观的电压、电流下降，但问题点需要在质子交换膜、催化层等微观的层面观察分析，关键材料损伤、退化机理的细节还存在很多不清晰的地方。考虑到燃料电池内部复杂的电化学相互作用和元件潜在寿命的多样性，很难对燃料电池材料降解的单一机理进行可视化描述，导致了燃料电池延长寿命较为困难。总的来说，燃料电池的寿命和可持续性取决于它的系统设计、材料选择、部件性能、应用工况等等，延长燃料电池寿命需要机械、化学、工程、材料、电子信息等多领域的共同优化。

24.3 瓶颈与突破

质子交换膜燃料电池尽管具有发电效率高、零污染等优点，但迟迟难以实现大规模的商业化应用，其中一个重要原因就是成本过高。目前质子交换膜燃料电池整套系统成本约为 5000 元/kW，与内燃机有着不小的差距。图 24-2 展示了质子交换膜燃料电池系统各部分成本构成，造成质子交换膜燃料电池成本居高不下的主要原因是核心部件膜电极制备技术存在瓶颈，质子交换膜、催化剂、气体扩散层三种核心材料严重依赖进口，其中催化剂的 Pt 载量问题被认为是质子交换膜燃料电池商业化的最大障碍之一。电堆由膜电极和双极板两大核心部件组成，双极板的设计同样会决定电堆的性能和成本。对于双极板技术趋势，传统石墨双极板已经无法满足电堆功率日益增长的需求，金属双极板正在快速崛起并不断扩大市场份额。电堆层面的关键技术还包括水热管理和低温冷启动等。本节将从膜电极层面、电堆层面、系统部件层面介绍质子交换膜燃料电池的技术瓶颈以及取得的一些突破。

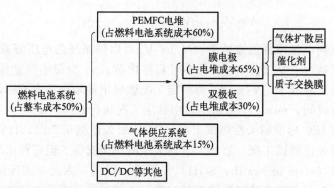

图 24-2 质子交换膜燃料电池系统各部分成本构成

24.3.1 膜电极技术

膜电极是质子交换膜燃料电池的核心部件，由催化剂、质子交换膜、气体扩散层组成，成本约占燃料电池系统的 39%。目前商用催化剂为碳载铂（Pt/C），是膜电极成本的主要来源。质子交换膜和气体扩散层的成本也较高，国内主要依靠进口，在性能和批量制造工艺方面与国外还存在一定差距。目前膜电极制备工艺技术已经从催化剂涂覆基底层技术和催化剂涂层膜技术发展到第三代有序化膜电极技术，趋势是降低大电流密度下的传质阻力，进一步提高燃料电池性能，降低催化剂用量，使膜电极的材料成本大幅降低。

（1）催化剂

燃料电池电极上氢的氧化反应和氧的还原反应过程主要受催化剂控制，催化剂是影响氢燃料电池活化极化的主要因素，被视为氢燃料电池的关键材料。Pt 基材料是质子交换膜燃料电池中最常用的阳极和阴极反应电催化剂，Pt 用量随着技术的突破在不断减少，2000 年的 Pt 用量 1g/kW，到 2008 年是 0.6～0.8g/kW，2020 年左右降到 0.2g/kW。尽管如此，0.2g/kW 的 Pt 用量成本仍然限制了质子交换膜燃料电池的商业化，未来可商业化的长期目标是降到 0.1g/kW，以目前业界的技术水平是达不到这种超低 Pt 载量的。事实上，如果 Pt 载量下降，还会带来一系列衍生问题：高电流区性能急剧恶化、催化剂衰减加速、低湿条件下离子电阻大幅增加等等。这些问题不解决，即使燃料电池实现了超低 Pt 载量，也会出现难以满足高功率输出、无法实现长寿命运行、不能适应复杂运行工况等问题。

此外，Pt 催化剂的退化、降解也是膜电极长期运行中不可忽视的问题。催化剂活性降低会影响燃料电池寿命。在燃料电池运行过程中，催化剂可能出现分解、团聚、迁移沉积的现象，导致催化剂流失和活性表面积减少，进而使 PEMFC 性能大幅下降[13]。对催化剂微观层面分解、团聚机制的理解已成为燃料电池研究的主要挑战。同时，Pt 催化剂对空气污染物十分敏感，例如氮氧化物（NO_2/NO）、二氧化硫（SO_2）均会导致催化剂失活并严重影响燃料电池性能和寿命[14]。

针对以上种种问题，各国燃料电池公司以及科研机构投入大量精力用于新型催化剂的开发以寻求催化剂领域技术上的突破。目前催化剂的技术开发路线分为三个方向：Pt 尺寸结构调节、Pt 合金和非 Pt 催化剂。三个开发路线的目标均是进一步减少 Pt 用量、提升催化性能以及耐久性能。

① Pt 尺寸结构调节。Pt 的尺寸调节是指减小颗粒尺寸，进而增加表面原子数，提高 Pt 的利用率。单原子 Pt 是 Pt 纳米颗粒所能达到的最小尺寸，具有最大的原子利用率、完全暴露的活性位点以及对中间产物 CO 的高耐毒性等优点[15]。但传统的碳载体很难有效地固定单原子，单原子的负载量低、分散性差，单原子 Pt 催化剂应用仍处于初期阶段。

调控 Pt 晶体的结构，可以呈现有利于氧还原反应（oxygen reduction reaction，ORR）的晶型和高能晶面，产生更多的不饱和配位，从而提高催化性能。例如，通过封端剂来调节 Pt 晶体的过度生长，制备出具有高晶面指数（740）的凹面 Pt 纳米框架，其质量活性（MA）分别是 Pt 立方体和 Pt/C 催化剂的 1.2 和 1.7 倍[16]。在苛刻的电化学环境中，Pt 颗粒易脱离碳载体，发生溶解，优化 Pt 纳米结构是获得高效稳定 Pt 基催化剂的有效方法。一维纳米线、二维纳米片、三维多孔网络以及纳米框等多种 Pt 特殊纳米结构具有 Pt 原子利用率高、质子和电子传输速度快、活性位点多等优点，因此催化性能优异（见图 24-3）[17-20]。

② Pt 合金。在膜电极阴极，氧在 Pt 表面的 ORR 的动力学缓慢，掺杂过渡金属（M）使其进入 Pt 晶格有助于提高 ORR 性能，Pt_3Co、Pt_3Ni 和 Pt_3Fe 纳米材料是活性和稳定性较好的 ORR 催化剂[21,22]。另外，引入第三种金属会在 Pt 合金表面形成额外的表面应变，改变 Pt 原子在表面的配位环境，进一步改善 ORR。此类催化剂以 V、Cr、Mn、Fe、Co 和 W 过渡金属掺杂 Pt_3Ni 为代表（M-Pt_3Ni）[20]。

Pt 合金材料可以形成核/壳结构、空心纳米笼以及具有开放结构的纳米框等特殊纳米结构（见图 24-3）。通过设计核的组成和壳的形貌得到 Pt 基核/壳结构是诱导表面应变效应、促进 ORR 动力学的有效方法，如 Mn@Pt[23]、Ni@Pt[24]、Pd@Pt[25] 等。空心结构纳米笼为反应物的传输和电子的高效转移提供了三维通道，可有效地提升 ORR 催化性能，并且隔离开的 Pt-skin 结构防止 Pt 和过渡金属的溶解，有助于提高催化剂的稳定性[26]。

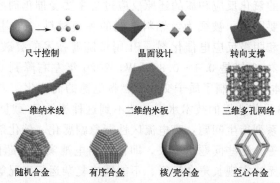

尺寸控制　　晶面设计　　转向支撑

一维纳米线　　二维纳米板　　三维多孔网络

随机合金　　有序合金　　核/壳合金　　空心合金

图 24-3　提高 Pt 基催化剂 ORR 性能的调控方法[19-20]

Pt 合金纳米粒子在高于 600℃ 的高温下退火，可实现内部金属原子排列从无序到有序的转变（见图 24-3）。有序化 Pt 合金具有特定的排列和精确的晶格特性，其结构稳定性和电催化性能一般优于无序合金，例如 PtCo、PtCo$_3$、PtFe、PtNiCo 等[19]。

③ 非 Pt 催化剂。除了 Pt 金属，其他贵金属（例如 Pd）也可作为 PEMFC 的催化剂。然而，这些金属同样具有价格昂贵、活性有限以及耐久性不足等问题。开发过渡金属催化剂是解决上述问题的有效办法，常见的过渡金属催化剂有碳化钼、碳化钨和氮化物。但是这类过渡金属催化剂的性能远远低于 Pt 基催化剂，使用钴钨碳化物和钼钨碳化物催化剂制备的单电池，其最大功率密度仅为 Pt 基催化剂单电池的 14% 和 11%[27]。此外，过渡金属催化剂在高电位下的酸性环境中会发生腐蚀、溶解，催化稳定性低，抗 CO 毒性也不强[28]。因此，非 Pt 催化剂仅仅处于实验研究阶段，尚未产生较大突破。

总的来说，通过 Pt 金属的尺寸和结构调控、合金化、有序化等策略，新型 Pt 基催化剂的稳定性和催化活性得到了提升。但这些新型催化剂不易规模化制备，一些催化剂的活性中心和催化机理还不明确。未来需要在明确催化机理和材料结构关系的基础上，进一步改进催化剂，并加强新型催化剂的规模化制备方法的探索。非 Pt 催化剂尽管前景诱人，但其催化性能差，不能适应酸性环境，仅处于实验摸索阶段，离应用还有很长的距离。

（2）质子交换膜

质子交换膜是燃料电池最核心的部件，其作用主要包括以下三点：传递质子、隔开阴阳极间的反应气以及阻隔电子通过薄膜。若膜出现问题，会严重影响燃料电池性能，甚至导致整个系统的故障。目前，最常用的质子交换膜采用全氟磺酸树脂制备，如 Nafion 膜[29]。Nafion 膜价格昂贵，其只有在被水浸润的情况下才能传导质子，这产生的最大问题是限制了 PEMFC 的工作温度，使之必须低于 100℃。而更高的温度给燃料电池带来的益处是巨大的，包括提升燃料电池的工作效率和催化剂抗毒性，还可以简化水管理子系统和散热子系统。可见现有质子交换膜的温度限制是燃料电池发展的一个重大瓶颈。

此外，质子交换膜在燃料电池运行的过程中会变薄，出现针孔、撕裂等机械问题，化学、电化学以及热稳定等因素导致的质子交换膜衰减都是影响燃料电池寿命的重要因素。最主要的是化学方面的因素，燃料电池操作过程中会产生大量自由基，这些自由基进攻膜材料，令膜材料逐步流失、变薄，影响膜寿命[30,31]。对质子交换膜降解的理解已成为燃料电池研究和探索的基础，但机理的不明确与缺失导致很难解释膜的退化与燃料电池性能的关联性。

目前针对质子交换膜的研究分为开发高温质子交换膜和对现有膜改进两方面。聚苯并咪唑（PBI）基聚合物膜具有高的化学和热稳定性，是研究最多的高温质子交换膜[32]，但存在高温易降解、酸流失等问题。对现有 Nafion 膜改进优化已经取得了一些突破，采用新型纳米复合材料（SiO_2、TiO_2、ZrO_2、氧化石墨烯等）填充制备 Nafion 膜可以改善 Nafion 膜的性能，延长 Nafion 的使用寿命。例如，研究人员采用膨胀填充技术将 SiO_2 纳米粒子填充到 Nafion 的网络中，制成 Nafion/SiO_2 复合膜，由于 SiO_2 纳米颗粒和 Nafion 膜中—SO_3H 官能团间的氢键作用，复合膜的力学和氧化稳定性得到提高，测试得到 PEMFC 的功率密度是纯 Nafion 膜的 1.4 倍左右[33]。

（3）气体扩散层

气体扩散层由多孔碳基底（炭纸和炭布）和微孔层（MPL）组成，为催化层提供反应气，同时是催化层的载体[34]。气体扩散层有助于反应气到达催化层，并通过通道将在催化层生成的水排出，水和气体的传输是保障燃料电池膜电极性能的关键。

但目前气体扩散层面临着大电流密度下如何保证水汽传质过程流畅的技术难点，此外气体扩散层的批量生产需要同时保证良好的电子电导率、力学性能与表面平整性[35]。相比于质子交换膜、催化剂，国内气体扩散层的供应大多来自国外，其中主要包括日本东丽公司和德国西格里碳素公司，而中国仅有中国台湾碳能科技集团研发的炭纸能实现较低成本的规模化供应。炭纸是由高拉伸强度的碳纤维制备而来，因此，气体扩散层的发展亟需高质量的碳纤维材料，才能实现其国产化，降低国外产品的垄断地位。

24.3.2　电堆技术

电堆是燃料电池动力系统核心部分，由多个单体电池以串联方式层叠组合构成。随着膜电极和双极板技术的进步，电堆的功率密度在不断突破，以日本丰田燃料电池汽车为例，电堆质量功率密度从 2008 年的 1kW/kg 发展到 Mirai 一代燃料电池电堆的 2.8kW/kg，现在到了 Mirai 二代的 5.4kW/kg；同时其体积功率密度也实现了 2kW/L、3.5kW/L、5.4kW/L 的三级跳。膜电极作为电堆的重要组成部分，其技术瓶颈与突破在前一节已经介绍，这里不再赘述。本节着重介绍双极板、自增湿技术、低温冷启动技术的瓶颈与突破。

（1）双极板

双极板作为燃料电池堆的骨架，保证电堆结构的稳定，同时隔绝燃料气体与氧化剂并传导电子和热量，是影响电堆功率密度及水热管理的重要因素。目前，国内外对于 PEMFC 双极板材料的研究主要集中在石墨、金属和聚合物复合材料方面。

石墨是用于制造双极板的传统材料。优异的耐腐蚀性和高导电性是石墨双极板的最大优点，电导率为 100～600S/cm。相较于其他类型的双极板，石墨双极板在加工的过程中更容易断裂。石墨双极板一般制造得比较厚以降低其脆性，这会增加 PEMFC 的质量和体积。

金属双极板的强度高、厚度小，适用于批量化生产，同时具有降低制造成本的潜力。然而，金属材料在 PEMFC 的酸性和潮湿环境下，易被腐蚀，溶解的金属离子会使质子膜和催化剂中毒[36]。另外，不锈钢表面的氧化物膜会增加双极板和电极间的接触电阻，不利于电子和热传输。最主要的解决措施是在金属基材上制备薄的耐腐蚀涂层，但这又会显著增加其成本。

国际市场上，欧美国家、日本石墨、金属双极板整体较强，美国、英国复合材料双极板处于世界先进水平。国内石墨双极板较成熟，已基本实现国产化，下一阶段的发展趋势将是

第四篇　氢能应用

延长使用寿命。金属双极板在我国研究较晚，技术仍有较大提升空间。

（2）电堆自增湿

前文已经提过，质子交换膜的特性是必须在湿润条件下才可传导质子，这就使得加湿技术在 PEMFC 里显得十分重要。最常见的加湿方式是使用膜加湿器，利用阴极出口的湿空气，对阴极入口的干空气进行加湿，属于外增湿技术。目前 PEMFC 最先进的加湿方式是自增湿技术。自增湿技术指的是不使用燃料电池堆以外的辅助器件或设备，仅依靠电堆自身材料的固有特性满足燃料电池对湿度的需求。

丰田公司在自增湿方面的技术已取得重大突破，其旗下品牌 Mirai 燃料电池汽车就采用的是自增湿技术，如图 24-4 所示。丰田公司采取了减小膜厚度、氢气和空气逆流、阴极控温减少水蒸发、优化运行条件例如调整氢气再循环速率等方法综合达到了燃料电池堆无需外部加湿器也可以保持良好运行的目的。

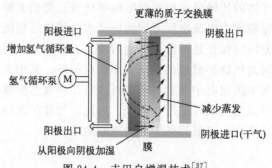

图 24-4 丰田自增湿技术[37]

自增湿技术的优势是显而易见的，其可以省略加湿附件、简化燃料电池系统结构、提高燃料电池系统集成度。从技术发展趋势来看，自增湿作为一种先进的技术会逐渐替代外增湿方式。但目前自增湿技术大规模应用仍存在技术难关，自增湿对膜电极、电堆设计和系统精度控制要求很高，并且燃料电池堆内部结构复杂化会引起其他问题。若仅通过反向扩散来增湿难以满足高电流工况下加湿量大、动态响应快的要求。综上，尽管自增湿概念很诱人，但从现有技术水平来看，自增湿技术在 PEMFC 上实现普及化应用还有很长的路需要走。

（3）低温冷启动

严寒地区和气候环境导致的燃料电池冷启动较难的问题是制约燃料电池实现商业化的主要障碍之一。美国能源部（DOE）的技术目标是 FCV 能够在 -20℃ 的环境下 30s 内达到系统功率的 50%，同时实现 -30℃ 的无辅助冷启动和 -40℃ 的辅助冷启动。欧盟的目标为 -40℃ 实现冷启动，我国对于冷启动的目标与美国相似。目前，由于燃料电池技术的不断发展，丰田 Mirai 和现代 NEXO 已经实现了在 -30℃ 环境下冷启动的能力。尽管上述典型的燃料电池汽车在一定程度上能达到冷启动的能力，但距离需要达到的目标仍有很大的差距，并且冷启动引起的燃料电池耐久性和性能下降的问题很难解决[38,39]。

燃料电池低温启动阶段主要包括以下几个物理过程：①电化学反应放热带来的电堆温升过程；②电堆内部水的零下温度冻结过程；③水结冰引起的输出电压下降过程。电压骤降是冷启动失败的主要原因，诸多研究都有类似的共识：温度越低，启动电流密度越大，膜中的初始含水量越高。所以一旦发生结冰现象，就会导致氧气传质阻力急剧上升，发生严重的极化，电压骤降。因此，解决低温启动技术难题也就是要防止或者减少水结冰，但从实际操作层面来说，并没有那么简单。

PEMFC 冷启动的主要瓶颈可以归纳为三个方面。第一是对水相变现象的理解，鉴于冷启动过程的复杂条件，"液-冰"转换方面性质和特点仍不清楚，过冷理论还没有被整合到一个完整的大尺度电堆模型中。第二是建模技术，目前尚未实现从微观至宏观的跨尺度冷启动完整模型，计算成本很高。难点是对冷启动过程孔隙尺度结冰机制缺乏了解。由于催化剂层是由各种材料组成的，因此 PEMFC 催化剂层中冰的形成特别复杂。孔径分布是随机的，界面的特性也很难精确控制。第三是冷启动性能要求与现有技术之间的差距，对于冷启动问题，一个实际的目标是提高冷启动能力而不降低其耐久性[40]。但是通常情况下，快速冷启动需要比正常运行时高得多的电流密度，以便获得更多的热量。因此，冷启动操作往往会加速电极的退化。

目前燃料电池冷启动的解决方案根据控制策略的不同分为停机吹扫和加热启动，其中加热启动又可以分为辅助加热启动和无辅助加热启动。停机吹扫一般是在燃料电池工作结束后运行的一种策略，主要是清除工作期间电堆产生的残留水，自身无加热功能，更多的是配合其他加热方式同时使用。辅助加热可以让燃料电池更加快速高效地冷启动，但是会增加系统的复杂度，降低燃料系统的功率密度，增加制造成本；无辅助加热消耗少、产热快，但是冷启动速度慢且比较考验电堆自身的性能特性[41]。PEMFC 发动机的低温启动和热传递应该是多层次、多角度、多方式的结合，今后对于质子交换膜燃料电池冷启动的研究应以多种方法共同协助为方向，以达到电堆快速启动直至平稳运行的最佳状态。

24.3.3　系统关键部件

燃料电池本身只是能量转化装置，其本质是提供电化学反应的场所，所以离不开各个子系统的协同工作与配合，各个子系统的介绍详见本章 24.1.3 节燃料电池系统。在子系统的核心部件里，空压机、氢气循环泵被认为是燃料电池系统"卡脖子"技术。

（1）空压机

空压机在燃料电池系统工作中起着至关重要的作用，系统的运行离不开空压机对其提供的压缩空气，空压机的性能直接影响着整个燃料电池功率、效率等指标。传统汽车也需要空气压缩机，但一般无法直接使用在燃料电池汽车上。燃料电池发动机对空气压缩机提出了一些特殊要求，包括：压缩机无油、高压比、小型化及轻量化、低噪声、控制响应快。目前，用于燃料电池的空压机依据压缩方式不同主要有离心式、螺杆式、罗茨式、涡旋式等。其中离心式空压机通过旋转叶轮对气体做功，在叶轮与扩压器流道内，利用离心升压和降速扩压作用，将机械功转化为气体内能。由于具有结构紧凑、响应快、寿命长和效率高的特点，被视为未来最有前途的空气压缩方式之一。

燃料电池系统应用的空压机技术含量高，高压比、大流量的离心式空压机，曾经在相当长一段时间内是我国氢能产业被西方国家"卡脖子"的技术[42]。2019 年度的国家重点研发计划之"可再生能源与氢能技术"重点专项将"车用燃料电池空压机研发"列为氢能领域共性关键技术的课题，我国正在加大对空压机的研究投入。目前研究集中在核心部件转子、轴承、叶片的设计、散热、防喘振和系统控制方面。增大轴承刚度、提升转子系统临界转速和优秀的叶片设计均有益于空压机性能，但由于部件长期在高转速、高温度、变负荷条件下工作，因此对材料方面要求较高。在国家科研项目的持续支持下，我国燃料电池专用高性能空压机的技术、产品已经取得了长足的进步，低成本、高可靠性、高效率的大流量空气压缩机已经具备了显著的国际竞争优势。

（2）氢气循环泵

氢燃料电池运行时，为了提高电堆性能通常向阳极供应过量的氢气，氢气实际流量约为理论流量的 1.1～1.5 倍。再循环模式就是利用氢气循环装置将电堆阳极出口的过量的氢气循环回电堆阳极进口从而继续参与化学反应，提高氢气利用率。现阶段氢气循环产品主要有氢气循环泵和氢气引射器，系统厂家根据各自产品的设计需求，有单纯采用氢气循环泵的，也有部分厂家采用氢气引射器，从国内市场来看氢气循环泵是主流。

作为氢气再循环模式中重要的设备，氢气循环泵可保证燃料电池系统具备更高的氢气利用效率，且具有工作范围广、响应速度快等优点。随着氢燃料电池往大功率方向发展，需要研发与之匹配的大流量氢气循环泵，导致氢气循环泵机械功率消耗增加，振动和噪声增大等问题。如何提高氢气循环泵的容积效率，降低振动和噪声，成为氢气循环泵大规模产业化的技术关键[43]。目前，国内氢气循环泵在研发和产业化方面也已取得了显著的进步，国产化的氢气循环泵已经实现了批量化的生产和应用，其性能已达到国际先进水平，而且价格具备显著的竞争优势。

24.4　燃料电池汽车示范与产业化

在汽车领域"新四化"的发展趋势下，汽车动力系统的电动化势在必行。燃料电池汽车作为氢能消费终端之一，是推动全球能源低碳化转型和汽车动力电动化转型的重要载体。燃料电池汽车动力系统的作用是为燃料电池汽车提供动力来源，主要由燃料电池系统、DC/DC 变换器、储能装置、驱动电机组成，其拓扑结构如图 24-5 所示。虽然燃料电池可以与电机直接相连[图 24-5(a)]，但是燃料电池的动态响应慢，因此在燃料电池汽车动力系统中通常将燃料电池系统与动力电池或者超级电容结合，构成电-电混合动力系统以保证燃料电池动力系统的动态响应需求，并减少燃料电池的动态负荷，延长燃料电池寿命，提高燃料经济性。

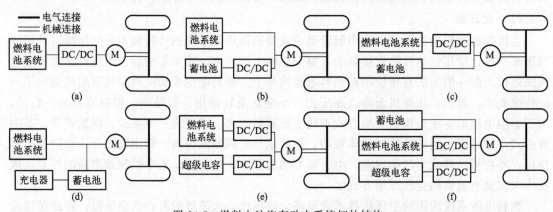

图 24-5　燃料电池汽车动力系统拓扑结构

近几年来，在国家示范政策的拉动扶持下，中国氢能和燃料电池汽车呈星火燎原之势，各地开花。根据中国汽车工业协会的统计，2022 年氢燃料电池汽车产量为 3992 辆，是 2021 年全年产量的 224.6%，是 2020 年全年产量的 331.8%，也超越了近年来最高水平的 2019 年全年 2833 辆的产量。图 24-6 为 2014～2022 年中国氢燃料电池汽车产量统计图。2022 年 3 月，中国氢能产业发展的"顶层设计"——《氢能产业发展中长期规划（2021～2035 年）》（以下简称《规划》）出炉，将氢能定位为未来国家能源体系重要组成部分和绿色能源转型载体，并明确提出，要有序推进氢能在交通领域的示范应用，拓展在储能、发电和工业等领域应用。

24.4.1 城市示范群

2021 年 8 月，京津冀、上海、广东三大城市群示范区率先获批，2021 年 12 月，河北、河南城市群随后入选，全国燃料电池城市群形成"3＋2"示范应用格局，详见表 24-1。整体来看，长三角、粤港澳大湾区、京津冀等区域初步形成氢能产业集聚发展的格局，在场景应用方面不仅密集投放运营燃料电池汽车，发力建设基础设施，同时纷纷布局氢能产业链和核心技术。据公开报道，5 大城市群将在 2025 年实现超过 3 万辆燃料电池汽车的应用推广。工信部统计，2022 年我国燃料电池市场以专用车、客车和重卡为主。2022 年燃料电池汽车中的专用车、重卡、客车、物流车、乘用车占比分别为 39％、28％、25％、7％、1％（见图 24-7），相对于 2020 年（90％）、2021 年（55％），客车占比显著降低，此外，2022 年乘用车出现批量级的示范应用，多家企业布局氢能乘用车并在该领域有所突破，这是 2022 年燃料电池汽车示范的一个亮点。

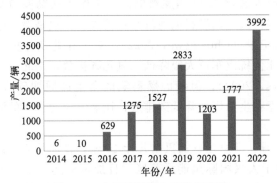

图 24-6 中国氢燃料电池汽车产量

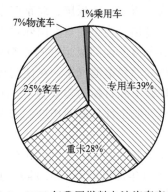

图 24-7 2022 年我国燃料电池汽车市场占比

表 24-1 五大氢燃料电池汽车示范城市群概况

城市群	牵头	城市构成
京津冀	北京市财政局、大兴区政府	北京市：大兴、海淀、昌平等 6 区 天津市：滨海新区 河北省：保定市、唐山市 山东省：滨州市、淄博市
上海	上海市	江苏省：苏州市、南通市 浙江省：嘉兴市 山东省：淄博市 宁夏回族自治区：宁东能源化工基地 内蒙古自治区：鄂尔多斯市
广东	佛山市	广东省：广州市、深圳市、珠海市、东莞市、中山市、阳江市、云浮市 福建省：福州市 山东省：淄博市 内蒙古自治区：包头市 安徽省：六安市
河北	张家口市	河北省：唐山市、保定市、邯郸市、秦皇岛市、定州市、辛集市、雄安新区 内蒙古自治区：乌海市 上海市：奉贤区 河南省：郑州市 山东省：淄博市、聊城市

第四篇 氢能应用

续表

城市群	牵头	城市构成
河南	郑州市	河南省:新乡市、开封市、安阳市、洛阳市、焦作市 上海市:嘉定区、奉贤区、上海自贸试验区临港片区 河北省:张家口市、保定市、辛集市 山东省:烟台市、淄博市、潍坊市 广东省:佛山市 宁夏回族自治区:宁东镇

总的来说,氢能产业的发展离不开城市示范群的作用,5大城市示范群未来将在各自突出的领域形成自身产业发展特色,这种各环节特色示范联合的模式,将形成全国范围内全产业链的最优示范。下面将对北京、上海、佛山三个牵头城市进行案例分析。

(1) 北京

北京燃料电池示范区一个重要成就是助力实现北京冬奥会碳中和。在 2022 年北京冬奥会期间,张家口、延庆、北京三个赛区共投入超过 1000 辆燃料电池汽车作为通勤保障交通工具,是迄今为止在重大国际赛事中投入规模最大的燃料电池汽车示范项目,也是燃料电池大型客车服务国际级运动赛事数量最多的纪录 (Chinanews,2022)。对于在北京冬奥会投入使用的燃料电池汽车,在使用环节,相比传统汽车可大幅降低二氧化碳排放,是北京冬奥会实现碳中和目标的重要途径 (Chinanews,2022)。但考虑燃料氢的全生命周期碳排放,燃料氢并非全部是零碳排放,未来仍需考虑在生命周期降低碳排放,让氢气成为真正的清洁能源。

在氢能供应保障方面,截至 2022 年 6 月,北京运营加氢站共计 10 座,日加氢能力共计 13.8 吨(年加氢能力 5037 吨)。其中,位于大兴国际氢能示范区、日加氢量达 4.8 吨的大兴国际氢能示范区加氢站是目前全球最大的加氢站。但当下北京燃料电池汽车数量仍然偏少,导致加氢需求不足,加氢站普遍不能满负荷运行,盈利压力较大,未来应平衡供应端和应用端的协同发展。到 2025 年,预计 1 万辆燃料电池汽车的年氢气消耗总量大约为 2.1 万吨。对比目前的氢气供应能力,还存在较大的供应缺口,需要根据车辆规划数量,增加制氢产能和加氢站数量,完善氢能供应基础设施网络。

(2) 上海

上海城市群的组成是"1+2+4",即上海牵头协调苏州、南通、嘉兴、淄博、鄂尔多斯以及宁东能源化工基地组成上海燃料电池汽车示范城市群概念,目标是"百站、千亿、万辆"。在具体手段和方式上,需要积极推动五化:核心技术自主化、关键产品产业化、示范应用规模化、基础设施便捷化、政策支持体系化。

在整车制造方面,上汽集团、申龙客车、万象汽车、苏州金龙为代表的多家主机厂,率先发布了包括公交、乘用车、物流车、通勤车、重卡、牵引车的各种车型,包括氢能叉车也有所布局,基本实现车型全覆盖。在基础材料及关键零部件方面,上海集聚了第一梯队,重塑、捷氢的燃料电池系统处于国内第一梯队,电堆、膜电极、双极板、空气压缩机等关键零部件已具备产业化能力,技术达到国际或国内先进水平。在催化剂方面,上海孵化了上海济平,在整车运营场景和氢能方面也有非常好的布局。在技术创新方面,这些企业承担省部级以上科研项目 140 余项,制定了国内外标准 70 余项。在专利申请和奖项获得上,这些企业在城市群当中也是名列前茅的。在氢气制储运加方面,氢气年产能达到 300 万吨,就长三角而言,上海、苏州、嘉兴大概是 40 万吨的规模,宁东和鄂尔多斯是 260 万吨。宁东目前有

230 万吨的氢气需求，但都是煤制备出来的。将来对宁东的规划布局是在矿山上全部覆盖光伏，用光伏发电并通过电解水制氢，改变宁东的能源产业结构。所以在整个上海示范区里，要推动的不仅是车，还有能源结构的改变。在现有上海加氢站的布局当中，已建成并投入运营的加氢站合计 16 座，在长三角都做了总体布局。

（3）佛山

作为"燃料电池汽车示范应用广东城市群"的牵头城市，佛山用十余年的前瞻性布局，赢得了氢能产业的发展先机，形成了一条完整的氢能产业链，商业化示范持续推进，成为国内最具代表性的氢能产业发展集群地之一。佛山市围绕氢燃料电池、核心部件、动力总成等领域，构建了一条独特的燃料电池汽车产业链。目前，佛山市南海区已汇集了 120 多家氢能企业、机构和平台，产业项目计划投资总额超过 400 亿元，全部达产后将形成年产值超千亿元的产业集群。

早在 2016 年 9 月，全国第一条氢能源城市公交车示范线路在佛山市三水区率先开通试运营，首批投放 11 辆氢能源公交车。发展至今，佛山全市地面公交已实现 100％新能源化，其中氢能公交占比 15％，截至 2022 年 10 月已累计投入使用 1000 辆氢能源公交车。佛山也因此成为国内首个大规模使用氢能源公交车的城市。世界首条商业运营的氢能有轨电车、全国首条氢能源有轨电车也在佛山。2019 年 12 月 30 日，佛山高明有轨电车示范线正式开通。除了公共交通，氢能特种车的发展也如火如荼，氢能叉车、氢能环卫车、氢能渣土车、氢能重卡、氢能翼展车等车辆也陆续在佛山亮相。

2022 年 9 月 30 日，《佛山市能源发展"十四五"规划》正式印发，其中针对氢能产业，佛山市提出要重点推动实现质子交换膜等核心零部件技术自主可控；加快推进集中/分布式制氢项目落地，支持高效氢能储运示范和多元建站模式探索，推进交通领域应用和探索储能、发电、工业等领域多元化应用；并力争到 2025 年建成 60 座加氢站。

24.4.2　产业化

在"双碳"目标背景下，燃料电池作为国家绿色能源发展体系的重要组成部分，是构建可再生能源制氢、储能和发电体系的重要载体，具有广阔的市场提升空间，车用、备用电源、热电联用、无人机和发电等领域已展示了商业化应用前景，但离大规模产业化仍有一定距离。因此，打通产业链各个环节，是真正实现氢燃料电池从示范应用到大规模商业化应用的必要举措，也是中国经济绿色发展的重要创收点。

① 规模效应初现。国家于 2016 年到 2018 年推广第一批燃料电池，一千瓦售价两万元；2020 年第二代产品售价降到一万元；2022 年，一千瓦降至五千元；预计 2025 年燃料电池成本可控制在一千元以下。成本的快速下降不仅与燃料电池领域和氢能领域技术进步有关，也与城市示范群推广有直接关系，批量应用是价格下降的基础。五大燃料电池汽车示范城市群开启产业发展新浪潮，《全国氢燃料电池汽车示范城市群车辆统计与分析报告》数据显示，截至 2022 年 4 月，五大示范城市群累计投放 5853 辆氢燃料电池汽车，较 2021 年 8 月三大城市群的 4232 辆增长了 38.3％。

当前，氢燃料电池上下游产业链各环节企业布局不断优化。近年来，我国氢燃料电池汽车领域已涌现出捷氢、亿华通、未势能源、上海神力、上海重塑和国鸿氢能等一批具备技术积累和市场竞争力的氢能企业。此外，中国石化、中国石油、国家能源集团、国家电投、一汽、上汽等一大批央企也相继发布氢能战略。据国资委统计，目前已有超过 1/3 的央企开始制定氢能全产业链及氢能装备发展策略，进一步强化氢燃料电池汽车产业布局。随着燃料电池规模效应提升、核心技术突破瓶颈和下游加氢环节趋于完善，未来燃料电池成本有望进一步下降，性价比不断凸显，氢燃料电池产业发展也将进入快车道。

② 国产化优势明显。2022 年，燃料电池系统、电堆价格均下降 30％，质子交换膜、扩散层、膜电极、催化剂、双极板、空压机、氢循环系统等核心零部件及材料价格下降幅度在 10％～40％不等。其中，零部件及材料的国产化对燃料电池整体降本贡献突出。当前燃料电池系统国产化程度已提升至 60％～70％，电堆、膜电极、氢气循环泵等核心部件均可自主生产，气体扩散层和质子交换膜等核心材料也在加速研发，预计未来 2～3 年产业链有望全部实现国产化供应。图 24-8(a) 是我国新研氢能源科技有限公司自主研发的一款 141kW 单堆燃料电池系统。其中，金属板电堆功率密度达到 5.2kW/L，适合搭载氢能重卡车型。图 24-8(b) 是电堆功率和系统功率曲线。

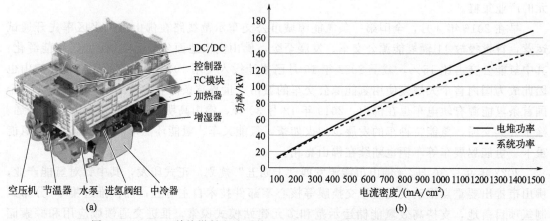

图 24-8   141kW 单堆燃料电池系统 （a）和电堆功率和系统功率曲线 （b）

以核心材料降本为例，材料国产化对降本的贡献主要体现在两方面：一方面是国产材料生产成本下降，继而带动下游客户生产成本降低；另一方面是由于国产材料的竞争，进口材料不得不大幅降价。以质子交换膜为例，国产的树脂、单体等原料比进口材料成本低，降本明显。同时，进口商戈尔在 2018～2022 年间，每平方米质子交换膜售价下降了约 70％。未来 2～3 年，随着国产材料的批量应用验证，国内客户信任度提高，国内材料商将具有很大的成本优势。

③ 产业化挑战。氢燃料电池尽管近几年发展迅猛，在很多领域都得到了广泛应用，但要尽快实现大规模产业化，关键材料的研发方面仍面临着一些挑战。尤其是在我国，关键材料还处于工程化验证阶段，大规模的产业应用还不多。要解决这些技术研发和产业化上的瓶颈问题，需要在关键技术的创新研发、产业化和工程化验证这三个方面同时发力。为此需要各个层面都抱有开放、学习、配合与合作的态度，"政、产、学、研、用"才能真正做到完美结合。另外，相应的基础配套设施建设还需要进一步完善，这要求我们继续走产业自主化道路，推动上下游产业链一体化建设，巩固发展基本盘。同时，加快产品更新迭代，确保产业可持续健康发展。

氢燃料电池产业链要实现大规模商业化应用发展，必须进一步降低成本、提升性能、延长使用寿命。以燃料电池关键核心零部件膜电极为例，膜电极的研发和产业化主要围绕新材料研发和自主产业化、核心材料筛选以及催化层结构优化、制造工艺智能化和装备自主化以及多层级工程化验证。而自主化核心技术和关键部件缺失是膜电极发展路径上亟待解决的问题之一。为解决这一问题，需要从上游的催化剂、质子交换膜、炭纸等材料的研发，到膜电极结构设计，再到终端的应用验证，需要多层次、全产业链的密切配合，所以氢燃料电池的进一步自主化、产业化离不开整个产业的多个环节深度合作[44]。在解决产业链关键问题后，氢燃料电池产业发展将达到一个新的高度，真正实现大规模商业化，并且保持高速的可持续发展，为中国经济绿色发展创造新动力。

24.5　空冷型 PEMFC

空冷型 PEMFC 是一种采用空气进行冷却的质子交换膜燃料电池，通过控制冷却空气的流速、流量等参数实现燃料电池的热量管理。与水冷型 PEMFC 工作原理相同，区别是其将冷却介质从液体冷却剂更换为空气，虽然空气的热容小，但对于中小功率（<10kW）的燃料电池，空气作为冷却介质时可以进行有效的热交换以维持燃料电池的正常工作温度，并且简化燃料电池系统，降低系统的重量、体积和成本，从而使空冷型 PEMFC 大量应用于中小功率电源领域和中小功率交通工具领域。

24.5.1　空冷型 PEMFC 电堆

根据空冷型 PEMFC 电堆的阴极是否暴露在环境中，其可分为阴极封闭式电堆与阴极开放式电堆。阴极封闭式电堆的阴极结构类似于水冷型电堆，具有独立且封闭的反应空气供应通道，反应空气由系统的空气供应模块提供，通过封闭通道到达阴极参与反应，其根据冷却方式的不同又可分为区域空冷式、边缘空冷式[45]。区域空冷式主要通过内部散热通道进行换热，而边缘空冷式主要通过电堆表面散热，这两种空冷型电堆目前存在结构复杂或散热不充分的问题，限制了其应用。阴极开放式电堆的阴极直接与环境中的空气接触，在开放的阴极，使用环境空气进行反应和冷却，可有效散热，结构上更为简便。

阴极开放式电堆冷却的空气与参与反应的空气共用一个开放在外界环境中的空气流道，环境中的空气在空气流道中流动，一部分扩散至膜电极参与电化学反应后生成水，一部分穿过电堆并带走电堆内部产生的热量。流道中的空气有自然对流与强制对流两种类型。自然对流型也被称为自呼吸式，通过自然对流的空气提供氧化剂[46]。自然对流型一般应用于100W 以下的电堆，因为自然对流限制散热与氧化剂的供给。强制对流型则依靠风扇增加阴极空气的流量，其通过控制风扇的扇叶转速控制阴极空气流量，从而使电堆散热。该种方式具有优异的散热能力，并为电堆提供充足的空气进行反应，如图 24-9 所示。强制对流型一般应用于 10kW 以下电堆，由于其适用范围广，因此目前市场上空冷电堆主流是强制对流型的阴极开放式电堆，下面主要对这种类型空冷自增湿 PEMFC 进行介绍。

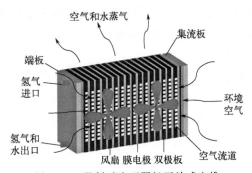

图 24-9　强制对流型阴极开放式电堆

24.5.2　空冷型自增湿 PEMFC 系统

空冷型自增湿 PEMFC 不需要对空气或者氢气进行增湿，简化了燃料电池系统。如图 24-10 所示，系统主要由阴极开放式电堆、储氢模块、风扇、DC/DC、温度传感器和控制模块等构成。氢气从储氢模块出来后进入电堆到达单电池的阳极，在阳极催化剂的作用下变成氢离子和电子，其中氢离子通过质子交换膜到达阴极，而电子则从外电路输出做功后到达阴极。风扇运转直接将空气吹扫或者吸入电堆的空气流道中并扩散至阴极，空气中的氧气与氢离子及电子在阴极催化剂的作用下结合生成水，其中一部分水由于浓度差扩散至阳极，控制模块会定时打开电磁阀排放未反应的氢气和过多的水。在这整个过程中，化学能转化为电能，通过 DC/DC 调节后向外界输出电能，未转化成电能的化学能则成为热能，使得电堆温度升高，一般通过控制系统来控制风扇电机转速从而控制风量进行散热，从而使电堆维持合适的温度。

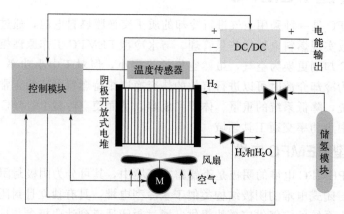

图 24-10　空冷型自增湿 PEMFC 系统图

24.5.3　技术难点与解决方法

质子交换膜的电导率随着膜的含水率下降而下降，空冷型自增湿 PEMFC 无外部增湿且散热需要高的空气计量比，难点是如何使反应产生的水可以保持在电极内，保持质子交换膜湿润。此外，为了降低散热的难度，希望燃料电池的运行温度可以提高，而高的运行温度会进一步造成产生的水分的流失。

自增湿膜电极或许可以缓解这一问题，众多研究人员在质子交换膜、催化层、催化剂和扩散层中引入亲水材料，常用的材料有 SiO_2、TiO_2、Al_2O_3、聚乙烯醇和氧化石墨烯等[47-51]。此外，质子交换膜中添加一定的 Pt 催化剂，从而使渗透的氢气和氧气直接生成水，使膜电极在无外部增湿的情况下保持湿润，或者可以通过改变扩散层的孔隙率，减少水分的流失。

24.5.4　运行条件对空冷型自增湿 PEMFC 性能影响

工作温度、环境温度、相对湿度、低温启动和海拔高度等对空冷型自增湿 PEMFC 性能有很大的影响。采用上海攀业氢能源科技股份有限公司生产的 EOS30 电堆，研究了上述条件对性能影响。

（1）工作温度

温度是影响电堆内电化学反应的敏感因素，如图 24-11 所示，燃料电池输出电压随着电堆温度的上升而增加，62℃时电堆拥有最高的输出电压，稍微高于 60℃属于一个合理的电堆温度，再高的电堆温度会造成质子交换膜失水而降低性能。

（2）环境温度

如图 24-12 所示，当空冷型自增湿 PEMFC 输出稳定时，输出电压随着环境温度的上升而降低，在 5℃时输出电压达到最大值。随着环境温度的升高，在电堆工作温度保持不变的条件下需用于散热的空气量增加，随着风量的增加，电池内部产生的水更容易扩散到外部，造成质子交换膜中的含水率降低，燃料电池的性能下降。

（3）相对湿度

相对湿度会影响空冷型自增湿 PEMFC 的水管理，从而影响电池性能。如图 24-13 所示，在 40℃环境温度下，相对湿度在 60％时燃料电池的性能最好。相对湿度低于 60％时，质子交换膜含水率降低，阻碍质子传输，燃料电池的性能降低；相对湿度高于 60％时，由于电池内部水含量过多对催化层造成一定程度的水淹，阻碍反应气体的传输，所以燃料电池的性能也是降低的。

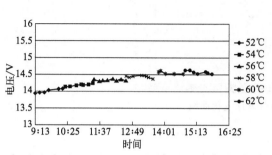

图 24-11　不同电堆温度对输出电压的影响

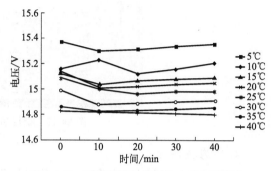

图 24-12　不同环境温度对输出电压的影响

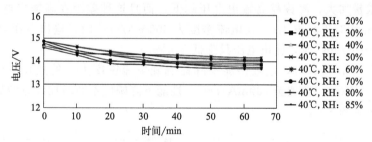

图 24-13　40℃环境温度下不同相对湿度对输出电压的影响

（4）低温启动

低温启动性能是燃料电池的一项重要指标，如图 24-14 所示，电堆起始温度为－5.6℃，在此温度下启动电堆，通过电堆自身产生的热量使得电堆温度升高，运行 15s 后电堆温度已达到 0.2℃，运行 120s 时达到 16.6℃，运行 240s 时达到 27.4℃，电堆低温启动成功。如图 24-15 所示，从电压曲线可以看出，在低温时电堆的电压比较低，随着电堆温度的上升电压在前段快速上升，在 2min 时电压基本稳定。通过该实验可以看出，空冷型自增湿 PEMFC 在－5℃条件下可以直接启动，不需要外部辅助加热。

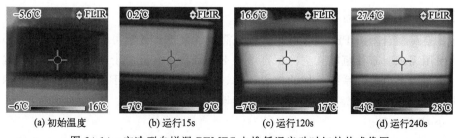

(a) 初始温度　　(b) 运行15s　　(c) 运行120s　　(d) 运行240s

图 24-14　空冷型自增湿 PEMFC 电堆低温启动时红外热成像图

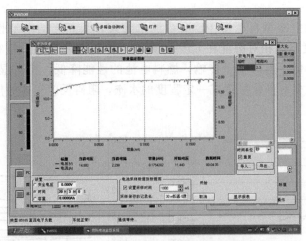

图 24-15　低温启动时电压变化曲线

（5）**海拔高度**

海拔越高，空气中的氧气越少，使得氧化剂的供应减少。如图 24-16 所示，在低电流密度时，海拔对输出电压的影响较小，因为此时对氧气的需求不高。随着电流密度的增加，电堆对氧气的需求量加大，海拔越高输出电压越低，而且这种差距在高输出电流密度时被拉大。海拔 1920m 相对于海拔 4m，在电流密度为 500mA/cm^2 时，输出电压降低 5.4%，而电流密度为 275mA/cm^2 时，输出电压只降低 2.6%。

当海拔上升至 4000m 时，电堆性能下降比例随电流密度大小的变化如图 24-17 所示，电流密度从 100mA/cm^2 增加至 400mA/cm^2，性能下降幅度不断增加，每增加 100mA/cm^2 电流密度性能下降约 3%。

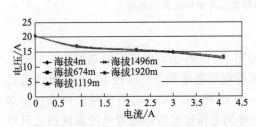

图 24-16　不同海拔下不同电流对输出电压影响

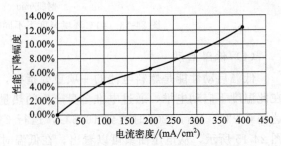

图 24-17　海拔 4000m 条件下不同电流密度对性能下降比例的影响

24.5.5　空冷型自增湿 PEMFC 应用

目前，空冷型自增湿 PEMFC 由于其系统简单、便携、性能可靠，可以满足中小功率便携设备的使用需求。攀业氢能在空冷型自增湿 PEMFC 上有近二十年的生产研发经验，掌握催化剂、膜电极、电堆和系统集成的核心技术，并将其成功应用于电动两轮车、无人机、氢能综合电源系统、叉车、游览车、小游船、扫地车、便携电源等。

（1）**小功率应用**

图 24-18(a) 所示的共享氢能两轮助力车采用空冷型自增湿 PEMFC 动力系统，额定功率 200W，使用金属储氢，充满 60g 氢气可续航骑行 80km。可调校最高骑行速度 12～

图 24-18　共享氢能两轮助力车 (a) 和无人机 (b)

25km/h，脚踏驱动，助力感明显，轻松省力、低碳环保，配套软硬件支持共享出行场景。2022 年 10 月 1 日，攀业氢能在佛山丹灶镇仙湖度假区投放了 40 辆共享氢能两轮助力车进行试运营，截至 2022 年 10 月 31 日，总骑行里程 5454.25km，产生订单数 3079 次，累计服务顾客 1847 人。在共享氢能两轮助力车的基础上，共享氢能两轮电动车燃料电池动力系统额定功率提高至 300W，充满 80g 氢气可续航骑行 60km，长续航版充氢 160g 可续航 120km，最高骑行速度 25km/h，不需要人为助力。

图 24-18(b) 所示的燃料电池无人机采用轻量化设计，燃料电池堆采用轻量化石墨板，比功率高于 500W/kg。该燃料电池动力系统额定功率 1.8kW，系统重 9kg（包含 1 个 9L 35MPa 气瓶）。无人机可以携带 2kg 货物，飞行 2h 以上。与锂电池动力系统无人机相比，具有更高的比能量，更长的飞行时间。与采用油机动力的无人机相比，噪声更低，排放零污染，具有更好的环境友好性。

（2）氢能综合电源系统

图 24-19 所示的综合电源系统主要由高度集成水电解模块、金属储氢模块、燃料电池发电模块组成，输出功率 3kW。具体的系统框图见图 24-20，该套系统适合离网使用，满足用电设备 24h 不间断工作。

图 24-19　制氢、储氢、发电综合电源系统

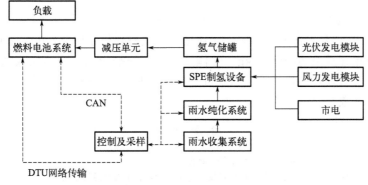

图 24-20　制氢、储氢、发电综合电源系统框图

CAN—控制器局域网；DTU—数据传输单元

（3）商业化应用场景

图 24-21（a）所示燃料电池游览车可用于旅游场所、园区等场地用车，其额定功率 3kW，峰值功率可达 8kW，供氢模块为 28L@35MPa 的高压气瓶，燃料加注快，燃料电池工作状态及储氢量可视化，可方便地了解车辆运行状态和评估续驶里程。同时，产品集成定位和信息传输功能，可在线回传车辆位置、运行状态、故障信息等。

（a）　　　　　　　　　　（b）

图 24-21　燃料电池游览车（a）和燃料电池游船（b）

图 24-21（b）所示的燃料电池游船可载 6 人，燃料电池动力系统额定功率 1kW，采用金属储氢，有效工作时间长，适合景区湖泊游览以及河道巡逻使用。

图 24-22 所示燃料电池扫地车适用于市政道路、公园景区、机场码头、物业楼盘、工厂园区等。燃料电池动力系统额定功率 3kW，储氢模块采用 28L@35MPa 的高压储氢罐，续航 4～5h，集清扫、吸尘一体，且操作简单，只需一人操作便可完成整个清扫工作，降低了清洁工人的劳动强度，提高了清洁效率，同时外形美观大方，机身小巧，转弯灵活，清扫过程中无二次污染，无二次扬尘，能够快速达到优异的清洁效果。

图 24-22　燃料电池扫地车

（4）移动式应急电源

移动式 3000W 燃料电池发电系统用于通信基站或野外作业应急发电，采用分体式设计，发电单元和供氢单元质量均小于 40kg，气体接口采用快插设计可快速完成联机从而组成完备系统。该产品具有良好的机动性、稳定可靠性，同时兼具低噪声、绿色环保的优点，可替代油机应急发电作业。

参 考 文 献

[1]　GB/T 20042.1—2017. 质子交换膜燃料电池　第 1 部分：术语.

[2]　章俊良，蒋峰景. 燃料电池—原理·关键材料和技术 [M]. 上海：上海交通大学出版社，2014.

[3]　Ralph T R，Hogarth M P. Catalysis for low temperature fuel cells，part Ⅰ：the cathode challenges [J]. Platinum Metals Review，2002，46（1）：3-14.

[4]　李天涯. 质子交换膜燃料电池气体扩散层的制备和性能研究［D］. 北京：北京化工大学，2021.

[5]　Kim J S，Park J B，Kim Y M，et al. Fuel cell end plates：A review［J］. International Journal of Precision Engineering and Manufacturing，2008，(9)：39-46.

[6]　Ye D H，Zhan Z G. A review on the sealing structures of membrane electrode assembly of proton exchange membrane fuel cells［J］，Journal of Power Sources，2013（231）：285-292.

[7]　GB/T 24548—2009. 燃料电池电动汽车　术语.

[8]　GB/T 24554—2022. 燃料电池发动机性能试验方法.

[9]　GB/T 24549—2020. 燃料电池电动汽车　安全要求.

[10]　GB/T 38914—2020. 车用质子交换膜燃料电池堆使用寿命测试评价方法.

[11]　Fowler M W，Mann R F，Amphlett J C，et al. Incorporation of voltage degradation into a generalised steady state electrochemical model for a PEM fuel cell［J］. Journal of Power Sources，2002，106（1）：274-283.

[12]　Scholta J，Berg N，Wilde P，et al. Development and performance of a 10kW PEMFC stack［J］. Journal of power sources，2004，127（1）：206-212.

[13]　Okonkwo P C，Ige O O，Barhoumi E M，et al. Platinum degradation mechanisms in proton exchange membrane fuel cell（PEMFC）system：A review［J］. International Journal of Hydrogen Energy，2021，46：15850-15865.

[14]　Xin W，RZ W，Wei Z，et al. Recent research progress in PEM fuel cell electrocatalyst degradation and mitigation strategies［J］. EnergyChem 2021，3：100061.

[15]　杜真真，王珺，王晶，等. 质子交换膜燃料电池关键材料的研究进展［J］. 材料工程，2022，50（12）：35-50.

[16]　Xia B Y，Wu H B，Wang X，et al. Highly concave platinum nanoframes with high-index facets and enhanced electrocatalyticproperties［J］. Angewandte Chemie，2013，52（47）：12337-12340.

[17]　Li M，Gu Z L，Zhang L，et al. Ultrafine jagged platinum nanowires enable ultrahigh mass activity for the oxygen reduction reaction［J］. Science，2016，354（6318）：1414-1419.

[18]　Chen Y，Cheng T，Goddard W A. Atomistic explanation of the dramatically improved oxygen reduction reaction of jagged platinum nanowires，50 times better than Pt［J］. Journal of the American Chemical Society，2020，142（19）：8625-8632.

[19]　Zaman S，Huang L，Douka A I，et al. Oxygen reduction electrocatalysts toward practical fuel cells：progress and perspectives［J］. Angewandte Chemie International Edition，2021，133（33）：17976-17996.

[20]　Liu M，Zhao Z，Duan X，et al. Nanoscale structure design for high-performance Pt-based ORR catalysts［J］. Advanced Materils，2019，31（6）：1802234.

[21]　Ren X，Wang Y，Liu A，et al. Current progress and performance improvement of Pt/C catalysts for fuel cells［J］. Journal of Materials Chemistry A，2020，8（46）：24284-24306.

[22]　Liu J，Li Y，Wu Z，et al. Pt0.61Ni/C for high-efficiency cathode of fuel cells with superhigh platinum utilization［J］. The Journal of Physical Chemistry C，2018，122（26）：14691-14697.

[23]　Matin M A，Lee J，Kim G W，et al. Morphing Mn core@Ptshell nanoparticles：effects of core structure on the ORR performance of Pt shell［J］. Applied Catalysis B，2020，267：118727.

[24]　Leteba G M，Mitchell D R G，Levecque P B J，et al. Topographical and compositional engineering of core-shell Ni@Pt ORR electro-catalysts［J］. RSC Advances，2020，10（49）：29268-29277.

[25]　Zhang Y，Qin J，Leng D，et al. Tunable strain drives the activity enhancement for oxygen reduction reaction on Pd@Pt coreshell electrocatalysts［J］. Journal of Power Sources，2021，485：229340.

[26]　Chen S，Li M，Gao M，et al. High-performance Pt-Co nanoframes for fuel-cell electrocatalysis［J］. Nano Letters，2020，20（3）：1974-1979.

[27]　Izhar S，Yoshida M，Nagai M. Characterization and performances of cobalt-tungsten and molybdenum-tungsten carbides as anode catalyst for PEFC［J］. Electrochimica Acta，2009，54（4）：1255-1262.

[28]　Brouzgou A，Song S Q，Tsiakaras P. Low and non-platinum electrocatalysts for PEMFCs：Current status，challenges and prospects［J］. Applied Catalysis B Environmental，2012，127（17）：371-388.

[29]　Uregen N，Pehlivanoglu K，Ozdemir Y，et al. Development of polybenzimidazole/graphene oxide composite membranes for high temperature PEM fuel cells［J］. International Journal of Hydrogen Energy，2017，42（4）：2636-2647.

[30]　Tsuneda T. Fenton reaction mechanism generating no OH radicals in Nafion membrane decomposition［J］. Sci Rep，2020，10：1-13.

[31] Okonkwo P C, Ige O O, Barhoumi E M, et al. Platinum degradation mechanisms in proton exchange membrane fuel cell (PEMFC) system: A review [J]. International Journal of Hydrogen Energy, 2021, 46: 27956-27973.

[32] Araya S S, Zhou F, Liso V, et al. A comprehensive review of PBI-based high temperature PEM fuel cells [J]. International Journal of Hydrogen Energy, 2016, 41 (46): 21310-21344.

[33] Jang S, Kang Y S, Choi J, et al. Prism patterned TiO_2 layers/Nafion® composite membrane for elevated temperature/low relative humidity fuel cell operation [J]. Journal of Industrial and Engineering Chemistry, 2020, 90: 327-332.

[34] Okonkwo P C, Otor C. A review of gas diffusion layer properties and water management in proton exchange membrane fuel cell system [J]. International Journal of Energy Research, 2020, 45 (3): 3780-3800.

[35] 章俊良, 程明, 罗夏爽, 等. 车用燃料电池电堆关键技术研究现状 [J]. 汽车安全与节能学报, 2022, 13 (01): 1-28.

[36] Ehteshami S M M, Taheri A, Chan S H. A review on ions induced contamination of polymer electrolyte membrane fuel cells, poisoning mechanisms and mitigation approaches [J]. Journal of Industrial and Engineering Chemistry, 2016, 34: 1-8.

[37] Hasegawa T, Imanishi H, Nada M, et al. Development of the fuel cell system in the Mirai FCV [J]. SAE Tech Pap, 2016: 2016-01-1185.

[38] 崔士涛, 王铎霖, 燕希强, 等. 燃料电池低温无辅助启动的研究 [J]. 电源技术, 2020, 44 (10): 1451-1455.

[39] Peng Ren, Pucheng Pei, Yuehua Li, et al. Degradation mechanisms of proton exchange membrane fuel cell under typical automotive operating conditions [J]. Progress in Energy and Combustion Science, 2020, 80 (C).

[40] 顾天琪, 孙宾宾. PEM 燃料电池零下低温启动研究现状 [J]. 电池工业, 2021, 25 (5): 266-270.

[41] 黄天川, 刘志祥. 质子交换膜燃料电池系统低温启动技术研究进展 [J]. 化工进展, 2021, 40 (S1): 117-125.

[42] 周拓, 白书战, 孙金辉, 等. 车用燃料电池专用空压机的现状分析 [J]. 压缩机技术, 2021 (1): 39-44.

[43] 张立新, 李建, 李瑞懿, 等. 车用燃料电池氢气供应系统研究综述 [J]. 工程热物理学报, 2022, 43 (6): 1444-1459.

[44] 刘锐, 尹训飞, 董凯. 加速我国氢燃料电池汽车产业发展 [J]. 智能网联汽车, 2022 (4): 28-30.

[45] 刘文明. 阴极开放式空冷质子交换膜燃料电池结构与性能的研究 [D]. 南京: 南京大学, 2017.

[46] GB/T 28816—2020. 燃料电池　术语.

[47] Cindrella L, Kannan A M, Ahmad R, et al. Surface modification of gas diffusion layers by inorganic nanomaterials for performance enhancement of proton exchange membrane fuel cells at low RH conditions [J]. International Journal of Hydrogen Energy, 2009, 34 (15): 6377-6383.

[48] Liang H, Zheng L, Liao S. Self-humidifying membrane electrode assembly prepared by adding PVA as hygroscopic agent in anode catalyst layer [J]. International Journal of Hydrogen Energy, 2012, 37 (17): 12860-12867.

[49] Lo A Y, Huang C Y, Sung L Y, et al. Low Humidifying Proton Exchange Membrane Fuel Cells with Enhanced Power and Pt-C-h-SiO_2 Anodes Prepared by Electrophoretic Deposition [J]. ACS Sustainable Chemistry & Engineering, 2016, 4 (3): 1303-1310.

[50] Yang H N, Lee W H, Choi B S, et al. Preparation of Nafion/Pt-containing TiO_2/graphene oxide composite membranes for self-humidifying proton exchange membrane fuel cell [J]. Journal of Membrane Science, 2016, 504: 20-28.

[51] Yang H N, Lee W H, Choi B S, et al. Self-humidifying Pt-C/Pt-TiO_2 dual-catalyst electrode membrane assembly for proton-exchange membrane fuel cells [J]. Energy, 2017, 120: 12-19.

第 **25** 章
固体氧化物燃料电池

25.1 简介

固体氧化物燃料电池（solid oxide fuel cell，SOFC）是一种全固态的电化学能源转化装置[1]，它将燃料的化学能直接转化为电能，具有能量利用效率高，燃料适用性广的优点。根据传导离子的不同（见图 25-1），分为氧离子传导型 SOFC 和质子传导型 SOFC（也称为 PCFC，protonic ceramic fuel cell）[2]。以 H_2 燃料为例，氧离子传导型 SOFC 的工作原理如下：

阴极侧：$O_2 + 4e^- \longrightarrow 2O^{2-}$

阳极侧：$2H_2 + 2O^{2-} \longrightarrow 4e^- + 2H_2O$

总反应：$2H_2 + O_2 \longrightarrow 2H_2O$

质子传导型 SOFC 的工作原理如下：

阴极侧：$O_2 + 4H^+ + 4e^- \longrightarrow 2H_2O$

阳极侧：$2H_2 \longrightarrow 4H^+ + 4e^-$

总反应：$2H_2 + O_2 \longrightarrow 2H_2O$

SOFC 单电池由阴极、电解质和阳极组成。电堆由单电池、连接板、密封垫、集流层及端板等组成。根据工作温度范围及设计要求的不同，各个部件使用的材料及生产工艺也有所差异。目前主流的商业化 SOFC 仍是氧离子传导型。

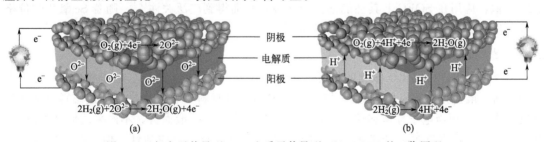

图 25-1　氧离子传导型（a）和质子传导型（b）SOFC 的工作原理

25.2 材料与部件

25.2.1 电解质材料

电解质是离子导体，是固体氧化物燃料电池的核心材料，根据传导离子种类的不同，有氧离子导体电解质和质子导体电解质之分。其中，氧离子导体电解质以晶格中的氧空位机制进行传导，典型的材料有氧化钇稳定的氧化锆（YSZ）、Gd 或 Sm 掺杂的氧化铈（GDC、

SDC)、钙钛矿结构的 $La_{0.8}Sr_{0.2}Ga_{0.9}Mg_{0.1}O_3$（LSGM），以及 Er 掺杂的氧化铋（ESB）等[3]。低价离子掺杂是在晶格中引入氧空位的有效手段，以 YSZ 为例，当 Y^{3+} 占据了 Zr^{4+} 的位置后，为了维持电中性，在晶格中就需要引入氧空位。与氧空位相邻的氧离子在受到高温的热激发后可以获得足够的能量来克服束缚，从而迁移到邻近的氧空位，变为新位置上的晶格氧；而原来的位置形成了新的氧空位。以此机制，可以在中高温下实现氧离子传导，得到固体电解质。由于这些氧化物电解质膜通常是采用陶瓷加工工艺制备的，所以固体氧化物电解质也可称为陶瓷电解质。

质子导体电解质的传导机制大多数与氧空位有关，也与晶格中的碱性离子，如 Ba^{2+}、Sr^{2+} 有关[4]。当掺杂所得的氧空位与碱性离子共存时，可以吸附 H_2O 分子到晶格中。其中的氧离子占据氧空位变为晶格氧，而质子则围绕着晶格氧振动。当质子在热激发下获得足够的能量时，其可以在不同的晶格氧之间交换迁移，从而实现质子传导。典型的质子导体电解质有 Y 掺杂的锆酸钡（BZY）、铈酸钡（BCY），以及二者的固溶体（BZCY）等[5]。其他的稀土元素也可以作为掺杂剂，从而调整电解质材料的特性，现在最常用的质子电解质是镱掺杂的钡锆铈钇（BZCYYb）材料[6]。

一般而言，质子迁移的活化能显著低于氧离子迁移的活化能，因此质子导体可以在较低的温度（500～650℃）获得足够高的电导率，而氧离子导体则往往需要更高的工作温度（700～850℃）。近年来 SOFC 的研究目标之一是中低温化，通过降低工作温度，牺牲一部分效率，降低对连接板和其他相关材料的苛刻要求，从而拓展材料的选择空间，降低制造成本，促进 SOFC 技术的产业化。因此，质子导体电解质因其更低的工作温度而成为近年来的研究热点。但是，由于质子导体电解质的应用面比较窄，相对于 YSZ 而言，质子导体电解质粉体制备技术比较滞后，导致烧结温度高，陶瓷强度低，在相当程度上制约了其实际应用[4]。

其他的电解质材料还有硅酸镧、钨酸盐以及氧化铈与碳酸盐的复合电解质，或者半导体离子导体等，特别是近年来半导体离子导体以其更低的工作温度而受到关注[7]。但这些新材料还不成熟，在综合性能（兼顾强度、烧结后致密度、稳定性和化学相容性等）方面仍然不如 YSZ。

值得一提的是，Sc 稳定的氧化锆（ScSZ）离子电导率是 YSZ 的 2～3 倍，综合性能与 YSZ 类似，应用在 SOFC 上其性能远优于 YSZ，从而得到广泛关注[8]。随着 Sc 氧化物价格的进一步降低，ScSZ 的未来更加值得期待。

25.2.2 阳极材料

阳极是燃料进行电化学氧化的场所，在燃料分子、氧离子或质子、电子相聚的地方称为三相界面。最优秀的阳极材料是 Ni 与 YSZ 形成的多孔材料[9]。其中空隙传递燃料分子及其反应产物，Ni 担当电子导体和催化剂，YSZ 提供氧离子。一般而言，不论采用何种电解质，都可以用该电解质与 Ni 一起形成复合阳极，提供充分的化学反应活性。但是有时阳极会承担其他的任务，比如在阳极支撑 SOFC 中提供必要的强度，此时对其机械强度、烧结活性、热膨胀系数等都有较高的要求，所以不是所有的电解质与 Ni 复合都能成为阳极支撑体[10]。鉴于此，人们往往把活性阳极和阳极支撑体分开，通过不同材料的叠层而满足 SOFC 的综合需求。比如可以用 Ni-YSZ 作为支撑阳极，而 Ni-GDC、Ni-BZCY 等作为活性阳极。甚至也有人利用多孔陶瓷或者多孔金属作为阳极一侧的支撑体。无论怎样选择，必要的电化学活性、在燃料气氛中的稳定性、制备时高温下的化学相容性等都是需要考虑的[11]。

Ni 作为阳极活性材料有很多优点，而缺点是对于硫（S）的耐受性不高[12]，而且还会催化碳氢化合物燃料的裂解而积炭。Ni-YSZ 阳极的碳沉积会导致孔道的堵塞，影响传质，严重时甚至形成合金化的 Ni-C，导致阳极膨胀而破碎[13]。因此，替代 Ni-YSZ 阳极的研究也是热点之一。其中 Cu-GDC 是比较常用的材料之一，由于 Cu 导电性好，催化活性较差，因此不易积炭，GDC 弥补了催化活性的不足，同时调节热膨胀系数，并维持金属陶瓷中 Cu 颗粒的分散性[14]。但是，由于 Cu 及其氧化物的熔点较低，Cu-GDC 阳极不能以烧结法制备，带来了一定的制备工艺复杂性。用 Cu、Co 等金属与 Ni 形成合金也是改善阳极性能的方法之一[15]。

此外，一些钙钛矿氧化物由于具有一定的电子导电特性，同时在燃料气氛中能保持稳定，也受到广泛的关注，如基于 $LaCrO_3$、$SrTiO_3$ 系列掺杂材料及其复合物的阳极等，其中以 $La_{0.8}Sr_{0.2}Cr_{0.5}Mn_{0.5}O_3$（LSCM）、$Sr_{0.7}La_{0.3}Ti_{1-x}M_xO_3$ 及其与 YSZ、GDC 等的复合阳极比较常见[16]。近年来，Fe 掺杂材料由于其较好的稳定性和低成本而引起人们的注意，特别是掺杂 Fe、Ni、Co 等元素的钙钛矿或者类钙钛矿结构复合氧化物在还原气氛中原位析出的金属颗粒具有非常高的催化活性，得到了众多科研工作者的关注[17]。

总体而言，Ni 基阳极具有优秀的催化活性，复合氧化物阳极虽然抗积炭性能较好，但催化活性偏低，阳极材料的进一步优化，特别是针对一些非常规燃料（醇类、烷类、烃类等）的阳极优化仍然是今后的研究课题之一。

25.2.3　阴极材料

阴极是氧化剂发生还原反应的场所，最常用的氧化剂是空气，也有用纯氧的场合。阴极也需要足够的三相界面，常用离子导体、电子导体复合制备成多孔材料，比如典型的 $La_{0.8}Sr_{0.2}MnO_3$（LSM）与 YSZ 的复合材料[18]。该材料体系中，LSM 是电子导体，YSZ 是离子导体，电化学反应发生在其与空隙交界的三相界面处。LSM 由于有较好的稳定性，与 YSZ 具有化学相容性以及具有相似的热膨胀系数，因此成为高温 SOFC 的首选阴极材料。但是，随着工作温度的降低，该阴极的性能快速下降，因此中低温 SOFC 需要选用活性更高的阴极材料。其中 Mn 位被 Co 取代的钙钛矿结构材料［比如 $La_{1-x}Sr_xCoO_3$（LSC）、$Ba_{1-x}Sr_xCoO_3$（BSC）及其衍生物］具有最高的电化学反应活性[19]。这是因为 Co 系钙钛矿结构材料具有很高的氧离子电导率和电子电导率，是典型的混合导电体（MIEC）材料。在 MIEC 阴极材料中，氧还原反应（ORR）的三相界面向混合导体的纵深延伸，形成拓展的三相界面[20]。

美中不足的是含 Co 阴极材料通常具有很大的热膨胀系数，原因是高温下晶格氧的脱除造成化学膨胀，表现出异常的表观热膨胀，因此与电解质在热循环时可能产生局部应力，导致阴极的性能衰减。此外，这类材料在高温下容易与 YSZ 等锆系电解质反应，因此难以直接用于锆系电解质[21]。作为解决方案，一方面是 Co 位的掺杂取代，以 Fe、Ni、Mn 等离子取代 Co 离子可以调节热膨胀系数和化学相容性，但往往以牺牲电化学活性为代价。另一方面是与 GDC 等电解质的复合，在不牺牲离子电导的情况下调节热膨胀系数和稳定性。再有就是在锆系电解质的表面设置 GDC 阻挡层，防止阴极烧结时与锆系电解质的反应。作为优化的结果，基于 GDC 阻挡层的 $La_{0.6}Sr_{0.4}Co_{0.2}Fe_{0.8}O_{3-\delta}$（LSCF）-GDC 复合阴极成为中低温 SOFC 的最常用阴极材料，其在 Ni-YSZ 阳极支撑型 SOFC 中得到广泛的应用[22]。

对于更低温度的以质子导体为电解质的 SOFC，其阴极材料不仅需要一定的氧离子电导率，同时需要质子电导率，亦即所谓的三元（电子、质子、氧离子）传导材料。针对此要求，除了在传统的阴极材料中引入质子导体电解质进行复合外，研究者们也尝试在

$Ba_{1-x}Sr_xCo_{1-y}Fe_yO_3$（BSCF）等阴极材料中引入 Zr、Ce 离子掺杂，或者在质子导体电解质中引入过渡金属离子掺杂，从而形成三元（电子、质子、氧离子）传导材料[23]。

在早期 SOFC 开发时曾经用过 Pt、Ag 等贵金属材料作为阴极，但一方面因其活性不是特别高，另一方面因其成本很高，因此贵金属阴极逐渐淡出人们的视线。在一些研究中，有研究人员尝试在阴极材料的表面用微量的贵金属纳米颗粒进行修饰，比如 Ag、Pd 等，其一方面可以采用浸渍修饰，另一方面也可考虑掺杂到晶格中后原位析出[24]。

对阴极材料的研究关乎工作温度的降低，它与电堆成本直接相关。随着工作温度的降低，阴极极化过电位在整个电池损失中的占比越来越大，因此对于中低温 SOFC 而言，阴极材料的探索与优化一直是非常重要的研究方向。

25.2.4　密封材料

SOFC 要求燃料和空气不能直接接触，因此密封成为必要的技术。特别是因平板型 SOFC 的密封边更长，且在热循环过程中对热应力的要求非常苛刻，因此密封的难度更高。最常见的密封材料是硅基玻璃材料及其与陶瓷的复合物（玻璃陶瓷），其中的陶瓷相既可以是外加的，也可以是从玻璃本体中析出的。陶瓷相的存在起着调节材料强度和热膨胀系数的作用。

由于在连接板、单电池、密封材料三者之中密封材料的强度最低，而其裂纹直接关系到电堆的正常工作，因此密封材料的热膨胀系数非常重要，需要介于连接板和单电池的热膨胀系数之间。近年来，Ni-YSZ 阳极支撑型中温 SOFC 得到了长足的发展，成为商用 SOFC 的主流，其中的连接板可采用铁素体不锈钢，热膨胀系数在 $12\times10^{-6}\sim13\times10^{-6}K^{-1}$，而 Ni-YSZ 阳极的热膨胀系数也与之相近，因此要求密封材料的热膨胀系数在该范围内[25]。

对于玻璃材料而言，SiO_2 网络结构的完整程度，或者说材料中共价键与离子键的相对多少决定着材料的热膨胀系数，因此，选择必要的添加剂（CaO、BaO、La_2O_3、B_2O_3、Al_2O_3 等）是调节玻璃密封材料热膨胀系数的重要手段。但是，这样的调节同时会影响玻璃的软化点，而后者直接关系到电堆的密封温度和工作温度上限，因此软化点和热膨胀系数必须同时兼顾[26]。

在电堆长期运行过程中，连接体材料的氧化会生成 Cr_2O_3 等保护层，它可以和玻璃中的 BaO 等反应，生成热膨胀系数不匹配的界面，从而影响热循环性能，因此连接体/密封材料/单电池的界面稳定性也是非常重要的。一般而言，可以在连接体的表面构筑必要的涂层材料，一方面缓解金属本体的氧化，另一方面调节其与相邻材料的化学相容性。

如果密封材料的热膨胀系数与连接板及单电池不匹配，在热循环时就会产生应力。为了消除这种应力，也有人提出了可以允许滑移的所谓软密封，或者压紧密封。采用云母、蛭石等片状材料，经适当加工后置于连接板和电池之间，在正压力的作用下可以形成密封。其优点是热循环性能较好，缺点是不能实现完全密封，存在一定的泄漏率，因此需要严格控制正压力与泄漏率之间的关系[25]。当使用氢气燃料时，压紧密封面临更大的挑战。

在实验室规模的试验中，也有人尝试利用贵金属 Au、Ag 在正压力下的塑性变形而实现密封，其可靠性和耐久性均得到验证，但成本很贵，难以用于商业化电堆。低成本、高可靠性的密封材料和密封技术仍然是 SOFC 未来的核心技术。

25.2.5　连接板材料

SOFC 的连接板起着分隔燃料和空气，同时串联相邻单电池传导电子的作用，因此连接板必须是致密的，且需要足够的电子电导率、充分的稳定性、匹配的热膨胀系数和足够的化学相容性。

对于高温 SOFC，由于氧化还原气氛与高温并存，条件十分苛刻，因此常采用 Ca、Sr 掺杂的 $LaCrO_3$ 系列陶瓷材料[27]。其在稳定性、电导率方面都比较优秀，但是可加工性差。特别是高温下 Cr_2O_3 的挥发，使得该陶瓷难以烧结致密，导致加工成本高昂。因此，采用可加工性好且导电、导热性能优异的金属连接体一直是研究人员努力的方向。对于电解质支撑型 SOFC，人们开发了 Cr 含量非常高的合金材料，如 $Cr_{95}Fe_5Y_2O_3$，其耐腐蚀性非常好，热膨胀系数与 YSZ 匹配，但可加工性差，需要采用粉末冶金的烧结方式，成本较高。随着阳极支撑型 SOFC 的开发，电堆工作温度降低到 750℃ 以下，此时铁素体不锈钢成为可用的连接板材料。其中的 Cr 含量为 17%～23%，保证在高温下形成致密的 Cr_2O_3 保护层。典型的这类材料包括 Crofer22、430 不锈钢等，其可加工性好，材料成本可以接受，但长时间工作时仍然存在氧化腐蚀的风险，因此必须在其表面形成致密的保护涂层。常用的保护涂层材料包括 LSM、Mn_2CoO_4（尖晶石）等，他们具有足够的导电性，对 Cr_2O_3 挥发也有抑制作用[28]。保护涂层的致密性和结合强度是制备的关键，可以采用等离子喷涂、浆料喷涂烧结、电镀合金原位氧化等手段来制备保护涂层。在 SOFC 面临商业化的阶段，连接板的成型和涂层技术是决定电堆成本的重要因素。

25.3 单电池技术

SOFC 系统的核心是电堆，而电堆的核心是单电池。单电池的材料、结构决定了其最适合的工作温度，而工作温度决定了配套的材料和辅助部件。因此，单电池的性能优化和批量制造技术是产业化的关键。在性能方面，要求其具有尽可能低的欧姆电阻、阴极和阳极的电化学极化及浓差极化，这样可以提高单电池的面积功率密度。单电池性能的衰减率也是关键指标，其不仅涉及电极材料组成和结构的稳定性，也与工作环境有密切关系。在批量制造技术方面，不仅要求制造成本尽可能地低，还要求单电池之间品质的一致性，即不同批次生产的单电池在相同的工作条件下的性能要基本一致，这样才能保证电堆的稳定性。因为大多数电堆都是由数十片单电池串联而成的，其中任何一片单电池出问题都可能成为电流的限制节点。

在单电池的支撑体选择方面，电解质支撑型是最传统的，其强度较高，但电阻较大，只能在高温下工作；阴极或阳极支撑型是后来的开发主线，其电解质膜薄，可以在中温下工作。多孔金属支撑型是未来的开发热点，其具有更高的韧性、更好的热传导性、更低的工作温度，因此比较适合于需要快速启动的场合。

单电池的外形结构有多种，主要分为平板式和管式，管式分为圆管式和扁管式。单电池结构不一样，采用的制备工艺不一样，它们在性能、封装等方面各有优缺点。

25.3.1 平板式单电池

平板式单电池组堆时，相邻单电池之间可以利用连接板非常方便地串联起来，具有电流路径短、内阻小、功率密度高的优势。此外，传统陶瓷工艺中有很多已经实用化的技术，干压、流延、丝网印刷、凝胶浇筑等方法可以用于平板式电池的制备。因此平板单电池易于产业化，制造成本也比较低。在平板单电池的制备中，电解质的薄膜化和致密化是关键，因此缺陷的控制是技术要点。有些缺陷来自于原料中的杂质、浆料中的气泡、粗大的不均匀颗粒等，制造过程中产生的缺陷有烧结不匹配导致的微裂纹、整体弯曲和内部残留应力等[29]。

为了得到高品质的电解质膜，常采用湿法如共沉淀法、溶胶凝胶法批量制造的高活性粉体材料，其具有高的表面能，烧结活性好，一次颗粒的粒径分布也比较均匀。在实际使用时主要是要做好粉体的分散，打破硬团聚，同时控制必要的添加剂（塑性剂、消泡剂等），保证电解质浆料的均匀性和稳定性。

支撑型电池是中温 SOFC 的主流，其包含支撑层、功能层、电解质膜和阻挡层等多层结构。多层结构的平板式电池共烧结时，其各层的烧结收缩曲线需要匹配，层与层之间的结合也需要强化，才能得到满意的电池形态和性能。因此，各原材料粉体的特性把握（粒径、比表面积、煅烧温度），以及粉体材料的一致性是必要的监控要素。通常要选择大的稳定的供应商，签订长期的协议，保证粉体的一致性。

目前平板式单电池主要有电解质支撑单电池（Bloom Energy、Sunfire 等公司）和阳极支撑电池（Elcogen、Fuel Cell Energy、潮州三环等公司，见图 25-2）。

图 25-2　阳极支撑型平板式 SOFC 单电池照片（潮州三环提供）

25.3.2　管式单电池

管式单电池的优势是抗应力特性好，可以实现较快的升温速率，同时密封相对容易。但是其也有在组堆时电流收集困难、电流路径长、功率密度偏低的缺点。管式单电池的制造通常利用其一维延伸的特点，采用挤出法成型支撑体。注浆成型也是另一种成型方法。在管式支撑体上制备功能层和电解质膜时，可以采用浸渍提拉法、丝网印刷法等。在研发阶段也可以采用一些物理沉积方法或者化学沉积方法，如磁控溅射、等离子喷涂、化学气相沉积等，但这些沉积方法，特别是那些需要高真空操作的成膜方法往往工艺周期长，设备成本高，导致电池的制造成本不能满足产业化的需要。

目前代表性的管式单电池主要有日本三菱重工的竹节式高电压电池、日本京瓷（Kyocera）和中国科学院宁波材料技术与工程研究所（NIMTE）的扁管式电池（参见图 25-3）、日本产业技术综合研究所（AIST）的微管式单电池等。

图 25-3　阳极支撑型扁管式单电池照片（中国科学院宁波材料所提供）

25.4　电堆工程与评价

电堆是 SOFC 系统的心脏。电堆的工程化制造是实现其商业化的关键步骤。如何高效地实现电堆的组装、检测、测试评价流程化及标准化是实现大批量生产、机械智能化制造的关键。电堆的性能与寿命直接决定着系统产品的成本和性能。它的评价指标主要有工作温度、适用燃料、燃料利用率、额定功率、额定功率密度、寿命等。

测试实验室的安全是具有一票否决权的要素，需要首先考虑。气源的位置，气路的承压密封，易燃易爆或有毒气体的监控、报警、应急联动措施，必要的消防设施，实验室人员的安全培训和管理制度建设等，都需要事先完成。

25.4.1　电堆封装

根据平板式和管式单电池外形结构的不同，电堆组装的工艺也有所差异。但整体的要求是确保组装的电堆或者模块做到密封好、集流好、单电池之间无位错。采用平板式单电池组堆时，电堆（见图 25-4）由单电池、密封垫、集流层、连接板以及上端板和下端板组成，若干个部件按照串联的方式层叠与装配。每个部件的制造误差和装配误差在进行组堆时会相互累积，对电堆造成影响，从而影响电堆的性能。因此，电堆的组装工艺也决定了电堆的性能和成本。

图 25-4　SOFC 电堆产品照片（潮州三环提供）

由于 SOFC 电堆工作温度较高，要求电堆有好的接合性、气密性和电绝缘性。密封垫的厚度需要适宜，既要保证密封，又要确保各部件之间的结合紧密，尽量降低界面电阻。同时在电堆的竖直方向需要施加一定的封装压力，因此对各部件的平整度也有较高的要求。在不损伤电堆内部结构的条件下，一般紧固压力增大，可以较大地降低电堆内部的接触电阻[30]。通过模拟仿真与实验相结合的方法，优化电堆的电场、温度场以及流场的分布，建立同条件下多尺度、多维度、多场耦合模型，可以指导电堆结构设计和封装优化，进而提升电堆功率密度和耐久性，这也是未来的重要研究方向之一[31]。

25.4.2　电堆性能与寿命测试方法

性能评价主要是考察电堆的工作曲线（电流-电压-功率）以及额定电流下电压随时间的变化（衰减曲线）。评价时，电堆需要按照规定的升温速率加热到工作温度，按照规定的还原程序将阳极及其支撑体中的 NiO 还原为金属 Ni；在额定的工作气体流量，或者规定的燃料利用率（电流与燃料进气流量的换算值）下进行操作。

电堆的测试评价系统（参见图 25-5）或者测试平台的主要功能是提供客观、可信任的数据，可不必追求高的燃料利用效率。为了保证得到电堆的本征特性，其升降温和保温最好在电炉中进行，容易控制；气体的流量需要精确计量，成分也需要明确，因此钢瓶气体是常用的气源；必要时，对气体的成分要进行标定。测量所用的电子负载需要满足各种控制模式下的测量需求，电压表、流量计等需要校准，测量时水蒸气的影响需要充分注意。上述这些要素可以在相应的国家标准和行业标准中找到[32]。

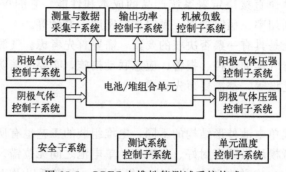

图 25-5　SOFC 电堆性能测试系统构成

25.4.3　影响电堆寿命的因素分析

影响电堆寿命的因素主要分为内在因素和外在因素两大类。其中外在因素包括燃料和空气中的杂质，负载变动，或非常规事件导致的对电堆工作温度、燃料利用率的意外扰动等；内在因素包括电极材料成分的变化、颗粒烧结长大、连接板表面氧化、界面元素扩散、Cr_2O_3 挥发沉积等。

对于衰减的内在因素，需要优化材料的颗粒结构。经过长期的探索，一些衰减机制已经得到公认，比如钴系钙钛矿结构阴极材料中的 Sr 元素表面析出及电解质界面的锆酸盐生长、LSM-YSZ 阴极的铬中毒、空气中的微量 SO_2 对阴极性能的影响、阳极 Ni 催化剂的硫中毒、使用碳氢化合物做燃料时产生的积炭，Ni 催化剂的烧结、迁移导致的颗粒长大等[33]。针对这些已知的因素，人们采取了必要的措施，包括燃料的充分脱硫、重整，空气的过滤净化，不含 Sr、Co 元素的新型阴极材料的开发，浸渍型 Cu-GDC 阳极的开发，GDC 阻挡层的致密化技术及连接板涂层材料与工艺的开发等[34]。

针对 Ni 颗粒的长大，利用陶瓷颗粒的空间限域作用限制 Ni 颗粒的生长是重要手段，Ni 基金属陶瓷制备及与 GDC 的共浸渍等都得到研究。针对阴极材料热膨胀系数过大的问题，在复合材料的基础上，引进负膨胀系数陶瓷材料改善阴极表观热膨胀系数的方案也被提出[35]。

值得注意的是，SOFC 的衰减因素非常复杂，虽然共性的衰减机制已为人知，但个性的衰减机制仍然是潜在的尚未知晓的要素。日本 AIST 对不同 SOFC 产品进行的测试表明，各家产品的衰减机制都有一些区别。由于原材料和工艺的不同，诸如内应力等无形的潜在机制也可能影响电堆寿命。建立完善的检测手段是需要完成的工作（表 25-1）。

表 25-1　日本不同制造商的不同结构电池的衰减分析[36]

制造商	MHPS	Kyocera	NGK	Murata	NTK	DENSO	TOTO
温度	900℃	750℃	750℃	750℃	700℃	700℃	700~630℃
电流密度	0.15A/cm²	0.30A/cm²	0.20A/cm²	0.25A/cm²	0.52A/cm² (0.25A/cm²)	0.53A/cm²	0.21A/cm²

续表

制造商	MHPS	Kyocera	NGK	Murata	NTK	DENSO	TOTO
阴极构型	LSCM / YSZ	LSF-基 / YSZ	LSCF / YSZ	LSCF / ScSZ	LSCF / YSZ	LSC / YSZ	LSCF / LSGM
阴极衰减率	4~13mV −0.04%	15~41mV −0.12%	25~39mV −0.10%	39~50mV −0.30%	22~40mV −0.13%	35~71mV −0.88%	38~45mV −0.11%
电阻变化率	46~60mV −0.06%	79~91mV −0.12%	115~143mV −0.19%	82~103mV −0.60%	41~53mV −0.09%	87~101mV −0.23%	122~131mV −0.18%
阳极衰减率	11~15mV 0.00%	6~10mV 0.02%	8~11mV 0.01%	28~33mV −0.10%	13~25mV −0.11%	43~51mV 0.15%	27~32mV −0.07%
总衰减率运行时间	−0.10% 30000h	−0.33% 14000h	−0.29% 16000h	−1.01% 5000h	−0.33% 14000h	−1.09% 2000~5000h	−0.36% 6000h
目标电堆	10 号电池 11 号电池	2012 2016	2014 2015	2015 2016	2013 2014	2015 2016	2016: 700℃,630℃
注解:针对空气中的硫化物开展了过滤	物理过滤	化学过滤	化学过滤 阴极改善	化学过滤 轻微改善	化学过滤 阴极中有 K 阳极中有 P	化学过滤 阴极上有 G	化学过滤 轻微改善

▭ 明确 9 万小时　　▭ 明确 4 万小时　　▭ 需要改善

25.5　系统集成与示范

　　系统是面向终端用户的产品（见图 25-6），其需要兼顾功能、成本、安全、环保、用户体验等诸多要素。初期的系统开发以功能和安全为首要任务。市场有一个需要培养的过程，系统示范是重要的手段。通过示范带动量产，带动 SOFC 系统中各原材料、部件、电堆封装与测试评价、辅助部件（BOP）和系统集成等上中下游产业链的完善，逐步实现成本的下降和产品的升级换代。

图 25-6　SOFC 系统产品照片（潮州三环提供）

第四篇　氢能应用

25.5.1　流程与效率优化

SOFC 系统中电堆之外的部件称为辅助部件，包括脱硫、重整等燃料预处理系统，鼓风机等空气供给系统，尾气燃烧器、换热器等热回收系统，控制器、逆变器等稳定运行控制系统，必要的安全监控和紧急停机管理系统等。

燃料进行氧化反应时，其吉布斯自由能变化对应着理论最大发电潜力，其与燃烧热的比值称为热力学电效率，或者理论电效率。由于电堆内部燃料不可能全部转化，存在燃料利用率的问题。电堆工作时不可能在理论电压（开路电压）下运行，存在电压效率问题。当电解质有电子电导，或者连接板有离子电导或微孔洞时还存在电流效率问题。SOFC 的发电效率是理论效率、燃料利用率、电压效率和电流效率的乘积，因此采用尽可能高的工作电压，及提高燃料利用率是系统高效率运行的关键[37]。此外，系统内风机等消耗的电称为寄生功率，需要扣除才能得到系统净发电效率。在外重整 SOFC 系统中，电堆工作时产生的热量需要大量的过量空气带走，因此风机的功耗比较大；在内重整 SOFC 系统中，电堆工作时产生的热量可以提供给内重整的吸热反应所需从而得到部分利用，因此风机的功耗较小，系统发电效率较高。

电堆燃料侧尾气中通常还有 10%～15% 的燃料尚未消耗，需要通过尾气燃烧器燃烧而产生高品位热能。烟气中的高品位热能在重整器、换热器中得到利用，维持系统的正常运行。剩余的低品位热能可以通过热水器等回收，实现热电联供。

SOFC 效率优化的策略首先是提高发电效率，其次是提高换热器的效率，以尽可能低的温差实现传热，优化能量梯级利用方案，降低有效能损失，最后才是紧凑型设计，降低系统表面热损失，提高热回收效率。

此外，系统的压力损失也是重要的方面，压力损失小则风机和燃料增压泵的功耗变小，系统效率得到提升。但是，压力损失和换热效率是矛盾的，因此需要根据实际情况进行协调。

25.5.2　系统 BOP 开发

SOFC 系统的 BOP 并不复杂，但由于 SOFC 功率小，紧凑型的 BOP 部件在市场上还难以找到。此外，由于 SOFC 工作条件比较苛刻，对 BOP 的材质也提出了更高的要求。当前，由于 SOFC 尚处在市场开发的早期，配套行业还处在观望阶段，因此 BOP 的研发任务还比较艰巨。BOP 的开发需要跨学科人士之间的深度合作，电堆工作者提供必要的需求参数，材料工作者选择适当的金属、陶瓷、催化剂材料，热工和化工专业人士针对系统要求的效率指标进行 BOP 的设计开发，专业的成型、焊接厂家实施 BOP 的加工制造。

整个过程比较漫长，消耗精力多。但 SOFC 的产业化具有巨大的前景，可以提供充分的回报。

25.5.3　示范场景与经济效益分析

SOFC 有三大优点：最高的发电效率、最广泛的燃料适应性、具有浓缩 CO_2 的潜力。这些优点决定了 SOFC 具有广泛的市场潜力。SOFC 的经济效益取决于投入产出比。在系统运行阶段，投入的是燃料费用，产出的是电力和热能销售收益，系统购入成本可以计入折旧。国外系统产品一般定位十年的寿命，可作为参考而制定系统开发目标成本。在运营方面，应充分注意燃料的成本和电力的收益。采用廉价的非常规燃料（如沼气、生物质气化气、煤层气），或者寻找电力效益大的应用场景（电网调峰、调频，数据中心用电，电动汽车充电桩等）是产生效益的方向[38]。同时，考虑到生活环境舒适性的刚性需求，开发热电联供或者冷热电三联供系统也是 SOFC 产生效益的重要手段[39]。

　　SOFC 系统的售价在产业化后会大幅度降低，因为其成本主要是制造加工成本。成本降低的前提是批量制造，而批量制造的前提是有足够的市场空间。因此，不能消极等待而应积极培养市场，国外通过政府补贴促进市场开发的经验值得借鉴。作为开发商或研究人员，通过自身努力提高 SOFC 的效率与寿命是当务之急。

参 考 文 献

［1］　王绍荣，肖钢，叶晓峰 . 固体氧化物燃料电池：吃粗粮的大力士［M］. 武汉：武汉大学出版社，2013：6.

［2］　曹殿学，王贵领，吕艳卓，等 . 燃料电池系统［M］. 北京：北京航空航天大学出版社，2009：9.

［3］　Fergus J W. Electrolytes for solid oxide fuel cells［J］. Journal of Power Sources，2006，162（1）：30-40.

［4］　Fabbri E，Pergolesia D，Traversa E. Materials challenges toward proton-conducting oxidefuelcells：a critical review［J］. Chemical Society Review，2010，39，4355-4369.

［5］　Loureiro F J A，Nasani N，Reddy G S，et al. A review on sintering technology of proton conducting $BaCeO_3$-$BaZrO_3$ perovskite oxide materials for protonic ceramic fuel cells［J］. Journal of Power Sources，2019，438：226991.

［6］　Yang L，Wang S，Bling K，et al. Enhanced sulfur and coking tolerance of a mixed ion conductor for SOFCs：$BaZr_{0.1}Ce_{0.7}Y_{0.2-x}Yb_xO_{3-\delta}$［J］. Science，2009，326（5949）：126-129.

［7］　Zhu B，Fan L，Mushtaq N，et al. Semiconductor Electrochemistry for Clean Energy Conversion and Storage［J］. Electrochemical Energy Reviews，2021，4（4）：757-792.

［8］　魏甲明，陈宋璇，李晓艳，等 . 基于钪资源的固体氧化物燃料电池产业发展现状及建议［J］. 中国有色冶金，2022，51（2）：1-9.

［9］　Jiang，S P and Chan，S H. A review of anode materials development in solid oxide fuel cells［J］. Journal of Material Science，2004，39：4405-4439.

［10］　Sun C. Anodes for solid oxide fuel cell［M］//Zhu B，Raza R，Fan L. Solid oxide fuel cells：From electrolyte-based to electrolyte-free devices. Weinheim：Wiley-VCH，2020：113-144.

［11］　余剑峰，罗凌虹，程亮，等 . 固体氧化物燃料电池材料的研究进展［J］. 陶瓷学报，2020，41（5）：613-626.

［12］　Matsuzaki Y，Yasuda I. The poisoning effect of sulfur-containing impurity gas on a SOFC anode：Part I. Dependence on temperature，time，and impurity concentration［J］. Solid State Ionics，2000，132：261-269.

［13］　Khan M S，Lee S B，Song R H，et al. Fundamental mechanisms involved in the degradation of nickel-yttria stabilized zirconia（Ni-YSZ）anode during solid oxide fuel cells operation：A review［J］. Ceramics International，2016，42（1）：35-48.

［14］　Ye X F，Huang B，Wang S R，et al. Preparation and performance of a Cu-CeO_2-ScSZ composite anode for SOFCs running on ethanol fuel［J］. Journal of Power Sources，2007，164（1）：203-209.

［15］　Lee，S，Vohs，J M，and Gorte，R J，A study of SOFC anodes based on Cu-Ni and Cu-Co bimetallics in CeO_2 YSZ［J］. Journal of Electrochemical Society，2004，151：A1319-A1323.

［16］　Shu L，Sunarso J，Hashim S S，et al. Advanced perovskite anodes for solid oxide fuel cells：A review［J］. International Journal of Hydrogen Energy，2019，44（59）：31275-31304.

［17］　Hou N，Yao T，Li P，et al. A-Site ordered double perovskite with in situ exsolved core-shell nanoparticles as anode for solid oxide fuel cells［J］. ACS Applie Materials & Interfaces，2019，11（7）：6995-7005.

［18］　Jiang，S P. Development of lanthanum strontium manganite perovskite cathode materials of solid oxide fuel cells：a review［J］. Journal of Material Science，2008，43：6799-6833.

［19］　Shao Z，Haile S. A high-performance cathode for the next generation of solid-oxide fuel cells［J］. Nature，2004，431：170-173.

［20］　Ding D，Li X，Lai S Y，et al. Enhancing SOFC cathode performance by surface modification through infiltration［J］. Energy & Environmental Science，2014，7（2）：552-575.

［21］　Pelosato R，Cordaro G，Stucchi D，et al. Cobalt based layered perovskites as cathode material for intermediate temperature solid oxide fuel cells：A brief review［J］. Journal of Power Sources，2015，298：46-67.

［22］　Ndubuisi A，Abouali S，Singh K，et al. Recent advances，practical challenges，and perspectives of intermediate temperature solid oxide fuel cell cathodes［J］. Journal of Materials Chemistry A，2022，10（5）：2196-227.

［23］ Wei Z，Wang J，Yu X，et al. Study on Ce and Y co-doped BaFeO$_{3-\delta}$ cubic perovskite as free-cobalt cathode for proton-conducting solid oxide fuel cells ［J］. International Journal of Hydrogen Energy，2021，46（46）：23868-23878.

［24］ Zhu Y，Zhou W，Ran R，et al. Promotion of oxygen reduction by exsolved silver nanoparticles on a perovskite scaffold for low-temperature solid oxide fuel cells ［J］. Nano Letters，2016，16（1）：512-518.

［25］ 王绍荣，叶晓峰. 固体氧化物燃料电池技术 ［M］. 武汉：武汉大学出版社，2015：10.

［26］ 官万兵，王蔚国. SOFC 电堆的高温界面及其设计、验证与应用 ［M］. 北京：科学出版社，2017：6.

［27］ Zhu W Z，Deevi S C. Development of interconnect materials for solid oxide fuel cells ［J］. Materials Science and Engineering：A，2003，348（1-2）：227-243.

［28］ Hassan M A，Mamat O B，Mehdi M. Review：Influence of alloy addition and spinel coatings on Cr-based metallic interconnects of solid oxide fuel cells ［J］. International Journal of Hydrogen Energy，2020，45（46）：25191-25209.

［29］ Wang S，Shi Y，Mushtaq N，et al. Planar SOFC stack design and development ［M］//Zhu B，Raza R，Fan L. Solid oxide fuel cells：From electrolyte-based to electrolyte-free devices. Weinheim：Wiley-VCH，2020：415-445.

［30］ 陈德强. 集成双极板和电池片支撑板的固体氧化物燃料电池金属板 ［J］. 装备机械，2022，179（1）：21-25.

［31］ 陈代芬，李洁，张宏哲. 固体氧化物燃料电池数值建模与仿真技术 ［M］. 北京：化学工业出版社，2020：10.

［32］ GB/T 34582—2017. 固体氧化物燃料电池单电池和电池堆性能试验方法.

［33］ 冯宇，丁孝，马征，等. 固体氧化物燃料电池性能衰减的材料因素概述 ［J］. 陶瓷学报，2021，42（3）：360-375.

［34］ Zarabi Golkhatmi S，Asghar M I，Lund P D. A review on solid oxide fuel cell durability：Latest progress, mechanisms, and study tools ［J］. Renewable and Sustainable Energy Reviews，2022，161：112339.

［35］ Zhang Y，Chen B，Guan D，et al. Thermal-expansion offset for high-performance fuel cell cathodes ［J］. Nature，2021，591（7849）：246-251.

［36］ Yokokawa H，Suzuki M，Yoda M，et al. Achievements of NEDO durability projects on SOFC stacks in the light of physicochemical mechanisms ［J］. Fuel Cells，2019，4：311-339.

［37］ Buonomano A，Calise F，D'accadia M D，et al. Hybrid solid oxide fuel cells-gas turbine systems for combined heat and power：A review ［J］. Applied Energy，2015，156：32-85.

［38］ 陈烁烁. 固体氧化物燃料电池产业的发展现状及展望 ［J］. 陶瓷学报，2020，41（5）：627-632.

［39］ 程佳，刘洋，陈锦芳，等. 天然气 SOFC 热电联供系统经济性分析 ［J］. 煤气与热力，2022，42（9）：29-31.

第**26**章

磷酸燃料电池

磷酸燃料电池（phosphoric acid fuel cell，PAFC）是一类工作温度通常在 130～200℃ 之间的燃料电池技术。该类燃料电池通常使用液态磷酸为电解质，被固定于碳化硅基质或者碱性聚合物膜介质中。相较于质子交换膜燃料电池和碱性燃料电池技术，磷酸燃料电池的工作温度略高，其阳极和阴极上的电化学反应原理与质子交换膜燃料电池相同，依然需铂催化剂来加速电化学反应。由于其较高的工作温度，该技术存在以下突出优势：

（1）抗燃料/空气中杂质毒化能力强

200℃工作温度下可以耐受高达 7% CO 杂质气体，因此可直接使用燃料重整后的富氢气体（如液体燃料重整气）。

（2）系统简化综合效率高

由于高温下产物水为气态，简化了膜燃料电池的水/热管理组件。不需要额外附加氢气纯化技术，整机效率高达 45%，热电综合利用效率可达 90%以上。

（3）运行成本低

可使用工业副产氢、天然气、甲醇、氨等燃料的重整氢，运行成本低；高温下反应动力学加快，有望实现非贵金属催化剂的应用，大幅降低制造成本。

（4）宽温域应用场景

环境温度要求宽泛，可适用于－50～50℃的工作环境。

因此，磷酸燃料电池技术有望解决目前低温质子交换膜燃料电池所面临的高纯氢气制备成本高、储运及加注难、安全管理复杂等挑战，在车（船）载电源、紧急备用电源、分布式固定电站和热电联供等民用与军事领域具有极为广泛的应用前景。

根据磷酸电解质的载体不同，磷酸燃料电池可以分为无机膜型 PAFC 和聚合物膜型 PAFC 两种。后者为前者的迭代产品，集成了常规（低温）质子交换膜燃料电池（工作温度 ≤80℃）结构设计灵活、比功率高等优势和磷酸（高温）燃料电池（工作温度～200℃）抗燃料/空气中杂质毒化能力强的优点，体积小巧，比功率高，亦可直接利用现场氢源如工业副产氢作为燃料或者直接与燃料重整器耦联进行移动式供电。

目前普遍使用无机磷酸作为 PAFC 的质子导体，是由其物理化学性质所决定的：纯磷酸（H_3PO_4，PA）是一种具有很高的内在质子传导能力的化合物，这是由其独特的化学结构和质子扩散机制导致在不同的磷酸基之间实现快速质子转移所致。磷酸具有很高的自解离度（7.4%），体系中有大量 H^+ 存在，其扩散速率约为 2×10^{-5} cm^2/s，较其他酸体系高很多，是一种将高质子浓度和高质子传输速率结合得近乎理想的质子载体。现在人们普遍认为，磷酸具有两性性质，它既可作为质子供体，又能作为质子受体。磷酸的这种性质使得磷

第四篇 氢能应用

酸可以形成动态氢键网络结构，可以通过氢键的断裂与重组来传递质子。在液态磷酸体系中，98%的质子传递发生在 $H_4PO_4^+/H_3PO_4$ 和 $H_3PO_4/H_2PO_4^-$ 的氢键之间，其余2%源于黏性流体的扩散，其质子传递机理为 Grotthuss 机理。

此外，温度对磷酸的质子电导率也存在影响。如图 26-1 所示，一般来说，磷酸的质子电导率在 200℃ 可高达 0.6S/cm，随着温度升高而增加，加快了质子迁移速率。然而，温度继续升高会使得磷酸脱水生成焦磷酸类物质，降低质子的解离能力。PAFC 中常用的磷酸负载材料一般是碳化硅（SiC）或者碱性聚合物。以商用聚苯并咪唑（PBI）为例，磷酸与 PBI 所形成的复合物质子电导率并没有纯磷酸高。多聚磷酸（PPA）铸膜的质子电导率比 N,N-二甲基乙酰胺（DMAc）铸膜高约一个数量级。这显然存在一种额外的质子传输机制，涉及磷酸和焦磷酸之间的快速交换。在酸掺杂水平（acid doping level，ADL）为 32 时（即每个 PBI 重复单元含有 32 个磷酸分子，相当于 91% 磷酸和 9% PBI）时，在 200℃ 干燥条件下，PPA 浇注膜的电导率高达 0.26S/cm，然而，这种电导率仍然远低于 100% 磷酸。除了聚合物造成的有效稀释外，纯磷酸中存在的氢键结构很可能被聚合物破坏，使得质子跳跃和酸分子移动更加困难[1]。

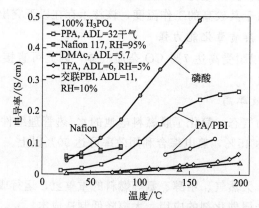

图 26-1　100% 磷酸、Nafion 117 和不同类型的酸掺杂 PBI 膜的质子电导率

PPA 流延膜的酸掺杂水平为 32[4]。DMAc 流延膜的酸掺杂水平为 5.7[5]

三氟乙酸（TFA）膜的酸掺杂水平为 6.0，相对湿度（RH）为 5%[6]

交联 PBI、100% PA 和 Nafion 的数据来自文献[7]

尽管科学家在新型有机质子导体方面做着不懈的尝试与努力[2,3]，但迄今为止，磷酸仍然是最优质的 PAFC 的电解质，由于其优异的电导率和价格优势，在短期内无法替代。

26.1　无机膜型磷酸燃料电池

虽然自 20 世纪 60 年代中期美国国家航空航天局将碱性燃料电池应用于航天飞机，但是在军事和商业化方面的发展一直停滞不前[8]。20 世纪 60 年代末和 70 年代初，得益于天然气和电力公司的资金支持，气体能源转化先进研究团队（TARGET）首次聚焦于燃料电池的商业化发展。70 年代中期，能源部（DOE）、电力研究协会（EPRI）和气体研究协会（GRI）的成立促进了所有类型燃料电池的研发进度。美国联合技术公司（UTC）[9]在 1965 年开始研发 PAFC，并在接下来的 35 年中继续对 PAFC 的电堆设计、材料、性能和催化剂用量方面进行优化，致力于提高燃料电池的耐久性，降低制造成本。20 世纪 70 年代和 80 年代初，分别对 65 台 12.5kW 的 PAFC（PC-11）和 53 台 40kW 的 PAFC（PC-18）进行测试。吸取之前的实验和测试经验后，UTC 在 1991 年推出世界上首个 200kW 商业化 PAFC（PC-25），并连接到公共电网中使用。在接下来的四年间（1991—1995 年），商业化 PC-25 经历了三代技术改进。1991～1993 年对 PC-25A 适度调整改进后推出第二代的 PC-25B；1995 年底，PC-25C 又将新技术纳入了燃料电池装置的所有部件中。1988～1995 年的七年间，PC-25 重量和体积都减少了 50％。截止到 2002 年，PC-25 已经交付超 245 台，总运行时间 5 万小时以上，可在需要不间断供电的设备中使用。

除了美国对 PAFC 发展贡献外，日本[10]在 20 世纪 70 年代也开始对 PAFC 进行研发。在研发阶段，富士电机曾预想用 5MW 和 11MW 的 PAFC 来替代火力发电。然而，考虑到燃料电池运行的可靠性以及经济可行性，并没有投入到实际生产应用中。1998 年，富士电机销售第一种商用型 100kW 的 PAFC（FP-100E），运行过程中提高了可靠性。2001 年 10 月，富士电机销售第二种商用型 100kW 的 PAFC（FP-100F），具有更高的可靠性和容量利用率，成本仅为先前型号的三分之二。截至 2002 年 3 月，富士电机 PAFC 总装机数量达 113 台，容量约为 14000kW。韩国紧随其后，2017 年，韩国斗山集团在全罗北道益山市建立了 PAFC 工厂，年产 168 台 440kW 燃料电池。迄今为止，斗山已供应韩国 987 个燃料电池，相当于 438.66MW。

PAFC 自从 60 年代在美国开始研究以来，越来越广泛地受到人们重视，许多国家投入大量资金用于支持项目研究和开发。美国能源部、电力研究协会以及气体研究协会三个部门在 1985～1989 年投入到 PAFC 研究开发中的经费高达 1.22 亿美元。日本政府部门在 1981～1990 年用于 PAFC 的费用也达到 1.15 亿美元。意大利、韩国、印度、中国台湾等地区也纷纷组织 PAFC 的研究开发计划。世界上许多著名公司，如东芝、富士电机、西屋电气、三菱、三洋以及日立等都参与了 PAFC 的开发与制造工作。遗憾的是，PAFC 在我国尚未受到重视，目前仅有浙江倍森引进了斗山的两种型号机型进行技术推广，北京海得利兹在做自主研发技术验证与推广，所以市场化任重道远。

26.1.1　无机膜型磷酸燃料电池的结构与基本单元

PAFC 主要结构如图 26-2 所示[8]，主要由电解质磷酸、无机隔膜、催化层（电极）、电极基底（气体扩散层）、双极板以及冷却板组成[11]。无机隔膜用于存储磷酸，提供离子电导、减少反应物气体的交叉扩散，应具有良好的电子绝缘性，防止电池短路。催化层是电化学反应的场所。电极基底又名气体扩散层（GDL），为电催化剂提供机械支撑，使氢气和氧气扩散到催化层内反应位点进行反应，将催化层内产物水蒸气移除，为电堆传递热量和电子，保证催化层和无机隔膜之间均匀接触。双极板主要起到隔离并分配反应物气体以及收集电流的作用。

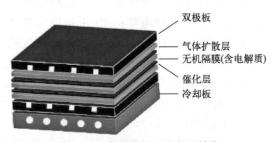

双极板
气体扩散层
无机隔膜(含电解质)
催化层
冷却板

图 26-2　磷酸燃料电池主要结构

美国氰胺公司（ACC）制备了第一代商业化的 PAFC 隔膜，由多孔的聚四氟乙烯

（PTFE）构成，内部表面经化学处理后，增加了润湿性，然后真空填充磷酸。这种隔膜材料的初始性能尚可，然而润湿性不稳定，在电堆环境中，隔膜随时间逐渐变得疏水，导致隔膜中磷酸浸出、阴阳两极反应气交叉扩散，电堆失效。Breault[12]在 1970 年发现碳化硅（SiC）在磷酸中表现出较好的稳定性，将 $5\mu m$ 的 SiC 颗粒添加少量的 PTFE 黏结后存储液态磷酸，可通过毛细作用力将磷酸固定在隔膜之内。这种 SiC 隔膜至今仍然在美国联合技术公司（UTC）的 PC-25 发电机中使用。随着时间推移，隔膜厚度从 0.5mm 降低至 0.05mm，SiC 颗粒的尺寸也由 $5\mu m$ 降至 $1\mu m$。UTC 使用 SiC 墨水丝网印刷工艺制备 SiC 隔膜[13]（美国专利 US4000006），但丝网印刷的 SiC 隔膜存在先天性不足，和使用喷涂方式制备的隔膜气泡压力可到达 35kPa 相比，前者只能达到 7～14kPa。Breault[11] 开发了一种窗帘式涂层工艺，该工艺可生产气泡压力为 35kPa 或更大的均匀涂层，多年来用于生产 0.12mm 的 SiC 基质，但此工艺不适用于生产 0.1mm 以下膜基质。Spearin[14] 对工艺进行改良，发明凹版涂层工艺，可将 $1\mu m$ 的 SiC 颗粒用于生产厚度为 0.05mm 的隔膜。这种隔膜孔隙率可达 50％，气泡压力超过 70kPa，有效离子阻抗为 6.7S/cm，现应用于 PC-25 中。

无机膜型 PAFC 的电极结构与 AFC 类似，均属于多孔气体扩散电极。基本电极结构分为支撑层、整平层与催化层三层。具体制备工艺如下。

（1）支撑层

将炭纸浸入 40％～50％的聚四氟乙烯乳液中，干燥后炭纸孔隙率降至 60％，平均孔径约 $12.5\mu m$。支撑层总厚度为 0.2～0.4mm，其作用为支撑催化层，同时收集与传导电流。

（2）整平层

为了便于在支撑层上制备催化层，在炭纸表面制备一层由 X-72 型炭和 50％聚四氟乙烯乳液组成的混合物，干燥后厚度约为 $1～2\mu m$。

（3）催化层

在整平层上均匀覆盖由铂基催化剂和聚四氟乙烯乳液（30％～50％）形成的浆料，干燥后厚度约为 $50\mu m$，可以由喷涂、丝网印刷等工艺实现。

电极制备好后需要经过滚压处理，压实后在 320～340℃烧结，以增强电极的防水性。

PAFC 发展伊始，铂黑由于其催化氧还原性能优异而被作为阴极催化剂（表面积约为 $25m^2/g$，电极上金属载量为 $20mg/cm^2$，并使用聚四氟乙烯作为黏合剂），以解决阴极氧还原动力学缓慢问题。以商业化的 PC-25 为例，阳极使用 Pt 或 PtRu 合金作为催化剂，阴极使用 Pt 作为催化剂。对于 Pt 基催化剂，常选用 Cabot 公司推出的 Vulcan XC-72 石墨化炭黑作为 Pt 的载体。GDL 使用日本东丽公司生产的平均孔径为 20～$30\mu m$、厚度约 0.3～0.4mm 的炭纸[13]。但这种催化剂因表面积有限使得 Pt 的利用率较差、金属负载量高，从而具有一定的局限性。鉴于此，为降低燃料电池的 Pt 用量以便推动其商业化进程，近年来已有大量研究工作致力于开发 Pt 及其过渡金属合金电催化剂促进阴极氧还原反应，纳米颗粒的结构设计已经从简单的纳米球发展到复杂的空心纳米结构，如纳米笼，它们不仅具有极高的比表面积，而且由于存在高指数面和众多的缺陷位点而具有高的表面能。此外，PtCr、PtV、PtCo、PtNi 和 PtFe 等二元合金表现出优异的性能[15,16]，对 Pt 基催化剂的结构和成分调控不仅最大限度地提高了氧还原催化活性，也减少了 Pt 的用量。已有研究表明，Pt 与过渡金属元素的合金化增加了 Pt 原子空位，降低了 Pt—Pt 键的距离[13]。之后，为解决稳定性的难题并促进更高效的商业电催化剂的发展，提出了另外的解决方案，如在 Pt 的二元体系中加入第三种金属增强催化剂的稳定性。

在酸性环境下，有几种金属催化剂可作为催化阳极的氢氧化反应的备选，例如 Pt、Pd、Rh、Ir、Au 等贵金属，它们在热浓磷酸中可保持稳定。经综合性能考虑，Pt 是 PAFC 环境中催化性能最优的催化剂。PAFC 阳极的燃料气主要源于煤、碳氢化合物、醇等碳基原料的重整/裂化，经高温/低温水气转换反应器后的 CO 水平在 0.5%～2% 之间。CO 的存在会使低温燃料电池催化剂严重中毒，影响其在阳极的催化活性；升高温度在热力学上不利于 CO 在 Pt 活性位点上吸附，降低 CO 对催化剂的毒化作用。燃料电池在不同温度下对 CO 的耐受性如图 26-3 所示，在 160～220℃ 之间工作的 PAFC 对阳极燃料中 CO 杂质显示出了极高的耐受性（＞1%）。一些研究还表明，可通过 Pt 与其他金属合金化来增强催化剂对杂质的耐受性水平。其中 Pt/Ru 合金是公认的最耐 CO 的 PAFC 阳极催化剂，可耐 2% 的 CO，且在长时间运行中燃料电池性能无显著下降。此外，Co 和 Ni 作为阳极催化剂具有很大的发展潜力。

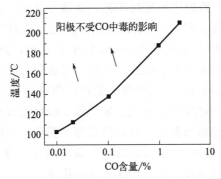

图 26-3　燃料电池在不同温度下对 CO 的耐受性

此外，为提高金属铂的利用率，各种负载型催化剂成为研究重点，Cabot 公司的 Vulcan XC-72 是很常用的催化剂载体材料，碳载铂成为常用的商业催化剂，既用于阳极氢燃料的氧化，也用于阴极氧还原。然而，电压在 0.8V 以上时，不可避免存在碳腐蚀问题，因此需要引入更耐电腐蚀的石墨化碳载体。寻找像碳纳米管和介孔碳这种具有高比表面积、高导电、高导热、磷酸环境下电化学稳定的载体至关重要。

PAFC 的双极板一般采用复合碳板，共分为三层，中层为无孔薄板，两侧为多孔碳板，其主要性能指标为比电导率、接触电阻与高温强酸稳定性。20 世纪 80 年代起，模铸工艺成为双极板的主要生产工艺，极板性能由石墨粉粒度分布、高温树脂类型与含量、模铸条件与焙烧温度等决定。

稳定性以及使用寿命是评价 PAFC 的重要指标，燃料电池长期运行过程中，流体的泄漏会带来各种问题，因此，PAFC 的密封材料与工艺至关重要。电堆密封分为两部分：一是每片单电池氧化剂与燃料气之间的密封；二是双极板的气体腔室与外界周边的密封以及外部公用管路与电池组的密封。对干装电堆，可将碳化硅隔膜需要密封的边缘浸入氟密封胶，完成隔膜阻气和实现与双极板之间的密封。而对于湿装电堆（预制磷酸浸入碳化硅隔膜），磷酸即可起到密封作用。外部管道与电池组之间的密封一般使用 Viton 橡胶作密封垫，该橡胶在高温下具有轻微的流动性，有助于实现外部共用管道的密封。

UTC 的 PAFC 设计使用了外部反应气体歧管，设计要求电池内的每个多孔部件沿垂直于反应气体流动方向的两个边缘进行密封，防止阳极燃料渗透泄漏到阴极空气侧。Schroll[17] 提出"湿封"的概念，将组件的边缘使用具有润湿特性小颗粒填料组成的浆料或墨水浸渍，缩小了被浸渍区域的孔径，孔隙在毛细作用力下浸满磷酸，可对 GDL 的边缘进行密封，阻止燃料泄漏。边缘密封的要求与隔膜类似，湿封所用材料必须能被磷酸润湿，且孔径足够小，至少具有 35kPa 的气泡压力，防止因磷酸流失而导致密封失效。

密封材料不能溶解在热磷酸中，或会产生毒化阳极或阴极催化剂的气体。碳化硅、碳或石墨颗粒都可作为湿封材料对电堆进行密封，颗粒尺寸通常为 5μm 或更小，以便于浸渍后渗入多孔部件中。材料制备成具有黏性的墨水后，使用丝网印刷工艺将墨水涂覆到 0.35mm 厚或更薄的 GDL 边缘，形成湿封。在丝网印刷过程中，经常在 GDL 下方抽真空，增强墨水对 GDL 的渗透性，提高边缘密封的质量。这种真空负压浸渍工艺，能够让墨水浸入 1～2mm 厚的 GDL，但达成率受限。

20 世纪 80 年代，为提高电堆对电解质存储能力，UTC 开始在 PAFC 中使用肋状电极基底（ribbed substrates）（约 2mm 厚），但由于厚度问题难以通过浸渍的手段对边缘密封。Decasperis 等[18]提出 GDL 的致密边缘密封工艺，在该工艺中，沿 GDL 的两个边缘沉积两次碳纤维，使边缘变得更致密，然后将 GDL 压制并固化至均匀厚度。该工艺使得边缘区域的密度约是中心的两倍，且相对于孔径约 35μm 的中心区域，边缘密封区域孔径降低至约 7μm，这样就可以采用湿封的方式对边缘进行密封，气泡压力可达到 30kPa。

Breault 和 Gorman[19]随后开发了一种带有整体边缘密封的层压电解质储酸板。使用湿法造纸工艺制备前体毡，前体毡由石墨粉末、碳纤维、纤维素纤维和酚醛树脂组成。先将十条前体毡堆叠在一起，构成储酸板基底，然后沿着每个需要密封的边缘，在前体毡基底之间放置 5 条额外的窄前体毡，在 165℃ 的层压机中压制、固化，得到一个层压电解质储酸板，其中心区域的孔径约为 10～15μm，边缘密封区域的孔径为 5～7μm，湿封后，气泡压力为 30～40kPa。

根据国家标准 GB/T 38914—2020，燃料电池的寿命被定义为输出电压降至初始值 90% 时的运行时间。无机膜型 PAFC 的标准寿命为 4 万小时，相当于连续运行大约 5 年时间。一般认为，电堆性能衰退的原因为催化剂颗粒团聚、碳载体腐蚀、电解质膜缺陷与酸淹等问题。

26.1.2 磷酸燃料电池理论计算研究和经典力场

理论计算研究作为能源科学与工程必不可少的研究手段，可用于指导、预测与评估实验过程与结果，可大量节省时间与研发成本投入，对燃料电池关键材料、器件设计及验证研究具有举足轻重的作用。关于 PAFC 的理论研究，主要研究方法包括分子动力学（molecular dynamics，MD）、计算流体力学（computational fluid dynamics，CFD）模拟仿真两个方面。

（1）分子动力学模拟（MD）

PAFC 采用磷酸液体作为电解质，因此本节主要介绍磷酸相关的理论研究。

由于密度泛函理论（density functional theory，DFT）计算仅能研究静态、原子级别的体系，对于 PAFC 中的磷酸结构分布、质子传导过程无法作出描述，因此，常采用 MD 方法研究 PAFC 中的电解质动态分布过程。MD 方法主要包括从量子基本原则角度考虑系统间相互作用的从头算分子动力学（ab initio molecular dynamics，AIMD）和以牛顿力学为原理运用经典力场的经典分子动力学（classical molecular dynamics，CLMD）模拟。CLMD 由于其原理的限制性，无法模拟化学键断裂生成过程，因此基于量子力学从电子结构出发求解原子能量与力的 AIMD 方法更适合解释磷酸质子传输过程。

AIMD 从量子力学基本原理角度考虑系统间的相互作用，通过分析每个原子的电子结构来计算作用在系统中原子核上的力。该方法计算精确，常用于探究涉及化学键断裂生成过程的反应体系，但存在高计算成本问题，因此适用范围受限于微观尺度的长度和时间（通常尺寸在 1nm，时间在 100ps）。如 Tuckerman 和 Kreuer 等[20]利用 AIMD 方法研究了磷酸的质子传导过程，从微观原子层面提出了纯磷酸质子转移的主要步骤：离子对形成、带电体分散、迁移和中和过程。该研究对磷酸质子传输过程的探究有助于帮助理解磷酸的内禀电导率高的原因。

（2）计算流体力学模拟（CFD）

CFD 作为一种以理论流体力学为基础的仿真模拟工具，能够对流场进行数值模拟，提供比实验研究更丰富的流动细节。其根据边界条件通过求解流动的微分或积分形式的方程组，建立理论流体力学和实验流体力学之间的"数值关联"，有助于发现新的流动现象和机理。在 PAFC 中进行 CFD 建模与在 PEMFC 中相似，其区别在于磷酸电解质和更高的操作温度及相应影响。主要难点在于催化层的建模，其中正确模拟气体、电解质和固体催化剂之间的三相接触至关重要。Choudhury 等[21]依据多孔电极理论建立了富电解液模型，含铂碳颗粒团聚物在多孔电极中而被电解质淹没，反应物通过多孔电极扩散到团聚物与电解质之间的界面中发生反应，之后其中的水扩散出去。该富电解液模型的建立能够有效用于其他电极。此外，Choudhury 等[22]也为 PAFC 提出了一种方便进行参数灵敏度分析的二维稳态模型，能够查看电流输出对塔费尔（Tafel）斜率、单位体积活性催化剂面积、氧交换电流密度和团聚体尺寸等参数的依赖性。利用该模型结合有限元方法，能够有效用于沟槽设计、催化层厚度优化和湿度管理。之后 Zervas 等[23]设计了稳态三维模型，研究了电流密度和燃料利用率对电极电位、发电功率、流场浓度分布以及电极表面电位分布的影响。

综上，MD 能够从原子及分子层面研究电解质间的相互作用关系，解析电解质对电导率的贡献；而 CFD 从介观尺度为燃料电池的研究提供电化学、流体力学等信息。两者结合能够为 PAFC 的发展提供理论指导意见、优化方案和缩短实验流程，从而提升研发效率。

26.2 聚合物膜型磷酸燃料电池

无机膜型 PAFC 具有电解质稳定、磷酸可浓缩、蒸气压低和阳极催化剂不易被 CO 毒化等优点，是一种接近商品化的燃料电池技术，然而其存在不可忽视的缺点：①无机隔膜脆性大，加工与密封难度大；②电堆体积大，仅适合固定式发电场景，不适用于中小型移动式场景。同样以磷酸作为电解质的聚合物膜型 PAFC，将磷酸锚定在聚合物膜内共同组成柔性固态电解质，使得 PAFC 的便携式应用成为可能。聚合物膜型 PAFC 不但具备 PAFC 所有的优点，且体积小，比功率密度高，可与燃料重整直接耦合，可进行移动式与分布式热电联供的应用，是目前 PAFC 商用化快速发展的重要方向。

聚合物膜型 PAFC 的电池整体结构与低温 PEMFC 基本相同，均由膜电极与双极板构成，但由于电解质的物性特点与工作温度不同，其在膜材料、催化剂、双极板、封装材料中均有特殊的设计要求。

26.2.1 高温聚合物电解质膜

PAFC 运行温度的提高对关键材料的性能提出了更高的要求，尤其是对高温聚合物电解质膜（high-temperature polymer electrolyte membrane，HT-PEM）材料。HT-PEM 除了要满足一般聚合物电解质膜（polymer electrolyte membrane，PEM）的质子传导与阻隔两极气体的功能要求以外，还应在高温无水的环境下保持良好的热稳定性、化学稳定性和尺寸稳定性。

由于独特的物理性质，质子在 PEM 中很难单独存在。膜内的质子传导一般通过两种共识的机制实现：一种是质子与膜内的质子载体牢固结合，通过质子载体的扩散移动而运输（车载机制，vehicle mechanism），该机制一般需要水的参与；另一种是利用氢键的断裂与重组传递（跳跃机制，grotthuss mechanism）。在 PAFC 高温无水环境下，高黏度无机酸分子的扩散移动则遵循斯托克斯规则（Stokes law），因此跳跃机制对于获得高的无水质子电导率至关重要。跳跃机制传递质子的前提条件是建立动态的长程氢键网络。当酸碱体系的酸与碱的酸度相近时会形成氢键，从而允许质子长距离运输。酸碱相互作用产生了质子电荷载体，与碱相结合的共轭酸与自由酸分子之间的酸度差（ΔpK_a）则决定了酸碱平衡中的质子转移程度，即氢键的电离度和强度。因此酸碱匹配的酸度差在形成广泛的氢键网络时起到关键作用，这对于质子传导中跳跃机制的建立至关重要。

碱性聚合物与无机酸配合是开发 HT-PEM 的一种有效方法。硫酸、磷酸、盐酸、硝酸和高氯酸等液态无机酸都曾作为质子导体掺杂到碱性聚合物中。

聚苯并咪唑（polybenzimidazole，PBI）是一类主链含有咪唑基团的线型缩聚物，不同结构的 PBI 可以由数百种四胺和二元酸的组合合成[24]。1961 年 Vogel 和 Marvel 首先用四胺和二元酸缩聚制备了第一个全芳香的聚苯并咪唑；1983 年 Celanese 公司生产了商业化的聚（2,2'-间亚苯基-5,5'-联苯并咪唑），至今仍然沿用，因其具有间亚苯基而被称为 mPBI[25]。在很长一段时间内，PBI 的应用主要集中于阻燃材料、耐高温胶黏剂、高性能纤维、泡沫塑料以及用作高温腐蚀环境下的密封元件方面。20 世纪 90 年代起随着质子交换膜燃料电池研究的兴起，在发现了酸掺杂的聚苯并咪唑有良好的质子导电性后，PBI 在 PAFC 中的应用倍受瞩目。

Wainright 课题组在早期尝试了对聚苯并咪唑进行硫酸等无机酸掺杂的研究。对无机酸掺杂的聚苯并咪唑类 HT-PEM 的性能的研究发现，相同掺杂量下，酸掺杂 PBI 膜的质子电导能力排序为：$H_2SO_4 > H_3PO_4 > HClO_4 > HNO_3 > HCl$。尽管硫酸掺杂 PBI 的质子电导率最高，但是聚合物在高温环境下对高氧化性硫酸的耐受性尚未得到证实。高温时高浓度的硫酸容易腐蚀和氧化聚合物的主链，随着硫酸分子的配合，PBI 聚合物的热降解温度降低至 330℃；而 PBI 聚合物及 PA 掺杂型 PBI 则在 500℃ 保持热稳定[26]。同时，硫酸掺杂膜的质子电导率过度依赖环境湿度，而在低湿度条件下，PA 掺杂 PBI 质子传导性能最优。

1995 年 Wainright 等首次提出将 PA/PBI 应用在 PAFC，掺杂 PA 作为质子导体是制备高质子传导性能 HT-PEM 的主要方式。作为一种非晶态热塑性聚合物，mPBI 的芳香环主链为聚合物提供了高的热稳定性（玻璃化转变温度 $T_g = 425 \sim 436℃$）、优异的耐化学性、持久的刚度和韧性。但是，对于 mPBI 而言，为了避免由于其刚性骨架和咪唑环的 N—H 键之间强大的氢键相互作用而导致聚合物不溶，mPBI 分子质量（M_w）必须在 23~40kDa 范围内才适合用于膜的制备，此时 mPBI 膜的磷酸掺杂水平（acid doping level，ADL）为 6~10，在 150℃ 时，其电导率也很难超过 0.1 S/cm。

为了能够更好地作为质子交换膜使用，近年来已经进行了许多工作来修饰 PBI 聚合物结构。这些工作提高了 PBI 膜的高分子量，使其具有良好的溶解性和加工性等，这对 PBI 膜的机械稳定性和功能化加工具有重要意义。另一种研究策略则是调整聚合物的碱度，以改善膜的 ADL。这些修饰可以通过两种方式完成，一是在聚合前对单体进行合成修饰，二是聚合后在苯并咪唑反应性 N—H 位点对聚合物进行取代。表 26-1 总结了近年来关于合成改性 PBI 的工作，并列出了各种结构的单体，主要包括含醚、磺酮、酮和脂肪族的双（3,4-四氨基二苯）和各种双（苯氧羰基）酸衍生物。

表 26-1　近年来设计合成的不同分子结构的 PBI 衍生物汇总

聚合物简称	R	X	文献
mPBI			[27]
pPBI			[28]
OPBI			[28]
SO$_2$PBI			[29]
F$_6$PBI			[30]
PFCBPBI			[31]
F$_{14}$PBI			[32]
PyPBI			[33]
OHPyPBI			[34]
BIpPBI			[35]
ImPBI			[36]
萘-PBI			[37]
NPTPBI			[38]

聚合物简称	R	X	文献
p-PPBI			[39]
PBI-108			[40]
NH₂PBI		NH₂	[41]
HPBI		COOH	[42]
*s*PBI		SO₃H	[43]
(OH)₂PBI		HO / OH	[44]
OHPBI		OH	[45]
PBI-CN		CN	[46]
tert-But-PBI		H₃C—C—CH₃ / CH₃	[47]
Py-PBI-BDA	N / Ph		[48]
Py-PBI-BPDA	N / Ph		[48]
Py-PBI-HFIPA	N / Ph	CF₃ / C / CF₃	[48]

聚合物简称	R	X	文献
PBI-OO	—O—		[49]
PBI-O-Py	—O—		[50]
PBI-SO₂	$-S-$（带O）		[51]
OPBI-R1			[52]
OPBI-R2			[52]
OPBI-R3			[52]

注：第 2 列空，表示无 R 基团。

聚（2,2-对亚苯基-5,5-联苯并咪唑）（pPBI）首次合成于 20 世纪 60 年代，近年来更受关注。与 mPBI 相比，因主链含有对亚苯基结构，聚合物的对偶结构显示出优越的抗拉强度和刚度。但是其玻璃化转变温度（361℃）比 mPBI（420℃）稍低。

聚（2,5-聚苯并咪唑）（AB-PBI）结构比 mPBI 和 pPBI 都要简单。由于没有连接的苯环结构，因此单元中碱性位点的浓度较高。相关结果表明，AB-PBI 表现出比 mPBI 更高的酸亲和力。在相同条件下，AB-PBI 比 mPBI 能吸收更多的 PA。AB-PBI 可以由单一单体（3,4-二氨基苯甲酸）聚合（DABA），其价格较低，可在市场上获得（例如用于制药工业），且不致癌。最近合成 AB-PBI 的方法是在多聚磷酸（polyphosphoric acid，PPA）中或在 P_2O_5-MSA（甲基磺酸）混合物中合成。通过使用重结晶的 DABA，可以合成固有黏度高达 7.33(dL/g) 的 AB-PBI，这对于从聚合物溶液中直接制备 PBI 膜至关重要。

增加 PBI 主链上 N 原子或—NH 基团的数量可以提高膜基质对 PA 分子的亲和力，从而提高 PBI 膜的酸掺杂水平和质子电导率。吡啶基团通常作为附加的含氮芳香杂环加入 PBI 骨架上，以增加聚合物中碱性基团的含量，同时保持聚合物固有的高热氧化稳定性。对于吡啶基聚苯并咪唑（Py-PBI），研究人员发现苯环被吡啶环取代后，聚合物的溶解度增强。此外，主链上带有极性吡啶基团还增强了膜的抗氧化稳定性。

醚、硫酮等基团对聚合物的性能也有重要影响。研究表明，这些基团降低了聚合物的热氧化稳定性，但增强了聚合物的溶解性和灵活性。对于 OPBI 和 PBI-OO，通过在主链上引入芳香醚键，提高了 PBI 在有机溶剂中的溶解度。得益于膜内较大的自由体积，膜的 ADL（每个 OPBI 单元吸收 19 个 PA 分子）也得到了进一步提高，使其在高温下的质子电导率大幅提升。可见在 PA 掺杂 HT-PEM 中，聚合物的溶解性、高分子链的柔性以及含氮基团的碱性都对 ADL 有影响。

事实上，HT-PEM 的最终实用性还取决于多种因素，如力学性能和循环寿命等，都必须达到一定的指标才能满足使用要求。但是，单一的单体难以兼顾到各种性质的平衡。通过几个具有不同官能团的单体的共聚合，可以在聚合物基体中引入多种官能团，从而达到各种性能之间的平衡，得到综合性能满意的膜。因此，共聚已成为提高 PBI 综合性能的重要手段。由于不同嵌段的物理化学性质不同，嵌段共聚物膜可以在膜内形成纳米相分离结构，从而形成连续的离子纳米通道，有利于质子的输运。如 P_m-b-O_n-PBI，由于刚柔结合的聚合物主链，该嵌段共聚物膜具有明显的纳米相分离结构，提供了连续的离子纳米通道，具有较高的质子导电性。结果显示，基于 P_m-b-O_n-PBI 的 MEA 在 160℃下达到了 360mW/cm^2 的最大功率密度，比传统线性的 pPBI（250mW/cm^2）和 OPBI 膜（268mW/cm^2）高。

PBI 的苯并咪唑环中的 N—H 基团还可作为活性位点，通过双分子亲核取代反应（SN_2）或迈克尔加成反应来实现侧链接枝 PBI。PBI 首先与碱金属氢化物（NaH 或 LiH）在 DMAc 或 NMP（N-甲基吡咯烷酮）中反应产生 PBI 聚阴离子，然后使其与烷基、芳基或烯基甲基卤化物反应以生成 N-取代的 PBI。这种策略是目前研究者最为关注的策略之一，东北大学杨景帅教授[53]在 mPBI 上的 N—H 位点接枝苯并咪唑，制备的膜在 180℃时的质子电导率为 0.15S/cm，基于该膜组装的电池在 160℃时输出功率达 351mW/cm^2。

苯并咪唑聚合物在高温聚电解质中的成功应用，引发了对各种含氮功能基团的非 PBI 类碱性聚合物电解质膜的大量研究。这些新型含氮杂环结构的质子交换膜通常以具有较高热稳定性（＞300℃）和化学稳定性的高分子聚合物（如聚砜、聚芳醚等）作为基底，通过引入具有弱碱性的官能团，如吡啶，三唑环、噁唑、苯并吡嗪、噁草酮或者苯并三氮唑等氮杂环基团，来吸附 PA 分子，并获得较高的 ADL。

聚噁唑（polyoxadiazoles，PODs）的化学结构特点使其成为很有前途的质子交换膜材料[54]。在 PODs 链中存在具有两个氮原子的高碱性杂环，可作为质子传导位点。此外，这些杂环聚合物具有许多独特的性能，包括高热稳定性（高达 480℃）、高玻璃化转变温度（高达 250℃）、良好的力学性能、耐化学性、在有机溶剂中的溶解性等。相比于 PBI 膜，PODs 膜在较低的 ADL 条件下显示出更高的质子电导率值。

主链含哌啶、吡啶或吡咯烷酮结构的聚合物膜也能够吸收 PA，用作高温质子交换膜基体材料[55]。聚乙烯吡咯烷酮（polyvinyl pyrrolidone，PVP）是一种非离子型高分子化合物，具有优异的溶解性能、生理相容性及生理惰性，且制备简单，成本低廉。PVP 结构单元中含有吡咯烷酮氮杂环，能够提供 PA 吸附位点，具有作为 HT-PEM 的潜力。但 PVP 是一种水溶性高分子，不能单独作为高温膜材料。将 PVP 作为吸附 PA 的高分子，与其他工程高分子如聚芳醚、聚偏氟乙烯等制备共混复合膜可以作为 HT-PEM 使用。在 PVP 基 PEM 中，PVP 的碱性

N 杂环可用作 PA 吸附位点，质子在 PA 与 N 杂环之间传递或在 PA 分子间传递以实现质子传输。研究发现，基于 PVP 基的高温膜的 ADL 范围为 4～11，在 120～180℃无增湿条件下质子电导率高达 0.08～0.25S/cm。离子传输与拉伸强度的平衡可以简单地通过与 PVP 相容的高化学稳定性、热稳定性的聚合物的组成比例或聚合物膜的微观结构进行调控。除了 PVP，其他的类似含氮高分子，如聚（2-乙烯基吡啶）[poly(2-vinylpyridine)，P2VP]、聚（4-乙烯基吡啶）[poly(4-vinylpyridine)，P4VP]、聚乙烯亚胺（polyethyleneimine，PEI）、聚乙烯咪唑（polyvinylimidazole，PVI）等均有作为 HT-PEM 的潜力与研究价值。

聚芳基哌啶聚合物 [poly(aryl piperidinium)，PAP] 是一类主链上不含醚键的亚芳基哌啶聚合物，可以通过联苯单体与 N-甲基-4-哌啶酮经过弗里德-克拉夫茨（Friedel-Crafts）反应一步制得。由于主链上无明显吸电子基团，因此往往表现出良好的抗氧化稳定性。主链上甲基吡啶还可以通过卤代烷烃进行质子化，进一步增加聚合物的碱性。研究发现利用聚芳基哌啶 [聚二联苯哌啶（PPB）和聚三联苯哌啶（PPT）] 制备的高温质子交换膜，在吸附 PA 以后膜的机械强度高达 12MPa，高于常见的 PA/PBI 膜。而且 PA/PPT 产生了有助于质子传输的微观相分离结构，在 PA 吸附含量相同的情况下，PA/PPT 膜的质子电导率远高于 PA/PBI 膜，氢氧燃料电池的峰值功率密度高达 $1220.2mW/cm^2$，是 PA/PBI 燃料电池的 1.85 倍[56]。值得注意的是，在 1600h 的燃料电池稳定性测试中未出现明显衰减，具有优异的稳定性，证明聚芳基哌啶聚合物在高温质子交换膜的应用具有很大潜力。

然而，PA 掺杂型 HT-PEM 目前仍面临两个关键的问题：一是膜的质子传导性能与拉伸强度难以兼顾；二是膜内 PA 的流失。针对上述关键问题，研究者们开展了大量的研究工作，采用的方法主要有离子交联或者共价交联、有机-无机复合和多孔纤维物理增强、构建微相分离或微孔结构、引入季胺基团增强与 PA 的相互作用等。

离子交联通常是将碱性聚合物与酸性聚合物共混以获得柔性聚合物网络，改善聚合物膜的拉伸强度。通常采用的酸性聚合物有磺化聚砜（sulfonated polysulfone，SPS）、磺化聚醚醚酮（sulfonated polyether ether ketone，SPEEK）、磺化聚苯醚（sulfonated polyphenylene oxide，SPPO）、磺化聚亚芳硫醚等。但是酸性聚合物与碱性聚合物一起溶解在溶剂混合之后，就会有聚合物盐沉淀析出。为了避免该情况的产生，酸性聚合物通常预先处理成中性形式，例如与二胺、三乙基胺等挥发性碱反应或者转化为相应的金属盐。比如，Nafion 在与 PBI 共混前通常先转化为钠盐的形式，再将获得的复合膜进行酸化处理得到离子交联膜。与 PA 掺杂 PBI 膜相比，PA 掺杂酸碱离子交联 PBI 复合膜表现出更高的质子电导率和拉伸强度，并且获得更高的电池输出性能。然而由于高温下离子键会断裂，导致离子交联复合膜长期热稳定性较差，阻碍了其在高温燃料电池中应用。

共价交联也是提升 HT-PEM 拉伸强度的常用方式。1977 年 Thomas 等指出 PBI 中的咪唑基团可以被含有两个或更多功能基团的有机酸或者其卤化物交联，得到酰胺交联型 PBI。共价交联型 PBI 膜呈现更坚韧的特性，在高压情况下有更好的抗压稳定性。常用的交联剂有乙二醇二缩水甘油醚（EGDE）、对苯二甲醛（TPAH）、聚乙烯基氯苄（PVBCl）、二异氰酸酯等。但是，共价交联在提高 PBI 膜的拉伸强度及化学稳定性的同时也会带来其他的一些问题。比如，交联度较高的 PBI 膜会变脆，影响其长期稳定性和塑造能力；交联会导致 PA 吸附位点减少，降低 ADL，最终导致质子电导率不高。如用二异氰酸酯交联型 PBI 膜浸泡 PA 后的质子电导率在 160℃时仅有 0.008S/cm。

有机-无机复合改性是另一类提升膜性能的有效方法，主要是在聚合物中添加无机物或者拉伸强度优异的粉体材料。一般来说无机填料可分为亲水氧化物，如 SiO_2、沸石、蒙脱石和 TiO$_2$ 等；或具有质子传导性的杂多酸（SiWA、PWA、PMoA）、焦磷酸盐以及 Zr 的氧化物或盐等，其还能够增加酸性位点，为质子传输提供额外的传输路径。另外，利用高机械强度的基体材料来增强质子交换膜的机械强度也是一种简单有效的方式。常用的增强材料包括多孔 PTFE、PTFE 纤维等。

也可以在高分子基膜中添加致孔剂，或通过相转换法制膜。以物理的方式在膜中引入孔道，是一种提升膜材料 ADL 的方式。在膜制备过程中加入硬模板或软模板作为致孔剂，成膜后再将致孔剂洗脱掉，在基膜中形成了多孔结构，从而提高膜材料的 ADL，提升膜的质子电导率。然而，通过这种方法制备的多孔膜为非均质膜，膜内的孔道结构会严重损害膜的力学性能。

近年来，通过聚合物链自组装形成膜内自聚微孔结构的聚合物得到了广泛关注。不同于通过致孔剂或相转换法制备的多孔膜，自具微孔聚合物（polymers of intrinsic microporosity，PIMs）是由于分子的自身刚性及非平面扭曲的分子结构，通过分子动力学自组装形成相互连接、具有分子间空隙的连续网络的均相聚合物。聚合物分子链之间的间隙被称作自由体积（free volume），当分子链之间的自由体积足够大，连接起来之后，就会形成微孔结构。Li 等制备了基于 Tröger 碱（TB）和 V 形桥接双环二胺单体的刚性本征微孔聚合物并以此作为高温质子交换膜。精心设计的亚纳米孔平均半径为 3.3Å，通过虹吸效应和酸碱相互作用能实现高的 PA 保留率和质子传导性能。PA/DMBP-TB 膜即使在高度湿润的条件下也能保持 PA 的含量，水洗后仍保留了 72.5％的 PA；其质子电导率在 −30℃ 为 10mS/cm，比传统 PA/PBI 膜高出 3 个数量级以上。在 −20℃、40℃、160℃ 和 200℃ 的稳定性测试结果表明，PA/DMBP-TB 膜能够在 −20～200℃ 的宽温度范围内稳定工作[57]。

在膜内构建微相分离结构可以在提升膜材料 ADL 的同时保持膜的拉伸强度。通过模仿 PFSA 的结构，将 PA 掺杂位点转移到侧链上从而远离聚合物主链，能够在低接枝度下实现高的 PA 吸附量，并形成尺寸更大的离子团簇，进而改变 PA 在膜内弥散分布状态。一方面为质子的传输提供快速通道，另一方面降低了 PA 分子对高分子主链的塑化作用，从而实现了质子传递性能和拉伸强度的共赢。比如，侧链接枝咪唑结构的聚苯醚聚合物（PPO-g-Az-x）在掺杂 PA 后，可发现，PA 分子主要结合在侧链上，这诱导了 PA 在膜内聚集，进而形成分离结构。由于该微观结构的形成，PA 被限域在电解质膜内局域空间，致使该电解质膜展现出良好的抗 PA 塑化和 PA 保留能力[58]。PA 掺杂前后，PPO-g-Az-6 膜拉伸强度的损失仅为 18.3MPa，而 OPBI 达到了 95.6MPa。并且在 60℃、40％ RH 下，PA/PPO-gAz-6 膜在 35h 测试时间内 PA 保留能力达到 89.7％，而 PA/OPBI 仅为 69.8％。得益于电解质膜内 PA 限域聚集空间的形成，在 80～160℃ 的热循环测试中，PA/PPO-g-Az-x 膜的质子电导率没有因为热应力及冷凝水的生成而发生明显的降低。将聚（1-乙烯咪唑）作为 PA 掺杂位点接枝在聚砜主链上，成功实现了负责质子传导的 PA 团簇区域与提供机械强度和尺寸稳定性的主链区域的分离，从而构建了亲疏水微相分离结构。

开发高温聚合物电解质膜的一种较新的方法是使用含有季铵（QA）碱性基团的聚合物。由于 PA 和 QA 之间存在很强的离子相互作用，季铵基团被引入聚合物中以减少 PA 的浸出。Kim 等将 PA 分子与不同碱性官能团的分子间相互作用能进行了理论计算[59]。计算结果显示能够接受质子的碱性官能团（含伯胺、仲胺、叔胺的碱性功能基团）与 PA 的相互作用能（E_{int} 为 15.3～25.2kcal/mol❶）较小，而季铵基团与 PA 有很强的相互作用能

---

❶ 1kcal/mol=4.1868kJ/mol。

（E_{int} 大于 100kcal/mol）。因此，制备的基于季铵-双磷酸盐离子对配位的聚苯基（PA-掺杂 QAPOH）高温质子交换膜，由于 PA 分子与聚合物中的磷酸二氢根-季铵离子对之间的相互作用更强，PA 掺杂的 QAPOH 比 PBI 膜保持了更高的保酸率。在 80℃和 40% RH 下，PA/QAPOH 的保酸率高达 90% 以上，而 PA/PBI 仅为 47%。PA/QAPOH 的质子电导率也较为稳定，在水分压为 9.7kPa 时，PA/QAPOH 的电导率衰减率仅为−1.0(μS/cm)/h，比相同水分压下 PA/PBI 的电导率衰减率低了 3 个数量级以上。在水分压为 9.7kPa，80～160℃热循环的 AST 测试中，基于 PA/QAPOH 的膜电极性能相对稳定，在 500 次循环内衰减速度缓慢，160℃时的燃料电池电压衰减率仅为 0.39mV 每次循环（1.51mV/h），显然引入 QA 基团的膜具有良好的 PA 保留能力[60]。

聚合物膜内需要大量的游离 PA 以获得足够的质子电导率。膜内 PA 的掺杂可以通过多种方式进行。一种方法是首先制备出聚合物膜，然后再简单地将 PBI 型膜浸入 PA 溶液中。一般来说，采用这种方法制备出来的膜往往比较致密，具有较好的力学性能，但是聚合物链间的紧密堆积造成其中的氢键作用较强，在温和的条件下 PA 分子不易渗入膜内，因而 ADL 相对来说较低，造成质子电导率也较低。通过提高膜浸泡 PA 的温度和时间可以提高膜内的 ADL。例如 AB-PBI 膜，在 120℃的掺杂条件下，可以吸收 2.5 倍于自身重量的 PA，对应的 ADL 可达到 5。许多非交联的聚合物在该条件下容易溶解于 PA 溶液中，导致膜不完整。值得注意的是，质子交换膜在掺杂前期即能够吸收较多的 PA。大量的游离 PA 削弱了聚合物分子链之间的范德华力相互作用，这会导致质子交换膜出现明显的溶胀，从而影响膜的力学性能。

另一种掺杂 PA 的方法为溶胶凝胶法，或者也被称为原位成膜法，即使用 PPA 作为溶剂合成 PBI 后，直接将所得的热聚合物溶液倒在平板上用刮刀刮开，待其自行流平后，将其放置于一定温湿度环境下，其中的 PPA 原位水解成为 PA 后，即可直接得到掺杂了 PA 的质子交换膜。溶胶凝胶法不仅省去了聚合物洗涤、溶解及 PA 掺杂这些步骤，而且由于 PA 是在聚合物基体中原位生成的，保证了其具有比较高的 ADL。但是，这种制备方法对工艺提出了较高要求，因为略去了后期洗涤过程，因而对单体纯度要求较高，要求合成的聚合物中不能有太多杂质；同时聚合物必须具备比较高的分子量，否则所得凝胶无法形成足够强度的膜；水解的温湿度需要适当控制，否则所得膜将会出现穿孔、开裂等瑕疵；此外，聚合物溶液必须具有适当的黏度才可用于制膜，黏度过高或过低都会使膜的厚度控制变得困难，因而并不是所有单体聚合后都适合采用溶胶凝胶法制膜。溶胶凝胶法所得的膜由于聚合物链较为松散，因而机械强度往往相对于溶液浇铸法来说较低。

质子交换膜是 35 项国外"卡脖子"的燃料电池关键材料之一，目前国际上可以量产的高温聚电解质膜产品主要包括德国 Fumatech GmbH 的聚苯并咪唑系列（Fumapem AP® 和 Fumapem AM®）、美国 Advent Technologies 的聚苯并咪唑系列和 TPS® 与北京海得利兹新技术有限公司研发的国产的 N-杂环聚合物基 PPTec® 系列高温质子交换膜。国产 PPTec® 高温质子交换膜产品性能稳定，不仅彻底解决了"卡脖子"的技术瓶颈，市售价格仅为国外竞争产品的 60%～80%，性价比优于国外竞争产品。

26.2.2 HT-PEM 质子导体

26.2.2.1 无机磷酸

应用于 HT-PEMFC 的膜材料普遍自身不具备直接质子传导功能，例如聚苯并咪唑（PBI）系列聚合物膜，聚乙烯吡咯烷酮（PVP）基聚合物膜等具有碱性单元的膜材料，其核心功能为质子导体结合位点与气体隔离。因此，将其应用于高温质子交换膜时，需要额外加入质子源，即质子导体，可通过在初始制膜过程中直接引入质子源，或者通过后处理方式以实现高的质子传输性能。

如前所述，目前商用化 PAFC 普遍使用无机磷酸作为高温燃料电池的质子导体，虽具有十分显著的优势，但仍存在不可忽视的缺点。

首先，在磷酸掺杂型质子交换膜中，需要有高的磷酸掺杂量才能获得高的质子电导率。然而磷酸掺杂水平过高导致膜中大量的游离磷酸分子填充在聚合物高分子链的周围，大幅减弱了聚合物高分子主链之间的范德华力，导致聚合物膜力学性能大幅降低。例如，Benicewicz 等制备的磷酸掺杂水平高达 32 的 PBI 膜，电导率达到 0.026S/cm（200℃），但其拉伸强度只有 0.8MPa[61]。高磷酸掺杂水平导致的另一个关键问题是磷酸流失问题。膜中存在的大量游离磷酸，由于与高分子链的相互作用力较弱，在电场作用下会产生迁移，向膜的一侧移动而造成磷酸的流失。此外，高温燃料电池在启停和运行过程中会产生气态水，使得膜内外产生不同的化学势，导致游离磷酸的动态迁移从而造成其流失。

其次，磷酸质子导体对催化层造成"酸淹"与催化剂"毒化"等负面影响。催化层中的磷酸主要是通过电解质膜中过量的磷酸迁移进入，主要包括以下三个过程[62]：①在膜电极热压和装配过程中，机械压力会使电解质膜内和表面残留的磷酸溢出到达催化层中；②在毛细作用力（由催化层孔隙结构和亲疏水性决定）和磷酸表面张力的共同作用下，磷酸在催化层的孔结构中重新分布构建"固-液-气"电化学三相反应界面；③电池运行时，电流驱动少量的 $H_2PO_4^-$（质量分数约占 2%～4%）向阳极迁移，在膜内形成的浓度梯度差会驱动磷酸反向扩散到阴极侧，阴极处生成的水致使更多的磷酸进入阴极催化层中，该动态过程也促进了磷酸在整个 MEA 中的再分布。导致催化层的"酸淹"，占据 Pt 活性位点，限制了催化层内的物质传输和三相反应界面的形成，进一步影响了氧还原反应（ORR）活性。已有研究表明，当电位低于 300mV 时，H 原子优先被吸附在 Pt 催化剂表面。当电极电位上升至 300～400mV 范围内时，磷酸开始部分取代 H 原子吸附在 Pt 催化剂表面。当电极电位进一步升至 400～700mV 之间时，只检测到少量的磷酸吸附，但研究者推测 Pt 表面仍然全部被磷酸覆盖，而只检测到少量磷酸吸附是由于磷酸分子或阴离子在 Pt 表面的可移动性以及只有在其他吸附质同时存在的情况下才以有序的方式吸附并变得可检测。电位在 700～800mV 范围内观察到含氧物种和磷酸的共吸附。电位继续升至 900mV 以上时，Pt 表面只有含氧物种被检测到。

磷酸的上述特征限制了其在 HT-PEMFC 的进一步广泛应用，因此，需要对适用于 HT-PEMFC 的在高温低湿/无水条件下具有高的质子导电能力的新型质子导体展开研究，发展新型质子导体用于高温质子交换膜和催化层三相界面的构建。

26.2.2.2　非磷酸型高温质子导体

尽管磷酸作为高温质子导体具有优异的电化学性能，但受其小分子结构流动性过强而易在膜内流失，以及对铂基催化剂的毒化等原因，限制了磷酸掺杂型高温质子交换膜的进一步发展应用。目前，已有几类非磷酸型高温质子导体被广泛研究。

无机固体质子导体包括磷酸锆及其衍生物以及硫酸氢盐等。磷酸锆在 300℃ 的范围内具有很好的导电性。自 1970 以来，已经有人制备出 α-磷酸锆和 γ-磷酸锆的有机衍生物[63]。在这一类的无机聚合物中，α-Zr$(O_3POH)_2 \cdot nH_2O$ 的 O_3POH 基团和 γ-ZrPO$_4 \cdot O_3P(OH)_2 \cdot nH_2O$ 的 $O_3P(OH)_2$ 基团被 O_3POR 或 $O_2PR'R$ 基团取代，其中 R 和 R' 是有机基团，它们通过亚磷原子桥接到无机二维基体中。当有机基团 R 能解离出质子时，如

—COOH、—PO$_3$H、—SO$_3$H 或 NH$_3^+$ 等基团，这类化合物就称为质子导体。一些混合的烷基苯磺酸磷酸锆在约 100℃下的质子电导率可达 5×10^{-2} S/cm，且热稳定性可达 200℃。由于磷酸锆在适当溶剂中有很大的吸胀性，所以可与聚合物材料进行复合[64]。另一类无机固体质子导体是硫酸氢盐（MHXO$_4$）[65,66]。MHXO$_4$ 中 M 代表大尺寸的碱金属 Rb、Cs 或 NH$_4^+$，X 代表 S、Se、P 或 As。在这类化合物中，人们最感兴趣的是 CsHSO$_4$，它存在多种相变，141℃以上的高温相的电导率可达 10^{-2} S/cm。与其它低温含水质子导体相比，CsHSO$_4$ 具有更高的热稳定性（分解温度为 212℃）和电化学稳定性。因为其结构中不含有水，而且它的导电性不依赖于湿度，所以它可用在无水高温质子膜的研究中。

此外，杂多酸也是一类良好的质子导体，其是一类含有氧桥的多核配合物，是由多阴离子、氢离子和结晶水所组成的，其多阴离子是由中心原子（或杂原子，以 X 表示）与氧原子组成的四面体（XO$_4$）或八面体（XO$_6$）和多个共面、共棱或共点的、由配位原子（或多原子，以 M 表示）与氧原子组成的八面体（MO$_6$）缩合而成。在固体状态下，杂多酸主要由杂多阴离子、质子和水（结晶水和结构水）组成。在杂多酸晶体中有两种类型的质子：一是与杂多阴离子作为整体相连的离域水合质子；二是定位在杂多阴离子中桥氧原子上的非水合质子。离域质子易流动，在杂多酸晶体中呈"假液相"特征。因此，杂多酸可作为高质子导体固体电解质。1979 年 Osamu Nakamura 等首先报道了杂多酸的质子导电性[67]，25℃时 H$_3$PW$_{12}$O$_{40} \cdot$ 28H$_2$O 的电导率与 2mol/L H$_3$PO$_4$ 水溶液的电导率相似。由于其相当高的质子导电性，杂多酸在燃料电池和传感器等方面有潜在的应用前景，引起了人们的广泛重视。Lu 等提出了一种基于高度有序介孔 MCM-41 二氧化硅的新型无机质子交换膜，通过真空辅助浸渍法组装 HPW 纳米颗粒[68]。HPW/MCM-41 介孔二氧化硅在 25℃和 150℃下质子电导率分别为 0.018 和 0.045S/cm。最重要的是，基于 HPW/MCM-41 介孔硅胶膜的燃料电池表现出非常令人印象深刻的性能，在 H$_2$/O$_2$、100℃和 100% 相对湿度下最大功率密度达到 95mW/cm^2，在甲醇/O$_2$、150℃和阴极 0.67% 相对湿度下最大功率密度达到 90mW/cm^2。

另一种非水质子导体是离子液体，其是完全由离子组成、在常温附近呈液态的低温熔盐，又称室温熔融盐。它由有机阳离子和无机阴离子或有机阴离子组成。阳离子通常是烷基季铵离子、烷基季鏻离子、烷基吡啶离子和二烷基咪唑阳离子等；阴离子常见的有卤素离子、AlCl$_4^-$ 和含氟、磷、硫的离子，如 BF$_4^-$、PF$_6^-$、CF$_3$SO$_3^-$、CF$_3$COO$^-$、PO$_4^{3-}$、NO$_3^-$ 等。离子液体具有常规溶液所不能比拟的优点：①在较宽的温度范围（$-100 \sim$ 200℃）内处于液体状态；②蒸气压极低；③无可燃性，无着火点；④热稳定性和电化学稳定性高；⑤离子电导率高，分解电压高；⑥比热容大；⑦黏度较低。其对无水质子迁移过程（脱离了对水合的依赖）和在热稳定性方面有了实质性的改进，从而允许更加宽广的操作条件和可控制的物理、流变和电化学性质。

虽然一些固体无机酸或酸式盐在高温无水条件下具有良好的质子电导率，也有被成功用于 PAFC 的实例，但无机材料的成膜性能差，难于在 PAFC 中推广。因此，具有酸性基团的有机物仍是质子导体的首选。膦酸基在高温无水状态下具有自电离能力，有一定的电导率，具有服役于 HT-PEMFCs 的潜力[69]。与无机磷酸相比，有机膦酸直接以高键能的 C—P 键与高分子的主链或侧链相连，克服了无机磷酸腐蚀性强、容易流失的缺点。且相比于液态无机磷酸分子，有机膦酸分子尺寸更大，具有更高的熔点（通常＞100℃）及更低的水中溶解度（甚至水不溶），因此其分子动态迁移能力低于液态磷酸。此外，有机膦酸展示出了与磷酸相近甚至更低的 pK_a，且 pK_a 可以通过有机基团的变化进行调节。已有研究工作表明烷基或苯基取代小分子有机膦酸在高温（100～240℃）无水条件下展现出了 $10^{-2}\sim10^{-1}$ S/cm 的离子电导率[70]。Li 等以氨基三亚甲基膦酸（ATMP）作为具有质子传导功能的交联剂，制备了具有致密双表皮层的聚苯并咪唑多孔膜，在较低磷酸掺杂量（156%，质量分数）下，得益于 ATMP 质子导体与磷酸的协同作用，赋予了多孔膜在 160℃ 实现了 0.112S/cm 优异的质子传导性能[71]。

因此，有机膦酸是一类非常有潜力的高温质子导体，可将其用于构建新型高温质子交换膜和催化层三相界面，有望解决液体磷酸掺杂型高温质子交换膜燃料电池技术所面临的困境。

26.2.3 理论研究和经典力场

聚合物膜型 PAFC 的理论研究包括原子层面的密度泛函理论计算（DFT）、分子层面的分子动力学模拟（MD）和组（器）件层面的计算流体模拟方法（CFD）。

（1）密度泛函理论（DFT）

聚合物膜型 PAFC 中的 DFT 研究通常研究膜内质子与聚合物膜间相互作用，利用 DFT 理论研究解析聚合物膜的电子结构效应，合理设计具有高性能的聚合物膜、质子导体。由于计算成本限制，其研究尺度通常为分子尺度。

DFT 在 HT-PEM 中的具体应用通常为对聚合物单体之间或与质子导体间相互作用的研究，通过相互作用力（如氢键）强弱的判断来辅助设计高效的聚合物膜或质子导体。Lee 等[72]利用 DFT 方法计算了不同聚合物单体分子与磷酸之间相互作用强弱，设计了具有高磷酸保留能力的 QAPOH 膜；Yan 等[73]利用 DFT 计算了含有两个或多个官能团的聚合物单体分子内和分子间氢键强度，解释了膜内质子传导主要依靠分子间氢键作用。除了在聚合物膜设计方面，DFT 计算也应用于质子导体的研究，在 HT-PEM 中常见的质子导体为小分子磷酸或是接枝在聚合物膜主链上的膦酸基团，在高温无水条件下具有较高电导率，但也存在易缩聚形成酸酐的问题。为设计高效质子导体，Kim 组[74,75]理论结合实验，通过 DFT 方法计算了不同质子导体形成酸酐的情况，提出了形成酸酐的自由能变化与 pK_a 之间的关系，从而设计了在超高温下也具有高效质子电导率的接枝膦酸基团质子导体的聚合物膜。

（2）分子动力学模拟（MD）

MD 常用于研究纳米尺度的 HT-PEM 中的聚合物及质子导体的结构和传输性质。MD 模拟可分为全原子理论和系统中粗粒化的描述。

全原子模拟包括从量子基本原理角度考虑系统间相互作用的从头算分子动力学（AIMD）以及以牛顿力学为原理运用经典力场模拟体系分子运动的经典分子动力学（CLMD）模拟。如前所述，AIMD 从量子力学基本原理角度考虑系统间的相互作用，因此适用范围受限于微观尺度的长度和时间（通常尺寸在 1nm，时间在 100ps）。基于第 6 章 6.1.1.1 节所述磷酸的质子转移过程，Vilčiauskas 等[76]通过建立磷酸/苯并咪唑分子混合体系模型，探究了磷酸和苯并咪唑混合条件下的质子传导过程，提出磷酸将质子传递给碱性的苯并咪唑后，磷酸氢键网络中质子密度下降，削弱质子-质子间耦合。另外体系中带电的 $H_2PO_4^-$ 浓度相比纯磷酸降低了约一个数量级。说明碱性的苯并咪唑的存在扰动了混合体系中带电载体的平衡，解释了相比纯磷酸体系，添加碱性物质的混合体系中质子电导率下降的原因。除了磷酸质子导体外，也有利用 AIMD 模拟聚焦于其他类型质子导体的研究，如以咪唑为代表的杂环化合物、以碱金属硫酸氢盐或正磷酸盐为代表的固体酸等。Atsango

等[77]研究了咪唑和三唑分子作为质子导体时的质子传导情况，分别对比了两种质子导体的质子扩散系数和分子扩散系数，并利用模拟轨迹对结构扩散的差异性进行了解释。Krueger等[78]研究了焦磷酸作为质子导体时的溶剂化结构及氢键形成情况，认为焦磷酸作为质子导体时形成氢键网络程度相比正磷酸较低，但受到中心氧原子影响，其质子转移能垒低，因此仍可认为是具有发展前景的质子导体。

CLMD 应用经典力场并根据系统的尺寸和时间来描述原子和分子之间的相互作用，通常用于研究聚合物和质子导体混合体系，发现聚合物和质子导体的分布特性及传输特性，能够从微观层面辅助解释实验现象，时空尺度在几十纳米和几百纳秒。Xiao 等[79]利用COMPASS 力场进行了不同接枝度 OPBI 掺杂磷酸的 MD 模拟，结果表明接枝的 OPBI 膜性能相比未接枝的 OPBI 有所提高的原因在于聚合物膜自由体积的提高。Pahari 等[80]选择OPLS-AA 力场探究了不同磷酸掺杂水平下的苯并咪唑-磷酸混合体系的结构和动力学特性，结果表明磷酸能够与自身和苯并咪唑分子形成大量氢键，且随着磷酸掺杂量增加，在苯并咪唑周围的磷酸分子也随之增加，并且由于氢键的作用所以阻碍了苯并咪唑分子形成团簇。Xiao 等[81]选择 COMPASS 力场研究了 OPBI 与不同质量分数的聚苯胺交联时的扩散及结构分布，通过均方位移（MSD）分析证明交联后的膜移动性降低，表明交联网络限制了链的移动性，更加密集的交联网络有助于增加力学性能；径向分布函数（RDF）分析表明交联后的 OPBI 膜相比原始膜，氢键作用更强[71]。Zhang[58]等基于 GAFF2 力场对磷酸有关力场参数进行了优化，并研究了主链型 OPBI 与侧链型 PPO 基 HT-PEM 的聚合物分子与磷酸的相互作用差异，比较了磷酸与主链型、侧链型类聚电解质的作用位点与作用模式，揭示侧链化官能团的设计降低了 HT-PEM 塑化的机制；此外，CLMD 模拟在侧链型 PPO 基 HT-PEM 中发现了典型的微相分离结构，定量研究了侧链长度对该微相分离结构特征尺寸的影响，模拟结果与后续实验验证结果相符。

相比全原子力场模拟，粗粒化的介观模型能够提高更大的灵活度及长度和时间模拟的可适用范围。在粗粒化模型中，通常将原子或分子结合并划分为亚纳米长度尺寸的粗粒，以极性、非极性和带电颗粒代表复杂膜体系中的质子导体、聚合物主链、侧链，强调颗粒间的相互作用。粗粒化模型分辨率的降低能够大大提升计算效率，可以实现更大系统和更长时间的跨度模拟。粗粒化分子动力学模拟（CGMD）目前在 LT-PEM 中有较多应用，而在 HT-PEM 中研究还较少。但该方法具有普适性，具有潜在的应用价值。例如，Malek 等对水合Nafion 膜进行 CGMD 模拟，以三个水分子和对应于带电离子的水合氢离子形成的团簇代表极性颗粒，离子聚合物侧链由单一带电颗粒代表，聚合物主链上的 PTFE 的四单体单元为无极性团簇。模拟得到了不同水含量下的结构和扩散信息，水、水合氢离子和带电荷的侧链颗粒的亲水相能够形成三维网状的不规则通道，且随着水含量增加，通道尺寸扩大。离子聚合物主链的有效密度降低且随着水含量增加波动较小。

（3）计算流体力学仿真模拟（CFD）

HT-PEMFC 器件内发生的物理现象可表示为质量、动量、能量、组分和电流等守恒方程构成的方程组的解，该方程组可采用有限差分法（FDM）、有限体积法（FVM）或有限元法（FEM）计算求解，输入相应的边界条件和初始条件即可进行求解，求解完毕后可以得到 HT-PEMFC 器件和模型域内的物理场参数分布和变化信息。目前已有多家 CFD 软件公司开发了带有燃料电池模块的 CFD 应用计算软件。其中，COMSOL Multiphysics 是一款大型的高级数值仿真软件，广泛应用于各个领域的科学研究以及工程计算，模拟科学和工程领域的各种物理过程。COMSOL Multiphysics 以有限元法为基础，通过求解偏微分方程

（单场）或偏微分方程组（多场）实现真实物理现象的仿真，用数学方法求解真实世界的物理现象，范围涵盖流体流动、热传导、结构力学、电磁分析等多种物理场。采用 COMSOL 软件及其内置的燃料电池模块，可以很方便地搭建 PAFC 器件模型，从而进行计算求解，最终得到 PAFC 模型和器件的物理场参数变化分布，对物理场分布结果进行研究解析，可以分析 HT-PEMFC 器件内部的多物理场传输变化规律，有效指导实验研究和设计优化。

质量守恒方程：

$$\frac{\partial \rho}{\partial t} + \nabla (\rho v) = 0 \tag{26-1}$$

动量守恒方程：

$$\frac{\partial (\rho v)}{\partial t} + \nabla (\rho v v) = -\nabla p + \nabla (\mu^{\text{eff}} \nabla v) + S_{\text{m}} \tag{26-2}$$

能量守恒方程：

$$(\rho c_p)_{\text{eff}} \frac{\partial T}{\partial t} + (\rho c_p)_{\text{eff}} (v \nabla T) = \nabla (k_{\text{eff}} \nabla T) + S_{\text{e}} \tag{26-3}$$

组分守恒方程：

$$\frac{\partial (\varepsilon \rho x_i)}{\partial t} + \nabla (v \varepsilon \rho x_i) = \nabla (\rho D_i^{\text{eff}} \nabla x_i) + S_{\text{s},i} \tag{26-4}$$

电荷守恒方程：

$$\nabla (\kappa_{\text{s}}^{\text{eff}} \nabla \phi_{\text{s}}) = S_{\phi_{\text{s}}} \tag{26-5}$$

$$\nabla (\kappa_{\text{m}}^{\text{eff}} \nabla \phi_{\text{m}}) = S_{\phi_{\text{m}}} \tag{26-6}$$

电化学方程（巴特勒-福尔默方程）：

$$j = a i_0 \left\{ \exp \left[\frac{\alpha n F \eta}{RT} \right] - \exp \left[\frac{(1-\alpha) n F \eta}{RT} \right] \right\} \tag{26-7}$$

式中，∇ 为哈密顿算子；t 为时间，s；ρ 为混合气体密度，kg/m^3；v 为速度，m/s；p 为压力，Pa；μ^{eff} 为混合气体有效动力黏度，$Pa \cdot s$；c_p 为比热容，$J/(kg \cdot K)$；T 为热力学温度，K；ε 为多孔介质的孔隙率；x_i 为混合气体组分；k_{eff} 为有效热导率，$W/(m \cdot K)$；D_i^{eff} 为有效扩散系数，m^2/s；$\kappa_{\text{s}}^{\text{eff}}$ 为电子有效电导率，m^2/s；ϕ_{s} 为固相电势，V；$\kappa_{\text{m}}^{\text{eff}}$ 为离子有效电导率，S/m；ϕ_{m} 为电解液相电势，V；S_{m} 为质量源项；S_{e} 为能量源项；$S_{\text{s},i}$ 为物质组分源项；$S_{\phi_{\text{s}}}$ 为电子电流源项；$S_{\phi_{\text{m}}}$ 为离子电流源项；a 为催化剂比表面积，m^2/m^3；i_0 为交换电流密度，m^2/m^3；R 为摩尔气体常数；F 为法拉第常数；α 为电荷传输系数；n 为反应转移电子数；η 为活化过电势，V。

综上，DFT 能够从原子层面为合理设计 HT-PEMFC 聚合物膜和质子导体提供指导意见，从分子的电子结构、膜单体与质子导体间相互作用出发，解释聚合物设计原理。

MD 从分子层面研究聚合物链与质子导体间的相互作用关系，基于结构分布、扩散、质子传输等方面进行了聚合物膜研究，从氢键分布、质子传导、质子导体限域等多个方面指导聚合物膜的更加合理的结构设计。

CFD 从介观尺度为 HT-PEMFC 的研究提供电化学、流体力学等信息，其主要研究集中于器件层面。可通过研究电化学、物理量等信息帮助设计合理的流场板形状、催化层结构、电堆等器件结构。

理论计算的使用不仅简化了实验过程，也能够从微观层面解释实验上无法得到的机制，对 PAFC 高效合理设计与发展具有指导意义。

26.2.4 膜电极

与低温燃料电池膜电极类似，聚合物膜型 PAFC 的膜电极一般为对称结构，正中心为聚合物电解质膜（HT-PEM），膜材料通常为聚苯并咪唑及其它聚合物材料，膜的两侧为 HT-PEMFC 的阴阳极，电极一般包括催化层（催化剂和载体材料）、微孔层和气体扩散层。

基于电极的制备技术，膜电极的制备方法可以分为三类，分别为 GDE（gas diffusion electrode，气体扩散电极）工艺、CCM（catalyst-coated membrane，催化剂涂层质子膜）工艺和转印工艺。

（1）GDE 工艺

该工艺常用于单个膜电极的非连续制备。通过 GDE 工艺，在制作过程中，以气体扩散层作为支撑体，将催化剂涂覆在气体扩散层上面，再通过热压的方式将 GDE 热压在质子膜两侧，形成膜电极。这种方法制备工艺简单，技术成熟，但也有一些局限。首先是所制得的催化层较厚，需要使用较高的催化剂担载量，催化剂的利用率低；其次是催化层与质子膜之间的接触不紧密，导致界面电阻增大，膜电极的总体性能不高；且其制作与组装成本较高，每个组分都需要单独制备、切割和组装。改进的主要方法是先将微孔层制备在气体扩散层上。

（2）CCM 工艺

CCM，即催化剂涂层质子膜，在制备过程中，首先将催化剂涂覆在质子交换膜两侧，形成 CCM，然后再把气体扩散层热压在 CCM 两侧形成膜电极。与 GDE 膜电极相比，CCM 膜电极中催化剂与质子膜结合牢固，不容易脱落，可以有效改善催化层与质子膜之间的界面电阻，降低质子在界面上的传输阻力，性能更加优异。在气体扩散层与催化剂之间，因为有微孔层作为过渡层，所以该界面接触通常比较良好，不会存在接触不良的现象。此外，CCM 膜电极催化层更薄，可以提高催化剂的使用效率，减少催化剂的使用量。因此，CCM 膜电极是现在商业化膜电极的主流工艺方法。

（3）转印工艺

在该工艺中，将用于制备 GDE 的催化剂墨水涂覆在惰性材料（常为 PTFE 膜）上，经干燥和烧结后，将形成的活性层与膜压合。后续可直接移除 PTFE 基膜，获得 CCM。但在聚合物膜型 PAFC 中，仍存在膜掺杂导致的溶胀问题。

膜电极性能影响因素如下：

（1）催化剂种类

在聚合物膜型 PAFC 中，阳极发生氢氧化反应（hydrogen oxidation reaction，HOR）：$H_2 \longrightarrow 2H^+ + 2e^-$；阴极发生氧还原反应（oxygen reduction reaction，ORR）：$0.5O_2 + 2H^+ + 2e^- \longrightarrow H_2O$。阴阳极均需催化剂来降低电化学反应的过电位。铂基催化剂对 HOR 的催化活性非常高，阳极仅需较少的铂即可催化 HOR 的快速进行。由于 PAFC 所使用的重整气或者副产氢中会含有部分 CO，会吸附在 Pt 的表面使催化剂中毒，从而降低催化剂的活性，因此 PAFC 阳极铂载量要比低温燃料电池高。

在 PAFC 的阴极，目前普遍使用的商业化氧还原催化剂是碳载铂催化剂（Pt/C），即将铂金属纳米颗粒均匀分散在炭黑基底上。与阳极快速的 HOR 反应相比，阴极的 ORR 的动力学过程较为缓慢，是造成电池电压下降的主要原因。为了保证 PAFC 的正常工作效率，通常会在阴极使用大量的 Pt/C 催化剂，铂用量约为阳极的 5～6 倍。尽管这种催化剂具有优异的氧还原催化性能，但 Pt 的低储量、高价格极大地限制了 Pt/C 催化剂在 PAFC 中的大规模应用。因此，开发低成本且高性能的氧还原催化剂是当前 PAFC 阴极催化剂研究的一个重要领域。目前，已报道的 PAFC 阴极 ORR 催化剂主要集中在低铂氧还原催化剂和过渡金属-氮-碳氧还原催化剂这两个种类上。

催化剂的抗毒化能力、活性和稳定性很大程度上取决于催化剂的结构，而催化剂的结构则是由它的组成、合成条件以及合成方法等因素决定的。在 Pt 基催化剂中加入另外一种或多种助催化成分能够明显提高阳极催化剂抗 CO 毒化的能力，如 Pt-Ru、Pt-Sn、Pt-Ni 提高抗 CO 毒化能力的机制是通过双功能机理或配体效应或两者的结合的方式来促进催化剂表面 CO 氧化。目前，Pt-Ru 和 Pt-Mo 催化剂是公认的抗 CO 毒化能力最好的催化剂。在贵金属中，除铂外，铑、钯、铱和钌等也表现出一定的 HOR 活性，通过合金化、引入氧化物等手段可显著提升贵金属催化剂的 HOR 活性。除上述贵金属外，Ni 是唯一具有本征 HOR 催化活性的非贵金属，尽管如此，Ni 基催化剂的 HOR 活性也比 Pt 基催化剂降低了 2 到 3 个数量级，目前在 PAFC 实际应用中尚还存在很大的局限。

Pt 基催化剂仍是目前公认的催化 ORR 性能最佳的催化剂，为了降低铂基催化剂的使用成本，研究人员采用各种办法来保证其催化活性前提下降低催化剂的铂用量。比如通过降低铂纳米颗粒的尺度，构造多孔铂纳米颗粒或铂单原子催化剂，以此来最大限度提高铂的利用效率。再比如通过设计独特的纳米结构来使铂金属暴露出更多的高指数面，从而提高氧还原催化活性并降低所需铂的用量。另一方面，许多研究人员也尝试将 Pt 与其它非贵金属合金化制备铂合金催化剂以降低 Pt 的使用量。大量的研究结果表明，铂金属与其它金属的合金化不仅能使铂的用量减少，还能使其催化活性得到提升，原因是形成合金后表面的粗糙度提高，能够提供更多的催化活性位点，并且引入其它金属能导致表面的应力效应改变 Pt 的 d 轨道电子结构，从而有利于氧还原催化活性的提高。除此之外，具有核壳结构的铂合金催化剂也极大地吸引了研究人员的关注。核壳型催化剂可采用铂合金或非铂金属为核，表面包覆数层铂原子层，可以在引入应力效应提高性能的同时增加铂的利用率，最大限度地降低铂的使用量。

除低铂催化剂外，近些年过渡金属-氮-碳（M-N-C）型催化剂由于其较高的 ORR 活性、低成本、合成方便等优点，在 PAFC 阴极 ORR 催化剂领域逐渐获得应用，被认为是最有希望取代 Pt 作为阴极催化剂的非贵金属催化剂。随着近几年合成与表征技术的发展，各种用于阴极氧还原的过渡金属-氮-碳催化剂已被研究和制备，并显示出良好的电催化活性和稳定性。M-N-C 催化剂性能优异的主要原因是过渡金属原子、氮和碳材料之间的协同作用。此外，借助于光谱技术和密度泛函理论（DFT），研究人员发现金属原子的活性中心与氮（如 $Fe-N_x$、$Co-N_x$ 和 $Mn-N_x$）配位，是 M-N-C 催化剂活性的主要来源。通过进一步将非贵金属纳米粒子还原到原子尺度，可以有效地提高 M-N-C 催化剂的活性中心暴露速度和催化活性。Yang 等[82]以富氮桥联配体（四苯并吩嗪，tpphz）为碳源和氮源，用 Fe(Ⅱ) 溶液热处理制备了 Fe-tpphz，随后对 Fe-tpphz 进行热解和刻蚀，得到高性能高稳定性的 Fe-N-C 催化剂。Xiao 等[83]报道了一种在 ZIF-8 分子筛中均匀引入工业 Fe_2O_3 作为固相铁源合成 Fe-N-C 催化剂的方法，由固体 Fe_2O_3 前驱体得到的 Fe-N-C 呈多孔结构，没有明显颗粒形成，在酸性和碱性电解液中半波电位分别可达 0.82V 和 0.90V（相对可逆电极），表现出良好的 ORR 活性。除 Fe-N-C 催化剂外，Co-N-C 也常用于 HT-PEMFC 中，且几乎不受芬顿效应的影响，在阴极 ORR 中具有更好的稳定性。近年来，单原子催化剂的燃料电池功率密度也得到了提高。除 Fe、Co 单原子催化剂外，Cu、Mn 等单原子催化剂以及双金属原子催化剂也都被开发出来用于 PAFC 中，均表现出较高的电池性能。

（2）黏结剂种类与含量

另外，黏结剂也是催化层的重要组成部分之一，其种类和含量是膜电极性能的重要影响因素。目前黏结剂根据其功能主要可分为两类：一类是与磷酸存在相互作用的黏结剂，可以通过吸附的方式在催化层中引入磷酸，将电解质膜中的磷酸迁移至催化层中，在催化层中引入质子传导路径的同时防止磷酸的流失，从而提升电池运行的稳定性，例如 PBI、PVP 等；另一类则是疏水型黏结剂，其作用是提升催化层的疏水性，调控磷酸的分布，降低催化层中磷酸含量以增大反应气体与 Pt 催化剂的接触，例如 PTFE、PVDF 等。此外还有一些黏结剂本身具有较高的质子电导率，在催化层中作为质子传导载体或者与磷酸结合实现更高的电导率，例如 Nafion®、磷酸接枝聚合物等。Kim 等[75]设计了一种磷酸化聚五氟苯乙烯聚合物（PWN），由于五氟苯基的结构存在，PWN 中的磷酸基团之间难以形成酸酐从而使其在高温下的电导率得到保证，与离子对膜耦合可得到宽温域、高性能的燃料电池，在 240℃下，燃料电池的峰值功率密度可达到 $1740mW/cm^2$。此外，黏结剂的含量也会对膜电极的性能产生影响，Cho 等[84]通过调控催化层中 PTFE 含量进行研究，催化层中 PTFE 含量低或含量过高分别会导致磷酸分布不均匀或催化剂团聚严重，从而阻碍电极中三相边界的形成并导致性能不佳，基于此，20%（质量分数）PTFE 含量条件下制备的膜电极具有最佳的孔结构，因此 20% PTFE 为最佳值。然而受制于制备工艺的不同，黏结剂的最佳含量并无一个具体的最佳值。然而催化层中黏结剂的引入会降低催化层的孔隙结构从而影响物质传输以及覆盖 Pt 催化剂活性位点，减小催化层的活性面积，因此部分无黏结剂的催化层也被开发出来。Li 等[85]进一步开发了无黏结剂的催化层，相比于使用 PBI 的催化层，基于无黏结剂催化层的 HT-PEMFC 最高功率提高了 1.16 倍，并且在 900h 的长期运行条件下没有明显衰减。

（3）高温膜电极稳定性的评价

膜电极稳定性的评价主要可以从两个方面进行，其中一个是稳态稳定性，在稳态的工作条件下，对基于 PBI 膜的 PAFC 进行了许多耐久性测试，包括在 150～160℃温度以恒定负载连续稳态操作。高的运行温度使得水在阴极以蒸汽形式存在，因此不会出现液态水导致的酸浸出。更高的电池温度、电流密度和计量比会加速电池性能的衰减。

实际工况下的动态稳定性也是膜电极稳定性的重要评判标准，燃料电池一般会在涉及热、负载和关断-启动循环的实际动态工况下运行。启停操作和温度循环会使碳载体发生严重腐蚀和贵金属催化剂的烧结。此外，膜和电极的热膨胀和收缩会使 MEA 界面恶化。不同的水形成量会导致膜和催化剂层中酸的浓度和体积发生变化。当电池在启停过程中低温运行时，可能会涉及液态水的生成。基于 BASF 生产的 Celtec®-P1000 MEA 的每日启动/停止循环的早期研究表明[86]，在 160℃时每个周期的压降为 $300\mu V$，在 180℃时每个周期的压降为 $480\mu V$，相当于损失约为 11 和 $20\mu V/h$。Schonvogel 等[87]则在高负载和低负载循环的运行模式下研究发现低负载循环下由于催化剂降解会导致更高的性能损失，而高负载循环过程中酸损失的现象更为严重，但酸流失对电子传导没有太大的影响。

结合稳态测试和动态稳定性测试，发现膜电极稳定性降低可主要归因于催化剂电化学活性降低、碳腐蚀以及膜中的酸流失。Pt 基催化剂电化学活性降低是电池电压降低的主要因素之一，在运行过程中，Pt 颗粒会溶解、长大和团聚，其主要受工作温度、电压、磷酸阴离子和合金元素的影响。高的温度会加速 Pt 颗粒长大和团聚，而且大电压的开路条件下热磷酸（PA）中会出现显著的铂溶解。例如，在 205℃和 0.9V 下暴露于 98%（质量分数）PA 中 100h 后，电极中约 80% 的 Pt 通过溶解而损失。在 PAFC 测试中也观察到 Pt 颗粒的

显著生长和表面积减少。根据此前的研究总结出 Pt 颗粒长大引起的表面积变化的公式[88]
如下：

$$\frac{1}{SA^{n-1}} = \frac{1}{SA_0^{n-1}} + kt \tag{26-8}$$

式中，SA_0 为时间 t 前的每单位体积中 Pt 的比表面积；SA 为时间 t 后的每单位体积中 Pt 的比表面积；k 为速率常数，在 PAFC 中一般为 1.28×10^{-4}；n 为用于确定速率控制的步骤，在 PAFC 中一般为 3.2。

由此电压损失和表面积的关系可表示为：

$$\Delta V = b \lg \frac{SA}{SA_0} \tag{26-9}$$

式中，b 为燃料电池极化曲线的 Tafel 斜率，对于 150℃ 的 PBI 电池，其为 100mV/dec❶。

基于此，估计 SA/SA_0 在前 15000h 内迅速下降到 0.61，随后在 60000h 后下降到 0.36，分别对应于 21 和 43mV 的单电池电压损失。

碳腐蚀也是影响 PAFC 耐久性的重要原因，而且电池工作在高电势和高温条件下会加速膜电极中的碳氧化，而且 Pt 的存在会进一步增强这种氧化作用。在 150～195℃、阴极气体为空气的条件下，当使用铂载量超过 30% 的 Pt/C 催化剂时，其质量损失超过 50%。碳载体的氧化与温度密切相关，在 125℃ 和干空气条件下运行 400h，碳载体的质量损失低于 5%，而在 150℃ 和 173℃ 条件下这一数值为 15% 和 60%。碳载体氧化会导致 Pt 颗粒的脱落，降低电化学活性面积，并且 Oono 等[89]发现碳载体的腐蚀的同时也会导致催化层厚度降低。在阴极电势超过 1V 下，燃料电池启停工作状况也会加速碳载体的氧化。研究发现在燃料电池启停操作期间，以及在 H_2/空气到空气/空气模式的转换过程中均会触发反向电流，虽然这种反向电流只能持续很短的时间，但可以产生高达 1.5V 的峰值电压，导致快速和不可逆的碳腐蚀。

此外，PAFC 耐久性也与磷酸流失密切相关。燃料电池中的 PA 是移动的，目前磷酸流失主要有磷酸蒸发和磷酸迁移两种途径。当制造 MEA 时，当酸在毛细管力的驱动下从膜移动到催化剂层时，PA 就会重新分布。在燃料电池运行期间，PA 可以进一步从阴极迁移到阳极，并通过反向扩散进行平衡。PA 通过致密聚合物膜的扩散系数很小，并且可以根据电流密度、膜厚度和含水量建立稳态酸浓度分布。此外燃料电池的 PA 损失也与磷酸蒸发相关，从 160℃ 增加到 190℃ 时酸蒸发速率可以增加五个数量级。按照酸蒸气压的趋势，通过从阳极和阴极废气中收集酸来测量酸损失，在 150～160℃ 时，阴阳极的酸损失率均小于 1μg/(m²·s)，因此在电池运行的初始阶段，酸流失导致的电压损失相对较小，但当酸降低至临界值时，膜的电导率随着酸含量的降低而迅速变化，使燃料电池电压迅速降低，而初始阶段的电压损失主要来源于 Pt 催化剂比表面积降低，而至临界值时才由酸流失作为主导。如果 PAFC 中的磷酸流失仅来源于磷酸蒸发，那么酸流失速率并不显著，然而，若初始磷酸含量较低或其他因素导致膜和催化层中磷酸量较少，则会导致燃料电池电压迅速降低从而使得膜电极失效。

提升膜电极运行稳定性的方法主要就从开发耐久的催化剂和抑制膜中磷酸流失两个方面考虑。从催化剂载体角度可以通过一定的手段提升碳载体的抗氧化性，例如，Vulcan XC-72

---

❶ dec 指 decade，是十进制的意思。

炭黑是目前商业催化剂采用的最广泛的载体材料，通过 2200℃高温石墨化处理可使其抗氧化能力提升两倍以上，但高度石墨化处理会使其比表面积降低，从 240m²/g 降低到 80m²/g。其他高度石墨化的碳材料也因其高的比表面积和电子电导率成为载体材料的良好选择，如石墨烯和碳纳米管以及复合材料等。此外将碳载体更换为金属氧化物或其他载体，以此来调控 Pt 与载体间的相互作用也是提升膜电极稳定性的良好策略，例如单原子铜基载体等，卢善富等[90]基于金属酞菁大分子开发出了单原子铜基材料（Cu-N-C），发现基于该材料负载的 Pt 基催化剂具有良好的抗磷酸性能，并且 Cu-N-C 自身也是 ORR 反应的良好催化剂，可以在大电流区作为催化层中活性位点的补充，因此基于该载体的铂基催化层可能兼具良好的稳定性和物质传输性能。抑制磷酸流失方面则更具挑战性，磷酸锚定材料的引入或与磷酸结合形成固体导体的中间体材料可以提升膜中的磷酸保留率（例如，Al_2O_3）。为保证燃料电池启停过程中催化层中具有均匀的磷酸分布，可考虑采用一些固态磷酸的概念，例如聚（乙烯基磷酸）（PVPA），PVPA 是一种酸性聚合物，可通过在相邻的磷酸基团间形成氢键以传导质子，但高的温度下（＞200℃）酸酐的生成则阻碍了 PVPA 在宽温域下的应用。

高温聚合物膜电极供应商目前包括 Advent Technologies Holdings，Inc（美国）和 Blue World Technology（丹麦），两家公司开展膜电极产业化有 15 年以上，膜电极实测积累数据较多，其中 Advent PBI MEAs（BASF P1100W）的公开电导率为 0.10S/cm，稳态寿命≥4000 小时@TPS®，20000 小时@Celtec®。北京航空航天大学与北京海得利兹新技术有限公司共同研发的 PPtec® 膜电极基于自有知识产权的高温质子交换膜电极，是目前国内市售的产品，分为活性面积 45cm² 和 165cm² 的膜电极，可在 120～200℃宽温域内使用，膜电极输出功率与国外产品一致。

26.2.5　电堆

单个聚合物膜型 PAFC 的输出电压范围通常在 1.0～0.5V 之间，为提升输出功率满足商业化大功率需求，需要尽可能增加单电池有效反应面积，以及将多片单电池叠合组装成燃料电池堆（stack）。典型的电堆由膜电极、双极板（刻有气体通道和冷却流道）、集流板、端板、密封圈和紧固件等部件组成。电堆由多片单电池串联而成，单个电池的输出性能是电堆输出性能的基础，电堆输出性能遵从木桶原理和短板效应，性能和稳定性最差的单节电池将直接限制电堆整体的输出性能、长期稳定性和使用寿命，因此，电堆保持良好的单电池一致性至关重要。电堆中单电池一致性越高，即电堆运行过程中各节单电池输出性能、流量分配和温度分布等各项参数和指标的一致程度越高，电堆运行稳定性越好。评价电堆单电池一致性的关键指标包括标准偏差 S 和极差 R，电堆性能的优化包括单电池性能优化和电堆中单电池一致性优化两个部分。另一方面，电堆工作运行时内部产生的大量的热若不及时排出，容易造成电堆内部局部过热、产生局部热点、加速磷酸流失、聚电解质膜和催化剂等材料老化和性能衰退，更严重的情况是可能造成电堆热失控。因此，电堆必须采取相应的热管理措施，将电堆废热及时排出电堆。

目前常见的电堆换热和冷却方式包括：边缘冷却、空气冷却和液体冷却。边缘冷却依靠电堆外表面自然热辐射散热，以及与边缘接触的空气之间的自然对流散热，不需要冷却介质流经电堆内部，也不需要布置冷却回路、冷却泵和内外循环冷却系统。因此，自然对流可以降低额外冷却系统带来的功耗损失，有利于降低电堆系统复杂度，提高电堆可靠性、稳定性和比功率。但由于边缘冷却属于被动散热，其散热效率远远低于主动散热，导致其应用一般限于功率低于 100W 的小型电堆。空气冷却一般是通过在电堆中布置单独的空气冷却流道，冷却介质为空气，让空气流经电堆并带走热量，实现电堆的有效散热和冷却，简称为空冷。

由于空气的比热容很低，空冷一般仅适用于功率在 100W～2kW 的电堆。当电堆输出功率超过 5kW 时，空冷很难满足电堆散热和热管理需求。液体冷却的设计思路和结构与空冷类似，采用液体作为冷却介质为电堆冷却，常用的液体冷却介质包括去离子水、乙二醇、多元醇和硅油等。由于冷却液一般具有很高的比热容，换热系数远高于空气，因此，其散热能力也远高于边缘冷却和空气冷却，常应用于 5kW 及以上的大功率电堆。

单电池和电堆的组成部件双极板主要作用是分隔燃料气和空气、传递电子和热、支撑膜电极组件、传输反应气体、排出生成物等，应从密封性、导电性、导热性、支撑性和流场合理性等五个方面考虑双极板结构设计。除此之外，双极板必须具备：①较好的表面特性，接触电极的两个表面要求有高的平整度和低的粗糙度等；②流场分布的合理性，保证气体尽可能地均匀分布于单电池的有效工作面积内；③良好的物理化学性能，主要包括高的电子传导性和热传导性、密封性、耐腐蚀性和对反应气体的惰性以及轻质高强度等。

卢善富等研究开发了系列聚合物膜材料[91-95]，探究了自主膜电极的商业化可行性，组装了 100～1000W 高温聚合物电解质膜燃料电池堆（图 26-4）。电堆包括 3 片膜电极和 20 片膜电极两种，其中单片膜电极的活性面积为 200cm²。双极板阳极和阴极采用 10 通道蛇形流场，冷却流场为多通道双蛇形流场[96-98]。整个电堆使用螺杆螺栓进行紧固，并通过压力机确定电堆的组装压力。其中含有 3 片膜电极的电堆展现出良好的稳定性，表明电池的密封和膜电极性能稳定性良好；包含 20 片膜电极的电堆的峰值功率超过 1kW，实现了国产 PAFC 电堆千瓦级功率输出的目标[99-101]。

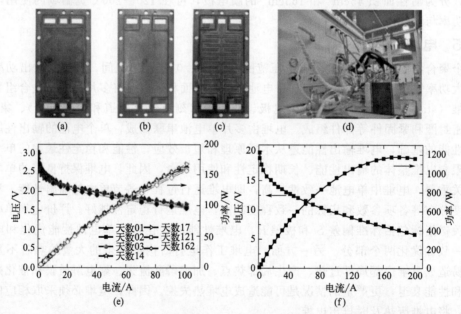

图 26-4　电堆双极板阳极和阴极气体流道 (a)，冷却液盖板 (b 和 c)；电堆测试装置图 (d)；
包含 3 片膜电极的电堆的运行稳定性 (e)；包含 20 片膜电极的电堆放电曲线 (f)

（电堆测试条件：膜电极工作面积 200cm²，阳极为 H₂，阴极为空气，计量比分别为 3 和 9，工作温度为 150℃，无背压）

北京海得利兹新技术有限公司开发出系列高温燃料电池堆，如图 26-5 所示，有 60 片单电池电堆 (a) 和 120 片单电池电堆 (b)。60 片和 120 片膜电极电堆的峰值功率分别达到 2kW 和 5kW（见图 26-6）。除此之外，还构建了不同单电池数量的聚合物型 PAFC 电堆模型（单电池数量从 10 片到 60 片），通过仿真和数值模拟研究单电池数量对电堆多物理场分

(a) 60片   (b) 120片

图 26-5 海得利兹®高温聚合物电解质膜燃料电池堆实物图

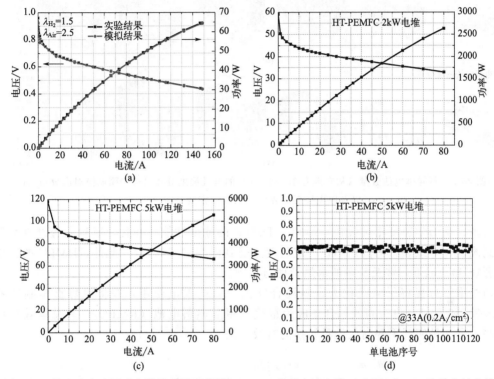

图 26-6 单电池实验测试和模拟的放电曲线（a），60 片单电池电堆（2kW）和 120 片单电池电堆（5kW）极化曲线和功率曲线（b 和 c），以及 5kW 电堆实验测试的单电池电压一致性（d）

布（比如温度分布、电流密度分布等）的影响，模拟结果见图 26-7。研究发现，随着电堆单电池数量的增加，电堆的平均单电池电压升高。除此之外，随着电堆单电池数量的增加，电堆单电池间电压极差变大，单电池电压一致性有所下降；电堆膜电极间的温差变大，膜电极均温一致性、最高温一致性和温差一致性也有所降低，说明电堆热管理难度增加。当电堆单电池数量从 60 片增加到 120 片时，电堆最高/最低单电池电压从 0.645V/0.638V 变为 0.659V/0.600V，极差从 6.5mV 增加到 59mV；标准偏差从 1.770×10^{-3} 增大到 1.623×10^{-2}。

26.2.6 发电系统

PAFC 最大的优势在于其可以直接利用液体燃料（如甲醇）重整气，因此可以与燃料重整器进行耦合构建发电系统，如甲醇重整燃料电池系统。

甲醇可以水溶液的形式直接用作电池燃料，该类电池称为直接甲醇燃料电池（DMFC）。DMFC 中甲醇的电化学氧化由于涉及 6 电子转移过程，其过程远比氢气的电化学氧化过程

电堆温度分布

膜电极温度分布

膜电极电流密度分布

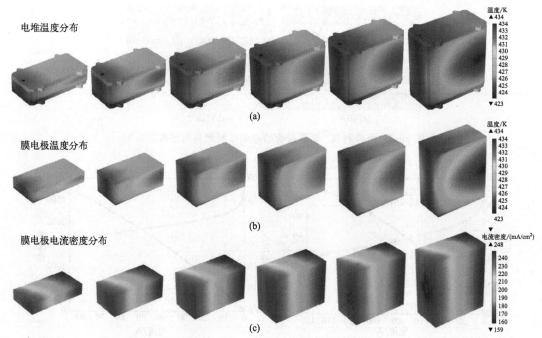

图 26-7　不同单电池数量（从左至右 10～60 片）的电堆温度分布（a）、膜电极温度分布（b）
以及膜电极反应界面上的电流密度分布（c）

复杂得多，动力学速度相对缓慢，影响了 DMFC 的输出性能。并且，甲醇易透过电解质膜
渗透到阴极，导致燃料电池效率在一定程度上受到限制（＜30%）。此外，DMFC 的工作温
度需要在 90℃以下，涉及复杂的水热管理与控制。

　　通过重整过程将甲醇转化为富氢混合气供 PAFC 发电使用，即将甲醇重整制氢系统
（图 26-8）和 PAFC 进行高效耦合集成为重整气甲醇燃料电池（RMFC），其总电效率可极
大提高，是一种实现甲醇高效能量转换的有效方法。

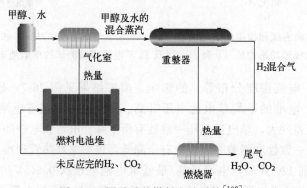

图 26-8　甲醇重整燃料电池系统[102]

　　在该系统中，甲醇重整器（MSR）位于高温燃料电池电堆的外侧，主要包括燃料箱、
气化室、燃烧室和燃料电池堆等。燃料箱中的甲醇溶液通过蒸发器变成甲醇蒸气，后进入重
整器中经过甲醇蒸汽重整并被分解为富 H_2 重整气，重整气通过热交换器冷却达到燃料电池
堆的工作温度后供电堆使用。气化室从燃料电池堆的阴极废气和冷却剂中回收热量以蒸发甲
醇溶液，而阳极废气经过催化燃烧器反应用于重整器的加热，从而提高系统总的能量效率。

该系统由并联的高温（300℃）和低温（160～200℃）两个热循环子系统构成。高温热循环子系统包含 MSR 和热交换器，而低温热循环子系统包含甲醇蒸发器、PAFC 以及风冷机。开机时，燃烧器在电加热辅助作用下升温并开始工作，之后燃烧器燃烧甲醇产热并将热传给两个热循环子系统以维持 PAFC 和 MSR 的温度，并通过调节两个热循环子系统中冷却液的流量来优化整个系统的能量效率。

重整气 PAFC 系统是一个非线性和复杂的系统。系统的挑战在于电堆负载降低时，燃料的供给必须紧随电堆负载的变化而变化，否则燃烧器会因输入的电堆阳极氢气尾气量的升高而过热，导致催化剂熔化或者 MSR 损毁。针对该挑战，Justesen 等开发了自适应模糊神经网络（ANFIS）控制系统，并在 Serenergy H350 重整甲醇燃料电池系统中进行了应用，以精确控制燃料气的流速与成分。同时，为了维持系统的良好运行以及保护电堆，需要在系统的不同运行阶段采取不同的控制策略，这包括系统的启动、稳态运行和停机，以及出现意外时的处置策略。

现有商业化高温质子交换膜燃料电池系统主要以磷酸掺杂的高温质子交换膜为电解质，而磷酸容易溶解在液态水中而流失，导致膜电极质子电导率的缺乏。因此，为了避免燃料电池在放电过程中出现液态水，电池系统的放电温度需要高于 100℃。此外，当电堆温度低于 100℃时，磷酸掺杂聚合物电解质膜的电导率也较低，导致电池输出性能较差。对巴斯夫的 Celtec@P1000 膜电极的研究表明，当电池工作温度从 180℃下降至 100℃时，其在电流密度 $0.2A/cm^2$ 时电压下降了近 100mV[103]。因此，在电堆放电之前，需要尽可能提升电堆的工作温度。目前有两种加热手段，一种是在系统中内置锂电池，通过锂电池放电对电堆进行加热；另外一种是将电堆与甲醇重整过程进行耦合，利用甲醇燃烧室产生的废热通过导热油将热量传递给电堆。虽然通过锂电池放电可以快速给电堆进行加热，但是消耗的电能需要燃料电池系统放电进行补充，以便下次启动的时候继续使用，这样会导致对外输出电能的减少。采用甲醇燃烧结合导热油给电堆进行加热存在导热系统设计复杂以及加热缓慢的问题，系统启动时间较长。虽然多数科学家认同磷酸掺杂聚合物膜中磷酸的流失是因为磷酸易溶于液态水，但 Kim 和 Lee 等提出了新的理论[104,105]。在磷酸掺杂 PBI 膜中，产生的水分子通过与 PBI 分子进行相互作用，减弱了磷酸与苯并咪唑基团之间的相互作用，从而使得磷酸分子与苯并咪唑基团脱离而流失。针对这种流失机制，Kim 等提出将聚苯并咪唑等基团替换为碱性更强的季铵盐，使得季铵盐基团与磷酸分子形成季铵盐-磷酸二氢根离子对，而该离子对之间的相互作用强于水与季铵盐基团之间的相互作用，使得磷酸在高水含量条件下也不易从聚合物骨架中脱离，从而减弱了磷酸在高水含量条件下的流失，使得磷酸掺杂季铵盐离子对高温质子交换膜的启动温度降低至 80℃，从而显著地缩短了高温燃料电池系统的启动时间。目前，卢善富等也通过改性膜材料，实现了 HT-PEMFC 在 80℃的低温启动[71]。

当对电堆进行预热并达到一定温度之后，可以向电堆的阳极和阴极分别通入燃料和空气，以对外放电。然而，在未放电之前电堆处于开路状态。研究表明，电堆长时间暴露在高温、高酸性环境以及开路条件下会导致催化剂碳载体的快速腐蚀，导致电堆性能快速下降。因此，需要尽可能地降低电堆在开路状态的停留时间，此时可以给电堆加载一个小的电流以降低电堆的电压，从而保护电堆中的催化层。加载的微弱电流有一种用途是将电流加载到用于电堆加热的加热棒中，以维持电堆的温度。后者的挑战是如何在低放电电流密度下维持电堆的工作温度。该电流的另外一种用途是维持电堆辅助部件的运行，包括风机、泵等。在电堆进行加载之后，根据运行电流密度的不同，电堆运行分为不同状态。当电堆工作在低电流密度时，电堆具有较高的电压效率，但是低的输出电流会导致电堆的工作温度难以维持甚至

第四篇　氢能应用

会引发停机。另外，辅助系统也需要一部分电能才能运行。换而言之，电堆的输出功率必须大于维持电堆温度和辅助系统需要的功率，即有净的输出功率。

与低温质子交换膜燃料电池一样，高温质子交换膜燃料电池关机之后会因为阴阳极残余的气体而导致电堆长时间处于开路的高电压之下，导致催化剂的快速腐蚀。研究表明，相对于变载工况、怠速工况与高负荷工况，停机工况对燃料电池寿命的影响仅次于变载工况。虽然通过采用石墨化的碳载体能够有效地减少高电压下的碳腐蚀，但是由于高度石墨化的碳材料加工比较复杂，所以其成本相对较高。因此，采用相应的控制策略来降低停机过程中的碳腐蚀是必不可少。一种可行的关机策略是直接吹扫，即在电堆停机之后立即停止燃料进入，并在阳极通入惰性气体以排除阳极中的氢气。但是，氮气吹扫一般需要携带氮气气瓶才能实现。福特公司通过采用尾气分离装置将阴极尾气中的氮气进行分离储存后用于电堆的吹扫。另外一种可行的策略则是在电堆停机之后给电堆加一个小的负载以消耗阳极的氢气和阴极中的氧气，同时采用电压保护器来控制单电池的电压防止出现反极。由于电堆进气阀已经关闭，因此阴极残余的空气在负载的作用下会消耗氧气而变成富含氮气的保护性气体。此后通过风机对电堆进行降温，以降低催化剂的腐蚀。另外，研究表明停机过程中的气体关闭顺序也会极大地影响电池的寿命，其中先关闭空气再停止阳极燃料进入可有效地降低催化剂的腐蚀。基于以上运行策略可有效地控制甲醇重整高温质子交换膜燃料电池系统，并尽可能地延长系统的使用寿命。

高温膜燃料电池堆与发电系统供应商包括 Advent Technologies Holdings，Inc（美国）和 Blue World Technology（丹麦），目前最优的产品 SereneU-5 的额定功率 3.75kW，最大功率 5kW，净发电效率 41%，DC 端输出电压 48～58V。海得利兹®PPtec-5000 发电系统额定功率 3.75kW，最大功率 5kW，净发电效率 41%，系统综合效率 85%，DC 端输出电压 48～52V。该系统以甲醇水溶液作为燃料，醇/水的体积比为 60%/40%。甲醇水溶液由于加注简单等优点，其在家庭热电联供、电-电混合动力汽车和轮船以及零碳智慧能源等领域具有广泛的应用前景。此外，其 160℃ 的尾气为高品位热，可以直接用于热交换设备，进行热电联产，整体系统综合效率可以达到 90% 以上。除了内置式甲醇重整系统外，该系统可以外部耦合工业副产氢、氨重整气、固态储氢等现场氢源，在分布式热电联产、固定式或移动式电源等方面有着十分重要的应用价值。5kW 甲醇重整高温质子交换膜燃料电池系统如图 26-9 所示。

图 26-9　5kW 甲醇重整高温质子交换膜燃料电池系统示意图
(a) 北京海得利兹新技术有限公司；(b) Blue World Technology 的 H3 5000；(c) Advent Technologies Holdings 的 SereneU-5

26.3　PAFC 燃料的选择

在燃料电池系统中，氢气常以高压气的形式储存在耐高压容器中以供阳极的氢气循环系统利用。目前，高压储氢技术相对成熟[106]［汽车常用Ⅳ型碳纤维组成的储氢罐（350Bar/700Bar）］，但其单位质量储氢密度低[107]，且存在氢气泄漏和爆炸的安全隐患。相比之下，以液体小分子作为燃料的直接液体燃料电池（DLFCs）则在燃料的携带、贮存、加注方面更加安全便捷[108]，有效缓解了氢源所面临的棘手问题，是一类极具潜力的能源系统[109]。

DLFCs 的燃料选择范围较广[110,111]，如表 26-2 所示，理论含氢量是非常重要的一个指标。遗憾的是，一些拥有高含氢量的燃料，如氨水、二甲醚等，氧化活性较低，在燃料电池中往往性能不佳。硼氢化钠、肼类化合物则有相对较高的氧化活性，具有高理论开路电势。但直接硼氢化钠燃料电池（DBFC）的应用一直受限于成本、阳极液迁移和 BH_4^- 水解的困扰[112]。水合肼也由于自身毒性及氧化产物 NH_3 对质子交换膜和催化剂的毒化作用，实际应用并不广泛。在碳氢燃料中，对乙醇的研究较为集中，这主要是考虑到乙醇可以大规模工业生产且已在现有燃料体系中大量应用（如乙醇汽油）[113]，然而，目前从纤维素制造乙醇的工艺尚不成熟，传统的乙醇生产工艺往往会消耗大量粮食而加剧世界粮食紧张局面。另外，虽然乙醇具有高理论能量密度，但其 C—C 键断裂较为困难[114]，氧化机理复杂，不完全氧化产生多种中间产物；相较而言，化学结构更为简单的一碳燃料拥有更高的电化学活性，如甲酸、甲醇等。其中，甲醇具有来源广、可再生、价格低廉、高 H/C 比（4∶1）和高能量密度[115]（质量能量密度：6100Wh/kg，体积能量密度：4897Wh/L）等优点，成为目前应用最为广泛的液体燃料[116,117]。

表 26-2　燃料的含氢量、能量密度及燃料电池理论开路电压对比

燃料	含氢量(质量分数)/%	E_0/V	能量密度/(Wh/L)
氢气(70MPa)	—	1.23	1300
氨水	17.6	1.17	1704(35%,质量分数)
二甲醚	13	1.4	1750
硼氢化钠	10.7	1.64	2940(30%,质量分数)
水合肼	8	1.6	4269
乙醇	13	1.14	6307
甲酸	4.3	1.45	2103
甲醇	12.5	1.17	5897

传统的甲醇制氢技术包括甲醇分解制氢（DM）、部分氧化制氢（POX）、自热重整制氢（ATR）和甲醇水蒸气重整制氢（MSR）等（表 26-3）。其中，POX 和 ATR 为放热反应，无需额外的加热反应器即可实现快速启动和动态响应，但需要昂贵的氧气分离装置来避免产物被稀释。相对而言，MSR 作为吸热反应，可以将电堆所产生的废热加以利用，同时阳极含氢废气燃烧也能提供必要的热量输入，实现系统高达 85% 的热效率，此外，产物中的 H_2 含量可达到 70%。因此，MSR 是外部重整甲醇燃料电池（ERMFC）最常用的甲醇重整方法。

表 26-3　甲醇制氢反应比较

反应类型	反应式
甲醇分解制氢(DM)	$CH_3OH \longrightarrow 2H_2 + CO \quad \Delta H = +90.5kJ/mol$
部分氧化制氢(POX)	$CH_3OH + 1/2O_2 \longrightarrow 2H_2 + CO_2 \quad \Delta H = -192.2kJ/mol$
自热重整制氢(ATR)	$CH_3OH + (1-p)O_2 \longrightarrow (3-p)H_2 + CO_2 \quad \Delta H = -(+49.4-241.8p)kJ/mol$
甲醇水蒸气重整(MSR)	$CH_3OH + H_2O \longrightarrow 3H_2 + CO_2 \quad \Delta H = +49.4kJ/mol$

MSR 反应无法避免重整气中含有 CO。高温膜燃料电池（HT-PEMFC）作为一类工作

温度通常在 130～200℃ 之间的燃料电池技术，抗 CO 毒化能力强，可以直接利用 MSR 产生的含 CO 重整气，无需经过气体纯化装置，相较于常规（低温）膜燃料电池（工作温度≤80℃），系统简化综合效率高，运行成本低。但 MSR 一般需要 240℃ 以上的温度条件来提高甲醇转化效率，远高于 HT-PEMFC 的工作温度（＜200℃），MSR 与 HT-PEMFC 之间的热耦合需要分别建立加热系统和冷却系统来维持运行，增加了 ERMFC 系统结构设计的复杂性。

为了简化系统并提升综合效率，Pan[118] 等设计了一种 MSR 与基于 PA/PBI 膜的 HT-PEMFC 直接接触的集成装置，让 MSR 直接利用燃料电池反应产生的热量实现了重整器与高温 PEMFC 的一体化。但由于受到燃料电池工作温度的限制，MSR 的氢气产率较低，导致电池的低输出功率，重整器中未完全转化的甲醇进入电堆引起了约 160～200mV 电压损耗。为了改善燃料电池和 MSR 之间的热集成效果，Avgouropoulos[119] 等将 Cu-Mn-O$_x$/泡沫铜甲醇重整催化剂置于 HT-FEMFC 阳极室，构建了甲醇重整发生在电堆内部的内置重整甲醇燃料电池（IRMFC），其峰值功率密度最高可达 125mW/cm^2，甲醇重整的转化率在 200℃ 下超过了 75%。然而运行 80h 后，观察到 MEA 中溶出的磷酸溶解了部分重整催化剂，导致甲醇的转化率迅速降低了 50%，同时，阳极含氢混合物中混有的甲醇对电堆性能也产生了负面影响。目前关于 IRMFC 的研究集中在通过内部结构设计来消除内部复杂环境带来的负面影响[120-122]，以实现甲醇在电池内部的原位制氢能力趋近于外置重整器制氢的效果，使得在简化体积的同时保证稳定的功率输出。外部重整甲醇燃料电池（ERMFC）则较为成熟，在便携式电源及固定发电系统等领域已步入商业化阶段，详见本章 26.2.6 节内容。

外置式甲醇重整 PAFC 面临的最主要挑战在于甲醇高效重整温度与电堆的稳定工作温度之间的不匹配。为了实现系统的高输出功率及高能量密度，有必要通过提高电堆的稳定工作温度或者降低甲醇高效重整温度的策略来简化模块、高效耦合。提高电堆工作温度对高温堆的关键材料提出了较高的要求，目前的研究着重于开发能够在 220℃ 以上稳定运行的新型高温聚合物电解质膜材料。一些无机质子导体，包括磷酸盐、焦磷酸、杂多酸等，在 200℃ 以上表现出的良好质子传导性，使得有机/无机复合高温膜成为超高温燃料电池研究领域非常有潜力的一类膜材料，无机高温质子导体与聚合物基体的高效复合策略以及复合膜高温质子传导机制的研究将为这类膜材料的开发提供坚实的基础。此外，提高电堆工作温度也为低成本非贵金属催化剂提供了应用场景，已有研究表明石墨烯负载铁单原子的催化剂在 230℃ 高温燃料电池中展现了比商业化 Pt/C 催化剂更高的输出功率和燃料电池稳定性[123]，有望实现在重整甲醇燃料电池中具有良好的应用前景。目前，应用于甲醇低温重整的高效催化剂也已经取得了一定的进展，铂掺杂碳化钼催化剂表现出非常高的甲醇重整催化活性，在低至 200℃ 的温度下可获得 100% 的甲醇转化率[124]。在 Pt/MoC 中进一步添加 Zn 来调节 Pt/MoC 的电子结构，可以使甲醇重整反应发生在 120～200℃[125]，但由于反应初始阶段已经出现催化剂失活的现象，所以离实际应用还有一定的距离。

另外一种降低重整制氢系统温度的策略是利用重整温度更低的含氢液体燃料替代甲醇。甲酸在催化剂作用下可在室温下高效产氢，有望实现与高温聚合物电解质膜燃料电池的高效耦合。已有研究发现直接甲酸燃料电池在 160～240℃ 的高温下运行时，性能出现显著提升，在 240℃ 时展现出相较于 70℃ 时高出 8 倍的峰值功率密度，并证实这得益于高温下阳极甲酸原位分解产氢所引入的氢氧化反应（HOR），随着温度的升高，在与甲酸直接电氧化（dFAOR）的竞争中，相对快速的 HOR 逐渐占据了主导地位[126]。这表明甲酸在高温下的脱氢行为对高温甲酸燃料电池的性能提升有重要意义，同时甲酸在 160～240℃ 下展现出的高效产氢行为也为其在高温重整燃料电池中的应用提供了依据。

此外，传统的甲烷蒸汽重整制氢和新兴的氨重整制氢也由于液体燃料现场氢源的特点，在氢能领域倍受关注，并在 ENE-FARM 家用燃料电池产品中得到应用与推广。

26.4　PAFC 的应用场景

PAFC 具有较高的抗杂质气体中毒能力和电热综合效率、洁净环保、无故障运行时间长等优点，可用于热电联供及规模化发电与供热装置。20 世纪 70 年代，世界各国开始致力于研究以酸为电解质的燃料电池。由于磷酸易得、反应温和，PAFC 成为当时所有燃料电池中发展最快、研究最成熟、应用最多的燃料电池，1977 年美国 9 个电力公司与联合技术公司（United Technology Corporation，UTC）联合开发兆瓦级燃料电池。1991 年日本东芝公司与 UTC 联合制造的 11MW PAFC 发电站也已投入运行，是目前世界上运行规模最大的燃料电池发电系统之一。美国于 1997 年开始研制 PAFC 发电机组，仅在 1998 年就有 42 台 200kW PAFC 发电机组投入运行。韩国釜山地区的第一座大型氢燃料电池发电站于 2011 年投入使用。该燃料电池发电站装机容量 5.6MW，并网供电可满足 7500 个家庭的用电需求。在小型现场燃料电池领域，1990 年东芝和美国国际燃料电池（International Fuel Cell，IFC）公司为使现场用燃料电池商业化，成立了 ONSI 公司，开始向全世界销售现场型 200kW PC25 系列设备。我国于 2001 年从日本引进了 PC25 发电装置，安装在广州市番禺某养猪场内，利用沼气进行发电运行试验。

26.4.1　热电联供

燃料电池热电联供系统在提供电能的同时也提供热能，即在满足电力需求的同时将发电过程中产生的热能加以利用从而向用户供热或制冷，可提高能源的利用效率，减少二氧化碳和其他有害气体的排放。

PAFC 工作温度较高（160～180℃），可产生高品质热能，因而在此系统中可将尾气的余热加以利用从而进行发电、供热和制冷，并且可根据实际使用情况，进行发电制冷等的比例调控，从而达到能源的合理分配利用。根据磷酸燃料电池余热三联供的功能特点，其非常适合于工厂、商场、写字楼、居民区等集中或分布式用能区域。

磷酸燃料电池热电联供系统的架构主要包括燃料电池系统、换热系统、吸收式制冷系统。由于具有对杂质气体的高耐受性，所以燃料选择范围广，可根据终端场景的资源禀赋搭配甲醇重整、天然气重整、氨重整等重整氢源，而在工业富产氢资源丰富的区域，工业富产氢也可作为燃料直接供给系统，输出电能与工业热能，形成高附加值清洁利用模式。特别是聚合物型 PAFC，其具备无机型 PAFC 对杂质气体的高耐受性、90% 以上综合热电效率，也兼具质子交换膜燃料电池的结构紧凑、便捷性等优势，在小型化、移动化的供热供电应用场景具有较好的适配度。

在燃料电池的热电联供应用中，欧盟各国、美国、日本、韩国的技术和应用都处于全球领先地位。作为全球小型热电联供的最大市场，日本的家用燃料电池热电联供 ENE-FARM 项目（SOFC/PEM）已部署了超过 40 万台套；东芝也推出了 H2Rex 系列系统，用于零售店和酒店等小型商业应用。美国和韩国专注于开发兆瓦级的大型燃料电池分布式发电站系统，Bloom Energy、FuelCell Energy、LG、斗山等企业在 SOFC 和 PAFC 路线上均有布局。FCH-JU 也在欧盟启动了 Ene.field 示范项目，支持 1046 套 300W～5kW 的 PEM 和 SOFC Micro-CHP 系统。

近年来，从政策到企业示范，我国燃料电池热电联供的市场规模正逐渐铺开。政策层面，《氢能产业发展中长期规划（2021—2035 年）》提出，要因地制宜布局氢燃料电池分布式热电联供设施。地方层面，目前包括四川、辽宁、北京、珠海、深圳、潍坊等在内的多个省市县都在积极推进氢燃料电池热电联供项目的发展，并提出了具体的政策和目标。2022 年热电联供的示范项目加速投运：2022 年 8 月，中国东方电气集团向长江三峡集团批量交付氢燃料电池热电联供装备系统。世界首个含氢燃料电池热电联供系统的实用化零碳智慧能源中心——榆林科创新城零碳分布式智慧能源中心示范项目建成投运。2022 年 7 月国内首座兆瓦级氢能综合利用示范站在安徽六安投运，我国首次实现兆瓦级制氢-储氢-氢能发电的全链条技术贯通。2022 年 2 月，潍柴首款 SOFC 热电联供系统在潍坊投运。2022 年 11 月北京海得利兹首款 5kW 聚合物膜型 PAFC 系统投入使用。

综上，目前已开展的热电联供场景主要是基于固体氧化物燃料电池或者低温质子交换膜燃料电池。但我国的固体氧化物燃料电池由于大功率和量产工艺不成熟等原因短期内还需持续开展原材料与成熟器件研发等。低温质子交换膜燃料电池量产工艺基本成熟，但由于其运行温度低、尾热品质低、对纯氢依存度高等问题，大规模推广存在市场阻力。制约聚合物膜型 PAFC 冷热电三联供商用化推广的原因主要是成本高，如果能尽快解决，该技术将是清洁供热供电的理想氢能技术之一。

26.4.2　交通运输：车、船、飞机

由于 PAFC 具有对杂质气体高的耐受性，所以可以使用富氢气体作为燃料，包括甲醇重整、天然气重整、氨重整等富氢氢源。相对于聚合物膜型 PAFC，无机膜型 PAFC 体积功率密度低、附加设备复杂，比较适合固定端的供电供热。

甲醇作为液体，储存和运输的安全性和便捷性都是得天独厚的，其储氢质量分数高达 12.5%，常温常压下的甲醇储氢要明显优于液化（多级压缩且冷却能耗巨大）、高压储氢技术。作为我国资源禀赋高的能源，甲醇的价格可控，优势凸显，亦可以利用现有的加油站等基础设施进行加注；特别是在车、船、飞机等交通运输领域，甲醇重整高温膜燃料电池系统可有效解决目前低温质子交换膜燃料电池对高纯氢的依赖，实现移动端动力电源。

聚合物膜型 PAFC 作为动力装置使用时，其所具有的综合燃料电池的功率密度、启动时间等特性，更适合电电混合增程器。电电混合系统的主要架构如图 26-10 所示，在该系统中，动力电池作为交通运输工具的主驱动力，高温膜燃料电池在线实时为动力电池充电从而提升续航里程。该系统具有两方面的优势：一方面，燃料电池工作在稳定的充电工况中，使燃料电池有较长的运行寿命；另一方面，动力电池的减少也利于车体、船体、机体的减重。该系统在提升交通运输工具动力电池续航能力的同时，兼具保温和减重特点以及具有经济的使用成本。

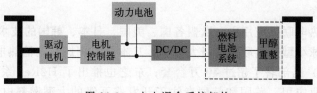

图 26-10　电电混合系统架构

① 车用领域：结合 PAFC 的电电混合模式，相应的示范样车已经在运行：德国大众早在 2010 年发布了一款聚合物膜型 PAFC 燃料电池汽车；2019 年搭载丹麦蓝界科技 (BlueWorld) 提供的核心部件燃料电池的全球首款甲醇重整高温膜燃料电池 Nathalie 超跑

亮相，该车搭配 5kW 聚合物膜型 PAFC 燃料电池提供电力的增程式混动系统，燃料电池为底板上的电池充电，甲醇的加注过程只需 3min，若采用 Eco 模式，其续航力可达 1199km。2020 年 12 月上海博氢新能首辆 30kW 甲醇重整氢燃料电池厢式运输车亮相东博会。近日，美国 Los Alamos 国家实验室、Brookhaven 国家实验室和国家 NREL 实验室组成团队进行了 PAFC 重卡动力研制。

② 船用领域：2022 年发布了《氢燃料电池动力船舶技术与检验暂行规则》。而推广甲醇高温燃料电池实际上也是符合中国能源结构和"双碳"目标国情的。交通运输部在发布的《绿色交通"十四五"发展规划》中也提出了要积极探索甲醇动力船舶的应用。在船用领域其除了作为动力电源外，也可以作为辅助电源，给船上提供生活用电以外同时进行热电的联供，为船提供热水，整体燃料综合利用效率可以达到 90％以上。德国公司 FST 公司首艘安装甲醇 PAFC 燃料电池的"AIDAnova"号大型客船在 2023 年交付。FischerEcoSolutions 与丹麦 Fischer 集团子公司 Serenergy 在"e4ships"的子项目"Pa-X-ell"中合作生产了一款聚合物膜型 PAFC，30kW 甲醇重整 PAFC 发电系统与传统能源共同工作，产生的电能将储存在船载的电力系统中。中科嘉鸿（佛山市）新能源科技有限公司研制的 PAFC 示范游船"嘉鸿 01"2021 年在佛山南海仙湖成功首航。北京海得利兹新技术有限公司也开发了针对船用小型功能船的动力单元，该单元包括 15kW PAFC 和 50kW 锂电，可提供 400km 以上航程需求。

③ 无人机：德国兰格的安塔瑞斯开发了 PAFC 驱动的监视无人机——安塔瑞斯 E2（Antares E2），利用翼外侧的两个吊舱存储了 300kg 的甲醇燃料。机翼前缘布置燃料电池，有效地利用机身的空间，有利于减阻。美国 HyPoint 提出了电动垂直起降（eVTOL）飞机和城市空运载具的涡轮风冷概念原型，利用压缩空气进行冷却和供氧，以满足 HT-PEM 燃料电池系统的运行需求。

结合应用场景需求来看，体积紧凑、模块化、移动性强、串并联组网方便的甲醇重整高温膜燃料电池系统，可在汽车增程、船舶动力、无人机上形成氢电混合系统，车载 APU 输出动力的同时也可对外输出电力，极大地满足了应急发电、救援救灾、抢险抢修等领域需求。

26.4.3　军事装备

外置甲醇重整 PAFC 具有能量密度高的特点，主要应用于民用小型动力系统及军用电子设备等便携式电源系统。丹麦 Serenergy 公司所开发的甲醇重整 PAFC 系统（H3-350）已步入商业化阶段[127]，其额定输出功率为 350W，21V 时的额定输出电流为 16.5A[128]，消耗 1L 液态甲醇/水混合燃料大约能提供 1kW·h 的电能，与目前应用的直接甲醇燃料电池技术相比，该系统质量比功率（W/kg）和体积比功率（W/L）分别提升了 2 倍和 3 倍。该系统可以集成在现有的应用设计中或通用的外部发电机柜中，通过嵌入式充电控制器可为所有应用和电池类型提供稳压直流电源，能有效地替代离网或移动设备中的发电机组或蓄电池组。另外还有两种离网电池充电器系统（H3-700 和 H3-5000），分别能够提供高达 0.7 及 5kW 的电力输出[129]。外置甲醇重整 PAFC 在军用装备领域同样具有良好的应用前景。2013 年，UltarCell 公司推出的 XX55 型便携式甲醇重整 PAFC 系统，额定功率达 50W（峰值功率密度可达 85W），使用寿命长达 2500h；该系统还可通过"堆积木"的方式将模块化的 XX55 电池组装成再充电系统，从而提供 50～225W 的连续电力输出[130]，并通过了新西兰国防军战斗实验室在野外演习部署中的评估[131]。美国 Advent 研发的 Honey Badger 50™ 是军方便携式长时甲醇重整 PAFC 系统电源，可满足遥控与移动设备，以及军用电脑的供电需求。我国也于 2016 年开发了军用 30kW 的重整甲醇 PAFC 静默移动发电车

MFC30，具有低红外辐射的强隐蔽性突出特征，用于满足军事防护等需求。另外，2018 年德国兰格航空公司联合丹麦 Serenergy 公司开发的世界上第一架以甲醇重整 PAFC 系统为动力的无人机 Antares DLR-H$_2$，输出功率达 25kW，从甲醇燃料箱到动力总成（包括螺旋桨）的驱动系统的总效率在 44％左右，其效率是基于燃烧过程的传统推进技术的 2 倍[132]。

需要指出的是，甲醇重整 PAFC 系统因其工作温度高，所以需要一定时间的预热以达到工作温度范围。另外，当外界功率需求改变时，燃料电池能量转换过程要达到新的平衡需要对甲醇流量、电堆供氧量等做出调整，需要较快的动态响应时间。为解决该问题，往往需要超级电容或锂离子动力电池与甲醇重整系统进行并联使用，以满足快速启动的应用需求。在商业化过程中，尽管目前现有的 PAFC 技术并不完美，且尚有很多需要完善的技术挑战，但随着科学研究与不断深入的企业的努力，相信在较短的时间内会实现商业模式的突破与技术普及。

参 考 文 献

[1] Li Q, Jensen J O, Savinell R F, et al. High temperature proton exchange membranes based on polybenzimidazoles for fuel cells [J]. Progress in Polymer Science, 2009, 34 (5): 449-477.

[2] Wei Y S, Hu X P, Han Z, et al. Unique proton dynamics in an efficient MOF-based proton conductor [J]. Journal of the American Chemical Society, 2017, 139 (9): 3505-3512.

[3] Zhang F M, Dong L Z, Qin J S, et al. Effect of imidazole arrangements on proton-conductivity in metal-organic frameworks [J]. Journal of the American Chemical Society, 2017, 139 (17): 6183-6189.

[4] Xiao L, Zhang H, Jana T, et al. Synthesis and characterization of pyridine-based polybenzimidazoles for high temperature polymer electrolyte membrane fuel cell applications [J]. Fuel Cells, 2005, 5 (2): 287-295.

[5] He R H, Li Q F, Xiao G, et al. Proton conductivity of phosphoric acid doped polybenzimidazole and its composites with inorganic proton conductors [J]. Journal of Membrane Science, 2003, 226 (1-2): 169-184.

[6] Ma Y L, Wainright J S, Litt M H, et al. Conductivity of PBI membranes for high-temperature polymer electrolyte fuel cells [J]. Journal of the Electrochemical Society, 2004, 151 (1): A8-A16.

[7] Li Q, Jensen J O, Pan C, et al. Partially fluorinated arylene polyethers and their ternary blends with PBI and H$_3$PO$_4$. Part Ⅱ. Characterisation and fuel cell tests of the ternary membranes [J]. Fuel Cells, 2008, 8 (5): 374.

[8] Fuller T, Gallagher K. Phosphoric acid fuel cells [M] //Gasik M. Materials for fuel cells. Cambridge: Woodhead, 2008: 209-247.

[9] King J, McDonald B. Experience with 200 kW PC 25 fuel cell power plant [M] //Handbook of fuel cells. Manhattan: John Wiley & Sons, Ltds, 2010.

[10] Furusho N, Kudo H, Yoshioka H. Fuel cell development trends and future prospects [J]. Fuji Electric Review, 2003, 49: 60-63.

[11] Breault R. Stack materials and stack design [M] //Handbook of fuel cells. Manhattan: John Wiley & Sons, Ltds, 2010.

[12] Breault. Silicon carbide electrolyte retaining matrix for fuel cells: NL19760008418 [P]. 1976-09-30.

[13] Choudhury S R. Phosphoric acid fuel cell technology [M] //Basu S. Recent trends in fuel ccel science and technology. New York: Springer, 2007: 188-216.

[14] Spearin W E. Process for forming a fuel cell matrix: EP19890630097 [P]. 1989-11-29.

[15] GreeleyJ, Stephens I, Bondarenko A, et al. Alloys of platinum and early transition metals as oxygen reduction electrocatalysts [J]. Nature chemistry, 2009, 1 (7): 552-556.

[16] Kim J, Hong Y, Lee K, et al. Highly stable Pt-based ternary systems for oxygen reduction reaction in acidic electrolytes [J]. Advanced Energy Materials, 2020, 10 (41): 2002049.

[17] Schroll C R. Liquid-electrolyte fuel cell with gas seal: CA19740210929 [P]. 1977-05-17.

[18] Decasperis A J, Roethlein R J, Breault R D. Method of forming densified edge seals for fuel cell components: US19790088993 [P]. 1981-05-26.

[19] Breault R D, Gorman M E. Laminated electrolyte container plate: DK19940912182T [P]. 1999-04-12.

[20] Vilciauskas L, Tuckerman M E, Bester G, et al. The mechanism of proton conduction in phosphoric acid [J]. Nat Chem, 2012, 4 (6): 461-466.

[21] Choudhury S R, Rengaswamy R. Characterization and fault diagnosis of PAFC cathode by EIS technique and a novel mathematical model approach [J]. Journal of Power Sources, 2006, 161 (2): 971-986.

[22] Choudhury S. A two-dimensional steady-state model for phosphoric acid fuel cells (PAFC) [J]. Journal of Power Sources, 2002, 112 (1): 137-152.

[23] Zervas P L, Koukou M K, Markatos N C. Predicting the effects of process parameters on the performance of phosphoric acid fuel cells using a 3-D numerical approach [J]. Energy Conversion and Management, 2006, 47 (18-19): 2883-2899.

[24] Rikukawa M, Sanui K. Proton-conducting polymer electrolyte membranes based on hydrocarbon polymers [J]. Prog Polym Sci, 2000, 25: 1463-1502.

[25] Vogel H, Marvel C S. Polybenzimidazoles, new thermally stable polymers [J]. Journal of Polymer Science, 1961, 50 (154): 511-539.

[26] Qu E, Hao X, Xiao M, et al. Proton exchange membranes for high temperature proton exchange membrane fuel cells: Challenges and perspectives [J]. Journal of Power Sources, 2022: 533.

[27] Li Q, He R, Jensen J O, et al. PBI-based polymer membranes for high temperature fuel cells-preparation, characterization and fuel cell demonstration [J]. Fuel Cells, 2004, 4 (3): 147-159.

[28] Kim T H, Kim S K, Lim T W, et al. Synthesis and properties of poly (aryl ether benzimidazole) copolymers for high-temperature fuel cell membranes [J]. Journal of Membrane Science, 2008, 323 (2): 362-370.

[29] Dai H, Zhang H, Zhong H, et al. Properties of polymer electrolyte membranes based on poly (aryl ether benzimidazole) and sulphonated poly (aryl ether benzimidazole) for high temperature PEMFCs [J]. Fuel Cells, 2010, 5: 754-761.

[30] Yang J, Li Q, Cleemann L N, et al. Crosslinked hexafluoropropylidene polybenzimidazole membranes with chloromethyl polysulfone for fuel cell applications [J]. Advanced Energy Materials, 2013, 3 (5): 622-630.

[31] Qian G Q, Smith D W, Benicewicz B C. Synthesis and characterization of high molecular weight perfluorocyclobutyl-containing polybenzimidazoles (PFCB-PBI) for high temperature polymer electrolyte membrane fuel cels [J]. Polymer, 2009, 50 (16): 3911-3916.

[32] Li X, Qian G, Chen X, et al. Synthesis and characterization of a new fluorine-containing polybenzimidazole (PBI) for proton-conducting membranes in Fuel Cels [J]. Fuel Cells, 2013, 13: 832-842.

[33] Quartarone E, Magistris A, Mustarelli P, et al. Pyridine-based PBI composite membranes for PEMFCs [J]. Fuel Cells, 2009, 9 (4): 349-355.

[34] Yang J, Xu Y, Zhou L, et al. Hydroxyl pyridine containing polybenzimidazole membranes for proton exchange membrane fuel cells [J]. Journal of Membrane Science, 2013, 446: 318-325.

[35] Kim S K, Kim T H, Jung J W, et al. Polybenzimidazole containing benzimidazole side groups for high-temperature fuel cell applications [J]. Polymer, 2009, 50 (15): 3495-3502.

[36] Guan Y, Pu H, Jin M, et al. Proton conducting membranes based on poly (2,2′-imidazole-5,5′-bibenzimidazole) [J]. Fuel Cells, 2012, 12 (1): 124-131.

[37] Carollo A, Quartarone E, Tomasi C, et al. Developments of new proton conducting membranes based on different polybenzimidazole structures for fuel cells applications [J]. Journal of Power Sources, 2006, 160 (1): 175-180.

[38] Potrekar R A, Kulkarni M P, Kulkarni R A, et al. Polybenzimidazoles tethered with N-phenyl 1,2,4-triazole units as polymer electrolytes for fuel cells [J]. Journal of Polymer Science Part A: Polymer Chemistry, 2009, 47 (9): 2289-2303.

[39] Li X, Liu C, Zhang S, et al. Acid doped polybenzimidazoles containing 4-phenyl phthalazinone moieties for high-temperature PEMFC [J]. Journal of Membrane Science, 2012, 423-424: 128-135.

[40] Angioni S, Villa D C, Barco S D, et al. Polysulfonation of PBI-based membranes for HT-PEMFCs: a possible way to maintain high proton transport at a low H_3PO_4 doping level [J]. Journal of Materials Chemistry A, 2014, 2 (3): 663-671.

[41] Bhadra S, Kim N H, Lee J H. A new self-cross-linked, net-structured, proton conducting polymer membrane for high temperature proton exchange membrane fuel cells [J]. Journal of Membrane Science, 2010, 349 (1-2): 304-311.

[42] Weber J, Kreuer K D, Maier J, et al. Proton conductivity enhancement by nanostructural control of poly (benzimidazole) - phosphoric acid adducts [J]. Advanced Materials, 2008, 20 (13): 2595-2598.

[43] Mader J A, Benicewicz B C. Synthesis and properties of segmented block copolymers of functionalised polybenzimidazoles for high-temperature PEM fuel cells [J]. Fuel Cells, 2011, 11 (2): 222-237.

[44] Yu S, Benicewicz B C. Synthesis and properties of functionalized polybenzimidazoles for high-temperature PEMFCs [J]. Macromolecules, 2009, 42 (22): 8640-8648.

[45] Luo H, Pu H, Chang Z, et al. Crosslinked polybenzimidazole via a Diels-Alder reaction for proton conducting membranes [J]. Journal of Materials Chemistry, 2012, 22 (38): 20696-20705.

[46] Guan Y, Pu H, Wan D. Synthesis and properties of poly [2,2'-(4,4'-(2,6-bis(phenoxy) benzonitrile)) -5,5'-bibenzimidazole] for proton conducting membranes in fuel cells [J]. Polymer Chemistry, 2011, 2 (6): 1287-1292.

[47] Kumbharkar S C, Karadkar P B, Kharul U K. Enhancement of gas permeation properties of polybenzimidazoles by systematic structure architecture [J]. Journal of Membrane Science, 2006, 286 (1-2): 161-169.

[48] Maity S, Jana T. Soluble polybenzimidazoles for PEM: synthesized from efficient, inexpensive, readily accessible alternative tetraamine monomer [J]. Macromolecules, 2013, 46 (17): 6814-6823.

[49] Hu J, Luo J, Wagner P, et al. Anhydrous proton conducting membranes based on electron-deficient nanoparticles/PBI-OO/PFSA composites for high-temperature PEMFC [J]. Electrochemistry Communications, 2009, 11 (12): 2324-2327.

[50] Li Q, Jensen J O. Membranes for high temperature PEMFC based on acid doped polybenzimidazoles [J]. Membranes for Energy Conversion, 2007, 2: 61-96.

[51] Jouanneau J, Mercier R, Gonon L, et al. Synthesis of sulfonated polybenzimidazoles from functionalized monomers: preparation of ionic conducting membranes [J]. Macromolecules, 2007, 40: 983-990.

[52] Wang L, Ni J, Liu D, et al. Effects of branching structures on the properties of phosphoric acid-doped polybenzimidazole as a membrane material for high-temperature proton exchange membrane fuel cells [J]. International Journal of Hydrogen Energy, 2018, 43: 16694-16703.

[53] Yang J, Aili D, Li Q, et al. Benzimidazole grafted polybenzimidazoles for proton exchange membrane fuel cells [J]. Polymer Chemistry, 2013, 4 (17): 4768-4775.

[54] Kobzar Y, Fatyeyeva K, Chappey C, et al. Polyoxadiazoles as proton exchange membranes for fuel cell application [J]. Reviews in Chemical Engineering, 2022, 38 (7): 799-820.

[55] 相艳, 李文, 郭志斌, 等. 磷酸掺杂型高温质子交换膜燃料电池关键材料研究进展 [J]. 北京航空航天大学学报, 2022, 48 (9): 15.

[56] Bai H, Peng H, Xiang Y, et al. Poly (arylene piperidine)s with phosphoric acid doping as high temperature polymer electrolyte membrane for durable, high-performance fuel cells [J]. Journal of Power Sources, 2019, 443 (15): 227219.1-227219.9.

[57] Tang H, Geng K, Wu L, et al. Fuel cells with an operational range of −20℃ to 200℃ enabled by phosphoric acid-doped intrinsically ultramicroporous membranes [J]. Nature Energy, 2022, 7 (2): 153-162.

[58] Zhang J, Chen S, Wei H, et al. Proton conductor confinement strategy for polymer electrolyte membrane assists fuel cell operation in wide-range temperature [J]. Advanced Functional Materials, 2023: 2214097.

[59] Matanovic I, Lee A S, Kim Y S. Energetics of base-acid pairs for the design of high-temperature fuel cell polymer electrolytes [J]. The Journal of Physical Chemistry B, 2020, 124 (35): 7725-7734.

[60] Iizuka Y, Tanaka M, Kawakami H. Preparation and proton conductivity of phosphoric acid-doped blend membranes composed of sulfonated block copolyimides and polybenzimidazole [J]. Polymer International, 2013, 62 (5): 703-708.

[61] Xiao L, Zhang H, Scanlon E, et al. High-temperature polybenzimidazole fuel cell membranes via a solgel process [J]. Chemistry of Materials, 2006, 17 (21): 5328-5333.

[62] Zhang J, Zhang J, Wang H, et al. Advancement in distribution and control strategy of phosphoric acid in membrane electrode assembly of high-temperature polymer electrolyte membrane fuel cells [J]. Acta Phys Chim Sin, 2021, 37: 2010071.

[63] Casciola M, Costantino U. Relative humidity influence on proton conduction of hydrated pellicular zirconium phosphate in hydrogen form [J]. Solid State Ionics, 1986, 20: 69-73.

［64］　Sigwadi R, Mokrani T, Msomi P, et al. The effect of sulfated zirconia and zirconium phosphate nanocomposite membranes on fuel-cell efficiency ［J］. Polymers (Basel), 2022, 14 (2): 2-18.

［65］　Boysen D A, Uda T, Chisholm C R I, et al. High-performance solid acid fuel cells through humidity stabilization ［J］. Science, 2004, 303 (5654): 68-70.

［66］　Haile S M, Calkins P M, Boysen D. Superprotonic conductivity in β-Cs $(HSO_4)_2 (H_x (P,S) O_4)$ ［J］. Solid State Ionics, 1997, 97: 145-151.

［67］　Nakamura O, Kodama T, Ogino I, et al. High-conductivity solid proton conductors: dodecamolybdophosphoric acid and dodecatungstophosphoric acid crystals ［J］. Chemistry Letters, 2006, 1 (1): 17-18.

［68］　Lu S, Wang D, Jiang S P, et al. HPW/MCM-41 phosphotungstic acid/mesoporous silica composites as novel proton-exchange membranes for elevated-temperature fuel cells ［J］. Advanced Materials, 2010, 22 (9): 971-6.

［69］　Chandan A, Hattenberger M, El-Kharouf A, et al. High temperature (HT) polymer electrolyte membrane fuel cells (PEMFC) -A review ［J］. Journal of Power Sources, 2013, 231 (JUN. 1): 264-278.

［70］　Schuster M, Rager T, Noda A, et al. About the choice of the protogenic group in PEM separator materials for intermediate temperature, low humidity operation: A critical comparison of sulfonic acid, phosphonic acid and imidazole functionalized model compounds ［J］. Fuel Cells, 2005, 5: 355-365.

［71］　Li W, Liu W, Zhang J, et al. Porous proton exchange membrane with high stability and low hydrogen permeability realized by dense double skin layers constructed with amino tris (methylene phosphonic acid) ［J］. Advanced Functional Materials, 2023, 33: 2210036.

［72］　Lee K S, Spendelow J S, Choe Y K, et al. An operationally flexible fuel cell based on quaternary ammonium-biphosphate ion pairs ［J］. Nature Energy, 2016, 1 (9): 16120.

［73］　Yan L, Xie L. Molecular dynamics simulations of proton transport in proton exchange membranes based on acid-base complexes ［M］. InTech, 2012.

［74］　Lim K H, Lee A S, Atanasov V, et al. Protonated phosphonic acid electrodes for high power heavy-duty vehicle fuel cells ［J］. Nature Energy, 2022, 7: 248-259.

［75］　Atanasov V, Lee A S, Park E J, et al. Synergistically integrated phosphonated poly (pentafluorostyrene) for fuel cells ［J］. Nat Mater, 2021, 20 (3): 370-377.

［76］　Vilčiauskas L, Tuckerman M E, Melchior J P, et al. First principles molecular dynamics study of proton dynamics and transport in phosphoric acid/imidazole (2∶1) system ［J］. Solid State Ionics, 2013, 252: 34-39.

［77］　Atsango A O, Tuckerman M E, Markland T E. Characterizing and contrasting structural proton transport mechanisms in azole hydrogen bond networks using Ab initio molecular dynamics ［J］. J Phys Chem Lett, 2021, 12 (36): 8749-8756.

［78］　Krueger R A, Vilciauskas L, Melchior J P, et al. Mechanism of efficient proton conduction in diphosphoric acid elucidated via first-principles simulation and NMR ［J］. J Phys Chem B, 2015, 119 (52): 15866-75.

［79］　Xiao Y, Wang S, Tian G, et al. Preparation and molecular simulation of grafted polybenzimidazoles containing benzimidazole type side pendant as high-temperature proton exchange membranes ［J］. Journal of Membrane Science, 2021: 620.

［80］　Pahari S, Choudhury C K, Pandey P R, et al. Molecular dynamics simulation of phosphoric acid doped monomer ofpolybenzimidazole: a potential component polymer electrolyte membrane of fuel cell ［J］. J Phys Chem B, 2012, 116 (24): 7357-66.

［81］　Xiao Y, Ma Q, Shen X, et al. Facile preparation of polybenzimidazole membrane crosslinked with three-dimensional polyaniline for high-temperature proton exchange membrane ［J］. Journal of Power Sources, 2022 (Apr. 30): 528.

［82］　Yang Z K, Yuan C Z, Xu A W. A rationally designed Fe-tetrapyridophenazine complex: a promising precursor to a single-atom Fe catalyst for an efficient oxygen reduction reaction in high-power Zn-air cells ［J］. Nanoscale, 2018, 10 (34): 16145-16152.

［83］　Xiao F, Liu X, Sun C J, et al. Solid-state synthesis of highly dispersed nitrogen-coordinated single iron atom electrocatalysts for proton exchange membrane fuel cells ［J］. Nano Lett, 2021, 21 (8): 3633-3639.

［84］　Jeong G, Kim M, Han J, et al. High-performance membrane-electrode assembly with an optimal polytetrafluoroethylene content for high-temperature polymer electrolyte membrane fuel cells ［J］. Journal of Power Sources, 2016, 323: 142-146.

［85］　Martin S, Li Q, Steenberg T, et al. Binderless electrodes for high-temperature polymer electrolyte membrane fuel cells ［J］. Journal of Power Sources, 2014, 272: 559-566.

第
四
篇　氢
能
应
用

[86] Schmidt T J, Baurmeister J. Properties of high-temperature PEFC Celtec®-P 1000 MEAs in start/stop operation mode [J]. Journal of Power Sources, 2008, 176 (2): 428-434.

[87] Schonvogel D, Rastedt M, Wagner P, et al. Impact of accelerated stress tests on high temperature PEMFC degradation [J]. Fuel Cells, 2016, 16 (4): 480-489.

[88] Aili D, Henkensmeier D, Martin S, et al. Polybenzimidazole-based high-temperature polymer electrolyte membrane fuel cells: new insights and recent progress [J]. Electrochemical Energy Reviews, 2020, 3 (4): 793-845.

[89] Oono Y, Sounai A, Hori M. Long-term cell degradation mechanism in high-temperature proton exchange membrane fuel cells [J]. Journal of Power Sources, 2012, 210: 366-373.

[90] Cui L, Li Z, Wang H, et al. Atomically dispersed Cu-N-C as a promising support for low-Pt loading cathode catalysts of fuel cells [J]. ACS Applied Energy Materials, 2020, 3 (4): 3807-3814.

[91] 卢善富, 相艳, 蒋三平. 一种燃料电池用的高温质子交换膜及制备方法: CN201010256732 [P]. 2012-03-14.

[92] Bai H, Wang H, Zhang J, et al. Simultaneously enhancing ionic conduction and mechanical strength of poly (ether sulfones)-poly (vinyl pyrrolidone) membrane by introducing graphitic carbon nitride nanosheets for high temperature proton exchange membrane fuel cell application [J]. Journal of Membrane Science, 2018, 558: 26-33.

[93] Lu S, Xiu R, Xu X, et al. Polytetrafluoroethylene (PTFE) reinforced poly (ethersulphone)-poly (vinyl pyrrolidone) composite membrane for high temperature proton exchange membrane fuel cells [J]. Journal of Membrane Science, 2014, 464: 1-7.

[94] Xu X, Wang H, Lu S, et al. A novel phosphoric acid doped poly (ethersulphone)-poly (vinyl pyrrolidone) blend membrane for high-temperature proton exchange membrane fuel cells [J]. Journal of Power Sources, 2015, 286 (jul. 15): 458-463.

[95] Zhang J, Zhang J, Bai H, et al. A new high temperature polymer electrolyte membrane based on tri-functional group grafted polysulfone for fuel cell application [J]. Journal of Membrane Science, 2019, 572: 496-503.

[96] Zhang J, Aili D, Lu S, et al. Advancement toward polymer electrolyte membrane fuel cells at elevated temperatures [J]. Research, 2020 (1): 15.

[97] Zhang J, Bai H, Yan W, et al. Enhancing cell performance and durability of high temperature polymer electrolyte membrane fuel cells by inhibiting the formation of cracks in catalyst layers [J]. Journal of The Electrochemical Society, 2020, 167 (11): 114501.

[98] Zhang J, Xiang Y, Lu S, et al. High temperature polymer electrolyte membrane fuel cells for integrated fuel cell-methanol reformer power systems: a critical review [J]. Advanced Sustainable Systems, 2018, 2 (8-9): 1700184.

[99] 卢善富. 燃料电池用磷酸掺杂高温质子交换膜研究进展 [J]. 中国科学: 化学, 2017, 47 (5): 8.

[100] 罗来明. 高温聚合物电解质膜燃料电池大尺寸 (200cm²) 多蛇形流场模拟与优化 [J]. 化工进展, 2021 (9): 4975-4985.

[101] 张劲. 聚醚砜-聚乙烯吡咯烷酮高温聚合物电解质膜及燃料电池堆性能研究 [J]. 化工学报, 2021 (1): 589-596.

[102] Yan W, Zhang J, Wang H, et al. Advancement toward reforming methanol high temperature polymer electrolyte membrane fuel cells [J]. Chemical Industry and Engineering Progress, 2021, 40 (6): 2980-2992.

[103] Andreasen S J, Kær S K, Justesen K K, et al. High temperature PEM fuel cell systems, control and diagnostics [M] //high temperature polymer electrolyte membrane fuel cells. Berlin: Springer, 2016: 459-486.

[104] Lee K S, Maurya S, Kim Y S, et al. Intermediate temperature fuel cells via an ion-pair coordinated polymer electrolyte [J]. Energy & Environmental Science, 2018, 10: 1039.

[105] Lee A S, Choe Y K, Matanovic I, et al. The energetics of phosphoric acid interactions reveals a new acid loss mechanism [J]. Journal of Materials Chemistry A, 2019, 7 (16): 9867-9876.

[106] Araujo C M, Simone D L, Konezny S J, et al. Fuel selection for a regenerative organic fuel cell/flow battery: thermodynamic considerations [J]. Energy & Environmental Science, 2012, 5 (11): 9534-9542.

[107] Papadias D D, Peng J K, Ahluwalia R K. Hydrogen carriers: Production, transmission, decomposition, and storage [J]. International Journal of Hydrogen Energy, 2021, 46 (47): 24169-24189.

[108] Teichmann D, Arlt W, Wasserscheid P, et al. A future energy supply based on Liquid Organic Hydrogen Carriers (LOHC) [J]. Energy & Environmental Science, 2011, 4 (8): 2767-2773.

[109] Aakko-Saksa P T, Cook C, Kiviaho J, et al. Liquid organic hydrogen carriers for transportation and storing of renewable energy-Review and discussion [J]. Journal of Power Sources, 2018, 396: 803-823.

［110］ Soloveichik G L. Liquid fuel cells ［J］. Beilstein J Nanotechnol，2014，5：1399-1418.

［111］ Yadav M，Xu Q. Liquid-phase chemical hydrogen storage materials ［J］. Energy & Environmental Science，2012，5 (12)：9698-9725.

［112］ Demirci U B，Miele P. Sodium borohydride versus ammonia borane，in hydrogen storage and direct fuel cell applications ［J］. Energy & Environmental Science，2009，2 (6)：627-637.

［113］ Zakaria Z，Kamarudin S K，Timmiati S N. Membranes for direct ethanol fuel cells：An overview ［J］. Applied Energy，2016，163：334-342.

［114］ Kumar A，Daw P，Milstein D. Homogeneous catalysis for sustainable energy：hydrogen and methanol economies，fuels from biomass，and related topics ［J］. Chem Rev，2022，122 (1)：385-441.

［115］ Zhao X，Yin M，Ma L，et al. Recent advances in catalysts for direct methanol fuel cells ［J］. Energy & Environmental Science，2011，4 (8)：2736-2753.

［116］ Olah G A. Towards oil independence through renewable methanol chemistry ［J］. Angew Chem Int Ed Engl，2013，52 (1)：104-7.

［117］ Olah G A. Jenseits von Öl und Gas：die Methanolwirtschaft ［J］. Angewandte Chemie，2005，117 (18)：2692-2696.

［118］ Pan C，He R，Li Q，et al. Integration of high temperature PEM fuel cells with a methanol reformer ［J］. Journal of Power Sources，2005，145 (2)：392-398.

［119］ Avgouropoulos G，Papavasiliou J，Daletou M K，et al. Reforming methanol to electricity in a high temperature PEM fuel cell ［J］. Applied Catalysis B：Environmental，2009，90 (3-4)：628-632.

［120］ Avgouropoulos G，Schlicker S，Schelhaas K P，et al. Performance evaluation of a proof-of-concept 70 W internal reforming methanol fuel cell system ［J］. Journal of Power Sources，2016，307：875-882.

［121］ Avgouropoulos G，Papavasiliou J，Ioannides T，et al.，Insights on the effective incorporation of a foam-based methanol reformer in a high temperature polymer electrolyte membrane fuel cell ［J］. Journal of Power Sources，2015，296：335-343.

［122］ Avgouropoulos G，Ioannides T，Kallitsis J K，et al. Development of an internal reforming alcohol fuel cell：Concept，challenges and opportunities ［J］. Chemical Engineering Journal，2011，176-177：95-101.

［123］ Cheng Y，He S，Lu S，et al. Iron single atoms on graphene as nonprecious metal catalysts for high-temperature polymer electrolyte membrane fuel cells ［J］. Adv Sci (Weinh)，2019，6 (10)：1802066.

［124］ Ma Y，Guan G，Shi C，et al. Low-temperature steam reforming of methanol to produce hydrogen over various metal-doped molybdenum carbide catalysts ［J］. International Journal of Hydrogen Energy，2014，39 (1)：258-266.

［125］ Cai F，Ibrahim J. J，Fu Y，et al. Low-temperature hydrogen production from methanol steam reforming on Zn-modified Pt/MoC catalysts ［J］. Applied Catalysis B：Environmental，2020. 264：118500.

［126］ Yan W，Xiang Y，Zhang J，et al. Substantially enhanced power output and durability of direct formic acid fuel cells at elevated temperatures ［J］. Advanced Sustainable Systems，2020，4 (7)：2000065.

［127］ Justesen K K，Andreasen S J. Determination of optimal reformer temperature in a reformed methanol fuel cell system using ANFIS models and numerical optimization methods ［J］. International Journal of Hydrogen Energy，2015，40 (30)：9505-9514.

［128］ Justesen K K，Andreasen S J，Pasupathi S，et al. Modeling and control of the output current of a Reformed Methanol Fuel Cell system ［J］. International Journal of Hydrogen Energy，2015，40 (46)：16521-16531.

［129］ Specchia S. Fuel processing activities at European level：A panoramic overview ［J］. International Journal of Hydrogen Energy，2014，39 (31)：17953-17968.

［130］ anonym. UltraCell redesigns XX55 military RMFC portable system ［J］. Fuel Cells Bulletin，2013 (10)：5.

［131］ 明海. 军用便携式燃料电池技术发展 ［J］. 电池，2017，47 (06)：362-365.

［132］ Renouard-Vallet G，Saballus M，Schmithals G，et al. Improving the environmental impact of civil aircraft by fuelcel technology：concepts and technological progress ［J］. Energy & Environmental Science，2010，3 (10)：1458-1468.

第 **27** 章

碱性膜燃料电池

27.1 碱性聚合物电解质

碱性聚合物电解质（alkaline polymer electrolyte，APE）是阴离子交换膜燃料电池（anion exchange membrane fuel cell，AEMFC）（属于碱性膜燃料电池）中的关键材料之一，由聚合物主链和阳离子两部分组成，可分为隔膜和催化层中的离子聚合物（称之为 ionomer）两类。其中，隔膜起到分隔阴、阳两极以及传导水和 OH^- 的作用，对燃料电池高效稳定运行十分重要。而 ionomer 则起到黏结催化剂及传导催化层中 OH^- 的作用。无论是隔膜还是 ionomer，都需要具有较高的离子电导率，以保证阴极氧还原反应（oxygen reduction reaction，ORR）产生的 OH^- 能迅速传递至阳极，完成阳极氢氧化反应（hydrogen oxidation reaction，HOR），使燃料电池得以高效运行；同时还需要具有较高的化学稳定性，即在燃料电池工作的碱性环境中，聚合物的主链和阳离子均不发生显著降解，以保证燃料电池的长期稳定运行。隔膜和 ionomer 虽有相似之处，但在燃料电池中所处环境不同，因此对材料的具体要求也有所差异。例如，燃料电池运行过程中水的产生及消耗将带来干湿交替的问题，因此隔膜需要具有较高的尺寸稳定性及良好的机械强度；而 ionomer 作为催化剂的黏结剂，位于催化层中反应气、水和催化剂的三相界面处，其物理性质（亲疏水性、分散性等）将影响电极结构。由此可见，了解 APE 的离子传导性质、化学稳定性及力学性能等基本性质，对提高碱性膜燃料电池的整体性能和稳定性至关重要。

27.1.1 APE 的离子传导性质

APE 中的 OH^- 与酸性膜中的 H^+ 一样具有两种离子传导机制：Grotthuss 质子跳跃机理及 Vehicular 离子扩散机理。H^+ 体积较小，主要以 Grotthuss 机理进行传递，而 OH^- 体积相对较大，因此主要依靠 Vehicular 机理进行传递，这就导致了 OH^- 的扩散系数仅为 H^+ 的 1/4，从而造成了 APE 离子电导率较低的问题，且离子电导率对温度的变化更为敏感。为保证电极反应快速进行，需提高 APE 的离子传导性能，一般可采用以下几种方法：

（1）提高阳离子密度

APE 中的 OH^- 需通过聚合物中的阳离子进行传导，因此提高阳离子密度在理论上可实现离子电导率的提升。一般而言，有两种提高阳离子密度的方法。第一种是提高 APE 的离子交换容量（IEC）。所谓 IEC，指的是每单位质量 APE 中所含有阳离子的物质的量，其单位一般用 mmol/g 表示。可通过增加主链结构单元所含阳离子数量（即提高接枝度）或减小每个结构单元的分子量来达到提高 IEC 的目的。值得注意的是，离子电导率的提高和 IEC 的增大并非为线性关系。当 IEC 增大时，碱性膜的含水量会相应增大，这可能导致膜中的

OH⁻ 浓度有所下降，反而有可能造成离子电导率的下降。此外，当 IEC 增大时，碱性膜的溶胀率也会有所增大，随之而来的是膜力学性能的大幅下降，这将对燃料电池性能造成负面影响。因此，使用提高 IEC 这一策略来指导 APE 结构设计时，需考虑如何平衡离子电导率与溶胀率的问题。

第二种提高阳离子密度的方法是制备多阳离子聚合物：在主链上引出侧链，将两个或两个以上阳离子安插在侧链上，或是从主链的一个原子上同时引出两条侧链，在侧链顶端分别安插阳离子[1]。此策略在一定程度上与提高 IEC 有相似之处，但侧链含多个阳离子的 APE 往往在微观上具有相分离现象，即在聚合物内部出现了亲水区和疏水区，水及 OH⁻ 可以通过亲水通道完成更高效的运输，因此可以在不牺牲离子电导率的情况下，通过降低多阳离子 APE 的 IEC 来降低膜的溶胀率。此外，还可以同时使用交联策略来降低溶胀率，从而保证膜的机械强度。虽然使用多阳离子策略对离子电导率的提升有所帮助，但此类 APE 化学稳定性不尽如人意，其原因可能是侧链所含阳离子数目较多，更容易受到 OH⁻ 的进攻而发生降解，也可能是所用主链本身不稳定导致 APE 整体稳定性较低。

（2）构建相分离通道

上文提到，当碱性膜中存在相分离通道时，可以在较低 IEC 的情况下保持高的离子电导率，这是更为妥当的电导率提升策略。此策略受全氟磺酸质子交换膜 Nafion 结构的启发。Nafion 膜含有疏水的柔性碳氟主链及亲水的磺酸基侧链，使其易于形成良好的亲疏水相分离通道，使质子在其中的传导阻力减小，因此，其能在 IEC 仅为 1mmol/g 的条件下获得高的质子电导率。构建相分离通道一般可采用以下几种策略：设计疏水主链及亲水长侧链 APE，例如上文提到的侧链多阳离子聚合物；制备嵌段共聚物，利用每部分嵌段亲疏水性质的差异来实现相分离通道的构建[2]；此外，在一些无规共聚物中，若一部分结构单元中存在疏水结构，也可能导致微观相分离的出现[3]。经过对以上多种策略的应用，离子电导率已不再是制约 APE 发展的主要因素，而化学稳定性问题则日益突出。

27.1.2 APE 的化学稳定性

为保证 AEMFC 长期稳定运行，从而实现商业化目标，真正解决能源紧缺及清洁能源使用的问题，需首先解决膜电极材料层面上的稳定性问题。对于膜电极中关键材料之一的 APE 来说，关于其稳定性的讨论可具体划分为主链稳定性和阳离子稳定性两部分。

27.1.2.1 主链稳定性

（1）工程塑料改性

在 APE 研究初期，通过工程塑料改性来获得可传导离子的聚电解质是一种较为主流的做法，此类方法在当时有着多方面的优势：常用的聚砜、聚苯醚、聚醚醚酮等工程塑料具有十分良好的力学性能，符合隔膜的使用需求；原料易于购买，无需合成；可通过氯（溴）甲基化、傅-克（Friedel-Crafts）酰基化等方法对主链进行改性，接枝不同类型的侧链，以获得具有不同性质的聚电解质。然而，此类经过工程塑料改性得到的 APE 主链中均含有砜基、醚键等极性基团，导致它们在碱性环境中容易受到 OH⁻ 的攻击而发生降解，稳定性不佳。以季铵化聚砜（QAPS）为例，利用二维核磁技术可分析得到其在碱性条件下的降解机理[4]。如反应式 27-1 所示，QAPS 主链中的醚键和季碳在 OH⁻ 的亲核进攻下将发生断裂，导致膜机械强度下降，继而难以使用。

减少 APE 主链中所含极性基团的数量逐渐成为一种新的趋势，于是，在工程塑料改性中，聚乙烯（PE）、聚偏氟乙烯（ETFE）、聚苯乙烯（PS）及聚苯乙烯-聚乙烯-聚丁烯-聚

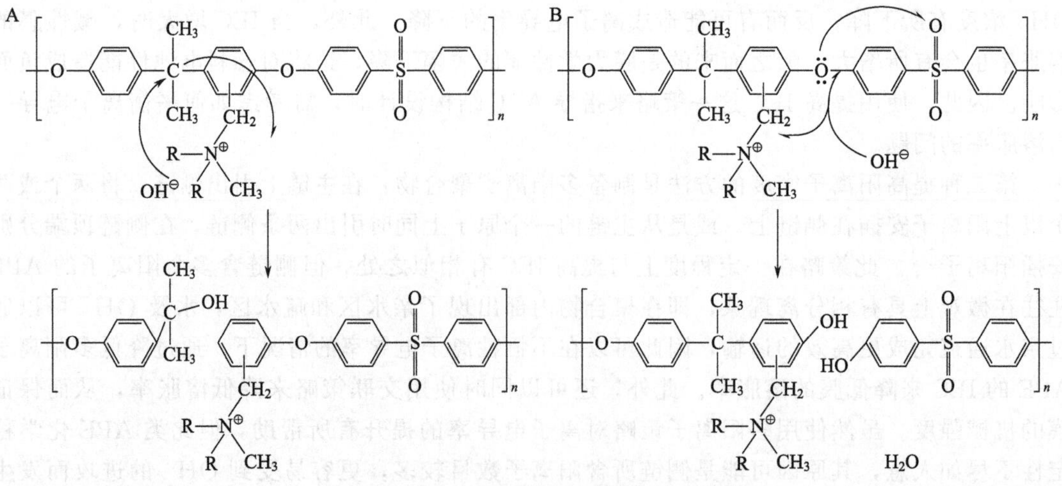

反应式 27-1　季铵化聚砜主链降解机理[4]

苯乙烯嵌段共聚物（SEBS）等不含极性基团的主链逐渐受到研究者们的青睐，并以此为基础制备得到了一系列优秀的 APE 材料，其中，J. R. Varcoe 课题组制备的辐射接枝 PE 及 ETFE 最具代表性，此类辐射接枝 APE 不仅具有优异的离线化学稳定性，同时还获得了较高的电池性能以及电池长期稳定性[5]。

经过一段时间的发展后，对工程塑料较为有限的改造已不能满足 AEMFC 的研究需求。因此，从稳定性角度出发，更多基于小分子聚合的主链不含极性基团的 APE 被创造出来，APE 种类日益丰富。

（2）聚芳基主链

以聚芳基为主链的 APE 种类繁多，包括聚三联苯、聚联苯、聚亚芳基咪唑、聚苯并咪唑、聚芴及聚咔唑等。此类主链中含有苯环的 APE 一般刚性较强，具有优异的力学性能，且因不含极性基团而具有较高的碱稳定性，在 APE 材料的发展中占据举足轻重的地位。此类 APE 的合成方法十分丰富，包括强酸聚合反应和金属催化偶联聚合反应等等，下文将做具体介绍。

强酸聚合反应指的是酸催化 Friedel-Crafts 缩聚反应，即芳香类单体和醛酮类单体在三氟甲磺酸催化下发生的缩合聚合反应（反应式 27-2）。三氟甲磺酸作为一种 Brønsted 超酸，在酸催化缩聚反应中可通过超亲电活化作用提高亲电试剂（酮或醛类单体）的反应活性，有利于 C—C 的形成。强酸聚合具有高度的特异选择性，能够连接端基芳环的 4 号 C 与 C＝O，从而形成高分子量的线性聚合物，且具有较窄的分子量分布，因此所得聚合物具有优异的机械强度。

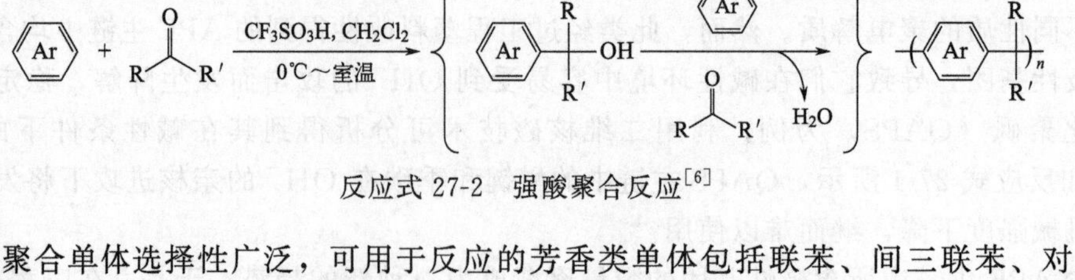

反应式 27-2　强酸聚合反应[6]

强酸聚合单体选择性广泛，可用于反应的芳香类单体包括联苯、间三联苯、对三联苯、对四联苯、二苯甲烷同系物（两苯环之间 CH₂ 数目为 1～10）、取代咔唑、取代芴等等；可用于反应的酮类单体则包括 N-甲基哌啶酮、三氟苯乙酮、三氟丙酮、7-溴-1,1,1-三氟-2-庚酮等。上述单体两两组合即可得到种类繁多的聚合物，还可使用多种单体共聚的策略来对 APE 的某些性质（如疏水性、刚性、IEC 等）进行调控，若单体选择得当，在聚合完成后，通过一步 Menshutkin（门舒特金）反应即可得到含有季铵基团的 APE。除反应简单这一优点外，此类 APE 在二甲亚砜（DMSO）等溶剂中具有良好的溶解性，有利于进行后续的成膜加工以及配制 ionomer 溶液。在众多已报道的通过强酸聚合获得的 APE 中，对三联苯-哌啶共聚物是最具代表性的一类。它不仅具有优异的力学性能与碱稳定性，在燃料电池中的性能也表现非凡，获得了超过 $3W/cm^2$ 的峰值功率密度与超过 400h 的电池稳定性[7]。得益于强酸聚合方法步骤简便、反应原料廉价易得、适于大规模生产等优点，现已有多种 APE 成功实现商业化（Orion、Alkymer 及 PiperION）。

金属催化偶联聚合指的是在金属催化剂作用下，多卤代芳烃与金属试剂形成 C—C 键的聚合反应，常用的过渡金属催化剂为 Pd 或 Ni 的配合物。为保证获得高分子量的聚合物，要求单体及聚合物在反应体系中具有较好的溶解性，且单体不与金属催化剂进行反应。

Suzuki 偶联反应为一类常用的以 Pd 配合物为催化剂的交叉偶联反应，在碱性条件下可催化芳香硼酸或硼酸酯与卤代芳烃的芳环发生偶联，常用于含芴基单体的聚合。反应式 27-3(a) 即为取代芴的硼酸酯与 1,4-二溴苯利用 Suzuki 偶联发生的聚合反应。此类含芴基 APE 具有较低溶胀率及适中的含水量，同时具有较高的离子电导率和碱稳定性，但重均分子量较低，不利于获得高机械强度的碱性膜。此外，当苯环上的 H 被较多 F 取代后，剩余 H 反应活性增加，同样可在 Pd 配合物催化下与卤代芳烃发生交叉偶联反应，从而得到高聚物［反应式 27-3(b)］[8]。使用此方法获得的聚合物具有更高的平均分子量，同时也可获得较好的 APE 性能。

反应式 27-3 Pd 催化偶联反应
Suzuki 偶联反应[6]（a）；Pd 催化碳氢活化[8]（b）

另一类金属催化偶联反应是利用过渡金属催化卤代芳烃通过脱卤而进行的聚合反应，常用催化剂为 Ni 的配合物，称为 Yamamoto 偶联反应，如反应式 27-4 所示。除二卤代苯外，可供选择的单体还有含亚甲基片段的二卤代苯、二卤代三联苯及卤代芴类等，其中最具代表性的是具有含氟链段的二卤代芳烃与二卤代芴类单体之间进行的聚合反应。通过 Yamamoto 偶联所得的主链含氟的聚合物具有较强的疏水性，可用于调控催化层的疏水性，是缓解阳极"水淹"的有效方法之一[9]，但此方法所得聚合物具有较低的数均分子量，且聚合物的多分散指数（PDI）较大，虽有研究表明将苯环之间的—CF_2—基团数目从 6 个减少至 4 个可显著降低 PDI，但分子量仍旧较小[10]。相比较下，Suzuki 偶联是获取较低 PDI 的芴类聚合物的更高效的选择。此外，聚合所用含氟单体制备过程烦琐复杂，且需使用大量的金属催化剂，因此不适于大批量生产。除芴类单体外，Ni 催化偶联反应还可用于聚合三联苯类单体，与强酸聚合所得 APE 一样具有较高的机械强度与碱稳定性[11]。

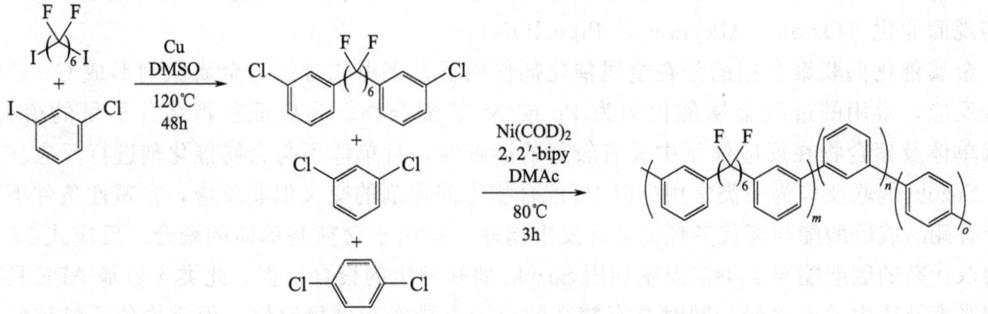

反应式 27-4　Yamamoto 偶联聚合[6]

　　总而言之，金属催化偶联反应对于卤代芳烃聚合来说十分高效且实用，但存在单体制备复杂的问题（多数卤代芳烃及硼酸酯需自制），且需使用价格较高的 Pd 基催化剂或大量的 Ni 基催化剂，Ni 催化偶联聚合还存在分子量分布较宽的问题，实现大规模生产较为困难。

　　除上述主链外，聚亚芳基咪唑及聚苯并咪唑主链也是常见的聚芳烃类主链。在这类 APE 中，咪唑基团可直接作为主链上的阳离子，也可在侧链上额外修饰阳离子。获取这类聚合物的聚合方法通常为高温缩聚法，利用多聚磷酸（PPA）或 Eaton 试剂对含邻苯二胺的单体及含苯甲酸的单体进行成环缩聚反应，如反应式 27-5 所示。然而，苯并咪唑类主链碱稳定性不佳，未能得到进一步发展。

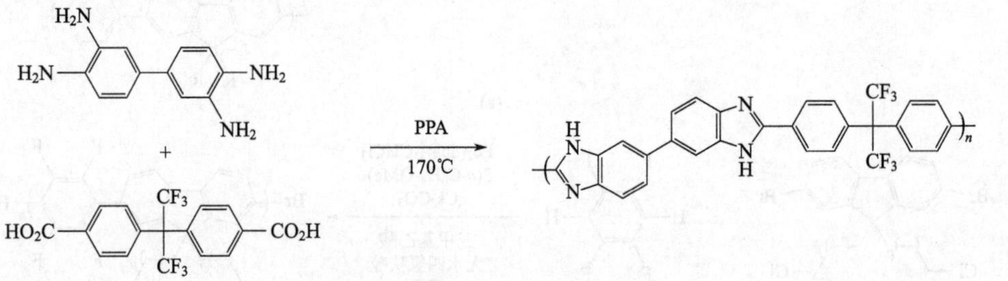

反应式 27-5　高温缩聚反应[12]

　　Diels-Alder（狄尔斯-阿尔德）加成聚合也可用于合成芳基主链 APE。Diels-Alder 加成即利用共轭二烯及亲二烯体发生的［4＋2］环加成反应，使用此方法可得到主链仅含芳基的聚合物，最早被用于质子交换膜的合成当中，同样也是最早制备的主链不含杂原子的离子交换膜之一。典型的 Diels-Alder 加成聚合反应如反应式 27-6 所示，在聚合完成后可通过卤甲基化或傅-克酰基化反应完成聚合物的官能化，从而进一步转化为阳离子。此聚合方法无需金属催化剂，避免了潜在的金属污染问题，且具有较好的溶解性及反应性，易于进行后续反应及加工，所得聚合物分子量较高、化学稳定性较好。此方法也存在一些缺点：聚合所用单体合成路线长、步骤复杂，所得聚合物刚性太强易降低膜的气密性，因此并不是合成 APE 的优选方案。

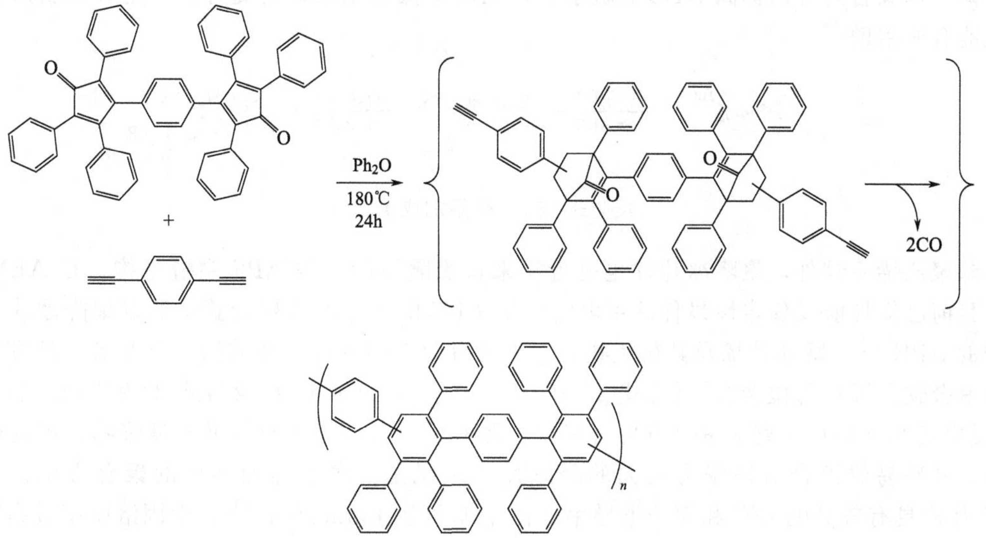

反应式 27-6　Diels-Alder 加成聚合[6]

（3）聚烯烃主链

聚烯烃主链 APE 主要包括上文工程塑料改性中提到的聚乙烯（PE）、聚偏氟乙烯（ETFE）、聚苯乙烯（PS）及聚苯乙烯-聚乙烯-聚丁烯-聚苯乙烯嵌段共聚物（SEBS）等，此外还包括聚降冰片烯（PNB）及其衍生物。除了通过工程塑料改性外，聚烯烃主链 APE 同样也可以通过小分子聚合得到。

聚乙烯主链可通过开环易位聚合（ROMP）得到，所用单体一般为环辛烯及其衍生物，如反应式 27-7 所示。开环易位聚合本质是烯烃的复分解反应，通过催化剂的金属卡宾活性中心与单体上的双键配位形成四元环中间物种，该中间体以易位方式发生裂解时将产生新的金属卡宾中心和新的烯烃，所得聚合物将保留碳碳双键，可通过还原氢化反应得到具有饱和碳氢主链的聚合物[13]。ROMP 的一个优势在于单体所含官能团的选择范围较广，可直接使用带有阳离子的单体进行聚合。通过对单体的设计，可直接聚合得到阳离子固定在主链上的APE，也可将阳离子设计为悬挂在侧链上。尽管利用 ROMP 制备得到的 APE 具有较高的稳定性，单体制备及聚合步骤却较为烦琐复杂，聚合后还需要额外的氢化步骤以消除双键，限制了其发展。G. W. Coates 等通过光催化反应简化了单体合成步骤，最终仅需 4 步反应即可从环辛二烯得到带有哌啶阳离子的 APE[14]。

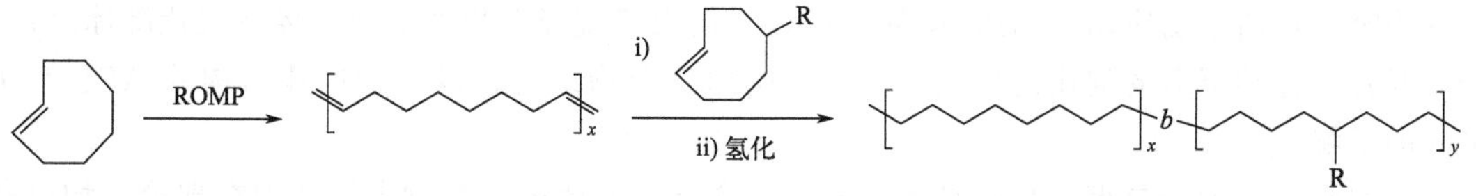

反应式 27-7　开环易位聚合[15]

烯烃加成聚合是获得聚烯烃主链的另一种方法。烯烃加成聚合也称为插入聚合，同样是一类研究较为成熟的聚合反应，含烯基的单体在 Ziegler-Natta 催化剂的作用下可通过插入反应得到性质稳定的线性聚合物，所得聚合物主链为饱和碳氢结构[16]，相较于 ROMP，可省略加氢步骤，对酸、碱均稳定，通过进一步改性可获得带有阳离子的 APE，如反应式 27-8 所示。此类 APE 一般具有较大的溶胀率和较高的含水量，不宜用作聚电解质膜，而使用含氟单体进行聚合则可以提高 APE 的疏水性，从而降低溶胀率，对提升离子电导率及燃料电池性能有所帮助[16]。

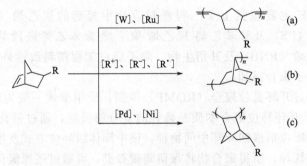

反应式 27-8　烯烃加成聚合

除聚乙烯主链外，聚降冰片烯也是近年来备受瞩目的一类 APE 主链结构，在 AEMFC 中，目前已知性能及稳定性最佳的单电池所用 APE 即通过加成聚合获得的以聚降冰片烯为主链的 APE[17]。降冰片烯及其衍生物为一类含有双键的刚性桥环结构，可通过三种方式来获得聚合物：开环易位聚合[反应式 27-9(a)]、离子/自由基聚合[反应式 27-9(b)]及加成聚合[反应式 27-9(c)]。离子聚合或自由基聚合常常只能获得分子量较低的低聚物，因此研究较少。开环易位聚合对环张力较大的降冰片烯来说是一种快速而高效的聚合方法，所得 APE 往往具有较高的 IEC 和离子电导率，在 80℃ 可达 195mS/cm[18]，但因溶胀率过高导致机械强度较差，需通过交联的方式来提高机械强度。通过 ROMP 得到的聚降冰片烯经还原后可获得较好的碱稳定性，是一类理想的 APE 材料。

反应式 27-9　降冰片烯衍生物聚合方式

加成聚合同样被用于聚降冰片烯主链的合成。此类加成聚合常用催化剂为 Ni 或 Pd 的配合物，所得聚降冰片烯仍保留桥环的刚性结构，且无不饱和键存在，因此所得聚合物具有较高的玻璃化转变温度（一般＞300℃），同时具有优秀的成膜性。通过加成聚合所得聚降冰片烯主链 APE 与 ROMP 一样具有高电导率、高稳定性的优点，同样也存在低机械强度的缺点，需要通过交联或使用支撑膜来提高力学性能。与 ROMP 不同的是，加成聚合可选单体范围较窄，目前成功应用在 APE 中的单体几乎仅限于烷烃取代的降冰片烯及溴代降冰片烯，仍需开发出种类更多的催化剂以获得更多不同的聚合物结构，以对含桥环结构的 APE 有更深入的了解。

目前而言，无论是聚芳烃还是聚烯烃，不含极性基团的聚合物主链结构在理论上均可获得较高的碱稳定性，但实际观察到的碱稳定性却并未达到理想程度，这是阳离子结构差异造成的。不同的阳离子对 OH⁻ 的耐受性不同，最终将导致 APE 的稳定性有所差异。虽然不同主链稳定性相当，但就合成方法的简便性而言，强酸聚合制备聚芳烃无疑是最容易实施的一种，也是目前商业化较为成功的一种。辐射接枝聚烯烃类膜在 APE 及器件性能中均为佼佼者，但受限于设备，深耕于此的研究团队较少。通过加成聚合得到的聚降冰片烯膜则是异军突起，无论是 APE 离线稳定性还是 AEMFC 在线稳定性都为行业前沿水平，当然，这也离不开膜电极组件（membrane electrode assembly，MEA）结构与电池操作条件的优化。尽管聚降冰片烯 APE 获得了较好的器件性能，但其单体制备却较为困难，更多合成所用催化剂及单体结构仍有待开发。

27.1.2.2　阳离子稳定性

APE 中的阳离子具有亲电性，在碱性条件下可能会受到 OH^- 的进攻而发生降解，导致 APE 的离子传导能力下降，因此阳离子的稳定性将直接影响 APE 的性能，其重要性不言而喻。目前 APE 中使用最为广泛、研究最为深入的阳离子为季铵阳离子，除此之外，常见阳离子还包括咪唑阳离子、季鏻阳离子、锍阳离子及金属配位类阳离子等。

（1）季铵阳离子

季铵阳离子是 APE 中最常见的一类阳离子，可通过先聚合再进行官能化改性得到，也可以通过直接聚合含有季铵基团的单体得到。碱性条件下，不同的季铵阳离子具有不同的降解机理，典型的季铵阳离子可能的降解方式如反应式 27-10 所示，大致可分为两类：Hofmann（霍夫曼）消除反应及 S_N2 反应。对于苄基三甲胺阳离子而言，有两种可发生取代反应的 α 碳，其降解方式可能为反应式 27-10A 所示的苄位的 S_N2 反应，得到醇类及叔胺小分子（即三甲胺），或发生反应式 27-10B 所示的 α 位的取代反应，得到含叔胺的聚合物及甲醇。而当阳离子周围含有 β-H 时，在符合离去基团反式共平面的条件下还将发生 Hofmann 消除反应，得到烯烃与叔胺（反应式 27-10C）；若阳离子中有环状结构存在，还可能发生反应式 27-10D、E 所示的开环的取代或消除反应，得到更多的降解产物。不同的降解途径所得产物具有不同特征，据此，可通过核磁共振谱图、气相色谱-质谱联用、红外或拉曼谱图对降解机理进行探究，从而设计出更为稳定的阳离子结构。

反应式 27-10　季铵阳离子降解方式[15]

苄基三甲胺离子（BTMA）是最简单的一类季铵阳离子，常被用作模型化合物进行研究。小分子 BTMA 在 80℃、2mol/L KOH 中浸泡 2000h 后阳离子保留率仍可达到 96%[19]，显示出极高的离线稳定性；但当稳定性测试条件变得更加苛刻，使用 2mol/L

KOH/CD$_3$OH 作为测试溶液后，BTMA 在 720h 的测试后的阳离子保留率仅为 1%[20]，与水溶液中的稳定性结果相去甚远。尽管以 BTMA 为阳离子的辐射接枝 APE 在 AEMFC 中获得了较好的稳定性，从长远来看，仍需避免苄位阳离子的存在，因为与苯环直接相连的 α 碳相较于烷基中的碳具有更高的活性，更易通过反应式 27-10A 的途径发生降解。

线性烷基类季铵阳离子是另一类常见的阳离子。由于不含有苄位亲核取代的问题，其稳定性一般高于 BTMA。线性烷基季铵阳离子降解方式有 α 位的亲核取代与 β 位的 Hofmann 消除两种，当 α 位被位阻较大的长链烷烃取代时，不易发生 S$_N$2 反应；当乙基或异丙基直接与 N 相连时更倾向于发生 Hofmann 消除反应，因为它们携带了数目较多的 β-H（分别为 3 个和 6 个），且可以通过 C—C 键的自由旋转使 β-H 与 N 处于反式共平面，对 OH$^-$ 而言位阻较小，有利于 Hofmann 消除的发生。因此，在设计阳离子时应避免乙基或异丙基的存在，从而减少一种降解途径。与长链烷基相比，当甲基直接与 N 相连时，由于其空间位阻较小，更容易发生取代反应造成降解。但也有研究表明，当三甲胺阳离子与合适长度的碳链（3～6 个 C）相连时，在水中易形成胶束，可阻碍 OH$^-$ 的进攻，因此表现出最佳的碱稳定性[21]。在实际应用中，将三甲胺阳离子通过 3 个 C 长度的碳链连接到聚降冰片烯主链上得到的 APE 表现出极佳的电池稳定性[17]，可见线性烷基类季铵阳离子在 AEMFC 中具有较高的应用价值。

环状阳离子在 APE 中同样有着较为广泛的应用，主链部分所介绍的季铵化三联苯-哌啶共聚物即为一类发展迅速的高稳定性 APE。在环状阳离子中，Hofmann 消除反应的发生要求 N 与 β-H 处于反式共平面，此构型将增大环张力，因此发生 Hofmann 消除的可能性较小，而更为常见的降解方式为开环的 S$_N$2 反应（反应式 27-10D）。对于五元环（吡咯环）而言，无论是简单吡咯环还是螺环，最主要的降解方式为开环的 S$_N$2 反应。在 80℃ 1mol/L KOH/CD$_3$OH 中，当 N 上同时连接五元环及乙基时，开环的 S$_N$2 反应与乙基上的 Hofmann 消除对阳离子降解的贡献相同；而当 N 上同时连接五元环与六元环时（螺环结构），阳离子降解全部来源于五元环的开环的 S$_N$2 反应，表明五元环阳离子并非十分稳定[20]。对于六元哌啶环而言，相对于吡咯环其具有更小的环张力，因此并不倾向于发生开环的 S$_N$2 反应；同时还具有一定的刚性，使得 C—C 键旋转从而使 N 与 β-H 处于反式共平面同样具有一定难度，因此哌啶环是一类更稳定的环状阳离子[21]。当哌啶环的 N 连接另一个六元环得到螺环时，阳离子的稳定性将进一步提升，但聚合物上的阳离子的稳定性有时与小分子阳离子的稳定性并不一致，例如，将哌啶阳离子或六元螺环阳离子应用至聚芳基主链上时，哌啶阳离子反而表现出更高的稳定性，其原因可能是刚性的三联苯主链使得螺环的键角发生扭曲，因此更易降解[22]。

咪唑阳离子也可算作一类季铵阳离子，但其不饱和结构使其具有一定的特殊性。碱性条件下，咪唑阳离子可能的降解方式如反应式 27-11 所示[15]，分别为 C2 位的亲核加成反应、苄位的 S$_N$2 反应以及去甲基化反应。将咪唑阳离子连接在聚合物主链上得到的 APE 具有较低的碱稳定性[23]，但当咪唑阳离子的 C2、C4、C5 或是 N1/N3 位分别被一些取代基取代后，咪唑阳离子的碱稳定性可得到大幅提升[24]。对于 C2 位取代基而言，芳基取代对阳离子稳定性的提升最为明显，尤其是以 2、6 位被取代的苯环作为咪唑 C2 位取代基时，可获得最佳碱稳定性。当 C4/C5 位同时被甲基或苯基取代时，稳定性提升显著。而对 N1/N3 来说，被正丁基或异丙基取代时可获得最佳性能，而被甲基取代时易发生 S$_N$2 反应或甲基的去质子化反应导致降解。当使用了以上策略对咪唑阳离子进行保护后，可得到稳定性大幅提升的阳离子，应用在 APE 中同样也获得了较好的碱稳定性。

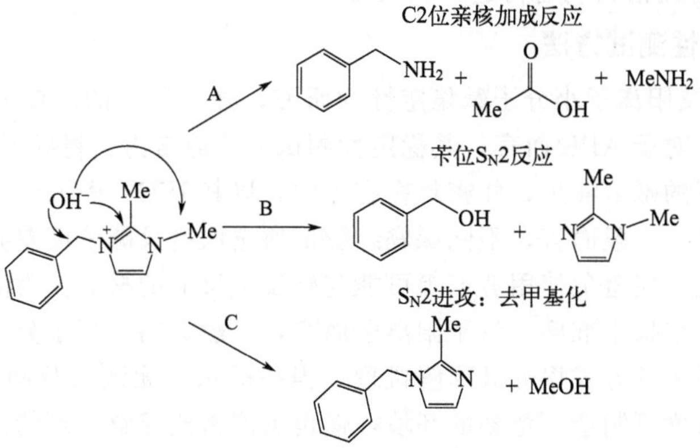

反应式 27-11　咪唑阳离子降解途径[15]

（2）季鏻阳离子

季鏻阳离子是另一类研究较多的阳离子，其中心是与 N 同族的 P 元素，一般与位阻较大的取代基相连，得到正一价的阳离子。当 P 处于苄位并与烷基相连时，稳定性要高于苄基三甲胺阳离子[20]，而当 P 直接与无取代的苯基相连时，得到的阳离子稳定性较差，苯基上存在取代基时，季鏻阳离子稳定性上升明显[25]，目前发现含苯基的最佳取代基为均三甲苯。实验观察到的季鏻阳离子可能的降解方式有两种，如反应式 27-12 所示，包括 P 的氧化和醚的水解。空间效应与电子效应对季鏻阳离子的稳定性影响较大，增加取代基的位阻可保护 P 免受 OH^- 的进攻；而当 P 与给电子基团相连时，可降低 P 的亲电性，从而降低 P 被氧化的可能性（反应式 27-12A），甲氧基是最佳给电子基团，能最大程度避免 P 的氧化，但容易发生醚的水解（反应式 27-12B）。此外，当 P 与脂肪胺相连时，正电荷离域在 N 和 P 之间，则可获得极高的碱稳定性，仅在十分苛刻的测试条件下才能观察到阳离子的降解[26]，对于 APE 而言是一类极具潜力的阳离子。

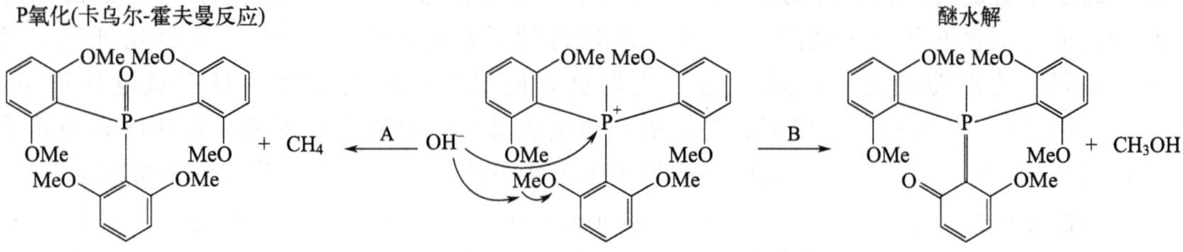

反应式 27-12　季鏻阳离子降解途径[15]

（3）金属配位类阳离子

APE 中最常见的金属配位类阳离子为二茂钴阳离子，此外还有 Ru 或 Ni 与三联吡啶配位的体积较大的阳离子。以 Ru、Ni 配合物为阳离子的 APE 具有较高的含水量，因此限制了它们在燃料电池中的应用；二茂钴阳离子则存在碱稳定性较差的问题，通过在茂环上修饰取代基可提高 APE 的稳定性，同时也可获得较好的机械强度及离子电导率[27]。

在众多种类的阳离子中，季铵阳离子是在 APE 中使用最为广泛的一类阳离子，其中哌啶阳离子，尤其是螺环哌啶阳离子，被证明具有比线型阳离子更高的碱稳定性；对于咪唑阳离子而言，其 C2＼C4＼C5 及 N1＼N2 位同时被取代基保护时可以获得极高的碱稳定性；与脂肪胺相连的季鏻阳离子是目前为止发现的碱稳定性最高的阳离子，但其合成困难，因此在

APE 中应用较少，应用潜力仍有待进一步发掘。

27.1.2.3 碱稳定性测试方法

目前，对 APE 及阳离子小分子碱稳定性的研究，并无统一的测试方法，导致测试结果难以进行平行对比。对于 APE 而言，其稳定性测试方法通常为：将膜形态的 APE 浸泡在一定温度、一定浓度下的碱溶液里，并密封在容器中，以其 IEC、离子电导率或机械强度变化作为稳定性评判标准。一般而言，不同课题组测试所选温度及碱浓度差异较小，尚可进行比较，但值得注意的是，应避免使用玻璃等可能与碱发生反应的材质作为测试容器，防止因碱浓度改变而造成测试结果不准确。对于阳离子而言，一般选用模型小分子作为研究对象，通过核磁共振波谱、质谱等方式探究其降解机理。当一般条件无法区分两种阳离子稳定性时，升高温度或提高碱浓度可制造更苛刻的环境，但也可能造成降解机理的改变；以甲醇、水或它们的氘代试剂作为溶剂，稳定性测试结果也有所差异，阳离子在甲醇中的降解更为迅速，不宜与水中结果进行对比。此外，不同阳离子在同一溶剂中的溶解性可能不同，难以统一测试条件，若能测试一种阳离子在多种条件下的稳定性则可以较好地解决平行对比的问题。

27.1.3 Ionomer 研究

Ionomer 在催化层中起到黏结催化剂以及传导水和离子的作用，其亲疏水性、在催化剂表面的均匀性以及与催化剂相互作用都将对电极反应造成影响。Ionomer 在催化剂表面的吸附现象是研究较为深入的一方面。在氢电极中，APE 中的季铵阳离子在低电势条件下会在 HOR 催化剂 Pt 表面形成阳离子-氢氧根-水共吸附，共吸附层使 H_2 传质受阻，从而导致 HOR 活性下降[28]；此外，ionomer 中的苯环在催化剂表面也存在吸附现象，此类吸附对电极反应而言同样是不利的[29]。实验发现，通过在苯环上修饰不对称甲基可提高 APE 的自由体积分数，通过增大季铵阳离子上的取代基位阻减小阳离子吸附层厚度，从而提高 H_2 在催化层中的渗透率，获得更好的燃料电池性能及稳定性[30]。通过密度泛函理论（DFT）计算可知，ionomer 在合金催化剂（如 PtRu）表面吸附能要低于 Pt，难以共平面的二甲基芴片段比通过单键旋转可共平面的联苯片段具有更低的吸附能[29]，而完全不含苯基的降冰片烯片段在催化剂表面几乎无吸附[31]。这一结论得到了实验证实：ionomer 在催化剂表面吸附越少燃料电池性能则越好，同时也可获得更好的燃料电池稳定性。对于氧电极而言，ionomer 中的苯基片段在高电势下容易被氧化而生成具有一定酸性的苯酚，苯酚解离的质子将消耗周围的 OH^-，从而使催化层中的离子电导率下降，对燃料电池稳定性造成影响[32]。

值得注意的是，除了通过理论计算了解 ionomer 在金属表面的吸附行为外，尚缺乏系统、成熟的离线或在线表征手段对 ionomer 的性质进行深入探究。如何将 ionomer 自身性质与燃料电池的性能与稳定性关联起来是一个值得思考的问题。想要打开 ionomer 在电极当中作用机制的黑箱，道阻且长。

27.2 碱性氢电极

在质子交换膜燃料电池（proton exchange membrane fuel cell，PEMFC）中，强酸性的环境导致其阳极常使用贵金属 Pt 作催化剂。由于 Pt 催化剂在酸性条件下的 HOR 动力学极快，所以 PEMFC 阳极所需 Pt 的载量很低，以至于其阳极的贵金属成本可以忽略。因此长久以来 HOR 催化剂的研究没有受到重视[33]。然而，当体系变为碱性环境时，HOR 反应的动力学下降了约 2 个数量级[34]。这使得 AEMFC 阳极成本相较于 PEMFC 大大提升。因此为了降低成本，最终实现全非贵金属阳极，研究者们在近十几年间对碱性 HOR 的机理和催化剂进行了大量的研究。接下来将从碱性 HOR 机理和碱性 HOR 催化剂两方面进行详细介绍。

27.2.1 碱性 HOR 反应机理研究进展

在碱性条件下，HOR 反应的总反应如下式所示：

$$H_2 + 2OH^- - 2e^- =\!=\!= 2H_2O$$

该反应由以下三个基元反应构成：

$$H_2 + 2* =\!=\!= 2H_{ad} (Tafel)$$

$$H_2 + OH^- - e^- + * =\!=\!= H_2O + H_{ad} (Heyrovsky)$$

$$H_{ad} + OH^- - e^- =\!=\!= H_2O + * (Volmer)$$

式中，$*$ 表示氢原子的吸附位点；H_{ad} 代表吸附氢原子。由上可知，碱性 HOR 必须经历 Volmer 反应步骤，故其可能遵循 Tafel-Volmer 机理或 Heyrovsky-Volmer 机理。其中每一个基元反应都有可能是决速步骤（rate determining step，RDS）。根据 Bulter-Volmer 方程，表 27-1 中列出了四种反应机理下的动力学方程式以及相对应的 HER/HOR Tafel 斜率[35]（HER 指 hydrogen evolution reaction，析氢反应）。理论上根据不同斜率就可以推算出不同催化剂的反应机理。然而这种分析方法存在一些问题，首先表中的 Tafel 斜率均假设 $\alpha = \beta = 0.5$，但实际催化剂可能与该情况并不相符。此外这些动力学表达式中都忽略了吸附氢的覆盖度一项，所以计算得到的 Tafel 斜率存在偏差。最后 HOR 还有可能遵循 Tafel-Heyrovsky-Volmer 机理，即 Tafel 步骤和 Heyrovsky 步骤同时存在，表中没有考虑到此种情况。

表 27-1　HER/HOR 反应机理、动力学表达式及 Tafel 斜率[35]

反应机理	动力学表达式	阴极 Tafel 斜率	阳极 Tafel 斜率
Volmer(RDS)-Tafel	$i = 2i_0(-e^{-\alpha F\eta/RT} + e^{\beta F\eta/RT})$	118mV/dec	118mV/dec
Volmer-Tafel(RDS)	$\eta = \ln(1 + i/i_T)RT/2F$	30mV/dec	30mV/dec
Volmer(RDS)-Heyrovsky	$i = 2i_0[-e^{-\alpha F\eta/RT} + e^{(1+\beta)F\eta/RT}]$	118mV/dec	39mV/dec
Volmer-Heyrovsky(RDS)	$i = 2i_0[-e^{-(1+\alpha)F\eta/RT} + e^{\beta F\eta/RT}]$	39mV/dec	118mV/dec

总的来说，上述机理分析方法在实际的催化剂研究中运用较少，更多的研究着眼于提出某些描述符。描述符这一概念在指导催化剂设计中存在着广泛的应用，实际工作中，只需要获得系统的描述符，便可以对其表面反应性加以预测。最经典的例子就是运用金属表面的氢结合能预测其催化酸性 HER（hydrogen evolution reaction）的动力学[36,37]。在碱性 HOR 的研究中，研究者们提出了氢结合能描述符、氢氧结合能描述符以及非吸附能描述符，接下来将分别进行介绍。

27.2.1.1 氢结合能描述符

在对不同金属催化酸性 HER 的研究中，研究者们发现不同金属催化 HER 的动力学与金属表面的氢结合能（hydrogen binding energy，HBE）呈火山型关系，如图 27-1 所示[38]。位于火山型曲线顶点的 Pt 催化活性最高，其表面的 HBE 处于一个适中的状态，既不太强也不太弱。如果 HBE 太强会导致 H_{ad} 难以脱附，如果 HBE 太弱则导致难以形成 H_{ad}。根据前述的碱性 HOR 机理，H_{ad} 是重要的吸附中间体，所以 HBE 一直以来都作为重要的甚至是唯一的描述符来指导 HOR 催化剂的设计。

Sheng 等[39]将贵金属的 HBE 与循环伏安（cyclic voltammetry，CV）曲线中欠电势沉

积氢（underpotentially deposited hydrogen，H-UPD）的脱附峰电势（E_{peak}）相关联：

$$HBE = -FE_{peak}$$

图 27-2 所示的是 Pt/C 在不同 pH 溶液中的 CV 曲线，H-UPD 的脱附峰电势随着溶液 pH 增大而正移，这意味着碱性条件下 Pt 的 HBE 较酸性条件下更负。根据图 27-1，酸性条件下，Pt 位于火山型曲线顶点的左侧，而在碱性条件下由于更负的 HBE，Pt 将继续向左移，很好地解释了 Pt 在碱性条件下更慢的动力学。基于此，研究者认为 HBE 是 HOR 反应的唯一描述符。

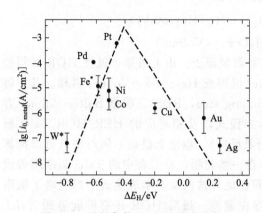

图 27-1 酸性条件下 HER 动力学与
金属表面 HBE 的火山型曲线[38]
（由于 Fe 和 W 的电化学活性面积难以测量，
故计算 i_0 时使用电极的几何面积，特以 * 标识）

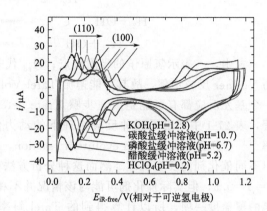

图 27-2 Pt/C 在不同 pH 的缓冲
溶液中的循环伏安曲线[39]

由于 HBE 是金属表面的固有性质，上述研究难以解释为什么金属的 HBE 与电解质的 pH 有关。因此，Zheng 等[40]对 HBE 描述符进行了一些改进，他们认为 H-UPD 的脱附不仅与金属表面的固有性质即 HBE 有关，还与表面水分子的吸附过程有关。对于 H-UPD 的脱附反应存在以下步骤：

$$\frac{1}{2}H_2 + M-H_2O \Longrightarrow H_{UPD} + H_2O$$

$$H_{UPD} + H_2O \Longrightarrow H^+ + e^- + M-H_2O$$

故而，由 H-UPD 脱附峰电势计算得到的表观 HBE（HBE_{app}）应该包含水分子吸附能项：

$$HBE_{app} = HBE + \Delta G_{water}^{\ominus}$$

以 HBE_{app} 对 HER/HOR 的交换电流密度作图，可以得到如图 27-3 所示的三维图像[40]。可以看到在不同 pH 条件下，交换电流密度对 HBE_{app} 均呈现出火山型关系，但火山的形状存在差距，这是由于不同金属的交换电流密度在不同 pH 条件下的变化是不同的，说明不同金属表面的水分子吸附能随 pH 变化存在差别。

27.2.1.2 氢氧结合能描述符

许多研究者认为在碱性条件下，活泼的 Pt 表面除了可以吸附氢原子外，同时还可以吸附 OH 物种，而吸附的 OH 物种也会对碱性 HOR 动力学产生影响[41-43]。这就是所谓的双功能机理，即金属表面的 HBE 和氢氧结合能（OH bingding energy，OHBE）共同决定了催化剂的碱性 HOR 动力学。

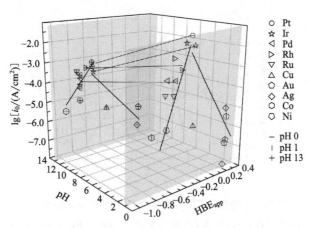

图 27-3　HER/HOR 交换电流密度在不同 pH 条件下对 HBE$_{app}$ 的关系图[40]

Strmcnik 等[44]发现当在 Pt 表面修饰 Ni(OH)$_2$ 后，其 HOR 催化活性相较于修饰前有显著提升（图 27-4），研究者认为 Pt 修饰 Ni(OH)$_2$ 后有利于解离吸附水分子，从而形成 H$_{ad}$ 和 OH$_{ad}$ 中间物种，提高了 HOR 的催化活性。

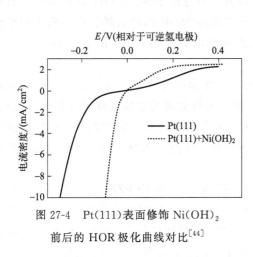

图 27-4　Pt(111)表面修饰 Ni(OH)$_2$
前后的 HOR 极化曲线对比[44]

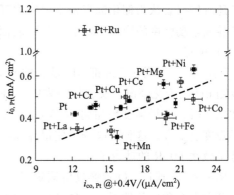

图 27-5　不同催化剂碱性 HOR 交换电流密度与
0.4V 时 CO 剥离的电流密度关系图[45]

Liu 等[45]在平面 Pt 电极表面修饰了十种不同的金属氧化物或氢氧化物，研究者通过恒电势下 CO 剥离的电流大小反映不同电极的亲氧性。研究结果发现碱性 HOR 动力学与修饰后电极的亲氧性呈线性关系（图 27-5），基于此，研究者认为调节电极表面的 OHBE 有利于提高 HOR 动力学。但从图中可以看到，Ru 氢氧化物种修饰的 Pt 电极明显偏离了这种线性关系，研究者认为 Ru 氢氧物种的修饰导致 Pt 性能显著提升来源于两者相互作用产生的电子效应即改变了 Pt 的 HBE。总的来说 HBE 和 OHBE 都能够调节催化剂的碱性 HOR 动力学，其中 HBE 可能占主要作用。

Koper 等[46]使用 Pt（553）单晶电极作为模型电极，选择性地在台阶位点沉积了 Mo、Re、Ru、Rh 和 Ag 等金属。通过这种方法，可以保证 Pt 平台位拥有相同的 HBE，而台阶位 OHBE 不同。实验结果表明碱性 HER 动力学与 OHBE 呈火山型关系（图 27-6）。同时研究者使用 DFT 模拟了该体系，计算结果如图 27-6 中实线所示，计算结果与实验结果能够很好吻合，证实了双功能机理的正确性。

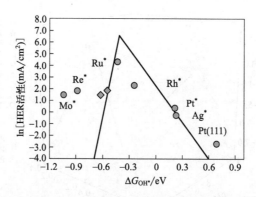

图 27-6   碱性 HER 动力学与 OHBE 的关系图像[46]

[实线为 DFT 计算结果；●为吸附在 Pt(553) 晶面台阶位的 Mo*、Re*、Ru*、Rh*、Pt* 和 Ag* 吸附态原子以及
Pt(111) 晶面的实验测量结果（上标 * 代表吸附态）；◇为 Re* 和 Mo* 被吸附态 OH* 或 O* 覆盖后的测量结果，
其中 Re* 被 1/3 单层 OH* 和 2/3 单层 O* 覆盖，Mo* 被单层 O* 覆盖]

27.2.1.3　非吸附能描述符

除了以氢结合能为唯一描述符的单功能机理以及同时考虑 HBE 和 OHBE 的双功能机理外，还有研究者认为催化剂界面水层结构可能会影响碱性 HOR 的动力学。而界面水层结构受到界面电场强度的影响，而后者又由表面零自由电荷电势（potential of zero free charge，PZFC）决定。

Ryu 等[47] 使用一个局部 pH 敏感的非法拉第反应作为探针反应，探究了电极表面电场强度随 pH 的变化情况。实验结果表明，pH 为 1 时，电极表面的电场强度可以忽略，但 pH 增加到 7 时，电场强度增加到 $10^8 V/m$，合理的外推可知当 pH 达到碱性值时，电极表面的电场强度会更大。这种强电场将使得界面水分子有序化，提高了水分子的重整活化能，从而降低了碱性 HOR 的动力学。

Rizo 等[48] 通过 CO 置换反应测定了不同 pH 范围内 Pt 表面的 PZFC，如图 27-7 所示，研究者发现在酸性条件下，Pt(111) 表面的 PZFC 为 0.34V（相对可逆氢电极），而在碱性条件下，该数值达到 1.0V（相对可逆氢电极）。这说明在碱性条件下 0V 附近 Pt 表面存在较强的负电场，电极表面水分子在电场作用下排布更加规整，导致其重整活化能提高，从而降低其碱性 HOR 动力学。

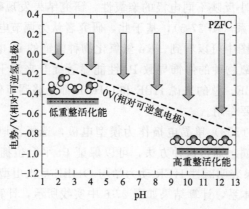

图 27-7   Pt 表面 PZFC 与 pH 的变化关系[49]

27.2.2 碱性 HOR 反应催化剂研究进展

尽管对碱性 HOR 的机理与描述还存在着诸多争议，但近十几年来碱性 HOR 催化剂研究仍然取得了诸多进展。按照催化剂的元素种类划分，主要可以分为贵金属催化剂和非贵金属催化剂，其中贵金属催化剂又可以分为 Pt 基催化剂与非 Pt 基催化剂，非贵金属催化剂的绝大部分研究则是围绕金属 Ni 展开。接下来对各类催化剂进行详细介绍。

27.2.2.1 铂基催化剂

虽然 Pt 在碱性条件下的 HOR 活性相较于酸性条件降低了约两个数量级，但相较于非贵金属催化剂，铂基催化剂无论是在稳定性还是催化活性上都有着明显的优势。为了实现 AEMFC 阳极催化剂的非贵金属化，使用低 Pt 催化剂是必要的中间阶段。故而研究者们采用了如修饰、合金化或形成核壳结构等诸多方法以期增加 Pt 基催化剂活性，降低 Pt 的载量。

Yan 等[50]通过置换法将 Pt 修饰在 Au 表面制备了 Pt/Au 电极和 Pt/Au/C 催化剂，HOR 测试结果表明在 Au 表面修饰 Pt 之后其 HOR 动力学与纯 Pt 相当，说明该方法可以有效降低 Pt 载量，提高 Pt 利用率。

Yan 等[51]通过置换法得到了 Pt 包覆的 Cu 纳米线催化剂（Pt/CuNWs），HOR 测试结果表明，与 Pt/C 催化剂相比，Pt/CuNWs 催化剂的面积比活性与质量比活性分别是前者的 3.5 和 1.9 倍。研究者认为这种活性的提高是 Cu 核对于 Pt 壳电子结构的调制以及 Cu 对含氧物种的吸附增强的共同结果。

Wang 等[52]发现阳极使用 PtRu/C 合金催化剂时，AEMFC 的峰值功率密度可达到 $1.0 W/cm^2$，远高于阳极使用 Pt/C 催化剂的峰值功率密度 $0.6 W/cm^2$。如图 27-8 所示，研究了这两种催化剂在循环伏安曲线中 H-UPD 的峰位置，研究者指出与 Ru 合金化后的 PtRu 催化剂具有更低的氢吸附能，从而解释了 PtRu/C 相较于 Pt/C 催化剂拥有更高的催化活性的原因。

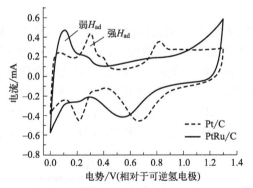

图 27-8　Pt/C 和 PtRu/C 在碱性溶液中的 CV 曲线[52]

27.2.2.2 非铂贵金属催化剂

Ru 作为价格相对便宜的贵金属，在取代 Pt 基催化剂、降低阳极成本方面有着十分广阔的前景。2013 年，Ohyama 等[53]通过液相还原法合成了不同粒径的 Ru/C 催化剂，并通过电化学测试确定了 Ru/C 催化剂的面积比活性与 Ru 粒径的关系，如图 27-9 所示。作者发现当 Ru 粒径低于 3nm 时，Ru 处于无定形状态，而当 Ru 粒径大于 3nm 时，Ru 的晶型随粒径增加而变得规整。当 Ru 的粒径为 3nm 时，Ru 处于无定形到晶态的转变中，催化剂表面存在不饱和键的 Ru 原子成为该粒径下催化剂具有高活性的主要原因。在该作者的另一工作中，他们将不同粒径的 Ru/C 催化剂作为阳极装配成 AEMFC，并与商业化的 Pt/C 阳极对比，发现 3nm 粒径的 Ru/C 催化剂具有最佳的燃料电池性能[54]。

Xue 等[55]通过液相还原法制备了 Ru_7Ni_3/C 催化剂，电化学测试结果表明该催化剂的交换电流密度为 Pt/C 催化剂的 25 倍，是 PtRu/C 催化剂的 5 倍。研究者用该催化剂为阳极装配了 AEMFC，如图 27-10 所示，在 H_2/O_2 进气条件下燃料电池的峰值功率密度高达 $2.03W/cm^2$，当阴极气为合成空气时峰值功率密度为 $1.23W/cm^2$，均比同条件下的 PtRu/C 的性能高，同时还降低了阳极 85% 的成本。通过原位表面增强红外光谱表征，研究者证明了该催化剂的优异催化活性来源于 RuNi 合金化作用使得催化剂表面的 Ru—H 键被削弱，同时表面氧化态的 Ni 增强了对水的吸附作用。

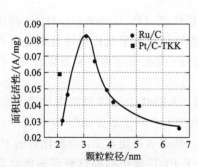

图 27-9　Ru/C 催化剂的 HOR 面积
比活性与 Ru 粒径的关系[53]

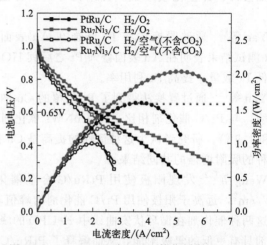

图 27-10　Ru_7Ni_3/C 与 PtRu 催化剂在 H_2/O_2 和
$H_2/$空气（不含 CO_2）条件下的 AEMFC 性能曲线[55]

虽然 Ru 基催化剂具有媲美 Pt 的催化活性，但其在 0.1V（相对于可逆氢电极）电位以上时就会发生表面氧化，从而丧失 HOR 活性，因此提高 Ru 的抗氧化能力对于 Ru 基催化剂的实际应用十分重要。Zhou 等[56]合成了一种 $Ru@TiO_2$ 催化剂，其中 Ru 团簇被限制在海胆状 TiO_2 的晶格中。如图 27-11 所示，电化学测试结果表明当电位达到 0.6V（相对于可逆氢电极）时该催化剂仍有 HOR 活性，相比之下普通 Ru/C 催化剂在 0.1V（相对于可逆氢电极）之后 HOR 电流迅速下降。此外 $Ru@TiO_2$ 催化剂同样也表现出更优的抗 CO 毒化

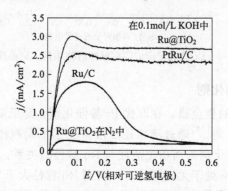

图 27-11　不同催化剂的碱性 HOR 极化曲线[56]

能力，在 $1000 \times 10^{-6}CO$ 中，恒电势极化条件下，其在 2000s 内电流仅下降 12.4%，而 PtRu/C 催化剂电流下降 75.4%。作者认为 Ru 团簇限制在 TiO_2 的晶格中产生了丰富的界面，电子从 TiO_2 转移到 Ru，晶格约束 Ru 团簇的价带中充满了 TiO_2 脱氧产生的多余电子，从而限制了 CO 的吸附，产生了抗氧化能力。

综上所述，Ru 基催化剂具有高活性、低成本的优势，在燃料电池中亦达到了较高的性能。虽然 Ru 基催化剂存在易氧化的缺点，但目前研究者通过与 TiO_2 的相互作用给出了一条解决思路。

除了 Ru 基催化剂，其余非 Pt 贵金属催化剂有 Rh、Ir 和 Pd。这三种金属的 HOR 本征活性均低于 Pt[57,58]，且三种金属的价格都高于 Pt，所以研究相对较少。特别是 Rh 基和 Ir 基催化剂，鲜有用于装配 AEMFC 的催化剂报道，大都是溶液电化学的实验结果。接下来对这三类催化剂简要介绍。

Yang 等[59]通过胶体法合成了 Rh_2P/C 催化剂，电化学测试发现其面积比活性和质量比活性是 Rh/C 的 2.4 和 1.4 倍，其活性较商品化 Pt/C 更高。随后同一研究团队的另一工作指出 P 掺杂 Rh 催化剂（P-Rh/C）同样能够表现出相较于 Rh/C 和 Pt/C 更高的 HOR 催化活性。结合 DFT 计算，研究者认为 P 掺杂可以调节 Rh 的电子结构，导致更优的氢吸附能，故而提升了催化剂的活性[60]。

Liao 等[61]采用氢气还原法制备了 IrM/C（M=Fe、Co、Ni）催化剂，研究者发现第二个金属组分的加入对 Ir 的晶体结构与表面电子结构的调节起重要作用。其中 IrNi/C 催化剂表现出最佳的 HOR 活性，研究者发现 Ni 与 Ir 有适中的相互作用，这导致 Ir 的氢吸附能达到最佳，从而表现出最佳的催化活性。Fu 等[62]采用胶体法合成了 $IrMo_{0.59}$ 合金催化剂，电化学测试结果表明相较于 Ir 催化剂，前者的催化活性是后者的 5 倍。DFT 计算结果表明 IrMo 合金对 $^*H_2O$ 和 $^*OH$ 有更优的吸附能，从而具有更高的催化活性。

Qiu 等[63]发现化学湿法制备得到的 FCC 相 PdCu 合金在 500℃ 退火条件下可转变为 BCC 相。相较于 FCC 相合金催化剂，BCC 相催化剂的催化活性提高了 20 倍，且其催化活性分别是 Pd/C 和 Pt/C 催化剂的 4 倍和 2 倍。DFT 计算结果表明，相较于 FCC 相合金，BCC 相 PdCu 合金的 HBE 降低，OHBE 增强且与 Pt 接近，解释了其催化活性提高的原因。Singh 等[64]通过受控的表面反应在 Pd/C 上选择性沉积 CeO_x，并得到了一系列 Ce/Pd 比的 CeO_x-Pd/C 催化剂。测试结果表明当 Ce/Pd 比达到 0.38 时，催化剂具有最高的催化活性，其活性是 Pd/C 催化剂的 2.5 倍。使用该催化剂装配 AEMFC，其峰值功率密度可达 $1.17W/cm^2$。研究者认为 $Pd-CeO_x$ 界面改变了 Pd 的电子结构，同时增强了催化剂表面的亲氧性，这两个因素共同促进了 HOR 动力学的提高。

27.2.2.3　非贵金属催化剂

由于贵金属材料的稀缺性，AEMFC 的最终目标是实现全非贵金属催化剂。经过多年的研究，Ni 是唯一具有本征 HOR 活性的非贵金属，所以几乎所有非贵金属 HOR 催化剂的研究都围绕着 Ni 展开。虽然 Ni 具有 HOR 活性，但其交换电流密度较 Pt 降低了 2～3 个数量级，故而提高 Ni 的催化活性是研究重点[33]。此外，Ni 和 Ru 一样，在较高电势下易被氧化，所以提高 Ni 的抗氧化能力同样重要。

研究者们已经开发出了许多提高 Ni 基催化剂 HOR 活性的方法，如合金化，形成金属间化合物或者是利用金属-氧化物、金属载体相互作用等。Wang 等[65]通过磁控共溅射的方法在 Au 盘电极上制备了不同 Ni/Cu 比的 NiCu 合金，并研究了 Cu 原子占比对催化剂活性的影响。实验结果表明催化剂的 HOR 活性随 Cu 原子占比增加呈火山型关系，当 Cu 原子占比为 0.4 时催化剂活性最高，是纯 Ni 的 4 倍。Duan 等[66]通过微波加热法制备了 Ni_4Mo 和 Ni_4W 合金催化剂，这两种催化剂表现出很高的 HOR 催化活性，Ni_4Mo 的交换电流密度是 Pt/C 的 1.4 倍。根据 DFT 计算的结果，研究者认为合金化作用使得 Ni 表面 HBE 减弱，Mo 和 W 的引入同时还增强了表面的 OHBE，两种方式共同作用导致了催化活性的提高。Ni 等[67]通过将 NiO/C 置于 NH_3 气氛中煅烧，得到了小粒径的 Ni_3N/C 催化剂。电化学测试结果表明，该催化剂的 HOR 活性是纯 Ni 的 7 倍，接近 Pt/C 的水平。结合能谱表征，研究者指出 Ni 的 d 带中心下移以及 Ni_3N 中的电子向碳载体转移共同作用导致了催化剂表面对 H 和 OH 物种的吸附能力减弱，从而提高了其 HOR 催化活性。Yang 等[68]将富含氧空位的 CeO_2 引入 Ni/C 表面，测试结果表明引入富含氧空位的 CeO_2 后，催化剂的性能相较于引入普通 CeO_2 或不引入 CeO_2 都有明显提升。通过 DFT 计算，研究者指出 CeO_2 与 Ni 形成的界面间存在电荷转移，削弱了 Ni 表面的 HBE。与此同时，由于 CeO_2 表面富含氧空位，加强了对含氧物种的吸附能力，两者共同作用导致了催化剂性能的提升。Zhuang 等[69]报道了一种负载在 N 掺杂碳纳米管上的 Ni 催化剂（Ni/N-CNT），电化学测试结果表明其交换电流密度是 Ni/CNT 的 3 倍，是纯 Ni 催化剂的 21 倍。DFT 计算结果表明 N-CNT 载体可以稳定 Ni 纳米颗粒，此外 Ni 纳米颗粒边缘的 N 可以调节 Ni 的 d 轨道来优化 Ni 的 HBE，从而提高催化活性。

上述研究主要针对提升催化剂催化活性，然而根据 pH-电势相图，当 pH＝13 时，Ni 在 0.1V（相对可逆氢电极）以上的电势下就会发生表面氧化[70]。氧化后的 Ni 表面不具备 HOR 催化活性，因此提升 Ni 基催化剂的抗氧化性至关重要。Gao 等[71]使用真空封管法在不同温度下热解乙酰丙酮镍制备得到了碳包覆 Ni（Ni@C）催化剂。如图 27-12 所示，在 500℃条件下得到的催化剂兼具高的催化活性及抗氧化性。可以看到，Ni/C 催化剂在 0.1V（相对可逆氢电极）电位以上其 HOR 电流开始下降，而 Ni@C 催化剂电流衰减的电位更高，以 Ni@C-500℃为例，其在 0.15V 之后电流才开始降低，且即使在 0.25V 时，仍有较高的 HOR 电流。说明碳包覆的方法可以有效地提高催化剂的抗氧化性。该作者在另一个工作中通过热解乙酸镍和尿素的混合物，得到了 $Ni@CN_x$ 催化剂，该催化剂同样兼具 HOR 活性和抗氧化性，如图 27-13 所示，研究者将该催化剂作为阳极装配了 AEMFC，当使用 Pt/C 作阴极时，燃料电池的峰值功率密度可达 $480mW/cm^2$，当使用 $MnCo_2O_4$ 作阴极时，该非贵金属 AEMFC 峰值功率密度可达 $220mW/cm^2$。以上结果说明碳包覆是一个非常具有前景的方法，可用于提高 Ni 基催化剂的活性和抗氧化性，使得非贵金属催化剂在 AEMFC 上的

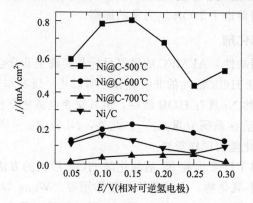

图 27-12　Ni@C 催化剂在不同电位下的计时电流法表征[71]

使用成为可能。

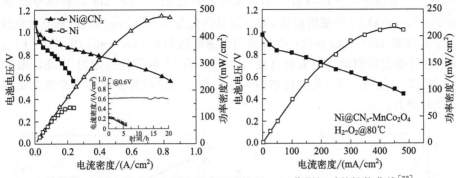

图 27-13　Ni@CN$_x$ 催化剂在 Pt/C 和 MnCo$_2$O$_4$ 作阴极时的性能曲线[72]

27.3　非贵金属氧电极催化剂

在燃料电池中，阴极发生 ORR，相比于阳极的 HOR 反应，其动力学十分缓慢，当达到实际应用所需的电流密度时，ORR 过电势一般为 300~400mV，这是限制燃料电池电效率提升的重要原因，此外需要更高载量的 Pt 作为催化剂，也是燃料电池材料成本高的主要原因之一[73]。相比于酸性介质，碱性介质中 ORR 动力学更快，且碱性的腐蚀性更低，有望完全摆脱催化剂对 Pt 等贵金属的依赖；与阳极非贵金属中只有 Ni 基催化剂展现出 HOR 活性不同，ORR 催化剂的选择更为多样，尤其在碱性介质中，其选择包括过渡金属氧化物、氮化物、磷化物、氮杂碳类材料等多种材料[74]。

近年来，有很多高活性和高稳定性的非贵金属 ORR 催化剂报道，但绝大多数催化剂的评价还是基于溶液测试（旋转圆盘电极，RDE），实际应用于燃料电池器件的较少。两种测试环境存在较大差异，溶液测试的高活性并不一定能转化成优异的器件性能[75,76]。本小节将着重对应用于 AEMFC 器件的非贵金属 ORR 催化剂进行介绍，并分析溶液测试与器件测试的差异。需要指出的是，与 PEMFC 不同，目前 AEMFC 中并没有像 Nafion 一样广泛使用的聚合物电解质材料，这使得采用非贵金属 ORR 催化剂的燃料电池性能不仅受到催化剂自身的影响，同时也受到聚合物电解质性能的影响。

27.3.1　单金属氧化物

通常认为，金属氧化物催化 ORR 的过程涉及金属离子变价，在碱性 ORR 的电势范围内，常见的过渡金属元素中（Fe、Co、Ni、Mn 等），Mn 和 Co 可发生变价，具有更好的活性。其中 Mn 氧化物的性能相对较差[77]，可能是因为合成的 Mn 基氧化物粒径通常比较大，限制了其燃料电池性能的提升。而常见的 Co 基氧化物，如 CoO[78,79]、Co$_3$O$_4$[80] 都在 AEMFC 中展现出良好的性能，这可能是含 Co 前体更容易形成配合物（如与氨水、含氮有机物等），后续处理过程中可以得到高分散、小粒径的氧化物，且催化剂与基底结合更为紧密的原因。

Mustain 等[81]以 NaCl 为模板，以硝酸钴、葡萄糖、EDTA 为前体，合成了将氧化钴嵌在氮杂石墨碳基底的二维盘状催化剂（N-C-CoO$_x$）。将其应用于 AEMFC，以 ETFE-g-poly (VBTMAC)[82]作为离聚物，键合了苄基三甲胺的辐照接枝低密度聚乙烯膜（LDPE-AEM）[83]作为阴离子交换膜，得到了良好的燃料电池性能和稳定性。当阴极 N-C-CoO$_x$ 载量为 2.4mg/cm^2，阳极 PtRu 载量为 0.7mg/cm^2 时，氢/氧电池峰值功率密度达到 1.05W/cm^2，

极限电流密度达到 $3A/cm^2$，同时 $0.85V$ 时的电流密度为 $100mA/cm^2$；在氢/合成空气（即不含 CO_2 的空气）条件下，电池峰值功率密度也可以达到 $0.66W/cm^2$，极限电流密度达到 $2.5A/cm^2$[图 27-14（a）]。即使将阳极 PtRu 载量降低至 $0.1mg/cm^2$，氢/氧电池峰值功率密度仍可达到 $0.73W/cm^2$，氢/合成空气峰值功率密度达到 $0.55W/cm^2$[图 27-14（b）]。在氢/合成空气中进行稳定性测试，当放电电流为 $600mA/cm^2$ 时稳定性超过 $100h$，电压衰减幅度为 15%[图 27-14（c）]。这一优异的燃料电池性能和稳定性充分展示了非贵金属催化剂用于 AEMFC 的潜力。

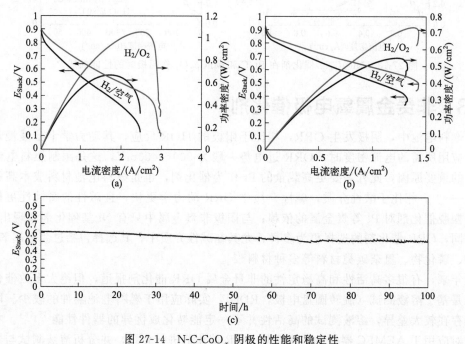

图 27-14   N-C-CoO$_x$ 阴极的性能和稳定性

(a) 阳极高载量（$0.7mg/cm^2$）时燃料电池极化曲线；（b）阳极低载量（$0.10mg/cm^2$）时燃料电池极化曲线；（c）氢/合成空气条件下燃料电池稳定性曲线，放电电流为 $600mA/cm^2$[81]

27.3.2   复合金属氧化物

相比于单金属离子氧化物，复合金属氧化物中不同离子可能存在协同催化作用，往往表现出更加优异的 ORR 活性。其中钙钛矿（结构式为 ABO_3）和尖晶石（结构式为 AB_2O_4）具有良好的催化活性和晶体结构稳定性，因而受到研究者重视[84,85]。但是钙钛矿材料通常需采用高温煅烧的方法制备，难以将前体负载于碳粉，且颗粒易团聚，应用于 AEMFC 时性能往往较差[86]。而尖晶石材料则可将前体负载于碳粉，通过水热反应或低温常压条件即可完成制备[85]，适合 AEMFC 应用。

Abruña 等[87]系统研究了不同过渡金属离子对尖晶石催化 ORR 活性的影响，他们通过简单的水热法合成了 15 种不同组成的八面体尖晶石 AB_2O_4/C（A 位离子为 Mn、Fe、Co、Ni 和 Cu，B 位离子为 Mn、Fe 和 Co），测试结果表明活性最好的是 $MnCo_2O_4$/C、$CoMn_2O_4$/C 和 $CoFe_2O_4$/C。此外，他们还通过基于同步辐射的原位 X 射线吸收光谱（XAS）研究了尖晶石氧化物催化 ORR 过程中的价态变化。使用 X 射线吸收近边结构（XANES）对 Co-Mn 尖晶石氧化物（$Co_{1.5}Mn_{1.5}O_4$/C）进行研究[88]，首先通过 Co 和 Mn 的 K 边 XANES 对恒电势稳态极化条件下的价态进行分析，发现当电势从 $1.15V$ 降至 $0.4V$

时，Co 的平均价态从 2.75 降至 2.57，Mn 的平均价态从 3.15 降至 2.91，Co 和 Mn 的价态均随施加电势的变化而改变，表明 Co 和 Mn 可以作为活性位点催化 ORR。XANES 谱图中，Co 和 Mn 的 X 射线强度分别在 7722.5eV 和 6553.0eV 处随电势变化最大，因此选择这两处的 X 射线强度用于动态监测 CV 过程中 Co 和 Mn 价态的变化，结果如图 27-15 所示。随着 CV 过程中电势的变化，Co 和 Mn 的价态也随之同步变化，证明 Co 和 Mn 存在协同催化的机理。

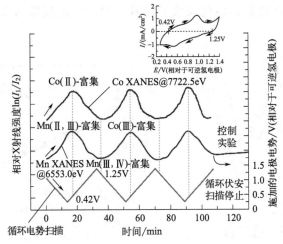

图 27-15　原位 XANES 中 Co 和 Mn 的 X 射线相对强度随电势变化图

其中 Co 选择 7722.5eV 处的信号强度，Mn 选择 6553.0eV 处的信号强度。

插图为催化剂的 CV 曲线，扫描范围 0.3～1.4V，扫描速度为 1mV/s[88]

　　应用于 AEMFC 时，Mn-Co 尖晶石[75,89] 和 Co-Fe 尖晶石[90] 均可以达到超过 $1W/cm^2$ 的优异性能。Wang 等[75] 对 Mn-Co 尖晶石（Mn-Co spinel，MCS）在电池工况条件下的催化机理进行了深入研究，他们发现 MCS 虽然在 RDE 测试中的活性低于 Pt[图 27-16(a)]，但是应用于 AEMFC 时，其在大电流密度时展现出优于 Pt 的性能[图 27-16(b)]，且这种差距在低湿度下更为显著。通过深入解析 MCS 的晶体结构和表面性质，利用电化学在线的红外谱学和分子动力学模拟，并结合 DFT 计算，他们指出表面 Mn、Co 位点的作用分别为：吸附解离 O_2 和富集活化 H_2O，由此提出了 MCS 催化碱性 ORR 的"协同双功能"机理，如图 27-16(c) 所示。以 Mn—OH 和 Co—OH 作为起始状态，O_2 倾向于与 Mn 位点结合形成 Mn—O_2，该过程接受一个电子，产生一个 OH^-，同时 H_2O 倾向于与 Co 位点结合形成 Co—OH_2，该过程也是接受一个电子，产生一个 OH^-。Co—OH_2 可向邻近的 Mn—O_2 进行表面质子转移，形成 Co—OH 和 Mn—OOH（反应 I），Mn—OOH 可接受一个电子变为 Mn=O，产生一个 OH^-。Mn=O 与 Co—OH_2 完成第二次表面质子转移，得到 Mn—OH（反应 II）。该机理的特点是考虑 Co—OH/Co—OH_2 循环对水分子的活化。如图 27-16(c) 中的右上方插图所示，根据 DFT 计算结果，当 H_2O 结合至 Co 位点后，其 O—H 键能由 5.14eV 变为 3.42eV，说明 H_2O 与 Co 位点结合后，其酸度发生变化，更易解离出质子。根据 DFT 过渡态搜索结果，反应 I 和 II 的能垒也较小，如图 27-16(c) 的中心插图所示。据此，可给出 RDE 测试与 AEMFC 器件测试结果出现反差的原因：在 RDE 测试时，O_2 饱和的 KOH 溶液中，H_2O/O_2 摩尔比大于 10^4，MCS 表面除 Co 位点外，大量的 Mn 位点亦会被 H_2O 占据，而此"水淹"条件下，Pt 表面有更多的位点可结合 O_2；而在 AEMFC 器件

第四篇　氢能应用

测试中，水分子通过气体增湿进入催化层，60℃饱和增湿条件下 H_2O/O_2 摩尔比仅为 0.244，在低进气湿度和大电流密度条件下，其阴极缺水严重，而碱性 ORR 反应中 H_2O 是反应物之一，此时 MCS 表面的 Mn 位点可以吸附解离 O_2，Co 位点则可富集并活化水分子，通过表面质子转移高效催化碱性 ORR，而此时 Pt 虽可吸附解离 O_2，但无法高效完成质子转移过程，限制了 ORR 速率。通常文献在设计碱性 ORR 催化剂时，往往仅考虑电子效应对 O_2 吸附能的影响，该工作则有力地指出，当应用于 AEMFC 时，H_2O 作为阴极反应的反应物，还需考虑 H_2O 的富集活化及质子转移过程，才能获得 AEMFC 阴极所需的高效 ORR 催化剂。

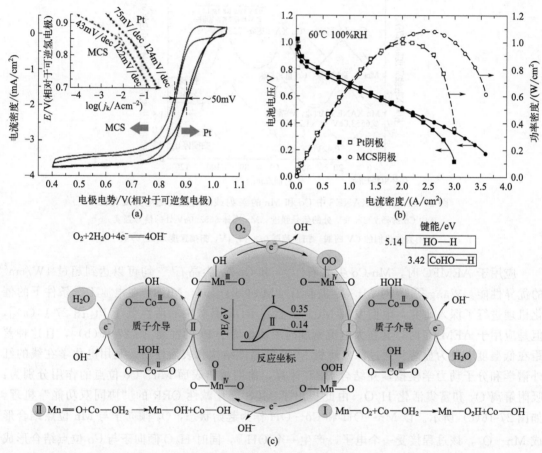

图 27-16　MCS 与 Pt 的 RDE 测试对比，插图为 Tafel 曲线（a）；MCS 与 Pt 的性能对比（b）；
MCS 表面 ORR "双功能" 机理猜想图（c）

（反应式Ⅰ和Ⅱ为表面质子转移过程，中心插图为 DFT 计算所得反应能垒，右上方插图为 H_2O 和 Co—OH_2 中 O—H 键能[75]）

除钙钛矿和尖晶石之外，矿盐型（rock-salt）氧化物也受到研究者的关注。Abruña 等[91]将尖晶石型 $MnCo_2O_4/C$ 在 NH_3 条件下进行 300℃处理得到 $MnCo_2O_3/C$，其 ORR 活性相较于 $MnCo_2O_4/C$ 出现明显提升，其中 Mn 和 Co 均为 2 价，可写为 $MnO(CoO)_2/C$，且 Mn 在表面出现富集现象。Zhuang 等[92]进一步将矿盐型 Co-Mn 氧化物应用于 AEMFC，并对其稳定性进行考察。使用 Co/Mn 比为 1∶1 的矿盐型氧化物（$CoMnO_2/C$），在氢/氧电池中峰值功率密度达到 $1.2W/cm^2$，氢/合成空气中为 $0.83W/cm^2$，并能在氢/合成空气条件下以 $200mA/cm^2$ 的电流密度放电超过 40h。对稳定性测试前后的催化层进行表征，发现催化剂结构没有明显变化，但表面 Co/Mn 比显著升高，且 Co 元素价态未发生变化而 Mn 元素价态显著升高，因此他们认为性能衰减的原因是表面 Mn 物种的流失和价态升高，这为未来进一步提升过渡金属氧化物的稳定性提供了指导。

27.3.3 碳化物/氮化物/磷化物/硫化物等

与氧化物类似，碳化物、氮化物、磷化物、硫化物等也能形成稳定性的晶体结构，同样以过渡金属为活性位点，可得到不逊于氧化物的 ORR 活性。金属硫化物如 Co_9S_8[93]、MoS_2[94]，金属磷化物如 Co_2P[95]，金属碳化物如 Fe_2MoC[96]，金属氮化物如 Co_3N[97]、TiN[98]、CrN[99] 等均有应用于 AEMFC 的报道，其中以碳化物和氮化物性能较好。Yan 等[96]合成了氮掺杂双金属碳化物石墨复合催化剂（N-Fe_2MoC-GC），将其应用于 AEMFC 时，60℃条件下氢/氧燃料电池峰值功率密度为 $1.12W/cm^2$，提升温度至 80℃时，燃料电池峰值功率密度可达 $1.35W/cm^2$；同时该催化剂也表现出良好的稳定性，电池温度为 60℃ 时，30000 周循环测试后性能几乎无衰减，70000 周循环测试后峰值功率密度仍可达 $1.04W/cm^2$，保留率为 92.9%，且在 0.7V 恒电压条件下稳定放电 125h 后性能未出现明显衰减。Fe、Mo 向 N、C 原子的电子转移使得其对 O_2 具有合适的吸附能，被认为是其具有良好活性的关键，而石墨基体和 Fe_2MoC 晶体自身的化学稳定性以及电子转移引起的各组分之间的强相互作用力被认为是其具有良好稳定性的原因。

金属氧化物应用于燃料电池时面临的问题之一是其导电性较差，因此通常需要加入碳载体作为导电剂，这无疑会增加催化层的厚度，造成较大的传质阻力[89]；另一方面，也会导致只有与碳粉直接接触的小部分区域才能被有效利用，远离碳粉的部分依然会受导电性的限制，这在氧化物粒径较大时影响更为显著[100]。金属氮化物具有类金属性质，高电导率是其相较于氧化物的优势所在，也因此受到研究者关注。Abruña 等[97]合成了一系列过渡金属氮化物 M_xN/C（M＝Ti、V、Cr、Mn、Fe、Co、Ni，x＝1 或 3），其中 Co_3N 具有最佳的 ORR 活性。进一步研究表明，氮化物暴露在空气中时，表面会形成一层氧化层，厚度约 2～3nm，该氧化层被认为是 ORR 活性的来源；但长期放置并不会导致氧化程度加深，原位 XAS 表明 Co_3N 在电势不超过 1.0V 时是稳定的，当电势超过 1.2V 后发生不可逆氧化生成氧化物。将 Co_3N 应用于 AEMFC，在氢/氧条件下电池峰值功率密度为 $0.7W/cm^2$，但是稳定性较差，0.76V 恒电压条件下几小时即出现显著衰减，对测试后的催化层进行表征，发现催化剂完全被氧化为 CoOOH。尽管氮化物的类金属特性使得其具有高电导率，但同时也导致其化学性质活泼，易于被氧化，这可能是其应用于 AEMFC 时面临的主要问题。

27.3.4 氮杂碳类催化剂

相比于上述几类催化剂，氮杂碳类催化剂优势在于其具有更好的 ORR 活性，在 RDE 测试中可以媲美甚至超过 Pt[101]。早在 1964 年，R. Jasinski[102]便发现过渡金属有机大环化合物具有 ORR 催化活性，可以作为燃料电池阴极催化剂。近年来，氮杂碳类催化剂也在 PEMFC 中得到应用，并展现出良好的性能[103]。该类材料可以大致分为两类，一类是不含金属中心的氮杂碳材料（N/C），一类是含有金属中心的金属/氮/碳材料（M/N/C）。虽然不含金属的 N/C 材料也有很多报道，并在 AEMFC 中展现出良好的性能[104]，但通常认为 M/N/C 活性更高，且 N/C 是否真的不含金属也仍然存在争议[105]，因此接下来将重点对 M/N/C 在 AEMFC 中的应用进行介绍。

M/N/C 中，活性中心一般认为是与 N 配位的过渡金属，最常见的是 Fe/N/C 和 Co/N/C，其中 Fe/N/C 的活性要优于 Co/N/C。使用 Fe/N/C 阴极的 AEMFC 已经有很多峰值功率密

度超过 $1W/cm^2$ 的报道[106-108]，甚至可以达到超过 $2W/cm^2$ 的高性能[109]，而 Co/N/C 阴极的性能则相对较差[110-113]。除了 Fe 和 Co 以外，以 Cu[114,115] 和 Zn[116] 为活性中心的催化剂也被合成并应用于 AEMFC，拓宽了材料的选择范围。Cao 等[116] 制备了原子级分散的 Zn/N/C，使用其作为阴极催化剂，PtRu 作为阳极催化剂，氢/氧电池峰值功率密度达到 $1.63W/cm^2$，并能在 $400mA/cm^2$ 条件下放电 100h 以上；在氢/合成空气中，峰值功率密度也可达到 $0.83W/cm^2$，并能在 $250mA/cm^2$ 条件下放电 120h 以上。近年来，单分散的双金属位点催化剂受到研究者关注，与单金属位点催化剂不同，双位点可以对氧分子进行"桥式"吸附，有利于 $O=O$ 键的断裂，往往具有更好的 ORR 活性[117]。Huang 等[118] 合成了 Fe/Mn/N/C 双位点催化剂，在氢/氧条件下达到 $1.321W/cm^2$ 的峰值功率密度，远高于单位点的 Fe/N/C 催化剂，且能在 $400mA/cm^2$ 的电流密度下放电超过 50h，并通过表征确定活性中心为 FeN_4-MnN_3。

研究人员对 Fe/N/C 在 AEMFC 中的应用进行了深入研究，对比了该材料在 RDE 测试和电池测试中的差异，并分析了原因[76,119-121]。他们合成了与 Pt/C 具有相同 RDE 活性的 Fe/N/C 催化剂[图 27-17(a)]，但是将其应用于 AEMFC 时，Fe/N/C 阴极的性能只有相同条件下 Pt/C 性能的一半左右[图 27-17(b)][76]。对其原因进行分析，可认为是二者活性位点的分布不同，导致在不同测试条件下利用率不同。如图 27-17(c) 所示，Pt/C 中 Pt 颗粒附着在碳载体上，活性位点可视为全部分布于表面，而 Fe/N/C 结构则更为复杂，往往具有丰富的孔道结构，活性位点主要位于内孔中。在溶液测试条件下，KOH 溶液可进入 Fe/N/C 的微孔中，形成有效的三相界面，从而参与反应，达到与 Pt/C 相近的活性；而在燃料电池

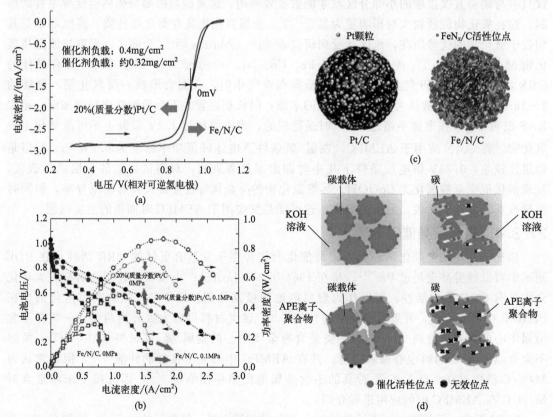

图 27-17　Pt/C 与 Fe/N/C 的 RDE 测试对比（a）；Pt/C 与 Fe/N/C 的性能对比（b）[76]；
Pt/C 与 Fe/N/C 催化剂示意图（c）[121]；Pt/C 与 Fe/N/C 在不同测试环境中的活性位点示意图（d）[120]

中，溶液换为聚合物电解质，此时由于聚合物尺寸远大于微孔的尺寸，聚合物无法进入催化剂内孔中，导致大量微孔中的活性位点因无法接触电解质而成为无效位点，大大降低了催化剂利用率，因此性能远差于相同条件下的 Pt/C[图 27-17(d)]。此外，Fe/N/C 催化剂的催化位点类型/含量、电子导电率、亲疏水性质、孔道构造、催化剂-ionomer 相互作用程度等众多因素都会对 AEMFC 电池性能产生巨大影响，而这些因素又互相制约，难以通过控制合成条件对某一特性进行单变量提升，这也是研究该材料在实际 AEMFC 应用中的困难所在。近年来，虽然有很多应用于 AEMFC 的高性能 Fe/N/C 材料报道，最高可超过 $2W/cm^2$[109]，但需要注意，这很大程度上是由碱性聚合物电解质材料性能及电池装配工艺的提升导致的，使用 Pt/C 阴极的 AEMFC 性能最高已经可以达到 $3.4W/cm^2$[15]。综合考虑催化剂活性和成本，M/N/C 材料可能是未来最有潜力的阴极非贵金属催化剂，但其应用于 AEMFC 时，催化层的结构更为复杂，因此不能一味追求溶液电化学测试中的高 ORR 活性，而应该通过调和各项制约因素使其达到平衡以获取实用性更强的 Fe/N/C 材料。

　　燃料电池作为一项面向实际应用的技术，有必要在电堆中对非贵金属催化剂进行考察。Yu 等[122] 将 Fe/N/C 应用于 AEMFC 电堆，使用季铵化对三联苯哌啶聚合物 (QAPPT)[123] 作为膜和离聚物，阳极使用 PtRu 作为催化剂（载量 $0.4mg/cm^2$），阴极 Fe/N/C 载量为 $1.0mg/cm^2$，制备了有效活性面积为 $270cm^2$ 的膜电极，使用金属双极板组装 29 节短堆进行性能测试。如图 27-18 所示，阳极使用氢循环泵，压力为 0.1MPa，且无外增湿；阴极使用合成空气，化学计量比为 2.5，压力为 0.1MPa，增湿露点 80℃。此电堆的最大功率 508W，充分展示了 Fe/N/C 作为 AEMFC 阴极催化剂的应用前景。但同时，每个单电池的平均功率密度仅为 $64.9mW/cm^2$，仍需进一步优化。

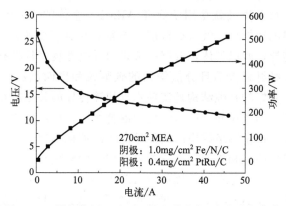

图 27-18　阳极使用 PtRu、阴极使用 Fe/N/C 的电堆在氢/合成空气条件下的极化曲线[122]

　　与阳极 HOR 催化剂相比，AEMFC 阴极催化剂有望更快摆脱对贵金属的依赖。目前已经有很多高活性非贵金属 ORR 催化剂的报道，但其应用于 AEMFC 时需要进一步优化。本小节介绍了溶液测试与燃料电池测试的两项主要区别：一是水含量的影响，二是催化剂活性位点的利用率。这其实都可归结于"电极/溶液界面"与"电极/聚电解质界面"的差异，这二者的差异也是开发高性能燃料电池催化剂需要着重考虑的。要实现燃料电池性能的提升，不仅需要催化剂具有高的 ORR 活性，同时也需要在催化层中构筑良好的三相界面，使催化位点得到高效利用。此外，燃料电池工作的电流密度通常在 A/cm^2 级别，此时微小的电导率差异也可能造成较大的电压降；而阴极在实际应用时会使用空气而不是纯氧，如何加快氧气传质也是需要考虑的问题。空气中含有的少量 CO_2 会导致电池的碳酸化，这是否会对阴极非贵金属催化剂造成额外影响也需要进一步研究。面向实际应用时，稳定性也是需要解决的问题，但目前相关研究还较少。

27.4 碱性膜燃料电池

AEMFC 是一种以碱性聚合物材料为电解质隔膜的能源转化装置。对于 AEMFC 而言，APE 材料的性能优劣将直接影响 AEMFC 的性能，因此早期 AEMFC 的发展主要集中在高性能 APE 材料的研究上。随着近些年各种 APE 材料性能的飞速进步，AEMFC 的性能已经可以与目前发展成熟的 PEMFC 相媲美，不再成为限制 AEMFC 发展的主要因素。所以，现如今 AEMFC 的研究开始逐步趋向多元化，包括但不限于 AEMFC 核心组件 MEA 的设计及制备、使用非 Pt 或非贵金属催化剂材料的 AEMFC 以及工况条件下 AEMFC 的水管理和碳酸化等问题，本小节将对这些研究方向进行更加详细的介绍。

27.4.1 AEMFC 和 MEA

AEMFC 器件一般是由 MEA、极板、端板等一系列配套组件组成，其中最核心的部分就是 MEA。完整的 MEA 通常是指 AEMFC 阴、阳极两侧极板之间的所有组件，如图 27-19 所示，这些组件可细分为两极的气体密封垫圈、气体扩散层（gas diffusion layer，GDL）、微孔层（microporous layer，MPL，往往是直接在 GDL 上一体化制备以实现更好的水气和电子传导）、催化层（catalyst layer，CL）及中间的电解质隔膜（APE）[15]。在一些研究中，有些研究者们也会将 MEA 的组成进行简化来特指他们所研究的部分，比如 3 层结构的 MEA 只包括两极的催化层及中间的电解质隔膜，而 5 层结构的 MEA 则包括两极的气体扩散层、催化层以及中间的电解质隔膜。在这些组成 MEA 的组件中，每个部分都有着重要的作用：气体密封垫圈，顾名思义就是用于保证 AEMFC 整体的气密性，使得阴、阳两极的反应气不会泄漏至燃料电池外部。气体扩散层（通常也包括了整平层），主要是用于反应气体、水分以及电子的传导，所以气体扩散层一般是由导电性良好且具有一定孔道结构的碳纤维材料以及涂覆在碳纤维材料表面且分散均匀的碳颗粒和聚四氟乙烯（PTFE）材料组成；对于气体扩散层而言，良好的孔隙结构是实现水气快速传导的关键所在。催化层是发生催化反应的场所，其是由催化剂颗粒和 ionomer 均匀混合所制；在催化层中，存在传导水气的孔道结构、传导离子的 ionomer 网络结构以及传导电子的催化剂颗粒，所以催化层中发生催化反应的位点是由三者组成的三相界面，而三相界面构筑的合理与否将直接影响催化反应能否顺利且高效地进行下去。最后是电解质隔膜（APEM），这部分的作用主要是实现阴、阳两极之间的水和离子传导，在 AEMFC 中所传导的离子一般为 OH^-（碳酸化情况下传导的离子可能变为 CO_3^{2-} 或 HCO_3^-，具体情况会在后文碳酸化一节中详细叙述），同时阻隔阴、阳两极的反应气，避免互串。

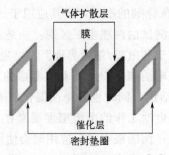

气体扩散层
膜
催化层
密封垫圈

图 27-19 MEA 的组成结构[15]

MEA 是 AEMFC 中的核心组件，所以 MEA 的制作方式也将直接影响最终 AEMFC 的性能表现。5 层结构的 MEA 的制作方式一般可以分为两种：第一种是将催化层涂覆或者喷涂在气体扩散层中的微孔层上，随后通过热压或者直接施加外部压力的方式使电解质隔膜与催化层良好接触，这种方式由于催化层是在直接气体扩散层上制备的，所以被称为气体扩散电极（gas diffusion electrode，GDE）；另一种则是将催化层直接涂覆或者喷涂在 APE 上，形成一种"阳极催化层—APE—阴极催化层"的三层夹心结构，这种结构一般被称为催化剂涂层膜（catalyst-coated membrane，CCM）。与 GDE 相比，以 CCM 方式制备的 MEA 更有利于形成良好的催化层/APE 界面，因此往往具有更佳的性能表现，所以现在 CCM 的制备工艺应用更加广泛。

27.4.2 贵金属催化剂 AEMFC

前文说到，早期 AEMFC 的发展主要集中在高性能 APE 材料的研究上，所以在早期的 AEMFC 器件研究中，为了排除催化剂不同带来的电催化性质差异的干扰，研究者们往往会在 AEMFC 测试过程中使用商业化的贵金属催化剂来评估 APE 材料在器件中的性能表现[124]。目前最常使用的商业化贵金属催化剂为 Johnson-Matthey 公司生产的 PtRu/C 和 Pt/C 催化剂，前者常被用于阳极 HOR 催化，后者则被用于阴极 ORR 催化[52]。当阴阳两极均使用贵金属催化剂且用于 OH⁻ 传导的 APE 性能优越时，AEMFC 往往会有极佳的性能表现。L. Zhuang 等以自主研发的 QAPPT 作为碱性聚合物电解质，充当隔膜材料和催化层中的 ionomer。阳极使用 PtRu/C 催化剂，阴极使用 Pt/C 催化剂，在 80℃ 的工作温度下获得了 3.43W/cm² 的 AEMFC 峰值功率密度（如图 27-20），最大放电电流可达 10.5A/cm²[125]，此性能水平基本能够与商业化的 PEMFC 相媲美，一定程度上说明了 AEMFC 极具发展潜力。

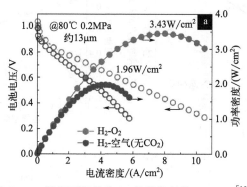

图 27-20 阴阳两极均为 Pt 基催化剂的 AEMFC[125]

为了摆脱 AEMFC 对贵金属 Pt 的依赖，一些研究者们也会使用非 Pt 贵金属催化剂来进行 AEMFC 的装配，如 Ru、Ir 和 Pd 等金属，这些金属材料在进行一定的处理或优化之后同样能够获得与 Pt 相媲美的性能表现[55,126]。Z. Zhuang 等将 Ni 修饰到 Ru 金属中，制备了非 Pt 贵金属 HOR 催化剂 Ru₇Ni₃/C。他们将 Ru₇Ni₃/C 作为阳极 HOR 催化剂，阴极使用 Pt/C 作为催化剂用于 AEMFC 装配，在 95℃ 的工作温度下获得了 2.02W/cm² 的 AEMFC 峰值功率密度（如图 27-20），最大放电电流可达 6A/cm²，优于同等条件下的 PtRu/C 催化剂[55]。虽然该工作在阴极仍使用了 Pt/C 催化剂，但其对非 Pt 贵金属催化剂的应用仍为一项重大突破。

27.4.3 非贵金属催化剂 AEMFC

使用贵金属催化剂固然能够给 AEMFC 带来较高的电池性能,但这种做法同样也会为 AEMFC 的大规模应用带来较高的成本,因此,使用非贵金属催化剂才是 AEMFC 未来的发展方向。与 PEMFC 不同,AEMFC 电池环境为腐蚀性较弱的碱性,因此从理论上分析,在 AEMFC 中使用非贵金属催化剂存在一定的可行性。2008 年,L. Zhuang 等首次报道了完全不使用贵金属的 AEMFC[如图 27-21(a)]。他们以 QAPS 作为碱性聚合物电解质,充当隔膜材料和催化层中的 ionomer。阳极使用 Cr 修饰的 Ni,具有良好的抗氧化能力,作为 HOR 催化剂。阴极则使用 Ag 作为 ORR 催化剂。在 60℃的工作温度下,燃料电池的峰值功率密度约为 $55mW/cm^2$[127]。虽然此性能与 PEMFC 存在较为明显的差距,但该工作突破了完全非贵金属 AEMFC 仅存在于理论上的可行性,有力地证明了 AEMFC 可完全不使用贵金属催化剂。由于该工作的激励,使用非贵金属催化剂的 AEMFC 研究热潮也逐渐兴起。在这份研究的基础上,L. Zhuang 等对 Ni 催化剂进行了进一步的碳层包覆,制备得到了抗氧化性极佳的 $Ni@CN_x$ 催化剂,该催化剂能够有效解决在 AEMFC 工况条件下阳极 HOR 非贵金属催化剂的氧化失活问题[如图 27-21(b)]。以 $Ni@CN_x$ 为阳极 HOR 催化剂,$MnCo_2O_4/C$ 为阴极 ORR 催化剂,QAPPT 为电解质隔膜和催化层中的 ionomer 来进行 AEMFC 器件测试,在 80℃的工作温度下得到了 3 倍的性能提升,燃料电池峰值功率密度超过 $200mW/cm^2$,最大放电电流接近 $0.5A/cm^2$,逐步接近燃料电池实际应用中的工作电流 $(1\sim2A/cm^2)$[72]。无独有偶,X. Hu 等也从阳极 HOR 非贵金属催化剂出发,通过对 Ni 表面 HBE 和 OHBE 的优化调控来大大提升 Ni 的本征 HOR 催化活性[如图 27-21(c)]。他们

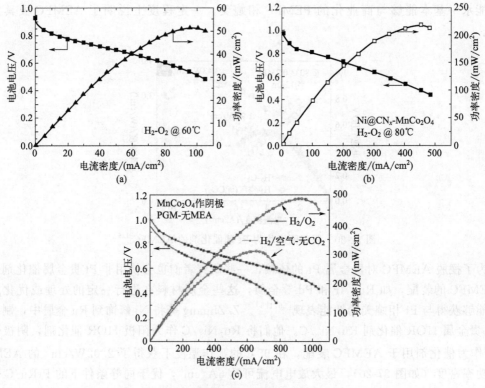

图 27-21 完全非贵金属催化剂 AEMFC

(a) 阳极催化剂为 NiCr,阴极催化剂为 Ag[127];(b) 阳极催化剂为 Ni@CN,阴极催化剂为 $MnCo_2O_4$[72];(c) 阳极催化剂为 Ni-H_2-NH_3,阴极催化剂为 $MnCo_2O_4$[128]

将制备得到的高性能 HOR 催化剂 Ni-H$_2$-NH$_3$ 用于燃料电池,同时在阴极使用 MnCo$_2$O$_4$/C 材料,在 95℃ 的工作温度下获得了接近 500mW/cm^2 的电池峰值功率密度,为目前完全非贵金属催化剂 AEMFC 性能表现的最高水平[128]。这两份研究工作展现出了 AEMFC 巨大的发展潜力,换而言之,AEMFC 未来有望取代 PEMFC 成为主流的氢能转换技术。

27.4.4 AEMFC 水管理

尽管 AEMFC 的发展潜力巨大,但是目前 AEMFC 在面向实际应用时,同 PEMFC 相比仍然存在一定的差距,造成这种现象的原因之一是 AEMFC 中复杂的水管理。由 AEMFC 电极反应式可以知道,AEMFC 在运行过程中,阴极反应消耗两个水分子的同时,阳极会反应生成四个水分子,同时阴极产生的 OH$^-$ 还会通过电迁移将水从阴极带至阳极。因此,与 PEMFC 相比,AEMFC 会面临更严重的两极水分布不平衡问题[129]。对于 AEMFC 而言,一方面阳极的 HOR 反应会产生大量的水,但是 H$_2$ 在水中的溶解度仅有 0.78mmol/L,过多的水滞留在阳极,会带来严重的 H$_2$ 传质极化。另一方面阴极的 ORR 反应会消耗水,但该反应产生的 OH$^-$ 电迁移过程又会从阴极带走大量的水,这导致阴极处于"缺水"环境,而阴极的低含水量不仅会降低 ionomer 中 OH$^-$ 的离子电导率,同时还会降低阳离子基团降解反应的活化能,造成阳离子的大量降解[130]。相较于 PEMFC,AEMFC 的水管理问题更为突出,随着 AEMFC 的深入研究,众多研究者开始关注 AEMFC 的水管理问题。

W.E. Mustain 等首次利用在线中子成像的技术,实时观察到 AEMFC 两极水分布的变化情况(如图 27-22、图 27-23),从结果中可以清晰地观察到阳极水含量要明显多于阴极,这说明了工况条件下 AEMFC 中两极水分布不平衡问题确实存在[131]。2020 年,该课题组通过在线中子成像和 X 射线断层扫描的技术的联用,发现在饱和增湿的条件下,阳极会出现大量液态水,且催化层中的孔隙会因为 ionomer 的吸水膨胀被填满,导致电极出现"水淹"现象(如图 27-22),而这种现象主要出现在阳极[132]。

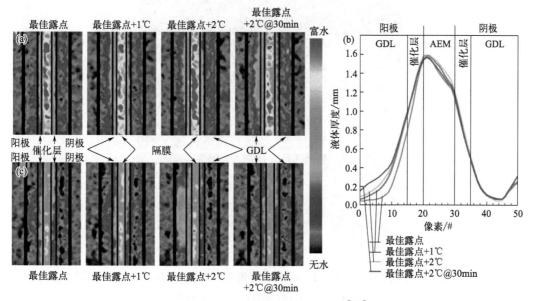

图 27-22 AEMFC 两极水分布情况[131]

对于 AEMFC 两极水分布不平衡问题(阳极水淹而阴极缺水),众多研究者们也提出了一些解决方法,如直接提高阳极的气流量或者降低阳极的进气湿度,前者会使得阳极的水更

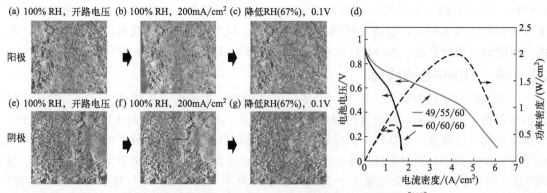

(a) 100% RH，开路电压 (b) 100% RH，200mA/cm² (c) 降低RH(67%)，0.1V (d)

阳极

(e) 100% RH，开路电压 (f) 100% RH，200mA/cm² (g) 降低RH(67%)，0.1V

阴极

图 27-23   不同进气湿度下，AEMFC 两极的水分布情况[132]

快排出，然而提高气流量会加大 H_2 的消耗，且需要额外的能量用于 H_2 的循环利用，后者则是减少进入阳极的水分，但降低进气湿度会导致催化层含水量降低，影响离子传导效率和阳离子基团的稳定性，因此这两种措施并不完全适用于 AEMFC 的稳定运行[131,132]。除了这两种方式，提高阳极催化层的疏水性来缓解阳极"水淹"也是一种有效的措施[133]。W. E. Mustain 等向催化层中引入全氟主链的 PTFE，通过 X 射线断层扫描发现 PTFE 的加入可以有效地避免催化层中液态水的积聚（如图 27-24），保证高湿度的条件下电极不出现"水淹"[132]。L. Zhuang 课题组也通过选用主链疏水的季铵化聚芳基全氟亚烷基共聚物（QAPAF），将其应用在阳极催化层中，发现疏水 ionomer 能够显著缓解阳极的传质极化（如图 27-25），解决了 AEMFC 稳定放电初期的电压衰减问题[9]。

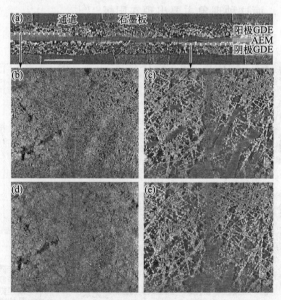

图 27-24   催化层中引入 PTFE 后，两极在饱和增湿条件下催化层结构的变化

(a) 单电池；(b)，(d) 阳极；(c)，(e) 阴极[132]

另一方面提高水从阳极反扩散至阴极的速率，该方法可以同时缓解阳极"水淹"而阴极"缺水"的问题[129]。目前已有报道认为提高 APEM 的水传导能力可以促进水从阳极反扩散

至阴极，同时在 APEM 的水传导能力固定的情况下，减薄 APEM 的厚度也可以提高水传导的速度。P. A. Kohl 等采用具有超高 IEC 的聚降冰片烯的超薄复合膜 $10\mu m$ 获得了可以媲美 PEMFC 的优异电池性能（$3.5W/cm^2$）（如图 27-26）[134]。除了提高 APEM 的水传导能力，改变两极的操作条件同样可以促进水从阳极反扩散至阴极。Y. S. Kim 课题组发现改变两极 ionomer 的 IEC 大小（阳极高 IEC 的 ionomer；阴极低 IEC 的 ionomer），制备成不对称的电极结构，同时适当增加阳极的背压能够促进水的反扩散（如图 27-27），该措施有效地提升了电池的性能和稳定性[135]。

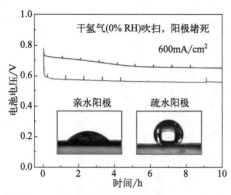

图 27-25　阳极催化层引入疏水 QAPAF 后，AEMFC 初期稳定性的变化[9]

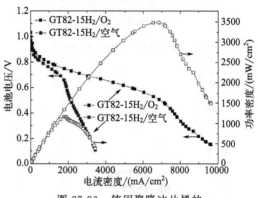

图 27-26　使用聚降冰片烯的超薄复合膜的 AEMFC[134]

27.4.5　AEMFC 稳定性

得益于高性能 APE 材料的研发和电池装配工艺的日渐成熟，AEMFC 也拥有了可以媲美 PEMFC 的电池性能，但是在实际应用中 AEMFC 的稳定性和 PEMFC 仍有较大的差距。影响 AEMFC 稳定性的因素有许多，包括催化剂、APE 材料、MEA 制作工艺和水管理等方面，而目前 AEMFC 的稳定性主要受限于电池复杂的水管理问题和核心材料 APE 的稳定性[129,136]。

早期 AEMFC 的稳定性严重受限于性能不佳的 APE 材料，其仅能工作在低温（40～50℃）和小电流密度（$<0.2A/cm^2$）条件下，且电压随时间的抖动明显［如图 27-28(a)］[124]。近五年中，得益于 APE 稳定性的提升，AEMFC 已经可以稳定运行在高温（65～80℃）和正常电流密度（$0.6A/cm^2$）条件下。L. Zhuang 等使用具有稳定哌啶环结构的 QAPPT，使电池在 80℃、恒电流密度 $0.2A/cm^2$ 条件下稳定运行超过 100h（测试条件氢-合成空气），且放电过程中电压衰减速度约为 $1mV/h$［如图 27-28(b)］，该结果首次证明了 AEMFC 可以稳定工作在 80℃ 的高温条件下[123]。除此之外，J. R. Varcoe 等在 2019 年选用辐射接枝的季铵化高密度聚乙烯共聚物 HDPE-BTMA 作为 APEM，同时采用季铵化聚偏氟乙烯共聚物 ETFE-BTMA 作为 ionomer 进行了电池装配。在 70℃ 的工作温度和 $0.6A/cm^2$ 的电流密度下能够稳定运行超过 400h（测试条件氢-合成空气），电压衰减速度约为 $0.79mV/h$［如图 27-28(c)］，该工作提高放电电流的同时进一步提高了 AEMFC 的稳定性[137]。从这两份研究中可以看到，提高核心 APE 材料的稳定性能够显著提高 AEMFC 的稳定性。

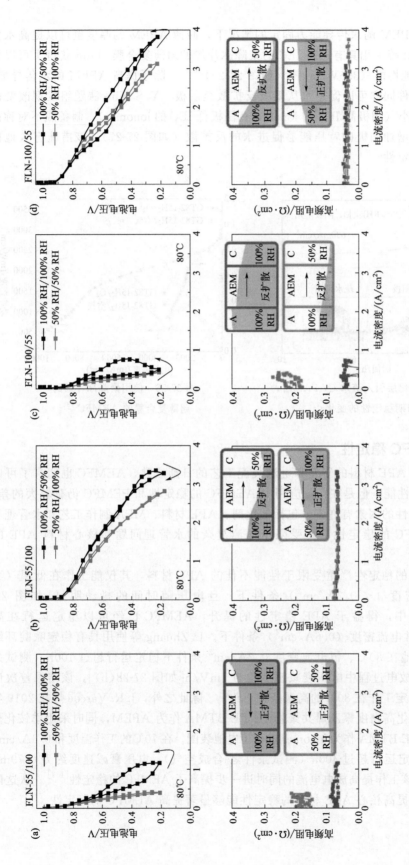

图 27-27 不对称电极设计对 AEMFC 水分布和性能影响[135]

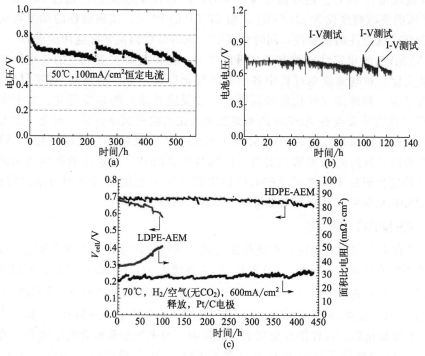

图 27-28　使用不同 APE 材料的 AEMFC 稳定性测试

（a）早期稳定性较差的 APE 材料[124]；（b）QAPPT[123]；（c）ETFE-BTMA[137]

另一方面，改善 AEMFC 水管理问题也会影响 AEMFC 的稳定性。J. R. Varcoe 等在 2020 年时，使用相同的 APE 材料，通过向催化层和气体扩散层中引入不同比例的 PTFE，来提高电极的疏水性，以改善 AEMFC 的水分布平衡。通过这种方式，最终实现了燃料电池在 65℃、恒电流密度 0.6A/cm^2 条件下稳定运行超过 1000h（测试条件氢-合成空气），电压的衰减速度仅为 0.032mV/h[如图 27-29（a）]，对比过去 400h 的稳定性有了 1.5 倍的提升[132]。该结果结合原位成像技术 X 射线断层扫描和中子成像首次证明了改善 AEMFC 水管理对电池稳定运行的重要性。随后 UI Hassan 等使用季铵化聚降冰片烯（PNB-GT），通过向催化层中引入 PTFE 来提高电极的疏水性，同时提出不对称 ionomer 的电极设计促进水的

第四篇　氢能应用

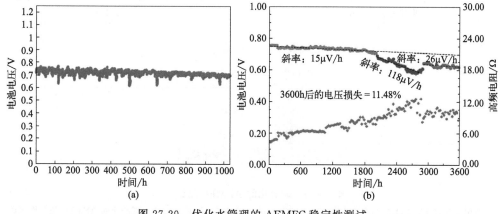

图 27-29　优化水管理的 AEMFC 稳定性测试

（a）ETFE-BTMA[132]；（b）PNB-GT[138]

反扩散，实现电池在 75℃、恒电流密度 0.6A/cm² 条件下稳定运行超过 3600h（测试条件氢-氧），电压的衰减幅度仅为 11.48%[如图 27-29(b)][138]。该突破性的结果再次证实了水管理对 AEMFC 稳定性的重要性，同时也展示了 AEMFC 面向实际应用的潜力。

目前 AEMFC 的稳定性虽然有了显著的提升，但研究者主要关注的是电池的放电时间和电压衰减速度，对电池放电过程中各组分的变化探究不够，缺乏对 APE 材料和催化剂、结构（电极结构）和界面（催化层和隔膜、三相反应界面）的系统研究。其中大部分基于 APE 稳定性的研究主要通过 APEM 的离线加速老化实验测试来评估，缺乏与之对应的燃料电池工况测试的降解结果。同时 APEM 与 ionomer 的物理特性以及所处化学环境的差别、两者稳定性的差异目前尚无明确的定论，且其对于 AEMFC 稳定性的影响也未区分。因此在 AEMFC 稳定性研究中，需对 AEMFC 稳定性测试中各组分的影响因素进行拆分研究，从而为 AEMFC 长期稳定性研究提供材料开发和结构设计的思路。

27.4.6　AEMFC 碳酸化

AEMFC 在面向实际应用时，阴极所使用的反应气需要由氧气更换成为空气以达到简化设备和节约成本的目的，但是由于 AEMFC 电池环境为 pH 值较高的碱性，所以空气中 CO_2 [空气中的 CO_2 含量约 $(400 \sim 500) \times 10^{-6}$] 会源源不断地由阴极进入 AEMFC 中并与其内部的载流子 OH^- 发生反应生成 CO_3^{2-} 或 HCO_3^-，这就是 AEMFC 的碳酸化[139]。当 AEMFC 发生碳酸化后，其性能会受到明显的影响，与未发生碳酸化的电池相比存在显著的衰减。L. Zhuang 等测试了工作在空气（含有 CO_2）和合成空气（不含 CO_2）条件下的 AEMFC，发现碳酸化会带来 50% 左右的性能衰减[如图 27-30(a)]，但这种性能衰减并不会对燃料电池的寿命产生影响[如图 27-30(b)]，这是因为在碳酸化的燃料电池中存在动态的 CO_2 "自清洁" 过程，即空气中的 CO_2 由阴极进入，转变为 CO_3^{2-} 或 HCO_3^-，再迁移至阳

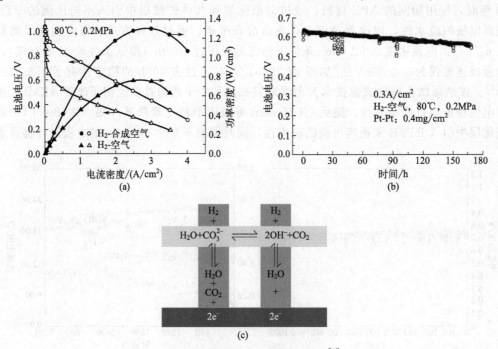

图 27-30　碳酸化的 AEMFC 测试[7]

(a) 使用空气（含有 CO_2）和合成空气（不含 CO_2）的 AEMFC 性能对比；(b) 碳酸化的 AEMFC 稳定性测试；

(c) 碳酸化的 AEMFC 阳极外侧 OH^-、CO_3^{2-} 及 CO_2 的平衡关系

极发生如图 27-30(c) 中的电极反应生成 CO_2 并由阳极排出，并且 CO_2 "自清洁" 过程随着电池放电电流的增大而能够更快进行，直至最后能够将一半以上进入电池内部的 CO_2 稳定地从阳极排出，而正是 CO_2 "自清洁" 过程的存在，使得 AEMFC 即使在碳酸化条件下仍然能够稳定运行[7]。

　　性能衰减是目前碳酸化对 AEMFC 的主要影响，而这个影响对未来 AEMFC 的实际应用是十分不利的，因此为了解决这个问题，研究者们针对 AEMFC 碳酸化造成性能衰减提出了若干可能的原因。首先，未碳酸化的 AEMFC 中的载流子为 OH^-，而碳酸化的 AEMFC 中的载流子为 CO_3^{2-} 或 HCO_3^-，载流子的改变会导致 APE 的离子电导率出现明显的下降（APE 中 CO_3^{2-} 的离子电导率为 OH^- 的一半，HCO_3^- 离子电导率仅为 OH^- 的四分之一,)[140,141]，但目前离子电导率的下降并不被认为是碳酸化的唯一后果。L. Zhuang 等分析了碳酸化条件下 AEMFC 中电解质隔膜离子电阻的变化后发现，随着电池放电电流的增大，碳酸化的 AEMFC 电解质隔膜离子电阻在不断下降，直至接近未碳酸化时候的情况[如图 27-31(a)]，这是因为随着放电电流的增大，阴极产生 OH^- 及阳极排出 CO_2 的速度都在增加，所以在较大的放电电流下，碳酸化的 AEMFC 电解质隔膜离子电阻与未碳酸化的相差无几，这说明了碳酸化带来的离子电导率下降并不是引起性能下降的主要原因[7]。其次，碳酸化后电解质的 pH 将会下降，并且由于 AEMFC 阴阳两极间碳酸化程度不同，所以阴阳两极会出现 pH 值差，这将会导致燃料电池阴阳两极出现能斯特（Nernst）电势差（pH 电势差），最终导致燃料电池性能下降[140]。但这种说法目前还存在一定的争议，因为 L. Zhuang 等通过建立由 APE 分隔的两个不同 pH 下的 RHE 的理论模型，并进行 Nernst 电势差的计算后发现，即使两电极间由于 pH 值不同而存在 Nernst 电势差，这种 Nernst 电势差也会与膜电势差相互抵消，最终呈现出两电极间总热力学电势差为 0V 的情况[如图 27-31(b)]，并不会对燃料电池产生影响，所以 Nernst 电势差带来的影响是否存在尚未明确[7]。最后，当载流子发生改变时，参与电极反应的阴离子也会发生改变，这将有可能导致电极反应动力学发生变化，进而直接影响整体电池的性能表现。L. Zhuang 等分别在两极单独通入 CO_2 来测试碳酸化对 AEMFC 阳极 HOR 和阴极 ORR 动力学的影响。他们发现，在阳极通入 CO_2 和在阴极通入 CO_2 时，由于碳酸化引起的电压降较为接近[如图 27-31(c)～(d)]，这说明碳酸化对 AEMFC 电极反应动力学的影响主要在阳极，因为当阴极气体中含有 CO_2 时，会有超过一半的 CO_2 在阴极被吸收经隔膜传输到阳极，最后通过自清洁在阳极排出，即阴极通入 CO_2 时阳极 CO_2 浓度也较高，而在阳极通入 CO_2 时 AEMFC 阴极不会受到碳酸化影响，此时碳酸化的电压降全部来自阳极[7]。除此之外，L. Zhuang 等还利用双极膜阻隔 CO_3^{2-} 或 HCO_3^- 向阳极迁移来单独研究阴极碳酸化的影响，他们发现使用双极膜装配的燃料电池 BPMFC 的碳酸化引起的电压降大约在 100mV，低于正常碱性膜电池 AEMFC 的 200～300mV[如图 27-31(e)]，并且其碳酸化前后同一电势下的电流之比也并不会随电流产生明显改变，与 AEMFC 的电流变化存在明显差异[如图 27-31(f)]，这一差别说明 BPMFC 中碳酸化的影响主要是离子电阻变化，而 AEMFC 碳酸化则影响了反应动力学[7]。由以上两份工作基本可以认识到，AEMFC 中碳酸化主要对阳极 HOR 动力学产生影响，进而影响电池整体性能。

　　对于 AEMFC 中碳酸化的影响及原因有了一定的认识后，如何改善或解决 AEMFC 碳酸化问题也是众多研究者苦思冥想的问题。简单的解决办法莫过于对进入燃料电池阴极的空气提前进行 CO_2 吸收和过滤，使得 CO_2 无法进入 AEMFC 中，但这种方式需要不断更换

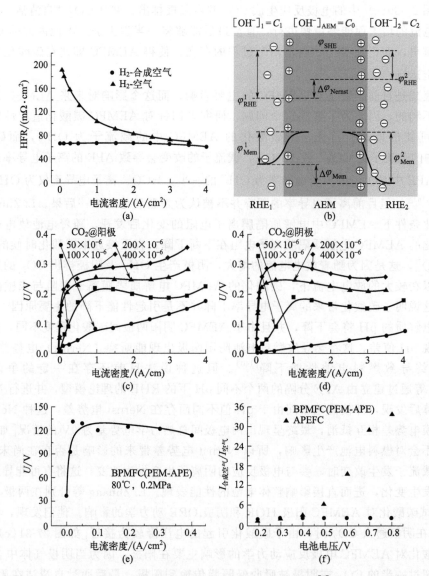

图 27-31 碳酸化对 AEMFC 性能影响探究[7]

(a) 使用空气（含有 CO_2）和合成空气（不含 CO_2）的 AEMFC 电解质隔膜离子电阻对比；
(b) 由 APE 分隔的两个不同 pH 下的 RHE 的电势差分析示意图；(c) 在阳极通入不同浓度 CO_2 造成的
AEMFC 碳酸化电压降；(d) 在阴极通入不同浓度 CO_2 造成的 AEMFC 碳酸化电压降；(e) 使用双极膜装配的
BPMFC 碳酸化电压降；(f) 相同电池电压下 BPMFC 和 AEMFC 在合成空气和空气中电池电流比值对比

CO_2 吸收剂，并不是一个最佳的解决办法，因此有研究者们尝试通过燃料电池组件上的优化来实现 CO_2 的"主动清洁"。Y. Yan 等设计了一种可以同时传导阴离子和电子的"短路"膜组件，该组件能够在有 H_2 供应的条件下通过电化学反应来主动分离空气中的 CO_2 以达到 CO_2 的"主动清洁"效果，并且能够在 450h 内，2000sccm（体积流量单位，标准立方厘米每分钟）气流量的条件下稳定地除去空气中 99% 的 CO_2（如图 27-32），清洁效率极高[142]。虽然该工作为解决 AEMFC 碳酸化问题提供了一定的研究思路，但其本质还是在于阻止 CO_2 进入 AEMFC 来解决碳酸化的影响，并未从碳酸化本质带来的影响方面进行考虑，

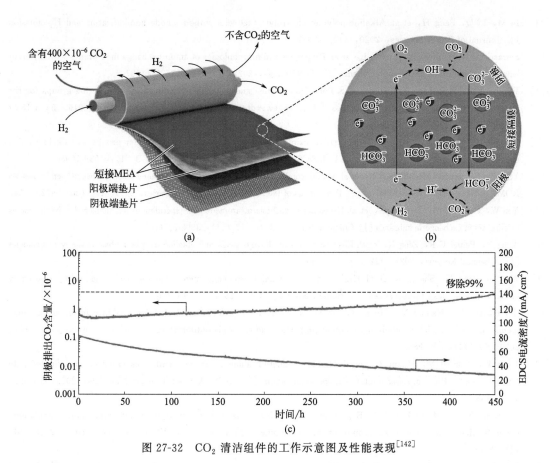

图 27-32　CO_2 清洁组件的工作示意图及性能表现[142]

即未思考如何改善碳酸化对阳极 HOR 动力学的影响。因此在解决 AEMFC 碳酸化问题的研究中，需对碳酸化对阳极 HOR 动力学的影响方式及原因进行更深入的研究，从而为解决 AEMFC 碳酸化问题提供正确的思路。

参 考 文 献

[1]　Ran J，Ding L，Chu C，et al. Highly conductive and stabilized side-chain-type anion exchange membranes：ideal alternatives for alkaline fuel cell applications [J]. Journal of Materials Chemistry a，2018，6（35）：17101-17110.

[2]　Zhu M，Zhang X，Wang Y，et al. Novel anion exchange membranes based on quaternized diblock copolystyrene containing a fluorinated hydrophobic block [J]. Journal of Membrane Science，2018，554264-273.

[3]　Chen N，Hu C，Wang H H，et al. Poly（Alkyl-Terphenyl Piperidinium）ionomers and membranes with an outstanding alkaline-membrane fuel-cell performance of 2.58W·cm^{-2} [J]. Angewandte Chemie International Edition，2021，60（14）：7710-7718.

[4]　Arges C G，Ramani V. Two-dimensional NMR spectroscopy reveals cation-triggered backbone degradation in polysulfone-based anion exchange membranes [J]. Proceedings of the National Academy of Sciences，2013，110（7）：2490-2495.

[5]　Lee W H，Crean C，Varcoe J R，et al. A Raman spectro-microscopic investigation of ETFE-based radiation-grafted anion-exchange membranes [J]. RSC Advances，2017，7：47726-47737.

[6]　Park E J，Kim Y S. Quaternized aryl ether-free polyaromatics for alkaline membrane fuel cells：synthesis，properties，and performance-a topical review [J]. Journal of Materials Chemistry a，2018，6（32）：15456-15477.

[7]　李启浩. 碱性聚合物电解质燃料电池若干关键问题研究 [D]. 武汉：武汉大学，2021.

[8]　Miyanishi S，Yamaguchi T. Highly conductive mechanically robust high M_w polyfluorene anion exchange membrane for alkaline fuel cell and water electrolysis application [J]. Polymer Chemistry，2020，11（23）：3812-3820.

［9］ Hu M，Li Q，Peng H，et al. Alkaline polymer electrolyte fuel cells without anode humidification and H_2 emission ［J］．Journal of Power Sources，2020，472：228471.

［10］ Shirase Y，Matsumoto A，Lim K L，et al. Properties and morphologies of anion-exchange membranes with different lengths of fluorinated hydrophobic chains［J］．ACS Omega，2022，7（16）：13577-13587.

［11］ Wright A G，Weissbach T，Holdcroft S. Poly（phenylene）and *m*-terphenyl as powerful protecting groups for the preparation of stable organic hydroxides［J］．Angewandte Chemie International Edition，2016，55（15）：4818-4821.

［12］ Lin B，Xu F，Su Y，et al. Ether-free polybenzimidazole bearing pendant imidazolium groups for alkaline anion exchange membrane fuel cells application［J］．ACS Applied Energy Materials，2020，3（1）：1089-1098.

［13］ You W，Padgett E，MacMillan S N，et al. Highly conductive and chemically stable alkaline anion exchange membranes via ROMP of trans-cyclooctene derivatives［J］．Proceedings of the National Academy of Sciences，2019，116（20）：9729-9734.

［14］ You W，Ganley J M，Ernst B G，et al. Expeditious synthesis of aromatic-free piperidinium-functionalized polyethylene as alkaline anion exchange membranes［J］．Chemical Science，2021，12（11）：3898-3910.

［15］ Yang Y，Peltier C R，Zeng R，et al. Electrocatalysis in alkaline media and alkaline membrane-based energy technologies ［J］．Chemical Reviews，2022，122（6）：6117-6321.

［16］ Zhu L，Peng X，Shang S，et al. High performance anion exchange membrane fuel cells enabled by fluoropoly （olefin）membranes［J］．Advanced Functional Materials，2019，29（26）：1902059.

［17］ Ul Hassan N，Mandal M，Huang G，et al. Achieving high-Performance and 2000h stability in anion exchange membrane fuel cells by manipulating ionomer properties and electrode optimization［J］．Advanced Energy Materials，2020，10（40）：2001986.

［18］ Chen W，Mandal M，Huang G，et al. Highly conducting anion-exchange membranes based on cross-linked poly （norbornene）：Ring opening metathesis polymerization［J］．ACS Applied Energy Materials，2019，2（4）：2458-2468.

［19］ Sturgeon M R，Macomber C S，Engtrakul，C，et al. Hydroxide based benzyltrimethylammonium degradation：Quantification of rates and degradation technique development［J］．Journal of the Electrochemical Society，2015，162 （4）：F366.

［20］ You W，Hugar K M，Selhorst R C，et al. Degradation of organic cations under alkaline conditions［J］．The Journal of Organic Chemistry，2021，86（1）：254-263.

［21］ Marino M G，Kreuer K D Alkaline stability of quaternary ammonium cations for alkaline fuel cell membranes and ionic liquids［J］．Chemsuschem，2015，8（3）：513-523.

［22］ Chen N，Long C，Li Y，et al. Ultrastable and high ion-conducting polyelectrolyte based on six-membered *N*-spirocyclic ammonium for hydroxide exchange membrane fuel cell applications［J］．ACS Applied Materials & Interfaces，2018，10（18）：15720-15732.

［23］ Mahmoud A M A，Elsaghier A M M，Otsuji K，et al. High hydroxide ion conductivity with enhanced alkaline stability of partially fluorinated and quaternized aromatic copolymers as anion exchange membranes［J］．Macromolecules，2017，50（11）：4256-4266.

［24］ Hugar K M，Kostalik H A I，Coates G W. Imidazolium cations with exceptional alkaline stability：A systematic study of structure-stability relationships［J］．Journal of the American Chemical Society，2015，137（27）：8730-8737.

［25］ Zhang B，Kaspar R B，Gu S，et al. A new alkali-stable phosphonium cation based on fundamental understanding of degradation mechanisms［J］．Chemsuschem，2016，9（17）：2374-2379.

［26］ Womble C T，Kang J，Hugar K M，et al. Rapid analysis of tetrakis（dialkylamino）phosphonium stability in alkaline media［J］．Organometallics，2017，36（20）：4038-4046.

［27］ Zhu T，Sha Y，Firouzjaie H A，et al. Rational synthesis of metallo-cations toward redox- and alkaline-stable metallo-polyelectrolytes［J］．Journal of the American Chemical Society，2020，142（2）：1083-1089.

［28］ Yim S，Chung H T，Chlistunoff J，et al. A microelectrode study of interfacial reactions at the platinum-alkaline polymer interface［J］．Journal of the Electrochemical Society，2015，162（6）：F499.

［29］ Maurya S，Noh S，Matanovic I，et al. Rational design of polyaromatic ionomers for alkaline membrane fuel cells with ＞1W・cm^{-2} power density［J］．Energy & Environmental Science，2018，11（11）：3283-3291.

[30] Park E J, Maurya S, Lee A S, et al. How does a small structural change of anode ionomer make a big difference in alkaline membrane fuel cell performance? [J]. Journal of Materials Chemistry a, 2019, 7 (43): 25040-25046.

[31] Leonard D P, Lehmann M, Klein J M, et al. Phenyl-free polynorbornenes for potential anion exchange ionomers for fuel cells and electrolyzers [J]. Advanced Energy Materials, 2022, n/a (n/a): 2203488.

[32] Maurya S, Lee A S, Li D, et al. On the origin of permanent performance loss of anion exchange membrane fuel cells: Electrochemical oxidation of phenyl group [J]. Journal of Power Sources, 2019, 436: 226866.

[33] Davydova E S, Mukerjee S, Jaouen F, et al. Electrocatalysts for hydrogen oxidation reaction in alkaline electrolytes [J]. ACS Catalysis, 2018, 8 (7): 6665-6690.

[34] Sheng W, Gasteiger H A, Shao-Horn Y. Hydrogen oxidation and evolution reaction kinetics on platinum: Acid vs alkaline electrolytes [J]. Journal of the Electrochemical Society, 2010, 157 (11): B1529.

[35] Tian X, Zhao P, Sheng W Hydrogen evolution and oxidation: Mechanistic studies and material advances [J]. Advanced Materials, 2019, 31 (31): 1808066.

[36] Trasatti S. Work function, electronegativity, and electrochemical behaviour of metals: II. Potentials of zero charge and "electrochemical" work functions [J]. Journal of Electroanalytical Chemistry and Interfacial Electrochemistry, 1971, 33 (2): 351-378.

[37] Nørskov J K, Bligaard T, Logadottir A, et al. Trends in the exchange current for hydrogen evolution [J]. Journal of the Electrochemical Society, 2005, 152 (3): J23.

[38] Sheng W, Myint M, Chen J G, et al. Correlating the hydrogen evolution reaction activity in alkaline electrolytes with the hydrogen binding energy on monometallic surfaces [J]. Energy & Environmental Science, 2013, 6 (5): 1509-1512.

[39] Sheng W, Zhuang Z, Gao M, et al. Correlating hydrogen oxidation and evolution activity on platinum at different pH with measured hydrogen binding energy [J]. Nature Communications, 2015, 6 (1): 5848.

[40] Zheng J, Nash J, Xu B, et al. Perspective—towards establishing apparent hydrogen binding energy as the descriptor for hydrogen oxidation/evolution reactions [J]. Journal of the Electrochemical Society, 2018, 165 (2): H27.

[41] van der Niet M J T C, Garcia-Araez N, Hernández J, et al. Water dissociation on well-defined platinum surfaces: The electrochemical perspective [J]. Catalysis Today, 2013, 202: 105-113.

[42] Garcia-Araez N, Lukkien J J, Koper M T M, et al. Competitive adsorption of hydrogen and bromide on Pt (100): Mean-field approximation vs. Monte Carlo simulations [J]. Journal of Electroanalytical Chemistry, 2006, 588 (1): 1-14.

[43] Clavilier J, Albalat R, Gomez R, et al. Study of the charge displacement at constant potential during CO adsorption on Pt (110) and Pt (111) electrodes in contact with a perchloric acid solution [J]. Journal of Electroanalytical Chemistry, 1992, 330 (1): 489-497.

[44] Strmcnik D, Uchimura M, Wang C, et al. Improving the hydrogen oxidation reaction rate by promotion of hydroxyl adsorption [J]. Nature Chemistry, 2013, 5 (4): 300-306.

[45] Liu W, Lyu K, Xiao L, et al. Hydrogen oxidation reaction on modified platinum model electrodes in alkaline media [J]. Electrochimica Acta, 2019, 327: 135016.

[46] McCrum I T, Koper M T M. The role of adsorbed hydroxide in hydrogen evolution reaction kinetics on modified platinum [J]. Nature Energy, 2020, 5 (11): 891-899.

[47] Ryu J, Surendranath Y. Tracking electrical fields at the Pt/H$_2$O interface during hydrogen catalysis [J]. Journal of the American Chemical Society, 2019, 141 (39): 15524-15531.

[48] Rizo R, Sitta E, Herrero E, et al. Towards the understanding of the interfacial pH scale at Pt (111) electrodes [J]. Electrochimica Acta, 2015, 162: 138-145.

[49] Rebollar L, Intikhab S, Oliveira N J, et al. "Beyond adsorption" descriptors in hydrogen electrocatalysis [J]. ACS Catalysis, 2020, 10 (24): 14747-14762.

[50] Mahoney E G, Sheng W, Yan Y, et al. Platinum-modified gold electrocatalysts for the Hydrogen Oxidation Reaction in Alkaline Electrolytes [J]. Chemelectrochem, 2014, 1 (12): 2058-2063.

[51] Alia S M, Pivovar B S, Yan Y. Platinum-coated copper nanowires with high activity for hydrogen oxidation reaction in base [J]. Journal of the American Chemical Society, 2013, 135 (36): 13473-13478.

[52] Wang Y, Wang G, Li G, et al. Pt-Ru catalyzed hydrogen oxidation in alkaline media: oxophilic effect or electronic

effect? [J]. Energy & Environmental Science, 2015, 8 (1): 177-181.

[53] Ohyama J, Sato T, Yamamoto Y, et al. Size specifically high activity of Ru nanoparticles for hydrogen oxidation reaction in alkaline electrolyte [J]. Journal of the American Chemical Society, 2013, 135 (21): 8016-8021.

[54] Ohyama J, Sato T, Satsuma A. High performance of Ru nanoparticles supported on carbon for anode electrocatalyst of alkaline anion exchange membrane fuel cell [J]. Journal of Power Sources, 2013, 225: 311-315.

[55] Xue Y, Shi L, Liu X, et al. A highly-active, stable and low-cost platinum-free anode catalyst based on RuNi for hydroxide exchange membrane fuel cells [J]. Nature Communications, 2020, 11 (1): 5651.

[56] Zhou Y, Xie Z, Jiang J, et al. Lattice-confined Ru clusters with high CO tolerance and activity for the hydrogen oxidation reaction [J]. Nature Catalysis, 2020, 3 (5): 454-462.

[57] Durst J, Simon C, Hasché F, et al. Hydrogen oxidation and evolution reaction kinetics on carbon supported Pt, Ir, Rh, and Pd electrocatalysts in acidic media [J]. Journal of the Electrochemical Society, 2015, 162 (1): F190.

[58] Zheng J, Sheng W, Zhuang Z, et al. Universal dependence of hydrogen oxidation and evolution reaction activity of platinum-group metals on pH and hydrogen binding energy [J]. Science Advances, 2016, 2 (3): e1501602.

[59] Yang F, Bao X, Gong D, et al. Rhodium phosphide: A new type of hydrogen oxidation reaction catalyst with non-linear correlated catalytic response to pH [J]. Chemelectrochem, 2019, 6 (7): 1990-1995.

[60] Su L, Zhao Y, Yang F, et al. Ultrafine phosphorus-doped rhodium for enhanced hydrogen electrocatalysis in alkaline electrolytes [J]. Journal of Materials Chemistry a, 2020, 8 (24): 11923-11927.

[61] Liao J, Ding W, Tao S, et al. Carbon supported IrM (M = Fe, Ni, Co) alloy nanoparticles for the catalysis of hydrogen oxidation in acidic and alkaline medium [J]. Chinese Journal of Catalysis, 2016, 37 (7): 1142-1148.

[62] Fu L, Li Y, Yao N, et al. IrMo nanocatalysts for efficient alkaline hydrogen electrocatalysis [J]. ACS Catalysis, 2020, 10 (13): 7322-7327.

[63] Qiu Y, Xin L, Li Y, et al. BCC-phased pdcu alloy as a highly active electrocatalyst for hydrogen oxidation in alkaline electrolytes [J]. Journal of the American Chemical Society, 2018, 140 (48): 16580-16588.

[64] Singh R K, Davydova E S, Douglin J, et al. Synthesis of CeO_x-decorated Pd/C catalysts by controlled surface reactions for hydrogen oxidation in anion exchange membrane fuel cells [J]. Advanced Functional Materials, 2020, 30 (38): 2002087.

[65] Wang G, Li W, Huang B, et al. Exploring the composition-activity relation of Ni-Cu binary alloy electrocatalysts for hydrogen oxidation reaction in alkaline media [J]. ACS Applied Energy Materials, 2019, 2 (5): 3160-3165.

[66] Duan Y, Yu Z, Yang L, et al. Bimetallic nickel-molybdenum/tungsten nanoalloys for high-efficiency hydrogen oxidation catalysis in alkaline electrolytes [J]. Nature Communications, 2020, 11 (1): 4789.

[67] Ni W, Krammer A, Hsu C S, et al. Ni_3N as an active hydrogen oxidation reaction catalyst in alkaline medium [J]. Angewandte Chemie International Edition, 2019, 58 (22): 7445-7449.

[68] Yang F, Bao X, Li P, et al. Boosting hydrogen oxidation activity of Ni in alkaline media through oxygen-vacancy-rich CeO_2/Ni heterostructures [J]. Angewandte Chemie International Edition, 2019, 58 (40): 14179-14183.

[69] Zhuang Z, Giles S A, Zheng J, et al. Nickel supported on nitrogen-doped carbon nanotubes as hydrogen oxidation reaction catalyst in alkaline electrolyte [J]. Nature Communications, 2016, 7 (1): 10141.

[70] Medway S L, Lucas C A, Kowal A, et al. In situ studies of the oxidation of nickel electrodes in alkaline solution [J]. Journal of Electroanalytical Chemistry, 2006, 587 (1): 172-181.

[71] Gao Y, Peng H, Wang Y, et al. Improving the antioxidation capability of the Ni catalyst by carbon shell coating for alkaline hydrogen oxidation reaction [J]. ACS Applied Materials & Interfaces, 2020, 12 (28): 31575-31581.

[72] Gao Y, Yang Y, Schimmenti R, et al. A completely precious metal-free alkaline fuel cell with enhanced performance using a carbon-coated nickel anode [J]. Proceedings of the National Academy of Sciences, 2022, 119 (13): e2119883119.

[73] Nie Y, Li L, Wei Z. Recent advancements in Pt and Pt-free catalysts for oxygen reduction reaction [J]. Chemical Society Reviews, 2015, 44 (8): 2168-2201.

[74] Ge X, Sumboja A, Wuu D, et al. Oxygen reduction in alkaline media: From mechanisms to recent advances of catalysts [J]. ACS Catalysis, 2015, 5 (8): 4643-4667.

[75] Wang Y, Yang Y, Jia S, et al. Synergistic Mn-Co catalyst outperforms Pt on high-rate oxygen reduction for alkaline polymer electrolyte fuel cells [J]. Nature Communications, 2019, 10 (1): 1506.

[76] Ren H, Wang Y, Yang Y, et al. Fe/N/C nanotubes with atomic Fe sites: A highly active cathode catalyst for alkaline polymer electrolyte fuel cells [J]. ACS Catalysis, 2017, 7 (10): 6485-6492.

[77] Ng J W D, Gorlin Y, Nordlund D, et al. Nanostructured manganese oxide supported onto particulate glassy carbon as an active and stable oxygen reduction catalyst in alkaline-based fuel cells [J]. Journal of the Electrochemical Society, 2014, 161 (7): D3105.

[78] He Q, Li Q, Khene S, et al. High-loading cobalt oxide coupled with nitrogen-doped graphene for oxygen reduction in anion-exchange-membrane alkaline fuel cells [J]. The Journal of Physical Chemistry C, 2013, 117 (17): 8697-8707.

[79] Huang D, Luo Y, Li S, et al. Active catalysts based on cobalt oxide @ cobalt/N-C nanocomposites for oxygen reduction reaction in alkaline solutions [J]. Nano Research, 2014, 7 (7): 1054-1064.

[80] Men Truong V, Richard Tolchard J, Svendby J, et al. Platinum and platinum group metal-free catalysts for anion exchange membrane fuel cells [J]. Energies, 2020, 13 (3): 582.

[81] Peng X, Omasta T J, Magliocca E, et al. Nitrogen-doped carbon-CoO_x nanohybrids: A precious metal free cathode that exceeds $1.0 W \cdot cm^{-2}$ peak power and 100h life in anion-exchange membrane fuel cells [J]. Angewandte Chemie International Edition, 2019, 58 (4): 1046-1051.

[82] Poynton S D, Slade R C T, Omasta T J, et al. Preparation of radiation-grafted powders for use as anion exchange ionomers in alkaline polymer electrolyte fuel cells [J]. Journal of Materials Chemistry a, 2014, 2 (14): 5124-5130.

[83] Wang L, Brink J J, Liu Y, et al. Non-fluorinated pre-irradiation-grafted (peroxidated) LDPE-based anion-exchange membranes with high performance and stability [J]. Energy & Environmental Science, 2017, 10 (10): 2154-2167.

[84] Hwang J, Rao R R, Giordano L, et al. Perovskites in catalysis and electrocatalysis [J]. Science, 2017, 358 (6364): 751-756.

[85] Zhao Q, Yan Z, Chen C, et al. Spinels: Controlled preparation, oxygen reduction/evolution reaction application, and beyond [J]. Chemical Reviews, 2017, 117 (15): 10121-10211.

[86] Dzara M J, Christ J M, Joghee P, et al. La and Al co-doped $CaMnO_3$ perovskite oxides: From interplay of surface properties to anion exchange membrane fuel cell performance [J]. Journal of Power Sources, 2018, 375: 265-276.

[87] Yang Y, Xiong Y, Holtz M E, et al. Octahedral spinel electrocatalysts for alkaline fuel cells [J]. Proceedings of the National Academy of Sciences, 2019, 116 (49): 24425-24432.

[88] Yang Y, Wang Y, Xiong Y, et al. In situ X-ray absorption spectroscopy of a synergistic Co-Mn oxide catalyst for the oxygen reduction reaction [J]. Journal of the American Chemical Society, 2019, 141 (4): 1463-1466.

[89] Yang Y, Peng H, Xiong Y, et al. High-loading composition-tolerant Co-Mn spinel oxides with performance beyond $1 W/cm^2$ in alkaline polymer electrolyte fuel cells [J]. ACS Energy Letters, 2019, 4 (6): 1251-1257.

[90] Peng X, Kashyap V, Ng B, et al. High-performing PGM-free AEMFC cathodes from carbon-supported cobalt ferrite nanoparticles [J]. Catalysts, 2019, 9 (3): 264.

[91] Yang Y, Zeng R, Xiong Y, et al. Rock-salt-type $MnCo_2O_3$/C as efficient oxygen reduction electrocatalysts for alkaline fuel cells [J]. Chemistry of Materials, 2019, 31 (22): 9331-9337.

[92] Ge C, Li Q, Hu M, et al. Application of rock-salt-type Co-Mn oxides for alkaline polymer electrolyte fuel cells [J]. Journal of Power Sources, 2022, 520: 230868.

[93] Arunchander A, Peera S G, Giridhar V V, et al. Synthesis of cobalt sulfide-graphene as an efficient oxygen reduction catalyst in alkaline medium and its application in anion exchange membrane fuel cells [J]. Journal of the Electrochemical Society, 2017, 164 (2): F71.

[94] Arunchander A, Peera S G, Sahu A K. Synthesis of flower-like molybdenum sulfide/graphene hybrid as an efficient oxygen reduction electrocatalyst for anion exchange membrane fuel cells [J]. Journal of Power Sources, 2017, 353: 104-114.

[95] Lee D W, Jang J, Jang I, et al. Bio-derived Co_2P nanoparticles supported on nitrogen-doped carbon as promising oxygen reduction reaction electrocatalyst for anion exchange membrane fuel cells [J]. Small, 2019, 15 (36): 1902090.

[96] Yan Z, Zhang Y, Jiang Z, et al. Nitrogen-doped bimetallic carbide-graphite composite as highly active and extremely stable electrocatalyst for oxygen reduction reaction in alkaline media [J]. Advanced Functional Materials, 2022, 32 (30): 2204031.

[97] Zeng R, Yang Y, Feng X, et al. Nonprecious transition metal nitrides as efficient oxygen reduction electrocatalysts for alkaline fuel cells [J]. Science Advances, 2022, 8 (5): j1584.

[98] Jin Z, Li P, Xiao D. Enhanced electrocatalytic performance for oxygen reduction via active interfaces of layer-by-layered titanium nitride/titanium carbonitride structures [J]. Scientific Reports, 2014, 4 (1): 6712.

[99] Khan K, Tareen A K, Aslam M, et al. Novel two-dimensional carbon-chromium nitride-based composite as an electrocatalyst for oxygen reduction reaction [J]. Frontiers in Chemistry, 2019, 7: 738.

[100] Xu Z J. From two-phase to three-phase: The new electrochemical interface by oxide electrocatalysts [J]. Nano-Micro Letters, 2017, 10 (1): 8.

[101] Chen G, Zhong H, Feng X. Active site engineering of single-atom carbonaceous electrocatalysts for the oxygen reduction reaction [J]. Chemical Science, 2021, 12 (48): 15802-15820.

[102] Jasinski R. A new fuel cell cathode catalyst [J]. Nature, 1964, 201 (4925): 1212-1213.

[103] He Y, Liu S, Priest C, et al. Atomically dispersed metal-nitrogen-carbon catalysts for fuel cells: advances in catalyst design, electrode performance, and durability improvement [J]. Chemical Society Reviews, 2020, 49 (11): 3484-3524.

[104] Douglin J C, Singh R K, Haj-Bsoul S, et al. A high-temperature anion-exchange membrane fuel cell with a critical raw material-free cathode [J]. Chemical Engineering Journal Advances, 2021, 8: 100153.

[105] Wang L, Ambrosi A, Pumera M. "Metal-free" catalytic oxygen reduction reaction on heteroatom-doped graphene is caused by trace metal impurities [J]. Angewandte Chemie International Edition, 2013, 52 (51): 13818-13821.

[106] He Q, Zeng L, Wang J, et al. Polymer-coating-induced synthesis of FeN_x enriched carbon nanotubes as cathode that exceeds 1.0 W $\cdot$ cm^{-2} peak power in both proton and anion exchange membrane fuel cells [J]. Journal of Power Sources, 2021, 489: 229499.

[107] Adabi H, Santori P G, Shakouri A, et al. Understanding how single-atom site density drives the performance and durability of PGM-free Fe-N-C cathodes in anion exchange membrane fuel cells [J]. Materials Today Advances, 2021, 12: 100179.

[108] Firouzjaie H A, Mustain W E. Catalytic advantages, challenges, and priorities in alkaline membrane fuel cells [J]. ACS Catalysis, 2020, 10 (1): 225-234.

[109] Adabi H, Shakouri A, Ul Hassan N, et al. High-performing commercial Fe-N-C cathode electrocatalyst for anion-exchange membrane fuel cells [J]. Nature Energy, 2021, 6 (8): 834-843.

[110] Hsieh T, Chen S, Wang Y, et al. Cobalt-doped carbon nitride frameworks obtained from calcined aromatic polyimines as cathode catalyst of anion exchange membrane fuel cells [J]. Membranes, 2022, 12 (1): 74.

[111] Lilloja J, Kibena-Põldsepp E, Sarapuu A, et al. Cathode catalysts based on cobalt- and nitrogen-doped nanocarbon composites for anion exchange membrane fuel cells [J]. ACS Applied Energy Materials, 2020, 3 (6): 5375-5384.

[112] Im K, Kim D, Jang J, et al. Hollow-sphere Co-NC synthesis by incorporation of ultrasonic spray pyrolysis and pseudomorphic replication and its enhanced activity toward oxygen reduction reaction [J]. Applied Catalysis B: Environmental, 2020, 260: 118192.

[113] Hsieh T, Wang Y, Ho K. Cobalt-based cathode catalysts for oxygen-reduction reaction in an anion exchange membrane fuel cell [J]. Membranes, 2022, 12 (7): 699.

[114] Cui L, Cui L, Li Z, et al. A copper single-atom catalyst towards efficient and durable oxygen reduction for fuel cells [J]. Journal of Materials Chemistry a, 2019, 7 (28): 16690-16695.

[115] Liao L M, Zhao Y, Xu C, et al. B, N-codoped Cu-N/B-C composite as an efficient electrocatalyst for oxygen-reduction reaction in alkaline media [J]. Chemistryselect, 2020, 5 (12): 3647-3654.

[116] Sun P, Qiao Z, Wang S, et al. Atomically dispersed Zn-pyrrolic-N_4 cathode catalysts for hydrogen fuel cells [J]. Angewandte Chemie International Edition, 2022, n/a (n/a): e202216041.

[117] Zhang J, Huang Q, Wang J, et al. Supported dual-atom catalysts: Preparation, characterization, and potential applications [J]. Chinese Journal of Catalysis, 2020, 41 (5): 783-798.

[118] Huang S, Qiao Z, Sun P, et al. The strain induced synergistic catalysis of FeN_4 and MnN_3 dual-site catalysts for oxygen reduction in proton- /anion- exchange membrane fuel cells [J]. Applied Catalysis B: Environmental, 2022, 317: 121770.

[119] Ren H, Wang Y, Tang X, et al. Highly efficient Fe/N/C catalyst using adenosine as C/N-source for APEFC [J].

Journal of Energy Chemistry，2017，26（4）：616-621.

[120] 汪瀛 . 碱性聚合物电解质燃料电池电催化及器件研究 [D]. 武汉：武汉大学，2018.

[121] 任欢 . 碱性聚电解质燃料电池 Fe/N/C 阴极催化剂研究 [D]. 武汉：武汉大学，2017.

[122] Zhou Y，Yu H，Xie F，et al. Improving cell performance for anion exchange membrane fuel cells with FeNC cathode by optimizing ionomer content [J]. International Journal of Hydrogen Energy，2022.

[123] Peng H，Li Q，Hu M，et al. Alkaline polymer electrolyte fuel cells stably working at 80℃ [J]. Journal of Power Sources，2018，390：165-167.

[124] Gao X，Yu H，Jia J，et al. High performance anion exchange ionomer for anion exchange membrane fuel cells [J]. Rsc Advances，2017，7（31）：19153-19161.

[125] 胡梅雪 . 碱性聚电解质燃料电池工况（Operando）水传导与稳定性影响机制研究 [D]. 武汉：武汉大学，2022.

[126] Omasta T J，Peng X，Miller H A，et al. Beyond 1.0 W·cm^{-2} performance without platinum：The beginning of a new era in anion exchange membrane fuel cells [J]. Journal of the Electrochemical Society，2018，165（15）：J3039.

[127] Lu S，Pan J，Huang A，et al. Alkaline polymer electrolyte fuel cells completely free from noble metal catalysts [J]. Proceedings of the National Academy of Sciences，2008，105（52）：20611-20614.

[128] Ni W，Wang T，Héroguel F，et al. An efficient nickel hydrogen oxidation catalyst for hydroxide exchange membrane fuel cells [J]. Nature Materials，2022，21（7）：804-810.

[129] Mustain W E，Chatenet M，Page M，et al. Durability challenges of anion exchange membrane fuel cells [J]. Energy & Environmental Science，2020，13（9）：2805-2838.

[130] Dekel D R，Willdorf S，Ash U，et al. The critical relation between chemical stability of cations and water in anion exchange membrane fuel cells environment [J]. Journal of Power Sources，2018，375：351-360.

[131] Omasta T J，Park A M，LaManna J M，et al. Beyond catalysis and membranes：visualizing and solving the challenge of electrode water accumulation and flooding in AEMFCs [J]. Energy & Environmental Science，2018，11（3）：551-558.

[132] Peng X，Kulkarni D，Huang Y，et al. Using operando techniques to understand and design high performance and stable alkaline membrane fuel cells [J]. Nature Communications，2020，11（1）：3561.

[133] Zhou J，Ünlü M，Anestis-Richard I，et al. Solvent processible，high-performance partially fluorinated copoly（arylene ether）alkaline ionomers for alkaline electrodes [J]. Journal of Power Sources，2011，196（19）：7924-7930.

[134] Mandal M，Huang G，Hassan N U，et al. The importance of water transport in high conductivity and high-power alkaline fuel cells [J]. Journal of the Electrochemical Society，2020，167（5）：54501.

[135] Leonard D P，Maurya S，Park E J，et al. Asymmetric electrode ionomer for low relative humidity operation of anion exchange membrane fuel cells [J]. Journal of Materials Chemistry a，2020，8（28）：14135-14144.

[136] Thompson S T，Peterson D，Ho D，et al. Perspective—The next decade of AEMFCs：Near-term targets to accelerate applied R&amp；D [J]. Journal of the Electrochemical Society，2020，167（8）：84514.

[137] Wang L，Peng X，Mustain W E，et al. Radiation-grafted anion-exchange membranes：the switch from low- to high-density polyethylene leads to remarkably enhanced fuel cell performance [J]. Energy & Environmental Science，2019，12（5）：1575-1579.

[138] Ul Hassan N，Zachman M J，Mandal M，et al. Understanding recoverable vs unrecoverable voltage losses and long-term degradation mechanisms in anion exchange membrane fuel cells [J]. ACS Catalysis，2022，12（13）：8116-8126.

[139] Grew K N，Ren X，Chu D. Effects of temperature and carbon dioxide on anion exchange membrane conductivity [J]. Electrochemical and Solid-State Letters，2011，14（12）：B127.

[140] Zheng Y，Omasta T J，Peng X，et al. Quantifying and elucidating the effect of CO_2 on the thermodynamics, kinetics and charge transport of AEMFCs [J]. Energy & Environmental Science，2019，12（9）：2806-2819.

[141] Zheng Y，Huang G，Wang L，et al. Effect of reacting gas flowrates and hydration on the carbonation of anion exchange membrane fuel cells in the presence of CO_2 [J]. Journal of Power Sources，2020，467：228350.

[142] Shi L，Zhao Y，Matz S，et al. A shorted membrane electrochemical cell powered by hydrogen to remove CO_2 from the air feed of hydroxide exchange membrane fuel cells [J]. Nature Energy，2022，7（3）：238-247.

第**28**章

直接甲醇燃料电池

28.1 甲醇电氧化催化剂

28.1.1 铂基合金上的甲醇氧化反应

在纳米和亚纳米尺度上，电荷转移、物质吸脱附等是决定直接甲醇燃料电池（direct methanol fuel cell，DMFC）性能的关键过程。DMFC 的基本电极反应如下所示：

$$阳极：CH_3OH + H_2O \longrightarrow CO_2 + 6H^+ + 6e^- \qquad E^{\ominus} = 0.046V \qquad (28\text{-}1)$$

$$阴极：3/2O_2 + 6H^+ + 6e^- \longrightarrow 3H_2O \qquad E^{\ominus} = 1.229V \qquad (28\text{-}2)$$

$$总反应：CH_3OH + 3/2O_2 \longrightarrow CO_2 + 2H_2O \qquad E^{\ominus} = 1.183V \qquad (28\text{-}3)$$

阳极甲醇氧化反应（methanol oxidation reaction，MOR）的动力学过程慢，阳极极化损失较高，导致 DMFC 的整体过电势高于氢燃料电池。MOR 主要包括以下几个步骤[1]：a. 甲醇分子的吸附、逐步脱氢形成含碳中间产物；b. 含碳中间产物在含氧反应物参与下发生氧化脱除；c. 产物脱附，包括离子在催化剂/电解质界面的迁移，电子转移到外部电路以及产物二氧化碳（CO_2）的排放。

在 MOR 过程中，可能产生多种中间产物和/或副产物，其过程机制如图 28-1 所示[2]。一些中间产物是相对稳定的化合物，例如甲醛（HCHO）、甲酸（HCOOH）、一氧化碳（CO）、甲酸甲酯（$HCOOCH_3$，痕量）等，造成反应终止[2-4]。一些副产物（平行反应）形成之后未能进一步氧化形成 CO_2，从而降低了燃料的利用率。然而，由于类 CO 吸附物种（例如化学吸附态的 CO_{ads}、HCO_{ads}、COH_{ads} 等）与 Pt 之间结合能较强，占据 Pt 基催化剂表面并逐渐积聚[5]，导致催化剂严重中毒，甲醇分子的进一步吸附和脱氢反应受到阻碍，反应的连续性遭到破坏。但是，类 CO_{ads} 中间物种可以在某些较高活性的催化剂（例如 PtRu 合金等）上进一步氧化为 CO_2（连续反应），从而不会降低燃料的利用率。

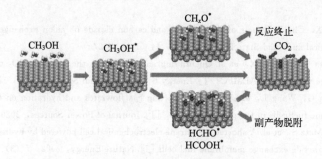

图 28-1　DMFC 阳极催化剂上 MOR 过程示意图

MOR 机制与催化剂的类型和反应条件（甲醇浓度、反应温度、极化电位、电解质、催化剂等）息息相关。到目前为止，在较低温度和酸性电解质下，活性最高的 MOR 电催化剂仍然是 Pt 基合金。因此，文献报道的 MOR 机制的研究主要集中在 Pt 和 PtM 合金催化剂（M 是指除 Pt 以外的金属）上，MOR 过程主要包括以下步骤（ * 表示吸附）：

$$CH_3OH + Pt \longrightarrow Pt \cdot CH_2OH^* + H^+ + e^- \tag{28-4}$$

$$Pt \cdot CH_2OH^* + Pt \longrightarrow Pt_2 \cdot CHOH^* + H^+ + e^- \tag{28-5}$$

$$Pt_2 \cdot CHOH^* + Pt \longrightarrow Pt_3 \cdot COH^* + H^+ + e^- \tag{28-6}$$

$$Pt_3 \cdot COH^* \longrightarrow Pt \cdot CO^* + 2Pt + H^+ + e^- \tag{28-7}$$

$$Pt(M) + H_2O \longrightarrow Pt(M) \cdot OH^* + H^+ + e^- \tag{28-8}$$

$$Pt(M) \cdot OH^* + Pt \cdot CO^* \longrightarrow Pt + Pt(M) + CO_2 + H^+ + e^- \tag{28-9}$$

在清洁的 Pt 催化剂表面，MOR 的初始反应速率较快[6]。然而，随着 MOR 的进行，一些与 Pt 结合力较强的类 CO_{ads} 中间产物积聚并毒化 Pt 催化剂，导致 MOR 电流迅速衰减。因此，甲醇在 Pt 催化剂上的电氧化过程是一种自毒化反应。实验表明，当电势低于 0.45V（相对于可逆氢电极）时，中间产物（例如 CO_{ads}）将迅速积聚在 Pt 催化剂表面。红外漫反射光谱等对电极上各种中间产物及其状态的检测[7]结果表明：MOR 的产物中除了存在部分脱氢产物，例如 HCO_{ads}[8,9]、CO[10]、CO_{ads}[11]外，也包含 $HCHO$[12]、$HCOOH$ 和 $HCOOCH_3$ 等[13,14]。Sriramulu 等认为 CH_3OH 可以直接反应生成 CO_2，或通过类 CO 中间产物路径即平行反应和连续反应同时存在时最终生成 CO_2[9]。当催化剂表面存在少于一层 CO_{ads} 时不影响甲醇电氧化形成 CO_2。在没有通过类 CO 中间产物途径的情况下产生的 CO_2 达到了 CO_2 总量的 80%[9]。作者进一步指出，HCO_{ads} 是催化剂表面上最重要的吸附物种，当假设中间产物 HCO_{ads} 是主要吸附物种时，理论计算和实验测得的 CO_2 产量拟合得较好。但这一假设与许多原位红外实验的结果（CO_{ads} 是主要中间产物）不符，表明 CO_{ads} 不是唯一中间物种。

MOR 在 Pt 催化剂表面的活性和自毒化程度不仅取决于电极电势，还取决于催化剂表面的晶体结构[15]。室温下，当电势＜0.5V（相对于可逆氢电极）时，Pt(100) 表面的产物几乎全部是 CO。而在 Pt(111) 表面上，尽管反应速率很慢，但可以检测到少量 CO_2 产物。MOR 初始反应较快，随后 CO 在 Pt 表面的快速积累导致 Pt(100) 表面 MOR 反应速率迅速衰减。该催化剂的抗 CO 毒化能力较差，CO_{ads} 需要高过电势才能被氧化去除。另一方面，Pt(111) 上的 MOR 速率较慢但较为稳定，抗 CO 毒化能力比 Pt(100) 强。因此，催化剂的晶体结构是 MOR 催化剂设计中必须要考虑的重要因素。通常认为在催化剂中保持高 Pt(111) 晶面含量有助于提高催化剂的抗 CO 毒化能力和稳定性。Clavilier 等的结果表明，在酸性电解液中不同 Pt 晶体表面上的 MOR 反应性顺序为 Pt(110)＞Pt(100)＞Pt(111)［碱性溶液中活性次序为 Pt(100)＞Pt(110)＞Pt(111)］[15]。另外，电催化剂纳米颗粒的粒径是影响 MOR 活性的另一个重要因素。Mukerjee 等研究了不同粒径的 Pt 纳米颗粒对 MOR 催化活性的影响[16]。对于粒径小于 5nm 的纳米颗粒，随着粒径减小，电催化剂的电化学比表面积增加，但 OH 和 CO 的吸附强度也会提高，不利于 CO_{ads} 的去除。但 Pt 催化剂尺寸效应对催化 MOR 的报道不一致，如 Watanabe 等在他们的研究中没有发现尺寸效应[17]。

目前，被广为接受的 MOR 机制是双功能机理。也就是说，在 Pt 基催化剂表面上存在两个活性中心：其中一个 Pt 位点发生 CH_3OH 吸附，C—H 键活化，以及后续脱氢过程，形成 CO_{ads}；另一个 Pt 或其他金属 M 位点发生 H_2O 吸附后解离形成 OH_{ads}。最后，CO_{ads}

物种与 OH_{ads} 反应，生成 CO_2、H^+ 和电子，如式(28-7)～式(28-9)所示。M 位点不仅可以直接促进 H_2O 的吸附和解离，而且还能改变 Pt 的电子性质，间接影响甲醇的吸附、脱氢和氧化去除过程。

28.1.2　基于一维纳米枝状结构的高效 MOR 催化剂

纳米级的结构设计是提高电催化剂性能的有效途径[18]。受限于 CO 等物种特性吸附造成的催化剂中毒，大量 MOR 催化剂研究专注于减弱该类中间产物吸附强度以提高其动力学反应速率。在酸性电解质中，Pt 基合金是比纯 Pt 更有效的 MOR 催化剂[19]。例如，PtRu 合金被认为是酸性电解质中最高效的 MOR 电催化剂。目前研究主要基于 PtRu 催化剂的设计原理，并致力于开发铂基二元或三元合金体系以增强电催化剂的 MOR 活性[20,21]。此外，通过形貌设计提高电催化剂的 MOR 性能是近年来研发热点。

在近十年发表的文献中，一维（1-D）纳米结构，例如纳米棒、纳米线和纳米管等的高效 MOR 催化剂已有大量报道[22,23]。一维纳米结构的优势主要包括三方面：第一，就反应动力学而言，一维纳米结构独特的晶面结构可以提供大量优势晶面或晶体缺陷，这些高应力、不饱和配位的晶面可为 MOR 提供反应位点，增强 MOR 活性[24]。第二，高结晶度的 1-D 金属纳米结构可以极大地缓解电化学反应过程中催化剂的溶解和聚集[25]。无载体支撑的 1-D 纳米结构催化剂可进一步降低由碳腐蚀引起的催化剂性能衰减，增强催化剂耐久性。第三，由 1-D 纳米结构形成的开放孔和相互连接的通道有利于甲醇和产物 CO_2 物质传输，并增强中间产物的迁移，而且可以增强电荷传导。

Zhang 等报道的超薄和超长 Pt 纳米线 MOR 催化剂是其中的代表性工作[26]。如图 28-2 (a) 所示，相比于 Pt 纳米颗粒，直径为 1.8nm 的 Pt 纳米线更倾向于暴露具有高 MOR 活性的低指数晶面。高 MOR 活性晶面暴露所带来的活性增强效应在 PtRu 合金中也得到了验证。Dong 等系统研究了 PtRu 电催化剂晶体形貌及优势晶面比例与 MOR 活性之间的关系[27]。如图 28-2(b)、图 28-3(a) 和 (b) 所示，暴露（111）优势晶面的 PtRu 纳米棒和纳米线具有比暴露（100）晶面的 PtRu 纳米立方体具有更为优异的 MOR 活性和稳定性，PtRu 纳米线的 MOR 质量比活性是 PtRu 纳米立方体催化剂的 2.3 倍。这些结果证明了 1-D 纳米结构中晶体结构各向异性的重要性，并进一步验证了该结构在 MOR 活性增强方面的优势。1-D 纳米材料可与其他纳米结构（例如 2D 石墨烯）结合形成 3-D 纳米阵列，进一步增强电催化剂的性能。Du 等通过在还原氧化石墨烯片（reduced graphene oxide，rGO）上构建 PtPd 纳米线阵列［图 28-2(c)］从而用作高效 MOR 催化剂，提升了电催化剂原子利用率[28]。Yu 等成功制备具有 1-D 纳米管结构的 PtPdRuTe 四元合金 MOR 催化剂，如图 28-2(d) 所示[29]。合金原子除了具有晶面调控的优势之外，还可以有效改变 Pt 电子结构，进一步减小中间产物在 Pt 表面上的吸附能，从而提高 MOR 活性。与单晶 1-D 纳米结构 Pt 合金不同，具有多孔结构的多晶 1-D 纳米材料可能会在物质传输上具有更多的优势。最近，Yu 等制备了一种由单晶 PtCu 合金构成的多孔纳米管，如图 28-2(e) 所示[30]。PtCu 电催化剂的高催化活性与多孔结构极大地加速了催化剂的 MOR 动力学过程，质量和面积比活性分别为 2252mA/mg 和 $6.09mA/cm^2$，是报道的高性能 MOR 催化剂之一。图 28-3(c) 比较了不同 1-D 纳米结构化催化剂的 MOR 质量和面积比活性[26-36]。表 28-1 中给出了 1-D 纳米催化剂的性能比较。多数 1-D 纳米结构的合金催化剂表现出优异的 MOR 活性。此外，采用正向扫描峰值电流（I_f）与反向扫描峰值电流（I_b）之比来评估催化剂对 MOR 中间产物类 CO_{ads} 物种毒化的耐受性[30,31]。结果表明商业 Pt/C 的 I_f/I_b 值通常低于 1[37]，而基于纳米工程设计的催

化剂具有更高的 I_f/I_b 值。然而，1-D 纳米结构催化剂的构效关系需要更多的理论研究以进一步分析催化剂表面和亚表面原子排布及其与电化学性质之间的关系。实验上还需要在 DMFC 中评价其性能和稳定性。此外，低铂含量甚至非贵金属材料阳极催化剂距离实际应用仍具有较大差距。

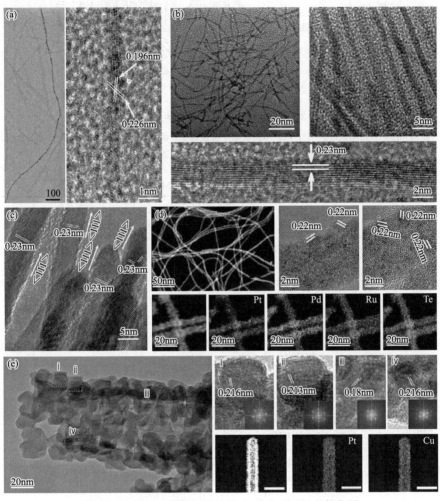

图 28-2　基于一维结构设计的 Pt 合金 MOR 电催化剂

（a）Pt 纳米线的 TEM 照片[26]；（b）PtRu 纳米线的 TEM 照片[27]；（c）rGO 纳米片负载的 PtPd 纳米阵列的 TEM 照片[28]；（d）PtPdRuTe 四元纳米线的 TEM 照片和元素分布[29]；（e）多孔 PtCu 纳米管的 TEM 照片和元素分布[30]

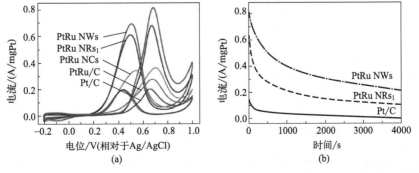

图 28-3

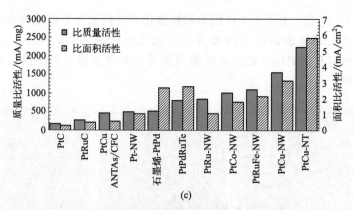

(c)

图 28-3　不同形貌 PtRu 催化剂的 MOR 性能

(a) 循环伏安曲线；(b) 计时电流曲线[27]；(c) 不同文献中报道的 1-D 纳米结构催化剂的 MOR 质量和面积比活性[26-36]
（NW—纳米线；NR—纳米棒；NC—纳米立方体；NT—纳米管）

表 28-1　1-D 纳米结构电催化剂的 MOR 性能比较

结构设计策略	电解质	电化学比表面积/(m^2/g)	比质量活性/(mA/mg)	比面积活性/(mA/cm^2)	I_f/I_b	参考文献
Pt 纳米线	0.1mol/L $HClO_4$, 1mol/L CH_3OH	22.6	1312	5.8	—	[38]
PtCu 多孔纳米管	0.5mol/L H_2SO_4, 1mol/L CH_3OH	37.0	2252	6.1	1.7	[30]
PtRu 纳米线	0.5mol/L H_2SO_4, 1mol/L CH_3OH	71.3	820	1.2	1.2	[27]
PtPd 纳米棒阵列	0.1mol/L $HClO_4$, 1mol/L CH_3OH	19.1	510	2.7	1.3	[28]
PtCo 分级纳米线	0.1mol/L $HClO_4$, 0.2mol/L CH_3OH	52.1	1020	2.0	—	[32]
单原子 Ni 掺杂的 Pt 纳米线	0.5mol/L KOH, 2mol/L CH_3OH	106.2	7930	7.5	—	[39]
PtAg 纳米线	0.5mol/L H_2SO_4, 1mol/L CH_3OH	—	1038	—	1.5	[40]
AuPt 纳米线	0.5mol/L KOH, 1mol/L CH_3OH	—	375	1.6	—	[41]
CuPt 纳米管	0.1mol/L $HClO_4$, 0.5mol/L CH_3OH	—	374	—	—	[42]
PtNiRh 纳米线	0.1mol/L $HClO_4$, 0.5mol/L CH_3OH	69.1	1720	2.5	1.2	[43]
PtNiCo 纳米枝晶	0.5mol/L H_2SO_4, 1mol/L CH_3OH	30.5	1500	4.9	1.1	[37]
PtNiPb 核-多壳层纳米线	0.1mol/L $HClO_4$, 0.2mol/L CH_3OH	77.4	2400	3.1	—	[44]

续表

结构设计策略	电解质	电化学比表面积/(m²/g)	比质量活性/(mA/mg)	比面积活性/(mA/cm²)	I_f/I_b	参考文献
PtRu 包覆 Cu 纳米线	0.1mol/L HClO₄，1mol/L CH₃OH	29.0	464	1.6	—	[34]
PtPdCu 纳米枝晶	0.5mol/L H₂SO₄，1mol/L CH₃OH	59.6	688	1.2	1.0	[45]
PtRuFe 纳米线	0.1mol/L HClO₄，0.5mol/L CH₃OH	—	—	2.3	1.7	[33]
PtPdRuTe 四元纳米线	0.5mol/L H₂SO₄，1mol/L CH₃OH	42.6	1262	3.0	1.0	[29]
Pt 修饰 CeO₂ 纳米线	0.5mol/L H₂SO₄，1mol/L CH₃OH	—	714	8.1	—	[46]

28.2 甲醇渗透及阻醇电解质膜

作为 DMFC 的关键材料之一，聚合物质子交换膜在燃料电池中起着重要作用。它决定了膜的酸碱性、工作温度等[47-51]。在 DMFC 中，存在甲醇从阳极渗透到阴极的现象，不仅降低了燃料利用率，还会产生混合电位，并导致阴极的催化剂中毒等，因此甲醇渗透是影响 DMFC 性能的主要因素之一[52]。设计制备兼具良好阻醇性能和较高质子电导率的质子交换膜是 DMFC 面临的一个挑战[53]。

在以氢气为燃料的传统质子交换膜燃料电池中，质子交换膜的研究主要集中在设计构建有效的离子传输通道以提高其电导率从而降低欧姆阻抗。为了满足商业应用需求，研究者通过减薄膜厚度来缩短离子传输距离，从而降低欧姆阻抗[54-56]。比如，随着膜制备技术的发展，全氟磺酸类质子交换膜的厚度已经从初期的 $50\mu m$（DuPont Nafion N212）减薄至 $20\mu m$（DuPont Nafion HP），甚至到目前的约 $5\mu m$（Gore SELECT），且其面电导率高达 $200mS/cm^2$。另外，优化通道结构、构建高效离子传输路径同样可以加速离子传输，包括建立定向的离子通道、调控离子聚集结构或者改善离子淌度等[53,57,58]。

由于全氟磺酸类质子交换膜本身特有的质子传导特性，低甲醇渗透率与高质子电导率之间存在很大矛盾。目前，已有利用 XRD 和其他表征方法揭示全氟磺酸膜中存在的离子传输亲水相与主链疏水相的纳米相分离结构的报道[59-61]。质子交换膜中的质子传输通道的结构受膜中吸液量的影响很大，在恰当的湿度条件下，质子传输通道的直径为 2～4nm，比甲醇分子的直径（0.43nm）大了一个数量级。因此，高效的传输通道虽然能促进质子传输速率，但同时也会加剧甲醇分子的渗透。为了满足 DMFC 工程开发需求，采用的质子交换膜厚度要比 PEMFC 中使用的膜厚，如通常采用 Nafion 115（$125\mu m$）和 Nafion 117（$175\mu m$）。增加质子交换膜的厚度虽然能够在一定程度上降低甲醇渗透，但也增大了燃料电池欧姆极化损失，造成其性能下降，而且仅靠增加膜的厚度仍不能满足 DMFC 采用高浓度甲醇溶液（>3mol/L）作为燃料的需求。

研究者们在设计制备低甲醇渗透、全氟磺酸类可替代膜方面做了大量的工作，其中包括非氟聚合物膜、无机类膜等[62-65]。然而，这些新型结构膜的质子电导率与长期稳定性仍远不能满足 DMFC 的要求。目前，额外添加阻隔层能够有效降低甲醇渗透，被认为是很有应用前景的方法[图 28-4(a,b)所示][2,66-68]。添加的阻隔层不仅要具有良好的阻隔甲醇渗透的性能，同时也要保证良好的质子传输能力。作为有效的阻隔层之一，颗粒状与薄层状贵金属材料已经在 DMFC 中实现应用。例如 Pd 的晶格不仅能够促进氢原子转化为质子加速质子传输，而且能明显降低甲醇渗透，因此将 Pd 及其合金作为阻隔层溅射到 Nafion 膜表面［图 28-4(c)］作为 DMFC 隔膜，能够明显提高燃料电池性能[69,70]。采用电化学沉积法，在 Nafion 膜表面构建致密的 Pd 层［图 28-4(d)］，而且 Pd 成核位点能够嵌入 Nafion 的亲水纳米孔中，可更好地将阻隔材料与全氟磺酸膜纳米孔结构进行融合[71,72]。也有其他贵金属材料（比如 Au 和 Pt）作为有效的阻隔层用于 DMFC 的报道[73]。然而，较高的成本和阻隔层上的裂缝阻碍了这种方法在 DMFC 中的实际应用。具有可控孔结构的有序晶体材料［比如沸石分子筛和金属-有机骨架材料（MOFs）］作为阻隔层的可行性，已经在 DMFC 中展开相应的研究[74-76]。如图 28-4(e) 所示，Yan 等将一定孔尺寸的沸石分子筛复合到了聚合物膜中，沸石分子筛的纳米晶体能够嵌入到 Nafion 膜的微孔结构中，不仅没有降低质子电导率，还有效减少了甲醇渗透量[77]。作为一种具有应用潜力的多孔材料，MOFs 材料在气体分离与离子传导方面均表现出应用价值[78]。MOFs 材料的选择性可以通过结构设计进行优化。Guo 等通过调变亲水网络结构与孔尺寸，制备出了具有良好阻醇性能与较高质子电导率的 MOFs-基质子交换膜［图 28-4(g,h)］[79]。这些工作不但拓宽了阻醇材料的可选范围，

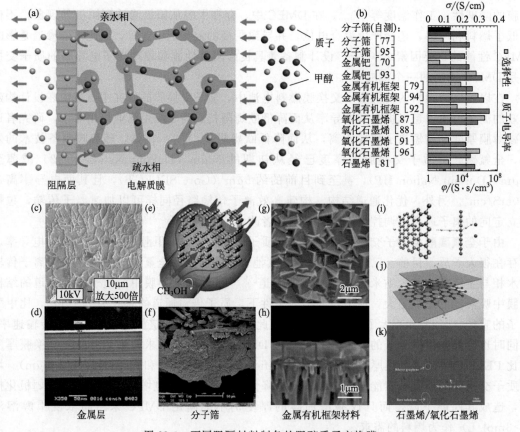

图 28-4   不同阻隔材料制备的阻醇质子交换膜

(a) 质子与甲醇在质子交换膜与阻隔层间传输示意图；(b) 不同阻隔层修饰膜的质子电导率与选择性[70,77,79,81,87-88,91-96]；
(c, d) PdCu 与 Pd 修饰的 Nafion 膜的平面与截面图[69,97]；(e) 质子交换膜亲水相中沸石分子筛阻隔甲醇示意图[77]；
(f) 阻醇沸石分子筛层的 SEM 图[92]；(g, h) MOF 膜的平面与界面图[79]；
(i) 单层石墨烯中质子传输示意图[80]；(j, k) 石墨烯作为阻醇材料的光学与示意图[81]

而且打开了燃料电池新型质子交换膜的设计思路。但是，沸石分子筛与 MOFs 材料的化学稳定性、机械强度与电导率是需要进一步研究的重点。

目前，具有高效分离作用的二维纳米材料，比如 MOFs 纳米片、石墨烯、六方氮化硼纳米片等，其 2-D 纳米片晶体结构具有高选择性和气体透过率，在燃料电池中表现出一定的应用潜力[78,80]。尽管单层石墨烯能够阻隔包括氢分子在内的大多数分子，但是 Hu 等发现通过提高工作温度与金属修饰能够大幅改善质子在单层石墨烯中的传输[图 28-4(i)][80]。这一结果使得这些 2-D 材料有可能作为质子交换膜的替代品用于燃料电池，尤其是 DMFC。Zhao 等设计制备的 Nafion-单层石墨烯-Nafion "三明治" 结构复合膜，极大地解决了甲醇渗透问题[图 28-4(i)～(k)][81]。与传统全氟磺酸膜相比，新型膜具有良好的阻醇能力，当以高浓度甲醇进料时，新型膜组装的 DMFC 具有比较高的性能。虽然从理论与实验方面均证实 2-D 纳米材料具有良好的质子传输能力，但其实际应用仍面临严峻挑战：首先，虽然质子能够通过量子 "隧穿" 通过单层石墨烯，但是在膜与电极中能够有效传输质子的水合氢离子很难实现该 "隧穿" 效应[82,83]。其次，在工程上很难制备出在厘米尺度上完美的单层石墨烯。再次，2-D 材料具有较高的电子电导率，很容易导致燃料电池短路。作为可选择的 2-D 材料，氧化石墨烯具有与水、水合离子良好的兼容性，通过交联层可以形成延伸膜，具有电子绝缘等特点，可以作为阻醇材料用于 DMFC[84,85]。很多研究组做了大量将氧化石墨烯掺杂至具有离子传输功能的聚合物中制备复合膜的工作[86-89]。Zhou 等研究了水合离子簇在不同电场强度下的氧化石墨烯通道中的传输特性[90]。Tseng 等制备了氧化石墨烯与磺化聚酰亚胺的复合膜，研究表明通过增加氧化石墨烯含量能够明显降低甲醇渗透率并且大幅提高质子电导率[91]。Wang 课题组将石墨烯层与 Nafion 膜叠加从而制备多层膜，通过增加这种三明治结构的层数能够提高复合膜的阻醇能力[87]。

采用不同阻醇材料制备的质子交换膜的质子电导率与选择性详见图 28-5[70,77,79,81,87,88,91-96]。虽然大量研究表明添加了阻醇材料的质子交换膜的选择性明显提高，但此类膜的质子电导率仍会受到一定程度的影响。阻醇膜的设计构筑使得 DMFC 有望采用高浓度甲醇溶液作为燃料，从而提高系统的能量密度。如图 28-5(a) 和 (b) 所示，由于 Nafion 115 膜甲醇渗透严重，当 DMFC 采用浓度＞3mol/L 的甲醇溶液时，其性能很难得到提升。我们前期研究表明[图 28-5(c)]，当采用 Nafion 115 膜时，DMFC 达到最大功率密度所用的甲醇溶液浓度为 1～1.5mol/L，而当甲醇溶液浓度＞3mol/L 时，燃料电池性能将下降 50% 以上。当采用阻醇膜时，仍以高浓度甲醇溶液作为燃料，DMFC 性能下降得到明显缓解[图 28-5(c)][69,73,77,81,86,92,97,98]。当采用 Pd 基材料与沸石分子筛修饰的质子交换膜时，DMFC 的最高功率密度在甲醇溶液为 5mol/L 时仍处于上升趋势[2]。

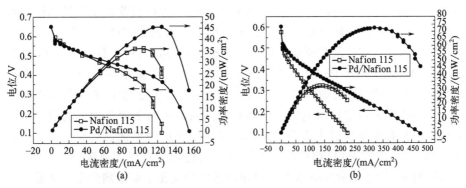

图 28-5

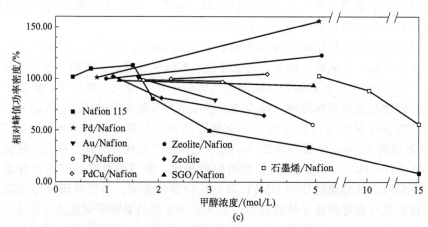

图 28-5 采用 Nafion 膜与 Pd 修饰膜组装的 DMFC 分别在 1mol/L 与 5mol/L 甲醇溶液中的极化曲线
(a、b)（工作温度 30℃[97]）；采用不同阻醇材料组装的 DMFC 在不同甲醇
溶液浓度下最高功率密度对比 (c)[69,73,77,81,86,92,97-98]

28.3 单电池技术

28.3.1 DMFC 电极结构和膜电极设计

DMFC 的电极包括气体扩散层、催化层，如图 28-6 所示[99-101]，是物质传输和电化学反应发生的场所。理论上说，性能优越的燃料电池电极具有以下特点：充足的催化反应活性位点、较高的贵金属催化剂利用率、低的传输阻力和匹配良好的界面层。另外，阳极中液体燃料进料的管理尤为重要，阴极催化层容易被阳极渗透的甲醇溶液水淹，严重减少了反应物到达的 Pt 催化剂活性位点。DMFC 中常用的 MEA 阳极催化层中含有 $4\sim6mg/cm^2$ 的 MOR 催化剂（如 PtRu），阴极催化层中含有 $2\sim4mg/cm^2$ 氧气还原反应催化剂（如 Pt/C），催化剂用量约为阳极纯氢进料的 PEMFC 的 10 倍，而 DMFC 的极限电流密度仅为 PEMFC 的 $20\%\sim30\%$[102,103]。高成本和较差的单电池性能仍然是 DMFC 商业化的主要瓶颈。

28.3.1.1 催化层介微观尺度结构设计

设计可调控的 3-D 纳米结构是促进物质传输至电化学反应界面的有效方法[104]。在以往的 DMFC 研究中，可控制备催化层的多孔结构已经得到了广泛研究。以草酸铵作为造孔剂，制备的具有微孔阴极的 DMFC 展现出较强的传质能力和较高的峰值功率密度，在氧气/空气进料下可达 300 或 $240mW/cm^2$[105]。在此基础上，以冰为模板获得了孔径和体积可控的有序多孔结构，促进了物质传输并提高了催化剂利用率，如图 28-6(b) 所示[106]。3M 公司首次提出了有序纳米阵列结构的超薄催化层（<1μm）并将其应用于具有超低 Pt 负载（小于 $0.1mg/cm^2$）和高耐久性的 PEMFC 电极上[107,108]。理想电极结构模型模拟结果表明有序电极可提高 PEMFC 的传质性能和 Pt 利用率[109]。研究者通过化学/物理气相沉积方法和转印法制备了许多接近模型结构的电极，例如垂直排列的碳纳米管阵列催化层[110,111] 等，这些超薄催化层通常会面临阴极水淹问题。此外超薄催化层的催化剂活性位点不足，很难在 DMFC 上应用。Xia 等在 Pd 修饰的质子交换膜表面构建了有序超薄阵列的复合阴极结构，如图 28-6(c) 所示[112]。研究结果表明，有序纳米结构优化了催化剂分布，降低了物质传输通道的曲折度，最终提高了 Pt 利用率和单电池性能。Yang 等进一步提出了无支撑的铂纳米

管阵列[图 28-6(d)][113]用于 DMFC 阴极，该结构显著提升了氧气在电极内的扩散传输，并且在只有传统电极 1/7 催化剂载量（0.12mg/cm²）的条件下表现出与传统电极相当的性能。然而这些理想电极结构的电极制备复杂性高，限制了其实际应用。

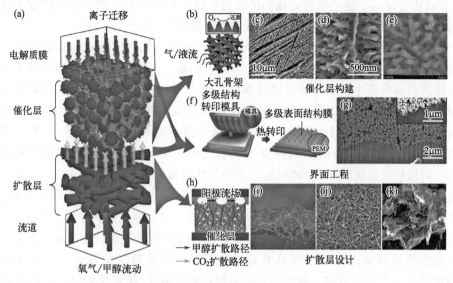

图 28-6　微纳尺度电极结构的设计与制备方法

（a）DMFC 多孔电极示意图；（b～e）设计构建增强传质和提高催化剂利用率的催化层；（b，c）大孔催化层[106]；
（d）阴极催化层骨架 PPy 纳米线阵列[112]；（e）阴极催化层 Pt 纳米管阵列[113]；（f，g）DMFC 催化层界面工程；
（f）棱柱转印法界面结构制备原理图；（g）多尺度界面结构的 SEM 图像[98]；（h～k）设计构建增强传质
和改善水管理的不同气体扩散层[114]；（i）PPy 微孔层[115]；（j）碳纳米管微孔层[116]；（k）多孔石墨烯气体扩散层[117]

28.3.1.2　介观尺度的气体扩散层设计和界面工程研究

基于传统多孔电极的介观尺度界面设计被认为是提高 DMFC 性能的有效且实用的方法。如图 28-6(e) 所示，Jang 等最近通过具有多级棱柱结构的硬模板刻印法对电解质膜进行图案化修饰，构建了具有高粗糙度的精细三维结构界面，实现了三相反应界面的增大和传质的增强[98]。增大膜和催化层之间的界面粗糙度是一种便利且实用的提升性能的方法，如图 28-6(f) 所示。该 MEA 展示出高达 197mW/cm² 的峰值功率密度，比传统平面电极提高了 30%。

除了调控催化层和质子交换膜之间的界面，催化层和气体扩散层之间的紧密层结构对于物质分布和水管理也是至关重要的。对于阳极，甲醇传输效率是影响 DMFC 极限电流密度和甲醇在质子交换膜内的渗透量的关键因素[118,119]。因此，阳极气体扩散层的结构设计应使传输效率和甲醇渗透二者平衡。与阴极结构相比，甲醇从流场输送至催化层需要流场具有较高的亲水性[图 28-6(g)][114]。在结构改进加速甲醇传输方面，采用基于不同尺度一维碳纳米材料构建的多级孔结构气体扩散层，可显著增大其孔隙率并改善传质，组装的单体电池极限电流密度从 200～300mA/cm² 提高至 450～500mA/cm²[120]。近年来，研究者采用一维纳米材料包括碳纳米纤维、碳纳米管和导电聚合物纳米线构建催化剂和支撑层之间的界面层来增强甲醇的传输[110,121-123]。其主要原因在于一维材料结构倾向于形成具有 90% 超高孔隙率的通孔，而含有大量盲孔和微孔的无定形碳粉则会形成致密的多孔结构。此外，研究表明具有一维纳米结构的导电聚合物，如聚苯胺（PANI）、聚吡咯（PPy）等也有利于促进甲醇氧化动力学，并可降低甲醇渗透[图 28-6(h)][115,123-124]。主要原因在于导电高分子材料具有较高的亲水性和甲醇吸附性能。由导电聚合物构建的界面层在阳极甲醇氧化过程中起到燃料存储的作用可以防止催化层内反应物不足，从而产生更高的极限电流密度。与此同时，甲醇在催化层外侧的吸附作用可以调节与膜毗邻侧甲醇的浓度，从而降低甲醇向阴极的渗透量。Lin 等的研究证实了这一效应，他们的研究表明 PANI 纳米纤维放置在扩散层和催化层之间时比放置在催化层内侧性能更好，可缓解甲醇渗透[125]。

对于 DMFC 的阴极结构，界面工程的研究重点是加速氧气的传输和水的排出以此来防止催化层的水淹。为了提高水的传输系数，研究者制备了一种梯度疏水阴极气体扩散层，使水从与催化层相邻的疏水内层迁移到相对亲水的外层[126]。DMFC 阴极除采用高排水率策略外，限制水从阳极侧传输至阴极也是一种有效方法。Park 等发明了一种新型疏水材料[127]，并用于构建具有返水特性的 DMFC 阳极，从而大幅降低阴极中的水通量。另外，通过构建纳米尺度的氧化硅层，阴极的水淹得到了显著缓解：与 $2.4mg/cm^2$ 的传统阴极相比，在 $0.3mg/cm^2$ 的低催化剂载量下，DMFC 空气进料下的峰值功率密度可达 $130mW/cm^2$。在优化氧气传输方面，采用具有三维结构的新型碳纳米管网[图 28-6(j)]，如介孔石墨烯[图 28-6(k)]，替代无定形碳粉作为气体再分布层，可增大空隙尺寸、降低传质阻力[116,117]。

表 28-2 对比了近年来 DMFC 领域报道的电极结构的制备策略。通过总结上述文献，可以发现促进传质的侧重点在于采用具有孔结构可调控的扩散层和催化层。水管理是提高 DMFC 性能的另一个重要方向。通过对电极不同层和界面亲/疏水性调控，可以显著影响水通量，防止阴极水淹。特别是自呼吸式 DMFC，在没有气泵的情况下，空气阴极很难排水，而阳极由于高浓度或纯甲醇进料通常会贫水。因此，水从阴极返回到阳极的水管理策略对于自呼吸式 DMFC 至关重要。此外，尽管有大量文献集中在通过构建电极结构提高 DMFC 性能，但涉及降低贵金属的用量的研究目前还鲜有报道。近年来，基于过渡金属氮碳（M-N-C）材料的非贵金属 ORR 催化剂取得了长足发展，但其在 DMFC 中的实际应用仍面临由于催化层低活性位点密度导致的传质受限问题。Xia 及 Xu 等的研究结果表明，利用 M-N-C 材料具有的高耐甲醇毒化能力，可通过大幅促进阳极传质与改善阴极催化层活性位点分布提升膜电极性能，最高功率密度已接近采用贵金属阴极催化剂的传统膜电极，但仍需要在电极制备工艺方面进行深入研究与开发，以进一步提升可靠性与耐久性[128-130]。

表 28-2 新型 MEA 结构的制备策略对比

结构设计策略	催化剂载量 /(mg/cm²)[①]	P_{max} /(mW/cm²)	温度/℃	进料[②]	优点	参考文献
沉积在 GDL 上的 Pt 纳米线阵列阴极 CL	4.0/2.0	63.8	75	1mol/L,空气	提高 Pt 利用率	[131]
沉积在膜上的 Pt/PPy 纳米线阵列阴极 CL	4.0/0.5	104	70	1mol/L,O₂	提高 Pt 利用率，增强传质	[112]
喷涂在膜上的双层阴极 CL	3.3/4.5	242	90	1mol/L,O₂	改善水管理	[132]
转印在膜上的双层阴极 CL	2.0/1.0	156	70	3mol/L,空气	减缓阴极甲醇毒化	[133]
转印在膜上的双层阴极 CL	4.0/2.0	52.2	55	1.5mol/L,空气	减缓阴极甲醇毒化	[134]
转印在膜上的双层阳极 CL	4.0/2.0	202.6	80	1.5mol/L,O₂	提高催化剂利用率，减少甲醇渗透	[135]
喷涂在 PEM 上的 Pt/PtRu 复合阴极	2.0/0.5	150	80	1mol/L,空气	减缓阴极甲醇毒化	[136]

续表

结构设计策略	催化剂载量 /(mg/cm²)[①]	P_{max} /(mW/cm²)	温度/℃	进料[②]	优点	参考文献
沉积在 GDL 上的碳纤维阳极 CL	4.5/5.0	100	60	2.0mol/L,空气	提高 Pt 利用率,增强传质	[137]
GDL 上多孔亲水阳极	4.0/4.0	260	80	1.5mol/L,O₂	增强传质	[114]
CCM 界面工程	2.0/1.0	197	70	1.5mol/L,空气	增强传质,提高催化剂利用率,降低甲醇渗透	[98]
沉积在膜上的 PANI 改性阳极	4.0/2.0	105	80	3mol/L,O₂	增强 MOR 活性,降低甲醇渗透	[123]
涂覆在 CCM 大孔阴极 CL	2.0/2.0	210	70	3mol/L,O₂	增强传质	[138]
GDL 上的大孔 CL	2.2/1.8	104	80	1mol/L,O₂	增强传质	[106]
沉积在 GDL 上的 Pt 纳米管阵列	—/0.22	20.8	25	2mol/L,空气	自呼吸式 DMFC,提高 Pt 利用率	[113]
CCM 阴极结构的无裂缝 MPL 阴极	—/2	25.6	24	纯的/空气	自呼吸式 DMFC,改善水管理	[139]
转印在 CCM 阴极上的多孔金属 GDL	4.0/2.3	23.5	18	4.0mol/L,空气	自呼吸式 DMFC,增强传质	[140]
阴极介孔碳 GDL	4.0/4.0	31.4	25	3.0mol/L,空气	自呼吸式 DMFC,增强传质,改善水管理	[141]
PPy 纤维阳极 MPL	2.0/4.0	43.5	25	4.0mol/L,空气	自呼吸式 DMFC,提高催化剂利用率,增强传质	[115]
GDE 阴极内的 CNT GDL	4.0/2.0	23.2	25	6.0mol/L,空气	自呼吸式 DMFC,改善水管理,缓解阴极甲醇毒化	[116]
GDE 阴极内双层 MPL	5.0/5.0	33	25	3mol/L,空气	自呼吸式 DMFC,增强传质,改善水管理	[142]
GDE 阴极内介孔石墨烯 GDL	4.0/4.0	32.9	25	3mol/L,空气	自呼吸式 DMFC,增强传质	[117]
纳米纤维阳极 CL 静电纺丝在 GDL 上	2.0/4.0	43	25	4mol/L,空气	自呼吸式 DMFC,提高催化剂利用率	[143]

① 分别为阳极和阴极催化剂的载量。
② 分别为阳极甲醇浓度和阴极进料。

28.3.2　DMFC 耐腐蚀双极板

双极板是 DMFC 的核心部件之一。双极板中毫米/亚毫米尺度流场结构是实现反应物/产物流体由宏观管路向介微观多孔电极有效分配的媒介[144,145]。目前,双极板的研究主要集中在优化流场设计以促进宏观尺度上的物质传输和分配[146,147]。此外,DMFC 用双极板的工程化开发需要实现诸如热平衡、阻隔流体互串和泄漏、重量轻、价格便宜等多种功能要求。

28.3.2.1　耐腐蚀双极板材料

在材料方面,石墨因其高电子导电性和耐腐蚀性,已被公认为是 DMFC 的通用双极板材料[148]。然而石墨材料存在机械强度差、多孔结构导致燃料以及气体渗透、重量高、制造不便等缺点。为克服石墨双极板的缺点,人们一直在研制替代材料。金属基材料因其良好的导电性、机械稳定性和易于成型等特性而被认为是较有前景的替代材料[149,150]。然而，PFSA 基膜的酸性环境和 $60\sim90℃$ 的运行温度对金属双极板的耐腐蚀性提出了严格的要求。原因在于：一是金属的溶解会破坏其表面结构，且在该过程中溶解的金属离子会毒害催化剂，并且加速电解质膜降解；二是酸腐蚀过程中形成的钝化膜会严重降低极板的电子导电性，产生额外的欧姆极化损失。以甲醇为燃料的 DMFC 氧化产物中存在的甲酸和 CO_2，使其在双极板腐蚀问题上面临更严峻的挑战。目前缓解 DMFC 中金属双极板腐蚀的工作主要集中在开发防腐导电涂层。尽管 Au、Pt、Ir 等贵金属以其优异的化学稳定性和导电性被公认为理想的涂层材料，但其高昂的价格阻碍了它们的实际应用。近期研究成果表明，基于钛、铬及其氮化物的涂层，以及碳材料涂层可以很好地平衡材料性能和成本的矛盾。Wang 等系统地研究了不锈钢双极板腐蚀与甲醇浓度之间的关系，提出在双极板设计中应考虑操作条件和材料制造的平衡[151]。Park 等在用于 DMFC 的不锈钢双极板上发明了一种复合 CrN/Cr 薄涂层，可以显著降低欧姆阻抗且明显提高双极板的稳定性[152]。尽管在耐腐蚀新型金属材料方面取得了一定的进展，但获得稳定运行时间可达 5000h 的双极板仍是 DMFC 工程开发面临的重要挑战之一。克服传统石墨机械强度缺陷的方法是通过复合聚合物（如树脂、环氧树脂、聚丙烯等）制造柔性石墨材料[153-155]。

28.3.2.2 DMFC 传质强化的流场结构设计

双极板结构，特别是毫米尺度的流场设计，是增强 DMFC 物质传输和决定 DMFC 性能的关键因素[156,157]。目前关于流场结构设计的大量报道采用不同的模式，包括蛇形、直行、网格和组合类型等[101,146]。在流场结构设计方面，影响 DMFC 液流和气流传质和分布的参数有很多，包括流场的截面构型、流道的深度和宽度、流道宽度/肋宽度比等。这些参数应根据 DMFC 的运行条件，包括温度、甲醇浓度、阳极和阴极流量等，以及所采用的 MEA 的尺寸和结构进行优化。双极板设计所涉及的多种因素的复杂性导致实验工作量很大。此外，目前质量、电流和热分布及其管理仍然难以进行原位分析。随着数值模拟方法和计算流体动力学（CFD）建模的发展，理论研究普遍先于实验[157-160]。对于 DMFC 的阳极流场通常考虑气液两相来分析质量和热量分布行为。Xing 等开发了一种两相模型来理解温度分布和流场配置之间的关系，包括流道深度和流道宽度/肋宽度比[157]等。德国 Jülich 公司的研究人员开发了一种准 3-D 模型研究了 1kW 级电堆甲醇不均匀流动的现象，并发现了全流场中的均质化效应[159]。该结果可以指导流场合理设计并简化流程。此外，通过实验研究验证理论模型可以进一步促进这些双极板设计的实际应用。Zhao 等提出了一种改进的蛇形流场，如图 28-7(a,b)所示[161]。模型研究表明，这种设计不仅可以显著增加相邻流道之间的压差，促进多孔电极的面内物质传输，而且有利于阴极积聚水的排出，从而减轻阴极水淹的风

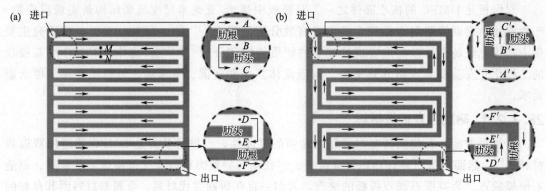

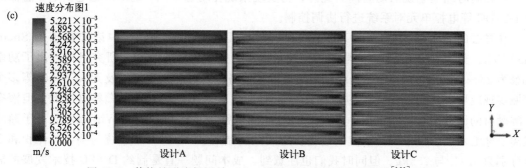

图 28-7　传统蛇形流场设计（a）；增强对流的蛇形流场设计[161]（b）；
具有不同流道宽度的流场设计的 CFD 模拟结果[165]（c）

险[162-164]。后续的实验结果验证了这些模型预测，通过采用新的阳极设计，电池极限电流密度增加了 40%；通过采用新的阴极设计，可以优化水管理和降低阴极进料计量比。流道几何参数的影响，例如流道宽度、质量分布和传输可以通过 CFD 方法进一步分析。如图 28-7(c)所示，不同流道宽度下的电极平面内传质速度分布表明，窄流道设计下扩散速率加快，而压降较高[165]。为了优化不同流场参数下的 DMFC 性能，实验验证需要与模型模拟相结合。

28.4　系统集成与示范

作为小型"发电器件"，DMFC 系统需包含燃料与空气的供给单元、电堆、换热以及电控单元等，通用结构如图 28-8 所示[2]。电堆作为 DMFC 的核心部件，由膜电极、密封垫、双极板、集流板、端板等部件构成，是 DMFC 系统的电化学反应发生场所，直接决定燃料电池的放电性能[166-169]。在物料传输方面，为实现阳极甲醇与阴极空气向电堆高效、均匀与稳定供给，需要满足流量需求的气泵与液泵协同工作。需要指出的是，为了便于携带，DMFC 系统通常携带高浓度甲醇，因此燃料进入电堆前需稀释到一定浓度范围（0.4～2mol/L）以降低甲醇渗透量、电解质膜溶胀等问题。为实现高效的甲醇浓度控制，通常采用一套甲醇/水混合单元，利用阴极产生的水（通过气液分离单元）对高浓度甲醇进行稀释，并结合甲醇浓度传感器或控制算法进行浓度控制，实现物料的匹配平衡[170]。为实现系统热平衡，换热单元还需将电堆、气液进料单元等进行热量匹配，在保障电堆温度稳定（60～

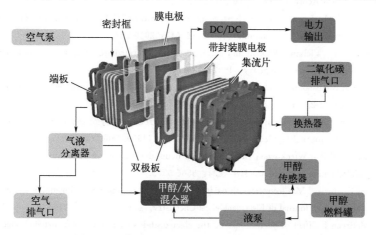

图 28-8　典型 DMFC 电堆与系统结构示意图

80℃）的同时缩短系统启动时间。此外，为实现系统在动态工况下的对外稳定供电，还需配合 DC/DC 等电控单元对系统进行协调控制。

在过去的二十年间，DMFC 的工程化开发取得了长足进展，其中诸如德国的 Smart Fuel Cell、美国 Oorja、中国科学院大连化学物理研究所等多家公司与研究机构推出了功率等级为 25～1000W 的 DMFC 系统，在便携移动装备电源、移动电站以及无人飞行器等多个领域实现应用。典型的 DMFC 功率密度为 5～20W/kg，虽然相对于氢燃料电池低，但液态甲醇燃料的储存显著易于氢气。此外，DMFC 能量密度可达 300～900Wh/kg，远高于商用锂离子电池水平。以中国科学院大连化物所团队研制的 60W DMFC 系统为例，其体积和质量分别为 4.1L 与 2.5kg。但同时我们也注意到，成本问题一直是制约 DMFC 技术发展的瓶颈之一。目前主流技术下 DMFC 系统成本约为 10000～15000 美元/kW，远高于氢燃料电池以及锂离子电池。另外，系统效率相对低（约 20%～30%）也是 DMFC 技术面临的重要挑战之一。因此，未来 DMFC 技术的发展，将重点着眼于成本的降低与效率的提升。

参 考 文 献

[1] Parsons R，Vandernoot T. The oxidation of small organic-molecules-a survey of recent fuel-cell related research [J]. Journal of Electroanalytical Chemistry，1988，257 (1-2)：9-45.

[2] Bai G，Liu C，Gao Z，et al. Atomic carbon layers supported Pt nanoparticles for minimized CO poisoning and maximized methanol oxidation [J]. Small，2019，15 (38)：1902951.

[3] Xia Z，Zhang X，Sun H，et al. Recent advances in multi-scale design and construction of materials for direct methanol fuel cells [J]. Nano Energy，2019，65：104048.

[4] Lu S，Li H，Sun J，et al. Promoting the methanol oxidation catalytic activity by introducing surface nickel on platinum nanoparticles [J]. Nano Research，2018，11 (4)：2058-2068.

[5] Desai S K，Neurock M，Kourtakis K. A periodic density functional theory study of the dehydrogenation of methanol over Pt (111) [J]. Journal of Physical Chemistry B，2002，106 (10)：2559-2568.

[6] Ley K L，Liu R X，Pu C，et al. Methanol oxidation on single-phase Pt-Ru-Os ternary alloys [J]. Journal of The Electrochemical Society，1997，144 (5)：1543-1548.

[7] Beden B，Lamy C，Bewick A，et al. Electrosorption of methanol on a platinum-electrode -IR spectroscopic evidence for adsorbed co species [J]. Journal of Electroanalytical Chemistry，1981，121 (APR)：343-347.

[8] Willsau J，Heitbaum J. Mass spectroscopic detection of the hydrogen in methanol-adsorbate [J]. Journal of Electroanalytical Chemistry，1985，185 (1)：181-183.

[9] Sriramulu S，Jarvi T D，Stuve E M. A kinetic analysis of distinct reaction pathways in methanol electrocatalysis on Pt (111) [J]. Electrochimica Acta，1998，44 (6-7)：1127-1134.

[10] Kardash D，Huang J M，Korzeniewski C. Surface electrochemistry of CO and methanol at 25-75 degrees C probed in situ by infrared spectroscopy [J]. Langmuir，2000，16 (4)：2019-2023.

[11] Wilhelm S，Iwasita T，Vielstich W. Coh and co as adsorbed intermediates during methanol oxidation on platinum [J]. Journal of Electroanalytical Chemistry，1987，238 (1-2)：383-391.

[12] Wasmus S，Kuver A Methanol oxidation and direct methanol fuel cells：a selective review [J]. Journal of Electroanalytical Chemistry，1999，461 (1-2)：14-31.

[13] Love J G，Brooksby P A，McQuillan A J. Infrared spectroelectrochemistry of the oxidation of absolute methanol at a platinum electrode [J]. Journal of Electroanalytical Chemistry，1999，464 (1)：93-100.

[14] Lu G Q，Chrzanowski W，Wieckowski A. Catalytic methanol decomposition pathways on a platinum electrode [J]. Journal of Physical Chemistry B，2000，104 (23)：5566-5572.

[15] Clavilier J，Lamy C，Leger J M. Electrocatalytic oxidation of methanol on single-crystal platinum-electrodes -comparison with polycrystalline platinum [J]. Journal of Electroanalytical Chemistry，1981，125 (1)：249-254.

[16] Mukerjee S，McBreen J. Effect of particle size on the electrocatalysis by carbon-supported Pt electrocatalysts：An in situ XAS investigation [J]. Journal of Electroanalytical Chemistry，1998，448 (2)：163-171.

[17]　Watanabe M，Saegusa S，Stonehart P. High platinum electrocatalyst utilizations for direct methanol oxidation [J]. Journal of Electroanalytical Chemistry，1989，271 (1-2)：213-220.

[18]　Guo Y G，Hu J S，Wan L J. Nanostructured materials for electrochemical energy conversion and storage devices [J]. Advanced Materials，2008，20 (15)：2878-2887.

[19]　Zhao X，Yin M，Ma L，et al. Recent advances in catalysts for direct methanol fuel cells. Energy & Environmental Science，2011，4 (8)：2736-2753.

[20]　Bock C，Paquet C，Couillard M，et al. Size-selected synthesis of PtRu nano-catalysts：Reaction and size control mechanism [J]. Journal of the American Chemical Society，2004，126 (25)：8028-8037.

[21]　Iwasita T，Hoster H，John-Anacker A，et al. Methanol oxidation on PtRu electrodes. Influence of surface structure and Pt-Ru atom distribution [J]. Langmuir，2000，16 (2)：522-529.

[22]　Koenigsmann C，Wong S S. One-dimensional noble metal electrocatalysts：a promising structural paradigm for direct methanolfuelcells [J]. Energy Environ. Sci.，2011，4 (4)：1161-1176.

[23]　Lu Y，Du S，Steinberger-Wilckens R. One-dimensional nanostructured electrocatalysts for polymer electrolyte membrane fuel cells-A review [J]. Applied Catalysis B-Environmental，2016，199：292-314.

[24]　Li M，Zhao Z，Cheng T，et al. Ultrafine jagged platinum nanowires enable ultrahigh mass activity for the oxygen reduction reaction [J]. Science，2016，354 (6318)：1414-1419.

[25]　Liu J G，Zhou Z H，Zhao X X，et al. Studies on performance degradation of a direct methanol fuel cell (DMFC) in life test [J]. Physical Chemistry Chemical Physics，2004，6 (1)：134-137.

[26]　Zhang L，Li N，Gao F，et al. Insulin amyloid fibrils：an excellent platform for controlled synthesis of ultrathin superlong platinum nanowires with high electrocatalytic activity [J]. Journal of the American Chemical Society，2012，134 (28)：11326-11329.

[27]　Huang L，Zhang X，Wang Q，et al. Shape-control of Pt-Ru nanocrystals：Tuning surface structure for enhanced electrocatalytic methanol oxidation [J]. Journal of the American Chemical Society，2018，140 (3)：1142-1147.

[28]　Du S，Lu Y，Steinberger-Wilckens R. PtPd nanowire arrays supported on reduced graphene oxide as advanced electrocatalysts for methanol oxidation [J]. Carbon，2014，79：346-353.

[29]　Ma S Y，Li H H，Hu B C，et al. Synthesis of low Pt-based quaternary PtPdRuTe nanotubes with optimized incorporation of Pd for enhanced electrocatalytic activity [J]. Journal of the American Chemical Society，2017，139 (16)：5890-5895.

[30]　Li H H，Fu Q Q，Xu L，et al. Highly crystalline PtCu nanotubes with three dimensional molecular accessible and restructured surface for efficient catalysis [J]. Energy & Environmental Science，2017，10 (8)：1751-1756.

[31]　Fu G，Yan X，Cui Z，et al. Catalytic activities for methanol oxidation on ultrathin $CuPt_3$ wavy nanowires with/without smart polymer [J]. Chemical Science，2016，7 (8)：5414-5420.

[32]　Bu L，Guo S，Zhang X，et al. Surface engineering of hierarchical platinum-cobalt nanowires for efficient electrocatalysis [J]. Nature Communications，2016，7：11850.

[33]　Scofield M E，Koenigsmann C，Wang L，et al. Tailoring the composition of ultrathin，ternary alloy PtRuFe nanowires for the methanol oxidation reaction and formic acid oxidation reaction [J]. Energy & Environmental Science，2015，8 (1)：350-363.

[34]　Zheng J，Cullen D A，Forest R V，et al. Platinum-ruthenium nanotubes and platinum-ruthenium coated copper nanowires as efficient catalysts for electro-oxidation of methanol [J]. Acs Catalysis，2015，5 (3)：1468-1474.

[35]　Wang A L，Zhang C，Zhou W，et al. PtCu alloy nanotube arrays supported on carbon fiber cloth as flexible anodes for direct methanol fuel cell [J]. Aiche Journal，2016，62 (4)：975-983.

[36]　Du S F，Lu Y X，Steinberger-Wilckens R. PtPd nanowire arrays supported on reduced graphene oxide as advanced electrocatalysts for methanol oxidation [J]. Carbon，2014，79：346-353.

[37]　Sriphathoorat R，Wang K，Luo S，et al. Well-defined PtNiCo core-shell nanodendrites with enhanced catalytic performance for methanol oxidation [J]. Journal of Materials Chemistry A，2016，4 (46)：18015-18021.

[38]　Bu L，Feng Y，Yao J，et al. Facet and dimensionality control of Pt nanostructures for efficient oxygen reduction and methanol oxidation electrocatalysts [J]. Nano Research，2016，9 (9)：2811-2821.

[39]　Li M，Duanmu K，Wan C，et al. Single-atom tailoring of platinum nanocatalysts for high-performance multifunctional electrocatalysis [J]. Nature Catalysis，2019，2 (6)：495-503.

［40］ Cao X, Wang N, Han Y, et al. PtAg bimetallic nanowires: Facile synthesis and their use as excellent electrocatalysts toward low-cost fuel cells ［J］. Nano Energy, 2015, 12: 105-114.

［41］ Chatterjee D, Shetty S, Mueller-Caspary K, et al. Ultrathin Au-alloy nanowires at the liquid-liquid interface ［J］. Nano Letters, 2018, 18 (3): 1903-1907.

［42］ Zhao Y, Liu J, Liu C, et al. Amorphous CuPt alloy nanotubes induced by $Na_2S_2O_3$ as efficient catalysts for the methanol oxidation reaction ［J］. Acs Catalysis, 2016, 6 (7): 4127-4134.

［43］ Zhang W, Yang Y, Huang B, et al. Ultrathin PtNiM (M = Rh, Os, and Ir) nanowires as efficient fuel oxidation electrocatalytic materials ［J］. Advanced Materials, 2019, 31 (15): 1805833.

［44］ Zhang N, Zhu Y, Shao Q, et al. Ternary PtNi/PtxPb/Ptcore/multishell nanowires as efficient and stable electrocatalysts for fuel cell reactions ［J］. Journal of Materials Chemistry A, 2017, 5 (36): 18977-18983.

［45］ Chang R, Zheng L, Wang C, et al. Synthesis of hierarchical platinum-palladium-copper nanodendrites for efficient methanol oxidation ［J］. Applied Catalysis B-Environmental, 2017, 211: 205-211.

［46］ Tao L, Shi Y, Huang Y C, et al. Interface engineering of Pt and CeO_2 nanorods with unique interaction for methanol oxidation ［J］. Nano Energy, 2018, 53: 604-612.

［47］ Li Q, Jensen J O, Savinell R F, et al. High temperature proton exchange membranes based on polybenzimidazoles for fuel cells ［J］. Progress in Polymer Science, 2009, 34 (5): 449-477.

［48］ Li Q F, He R H, Jensen J O, et al. Approaches and recent development of polymer electrolyte membranes for fuel cells operating above 100℃ ［J］. Chemistry of Materials, 2003, 15 (26): 4896-4915.

［49］ Merle G, Wessling M, Nijmeijer K. Anion exchange membranes for alkaline fuel cells: a review ［J］. Journal of Membrane Science, 2011, 377 (1-2): 1-35.

［50］ Hickner M A, Ghassemi H, Kim Y S, et al. Alternative polymer systems for proton exchange membranes (PEMs) ［J］. Chemical Reviews, 2004, 104 (10): 4587-4611.

［51］ Zhang H, Shen P K. Recent development of polymer electrolyte membranes for Fuel Cells ［J］. Chemical Reviews, 2012, 112 (5): 2780-2832.

［52］ Neburchilov V, Martin J, Wang H, et al. A review of polymer electrolyte membranes for direct methanol fuel cells ［J］. Journal of Power Sources, 2007, 169 (2): 221-238.

［53］ Schmidt-Rohr K, Chen Q. Parallel cylindrical water nanochannels in Nafion fuel-cell membranes ［J］. Nature Materials, 2008, 7 (1): 75-83.

［54］ Paul D K, Karan K. Conductivity and wettability changes of ultrathin nafion films subjected to thermal annealing and liquid water exposure ［J］. Journal of Physical Chemistry C, 2014, 118 (4): 1828-1835.

［55］ Li G, Pan J, Han J, et al. Ultrathin composite membrane of alkaline polymer electrolyte for fuel cell applications ［J］. Journal of Materials Chemistry A, 2013, 1 (40): 12497-12502.

［56］ Farhat T R, Hammond P T. Designing a new generation of proton-exchange membranes using layer-by-layer deposition of polyelectrolytes ［J］. Advanced Functional Materials, 2005, 15 (6): 945-954.

［57］ Pan J, Chen C, Li Y, et al. Constructing ionic highway in alkaline polymer electrolytes ［J］. Energy & Environmental Science, 2014, 7 (1): 354-360.

［58］ He G, Li Z, Zhao J, et al. Nanostructured ion-exchange membranes for fuel cells: Recent advances and perspectives ［J］. Advanced Materials, 2015, 27 (36): 5280-5295.

［59］ Mauritz K A, Moore R B. State of understanding of Nafion ［J］. Chemical Reviews, 2004, 104 (10): 4535-4585.

［60］ Kusoglu A, Weber A Z. New Insights into perfluorinated sulfonic-acid ionomers ［J］. Chemical Reviews, 2017, 117 (3): 987-1104.

［61］ Haubold H G, Vad T, Jungbluth H, et al. Nano structure of NAFION: a SAXS study ［J］. Electrochimica Acta, 2001, 46 (10-11): 1559-1563.

［62］ Yılmaz E, Can E. Cross-linked poly (aryl ether sulfone) membranes for direct methanol fuel cell applications ［J］. Journal of Polymer Science Part B: Polymer Physics, 2018, 56 (7): 558-575.

［63］ Baglio V, Stassi A, Modica E, et al. Performance comparison of portable direct methanol fuel cell mini-stacks based on a low-cost fluorine-free polymer electrolyte and Nafion membrane ［J］. Electrochimica Acta, 2010, 55 (20): 6022-6027.

［64］ Feng S, Shang Y, Liu G, et al. Novel modification method to prepare crosslinked sulfonated poly (ether ether ketone) /silica hybrid membranes for fuel cells [J]. Journal of Power Sources, 2010, 195 (19): 6450-6458.

[65]　Khabibullin A, Minteer S D, Zharov I. The effect of sulfonic acid group content in pore-filled silica colloidal membranes on their proton conductivity and direct methanol fuel cell performance [J]. Journal of Materials Chemistry A, 2014, 2 (32): 12761-12769.

[66]　Jiang R C, Kunz H R, Fenton J M. Composite silica/Nafion (R) membranes prepared by tetraethylorthosilicate sol-gel reaction and solution casting for direct methanol fuel cells [J]. Journal of Membrane Science, 2006, 272 (1-2): 116-124.

[67]　Nunes S P, Ruffmann B, Rikowski E, et al. Inorganic modification of proton conductive polymer membranes for direct methanol fuel cells [J]. Journal of Membrane Science, 2002, 203 (1-2): 215-225.

[68]　Choi W C, Kim J D, Woo S I. Modification of proton conducting membrane for reducing methanol crossover in a direct-methanol fuel cell [J]. Journal of Power Sources, 2001, 96 (2): 411-414.

[69]　Prabhuram J, Zhao T S, Liang Z X, et al. Pd and Pd-Cu alloy deposited nafion membranes for reduction of methanol crossover in direct methanol fuel cells [J]. Journal of The Electrochemical Society, 2005, 152 (7): A1390-A1397.

[70]　Casalegno A, Bresciani F, Di Noto V, et al. Nanostructured Pd barrier for low methanol crossover DMFC [J]. International Journal of Hydrogen Energy, 2014, 39 (6): 2801-2811.

[71]　Sun H, Sun G Q, Wang S L, et al. Pd electroless plated Nafion ((R)) membrane for high concentration DMFCs [J]. Journal of Membrane Science, 2005, 259 (1-2): 27-33.

[72]　Yoon S R, Hwang G H, Cho W I, et al. Modification of polymer electrolyte membranes for DMFCs using Pd films formed by sputtering [J]. Journal of Power Sources, 2002, 106 (1-2): 215-223.

[73]　Kim S, Jang S, Kim S M, et al. Reduction of methanol crossover by thin cracked metal barriers at the interface between membrane and electrode in direct methanol fuel cells [J]. Journal of Power Sources, 2017, 363: 153-160.

[74]　Libby B, Smyrl W H, Cussler E L. Polymer-zeolite composite membranes for direct methanol fuel cells [J]. Aiche Journal, 2003, 49 (4): 991-1001.

[75]　Wang Y, Yang D, Zheng X, et al. Zeolite beta-filled chitosan membrane with low methanol permeability for direct methanol fuel cell [J]. Journal of Power Sources, 2008, 183 (2): 454-463.

[76]　Wu H, Zheng B, Zheng X, et al. Surface-modified Y zeolite-filled chitosan membrane for direct methanol fuel cell [J]. Journal of Power Sources, 2007, 173 (2): 842-852.

[77]　Chen Z, Holmberg B, Li W, et al. Nafion/zeolite nanocomposite membrane by in situ crystallization for a direct methanol fuel cell [J]. Chemistry of Materials, 2006, 18 (24): 5669-5675.

[78]　Peng Y, Li Y, Ban Y, et al. Metal-organic framework nanosheets as building blocks for molecular sieving membranes [J]. Science, 2014, 346 (6215): 1356-1359.

[79]　Guo Y, Jiang Z, Ying W, et al. A DNA-threaded ZIF-8 membrane with high proton conductivity and low methanol permeability [J]. Advancded Materials, 2018, 30 (2): 1705155.1-1705155.8.

[80]　Hu S, Lozada-Hidalgo M, Wang F C, et al. Proton transport through one-atom-thick crystals [J]. Nature, 2014, 516 (7530): 227-230.

[81]　Yan X H, Wu R, Xu J B, et al. A monolayer graphene-Nafion sandwich membrane for direct methanol fuel cells [J]. Journal of Power Sources, 2016, 311: 188-194.

[82]　Bae S, Kim H, Lee Y, et al. Roll-to-roll production of 30-inch graphene films for transparent electrodes [J]. Nature Nanotechnology, 2010, 5 (8): 574-578.

[83]　Kim K S, Zhao Y, Jang H, et al. Large-scale pattern growth of graphene films for stretchable transparent electrodes [J]. Nature, 2009, 457 (7230): 706-710.

[84]　Dreyer D R, Park S, Bielawski C W, et al. The chemistry of graphene oxide [J]. Chemical Society Reviews, 2010, 39 (1): 228-240.

[85]　Zhu Y, Murali S, Cai W, et al. Graphene and graphene oxide: Synthesis, properties, and applications [J]. Advanced Materials, 2010, 22 (35): 3906-3924.

[86]　Chien H C, Tsai L D, Huang C P, et al. Sulfonated graphene oxide/Nafion composite membranes for high-performance direct methanol fuel cells [J]. International Journal of Hydrogen Energy, 2013, 38 (31): 13792-13801.

[87]　Wang L S, Lai A N, Lin C X, et al. Orderly sandwich-shaped graphene oxide/Nafion composite membranes for direct methanol fuel cells [J]. Journal of Membrane Science, 2015, 492: 58-66.

［88］ Yang T J, Li Z L, Lyu H L, et al. A graphene oxide polymer brush based cross-linked nanocomposite proton exchange membrane for direct methanol fuel cells ［J］. RSC Advances, 2018, 8 (28): 15740-15753.

［89］ Yuan T, Pu L, Huang Q, et al. An effective methanol-blocking membrane modified with graphene oxide nanosheets for passive direct methanol fuel cells ［J］. Electrochimica Acta, 2014, 117: 393-397.

［90］ Zhou K G, Vasu K S, Cherian C T, et al. Electrically controlled water permeation through graphene oxide membranes ［J］. Nature, 2018, 559 (7713): 236-240.

［91］ Tseng C Y, Ye Y S, Cheng M Y, et al. Sulfonated polyimide proton exchange membranes with graphene oxide show improved proton conductivity, methanol crossover impedance, and mechanical properties ［J］. Advanced Energy Materials, 2011, 1 (6): 1220-1224.

［92］ Al-Batty S, Dawson C, Shanmukham S P, et al. Improvement of direct methanol fuel cell performance using a novel mordenite barrier layer ［J］. Journal of Materials Chemistry A, 2016, 4 (28): 10850-10857.

［93］ Liang Z X, Shi J Y, Liao S J, et al. Noble metal nanowires incorporated Nafion® membranes for reduction of methanol crossover in direct methanol fuel cells ［J］. International Journal of Hydrogen Energy, 2010, 35 (17): 9182-9185.

［94］ Ru C, Li Z, Zhao C, et al. Enhanced proton conductivity of sulfonated hybrid poly (arylene ether ketone) membranes by incorporating an amino-sulfo bifunctionalized metal-organic framework for direct methanol fuel cells ［J］. ACS Appl Mater Interfaces, 2018, 10 (9): 7963-7973.

［95］ Meenakshi S, Sahu A K, Bhat S D, et al. Mesostructured-aluminosilicate-Nafion hybrid membranes for direct methanol fuel cells ［J］. Electrochimica Acta, 2013, 89: 35-44.

［96］ Liu D, Peng J, Li Z, et al. Improvement in the mechanical properties, proton conductivity, and methanol resistance of highly branched sulfonated poly (arylene ether) /graphene oxide grafted with flexible alkylsulfonated side chains nanocomposite membranes ［J］. Journal of Power Sources, 2018, 378: 451-459.

［97］ Sun H, Sun G, Wang S, et al. Pd electroless plated Nafion® membrane for high concentration DMFCs ［J］. Journal of Membrane Science, 2005, 259 (1-2): 27-33.

［98］ Jang S, Kim S, Kim S M, et al. Interface engineering for high-performance direct methanol fuel cells using multiscale patterned membranes and guided metal cracked layers ［J］. Nano Energy, 2018, 43: 149-158.

［99］ Chen C, Yang P, Lee Y, et al. Fabrication of electrocatalyst layers for direct methanol fuel cells ［J］. Journal of Power Sources, 2005, 141 (1): 24-29.

［100］ Song S Q, Liang Z X, Zhou W J, et al. Direct methanol fuel cells: The effect of electrode fabrication procedure on MEAs structural properties and cell performance ［J］. Journal of Power Sources, 2005, 145 (2): 495-501.

［101］ Mehta V, Cooper J S. Review and analysis of PEM fuel cell design and manufacturing ［J］. Journal of Power Sources, 2003, 114 (1): 32-53.

［102］ Arico A S, Srinivasan S, Antonucci V. DMFCs: From fundamental aspects to technology development ［J］. Fuel Cells, 2001, 1 (2): 133-161.

［103］ Sgroi M F, Zedde F, Barbera O, et al. Cost analysis of direct methanol fuel cell stacks for mass production ［J］. Energies, 2016, 9 (12): 1008.

［104］ Bonnefont A, Ruvinskiy P, Rouhet M, et al. Advanced catalytic layer architectures for polymer electrolyte membrane fuel cells ［J］. Wiley Interdisciplinary Reviews: Energy and Environment, 2014, 3 (5): 505-521.

［105］ 王素力. 直接甲醇燃料电池膜电极研究 ［D］. 北京: 中国科学院研究生院, 2007.

［106］ Wang T, Chen Z-X, Yu S, et al. Constructing canopy-shaped molecular architectures to create local Pt surface sites with high tolerance to H_2S and CO for hydrogen electrooxidation ［J］. Energy & Environmental Science, 2018, 11 (1): 166-171.

［107］ Debe M K. Advanced cathode catalysts and supports for PEM fuel cells ［J］. 2009 DOE Hydrogen Program Review, 2009.

［108］ van der Vliet D F, Wang C, Tripkovic D, et al. Mesostructured thin films as electrocatalysts with tunable composition and surface morphology ［J］. Nature Materials, 2012, 11 (12): 1051-1058.

［109］ Hussain M M, Song D, Liu Z S, et al. Modeling an ordered nanostructured cathode catalyst layer for proton exchange membrane fuel cells ［J］. Journal of Power Sources, 2011, 196 (10): 4533-4544.

［110］ Tang Z, Poh C K, Tian Z, et al. In situ grown carbon nanotubes on carbon paper as integrated gas diffusion and catalyst layer for proton exchange membrane fuel cells [J]. Electrochimica Acta, 2011, 56 (11): 4327-4334.

[111] Zhang W, Minett A I, Gao M, et al. Integrated high-efficiency Pt/carbon nanotube arrays for PEM fuel cells [J]. Advanced Energy Materials, 2011, 1 (4): 671-677.

[112] Xia Z, Wang S, Li Y, et al. Vertically oriented polypyrrole nanowire arrays on Pd-plated Nafion (R) membrane and its application in direct methanol fuel cells [J]. Journal of Materials Chemistry A, 2013, 1 (3): 491-494.

[113] Wang G, Lei L, Jiang J, et al. An ordered structured cathode based on vertically aligned Pt nanotubes for ultra-low Pt loading passive direct methanol fuel cells [J]. Electrochimica Acta, 2017, 252: 541-548.

[114] Wang Y, Zheng L, Han G, et al. A novel multi-porous and hydrophilic anode diffusion layer for DMFC [J]. International Journal of Hydrogen Energy, 2014, 39 (33): 19132-19139.

[115] Wu H, Yuan T, Huang Q, et al. Polypyrrole nanowire networks as anodic micro-porous layer for passive direct methanol fuel cells [J]. Electrochimica Acta, 2014, 141: 1-5.

[116] Deng H, Zhang Y, Zheng X, et al. A CNT (carbon nanotube) paper as cathode gas diffusion electrode for water management of passive μ-DMFC (micro-direct methanol fuel cell) with highly concentrated methanol [J]. Energy, 2015, 82: 236-241.

[117] Cao J, Zhuang H, Guo M, et al. Facile preparation of mesoporous graphenes by the sacrificial template approach for direct methanol fuel cell application [J]. Journal of Materials Chemistry A, 2014, 2 (46): 19914-19919.

[118] Liu F Q, Lu G Q, Wang C Y. Low crossover of methanol and water through thin membranes in direct methanol fuel cells [J]. Journal of The Electrochemical Society, 2006, 153 (3): A543-A553.

[119] Scott K, Taama W M, Argyropoulos P, et al. The impact of mass transport and methanol crossover on the direct methanol fuel cell [J]. Journal of Power Sources, 1999, 83 (1-2): 204-216.

[120] Gao Y, Sun G, Wang S, et al. High-water-discharge gas diffusion backing layer of the cathode for direct methanol fuel cells [J]. Energy & Fuels, 2008, 22 (6): 4098-4101.

[121] Dicks A L. The role of carbon in fuel cells [J]. Journal of Power Sources, 2006, 156 (2): 128-141.

[122] Kil K C, Hong S G, Park J O, et al. The use of MWCNT to enhance oxygen reduction reaction and adhesion strength between catalyst layer and gas diffusion layer in polymer electrolyte membrane fuel cell [J]. International Journal of Hydrogen Energy, 2014, 39 (30): 17481-17486.

[123] Zhiani M, Gharibi H, Kakaei K. Performing of novel nanostructure MEA based on polyaniline modified anode in direct methanol fuel cell [J]. Journal of Power Sources, 2012, 210: 42-46.

[124] Wang C H, Chen C C, Hsu H C, et al. Low methanol-permeable polyaniline/Nafion composite membrane for direct methanol fuel cells [J]. Journal of Power Sources, 2009, 190 (2): 279-284.

[125] Huang Y F, Chang C S, Lin C W. An effective layout of polyaniline nanofibers incorporated in membrane-electrode assembly as methanol transport regulator for direct methanol fuel cells [J]. International Journal of Hydrogen Energy, 2012, 37 (16): 11975-11983.

[126] Mao Q, Sun G, Wang S, et al. Application of hyperdispersant to the cathode diffusion layer for direct methanol fuel cell [J]. Journal of Power Sources, 2008, 175 (2): 826-832.

[127] Park C H, Lee S Y, Hwang D S, et al. Nanocrack-regulated self-humidifying membranes [J]. Nature, 2016, 532 (7600): 480-483.

[128] Xia Z, Xu X, Zhang X, et al. Anodic engineering towards high-performance direct methanol fuel cells with non-precious-metal cathode catalysts [J]. Journal of Materials Chemistry A, 2020, 8 (3): 1113-1119.

[129] Xu X, Zhang X, Kuang Z, et al. Investigation on the demetallation of Fe-N-C for oxygen reduction reaction: The influence of structure and structural evolution of active site [J]. Applied Catalysis B-Environmental, 2022, 309.

[130] Xu X, Zhang X, Xia Z, et al. Fe-N-C with intensified exposure of active sites for highly efficient and stable direct methanol fuel cells [J]. Acs Applied Materials & Interfaces, 2021, 13 (14): 16279-16288.

[131] Lin K, Lu Y, Du S, et al. The effect of active screen plasma treatment conditions on the growth and performance of Pt nanowire catalyst layer in DMFCs [J]. International Journal of Hydrogen Energy, 2016, 41 (18): 7622-7630.

[132] Wang G, Sun G, Wang S, et al. Structure and performance of the cathode with double-layered catalyst layer for direct methanol fuel cell [J]. Chinese Journal of Power Sources, 2006, 30 (11): 876-879.

[133] Kim S, Park J E, Hwang W, et al. A hierarchical cathode catalyst layer architecture for improving the performance

of direct methanol fuel cell [J]. Applied Catalysis B: Environmental, 2017, 209: 91-97.

[134] Wang T, Lin C, Ye F, et al. MEA with double-layered catalyst cathode to mitigate methanol crossover in DMFC [J]. Electrochemistry Communications, 2008, 10 (9): 1261-1263.

[135] Liu G, Wang M, Wang Y, et al. A novel anode catalyst layer with multilayer and pore structure for improving the performance of a direct methanol fuel cell [J]. International Journal of Energy Research, 2013, 37 (11): 1313-1317.

[136] Jung N, Cho Y-H, Ahn M, et al. Methanol-tolerant cathode electrode structure composed of heterogeneous composites to overcome methanol crossover effects for direct methanol fuel cell [J]. International Journal of Hydrogen Energy, 2011, 36 (24): 15731-15738.

[137] Park S M, Jung D H, Kim S K, et al. The effect of vapor-grown carbon fiber as an additive to the catalyst layer on the performance of a direct methanol fuel cell [J]. Electrochimica Acta, 2009, 54 (11): 3066-3072.

[138] Cho Y H, Jung N, Kang Y S, et al. Improved mass transfer using a pore former in cathode catalyst layer in the direct methanol fuel cell [J]. International Journal of Hydrogen Energy, 2012, 37 (16): 11969-11974.

[139] Yan X H, Zhao T S, An L, et al. A crack-free and super-hydrophobic cathode micro-porous layer for direct methanol fuel cells [J]. Applied Energy, 2015, 138: 331-336.

[140] Chen R, Zhao T S. A novel electrode architecture for passive direct methanol fuel cells [J]. Electrochemistry Communications, 2007, 9 (4): 718-724.

[141] Cao J, Wang L, Song L, et al. Novel cathodal diffusion layer with mesoporous carbon for the passive direct methanol fuel cell [J]. Electrochimica Acta, 2014, 118: 163-168.

[142] Cao J, Chen M, Chen J, et al. Double microporous layer cathode for membrane electrode assembly of passive direct methanol fuel cells [J]. International Journal of Hydrogen Energy, 2010, 35 (10): 4622-4629.

[143] Chen P, Wu H, Yuan T, et al. Electrospun nanofiber network anode for a passive direct methanol fuel cell [J]. Journal of Power Sources, 2014, 255: 70-75.

[144] Qian W, Wilkinson D P, Shen J, et al. Architecture for portable direct liquid fuel cells [J]. Journal of Power Sources, 2006, 154 (1): 202-213.

[145] Zhao T S, Xu C, Chen R, et al. Mass transport phenomena in direct methanol fuel cells [J]. Progress in Energy and Combustion Science, 2009, 35 (3): 275-292.

[146] Arico A S, Creti P, Baglio V, et al. Influence of flow field design on the performance of a direct methanol fuel cell [J]. Journal of Power Sources, 2000, 91 (2): 202-209.

[147] Yang H, Zhao T S. Effect of anode flow field design on the performance of liquid feed direct methanol fuel cells [J]. Electrochimica Acta, 2005, 50 (16-17): 3243-3252.

[148] Antunes R A, de Oliveira M C L, Ett G, et al. Carbon materials in composite bipolar plates for polymer electrolyte membrane fuel cells: A review of the main challenges to improve electrical performance [J]. Journal of Power Sources, 2011, 196 (6): 2945-2961.

[149] Yuan W, Zhang X, Zhang S, et al. Lightweight current collector based on printed-circuit-board technology and its structural effects on the passive air-breathing direct methanol fuel cell [J]. Renewable Energy, 2015, 81: 664-670.

[150] Mallick R K, Thombre S B. Performance of passive DMFC with expanded metal mesh current collectors [J]. Electrochimica Acta, 2017, 243: 299-309.

[151] Wang L, Kang B, Gao N, et al. Corrosion behaviour of austenitic stainless steel as a function of methanol concentration for direct methanol fuel cell bipolar plate [J]. Journal of Power Sources, 2014, 253: 332-341.

[152] Park Y C, Lee S H, Kim S K, et al. Corrosion properties and cell performance of CrN/Cr-coated stainless steel 316L as a metal bipolar plate for a direct methanol fuel cell [J]. Electrochimica Acta, 2011, 56 (22): 7602-7609.

[153] Kang K, Park S, Cho S O, et al. Development of lightweight 200-W direct methanol fuel cell system for unmanned aerial vehicle applications and flight demonstration [J]. Fuel Cells, 2014, 14 (5): 694-700.

[154] Dhakate S R, Mathur R B, Sharma S, et al. Influence of expanded graphite particle size on the properties of composite bipolar plates for fuel cell application [J]. Energy & Fuels, 2009, 23 (1-2): 934-941.

[155] Dhakate S R, Shanna S, Borah A, et al. Development and characterization of expanded graphite-based nanocomposite as bipolar plate for polymer electrolyte membrane fuel cells (PEMFCs) [J]. Energy & Fuels, 2008, 22 (5): 3329-3334.

[156] Alizadeh E, Farhadi M, Sedighi K, et al. Effect of channel depth and cell temperature on the performance of a direct methanol fuel cell [J]. Journal of Fuel Cell Science and Technology, 2013, 10 (3).

[157] Cai W, Li S, Li C, et al. A model based thermal management of DMFC stack considering the double-phase flow in the anode [J]. Chemical Engineering Science, 2013, 93: 110-123.

[158] Kulikovsky A A. Model of a direct methanol fuel cell stack [J]. Journal of The Electrochemical Society, 2006, 153 (9): A1672-A1677.

[159] McIntyre J, Kulikovsky A A, Mueller M, et al. Large-scale DMFC stack model: Feed disturbances and their impact on stack performance [J]. Fuel Cells, 2012, 12 (6): 1032-1041.

[160] Tafazoli M, Baseri H, Alizadeh E, et al. Modeling of direct methanol fuel cell using the artificial neural network [J]. Journal of Fuel Cell Science and Technology, 2013, 10 (4): 41007.

[161] Xu C, Zhao T S. A new flow field design for polymer electrolyte-based fuel cells [J]. Electrochemistry Communications, 2007, 9 (3): 497-503.

[162] Basri S, Kamarudin S K. Process system engineering in direct methanol fuel cell [J]. International Journal of Hydrogen Energy, 2011, 36 (10): 6219-6236.

[163] Zago M, Casalegno A, Santoro C, et al. Water transport and flooding in DMFC: Experimental and modeling analyses [J]. Journal of Power Sources, 2012, 217: 381-391.

[164] Kamaruddin M Z F, Kamarudin S K, Daud W R W, et al. An overview of fuel management in direct methanol fuel cells [J]. Renewable & Sustainable Energy Reviews, 2013, 24: 557-565.

[165] Kianimanesh A, Yu B, Yang Q, et al. Investigation of bipolar plate geometry on direct methanol fuel cell performance [J]. International Journal of Hydrogen Energy, 2012, 37 (23): 18403-18411.

[166] Kimiaie N, Wedlich K, Hehemann M, et al. Results of a 20000h lifetime test of a 7 kW direct methanol fuel cell (DMFC) hybrid system - degradation of the DMFC stack and the energy storage [J]. Energy & Environmental Science, 2014, 7 (9): 3013-3025.

[167] Chen C Y, Liu D H, Huang C L, et al. Portable DMFC system with methanol sensor-less control [J]. Journal of Power Sources, 2007, 167 (2): 442-449.

[168] Dohle H, Mergel J, Stolten D. Heat and power management of a direct-methanol-fuel-cell (DMFC) system [J]. Journal of Power Sources, 2002, 111 (2): 268-282.

[169] Hogarth M, Christensen P, Hamnett A, et al. The design and construction of high-performance direct methanol fuel cells. 1. Liquid-feed systems [J]. Journal of Power Sources, 1997, 69 (1-2): 113-124.

[170] Scott K, Taama W M, Argyropoulos P. Engineering aspects of the direct methanol fuel cell system [J]. Journal of Power Sources, 1999, 79 (1): 43-59.

第 **29** 章

熔融碳酸盐燃料电池

29.1 MCFC 材料与部件

29.1.1 MCFC 的工作原理

熔融碳酸盐燃料电池（molten carbonated fuel cell，MCFC）的电解质通常为 Li_2CO_3 与 K_2CO_3 或 Li_2CO_3 与 Na_2CO_3 的混合盐，这种盐在 630℃ 左右处于熔融状态，形成低黏度的液体电解质，起离子导电作用的是 CO_3^{2-}。熔融碳酸盐必须依附于载体上，以保证传导 CO_3^{2-} 离子和隔绝阴、阳极气体的作用，通常用偏铝酸锂（$LiAlO_2$）作隔膜材料。在燃料电池的工作状态下，碳酸盐溶液在有微孔的 $LiAlO_2$ 隔膜上完全浸渍，使得整个隔膜材料既导离子又隔绝阴、阳极气体。MCFC 电池的电化学过程如图 29-1[1]。

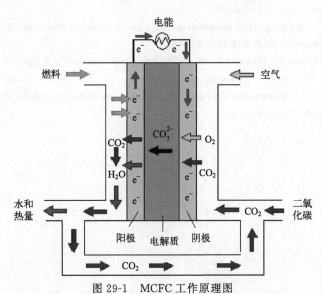

图 29-1　MCFC 工作原理图

电极化学反应如下：

阴极反应：$O_2 + 2CO_2 + 4e^- \longrightarrow 2CO_3^{2-}$

阳极反应：$2H_2 + 2CO_3^{2-} \longrightarrow 2CO_2 + 2H_2O + 4e^-$

总反应：$H_2 + \frac{1}{2}O_2 + CO_2$（阴极）$\longrightarrow H_2O + CO_2$（阳极）

MCFC 内部的电化学过程包括以下步骤[2]：

①　反应物输入 MCFC 内部；

②　电极表面的电化学反应；

③　离子在电解质内部的传导，电子在外部电路的传导；

④　反应产物从 MCFC 中排出。

阴极消耗的是 O_2 和 CO_2，阳极消耗的是 H_2 并生成 CO_2 和 H_2O。MCFC 产生的电动势可用下式表示[1]：

$$E = E^{\ominus} + \frac{RT}{2F} \ln \frac{P_{H_2} P_{O_2}^{\frac{1}{2}}}{P_{H_2O}} + \frac{RT}{2F} \ln \frac{P_{CO_2, c}}{P_{CO_2, A}} \tag{29-1}$$

式中，E 为理论电动势，V；$E^{\ominus}$ 为标准电动势，V；R 为摩尔气体常数；T 为温度，K；F 为法拉第常数；P_{H_2}、P_{O_2}、P_{H_2O} 为分别为 H_2、O_2、H_2O 的气体分压，Pa；$P_{CO_2, c}$、$P_{CO_2, A}$ 为分别为阴极和阳极 CO_2 的气体分压，Pa。

可以看出，MCFC 的电动势主要取决于 H_2、O_2 和 H_2O 的分压。通常阴极和阳极的 CO_2 分压并不相等，所以两极上 CO_2 的分压对电池电压影响较大。

影响 MCFC 电压的第二大因素是内阻。其中内阻由电池构成材料、材料间接触电阻和电解质板的离子电阻决定。

29.1.2　MCFC 的元件材料和制备工艺

MCFC 单电池结构如图 29-2 所示。MCFC 的单电池由阴极、电解质隔膜和阳极组成，组装成电堆时，还需双极板（隔板）、集流板、端板等组件[2]。

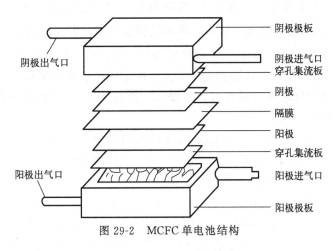

图 29-2　MCFC 单电池结构

29.1.2.1　电解质和隔膜

MCFC 最常用的电解质为 Li_2CO_3 与 K_2CO_3（Li/K 摩尔比为 62/38）或 Li_2CO_3 与 Na_2CO_3（Li/Na 摩尔比为 53/47）组成的碱性混合物，它们的熔点分别是 488℃ 和 496℃，离子电导率分别为 1.4～1.6S/cm 和 2.1～2.3S/cm，氧气在其中的溶解度分别为 $3.3 \times 10^{-7} mol/cm^3$ 和 $1.8 \times 10^{-7} mol/cm^3$。

MCFC 通常在 650℃ 运行，此时碳酸盐电解质是熔融状态，浸满电解质隔膜的细微孔径，在隔膜的支撑和保护下，形成一定厚度的电解质层，同时阻隔燃料和空气及二氧化碳。电解质隔膜必须具有高强度和能耐高温熔盐的腐蚀，浸入熔融碳酸盐电解质后阻隔气体的性能，它是 MCFC 性能的决定因素。目前，普遍采用 $LiAlO_2$ 作隔膜材料，它具有很强的抗碳酸熔盐腐蚀的能力。$LiAlO_2$ 有 α、β 和 γ 三种结晶形态，研究表明 α-$LiAlO_2$ 在 650℃ 最稳定，因而也最常用[3]。

电解质隔膜是靠微孔的毛细作用来保留电解质并阻隔气体的。隔膜的微观结构及熔融碳酸盐的表面张力决定着电解质的性能。隔膜中的毛细微孔能够容纳熔融态的电解质，符合 Yong-Laplace 公式[3]：

$$p = 2\sigma\cos\theta/r \tag{29-2}$$

式中，p 为微孔可承受的穿透压，Pa；r 为微孔半径，m；σ 为电解质界面张力，N/m，$\sigma[(Li_{0.62}K_{0.38})_2CO_3] = 0.198N/m$；$\theta$ 为电解质与隔膜接触角，(°)，$\theta = 0°$。

由式(29-2)可知，隔膜微孔半径 r 越小，能承受的穿透压 p 就更大。当隔膜需要承受的压力 $\Delta p \geqslant 0.1MPa$ 时，相应的隔膜微孔半径 $r \leqslant 3.96\mu m$，隔膜物性和几何参数需满足的条件见表 29-1。

表 29-1 MCFC 中 $LiAlO_2$ 隔膜需要满足的物性和几何参数[3]

物性和几何参数	厚度/mm	孔隙率/%	平均孔径/μm
参数范围	0.5～0.8	50～60	0.3～0.8

由于隔膜是由偏铝酸锂粉料堆积而成，要确保隔膜孔径不超过 $3.96\mu m$，偏铝酸锂粉料的粒度就应尽量细小，必须将其粒度严格控制在一定的范围内。如果设定孔隙率为 60%，则经计算 $LiAlO_2$ 颗粒粒径应小于 $0.65\mu m$。

$LiAlO_2$ 粉体合成主要以 Al 源与 Li 源物质湿法或干法混合，在一定温度下煅烧得到[4,5]。在所有 $LiAlO_2$ 粉体合成方法中，固相反应烧结法相对比较简单[6]。根据固相反应的基本理论，整个烧结反应过程中，Al 源物质的反应活性明显低于 Li 源物质[7]，反应将在 Al 源晶体表面和晶格内进行，Al 源物质粒度大小决定着产物粉体的粒度大小。与固相反应相比，溶胶凝胶法化学反应更容易进行。一般认为溶胶-凝胶体系中组分的扩散在纳米范围内，因此反应容易进行，温度较低。

固相反应-溶胶凝胶法一般采用 Al_2O_3 前驱体材料作为 Al 源物质。勃姆石（AlOOH·H_2O，又名一水软铝石，英文名称 boehmite），是一类颗粒细小、结晶不完整、具有薄的褶皱片的氢氧化铝，为触变性凝胶，具有比表面积高、孔容大等特点，常用作生产催化剂载体、活性氧化铝的原料[8]。依据溶度积原理，Al^{3+} 在 pH=4.0～9.0 的范围内可望得到氧化铝水合物溶胶，并且溶液 pH 越高，这种转化越完全，因此，通过将水中分散性较好的水合 α-氧化铝分散于水中形成氧化铝水合物溶胶，将在水中有一定溶解度的 LiOH 或 Li_2CO_3 与氧化铝水合物溶胶混合，蒸发水分并煅烧制备较小粒度的 $LiAlO_2$。

$$2AlOOH \cdot H_2O + Li_2CO_3 \longrightarrow 2LiAlO_2 + 3H_2O + CO_2 \tag{29-3}$$

图 29-3 为制备的 α-$LiAlO_2$ 粉末样品的 XRD 图，图 29-4 为凝胶固相法制备的 α-$LiAlO_2$ 粉末 SEM 图。从衍射峰的积分强度可推算勃姆石制备的粉末材料中 α-$LiAlO_2$ 相的含量为 97.5%，凝胶固相法制备的 α-$LiAlO_2$ 粉末呈细羽毛状[9]，颗粒分布均匀，未发生大的团聚，粒径小于 $0.1\mu m$。

MCFC 隔膜的制备方法（参见图 29-5）通常是将 $LiAlO_2$ 粉末与溶剂及其它功能性组分混合配制成稳定均匀的浆料，然后用流延或带铸的方法将制备的浆料做成隔膜[10,11]。

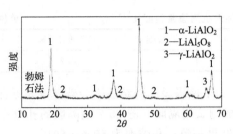

图 29-3　勃姆石与氯化物法制备的
α-LiAlO$_2$ 粉末材料 XRD 分析[9]

图 29-4　凝胶固相法制备的 α-LiAlO$_2$
粉末 SEM 图[9]

　　无论以有机溶剂还是水为溶剂制备的隔膜浆料，经过流延或带铸法制备的隔膜都需要经过一定的干燥时间挥发膜中的溶剂成分。干燥过程中膜中溶剂挥发速度的控制直接影响制备的膜的素胚质量，溶剂挥发速度过快，容易在膜表面形成表面张力而造成龟裂，溶剂挥发速度过慢，因重力作用，LiAlO$_2$ 粉料易沉降，导致膜的组分不均匀而影响隔膜性能[9]。

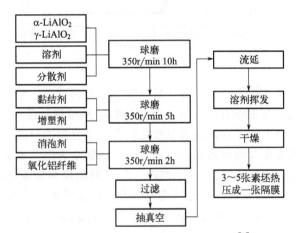

图 29-5　MCFC 电解质隔膜制备流程[9]

　　国内研究人员开发出了以水为溶剂的无机隔膜制备方法[12]，如图 29-6。偏铝酸锂隔膜浆料配比见表 29-2。流延的多张隔膜素坯在 60℃ 条件下烘干，80~95℃ 和 6MPa 的条件下

图 29-6　流延热压法制备 MCFC 隔膜[12]

热压 3～5min 可制备成致密的 MCFC 隔膜，堆密度 1.6～2.0g/cm³。

表 29-2　偏铝酸锂水性无机隔膜浆料配比[13]　　　　　单位：%

LiAlO₂ 固含量	蒸馏水	聚乙烯醇(PVA)	聚醚	三乙酸甘油酯	乳酸
40	55	4.2	0.3	0.2	0.8

隔膜平均孔径和孔分布可用压汞法测量。为了使隔膜在烧结后不会破碎得太厉害而不能测试，在 LiAlO₂ 粉料中加入 5% 的电解质制成测试用隔膜。图 29-7 是隔膜的孔分布图。可得出平均孔径为 0.1～0.6μm，与电镜观察的结果一致，孔隙率为 50%～60%。

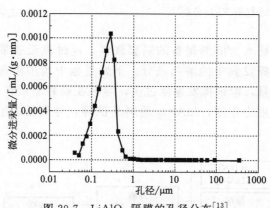

图 29-7　LiAlO₂ 隔膜的孔径分布[13]

隔膜中有机物（如聚乙烯缩丁醛）烧除后，隔膜变为多孔体。燃料电池温度升至 480℃左右，电解质开始熔融。在毛细力作用下，熔融碳酸盐浸渍到隔膜的多孔体中[14]。由于其毛细力作用大于电极，使电解质在隔膜和电极之间有一个合理的分配，即在燃料电池运行期间，隔膜自始至终一直处于被电解质完全浸满状态，隔膜变为阻气离子导电层，隔膜的离子电阻率应<2.31Ω·cm，阻气压差应>0.1MPa。如果隔膜局部缺少电解质或隔膜中出现较大的孔，隔膜阻气压差<0.1MPa，这时反应气压力的波动可能导致 H₂ 和 O₂ 互窜，严重时导致燃料电池失效[15]。根据以上要求，在 MCFC 中，隔膜应达到表 29-3 的要求。

表 29-3　MCFC 中隔膜所采用的物性和几何参数[3]

物性和几何参数	厚度/mm	孔隙率/%	平均孔径/μm
参数范围	0.5～0.8	50～60	0.3～0.8

隔膜在高温和电解质中长期烧结，隔膜粉料的 BET 比表面积下降，粒子变粗，隔膜孔径变粗，孔隙率下降，导致保持电解质能力下降。但可以通过隔膜组分的改性和操作条件的控制，延缓隔膜的烧结作用。试验表明，添加 ZrO₂ 的隔膜比表面积改变很小，说明添加 ZrO₂ 组分明显地延缓了隔膜的烧结作用。

29.1.2.2　电极

在阴极和阳极上分别进行氧阴极还原反应和氢阳极氧化反应，由于反应温度为 650℃，反应有电解质 CO_3^{2-} 参与，电极材料要有很强的耐腐蚀性能和较高的电导。阴极上氧化剂和阳极燃料气均为混合气，尤其是阴极的空气和 CO₂ 混合气在电极反应中浓差极化较大，因此电极均为多孔气体扩散电极结构。而且要确保电解液在隔膜与阴极、阳极间有良好的分配，增大电化学反应面积，减小燃料电池的活化与浓差极化。

　　MCFC 属于高温燃料电池，多孔气体扩散电极中无憎水剂，电解质在隔膜和电极之间的分配主要靠毛细管力实现平衡，服从以下方程[3]：

$$\gamma_c\cos\theta_c/D_c = \gamma_e\cos\theta_e/D_e = \gamma_a\cos\theta_a/D_a \tag{29-4}$$

　　式中，D 代表孔径；γ 和 θ 分别代表固液相之间的界面张力和接触角；下标 c、e、a 分别代表阴极、隔膜和阳极。图 29-8 为熔融碳酸盐电解质在 MCFC 电极和隔膜中的分布示意图[16]。

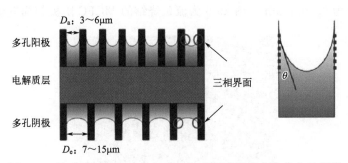

图 29-8　熔融碳酸盐电解质在 MCFC 电极和隔膜中的分布示意图

　　MCFC 工作过程中，首先要确保电解质隔膜中充满熔融碳酸盐电解质，所以隔膜的平均孔径最小。MCFC 的阳极要同时具有传输燃料气体和储存一些电解质的功能。常采用双孔径结构，小孔径（0.4μm）用于储存电解质，大孔径（3～6μm）用于传输燃料气。阳极材料一般为金属 Ni 中掺杂一些 Cr_2O_3 和 Al_2O_3，Cr 可以防止由于阳极烧结而导致的有效面积损失和微孔长大现象，Al_2O_3 粉末分散于阳极可以强化阳极结构，避免蠕变。通常阳极中 Cr 的含量约占 10%，初始空隙率为 50%～70%，厚度为 0.5～1.5mm。

　　阴极处于氧化气氛中，常采用 NiO 材料。纯氧化镍（NiO）是一种 p 型半导体，MCFC 环境中 NiO 会被电解质中的 Li^+ 掺杂同时会产生额外的电子-空穴对，从而可用 Ni^{3+} 代替 Ni^{2+} 来增强导电性。渗锂过程是在燃料电池运行中进行的，锂来自电解质中的 Li_2CO_3，其中锂约占总重量的 20%。为了防止阳极腐蚀，目前已开发出 $LaCoO_3$、$LiFeO_3$、Li_2MnO_3、$LaNiO_3$ 等复合盐。阴极的初始孔隙率为 70%～80%，氧化和渗锂后孔隙率为 60%～65%，厚度一般为 0.5～0.75mm，孔径为 6～15μm。MCFC 阴极和阳极满足的物性和几何参数条件见表 29-4。

表 29-4　NiO 阴极和 Ni 阳极物性及几何参数

电极	材质	电解质-电极接触角/(°)	孔径/μm	孔隙率/%	电解质充满率/%	厚度/mm
阴极	NiO	0	7～15	70～80	15～30	0.4～0.6
阳极	Ni	30	3～6	50～70	50～60	0.8～1.0

　　阳极的制备工艺与电解质隔膜相似，不同的是将 $LiAlO_2$ 粉料换成镍粉，并调整造孔剂和软化剂的成分配比。一般在 200～300℃制成基膜，烧掉造孔剂和软化剂之后，还要在还原气氛中加热至 900～1100℃进行焙烧[17,18]。

　　阴极的制备过程与阳极相同，制好的多孔 Ni 板再进行现场氧化和渗锂处理，形成渗锂的 NiO 阴极，它由 NiO 颗粒的团聚体组成，在团聚体内部的颗粒之间填有熔融电解质，而团聚体之间的空隙中被反应气体填充。

　　采用 T255 羰基 Ni 烧结而成的电极孔隙率较好，T287 型 Ni 烧制而成的电极强度较好。

另外，羰基 Ni 的松装密度对电极的性能同样产生影响，较低松装密度制备的烧结电极具有良好的稳定性。电极材料选用 T255 羰基镍粉，松装密度 0.52g/cm³，平均粒度为 2.2～2.8μm；黏结剂采用聚乙烯醇（polyvinyl alcohol，PVA）和羧甲基纤维素钠（carboxyl methyl cellulose，CMC）的混合溶液。MCFC 阴极和阳极由于工作条件不同，采用不同的烧结程序。将流延制备的电极生坯分别放到带有还原性气氛的走带式程序升温炉内进行排胶和还原烧结。阳极最高烧结温度为 1100℃，走带速度为 0.15m/min；阴极最高烧结温度为 950℃，走带速度为 0.20m/min。图 29-9 为流延烧结的 MCFC 阴极扫描电镜图[17]。

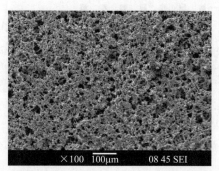

图 29-9　流延烧结的 MCFC 阴极扫描电镜图

由图 29-9 可见，流延烧结制备的 MCFC 阴极含有极少部分微孔，部分中孔和大量的大孔，孔隙率为 63.7%。这些大孔、中孔和少量微孔能够在 MCFC 工作环境中起到小孔径（0.4μm）储存电解质、大孔径（3～10μm）传导反应气的作用。

MCFC 阳极添加铬或铝（通常质量分数为 10%～20%）可减少燃料电池运行过程中镍颗粒的烧结，提高多孔镍的机械稳定性。如若不加控制，烧结则会成为 MCFC 阳极的主要问题，因为其会导致孔径增大、表面积减小以及电解质中碳酸盐的损失。孔结构的变化还可能导致阳极在电堆中的挤压作用下发生机械变形，进而降低电化学性能并导致电解质破裂。因为 MCFC 温度下阳极反应相对较快，与阴极相比不需要高表面积。因此可以接受熔融碳酸盐部分注满阳极且其效果更好，其不仅可以用作碳酸盐的储层（与多孔碳基质在 PAFC 中的作用大体相同），而且在长期使用时可以补充有可能从电堆中流失的碳酸盐[17]。

MCFC 阴极的主要困难之一是它在熔融碳酸盐中的溶解度很小，但其影响很大。因此，一些镍离子会在电解质中形成并趋于向阳极扩散。当离子接近阳极处的化学还原条件时，金属镍会在电解质中沉淀出来导致内部短路，进而使燃料电池功率输出损失。此外，沉积的镍会充当离子的吸收体，从而促进金属从阴极的进一步溶解。通过以下反应，可在较高的 CO_2 分压下增强镍的浸出[19]：

$$NiO + CO_2 \longrightarrow Ni^{2+} + CO_3^{2-} \tag{29-5}$$

如果在电解质中使用碱性而不是酸性的碳酸盐，则该问题可得到缓解。常见的碱金属碳酸盐的碱度为 $Li_2CO_3 > Na_2CO_3 > K_2CO_3$。研究发现，62% Li_2CO_3 + 38% K_2CO_3 和 52% Li_2CO_3 + 48% Na_2CO_3（均为质量分数）的低共熔混合物有着最低的氧化镍溶解速率。研究表明，向碳酸盐中添加一些碱土金属氧化物（CaO、SrO、BaO）可使 NiO 的溶解度降低多达 50%。氧化镧可进一步降低溶解度，有人认为这是由于形成了碳酸盐氧化物如 $La_2O_2CO_3$，从而增加了电解质熔体的碱度。另外，这种稀土氧化物的添加还可以提高 MCFC 中的氧还原反应速率。据观察，添加质量分数为 0.5% 的 CeO_2 和 0.5% 的 La_2O_3，Li-K 碳酸盐熔体中的电荷转移电阻降低了一个数量级[19]。

　　如果使用最先进的 NiO 阴极，可通过如下方式减少镍的溶解：①使用碱性碳酸盐；②在大气压下运行且使阴极室中 CO_2 的分压保持在较低值；③使用相对较厚的电解质基质以增加 Ni^{2+} 的扩散路径。通过这些方式，燃料电池工作寿命可超过 40000h。为了可以在更高的压力下运行，技术人员还对其他阴极材料进行了研究。近年来，对于涂有氧化物的 NiO 颗粒（即核-壳结构）或者氧化物分散于 NiO 颗粒中制成的多种阴极。例如，由聚合物前驱体路线制备的 NiO 颗粒上精密分散的 Ce 和 Co 可在短期内（最多几百小时）显著降低 NiO 的溶解度。长远看来，商用电堆中的 Ce-Co-NiO 阴极溶解的氧化镍是否是电池降解的主要因素还有待观察[19]。

29.1.2.3　双极板（或隔板）

　　双极板起分隔氧化气体和燃料气体、导热和导电的作用，并构成气体流动的通道，要求具有抗氧化和还原以及抗电解质腐蚀的作用，并与其它组件之间有较好的热膨胀性能。目前常用 SUS310 或 SUS316 系列不锈钢作双极板。双极板的阳极侧涂有镍，该涂层在阳极的还原环境中是稳定的，且不会被电解质浸蚀[19]。

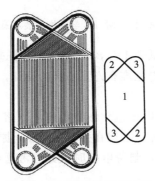

图 29-10　MCFC 冲压双极板

　　对小型电池组，其双极板采用机械加工方法进行加工；对大型电池组，其双极板采用冲压方法进行加工。图 29-10 是冲压成型的双极板（厚 0.5mm）。在高温电解质的环境中，双极板产生腐蚀，并遵循以下方程[3]：

$$y = ct^{0.5} \tag{29-6}$$

　　式中，y 为腐蚀层的厚度；t 为时间；c 为由双极板材料和燃料电池操作条件确定的常数。腐蚀层的厚度 y 与时间的 0.5 次方成正比。经测定，在燃料电池第一个 2000h 运行时间内，双极板腐蚀速率为 $8\mu m/1000h$，在以后的 1000h 内，腐蚀速率降 $2\mu m/1000h$。在阳极侧腐蚀速率大于阴极侧，也同样遵循式(29-6)。双极板在高温电解质中的腐蚀产物主要为 $LiCrO_2$ 和 $LiFeO_2$。这种腐蚀作用对燃料电池产生了以下影响：双极板的腐蚀，消耗了电解质，同时在密封面的腐蚀易引起电解质外流失。若不及时补充电解质，燃料电池性能会加快衰减；由于腐蚀作用，双极板电导降低，双极板上欧姆极化增加。双极板的厚度，一般为 0.5～1mm，由于腐蚀作用，双极板机械强度降低，这使得非等气压操作下的燃料电池具有一定的危险。

　　为了提高双极板的防腐性能，已采用以下措施：用更好防腐性能材料制备双极板代替目前不锈钢 316L，如 30Cr-45％Ni-1％Al-0.03％Y-Fe 合金，这种材料无论在阴极还是在阳极环境都有很好的防腐性能。不锈钢 316L 双极板加工成型后进行表面防腐处理，在阳极侧镀镍，在密封面镀铝等提高防腐性能[3]。

29.2 MCFC 电堆的组装及测试

MCFC 电堆的结构如图 29-11 所示,在电解质隔膜两侧分置阴极和阳极,再置双极板,重叠多层最后形成电堆[3]。

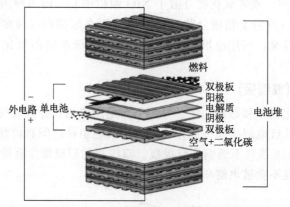

图 29-11　MCFC 电池堆组装示意图

燃料电池的工作电压较低(低于 1V),因此习惯上通过串联连接单电池以形成"堆"来将电压提高到所需的水平。燃料电池堆有许多不同的设计,但是在不同情况下,单电池都有某些共同的组件。

① 传导离子的电解质介质可以是包含液体电解质(熔融盐)的多孔固体。膜必须是电子绝缘体以及良好的离子导体,并且必须在强氧化和强还原条件下均稳定。

② 正极和负极都是多孔电极,制备电极时应充分考虑电催化剂、电解质和燃料的三相界面。

③ 密封件实现电极与极板之间的密封,防止泄漏。

④ 电堆中还有集流板,位于电池堆的两端。

29.2.1 MCFC 电堆结构

图 29-12 是具有外部歧管的 MCFC 电堆结构[19]。端板、绝缘层、多层阳极、电解质、阴极循环重叠后与绝缘层、端板组成电堆,使用外部公共歧管将燃料和氧化剂均匀输送到各层电极,氢气被输入阳极,氧气与二氧化碳被输入阴极。

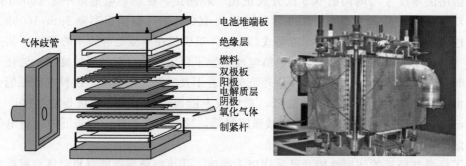

图 29-12　具有外部歧管的 MCFC 电堆结构

外部歧管设计有两个主要缺点。首先是很难冷却电堆,这种类型的 MCFC 电堆必须通过在正极上通过的反应空气进行冷却。这意味着必须以比电化学所需的流量更高的流量供应空气，浪费能源。外部歧管的第二个缺点是，在围绕电极边缘的垫圈上，即在有焊点的地方，压力不均匀。这些地方存在通道，垫圈若未牢固地压在电极上，就增加了反应气体泄漏的可能性。

内部歧管是一种较为常见的电池堆结构，需要更复杂的双极板设计，如图 29-13 所示。在这种布置中，双极板相对于电极做得更大，并具有额外通道（公共腔室），以将燃料和氧气输送到电极。具有内部歧管的商业燃料电池堆如图 29-14 所示[19]。

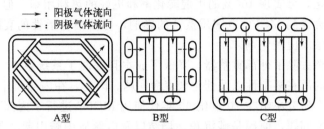

图 29-13　具有内部歧管的不同类型的双极板

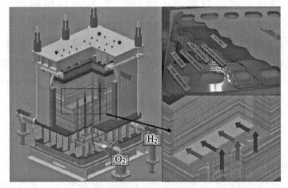

图 29-14　具有内部歧管的 MCFC 电堆结构

29.2.2　MCFC 电堆的燃料供应与处理

当以烃类（如天然气）为 MCFC 的燃料时，烃类经重整反应转化为氢与二氧化碳有三种方式，如图 29-15 所示[19]。

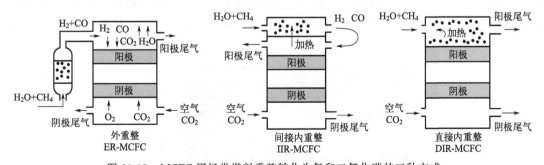

图 29-15　MCFC 用烃类燃料重整转化为氢和二氧化碳的三种方式

第一种方式最简单，为外重整，由重整反应制得的 H_2 与 CO 送入 MCFC。此种方式，因重整反应为吸热反应，只能通过各种形式的热交换或利用 MCFC 尾气燃烧，并达到 MCFC 余热的综合利用，重整反应与 MCFC 电池耦合很小。第二种方式为间接内重整，在电堆内部紧挨每节 MCFC 单电池的阳极侧配置烃类重整反应器，可以做到燃料电池余热与重整反应的紧密耦合，减少燃料电池的排热负荷；如果将甲烷和蒸汽的混合物（体积比为 2∶1）在 MCFC 的正常工作温度 650℃ 下重整且使产物气体达到热力学平衡，则甲烷的转化率通常约为 85%，但这种方式电堆的结构复杂化了。第三种方式为直接内重整，简称内重整，即重整反应直接在 MCFC 单电池阳极室内进行，采用这种方式不仅可做到 MCFC 余热与重整反应的紧密耦合、减少电堆的排热负荷，而且因为内重整反应生成的氢与 CO 立即在阳极进行电化学氧化，可实现 100% 的甲烷转化率和更好的热利用率。但是由于重整反应催化剂置于阳极室，会受到 MCFC 电解质蒸气的影响，导致催化活性的衰减。因此必须研制抗碳酸盐盐雾的重整反应催化剂。

显然，内部重整去除了外部重整器，降低了成本且提高了系统效率。但是，如前所述，其代价是电堆结构的潜在复杂性以及催化剂寿命问题。因此，在内部和外部重整之间要考虑经济上的折中。几个研究小组在 20 世纪 60 年代使用 MCFC 进行了内部重整并明确了与催化剂降解有关的主要问题，原因是碳沉积、烧结以及电解质中碱引起的催化剂中毒。在 20 世纪 90 年代，BG Technology 在由 BCN（荷兰燃料电池公司）领导、欧盟支持的项目中对内部重整进行了广泛的研究。该项目确定了可以耐受 MCFC 电解质中碳酸盐的新型催化剂组合物。MCFC 重整催化剂的关键要求如下：

① 保持活性，提高电堆性能和寿命。为了使催化剂在电堆的要求使用寿命内提供足够的活性，任何催化剂的降解必须小于电堆的电化学性能的降解。由于重整反应剧烈吸热，因此在内部重整的情况下会导致电堆温度曲线明显下降。对于直接内重整 MCFC，此现象异常严重。因此，优化重整催化剂的活性对于确保温度变化最小、减小热应力很重要，这也有助于延长电堆寿命。此外，还可以通过阳极气体或阴极气体或两者的再循环来实现电堆整体温度分布的改善。

② 燃料中对催化剂有毒物质的耐受性。用于 MCFC 系统中的大多数粗烃燃料（包括天然气）都含有对阳极和重整催化剂有害的杂质（如硫化合物）。大多数催化剂对硫的耐受性非常低，通常在十亿分之一的范围内。

③ 耐碱或碳酸盐中毒。直接内重整中存在位于阳极附近的催化剂与电解质中碳酸盐或碱反应，而使催化剂降解的风险。尽管钌已通过应用测试，但一般仍优先选择镍催化剂。

重整催化剂的中毒现已知是与液态碳酸盐接触而引起的，而液态碳酸盐移动有两种主要途径：①沿电堆中金属组件的液相蠕变；②以碱性羟基形式在气相中的迁移。图 29-16 对该问题进行了说明，其还显示了一种可能的补救措施，即在阳极和催化剂之间插入保护性多孔防护层[19]。

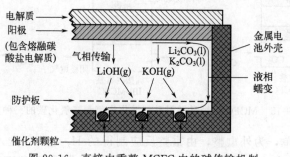

图 29-16 直接内重整 MCFC 中的碱传输机制

29.2.3　MCFC 电堆性能测试

MCFC 的关键部件包括端板、双极板、电极、电解质隔膜、碳酸盐电解质等，在一定条件下组装成单电池或电堆，然后经过一定的烧结启动程序，将电解质隔膜制备过程中使用的有机成分挥发分解而形成多孔材料。由于电解质隔膜的孔径小于阴极孔径，借助毛细管作用，高温条件下熔融的碳酸盐将首先渗透浸入隔膜中，其次是阴极孔隙中，再次是阳极孔隙中；阳极孔隙中浸入的碳酸盐最少，这是由于金属氧化物阴极对电解质液的润湿比金属阳极强。电解质隔膜性能的好坏、隔膜中吸入电解质的量的多少、电解质隔膜与电极及电解质的匹配关系对单电池以及电池堆的性能均有很大影响。

MCFC 的性能测试包括隔膜的性能测试和单电池及电堆的性能测试。隔膜的性能测试是在烧结过程中测试隔膜的最大穿透压，MCFC 单电池和电堆的性能通过伏安特性和功率特性来表征。隔膜性能的测定，是在碳酸盐熔融并渗入电解质隔膜微孔后，通过增大两极之间的气体压差来测定隔膜可承受的两极气体压力差。单电池和电堆通过放电测试，将得到的电流电压数据进行处理来判断性能优劣[13]。

MCFC 中的隔膜和电解质在启动烧结过程中经历隔膜中有机成分的挥发分解、碳酸盐电解质熔融并浸入隔膜和电极的过程，这些变化会使隔膜发生变形而在燃料电池内部产生一定的应力。消除缓解应力的方式是采用合适的烧结启动程序、控制温升变化。单电池的烧结启动程序一般按照隔膜与碳酸盐电解质的热重分析曲线来决定升温速度。图 29-17 是电解质与隔膜的 TG/DSC 曲线[13]。

MCFC 的烧结过程分为三个阶段，从室温到 220℃热失重 12%，主要变化过程为隔膜与电解质中水与溶剂的挥发，DSC 曲线表现为吸热过程；在 220~450℃热失重为 20%，主要变化过程为隔膜与电解质膜中黏结剂的氧化，DSC 曲线表现为放热过程。为了避免隔膜在首次升温启动过程中发生积炭，制定 MCFC 单电池的首次升温程序至关重要，经过长期实验，可以保证隔膜焙烧完全的 MCFC 首次升温程序如图 29-18 所示[13]。

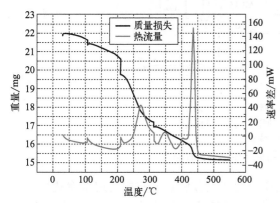

图 29-17　隔膜与电解质的 TG/DSC 曲线

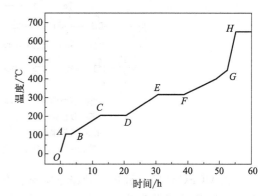

图 29-18　MCFC 单电池的首次启动升温程序

此升温程序包括两个重要的恒温段（CD、EF）和三个重要的升温段（BC、DE、FG），升温段的升温速率均控制在 0.2K/min 以下，以避免隔膜内有机物不能焙烧完全而造成积炭。两个恒温段（CD、EF）的温度为 208℃ 和 315℃，这是因为在其热重曲线中（图 29-17）200~330℃之间放热速度太快，很容易造成隔膜内局部过热而引起积炭，通过恒温处理，便可避免这种积炭现象的发生。

进行 MCFC 单电池或电池组测试与性能研究需要注意的是：

① 隔膜是在升温过程中经烧结最后定型的，因此 MCFC 首次升温过程需要严格按照一定升温程序进行。

② 由 MCFC 的反应可知，CO_2 在阴极（氧电极）参与电极反应，而在阳极（氢电极）又生成 CO_2，即为维持 MCFC 稳定运行，CO_2 必须在阳极和阴极之间构成一个循环，对大的 MCFC 电池组，一般从阳极尾气中分离出 CO_2，如采用变压吸附，或将阳极尾气燃烧，使尾气中的氢与 CO 转化为水与 CO_2 再返回阴极。而在对单电池或片数较少的电堆进行评价时，一般采用 CO_2 与 O_2 或 H_2 的配气方法进行。

③ MCFC 工作温度为 650℃，对单池或片数较少的电堆进行测试时，一般采用外电加热方式或置于高温箱内进行。高温箱内需充氮气，并加置氢气报警器，防止可燃气体与高温箱内空气混合产生爆炸事故。

图 29-19 是 MCFC 性能测试过程中的气体供应图。从室温到 450℃，阴阳两极通入空气，将隔膜与碳酸盐膜中的有机成分挥发氧化；在 450～540℃，阳极通入 N_2 以保护阳极的 Ni 不被氧化。当升温至 480℃左右时，预先置于阴极室内的碳酸盐电解质（熔点 488℃）开始熔融，在隔膜毛细力作用下，熔融的碳酸盐浸渍到隔膜的孔中，并依据电极（阴极和阳极）与隔膜孔的匹配关系，部分浸渍到电极中。浸入电解质的隔膜具有阻气性能，并且是碳酸根离子的导体；而浸入电解质的电极形成了电极三相反应界面。温度升至 500～540℃ 时，可用 N_2 置换阴极 O_2，并升压至 0.05MPa，测定燃料电池的密封性；若不漏气，则关闭阳极进口和阴极出口，测定燃料电池是否窜气；若不窜气，则继续升温至 650℃，阴极通入空气和 CO_2，阳极通入 H_2 对燃料电池进行活化；650℃ 后可接入负载测量燃料电池的放电性能[13]。

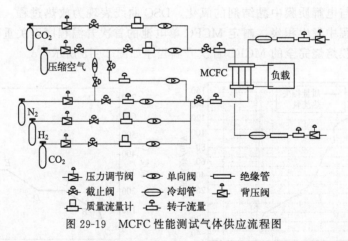

图 29-19 MCFC 性能测试气体供应流程图

在 MCFC 烧结过程中，开路电压随着有机成分的挥发分解及电解质的熔融渗透以及电极的氧化还原而发生变化。图 29-20 是当碳酸盐与隔膜的重量比为 1.16:1 时，$25cm^2$ MCFC 单电池烧结过程开路电压变化曲线。开路电压在 450～480℃ 基本不变，480～550℃ 电池开路电压随着碳酸盐的逐渐熔化而升高，550℃ 后，当阳极通入 H_2，阴极通入 CO_2 和空气后，部分氧化的阳极被还原，开路电压随着隔膜的阻气性能提高而增加并最终趋于稳定[13]。

当 MCFC 单电池温度达到 650℃ 后，用电化学工作站测量其 I-V 曲线，评价 MCFC 单电池的性能。图 29-21 是反应气流量对 MCFC 单电池的影响曲线。

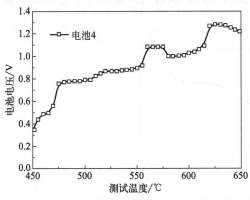

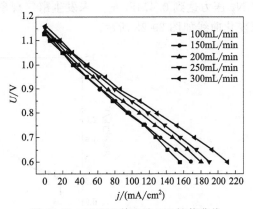

图 29-20　单电池烧结过程的开路电压变化曲线　　　图 29-21　MCFC 单电池 I-V 性能曲线

增加反应气流量有利于传质，减小由于物质传输带来的极化，所以单电池的性能呈上升趋势。另外，可以看出 $25cm^2$ 的小电池在 $150mA/cm^2$ 放电时，其输出电压一般在 $0.6 \sim 0.8V$ 之间，输出功率密度为 $0.09 \sim 0.12W/cm^2$。

图 29-22 是 $1000cm^2$ 大面积单电池组堆示意图[20]。双极板采用直槽内流道，电极采用流延法制备的阳极和阴极，电极有效面积为 $(400 \times 245)mm^2$，采用 $2 \sim 3$ 张隔膜素坯经烘干热压成一张厚度 0.9mm 的隔膜，碳酸盐电解质与隔膜的重量比为 $1.16:1$，采用三明治式的电堆组装方式，电堆烧结程序见表 29-5。

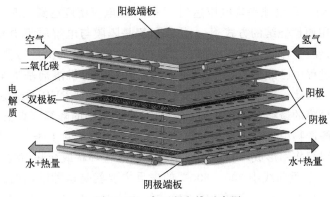

图 29-22　大面积电堆示意图

表 29-5　$1000cm^2$ 电池烧结程序[13]

烧结程序	温度区间/℃	阳极气体流量/(L/min)	阴极气体流量/(L/min)	持续时间/min
第一段	25~350	空气,10	空气 16	840
第二段	350~450	空气,10	空气 16	420
第三段	450~540	N_2,4	空气 0.6	700
第四段	540~650	H_2 8.0/CO_2 4.0	空气 20/CO_2 9	330

电堆升温烧结过程中，阴阳两极连续通入空气将隔膜盐片中的有机成分挥发分解。当电堆温度升高到 540℃时，关闭阳极出口、阴极入口，逐渐增大阳极入口气体压力。当阳极入

口 N_2 压力达到 0.4MPa 时，未发生窜气现象，说明大面积隔膜的性能良好。电堆的开路电压变化曲线如图 29-23 所示。

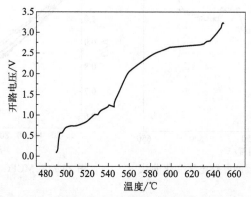

图 29-23　大面积 MCFC 烧结过程开路电压变化曲线

由图 29-23 开路电压变化曲线可以看出，大面积 MCFC 烧结过程从碳酸盐开始熔融浸入隔膜孔隙后开路电压持续上升，在 650℃时达到最大值 3.2V，平均单电池开路电压达到 1.06V，稍微低于小面积单电池的开路电压。按照小面积电池开路电压变化趋势，在 540℃后通入反应气体后，如果开路电压持续上升，电池隔膜未发生窜气现象，燃料电池能够达到预期的设计目标。

大面积 MCFC 的性能可通过电子负载的放电曲线进行测试与验证。在 120A 恒流放电时，大面积 MCFC 每个单电池平均电压达到 0.875V，电流密度达到 $125mA/cm^2$。

MCFC 一般采用原位烧结的方式[21]，烧结过程是隔膜与电解质膜中有机成分挥发分解的过程。在隔膜与碳酸盐片制备过程中加入大量的有机溶剂以及少量的黏结剂等有机材料，有机溶剂在膜干燥过程中已经挥发约 90%，在烧结初期，有机溶剂基本全部受热挥发，膜内残留物为黏结剂。因此，MCFC 的烧结很大程度上与黏结剂 PVB 的烧除有关，PVB 是否能完全烧除决定了隔膜的最终性能。Bakht 对 PVB 在空气中的降解（直至 500℃）进行了研究，从而证实了分解产物中含有不饱和的碳氢残余物，很难烧除干净。产生的不饱和的碳氢残余物可能会因为双键作用形成环状或交联结构，而这些环状或交联结构（高能键）的破坏发生在 400～500℃。热重曲线中 300～600℃的失重主要就是这种结构的破坏。但它们的分解可能会导致高温下炭的形成，从而造成材料的绝缘性差，这也是后续烧结阶段材料中缺陷的来源。因此，必须要除净这些残余炭。

PVB 的烧除过程氧扩散控制的燃烧机理，实质上是自由基氧化降解。有两种方法可以获得 PVB 的完全烧除。第一种是低温时加速氧化过程，第二种是在早期的降解过程中阻止残余物的形成。J. J. Seo 等认为 CO_2 是一种很有效的气氛，可用来在 600℃下去除 PVB 的灰分，反应也完成得很充分。另外，CO_2 的存在可以使大量的有机体转变成残余物的氧化介质，将所有的灰分转变成 CO_2 挥发[22]。另外，隔膜中 PVB 的热膨胀系数远大于 $LiAlO_2$，在隔膜受组装压力的条件下，如果电堆升温速度过快，隔膜拉伸变形，产生残余应力而导致隔膜开裂；另外也会导致有机物挥发速度太快，隔膜易出现大孔。因此，为了保证隔膜的结构完整，实验确定在隔膜烧结过程中，温度控制分两个阶段，室温～540℃，温升速率 1℃/3min，并且进行一定时间的保温，通入空气以去除大量的 PVB；540～600℃之间，温升速率 3℃/min，气氛为空气和 CO_2 以确保黏结剂完全脱去。

在电堆烧结的三个阶段中,通过对开路电压的监测,发现烧结过程中开路电压与电堆的性能有一定的联系。根据熔盐电化学理论,当金属电极与电解质接触时,由于电极与电解质之间的物理化学性质差别较大,处在界面的粒子既受到熔盐内部力的作用,又受到电极的作用力;熔盐内部粒子在任何方向、任何部位所受到的作用力都是相同的,在电极界面上的作用力则是不同的,因此在电极与熔盐界面上将出现游离电荷的重新分配,因此阴阳两极的两相界面均出现双电层,从而在两极出现一定的电位差,即开路电压。MCFC 烧结过程中双电层的变化过程如图 29-24 所示[23]。

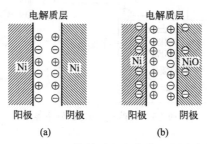

图 29-24　MCFC 烧结过程电化学双电层示意图

室温到 450℃,MCFC 单电池受热升温,两极同时通入空气。随着 MCFC 温度升高,隔膜和碳酸盐膜中的有机材料逐渐挥发分解后转化为多孔材料,两极之间空气可以互相穿透相通,碳酸盐未熔融产生移动的离子,少量的离子吸附在电极表面产生过电位而形成双电层。室温到 450℃由于两极双电层结构基本相似,导致两极之间的开路电压很低。

450℃后阳极通入 N_2 防止阳极氧化,而阴极由于继续通入空气而逐渐被氧化。由于两极的双电层逐渐发生变化而导致开路电压逐渐升高。490℃后由于碳酸盐的熔解浸入隔膜和电极微孔,产生的离子积聚在电极表面形成双电层,如图 29-24(b),阳极界面电势随着电解质离子的增加而逐步升高,从而使开路电压逐步升高。当熔融的碳酸盐完全浸入隔膜的微孔后形成一个阻气层,使开路电压稳定在 0.8~1V。当熔融的碳酸盐较少未形成密封层从而影响双电层的结构导致窜气现象的发生,燃料电池的开路电压会因此而降低[24]。

540℃后阳极通入 H_2,阴极通入 CO_2 和空气,阳极在还原气氛下还原为多孔镍电极,阴极氧化为氧化镍多孔电极。在两极的三相界面发生电化学反应,两极之间形成电势差,开路电压变化服从能斯特方程而且受反应气体分压的影响。如果发生窜气或泄漏,阳极少量的氢气和阴极的空气直接接触发生燃烧反应而不是电化学反应,导致反应气体分压的下降从而使开路电压降低,最终影响 MCFC 的性能。

29.3　MCFC 发电系统的性能与寿命

29.3.1　MCFC 发电系统构成

MCFC 发电系统的基本组成如图 29-25 所示[19]。它是由 4 个主要部分组成,即:①燃料处理系统;②MCFC 本体;③排热回收系统;④直交流变换系统。除此之外,还有控制系统和水处理系统。通常把除 MCFC 本体之外的部分称为 BOP(balance of plant)。

根据不同的燃料和用途,MCFC 可组成多种模式,图 29-26 是 MCFC 发电系统的各种模式[1]。可以看出,MCFC 能适应从天然气、石油到煤碳多种燃料。随着技术的发展,不仅能提供小容量(250kW~20MW)的分布型热电联供系统,而且能组成大容量(>100MW)集中型联合循环发电系统,尤其是在不久的将来能实现煤气化燃料电池联合循环发电。

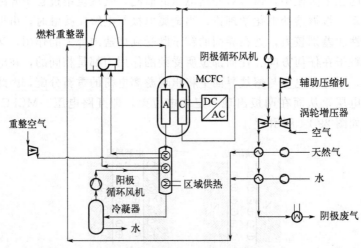

图 29-25　天然气 MCFC 发电系统

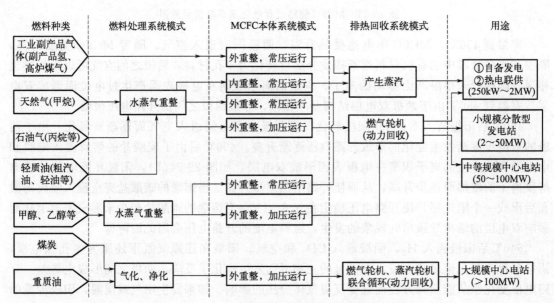

图 29-26　MCFC 发电系统的不同模式

①　燃料处理系统。适用于 MCFC 的燃料大致有工业副产品气（H_2 和高炉煤气）、天然气、石油气、轻油、甲醇和乙醇、重油和煤炭。除纯 H_2 之外，所有的燃料都必须进行处理，对于上述这些燃料，处理的方法有所不同。对于天然气、石油气和轻质油，必然先经过净化处理（脱硫等），然后在 850℃ 左右，有催化剂的作用下，进行燃料与水蒸气的重整反应，将碳氢化合物燃料变换成 H_2 和 CO。对于甲醇和乙醇等燃料，重整反应的温度在800℃ 左右，催化剂也有所不同。对于煤碳和重油燃料，必须先经过气化过程，将燃料转化为以 H_2 和 CO 为主的合成气，然后经过净化处理（除尘、脱硫等）使燃料成分达到 MCFC的要求。

②　MCFC 本体系统。MCFC 电池本体及其外围设备统称 MCFC 本体系统。根据容量和用途的不同有以下选择。

a. 常压运行方式和加压运行方式。常压运行的 MCFC 结构简单，但排热回收方式局限性大，常用的方式是利用排热产生蒸汽，小容量不能以动力形式回收排热，中大容量可组成蒸汽轮机底循环发电系统，其技术经济性远不及加压运行的 MCFC 组成的中大容量联合循环系统，因此，常压运行的 MCFC 一般适用于小容量分布型热电联供场合。

燃料电池在加压运行方式下，其性能可明显提高。不仅如此，加压运行的 MCFC 排热可直接用燃气透平回收，产生附加动力。随着技术的发展，加压运行的 MCFC 可与底部的燃气蒸汽联合循环，组成大容量发电系统，使燃料电池发电技术的容量和发电效率得到进一步提高。

b. 燃料的内重整和外重整。MCFC 内部产生的热和水蒸气可被直接利用进行燃料（天然气等）的重整，这种方法叫作内重整。内重整与外重整不同之处在于将重整过程的催化剂配置在 MCFC 本体中，重整反应直接利用阴极反应产生的热量和蒸汽，可提高 MCFC 的发电效率，并使系统简化。但是，内重整的优点在加压运行时稍有削弱，因此，就目前的技术看，内重整更适合于常压方法运行，对于中小容量，内重整的 MCFC 更有优势。大容量的MCFC 发电系统要求加压运行，外重整更适合。

c. 气体再循环。为了调整供给电堆的气体温度、流量和成分等，常常采用阴极、阳极气体再循环等方法。阴极气体循环一般是通过阴极循环风机和催化加热器将一部分阴极排气再循环至阴极入口，目的是调整阴极气体入口温度，并补充阴极反应所需的 CO_2。阳极气体循环一般是通过阳极循环风机和一系列冷却器将部分（或全部）阳极排气冷却、汽水分离、再循环至重整器中，其目的是将未反应的燃料用于重整反应。是否采用阴极和阳极循环取决于系统容量和参数的优化。小容量系统希望系统简化，一般不采用气体循环，或者只采用阴极气体循环。

③ 排热回收系统。MCFC 的排气温度一般在 650～700℃，热回收系统可选择的方案较多。对于常压运行的 MCFC，排热回收系统多采用余热锅炉产生蒸汽。小容量发电系统，余热锅炉产生的蒸汽仅作供热用。大容量时，热回收系统可配备余热锅炉、蒸汽轮机和发电机组成底部蒸汽循环发电系统。

加压运行的 MCFC，排热回收系统可直接以燃气透平回收动力。小容量时，可采用燃气透平压缩机将排气的能量用来压缩燃料电池的入口气体，甚至还可产生一部分电力。中大容量的 MCFC 发电系统，可配备燃气-蒸汽联合循环发电系统来回收排气的能量。据估计，未来 100MW 以上以天然气为燃料的 MCFC 联合循环发电系统的发电效率可达到 65％～70％（LHV），以煤为燃料时，发电效率可达到 60％（LHV）左右。

④ 直交流变换系统。由于燃料电池产生的是直流电，因此，必须有直交流变换系统。对于各种燃料电池，直交流变换系统是基本相同的。图 29-27（见下页）是与燃料电池发电系统相匹配的电气调节系统[1]，主要包括直流回路保护装置、换流器、串联电抗、输出变压器和输出开关等部件。燃料电池通过电气调节系统，可将产生的电力与电网相连，或直接使用。

29.3.2　MCFC 发电系统性能

29.3.2.1　常压 MCFC 发电系统性能

美国 Santa Clara 2MW 内重整 MCFC 示范电站是典型的常压 MCFC 发电系统[1]。其系统流程如图 29-28 所示。

该系统的特点如下。①常压运行，燃料内重整。天然气经净化处理后，直接进入 MCFC，在电堆的阳极气体通道中进行重整。②单一系统，尚未一体化。阳极排气与空气混合后，经催化燃烧室燃烧未反应的燃料，以补充阴极气体所需的 CO_2，然后经循环风机送入阴极。

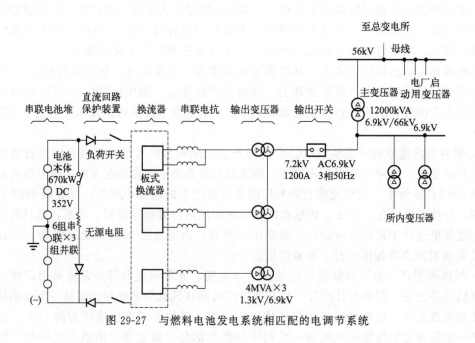

图 29-27 与燃料电池发电系统相匹配的电调节系统

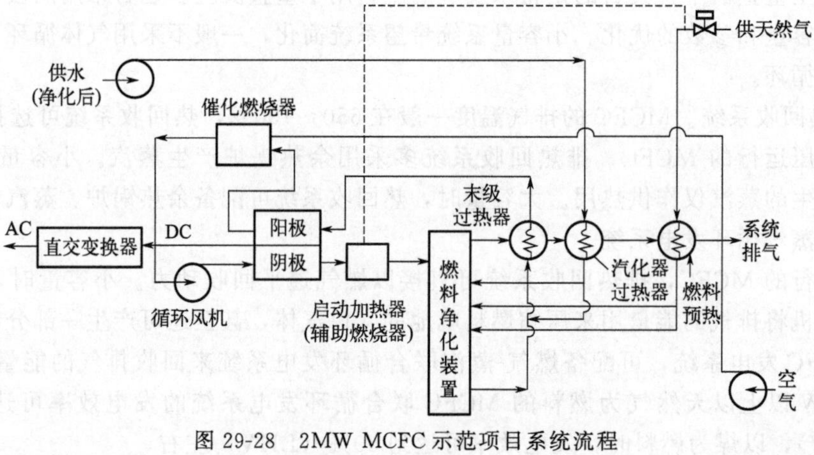

图 29-28 2MW MCFC 示范项目系统流程

该系统的燃料利用率设计值为 75％。没有采取阳极气体和阴极气体再循环一体化系统。③发电效率设计值为 49％（LHV），试验中只达到了 44％（LHV）的发电效率。这主要是由于在试验中为了使机组稳定，启动了两个辅助燃烧器，使发电效率降低。据分析，若停用这两个燃烧器，该系统将能达到 49％（LHV）的目标值。④热回收系统采用一系列换热器来加热燃料和水，不向外部供热，回收的热量和水蒸气完全自用。⑤MCFC 本体由 16 个 125kW 直接内重整 MCFC 电堆组成，每个电堆包括 258 个单电池，每个单电池的电压为 0.8V，电流密度为 135mA/cm^2，有效面积大于 0.5m^2。16 个电堆分为四个模块。

该电站为复合电堆、并联供气、并联输出电流。存在的问题是：电堆输电线路和输气管线的绝缘和绝热材料性能不过关，高温下导致短路；电气设备配置不当，输气管线有待改进；系统尚未达到优化，发电效率低；MCFC 本体的寿命有待进一步提高。

美国 ERC 公司已开发出先进的常压直接内重整 MCFC 发电系统，采用整体化的系统建造 3MW 电站，发电效率为 54% (LHV)。新系统的特点是：①采取了阴极排气再循环；②采用了整体化的催化氧化加热器，更有效地利用了阳极排气中未反应的燃料；③新系统的发电效率将原来的系统提高了较多。

29. 3. 2. 2 加压运行的 MCFC 发电系统

目前，已示范的较大容量的加压运行 MCFC 发电系统有美国 San Diego 250kW 热电联供示范目 (SDG&E) 和日本川越 1MW MCFC 发电站。

美国 SDG&E 250kW MCFC 发电系统的流程如图 29-29 所示[1]。运行压力为 3 个大气压，采用先进的外重整器，燃料为天然气。电站由 1 个 250kW 的电堆组成，电堆的电流密度为 150mA/cm²。燃料利用率为 70%～80%，发电效率为 45% (HHV)，总的热利用效率为 70% (HHV)。

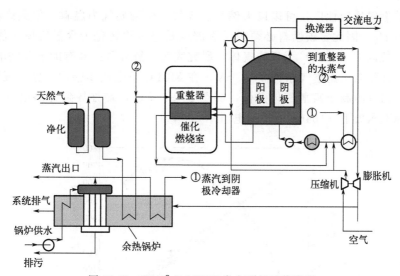

图 29-29　SDG&E MCFC 发电项目工艺流程

该系统与常压运行系统相比有以下特点：电堆的阴极排气先经膨胀透平做功，带动空气压缩机，将空气压缩到所需的压力，然后经过余热锅炉产生蒸汽，一部分供系统内用，另一部分向外供热。用先进的外重整器，可以使吸热的重整过程和燃料电池放热过程一体化，从而提高热效率。加压运行，不仅使燃料电池本体的发电性能有所提高，而且使阴极的排热量增大，有利于维持电堆性能的稳定，并使电堆寿命延长。

29. 3. 3　MCFC 性能和寿命影响因素

MCFC 除主要受电堆关键材料与部件本身性能影响外，其他因素如压力、温度、燃料利用率、燃料气体成分、运行时间、组装压力、密封材料、循环次数等也会影响 MCFC 性能。

29. 3. 3. 1 压力的影响

压力对 MCFC 电压的影响（在 650℃状态下）可用下式表示[1]：

$$\Delta U_P (\text{mV}) = 20 \ln \frac{P_2}{P_1} \tag{29-7}$$

压力的增强使反应气体的分压增加，电解液中气体的溶解度也随之增加，提高了质量传输率。压力增加的负面影响是会导致碳沉积和促进甲烷化反应。当然，碳沉积的问题可以通

过提高 H_2O 的分压予以克服。只有在较高压力下，压力对甲烷生成反应才有较大的影响。试验表明，在 10 个大气压下，只有少量的 CH_4 生成，在 CO 含量较高的气氛中，压力对碳沉积的影响较小。

29.3.3.2 温度的影响

MCFC 的最佳运行温度是 650℃，低于 520℃ 时，大部分碳酸盐不能熔化。在 520～650℃ 范围内，温度升高，碳酸盐的溶解程度加强，MCFC 的性能有所提高。大于 650℃，随着温度的升高，燃料电池的性能减弱，主要表现在几个方面：a. 电压和转化效率随温度的升高而减小；b. 温度的升高使电解质挥发损失增加；c. 温度的升高，使电解质对电堆材料的腐蚀加强。许多研究表明，650℃ 是 MCFC 维持高性能和长寿命的最佳温度。

29.3.3.3 燃料气体成分

MCFC 的燃料适应性广，可以以天然气、煤气、生物质气为燃料，但最终在阳极发生反应的气体为 H_2，因此含碳燃料必须经过裂解或重整过程转化为含氢气体才能参与反应。MCFC 阴极一般以 O_2 和 CO_2 为反应气体，研究表明，氧分压提高有助于开路电压的提高，氧气条件下的开路电压比空气条件高 0.05V。在 MCFC 单电池实验中，也发现纯氢条件下燃料电池的开路电压高于富氢气体条件，如图 29-30 所示，最终导致开路电压高于 H_2-O_2 燃料电池在标准压力下（1bar）的理论电压 1.229V。

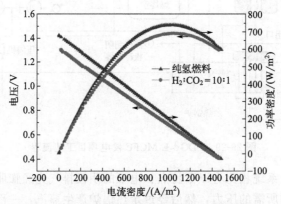

图 29-30   阳极不同燃料气组成下燃料电池性能对比

发生这一现象的原因是 MCFC 的阳极开路电压是 $P_{H_2}/(P_{H_2O}P_{CO_2})$ 的函数，在阴极气体成分不变的条件下，H_2 分压越高，开路电压越大。另外，高温条件下 H_2 具有更高的还原性，会与电解质内阴极溶解的 Ni^{2+} 发生还原反应，产生镍金属颗粒，造成电池短路。因此，不宜用纯氢作为阳极的燃料，而应使用富氢气体（$n_{H_2}/n_{CO_2}=80mol/20mol$）来控制阳极的反应速度，提高燃料电池寿命。

考虑到在 MCFC 电堆运行时，为了进一步降低运行成本，必须采用空气替代纯氧作为氧化剂，所以对采用空气和纯氧时的电池性能进行了测试，如图 29-31。对比可以发现，燃料电池性能相差并不明显。

采用电化学工作站分别对不同氧化剂条件下的燃料电池进行交流阻抗分析，如图 29-32 所示。可以看出，当将纯氧切换为空气时，电池的内阻由原来的 60mΩ 增加至 62.5mΩ，对燃料电池性能的下降也略有影响。

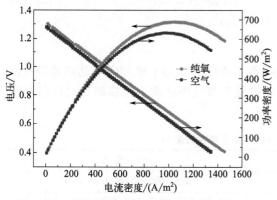

图 29-31　阴极采用纯氧和空气时电池性能对比

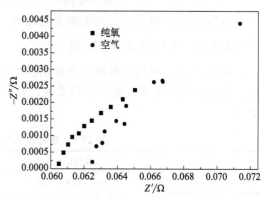

图 29-32　采用纯氧和空气时电池交流阻抗对比

29.3.3.4　燃料利用率的影响

图 29-33 表示当燃料的利用率由 30％提高到 60％，电堆的平均电压下降 30mV，降低了 30％。

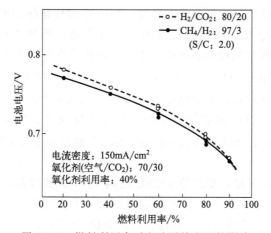

图 29-33　燃料利用率对电池平均电压的影响

燃料利用率对燃料电池电压的影响可用下式描述[3]。

$$\Delta U_{阳}(\text{mV}) = 173\lg\frac{\overline{P}_{H_2}/(\overline{P}_{CO_2}\overline{P}_{H_2O})}{\overline{P}_{H_2}/(P_{CO_2}\overline{P}_{H_2O})} \tag{29-8}$$

式中，$\overline{P}_{H_2}$、$\overline{P}_{CO_2}$、$\overline{P}_{H_2O}$ 分别是系统中 H_2、CO_2、H_2O 的平均分压。

以上的分析说明，MCFC 应当以较低的燃料利用率运行，以获得较高的运行电压。但是，低的燃料利用率意味着燃料没有被有效利用，这将使总的能量转换效率降低。因此，燃料利用率存在一个最佳值，通常 MCFC 的燃料利用率在 75％～85％之间，氧化剂的利用率一般为 50％。

29.3.3.5　电流密度的影响

电流密度增加会导致欧姆电压降增加、气体浓度减小，从而导致燃料电池的电压下降。电流密度与电压的相对变化关系可用下列公式表示[3]：

$$\Delta U(\text{mV}) = 1.21\Delta j \qquad 50 \leqslant j \leqslant 150 \tag{29-9}$$

$$\Delta U(\text{mV}) = -1.76\Delta j \qquad 150 \leqslant j \leqslant 200 \qquad (29\text{-}10)$$

目前 MCFC 电站的运行电流密度均小于 150mA/cm^2。

29.3.3.6 燃料气杂质的影响

表 29-6 是燃料气中各种杂质对 MCFC 可能产生的影响[1]，为了使 MCFC 达到稳定的性能，在燃料进入电堆之前，必须采取严格的净化措施将煤气中杂质含量控制在允许的范围之内。

表 29-6 各种杂质对 MCFC 产生的潜在的影响

分类	煤气中杂质分类	潜在的影响
固体颗粒	煤粉，灰粒	堵塞气体通道，磨损电堆材料
硫化物	H_2S，COS，CS_2，C_4H_4S	电压损失、腐蚀、与电解质反应生成 SO_2
卤化物	HCl，HF，HBr，$SnCl_2$	腐蚀、与电解质反应
氮化物	NH_3，HCN，N_2	与电解质反应生成 NO_x
微量金属	As，Pb，Hg，Cd，Sn，Zn，H_2Se，H_2Te，AsH_3	在电极上沉积、与电解质反应
碳氢化合物	C_6H_6，$C_{10}H_8$，$C_{14}H_{10}$	碳沉积

MCFC 对燃料气杂质中硫含量的要求最高。MCFC 对硫化物的容许值取决于运行温度、运行压力、气体成分、电堆材料和运行状况等多种因素。硫化物中对性能影响最大的是 H_2S。在常压和 75% 的燃料利用率的运行状态下，阳极可允许燃料气中 H_2S 含量小于 10×10^{-6}，阴极要求氧化剂中的 SO_2 小于 1×10^{-6}。这个容许值随着温度的升高而增大，随着压力的升高而减小。H_2S 对燃料电池性能会产生以下负面影响：会在阳极 Ni 表面吸附阻碍电化学活性，使水气变换反应的催化剂中毒，在燃烧反应中会生成 SO_2，被循环到阴极，然后与碳酸盐电解质反应，生成碱金属硫酸盐，SO_4^{2-} 通过电解质到阳极，在阳极表面被还原成硫吸附在阳极表面。

根据目前掌握的数据可知，要想使 MCFC 达到 40000h 的寿命，必须要求燃料气中的 S 含量低于 0.01×10^{-6}，考虑到脱硫技术的造价较高，目前 MCFC 对 S 的允许值为 0.5×10^{-6}。氯化物会腐蚀 MCFC 的阳极，而且会与碳酸盐反应生成 CO_2、H_2O 和碱金属的氯化物，由于 KCl 和 LiCl 具有较高的挥发压力，从而加速了电解质的损失。煤气中 Cl^- 的含量一般为 $(1\sim500)\times10^{-6}$。有的研究认为对于长期运行的 MCFC，HCl 的含量应控制在 1×10^{-6} 以下，甚至低于 0.5×10^{-6}。

NH_3 和 NCN 对 MCFC 没有直接影响，但是，假如在气体循环系统的燃烧过程中产生 NO_x，则会在阳极与电解质反应生成硝酸盐，进而影响电池的性能。研究表明，对于长期运行的 MCFC，NH_3 应控制在 0.1×10^{-6} 以下，对短期运行的 MCFC，允许值可增加到 1%。

燃料气中的固体颗粒会阻塞气体通道，并会在电极表面发生碳沉积破坏电池的性能。MCFC 要求燃料气中的固体颗粒小于 0.1mg/L（大于 $0.3\mu\text{m}$）。一些微量元素，如 As、Pb、Cd、Hg、Sn、Zn 等也会影响电池的性能，它们的允许值见表 29-7[1]。

表 29-7 MCFC 对燃料气杂质含量的要求

杂质类别	净化后指标	备注	允许值
固体颗粒	$<0.5\text{mg/L}$	高温脱硫遗留的 ZnO	$<0.1\text{mg/L}$

续表

杂质类别	净化后指标	备注	允许值
NH_3	2600×10^{-6}		$<1000 \times 10^{-6}$
AsH_3	$<5 \times 10^{-6}$		$<1 \times 10^{-6}$
H_2S	$<10 \times 10^{-6}$	第一阶段净化后	$<0.5 \times 10^{-6}$
HCl	500×10^{-6}	包括其他卤化物	$<10 \times 10^{-6}$
Pb	$<2 \times 10^{-6}$		$<1 \times 10^{-6}$
Cd	$<2 \times 10^{-6}$		30×10^{-6}
Hg	$<2 \times 10^{-6}$		35×10^{-6}
Sn	$<2 \times 10^{-6}$		无要求
Zn	$<50 \times 10^{-6}$	由高温脱硫过程中带来	$<20 \times 10^{-6}$
焦油	4000×10^{-6}	在气化过程中形成	$<2000 \times 10^{-6}$

29.3.3.7　运行时间

运行时间的长短能够直接反映燃料电池的寿命。运行时间对燃料电池性能的影响主要是长期在高温环境下操作引起的材料本身的腐蚀和变化导致电性能的下降。隔膜是 MCFC 的关键部件，隔膜的寿命直接影响 MCFC 的寿命。

隔膜寿命主要取决于：

① 隔膜孔径结构在 MCFC 长期运行过程中发生变化，通过溶解-再沉积过程发生孔径粗化，导致隔膜保持电解质能力和阻气能力降低。

② 由于电解质挥发、腐蚀等原因引起电解质损失，导致隔膜阻气能力降低，引起电池失效。

隔膜本身孔结构变化与最大孔径和孔隙率的变化有关。研究表明，随着运行时间增加，隔膜的最大孔孔径明显趋于变小，平均孔径趋于增大；随运行时间增加，隔膜孔隙率趋于变大。

隔膜最大孔径随烧结时间下降，最大孔径与烧结时间方程如下[25]：

$$D_m = (2.75258 + 0.01929t)/(1 + 0.02072t) \tag{29-11}$$

按照上式推算出运行时间为 40000h 时，隔膜最大孔径 $D_m = 0.933\mu m$，远远小于其寿命极限的孔径值（$7.92\mu m$），符合隔膜阻气要求。这一推算说明提高 MCFC 寿命的一个重要原因是控制制备隔膜的材料 $LiAlO_2$ 的粒径和隔膜的孔径，使制备的隔膜具有较小的孔径。隔膜孔隙率变大，需要保持更多的电解质以维持隔膜的阻气性能，如果隔膜内的电解质因孔隙率变大而相对缺少，就会直接影响到 MCFC 的寿命。日本 Hiroaki Urushibata 等认为由电解质损失引起隔膜中电解质保持量为初始值的 70% 的时间为燃料电池寿命时间[26]，在 40000h 内，隔膜的孔隙率变化小于其初始值的 70%，因此认为 MCFC 的寿命能够达到 40000h，前提条件是制备的隔膜最大孔径必须小于 $0.933\mu m$。实际运行过程中，必然会存在电解质的挥发与损失，从而影响电池的寿命。

29.3.3.8　组装压力

MCFC 电堆或单电池在组装时[27]，在两个端板之间必须施加一定的组装压力，保证电堆有良好的密封性。隔膜烧结初期，随着有机物的挥发和分解，隔膜粉粒在组装压力作用下发生重排和滑移。

在 MCFC 电堆较高的组装压力下，隔膜粉粒会在组装压力的作用下发生重排和滑移。

第四篇　氢能应用

粉料颗粒的重排和滑移主要是因为隔膜孔隙率分布不均，在隔膜孔隙率较高的区域，粉料颗粒在较高的压力作用下发生滑移重排，导致孔隙率较高的局部孔隙率降低。同时，在此过程中，发生滑移的粉料颗粒必将受到周围颗粒的阻碍，产生重排能量，也必将带动周围颗粒的滑移重排，最终导致隔膜整体孔隙率的下降。但是隔膜粉料的重排和滑移也有有利的一面，它可以减小隔膜的最大孔径，减少隔膜内结构缺陷。在新的区域内蕴藏着新的重排，由于重排能量较快分散，新重排作用强度也往往小于常压下重排作用强度，因此在组装压力下隔膜最大孔径往往小于常压下隔膜最大孔径。因此组装压力的提高，虽然减小了隔膜的整体孔隙率，但是同时也抑制了隔膜内部缺陷的发展，使得隔膜平均孔径减小，保持电解质能力增强，所以存在最佳组装压力。林化新等认为最佳的组装压力为 2.4MPa。

高温条件下烧结的隔膜中浸满电解质，在适当外力的作用下，隔膜粉粒重排能量快速分散，不稳定区域长度减小，导致隔膜最大孔径减小和滑移速率反向提高，因此组装压力促使隔膜粉粒重排的发生，产生了非常致密的效果，但又抑制和减小了隔膜内缺陷的发展，有利于 MCFC 的长期运行。

29.3.3.9 密封

MCFC 一般均采用湿密封，烧结后的隔膜浸满熔融电解质，在适当的组装压力下，依靠电解质的黏性与隔膜粉粒的固化作用形成一层致密的密封层，防止电堆的漏气现象发生。

MCFC 的密封与隔膜的性能有很大关系，致密的隔膜能够保持一定量的电解质，并将电解质固化在隔膜粉粒的周围；相反，孔隙率与孔径较大的隔膜会容纳较多的电解质，在较大的组装压力下，由于较多的电解质导致大量隔膜粉粒发生重排与滑移，甚至被挤出密封面，造成密封面的缺陷而发生漏气现象。试验发现依靠增大密封面解决 MCFC 的密封问题是徒劳的，因为密封面上的隔膜与盐片在烧结过程中的环境是最差的，在组装压力作用下，隔膜与碳酸盐片紧密接触，空气中的 O_2 很难与隔膜盐片中的有机材料接触，从而造成密封面积积炭现象的发生，积炭现象直接导致双极板之间的局部短路，电堆性能很差。因此，解决 MCFC 密封问题的关键在于隔膜的致密程度。

29.3.3.10 循环次数

MCFC 多次循环启动过程中，电解质隔膜要承受力学应力和热应力的冲击，力学应力主要来源于外界的压力及隔膜在烧结过程中有机物热解而产生的收缩，热应力包括不均匀的热温度分布和热循环造成的应力。由以上因素造成的隔膜的破裂会导致漏气、低效等现象。

热应力是 MCFC 多次循环启动导致隔膜产生破裂等缺陷的主要原因。MCFC 工作温度下，电解质呈熔融状态，密度小，黏度低，具有很强的蠕爬性能，可以在隔膜粉粒的多孔结构中移动。电堆降温时，由于碳酸盐晶体结晶，造成隔膜的体积收缩，产生的应力可能会使隔膜穿孔或产生裂纹；而当温度再次升高时，碳酸盐熔融，原来起支撑隔膜作用的碳酸盐晶体消失，也会造成隔膜缺陷的发生。减小热应力的有效方法是制备高致密高强度的电解质隔膜，一方面隔膜能够耐受较大的两极压力差，另一方面，致密的隔膜孔隙中容纳的电解质较少，从而使热循环产生的热应力对隔膜结构的影响较小，防止多次热循环后电池性能的恶化衰减。

29.4 MCFC 发电系统集成与示范

美国 MCFC 技术开发的重点是分布式燃料电池电站。美国从事 MCFC 研究的单位有国际燃料电池公司（IFC）、煤气技术研究所（IGT）、能源研究公司（ERC）。1995 年 ERC 在加州 Santa Clara 建立了 2MW 试验电厂，1996 年夏季运行达 5000h。该试验电厂共有 16 个电池组，电能效率为 $43.6\%[7820Btu/(kW \cdot h)(LHV)]$，电力净输出量为 $1.93MW$。日本对 MCFC 的开发主要由 NEDO、电力公司、煤气公司和机电设备制造厂商组成的"熔融碳酸盐型燃料电池发电系统技术研究组合"（MCFC 研究组合）进行。日本 IHI 在川越火力发电厂建成了由 4 个 $250kW$ 叠层电池组成的 $1MW$ 级试验发电装置，并于 1999 年成功进行了发电试验，运行时间达 $4900h$。

29.4.1 Santa Clara MCFC 示范项目

该示范项目由美国 ERC（能源研究公司）提供 DFC。容量为 $2MW$，建在 California 的 Santa Clorra 市，1996 年 3 月建成，1996 年 4 月至 1997 年 3 月完成试验计划。

SCDP 项目是第一个 MCFC 示范电站。通过示范将使 MCFC 技术达到进一步的优化。ERC 已选择了 $2.4MW$ 级 MCFC 电站作为进入商业化的产品（图 29-34）。

图 29-34 SCDP MCFC 示范电站

示范电站毛功率为 $2WM$，净功率为 $1.8WM$。该电站与当地的邻近的 $115/60kV$ 变电站相连。原料采用天然气。电站由 16 个 $125kW$ 的电池堆组成，分成 4 个子模块，共用一套辅助系统（BOP），包括：燃料输送和净化系统、变流系统（直流变交流）、循环连接系统、全厂的热利用系统、全厂的自用电系统、全厂的其它机械设备（除燃料电池本体外）。该项目的燃料电池本体部分的设计和制造受美国能源部的支持。BOP 的设计和全厂的建设及试验由本项目的合作单位共同完成。该项目各部件的供货商见表 29-8[1]。

第四篇 氢能应用

表 29-8 SCDP 的性能指标

额定出力	2.0MW	距设备 30m 处的噪声	$<60dB(A)$
额定净出力	1.8MW	设备可用率	90%
额定功率下的热耗	$>7385kJ/(kW \cdot h)(LHV)$	冷启动到额定出力的时间	约 $40h$
发电效率	$>48.7\%(LHV)$	备用到额定出力的时间	约 $30h$
排放 SO_x NO_x CO_2	$kg/(MW \cdot h)$ 0.001 0.0002 384	无功功率 电池寿命（$>500℃$ 时）	±1.67 MVAR $10000h$
电力质量	满足 IEEE 519 标准	设备附近的噪声	$<70dB(A)$

该电站于 1996 年 4 月开始启动。电站的输出功率可以达到 $1.8\sim1.93MW$。在 $1.93MW$ 时，燃料电池的电压非常稳定，波动范围在 $\pm1\%$（如图 29-35 所示），可稳定地输出交流电，达到预期目标。

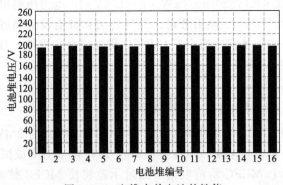

图 29-35 电堆中单电池的性能

该电站设置了两个辅助天然气燃烧器，一个装在阳极的排气管线上，另一个装在热回收装置上，以提高全厂跳闸时系统的稳定性。这两个燃烧器平常是关闭的，一旦出现跳闸事故，它们将启动，以保证整个系统缓慢停机。由于有这两个辅助燃烧器，系统的效率没有达到目标值 49%（LHV）；试验中已获得了 44%（LHV）的效率，这相当于同等规模天然气联合循环的发电系统的效率。燃料电池的性能和系统的运行参数表明，一旦去掉辅助燃烧器，49% 的目标值将会很容易达到。而当该电站与城市电网连接后，这两个辅助燃烧器将会很少使用。

在试验过程中，还特意检查了绝缘和隔绝材料的变化。可能出现的问题是：平行的循环电路之间的绝缘；电路与燃料气体分配管线的隔绝；电路和燃料管线与电堆的隔绝。随温度的升高，隔绝材料的导电性和导热性将会增强，加上整个电堆会产生 1000VDC，因此，上述三方面的绝缘和隔绝非常重要。

实验过程中，拆换过一次绝缘材料，第二次启动后，输出功率下降到 1.0MW。经检查发现，燃料输送管线中出现短路和硬件损坏现象。后来用未受损坏的两组燃料电池模块（8个电堆）进行了第二期试验，输出 1MW 功率。为了使四组燃料电池模块的燃料输送达到均匀流量和压力，在输送管线中加装了一个缓冲联箱。

第三期试验是用两组燃料电池模块进行，结果输出功率达到 950kW（毛功率），是目标值的 95%。图 29-36 是这两组燃料电池模块的三期试验比较结果。试验说明，第三期试验与第一期试验很相似，但平均电压比第一期和第二期低。这主要是由于第三期试验是在较低温度下运行。此外，第三期试验的两组燃料电池模块的工艺气仍然流经原来 4 组燃料电池模块

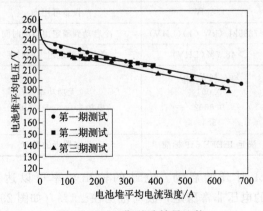

图 29-36 三期试验结果比较

的系统，其散热损失较大，气体进燃料电池的入口温度比原来大幅度降低，而出口温度比原来略有减小，影响了燃料电池的出力。

该电站的燃料电池代表了 1993 年的设计和技术水平。在第三期运转中进行了 7 次变负荷试验，最快的变负荷率为 4.8%/min。第三期试验的稳定运行也提供了其他判断指标，例如噪声、电力质量和排放等。除了达到并超过其发电速率和变负荷率，还达到了其他许多的关键标准，包括发电效率、尖峰负荷、电压谐波、电质量，低 NO_x 和 SO_x 排放及低噪声运转。SCDP 辅助设备非常可靠，系统受到高压输电线路网的干扰较少，并且处理主要电网事故的速度非常快。辅助设备在测试期间的总可靠性为 99%，在全部的测试计划中（包括 BOP 的预测试）安全性非常好，没有发生过损失时间的故障。

测试结果对开发商来说可谓是无价之宝，这项计划是全球首次兆瓦级 MCFC 的示范（热损失、系统控制、联网、多堆运行等）。简单 BOP 设计的优点显而易见，可靠性非常高。成功地发现（例如在早期的 8 堆系统中热损失对堆温的影响）并解决了（例如通过提高蒸汽含量减少了热损失的影响）设计中的不足。有了示范和吸取的经验，直接燃料电池向商业化迈进了重要的一步。这项计划的完成还获得了 APPA 能源革新奖和 EPRI 技术进步奖。

29.4.2　日本川越 1MW 熔融碳酸盐燃料电池试验电站

日本根据新阳光计划，在 100kW MCFC 电堆试验成功的基础上，于 1998 年在日本中部电力公司的川越火电厂内建成了一座 1MW 级先导型 MCFC 试验电站，是用于验证性能和运转特性的首座试验电站，为大规模商业化电站打下基础。石川岛播磨重工（IHI）在这项计划中主要负责基础设计、电站工程、控制系统的开发和 2 个 250kW 电堆，同时还包括燃料电池辅助系统。参加这个项目的单位还有日历和三菱电机，工程由日本 MCFC 研究协会协调。1998 年 11 月末用一个模拟堆进行了试验电站的过程和控制（PAC）实验。在试验初步完成之后又进行了 250kW 电堆的预制造并在实验站进行了安装。

川越 1000kW MCFC 发电厂的工艺流程图如图 29-37 所示[28]。1MW MCFC 试验电站主要由重整器、4 个 250kW 电堆（2 个 A 燃料电池堆，2 个 B 燃料电池堆）、2 个高温阴极气体再循环鼓风机、一个涡轮压缩机、一个热回收蒸汽发生器（HRSG）、两套逆变器和电站控制系统组成。250kW 电池堆的参数见表 29-9[28]。

表 29-9　250kW 电池堆参数

项目	燃料电池堆 A	燃料电池堆 B
气体流动方式	交叉流动	顺流流动
电堆数量	6 个电堆	2 个 125kW 电堆
单电池数量	300 个单电池(50×6)	280 个单电池(140×2)
电极面积	1.21m²	1.0m²
设计功率	250kW	250kW
电池电压	786mV	763mV
电流密度	92.4mA/cm²	121mA/cm²
压力容器尺寸/mm	Φ3600×10850	Φ3400×9400

IHI 已经开发出了燃料电池堆 B，它是由 2 个 125kW 次级堆构成的 250kW 堆，这 2 个次级堆放置在一个压力容器内。每个 125kW 次级堆由 140 个 $1m^2$ 的单电池组成。上部和下部互相连接。电堆的特点是内部有气流歧管，燃料和空气呈交叉流动形式。250kW MCFC

电堆结构图如图 29-38 所示[28]。

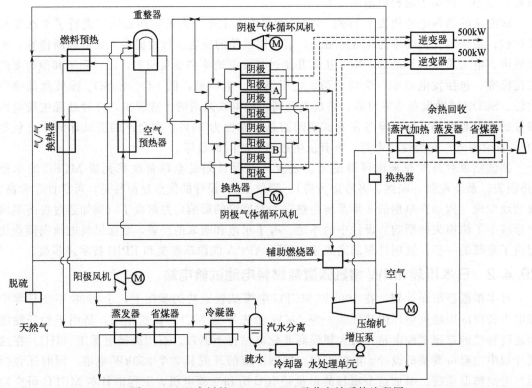

图 29-37 日本川越 1MW MCFC 示范电站系统流程图

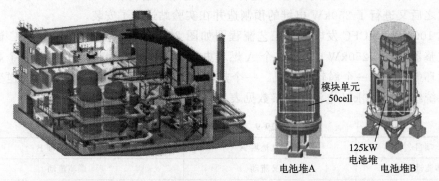

图 29-38 1000kW MCFC 电站布置图及 250kW 电池堆结构图

电站的设计参数见表 29-10[28]。系统的主要特性如下：a. 阳极排气被用作重整器的燃料；b. 阳极产生的 CO_2 通过重整器的燃烧室再循环到阴极；c. 阳极产生的 H_2O 被分离后，经余热锅炉蒸发和过热再循环至重整器，供重整过程之用；d. 阴极入口气体的温度由再循环的阴极排气控制；e. 高温（最高 670℃）阴极排气用来驱动涡轮压缩机，然后进入余热锅炉，产生蒸汽的热源。

表 29-10 电站设计参数

项目	单位	数值	项目	单位	数值
运转温度	MPa	0.49	电流密度	mA/cm²	121

续表

项目	单位	数值	项目	单位	数值
阴极进口	℃	580	燃料利用率	%	76.2
(阴极)出口	℃	670	蒸汽碳比率	—	3.5
堆 A 运转电压	V	0.786	电出力(燃料电池)	kW	1000
电流密度	mA/cm²	100	总燃料消耗	kg/h	140.9
堆 B 运转电压	V	0.763	热效率(总)	%	46.7

1998 年 2 月至 11 月间进行了 1000kW 试验电站的 PAC 测试。按照电站启动安排,陆续进行了包括 HRSG 和气轮压缩机在内的热回收辅助系统的运转试验、重整器在内的燃料处理系统试验、阴极气体再循环鼓风机在内的燃料电池辅助系统和模拟堆的试验。按照制定的进度表进行了电站总试验、初步试验、官方检查前的数据采集、电站检测和维护。PAC 测试结果见表 29-11[28]。

表 29-11　1000kW MCFC 电站 PAC 测试结果

测试项目	测试结果	测试项目	测试结果
最大功率	1000kW(模拟)	负荷变化率	最大 5%/min
最小功率	300kW(模拟)	噪声污染物排放	低于规定值
运行时间	3200h	负荷区间	30%~100%(模拟)
重整器运行时间	2500h	压差	小于设定值
冷启动	7.5h	热启动	5h

1999 年在堆和动力调节系统安装完成之后,1999 年 3 月开始进行了试验电站发电试验。1999 年 7 月初,MCFC 发电系统电池堆温度升温至 6000℃和 5atm,之后完成整个 BOP 系统的调试。1999 年 8 月 4 日,燃料气引入电池堆,MCFC 发电系统开始发电产生电能。

1000kW MCFC 发电系统启动模式按照以下顺序:①涡轮压缩机启动;②辅助燃烧器启动;③HRSG 启动;④重整器启动;⑤燃料气至电池堆;⑥逆变器并网。设备在冷态启动模式下从涡轮压缩机开始到 30% 负荷连接电网的时间为 7.5h。

图 29-39 为初期启动时的功率变化趋势。在不同的负荷下电堆压差、温度和电堆的电压一直保持稳定。1999 年 8 月 20 日午夜,在 500kW 负载运行期间由于电压较低,逆变器跳

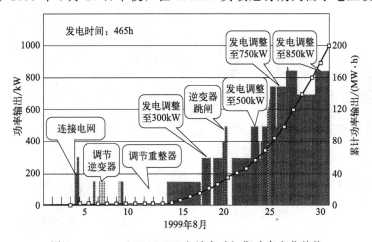

图 29-39　1000kW MCFC 电站启动初期功率变化趋势

闸电厂自动切换到空载但没有出现任何问题。截至 1999 年 8 月 31 日，该工厂已运行功率至 850kW，总发电功率为 200MW。

图 29-40 是两个不同类型的电池堆 A 和电池堆 B 在初始运行到 850kW 时的电压分布，每个燃料电池的平均单片电压几乎是平坦的，整个系统运行非常稳定。整个 1000kW MCFC 电站发电测试持续到 2000 年 1 月，完成了 5000h 的试验验证[28]。

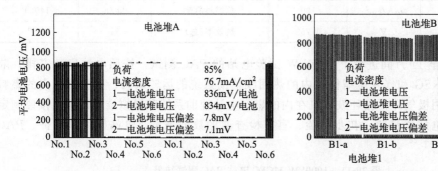

图 29-40 850kW MCFC 发电系统运行时不同电池堆电压分布

29.4.3 MCFC 的商业化

20 世纪的最后几年，MCFC 在美国的开发是由两家公司进行，即 MC Power 和 Fuel Cell Energy（FCE）。MC Power 的工作源于芝加哥气体技术研究所于 20 世纪 60 年代开始并于 2000 年完成研究。联合技术公司（UTC）的一项早期项目于 1992 年结束并在美国能源部的同意下把技术转让给了意大利 Ansaldo 公司。因而 FCE 成为美国唯一的 MCFC 系统制造商。FCE 公司的总部、研发部和全球监控中心位于美国康涅狄格州的丹伯里，北美制造业位于康涅狄格州的托灵顿，年产能为 90MW。目前公司产品 DFC 发电厂已在全球超过 50 个地点产生超洁净、高效和可靠的电力。FCE 公司已经生产超过 1.5×10^{20} kW·h 的超清洁电力，且拥有超过 300MW 的发电装机容量[29]。FCE 公司主要产品为 DFC 系列发电产品，主要用作首要电源和热电联产以及分布式发电，公司产品的输出跨度极广，从几百千瓦到数兆瓦，在同类产品中处于较高水平，因此 DFC 产品在固定式燃料电池领域极具竞争力。FCE 制造的所有产品通常都包含 300～400 个电池的 MCFC 电池组，如图 29-41。

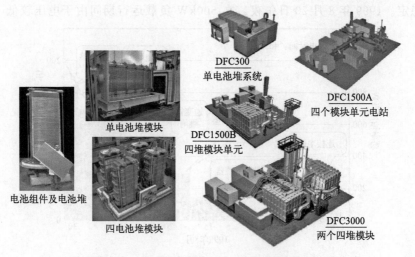

图 29-41 美国 FCE 公司的 MCFC 电堆及系统

DFC300®系统（参见表 29-12）中使用了一个 MCFC 电堆，尺寸为 6m×4.5m×6m，重 19t，可达到 480V、300kW，370℃下排气流量约为 1800kg/h。该系统的热电联产能力为 140~235kW。DFC1500®工厂名义上可产生 1.4MW 的功率，尺寸为 16m×12m×6m，其按照可容纳四个电池堆的燃料电池模块为中心建造。FCE 产品中最大的是 2.8 MW 的 DFC3000®系统，围绕两个四电堆的模块建造。

表 29-12 DFC 系列产品性能参数

项目		DFC300	DFC1500	DFC3000
功率输出/kW		300	1400	2800
交流电压/V		480	480	13800
频率/Hz		60	60	60
发电效率/%		47±2	47±2	47±2
污染物排放	NO_x	$0.4×10^{-6}$	$0.4×10^{-6}$	$0.4×10^{-6}$
	SO_x	$0.01×10^{-6}$	$0.01×10^{-6}$	$0.01×10^{-6}$
	CO	$10×10^{-6}$	$10×10^{-6}$	$10×10^{-6}$
	CO_2	445g/(kW·h)	445g/(kW·h)	445g/(kW·h)
	颗粒物	$0.002mg/m^3$	$0.002mg/m^3$	$0.002mg/m^3$
	噪声(3m 距离)	72dB	72dB	72dB
余热利用(热水或蒸汽)	排气温度	371℃±28℃	371℃±28℃	350℃±25℃
	流量	2090kg/h	8433kg/h	16866kg/h
	压力	$127mmH_2O$	$127mmH_2O$	$127mmH_2O$
水消耗	L/h	170	1020	2010
天然气消耗	LNG	$61.9m^3/h$	$307m^3/h$	$507m^3/h$
	LHV	$9347kcal/m^3$	$9347kcal/m^3$	$9347kcal/m^3$

注：1kcal=4.184kJ。

2014 年，FCE 在全球范围内设立了 80 多个亚兆瓦级和兆瓦级 DFC®发电厂，这些工厂成功使用了各种燃料，如天然气、源自工业及城市废水的生物沼气、丙烷和煤气，这里的"煤气"包括在运营和已废弃的煤矿产生的煤气及经煤处理后的合成气。使用沼气的做法对于 MCFC 来说很特别。例如，在废水处理设施中用污泥厌氧消化所产生的富含甲烷的沼气作为发电的燃料可为工厂提供动力，燃料电池产生的废气又可用于加热污泥以加速厌氧消化。此外，沼气是一种可再生燃料，使用沼气可在世界各地获得各种项目鼓励资金的资格。2012 年 FCE 对几台沼气池进行了现场测试，其中的 70%用于废水处理，最大的是位于美国华盛顿州金县 1MW 的 DC150®。与质量极其稳定的天然气不同，厌氧沼气的组成受污泥的化学组成和处理方式影响。为了得到稳定运行的 MCFC，FCE 设计出了可使沼气自动与天

图 29-42 金郡废水处理厂 1.5MW MCFC 电站

然气混合的系统。参见图 29-42。

　　FCE 公司开发了更大功率、更高效率的 MCFC 发电系统，如图 29-43 所示。该系统采用两套 1.4MW 发电单元并联，再串联一个 800kW 的发电模块，充分利用两个 1.4MW 发电模块的阳极尾气中的 H_2 继续产生电能，发电效率达 60% 以上。

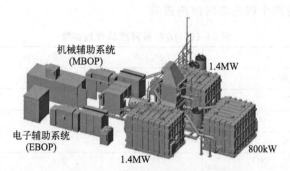

机械辅助系统
(MBOP)

1.4MW

电子辅助系统
(EBOP)

1.4MW

800kW

图 29-43　3.7MW MCFC 电站

　　在欧洲，UTC 和天然气研究所 20 世纪 70 年代和 20 世纪 80 年代在美国开展的工作推动了欧洲开启自己的 MCFC 研究和示范。荷兰能源研究中心（ECN）和意大利 Ansaldo 分别进行了大量研究。在欧盟委员会研究与技术开发框架计划的支持下，上述组织与其他组织进行了合作。德国公司 MTU Friendrichshafen 与美国 FCE 合作启动了自己的 MCFC 项目。MTU 在欧洲制造和配置了 250kW 热模块（hot module），系统流程与示范装置如图 29-44、图 29-45 所示[19]。

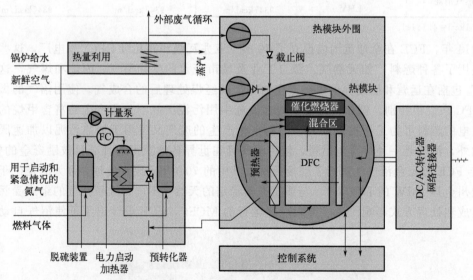

图 29-44　MTU 热模块热电联产系统简化流程图

　　第一批以天然气为燃料的 Hot Module 装置于 1999 年投入运行。热模块系统中一个由 292 个单电池组成的 MCFC 电堆可以产生约 280kW 的直流电，可转换为 250kW 的交流电，并且考虑了寄生损失。Hot Module 证明了其适用于甲醇、污水气和沼气，在连续操作中也适用于双燃料系统，允许快速更换从一种燃料到另一种燃料。截至 2008 年初，MTU 已经在欧洲安装了 20 多个 Hot Module，应用领域为工业、医院、污水处理工程、沼气厂、区域供暖系统和计算机中心或电信部门。这些工厂已经成功完成了 3 万个工作小时，Hot

图 29-45　MTU 热模块热电联产系统示范装置

Module 的耐久性得到验证。

　　POSCO Energy 是韩国最大的私人发电公司，在电厂建设和运营方面拥有 40 多年的经验。自 2000 年以来，POSCO 在政府的支持下与韩国电力公司（KEPCO）合作，促进了 MCFC 发展。其研究内容涉及开发外重整的 MCFC 技术，利用该技术在 2010 年成功运营了 125kW 的 MCFC 电厂。POSCO 于 2007 年获得在韩国生产和分销由美国供应的 FCE 电池堆系统的许可，其目的是通过浦项市的新工厂生产电气辅助系统来降低成本。另外，其还建立了研发中心并于 2011 年 3 月增设了一个燃料电池制造厂。POSCO 已为京畿道、吉安拉、庆尚和忠中省提供了 8.8MW 的 MCFC，并且在 2011 年向顺天、唐津、一山和仁川提供了 14MW 的 MCFC。2012 年在大邱市建设了 11.2MW 的 MCFC 发电厂，并于 2013 年启用了世界上最大的运行中的 MCFC 发电厂——由 21 个 DFC3000[R] 系统组成的 59MW MCFC 电站，如图 29-46 所示[19]。

图 29-46　韩国华城世界最大的 59MW MCFC 电站

29.4.4　MCFC 制氢与 CO_2 捕集

　　对于包含天然气或沼气重整的 MCFC 系统，阳极侧产生的氢气通常会被燃料电池消耗以产生电能。如果维持燃料供应，系统电力需求减少，相应地更多的氢气会出现在阳极废气中。在普通阴极燃烧器中消耗这种多余气体会增加入口处的温度，从而增加对空气冷却的需求。另一个更有效的方法是将氢气与阳极废气分离，从而不需要改变阴极空气流量并保持系统的高能效。这正是 FCE 推广 DFC 系统作为制氢机的基础。简而言之，MCFC 可以充当在全电负荷下运行的发电机。另外如果负载需求下降，则可以将多余的氢气分离并储存用作其他用途。MCFC 系统与间歇性可再生能源（如风力发电厂）一同运行的想法更有吸引力。

MCFC 中二氧化碳以碳酸根离子的形式从阴极转移到阳极，这种转移也可以投入实际应用。MCFC 可用于从电厂烟气中分离出 CO_2。典型的 MCFC 电池组的阴极废气包含体积分数约为 1% 的 CO_2，而在阴极入口的体积分数约为 10%。因此如果化石燃料发电厂向阴极提供燃料气，则大部分 CO_2 会被燃料电池提取并以浓缩的形式出现在阳极出口处。而在阳极出口处 CO_2 更易于分离与捕集[30]。

丰田长滩港工厂安装的电、热、氢三联产系统（trigeneration）使用定向可再生沼气来输送氢气、电力和水（图 29-47、图 29-48）。碳中和的 2.3MW 燃料电池电站将为该场地提供全部电力，为汽车燃料供应氢气，减少港口的排放，并将电力输出到南加州电网，水作为副产品，减少受干旱影响地区的港口用水量。

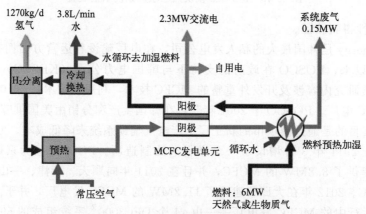

图 29-47　电热氢三联产系统能量平衡

图 29-48　FCE 公司开发的电、热、氢三联产系统

电、热、氢三联产概念比传统重整具有显著优势[31]：在天然气重整反应中，甲烷（CH_4）与氧气结合产生 CO_2 和氢气。理论上重整每产生 1kg 氢气就排放 5.4kg CO_2。除了提供反应原料，还要燃烧额外的天然气以提供重整反应所需的能量。考虑到典型的大型重整器，制备每千克氢气排放约 9kg 二氧化碳。在三联产系统中，驱动重整所需的热能反应完全由燃料电池废热提供，因此氢气的碳足迹产量降低到理论上每千克氢气 5.4kg CO_2。三联产系统如果部署在可再生燃料源附近，如废水处理沼气池，可以用沼气作为燃料，基本上将

碳足迹降至零（如果废热用于抵消加热器中的天然气燃烧器燃料，则为负值）。

参 考 文 献

[1]　许世森，程键. 燃料电池发电系统［M］. 中国电力出版社，2007.

[2]　Ryan O'hayre. 燃料电池基础［M］. 王晓红，黄宏，等译. 北京：电子工业出版社，2007：80-143.

[3]　衣宝廉. 燃料电池-原理、技术、应用［M］. 北京：化学工业出版社，2003.

[4]　Choi H J，Lee J J，Hyun S H，et al. Cost-effective synthesis of α-LiAlO$_2$ powders for Molten Carbonate Fuel Cell matrices［J］. Fuel Cells，2009，5：605-612.

[5]　Cheng J，Guo L J，Xu S S，et al. Submicron γ-LiAlO$_2$ Powder Synthesized from Boehmite［J］. Chinese Journal of Chemical Engineering，2012，20（4）：776-783.

[6]　高志强，沈晓冬，崔升，等. 纳米铝酸锂粉体制备方法的研究［J］. 材料导报，2006，11：145-148.

[7]　Batra V S，Maudgal S，Bali S，et al. Development of alpha lithium aluminate matrix for molten carbonate fuel cell［J］. J Power Sources，2002，1：322-325.

[8]　姚楠，熊国兴，盛世善，等. 溶胶凝胶法制备中孔分布集中的氧化铝催化材料［J］. 2001，29：80-82.

[9]　蔡卫权，李会泉，张能. 低密度薄水铝石晶体的水热生长过程［J］. 物理化学学报，2004，20：717-721.

[10]　程健，郭烈锦，许世森，等. 熔胶固相法合成 MCFC 隔膜材料 α-LiAlO$_2$ 及其特性分析［J］. 中国电机工程学报，2013，33（S1）：148-152.

[11]　傅拥峰，陈刚，胡克鳌. MCFC 用电解质基板的相稳定性［J］. 材料导报，2003，2：76-78.

[12]　林化新，程谟杰，衣宝廉. 熔融碳酸盐燃料电池水溶性隔膜的制备和性能［J］. 电化学，2005（11）：146-151.

[13]　Cheng J，Guo L J，Xu S S，et al. The optimization of matrix preparation process and performance testing for Molten Carbonate Fuel Cell［J］. Journal of Chemistry，2014.

[14]　Choi H J，Lee J J，Hyun S H，et al. Fabrication and performance evaluation of electrolyte-combined α-LiAlO$_2$ matrices for molten carbonate fuel cells［J］. International Journal of Hydrogen Energy，2011，36（17）：11048-11055.

[15]　林化新，衣宝廉，孔连英，等. MCFC 隔膜用 γ-LiAlO$_2$ 粗细匹配料制备研究［J］. 电化学，2000，6（1）：57-64.

[16]　Selman J R. MOLTEN SALT FUEL CELLS：Diversity and convergence，cycles and recycling［J］. International Journal of Hydrogen Energy，2020，05：197

[17]　程健，郭烈锦，许世森，等. 熔融碳酸盐燃料电池烧结电极制备方法［J］. 中国电机工程学报，2012，32（2）：80-86.

[18]　奚正平，汤惠萍. 烧结金属多孔材料［M］. 北京：冶金工业出版社，2009.

[19]　Andrew L D，David A J R，燃料电池系统解析［M］. 张新丰，张志明，译. 北京：机械工业出版社，2003.

[20]　程健，郭烈锦，许世森，等. 熔融碳酸盐燃料电池双极板数值模拟［J］. 中国电机工程学报，2011，31（Z1）：168-172.

[21]　林化新，周利，张华民. MCFC 多孔隔膜烧结机理的研究［J］. 无机材料学报，2007，22（4）：759-764.

[22]　Seo J J，Kuk S T，Kim K. Thermal decomposition of PVB（polyvinylbutyral）binder in the matrix and electrolyte of molten carbonate fuelcells［J］. Power Sources，1997，69（1-2）：61-68.

[23]　张明杰，王兆文. 熔盐电化学原理与应用［M］. 北京：化学工业出版社，2006：196.

[24]　程健，郭烈锦，许世森，等. 熔融碳酸盐燃料电池关键部件匹配与性能诊断［J］. 中国电机工程学报，2012，32（S1）：101-107.

[25]　周利，林化新，程谟杰，等. 熔融碳酸盐燃料电池隔膜及单电池寿命［J］. 电化学，2003，1：24-27.

[26]　Urushibata H，Fuj Ita Y，Nishimura T，et al. Determination of electrolyte loss rate and evaluation of the life for molten carbonate fuel cell［J］. Denki Kagaku，1997，65：121.

[27]　林化新，周利，明平文，等. MCFC 组装压力对隔膜性能的影响［J］. 电池，2007，37：6-8.

[28]　Tsunefumi Ishikawa，Hiroo Yasue. Start-up，testing and operation of 1000 kW class MCFC power plant［J］. Journal of Power Sources，2000，86：145-150.

[29]　FuelCell Energy. Sustainability Report 2021［R］. 2021.

[30]　FuelCell Energy. Carbon Capture with fuel cell power plants［R］. https：//www. fuelcellenergy. com/platform/carbon-capture.

[31]　FuelCell Energy. Distributed Hydrogen Production，Lowering the cost and carbon footprint of hydrogen production globally［R］. https：//www. fuelcellenergy. com/solutions/hydrogen-production.

第四篇　氢能应用

第 **30** 章

应用案例

燃料电池具有能量转换效率高、能量密度大、振动噪声小、红外辐射低等诸多优点，被誉为是继水电、火电和核电之后人类历史上"第四代发电技术"。自 20 世纪 60 年代以来，燃料电池技术已在运载装备、便携装备、机动化电站、固定式电站等领域获得广泛应用，部分领域已进入商业化应用初级阶段。本章节将对燃料电池在以上各领域的应用情况分别进行介绍。

30.1 运载装备

运载装备是指用于人员和物资运输的相关装备，主要分为地面运输装备、水上运输装备和空中运输装备，典型运载装备包括航天飞船、水面舰船、常规潜艇、水下航行器等。动力能源系统作为运载装备的"心脏"，其性能优劣直接决定着运载装备续航力、机动性、隐蔽性等核心技术指标。现阶段，运载装备采用的动力能源系统主要分为电动力和热动力两大类。电动力主要包括传统一次电池及二次电池，具有振动噪声小、红外辐射低等优点，但比能量偏低，难以满足大型以及远航程运载装备的技术需求。热动力比能量相对较高，但其振动噪声大，航迹明显隐蔽性差，且存在污染物排放，不能满足运载装备对隐蔽性和环保的要求。燃料电池不仅能够显著提高运载装备的续航力，而且可以大幅改善其隐蔽性，此外，采用该动力系统的运载装备还具备明显的环保优势，是运载装备，特别是大型及远航程运载装备的重要发展趋势。

30.1.1 航天飞船

随着航天技术的不断发展，各国探索太空的脚步也逐渐加快，各式新型飞船、航天器得到成功研制和应用。然而，受制于自然规律，太空探测任务会面临月夜长时间无太阳光照等情况，对储能系统提出了严峻挑战。氢氧燃料电池系统具有能量密度高、红外辐射小、振动噪声低等优点，是航天飞船储能系统的重要发展方向。经过数十年的发展，航天燃料电池技术已相对成熟，应用范围已由最初的示范试用向商业应用方向发展，技术路线也由碱性燃料电池向质子交换膜燃料电池方向发展。

20 世纪 60 年代，美国通用电气（GE）公司与美国航空航天局（NASA）合作开发了质子交换膜燃料电池，并于 1962 年成功应用于"双子座"太空任务中，其中质子交换膜燃料电池作为宇宙飞船动力。随后，在 Bacon 碱性燃料电池的基础上，美国飞机发动机制造商惠普（P&W）公司开发出比通用电气的质子交换膜燃料电池寿命更长的碱性燃料电池，成功应用于"阿波罗（Apollo）"登月计划（见图 30-1），其中碱性燃料电池作为宇宙飞船动力来源（见图 30-2）。后来，美国航空航天局的航天飞机的多次太空飞行任务，也都采用碱性燃料电池作为动力来源。

图 30-1　美国 Apollo 登月飞船[1]　　　　图 30-2　Apollo 飞船及航天飞机用燃料电池[2]

2019 年 3 月，日本宇宙航空研究开发机构（JAXA）与丰田公司共同宣布，将就未来太空探索任务开展合作，研发采用丰田公司燃料电池技术的载人增压月球车。JAXA 计划 2029 年用美国运载火箭发射载人增压月球车，乘坐该车的宇航员将对月面进行为期 42 天的探测。

2022 年 11 月 12 日，我国"天舟五号"货运飞船发射成功。飞船上搭载了由中国航天科技集团自主研发的燃料电池系统载荷，开展了我国首次燃料电池空间在轨试验，主要验证燃料电池在微重力等空间环境下的运行特性规律，掌握微重力等空间环境对燃料电池运行参数特性的影响规律，为后续宇航燃料电池应用设计提供理论指导和数据支撑。

30.1.2　水面舰船

在"双碳"战略背景下，世界各国都在积极开展绿色船舶动力系统的研究工作。由于具有绿色、高效、静音等方面的优势，燃料电池已成为船舶绿色动力的研究热点。2000 年以来，全球已有十数艘燃料电池船舶完成示范应用，船舶燃料电池技术已经进入商业化初级阶段。现阶段，技术成熟度相对较高，且适用于船舶自身特性和应用环境的燃料电池主要包括两类，一是质子交换膜燃料电池（PEMFC），二是固体氧化物燃料电池（SOFC）。PEMFC 适应于内河/近海船舶动力，SOFC 适合远航程、长航时近海/远洋船舶。

欧盟早在 2003 启动了以燃料电池作为动力系统的船舶试验项目"Fellowship"，在挪威和德国资金支持下顺利实施，并由 DNV（挪威船级社）对燃料电池的安全和风险进行了核查和认定，制定了全球首个船用燃料电池入级认证规范。该项目于 2009 年将 320 千瓦功率的全尺寸燃料电池动力系统安装到一艘在北海运营的海洋工程供应船"Viking Lady"号上（见图 30-3），为船舶停泊时提供辅助动力。除此以外，德国开发了以 PEMFC 为动力的"ZEMships"游船（100kW）、"Hyferry"邮轮（240kW）、荷兰开发了以 PEMFC 为动力的"Amsterdam"游船（60kW）。

在 SOFC 方面。2022 年 10 月，MSC 地中海航运集团旗下邮轮公司与法国大西洋船厂共同庆祝了"MSC 地中海欧罗巴"号（MSC World Europa）的正式交付。"欧罗巴"号（见图 30-4）是当今世界上最大的液化天然气动力邮轮，同时也是世界首艘搭载燃料电池的邮轮。燃料电池采用布鲁姆能源公司开发的 150kW 固体氧化物燃料电池，该燃料电池采用液化天然气（LNG）燃料。

第四篇　氢能应用

图 30-3　"Viking Lady" 号工程船[3]

图 30-4　"MSC 地中海欧罗巴" 号燃料电池邮轮[4]

　　欧美除了在民用船舶上开展燃料电池示范运行研究以外，还在军用舰船上进行了改装试验。美国 Satcon 技术公司在美国海军研究院资助下设计和试验 DDG-51（阿利伯克级）驱逐舰用 500kW 燃料电池模块，美国海军还用 3 个 2500kW（由 5 个 500kW 燃料电池模块构成）燃料电池替代独立间冷回热循环（IRC）燃气轮机作为主推辅助动力和备用电源，并采用相同功率的燃料电池代替柴油发电机组作为分布式供电的辅助动力，改装后运行表明：柴油节省了 18.6%，经燃料电池改造后的驱逐舰可为美国海军节省经费高达 3 百万～5 百万美元/（艘·a）。

　　除此以外，欧盟还开发了以 SOFC 为动力的 "MethAPU" 船（250kW）。韩国斗山公司于 2022 年 10 月与 DNV 签约船用燃料电池项目，将使用 600kW 的 SOFC 作为验证船的辅助动力，三星重工与 DNV 于 2021 年签约，开始进行全球首艘 SOFC 动力 LNG 船的商业化，大宇造船与美国船级社（ABS）于 2020 年签署了联合开发项目（JDP）协议，将使用 SOFC 技术替换一艘超大型油轮（VLCC）上至少三台柴油发电机中的一台。

　　国内方面，2021 年由中国船舶集团第 712 研究所研制的试验船在扬州长江水域完成系泊试验。该系统由燃料电池发电模块、供氢装置、监控装置和辅助装置等设备组成，最高运行功率 140kW。2022 年 5 月 6 日，由三峡集团长江电力与中国船舶集团第 712 研究所合作研发建造的国内首艘内河氢燃料电池动力公务船——"三峡氢舟 1" 号，在广东省中山市正式开工建造。"三峡氢舟 1 号"（见图 30-5）采用 712 所提供的氢燃料电池和锂电池动力系统，氢燃料电池额定输出功率 500kW，该船将主要用于三峡库区及三峡大坝、葛洲坝之间

图 30-5　500kW "三峡氢舟 1" 号公务船下水[5]

的交通、巡查、应急等工作。

30.1.3 常规潜艇

燃料电池动力系统能够大幅提升常规潜艇水下续航力和隐蔽性，是常规潜艇动力系统的重要发展方向。自 2003 年全球首艘燃料电池 AIP（air independant power，不依赖空气推进）潜艇下水以来，国内外燃料电池潜艇的服役和订购数量已经超过 30 艘，常规潜艇燃料电池技术已经进入商业化应用阶段。常规潜艇燃料电池技术路线也由传统的"合金储氢＋PEMFC"向"现场制氢＋PEMFC"方向发展。

德国在燃料电池 AIP 装置研制方面处于世界领先水平，自 1972 年开始持续投入大量经费和人员用于燃料电池 AIP 装置的技术攻关工作。1993 年，德国西门子公司研制出单块功率为 34kW 的质子交换膜燃料电池。1997 年，世界首批装备燃料电池 AIP 装置的德国 212A 型潜艇开工建造，燃料电池 AIP 装置包含 9 个 34kW 级燃料电池堆，正常工作时 8 个工作 1 个备用，组成 270kW 级燃料电池 AIP 装置作为水下经航动力，212A 型潜艇氢源采用铁钛合金储氢技术路线，铁钛合金的质量储氢密度约为 1.8%，储氢设备的质量储氢密度约 1.45%。

德国研制的 214 型潜艇具有 212A 型潜艇的燃料电池 AIP 技术和原 209 型潜艇的经济性。214 潜艇安装了 240kW 燃料电池 AIP 装置作为水下经航动力，采用 2 个燃料电池堆，每个电堆额定功率为 120kW，214 型潜艇氢源同样采用铁钛合金储氢方案，潜艇的 4 节水下一次续航力为 1324 海里。214 型潜艇是目前国际 AIP 潜艇军贸市场的主流产品，截至目前，该型潜艇服役或订购的数量已接近 30 艘，列装和订购国家包括希腊、葡萄牙、韩国、土耳其等。

2019 年 2 月 18 日，由德国蒂森·克虏伯海事系统（TKMS）为新加坡共和国海军建造的首艘 218SG 型潜艇在"长胜"号（RSS Invincible）在蒂森·克虏伯基尔造船厂举行落成下水仪式（见图 30-6）。218SG 型常规潜艇长度为 70m，宽度为 6.3m，水下排水量 2200t，水面排水量 2000t，最大水下航速 15 节，最大水面速度 10 节。218SG 型采用燃料电池 AIP 系统，配备两个功率各 129kW 的 PEM 燃料电池，该艇的持续下潜时间可以达到 28～42 天，这一表现已经超过了新加坡海军现役的"射手"级和"挑战者"级 50%。

图 30-6 新加坡"长胜"号下水仪式[6]

2000 年，韩国开始研发 KSS-Ⅱ型（张保皋-Ⅱ级）潜艇。KSS-Ⅱ型潜艇是以 214 型潜艇为蓝本，使用了燃料电池 AIP 技术，排水量 1800 吨，该型艇共建造了 9 艘。KSS-Ⅱ型首艇 2006 年在韩国现代重工集团造船厂下水。2007 年，韩国启动 KSS-Ⅲ型（张保皋-Ⅲ级）潜艇项目。首艘该型潜艇岛山安昌浩号（SS-083）2014 年开始建造，2021 年 8 月交付入列，水下排水量 3750 吨。从一定程度上讲，KSS-Ⅲ型首艇岛山安昌浩号是由韩国自主设计和建造的，其作战系统和声呐系统由韩国国防科学研究所主导研发，同时使用韩国国产动力系统，国产化比例已经达到 76%。

西班牙 Navantia 公司受邀为西班牙海军设计建造新型 AIP 潜艇，该级潜艇的开发计划始于 1989 年。西班牙海军首批订购了 4 艘该级潜艇，总价约 22 亿欧元，于 2009 年开建，目前有 3 艘在建。原本计划首艘于 2015 年交付使用，第二艘于 2016 年交付，但由于设计缺陷引发的超重问题，项目延期。直到 2020 年 2 月，西班牙能源公司 Abengoa 建造的 AIP 系统完成初步测试，并准备批量生产。由于研制工作的拖延，决定只在建造中的四艘 S-80Plus 项目潜艇中的第三艘（S 83 Cosme García）和第四艘（S 84 Mateo García de los Reyes）上安装，这两艘潜艇大约可以在 2026—2027 年进入西班牙海军服役。

俄罗斯燃料电池 AIP 潜艇研制工作始于 20 世纪 70 年代初期。1991 年完成了代号为"水晶-20"的燃料电池 AIP 装置的研制，功率 130kW，该燃料电池 AIP 装置被装备在"比拉鱼"小型潜艇上（主要战技指标见表 30-1），标志着俄罗斯第一代潜艇用燃料电池 AIP 装置首次成功使用，将潜艇在水下的支持力提高了十昼夜。

表 30-1　俄罗斯"比拉鱼"小型潜艇主要战技指标

序号	主要指标	参数	序号	主要指标	参数
1	排水量	218t	5	水下最高航速	6.7kn
2	最大长度	28.2m	6	水下经济航速	4.0kn
3	最大艇体宽度	4.7m	7	最大续航力	1000nmile
4	下潜深度	200m	8	水下经济航行续航力	260nmile

2016 年 4 月，法国 DCNS 公司的短鳍梭鱼级潜艇击败日本三菱重工的苍龙级潜艇，获得澳大利亚海军 SEA1000 潜艇项目订单，共计 12 艘潜艇，合同总金额达到 500 亿澳元。燃料电池 AIP＋锂电池动力能源装置是短鳍梭鱼级击败苍龙级的主要原因之一。

2019 年 7 月 30 日，法国 DCNS 公司宣布，该公司成功地对 FC2G（第二代燃料电池）型 AIP 系统进行了为期 18 天的模拟测试。FC2G 型 AIP 系统是第二代燃料电池独立空气推进系统，所有设备集成到长约 8 米的专用艇体之内，可以加装新建潜艇或者用于老旧潜艇的现代化改装（见图 30-7）。

图 30-7　FC2G 型 AIP 系统示意图[7]

印度国防研究与发展组织（DRDO）发表声明，印度在 2021 年 3 月 15 日完成了印度国产首款潜艇用不依赖空气推进装置的测试。不同于其他国家的 AIP 系统，印度采用了一种独特的磷酸燃料电池技术路线。该系统预计将装备印度海军的下一代 75I 项目常规潜艇。

据美国海事分析与咨询公司预测，未来十年内，仅亚太地区就至少有九个国家和地区（不含中国）计划实施 18 个潜艇装备项目，涉及 83 艘潜艇，估计耗资约 290 亿美元，其中，一半以上为燃料电池 AIP 潜艇。

30.1.4　水下航行器

　　水下航行器作为一种海上力量倍增器，有着广泛而重要的军事用途，在未来海战中有不可替代的作用。然而，受制于能量密度的限制，传统蓄电池已经难以满足水下航行器，特别是中、大型水下航行器对水下续航力的需求。鉴于在能量转换效率、能量密度、振动噪声等方面的独特优势，燃料电池已成为水下航行器动力系统的主要发展方向，美、德、日等国已实现燃料电池在水下航行器领域的工程应用，目前处于商业化初级阶段。

　　1967 年 4 月，美国 Lockheed Missils & Space 公司设计并制造了 Deep Quest 潜水器，采用 30kW 燃料电池作为其能源系统，可以用来从事商业活动和美国海军活动，可以完成一系列的使命活动包括海上救援、海岸线侦查和海底照相等别的活动。

　　2011 年 7 月，美国海军研究署发布 LDUUV（大直径无人水下航行器）动力系统项目招标公告，旨在将 LDUUV 续航力增加至 70 天。要求配置的燃料电池储能达到 1.8MW·h，储能密度达到 1000Wh/L。2012 年 Sierra Lobo 公司获得美国海军研究署合同，为 LDUUV 研发质子交换膜燃料电池系统，最大输出功率 10kW。

　　2016 年 6 月 23 日，美国海军和通用汽车公司宣布结成合作伙伴关系，共同研发无人水下航行器的高性能燃料电池。按照合作备忘录规定，通用汽车公司将向美国海军分享其在燃料电池领域的研究成果。据称，这些技术的应用将使无人水下航行器在不充电的情况下的潜航时间大幅延长至 6 周。

　　日本在水下无人潜水器的研究方面也取得巨大的成绩，其制造的第一代"URASHIMA"号自主水下航行器（AUV），同样采用质子交换膜燃料电池，能到达世界上最深的海沟——马里亚纳海沟，同时创造了目前 AUV 自主航行市场的世界纪录（见图 30-8）。

图 30-8　日本"URASHIMA"号自主水下航行器[8]

　　2006 年，日本计划开发第二代长航程水下机器人（2nd LCAUV），采用新型燃料电池系统，能量效率≥60%，持续巡航时间≥600h，最大输出功率为 10kW，总容量为 5000kW·h。2010 年 10 月，日本海洋科学技术中心和三菱重工完成 2nd LCAUV 用燃料电池原理样机，并于 2011 年 3 月完成了 600h 的耐久试验。2011 年 11 月，该系统被安装在"深拖"的研究牵引装置，在 180m 深度进行海试。2012 年，该系统轻微改动后成功应用在第二代长航程水下机器人上。

　　2003 年，德国阿特拉电子公司（STN）开发出 DeepC 水下侦查潜航器，长 5.8m，宽 2.3m，重 2.4t，能以 4 节的巡航速度持续巡航 60h，航程 400km，下潜深度 4000m。采用混合式电池系统：质子交换膜燃料电池系统和功率型电池。燃料电池系统由 2 套独立的质子交换膜燃料电池动力装置组成,每个动力装置的额定功率为 1.8kW。

英国简氏防务周刊 2022 年 5 月 31 日报道,加拿大细胞机器人公司(Cellula Robotics)与澳大利亚可信自主系统(TAS)研究中心签署了为期 6 个月的合同,将合作研发燃料电池动力的"海狼"(SeaWolf)超大型无人潜航器(XLUUV)(见图 30-9)。该无人潜航器项目由可信自主系统研究中心发起,由澳大利亚皇家海军创新战海军(WIN)分部投资。细胞机器人公司之前在加拿大国防研究与发展局资助下研制了 Solus-LR 无人潜航器。"海狼"超大型无人潜航器将基于 Solus-LR 无人潜航器研制。"海狼"无人潜航器长 12m、宽 1.7m,可用标准 40ft(1ft=0.3048m)集装箱装运,任务范围超过 5000km,采用燃料电池动力系统,带有 2 个 2500L 的有效载荷舱。

图 30-9 "海狼"无人潜航器模型[9]

2019 年 10 月 22 日,韩国防务制造商韩华系统公司在一次防务展上公布了一款反潜战无人潜航器(ASWUUV)。该潜航器大约长 9m、宽 1.5m,潜深可达 1000ft(约合 305m),搭载了燃料电池系统以提供动力(见图 30-10)。

图 30-10 韩国韩华系统公司展出的反潜战无人潜航器(ASWUUV)[10]

30.2 便携装备

早期,国外多将燃料电池的发展集中在千瓦级甚至兆瓦级的民用领域,但是近年来,美国和欧洲国家高度重视燃料电池的研发过程,先后将不同功率等级和不同技术路线的燃料电池产品投入列装使用,甚至投入战场进行实战检验(参见表 30-2)。迫使美、欧如此快地推广燃料电池的应用,正是因为目前战场对军用电源系统的要求不断提升,现有的单兵电源已经逐渐不能满足其需求,而燃料电池具有供电能力强、低热幅、低噪声、高效、高储能和高功率密度等优点,因此获得如此重视。由于燃料电池作为单兵电源的强大优势,美军和欧洲军队在研发过程中遵循"先易后难、先小后大"的原则,给了研究机构充分的时间进行技术改良和技术积累,同时也推动了向无人机电源、便携式电源和车载电源升级。

表 30-2　燃料电池电源系统研发项目汇总表

序号	参与公司	国别	资助机构	项目概述
1	SFC Energy	德国	美国陆军作战测试司令部	开发轻量级替代动力源(LAPS)
2	洛克希德-马丁	美国	美国海军研究办公室	设计开发太阳能板集成的 SOFC
3	Ultra Electronics AMI	美国	美国陆军	单兵电源 Amie 60,功率 60W,质量 2.8kg(含燃料罐),体积 5.98L
4	Ultra electronics AMI	美国	美国陆军	交付 45 台 ROAMIO D245XR 燃料电池系统,功率 245W,可用于无人机系统
5	Ultra electronics AMI	美国	美国陆军	单兵电源 D350 燃料电池系统,功率 350W,质量 5.1kg,体积 9.8L
6	NanoDynamics	美国	美国陆军	单兵电源 Revolution 50,功率 50W,质量 5.9kg,体积 10.7L,丙烷燃料
7	Atrex Energy	美国	美国陆军	SOFC 移动电源,1.5kW,JP-8(脱硫柴油)
8	Mesoscopic Devices	美国	美国陆军	SOFC 便携式电源,功率 75W/250W,质量 3.5kg/4kg,体积 5.85L/8.1L
9	Apollon Solar	法国	Apollon Solar& Pragma industries	40W 燃料电池电源,尺寸 15cm×15cm×22cm,质量 1.75kg,输出 12V(3A),工作温度 0~45℃; 氢源装置 750g,尺寸 24cm,ϕ9.2cm,出口压力 0.4bar(1bar=10^5Pa); 制氢粉末包质量 45g,尺寸 1.5cm×4.5cm×0.5cm,储能 50W·h

　　德国的 SFC Energy 公司生产并交付了一款综合电源系统"雌鸟"。该电源系统包括各类电源模块和一个综合电源管理模块,其中电源模块包括燃料电池系统和太阳能发电装置。该套系统在供电和电能管理的过程中都是自动进行的,噪声小、红外特征不明显,隐蔽性强,且与传统供电方式相比,可减轻单兵负担 80％左右。

30.3　机动化电站

　　巴拉德的 FCgen®-H2PM 氢燃料解决方案专为关键基础设施而设计,可提供低成本、灵活且可靠性较高的备用电源。FCgen®-H2PM 系统坚持易于安装的开发理念,可提供 1.7kW 或 5.0kW 的模块。燃料电池模块可耦合至满足功率输出要求,这使得燃料电池系统高度灵活且易于升级,迁移至另一场地也很方便。12 个模块可经耦合用于功率输出高达 60kW 的系统。该设备标准输出为 48V 直流电。可定制用于更高的直流和交流输出,通过使用超电容可实现无电池桥接能量。

　　2010 年,美国将基于 JP-8 航空煤油的 SOFC 发电系统应用于军用机动电站及分布式电站,功率等级从 2kW 至 60kW,可实现模块化组合发电。2017 年 1 月 26 日美国海军水面作战中心演示了 (JP-8) SOFC 混合动力装置的使用。结果表明该装置能支持三种模拟负载特性,已可取代柴油辅助发动机。

　　2016 年 4 月 5 日美国海军海军设施工程司令部演示 250kW 可逆 SOFC 储能装置,通过利用太阳能、风能进行电解制氢。

　　美国燃料电池公司 Atrex 系统公司,研发的 5kW 管式 SOFC 发电系统,作为偏远山区、基地等备用电源。参见图 30-11。

　　美国 Delphi 公司在辅助动力装置研究方面全球领先,其已研发出 1.5kW 和 9kW SOFC

图 30-11　巴拉德的 FCgen®-H₂PM 固定式电站[11]

电堆。其开发的 5kW SOFC 辅助动力装置已被成功地引进机动车设备中。

　　美国燃料电池公司 Redox Power 系统公司研发的 25kW SOFC 发电系统，系统发电效率 54％，通过模块扩展，可实现百千瓦级 SOFC 独立发电系统。

　　美国 Fuel Cell Energy 公司 2017 年开发的 200kW SOFC 系统，以天然气为燃料，电效率大于 60％，热电联供效率大于 87％，后期正研发 MW 级 SOFC 发电装置。

　　奥地利 AVL 公司研发的 5kW 柴油 SOFC 体积约 100L（2016 年技术水平），目前系统功率等级可覆盖 5～100kW 级，通过模块化组合，可实现 MW 级系统发电（表 30-3）。主要应用于替代船舶领域及军用电站等的柴油辅助发电机组。

表 30-3　奥地利 AVL 公司燃料电池电站系列化产品

名称	电功率/kW	热功率/kW	燃料	体积/质量	噪声/dB(A)
AVL SOFC APU Gen. 1	1.5	10	柴油	90L/100kg	＜75
AVL SOFC APU Gen. 2	3	12	柴油	75L/60kg	＜55
AVL SOFC APU Gen. 3	5	12	多种燃料	100L/100kg	＜55

　　博世研发的 10kW 级金属 SOFC 发电系统，发电效率≥60％；通过模块化组合，可实现 100kW 级至 MW 级 SOFC 电站（见图 30-12）。

图 30-12　博世电站实物[12]

　　英国 Ceres Power 公司研发的金属型 SOFC，已开发出 5～10kW 单电堆，30～100kW 级 SOFC 发电系统，与博世、潍柴、斗山、AVL 等公司推广了 SOFC 在电站、船舶等领域的规模化应用。

30.4　固定式电站

工业领域新能源使用已经成为当下社会经济发展的主要举措，为了让工业生产可持续创造经济效益，利用清洁的电能源已成为工业领域新能源的主要发展方向。2020 年 7 月，设置安装了斗山 114 台 M400 型号（440kW）产品的韩国大山燃料电池发电站正式竣工，大山燃料电池发电站是全球首个使用工业副产氢作为燃料的发电站，也是全球最大规模的氢燃料电池发电站（见图 30-13）。投入使用的 M400 型燃料电池模块功率为 440kW，单体尺寸为 8.3m×2.5m×3.0m，安装 114 台的发电站装机容量为 50MW，未来 20 年斗山将作为设备运营管理方对设备进行维修和保养。副产氢发电是利用石油化学中的副产氢气作为原料直接供应到燃料电池系统进行发电的过程，不仅提高了能源利用率，对比传统发电过程不会产生任何硫化物及环境污染，同时对比风力和光伏发电更加稳定，可以每天 24 小时每年 365 天持续发电，根据目前运营的设备统计，整套系统全年的开动率为 95% 以上，除更换滤芯及检修外设备持续开动，产品使用寿命 20 年以上，为 16 万个家庭每年提供 40 万兆瓦时的电力。

图 30-13　韩国大山燃料电池发电站[13]

本田（Honda）宣布，计划在 2023 年初前在加州托伦斯的企业园区安装一个固定式的燃料电池发电站。电站将作为未来发电机组商用化的概念验证，用于数据中心等需要可靠、清洁的辅助发电情景，在紧急情况下也可以作为零排放后备电源使用（见图 30-14）。该计划将利用本田在燃料电池技术方面的专业知识，作为该公司到 2050 年实现所有产品和企业活动碳中和的全球目标的一部分。本田燃料电池电站将使用本田 CLARITY 燃料电池汽车的燃料电池组件，在四四并联的固定燃料电池发电系统中，通过逆变器产生高达 1152kW-DC/1MW-AC 的功率。并联设计的一个独特优点是可以灵活地改变四个独立燃料电池单元的布局，以适应长方体、L 形、Z 形或其他安装要求。该电站计划在 2023 年初连接到本田美国园区的数据中心，并提供一个真实的发电应用场景来验证其性能。

FCwave™ 是巴拉德推出的适用于发电系统和备用电源的固定式燃料电池解决方案之一。该零排放解决方案使用巴拉德耐久模块，运行安静、占地面积更小且经济效益高。FCwave™ 的设计基于欧盟和 CSA 标准对固定燃料电池发电机的要求，且已通过这些标准

图 30-14 本田燃料电池电站概念图[14]

的相关认证，满足严格的安全标准。该设备灵活、模块化的设计可最大程度减少所需空间；功率输出可从 200kW 扩展至 1.2MW；机柜配备便捷检修门，且所有接口连接都位于正面，便于维修和维护；提供独立或撬装式解决方案；耐久性高于 25000 小时。

ClearGen™-Ⅱ是巴拉德的下一代兆瓦级固定式 PEM 燃料电池系统（参见图 30-15）。单个容器包含经现场验证的高耐久性 FCgen®-LCS 燃料电池堆。ClearGen™ 燃料电池系统是一个完整的解决方案，旨在通过氢能产生清洁能源。模块化 1.5MW 电源块经组合，可产生数兆瓦的零排放电力，并具有供给热能的能力。该系统可连续操作以满足基本负载功率需求，或间歇性地提供电网调节所需的峰值功率。该系统适合需要提供清洁能源和氢能的场所。ClearGen™-Ⅱ的设计基于欧盟和 CSA 标准对固定燃料电池发电机的要求，且已通过相关认证。

图 30-15 巴拉德 ClearGen™-Ⅱ兆瓦级固定式电站[15]

该设备主要技术指标：

① 电力输出：交流电或直流电（50/60Hz），电压范围视客户需求而定；

② 燃料电池尺寸：29m×24m×9m；

③ 电效率高，燃料消耗率 65kg/h；

④ 污染物：零排放，仅排出纯水。

2019 年 1 月，美国 Fuel Cell 能源公司宣布与美国 Orange 县就加州纽波特海滩 Coyote Canyon 垃圾填埋场填埋气的利用问题签署了一项独家期权协议，发起了一个燃料电池项目，开发填埋气作为可再生生物燃料为燃料电池发电设施提供能源（参见图 30-16）。

2013 年 9 月，日本三菱重工公司利用管式 SOFC 开发出 200 千瓦 SOFC 与微型燃气轮机混合联用系统。以天然气为燃料，系统的发电效率达到 50.2%，运行超过 4000 小时。

2017 年日本三菱日立公司研发的代号为 Hybrid-FC 的 250 千瓦 SOFC 与微型燃气轮机（GT）联用系统，目前整体效率为 65%，已在日本 5 个城市实现了示范运行，累计时间已超过 15000h（参见图 30-17）。科技部部长王志刚 2018 年参观了该公司 250kW SOFC 与微型燃气轮机联合发电分布式供能系统；示范运行后，日本已开展其在船舶领域的应用。

图 30-16　美国 Fuel Cell 燃料电池电站[16]

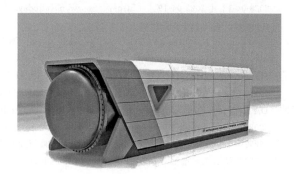

图 30-17　250kW 级 SOFC-GT 混合发电系统

2021 年，浙江高成绿能科技有限公司为浙江正泰新能源设计建造的燃料电池储能电站成功交付。该燃料电池储能电站是集光伏发电、制氢设备、燃料电池发电系统以及电力并网于一体的综合能源供电系统（见图 30-18）。集成于一台 40 尺标准集装箱（内容积为 11.8m×2.13m×2.18m）中，供电端采用双电源供电，可以自动切换供电系统；制氢端分别采用质子交换膜和碱性制氢系统，运行过程中两套制氢设备互不干扰，氢气纯度达 99.99%；制取的氢气不仅用于燃料电池发电，还将用于配套的燃料电池观光车动力系统；同时安装了控制和监控系统，用于检测、控制、远程遥控系统各个模块的运行情况。

图 30-18　浙江高成绿能燃料电池固定式电站

参 考 文 献

[1] History. com editors. 1969 Moon landing [N/OL]. History website，2023-03-27 [2023-04-19]. https：//www. history. com /topics/1960s/moon-landing-1969.

[2] Kenneth A. Burke. Fuel cells for space science applications [C] //1st International Energy Conversion Engineering Conference，August 17-21，2003，Portsmouth，Virginia.

[3] Ship-technology. Viking lady offshore supply vessel [N/OL]. Ship-technology，2010-08-04 [2023-04-19]. https：//www. ship-technology. com/projects/viking-lady/.

[4] Nick Blenkey. MSC world europa：Green as well as glitzy. [N/OL]. Marinelog，2023-04-12，[2023-04-19]. https：//www. marinelog. com/news/msc-world-europa-green-as-well-as-glitzy/.

[5] 新时代中国网. "氢舟"已过万重山：燃料电池加速船舶动力变革 [N/OL]. 2023-04-19 [2023-3-22]. https：//www. 163. com/dy/article/I0F1IMI70514OU8B. html.

[6] Naval today. Invincible，Singapore's first Type 218SG AIP submarine launched in Germany [N/OL]，Naval Today，2023-04-12 [2023-04-19]. https：//www. navaltoday. com/2019/02/18/invincible-singapores-first-type-218sg-aip-submarine-launched-in-germany/.

[7] Luca Peruzzi. Naval Group's FC2G AIP is ready to sail [N/OL]. EDR online，2019-09-04 [2023-04-19]. https：//www. edrmagazine. eu/naval-groups-fc2g-aip-is-ready-to-sail.

[8] Hiroshi YoshidaS, Ishibashi, Toshiya Inada. Fuel Cell AUV "URASHIMA"，[C] //Oceans'04 MTS/IEEE Techno-Ocean'04，November 09-12，2004，Kobe，Japan. New York：IEEE，2005.

[9] DA Reporter. Fuel cell powered XLUUV for Royal Australian Navy [N/OL]，Defense Advancement，2022-05-18 [2023-04-19]. https：//www. defenseadvancement. com/news/fuel-cell-powered-xluuv-for-royal-australian-navy/.

[10] 叶效伟，胡桂祥，俞圣杰. 国外重型无人潜水器最新发展动态及启示 [J]. 船舶物资与市场，2020 (3)：3-6.

[11] 巴拉德灵活燃料电池产品 [EB/OL]. [2023-04-24]. http：//cn. ballard. com/fuel-cell-solutions/fuel-cell-power-products/backup-power-systems.

[12] 华科福赛. 博世公司在德国 Wernau 打造 SOFC 示范工厂 [N/OL]. 2020-07-27 [2023-04-24]. https：//www. hkfcchina. com/newsinfo/658676. html.

[13] 能源新闻网. 全球最大工业副产氢燃料电池发电站竣工 [N/OL]. 2020-07-30 [2023-04-24]. https：//www. sohu. com/a/410574964 _ 244948.

[14] 网易新闻. 本田在加州站点部署固定式燃料电池发电站，用作数据中心备用电源 [N/OL]. 2023-04-24 {2023-03-07}. https：//www. 163. com/dy/article/HV84974M055614M5. html.

[15] 世纪新能源网. 巴拉德与 HDF Energy 共同宣布世界首个多兆瓦级基荷氢能发电厂 [N/OL]. 2021-10-14 {2023-04-24}. https：//www. ne21. com/news/show-165886. html.

[16] 景弘环境. 用垃圾填埋产氢来看看美国 Fuel Cell 的燃料电池发电设施 [N/OL]. 2019-01-18 [2023-04-24]. http：//www. kinghome. com. cn/xwzx/hydt/2019-01-18/1165. html.

第 31 章

氢内燃机

氢气热值高、辛烷值高、燃烧速度快，是理想的内燃机燃料。氢内燃机具有零碳排放、高效率、高可靠性和低成本的显著优势，是助力碳达峰、碳中和的重要载体，也是氢能的一种重要应用方式。氢内燃机还具有多燃料适应性的优势，能够根据燃料的供应情况自动切换燃烧方式，解决了氢能源经济启动初期氢气供应基础设施不完善时车辆的运营问题，被国际车辆行业公认为是氢能用于汽车的最具现实意义的技术途径。本章描述了氢气与其他化石燃料理化特性的差异、氢气的喷射方式和各种氢内燃机的优缺点，阐述了氢燃料内燃机的燃烧及排放特性，回顾了氢内燃机和其搭载车辆的历程及设计要点，对未来氢内燃机开发和应用进行了展望。

31.1　氢气与化石燃料物理化学属性

氢气作为一种零碳燃料也是自然界最小的分子，其理化特性不同于传统燃料。表 31-1 为汽油、天然气（甲烷）、柴油和氢气作为内燃机燃料特性的对比。

表 31-1　氢气、柴油、汽油和天然气的燃料特性

特性	氢气	甲烷	汽油	柴油
碳含量(质量分数)/%	0	75	84	86
低热值/(MJ/kg)	120	45.8	44.8	42.5
密度/(kg/m³)	0.089	0.72	730~780	830
体积能量密度/(MJ/m³)	10.7	33.0	33×10^3	35×10^3
自燃温度/K	858	813	约 623	约 523
辛烷值	130	130	92~98	25
空气中最小点火能量/mJ	0.02	0.29	0.24	0.24
当量空燃比	34.38	17.2	14.7	14.5
当量比下体积分数/%	29.53	9.48	约 2	—
淬熄距离/mm	0.64	2.1	约 2	—
空气中层流燃烧速度/(m/s)	1.85	0.38	0.37~0.43	0.37~0.43
空气中扩散系数/(m²/s)	8.5×10^{-6}	1.9×10^{-6}	—	—
空气中燃烧极限(体积分数)/%	4~76	5.3~15	1~7.6	0.6~5.5

续表

特性	氢气	甲烷	汽油	柴油
燃烧极限(过量空气系数)	0.2~10	0.7~21	0.4~1.4	0.5~1.3
绝热火焰温度/K	2480	2214	2275	约2300

氢气与其他化石燃料的差别主要体现在：

① 理论空燃比（质量比）高：氢气的质量理论空燃比为34.38，是比汽油和天然气的理论空燃比的两倍多，导致在当量比燃烧时，需要更多的空气量。此外，为提高热效率和降低NO_x排放，目前主流的氢内燃机采用稀薄燃烧方式，混合气当量浓度达到0.4，需要更多的进气空气量。这就引发了两个问题：一方面，增压系统的要求急剧提高，需要增压器压比大幅提高，以解决空气流量不足的问题；另一方面，为了适应更大的进气流量要求，涡轮端的要求也急剧提高，涡轮需要在限制排气背压前提下高效能地回收能量，因此增压匹配也成为氢内燃机设计开发过程中的重要一环。

② 密度小：氢气作为自然界中最小的分子，其常温常压下密度也是最小的，与天然气相比，其密度仅有其八分之一，导致氢内燃机在大功率工况对氢气的体积流量需求高。想要在高转速循环下、极短的喷射窗口内喷入大量氢气，对于喷射系统的要求大幅度提升。另一方面，氢气分子小，易通过活塞环泄漏到曲轴箱里，或通过排气道进入后处理系统和涡轮中等，需要在进行氢内燃机设计时予以考虑。

③ 滞止空气中的扩散系数高：氢气的高扩散系数，有利于在缸内快速形成混合气，提升氢内燃机的燃烧品质，但采用进气道喷射时，高扩散系数容易导致进气道回火的发生。

④ 空气中的可燃体积分数范围宽：氢气的可燃体积分数能够覆盖4%~75%，其燃烧极限浓度能够达到0.1~7.1，这两个数据都远高于其他碳氢燃料。可燃范围广的特性对于氢内燃机在部分负荷时使用超稀薄燃烧提升氢内燃机的有效热效率十分友好，可以在NO_x近零排放时实现热效率超过50%。但是可燃范围广的特点也会加剧氢内燃机进气道回火和缸内早燃的风险。

⑤ 最小点火能量低：如图31-1所示在当量比下氢气的点火能量仅为0.02mJ，且在其他混合气浓度下均比汽油和天然气低一个数量级。超低的点火能量导致氢气易被缸内或进气道中的热点点燃，引发早燃和回火等异常燃烧问题。因此氢内燃机应该选用冷型火花塞，增强

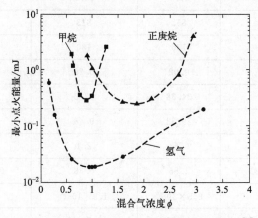

图31-1 不同混合气浓度下不同燃料点火能量[1]

火花塞的散热能力，降低缸内产生热点的风险。

⑥ 绝热火焰温度高：在化学当量比下，相比于其他燃料氢-空混合气的绝热火焰温度最高，根据卡诺循环的原理，绝热火焰温度越高，其达到相同低温冷源时的热效率越高，即理论上氢内燃机具有更高的循环热效率，但此时热负荷也相应增加。

⑦ 燃烧速度快：氢-空混合气的燃烧速度远高于汽油和天然气，是其他燃料的三倍多。高燃烧速度一方面可以使得氢-空混合气的火焰快速传递到末端，大幅度地抑制爆震的诱发概率；另一方面可以提升氢内燃机的热效率，为氢内燃机提升经济性奠定了基础。

⑧ 混合气燃烧热值低：由于氢气密度小，相比于其他燃料，氢-空混合气的体积热值最低，因此进气道喷射氢内燃机的功率密度会低于同排量的汽油机和天然气发动机。

⑨ 淬熄距离短：氢火焰的淬熄距离远小于汽油和天然气，火焰更靠近壁面，如图 31-2 所示，氢内燃机比汽油机具有更高的传热系数，且更高的缸内燃烧温度导致氢内燃机的传热能量大幅增加，这对氢内燃机的冷却系统提出了更高的要求。

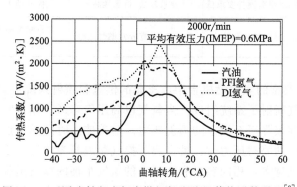

图 31-2　不同喷射方式氢内燃机与汽油机传热系数对比[2]

上述氢气的理化特性对氢内燃机的设计至关重要，但在氢内燃机设计和研发过程中，不仅仅要考虑单一理化特性带来的影响，而是要对其理化特性进行综合分析，例如可燃范围广和燃烧速度快对热效率提升有利，但是可燃范围广也造成末端混合气容易自燃，进而提升爆震倾向，抑制热效率提升。因此，氢内燃机依据氢气的理化特性进行设计时要考虑其理化特性的综合作用及主导因素，提升氢内燃机的综合性能。

31.2　氢气供应与混合

在氢燃料内燃机中，采用氢气喷嘴喷射的方式可精准控制氢气循环喷射的质量和喷射时刻，促进氢气-空气混合气的形成，保证氢内燃机整机和缸内燃烧可控。

31.2.1　进气道喷射和缸内直喷

按氢气喷嘴安装位置的不同，氢气喷射可分为进气道喷射（PFI）和缸内直喷（DI）两种。进一步按喷射压力和喷射形式分类，又可分为进气道单点喷射、进气道多点喷射、低压缸内直喷和高压缸内直喷四种。采用进气道喷射时，氢气喷射压力较低，对氢气喷嘴的硬件要求较低。氢气喷射进入进气歧管内，与空气混合后再一起进入气缸，混合时间长，混合气均匀度也较高。但是在进气冲程，氢气最高可占据 31% 的气缸容积，导致进气量减少，进而影响氢内燃机的动力性。采用缸内直喷氢气后，可以解决氢气占据气缸容积的问题，显著提升动力性，但由于喷射下游背景压力较高，因此需要更高的喷射压力。此外与进气道喷射相比，缸内直喷的喷射窗口短，需要更大的流量和更强的高温耐受能力，对喷嘴的硬件要求更高。不同喷射方式氢内燃机的特点、优势和劣势的比较详见表 31-2。

表 31-2 不同氢气喷射方式对比[①]

氢气喷射方式	进气道单点喷射	进气道多点喷射	低压缸内直喷	高压缸内直喷
喷射时刻	进气冲程初段	排气冲程末段或进气冲程初段	压缩冲程初段	压缩冲程初段至接近压缩上止点
喷射压力	0.5～3MPa	0.5～3MPa	1.5～6MPa	>10MPa
能量密度变化[①]	损失 30%	损失 30%	提升 20%	提升 20%
异常燃烧风险	高风险回火	低风险回火	无回火	无回火
混合气形成	易形成不均匀混合气	易形成均匀混合气	混合气基本均匀	混合气均匀或分层,可调控
优势	易在天然气等其他气体机基础上改造、对喷嘴硬件要求低	改造成本和喷嘴硬件要求较低、可靠性高	可避免回火、提升动力	可避免回火、升功率高、效率高
劣势	升功率低、异常燃烧风险大	升功率低、有异常燃烧风险	对直喷喷嘴流量要求高	喷嘴成本高、气态高压储氢续航里程低

① 相比于同排量汽油机。

如图 31-3 所示,典型的氢内燃机台架或车载的供氢和喷射系统主要由氢气存储子系统、氢气调节子系统和氢气喷射子系统组成。当氢气以高压气态形式储存时,氢气通过瓶口阀流出,经过多级减压阀逐级降压至设定的喷射压力。随着使用时间的增加,气瓶内压力会逐渐下降,当压力低于喷嘴的喷射压力时,就需要更换气瓶或补充氢气。因此,喷嘴喷射压力越高,气瓶内残留的氢气越多,相同容量和消耗率的氢气车辆的续航里程越短。由于氢气喷射是周期性的间断喷射,喷嘴的流量与喷射压力成线性正比。考虑到氢气密度极小,单次喷射流量大,为保持喷嘴流量恒定,喷嘴上游的压力波动变化率需小于 1%。因此,在喷嘴前端安装氢气轨道以稳定喷射压力,并在氢气轨道上安装压力、温度传感器以监测喷嘴的工作状态。氢气管路还配备了质量流量计,用于测量氢气消耗率并计算氢-空气混合气的空燃比。当采用液态储氢方式时,液态氢通过液态泵加压至所需的喷射压力,然后通过与内燃机的冷却液热交换汽化为气态氢,进入氢气轨道。无论是哪种储氢方式,喷射过程中氢气始终为气态,不涉及相变过程。

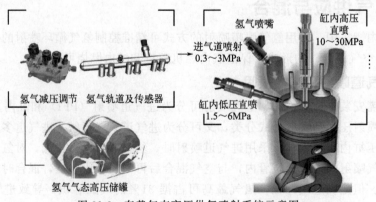

图 31-3 车载气态高压供氢喷射系统示意图

31.2.2　氢气射流及混合气形成

氢气从氢气轨道进入喷嘴后，经过喷嘴内部流道，从电控针阀开启后的缝隙处向进气歧管或气缸内喷射。氢气喷射过程中，高速气体的射流与周围介质的相互作用，不断产生湍流、卷吸空气并与周围环境进行热交换。

当假设氢气喷射为等熵流动时，按流体力学方程推算，当喷射压力超过背景压力的 1.9 倍时，氢气为临界流动，氢气喷嘴的流量只与喷射压力和喷射脉宽有关，与背景压力无关。

$$\frac{P_b}{P_0} = \left(\frac{2}{\gamma+1}\right)^{\frac{\gamma}{\gamma-1}}$$

式中，P_0 为喷射压力；P_b 为背景压力；γ 为氢气的绝热指数，为 1.4。

因此对于进气道喷射，背景压力为增压后的进气压力，通常为 0.25MPa 左右，当喷射压力大于 0.5MPa 即可实现临界喷射。而对于缸内直喷喷嘴，在压缩过程中，随着活塞的上行，缸内背景压力呈指数上升，当喷射压力大于 6MPa 时可实现临界喷射。

氢气喷射过程可在定容弹中利用纹影法测量，如图 31-4 所示，比较不同的氢气喷射压力 P_{inj} 和喷射背景压力 P_b 下氢气高压射流的发展过程可以发现，氢气首先快速沿 45°锥角的喷孔方向发展，呈现"伞"状锥形结构，同时在锥形的上面形成射流轨迹线，它们组成了从喷嘴射出的初步发展形态。从 0.3ms 开始，氢气射流在近场保持圆锥状，而远场处产生了一个很大的气体涡流。如图中的曲线圈所示，该涡流处的径向贯穿距离明显大于射流近场径向贯穿距离，同时随着射流的发展，涡流半径随之增大，这说明涡流具有径向发展的趋势。

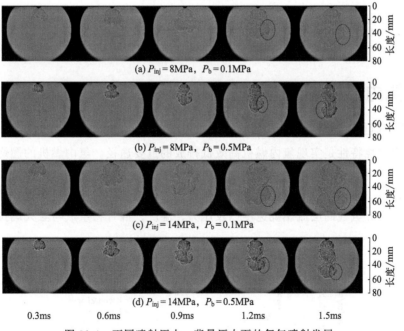

图 31-4　不同喷射压力、背景压力下的氢气喷射发展

在喷射开始 0.6ms 以后，可以发现氢气射流呈现"葫芦"形状，近场保持圆锥状，远场形成不规则的涡流形状。相对于近场结构，远场结构径向尺寸更大，而两块区域之间有肉眼可见的分割状。这是由于氢气密度远小于定容弹内的氮气，由于喷射压力产生的动能，氢

气射流近场处先保持沿喷孔方向的圆锥形态后向下发展，而随着贯穿距离的发展，远场处氢气射流受到阻力使动能降低，并与环境气体发生掺混，轴向贯穿速度下降非常快。喷射压力越大，轴向、径向贯穿距离越大，这是由于较大的喷射压力会使氢气获得更高的动能，射流惯性增大。同时喷射压力越大，氢气的喷射量也越大。因此随着喷射时间的发展，射流贯穿距离会进一步增大。另外，喷射压力的增大会加强了涡流的产生，远场涡流结构的半径更大，氢气射流也更容易朝径向发展。而对比不同背景压力的纹影图像可以发现，背景压力越大，射流主体结构颜色越深，这表明氢气更加集中。

喷射结束后，缸内的混合气分布形态与喷射相位、喷嘴位置（侧置/中置）、喷嘴孔数、喷嘴结构和喷射压力直接相关，并受到缸内湍流的影响。典型的氢气缸内混合气形成过程如图 31-5 所示，随着活塞压缩上行，氢气喷入缸内后随着进气湍流在缸内经历多次的翻滚和卷吸，而由于缸内直喷混合时间较短，在上止点处靠近火花塞混合气较稀，而在缸壁附近分布着较浓混合气。缸内高湍流度的均质混合气是氢内燃机的理想混合气形成情况，高喷射压力、合理的气流组织和喷氢时刻的优化可以促进该理想混合气的形成。

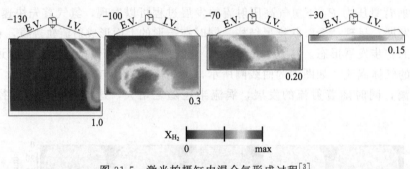

图 31-5　激光拍摄缸内混合气形成过程[3]

(E. V.—排气门；I. V.—进气门)

31.3　氢内燃机燃烧与排放

31.3.1　氢气缸内燃烧特性

优化缸内燃烧特性是实现氢内燃机高效低排放的重要途径。氢内燃机的燃烧特性受到缸内混合气浓度、进气压力、进气温度、废气再循环率、混合气分布、点火能量和点火时刻等多重因素的影响。氢内燃机的燃烧模型通常假设缸内火焰结构为被缸内湍流拉伸和皱缩的层流火焰，因此研究氢气的层流燃烧速度以及压力、温度、混合物组成与氢火焰拉伸率的关系

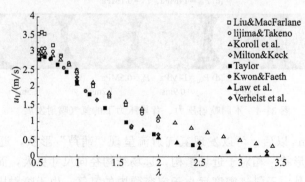

图 31-6　氢-空混合气层流燃烧速度随过量空气系数的变化规律[4]

是研究氢内燃机燃烧特性的先决条件。如图 31-6 所示，不同的学者对于氢-空混合气燃烧速度随过量空气系数（混合气浓度的倒数）的变化进行了详尽的测试，不同学者测试之间的差异性主要来源于试验测试过程中的火焰拉伸速率。在标准状态下测得的层流火焰燃烧速度，对于控制氢内燃机的混合气浓度具有很好的指导作用。

图 31-7 为混合气浓度为 0.6 的氢气-空气混合气和混合气浓度为 0.8 的丙烷-空气混合气在定容弹内的层流燃烧过程。混合气初始的温度和压力分别为 300K 和 0.1MPa。由图 31-7(a) 可以看出，氢气和丙烷在燃烧初期的火焰锋面都较为平滑，随着燃烧的进行，氢气的火焰锋面上出现了许多胞状的结构，而丙烷的火焰锋面则一直保持平滑。图 31-7(b) 为氢气在混合气浓度为 0.5 时的层流火焰传播速度随半径的变化。随着火焰的发展，传播速度逐渐减慢到一固定值。当火焰半径接近 30mm 时，胞状结构的出现大大增加了火焰前锋的面积，使得火焰传播速度加快。层流火焰锋面在传播过程中出现胞状结构，火焰锋面由平滑变得不稳定的现象，叫做火焰的不稳定性。火花点火后由于点火能量的影响，使得开始火焰传播速度较快，氢火焰的拉伸作用较强，导致氢火焰的不稳定性增加，氢气的层流燃烧容易向湍流燃烧发展。

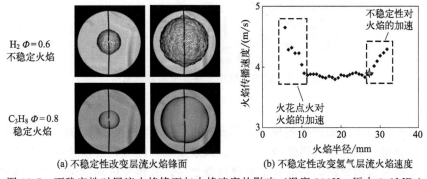

(a) 不稳定性改变层流火焰锋面　　(b) 不稳定性改变氢气层流火焰速度

图 31-7　不稳定性对层流火焰锋面与火焰速度的影响（温度 300K，压力 0.1MPa）

受到进气加速作用，氢内燃机中的湍流火焰传播速度远高于容弹测量的 4m/s 层流火焰速度。如图 31-8 所示，在转速 1000r/min 的光学发动机中，采用进气道喷射后火焰速度为 10～20m/s，而采用缸内直喷后，由于高压氢气喷射会影响缸内的流动，加速缸内湍流从而提高了燃烧速度，缸内最高火焰传播速度达到了 35m/s，较高的燃烧速度提高了燃烧的等容度，使氢内燃机具有更高的热效率。

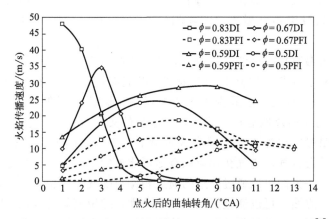

图 31-8　氢内燃机缸内火焰传播速度（光学发动机试验测得）[5]

31.3.2　氢内燃机异常燃烧特性

如图 31-9 所示，氢内燃机的异常燃烧主要包括三种：回火、早燃和爆震。回火是指新鲜充量在进气门关闭前被点燃，通常发生在进气冲程。早燃指进气门关闭后，新鲜充量在火花塞点火前就被点燃，通常发生在压缩冲程。爆震则指燃烧过程中，因末端气体自燃或压力波与火焰面的耦合而引发强烈的压力振荡。三种异常燃烧现象成了制约氢内燃机设计和研发的关键因素，如何抑制氢内燃机的异常燃烧是亟需解决的重要问题。

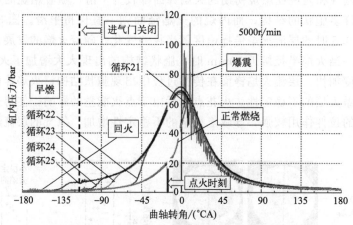

图 31-9　氢内燃机中三种异常燃烧现象图

（1）回火

氢内燃机中的回火问题产生的根本原因是氢-空混合气的可燃范围广、点火能量低的特性，其诱发的直接因素与进气道混合气浓度、残余废气、配气相位以及点火系统有关。回火现象是进气道喷射氢内燃机的特有异常燃烧现象之一，其诱发机理及控制方法制约着进气道喷射氢内燃机的发展。

回火在不同负荷下的诱发机理并不相同：在小负荷下，虽然进排气温度都很低，也没有热点的问题，但是由于氢的可燃极限十分宽广，怠速或者小负荷下，混合气浓度较低，在极稀薄的混合气下（当量燃空比 0.1），尽管火焰面不再连续，但依然可以在局部以火球的形式十分缓慢地传播，燃烧可能会在局部区域一直持续到进气门打开，遇到进入的新鲜充量后发生回火。在高负荷下，发生回火的最主要原因是混合气浓度升高、燃烧速度加快，形成了热点和高的废气残余系数，进而在大负荷下产生了回火现象。另外，高负荷下由于所需的喷氢量持续升高、喷氢脉宽不断增大、喷氢相位不断向前，也是导致回火发生的重要原因之一。

避免小负荷回火最直接的办法就是提高混合气的燃烧速度。混合气十分稀薄时大幅度提前点火角度，或者对空气节流提高混合气浓度，都能够提高混合气的燃烧速度从而避免回火。后者不仅可以避免回火，还减少了未燃氢损失，试验证明保持混合气当量燃空比为 0.25 时发动机能够稳定高效地运转，故在氢内燃机的实际运行中在怠速和小负荷时节流运行，保持混合气当量燃空比为 0.25。避免大负荷下发生回火的关键因素是避免在进气门开启阶段进入高浓度的混合气，进气初期应该有尽可能多的空气进入以冷却缸内热点和残余废气。为了实现这点，一方面可以通过合适的喷氢相位与配气相位相互组合，寻找控制回火的最佳相位组合；另一方面，可以通过研发大流量喷嘴，缩短喷氢持续期，减少氢气与空气在进气道中的混合气时间，在进气门开启后，快速把氢气喷入气缸，避免回火的发生。

（2）早燃

对于氢内燃机来说，早燃和回火是发生于不同时刻及位置的两种异常燃烧现象。早燃不仅可以发生在进气道喷射的氢内燃机中，也会在缸内直喷氢内燃机的高速大负荷下时常发生。在进气道氢内燃机中，早燃的诱发因素大多与回火相关，其顺序为缸内热负荷不断增高，缸内出现热点，在进气门关闭后连续出现氢-空混合气提前燃烧的现象，随着早燃时刻的不断提前，进而造成回火，而回火会导致进气道和缸内热负荷不断升高，早燃的概率也不断增大。在缸内直喷氢内燃机中，早燃已经成为高速大负荷下氢内燃机提升动力性的关键制约因素之一。缸内直喷的方式避免了回火现象的发生，但由于缸内热负荷不断升高，缸内的机油灰烬和高废气残余会变成热点，尤其在高速大负荷下，废气残余系数会进一步升高、喷氢相位也需要不断提前，导致缸内形成可燃混合气的时间提前、形成热点的概率增大，进而形成早燃。早燃现象不仅会导致回火，同时也会诱发爆震，成为氢内燃机提升动力性和经济性的制约因素。

抑制早燃的技术方案与抑制回火的方法有异同点。相同点在于减少热点产生的方法也能够抑制早燃，比如高增压、无尖点等方法都可以避免缸内外热点的产生，进而避免回火和早燃的现象发生。而不同点是早燃发生在进气门关闭后的气缸内，除了上述方案外，避免机油燃烧产生的灰烬热点、提升喷氢流量和推迟喷氢时刻也是降低早燃发生的必要措施。

（3）爆震

爆震是火花点火发动机中存在的一种异常燃烧现象，轻微爆震有助于提升发动机的热效率，但是爆震强度继续增强会破坏壁面的边界层，导致缸内燃烧变差，油耗升高、动力性下降，甚至会破坏气缸，造成严重的后果。氢-空混合气的可燃范围、点火能量、压燃温度、燃烧速度和扩散特性等物化参数显著不同于碳氢燃料。可燃范围广使氢-空混合气能在极低的浓度下燃烧，缩短化学准备期，低浓度也会降低火焰传播速度，容易诱发爆震。点火能量低会缩短末端混合气化学准备期，也容易因产生热点而发生早燃，增加爆震倾向；同时使用低能量点火会降低燃烧初期的火核尺寸，降低火焰传播速度，增大爆震倾向。燃烧速度快会增大火焰传播速度，减少末端混合气的自燃风险；但燃烧快，会导致燃烧温度高，对末端混合气的放热增大，缩短物理准备期，增加爆震倾向。压燃温度高延长了物理和化学准备期，降低爆震倾向。扩散性能好会更容易形成均质混合气，促进燃烧，增大火焰传播速度，降低爆震倾向；但也会增加末端混合气的浓度，缩短化学准备期，增加爆震倾向。

抑制氢内燃机爆震发生的主要技术手段是增大火焰燃烧速度和降低末端混合气自燃的倾向。进气道喷射氢内燃机是预混燃烧的形式，缸内混合气处于均质状态，抑制爆震发生的方案要从提升火焰传播速度，同时不能增大末端混合气自燃倾向的技术方案入手，比如使用被动预燃室的方式增大火焰传播速度，采用高能点火的方式避免出现超稀薄混合气失火和燃烧速度慢的问题。对于缸内直喷氢内燃机来说，抑制爆震发生的方案可以从混合气形成的时刻和位置入手，比如延迟喷射、研发大流量喷嘴、多次喷射等策略控制混合气空间分布浓度和位置，降低爆震的倾向。

31.3.3 氢内燃机排放特性

虽然氢气的主要燃烧产物为水蒸气，但理论上氢内燃机的排气污染物中还存在未燃 H_2、HC、CO、CO_2、NO_x 等多种成分。

其中排气中未燃 H_2 的含量主要与混合气的浓度有关，试验证明：当混合气的过量空气系数 λ 大于 3 时，由于缸内燃烧不充分，排气中未燃氢的浓度可达 1.2%。而对于 λ 等于 4

时的超稀薄燃烧，排气中的未燃氢的占比最高可达1.5%。但在λ小于3的工况，排气中未燃氢的浓度均小于0.2%，可以忽略。对于HC、CO、CO_2这3种成分，由于氢气为零碳燃料，这些污染物主要是微量机油参与燃烧导致的，其浓度很低可以忽略。

而NO_x排放作为直喷氢内燃机的主要排放污染物，是氮气和氧气在缸内高温环境下反应形成的。NO_x排放是导致酸雨、光化学烟雾等环境问题的主要物质之一，其环境危害严重，世界各国都将NO_x排放作为重要污染物列入排放法规中严格控制。NO_x排放是氮氧化物排放的总称，具体包括一氧化氮（NO）、二氧化氮（NO_2）和一氧化二氮（N_2O）。试验证明，氢气燃烧过程产生的NO_x中95%以上是NO，其余氮氧化物仅占5%，因此NO是氢内燃机的主要排放产物。NO排放的生成机理主要有热力学NO、快速型NO、燃料型NO。其中热力学NO是通过（$O+N_2 \rightleftharpoons NO+N$；$N+O_2 \rightleftharpoons NO+O$；$N+OH \rightleftharpoons NO+H$）三步反应的Zeldovich扩展机理生成，是$NO_x$排放的主要成分，研究不同温度下反应平衡常数可以发现，在温度高于1500K时就有少量的热力学NO产生，并随着温度的升高而增多。当反应温度小于1800K时，NO的生成速率较慢，而当反应温度大于1800K时，反应温度每增加100K，反应速率增大6～7倍，呈指数性上升。快速型NO和燃料型NO主要是燃料中碳氢化合物与空气中的氮气反应得到的，而纯氢燃料不含这些化合物，因此可忽略不计。

较高燃烧室的温度、较长的高温持续时间和较高的氧气浓度会促进NO_x排放的生成。氢内燃机火焰传播速度快，放热集中，使燃烧室的温度急剧增加，造成有利于产生NO_x排放的条件，若不加以控制，试验测得氢内燃机排气中最高NO_x排放甚至可达10000×10^{-6}。NO_x排放是限制氢内燃机应用的重要难题。同时氢内燃机的反应物浓度和缸内燃烧温度直接影响NO_x的生成速率，但燃烧室内充足的氧气浓度和较高的温度可以促进氢气燃烧、提升燃烧效率，因此，降低直喷氢内燃机的NO_x排放和提高氢内燃机动力性和经济性之间存在着矛盾关系，这就要求氢内燃机在控制NO_x排放的同时需要兼顾其动力性和经济性。

试验证明直喷氢内燃机的NO_x排放与混合气的过量空气系数λ密切相关。如图31-10所示，随着λ的增加，混合气越稀薄，缸内氧气浓度逐渐增加。但由于氢气量的减少，缸内最高燃烧温度逐渐降低，因此NO_x排放在$1<\lambda<2$时先增加后降低。而当$\lambda>2.5$时，由于反应温度较低，NO_x排放几乎为零。因此控制NO_x排放最简单的手段就是采用$\lambda>2.5$的稀薄燃烧。即使氢气的稀燃极限λ可以达到10，为保证燃烧的可控性和燃烧的稳定性，一般取$\lambda<3.3$，即λ在2.5～3.3区间内，直喷氢内燃机可以实现极低的NO_x排放。

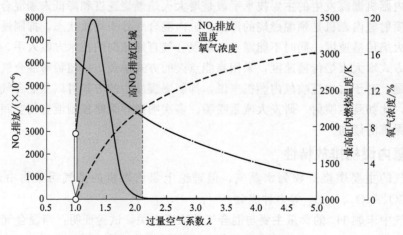

图31-10　氢内燃机NO_x排放特性

控制氢内燃机 NO_x 排放的主要技术路径见表31-3，采用这些技术路径既可将氢内燃机全负荷下的 NO_x 排放控制在排放法规限制以内，又可以保证很高的动力性和经济性。

表 31-3　氢内燃机控制 NO_x 排放技术路径

技术路径	全工况稀燃	全工况稀燃＋ 冷却废气再循环（EGR）	部分负荷稀燃＋ 全负荷当量比燃烧
后处理器	无须后处理器	选择性催化还原（SCR）	三元催化器（TWC）＋选择性催化还原（SCR）
空燃比策略	保证全工况 $\lambda > 2.5$	适量稀燃（$\lambda \approx 2$）	部分负荷工况 $\lambda > 2.5$ 全负荷工况 $\lambda = 1$
匹配技术及效果	需要高增压进气系统、能达到中等动力性	需要增压系统和冷却 EGR、能达到较高动力性	需要增压系统，在部分负荷采用稀燃和 SCR 控制排放，在全负荷时利用 H_2 在 TWC 中还原 NO_x 排放，可实现很高的动力性
缺点	过于稀燃工况若混合气分布不均匀，在部分循环可能有失火现象	在全负荷工况下，当节气门全开时，进排气压差较小，冷却 EGR 流量有限	增压后采用化学当量比燃烧易发生爆震

31.4　氢内燃机车辆

31.4.1　氢内燃机设计与开发

氢气喷嘴是氢内燃机的核心零部件，若采用现有的商用汽油或天然气喷嘴直接喷射氢气，不仅在高转速、大负荷工况下流量达不到功率要求，且喷嘴的密封性和耐久性能也很差。目前市场上主流的氢气喷嘴按驱动方式划分主要有电子液压驱动、电磁阀驱动和压电晶体驱动 3 种。电磁阀驱动喷嘴改造难度最小，但相对流量较小；电子液压驱动氢气喷嘴流量大，针阀行程大，但开关响应慢；压电晶体驱动喷嘴响应最快，且相对流量大，可承受更高的喷射压力，但成本较高。

相比于其他气体喷嘴和液体喷嘴，氢气喷嘴面临的难度和开发挑战如下：

① 氢气密度小，为保证足够的喷射流量，氢气喷嘴的针阀开启需要的能力更强，针阀行程也需要更大。

② 氢气气体分子小，扩散性强，同时氢气会腐蚀喷嘴内表面一些涂层材料，并能渗透一些压电晶体喷嘴使用的环氧材料，致其脱落，因此氢气喷嘴的内部材料和针阀需要更强的密封能力，防止氢气发生泄漏。

③ 氢气流体黏度低，喷嘴内部运动部件阻尼低，同时氢气为干燥气体无法润滑喷嘴，对摩擦设计提出更高要求；针阀接触阀座时振动幅度大、冲击力强，易发生共振，会导致装配失效、零件磨损，对氢气喷嘴可靠性要求高。

④ 针对缸内直喷氢气喷嘴，氢气缸内燃烧速度快、温度高，喷嘴头部承受较大的热负荷；同时氢气燃烧会生成大量水分，因此喷嘴材料需要进行耐热、防锈、防水处理。

⑤ 氢气多次喷射需要喷嘴拥有快速的动态响应和强抗干扰能力，采用压电晶体氢气喷嘴时，为保证较大的针阀升程，驱动电压高，对氢气喷嘴电子控制系统要求高。

具体来说，在氢内燃机中，氢气喷嘴应具备极佳的密封性，能承受氢气的高喷射压力（相比于其他气体燃料）；同时具有较好的润滑和耐久能力，能综合解决氢气在喷射器内部流动时所产生的摩擦、腐蚀、震动问题；并需具备良好的动态响应，可满足高转速喷射下的快速响应性。

如图 31-11 所示，除氢气喷嘴外，由于氢气特殊的物理性质，氢内燃机开发时还需要对图中的关键零部件进行改造，并对其进行防水、防锈处理和耐氢测试。

图 31-11　氢内燃机专用零部件

依据研究人员前期开发和试验的诸多经验，氢内燃机其他关键零部件设计和开发的重点见表 31-4。

表 31-4　关键零部件设计和开发重点

序号	零部件	设计和开发重点
1	火花塞	①使用冷型火花塞，以避免高温火花塞电极点燃混合气引发回火和早燃 ②避免使用铂电极的火花塞，铂会催化促进氢气与氧气反应，易发生异常点火
2	点火系统	①使用分体点火系统，避免富余点火 ②点火系统应正确接地，避免出现交感点火 ③点火位置应靠近混合气中心区域，避免稀燃工况失火
3	燃烧室	①尽量减少燃烧室中可能引发表面点火或回火的热点，保证燃烧室内表面光滑，防止机油热点的附着 ②避免燃烧室内出现狭小缝隙 ③加强冷却降低温度，采用适当的扫气（例如使用可变气门正时）以降低缸内残余气体温度
4	活塞环	适当缩小配缸间隙，氢气淬熄距离短，试验证明配缸间隙较大时，氢气会在活塞环间隙间燃烧，大幅增加活塞头部热负荷，同时会导致意外的早燃和回火
5	气门和气门阀座	氢气分子小，需要加强密封能力
6	润滑和曲轴箱通风系统	①选择耐水、耐氢能力强的机油 ②加强曲轴箱通风，试验测得由于活塞漏气，不采用曲轴箱通风时内部氢气浓度会超过 5%，必须将密闭的曲轴箱内部的氢气及时排除 ③设计大流量正向通风系统和油气分离器，由于氢气燃烧压力高、燃烧产物密度低，曲轴箱通风气体流量比其他内燃机都高，试验测得曲轴箱通风气体中还存在大量机油蒸气，为控制排放同时减少机油消耗速度，需要通过油气分离回收机油
7	涡轮增压和排气系统	①涡轮叶片和排气需要耐受大量高温水蒸气侵蚀 ②采用稀燃后进气量很高，是同排量柴油机的两倍以上，需要匹配大流量压气机

31.4.2　氢内燃机车辆开发

如图 31-12 所示，氢内燃机具有成本低、动力性强、工作范围广、热效率高的特点，因此氢内燃机在乘用车、商用车、农业机械、铁路、海运领域都具有广泛的应用前景。

自 1860 年 Lenoir Hippomobil 提出将氢气作为一种燃料应用于内燃机中，氢内燃机经历了近一百多年的发展，自 20 世纪 90 年代，进气道喷射和缸内直喷氢内燃机技术逐渐成熟。在 2000 年至 2010 年，研究者主要针对氢内燃机的混合气形成、燃烧优化、排放控制等技术方向开展原理性验证和探索，同时氢内燃机也逐渐向产品化、产业化方向发展。宝马汽

图 31-12　氢内燃机整车应用场景

车在此期间共研制出超过九款氢内燃机车型，并进行了超过 100 辆氢内燃机汽车的路试。福特汽车在 2000 年至 2006 年也推出了多款氢内燃机轿车和卡车，试运营取得了显著的成果（图 31-13）。

- 1982年开展道路测试
- 1998年成功研发出氢内燃机汽车

- Hydrogen 7
- 测试超过100辆车
- 开始于2000
- 结束于2009

- 2008年世界第一台氢内燃机叉车
- 可使用非纯氢或掺氢燃料

图 31-13　氢内燃机研发历史

东京城市大学于 2014 年开发的混合动力轻型卡车（图 31-14）搭载了涡轮增压进气道喷射氢内燃机，行驶里程超过 15000km。该车辆采用整体稀薄燃烧的控制策略，利用涡轮增压恢复稀燃后的动力性，并进行了 JE05 循环工况测试，其 NO_x 排放远低于当时日本排放法规。开发者提出："氢内燃机和氢内燃机车辆可利用现有部件和技术，在耐用性和可靠性应用方面没有任何不足。考虑到制造的低成本，对未来在商用车领域投入实际使用充满信心"。

图 31-14　东京城市大学氢内燃机混动卡车[6]

图 31-15　丰田氢内燃机赛车

但由于当时缺乏后续的政策支持和氢能基础设施建设，同时当时多采用进气道喷嘴技术方案，功率密度较低，因此大部分研究被暂时搁置。经过短暂的真空期后，在 2019 年前后，

第四篇　氢能应用

随着氢能浪潮的到来和氢能基础设施的不断完善，研究者开始关注整机性能开发优化及商业化应用的可行性，直喷氢内燃机又一次成了热点话题。进入 2022 年以来，国外内燃机供应商或整车厂如福特、丰田、FEV、AVL、雅马哈等也都纷纷发布了自己的直喷氢内燃机机型和未来研究计划。丰田更是将氢内燃机搭载至卡罗拉（图 31-15）、GR 雅力士、AE86 等经典车型中在全世界亮相巡展。

2022 年，德国 KEYOU 公司相继推出了 12m 氢内燃机大巴车和 18t 氢内燃机重卡（图 31-16），均搭载了 7.8L 增压进气道喷射氢内燃机，功率为 180kW，峰值扭矩超过 1000N·m，采用废气再循环和 H_2 选择性催化还原技术控制 NO_x 排放，其百公里耗氢量为 6.8kg，续航里程超过 350km。

图 31-16 德国 KEYOU 公司氢内燃机大巴和重卡[7]

国内针对纯氢内燃机的研究和开发早期主要聚焦于进气道喷射氢内燃机，北京理工大学、清华大学、浙江大学、北京工业大学、北京交通大学、长安汽车等都对进气道喷射氢内燃机的燃烧和排放特性进行了深入探索。而近期针对直喷氢内燃机，国内高校如北京理工大学、天津大学、吉林大学等对氢气-空气混合气形成、燃烧过程和氮氧排放开展了相关研究，国内主机厂如一汽、广汽、上汽、吉利、玉柴、潍柴等多家企业都纷纷发布了其研发计划，目标升功率为 90kW/L，有效热效率超过 45%，并已经取得初步进展。

北京理工大学与长安汽车合作研发出了国内第一辆纯氢内燃机样车，目前该氢内燃机样车已累计运行超过 10000km，排放显著低于欧 6 限值。基于前期开发经验对氢内燃机车辆结构布置及安全设计要点进行详述。其中安全是氢汽车设计要考虑的基本要素，氢内燃机汽车应以三重冗余系统协调工作和氢探测器式被动通风系统以提高汽车安全性。安全系统由 3 个氢浓度传感器组成，分别位于发动机舱，车厢，后备箱顶部，如图 31-17 所示。警报触发条件浓度预计设为 0.6%，1% 和 1.6%（15%，25% 和 40% 的氢气可燃浓度下限）。

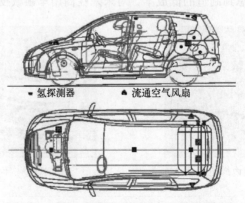

— 氢探测器 ▲ 流通空气风扇

图 31-17 氢内燃机整车及安全系统布置方案

　　氢内燃机汽车供氢系统由 2 只铝合金内胆碳纤维全缠绕气瓶、气瓶口组合阀、加注单元、供氢管道系统及氢气监测报警系统组成。整车供氢系统布置如图 31-18 所示，高压部分后置。系统由高压电磁阀、二级减压组合阀、安全阀、手动阀、压力表、充气管道/供气管路、放空管路组成。管道与管道、管道与阀件的连接均采用端面软金属垫密封结构，具有比双卡套连接方式更好的密封性能和抗冲击能力，一级减压阀后二级减压阀前装有安全阀可以将超压氢气经放空管路排出。

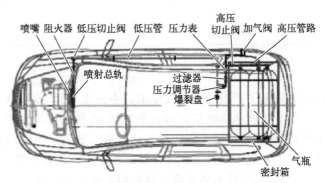

图 31-18　氢内燃机整车供氢系统布置方案

参 考 文 献

［1］ White C，Steeper R，Lutz A，et al. The hydrogen-fueled internal combustion engine：A technical review ［J］. International Journal of Hydrog Energy，2006，31：1292-1305.

［2］ Wimmer A，Wallner T，Ringler J，et al. H$_2$-direct injection—A highly promising combustion concept ［C］//SAE 2005 World Congress & Exhibition. SAE International Journal of Engine，2005.

［3］ Wu B，Torelli R，Pei Y，et al. Numerical modeling of hydrogen mixing in a direct-injection engine fueled with gaseous hydrogen ［J］. Fuel，2023，341：127725.

［4］ Verhelst S，Wallner T. Hydrogen-fueled internal combustion engines ［J］. Progress Energy Combust Science，2009，35：490-527.

［5］ Aleiferis P G，Rosati M F. Flame chemiluminescence and OH LIF imaging in a hydrogen-fuelled spark-ignition engine ［J］. International Journal of Hydrog Energy，2012，37：1797-1812.

［6］ Verhelst S. Recent progress in the use of hydrogen as a fuel for internal combustion engines ［J］. International Journal of Hydrog Energy，2014，39：1071-1085.

［7］ Thomas K D，Sousa A，Bertram D，et al. H$_2$-engine operation with EGR achieving high power and high efficiency emission-free combustion ［C］//2019 JSAE/SAE Powertrains，Fuels and Lubricants. SAE International Journal of Engine，2019.

第**32**章

氢燃气轮机

全球气候变化给世界带来了严峻的挑战和要求，中国也在第 75 届联合国大会上提出了"二氧化碳排放力争于 2030 年前达到峰值，努力争取 2060 年前实现碳中和"的"双碳"目标。绿色氢能的高效使用/利用将有助于深入推动"双碳"进程。氢燃气轮机作为可稳定持续消纳大量氢气的新型电力系统主要设备，将在实现"双碳"目标中发挥重要的作用。据初步估计，到 2060 年，我国氢燃气轮机的装机容量有望突破 2 亿千瓦，年发电用氢超过 1000 万吨。目前，世界各国越来越重视氢燃气轮机发展，氢燃气轮机将作为未来蓬勃发展的氢经济的重要环节，在氢能产业链的发展中发挥重要的作用，并已形成了国际社会新一轮的技术和产业发展热点。

32.1 氢燃气轮机概述

通过应用先进的燃烧室和透平（涡轮）设计技术，以及提高端高温部件材料相关性能等手段，可以燃用高富氢燃料（掺氢）的燃气轮机，特别是可以燃烧纯氢燃料的燃气轮机，被简称为氢燃气轮机。

在大规模利用和消纳氢气方面，燃气轮机在技术上有很大的优势。这是因为燃气轮机有一个独有的技术特点，即对燃料要求的宽容性。燃气轮机用来烧氢气发电已经有几十年的历史。在许多石化行业，有时候氢气是工艺过程的副产品，一般的处理方式是与天然气掺混输送给燃气轮机作发电用途，掺混的比例从百分之几到百分之几十不等，甚至是百分之百；另外，煤气化联合循环发电（IGCC）电厂的合成气中也含有大量的氢气，从 10％到 50％不等。

32.1.1 燃气轮机概念、类型、工作原理

32.1.1.1 燃气轮机概念

燃气轮机由压气机、燃烧室和透平等主要部件组成，如图 32-1 所示。

压气机有轴流式和离心式两种，轴流式压气机效率较高，适用于大流量的场合；但在小流量时，轴流式压气机因后面几级叶片很短，效率低于离心式。在功率为数兆瓦的燃气轮机中，有些压气机采用轴流式加一个离心式作末级，因而在达到较高效率的同时又缩短了轴向长度。燃烧室和透平不仅工作温度高，而且还要承受燃气轮机在启动和停机时，因温度剧烈变化而引起的热冲击，工作条件恶劣，故它们是决定燃气轮机寿命的关键部件。为确保有足够的寿命，燃烧室和透平这两大部件中工作条件最差的零件如火焰筒和叶片等，须用镍基和钴基合金等高温材料制造，同时还须用空气冷却来降低工作温度。

对于一台燃气轮机来说，除了主要部件外还必须有完善的调节保安系统，此外还需要配

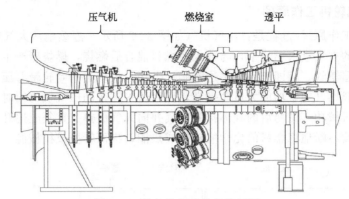

图 32-1　燃气轮机总体结构框图

备良好的附属系统和设备，包括：启动装置、燃料系统、润滑系统、空气滤清器、进气和排气消声器等。

　　燃气初温和压气机的压缩比，是影响燃气轮机效率的两个主要因素。提高燃气初温，并相应提高压缩比，可使燃气轮机效率显著提高。随着高温材料的不断进展，以及透平采用冷却叶片并不断提高冷却效果，燃气初温逐步提高，使燃气轮机效率不断提高。

32.1.1.2　燃气轮机类型

　　燃气轮机有重型和轻型两类。重型的零件较为厚重，大修周期长，寿命在 10 万小时以上。轻型的结构紧凑而轻，所用材料一般较好，其中以航空发动机的结构为最紧凑、最轻，但寿命较短。

　　与活塞式内燃机和蒸汽动力装置相比较，燃气轮机的主要优点是小而轻。单位功率的质量，重型燃气轮机一般为 $2\sim5$kg/kW，而航空发动机般低于 0.2kg/kW。燃气轮机占地面积小，当用于车、船等运载工具时，既可节省空间，也可装备功率更大的燃气轮机以提高车、船速度。燃气轮机的主要缺点是效率不够高，在部分负荷下效率下降快，空载时的燃料消耗量高。

　　不同的应用部门对燃气轮机的要求和使用状况也不相同。功率在 10MW 以上的燃气轮机多数用于发电，而 $30\sim40$MW 以上的几乎全部用于发电。

　　燃气轮机发电机组能在无外界电源的情况下迅速启动，机动性好，在电网中用它带动尖峰负荷和作为紧急备用，能较好地保障电网的安全运行，所以应用广泛。在汽车（或拖车）电站和列车电站等移动电站中，燃气轮机因其轻小，应用也很广泛。此外，还有不少利用燃气轮机的便携电源，功率最小的在 10kW 以下。

　　燃气轮机的未来发展趋势是提高效率、采用高温陶瓷材料、利用核能和发展燃煤技术。提高效率的关键是提高燃气初温，即改进透平叶片的冷却技术，研制能耐更高温度的高温材料；其次是提高压缩比，研制级数更少而压缩比更高的压气机；再次是提高各个部件的效率。高温陶瓷材料能在 1360℃ 以上的高温下工作，用它来做透平叶片和燃烧室的火焰筒等高温零件时，就能在不用空气冷却的情况下大大提高燃气初温，从而较大地提高燃气轮机效率。适于燃气轮机的高温陶瓷材料有碳化硅（Si/C）和碳/碳（C/C）等。按闭式循环工作的装置能利用核能，它用高温气冷反应堆作为加热器，反应堆的冷却剂（氦或氮等）同时作为压气机和透平的工质。

32.1.1.3 燃气轮机工作原理

燃气轮机的工作原理/过程是：压气机（如图 32-2 所示）连续地从大气中吸入空气并将其压缩；压缩后的空气进入燃烧室，与喷入的燃料混合后燃烧，燃烧所产生的燃气吸热后温度升高，成为高温燃气，随即流入透平边膨胀边做功，推动透平叶轮带着压气机叶轮一起旋转；加热后的高温燃气的做功能力显著提高，因而透平在带动压气机的同时，尚有余功作为燃气轮机的输出机械功，做功后的气体排向大气并向大气放热。重复上述升压、吸热、膨胀与放热过程，连续不断地将燃料的化学能转换成热能，进而转换成机械能。

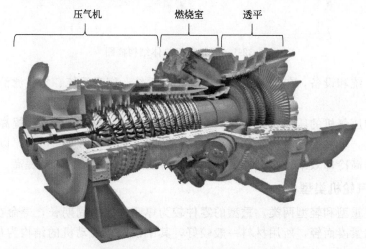

图 32-2　燃气轮机总体结构鸟瞰图

燃气轮机由静止启动时，需要用启动机带着旋转，待透平带动压气机加速到能独立运行后，启动机才脱开。

32.1.2 氢燃气轮机国内外发展概况

从 20 世纪 80～90 年代开始，多个国家和国际机构制定了氢燃气轮机和氢能相关的研究计划。2005 年美国能源部（DOE）同时启动为期 6 年的"先进 IGCC/H_2 燃气轮机"项目和"先进燃氢透平的发展"项目，这 2 个项目以 NO_x 排放小于 3×10^{-6} 的燃气轮机为目标，主要研究内容包括富氢燃料/氢燃料的燃烧、透平及其冷却、高温材料、系统优化等。2007年欧盟在其第七框架协议（FP7）中启动了"高效低排放燃气轮机和联合循环"重大项目，以氢燃料燃气轮机为主要研究对象。2008 年欧盟第七框架又把"发展高效富氢燃料燃气轮机"作为一项重大项目，旨在加强针对富氢燃料燃气轮机的研究。日本将高效富氢燃料IGCC 系统的研究作为未来基于氢的清洁能源系统的一部分列入其为期 28 年的"新日光计划"（WE-NET）中，以效率大于 60％的低污染煤基 IGCC 系统为目标展开研究[1]。如今世界上富氢燃料燃气轮机已有较多的应用业绩，主要是合成气扩散燃烧模式的 IGCC 电厂系统。

2019 年以来，美国通用电气公司、德国西门子能源公司、日本三菱公司和意大利安萨尔多公司等主要燃气轮机厂商均针对氢燃料燃气轮机推出了相应的发展计划，开启了富氢燃料甚至是纯氢燃料燃气轮机的研究、开发、优化、测试及示范应用工作。下面简要介绍国内外氢燃气轮机发展状况。

32.1.2.1　美国通用电气公司

美国通用电气公司（GE）在 1950—1970 年间标准燃烧器和 20 世纪 80 年代多喷嘴静音燃烧器的基础上，在 1990—2000 年间开始研究燃氢技术，并在挪威水电公司高氢项目中进行实践。通过安装在超过 1700 台重型燃气轮机上的多喷嘴静音燃烧器证明，在其他气体均为惰性气体（氮气或者蒸汽等）的情况下，可以燃烧氢气含量 43.5%～89% 的富氢燃料。进入 21 世纪后，GE 研发出具备高氢能力的多喷嘴静音燃烧器。该公司评估了多喷嘴静音燃烧器对高富氢燃料的适应情况，结果表明燃烧纯氢燃料是可行的，多喷嘴静音燃烧器可以燃用氢气含量高达 90%～100% 的富氢燃料[2]。

2005 年，以旋流结构为基础，研发出可掺氢 5%（以体积分数计）燃烧的干式低氮燃烧器（简称 DLN2.6）及可掺氢 15%～18% 燃烧的 DLN2.6＋；2010 年，开发出先进预混燃烧器；2016 年，美国能源部牵头高氢项目，在 7HA.01 机组上试验了燃氢燃烧器；2018 年研发出 DLN2.6e 燃烧器，在 F 级的燃烧压力和温度下 NO_x 排放可低至个位数，预混燃烧，动力学防回火，燃氢能力高达 50%。参见图 32-3。

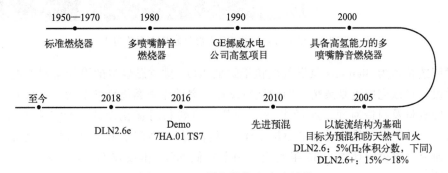

图 32-3　GE 燃氢燃烧室改造历程

GE 有一台超过 20 年燃烧高氢燃料运行经验的 6B 机组，功率约 44MW，氢气在燃料中体积分数为 70%～95%。

2021 年 7 月，GE 和克里克特谷能源中心（Cricket Valley Energy Center，CVEC）宣布将共同推进 CVEC 位于纽约州多佛平原的联合循环发电厂的一个示范项目，以减少碳排放。

目前，GE 的 HA 级燃气轮机能够燃烧 50% 氢含量的混合燃料，主要采用稀释扩散技术，可以将 NO_x 排放控制在 $25×10^{-6}$（15%O_2）以内。在"先进 IGCC/H_2 燃气轮机"和"先进燃氢透平的发展"两个项目中，GE 以 NO_x 排放小于 $3×10^{-6}$ 为目标，开展氢燃料的燃烧、透平冷却、高温材料、系统优化等内容的研究。为美国 Long Ridge 电厂供货的 7HA.02 燃气轮机使用的燃烧系统是 DLN 2.6＋，在 2021 年开始运营时使用含氢混合燃料，并期望在 10 年内通过技术升级最终过渡到 100% 绿色氢燃料运行。

32.1.2.2　德国西门子公司

德国西门子公司（Siemens）的干式低排放（drylowemission，DLE）燃烧系统通过采用旋流稳定火焰与贫燃料预混组合，可以实现燃氢 50% 的能力，进一步提高到 100% 需要新的燃烧室设计技术和对控制系统的改造。Siemens 目前正在开发先进的燃烧室和 DLE 燃烧器，需解决的关键技术问题是 NO_x 排放和回火风险。相关试验结果表明：SGT-700（33MW）上使用的 DLE 燃烧器可达 40% 的 H_2 容量，SGT-800（50MW）可达 50%，而

SGT-600（25MW）可在较低温度下转化为 60%。在 H_2 体积分数为 35% 时，第 4 代 DLE 燃烧系统在 SGT-6000G（W501G）上可以控制 NO_x 排放值在 20×10^{-6} 内。Siemens 不同氢含量燃气轮机主要改造点如图 32-4 所示。

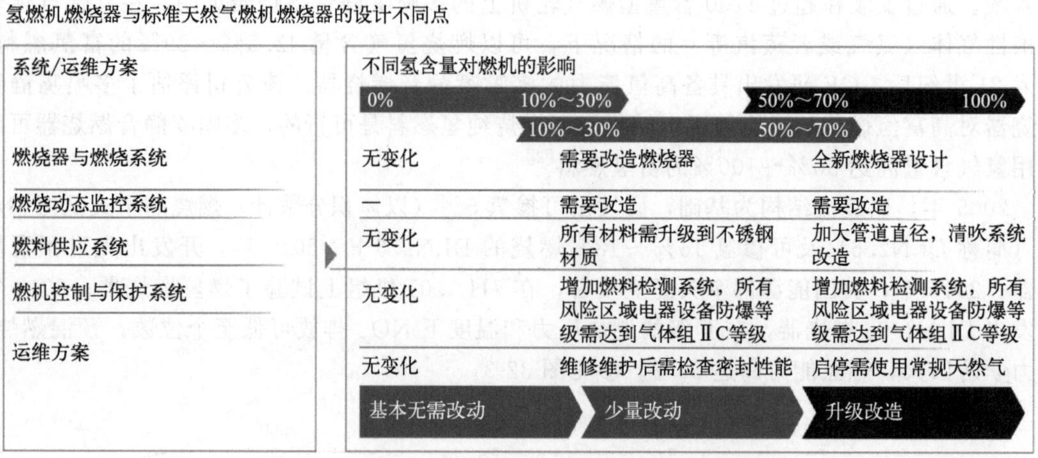

氢燃机燃烧器与标准天然气燃机燃烧器的设计不同点

系统/运维方案	不同氢含量对燃机的影响		
	0%　　10%～30%　　　　50%～70%　　100%		
	10%～30%　　　　50%～70%		
燃烧器与燃烧系统	无变化	需要改造燃烧器	全新燃烧器设计
燃烧动态监控系统	—	需要改造	需要改造
燃料供应系统	无变化	所有材料需升级到不锈钢材质	加大管道直径，清吹系统改造
燃机控制与保护系统	无变化	增加燃料检测系统，所有风险区域电器设备防爆等级需达到气体组ⅡC等级	增加燃料检测系统，所有风险区域电器设备防爆等级需达到气体组ⅡC等级
运维方案	无变化	维修维护后需检查密封性能	启停需使用常规天然气
	基本无需改动　　　　少量改动　　　　升级改造		

图 32-4　Siemens 不同氢含量燃气轮机主要改造点

增材制造技术为 Siemens 氢燃气轮机干式低 NO_x 排放燃烧室的设计与制造提供了新的工具及手段，可以完成更复杂精巧的燃烧室设计，突破原来燃烧科学上的一些限制，同时减少燃烧室的重量及制造时间。2019 年该公司用纯氢燃料对优化设计的燃烧室进行了测试，结果表明针对纯氢燃料优化设计的燃烧室还不具备很好的西门子低排放特性，该技术还需要进一步的研究。该公司计划 2030 年实现采用干式低 NO_x 排放技术的燃气轮机均具备燃用纯氢燃料能力。

由 Siemens 承担的绿色氢——欧盟 HYFLEXPOWER 项目是世界上首个可再生能源制氢与燃氢发电相结合的示范工程，该工程展示了一种工业规模的 Power-to-H_2-to-Power 解决方案，通过对法国现有的热电联产工厂进行现代化改造对造纸厂进行脱碳，整个循环的框架如图 32-5 所示。该项目于 2020 年 5 月启动，总体目标是测试一种完全绿色的氢能源供应，以实现完全无碳的能源组合。证明可以通过可再生电力（如水能和风能）生产和存储氢气，然后将氢气添加至目前热电联产工厂的天然气中混合使用，直至完成 100% 氢气燃烧，实现无碳发电。

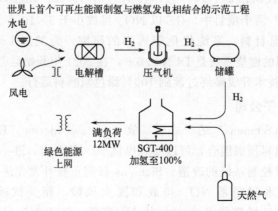

图 32-5　HYFLEXPOWER 项目示意图

32.1.2.3 日本三菱日立动力系统公司

日本三菱日立动力系统公司（MHPS）认为借助氢燃料燃气轮机可以推动全球实现以可再生能源为基础的"氢能社会"，该公司希望在以往含氢燃料燃气轮机设计及制造的经验积累上，通过进一步的投入及研发，在未来 10 年内能够实现燃气轮机燃烧纯氢燃料的目标。

MHPS 自 1970 年开始研发含氢燃料的燃气轮机，早期扩散燃烧器已被证实能在含氢 0-100％的燃料中安全稳定运行，截止至 2018 年含氢燃料的燃气轮机业绩已达 29 台，运行小时数超过 3.57 百万小时，以 M 系列和 H 系列机型为主。在保证燃气轮机高热效率的同时保持低 NO_x 排放，是氢燃料燃气轮机技术的关键。

截至 2020 年初，MHPS 开发形成了 3 种燃氢燃烧室，分别是可燃用部分氢气的 DLN 多喷嘴燃烧室（multi-nozzle combustor），燃氢的多集群燃烧室（multi-cluster combustor）和扩散燃烧室（diffusion combustor）。

① 可燃用部分氢气的 DLN 多喷嘴燃烧室（H_2 体积分数可达 30％）：该燃烧室针对减少混氢燃烧时的回火风险，在传统的 DLN 燃烧室基础上开发而成的。压气机出口空气通过旋流器进入燃烧室，并在燃烧室形成旋流。燃料从旋流器叶片的出气孔中喷出，并迅速与周围的旋流空气混合。因在旋流空气中心部位（涡核）流速较慢，当其小于火焰面传播速度时，则产生回火现象。新型燃烧室从喷嘴顶部注射一股空气，从而增加涡核部分的流速，降低回火风险。

② 燃氢的多集群燃烧室（H_2 体积分数可达 100％）：氢气的浓度越高，回火风险越大。如在改进的燃用部分氢气的 DLN 燃烧室中燃烧更高比例的氢气，则需要更大的空间，并且回火的风险依然很大。三菱设计了能够很好分散火焰和分配燃料的燃烧室。采用大量的喷嘴替代了原 DLN 的 8 喷嘴结构，燃烧喷嘴口径更小，消除了旋流，能够降低回火现象并兼顾低 NO_x 排放。

③ 扩散燃烧室（H_2 体积分数可达 100％）：同传统扩散燃烧室一样，由于燃烧温度高，该燃烧室采用注蒸汽或水来降低 NO_x 的生成。扩散燃烧室的好处是稳定的燃烧范围很宽，可允许较大的燃料成分变化。三菱的扩散燃烧室，已经使用炼化厂废气进行了一系列实际运行，氢气最高 90％，另外在 WE-NET 项目的氢燃烧室试验中也获得了成功。

2018 年，MHPS 在 700MW 输出功率的 J 系列重型燃气轮机上使用含氢 30％的混合燃料测试成功，测试结果证实该公司最新研发的新型预混燃烧器可实现 30％氢气和天然气混合气体的稳定燃烧，二氧化碳排放可降低 10％，NO_x 排放在可接受范围内。

2020 年，MHPS 表示已经从美国犹他州 Intermountain Power Agency 获得了首个燃氢燃料的先进燃气轮机订单，该机组旨在过渡到可再生氢燃料，从能够燃烧 30％氢气和 70％天然气混合燃料过渡到 100％氢燃料。项目涉及 2 台 M501JAC 重型燃气轮机，这也是行业内率先专门设计氢燃气轮机，从而为全球工业提供一条从燃煤发电，再到天然气发电，最后再到可再生氢燃料发电的发展路线。

32.1.2.4 意大利安萨尔多能源公司

意大利安萨尔多（Ansaldo）能源公司开展了一系列的燃烧室测试，结果证明其燃气轮机可以燃用纯氢燃料。该公司通过开发可适应不同燃料的先进燃烧系统，使燃气轮机具备燃烧富氢燃料的能力。

Ansaldo 在 GT26 机组上采用顺序燃烧系统[3]，顺序燃烧系统平台实质上需要 2 个燃烧阶段：常规阶段和自动点火阶段。它包括 2 个短燃烧室，预混燃烧器（premix combustor）和顺序燃烧器（sequential combustor），如图 32-6 所示，可实现快速混合，因此火焰后停留时间足够短，并将有害的 NO_x 排放保持在限值以下。

预混燃烧器
稀释空气
混合器
顺序燃烧器
过渡件

图 32-6　Ansaldo 顺序燃烧系统

对于氢含量较高的反应性较高的燃料，顺序燃烧系统可通过降低第 1 阶段的火焰温度来帮助火焰避免移动到过于靠近燃烧室出口的位置，这还使第 2 阶段的入口温度降低，从而降低燃烧室的出口温度，稀释空气与第 1 阶段燃气的混合。

Ansaldo 的 SEV 顺序燃烧系统平台具有燃烧天然气和氢气混合燃料的能力，其中 GT26 可以燃烧 30% 的含氢燃料，GT36 可以燃烧 0～50% 的含氢燃料。此外，该公司还将针对 GT46 开展纯氢燃料适应性测试。

32.1.2.5　中国联合重型燃气轮机技术有限公司

2021 年 7 月 23 日，中国联合重型燃气轮机技术有限公司（UGTC）与荆门市高新区管委会、国家电投湖北分公司、盈德气体集团有限公司在荆门市签署《燃气轮机掺氢燃烧示范项目战略合作框架协议》。此次签约标志着荆门掺氢燃气轮机项目进入实施阶段。2021 年 12 月，荆门掺氢燃气轮机项目成功实现 15% 掺氢燃烧试验和商业运行，这是我国首次在重型燃气轮机商业机组上实施掺氢燃烧改造试验和科研攻关，也是全球首次在天然气商业机组中进行掺氢燃烧的联合循环与热电联供。2022 年 9 月 29 日，荆门掺氢燃气轮机项目成功实现 30% 掺氢燃烧改造和运行，实现重大技术突破。项目团队攻克了燃气轮机高比例掺氢下带来的易回火难题、NO_x 排放控制难点、大规模氢气掺混精准控制技术以及与燃气轮机的联调技术。此外，改造后的燃气轮机机组具备了纯天然气和天然气掺氢两种运行模式的兼容能力，具备了 0～30% 掺氢运行条件下的灵活性。燃气轮机掺氢运行过程中，系统各项指标稳定，整体方案可靠性得到充分验证。

主流厂商燃气轮机代表机型燃氢适应性见表 32-1。

表 32-1　主流厂商燃气轮机代表机型燃氢适应性

厂商	机型	燃氢适应性	厂商	机型	燃氢适应性
GE	HA 级	0～50%	西门子	F 级	0～30%
	F 级	0～100%		航改	60%
	B/E 级	0～85%	三菱	F/J 级	0～30%
	航改	0～65%		B/D 级	0～100%
西门子	HL 级	0～30%	安萨尔多	GT36（H 级）	0～50%
	H 级	0～30%		GT26（F 级）	0～30%

由表 32-1 可见，只有 GE 的微混燃烧器和 Ansaldo GT36 的多级燃烧器有相对强一些的氢掺混能力，但基本上国际主流的高效低氮的重型燃气轮机目前都不具备大量氢气的掺混能力。氢燃烧技术还有待进一步开发。

32.1.3　氢燃气轮机发展趋势

清洁能源氢燃料替代天然气用于燃气轮机发电以减少大量的碳排放，这是未来的一个趋势，氢燃料燃气轮机的发展除了开发全新的机型，常规燃机上氢燃料替代天然气的改造也是重要研究方向。就目前而言，未来需要重点发展的关键技术如下：

① 高效、稳定富氢甚至纯氢干式低氮燃烧器的开发应用，采用先进的低氮技术替代传统的添加稀释剂低氮技术，使氢燃料燃气轮机有更高的效率和更低的排放；

② 大规模的可再生能源制氢技术有突破性提高并形成规模化效应，从而大幅降低氢燃料生产、运输、储存成本，从源头上降低氢燃料发电综合成本，制氢产能能支撑全社会氢气燃机发电需求；

③ 氢气存储及输送系统得到充分的升级与更新，保障氢气存储及运输安全，同时降低中间环节成本。

当以上所有技术要素都发展成熟后，随着氢能的大规模发展，氢能利用成本进一步降低，氢燃气轮机发电因其零碳、低 NO_x 排放优势，必将成为未来电力能源结构的中坚力量。

32.1.4　氢燃气轮机的低碳排放优势

32.1.4.1　氢燃气轮机发电的优势

我国能源资源禀赋的特点是"富煤贫油少气，可再生能源资源丰富"。可再生能源的规模化发展以及快速增长的调峰需求将会进一步促进氢燃料发电的发展，进而成为电源侧重要的灵活性电源之一。长期以来，储存波动的可再生能源是能源转型的主要挑战之一。可利用可再生能源中的弃风弃光时段的电力电解水生产氢气，从而将"绿氢"存储起来，并在后续需要用电的时候使用基于氢燃料燃气轮机的燃气蒸汽-联合循环进行发电。通过打通发电到制氢再到发电的所有技术环节，在可再生能源发电高峰时期，将多余电力制成氢气存储，然后在电力需求旺盛时又通过氢燃料燃气轮机发电上网，从而实现真正的绿色能源。将新能源与氢进行耦合以减少大量新能源接入电网时因发电不稳定性产生的冲击，这是解决可再生能源波动性和不可控性问题的方法之一，如图 32-7 所示。

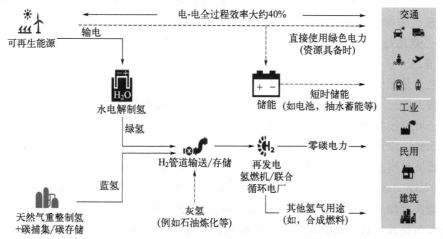

图 32-7　电-氢-电深度脱碳的能源结构

使用富余新能源电力生产的"绿氢"进行氢燃料发电,在实现发电零碳排放的同时为大规模新能源电力接人提供调峰服务,通过氢能存储及氢燃料发电这一途径间接实现了新能源电力的自我调峰,建立了新能源发展的良性循环,有利于我国碳中和目标的顺利实现。《中国 2030 年能源电力发展规划研究及 2060 年展望》报告结论显示,2060 年我国电力总装机容量约 8.0TW,其中风电及光伏合计约 6.3TW,成为电网中的绝对主力电源,氢燃料发电预计装机达到 0.2TW,其在电网中主要起调峰作用。

氢燃气轮机的应用[4]可以提高可再生能源率、平复电网波动,减少 CO_2 排放,有助于减少能源进口、降低发电成本。世界主流燃气轮机制造商均将燃氢燃气轮机技术作为研发重点,大力使用煤气化合成气之类的富氢燃料乃至纯氢作为燃料[5]。近年来,GE、Siemens、MHPS 和 Ansaldo 等已将开发可燃烧 100% 氢燃料的大功率燃气轮机提上了日程,计划在 2030 年左右实现 100% 燃氢。

32.1.4.2 氢燃气轮机 CO_2 减排效果

某小 F 级燃气轮机在燃气轮机满负荷下(功率 50MW 左右),混氢比例为 15%、30% 和 100% 时,CO_2 排放质量流量由 7.76kg/s 分别降低到 7.25kg/s、6.44kg/s 和 0kg/s,不同混氢比例及年利用时间的 CO_2 减排量见表 32-2。

表 32-2 燃氢燃气轮机 CO_2 减排效果

序号	1	2	3	4	5	6
混氢比例/%	15	15	30	30	100	100
年利用时间/h	3000	5000	3000	5000	3000	5000
CO_2 减排量/万吨	0.55	0.9	1.1	2.36	8.38	13.97

32.2 燃气轮机氢燃料

随着全球气候变化带来的严峻挑战和要求,能源电力高质量发展的核心内涵是打造清洁低碳、安全高效的新型能源电力系统,能源电力结构低碳化已成为各国能源战略的共同选择,发展可替代煤、石油等化石燃料的可再生能源及高效清洁燃烧技术迫在眉睫。我国 2020 年发布的《新时代的中国能源发展》白皮书中指出,开发利用非化石能源是推进能源绿色低碳转型的主要途径,中国要把非化石能源放在能源发展的优先位置,在"碳达峰,碳中和"的目标下大力推进低碳能源替代高碳能源、可再生能源替代化石能源。

能源电力是国民经济的命脉。随着工业化和城镇化进程的不断提升,我国已成为全球能源电力消费大国。与此同时,我国能源对外依存度高、结构有待优化、碳排放量大等问题也不断显现,可持续发展、能源转型、能源安全等成为我国重点发展领域。氢能是一种来源丰富、绿色低碳、应用广泛的二次能源,正逐步成为全球能源转型发展的重要载体之一。2022 年 3 月,国家发展改革委、国家能源局联合印发《氢能产业发展中长期规划(2021—2035 年)》,以实现"双碳"目标为总体方向,明确了氢能是未来国家能源体系的重要组成部分,是用能终端实现绿色低碳转型的重要载体,也是战略性新兴产业和未来产业的重点发展方向。氢能作为高效低碳的能源载体,绿色清洁的工业原料,在电力、交通、工业、建筑等多领域拥有丰富的落地场景,未来有望获得快速发展。

32.2.1　纯氢燃料

氢气单位质量热值很高，具有零污染、来源丰富、用途广泛等优势；而且氢元素是这个星球上最多的元素，这使得氢气易于获得。氢气的来源非常广泛，主要有化工尾气回收、天然气制氢、煤制氢、甲醇制氢和电解水制氢等几种方式。虽然其燃烧产物水蒸气和二氧化碳一样也会引起全球变暖，但是相比于二氧化碳，氢气燃烧生成的水对全球变暖的贡献小到可以忽略[6]。

相比于其他碳氢燃料而言，氢更容易被点燃，而且可燃性边界也更为宽阔。由于氢气的燃烧温度较高，开发与天然气燃烧器性能相似的燃氢燃烧器是一个非常具有挑战性的过程，只有在燃料与空气快速混合的情况下，才能达到火焰稳定、燃烧效率高、NO_x 排放低的要求。

32.2.2　掺氢燃料

由于氢气的燃烧性能好，与传统燃料（如天然气）掺混后能大大改善传统燃料的燃烧性能，降低污染物的排放。燃气轮机中最常用的燃料是天然气，其主要成分为甲烷。以甲烷为例，甲烷掺混氢气之后燃烧的层流火焰速度得到了增强，且掺混的氢气越多增强则越明显。除了火焰传播速度外，点火性能也是学者们关心的问题。氢气的掺混使得甲烷的点火可以在更低的温度下发生，而且点火延迟时间也显著缩短。氢气的加入使得甲烷氧化体系的总反应速率得到增强，因此促进了甲烷的氧化。

氢气掺混带来的另一个大的改善就是能拓宽燃料的可燃性边界。以航空煤油为例，Frenillot 等使用一个实验室尺寸的涡轮发动机燃烧室模型对航空煤油 Jet A1 和氢气的掺混燃烧进行实验研究，实验结果表明，掺入质量分数百分之十的氢气时，相比于纯煤油在当量比 0.4 时熄灭，贫燃极限拓宽至当量比 0.3。在污染物排放方面，他们测得虽然一氧化碳的排放会随着氢气比例增大而减少，但是氮氧化物随氢气比例变化不大，其更容易随着当量比变化而变化。

32.2.3　氨燃料

氨气（NH_3）具有相对较高的氢含量，被认为是更安全经济的氢储运手段，并且氨燃料由于具有如下的优点被世界各国当作重要的未来能源发展方向：①氨属于典型的零碳燃料，完全燃烧产物为 N_2 和 H_2O，没有温室气体排放，且可以利用可再生能源通过全周期无碳排放的工业过程合成氨气；②氨的大规模工业生产较为成熟，比如利用煤气化制取合成氨，或使用廉价的 Haber-Bosch 法制氨工艺；③能量密度较高，体积能量密度与甲醇相当，高于天然气和氢气；④高辛烷值，具有良好的抗爆性能；⑤液化压力仅为 1.03MPa，易液化，易储存和运输。

但是，氨燃料同时也具有以下的缺点限制了纯氨燃料的应用：①可燃极限窄（空气中体积分数为 15.5%～27%），比氢气窄得多，在贫燃和富燃条件下容易导致熄火。②层流火焰传播速度低（6～8cm/s），容易出现燃烧效率低和不完全燃烧的情况。此外，受 543.6～665.2nm 附近的 NH_2 α 带光谱和过热水蒸气光谱的影响，氨燃烧在空气中燃烧可观察到橙色火焰。③具有较高的自燃温度和点火能量，需要较高的火花能量，依赖燃料自燃的点火较为困难。④潜在的 NO_x 排放问题。为了解决上述缺点，需要进行火焰增强，尝试将氨与其他助燃剂掺混燃烧（如 H_2、CH_4、C_2H_4 等）是目前拓宽氨燃料应用前景的重要发展方向。其中，氨-氢混合燃烧能提高燃烧的稳定性和燃烧效率，同时氨燃料本身就具有很高的氢含量，可以在催化剂的作用下分解产生氢，对于氨-氢混合燃料实际使用不需要额外增加储氢设备即可得到氢燃料。将氨和氢两种燃料进行合理且精确的混合，将实现高效清洁的无碳排放的燃烧，但成本高于掺混天然气。与此同时，生物质气、煤气化气等气体燃料的层流火焰速度几乎不低于天然气，燃料成本也低于天然气，并且来源比天然气更加稳定，受市场价格浮动影响较小，与 NH_3 进行掺混有望能取得更好的效果。目前，仅有 NH_3 与合成气进行掺混的少量研究，包含稀释气（CO_2 以及 N_2）成分的生物质气或煤气化气与 NH_3 混燃的研究亟待补充。

此外，利用氨进行风电、光电等新能源储能，合成"绿氨"，并结合燃气轮机等火电站重新发电，不仅能够提升新能源的消纳，而且有利于实现火电深度灵活调峰，符合我国国家发改委与国家能源局所提的"风光水火储一体化"能源布局。

32.3 氢燃气轮机燃烧室

32.3.1 氢燃气轮机燃烧学基础

32.3.1.1 化学恰当反应与当量比

氢气在燃烧过程中所需氧气一般由空气提供，当氢气与空气中的氧同时燃烧反应完全时，此时就称为化学恰当反应。空气（A）-燃料（F）化学恰当比（空-燃比）定义为化学恰当反应时的空气-燃料质量比，其数值等于 1kg 燃料完全燃烧时所需的空气质量，可以用式(32-1) 表示：

$$(A/F)_{st} = \left(\frac{m_{air}}{m_{fuel}} \right)_{st} \tag{32-1}$$

式中，m_{air} 和 m_{fuel} 分别表示空气与燃料的质量流量。

当量比（φ）常用来定量表示燃料与氧化剂的混合物的配比情况，其定义如下[式(32-2)]：

$$\varphi = \frac{(A/F)_{st}}{(A/F)} = \frac{F/A}{(F/A)_{st}} \tag{32-2}$$

由上式可知，对于富燃料混合物，$\varphi > 1$；对于贫燃料混合物，$\varphi < 1$；对于化学恰当比混合物，$\varphi = 1$。当量比 φ 是决定燃烧系统性能最重要的参数之一。其他常用的参数还有过量空气系数 α，或称为余气系数，它与 φ 互为倒数，即[式(32-3)]

$$\alpha = \frac{(A/F)}{(A/F)_{st}} = \frac{1}{\varphi} \tag{32-3}$$

非常接近化学恰当比（燃料与氧化剂的比率）时可以达到最高燃烧温度。对于大多数燃料，最高温度，绝热火焰温度，发生在化学当量比 1 和 1.1 之间，因为产物-比热容随着燃料富裕比例些微地减少。

32.3.1.2 燃烧的化学反应速率

燃烧现象的本质是一种氧化反应，那么氧化过程中化学反应速率必然关系到燃烧过程进展得快或慢的程度。化学反应速率的定义就是：在一个有限的空间中固定的反应物质在化学反应过程中，反应物或生成物的浓度随时间 t 的变化率。通过对化学反应的平衡状态进行研究可知，平衡状态下正向和逆向反应的反应速率是相等的。影响化学反应速率的基础是质量作用定律，对于如下的通用反应

$$a A + b B \longleftrightarrow c C + d D \tag{32-4}$$

化学反应速率可以写为：

$$r_f = k_f [A]^a \times [B]^b \tag{32-5}$$

式(32-5)给出的是化学反应的正向反应速率。其中，反应速度常数 k_f 独立于反应物浓度，总体来讲是压力和温度的函数。反应速度常数对温度的关系是以 Arrhenius 对 Boltzmann 因子的指数形式提出的，表示的是该化学反应里所有分子碰撞（单位时间和体积的碰撞数量）中，碰撞能量高于活化能（E_a）的那部分碰撞，可以表示为：

$$k_f = k_0 e^{-\frac{E_a}{RT}} \tag{32-6}$$

式中，k_0 是与反应物质相关的系数，称为"指前因子"；E_a 是活化能（对于一个反应，它是引起化学反应发生的最小能量）；$\overline{R}$ 是摩尔气体常数；T 是反应物的绝对温度。本式被称为阿伦尼乌斯（Arrhenius）定律。

发动机燃料的重要特性之一就是燃料-空气混合气的燃烧速度，它在很大程度上决定了发动机工作循环中放热的动态过程。图 32-8、图 32-9 列出氢-空气混合气燃烧速度的最大值，这些数据是通过大量研究试验后总结得到的。由图中可以看出，当过量空气系数 $\alpha = 0.55 \sim 0.6$ 时，氢-空气混合气的燃烧速度最大，平均为 3.1m/s。接理论混合比混合的氧空气混合气燃烧速度（平均）为 2.15m/s。此外，燃料空气混合气的初温会直接影响火焰传播速度，其中，氢-空气混合气的火焰传播速度受初温的影响远比其他气体的更加厉害。

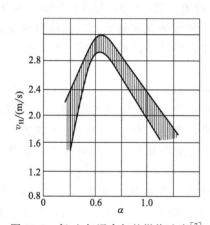

图 32-8　氢-空气混合气的燃烧速度[7]

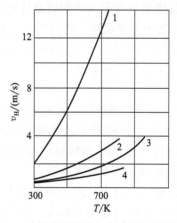

图 32-9　火焰传播速度与混合气初温的关系
1—氢；2—乙烯；3—甲烷；4——氧化碳

32.3.1.3　氢-氧的反应机理与爆炸极限

阿伦尼乌斯定律在分子运动理论的基础上，建立了化学反应速率关系式。但是化学反应的种类很多，特别是燃烧过程的化学反应，都是复杂的化学反应，无法用阿伦尼乌斯定律和分子运动理论来解释。例如有些化学反应即使在低温条件下，其化学反应速率也会自动加速而引起着火燃烧；有些反应在常温下也能达到极大的化学反应速率，如爆炸。这些现象无法用阿伦尼乌斯定律和分子运动理论来进行合理的解释，需要通过链式反应理论进行解释。

链式反应也叫链锁反应，是一种在反应历程中含有被称为链载体（惰性中心）的低浓度自由基或自由离子的反应，这种链载体参加到反应的循环中，且在每次生成产物的同时又重新生成。最常见的链式反应是以自由基为链载体，阳离子或阴离子也可以起到链载体的作用。链载体的存在及其作用是链式反应的特征所在。

H_2 的氧化反应是链分支反应的经典事例[8]。目前的研究结果一致认为，氢的氧化反应过程是按分支链式反应形式进行的。链载体 H 原子的产生，即链的产生为：

$$H_2+M \longrightarrow H+H+M \tag{32-7}$$

高能分子 M 与 H_2 碰撞使 H_2 断裂分解成 H 原子，成为最初的活化中心 H。也有观点认为，由于热力活化等作用发生以下反应，同样产生了链载体 H。H 原子形成了链式反应的起源。氢氧反应过程中，链的反应为：

$$H_2+O_2 \longrightarrow H+HO_2 \tag{32-8}$$

链的传播过程是链式反应的基本环节。在氢的氧化反应过程中，分支链反应为：

$$H+O_2 \longrightarrow OH+O \tag{32-9}$$

该反应是吸热反应，热效应 $Q=71.2kJ/mol$，所需要的活化能为 $75.4kJ/mol$。该反应产生的 O 原子与 H_2 发生反应，继续分支链反应：

$$O+H_2 \longrightarrow OH+H \tag{32-10}$$

该反应为放热反应，热效应 $Q=2.1kJ/mol$，所需要的活化能为 $25.1kJ/mol$。式(32-9)与式(32-10) 两个式子所产生的两个 OH 基与 H_2 发生反应，形成最终产物 H_2O，即链传递反应：

$$OH+H_2 \longrightarrow H_2O+H \tag{32-11}$$

式(32-11) 为放热反应，热效应 $Q=50.2kJ/mol$，所需要的活化能为 $42.0kJ/mol$。

比较各个反应方程式两侧链载体的数目可以看出，式(32-9) 与式(32-10) 为分支反应，式(32-11) 为不分支反应。吸热反应 [式(32-9)] 所需活化能最大，因此反应速率最慢，限制了整体的反应速率，在 H_2 的燃烧过程中，OH 在链传播进程中起到了突出作用。

综合以上反应后可得到：

$$H+3H_2+O_2 \longrightarrow 2H_2O+3H \tag{32-12}$$

一个 H 原子参加反应，在经过一个基本环节链后，形成最终产物 H_2O，并同时产生 3 个 H 原子。这 3 个 H 原子又会重复上述基本环节，产生 9 个 H 原子，以此类推。随着反应的进行，链载体 H 原子的数目以指数形式增加，反应不断加速，直至爆炸。这种链载体不断增殖的反应即是分支链式反应。

在分支链式反应中，因为随着链载体上 H 浓度不断增加，碰撞的概率也会越来越大，形成稳定分子的机会也越来越大。另外，链载体也会由于在空中相互碰撞使其能量被夺或撞到器壁等原因销毁，使他失去活性而成为正常分子，因此链载体的数目不会无限制地增大。如果出现撞到器壁而被销毁的链载体数目大于产生的链载体数目，销毁速度大于增殖速度，则造成链的终止，此时就不会再发生化学反应。

链终止反应：

$$H+O_2+M \longrightarrow HO_2+M \tag{32-13}$$

$$H+OH+M \longrightarrow H_2O+M \tag{32-14}$$

$$H+H+M \Longrightarrow H_2+M \tag{32-15}$$

$$O+O+M \longrightarrow O_2+M \tag{32-16}$$

图 32-10 表示定容弹中氢-氧化学当量混合物的爆炸极限，氢-氧化合的链锁着火与温度的关系如图所示。在 450℃ 以下氢与氧相互化合的速度比较慢，在 600℃ 以上，混合物则在各种压力下均会发生爆炸。而在 450~600℃ 范围内，随着压力的不同而存在一个爆炸区。

在 450~600℃ 范围内，当反应物压力低于低的爆炸界限，以及反应物压力在高的爆炸界限和第三爆炸界限之间，均不发生爆炸。低的爆炸界限基本与温度无关，高的爆炸界限是随着温度的升高而增加。这是由于温度升高后，形成活化分子的速度增加，而活化分子消失

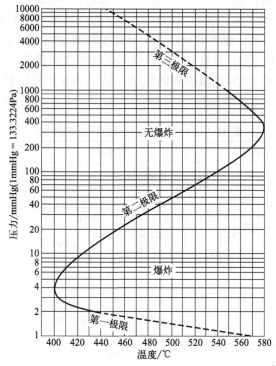

图 32-10　在定容弹中氢-氧化学当量混合物的爆炸极限[9]

的速度一般是与温度无关的，所以扩大了爆炸区域。

氢气与氧气的反应尚有第三爆炸界限，这可能是由于在更高压力下，本来要扩散到容器壁面而消失的活化分子就不再有更大的概率扩散到器壁，因此在更高压力下，在壁面断链比较少，而经碰撞重新产生链锁传递的概率就更大了。

32.3.2　氢燃气轮机燃烧室结构设计

32.3.2.1　氢燃烧室技术难点

氢燃料火焰为无色火焰，容易爆燃，具有宽可燃极限，燃料使用危险性大于天然气；氢会导致金属产生"氢脆"现象，对燃烧室材料要求更高；氢火焰传播速度很快，易回火，进入燃烧室后会在火焰管前部以较高的燃烧速度放热，燃烧难以控制，使得氢燃料燃烧室的研发较为困难[10]。另外，氢气单位体积热值小于天然气，相比同功率天然气燃烧室，燃料体积流量较大，给燃烧器设计带来困难。

32.3.2.2　燃气轮机氢燃烧室结构设计

在对燃气轮机燃烧室进行设计时，首先遇到的问题就是从整体上把握燃烧室的基本工作状态。这个问题有两个方面：①燃烧室的工作压力、进口和出口温度，是由整个燃气轮机组的热力循环决定的，是要求燃烧室来保证的，要达到这个要求，就要解决需要供给多少燃料的问题，这是燃烧室设计最基本的前提；②经过燃烧过程，工质的化学成分发生了变化，必须知道燃烧产物的准确成分和相应的热力性质。这又是进行涡轮机和整个机组的热力计算所必需的资料，也就是说，在设计时需要从燃气轮机整体对燃烧室的要求和燃烧室对燃气轮机整体的影响两方面提出和解决问题。

针对燃气轮机氢/富氢燃料低排放稳定燃烧问题，目前国际燃气轮机制造商主要采用了三种燃烧室设计方案（如表 32-3 所示）。第一种采用传统的多喷嘴贫预混 DLN（dry low NO_x）燃烧方式。由于该方案存在回火的风险，因此燃料的掺氢比例一般不能超过 30%。第二种采用扩散燃烧的方案，该方案虽然完全避免了回火的问题，但是 NO_x 排放较高，只能通过湿化的方法来降低 NO_x 排放，由此会带来燃烧效率降低的问题。第三种采用集群微混燃烧的方式，能够实现 100% 纯氢燃料的燃烧。该方案在保证较低 NO_x 排放的同时，减少了回火的风险，且无需进行喷蒸汽/水来降低排放，保证了较高的循环效率。

表 32-3 燃气轮机氢燃料燃烧室方案[11]

燃烧器	多级喷嘴燃烧器	扩散燃烧器	集群微混燃烧器
燃烧方式	预混燃烧	扩散燃烧	微预混/微扩散
结构			
NO_x	由于火焰温度受到预混喷嘴控制，NO_x 排放低	燃料直接喷入空气燃烧导致出现局部高温区，NO_x 排放高	由于火焰温度受到微混喷嘴控制，NO_x 排放低
回火	在纯氢燃烧中，由于较大的火焰传播区域，回火风险大	扩散火焰没有回火风险	由于火焰传播区域较窄，回火风险较小
循环效率	由于没有蒸汽或水喷入，效率不会下降	为了降低 NO_x 排放，喷入蒸汽或水，导致效率下降	由于没有蒸汽或水喷入，效率不会下降
氢气共燃比	最高到 30%（体积分数，下同）	最高到 100%	最高到 100%

由表 32-3 可知，目前纯氢燃烧室可以采用扩散燃烧或集群微混燃烧方式。氢气扩散燃烧器的燃烧组织一般采用旋流稳焰方式，即通过旋流器产生回流区实现燃烧稳定与燃料/空气混合。旋流器稳定燃烧的机理来自其产生的回流区。由于火焰筒的空气主流进口速度远大于湍流火焰传播速度，所以利用旋流器产生旋转流动的特性，在火焰筒中创造一个内部为高温逆流的已燃气体的回流区[12]，卷吸外部流过的未燃混气并将其源源不断地点燃。由于氢气单位体积热值小于天然气，相比同功率天然气燃烧室，燃料体积流量较大，因此氢气的注入除了采用传统燃料喷射方式外还可以采用燃料旋流方式。

集群微混燃烧技术使用大量直径为毫米尺度的微型喷嘴阵列替代传统的大直径喷嘴结构，通过缩小燃料与空气的流动混合尺度来实现超低 NO_x 排放。该技术利用微混燃烧方式实现燃料和空气均匀地分布在每个微型喷嘴中并进行低排放稳定燃烧[13,14]。由于每个微型喷嘴均具有较小的流通截面积，故而单个喷嘴的内部流动加速，燃料-空气的掺混效果加强，最终可以实现氢/富氢燃烧的低排放稳定燃烧。此外，集群微混燃烧技术还可以通过改变微型喷嘴阵列布置方式，灵活地控制火焰形态。因此，相比传统的干式低排放预混燃烧技术，集群微混燃烧技术能够有效提高出口燃料-空气的掺混均匀性，缩短火焰的长度和宽度，缩短燃气在高温区的停留时间，进而实现低 NO_x 排放。在实际燃烧过程中，集群微混燃烧技术由于喷嘴内空气具有较高的流速，因此能够有效降低氢/富氢燃料燃烧回火、自燃的风险。

集群微混燃烧方式可分为微扩散与微预混两种燃烧组织方式。微扩散设计思路一般采用"最小化混合尺度，最大化混合强度"的设计原则[15]，常采用上千个微扩散喷嘴替代传统的预混喷嘴。当喷嘴直径足够小时，微扩散喷嘴可以在短距离内实现充分混合，故采用微扩散的微混技术同时具备了预混燃烧低排放和扩散燃烧不回火的特点，可以解决商用燃气轮机纯氢燃烧存在的安全稳定问题[16]。目前德国的亚琛应用技术大学与日本的三菱公司在燃机设计时主要采用了微扩散的设计思路。

德国的亚琛应用技术大学基于 Deutz KHD T216 和 Honeywell/Garrett GTCP 36-300 两台燃气轮机的运行参数设计了微混燃烧器，到 2020 年为止已经开发了 6 代微混燃烧器，其发展历程如图 32-11 所示[17]。从第 2 代开始，其燃料-空气掺混方式就由同轴射流改为交叉射流，从第 4 代开始，便开始使用同轴微混环结构进行燃烧器设计，其中第 5 代的设计被应用于日本川崎重工的 M1A 燃机机组上，并且具有良好的 NO_x 排放以及燃烧稳定性。

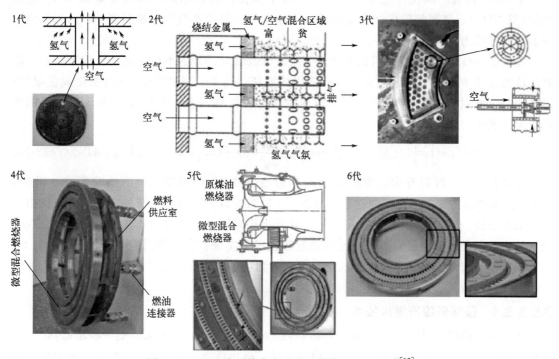

图 32-11　亚琛应用技术大学微混燃烧器发展历程[17]

现有研究结果表明：采用微扩散技术方案，在燃烧器出口温度达到 1775K 的情况下，NO_x 的排放不大于 11×10^{-6}，而且燃烧稳定，不存在回火现象[18]。然而，微扩散设计思想没办法解决燃料和空气完全混合的难题，无法将 NO_x 排放控制在个位级。基于以上原因，部分研究者提出采用微预混的方式来组织燃烧。与微扩散设计思路不同，微预混燃烧常采用旋流和横向射流掺混方式增强燃料和空气混合效果。基于微混合的设计思想，GE 公司开发了多微管燃烧器（multi-tube mixer，MTM）[19]。其采用密集的微管替代传统喷嘴，燃料从微管进入，空气从轴向进入混合管，燃烧器中间设置了值班喷嘴，提高了燃烧的稳定性。微混合管的直径分布在 0.5～2mm 之间，并且空气流速较高，可以有效防止回火。其燃烧试验结果表明，在进口压力 1.7MPa、燃烧温度 1900K 的工况条件下，NO_x 的排放不大于 6×10^{-6}。该设计思想在美国能源部的"先进氢燃气轮机"项目中得到应用。另外，GE 将微混喷嘴应用于 DLN2.6e 燃烧系统的值班喷嘴中，试验结果表明，微混值班喷嘴能够在贫燃条件下降低 25% 的 NO_x 排放[20]。

第四篇　氢能应用

32.3.3　氢燃气轮机污染物排放与控制

氢燃气轮机燃烧室排出的污染物主要为氮氧化物（NO_x）。NO_x属于有毒物质，是诱发酸雨、酸雾的主要污染物，还会与碳氢化合物形成光化学烟雾，因此世界各国对NO_x的污染问题给予高度重视，发展了各种先进的低NO_x燃烧技术。为保证氢燃气轮机低排放稳定运行，氢燃气轮机燃烧室污染物排放与控制是机组研发中的技术关键之一。

燃烧室燃烧过程中NO_x生成机理主要有三种：热力型NO_x、瞬发反应型NO_x与燃料型NO_x。在燃气轮机燃烧室中，由于高温环境下空气中的氮与氧的反应形成的NO_x称之为"热力型NO_x"；当燃料不含N的情况下，燃烧过程中所有不属于热力NO_x形成机理而产生的NO_x称为"瞬发反应型NO_x"；燃料中氮化合物在燃烧中氧化生成的NO_x称为"燃料型NO_x"。氢燃气轮机燃烧室所用燃料为氢气，因此不会产生燃料型NO_x，其NO_x主要生成方式为热力型NO_x。

热力型NO_x的生成机理可以由捷里多维奇（Zeldovich）的不分支连锁反应来表达。随着反应温度T的升高，其反应速率按指数规律增加。当$T < 1500℃$时，NO的生成量很少；当$T > 1500℃$时，T每增加100℃，反应速率就会增大6～7倍。Zeldovich机理下NO的生成浓度可表示为：

$$[NO] = \int_0^T \left\{ 6 \times 10^{16} T_{平衡}^{-1/2} \exp\left(\frac{-69090}{T_{平衡}}\right) \times [O_2]_{平衡}^{1/2} \times [N_2]_{平衡} \right\} dT \tag{32-17}$$

由式(32-17)可以看出，反应温度对热力型NO_x的生成浓度具有决定影响。此外，NO的生成浓度主要与燃烧反应过程中的N_2、O_2浓度以及停留时间有关。由此可以得出燃气轮机低NO_x燃烧技术的主要途径有：①降低火焰温度，可通过干式贫预混燃烧、分级燃烧（轴向分级与径向分级）及惰性气体掺混等技术来实现；②降低反应过程中的N_2与O_2浓度，可以通过烟气再循环、燃料或空气湿化、燃料再燃等技术实现；③减少燃烧反应停留时间。目前具有代表性的低NO_x燃烧技术如下。

32.3.3.1　预混低旋流燃烧技术

预混低旋流燃烧技术（low swirl lean premixed combustion，LSC）是一种超低NO_x排放燃烧技术，具有燃烧效率高、火焰区域温度低、燃烧稳定、不易"返火"和"吹熄"等优点[21,22]，它通过贫预混及减少燃烧反应停留时间来降低NO_x排放，由美国劳伦斯伯克利国家实验室的Cheng等最早开发。图32-12为低旋流预混燃烧器的结构与火焰照片，燃烧器采用轴对称结构，中心处为带有多孔挡板的圆管，中心圆管外侧为旋流叶片，通过调整多孔挡板的阻塞比及叶片安装角度来调节燃烧器的旋流强度。燃料预混器由燃烧器下侧进入，经

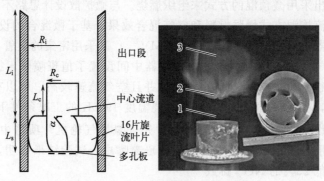

图 32-12　LSC 燃烧器结构及火焰照片

旋流叶片与中心圆管后射出，在燃烧器喷口下方形成一个稳定的推举火焰，稳定燃烧。由图中可以看出，预混气经过燃烧器射出后由于旋流作用会产生气流扩散，流速会迅速减小。燃料预混气在 1 位置处时，流动速度大于火焰速度，因此无法燃烧；在 2 位置时，流动速度等于火焰速度，产生稳定火焰；在 3 位置处时，气流的流动速度低于火焰速度，因此也无法产生火焰。预混火焰的推举位置可以通过多孔挡板的阻塞比及叶片安装角度来进行调节。

与传统的干式贫预混燃烧技术不同，低旋流贫预混燃烧是一种简单经济的低 NO_x 技术，该技术利用低旋流方法来稳定火焰，流场无回流区，不仅缩短了烟气在高温区停留的时间，减少了 NO_x 的排放量，而且避免了常规不稳定燃烧等问题。与传统贫预混高旋流燃烧技术不同，LSC 燃烧器的主要作用参数为预混气的出口旋流数与湍流火焰速度，对于燃料气的热值、品质等无特殊要求，所以十分适合中低热值合成气或纯氢燃料的清洁高效燃烧。2006 年，Cheng 与 Solar 公司合作，将此项技术应用于 Solar Taurus 70 型燃气轮机，并成功进行了运行试验，燃烧室 NO_x 排放 $<5\times10^{-6}$。

32.3.3.2　湿化燃烧技术

湿化燃烧技术可通过燃料加湿或空气加湿等方式实现，适应性强，可用于非预混燃烧和预混燃烧。其中非预混湿化燃烧方式可用于纯氢/富氢气体燃料。湿化燃烧降低 NO_x 排放的作用机理在于：降低了燃烧温度；稀释燃烧反应过程中氧浓度和氮气浓度；在燃烧反应过程中对 O 原子有抑制作用等[23,24]。

美国联合科技研究中心（UTRC）和美国能源部-联邦能源科技中心（DOE-FETC）开展了湿空气透平燃烧室的实验和数值研究，分析了空气湿化下的燃烧特性，研究结果表明：①当燃烧火焰温度不变时，随着湿度增大，NO_x 排放也随之减小；②火焰稳定极限对应的当量比会随着湿度增大而随之增加。

32.3.3.3　催化燃烧技术

催化燃烧是在催化剂的作用下，使燃料和空气在固体催化剂表面进行非均相的完全氧化反应。催化燃烧过程中，燃料/空气调节范围大，燃烧稳定，噪音低，燃烧效率和能量利用率高。由于燃烧机理的改变，在催化燃烧过程中自由基不在气相引发而在催化剂表面引发，不生成电子激发态的产物，无可见光放出，从而避免了这一部分能量损失，提高了能量利用率。此外，催化燃烧可以在低温下进行，其最高燃烧温度在 1200～1300℃，因此催化燃烧可以在不降低燃料转化率的前提下实现未燃烧碳氢化合物（UHC）、CO 和 NO_x 等污染物的超低排放甚至零排放。

Siemens 开发了基于富油催化贫油燃烧技术（rich catalytic lean burn，RCL）催化燃烧室（图 32-13）[25]，并在 SGT6-3000E 和 SGT6-6000F 机组上进行了运行试验。试验结果表明，该燃烧室运行高效、稳定，NO_x 排放低于 4×10^{-6}，CO 排放不高于 9×10^{-6}。

美国 Precision Combustion 公司与 Solar 公司合作，开展了系统的燃气轮机催化燃烧室的研制工作，开发可用于纯氢燃料的 RCL 催化燃烧室，并在 Solar 公司的燃气轮机机组上进行了高压试验[26]。试验结果表明，RCL 催化燃烧室可用于纯氢燃料的燃烧，而且无燃烧不稳定问题，能够达到污染物的超低排放。

32.3.3.4　燃料轴向分级燃烧技术

轴向分级燃烧是一种将燃料和空气分成两股，在不同轴向位置喷入燃烧室进行燃烧的燃烧技术，该燃烧方式使得燃烧室在轴向上形成主燃烧区和再燃烧区两个区域，其燃烧过程如图 32-14 所示。首先，主燃空气和燃料喷入主燃烧区进行燃烧，然后生成的高温烟气和再燃

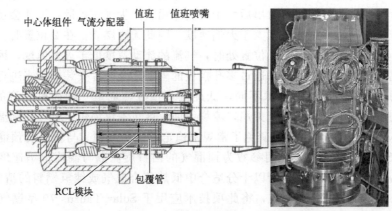

图 32-13　SGT6-5000F 机组催化燃烧室结构及照片

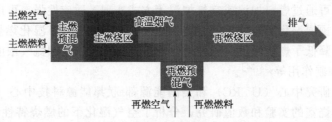

图 32-14　轴向分级燃烧过程示意图

燃料、再燃空气进行掺混，而后在再燃烧区燃烧，最后将高温烟气排出。燃烧过程中，大约三分之二的燃料在主燃烧室燃烧，剩余三分之一燃料在再燃烧室燃烧[27]。

由前文可知，热力型 NO_x 产生率主要受到燃烧温度、化学停留时间以及氧气浓度的影响。在二级再燃区中，氧气浓度降低，化学停留时间较短，由此保证了高当量下的低污染排放。在轴向分级燃烧室中，通过调节两级空气、燃料分配，可以有效地提高轴向分级燃烧室在各种运行负荷条件下的灵活性。在相同负荷下，与贫预混燃烧方式相比，轴向分级燃烧能够实现更低的排放。

32.3.3.5　集群微混燃烧技术

集群微混燃烧技术使用大量直径为毫米尺度的微型喷嘴阵列替代传统的大直径喷嘴结构，通过缩小燃料与空气的流动混合尺度来实现超低 NO_x 排放。该技术利用微混燃烧方式实现燃料和空气均匀地分布在每个微型喷嘴中并进行低排放稳定燃烧[8,9]。由于每个微型喷嘴均具有较小的流通截面积，故而单个喷嘴的内部流动加速，燃料-空气的掺混效果加强，最终可以实现氢/富氢燃烧的低排放稳定燃烧。此外，集群微混燃烧技术还可以通过改变微型喷嘴阵列布置方式，灵活地控制火焰形态。因此，相比传统的干式低排放预混燃烧技术，集群微混燃烧技术能够有效提高出口燃料-空气的掺混均匀性，缩短火焰的长度和宽度，缩短燃气在高温区的停留时间，进而实现低 NO_x 排放。在实际燃烧过程中，集群微混燃烧技术由于喷嘴内空气具有较高的流速，因此能够有效降低氢/富氢燃料燃烧回火、自燃的风险。目前，集群微混燃烧技术是实现氢/富氢燃料燃气轮机高效、低排放燃烧最先进的技术之一。GE、三菱等国际燃气轮机公司已经将该技术用于产品中[18]。

32.4　氢燃气轮机透平

32.4.1　氢燃气轮机透平气动设计

透平是氢燃气轮机的功率输出部件，将来自燃烧室的高温高压气体能量转化为透平轴上的机械功。按气流子午流动方向，透平主要可分为轴流式和径流式两类[28]。图 32-15 分别展示了部分用于工业发电和航空推进的燃气轮机透平发展概况，每种透平对应的燃气轮机型号已在图中用字母和数字标出，可见不同燃气轮机型号采用的透平构型和膨胀比差异明显。总体而言，目前绝大多数燃气轮机均采用轴流式透平，部分中小型燃气轮机采用径流式透平。

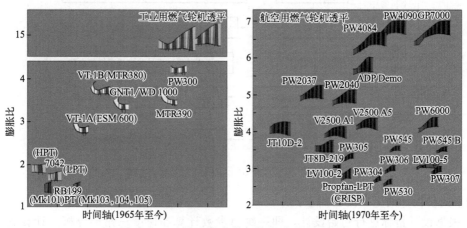

图 32-15　工业和航空燃气轮机透平发展概况

燃气轮机中的轴流式透平通常由若干单级透平串联构成的多级透平，每级透平包括一排导叶喷嘴（静子）和一排旋转的工作轮（转子）组成。按工作方式划分，单级透平还可进一步分为冲击式透平和反动式透平，其中冲击式透平整级焓降都发生在导叶（静子）中，即气体只在喷嘴中膨胀；反动式透平的静子和转子中都发生气体膨胀。对于大部分燃气轮机而言，多级透平第一级动叶一般为冲击式（低反动度），而第二、三级动叶一般为反动式（反动度为 0.5 左右）。冲击式透平级的输出功率较 0.5 反动度透平级的大，但效率较低。

氢燃气轮机透平具有工作温度高、叶片承载大、运行时间长等工作特点，是氢燃气轮机设计的核心目标之一。一般而言，氢燃气轮机与传统燃气轮机的透平气动设计在方法和技术上并无显著区别，仅需在气体工质物性和透平进口温度分布等方面加以考虑。气动设计是氢燃气轮机透平研制的基础，其主要目标是根据氢燃气轮机总体设计对透平的气动性能指标需求，通过多维度正反问题迭代设计分析，最终获取透平流道及三维叶片几何。

燃气轮机透平气动设计技术发展主要体现在其设计体系的进步。透平气动设计体系经历了一维经验设计体系、二维半经验设计体系、准三维设计体系和全三维设计体系过程，目前非定常气动设计体系正处于发展阶段[29]。目前的透平气动设计体系逐渐形成以 CFD（计算流体力学）技术为主、试验为辅的模式。同时，CFD 的发展也极大地推动了透平气动设计体系的完善，例如叶排间掺混面方法、高精度空间/时间离散格式、网格生成技术和加速收敛技术等，可实现基于 RANS 方程的透平多排叶片流动模拟分析。

目前，在准三维设计体系基础上，引入 CFD 数值模拟分析技术，形成了透平全三维气动设计体系，如图 32-16 所示。

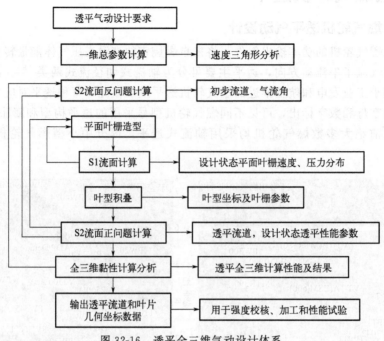

图 32-16 透平全三维气动设计体系

透平气动设计的主要流程如下：

① 根据设计指标进行初始设计，即一维总参数计算和速度三角形分析。计算透平各叶片排进出口一维总参数分布，并进行速度三角形基本参数的优化选取。

② 根据速度三角形基本参数，考虑气流参数的径向分布进行 S2（子午流面）反问题计算。通过不断的调整流道几何、气流角分布等，直到 S2 反问题计算的总参数满足设计要求。此时可得到初始流道及各叶片排进出口气流角等参数沿径向的分布。

③ 在 S2 反问题计算基础上进行不同径向高度的基元叶型造型，然后进入 S1 流面计算。通过叶型表面马赫数以及静压等参数的分析，检验叶型设计是否合理。

④ 叶型设计完成后，按照一定的积叠规律进行三维叶片成型，然后转入 S2 流面正问题计算，通过正问题结果分析确定气动设计的修改方向，进而开展针对性改进设计。再将改进的设计方案返回到 S2 反问题计算或平面叶栅造型，调整叶片构造角或叶型型线等，直到 S2 正问题计算结果基本满足气动设计指标要求。

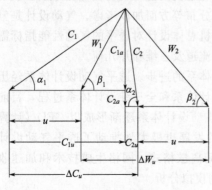

图 32-17 透平基元级速度三角形

⑤ 最后采用全三维 CFD 计算进一步验证透平气动性能，为进一步改进设计提供更有利的指导。

上述过程中①为初步设计阶段，②~④为详细设计阶段，一般需经过多次迭代或计算机自动优化等方式获取满足性能指标的透平气动设计方案。

透平初步设计主要基于一维平均半径处的气动热力学理论，计算透平各级导叶进口、动叶进口和动叶出口三个重要截面处的参数。初步设计的主要目标是确定如图 32-17 所示的透平基元级速度三角形。

其主要参数包括：C 为绝对速度，m/s；U 为圆周速度，m/s；W 为相对速度，m/s；C_u 为绝对速度的切向分量，m/s；C_a 为绝对速度的轴向分量，m/s；W_u 为相对速度的切向分量，m/s；α 为绝对气流角，$°$；β 为相对气流角，$°$；下标 1/2，分别表示透平叶片排进口/出口。

基元级轮缘功计算公式为：

$$L_u = U_3 C_{u3} - U_4 C_{u4} = \frac{1}{2} \left[(C_3^2 - C_4^2) + (U_3^2 - U_4^2) + (W_4^2 - W_3^2) \right] \tag{32-18}$$

式中，L_u 为轮缘功，m^2/s^2；下标 3/4，分别表示透平转子进口/出口。

透平反动度定义为动叶中静焓降与级总焓降的比值，即

$$\Omega = \frac{h_3 - h_4}{h_3^* - h_4^*} \tag{32-19}$$

式中，h 为静焓，J/kg；h^* 为总焓，J/kg。

若恒定半径且轴向速度不变，动叶反动度可改写为

$$\Omega = \frac{W_4^2 - W_3^2}{C_3^2 - C_4^2 + W_4^2 - W_3^2} \tag{32-20}$$

由上式可知，对于冲击式透平（反动度为零），其进出口相对速度相等。大部分透平反动度在 0～1 之间，当反动度为负时，透平效率很低，不能采用。

在透平设计过程中，需要另外考虑的两个主要参数为负荷系数 μ 和流量系数 ϕ，分别定义为

$$\mu = \frac{L_u}{U^2} \tag{32-21}$$

$$\phi = \frac{C_a}{U} \tag{32-22}$$

流量系数的含义在于反映了速度三角形形状及各参数做功能力。负荷系数大小表明了圆周速度 U 的利用程度，在透平设计过程中，通常先给定轮缘功 L_u，再选择合适的载荷系数，从而确定圆周速度。

为表达透平一级中损失大小，在气动设计中多采用滞止绝热效率，即透平单位流量轴功 L_T 和滞止等熵功 L_{ad}^* 之比。绝热效率公式为

$$\eta_T^* = \frac{L_T}{L_{ab}^*} = \frac{L_T}{\dfrac{k}{k-1} R T_3^* \left(1 - \dfrac{1}{\pi_T^{*\frac{k-1}{k}}} \right)} \tag{32-23}$$

式中，k 为气体绝热指数；R 为摩尔气体常数，J/(kg·K)；π_T^* 为膨胀比；T^* 为总温，K。

若透平流量为 m_g，则透平输出在轴上的总功率 N_T 为

$$N_T = m_g \frac{k}{k-1} R T_3^* \left(1 - \frac{1}{\pi_T^{*\frac{k-1}{k}}} \right) \eta_T^* \tag{32-24}$$

透平的负荷系数和流量系数与效率之间有密切关系。C_a 的变化在一定条件下反映了子午面通流面积 A 和密度 ρ 的变化。在子午面流道的设计时，一般不希望轴向速度有太大的变化。当 ϕ 较大时，轴向速度 C_a 相比于切向速度 u_t 较大，表示此时速度三角形细长，切向分速度 C_{1u} 和 C_{2u} 偏小，做功能力差。相反，当 ϕ 较小时，此时速度三角形更为饱满，切向分速度 C_{1u} 和 C_{2u} 较大，叶片折转角更大，做功能力强。

基于以上理论分析和大量的试验结果统计，可构建透平效率与负荷系数、流量系数的半经验关系曲线，也称史密斯（Smith）图[30]，如图 32-18 所示。一般流量系数范围为 0.6～1.1，而对应的透平效率值介于 0.89～0.94，具体值取决于负荷系数大小。典型透平负荷系数范围在 1.5～2.4 之间，但随着高负荷叶型的逐步应用，在实际工程设计中已经超过此范围。

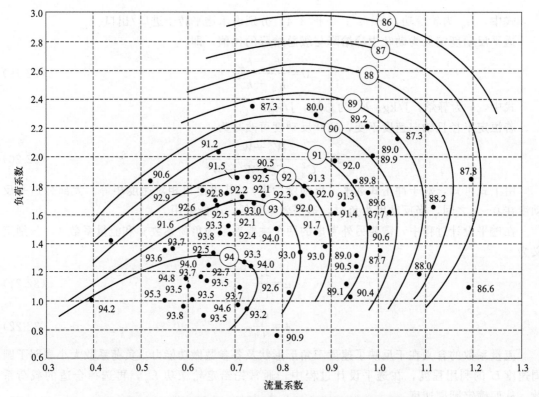

图 32-18　透平效率、负荷系数、流量系数的半经验关系图

透平详细设计阶段以 S2 通流计算为核心，其产生于叶轮机三元流理论[31]，将透平内部的三维流动分解为两个二维流动，即 S1 流面流动和 S2 流面流动。可以认为叶片通道的流场是由无穷多个 S2 流面组成的，而相邻两个叶片中间流面 S2m（见图 32-19）称为中心流面，该流面的气流参数近似描述了整个流道的气动状态。

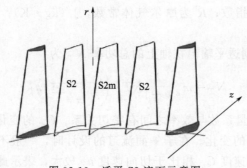

图 32-19　透平 S2 流面示意图

S2 流面分析采用的计算方法主要有求解完全径向平衡方程的流线曲率法、引入流函数

的通流矩阵法和求解欧拉方程的欧拉方法。欧拉方程的求解利用隐式的时间相关法，数值方法采用有限体积法或有限差分法，物理概念清晰且便于理解和编程实现。同时，欧拉方法更能体现端壁参数的变化，且计算初值不需给出流量，因此在气动设计中考虑对流量的影响时，欧拉方法更为直接可靠[32]。

圆柱坐标系下，三维带源项守恒形式欧拉方程如式（32-25）所示。

$$\frac{\partial}{\partial t}(r\overline{U})+\frac{\partial}{\partial z}(r\overline{F})+\frac{\partial}{\partial r}(r\overline{G})+\frac{1}{r}\frac{\partial}{\partial \varphi}(\overline{rH})=\overline{h} \tag{32-25}$$

其中

$$\overline{U}=\begin{Bmatrix}\rho\\\rho u\\\rho v\\\rho w\\e\end{Bmatrix},\overline{F}=\overline{F}(\overline{U})=\begin{Bmatrix}\rho u\\\rho u^2+p\\\rho uv\\\rho uw\\(e+p)u\end{Bmatrix},\overline{G}=\overline{G}(\overline{U})=\begin{Bmatrix}\rho v\\\rho uv\\\rho v^2+p\\\rho vw\\(e+p)v\end{Bmatrix},$$

$$\overline{H}=\overline{H}(\overline{U})=\begin{Bmatrix}\rho w\\\rho uw\\\rho vw\\\rho w^2+p\\(e+p)w\end{Bmatrix},\overline{h}=\begin{Bmatrix}r\dot{m}\\r\dot{m}V_z+f_z\\r\dot{m}V_r+f_r+p+\rho(w+\omega r)^2\\r\dot{m}V_\varphi+f_\varphi-\rho v(w+2\omega r)\\r\dot{m}H'+\omega^2r^2\rho v-r^2\rho w\dfrac{\mathrm{d}\omega}{\mathrm{d}t}\end{Bmatrix}$$

式中，ρ 为气体密度，kg/m^3；$u/v/w$，分别表示气体微元在三个方向的速度，m/s；p 为静压，Pa；e 为单位体积的总能量，J；ω 为角速度，rad/s；p 为静压，Pa；$f_z/f_r/f_\varphi$，分别为轴向、径向和周向由黏性引起的耗散项分量。

$$(f_z,f_r,f_\varphi)=-\frac{r\Phi}{u^2+v^2+w^2}(u,v,w),\ \Phi=\rho T\frac{\mathrm{d}\sigma}{\mathrm{d}t},\ \sigma\ 为黏性导致的熵增，由损失系$$

数来计算。

对于冷气掺混问题，$\overline{h}$ 中引入了质量、动量和能量源项。冷却形式分为 9 种，如图 32-20 所示。

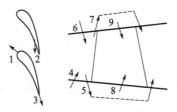

图 32-20　冷气入射方式示意图

1—叶片前缘处入射；2—叶片尾缘上游喉口前入射；3—叶片尾缘处入射；4—叶片排间轮毂处入射；
5—叶片前缘根部喷射冷气，从叶片排后喷出；6—叶片排间机匣处入射；7—叶片前缘尖部喷射
冷气，从叶片排后喷出；8—叶片区域内轮毂处入射；9—叶片区域内机匣处入射

通过 S2 通流计算分析，确定透平子午流道布局和各叶片排沿径向的速度三角形分布，如图 32-21 所示。

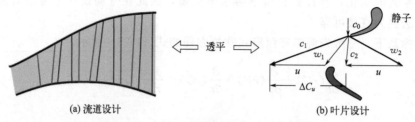

(a) 流道设计　　　　　　　　　　　　　　(b) 叶片设计

图 32-21　透平子午流道和叶片基元级设计

根据一维和 S2 通流计算所得参数，可进行透平三维叶片造型，包括基元叶型和三维展向积叠。基元叶型是透平叶片的基本组成单元，其几何参数主要包括：叶片数、安装角、叶栅稠度、进出口构造角、前尾缘小圆半径、喉口宽度、尾缘弯折角、叶型最大厚度、叶型面积等，高性能叶型设计是各几何参数的综合优化。针对不同应用场景，透平叶型几何差别显著，图 32-22 展示了不同马赫数的典型透平叶型形状。

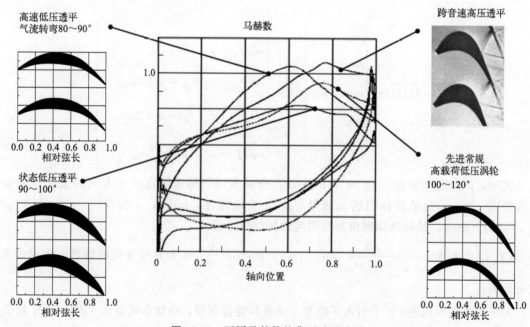

图 32-22　不同马赫数的典型透平叶型

透平所能达到的最高性能，受尺寸和重量要求的限制。为减轻结构重量，提高推重比，须采用高气动负荷设计，使气流具有较大转折角和更高速度，这使高负荷高效率透平设计面临巨大挑战。目前可通过前加载、后加载和弯掠等叶片设计技术[33]来调控叶片负荷分布，在不增加流动损失的条件下，增大叶片负荷，减少叶片数，实现气动绝热效率最大化。

32.4.2　氢燃气轮机透平结构设计

上一节氢燃气轮机透平气动设计介绍了透平主要可分为轴流式和径流式两类。总体而言，目前绝大多数燃气轮机均采用轴流式透平，部分中小型燃气轮机采用径流式透平。本节透平的结构设计介绍主要针对的是发电市场上的采用轴流式透平的重型燃气轮机。轴流式重型燃气轮机分压气机，燃烧室，透平三部分。在工作中，压气机侧的压缩空气被压送到燃烧室与喷入的纯氢气或混氢燃料燃烧生成高温高压气体进入到透平室膨胀做功，推动透平叶片带动压气机和外负荷转子一起高速旋转，实现了气体或液体燃料的化学能部分转化为机械功，并输出电功[34-36]。

在整个燃气轮机的部件中，透平叶片作为燃机的做功部件，其高温高压高转速工作环境是整个燃机中最恶劣的，当前先进透平进口处高温气体温度已高于许多高温合金的熔点温度。为了尽可能地提高能量转化效率，透平叶片的气动设计、冷却设计，以及满足几万小时长寿命使用要求的结构设计就非常重要。为了保证安全可靠的长寿命使用要求，不因叶片在恶劣工作环境和反复启停过程中出现疲劳，蠕变，氧化，腐蚀而导致功能失效甚至燃机结构破坏。透平结构设计的核心包括：透平叶片的设计与加工制造需要高度集成空气动力学，传热学，高温合金材料学，涂层材料学，精密铸造以及结构加工工艺技术的最高和最新成果[37]。

燃气轮机中的轴流式透平通常为若干单级透平串联构成的多级透平，每级透平叶片包括一排导叶喷嘴（静叶）和一排旋转的工作轮（动叶）组成。一般而言，氢燃气轮机与传统燃气轮机的透平气动设计在方法和技术上并无显著区别，仅需在气体工质物性和透平进口温度分布等方面加以考虑。因此，氢燃气轮机结构主要是在成熟的主流燃气轮机设计上针对氢燃料在燃烧室上做了改进设计，其他部分应当尽可能地使用经过市场验证过的相对成熟的结构设计，确保可靠性和经济性与研发设计费用之间的平衡。当前氢燃气轮机透平设计基本上沿用市场上成熟燃机安全可靠的透平设计，并具有满足市场需求的可用性，长寿命使用要求和高可维修性。

上一节氢燃气轮机涡轮气动设计简要介绍了当前主流燃机的全三维气动设计体系及其流程。当某型号氢燃气轮机的透平气动方案确定后，透平室的主流道方案（流道的尺寸，透平级数，每一级的动静叶数量等），透平叶片的叶身型线和尺寸，就基本确定了。当前发电市场上的主流 F 级燃气轮机的透平部分主要有 3 到 5 级动静叶，图 32-23 给出了市场上几种主流 F 级重型燃气轮机的纵剖面图。可以看到，GE 公司的 9FA 燃机是典型的 3 级透平设计；Siemens 公司的 V94.3A 和三菱公司的 M701F5 均为 4 级透平设计；而考虑二级燃烧的前 ALSTOM 公司的 GT26 燃机高压透平和低压透平一共是 5 级透平设计。无论 3 级，4 级，5 级透平设计，三维气动设计均满足要求，且符合各自公司的设计经验和传统。当然，随着市

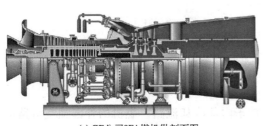

(a) GE公司9FA燃机纵剖面图

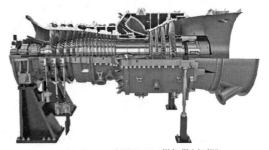

(b) Siemens公司V94.3A燃机纵剖面图

(c) 三菱公司M701F5燃机纵剖面图

(d) 前ALSTOM公司GT26燃机纵剖面图

图 32-23　当前市场上几种主流 F 级重型燃气轮机纵剖面图

场对燃机效率/功率/启停/运行的灵活性、环保及排放要求的不断提高，目前市场上各厂商最先进的G/H级燃气轮机均采用了4级透平设计，图32-24是正在装配中的GE公司9HA重型燃气轮机。

图 32-24　GE公司9HA重型燃气轮机（4级透平设计）

当前主流燃气轮机的透平进口处高温气体温度已高于许多高温合金的熔点温度，为了保证透平叶片能在高温高压高转速工作环境中安全可靠地稳定运行几万小时，透平叶片金属温度必须被冷却到一个合理的区间范围。因此，气动方案确定后，透平叶片的冷却设计也就至关重要。

为了实现透平叶片的冷却设计，一部分压缩空气需要从压气机流道不同级数位置处抽出，通过严格的结构设计确保这部分压缩空气最大限度地用于透平叶片的冷却。这一部分冷却空气流路的设计叫做二次空气系统流路设计。和透平叶片本身的冷却设计相比，二次空气系统流路设计相对简单，它仍是透平冷却设计的一个不可缺少的输入条件和辅助部分。图32-25所示是使用外部冷却器TCA将压气机排气冷却到约200℃并回注至透平1级轮盘前的某F级重型燃气轮机二次空气系统流路概念设计方案。

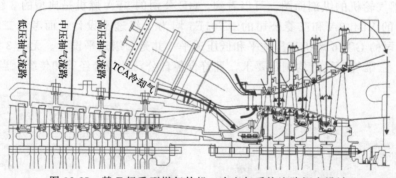

图 32-25　某F级重型燃气轮机二次空气系统流路概念设计

浅色流路是外部抽气冷却流路，深色流路是转子内部冷却流路。燃机的外部抽气流路对透平第二、三、四级静叶及静叶封严环前后轮缘密封提供冷却空气。转子内部冷却流路冷却各级透平动叶及沿程轮盘，并提供一级动叶轮盘前轮缘密封气。一级静叶冷却空气由压气机排气经端壁直接进入。

透平叶片本身的冷却结构设计是透平设计的核心组成部分。叶片冷却设计是在透平气动设计基础上，根据叶片基体及涂层材料限制与总体性能冷气量要求，应用气动模型进行内部与外部冷却单元建模、通过内外流动、换热与叶片准三维热分析获得叶片基体与TBC（热障涂层）温度，保证叶片冷却设计满足材料，强度，振动，寿命与制造工艺要求。透平叶片冷却结构设计体系及流程如图 32-26 所示。

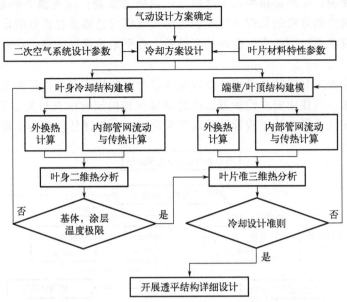

图 32-26 透平叶片的冷却结构设计体统及流程

某 F 级重型燃气轮机第一级透平动叶的内部冷却结构的概念设计结果及冷气进气示意如图 32-27 所示。该冷却结构的特征主要有：

① 叶片叶身内部应用蛇形带肋通道，叶身表面应用气膜冷却，尾缘区域应用柱肋冷却；

② 叶片叶顶布置多排冷却孔；

③ 端壁依靠一级静叶和一级动叶之间的泄漏冷气形成冷气覆盖。

冷气从榫头 4 个冷却通道进入，其中第一股冷气直接进入叶身前缘通道，对前缘进行冷却，冷气从前缘气膜孔、吸力面第一排气膜孔和叶顶气膜孔流出，进入主流通道；第二通道的冷气对叶片中弦区域进行冷却，冷气经过蛇形通道后从压力面气膜孔、吸力面气膜孔和顶气膜孔流出，进入主流通道；第三通道的冷气进入叶片蛇形通道最后一段，补充通道冷却空气；第四通道冷气进入叶片尾缘通道，一部分经过叶顶气膜孔进入主流通道，另一部分经过柱肋扰流后通过尾缘喷射孔排入到主流通道。

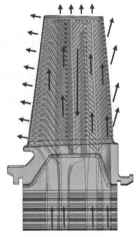

图 32-27 某 F 级重型燃气轮机第一级动叶冷却概念设计方案及冷气进气示意图

透平的冷却设计是透平结构设计全流程中一个重要组成部分，必要时需要冷却设计和结构设计多次反复迭代才能找到合适的设计方案。透平的结构设计不仅要确保气动设计实现，满足透平叶片冷却要求，还需要保证透平叶片结构的安全性和可靠性。因而，透平结构设计必须经过透平结构完整性分析评估才能基本定型。燃气轮机的结构完整性主要指在设计要求的使用期限内，燃气轮机结构的强度、刚度（变形）、振动、疲劳、蠕变、氧化/腐蚀、裂纹扩展和热障涂层失效等满足燃气轮机设计寿命要求，在保证燃气轮机功能和性能的前提下确保结构的可靠性和安全性。燃气轮机透平结构的主要失效模式包括：①零部件在局部高应力下发生脆性断裂；②高温高应力下的蠕变变形和蠕变断裂；③循环载荷下发生的高周疲劳、低周疲劳及疲劳断裂；④局部接触面的磨损与微动疲劳断裂；⑤高温下的金属氧化与腐蚀；⑥由于热障涂层脱落而导致的局部过热等。这些失效模式是需要在设计阶段通过仿真和试验充分评估的，只有在通过结构完整性评估考核后，透平结构设计才能保证燃机功能在设计的运行范围内实现[37]。

　　由于透平叶片加工制造的高难度，设计基本定型的叶片还必须满足加工制造要求才能大规模批量生产出来，其使用安全性和可靠性是需要在整机试验中进行充分验证的。图 32-28 展示了当前主流燃机透平叶片结构设计及其结构完整性分析评估体系和流程图[37]。

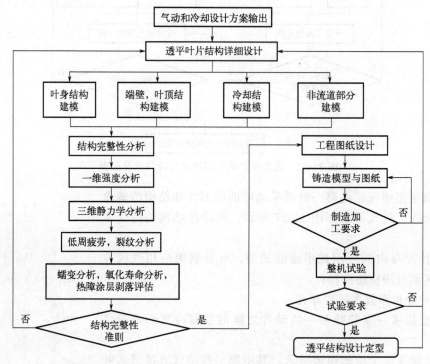

图 32-28　透平叶片结构设计及结构完整性评估体系和流程

　　某 F 级燃机 4 级透平概念设计方案结果如图 32-29 所示。为了有效减小同级静叶周向间的冷却空气泄漏，第二、三、四级静叶采用了多联叶片结构方案：第二级静叶采用两联结构，第三级静叶采用三联结构，第四级静叶采用四联结构。第一级与第二级动叶片为自由叶

图 32-29　某 F 级燃机 4 级透平概念设计方案

片，第三级与第四级动叶片均带冠以增强这两级动叶运行状态下的刚度。

为了实现燃机功能，除了完成主燃气流道中透平动静叶片的设计，动静叶片本身非主流道部分的设计，安装动静叶片的转子静子等结构部件也是必不可少的透平结构设计组成部分。以某 F 级燃气轮机透平概念设计为例，采用 4 级透平设计的透平结构方案如图 32-30 所示。

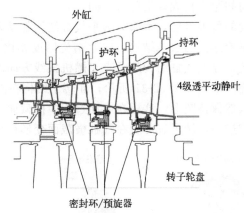

图 32-30 某 F 级燃机概念设计透平部件结构方案

每级透平静叶由独立持环（turbine vane carriers）固定，安装时可以独立进行转径间隙调整，燃机运行时持环可以独立热膨胀。这种双缸（内缸与外缸）结构设计是当前 F 级和 G/H 级燃机采用的主流设计，只有 GE 公司的 F 级燃机采用单缸（只有外缸）结构设计。双层缸设计增大了缸体直径，提高了缸体的整体刚度，同时能缓解单层缸因内外热响应不同而引起的热应力过高的问题，对运行中高温下保持良好的对中有好处。透平转子为分布式拉杆结构。当前主流的透平动叶叶根均采用枞树型（firtree type）叶根设计，沿轴向安装于转子轮盘枞树型叶根槽中。透平部分的缸体结构和转子结构一般采用耐一定高温（一般不高于600℃）的合金钢材料，不能直接接触主流道高温燃气。因而动叶叶顶与持环之间，静叶叶顶和转子表面之间，同级静叶片之间/动叶片之间按需设计各类结构（比如：静子护环 stator heat shields，篦齿密封 labyrinth seal，刷式密封 brush seal，叶片间各类型密封条/密封片，静叶密封环 diaphragm/静叶预旋器 pre-swirler，转子护环 rotor heat shields 等）隔绝主流道燃气，保护透平部分的结构功能不受严重损害。

为了最大限度地提高燃机效率和性能，透平结构设计日趋紧凑，动静叶之间的轴向、径向、周向的间隙应最大可能地减小。除了对各部件的制造公差范围，装配公差范围制定严格要求，还可以设计可磨蜂窝密封结构，静叶持环与外缸同心度可调整支撑结构等方法减小装配间隙。对于重型燃气轮机，对间隙设定影响最大的因素是透平各部件在启停运行过程中不同步的温度变化和热膨胀，使得透平部件的轴向和径向间隙变化极端复杂，可能导致转静子之间发生碰磨，严重时导致叶片断裂，损坏燃气轮机[37]。

由于透平不同部件采用不同的材料，这些材料的热性能（导热性能，比热容，密度，热膨胀系数）不相同，不同部位的流体固体之间的热交换效率不同，各部件结构尺寸不同，在相同空间体积内的换热面积大小不同，导致在启动和停机过程中，转静子间的间隙不是在冷态间隙和稳态运行间隙之间等比例线性变化。例如，转子结构比气缸结构（特别是内缸结构）径向厚度大，温度变化速度比气缸慢，而气缸又比带内部冷却结构的透平叶片温度变化速度慢。燃机启动点火后升负荷时气缸膨胀快，导致气缸内径增大得比转子外径增大快，转静子间的间隙有增大趋势，但同时叶片由于快速升温热膨胀引起尺寸变长，动静子间的间隙有变小趋势；而且，当前主流燃机透平部分气动子午流道截面设计都带有一定锥度，转子和静子在启停过程中轴向的热膨胀也不同步，因而也会导致转静子间的径向间隙不断改变。透平结构不同部件热膨胀的几个因素叠加在一起，会导致转子升速过程，点火后升负荷过程不同级透平转静子径向间隙变化规律各有不同。同理，燃机在停机降负荷，熄火，降转速过程中，不同级透平转静子径向间隙变化规律也各有不同。

同时，考虑到燃机结构的可维修性，大部分透平气缸结构都是采用水平中分的上下半缸设计，水平中分面设计为螺栓连接的法兰结构。法兰结构厚度相比气缸回转面（壳体部分）厚度大，启动过程中升温慢，导致气缸结构的垂直于燃机轴线方向的横截面在热膨胀过程中无法保持为圆形，变成类椭圆形，如图 32-31 所示，而转子结构在高速旋转中垂直于转子轴线方向的横截面运动轨迹依然保持圆形，这样在启动过程中横截面不同角度处间隙大小并不相同，如果冷态装配后间隙过小，转子有可能在气缸横截面变形最小的位置碰到气缸。

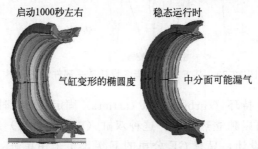

图 32-31　燃机持环（内缸）在启动过程中变形椭圆度

当燃机满负荷运行一段时间后，温度达到稳定状态，转静子结构在短时间内就不再发生变化。然而，由于透平结构是在高温下长期运行，不同部件的材料在运行中高概率会产生蠕变变形，从而也会导致透平转静子部件间的间隙发生持续的、相对缓慢的变化。以某 F 级燃机透平第一级动叶处的径向间隙设定为例，如图 32-32 所示，可以看出，瞬态温度和热膨胀变化对间隙的设定贡献最大。

因此，对燃气轮机透平部分的结构设计来说，满足了气动要求，冷却要求，透平叶片功

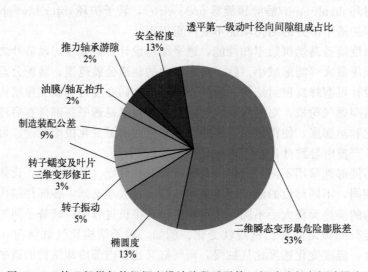

图 32-32　某 F 级燃气轮机概念设计阶段透平第一级动叶径向间隙设定

能要求和结构完整性要求（强度要求，振动要求，寿命要求等）后，透平结构的间隙的设定也是非常关键的因素。而在启停过程中间隙变化最大因素就是温度场变化导致燃机不同结构的热膨胀不同步。目前国际主流燃气轮机设计厂商都使用基于轴对称的转子部件＋静子部件的二维整机模型（whole engine model，WEM）预测燃机温度场的变化。整机热分析是燃气轮机整机集成设计的关键环节，是贯穿燃机全部设计过程的一项必要工作，为整机间隙设计提供必需的前置条件；整机热分析方法本质上是一种解决燃机设计中流-热-结构多物理场耦合问题的工程近似求解方法，有大量的简化、假设，其有效性是需要通过整机试验进行验证的。一个有效的 WEM 仿真能获得精度较高的整机启停过程中的温度场和位移场，从而给予透平结构设计足够的变形安全保障。

32.4.3　氢燃气轮机透平热管理

与天然气燃料相比，氢气燃烧产生较低的质量流量和不同的气体产物组分，含水蒸气量较高，进而影响混合物的分子量和比热容。对燃气轮机透平运行最主要的相关影响是：①膨胀过程中熵值下降的变化；②透平入口处流量的变化反过来又会影响透平/压气机的匹配；③叶片外侧传热系数的变化，影响冷却系统性能。氢燃气轮机热管理体现在两个方面：叶片冷却和新型热防护涂层。其他部分热管理与常规燃气轮机大致相同。高温叶片参见图 32-33。

图 32-33　氢燃气轮机高温叶片

氢气燃烧和额外稀释在两个不同方面影响冷却系统：

热流成分的变化增强了叶片外侧的对流传热系数，增加了热通量，对冷却回路的性能产生了负面影响；

较高的压力比增加了叶片两侧对流传热系数以及性能下降的冷却回路中使用的空气温度。

① 流体成分的影响。叶片外侧的平均传热系数 h_{OUT} 采用式（32-36）估算[38]：

$$h_{OUT} = 0.285 \frac{(\rho v)^{0.63} c_P^{1/3} k^{2/3}}{D^{0.37} \mu^{0.7}} \tag{32-26}$$

式中，v 是级联出口主流速度；其他参数定义和数值可以查阅相关手册获得。用蒸汽替换 CO_2（当 H_2 取代天然气作为燃料时实际发生），对施加在叶片外表面上的热通量并没有显著影响。由于蒸汽传热系数高于空气，蒸汽稀释使热通量增加。次效应是平均传热系数 h_{OUT} 增加，这是由于沿流路的气流平均速度较高，与较高的可用熵降有关。

通过考虑简化的对流冷却回路，可以更好地讨论由于主流组分变化而导致冷却回路的行为（见图 32-34）。它由一个冷却工质驱动的单个内部管道组成，其叶片横向截面示意为图 32-34(a)。假定叶片为横流换热，外流的热容无限大于内流的热容量，沿叶片高度的温度曲线如图 32-34(b) 所示。叶片可被视为横流热交换器，其中冷却工质流量确保金属最高温度保持在规定允许的范围内。

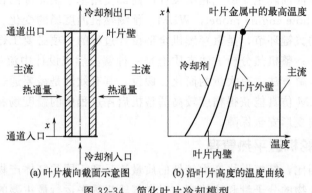

(a)叶片横向截面示意图　　(b)沿叶片高度的温度曲线

图 32-34　简化叶片冷却模型

在恒定冷却流速下增强叶片上的热通量会导致沿型材的温度升高，如图 32-35(a) 所示。通过增加冷却流量[图 32-35(b)]或降低外流的温度[图 32-35(c)]，对金属最高温度限制也可以恢复。若在设计使用天然气为燃料的燃气轮机中使用氢气燃料，则冷却回路无须改变，图 32-35b 也无需采用。降低透平入口温度[图 32-35(c)]似乎是唯一可行的替代方案[39]。

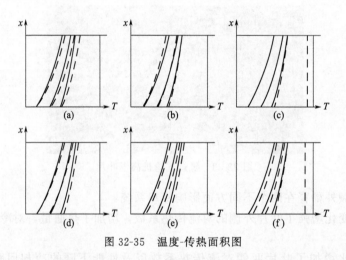

图 32-35　温度-传热面积图

图 32-35 显示了图 32-34 简化冷却回路中的不同情况。每个途中的温度曲线从左到右分别指冷却液，内叶片壁，外叶片壁，主气流。连续线表示原始情况，虚线表示修改后的情况。

② 压力比的影响。循环压力比增加主要在三个方面影响叶片冷却机制：一、由于流体密度的增加，叶片内外侧的传热系数都提高了；二、压缩机冷却空气温度升高；三、对于给定几何形状的回路，冷却工质密度增大导致质量流量增加。前面我们已经讨论了 h_{OUT} 增强的负面影响。而 h_{COOL} 的增强也具有正面影响，因为它减少了流体和金属叶片之间的温差。压力比增加所引起的叶片两侧传热系数并非同时按比例提高，因为这同时增加了热通量和叶片壁两侧的温降，从而使金属最高温度超出其允许值[图 32-35(d)]。冷却工质温度升高会导致所有温度曲线偏移，如图 32-35(e) 所示。降低透平入口处的流量温度，可以恢复冷却回路满足施加限制的能力[图 32-35(f)]。冷却工质流量增加会减缓上述效应。

32.5 氢燃气轮机技术挑战

32.5.1 燃烧技术问题

氢气和天然气的燃料特性差异决定了燃气轮机采用含氢燃料时，燃气轮机需要通过相应的升级改造以适应燃料的变化，从需求侧考虑，该升级应是在已有燃气轮机的平台上做出有限的改造以便满足由 100% 的天然气到富氢燃料甚至纯氢燃料稳定运行，同时 NO_x 排放又在可控范围内，不会大幅增加脱氮的成本。鉴于目前高效重型燃气轮机均采用干式低氮燃烧器，为减少改造范围，采用氮气或水蒸气注入稀释的扩散低氮燃烧技术已不再适用，DLN 预混燃烧器或更先进的燃烧器将是未来技术发展方向。

由于氢气单位体积的低位热值小于天然气，保持出力不变必将使进入燃烧器的燃料体积流量增大，同时氢气在空气中的火焰速度高于天然气，因此燃用氢气或其混合物需解决如下问题：解决回火以避免燃烧器过热损坏问题；解决热声振荡问题以增加透平的安全和可操作性；燃烧系统的设计需要考虑减少 NO_x 排放技术等。下面重点介绍这几个燃烧技术问题。

32.5.1.1 回火

标准天然气燃气轮机低污染燃烧技术[40]主要是带有稀释剂喷注的扩散燃烧和不需要喷注稀释剂的干式低污染燃烧[41]。

虽然扩散燃烧技术具有工作稳定、燃料调节策略简单等优势，被广泛应用于天然气燃气轮机，但其严重影响了机组的发电效率，且这种燃烧方式也仅能将 NO_x 排放降至 $(15\sim25)\times10^{-6}$（体积分数，下同）的水平，而且过量稀释剂的注入还会导致燃烧不稳定、燃烧效率下降及缩短热端部件使用寿命等问题。为了实现 $NO_x<3\times10^{-6}$ 的目标，需要采用更为先进的燃烧技术。

为了降低燃烧中热力 NO_x 的产生而采用预混燃烧，并保持足够的流道距离，但这样的混合方法在使用含氢燃料时，会增加回火的风险。由压气机供入的空气进入燃烧器内，流经旋流器产生旋流。燃料从开设在旋流器叶片表面的小孔中喷出，借助旋流场实现和周围空气间的迅速掺混，燃料和空气的流场中存在低流速回流的中心区域，火焰在回流中心低流速区向上游移动，引起回火。

GE 等公司研发了干式低污染燃烧技术，广泛应用于高效重型燃气轮机，贫预混燃烧技术是干式低污染燃烧技术的主流，其不足在于燃烧稳定范围比常规扩散燃烧器狭窄，且当天然气和氢气混合时，燃料组分的变化引起火焰特性发生改变，与天然气相比，富氢燃料燃烧速度更快，更容易出现燃烧器回火现象。在燃气轮机燃烧器内，回火将造成上游无冷却部件的烧毁，因此氢燃料燃气轮机研发必须解决回火问题以增加燃气轮机的安全性和可操作性。

32.5.1.2 热声振荡

热声振荡是另一个技术难点，在燃烧室气缸上施加极高的热负荷时会引起燃烧压力波动，并产生非常大的噪声。巨大声音的振荡和燃烧火焰的振荡叠加，就会产生共振。在氢气燃烧时，由于燃烧间隔特别短，火焰和振荡更容易匹配，增加了产生燃烧压力波动的可能性。

贫预混燃烧是实现富氢燃料燃气轮机低 NO_x 燃烧的有效途径之一，但是贫预混燃烧极易产生热声振荡，热声振荡会干扰燃烧过程，对燃烧室的结构造成破坏。刘晓佩[8]等通过实验分析了当量比、燃料组分以及空气质量流量对热声振荡特性的影响，结果表明动态压力频率随当量比的增加而增加，并影响振荡强度；氢含量越高，越容易发生热声振荡，提高氢含量会影响热声振荡的特性，当氢含量达到一定值之后再提高氢含量对热声振荡特性的影响变得不明显；空气质量流量越大，振荡强度增大，稳定燃烧的范围变小。

32.5.1.3 NO$_x$ 排放

由于氢气的火焰温度较高，在燃气轮机中燃烧氢气会导致较高的 NO$_x$ 排放。因此，在现有联合循环发电厂中引入氢气可能会导致 NO$_x$ 排放超出限制。现有解决方案如下。

选择性催化还原（SCR）：氨或氨衍生物用作还原剂，添加到烟道气中并在催化剂上反应，将 NO$_x$ 转化为氮气和水。对于现有的燃机电厂，如果已安装 SCR 设备，可能有一些能力来承受 NO$_x$ 排放的增加。否则，只能改造 SCR 或增加已安装 SCR 的容量。

蒸汽稀释：当使用蒸汽作为稀释剂时，扩散燃烧器已经能够处理富氢甚至纯氢燃料。然而，蒸汽稀释需要大量高纯度水、额外的能量来产生蒸汽，并且由于传热增加可能会增加燃气轮机热端部件的应力。

目前对燃氢燃气轮机 NO$_x$ 降低的研究焦点是干低 NO$_x$（DLN）技术的预混燃烧器。

32.5.2 材料技术问题

32.5.2.1 氢脆

氢气与金属材料接触会产生氢脆[42]效应，氢脆是溶于金属中的高压氢在局部浓度达到饱和后引起金属塑性下降、诱发裂纹甚至开裂的现象。在材料氢脆形成演化与预防控制过程中提出有效的解决方案，对于氢燃料燃气轮机是很重要的。

在氢燃气轮机中，氢燃料燃烧不充分带来的多余氢气会在高温下渗透到金属基底材料，造成氢脆破损或断裂；与氢燃料可能接触的部分除了输氢管道外都是高温金属部件，氢气在金属钢铁材料中的扩散随温度的变化曲线如图 32-36 所示。

从图 32-36 中可以看出扩散系数与温度之间的依赖关系。扩散系数随温度升高而逐渐增大。因此，与气态氢相比，液氢的氢扩散系数要小得多，在低温下扩散系数较低。所有材料在高温下的渗透率远高于低温情况下的渗透率。换句话说，在高温下，氢很容易在材料中扩散，因为扩散系数会随着温度升高而逐渐增加。

为了防止氢在高温下向金属材料中的快速扩散，选择耐高温且能够阻止氢原子渗透和扩散的防护涂层材料至关重要。图 32-37 显示了铁素体和奥氏体钢（分别称为 α 和 γ）、氧化铝和氧化钛、碳化钛和氮化硅等氧化物的氢扩散系数对温度的依赖性。在不同的单质金属材料中，氢原子的渗透率也大不相同。表 32-4 列出几种代表性单质金属中氢的渗透率。表中我们看到，金属钨中氢的渗透率非常低。

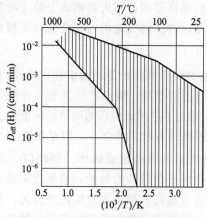

图 32-36　氢气在金属钢材中有效
扩散系数数据范围[43]

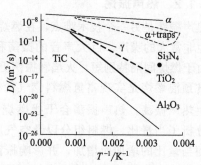

图 32-37　不同材料的氢扩散系数
对温度的依赖性[44]

表 32-4　不同单质金属中氢的渗透率[45]

金属材料	渗透率 $P/(\times 10^{-10}[molH_2/(m \cdot s \cdot Pa^{0.5})])$	金属材料	渗透率 $P/(\times 10^{-10}[molH_2/(m \cdot s \cdot Pa^{0.5})])$
钒	290	铁素体钢	0.3
铌	75	铁镍合金	0.28
钛	75	奥氏体钢	0.07～0.12
铁	1.8	钼	0.12
镍	1.2	钨	4.3×10^{-5}

国内外学者在金属材料氢脆机理等方面开展了大量研究工作。张小强等[46,47]则针对氢脆产生的问题，研究天然气管道中添加氢气后管材与氢气浓度、输送压力等之间的相互关系，其结论表明，为使得管道安全运行，当天然气管道工程中掺混氢气体积分数<10%时，管道操作压力需<7.7MPa，而掺混的氢气体积分数>10%时，则需控制管道运行压力在5.38MPa 以下。黄明[48]表示运用天然气管道混输氢气会产生氢脆反应，而氢脆现象对于聚乙烯管较为友好，虽然聚乙烯管存在着氢气渗透的现象，并且其渗透率是天然气的 5 倍，然而该渗透损失量相对于年输送量是微乎其微，因此聚乙烯管适用于氢气运输。Dodds P E[49]提出现有的供气系统管道输送氢气会产生氢脆现象，天然气管道以及其他天然气设备对于天然气掺混氢气会产生适应性影响，其研究结论得出：当采用高压输送时，使用软钢管道可以降低氢脆发生的概率，输送低压氢气则推荐使用聚乙烯（PE）管道。

32.5.2.2　氢致腐蚀

在氢燃气轮机工作时，掺氢或纯氢环境下燃烧产物中高压高温水蒸气含量［纯甲烷燃烧10%（体积分数）水蒸气，纯氢燃烧 16%（体积分数）水蒸气］气流会对金属材料和热障涂层产生湿硫化氢腐蚀等的腐蚀。杜中强等[50]则分析钢制设备在氢环境中产生的氢致腐蚀机理，提出了导致临氢设备腐蚀失效的主要原因有：氢损伤、氢和湿硫化氢腐蚀、高温氢和硫化氢的腐蚀等[50,51]。

32.5.2.3　环境障涂层

目前燃气轮机热端部件材料经过了几十年的发展，材料从锻造和铸造的镍基和钴基多晶合金，发展成铸造定向晶和单晶[52]。由于金属材料已接近使用极限，陶瓷基复合材料（ceramic matrix composites，CMC）一直被认为是高温合金的理想替代材料，其高强度和韧性可以使燃气轮机热部件的使用温度能够提升 150℃甚至更高。

氢燃气轮机在燃烧后产生大量水蒸气，高温部件长期在高温水蒸气环境下，会产生高温部件材料失效问题。CMC 部件面临高温水蒸气环境会产生性能退化[53-55]以及易受 CMAS（CaO-MgO-Al$_2$O$_3$-SiO$_2$）高温熔盐侵蚀的问题[55,56]。需要通过环境障涂层（EBC）在高温结构材料和恶劣环境（腐蚀性介质、高速气流冲刷等）间建立一道屏障，阻止或减小环境特别是水蒸气侵蚀对高温结构材料性能的影响，提高其高温稳定性。

EBC[57,58]具有良好的隔热、抗氧化和耐腐蚀效果，是目前最为先进的高温热防护涂层，在 CMC 材料表面施加可靠的 EBC 涂层的主要目的是抵抗水氧腐蚀、CMAS 等熔盐腐蚀及抵御环境对基底表面的热腐蚀等，减少碳化硅基复合材料表面保护层的挥发，提高陶瓷基复合材料的高温稳定性，延长其使用寿命。

迄今为止，单一涂层很难同时满足以上要求，环境障涂层体系通常采用多层复合涂层系统。稀土硅酸盐材料因相稳定性好，热膨胀系数较低，作为高温涂层材料引起了广泛关注，是一种比较理想的抗高温氧化涂层材料。分析指出 EBC 的未来发展趋势为：与钡锶铝硅酸盐 $[(1-x)BaO-xSrO-Al_2O_3-2SiO_2, 0 \leqslant x \leqslant 1]$ 相比，Y、Yb 和 Lu 等的硅酸盐具有优异的耐高温、抗熔融盐和抗水蒸气腐蚀的能力，是最有希望为燃气轮机热端组件提供环境保护的材料。各代 EBC 材料的热物理性质如表 32-5 所示。

表 32-5　各代 EBC 材料的热物理性质

材料	热导率/[W/(m·K)]	热膨胀系数/($\times 10^{-6}K^{-1}$)	熔点/℃
莫来石(mullite)	5.45	4.85～6.0	1830
YSZ	1.49～1.52	10.3	2700
BSAS	—	4.0～5.0 7.0～8.0	1500
Yb_2SiO_5	1.5～2.3	7.1～8	2000
β-Yb_2SiO_5	1.14～2.1	3.7～4.5	1850
γ-Yb_2SiO_5	1.16～2.0	3.5～4.5	1775

32.5.3　其他技术问题

氢燃气轮机还面临着与整体安全相关的风险。首先，氢火焰的亮度很低，肉眼难以发现，这就需要设置专门的氢火焰检测系统；其次，氢气具有比其他气体更强的渗透性，原天然气输送采用的传统密封系统可能需要用焊接连接或其他适当的组件来取代；第三，氢气比甲烷更易燃易爆，相比甲烷而言，氢气的爆炸极限范围宽得多。因此，氢气泄漏会增加安全风险，需要考虑改变控制系统以及防爆危险区域划分等问题。

32.6　氢燃气轮机应用

氢燃气轮机发电是调峰调频性能突出、可靠性高、可规模发展的调峰电源，是未来以风电、光伏为主体的新型电力系统的主要灵活性电源，弥补可再生能源发电出力的随机性、波动性。

未来氢燃气轮机发电大致会经历以下四个阶段[59]：

① 天然气发电取代煤电，在现有的燃气轮机技术上可以做到碳减排 45％～50％水平。

② 采用最先进的燃气轮机发电技术，实现极高的联合循环发电效率（63％以上），可以做到碳减排至 60％水平。

③ 采用最先进的燃气轮机技术，同时将天然气掺混氢气进行燃烧，预计可以进一步把碳减排降低 69％水平（掺氢体积比例 50％）。

④ 随着氢能的大规模发展，氢能利用成本进一步降低，采用最先进的氢燃气轮机技术实现纯氢燃烧，有望做到二氧化碳零碳排放，是未来新型电力系统的主要调峰电源之一。

在"双碳"背景下，氢能作为"21 世纪终极能源"，随着氢灵活存储及输送技术的大力发展，燃气轮机燃烧方式将逐步由天然气燃烧向天然气掺氢燃烧乃至纯氢燃烧转变，氢燃气轮机能实现二氧化碳近零碳排放，未来将广泛应用于风光电-氢-电系统、调峰调频、分布式能源、替代传统煤电存量项目等场景。

32.6.1　风光电-氢-电系统

氢燃气轮机未来最有前景的应用场景为"风光电-氢-电"系统。随着以风电、光伏发电为主体的新型电力系统的快速发展，新能源发电在我国电力供应结构中的占比显著增加，

《中国 2030 年能源电力发展规划研究及 2060 年展望》[60] 报告中预测，2030 年我国风电、光伏新能源装机分别达到 8 亿、10.25 亿千瓦；2050 年，我国风光发电装机成为电源装机增量主体，风电、太阳能装机占比超过 75％，发电量超过 65％；2060 年，我国风电及光伏的新能源装机合计约 6.3TW，发电装机近 80％，发电量超过 70％，成为电网中的绝对主力电源，而这些电源具有间歇性、随机性、反调峰的特性，大规模并网将给我国电网的安全稳定运行带来巨大的挑战。

"风光电-氢-电"的灵活性调节模式可以将可再生能源间歇性、波动性的电力，转化为具有物理形态的二次能源氢，再通过氢燃气轮机转化为稳定的、具有调峰能力的优质电源，贯穿制、储、运、输、配、用各环节。"风光电-氢-电"系统打通了发电到制氢再到发电的所有技术环节，在可再生能源发电高峰时期，将多余电力制成氢气存储，然后在电力需求旺盛时又通过氢燃气轮机发电上网，从而实现真正的绿色能源[61]。通过大规模可再生能源制氢，实现向下调节或向上调节，维持电网实时功率平衡，通过建立协同配合的"风光电-氢-电"系统耦合发电的新形式，提升新能源和可再生能源发电总出力水平和电网运行可靠性以及电源外送能力，实现气电与新能源融合发展，将显著降低制氢和燃气轮机电站运营成本，如图 32-38 所示。

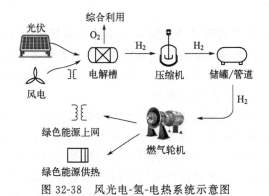

图 32-38　风光电-氢-电热系统示意图

根据中国电力企业可持续发展报告（2020）[62] 的数据，2019 年中国电力弃风弃光比例为 7.1％，其中弃风电量为 103.6 亿千瓦时，弃光电量为 16.1 亿千瓦时。这些损失的发电量相当于每年约减少燃煤或气电站发电 3425 万吨左右，对应的二氧化碳排放量约为 9046 万吨。由于风/光发电成本的持续下降，加之电网对其接纳能力有限，离网型风/光制氢将成为未来重要的绿氢生产场景，离网型风/光制氢在无电网支撑下的系统运行稳定控制、容量优化配置（包括电池储能配置）和经济运行等技术将持续发展[63]。采用"风光电-氢-电"系统可有效解决弃风弃光问题，切实提高可再生能源利用水平，促进电源结构优化，增强可再生能源电力本地消纳能力。

32.6.2　调峰调频

以新能源为主体的新型电力系统承载着能源转型的历史使命，是实现"双碳"目标的重要途径，风能和太阳能在新型电力系统中份额日益增长，它们是"不可调度的"，无法按需提供电力，对电力系统的灵活安全可控提出了更苛刻的要求。

欧美发达国家的能源转型以大量灵活电源作为支撑，中国电力企业联合会 2019 年 12 月发布的《煤电机组灵活性运行政策研究》显示[64]，欧美国家的灵活电源比重普遍较高，西班牙、德国、美国占比分别为 34％、18％、49％，而中国占比不到 6％。在中国新能源资源富集的三北地区（西北、华北和东北地区），风电、太阳能发电装机分别占全国的 72%、61%，但灵活调节电源还不足 3%。中国工程院院士黄其励在接受采访中多次提到，在电力系统中，灵活调峰电源至少要达到总装机的 10%～15%。考虑到中国灵活性电源占比还不到 6% 的现实，电力系统调节能力不足已成为中国能源转型的主要瓶颈之一，特别是在可再生能源持续高速发展的新形势之下，大幅提升电力系统调节能力已迫在眉睫。

抽水蓄能、电化学储能、煤电灵活性改造、氢燃气轮机发电等被认为是灵活调节电源的主要形式。抽水蓄能运行灵活、反应快速，是最为优质的调峰电源，但受站址资源的约束，发展潜力有限，预计 2035 年装机容量仅 $1.0 \times 10^8 \sim 1.2 \times 10^8 \mathrm{kW}$ [65]。电化学储能正处于从项目示范向商业化初期过渡的阶段，其成本仍很高，且存在安全风险。煤电通过灵活性改造可以一定程度提升调节能力，但调峰能力与性能远不及氢燃气轮机，而且深度调峰可能对机组运行安全性、环保性、经济性产生影响。氢燃气轮机调峰能力强、调峰速度快、受限制条件少，是理想的灵活性电源。单循环燃机机组调峰能力可达 100%，联合循环机组调峰能力可介于 70%～100%，特别是如果采用氢燃气轮机可实现二氧化碳近零排放，《中国 2030 年能源电力发展规划研究及 2060 年展望》报告结论显示，2060 年氢燃气轮机发电预计装机达到 0.2TW，其在电网中主要起调峰作用。

32.6.3　分布式能源

分布式发电站，靠近用户或用电现场配置较小的发电机组，这些小的机组可用燃料电池、小型氢燃气轮机发电、小型光伏发电、小型风光互补发电或氢燃气轮机与燃料电池的混合装置等。技术的进步催生小型分布式发电站快速发展，公共环境政策和电力市场的扩大又共同推动分布式发电成为重要的能源分配选择。

用氢作为燃料的分布式发电站属于燃料电池型分布式发电站，氢因其零碳排放的特质，成为未来发电站产品首选燃料能源。分布式发电站本身具有系统电站相互独立、用户可控、快速启停、自动调峰、应急发电、弥补突然断电的情况等特质，目前最大功率低于 30MW，可满足商业活动突增用电需求、居民区停电时所需的用电需求等。氢燃气轮机分布式发电站在此基础上，拥有内置配件灵活组装、不同电堆数量满足不同发电功率的特质，氢燃气轮机分布式发电站的电堆可灵活组用单堆、双堆、多堆等，让发电站功率满足不同场景需求。不仅如此，分布式发电站产品因零部件体积小、组装灵活、氢气来源广等原因在铺开市场上优势明显。典型氢燃气轮机分布式系统示意图如图 32-39 所示。

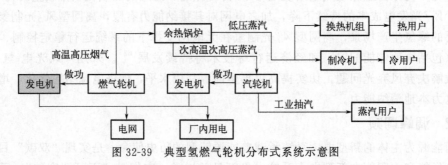

图 32-39　典型氢燃气轮机分布式系统示意图

氢燃气轮机联合循环冷热电联供分布式能源系统，将联合循环排放的低品位热能用于供热和制冷，实现了能量梯级利用，综合能源利用效率可达 90% 以上，是一种高效的城市能源利用系统，是城市中公共建筑冷热电供应的新途径。未来将进一步在新型产业园区和大中城市大型商业区中，积极发展氢燃气轮机分布式能源，实现气、电、冷、热一体化集成供应，达到绿色零碳高效的目的。

以氢燃气轮发电机组和余热锅炉等设备组成的小型热电冷联产系统可以用于办公楼、宾馆、商场、医院、学校等楼宇式供能。在氢气供应不稳定的应用场景下，通过建设储氢系统，与氢燃气轮机燃料需求相匹配，确保氢燃气轮机分布式发电站具备持续稳定工作能力。未来几年中国分布式能源电力市场中燃气轮机发电机组的功率等级可能会逐渐扩大，一般在1MW 以上的中小功率机组仍将保持较高市场占比，随着技术的不断改进，超大功率燃气轮机机组也有望在未来逐渐普及。

32.6.4　替代传统煤电存量项目

一直以来，我国超过 70% 的电力来自化石能源，有效降低电力行业碳排放是我国实现"双碳"目标的关键所在。"双碳"目标倒逼我国构建清洁低碳、安全高效的能源体系，倡导绿色低碳生活，氢燃气轮机作为清洁电源将发挥替代作用[66]。随着我国雾霾天气频现，2007 年以来，通过"上大压小"，淘汰落后煤电、压减煤电产能、停缓建煤电项目，共计2.94 亿千瓦，到 2020 年底，煤电装机完成 10.8 亿千瓦，"十三五"年均增速 3.7%，低于7.6% 的全部装机增速，较好地实现了 11 亿千瓦的控制目标。2030 年实现碳达峰后，将有计划、有步骤实施煤电退出计划。作为零（低）碳发电的重要路径之一，氢燃气轮机是国家高技术水平和科技实力的重要标志之一，在国防、交通、能源等领域中发挥着重要作用。而采用氢燃气轮机发电，对于我国降低天然气对外依赖，减少发电领域二氧化碳和氮氧化物排放有着重要意义。

按照"十四五"年均新增新能源 1 亿千瓦考虑，预计 2025 年煤电装机将达 32.3 亿千瓦。到 2060 年，我国经济总量将较目前翻两番，电力需求将翻一番，全社会用电量达到15.7 万亿千瓦时，全社会最大负荷达到 24.7 亿千瓦。按照煤电平稳削减和加速削减两种方案来考虑，2060 年全国煤电装机分别为 28 亿、24 亿千瓦，相较于 2025 年，分别减少 4.3亿、8.3 亿千瓦。氢燃气轮机作为高效、清洁能源，作为未来替代传统煤电的重要选项[67]，具体替代比例需要考虑氢燃气轮机未来的发展技术、电力市场需求和能源政策等，假设未来10% 的煤电存量项目替为氢燃气轮机发电，按照煤电平稳削减和加速削减两种方案来计算，2060 年相较于 2025 年，燃气轮机发电将新增 0.43 亿、0.83 亿千瓦装机容量。采用氢燃气轮机发电替代煤电，应用前景良好。

参 考 文 献

[1]　蒋洪德. 重型燃气轮机的现状和发展趋势 [J]. 热力透平，2012，41（02）：83-88.

[2]　Todd D D, Battista R. Demonstrated applicability of hydrogen fuel for gas turbines [C] //Proceeding of the IChemE Gas The Future. Noordwijk, the Netherlands United Kingdom，2000.

[3]　Gao X F, Luis T W C H. Sequential combustion with dilution gas：WO/2014/173578 [P]. 2014-03-06.

[4]　李海波，潘志明，黄耀文. 浅析氢燃料燃气轮机发电的应用前景 [J]. 电力设备管理，2020（8）：94-96.

[5]　蒋洪德，任静，李雪英，等. 重型燃气轮机现状与发展趋势 [J]. 中国电机工程学报，2014，34（29）：5096-5102.

[6]　Haglind F, Hasselrot A, Singh R. Potential of reducing the environmental impact of aviation by using hydrogen Part I：Background, prospects and challenges [J]. The Aeronautical Journal，2006，110（1110）：553-540.

[7]　Drell I L, Frank E B. Survey of hydrogen combusion properties [R]. Report 1383 National Advisory Committee for Aeronautics，1958.

[8]　Glassman Irvin. Combustion [M]. 2nd Ed. Orlando，FL：Academic Press，1987.

[9]　Lewis B, VonElbe G. Combustion, flames and explosions of gases [M]. 3rd Ed. Orlando，FL：Academic Press，1987.

[10]　田晓晶. 氢燃料旋流预混火焰燃烧诱导涡破碎回火特性研究 [D]. 北京：中国科学院大学，2015.

[11]　Nose M, Kawakami T, Araki H, et al. Hydrogen-fired gas turbine targeting realization of CO_2-free society [J].

Mitsubishi Heavy Industries Technical Review，2018，55（4）：1-7.

［12］ Ashwani-K G，Lilley D G，Syred N. Swirl flows［M］. Tunbridge Wells，Kent，England：Abacus Press，1984.

［13］ 刘勋伟. 含氢燃料多微混射流火焰的燃烧特性与稳焰机制研究［D］. 北京：中国科学院大学，2021.

［14］ 刘贵闯. 稀释剂对合成气微混合燃烧特性影响的数值模拟研究［D］. 黑龙江：哈尔滨工业大学，2020.

［15］ Funke H H，Nils B，Sylvester A. An overview on dry low NO_x micromix combustor development for hydrogen-rich gas turbine applications［J］. International Journal of Hydrogen Energy，2019，44（13）：6978-6990.

［16］ Funke H H，Keinz J，Kusterer K，et al. Experimental and numerical investigations of the dry-low-NO_x hydrogen micromix combustion chamber of an industrial gas turbine［C］//ASME Turbo Expo 2015. Montreal，Canada：ASME，2015.

［17］ Funke H H，Beckman N，Keinz J，et al. 30 years of dry low NO_x micromix combustor research for hydrogen-rich fuels：An overview of past and present activities［C］//Online：Proceedings of the ASME Turbo Expo，2020.

［18］ Dodo S，Asai T，Koizumi H，et al. Performance of a multiple-injection dry low NO_x combustor with hydrogen-rich syngas fuels［J］. Journal of Engineering for Gas Turbines and Power，2013，135（1）：011501.

［19］ York W D，Ziminsky WS，Yilmaz E. Development and testing of a low NO_x hydrogen combustion system for heavy-duty gas turbines［J］. Journal of Engineering for Gas Turbines and Power，2013，135（2）：022001.

［20］ York W D，Romig B W，Hughes M J，et al. Premixed pilot flames for improved emissions and flexibility in a heavy duty gas turbine combustion system［C］//ASME Turbo Expo 2015. Montreal，Canada：ASME，2015.

［21］ Yegian D T，Cheng R K. Development of a lean premixed low swirl burner for low NO_x practical applications［J］. Combustion Science and Technology，1998，139（16）：207-227.

［22］ Littl Ejohn D，Cheng R K. Fuel effects on a low-swirl injector for lean premixed gas turbines［C］// Proceedings of the Combustion Institute，2007，31：3155-3162.

［23］ Bhargava A，Colket M，Sowa W，et al. A experiment and modeling study of humid air premixed flame［J］. J Eng Gas Turbine Pwr，2000，122：405-411.

［24］ Chen A G，Maloney D J，Day W H. Humid air NO_x reduction effect on liquid fuel combustion［C］//Proceedings of ASME Turbo Expo，Amsterdam. The Netherlands：American Society of Mechanical Engineers，2002，GT2002-30163：917-925.

［25］ Newberry D M. Piloted rich-catalytic lean-burn hybrid combustor. US：64156082［P］.

［26］ Alavandi S，Etemad S，Baird B D. Fuel flexsible rich catalytic lean burn system for low Btu fuels［C］//Proceedings of ASME Turbo Expo 2012：Power for Land，Sea，and Air，Copenhagen. Denmark：American Society of Mechanical Engineers，June 11-15，2012，GT2012-68128.

［27］ Li Y Z，Jia Y L，Jin M，et al. Experimental investigations on NO_x emission and combustion dynamics in an axial fuel staging combustor［J］. Journal of Thermal Science，2022，31（1）：198-206.

［28］ 梅赫万 P. 博伊斯. 燃气轮机工程手册［M］. 丰镇平，李祥晟，邓清华，等译. 北京：机械工业出版社，2018.

［29］ 彭泽琰，刘刚，桂幸民，等. 航空燃气轮机原理［M］. 北京：国防工业出版社，2008.

［30］ Smith S. F. A simple correlations of turbine efficiency［J］. Journal of Royal Aeronautical Society，1965，69：467-470.

［31］ Wu C H. A general theory of three-dimensional flow in subsonic and supersonic turbomachines of axial-，radial-，and mixed-flow types［R］. NACA TN 2604，1952.

［32］ 陈雷. 基于 Adjoint 优化方法的透平气动设计研究［D］. 北京：北京航空航天大学，2014.

［33］ 王仲奇，郑严. 叶轮机械弯扭叶片的研究现状及发展趋势［J］. 中国工程科学，2000，2（6）：40-48.

［34］ Lozza G，Chiesa P. CO_2 sequestration techniques for IGCC and natural gas power plants：A comparative estimation of their thermodynamic and economic performance［C］//Proc. of the international Conference on Clean Coal Technologies，Chia Laguna，Italy，2022.

［35］ Jones R H，Thomas G J. Materials for the hydrogen economy［M］. Bocu Raton：CRC Press，2007.

［36］ W. 特劳佩尔. 热力透平机（特性与结构强度）［M］. 郑松宇，郑祺选，译. 北京：机械工业出版社，1981.

［37］ 束国刚，陈坚，张晓毅，等. 重型燃机轮机结构完整性分析［J］. 动力工程学报 2022，42（12）：1213-1222.

［38］ Louis J F. Systematic studies of heat transfer and film cooling effectiveness［C］//AGARD CP-229，Neuilly sur Seine，France，1977.

［39］ Lozza G，Chiesa P. CO_2 sequestration techniques for IGCC and natural gas power plants：A comparative estimation of their thermodynamic and economic performance［C］//The Int'l Conference on Clean Coal Technologies

(CCT2002)，Chia Laguna，Italy，2002.

[40] 王建光，王晶，肖明. "双碳"目标下燃气发电发展问题研究 [J]. 中国电力企业管理，2021 (16)：52-54.

[41] 陈宗法. "双碳"目标下，"十四五"燃气发电如何发展？[J]. 能源，2021 (06)：38-41.

[42] 兰亮云，孔祥伟，邱春林，等. 基于多尺度力学实验的氢脆现象的最新研究进展 [J]. 金属学报，2021，57 (7)：845-859.

[43] Nagumo M. Fundamentals of hydrogen embrittlement [M]. Berlin：Springer，2016.

[44] Bhadeshia H K D H. Prevention of hydrogen embrittlement in steels [J]. ISIJ International，2016，56 (1)：24-36.

[45] Jones R H，Thomas G J. Materials for the hydrogen economy [M]. Boca Raton：CRC Press，2007：290-292.

[46] 张小强，蒋庆梅. 在已建天然气管道中添加氢气管材适应性分析 [J]. 压力容器，2015，32 (10)：17-22.

[47] 张小强，蒋庆梅. ASMEB31.12 标准在国内氢气长输管道工程上的应用 [J]. 压力容器，2015，32 (11)：47-51.

[48] 黄明，吴勇，文习之，等. 利用天然气管道掺混输送氢气的可行性分析 [J]. 煤气与热力，2013，33 (4)：39-42.

[49] Dodds P E，Demoullin S. Conversion of the UK gas system to transport hydrogen [J]. International Journal of Hydrogen Energy，2013，38 (18)：7189-7200.

[50] 杜中强. 临氢设备腐蚀分析与防护 [J]. 石油化工腐蚀与防护，2009，26 (6)：39-43.

[51] Reed R C. The superalloys：Fundamentals and applications [D]. Cambridge：Cambridge University，2006.

[52] 张立同，成来飞. 连续纤维增韧陶瓷基复合材料可持续发展战略探讨 [J]. 复合材料学报，2007，24 (2)：1-6

[53] Yang B，Zhou X G，Chai Y X. Mechanical properties of SiCf/SiC composites with PyC and the BN interface [J]. Ceramics International，2015，41 (5)：7185-7190.

[54] Luo Z，Zhou X G，Yu J S，et al. Mechanical properties of SiC/SiC composites by PIP process with a new precursor at elevated temperature [J]. Materials Science & Engineering，A-Structural Materials：Properties，Misrostructure and Processing，2014 (607)：155-161.

[55] Wellman R，Whitman G，Nicholls J R. CMAS corrosion of EB PVD TBCs：Identifying the minimum level to initiate damage [J]. International Journal of Refractory Metals and Hard Materials，2010 (28)：124-132.

[56] Poerschke D L，Hass D D，Eustis S，et al. Stability and CMAS resistance of ytterbium-silicate/hafnate EBCs/TBC for SiC composites [J]. Journal of the American Ceramic Society，2015 (98)：278-286.

[57] Lee K N，Fox D X，Bansal N P. Rare earth silicate environmental barrier coating for SiC/SiC composites and Si_3N_4 ceramics [J]. Journal of the European Ceramic Society，2005 (25)：1705-1715.

[58] 王铀，孟君晟，刘赛月，等. 环境障涂层——挑战与机遇 [J]. 国际航空航天科学，2018，6 (3)：17-32.

[59] 通用电气公司. 加速可再生能源和天然气发电增长，及时有效应对气候变化 [R]. 2021.

[60] 全球能源互联网发展合作组织. 中国 2030 年能源电力发展规划研究及 2060 年展望 [R]. 2021.

[61] 李星国. 氢燃料燃气轮机与大规模氢能发电 [J]. 自然杂志，2023，45 (02)：113-118.

[62] 中国电力企业联合会. 中国电力企业年度可持续发展报告 [R]. 2022.

[63] 王士博，孔令国，蔡国伟，等. 电力系统氢储能关键应用技术现状、挑战及展望 [J]. 中国电机工程学报，2023，43 (017)：6660.

[64] 中国电力企业联合会. 煤电机组灵活性运行政策研究 [R]. 2019.

[65] 国网能源研究院有限公司. 中国能源电力发展展望 2019 [M]. 北京：中国电力出版社，2019.

[66] 陈宗法. "双碳"目标下，"十四五"燃气发电如何发展？[J]. 能源，2021 (06)：38-39.

[67] 徐顺智，赵瑞彤，王孝全，等. 燃煤发电行业低碳化发展路径分析 [J]. 洁净煤技术，2023 (12)：83-94.

第
四
篇
　
氢
能
应
用

第 **33** 章

天然气掺氢内燃机及民用燃烧器

氢能作为一种无碳化、可再生的二次能源，其应用和发展对我国"双碳"目标的实现具有至关重要的作用。然而，氢能输送效率是现阶段制约氢能产业发展的瓶颈。如果能够利用现有的天然气管网，掺入一定比例的氢气输送，将大大提高氢能的输送效率。"天然气掺氢"概念由此提出，被认为是实现节能减排和规模氢能运输的重要手段。

天然气掺氢（HCNG）是指将天然气和氢气以一定比例进行混合，从而形成天然气掺氢混合燃料。氢气的燃烧速度是天然气的 8 倍，点火能量也远低于天然气，因此，将氢气掺入天然气能够改善天然气热值较低、点火能量高、不易点燃、燃烧速度慢的缺点。另一方面，相比于纯氢，天然气掺氢在控制掺氢比例的前提下能够直接利用现有的天然气管道进行输运，同时在应用端只需要对现有的内燃机或民用燃烧器进行较小的改动甚至直接应用，因而能够大大节约设备投资、提高资源利用效率，是当前纯氢利用瓶颈下的优良过渡方案，具有显著的实际意义和广阔的应用前景。

33.1 天然气掺氢燃料特性

对于内燃机和民用燃烧器，天然气掺氢的应用均是通过利用燃烧释放的热能来实现的。显然，内燃机和民用燃烧器的性能在很大程度上取决于 HCNG 的特性。因此，本节系统梳理了天然气掺氢基础燃烧实验的相关结论，并介绍了 HCNG 的物理化学性质及其基本燃烧特性。

33.1.1 物理和化学性质

表 33-1 给出了氢气与天然气（甲烷）在常温常压（NTP）或标准温度和压力（STP）条件下的特性。由表可知，氢气相比于天然气具有燃烧速度快、点火能量小、可燃极限宽、质量热值高等显著优势。在天然气中掺加氢气，能够形成燃料优势互补，从而提高天然气的燃烧性能。

表 33-1 氢气与天然气（甲烷）的物理化学性质

燃料	氢气	天然气（甲烷）
化学式	H_2	CH_4
分子量	2.02	16.04
常温常压下的当量比点火下限	0.1	0.5
常温常压下的燃烧极限（体积分数）/%	4～75	5～15
可燃极限（过量空气系数）	10～0.14	2～0.6

续表

燃料	氢气	天然气（甲烷）
可燃极限（当量比）	0.1～7.1	0.5～1.7
空气中的最小点火能量/mJ	0.02	0.29
STP 条件下的自燃温度/℃	585	540
STP 下的质量低热值/(kJ/kg)	119930	50020
STP 条件下的气体密度/(kg/m³)	0.08375	0.65119
空气中的扩散率/(cm²/s)	0.63	0.20
辛烷值	140	120
NTP 下的体积低热值/(kJ/m³)	10046	32573
化学计量空燃比/(kg/kg)	34.20	17.19
空气中燃料的体积分数，$\lambda=1$	0.290	0.095
层流燃烧速度/(m/s)	2.90	0.38
NTP 空气中的层流燃烧速度/(cm/s)	265～325	37～45
NTP 空气中的淬火距离/cm	0.63	0.21
空气中的火焰温度/K	2318	2148

注：NTP-常温常压（293.15K；1atm，1atm＝101325Pa），STP-标准温度和压力（0℃；1bar，1bar＝10^5Pa）。

　　掺氢比是决定 HCNG 燃烧特性的关键参数。掺氢比根据不同的计量方式可以分为体积掺氢比、质量掺氢比和能量掺氢比，常用体积掺氢比衡量 HCNG 的组成。可以采用沃泊指数来表征气体成分对发动机性能的影响：如果沃泊指数保持不变，气体成分的变化不会导致空燃比和燃烧速率的显著变化。表 33-2 给出了不同掺氢比下的 HCNG 的主要燃烧特征参数[1]，证实了 HCNG 的性能介于氢气和天然气之间。HCNG 诸多特点使其非常适合内燃机应用，包括：

　　① 氢气中不含碳元素，添加氢气会减少燃料的碳氢比。较小的碳氢比会减少单位能量下的 CO_2 生成量，从而减少温室气体排放。

　　② 当过量空气系数远高于当量比条件时，天然气的燃烧不如天然气掺氢的稳定。天然气发动机在降低 NO_x 时可能会伴随发动机不完全燃烧甚至失火现象，向燃料中添加氢气能够提高发动机的稀薄燃烧能力，使其在稀薄或超稀薄环境下仍然能够保持稳定高效的燃烧。

　　③ 氢气的单位体积能量密度很低，因此，随着掺氢比的增加，HCNG 的体积热值降低。

　　④ 在天然气中添加氢气可以使混合燃料燃烧得更稀。燃料的质量分数（MFB）随着掺氢比的增加而增加，混合燃料燃烧持续期缩短，燃烧温度提高，导致更多的 NO_x 排放。因此，点火正时应该随着掺氢比的增加而延迟，从而减少压缩负功并降低燃烧温度，减少 NO_x 排放。点火正时的选择是权衡发动机功率和 NO_x 排放的关键因素。

　　⑤ 掺氢比为 5%～30% 的 HCNG 能够有效延长燃料稀燃极限，确保完全燃烧，从而减少 HC 和 CO 排放。

　　⑥ 氢气的燃烧速度是天然气的八倍左右，添加氢气可以提高混合燃料的燃烧速度，使得燃烧持续期更短、燃烧等容度更大、指示热效率更高。

　　⑦ 氢气具有燃烧促进剂的属性，可以通过改进化石燃料产生远大于 1 的杠杆系数，这

种杠杆效应的一个明显好处是：即使所用氢气是由天然气生产的，而没有任何 CO_2 的"固存"，也可以减少 CO_2。

表 33-2   不同掺氢比下 CNG 和 HCNG 混合燃料的性能

特性	CNG	HCNG 10	HCNG 20	HCNG 30
体积掺氢比/%	0	10	20	30
质量掺氢比/%	0	1.21	2.69	4.52
能量掺氢比/%	0	3.09	6.68	10.94
质量低热值/(MJ/kg)	46.28	47.17	48.26	49.61
体积低热值/(MJ/m³)	37.15	34.50	31.85	29.20
化学计量比低热值/(MJ/m³)	3.300	3.368	3.359	3.349

33.1.2   燃烧速度

按照流动状况，预混可燃气体中的火焰传播可分为层流火焰传播（层流燃烧）和湍流火焰传播（湍流燃烧）。其中层流气流的火焰传播速度是预混可燃气体的重要物性参数，其大小取决于预混气体的物理化学性质。西安交通大学黄佐华教授及其团队在 HCNG 基础燃烧领域进行了系统、深入的研究，并获得了不同条件下的 HCNG 层流燃烧速度。

图 33-1[2] 为层流定容燃烧试验平台。定容燃烧弹为圆柱形腔体结构，内径 180mm、长度 210mm。燃烧室两侧设有一对直径 80mm 的石英玻璃窗，用于提供光学通路。燃烧室周围敷设有 1.5kW 的加热带，并在燃烧室内安装了 K 型热电偶以监测内部温度。每次实验之前，首先将定容燃烧弹加热至实验所需的温度，并利用真空泵抽空燃烧室内的空气。然后通过进气阀将天然气、氢气、氧气和氮气分别冲入腔体，采用最大量程为 1.03MPa 的罗斯蒙特压力变送器来控制不同气体组分的分压，从而精确控制混合气的成分。可燃气由位于腔体内部竖直方向中心位置的点火电极点燃，每次点火前需要静置至少 10 分钟，以确保定容燃烧弹内的可燃气完全混合。实验过程中，采用高速摄像机（Phantom V611）捕捉球形火焰的传播过程，相机的拍摄频率为 10000 帧/s。

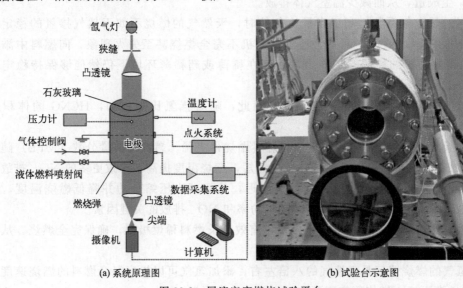

(a) 系统原理图   (b) 试验台示意图

图 33-1   层流定容燃烧试验平台

图 33-2[3] 为西安交通大学设计的湍流定容燃烧试验平台。定容燃烧弹体的内腔容积为 22.6L、内径 305mm、内腔长度 310mm。燃烧室两侧设有一对直径 150mm 的石英玻璃窗，用于提供光学通路。在定容燃烧弹内腔对称布置了四个叶轮，并分别通过独立的速度控制器连接到电机上，电机的最高转速可达 10000r/min。两个点火电极对称地安装在腔体内部竖直方向中心位置，用于点燃可燃气。在定容燃烧弹内腔壁面嵌入加热材料，从而将可燃气加热至目标温度，腔体内实时温度由欧米茄热电偶监测。腔内安装有两个不同的压力变送器，分别用于监测引入气体压力（罗斯蒙特）和瞬态爆炸压力（Kistler6125C）。利用纹影技术，通过高速摄像机（Phantom V611）捕捉湍流球形膨胀火焰的传播过程。试验平台的最大初始压力和温度分别可达 1MPa 和 473K。此外，由于定容燃烧弹具有良好的真空度和高效的点火系统，该平台还能够实现亚大气压下的球形膨胀火焰研究。

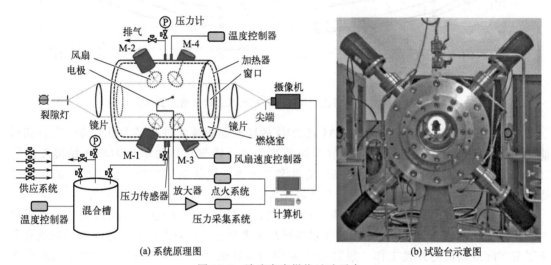

(a) 系统原理图　　　　　　　　　　　(b) 试验台示意图

图 33-2　湍流定容燃烧试验平台

层流燃烧速度是燃烧场中一个非常重要的参数，它反映了可燃气体混合物的基本物理和化学特性，如反应性、放热性和扩散性等。因此，HCNG 的层流燃烧速度与发动机的性能密切相关。胡二江等研究了 HCNG 在不同当量比（0.8、1.0 和 1.2）下的层流燃烧速度与掺氢比的关系，如图 33-3 所示[4]。HCNG 的层流燃烧速度在化学动力学中表现出显著的非

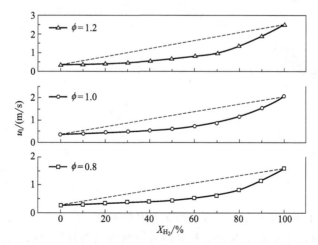

图 33-3　HCNG 的层流燃烧速度与掺氢比的关系（1atm，298K）

线性效应。当掺氢比低于60%时，燃烧过程由甲烷主导；但当掺氢比大于60%时，氢气对层流燃烧速度产生了很大影响。根据其在不同初始压力和初始温度下的 HCNG 未拉伸层流燃烧速度测量结果（图 33-4）[5]，层流燃烧速度随初始压力的增加而单调下降，随初始温度的升高而增加。

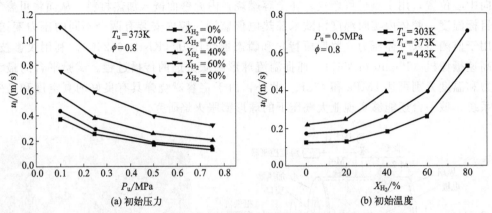

(a) 初始压力　　　　　　　　　　(b) 初始温度

图 33-4　HCNG 的层流燃烧速度与初始压力和初始温度的关系

此外，国内外其他科研工作者也对 HCNG 的层流燃烧速度进行了大量研究[6-10]。到目前为止，已经确定了宽范围条件下（不同的当量比、掺氢比、初始压力和初始温度）的 HCNG 层流燃烧速度。由于氢气的高反应性和扩散性，掺氢能够有效促进天然气的层流燃烧速度，并且这种影响是非线性的。当掺氢比大于60%时，促进效果非常显著。

湍流燃烧速度也是影响 HCNG 发动机缸内燃烧过程的重要因素。几乎所有的发动机缸内燃烧过程都发生在湍流场中，因此与层流燃烧速度相比，针对湍流燃烧速度的研究更有利于了解实际发动机的开发工作。蔡骁等[3] 利用湍流膨胀火焰研究了 HCNG 的湍流燃烧速度，发现分子输运对 HCNG 的湍流燃烧速度有明显影响，这也是导致标准化湍流燃烧速度随当量比和掺氢比变化的根本原因，如图 33-5 所示。此外，蔡骁等还尝试考虑分子输运的影响，以关联宽范围条件下的湍流燃烧速度，并获得了令人满意的结果，如图 33-6 所示。

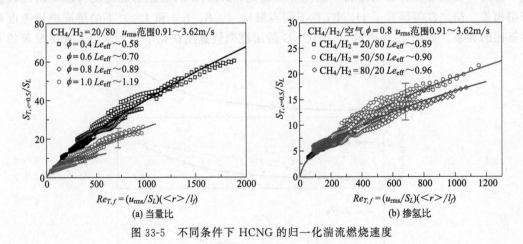

(a) 当量比　　　　　　　　　　(b) 掺氢比

图 33-5　不同条件下 HCNG 的归一化湍流燃烧速度

张猛等[11]测量了 HCNG 的火焰结构和湍流燃烧速度，发现归一化湍流燃烧速度随掺氢比的增加而单调增加，这主要归因于以有效路易斯数为代表的扩散热不稳定性效应。掺氢可

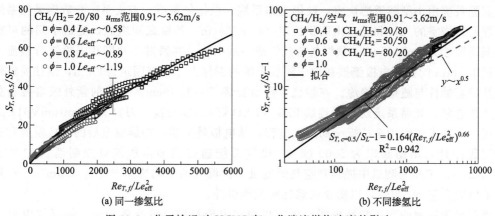

(a) 同一掺氢比　　　　　　　(b) 不同掺氢比

图 33-6　分子输运对 HCNG 归一化湍流燃烧速度的影响

以促进 HCNG 的湍流燃烧速度，这是由层流燃烧速度、分子输运和湍流拉伸的耦合作用所决定的。湍流燃烧速度有许多通用的相关性，适用于不同的氢气混合比、湍流强度、当量比、初始压力和温度。然而，目前的相关性中仍有一些因素没有得到充分考虑，如积分长度尺度，在数量层面上使用不同的相关性存在明显的差异。

33.1.3　最小点火能量

发动机的可靠点火对安全和性能至关重要。为了使发动机成功点火，沉积到可燃混合物中的能量应该大于最小点火能量，否则火核将不能达到临界点火半径而最终熄灭。为了探究 HCNG 混合燃料的最小点火能量随掺氢比的变化规律，西安交通大学胡二江等搭建了如图 33-7 所示的流动点火实验平台[12]。

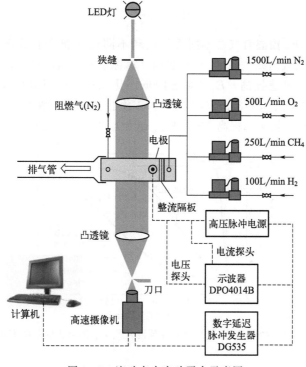

图 33-7　流动点火实验平台示意图

实验系统由小型隧道燃烧室、纹影光路系统、供排气系统、点火系统和数据采集系统组成。隧道燃烧室的入口和出口由面积恒定（4cm×4cm）的横截面组成，隧道中间的可观测段横截面尺寸为4cm×5cm。预混气流从管道一端引入，并通过3片网孔隔板进行整流。两个直径1.2mm的黄铜电极镶嵌在位于隔板下游的铜柱上，间隙固定为2mm，铜柱通过聚四氟乙烯护套插件与隧道电绝缘。在燃烧室侧面安装了一对18cm×4cm的紫外级熔融石英以提供光学通路。光路系统还包括连续光源（LED灯）、球面镜、刀口和PhantomV611高速摄像机。高帧率纹影用来捕捉全局点火过程，从电极处开始，拍摄放电后的内核发展和火焰传播过程照片，拍摄频率为5000帧/s。供气系统通过校准体积流量控制器（ALICAT，MCR-Series）来控制隧道中燃料和空气的流量。预混气的平均流速设计为3.5m/s。在隧道出口处供应少量N_2阻燃，以防止火焰传播至隧道外。

点火源为定制的高压脉冲电源，可实现对放电能量的连续有效控制，最高放电电压为20kV，最大放电频率为100kHz。为了量化点火能量，电压和电流信号分别通过75MHz的探头（Tectronix，型号P6015A）和120MHz的电流探头（Pearson Electronics，型号6600）进行测量，并使用采样频率5GHz的高频示波器（Tectronix，型号DPO4014B）记录。实验中还使用了一台数字延迟脉冲发生器（Stanford Research Systems，型号DG535）来同步触发高速摄像机、示波器和高压脉冲电源。试验时，隧道内的初始温度约为298K，静态压力保持在100kPa。

最小点火能量E_{min}被定义为对应于点火成功率（P_{ig}）为50%的点火能量。为了确定E_{min}，作为点火能量E_{ig}的函数的P_{ig}拟合为：

$$P_{ig}(E) = \frac{1}{1 + e^{-(\beta_0 + \beta_1 E)}} \tag{33-1}$$

式中，β_0和β_1是拟合参数。利用该拟合结果将$P_{ig} = 0.5$代入即可求得E_{min}，即：

$$E_{min} = -\frac{\beta_0}{\beta_1} \tag{33-2}$$

图33-8显示HCNG预混合气在不同掺氢比和不同点火能量下所获得的P_{ig}实验结果，每个工况点选择P_{ig}收敛曲线的最后10个数据计算标准差。由图可知，随着掺氢比的增加，点火能量相同时，P_{ig}迅速提高，E_{min}显著降低。比如在电极间沉积60mJ的点火能量时，几乎不可能点燃$\phi = 0.65$、$u = 3.5$m/s的HCNG预混合气，而掺氢比为10%时，P_{ig}接近于1。此外，数据显示掺氢比每提高5%，E_{min}近似减少1/2，二者呈现为线性关系。

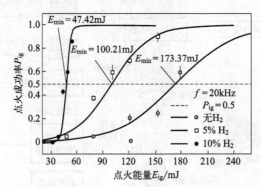

图33-8　掺氢比不同时HCNG预混合气P_{ig}随点火能量的变化

33.1.4　可燃极限

由于氢气的高反应性，随着氢气混合比的增加，混合燃料的可燃极限也变得更宽。HCNG 的可燃极限如图 33-9 所示。显然，随着掺氢比的增加，HCNG 的富燃极限明显拓宽，纯氢燃料的富燃极限最宽；而 HCNG 的贫燃极限几乎不随掺氢比的改变而变化。温度对 HCNG 可燃极限的影响如图 33-10 所示。由图可见，在高温下，混合燃料的富燃极限会提高，而贫燃极限与温度的关系不大。

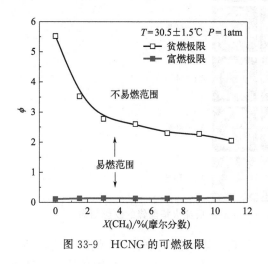

图 33-9　HCNG 的可燃极限

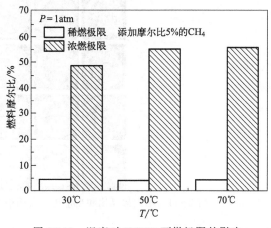

图 33-10　温度对 HCNG 可燃极限的影响

33.1.5　火焰稳定性

实际发动机缸内燃烧和火焰传播过程极其复杂且不稳定。通常，在火花点火发动机中，火焰在点火后迅速膨胀。由于随机扰动、火焰不稳定性和湍流拉伸等多种因素的影响，火焰会呈现出加速传播现象。火焰的加速是火焰传播和动力学的重要组成部分，与发动机的性能和安全密切相关。一旦发生火焰加速现象，发动机的放热率和压力升高率将急剧增大，引起敲缸、热声不稳定等诸多问题。

层流火焰的火焰加速主要是由其固有的不稳定性引起的，如热扩散不稳定性、流体动力学不稳定性和浮力不稳定性。浮力不稳定性是由重力方向上的负密度分层引起的，只有当火焰传播速度非常慢时才会比较突出。流体动力学不稳定性主要是由火焰前沿未燃烧侧和燃烧侧之间的密度变化引起的，这种不稳定性可以一直存在，并且不会随着火焰传播而变化。热扩散不稳定性主要来自热扩散和质量扩散之间的非平衡扩散，可以用路易斯数来反映。国内外关于火焰加速的研究目前主要集中在加速指数、火焰形态和火焰加速的开始等方面。对于自加速，以往的研究大多仅关注加速度指数。研究表明：加速度指数不是一个常数，其值约为 $1 \sim 1.5$[13]。在形态学方面，大多数研究都对火焰细胞的数量进行了全局描述，而很少有研究聚焦于细胞数量和细胞大小等参数的定量描述[14,15]。此外，几乎所有的研究都关注了火焰细胞不稳定和火焰加速起始点，目前已有多种不同的火焰加速起始点定义[16]。

Yang 等[17]研究了 $H_2/O_2/N_2$ 的火焰加速传播，发现受不稳定细胞发育的影响，火焰传播存在三个不同的阶段，即细胞发育的平稳膨胀、过渡和饱和状态。Kim 等[18,19]对氢气、甲烷和其他燃料的火焰加速进行了一系列研究，并研究了火焰加速开始和加速指数随初始条件的变化。Hu 等[5]研究了 HCNG 在不同当量比和掺氢比下的火焰形态，如图 33-11 所示。对于化学计量的火焰，火焰前沿始终保持平滑。对于稀混合物，掺氢后出现了明显的

第四篇　氢能应用

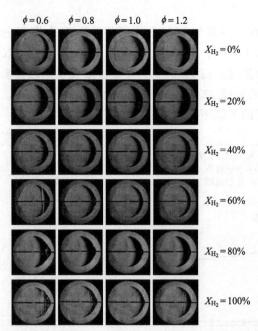

图 33-11 不同掺氢比和当量比下火焰半径为 30mm 时层流火焰前锋的纹影图像

细胞结构，且随着掺氢比的增加，细胞结构会提前出现，表明掺氢增加了火焰的不稳定性。

Hu 等[4]测量了 HCNG 层流膨胀火焰的 Markstein 长度。Markstein 长度随掺氢比和当量比的变化如图 33-12 所示。对于所有 HCNG 混合燃料，Markstein 长度随着当量比的增加而增加，当量比越大，增加幅度越大。然而，随着当量比的增加，掺氢比较高的 HCNG 火焰及其 Markstein 长度仅有小幅增加。此外，Markstein 长度随着掺氢比的增加而减小。表明当量比的增加能够增强 HCNG 火焰前沿的稳定性，但掺氢则会起到相反的作用。这种现象可以用优先扩散效应引起的火焰不稳定性的经典模型来解释。在快速扩散组分（CH_4 和 H_2）不足的条件下（稀薄燃烧），由于优先扩散的影响，预混层流火焰将趋于不稳定。

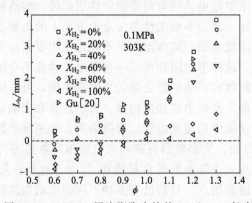

图 33-12 HCNG 层流膨胀火焰的 Markstein 长度

Cai 等[20]分析了 HCNG 层流膨胀火焰的火焰形态，如图 33-13 所示。由图可见，初始压力为 0.20MPa 时，随着当量比的增加，HCNG 火焰的传播发生变化，原本光滑的火焰前沿观测到较大的裂纹，并且细胞在整个火焰表面上自发且均匀地出现；对于稀混合气，在火焰前沿出现了较小的细胞结构，火焰表面高度褶皱；对于浓混合气，虽然火焰前沿在很大程

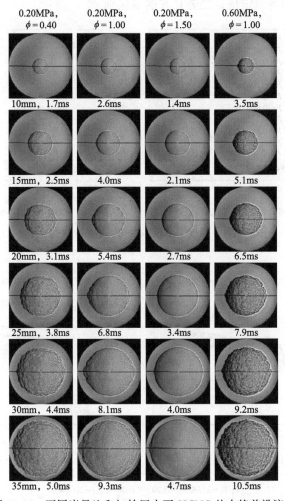

图 33-13　不同当量比和初始压力下 HCNG 的火焰前沿演化

度上仍保持光滑，但仍有少数大裂纹形成。上述观测结果证明了扩散热不稳定性对 HCNG 稀混合气和浓混合气火焰的不稳定和稳定作用，其特征分别为 $Le<1$ 和 $Le>1$。对于当量比相同的 HCNG 火焰，随着初始压力的增加，胞状结构的出现时刻提前，说明稀薄燃烧火焰的流体动力学不稳定性（Darrieus-Landau，DL 不稳定性）逐渐显现出来。

图 33-14 为与自加速起始点相关的临界 Peclet 数对经验 Markstein 数的依赖性。自加速起始点的 Pe_{cr} 似乎随着 Ma 非线性增加，并且观察到具有不同增加速率的两个不同阶段。对于较小的 Ma，Pe_{cr} 随 Ma 线性增加，而在临界 $Ma^*=5.0$ 之后，Pe_{cr} 几乎随 Ma 呈指数增加。

图 33-15 为 HCNG 层流火焰的瞬态加速度指数与归一化 Peclet 数的关系。可以看出，在整个火焰传播过程中，瞬态加速度指数总是大于 1.0，并随着 Pe/Pe_{cr} 的增加而增加。在不同的初始条件下观察到两个阶段的加速行为。在第一阶段，由于火焰前沿周期性细胞生长和分裂产生了额外的火焰表面积，自加速开始后，瞬态加速度指数随着 Pe/Pe_{cr} 的增加而迅速增加，称为过渡加速阶段，当 Pe/Pe_{cr} 达到临界值 $Pe/Pe_{cr}\approx e$ 时终止。之后是自相似加速阶段，在此期间，瞬态加速度指数随 Pe/Pe_{cr} 缓慢增加。对于自相似加速机制，瞬态加速度指数增加且与 Pe/Pe_{cr} 成正比例关系，而常见的自相似传播机制中，随着火焰的膨

胀，瞬态加速度指数保持恒定值，二者具有明显区别。

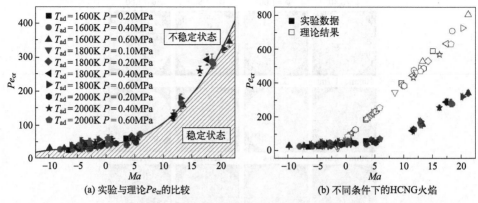

(a) 实验与理论Pe_{cr}的比较 （b) 不同条件下的HCNG火焰

图 33-14　临界 Peclet 数与 Markstein 数的关系

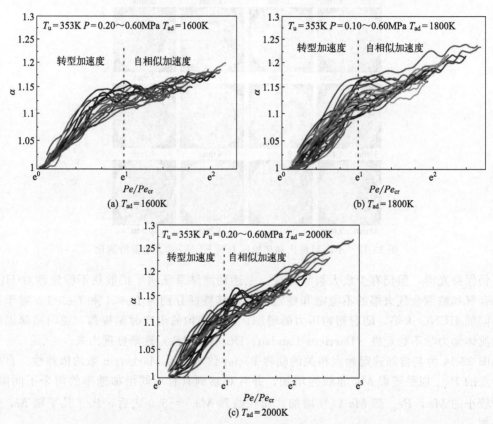

(a) $T_{ad}=1600K$ （b) $T_{ad}=1800K$

(c) $T_{ad}=2000K$

图 33-15　不同当量比和初始压力下 HCNG 的瞬态加速度指数与归一化 Peclet 数的关系

　　图 33-16 显示了掺氢比为 50% 时，不同混合气流量 u_{rms} 和当量（燃空）比下 HCNG 的火焰传播图片。随着 u_{rms} 的增加，火焰传播加快，由于 Kolmogorov 长度尺度的减小，火焰表面出现了更精细的尺度结构，而积分长度尺度保持不变。此外，可以看出，与化学计量混合物相比，稀混合气的火焰表面出现了更多的小尺度结构，这可能是由于差异扩散效应引起的。$u_{rms}=1.81m/s$ 时，稀混合气和化学计量比混合气的火焰传播 45mm 的距离（r）分别需要 10.4ms 和 7.1ms。然而，稀混合气火焰的传播速度（$S_L=19.2cm/s$）比化学计量

比混合气火焰的传播速度小得多（$S_L = 52.9 \text{cm/s}$）。这意味着在湍流情况下，对于 $Le_{\text{eff}} < 1$ 的火焰，火焰传播速度的增强效应更加显著。此外，可以发现火焰在向外膨胀时会发生火焰加速，且火焰前沿出现更多褶皱。

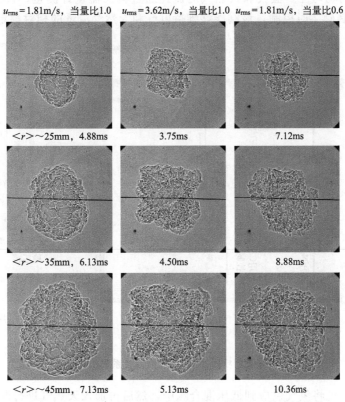

$u_{\text{rms}} = 1.81 \text{m/s}$，当量比1.0　　$u_{\text{rms}} = 3.62 \text{m/s}$，当量比1.0　　$u_{\text{rms}} = 1.81 \text{m/s}$，当量比0.6

$<r> \sim 25 \text{mm}$，4.88ms　　3.75ms　　7.12ms

$<r> \sim 35 \text{mm}$，6.13ms　　4.50ms　　8.88ms

$<r> \sim 45 \text{mm}$，7.13ms　　5.13ms　　10.36ms

图 33-16　HCNG 在不同混合气流量和当量比下的火焰前沿

33.2　天然气掺氢内燃机

33.2.1　燃料预混系统

作为车用燃料，在天然气中掺加少量的氢气（掺氢体积分数为 $5\% \sim 30\%$）也会获得发动机性能方面的诸多提升。为此，需要设计一种将一定比例的氢气混合到天然气中的 HCNG 预混系统。

根据道尔顿分压定律，在 HCNG 罐中，两种燃料的分压决定了氢气的掺加比例。早期的大多数测试都是通过高压气罐提前将天然气和氢气进行混合，然后以混合好的固定掺氢比的混合燃料作为发动机燃料供给源来完成的，这种方法成本高、安全性低且无法实现燃料组分的灵活调整。

为此，清华大学汽车安全与能源国家重点实验室马凡华博士为解决不同掺氢比的 HCNG 的安全制备和稳定供给问题，设计了一种在线 HCNG 混合系统（CNIPA，专利申请号 CN200710175797.9），该系统能够在不进行任意机械拆装的前提下，在发动机试验现场制备任意掺氢比的 HCNG，因此非常有利于研究 HCNG 对发动机性能和排放特性的影响。氢气和天然气通过高压调节器后，气体混合过程在低压罐中独立完成，因此具有非常高的测试安全性。混合罐中的燃料掺氢比可以通过光谱分析进行量化，从而能够保证所制备的混合燃料满足要求的掺氢比。将在线 HCNG 混合系统应用于发动机台架测试，结果表明，该系统能够实现高精度的混合燃料掺氢比设置。图 33-17[21] 显示了高精度在线 HCNG 制备系统的工作原理。低压混合罐中的压力保持稳定，混合罐内部被分为两个腔室，并采用了阻尼线以提高混合燃料的均匀性。氢气和天然气的流速通过科氏流量计测量，HCNG 的掺氢比由 ALICAT 流量控制阀实时控制，该阀能够维持氢气和天然气流量的相对稳定性。

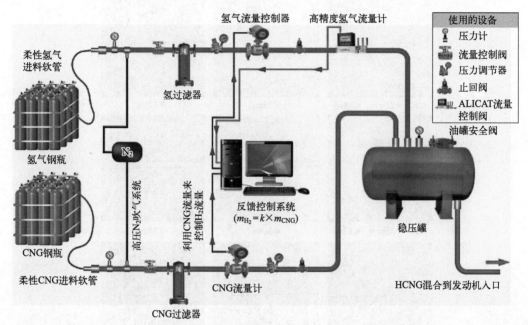

图 33-17　高精度在线 HCNG 制备系统工作原理

在该系统中，先将氢气供应到低压混合罐中，然后再加入天然气进行混合。根据道尔顿分压定律，非反应气体混合物的总压力等于各气体组分的分压力之和。考虑到两种气体的体积比等于其分压比，可以通过下式计算掺氢比 x_1：

$$x_1 = \frac{P_{H_2,1}}{P_1} \qquad (33\text{-}3)$$

式中，$P_{H_2,1}$ 为氢气供给结束而天然气未加入低压混合罐时罐内的压力；P_1 为天然气供给结束时气缸的总压力。低压混合罐需要在一定时间后重新加注，以确保能够为发动机提供足够的 HCNG：

$$x_i = \frac{P_{H_2,i} - (-x_{i-1})P'_{i-1}}{P_i} \qquad (33\text{-}4)$$

式中，$P_{H_2,i}$ 为第 i 次氢气供应后的罐内气体压力；x_i、x_{i-1} 分别为第 i 次和 $i-1$ 次再填充结束时罐内混合燃料的掺氢比；P_i 为第 i 次再填充结束时罐内混合燃料的总压力；P'_{i-1} 为第 i 次重新填充前的罐内剩余压力。

为了验证燃料在线混合系统的优势，通过两种混合燃料加注方法进行了发动机台架试验：首先是在线 HCNG 混合系统，其次是高压气瓶组中的预混合 HCNG。此外，还通过混合物的光谱分析对各种 HCNG 的样品进行了检查。研究发现，在线 HCNG 混合系统能够适应任意环境条件，所制备的 HCNG 的掺氢比绝对误差低于 1.5%，大大优于预混合方式。

33.2.2　燃烧与排放控制

(1) 燃烧特性

清华大学马凡华等[22]在火花点火 HCNG 发动机试验平台上开展了 HCNG 发动机燃烧特性的试验研究。图 33-18 显示了使用不同掺氢比 HCNG 燃料的发动机缸内混合燃料质量燃烧率随曲轴转角的变化规律,相比于天然气发动机,掺氢能够显著提高缸内稀混合气的燃烧速度,且提升幅度随掺氢比的增加而增大。图 33-19 给出了燃烧持续期与点火延迟、掺氢比的关系。可以看出,随着掺氢比的增加,燃烧持续期逐渐被缩短。这是因为掺氢能够提高燃料的燃烧速度、减少后燃。

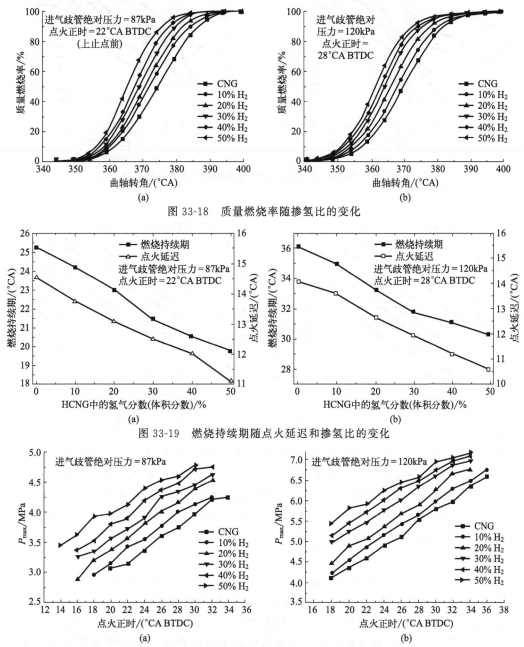

图 33-18　质量燃烧率随掺氢比的变化

图 33-19　燃烧持续期随点火延迟和掺氢比的变化

图 33-20　HCNG 发动机缸压峰值随点火正时的变化

图 33-20 和 33-21 分别展示了不同掺氢比下的缸内压力峰值 P_{max} 和缸内温度峰值 T_{max} 与点火正时的关系。由图可知，P_{max} 和 T_{max} 均随点火提前角的增加而升高。同时，由于掺氢提高了缸内混合气的燃烧速度的和压力，因此 P_{max} 和 T_{max} 均随掺氢比的增加而升高。此外，P_{max} 和 $(dp/d\varphi)_{max}$ 的趋势几乎相同。对比不同进气歧管压力下的结果可以发现（图 33-22），当负载增加时，P_{max}、T_{max} 和 $(dp/d\varphi)_{max}$ 均会增加，这是因为有更多的空气和燃料被吸入气缸所造成的。

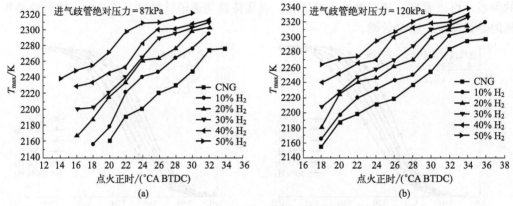

图 33-21 HCNG 发动机缸内温度峰值随点火正时的变化

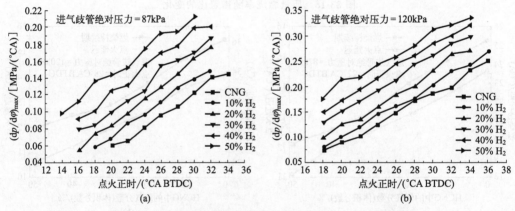

图 33-22 HCNG 发动机缸压升高率峰值随点火正时的变化

图 33-23 给出了火焰发展期和快速燃烧期随进气歧管绝对压力（MAP）的变化规律[23]。由图可见，火焰发展期和快速燃烧期随 MAP 的增加而减少。较大的节气门阻力和残余气体系数对小负荷下火核的形成和燃烧速度起着负面作用，从而表现出相对较长的火焰发展期和燃烧持续期。与纯 CNG 相比，HCNG 混合燃料具有易于点燃和快速燃烧的特点，可以有效地缩短火焰发展期和燃烧持续期。

（2）**热效率**

图 33-24 显示了不同掺氢比下发动机指示热效率（ITE）和点火正时之间的关系[22]。由图可见，对于不同掺氢比的 HCNG 混合燃料，随点火提前角的增加，ITE 先增大后减小，并在最大制动扭矩（MBT）点达到最大。随着掺氢比的增加，MBT 点显著延迟，且 MBT 点的 ITE 略有上升。这是因为延迟点火正时可以减少压缩负功、增加燃烧等容度，但由于

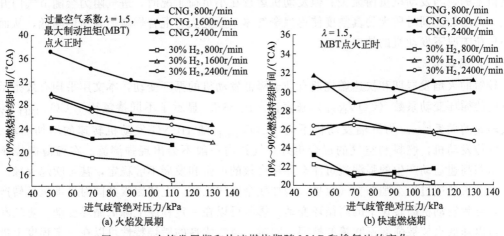

图 33-23　火焰发展期和快速燃烧期随 MAP 和掺氢比的变化

气缸温度较高，可以通过向 CNG 中添加氢气来提高传热。通过比较可以发现，对于相同的掺氢比，MAP 为 120kPa 时 MBT 点的 ITE 高于在 MAP 为 87kPa 的情况，这主要是因为泵气损失减小，涡轮增压的工作效果更好。

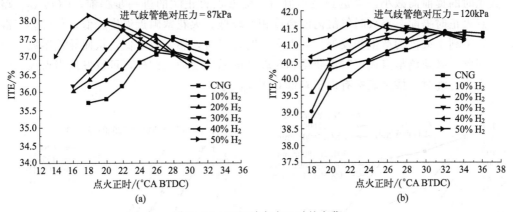

图 33-24　ITE 随点火正时的变化

图 33-25 显示了不同掺氢比下发动机在 MBT 点的指示热效率与进气歧管绝对压力的关系[22]。可以看出，指示热效率随 MAP 的增加而增大。对于火花点火发动机，火焰传播距

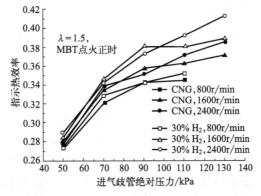

图 33-25　HCNG 发动机指示热效率随 MAP 的变化

离是恒定的，与发动机负荷无关。但发动机运行在小负荷工况时，进气阻力会随节气门开度的减小而增加。同时较大的真空度使得残余气体系数更大，混合燃料燃烧速度降低，从而降低小负荷工况下发动机的效率。

（3）循环变动

较短的火焰发展期和快速燃烧期有助于降低发动机的循环变动，本文用平均有效指示压力对应的循环变动系数（COV_{IMEP}）来表征。图 33-26 显示了不同掺氢比下 COV_{IMEP} 与发动机转速的关系[22]。与汽油发动机不同，COV_{IMEP} 随 HCNG 发动机转速的增加而增大。对于气体发动机，燃料和空气的混合更好，气缸内一般不会出现强湍流。在稀薄燃烧条件下，活塞高速运动产生的强湍流可能会导致火核的产生和发展不够稳定，甚至吹熄火核。此外，发动机转速过高会削弱扫气效果，增加残余废气系数。上述因素共同对发动机运转产生作用，导致发动机高转速下的高循环变动。掺氢可以在一定程度上降低循环变动。氢气易点燃，可以降低火核被强湍流吹熄的概率。同时，氢气优良的燃烧特性可以在一定程度上抵消大量残余废气对燃烧的影响。但是，需要注意的是，在最大发动机转速（2800r/min）下，对于过量空气系数为 1.5 的稀燃工况，无论选择何种燃料，COV_{IMEP} 都会比较大。因此，为了防止过高的循环变动，发动机在高速工况下运行时空燃比不能过大。

图 33-27 给出了不同掺氢比下 COV_{IMEP} 随点火正时的变化规律。由图可见，COV_{IMEP} 随点火正时的提前而减小，当达到最小值后，随着点火正时的进一步提前，COV_{IMEP} 略有增加。点火正时提前，点火时气缸内的温度相对较低。火花塞附近温度较低，且可燃气混合不均匀，不利于火核的产生和发展。当点火正时过迟时，燃烧效率低，从而导致燃烧稳定性下降。因此，必须调整点火正时以获得相对较低的循环变动。此外，可以发现当点火正时比最佳点火正时晚时，掺氢显然有助于降低 COV_{IMEP}。

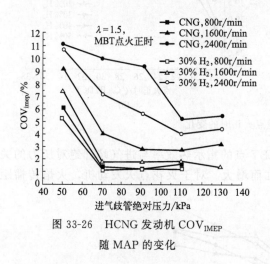

图 33-26 HCNG 发动机 COV_{IMEP} 随 MAP 的变化

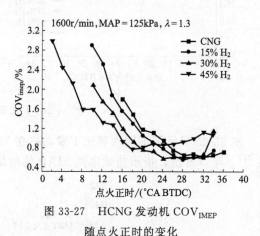

图 33-27 HCNG 发动机 COV_{IMEP} 随点火正时的变化

（4）排放

图 33-28 显示了不同掺氢比下 NO_x 排放与点火正时的关系[22]。由图可见，NO_x 排放随着点火正时的提前和掺氢比的增加而增大。同时，随着发动机负荷的增加，NO_x 排放增大。同一过量空气系数下缸内的氧气浓度相同，同一燃烧速度下燃烧化学反应的时间也相同，因此影响 NO_x 排放的唯一因素是缸内混合可燃气的温度。在一定范围内提前点火正时和增大掺氢比均有利于强化缸内燃烧过程，使得缸内温度升高，从而导致更多的 NO_x 排放。

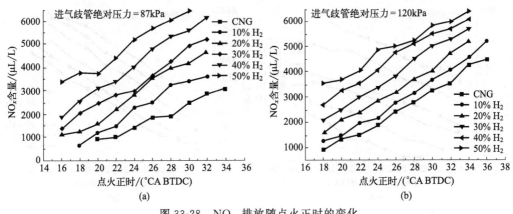

图 33-28　NO_x 排放随点火正时的变化

对于 HCNG 发动机，碳氢化合物（HC）排放主要来源于火焰从火花塞附近的燃烧区传播到靠近气缸冷壁的未燃烧区期间的熄火现象。图 33-29 显示了不同掺氢比下 HC 排放随点火正时的变化[22]。可以看到，HC 排放随点火正时的推迟而下降。由于推迟点火后，后燃比例增加，排放温度升高，加速了 HC 排放在膨胀冲程和排气管中的燃烧。与 NO_x 排放相反，HC 排放随着掺氢比的增加而下降。这是因为随着掺氢比的增加，混合燃料的 C/H 比降低，燃烧温度升高，从而导致 HC 排放减少。

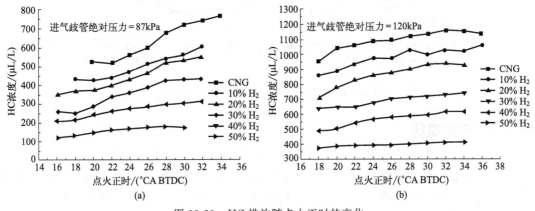

图 33-29　HC 排放随点火正时的变化

图 33-30 为不同掺氢比下 CO 排放量与点火正时的关系[22]。与 NO_x 和 HC 排放的趋势类似，CO 排放也随着点火正时的提前而增加。更多的氢气会导致燃料中碳的相对含量减少，然而，出乎意料的是，CO 排放并未下降。对于该结论，目前还没有找到合理的解释。但类似的系列实验证明，上述现象是可重复的。因此，未来必须进一步研究 CO 排放的产生机制，以提供合理的解释。

图 33-31 分别给出了不同掺氢比下比总烃（BSTHC）和比 NO_x（$BSNO_x$）排放与进气歧管绝对压力的关系[23]。由图可知，BSTHC 随着 MAP 的增加呈现出下降趋势，主要是因为缸内温度的增加有利于增强碳氢化合物的燃烧过程。同时可以发现，掺氢能够减少 BSTHC。此外，随着 MAP 的增加，NO_x 排放呈现出逐渐增加的趋势。这是因为 MAP 较大时，更多的燃料被吸入气缸，使得燃烧放热更多，缸内温度也更高，从而为 NO_x 排放提供了便利条件。

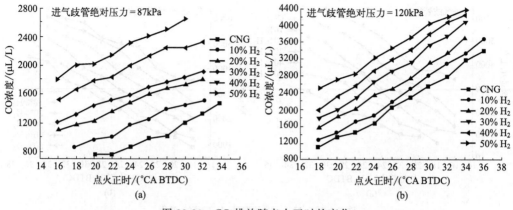

图 33-30　CO 排放随点火正时的变化

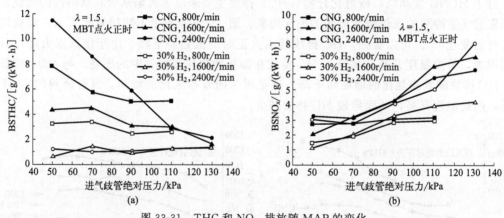

图 33-31　THC 和 NO_x 排放随 MAP 的变化

33.2.3　应用现状

天然气掺氢内燃机的应用主要集中于两个方面：车用动力和工业发电。

近年来，世界各国正致力于调整其严格的排放标准，以减少以汽油/柴油为燃料的机动车辆对环境的负面影响。基于 HCNG 发动机实验研究，目前业内普遍认为 HCNG 内燃机技术现已发展成熟，作为城市交通和中/重型车辆的动力来源具有相当的可行性。目前，许多国家已经在 HCNG 内燃机动力装备领域开展了大量试点项目。

在国内，清华大学的马凡华团队在过去的 15 年里，重点分析了 HCNG 发动机的排放、燃烧和性能特点。自 2006 年以来，该研究团队已在中国成功助推了多个 HCNG 车辆示范项目的开展。2009 年至 2013 年，在贵州省六盘水市，对以 57% H_2（体积分数）的焦炉气为动力的中国双 HCNG 公交车进行了测试，其总行驶里程超过了 20 万公里（图 33-32）。结果显示，行驶 5927 公里后，HCNG 的平均油耗为 31.7m^3/100km。当 HCNG 城市公交车行驶 4695 公里时，检测到公交车部件的初始故障。一种被称为 TYPE-Ⅲ 的超轻复合材料气缸已被用于在 200bar（1bar=10^5Pa）的最大压力下储存 120L 的燃料。为了评价 HCNG 和纯 CNG 发动机性能的差异，以 20% 掺氢比的 HCNG 和纯 CNG 为燃料，在 ETC（欧洲瞬态循环）上进行了瞬态试验。在 20% 掺氢比下，ETC 的 NO_x、CO、NMHC、CH_4 排放量和制动比油耗分别降低了 51%、36%、60%、47% 和 7%，同时最大功率基本保持相同。

图 33-32　HCNG 公交车道路测试

印度在 HCNG 发动机示范方面也做了大量工作。印度石油公司（IOC）在德里和法里达巴德建立了 HCNG 加注站。印度石油公司研发中心开发了不同掺氢比的 HCNG 三轮汽车、客车和校车，最终选择使用掺氢比为 18％ 的 HCNG 混合燃料。Khatri 等开发了一辆 1.3L、四缸 SI 发动机驱动的乘用车，并在印度驾驶循环和怠速条件下比较和测试了使用 HCNG18（掺氢比为 18％ 的 HCNG 混合燃料）、CNG 和汽油燃料的效果。结果表明，与 CNG 发动机相比，HCNG 发动机的 COV_{IMEP} 在怠速条件下从 1.1％ 下降为 0.5％。CO 从 198×10^{-6} 骤降至 15×10^{-6}，HC 从 67×10^{-6} 骤降为 25×10^{-6}，而 NO_x 排放水平则显著提高。总体而言，试验车使用 HCNG 和 CNG 燃料的驾驶性能非常接近。

美国开展了为期六个月的 HCNG 混合燃料和纯氢燃料汽车的测试，发现使用 15％ HCNG 的汽车性能优良，且无其他有害影响。Burke 等[24]介绍了用于运输公交车的氢公交车技术评估系统。科利尔科技公司通过改造获得了一台 HCNG 燃料（掺氢比 30％）发动机。加州大学戴维斯分校校准了用于评估 HCNG 公交车效益的动态车辆模型和燃烧模型。高力科技公司在试验示范项目的基础上开发了 HCNG 原型发动机。

Munshi 等[25]开发了 HCNG 混合燃料公交车，并与采用相同发动机的 CNG 公交车的路试结果进行了比较，发现使用 HCNG 混合燃料驱动的公交车相比 CNG 公交车性能显著提升，但 NO_x 排放也有所恶化。

2013 年，法国政府启动了 GRHYD 储能项目，将氢气注入住宅和公交车的天然气配送网络。一支由 50 辆 HCNG 公交车组成的车队将用于城市交通，掺氢比为 6%，后续将提高到 20%。HCNG 燃料可由 VNG 巴士加油站提供。

意大利的 Genovese 等[26] 对由两辆 HCNG 公交车（8m 和 12m 长）进行了道路和静态测试。两家意大利公共汽车制造公司合作制定了一项联合研究计划，以评估 HCNG 燃料的性能（掺氢比分别为 25%、20%、15%、10% 和 5%）。结果显示，在城市条件下，HCNG 发动机的效率高于 CNG 发动机。

除了应用于车用动力之外，HCNG 内燃机在工业发电领域也有较高的应用潜力。相比于燃气轮机发电设备，内燃发电机具有发电效率高、气源要求低、使用功率范围广、环境适应范围广、投资成本低、安全可靠、操作方便、维护简单、结构紧凑、重量轻体积小、安装运输方便、技术先进成熟、性能稳定、使用寿命更长等优势，因此也具有相当可观的研究和开发价值。

由于我国的氯碱工业、焦化工业等发展成熟、规模庞大，因此具有大量纯度较高、成本低廉的工业副产氢源。焦炉气、兰炭气等工业副产气的主要可燃成分为氢气和甲烷，可以认为是一定比例的 HCNG 混合燃料。综合考虑来看，工业副产气是我国 HCNG 内燃发电产业最现实的燃料来源。本章主要以焦炉气为例进行说明。

我国是世界上最大的焦炭生产、消费和出口国。2022 年全国焦炭产量已达 4.73 亿吨。焦炉气（又称焦炉煤气），是指用几种烟煤配制成炼焦用煤，在炼焦炉中经过高温干馏后，在产出焦炭和焦油产品的同时所产生的一种可燃性气体，是炼焦工业的副产品。每吨焦炭约产炼焦炉煤气 400 立方米。每年有约 300 亿立方米的焦炉煤气直接排放燃烧，造成的直接经济损失近百亿元。不但浪费了宝贵的资源，更对环境造成了严重的危害。因此，若能将焦炉气用于内燃发电，对于节能减排具有显著意义。

焦炉气的利用要从其组成及特性出发来选择合适的途径，焦炉气是混合物，其产率和组成因炼焦用煤质量和焦化过程条件不同而有所差别。焦炉气的主要成分见表 33-3。由表可知，焦炉煤气富含氢气和甲烷，相当于掺氢比较高的 HCNG 混合燃料。将焦炉煤气回收净化用作内燃机发电，是其非常具有前景的应用途径之一，能够保障一定的经济效益和环境效益。

表 33-3　焦炉气的主要成分

组成	H_2	CH_4	CO	C_nH_m	CO_2	N_2	O_2
含量/%	55~60	23~27	5~8	2~4	1.5~3	3~7	0.3~0.8

为了研究基于焦炉煤气的 HCNG 气体燃料的燃烧和排放特性，清华大学马凡华等开展了大量试验和仿真工作，提出了一种焦炉煤气用于内燃机发电的方案：即将焦炉气甲烷化并提纯后作为掺氢比 55% HCNG 燃料的工业来源用作内燃机发电。同时，在 6 缸增压火花点火发动机试验台架上对基于焦炉煤气的体积掺氢比 55% HCNG 发动机燃烧和排放特性进行了研究，结果表明：55% 掺氢比的 HCNG 燃料可以显著拓宽发动机的稀燃极限，并缩短火焰发展期和快速燃烧期；能够在很大的过量空气系数范围内提高指示热效率；能够改善不完全燃烧现象，降低混合燃料的 C/H 比，有效降低 THC 排放。此外，该团队还建立了 HCNG 发动机仿真模型，对发动机的整机性能进行了数值模拟。模拟结果表明：直接燃用

焦炉煤气时，发动机输出功率要比燃烧 55％ HCNG 燃料（焦炉煤气甲烷化）降低约 12.6％，发动机平均指示压力降低约 11.3％，最高压力降低约 7％；指示热效率提高约 1.7％，一个可能的原因在于焦炉煤气中 H_2 体积含量高于 55％HCNG，提高了混合气的燃烧速度。焦炉煤气甲烷化后体积热值提高了 16％，使发动机的整机动力性能得以提升，是一种基于焦炉气的内燃发电可行方案。

33.3　天然气掺氢民用燃烧器

天然气掺氢燃料通过管网至家用灶具，从而在民用燃烧器上燃烧使用也是天然气掺氢燃料应用的重要途径，同时也可以改善城镇燃气质量与烟气排放。

33.3.1　互换性分析

作为终端的民用燃烧器（如燃气灶具）设计时都是以一定的燃气组分为基础。氢气的引入对气体特性的改变会使燃具燃烧器的一次空气系数、热负荷、燃烧稳定性、烟气中一氧化碳含量等燃烧工况发生变化。如果燃气的组分变化过大时，燃烧工况的改变会使得燃具不能正常工作，因此灶具的正常工作会要求替换的可燃气体在一定的变化区间，这就会对氢气的掺入比例给出限制。假设某一燃具以 a 燃气为基准进行设计，当以另外一种 s 燃气置换 a 燃气，如果此时不对燃烧器作任何调整而能让燃具正常工作，则表示 s 燃气能置换 a 燃气，即 s 燃气对 a 燃气有互换性。把 a 燃气叫做"基准气"，s 燃气叫做"置换气"。如果希望能够将氢气引入天然气管网中直接使用，且不对终端的设备进行任何改变，则需要掺氢天然气满足置换性准则，以保证掺氢天然气与正常的天然气能够互换。

燃气互换性判定方法有多种。因不同国家和地区使用燃气种类不同，适用的互换性方法也会随着改变，有的国家采用指数法，但是有的国家推荐图形法。目前互换性判定方法使用较为普遍的有华白数法，燃烧势法，A. G. A 指数法，Weaver 指数法等。当前现有的判定方法都是通过实验确定，因此每种方法都会因为实验用燃气具的不同而有其局限性，致使判定结果出现一定偏差。所以当综合运用这些方法进行判断时应再根据实际使用要求确立判定结果。

重庆大学的黄和吴等将我国使用的 12T 天然气作为基准气，进行了天然气与氢气掺混供应的互换性理论计算。对不同的互换性判定方法均进行了相应的计算，其相关结果如下。

华白数是一个表示燃气特性的参数，同时也被称为热负荷指数，即当两种燃气的华白数一样时，即使它们的热值和密度都不相同也能在同一燃具和相同燃气压力下获得相同的热负荷。其与燃气热值成正比，与燃气的相对密度的平方根成反比。根据计算时所采用的是燃气的高热值还是低热值可以将其分为高华白数和低华白数，一般而言，我国采用气体的高热值进行计算，即以高华白数作为互换性的判定依据。图 33-33 给出了燃气的华白数随掺氢比例变化的关系，根据 GB/T 13611—2018《城镇燃气分类和基本特性》，我国所用燃具适用的 12T 天然气的高华白数数值范围为 $45.66 \sim 54.77 \mathrm{MJ/m^3}$，从图 33-34 中可知当氢气比例为 $0 < p < 65\%$ 或者 $93\% < p < 100\%$ 时，掺混天然气的华白数处于适合置换范围内。

燃烧势是燃气燃烧速度指数，是反映燃烧稳定状态的参数，即反映燃烧火焰产生离焰、黄焰、回火和不完全燃烧的倾向性参数。其不仅能反映燃烧速度对离焰、回火的影响，还能反映火焰高度对烟气当中 CO 含量的影响，因此燃烧势也是判定燃气互换性的重要参数之一。燃烧势与燃气的具体成分密切相关。图 33-34 给出了燃烧势随掺氢比例的变化关系。按照 GB/T 13611—2018《城镇燃气分类和基本特性》，我国典型燃气灶具适用 12T 天然气。其燃烧势范围为 36.3~69.3，从图 33-34 中可知当掺混氢气比例 $p < 24\%$ 时，掺混气的燃烧

势处于适合置换范围之内。

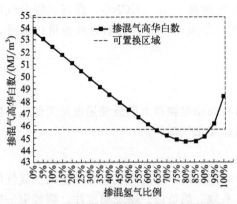

图 33-33　燃气的华白数随掺氢比例的变化

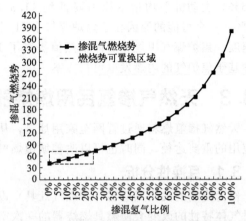

图 33-34　燃气的燃烧势随掺氢比例的变化

A. G. A 指数是美国燃气协会针对燃气互换性研究得出的判定指标，主要适用的燃气热值应大于 32000kJ/m³，该指数由离焰、回火和黄焰三个指数共同判定。若想满足 A. G. A 指数的互换性要求，则必须分别同时满足离焰、回火和黄焰的互换性要求。图 33-35 分别给出了离焰、回火和黄焰指数随氢气比例变化的关系。

从图中可以看出离焰指数和黄焰互换指数随氢气比例的变化并不会影响到燃气灶具的使

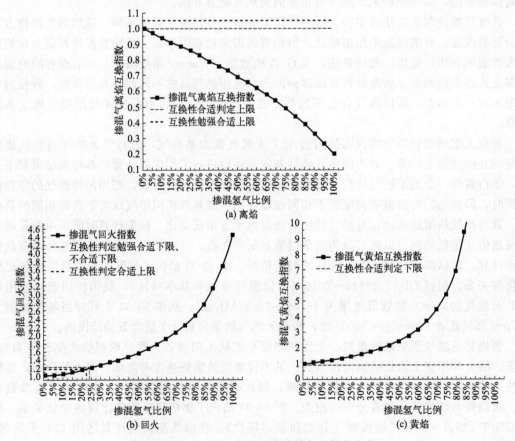

图 33-35　A. G. A 相关指数随掺氢比例的变化

用。因此影响到互换性判定的主要是回火指数，从图中可知，当 $p<23\%$ 时掺混气置换基准气判定结果为合适，当 $23\%\leqslant p\leqslant24\%$ 时掺混气置换基准气判定结果为勉强合适，当 $p>24\%$ 时掺混气不能置换基准气。综上可知，A.G.A 判定方案下最高氢气比例不高于 24%。

Weaver 指数是基于实验数据、经验和理论推导而出，采用热负荷、引射空气指数、回火、脱火、CO 和黄焰六个指数表示，其中：热负荷指数约等同于置换气与基准气的华白数之比，主要反映热负荷的变化程度；引射空气指数反映一次空气系数的变化；CO 指数反映一氧化碳生成量在置换前后的变化；其余回火、脱火与黄焰指数与其他方法中的定义类似。图 33-36 给出了相关的结果。

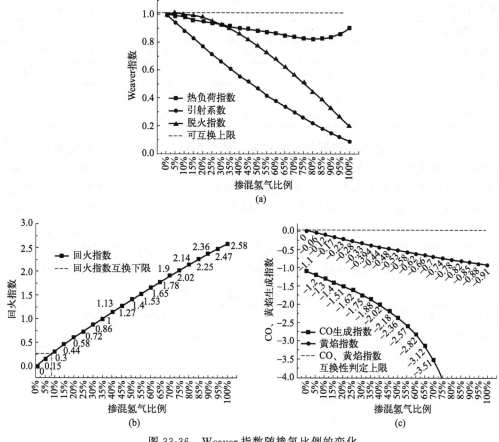

图 33-36　Weaver 指数随掺氢比例的变化

表 33-4 中给出了 Weaver 指数中六项指数关于燃气互换性的判定范围，结合图 33-33 中的结果，在表 33-5 中给出了根据 Weaver 指数的最终互换性判定结果，从中可以知道尽管大多数指数均能够适应很高的掺氢比例，但是由于回火指数按照 Weaver 指数所规定的判定依据，其氢气比例不应超过 9%。因此，整体而言，按照 Weaver 指数的判定，氢气比例最高为 9%。

表 33-4　Weaver 指数的互换性判定依据

判定指数	完全互换	基本互换
热负荷指数 J_H	$J_H=1$	$0.95\sim1.05$
引射空气指数 J_A	$J_A=1$	$0.80\sim1.20$

判定指数	完全互换	基本互换
回火指数 J_F	$J_F=0$	$\leqslant 0.26$
脱火指数 J_L	$J_L=1$	$\geqslant 0.64$
CO 生成指数 J_i	$J_i=0$	$\leqslant 0.05$
黄焰指数 J_Y	$J_Y=0$	$\leqslant 0.30$

表 33-5   **Weaver 指数标准下允许的氢气比例**

判定指数	掺氢比例	掺混气指数极限	指数判定极限
热负荷指数 J_H	$0\leqslant p\leqslant 22\%$	$(0.95,1.05)$	$(0.95,1.05)$
引射空气指数 J_A	$0\leqslant p\leqslant 28\%$	>0.64	$\geqslant 0.64$
脱火指数 J_L	$0\leqslant p\leqslant 45\%$	$(0.82,1)$	$(0.80,1.2)$
回火指数 J_F	$0\leqslant p<9\%$	<0.26	$\leqslant 0.26$
CO 生成指数 J_i	$0\leqslant p\leqslant 100\%$	$(-\infty,-1.1)$	$\leqslant 0.05$
黄焰指数 J_Y	$0\leqslant p\leqslant 100\%$	$(-0.91,0)$	$\leqslant 0.30$

表 33-6 中给出了各种判定依据的汇总结果，从表中可以看出，各个判定指数计算结果均不相同，单纯使用某单一指数判定会产生局限性，因此应综合各个指数判定结果以确定最佳掺混比。根据华白数判断氢气的掺混比例可高达 65%；根据燃烧势指数，氢气的比例为 24%；利用 A.G.A 指数法判断氢气掺混比同样为 24% 时掺混气可以与甲烷互换；Weaver 指数法判定氢气比例低于 9% 时，掺混气才安全可行。考虑到我国的国家标准 GB/T 13611—2018《城镇燃气分类和基本特性》中推荐进行燃气互换性分析判断时，采用华白数和燃烧势共同判断方法，因此结论为氢气比例低于 24% 时掺氢天然气能够替代天然气。

表 33-6   **互换性判定综合结果**

互换性判定方法		可以置换的氢气比例
华白数指数法		$0\leqslant p<65\%$ 或 $93\%<p\leqslant 100\%$
燃烧势指数法		$0\leqslant p<24\%$
A.G.A 指数法	离焰互换指数	$0\leqslant p\leqslant 100\%$
	回火互换指数	$0\leqslant p\leqslant 24\%$
	黄焰互换指数	$0\leqslant p\leqslant 100\%$
Weaver 指数法	热负荷指数	$0\leqslant p<22\%$
	引射空气指数	$0\leqslant p<9\%$
	回火指数	$0\leqslant p<45\%$
	脱火指数	$0\leqslant p<9\%$
	CO 生成指数	$0\leqslant p\leqslant 100\%$
	黄焰指数	$0\leqslant p\leqslant 100\%$

33.3.2   燃烧特性

在对掺氢天然气的互换性进行基础理论的分析之后，重庆大学的黄和吴等通过实验进一步研究了掺混氢气的天然气在现有家用灶具中的燃烧特性。实验设计 1kPa、2kPa、3kPa 压力工况，每一种压力工况进行纯甲烷以及 5%、10%、15%、20% 五个掺混比燃烧。测定和计算每一种工况下燃气灶具的热负荷，燃烧热效率，燃烧产物当中 CO、NO_x、NO 浓度以及一次空气系数，然后进行对比和分析甲烷掺混氢气后的燃烧工况与纯甲烷燃烧的工况情况。实验中所用的灶具为市场中常见的灶具，功率为 4.2kW，额定压力为 2000Pa。

进行热负荷测量时，按照《家用燃气灶具》（GB 16410—2020）规定的测试方法，燃烧器点燃后使之燃烧 15～20min，气体流量计测燃气流量，气体流量计指针走一周以上的整圈数，且测定时间应不少于 1min，重复测定 2 次以上，读数误差小于 2%，最终结果取平均值。

大气式燃烧器的一次空气系数大小与燃烧器混合管的喉部尺寸和锥度、火孔大小和深浅、一次空气口形状、头部温度、燃气的密度和压力等有关。在给定燃烧器的情况下，一次空气系数主要与理论空气量与燃气相对密度有关。

进行燃气灶具的热效率测定时，按照《家用燃气灶具能效限定值及能效等级》（GB 30720—2014）的方法：待实验灶具燃烧 15min 后放上试验锅，锅的尺寸按照国标（GB 30720—2014）的方法根据热负荷进行选取，水初温应取室温加 5K，并在水初温前 5K 时，开始搅拌，直至水初温，并开始计量燃气耗量。水终温应取水初温加 50K。并在水终温前 5K 时，开始搅拌，到水终温时，记录所有参数。同一条件下，做 2 次以上实验，连续两次热效率差在 1% 以下时，取平均值作为实测热效率。

图 33-37 给出了掺氢比对热负荷的影响的实验结果。从图中可以看出，同种压力情况下，随着氢气添加比例的增加，灶具热负荷逐渐下降。在最低实验压力 1.5kPa 时，氢气添加体积分数从 5% 增加到 20%，灶具热负荷下降了 7.48%；在额定压力 2kPa 时，灶具热负荷下降 8.35%；而在最高实验压力 3kPa 时，热负荷下降 7.56%。根据国标 GB 16410—2020 规定燃烧器的实测折算热负荷与额定热负荷的偏差应在 ±10% 以内，因此在掺氢比在 20% 以内时，在天然气当中掺入氢气不影响家用燃气灶的正常使用。

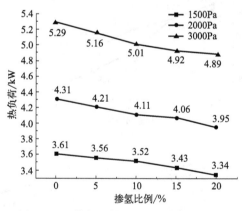

图 33-37 掺氢比例对灶具热负荷的影响

图 33-38 给出了掺氢比例对一次空气系数的影响。从图中可以看出"实验"一项随着掺氢比例的增加，一次空气系数增加，增幅为 0.033。这是因为掺氢比例的增加会使得混合气体的密度和理论气需要量均减少，但由于掺氢比例对于混合气体密度的影响小于理论空气需要量使得最终一次空气系数有所增加。图 33-39 给出了掺氢比例对热效率的影响。从图中可以看出，随着天然气掺氢比例的增加，家用燃气灶的热效率有所提高。在最低压力 1.5kPa 下氢气添加体积分数为 20% 时比燃烧纯甲烷的热效率提高 2.2%；在灶具定压力 2kPa 下，热效率提高了 2.67%；在最高压力（3kPa）下，热效率提高了 2.07%，额定压力下燃烧甲烷-氢气掺混气热效率提升最大。这是因为氢气的添入加快掺混气燃烧和放热速度，使得高温烟气与锅底的对流

换热系数升高，因此烟气与锅和水的换热量增加，从而提高了灶具的热效率。

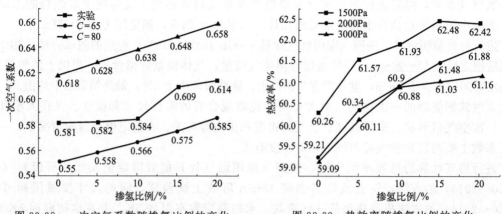

图 33-38　一次空气系数随掺氢比例的变化
C 为与燃具几何参数有关的参数

图 33-39　热效率随掺氢比例的变化

图 33-40 给出了污染物排放随掺氢比例的变化，从图中可以知道，随着掺氢比例的增加，CO 的浓度有一定的减小，主要是碳氢比发生了改变，同时氢气的加入促进了燃烧中 OH 基的形成，其能促进一氧化碳向二氧化碳转化，降低不完全燃烧的倾向，从而降低了一

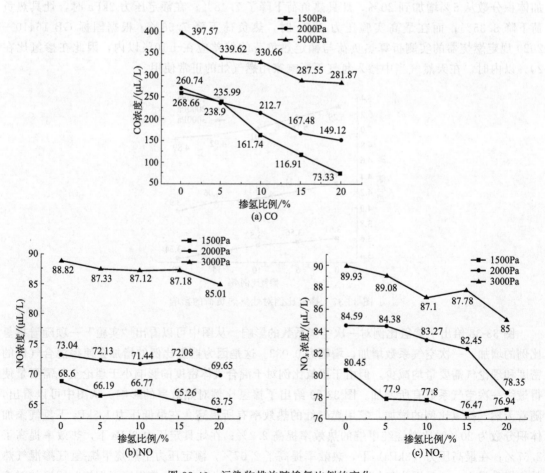

(a) CO

(b) NO

(c) NO$_x$

图 33-40　污染物排放随掺氢比例的变化

氧化碳的排放。随着氢气比例的增加，NO、NO$_x$ 的含量逐渐降低。大气式燃烧器的 NO$_x$ 的生成与一次空气系数有关，在本实验当中一次空气系数的值处于 0.5～0.7 之间，随着掺氢比例的增加，一次空气系数增大，火焰长度减短，使得燃烧反应时间缩短，从而减少与二次空气的接触面，而在火焰温度略有升高的情况下，时间的缩短在 NO$_x$ 生成中起着主导作用，导致 NO$_x$ 排放量减少。

33.3.3 应用现状

目前，国内外均开展了 HCNG 在民用燃烧器上的应用和示范研究。在我国，辽宁朝阳天然气掺氢示范项目是国家电投集团建设的国内首个"绿氢"掺入天然气输送应用示范，项目将可再生能源电解水制取的"绿氢"与天然气掺混后供燃气锅炉使用，已按 10% 的掺氢比例安全运行 1 年。2021 年 10 月天然气掺氢示范项目现场成功在民用燃气具上使用天然气掺氢点火。罗子萱等[27]基于互换性理论分析了掺氢天然气作为家用燃气具燃料的掺氢比例，并基于 12T 基准天然气测试与验证了掺氢天然气在家用燃气具上燃烧的安全性能与排放性能。结果表明：掺氢比例体积分数不应高于 20%；掺氢天然气在家用燃气具中燃烧的点火率、火焰稳定性与烟气排放性能全部合格，未发现安全性问题；家用燃气具的烟气排放指标满足标准要求，并且随着氢气的体积分数增加，烟气中 CO 与 NO$_x$ 排放量有所降低。王珂等[28]开展了天然气掺氢燃烧技术在小火焰燃烧器上的数值模拟研究，计算了在空气氛围、恒定过氧系数、不同甲烷掺混氢气比条件下，掺氢比对燃料燃烧温度、燃烧速率、主要污染物排放浓度的影响。计算结果表明：随着掺氢比增加，燃烧温度上升、燃烧反应速率加快；碳烟和 CO 的浓度与排放总量均降低，NO$_x$ 的浓度上升但排放总量先减小后增大；最终得出的 HCNG 最佳掺氢比例为 23%。

除了国内的研究者外，国外的研究者也进行了很多相关研究。英国的 Judd 等的研究同样表明对于大气式家用灶具，要使其正常工作，利用华白数和回火指数分析得出氢气添加量则需小于 23%。Naturalhy 项目的研究表示氢浓度高达 28% 的情况下可以安全地使用现有的灶具。荷兰"可持续埃姆兰"项目与法国 GRHYD 项目中均证明了 20% 氢气的添加并不会对灶具产生可见的影响，为掺氢天然气的家用电器等方面使用积累了实践经验。HyDeploy 项目前期的预实验中，大部分的灶具均通过了 30% 氢气比例的测试。这些案例充分说明低比例的氢气添加并不会对厨房中家电的使用产生过多的影响。

参 考 文 献

[1] Muppala S P R，Nakahara M，Aluri N K，et al. Experimental and analytical investigation of the turbulent burning velocity of two-component fuel mixtures of hydrogen，methane and propane [J]. International Journal of Hydrogen Energy，2009，34 (22)：9258-9265.

[2] Xie Y，Wang J，Xiao C. et al. Self-acceleration of cellular flames and laminar flame speed of syngas/air mixtures at elevated pressures [J]. International Journal of Hydrogen Energy，2016，41 (40)：18250-18258.

[3] Cai X，Wang J，Bian Z，et al. Self-similar propagation and turbulent burning velocity of CH_4/H_2/air expanding flames：Effect of Lewis number [J]. Combustion and Flame，2020，212：1-12.

[4] Hu E，Huang Z，He J，et al. Experimental and numerical study on laminar burning characteristics of premixed methane-hydrogen-air flames [J]. International Journal of Hydrogen Energy，2009，34 (11)：4876-4888.

[5] Hu E，Huang Z，He J，et al. Measurements of laminar burning velocities and onset of cellular instabilities of methane-hydrogen-air flames at elevated pressures and temperatures [J]. International Journal of Hydrogen Energy，2009，34 (13)：5574-5584.

[6] Sarli V D，Benedetto A D. Laminar burning velocity of hydrogen-methane/air premixed flames [J]. International Journal of Hydrogen Energy，2007，32 (5)：637-646.

[7] Chen Z. Effects of hydrogen addition on the propagation of spherical methane/air flames：A computational study [J]. International Journal of Hydrogen Energy，2009，34 (15)：6558-6567.

[8] Chen Z，Dai P，Chen S. A model for the laminar flame speed of binary fuel blends and its application to methane/hydrogen mixtures [J]．International Journal of Hydrogen Energy，2012，37 (13)：10390-10396.

[9] Bradley D，Lawes M，Mumby R. Burning velocity and Markstein length blending laws for methane/air and hydrogen/air blends [J]. Fuel，2017，187：268-275.

[10] Ji C，Wang D，Yang J，et al. A comprehensive study of light hydrocarbon mechanisms performance in predicting methane/hydrogen/air laminar burning velocities [J]. International Journal of Hydrogen Energy，2017，42 (27)：17260-17274.

[11] Zhang M，Wang J，Xie Y，et al. Flame front structure and burning velocity of turbulent premixed CH_4/H_2/air flames [J]. International Journal of Hydrogen Energy，2013，38 (26)：11421-11428.

[12] 郭晓阳，李孝天，胡二江，等 .CH_4/H_2-空气预混气流动点火特性 [J]. 燃烧科学与技术，2020，26 (4)：287-293.

[13] Xie Y，Wang J，Xiao C，et al. Self-acceleration of cellular flames and laminar flame speed of syngas/air mixtures at elevated pressures [J]. International Journal of Hydrogen Energy，2016，41 (40)：18250-18253.

[14] Yang S，Saha A，Wu F，et al. Morphology and self-acceleration of expanding laminar flames with flame-front cellular instabilities [J]. Combustion & Flame，2016，171：112-118.

[15] Bradley D，Sheppart C G W，Woolley R，et al. The development and structure of flame instabilities and cellularity at low Markstein numbers in explosions [J]. Combustion & Flame，2000，122 (1/2)：195-209.

[16] Bradley D，Cresswell T M，Puttock J S，Flame acceleration due to flame-induced instabilities in large-scale explosions [J]. Combustion & Flame，2001，124 (4)：551-559.

[17] Yang S，Saha A，Wu F，et al. Morphology and self-acceleration of expanding laminar flames with flame-front cellular instabilities [J]. Combustion & Flame，2016，171：112-114.

[18] Kim W，Imamura T，Mogi T，et al. Experimental investigation on the onset of cellular instabilities and acceleration of expanding spherical flames [J]. International Journal of Hydrogen Energy，2017，42 (21)：14821-14828.

[19] Kim W，Sato Y，Johzaki T，et al. Experimental study on self-acceleration in expanding spherical hydrogen-air flames [J]. International Journal of Hydrogen Energy，2018，43 (27)：12556-12564.

[20] Cai X，Wang J，Bian Z，et al. On transition to self-similar acceleration of spherically expanding flames with cellular instabilities [J]. Combustion & Flame，2020，215：364-375.

[21] Mehra R K，Duan H，Luo S，et al. Experimental and artificial neural network (ANN) study of hydrogen enriched compressed natural gas (HCNG) engine under various ignition timings and excess air ratios [J]. Applied Energy，2018，228：736-754.

[22] Ma F，Liu H，Yu W，et al. Combustion and emission characteristics of a port-injection HCNG engine under various ignition timings [J]. International Journal of Hydrogen Energy，2008，33 (2)：816-822.

[23] Ma F，Ding S，Wang Y，et al. Study on combustion behaviors and cycle-by-cycle variations in a turbocharged lean burn natural gas S. I. engine with hydrogen enrichment [J]. International Journal of Hydrogen Energy，2008，33 (23)：7245-7255.

[24] Burke A，McCaffrey Z，Miller M，et al. Hydrogen bus technology validation program [R]. 2005.

[25] Munshi S R，Nedelcu C，Harris J，et al. Hydrogen blended natural gas operation of a heavy duty turbocharged lean burn spark ignition engine [C] //2004 Powertrain & Fluid Systems Conference & Exhibition. SAE Technical Paper，2004.

[26] Genovese A，Contrisciani N，Ortenzi F，et al. On road experimental tests of hydrogen/natural gas blends on transit buses [J]. Int J Hydrogen Energy，2011，36：1775-1783.

[27] 罗子萱，徐华池，袁满 . 天然气掺混氢气在家用燃气具上燃烧的安全性及排放性能测试与评价 [J]. 石油与天然气化工，2019，48 (2)：7.

[28] 王珂，张引弟，王城景，等 .CH_4 掺混 H_2 的燃烧数值模拟及掺混比合理性分析 [J]. 过程工程学报，2021，21 (2)：240-250.

第34章

氢还原与非高炉炼铁

34.1 高炉喷氢工艺

21 世纪以来,高炉炼铁技术迅速发展,并取得显著的进步。然而,面对原燃料条件的变化、生态环境的制约、经济形势的波动,高炉炼铁技术受到了前所未有的挑战。未来高炉炼铁技术的发展理念应是低碳绿色、高效低耗、智能集约。因此,冶金工作者在传统高炉炼铁技术的基础上提出了一系列革新技术,包括高炉喷吹富氢/纯氢气体技术、炉顶煤气循环技术及炉料热装工艺技术等[1],期望通过富氢还原减少 CO_2 排放,同时合理利用高温炉料的富余热量降低吨铁能源消耗。这些革新高炉炼铁技术的研究和应用有望进一步降低焦炭等还原剂的消耗,减少 CO_2 排放,减少企业环境压力,同时还可以改善高炉性能,实现钢铁企业的节能减排目标。

34.1.1 高炉喷吹富氢气体工艺

34.1.1.1 德国

德国主要钢铁企业迪林根(Dillinger)和萨尔钢铁公司(Saarstahl)计划投资 1400 万欧元,研究将富氢焦炉煤气输入萨尔钢铁公司的两座高炉中,在迪林根和萨尔钢铁公司的 4 号和 5 号高炉装备焦炉煤气(coke oven gas,COG)的喷吹系统,用 COG 部分代替煤粉和冶金焦作为高炉还原剂,进一步降低高炉内的碳强度和整个炼铁过程的碳足迹。该项研究涉及的设备及基础设施不影响高炉的运行。在欧洲,萨尔钢铁公司高炉已属于最现代和最高效的高炉,为不断提高环境保护水平,该公司在过去 15 年里投入了大约 5 亿欧元。考虑到欧洲排放配额成本飙升,该项目将大幅削减 CO_2 排放,对萨尔钢铁公司发展至关重要[2]。

34.1.1.2 日本

2008 年日本启动 COURSE50（CO$_2$ ultimate reduction in steel making process by innovative technology for cool earth 50）低碳炼铁项目[3],其关键核心技术是氢还原炼铁法,即用氢置换部分煤粉和焦炭,以减少高炉 CO_2 排放,以及使用化学吸收法和物理吸附法将高炉煤气中的 CO_2 进行分离和回收的技术(图 34-1)。该项目目标是:使用氢还原炼铁法减排 10%,通过从高炉煤气中分离回收 CO_2 技术减排 20%,从而达到整体减排 30% 的目标。日本新能源产业技术综合开发机构(NEDO)委托日本制铁、JFE 钢铁公司、神户制钢、日新制钢、新日铁工程公司等 5 家公司进行实验,预计 2030 年实现 1 号机组工业生产,2050 年普及到日本国内所有高炉。

2019 年日本新能源产业技术综合开发机构和日本钢铁联盟宣称,日本环境友好型炼铁

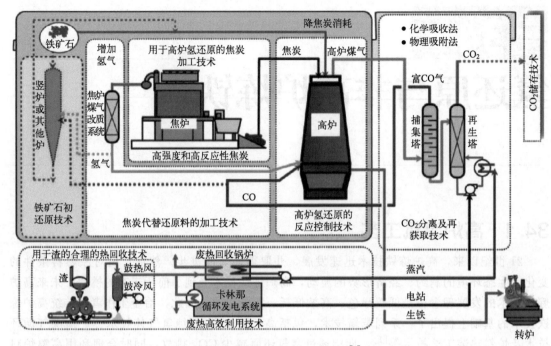

图 34-1　COURSE50 工艺流程[4]

工艺技术开发项目（COURSE50）通过在日本制铁君津厂厂内的炉容积为 $12m^3$ 的试验高炉上进行的试验证明，目前已基本达到减少高炉 CO_2 排放 10％的目标，完成了确立 CO_2 削减、分离、回收技术的目标[5]。

34.1.1.3　中国

（1）中国钢研

2007 年中国钢研与五矿营钢合作，建立了 $8m^3$ 全氧高炉半工业化示范基地，2009 年 7 月 18 日正式点火试验。该工艺的核心内容之一就是将焦炉煤气增压、预热与重整后喷入实验高炉中（图 34-2）。该工艺可以将目前高炉的生产效率提高 30％，吨铁焦比降低到 260kg，实现高效、低能耗、低排放地生产铁水[6]。

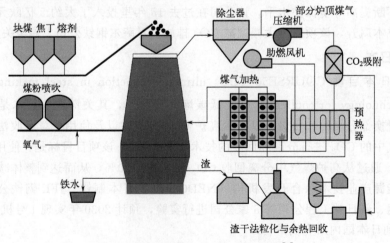

图 34-2　五矿营钢炼铁新工艺示意图[6]

2020 年 10 月，中国钢研与晋南钢铁签订战略合作协议，在 $1860m^3$ 高炉上开展启动了喷吹富氢气体的工程化实施，目前这一工作正在进行中[7]。试验结果表明高炉喷吹富氢气体可以显著降低固体燃料消耗，当吨铁焦炉煤气喷吹量为 $65m^3$，高炉平均燃料比降低 32kg/t 铁，焦炉煤气与固体燃料的平均置换比为 $0.49kg/m^3$。该项目的实施可以大幅度降低能耗、减少污染物排放和大幅度提高生产效率和产品质量，具有良好的经济、社会和环境效益。

（2）中国宝武

2020 年 7 月，中国宝武在八钢进行了富氢碳循环氧气高炉工艺试验。脱碳煤气接入富氢碳循环高炉，与脱碳前的富氢碳气相比，吨铁燃料比下降了近 45kg，比传统高炉减少了 30% 的二氧化碳排放量。传统的高炉热风是由热风炉生产的，由于高炉煤气中含有大量的氮气，不具备脱碳回收利用价值，这也是传统高炉实现碳减排的最大难点，2021 年 7 月，八钢富氢碳循环高炉实现二期 50% 富氧目标（一期 35%）。后期，八钢富氢碳循环高炉将通过技术升级优化实现氧气冶炼目标。经过探索与实践，试验团队逐步完成了从 35% 富氧、50% 超高富氧到 100% 全氧冶炼工况条件下的喷吹脱碳煤气和富氢冶炼的工业化生产试验探索，开展了 1200℃ 高温煤气自循环喷吹和富氢冶炼的工业化试验，打通了富氢碳循环氧气高炉工艺全流程。固体燃料消耗降低达 30%，碳减排超 21%[8]。新工艺具有安全、稳定、顺行、高效、抗波动能力强、制造成本低、与传统制造流程匹配性好等特点。

34.1.2　高炉喷吹纯氢气体工艺

34.1.2.1　德国

2019 年 11 月 11 日第一批氢气被注入杜伊斯堡钢厂的 9 号高炉标志着"以氢（气）代煤（粉）"作为高炉还原剂的试验项目正式在德国启动，这一尝试在全球尚属首次[9]。按照计划，在项目初始测试阶段，氢气将通过一个风口被注入杜伊斯堡钢厂的 9 号高炉中，并视情况逐渐扩展至该高炉的全部 28 个风口。到 2022 年，钢厂的另外三个高炉也实现了"以氢代煤"的技术应用。该技术有望减少钢铁生产过程中约 20% 的二氧化碳排放。这一项目将氢气代替煤炭作为高炉的还原剂，以减少乃至完全避免钢铁生产中的二氧化碳排放。在传统的工艺流程中，需要在高炉中消耗 300kg 焦炭和 200kg 煤粉作为还原剂，才能生产出 1 吨生铁[10]。而在钢铁生产中，氢气可用作为铁矿石的无排放还原剂，对气候保护十分有益。氢气燃烧的副产物只有水，并不产生有害气体。它能以液体或气体形式储存和运输，且用途广泛。由于其多功能性，氢气在向清洁、低碳能源系统的过渡过程中起着关键作用。

34.1.2.2　韩国

早在 2009 年，韩国原子能研究院与 POSCO 等韩国国内 13 家企业及机关共同签署原子能氢气合作协议（KNHA），正式开始核能制氢信息交流和技术研发[11]。2010 年 5 月，POSCO 正式着手开发超高温煤气炉（very high temperature reactor，VHTR）和智能原子炉（system-integrated modular advanced reactor，SMART）。韩国政府从 2017 年到 2023 年投入 1500 亿韩元（约合 9.15 亿人民币），以官民合作方式研发氢还原炼铁法。韩国计划将通过以下三步完成氢还原炼铁，第一步：从 2025 年开始试验炉试运行；第二步：从 2030 年开始在 2 座高炉实际投入生产；第三步：到 2040 年 12 座高炉投入使用，从而完成氢还原炼铁。

从预计投入资金情况来看，从技术研发到在 2 座高炉上实际投入生产，需要投入 8000 亿韩元（约合 48.78 亿元人民币）的资金，可减少 1.6% 的二氧化碳排放，在 12 座高炉实际投入生产，预计需要投入 4.8 万亿韩元（约合 292.68 亿元人民币）资金，可减少 8.7%

的 CO_2 排放。

34.2 氢能竖炉直接还原

34.2.1 富氢竖炉工艺

34.2.1.1 美国 Midrex 工艺

美国 Midrex[12-13]公司在竖炉氢气炼铁方面积累了丰富的经验。该工艺系统主要包括气基竖炉、还原气重整炉、还原尾气及冷却尾气净化设备、烟气废热回收装置等（图 34-3）。气基竖炉由预热段、还原段、过渡段和冷却段组成的逆向对流移动床反应器。铁矿物料在进入竖炉后的下行过程中先后穿过预热段和还原段，在这过程中铁矿物料被预热还原，还原产物铁下行到冷却段后被冷却至室外温度后排出炉外。自 1969 年起，Midrex 工厂采用氢气比例超过 50%的还原气体生产了 9.55 亿吨直接还原铁（direct reduced iron，DRI）。Midrex 工厂采用氢气与一氧化碳的三种不同比率气体，采用天然气和一种标准 Midrex 重整器制备，该重整器可制备包含 55%氢气和 36%一氧化碳（氢气与一氧化碳比率为 1.5）的还原气体。Midrex 工艺生产了全球约 80%的直接还原铁。

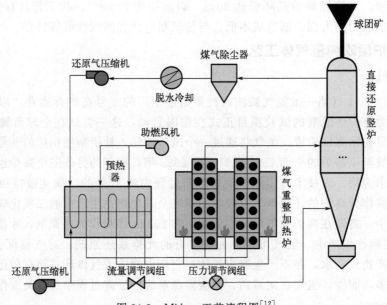

图 34-3 Midrex 工艺流程图[12]

34.2.1.2 墨西哥 HYL 工艺

HYL 法[14]直接还原工艺是 Hylsa 公司在墨西哥的蒙特雷开发成功的，1979 年，公司将一套 HYL 法装置改造成连续性竖炉，并更名为 HYL-Ⅲ，其单座产能可以达到 200 万吨（图 34-4），主要包括气基竖炉、还原气转化炉、加热炉等。其工艺的技术特点在于，采用天然气与水进行裂解，可以制备氢含量高的还原气，还原气中氢含量高，$H_2/CO = 5.6 \sim 5.9$，而 Midrex 竖炉 $H_2/CO = 1.55$；操作压力大，为 0.55MPa，而 Midrex 竖炉为 0.23MPa；还原温度高达 950℃，物料的金属化率可以达到 91%。而 Midrex 竖炉为 850℃，这比 Midrex 提高了接近 100℃，主要是由于氢气含量提升在还原铁氧化物时的吸热增强，需要载气补热。由于上述特点的存在，使得 HYL-Ⅲ竖炉生产效率高。

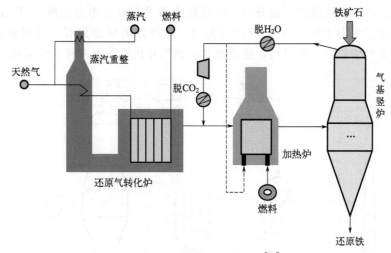

图 34-4　HYL-Ⅲ工艺流程图[14]

34.2.1.3　意大利 Energiron 工艺

Energiron 工艺[15]是达涅利和 Tenova Hyl 共同开发的工艺，其可以保证直接还原铁的金属化率和碳含量，特别是碳含量可以调整，其工艺使用的气源为天然气、煤化工气、焦炉煤气等（图 34-5）。该工艺可以生产热或冷的直接还原铁，方便直接使用或储存外卖。2020年俄罗斯联合冶金公司（OMK）与意大利达涅利公司签署了一份协议，由后者为其提供直接还原铁生产设备和为新炼钢车间提供设备。达涅利公司供应包括基于 Energiron 工艺的产能 250 万吨/年直接还原铁厂，为电炉连续供应热直接还原铁的热装系统，以及基于电炉的产能 180 万吨/年炼钢车间。项目计划 2024 年建成投产。OMK 公司直接还原铁厂已准备好进行"碳捕集、储存和使用"，遵循无碳排放概念。

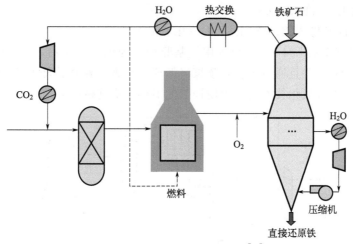

图 34-5　Energiron 工艺流程图[15]

34.2.1.4　伊朗 PERED 工艺

PERED 工艺[16]由 MME 公司研发，其与 Midrex 和 HYL 工艺最大的不同就是还原气的进气和排气方式。在气基竖炉的还原段有两排围管，30% 的还原气从上部围管进入竖炉，其余的 70% 还原气从下部围管进入竖炉（图 34-6）。这种进气方式加快了气流和人口处球团矿物料的接触，使炉内的高温区域升高，还原反应的进程也就相应加快。PERED 工艺排气方式的独特性在于采用了双倒 Y 形管进行排气，这样做的好处是可以减弱还原气的偏行，有效防止了炉顶气中粉尘含量过高，进而延长炉顶气导出管中耐火材料的寿命。

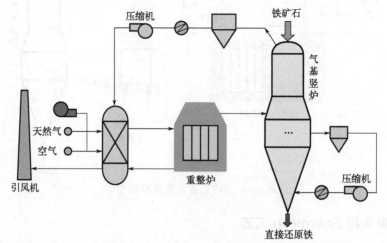

图 34-6　PERED 工艺流程图[16]

34.2.1.5　欧盟 ULCORED 工艺

ULCOS (ultra low CO_2 steelmaking)[17] 是由 15 个欧洲国家及 48 家企业和机构联合发起的超低 CO_2 炼钢项目，旨在实现吨钢 CO_2 排放量降低 50% 或更多。ULCOS 项目主推四条工艺路线：

①　炉顶煤气循环氧气高炉工艺（TGR-BF）；

②　直接还原工艺（ULCORED）；

③　熔融还原工艺（HISARNA）；

④　电解铁矿石工艺（ULCOWIN/ULCOLYSIS）。

其中 ULCORED（图 34-7）主要采用气基竖炉作为还原反应器，用煤制气或天然气取代传统的还原剂焦炭，并且通过竖炉炉顶煤气循环和预热，减少了天然气消耗，降低工艺成本。此外，天然气部分氧化技术的应用使该工艺不再需要重整设备，大幅降低设备投资。以

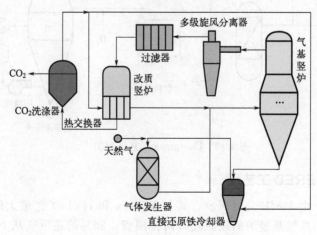

图 34-7　ULCORED 流程图[17]

天然气 ULCORED 为例，含铁炉料从气基竖炉顶部装入，净化后的竖炉炉顶煤气和天然气混合喷入气基竖炉并还原含铁炉料，而直接还原铁产品从竖炉底部排出，送入电弧炉炼钢。新工艺竖炉炉顶煤气中的 CO_2 可通过碳捕集与封存（carbon capture and storage，CCS）技术捕集储存。与欧洲高炉碳排放的均值相比，ULCORED 与 CCS 技术结合，将使 CO_2 排放降低 70%。

34.2.1.6　韩国 COOLSTAR 项目

氢还原炼铁 COOLSTAR 项目[18]作为一项政府课题，由韩国产业通商资源部主导，韩国政府和民间计划投入 898 亿韩元用于相关技术开发，其终极目标是减排 15% 的 CO_2，同时确保技术经济性。COOLSTAR 项目主要包括"以高炉副生煤气制备氢气实现碳减排技术"和"替代型铁原料电炉炼钢技术"两项子课题。

韩国 2017 年正式开始氢还原炼铁 COOLSTAR 项目中的第一个子课题为"以高炉副生煤气制备氢气实现碳减排技术"[19]。这一课题由浦项钢铁公司主导，依据欧洲和日本的技术开发经验和今后的发展方向，以利用煤为能源的传统高炉为基础，充分利用"灰氢"，这类氢气主要通过对钢铁厂生产的副产品煤气进行改质精制而成，而非可再生能源产生的"绿氢"，由此实现氢气的大规模生产，并作为高炉和电炉的还原剂。COOLSTAR 项目计划 2017—2020 年开展实验室规模的技术研发，主要完成基础技术开发；2021—2024 年开始中试规模的技术开发，完成中试技术验证，到 2024 年 11 月前完成氢还原炼铁工艺的中试开发，并对具有经济性的技术进行扩大规模的试验；2024—2030 年完成商业应用的前期准备；2030 年以后筛选出真正可行的技术并投入实际应用研究；2050 年前后实现商用化应用。目前，浦项钢铁公司浦项厂已将还原性副产气体作为还原剂进行应用。

34.2.1.7　中晋太行公司 DRI 项目

目前，中晋太行公司正在建设年产 30 万吨直接还原铁（DRI）的焦炉煤气-竖炉直接还原项目[20]，该技术是引进伊朗 PERED 工艺，先将高炉煤气送至顶装焦炉，置换出优质焦炉煤气，然后与转炉煤气混合送至化工厂，在催化剂的作用下合成乙二醇和液化天然气（liquefied natural gas，LNG），实现碳捕集，并将高纯度副产氢气在高炉内进行喷吹，实现氢能炼铁，减少碳消耗和 CO_2 排放，目标二氧化碳排放减少 28%。该项目采用优质铁精粉和焦炉煤气（配套建设 100 万吨焦化项目），年产优质高纯直接还原铁 30 万吨。2021 年 6 月试制成功，生产的海绵铁合格[21]。

34.2.2　纯氢竖炉工艺

34.2.2.1　Midrex-H_2

以 Midrex 为代表的企业已经开发出了纯氢气基还原的概念流程 Midrex-H_2（图 34-8），即气基还原工艺由富氢还原向纯氢还原转变，从有 CO_2 排放向无 CO_2 排放的方向发展[22,23]。但是，纯氢条件下需要解决的问题有：需要对纯氢条件下竖炉还原对直接还原铁的品质的影响进行基础研究；需要研发适用于还原气更高的温度条件下的耐高温、高压换热器；根据新工况条件对竖炉结构重新改造；需要研究纯氢冶炼得到的氢直接还原铁的冷却、运输、储存等相关配套工艺[24]。

Midrex-H_2 工艺是指 100% 采用氢气作为入炉还原气，将外部生成的氢气引入常规 Midrex 生产系统，无需重整装置，利用气体加热装置将氢气加热到所需温度。但为了控制炉温和增碳，实际生产时入炉还原气中的氢气含量约为 90%，其他为 CO、CO_2、H_2O 和

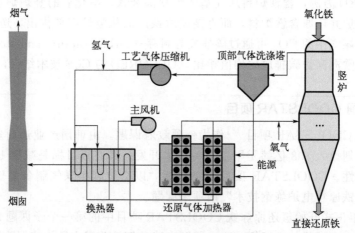

图 34-8　Midrex-H_2 工艺流程图[23]

CH_4，这些成分是由于采用天然气进行炉温控制和 DRI 渗碳时引入的。此外，由于竖炉内存在水煤气反应，还原气中的 CO_2 和 CO 可保持平衡，因此系统内不需要 CO_2 脱除装置。根据计算，生产每吨 DRI 的氢气消耗量约为 550m³，另外还需 250m³ 的 H_2 作为入炉煤气加热炉的燃料。与高炉流程相比，该工艺可将 CO_2 排放量降低 80% 左右。

34.2.2.2　瑞典钢铁 HYBRIT 项目

瑞典钢铁公司（SSAB）、瑞典最大的电力与热力供应商——瑞典大瀑布电力公司（Vattenfall）和瑞典矿业集团（LKAB）曾计划到 2021 年吨矿二氧化碳排放量相比 2015 年下降 12%，达到 27.4kg。基于上述 3 家企业大幅降低碳排放的要求，2016 年，SSAB、Vattenfall 和 LKAB 联合成立了 HYBRIT 项目（图 34-9）[25]。2018 年初公布的研究结果表明：HYBRIT 项目采用的氢冶金工艺成本比传统高炉冶炼工艺高 20%～30%。HYBRIT 项目的氢气由清洁能源发电产生的电力电解水产生，氢气在较低的温度下对球团矿进行直接还原，产生直接还原铁，并从炉顶排出水蒸气和多余的氢气，水蒸气在冷凝和洗涤后实现循环使用。HYBRIT 项目的研究任务包括：研究可再生能源发电及其对电力系统的影响，寻找有效的可再生能源用于发电，为非化石能源冶炼提供能源，同时降低制氢成本；建设制氢与存储工艺及相关装备，为 HYBRIT 工艺提供低成本、可靠稳定的氢气，并进行氢气产业链

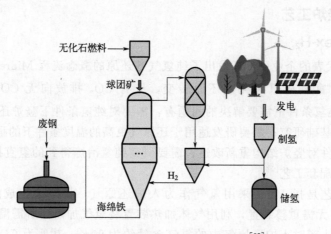

图 34-9　HYBRIT 项目工艺流程图[25]

布局；研究氢基直接还原炼铁工艺；研究配套炼钢工艺；研究系统集成、过渡路径和政策等[26]。

2018 年 6 月 HYBRIT 项目在瑞典吕勒奥（Lulea）建设中试厂，在 2021—2024 年运行，每年生产 50 万吨直接还原铁。该中试厂可方便地利用瑞典钢铁公司现有炼钢设施和 Norrbotten 铁矿。2019 年 8 月 31 日，全球第一个无化石海绵铁中试工厂在瑞典吕勒奥举行了启动仪式。瑞典首相 Stefan Löfven 出席了仪式。SSAB 的目标是：到 2026 年，通过 HYBRIT 技术，在世界上率先实现无化石冶炼技术；到 2045 年，SSAB 将完全按无化石工艺路线制造钢铁。

34.2.2.3　德国萨尔茨吉特钢铁公司 SALCOS 项目

2019 年 4 月份，在汉诺威工业博览会上，德国萨尔茨吉特钢铁公司（以下简称萨尔茨吉特）与 Tenova 公司签署了一份谅解备忘录，旨在继续推进以氢气为还原剂炼铁，从而减少二氧化碳排放的 SALCOS 项目[9]。萨尔茨吉特曾于 2016 年 4 月份正式启动了 GrInHy1.0（Green Industrial Hydrogen，绿色工业制氢）项目，采用可逆式固体氧化物电解工艺生产氢气和氧气，并将多余的氢气储存起来。当风能（或其他可再生能源）波动时，电解槽转变成燃料电池，向电网供电，平衡电力需求。

2019 年 1 月份，经过连续 2000 个小时的系统测试，至此 GrInHy1.0 项目完成，随后萨尔茨吉特开展了 GrInHy2.0 项目（图 34-10）。GrInHy2.0 项目的显著特点是通过钢企产生的余热资源生产水蒸气，用水蒸气与绿色再生能源发电，然后采用高温电解水法生产氢气。氢气既可用于直接还原铁生产，也可用于钢铁生产的后道工序，如作为冷轧退火的还原气体。GrInHy2.0 项目重点设备及环节有：①高温电解槽：GrInHy2.0 项目将首次在工业环境中采用标称输入功率为 720 千瓦的高温电解槽，与德国 Sunfire 公司共同建设和运营世界上最大的高温电解槽；②氢气压缩与干燥装置：由 Paul Wurth 公司提供；③氢气运输：萨尔茨吉特 Flachstahl 厂将负责将氢气输送到工厂内部的能源使用网络。

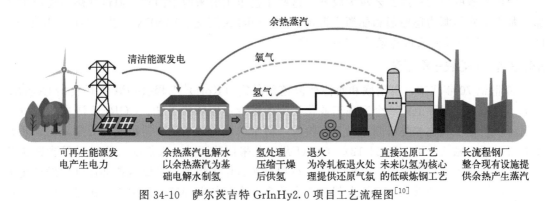

图 34-10　萨尔茨吉特 GrInHy2.0 项目工艺流程图[10]

34.2.2.4　奥联钢 H₂FUTURE 项目

2017 年初，由奥钢联发起的 H₂FUTURE 项目[27]旨在通过研发突破性的氢气替代焦炭冶炼技术，降低钢铁生产过程中的二氧化碳排放，最终目标是到 2050 年减少 80% 的二氧化碳排放。图 34-11 显示了 H₂FUTURE 项目的氢能产业链。H₂FUTURE 项目的成员单位包括奥钢联、西门子、Verbund（奥地利领先的电力供应商，也是欧洲最大的水力发电商）公司、奥地利电网（APG）公司、奥地利 K1-MET（冶金能力中心 metallurgical competence center）中心组等。

图 34-11　奥联钢 H_2 FUTURE 项目思路图[27]

西门子公司是质子交换膜电解槽的技术提供方，将为奥钢联位于奥地利林茨市的工厂提供电解能力为 6MW 的电解槽，氢气产量为 $1200m^3/h$，电解水产氢效率目标为 80% 以上；Verbund 公司作为项目协调方，将利用可再生能源发电，同时提供电网相关服务；奥地利电网公司的主要任务是确保电力平衡供应，保障电网频率稳定；奥地利 K1-MET 中心组将负责研发钢铁生产过程中氢气可替代碳或碳基能源的工序，定量对比研究电解槽系统与其他方案在钢铁行业应用的技术可行性和经济性，同时研究该项目在欧洲甚至是全球钢铁行业的可复制性和大规模应用的潜力[28]。这些技术的提升主要集中在欧美国家，并且技术路径是通过电解水制氢，从源头降低碳排放，项目过程中实现了全产业链条的整合。

34.2.2.5　韩国 COOLSTAR 项目

韩国 2017 年正式开始氢还原炼铁 COOLSTAR 项目[18]中的第二个子课题为"替代型铁原料电炉炼钢技术"。这一课题是将氢气作为还原剂生产 DRI，由此减少电炉炼钢工序 CO_2 排放，同时提高工序能效，最终目标是向韩国电炉企业全面推广。COOLSTAR 项目计划 2017—2020 年开展实验室规模的技术研发，主要完成基础技术开发；2021—2024 年开始中试规模的技术开发，完成中试技术验证，到 2024 年 11 月前完成氢还原炼铁工艺的中试开发，并对具有经济性的技术进行扩大规模的试验；2024—2030 年完成商业应用的前期准备；2030 年以后筛选出真正可行的技术并投入实际应用研究；2050 年前后实现商用化应用。

34.3　熔融还原工艺

冶金领域的熔融还原工艺较为成熟，这些工艺也主要来源于国外，但这些熔融还原工艺都是基于碳质能源为还原剂和能源来源的，如 COREX 工艺、FINEX 工艺、HIsmelt 工艺、HIsarna 工艺以及内蒙古赛思普 CISP 工艺。

34.3.1　COREX 工艺

20 世纪 70 年代末，奥钢联和西德杜塞道尔科富（Korf）工程公司联合开发出 COREX 技术，它是目前世界上第一个实现工业化生产的熔融还原炼铁工艺。COREX 法主反应可分为预还原和熔融气化炉终还原两个基本阶段，两个阶段由两个反应器组成，分别是上部还原竖炉与下部熔融气化炉（图 34-12）。COREX 工艺采用球团矿、天然矿、烧结矿等含铁块矿作为原料，非焦煤作为燃料，一般用白云石和石灰石作为熔剂。块煤从顶部加到熔融气化炉的上部，氧气从下部鼓入到炉缸上部，产生的高温煤气与上部硫化床中小粒焦进行反应，再与煤干馏裂解气体汇合生成 $CO+H_2$（95%）$+CO_2$（3%）的高温优质还原气体。熔融气化炉输出的还原气体经过降温除尘，当温度冷却到 859℃左右通入竖炉还原铁矿石、块矿（球团矿或烧结矿），铁矿石经过加热后还原成金属产率为 92%～93%，整个过程大约 6～8 小时。随后再输送到下部熔融气化炉中。在熔融气化炉中海绵铁和熔剂熔化后冶炼出铁水并渣铁分离，产生的还原煤气继续供上部预还原竖炉使用[29,30]。COREX 法的工艺特点是具有预还原度高、无二次燃烧、环保效果好、生产效率高等优点，但与此同时也存在两个重大问题：耗煤量高；必须采用块矿作为原料[31]。

COREX 工艺是世界最早运用于工业生产的熔融还原炼铁工艺，为了改变我国钢铁行业

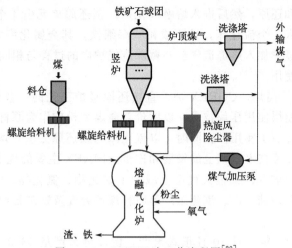

图 34-12　COREX 法工艺流程图[29]

的能源结构、减轻环保压力，我国宝武集团（原宝钢集团）率先引进 COREX 工艺，第一座 COREX-3000 于 2007 年 11 月顺利出铁，第二座 COREX-3000 于 2011 年开工建设，设计产能达到 150 万吨/年。综合考虑各种因素，宝武集团决定把 COREX-3000 炉搬迁到位于新疆的八一钢铁（以下简称八钢），且已于 2015 年 6 月成功点火，运行 70 多天后各种指标均达到预期要求[32]。八钢在 COREX 生产过程中，分别从加强资源本地化使用、优化配煤配矿、加强工艺改进和设备优化、持续提高生产操作水平、研发各类废弃物入炉试验、COREX 炉煤气的综合利用等方面积极探索，逐步提升 COREX 炉在新疆的生存能力和成本竞争力。此外 COREX 炉在信息冶金煤化工方面发展潜力巨大，一方面 COREX 炉煤气发生量较大，同时由于使用全氧，COREX 炉产生的煤气氮体积分数低，可以作为化工产品的原料气，为此八钢整合宝钢集团内技术研发资源，积极开展新型冶金-煤化工耦合新工艺的探索研究[33]。

34.3.2　FINEX 工艺

　　FINEX 法是由韩国浦项钢铁公司与奥钢联（VAI）在 COREX 法基础上改进开发出来的熔融还原炼铁新工艺，用多级流化床取代 COERX 工艺的预还原竖炉，而且免去造块流程直接使用粉矿（图 34-13）。其主要的特点是用一组流化床作为还原单元，使粉矿与还原气

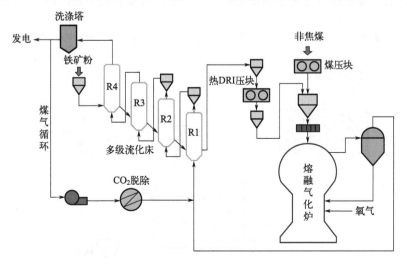

图 34-13　FINEX 工艺流程图[34]

体直接接触进行预热和还原，然后进入熔融气化炉。预还原单元由 4 个串联的流化床组成，粉矿经干燥后依次通入 4 个流化床，还原成粉状海绵铁，其金属化率大约为 40%，随后被压制成热压块，通过竖炉加入熔炼造气炉。擦炼造气炉内的过程与相同，所排出的煤气兑入冷却气后作为还原气使用[34-36]。

FINEX 工艺克服了高炉、COREX 炉、直接还原竖炉工艺的一些缺点，使用资源丰富廉价的铁粉矿，并对粉煤使用压块技术，以廉价普通煤和粉矿作为原材料，省去炼焦和烧结工艺，在原料端大幅提高了实用性；同时，以流化床为预还原方法，熔融气化炉与 COREX 相同，实现了在 COREX 技术基础上的发展和进步。FINEX 主要的优点有[37]：①使用粉矿来替代块矿，降低生产成本；②很大程度上减少了硫化物、氮化物、CO_2 等有害气体的排放，同时由于它不需要烧结工厂、炼焦工厂等原料煤预处理及铁矿石加工工厂，大幅度地减少环境污染。

FINEX 最早于 2007 年 4 月 10 日正式投产，设计每天产量 4300 吨。韩国浦项钢铁在 2014 年 1 月又建成了一套年产 200 万吨的第二条 FINEX 产线并投入生产，FINEX 工艺的每年总产量超过 300 万吨。近年浦项钢铁计划在印度和越南的新建钢厂中推广使用 FINEX 技术，并将其作为浦项钢铁进一步增长和全球化的关键技术[38]。目前浦项钢铁公司在 FINEX 工艺上的技术进步主要体现在：①流化床工艺设备的大型化；②流化床系统工艺布置优化；③能源高效利用；④与高炉炼铁流程协同生产效益明显。

34.3.3　HIsmelt 工艺

HIsmelt 法是当前最具代表性的铁浴法熔融还原工艺，在 20 世纪 80 年代由德国 Kloeckner Werke 公司与澳大利亚 CRA 公司合作开发而成。该流程包含循环流化床预还原炉和铁浴式熔融还原炉两个反应器（图 34-14）。HIsmelt 工艺技术是在高温条件下碳素可以熔解在铁液中，而熔解在铁液中的碳素又能同炽热铁氧化物中的氧结合，生成铁元素和 CO。下部的熔融还原炉是冶炼过程的主体，其工艺原理是将粉状矿石和煤预先混合，通过浸没在渣浴中的喷枪将混合料喷到铁浴中，使铁矿石在铁浴内还原，同时产生大量 CO 等可燃气体[39-41]。这些可燃气体在上升的过程中强烈搅拌着熔池，使炉内高温液态渣铁产生"涌泉"现象。还原气体在炉子上部与的富氧空气进行二次燃烧，二次燃烧率约为 60%～80%，释放出的大量热能通过传导和辐射提高了涌泉的温度，被加热的涌泉回落到熔池下部

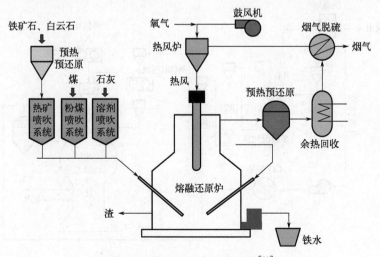

图 34-14　HIsmelt 工艺流程图[39]

为铁氧化物的还原提供能量[42-44]。

HIsmelt 法有诸多的特点，例如其因原料来源广泛以及对燃料煤品质要求低，可以大幅减少资源消耗；由于取消了烧结、球团、焦化等工序，HIsmelt 工艺对环境的污染程度可大幅度降低；产出铁水磷碳低而硫高，可以进行炉外脱硫[45]。其也有缺点，例如炉衬腐蚀较为严重，每代炉役仅为 12~18 个月。

HIsmelt 工艺在中国发展的时间比较短，研发和改进需要一定的时间积累，但是该工艺发展迅速，在某些方面取得了一些成就[46,47]。①将煤气干法除尘技术应用在熔融还原炉（SRV）的煤气除尘上，国外主要采用湿法除尘。干法除尘的应用有效提高了能源的利用率。②采用吹氧冶炼。借鉴 COREX 和 FINEX 采用氧气冶炼的技术，减少不必要的设备投资以及二次能源的消耗。③研发一步法碳-氢熔融还原炼铁工艺。取消预还原的回转窑，将 SRV 的煤气作为燃料，同时在 SRV 内采用底吹氢气工艺，提高矿粉的还原效率，降低工序能耗，降低燃煤的消耗，实现低碳、低排放炼铁。

34.3.4　HIsarna 工艺

HIsarna 工艺是欧洲超低二氧化碳炼钢项目（ULCOS）的一部分，该工艺直接使用矿粉和煤粉作为原料，用石灰石和白云石作为熔剂，不需要造球、烧结和炼焦三个环节[48]。HIsarna 的装置由顶部的旋风熔化炉和底部的熔融还原炉两部分组成（图 34-15）。顶部的旋风熔化炉内的平均温度可达到 1400~1500℃。位于旋风熔化炉底部的水冷喷枪将粉矿、熔剂和氧气一同喷吹到炉内，形成漩涡流。热量由旋风熔化炉内的氧气与熔融还原炉进入的煤气燃烧提供，在高温的环境下矿粉发生热分解、还原反应以及熔化，此时熔融产物的预还原度约为 20%。熔化后的矿粉液滴沿着旋风熔化炉的水冷炉壁滴入熔融还原炉内，并与熔池内的碳发生直接还原反应，生成金属铁液[49]。

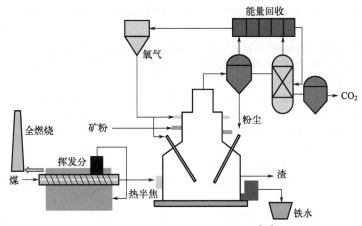

图 34-15　HIsarna 法工艺流程图[48]

34.3.5　内蒙古赛思普 CISP 工艺

根据现有新闻，目前仅有国内建龙集团内蒙古赛思普科技有限公司报道了其开发的富氢熔融还原新工艺（CISP）[50]。内蒙古赛思普科技有限公司是建龙集团全资子公司，联合北京科技大学等科研院所，在借鉴国内外短流程炼铁技术和氢能利用技术的基础上，开发出氢基熔融还原的 CISP 工艺：该工艺一方面可以取消烧结、焦化、球团等高能耗、高污染工序，一步法生产出高端金属材料—高纯铸造生铁；另一方面可以大量使用氢气代替煤粉还原，实现低碳冶金，未来实现全氢冶炼后，可实现零碳排放和一步生产高纯液态金属。本项目投资 10.9 亿元建设 30 万吨富氢熔融还原法高纯铸造生铁工程。2020 年底该项目设备调试完成，并成功实现热负荷试车。项目于 2021 年 4 月建成，2022 年实现产量 21.87 万吨，产值 8.46 亿。工序能耗每吨铁仅需 388kg 标准煤，每年实现喷氢 1 万吨，减少二氧化碳排放 11.2 万吨，相较于高炉炼铁流程减少碳排放约 30%。

参 考 文 献

[1] 郭同来 . 高炉喷吹焦炉煤气低碳炼铁新工艺基础研究 [D]. 沈阳：东北大学，2015.

[2] 徐万仁，朱仁良，毛晓明，等 . 国内外氢冶金发展现状及需要研究解决的主要问题 [C] //中国金属学会 . 第十三届中国钢铁年会论文集——2. 炼铁与原燃料 . 北京：中国金属学会，2022：507-519.

[3] Higuchi K, Matsuzaki S, Shinotake A, et al. 高炉喷吹改质焦炉煤气减少 CO_2 排放的技术发展 [J]. 世界钢铁，3013, 13（4）：5-9.

[4] 魏侦凯，郭瑞，谢全安 . 日本环保炼铁工艺 COURSE50 新技术 [J]. 华北理工大学学报（自然科学版），2018, 40（03）：26-30.

[5] 鲁亮松 . 低碳减排的绿色钢铁冶金技术要点探讨 [J]. 冶金管理，2022（11）：10-12.

[6] 樊波，许海川，张春霞 . 大型高炉煤气干法除尘技术应用进展及节能减排效果分析 [C] //2008 全国能源与热工学术年会论文集 . 北京：中国金属学会，2008：429-432, 425.

[7] 高建军，朱利，克俊超，等 . 晋南钢铁高炉喷吹富氢气体工业化实践 [J]. 钢铁，2022, 57（09）：42-48.

[8] 袁万能，李涛，刘正新 . 八钢低碳炼铁技术思路与实践 [J]. 新疆钢铁，2022（01）：1-4.

[9] 高雨萌 . 国外氢冶金发展现状及未来前景 [J]. 冶金管理，2020（20）：4-14.

[10] POSCO Newsroom. Discover the technology that is making steel production more sustainable [EB/OL]. https：//newsroom. posco. com/en/discover-the-tech-making-steel-more-sustainable-finex/

[11] 马志 . 天然气在钢铁企业中的应用 [J]. 冶金动力，2019（3）：31-33.

[12] Winston L T, James L, John T K. The Midrex Fastmet process, a simple, economic ironmakong option [J]. Metalluragical Plant and Technology Niternational，1991（2）：36.

[13] 高建军，齐渊洪，严定鎏，等 . 中国低碳炼铁技术的发展路径与关键技术问题 [J]. 中国冶金，2021, 31（09）：64-72.

[14] Duarte P. Trends in hydrogen steelmaking [J]. Steel Times International，2020, 44（1）：35-39.

[15] 张奔，赵志龙，郭豪，等 . 气基竖炉直接还原炼铁技术的发展 [J]. 钢铁研究，2016, 44（05）：59-62.

[16] 王婷婷 . 世界氢冶金技术发展现状分析 [J]. 中国钢铁业，2021（05）：46-49.

[17] 王国栋，储满生 . 低碳减排的绿色钢铁冶金技术 [J]. 科技导报，2020, 38（14）：68-76.

[18] 张京萍 . 浦项钢铁公司低碳发展路径研究 [N]. 世界金属导报，2020-06-01（A06）.

[19] 马远 . 氢气替代天然气的直接还原工艺研究 [N]. 世界金属导报，2021-01-12（B02）.

[20] 危中良，戴金华 . 氢能在钢铁企业应用方向的探讨 [J]. 冶金动力，2022（03）：67-70, 86.

[21] 唐珏，储满生，李峰，等 . 我国氢冶金发展现状及未来趋势 [J]. 河北冶金，2020（08）：1-6, 51.

[22] 郭学益，陈远林，田庆华，等 . 氢冶金理论与方法研究进展 [J]. 中国有色金属学报，2021, 31（07）：1891-1906.

[23] 中国新闻网 . 全球首套焦炉煤氢基还原铁项目正式投运 [N]. 2022-12-19.

[24] Vogl V, Åhman M, Nilsson L J. Assessment of hydrogen direct reduction for fossil-free steelmaking [J]. Journal of Cleaner Production，2018, 203：736-745.

[25] 张福明，程相锋，银光宇，等 . 国内外低碳绿色炼铁技术的发展 [J]. 炼铁，2021, 40（05）：1-8.

[26] Production of Green Hydrogen [EB/OL]. （2021-04-01）. https：//www. h2future-project. eu/.

[27] 王萍，肖国昆，张志波，等 . 国内外氢冶金发展综述 [J]. 昆钢科技，2021（001）：21-25.

[28] 王晶，王朋 . 国内外氢冶金技术研究进展 [J]. 河北冶金，2022（04）：1-5.

[29] 陈炳庆，张瑞秋，周渝生 . COREX 熔融还原炼铁技术 [J]. 钢铁，1998, 33（2）：3-5.

[30] 邓益 . COREX 非高炉炼铁工艺 [J]. 中国科技信息，2017（14）：63-64.

[31] 周渝生，钱晖，张友平，等 . 现有主要炼铁工艺的优缺点和研发方向 [J]. 钢铁，2009, 44（2）：1-10.

[32] 张志霞 . COREX 熔融还原技术研究进展 [J]. 河北冶金，2019（3）：14-16.

［33］　徐少兵，许海法. 熔融还原炼铁技术发展情况和未来的思考 ［J］. 中国冶金，2016，26（10）：7.

［34］　张绍贤，强文华，李前明. FINEX 熔融还原炼铁技术 ［J］. 炼铁，2005，24（04）：49-52.

［35］　徐书刚，李子木，吕庆. 浦项 FINEX 熔融还原工艺技术研究 ［J］. 本钢技术，2007（4）：1-4.

［36］　胡俊鸽，周文涛. FINEX 熔融还原技术的新发展 ［J］. 冶金信息导刊，2007（4）：12-14，22.

［37］　赵庆杰，储满生，王治卿，等. 我国非高炉炼铁发展新热潮浅析 ［C］//2008 年非高炉炼铁年会论文集. 2008：220-225.

［38］　成琼琼. 熔融还原炼铁工艺的能源及焦炭利用效率探究 ［D］. 天津：天津大学，2021.

［39］　Zhou Y S，Chen H，Cao C G. The status and review of HIsmelt smelting reduction ［J］. Iron and Steel World，2001（1）：1-9.

［40］　徐书刚，李子木，吕庆. HIsmelt 熔融还原炼铁技术考察及分析 ［J］. 本钢技术，2006（4）：1-5.

［41］　刘文运，王学峰. HIsmelt 工艺及技术 ［J］. 鞍钢技术，2004（3）：16-19.

［42］　赵庆杰，储满生. 非高炉炼铁技术及在我国发展的展望 ［C］//2008 年全国炼铁生产技术会议暨炼铁年会论文集. 2008：51-59.

［43］　Pawlik C，Schustre S. Reduction of iron ore fines with CO-rich gases under pressurized fluidized bed conditions ［J］. ISIJ International，2007，47（2）：217-225.

［44］　Hasanbeig A，Price L，Zhang C X. Comparison of iron and steel production energy use and energy intensity in China and the US ［J］. Joumal of Cleaner Production，2014，65：108-119.

［45］　Meijer K，Zeilstra C，Teerhuis C，et al. Developments in alternative ironmaking ［J］. Transactions of the Indian Institute of Metals，2013，66（5/6）：475-481.

［46］　李林. HIsmelt 炼铁工艺的基础研究 ［D］. 北京：北京科技大学，2019.

［47］　贾利军，于国华，张向国，等. HIsmelt 熔融还原优化设计及生产实践 ［C］//2017 年全国高炉炼铁学术年会论文集. 2017：773-779.

［48］　曲迎霞，邢力勇，张立，等. 铁粉矿在 HIsarna 工艺中预还原行为的研究 ［J］. 材料与冶金学报，2017，16（01）：8-12.

［49］　Meijer K，Guenther C，Dry R J. HIsarna pilot plant project ［C］//METEC conference，Dusseldorf. 2011.

［50］　刘然，张智峰，刘小杰，等. 低碳绿色炼铁技术发展动态及展望 ［J］. 钢铁，2022（5）：1-10.

第四篇　氢能应用

氢能相关政策、标准

附表一 部分国家氢能政策梳理

序号	发布时间	发布单位	政策名称	涉氢内容	来源链接
1	2015 年 5 月	国务院	中国制造 2025	明确提出将新能源汽车作为重点发展领域，未来国家将继续支持电动汽车、燃料电池汽车的发展	http://www.gov.cn/zhengce/content/2015-05/19/content_9784.htm
2	2016 年 5 月	国务院	国家创新驱动发展战略纲要	提出要开发氢能、燃料电池等新一代能源技术	http://www.gov.cn/zhengce/2016-05/19/content_5074812.htm
3	2016 年 8 月	国务院	"十三五"国家科技创新规划	发展氢能燃料电池技术	https://www.ndrc.gov.cn/fggz/fzzlgh/gjjzxgh/201705/t20170504_1196731.html? code=&state=123
4	2016 年 12 月	国务院	"十三五"国家战略性新兴产业发展规划	开展燃料电池等领域新技术研究开发，系统推进燃料电池汽车研发与产业化	https://www.ndrc.gov.cn/fggz/fzzlgh/gjjzxgh/201705/t20170508_1196736.html? code=&state=123
5	2017 年 4 月	工信部、国家发改委、科技部	汽车产业中长期发展规划	加快新能源汽车技术研发及产业化，重点围绕燃料电池动力系统等技术	https://www.safea.gov.cn/xxgk/xinxifenlei/fdzdgknr/fgzc/gfxwj/gfxwj2017/201705/t20170517_132856.html
6	2017 年 6 月	科技部、交通运输部	"十三五"交通领域科技创新专项规划发布	燃料电池汽车核心专项技术深入开展电堆关键材料和部件的创新研究及产业化研发，加大燃料电池发动机辅助系统研发力度，重点突破空压机、氢循环泵等关键部件及其系统集成技术；优化升级燃料电池动力系统技术，重点突破高功率密度乘用车燃料电池发动机和长寿命商用车燃料电池发动机技术，燃料电池/动力电池混合动力集成控制与能量优化管理技术；实现燃料电池整车批量化生产，初步实现商业化	https://www.safea.gov.cn/xxgk/xinxifenlei/fdzdgknr/fgzc/gfxwj/gfxwj2017/201706/t20170601_133311.html
7	2019 年 3 月	国务院	2019 年政府工作报告	稳定汽车消费，继续执行新能源汽车购置优惠政策，推动充电、加氢等设施建设	http://www.gov.cn/premier/2019-03/16/content_5374314.htm
8	2019 年 11 月	国家发改委	产业结构调整指导目录（2019年本）	氢能技术开发、高效制氢、运氢、储氢及加氢站列入鼓励类第五条(新能源)；储氢材料列入鼓励类第九条第五项(有色金属)	http://www.gov.cn/xinwen/2019-11/06/content_5449193.htm

序号	发布时间	发布单位	政策名称	涉氢内容	来源链接
9	2020 年 4 月	国家能源局	中华人民共和国能源法（征求意见稿）	首次将氢能列入能源范畴，从法律层面明确了氢能的能源地位	http://www.nea.gov.cn/2020-04/210/c_138963212.htm
10	2020 年 9 月	财政部、工信部、科技部、发改委、国家能源局	关于开展燃料电池汽车示范应用的通知	对燃料电池汽车的购置补贴政策，调整为燃料电池汽车示范应用支持政策，对符合条件的城市群开展燃料电池汽车关键核心技术产业化攻关和示范应用给予奖励，形成布局合理、各有侧重、协同推进的燃料电池汽车发展新模式	http://www.gov.cn/zhengce/zhengceku/2020-10/22/content_5553246.htm
11	2020 年 11 月	工信部	新能源汽车产业发展规划（2021—2035 年）	燃料电池汽车实现商业化应用，氢燃料供给体系建设稳步推进；突破氢燃料电池汽车应用支撑技术等瓶颈；有序推进氢燃料供给体系建设	https://www.ndrc.gov.cn/fggz/fzzlgh/gjjzxgh/202111/t20211101_1302487.html
12	2020 年 12 月	发改委、商务部	鼓励外商投资产业目录（2020 年版）	氢能与燃料电池全产业链被纳入鼓励外商投资的范围	http://www.gov.cn/zhengce/zhengceku/2020-12/28/content_5574265.htm
13	2021 年 2 月	国务院	关于加快建立健全绿色低碳循环发展经济体系的指导意见	在推动氢能在能源体系绿色低碳转型中的应用、加强加氢等配套基础设施建设提出了要求	http://www.gov.cn/zhengce/content/2021-02/22/content_5588274.htm
14	2021 年 3 月	住建部	关于发布国家标准《加氢站技术规范》局部修订的公告	批准国家标准《加氢站技术规范》（GB 50516—2010）局部修订，自 2021 年 5 月 1 日起实施	https://www.mohurd.gov.cn/gongkai/zhengce/zhengcefilelib/202104/20210402_249677.html
15	2021 年 3 月	国务院	中华人民共和国国民经济和社会发展第十四个五年规划和 2035 年远景目标纲要	氢能正式被纳入"发展壮大战略性新兴产业"中，将赋予我国氢能发展更多的新任务和新机遇	http://www.gov.cn/xinwen/2021-03/13/content_5592681.htm?dt_platform=weibo&dt_dapp=1
16	2021 年 6 月	国家能源局	关于组织开展"十四五"第一批国家能源研发创新平台认定工作的通知	"十四五"第一批国家能源研发创新平台将氢能和燃料电池作为重要领域，反映了氢能在国家能源技术创新体系中的重要地位	http://www.nea.gov.cn/2021-06/25/c_1310027930.htm
17	2021 年 6 月	工信部	燃料电池汽车测试规范	明确了以下燃料电池汽车测试方法的标准规范：燃料电池系统额定功率测试方法、燃料电池系统质量功率密度测试方法、燃料电池堆体积功率密度测试方法、燃料电池系统低温冷起动测试方法、燃料电池汽车纯氢续驶里程	http://www.miit-eidc.org.cn/art/2021/6/11/art_1657_711.html
18	2021 年 8 月	财政部、工信部、科技部、发改委、国家能源局	关于启动燃料电池汽车示范应用工作的通知	北京市、上海市、广东省城市群将启动实施燃料电池汽车示范应用工作，示范期为 4 年。	https://mp.weixin.qq.com/s/mvRvzVb7sZjbmc7gu1o83A

序号	发布时间	发布单位	政策名称	涉氢内容	来源链接
19	2021年10月	国务院	2030年前碳达峰行动方案	积极扩大电力、氢能、天然气等新能源、清洁能源在交通运输领域应用；明确了氢能对实现碳达峰碳中和的重要意义	http://www.gov.cn/xinwen/2021-10/26/content_5645001.htm
20	2021年10月	发改委、生态环境部、工信部、科技部、财政部、住建部、交通运输部、农业农村部、商务部、市场监管总局	"十四五"全国清洁生产推行方案	提出通过绿氢炼化、氢能冶金等手段加快燃料原材料的清洁替代和清洁生产技术应用示范	https://www.ndrc.gov.cn/xxgk/zcfb/tz/202111/t20211109_1303467.html
21	2021年11月	中共中央国务院	关于深入打好污染防治攻坚战的意见	提出推动氢燃料电池汽车示范应用，建设油气电氢一体化综合交通能源服务站；稳步构建氢能产业体系，绿色氢能、低碳冶金等关键技术攻关	http://www.gov.cn/xinwen/2021-11/07/content_5649656.htm
22	2021年11月	工信部	"十四五"工业绿色发展规划	加快氢能技术创新和基础设施建设，推动氢能多元利用	https://www.gov.cn/zhengce/zhengceku/2021-12/03/5655701/files/4c8e11241e1046ee9159ab7dcad9ed44.pdf
23	2021年11月	国家能源局、科技部	"十四五"能源领域科技创新规划	攻克高效氢气制备、储运、加注和燃料电池关键技术，推动氢能与可再生能源融合发展	http://www.gov.cn/zhengce/zhengceku/2022-04/03/content_5683361.htm
24	2021年12月	财政部、工信部、科技部、发改委	关于2022年新能源汽车推广应用财政补贴政策的通知	保持技术指标体系稳定，坚持平缓补贴退坡力度	http://www.gov.cn/zhengce/zhengceku/2021-12/31/content_5665857.htm
25	2021年12月	国资委	关于推进中央企业高质量发展做好碳达峰碳中和工作的指导意见	在"构建清洁低碳安全高效能源体系"中提到，要加快推进化石能源清洁高效利用，如鼓励加气站建设油气电氢一体化综合交通能源服务站，在"强化绿色低碳技术科技攻关和创新应用"中提到，要深入开展绿色氢能技术攻关，加强示范验证和规模应用	http://www.sasac.gov.cn/n2588035/c22499825/content.html
26	2022年1月	工信部、住建部、交通运输部、农业农村部、国家能源局	智能光伏产业创新发展行动计划（2021—2025年）	推动光伏电站与抽水蓄能、电化学储能、飞轮储能等融合发展	https://www.miit.gov.cn/zwgk/zcwj/wjfb/tz/art/2022/art_de86b26087844ebab5e886e954ca1453.html

序号	发布时间	发布单位	政策名称	涉氢内容	来源链接
27	2022年1月	交通运输部	绿色交通"十四五"发展规划	在"主要任务"中的"实施工业领域碳达峰行动""加快能源消费低碳化转型""引导产品供给绿色化转型""构建绿色低碳技术体系"四大任务均提到了关于氢能的有关内容,包括:要加快氢能技术创新和基础设施建设,推动氢能多元利用,要发挥中央企业、大型企业集团示范引领作用,要鼓励氢能在钢铁、水泥、化工等行业的应用	https://xxgk.mot.gov.cn/2020/jigou/zhghs/202201/t20220121_3637584.html
28	2022年1月	发改委、工信部、住建部、商务部、市场监管总局、国管局、中直管理局	促进绿色消费实施方案	大力发展绿色交通消费;加强新型储能、加氢等配套基础设施建设	https://www.ndrc.gov.cn/xxgk/zcfb/tz/202201/t20220121_1312524.html? code=&state=123
29	2022年1月	国务院	"十四五"节能减排综合工作方案	交通物流节能减排工程;有序推进加氢等基础设施建设;提高城市公交、出租、物流、环卫清扫等车辆使用新能源汽车的比例	http://www.gov.cn/zhengce/content/2022-01-24/content_5670202.htm
30	2022年3月	发改委、国家能源局	"十四五"新型储能发展实施方案	拓展氢储能应用领域,重点示范可再生能源制氢长周期储能技术	https://www.ndrc.gov.cn/xwdt/tzgg/202203/t20220321_1319773.html? code=&state=123
31	2022年3月	国家能源局	2022年能源工作指导意见	探索氢能技术发展路线和商业化应用路径;加快新型储能、氢能等低碳零碳负碳重大关键技术研究;围绕新型储能、氢能和燃料电池等6大重点领域,增设若干创新平台	http://zfxxgk.nea.gov.cn/2022-03/17/c_1310534134.htm
32	2022年3月	发改委、国家能源局	"十四五"现代能源体系规划	强化储能、氢能等前沿科技攻关和创新示范,推动氢能全产业链技术发展和示范应用	https://www.ndrc.gov.cn/xxgk/zcfb/ghwb/202203/t20220322_1320016.html? code=&state=123
33	2022年3月	发改委	氢能产业发展中长期规划(2021—2035年)	一是明确了氢能的战略定位,指出氢能是未来国家能源体系的重要组成部分,是用能终端实现绿色低碳转型的重要载体,氢能产业是战略性新兴产业和未来产业重点发展方向;二是提出"清洁低碳"的基本原则,积极构建清洁化、低碳化、低成本的多元制氢体系,重点发展可再生能源制氢,严格控制化石能源制氢;三是提出可再生能源制氢相关目标,到2025年,可再生能源制氢量达到10万~20万吨/年,成为新增氢能消费的重要组成部分;到2030年,可再生能源制氢广泛应用	https://www.ndrc.gov.cn/xxgk/zcfb/ghwb/202203/t20220323_1320038.html? code=&state=123

序号	发布时间	发布单位	政策名称	涉氢内容	来源链接
34	2022年4月	工信部、发改委、科技部、生态环境部、应急部、国家能源局	关于"十四五"推动石化化工行业高质量发展的指导意见	鼓励石化化工企业因地制宜、合理有序开发利用"绿氢",推进炼化、煤化工与"绿电""绿氢"等产业耦合示范	https://www.miit.gov.cn/zwgk/zcwj/wjfb/yj/art/2022/art_4ef438217a4548cb98c2d7f4f091d72e.html
35	2022年4月	国务院	"十四五"国家安全生产规划	加快电化学储能、氢能等新兴领域安全生产标准制修订	https://www.mem.gov.cn/gk/zfxxgkpt/fdzdgknr/202204/t20220412_411518.shtml
36	2022年5月	财政部	财政支持做好碳达峰碳中和工作的意见	稳妥推动燃料电池汽车示范应用工作	http://zyhj.mof.gov.cn/zcfb/202205/t20220530_3814434.htm
37	2022年6月	发改委、国家能源局、财政部、自然资源部、生态环境部、住建部、农业农村部、中国气象局、国家林业和草原局	"十四五"可再生能源发展规划	推动可再生能源规模化制氢利用;开展规模化可再生能源制氢示范,打造规模化绿氢生产基地	https://www.ndrc.gov.cn/xxgk/zcfb/ghwb/202206/t20220601_1326719.html? code=&state=123
38	2022年6月	生态环境部、发改委、工信部、住建部、交通运输部、农业农村部、国家能源局	减污降碳协同增效实施方案	探索开展中重型电动、燃料电池货车示范应用和商业化运营	https://www.mee.gov.cn/xxgk2018/xxgk/xxgk03/202206/t20220617_985879.html
39	2022年8月	工信部、发改委、生态环境部	工业领域碳达峰实施方案	实施低碳零碳工业流程再造工程,研究实施氢冶金行动计划	https://www.miit.gov.cn/zwgk/zcwj/wjfb/tz/art/2022/art_df5995ad834740f5b29fd31c98534eea.html

序号	发布时间	发布单位	政策名称	涉氢内容	来源链接
40	2022年8月	交通运输部	绿色交通标准体系(2022年)	新能源与清洁能源应用:体系编号201.1.10氢燃料电池公共汽车配置要求;国家节能降碳相关标准;体系编号901.9 GB 50516—2010加氢站技术规范(2021年版)	https://xxgk.mot.gov.cn/2020/jigou/kjs/202208/t20220817_3666571.html
41	2022年8月	科技部、发改委、工信部、生态环境部、住建部、交通运输部、中国科学院、中国工程院、国家能源局	科技支撑碳达峰碳中和实施方案(2022—2030年)	重点研发可再生能源高效低成本制氢技术、大规模物理储氢和化学储氢技术、大规模及长距离管道输氢技术、氢能安全技术等	https://www.most.gov.cn/xxgk/xinxifenlei/fdzdgknr/qtwj/qtwj2022/202208/t20220817_181986.html
42	2022年10月	国家能源局	能源碳达峰碳中和标准化提升行动计划	加快完善氢能技术标准	http://www.nea.gov.cn/2022-10/09/c_1310668927.htm
43	2022年10月	市场监管总局、国家发改委、工信部、自然资源部、生态环境部、住建部、交通运输部、中国气象局、国家林业和草原局	建立健全碳达峰碳中和标准计量体系实施方案	建立覆盖制储输用等各环节的氢能标准体系;开展氢燃料品质和氢能检测及评价等基础通用标准制修订;氢能:做好氢能风险评价、氢密封、临氢材料等氢安全标准研制;推进可再生能源水电解制氢等绿氢制备标准制定,开展高压气态储氢和固态储氢系统、液氢储存容器等氢储存标准研制,推动管道输氢(掺氢)、中长距离运氢技术和装备等氢输运标准制定,完善加氢机、加注协议、加氢站用氢气阀门、氢气压缩机等氢加注标准,研制相关的标准样品。燃料电池:开展质子交换膜燃料电池及关键零部件标准制修订;面向道路和非道路交通、铁路、船舶、航空等应用场景开展燃料电池应用系统标准制定;研究固体氧化物燃料电池、甲醇燃料电池、聚合物燃料电池、融熔盐燃料电池等新型燃料电池标准	https://www.gov.cn/zhengce/zhengceku/2022-11/01/content_5723071.htm
44	2022年12月	中共中央国务院	扩大内需战略规划纲要(2022—2035年)	在氢能方面指出:释放出行消费潜力;优化城市交通网络布局,大力发展智慧交通;推动汽车消费由购买管理向使用管理转变,推进汽车电动化、网联化、智能化,加强充电桩、加氢站等配套设施建设	http://www.gov.cn/xinwen/2022-12/14/content_5732067.htm

序号	发布时间	发布单位	政策名称	涉氢内容	来源链接
45	2022 年 12 月	国务院	"十四五"现代物流发展规划	指出加强货运车辆适用的充电桩、加氢站及内河船舶适用的岸电设施建设，在运输、仓储、配送等环节积极扩大氢能等清洁能源应用，加快建立天然气、氢能等清洁能源供应和加注体系	http://www.gov.cn/zhengce/content/2022-12/15/content_5732092.htm
46	2022 年 12 月	工信部、发改委、住建部、水利部	关于深入推进黄河流域工业绿色发展的指导意见	提到：鼓励氢能等替代能源在钢铁、水泥、化工等行业的应用；有序推动山西、内蒙古、河南、四川、陕西、宁夏等省、区绿氢生产，加快煤炭减量替代，稳慎有序布局氢能产业化应用示范项目，推动宁东可再生能源制氢与现代煤化工产业耦合发展	http://www.gov.cn/zhengce/zhengceku/2022-12/13/content_5731663.htm
47	2023 年 1 月	国家能源局	新型电力系统发展蓝皮书（征求意见稿）	新型电力系统"三步走"发展路径；氢能在路径中承担重任	http://zfxxgk.nea.gov.cn/2023-01/04/c_1310688702.htm
48	2023 年 1 月	商务部	成都市服务业扩大开放综合试点总体方案	电力等能源服务领域试点任务包括：推动清洁能源高效运用，出台社会资本投资标准充换电、储加氢设施建设激励政策	http://www.mofcom.gov.cn/zfxxgk/article/gkml/202301/20230103378407.shtml
49	2023 年 1 月	商务部	南京市服务业扩大开放综合试点总体方案	加快新一代人工智能、量子信息、区块链、基因细胞、脑科学与类脑科学、氢能与储能等领域前瞻性布局，支持企业瞄准关键核心技术开展联合攻关	http://www.mofcom.gov.cn/zfxxgk/article/gkml/202301/20230103378387.shtml
50	2023 年 1 月	工信部、教育部、科技部、中国人民银行、中国银行保险监督管理委员会、国家能源局	关于推动能源电子产业发展的指导意见	针对安全经济的新型储能电池进行开发，在氢储能/燃料电池领域，要加快高效制氢技术攻关，推进储氢材料、储氢容器和车载储氢系统等研发；支持制氢、储氢、燃氢等系统集成技术开发及应用	http://www.gov.cn/zhengce/zhengceku/2023-01/17/content_5737584.htm
51	2023 年 1 月	国务院	《新时代的中国绿色发展》白皮书	提出：推动能源绿色低碳发展，大力发展非化石能源，坚持创新引领，积极发展氢能源	http://www.scio.gov.cn/zfbps/ndhf/49551/202303/t20230320_707652.html
52	2022 年 12 月	国家标准化管理委员会	GB/T 29729—2022 氢系统安全的基本要求	该项标准针对氢系统中的危险因素，分类介绍了泄漏和渗漏、与燃烧、压力、温度有关的危险因素、与固态储氢有关的危险因素、生理危害等；同时，从基本原则、设计风险控制、氢设施要求、检测要求、火灾和爆炸风险控制、操作要求、突发事件等方面规定氢系统风险控制的相关要求	https://std.samr.gov.cn/gb/search/gbDetailed?id=F159DFC2A7B847EFE05397BE0A0AF334
53	2023 年 2 月	国家标准化管理委员会	2023 年国家标准立项指南	2023 年重点支持关键基础材料等领域和方向推荐性国家标准制定，包括储氢材料等标准	https://www.sac.gov.cn/xw/tzgg/art/2023/art_1b02a550ed814bc688da0eb8eb0c3d8a.html

序号	发布时间	发布单位	政策名称	涉氢内容	来源链接
54	2023 年 3 月	国家能源局综合司	2023 年能源行业标准计划立项指南	2023 年氢能领域设置了专项标准立项计划,包括基础与安全、氢制备、氢储存和输运、氢加注、氢能应用和其他方面的规划	http://www.gov.cn/zhengce/zhengceku/2023-03/16/content_5747034.htm

附表二　地方氢能政策梳理

序号	发布时间	发布单位	政策名称	来源链接
1	2017 年 12 月	云浮市人民政府办公室	云浮市推进落实氢能产业发展和推广应用工作方案	https://www.yunfu.gov.cn/yfsrmzf/jcxxgk/zcfg/zfwj/content/post_3999.html
2	2018 年 5 月	上海市科学技术委员会、上海市发展和改革委员会、上海市经济和信息化委员会、上海市财政局	上海市燃料电池汽车推广应用财政补助方案	https://stcsm.sh.gov.cn/zwgk/kjzc/zcwj/kwzcxwj/20180521/0016-147896.html
3	2018 年 11 月	佛山市人民政府	佛山市氢能源产业发展规划(2018—2030 年)	http://www.foshan.gov.cn/zwgk/zfgb/szfhj/content/post_1738589.html
4	2019 年 1 月	佛山市南海区人民政府办公室	佛山市南海区促进加氢站建设运营及氢能源车辆运行扶持办法	http://www.nanhai.gov.cn/fsnhq/zwgk/fggw/zfwj/content/post_3594442.html
5	2019 年 8 月	成都市人民政府	成都市氢能产业发展规划(2019—2023 年)	https://www.sc.gov.cn/10462/10464/10465/10595/2019/8/6/cd94bb4ccd8d45aa973b54a3ffa87894.shtml
6	2019 年 8 月	江苏省工信厅、省发改委、省科技厅	江苏省氢燃料电池汽车产业发展行动规划	http://www.jiangsu.gov.cn/art/2019/8/30/art_32648_8743774.html
7	2020 年 6 月	山东省人民政府	山东省氢能产业中长期发展规划(2020—2030 年)	http://www.shandong.gov.cn/art/2020/6/24/art_107851_107610.html
8	2020 年 7 月	广州市发展和改革委员会	广州市氢能产业发展规划(2019—2030 年)	http://fgw.gz.gov.cn/gkmlpt/content/6/6477/mpost_6477212.html#481
9	2020 年 7 月	河北省发改委	河北省氢能产业链集群化发展三年行动计划(2020—2022 年)	https://hbdrc.hebei.gov.cn/nsjg/snyj/nyjyhzbc/gzdt_901/202309/t20230906_76159.html
10	2020 年 9 月	广东省市场监督管理局、广东省发展和改革委员会、广东省工业和信息化厅、广东省住房和城乡建设厅、广东省应急管理厅	广东省氢燃料电池汽车标准体系与规划路线图(2020—2024 年)	http://amr.gd.gov.cn/gkmlpt/content/3/3086/post_3086069.html#2953

序号	发布时间	发布单位	政策名称	来源链接
11	2020 年 9 月	佛山市发展和改革局、佛山市财政局	佛山市燃料电池汽车市级财政补贴资金管理办法	http://www.foshan.gov.cn/zwgk/zcwj/gfxwj/bmgfxwj/content/post_4498617.html
12	2020 年 9 月	四川省经济和信息化厅	四川省氢能产业发展规划（2021—2025 年）	https://jxt.sc.gov.cn/scjxt/wjfb/2020/9/21/12979ab0d1cf41b18489d7d9559e4abf/files/5003e8e593654d8996601b267bffbbca.pdf
13	2020 年 10 月	北京市经济和信息化局	北京市氢燃料电池汽车产业发展规划（2020—2025 年）	http://jxj.beijing.gov.cn/jxdt/tzgg/202010/P02020103035190721 5253.pdf
14	2020 年 11 月	广东省发展改革委、广东省科学技术厅、广东省工业和信息化厅、广东省财政厅、广东省住房和城乡建设厅、广东省应急管理厅、广东省市场监管局	广东省加快氢燃料电池汽车产业发展实施方案	http://www.caam.org.cn/policySearch/con_5232372.html
15	2020 年 11 月	佛山市发展和改革局、佛山市财政局	佛山市燃料电池汽车市级财政补贴资金管理办法	https://www.foshan.gov.cn/zwgk/zcwj/gfxwj/bmgfxwj/content/post_4498617.html
16	2021 年 3 月	成都市交通运输局	成都市加氢站建设运营管理办法（试行）	http://jtt.sc.gov.cn/jtt/c101586/2021/3/23/d6f57b68b7574047a9bb09e79ec67062.shtml
17	2021 年 6 月	广州市黄埔区发展和改革局、广州开发区发展和改革局	广州市黄埔区发展和改革局广州开发区发展和改革局促进氢能产业发展办法实施细则	http://www.hp.gov.cn/tzcy/yszcjd/tpjd/content/post_8177307.html
18	2021 年 7 月	河北省发改委	河北省氢能产业发展"十四五"规划	https://hbdrc.hebei.gov.cn/nsjg/snyj/nyjyhzbc/gzdt_901/202309/t20230906_76153.html
19	2021 年 8 月	北京市经济和信息化局	北京市氢能产业发展实施方案（2021—2025 年）	http://www.beijing.gov.cn/zhengce/zhengcefagui/202108/t20210817_2469561.html
20	2021 年 9 月	淄博市人民政府	《关于进一步鼓励氢能产业发展的意见》《关于支持氢能产业发展的若干政策》	http://www.zibo.gov.cn/gongkai/site_srmzfbgs/channel_shifubanwenjian/doc_614d38da8bc4f553576c1855.html
21	2021 年 11 月	唐山市人民政府	唐山市氢能产业发展规划（2021—2025）	http://new.tangshan.gov.cn/u/cms/zhengwu/202111/02171919cfjy.pdf
22	2021 年 12 月	深圳市发展和改革委员会	深圳市氢能产业发展规划（2021—2025 年）	http://fgw.sz.gov.cn/zwgk/qt/tzgg/content/post_9459760.html
23	2022 年 1 月	上海市住房和城乡建设管理委员会	上海市燃料电池汽车加氢站建设运营管理办法	https://zjw.sh.gov.cn/jsgl/20220706/72ac663916d54f4dad4eacb9d61e9060.html

序号	发布时间	发布单位	政策名称	来源链接
24	2022 年 3 月	安徽省发展和改革委员会、安徽省能源局	安徽省氢能产业发展中长期规划	https://www.ah.gov.cn/public/1681/554184001.html
25	2022 年 3 月	新乡市人民政府办公室	《新乡市加氢站运营管理办法(试行)》《新乡市燃料电池汽车运营管理办法(试行)》	http://wjbb.sft.henan.gov.cn/upload/HNGC/2022/04/14/20220414160710288.pdf
26	2022 年 4 月	东莞市发展和改革局	东莞市加氢站"十四五"发展规划(2021—2025 年)	http://www.china-nengyuan.com/news/182071.html
27	2022 年 5 月	广州市城市管理和综合执法局	广州市加氢站管理暂行办法	https://www.gz.gov.cn/gfxwj/sbmgfxwj/gzscsglhzhzfj/content/post_8274575.html
28	2022 年 6 月	上海市发展改革委、市科委、市经济信息化委、市规划资源局、市住房城乡和建设管理委、市交通委、市应急局、市市场监管局	上海市氢能产业发展中长期规划(2022—2035 年)	https://www.shanghai.gov.cn/gwk/search/content/f380fb95c7c54778a0ef1c4a4e67d0ea
29	2022 年 6 月	攀枝花市发展改革委	攀枝花市氢能产业示范城市发展规划(2021—2030)	http://www.qgj.panzhihua.gov.cn/uploadfiles/202309/05/20230905090063933508808.pdf
30	2022 年 7 月	张家口市人民政府办公室	张家口市支持建设燃料电池汽车示范城市的若干措施	https://www.zjk.gov.cn/content/zcjd/174189.html
31	2022 年 7 月	陕西省发展和改革委员会	《陕西省"十四五"氢能产业发展规划》《陕西省氢能产业发展三年行动方案(2022—2024 年)》《陕西省促进氢能产业发展的若干政策措施》	http://sndrc.shaanxi.gov.cn/zcfg/I7rI7j.htm
32	2022 年 7 月	贵州省工信厅、发改委、科技厅、能源局	贵州省"十四五"氢能产业发展规划	https://www.guizhou.gov.cn/zwgk/zfgb/gzszfgb/202207/t20220720_75589075.html
33	2022 年 8 月	广东省发展和改革委员会	广东省加快建设燃料电池汽车示范城市群行动计划(2022—2025 年)	https://www.huizhou.gov.cn/hznyxmj/gkmlpt/content/4/4834/mpost_4834141.html#1091
34	2022 年 8 月	淄博市人民政府	淄博市氢能产业发展中长期规划(2022—2030 年)	http://www.zibo.gov.cn/gongkai/site_srmzfbgs/channel_shifubanwenjian/doc_6305711e063b00d4ea4ee491.html
35	2022 年 8 月	辽宁省发展和改革委员会	辽宁省氢能产业发展规划(2021—2025 年)	https://fgw.ln.gov.cn/fgw/index/fgfb/2022090617360762363/index.shtml
36	2022 年 8 月	郑州市人民政府	郑州市汽车加氢站管理暂行办法	https://public.zhengzhou.gov.cn/D0104X/6597052.jhtml
37	2022 年 9 月	河南省人民政府办公厅	河南省氢能产业发展中长期规划(2022—2035 年)	https://www.henan.gov.cn/2022/09-06/2602465.html

序号	发布时间	发布单位	政策名称	来源链接
38	2022 年 9 月	广州市发展和改革委员会	广州市氢能基础设施发展规划（2021—2030 年）	http://fgw.gz.gov.cn/tzgg/content/post_8576930.html
39	2022 年 10 月	山西省发展和改革委员会、省工业和信息化厅、省能源局	山西省氢能产业发展中长期规划（2022—2035 年）	http://www.shanxi.gov.cn/ywdt/sxyw/202210/t20221015_7261474.shtml
40	2022 年 11 月	中山市发展和改革局	中山市氢能产业发展规划（2022—2025 年）	http://www.zs.gov.cn/zsfgj/attachment/0/446/446545/2179361.pdf? eqid=c636389c0002674800000000464702c81
41	2022 年 11 月	湖南省发展和改革委员会、湖南省能源局	湖南省氢能产业发展规划	http://fgw.hunan.gov.cn/fgw/xxgk_70899/gzdtf/gzdt/202211/t20221118_29130707.html
42	2022 年 11 月	北京市城市管理委员会	北京市氢燃料电池汽车车用加氢站发展规划（2021—2025 年）	http://www.beijing.gov.cn/zhengce/gfxwj/202211/t20221125_2865746.html
43	2022 年 11 月	宁夏回族自治区发展改革委	宁夏回族自治区氢能产业发展规划	http://fzggw.nx.gov.cn/tzgg/202211/t20221111_3839097.html
44	2022 年 12 月	福建省发展和改革委员会	福建省氢能产业发展行动计划（2022—2025 年）	http://fgw.fujian.gov.cn/zfxxgkzl/zfxxgkml/ghjh/202212/t20221221_6082573.htm

附表三 国际标准化组织（ISO）氢能技术标准

氢能

序号	标准号	名称
1	ISO 13984：1999	Liquid hydrogen—Land vehicle fuelling system interface
2	ISO 13985：2006	Liquid hydrogen—Land vehicle fuel tanks
3	ISO 14687：2019	Hydrogen fuel quality—Product specification
4	ISO/TR 15916：2015	Basic considerations for the safety of hydrogen systems
5	ISO 16110-1：2007	Hydrogen generators using fuel processing technologies—Part 1：Safety
6	ISO 16110-2：2010	Hydrogen generators using fuel processing technologies—Part 2：Test methods for performance
7	ISO 17268：2020	Gaseous hydrogen land vehicle refuelling connection devices
8	ISO 19880-1：2020	Gaseous hydrogen—Fuelling stations—Part 1：General requirements
9	ISO 19880-5：2019	Gaseous hydrogen—Fuelling stations—Part 5：Dispenser hoses and hose assemblies
10	ISO 19880-8：2019	Gaseous hydrogen—Fuelling stations—Part 8：Fuel quality control
11	ISO 19880-8：2019/Amd 1：2021	Gaseous hydrogen—Fuelling stations—Part 8：Fuel quality control—Amendment 1：Alignment with Grade D of ISO 14687
12	ISO 19882：2018	Gaseous hydrogen—Thermally activated pressure relief devices for compressed hydrogen vehicle fuel containers
13	ISO/TS 19883：2017	Safety of pressure swing adsorption systems for hydrogen separation and purification

续表

序号	标准号	名称
14	ISO 22734:2019	Hydrogen generators using water electrolysis—Industrial, commercial, and residential applications
15	ISO 26142:2010	Hydrogen detection apparatus—Stationary applications
16	ISO 19880-9:2024	Gaseous hydrogen—Fuelling stations—Part 9:Sampling for fuel quality analysis
17	ISO 19885-1:2024	Gaseous hydrogen—Fuelling protocols for hydrogen-fuelled vehicles—Part 1:Design and development process for fuelling protocols

储运加

序号	标准号	名称
1	ISO 11114-1:2020	Gas cylinders—Compatibility of cylinder and valve materials with gas contents—Part 1:Metallic materials
2	ISO 11114-2:2021	Gas cylinders—Compatibility of cylinder and valve materials with gas contents—Part 2:Non-metallic materials
3	ISO 11114-4:2017	Transportable gas cylinders—Compatibility of cylinder and valve materials with gas contents—Part 4:Test methods for selecting steels resistant to hydrogen embrittlement
4	ISO 11119-1:2020	Gas cylinders— Design, construction and testing of refillable composite gas cylinders and tubes—Part 1:Hoop wrapped fibre reinforced composite gas cylinders and tubes up to 450 l
5	ISO 11119-2:2020	Gas cylinders— Design, construction and testing of refillable composite gas cylinders and tubes—Part 2:Fully wrapped fibre reinforced composite gas cylinders and tubes up to 450 l with load-sharing metal liners
6	ISO 11119-3:2020	Gas cylinders— Design, construction and testing of refillable composite gas cylinders and tubes—Part 3:Fully wrapped fibre reinforced composite gas cylinders and tubes up to 450 l with non-load-sharing metallic or non-metallic liners or without liners
7	ISO 11120:2015	Gas cylinders— Refillable seamless steel tubes of water capacity between 150 l and 3000 l—Design, construction and testing
8	ISO 11515:2022	Gas cylinders— Refillable composite reinforced tubes of water capacity between 450 l and 3000 l—Design, construction and testing
9	ISO DIS 15869	Gaseous hydrogen and hydrogen blends—Land vehicle fuel tanks
10	ISO 16111:2018	Transportable gas storage devices—Hydrogen absorbed in reversible metal hydride
11	ISO 19880-3:2018	Gaseous hydrogen—Fuelling stations—Part 3:Valves
12	ISO 19881:2018	Gaseous hydrogen—Land vehicle fuel containers
13	ISO 20816	Mechanical vibration—Measurement and evaluation of machine vibration
14	ISO 21013-3:2016	Cryogenic vessels— Pressure-relief accessories for cryogenic service—Part 3:Sizing and capacity determination
15	ISO 28921-1:2022	Industrial valves—Isolating valves for low-temperature applications—Part 1:Design manufacturing and production testing

附表四 国际电工委员会 (IEC) 氢能技术标准

序号	标准号	版本号	发布日期	名称	语言
1	IEC 62282-2-100:2020	Edition 1.0	2020-05-07	Fuel cell technologies—Part 2-100:Fuel cell modules—Safety	EN-FR
2	IEC 62282-3-100:2019 RLV	Edition 2.0	2019-02-12	Fuel cell technologies—Part 3-100: Stationary fuel cell power systems—Safety	EN
3	IEC 62282-3-100:2019	Edition 2.0	2019-02-12	Fuel cell technologies—Part 3-100: Stationary fuel cell power systems—Safety	EN-FR
4	IEC 62282-3-200:2015	Edition 2.0	2015-11-19	Fuel cell technologies—Part 3-200: Stationary fuel cell power systems—Performance test methods	EN-FR
5	IEC 62282-3-201:2017＋AMD1:2022 CSV	Edition 2.1	2022-02-03	Fuel cell technologies—Part 3-201: Stationary fuel cell power systems—Performance test methods for small fuel cell power systems	EN-FR
6	IEC 62282-3-201:2017	Edition 2.0	2017-08-10	Fuel cell technologies—Part 3-201: Stationary fuel cell power systems—Performance test methods for small fuel cell power systems	EN-FR
7	IEC 62282-3-201:2017/AMD1:2022	Edition 2.0	2022-02-03	Amendment 1—Fuel cell technologies—Part 3-201: Stationary fuel cell power systems—Performance test methods for small fuel cell power systems	EN-FR
8	IEC 62282-3-300:2012	Edition 1.0	2012-06-14	Fuel cell technologies—Part 3-300: Stationary fuel cell power systems—Installation	EN-FR,ES
9	IEC 62282-3-400:2016	Edition 1.0	2016-11-16	Fuel cell technologies—Part 3-400: Stationary fuel cell power systems—Small stationary fuel cell power system with combined heat and power output	EN-FR
10	IEC 62282-4-101:2022 RLV	Edition 2.0	2022-08-11	Fuel cell technologies—Part 4-101:Fuel cell power systems for electrically powered industrial trucks—Safety	EN
11	IEC 62282-4-101:2022	Edition 2.0	2022-08-11	Fuel cell technologies—Part 4-101:Fuel cell power systems for electrically powered industrial trucks—Safety	EN-FR
12	IEC 62282-4-102:2022	Edition 2.0	2022-12-20	Fuel cell technologies—Part 4-102:Fuel cell power systems for electrically powered industrial trucks—Performance test methods	EN-FR
13	IEC 62282-4-102:2022 RLV	Edition 2.0	2022-12-20	Fuel cell technologies—Part 4-102:Fuel cell power systems for electrically powered industrial trucks—Performance test methods	EN

序号	标准号	版本号	发布日期	名称	语言
14	IEC 62282-4-600：2022	Edition 1.0	2022-08-12	Fuel cell technologies—Part 4-600：Fuel cell power systems for propulsion other than road vehicles and auxiliary power units（APU）—Fuel cell/battery hybrid systems performance test methods for excavators	EN-FR
15	IEC 62282-5-100：2018	Edition 1.0	2018-04-12	Fuel cell technologies—Part 5-100：Portable fuel cell power systems—Safety	EN-FR
16	IEC 62282-6-100：2010＋AMD1：2012 CSV	Edition 1.1	2012-10-14	Fuel cell technologies—Part 6-100：Micro fuel cell power systems—Safety	EN-FR,EN
17	IEC 62282-6-100：2010	Edition 1.0	2010-03-03	Fuel cell technologies—Part 6-100：Micro fuel cell power systems—Safety	EN-FR,EN
18	IEC 62282-6-100：2010/COR1：2011	Edition 1.0	2011-12-16	Corrigendum 1-Fuel cell technologies—Part 6-100：Micro fuel cell power systems—Safety	EN
19	IEC 62282-6-100：2010/AMD1：2012	Edition 1.0	2012-10-12	Amendment 1-Fuel cell technologies—Part 6-100：Micro fuel cell power systems—Safety	EN-FR,EN
20	IEC PAS 62282-6-150：2011	Edition 1.0	2011-04-21	Fuel cell technologies—Part 6-150：Micro fuel cell power systems—Safety—Water reactive（UN Devision 4.3）compounds in indirect PEM fuel cells	EN
21	IEC 62282-6-200：2016	Edition 3.0	2016-09-22	Fuel cell technologies—Part 6-200：Micro fuel cell power systems—Performance test methods	EN-FR
22	IEC 62282-6-300：2012	Edition 2.0	2012-12-13	Fuel cell technologies—Part 6-300：Micro fuel cell power systems—Fuel cartridge interchangeability	EN-FR,ES
23	IEC 62282-6-400：2019	Edition 1.0	2019-05-22	Fuel cell technologies—Part 6-400：Micro fuel cell power systems—Power and data interchangeability	EN-FR
24	IEC TS 62282-7-1：2017	Edition 2.0	2017-01-27	Fuel cell technologies—Part 7-1：Test methods—Single cell performance tests for polymer electrolyte fuel cells(PEFC)	EN
25	IEC 62282-7-2：2021	Edition 1.0	2021-05-21	Fuel cell technologies—Part 7-2：Test methods—Single cell and stack performance tests for solid oxide fuel cells(SOFCs)	EN-FR,EN
26	IEC 62282-8-101：2020	Edition 1.0	2020-02-18	Fuel cell technologies—Part 8-101：Energy storage systems using fuel cell modules in reverse mode—Test procedures for the performance of solid oxide single cells and stacks,including reversible operation	EN-FR
27	IEC 62282-8-102：2019	Edition 1.0	2019-12-13	Fuel cell technologies—Part 8-102：Energy storage systems using fuel cell modules in reverse mode—Test procedures for the performance of single cells and stacks with proton exchange membrane,including reversible operation	EN-FR

序号	标准号	版本号	发布日期	名称	语言
28	IEC 62282-8-201:2020	Edition 1.0	2020-01-10	Fuel cell technologies—Part 8-201:Energy storage systems using fuel cell modules in reverse mode—Test procedures for the performance of power-to-power systems	EN-FR
29	IEC TS 62282-9-101:2020	Edition 1.0	2020-10-27	Fuel cell technologies—Part 9-101: Evaluation methodology for the environmental performance of fuel cell power systems based on life cycle thinking—Streamlined life-cycle considered environmental performance characterization of stationary fuel cell combined heat and power systems for residential applications	EN
30	IEC TS 62282-9-102:2021	Edition 1.0	2021-01-14	Fuel cell technologies—Part 9-102:Evaluation methodology for the environmental performance of fuel cell power systems based on life cycle thinking—Product category rules for environmental product declarations of stationary fuel cell power systems and alternative systems for residential applications	EN
31	IEC 62282-2-100:2020/COR1:2023	Edition 1.0	2023-11-15	Corrigendum 1—Fuel cell technologies—Part 2-100:Fuel cell modules-Safety	EN-FR
32	IEC 62282-4-202:2023	Edition 1.0	2023-10-17	Fuel cell technologies—Part 4-202:Fuel cell power systems for propulsion and auxiliary power units—Unmanned aircrafts—Performance test methods	EN-FR
33	IEC 62282-6-101:2024	Edition 1.0	2024-02-16	Fuel cell technologies—Part 6-101:Micro fuel cell power systems—Safety—General requirements	EN-FR
34	IEC 62282-6-106:2024	Edition 1.0	2024-02-16	Fuel cell technologies—Part 6-106:Micro fuel cell power systems—Safety—Indirect Class 8 (corrosive) compounds	EN-FR
35	IEC 62282-6-107:2024	Edition 1.0	2024-04-05	Fuel cell technologies—Part 6-107:Micro fuel cell power systems—Safety—Indirect water-reactive (Division 4.3) compounds	EN-FR
36	IEC 62282-8-201:2024	Edition 2.0	2024-07-10	Fuel cell technologies—Part 8-201:Energy storage systems using fuel cell modules in reverse mode-Test procedures for the performance of power-to-power systems	EN-FR
37	IEC 62282-8-301:2023	Edition 1.0	2023-05-23	Fuel cell technologies—Part 8-301:Energy storage systems using fuel cell modules in reverse mode—Power-to-methane energy systems based on solid oxide cells including reversible operation—Performance test methods	EN-FR

附表五　美国氢能技术标准及规程

氢能

序号	标准号	标准名称
1	ANSI/AIAA G-095A-2017	Guide to safety of hydrogen and hydrogen systems
2	ANSI/CSA America FC 3-2004(R2017)	Portable fuel cell power systems
3	ANSI/CSA HGV4.10-2012 (R2019)	Standard for fitting for compressed hydrogen gas and hydrogen rich gas mixture
4	ANSI/CSA HGV4.2-2013(R2019)	Hoses for compressed hydrogen fuel stations, dispensers and vehicle fuel systems
5	ANSI/CSA HGV4.4-2013(R2018)	Breakaway devices for compressed hydrogen dispensing hoses and systems
6	ANSI/CSA HGV4.6-2013(R2018)	Manually operated valves for use in gaseous hydrogen vehicles fueling stations
7	ANSI/CSA HGV4.7-2013 (R2018)	Automatic valves for use in gaseous hydrogen vehicles fueling stations
8	ANSI/CSA：HGV4.8-2012 (R2018)	Hydrogen gas vehicle fueling station compressor guidelines
9	CSA/ANSI HGV 4.1-2020	Hydrogen—Dispensing Systems.
10	ANSI/NACE TM0284-2016	Evaluation of pipeline and pressure vessel steels for resistance to hydrogen—Induced cracking
11	CSA ANSI HPRD 1-2013 (R2018)	Thermally activated pressure relief devices for compressed hydrogen vehicle fuel containers
12	ASME PTC50-2002(R2019)	Fuel call power systems performance
13	ASME STP-PT017-2008	Properties for composite materials hydrogen Services
14	CSA C22.2 No.62282-3-100-15 (R2020)	Fuel cell technologies—Part3-100：Stationary fuel cell power systems—Safety
15	CAN/CSA C22.2 No.62282-2-2018	Fuel cell technologies—Part2：Fuel cell modules
16	CSA B51-14(R2019)	Boiler, pressure vessel, and pressure piping code
17	NFPA 2-2020	Hydrogen technologies code
18	NPPA 853-2020	Standard for the installation of stationary fuel cell power systems
19	UL 2267 Ed. 3-2020	Standard for fuel cell power systems for installation in industrial electric trucks
20	CSA ANSI/CSA FC 1-2014 (R2018)	Fuel cell technologies—Part 3-100：Stationary fuel cell power systems—Safety (Adopted IEC 62282-3-100：12, first edition, 2012-02 with U. S. deviations)
21	CGA H-5-2014	Standard for bulk hydrogen Supply Systems
22	UL 2265A Ed. 2-2018	Outline of investigation for micro fuel cell power systems using direct methanol fuel cell technology
23	SAE J 3219-2022	Hydrogen fuel quality screening test of chemicals for fuel cell vehicles
24	SAE J 3121-2022	Hydrogen vehicle crash test lab safety guidelines
25	SAE AMS-S-8802E-2019	Sealing compound, fuel resistant, integral fuel tanks and fuel cell cavities
26	SAE J 2574-2002	Fuel cell vehicle terminology

序号	标准号	标准名称
27	SAE J 2594-2023	Recommended practice to design for recycling proton exchange membrane (PEM) fuel cell systems
28	SAE J 2615-2011	Testing performance of fuel cell systems for automotive applications

储运加

序号	标准号	标准名称
1	ASME Ⅷ-3-2021	ASME boiler and pressure vessel code an international code Ⅷ division 3 rules for construction of high pressure vessels
2	ASME BPVC Ⅷ-3 KD-10-2021	Article KD-10 special requirements for vessels in hydrogen service
3	ASME B31 CASES-2018	Code cases of the ASME B31 code for pressure piping
4	ANSI/ASME B31. 1-2022	Power piping
5	ANSI/ASME B31. 3-2022	Process piping
6	ASME B31. 12—2023	Hydrogen piping and pipelines
7	ANSI/CSA CHMC 1-2014 (R2023)	Test methods for evaluating material compatibility hydrogen applications— Metals
8	ANSI/API 618-2008	Reciprocating compressors for petroleum, chemical, and gas industry services
9	ANSI/API SPEC 6A	Specification for wellhead and tree equipment
10	ASTM E1681-03-2020	Standard test method for determining threshold stress intensity factor for environment—assisted cracking of metallic materials
11	ASTM F1459-06-2017	Standard test method for determination of the susceptibility of metallic materials to hydrogen gas embrittlement(HGE)
12	ASTM F1624-12-2018	Standard test method for measurement of hydrogen embrittlement threshold in steel by the incremental step loading technique
13	ASTM F519-2018	Standard test method for mechanical hydrogen embrittlement evaluation of plating processes and service environment
14	ASTM G129-2021	Standard practice for slow strain rate testing to evaluate the susceptibility of metallic materials to environmentally assisted cracking
15	ASTM G142-98-2016	Standard test method for determination of susceptibility of metals to embrittlement in hydrogen containing environments at high pressure, high temperature, or both
16	API RP 505-2018	Recommended practice for classification of locations for electrical installations at petroleum facilities classified as class i, zone 0, zone 1, and zone 2
17	API SPEC 5L-2012	Specification for line pipe
18	AIGA 033/06-2006	Hydrogen transportation pipelines
19	AIGA 033/14-2006	Hydrogen pipeline systems
20	CGA G-5. 5-2014	Hydrogen vent systems
21	CGA G-5. 6-2005	Hydrogen pipeline systems
22	CGA H-3-2019	Cryogenic hydrogen storage
23	CGA H-4-2020	Terminology associated with hydrogen fuel technologies—3rd edition

序号	标准号	标准名称
24	ANSI/CGA H-5-2020	bulk hydrogen supply systems—third edition
25	CGA S-1. 2-2019	Pressure relief device standards—Part 2—Portable containers for compressed gases
26	DOT CFFC-2007	Basic requirements for fully wrapped carbon-fiber reinforced aluminum lined cylinders
27	NFPA 2-2020	Hydrogen technologies code code
28	SAE J 2578-2023	Recommended practice for general fuel cell vehicle safety
29	SAE J 2579-2023	Standard for fuel systems in fuel cell and other hydrogen vehicles
30	SAE J 2601-2020	Fueling protocols for light duty gaseous hydrogen surface vehicles
31	SAE J 2601-2-2013	Fueling protocol for gaseous hydrogen powered heavy duty vehicles
32	SAE J 2601-3-2022	Fueling protocol for gaseous hydrogen powered industrial trucks
33	SAE J 2719-2020	Hydrogen fuel quality for fuel cell vehicles
34	SAE J 2799-2019	Hydrogen surface vehicle to station communications hardware and software

附表六　日本氢能技术标准

序号	标准号	标准名称
1	JIS R 1761：2016	Testing method for gas permeability of porous ceramics using solid oxide fuel cell
2	JIS H 7003：2007	Glossary of terms used in hydrogen absorbing alloys
3	JIS H 7201：2007	Method for measurement of pressure-composition-temperature(PCT) relations of hydrogen absorbing alloys
4	JIS H 7202：2007	Method for measurement of hydrogen absorption/desorption reaction rate of hydrogen absorbing alloys
5	JIS H 7203：2007	Method for measurement of hydrogen absorption/desorption cycle characteristic of hydrogen absorbing alloys
6	JIS H 7204：1995	Method for measuring the heat of hydriding reaction of hydrogen absorbing alloy
7	JIS H 7205：2003	Method of measuring discharge capacity of hydrogen absorbing alloy for a negative electrode of a rechargeable nickel-metal hydride battery
8	JIS B 8576：2016	Hydrogen metering system for motor vehicle
9	JIS C 8800：2008	Glossary of terms for fuel cell power plant
10	JIS C 8811：2005	Indication of polymer electrolyte fuel cell power facility
11	JIS C 8821：2008	General rules for small polymer electrolyte fuel cell power systems
12	JIS C 8822：2008	General safety code for small polymer electrolyte fuel cell power systems
13	JIS C 8823：2008	Testing methods for small polymer electrolyte fuel cell power systems
14	JIS C 8824：2008	Testing methods for environment of small polymer electrolyte fuel cell power systems
15	JIS C 8825：2013	Electromagnetic compatibility(EMC) for small fuel cell power systems
16	JIS C 8826：2011	Testing methods of power condition for grid interconnected small fuel cell power systems

序号	标准号	标准名称
17	JIS C 8827:2011	Testing procedure of islanding prevention measures for utility-interconnected small polymer electrolyte fuel cell power system power conditions
18	JIS C 8831:2008	Safety evaluation test for stationary polymer electrolyte fuel cell stack
19	JIS C 8832:2008	Performance test for stationary polymer electrolyte fuel cell stack
20	JIS C 8841-1:2011	Small solid oxide fuel cell power system—Part1:General rules
21	JIS C 8841-2:2011	Small solid oxide fuel cell power system—Part2:General safety codes and safety testing methods
22	JIS C 8841-3:2011	Small solid oxide fuel cell power system—Part3:Performance testing methods and environment testing methods
23	JIS C 8842:2013	Single cell and stack-performance testing methods for solid oxide fuel cell (SOFC)
24	JIS C 8851:2013	Measurement methods for 11 mode energy efficiency of small fuel cell power systems and for annual energy consumption of standard residence
25	JIGA-T-S:2004	氢动力汽车高压储氢气瓶
26	JPEC-TD 0003	日本加氢站用低合金钢制储氢容器专项技术要求
27	JIS C 8800:2021	Glossary of terms for fuel cell power system
28	TS B 0037:2019	Quality and designation for hydrogen composite pressure vessels
29	JIS B 1045:2001	Fasteners—Preloading test for the detection of hydrogen embrittlement—Parallel bearing surface method
30	JIS B 7960-1:2022	Hydrogen ion meters using glass electrodes—Measuring instruments used in transaction or certification—Part 1:Glass electrodes
31	JIS B 7960-2:2022	Hydrogen ion meters using glass electrodes—Measuring instruments used in transaction or certification—Part 2:Indicators
32	JIS B 8576:2023	Hydrogen metering system for motor vehicles
33	JIS K 0512:1995	Hydrogen

附表七　德国氢能技术标准

序号	标准号	标准英文名称
1	DIN EN 12245:2022	Transportable Gas Cylinders-Fully Wrapped Composite Cylinders
2	DIN EN IEC 62282-2-100:2021-04	Fuel cell technologies—Part 2-100:Fuel cell modules—Safety(IEC 62282-2-100:2020);German version EN IEC 62282-2-100:2020
3	DIN EN IEC 62282-3-100:2020-09	Fuel cell technologies—Part 3-100:Stationary fuel cell power systems—Safety(IEC 62282-3-100:2019);German version EN IEC 62282-3-100:2020
4	DIN EN 62282-3-200:2016-12	Fuel cell technologies—Part3-200:Stationary fuel cell power system—Performance test methods(IEC 62282-3-200:2015);German version EN 62282-3-200:2016
5	DIN EN 62282-3-201:2023-04	Fud cell technologies—Part 3-201:Stationary fuel cell power system—Performance test methods for small fuel cell power systems(IEC 62282-3-201:2017＋AMD1:2022);German version EN 6282-3-201:2017＋A1:2022
6	DIN EN 62282-3-300:2013-03	Fuel cell technologies—Part 3-300:Stationary fuel cell power system—Installation(IEC 62282-3-300:2012);German version EN 62282-3-300:2012

续表

序号	标准号	标准英文名称
7	DIN EN IEC 62282-4-101:2023-06	Fuel cell technologies—Part 4-101:Fuel cell power systems for electrically powered industrial trucks—Safety(IEC 62282-4-101:2022);German version EN IEC 62282-4-101:2022
8	DIN EN IEC 62282-5-100:2019-05	Fuel cell technologies—Part 5-100:Portable fuel cell power system—Safety (IEC 62282-5-100:2018);German version EN IEC 62282-5-100:2018
9	DIN EN 62282-6-100:2012-06	Fuel cell technologies—Part 6-100:Micro fuel cell power systems—Safety(IEC 62282-6-100:2010 + Cor.:2011);German version EN 62282-6-100:2010
10	DIN EN 62282-6-200:2017-10	Fuel cell technologies—Part 6-200:Micro fuel cell power system—Performance test methods(IEC 62282-6-200:2016);German version EN 62282-6-200:2017
11	DIN EN 62282-6-300:2014-01	Fuel cell technologies—Part 6-300:Micro fuel cell power system—Fuel cartridge interchangeability(IEC 62282-6-3000:2012);German version EN 62282-6-300:2013
12	DIN IEC/TS 62282-1:2015-06	Fuel cell technologies—Part 1:Terminology(IEC/TS 62282-1:2013)
13	DIN IEC/TS 62282-7-1:2017-12	Fuel cell technologies—Part 7-1:Test methods—Single cell performance tests for polymer electrolyte fuel cells(PEFCs)(IEC/TS 62282-7-1:2017)
14	DIN EN IEC 62282-7-2:2022-08	Fuel cell technologies—Part 7-2:Test methods—Single cell and stack performance tests for solid oxide fuel cells(SOFCs)(IEC 62282-7-2:2021)
15	DIN ISO 21087	Gas analysis—Analytical methods for hydrogen fuel—Proton exchange membrane (PEM) fuel cell applications for road vehicles (ISO 21087:2019)
16	DIN EN 17124	Hydrogen fuel—Product specification and quality assurance for hydrogen refuelling points dispensing gaseous hydrogen-Proton exchange membrane (PEM) fuel cell applications for vehicles;German version EN 17124:2022
17	DIN EN IEC 62282-4-102	Fuel cell technologies—Part 4-102:Fuel cell power systems for electrically powered industrial trucks—Performance test methods (IEC 62282-4-102:2022);German version EN IEC 62282-4-102:2023
18	DIN EN IEC 62282-4-202	Fuel cell technologies—Part 4-202:Fuel cell power systems for propulsion and auxiliary power units—Unmanned aircrafts—Performance test methods (IEC 62282-4-202:2023);German version EN IEC 62282-4-202:2023
19	DIN EN IEC 62282-4-600	Fuel cell technologies—Part 4-600:Fuel cell power systems for propulsion other than road vehicles and auxiliary power units (APU)—Fuel cell/battery hybrid systems performance test methods for excavators (IEC 62282-4-600:2022);German version EN IEC 62282-4-600:2022
20	DIN EN IEC 62282-6-400	Fuel cell technologies—Part 6-400:Micro fuel cell power systems—Power and data interchangeability (IEC 62282-6-400:2019);German version EN IEC 62282-6-400:2019
21	DIN EN IEC 62282-8-301	Fuel cell technologies—Part 8-301:Energy storage systems using fuel cell modules in reverse mode—Power-to-methane energy systems based on solid oxide cells including reversible operation—Performance test methods (IEC 62282-8-301:2023);German version EN IEC 62282-8-301:2023
22	DIN EN IEC 62282-8-201	Fuel cell technologies—Part 8-201:Energy storage systems using fuel cell modules in reverse mode—Test procedures for the performance of power-to-power systems (IEC 62282-8-201:2020);German version EN IEC 62282-8-201:2020

序号	标准号	标准英文名称
23	DIN EN IEC 62282-8-102	Fuel cell technologies—Part 8-102：Energy storage systems using fuel cell modules in reverse mode—Test procedures for the performance of single cells and stacks with proton exchange membranes，including reversible operation (IEC 62282-8-102：2019)；German version EN IEC 62282-8-102：2020
24	DIN EN IEC 62282-8-101	Fuel cell technologies—Part 8-101：Energy storage systems using fuel cell modules in reverse mode—Test procedures for the performance of solid oxide single cells and stacks，including reversible operation（IEC 62282-8-101：2020)；German version EN IEC 62282-8-101：2020

附表八　其他地区及国家氢能技术标准及法规

序号	标准号	标准名称
1	GOST R 56248—2014	Liquid hydrogen. Specifications
2	ECE R134	Uniform provisions concerning the approval of motor vehicles and their components with regard to the safety-related performance of hydrogen-fuelled vehicles(HFCV)
3	UNE-EN 1171：2016	Industrial Valves-Cast Iron Gate Valves

附表九　我国氢能现行国家标准

基础通用及氢安全

序号	标准号	标准中文名称	发布日期	实施日期	标准状态	技术委员会
1	GB/T 24499—2009	氢气、氢能与氢能系统术语	2009-10-30	2010-05-01	现行	SAC/TC 309 全国氢能标准化技术委员会
2	GB/T 26916—2011	小型氢能综合能源系统性能评价方法	2011-07-19	2012-03-01	现行	SAC/TC 309 全国氢能标准化技术委员会
3	GB/T 29729—2022	氢系统安全的基本要求	2022-12-30	2023-04-01	现行	SAC/TC 309 全国氢能标准化技术委员会
4	GB 4962—2008	氢气使用安全技术规程	2008-12-11	2009-10-01	现行	SAC/TC 288/SC3 全国安全生产标准化技术委员会化学品安全分会
5	GB 30871—2022	危险化学品企业特殊作业安全规范	2022-03-15	2022-10-01	现行	TC 288/SC3 全国安全生产标准化技术委员会化学品安全分会
6	GB/T 3634.1—2006	氢气　第1部分:工业氢	2006-01-23	2006-11-01	现行	SAC/TC 206 全国气体标准化技术委员会
7	GB/T 3634.2—2011	氢气　第2部分:纯氢、高纯氢和超纯氢	2011-12-30	2012-10-01	现行	SAC/TC 206 全国气体标准化技术委员会

氢制备

序号	标准号	标准中文名称	发布日期	实施日期	标准状态	技术委员会
1	GB/T 19773—2005	变压吸附提纯氢系统技术要求	2005-05-25	2005-11-01	现行	SAC/TC 309 全国氢能标准化技术委员会
2	GB/T 19774—2005	水电解制氢系统技术要求	2005-05-25	2005-11-01	现行	SAC/TC 309 全国氢能标准化技术委员会

续表

序号	标准号	标准中文名称	发布日期	实施日期	标准状态	技术委员会
3	GB/T 26915—2011	太阳能光催化分解水制氢体系的能量转化效率与量子产率计算	2011-07-19	2012-03-01	现行	SAC/TC 309 全国氢能标准化技术委员会
4	GB/T 29411—2012	水电解氢氧发生器技术要求	2012-12-31	2013-10-01	现行	SAC/TC 309 全国氢能标准化技术委员会
5	GB/T 29412—2012	变压吸附提纯氢用吸附器	2012-12-31	2013-10-01	现行	SAC/TC 309 全国氢能标准化技术委员会
6	GB/T 34539—2017	氢氧发生器安全技术要求	2017-10-14	2018-05-01	现行	SAC/TC 309 全国氢能标准化技术委员会
7	GB/T 34540—2017	甲醇转化变压吸附制氢系统技术要求	2017-10-14	2018-05-01	现行	SAC/TC 309 全国氢能标准化技术委员会
8	GB/T 37562—2019	压力型水电解制氢系统技术条件	2019-06-04	2020-01-01	现行	SAC/TC 309 全国氢能标准化技术委员会
9	GB/T 37563—2019	压力型水电解制氢系统安全要求	2019-06-04	2019-10-01	现行	SAC/TC 309 全国氢能标准化技术委员会
10	GB/T 39359—2020	积分球法测量悬浮式液固光催化制氢反应	2020-11-19	2021-06-01	现行	SAC/TC 309 全国氢能标准化技术委员会
12	GB 32311—2015	水电解制氢系统能效限定值及能效等级	2015-12-10	2017-01-01	现行	SAC/TC 20 全国能源基础与管理标准化技术委员会

储运加

序号	标准号	标准中文名称	发布日期	实施日期	标准状态	技术委员会
1	GB/T 30718—2014	压缩氢气车辆加注连接装置	2014-03-27	2014-10-01	现行	SAC/TC 309 全国氢能标准化技术委员会
2	GB/T 30719—2014	液氢车辆燃料加注系统接口	2014-03-27	2014-10-01	现行	SAC/TC 309 全国氢能标准化技术委员会
3	GB/T 31138—2022	加氢机	2022-10-12	2022-10-12	现行	SAC/TC 309 全国氢能标准化技术委员会
4	GB/T 31139—2014	移动式加氢设施安全技术规范	2014-09-03	2015-01-01	现行	SAC/TC 309 全国氢能标准化技术委员会
5	GB/T 33291—2016	氢化物可逆吸放氢压力-组成-等温线(P-C-T)测试方法	2016-12-13	2017-07-01	现行	SAC/TC 309 全国氢能标准化技术委员会
6	GB/T 33292—2016	燃料电池备用电源用金属氢化物储氢系统	2016-12-13	2017-07-01	现行	SAC/TC 309 全国氢能标准化技术委员会
7	GB/T 34537—2017	车用压缩氢气天然气混合燃气	2017-10-14	2018-05-01	现行	SAC/TC 309 全国氢能标准化技术委员会
8	GB/Z 34541—2017	氢能车辆加氢设施安全运行管理规程	2017-10-14	2018-05-01	现行	SAC/TC 309 全国氢能标准化技术委员会
9	GB/T 34542.1—2017	氢气储存输送系统 第1部分:通用要求	2017-10-14	2018-05-01	现行	SAC/TC 309 全国氢能标准化技术委员会
10	GB/T 34542.2—2018	氢气储存输送系统 第2部分:金属材料与氢环境相容性试验方法	2018-05-14	2018-12-01	现行	SAC/TC 309 全国氢能标准化技术委员会

序号	标准号	标准中文名称	发布日期	实施日期	标准状态	技术委员会
11	GB/T 34542.3—2018	氢气储存输送系统 第3部分:金属材料氢脆敏感度试验方法	2018-05-14	2018-12-01	现行	SAC/TC 309 全国氢能标准化技术委员会
12	GB/T 34544—2017	小型燃料电池车用低压储氢装置安全试验方法	2017-10-14	2018-05-01	现行	SAC/TC 309 全国氢能标准化技术委员会
13	GB/T 34583—2017	加氢站用储氢装置安全技术要求	2017-10-14	2018-05-01	现行	SAC/TC 309 全国氢能标准化技术委员会
14	GB/T 34584—2017	加氢站安全技术规范	2017-10-14	2018-05-01	现行	SAC/TC 309 全国氢能标准化技术委员会
15	GB/T 40045—2021	氢能汽车用燃料 液氢	2021-04-30	2021-11-01	现行	SAC/TC 309 全国氢能标准化技术委员会
16	GB/T 40060—2021	液氢贮存和运输技术要求	2021-04-30	2021-11-01	现行	SAC/TC 309 全国氢能标准化技术委员会
17	GB/T 40061—2021	液氢生产系统技术规范	2021-04-30	2021-11-01	现行	SAC/TC 309 全国氢能标准化技术委员会
18	GB/T 42177—2022	加氢站氢气阀门技术要求及试验方法	2022-12-30	2023-04-01	现行	SAC/TC 309 全国氢能标准化技术委员会
19	GB/T 5099.1—2017	钢质无缝气瓶 第1部分:淬火后回火处理的抗拉强度小于1100MPa的钢瓶	2017-12-29	2019-01-01	现行	SAC/TC 31 全国气瓶标准化技术委员会
20	GB/T 5099.3—2017	钢质无缝气瓶 第3部分:正火处理的钢瓶	2017-12-29	2019-01-01	现行	SAC/TC 31 全国气瓶标准化技术委员会
21	GB/T 5099.4—2017	钢质无缝气瓶 第4部分:不锈钢无缝气瓶	2017-12-29	2018-07-01	现行	SAC/TC 31 全国气瓶标准化技术委员会
22	GB/T 5100—2020	钢质焊接气瓶	2020-12-14	2021-07-01	现行	SAC/TC 31 全国气瓶标准化技术委员会
23	GB/T 7144—2016	气瓶颜色标志	2016-02-24	2016-09-01	现行	SAC/TC 31 全国气瓶标准化技术委员会
24	GB/T 8335—2011	气瓶专用螺纹	2011-12-30	2012-12-01	现行	SAC/TC 31 全国气瓶标准化技术委员会
25	GB/T 8336—2011	气瓶专用螺纹量规	2011-12-30	2012-07-01	现行	SAC/TC 31 全国气瓶标准化技术委员会
26	GB/T 8337—2011	气瓶用易熔合金塞装置	2011-07-20	2012-06-01	现行	SAC/TC 31 全国气瓶标准化技术委员会
27	GB/T 9251—2022	气瓶水压试验方法	2022-03-09	2022-10-01	现行	SAC/TC 31 全国气瓶标准化技术委员会
28	GB/T 9252—2017	气瓶压力循环试验方法	2017-10-14	2018-05-01	现行	SAC/TC 31 全国气瓶标准化技术委员会
29	GB/T 10878—2011	气瓶锥螺纹丝锥	2011-12-30	2012-07-01	现行	SAC/TC 31 全国气瓶标准化技术委员会
30	GB/T 11640—2021	铝合金无缝气瓶	2021-04-30	2021-11-01	现行	SAC/TC 31 全国气瓶标准化技术委员会
31	GB/T 12135—2016	气瓶检验机构技术条件	2016-12-13	2017-07-01	现行	SAC/TC 31 全国气瓶标准化技术委员会

序号	标准号	标准中文名称	发布日期	实施日期	标准状态	技术委员会
32	GB/T 12137—2015	气瓶气密性试验方法	2015-12-10	2016-07-01	现行	SAC/TC 31 全国气瓶标准化技术委员会
33	GB/T 13004—2016	钢质无缝气瓶定期检验与评定	2016-02-24	2016-09-01	现行	SAC/TC 31 全国气瓶标准化技术委员会
34	GB/T 13005—2011	气瓶术语	2011-12-30	2012-07-01	现行	SAC/TC 31 全国气瓶标准化技术委员会
35	GB/T 13075—2016	钢质焊接气瓶定期检验与评定	2016-02-24	2016-09-01	现行	SAC/TC 31 全国气瓶标准化技术委员会
36	GB/T 13077—2004	铝合金无缝气瓶定期检验与评定	2004-06-07	2005-01-01	现行	SAC/TC 31 全国气瓶标准化技术委员会
37	GB/T 14193—2009	液化气体气瓶充装规定	2009-06-25	2010-04-01	现行	SAC/TC 31 全国气瓶标准化技术委员会
38	GB/T 14194—2017	压缩气体气瓶充装规定	2017-10-14	2018-05-01	现行	SAC/TC 31 全国气瓶标准化技术委员会
39	GB/T 15382—2021	气瓶阀通用技术要求	2021-08-20	2022-03-01	现行	SAC/TC 31 全国气瓶标准化技术委员会
40	GB/T 15383—2011	气瓶阀出气口连接型式和尺寸	2011-12-30	2012-12-01	现行	SAC/TC 31 全国气瓶标准化技术委员会
41	GB/T 15384—2011	气瓶型号命名方法	2011-12-30	2012-07-01	现行	SAC/TC 31 全国气瓶标准化技术委员会
42	GB/T 15385—2022	气瓶水压爆破试验方法	2022-03-09	2022-10-01	现行	SAC/TC 31 全国气瓶标准化技术委员会
43	GB/T 16163—2012	瓶装气体分类	2012-05-11	2012-09-01	现行	SAC/TC 31 全国气瓶标准化技术委员会
44	GB/T 16804—2011	气瓶警示标签	2011-12-30	2012-12-01	现行	SAC/TC 31 全国气瓶标准化技术委员会
45	GB/T 16918—2017	气瓶用爆破片安全装置	2017-10-14	2018-05-01	现行	SAC/TC 31 全国气瓶标准化技术委员会
46	GB/T 17925—2011	气瓶对接焊缝 X 射线数字成像检测	2011-12-30	2012-07-01	现行	SAC/TC 31 全国气瓶标准化技术委员会
47	GB/T 24159—2022	焊接绝热气瓶	2022-07-11	2023-02-01	现行	SAC/TC 31 全国气瓶标准化技术委员会
48	GB/T 27550—2011	气瓶充装站安全技术条件	2011-11-21	2012-03-01	现行	SAC/TC 31 全国气瓶标准化技术委员会
49	GB/T 28051—2011	焊接绝热气瓶充装规定	2011-12-30	2012-12-01	现行	SAC/TC 31 全国气瓶标准化技术委员会
50	GB/T 28054—2011	钢质无缝气瓶集束装置	2011-12-30	2012-07-01	现行	SAC/TC 31 全国气瓶标准化技术委员会
51	GB/T 32566—2016	不锈钢焊接气瓶	2016-02-24	2016-09-01	现行	SAC/TC 31 全国气瓶标准化技术委员会
52	GB/T 33209—2016	焊接气瓶焊接工艺评定	2016-12-13	2017-07-01	现行	SAC/TC 31 全国气瓶标准化技术委员会

序号	标准号	标准中文名称	发布日期	实施日期	标准状态	技术委员会
53	GB/T 33215—2016	气瓶安全泄压装置	2016-12-13	2017-07-01	现行	SAC/TC 31 全国气瓶标准化技术委员会
54	GB/T 34347—2017	低温绝热气瓶定期检验与评定	2017-10-14	2018-04-01	现行	SAC/TC 31 全国气瓶标准化技术委员会
55	GB/T 34525—2017	气瓶搬运、装卸、储存和使用安全规定	2017-10-14	2018-05-01	现行	SAC/TC 31 全国气瓶标准化技术委员会
56	GB/T 34526—2017	混合气体气瓶充装规定	2017-10-14	2018-05-01	现行	SAC/TC 31 全国气瓶标准化技术委员会
57	GB/T 34528—2017	气瓶集束装置充装规定	2017-10-14	2018-05-01	现行	SAC/TC 31 全国气瓶标准化技术委员会
58	GB/T 34530.1—2017	低温绝热气瓶用阀门 第1部分:调压阀	2017-12-29	2018-07-01	现行	SAC/TC 31 全国气瓶标准化技术委员会
59	GB/T 34530.2—2017	低温绝热气瓶用阀门 第2部分:截止阀	2017-10-14	2018-05-01	现行	SAC/TC 31 全国气瓶标准化技术委员会
60	GB/T 35015—2018	气瓶外测法水压试验用标准瓶的标定方法	2018-05-14	2018-12-01	现行	SAC/TC 31 全国气瓶标准化技术委员会
61	GB/T 35544—2017	车用压缩氢气铝内胆碳纤维全缠绕气瓶	2017-12-29	2018-07-01	现行	SAC/TC 31 全国气瓶标准化技术委员会
62	GB/T 26610.1—2022	承压设备系统基于风险的检验实施导则 第1部分:基本要求和实施程序	2022-07-11	2023-02-01	现行	SAC/TC 262/SC6 全国锅炉压力容器标准化技术委员会在役承压设备分会
63	GB/T 26610.2—2022	承压设备系统基于风险的检验实施导则 第2部分:基于风险的检验策略	2022-07-11	2023-02-01	现行	SAC/TC 262/SC6 全国锅炉压力容器标准化技术委员会在役承压设备分会
64	GB/T 26610.3—2014	承压设备系统基于风险的检验实施导则 第3部分:风险的定性分析方法	2014-05-06	2014-12-01	现行	SAC/TC 262/SC6 全国锅炉压力容器标准化技术委员会在役承压设备分会
65	GB/T 26610.4—2022	承压设备系统基于风险的检验实施导则 第4部分:失效可能性定量分析方法	2022-07-11	2023-02-01	现行	SAC/TC 262/SC6 全国锅炉压力容器标准化技术委员会在役承压设备分会
66	GB/T 26610.5—2022	承压设备系统基于风险的检验实施导则 第5部分:失效后果定量分析方法	2022-07-11	2023-02-01	现行	SAC/TC 262/SC6 全国锅炉压力容器标准化技术委员会在役承压设备分会
67	GB/T 30579—2022	承压设备损伤模式识别	2022-03-09	2022-10-01	现行	SAC/TC 262/SC6 全国锅炉压力容器标准化技术委员会在役承压设备分会
68	GB/T 30582—2014	基于风险的埋地钢质管道外损伤检验与评价	2014-05-06	2014-12-01	现行	SAC/TC 262/SC6 全国锅炉压力容器标准化技术委员会在役承压设备分会

序号	标准号	标准中文名称	发布日期	实施日期	标准状态	技术委员会
69	GB/T 34349—2017	输气管道内腐蚀外检测方法	2017-10-14	2018-05-01	现行	SAC/TC 262/SC6 全国锅炉压力容器标准化技术委员会在役承压设备分会
70	GB/T 36669.1—2018	在用压力容器检验 第1部分：加氢反应器	2018-09-17	2019-04-01	现行	SAC/TC 262/SC6 全国锅炉压力容器标准化技术委员会在役承压设备分会
71	GB/T 36676—2018	埋地钢质管道应力腐蚀开裂(SCC)外检测方法	2018-09-17	2019-04-01	现行	SAC/TC 262/SC6 全国锅炉压力容器标准化技术委员会在役承压设备分会
72	GB/T 36701—2018	埋地钢质管道管体缺陷修复指南	2018-09-17	2019-03-01	现行	SAC/TC 262/SC6 全国锅炉压力容器标准化技术委员会在役承压设备分会
73	GB/T 37368—2019	埋地钢质管道检验导则	2019-03-25	2019-10-01	现行	SAC/TC 262/SC6 全国锅炉压力容器标准化技术委员会在役承压设备分会
74	GB/T 37369—2019	埋地钢质管道穿跨越段检验与评价	2019-03-25	2019-10-01	现行	SAC/TC 262/SC6 全国锅炉压力容器标准化技术委员会在役承压设备分会
75	GB/T 9019—2015	压力容器公称直径	2015-12-10	2016-07-01	现行	SAC/TC 262/SC2 全国锅炉压力容器标准化技术委员会固定式压力容器分会
76	GB/T 26466—2011	固定式高压储氢用钢带错绕式容器	2011-05-12	2011-12-01	现行	SAC/TC 262/SC2 全国锅炉压力容器标准化技术委员会固定式压力容器分会
77	GB/T 19285—2014	埋地钢质管道腐蚀防护工程检验	2014-05-06	2014-12-01	现行	SAC/TC 262/SC3 全国锅炉压力容器标准化技术委员会压力管道分会
78	GB/T 20801.1—2020	压力管道规范 工业管道 第1部分：总则	2020-03-06	2020-10-01	现行	SAC/TC 262/SC3 全国锅炉压力容器标准化技术委员会压力管道分会
79	GB/T 20801.2—2020	压力管道规范 工业管道 第2部分：材料	2020-11-19	2021-06-01	现行	SAC/TC 262/SC3 全国锅炉压力容器标准化技术委员会压力管道分会
80	GB/T 20801.3—2020	压力管道规范 工业管道 第3部分：设计和计算	2020-11-19	2021-06-01	现行	SAC/TC 262/SC3 全国锅炉压力容器标准化技术委员会压力管道分会

续表

序号	标准号	标准中文名称	发布日期	实施日期	标准状态	技术委员会
81	GB/T 20801.4—2020	压力管道规范 工业管道 第4部分：制作与安装	2020-11-19	2021-06-01	现行	SAC/TC 262/SC3 全国锅炉压力容器标准化技术委员会压力管道分会
82	GB/T 20801.5—2020	压力管道规范 工业管道 第5部分：检验与试验	2020-11-19	2021-06-01	现行	SAC/TC 262/SC3 全国锅炉压力容器标准化技术委员会压力管道分会
83	GB/T 20801.6—2020	压力管道规范 工业管道 第6部分：安全防护	2020-11-19	2021-06-01	现行	SAC/TC 262/SC3 全国锅炉压力容器标准化技术委员会压力管道分会
84	GB/T 27512—2011	埋地钢质管道风险评估方法	2011-11-21	2012-03-01	现行	SAC/TC 262/SC3 全国锅炉压力容器标准化技术委员会压力管道分会
85	GB/T 32270—2015	压力管道规范 动力管道	2015-12-10	2016-07-01	现行	SAC/TC 262/SC3 全国锅炉压力容器标准化技术委员会压力管道分会
86	GB/T 34275—2017	压力管道规范 长输管道	2017-09-07	2018-04-01	现行	SAC/TC 262/SC3 全国锅炉压力容器标准化技术委员会压力管道分会
87	GB/T 38942—2020	压力管道规范 公用管道	2020-06-02	2020-12-01	现行	SAC/TC 262/SC3 全国锅炉压力容器标准化技术委员会压力管道分会
88	GB/T 37816—2019	承压设备安全泄放装置选用与安装	2019-08-30	2020-03-01	现行	SAC/TC 262/SC4 全国锅炉压力容器标准化技术委员会移动式压力容器分会
89	GB/T 38109—2019	承压设备安全附件及仪表应用导则	2019-10-18	2020-05-01	现行	SAC/TC 262/SC4 全国锅炉压力容器标准化技术委员会移动式压力容器分会
90	GB/T 151—2014	热交换器	2014-12-05	2015-05-01	现行	SAC/TC 262/SC5 全国锅炉压力容器标准化技术委员会热交换器分会
91	GB/T 20663—2017	蓄能压力容器	2017-10-14	2018-04-01	现行	SAC/TC 262/SC5 全国锅炉压力容器标准化技术委员会热交换器分会
92	GB/T 150.1—2011	压力容器 第1部分：通用要求	2011-11-21	2012-03-01	现行	SAC/TC 262 全国锅炉压力容器标准化技术委员会

序号	标准号	标准中文名称	发布日期	实施日期	标准状态	技术委员会
93	GB/T 150.2—2011	压力容器 第2部分:材料	2011-11-21	2012-03-01	现行	SAC/TC 262 全国锅炉压力容器标准化技术委员会
94	GB/T 150.3—2011	压力容器 第3部分:设计	2011-11-21	2012-03-01	现行	SAC/TC 262 全国锅炉压力容器标准化技术委员会
95	GB/T 150.4—2011	压力容器 第4部分:制造、检验和验收	2011-11-21	2012-03-01	现行	SAC/TC 262 全国锅炉压力容器标准化技术委员会
96	GB/T 18443.1—2010	真空绝热深冷设备性能试验方法 第1部分:基本要求	2010-09-26	2011-02-01	现行	SAC/TC 262 全国锅炉压力容器标准化技术委员会
97	GB/T 18443.2—2010	真空绝热深冷设备性能试验方法 第2部分:真空度测量	2010-09-26	2011-02-01	现行	SAC/TC 262 全国锅炉压力容器标准化技术委员会
98	GB/T 18443.3—2010	真空绝热深冷设备性能试验方法 第3部分:漏率测量	2010-09-26	2011-02-01	现行	SAC/TC 262 全国锅炉压力容器标准化技术委员会
99	GB/T 18443.4—2010	真空绝热深冷设备性能试验方法 第4部分:漏放气速率测量	2010-09-26	2011-02-01	现行	SAC/TC 262 全国锅炉压力容器标准化技术委员会
100	GB/T 18443.5—2010	真空绝热深冷设备性能试验方法 第5部分:静态蒸发率测量	2010-09-26	2011-02-01	现行	SAC/TC 262 全国锅炉压力容器标准化技术委员会
101	GB/T 18443.6—2010	真空绝热深冷设备性能试验方法 第6部分:漏热量测量	2010-09-26	2011-02-01	现行	SAC/TC 262 全国锅炉压力容器标准化技术委员会
102	GB/T 18443.7—2010	真空绝热深冷设备性能试验方法 第7部分:维持时间测量	2010-09-26	2011-02-01	现行	SAC/TC 262 全国锅炉压力容器标准化技术委员会
103	GB/T 18443.8—2010	真空绝热深冷设备性能试验方法 第8部分:容积测量	2010-09-26	2011-02-01	现行	SAC/TC 262 全国锅炉压力容器标准化技术委员会
104	GB/T 20801.1—2020	压力管道规范 工业管道 第1部分:总则	2020-03-06	2020-10-01	现行	SAC/TC 262 全国锅炉压力容器标准化技术委员会
105	GB/T 20801.2—2020	压力管道规范 工业管道 第2部分:材料	2020-11-19	2021-06-01	现行	SAC/TC 262 全国锅炉压力容器标准化技术委员会
106	GB/T 20801.3—2020	压力管道规范 工业管道 第3部分:设计和计算	2020-11-19	2021-06-01	现行	SAC/TC 262 全国锅炉压力容器标准化技术委员会
107	GB/T 20801.4—2020	压力管道规范 工业管道 第4部分:制作与安装	2020-11-19	2021-06-01	现行	SAC/TC 262 全国锅炉压力容器标准化技术委员会

序号	标准号	标准中文名称	发布日期	实施日期	标准状态	技术委员会
108	GB/T 20801.5—2020	压力管道规范 工业管道 第5部分:检验与试验	2020-11-19	2021-06-01	现行	SAC/TC 262 全国锅炉压力容器标准化技术委员会
109	GB/T 20801.6—2020	压力管道规范 工业管道 第6部分:安全防护	2020-11-19	2021-06-01	现行	SAC/TC 262 全国锅炉压力容器标准化技术委员会
110	GB/T 26929—2011	压力容器术语	2011-07-19	2012-02-01	现行	SAC/TC 262 全国锅炉压力容器标准化技术委员会
111	GB/T 31480—2015	深冷容器用高真空多层绝热材料	2015-05-15	2015-09-01	现行	SAC/TC 262 全国锅炉压力容器标准化技术委员会
112	GB/T 31481—2015	深冷容器用材料与气体的相容性判定导则	2015-05-15	2015-09-01	现行	SAC/TC 262 全国锅炉压力容器标准化技术委员会
113	GB/T 13611—2018	城镇燃气分类和基本特性	2018-03-15	2019-02-01	现行	住房和城乡建设部
114	GB 50016—2014	建筑设计防火规范(2018年版)	2018-03-30	2018-10-01	现行	住房和城乡建设部
115	GB 50029—2014	压缩空气站设计规范	2014-01-09	2014-08-01	现行	住房和城乡建设部
116	GB 50052—2009	供配电系统设计规范	2009-11-11	2010-07-01	现行	住房和城乡建设部
117	GB 50053—2013	20kV及以下变电所设计规范	2013-12-19	2014-07-01	现行	住房和城乡建设部
118	GB 50054—2011	低压配电设计规范	2011-07-26	2012-06-01	现行	住房和城乡建设部
119	GB 50057—2010	建筑物防雷设计规范	2010-11-03	2011-10-01	现行	住房和城乡建设部
120	GB 50058—2014	爆炸危险环境电力装置设计规范	2014-01-29	2014-10-01	现行	住房和城乡建设部
121	GB 50156—2021	汽车加油加气加氢站技术标准	2021-06-28	2021-10-01	现行	住房和城乡建设部
122	GB 50160—2008	石油化工企业设计防火规范	2008-12-30	2009-07-01	现行	住房和城乡建设部
123	GB 50169—2016	电气装置安装工程接地装置施工及验收规范	2016-08-18	2017-04-01	现行	住房和城乡建设部
124	GB 50177—2005	氢气站设计规范	2005-04-15	2021-10-01	现行	住房和城乡建设部
125	GB 50217—2018	电力工程电缆设计标准	2018-02-08	2018-09-01	现行	住房和城乡建设部
126	GB 50235—2010	工业金属管道工程施工规范	2010-08-18	2011-06-01	现行	住房和城乡建设部
127	GB 50236—2011	现场设备、工业管道焊接工程施工规范	2011-02-18	2011-10-01	现行	住房和城乡建设部
128	GB 50257—2014	电气装置安装工程爆炸和火灾危险环境电气装置施工及验收规范	2014-12-02	2015-08-01	现行	住房和城乡建设部
129	GB/T 50493—2019	石油化工可燃气体和有毒气体检测报警设计标准	2019-09-25	2020-01-01	现行	住房和城乡建设部
130	GB 55009—2021	燃气工程项目规范	2021-04-09	2022-01-01	现行	住房和城乡建设部
131	GB 50516—2010	加氢站技术规范(2021年版)	2021-03-26	2021-05-01	现行	住房和城乡建设部
132	GB/T 4975—2018	容积式压缩机术语 总则	2018-07-13	2019-02-01	现行	SAC/TC 145 全国压缩机标准化技术委员会

续表

序号	标准号	标准中文名称	发布日期	实施日期	标准状态	技术委员会
133	GB/T 4976—2017	压缩机　分类	2017-05-12	2017-12-01	现行	SAC/TC 145 全国压缩机标准化技术委员会
134	GB/T 4980—2003	容积式压缩机噪声的测定	2003-10-29	2004-05-01	现行	SAC/TC 145 全国压缩机标准化技术委员会
135	GB/T 7777—2021	容积式压缩机机械振动测量与评价	2021-12-31	2022-07-01	现行	SAC/TC 145 全国压缩机标准化技术委员会
136	GB 11567—2017	汽车及挂车侧面和后下部防护要	2017-09-29	2018-01-01	现行	SAC/TC 114 全国汽车标准化技术委员会
137	GB 1589—2016	汽车、挂车及汽车列车外廓尺寸、轴荷及质量限值	2016-07-26	2016-07-26	现行	SAC/TC 114 全国汽车标准化技术委员会
138	GB 21668—2008	危险货物运输车辆结构要求	2008-04-25	2008-11-01	现行	SAC/TC 114 全国汽车标准化技术委员会
139	GB/T 23336—2022	半挂车通用技术条件	2022-07-11	2022-11-01	现行	SAC/TC 114 全国汽车标准技术委员会
140	GB/T 25087—2010	道路车辆圆形、屏蔽和非屏蔽的 60V 和 600V 多芯护套电缆	2010-09-02	2011-02-01	现行	SAC/TC 114 全国汽车标准技术委员会
141	GB/T 25089—2010	道路车辆数据电缆	2010-09-02	2011-02-01	现行	SAC/TC 114 全国汽车标准技术委员会
142	GB/T 30512—2014	汽车禁用物质要求	2014-02-19	2014-06-01	现行	SAC/TC 114 全国汽车标准技术委员会
143	GB/T 3836.1—2021	爆炸性环境　第 1 部分：设备　通用要求	2021-10-11	2022-05-01	现行	SAC/TC 9 全国防爆电气设备标准化技术委员会
144	GB/T 3098.17—2000	紧固件机械性能　检查氢脆用预载荷试验　平行支承面法	2000-09-26	2001-02-01	现行	SAC/TC 85 全国紧固件标准化技术委员会
145	GB/T 13322—1991	金属覆盖层低氢脆镉钛电镀层	1991-12-13	1992-10-01	现行	SAC/TC 57 全国金属与非金属覆盖层标准化技术委员会
146	GB/T 19349—2012	金属和其它无机覆盖层为减少氢脆危险的钢铁预处理	2012-12-31	2013-10-01	现行	SAC/TC 57 全国金属与非金属覆盖层标准化技术委员会
147	GB/T 19350—2012	金属和其它无机覆盖层为减少氢脆危险的涂覆后钢铁的处理	2012-12-31	2013-10-01	现行	SAC/TC 57 全国金属与非金属覆盖层标准化技术委员会
148	GB/T 26107—2010	金属与其他无机覆盖层镀覆和未镀覆金属的外螺纹和螺杆的残余氢脆试验斜楔法	2011-01-10	2011-10-01	现行	SAC/TC 57 全国金属与非金属覆盖层标准化技术委员会
149	GB/T 5310—2023	高压锅炉用无缝钢管	2023-09-07	2024-04-01	现行	SAC/TC 183/SC1 全国钢标准化技术委员会钢管分会
150	GB/T 8163—2018	输送流体用无缝钢管	2018-05-14	2019-02-01	现行	SAC/TC 183/SC1 全国钢标准化技术委员会钢管分会

序号	标准号	标准中文名称	发布日期	实施日期	标准状态	技术委员会
151	GB/T 14976—2012	流体输送用不锈钢无缝钢管	2012-05-11	2013-02-01	现行	SAC/TC 183/SC1 全国钢标准化技术委员会钢管分会
152	GB/T 24185—2009	逐级加力法测定钢中氢脆临界值试验方法	2009-06-25	2010-04-01	现行	SAC/TC 183/SC4 全国钢标准化技术委员会力学及工艺性能试验方法分会
153	GB/T 223.82—2018	钢铁氢含量的测定　惰性气体熔融-热导或红外法	2018-05-14	2019-02-01	现行	SAC/TC 183/SC5 全国钢标准化技术委员会钢铁及合金化学成分测定分会
154	GB/T 713.2—2023	承压设备用钢板和钢带第2部分:规定温度性能的非合金钢和合金钢	2023-08-06	2024-03-01	现行	SAC/TC 183/SC6 全国钢标准化技术委员会钢板钢带分会
155	GB/T 39039—2020	高强度钢氢致延迟断裂评价方法	2020-07-21	2021-02-01	现行	SAC/TC 183/SC14 全国钢标准化技术委员会金相检验方法分会
156	GB/T 228.1—2021	金属材料　拉伸试验第1部分:室温试验方法	2021-12-31	2022-07-01	现行	SAC/TC 183 全国钢标准化技术委员会
157	GB/T 229—2020	金属材料　夏比摆锤冲击试验方法	2020-09-29	2021-04-01	现行	SAC/TC 183 全国钢标准化技术委员会
158	GB/T 5777—2019	无缝和焊接(埋弧焊除外)钢管纵向和/或横向缺陷的全圆周自动超声检测	2019-06-04	2020-05-01	现行	SAC/TC 183 全国钢标准化技术委员会
159	GB/T 8650—2015	管线钢和压力容器钢抗氢致开裂评定方法	2015-12-10	2016-11-01	现行	SAC/TC 183 全国钢标准化技术委员会
160	GB/T 713.7—2023	承压设备用不锈钢和耐热钢第7部分:不锈钢和耐热钢	2023-08-06	2024-03-01	现行	SAC/TC 183 全国钢标准化技术委员会
161	GB/T 16942—2009	电子工业用气体　氢	2009-10-30	2010-05-01	现行	SAC/TC 203/SC1 全国半导体设备和材料标准化技术委员会气体分会
162	GB/T 23606—2009	铜氢脆检验方法	2009-04-15	2010-02-01	现行	SAC/TC 243/SC2 全国有色金属标准化技术委员会重金属分会
163	GB/T 14265—2017	金属材料中氢、氧、氮、碳和硫分析方法通则	2017-10-14	2018-05-01	现行	SA/TC 243/SC3 全国有色金属标准化技术委员会稀有金属分会
164	GB/T 6519—2013	变形铝、镁合金产品超声波检验方法	2013-11-27	2014-08-01	现行	SA/TC 243 全国有色金属标准化技术委员会
165	GB 15558.1—2015	燃气用埋地聚乙烯(PE)管道系统　第1部分:管材	2015-12-31	2017-01-01	现行	SAC/TC 48　全国塑料制品标准化技术委员会
166	GB 17820—2018	天然气	2018-11-19	2019-06-01	现行	国家能源局

续表

序号	标准号	标准中文名称	发布日期	实施日期	标准状态	技术委员会
167	GB 18047—2017	车用压缩天然气	2017-09-07	2018-04-01	现行	SAC/TC 244 全国天然气标准化技术委员会
168	GB/T 37124—2018	进入天然气长输管道的气体质量要求	2018-12-28	2019-07-01	现行	SAC/TC 244 全国天然气标准化技术委员会
169	GB/T 4208—2017	外壳防护等级（IP 代码）	2017-07-31	2018-02-01	现行	SAC/TC 25 全国电气安全标准化技术委员会
170	GB/T 12241—2021	安全阀　一般要求	2021-03-09	2021-10-01	现行	SAC/TC 503 全国安全泄压装置标准化技术委员会
171	GB/T 12244—2006	减压阀　一般要求	2006-12-25	2007-05-01	现行	SAC/TC 188 全国阀门标准化技术委员会
172	GB/T 19672—2021	管线阀门　技术条件	2021-03-09	2021-10-01	现行	SAC/TC 188 全国阀门标准化技术委员会
173	GB/T 21465—2008	阀门　术语	2008-02-28	2008-08-01	现行	SAC/TC 188 全国阀门标准化技术委员会
174	GB/T 13550—2015	5A 分子筛及其测定方法	2015-12-31	2016-07-01	现行	中国石油和化学工业联合会
175	GB 50093—2013	自动化仪表工程及验收规范	2013-01-28	2013-09-01	现行	中国工程建设标准化协会化工分会
176	GB 50316—2000	工业金属管道设计规范	2000-09-26	2008-01-07	现行	原化学工业部
177	GB 7258—2017	机动车运行安全技术条件	2017-09-29	2018-01-01	现行	公安部
178	GB/T 1413—2023	系列 1 集装箱分类、尺寸和额定质量	2023-03-17	2023-07-01	现行	SAC/TC 6 全国集装箱标准化技术委员会
179	GB/T 1835—2023	系列 1 集装箱角件技术要求	2023-11-27	2024-03-01	现行	SAC/TC 6 全国集装箱标准化技术委员会
180	GB/T 1836—2017	集装箱　代码、识别和标记	2017-12-29	2018-07-01	现行	SAC/TC 6 全国集装箱标准化技术委员会
181	GB/T 16563—2017	系列 1 集装箱技术要求和试验方法液体、气体及加压干散货罐式集装箱	2017-09-29	2017-09-29	现行	SAC/TC 6 全国集装箱标准化技术委员会
182	GB/T 18344—2016	汽车维护、检测、诊断技术规范要求	2016-12-13	2017-07-01	现行	SAC/TC 247 全国汽车维修标准化技术委员会
183	GB/T 27876—2011	压缩天然气汽车维护技术规范	2011-12-30	2012-06-01	现行	SAC/TC 247 全国汽车维修标准化技术委员会
184	GB/T 192—2003	普通螺纹　基本牙型	2003-05-02	2004-01-01	现行	SAC/TC 108 全国螺纹标准化技术委员会
185	GB/T 196—2003	普通螺纹　基本尺寸	2003-05-22	2004-01-01	现行	SAC/TC 108 全国螺纹标准化技术委员会
186	GB/T 197—2018	普通螺纹　公差	2018-03-15	2018-10-01	现行	SAC/TC 108 全国螺纹标准化技术委员会

序号	标准号	标准中文名称	发布日期	实施日期	标准状态	技术委员会
187	GB/T 20668—2006	统一螺纹　基本尺寸	2007-03-26	2007-07-01	现行	SAC/TC 108 全国螺纹标准化技术委员会
188	GB/T 1954—2008	铬镍奥氏体不锈钢焊缝铁素体含量测量方法	2008-06-26	2009-01-01	现行	SAC/TC 55 全国焊接标准化技术委员会
189	GB/T 2653—2008	焊接接头弯曲试验方法	2008-03-31	2008-09-01	现行	SAC/TC 55 全国焊接标准化技术委员会
190	GB/T 25774.1—2010	焊接材料的检验第 1 部分:钢、镍及镍合金熔敷金属力学性能试样的制造及检验	2010-12-23	2011-06-01	现行	SAC/TC 55 全国焊接标准化技术委员会
191	GB/T 19666—2019	阻燃和耐火电线电缆或光缆通则	2019-12-10	2020-07-01	现行	SAC/TC 213 全国电线电缆标准化技术委员会
192	GB/T 29918—2023	稀土系贮氢合金　压力-组成等温线(PCI)的测试方法	2023-08-06	2024-03-01	现行	SAC/TC 229 全国稀土标准化技术委员会
193	GB/T 31032—2023	钢质管道焊接及验收	2023-12-28	2024-04-01	现行	SAC/TC 355 全国石油天然气标准化技术委员会
194	GB/T 34635—2017	法兰式管接头	2017-10-14	2018-05-01	现行	SAC/TC 237 全国管路附件标准化技术委员会
195	GB/T 3464.1—2007	机用和手用丝锥第 1 部分:通用柄机用和手用丝锥	2007-07-30	2007-11-01	现行	SAC/TC 91 全国刀具标准化技术委员会
196	GB/T 3934—2003	普通螺纹量规　技术条件	2003-11-10	2004-06-01	现行	SAC/TC 132 全国量具量仪标准化技术委员会
197	GB/T 4844—2011	纯氦、高纯氦和超纯氦	2011-12-30	2012-10-01	现行	SAC/TC 206 全国气体标准化技术委员会
198	GB/T 8979—2008	纯氮、高纯氮和超纯氮	2008-05-15	2008-11-01	现行	SAC/TC 206 全国气体标准化技术委员会
199	GB/T 528—2009	硫化橡胶或热塑性橡胶拉伸应力应变性能的测定	2009-04-24	2009-12-01	现行	SAC/TC 35/SC 2 全国橡胶与橡胶制品标准化技术委员会橡胶物理和化学实验方法分技术委员会
200	GJB 150A—2009	军用装备实验室环境试验方法	2009-05-25	2009-08-01	现行	总装备部电子信息基础部
201	GJB 2645—1996	液氢贮存运输要求	1996-06-04	1996-12-01	现行	国防科学技术工业委员会
202	GB/T 42626—2023	车用压缩氢气纤维全缠绕气瓶定期检验与评定	2023-05-23	2023-12-01	现行	SAC/TC 31 全国气瓶标准化技术委员会
203	GB/T 42612—2023	车用压缩氢气塑料内胆碳纤维全缠绕气瓶	2023-05-23	2024-06-01	现行	SAC/TC 31 全国气瓶标准化技术委员会

续表

序号	标准号	标准中文名称	发布日期	实施日期	标准状态	技术委员会
204	GB/T 42610—2023	高压氢气瓶塑料内胆和氢气相容性试验方法	2023-05/23	2024-06-01	现行	SAC/TC 31 全国气瓶标准化技术委员会
205	GB/T 42536—2023	车用高压储氢气瓶组合阀门	2023-05-23	2024-06-01	现行	SAC/TC 31 全国气瓶标准化技术委员会
206	GB/T 33145—2023	大容积钢质无缝气瓶	2023-05-23	2023-12-01	现行	SAC/TC 31 全国气瓶标准化技术委员会
207	GB/T 5099—2017	钢质无缝气瓶　第 1 部分：淬火后回火处理的抗拉强度小于 1100MPa 的钢瓶	2017-12-29	2019-01-01	现行	SAC/TC 31 全国气瓶标准化技术委员会
208	GB/T 44007—2024	纳米技术　纳米多孔材料储氢量测定　气体吸附法	2024-04-25	2024-08-01	现行	SAC/TC 279 全国纳米技术标准化技术委员会
209	GB/T 42656—2023	稀土系储氢合金吸放氢反应动力学性能测试方法	2023-08-06	2024-03-01	现行	SAC/TC 229 全国稀土标准化技术委员会
210	GB/T 28055—2023	钢制管道带压封堵技术规范	2023-05-23	2023-05-23	现行	SAC/TC 262 全国锅炉压力容器标准化技术委员会
211	GB/T 27699—2023	钢质管道内检测技术规范	2023-05-23	2023-05-23	现行	SAC/TC 262 全国锅炉压力容器标准化技术委员会
212	GB/T 25198—2023	压力容器封头	2023-08-06	2024-03-01	现行	SAC/TC 262 全国锅炉压力容器标准化技术委员会
213	GB/T 43674—2024	加氢站通用要求	2024-03-15	2024-10-01	现行	SAC/TC 309 全国氢能标准化技术委员会
214	GB/T 42855—2023	氢燃料电池车辆加注协议技术要求	2023-08-06	2023-12-01	现行	SAC/TC 309 全国氢能标准化技术委员会
215	GB/T 29124—2012	氢燃料电池电动汽车示范运行配套设施规范	2012-12-31	2013-07-01	现行	SAC/TC 114 全国汽车标准技术委员会
216	GB/T 713.2—2023	承压设备用钢板和钢带第 2 部分：规定温度性能的非合金钢和合金钢	2023-08-06	2024-03-01	现行	SAC/TC 183 全国钢标准化技术委员会
217	GB/T 5121.8—2024	铜及铜合金化学分析方法第 8 部分：氧、氮、氢含量的测定	2024-04-25	2024-11-01	现行	SAC/TC 243/SC 2 全国有色金属标准化技术委员会重金属分会

氢应用

序号	标准号	标准中文名称	发布日期	实施日期	标准状态	技术委员会
1	GB/T 20042.1—2017	质子交换膜燃料电池第 1 部分：术语	2017-05-12	2017-12-01	现行	SAC/TC 342 全国燃料电池及液流电池标准化技术委员会

序号	标准号	标准中文名称	发布日期	实施日期	标准状态	技术委员会
2	GB/T 20042.2—2023	质子交换膜燃料电池 第 2 部分：电池堆通用技术条件	2008-05-20	2009-01-01	现行	SAC/TC 342 全国燃料电池及液流电池标准化技术委员会
3	GB/T 20042.3—2022	质子交换膜燃料电池 第 3 部分：质子交换膜测试方法	2022-03-09	2022-10-01	现行	SAC/TC 342 全国燃料电池及液流电池标准化技术委员会
4	GB/T 20042.4—2009	质子交换膜燃料电池 第 4 部分：电催化剂测试方法	2009-04-21	2009-11-01	现行	SAC/TC 342 全国燃料电池及液流电池标准化技术委员会
5	GB/T 20042.5—2009	质子交换膜燃料电池 第 5 部分：膜电极测试方法	2009-04-21	2009-11-01	现行	SAC/TC 342 全国燃料电池及液流电池标准化技术委员会
6	GB/T 20042.6—2011	质子交换膜燃料电池 第 6 部分：双极板特性测试方法	2011-12-30	2012-05-01	现行	SAC/TC 342 全国燃料电池及液流电池标准化技术委员会
7	GB/T 20042.7—2014	质子交换膜燃料电池 第 7 部分：炭纸特性测试方法	2014-12-05	2015-07-01	现行	SAC/TC 342 全国燃料电池及液流电池标准化技术委员会
8	GB/Z 21742—2008	便携式质子交换膜燃料电池发电系统	2008-05-20	2009-01-01	现行	SAC/TC 342 全国燃料电池及液流电池标准化技术委员会
9	GB/T 23645—2009	乘用车用燃料电池发电系统测试方法	2009-04-21	2009-11-01	现行	SAC/TC 342 全国燃料电池及液流电池标准化技术委员会
10	GB/T 23751.1—2009	微型燃料电池发电系统 第 1 部分：安全	2009-05-06	2009-11-01	现行	SAC/TC 342 全国燃料电池及液流电池标准化技术委员会
11	GB/T 23751.2—2017	微型燃料电池发电系统 第 2 部分：性能试验方法	2017-07-12	2018-02-01	现行	SAC/TC 342 全国燃料电池及液流电池标准化技术委员会
12	GB/Z 23751.3—2013	微型燃料电池发电系统 第 3 部分：燃料容器互换性	2013-07-19	2013-12-02	现行	SAC/TC 342 全国燃料电池及液流电池标准化技术委员会
13	GB/T 25319—2010	汽车用燃料电池发电系统 技术条件	2010-11-10	2011-05-01	现行	SAC/TC 342 全国燃料电池及液流电池标准化技术委员会
14	GB/T 27748.1—2017	固定式燃料电池发电系统 第 1 部分：安全	2017-07-31	2018-02-01	现行	SAC/TC 342 全国燃料电池及液流电池标准化技术委员会
15	GB/T 27748.2—2022	固定式燃料电池发电系统 第 2 部分：性能试验方法	2022-03-09	2022-10-01	现行	SAC/TC 342 全国燃料电池及液流电池标准化技术委员会
16	GB/T 27748.3—2017	固定式燃料电池发电系统 第 3 部分：安装	2017-09-07	2018-04-01	现行	SAC/TC 342 全国燃料电池及液流电池标准化技术委员会

序号	标准号	标准中文名称	发布日期	实施日期	标准状态	技术委员会
17	GB/T 27748.4—2017	固定式燃料电池发电系统 第4部分:小型燃料电池发电系统性能试验方法	2017-07-12	2018-02-01	现行	SAC/TC 342 全国燃料电池及液流电池标准化技术委员会
18	GB/Z 27753—2011	质子交换膜燃料电池膜电极工况适应性测试方法	2011-12-30	2012-05-01	现行	SAC/TC 342 全国燃料电池及液流电池标准化技术委员会
19	GB/T 28183—2011	客车用燃料电池发电系统测试方法	2011-12-30	2012-06-01	现行	SAC/TC 342 全国燃料电池及液流电池标准化技术委员会
20	GB/T 28816—2020	燃料电池 术语	2020-06-02	2020-12-01	现行	SAC/TC 342 全国燃料电池及液流电池标准化技术委员会
21	GB/T 28817—2022	聚合物电解质燃料电池单电池测试方法	2022-03-09	2022-10-01	现行	SAC/TC 342 全国燃料电池及液流电池标准化技术委员会
22	GB/T 29838—2013	燃料电池 模块	2013-11-12	2014-03-07	现行	SAC/TC 342 全国燃料电池及液流电池标准化技术委员会
23	GB/T 29840—2013	全钒液流电池 术语	2013-11-12	2014-03-07	现行	SAC/TC 342 全国燃料电池及液流电池标准化技术委员会
24	GB/T 30084—2013	便携式燃料电池发电系统-安全	2013-12-17	2014-04-09	现行	SAC/TC 342 全国燃料电池及液流电池标准化技术委员会
25	GB/T 31035—2014	质子交换膜燃料电池电堆低温特性试验方法	2014-12-05	2015-07-01	现行	SAC/TC 342 全国燃料电池及液流电池标准化技术委员会
26	GB/T 31036—2014	质子交换膜燃料电池备用电源系统 安全	2014-12-05	2015-07-01	现行	SAC/TC 342 全国燃料电池及液流电池标准化技术委员会
27	GB/T 31037.1—2014	工业起升车辆用燃料电池发电系统 第1部分:安全	2014-12-05	2015-07-01	现行	SAC/TC 342 全国燃料电池及液流电池标准化技术委员会
28	GB/T 31037.2—2014	工业起升车辆用燃料电池发电系统 第2部分:技术条件	2014-12-05	2015-07-01	现行	SAC/TC 342 全国燃料电池及液流电池标准化技术委员会
29	GB/T 31886.1—2015	反应气中杂质对质子交换膜燃料电池性能影响的测试方法 第1部分:空气中杂质	2015-09-11	2016-04-01	现行	SAC/TC 342 全国燃料电池及液流电池标准化技术委员会
30	GB/T 31886.2—2015	反应气中杂质对质子交换膜燃料电池性能影响的测试方法 第2部分:氢气中杂质	2015-09-11	2016-04-01	现行	SAC/TC 342 全国燃料电池及液流电池标准化技术委员会
31	GB/T 32509—2016	全钒液流电池通用技术条件	2016-02-24	2016-09-01	现行	SAC/TC 342 全国燃料电池及液流电池标准化技术委员会

序号	标准号	标准中文名称	发布日期	实施日期	标准状态	技术委员会
32	GB/T 33339—2016	全钒液流电池系统测试方法	2016-12-13	2017-07-01	现行	SAC/TC 342 全国燃料电池及液流电池标准化技术委员会
33	GB/T 33978—2017	道路车辆用质子交换膜燃料电池模块	2017-07-12	2018-02-01	现行	SAC/TC 342 全国燃料电池及液流电池标准化技术委员会
34	GB/T 33979—2017	质子交换膜燃料电池发电系统低温特性测试方法	2017-07-12	2018-02-01	现行	SAC/TC 342 全国燃料电池及液流电池标准化技术委员会
35	GB/T 33983.1—2017	直接甲醇燃料电池系统 第1部分:安全	2017-07-31	2018-02-01	现行	SAC/TC 342 全国燃料电池及液流电池标准化技术委员会
36	GB/T 33983.2—2017	直接甲醇燃料电池系统 第2部分:性能试验方法	2017-07-12	2018-02-01	现行	SAC/TC 342 全国燃料电池及液流电池标准化技术委员会
37	GB/T 34582—2017	固体氧化物燃料电池单电池和电池堆性能试验方法	2017-09-29	2018-04-01	现行	SAC/TC 342 全国燃料电池及液流电池标准化技术委员会
38	GB/T 34866—2017	全钒液流电池 安全要求	2017-11-01	2018-05-01	现行	SAC/TC 342 全国燃料电池及液流电池标准化技术委员会
39	GB/T 34872—2017	质子交换膜燃料电池供氢系统技术要求	2017-11-01	2018-05-01	现行	SAC/TC 342 全国燃料电池及液流电池标准化技术委员会
40	GB/T 36288—2018	燃料电池电动汽车燃料电池堆安全要求	2018-06-07	2019-01-01	现行	SAC/TC 342 全国燃料电池及液流电池标准化技术委员会
41	GB/T 36544—2018	变电站用质子交换膜燃料电池供电系统	2018-07-13	2019-02-01	现行	SAC/TC 342 全国燃料电池及液流电池标准化技术委员会
42	GB/T 38914—2020	车用质子交换膜燃料电池堆使用寿命测试评价方法	2020-06-02	2020-12-01	现行	SAC/TC 342 全国燃料电池及液流电池标准化技术委员会
43	GB/T 38954—2020	无人机用氢燃料电池发电系统	2020-06-02	2020-12-01	现行	SAC/TC 342 全国燃料电池及液流电池标准化技术委员会
44	GB/T 41134.1—2021	电驱动工业车辆用燃料电池发电系统 第1部分:安全	2021-12-31	2022-07-01	现行	SAC/TC 342 全国燃料电池及液流电池标准化技术委员会
45	GB/T 41134.2—2021	电驱动工业车辆用燃料电池发电系统 第2部分:性能试验方法	2021-12-31	2022-07-01	现行	SAC/TC 342 全国燃料电池及液流电池标准化技术委员会
46	GB/T 41986—2022	全钒液流电池 设计导则	2022-10-12	2023-05-01	现行	SAC/TC 342 全国燃料电池及液流电池标准化技术委员会

续表

序号	标准号	标准中文名称	发布日期	实施日期	标准状态	技术委员会
47	GB/T 19596—2017	电动汽车术语	2017-10-14	2018-05-01	现行	SAC/TC 114 全国汽车标准技术委员会
48	GB/T 24548—2009	燃料电池电动汽车 术语	2009-10-30	2010-07-01	现行	SAC/TC 114 全国汽车标准技术委员会
49	GB/T 24549—2020	燃料电池电动汽车安全要求	2020-09-29	2021-04-01	现行	SAC/TC 114 全国汽车标准技术委员会
50	GB/T 24554—2022	燃料电池发动机性能试验方法	2022-12-30	2023-07-01	现行	SAC/TC 114 全国汽车标准技术委员会
51	GB/T 24554—2022	燃料电池发动机性能试验方法	2022-12-30	2023-07-01	现行	SAC/TC 114 全国汽车标准技术委员会
52	GB/T 26779—2021	燃料电池电动汽车加氢口	2021-03-09	2021-10-01	现行	SAC/TC 114 全国汽车标准技术委员会
53	GB/T 26990—2023	燃料电池电动汽车 车载氢系统技术条件	2023-11-27	2023-11-27	现行	SAC/TC 114 全国汽车标准技术委员会
54	GB/T 26991—2023	燃料电池电动汽车动力性能试验方法	2023-12-28	2024-07-01	现行	SAC/TC 114 全国汽车标准技术委员会
55	GB/T 28958—2012	乘用车低温性能试验方法	2012-12-31	2013-07-01	现行	SAC/TC 114 全国汽车标准技术委员会
56	GB/T 29123—2012	示范运行氢燃料电池电动汽车技术规范	2012-12-31	2013-07-01	现行	SAC/TC 114 全国汽车标准技术委员会
57	GB/T 29124—2012	氢燃料电池电动汽车示范运行配套设施规范	2012-12-31	2013-07-01	现行	SAC/TC 114 全国汽车标准技术委员会
58	GB/T 31484—2015	电动汽车用动力蓄电池循环寿命要求及试验方法	2015-05-15	2015-05-15	现行	SAC/TC 114 全国汽车标准技术委员会
59	GB/T 31486—2015	电动汽车用动力蓄电池电性能要求及试验方法	2015-05-15	2015-05-15	现行	SAC/TC 114 全国汽车标准技术委员会
60	GB/T 34425—2017	燃料电池电动汽车 加氢枪	2017-10-14	2018-05-01	现行	SAC/TC 114 全国汽车标准技术委员会
61	GB/T 34593—2017	燃料电池发动机氢气排放测试方法	2017-10-14	2018-05-01	现行	SAC/TC 114 全国汽车标准技术委员会
62	GB/T 35178—2017	燃料电池电动汽车氢气消耗量 测量方法	2017-12-29	2018-07-01	现行	SAC/TC 114 全国汽车标准技术委员会
63	GB/T 36123—2018	燃气汽车泄漏报警装置技术要求	2018-05-14	2018-12-01	现行	SAC/TC 114 全国汽车标准技术委员会
64	GB/T 37154—2018	燃料电池电动汽车 整车氢气排放测试方法	2018-12-28	2019-07-01	现行	SAC/TC 114 全国汽车标准技术委员会
65	GB/T 37244—2018	质子交换膜燃料电池汽车用燃料 氢气	2018-12-28	2019-07-01	现行	SAC/TC 114 全国汽车标准技术委员会
66	GB/T 39132—2020	燃料电池电动汽车定型试验规程	2020-10-11	2021-05-01	现行	SAC/TC 114 全国汽车标准技术委员会
67	GB/T 34494—2017	氢碎钕铁硼永磁粉	2017-10-14	2018-05-01	现行	SAC/TC 229 全国稀土标准化技术委员会

序号	标准号	标准中文名称	发布日期	实施日期	标准状态	技术委员会
68	GB/T 5158.2—2011	金属粉末　还原法测定氧含量　第 2 部分：氢还原时的质量损失（氢损）	2011-05-12	2012-02-01	现行	SAC/TC 243/SC4 全国有色金属标准化技术委员会粉末冶金分会
69	GB 31633—2014	食品安全国家标准　食品添加剂　氢气	2014-12-24	2015-05-24	现行	食品安全国家标准审评委员会
70	GB/T 43512—2023	全钒液流电池　可靠性评价方法	2023-12-28	2024-07-01	现行	SAC/TC 342 全国燃料电池及液流电池标准化技术委员会
71	GB/T 34425—2023	燃料电池电动汽车加氢枪	2023-12-28	2024-07-01	现行	SAC/TC 114 全国汽车标准技术委员会
72	GB/T 44262—2024	质子交换膜燃料电池汽车用氢气采样技术要求	2024-07-24	2024-11-01	即将实施	SAC/TC 309 全国氢能标准化技术委员会
73	GB/T 44244—2024	质子交换膜燃料电池汽车用氢气一氧化碳、二氧化碳的测定　气相色谱法	2024-07-24	2024-11-01	即将实施	SAC/TC 309 全国氢能标准化技术委员会
74	GB/T 44243—2024	质子交换膜燃料电池汽车用氢气　含硫化合物、甲醛和有机卤化物的测定　气相色谱法	2024-07-24	2024-11-01	即将实施	SAC/TC 309 全国氢能标准化技术委员会
75	GB/T 44242—2024	质子交换膜燃料电池汽车用氢气　无机卤化物、甲酸的测定　离子色谱法	2024-07-24	2024-11-01	即将实施	SAC/TC 309 全国氢能标准化技术委员会
76	GB/T 44238—2024	质子交换膜燃料电池汽车用氢气　氨、氩、氮和烃类的测定　气相色谱法	2024-07-24	2024-11-01	即将实施	SAC/TC 309 全国氢能标准化技术委员会
77	GB/T 43361—2023	气体分析　道路车辆用质子交换膜燃料电池氢燃料分析方法的确认	2023-11-27	2024-06-01	现行	SAC/TC 206 全国气体标准化技术委员会

附表十　我国氢能现行行业标准

氢能

序号	标准号	标准名称	行业领域	状态	批准日期	实施日期
1	YB/T 075—2022	炭纤维及其制品碳、氢元素分析方法	黑色冶金	现行	2022-09-30	2023-04-01
2	NB/T 10617—2021	制氢转化炉炉管寿命评估及更换导则	能源	现行	2021-04-26	2021-08-26
3	NB/T 25113—2020	核电厂氢气双壁管设计及安装技术规定	能源	现行	2020-10-23	2021-02-01
4	DL/T 1766.4—2021	水氢氢冷汽轮发电机检修导则　第 4 部分：氢气冷却系统检修	电力	现行	2021-12-22	2022-03-22
5	DL/T 1766.3—2021	水氢氢冷汽轮发电机检修导则　第 5 部分：内冷水系统检修	电力	现行	2021-12-22	2022-03-22

序号	标准号	标准名称	行业领域	状态	批准日期	实施日期
6	YS/T 1467.9—2021	铪化学分析方法　第9部分:氢量的测定	有色金属	现行	2021-12-02	2022-04-01
7	QX/T 644—2022	气象涉氢业务设施建设要求	气象	现行	2022-01-07	2022-04-01
8	QX/T 643—2022	气象用水电解制氢设备操作规范	气象	现行	2022-01-07	2022-04-01
9	JB/T 6227—2021	氢冷电机气密封性检验方法及评定	机械	现行	2021-05-17	2021-10-01
10	JB/T 13808—2020	高温氢气环境试验机	机械	现行	2020-04-16	2021-01-01
11	HG/T 5770—2020	氨裂解制氢催化剂	化工	现行	2020-12-09	2021-04-01
12	HG/T 5756—2020	苯选择性加氢制环己烯催化剂化学成分分析方法	化工	现行	2020-12-09	2021-04-01
13	HG/T 5705—2020	加氢催化剂中二氧化钛相含量的测定　X射线衍射法	化工	现行	2020-12-09	2021-04-01
14	DL/T 1766.3—2019	水氢氢冷汽轮发电机检修导则　第3部分:转子检修	电力	现行	2019-06-04	2019-10-01
15	DL/T 1766.2—2019	水氢氢冷汽轮发电机检修导则　第2部分:定子检修	电力	现行	2019-06-04	2019-10-01
16	DL 5190.6—2019	电力建设施工技术规范　第6部分:水处理和制(供)氢设备及系统	电力	现行	2019-06-04	2019-10-01
17	HG/T 5587—2019	加氢合成芳胺用催化剂化学成分分析方法	化工	现行	2019-12-24	2020-07-01
18	HG/T 5529—2019	甲醇制氢催化剂	化工	现行	2019-08-02	2020-01-01
19	XB/T 622.7—2017	稀土系贮氢合金化学分析方法　第7部分:铅、镉量的测定	稀土	现行	2017-08-07	2018-01-01
20	XB/T 622.6—2017	稀土系贮氢合金化学分析方法　第6部分:氧量的测定　脉冲加热红外吸收法	稀土	现行	2017-08-07	2018-01-01
21	XB/T 622.5—2017	稀土系贮氢合金化学分析方法　第5部分:碳量的测定　高频燃烧红外吸收法	稀土	现行	2017-08-07	2018-01-01
22	XB/T 622.4—2017	稀土系贮氢合金化学分析方法　第4部分:硅量的测定　硅钼蓝分光光度法	稀土	现行	2017-08-07	2018-01-01

序号	标准号	标准名称	行业领域	状态	批准日期	实施日期
23	XB/T 622.3—2017	稀土系贮氢合金化学分析方法　第3部分：铁、镁、锌、铜量的测定　电感耦合等离子体原子发射光谱法	稀土	现行	2017-08-07	2018-01-01
24	XB/T 622.2—2017	稀土系贮氢合金化学分析方法　第2部分：镍、镧、铈、镨、钕、钐、钇、钴、锰、铝、铁、镁、锌、铜配分量的测定	稀土	现行	2017-08-07	2018-01-01
25	XB/T 622.1—2017	稀土系贮氢合金化学分析方法　第1部分：稀土总量的测定　草酸盐重量法	稀土	现行	2017-08-07	2018-01-01
26	DL/T 1928—2018	火力发电厂氢气系统安全运行技术导则	电力	现行	2018-12-25	2019-05-01
27	YB/T 4594—2017	焦炉煤气制氢站安全运行规范	黑色冶金	现行	2017-01-09	2017-07-01
28	HG/T 5414—2018	柴油加氢精制催化剂化学成分分析方法	化工	现行	2018-10-22	2019-04-01
29	SY/T 4120—2018	高含硫化氢气田钢质管道环焊缝射线检测	石油天然气	现行	2018-10-29	2019-03-01
30	SY/T 0611—2018	高含硫化氢气田集输系统内腐蚀控制规范	石油天然气	现行	2018-10-29	2019-03-01
31	HG/T 5316—2018	氨裂解制氢催化剂活性试验方法	化工	现行	2018-04-30	2018-09-01
32	QX/T 420—2018	气象用固定式水电解制氢系统	气象	现行	2018-04-28	2018-08-01
33	DL/T 1766.1—2017	水氢氢冷汽轮发电机检修导则　第1部分：总则	电力	现行	2017-11-15	2018-03-01
34	DL/T 651—2017	氢冷发电机氢气湿度的技术要求	电力	现行	2017-11-15	2018-03-01
35	HG/T 5193—2017	甲醇制氢催化剂化学成分分析方法	化工	现行	2017-11-07	2018-04-01
36	NB/T 25073—2017	氢冷发电机供氢系统防爆安全验收导则	能源	现行	2017-02-10	2017-07-01
37	NB/T 20422—2017	压水堆核电厂非能动氢气复合器的鉴定	能源	现行	2017-02-10	2017-07-01
38	NB/T 25068—2017	核电厂发电机氢油水系统技术条件	能源	现行	2017-02-10	2017-07-01
39	SJ/T 11667—2017	电真空器件氢气炉能源消耗规范	电子	现行	2017-01-09	2017-07-01
40	QX/T 357—2016	气象业务氢气作业安全技术规范	气象	现行	2016-12-12	2017-05-01

序号	标准号	标准名称	行业领域	状态	批准日期	实施日期
41	HG/T 5037—2016	甲醇制氢催化剂活性试验方法	化工	现行	2016-10-22	2017-04-01
42	YS/T 416—2016	氢气净化用钯合金管材	有色金属	现行	2016-04-05	2016-09-01
43	NB/T 25043.5—2016	核电厂常规岛及辅助配套设施建设 施工技术规范 第5部分:水处理及制氢系统	能源	现行	2016-01-07	2016-06-01
44	NB/T 25044.5—2016	核电厂常规岛及辅助配套设施建设 施工质量验收规程 第5部分:水处理及制氢系统	能源	现行	2016-01-07	2016-06-01
45	YB/T 4496—2015	焦炉煤气 硫化氢含量的测定 气相色谱法	黑色冶金	现行	2015-07-14	2016-01-01
46	DL/T 1462—2023	发电厂在线氢气系统仪表检测规程	电力	现行	2023-02-06	2023-08-06
47	QX/T 248—2014	固定式水电解制氢设备监测系统技术要求	气象	现行	2014-10-24	2015-03-01
48	SY/T 5238—2019	有机物和碳酸盐岩碳、氧同位素分析方法	石油天然气	现行	2019-11-04	2020-05-01
49	NB/T 25025—2014	核电厂汽轮发电机漏水、漏氢的检验导则	能源	现行	2014-03-18	2014-08-01
50	JB/T 8795—2013	水电解氢氧发生器	机械	现行	2013-12-31	2014-07-01
51	HG/T 4674—2014	镍系气相苯加氢催化剂活性试验方法	化工	现行	2014-10-14	2015-04-01
52	HG/T 2514—2014	有机硫加氢催化剂活性试验方法	化工	现行	2014-10-14	2015-04-01
53	HG/T 2505—2012	有机硫加氢催化剂	化工	现行	2012-12-28	2013-06-01
54	NB/T 20143.1—2012	核空气与气体处理规范 工艺气体处理 第1部分:氢气复合装置	能源	现行	2012-10-19	2013-03-01
55	NB/T 20176—2012	压水堆核电厂供氢、供氮、供氧、供二氧化碳系统的设计要求	能源	现行	2012-10-19	2013-03-01
56	DL/T 502.29—2019	火力发电厂水汽分析方法 第29部分:氢电导率的测定	电力	现行	2019-11-04	2020-05-01
57	YS/T 600—2009	铝及铝合金液态测氢方法 闭路循环法	有色金属	现行	2009-12-04	2010-06-01
58	JB/T 7215—1994	锻焊结构热壁加氢反应器技术条件	机械	现行	1994-07-18	1995-07-01
59	SY/T 6137—2017	硫化氢环境天然气采集与处理安全规范	石油天然气	现行	2017-03-28	2017-08-01
60	YS/T 208—2006	氢气净化器用钯合金箔材	有色金属	现行	2006-05-25	2006-12-01

序号	标准号	标准名称	行业领域	状态	批准日期	实施日期
61	QC/T 816—2009	加氢车技术条件	汽车	现行	2009-11-17	2010-04-01
62	JB/T 10909—2008	小型往复活塞氢气压缩机	机械	现行	2008-06-04	2008-11-01
63	JB 6207—1992	氢分析器技术条件	机械	现行	1992-05-27	1993-04-01
64	SH/T 0345—1992	加氢精制催化剂中钴含量测定法	石油化工	现行	1992-05-20	1992-05-20
65	LY/T 1971—2011	变压吸附精制氢气用活性炭	林业	现行	2011-06-10	2011-07-01
66	SH/T 0344—1992	加氢精制催化剂中三氧化钼含量测定法	石油化工	现行	1992-05-20	1992-05-20
67	CB 3521—1993	水电解制氢装置通用技术条件	船舶	现行	1993-11-08	1994-05-01
68	DL/T 705—2021	运行中氢冷发电机用密封油质量	电力	现行	2021-01-07	2021-07-01
69	MT 276—1994	氢气检测管	煤炭	现行	1992-05-01	1994-11-01
70	SJ/T 10095—1991	电子产品用氢气电阻炉测试方法	电子	现行	1991-04-08	1991-07-01
71	SH/T 0346—1992	加氢精制催化剂中镍含量测定法	石油化工	现行	1992-05-20	1992-05-20
72	SH/T 0658—1998	喷气燃料氢含量测定法（低分辨核磁共振法）	石油化工	现行	1998-06-23	1998-12-01
73	SJ/T 10273—1991	催化吸附型氢气纯化装置通用技术条件	电子	现行	1991-11-12	1992-01-01
74	SJ/T 10094—1991	电子产品用氢气电阻炉通用技术条件	电子	现行	1991-04-08	1991-07-01
75	NB/T 20098—2024	压水堆核电厂安全壳氢气控制系统设计准则	核电	现行	2024-05-24	2024-11-24
76	RB/T 227—2023	国产化检测仪器设备验证评价指南 氢燃料电池堆测试设备	测试	现行	2024-05-20	2024-07-01
77	YB/T 6172—2024	全氢罩式退火炉尾气回收氢气循环再利用技术规范	黑色冶金	现行	2024-03-29	2024-10-01
78	SY/T 6137—2017	硫化氢环境天然气采集与处理安全规范	石油天然气	现行	2017-03-28	2017-08-01

燃料电池

序号	标准号	标准名称	行业领域	状态	批准日期	实施日期
1	NB/T 10671—2021	固体氧化物燃料电池模块 通用安全技术导则	能源	现行	2021-04-26	2021-07-26

序号	标准号	标准名称	行业领域	状态	批准日期	实施日期
2	NB/T 10670—2021	固体氧化物燃料电池电解质膜测试方法　第1部分：自支撑膜	能源	现行	2021-04-26	2021-07-26
3	SY/T 7657.1—2021	天然气 利用光声光谱-红外光谱-燃料电池联合法测定组成 第1部分：总则	石油天然气	现行	2021-11-16	2022-02-16
4	SY/T 7657.2—2021	天然气　利用光声光谱-红外光谱-燃料电池联合法测定组成　第2部分：光声光谱法测定甲烷含量	石油天然气	现行	2021-11-16	2022-02-16
5	SY/T 7657.3—2021	天然气　利用光声光谱-红外光谱-燃料电池联合法测定组成　第3部分：红外光谱法测定乙烷及以上烷烃、二氧化碳、一氧化碳含量	石油天然气	现行	2021-11-16	2022-02-16
6	SY/T 7657.4—2021	天然气 利用光声光谱-红外光谱-燃料电池联合法测定组成　第4部分：燃料电池法测定氢含量	石油天然气	现行	2021-11-16	2022-02-16
7	NB/T 10822—2021	固体氧化物燃料电池小型固定式发电系统　通用安全技术导则	能源	现行	2021-11-16	2022-02-16
8	NB/T 10821—2021	固体氧化物燃料电池电池堆测试方法	能源	现行	2021-11-16	2022-02-16
9	NB/T 10820—2021	固体氧化物燃料电池单电池测试方法	能源	现行	2021-11-16	2022-02-16
10	YS/T 1515—2021	铝-空燃料电池用铝合金电极材料	有色金属	现行	2021-12-02	2022-04-01
11	JT/T 1342—2020	燃料电池客车技术规范	交通	现行	2020-10-30	2021-02-01
12	NB/T 10193—2019	固体氧化物燃料电池术语	能源	现行	2019-06-04	2019-10-01
13	YD/T 3425—2018	通信用氢燃料电池供电系统维护技术要求	通信	现行	2018-12-21	2019-04-01
14	SN/T 4444—2016	进出口燃料电池的检验技术要求　便携式燃料电池发电系统的安全	出入境检验检疫	现行	2016-03-09	2016-10-01
15	NB/T 11384—2023	固体氧化物燃料电池小型固定式发电系统安装	能源	现行	2023-12-28	2024-06-28

续表

序号	标准号	标准名称	行业领域	状态	批准日期	实施日期
16	NB/T 11308—2023	固体氧化物燃料电池小型固定式发电系统　性能测试方法	能源	现行	2023-10-11	2024-04-11
17	YS/T 1518—2022	氢燃料电池用锆带	有色金属	现行	2022-09-30	2023-04-01

储运加

序号	标准号	标准名称	行业领域	状态	批准日期/发布日期	实施日期
1	HG/T 2690—2012	13X分子筛	化工	现行	2012-12-28	2013-06-01
2	HG/T 20510—2014	仪表供气设计规范	化工	现行	2014-05-06	2014-10-01
3	HG/T 20511—2014	信号报警及安全联锁系统设计规范	化工	现行	2014-05-06	2014-10-01
4	JB/T 4732—1995	钢制压力容器——分析设计标准（2005确认）	机械	现行	1995-03-07	1995-10-15
5	JB/T 11484—2013	高压加氢装置用阀门技术规范	机械	现行	2013-04-25	2013-09-01
6	JB/T 12665—2016	真空绝热低温管	机械	现行	2016-01-15	2016-06-01
7	JB/T 6617—2016	柔性石墨填料环技术条件	机械	现行	2016-01-15	2016-06-01
8	JB/T 6896—2007	空气分离设备表面清洁度	机械	现行	2007-01-25	2007-07-01
9	NB/T 10354—2019	长管拖车	能源	现行	2019-12-30	2020-07-01
10	NB/T 10355—2019	管束式集装箱	能源	现行	2019-12-30	2020-07-01
11	NB/T 10558—2021	压力容器涂敷与运输包装	能源	现行	2021-01-07	2021-07-01
12	NB/T 10619—2021	长管拖车、管束式集装箱定期检验与评定	能源	现行	2021-04-26	2021-08-26
13	NB/T 47010—2017	承压设备用不锈钢和耐热钢锻件	能源	现行	2017-03-28	2017-08-01
14	NB/T 47013.1—2015	承压设备无损检测　第1部分:通用要求	能源	现行	2015-04-02	2015-09-01
15	NB/T 47013.2—2015	承压设备无损检测　第2部分:射线检测	能源	现行	2015-04-02	2015-09-01
16	NB/T 47013.3—2015	承压设备无损检测　第3部分:超声检测	能源	现行	2015-04-02	2015-09-01
17	NB/T 47013.4—2015	承压设备无损检测　第4部分:磁粉检测	能源	现行	2015-04-02	2015-09-01
18	NB/T 47013.5—2015	承压设备无损检测　第5部分:渗透检测	能源	现行	2015-04-02	2015-09-01
19	NB/T 47013.6—2015	承压设备无损检测　第6部分:涡流检测	能源	现行	2015-04-02	2015-09-01
20	NB/T 47013.7—2012	承压设备无损检测　第7部分:目视检测	能源	现行	2012-01-04	2012-03-01

序号	标准号	标准名称	行业领域	状态	批准日期/发布日期	实施日期
21	NB/T 47013.8—2012	承压设备无损检测 第8部分:泄漏检测	能源	现行	2012-01-04	2012-03-01
22	NB/T 47013.9—2012	承压设备无损检测 第9部分:声发射检测	能源	现行	2012-01-04	2012-03-01
23	NB/T 47013.10—2015	承压设备无损检测 第10部分:衍射时差法超声检测	能源	现行	2015-04-02	2015-09-01
24	NB/T 47013.11—2023	承压设备无损检测 第11部分:射线数字成像检测	能源	现行	2023-10-11	2024-04-11
25	NB/T 47013.12—2015	承压设备无损检测 第12部分:漏磁检测	能源	现行	2015-04-02	2015-09-01
26	NB/T 47013.13—2015	承压设备无损检测 第13部分:脉冲涡流检测	能源	现行	2015-04-02	2015-09-01
27	NB/T 47013.14—2023	承压设备无损检测 第14部分:射线计算机辅助成像检测	能源	现行	2023-10-11	2024-04-11
28	NB/T 47013.15—2021	承压设备无损检测 第15部分:相控阵超声检测	能源	现行	2021-04-26	2021-08-26
29	NB/T 47014—2011	承压设备焊接工艺评定	能源	现行	2011-07-01	2011-10-01
30	NB/T 47016—2011	承压设备产品焊接试件的力学性能检验	能源	现行	2011-07-01	2011-10-01
31	NB/T 47018.1—2017	承压设备用焊接材料订货技术条件 第一部分:采购通则	能源	现行	2017-03-28	2017-08-01
32	NB/T 47058—2017	冷冻液化气体汽车罐车	能源	现行	2017-11-15	2018-03-01
33	NB/T 47059—2017	冷冻液化气体罐式集装箱	能源	现行	2017-11-15	2018-03-01
34	QC/T 29106—2014	汽车电线束技术条件	汽车	现行	2014-05-06	2014-10-01
35	QC/T 413—2002	汽车电气设备基本技术条件	汽车	现行	2002-12-31	2003-03-01
36	QC/T 417—2021	摩托车和轻便摩托车用电线束总成	汽车	现行	2021-03-05	2021-07-01
37	QJ 3028—1998	液氢加注车通用规范	航天工业	现行	1998-02-06	1998-08-01
38	JT/T 1285—2020	危险货物道路运输营运车辆安全技术条件	交通运输	现行	2020-02-28	2020-04-01
39	SH/T 3005—2016	石油化工自动化仪表选型设计规范	石油化工	现行	2016-01-15	2016-07-01
40	SH/T 3006—2012	石油化工控制室设计规范	石油化工	现行	2012-11-07	2013-03-01

续表

序号	标准号	标准名称	行业领域	状态	批准日期/发布日期	实施日期
41	SH/T 3019—2016	石油化工仪表管道线路设计规范	石油化工	现行	2016-01-15	2016-07-01
42	SH/T 3020—2013	石油化工仪表供气设计规范	石油化工	现行	2013-10-17	2014-03-01
43	SH/T 3081—2019	石油化工仪表接地设计规范	石油化工	现行	2019-08-27	2020-01-01
44	SH/T 3082—2019	石油化工仪表供电设计规范	石油化工	现行	2019-08-27	2020-01-01
45	SH/T 3104—2013	石油化工仪表安装设计规范	石油化工	现行	2013-10-17	2014-03-01
46	SH/T 3521—2013	石油化工仪表工程施工技术规程	石油化工	现行	2013-10-17	2014-03-01

附表十一　我国氢能现行地方标准

氢能

序号	标准号	标准名称	省市区	状态	批准日期	实施日期
1	DB1307/T405—2023	水电解制氢装置　工业、商业和住宅应用技术标准	张家口市	现行	2023-02-03	2023-08-03
2	DB21/T 3637—2022	车用压缩氢气铝内胆碳纤维全缠绕气瓶定期检验与评定	辽宁省	现行	2022-09-30	2022-10-30
3	DB41/T 2347—2022	汽车加氢站承压特种设备安全运行规范	河南省	现行	2022-10-17	2023-01-16
4	DB1310/T 260—2021	高炉喷吹用加氢气化洁净煤原料技术要求	廊坊市	现行	2021-11-15	2021-12-15
5	DB1310/T 259—2021	高炉喷吹用加氢气化洁净煤技术条件	廊坊市	现行	2021-11-15	2021-12-15
6	DB37/T 4449—2021	加氢站氢气取样安全技术规范	山东省	现行	2021-12-13	2022-01-13
7	DB31/T 1282—2021	车用气瓶氢气充装安全技术条件	上海市	现行	2021-02-01	2021-05-01
8	DB37/T 4096—2020	车载氢系统气密性检测和置换技术要求	山东省	现行	2020-08-31	2020-10-01
9	DB37/T 4095—2020	车载氢系统安装技术要求	山东省	现行	2020-08-31	2020-10-01
10	DB37/T 4073—2020	车用加氢站运营管理规范	山东省	现行	2020-08-20	2020-09-20
11	DB61/T 479—2009	施放氢气球技术操作规范	陕西省	现行	2009-11-27	2009-12-27
12	DB37/T 3066—2017	加氢反应器定期检验规则	山东省	现行	2017-12-13	2018-01-13

序号	标准号	标准名称	省市区	状态	批准日期	实施日期
13	DB35/T 944—2009	纯氢、高纯氢、超纯氢中杂质含量的测定　氦放电离子化气相色谱法	福建省	现行	2009-05-26	2009-05-30
14	DB44/T 2510—2024	燃料电池电动汽车车载供氢系统气体置换技术规范	广东省	现行	2024-05-11	2024-08-11
15	DB11/T 2211—2024	加氢站运营管理规范	北京市	现行	2024-03-25	2024-07-01
16	DB44/T 2478—2024	加氢站站控系统技术要求	广东省	现行	2024-03-07	2024-06-07
17	DB4406/T 36-2024	氢能源有轨电车运营管理规范	佛山市	现行	2024-02-21	2024-02-21
18	DB13/T 5939—2024	煤制甲醇耦合绿氢碳减排技术规范	河北省	现行	2024-02-02	2024-03-02
19	DB42/T 2143—2023	车用压缩氢气铝内胆碳纤维全缠绕气瓶定期检验规则	湖北省	现行	2023-12-23	2024-02-23
20	DB1307/T440—2023	加氢站验收与安全运营评价导则	张家口市	现行	2023-12-04	2024-01-04
21	DB 6505/T 175—2023	制氢加氢一体站技术规范	哈密市	现行	2023-11-25	2023-12-25
22	DB41/T 2552—2023	车用压缩氢气铝内胆碳纤维全缠绕气瓶安全评估导则	河南省	现行	2023-10-31	2024-01-29
23	DB41/T 2545—2023	在用钢带错绕储氢容器安全评价导则	河南省	现行	2023-10-31	2024-01-29
24	DB41/T 2541—2023	加氢站充装安全技术导则	河南省	现行	2023-10-31	2024-01-29
25	DB13/T 5875—2023	氢燃料电池冷却液通用技术要求	河北省	现行	2023-10-25	2023-11-25
26	DB13/T 5819—2023	水电解制氢单位产品能源消耗限额引导性指标	河北省	现行	2023-10-25	2023-11-25
27	DB32/T 4564—2023	氢能助力自行车通用技术要求	江苏省	现行	2023-09-22	2023-10-22
28	DB50/T 1478—2023	氢燃料电池车辆示范运行公共数据采集规范	重庆市	现行	2023-09-15	2023-12-15
29	DB44/T 2440—2023	制氢加氢一体站安全技术规范	广东省	现行	2023-07-30	2023-11-30
30	DB42/T 2048—2023	车用压缩氢气加氢站运营管理规范	湖北省	现行	2023-06-27	2023-08-27
31	DB13/T 5756—2023	涉氢实验室安全管理规范	河北省	现行	2023-06-19	2023-07-01
32	DB13/T 5755—2023	加氢站运行管理规范	河北省	现行	2023-06-19	2023-07-01
33	DB13/T 5754—2023	加氢站贮存设备技术要求	河北省	现行	2023-06-19	2023-07-01
34	DB13/T 5753—2023	长管拖车氢气运输技术要求	河北省	现行	2023-06-19	2023-07-01
35	DB13/T 5752—2023	氢燃料电池动力船舶储供氢系统设计要求	河北省	现行	2023-06-19	2023-07-01

续表

序号	标准号	标准名称	省市区	状态	批准日期	实施日期
36	DB13/T 5751—2023	撬装式水电解制氢系统通用技术要求	河北省	现行	2023-06-19	2023-07-01
37	DB44/T 2427—2023	加氢站运营管理规范	广东省	现行	2023-05-06	2023-08-06

燃料电池

序号	标准号	标准名称	省市区	状态	批准日期	实施日期
1	DB31/T 1313—2021	燃料电池汽车及加氢站公共数据采集规范	上海市	现行	2021-07-27	2021-10-01
2	DB37/T 4100—2020	质子交换膜燃料电池冷却液技术要求	山东省	现行	2020-08-31	2020-10-01
3	DB37/T 4099—2020	质子交换膜燃料电池发动机故障分类、远程诊断及处理方法	山东省	现行	2020-08-31	2020-10-01
4	DB37/T 4098—2020	质子交换膜燃料电池发动机安全性技术要求	山东省	现行	2020-08-31	2020-10-01
5	DB37/T 4097—2020	商用车用质子交换膜燃料电池堆耐久性测评方法	山东省	现行	2020-08-31	2020-10-01
6	DB37/T 4060—2020	氢燃料电池电动汽车运行规范	山东省	现行	2020-07-16	2020-08-16
7	DB13/T 5156—2019	氢燃料电池混合动力100%低地板有轨电车设计规范	河北省	现行	2019-12-27	2020-01-28
8	DB44/T 1485—2014	燃料电池电动汽车能量消耗量试验方法	广东省	现行	2014-12-02	2015-03-02
9	DB50/T 1620-2024	车用燃料电池系统电磁兼容性能要求	重庆市	现行	2024-07-15	2024-10-15
10	DB44/T 2510—2024	燃料电池电动汽车车载供氢系统气体置换技术规范	广东省	现行	2024-05-11	2024-08-11
11	DB31/T 1449—2023	燃料电池电动汽车运行安全和维护技术要求	上海市	现行	2023-11-21	2024-03-01
12	DB13/T 5875—2023	氢燃料电池冷却液通用技术要求	河北省	现行	2023-10-25	2023-11-25
13	DB50/T 1478—2023	氢燃料电池车辆示范运行公共数据采集规范	重庆市	现行	2023-09-15	2023-12-15
14	DB13/T 5752—2023	氢燃料电池动力船舶储供氢系统设计要求	河北省	现行	2023-06-19	2023-07-01

附表十二　我国氢能现行团体标准

氢能

序号	团体名称	标准编号	标准名称	公布日期	状态
1	中国电工技术学会	T/CES 175—2022	质子交换膜水电解制氢系统性能试验方法	2023-03-29	现行
2	蚌埠市营养学会	T/BBYY 001—2023	富氢营养饮用水	2023-03-10	现行

续表

序号	团体名称	标准编号	标准名称	公布日期	状态
3	北京市康复辅助器具协会	T/BAAP 0315—2022	雾化氢呼吸系统标准	2023-02-06	现行
4	大连市石油和化工行业协会	T/DLSHXH 009—2022	燃料电池用氢中痕量氨的测定 离子迁移谱法	2022-12-26	现行
5	大连市石油和化工行业协会	T/DLSHXH 003—2020	加氢站现场运行安全管理规范	2020-09-30	现行
6	大连市石油和化工行业协会	T/DLSHXH 002—2020	加氢站运营服务规范	2020-09-30	现行
7	大连市石油和化工行业协会	T/DLSHXH 001—2020	加氢站技术验收指南	2020-09-30	现行
8	东营质量协会	T/DYZL 028—2022	加氢站量化风险评估导则	2022-11-08	现行
9	佛山市氢能产业协会	T/FSQX 003—2022	加氢站经济运行指标及计算方法	2022-04-28	现行
10	佛山市氢能产业协会	T/FSQX 002—2022	氢气运输车辆运营管理规范	2022-04-28	现行
11	佛山市氢能产业协会	T/FSQX 001—2022	氢能源有轨电车运营技术规范	2022-04-18	现行
12	佛山市氢能产业协会	T/FSQX 004—2021	氢能源有轨电车运营管理规范	2021-12-31	现行
13	佛山市氢能产业协会	T/FSQX 003—2021	车用压缩氢气瓶充装安全管理规范	2021-10-27	现行
14	佛山市氢能产业协会	T/FSQX 002—2021	液压往复式氢气压缩机	2021-09-14	现行
15	佛山市氢能产业协会	T/FSQX 001—2021	质子交换膜燃料电池用氢气循环泵	2021-09-14	现行
16	广东省测量控制技术与装备应用促进会	T/GDCKCJH 043—2021	水银法扩散氢测定仪性能要求与检测方法	2021-12-07	现行
17	广东省产品认证服务协会	T/GDC 150—2022	站内甲醇制氢安全技术规范	2022-03-31	现行
18	广东省产品认证服务协会	T/GDC 149—2022	站内制氢设计技术规范	2022-03-31	现行
19	广东省节能减排标准化促进会	T/GDES 23—2019	汽车发动机氢氧增强动力节油器	2019-03-11	现行
20	广东省能源研究会	T/GERS 0005—2021	燃料电池电动汽车车载供氢系统安装技术规范	2021-06-29	现行
21	广东省能源研究会	T/GERS 0004—2021	加氢站运营管理规范	2021-06-26	现行
22	广东省能源研究会	T/GERS 0003—2021	氢燃料电池电动汽车运行规范	2021-06-26	现行
23	广东省能源研究会	T/GERS 0006—2021	燃料电池电动汽车车载供氢系统气密性检测和置换技术要求	2021-06-15	现行
24	广东省企业创新发展协会	T/GDID 1009—2018	吸氢机	2018-12-24	现行
25	广东省企业创新发展协会	T/GDID 1008—2018	连续式电解富氢水机	2018-12-24	现行

序号	团体名称	标准编号	标准名称	公布日期	状态
26	广东省企业创新发展协会	T/GDID 1007—2018	电解富氢水杯	2018-12-24	现行
27	广东省特种设备行业协会	T/GDASE 0033.2—2022	液氢气瓶——第2部分：操作要求	2022-12-15	现行
28	广东省特种设备行业协会	T/GDASE 0033.1—2022	液氢气瓶——第1部分：设计、制造、检验、试验	2022-12-15	现行
29	广东省特种设备行业协会	T/GDASE 0017—2020	车用压缩氢气铝内胆　碳纤维全缠绕气瓶定期检验与评定	2020-07-29	现行
30	河北省标准化协会	T/CHBAS 27—2022	电子工业用混合气体5%氢/氮	2022-12-06	现行
31	河北省标准化协会	T/CHBAS 26—2022	电子工业用混合气体4%氢/氮	2022-12-06	现行
32	河北省标准化协会	T/CHBAS 25—2022	电子工业用混合气体3%氢/氩	2022-12-06	现行
33	河北省质量信息协会	T/HEBQIA 078—2022	氢氧汽车积碳清洗机	2022-06-08	现行
34	河南省营养保健协会	T/HYBX 0002—2020	氢气外用敷贴	2020-04-09	现行
35	河南省营养保健协会	T/HYBX 0015—2019	富氢水喷雾器	2019-10-31	现行
36	河南省营养保健协会	T/HYBX 0014—2019	氢浴包	2019-10-31	现行
37	河南省营养保健协会	T/HYBX 0013—2019	便携式富氢水杯	2019-10-31	现行
38	河南省营养保健协会	T/HYBX 0012—2019	多功能制氢机	2019-10-31	现行
39	河南省营养保健协会	T/HYBX 0011—2019	氢气外用贴敷包	2019-10-31	现行
40	吉林省电力行业协会	T/EPIAJL 1—2018	水内冷发电机内冷水箱含氢量、内冷水系统漏氢量检测技术规范	2018-12-03	现行
41	吉林省汽车电子协会	T/GHDQ 47—2019	高寒地区车用氢燃料电池电堆低温寿命测试技术条件	2019-10-24	现行
42	吉林省汽车电子协会	T/GHDQ 38—2019	高寒地区燃料电池电动汽车车载氢系统试验方法	2019-10-24	现行
43	吉林省汽车电子协会	T/GHDQ 37—2019	高寒地区燃料电池电动汽车车载氢系统技术条件	2019-10-24	现行
44	嘉兴市长三角氢能产业促进会	T/JXQN 2001—2022	分布式氢燃料电池发电系统	2022-11-03	现行
45	青岛市标准化协会	T/QDAS 095—2022	模块化甲醇制氢加氢系统（平台）	2022-07-28	现行
46	全国城市工业品贸易中心联合会	T/QGCML 378—2022	加氢保护床	2022-09-16	现行
47	全国城市工业品贸易中心联合会	T/QGCML 377—2022	加氢单元的氢气回收装置	2022-09-16	现行
48	全国卫生产业企业管理协会	T/NAHIEM 18—2019	纯水电解吸氢机	2019-12-05	现行
49	全国卫生产业企业管理协会	T/NAHIEM 17—2019	氢水发生器	2019-12-05	现行

序号	团体名称	标准编号	标准名称	公布日期	状态
50	全国卫生产业企业管理协会	T/NAHIEM 16—2019	含氢包装饮用水	2019-12-05	现行
51	山东标准化协会	T/SDAS 188—2020	氢能源有轨电车通用技术条件	2020-10-09	现行
52	山东标准化协会	T/SDAS 185—2020	燃料电池轨道车辆　车载氢系统安全要求	2020-10-09	现行
53	山东标准化协会	T/SDAS 184—2020	燃料电池轨道车辆　车载氢系统技术条件	2020-10-09	现行
54	山东标准化协会	T/SDAS 182—2020	燃料电池轨道车辆　车载氢系统试验方法	2020-10-09	现行
55	山东认证协会	T/SDCA 40—2022	悬浮床加氢催化剂配剂	2022-10-08	现行
56	山东省家用电器行业协会	T/SDJD 003—2022	饮用氢水机	2022-12-12	现行
57	山东省家用电器行业协会	T/SDJD 002—2022	家用氢气机	2022-10-27	现行
58	山东省膜学会	T/SDMS 006—2022	水电解制氢用质子交换膜	2022-07-19	现行
59	山东省膜学会	T/SDMS 005—2021	氢燃料电池质子交换膜用聚四氟乙烯基膜	2021-10-26	现行
60	山东省自动化学会	T/SDZDH 001—2020	便携式挥发性有机化合物氢火焰离子化分析仪校准方法	2021-01-08	现行
61	上海钢管行业协会	T/SSTA 202—2022	加氢站高压管路用不锈钢无缝管	2022-06-29	现行
62	上海钢管行业协会	T/SSTA 101—2021	氢能源汽车管路用不锈钢无缝管	2021-08-05	现行
63	上海市节能协会	T/SHJNXH 0008—2021	镁基氢化物固态储运氢系统技术要求	2021-10-26	现行
64	上海市闵行区中小企业协会	T/SHMHZQ 125—2022	氢气气敏变色胶带	2022-10-21	现行
65	上海市汽车零部件行业协会	T/SAPIA 001—2023	燃料电池发动机用氢气引射器	2023-01-11	现行
66	上海市特种设备管理协会	T/SHTX 0001—2022	车用高压储氢气瓶在线检验与评价方法	2022-10-11	现行
67	深圳市标准化协会	T/SZAS 8—2019	车用甲醇制氢发电系统　技术要求	2019-08-26	现行
68	四川省清洁能源汽车产业协会	T/SCQJNY 0003—2020	车用加氢站成套设备技术要求	2021-04-22	现行
69	浙江省品牌建设联合会	T/ZZB 2065—2021	加氢反应进料泵	2021-05-18	现行
70	浙江省品牌建设联合会	T/ZZB 1479—2019	加氢装置用可拆卸多点柔性铠装热电偶	2020-02-10	现行
71	浙江省特种设备安全与节能协会	T/ZJASE 017—2022	车用压缩氢气铝内胆碳纤维全缠绕气瓶工业计算机层析成像(CT)检测方法	2022-12-26	现行

序号	团体名称	标准编号	标准名称	公布日期	状态
72	浙江省特种设备安全与节能协会	T/ZJASE 001—2019	固定式高压储氢用钢带错绕式容器定期检验与评定	2022-08-02	现行
73	中关村标准化协会	T/ZSA 103—2021	燃料电池商用车 车载氢系统 技术要求	2021-12-31	现行
74	中关村不锈及特种合金新材料产业技术创新联盟	T/CSTA 0019—2022	氢能源汽车加氢站管路用不锈钢无缝钢管	2022-12-22	现行
75	中关村不锈及特种合金新材料产业技术创新联盟	T/CSTA 0018—2022	氢能源汽车管路用不锈钢无缝钢管	2022-12-22	现行
76	中关村不锈及特种合金新材料产业技术创新联盟	T/CSTA 0017—2022	储氢装置用不锈钢无缝钢管	2022-12-22	现行
77	中国标准化协会	T/CAS 590—2022	天然气掺氢混气站技术规程	2023-01-19	现行
78	中国标准化协会	T/CAS 548—2021	氢燃料电池冷却液	2022-01-18	现行
79	中国产学研合作促进会	T/CAB 0231—2022	液氢用截止阀和止回阀	2023-01-05	现行
80	中国产学研合作促进会	T/CAB 0230—2022	液氢用安全阀	2023-01-05	现行
81	中国产学研合作促进会	T/CAB 0229—2022	高压氢气用安全阀	2023-01-05	现行
82	中国产学研合作促进会	T/CAB 0184—2022	轨道车辆车载氢系统通用要求	2022-10-13	现行
83	中国产学研合作促进会	T/CAB 0183—2022	轨道车辆加氢技术规范及加注协议	2022-10-13	现行
84	中国产学研合作促进会	T/CAB 0182—2022	轨道车辆加氢站设计、安装及运行管理规范	2022-10-13	现行
85	中国产学研合作促进会	T/CAB 0185—2022	氢气探测器技术要求	2022-10-13	现行
86	中国产学研合作促进会	T/CAB 0166—2022	碱性水电解制氢系统"领跑者行动"性能评价导则	2022-09-21	现行
87	中国产学研合作促进会	T/CAB 0109—2021	氢燃料电池车辆用加注技术规范	2021-10-09	现行
88	中国产学研合作促进会	T/CAB 0084—2021	小型质子交换膜水电解制氢系统	2021-01-12	现行
89	中国产学研合作促进会	T/CAB 0078—2020	低碳氢、清洁氢与可再生氢的标准与评价	2020-12-29	现行
90	中国产学研合作促进会	T/CAB 0064—2020	加氢站远程服务与管理信息系统技术规范	2020-07-10	现行
91	中国产学研合作促进会	T/CAB 1038—2020	氢化液体有机储氢载体储氢密度测量方法 排水法	2020-05-26	现行
92	中国电工技术学会	T/CES 121—2022	特殊环境应急电源柴油重整制氢系统技术要求	2023-01-06	现行
93	中国电力企业联合会	T/CEC 540—2021	发电厂氢气泄漏在线监测报警系统运行维护导则	2022-07-03	现行
94	中国电力企业联合会	T/CEC 463—2021	氢燃料电池移动应急电源技术条件	2022-06-26	现行
95	中国电力企业联合会	T/CEC 372—2020	电力储能用有机液体氢储存系统	2022-06-10	现行

续表

序号	团体名称	标准编号	标准名称	公布日期	状态
96	中国工程建设标准化协会	T/CECS 1108—2022	加氢站消防系统技术规程	2022-07-14	现行
97	中国工业气体工业协会	T/CCGA 70001—2021	锅炉用氢气天然气混合燃气	2022-05-07	现行
98	中国工业气体工业协会	T/CCGA 40011—2021	液氢杜瓦安全技术规范	2022-05-07	现行
99	中国工业气体工业协会	T/CCGA 40010—2021	液氢加注机安全使用技术规范	2022-05-07	现行
100	中国工业气体工业协会	T/CCGA 40009—2021	车载液氢系统安全技术规范	2022-05-07	现行
101	中国工业气体工业协会	T/CCGA 40008—2021	车载氢系统安全技术规范	2022-05-07	现行
102	中国工业气体工业协会	T/CCGA 40007—2021	车用压缩氢气塑料内胆碳纤维全缠绕气瓶安全使用技术规范	2022-05-07	现行
103	中国工业气体工业协会	T/CCGA 40006—2021	加氢机安全使用技术规范	2022-05-07	现行
104	中国工业气体工业协会	T/CCGA 40005—2021	加氢站用液驱活塞氢气压缩机安全使用技术规范	2022-05-07	现行
105	中国工业气体工业协会	T/CCGA 40004—2021	加氢站用隔膜压缩机安全使用技术规范	2022-05-07	现行
106	中国工业气体工业协会	T/CCGA 40003—2021	氢气长管拖车安全使用技术规范	2022-05-07	现行
107	中国工业气体工业协会	T/CCGA 40002—2019	氢能汽车气瓶电子标签应用管理规范	2019-11-13	现行
108	中国工业气体工业协会	T/CCGA 40001—2019	液氢	2019-11-13	现行
109	中国工业气体工业协会	T/CCGA 20001-2018	低温波纹金属软管安全技术条件	2018-12-09	现行
110	中国国际科技促进会	T/CI 140—2022	中温变压吸附法提氢系统技术要求	2022-12-23	现行
111	中国化学品安全协会	T/CCSAS 019—2022	加氢站、油气氢合建站安全规范	2023-02-01	现行
112	中国化学品安全协会	T/CCSAS 018—2022	加氢站氢运输及配送安全技术规范	2023-02-01	现行
113	中国机械工程学会	T/CMES 16003—2021	车用高压储氢系统氢气压力循环测试与泄漏/渗透测试方法	2021-08-25	现行
114	中国技术监督情报协会	T/CATSI 05008—2023	压缩氢气铝内胆碳纤维全缠绕瓶式集装箱 专项技术要求	2023-03-06	现行
115	中国技术监督情报协会	T/CATSI 05007—2023	移动式真空绝热液氢压力容器专项技术要求	2023-01-18	现行
116	中国技术监督情报协会	T/CATSI 02016—2022	集装用压缩氢气铝内胆碳纤维全缠绕气瓶	2022-03-14	现行
117	中国技术监督情报协会	T/CATSI 02008—2022	车用压缩氢气铝内胆碳纤维全缠绕气瓶 定期检验与评定	2022-03-14	现行
118	中国技术监督情报协会	T/CATSI 02010-2022	气瓶气密性氦泄漏检测方法	2022-03-10	现行

序号	团体名称	标准编号	标准名称	公布日期	状态
119	中国技术监督情报协会	T/CATSI 05006—2021	固定式真空绝热液氢压力容器专项技术要求	2021-12-01	现行
120	中国技术监督情报协会	T/CATSI 02013—2021	加氢站用高压储氢气瓶安全技术要求	2021-04-23	现行
121	中国技术监督情报协会	T/CATSI 02011—2021	储氢系统气体循环试验方法	2021-04-23	现行
122	中国技术监督情报协会	T/CATSI 02007—2020	车用压缩氢气塑料内胆碳纤维全缠绕气瓶	2020-09-30	现行
123	中国技术监督情报协会	T/CATSI 05003—2020	加氢站储氢压力容器专项技术要求	2020-02-26	现行
124	中国技术经济学会	T/CSTE 0209—2022	氢冶金 高炉喷吹氢气工程设计规范	2022-11-14	现行
125	中国技术经济学会	T/CSTE 0208—2022	氢冶金 高炉喷氢技术规范	2022-11-14	现行
126	中国技术经济学会	T/CSTE 0001—2022	氢燃料电池汽车出行项目温室气体减排量评估技术规范	2022-03-29	现行
127	中国技术经济学会	T/CSTE 0017—2020	氢燃料电池物流车运营管理规范	2020-09-25	现行
128	中国技术经济学会	T/CSTE 0016—2020	氢燃料电池公交车运营管理规范	2020-09-25	现行
129	中国技术经济学会	T/CSTE 0015—2020	氢燃料电池公交车维保技术规范	2020-09-25	现行
130	中国技术经济学会	T/CSTE 0007—2020	质子交换膜燃料电池(PEM-FC)汽车用燃料氢气中痕量一氧化碳的测定 中红外激光光谱法	2020-06-09	现行
131	中国技术经济学会	T/CSTE 0006—2020	加氢站安全评价报告的标准格式	2020-06-09	现行
132	中国技术经济学会	T/CSTE 0005—2020	焦炉煤气制氢技术规范	2020-06-09	现行
133	中国技术经济学会	T/CSTE 0078—2020	加氢站站控系统技术要求	2020-06-09	现行
134	中国技术经济学会	T/CSTE 0077—2020	加氢站视频安防监控系统技术要求	2020-06-09	现行
135	中国技术经济学会	T/CSTE 0076—2020	氢燃料电池用离心式空压机	2020-06-09	现行
136	中国节能协会	T/CECA-G 0002.1—2018	氢燃料电池车辆用加注规范 第一部分:通用要求	—	现行
137	中国节能协会	T/CECA-G 0015—2017	质子交换膜燃料电池汽车用燃料 氢气	2018-07-05	现行
138	中国节能协会	T/CECA-G 0148—2021	镁基氢化物固态储运氢系统技术要求	2021-11-01	现行
139	中国可再生能源学会	T/CRES 0013—2022	生物质暗-光联合生物制氢装置 设计规范	2023-03-02	现行

续表

序号	团体名称	标准编号	标准名称	公布日期	状态
140	中国汽车工程学会	T/CSAE 187—2021	氢燃料电池发动机用离心式空气压缩机　性能试验方法	2022-06-14	现行
141	中国汽车工程学会	T/CSAE 123—2019	燃料电池电动汽车　密闭空间内氢泄漏　及氢排放试验方法和安全要求	2020-04-15	现行
142	中国汽车工业协会	T/CAAMTB 21—2020	燃料电池电动汽车车载供氢系统振动试验技术要求	2021-01-27	现行
143	中国设备监理协会	T/CAPEC 25—2020	石油和化学工业　加氢反应器制造监理技术要求	2022-08-03	现行
144	中国石油和化学工业联合会	T/CPCIF 0196—2022	燃料电池汽车氢气加注装置防爆技术规范	2022-04-29	现行
145	中国特钢企业协会	T/SSEA 0248—2022	氢能源汽车加氢站管路用不锈钢无缝钢管	2022-12-22	现行
146	中国特钢企业协会	T/SSEA 0247—2022	氢能源汽车管路用不锈钢无缝钢管	2022-12-22	现行
147	中国特钢企业协会	T/SSEA 0246—2022	储氢装置用不锈钢无缝钢管	2022-12-22	现行
148	中国特钢企业协会	T/SSEA 0223—2022	氢气输送管线用热轧宽钢带	2022-11-04	现行
149	中国特钢企业协会	T/SSEA 0222—2022	氢气输送管线用宽厚钢板	2022-11-04	现行
150	中国特钢企业协会	T/SSEA 0219—2022	高炉风口喷吹富氢气体技术要求	2022-08-12	现行
151	中国特钢企业协会	T/SSEA 0045—2019	石化加氢装置用不锈钢及耐蚀合金大口径　厚壁无缝管	2019-12-24	现行
152	中国通用机械工业协会	T/CGMA 0407—2022	氢用低温阀门　通用技术规范	2022-09-21	现行
153	中国通用机械工业协会	T/CGMA 0406—2022	高压氢气阀门安全要求与测试方法	2022-09-21	现行
154	中国通用机械工业协会	T/CGMA 0405—2022	氢用低温阀门　通用试验方法	2022-09-21	现行
155	中国稀土行业协会	T/ACREI CREIS34004—2022	纯电动大型城市客车用电容型镍氢动力电池	2022-03-10	现行
156	中国检验检测学会	T/CITS 122—2024	碳纤维缠绕储氢气瓶无损失效检测方法	2024-08-09	现行
157	中国中小企业协会	T/CASMES 360—2024	PEM 制氢电解槽设计与自动化技术要求	2024-08-09	现行
158	中国中小企业协会	T/CASMES 286—2024	水电解制氢系统安装技术规范	2024-03-01	现行
159	中国中小企业协会	T/CASMES 284—2023	水电解制氢系统运行和维护规范	2024-01-11	现行
160	中国国际经济技术合作促进会	T/CIET 576—2024	高压氢气科里奥利质量流量计技术要求	2024-08-02	现行
161	中国国际经济技术合作促进会	T/CIET 569—2024	纯氢冶金直热式电加热氢气系统设计技术规范	2024-07-19	现行

序号	团体名称	标准编号	标准名称	公布日期	状态
162	中国国际经济技术合作促进会	T/CIET 533—2024	低压固态储氢技术要求	2024-07-15	现行
163	中国国际经济技术合作促进会	T/CIET 555—2024	甲醇重整制氢系统安全运行维护规范	2024-07-02	现行
164	中国国际经济技术合作促进会	T/CIET 556—2024	甲醇重整制氢设备气密性测试方法	2024-06-27	现行
165	中国国际经济技术合作促进会	T/CIET 549—2024	氢冶金 高炉富氢冶炼技术规范	2024-06-27	现行
166	中国国际经济技术合作促进会	T/CIET 519—2024	氢气储存运输技术规范	2024-06-12	现行
167	中国国际经济技术合作促进会	T/CIET 514—2024	基于IGBT的水电解制氢电源技术规范	2024-05-28	现行
168	中国国际经济技术合作促进会	T/CIET 493—2024	氢气引射模块	2024-05-21	现行
169	中国国际经济技术合作促进会	T/CIET 463—2024	固态储氢一体化设备技术要求	2024-04-29	现行
170	中国国际经济技术合作促进会	T/CIET 462—2024	固态储氢净化技术规范	2024-04-29	现行
171	中国国际经济技术合作促进会	T/CIET 457—2024	氢冶金 氢基竖炉直接还原技术规范	2024-04-29	现行
172	中国国际经济技术合作促进会	T/CIET 428—2024	氢燃料燃烧装置技术要求	2024-03-29	现行
173	中国国际经济技术合作促进会	T/CIET 374—2024	焦炉煤气制高纯氢制备工艺技术条件	2024-02-22	现行
174	中国国际经济技术合作促进会	T/CIET 364—2024	金属裂解水蒸汽制氢技术规范	2024-01-21	现行
175	中国国际经济技术合作促进会	T/CIET 336—2023	质子交换膜水电解制氢系统技术要求	2024-01-10	现行
176	中国国际经济技术合作促进会	T/CIET 337—2023	氢气纯化系统技术要求	2024-01-10	现行
177	中国国际经济技术合作促进会	T/CIET 342—2023	撬装式氢气隔膜压缩机组技术条件	2024-01-10	现行
178	中国国际经济技术合作促进会	T/CIET 332—2023	焦炉煤气转化制高纯氢单位产品能耗限额及计算方法	2024-01-10	现行
179	中国国际经济技术合作促进会	T/CIET 333—2023	焦炉煤气制高纯氢转化工艺安全技术要求	2024-01-10	现行
180	中国国际经济技术合作促进会	T/CIET 334—2023	加氢站用隔膜压缩机性能要求	2024-01-10	现行
181	中国国际经济技术合作促进会	T/CIET 338—2023	AEM水电解制氢系统技术要求	2024-01-10	现行
182	中国国际经济技术合作促进会	T/CIET 305—2023	氢气隔膜压缩机技术条件	2023-12-11	现行

序号	团体名称	标准编号	标准名称	公布日期	状态
183	中国国际经济技术合作促进会	T/CIET 306—2023	氢气隔膜压缩机安全养护技术规范	2023-12-11	现行
184	中国国际经济技术合作促进会	T/CIET 260—2023	加氢站运营管理规范	2023-11-13	现行
185	中国国际经济技术合作促进会	T/CIET 240—2023	加氢站数据采集通用技术规范	2023-10-25	现行
186	中国国际经济技术合作促进会	T/CIET 070—2023	氢能源行业绿色企业评价规范	2023-05-10	现行
187	中国国际经济技术合作促进会	T/CIET 063—2023	氢燃料电池行业绿色工厂评价规范	2023-05-10	现行
188	中国中小商业企业协会	T/CASME 1569—2024	PEM电解水制氢膜电极技术规范	2024-07-29	现行
189	中国中小商业企业协会	T/CASME 1380—2024	纳米气泡富氢饮用水	2024-03-21	现行
190	中国中小商业企业协会	T/CASME 1307—2024	电解富氢水机	2024-02-28	现行
191	中国联合国采购促进会	T/UNP 55—2023	国际采购　小家电产品技术要求　家用氢氧机	2023-12-29	现行
192	中国中小商业企业协会	T/CASME 1026—2023	富氢反渗透净饮机	2023-12-12	现行
193	中关村氢能与燃料电池技术创新产业联盟	T/ZHFCA 1004—2023	撬装一体式水电解制氢储氢加氢装置安全技术规范	2024-03-25	现行
194	中关村氢能与燃料电池技术创新产业联盟	T/ZHFCA 1003—2023	全控型水电解制氢电源	2024-03-25	现行
195	中关村材料试验技术联盟	T/CSTM 00968—2024	稀土系储氢合金　吸放氢容量保持率测试　体积法	2024-04-30	现行
196	中关村材料试验技术联盟	T/CSTM 00969—2024	稀土系储氢合金　吸放氢反应热力学性能测试　范德霍夫法	2024-04-30	现行
197	中关村材料试验技术联盟	T/CSTM 00970—2024	金属氢化物-镍电池负极用稀土-钇镍系超晶格储氢合金粉	2024-04-30	现行
198	中关村材料试验技术联盟	T/CSTM 00967—2024	稀土系储氢合金　交流阻抗和氢扩散系数测试　电化学法	2024-04-30	现行
199	中关村材料试验技术联盟	T/CSTM 01240—2024	催化裂化汽油预加氢催化剂	2024-06-26	现行
200	中关村材料试验技术联盟	T/CSTM 00576—2024	掺氢输送用管线钢氢脆敏感性评价方法	2024-01-26	现行
201	中国电器工业协会	T/CEEIA 606—2022	氢冷发电机吸附再生式气体干燥器技术条件	2024-01-09	现行
202	中国电器工业协会	T/CEEIA 605—2022	氢冷发电机氢气提纯净化装置技术条件	2024-01-09	现行
203	中国工业节能与清洁生产协会	T/CIECCPA 025—2024	绿氢产品碳足迹量化与评价方法	2024-07-04	现行
204	中国石油和石油化工设备工业协会	T/CPI 64007—2023	加氢装置高压空冷系统运行及管理技术规范	2024-04-09	现行

续表

序号	团体名称	标准编号	标准名称	公布日期	状态
205	中国石油和化学工业联合会	T/CPCIF 0342—2024	粉体催化剂悬浮床加氢处理重质劣质油技术规范	2024-06-03	现行
206	中国石油和化学工业联合会	T/CPCIF 0337—2024	丙烷脱氢副产氢气	2024-06-03	现行
207	中国电工技术学会	T/CES 226—2023	水电解制氢整流电源技术规范	2023-12-29	现行
208	中国电工技术学会	T/CES 223—2023	氢电耦合微电网效能评价导则	2023-12-29	现行
209	中国电工技术学会	T/CES 201—2023	PEM电解水制氢系统安全作业规范	2023-11-16	现行
210	北京微量元素学会	T/BSM 0001—2023	氢水中氢含量的测定 顶空-气相色谱法	2023-04-26	现行
211	广东省室内环境卫生行业协会	T/GIEHA 058—2023	家用氢氧发生装置技术要求	2023-08-24	现行
212	广东省能源研究会	T/GERS 0021—2023	加氢站氢气取样规范	2023-06-19	现行
213	广东省石油和化学工业协会	T/GPCIA 0010—2024	丙烷脱氢装置单位产品能源消耗限额	2024-07-25	现行
214	广东省机械工业质量管理协会	T/GMIQMA 005—2024	氢气制造储存运输用球阀	2024-06-24	现行
215	河北省质量信息协会	T/HEBQIA 254—2024	制氢加氢一体站技术规范	2024-05-14	现行
216	河北省版权协会	T/CSHB 0013—2024	加氢阀阀体多向模锻制造规范	2024-07-29	现行
217	河南省机械工业标准化技术协会	T/HNJB 12—2023	加氢站用非焊接高压氢气缓冲罐	2023-05-31	现行
218	河南省营养保健协会	T/HYBX 0005—2024	氢气面贴	2024-03-22	现行
219	河南省营养保健协会	T/HYBX 0001—2024	氢浴片	2024-01-15	现行
220	泰安市纺织服装产业链商会(协会)	T/TGIC 006—2024	氢水合物 氢气含量的测定 气相色谱法	2024-04-03	现行
221	淄博市氢能产业商会	T/ZBSQN 002—2023	$LaNi_5$氢化物固态储氢系统设备	2023-09-20	现行
222	淄博市氢能产业商会	T/ZBSQN 001—2023	天然气掺氢管道技术规范	2023-09-20	现行
223	全国城市工业品贸易中心联合会	T/QGCML 4150—2024	活性氢富氢水	2024-05-06	现行
224	全国城市工业品贸易中心联合会	T/QGCML 2378—2023	碱性电解水制氢复合隔膜	2023-12-05	现行
225	全国城市工业品贸易中心联合会	T/QGCML 1682—2023	多功能氢浴机	2023-10-17	现行
226	全国城市工业品贸易中心联合会	T/QGCML 1486—2023	新能源氢燃料作业车技术要求	2023-09-22	现行
227	全国城市工业品贸易中心联合会	T/QGCML 1060—2023	高纯绿氢纯化装置	2023-08-18	现行

续表

序号	团体名称	标准编号	标准名称	公布日期	状态
228	山东省保健科技协会	T/SDHCST 009—2023	固态氢食品原料	2024-03-28	现行
229	山东标准化协会	T/SDAS 756—2023	氯碱工业氢气	2023-12-05	现行
230	山东省家用电器行业协会	T/SDJD HY—2023100288—2023	氢健康家电专用电解槽	2023-12-06	现行
231	山东省家用电器行业协会	T/SDJD 003—2023	饮用氢水机	2023-05-24	现行
232	山东省家用电器行业协会	T/SDJD 002—2023	家用氢气机	2023-05-24	现行
233	山东省太阳能行业协会	T/SDSIA 9—2024	富氢燃料油制备技术指南	2024-07-30	现行
234	山东省食品工业协会	T/SDFIA 43—2023	包装含氢饮品	2023-12-05	现行
235	上海都市型工业协会	T/SHDSGY 136—2023	新能源氢燃料电池材料技术	2023-05-30	现行
236	上海市节能协会	T/SHJNXH T/SHJNXH0011—2023	移动式大容量镁基固体储氢装置的安全技术要求	2023-09-12	现行
237	浙江省产品与工程标准化协会	T/ZS 0484—2023	氢能应急电源车技术规范	2023-05-05	现行
238	浙江省质量协会	T/ZZB 3538—2023	家用和类似用途氢水(气)一体机	2024-02-01	现行
239	浙江省质量协会	T/ZZB 3468—2023	电机制动氢气透平膨胀机	2024-01-31	现行
240	浙江省质量协会	T/ZZB 2939—2022	高压储氢钢瓶	2023-04-06	现行
241	浙江省安全生产协会	T/ZAWS 001—2024	加氢站用高压氢气管道安装及检测规范	2024-01-29	现行
242	浙江省可持续发展研究会	T/ZSSD 0003—2023	氢能利用全生命周期(LCA)碳足迹 评价指南	2023-12-30	现行
243	湖北省包装饮用水行业协会	T/HBSX 006—2024	富氢康养水	2024-03-25	现行
244	湖北省电动汽车流通协会	T/HBEACA 010—2023	电化学分解氨制氢技术规程	2023-11-23	现行
245	湖北省电动汽车流通协会	T/HBEACA 008—2023	电化学分解氨制氢技术规程	2023-11-23	现行
246	武汉互联网产业商会	T/WHHLW 148—2024	电化学氢气传感器	2024-07-26	现行
247	武汉市氢能产业促进会	T/WHQX 4—2024	燃料电池电动汽车车载氢系统气体置换技术规范	2024-06-25	现行
248	江苏省能源研究会	T/JSERS 2—2024	生物质热化学制氢系统技术要求	2024-02-19	现行
249	苏州市新能源汽车产业商会	T/SXS 018—2023	制氢电解槽自动化技术	2023-11-03	现行
250	中关村不锈及特种合金新材料产业技术创新联盟	T/CSTA 0089—2024	临氢设备用铬钼合金钢钢板	2024-07-17	现行
251	中国产学研合作促进会	T/CAB 0350—2024	加氢站用氢气压缩机性能 测试评价方法	2024-07-08	现行
252	中国产学研合作促进会	T/CAB 0331—2024	液氢用气动控制阀	2024-03-21	现行

续表

序号	团体名称	标准编号	标准名称	公布日期	状态
253	中国产学研合作促进会	T/CAB 0330—2024	液氢用紧急切断阀	2024-03-21	现行
254	中国产学研合作促进会	T/CAB 0329—2024	液氢用球阀	2024-03-21	现行
255	中国产学研合作促进会	T/CAB 0328—2024	液氢用蝶阀	2024-03-21	现行
256	中国产学研合作促进会	T/CAB 0319—2023	氢基绿色燃料评价方法及要求	2024-01-08	现行
257	中国产学研合作促进会	T/CAB 0289—2023	氢能轨道车辆涉氢基础设施安全要求	2023-10-18	现行
258	中国产学研合作促进会	T/CAB 0246—2023	移动实验室质子交换膜燃料电池用氢气品质检测通用技术规范	2023-04-23	现行
259	中国产学研合作促进会	T/CAB 0245—2023	碱性水电解制氢系统碳足迹评价方法及要求	2023-04-23	现行
260	中国工业气体工业协会	T/CCGA 40016—2024	氢能源品质检测车技术要求	2024-07-18	现行
261	中国工业气体工业协会	T/CCGA 40013—2022	加氢站风险评估指南	2023-04-04	现行
262	中国电机工程学会	T/CSEE 0284—2022	氢冷发电机吸附再生式气体干燥器技术条件	2023-08-22	现行
263	中国电机工程学会	T/CSEE 0283—2022	氢冷发电机氢气提纯净化装置技术条件	2023-08-22	现行
264	中国内燃机工业协会	T/CICEIA /CAMS72—2023	氢燃料汽车用氢气传感器	2023-12-29	现行
265	中国内燃机工业协会	T/CICEIA /CAMS71—2023	氢燃料内燃机试验台架 技术规范	2023-12-29	现行
266	中国国际科技促进会	T/CI 422—2024	氢储能系统通用技术要求	2024-08-04	现行
267	中国国际科技促进会	T/CI 367—2024	氢动力市域列车通用技术条件	2024-05-23	现行
268	中国国际科技促进会	T/CI 279—2024	70MPa Ⅳ型储氢瓶压力容器用高性能 碳纤维	2024-01-26	现行
269	中国国际科技促进会	T/CI 186—2023	掺氢站场工艺与安全适用性测试及评估规范	2023-11-19	现行
270	中国科技产业化促进会	T/CSPSTC 112—2023	氢气管道工程施工技术规范	2023-12-29	现行
271	中国科技产业化促进会	T/CSPSTC 103—2022	氢气管道工程设计规范	2023-09-26	现行
272	中国技术经济学会	T/CSTE 0615—2024	"领跑者"评价要求 加氢站运营管理服务	2024-07-25	现行
273	中国技术经济学会	T/CSTE 0594—2024	金属氢化物可逆储放氢系统使用安全技术规范	2024-05-13	现行
274	中国技术经济学会	T/CSTE 0593—2024	金属氢化物可逆储放氢系统装卸、运输安全技术规范	2024-05-13	现行
275	中国技术经济学会	T/CSTE 0477—2023	质量分级及"领跑者"评价要求 加氢站性能	2023-12-26	现行
276	中国技术经济学会	T/CSTE 0356—2023	质量分级及"领跑者"评价要求 碱性水电解制氢装备	2023-08-07	现行

续表

序号	团体名称	标准编号	标准名称	公布日期	状态
277	中国汽车工业协会	T/CAAMTB 144.4—2023	甲醇在线制氢装置 第4部分：氢气提纯单元	2024-06-24	现行
278	中国汽车工业协会	T/CAAMTB 144.3—2023	甲醇在线制氢装置 第3部分：控制系统	2024-06-24	现行
279	中国汽车工业协会	T/CAAMTB 144.2—2023	甲醇在线制氢装置 第2部分：性能	2024-06-24	现行
280	中国汽车工业协会	T/CAAMTB 144.1—2023	甲醇在线制氢装置 第1部分：总则	2024-06-24	现行
281	中国钢结构协会	T/CSCS 034—2023	氢输送管道和储氢钢瓶用不锈钢无缝管	2023-04-14	现行
282	中国特钢企业协会	T/SSEA 0380—2024	临氢设备用铬钼合金钢钢板	2024-07-17	现行
283	中国特钢企业协会	T/SSEA 0223—2024	氢气输送管线用热轧宽钢带	2024-02-19	现行
284	中国通用机械工业协会	T/CGMA 0501—2023	电机制动氢气透平膨胀机	2024-05-14	现行

燃料电池

序号	团体名称	标准编号	标准名称	公布日期	状态
1	中国电工技术学会	T/CES 176—2022	固定式质子交换膜燃料电池堆使用寿命测试评价方法	2023-03-29	现行
2	中关村不锈及特种合金新材料产业技术创新联盟	T/CSTA 0036—2023	固体氧化物燃料电池连接体用不锈钢冷轧钢板及钢带	2023-03-29	现行
3	中国特钢企业协会	T/SSEA 0287—2023	固体氧化物燃料电池连接体用不锈钢冷轧钢板及钢带	2023-03-29	现行
4	浙江省企业技术创新协会	T/ZJCX 0034—2023	质子交换膜燃料电池石墨双极板特性测试标准	2023-03-14	现行
5	吉林省汽车电子协会	T/GHDQ 118—2023	燃料电池电催化剂电化学活性面积和加速老化测试规范	2023-02-08	现行
6	上海市汽车零部件行业协会	T/SAPIA 001—2023	燃料电池发动机用氢气引射器	2023-01-11	现行
7	上海市汽车零部件行业协会	T/SAPIA 002—2023	燃料电池发动机高压线束及连接器技术要求	2023-01-11	现行
8	大连市石油和化工行业协会	T/DLSHXH 009—2022	燃料电池用氢中痕量氨的测定 离子迁移谱法	2022-12-26	现行
9	嘉兴市长三角氢能产业促进会	T/JXQN 2002—2022	沿海地区燃料电池发动机系统盐雾腐蚀测试与等级评价	2022-11-03	现行
10	嘉兴市长三角氢能产业促进会	T/JXQN 2001—2022	分布式氢燃料电池发电系统	2022-11-03	现行
11	中国汽车工业协会	T/CAAMTB 53—2021	燃料电池系统工厂设计规范	2022-08-15	现行
12	中国电子节能技术协会	T/DZJN 99—2022	质子交换膜燃料电池行业绿色工厂评价要求	2022-08-01	现行
13	中国电子节能技术协会	T/DZJN 98—2022	质子交换膜燃料电池产品碳足迹评价导则	2022-08-01	现行
14	中国电力企业联合会	T/CEC 463—2021	氢燃料电池移动应急电源技术条件	2022-06-26	现行

序号	团体名称	标准编号	标准名称	公布日期	状态
15	中国产学研合作促进会	T/CAB 0151—2022	电动两轮车用燃料电池动力系统技术要求	2022-06-24	现行
16	中国汽车工程学会	T/CSAE 236—2021	质子交换膜燃料电池发动机台架可靠性试验方法	2022-06-20	现行
17	中国汽车工程学会	T/CSAE 187—2021	氢燃料电池发动机用离心式空气压缩机 性能试验方法	2022-06-14	现行
18	中国汽车工程学会	T/CSAE 183—2021	燃料电池堆及系统基本性能试验方法	2022-06-14	现行
19	中国石油和化学工业联合会	T/CPCIF 0196—2022	燃料电池汽车氢气加注装置防爆技术规范	2022-04-29	现行
20	中国技术经济学会	T/CSTE 0001—2022	氢燃料电池汽车出行项目温室气体减排量评估技术规范	2022-03-29	现行
21	四川省汽车工程学会	T/SCSAE 002—2022	燃料电池客车双动力源系统性能台架试验方法	2022-03-16	现行
22	四川省汽车工程学会	T/SCSAE 001—2022	燃料电池客车动力系统能量消耗量台架试验方法	2022-03-16	现行
23	中国标准化协会	T/CAS 548—2021	氢燃料电池冷却液	2022-01-18	现行
24	中关村标准化协会	T/ZSA 103—2021	燃料电池商用车 车载氢系统 技术要求	2021-12-31	现行
25	中国技术经济学会	T/CSTE 0121—2021	"领跑者"标准评价要求 车用燃料电池发动机	2021-11-30	现行
26	中国技术经济学会	T/CSTE 0120—2021	"领跑者"标准评价要求 燃料电池城市客车	2021-11-30	现行
27	山东省膜学会	T/SDMS 005—2021	氢燃料电池质子交换膜用聚四氟乙烯基膜	2021-10-26	现行
28	中国产学研合作促进会	T/CAB 0109—2021	氢燃料电池车辆用加注技术规范	2021-10-09	现行
29	佛山市氢能产业协会	T/FSQX 001—2021	质子交换膜燃料电池用氢气循环泵	2021-09-14	现行
30	广东省能源研究会	T/GERS 0005—2021	燃料电池电动汽车车载供氢系统安装技术规范	2021-06-29	现行
31	广东省能源研究会	T/GERS 0003—2021	氢燃料电池电动汽车运行规范	2021-06-26	现行
32	广东省能源研究会	T/GERS 0006—2021	燃料电池电动汽车车载供氢系统气密性检测和置换技术要求	2021-06-15	现行
33	中国电器工业协会	T/CEEIA 502—2021	直接甲醇燃料电池特定环境条件下性能试验方法	2021-06-09	现行
34	中国汽车工程学会	T/CSAE 149—2020	燃料电池发动机电磁兼容性能试验方法	2021-05-17	现行
35	中国汽车工业协会	T/CAAMTB 21—2020	燃料电池电动汽车车载供氢系统振动试验技术要求	2021-01-27	现行

序号	团体名称	标准编号	标准名称	公布日期	状态
36	山东标准化协会	T/SDAS 187—2020	燃料电池轨道车辆 燃料电池电堆测试方法	2020-10-09	现行
37	山东标准化协会	T/SDAS 186—2020	燃料电池轨道车辆 燃料电池冷却系统技术条件	2020-10-09	现行
38	山东标准化协会	T/SDAS 185—2020	燃料电池轨道车辆 车载氢系统安全要求	2020-10-09	现行
39	山东标准化协会	T/SDAS 184—2020	燃料电池轨道车辆 车载氢系统技术条件	2020-10-09	现行
40	山东标准化协会	T/SDAS 183—2020	燃料电池轨道车辆 安全要求	2020-10-09	现行
41	山东标准化协会	T/SDAS 182—2020	燃料电池轨道车辆 车载氢系统试验方法	2020-10-09	现行
42	中国技术经济学会	T/CSTE 0017—2020	氢燃料电池物流车运营管理规范	2020-09-25	现行
43	中国技术经济学会	T/CSTE 0016—2020	氢燃料电池公交车运营管理规范	2020-09-25	现行
44	中国技术经济学会	T/CSTE 0015—2020	氢燃料电池公交车维保技术规范	2020-09-25	现行
45	中国电器工业协会	T/CEEIA 265—2017	无人机燃料电池燃料系统技术规范	2020-07-31	现行
46	中国技术经济学会	T/CSTE 0007—2020	质子交换膜燃料电池(PEM-FC)汽车用燃料氢气中痕量一氧化碳的测定 中红外激光光谱法	2020-06-09	现行
47	中国技术经济学会	T/CSTE 0076—2020	氢燃料电池用离心式空压机	2020-06-09	现行
48	中国汽车工业协会	T/CAAMTB 14—2020	燃料电池电动汽车用 DC/DC 变换器	2020-05-26	现行
49	中国汽车工业协会	T/CAAMTB 13—2020	燃料电池电动汽车用空气压缩机试验方法	2020-05-26	现行
50	中国汽车工业协会	T/CAAMTB 12—2020	质子交换膜燃料电池膜电极测试方法	2020-05-26	现行
51	中国汽车工程学会	T/CSAE 123—2019	燃料电池电动汽车密闭空间内氢泄漏及氢排放试验方法和安全要求	2020-04-15	现行
52	中国汽车工程学会	T/CSAE 122—2019	燃料电池电动汽车低温冷起动性能试验方法	2020-04-15	现行
53	吉林省汽车电子协会	T/GHDQ 47—2019	高寒地区车用氢燃料电池电堆低温寿命测试技术条件	2019-10-24	现行
54	吉林省汽车电子协会	T/GHDQ 46—2019	高寒地区质子交换膜燃料电池发电系统性能技术条件	2019-10-24	现行

序号	团体名称	标准编号	标准名称	公布日期	状态
55	吉林省汽车电子协会	T/GHDQ 45—2019	高寒地区质子交换膜燃料电池电堆低温特性通用技术条件	2019-10-24	现行
56	吉林省汽车电子协会	T/GHDQ 44—2019	高寒地区车用质子交换膜燃料电池电堆低温冷起动通用技术条件	2019-10-24	现行
57	吉林省汽车电子协会	T/GHDQ 39—2019	高寒地区车用燃料电池发动机低温起动技术条件	2019-10-24	现行
58	吉林省汽车电子协会	T/GHDQ 38—2019	高寒地区燃料电池电动汽车车载氢系统试验方法	2019-10-24	现行
59	吉林省汽车电子协会	T/GHDQ 37—2019	高寒地区燃料电池电动汽车车载氢系统技术条件	2019-10-24	现行
60	吉林省汽车电子协会	T/GHDQ 36—2019	高寒地区燃料电池电动乘用车性能综合评价指数	2019-10-24	现行
61	吉林省汽车电子协会	T/GHDQ 35—2019	高寒地区燃料电池电动乘用车技术条件	2019-10-24	现行
62	中国节能协会	T/CECA-G 0015—2017	质子交换膜燃料电池汽车用燃料 氢气	2018-07-05	现行
63	中国电器工业协会	T/CEEIA 264—2017	无人机燃料电池发电系统技术规范	2017-07-31	现行
64	中国国际科技促进会	T/CI 423—2024	氢燃料电池汽车运行评价指标体系	2024-08-10	现行
65	中国国际科技促进会	T/CI 343—2024	氢燃料电池发电系统通用技术要求	2024-05-11	现行
66	中国国际科技促进会	T/CI 229—2023	氢燃料电池单片电压巡检器	2023-12-29	现行
67	中国国际经济技术合作促进会	T/CIET 460—2024	燃料电池用氢气循环泵	2024-04-29	现行
68	中国国际经济技术合作促进会	T/CIET 339—2023	氢燃料电池模块检漏方法	2024-01-10	现行
69	中国国际经济技术合作促进会	T/CIET 199—2023	氢燃料电池产品碳足迹评价导则	2023-09-05	现行
70	中关村氢能与燃料电池技术创新产业联盟	T/ZHFCA 1008—2024	氢燃料电池叉车用电堆安全及性能要求	2024-06-21	现行
71	中关村氢能与燃料电池技术创新产业联盟	T/ZHFCA 1007—2024	氢燃料电池叉车用发电系统安全及技术要求	2024-06-21	现行
72	中关村绿色冷链物流产业联盟	T/CCCA 0007—2023	氢燃料电池电动冷藏车技术要求	2023-12-28	现行
73	中国交通运输协会	T/CCTAS 95—2023	氢燃料电池混合动力机车通用技术条件	2024-02-19	现行
74	中国中小商业企业协会	T/CASME 1065—2023	氢燃料电池发动机系统	2023-12-19	现行

续表

序号	团体名称	标准编号	标准名称	公布日期	状态
75	中国工程机械工业协会	T/CCMA 0150—2023	工业车辆用氢燃料电池动力系统技术规范	2023-12-13	现行
76	广东省标准化协会	T/GDBX 070—2023	氢燃料电池汽车用氢运行里程数据统计分析方法	2023-04-06	现行
77	湖北省电动汽车流通协会	T/HBEACA 003—2023	氢燃料电池系统空压机匹配选型测试方法	2023-11-23	现行
78	上海市交通运输行业协会	T/SHJX 063—2024	氢燃料电池公交客车维护技术要求	2024-08-05	现行
79	中国汽车工业协会	T/CAAMTB 191—2024	车用70MPa加氢口性能试验方法	2024-06-28	现行
80	中国汽车工业协会	T/CAAMTB 83—2022	燃料电池系统用氢气循环泵性能测试规范	2024-06-24	现行
81	中国汽车工业协会	T/CAAMTB 80—2022	燃料电池汽车高压氢气加注技术规范	2024-06-14	现行
82	中关村标准化协会	T/ZSA 197—2023	液氢燃料电池电动商用车安全要求	2023-12-20	现行
83	中关村标准化协会	T/ZSA 196—2023	液氢燃料电池电动商用车技术条件	2023-12-20	现行
84	中国产学研合作促进会	T/CAB 0260—2023	氢燃料电池发电系统　安装	2023-06-29	现行

附表十三　我国氢能储运加涉及特种设备安全技术规范（TSG）

序号	规范编号	规范名称
1	TSG 08—2017	特种设备使用管理规则
2	TSG 21—2016	固定式压力容器安全技术监察规程
3	TSG 23—2021	气瓶安全技术规程
4	TSG D0001—2009	压力管道安全技术监察规程——工业管道
5	TSG R0005—2011	移动式压力容器安全技术监察规程
6	TSG R7001—2013	压力容器定期检验规则

附表十四　我国氢能储运加相关法规及规范

序号	名称
1	中华人民共和国国务院令第373号公布《特种设备安全监察条例》
2	《中华人民共和国特种设备安全法》
3	商务部、发改委、公安部、环境保护部令2012年第12号　机动车强制报废标准规定
4	中国船级社《船舶应用替代燃料指南2017》
5	中国船级社《船舶应用天然气燃料规范2021》
6	中国船级社《钢质海船入级规范2018》
7	中国船级社《集装箱检验规范》-2021
8	中国船级社《船舶应用燃料电池发电装置指南2022》

序号	名称
9	中国海事局《氢燃料电池动力船舶技术与检验暂行规则 2022》
10	国际海事组织(IMO)《使用气体或其他低闪点燃料船舶国际安全规则(IGF 规则)》
11	国际海事组织(IMO)《国际集装箱安全公约》及其修正案
12	国际海事组织(IMO)《国际海运危险货物规则》(IMDG)
13	《1972 年集装箱关务公约》及其修正案
14	中华人民共和国海事局《集装箱法定检验技术规则》

附表十五　国际氢能储运加相关法规及规范

序号	名称
1	GTR13 氢能及燃料电池车辆　全球统一汽车技术法规(Global Technical Regulation Concerning the Hydrogen and Fuel Cell Vehicles)
2	EU 406/2010 氢动力汽车型式认证
3	EC 79/2009 欧洲议会和理事会(EC)关于氢动力机动车辆型式认证的第 79/2009 号法规认证

索引